Elementos de Engenharia das Reações Químicas

gen
Grupo
Editorial
Nacional

Elementos de Engenharia das Reações Químicas

Sexta Edição

H. SCOTT FOGLER

Ame and Catherine Vennema Professor of Chemical Engineering
and the Arthur F. Thurnau Professor
The University of Michigan, Ann Arbor

Revisão Técnica e Tradução

Verônica Calado
Professora Titular
Escola de Química/UFRJ

Neuman S. de Resende
Pesquisadora Sênior
Programa de Engenharia Química/COPPE/UFRJ

- Data do fechamento do livro: 27/06/2022

- **Atendimento ao cliente: (11) 5080-0751 | faleconosco@grupogen.com.br**

- Adaptação de capa: Rejane Megale
- Imagem da capa: iStockphoto (©Weerapong Khodsom)
- Editoração eletrônica: IO Design
- Ficha catalográfica

CIP-BRASIL. CATALOGAÇÃO NA PUBLICAÇÃO
SINDICATO NACIONAL DOS EDITORES DE LIVROS, RJ

F691e
6. ed.

Fogler, H. Scott
Elementos de engenharia das reações químicas / H. Scott Fogler ; revisão técnica e tradução Verônica Calado , Neuman Solange de Resende. - 6. ed. - Rio de Janeiro : LTC, 2022.
912 p. : il. ; 28 cm.

Tradução de: Elements of chemical reaction engineering
Apêndice
Inclui bibliografia e índice
ISBN 9788521637912

1. Reações químicas. I. Calado, Verônica. II. Resende, Neuman Solange de. III. Título.
22-78276 CDD: 660.2832
CDU: 66.02

Gabriela Faray Ferreira Lopes - Bibliotecária - CRB-7/6643

Dedicado a

Janet Meadors Fogler

Por seu companheirismo, incentivo,
senso de humor, amor e apoio ao longo dos anos

Prefácio

O homem que parou de aprender não deveria ter permissão para vagar distraído nesses dias perigosos.

M. M. Coady

A. Quem É o Público-Alvo?

Este livro foi escrito com os estudantes da atualidade em mente. Ele fornece acesso instantâneo à informação; sem perda de tempo com detalhes estranhos; vai direto ao ponto; usa mais tópicos para facilitar o acesso às informações; e inclui novos problemas sobre engenharia de reação química (por exemplo, energia solar).[1] A interação do livro com o *site* Elements of Chemical Reaction Engineering (CRE *website*: *http://www.umich.edu/~elements/6e/*) inova e oferece um dos recursos de aprendizagem ativa mais abrangentes disponíveis (o *site* apresenta conteúdo em inglês). Com o advento dos controles deslizantes no Wolfram e no Python, os estudantes podem explorar as reações e o reator em que elas ocorrem, realizando experimentos de simulação e, em seguida, escrevendo um conjunto de conclusões para descrever o que encontraram.

Este livro e o *site* interativo podem ser usados como conteúdo, tanto em nível de graduação como de pós-graduação em engenharia das reações químicas. Os cursos de graduação geralmente se concentram nos Capítulos 1 a 13; o material para os cursos de pós-graduação inclui tópicos como limitações da difusão, fatores de efetividade (discutidos nos Capítulos 14 e 15), reatores não ideais e distribuição de tempos de residência (discutidos nos Capítulos 16 a 18), juntamente com o material adicional e a Estante com Referências Profissionais (ERP) no CRE *website*.

Esta edição enfatiza a segurança em reatores químicos, e cada capítulo termina com uma lição de segurança chamada *E agora...* Uma Palavra do Nosso Patrocinador em Segurança (UPNDP-S). Essas lições podem ser encontradas no *site* em http://umich.edu/~safeche/.

B. Quais São os Objetivos deste Livro?

B.1 Divertir-se ao Aprender Engenharia das Reações Químicas

Engenharia das reações químicas (ERQ), o coração da engenharia química, é um assunto amplo e divertido de aprender. Eu tenho tentado imprimir um pouco do humor de Michigan à medida que avançamos. Deem uma olhada nos vídeos humorísticos no YouTube (por exemplo, "Viúva Negra" ou "Engenharia Química Deu Errado") que ilustram certos princípios no texto. Esses vídeos foram feitos por estudantes de engenharia química das universidades do Alabama e de Michigan. Além disso, vejo que os estudantes apreciam os Jogos Interativos

[1]Este Prefácio é uma versão condensada do Prefácio completo encontrado no *site http://www.umich.edu/~elements/6e/toc/Preface-Complete.pdf.*

Computacionais (JICs) que, juntamente com os vídeos, podem ser acessados a partir do CRE *website* (*http://www.umich.edu/~elements/6e/index.html*).

B.2 Desenvolver Entendimento Fundamental de Engenharia das Reações

O segundo objetivo deste livro é capacitar o leitor a desenvolver entendimento claro dos fundamentos da ERQ. Esse objetivo será alcançado pela apresentação de uma estrutura que permita ao leitor resolver problemas de engenharia das reações por meio do raciocínio, em vez da memorização e da lembrança de inúmeras equações e das restrições e condições sob as quais cada equação se aplica (*http://www.umich.edu/~elements/6e/toc/Preface-Complete.pdf*).

B.3 Desenvolver Habilidades de Pensamento Crítico

O terceiro objetivo deste texto é aprimorar as habilidades de pensamento crítico e criativo. Como o livro ajuda a aprimorar seu pensamento crítico e criativo? Discutimos maneiras de alcançar esse aprimoramento na Tabela P.2, Perguntas de Pensamento Crítico; Tabela P.3, Ações de Pensamento Crítico; e Tabela P-4, Como Praticar o Pensamento Criativo, no Prefácio completo no CRE *website* (http://www.umich.edu/~elements/6e/toc/Preface-Complete.pdf) e também no *site* de solução de problemas (http://umich.edu/~scps/).

C. Qual É a Estrutura da ERQ?

C.1 Quais São os Conceitos que Fornecem o Fundamento da ERQ?

A estratégia por trás da apresentação do material é construir continuamente, a partir de poucas ideias básicas em engenharia das reações químicas, uma estrutura para resolver uma ampla variedade de problemas. Os blocos da engenharia das reações químicas e o algoritmo principal permitem-nos resolver problemas isotérmicos da ERQ por meio da lógica em vez da memorização. Começamos com o Bloco de Construção dos Balanços Molares (Capítulo 1) e, então, colocamos os outros blocos um a cada tempo, no topo dos outros até atingir o Bloco de Avaliação (Capítulo 5), altura em que podemos resolver uma variedade de problemas isotérmicos da ERQ. À medida que estudamos cada bloco, precisamos nos assegurar de que entendemos todo o conteúdo deste, de modo que não nos apressemos, para não acabar com uma pilha de blocos. Uma animação do que acontece com essa pilha é mostrada no final das Notas da Aula 1 (*http://www.umich.edu/%7Eelements/6e/lectures/umich.html*).

Para reações não isotérmicas, trocamos o bloco de construção "Combinação" na Figura P.1 pelo de "Balanço de Energia" porque as reações não isotérmicas quase sempre requerem uma

Figura P.1 Blocos de construção.

solução gerada por computador. Consequentemente, não necessitamos do bloco "Combinação" porque o computador combina tudo para nós. A partir desses pilares e blocos de construção, construímos nosso algoritmo ERQ:

Balanço Molar + Equações da Taxa + Estequiometria + Balanço de Energia + Combinação → Solução

C.2 Qual É a Sequência de Tópicos na qual este Livro Pode Ser Usado?

Notas das margens

A seleção e a ordem dos tópicos e dos capítulos são mostradas na Figura P.3 no Prefácio completo no *site* (*http://www.umich.edu/~elements/6e/toc/Preface-Complete.pdf*). Há notas nas margens que que têm duas finalidades. Primeira, elas atuam como guias ou comentários à medida que se lê o material. Segunda, elas identificam equações-chave e relações que são usadas para resolver problemas da ERQ.

D. Quais São os Componentes do CRE *Website*?

O material interativo do CRE *website* foi significativamente atualizado e é uma parte nova e integrante deste livro. A principal finalidade do *site* é funcionar como parte interativa do texto com recursos enriquecidos. A *home page* do CRE *website* é mostrada na Figura P.2. Para discussão de como usar interativamente o *site* e o livro, veja o Apêndice I, *online*.

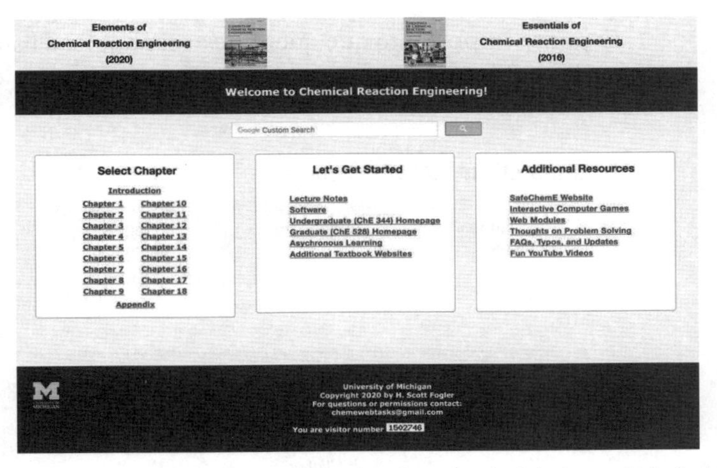

Figura P.2 Captura de tela do CRE *website* (*http://www.umich.edu/~elements/6e/index.html*).

Os quatro objetivos do *site* são:

1. Facilitar o aprendizado interativo da ERQ por meio do *site* e dos controles deslizantes Wolfram e Python para explorar os Problemas Práticos (*Living Example Problems* - LEPs) a fim de se obter compreensão profunda sobre a reação e os reatores em que ocorrem.
2. Fornecer material técnico extra ao material adicional (*Additional Material*) e à Estante com Referências Profissionais (*Professional Reference Shelf*).
3. Fornecer tutoriais e exercícios de autoavaliação, como as Questões i>Clicker (*i>Clicker Questions*).
4. Tornar o aprendizado da ERQ divertido por meio de jogos interativos, simulações de problemas práticos e experimentos de computador, que permitam usar Aprendizagem Baseada em Investigação (*ABI, Inquiry-Based Learning* - IBL), para explorar os conceitos da ERQ.

D.1 Como Usar o CRE *Website*?

Gostaria de estender-me um pouco sobre algumas coisas que usamos extensivamente, ou seja, os *links* úteis. Esses itens podem ser acessados clicando no número do capítulo na página do livro. Depois de clicar no Capítulo 1 mostrado na Figura P.3, chega-se a

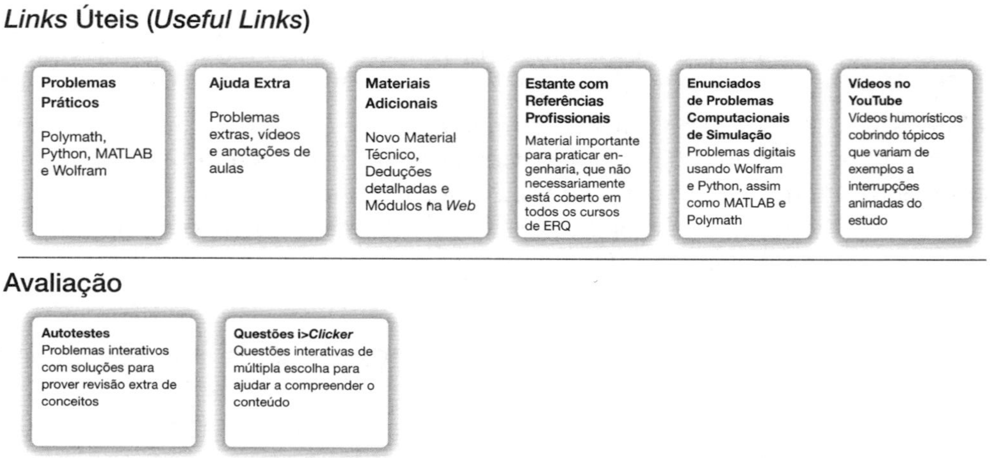

***Links* Úteis (*Useful Links*)**

Problemas Práticos
Polymath, Python, MATLAB e Wolfram

Ajuda Extra
Problemas extras, vídeos e anotações de aulas

Materiais Adicionais
Novo Material Técnico, Deduções detalhadas e Módulos na *Web*

Estante com Referências Profissionais
Material importante para praticar engenharia, que não necessariamente está coberto em todos os cursos de ERQ

Enunciados de Problemas Computacionais de Simulação
Problemas digitais usando Wolfram e Python, assim como MATLAB e Polymath

Vídeos no YouTube
Vídeos humorísticos cobrindo tópicos que variam de exemplos a interrupções animadas do estudo

Avaliação

Autotestes
Problemas interativos com soluções para prover revisão extra de conceitos

Questões i>*Clicker*
Questões interativas de múltipla escolha para ajudar a compreender o conteúdo

Figura P.3 Acesso a *Links* Úteis (*Useful Links*) (http://www.umich.edu/~elements/6e/01chap/obj.html#/).

O ponto importante que quero destacar aqui é a lista de todos os recursos mostrados nas Figuras P.3 e P.4. Além de listar os objetivos deste capítulo, você encontrará todas as principais teclas de atalho, como:

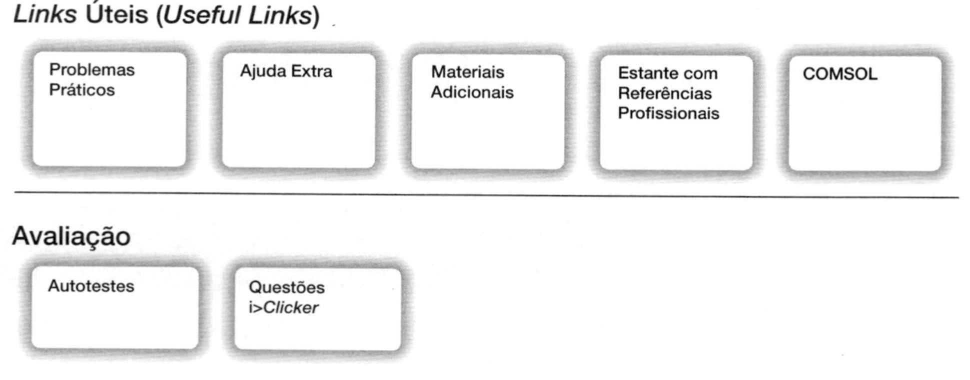

Figura P.4 *Links* Úteis (*Useful Links*).

Problemas Práticos (PP, *Living Example Problems* - LEPs), *incluindo* COMSOL, têm todos os exemplos numéricos programados e prontos para uso com o clique de um botão. *Ajuda Extra (Extra Help)* inclui notas interativas, capturas de tela e técnicas que facilitam a aprendizagem e o estudo. *Material Adicional (Additional Material)* e *Estante com Referências Profissionais (Professional Reference Shelf)* fornecem deduções expandidas e material relevante para a ERQ, mas não fazem parte da obra impressa devido às limitações da espessura do livro; ou seja, os alunos não conseguem se concentrar na ERQ se suas mochilas estiverem tão pesadas a ponto de sofrerem para carregá-las. *Autotestes (Self Tests)* e *Questões i>Clicker (i>Clicker Questions)* ajudam os leitores a avaliar o seu nível de compreensão.

D.2 Problemas Práticos (PPs)

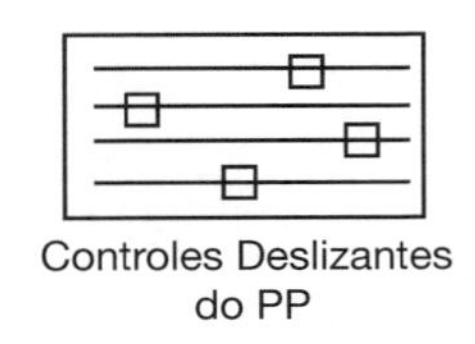

Controles Deslizantes do PP

PPs, sigla para **P**roblemas **P**ráticos (*Living Example Problems* - LEPs), são simulações que podem ser usadas para realizar experimentos no reator e analisar as reações que ocorrem dentro dele. Aqui, em vez de ficar preso aos valores dos parâmetros dados pelo autor, os PPs permitem que você altere o valor de um parâmetro e veja seu efeito na operação do reator. PPs têm sido exclusivos para este livro desde a sua terceira edição, em 1999, quando foram elaborados e incluídos pela primeira vez. No entanto, Wolfram e Python nos permitiram fazer PPs em um novo nível, resultando em uma pequena mudança de paradigma. Os PPs usam *software* de simulação, que pode ser baixado diretamente no próprio computador para "brincar" com as principais variáveis e suposições. Usar os PPs para explorar o problema e ter questões do tipo "*E se...?*" dão aos alunos a oportunidade de praticar habilidades de pensamento crítico e criativo. Para orientar os alunos no uso dessas simulações, perguntas para cada capítulo são fornecidas no *site* (por exemplo, http://www.umich.edu/~elements/6e/12chap/obj.html).[2] Nesta edição, há mais de 80 simulações interativas (PPs) fornecidas no *site*. O autor acredita fortemente que o uso dos controles deslizantes dos PPs desenvolverá uma sensação intuitiva para a ERQ.

As simulações denominadas **Pare e Cheire as Rosas** (***Stop and Smell the Roses***) são simulações interativas abrangentes que fornecem percepção e sensação intuitiva para o reator e a reação quando você reserva um tempo para explorar os parâmetros por meio dos controles deslizantes do Wolfram ou do Python. #valorizeoseutempo.

A Figura P.5 mostra uma captura de tela dos PPs do Capítulo 5. Dê um clique simples no botão de atalho da linguagem de programação desejada (Wolfram, Python) e carregue o programa. Use então os controles deslizantes para explorar os reatores variáveis de operação e os parâmetros de propriedade.

Chapter 5: Isothermal Reactor Design: Conversion

Living Example Problems

Note: When downloading Python code files over Chrome browser, you may see a security warning. We assure you that these files are secure and you may keep them on your computer.

Living Example Problem	Polymath™ Code	Python Code	MATLAB Code	Wolfram CDF Code *	AspenTech ™
Example 5-3 Plug-flow reactor	LEP-5-3.pol	LEP-5-3.py	LEP-5-3.zip	LEP-5-3.cdf	
Example 5-4 Pressure Drop in a Packed Bed		LEP-5-4.py		LEP-5-4.cdf	
Example 5-5 Effect of pressure drop on conversion	LEP-5-5.pol	LEP-5-5.py	LEP-5-5.zip	LEP-5-5.cdf	
Example 5-6 Robert Worries what if...	LEP-5-6.pol	LEP-5-6.py		LEP-5-6.cdf	
Example 5-7 Calculating X in a reactor with Pressure drop	LEP-5-7.pol	LEP-5-7.py	LEP-5-7.zip	LEP-5-7.cdf	Tutorial, ASPEN Backup File
Example 5-8 Reversible gas-phase reaction in a packed bed with pressure drop	LEP-5-8.pol	LEP-5-8.py	LEP-5-8.zip	LEP-5-8.cdf	

1. **LEP** : Click here to view LEP Tutorials
2. **Polymath** : Click here to view Polymath Tutorials
3. **Python** : Click here to view Python Tutorials
4. **MATLAB** : Click here to view MATLAB Tutorials
5. **Wolfram** : Click here to download Wolfram CDF Player. You can run the CDF code, download Wolfram CDF Player for free. Click here to view Wolfram Tutorials

Figura P.5 Captura de tela dos Problemas Práticos (PPs) (*Living Example Problems, LEPs*).

[2]Veja a seção D deste Prefácio e o Apêndice I para obter ideias sobre como usar os PPs.

Foi demonstrado que os estudantes que usam **Aprendizagem Baseada em Investigação (ABI)** têm uma compreensão muito maior da informação do que os alunos educados por métodos tradicionais (*Univers. J. Educ. Res.*, 2(1), 37–41 (2014)).[3,4] O aprendizado foi definitivamente mais aprimorado quando se tratava de questões que exigiam interpretação, como, "Por que o perfil de temperatura passou por um mínimo?" Cada capítulo tem uma seção sobre Simulações e Experimentos Computacionais que orientará os alunos na prática ABI. Os estudantes comentaram que os controles deslizantes dos PPs do Wolfram são uma maneira muito eficiente de estudar a operação de um reator químico. Por exemplo, pode-se realizar um experimento de simulação no reator (por exemplo, PP 13.2) para investigar quais condições levariam a uma operação insegura.

Você observará os tutoriais listados logo após a captura de tela da página dos Problemas Práticos. Existem 11 tutoriais do Polymath e um tutorial do PP para Polymath, Wolfram, Python e MATLAB nos capítulos posteriores. Há também seis tutoriais do COMSOL. Para acessar o *software* PP que você deseje usar, ou seja, Polymath, Wolfram, Python ou MATLAB, basta clicar no botão de atalho apropriado e, em seguida, carregar e executar os PPs no *software* que você tenha escolhido. Problemas propostos usando os PPs foram adicionados a cada capítulo que requeira o uso de Wolfram, Python e Polymath. O uso dos controles deslizantes do PP permitirá que os estudantes possam variar os parâmetros de reação e do reator para obterem uma compreensão completa dos Problemas de Simulação Computacional.

D.3 Ajuda Extra

Os componentes da Ajuda Extra (*Extra Help*) são mostrados na Figura P.6.

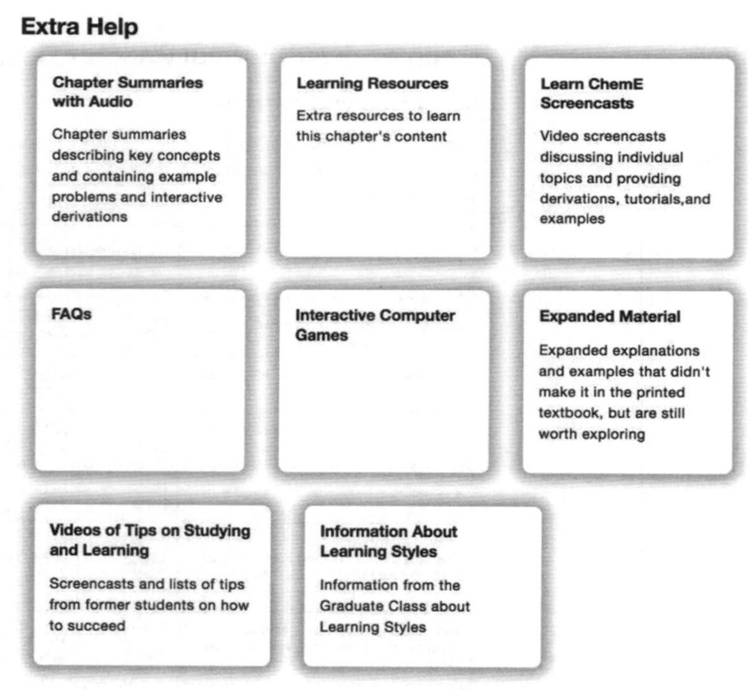

Figura P.6 Captura da tela de Ajuda Extra (*Extra Help*).

[3] *Ibid.*, Adbi, A.
[4] A documentação das vantagens de ABI pode ser encontrada em *Studies in Higher Education*, 38(9), 1239–1258 (2013), *https://www.tandfonline.com/doi/abs/10.1080/03075079.2011.616584*.

Os *Recursos de Aprendizagem* (*Learning Resources*) fornecem uma visão geral do material em cada capítulo por meio das *Notas de Resumo* (*Summary Notes*) interativas. Essas notas incluem deduções sob demanda de equações-chave, explicações em áudio, recursos adicionais, como *Jogos Interativos Computacionais* (*JICs, Interactive Computer Games* [ICGs]), simulações computacionais e experimentos, módulos da *Web* de aplicações novas de ERQ, problemas resolvidos, auxílios de estudo, *Perguntas Frequentes* (*FAQs, Frequently Asked Questions*), *slides* de aulas e *links* para *vídeos de Aprendizado de EngQui* (*LearnChemE videos*). Os módulos da *Web* (*Web modules*) consistem em vários exemplos que aplicam os conceitos-chave de ERQ para problemas padrão e não padrão de engenharia das reações (por exemplo, bastões luminosos, uso de zonas úmidas para degradar produtos químicos tóxicos e farmacocinética da morte por picada de cobra). Os módulos da *Web* podem ser carregados diretamente do CRE *website* (http://www.umich.edu/~elements/6e/web_mod/index.html). Esses recursos estão descritos no Apêndice I.

D.4 Material Adicional

O material adicional mostrado na Figura P.7 inclui deduções, exemplos e novas aplicações de princípios ERQ que se baseiam no algoritmo ERQ no texto.

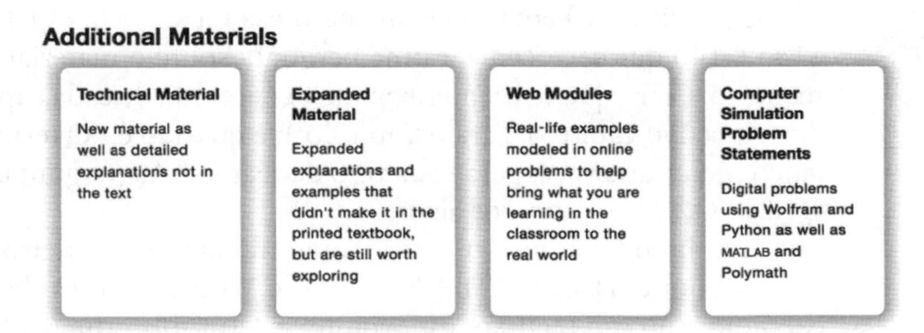

Figura P.7 Captura de tela de Materiais Adicionais (*Additional Materials*).

D.5 Estante com Referências Profissionais

Este material é importante para o engenheiro praticante, tal como detalhes do projeto de reator industrial para oxidação de SO_2, projeto de reatores esféricos e outros materiais que tipicamente não estão incluídos na maioria cursos de engenharia das reações químicas.

D.6 Simulações Computacionais, Experimentos e Problemas

Como discutido na Seção D.2, esses problemas ajudam a guiar os estudantes para entender como os parâmetros e as condições operacionais afetam a reação e os reatores. Esses problemas estão na versão impressa da segunda edição de *O Essencial da Engenharia das Reações Químicas* e na sexta edição de *Elementos de Engenharia das Reações Químicas*, mas não na versão impressa da quinta edição deste último.

D.7 Vídeos no YouTube

Aqui, você encontrará *links* para vídeos humorísticos do YouTube feitos por estudantes do Professor Alan Lane nas aulas engenharia das reações químicas em 2008, na University of Alabama, assim como vídeos das aulas de ERQ em 2011, na University of Michigan; esses vídeos incluem o sempre popular clássico da engenharia química: "Engenharia das Reações Deu Errado". Se você tiver um vídeo bem-humorado no YouTube sobre ERQ, eu ficaria feliz em considerar vinculá-lo.

D.8 COMSOL

O *software* COMSOL Multiphysics soluciona equações diferenciais parciais e é usado nos Capítulos 13 e 18 para visualizar os perfis axial e radial de temperatura e de concentração. Para os usuários deste livro, o COMSOL disponibilizou um *site* especial que inclui um tutorial passo a passo, juntamente com exemplos. Veja a Figura 18.15 e também https://www.comsol.com/books/elements-of-chemical-reaction-engineering-5th/models. Mais detalhes são fornecidos nos Problemas Práticos no CRE *website*.

E. Por que Prescrevemos Problemas Propostos?

Os problemas propostos facilitam o *entendimento verdadeiro* de ERQ. Depois de ler um capítulo, o estudante pode sentir que compreendeu o material. Entretanto, ao tentar uma aplicação nova ou ligeiramente diferente de ERQ em um problema proposto, os estudantes às vezes precisam voltar e reler diferentes partes do capítulo a fim de obter o nível de compreensão necessário para, eventualmente, resolver o problema proposto. **Polymath** é um *software* mais amigável e recomendado para resolver esses problemas ao final dos capítulos.

Gostaria de salientar que uma pesquisa mostrou (*J. Exp. Psychol. Learn, Mem. Cogn.*, 40, 106–114 (2014)) que se você fizer uma pergunta sobre o material antes de lê-lo, você obterá maior retenção. Consequentemente, a primeira pergunta de cada capítulo será relacionada ao material do respectivo capítulo. Para o Capítulo 1, a questão é: "O termo de geração, G, é o único no balanço molar que varia para cada tipo de reator?" As perguntas que seguem são qualitativas em $Q1.2_A$ e $Q2.3_A$, e assim por diante.

Recomenda-se que os estudantes trabalhem primeiro os *Problemas de Simulação Computacional* que usam MATLAB, Python e Wolfram antes de ir para outros problemas. Esses exemplos são um recurso importante. A letra subscrita (A, B, C ou D), após cada número do problema, denota a sua dificuldade (ou seja, A = fácil; D = difícil). Os problemas dos níveis A e B devem ser trabalhados antes de abordar os problemas propostos mais desafiadores em determinado capítulo.

F. Existem Outros Recursos em *Websites*?

CRE *Website* (http://www.umich.edu/~elements/6e/index.html). Uma descrição completa de todos os recursos educacionais e formas de usá-los pode ser encontrada no Apêndice I.

***Website* de Segurança.** Durante os últimos dois anos, um *site* de segurança foi desenvolvido para todos os cursos básicos de engenharia química (http://umich.edu/~safeche/) (conteúdo em inglês). Uma seção no fim de cada capítulo, denominada "*E agora*... Uma Palavra do Nosso Patrocinador em Segurança (UPDNP-S)" apresenta os tutoriais e os distribui em capítulos ao longo livro. Um módulo de segurança para o incidente do Laboratório T2 (http://umich.edu/~safeche/assets/pdf/courses/Problems/CRE/344ReactionEngrModule(1)PS-T2.pdf) e outro para o incidente da Monsanto (http://websites.umich.edu/~safeche/assets/pdf/courses/Problems/CRE/344ReactionEngrModule(2)PS-Monsanto.pdf) podem ser encontrados no *site* de segurança. Um algoritmo de segurança é incluído em ambos os módulos.

Qual o Entretenimento que Está no Site?

A. Vídeos do YouTube. Os vídeos humorísticos foram discutidos na Seção D anteriormente, e integram o CRE *website*.

B. Jogos Interativos Computacionais (JICs). Os estudantes acharam os Jogos Interativos Computacionais divertidos e extremamente úteis para revisão de conceitos importantes dos capítulos para, em seguida, aplicá-los a problemas reais em um modo único e divertido. Os seguintes JICs estão disponíveis no *site*:

- Festival de Perguntas I (Capítulo 1)
- O Reator em Estágios (Capítulo 2)
- Festival de Perguntas II (Capítulo 4)
- Mistério do Assassinato (Capítulo 5)
- Tic Tac (Capítulo 5)
- Ecologia (Capítulo 7)
- A Grande Corrida (Capítulo 8)
- Homem Enzima (Capítulo 9)
- Catálise (Capítulo 10)
- Efeitos Térmicos I (Capítulo 12)
- Efeitos Térmicos II (Capítulo 12).

À medida que você joga os JICs, aparecem questões relacionadas ao material correspondente no livro-texto. O JIC acompanha todas as respostas corretas e, no fim do jogo, dispõe um número codificado do seu desempenho que reflete quão bem você dominou o conteúdo do texto. Os professores têm um manual para decodificar o número de desempenho.

G. Como Desenvolver Habilidades de Pensamento Crítico? (http://umich.edu/~scps/html/probsolv/strategy/crit-n-creat.htm)

Um terceiro objetivo é aprimorar as habilidades de pensamento crítico. Como este livro te auxilia nisso? Resposta: você aprenderá como formular perguntas e realizar ações pensando criticamente do tipo apresentado nas Tabelas P.2 e P.3 do CRE *website*. Mais discussões são encontradas no Prefácio completo (http://www.umich.edu/~elements/6e/toc/Preface-Complete.pdf).

O objetivo de melhorar as habilidades de pensamento criativo é alcançado usando problemas de vários graus com solução aberta (sem respostas absolutas). Com eles, os estudantes podem praticar suas *habilidades criativas* explorando os exemplos, conforme descrito no início dos problemas propostos de cada capítulo, compondo e resolvendo um problema original por meio das sugestões da Tabela P.4 em *http://www.umich.edu/~elements/6e/toc/Preface-Complete.pdf*.

Um dos principais objetivos em nível de graduação é levar os estudantes ao ponto em que eles podem resolver problemas de reações complexas, tais como reações múltiplas com efeitos térmicos e, então, se perguntarem "E se...?" e procurarem condições operacionais ideais e inseguras. Um problema cuja solução exemplifica esse objetivo é a Fabricação de Estireno (Capítulo 12, Problema P12.26$_C$). Esse problema é particularmente interessante porque duas reações são endotérmicas e uma é exotérmica.

(1) Etilbenzeno → Estireno + Hidrogênio: Endotérmica

(2) Etilbenzeno → Benzeno + Etileno: Endotérmica

(3) Etilbenzeno + Hidrogênio → Tolueno + Metano: Exotérmica

O estudante pode obter mais prática nas habilidades dos pensamentos crítico e criativo adicionando qualquer um dos seguintes exercícios (x), (y) e (z) a qualquer um dos problemas propostos no final dos capítulos.

(x) Como você poderia tornar este problema mais fácil? E mais difícil?
(y) Critique sua resposta escrevendo uma pergunta de pensamento crítico.
(z) Descreva duas maneiras pelas quais você pode resolver este problema incorretamente.

H. O que É Novo Nesta Edição?

A interação do livro-texto com o *site* é uma minimudança de paradigma na aprendizagem ativa. Existe uma relação simbiótica entre o *site* e o livro-texto que permite ao estudante ter uma sensação intuitiva das reações e reatores. Lá, os estudantes usam os pacotes de *software* Wolfram, Python, MATLAB e Polymath para explorar as reações e os reatores. Além disso, esta edição de *Elementos da Engenharia das Reações Químicas* mantém todos os pontos fortes das edições anteriores, usando algoritmos que permitem aos alunos aprender ERQ por meio da lógica, em vez da memorização. A Figura P.8 mostra a Ajuda Extra associada ao material do Capítulo 1.

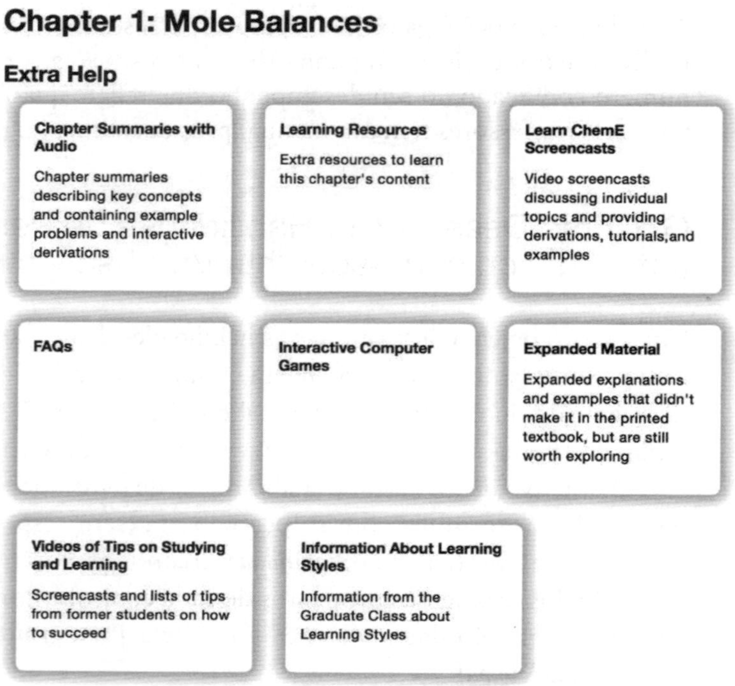

Chapter 1: Mole Balances

Extra Help

Chapter Summaries with Audio
Chapter summaries describing key concepts and containing example problems and interactive derivations

Learning Resources
Extra resources to learn this chapter's content

Learn ChemE Screencasts
Video screencasts discussing individual topics and providing derivations, tutorials,and examples

FAQs

Interactive Computer Games

Expanded Material
Expanded explanations and examples that didn't make it in the printed textbook, but are still worth exploring

Videos of Tips on Studying and Learning
Screencasts and lists of tips from former students on how to succeed

Information About Learning Styles
Information from the Graduate Class about Learning Styles

Figura P.8 Captura de tela da Ajuda Extra (*Extra Help*).

O *site* foi amplamente expandido para abordar a listagem de Felder/Solomon relativa a Diferentes Estilos de Aprendizagem[5] por meio de Notas de Resumos interativas, Questões i>*Clicker* e Jogos Interativos Computacionais (JICs). Por exemplo, como discutido no Apêndice I, o Aprendiz Global pode obter uma visão geral do conteúdo do capítulo proveniente das Notas de Resumos; o Aprendiz Sequencial pode usar todas as Questões i>*Clicker* e os botões de atalho Self Test; e o aprendiz ativo pode interagir com os JICs e usar os botões de atalho Derive nas Notas de Resumo.

O *site* desta nova edição fornece exemplos interativos completos usando Polymath, Wolfram, Python e MATLAB. Esses *softwares* são usados para realizar experimentos no reator e nas reações, para, então, elaborar um conjunto de conclusões descrevendo o que os experimentos revelaram. Além disso, há uma seção sobre segurança no final de cada capítulo que está vinculada ao *site* de segurança (http://umich.edu/~safeche/).

Assim como na edição anterior, um tutorial técnico do Aspen é fornecido para quatro exemplos no CRE *website* (http://www.umich.edu/~elements/6e/software/aspen.html).

[5] *https://www.engr.ncsu.edu/stem-resources/legacy-site/*

E o mais importante, temos de sempre lembrar que:

Todas as leis intensivas tendem a ter exceções frequentemente, pelo menos é o que esperamos. Conceitos muito importantes levam a declarações ordenadas e responsáveis. Praticamente, todas as leis são intrinsecamente pensamentos naturais. Observações gerais tornam-se leis sob experimentação.

I. Como Eu lhe Agradeço?

Há tantos colegas e alunos que contribuíram para este livro que seria necessário outro capítulo para agradecer a todos de maneira apropriada. Agradeço mais uma vez a todos os meus amigos, alunos e colegas por suas contribuições à sexta edição de *Elementos da Engenharia das Reações Químicas*. Gostaria de agradecer especialmente às pessoas a seguir.

Em primeiro lugar, estou em dívida com as famílias de Ame e Catherine Vennema, cuja doação facilitou muito a conclusão deste projeto. Meu colega, Dr. Nihat Gürmen, foi coautor do *site* original durante a elaboração da quarta edição desta obra. Ele tem sido um colega maravilhoso de se trabalhar. Também gostaria de agradecer aos estudantes de graduação de EngQui da University of Michigan que agiram, desde cedo, como *webmasters* para o CRE *website*, isto é, Arthur Shih, Maria Quigley, Brendan Kirchner e Ben Griessmann. Mais recentemente, os estudantes Jun Kyungjun Kim, Elsa Wang, Wen He, Kiran Thwardas, Tony Hanchi Zhang, Arav Agarwal e Lisa Ju Young Kim trabalharam tanto no CRE *website* quanto no Safety *website*.

Michael B. Cutlip, coautor de Polymath, não apenas fez sugestões e a leitura crítica da primeira edição, mas também, ainda mais importante, forneceu apoio e incentivo ao longo deste projeto. Professor Chau-Chyun Chen forneceu dois exemplos do AspenTech. Ed Fontes, do COMSOL Multiphysics, não apenas incentivou, mas também forneceu o *site* do COMSOL contendo um tutorial com exemplos de ERQ. Julie Nahil, produtora sênior de conteúdo da Pearson para todos os meus projetos de livros, tem sido fantástica. Ela forneceu incentivo, atenção aos detalhes e um grande senso de humor, que foram muito apreciados. O aluno de pós-graduação em Engenharia Química, Mayur Tikmani, do Indian Institute of Technology (IIT), Guwahati, foi incrível em ajudar a levar este texto ao editor em tempo. Ele forneceu todos os códigos Wolfram para os exemplos de PPs; quando necessário, verificou e corrigiu todos os tutoriais Polymath, Wolfram, Python e MATLAB no CRE *website*; e ajudou a revisar todos os capítulos. Vários estagiários ajudaram na preparação do material adicional para o livro, especialmente para o Safety *website*, bem como o material relacionado a ele. Kaushik Nagaraj desenvolveu e forneceu a codificação MATLAB para as simulações na Seção 3.5, enquanto Jakub Wlodarczyk (Warsaw University of Technology, Polônia) verificou todas as Questões i>*Clicker* e soluções. Os estudantes do Indian Institute of Technology, em Bombay, que contribuíram para a seção UPDNP-S no final de cada capítulo são: Kaushik Nagaraj, Triesha Singh, Reshma Kalyan Sundaram, Kshitiz Parihar, Manan Agarwal, Kushal Mittal e Sahil Kulkarni. Vaibav Jain, do IIT em Delhi, trabalhou no Manual de Soluções. Kara Steshetz, Alec Driesenga, Maeve Gillis e Lydia Peters, da University of Michigan, também trabalharam no material sobre segurança.

Gostaria de agradecer às pessoas a seguir por vários motivos diferentes: Waheed Al-Masry, David Bogle, Lee Brown, Hank Browning, Thorwald Brun, John Chen, Stu Churchill, Dave Clough, Jim Duderstadt, Tom Edgar, John Falconer, Claudio Vilas Boas Favero, Rich Felder, Asterios Gavriilidis, Sharon Glotzer, Joe Goddard, Robert Hesketh, Mark Hoefner, Jay Jorgenson, Lloyd Kemp, Kartic Khilar, Costas Kravaris, Steve LeBlanc, Charlie Little, Kasper Lund, a família Magnuson, Joe Martin, Susan Montgomery, nossos pais, Guiseppe Parravano, Max Peters, Sid Sapakie, Phil Savage, Jerry Schultz, Johannes Schwank, Mordechai Shacham, Nirala Singh, que testou em classe esta edição, Michael Stamatakis, Klaus Timmerhaus, meu bom amigo Jim Wilkes, June Wispelwey, meus netos Max e Joe (também conhecido como "Jofo") Fogler, Sophia e Nicolas Bellini, meus filhos, Peter, Rob e Kristi, meus pais, o Grupo Emérito de

Almoço na Faculdade às Sextas-Feiras e a equipe da Starbucks no Plymouth Road Mall, onde foi realizada a maior parte da minha edição final deste livro.

Laura Bracken faz parte deste livro. Aprecio sua excelente capacidade em decifrar as equações e os rabiscos, sua organização, sua descoberta de erros e inconsistências e sua atenção aos detalhes no trabalho com as correções e provas de página. Além de tudo isso, estava sempre presente a sua maravilhosa disposição. Obrigado, Radar!!

Finalmente, para minha esposa Janet, amor e agradecimento. Ela não apenas digitou a primeira edição deste livro – em uma máquina de escrever Royal Select, pode acreditar! – como também foi uma câmara de ressonância para tantas coisas nesta edição. Ela estava sempre disposta a ajudar com a formulação e a estrutura da frase. Por exemplo, muitas vezes eu perguntei a ela: “Essa é a frase ou a palavra correta a usar aqui?” ou “Devo mencionar Jofostan aqui?” Jan também me ajudou a aprender que criatividade envolve saber o que deixar de fora. Sem sua enorme ajuda e suporte ao projeto, ele nunca teria sido possível.

HSF
Ann Arbor, Michigan
Maio de 2020

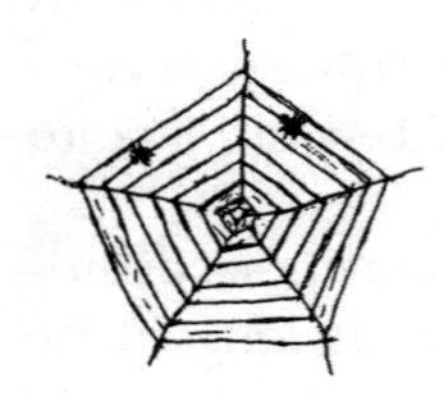

Atualizações, perguntas frequentes, módulos da *Web*, PPs, novos aplicativos interessantes e erros de tipografia podem ser acessados na página inicial do CRE *website*:

www.umich.edu/~elements/6e/index.html.

Sobre o Autor

H. Scott Fogler é professor de engenharia química, da cátedra Ame e Catherine Vennema, e professor da cátedra Arthur F. Thurnau, na University of Michigan, em Ann Arbor. Em 2020, ele recebeu o prêmio Michigan Distinguished Professor. Em 2009, foi o presidente nacional do American Institute of Chemical Engineers (AIChE), uma organização com 50 mil membros. Ele concluiu o bacharelado na University of Illinois e o mestrado e o Ph.D. na University of Colorado. Ele também é o autor de *Essentials of Chemical Reaction Engineering* (*Cálculo de Reatores: O Essencial da Engenharia das Reações Químicas*, editora LTC), segunda edição, e coautor de *Strategies for Creative Problem Solving*, terceira edição, com Steven LeBlanc e Benjamin Rizzo.

Os interesses de pesquisa do professor Fogler incluem escoamento e reação em meios porosos, deposição de ceras e asfaltenos, cinética de floculação de asfaltenos, cinética de gelificação, fenômenos coloidais e dissolução catalisada. Ele orientou 49 estudantes de doutorado e escreveu mais de 250 publicações nessas áreas. Fogler presidiu a ASEE's Chemical Engineering Division, atuou como diretor do AIChE e ganhou o Prêmio Warren K. Lewis da AIChE por contribuições para o ensino de engenharia química. Ele também recebeu o Chemical Manufacturers Association's National Catalyst Award, o 2010 Malcom E. Pruitt Award, do Council for Chemical Research (CCR), e o 2019 Van Antwerpen Award, da AIChE. Foi condecorado em 12 renomadas conferências e é o editor associado de *Energy & Fuels*. Em 15 de abril de 2016, Scott recebeu o título Doutor *honoris causa* da Universitat Rovira i Virgili, em Tarragona, na Espanha.

Nota do editor: Lamentavelmente, o Professor Fogler faleceu em 21 de agosto de 2021.

Material Suplementar

Este livro conta com o seguinte material suplementar:

- Apêndice A: Técnicas Numéricas
- Apêndice B: Constante dos Gases Ideais e Fatores de Conversão
- Apêndice C: Relações Termodinâmicas Envolvendo a Constante de Equilíbrio
- Apêndice D: Pacotes Computacionais
- Apêndice E: Dados de Equação da Taxa
- Apêndice F: Nomenclatura
- Apêndice G: Problemas com Soluções Abertas
- Apêndice H: Uso de Pacotes de Química Computacional
- Apêndice I: Como Usar o CRE *Website*

O acesso ao material suplementar é gratuito. Basta que o leitor se cadastre e faça seu *login* em nosso *site* (www.grupogen.com.br), clique no *menu* superior do lado direito e, após, em Ambiente de aprendizagem. Em seguida, clique no menu retrátil e insira o código de acesso (PIN) localizado na segunda orelha deste livro.

O acesso ao material suplementar online fica disponível até seis meses após a edição do livro ser retirada do mercado.

Caso haja alguma mudança no sistema ou dificuldade de acesso, entre em contato conosco pelo e-mail gendigital@grupogen.com.br.

Sumário

Material *online*, disponível integralmente no Ambiente de aprendizagem.

Material *online*, disponível integralmente no Ambiente de aprendizagem.

Balanços Molares 1

A primeira etapa para o conhecimento
é saber que somos ignorantes.

— Sócrates (470-399 a.C.)

Amplo Mundo Selvagem da Engenharia das Reações Químicas

Cinética química é o estudo das taxas de reações químicas e dos mecanismos de reação. O estudo da engenharia das reações químicas (ERQ) combina o estudo de cinética química com os reatores nos quais as reações ocorrem. A cinética química e o projeto de reatores estão no coração da fabricação de quase todos os produtos químicos industriais, tais como a produção de anidrido ftálico mostrada na Figura 1.1. É principalmente o conhecimento de cinética química e de projeto de reatores que distingue o engenheiro químico de outros engenheiros. A seleção de um sistema de reação que opere da maneira mais segura e mais eficiente pode ser a chave para o sucesso ou o fracasso econômico de uma planta química. Por exemplo, se um sistema de reações produzir uma grande quantidade de produto indesejável, a purificação e a separação subsequentes do produto desejado poderão tornar o processo inteiro economicamente desfavorável.

Como um engenheiro químico é diferente dos outros engenheiros?

Os princípios de engenharia das reações químicas (**ERQ**) aprendidos aqui podem também ser aplicados em áreas, tais como tratamento de águas residuais, microeletrônica, fabricação de nanopartículas e farmacocinética de sistemas vivos, além das áreas mais tradicionais da

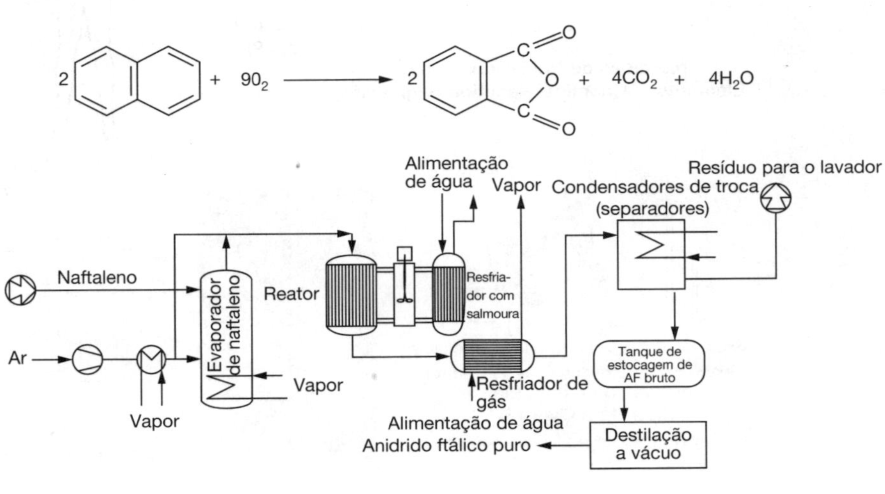

$$2\,C_{10}H_8 + 9O_2 \longrightarrow 2\,C_8H_4O_3 + 4CO_2 + 4H_2O$$

Figura 1.1 Fabricação de anidrido ftálico.

fabricação de produtos químicos e farmacêuticos. Alguns dos exemplos que ilustram a ampla aplicação dos princípios de ERQ são mostrados na Figura 1.2. Esses exemplos, que podem ser encontrados no livro e no *site* Elements of Chemical Reaction Engineering (CRE *website*: http://websites.umich.edu/~elements/6e/index.html), incluem a modelagem do nevoeiro na bacia de Los Angeles (Capítulo 1, em Web Modules no mesmo *site*), o sistema digestivo de um hipopótamo (Capítulo 2, em Web Modules e ERQ molecular (Capítulo 3, em Web Modules). Também é mostrada a fabricação de etilenoglicol (anticongelante), em que os três tipos mais comuns de reatores industriais são usados (Capítulos 5 e 6), e o uso de pântanos para degradar

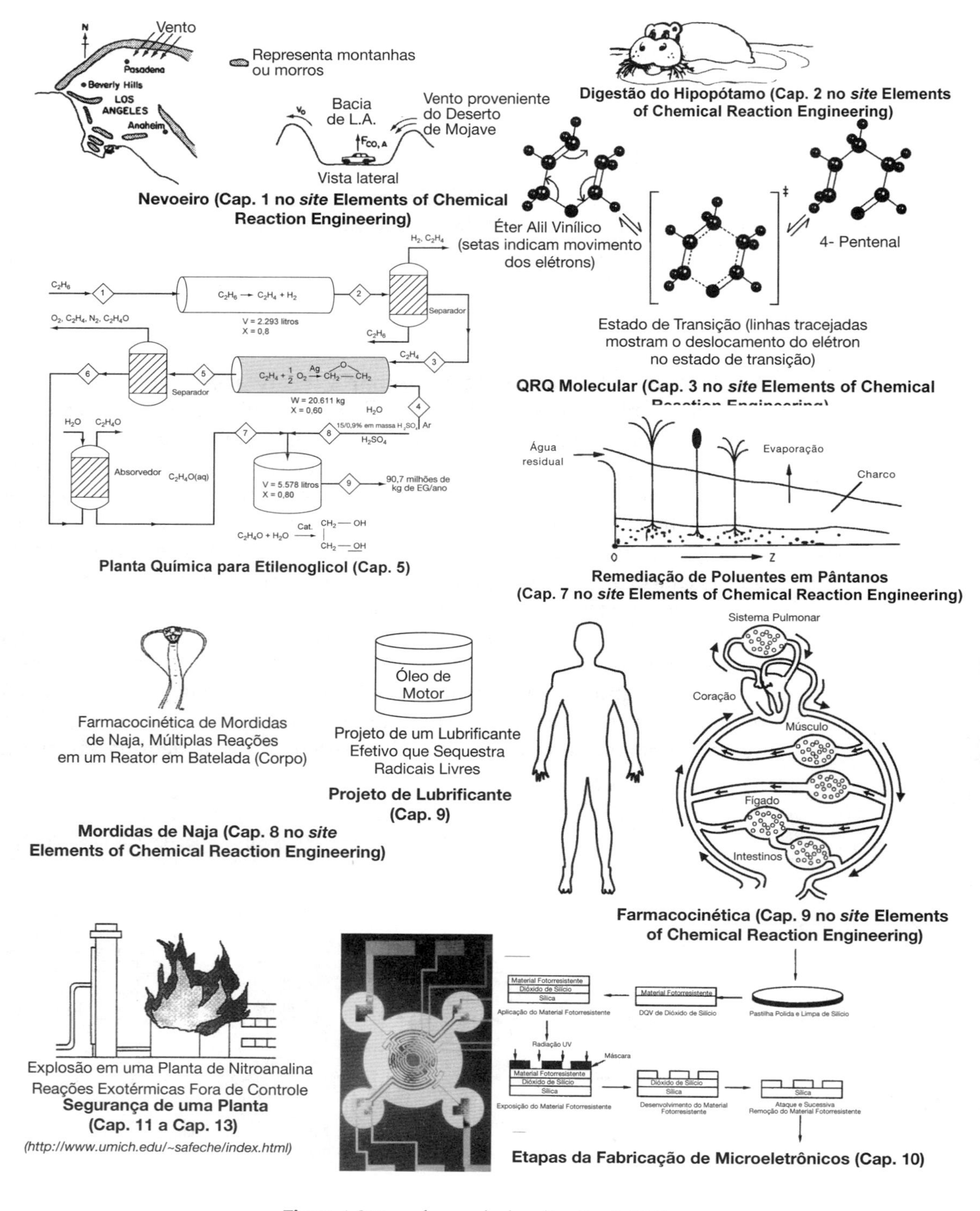

Figura 1.2 O amplo mundo de aplicações de ERQ.

produtos químicos tóxicos (Capítulo 7 no *site* Elements of Chemical Reaction Engineering). Outros exemplos mostrados são a cinética sólido-líquido de interações ácido-rocha para melhorar a recuperação de óleo (Capítulo 7); a farmacocinética de mordidas de naja (Capítulo 8, em Web Modules); os sequestradores de radicais livres usados no projeto de óleos de motor (Capítulo 9), a cinética enzimática (Capítulo 9) e a farmacocinética de liberação de medicamentos (Capítulo 9 no *site* Elements of Chemical Reaction Engineering); os efeitos térmicos, as reações fora de controle e a segurança de uma planta (Capítulos 11 a 13); e o aumento do número de octanas da gasolina e a fabricação de *chips* de computadores (Capítulo 10).

Visão Geral. Este capítulo desenvolve o primeiro bloco de construção da engenharia das reações químicas, os *balanços molares*, que serão usados continuamente em todo o texto. Depois de completar este capítulo, você será capaz de:

- Descrever e definir a taxa de reação
- Deduzir a equação geral de balanço molar
- Aplicar a equação geral de balanço molar aos quatro tipos mais comuns de reatores industriais

Antes de entrar nas discussões das condições que afetam os mecanismos da taxa de reações químicas e o projeto de reatores, é necessário considerar as várias espécies químicas que entram, saem, reagem e se acumulam em um sistema reacional. Esse processo contábil é alcançado por meio dos balanços molares globais nas espécies individuais no sistema. Neste capítulo, desenvolveremos um balanço molar geral que pode ser aplicado a qualquer espécie (geralmente um composto químico) que entra, sai, reage e se acumula dentro do volume do sistema reacional. Após definirmos a taxa de reação, $-r_A$, mostraremos como a equação geral de balanço molar (EGBM) pode ser usada para desenvolver uma forma preliminar de equações de projeto dos reatores industriais mais comuns (https://encyclopedia.che.engin.umich.edu/reactors/).

- Reator em Batelada (BR)
- Reator Contínuo de Tanque Agitado (CSTR)
- Reator com Escoamento Empistonado ou Tubular (PFR)
- Reator de Leito com Recheio (PBR)

No desenvolvimento dessas equações, as suposições relacionadas com a modelagem de cada tipo de reator serão delineadas. Finalmente, um breve resumo e uma série de questões rápidas e problemas de revisão serão apresentados no final do capítulo.

1.1 Taxa de Reação, $-r_A$

Identifique
– Tipo
– Número
– Configuração

A taxa de reação nos diz quão rápido o número de mols de uma espécie química está sendo consumido para formar outra espécie química. O termo *espécie química* se refere a qualquer componente ou elemento químico com uma certa *identidade*. A identidade de uma espécie química é determinada pelo *tipo*, *número* e *configuração* dos átomos daquela espécie. Por exemplo, a espécie

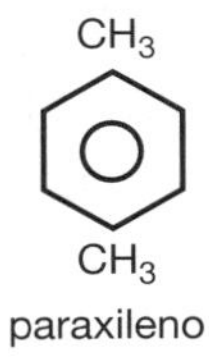

paraxileno

paraxileno é composta de um número fixo de átomos específicos em uma configuração ou arranjo molecular definido. A estrutura mostrada ilustra o tipo, o número e a configuração de átomos em um nível molecular. Mesmo que dois compostos químicos tenham exatamente o mesmo número de átomos de cada elemento, eles poderiam ainda ser espécies diferentes por causa das diferentes configurações. Por exemplo, 2-buteno tem quatro átomos de carbono e oito átomos de hidrogênio; no entanto, os átomos nesse composto podem formar dois arranjos diferentes.

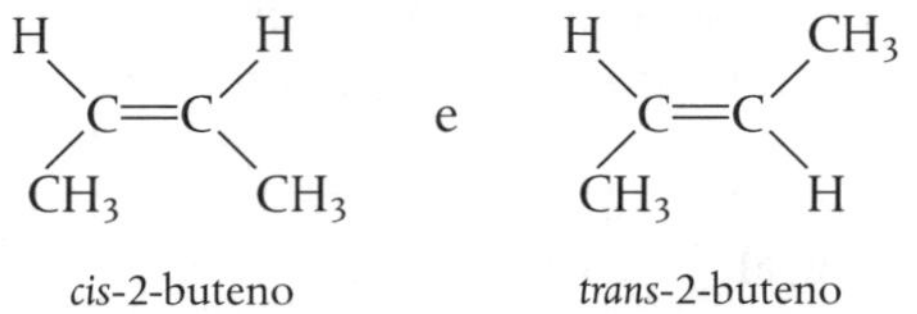

H H H CH_3
C=C e C=C
CH_3 CH_3 CH_3 H

cis-2-buteno *trans*-2-buteno

Quando uma reação química acontece?

Como uma consequência das diferentes configurações, esses dois isômeros apresentam diferentes propriedades físicas e químicas. Logo, vamos considerá-los como duas espécies diferentes, embora cada espécie tenha o mesmo número de átomos de cada elemento.

Dizemos que uma *reação química* aconteceu quando um número detectável de moléculas de uma ou mais espécies perdeu sua identidade e adquiriu uma nova forma pela mudança no tipo ou número de átomos no composto e/ou por uma mudança na estrutura ou configuração desses átomos. Nessa abordagem clássica de mudança química, é considerado que a massa total não é criada e nem destruída quando uma reação química ocorre. A massa referida é a massa total do conjunto de todas as espécies diferentes no sistema. Entretanto, quando consideramos as espécies individuais envolvidas em uma reação particular, falamos da taxa de consumo da massa de uma espécie particular. *A taxa de consumo de uma espécie A, por exemplo, é o número de moléculas de A que perdem sua identidade química por unidade de tempo e volume, por meio da quebra e subsequente recomposição das ligações químicas durante o curso da reação.* Para que uma espécie particular "apareça" no sistema, alguma determinada fração de uma outra espécie tem de perder sua identidade química.

Definição de *Taxa de Reação*

Há três maneiras básicas de uma espécie perder sua identidade química: decomposição, combinação e isomerização. Na *decomposição*, a molécula perde sua identidade por sua quebra em moléculas menores, átomos ou fragmentos de átomos. Por exemplo, se benzeno e propileno são formados a partir de uma molécula de cumeno,

Uma espécie pode perder sua identidade por
• Decomposição
• Combinação
• Isomerização

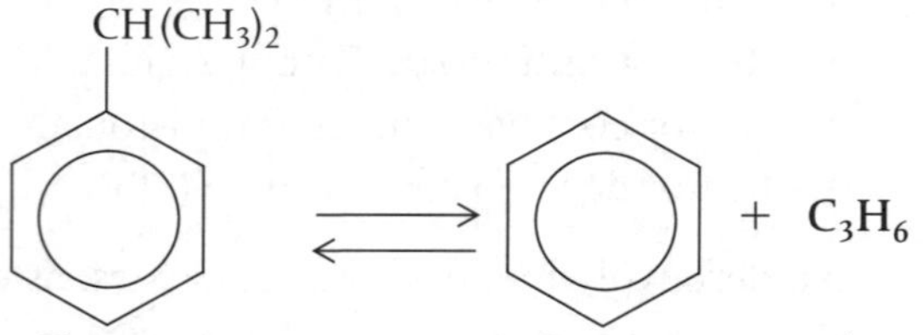

$CH(CH_3)_2$

Cumeno ⇄ Benzeno + C_3H_6 Propileno

a molécula de cumeno perde sua identidade (isto é, desaparece) pela quebra de suas ligações para formar essas moléculas. Uma segunda maneira pela qual uma molécula pode perder sua identidade como espécie química é pela *combinação* com outra molécula ou átomo. No exemplo anterior, a molécula de propileno perderia sua identidade como espécie química se a reação ocorresse na direção inversa, de modo que ela se combinaria com benzeno para formar cumeno. A terceira maneira pela qual uma espécie pode perder sua identidade é por *isomerização*, tal como a reação

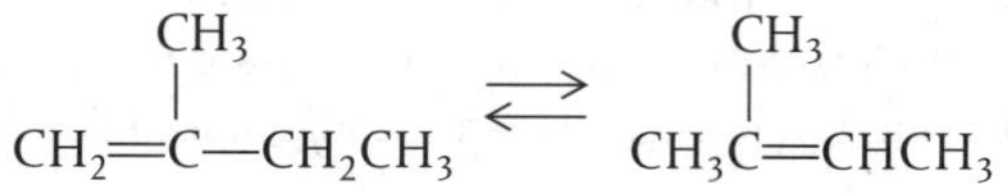

$$CH_2{=}C(CH_3){-}CH_2CH_3 \rightleftarrows CH_3C(CH_3){=}CHCH_3$$

Aqui, embora a molécula não incorpore outras moléculas a ela própria nem se quebre em moléculas menores, ela perde sua identidade devido à mudança na configuração.

Para resumir esse ponto, dizemos que um dado número de moléculas (isto é, mol) de uma espécie química particular reagiu ou desapareceu quando as moléculas perderam sua identidade química.

A taxa à qual uma dada reação química ocorre pode ser expressa em diferentes maneiras, relacionando-a com as diversas espécies químicas na reação. De modo a ilustrar, considere a reação de clorobenzeno com cloral, na presença de ácido sulfúrico fumegante, para produzir o inseticida DDT (diclorodifenil-tricloroetano) proibido.

$$CCl_3CHO + 2C_6H_5Cl \longrightarrow (C_6H_4Cl)_2CHCCl_3 + H_2O$$

Considerando o símbolo A como o cloral, B como o clorobenzeno, C como o DDT e D como H_2O, obtemos

$$A + 2B \longrightarrow C + D$$

O que é $-r_A$?

A taxa de reação, $-r_A$, é o número de mols de A (isto é, cloral) que reage (desaparece) por unidade de tempo e de volume (mol/dm³·s).

O valor numérico da taxa de consumo do reagente A, $-r_A$, é um número positivo.

Diamante ANPF

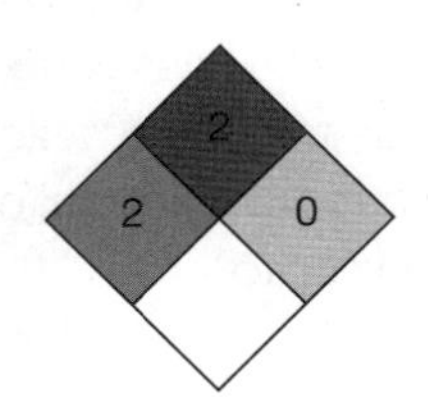

DDT
Veja a Seção 2.7

$-r_A$ = 10 mols de A/m³s†
r_A = −10 mols de A/m³·s
Equação (3.1), Subseção 3.1.1
Então

$$\frac{r_A}{-1} = \frac{r_B}{-2} = \frac{r_C}{1} = \frac{r_D}{1}$$

$r_B = 2(r_A)$ = −20 mols de B/m³·s
$-r_B$ = 20 mols de B/m³·s
$r_C = -r_A$ = 10 mols de C/m³·s
$r_D = -r_A$ = 10 mols de D/m³·s

Exemplo 1.1 Taxas de Consumo e de Formação

O cloral está sendo consumido a uma taxa de 10 mols por segundo por m³, quando reage com clorobenzeno para formar DDT e água na reação descrita anteriormente. Na forma de símbolos, a reação é escrita como

$$A + 2B \longrightarrow C + D$$

Escreva as taxas de consumo e de formação (isto é, geração; mol/m³ · s) para cada espécie nessa reação, quando a taxa de reação de cloral [A] ($-r_A$) for 10 mols/m³ × s.

Solução

(a) *Cloral[A]:* Taxa de consumo de A = ($-r_A$) = 10 mols/ m³ · s
Taxa de formação de A = $-r_A$ = −10 mols/ m³ · s

(b) *Clorobenzeno[B]:* Para cada mol de cloral que desaparece, dois mols de clorobenzeno [B] também desaparecem.
Taxa de consumo de B = $-r_B = -2r_A$ = 20 mols/ m³ · s
Taxa de formação de B = $-r_B$ = −20 mols/m³ · s

(c) *DDT[C]:* Para cada mol de cloral que desaparece, um mol de DDT[C] aparece;
$r_C = -r_A$
Taxa de consumo de C = $-r_C$ = −10 mols/m³ · s
Taxa de formação de C = $r_C = -r_A$ = −(−10 mols/m³ · s) = 10 mols/ m³ × s

(d) *Água[D]:* Mesma relação com o cloral que a relação com o DDT.
Taxa de formação de D = r_D = 10 mol/m³ · s
Taxa de consumo de D = $-r_D$ = −10 mol/m³ · s

$$A + 2B \longrightarrow C + D$$

A convenção

$-r_A$ = 10 mols de A/m³ · s
r_A = −10 mols de A/m³ · s
$-r_B$ = 20 mols de B/m³ · s
r_B = −20 mols de B/m³ · s
r_C = 10 mols de C/m³ · s

Análise: A finalidade deste exemplo é entender melhor a convenção para a taxa de reação. O símbolo r_j é a taxa de formação (geração) da espécie *j*. Se a espécie *j* for um reagente, o valor numérico de r_j será um número negativo. Se a espécie *j* for um produto, então r_j será um número positivo. Uma relação mnemônica, para ajudar a lembrar como obter as taxas de reação relativas de A para B e assim por diante, é dada pela Equação (3.1).

Na Equação (3.1) do Capítulo 3, delinearemos a relação estabelecida entre a taxa de formação de uma espécie, r_j (por exemplo, DDT[C]) e a taxa de consumo de uma outra espécie, $-r_i$ (por exemplo, clorobenzeno[B]) em uma reação química.

Reações heterogêneas envolvem mais de uma fase. Em sistemas reacionais heterogêneos, a taxa de reação é geralmente expressa em medidas que não sejam o volume, tais como área da superfície de reação ou massa do catalisador. Para uma reação catalítica sólido-gás, as moléculas de gás têm de interagir com a superfície sólida do catalisador para que a reação aconteça, como descrito no Capítulo 10.

† Vídeo tutorial: https://www.youtube.com/watch?v=6mAqX31RRJU.

O que é $-r'_A$?

As dimensões dessa taxa de reação heterogênea, $-r'_A$ (linha), *são o número de mols de A reagindo por unidade de tempo e de massa de catalisador* (por exemplo, mols/s · g de catalisador).

Definição de r_j

A maioria das discussões introdutórias neste livro sobre engenharia das reações químicas enfoca os sistemas homogêneos, caso em que simplesmente dizemos que *r_j é a taxa de formação da espécie j por unidade de volume.* É o número de mols da espécie *j* gerados por unidade de volume por unidade de tempo.

Podemos dizer quatro coisas sobre a taxa de reação r_j. A equação da taxa de reação r_j: r_j é:

A equação da taxa não depende do tipo de reator usado!!

- **A taxa de formação da espécie *j* (mol/tempo/volume)**
- **Uma equação algébrica**
- **Independente do tipo de reator (isto é, em batelada ou contínuo) em que a reação ocorre**
- **Somente uma função das propriedades dos reagentes e das condições de reação (isto é, concentração da espécie, temperatura, pressão ou tipo de catalisador, se tiver catalisador) em um ponto do sistema**

$-r_A$ é uma função de quê?

No entanto, pelo fato de as propriedades e as condições de reação dos reagentes poderem variar com a posição em um reator químico, r_j pode, por sua vez, ser uma função da posição e pode variar de ponto a ponto no sistema. Esse conceito é utilizado em reatores de escoamento.

A *equação da taxa de reação química* relaciona a taxa de reação com a concentração das espécies e com a temperatura, conforme será mostrado no Capítulo 3. A equação da taxa de reação química é essencialmente uma equação algébrica envolvendo concentração e não uma equação diferencial.[1] Por exemplo, a forma algébrica da equação da taxa para $-r_A$ para a reação

$$A \longrightarrow \text{Produtos}$$

pode ser uma função linear da concentração,

$$-r_A = kC_A \tag{1.1}$$

ou pode ser alguma outra função algébrica da concentração, tal como a Equação 3.6, mostrada no Capítulo 3,

$$-r_A = kC_A^2 \tag{1.2}$$

ou

A equação da taxa é uma equação algébrica.

$$-r_A = \frac{k_1 C_A}{1 + k_2 C_A}$$

Para uma dada reação, a dependência particular da concentração que a equação da taxa segue (isto é, $-r_A = kC_A$ ou $-r_A = kC_A{}^2$ ou ...) tem de ser determinada a partir de *observação experimental.* A Equação (1.2) estabelece que a taxa de consumo de A é igual à constante de taxa *k* (que é uma função da temperatura) vezes o quadrado da concentração de A. Por convenção, r_A é a taxa de formação de A; consequentemente, $-r_A$ é a taxa de consumo de A. Em todo este livro, a expressão *taxa de geração* significa exatamente o mesmo que a expressão *taxa de formação,* e essas expressões são usadas indistintamente.

A convenção

1.2 Equação Geral de Balanço Molar (EGBM)

De modo a realizar um balanço molar em qualquer sistema, as fronteiras do sistema têm de ser primeiramente especificadas. O volume envolvido por essas fronteiras é referido como o *volume do*

[1] Para maior elaboração sobre esse ponto, ver *Chem. Eng. Sci., 25,* 337 (1970); B. L. Crynes and H. Fogler, eds., *AIChE Modular Instruction Series E: Kinetics,* 1, 1 New York; *AIChE,* 1981; e R. L. Kabel, "Rates," *Chem. Eng. Commun., 9,* 15 (1981).

sistema. Devemos realizar um balanço molar para a espécie j em um volume do sistema, em que a espécie j representa a espécie química particular de interesse, tal como água ou NaOH (Figura 1.3).

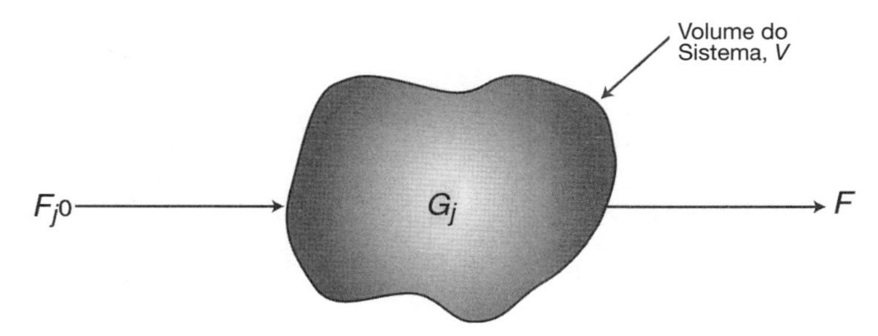

Figura 1.3 Balanço molar da espécie j em um volume do sistema, V.

Um balanço molar da espécie j em qualquer instante de tempo, t, resulta na seguinte equação:

$$\left[\begin{array}{c}\text{Taxa de } j \\ \text{que entra no} \\ \text{sistema} \\ \text{(mols/tempo)}\end{array}\right] - \left[\begin{array}{c}\text{Taxa de } j \\ \text{que sai do} \\ \text{sistema} \\ \text{(mols/tempo)}\end{array}\right] + \left[\begin{array}{c}\text{Taxa de geração de} \\ j \text{ por reação} \\ \text{química} \\ \text{dentro do sistema} \\ \text{(mols/tempo)}\end{array}\right] = \left[\begin{array}{c}\text{Taxa de} \\ \text{acúmulo} \\ \text{de } j \text{ dentro do} \\ \text{sistema} \\ \text{(mols/tempo)}\end{array}\right]$$

Balanço molar

Entrada − **Saída** + **Geração** = **Acúmulo**

$$F_{j0} - F_j + G_j = \frac{dN_j}{dt} \tag{1.3}$$

Acúmulo: Nessa equação, N_j representa o número de mols da espécie j no sistema no tempo t e $\left(\frac{dN_j}{dt}\right)$ é a taxa de acúmulo da espécie j no interior do volume do sistema.

Geração: Se todas as variáveis do sistema (isto é, temperatura, atividade catalítica, concentração da espécie química) forem espacialmente uniformes em todo o volume do sistema, a taxa de geração da espécie j, G_j (mols/tempo), será apenas o produto do volume de reação, V, e a taxa de formação da espécie j, r_j.

$$G_j = r_j \cdot V$$

$$\frac{\text{mols}}{\text{tempo}} = \frac{\text{mols}}{\text{tempo} \cdot \text{volume}} \cdot \text{volume}$$

Suponha agora que a taxa de formação da espécie j para a reação varie com a posição no volume do sistema. Isto é, ela tem um valor r_{j1} na localização 1, que é cercada por um volume pequeno, ΔV_1, dentro do qual a taxa é uniforme: similarmente, a taxa de reação tem um valor r_{j2} na localização 2 e um volume associado, ΔV_2 (Figura 1.4).

A taxa de geração, ΔG_{j1}, em termos de r_{j1} e do subvolume ΔV_1, é

$$\Delta G_{j1} = r_{j1}\,\Delta V_1$$

Expressões similares podem ser escritas para ΔG_{j2} e outros subvolumes do sistema, ΔV_i. A taxa total de geração no interior do volume do sistema é a soma de todas as taxas de geração em cada um dos subvolumes. Se o volume total do sistema for dividido em M subvolumes, a taxa e total de geração será

$$G_j = \sum_{i=1}^{M} \Delta G_{ji} = \sum_{i=1}^{M} r_{ji}\,\Delta V_i$$

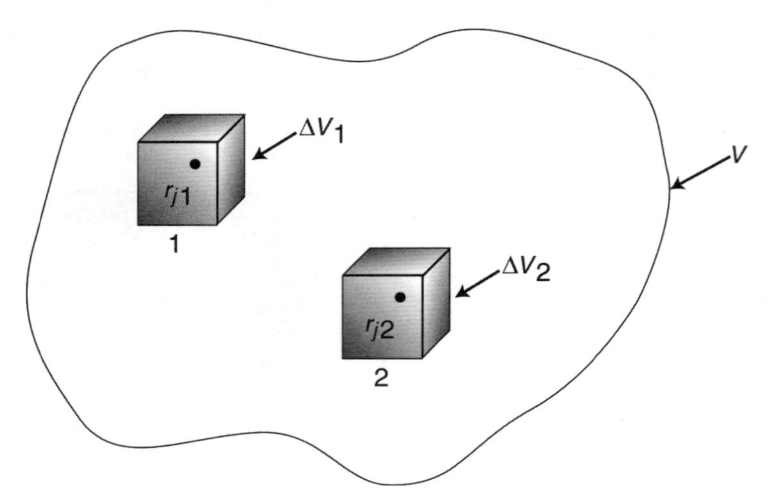

Figura 1.4 Divisão do volume do sistema, V.

Tomando os limites apropriados (isto é, fazendo $M \rightarrow \infty$ e $\Delta V \rightarrow 0$) e usando a definição de integral, podemos reescrever a equação anterior na forma

$$G_j = \int^V r_j \, dV$$

A partir dessa equação, vemos que r_j será uma função indireta da posição, uma vez que as propriedades dos reagentes e as condições da reação (por exemplo, concentração e temperatura) podem ter valores diferentes em diferentes localizações no reator.

Trocamos agora G_j na Equação (1.3); ou seja,

$$F_{j0} - F_j + G_j = \frac{dN_j}{dt} \tag{1.3}$$

por sua forma integral para resultar uma forma da equação geral do balanço molar para qualquer espécie química j que está entrando, saindo, reagindo e/ou se acumulando no interior do volume do sistema V.

Essa é uma equação básica para a engenharia das reações químicas.

$$\boxed{F_{j0} - F_j + \int^V r_j \, dV = \frac{dN_j}{dt}} \tag{1.4}$$

A partir dessa equação geral de balanço molar, podemos desenvolver as equações de projeto para os vários tipos de reatores industriais: em batelada, semibatelada e escoamento contínuo. Avaliando essas equações, podemos determinar o tempo (batelada), o volume do reator ou a massa do catalisador (escoamento contínuo) necessário(a) para converter uma quantidade especificada dos reagentes em produtos.

1.3 Reatores em Batelada (BR)

Quando um reator em batelada é usado?

Um reator em batelada é usado para operação em pequena escala, para testar novos processos que não tenham sido desenvolvidos completamente, para a fabricação de produtos caros e para processos que sejam difíceis de converter em operações contínuas. O reator pode ser carregado (isto é, cheio) por meio dos orifícios no topo (veja a Figura 1.5(a)). O reator em batelada tem a vantagem de altas conversões que podem ser obtidas deixando o reagente no reator por longo período de tempo; porém, ele tem desvantagens, tais como altos custos de operação, variabilidade de produtos de batelada a batelada e dificuldade de produção em larga escala (ver fotos

de reatores industriais na *Estante com Referências Profissionais* [ERP] em http://www.umich.edu/~elements/6e/01chap/prof-reactors.html, no CRE *website*. Ver também https://encyclopedia.che.engin.umich.edu/reactors/.

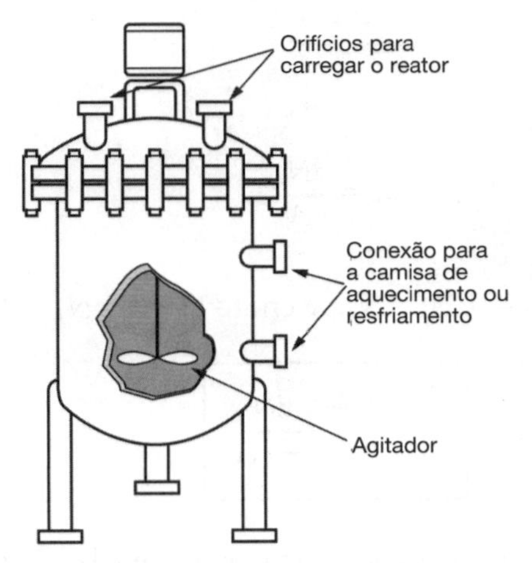

Figura 1.5(a) Reator homogêneo em batelada simples (BR). [Extraído, com permissão especial, de *Chem. Eng.*, *63*(10), 211 (Oct. 1956). Direitos autorais da McGraw-Hill, Inc., 1956, Nova York, NY 10020.]

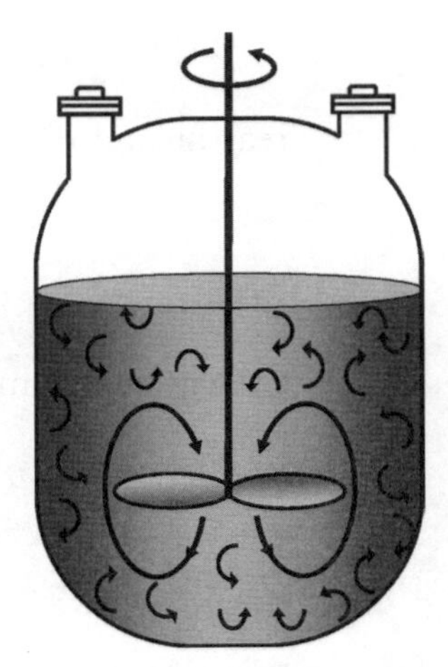

Figura 1.5(b) Padrões de mistura em um reator em batelada. Mais descrições e fotos dos reatores em batelada podem ser encontradas na *Enciclopédia Visual de Equipamentos* e na *Estante com Referências Profissionais* no *site* Elements of Chemical Reaction Engineering.

Ver também https://encyclopedia.che.engin.umich.edu/batch/.

Um reator em batelada não tem entrada nem saída de reagentes ou produtos enquanto a reação está ocorrendo: $F_{j0} = F_j = 0$. O balanço geral molar resultante para a espécie j é

$$\frac{dN_j}{dt} = \int^{V} r_j \, dV$$

Se a mistura reacional estiver perfeitamente misturada (Figura 1.5(b)), então não haverá variação na taxa de reação dentro do volume do reator, podemos retirar r_j da integral, integrar e escrever o balanço molar na forma

Mistura perfeita

$$\boxed{\frac{dN_j}{dt} = r_j V} \tag{1.5}$$

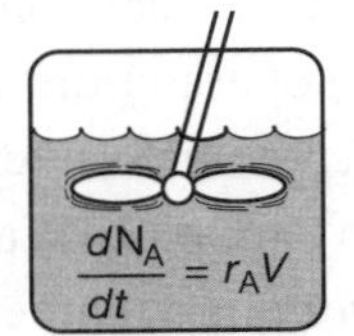

Reator em batelada

Vamos considerar a isomerização da espécie A em um reator em batelada

$$A \longrightarrow B$$

À medida que a reação procede, o número de mols de A diminui e o número de mols de B aumenta, conforme mostrado na Figura 1.6.

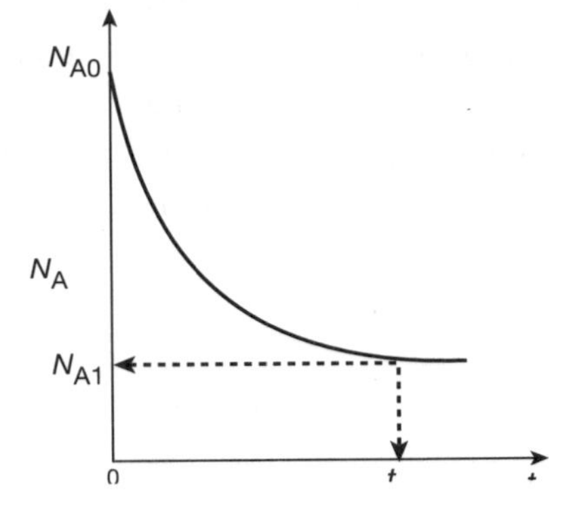

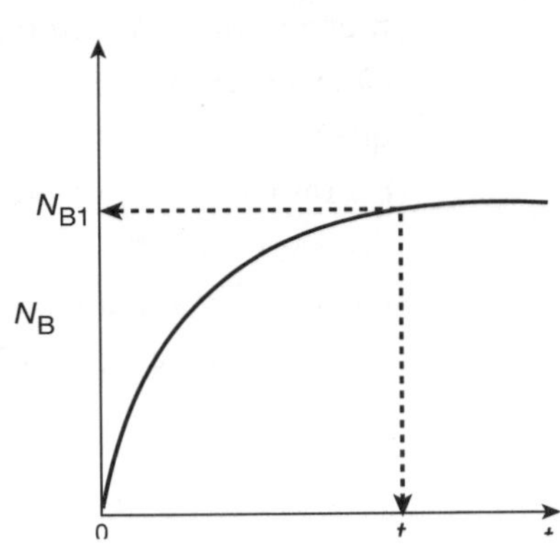

Figura 1.6 Trajetórias mol-tempo.

Podemos perguntar que tempo, t_1, é necessário para reduzir o número inicial de mols de N_{A0} para um número final desejado N_{A1}. Aplicando a Equação (1.5) para a isomerização

$$\frac{dN_A}{dt} = r_A V$$

rearranjando,

$$dt = \frac{dN_A}{r_A V}$$

e integrando com limites que, em $t = 0$, $N_A = N_{A0}$, e em $t = t_1$, $N_A = N_{A1}$, obtemos

$$\boxed{t_1 = \int_{N_{A1}}^{N_{A0}} \frac{dN_A}{-r_A V}} \tag{1.6}$$

Essa equação é a forma integral do balanço molar em um reator em batelada. Ela fornece o tempo, t_1, necessário para reduzir o número de mols de N_{A0} a N_{A1} e também para formar N_{B1} mols de B.

1.4 Reatores com Escoamento Contínuo

Estante com Referências

Reatores com escoamento contínuo são quase sempre operados em regime estacionário. Consideraremos três tipos: o *reator contínuo de tanque agitado* (CSTR), o *reator com escoamento empistonado* (PFR) e o *reator de leito fixo* (PBR). Descrições detalhadas desses reatores podem ser encontradas na *Estante com Referências Profissionais* (ERP) (http://www.umich.edu/~elements/6e/01chap/prof.html), para o Capítulo 1, na *Enciclopédia Visual de Equipamentos, (https://encyclopedia.che.engin.umich.edu/reactors/)*, e no material disponível no CRE *website*.

1.4.1 Reator Contínuo de Tanque Agitado (CSTR)

Para que um CSTR é usado?

Um tipo de reator usado comumente em processamento industrial é o tanque agitado operado continuamente (Figura 1.7). É chamado de *reator contínuo de tanque agitado* (CSTR) ou *reator de retromistura*, sendo usado principalmente para reações em fase líquida. É normalmente operado **em estado estacionário** e é considerado estar **perfeitamente misturado**; consequentemente, a temperatura, a concentração ou a taxa de reação dentro do CSTR não dependem do tempo ou da posição. Ou seja, cada variável é a mesma em cada ponto dentro do reator. Uma vez que a temperatura e a concentração são idênticas em qualquer ponto no interior do tanque de reação, elas são as mesmas na *saída* como em qualquer outro ponto do tanque. Assim, a temperatura e a concentração na corrente de saída são modeladas como iguais àquelas no interior do reator. Em sistemas em que a mistura é altamente não ideal, o modelo bem misturado é inadequado, e temos de recorrer a outras técnicas de modelagem, tais como distribuições de tempo de residência, para obter resultados significativos. Esse tópico de mistura não ideal será discutido nos Capítulos 16 e 17 e os reatores não ideais serão discutidos no Capítulo 18.

Quando a equação geral de balanço molar

EGBM

$$F_{j0} - F_j + \int^V r_j \, dV = \frac{dN_j}{dt} \tag{1.4}$$

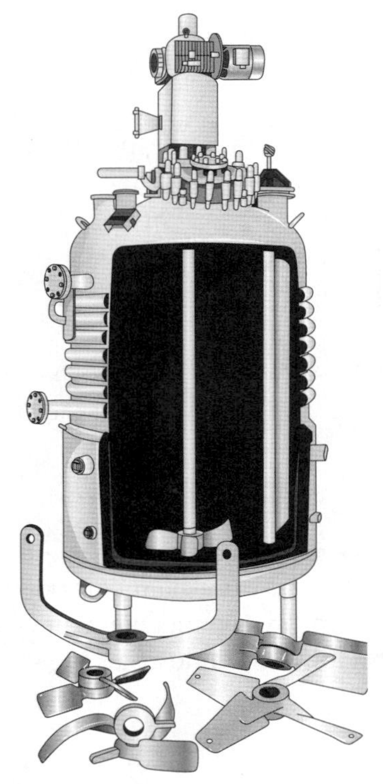

Figura 1.7(a) Reator CSTR/batelada.

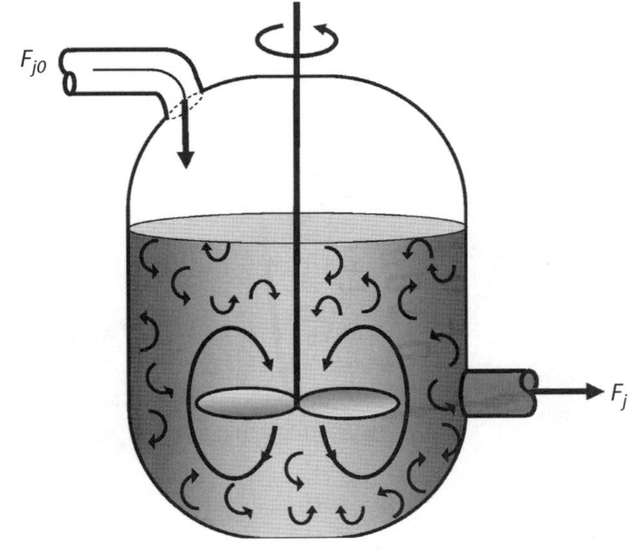

Figura 1.7(b) Padrões de mistura em um CSTR.

Ver também https://encyclopedia.che.engin.umich.edu/cstr/.

é aplicada a um CSTR operado em estado estacionário (isto é, as condições não variam com o tempo),

$$\frac{dN_j}{dt} = 0$$

em que não há variações espaciais na taxa de reação (isto é, mistura perfeita),

O CSTR ideal é considerado perfeitamente misturado (mistura perfeita).

$$\int^{V} r_j \, dV = Vr_j$$

ela adquire a forma familiar, conhecida às vezes como a *equação de projeto* para um CSTR

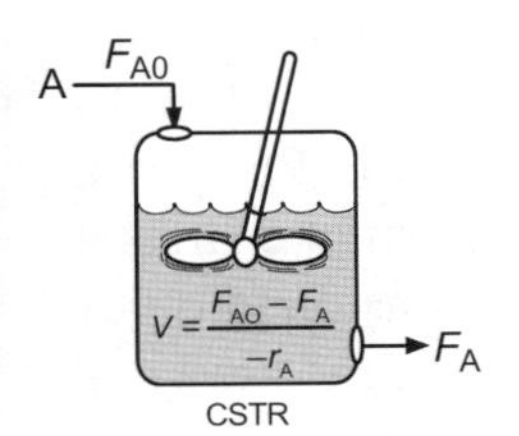

$$\boxed{V = \frac{F_{j0} - F_j}{-r_j}} \tag{1.7}$$

A equação de projeto de um CSTR fornece o volume V do reator, necessário para reduzir a vazão molar da espécie j que entra de F_{j0} para a vazão molar de saída F_j, quando a espécie j está desaparecendo a uma taxa de $-r_j$. Notamos que o CSTR é modelado de tal modo que as condições na corrente de saída (por exemplo, concentração, temperatura) **são idênticas** àquelas no tanque. A vazão molar F_j é justamente o produto da concentração da espécie j e a vazão volumétrica υ:

$$\boxed{\begin{gathered} F_j = C_j \cdot \upsilon \\ \frac{\text{mols}}{\text{tempo}} = \frac{\text{mols}}{\text{volume}} \cdot \frac{\text{volume}}{\text{tempo}} \end{gathered}} \tag{1.8}$$

Aplicando a Equação (1.8) na entrada do reator, obtém-se:

$$F_{j0} = C_{j0} \cdot \upsilon_0$$

Consequentemente, podemos substituir para F_{j0} e F_j na Equação (1.7) de modo a escrever um balanço para a espécie A como

$$\boxed{V = \frac{\upsilon_0 C_{A0} - \upsilon C_A}{-r_A}} \tag{1.9}$$

A equação de balanço molar para o CSTR ideal é uma equação algébrica, e não uma equação diferencial.

1.4.2 Reator Tubular

Quando um reator tubular é usado mais frequentemente?

Além dos reatores CSTR e em batelada, outro tipo de reator comumente usado na indústria é o *reator tubular*. Ele consiste em um tubo cilíndrico e é normalmente operado em estado estacionário, como o CSTR. Reatores tubulares são usados mais frequentemente para reações em fase gasosa. Um esquema e uma fotografia de reatores tubulares industriais são mostrados na Figura 1.8.

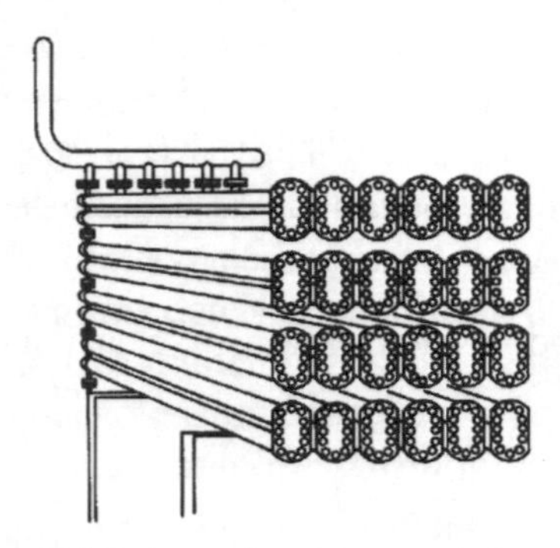

Figura 1.8(a) Esquema de um reator tubular. Reator tubular longitudinal. [Extraído, com permissão especial, de *Chem. Eng.*, *63*(10), 211 (Oct. 1956). Direitos autorais da McGraw-Hill, Inc., 1956, Nova York, NY 10020.]

Figura 1.8(b) Foto de um reator tubular. Reator tubular para a produção de Dimersol G. [Foto cortesia de Editions Techniq Institut Français du Pétrole.]

Ver também https://encyclopedia.che.engin.umich.edu/pfr/.

No reator tubular, os reagentes são continuamente consumidos à medida que eles escoam ao longo do reator. Na modelagem do reator tubular, supomos que a concentração varie continuamente na direção axial através do reator. Em consequência, a *taxa de reação*, que é uma função da concentração para todas as reações, exceto as de ordem zero (conforme Equação 3.2), variará *também* axialmente. Para finalidade do material apresentado aqui, consideramos sistemas em que o campo de escoamento pode ser modelado por um perfil de escoamento empistonado (por exemplo, velocidade radial uniforme como no escoamento turbulento), conforme mostrado na Figura 1.9. Ou seja, não há variação radial na taxa de reação e o reator é referido como um *reator*

Ver também ERP e Enciclopédia Visual de Equipamentos

Escoamento empistonado – não há variação radial de velocidade, de concentração, de temperatura ou de velocidade de reação

Reagentes → Produtos

Figura 1.9 Reator de escoamento empistonado.

de escoamento empistonado (PFR). (O reator de escoamento laminar (LFR) será discutido nos Capítulos 16 a 18, juntamente com uma discussão para reatores não ideais.)

A equação geral de balanço molar é dada pela Equação (1.4):

$$F_{j0} - F_j + \int^{V} r_j \, dV = \frac{dN_j}{dt} \tag{1.4}$$

A equação que usaremos para projetar PFRs no estado estacionário pode ser desenvolvida de duas maneiras: (1) diretamente da Equação (1.4) por diferenciação com relação ao volume V, e então rearranjando o resultado *ou* (2) a partir de um balanço molar para a espécie j em um segmento diferencial do volume do reator, ΔV. Vamos escolher a segunda maneira para chegar à forma diferencial do balanço molar para o PFR. O volume diferencial, ΔV, mostrado na Figura 1.10, será escolhido suficientemente pequeno, de tal modo que não haja variações na taxa de reação no interior desse volume. Assim, o termo de geração, ΔG_j, é

$$\Delta G_j = \int^{\Delta V} r_j \, dV = r_j \, \Delta V$$

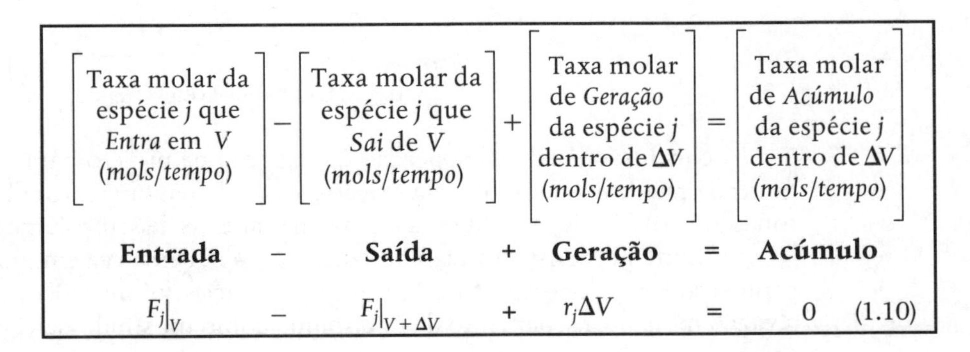

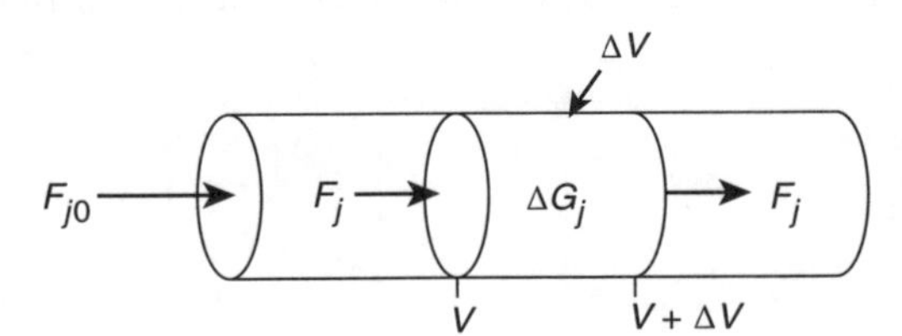

Figura 1.10 Balanço molar para a espécie j no volume ΔV.

Dividindo a Equação (1.10) por ΔV e rearranjando

$$\left[\frac{F_j|_{V+\Delta V} - F_j|_V}{\Delta V}\right] = r_j$$

o termo entre colchetes assemelha-se à definição de uma derivada

$$\lim_{\Delta x \to 0}\left[\frac{f(x+\Delta x) - f(x)}{\Delta x}\right] = \frac{df}{dx}$$

Tomando o limite quando ΔV tende a zero, obtemos a forma diferencial do balanço molar em estado estacionário para um PFR.

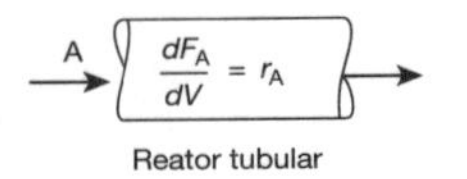

$$\boxed{\frac{dF_j}{dV} = r_j} \tag{1.11}$$

O nosso balanço molar para a espécie reagente A poderia ter sido feito em um reator cilíndrico tendo uma forma irregular, tal como aquela mostrada na Figura 1.11 para a espécie reagente A. *Entretanto*, vemos que pela aplicação da Equação (1.10) o resultado daria a mesma equação (isto é, Equação (1.11)). Para a espécie A, o balanço molar é

$$\boxed{\frac{dF_A}{dV} = r_A} \tag{1.12}$$

Por conseguinte, vemos que a Equação (1.11) se aplica igualmente bem ao nosso modelo de reatores tubulares com área de seção transversal constante e variável, embora seja duvidoso que alguém encontre um reator com a forma mostrada na Figura 1.11, a menos que ele tenha sido projetado por Pablo Picasso (1881-1973) ou talvez por um de seus seguidores.

Reator de Picasso

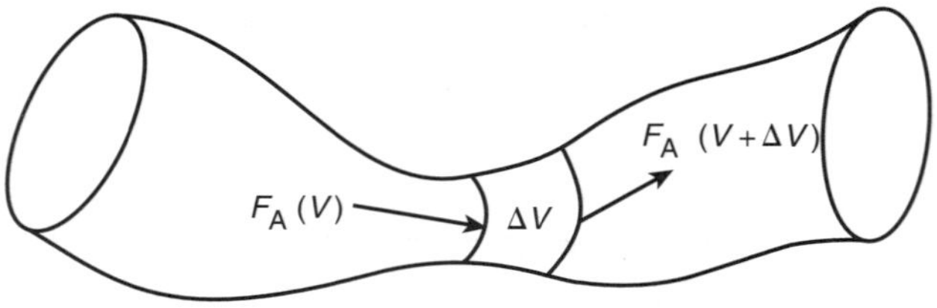

Figura 1.11 Reator de Pablo Picasso.

A conclusão tirada da aplicação da equação de projeto para o reator de Picasso é importante: o grau de extensão de uma reação alcançado em um reator ideal com escoamento empistonado (PFR) não depende de sua forma, mas apenas de seu volume total.

Novamente, considere a isomerização A → B, dessa vez em um PFR. À medida que os reagentes escoam pelo reator, A é consumido por reação química e B é produzido. Em consequência, a vazão molar de escoamento de F_A diminui, como mostrado na Figura 1.12(a), enquanto F_B aumenta à medida que o volume do reator V aumenta, conforme mostrado na Figura 1.12(b).

$$V = \int_{F_A}^{F_{A0}} \frac{dF_A}{-r_A}$$

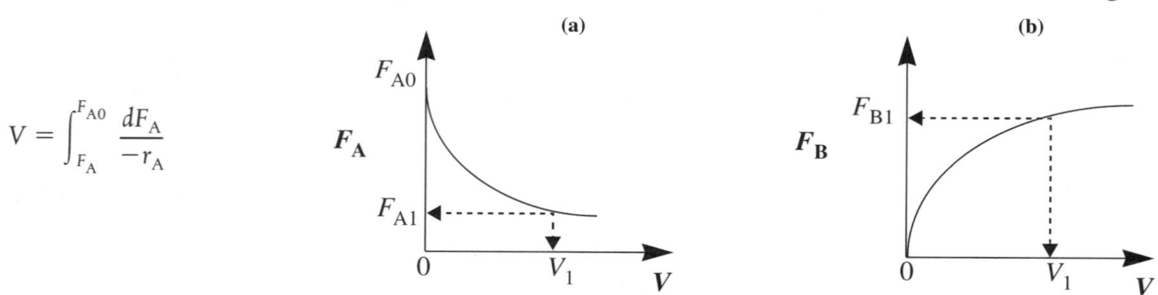

Figura 1.12 Perfis de vazões molares em um PFR.

Perguntamos agora, "Qual é o volume V_1 do reator, necessário para reduzir a vazão molar de entrada de A, de F_{A0} para uma vazão molar na saída de F_{A1}?" Rearranjando a Equação (1.12) na forma

$$dV = \frac{dF_A}{r_A}$$

e integrando com os limites em $V = 0$, então $F_A = F_{A0}$, e em $V = V_1$, então $F_A = F_{A1}$

$$\boxed{V_1 = \int_{F_{A0}}^{F_{A1}} \frac{dF_A}{r_A} = \int_{F_{A1}}^{F_{A0}} \frac{dF_A}{-r_A}} \tag{1.13}$$

V_1 é o volume necessário para reduzir a vazão molar de entrada, F_{A0}, para algum valor específico, F_{A1}, e também o volume necessário para produzir uma vazão molar de B igual a F_{B1}.

1.4.3 Reator de Leito Fixo (PBR)

A principal diferença entre cálculos de projeto de reatores envolvendo reações homogêneas e aqueles envolvendo reações heterogêneas sólido-fluido é que, para esse último caso, a reação ocorre na superfície do catalisador (veja a Figura 10.5). Quanto maior a massa de um dado catalisador, maior a área superficial para reação. Logo, a taxa de reação é baseada na massa do catalisador sólido, W, em vez do volume do reator, V. Para um sistema heterogêneo sólido-fluido, a taxa de reação de uma substância A, $-r'_A$, é definida como

$$-r'_A = \text{mol de A reagido}/(\text{tempo} \times \text{massa de catalisador})$$

A massa de catalisador sólido é usada porque a quantidade do catalisador é fator importante para a taxa de formação do produto. Notamos que, multiplicando a taxa de reação heterogênea, $-r'_A$, pela densidade aparente do catalisador, $\rho_b \left(\frac{\text{massa}}{\text{volume}}\right)$, podemos obter a taxa de reação homogênea, $-r_A$.

$$-r_A = \rho_b\,(-r'_A)$$

$$\left(\frac{\text{mol}}{\text{dm}^3 \cdot \text{s}}\right) = \left(\frac{\text{g}}{\text{dm}^3}\right)\left(\frac{\text{mol}}{\text{g} \cdot \text{s}}\right)$$

O volume do reator que contém o catalisador é de significância secundária. A Figura 1.13 mostra o esquema de um reator catalítico industrial, com tubos verticais recheados com catalisador sólido.

Balanço Molar em um PBR

Nos três tipos idealizados de reatores que acabamos de discutir [o reator de mistura perfeita em batelada (BR), o reator tubular com escoamento empistonado (PFR) e o reator contínuo de tanque agitado, perfeitamente misturado (CSTR)], as equações de projeto (isto é, balanços molares) foram desenvolvidas com base no volume do reator. A dedução da equação de projeto para o reator catalítico de leito fixo (PBR) será feita de maneira análoga ao desenvolvimento da equação de projeto do tubular. De modo a efetuar essa dedução, simplesmente trocamos a coordenada volume, V, na Equação (1.10) pela coordenada massa de catalisador W (isto é, peso) (Figura 1.14).

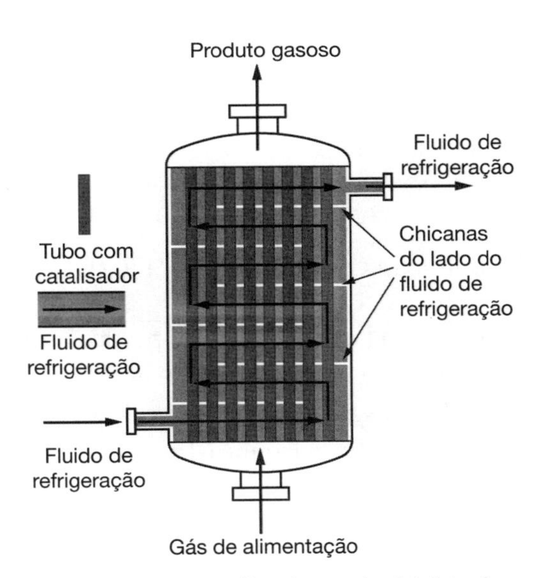

Figura 1.13 Reator catalítico longitudinal de leito fixo.
Ver também https://encyclopedia.che.engin.umich.edu/packed-bed-reactors/.

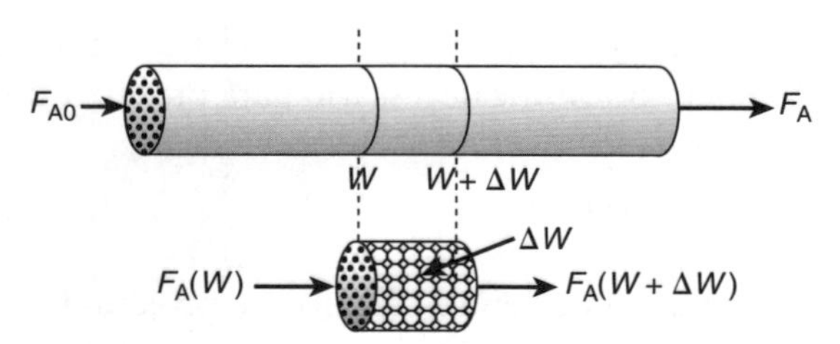

Figura 1.14 Esquema de um reator de leito fixo.

Assim como para o PFR, o PBR é considerado como não tendo gradientes radiais de concentração, de temperatura ou de taxa de reação. O balanço molar generalizado para a espécie A por massa de catalisador ΔW resulta na equação

$$\begin{array}{ccccccccc} \textbf{\textit{Entrada}} & - & \textbf{\textit{Saída}} & + & \textbf{\textit{Geração}} & = & \textbf{\textit{Acúmulo}} \\ F_{A|W} & - & F_{A|(W+\Delta W)} & + & r'_A\,\Delta W & = & 0 \end{array} \tag{1.14}$$

As dimensões do termo de geração na Equação (1.14) são

$$(r'_A)\,\Delta W \equiv \frac{\text{mols de A}}{(\text{tempo})\,(\text{massa de catalisador})} \cdot (\text{massa de catalisador}) \equiv \frac{\text{mols de A}}{\text{tempo}}$$

que são, como esperado, as mesmas dimensões da vazão molar F_A. Depois de dividir a Equação (1.14) por ΔW e tomar o limite quando $\Delta W \to 0$, chegamos à mesma forma diferencial do balanço molar para um reator de leito fixo:

Use a forma diferencial da equação de projeto para a desativação do catalisador e para a queda de pressão.

$$\boxed{\frac{dF_A}{dW} = r'_A} \tag{1.15}$$

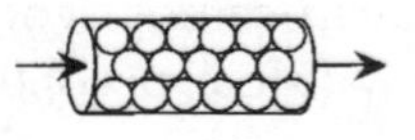

Quando a queda de pressão através do reator (veja a Seção 5.5) e a desativação do catalisador (veja a Seção 10.7 no Capítulo 10) forem negligenciadas, a forma integral da equação de projeto do reator catalítico de leito fixo poderá ser usada para calcular a massa de catalisador

Você pode usar a forma integral ***somente*** para quando não houver DP e decaimento da atividade do catalisador.

$$W = \int_{F_{A0}}^{F_A} \frac{dF_A}{r'_A} = \int_{F_A}^{F_{A0}} \frac{dF_A}{-r'_A} \tag{1.16}$$

W é a massa de catalisador necessária para reduzir a vazão molar de entrada da espécie A, F_{A0}, para uma vazão molar F_A.

1.4.4 Reator de Leito Catalítico "Fluidizado" Bem Misturado

Para sistemas em fase gasosa e com partículas de catalisador, o leito fluidizado também tem uso comum. Dependendo do regime de escoamento, ele pode ser modelado de algum modo entre um reator de transporte direto (Capítulo 10) a um leito fluidizado que é análogo a um CSTR (Seção 1.4.1), mostrado na Figura 1.15.

Um balanço molar para a espécie A em um leito "fluidizado" bem misturado é

$$F_{A0} - F_A + r'_A W = 0 \tag{1.17}$$

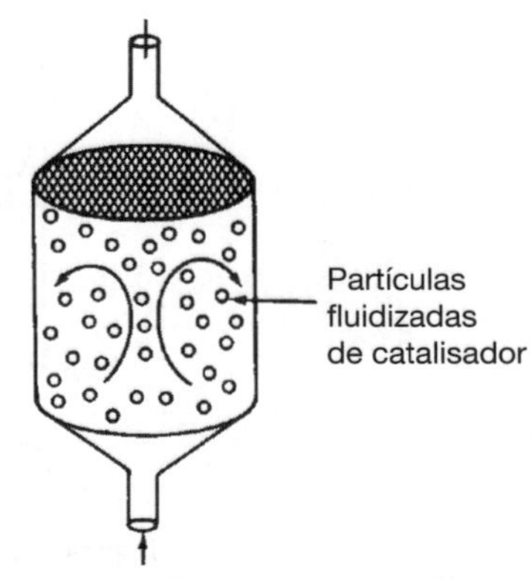

Figura 1.15 Leito fluidizado bem misturado, modelado como um CSTR.

Dividindo pela massa do catalisador W, chegamos à Equação (1.18) que fornece a massa de catalisador necessária para reduzir a taxa molar na entrada de F_{A0} (mols/s) para a taxa molar na saída, F_A (mols/s), quando a espécie A está sendo consumida a uma taxa r'_A (mol/s·g de catalisador) na equação de projeto

$$\boxed{W = \frac{F_{A0} - F_A}{-r'_A}} \tag{1.18}$$

Olhando à frente

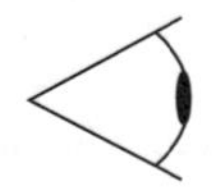

Para se ter uma ideia do que está por vir, considere o seguinte exemplo de como você pode usar a Equação (1.11) de projeto de um reator tubular.

Exemplo 1.2 Quão Grande É o Volume do Reator?

Vamos considerar a isomerização *cis–trans*, em fase líquida, do 2-buteno

$$\begin{matrix} H & & H \\ & C{=}C & \\ CH_3 & & CH_3 \end{matrix} \longrightarrow \begin{matrix} H & & CH_3 \\ & C{=}C & \\ CH_3 & & H \end{matrix}$$

cis-2-buteno $\qquad$ *trans*-2-buteno

que escreveremos simbolicamente como

$$A \longrightarrow B$$

A reação é de primeira ordem em A ($-r_A = kC_A$) e ocorre em um reator tubular em que a vazão volumétrica, v, é constante, ou seja, $v = v_0$.

C_{A0} $\qquad$ $C_A = 0{,}1C_{A0}$

$v_0 \longrightarrow$ [$A \rightarrow B$] $\longrightarrow v$

$V = 0$ $\qquad$ V $\qquad$ V_1

1. Sem resolver qualquer equação, esquematize o que você acha como seria o perfil de concentrações (C_A como função de V).
2. Deduza uma equação relacionando o volume do reator às concentrações de A entrando e saindo, à constante de taxa k, e à vazão volumétrica v_0.
3. Determine o volume necessário do reator, V_1, de modo a reduzir a concentração existente para 10% da concentração de entrada, ou seja, $C_A = 0{,}1C_{A0}$, quando a vazão volumétrica v_0 for igual a 10 dm^3/min (isto é, litros/min) e a velocidade específica de reação, k, for 0,23 min^{-1}.

Solução

1. Esquematize C_A como função de V.
   A espécie A é consumida à medida que se move ao longo do reator e, como resultado, a vazão molar de A e a concentração de A diminuirão ao longo do reator. Uma vez que a vazão volumétrica é constante, $v = v_0$, podemos usar a Equação (1.8) para obter a concentração de A, $C_A = F_A/v_0$, e então, por comparação com o gráfico da Figura 1.12, obter a concentração de A em função do volume do reator, como mostrado na Figura E1.2.1.
2. Deduza uma equação relacionando V, v_0, k, C_{A0} e C_A.
   Para um reator tubular, o balanço molar para a espécie A (j = A) é dado pela Equação (1.11), conforme mostrado. Assim, para a espécie A (j = A), tem-se

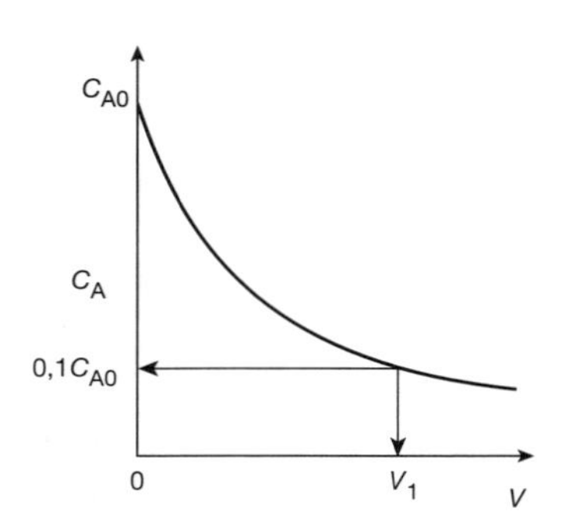

Figura E1.2.1 Perfil de concentrações.

Balanço Molar:

$$\frac{dF_A}{dV} = r_A \tag{1.12}$$

Para uma reação de primeira ordem, a equação da taxa (como será discutido no Capítulo 3, Equação (3.5) é

Equação da Taxa:

$$-r_A = kC_A \tag{E1.2.1}$$

Dimensionamento do reator

Uma vez que a vazão volumétrica, υ, é constante ($\upsilon = \upsilon_0$), como é para a maioria das reações em fase líquida,

$$\frac{dF_A}{dV} = \frac{d(C_A\upsilon)}{dV} = \frac{d(C_A\upsilon_0)}{dV} = \upsilon_0\frac{dC_A}{dV} = r_A \tag{E1.2.2}$$

Multiplicando ambos os lados da Equação (E1.2.2) por menos um e então substituindo a Equação (E1.2.1), resulta

Combine:

$$-\frac{\upsilon_0 dC_A}{dV} = -r_A = kC_A \tag{E1.2.3}$$

Separando as variáveis e rearranjando, dá

$$-\frac{\upsilon_0}{k}\left(\frac{dC_A}{C_A}\right) = dV$$

Usando as condições na entrada do reator que, quando $V = 0$, $C_A = C_{A0}$,

$$-\frac{\upsilon_0}{k}\int_{C_{A0}}^{C_A}\frac{dC_A}{C_A} = \int_0^V dV \tag{E1.2.4}$$

Integrando a Equação (E1.2.4), obtém-se

Resolva:

$$\boxed{V = \frac{\upsilon_0}{k}\ln\frac{C_{A0}}{C_A}} \tag{E1.2.5}$$

Perfil de concentrações

Podemos também rearranjar a Equação (E1.2.5) para resolver a concentração de A como função do volume do reator de modo a obter

$$C_A = C_{A0}\exp\left(-kV/\upsilon_0\right)$$

3. Calcule o volume V. Queremos encontrar o volume, V_1, no qual $C_A = C_{A0}/10$, para $k = 0{,}23\ \text{min}^{-1}$ e $\upsilon_0 = 10$ dm³/min.

Avalie:

Substituindo C_{A0}, C_A, υ_0 e k na Equação (E1.2.5), temos

$$V = \frac{10\ \text{dm}^3/\text{min}}{0{,}23\ \text{min}^{-1}}\ln\frac{C_{A0}}{0{,}1C_{A0}} = \frac{10\ \text{dm}^3}{0{,}23}\ln 10 = 100\ \text{dm}^3\ (\text{i.e., } 100\ \text{L};\ 0{,}1\ \text{m}^3)$$ **Resp.**

Vemos que um volume do reator de 0,1 m³ é necessário para converter 90% da espécie A que entra (isto é, $C_A = 0{,}1C_{A0}$) no produto B para os parâmetros dados.
Vamos agora calcular o volume de reator necessário para uma concentração ainda menor, digamos (1/100) da concentração de entrada; ou seja,

$$C_A = 0{,}01\ C_{A0}$$

$$V = \frac{10\ \text{dm}^3/\text{min}}{0{,}23\ \text{min}^{-1}} \ln \frac{C_{A0}}{0{,}01C_{A0}} = \frac{10\ \text{dm}^3}{0{,}23} \ln 100 = 200\ \text{dm}^3 \qquad \textbf{Resp.}$$

Nota: Vemos que um reator maior (200 dm³) é necessário para reduzir a concentração de saída para uma fração menor da concentração de entrada (isto é, $C_A = 0{,}01\ C_{A0}$).

Análise: Para essa reação irreversível de primeira ordem em fase líquida (isto é, $-r_A = kC_A$) ocorrer em um PFR, a concentração do reagente diminui exponencialmente ao longo do comprimento (isto é, volume V) do reator. Quanto mais a espécie A for consumida e convertida no produto B, maior tem de ser o volume do reator V. A finalidade do exemplo foi permitir uma visão dos tipos de cálculos que teremos de fazer quando estudamos engenharia das reações químicas (ERQ).

Exemplo 1.3 Soluções Numéricas para o Exemplo 1.2 – Problema: O Quão Grande É o Volume do Reator?

Vamos agora tornar o Exemplo 1.2 em um *Problema Prático* (PP), em que podemos variar parâmetros para aprender seus efeitos sobre o volume e/ou concentrações de saída. Poderíamos usar Polymath, Wolfram ou Python para resolver o balanço molar combinado com a equação da taxa de modo a determinar o perfil de concentrações. Neste exemplo, usaremos o *Polymath*.

Começamos reescrevendo o balanço molar, Equação (E1.22), na notação do Polymath:

Formulação Polymath

Balanços Molares

$$\frac{d(Ca)}{d(V)} = ra/vo \qquad \text{(E1.3.1)}$$

$$\frac{d(Cb)}{d(V)} = rb/vo \qquad \text{(E1.3.2)}$$

Equação da Taxa

$$ra = -k^*Ca \qquad \text{(E1.3.3)}$$

$$rb = -ra \qquad \text{(E1.3.4)}$$

$$k = 0{,}23$$

$$\upsilon o = 10$$

Um tutorial do Polymath para resolver as equações diferenciais ordinárias (EDOs) pode ser encontrado no CRE *website* (http://www.umich.edu/~elements/6e/tutorials/ODE_Equation_Tutorial.pdf e http://www.umich.edu/~elements/6e/tutorials/Polymath_tutorials.html).

Os valores dos parâmetros são $k = 0{,}23\ \text{min}^{-1}$, $v_0 = 10\ \text{dm}^3/\text{min}$ e $C_A = 10\ \text{mols/dm}^3$. Os valores inicial e final para a integração no volume V são V = 0 e V = 100 dm³.

A saída da solução do Polymath é dada na Tabela E1.3.1 e os perfis axiais de concentração das espécies A e B são mostrados na Figura E1.3.1.

Tabela E1.3.1 Programa Polymath e Saída para um PFR Isotérmico

Equações diferenciais
1 d(Cb)/d(V) = rb/vo
2 d(Ca)/d(V) = ra/vo

Equações Explícitas
1 vo = 10
2 k = 0,23
3 ra = -k*Ca
4 rb = -ra

Valores calculados das variáveis das EDOs

	Variável	Valor inicial	Valor final
1	Ca	10	1,002588
2	Cb	0	8,997412
3	k	0,23	0,23
4	ra	−2,3	-0,2305953
5	rb	2,3	0,2305953
6	V	0	100
7	vo	10	10

Análise: Uma vez que o Polymath será usado extensivamente nos capítulos posteriores para resolver equações diferenciais ordinárias não lineares (EDOs), introduzimos ele aqui para que o leitor possa começar a se familiarizar. A Figura E1.3.1 mostra como as concentrações das espécies A e B variam ao longo do PFR.

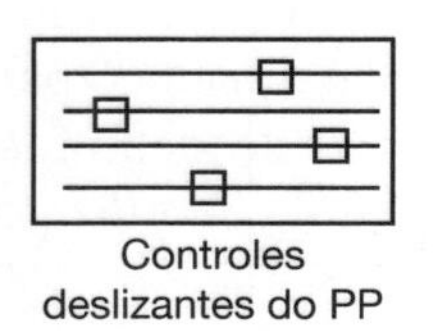

Controles deslizantes do PP

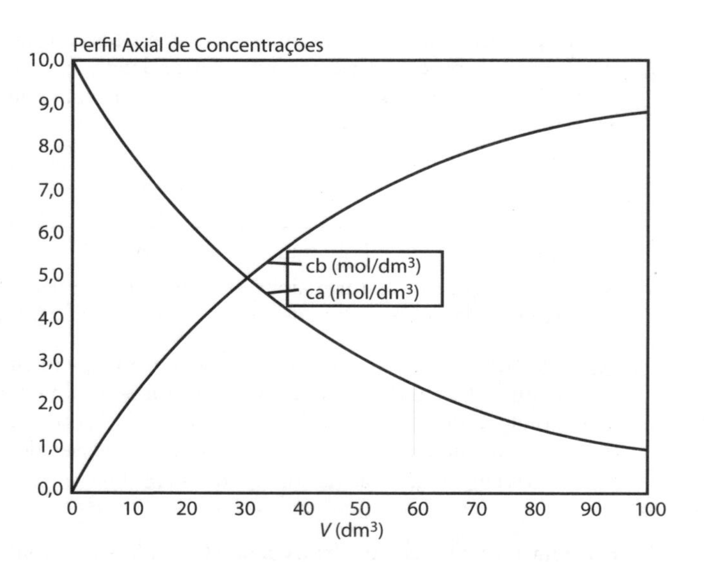

Figura E1.3.1 Perfis axiais de concentrações para A e B.

De modo a se familiarizar com o Polymath, o leitor é encorajado a resolver o problema das raposas e dos coelhos usando o Polymath (P1.3_B(a)) e então estudar a dinâmica da reação usando Wolfram ou Python (P1.3_B(b)).

1.5 Reatores Industriais

https://encyclopedia.che.engin.umich.edu/reactors/

Confira e veja fotografias reais de reatores industriais no CRE *website*; assim, você os conhecerá quando encontrá-los. Há também *links* para visualizar reatores em *sites* diferentes na internet. O CRE *website* também inclui uma parte da *Enciclopédia Visual de Equipamentos* – Reatores Químicos (https://encyclopedia.che.engin.umich.edu), desenvolvida pela Dra. Susan Montgomery e seus estudantes da University of Michigan. Veja também *Estante com Referências Profissionais* no CRE *website* para "Reatores para Fase Líquida e Reações em Fase Gasosa", juntamente com fotos de reatores industriais e o Material Expandido.[2]

Neste capítulo e no CRE *website*, introduzimos cada um dos principais tipos de reatores industriais: em batelada, semibatelada, tanque agitado, tubular, leito fixo (leito com recheio) e leito fluidizado. Muitas variações e modificações desses reatores comerciais estão em uso corrente; para maiores elaborações, veja a discussão detalhada de reatores industriais, dada por Walas.[3]

O CRE *website* descreve reatores individuais, juntamente com condições típicas de alimentação e de operação. Além disso, dois exemplos resolvidos para o Capítulo 1 podem ser encontrados no mesmo *site*.

1.6 *E Agora*... Uma Palavra do Nosso Patrocinador – Segurança 1 (UPDNP–S1)

Uma nota para os estudantes: Nesta sexta edição de *Elementos de Engenharia das Reações Químicas*, eu estou incluindo uma seção no final de cada capítulo para trazer maior consciência com segurança de processos. Um aspecto crítico de segurança de processos é "antecipar" o que poderia dar errado em um processo químico e assegurar que ele não ocorrerá de modo errado. Os equipamentos e os processos envolvendo reações químicas exotérmicas são alguns exemplos

[2] *Chem. Eng.*, 63(10), 211 (1956). Ver também *AIChE Modular Instruction Series E*, 5 (1984).
[3] S. M. Walas, *Reaction Kinetics for Chemical Engineers*. New York: McGraw-Hill, 1959), Chap. 11.

com mais riscos em uma planta química. Consequentemente, cada capítulo terminará com uma seção *E Agora*.... Uma Palavra do Nosso Patrocinador – Segurança (UPDNP–S). Além disso, para realçar segurança de processos no currículo de Engenharia Química, um *site* ((http://websites.umich.edu/~safeche/) foi desenvolvido apresentando um módulo de segurança específico para cada curso de Engenharia Química além de segurança no laboratório. Neste capítulo, definimos segurança de processos juntamente com uma breve discussão sobre por que é importante estudar segurança de processos.

1.6.1 O que É Segurança de Processos Químicos?

Segurança de processos é uma mistura de práticas de Engenharia e de gestão focadas na prevenção de acidentes, ou seja, explosões, incêndios e liberações tóxicas que resultam na perda de vida e de propriedade.

1.6.2 Por que Estudar Segurança de Processos?

Desastres industriais, tais como o da Union Carbide em Bopal, Índia, dos Laboratórios T2, na Flórida, da BP, no Texas, e da Nypro, em Flixborough, Inglaterra, mataram e feriram milhares de pessoas e causaram bilhões de dólares de prejuízos em plantas químicas e em suas comunidades vizinhas. Acidentes tais como esses ocorrem porque processos de Engenharia Química são alguns dos mais potencialmente perigosos devido às condições operacionais extremas e ao uso de materiais explosivos, reativos e inflamáveis. O que surpreende as pessoas é que a maioria desses acidentes de Engenharia Química, tais como aqueles listados nos Vídeos de Segurança Química no *site* (http://websites.umich.edu/~safeche/), poderiam ser evitados. Eles foram o resultado de decisões erradas de Engenharia, feitas por pessoas que não tinham o entendimento de conceitos básicos de Engenharia Química e de segurança em Engenharia Química. Logo, conhecer esses fundamentos e a segurança desses processos pode salvar sua vida e as vidas de pessoas inocentes e evitar a perda de milhões de dólares em material e equipamentos.

Engenheiros têm a obrigação ética e profissional de trabalhar somente nas áreas em que eles sejam competentes e qualificados. A melhor maneira de prevenir desastres industriais futuros é entender como projetar eficientemente e com segurança, operar e solucionar problemas de processos químicos. De modo a preparar um plano de prevenção, temos de despender tempo e esforço para entender os processos químicos e a sua segurança. Para ajudar a atingir esse entendimento, a última seção de cada capítulo tem um tutorial, UPDNP–S, que pode ajudá-lo a prevenir acidentes.

Uma comparação de segurança de processos e segurança pessoal é apresentada de modo muito sucinto no *site* https://www.energysafetycanada.com/EnergySafetyCanada/media/ESC/Programs/Personal_vs_Process_Safety_v3.pdf.

Figura 1.16 Laboratórios T2 (ver Capítulo 13).

Encerramento. O objetivo deste texto é tecer os fundamentos de engenharia das reações químicas em uma estrutura ou algoritmo que seja fácil para usar e aplicar a uma variedade de problemas. Acabamos de terminar o primeiro bloco de construção desse algoritmo: balanços molares.

Balanço Molar

Esse algoritmo e seus blocos de construção correspondentes serão desenvolvidos e discutidos nos seguintes capítulos:

- Balanço Molar, Capítulos 1 e 2
- Equação da Taxa, Capítulo 3
- Estequiometria, Capítulo 4
- Projeto de Reator Isotérmico, Capítulo 5
  Avaliação
  Combinação
- Balanço de Energia, Capítulos 11 a 13

Com esse algoritmo, podem-se abordar e resolver problemas de engenharia das reações químicas por meio de lógica em vez de memorização.

Uma Palavra de Cautela: ***A Torre de ERQ em Queda.*** *À medida que progredirmos nos próximos cinco capítulos, veremos como esses blocos de construção formam uma torre. Agora, se o leitor apara arestas ao estudar este material, os blocos de construção se tornam cilindros e, como resultado, a torre se torna instável e todo o entendimento de ERQ desmorona. Ver* http://www.umich.edu/~elements/6e/01chap/assets/player/KeynoteDHTMLPlayer.html#3.

RESUMO

O resumo de cada capítulo fornece os seus pontos-chave, que necessitam ser relembrados e carregados para os capítulos subsequentes.

1. Um balanço molar para a espécie j, que entra, sai, reage e acumula-se em um volume V do sistema, é

$$F_{j0} - F_j + \int^V r_j \, dV = \frac{dN_j}{dt} \tag{R1.1}$$

Se, e somente se, o conteúdo do reator estiver bem misturado, então um balanço molar (Equação R1.1) para a espécie A fornecerá

$$F_{A0} - F_A + r_A V = \frac{dN_A}{dt} \tag{R1.2}$$

2. A equação da taxa cinética para r_j é:

- A taxa de formação da espécie j por unidade de volume (isto é, mol/s · dm^3)
- Somente uma função de propriedades de reagentes e das condições de reação (isto é, concentração [atividades], temperatura, pressão, catalisador ou solvente [se existir]) e não depende do tipo de reator
- Uma grandeza intensiva (isto é, ela não depende da quantidade total)
- Uma equação algébrica, não uma equação diferencial (isto é, $-r_A = kC_A$ ou $-r_A = kC^2_A$).

Para sistemas catalíticos homogêneos, unidades típicas de $-r_j$ podem ser gmols por segundo por litro; para sistemas heterogêneos, unidades típicas de $-r'_j$ podem ser gmols por segundo por grama de catalisador. Por convenção, $-r_A$ é a taxa de consumo da espécie A e r_A é a taxa de formação da espécie A.

3. Balanços molares para a espécie A, em quatro reatores comuns, são mostrados na Tabela R1.1:

Tabela R1.1 Resumo dos Balanços Molares para Reatores

Reator	*Comentário*	*Balanço Molar Forma Diferencial*	*Forma Algébrica*	*Forma Integral*
BR	Sem variações espaciais	$\frac{dN_A}{dt} = r_A V$		$t_1 = \int_{N_{A1}}^{N_{A0}} \frac{dN_A}{-r_A V}$
CSTR	Sem variações espaciais, estado estacionário	—	$V = \frac{F_{A0} - F_A}{-r_A}$	—
PFR	Estado estacionário	$\frac{dF_A}{dV} = r_A$		$V_1 = \int_{F_{A1}}^{F_{A0}} \frac{dF_A}{-r_A}$
PBR	Estado estacionário	$\frac{dF_A}{dW} = r'_A$		$W_1 = \int_{F_{A1}}^{F_{A0}} \frac{dF_A}{-r'_A}$
CSTR Fluidizado	Estado estacionário	—	$W = \frac{F_{A0} - F_A}{-r'_A}$	—

MATERIAIS DO CRE *WEBSITE*

(http://www.umich.edu/~elements/6e/01chap/obj.html#/)

Links Úteis

Problemas Práticos
Polymath, Python, Matlab e Wolfram

Ajuda Extra
Fontes Múltiplas: problemas extras, vídeos e notas de leitura

Materiais Adicionais
Novo Material Técnico, Deduções detalhadas e Módulos na Web

Estante com Referências Profissionais
Material importante para praticar engenharia, que não necessariamente está coberto em todos os cursos de ERQ.

Vídeos no YouTube
Vídeos humorísticos cobrindo tópicos que variam de exemplos a interrupções animadas do estudo

Avaliação

Autotestes
Problemas interativos com soluções para prover prática extra de conceitos

Questões *i>Clicker*
Questões interativas de múltipla escolha para ajudar a entender o material

Resolvendo um Problema

(http://www.umich.edu/~elements/6e/01chap/iclicker_ch1_q1.html)

Módulo da Web: Nevoeiro em Los Angeles

Fotografia de Radoslaw Lecyk/Shutterstock
(http://www.umich.edu/~elements/6e/web_mod/la_basin/index.htm)
Problema com Exemplo Real:
http://www.umich.edu/~elements/6e/01chap/live.html

Jogos Interativos Computacionais (http://www.umich.edu/~elements/6e/icm/index.html)
A. Festival de Perguntas I (http://www.umich.edu/~elements/6e/icm/kinchal1.html)

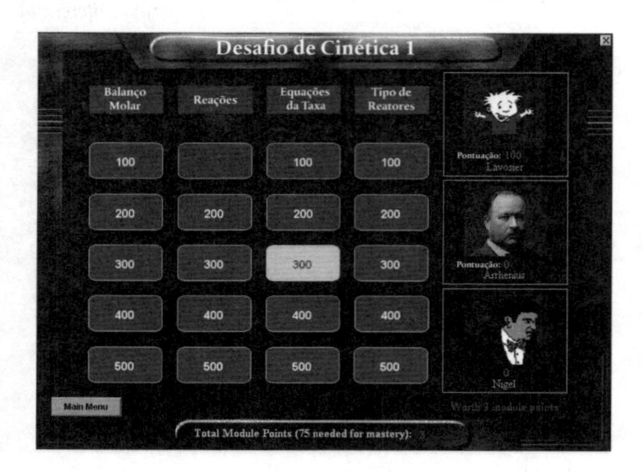

Esse jogo poderia ajudá-lo a se preparar para a Competição do capítulo estudantil da AIChE, que acontece todo ano no encontro da AIChE (*Annual AIChE Meeting*).

QUESTÕES, SIMULAÇÕES E PROBLEMAS

> Gostaria de ter uma resposta para isso, porque estou ficando cansado de responder essa questão.
>
> Yogi Berra, New York Yankees
> *Sports Illustrated*, 11 de junho de 1984

O subscrito para cada número do problema indica o nível de dificuldade, ou seja: A, menos difícil; B, dificuldade moderada; C, dificuldade razoável; D, (diamante preto duplo, mais difícil). A = ● B = ■ C = ◆ D = ◆◆ Por exemplo, P1.5_B significa "1" é o número do Capítulo, "5" é o número do problema, "$_B$" é o nível de dificuldade do problema; nesse caso, B significa dificuldade moderada.

Antes de resolver os problemas, estabeleça ou esquematize qualitativamente as tendências ou os resultados esperados.

Questões

Q1.1_A **QAL** **Q**uestões **A**ntes de **L**er. Pesquisa tem mostrado (*J. Exp. Psychol. Learn. Mem. Cogn.*, 40, 106-114 (2014)) que se você fizer uma pergunta sobre o assunto antes de lê-lo, você terá maior retenção do conhecimento. Consequentemente, a primeira pergunta de cada capítulo será sobre o material daquele capítulo. Para o Capítulo 1, a questão "O termo de geração, G, é o único no balanço molar que varia para cada tipo de reator?"

Q1.2_A Vá ao item Avaliação no Capítulo 1 **no CRE *website*** (http://www.umich.edu/~elements/6e/01chap/iclicker_ch1_q1.html). Clique em ***i>Clicker*** e veja no mínimo 5 questões *clicker*. Escolha uma que poderia ser usada como está, ou uma variação dela, para ser incluída no próximo exame. Você também poderia considerar o caso oposto: explique por que as questões *não* devem estar no próximo exame. Em cada caso, explique seu raciocínio.

i>*Clicker*

Q1.3_A **E se...** o PFR no **Exemplo 1.2** fosse trocado por um CSTR, qual seria seu volume?

Q1.4_A **E se...** lhe pedissem para refazer o **Exemplo 1.2** visando ao cálculo do tempo para reduzir o número de mols de A para 1%, se seu valor inicial for um BR com volume constante, o que você diria? Você faria isso? Se sua resposta for "*sim*", vá em frente e calcule-o; se sua resposta for "NÃO, eu não faria isso!", então sugira duas maneiras de trabalhar este problema erroneamente.

Q1.5_A Leia a Introdução. Escreva um parágrafo descrevendo os objetivos do conteúdo e os objetivos intelectuais do curso e do texto. Descreva também o conteúdo do material disponível no *site* Elements of Chemical Reaction Engineering e como ele pode ser usado com o texto e o curso.

Q1.6_A Vá ao item **Links Úteis** no Capítulo 1, **no CRE *website*** (http://www.umich.edu/~elements/6e/01chap/obj.html#/) para ver as fotos e os esquemas de reatores reais. Escreva um parágrafo, descrevendo um ou mais dos reatores. Que similaridades e diferenças você observa entre os reatores no *site* (por exemplo, https://www.loebequipment.com/) e no texto? Como o preço dos reatores usados se compara àqueles na Tabela 1.1?

Q1.7$_A$ Que suposições foram feitas na dedução da equação de projeto para: **(a)** o reator em batelada (BR)? **(b)** o CSTR? **(c)** o reator com escoamento empistonado (PFR)? **(d)** o reator com leito fixo (PBR)? **(e)** Estabeleça, em palavras, os significados de $-r_A$ e $-r'_A$.

Q1.8$_A$ Preencha a seguinte tabela para cada um dos reatores discutidos neste capítulo: BR, CSTR, PBR e Leito Fluidizado:

Tipo de Reator	Características	Fases Presentes	Uso	Vantagens	Desvantagens

Q1.9$_A$ Defina Segurança de Processos Químicos e liste quatro razões pelas quais necessitamos estudá-la e por que ela é particularmente relevante para ERQ (http://websites.umich.edu/~safeche/).

Q1.10$_A$ Vá ao item **Ajuda Extra** no Capítulo 1 **no CRE *website*** e clique em **Vídeos de Aprendizado de EngQui** (http://www.umich.edu/~elements/6e/01chap/learn-cheme-videos.html). Escolha um desses vídeos e critique-o em relação a: **(a)** valor, **(b)** clareza, **(c)** visual e **(d)** o quanto ele prendeu sua atenção.

Q1.11$_A$ Vá ao item **Ajuda Extra** no Capítulo 1 **no CRE *website*** e clique em **Vídeos de Aprendizado de EngQui** (http://www.umich.edu/~elements/6e/01chap/learn-cheme-videos.html). Escolha o vídeo **Como Estudar** e liste três maneiras pelas quais esse vídeo pode ajudá-lo a aprender o assunto.

Q1.12$_A$ Vá em **Ajuda Extra** no Capítulo 1 do CRE *website* e clique em **Vídeos de Dicas para Estudar e Aprender.** (http://www.umich.edu/~elements/6e/01chap/obj.html#/video-tips/).

(a) Veja um dos vídeos tutoriais de 5 a 6 minutos e liste dois dos pontos mais importantes no vídeo. Liste quais foram as duas coisas que esse vídeo fez bem.

(b) Depois de ver os três vídeos em Como Estudar (http://www.learncheme.com/student-resources/how-to-study-resources), descreva a maneira mais eficiente para estudar. No vídeo 3 de Como Estudar, o autor deste livro tem uma visão bem diferente de um dos pontos sugeridos. Qual você acha que seja?

(c) Veja o vídeo 13 Dias de Estudo*** (4 estrelas) (https://www.youtube.com/watch?v=eVlvxHJdql8&feature=youtu.be). Liste quatro das dicas que você acha podem ajudar seus hábitos de estudo.

(d) Avalie cada um dos *sites* sobre dicas de vídeo: (1) Não Útil, (5) Muito Útil.

Simulações Computacionais e Experimentos

Antes de realizar seus experimentos, pare um momento e tente prever como suas curvas mudarão de forma quando você mudar uma variável (conforme Q1.1$_A$).

P1.1$_A$ **(a)** **Reveja o Exemplo 1.3.**

Wolfram e Python

(i) Descreva como C_A e C_B variam quando você experimenta variações da vazão volumétrica, v_0, constante de taxa, k, e então escreva uma conclusão a respeito de seus experimentos.

(ii) Clique na descrição da reação reversível A $\leftrightarrows$ B para entender como a lei de taxa se torna $-r_A = k\left[C_A - \frac{C_B}{K_e}\right]$. Considere K_e em seu valor mínimo e varie k e v_0. Escreva algumas sentenças descrevendo como a variação de k, v_0 e K_e afeta os perfis de concentrações. Aprenderemos mais sobre K_e na Seção 3.2.

(iii) Depois de rever *Gerando Ideias e Soluções* no CRE *website* (http://websites.umich.edu/~elements/6e/toc/SCPS,3rdEdBook(Ch07).pdf), escolha uma das técnicas de *brainstorming* (por exemplo, pensamento lateral) para sugerir duas questões que deveriam ser incluídas neste problema.

Polymath

(iv) Modifique o programa Polymath para considerar o caso em que a reação seja reversível, como discutido no item (ii), com $K_e = 3$. Como os seus resultados (isto é, C_A) se comparam com o caso da reação irreversível?

Problemas

P1.2$_B$ Diagramas esquemáticos da bacia de Los Angeles são mostrados na Figura P1.2$_B$. O fundo da bacia cobre aproximadamente 1.813 quilômetros quadrados ($5{,}6 \times 10^{12}$ litros) e é quase completamente circundado por cadeias de montanhas. Se considerarmos 610 metros a altura de inversão atmosférica na bacia, o volume correspondente de ar na bacia é 1×10^{17} litros. Devemos usar esse volume de sistema para modelar o acúmulo e a remoção dos poluentes do ar. Como uma primeira aproximação grosseira, devemos tratar a bacia de Los Angeles como um recipiente bem misturado (análogo ao CSTR), em que não há variações espaciais nas concentrações dos poluentes.

Devemos fazer um balanço molar, em regime transiente Equação (1.4), para o CO, à medida que ele é removido da área da bacia pelo vento Santa Ana. Ventos Santa Ana são de alta velocidade, que se originam no Deserto de

Fotografia de Radoslaw Lecyk/ Shutterstock

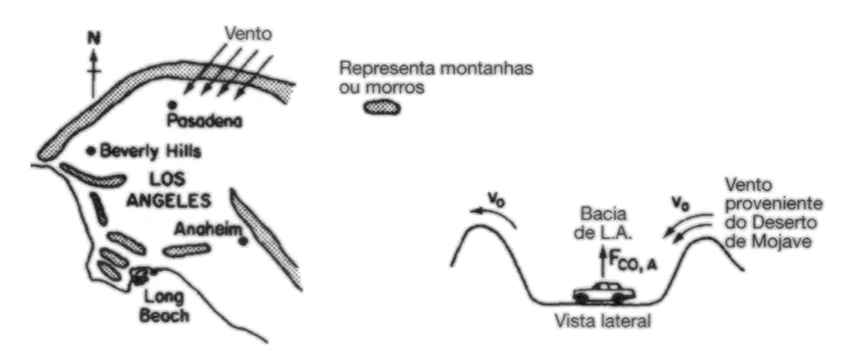

Figura P1.2$_B$ Diagramas esquemáticos da bacia de Los Angeles. (http://www.umich.edu/~elements/6e/web_mod/la_basin/index.htm)

Mojave, situado logo a nordeste de Los Angeles. Carregue o **Módulo** da Web, Nevoeiro na Bacia de Los Angeles (CRE *website*). Use os dados do módulo para trabalhar, item 1.12 de (a) a (h). Carregue o **programa Polymath para o Problema com Exemplo Real** (no mesmo *site* e explore o problema. Para o item (i), varie os parâmetros υ_0, a e b e escreva um parágrafo descrevendo o que você encontrou.

Existe um tráfego muito intenso na bacia de L.A. nas manhãs e nas noites, quando os trabalhadores vão e voltam do trabalho no centro de L.A. Por conseguinte, o escoamento de CO para a bacia de L.A. é mais bem representado pela função seno ao longo de um período de 24 horas.

P1.3$_B$ Este problema concentra-se no uso do Polymath, um programa para resolver equações diferenciais ordinárias (EDO) e também equações não lineares (ENL). Esses programas serão usados intensamente em capítulos posteriores. As informações de como obter e carregar o *software* Polymath são dadas no **Apêndice D** e no CRE *website*.

(a) O Professor Sven Köttlov tem um genro, Stepán Dolez, que tem uma fazenda perto de Riça, Jofostan, onde há inicialmente 500 coelhos (x) e 200 raposas (y). Use o Polymath ou Matlab para plotar a concentração de raposas e coelhos em função do tempo, para um período de até 500 dias. As relações predador-presa são dadas pelo seguinte conjunto de equações diferenciais ordinárias acopladas:

$$\frac{dx}{dt} = k_1 x - k_2 x \cdot y$$

$$\frac{dy}{dt} = k_3 x \cdot y - k_4 y$$

Constante de taxa para crescimento de coelhos: k_1 = 0,02 dia^{-1}
Constante de taxa para morte de coelhos: k_2 = 0,00004/(dia × nº de raposas)
Constante de taxa para crescimento de raposas depois de comerem os coelhos: k_3 = 0,0004 dia/(dia × nº de coelhos)
Constante de taxa para morte de raposas: k_4 = 0,04 dia^{-1}
Como os seus resultados pareceriam para o caso de k_3 = 0,00004/(dia × nº de coelhos) e t_{final} = 800 dias? Plote também o número de raposas *versus* o número de coelhos. Explique por que as curvas parecem da maneira que são. Tutorial do Polymath (https://www.youtube.com/watch?v=nyJmt6cTiL4).

(b) Usando o Wolfram e/ou Python, que parâmetros você mudaria para converter o gráfico de raposas *versus* coelhos de um formato oval para circular? Sugira razões que causariam essa mudança de formato.

(c) Consideramos agora a situação em que os coelhos contraem um vírus mortal, também chamado *sarampo de coelho* (*measlii*). A taxa DE morte é $r_{Morte} = k_D x$ com k_D = 0,005 dia^{-1}. Agora, plote as concentrações de raposas e de coelhos como função do tempo e plote raposas *versus* coelhos. Descreva, se *possível*, a taxa mínima de crescimento na qual a taxa de morte não contribui para a diminuição líquida da população total de coelhos.

(d) Use o Polymath ou o MATLAB para resolver o seguinte conjunto de equações algébricas não lineares

$$x^3 y - 4y^2 + 3x = 1$$

$$6y^2 - 9xy = 5$$

com estimativas iniciais de $x = 2$, $y = 2$. Tente se familiarizar com as teclas de edição do Polymath e do MATLAB. Veja o CRE *website* para instruções. Você necessitará saber como usar esse *solver* nos capítulos posteriores que envolvem CSTRs.

Tutoriais de como rodar o Polymath são mostrados no final das Notas de Resumo para o Capítulo 1 no CRE *website*.

Jogos Interativos Computacionais

P1.4$_A$ Encontre a seção de Jogos Computacionais Interativos (JCIs) no CRE *website* (http://www.umich.edu/~elements/6e/icg/index.html). Leia a descrição do módulo Desafio Cinético (http://www.umich.edu/~elements/6e/icm/kinchal1.html) e então vá para a instrução de instalação (http://www.umich.edu/~elements/6e/icm/install.html) do módulo em seu computador. Jogue e então registre seu desempenho, que indica o seu domínio do material.

Jogo de Risco Realizado no Encontro Anual do Capítulo Estudantil da AIChE

Show de Perguntas para JIC

Balanço molar	Reações	Equações da taxa
100	100	100
200	200	200
300	300	300

Desempenho no Desafio Cinético 1 do JIC #________________________

Problemas

P1.5$_A$ **QEA** (*Questão de Exame Antigo*) A reação

$$A + B \longrightarrow 2C$$

ocorre em um CSTR em estado transiente. A alimentação é formada somente por A e B em proporções equimolares. Qual dos seguintes conjuntos de equações reflete o conjunto correto de balanços molares para A, B e C? As espécies A e B estão sendo consumidas e a espécie C está sendo formada. Circule a resposta correta, em que todos os balanços molares estejam corretos.

(a)
$$F_{B0} - F_A - \int^V r_A dV = \frac{dN_A}{dt}$$
$$F_{B0} - F_B - \int^V r_A dV = \frac{dN_B}{dt}$$
$$-F_C + 2\int^V r_A dV = \frac{dN_C}{dt}$$

(b)
$$F_{A0} - F_A - \int^V r_A dV = \frac{dN_A}{dt}$$
$$F_{A0} - F_B - \int^V r_A dV = \frac{dN_B}{dt}$$
$$-F_C + 2\int^V r_A dV = \frac{dN_C}{dt}$$

(c)
$$F_{A0} - F_A + \int_0^V r_A dV = \frac{dN_A}{dt}$$
$$F_{A0} - F_B + \int^V r_A dV = \frac{dN_B}{dt}$$
$$F_C + \int^V r_C dV = \frac{dN_C}{dt}$$

(d)
$$F_{B0} - F_A - \int^V r_A dV = \frac{dN_A}{dt}$$
$$F_{B0} - F_{A0} - \int^V r_A dV = \frac{dN_B}{dt}$$
$$-F_C + \int^V r_C dV = \frac{dN_C}{dt}$$

(e) Nenhuma das respostas anteriores

Este problema foi escrito em homenagem a Bob Seger, artista de Ann Arbor, Michigan, vencedor do Grammy (https://www.youtube.com/channel/UComKJVf5rNLl_RfC_rbt7qg/videos).

P1.6$_B$ A reação

$$A \longrightarrow B$$

deve acontecer isotermicamente em um reator de escoamento contínuo. A vazão volumétrica que entra é de 10 dm³/h. (*Nota*: $F_A = C_A v_0$. Para uma vazão volumétrica constante, $v = v_0$, então $F_A = C_A v_0$. Também, $C_A = F_A/v_0$ = ([5 mol/h]/[10 dm³/h]) 0,5 mol/dm³).

Calcule os volumes dos reatores CSTR e PFR, necessários para consumir 99% de A (isto é, $C_A = 0{,}01 C_{A0}$), quando a vazão molar na entrada for de 5 mol/h, considerando a taxa de reação $-r_A$ como:

(a) $-r_A = k$ com $k = 0{,}05 \ \frac{\text{mol}}{\text{h} \cdot \text{dm}^3}$ (***Resp.:*** V_{CSTR} = 99 dm³)

(b) $-r_A = kC_A$ com $k = 0{,}0001\ \text{s}^{-1}$

(c) $-r_A = kC_A^2$ com $k = 300 \ \frac{\text{dm}^3}{\text{mol} \cdot \text{h}}$ (***Resp.:*** V_{CSTR} = 660 dm³)

(d) Repita os itens **(a)**, **(b)** e **(c)** para calcular o tempo necessário para consumir 99,9% da espécie A em um reator em batelada com volume constante igual a 1.000 dm³, com C_{A0} = 0,5 mol/dm³.

P1.7$_A$ **Problemas de Enrico Fermi (1901-1954) (PEF).** Enrico Fermi foi um físico italiano que recebeu o Prêmio Nobel por seu trabalho sobre processos nucleares. Fermi foi famoso por seu trabalho "De Volta ao Cálculo da

Ordem de Grandeza do Envelope", para obter uma estimativa da resposta pelo uso da *lógica* e de suposições razoáveis. Ele usou um processo para estabelecer fronteiras na resposta, dizendo que ela é provavelmente maior que um número e menor do que outro. Ele chegou a uma resposta que estava dentro de um fator de 10. Ver *http://mathforum.org/workshops/sum96/interdisc/sheila2.html.*

Problema de Enrico Fermi (PEF)

(a) **PEF #1.** Quantos afinadores de piano existem na cidade de Chicago? Mostre as etapas do seu raciocínio.
População de Chicago ______________
Número de pessoas por residência ______________
Etc. ______________
Uma resposta é dada no CRE *website*, nas Notas de Resumo para o Capítulo 1.

(b) **PEF #2.** Quantos metros quadrados de pizza foram comidos por uma população de 20.000 estudantes de graduação durante o terceiro trimestre de 2016?

(c) **PEF #3.** Quantas banheiras de água uma pessoa média beberá durante sua vida?

P1.8$_A$ **O que está errado nesta solução?** A reação irreversível de segunda ordem em fase líquida ($-r_A = kC_A^2$)

$$2A \xrightarrow{k_1} B \quad k = 0{,}03\,\text{dm}^3/\text{mol}\cdot\text{s}$$

ocorre em um CSTR. A concentração de entrada de A, C_{A0}, é 2 molar, e a concentração de saída de A, C_A, é 0,1 molar. A taxa volumétrica, v_0, é constante e igual a 3 dm³/s. Qual é o volume correspondente do reator?

Solução

1. Balanço Molar

$$V = \frac{F_{A0} - F_A}{-r_A}$$

2. Equação da Taxa (2ª ordem)

$$-r_A = kC_A^2$$

3. Combine

$$V = \frac{F_{A0} - F_A}{kC_A^2}$$

4. $F_{A0} \quad v_0 C_{A0} = \dfrac{3\text{ dm}^3}{\text{s}} \cdot \dfrac{2\text{ mols de A}}{\text{dm}^3} \quad \dfrac{6\text{ mols de A}}{\text{s}}$

5. $F_A = v_o C_A = \dfrac{3\text{ dm}^3}{\text{s}} \cdot \dfrac{0{,}1\text{ mol de A}}{\text{dm}^3} = \dfrac{0{,}3\text{ mol de A}}{\text{s}}$

6. $V = \dfrac{(6 - 0{,}3)\dfrac{\text{mol}}{\text{s}}}{\left(0{,}03\dfrac{\text{dm}^3}{\text{mol}\cdot\text{s}}\right)\left(2\dfrac{\text{mols}}{\text{dm}^3}\right)^2} = 47{,}5\text{ dm}^3$

Se você gosta de **Problemas de Quebra-Cabeças**[4] sobre "O que está errado com as soluções", você pode encontrar mais nos capítulos posteriores nos itens Material Expandido do CRE *website*

Para mais quebra-cabeças sobre "o que está errado com essa solução", veja material adicional para cada capítulo nos itens Material Expandido do CRE *website.*

NOTA PARA PROFESSORES: Problemas adicionais (compare com aqueles das edições anteriores) podem ser encontrados no CRE *website.* Esses problemas podem ser usados para ajudar a reforçar os princípios fundamentais discutidos neste capítulo.

LEITURA SUPLEMENTAR

1. Para maior elaboração do desenvolvimento da equação geral do balanço, veja não apenas o *site* www.umich.edu/~elements/6e/index.html, mas também
   R. M. FELDER e R. W. ROUSSEAU. *Princípios Elementares dos Processos Químicos.* 3. ed. Rio de Janeiro: LTC, 2005, Capítulo 4.
   R. J. SANDERS. *The Anatomy of Skiing.* Denver, CO: Golden Bell Press, 1976.
2. Uma explicação detalhada de alguns tópicos deste capítulo pode ser encontrada em
   B. L. CRYNES e H. S. FOGLER, eds., *AIChE Modular Instruction Series E: Kinetics.* Volumes 1 and 2. New York: AIChE, 1981.
3. Uma discussão de alguns dos mais importantes processos industriais é apresentada por
   G. T. AUSTIN. *Shreve's Chemical Process Industries.* 5. ed. New York: McGraw-Hill, 1984.
4. Vídeos curtos com instruções (6 a 9 minutos de duração) que correspondem aos tópicos deste livro podem ser encontrados em http://www.learncheme.com/.
5. Ver, no CRE *website,* "Segurança de Processos no Currículo de Engenharia Química" (http://umich.edu/~safeche/index.html).

[4] **Problemas de Quebra-Cabeças** para cada capítulo podem ser encontrados no CRE *website* na seção Material Expandido.

Conversão e Dimensionamento de Reatores

2

Seja mais preocupado com seu caráter do que com sua reputação, porque caráter é aquilo que você realmente é, enquanto reputação é meramente aquilo que os outros pensam que você é.

—John Wooden, ex-técnico do UCLA Bruins

Visão Geral. No primeiro capítulo, a equação geral de balanço molar foi deduzida e então aplicada aos quatro tipos mais comuns de reatores industriais. Uma equação de balanço foi desenvolvida para cada tipo de reator, e essas equações estão resumidas na Tabela R1.1 no Capítulo 1. No Capítulo 2, mostraremos como dimensionar e arranjar *conceitualmente* esses reatores, de modo que o leitor possa ver a estrutura do projeto de engenharia das reações químicas (ERQ) sem se perder em detalhes matemáticos.

Neste capítulo, vamos

- Definir conversão
- Reescrever todas as equações de balanço em termos de conversão, X, para os quatro tipos de reatores industriais do Capítulo 1
- Mostrar como dimensionar (isto é, determinar o volume do reator) esses reatores, desde que a relação entre a taxa de reação e a conversão seja conhecida – ou seja, dada $-r_A = f(X)$
- Mostrar como comparar as dimensões de CSTR e PFR
- Mostrar como decidir os melhores arranjos para reatores em série, um princípio muito importante

Além de ser capaz de dimensionar CSTRs e PFRs uma vez dada a taxa de reação como função da conversão, você será capaz de calcular a conversão global e os volumes dos reatores para reatores arranjados em série.

2.1 Definição de Conversão

A conversão nos ajuda a medir o quanto uma reação tem progredido. Para definir conversão, escolhemos um dos reagentes como a base de cálculo e então relacionamos a essa base as outras espécies envolvidas na reação. Em praticamente todos os exemplos, é melhor escolher o reagente limitante como a base de cálculo. Para reações simples, podemos usar a conversão para desenvolver as relações estequiométricas e as equações de projeto, considerando a reação geral

$$aA + bB \longrightarrow cC + dD \tag{2.1}$$

As letras maiúsculas representam as espécies químicas e as letras minúsculas representam os coeficientes estequiométricos. Devemos escolher a espécie A como reagente limitante, sendo assim a nossa *base de cálculo*. O reagente limitante é aquele que será completamente consumido inicialmente depois de os reagentes terem sido misturados. Em seguida, dividimos a expressão da reação pelo coeficiente estequiométrico do reagente limitante, ou seja, a espécie A, de modo a arrumar a estequiometria da reação na forma

"A" é a nossa base de cálculo

$$A + \frac{b}{a}B \longrightarrow \frac{c}{a}C + \frac{d}{a}D \tag{2.2}$$

para que cada grandeza seja expressa em uma base *"por mol de A"*, nosso reagente limitante.

Agora, formulamos questões do tipo "Como podemos quantificar o progresso de uma reação (isto é, Equação (2.2))?" ou "Quantos mols de C são formados para cada mol consumido de A?" Uma maneira conveniente de responder essas questões é definir um parâmetro chamado *conversão*. A conversão X_A é o número de mols de A que reagiram por mol de A alimentado no sistema:

Definição de X

$$X_A = \frac{\text{Mols reagidos de A}}{\text{Mols alimentados de A}}$$

Uma vez que estamos definindo conversão em relação à nossa base de cálculo (A na Equação (2.2)), eliminamos o subscrito de A por motivo de brevidade e fazemos $X \equiv X_A$. Para reações *irreversíveis*, a conversão máxima é 1,0, isto é, conversão completa. Para *reações reversíveis*, a conversão máxima é a conversão de equilíbrio X_e (isto é, $X_{máx} = X_e$). Analisaremos melhor a conversão de equilíbrio na Seção 4.3.

2.2 Equações de Projeto para o Reator em Batelada

Na maioria dos reatores em batelada (BRs), quanto mais tempo o reagente permanecer no reator, mais ele será convertido a produto, até que o equilíbrio seja atingido ou até que o reagente seja totalmente consumido. Portanto, em sistemas em batelada, a conversão X é uma função do tempo que os reagentes passam no reator. Se N_{A0} for o número de mols de A inicialmente no reator, então o número total de mols de A que reagiram depois de um tempo t é $[N_{A0}X]$.

$$[\text{Mols reagidos (consumidos) de A}] = [\text{Mols alimentados de A}] \cdot \left[\frac{\text{Mols reagidos de A}}{\text{Mols alimentados de A}}\right]$$

$$\begin{bmatrix}\text{Mols reagidos}\\ \text{(consumidos)}\\ \text{de A}\end{bmatrix} = [N_{A0}] \cdot [X] \tag{2.3}$$

Agora, o número de mols de A que permanecem no reator depois de um tempo t, N_A, pode ser expresso em termos de N_{A0} e X:

$$\begin{bmatrix}\text{Mols reagidos}\\ \text{(consumidos)}\\ \text{de A no}\\ \text{tempo } t\end{bmatrix} = \begin{bmatrix}\text{Mols de A}\\ \text{inicialmente}\\ \text{alimentados}\\ \text{no reator em}\\ t=0\end{bmatrix} - \begin{bmatrix}\text{Mols de A}\\ \text{que foram}\\ \text{consumidos por}\\ \text{reação química}\end{bmatrix}$$

$$[N_A] = [N_{A0}] - [N_{A0}X]$$

O número de mols de A no reator depois de uma conversão X ter sido atingida é

Mols de A no reator no tempo t

$$\boxed{N_A = N_{A0} - N_{A0}X = N_{A0}(1 - X)} \tag{2.4}$$

Quando não há variações espaciais na taxa da reação, o balanço molar para a espécie A para um sistema em batelada é dado pela seguinte equação [compare com a Equação (1.5)]:

$$\frac{dN_A}{dt} = r_A V \tag{2.5}$$

Essa equação é válida, sendo ou não constante o volume do reator. Na reação geral, Equação (2.2), o reagente A está desaparecendo; por conseguinte, multiplicamos ambos os lados da Equação (2.5) por –1 para obtermos o balanço molar para o reator em batelada na forma

$$-\frac{dN_A}{dt} = (-r_A)V$$

A taxa de desaparecimento de A, $-r_A$, nessa equação deve ser dada por uma equação da taxa similar à Equação (1.2), tal como $-r_A = kC_AC_B$.

Para reatores em batelada, estamos interessados em determinar quanto tempo devemos deixar os reagentes no reator de modo a atingir uma certa conversão X. Para determinar esse comprimento de tempo, escrevemos o balanço molar, Equação (2.5), em termos de conversão, diferenciando a Equação (2.4) em relação ao tempo, lembrando que N_{A0} é o número de mols de A inicialmente presentes, sendo consequentemente uma constante com relação ao tempo.

$$\frac{dN_A}{dt} = 0 - N_{A0}\frac{dX}{dt}$$

Combinando essa equação com a Equação (2.5), resulta

$$-N_{A0}\frac{dX}{dt} = r_A V$$

Para um reator em batelada, a equação de projeto na forma diferencial é

Equação de projeto para **reator em batelada (BR)**

$$\boxed{N_{A0}\frac{dX}{dt} = -r_A V} \tag{2.6}$$

Chamamos a Equação (2.6) de forma diferencial do balanço molar do BR, sendo frequentemente referida como **equação de projeto** para um reator em batelada, uma vez que escrevemos o balanço molar em termos da conversão. As formas diferenciais dos balanços molares do reator em batelada, Equações (2.5) e (2.6), são frequentemente usadas na interpretação dos dados de taxa de reação (Capítulo 7) e para reatores com efeitos térmicos (Capítulos 11 a 13), respectivamente.

Usos de um BR

Reatores em batelada são frequentemente usados na indústria para as reações em fase gasosa e em fase líquida. O reator de laboratório do tipo bomba calorimétrica é largamente usado para obter os dados de taxa de reação. Reações em fase líquida ocorrem quase sempre em reatores em batelada, quando se deseja uma produção em pequena escala ou quando dificuldades de operação regulam o uso de sistemas de escoamento contínuo.

Com a finalidade de determinar o tempo para atingir uma conversão especificada X, primeiro separamos as variáveis na Equação (2.6), conforme segue

$$dt = N_{A0}\frac{dX}{-r_A V}$$

Tempo t da batelada para atingir uma conversão X

Essa equação é agora integrada, sabendo-se que, quando a reação começa em um tempo igual a zero, não há conversão inicialmente (isto é, $t = 0$, $X = 0$) e a reação termina em um tempo t, quando a conversão X é atingida (isto é, quando $t = t$, então $X = X$). Integrando, obtemos o tempo t necessário para atingir a conversão X em um reator em batelada

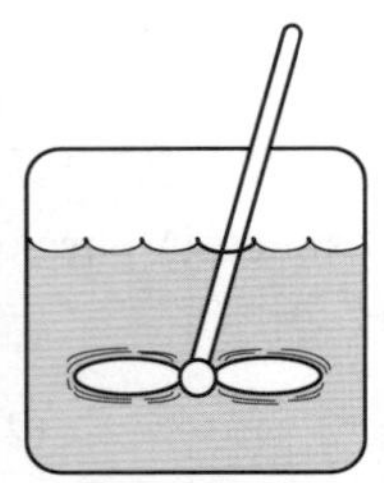

Equação de Projeto do Reator em Batelada

$$\boxed{t = N_{A0} \int_0^X \frac{dX}{-r_A V}} \tag{2.7}$$

Quanto mais tempo os reagentes são deixados no reator, maior será a conversão. A Equação (2.6) é a forma diferencial da equação de projeto, e a Equação (2.7) é a forma integral da equação de projeto para um reator em batelada.

2.3 Equações de Projeto para Reatores com Escoamento Contínuo

Para um reator em batelada, vimos que a conversão aumenta com o tempo gasto no reator. Para sistemas com escoamento contínuo, esse tempo geralmente aumenta com o aumento do volume do reator; por exemplo, quanto maior ou mais longo for o reator, mais tempo levará para os reagentes escoarem completamente através dele e, assim, mais tempo para reagir. Por conseguinte, a conversão *X* é uma função do volume do reator *V*. Se F_{A0} for a vazão molar da espécie A alimentada em um sistema operando em estado estacionário, a taxa molar na qual a espécie A está reagindo *dentro* do sistema inteiro será $F_{A0}X$.

$$[F_{A0}]\cdot[X] = \frac{\text{Mols alimentados de A}}{\text{tempo}} \cdot \frac{\text{Mols reagidos de A}}{\text{Mols alimentados de A}}$$

$$[F_{A0}\cdot X] = \frac{\text{Mols reagidos de A}}{\text{tempo}}$$

A taxa molar de A que sai do sistema, F_A, é *igual* à taxa molar de alimentação de A para o sistema, F_{A0}, *menos* a taxa de reação de A dentro do sistema ($F_{A0}X$). A sentença anterior pode ser escrita na forma da seguinte afirmação matemática:

$$\begin{bmatrix}\text{Taxa molar} \\ \text{na qual A} \\ \text{sai do sistema}\end{bmatrix} = \begin{bmatrix}\text{Taxa molar na qual} \\ \text{A é alimentado} \\ \text{ao sistema}\end{bmatrix} - \begin{bmatrix}\text{Taxa molar na} \\ \text{qual A é} \\ \text{consumido} \\ \text{dentro do sistema}\end{bmatrix}$$

$$[F_A] \quad = \quad [F_{A0}] \quad - \quad [F_{A0}X]$$

Rearranjando, obtém-se

$$\boxed{F_A = F_{A0}(1 - X)} \tag{2.8}$$

A taxa molar de entrada da espécie A, F_{A0} (mol/s), é apenas o produto da concentração na entrada C_{A0} (mol/dm³), e a vazão volumétrica de entrada, v_0 (dm³/s):

$$\boxed{F_{A0} = C_{A0}v_0} \tag{2.9}$$

Fase líquida

Para sistemas líquidos, a vazão volumétrica, v, é constante e igual a v_0 e C_{A0} é comumente dada em termos de molaridade; por exemplo, C_{A0} = 2 mols/dm³.

Para sistemas gasosos, C_{A0} pode ser calculada a partir da tração molar na entrada y_{A0}, temperatura T_0 e da pressão P_0, usando a lei dos gases ideais ou alguma outra lei para gases. Para um gás ideal (veja o Apêndice B):

Fase gasosa

$$C_{A0} = \frac{P_{A0}}{RT_0} = \frac{y_{A0}P_0}{RT_0} \tag{2.10}$$

Agora que temos a relação [Equação (2.8)] entre a vazão molar e a conversão, é possível expressar as equações de projeto (isto é, balanços molares) em termos da conversão para os reatores com *escoamento contínuo* examinados no Capítulo 1.

2.3.1 CSTR (Também Conhecido como Reator ou Tanque de Retromistura)

Lembre-se de que o CSTR é modelado como bem misturado, de modo que não haja variações espaciais no reator. Para a reação geral

$$A + \frac{b}{a} B \longrightarrow \frac{c}{a} C + \frac{d}{a} D \tag{2.2}$$

a Equação (1.7) para o balanço molar pode ser arranjada para

$$V = \frac{F_{A0} - F_A}{-r_A} \tag{2.11}$$

Substituímos agora F_A em termos de F_{A0} e X

$$F_A = F_{A0} - F_{A0}X \tag{2.12}$$

e então substituímos a Equação (2.12) em (2.11)

$$V = \frac{F_{A0} - (F_{A0} - F_{A0}X)}{-r_A}$$

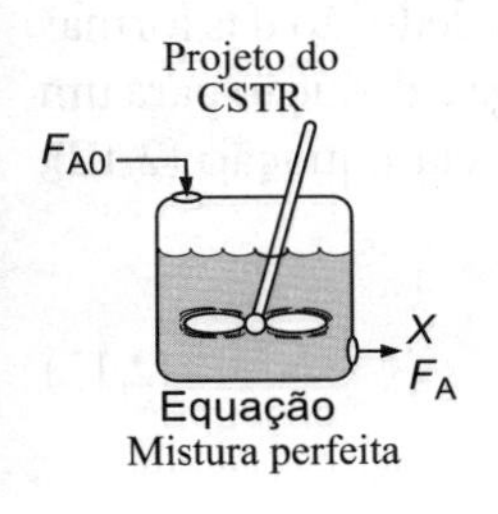

Mistura perfeita

Simplificando, vemos que o volume do CSTR necessário para atingir uma conversão especificada X é

$$\boxed{V = \frac{F_{A0}X}{(-r_A)_{\text{saída}}}} \tag{2.13}$$

Avalie $-r_A$ nas condições de saída do CSTR!!

Uma vez que o reator é *perfeitamente misturado*, a concentração na saída do reator é idêntica à composição dentro do reator, sendo a taxa da reação avaliada nas condições de saída.

2.3.2 Reator Tubular com Escoamento Contínuo (PFR)

Modelamos o reator tubular como o fluido tendo um escoamento empistonado, ou seja, sem gradientes de concentração, de temperatura ou de taxa de reação.[1] À medida que os reagentes entram e escoam axialmente ao longo do reator, eles são consumidos e a conversão aumenta ao longo do comprimento do reator. Para desenvolver a equação de projeto do PFR, primeiro multiplicamos ambos os lados da equação de projeto do reator tubular dada no Capítulo 1, Equação (1.12), por –1. Expressamos então a equação de balanço molar para a espécie A na reação como

$$\frac{-dF_A}{dV} = -r_A \tag{2.14}$$

Para um sistema em escoamento, F_A tem sido previamente dada em termos da vazão molar de entrada F_{A0} e da conversão X

$$F_A = F_{A0} - F_{A0}X \tag{2.12}$$

Diferenciando

$$dF_A = -F_{A0}dX$$

e substituindo em (2.14), obtém-se a forma diferencial da equação de projeto para um reator com escoamento empistonado (PFR):

[1] Essa restrição será removida quando estendermos nossa análise para reatores não ideais (industriais) nos Capítulos 16 a 18.

$$F_{A0}\frac{dX}{dV} = -r_A \tag{2.15}$$

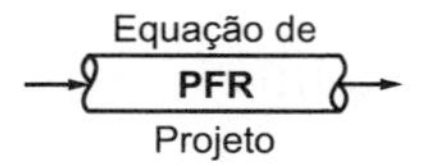

Agora, separamos as variáveis e integramos com os limites $V = 0$ quando $X = 0$, para obter o volume necessário para o reator com escoamento empistonado de modo a atingir uma conversão especificada X:

$$V = F_{A0}\int_0^X \frac{dX}{-r_A} \tag{2.16}$$

Para fazer as integrações nas equações de projeto (2.7) e (2.16) para os reatores em batelada e com escoamento empistonado, como também para avaliar a equação de projeto (2.13) para o CSTR, necessitamos saber como a taxa da reação $-r_A$ varia com a concentração (logo, conversão) das espécies reagentes. Essa relação entre taxa da reação e concentração será desenvolvida no Capítulo 3.

2.3.3 Reator de Leito Fixo (PBR)

Reatores de leito fixo são reatores tubulares, cheios com partículas de catalisador. A dedução das formas diferencial e integral das equações de projeto para os reatores de leito fixo é análoga à dedução para um PFR (compare com as Equações (2.15) e (2.16)). Ou seja, substituindo F_A, dada pela Equação (2.12), na Equação (1.15), obtém-se

Equação de projeto do PBR

$$F_{A0}\frac{dX}{dW} = -r'_A \tag{2.17}$$

A forma diferencial da equação de projeto [isto é, Equação (2.17)] **tem** de ser usada quando da análise de reatores que têm uma *queda de pressão* ao longo do comprimento do reator. No Capítulo 5,[‡] discutiremos queda de pressão em reatores de leito fixo.

Na *ausência* de queda de pressão, isto é, $\Delta P = 0$, podemos integrar (2.17), com os limites $X = 0$ em $W = 0$, para obter

PBR

F_{A0} → F_A

$$W = F_{A0}\int_0^X \frac{dX}{-r'_A} \tag{2.18}$$

A Equação (2.18) pode ser usada para determinar a massa W de catalisador necessária para atingir uma conversão X quando a pressão total permanece constante.

2.4 Dimensionamento de Reatores com Escoamento Contínuo

Nesta seção, vamos mostrar como podemos dimensionar CSTRs e PFRs (isto é, determinar os volumes dos reatores), usando o balanço de mols apropriado em termos de conversão e a partir do conhecimento da taxa de reação, $-r_A$, em função da conversão, X (isto é, $-r_A = f(X)$). A taxa de desaparecimento de A, $-r_A$, é quase sempre uma função das concentrações das várias espécies presentes (ver Capítulo 3). Quando apenas uma reação está ocorrendo, cada uma das concentrações pode ser expressa em função da conversão X (veja o Capítulo 4); consequentemente, $-r_A$ pode ser expressa em função de X.

Como exemplo, devemos escolher uma dependência funcional particularmente simples, que ocorre com frequência; é a dependência de primeira ordem.

[‡] Certifique-se de assistir ao vídeo no YouTube (https://www.youtube.com/watch?v=S9mUAXmNqxs).

$$-r_A = kC_A = kC_{A0}(1 - X)$$

Aqui, k é a constante de reação, sendo uma função somente da temperatura, e C_{A0} é a concentração na entrada de A. Notamos nas Equações (2.13) e (2.16) que o volume do reator é uma função do inverso de $-r_A$. Para essa dependência de primeira ordem, um gráfico do inverso da taxa da reação ($1/-r_A$) em função da conversão produz uma curva similar à mostrada na Figura 2.1, em que

$$\frac{1}{-r_A} = \frac{1}{kC_{A0}}\left(\frac{1}{1-X}\right)$$

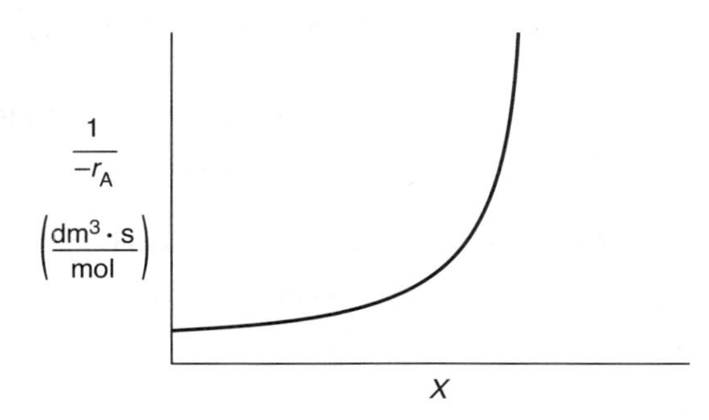

Figura 2.1 Curva típica da recíproca da taxa como função da conversão.

Podemos usar a Figura 2.1 para dimensionar CSTRs e PFRs para diferentes taxas molares de entrada. Por *dimensionar* entendemos determinar o volume do reator para uma conversão especificada ou determinar a conversão para um volume especificado de reator. Antes de dimensionar reatores com escoamento contínuo, vamos primeiro considerar alguns pontos. Se uma reação ocorre isotermicamente, a taxa é geralmente maior no início da reação, quando a concentração do reagente é maior (isto é, quando a conversão é desprezível [$X \cong 0$]). Consequentemente, ($1/-r_A$) será baixa. Perto do final da reação, quando o reagente foi quase todo consumido, sendo assim a concentração de A baixa (isto é, a conversão é alta), a taxa de reação é baixa. Por conseguinte, ($1/-r_A$) é alta.

Para todas as reações irreversíveis de ordem maior do que zero (veja o Capítulo 3 para reações de ordem zero), à medida que nos aproximamos da conversão completa em que todo o reagente limitante é consumido, isto é, $X = 1$, o inverso da taxa de reação se aproxima do infinito, assim como o volume do reator; ou seja

$$\text{Quando } X \to 1,\ -r_A \to 0,\text{ assim, } \frac{1}{-r_A} \to \infty \text{ e, consequentemente, } V \to \infty$$

"Ao infinito e além"
– Buzz Lightyear

Por conseguinte, vemos que necessitamos de um reator com volume infinito para atingir a conversão completa, $X = 1{,}0$.

Para reações reversíveis (isto é, $A \leftrightarrows B$), a conversão máxima é a conversão de equilíbrio X_e. No equilíbrio, a taxa da reação é zero ($r_A \equiv 0$). Por conseguinte,

$A \rightleftarrows B + C$

$$\text{Quando } X \to X_e,\ -r_A \to 0,\text{ assim, } \frac{1}{-r_A} \to \infty \text{ e, consequentemente, } V \to \infty$$

e vemos que um reator com volume *infinito* seria necessário de modo a obter a conversão exata de equilíbrio, $X = X_e$. Discutiremos X_e no Capítulo 4.

Exemplos de Projeto e Estágio de Reatores, Dado $-r_A = f(X)$

Com o objetivo de ilustrar o projeto de uma série de reatores, consideramos a isomerização isotérmica em fase gasosa

$$A \longrightarrow B$$

Pesquisadores do Laboratório Central fizeram experimentos para determinar a taxa de reação química em função da conversão do reagente A; os resultados são mostrados na Tabela 2.1. A temperatura foi constante a 500 K (440°F), a pressão total foi constante a 830 kPa (8,2 atm) e a carga inicial para o reator foi constituída de A puro. A taxa molar do reagente A na entrada é $F_{A0} = 0,4$ mol/s.

Se conhecermos $-r_A$ em função de X, poderemos dimensionar qualquer sistema isotérmico de reação.

Tabela 2.1 Dados Não Processados†

X	0	0,1	0,2	0,4	0,6	0,7	0,8
$-r_A$ (mol/m³ · s)	0,45	0,37	0,30	0,195	0,113	0,079	0,05

†Dados codificados registrados, cortesia de Jofostan Central Research Laboratory, Çölow, Jofostan e publicados em *Jofostan Journal of Chemical Engineering Research*, V. 21, p. 73 (2023).

Lembrando das equações de projeto do CSTR e do PFR, (2.13) e (2.16), vimos que o volume dos reatores varia com o inverso de $-r_A$, $\left(\frac{1}{-r_A}\right)$, por exemplo, $V = \left(\frac{F_{A0}}{-r_A}\right)X$. Logo, para dimensionar reatores, primeiro convertemos os dados não processados da Tabela 2.1, que são $-r_A$ como função de X, em $\left(\frac{1}{-r_A}\right)$ como função de X. Em seguida, multiplicamos pela taxa molar na entrada, F_{A0}, para obter $\left(\frac{F_{A0}}{-r_A}\right)$ como função de X, conforme mostrado na Tabela 2.2 dos dados processados para $F_{A0} = 0,4$ mol/s.

Devemos usar os dados desta tabela para os próximos cinco Exemplos.

Tabela 2.2 Dados Processados

X	0,0	0,1	0,2	0,4	0,6	0,7	0,8
$-r_A\left(\frac{mol}{m^3 \cdot s}\right)$	0,45	0,37	0,30	0,195	0,113	0,079	0,05
$(1/-r_A)\left(\frac{m^3 \cdot s}{mol}\right)$	2,22	2,70	3,33	5,13	8,85	12,7	20
$(F_{A0}/-r_A)(m^3)$	0,89	1,08	1,33	2,05	3,54	5,06	8,0

Para dimensionar reatores para diferentes taxas molares na entrada, F_{A0}, usaríamos as linhas 1 e 4, como mostrado pelas setas na Tabela 2.2, para construir a seguinte figura:

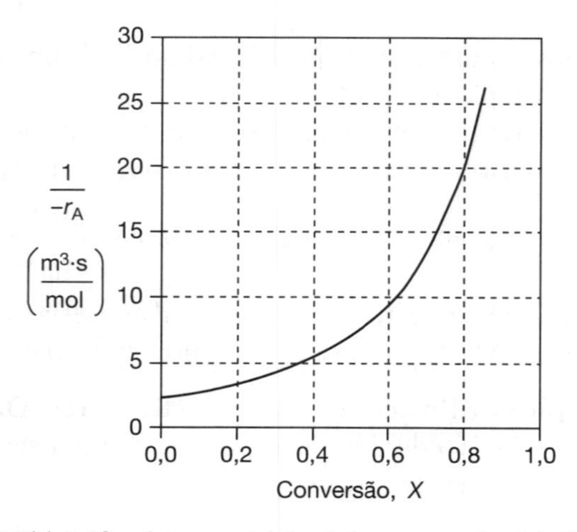

Figura 2.2(a) Gráfico de Levenspiel dos dados processados 1 da Tabela 2.2.

Contudo, para uma dada F_{A0}, em vez de usar a Figura 2.2(a) para dimensionar reatores, é frequentemente mais vantajoso plotar $\left(\frac{F_{A0}}{-r_A}\right)$ como função de X, que é chamado de gráfico de Levenspiel.[2] Vamos agora analisar um número de exemplos em que especificamos a taxa de escoamento F_{A0} como 0,4 mol de A/s.

Fazendo um gráfico de $\left(\frac{F_{A0}}{-r_A}\right)$ em função de X usando os dados da Tabela 2.2, obtemos o gráfico mostrado na Figura 2.2(b).

Gráfico de Levenspiel

Figura 2.2(b) Gráfico de Levenspiel dos dados processados 2 da Tabela 2.2.

Vamos agora usar o gráfico de Levenspiel dos dados processados (Figura 2.2(b)) para dimensionar um CSTR e um PFR.

Exemplo 2.1 Dimensionamento de CSTR

A reação descrita pelos dados da Tabela 2.2

$$A \longrightarrow B$$

deve ocorrer em um CSTR. A espécie A entra no reator a uma vazão molar de F_{A0} = 0,4 mol/s que é a taxa usada para construir o gráfico de Levenspiel na Figura 2.2(b).

(a) Usando os dados da Tabela 2.2 ou da Figura 2.2(b), calcule o volume necessário para atingir 80% da conversão em um CSTR.

(b) Sombreie a área na Figura 2.2(b) que daria o volume necessário do CSTR para atingir uma conversão de 80%.

Soluções

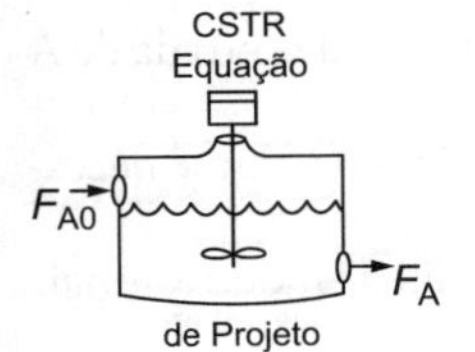

(a) A Equação (2.13) fornece o volume de um CSTR em função de F_{A0}, X e $-r_A$:

$$V = \frac{F_{A0}X}{(-r_A)_{\text{saída}}} \tag{2.13}$$

Em um CSTR, a composição, a temperatura e a conversão da corrente efluente são idênticas às do fluido no interior do reator, uma vez que mistura perfeita é considerada. Logo, precisamos encontrar o valor de $-r_A$ (ou o seu inverso) em X = 0,8. Tanto da Tabela 2.2 como da Figura 2.2(a), vemos que, quando X = 0,8, então

$$\left(\frac{1}{-r_A}\right)_{X=0,8} = 20\frac{m^3 \cdot s}{mol}$$

Substituindo na Equação (2.13) para uma vazão molar de entrada, F_{A0}, de 0,4 mol de A/s e X = 0,8, obtém-se

$$V = 0,4\frac{mol}{s}\left(\frac{20\ m^3 \cdot s}{mol}\right)(0,8) = 6,4\ m^3 \tag{E2.1.1}$$

[2] Em homenagem ao Professor Octave Levenspiel (1/1/1926-5/3/2017), Oregon State University, Corvallis, OR.

$$V = 6{,}4 \text{ m}^3 = 6.400\text{dm}^3 = 6.400 \text{ litros} \quad \underline{\text{Resposta}}$$

(b) Sombreie a área da Figura 2.2(b) que resulta no volume do CSTR para atingir uma conversão de 80%. Rearranjando a Equação (2.13), obtém-se

$$V = \left[\frac{F_{A0}}{-r_A}\right] X \tag{2.13}$$

Na Figura E2.1.1, o volume é igual à área de um retângulo com uma altura ($F_{A0}/-r_A$ = 8 m³) e uma base (X = 0,8). Esse retângulo é sombreado na figura.

Dimensões Representativas de um CSTR Industrial

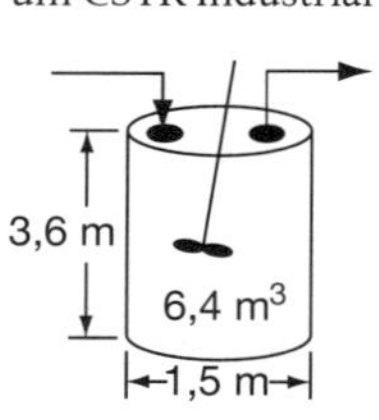

$$V = \left[\frac{F_{A0}}{-r_A}\right]_{X=0,8} (0{,}8) \tag{E2.1.2}$$

$$V = \text{área do retângulo de Levenspiel} = \text{altura} \times \text{largura}$$

$$V = [8 \text{ m}^3][0{,}8] = 6{,}4 \text{ m}^3 = 6.400 \text{ dm}^3 = 6.400 \text{ litros} \quad \underline{\text{Resposta}}$$

O volume necessário do CSTR para atingir 80% de conversão é 6,4 m³, quando operando a 500 K, 830 kPa (8,2 atm), e com uma vazão molar de entrada de A igual a 0,4 mol/s. Esse volume corresponde a um reator de cerca de 1,5 m de diâmetro e 3,6 m de altura. É um CSTR grande, porém essa é uma reação em fase gasosa, e CSTRs não são normalmente usados para reações em fase gasosa. CSTRs são usados principalmente para reações em fase líquida. Oops!

Gráficos de ($F_{A0}/-r_A$) *versus* X são algumas vezes chamados de gráficos de Levenspiel (em homenagem a Octave Levenspiel).

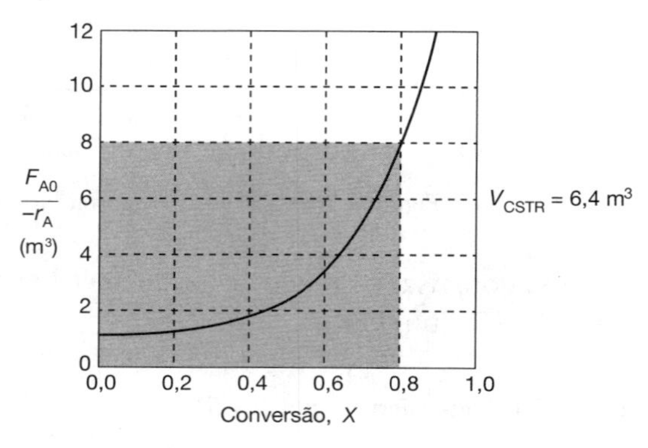

Figura E2.1.1 Gráfico de Levenspiel para um CSTR.

Análise: Dada a conversão, a taxa de reação como função da conversão, juntamente com a taxa molar da espécie A, vimos como calcular o volume de um CSTR. A partir dos dados e das informações fornecidas, calculamos o volume como 6,4 m³ para 80% de conversão. Mostramos como fizemos esse cálculo usando a Equação (2.13) e usando o gráfico de Levenspiel.

Exemplo 2.2 Dimensionamento de PFR

A reação descrita pelos dados das Tabelas 2.1 e 2.2 deve ocorrer em um PFR. A vazão molar de entrada de A é novamente F_A = 0,4 mol/s.

(a) Primeiro, use uma das fórmulas de integração dadas no Apêndice A.4, para determinar o volume necessário de um reator PFR de modo a atingir 80% de conversão.
(b) Em seguida, sombreie a área da Figura 2.2(b) que daria o volume necessário de um PFR de modo a atingir 80% de conversão.
(c) Finalmente, faça um esboço qualitativo da conversão, X, e da taxa de reação, $-r_A$, ao longo do comprimento (volume) do reator.

Solução

Começamos repetindo as linhas 1 e 4 da Tabela 2.2 para obter os resultados mostrados na Tabela 2.3.

Tabela 2.3 Dados Processados 2

X	0,0	0,1	0,2	0,4	0,6	0,7	0,8
($F_{A0}/-r_A$)(m³)	0,89	1,08	1,33	2,05	3,54	5,06	8,0

(a) Avalie numericamente o volume do PFR. Para o PFR, a forma diferencial do balanço molar é

$$F_{A0}\frac{dX}{dV} = -r_A \quad (2.15)$$

Rearranjando e integrando, obtém-se

$$V = F_{A0}\int_0^{0,8}\frac{dX}{-r_A} = \int_0^{0,8}\frac{F_{A0}}{-r_A}dX \quad (2.16)$$

Devemos usar a fórmula (Equação (A.23)) de *quadratura com cinco pontos*, dada no Apêndice A.4, para avaliar numericamente a Equação (2.16). A fórmula com cinco pontos com uma conversão final de 0,8 fornece quatro segmentos iguais entre $X = 0$ e $X = 0,8$, com um comprimento de segmento de $\Delta X = 0,8/4 = 0,2$. A função dentro da integral é avaliada em $X = 0$, $X = 0,2$, $X = 0,4$, $X = 0,6$ e $X = 0,8$.

$$V = \frac{\Delta X}{3}\left[\frac{F_{A0}}{-r_A(X=0)} + \frac{4F_{A0}}{-r_A(X=0,2)} + \frac{2F_{A0}}{-r_A(X=0,4)} + \frac{4F_{A0}}{-r_A(X=0,6)} + \frac{F_{A0}}{-r_A(X=0,8)}\right] \quad (E2.2.1)$$

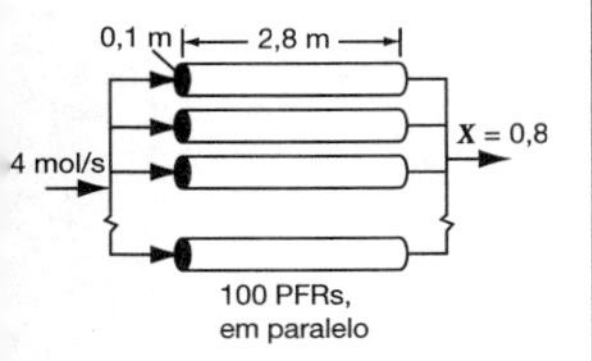

O uso de valores de $[F_{A0}/(-r_A)]$ correspondentes às diferentes conversões na Tabela 2.3 resulta em

$$V = \left(\frac{0,2}{3}\right)[0,89 + 4(1,33) + 2(2,05) + 4(3,54) + 8,0]\text{m}^3 = \left(\frac{0,2}{3}\right)(32,47\ \text{m}^3)$$

$$\boxed{V = 2,165\ \text{m}^3 = 2.165\ \text{dm}^3}$$

O volume necessário de um reator PFR de modo a atingir 80% de conversão é de 2.165 dm^3. Esse volume poderia ser atingido usando um banco de 100 PFRs, cada um com 0,1 m de diâmetro, com um comprimento de 2,8 m (isto é, veja figura da margem ou Figura 1.8(a) e (b)).

Nota: À medida que prosseguirmos ao longo dos capítulos posteriores e tivermos as fórmulas analíticas para $-r_A$, usaremos as tabelas de integração ou pacotes computacionais (isto é, Polymath, em vez de fórmulas quadráticas, tais como a Equação (E2.2.1)).

(b) O volume do PFR, isto é, a integral na Equação (2.16), pode também ser avaliado a partir da área sob a curva de um gráfico de $(F_{A0}/-r_A)$ *versus* X.

$$V = \int_0^{0,8}\frac{F_{A0}}{-r_A}dX$$ = Área sob a curva entre X = 0 e X = 0,8 (veja a área sombreada correspondente na Figura E2.2.1)

PFR

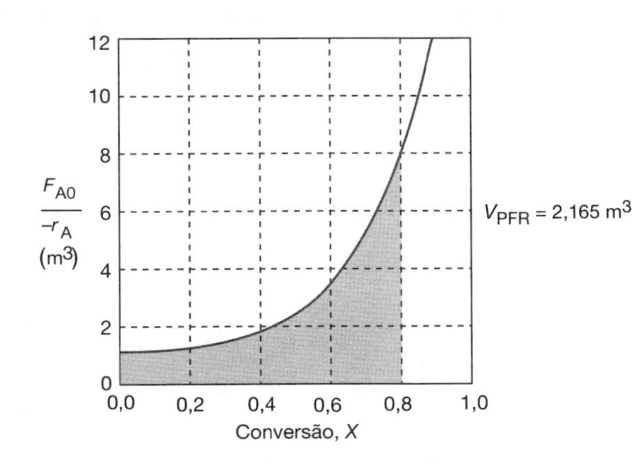

Figura E2.2.1 Gráfico de Levenspiel para o PFR.

A área sob a curva fornecerá o volume necessário do reator tubular, de modo a atingir a conversão especificada de A. Para uma conversão de 80%, a região sombreada corresponde a aproximadamente 2.165 dm^3 (2,165 m^3).

(c) Esboce os perfis de $-r_A$ e X ao longo do comprimento do reator.

Sabemos que, quando se avança ao longo do reator, a conversão aumenta à medida que mais e mais reagente é convertido em produto. Por conseguinte, à medida que o reagente é consumido, a concentração do reagente diminui, assim como a taxa de desaparecimento de A para reações isotérmicas.

(i) Para X = 0,2, calculamos o volume correspondente do reator usando a regra de Simpson (dada no Apêndice A.4, como Equação (A.21)), com $\Delta X = 0,1$, e os dados nas linhas 1 e 4 da Tabela 2.2.

$$V = F_{A0}\int_0^{0,2}\frac{dX}{-r_A} = \frac{\Delta X}{3}\left[\frac{F_{A0}}{-r_A(X=0)} + \frac{4F_{A0}}{-r_A(X=0,1)} + \frac{F_{A0}}{-r_A(X=0,2)}\right] \quad \text{(E2.2.2)}$$

$$=\left(\frac{0,1}{3}\left[0,89+4(1,08)+1,33\right]\right)m^3 = \frac{0,1}{3}(6,54\ m^3) = 0,218\ m^3 = 218\ dm^3$$

$$= 218\ m^3$$

Esse volume (218 dm^3) é aquele no qual X = 0,2. Da Tabela 2.2, vemos que a taxa de reação correspondente a $X = 0,2$ é $-r_A = 0,3\ mol/m^3 \times s$.
Logo, em $X = 0,2$, então $-r_A = 0,3\ mol/m^3 \cdot s$ e $V = 218\ dm^3$.

(ii) Para $X = 0,4$, podemos novamente usar a Tabela 2.3 e a regra de Simpson com $\Delta X = 0,2$, de modo a encontrar o volume necessário do reator para uma conversão de 40%.

$$V = \frac{\Delta X}{3}\left[\frac{F_{A0}}{-r_A(X=0)} + \frac{4F_{A0}}{-r_A(X=0,2)} + \frac{F_{A0}}{-r_A(X=0,4)}\right]$$

$$= \left(\frac{0,2}{3}[0,89+4(1,33)+2,05]\right)m^3 = 0,551\ m^3$$

$$= 551\ dm^3$$

Da Tabela 2.2, vemos que em $X = 0,4$, $-r_A = 0,195\ mol/m^3 \cdot s$ e $V = 551\ dm^3$.

Podemos continuar dessa maneira para chegar à Tabela E2.2.1.

Tabela E2.2.1 Perfis de Conversão e de Taxa de Reação

X	0,0	0,2	0,4	0,6	0,8
$-r_A\left(\frac{mol}{m^3 \cdot s}\right)$	0,45	0,30	0,195	0,113	0,05
V (dm^3)	0	218	551	1.093	2.165

Os dados da Tabela E2.2.1 são colocados nas Figuras E2.2.2(a) e (b).

Para reações ocorrendo isotermicamente, a conversão aumenta e a velocidade diminui, à medida que nos movemos ao longo do PFR.

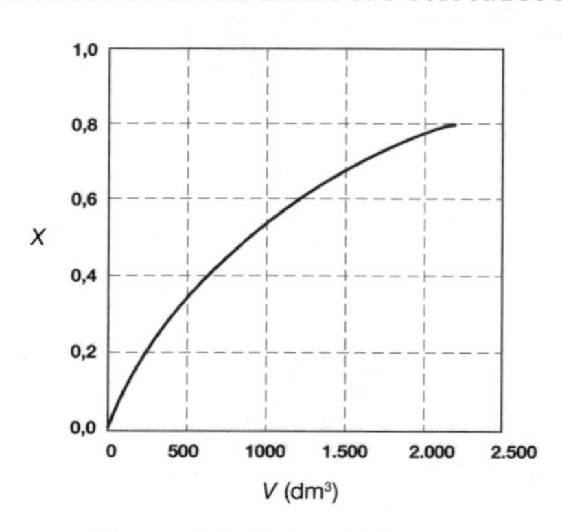

Figura E2.2.2(a) Perfil de conversão.

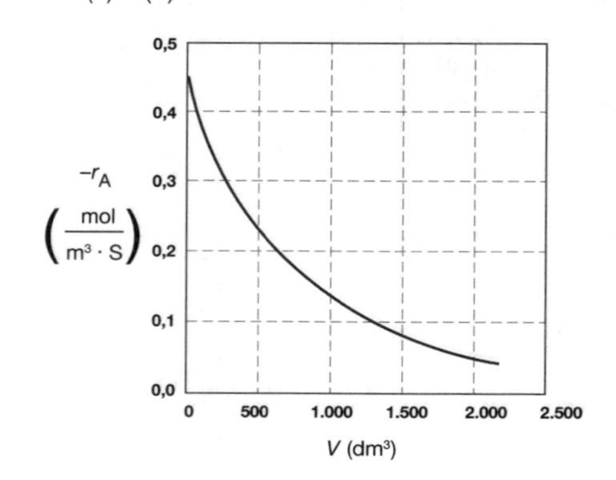

Figura E2.2.2(b) Perfil de taxa de reação.

Análise: Observa-se que, para a *maioria* das reações isotérmicas, a taxa de reação, $-r_A$, diminui à medida que nos movemos ao longo do reator, enquanto a conversão aumenta. Esses gráficos são típicos para reatores operados isotermicamente.

Exemplo 2.3 Comparação dos Tamanhos entre um CSTR e um PFR

É interessante comparar os volumes de um CSTR e de um PFR requeridos para a mesma tarefa. Com a finalidade de fazer essa comparação, devemos usar os dados da Figura 2.2(b) para saber qual reator vai requerer o menor tamanho, de modo a atingir uma conversão de 80%: um CSTR ou um PFR? A taxa molar na entrada e as condições de alimentação são as mesmas em ambos os casos.

Solução

Usaremos novamente os dados da Tabela 2.3.

Tabela 2.3 Dados Processados 2

X	0,0	0,1	0,2	0,4	0,6	0,7	0,8
$(F_{A0}/-r_A)(m^3)$	0,89	1,08	1,33	2,05	3,54	5,06	8,0

O volume do CSTR foi de 6,4 m^3 e o volume do PFR foi de 2,165 m^3. Quando combinamos as Figuras E2.1.1 e E2.2.1 em um mesmo gráfico, Figura 2.3.1(a), vemos que a área hachurada acima da curva é a diferença entre os volumes do CSTR e do PFR. A Figura E2.3.1(b) mostra a taxa de reação, $-r_A$, em função da conversão. Notamos que em uma conversão de 80% a taxa é aproximadamente um décimo da taxa inicial.

Para reações isotérmicas *maiores* que ordem zero (veja o Capítulo 3), o volume do CSTR será sempre maior do que o volume do PFR para as mesmas condições de conversão e reação (temperatura, taxa de escoamento etc.).

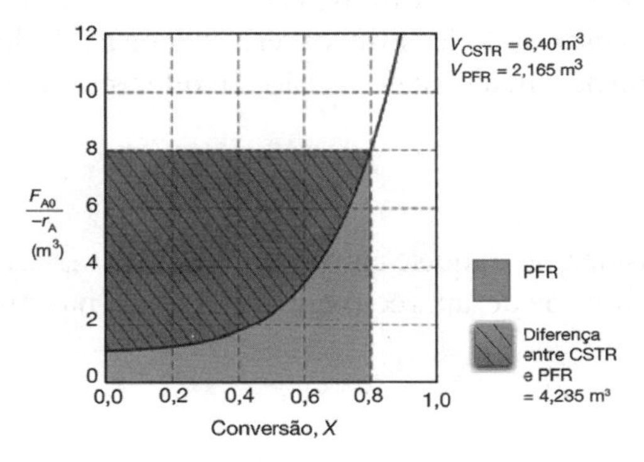

Figura E2.3.1(a) Comparação entre os tamanhos dos reatores CSTR e PFR para X = 0,8.

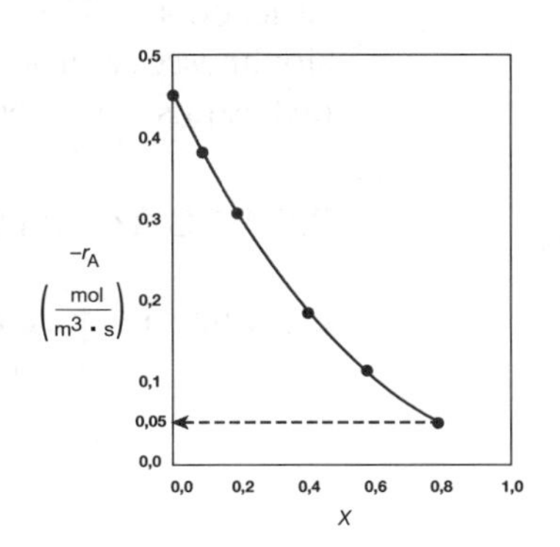

Figura E2.3.1(b) $-r_A$ em função de X, obtida da Tabela 2.2.1.

Análise: Vemos que a razão pela qual o volume do CSTR isotérmico é geralmente maior do que o volume do PFR é que o CSTR está sempre operando na mais baixa taxa de reação (isto é, $-r_A$ = 0,05 mol/m³ · s na Figura E2.3.1(b)). O PFR, por outro lado, começa com uma velocidade alta de reação na entrada e gradualmente diminui até a velocidade na saída, requerendo, desse modo, um menor volume, visto que o volume é inversamente proporcional à taxa da reação. Entretanto, para reações autocatalíticas, para reações inibidas pelo produto e para reações exotérmicas que ocorrem não isotermicamente, essas tendências não serão sempre o caso, como veremos nos Capítulos 9 e 11.

2.5 Reatores em Série

Muitas vezes, reatores são conectados em série, de modo que a corrente de saída de um reator é a corrente de alimentação para outro reator. Quando esse arranjo é usado, frequentemente é possível acelerar os cálculos, definindo conversão em termos de um ponto a jusante em vez da conversão em relação a qualquer um dos reatores. Ou seja, a conversão X é o *número total de mols* de A que reagiram até aquele ponto por mol de A alimentado no *primeiro* reator.

Somente válida quando **NÃO** há correntes laterais!

Para reatores em série

$$X_i = \frac{\text{Mols totais de A reagidos até o ponto } i}{\text{Mols alimentados de A no primeiro reator}}$$

No entanto, essa definição *somente* pode ser usada quando a corrente de alimentação entrar somente no primeiro reator da série e *não* houver correntes laterais alimentadas ou retiradas. A vazão molar de A no ponto *i* é igual aos mols de A alimentados no primeiro reator menos todos os mols de A reagidos até o ponto *i*.

$$F_{Ai} = F_{A0} - F_{A0}X_i$$

Para os reatores mostrados na Figura 2.3, X_1 no ponto $i = 1$ é a conversão atingida no PFR, X_2 no ponto $i = 2$ é a conversão total atingida nesse ponto, após o PFR *e o* CSTR, e X_3 é a conversão total atingida após todos os três reatores.

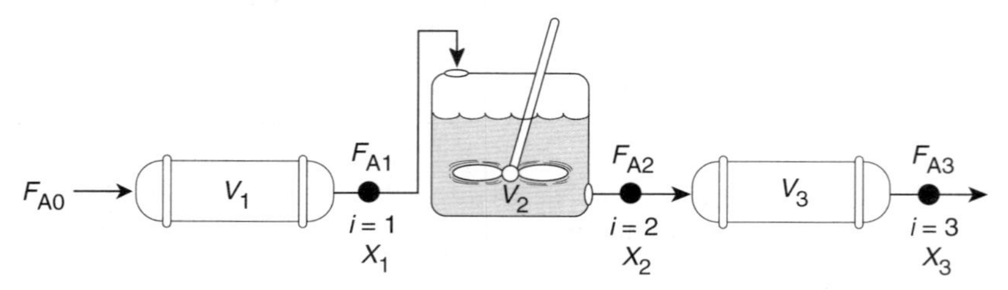

Figura 2.3 Reatores em série.

Para demonstrar esses conceitos, vamos considerar três esquemas diferentes de reatores em série: dois CSTRs, dois PFRs, e então uma combinação de PFRs e CSTRs em série. Para dimensionar esses reatores, devemos usar os dados impecáveis da Tabela 2.1, dos laboratórios Centrais de Pesquisa de Jofostan, que fornecem a taxa de reação em diferentes conversões.

2.5.1 CSTRs em Série

O primeiro esquema a ser considerado é aquele com dois CSTRs em série, mostrados na Figura 2.4.

Para o primeiro reator, a taxa de desaparecimento de A é $-r_{A1}$ na conversão X_1.

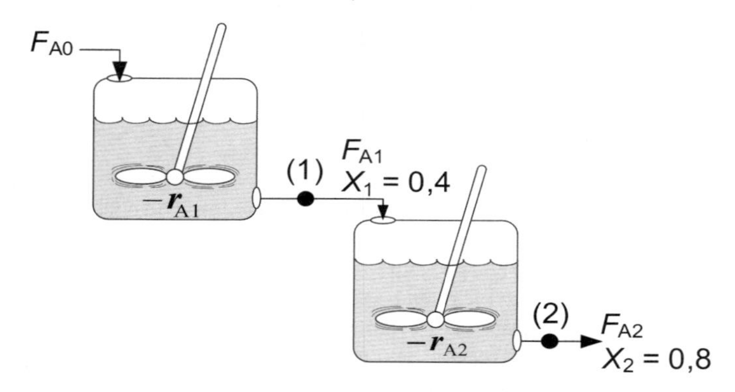

Figura 2.4 Dois CSTRs em série.

Um balanço molar no reator 1 fornece

Entrada – Saída + Geração = 0

Reator 1: $$F_{A0} - F_{A1} + r_{A1}V_1 = 0 \tag{2.19}$$

A taxa molar de A no ponto 1 é

$$F_{A1} = F_{A0} - F_{A0}X_1 \tag{2.20}$$

Combinando as Equações (2.19) e (2.20) ou rearranjando

Reator 1

$$\boxed{V_1 = \frac{F_{A0}X_1}{-r_{A1}}} \tag{2.21}$$

No segundo reator, a taxa de desaparecimento de A, $-r_{A2}$, é avaliada na conversão da corrente de saída do reator 2, X_2. Um balanço molar no segundo reator é

Entrada – Saída + Geração = 0

Reator 2: $F_{A1} - F_{A2} + r_{A2}V_2 = 0$ (2.22)

A taxa molar de A no ponto 2 é

$$F_{A2} = F_{A0} - F_{A0}X_2 \quad (2.23)$$

combinando as Equações (2.22) e (2.23) e rearranjando

$$V_2 = \frac{F_{A1} - F_{A2}}{-r_{A2}} = \frac{(F_{A0} - F_{A0}X_1) - (F_{A0} - F_{A0}X_2)}{-r_{A2}}$$

Reator 2

$$\boxed{V_2 = \frac{F_{A0}}{-r_{A2}}(X_2 - X_1)} \quad (2.24)$$

Para o segundo reator CSTR, lembre-se de que $-r_{A2}$ é avaliado em X_2 e então use $(X_2 - X_1)$ para calcular V_2.

Nos exemplos a seguir, devemos usar a vazão molar de A que calculamos no Exemplo 2.1 (isto é, F_{A0} = 0,4 mol de A/s) e as condições de reação dadas na Tabela 2.3 dos dados processados 2 do Exemplo 2.3.

Exemplo 2.4 Comparação dos Volumes para CSTRs em Série

Para os dois CSTRs em série, uma conversão de 40% é atingida no primeiro reator. Qual é o volume necessário de cada um dos dois reatores, de modo a atingir uma conversão global de 80% da espécie A que entra no reator? (Veja a Tabela 2.3.)

X	0,0	0,1	0,2	0,4	0,6	0,7	0,8
$(F_{A0}/-r_A)(m^3)$	0,89	1,08	1,33	2,05	3,54	5,06	8,0

Tabela 2.3 Dados Processados 2

Solução

Para o Reator 1, observamos, da Tabela 2.3 ou da Figura 2.2(b), que quando X = 0,4, então

$$\left(\frac{F_{A0}}{-r_{A1}}\right)_{X=0,4} = 2,05\ m^3$$

Então, usando a Equação (2.13)

$$V_1 = \left(\frac{F_{A0}}{-r_{A1}}\right)_{X_1} X_1 = \left(\frac{F_{A0}}{-r_{A1}}\right)_{0,4} X_1 = (2,05)(0,4) = 0,82\ m^3 = 820\ dm^3$$

$V_1 = 820\ dm^3$ (litros) <u>Respostas</u>

Para o Reator 2, quando $X_2 = 0,8$, então $\left(\frac{F_{A0}}{-r_A}\right)_{X=0,8} = 8,0\ m^3$

Usando a Equação (2.24)

$$V_2 = \left(\frac{F_{A0}}{-r_{A2}}\right)(X_2 - X_1) \quad (2.24)$$

$$V_2 = (8,0\ m^3)(0,8 - 0,4) = 3,2\ m^3 = 3.200\ dm^3$$

Para atingir a mesma conversão global, o volume total para dois CSTRs em série é menor do que o requerido para um CSTR.

$V_2 = 3.200\ dm^3$ (litros) <u>Respostas</u>

As áreas sombreadas na Figura E2.4.1 podem ser usadas para determinar os volumes do CSTR 1 e CSTR 2.

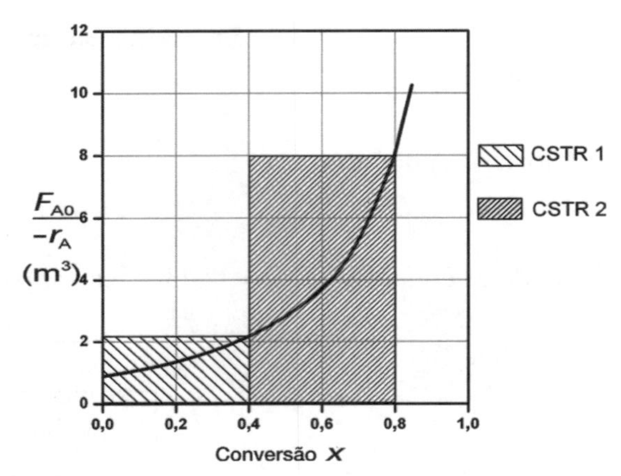

Figura E2.4.1 Dois CSTRs em série.

Note ainda que, para CSTRs em série, a taxa de reação $-r_{A1}$ é avaliada em uma conversão de 0,4 e a taxa de reação $-r_{A2}$ é avaliada em uma conversão de 0,8. O volume total para esses dois reatores em série é

$$V = V_1 + V_2 = 0{,}82 \text{ m}^3 + 3{,}2 \text{ m}^3 = 4{,}02 \text{ m}^3 = 4.020 \text{ dm}^3 \quad \underline{\text{Resposta}}$$

Necessita-se somente de $-r_{A1} = f(X)$ e F_{A0} para dimensionar reatores.

Por comparação, o volume necessário para atingir 80% de conversão em **um** CSTR é

$$V = \left(\frac{F_{A0}}{-r_{A1}}\right)X = (8{,}0)(0{,}8) = 6{,}4 \text{ m}^3 = 6.400 \text{ dm}^3 \quad \underline{\text{Resposta}}$$

Observe no Exemplo 2.4 que a soma dos volumes (4,02 m³) dos dois CSTRs em série é menor do que o volume (6,4 m³) de um CSTR para atingir a mesma conversão global.

Análise: Quando temos reatores em série, podemos fazer uma análise e cálculos mais rápidos definindo uma conversão global em um ponto na série, em vez da conversão de cada reator individual. Neste exemplo, vimos que 40% foram atingidos no ponto 1, a saída do primeiro reator, e que um total de 80% de conversão foi atingido antes de sairmos do segundo reator. Usando dois CSTRs em série, teremos um volume total menor que o de um CSTR de modo a atingir a mesma conversão.

Aproximação de um PFR por um Grande Número de CSTRs em Série

Considere a aproximação de um PFR por um número de pequenos CSTRs, com iguais volumes V_i em série (Figura 2.5). Queremos comparar o volume total de todos esses CSTRs em série com o volume de um reator com escoamento empistonado, para a mesma conversão, isto é, 80%.

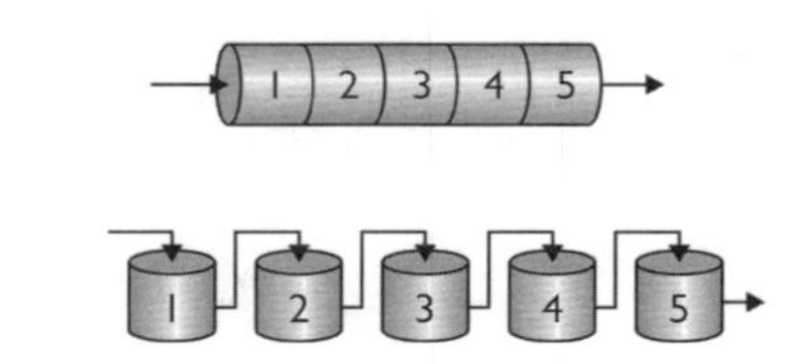

Figura 2.5 Modelagem de um PFR com CSTRs em série.

Da Figura 2.6, chegamos a uma conclusão muito importante! O volume total para atingir 80% de conversão nos cinco CSTRs em série, de iguais volumes, é "*aproximadamente*" o mesmo que o volume de um PFR. À medida que diminuímos o volume de cada CSTR e aumentamos o número de CSTRs, o volume total dos CSTRs em série e o volume do PFR se tornam idênticos. *Ou seja, podemos modelar um PFR com um grande número de CSTRs em série.* Esse conceito de usar muitos CSTRs em série para modelar um PFR será usado mais adiante em algumas situações, tais como modelagem de decaimento de catalisadores em reatores de leito fixo ou de efeitos térmicos transientes em PFRs.

Conceito Útil!

O fato de podermos modelar um PFR com um grande número de CSTRs é um resultado importante.

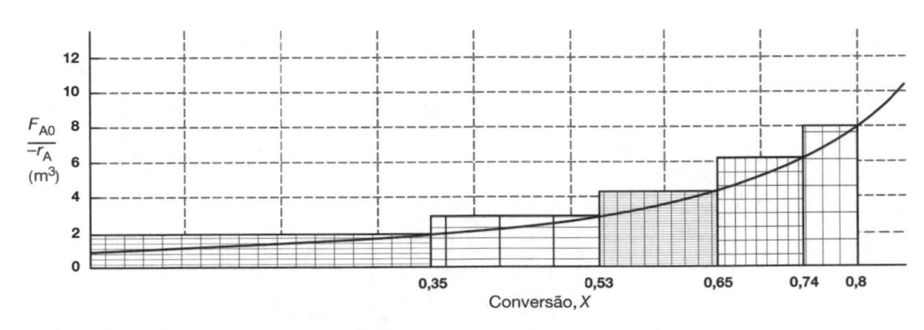

Figura 2.6 Gráfico de Levenspiel mostrando a comparação entre CSTRs em série e um PFR.

2.5.2 PFRs em Série

Vimos que dois CSTRs em série forneceram um volume total menor do que um único CSTR para atingir a mesma conversão. Esse caso não é verdade para os dois reatores com escoamento empistonado conectados em série, mostrados na Figura 2.7.

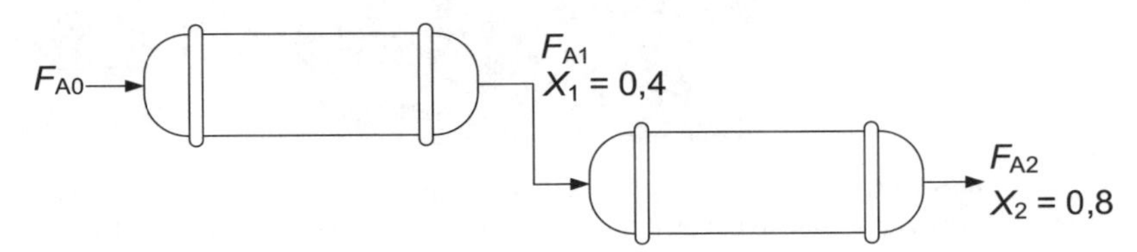

Figura 2.7 Dois PFRs em série.

PFRs em série

Podemos ver, a partir da Figura 2.8 e da seguinte equação

$$\int_0^{X_2} F_{A0}\frac{dX}{-r_A} \equiv \int_0^{X_1} F_{A0}\frac{dX}{-r_A} + \int_{X_1}^{X_2} F_{A0}\frac{dX}{-r_A}$$

que é irrelevante termos dois reatores com escoamento empistonado em série ou termos apenas um reator; o volume total do reator requerido para atingir a mesma conversão é idêntico!

A conversão global dos dois PFRs em série é a mesma de um PFR com o mesmo volume total.

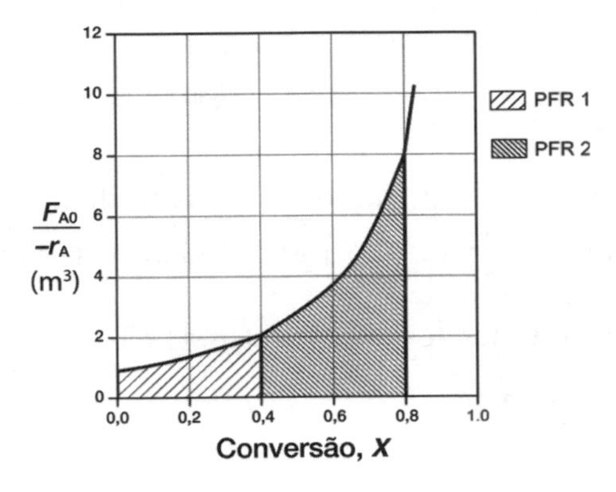

Figura 2.8 Gráfico de Levenspiel para dois reatores PFRs em série.

2.5.3 Combinações de CSTRs e PFRs em Série

As sequências finais que devemos considerar neste capítulo são combinações de CSTRs e PFRs em série. Um exemplo industrial de reatores em série é mostrado na foto da Figura 2.9 em que dois CSTRs em série são seguidos por um PFR. Essa sequência é usada para dimerizar propileno (A) em olefinas (B), por exemplo,

$$2CH_3-CH=CH_2 \longrightarrow CH_3\overset{\overset{\displaystyle CH_3}{|}}{C}=CH-CH_2-CH_3$$

$$2\,A \longrightarrow B$$

Não se sabe se o tamanho desses CSTRs está no *Livro dos Recordes* (*Guiness Book of World Records*).

Figura 2.9 Unidade (dois CSTRs e um reator tubular em série) de Dimersol G (um catalisador organometálico) para dimerizar propileno em olefinas. Processo do Instituto Francês do Petróleo. Cortesia da foto Editions Technip (Institut Français du Pétrole).

Um esquema do sistema do reator industrial da Figura 2.9 é mostrado na Figura 2.10.

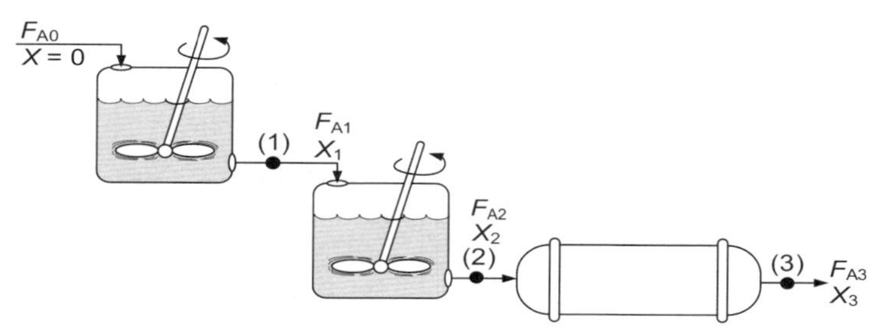

Figura 2.10 Esquema de um sistema real.

Para fins de ilustração, vamos considerar que a reação ocorrida nos reatores da Figura 2.10 siga a mesma curva $\left(\frac{F_{A0}}{-r_A}\right)$ *versus* X, dada pela Tabela 2.3.

Os volumes dos dois primeiros CSTRs em série (veja o Exemplo 2.4) são:

No arranjo em série, $-r_A$ é avaliada em X_2 para o segundo CSTR.

Reator 1:

$$V_1 = \frac{F_{A0}X_1}{-r_{A1}} \tag{2.13}$$

Reator 2:

$$V_2 = \frac{F_{A0}(X_2 - X_1)}{-r_{A2}} \tag{2.24}$$

Começando com a forma diferencial da equação de projeto de um PFR

$$F_{A0}\frac{dX}{dV} = -r_A \tag{2.15}$$

rearranjando e integrando entre os limites, quando $V = 0$, então $X = X_2$, e quando $V = V_3$, então $X = X_3$, obtemos

Reator 3:

$$V_3 = \int_{X_2}^{X_3} \frac{F_{A0}}{-r_A} dX \tag{2.25}$$

Os volumes correspondentes dos reatores para cada um dos três reatores podem ser encontrados a partir das áreas sombreadas na Figura 2.11.

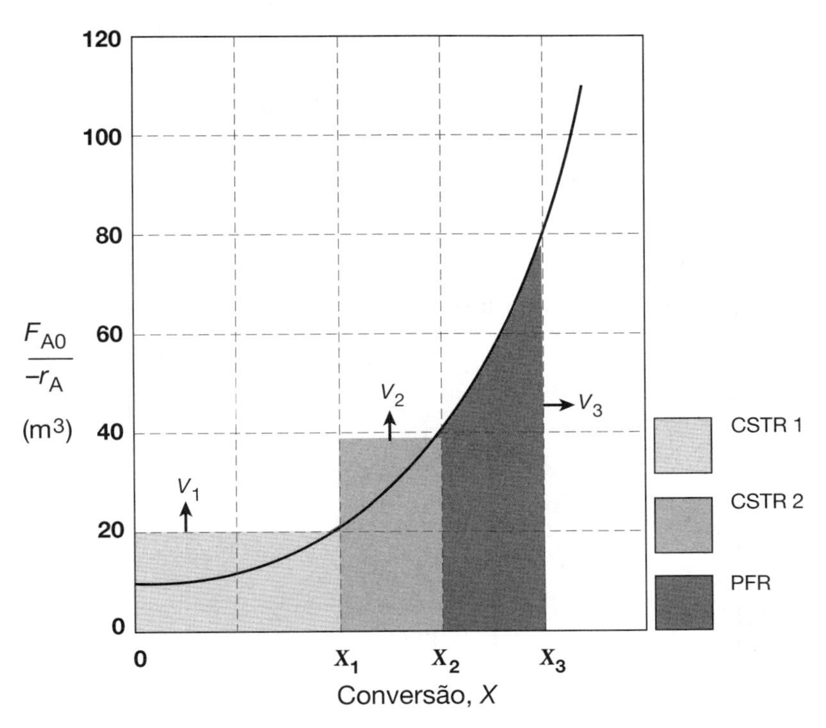

Figura 2.11 Gráfico de Levenspiel para determinar os volumes V_1, V_2 e V_3 dos reatores.

As curvas $(F_{A0}/-r_A)$ *versus* X que usamos nos exemplos prévios são típicas daquelas encontradas em sistemas *isotérmicos* de reação. Consideraremos agora um sistema real de reação que ocorre *adiabaticamente*. Sistemas isotérmicos de reação serão discutidos no Capítulo 5 e sistemas adiabáticos no Capítulo 11, em que veremos que, para reações exotérmicas adiabáticas, a temperatura aumenta com o aumento da conversão.

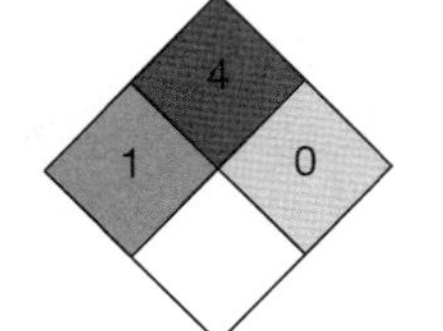

Diamante ANPF de Butano

Exemplo 2.5 Uma Isomerização Adiabática em Fase Líquida

A isomerização do butano

$$n\text{-}C_4H_{10} \rightleftarrows i\text{-}C_4H_{10}$$

ocorreu adiabaticamente na fase líquida e os dados da Tabela E2.5.1 foram obtidos. (O Exemplo 11.3 mostra como os dados da Tabela E2.5.1 foram gerados.)

Tabela E2.5.1 Dados Não Processados

X	0,0	0,2	0,4	0,6	0,65
$-r_A$(kmol/m³ · h)	39	53	59	38	25

Não se preocupe como conseguimos esses dados ou por que a $(1/-r_A)$ apresenta o comportamento mostrado; veremos como construir essa tabela no Capítulo 11, Exemplo 11.3. São *dados reais* para uma *reação real* ocorrida adiabaticamente. O esquema de reatores mostrado na Figura E2.5.1 é usado.

Dados Reais para uma Reação Real

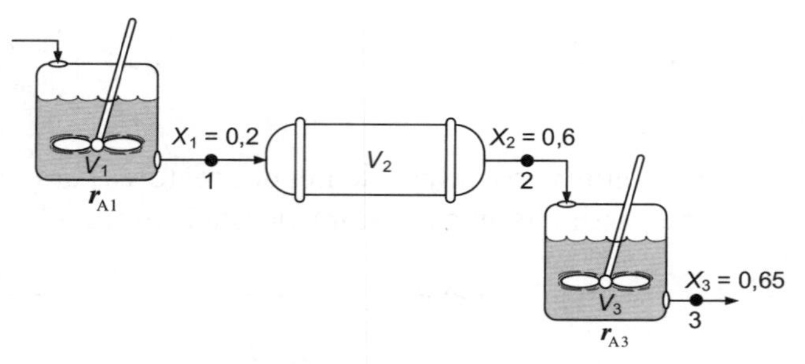

Figura E2.5.1 Reatores em série.

Calcule o volume de cada um dos reatores para uma taxa molar de entrada de n-butano igual a 50 kmol/h; ou seja, F_{A0} = 50 kmol/h.

Solução

Tomando o inverso de $-r_A$ e multiplicando por F_{A0}, obtemos a Tabela E2.5.2

$$\text{Por exemplo, em } X = 0\text{:}\ \frac{F_{A0}}{-r_A} = \frac{50 \text{ kmol/h}}{39 \text{ kmol/h}\cdot\text{m}^3} = 1{,}28 \text{ m}^3$$

Tabela E2.5.2 Dados Processados†

X	0,0	0,2	0,4	0,6	0,65
$-r_A$ (kmol/m³ · h)	39	53	59	38	25
$[F_{A0}/-r_A]$ (m³)	1,28	0,94	0,85	1,32	2,0

† Dados da Tabela E11.3.1.

(a) Para o primeiro CSTR,

quando X = 0,2, então $F_{A0}/-r_A$ = 0,94 m³

$$V_1 = \frac{F_{A0}}{-r_A}X_1 = (0{,}94 \text{ m}^3)(0{,}2) = 0{,}188 \text{ m}^3 \tag{E2.5.1}$$

$$\boxed{V_1 = 0{,}188 \text{ m}^3 = 188 \text{ dm}^3} \tag{E2.5.2}$$

(b) Para o PFR,

$$V_2 = \int_{0,2}^{0,6} \left(\frac{F_{A0}}{-r_A}\right) dX$$

Usando a fórmula de Simpson com três pontos e com ΔX = (0,6 – 0,2)/2 = 0,2, e X_1 = 0,2, X_2 = 0,4 e X_3 = 0,6.

$$V_2 = \int_{0,2}^{0,6} \frac{F_{A0}}{-r_A}dX = \frac{\Delta X}{3}\left[\left.\frac{F_{A0}}{-r_A}\right)_{X=0,2} + 4\left.\frac{F_{A0}}{-r_A}\right)_{X=0,4} + \left.\frac{F_{A0}}{-r_A}\right)_{X=0,6}\right]$$

$$= \frac{0{,}2}{3}[0{,}94 + 4(0{,}85) + 1{,}32]\text{m}^3 \tag{E2.5.3}$$

$$\boxed{V_2 = 0{,}38 \text{ m}^3 = 380 \text{ dm}^3} \tag{E2.5.4}$$

(c) Para o último reator e para o segundo CSTR, o balanço molar para A para o CSTR:

Entrada – Saída + Geração = 0

$$F_{A2} - F_{A3} + r_{A3}V_3 = 0 \tag{E2.5.5}$$

Rearranjando

$$V_3 = \frac{F_{A2} - F_{A3}}{-r_{A3}} \quad \text{(E2.5.6)}$$

$$F_{A2} = F_{A0} - F_{A0}X_2$$

$$F_{A3} = F_{A0} - F_{A0}X_3$$

$$V_3 = \frac{(F_{A0} - F_{A0}X_2) - (F_{A0} - F_{A0}X_3)}{-r_{A3}}$$

Simplificando

$$\boxed{V_3 = \left(\frac{F_{A0}}{-r_{A3}}\right)(X_3 - X_2)} \quad \text{(E2.5.7)}$$

Encontramos, a partir da Tabela E2.5.2, que em $X_3 = 0{,}65$ então $F_{A0}/-r_{A3} = 2{,}0\ \text{m}^3$

$$V_3 = 2\ \text{m}^3\ (0{,}65 - 0{,}6) = 0{,}1\ \text{m}^3$$

$$\boxed{V_3 = 0{,}1\ \text{m}^3 = 100\ \text{dm}^3} \quad \text{(E2.5.8)}$$

Um gráfico de Levenspiel de $F_{A0}/-r_A$ *versus* X é mostrado na Figura E2.5.2.

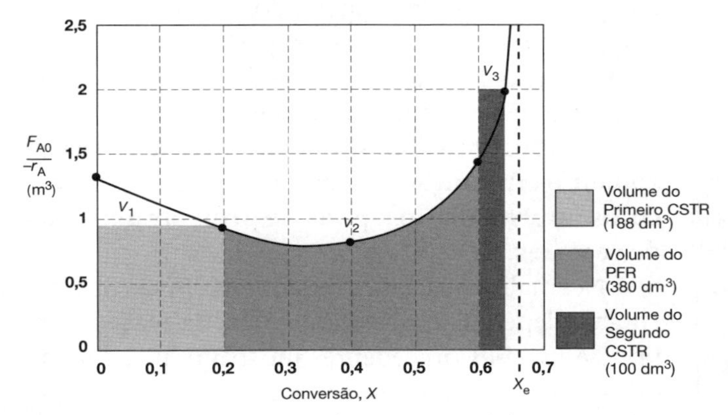

Figura E2.5.2 Gráfico de Levenspiel para reatores adiabáticos em série.

Para essa reação adiabática, os três reatores em série resultaram em uma conversão global de 65%. A conversão máxima que podemos atingir é a conversão de equilíbrio, que é 68%, sendo mostrada pela linha tracejada na Figura E2.5.2. Lembre-se de que, no equilíbrio, a taxa de reação é zero, sendo necessário então um volume infinito de reator para se atingir o equilíbrio $\left(V \sim \frac{1}{-r_A} \sim \frac{1}{0} = \infty\right)$.

Análise: Para reações exotérmicas que não sejam executadas isotermicamente, a taxa geralmente aumenta no início da reação porque a temperatura da reação aumenta. Entretanto, à medida que a reação prossegue, a taxa finalmente diminui, uma vez que a conversão aumenta pelo fato de os reagentes serem consumidos. Esses dois efeitos competitivos proporcionam a forma arqueada da curva na Figura E2.5.2, que será discutida em detalhes nos Capítulos 11 e 12. Sob essas circunstâncias, vimos que um CSTR irá requerer um volume menor do que um PFR em conversões baixas.

2.5.4 Comparação dos Volumes e Sequenciamentos dos Reatores CSTR e PFR

Se olharmos na Figura E2.5.2, a área sob a curva (volume do PFR) entre $X = 0$ e $X = 0{,}2$, veremos que a área do PFR é maior do que a área retangular correspondente ao volume de CSTR, isto é, $V_{PFR} > V_{CSTR}$. Entretanto, se você comparar as áreas sob a curva entre $X = 0{,}6$ e $X = 0{,}65$, verá que a área sob a curva (volume do PFR) é menor do que a área retangular

Qual é o melhor arranjo?

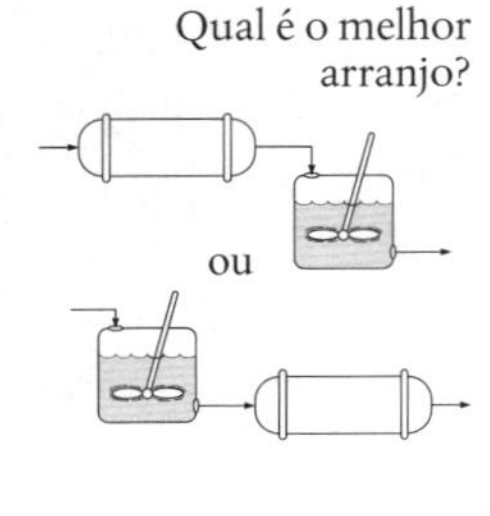

Dados V e $\left[\frac{F_{A0}}{-r_A} \; vs. \; X\right]$ encontre X

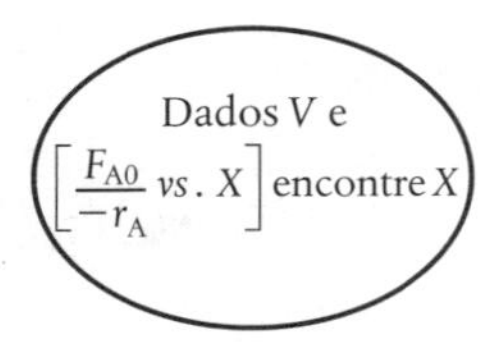

correspondente ao volume do CSTR, isto é, $V_{CSTR} > V_{PFR}$. Com frequência, esse resultado é obtido quando a reação ocorre adiabaticamente, o que será discutido quando olharmos os efeitos térmicos no Capítulo 11.

No *sequenciamento de reatores*, muitas vezes se pergunta "Que reator deve vir primeiro, de modo a se obter a maior conversão global? Deveria ser um PFR seguido por um CSTR, ou dois CSTRs, então um PFR, ou ...?" A resposta é "**Depende**". Depende não somente da forma dos gráficos de Levenspiel ($F_{A0}/-r_A$) *versus* X, mas também dos tamanhos relativos dos reatores. Como exercício, examine a Figura E2.5.2 para saber se há uma maneira melhor de arranjar os dois CSTRs e um PFR. Suponha que lhe foi dado um gráfico de Levenspiel de ($F_{A0}/-r_A$) *versus* X para três reatores em série, juntamente com seus volumes $V_{CSRT1} = 3 \text{ m}^3$, $V_{CSTR2} = 2 \text{ m}^3$ e $V_{PFR} = 1{,}2 \text{ m}^3$, e lhe foi pedido para encontrar a mais alta conversão possível X. O que você faria? Todos os métodos que usamos para calcular os volumes dos reatores se aplicam; porém, o procedimento é o inverso e uma *solução de tentativa e erro* é necessária para encontrar a conversão global de saída de cada reator (veja o Problema P2.5$_B$).

Os exemplos anteriores mostram que, *se* conhecermos a taxa molar para o reator e a taxa da reação em função da conversão, *então* poderemos calcular o volume necessário do reator de modo a atingir uma conversão especificada. Todavia, a taxa da reação não depende somente da conversão. Ela é afetada também pelas concentrações iniciais dos reagentes, pela temperatura e pela pressão. Consequentemente, os dados experimentais, obtidos no laboratório e apresentados na Tabela 2.1, $-r_A$ em função de X, são úteis somente para o projeto de reatores em escala completa, que estejam operando nas *condições idênticas* (temperatura, pressão, concentrações iniciais dos reagentes) às dos experimentos de laboratório. No entanto, tais circunstâncias são **raramente** encontradas e temos de voltar para os métodos que descreveremos nos Capítulos 3 e 4 para obter $-r_A$ como função de X.

Necessita-se somente de $-r_A = f(X)$ para dimensionar reatores com escoamento contínuo

É importante lembrar que, se a taxa de reação estiver disponível ou puder ser obtida somente em função da conversão, $-r_A = f(X)$, ou se ela puder ser gerada por alguns cálculos intermediários, pode-se projetar uma variedade de reatores ou uma combinação de reatores.

O Capítulo 3 mostrará como encontrar $-r_A = fn(C_A)$
+
O Capítulo 4 mostrará como encontrar $C_A = g(X)$
↓
Capítulos 3 e 4 são combinados para obter $-r_A = f(X)$

Normalmente, dados de laboratório são usados para formular uma equação da taxa, sendo então a dependência funcional taxa da reação-conversão determinada usando a equação da taxa. As seções precedentes mostram que, com a relação taxa de reação-conversão, isto é, $-r_A = f(X)$, diferentes esquemas de reatores podem ser prontamente dimensionados. Nos Capítulos 3 e 4, mostraremos como obter essa relação entre a taxa de reação e a conversão a partir da equação da taxa e da estequiometria da reação.

2.6 Algumas Definições Adicionais

Antes de passarmos para o Capítulo 3, necessitamos definir alguns termos e equações comumente usados em engenharia das reações. Consideramos também o caso especial da equação de projeto de reator com escoamento empistonado quando a vazão volumétrica é constante.

2.6.1 Tempo Espacial

O tempo espacial tau, τ, é obtido dividindo-se o volume do reator pela vazão volumétrica de entrada no reator:

τ é uma grandeza importante!

$$\boxed{\tau \equiv \frac{V}{v_0}} \tag{2.26}$$

O *tempo espacial é o tempo necessário para processar um volume de fluido no reator, baseando-se nas condições de entrada*. Por exemplo, considere o reator tubular mostrado na Figura 2.12, que tem 20 m de comprimento e 0,2 m³ de volume. A linha tracejada na Figura 2.12 representa 0,2 m³ de fluido diretamente a montante do reator. O tempo que leva para esse volume de fluido a montante entrar completamente no reator é o *tempo espacial tau*. Ele é também chamado de *tempo de retenção ou tempo de residência médio.*

Tempo espacial ou tempo de residência médio, $\tau = V/v_0$

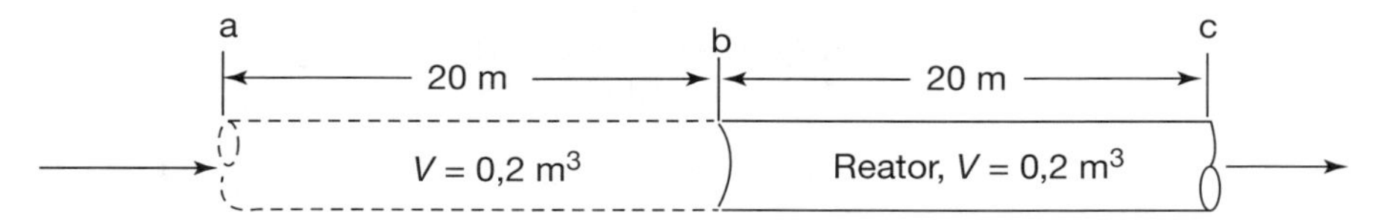

Figura 2.12 Reator tubular mostrando volume idêntico a montante do reator.

Por exemplo, se o volume do reator fosse 0,2 m³ e a vazão volumétrica de entrada fosse 0,01 m³/s, o volume do reator equivalente a montante (V = 0,2 m³), mostrado pelas linhas tracejadas, levaria um tempo τ

$$\tau = \frac{0{,}2 \text{ m}^3}{0{,}01 \text{ m}^3/\text{s}} = 20 \text{ s}$$

para entrar no reator (V = 0,2 m³). Em outras palavras, levaria 20 s para as moléculas do fluido no ponto **a** se moverem para o ponto **b**, o que corresponde a um tempo espacial de 20 s. Podemos substituir $F_{A0} = v_0 C_{A0}$ nas Equações (2.13) e (2.16) e então dividir ambos os lados por v_0, de modo a escrever nosso balanço molar nas seguintes formas:

$$\text{Para um PFR} \qquad \tau_p = \left(\frac{V_p}{v_0}\right) = C_{A0}\int_0^X \frac{dX}{-r_A}$$

e

$$\text{Para um CSTR} \quad \tau_{CSTR} = \left(\frac{V_{CSTR}}{v_0}\right) = \frac{C_{A0}}{-r_A}X$$

Para escoamento empistonado, o tempo espacial é igual ao tempo de residência médio no reator, t_m (veja o Capítulo 16). Esse é o tempo médio que as moléculas gastam dentro do reator. Uma faixa de tempos típicos de processamento em termos do tempo espacial (tempo de residência) para reatores industriais é mostrada na Tabela 2.4.

Diretrizes práticas

Tabela 2.4 Tempos Espaciais Típicos para Reatores Industriais[3]

Tipo de Reator	*Faixa do Tempo de Residência Médio*	*Capacidade de Produção*
Em batelada	15 min a 20 h	Poucos kg/dia a 100.000 t/ano
CSTR	10 min a 4 h	10 a 3.000.000 t/ano
Tubular	0,5 s a 1 h	50 a 5.000.000 t/ano

A Tabela 2.5 mostra uma ordem de grandeza dos tempos espaciais para seis reações industriais e reatores associados.

[3] P. Trambouze, H. Landeghem and J. P. Wauquier, *Chemical Reactors*, Paris: Editions Technip, 1988; Houston: Gulf Publishing Company, 1988, p. 154.

Tabela 2.5 Exemplos de Tempos Espaciais Industriais[4]

Tempos espaciais típicos para reações industriais

	Reação	Reator	Temperatura	Pressão atm	Tempo Espacial
(1)	$C_2H_6 \rightarrow C_2H_4 + H_2$	PFR[†]	860°C	2	1 s
(2)	$CH_3CH_2OH + HCH_3COOH \rightarrow CH_3CH_2COOCH_3 + H_2O$	CSTR	100°C	1	2 h
(3)	Craqueamento catalítico	PBR	490°C	20	1 s < τ < 400 s
(4)	$C_6H_5CH_2CH_3 \rightarrow C_6H_5CH = CH_2 + H_2$	PBR	600°C	1	0,2 s
(5)	$CO + H_2O \rightarrow CO_2 + H_2$	PBR	300°C	26	4,5 s
(6)	$C_6H_6 + HNO_3 \rightarrow C_6H_5NO_2 + H_2O$	CSTR	50°C	1	20 min

[†] O reator é tubular, porém o escoamento pode ou não ser empistonado.

A Tabela 2.6 fornece tamanhos típicos para reatores em batelada e CSTR (juntamente com o tamanho comparável de um objeto familiar) e os custos associados com esses tamanhos. Todos os reatores são revestidos de vidro e os preços incluem a camisa de aquecimento/resfriamento, motor, agitador e defletores. Os reatores podem ser operados a temperaturas entre 20°F e 450°F e a pressões até 100 psi.

Tabela 2.6 Tamanhos e Preços Representativos de Reatores CSTR/Batelada Pfaudler[†]

Volume	Preço
20 dm^3 (cesto de lixo)	\$30.000
200 dm^3 (lata de lixo)	\$40.000
2.000 dm^3 (banheira Jacuzzi)	\$75.000
30.000 dm^3 (tanque de gasolina)	\$300.000

[†] Não inclui custos de instrumentação.

2.6.2 Velocidade Espacial

A velocidade espacial (VE) é outro termo usado pelos engenheiros de reações, sendo definida como

$$VE \equiv \frac{v_0}{V} \qquad VE = \frac{1}{\tau} \tag{2.27}$$

Diferenças leves nas velocidades espaciais

A velocidade espacial deve ser considerada, à primeira vista, como o inverso do tempo espacial. Todavia, pode haver uma diferença das definições das duas grandezas. Para o tempo espacial, a vazão volumétrica de entrada é medida nas condições de entrada; porém, para a velocidade espacial, outras condições são frequentemente utilizadas. As duas velocidades espaciais comumente utilizadas na indústria são, respectivamente, a *velocidade espacial horária de líquido* (*LHSV*) e a *velocidade espacial horária de gás* (GHSV).[5] A taxa volumétrica na entrada, v_0, na *LHSV*, é frequentemente

[4] Walas, S. M. Chemical Reactor Data, *Chemical Engineering*, 79 (October, 14 1985).
[5] As siglas LHSV e GHSV vêm do inglês, *liquid-hourly space velocity* e *gas-hourly space velocity*, respectivamente. (N.T.)

medida como uma vazão de alimentação de líquido a 60°F ou 75°F, embora a alimentação no reator possa ser um vapor em alguma temperatura mais elevada. Estranho, mas é verdade.

$$\text{LHSV} = \frac{v_0|_{\text{líquido}}}{V} \tag{2.28}$$

A taxa volumétrica de gás, v_0, na GHSV, é normalmente medida nas condições normais de temperatura e pressão (CNTP).

$$\text{GHSV} = \frac{v_0|_{\text{CNTP}}}{V} \tag{2.29}$$

Exemplo 2.6 Tempos Espaciais e Velocidades Espaciais de Reatores

Calcule o tempo espacial, τ, e as velocidades espaciais para cada um dos reatores nos Exemplos 2.1 e 2.3 para uma vazão volumétrica na entrada de 2 dm^3/s.

Solução

A vazão volumétrica na entrada é de 2 dm^3/s (0,002 m^3/s).

Do Exemplo 2.1, o volume do CSTR foi de 6,4 m^3 e o tempo espacial, τ, e a velocidade espacial *VE* correspondentes são

$$\tau = \frac{V}{v_0} = \frac{6{,}4\ \text{m}^3}{0{,}002\ \text{m}^3/\text{s}} = 3.200\ \text{s} = 0{,}89\ \text{h}$$

É necessário 0,89 h para colocar 6,4 m^3 dentro do reator, e a correspondente velocidade espacial, VE, é

$$\text{VE} = \frac{1}{\tau} = \frac{1}{0{,}89\ \text{h}} = 1{,}125\ \text{h}^{-1}$$

Do Exemplo 2.3, o volume do PFR foi de 2,165 m^3, e o tempo espacial e a velocidade espacial correspondentes são

$$\tau = \frac{V}{v_0} = \frac{2{,}165\ \text{m}^3}{0{,}002\ \text{m}^3/\text{s}} = 1.083\,\text{s} = 0{,}30\ \text{h}$$

$$\text{VE} = \frac{1}{\tau} = \frac{1}{0{,}30\ \text{h}} = 3{,}3\ \text{h}^{-1}$$

Análise: Este exemplo fornece um *conceito industrial importante*. Esses tempos espaciais são os tempos necessários para cada um dos reatores colocar, em seus interiores, um volume de fluido correspondente ao volume do reator.

Resumo

Nesses últimos exemplos, vimos que no projeto de reatores que devem ser operados em condições (isto é, temperatura e concentração inicial) idênticas àquelas nas quais os dados de taxa de reação–conversão, $-r_A = f(X)$, foram obtidos, podemos dimensionar (determinar o volume do reator) CSTRs e PFRs sozinhos ou em várias combinações. Em princípio, pode ser possível fazer um aumento de escala (*scale up*) de um sistema reacional em bancada de laboratório ou em planta-piloto, somente a partir do conhecimento de $-r_A$ em função de X ou de C_A. No entanto, para a maioria dos sistemas de reatores industriais, um processo de aumento de escala não pode ser atingido dessa maneira porque o conhecimento de $-r_A$ somente em função de X é raramente, se existente, disponível sob condições idênticas. Combinando as informações dos Capítulos 3 e 4, veremos como podemos obter $-r_A = f(X)$ a partir de informações adquiridas no laboratório ou na literatura. Essa relação será desenvolvida em um processo em duas etapas. Na Etapa 1, encontraremos a equação da taxa que fornece a taxa em função da concentração (Tabela 3.1) e, na Etapa 2, encontraremos as concentrações em função da conversão (Figura 4.3). Combinando as Etapas 1 e 2 dos Capítulos 3 e 4, obteremos $-r_A = f(X)$. Podemos então usar os métodos desenvolvidos neste capítulo juntamente com os métodos de integração e numéricos para dimensionar reatores.

Próximas atrações dos Capítulos 3 e 4.

2.7 *E Agora...* Uma Palavra do Nosso Patrocinador – Segurança 2 (UPDNP–S2 O Diamante ANPF)

Neste UPDNP–S2, descrevemos o Diamante Agência Nacional de Proteção contra o Fogo (ANPF), que identifica rapidamente os riscos de materiais perigosos. Essa identificação é extremamente importante para socorristas em uma emergência. Cada cor no diamante representa um tipo diferente de perigo, enquanto os números do perigo se referem a um grau de preocupação que uma pessoa deve ter sobre o material. Os diferentes tipos de perigos e níveis de preocupação do diamante ANPF são mostrados na Figura 2.13.

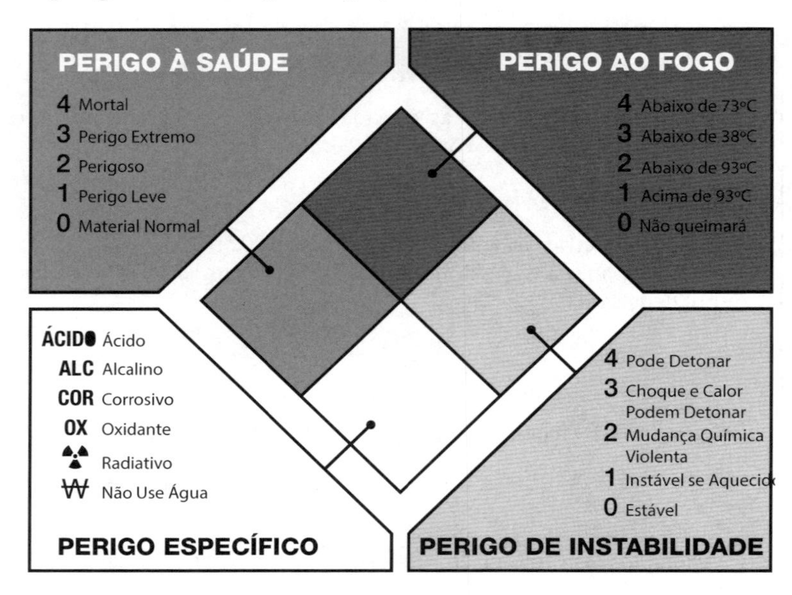

Figura 2.13 Componentes de cada cor do Diamante ANPF. (Imagem: Dmitry Kovalchuk/Shutterstock.)

Um tutorial de como preencher os números no diamante para o inseticida diclorofeniltricloroetano (DDT) usando o *site CAMEO Chemicals* (http://umich.edu/~safeche/assets/pdf/CAMEO.pdf) é dado no tutorial do Diamante ANPF no *site* de segurança (http://umich.edu/~safeche/nfpa.html, http://umich.edu/~safeche/assets/pdf/CAMEO.pdf) (conteúdo em inglês). O Diamante ANPF para o composto DDT discutido no Exemplo 1.1, DDT, é mostrado na Figura 2.14.

Figura 2.14 Níveis do Diamante ANPF de Preocupação para DDT. (Imagem: Idea.s/Shutterstock.)

Vemos que o número dois no diamante vermelho (parte mais superior) indica que DDT tem o ponto de fulgor abaixo de 93°C (200°F); o zero no diamante amarelo (mais à direita) indica que ele é estável; o vazio no diamante branco (parte mais inferior) indica nenhum perigo específico e o dois no diamante azul (mais à esquerda) indica que DDT é perigoso à saúde.

As fotografias da Figura 2.15 mostram dois exemplos de como o Diamante ANPF é usado na indústria.

O Diamante ANPF, juntamente com seu companheiro Diamante SGH (veja o UPDNP-S3), é mostrado no *site Segurança de Processos por meio do Currículo de Engenharia Química*. Para tutoriais e planilhas de dados ANPF, veja

Tutorial Diamante ANPF: https://cse.wwu.edu/files/safety-tutorials/Gen_Chem_Tutorial/HTML/GCST_10.htm

Figura 2.15 Diamante ANPF em Ação. (Fotos: esquerda, Gado Images/Getty; direita, TFoxFoto/Shutterstock.)

Tutorial CAMEO Chemicals: http://umich.edu/~safeche/assets/pdf/CAMEO.pdf
Cartão Rápido: https://www.nfpa.org/Assets/files/AboutTheCodes/704/NFPA704_HC2012_QCard.pdf
Planilhas de Dados: https://cameochemicals.noaa.gov/chemical/694
https://cameochemicals.noaa.gov/chemical/4145
FAQs: https://www.nfpa.org/Assets/files/AboutTheCodes/704/704_FAQs.pdf

O Algoritmo ERQ
- Balanço Molar, Cap. 1
- Equação da taxa, Cap. 3
- Estequiometria, Cap. 4
- Combinação, Cap. 5
- Avaliação, Cap. 5
- Balanço de Energia, Cap. 11

Encerramento

Neste capítulo, mostramos que, se você tiver a taxa de reação em função da conversão, isto é, $-r_A = f(X)$, será capaz de dimensionar os CSTRs e PFRs e arranjar a ordem de um dado conjunto de reatores para determinar a melhor conversão global. Depois de completar este capítulo, o leitor deve ser capaz de:

a. definir o parâmetro *conversão* e reescrever os balanços molares em termos de conversão
b. mostrar que, expressando $-r_A$ em função da conversão X, alguns reatores e sistemas reacionais podem ser dimensionados ou uma conversão pode ser calculada a partir de um dado tamanho de reator
c. arranjar os reatores em série para atingir a conversão máxima para um dado gráfico de Levenspiel

RESUMO

1. A conversão X é o número de mols de A reagidos por mol de A alimentado.

Para sistemas em batelada:
$$X = \frac{N_{A0} - N_A}{N_{A0}} \tag{R2.1}$$

Para sistemas em escoamento:
$$X = \frac{F_{A0} - F_A}{F_{A0}} \tag{R2.2}$$

Para reatores em série sem correntes laterais, a conversão no ponto *i* é

$$X_i = \frac{\text{Mols totais reagidos de A até o ponto } i}{\text{Mols alimentados de A no primeiro reator}} \qquad \text{(R2.3)}$$

2. As formas diferencial e integral das equações de projeto de reatores (isto é, GMBEs) são mostradas na Tabela R2.1.

Tabela R2.1 Termos de Conversão para Balanço Molar em BR, CSTR, PFR e PBR

	Forma Diferencial	*Forma Algébrica*	*Forma Integral*
Batelada	$N_{A0}\frac{dX}{dt} = -r_A V$		$t = N_{A0}\int_0^X \frac{X}{-r_A V}\, d$
CSTR		$V = \frac{F_{A0}(X_{saída} - X_{entrada})}{(-r_A)_{saída}}$	
CSTR "fluidizado"		$W = \frac{F_{A0}(X_{saída} - X_{entrada})}{(-r'_A)_{saída}}$	
PFR	$F_{A0}\frac{dX}{dV} = -r_A$		$V = F_{A0}\int_{X_{entrada}}^{X_{saída}} \frac{dX}{-r_A}$
PBR	$F_{A0}\frac{dX}{dW} = -r'_A$		$W = F_{A0}\int_{X_{entrada}}^{X_{saída}} \frac{dX}{-r'_A}$

3. Se a taxa de desaparecimento de A for dada em função da conversão, as seguintes técnicas gráficas poderão ser usadas para dimensionar um reator CSTR e um reator com escoamento empistonado.
   A. Integração Gráfica Usando os Gráficos de Levenspiel

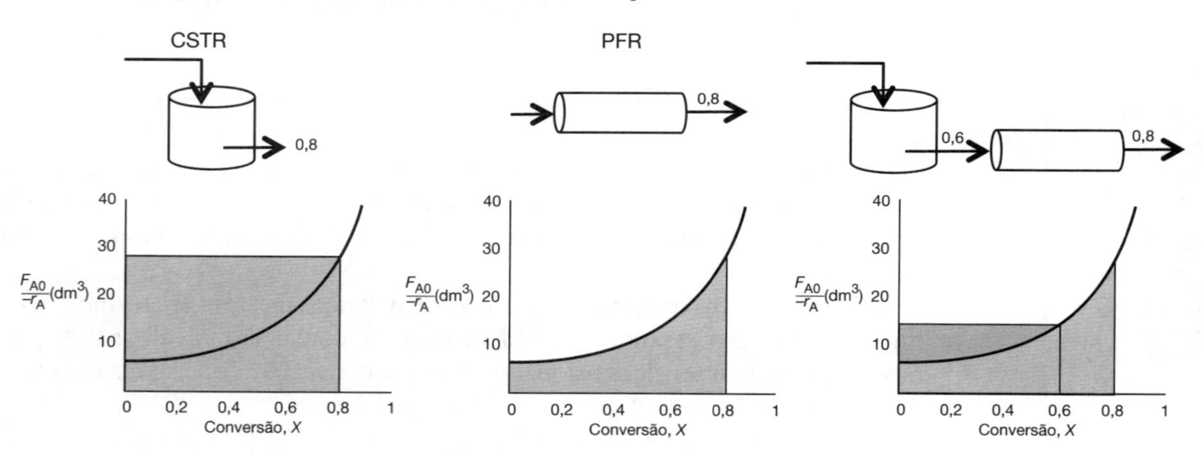

A integral do PFR poderia também ser avaliada por
B. Integração Numérica
Veja o Apêndice A.4 para fórmulas de quadratura, tais como a fórmula de quadratura com cinco pontos, com $\Delta X = 0{,}8/4$ dos cinco pontos igualmente espaçados, $X_1 = 0$, $X_2 = 0{,}2$, $X_3 = 0{,}4$, $X_4 = 0{,}6$ e $X_5 = 0{,}8$.

4. Tempo espacial, τ, e velocidade espacial, VE, são dados por

$$\tau = \frac{V}{v_0} \qquad \text{(R2.4)}$$

$$\text{VE} = \frac{v_0}{V} \text{ (nas CNTPs para reações em fase gasosa)} \qquad \text{(R2.5)}$$

MATERIAIS DO CRE *WEBSITE*

(http://www.umich.edu/~elements/6e/02chap/obj.html)

Links Úteis

Problemas Práticos
Polymath, Python, Matlab e Wolfram

Ajuda Extra
Fontes Múltiplas: problemas extras, vídeos e notas de leitura

Materiais Adicionais
Novo Material Técnico, Deduções detalhadas e Módulos na Web

Estante com Referências Profissionais
Material importante para praticar engenharia, que não necessariamente está coberto em todos os cursos de ERQ.

Vídeos no YouTube
Vídeos humorísticos cobrindo tópicos que variam de exemplos a interrupções animadas do estudo

---

Avaliação

Autotestes
Problemas interativos com soluções para prover prática extra de conceitos

Questões *i>Clicker*
Questões interativas de múltipla escolha para ajudar a entender o material

Módulo na Web
Sistema Digestivo do Hipopótamo

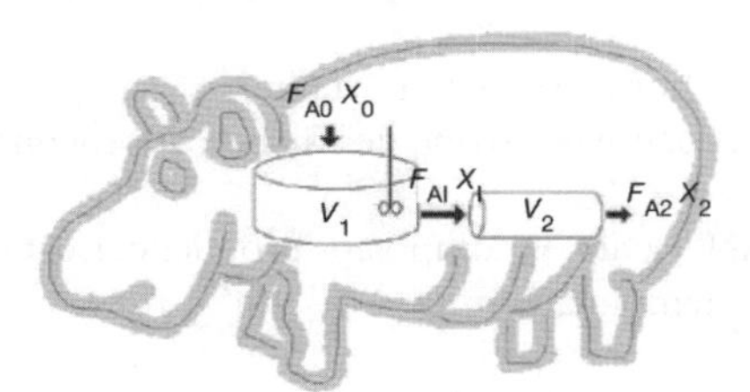

(http://umich.edu/~elements/6e/web_mod/hippo/index.htm)

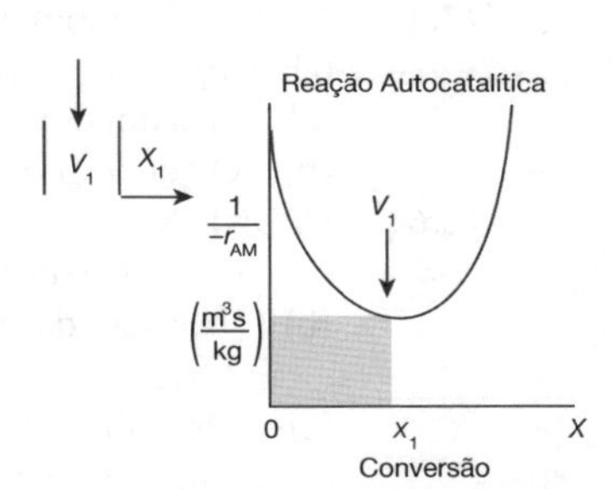

Gráfico de Levenspiel para Digestão Autocatalítica em um CSTR

Jogos Interativos Computacionais
Reator em Estágio (http://umich.edu/~elements/6e/icm/staging.html)

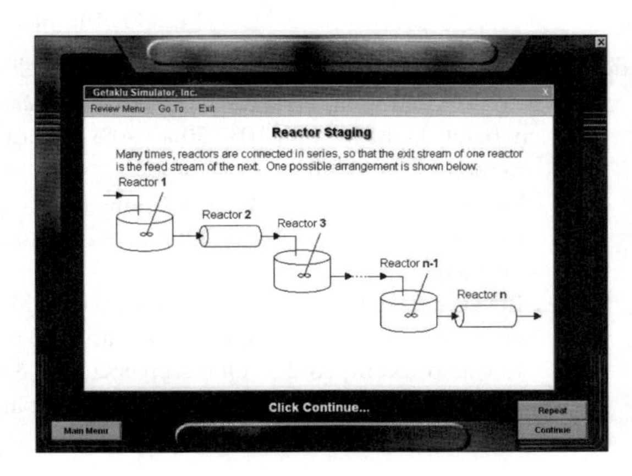

QUESTÕES E PROBLEMAS

O subscrito para cada número do problema indica o nível de dificuldade: A, menos difícil; D, mais difícil.

A = ● B = ■ C = ◆ D = ◆◆

Questões

Q2.1$_A$ **QAL** (**Q**uestões **A**ntes de **L**er). Haveria ou poderia haver um caso em que o volume de um CSTR fosse representado por algo diferente de um quadrado ou retângulo em um gráfico de Levenspiel?

Q2.2$_A$ ***i>clicker.*** Vá ao *site* http://www.umich.edu/~elements/6e/02chap/iclicker_ch2_q1.html e veja no mínimo cinco questões *clicker*. Escolha uma que poderia ser usada como está, ou uma variação dela, para ser incluída no próximo exame. Você também poderia considerar o caso oposto: explique por que as questões *não* devem estar no próximo exame. Em cada caso, explique seu raciocínio.

Q2.3 **(a)** Sem consultar as páginas anteriores, faça uma lista dos itens mais importantes que você aprendeu neste capítulo.

(b) Em geral, o que você acredita serem as três maiores finalidades do capítulo?

Q2.4 Vá à página www.engr.ncsu.edu/learningstyles/ilsweb.html. Pegue o teste Inventário de Estilo de Aprendizagem e registre seu estilo de aprendizagem de acordo com o inventário de Solomon/Felder; use então o Apêndice I.2 para sugerir duas maneiras de facilitar seu estilo de aprendizagem em cada uma das quatro categorias.

Global/Sequencial ____________________

Ativo/Reflexivo ____________________

Visual/Verbal ____________________

Sensitivo/Intuitivo ____________________

Q2.5$_A$ Vá à página com Vídeos de Captura de Tela do Capítulo 2 (http://www.umich.edu/~elements/6e/02chap//learn-cheme-videos.html).

(a) Veja um dos vídeos tutoriais de 5 a 6 minutos e escreva sua avaliação com duas sentenças.

(b) O que o apresentador fez bem e o que poderia ser melhorado?

Q2.6$_A$ UPDNP–S2

(a) O que é o diamante ANPF e por que ele é importante?

(b) Vá ao *site* da Wikipedia e procure por óxido de etileno para encontrar os números do diamante ANPF.

(c) Desenhe um diamante ANPF para os compostos propileno, iso-hexano e isobutano que discutimos na Figura 2.6 e no Exemplo 2.5.

Jogos Interativos Computacionais

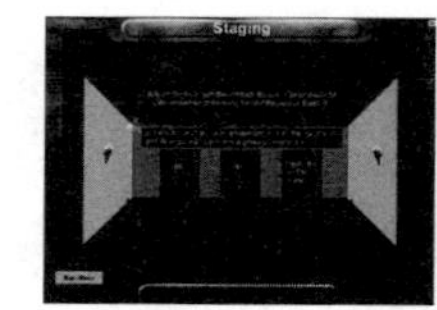

P2.1$_A$ **JIC em Estágios.** Carregue o Jogo Interativo Computacional (JIC) a partir do *site* (http://www.umich.edu/~elements/6e/icm/staging.html). Jogue-o e então registre o número de desempenho, que indica seu domínio do material. Seu professor tem a chave para decodificar seu número de desempenho. *Nota*: Para executar esse módulo, você *deve* ter Windows 2000 ou uma versão posterior. Número de Desempenho do JCI para o Reator em Estágios #____________________.

Problemas

Antes de resolver os problemas, estabeleça ou esquematize qualitativamente os resultados ou tendências esperados.

P2.2$_A$ **(a)** Reveja os dados da *Tabela 2.1 Dados Não Processados* e calcule os tempos necessários para um reator em batelada (BR) atingir 10%, 50% e 80% de conversão, quando 100 mols de A são carregados em um reator de 400 dm^3.

(b) Reveja os **Exemplos 2.1** a **2.3**. Como suas respostas mudariam se a taxa, F_{A0}, fosse reduzida à metade? E se fosse dobrada? Que conversão seria atingida em um PFR de 4,5 m^3 e em um CSTR de 4,5 m^3?

(c) Reveja o **Exemplo 2.2.** Estando uma companhia à beira da falência, você pode somente investir em um CSTR de 2,5 m^3. Que conversão você poderia obter?

(d) Reveja o **Exemplo 2.3.** Que conversão você poderia alcançar, se convencesse o seu gerente, Dr. Pennypincher, a gastar mais dinheiro para comprar um PFR de 1,0 m^3 para acoplar ao CSTR de 2,40?

(e) Reveja o **Exemplo 2.4.** Como suas respostas mudariam se os dois CSTRs (um de 0,82 m^3 e outro de 3,2 m^3) fossem colocados em paralelo, com a taxa, F_{A0}, dividida igualmente entre os reatores?

(f) Reveja o **Exemplo 2.5.** (1) Qual é a pior maneira possível de arranjar dois CSTRs e um PFR? (2) Quais seriam os volumes dos reatores, se as duas conversões intermediárias fossem mudadas para 20% e 50%, respectivamente? (3) Quais seriam as conversões, X_1, X_2 e X_3, se todos os reatores tivessem o mesmo volume, 100 dm^3, e fossem colocados na mesma ordem?

(g) Reveja o **Exemplo 2.6.** Se o termo $C_{A0}\int_0^X \frac{dX}{-r_A}$ for igual a 2 segundos para 80% de conversão, quanto de fluido (m^3/min) você pode processar em um reator de 3 m^3?

P2.3$_B$ Você tem dois CSTRs e dois PFRs, cada um com um volume de 1,6 dm^3. Use a Figura 2.2(b) para calcular a conversão de cada um dos reatores nos arranjos seguintes.

(a) Dois CSTRs em série. (**Resp.:** $X_1 = 0{,}435$, $X_2 = 0{,}66$)

(b) Dois PFRs em série.

(c) Dois CSTRs em paralelo com a alimentação, F_{A0}, dividida igualmente entre os dois reatores.

(d) Dois PFRs em paralelo, com a alimentação, F_{A0}, dividida igualmente entre os dois reatores.

(e) Um PFR seguido por um CSTR.

(f) Um CSTR seguido por um PFR. (**Resp.:** $X_{CSTR} = 0{,}435$, $X_{PFR} = 0{,}71$)

(g) Um PFR seguido por dois CSTRs. Esse é um bom arranjo ou há um melhor?

(h) **Cuidado:** Item (**h**) é um problema nível C. Um CSTR e um PFR em paralelo, com a alimentação dividida igualmente. Calcule também a conversão global, X_g

$$X_g = \frac{F_{A0} - F_{ACSTR} - F_{APFR}}{F_{A0}}, \text{ com } F_{ACSTR} = \frac{F_{A0}}{2} - \frac{F_{A0}}{2} X_{CSTR}, \text{ e } F_{APFR} = \frac{F_{A0}}{2}(1 - X_{PFR})$$

P2.4$_B$ A reação exotérmica de estilbeno (A) para formar o trospofeno (B) e o metano (C), importantes economicamente, é dada por

$$A \longrightarrow B + C$$

ocorrendo adiabaticamente e os seguintes dados foram registrados:

X	0	0,2	0,4	0,45	0,5	0,6	0,8	0,9
$-r_A$ (mol/dm^3·min)	1,0	1,67	5,0	5,0	5,0	5,0	1,25	0,91

A vazão molar de A na entrada foi de 300 mols/min.

(a) Calcule os tempos necessários para um reator em batelada (BR) atingir 40% e 80% de conversão, quando 400 mols de A são carregados em um reator de 400 dm^3.

(b) Quais são os volumes do PFR e do CSTR necessários para atingir uma conversão de 40%? (V_{PFR} = 72 dm^3, V_{CSTR} = 24 dm^3)

(c) Sobre que faixa de conversões os volumes dos reatores CSTR e PFR serão idênticos?

(d) Qual é a conversão máxima que pode ser atingida em um CSTR de 105 dm^3?

(a) Que conversão pode ser atingida, se um PFR de 72 dm^3 for colocado em série com um CSTR de 24 dm^3?

(e) Que conversão pode ser atingida, se um CSTR de 24 dm^3 for colocado em série com um PFR de 72 dm^3?

(f) Faça um gráfico da conversão e da taxa da reação em função do volume de um reator PFR até um volume de 100 dm^3.

P2.5$_B$ A reação financeiramente importante para produzir o produto valioso B (não é o nome real) foi executada na garagem de Jesse Pinkman (veja o Episódio 7 da 3ª Temporada de *Breaking Bad*). Essa empresa instável está com um orçamento limitado e tem pouquíssimo dinheiro para comprar equipamentos. Felizmente, o primo Bernie tem um excedente em sua companhia de reatores e você pode conseguir reatores dele. A reação

$$A \longrightarrow B + C$$

ocorre em fase líquida. A seguir, o gráfico de Levenspiel para essa reação.

Você tem até US$ 10.000,00 para usar na compra de reatores daqueles apresentados a seguir.

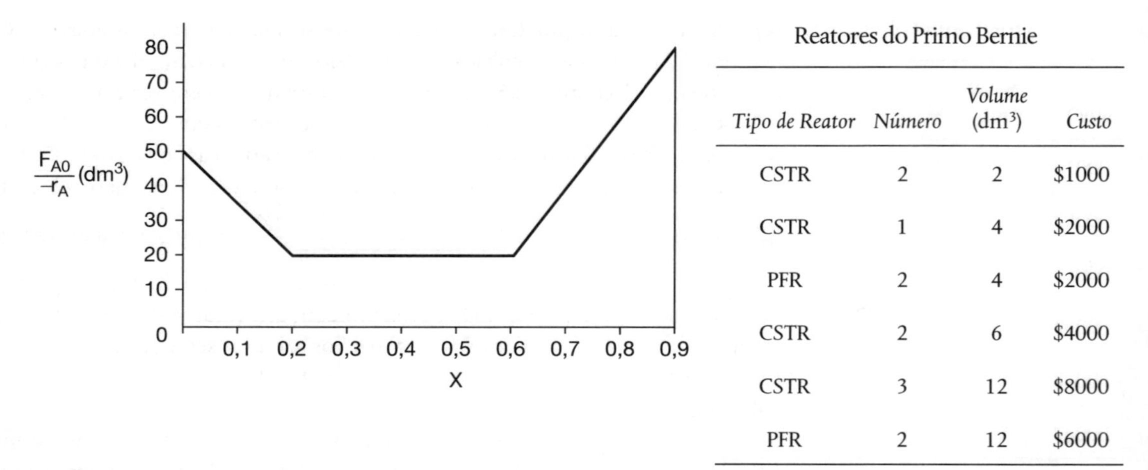

Reatores do Primo Bernie

Tipo de Reator	*Número*	*Volume* (dm³)	*Custo*
CSTR	2	2	$1000
CSTR	1	4	$2000
PFR	2	4	$2000
CSTR	2	6	$4000
CSTR	3	12	$8000
PFR	2	12	$6000

Quais reatores você escolhe, como você vai arranjá-los e qual é a maior conversão que você pode conseguir para US$ 10.000,00? Aproximadamente, qual é a maior conversão correspondente com seu arranjo de reatores?

Esquematize e esboce seus volumes de reatores.

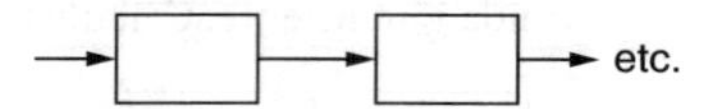

P2.6$_B$ Leia no *site* Elements of Chemical Reaction Engineering (http:/www.umich.edu/~elements/6e/web_mod/hippo/index.htm) o Módulo sobre a Engenharia das Reações Químicas do Estômago do Hipopótamo.

(a) Escreva cinco sentenças resumindo o que você aprendeu a partir deste Módulo.
(b) Trabalhe os problemas (1) e (2) do módulo do hipopótamo.
(c) O hipopótamo pegou um fungo de rio, e agora o volume efetivo do compartimento do estômago CSTR é somente 0,2 m³. Ele necessita de uma conversão de 30% para sobreviver. Ele sobreviverá?
(d) O hipopótamo teve de fazer uma cirurgia para remover o bloqueio. Infelizmente, o cirurgião, Dr. No, acidentalmente inverteu o CSTR e o PFR durante a operação. **Opa!!** Qual será a nova conversão com o novo arranjo digestivo? O hipopótamo pode sobreviver?

P2.7$_B$ **QEA** (*Questão de Exame Antiga*). A reação exotérmica irreversível, em fase gasosa,

$$2A + B \longrightarrow 2C$$

ocorre em um reator adiabático com escoamento contínuo tendo uma alimentação equimolar de A e B. Um gráfico de Levenspiel para essa reação é mostrado na Figura P2.7$_B$ a seguir.

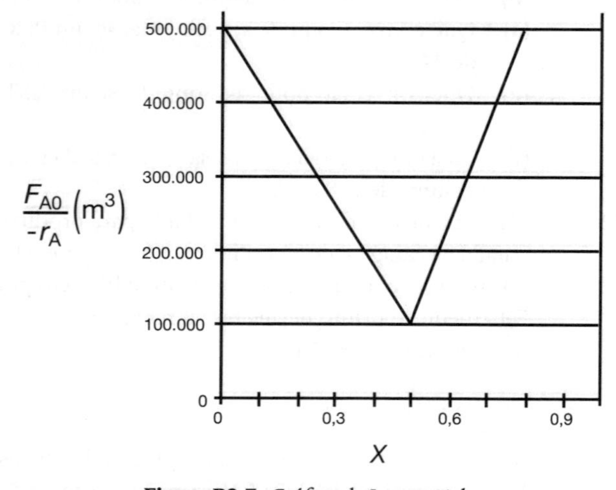

Figura P2.7$_B$ Gráfico de Levenspiel.

(a) Qual é o volume do PFR necessário para atingir 50% de conversão?
(b) Qual é o volume do CSTR necessário para atingir 50% de conversão?
(c) Qual é o volume de um segundo CSTR adicionado em série ao primeiro CSTR (item b) necessário para atingir uma conversão global de 80%? (Resp.: $V_{CSTR} = 1{,}5 \times 10^5$ m³)
(d) Qual é o volume de um PFR adicionado ao primeiro CSTR (item b) de modo a aumentar a conversão para 80%?
(e) Que conversão pode ser atingida em um CSTR de 6×10^4 m³ e em um PFR de 6×10^4 m³?
(f) Pense criticamente (conforme Introdução, Seção H) para criticar as respostas (números) deste problema.

P2.8$_A$ Estime os volumes dos dois reatores CSTRs e do reator PFR, mostrados na foto da Figura 2.9. Sugestão: Use as dimensões da porta como uma escala.

P2.9$_D$ Não faça qualquer cálculo. Apenas vá para casa e relaxe.

P2.10$_C$ **QEA** (*Questão de Exame Antiga*). A curva mostrada na Figura 2.1 é típica de uma reação que ocorreu isotermicamente, e a curva mostrada na Figura P2.10$_C$ (veja o Exemplo 11.3) é típica de uma reação exotérmica catalítica gás-sólido que ocorreu adiabaticamente.

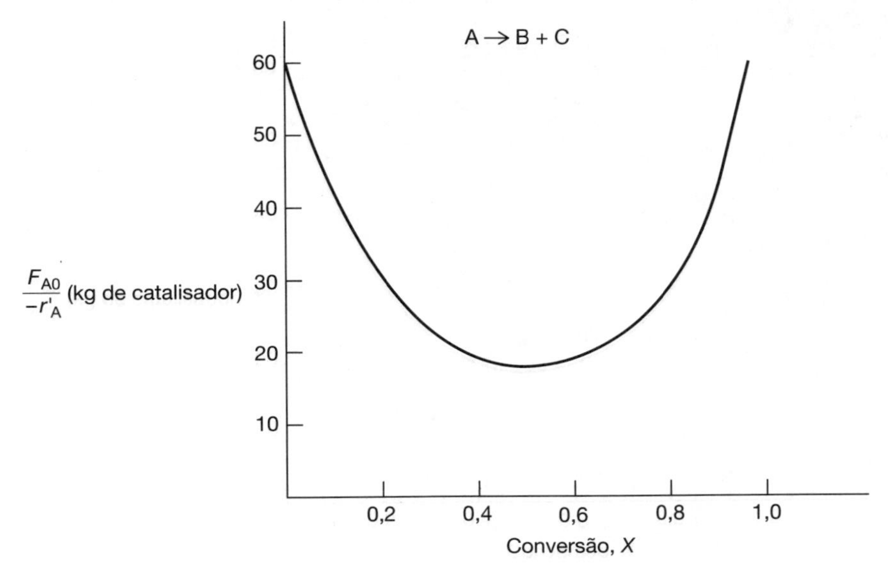

Figura P2.10$_C$ Gráfico de Levenspiel para uma reação exotérmica que ocorreu adiabaticamente.

(a) Considerando que você tem um CSTR fluidizado e um PBR contendo massas iguais de catalisador, como eles deveriam ser arranjados para essa reação ocorrer de forma adiabática? Em cada caso, use a menor massa de catalisador e encontre ainda uma conversão de 80% de A.
(b) Qual é a massa de catalisador necessária para atingir 80% de conversão em um CSTR fluidizado? (***Resp.:*** W = 23,2 kg de catalisador)
(c) Qual é a massa de catalisador necessária para atingir 40% de conversão em um CSTR fluidizado?
(d) Qual é a massa de catalisador necessária para atingir 80% de conversão em um PBR?
(e) Qual é a massa de catalisador necessária para atingir 40% de conversão em um PBR?

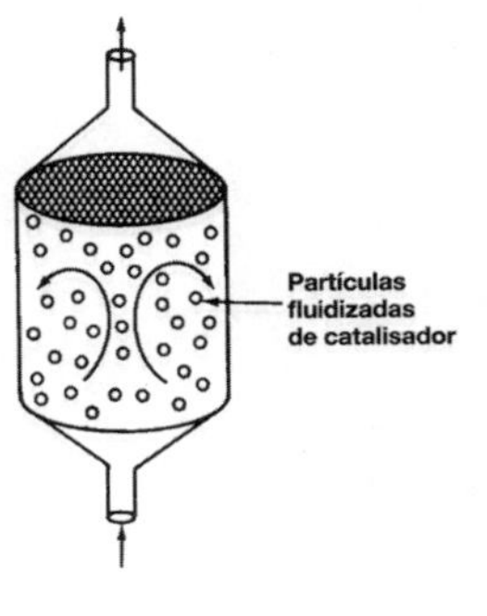

(f) Faça um gráfico da taxa da reação e da conversão em função da massa, W, de catalisador no PBR.

Informação adicional: F_{A0} = 2 mol/s.

P2.11 Os experimentos em uma reação A → B foram executados e os dados de conversão–taxa são dados na Tabela P2.11.

Tabela P2.11 Dados Conversão–Taxa

X	0	0,2	0,4	0,6	0,8
$-r_A$ (mol/m³)	4	3	2,2	1,5	1,0

(a) Quais são os tempos que um reator em batelada necessita para atingir 10%, 50% e 80% para uma reação A → B, quando a concentração inicial for 2 molar?

(b) Faça um gráfico de taxa de reação, $-r_A$, em função do tempo até o tempo necessário para atingir 80% de conversão.

- Problemas Propostos Adicionais podem ser encontrados no *site* Elements of Chemical Reaction Engineering sob o botão de acesso **A. EXERCÍCIOS** para o Capítulo 2.

LEITURA SUPLEMENTAR

Discussão adicional sobre a divisão adequada em estágios de reatores em série para várias equações da taxa, em que é dado um gráfico de $(-1/r_A)$ *versus X, pode ou não* ser apresentada em

THORNTON W. BURGESS, *The Adventures of Poor Mrs. Quack*, New York: Dover Publications, Inc., 1917.

CHESTER L. KARRASS, *Effective Negotiating: Workbook and Discussion Guide*, Beverly Hills, CA: Karrass Ltd., 2004.

OCTAVE LEVENSPIEL, *Engenharia das Reações Químicas*, 3. ed. Edgard Blücher, 2000, Capítulo 6 (pp. 115-129).

Equações da Taxa 3

O sucesso é medido nem tanto pela posição que se atinge na vida, mas sim pelos obstáculos que tiveram de ser superados em sua busca.

—Booker T. Washington

Visão Geral. No Capítulo 2, mostramos que, se conhecermos a taxa de reação em função da conversão, $-r_A = f(X)$, podemos calcular o volume de reator necessário para se atingir dada conversão em um sistema com escoamento e o tempo necessário para se atingir determinada conversão em um sistema em batelada. Infelizmente, em raros casos ou nunca, a expressão $-r_A = f(X)$ pode ser determinada diretamente a partir de dados experimentais não processados. Entretanto, isso não deve ser motivo de preocupação, pois usando o material dos Capítulos 3 e 4, mostraremos como obter a expressão da taxa de reação como uma função da conversão. Essa relação entre a taxa de reação e a conversão será obtida em duas etapas.

- *Na Etapa 1*, descrita neste capítulo, definiremos a equação da taxa que relaciona a taxa de reação com as concentrações das espécies reagentes e com a temperatura, $-r_A = [k_A(T)][\text{fn}(C_A, C_B, ...)]$.
- *Na Etapa 2*, que será descrita no Capítulo 4, definiremos as concentrações para sistemas com escoamento e em batelada e construiremos tabelas estequiométricas que podemos usar para expressar as concentrações em função da conversão, $C_A = h(X)$.
- *Combinando as Etapas 1 e 2*, podemos expressar a taxa de reação em função da conversão, $-r_A = f(X)$, e usar as técnicas do Capítulo 2 para projetar os sistemas com reação.

Após concluirmos este capítulo, você será capaz de:

- Relacionar as taxas de reação de espécies entre si em uma reação
- Escrever a equação da taxa em termos de concentrações
- Usar a Equação de Arrhenius para encontrar a constante de taxa em função da temperatura e
- Descrever a altura da barreira de energia (energia de ativação) e a fração de colisões moleculares que têm a energia para superá-la e reagir

3.1 Definições Básicas

Tipos de reações

Uma ***reação homogênea*** é aquela que envolve apenas uma fase. Uma ***reação heterogênea*** envolve mais de uma fase e a reação normalmente ocorre na interface entre as fases. Uma ***reação irreversível*** é aquela que ocorre em apenas uma direção e continua nessa direção até que os reagentes se esgotem. Uma ***reação reversível***, por outro lado, pode ocorrer em ambas as direções, dependendo da temperatura e das concentrações de reagentes e produtos em relação às concentrações de equilíbrio. Uma reação irreversível comporta-se como se a condição de equilíbrio não existisse. Rigorosamente falando, não existe reação química totalmente irreversível. Entretanto, em muitas reações, o ponto de equilíbrio encontra-se tão deslocado na direção dos produtos, que permite considerar tais reações como irreversíveis.

A ***molecularidade*** de uma reação é o número de átomos, íons ou moléculas envolvidas (colidindo) em uma etapa da reação. Os termos *unimolecular*, *bimolecular* e *trimolecular* referem-se a reações envolvendo, respectivamente, um, dois ou três átomos (ou moléculas) interagindo ou colidindo em qualquer etapa da reação. O exemplo mais comum de uma reação *unimolecular* é o decaimento radioativo, como na emissão espontânea de uma partícula alfa do urânio-238 formando tório e hélio:

$$_{92}U^{238} \rightarrow {}_{90}Th^{234} + {}_{2}He^{4}$$

A taxa de desaparecimento do urânio (U) é dada pela equação de taxa

$$-r_U = kC_U$$

As únicas reações *bimoleculares* existentes são aquelas envolvendo radicais livres (isto é, elétrons desemparelhados, por exemplo, Br·), tais como

$$Br\bullet + C_2H_6 \rightarrow HBr + C_2H_5\bullet$$

com a taxa de desaparecimento do bromo dada pela equação da taxa

$$-r_{Br\bullet} = kC_{Br\bullet}C_{C_2H_6}$$

A probabilidade de uma reação *trimolecular*, em que três moléculas colidem de uma só vez, existir é praticamente nula e, na maioria dos casos, o seu caminho de reação é composto por uma série de reações *bimoleculares*, como na reação

$$2NO + O_2 \rightarrow 2NO_2$$

O mecanismo dessa reação, pertencente ao "*Hall* da Fama", é bastante interessante e é discutido no Problema P9.5$_A$ e também no Capítulo 9 junto com reações similares que formam, ao longo de seu caminho de reação, intermediários complexos ativos.

Na discussão de ***taxas de reação química***, temos três taxas a considerar:

- Taxas relativas
- Equações da taxa
- Taxas resultantes

Taxas relativas nos dizem quão rapidamente uma espécie está desaparecendo ou aparecendo em relação a outra espécie em dada reação.

Equações de taxa são equações algébricas que fornecem a taxa de reação como função das concentrações das espécies reagentes e da temperatura em uma reação específica.

Taxas resultantes de formação de dada espécie (por exemplo, A) é a soma da taxa de reações de A, tanto aquelas em que A é um reagente como aquelas em que A é produto no sistema.

Uma discussão completa de taxas resultantes é dada na Tabela 8.2 do Capítulo 8, em que discutimos reações múltiplas.

3.1.1 Taxas Relativas de Reação

As taxas relativas de reação das várias espécies envolvidas em uma reação podem ser obtidas a partir da razão entre seus coeficientes estequiométricos.[1]

Para a Reação (2.2),

Reação estequiométrica

$$A + \frac{b}{a}B \longrightarrow \frac{c}{a}C + \frac{d}{a}D \tag{2.2}$$

vemos que para cada mol de A que é consumido, c/a mols de C aparecem. Em outras palavras,

$$\text{Taxa de formação de C } \frac{c}{a} \times \text{(Taxa de consumo de A)}$$

$$r_C = \frac{c}{a}(-r_A) = -\frac{c}{a}r_A$$

Analogamente, a relação entre as taxas de formação de C e D é

$$r_C = \frac{c}{d}r_D$$

A relação pode ser expressa diretamente a partir da estequiometria da reação,

$$aA + bB \longrightarrow cC + dD \tag{2.1}$$

a partir da qual

$$\boxed{\frac{-r_A}{a} = \frac{-r_B}{b} = \frac{r_C}{c} = \frac{r_D}{d}} \tag{3.1}$$

Mnemônica útil

ou

$$\boxed{\frac{r_A}{-a} = \frac{r_B}{-b} = \frac{r_C}{c} = \frac{r_D}{d}}$$

Por exemplo, na reação

$$2NO + O_2 \rightleftarrows 2NO_2$$

temos

$$\frac{r_{NO}}{-2} = \frac{r_{O_2}}{-1} = \frac{r_{NO_2}}{2}$$

Se o NO_2 está sendo formado a uma taxa de 4 mol/m³/s, isto significa que

$$r_{NO_2} = 4 \text{ mol/m}^3\text{/s}$$

então a taxa de formação do NO é

Resumo
$2NO + O_2 \rightarrow 2NO_2$
Se
$r_{NO_2} = 4$ mol/m³/s
Então
$-r_{NO} = 4$ mol/m³/s
$-r_{O_2} = 2$ mol/m³/s

$$r_{NO} = \frac{-2}{2}r_{NO_2} = -4 \text{ mol/m}^3\text{/s}$$

a taxa de desaparecimento do NO é

$$-r_{NO} = 4 \text{ mol/m}^3\text{/s}$$

e a taxa de desaparecimento do oxigênio, O_2, é

$$-r_{O_2} = \frac{-1}{-2}r_{NO_2} = 2 \text{ mol/m}^3\text{/s}$$

[1] Vídeo tutorial: https://www.youtube.com/watch?v=wYqQCojggyM.

3.2 Equação da Taxa

De modo a entender a taxa de reação, necessitamos descrever três conceitos moleculares. No **Conceito 1: Lei da Ação das Massas**, usamos as equações de taxa para relacionar a taxa de reação às concentrações das espécies reagentes. **Conceito 2: Superfícies de Energia Potencial** e **Conceito 3: Energia Necessária para Transpor as Barreiras** nos ajudam a explicar o efeito da temperatura na taxa de reação.

Nas reações químicas consideradas nos parágrafos seguintes, adotamos como base de cálculo uma espécie A, que é um dos reagentes que está sendo consumido devido à reação. O reagente limitante é geralmente escolhido em nossa base de cálculo. A taxa de consumo de A, $-r_A$, depende da temperatura e da concentração. Para muitas reações irreversíveis, essa taxa pode ser expressa como o produto de uma *constante de taxa de reação*, k_A, e uma função das concentrações (atividades) das várias espécies envolvidas na reação:

$$\boxed{-r_A = [k_A(T)][\text{fn}(C_A, C_B, \ldots)]} \tag{3.2}$$

Conceito 1. Lei da Ação das Massas. A taxa de reação aumenta com o aumento da concentração dos reagentes, o que leva à elevação no número de colisões moleculares. A equação da taxa para colisões bimoleculares é deduzida na seção da teoria de colisão da *Estante com Referências Profissionais E3.1* (http://www.umich.edu/~elements/6e/03chap/prof.html). Um esquema da reação de moléculas **A** e **B** colidindo e reagindo é mostrado na Figura E3.1 no fim deste capítulo.

A equação de taxa da reação representa a relação entre a taxa da reação e a concentração.

A equação algébrica que relaciona $-r_A$ com as concentrações das espécies envolvidas na reação é chamada de expressão cinética ou **equação da taxa da reação.**[2] A velocidade específica de reação (também chamada de constante de taxa), k_A, da mesma forma que $-r_A$, sempre se refere a uma espécie particular da reação que, normalmente, deve ser indicada por meio de um subscrito. Entretanto, para reações nas quais o coeficiente estequiométrico é 1 para todas as espécies envolvidas na reação, por exemplo,

$$1\ \text{NaOH} + 1\ \text{HCl} \rightarrow 1\ \text{NaCl} + 1\ \text{H}_2\text{O}$$

desconsideramos o subscrito na velocidade específica de reação (por exemplo, A em k_A), para obter

$$k = k_{\text{NaOH}} = k_{\text{HCl}} = k_{\text{NaCl}} = k_{\text{H}_2\text{O}}$$

3.2.1 Modelos da Equação de Potência e Equações das Taxas Elementares

A dependência da taxa de reação, $-r_A$, com as concentrações das espécies presentes, $\text{fn}(C_j)$, é quase sem nenhuma exceção determinada por observações experimentais. Embora a dependência funcional possa ser postulada a partir da teoria, os experimentos são necessários para confirmar a forma proposta. Uma das formas gerais mais comuns dessa dependência é o *modelo da equação de potência*. Nesse caso, a equação da taxa é o produto das concentrações das espécies reagentes individuais, cada uma delas elevadas a uma potência, como

$$\boxed{-r_A = k_A C_A^{\alpha} C_B^{\beta}} \tag{3.3}$$

Os expoentes das concentrações na Equação (3.3) conduzem ao conceito de *ordem de reação*. A **ordem de reação** refere-se às potências às quais as concentrações são elevadas na equação de

[2] Vídeo Tutorial: https://www.youtube.com/watch?v=6mAqX31RRJU.

taxa.[3] Na Equação (3.3), a reação é de ***ordem*** *α em relação ao reagente* A, *e de* ***ordem*** *β em relação ao reagente* B. A ordem global da reação, ***n***, é

Ordem global da reação

$$n = \alpha + \beta$$

As unidades de $-r_A$ são sempre em termos de concentração por unidade de tempo, enquanto as unidades da velocidade específica de reação, k_A, variam com a ordem da reação. Considere a reação envolvendo apenas um reagente, tal como

$$A \rightarrow \text{Produtos}$$

com uma ordem de reação *n*. As unidades de taxa, $-r_A$, e a taxa específica de reação, *k*, são

$$\{-r_A\} = [\text{concentração/tempo}]$$

$$\text{e } \{k\} = \frac{[\text{concentração}]^{1-n}}{\text{tempo}}$$

Geralmente, a ordem global de reação pode ser deduzida das unidades da velocidade específica de reação *k*. Por exemplo, as equações da taxa de reação de ordem zero, de primeira, de segunda e de terceira ordens, apresentadas em conjunto com as correspondentes unidades típicas das constantes de taxa de reação, são:

Ordem zero ($n = 0$): $-r_A = k_A$:

$$\{k\} = \text{mol/dm}^3\text{/s} \tag{3.4}$$

Primeira ordem ($n = 1$): $-r_A = k_A C_A$:

$$\{k\} = s^{-1} \tag{3.5}$$

Segunda ordem ($n = 2$): $-r_A = k_A C_A^2$:

$$\{k\} = \text{dm}^3\text{/mol/s} \tag{3.6}$$

Terceira ordem ($n = 3$): $-r_A = k_A C_A^3$:

$$\{k\} = (\text{dm}^3\text{/mol})^2\text{/s} \tag{3.7}$$

Uma *reação elementar* é aquela que envolve uma única etapa, como na reação bimolecular entre oxigênio e metanol:

$$O\bullet + CH_3OH \rightarrow CH_3O\bullet + OH\bullet$$

Os coeficientes estequiométricos nessa reação são *idênticos* às potências na equação da taxa. Consequentemente, a equação da taxa de desaparecimento do oxigênio molecular é

$$-r_{O\bullet} = kC_{O\bullet}C_{CH_3OH}$$

[3] Rigorosamente falando, as taxas de reação devem ser escritas em termos de atividades, a_i, ($a_i = \gamma_i C_i$, sendo γ_i o coeficiente de atividade). Kline e Fogler, *JCIS, 82*, 93 (1981); ibid., p. 103; e *Ind. Eng. Chem Fundamentals* 20, 155 (1981).

$$-r_A = k_A' a_A^\alpha a_B^\beta$$

Entretanto, em muitos sistemas de reação, os coeficientes de atividade, γ_i, não variam de forma significativa ao longo da reação, e podem ser incorporados ao termo da constante de taxa, k_A:

$$-r_A = k_A' a_A^\alpha a_B^\beta = k_A'(\gamma_A C_A)^\alpha (\gamma_B C_B)^\beta = \overbrace{\left(k_A' \gamma_A^\alpha \gamma_B^\beta\right)}^{k_A} C_A^\alpha C_B^\beta = k_A C_A^\alpha C_B^\beta$$

A reação é de primeira ordem em relação ao oxigênio molecular e de primeira ordem em relação ao metanol; assim, dizemos que a reação e a equação da taxa são, ambas, *elementares*. Essa forma da equação da taxa pode ser deduzida da *Teoria das Colisões* e é mostrada na *Estante com Referências Profissionais E3.1* do CRE *website* (www.umich.edu/~elements/6e/index.html). Há muitas reações nas quais os coeficientes estequiométricos são idênticos às ordens de reação, porém tais reações não são elementares por envolverem intermediários ativos e uma série de reações ao longo de seu caminho de reação. Para essas reações não elementares, cujos coeficientes estequiométricos são idênticos aos correspondentes expoentes na equação de taxa, dizemos que a reação *segue uma equação de taxa elementar*. Por exemplo, a reação de oxidação do óxido nítrico discutida anteriormente,

Teoria das colisões

$$2NO + O_2 \rightarrow 2NO_2$$

não é realmente uma reação elementar, mas *segue* a equação de taxa elementar, isto é, segunda ordem em NO e primeira ordem em O_2, portanto,

Nota: a constante de taxa, *k*, é definida em relação a NO.

$$-r_{NO} = k_{NO}C_{NO}^2 C_{O_2}$$

Outra reação não elementar que *segue* uma equação de taxa elementar é a reação em fase gasosa entre o hidrogênio e o iodo

$$H_2 + I_2 \rightarrow 2HI$$

sendo uma equação de primeira ordem para H_2 e de primeira ordem para I_2, com

$$-r_{H_2} = k_{H_2}C_{H_2}C_{I_2}$$

Em resumo, para muitas reações que envolvem etapas e rotas múltiplas, as potências das equação da taxa coincidem surpreendentemente com os coeficientes estequiométricos. Em consequência, para facilitar a descrição dessa classe de reações, dizemos que uma reação *segue uma equação de taxa elementar* quando as ordens da reação são idênticas aos coeficientes estequiométricos das espécies reagentes da reação na forma ***em que está escrita***. É importante relembrar que as equações da **taxa são determinadas por observação experimental!** O Capítulo 7 descreve como essas e outras equações de taxa podem ser desenvolvidas a partir de dados experimentais. Elas são uma função da química da reação e não do tipo de reator no qual as reações ocorrem. A Tabela 3.1 apresenta exemplos de equações de taxa para diversas reações. Dizer que uma reação segue uma equação de taxa elementar, conforme escrito, permite-nos uma maneira rápida de olhar a estequiometria da reação e depois escrever a forma matemática da equação de taxa. Os valores das velocidades específicas de reação para essas e um bom número de outras reações podem ser encontrados na *Base de Dados* apresentada no rodapé.

Onde você encontra equações de taxa?

As constantes de taxas e das ordens de reação de um grande número de reações em fase líquida e em fase gasosa podem ser encontradas em circulares e suplementos do National Bureau of Standards.[4] Procure também na lista de periódicos apresentada no final do Capítulo 1.

Notamos na Tabela 3.1 que o Número da Reação (3) nas *Equações de Taxa de Primeira Ordem* e o Número da Reação (1) nas *Equações de Taxa de Segunda Ordem* não seguem as equações de taxa elementares. Sabemos isso porque as ordens de reação não são as mesmas que os coeficientes estequiométricos para as reações como elas são escritas.[5]

Referências muito importantes, mas você deve ler também outras referências *antes* de trabalhar no laboratório.

[4] Dados cinéticos de um grande número de reações podem ser obtidos em CD-ROMs fornecidos pelo *National Institute of Standards and Technology – NIST*. Standard Reference Data 221/A320 Gaithersburg, MD 20899; telefone: (301)975-2208. As fontes adicionais são: *Tables of Chemical Kinetics: Homogeneous Reactions*, National Bureau of Standards Circular 510 (28 de setembro de 1951); Suplemento 1 (14 de novembro de 1956); Suplemento 2 (5 de agosto de 1960); Suplemento 3 (15 de setembro de 1961) (Washington, D.C.: US Government Printing Office). *Chemical Kinetics and Photochemical Data for Use in Stratospheric Modeling*, Evaluate No. 10, JPL Publication 92-20 (Pasadena, California: Jet Propulsion Laboratories, 15 de agosto de 1992).

[5] Como um marginal, Prof. Dr. Sven Köttlov, um residente proeminente de Riça, Jofostan, já foi preso e questionado por 12 horas por quebrar uma equação da taxa de reação. #Sério? Ele a estabeleceu como de segunda ordem quando experimentos claramente mostraram que ela seria de primeira ordem.

Tabela 3.1 Exemplos de Equações de Taxa de Reação

A. Equações de Taxa de Primeira Ordem

(1) $C_2H_6 \longrightarrow C_2H_4 + H_2$ $\quad -r_A = kC_{C_2H_6}$

(2) $\phi N{=}NCl \longrightarrow \phi Cl + N_2$ $\quad -r_A = kC_{\phi N=NCl}$

(3) CH_2OCH_2 (óxido de etileno) $+ H_2O \xrightarrow{H_2SO_4} CH_2OH{-}CH_2OH$ $\quad -r_{CH_2OCH_2} = kC_{CH_2OCH_2}$

(4) $CH_3COCH_3 \longrightarrow CH_2CO + CH_4$ $\quad -r_A = kC_{CH_3COCH_3}$

(5) $nC_4H_{10} \rightleftarrows iC_4H_{10}$ $\quad -r_n = k[C_{nC_4} - C_{iC_4}/K_C]$

B. Equações de Taxa de Segunda Ordem

(1) $C_6H_4(NO_2)Cl + 2NH_3 \longrightarrow C_6H_4(NO_2)NH_2 + NH_4Cl$ $\quad -r_{ONCB} = k_{ONCB}C_{ONCB}C_{NH_3}$

(2) $CNBr + CH_3NH_2 \rightleftarrows CH_3Br + NCNH_2$ $\quad -r_{CNBr} = kC_{CNBr}C_{CH_3NH_2}$

(3)

$CH_3COOC_2H_5 + C_4H_9OH \rightleftarrows CH_3COOC_4H_9 + C_2H_5OH$

$A + B \rightleftarrows C + D$ $\quad -r_A = k[C_AC_B - C_CC_D/K_C]$

C. Equações de Taxa Não Elementares

(1) Homogênea

$CH_3CHO \xrightarrow[cat]{} CH_4 + CO$ $\quad -r_{CH_3CHO} = kC_{CH_3CHO}^{3/2}$

(2) Heterogênea

$C_6H_5CH(CH_3)_2 \xrightarrow[cat]{} C_6H_6 + C_3H_6$

Cumeno (C) ⟶ Benzeno (B) + Propileno (P)

$$-r'_C = \frac{k[P_C - P_BP_P/K_P]}{1 + K_BP_B + K_CP_C}$$

D. Reações Enzimáticas (Ureia (U) + Urease (E))

NH_2CONH_2 + Urease + $H_2O \rightarrow 2NH_3 + CO_2$ + Urease

$$-r_U = \frac{kC_U}{K_M + C_U}$$

E. Reações com Biomassa

Substrato (S) + Células (C) → Mais Células + Produto

$$-r_S = \frac{kC_SC_C}{K_S + C_S}$$

Nota: As constantes de taxa e as energias de ativação para um certo número de reações nestes exemplos são dadas na Base de Dados no Apêndice E. Para mais equações de taxa com constantes de taxa, ver *http://www.umich.edu/~elements/6e/03chap/summary-example3.html.*

3.2.2 Equações de Taxa Não Elementares

Várias reações homogêneas e heterogêneas não seguem equações simples de taxa. Exemplos de reações que não seguem as equações simples de taxas elementares são discutidos a seguir.

Reações Homogêneas. A ordem global de uma reação não tem que ser uma ordem inteira, tampouco tem que ser inteira em relação a cada um dos componentes. Como um exemplo, considere a reação em fase gasosa da síntese do fosgênio,

$$CO + Cl_2 \rightarrow COCl_2$$

na qual os experimentos mostraram que a *equação cinética da taxa* é

$$-r_{CO} = kC_{CO}C_{Cl_2}^{3/2}$$

Essa reação é de primeira ordem em relação ao monóxido de carbono, de ordem três meios em relação ao cloro e de ordem global cinco meios.

Algumas reações apresentam expressões complexas de taxa que não podem ser separadas em parcelas que dependam exclusivamente da temperatura e parcelas que dependam exclusivamente da concentração. Na decomposição do óxido nitroso,

$$2N_2O \rightarrow 2N_2 + O_2$$

a *equação de taxa* cinética

$$-r_{N_2O} = \frac{k_{N_2O}C_{N_2O}}{1 + k'C_{O_2}}$$

Tanto k_{N_2O} como k' são fortemente dependentes da temperatura. Quando a expressão da taxa é da forma apresentada anteriormente, *não* podemos caracterizar uma ordem global de reação. Nesse caso, apenas podemos falar em ordem da reação quando ela ocorrer em certas condições limites. *Por exemplo,* para valores muito baixos de concentração de oxigênio, o segundo termo no denominador pode ser desprezado em relação a 1($1 >> k'C_{O_2}$) e a reação pode ser de "aparente" primeira ordem em relação ao óxido nitroso e de primeira ordem globalmente. Entretanto, se a concentração do oxigênio for suficientemente grande, de modo que o número 1 no denominador torne-se insignificante em face do segundo termo, $k'C_{O_2}$ ($k'C_{O_2} >> 1$), a ordem de reação aparente passa a ser igual a −1 em relação ao oxigênio, de primeira ordem em relação ao óxido nitroso e de ordem global *aparente* igual a zero. Equações da taxa desse tipo são bastante comuns em reações em fase líquida e em fase gasosa promovidas por catalisadores sólidos (veja o Capítulo 10). Esse tipo de reação também ocorre em sistemas homogêneos com intermediários reativos (veja o Capítulo 9).

É interessante notar que, embora as ordens de reação correspondam aos coeficientes estequiométricos, como evidenciado para a reação entre o hidrogênio e o iodo, recém-discutida, para formar HI, a equação da taxa para a reação entre o hidrogênio e outro halogênio, no caso o bromo, é bastante complexa. Essa reação não elementar

$$H_2 + Br_2 \rightarrow 2HBr$$

ocorre via um mecanismo de radicais livres e sua equação da taxa de reação é

$$-r_{Br_2} = \frac{k_{Br_2}C_{H_2}C_{Br_2}^{1/2}}{k' + C_{HBr}/C_{Br_2}} \tag{3.8}$$

Reações Aparentemente de Primeira Ordem. Uma vez que a lei da ação das massas na teoria das colisões mostra que duas moléculas têm de colidir resultando em uma dependência de segunda ordem na taxa, você provavelmente está se perguntando como as equações da taxa, tais como Equação (3.8), assim como a equação da taxa para reações de primeira ordem, acontecem.

Um exemplo de reação de primeira ordem que não envolve decaimento radiativo é a decomposição de etanol para formar etileno e hidrogênio.

$$C_2H_6 \longrightarrow C_2H_4 + H_2$$

$$-r_{C_2H_6} = kC_{C_2H_6}$$

Em termos de símbolos

$$A \longrightarrow B + C$$

$$-r_A = kC_A$$

Equações de taxa dessa forma envolvem geralmente um número de reações elementares e no mínimo um intermediário ativo. Um *intermediário ativo é uma molécula de alta energia que reage virtualmente tão rápido quanto é formada. Como resultado,* ela está presente em concentrações muito baixas. Intermediários ativos (por exemplo, A*) podem ser formados pela colisão ou interação com outras moléculas (M), tais como inertes ou reagentes.

$$A + M \xrightarrow{k_1} A^* + M$$

Aqui, a ativação ocorre quando a energia cinética translacional é transformada em energia armazenada em graus de liberdade internos, particularmente graus de liberdade vibracionais.[6] Uma molécula instável (isto é, intermediário ativo) não é formada somente como consequência do movimento da molécula em alta velocidade (alta energia cinética translacional). A energia cinética translacional tem de ser absorvida nas ligações químicas em que oscilações de alta amplitude conduzem a rupturas de ligação, rearranjos moleculares e decomposição. Na ausência de efeitos fotoquímicos ou fenômenos similares, a transferência de energia translacional para energia vibracional para produzir um intermediário ativo pode ocorrer somente como consequência da colisão ou interação molecular. A teoria da colisão é discutida na *Estante com Referências Profissionais* no CRE *website* para o Capítulo 3.

Como será mostrado no Capítulo 9, o mol A se torna ativado para A* pela colisão com outra molécula M. A molécula ativada pode se tornar desativada pela colisão com outra molécula ou a molécula ativada pode se decompor para B e C.

$$\begin{array}{c} A + M \underset{k_2}{\overset{k_1}{\rightleftarrows}} A^* + M \\ \downarrow k_3 \\ B + C \end{array}$$

Usando esse mecanismo, mostraremos na Equação (9.10) na Seção 9.1.1 que a altas concentrações de M, a equação de taxa para esse mecanismo se torna

$$-r_A = \frac{k_1 k_3}{k_2} C_A = k_A C_A$$

e em baixa concentração de M, a equação da taxa se torna

$$-r_A = \frac{k_1 k_3 C_A C_M}{k_2 C_M + k_3} \approx k_3 C_A C_M$$

No Capítulo 9, discutiremos mecanismos de reação e caminhos que levam a equações de taxa não elementares, tais como a taxa de formação de HBr mostrada na Equação (3.8).

Reações Heterogêneas. Historicamente, em muitas reações catalíticas gás-sólido, tem sido prática comum expressar a equação de taxa em termos de pressões parciais em vez de

[6] W. J. Moore, *Physical Chemistry* (Reading, MA: Longman Publishing Group, 1998).

concentrações. Em catálise heterogênea, o importante é a *massa de catalisador* em vez do volume do reator. Consequentemente, para projetar PBRs, usamos $-r'_A$ de modo a escrever a equação da taxa em termos de (mol por kg de catalisador por tempo). Um exemplo de reação heterogênea e equação da taxa correspondente é a hidrodemetilação do tolueno (T) para formar benzeno (B) e metano (M), empregando um catalisador sólido.

$$C_6H_5CH_3 + H_2 \underset{\text{cat}}{\rightarrow} C_6H_6 + CH_4$$

A taxa de desaparecimento do tolueno por unidade de massa de catalisador, $-r'_T$, ou seja, (mol/massa/tempo) segue a equação cinética de Langmuir-Hinshelwood (discutida na Seção 10.4.2) e a equação da taxa foi determinada experimentalmente como

$$-r'_T = \frac{k' P_{H_2} P_T}{1 + K_B P_B + K_T P_T}$$

em que o primo em $-r'_T$ denota unidades típicas que estão por quilograma de catalisador (mol/kg de catalisador/s), P_T, P_{H_2} e P_B são as pressões parciais de tolueno, de hidrogênio e de benzeno em (kPa, bar ou atm) e K_B e K_T são as constantes de adsorção para benzeno e tolueno, respectivamente, em kPa^{-1} (bar^{-1} ou atm^{-1}). A velocidade específica de reação k tem as unidades de

$$\{k'\} = \frac{\text{mol de tolueno}}{\text{kg-cat} \cdot \text{s} \cdot \text{kPa}^2}$$

Você encontrará que quase todas as reações catalíticas heterogêneas terão um termo tal como $(1 + K_A P_A + ...)$ ou $(1 + K_A P_A + ...)^2$ no denominador da equação da taxa veja o (Capítulo 10).

Para expressar a taxa de reação em termos de concentração em lugar das pressões parciais, substituímos simplesmente as pressões P_i usando a lei dos gases ideais

$$\boxed{P_i = C_i RT} \tag{3.9}$$

A taxa de reação por unidade de massa, $-r'_A$ (por exemplo, $-r'_T$), e a taxa de reação por unidade de volume, $-r_A$, estão relacionadas por meio da massa específica ρ_b aparente (massa de sólido/volume) das *partículas de catalisador* no meio fluido:

Relação de taxa por unidade de volume e taxa por unidade de massa de catalisador

$$\boxed{-r_A = (\rho_b)(-r'_A)}$$

$$\frac{\text{mols}}{\text{tempo} \cdot \text{volume}} = \left(\frac{\text{massa}}{\text{volume}}\right)\left(\frac{\text{mols}}{\text{tempo} \cdot \text{massa}}\right)$$

Em leitos catalíticos "fluidizados", a massa específica aparente, ρ_b, é geralmente uma função da vazão volumétrica através do leito.

Consequentemente, usando as equações anteriores para P_i e $-r'_T$, podemos escrever a equação da taxa para a hidrometilação do tolueno em termos da concentração em (mol/dm³) e da taxa, $-r_T$, em termos do volume do reator, *isto é,*

$$-r_T = \frac{\overbrace{\left[\rho_b k' (RT)^2\right]}^{k} C_{H_2} C_T}{1 + K_B RTC_B + K_T RTC_T} \left(\frac{\text{mol}}{\text{dm}^3 \cdot s}\right)$$

$$\{k\} = \left(\frac{\text{dm}^3}{\text{mol} \cdot s}\right)$$

ou, como veremos na Equação (R4.14) no Capítulo 4, deixaremo-na em termos de pressões parciais.

Em suma, as ordens de reação **não podem** ser deduzidas a partir da estequiometria das reações. Mesmo que um número considerável de reações obedeça a leis da taxa elementares, outra parcela considerável não obedece. **Deve-se** determinar a ordem de reação a partir da literatura ou a partir de experimentos.

3.2.3 Reações Reversíveis

Todas as equações da taxa de reação para reações reversíveis *devem* ser reduzidas à relação termodinâmica que relaciona as concentrações das espécies reagentes no equilíbrio. No equilíbrio, a taxa de reação é igual a zero para todas as espécies (isto é, $-r_A \equiv 0$). Isto é, para a reação geral

$$aA + bB \rightleftarrows cC + dD \tag{2.1}$$

as concentrações no equilíbrio estão relacionadas pela relação termodinâmica da constante de equilíbrio K_C (veja o Apêndice C).

Relação de equilíbrio termodinâmico

$$K_C = \frac{C_{Ce}^c C_{De}^d}{C_{Ae}^a C_{Be}^b} \tag{3.10}$$

As unidades da constante de equilíbrio termodinâmico, K_C, são $(\text{mol/dm}^3)^{d+c-b-a}$.

Para ilustrar como escrever as leis da taxa para reações reversíveis, usaremos a combinação de duas moléculas de benzeno para formar uma molécula de hidrogênio e uma de bifenila. Nesta discussão, consideraremos essa reação em fase gasosa como *elementar* e *reversível*:

$$2C_6H_6 \underset{k_{-B}}{\overset{k_B}{\rightleftarrows}} C_{12}H_{10} + H_2$$

ou, simbolicamente,

$$2B \underset{k_{-B}}{\overset{k_B}{\rightleftarrows}} D + H_2$$

As constantes de taxa das reações direta e inversa, k_B e k_{-B}, respectivamente, ***serão definidas em relação ao benzeno.***

O benzeno (B) está sendo consumido pela reação direta

$$2C_6H_6 \xrightarrow{k_B} C_{12}H_{10} + H_2$$

na qual a taxa de desaparecimento do benzeno é

$$-r_{B,\text{direta}} = k_B C_B^2$$

Se multiplicarmos ambos os lados da equação anterior por −1, obtemos a expressão para a taxa de formação de benzeno para a reação direta:

$$r_{B,\text{direta}} = -k_B C_B^2 \tag{3.11}$$

Para a reação inversa entre a bifenila (D) e o hidrogênio (H_2),

$$C_{12}H_{10} + H_2 \xrightarrow{k_{-B}} 2C_6H_6$$

a taxa de formação de benzeno é dada por

A velocidade específica de reação, k_i, deve ser definida em relação a uma espécie particular.

$$r_{B,\text{ inversa}} = k_{-B} C_D C_{H_2} \tag{3.12}$$

Novamente, ambas as constantes de taxa k_B e k_{-B} são *definidas em relação ao benzeno!!!*

A taxa resultante de formação do benzeno resultante é a soma das taxas de formação a partir da reação direta (isto é, Equação (3.11)) e a reação inversa (isto é, Equação (3.12)):

Taxa resultante

$$r_B \equiv r_{B,\text{ resultante}} = r_{B,\text{ direta}} + r_{B,\text{ inversa}}$$

$$r_B = -k_B C_B^2 + k_{-B} C_D C_{H_2} \tag{3.13}$$

Multiplicando ambos os lados da Equação (3.13) por −1, e então fatorando k_B, obtemos a equação da taxa para a taxa de consumo do benzeno, $-r_B$

Reação elementar reversível
$A \rightleftarrows B$

$$-r_A = k\left(C_A - \frac{C_B}{K_C}\right)$$

$$-r_B = k_B C_B^2 - k_{-B} C_D C_{H_2} = k_B\left(C_B^2 - \frac{k_{-B}}{k_B} C_D C_{H_2}\right)$$

Substituindo a razão entre as constantes de taxa da reação inversa e direta pela constante de equilíbrio, K_C, obtemos

$$\boxed{-r_B = k_B\left(C_B^2 - \frac{C_D C_{H_2}}{K_C}\right)} \tag{3.14}$$

sendo

$$\frac{k_B}{k_{-B}} = K_C = \text{Constante da concentração de equilíbrio}$$

A constante de equilíbrio decresce com a elevação de temperatura para reações exotérmicas e aumenta com a elevação de temperatura para reações endotérmicas.

Vamos agora escrever a taxa de formação de bifenila, r_D, em termos da concentração do hidrogênio, H_2, bifenila, D, e benzeno, B. A taxa de formação de bifenila, r_D, **tem de** apresentar a mesma forma de dependência funcional entre as concentrações das espécies reagentes que a da taxa de consumo do benzeno, $-r_B$. A taxa de formação de bifenila é

$$r_D = k_D\left(C_B^2 - \frac{C_D C_{H_2}}{K_C}\right) \tag{3.15}$$

Utilizando a relação dada pela Equação (3.1) para a reação geral

Taxas relativas

$$\boxed{\frac{r_A}{-a} = \frac{r_B}{-b} = \frac{r_C}{c} = \frac{r_D}{d}} \tag{3.1}$$

podemos obter a relação entre as várias velocidades específicas de reação, k_B, k_D:

$$\frac{r_D}{1} = \frac{r_B}{-2} = \frac{-k_B\,[C_B^2 - C_D C_{H_2}/K_C]}{-2} = \frac{k_B}{2}\left[C_B^2 - \frac{C_D C_{H_2}}{K_C}\right] \tag{3.16}$$

Comparando as Equações (3.15) e (3.16), vemos que a relação entre a velocidade específica de reação em relação à bifenila e a velocidade específica de reação em relação ao benzeno, k_B, é

$$k_D = \frac{k_B}{2}$$

Consequentemente, como previamente estabelecido, **temos** de definir a constante de taxa, k, em relação a uma espécie particular.

Finalmente, precisamos verificar se a equação de taxa dada pela Equação (3.14) é termodinamicamente consistente no equilíbrio. Aplicando a Equação (3.10) (e Equação (C.2) no Apêndice C) para a reação da bifenila e substituindo as concentrações das espécies e os expoentes apropriados, a termodinâmica estabelece que

$$K_C = \frac{C_{De} C_{H_2e}}{C_{Be}^2} \tag{3.17}$$

No equilíbrio, a equação da taxa deve se reduzir a uma equação consistente com o equilíbrio termodinâmico.

Consideremos agora a equação da taxa. No equilíbrio, $-r_B \equiv 0$, e a equação da taxa é dada pela Equação (3.14), resultando em

$$-r_B \equiv 0 = k_B\left[C_{Be}^2 - \frac{C_{De} C_{H_2e}}{K_C}\right]$$

Rearranjando os termos, obtemos, conforme esperado, a expressão de equilíbrio

$$K_C = \frac{C_{De}C_{H_2e}}{C_{Be}^2}$$

que é idêntica à Equação (3.17) obtida pela termodinâmica.

Do Apêndice C, Equação (C.9), sabemos que, quando não há variação do número total de mols e do termo de calor específico, $\Delta C_P = 0$, a dependência com a temperatura da concentração de equilíbrio, em termos de concentração, é dada por

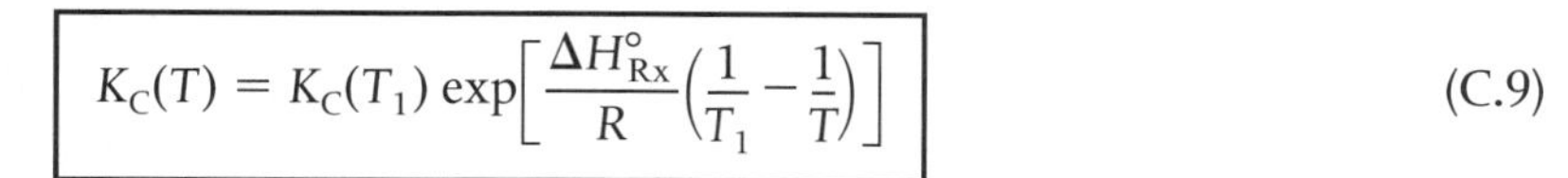

$$K_C(T) = K_C(T_1)\exp\left[\frac{\Delta H^\circ_{Rx}}{R}\left(\frac{1}{T_1} - \frac{1}{T}\right)\right] \tag{C.9}$$

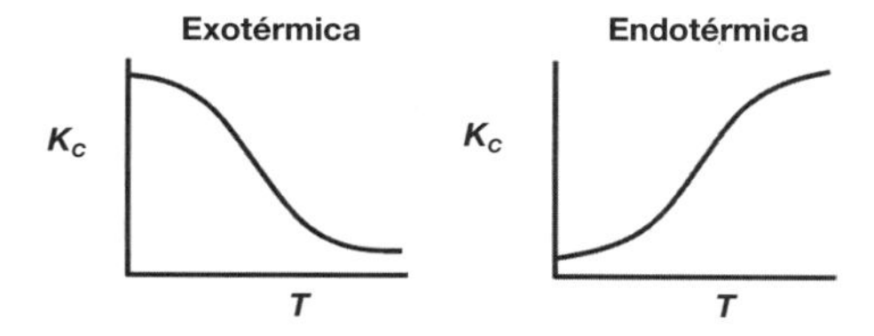

Assim, se conhecermos a constante de equilíbrio a uma temperatura T_1 (isto é, $K_C(T_1)$) e o calor de reação, ΔH°_{Rx}, poderemos calcular a constante de equilíbrio em qualquer outra temperatura T. Para reações endotérmicas, a constante, K_C, cresce com o aumento de temperatura; para reações exotérmicas, a constante, K_C, decresce com o aumento de temperatura. Discussão adicional sobre a constante de equilíbrio e sua relação termodinâmica é encontrada no Apêndice C. Para valores altos da constante de equilíbrio, K_C, a reação se comporta como se fosse irreversível.

3.3 Constante de Taxa de Reação

O **Conceito 1, a lei da ação das massas**, foi discutido na Seção 3.2, juntamente com a dependência da taxa com a concentração. Nesta seção, investigaremos a constante de taxa de reação, k, e sua dependência com a temperatura usando o **Conceito 2, superfícies de energia potencial e barreiras de energia** e o **Conceito 3, a energia necessária para transpor as barreiras.**

3.3.1 Constante de Taxa de Reação *k* e Sua Dependência com a Temperatura

A constante de taxa de reação, k, não é na realidade uma constante; é apenas independente das concentrações envolvidas na reação. A quantidade k é chamada tanto de **velocidade específica de reação** quanto de **constante de taxa**. É quase sempre fortemente dependente da temperatura. Em reações em fase gasosa, depende do catalisador e pode ser uma função da pressão total. Em sistemas líquidos, k pode também depender de outros parâmetros, tais como a força iônica e o solvente escolhido. Essas outras variáveis exercem um efeito muito menor sobre a velocidade específica de reação do que a temperatura, com exceção dos solventes supercríticos, tais como a água supercrítica. Consequentemente, para os propósitos do material aqui apresentado, será considerado que k_A depende *apenas* da temperatura. Tal hipótese é válida para a maioria das reações de laboratório e industriais, e parece funcionar muito bem.

Foi o grande químico sueco Svante Arrhenius (1859-1927), ganhador do Prêmio Nobel, quem sugeriu, pela primeira vez, que a dependência da velocidade específica de reação, k_A, poderia ser correlacionada por uma equação do tipo

Equação de Arrhenius

$$k_A(T) = Ae^{-E/RT} \tag{3.18}$$

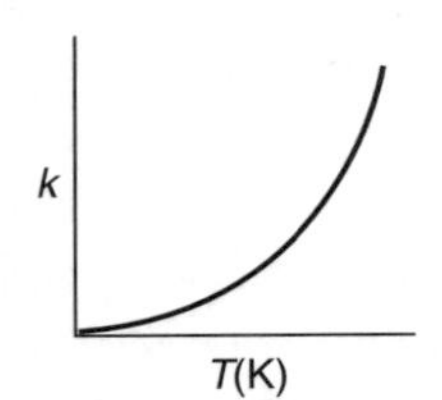

em que A = fator pré-exponencial ou fator de frequência
E = energia de ativação, J/mol ou cal/mol
R = constante universal dos gases = 8,314 J/mol × K = 1,987 cal/mol × K
T = temperatura absoluta, K
(*http://www.umich.edu/~elements/6e/03chap/summary.html*)

A Equação (3.18), conhecida como a *equação de Arrhenius*, tem sido comprovada empiricamente como adequada à caracterização da dependência com a temperatura da maioria das constantes de taxa de reação, dentro da precisão experimental, para uma ampla faixa de valores de temperaturas. A equação de Arrhenius é "deduzida" na seção *E3.1, Teoria das Colisões*, no CRE *website* (*http://www.umich.edu/~elements/6e/03chap/prof-collision.html*). Pode-se ver a energia de ativação em termos da teoria da colisão (Estante com Referências E3.1).

Aumentando a temperatura, aumentamos a energia cinética das moléculas reagentes. Essa energia cinética pode, por sua vez, ser transformada, por meio de colisões moleculares, em energia interna, de modo a aumentar o alongamento e a flexão das ligações, fazendo-as atingir um estado ativado, vulneráveis à quebra de ligações e à reação.

3.3.2 Interpretação da Energia de Ativação

Por que há uma energia de ativação? Se os reagentes forem radicais livres que reagem imediatamente quando entram em colisão, não há geralmente uma energia de ativação. No entanto, a maioria dos átomos e das moléculas necessita de uma energia de ativação para reagir. Duas são as razões para isso ocorrer:

1. As moléculas necessitam de energia para distorcer ou alongar suas ligações, para quebrá-las e depois formar novas ligações.
2. As forças de repulsão estéricas e eletrônicas devem ser superadas à medida que as moléculas reagentes se aproximam.

A energia de ativação pode ser interpretada como uma **barreira** à transferência de energia (de energia cinética para energia potencial) entre as moléculas reagentes, a qual deve ser vencida. A energia de ativação é o aumento mínimo na energia potencial dos reagentes que tem de ser fornecido para transformar os reagentes em produtos. Esse aumento pode ser fornecido pela energia cinética de colisão das moléculas.

Em adição às concentrações das espécies que reagem, há dois outros fatores que afetam a taxa de reação,

- A altura da barreira da energia de ativação, isto é, a energia de ativação
- A fração das colisões moleculares que têm energia suficiente para transpor a barreira (isto é, reagir quando as moléculas colidem).

Se tivermos uma pequena altura de barreira, as moléculas que colidem necessitarão somente de baixas energias cinéticas para transpor a barreira. Para reações de moléculas com pequenas alturas de barreira ocorrendo em temperatura ambiente, uma fração maior de moléculas terá essa energia a baixas temperaturas. Entretanto, para alturas maiores de barreira, necessitamos temperaturas mais altas em que uma fração maior de moléculas colidindo terá a energia necessária para transpor a barreira e reagir. Discutiremos cada um desses conceitos separadamente nos Conceitos 2 e 3.

Conceito 2. Superfícies de Energia Potencial e Barreiras de Energia. Uma forma de interpretar a barreira à reação é pelo uso das superfícies de potencial e das coordenadas de reação. Essas coordenadas traduzem a energia potencial mínima do sistema em função do avanço da reação, à medida que caminhamos dos reagentes para um intermediário e, logo após, aos produtos. Para a reação exotérmica

$$A + BC \rightleftarrows A-B-C \longrightarrow AB + C$$

a superfície de energia potencial e a coordenada de reação são mostradas nas Figuras 3.1 e 3.2. Aqui, E_A, E_C, E_{AB} e E_{BC} são as energias dos reagentes (A e BC) e dos produtos (AB e C) e E_{ABC} é a energia do complexo A-B-C no topo da barreira mostrada na Figura 3.2(a).

A Figura 3.1(a) mostra o gráfico 3D da superfície da energia potencial, que é análogo a escalar uma montanha, onde começamos em um vale e depois subimos para passar pelo topo da montanha, isto é, o *ponto sela*, e descer para o próximo vale. A Figura 3.1(b) mostra curvas de nível da escalada e dos vales e a coordenada de reação, à medida que passamos pela sela de vale a vale.

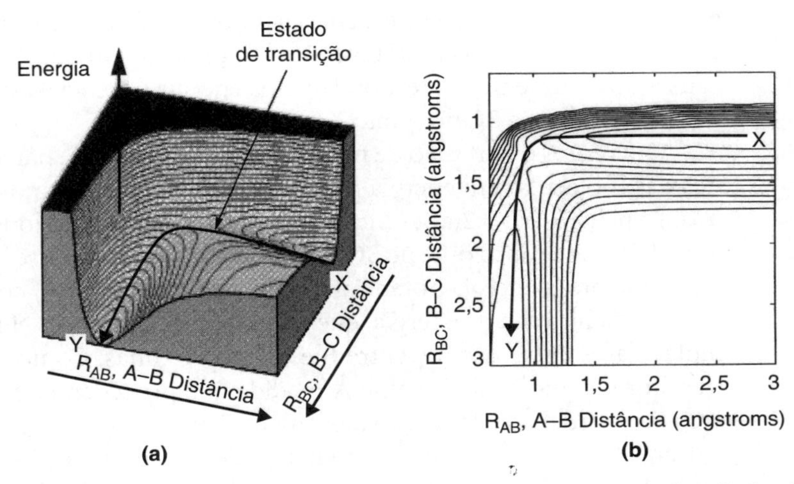

Figura 3.1 Uma superfície de energia potencial para H + $CH_3OH \rightarrow H_2 + CH_2OH$ a partir dos cálculos de Blowers e Masel. As linhas na figura são contornos de energia constante. As linhas são espaçadas por 5 kcal/mol. Richard I. Masel, *Chemical Kinetics and Catalysis*, p. 370, Fig. 7.6 (Wiley, 2001).

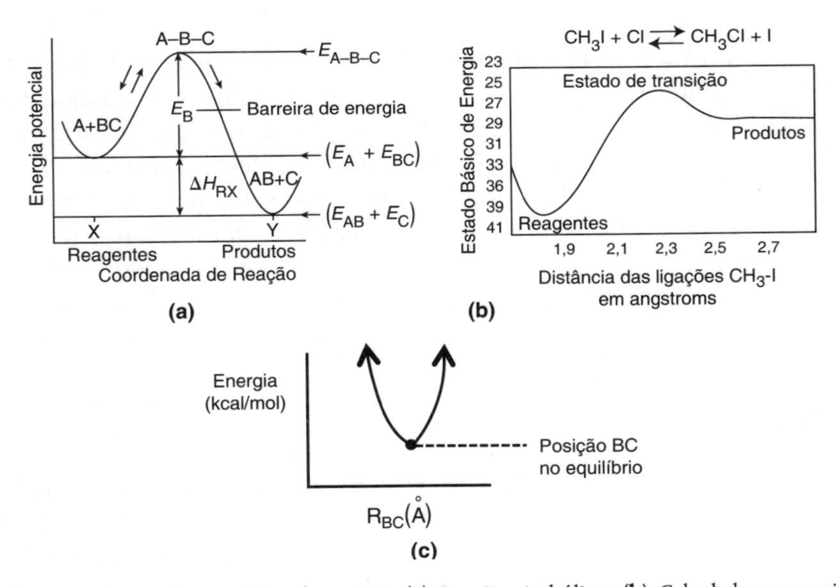

Figura 3.2 Evolução ao longo do caminho da reação. **(a)** Reação simbólica; **(b)** Calculado por meio do programa computacional no Módulo da internet do Capítulo 3, contido no CRE *website*; **(c)** Vista lateral no ponto X na Figura 3.1(b), mostrando o vale.

Variações de energia quando nos movemos dentro das superfícies de energia potencial

No ponto X na Figura 3.1(b), as espécies A e BC estão longe e não estão interagindo e R_{BC} é apenas o comprimento da ligação de equilíbrio entre B e C. Consequentemente, a energia potencial é apenas a energia de ligação BC. Aqui, a espécies A e BC estão em sua energia potencial mínima no vale e a subida abrupta as partir do vale para o ponto de sela saindo do ponto X corresponderia a aumentos na energia potencial quando A se aproximasse de BC.[7]

A Figura 3.2(c) demonstra que, quando a ligação BC for esticada a partir de seu ponto de equilíbrio no ponto X, a energia potencial aumenta em um lado do monte do vale (R_{BC} aumenta). A energia potencial é agora maior por causa das forças atrativas que tentam trazer a distância B–C de volta a sua posição de equilíbrio. Se a ligação BC for comprimida no ponto X a partir de sua posição de equilíbrio, as forças repulsivas causam o aumento da energia potencial de um lado do vale, isto é, R_{BC} diminui no ponto X. No final da reação, ponto Y, os produtos AB e C estão longe da base do vale e a energia potencial é apenas a energia da ligação de equilíbrio AB. Os lados do vale no ponto Y representam os casos em que AB é tanto comprimido ou esticado, causando o aumento correspondente na energia potencial no ponto Y, e podem ser descritos de maneira análoga a BC no ponto X.

Queremos o percurso de mínima energia através da barreira para converter a energia cinética das moléculas em energia potencial. Esse percurso é mostrado pela curva X → Y na Figura 3.1(a) e pela Figura 3.2(a). À medida que nos movemos ao longo do eixo da distância A–B na Figura 3.2(a), A se aproxima de BC, de modo que A começa a se ligar com BC e separa B e C. Consequentemente, a energia potencial do par de reação (A e BC) continua a aumentar até chegarmos ao topo da barreira de energia, que é o estado de transição. No estado de transição, as distâncias moleculares entre A e B e entre B e C são próximas. Como resultado, a energia potencial dos três átomos (moléculas) é alta. À medida que procedemos mais ao longo do comprimento de arco da coordenada de reação descrita na Figura 3.1(a), a ligação AB se fortalece, a ligação BC se enfraquece, C se afasta de AB e a energia do par reagente diminui até chegarmos à base do vale, onde AB está distante de C. A coordenada de reação na Figura 3.2(a) quantifica quão longe a reação tem progredido. O programa computacional comercial disponível para executar os cálculos para o estado de transição para a reação real,

$$CH_3I + Cl \rightarrow CH_3Cl + I$$

mostrada na Figura 3.2(b), é discutido no Módulo da Web, Modelagem Molecular na Engenharia das Reações Químicas no CRE *website* (*http://www.umich.edu/~elements/6e/web_mod/quantum/index.htm*). Além do *software* Spartan, que foi usado para calcular a Figura 3.2(b), os pacotes Gaussian 16, IQMol, Q-Chem e GAMES poderiam ter sido usados.

A seguir, discutiremos o percurso sobre a barreira mostrada ao longo da linha Y–X. Para a reação ocorrer, vemos que os reagentes devem transpor a barreira de energia, E_B, como mostrado na Figura 3.2(a). A barreira de energia, E_B, está relacionada com a energia de ativação, E. A altura da barreira de energia, E_B, pode ser calculada a partir das diferenças entre as energias de formação da molécula presente no estado de transição e a energia de formação dos reagentes; isto é,

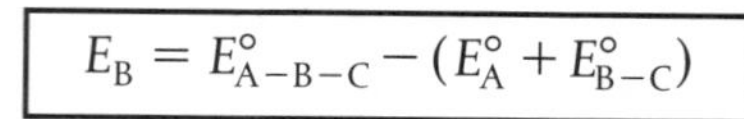

$$E_B = E^\circ_{A-B-C} - (E^\circ_A + E^\circ_{B-C})$$

A energia de formação dos reagentes pode ser encontrada na literatura, ou calculada a partir de mecânica quântica enquanto a energia de formação do estado de transição pode ser calculada a partir de mecânica quântica, usando inúmeros *softwares*, tais como Gaussian (*http://www.gaussian.com*) e Dacapo (*https://wiki.fysik.dtu.dk/dacapo*). A energia de ativação, E, é frequentemente aproximada pela altura da barreira, E_B, o que é uma boa aproximação na ausência do fenômeno de tunelamento quanto mecânico.

Agora, já que temos uma ideia geral da coordenada de reação, consideremos outro sistema de reação real

$$H\bullet + C_2H_6 \rightarrow H_2 + C_2H_5\bullet$$

[7] Vídeo LearnChemE CU da Coordenada de Reação (*https://www.youtube.com/watch?v=67P5BdtGVWA*).

O diagrama com a coordenada energia de reação para a reação entre o átomo de hidrogênio e a molécula de etano é mostrado na Figura 3.3, em que as distorções, as rupturas e as formações das ligações são identificadas. Essa figura mostra esquematicamente como a molécula de hidrogênio, H, move-se em direção à molécula CH_3–CH_3, distorcendo a ligação C–H e enfraquecendo a ligação C–H do radical metila para chegar ao estado de transição. À medida que se continua ao longo da coordenada de reação, o hidrogênio do radical metila se afasta da ligação C–H e se aproxima da ligação H–H para formar os produtos CH_3CH_2 e H_2.

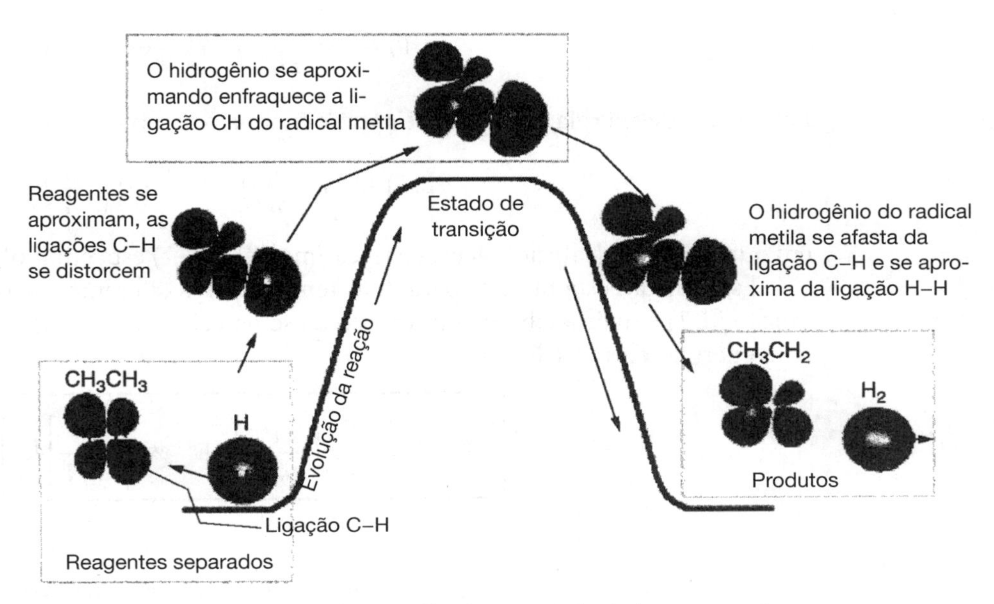

Figura 3.3 Um diagrama das distorções orbitais durante a reação.

$$H\bullet + CH_3CH_3 \rightarrow H_2 + CH_2CH_3\bullet$$

O diagrama mostra apenas as interações com a energia de ligação do etano (a ligação C–H). Outras orbitais moleculares do etano também se distorcem. Cortesia de Richard I. Masel, *Chemical Kinetics and Catalysis*, p. 594 (Wiley, 2001).

Conceito 3. Fração de Colisões Moleculares que Têm Energia Suficiente para Reagir. Agora que estabelecemos o conceito de uma altura de barreira, necessitamos conhecer que fração de colisões moleculares tem energia suficiente para transpor a barreira e reagir. Para discutir esse ponto, consideramos reações em fase gasosa, em que as moléculas reagentes não terão somente uma velocidade única, U, mas uma distribuição de velocidades, $f(U,T)$, à medida que elas se movem ao redor e colidem. Essas velocidades não são definidas em relação a um sistema fixo de coordenadas, mas sim em relação às outras moléculas reagentes. A distribuição de Maxwell-Boltzmann de velocidades relativas é dada pela função de probabilidade, $f(U,T)$

$$f(U,T) = 4\pi\left(\frac{m}{2\pi k_B T}\right)^{3/2} \exp\left[\frac{-mU^2}{2k_B T}\right] U^2$$

k_B = Constante de Boltzmann = $3{,}29 \times 10^{-24}$ cal/molécula/K
m = Massa reduzida, g
U = Velocidade relativa, m/s
T = Temperatura absoluta, K
e = Energia, kcal/molécula
E = Energia cinética kcal/mol

Geralmente interpretamos $f(U,T)$ com dU; ou seja, $f(U,T)\,dU$ = fração de moléculas reagentes com velocidades entre U e $(U + dU)$.

Em vez de usar velocidades para discutir a fração de moléculas com energia suficiente para transpor a barreira, convertemos essas velocidades em energias usando a equação para energia cinética para fazer essa conversão.

$$e = \frac{1}{2} m U^2$$

Usando essa relação que substituímos, a distribuição de probabilidades de colisão de Maxwell Boltzmann com energia *e* (cal/molécula) na temperatura *T* é

$$f(e,T) = 2\pi \left(\frac{1}{\pi k_B T} \right)^{3/2} e^{1/2} \exp\left[\frac{-e}{k_B T} \right] \tag{3.19}$$

Em termos de energia por mol, *E*, *em vez de* energia por molécula, *e*, temos

$$f(E,T) = 2\pi \left(\frac{1}{\pi R T} \right)^{3/2} E^{1/2} \exp\left[\frac{-E}{RT} \right] \tag{3.20}$$

em que *E* está em (cal/mol), *R* está em (cal/mol/K) e $f(E,T)$ está em mol/cal.

Essa função está plotada para duas temperaturas diferentes na Figura 3.4. A função distribuição $f(E,T)$ é mais facilmente interpretada se percebermos que $[f(E,T)\,dE]$ é a fração de colisão com energias entre E e E + dE.

$$\boxed{f(E,T)dE = 2\pi \left(\frac{1}{\pi k_B T} \right)^{3/2} E^{1/2} \exp\left[-\frac{E}{k_B T} \right] dE} \tag{3.21}$$

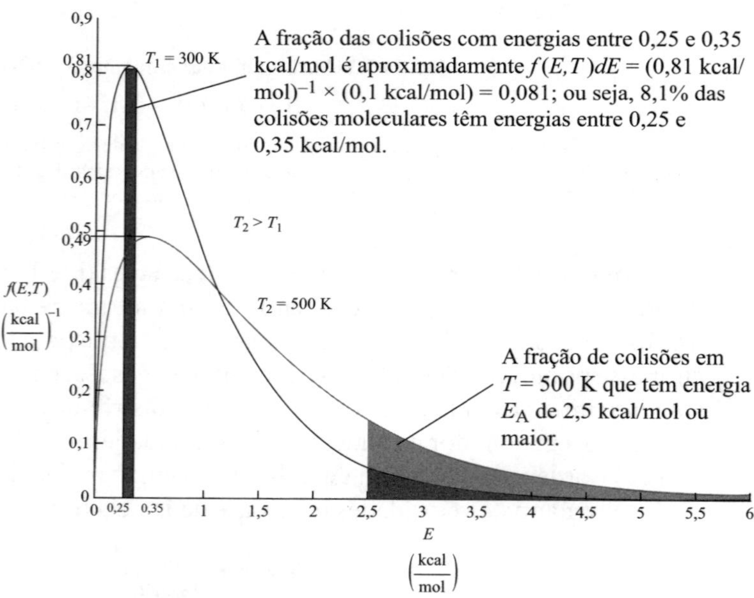

Figura 3.4 Distribuição de energia de moléculas reagentes.

Por exemplo, a fração de colisões com energias entre 0,25 kcal/mol e 0,35 kcal/mol seria

$$\left(\text{Fração com energias entre (0,25 e 0,35)} \frac{\text{kcal}}{\text{mol}} \right) = \int_{0,25}^{0,35} f(E,T)dE$$

Essa fração é mostrada pela área sombreada na Figura 3.4, sendo aproximada pelo valor médio de $f(E,T)$ igual a 0,81 mol/kcal, em E = 0,3 kcal/mol.

$$f(E,T)dE = f(0{,}3,\ 300K)\Delta E = \frac{0{,}81\ \text{mol}}{\text{kcal}}\left(0{,}35\frac{\text{kcal}}{\text{mol}} - 0{,}25\frac{\text{kcal}}{\text{mol}}\right) = 0{,}081$$

Assim, 8,1% das colisões moleculares têm energias entre 0,25 e 0,35 kcal/mol. Veja o Problema Proposto (PP) do Capítulo 3, *"Variação da Distribuição de Energia com Temperatura"*, no CRE *website* e use Wolfram para ver como a distribuição varia à medida que a temperatura varia. O Wolfram pode ser baixado gratuitamente (acesse *http://www.wolfram.com/cdf-player/*).

Podemos também determinar a fração de colisões que têm energias maiores que certo valor, E_A

$$\left(\begin{array}{c}\text{Fração de}\\ \text{Moléculas}\\ \text{com}\end{array}\quad E > E_A\right) = F(E > E_A, T) = \int_{E_A}^{\infty} f(E,T)dE \tag{3.22}$$

Essa fração é mostrada na Figura 3.4 pela área sombreada para $E_A = 2{,}5$ kcal/mol para $T = 300$ K (sombreado mais forte) e para $T = 500$ K (sombreado mais leve). Pode-se facilmente ver que para $T = 500$ K, existe maior fração de colisões que transpõem a barreira, com $E_A = 2{,}5$ kcal/mol, e que reage, o que é consistente com nossa observação de que as taxas de reação aumentam com a elevação de temperatura.

Para $E_A > 3RT$, podemos obter uma aproximação analítica para a fração de moléculas de colisão com energias maiores que E_A, combinando as Equações (3.21) e (3.22) e integrando para obter

$$\left(\begin{array}{c}\text{Fração de colisões}\\ \text{com energias maiores}\\ \text{do que } E_A\end{array}\right) = F(E > E_A,\ T) \cong \frac{2}{\sqrt{\pi}}\left(\frac{E_A}{RT}\right)^{1/2}\exp\left(-\frac{E_A}{RT}\right) \tag{3.23}$$

A Figura 3.5 mostra a fração de colisões que têm energias maiores do que E_A como função de E_A em duas temperaturas diferentes, 300 K e 600 K. Observa-se que, para uma energia de ativação E_A de 20 kcal/mol e uma temperatura de 300 K, a fração de colisões com energias maiores do que 20 kcal/mol é $1{,}76 \times 10^{-14}$, enquanto a 600 K a fração aumenta para $2{,}39 \times 10^{-7}$, que é diferente por 7 ordens de grandeza.

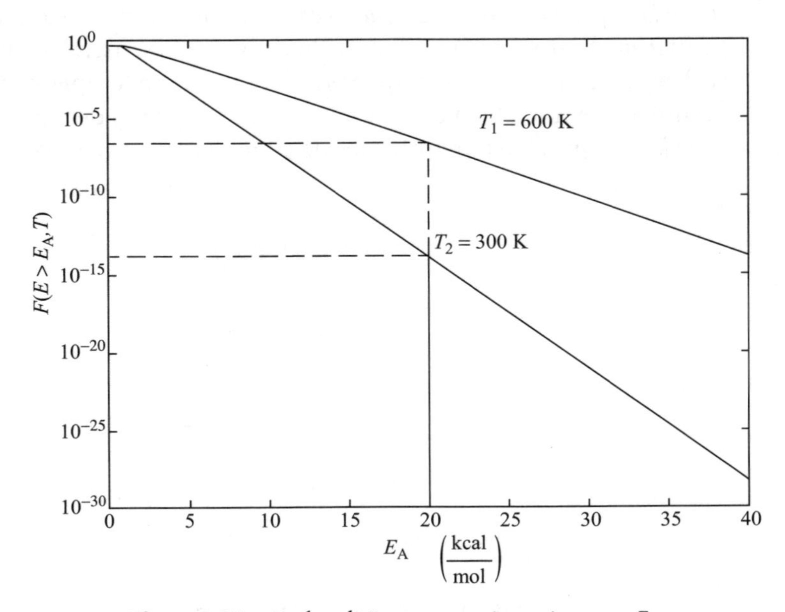

Figura 3.5 Fração de colisão com energias maiores que E_A.

Em resumo, para explicar e dar uma visão da dependência da taxa de reação sobre a concentração e a temperatura, introduzimos três conceitos:

Conceito 1 A taxa aumenta com o aumento da concentração do reagente.

Conceito 2 A taxa está relacionada com a altura da barreira do potencial e com a conversão da energia translacional em energia potencial.

Conceito 3 A taxa aumenta com o aumento da fração de colisões que têm energia suficiente para transpor a barreira e formar produtos.

Levar essa discussão para o próximo nível está além do escopo deste livro, uma vez que ela envolve obter média sobre uma coleção de pares de moléculas para encontrar uma taxa média com a qual elas atravessem o estado de transição para se tornarem produtos.

Recapitulando a última seção, a energia das moléculas individuais cai dentro de uma distribuição de energias; ou seja, algumas moléculas têm mais energia que outras. Tal distribuição é a distribuição de Boltzmann, mostrada na Figura 3.4, em que $f(E,T)$ é a função distribuição de energia para as energias cinéticas das moléculas que reagem. Ela é interpretada mais facilmente reconhecendo o produto $[f(E,T)dE]$ como a fração de colisões moleculares que têm uma energia entre E e $(E + dE)$. Por exemplo, na Figura 3.4, a fração de colisões que tem energias entre 0,25 kcal/mol e 0,35 kcal/mol é 0,081, conforme mostrado pela área sombreada à esquerda. A energia de ativação tem de ser igualada a uma energia mínima que as moléculas reagentes têm de ter antes de a reação ocorrer. A fração das colisões moleculares que tem uma energia E_A ou maior é mostrada pelas áreas sombreadas à direita na Figura 3.4. A Figura 3.5 mostra a fração de colisões com energias maiores do que E_A em função de E_A em duas temperaturas diferentes.[8]

3.3.3 Gráfico de Arrhenius

Estante com Referências

O postulado da equação de Arrhenius,[9] Equação (3.18), permanece como fundamental na cinética química e continua sendo de grande utilidade nos dias de hoje, quase um século depois. A energia de ativação, E, é determinada experimentalmente conduzindo a reação a diferentes temperaturas. Após aplicar o logaritmo natural à Equação (3.18), obtemos

$$\ln k_A = \ln A - \frac{E}{R}\left(\frac{1}{T}\right) \tag{3.24}$$

Cálculo da energia de ativação

Vimos que a energia de ativação pode ser encontrada a partir de um gráfico de $\ln k_A$ como função de $(1/T)$, que é chamado de *gráfico de Arrhenius*. Como pode ser visto na Figura 3.6, quanto maior a energia de ativação, maior a inclinação e mais sensível à temperatura a reação é. Ou seja, para E elevada, um aumento de apenas alguns graus na temperatura pode aumentar intensamente k e assim aumentar a taxa de reação. As unidades de k_A dependerão da ordem de reação e o fato de que k na Figura 3.6 tem unidades de s^{-1} indica que a reação aqui é de primeira ordem.

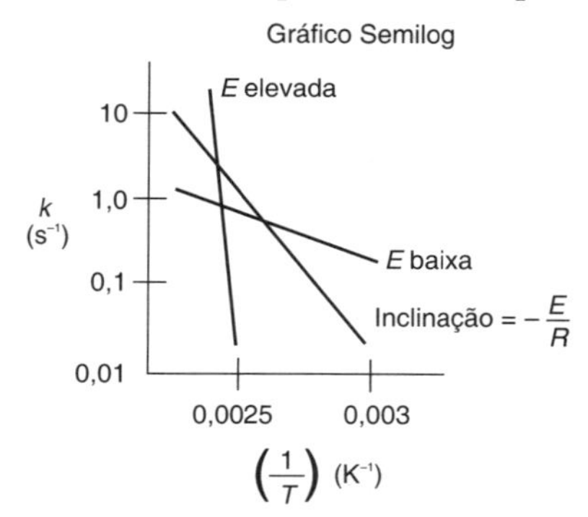

Figura 3.6 Cálculo da energia de ativação a partir de um gráfico de Arrhenius.

[8] Três vídeos da University of Colorado LearnChem: Um sobre coordenadas de reação (*https://www.youtube.com/watch?v=Yh9XdLJcTi4*) e um vídeo de ativação de Mr. Anderson (*https://www.youtube.com/watch?v=YacsIU97OFc*).

[9] Biografia de Arrhenius: *http://www.umich.edu/~elements/6e/03chap/summary-bioarr.html.*

Exemplo 3.1 Determinação da Energia de Ativação

Calcule a energia de ativação da decomposição do cloreto de benzeno diazônio, que dá origem a clorobenzeno e nitrogênio

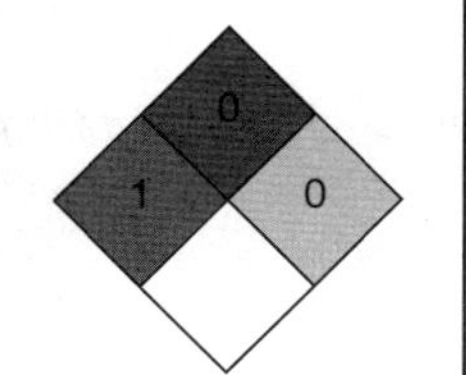

Cloreto de Benzeno Diazônio

$$C_6H_5N{=}NCl \longrightarrow C_6H_5Cl + N_2$$

usando as informações da Tabela E3.1.1 para essa reação de primeira ordem.

Tabela E3.1.1 Dados

k (s^{-1})	0,00043	0,00103	0,00180	0,00355	0,00717
T (K)	313,0	319,0	323,0	328,0	333,0

Solução

Começamos utilizando a Equação (3.24)

$$\ln k_A = \ln A - \frac{E}{R}\left(\frac{1}{T}\right) \tag{3.24}$$

Podemos usar os dados da Tabela E3.1.1 para determinar a energia de ativação, E, e o fator de frequência, A, de duas maneiras distintas. Uma maneira é fazer o gráfico, em escala semilog, de k *versus* $(1/T)$ e determinar E pela inclinação $(-E/R)$ de um gráfico de Arrhenius. Outra maneira é usar Excel ou Polymath para a regressão dos dados. Os dados da Tabela E3.1.1 foram fornecidos em forma de planilha do Excel, mostrada na Figura E3.1.1, sendo então utilizados para construir a Figura E3.1.2.

figureE3-1

	A	B	C
1	k (s^{-1})	ln (k)	1/T (K^{-1})
2	0.00043	-7.75	0.00320
3	0.00103	-6.88	0.00314
4	0.00180	-6.32	0.00310
5	0.00355	-5.64	0.00305
6	0.00717	-4.94	0.00300

Figura E3.1.1 Planilha do Excel.

Tutoriais

Tutoriais para construir as planilhas eletrônicas, tanto em Excel quanto em Polymath, são apresentados etapa por etapa das Notas de Resumo do Capítulo 3 contidas nos sites http://websites.umich.edu/~elements/6e/software/polymath-tutorial-linearpolyregression.html e *http://umich.edu/~elements/6e/live/chapter03/Excel_tutorial.pdf.*

$$k = k_1 \exp\left[\frac{E}{R}\left(\frac{1}{T_1} - \frac{1}{T}\right)\right]$$

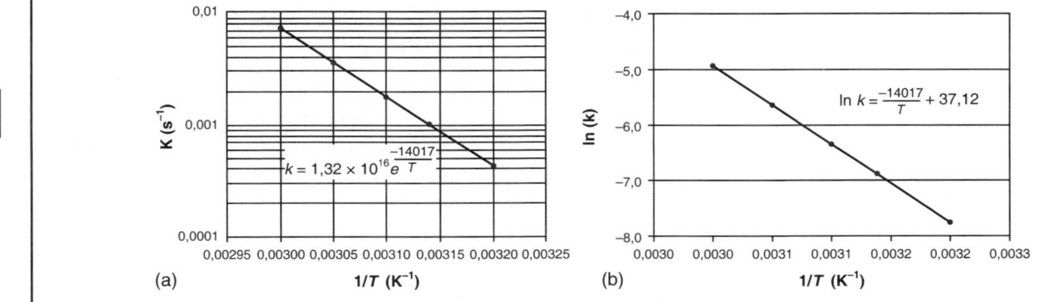

Figura E3.1.2 (a) Gráfico do Excel em escala semilogarítmica; (b) Gráfico do Excel em escala retangular. (*http://www.umich.edu/~elements/6e/software/polymath-tutorial-linearpolyregression.html*)

A equação que melhor ajusta os dados tabelados

$$\ln k = \frac{-14.017}{T} + 37,12 \tag{E3.1.1}$$

é também mostrada na Figura E3.1.2(b). A partir da inclinação da reta da Figura E3.1.2(b) e da Equação (3.20), obtemos

$$-\frac{E}{R} = -14.017K$$

$$E = (14.017\ K)R = (14.017\ K)\left(8,314\ \frac{\text{J}}{\text{mol}\cdot\text{K}}\right)$$

$$\boxed{E = 116,5\ \frac{\text{kJ}}{\text{mol}}}$$

A partir da Figura E3.1.2(b) e da Equação (E3.1.1), vemos que

$$\ln A = 37,12$$

Tirando o antilogaritmo, obtemos o fator de frequência

$$A = 1,32 \times 10^{16}\ s^{-1}$$

$$k = 1,32 \times 10^{16} \exp\left[-\frac{14.017\ K}{T}\right] s^{-1} \tag{E3.1.2}$$

Análise: A energia de ativação, E, e o fator de frequência, A, podem ser calculados se conhecermos a velocidade específica de reação, k, em duas temperaturas, T_1 e T_2. Podemos usar a equação de Arrhenius (3.18) duas vezes, uma em T_1 e outra em T_2, para resolver duas equações para as duas incógnitas, A e E, ***ou*** podemos pegar a inclinação de um gráfico de ($\ln k$) em função de ($1/T$); a inclinação será igual a ($-E/R$).

A taxa nem sempre dobra para um aumento de 10°C na temperatura.

Estante com Referências

Existe uma regra prática que estabelece que a taxa de reação dobra para cada aumento de 10°C da temperatura. No entanto, isso é verdadeiro apenas para uma combinação particular entre a energia de ativação e a temperatura. Por exemplo, se a energia de ativação for de 53,6 kJ/mol, a taxa de reação será dobrada, apenas se a temperatura for aumentada de 300 K para 310 K. Se a energia de ativação for de 147 kJ/mol, a regra só será válida se a temperatura for aumentada de 500 K para 510 K. (Veja o Problema P3.10$_B$ para a dedução dessa relação.)

Quanto maior for a energia de ativação, maior será a sensibilidade da taxa de reação a variações da temperatura. Apesar de não existirem valores típicos do fator de frequência e da energia de ativação para uma reação de primeira ordem em fase gasosa, caso fôssemos compelidos a fazer uma boa estimativa, os valores possíveis de A e E seriam 10^{13} s^{-1} e 100 kJ/mol. Todavia, para muitas famílias de reação (por exemplo, halogenação), algumas correlações podem ser usadas para estimar a energia de ativação. Uma dessas correlações é a equação de *Polanyi-Semenov*, que relaciona a energia de ativação com o calor de reação (veja *Teoria das Colisões* em *Estante com Referências Profissionais E3.1* [*http://www.umich.edu/~elements/6e/03chap/prof-collision.html#VI*]). Outra correlação relaciona a energia de ativação com as diferenças nas forças de ligação química entre os produtos e os reagentes.[10] Embora até a presente data a energia de ativação não possa ser predita *a priori*, significativos esforços de pesquisa vêm sendo realizados visando calcular as energias de ativação a partir de princípios fundamentais.[11]

Um comentário final sobre a equação de Arrhenius, Equação (3.18), é apresentado a seguir. Essa equação pode ser expressa em uma forma mais útil, considerando o valor da velocidade específica de reação em uma temperatura T_0; isto é,

[10] M. Boudart, *Kinetics of Chemical Processes* (Upper Saddle River, N.J.: Prentice Hall, 1968), p. 168. J. W. Moore e R. G. Pearson, *Kinetics and Mechanisms*, 3. Edição, New York: Wiley, p. 199. S. W. Benson, *Thermochemical Kinetics*, 2nd ed., New York: Wiley).

[11] R. Masel, *Chemical Kinetics and Catalysis*, New York: Wiley, 2001, p. 594.

$$k(T_0) = Ae^{-E/RT_0}$$

e em uma temperatura T

$$k(T) = Ae^{-E/RT}$$

e calculando a razão para obter

Uma forma mais adequada de $k(T)$

$$\boxed{k(T) = k(T_0)e^{\frac{E}{R}\left(\frac{1}{T_0} - \frac{1}{T}\right)}} \tag{3.25}$$

Essa equação estabelece que, se conhecermos a velocidade específica de reação $k(T_0)$, a correspondente temperatura, T_0, e a energia de ativação, E, podemos calcular a velocidade específica $k(T)$ a qualquer outra temperatura, T, para a reação em questão.

3.4 Simulações Moleculares

3.4.1 Perspectiva Histórica

Nos últimos 10 anos aproximadamente, simulações moleculares têm sido usadas cada vez mais para ajudar a entender reações químicas juntamente com seus caminhos e mecanismos. Consequentemente, para introduzi-lo nessa área, usaremos o MATLAB para simular uma reação simples e ver algumas trajetórias de simulação molecular. Algumas das simulações mais antigas foram executadas pelo Professor Martin Karplus há mais de 50 anos e são descritas em seu artigo inovador em *J. Chem. Phys.*, 43, 2359 (1965) para a reação

$$A + BC \rightarrow AB + C$$

As forças e energias potenciais que ele usou para descrever a interação à medida que duas moléculas se aproximam uma da outra são descritas na Estante com Referências Profissional E3.3, Molecular Dynamics (PRS E3.3) (*http://www.umich.edu/~elements/6e/03chap/prof-moldyn.html*).

No procedimento de Karplus, as trajetórias e as colisões moleculares das espécies A e BC são calculas e analisadas para determinar se elas têm ou não energias translacional, vibracional e cinética suficientes, juntamente com orientação molecular para reagir ou não. Uma trajetória não reativa e uma trajetória reativa são mostradas nas Figuras 3.7(a) e 3.7(b), respectivamente.

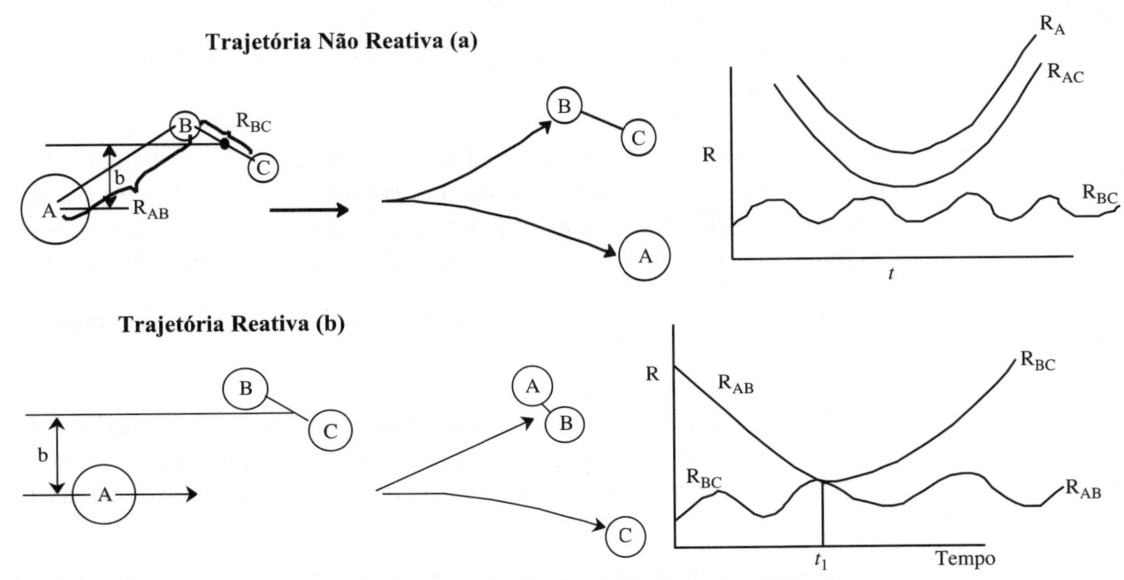

Figura 3.7 Trajetórias moleculares: (a) Não reativa; (b) Reativa.

Podem-se notar as vibrações das moléculas AB e BC a partir do gráfico de R_{AB} e R_{BC} com o tempo. Na simulação de Monte Carlo, os parâmetros de entrada escolhidos aleatoriamente são (1) a distância inicial entre A e BC, (2) a orientação de BC em relação a A e (3) o momento angular de BC. A seguir, as trajetórias de reação são calculadas para aprender se a trajetória é reativa ou não e o resultado é registrado. Esse processo é repetido um número de vezes para diferentes parâmetros aleatórios de entrada e o número de trajetórias reativas e não reativas para esses parâmetros de entrada são novamente contadas e registradas. A estatística do número de trajetórias reativas *versus* trajetórias não reativas é então usada para desenvolver uma probabilidade de reação. A velocidade específica de reação e a energia de ativação são determinadas a partir da probabilidade de reação (ERP R3.3).

O Professor Karplus recebeu o Prêmio Nobel de 2013 por seu trabalho pioneiro em simulações moleculares.

3.4.2 Modelagem Estocástica de Reações[12]

Em vez de rastrear trajetórias singulares como Karplus fez, consideramos um arranjo de moléculas e as colisões entre os reagentes e os produtos e usamos modelagem estocástica para determinar as trajetórias de concentrações das moléculas reagentes. De modo a ilustrar a modelagem estocástica de reações químicas, usaremos a reação reversível

$$A + B \underset{k_r}{\overset{k_f}{\rightleftarrows}} C + D$$

que escreveremos como reações separadas

Reação (1) $$A + B \xrightarrow{k_f} C + D \tag{1}$$

Reação (2) $$C + D \xrightarrow{k_r} A + B \tag{2}$$

que são consideradas elementares e têm equações de taxa determinísticas dadas por $-r_A = k_d C_A C_B$ e $-r_C = k_r C_C C_D$.

Para modelar essas reações estocasticamente, definimos a probabilidade de uma "reação *i*" ocorrer por unidade de tempo, ou seja, r_i. Essa probabilidade está relacionada ao número de maneiras que a reação pode ocorrer por unidade de tempo, que é análoga à equação de taxa determinística. A *função de probabilidade* da Reação (1) ocorrer por unidade de tempo, r_d, é

$$r_f = k_f x_A x_B \tag{3.26}$$

e a *função de probabilidade* da Reação (2) ocorrer por unidade de tempo é

$$r_r = k_r x_C x_D \tag{3.27}$$

em que os termos x_i são o número das moléculas da espécie *i*. Aqui, r_d e r_r são as *funções de probabilidade* das reações direta e reversa que ocorrem por unidade de tempo e as constantes de taxa k_d e k_r são as probabilidades de as colisões entre as moléculas A e B originarem a Reação (1) ou entre as moléculas C e D originarem a Reação (2), respectivamente. As constantes de taxa k_d e k_r têm unidades de $\left[\frac{1}{(\text{n}^{\underline{o}}\text{ de moléculas})^2\text{s}}\right]$. A função de probabilidade da reação total, r_t, é

$$r_t = r_d + r_r \tag{3.28}$$

Na realização das simulações estocásticas, escolhemos aleatoriamente qual reação, ou seja, (1) ou (2), ocorrerá na etapa de tempo t_i baseada nas probabilidades reativas de cada uma das duas reações. A probabilidade de a Reação (1) ocorrer está relacionada à razão

[12] Uma visão geral de modelagem estocástica pode ser encontrada em uma apresentação de *powerpoint* no *site* (*http://www.doc.ic.ac.uk/~jb/conferences/pasta2006/slides/stochastic-simulation-introduction.pdf*).

$$f_1 = \frac{r_f}{r_d + r_r} = \frac{k_d x_A x_B}{k_d x_A x_B + k_r x_C x_D} \tag{3.29}$$

e a probabilidade de a Reação (2) ocorrer está relacionada à razão

$$f_2 = \frac{r_r}{r_d + r_r} = \frac{k_r x_C x_D}{k_d x_A x_B + k_r x_C x_D} \tag{3.30}$$

A seguir, geramos um número aleatório, p_1, no intervalo (0,1). Se o número aleatório p_1 for menor do que f_1, ou seja, $(0 \leq p_1 \leq f_1)$, então Reação (1) ocorre e o número de moléculas A e B diminui de um em cada caso e o número de moléculas de C e D aumenta de um em cada caso e esses números são então registrados no tempo t_i. Se p_1 não estiver no intervalo $(0 \leq p_1 \leq f_1)$, então a Reação (2) ocorre e o número de moléculas A e B aumenta de um e o número de moléculas de C e D diminui de um. Consequentemente, os valores de probabilidade de f_1 e f_2 mudarão para a próxima etapa de tempo e para a próxima geração de número aleatória. Vamos considerar as seis primeiras etapas de tempo, em que os resultados da probabilidade mostram que a Reação (1) ocorre nas três primeiras etapas de tempo, enquanto a Reação (2) ocorre na quarta e quinta etapas de tempo e a Reação (1) ocorre novamente na sexta etapa de tempo. O número de moléculas C ou D depois das primeiras seis etapas é $1 \rightarrow 2 \rightarrow 3 \rightarrow 2 \rightarrow 1 \rightarrow 2$, como mostrado na Figura 3.8(a) em função do número de etapas, ou seja, *i*.

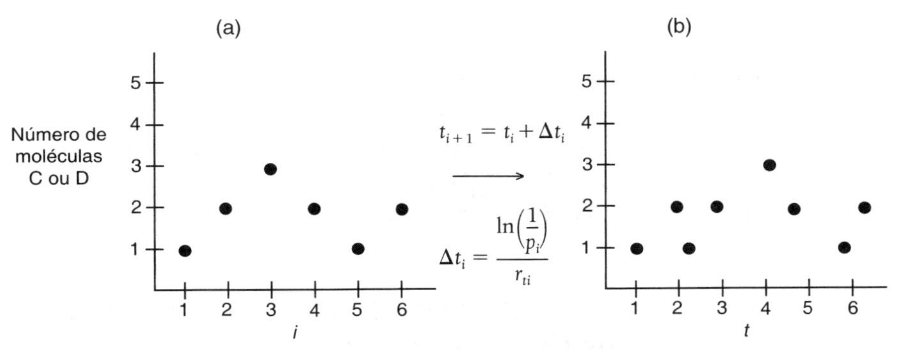

Figura 3.8 **(a)** Número de moléculas em função de número da corrida da simulação *i*. **(b)** Número de moléculas em função do tempo, em que r_{ti} é a taxa total no tempo t_i.

Agora, converteremos o número da etapa para um tempo *t*. O tempo entre uma colisão molecular de A e B é também aleatório. Para determinar esse tempo, usamos o número aleatório gerado para o número da corrida de simulação *i*, p_i $(0 < p_i < 1)$. O incremento de tempo correspondente é

$$\Delta t_i = \frac{\ln\left(\frac{1}{p_i}\right)}{r_{ti}} \tag{3.31}$$

A Equação (3.28) é avaliada na etapa *i*, Δt_i tem as unidades de segundos. Atualizamos o tempo *t* pela equação

$$t_{i+1} = t_i + \Delta t_i \tag{3.32}$$

A Figura 3.8(b) mostra o número de moléculas C ou D em função do tempo depois de o eixo da Figura 3.8(a) ser convertido para tempo, usando as Equações (3.31) e (3.32).

Se continuássemos as etapas de tempo nesse modo, o número *global* de moléculas C e D continuaria a aumentar de maneira estocástica como mostrado na Figura 3.9(b). Analogamente, o número de moléculas A e B continuaria a diminuir, também mostrado nessa figura.

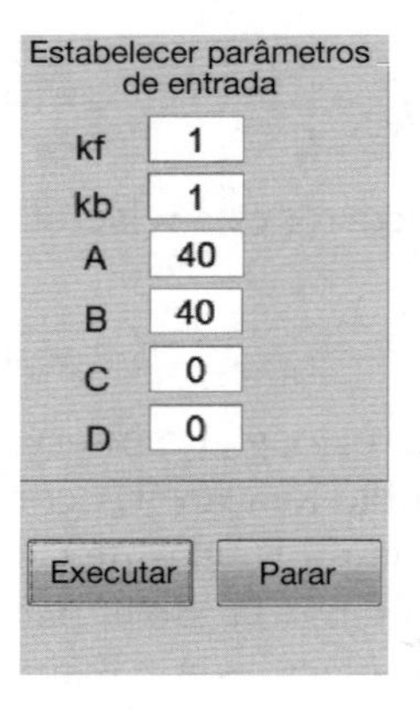

Figura 3.9(a) Interface gráfica do usuário no PP.

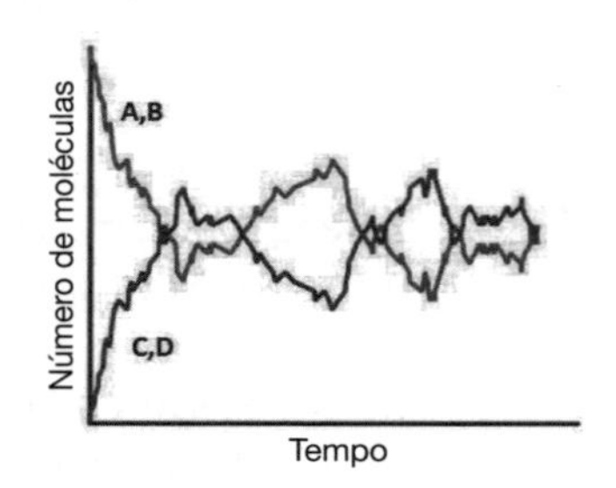

Figura 3.9(b) Trajetórias moleculares.

A modelagem estocástica nos permite ver em nível molecular como a reação progride. A lição que deve ficar é que, enquanto o modelo determinístico mostra um caminho suave de reação das espécies C e D sendo formadas, na escala molecular vemos C e D sendo formados, reagindo então de volta a A e B e então sendo formados novamente.

A Figura 3.9(b) mostra como o número de moléculas das espécies A e C flutua à medida que a reação progride.

Execute agora a simulação acessando o CRE *website*, carregue o PP do Capítulo 3 sobre simulações moleculares e use a Interface Gráfica do Usuário mostrada na Figura 3.9(a). Varie inicialmente o número de moléculas, juntamente com as constantes de taxa k_d e k_r (conforme PP P3.1$_A$ (b)) e observe as trajetórias similares àquela mostrada na Figura 3.9(b). Um tutorial sobre como executar a simulação é apresentado no *site*, juntamente como a simulação de uma reação em série ($A + B \rightleftarrows C + D \rightleftarrows E + F$).

3.5 Situação Atual de Nossa Abordagem para Dimensionamento e Projeto de Reator

Onde nos situamos?

No Capítulo 2, combinamos os balanços molares de diferentes reatores com a definição de conversão para chegar à equação de projeto para cada um dos quatro tipos de reatores, conforme mostrado na Tabela 3.2. Em seguida, mostramos que *se* a taxa de desaparecimento de A em função da conversão, X, for conhecida:

$$-r_A = g(X)$$

então é possível dimensionar CSTRs, PFRs e PBRs operados nas mesmas condições sob as quais $-r_A = g(X)$ foi obtida.

Geralmente, a informação sobre a forma de $-r_A = g(X)$ não está disponível. Entretanto, vimos na Seção 3.2 que a taxa de desaparecimento de A, $-r_A$, é normalmente expressa em termos das concentrações das espécies reagentes. Essa dependência funcional,

> $-r_A = f(C_j)$
> $+$
> $C_j = h_j(X)$
> $\downarrow$
> $-r_A = g(X)$
> e, a seguir, podemos projetar os reatores isotérmicos

$$-r_A = [k_A(T)][\text{fn}(C_A, C_B, \ldots)] \tag{3.2}$$

é chamada de *equação da taxa de reação*. No Capítulo 4, mostramos como as concentrações das espécies reagentes podem ser expressas em termos da conversão X,

$$C_j = h_j(X) \tag{3.26}$$

Com essas relações adicionais, podemos observar que, se a equação da taxa for conhecida e se as concentrações puderem ser expressas em função da conversão, *então de fato temos $-r_A$ em função de X e isto é tudo de que precisamos para avaliar as equações isotérmicas de projeto.* Para essa

Tabela 3.2 Equações de Projeto

As equações de projeto

	Forma Diferencial		*Forma Algébrica*		*Forma Integral*	
Batelada	$N_{A0}\dfrac{dX}{dt} = -r_A V$	(2.6)			$t = N_{A0}\int_0^X \dfrac{dX}{-r_A V}$	(2.9)
Mistura Perfeita (CSTR)			$V = \dfrac{F_{A0}X}{-r_A}$	(2.13)		
CSTR Fluidizado			$W = \dfrac{F_{A0}X}{-r'_A}$			
Tubular (PFR)	$F_{A0}\dfrac{dX}{dV} = -r_A$	(2.15)			$V = F_{A0}\int_0^X \dfrac{dX}{-r_A}$	(2.16)
Leito fluidizado (PBR)	$F_{A0}\dfrac{dX}{dW} = -r'_A$	(2.17)			$W = F_{A0}\int_0^X \dfrac{dX}{-r'_A}$	(2.18)

finalidade, podemos usar tanto as técnicas numéricas descritas no Capítulo 2 quanto, como veremos no Capítulo 5, as tabelas de integrais e/ou códigos computacionais (por exemplo, Polymath).

3.6 *E Agora*... Uma Palavra do Nosso Patrocinador – Segurança 3 (UPDNP–S3 O Diamante SHG)

O diamante da Associação Americana de Proteção ao Fogo (*National Fire Protection Association – NFPA*) discutido em UPDNP–S2 é mais comumente usado nos Estados Unidos, mas raramente na Europa e em outros países em que o diamante do Sistema Harmonizado Globalmente (SHG) é mais comum. Embora não seja legalmente requerido o uso dos sistemas de rotulagem SHG ou ANPF, solicita-se que os recipientes químicos tenham alguma forma de identificação do seu perigo que cumpra os padrões HazCom 2012, desenvolvidos *Occupation Safety and Health Administration* (OSHA) (*http://www.osha.gov/law-regs.html*). Uma vez que países na Europa e outros países usam o sistema de rotulagem SHG, esta UPDNP–S esboça o sistema SHG que torna mais seguras e mais fáceis a importação e a exportação de compostos químicos. O sistema SHG usa três categorias de perigos em vez de quatro, como usado pela ANPF. As três categorias diferentes são inflamáveis, perigos à saúde e perigos ambientais e usa nove pictogramas diferentes, como mostrado na Figura 3.10. Esses pictogramas são colocados nos recipientes para identificar o perigo dos compostos químicos sendo estocados no recipiente. O *site Segurança de Processos no Curriculum de Engenharia Química* (*http://umich.edu/~safeche/nfpa.html*) fornece uma excelente discussão, juntamente com muitos exemplos para cada um dos nove diamantes. Devemos notar, entretanto, que há variações dos pictogramas e as regras de quando usar qual variação dos rótulos podem ser encontradas nas páginas 38-42 do documento em pdf no *site https://www.osha.gov/dsg/hazcom/ghsguideoct05.pdf.*

Muitas companhias nos Estados Unidos estão mudando o sistema de rotulagem ANPF para o sistema SHG (Figura 3.11).

Pictogramas e Perigos do SHG

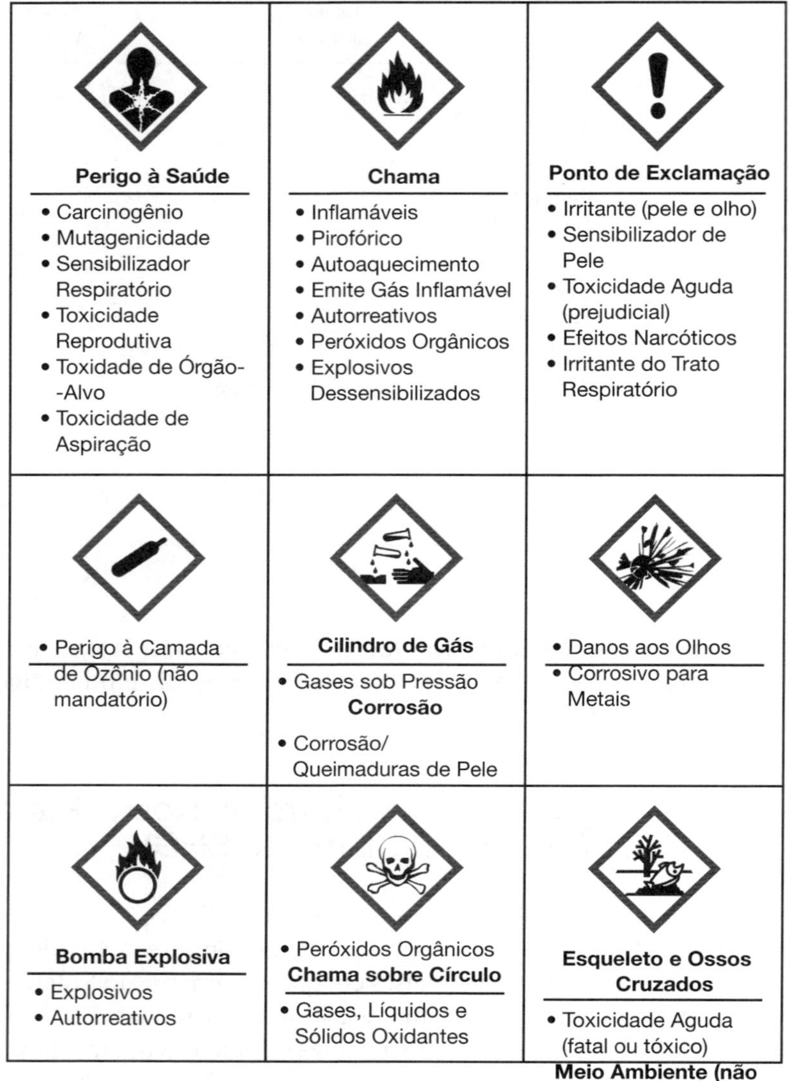

Figura 3.10 Pictogramas da Rotulagem SHG.[13]

Figura 3.11 O SHG em ação. (Foto de fotosommer, Panther Media GmbH/Alamy Stock Photo) (*https://www.bradyid.com/applications/ghs-labeling-requirements*)[13]

[13] Cortesia da American Chemical Society, oitava Edição, de *Segurança em Laboratórios Acadêmicos de Química: Melhores Práticas para Estudantes Universitários de Primeiro e Segundo Anos*, ACS, 1155 Sixteenth Street NW, Washington, DC 20036.

Encerramento. Tendo completado este capítulo, você deve estar apto a escrever a equação da taxa de reação em termos de concentração e dependência com a temperatura descrita pela equação de Arrhenius. Completamos, neste momento, os dois primeiros blocos fundamentais em nosso algoritmo para estudar reações químicas e reatores isotérmicos.

Equação da Taxa

Balanço Molar

No Capítulo 4, focaremos no terceiro bloco fundamental, **estequiometria**, uma vez que usamos a tabela estequiométrica para escrever as concentrações em termos de conversão para finalmente chegar a uma relação entre a taxa de reação e a conversão.

O Algoritmo ERQ
- Balanço Molar, Cap. 1
- Equação da taxa, Cap. 3
- Estequiometria, Cap. 4
- Combinação, Cap. 5
- Avaliação, Cap. 5
- Balanço de Energia, Cap. 11

RESUMO

1. Taxas relativas de reação correspondentes à reação genérica:

$$A + \frac{b}{a}B \rightarrow \frac{c}{a}C + \frac{d}{a}D \tag{R3.1}$$

As taxas relativas de reação podem ser escritas como

$$\boxed{\frac{-r_A}{a} = \frac{-r_B}{b} = \frac{r_C}{c} = \frac{r_D}{d}} \quad \text{ou} \quad \boxed{\frac{r_A}{-a} = \frac{r_B}{-b} = \frac{r_C}{c} = \frac{r_D}{d}} \tag{R3.2}$$

2. A *ordem de reação* é determinada a partir de observação experimental:

$$A + B \longrightarrow C \tag{R3.3}$$

$$-r_A = kC_A^{\alpha}C_B^{\beta}$$

A reação na Equação (R3.3) é de ordem α em relação à espécie A e de ordem β em relação à espécie B, enquanto a ordem global, n, é $(\alpha + \beta)$. A ordem da reação é determinada a partir de observação experimental. Se $\alpha = 1$ e $\beta = 2$, podemos dizer que a reação é de primeira ordem em relação a A, de segunda ordem em relação a B e de ordem global igual a 3. Dizemos que a reação segue uma equação da taxa elementar se as ordens da reação coincidem com os seus correspondentes coeficientes estequiométricos para a reação conforme escrita.

Exemplos de reações que seguem uma equação da taxa elementar:

Reações irreversíveis

Primeira ordem

$$C_2H_6 \longrightarrow C_2H_4 + H_2 \qquad \boxed{-r_{C_2H_6} = kC_{C_2H_6}}$$

Segunda ordem

$$CNBr + CH_3NH_2 \longrightarrow CH_3Br + NCNH_2 \qquad \boxed{-r_{CNBr} = kC_{CNBr}C_{CH_3NH_2}}$$

Reações reversíveis

Segunda ordem

$$2C_6H_6 \rightleftarrows C_{12}H_{10} + H_2 \qquad \boxed{-r_{C_2H_6} = k_{C_2H_6}\left(C_{C_6H_6}^2 - \frac{C_{C_{12}H_{10}}C_{H_2}}{K_C}\right)}$$

Exemplos de reações que seguem as equações da taxa não elementares:

Homogêneas

$$CH_3CHO \longrightarrow CH_4 + CH_2 \qquad \boxed{-r_{CH_3CHO} = kC_{CH_3CHO}^{3/2}}$$

Reações heterogêneas

$$C_2H_4 + H_2 \xrightarrow[\text{cat}]{} C_2H_6 \qquad \boxed{-r_{C_2H_4} = k\frac{P_{C_2H_4}P_{H_2}}{1 + K_{C_2H_4}P_{C_2H_4}}}$$

3. A dependência com a temperatura de determinada taxa de reação é dada pela *equação de Arrhenius*,

$$k = Ae^{-E/RT} \tag{R3.4}$$

sendo A o fator de frequência e E a energia de ativação.

Se conhecermos a velocidade específica de reação, k, a uma dada temperatura, T_0, e a energia de ativação, podemos determinar o valor de k a qualquer outra temperatura, T,

$$k(T) = k(T_0)\exp\left[\frac{E}{R}\left(\frac{1}{T_0} - \frac{1}{T}\right)\right] \tag{R3.5}$$

Conceito 1 A taxa aumenta com o aumento das concentrações dos reagentes,

Conceito 2 A taxa é relacionada com a altura da barreira potencial e com a conversão de energia translacional em energia potencial e

Conceito 3 A taxa aumenta à medida que aumenta a fração de colisões que têm energia suficiente para transpor a barreira e formar produtos.

De maneira análoga à Equação (C.9) do Apêndice C, se conhecermos a constante de equilíbrio K_P expressa em pressões parciais a dada temperatura, T_1, e o calor de reação, podemos determinar a constante de equilíbrio em qualquer outra temperatura.

$$K_P(T) = K_P(T_1)\exp\left[\frac{\Delta H^\circ_{Rx}}{R}\left(\frac{1}{T_1} - \frac{1}{T}\right)\right] \tag{C.9}$$

MATERIAIS DO CRE *WEBSITE*

(http://websites.umich.edu/~elements/6e/03chap/obj.html#/)

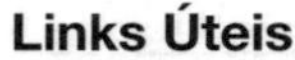

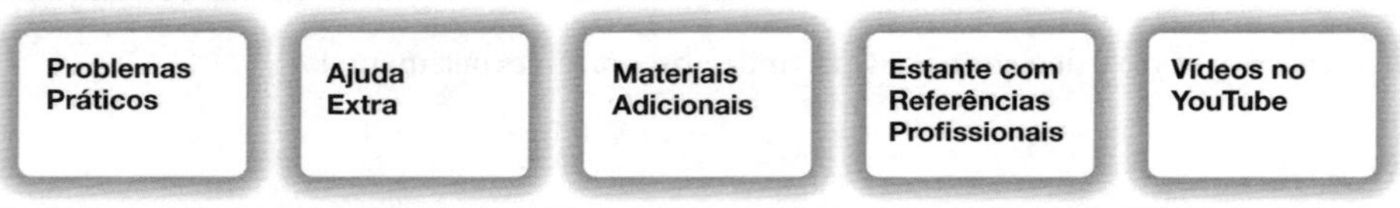

Avaliação

Módulo da *Web*

A engenharia das reações químicas é aplicada ao cozimento da batata (*http://www.umich.edu/~elements/6e/web_mod/potato/index.htm*)

$$\text{Amido (cristalino)} \xrightarrow{k} \text{Amido amorfo}$$

com

$$k = Ae^{-E/RT}$$

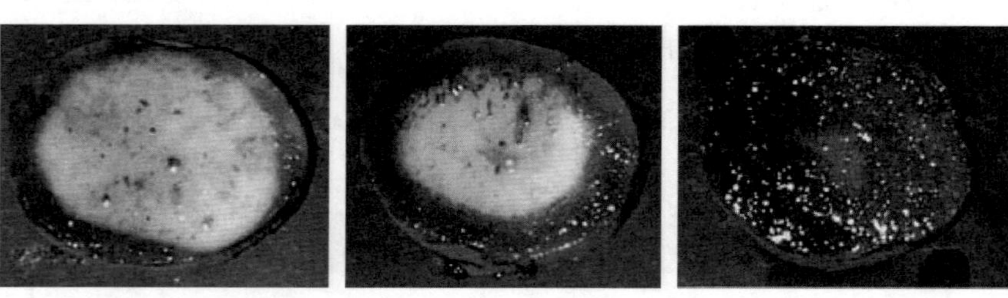

8 minutos a 400 °F   12 minutos a 400 °F   16 minutos a 400 °F

- **Estante com Referências Profissionais** (*http://umich.edu/~elements/6e/03chap/prof.html*)

E3.1 Teoria das Colisões (*http://umich.edu/~elements/6e/03chap/prof-collision.html*)

Nesta seção, os conceitos fundamentais da teoria das colisões são aplicados à reação

$$A + B \rightarrow C + D$$

Figura E3.1 Esquema da seção transversal das colisões.

para dar origem à seguinte equação da taxa

$$-r_A = \underbrace{\pi\sigma_{AB}^2\left(\frac{8\pi k_B T}{\mu\pi}\right)^{1/2} N_{Avo}\, e^{-E_A/RT}}_{A} C_A C_B = A e^{-E_A/RT} C_A C_B$$

A energia de ativação, E_A, pode ser estimada a partir da equação de Polanyi

$$E_A = E_A^o + \gamma_P \Delta H_{Rx}$$

E3.2 Teoria do Estado de Transição (*http://umich.edu/~elements/6e/03chap/prof-transition.html*)

Nesta seção, a equação da taxa e os respectivos parâmetros são deduzidos para a reação

$$A + BC \rightleftarrows ABC^{\#} \rightarrow AB + C$$

usando a teoria do estado de transição. A Figura E3.2 mostra a energia das moléculas ao longo da coordenada de reação, que mede o progresso da reação.

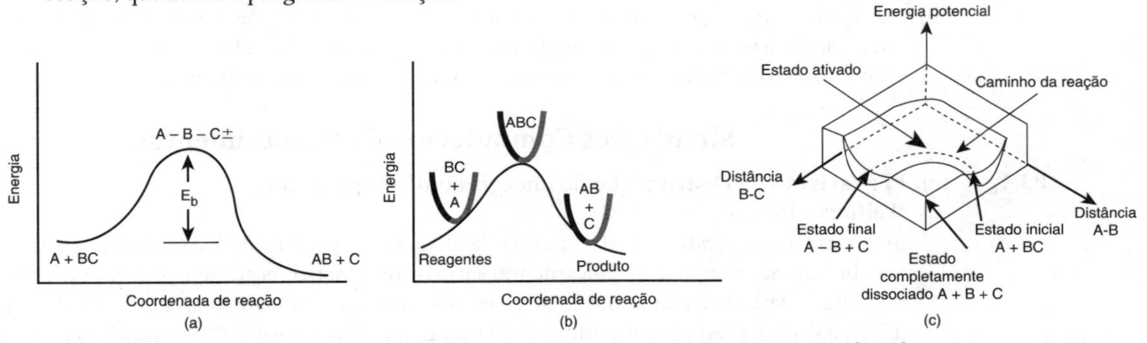

Figura E3.2 Coordenada de reação para (a) reação S_{N2} e (b) reação generalizada. (c) Superfície de energia em 3D para a reação generalizada.

E3.3 Simulações de Dinâmica Molecular (*http://umich.edu/~elements/6e/03chap/prof-moldyn.html*)

As trajetórias da reação são calculadas para determinar a seção transversal de reação das moléculas reagentes. Essas trajetórias, que são identificadas como (1) não reativas ou (2) reativas, são mostradas na Figura 3.7. A probabilidade de reação é obtida contabilizando o número de trajetórias reativas em homenagem a Karplus.[14] O Professor Karplus recebeu o prêmio Nobel em 2013 por seu trabalho nas Simulações de Dinâmica Molecular.

QUESTÕES, SIMULAÇÕES E PROBLEMAS

O subscrito para cada número do problema indica o nível de dificuldade: A, menos difícil; D, mais difícil.

[14] M. Karplus, R. N. and R. D. Sharma, *J. Chem. Phys.* 43(9), 3259 (1965).

Questões

Q3.1$_A$ **QAL** (***Q**uestão **A**ntes de **L**er*). Como você pensa que a taxa de reação, $-r_A$, dependerá das concentrações das espécies e da temperatura?

Q3.2$_A$ ***i>clicker.*** Vá ao CRE *website* (*http://www.umich.edu/~elements/6e/03chap/iclicker_ch3_q1.html*) e analise no mínimo 5 questões *clicker*. Escolha uma que poderia ser usada como está, ou uma variação dela, para ser incluída no próximo exame. Você também poderia considerar o caso oposto: explique por que as questões *não* devem estar no próximo exame. Em cada caso, explique seu raciocínio.

Q3.3$_C$ **(a)** Faça uma lista dos conceitos mais importantes que você aprendeu neste capítulo. Quais os conceitos apresentados que não ficaram inteiramente claros para você?

(b) Explique a estratégia para avaliar as equações de projeto de um reator e como este capítulo expande os conhecimentos apresentados no Capítulo 2.

(c) A equação da taxa para a reação ($2A + B \rightarrow C$) é $-r_A = k_A C_A^2 C_B$, com $k_A = 25\ (dm^3/mol)^2/s$. Quais são k_B e k_C?

(d) Escute os áudios do CRE *website*. Escolha um tópico e explique-o.

(e) Qual exemplo contido no CRE *website*, referente às *Notas de Aula* do Capítulo 1 ao Capítulo 3, que se revelou de maior utilidade para você?

Q3.4$_A$ Como você avalia o nível de importância dos diamantes SHG de 1 a 9 (9 sendo o mais alto)? Por exemplo, ter o rótulo *cilindro de gás* é mais importante que o *ponto de exclamação*? Se sim, por quê? Quais são os símbolos SHG para o óxido de etileno?

Q3.5$_A$ Vá à página da internet com Vídeos de Captura de Tela do Capítulo 3 (*http://www.umich.edu/~elements/6e/03chap/learn-cheme-videos.html*).

(a) Assista a um dos vídeos tutoriais de 5 a 6 minutos e escreva sua avaliação com duas sentenças.

(b) No vídeo do Professor Andersen, quais são as ordens da reação em relação a A e a B?

Q3.6$_A$ UPDNP–S3 Você poderia, se possível, ajustar os variados nove diamantes SHG nos quatro diamantes ANPF?

Q3.7$_B$ Era uma noite escura de fim de agosto com lua cheia. Entretanto, não temendo pela minha própria segurança quanto ao que podia estar à espreita, eu levei meu gravador de voz lá para fora, onde eu segui o som até um arbusto perto e fiz a seguinte gravação (*http://www.umich.edu/~elements/6e/03chap/summary-selftest1.html*).

(a) Qual era a temperatura a qual eu estava exposto? *Dica*: O Problema P3.7$_A$ pode ser de ajuda ou veja o episódio de *Big Bang Theory* para a análise de críquete de Sheldon Cooper (*https://www.youtube.com/watch?v=pra-fMmD_mx8*).

(b) O seguinte *site* do governo americano (*https://www.loc.gov/everyday-mysteries/meteorology-climatology/item/can-you-tell-the-temperature-by-listening-to-the-chirping-of-a-cricket/*) alude para uma correlação de *chips* e temperatura. Você pode deduzir essa correlação usando a equação de Arrhenius?

Simulações Computacionais e Experimentos

P3.1$_B$ **(a) PP: Variação da Distribuição de Energia com Temperatura.**
Wolfram e Python

(i) Varie a temperatura, T, e a energia de ativação, E, para aprender seus efeitos sobre a curva de distribuição de energia. Especificamente, varie os parâmetros entre seus valores máximo e mínimo (isto é, alta T, baixa E; baixa T, alta E; etc.) e escreva umas poucas sentenças descrevendo o que você achou.

(ii) Qual seria a temperatura mínima de modo que pelo menos 50% das moléculas tenham energia maior do que a energia de ativação que você escolheu (por exemplo, 6 kcal/mol)?

(iii) Depois de revisar *Ideias Gerais e Soluções* no CRE *website* (*http://www.umich.edu/~elements/6e/toc/SCPS,3rdEdBook(Ch07).pdf*), escolha uma das técnicas de *brainstorming* (por exemplo, pensamento lateral) para sugerir duas questões que deveriam ser incluídas neste problema.

(b) Simulações da Cinética Química pelo MATLAB. Vá ao PPs do Capítulo 3, escolha *LEP-Mol-Sim.Zip* e execute as seguintes variações dos parâmetros. Antes de você rodar a simulação pela primeira vez, você provavelmente vai querer usar o tutorial.

(i) Para $k_d = k_r = 1{,}0$, rode a simulação quando os números de A e B são

(a) A = 20	B = 20	C = D = 0
(b) A = 200	B = 200	C = D = 0
(c) A = 2.000	B = 2.000	C = D = 0
(d) A = 200	B = 2.000	C = D = 0

Existe algum efeito dos experimentos (a)-(d) na concentração de equilíbrio? E quanto ao tempo para atingir o equilíbrio?

Que conclusões você tira a partir de seus experimentos?

(ii) Para 100 moléculas de A e 100 moléculas de B, varie as constantes de taxa de reação k_d e k_r e descreva as diferenças nas trajetórias que você observa.

(iii) O que acontece quando você fixa k_d e k_r iguais a zero?
(iv) Por que há flutuações nas trajetórias das concentrações? Por que elas não são suaves? O que faz com que o tamanho das flutuações aumente ou diminua?
(v) O que você observa quando aumenta o número inicial de moléculas? Você pode explicar suas observações?
(vi) As reações param quando o equilíbrio é atingido?
(vii) Escreva uma conclusão sobre o que você encontrou nos experimentos (i)-(vi).

Problemas

P3.2$_B$ Explorando os Exemplos.

(a) **Exemplo 3.1. Energia de Ativação.** Na planilha do Excel, troque o valor de k em 312,5 K por k = 0,0009 s^{-1} e determine os novos valores de E e k.

(b) **Exemplo 3.1.** Faça um gráfico de k contra T. Nesse gráfico, esboce também k contra $(1/T)$, considerando E = 240 kJ/mol e E = 60 kJ/mol. (1) Redija duas frases descrevendo o que você encontrou. (2) A seguir, escreva um parágrafo descrevendo a energia de ativação, como seu valor afeta as taxas das reações e quais são suas origens.

(c) **Teoria das Colisões.** *Estante com Referências Profissionais.* Faça um resumo das várias etapas utilizadas para deduzir a equação

$$-r_A = Ae^{-E/RT} C_A C_B$$

P3.3$_B$ **QEA** (*Questão de Exame Antigo*). Energias de colisões moleculares – referência à Figura 3.4 e ao PP 3.1 do Wolfram e Python. fdc (função distribuição cumulativa) *Variação de Distribuição com Temperatura.*

(a) Que fração de colisões moleculares tem energias menores ou iguais a 2,5 kcal a 300 K? E a 500 K?

(b) Que fração de colisões moleculares tem energias entre 3 e 4 kcal/mol a T = 300 K? E a T = 500 K?

(c) Que fração de colisões moleculares tem energias maiores que a energia de ativação E_A = 25 kcal a T = 300 K? E a T = 500 K?

P3.4$_B$ **(a)** Use a Figura 3.1(b) para esquematizar a trajetória sobre o ponto de sela, quando as moléculas BC e AB vibram com a distância de separação mínima sendo 0,20 angstrom e a separação máxima sendo 0,4 angstrom.

(b) No ponto Y, R_{AB} = 2,8 angstroms, esquematize a energia potencial como função da distância R_{BC} notando o mínimo na base do vale.

(c) No ponto X, R_{BC} = 2,8 angstroms, esquematize a energia potencial como função da distância R_{AB} notando o mínimo na base do vale.

P3.5$_B$ Use a Equação (3.20) para construir o gráfico de $f(E,T)$ como função de E para T = 300, 500, 800 e 1.200 K.

(a) Qual é a fração de moléculas que têm energia suficiente para transpor a barreira de energia de 25 kcal a 300, 500, 800 e 1.200 K?

(b) Para uma temperatura de 300 K, qual é a razão da fração de energias entre 15 e 25 kcal para a mesma faixa de energia (15 a 25 kcal) a 1.200 K?

(c) Construa um gráfico de $f(E > E_A, T)$ como função de (E_A/RT) para $(E_A/RT) > 3$. Qual é a fração de colisões que têm energias maiores que 25 kcal/mol a 700 K?

(d) Que fração de moléculas têm energias maiores que 15 kcal/mol a 500 K?

(e) Construa um gráfico de $f(E > E_A, T)$ como função de T para E_A = 3, 10, 25 e 40 kcal/mol. Descreva o que você encontrou. *Sugestão*: Lembre-se da faixa de validade para T na Equação (3.23).

P3.6$_A$ **QEA** (*Questão de Exame Antigo*). As seguintes figuras mostram a função distribuição de energia a 300 K para a reação A + B → C.

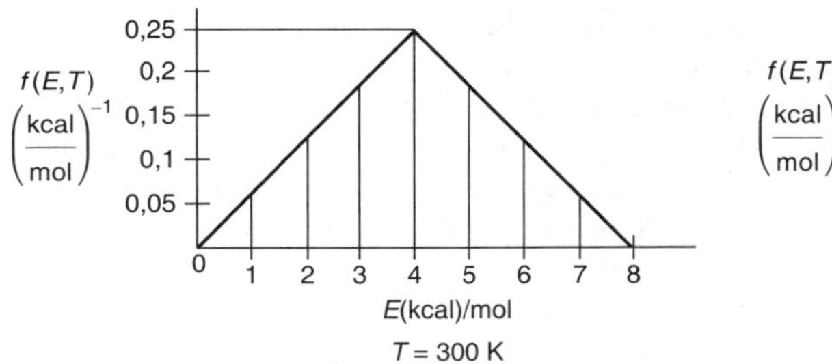

Figura P3.6(a)

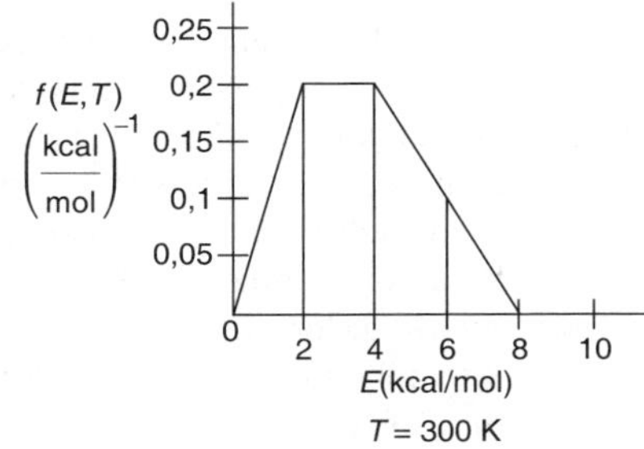

Figura P3.6(b)

Para cada figura, determine o seguinte:

(a) Que fração das colisões têm energias entre 3 e 5 kcal/mol?

(b) Que fração das colisões têm energias maiores que 5 kcal/mol? (***Resp.:*** Figura **P3.6(b)** fração = 0,28).

(c) Qual é a fração com energias maiores que 0 kcal/mol?

(d) Qual é a fração com energias iguais ou maiores que 8 kcal/mol?

(e) Se a energia de ativação para a Figura P3.6(b) for 8 kcal/mol, que fração de moléculas terá uma energia maior do que E_A?

(f) Imagine (esboce) a forma da curva $f(E,T)$ *versus* E, mostrada na Figura 3.6(b), se a temperatura fosse aumentada para 400 K. (Lembre-se: $\int_0^\infty f(E,T)\,dE = 1$.)

P3.7$_A$ A frequência de cintilação do vaga-lume e a frequência do canto do grilo com a temperatura são mostradas na tabela a seguir. Fonte: Keith J. Laidler, "Unconventional applications of the Arrhenius law." *J. Chem. Educ.*, 5, 343 (1972). Copyright © 1972, American Chemical Society. Reimpressa com permissão.

Para vaga-lumes:			
T (°C)	21,0	25,00	30,0
Cintilações/min	9,0	12,16	16,2

Para grilos:			
T (°C)	14,2	20,3	27,0
Estrilados/min	80	126	200

A velocidade de locomoção das formigas e a velocidade do voo das abelhas em função da temperatura são apresentadas a seguir. Fonte: B. Heinrich, *The Hot-Blooded Insects* (Cambridge, MA: Harvard University Press, 1993).

Para formigas:				
T (°C)	10	20	30	38
V (cm/s)	0,5	2	3,4	6,5

Para abelhas:				
T (°C)	25	30	35	40
V (cm/s)	0,7	1,8	3	?

(a) O que o vaga-lume e o grilo têm em comum? Quais são suas diferenças?

(b) Qual é a velocidade da abelha a 40°C? E a −5°C?

(c) Nicolas quer saber se existe alguma coisa em comum entre as abelhas, as formigas, os grilos e os vaga-lumes? Caso positivo, que coisa é essa? Você pode também fazer a comparação entre pares distintos de insetos.

(d) Dados adicionais ajudariam a esclarecer as relações existentes entre frequência, velocidade e temperatura? Caso positivo, em qual temperatura esses dados deveriam ser obtidos? Selecione um dos insetos; a seguir, explique como você conduziria os experimentos para a obtenção de dados adicionais. Para uma alternativa a esse problema, veja CDP3.A_B.

(e) Dados sobre o besouro tenebrionídeo, cuja massa corporal é 3,3 g, mostram que ele pode empurrar uma bola de esterco de 35 g, a 6,5 cm/s a 27°C, a 13 cm/s a 37°C e a 18 cm/s a 40°C.

(1) Quão rápido ele pode empurrar o esterco a 41,5°C? Fonte: B. Heinrich. *The Hot-Blooded Insects* (Cambridge, MA: Harvard University Press, 1993). (***Resp.:*** 19,2 cm/s a 41,5 °C)

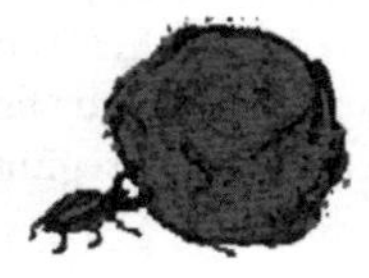

(2) Use *http://www.umich.edu/~scps/html/probsolv/strategy/cteq.htm* para escrever as três questões de pensamento crítico e as três questões criativas.

P3.8$_B$ **QEA** (*Questão de Exame Antigo*). **Resolução de Problemas.** A ocorrência de corrosão em liga de aço inoxidável com alto teor de níquel foi verificada em uma coluna de destilação usada pela DuPont para separar HCN e água. Ácido sulfúrico é adicionado no topo da coluna para impedir a polimerização do HCN. A água é coletada no fundo da coluna e o HCN no topo. A intensidade da corrosão em cada prato é mostrada na Figura P3.8_B em função da localização do prato na coluna.

A temperatura na base da coluna é de aproximadamente 125°C e a do topo é de 100°C. A taxa de corrosão é uma função da temperatura e da concentração de um complexo de $HCN–H_2SO_4$.

(a) Sugira uma explicação para o perfil da intensidade de corrosão ao longo dos pratos da coluna. Qual o efeito das condições de operação da coluna sobre o perfil da intensidade de corrosão?

(b) Identifique os componentes do diagrama SHG que você poderia aplicar a este problema.

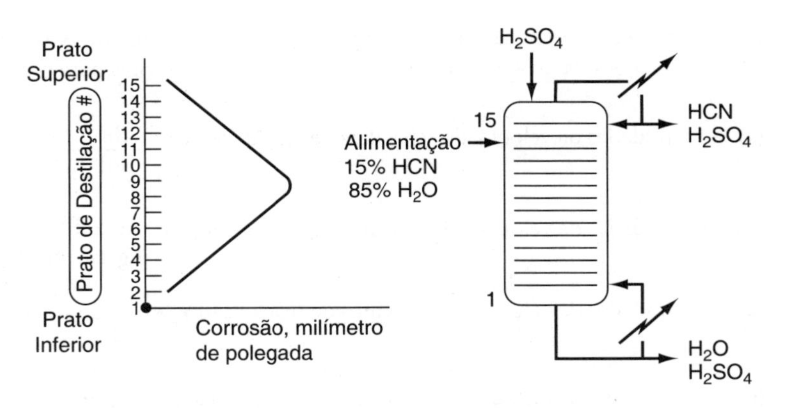

Figura 3.8$_B$ Corrosão em uma coluna de destilação.

P3.9$_B$ **Inspetor Sargento Ambercromby da Scotland Yard.** Suspeita-se, apesar de jamais ter sido provado, que Bonnie assassinou seu primeiro marido, Lefty, envenenando o conhaque levemente aquecido que eles bebiam durante a comemoração de seu primeiro aniversário de casamento. Lefty não tinha notado que Bonnie havia colocado em seu próprio copo um antídoto antes de encher os dois copos com o conhaque envenenado. Bonnie casou com seu segundo marido, Clyde, e, alguns anos mais tarde, cansou-se dele. Um dia, Bonnie informou a seu marido que tinha sido promovida em seu trabalho e sugeriu a ele celebrarem o fato com uma dose de conhaque à noite. Havia uma intenção malévola em sua mente com relação a Clyde. Entretanto, Clyde sugeriu que, no lugar do conhaque, eles celebrassem com vodca russa congelada e a bebessem no estilo cossaco, em um único trago. Ela concordou e decidiu manter seu plano, que teve sucesso anteriormente, e colocou o veneno na vodca e o antídoto em seu copo. No dia seguinte, ambos foram encontrados mortos. O Sargento Ambercromby chegou ao local para iniciar as investigações do caso. Quais foram as três primeiras perguntas feitas pelo sargento? Quais são as duas possíveis explicações? Pelo que você aprendeu neste capítulo, o que você acha que o Sargento Ambercromby considerou como a explicação mais plausível?

Quem fez isso?

Fonte: Professor Flavio Marin Flores, ITESM, Monterrey, México.

[*Sugestão:* Assista ao vídeo no YouTube (*www.youtube.com*) feito pelos estudantes de engenharia das reações químicas da University of Alabama, intitulado *The Black Widow* (A Viúva-Negra). Você pode acessá-lo no CRE *website*, usando o *link* Vídeos do YouTube sob o nome *By Concepts (Por Conceitos)* na *homepage*.]

P3.10$_B$ **Energia de Ativação**

(a) A regra prática que estabelece que a taxa de reação dobra para cada aumento de 10°C da temperatura só ocorre a uma temperatura específica e para uma dada energia de ativação. Desenvolva uma relação entre a temperatura e a energia de ativação que assegure a aplicação dessa regra prática. Desconsidere em seu desenvolvimento qualquer variação da concentração com a temperatura. Para E_A = 50 kcal/mol, sobre qual faixa de temperatura ($T_2 = T_1$ + 10°C) essa regra prática é válida?

(b) Escreva um parágrafo explicando a energia de ativação, *E*, e como ela influencia a taxa de reação química. Reporte-se à Seção 3.3 e especialmente às *Seções E3.1, E3.2* e *E3.3* da *Estante com Referências Profissionais*, caso julgue necessário.

P3.11$_C$ A taxa de reação inicial para a reação elementar

$$2A + B \rightarrow 4C$$

foi medida como função da temperatura, quando a concentração de A foi 2 M e a de B foi 1,5 M.

$-r_A$(mol/dm^3 · s):	0,002	0,046	0,72	8,33
T(K):	300	320	340	360

(a) Qual é a energia de ativação?

(b) Qual é o fator de frequência?

(c) Qual é a constante de taxa como função de temperatura, usando a Equação (R3.5) e T_0 = 27°C como o caso base?

P3.12$_B$ Determine a equação da taxa para a reação descrita em cada um dos casos a seguir envolvendo as espécies A, B e C. As equações da taxa devem ser elementares quando escritas para reações que estão tanto na forma $A \rightarrow B$ ou $A + B \rightarrow C$.

(a) As unidades da velocidade específica de reação são $k = \left[\dfrac{dm^3}{mol \cdot h}\right]$: Equação da Taxa ________

(b) As unidades da velocidade específica de reação são $k = \left[\dfrac{mol}{kg\text{-}cat \cdot h(atm)^2}\right]$: Equação da Taxa ________

(c) As unidades da velocidade específica de reação são $k = \left[\dfrac{1}{h}\right]$: Equação da Taxa ________

(d) As unidades de uma constante de taxa de reação não elementar são $k = \left[\dfrac{mol}{dm^3 \cdot h}\right]$: Equação da Taxa ________

P3.13$_A$ **(a)** Escreva a equação da taxa para as seguintes reações, considerando que cada reação segue uma equação da taxa elementar. Forneça as unidades de k_A para cada uma delas, mantendo em mente que algumas são homogêneas e alguns reagentes são heterogêneos.

(a) $$C_2H_6 \longrightarrow C_2H_4 + H_2$$

(b) $$C_2H_4 + \frac{1}{2}O_2 \rightarrow CH_2 - CH_2 \text{ (com ponte O entre os dois } CH_2\text{)}$$

(c) $$(CH_3)_3COOC(CH_3)_3 \rightleftarrows C_2H_6 + 2CH_3COCH_3$$

(d) $$nC_4H_{10} \rightleftarrows iC_4H_{10}$$

(e) $$CH_3COOC_2H_5 + C_4H_9OH \rightleftarrows CH_3COOC_4H_9 + C_2H_5OH$$

(f) $$2CH_3NH_2 \underset{cat}{\rightleftarrows} (CH_3)_2NH + NH_3$$

(g) $$(CH_3CO)_2O + H_2O \rightleftarrows 2CH_3COOH$$

P3.14$_A$ **(a)** **QEA** (*Questão de Exame Antigo*). Escreva a equação da taxa para a reação

$$2A + B \rightarrow C$$

se a reação for de

(1) segunda ordem em relação a B e de ordem global igual a três, $-r_A =$ ________
(2) ordem zero em relação a A e de primeira ordem em relação a B, $-r_A =$ ________
(3) ordem zero em relação a A e B, $-r_A =$ ________
(4) primeira ordem em relação a A e de ordem global igual a zero, $-r_A =$ ________

(b) Desenvolva e escreva a equação da taxa das seguintes reações

(1) $H_2 + Br_2 \rightarrow 2HBr$
(2) $H_2 + I_2 \rightarrow 2HI$

Sugestão: Veja os Recursos de Aprendizagem do Capítulo 9: A. Brometo de Hidrogênio.

P3.15$_B$ As equações da taxa para cada uma das reações listadas anteriormente foram obtidas a baixas temperaturas. As reações são altamente exotérmicas e, consequentemente, reversíveis a altas temperaturas. Sugira uma equação da taxa para cada uma das reações [(**a**), (**b**) e (**c**)] a altas temperaturas, que pode ser ou não elementar.

(a) A reação

$$A \rightarrow B$$

é irreversível a baixas temperaturas e a equação da taxa é

$$-r_A = kC_A$$

(b) A reação

$$A + 2B \rightarrow 2D$$

é irreversível a baixas temperaturas e a equação da taxa é

$$-r_A = kC_A{}^{1/2}C_B$$

(c) A reação catalisada gás-sólido

$$A + B \underset{cat}{\rightarrow} C + D$$

é irreversível a baixas temperaturas e a equação da taxa é

$$-r_A = \frac{kP_AP_B}{1 + K_AP_A + K_BP_B}$$

Em cada caso, esteja certo de que as equações da taxa a altas temperaturas são termodinamicamente consistentes no equilíbrio (Apêndice C).

P3.16$_B$ **Armazenagem Química de Energia Solar.** As principais maneiras de utilizar, capturar ou estocar a energia do Sol são termicamente (veja o Problema P8.16$_B$), por célula voltaica, conversão de biomassa, eletrólise da água (Problema P10.13$_B$) e quimicamente. Estocagem química de energia solar se refere a processos que aproveitam e estocam energia solar pela absorção da luz em uma reação química reversível; veja *http://en.wikipedia.org/wiki/Solar_chemical*. Por exemplo, a fotopolimerização de antraceno absorve e estoca energia solar que pode ser liberada quando a reação reversa ocorre.

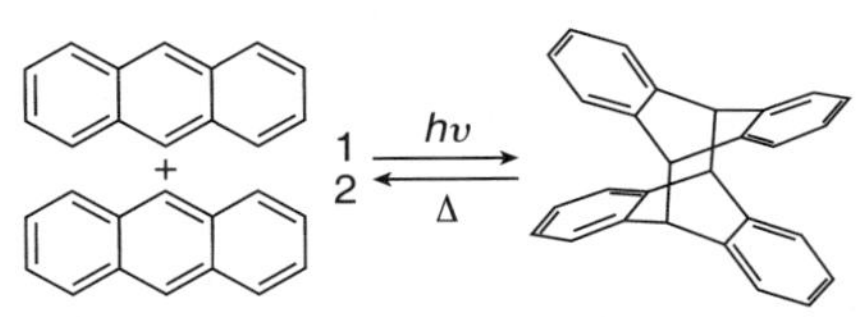

Figura P3.16.1 Dimerização do antraceno.

Outra reação de interesse é o par Norbornadieno-Quadriciclano (NQ), em que a energia solar é absorvida e estocada em uma dimensão e liberada na outra.

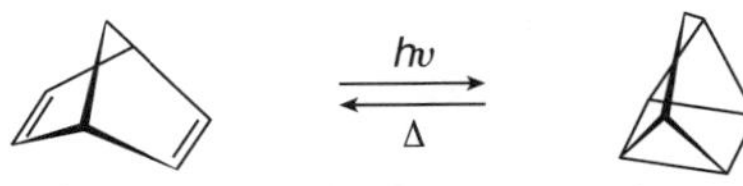

Figura P3.16.2 O par Norbornadieno-Quadriciclano (NQ) é de potencial interesse para a estocagem de energia da luz solar.

(a) Sugira uma equação da taxa para a fotopolimerização reversível do antraceno.
(b) Sugira uma equação da taxa para a estocagem reversível de energia pelo par NQ.

LEITURA SUPLEMENTAR

1. Duas referências relativas à discussão sobre a energia de ativação já foram mencionadas neste capítulo. A energia de ativação é geralmente discutida em termos tanto da teoria das colisões como da teoria do estado de transição. Uma abordagem concisa e de leitura acessível dessas duas teorias pode ser encontrada em

THORNTON W. BURGESS, *The Adventures of Reddy Fox*. Nova York: Dover Publications, Inc., 1913.
K. J. LAIDLER, *Chemical Kinetics*. New York: Harper & Row, 1987, Capítulo 3.
R. MASEL, *Chemical Kinetics and Catalysis*. New York: Wiley, 2001, p. 594.

2. Prof. Dr. Sven Köttlov, da Universidade de Jofostan, assinalou que, além dos livros listados anteriormente, as equações da taxa e as energias de ativação podem ser encontradas nas circulares do NBS, tais como aquelas mostradas na Tabela 3.1. Verifique também a literatura química, por exemplo, *Journal of Physical Chemistry*. Para mais informações sobre modelagem molecular, visite o *site http://cache.org/teaching-resources-center/molecular-modeling*.

Estequiometria 4

Se você estiver pensando em alguém enquanto lê este livro,
você está definitivamente apaixonado.

—Tim Newberger
Estudante de Graduação em Engenharia Química, Inverno de 2013

Visão Geral. No Capítulo 2, fizemos o dimensionamento e o sequenciamento de reatores contínuos, dada a taxa de reação, $-r_A$, em função da conversão X. A determinação de $-r_A = f(X)$ é um processo de duas etapas. No Capítulo 3, descrevemos (*Etapa 1*) como a taxa de reação, $-r_A$, está relacionada com a concentração e com a temperatura, isto é, $-r_A = [k_A(T) f(C_A, C_B, ...)]$. Neste capítulo, mostraremos como a concentração pode estar relacionada com a conversão (*Etapa 2*), $C_i = g(X)$ e, uma vez feito isso, teremos $-r_A = f(X)$ e poderemos projetar muitos sistemas de reação. Usaremos tabelas estequiométricas, juntamente com as definições de concentração, para determinar a concentração em função da conversão.

Batelada

$$C_A = \frac{N_A}{V} = \frac{N_{A0}(1-X)}{V}$$

$$\downarrow$$

$$V = V_0$$

$$C_A = C_{A0}(1-X)$$

Com escoamento

$$C_A = \frac{F_A}{\upsilon} = \frac{F_{A0}(1-X)}{\upsilon}$$

Líquido, $\upsilon = \upsilon_0$

$$\downarrow$$

$$C_A = C_{A0}(1-X)$$

Gás, $\upsilon = \upsilon_0(1+\varepsilon X)\frac{P_0}{P}\frac{T}{T_0}$

$$\downarrow$$

$$C_A = C_{A0}\frac{(1-X)}{(1+\varepsilon X)}\frac{P}{P_0}\frac{T_0}{T}$$

- Para sistemas em batelada, o reator é quase sempre rígido; logo, $V = V_0$, e se usa a tabela estequiométrica para expressar a concentração em função da conversão: $C_A = N_A/V_0 = C_{A0}(1-X)$.
- Para sistemas com escoamento da fase líquida, a vazão volumétrica é constante, $\upsilon = \upsilon_0$ e $C_A - (F_{A0}/\upsilon_0)(1-X) = C_{A0}(1-X)$.
- Para sistemas contínuos em fase gasosa, o processo se torna mais complicado, uma vez que a vazão volumétrica para gases pode variar com a conversão e necessitamos desenvolver a relação entre υ e X, isto é, $\upsilon = \upsilon_0(1+\varepsilon X)(P_0/P)(T/T_0)$ e assim

$$C_A = \frac{C_{A0}(1-X)}{(1+\varepsilon X)}\frac{P}{P_0}\frac{T_0}{T} = C_{A0}\frac{(1-X)}{(1+\varepsilon X)}p\frac{T_0}{T}$$

- Para a maioria das reações catalíticas gás-sólido, as equações de taxa são tipicamente escritas em termos de pressões parciais, que podem também ser escritas em termos de conversão.

$$P_A = C_A RT = P_{A0}\frac{(1-X)}{(1+\varepsilon X)}\frac{P}{P_0} = P_{A0}\frac{(1-X)}{(1+\varepsilon X)}p$$

Após concluirmos este capítulo, estaremos aptos a expressar a taxa de reação em função da conversão e calcular a conversão de equilíbrio para reatores em batelada e com escoamento.

Agora que mostramos como a equação da taxa pode ser expressa em função das concentrações, precisamos apenas expressar a concentração em função da conversão e da sequência para viabilizar os cálculos necessários ao dimensionamento de reatores, semelhantes aos apresentados no Capítulo 2. Se a equação da taxa depende de mais de uma espécie, precisamos relacionar as concentrações das diferentes espécies entre si. Tal relação é mais facilmente estabelecida com o auxílio de uma tabela estequiométrica. Essa tabela apresenta as relações estequiométricas entre as moléculas reagentes para reações únicas. Isto é, a tabela nos informa quantas moléculas de uma espécie serão formadas durante a reação química quando um dado número de moléculas de outra espécie desaparece. Essas relações serão desenvolvidas para a reação genérica

$$a\text{A} + b\text{B} \rightleftharpoons c\text{C} + d\text{D} \tag{2.1}$$

Lembremo-nos de que já utilizamos a estequiometria para relacionar as *taxas de reação relativas* para a Equação (2.1):

Essa relação estequiométrica relacionando as taxas de reação será utilizada nos Capítulos 6 e 8.

$$\boxed{\frac{r_A}{-a} = \frac{r_B}{-b} = \frac{r_C}{c} = \frac{r_D}{d}} \tag{3.1}$$

Na construção de nossa tabela estequiométrica, consideraremos a **espécie A como base para nossos cálculos** (isto é, o reagente limitante) e, por causa disso, dividiremos os coeficientes das demais espécies pelo coeficiente estequiométrico de A,

$$\text{A} + \frac{b}{a}\text{B} \longrightarrow \frac{c}{a}\text{C} + \frac{d}{a}\text{D} \tag{2.2}$$

para podermos expressar tudo em termos de *"por mol de A"*.

A seguir, desenvolveremos as relações estequiométricas das espécies reagentes responsáveis pela variação do número de mols de cada espécie (isto é, A, B, C e D).

4.1 Sistemas em Batelada

Reatores em batelada (RBs) são usados principalmente para a produção de especialidades químicas e para fornecer os dados necessários à determinação das equações da taxa de reação e parâmetros de sua expressão, tais como k, a velocidade específica de reação.

A Figura 4.1 mostra uma concepção artística de um sistema em batelada no qual promoveremos a reação dada pela Equação (2.2). No tempo $t = 0$, abriremos o reator, introduziremos nele um certo número de mols das espécies A, B, C, D e inertes I (N_{A0}, N_{B0}, N_{C0}, N_{D0} e N_I, respectivamente) e então o fecharemos, naturalmente.

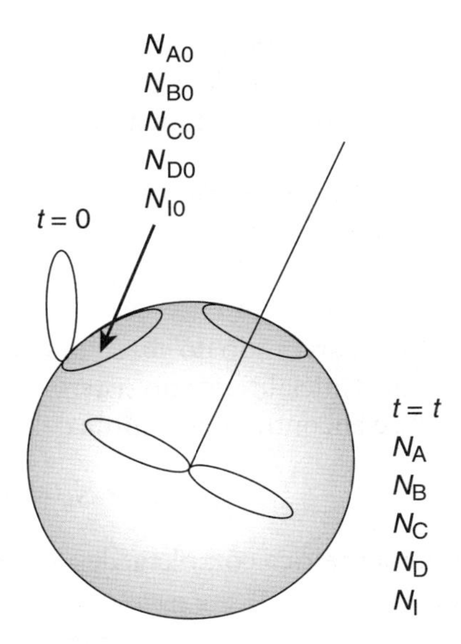

Figura 4.1 Reator em batelada. (Representação esquemática com permissão de Renwahr.) (Disponível em: *https://encyclopedia.che.engin.umich.edu/batch/*)

A espécie A é nossa base de cálculo e N_{A0} é o número de mols de A presente inicialmente no reator. Desses, $N_{A0}X$ mols de A são consumidos no sistema como resultado da reação química, restando ($N_{A0} - N_{A0}X$) mols de A no sistema. Isto é, o número de mols de A que resta no reator após a conversão X ser atingida é

$$N_A = N_{A0} - N_{A0}X = N_{A0}(1 - X)$$

Utilizaremos agora o conceito de conversão visando expressar o número de mols de B, C e D em termos dessa variável.

Para determinar o número restante de mols de cada espécie no reator após $N_{A0}X$ mols de A terem reagido, construímos a tabela estequiométrica (Tabela 4.1). Essa tabela estequiométrica contém as seguintes informações:

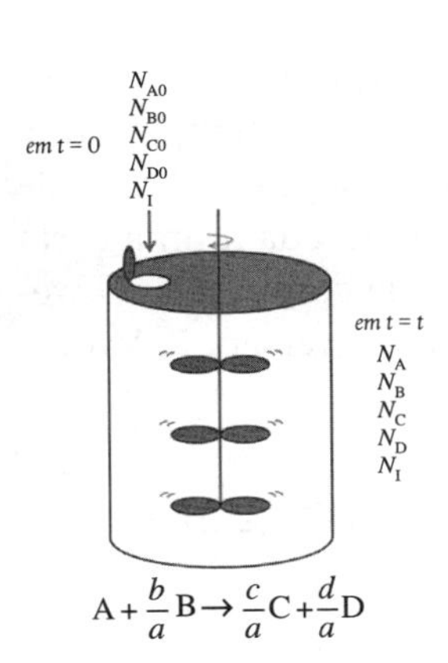

Reator em Batelada

Componentes da tabela estequiométrica

Tabela 4.1 Tabela Estequiométrica para um Sistema em Batelada

Espécie	*Inicialmente* (mol)	*Variação* (mol)	*Restante* (mol)
A	N_{A0}	$-(N_{A0}X)$	$N_A = N_{A0} - N_{A0}X$
B	N_{B0}	$-\frac{b}{a}(N_{A0}X)$	$N_B = N_{B0} - \frac{b}{a}N_{A0}X$
C	N_{C0}	$\frac{c}{a}(N_{A0}X)$	$N_C = N_{C0} + \frac{c}{a}N_{A0}X$
D	N_{D0}	$\frac{d}{a}(N_{A0}X)$	$N_D = N_{D0} + \frac{d}{a}N_{A0}X$
I (inertes)	N_{I0}	–	$N_I = N_{I0}$
Totais	N_{T0}		$N_T = N_{T0} + \underbrace{\left(\frac{d}{a} + \frac{c}{a} - \frac{b}{a} - 1\right)}_{\delta} N_{A0}X$

Coluna 1: a espécie em questão
Coluna 2: o número presente de mols de cada espécie inicialmente
Coluna 3: a variação do número de mols produzida pela reação
Coluna 4: o número remanescente de mols de cada espécie no sistema no tempo t

Para calcular o número restante de mols da espécie B no tempo t, lembremos que até o tempo t o número de mols de A que reagiu é $N_{A0}X$. Para cada mol de A que reage, b/a mols de B precisam reagir; portanto, o número de mols de B que reagiu é

$$\text{Mols de reagidos de B} = \frac{\text{Mols de reagidos de B}}{\text{Mols reagidos de A}} \cdot \text{Mols reagidos de A}$$

$$= \frac{b}{a}(N_{A0}X)$$

Como B está desaparecendo do sistema, seu sinal da "variação" é negativo. N_{B0} é o número presente de mols de B inicialmente no sistema. Portanto, o número restante de mols de B no sistema no tempo t, N_B, é encontrado na última coluna da Tabela 4.1 na forma

$$N_B = N_{B0} - \frac{b}{a} N_{A0}X$$

A tabela estequiométrica completa, descrita na Tabela 4.1, contém todas as espécies envolvidas na reação genérica

$$\boxed{A + \frac{b}{a} B \longrightarrow \frac{c}{a} C + \frac{d}{a} D} \tag{2.2}$$

Consideremos os totais apresentados na última coluna da Tabela 4.1. Os coeficientes estequiométricos entre parênteses $\boxed{d/a + c/a - b/a - 1)}$ representam o aumento no número total de mols por mol de A reagido. Como tal termo ocorre com frequência em nossos cálculos, ele é representado pelo símbolo δ:

$$\boxed{\delta = \frac{d}{a} + \frac{c}{a} - \frac{b}{a} - 1} \tag{4.1}$$

Definição de δ

O parâmetro δ

$$\boxed{\delta = \frac{\text{Variação no número total de mols}}{\text{Mol de A reagido}}}$$

O número total de mols pode agora ser calculado por meio da equação

$$N_T = N_{T0} + \delta(N_{A0}X)$$

Queremos $C_j = h_j(X)$

Recapitulemos, dos Capítulos 1 e 3, que a equação cinética da taxa (por exemplo, $-r_A = kC_A^2$) é apenas função de propriedades intensivas do sistema reacional (por exemplo, temperatura, pressão, concentração e massa específica aparente do catalisador, se houver algum). A taxa de reação, $-r_A$, geralmente depende da concentração das espécies reagentes elevada a uma certa potência. Em consequência, para determinar a taxa de reação em função da conversão, X, precisamos expressar as concentrações das espécies reagentes em função da conversão, X. Vamos fazer isso!

4.1.1 Equações das Concentrações em Sistemas em Batelada, Equação (2.2)

A concentração de A é o número de mols de A por unidade de volume:

Concentração em um sistema em batelada

$$C_A = \frac{N_A}{V}$$

Após escrever equações semelhantes para B, C e D, usamos a *tabela estequiométrica* para expressar a concentração de cada componente em termos da conversão X:

$$C_A = \frac{N_A}{V} = \frac{N_{A0}(1 - X)}{V} \tag{4.2}$$

$$C_B = \frac{N_B}{V} = \frac{N_{B0} - (b/a)N_{A0}X}{V} \quad (4.3)$$

$$C_C = \frac{N_C}{V} = \frac{N_{C0} + (c/a)N_{A0}X}{V} \quad (4.4)$$

$$C_D = \frac{N_D}{V} = \frac{N_{D0} + (d/a)N_{A0}X}{V} \quad (4.5)$$

Uma vez que todos os reatores em batelada são vasos rígidos, o volume do reator é constante; assim, podemos dizer que $V = V_0$; então

Volume Constante, $V = V_0$

$$C_A = \frac{N_A}{V_0} = \frac{N_{A0}(1 - X)}{V_0}$$

$$C_A = C_{A0}(1 - X) \quad (4.6)$$

Em breve, veremos que a Equação (4.6) para reatores em batelada com volume constante também se aplica a sistemas em *fase líquida* com escoamento.

Subsequentemente, simplificamos essas equações pela definição do parâmetro Θ_i, que nos permite colocar em evidência o termo N_{A0} em cada uma das expressões de concentração:

$$\boxed{\Theta_i = \frac{N_{i0}}{N_{A0}} = \frac{C_{i0}}{C_{A0}} = \frac{y_{i0}}{y_{A0}}},$$

$$\boxed{\Theta_i = \frac{\text{Mols iniciais da espécie "}i\text{"}}{\text{Mols iniciais da espécie A}}}$$

$$C_B = \frac{N_{A0}[N_{B0}/N_{A0} - (b/a)X]}{V_0} = \frac{N_{A0}[\Theta_B - (b/a)X]}{V_0}$$

$$C_B = C_{A0}\left(\Theta_B - \frac{b}{a}X\right) \quad (4.7)$$

$$\text{com } \Theta_B = \frac{N_{B0}}{N_{A0}}$$

Alimentação
Equimolar: $\Theta_B = 1$
Estequiométrica: $\Theta_B = \frac{b}{a}$

para uma alimentação equimolar $\Theta_B = 1$ e para uma alimentação estequiométrica $\Theta_B = b/a$.

Continuando para as espécies C e D

$$C_C = \frac{N_{A0}[\Theta_C + (c/a)X]}{V_0}$$

$$C_C = C_{A0}\left(\Theta_C + \frac{c}{a}X\right) \quad (4.8)$$

Concentração para reatores em batelada com volume constante **e** reatores com escoamento contínuo para a fase líquida

$$\text{com } \Theta_C = \frac{N_{C0}}{N_{A0}}$$

$$C_D = \frac{N_{A0}[\Theta_D + (d/a)X]}{V_0}$$

$$C_D = C_{A0}\left(\Theta_D + \frac{d}{a}X\right) \quad (4.9)$$

$$\text{com } \Theta_D = \frac{N_{D0}}{N_{A0}}$$

Para reatores em batelada com volume constante, por exemplo, recipientes de aço, $V = V_0$, temos agora a concentração em função da conversão. Se conhecemos a equação da taxa, podemos agora obter $-r_A = f(X)$ para acoplar com o balanço molar diferencial em termos de conversão de modo a resolver para o tempo de reação, t, para atingir uma conversão específica, X.

Para líquidos $V = V_0$ e $\upsilon = \upsilon_0$

Para reações em fase líquida ocorrendo em solução, o solvente geralmente exerce papel preponderante no comportamento do sistema. Por exemplo, a maioria das reações orgânicas em fase líquida não apresenta variação da massa específica durante a reação, sendo assim outro caso em que as simplificações de volume constante se aplicam. Em consequência, variações da massa específica do soluto **não** afetam de forma significativa a massa específica global da solução e, portanto, esse tipo de sistema é essencialmente um processo de reação a volume constante $V = V_0$ e $\upsilon = \upsilon_0$. Consequentemente, as Equações (4.6) a (4.9) podem também ser usadas para reações em fase líquida. Uma exceção importante a essa regra geral ocorre em processos de polimerização.

Resumindo, para sistema em batelada com volume constante e para reações em fase líquida, podemos usar a equação da taxa para a Reação (2.2) na forma $-r_A = k_A C_A C_B$ para obter $-r_A = f(X)$; isto é,

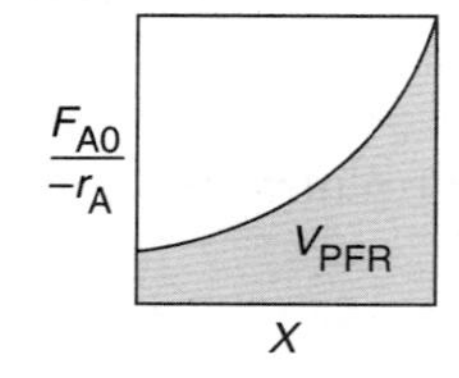

$$-r_A = kC_A C_B = kC_{A0}^2(1 - X)\left(\Theta_B - \frac{b}{a}X\right) = f(X)$$

Após a substituição dos parâmetros conhecidos k, C_{A0} e Θ_B, podemos aplicar agora as técnicas do Capítulo 2 para dimensionar CSTRs e PFRs para reações em fase líquida.

Exemplo 4.1 Expressão de $C_j = h_j(X)$ para uma Reação em Fase Líquida em Batelada

Sabão é necessário para limpar coisas como uniformes sujos de jogadores de *softball* e futebol. O sabão é composto de sais de sódio e potássio de vários ácidos graxos tais como os ácidos oleico, esteárico, palmítico, láurico e mirístico. A reação de saponificação para formar sabão a partir de soda cáustica em solução aquosa e estearato de glicerol é

$$3NaOH(aq) + (C_{17}H_{35}COO)_3C_3H_5 \longrightarrow 3C_{17}H_{35}COONa + C_3H_5(OH)_3$$

Seja X a conversão de hidróxido de sódio (o número de mols reagidos de hidróxido de sódio por mol de hidróxido de sódio presente no início); construa uma tabela estequiométrica expressando a concentração de cada espécie em termos da sua concentração inicial e da conversão X.

Solução

Devido ao fato de estarmos considerando o hidróxido de sódio como nossa base, dividimos os coeficientes estequiométricos das outras espécies pelo coeficiente estequiométrico do hidróxido de sódio para colocar a expressão da reação na forma

Escolha uma base de cálculo

$$NaOH + \tfrac{1}{3}(C_{17}H_{35}COO)_3C_3H_5 \longrightarrow C_{17}H_{35}COONa + \tfrac{1}{3}C_3H_5(OH)_3$$

$$A \quad + \quad \tfrac{1}{3}B \longrightarrow C \quad + \quad \tfrac{1}{3}D$$

Podemos então realizar os cálculos mostrados na Tabela E4.1.1. Como essa reação é em fase líquida, a massa específica ρ pode ser considerada como constante; desse modo, $V = V_0$.

$$C_A = \frac{N_A}{V} = \frac{N_A}{V_0} = \frac{N_{A0}(1 - X)}{V_0} = C_{A0}(1 - X)$$

$$\Theta_B = \frac{C_{B0}}{C_{A0}} \quad \Theta_C = \frac{C_{C0}}{C_{A0}} \quad \Theta_D = \frac{C_{D0}}{C_{A0}}$$

Tabela estequiométrica (sistema em batelada)

Tabela E4.1.1 Tabela Estequiométrica para a Reação em Fase Líquida de Sabão

Espécies	*Símbolo*	*Inicialmente*	*Variação*	*Restante*	*Concentração*
NaOH	A	N_{A0}	$-N_{A0}X$	$N_{A0}(1-X)$	$C_{A0}(1-X)$
$(C_{17}H_{35}COO)_3C_3H_5$	B	N_{B0}	$-\frac{1}{3}N_{A0}X$	$N_{A0}\left(\Theta_B-\frac{X}{3}\right)$	$C_{A0}\left(\Theta_B-\frac{X}{3}\right)$
$C_{17}H_{35}COONa$	C	N_{C0}	$N_{A0}X$	$N_{A0}(\Theta_C+X)$	$C_{A0}(\Theta_C+X)$
$C_3H_5(OH)_3$	D	N_{D0}	$\frac{1}{3}N_{A0}X$	$N_{A0}\left(\Theta_D+\frac{X}{3}\right)$	$C_{A0}\left(\Theta_D+\frac{X}{3}\right)$
Água (inerte)	I	N_{I0}	–	N_{I0}	C_{I0}
Totais		N_{T0}	0	$N_T = N_{T0}$	

Análise: A finalidade deste exemplo foi mostrar como a reação genérica da Tabela 4.1 é aplicada a uma reação real e como desenvolver a tabela estequiométrica correspondente.

Exemplo 4.2 Qual É o Reagente Limitante?

Estearato de Glicerol (Capítulo 2 UPDNP–Segurança S2)

Tendo construído a Tabela estequiométrica no Exemplo 4.1, podemos prontamente usá-la para calcular as concentrações para uma dada conversão. Se a mistura inicial for composta por hidróxido de sódio na concentração de 10 mol/dm³ (isto é,10 mol/L ou 10 kmol/m³) e de estearato de glicerol, B, na concentração de 2 mol/dm³, qual é a concentração de glicerina, D, quando a concentração de hidróxido de sódio for (**a**) 20% e (**b**) 90%?

Solução

Apenas os reagentes NaOH e $(C_{17}H_{35}COO)_3C_3H_5$ estão inicialmente presentes; portanto $\Theta_C = \Theta_D = 0$.

(**a**) Para uma conversão de 20% de NaOH

$$C_D = C_{A0}\left(\frac{X}{3}\right) = (10)\left(\frac{0,2}{3}\right) = 0,67 \text{ mol/L} = 0,67 \text{ mol/dm}^3$$

$$C_B = C_{A0}\left(\Theta_B - \frac{X}{3}\right) = 10\left(\frac{2}{10} - \frac{0,2}{3}\right) = 10(0,133) = 1,33 \text{ mol/dm}^3$$

(**b**) Para uma conversão de 90% de NaOH

$$C_D = C_{A0}\left(\frac{X}{3}\right) = 10\left(\frac{0,9}{3}\right) = 3 \text{ mol/dm}^3$$

Determinemos o valor de C_B:

$$C_B = 10\left(\frac{2}{10} - \frac{0,9}{3}\right) = 10(0,2-0,3) = -1 \text{ mol/dm}^3$$

Opa!! Concentração negativa – impossível! O que foi feito de errado?

A base para o cálculo **tem de** ser o reagente limitante.

Análise: Escolhemos propositadamente a base de cálculo errada para mostrar que **temos** de escolher o reagente limitante como nossa base de cálculo!! Não é possível 90% de conversão de NaOH, pois o estearato de glicerol é o reagente limitante. Consequentemente, todo o estearato de glicerol é consumido antes de 90% do NaOH poder reagir. É importante escolher o reagente limitante como a base de cálculo. O estearato de glicerol deveria ter sido escolhido como nossa base de cálculo e, consequentemente, não deveríamos ter dividido a reação, conforme escrita, pelo coeficiente estequiométrico igual a 3. É sempre importante estar certo de que você aprenda algo a partir do erro, tal como a escolha de uma base errada de cálculo. Não existe essa coisa de **falha, *a menos que* não se aprenda com ele.**

#LiçãodeVida!

4.2 Sistemas com Escoamento

A forma da tabela estequiométrica de um sistema com escoamento contínuo (veja a Figura 4.2) é virtualmente idêntica à do sistema em batelada (Tabela 4.1), exceto que substituímos N_{j0} por F_{j0} e N_j por F_j (Tabela 4.2). Novamente, adote A como base e divida a Equação (2.1) pelo coeficiente estequiométrico de A para obter

$$A + \frac{b}{a} B \longrightarrow \frac{c}{a} C + \frac{d}{a} D \tag{2.2}$$

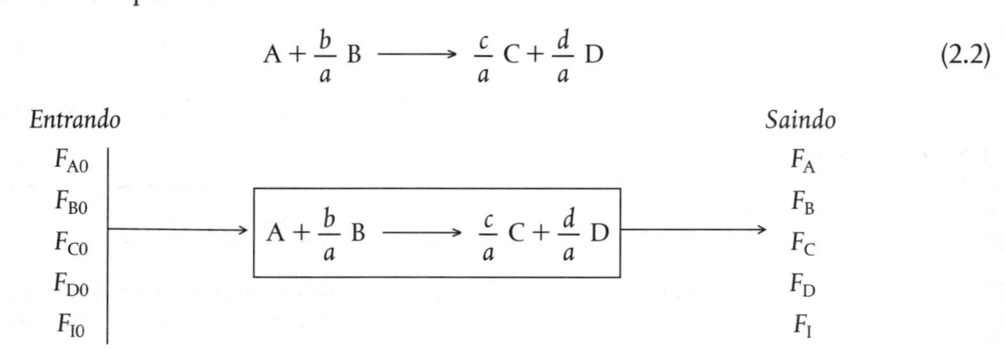

Figura 4.2 Reator com escoamento.

Tabela 4.2 Tabela Estequiométrica para um Sistema com Escoamento

Tabela estequiométrica para um sistema com escoamento

Espécie	*Taxa de Alimentação no Reator* (mol/tempo)	*Variação no Interior do Reator* (mol/tempo)	*Taxa do Efluente do Reator* (mol/tempo)
A	F_{A0}	$-F_{A0}X$	$F_A = F_{A0}(1 - X)$
B	$F_{B0} = \Theta_B F_{A0}$	$-\frac{b}{a} F_{A0}X$	$F_B = F_{A0}\left(\Theta_B - \frac{b}{a} X\right)$
C	$F_{C0} = \Theta_C F_{A0}$	$\frac{c}{a} F_{A0}X$	$F_C = F_{A0}\left(\Theta_C + \frac{c}{a} X\right)$
D	$F_{D0} = \Theta_D F_{A0}$	$\frac{d}{a} F_{A0}X$	$F_D = F_{A0}\left(\Theta_D + \frac{d}{a} X\right)$
I	$F_{I0} = \Theta_I F_{A0}$	–	$F_I = F_{A0}\Theta_I$
Totais	F_{T0}		$F_T = F_{T0} + \left(\frac{d}{a} + \frac{c}{a} - \frac{b}{a} - 1\right) F_{A0}X$ $F_T = F_{T0} + \delta F_{A0}X$

em que

$$\Theta_B = \frac{F_{B0}}{F_{A0}} = \frac{C_{B0}\,v_0}{C_{A0}\,v_0} = \frac{C_{B0}}{C_{A0}} = \frac{y_{B0}}{y_{A0}}$$

e Θ_C, Θ_D e Θ_I são definidos de forma análoga

e, como antes,

$$\delta = \frac{d}{a} + \frac{c}{a} - \frac{b}{a} - 1 \tag{4.1}$$

4.2.1 Equações para Concentrações em Sistemas com Escoamento

Para um sistema com escoamento, a concentração C_A em dado ponto pode ser determinada a partir da taxa molar de F_A e da vazão volumétrica υ naquele ponto:

Definição de concentração para um sistema com escoamento

$$\boxed{C_A = \frac{F_A}{\upsilon} = \frac{\text{mols/tempo}}{\text{litros/tempo}} = \frac{\text{mols}}{\text{litro}}} \tag{4.10}$$

As unidades de υ são tipicamente expressas em termos de litro por segundo, decímetro cúbico por segundo, ou pé cúbico por minuto. Podemos escrever agora as concentrações de A, B, C e D, para a reação genérica representada na Equação (2.2), em termos de suas correspondentes vazões molares de entrada (F_{A0}, F_{B0}, F_{C0} e F_{D0}), da conversão X e da taxa volumétrica, υ.

$$C_A = \frac{F_A}{\upsilon} = \frac{F_{A0}}{\upsilon}(1 - X) \qquad C_B = \frac{F_B}{\upsilon} = \frac{F_{B0} - (b/a)F_{A0}X}{\upsilon}$$
$$C_C = \frac{F_C}{\upsilon} = \frac{F_{C0} + (c/a)F_{A0}X}{\upsilon} \qquad C_D = \frac{F_D}{\upsilon} = \frac{F_{D0} + (d/a)F_{A0}X}{\upsilon} \tag{4.11}$$

Focamos agora na determinação da vazão volumétrica, υ.

4.2.2 Concentrações em Fase Líquida

LÍQUIDOS

Para líquidos, a variação de volume com a reação é desprezível quando não ocorre mudança de fase. Consequentemente, podemos considerar

$$\upsilon = \upsilon_0$$

Então

$$C_A = \frac{F_{A0}}{\upsilon_0}(1 - X) = C_{A0}(1 - X) \tag{4.12}$$

$$C_B = C_{A0}\left(\Theta_B - \frac{b}{a}X\right) \tag{4.13}$$

Para líquidos
$C_A = C_{A0}(1 - X)$
$C_B = C_{A0}\left(\Theta_B - \frac{b}{a}X\right)$
Portanto, para determinada equação da taxa, temos
$-r_A = g(X)$

e assim por diante, para C_C e C_D.

Consequentemente, utilizando qualquer uma das equações da taxa de reação do Capítulo 3, podemos determinar $-r_A = f(X)$ *para reações em fase líquida.* **Entretanto**, para reações em fase gasosa a vazão volumétrica frequentemente varia ao longo da reação devido à variação do número total de mols, ou da temperatura, ou da pressão. Desse modo, para reações em fase gasosa, nem sempre se pode usar a Equação (4.13) para expressar a concentração em função da conversão. Sem preocupações. Na próxima seção, vamos resolver isso.

4.2.3 Concentrações em Fase Gasosa

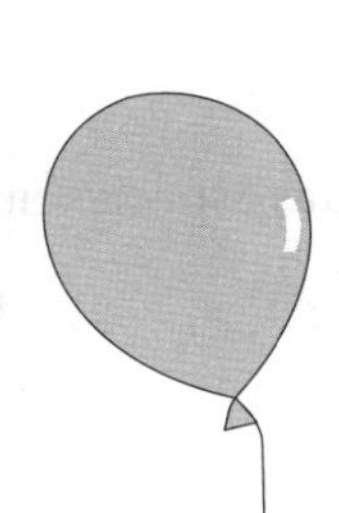

Em nossas discussões anteriores, consideramos inicialmente sistemas nos quais o volume da mistura reacional ou a vazão volumétrica não variavam com o progresso da reação. A maioria dos sistemas em batelada, sistemas em fase líquida e alguns sistemas em fase gasosa pode ser classificada nessa categoria. Há outros sistemas, no entanto, em que V ou υ **variam** e esses sistemas são considerados a seguir.

Uma situação bastante comum em que ocorre variação da vazão volumétrica é em reações em fase gasosa que não apresentam o mesmo número de mols dos produtos e dos reagentes. Por exemplo, na síntese de amônia,

$$N_2 + 3H_2 \rightleftarrows 2NH_3$$

4 mols de reagentes produzem 2 mols de produtos. Em sistemas com escoamento nos quais esse tipo de reação ocorre, a vazão molar variará à medida que a reação progredir. Devido à relação direta entre o número de mols e o volume, fixando-se a temperatura e a pressão, a vazão volumétrica também variará com a variação do número de mols da reação.

#SomosBons
A mesma tabela estequiométrica se mantém para ambas as reações em fases líquida e gasosa.

Nas tabelas estequiométricas apresentadas nas páginas precedentes, foi desnecessário considerar a hipótese relativa à variação de volume nas quatro primeiras colunas da tabela (isto é, as espécies, o número inicial de mols ou taxa molar de alimentação, a respectiva variação no interior do reator e o número restante de mols ou a taxa molar de saída). Todas essas colunas da tabela estequiométrica são independentes do volume ou da massa específica e são *idênticas* para situações de volume constante (massa específica constante) e de volume variável (massa específica variável). Apenas quando a concentração é expressa em função da conversão, a variação da massa específica passa a ser levada em conta.

Reatores com Escoamento com Vazão Volumétrica Variável. Para expressar a concentração de cada espécie em termos da conversão para um sistema com escoamento, começaremos utilizando as relações para a concentração total. A concentração total, C_T, em qualquer ponto do reator é a taxa molar, F_T, dividida pela vazão volumétrica v (como mostrado na Equação (4.10)). Na fase gasosa, a concentração total pode também ser expressa pela lei dos gases ideais, $C_T = P/ZRT$. Igualando essas duas últimas expressões, obtemos

$$C_T = \frac{F_T}{v} = \frac{P}{ZRT} \tag{4.14}$$

Na entrada do reator

$$C_{T0} = \frac{F_{T0}}{v_0} = \frac{P_0}{Z_0 R T_0} \tag{4.15}$$

Dividindo a Equação (4.14) pela Equação (4.15) e considerando desprezível a variação do fator de compressibilidade, em $Z \cong Z_0$, ao longo da reação, após rearranjo dos termos, temos

Reações em fase gasosa

$$\boxed{v = v_0 \left(\frac{F_T}{F_{T0}}\right) \frac{P_0}{P} \left(\frac{T}{T_0}\right)} \tag{4.16}$$

Podemos agora expressar a concentração das espécies j para um sistema com escoamento em termos de sua vazão molar, F_j, da temperatura, T, e da pressão, P.

$$C_j = \frac{F_j}{v} = \frac{F_j}{v_0 \left(\dfrac{F_T}{F_{T0}} \dfrac{P_0}{P} \dfrac{T}{T_0}\right)} = \left(\frac{F_{T0}}{v_0}\right) \left(\frac{F_j}{F_T}\right) \left(\frac{P}{P_0}\right) \left(\frac{T_0}{T}\right)$$

Use essa equação de concentração em **fase gasosa** para reatores com membrana (Capítulo 6) e para reações múltiplas (Capítulo 8).

$$\boxed{C_j = C_{T0} \left(\frac{F_j}{F_T}\right) \left(\frac{P}{P_0}\right) \left(\frac{T_0}{T}\right)} \tag{4.17}$$

A taxa molar total é simplesmente a soma das vazões molares de cada uma das espécies no sistema e é igual a

$$F_T = F_A + F_B + F_C + F_D + F_I + \cdots = \sum_{j=1}^{n} F_j \tag{4.18}$$

Podemos também escrever a Equação (4.17) em termos da fração molar da espécie j, y_j, e a razão de pressões, p, com respeito às condições inicial ou de entrada, isto é, subescrito "0"

$$y_j = \frac{F_j}{F_T}$$

Fase gasosa

$$p = \frac{P}{P_0}$$

$$\boxed{C_j = C_{T0} y_j p \frac{T_0}{T}} \tag{4.19}$$

As taxas molares, F_j, são determinadas resolvendo as equações de balanço molar. A concentração dada pela Equação (4.17) será usada para medidas além da conversão, quando discutirmos reatores com membranas (Capítulo 6) e reações múltiplas em fase gasosa (Capítulo 8).

Agora vamos expressar a concentração em termos da conversão em sistemas gasosos com escoamento. A partir da Tabela 4.2, a vazão molar total pode ser escrita em termos da conversão, na forma

$$F_T = F_{T0} + F_{A0}\ \delta X$$

Dividimos essa equação por F_{T0}

$$\frac{F_T}{F_{T0}} = 1 + \frac{F_{A0}}{F_{T0}} \delta X = 1 + \overbrace{y_{A0}\ \delta}^{\varepsilon} X$$

Então,

$$\frac{F_T}{F_{T0}} = 1 + \varepsilon X \tag{4.20}$$

em que y_{A0} é a fração molar de A na entrada (isto é, (F_{A0}/F_{T0})), δ é dado pela Equação (4.1) e ε é dado por

Relação entre δ e ε

$$\varepsilon = \left(\frac{d}{a} + \frac{c}{a} - \frac{b}{a} - 1\right) \frac{F_{A0}}{F_{T0}} = y_{A0}\ \delta$$

$$\boxed{\varepsilon = y_{A0}\ \delta} \tag{4.21}$$

A Equação (4.21) é a mesma para sistemas em batelada e contínuos. De modo a interpretar ε, vamos rearranjar a Equação (4.20) na conversão completa (isto é, $X = 1$ e $F_T = F_{Tf}$)

$$\varepsilon = \frac{F_{Tf} - F_{T0}}{F_{T0}}$$

Interpretação de ε

$$\boxed{\varepsilon = \frac{\text{Variação no número de mols para conversão completa}}{\text{Mols totais alimentados}}} \tag{4.22}$$

Substituindo (F_T/F_{T0}) na Equação (4.16) para a vazão volumétrica, υ, temos

Vazão volumétrica da fase gasosa

$$\boxed{\upsilon = \upsilon_0 (1 + \varepsilon X) \frac{P_0}{P} \left(\frac{T}{T_0}\right)} \tag{4.23}$$

A concentração da espécie j em um sistema contínuo é

$$C_j = \frac{F_j}{\upsilon} \tag{4.24}$$

A taxa molar da espécie j é

$$F_j = F_{j0} + \nu_j(F_{A0}X) = F_{A0}(\Theta_j + \nu_j X)$$

em que υ_i é o coeficiente estequiométrico para a espécie j, que é negativo para reagentes e positivo para produtos. Por exemplo, na reação

$$A + \frac{b}{a}B \longrightarrow \frac{c}{a}C + \frac{d}{a}D \tag{2.2}$$

$$\boxed{\nu_A = -1,\ \nu_B = -b/a,\ \nu_C = c/a,\ \nu_D = d/a,\ \text{e}\ \Theta_j = F_{j0}/F_{A0}.}$$

Substituindo a expressão de υ da Equação (4.23) e a expressão de F_j, temos

$$C_j = \frac{F_{A0}(\Theta_j + \nu_j X)}{\upsilon_0\left((1+\varepsilon X)\frac{P_0}{P}\frac{T}{T_0}\right)}$$

Rearranjando

Concentração na fase gasosa em função da conversão

$$\boxed{C_j = \frac{C_{A0}(\Theta_j + \nu_j X)}{1+\varepsilon X}\left(\frac{P}{P_0}\right)\frac{T_0}{T}} \tag{4.25}$$

Lembrar que $y_{A0} = F_{A0}/F_{T0}$, $C_{A0} = y_{A0}C_{T0}$, e ε é dado pela Equação (4.21) (isto é, $\varepsilon = y_{A0}\delta$).

A tabela estequiométrica para a Equação (2.2) em fase gasosa é apresentada na Tabela 4.3.

Tabela 4.3 Concentrações em um Sistema com Escoamento em Fase Gasosa com Volume Variável

$$C_A = \frac{F_A}{\upsilon} = \frac{F_{A0}(1-X)}{\upsilon} = \frac{F_{A0}(1-X)}{\upsilon_0(1+\varepsilon X)}\left(\frac{T_0}{T}\right)\frac{P}{P_0} = C_{A0}\left(\frac{1-X}{1+\varepsilon X}\right)\frac{T_0}{T}\left(\frac{P}{P_0}\right)$$

$$C_B = \frac{F_B}{\upsilon} = \frac{F_{A0}[\Theta_B - (b/a)X]}{\upsilon} = \frac{F_{A0}[\Theta_B - (b/a)X]}{\upsilon_0(1+\varepsilon X)}\left(\frac{T_0}{T}\right)\frac{P}{P_0} = C_{A0}\left(\frac{\Theta_B - (b/a)X}{1+\varepsilon X}\right)\frac{T_0}{T}\left(\frac{P}{P_0}\right)$$

$$C_C = \frac{F_C}{\upsilon} = \frac{F_{A0}[\Theta_C + (c/a)X]}{\upsilon} = \frac{F_{A0}[\Theta_C + (c/a)X]}{\upsilon_0(1+\varepsilon X)}\left(\frac{T_0}{T}\right)\frac{P}{P_0} = C_{A0}\left(\frac{\Theta_C + (c/a)X}{1+\varepsilon X}\right)\frac{T_0}{T}\left(\frac{P}{P_0}\right)$$

$$C_D = \frac{F_D}{\upsilon} = \frac{F_{A0}[\Theta_D + (d/a)X]}{\upsilon} = \frac{F_{A0}[\Theta_D + (d/a)X]}{\upsilon_0(1+\varepsilon X)}\left(\frac{T_0}{T}\right)\frac{P}{P_0} = C_{A0}\left(\frac{\Theta_D + (d/a)X}{1+\varepsilon X}\right)\frac{T_0}{T}\left(\frac{P}{P_0}\right)$$

$$C_I = \frac{F_I}{\upsilon} = \frac{F_{A0}\Theta_I}{\upsilon} = \frac{F_{A0}\Theta_I}{\upsilon_0(1+\varepsilon X)}\left(\frac{T_0}{T}\right)\frac{P}{P_0} = \frac{C_{A0}\Theta_I}{1+\varepsilon X}\left(\frac{T_0}{T}\right)\frac{P}{P_0}$$

Finalmente!
Agora temos
$C_j = h_j(X)$
e
$-r_A = g(X)$
para reações em **fase gasosa** com volume variável.

Um dos principais objetivos deste capítulo é aprender como expressar qualquer equação da taxa $-r_A$ em função da conversão. O diagrama esquemático apresentado na Figura 4.3 ajuda a sintetizar nossa discussão até esse ponto. A concentração do reagente-chave, B (a base de nossos cálculos), é expressa em função da conversão, tanto para sistemas com escoamento quanto para sistemas em batelada, para várias condições de temperatura, pressão e volume.

Por fim, acoplando a Tabela 4.3 com a equação da taxa para reações únicas em fase gasosa, obtemos o que necessitamos e usamos no Capítulo 2 para dimensionar e sequenciar os reatores com escoamento; ou seja,

$$-r_A = f(X)$$

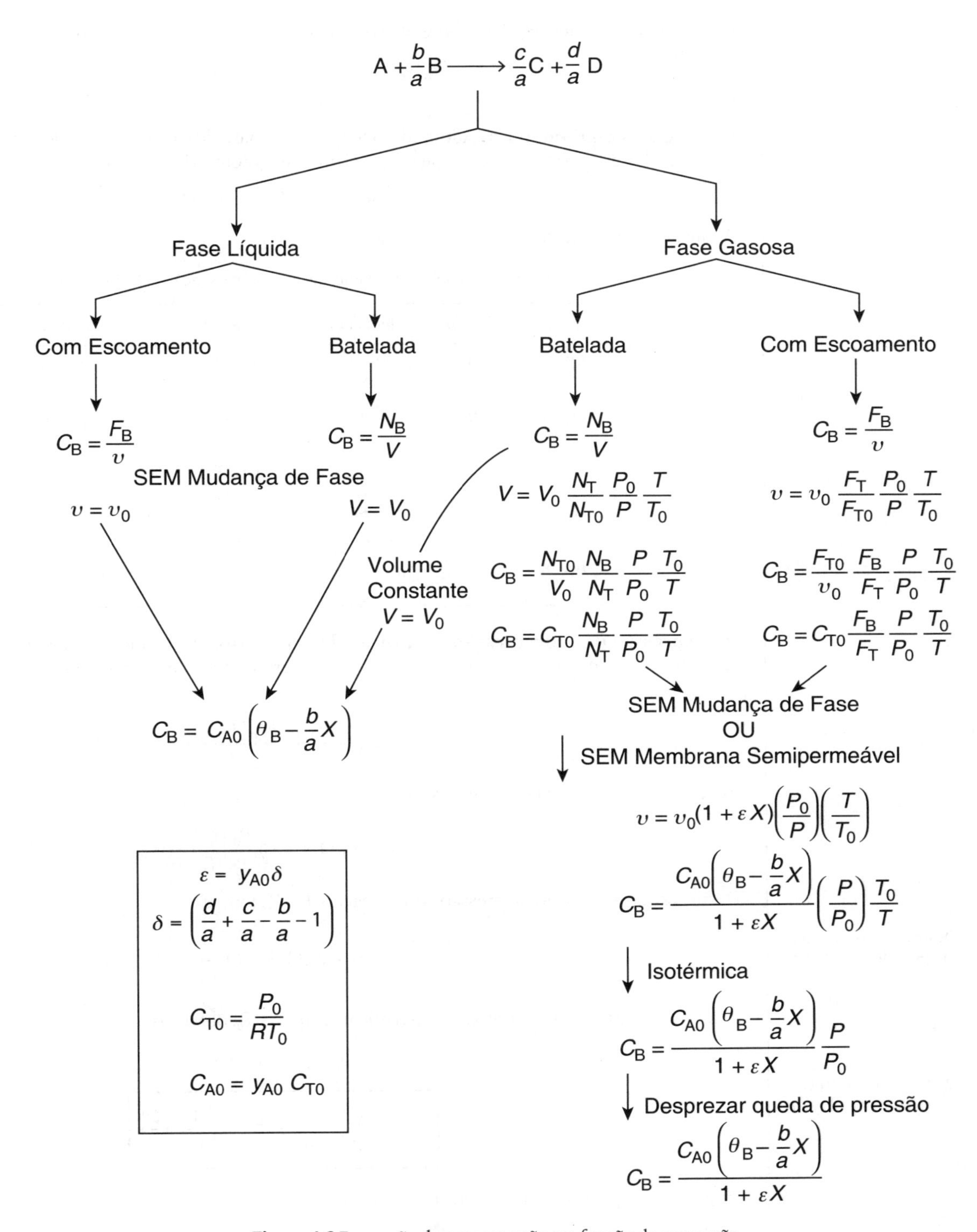

Figura 4.3 Expressão da concentração em função da conversão.

Exemplo 4.3 Determinação de $C_j = h_j(X)$ para uma Reação em Fase Gasosa

Uma mistura de 28% de SO_2 e 72% de ar é alimentada a um reator com escoamento no qual o SO_2 é oxidado.

$$2SO_2 + O_2 \longrightarrow 2SO_3$$

(a) Inicialmente, construa uma tabela estequiométrica utilizando apenas símbolos (isto é, Θ_i, F_i).

(b) A seguir, prepare uma segunda tabela calculando as concentrações das espécies em função da conversão, considerando a pressão total de 1.485 kPa (14,7 atm) e a temperatura constante e igual a 227°C.

(c) Avalie os parâmetros e faça um gráfico de cada uma das concentrações SO_2, SO_3, N_2 em função da conversão.

Solução

(a) Tabela estequiométrica. Adotando o SO_2 como a base de cálculo, dividimos os coeficientes estequiométricos das duas outras espécies pelo coeficiente estequiométrico do SO_2:

$$SO_2 + \tfrac{1}{2}O_2 \longrightarrow SO_3$$

A tabela estequiométrica é apresentada na Tabela E4.3.1.

Tabela E4.3.1 Tabela Estequiométrica para a Reação $SO_2 + \frac{1}{2}O_2 \rightarrow SO_3$

Espécie	*Símbolo*	*Inicialmente*	*Variação*	*Restante*
SO_2	A	F_{A0}	$-F_{A0}X$	$F_A = F_{A0}(1-X)$
O_2	B	$F_{B0} = \Theta_B F_{A0}$	$-\frac{F_{A0}X}{2}$	$F_B = F_{A0}\left(\Theta_B - \frac{1}{2}X\right)$
SO_3	C	0	$+F_{A0}X$	$F_C = F_{A0}X$
N_2	I	$F_{I0} = \Theta_I F_{A0}$	–	$F_I = F_{I0} = \Theta_I F_{A0}$
Totais		F_{T0}		$F_T = F_{T0} - \frac{F_{A0}X}{2}$

(b) Expressão da concentração em função da conversão. Da definição de conversão, substituímos não somente a taxa molar de SO_2 (A) em termos de conversão, mas também a vazão volumétrica em função da conversão

$$C_A = \frac{F_A}{v} = \frac{F_{A0}(1-X)}{v}$$

Recorrendo à Equação (4.23), temos

$$v = v_0(1+\varepsilon X)\frac{P_0}{P}\left(\frac{T}{T_0}\right) \tag{4.23}$$

Desprezando a variação de pressão com a reação, $P = P_0$, temos

Desprezando a queda de pressão, $P = P_0$, ou seja, $p = \frac{P}{P_0} \approx 1$

$$v = v_0(1+\varepsilon X)\frac{T}{T_0}$$

Se a reação for também conduzida isotermicamente, $T = T_0$, obtemos

Operação isotérmica, $T = T_0$

$$v = v_0(1+\varepsilon X)$$

$$\boxed{C_A = \frac{F_{A0}(1-X)}{v_0(1+\varepsilon X)} = C_{A0}\left(\frac{1-X}{1+\varepsilon X}\right)} \tag{E4.3.1}$$

Similarmente para B também com $T = T_0$ e $P = P_0$ (isto é, $p = 1$)

$$\boxed{C_B = C_{A0}\frac{\left(\Theta_B - \frac{b}{a}X\right)}{1+\varepsilon X}p\frac{T_0}{T} = \frac{C_{A0}\left(\Theta_B - \frac{1}{2}X\right)}{1+\varepsilon X}} \tag{E.4.3.2}$$

(c) Estimação de parâmetro e gráficos de concentrações em função da conversão. A concentração inicial de A é igual ao produto da fração molar de A na entrada pela concentração total na entrada. A concentração total pode ser calculada a partir de uma equação de estado, como a lei dos gases ideais. Lembrando que $y_{A0} = 0{,}28$, $T_0 = 500$ K e $P_0 = 1.485$ kPa.

$$\boxed{C_{A0} = y_{A0}C_{T0} = y_{A0}\left(\frac{P_0}{RT_0}\right)}$$

$$= 0{,}28\left[\frac{1.485 \text{ kPa}}{8{,}314 \text{ kPa}\cdot\text{dm}^3/(\text{mol}\cdot\text{K})\times 500 \text{ K}}\right]$$

$$= 0{,}1 \text{ mol/dm}^3 \quad \underline{\text{Resposta}}$$

A concentração total para temperatura e pressão constantes é

$$C_T = \frac{F_T}{v} = \frac{F_{T0} + \overbrace{y_{A0}\delta}^{\varepsilon} X F_{T0}}{v_0(1+\varepsilon X)} = \frac{F_{T0}(1+\cancel{\varepsilon X})}{v_0(\cancel{1+\varepsilon X})} = \frac{F_{T0}}{v_0} = C_{T0} \quad \text{(E4.3.3)}$$

$$C_{T0} = \frac{P_0}{RT_0} = \frac{1.485 \text{ kPa}}{[8{,}314 \text{ kPa}\cdot\text{dm}^3/(\text{mol}\cdot\text{K})](500 \text{ K})} = 0{,}357\frac{\text{mol}}{\text{dm}^3} \quad \text{(E4.3.4)}$$

Avaliamos agora o valor de ε.

$$\varepsilon = y_{A0}\,\delta = (0{,}28)(1 - 1 - \tfrac{1}{2}) = -0{,}14 \quad \text{(E4.3.5)}$$

Inicialmente, 72% do número total de mols correspondem a ar que contém 21% de O_2 e 79% de N_2, juntamente com 28% de SO_2.

$$F_{A0} = (0{,}28)(F_{T0})$$

$$F_{B0} = (0{,}72)(0{,}21)(F_{T0})$$

$$\Theta_B = \frac{F_{B0}}{F_{A0}} = \frac{(0{,}72)(0{,}21)}{0{,}28} = 0{,}54$$

$$\Theta_I = \frac{F_{I0}}{F_{A0}} = \frac{(0{,}72)(0{,}79)}{0{,}28} = 2{,}03 \quad \underline{\text{Resposta}}$$

Substituindo C_{A0} e ε nas concentrações das espécies:

SO_2:

$$C_A = C_{A0}\left(\frac{1-X}{1+\varepsilon X}\right) = 0{,}1\left(\frac{1-X}{1-0{,}14X}\right) \text{mol/dm}^3 \quad \text{(E4.3.6)}$$

O_2:

$$C_B = C_{A0}\left(\frac{\Theta_B - \frac{1}{2}X}{1+\varepsilon X}\right) = \frac{0{,}1\,(0{,}54 - 0{,}5X)}{1-0{,}14X} \text{mol/dm}^3 \quad \text{(E4.3.7)}$$

SO_3:

$$C_C = \frac{C_{A0}X}{1+\varepsilon X} = \frac{0{,}1X}{1-0{,}14X} \text{mol/dm}^3 \quad \text{(E4.3.8)}$$

N_2:

$$C_I = \frac{C_{A0}\Theta_I}{1+\varepsilon X} = \frac{(0{,}1)(2{,}03)}{1-0{,}14X} \text{mol/dm}^3 \quad \text{(E4.3.9)}$$

As concentrações das diferentes espécies a várias conversões são calculadas na Tabela E4.3.2 e plotadas na Figura E4.3.1. ***Note*** que a concentração de N_2 está variando, mesmo sendo uma espécie inerte nesta reação!! #Sério?

Tabela E4.3.2 Concentração em Função da Conversão

		C_i (mol/dm³)				
Espécies		$X = 0{,}0$	$X = 0{,}25$	$X = 0{,}5$	$X = 0{,}75$	$X = 1{,}0$
SO_2	C_A =	0,100	0,078	0,054	0,028	0,000
O_2	C_B =	0,054	0,043	0,031	0,018	0,005
SO_3	C_C =	0,000	0,026	0,054	0,084	0,116
N_2	C_I =	0,203	0,210	0,218	0,227	0,236
Total	C_T =	0,357	0,357	0,357	0,357	0,357

Nota: Devido à variação da vazão volumétrica com a conversão, $\upsilon = \upsilon_0(1 - 0{,}14X)$ a concentração do inerte (N_2) *não* é constante.

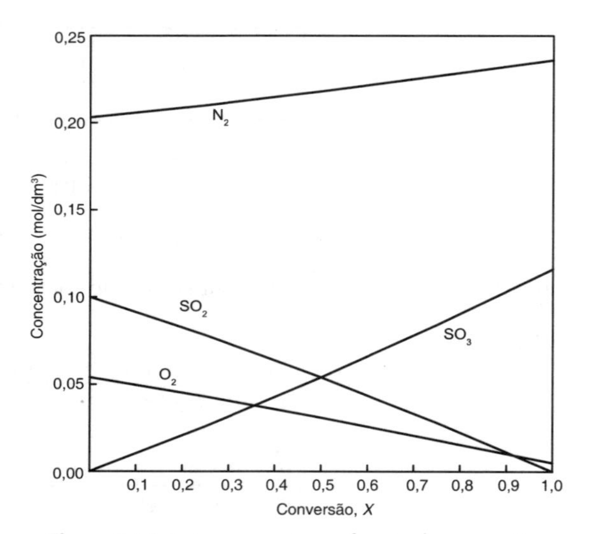

Figura E4.3.1 Concentração em função da conversão.

Agora, podemos usar as técnicas apresentadas no Capítulo 2 para dimensionar reatores.

Estamos agora na posição de expressar $-r_A$ como função de X e usar as técnicas do Capítulo 2. Entretanto, usaremos um método melhor para resolver problemas de ERQ, isto é, uma Tabela de Integrais (Apêndice A) ou os *softwares* Polymath, MATLAB, Wolfram ou Python, discutidos no próximo capítulo.

Análise: Neste exemplo, formamos uma tabela estequiométrica em termos das taxas molares. Mostramos então como expressar as concentrações de cada uma das espécies em uma reação em fase gasosa, em que há uma variação no número total de mols. A seguir, plotamos cada concentração das espécies em função da conversão e notamos que a concentração do inerte, N_2, não foi constante, mas aumentou com a elevação da conversão, por causa da diminuição da taxa molar total, F_T, com a conversão.

Como mencionado previamente, muitas, se não a maioria das equações da taxa para reações catalíticas, são dadas em termos das pressões parciais. Felizmente, as pressões parciais estão facilmente relacionadas com a conversão com a ajuda da lei dos gases ideais e a Equação (4.17).

$$P_i = C_iRT = C_{T0}\frac{F_i}{F_T}\overbrace{\left(\frac{P}{P_0}\right)}^{p}\frac{T_0}{T}RT = \overbrace{C_{T0}RT_0}^{P_{T0}}\overbrace{\frac{F_i}{F_T}}^{y_i}p$$

A seguinte equação é usada quando o balanço molar é escrito em termos das taxas molares

$$\boxed{P_i = P_{T0}\left(\frac{F_i}{F_T}\right)p} \tag{4.26}$$

Contudo, quando o balanço molar é escrito em termos da conversão, usamos a Equação (4.25)

$$P_i = C_iRT = C_{A0}\frac{(\Theta_i + \nu_i X)}{(1+\varepsilon X)}\frac{P}{P_0}\frac{T_0}{T}RT$$

$$= \overbrace{C_{A0}RT_0}^{P_{A0}}\frac{(\Theta_i + \nu_i X)}{(1+\varepsilon X)}p$$

$$\boxed{P_i = P_{A0}\frac{(\Theta_i + \nu_i X)}{1+\varepsilon X}p} \tag{4.27}$$

Por exemplo, a equação da taxa para a hidrodemetilação do tolueno (T) para formar metano (M) e benzeno (B), dada pela Equação (10.80), pode agora ser escrita em termos da conversão.

$T + H_2 \rightarrow M + B$

$$-r_T' = \frac{kP_{A0}^2(1-X)(\Theta_{H_2} - X)}{1 + K_BP_{A0}X + K_BP_{A0}(1-X)}(p)^2$$

Se você não decidiu qual computador vai comprar ou pedir emprestado ou não tem interesse em tabelas de integral, você pode recorrer às técnicas gráficas do Capítulo 2 e usar o gráfico de Levenspiel, $(F_{A0}/-r'_A)$ *versus* X, de modo a encontrar uma conversão específica de tolueno. *Entretanto*, isso pode levá-lo a uma severa desvantagem, uma vez que outros engenheiros de reações químicas usarão *softwares* (por exemplo, Polymath) para resolver problemas de engenharia das reações químicas.

Exemplo 4.4 Expressão da Lei de Taxa para a Oxidação de SO_2 em Termos das Pressões Parciais e Conversões

A oxidação do SO_2, discutida no Exemplo 4.3, deve ocorrer sobre um catalisador sólido de platina. Assim como para todas as reações catalíticas gás-sólido, a equação da taxa é expressa em termos de pressão parcial em vez de concentrações. A equação da taxa para essa oxidação de SO_2 foi encontrada experimentalmente como[1]

$$-r'_{SO_2} = \frac{k\left[P_{SO_2}\sqrt{P_{O_2}} - \dfrac{P_{SO_3}}{K_P}\right]}{\left(1+\sqrt{P_{O_2}K_{O_2}} + P_{SO_3}K_{SO_3}\right)^2}, \text{ mol de SO}_2\text{ oxidado/(h)/(g de catalisador)} \tag{E4.4.1}$$

em que P_i (kPa, bar ou atm) é a pressão parcial da espécie *i*.

A reação deve ocorrer isotermicamente a 400°C. Nessa temperatura, a constante de taxa *k* por grama de catalisador (g de catalisador), as constantes de adsorção para O_2 (K_{O_2}) e SO_2 (K_{SO_2}) e a constante de equilíbrio expressa em termos de pressão, K_P, foram encontradas experimentalmente como:

k = 9,7 mol $SO_2/atm^{3/2}$/h/g-cat

K_{O_2} = 38,5 atm^{-1}, K_{SO_3} = 42,5 atm^{-1}, e K_P = 930 $atm^{-1/2}$

A pressão total e a composição da alimentação (por exemplo, 28% de SO_2) são as mesmas que as do Exemplo 4.3. Por conseguinte, a pressão parcial na entrada de SO_2 é 4,1 atm. Praticamente, não há queda de pressão neste reator.

(a) Escreva a equação da taxa em função da conversão, avaliando todos os outros parâmetros.

(b) Prepare um gráfico de Levenspiel esquematizando o recíproco da taxa $[1/(-r_A)]$ como função de X até a conversão de equilíbrio X_e, e note onde a taxa vai para zero e $[1/(-r_A)]$ vai para o infinito.

Solução

Item (a)

Nenhuma Queda de Pressão e Operação Isotérmica

Para SO_2

Primeiro, necessitamos lembrar a relação entre pressão parcial e concentração, seguida da relação entre concentração e conversão. Uma vez que sabemos como expressar a concentração em função de conversão, sabemos como expressar a pressão parcial em função da conversão.

$$P_i = P_{A0}\frac{(\Theta_i + \nu_i X)}{(1+\varepsilon X)}\frac{P}{P_0} = P_{A0}\frac{(\Theta_i + \nu_i X)}{(1+\varepsilon X)}p$$

$$P_{SO_2} = C_{SO_2}RT = \frac{F_{SO_2}}{\upsilon}RT = \frac{F_{SO_2,0}(1-X)RT}{\upsilon_0(1+\varepsilon X)\dfrac{T}{T_0}\dfrac{P_0}{P}} = \frac{F_{SO_2,0}}{\upsilon_0}\frac{RT_0(1-X)\dfrac{P}{P_0}}{(1+\varepsilon X)}$$

$$P_{SO_2} = \frac{P_{SO_2,0}(1-X)\dfrac{P}{P_0}}{(1+\varepsilon X)} = \frac{P_{SO_2,0}(1-X)p}{(1+\varepsilon X)} \tag{E4.4.2}$$

Sem queda de pressão, $P = P_0$, isto é, $p = 1$

[1] O. A. Uychara and K. M. Watson, *Ind. Engrg. Chem*, 35, p. 541.

$$P_{SO_2} = \frac{P_{SO_2,0}(1-X)}{(1+\varepsilon X)}$$

$$P_{SO_2,0} = y_{SO_2,0}P_0 = 4{,}1 \text{ atm} \quad \text{(E4.4.3)}$$

Para SO_3

$$P_{SO_3} = C_{SO_3}RT = \frac{C_{SO_2,0}RT_0X}{(1+\varepsilon X)} = \frac{P_{SO_2,0}X}{1+\varepsilon X} \quad \text{(E4.4.4)}$$

Para O_2

$$P_{O_2} = C_{O_2}RT = C_{SO_2,0}\frac{\left(\Theta_B - \frac{1}{2}X\right)RT_0}{(1+\varepsilon X)} = P_{SO_2,0}\frac{\left(\Theta_B - \frac{1}{2}X\right)}{(1+\varepsilon X)} \quad \text{(E4.4.5)}$$

Do Exemplo 4.3

$$\Theta_B = 0{,}54$$

Fatorando $\frac{1}{2}$ na Equação (E4.4.5), temos

$$P_{O_2} = P_{SO_2,0}\frac{\left(\Theta_B - \frac{1}{2}X\right)}{(1+\varepsilon X)} = \frac{P_{SO_2,0}(1{,}08 - X)}{2(1+\varepsilon X)} \quad \text{(E4.4.6)}$$

Da Equação (E4.3.5)

$$\varepsilon = -0{,}14 \quad \text{(E4.3.5)}$$

Substitua a pressão parcial na equação da lei de taxa (E4.4.1)

$$-r'_{SO_2} = k\left[\frac{P_{SO_2,0}^{3/2}\left(\frac{1-X}{1-0{,}14X}\right)\sqrt{\frac{(1{,}08-X)}{2(1-0{,}14X)}} - \frac{P_{SO_2,0}X}{(1-0{,}14X)}\left(\frac{1}{930 \text{ atm}^{-1/2}}\right)}{\left(1+\sqrt{\frac{38{,}5\,P_{SO_2,0}(1{,}08-X)}{2(1-0{,}14X)}} + \frac{42{,}5\,P_{SO_2,0}X}{(1-0{,}14X)}\right)^2}\right] \quad \text{(E4.4.7)}$$

com k = 9,7 mol de SO_2/atm$^{3/2}$/h/g de catalisador, $P_{SO_2,0}$ = 4,1 atm e $P_{SO_2,0}^{3/2}$ = 8,3 atm$^{3/2}$

$-r'_A = f(X)$

$$-r'_{SO_2} = 9{,}7\frac{\text{mol}}{\text{h g-cat atm}^{3/2}}\left[\frac{\frac{8{,}3 \text{ atm}^{3/2}(1-X)}{(1-0{,}14X)}\sqrt{\frac{1{,}08-X}{2(1-0{,}14X)}} - \frac{0{,}0044 \text{ atm}^{3/2}X}{(1-0{,}14X)}}{\left(1+\sqrt{\frac{79(1{,}08-X)}{(1-0{,}14X)}} + \frac{174X}{1-0{,}14X}\right)^2}\right] \quad \text{(E4.4.8)}$$

Item (b)

Agora, podemos usar a Equação (E4.4.8) para plotar o recíproco da taxa como função de X, conforme mostrado na Figura E4.4.1, para projetar um reator catalítico de leito fixo. Notamos que, na conversão de equilíbrio, X_e, o recíproco da taxa vai para o infinito. Podemos usar agora um gráfico de Levenspiel para encontrar a massa de catalisador W em um leito fixo (PBR) para atingir uma conversão especificada.

$$F_{A0}\frac{dX}{dW} = -r'_A \quad (2.17)$$

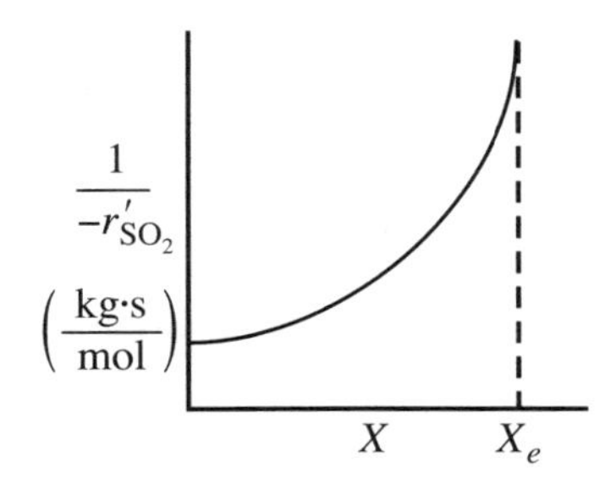

Figura E4.4.1 Recíproca da taxa de oxidação de SO_2 em função da conversão.

Os gráficos de Levenspiel são úteis conceitualmente para visualizar as diferenças nos tamanhos de reatores no sequenciamento de reatores. Entretanto, veremos no Capítulo 5 que o uso de pacotes computacionais numéricos são uma *maneira muito melhor* de determinar a massa do catalisador, W, do que usar os gráficos de Levenspiel. Por exemplo, juntaríamos a Equação (E4.4.8) com a Equação (2.17) e usaríamos um pacote para resolver a equação diferencial ordinária (EDO), tal como Polymath ou MATLAB, para encontrar a conversão X em função da massa do catalisador W. Assim, esteja certo de comprar ou pedir emprestado um *laptop* antes de tentar resolver os problemas do Capítulo 5 em diante.

Análise: Na maioria das reações catalíticas heterogêneas, as equações da taxa são expressas em termos de pressões parciais em vez de concentração. Todavia, vemos que, pelo uso da lei dos gases ideais, poderíamos *facilmente* expressar a pressão parcial em função da concentração e então usar a tabela estequiométrica e a conversão de modo a expressar a equação da taxa em função de conversão. Além disso, para a maioria de todas as reações heterogêneas, você encontrará geralmente um termo como $(1 + K_A P_A + K_B P_B + ...)$ no denominador da equação da taxa, como será explicado no Capítulo 10.

4.3 Reações Reversíveis e Conversão de Equilíbrio

Precisa-se, em primeiro lugar, calcular X_e

Até agora neste capítulo, tratamos exclusivamente de reações químicas irreversíveis. O procedimento que se usa para o projeto de reatores isotérmicos de reações reversíveis é virtualmente análogo ao de reações irreversíveis, com uma notável exceção: a conversão máxima que pode ser obtida na temperatura de reação é a conversão de equilíbrio, X_e. No exemplo a seguir, será mostrado como nosso algoritmo para o projeto de reator pode ser facilmente estendido para reações reversíveis.

Tetróxido de Nitrogênio

Exemplo 4.5 Cálculo da Conversão de Equilíbrio

A decomposição reversível em fase gasosa do tetróxido de nitrogênio, N_2O_4, para dióxido de nitrogênio, NO_2,

$$N_2O_4 \rightleftarrows 2NO_2$$

é conduzida em temperatura constante. A alimentação consiste em N_2O_4 puro a 340 K e 202,6 kPa (2 atm). A constante de equilíbrio em termos de concentração, K_C, a 340 K é igual a 0,1 mol/dm^3 e a constante de taxa $k_{N_2O_4}$ é 0,5 min^{-1}.

(a) Estabeleça uma tabela estequiométrica e então calcule a conversão de equilíbrio do N_2O_4 em um reator em batelada a volume constante.

(b) Estabeleça uma tabela estequiométrica e então calcule a conversão de equilíbrio do N_2O_4 em um reator com escoamento.

(c) Considerando a reação como elementar, expresse a taxa de reação em função apenas da conversão para um sistema com escoamento contínuo e para um sistema em batelada.

(d) Determine o volume de um CSTR capaz de conduzir a reação até 80% da conversão de equilíbrio.

Solução

$$N_2O_4 \rightleftarrows 2NO_2$$
$$A \rightleftarrows 2B$$

No equilíbrio, as concentrações das espécies reagentes estão conectadas pela relação imposta pela termodinâmica (veja a Equação (3.10) e o Apêndice C).

$$K_C = \frac{C_{Be}^2}{C_{Ae}} \tag{E4.5.1}$$

(a) Sistema em batelada — volume constante, $V = V_0$.

Tabela E4.5.1 Tabela Estequiométrica para Reator em Batelada

Espécies	*Símbolo*	*Inicialmente*	*Variação*	*Restante*
N_2O_4	A	N_{A0}	$-N_{A0}X$	$N_A = N_{A0}(1-X)$
NO_2	B	0	$+2N_{A0}X$	$N_B = 2N_{A0}X$
		$N_{T0} = N_{A0}$		$N_T = N_{T0} + N_{A0}X$

Problemas Práticos

Para sistemas em batelada, $C_i = N_i/V$,

$$C_A = \frac{N_A}{V} = \frac{N_A}{V_0} = \frac{N_{A0}(1-X)}{V_0} = C_{A0}(1-X) \tag{E4.5.2}$$

$$C_B = \frac{N_B}{V} = \frac{N_B}{V_0} = \frac{2N_{A0}X}{V_0} = 2C_{A0}X \tag{E4.5.3}$$

$$C_{A0} = \frac{y_{A0}P_0}{RT_0} = \frac{(1)(2\text{ atm})}{(0{,}082\text{ atm}\cdot\text{dm}^3/\text{mol}\cdot\text{K})(340\text{ K})}$$

$$= 0{,}07174\text{ mol/dm}^3 \qquad \underline{\text{Resposta}}$$

No equilíbrio, $X = X_{eb}$, substituímos as Equações (E4.5.2) e (E4.5.3) na Equação (E4.5.1),

$$K_C = \frac{C_{Be}^2}{C_{Ae}} = \frac{4C_{A0}^2X_{eb}^2}{C_{A0}(1-X_{eb})} = \frac{4C_{A0}X_{eb}^2}{1-X_{eb}}$$

(matemática-matemática-matemática-matemática) para obter

$$X_{eb} = \sqrt{\frac{K_C(1-X_{eb})}{4C_{A0}}} \tag{E4.5.4}$$

Usaremos o *software* Polymath para calcular a conversão de equilíbrio, considerando a variável Xeb como a conversão de equilíbrio em um reator em batelada a volume constante. A Equação (E4.5.4) escrita no formato do Polymath se torna

f(Xeb) = Xeb – [Kc* (1 –Xeb)/(4*Cao)] ^0,5

O programa Polymath e a solução são apresentados na Tabela E4.5.2.

Ao analisar a Equação (E4.5.4), você provavelmente se perguntará: *"Por que não usar a forma quadrática para calcular a conversão de equilíbrio tanto para o sistema com escoamento quanto para o sistema em batelada?"* Da Equação (E4.5.4), teríamos

$$\textit{Batelada: } X_{eb} = \frac{1}{8}\left[\left(-1+\sqrt{1+16C_{A0}/K_C}\right)/(C_{A0}/K_C)\right]$$

Um tutorial do Polymath é apresentado nas Notas de Resumo no Capítulo 1 no CRE *website* (http://websites.umich.edu/~elements/6e/index.html).

e da Equação (E4.5.8), teríamos

$$\textit{Escoamento contínuo: } X_{ef} = \frac{\left[(\varepsilon-1)+\sqrt{(\varepsilon-1)^2+4(\varepsilon+4C_{A0}/K_C)}\right]}{2(\varepsilon+4C_{A0}/K_C)}$$

A resposta é que problemas futuros serão não lineares e exigirão sua resolução pelo Polymath; logo, esse simples exercício aumenta a facilidade do leitor em usar o Polymath.

Tabela E4.5.2 Programa em Polymath e Solução para o Sistema em Batelada e o Sistema com Escoamento.

Equações não lineares
1 f(Xef) = Xef-(Kc*(1-Xef)*(1+épsilon*Xef)/(4*Cao))^0,5 = 0
2 f(Xeb) = Xeb-(Kc*(1-Xeb)/(4*Cao))^0,5 = 0

Equações explícitas
1 Cao = 0,07174
2 épsilon = 1,0
3 Kc = 0,1

Valores calculados das variáveis das equações não lineares

	Variável	Valor	f(x)	Estimativa Inicial
1	Xeb	0,4412597	7,266E-09	0,4
2	Xef	0,5083548	2,622E-10	0,5

	Variável	Valor
1	Cao	0,07174
2	épsilon	1.
3	Kc	0,1

Tutorial do Polymath
Capítulo 1

Como visto na Tabela E4.5.2, a conversão de equilíbrio em um reator em batelada a volume constante (X_{eb}) é

$$\boxed{X_{eb} = 0{,}44}$$

Nota: Um tutorial do Polymath pode ser encontrado nas notas de resumo do Capítulo 1 e no CRE *website* (*www.umich.edu/~elements/6e/tutorials/Polymath_LEP_tutorial.pdf*).

(b) Sistema com escoamento. A tabela estequiométrica é a mesma tabela construída para o sistema em batelada, exceto que o número de mols de cada espécie, N_i, é substituído pela correspondente vazão molar, F_i.

Para temperatura e pressão constantes, a vazão volumétrica é $\upsilon = \upsilon_0 (1 + \varepsilon X)$ e as concentrações resultantes das espécies A e B são

$$C_A = \frac{F_A}{\upsilon} = \frac{F_{A0}(1-X)}{\upsilon} = \frac{F_{A0}(1-X)}{\upsilon_0(1+\varepsilon X)} = \frac{C_{A0}(1-X)}{1+\varepsilon X} \tag{E4.5.5}$$

$$C_B = \frac{F_B}{\upsilon} = \frac{2F_{A0}X}{\upsilon_0(1+\varepsilon X)} = \frac{2C_{A0}X}{1+\varepsilon X} \tag{E4.5.6}$$

No equilíbrio, $X = X_{ef}$ e podemos substituir as Equações (E4.5.5) e (E4.5.6) na Equação (E4.5.1) para obter a expressão

$$K_C = \frac{C_{Be}^2}{C_{Ae}} = \frac{[2C_{A0}X_{ef}/(1+\varepsilon X_{ef})]^2}{C_{A0}(1-X_{ef})/(1+\varepsilon X_{ef})}$$

Simplificando, obtemos

$$K_C = \frac{4C_{A0}X_{ef}^2}{(1-X_{ef})(1+\varepsilon X_{ef})} \tag{E4.5.7}$$

Rearranjando para usar o Polymath, temos

$$X_{ef} = \sqrt{\frac{K_C(1-X_{ef})(1+\varepsilon X_{ef})}{4C_{A0}}} \tag{E4.5.8}$$

Para um sistema com escoamento com alimentação de N_2O_4 puro, $\varepsilon = y_{A0}\delta = 1(2-1) = 1$.

Usaremos a variável Xef para designar a conversão de equilíbrio em um reator com escoamento. A Equação (E4.5.8) escrita no formato do Polymath é

$$\boxed{f(Xef) = Xef - [kc*(1 - Xef)*(1 + eps*Xef)/4/cao]^{\wedge}0{,}5}$$

Essa solução é também mostrada na Tabela E4.5.3, $\boxed{X_{ef} = 0{,}51}$.

Tabela E4.5.3 Tabela Estequiométrica para Reatores com Escoamento Contínuo

Espécies	*Símbolo*	*Inicialmente*	*Variação*	*Restante*
N_2O_2	A	F_{A0}	$-F_{A0}X$	$F_A = F_{A0}(1-X)$
NO_2	B	0	$+2F_{A0}X$	$F_B = 2F_{A0}X$
		$F_T = F_{A0}$		$F_T = F_{T0} + F_{A0}X$

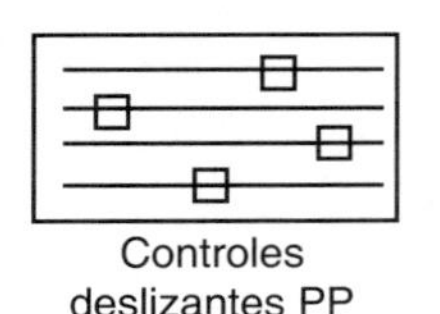
Controles deslizantes PP

Note que a conversão de equilíbrio em um reator com escoamento (isto é, $X_{ef} = 0{,}51$), com perda de carga desprezível, é maior do que a conversão de equilíbrio em um reator em batelada a volume constante ($X_{eb} = 0{,}44$). Revendo o princípio de Le Châtelier, você pode sugerir uma explicação para essa diferença em X_e? Este exemplo continua no Problema P4.1$_A$(a). Esteja certo em usar Wolfram e/ou Python nos Problemas Práticos (PPs) para ver como a razão (X_{eb}/X_{ef}) varia com ε e C_{T0}.

(c) Equações da taxa. Considerando que a reação segue uma equação da taxa elementar, então

$$-r_A = k_A\left[C_A - \frac{C_B^2}{K_C}\right] \tag{E4.5.9}$$

1. *Para um sistema em batelada a volume constante* ($V = V_0$)
   Nesse caso, $C_A = N_A/V_0$ e $C_B = N_B/V_0$. Substituindo as Equações (E4.5.2) e (E4.5.3) na expressão da equação da taxa, obtemos a taxa de desaparecimento de A em função da conversão:

$-r_A = f(X)$ para o reator em batelada com $V = V_0$

$$-r_A = k_A\left[C_A - \frac{C_B^2}{K_C}\right] = k_A\left[C_{A0}(1-X) - \frac{4C_{A0}^2X^2}{K_C}\right] \tag{E4.5.10}$$

2. *Para um sistema com escoamento*
   Nesse caso, $C_A = F_A/\upsilon$ e $C_B = F_A/\upsilon$ com $\upsilon = \upsilon_0(1 + \varepsilon X)$. Consequentemente, podemos substituir as Equações (E4.5.5) e (E4.5.6) na Equação (E4.5.9) para obter

$-r_A = f(X)$ para o reator com escoamento

$$-r_A = k_A\left[\frac{C_{A0}(1-X)}{1+\varepsilon X} - \frac{4C_{A0}^2X^2}{K_C(1+\varepsilon X)^2}\right] \tag{E4.5.11}$$

Como era previsto, para reações em fase gasosa, a dependência da taxa da reação com a conversão, isto é, $-r_A = f(X)$, para um sistema em batelada a volume constante (isto é, Equação (E4.5.10)) é diferente da obtida para um sistema com escoamento [isto é, Equação (E4.5.11)].

Se substituirmos os valores de C_{A0}, K_C, ε e $k_A = 0{,}5\ \text{min}^{-1}$ na Equação (E4.5.11), obtemos $-r_A$ em função apenas de X para um sistema com escoamento.

$$-r_A = \frac{0{,}5}{\text{min}}\left[0{,}072\frac{\text{mol}(1-X)}{\text{dm}^3(1+X)} - \frac{4(0{,}072\ \text{mol/dm}^3)^2X^2}{0{,}1\ \text{mol/dm}^3(1+X)^2}\right]$$

$$-r_A = 0{,}036\left[\frac{(1-X)}{(1+X)} - \frac{2{,}88\,X^2}{(1+X)^2}\right]\left(\frac{\text{mol}}{\text{dm}^3\cdot\text{min}}\right) \tag{E4.5.12}$$

Podemos agora usar a Equação (E4.5.12) para construir nosso gráfico de Levenspiel para encontrar o volume tanto do CSTR como do PFR.

Vemos que, à medida que nos aproximamos do equilíbrio $X_e = 0{,}51$, $-r_A$ vai para zero e $(1/-r_A)$ vai para o infinito.

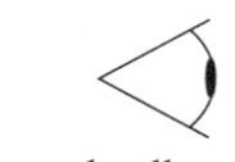
Fique de olho no que está por vir

(d) Volume do CSTR. Só por diversão, e isso é *realmente* engraçado, vamos calcular o volume de um CSTR capaz de conduzir a reação até 80% da conversão de equilíbrio de 51% (isto é, $X = 0{,}8X_e = (0{,}8)(0{,}51) = 0{,}4$) para uma taxa molar de alimentação de A igual a 3 mols/min.

Plotando o recíproco da Equação (E4.5.12) para obter o gráfico de Levenspiel como fizemos no Capítulo 2, pode ser visto na Figura E4.5.1, quando $X = 0{,}4$, que

$$\left(\frac{1}{-r_A}\right)_{X=0{,}4} = 143\frac{\text{dm}^3\text{min}}{\text{mol}}$$

então para $F_{A0} = 3$ mols/min

$$V = F_{A0}X\left(\frac{1}{-r_A}\right)_{X=0,4}$$

$$= \left(\frac{3 \text{ mol}}{\text{min}}\right)(0,4)(143)\frac{\text{dm}^3\text{min}}{\text{mol}}$$

$$V = 171 \text{ dm}^3$$

$X_e = 0,51$

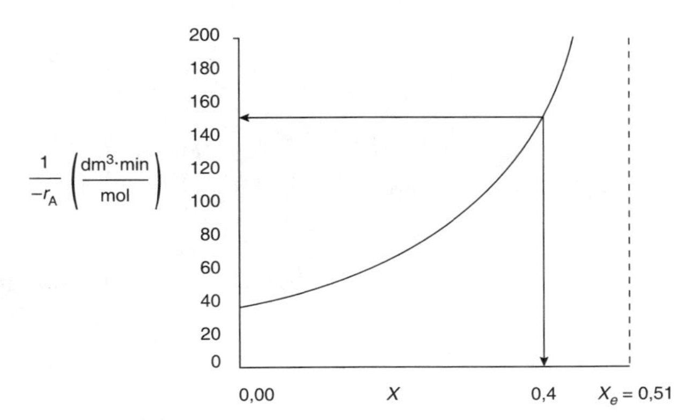

Figura E4.5.1 Gráfico de Levenspiel para um sistema com escoamento.

A maneira mais rápida de encontrar o volume do CSTR, em vez de desenhar o gráfico de Levenspiel, é simplesmente avaliar a Equação (E4.5.12) em $X = 0,4$.

$$-r_A = 0,036\left[\frac{(1-0,4)}{(1+0,4)} - \frac{2,88(0,4)^2}{(1+(0,4))^2}\right] = 0,0070 \text{ mol/dm}^3\text{/min}$$

Usando a Equação (2.13), podemos agora encontrar o volume do reator

$$V = \frac{F_{A0}X}{-r_A|_X} = \frac{F_{A0}(0,4)}{-r_A|_{0,4}} = \frac{(3 \text{ mol/min})(0,4)}{0,0070 \dfrac{\text{mol}}{\text{dm}^3 \cdot \text{min}}}$$

$$V = 171 \text{ dm}^3 = 0,171 \text{ m}^3$$

O volume do CSTR necessário para uma conversão de 40% é de 0,171 m^3. Veja o Problema P4.1A (b) para calcular o volume do PFR.

Análise: A finalidade deste exemplo foi calcular a conversão de equilíbrio primeiro para um reator em batelada com volume constante no item **(a)**, e então para um reator com escoamento com pressão constante no item **(b)**. Note que há uma variação no número total de mols nessa reação e, como resultado, essas duas conversões de equilíbrio (batelada e com escoamento) não são as mesmas!! Em seguida, mostramos no item **(c)** como expressar $-r_A = f(X)$ para uma reação reversível em fase gasosa. Aqui, notamos que as equações da taxa em função da conversão, isto é $-r_A = f(X)$, são diferentes para reatores em batelada e com escoamento. Finalmente, no item **(d)**, tendo $-r_A = f(X)$, especificamos uma taxa molar de A (isto é, 3,0 mols de A/min) e calculamos o volume necessário do CSTR para atingir uma conversão de 40%. Fizemos esse cálculo para dar uma visão dos tipos de análises que nós, como engenheiros químicos, fazemos quando temos cálculos similares, todavia mais complexos nos Capítulos 5 e 6.

4.4 *E Agora*... Uma Palavra do Nosso Patrocinador – Segurança 4 (UPDNP–S4 O Modelo do Queijo Suíço)

O Modelo do Queijo Suíço, mostrado na Figura 4.4, é outra ferramenta de estimar risco, que oferece um entendimento mais profundo nas camadas de proteção para processos químicos. Esta seção (isto é, 4.4) é apresentada para dar uma visão geral do modelo, enquanto o *site na Web Segurança de Processos no Currículo de Engenharia Química (http://umich.edu/~safeche/swiss_cheese.html)*

fornece uma explicação mais profunda. Uma camada de proteção é uma *ação preventiva*, colocada em curso para reduzir a chance de um incidente ocorrer, ou uma *ação mitigadora*, colocada em curso para diminuir a gravidade de um acidente. Essas camadas de proteção podem incluir o uso de projetos inerentemente mais seguros, seguindo procedimentos próprios nos laboratórios, usando equipamento proteção individual (EPI) e tendo um plano de resposta de emergência.

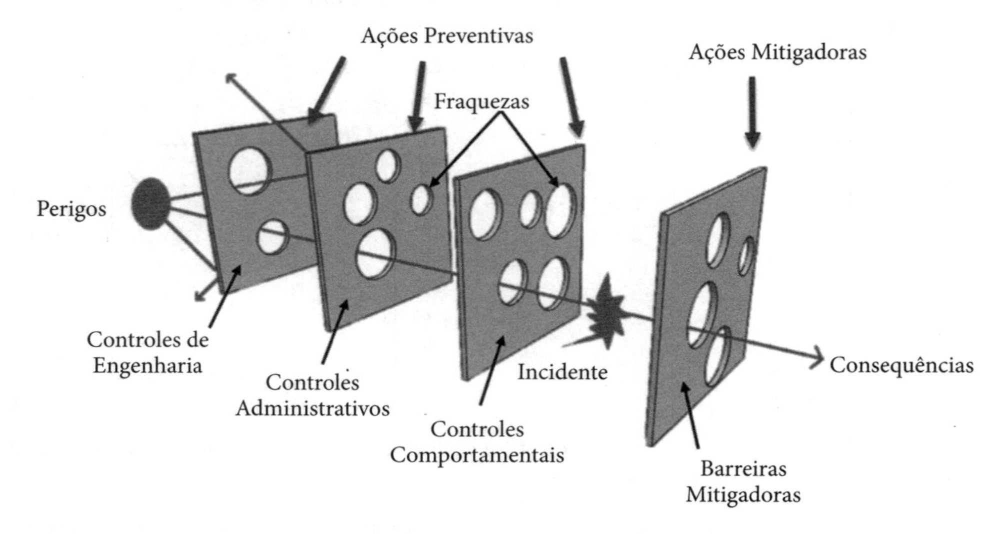

Figura 4.4 Modelo do Queijo Suíço.

Mesmo com diferentes níveis ou camadas de proteção, representadas na Figura 4.4 como fatias de queijo suíço, há possibilidade de um perigo resultar em um incidente. Para um incidente ocorrer, tem de haver uma vulnerabilidade em cada uma das camadas de proteção, representadas pelos orifícios nas fatias do queijo. Um orifício é uma fraqueza naquela camada de proteção (por exemplo, sistema de resfriamento reserva, válvula de alívio de pressão com defeito). O tamanho e o número de orifícios no queijo representam a falta relativa de confiabilidade naquela camada. *Esse modelo ilustra a importância de ter camadas protetoras fortes, de modo que perigos não passem através das múltiplas ações protetoras não detectadas e não resolvidas.*

O entendimento e a implementação de cada nível protetor são importantes ao executar um processo químico. A Tabela 4.4 mostra e discute cada uma das três fatias de "queijo" de controle (isto é, Engenharia, Administrativa e Comportamental), enquanto a Tabela 4.5 mostra e discute as barreiras mitigadoras.

Tabela 4.4 Ações Preventivas

Controles de Engenharia	*Controles Administrativos*	*Controles Comportamentais*
Os *controles de engenharia* envolvem ações preventivas que são projetadas no sistema, por exemplo, válvulas de alívio de pressão em trocadores de calor.	Os *controles administrativos* envolvem ações de gerência tomadas para assegurar que cada pessoa envolvida no processo tenha o mesmo conhecimento dos procedimentos de segurança estabelecidos, por exemplo, procedimentos de Gerenciamento de Mudança (GdM): antes de fazer uma mudança em um processo, os empregados devem identificar, rever e aprovar as modificações para assegurar que as mudanças sejam implementadas de modo seguro.	Os *controles comportamentais* focam nas ações que indivíduos podem tomar para prevenir a ocorrência de um acidente, usando ferramentas apropriadas e seguindo os procedimentos de laboratório, GdM e listas de verificação de segurança como instruído.

Tabela 4.5 Ações Mitigadoras

Barreiras Mitigadoras
Essas barreiras focam as ações que reduzem a gravidade ou o impacto de um acidente, por exemplo, ter um plano de resposta de emergência, usar equipamento de proteção individual (EPI) ou instalar um sistema de combate ao incêndio.

Os Controles de Engenharia, Controles Administrativos e Controles Comportamentais representam Ações Preventivas projetadas para reduzir a probabilidade da ocorrência de um incidente, enquanto as Barreiras Mitigadoras representam Ações Mitigadoras projetadas para reduzir o impacto ou a gravidade de um incidente. É importante reconhecer que todas essas camadas de proteção terão alguma fraqueza.

A principal finalidade do Modelo do Queijo Suíço é visualizar a vulnerabilidade e como um perigo pode ser capaz de passar por muitas ações preventivas diferentes em vigor.

Leitura Adicional sobre o Modelo do Queijo Suíço:

Board, U.S. Chemical Safety and Hazard Investigation. Fire at Praxair St. Louis: Dangers of Propylene Cylinders. Washington DC, 2006.

D. Hatch, P. McCulloch, and I. Travers. "Visual HAZOP," Chem. Eng., (917), 27–32 (2017, November).

USCSB. "CSB Safety Video: Dangers of Propylene Cylinders." Online video clip. YouTube, 10 October 2007. Web. 8 May 2018.

Encerramento. Tendo completado este capítulo, você deve estar apto a expressar a equação da taxa em termos da conversão e dos parâmetros de taxa de reação (por exemplo, k, K_C) para ambas as reações em fases líquida e gasosa. Uma vez expressando $-r_A = f(X)$, você pode usar as técnicas do Capítulo 2 para dimensionar os reatores e a conversão nos CSTRs, PFRs e PBRs isolados, assim como aqueles conectados em série. Entretanto, no próximo capítulo, mostraremos a você como executar esses cálculos muito mais facilmente em vez de usar uma Tabela de Integrais ou *softwares* como Polymath, MATLAB, Python ou Wolfram, sem ter de recorrer aos gráficos de Levenspiel. Depois de estudar este capítulo, você também terá de calcular a conversão de equilíbrio para reatores em batelada com volume constante e reatores com escoamento com pressão constante. Agora completamos os seguintes blocos fundamentais de nossa torre de ERQ.

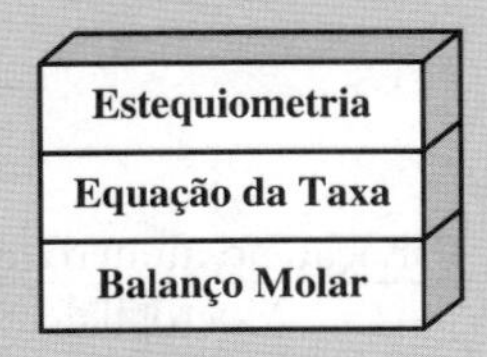

No Capítulo 5, focaremos nos quarto e quinto blocos: Combinação e Avaliação. No Capítulo 5, focaremos nos blocos fundamentais **combinação** e **avaliação**, que completarão então nosso algoritmo para o projeto de reatores químicos isotérmicos.

O algoritmo ERQ

- Balanço Molar, Cap. 1
- Equação da Taxa, Cap. 3
- Estequiometria, Cap. 4
- Combinação, Cap. 5
- Avaliação, Cap. 5
- Balanço de Energia, Cap. 11

RESUMO

1. A *tabela estequiométrica* para a reação dada pela Equação (R4.1) conduzida em um sistema com escoamento é

$$A + \frac{b}{a}B \rightarrow \frac{c}{a}C + \frac{d}{a}D \tag{R4.1}$$

2. No caso de gases ideais, a Equação (R4.3) relaciona a vazão volumétrica com a conversão.

Reator em batelada com volume constante: $V = V_0$ (R4.2)

Sistemas com escoamento: *Gás* $$v = v_0 \left(\frac{P_0}{P}\right)(1 + \varepsilon X)\frac{T}{T_0} \tag{R4.3}$$

Líquido: $$v = v_0 \tag{R4.4}$$

Espécies	*Alimentação*	*Variação*	*Saída*
A	F_{A0}	$-F_{A0}X$	$F_{A0}(1 - X)$
B	F_{B0}	$-\left(\frac{b}{a}\right)F_{A0}X$	$F_{A0}\left(\Theta_B - \frac{b}{a}X\right)$
C	F_{C0}	$\left(\frac{c}{a}\right)F_{A0}X$	$F_{A0}\left(\Theta_C + \frac{c}{a}X\right)$
D	F_{D0}	$\left(\frac{d}{a}\right)F_{A0}X$	$F_{A0}\left(\Theta_D + \frac{d}{a}X\right)$
I	F_{I0}	- - -	F_{I0}
Totals	F_{T0}	$\delta F_{A0}X$	$F_T = F_{T0} + \delta F_{A0}X$

Definições de δ **e** ε**:** Para a equação genérica dada por (R4.1), temos

$$\boxed{\delta = \frac{d}{a} + \frac{c}{a} - \frac{b}{a} - 1} \tag{R4.5}$$

$$\delta = \frac{\text{Variação no número total de mols}}{\text{Mol reagido de A}}$$

e

$$\boxed{\varepsilon = y_{A0}\delta} \tag{R4.6}$$

$$\varepsilon = \frac{\text{Variação no número total de mols para a conversão completa}}{\text{Mol total de mols alimentados no reator}}$$

3. Para líquidos incompressíveis ou para reações em batelada em fase gasosa ocorrendo em um volume constante, $V = V_0$, as concentrações das espécies A e C na reação dada pela Equação (R4.1) podem ser escritas como

$$C_A = \frac{F_A}{v} = \frac{F_{A0}}{v_0}(1 - X) = C_{A0}(1 - X) \tag{R4.7}$$

$$C_C = C_{A0}\left(\Theta_C + \frac{c}{a}X\right) \tag{R4.8}$$

As Equações (R4.7) e (R4.8) também podem ser aplicadas em reações em fase gasosa conduzidas em sistemas em batelada a volume constante.

4. Para reações em fase gasosa, usamos a definição de concentração ($C_{A0} = F_{A0}/v$), junto com a tabela estequiométrica, e a Equação (R4.3) para expressar as concentrações de A e C em termos da conversão.

$$C_A = \frac{F_A}{\upsilon} = \frac{F_{A0}(1-X)}{\upsilon} = C_{A0}\left[\frac{1-X}{1+\varepsilon X}\right] p \left(\frac{T_0}{T}\right) \tag{R4.9}$$

$$C_C = \frac{F_C}{\upsilon} = C_{A0}\left[\frac{\Theta_C + (c/a)X}{1+\varepsilon X}\right] p \left(\frac{T_0}{T}\right) \tag{R4.10}$$

Com $\Theta_C = \frac{F_{C0}}{F_{A0}} = \frac{C_{C0}}{C_{A0}} = \frac{y_{C0}}{y_{A0}}$ e $p = \frac{P}{P_0}$

5. A concentração da espécie i, para reações em fase gasosa, pode ser expressa, em termos das taxas molares, como

$$C_i = C_{T0}\frac{F_i}{F_T}\frac{P}{P_0}\frac{T_0}{T} \tag{R4.11}$$

A Equação (R4.11) tem de ser usada para reatores com membranas (Capítulo 6) e para reações múltiplas (Capítulo 8).

6. Muitas equações das taxas catalíticas são dadas em termos de pressão parcial, por exemplo,

$$-r'_A = \frac{k_A P_A}{1+K_A P_A} \tag{R4.12}$$

A pressão parcial está relacionada com a conversão por meio da tabela estequiométrica. Para qualquer espécie "i" na reação

$$P_i = P_{A0}\frac{(\Theta_i + \nu_i X)}{(1+\varepsilon X)}p \tag{R4.13}$$

Para a espécie A

$$P_A = P_{A0}\frac{(1-X)}{(1+\varepsilon X)}p$$

Substituindo na equação da taxa

$$-r'_A = \frac{k_A P_{A0}\frac{(1-X)}{(1+\varepsilon X)}p}{1+K_A P_{A0}\frac{(1-X)}{(1+\varepsilon X)}p} = \frac{kP_{A0}(1-X)p}{(1+\varepsilon X)+K_A P_{A0}(1-X)p} \tag{R4.14}$$

MATERIAIS DO CRE *WEBSITE*

(*http://www.umich.edu/~elements/6e/04chap/obj.html#/*)

Links Úteis

Problemas Práticos | Ajuda Extra | Materiais Adicionais | Estante com Referências Profissionais | Enunciados de Problemas Computacionais de Simulação | Vídeos no YouTube

Avaliação

Autotestes | Questões i>*Clicker*

Jogos Interativos Computacionais (*http://umich.edu/~elements/6e/icm/index.html*) Festival de Perguntas II Risco (*http://umich.edu/~elements/6e/icm/kinchal2.html*). Uma competição, envolvendo perguntas (chamada em inglês de *Jeopardy Game*) entre estudantes de AIChE, acontece nos encontros anuais da AIChE.

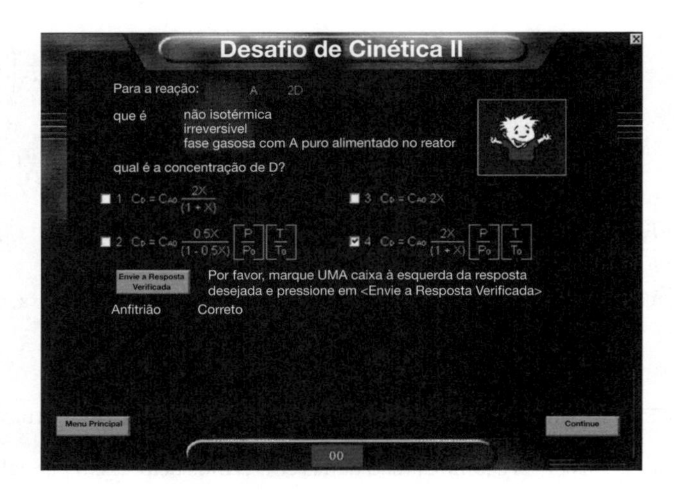

QUESTÕES E PROBLEMAS

O subscrito para cada número do problema indica o nível de dificuldade: A, menos difícil; D, mais difícil.

A = ● B = ■ C = ◆ D = ◆◆

Questões

Q4.1$_A$ **QAL** (***Q**uestão **A**ntes de **L**er*). Quais são as diferenças em escrever as concentrações como função da conversão para as reações em fases gasosa e líquida?

Q4.2$_A$ ***i>clicker.*** Vá ao CRE *website* (*http://www.umich.edu/~elements/6e/04chap/iclicker_ch4_q1.html*) e analise no mínimo 5 questões i>*clicker*. Escolha uma que poderia ser usada como está, ou uma variação dela, para ser incluída no próximo exame. Você também poderia considerar o caso oposto: explique por que as questões *não* devem estar no próximo exame. Em cada caso, explique seu raciocínio.

Q4.3$_A$ **Exemplo 4.1.** O problema estaria correto se a água fosse considerada um elemento inerte? Explique.

Q4.4$_A$ **Exemplo 4.2.** Como se modificaria a resposta do problema se a concentração inicial do estearato de glicerol fosse igual a 3 mols/dm^3? Refaça o Exemplo 4.2 corretamente, usando as informações fornecidas no enunciado do problema.

Q4.5$_A$ **Exemplo 4.3.** Sob que condições a concentração do nitrogênio inerte permanece constante? Faça um gráfico representativo da Equação (E4.5.2), plotando $(1/-r_A)$ *versus* X até $X = 0{,}99$. O que você observou?

Q4.6$_A$ Você pode dizer o nome da banda inglesa de *rock* que ficou mundialmente conhecida nos anos de 1970 e 1980, cujo cantor foi Freddie Mercury? O grupo ressurgiu em 2019, quando Adam Lambert substituiu Freddie, que morreu em 1991. *Sugestão:* Veja Problema P5.22$_A$.

Q4.7$_A$ O que você aprendeu do *Modelo do Queijo Suíço* (por exemplo, faça uma lista)?

Q4.8$_A$ Siga o *link* dos Vídeos de Aprendizado de EngQui do Capítulo 4 (*http://www.umich.edu/~elements/6e/04chap/learn-cheme-videos.html*).

(**a**) Assista a um ou mais dos vídeos de 5 a 6 minutos e avalie em duas sentenças.

(**b**) O que o vídeo fez bem e o que poderia ser melhorado?

Q4.9$_A$ UPDNP–S4 O Modelo do Queijo Suíço

(a) Qual a principal finalidade de implementar o Modelo do Queijo Suíço em seu local de trabalho?

(b) Categorize os controles de engenharia, os controles administrativos, os controles comportamentais e as barreiras mitigadoras como ações preventivas ou ações mitigadoras. Liste um exemplo de cada.

(c) O que acontece quando todas as fraquezas/vulnerabilidades nos controles/barreiras se alinharem?

(d) Qual foi a *lição a guardar* desta seção de segurança?

Simulações Computacionais e Experimentos

P4.1$_A$ **(a) Exemplo 4.4: Oxidação do SO_2**

Wolfram e Python

(i) Varie Θ_B e observe a mudança na taxa de reação. Vá para os extremos e explique o que está provocando a mudança da curva dessa forma.

(ii) Varie os parâmetros e liste aqueles que têm o maior e o menor efeito na taxa de reação.

(iii) Escreva um conjunto de conclusões sobre os experimentos que você fez, variando os comandos deslizantes nos itens (i) a (iii).

Polymath

(iv) Usando a taxa molar de SO_2 (A) de 3 mols/h e a Figura E4.4.1, calcule o leito fluidizado (isto é, massa de catalisador no CSTR) necessário para 40% de conversão.

(v) Em seguida, considere a taxa de alimentação de SO_2 igual a 1.000 mols/h. Faça um gráfico ($F_{A0}/-r_A$) em função de X, de modo a determinar a massa de catalisador no leito fluidizado necessária para atingir 30% de conversão e 99% da conversão de equilíbrio, ou seja, $X = 0{,}99X_e$.

(b) Exemplo 4.5: Conversão de Equilíbrio

(i) Usando a Figura E4.5.1 e os métodos do Capítulo 2, estime o volume do PFR para 40% de conversão para uma taxa molar de A de 5 dm^3/min.

(ii) Usando a Figura E4.5.1 e os métodos do Capítulo 2, estime o tempo para atingir 40% de conversão em um reator em batelada quando a concentração inicial for 0,05 mol/dm^3.

Wolfram e Python

(iii) Que valores de K_C e C_{A0} tornam X_{ef} o mais longe possível de X_{eb}?

(iv) Que valores de K_C e C_{A0} tornam X_{eb} e X_{ef} estarem o mais próximo possível?

(v) Observe o gráfico da razão de $\left(\frac{X_{eb}}{X_{er}}\right)$ em função de y_{A0}. Varie os valores de K_C e C_{T0}. Que conclusões você pode tirar?

(vi) Escreva um conjunto de conclusões a partir de sua experiência de (i) até (vi).

Jogos Interativos Computacionais

P4.2$_A$ Carregue em seu computador o Jogo Interativo Computacional (JIC) do material on-line relativo ao Desafio de Cinética no CRE *website*. Rode o jogo e então grave seu número de desempenho fornecido, que mede seu grau de aprendizado com o material. O seu professor conhece a senha que permite decodificar o seu número de desempenho. MCI – Desafio de Cinética – Número de Desempenho#_______________.

Desafio de Cinética II

Taxa	Equação	Estequiometria
100	100	100
200	200	200
300	300	300

Uma competição, envolvendo perguntas (chamado em inglês de *Jeopardy Game*) entre estudantes de AIChE, acontece nos encontros anuais da AIChE. Você pode encontrar uma dessas perguntas formuladas.

Problemas

P4.3$_A$ A reação reversível elementar

$$2A \rightleftarrows B$$

ocorre em um reator contínuo, em que A puro é alimentado a uma concentração de 4,0 mol/dm^3. Se a conversão de equilíbrio for 60%,

(a) Qual será a constante de equilíbrio, K_C, se a reação ocorrer em fase gasosa? (***Resp.:*** Gás: $K_C = 0{,}328$ dm^3/mol)

(b) Qual será K_C se a reação ocorrer em fase líquida? (***Resp.:*** Líquido: $K_C = 0{,}469$ dm^3/mol)

(c) Escreva $-r_A$ somente em função da conversão (isto é, avaliando todos os símbolos), quando a reação for elementar, reversível, em fase gasosa e isotérmica, sem queda de pressão, com $k_A = 2$ dm^6/mol × s e $K_C = 0{,}5$, todas em unidades apropriadas.

(d) Repita (c) para um reator em batelada com volume constante.

P4.4$_B$ **Estequiometria.** A reação elementar em fase gasosa

$$2A + B \rightarrow C$$

ocorre isotermicamente em um PFR sem queda de pressão. A alimentação é equimolar em A e em B e a concentração de A na entrada é 0,1 mol/dm^3. Estabeleça uma tabela estequiométrica e então determine o seguinte.

(a) Qual é a concentração (mol/dm^3) de B na entrada?

(b) Quais são as concentrações (mol/dm^3) de A e de C para uma conversão de 25% de A?

(c) Qual é a concentração (mol/dm^3) de B para uma conversão de 25% de A? (***Resp.:*** $C_B = 0{,}1$ mol/dm^3)

(d) Qual é a concentração (mol/dm^3) de B para uma conversão de 100% de A?

(e) Se em uma conversão particular a taxa de formação de C for 2 mol/min/dm^3, qual será a taxa de formação de A na mesma conversão?

(f) Escreva $-r_A$ somente em função da conversão (isto é, avaliando todos os símbolos) quando a reação for elementar, irreversível, em fase gasosa e isotérmica, sem queda de pressão, com uma alimentação equimolar e com $C_{A0} = 2{,}0$ mol/dm^3 a $k_A = 2$ dm^6/mol × s.

(g) Qual é a taxa de reação em $X = 0{,}5$?

P4.5$_A$ Construa uma tabela estequiométrica para cada uma das seguintes reações e expresse a concentração de cada uma das espécies na reação em função da conversão, calculando todas as constantes envolvidas (por exemplo,

ε, Θ). Em seguida, considere que a reação obedeça a uma equação da taxa elementar e expresse a taxa de reação em função apenas da conversão, isto é, $-r_A = f(X)$.

(a) Para a reação em fase líquida

$$\underset{\text{(óxido de etileno, anel com O)}}{CH_2{-}CH_2} + H_2O \xrightarrow{H_2SO_4} \begin{matrix} CH_2{-}OH \\ | \\ CH_2{-}OH \end{matrix}$$

as concentrações de óxido de etileno e de água, na entrada, depois de misturar as correntes de entrada, são 16,13 mol/dm³ e 55,5 mol/dm³, respectivamente. A velocidade específica de reação é k = 0,1 dm³/mol × s a 300 K com E = 12.500 cal/mol.

(1) Depois de encontrar $-r_A = f(X)$, calcule o espaço-tempo em um CSTR, τ, para uma conversão de 90% a 300 K e a 350 K.

(2) Se a vazão volumétrica for 200 litros por segundo, qual será o volume correspondente do reator? (***Resp.:*** A 300 K: V = 439 dm³ e a 350 K: V = 22 dm³)

(b) Para a pirólise isotérmica e em fase gasosa

$$C_2H_6 \longrightarrow C_2H_4 + H_2$$

etano puro alimenta um reator contínuo a 6 atm e 1.100 K, com $\Delta P = 0$. Construa uma tabela estequiométrica e então expresse $-r_A = f(X)$. Como mudaria a sua equação para a concentração e a taxa de reação, isto é, $-r_A = f(X)$, se a reação ocorresse em um reator em batelada com volume constante?

(c) Para a oxidação catalítica isotérmica, isobárica e em fase gasosa

$$C_2H_4 + \tfrac{1}{2}O_2 \longrightarrow \underset{\text{(anel com O)}}{CH_2{-}CH_2}$$

a alimentação, composta de uma mistura estequiométrica apenas de oxigênio e de etileno, entra em um PBR a 6 atm e 260°C. Construa uma tabela estequiométrica e então expresse $-r'_A$ em função de pressões parciais. Expresse as pressões parciais e $-r'_A$ em função da conversão para (1) um reator em batelada de leito fluidizado e (2) um PBR. Finalmente, expresse $-r'_A$ somente em função da constante de taxa e da conversão.

(d) Construa uma tabela estequiométrica para uma reação catalítica isotérmica, isobárica e em fase gasosa, conduzida em um leito fluidizado de mistura perfeita (CSTR fluidizado).

$$C_6H_6 \text{ (benzeno)} + 2H_2 \longrightarrow \text{(ciclo-hexeno)}$$

CSTR Fluidizado

A alimentação é estequiométrica e entra a 6 atm e 170°C. Qual a massa de catalisador necessária para que seja atingida uma conversão de 80% em CSTR fluidizado a 170°C e a 270°C? A constante de taxa é definida com relação ao benzeno e υ_0 = 50 dm³/min.

$$k_B = \frac{53 \text{ mol}}{\text{kgcat} \cdot \text{min} \cdot \text{atm}^3} \text{ a 300 K com } E = 80 \text{ kJ/mol}$$

Primeiro, expresse a equação da taxa em termos das pressões parciais e então expresse a lei de taxa em função da conversão. Considere $\Delta P \equiv 0$.

P4.6$_A$ *Orto*-nitroanilina (um intermediário importante em corantes chamado de *fast orange*) é obtida a partir da reação do *orto*-nitroclorobenzeno (ONCB) com solução aquosa de amônia. (Veja a explosão na Figura E13.2.1 e o Exemplo 13.2.)

$$C_6H_4(NO_2)Cl + 2NH_3 \longrightarrow C_6H_4(NO_2)NH_2 + NH_4Cl$$

A reação ocorre em fase líquida e é de primeira ordem em relação ao ONCB e em relação à amônia com k = 0,0017 m³/kmol × min a 188ºC e E = 11.273 cal/mol. As concentrações de alimentação do ONCB e da amônia são, respectivamente, iguais a 1,8 kmol/m³ e 6,6 kmol/m³ (mais informações sobre essa reação serão apresentadas no Capítulo 13).

(a) Construa uma tabela estequiométrica dessa reação para um sistema com escoamento contínuo.

(b) Escreva a equação da velocidade da reação de consumo do ONCB em termos da concentração.

(c) Explique como se modificariam os itens (a) e (b) se a reação fosse conduzida em um sistema em batelada.

(d) Escreva $-r_A$ em função apenas da conversão. $-r_A$ = ________

(e) Qual é a taxa inicial da reação ($X = 0$) a 188°C? $-r_A$ = ________
a 25°C? $-r_A$ = ________
a 288°C? $-r_A$ = ________

(f) Qual é a taxa inicial da reação quando $X = 0{,}90$ a 188°C? $-r_A$ = ________
a 25°C? $-r_A$ = ________
a 288°C? $-r_A$ = ________

(g) Qual seria o volume correspondente de um reator CSTR a 25°C para se obter uma conversão de 90% a 25°C e a 288°C para uma vazão de 2 dm³/min
a 25°C? V= ________
a 288°C? V = ________

P4.7$_B$ **QEA** (*Questão de Exame Antigo*). Considere que a seguinte reação elementar reversível em fase gasosa ocorra isotermicamente, sem queda de pressão, tendo uma alimentação equimolar de A e B, com C_{A0} = 2,0 mol/dm³.

$$2A + B \rightleftarrows C$$

(a) Qual é a concentração inicial de B? C_{B0} = ______ (mol/dm³)

(b) Qual é o reagente limitante? ________

(c) Qual é a concentração de B na saída, quando a conversão de A for 25%? C_B = ________ (mol/dm³)

(d) Expresse $-r_A$ apenas em função da conversão (isto é, avaliando todos os símbolos), quando a reação for elementar, reversível, em fase gasosa, isotérmica, sem queda de pressão, com uma alimentação equimolar e com C_{A0} = 2,0 mol/dm³, k_A = 2 dm⁶/mol² × s e K_C = 0,5, todas em unidades próprias $-r_A$ = ________.

(e) Qual é a conversão de equilíbrio?

(f) Qual é a taxa quando a conversão for
(1) 0%?
(2) 50%
(3) 0,99 X_e?

P4.8$_B$ **QEA** (*Questão de Exame Antigo*). A reação em fase gasosa

$$\tfrac{1}{2}N_2 + \tfrac{3}{2}H_2 \longrightarrow NH_3$$

é conduzida de forma isotérmica em um reator contínuo. A alimentação é composta por 50% de H_2 e 50% de N_2 em base molar, a uma pressão de 16,4 atm e uma temperatura de 227°C.

(a) Construa uma tabela estequiométrica completa dessa reação.

(b) Expresse as concentrações, em mol/dm³ de cada uma das espécies reagentes, em função da conversão. Avalie os valores de C_{A0}, δ e ε, e então calcule a concentração da amônia e do hidrogênio quando a conversão de H_2 for de 60%. (***Resp.:*** C_{H_2} = 0,1 mol/dm³).

(c) Suponha, como hipótese, que a reação será elementar com k_{N_2} = 40 dm³/mol/s. Escreva a equação da taxa de reação em função *apenas* da conversão (1) para um sistema com escoamento contínuo e (2) para um sistema em batelada a volume constante.

P4.9$_B$ **QEA** (*Questão de Exame Antigo*). Em 1995, os Estados Unidos produziram 820 milhões de libras de anidrido ftálico. Um dos usos finais de anidrido ftálico é em fibras de vidro para cascos de barcos. O anidrido ftálico pode ser produzido por uma oxidação parcial de naftaleno tanto em leito fixo como em leito fluidizado catalítico. Um fluxograma para o processo comercial é mostrado a seguir. Aqui, a reação ocorre em um leito fixo com um catalisador de pentóxido de vanádio compactado em tubos com 25 mm de diâmetro. Uma taxa de produção de 31.000 toneladas por ano requer 15.000 tubos.

2 [naftaleno] + $9O_2$ ⟶ 2 [anidrido ftálico] + $4CO_2$ + $4H_2O$

Considere que a reação seja de primeira ordem em oxigênio e segunda ordem em naftaleno, com k_N = 0,01 dm⁶/mol²/s.

(a) Construa uma tabela estequiométrica para essa reação, para uma mistura inicial de 3,5% de naftaleno e 96,5% de ar (% em mol) e use essa tabela para desenvolver as relações listadas nos itens (b) e (c). A pressão e a temperatura iniciais/de entrada são P_0 = 10 atm e T_0 = 500 K.

(b) Expresse as seguintes variáveis somente em função da conversão de naftaleno, X, para um reator em batelada isotérmico, com volume constante, $V = V_0$. (1) A concentração de O_2, C_{O_2}. (2) A pressão total, P. (3) A taxa de reação, $-r_N$. (4) Então, calcule o tempo para atingir 90% de conversão.

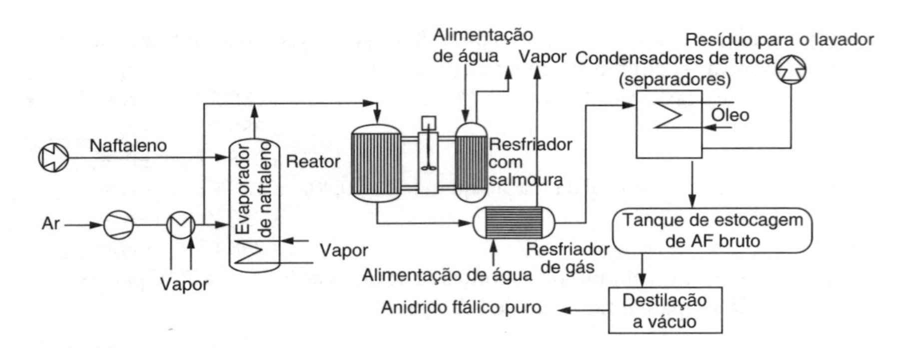

Adaptada de Tecnologia e Fluxograma de Processos (*Process Technology and Flowsheet*), Volume II. Reimpressão de Engenharia Química, McGraw Hill Pub. Co., p. 111.

(c) Repita (b) para um reator isotérmico com escoamento, de modo a encontrar C_{O_2}, a vazão volumétrica e a taxa de reação $-r_N$ em função da conversão.

(d) Quais são os volumes do CSTR e PFR necessários para atingir 98% de conversão de naftaleno para uma vazão volumétrica de alimentação de 10 dm³/s?

(e) Escreva poucas sentenças sobre o fluxograma para fabricar o anidrido ftálico.

P4.10$_B$ **QEA** (*Questão de Exame Antigo*). A reação reversível elementar

$$2A \rightleftharpoons B$$

ocorre em um reator isotérmico com escoamento sem queda de pressão, em que A puro é alimentado a uma concentração de 4,0 mol/dm³. A conversão de equilíbrio é 60%.

(a) Qual será a constante de equilíbrio, K_C, se a reação ocorrer em fase gasosa?

(b) Qual será K_C, se a reação ocorrer em fase líquida?

P4.11$_B$ Considere que a reação elementar reversível em fase gasosa ocorre isotermicamente

$$A \rightleftharpoons 3C$$

"A" puro entra a uma temperatura de 400 K e a uma pressão de 10 atm. Nessa temperatura, $K_C = 0{,}25(\text{mol/dm}^3)^2$. Escreva a equação da taxa e calcule então a conversão de equilíbrio para cada uma das seguintes situações:

(a) A reação em fase gasosa ocorre em um reator em batelada com volume constante.

(b) A reação em fase gasosa ocorre em um reator em batelada com pressão constante.

(c) Você pode explicar a razão por que haveria uma diferença nos dois valores da conversão de equilíbrio?

P4.12$_B$ Repita os itens (**a**) a (**c**) do **Problema 4.11$_B$** para a reação

$$3A \rightleftharpoons C$$

"A" puro entra a uma temperatura de 400 K, pressão de 10 atm e com constante de equilíbrio igual a $K_C = 2{,}5$ $(\text{dm}^3/\text{mol})^2$.

(d) Compare as conversões de equilíbrio nos Problemas P4.11$_B$ e P4.12$_B$. Explique as tendências, por exemplo: X_e para pressão constante é sempre maior do que X_e para volume constante? Explique as razões para as similaridades e diferenças nas conversões de equilíbrio nas duas reações.

P4.13$_C$ **QEA** (*Questão de Exame Antigo*). Considere um *reator em batelada cilíndrico* em que uma das bases é um pistão, que desliza sem atrito, ligado a uma mola (Figura P4.13$_C$). A reação

$$A + B \longrightarrow 8C$$

cuja equação da taxa é

$$-r_A = k_1 C_A^2 C_B$$

está sendo conduzida nesse tipo de reator.

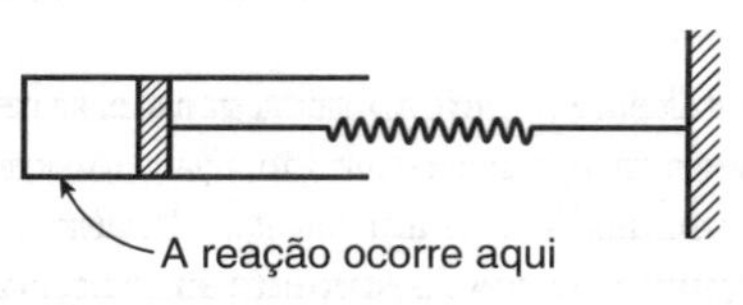

Figura P4.13$_C$

(a) Escreva a equação da taxa em função apenas da conversão e avalie o valor numérico de todos os símbolos empregados. (***Resp.:*** $-r_A = 5{,}03 \times 10^{-9}\,[(1 - X)^3/(1 + 3X)^{3/2}]$ lb mol/ft$^3 \cdot$ s.)

(b) Qual é a conversão e qual é a taxa de reação quando $V = 0{,}2$ ft^3? (***Resp.:*** $X = 0{,}259$, $-r_A = 8{,}63 \times 10^{-10}$ lb mol/ft$^3 \cdot$ s.)

Informações Adicionais

Números iguais de mols de A e B estão presentes em $t = 0$
Volume inicial: 0,15 ft^3
Valor de $k_1 = 1{,}0$ (ft^3/lb mol)$^2 \cdot$ s^{-1}
A constante da mola é tal que a relação entre o volume do reator e a pressão em seu interior é

$$V = (0{,}1)(P) \qquad (V \text{ em ft}^3 \text{ e } P \text{ em atm})$$

Temperatura do sistema (considerada constante): 140°F
Constante universal dos gases: 0,73 ft^3 × atm/lb mol × °R.

LEITURA SUPLEMENTAR

Mais detalhes do desenvolvimento da equação do balanço geral podem ser encontrados no CRE *website* e podem ou não ser encontrados em

G. Keillor and T. Russell, *Dusty and Lefty: The Lives of the Cowboys* (Audio CD), St. Paul, MN: Highbridge Audio, 2006.

R. M. Felder, R. W. Rousseau and L. G. Bullard, *Elementary Principles of Chemical Processes*, 4th ed. New York: Wiley, 2015, Chapter 4.

Projeto de Reatores Isotérmicos: Conversão 5

Ora, uma criança de quatro anos poderia entender isso.
Alguém me traga uma criança de quatro anos.

—Groucho Marx

Amarrando tudo junto

Visão Geral. Os Capítulos 1 e 2 discutiram balanços molares em reatores e a manipulação desses balanços para prever tempos de reação em batelada e tamanhos de reatores. O Capítulo 3 discutiu reações e equações da taxa de reação e o Capítulo 4 discutiu estequiometria de reações. Nos Capítulos 5 e 6, combinaremos reações e reatores, à medida que colocarmos junto todo o material dos capítulos precedentes de modo a chegar a uma estrutura lógica para o projeto de vários tipos de reatores. Usando essa estrutura, o leitor será capaz de resolver problemas de engenharia de reatores por meio do raciocínio em vez da memorização de numerosas equações, juntamente com as várias restrições e condições sob as quais cada equação se aplica (isto é, se há ou não mudança no número total de mols).

Neste capítulo, usaremos os balanços molares expressos em termos de conversão, mostrados no Capítulo 2, Tabela R2.1, para estudar os projetos de reatores isotérmicos. Conversão é o parâmetro preferido para medir o progresso de reações isoladas que ocorrem em reatores em batelada (RBs), CSTRs, PFRs e PBRs. Serão calculados aqui tanto os tempos nos reatores em batelada como os volumes em reatores contínuos para que dada conversão seja atingida.

Escolhemos quatro reações diferentes e quatro reatores distintos para ilustrar os princípios principais do projeto de reatores isotérmicos usando conversão como uma variável; ei-los:

- O uso de um reator em batelada de bancada para determinar a constante de velocidade específica de reação, *k*, para a reação em fase líquida, de modo a formar etilenoglicol.
- O projeto de um CSTR industrial para produzir etilenoglicol usando *k* a partir de experimento em batelada.
- O projeto de um PFR para a pirólise em fase gasosa de etano para formar etileno.
- O projeto de um reator de leito fixo com queda de pressão para formar óxido de etileno a partir da oxidação parcial de etileno.

Quando colocamos todas essas reações e reatores juntos, vemos que projetamos uma planta química para produzir 200 milhões de libras de etilenoglicol por ano.

5.1 Estrutura de Projeto para Reatores Isotérmicos

Lógica *versus* memorização

Um dos principais objetivos deste capítulo é resolver problemas de engenharia das reações químicas (ERQ), usando lógica em vez de memorizar qual equação se aplica onde. A experiência do autor indica que seguir a estrutura mostrada na Figura 5.1 leva a maior entendimento do projeto de reatores isotérmicos. Começamos aplicando nossa equação geral de balanço molar (nível ①) a um reator específico, para chegar à equação de projeto para esse reator (nível ②). Se as condições de alimentação forem especificadas (por exemplo, N_{A0} ou F_{A0}), tudo de que necessitamos para avaliar a equação de projeto é a taxa de reação em função da conversão, nas mesmas condições que aquelas nas quais o reator deve ser operado (por exemplo, temperatura e pressão). Quando $-r_A = f(X)$ é **conhecida ou dada**, podemos ir diretamente do nível ③ ao último nível, nível ⑨, para determinar o tempo da batelada ou o volume necessário do reator, de modo a atingir a conversão especificada.

Use o algoritmo em vez de memorizar as equações.

Se a taxa de reação **não for dada explicitamente** em função da conversão, teremos de prosseguir para o nível ④, onde a equação da taxa deve ser determinada por meio de pesquisa em livros ou encontrada experimentalmente no laboratório. Técnicas para obter e analisar dados de taxa, de modo a determinar a ordem de reação e a constante de taxa, serão apresentadas no Capítulo 7. Depois de a equação da taxa ter sido estabelecida, devemos usar apenas a estequiometria (nível ⑤) juntamente com as condições do sistema (por exemplo, volume constante, temperatura) para expressar concentração em função da conversão.

Para reações em fase líquida e em fase gasosa sem queda de pressão ($P = P_0$), podemos combinar as informações dos níveis ④ e ⑤, de modo a expressar a taxa de reação em função da conversão, e chegar ao nível ⑥. Agora é possível determinar o tempo ou o volume necessário do reator para atingir a conversão desejada, substituindo a equação que relaciona a conversão e a taxa de reação em uma equação apropriada de projeto (nível ⑨).

Para reações em fase gasosa em leitos fixos onde há uma queda de pressão, temos de prosseguir para o nível ⑦ com o objetivo de avaliar, usando a equação de Ergun, a razão de pressões ($p = P/P_0$) no termo de concentração (Seção 5.5). No nível ⑧, combinamos as equações para queda de pressão do nível ⑦ com a informação dos níveis ④ e ⑤, para ir ao nível ⑨, onde as equações são então avaliadas de maneira apropriada (isto é, analiticamente, usando uma tabela de integrais, ou numericamente, usando um pacote de resolução [*solver*] de EDO). Embora essa estrutura enfatize a determinação do tempo de reação ou do volume do reator para uma conversão especificada, pode ser também prontamente usada para outros tipos de cálculos de reatores, tais como determinação da conversão para um volume especificado. Manipulações diferentes podem ser feitas no nível ⑨ para responder a diferentes tipos de questões mencionadas aqui.

A estrutura mostrada na Figura 5.1 permite desenvolver alguns conceitos básicos e então arranjar os parâmetros (equações) associados a cada conceito em uma variedade de opções. Sem tal estrutura, estamos diante da possibilidade de escolher ou talvez memorizar a equação correta a partir de *diversas equações* que podem surgir de uma variedade de combinações diferentes de reações, de reatores e de conjuntos de condições. O desafio é colocar tudo junto, de maneira ordenada e lógica, de modo que possamos prosseguir para chegar à equação correta para dada situação.

O Algoritmo
1. Balanço molar
2. Equação da taxa
3. Estequiometria
4. Combinação
5. Avaliação

Felizmente, usando um algoritmo para formular problemas de ERQ mostrado na Figura 5.2, que aliás é análogo ao algoritmo para pedir um jantar a partir de um cardápio com preço fixo em um fino restaurante francês, podemos eliminar praticamente toda a memorização. Em ambos os algoritmos, temos de fazer **escolhas** em cada categoria. Por exemplo, no pedido em um cardápio francês,[1] começamos escolhendo um prato da lista de *antepastos*. A Etapa 1 do algoritmo de ERQ, mostrado na Figura 5.2, deve começar escolhendo o balanço molar apropriado para um dos três tipos de reatores mostrados. Depois de fazer nossa escolha de reator (por exemplo, PFR), vamos para o diagrama oval pequeno para fazer nossa segunda escolha

[1] Veja o cardápio francês completo no CRE *website* (*http://www.umich.edu/~elements/6e/05chap/summary-french.html*).

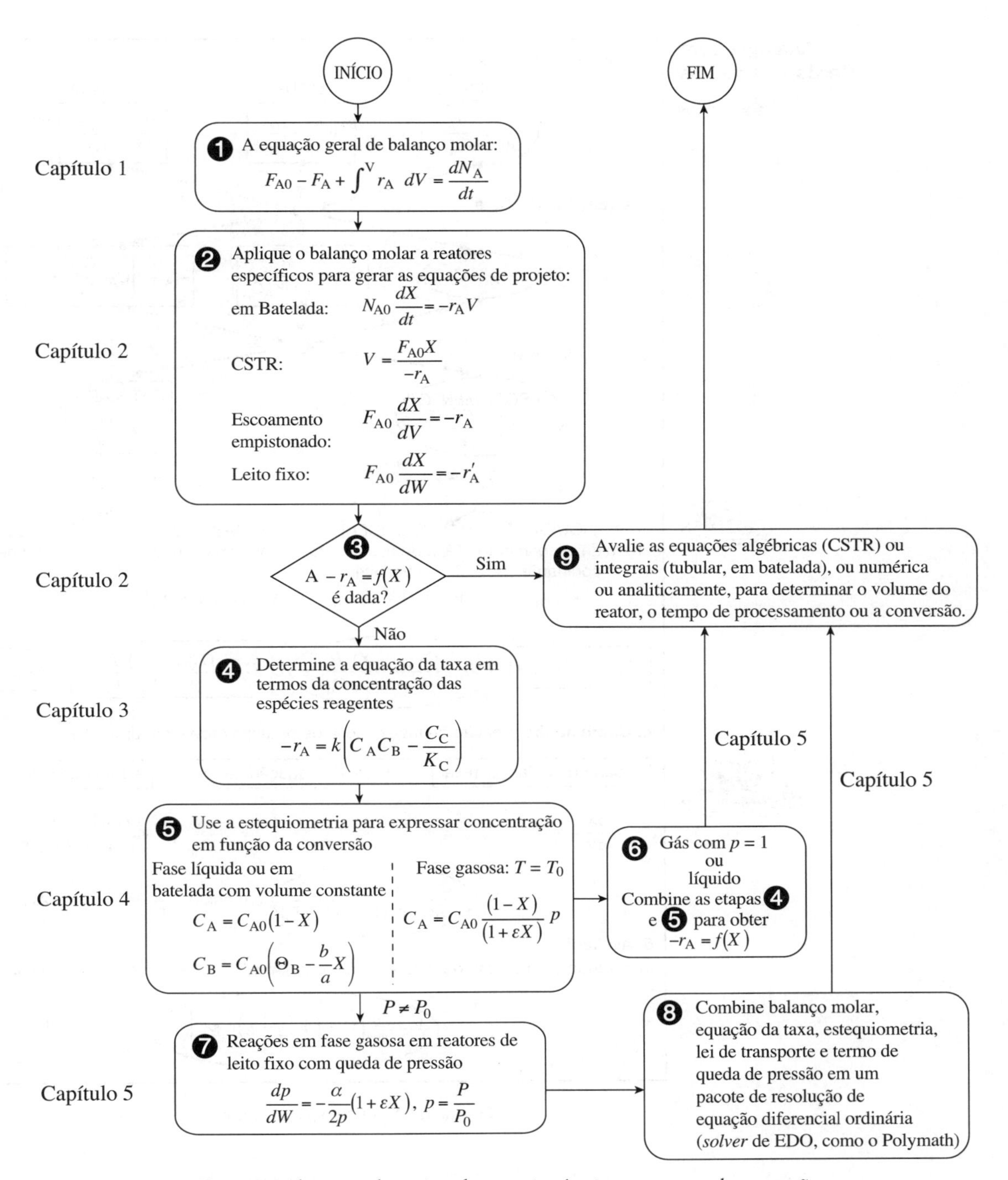

Figura 5.1 Algoritmo do projeto de reator isotérmico, em termos da conversão.

na Etapa 2, Equações da Taxa. Na Etapa 2, escolhemos a equação da taxa (*entrada*) e na Etapa 3 especificamos se a reação é em fase gasosa *ou* em fase líquida (*queijo* ou *sobremesa*). Finalmente, na Etapa 4, combinamos as Etapas 1, 2 e 3 e obtemos uma solução analítica ou resolvemos as equações usando um *solver* de EDO.

Aplicaremos agora esse algoritmo a uma situação específica. Suponhamos que temos, como mostrado na Figura 5.2, balanços molares para três reatores, três equações da taxa e as equações para concentrações para as fases líquida e gasosa. Na Figura 5.2, vemos como o algoritmo é usado para formular a equação de modo a calcular o *volume do reator PFR para uma reação de primeira ordem em fase gasosa*. O caminho para chegarmos a essa equação é mostrado pelos destaques ovais conectados às linhas escuras no algoritmo. As linhas pontilhadas e os destaques

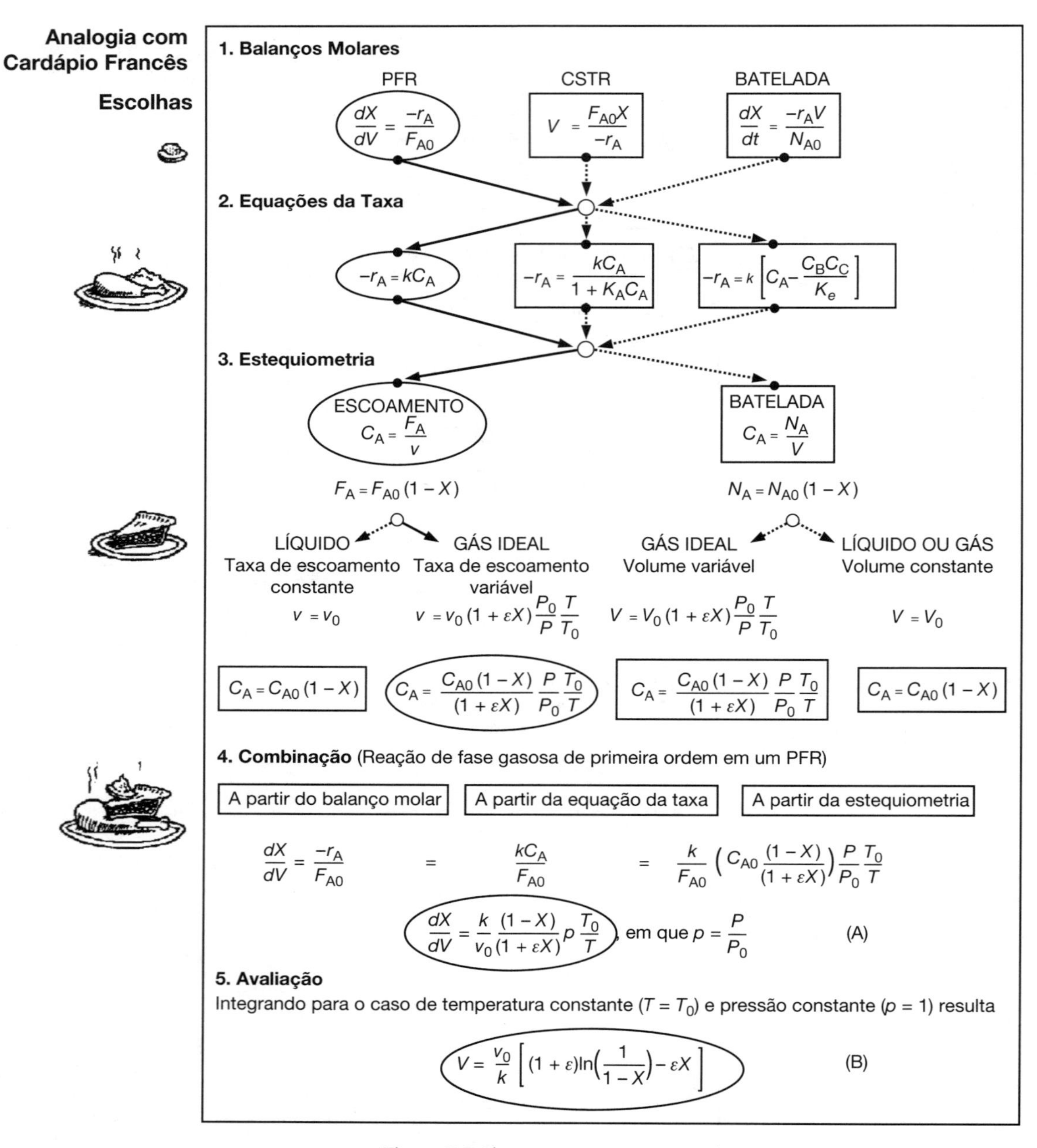

Figura 5.2 Algoritmo para reatores isotérmicos.

retangulares representam outros caminhos para as soluções de outras situações. O algoritmo para o caminho mostrado na Figura 5.2 é

1. **Balanço molar:** escolha da espécie A reagindo em um PFR
2. **Equações da taxa:** escolha da reação irreversível de primeira ordem
3. **Estequiometria:** escolha da concentração em fase gasosa
4. **Combinação** das Etapas 1, 2 e 3 para chegar à Equação A
5. **Avaliação.** A etapa de combinação pode ser avaliada
   a. Analiticamente (Apêndice A.1)
   b. Graficamente (Capítulo 2)
   c. Numericamente (Apêndice A.4)
   d. Usando um pacote computacional (Polymath, Wolfram, Python, MATLAB)

Substitua os valores dos parâmetros nas Etapas 1 a 4, *somente* se eles forem zero.

Podemos resolver as equações na etapa **combinação**
1. Analiticamente (Apêndice A.1)
2. Graficamente (Capítulo 2)
3. Numericamente (Apêndice A.4)
4. Usando um pacote computacional (por exemplo, Polymath).

Na Figura 5.2, escolhemos integrar a Equação A para temperatura e pressão constantes com a finalidade de encontrar o volume necessário para atingir uma conversão especificada (ou calcular a conversão que pode ser atingida em um volume especificado de reator). A menos que os valores dos parâmetros sejam iguais a zero, tipicamente **não** (por favor, confiem em mim quando digo *não*) substituímos valores numéricos para os parâmetros na etapa de combinação até o final, ou seja, Etapa 5 *Avaliação*.

Para o caso de operação isotérmica sem queda de pressão, fomos capazes de obter uma solução analítica, dada pela Equação B na Figura 5.2, que fornece o volume necessário do reator de modo a atingir uma conversão X para uma reação de primeira ordem em fase gasosa, que ocorre isotermicamente em um PFR. Entretanto, na maioria das situações, não é possível encontrar soluções analíticas para as equações diferenciais ordinárias que aparecem na etapa de combinação. Consequentemente, incluímos o Polymath ou algum outro *solver* de EDO, tal como MATLAB, Wolfram ou Python, em nosso cardápio, o que torna mais palatável a obtenção de soluções de equações diferenciais.

5.2 Reatores em Batelada (BRs)

Um dos trabalhos nos quais engenheiros químicos estão envolvidos é o aumento de escala de experimentos de laboratório para operação em planta-piloto ou para produção em escala industrial. No passado, uma planta-piloto era projetada com base em dados de laboratório. Nesta seção, mostraremos como analisar um reator em batelada em escala de laboratório, no qual esteja ocorrendo uma reação em fase líquida de ordem conhecida.

Na modelagem de um reator em batelada, consideramos que não haja vazão de entrada ou de saída de material e que o reator esteja bem misturado. Para a maioria das reações em fase líquida, a variação de massa específica com a reação é geralmente pequena e pode ser desprezada (isto é, $V = V_0$). Ademais, para reações *em fase gasosa*, nas quais o volume do reator em batelada permanece constante, temos também $V = V_0$.

5.2.1 Tempos para Reação em Batelada

O tempo necessário para atingir uma conversão específica depende de quão rápida a reação ocorra, que por sua vez é dependente da constante de taxa e das concentrações do reagente. De

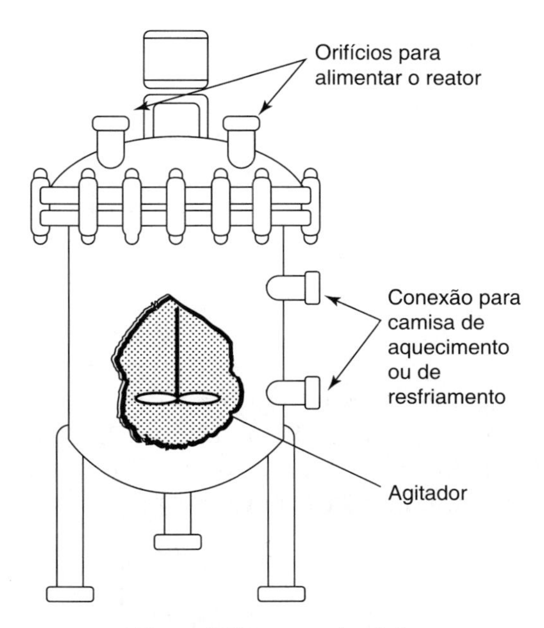

Figura 5.3 Reator em batelada.
(https://encyclopedia.che.engin.umich.edu/batch/)

modo a ter um sentimento de quanto tempo é necessário para ocorrer uma reação em batelada, calcularemos os tempos de reação em batelada para valores diferentes da constante de taxa de reação, k, para uma reação de primeira e segunda ordens. Primeiro, vamos achar o tempo para atingir uma conversão X para uma reação de segunda ordem:

$$2A \rightarrow B + C$$

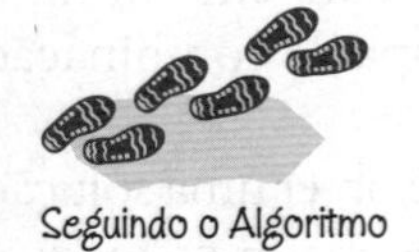

O Algoritmo

1. O **balanço molar** em um reator em batelada com volume constante, $V = V_0$, é

Balanço molar

$$N_{A0}\frac{dX}{dt} = -r_A V_0 \tag{2.6}$$

Dividindo por N_{A0} e notando que $C_A = N_A/V_0$, obtemos

$$\frac{dX}{dt} = -\frac{r_A}{C_{A0}} \tag{5.1}$$

2. A **equação da taxa** é

Equação da taxa

$$-r_A = k_2 C_A^2 \tag{5.2}$$

3. A partir da **estequiometria** para um reator em batelada com volume constante, obtemos

Estequiometria

$$C_A = \frac{N_A}{V} = \frac{N_A}{V_0} = \frac{N_{A0}}{V_0}(1-X) = C_{A0}(1-X) \tag{4.12}$$

4. Combinando o **balanço molar**, a **equação da taxa** e a **estequiometria** obtemos

$$-r_A = k_2 C_{A0}^2 (1-X)^2$$

A seguir, substituímos $-r_A$ na Equação (5.1)

Combinação

$$\frac{dX}{dt} = k_2 C_{A0}(1-X)^2 \tag{5.3}$$

5. Para **avaliar**, separamos as variáveis e integramos

$$\frac{dX}{(1-X)^2} = k_2 C_{A0} dt$$

Inicialmente, se $t = 0$, então $X = 0$. Se a reação ocorrer isotermicamente, k será constante; podemos integrar essa equação (veja no Apêndice A.1 uma tabela de integrais usadas em aplicações ERQ) para obter

Avaliação

$$\int_0^t dt = \frac{1}{k_2 C_{A0}} \int_0^X \frac{dX}{(1-X)^2}$$

Reação de segunda ordem em batelada com volume constante, ocorrendo isotermicamente

$$\boxed{t_R = \frac{1}{k_2 C_{A0}}\left(\frac{X}{1-X}\right)} \tag{5.4}$$

Esse é o tempo t de reação (isto é, t_R), necessário para atingirmos uma conversão X para uma reação de segunda ordem em um reator em batelada. De maneira similar, podemos aplicar o algoritmo ERQ para uma reação de primeira ordem de modo a obter o tempo de reação, t_R, necessário para atingir uma conversão X

Reação de primeira ordem em batelada com volume constante, ocorrendo isotermicamente

$$\boxed{t_R = \frac{1}{k_1}\ln\frac{1}{1-X}} \tag{5.5}$$

É importante termos uma ideia da ordem de grandeza dos tempos de reação em batelada, t_R, para atingir dada conversão, digamos 90%, para valores diferentes do produto entre a constante de velocidade específica de reação, k, e a concentração inicial, C_{A0}. A Tabela 5.1 mostra o algoritmo para encontrarmos os tempos de reação em batelada, t_R, para as reações de primeira e segunda ordens ocorridas isotermicamente. Podemos obter essas estimativas de t_R considerando as reações irreversíveis de primeira e segunda ordens da forma

$$2A \rightarrow B + C$$

Tabela 5.1 Algoritmo para Estimar Tempos de Reação

Volume Constante $V = V_0$

	Primeira Ordem		Segunda Ordem
Balanço Molar		$\frac{dX}{dt_R} = \frac{-r_A}{N_{A0}} V$	
Equação da Taxa	$-r_A = k_1 C_A$		$-r_A = k_2 C_A^2$
Estequiometria ($V = V_0$)		$C_A = \frac{N_A}{V_0} = C_{A0}(1 - X)$	
Combinação	$\frac{dX}{dt_R} = k_1(1 - X)$		$\frac{dX}{dt_R} = k_2 C_{A0}(1 - X)^2$
Avaliação (Integração)	$t_R = \frac{1}{k_1} \ln \frac{1}{1 - X}$		$t_R = \frac{X}{k_2 C_{A0}(1 - X)}$

Para *reações de primeira ordem*, o tempo de reação para alcançarmos uma conversão de 90% (isto é, $X = 0{,}9$), em um reator em batelada com volume constante, é medido como

$$t_R = \frac{1}{k_1} \ln \frac{1}{1 - X} = \frac{1}{k_1} \ln \frac{1}{1 - 0{,}9} = \frac{2{,}3}{k_1}$$

Se $k_1 = 10^{-4}\ s^{-1}$,

$$t_R = \frac{2{,}3}{10^{-4}\ s^{-1}} = 23.000\ s = 6{,}4\ h$$

O tempo necessário para atingirmos 90% de conversão em um reator em batelada, para uma reação irreversível de primeira ordem em que a constante de velocidade específica de reação, k_1, é ($10^{-4}\ s^{-1}$), é de 6,4 h.

Para *reações de segunda ordem*, temos

$$t_R = \frac{1}{k_2 C_{A0}} \frac{X}{1 - X} = \frac{0{,}9}{k_2 C_{A0}(1 - 0{,}9)} = \frac{9}{k_2 C_{A0}}$$

Se $k_2 C_A = 10^{-3}\ s^{-1}$,

$$t_R = \frac{9}{10^{-3}\ s^{-1}} = 9.000\ s = 2{,}5\ h$$

Notamos que, se quiséssemos 99% de conversão para esse valor de kC_{A0}, o tempo de reação, t_R, teria saltado para 27,5 h.

A Tabela 5.2 fornece a *ordem de grandeza* do tempo para atingirmos uma conversão de 90% para reações irreversíveis de primeira e segunda ordens. Reatores com escoamento seriam usados para reações com *tempos característicos de reação*, t_R, da ordem de minutos ou menos.

Os tempos de reação na Tabela 5.2 são aqueles para atingir 90% de conversão (isto é, para reduzir a concentração de C_{A0} para 0,1 C_{A0}). O tempo total do ciclo em qualquer operação em batelada é consideravelmente mais longo do que o tempo de reação, t_R, uma vez que temos de computar o tempo necessário para encher (t_f) e aquecer (t_e) o reator, juntamente com o tempo necessário para limpar o reator entre bateladas, t_c. Em alguns casos, o tempo de reação calculado pelas Equações (5.4) e (5.5) pode ser somente uma pequena fração do tempo total do ciclo, t_t.

Estimativa de Tempos de Reação

Tabela 5.2 Tempos de Reação em Batelada

Primeira Ordem k_1 (s^{-1})	*Segunda Ordem* k_2C_{A0} (s^{-1})	*Tempo de Reação* t_R
10^{-4}	10^{-3}	Horas
10^{-2}	10^{-1}	Minutos
1	10	Segundos
1.000	10.000	Milissegundos

$$t_t = t_f + t_e + t_c + t_R$$

Tempos típicos de ciclo para um processo de polimerização em batelada são mostrados na Tabela 5.3. Tempos de reação para processos em batelada podem variar entre 5 e 60 horas. Obviamente, diminuir o tempo de reação no caso de uma reação de 60 horas é um problema crítico. À medida que o tempo de reação é reduzido (por exemplo, 2,5 h para uma reação de segunda ordem com $k_2C_{A0} = 10^{-3}$ s^{-1}), torna-se importante usar linhas e bombas grandes para atingir transferências rápidas e utilizar o sequenciamento eficiente de modo a minimizar o tempo do ciclo.

Tempos de operação em batelada

Tabela 5.3 Tempos Típicos de Ciclo para Processo de Polimerização em Batelada

Atividade	*Tempo* (h)
1. Carregamento da alimentação no reator e agitação, t_f	0,5–2,0
2. Aquecimento até a temperatura de reação, t_e	0,5–2,0
3. Condução da reação, t_R	(varia)
4. Esvaziamento e limpeza do reator, t_c	1,5–3,0
Tempo total, excluindo a reação	2,5–7,0

Geralmente, temos de otimizar o tempo de reação com os tempos de processamento listados na Tabela 5.3, de modo a produzir o número máximo de bateladas (isto é, libras ou quilos de produto) em um dia.

Nos quatro próximos exemplos, descreveremos os vários reatores necessários para produzir 200 milhões de libras por ano de etilenoglicol, a partir da matéria-prima etano. Começamos encontrando a constante de taxa, *k*, para a hidrólise de óxido de etileno para formar etilenoglicol.

Exemplo 5.1 Determinação de* k *a Partir de Dados em Batelada

Óxido de Etileno

Etilenoglicol

Deseja-se projetar um CSTR para produzir 200 milhões de libras de etilenoglicol por ano, pela hidrólise de óxido de etileno. Contudo, antes de o projeto ser executado, é necessário fazer e analisar um experimento em um reator em batelada para determinar a constante de velocidade específica de reação, *k*. Visto que a reação ocorrerá isotermicamente, a constante de velocidade específica de reação necessitará ser determinada somente na temperatura de reação do CSTR. Em temperaturas acima de 80°C, há uma formação significativa de subprodutos, enquanto em temperaturas abaixo de 40°C, a reação não se processa a uma taxa significativa; consequentemente, uma temperatura de 55°C foi escolhida. Uma vez que a água está geralmente presente em excesso, sua concentração (55,5 mol/dm³) pode ser considerada constante durante o curso da reação. A reação é de primeira ordem em óxido de etileno.

$$\underset{\text{A}}{\overset{\text{O}}{CH_2{-}CH_2}} + \underset{\text{B}}{H_2O} \xrightarrow[\text{catalisador}]{H_2SO_4} \underset{\text{C}}{\begin{matrix} CH_2{-}OH \\ | \\ CH_2{-}OH \end{matrix}}$$

No experimento de laboratório, 500 mL de uma solução 2 M (2 kmol/m³) de óxido de etileno (A) em água foram misturados com 500 mL de água (B) contendo 0,9% em peso de ácido sulfúrico, que é um catalisador.

A temperatura foi mantida em 55°C. A concentração de etilenoglicol (C) foi registrada em função do tempo (Tabela E5.1.1).

(a) Deduza uma equação para a concentração de etilenoglicol em função do tempo.

(b) Rearranje a equação deduzida no item (a) com a finalidade de obter um gráfico de uma função linear entre concentração *versus* tempo.

(c) Usando os dados da Tabela E5.1.1, determine a constante de velocidade específica de reação a 55°C.

Verifique 10 tipos de problemas propostos no CRE *website*, para mais exemplos resolvidos usando esse algoritmo. (*http://www.umich.edu/~elements/6e/probsolv/tentypes/index.htm*)

Tabela E5.1.1 Dados de Concentração-Tempo

Tempo (min)	*Concentração de Etilenoglicol* (C) (kmol/m³)*
0,0	0,000
0,5	0,145
1,0	0,270
1,5	0,376
2,0	0,467
3,0	0,610
4,0	0,715
6,0	0,848
10,0	0,957

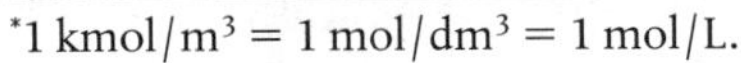
*1 kmol/m³ = 1 mol/dm³ = 1 mol/L.

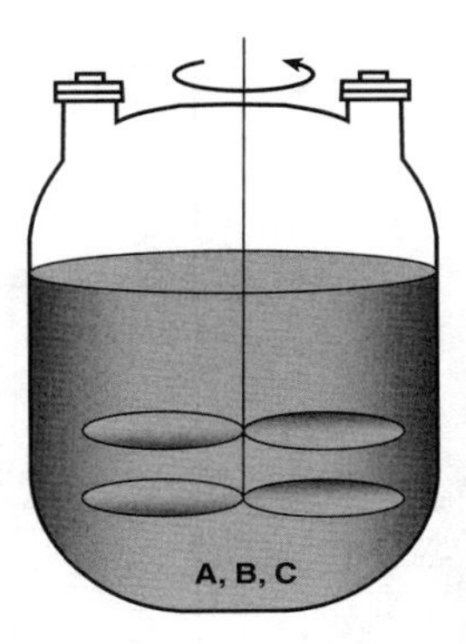

Reator em Batelada

Solução

Item (a)

1. O **balanço molar** para o óxido de etileno (A), dado na Equação (1.5) para um volume constante, V_0, em um reator em batelada de mistura perfeita, pode ser expresso como

$$\frac{1}{V_0}\frac{dN_A}{dt} = r_A \tag{E5.1.1}$$

Tirando V_0 de dentro do diferencial e lembrando que a concentração é

$$C_A = \frac{N_A}{V_0}$$

então o balanço molar diferencial se torna

$$\frac{d\,(N_A/V_0)}{dt} = \frac{dC_A}{dt} = r_A \tag{E5.1.2}$$

2. A **equação da taxa** para a hidrólise do óxido de etileno é

$$-r_A = kC_A \tag{E5.1.3}$$

Pelo fato de a água estar presente em tal excesso, a concentração de água em qualquer tempo *t* é praticamente a mesma que a concentração inicial, sendo a equação da taxa independente da concentração de H_2O ($C_B \cong C_{B0}$ = 55,5 mols por dm³).[2]

3. Estequiometria. Fase líquida, sem variação de volume, $V = V_0$ (Tabela E5.1.2):

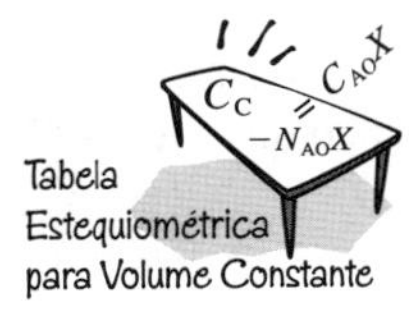

Tabela E5.1.2 Tabela Estequiométrica

Espécie	*Símbolo*	*Inicial*	*Variação*	*Restante*	*Concentração*
CH_2CH_2O	A	N_{A0}	$-N_{A0}X$	$N_A = N_{A0}(1 - X)$	$C_A = C_{A0}(1 - X)$
H_2O	B	$\Theta_B N_{A0}$	$-N_{A0}X$	$N_B = N_{A0}(\Theta_B - X)$	$C_B = C_{A0}(\Theta_B - X)$
					$C_B \approx C_{A0}\Theta_B = C_{B0}$
$(CH_2OH)_2$	C	0	$N_{A0}X$	$N_C = N_{A0}X$	$C_C = C_{A0}X = C_{A0} - C_A$
		N_{T0}		$N_T = N_{T0} - N_{A0}X$	

[2] A reação é realmente de pseudoprimeira ordem porque B está em excesso, de modo que $-r_A = k_2C_AC_B \cong k_2C_{B0}C_A = kC_A$ em que $k = k_2C_{B0}$.

Lembre-se de que Θ_B é a razão entre os números iniciais de mols de A e de B (isto é, $\Theta_B = \frac{N_{B0}}{N_{A0}} = \frac{C_{B0}}{C_{A0}}$).
Para a espécie B, isto é, água

$$C_B = C_{A0}(\Theta_B - X)$$

Vemos rapidamente que a água está em excesso, uma vez que a molaridade da água é 55 mols por litro. A concentração inicial de A depois de misturar os dois volumes juntos é 1 molar. Por conseguinte,

$$\Theta_B = \frac{C_{B0}}{C_{A0}} = \frac{55 \text{ mol/dm}^3}{1 \text{ mol/dm}^3} = 55$$

O valor máximo de X é 1 e $\Theta_B >> 1$; consequentemente, C_B é virtualmente constante

$$C_B \cong C_{A0}\,\Theta_B = C_{B0}$$

Para a espécie C, isto é, etilenoglicol, a concentração é

$$C_C = \frac{N_C}{V_0} = \frac{N_{A0}X}{V_0} = \frac{N_{A0} - N_A}{V_0} = C_{A0} - C_A \tag{E5.1.4}$$

Combinação de balanço molar, equação da taxa e estequiometria

4. Combinando a equação da taxa e o balanço molar, temos

$$-\frac{dC_A}{dt} = kC_A \tag{E5.1.5}$$

5. Avaliação. Para operação isotérmica, k é constante; assim, podemos integrar essa Equação (E5.1.5)

$$-\int_{C_{A0}}^{C_A} \frac{dC_A}{C_A} = \int_0^t k\,dt = k\int_0^t dt$$

usando a condição inicial de que
quando $t = 0$, então $C_A = C_{A0} = 1 \text{ mol/dm}^3 = 1 \text{ kmol/m}^3$.
Integrando, resulta

$$\ln \frac{C_{A0}}{C_A} = kt \tag{E5.1.6}$$

A concentração de *óxido de etileno* (A) em qualquer tempo t é

$$C_A = C_{A0}e^{-kt} \tag{E5.1.7}$$

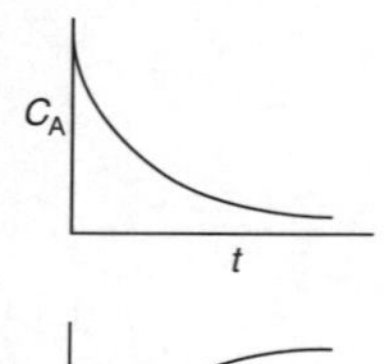

A concentração de *etilenoglicol* (C) em qualquer tempo t pode ser obtida a partir da estequiometria da reação, isto é, Equação (E5.1.4):

$$C_C = C_{A0} - C_A = C_{A0}(1 - e^{-kt}) \tag{E5.1.8}$$

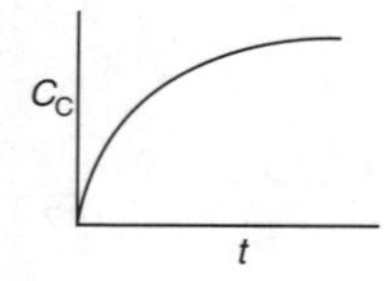

Item (b)

Vamos agora rearranjar a Equação (E5.1.8) para a concentração de etilenoglicol de tal maneira que possamos facilmente usar os dados da Tabela E5.1.1 para determinar a constante de taxa k. Rearranjando a Equação (E5.1.8) para

$$(C_{A0} - C_C) = C_{A0}e^{-kt} \tag{E5.1.9}$$

então, dividindo por C_{A0} e extraindo o logaritmo neperiano de ambos os lados da Equação (E5.1.9), obtém-se

$$\ln \frac{C_{A0} - C_C}{C_{A0}} = -kt \tag{E5.1.10}$$

Item (c)

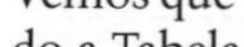

Vemos que um gráfico de $\ln[(C_{A0} = C_C)/C_{A0}]$ em função de t será uma linha reta com uma inclinação $-k$. Usando a Tabela E5.1.1, podemos construir a Tabela E5.1.3 e usar o Excel para fazer um gráfico de $\ln\,(C_{A0} = C_C)/C_{A0}$ em função de t.

Tabela E5.1.3 Dados Processados

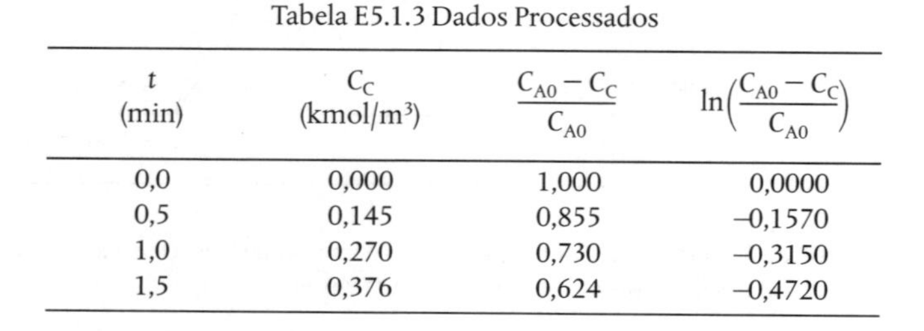

t (min)	C_C (kmol/m³)	$\frac{C_{A0} - C_C}{C_{A0}}$	$\ln\left(\frac{C_{A0} - C_C}{C_{A0}}\right)$
0,0	0,000	1,000	0,0000
0,5	0,145	0,855	–0,1570
1,0	0,270	0,730	–0,3150
1,5	0,376	0,624	–0,4720

Tabela E5.1.3 Dados Processados (continuação)

t (min)	C_C (kmol/m³)	$\frac{C_{A0} - C_C}{C_{A0}}$	$\ln\left(\frac{C_{A0} - C_C}{C_{A0}}\right)$
2,0	0,467	0,533	–0,6290
3,0	0,610	0,390	–0,9420
4,0	0,715	0,285	–1,2550
6,0	0,848	0,152	–1,8840
10,0	0,957	0,043	–3,1470

Avaliação da constante de velocidade específica de reação a partir dos dados de concentração-tempo no *reator em batelada*

Da inclinação de um gráfico de ln $[(C_{A0} = C_C)/C_{A0}]$ *versus t*, podemos encontrar *k*, como mostrado na Figura E5.1.1 gerada pelo Excel.

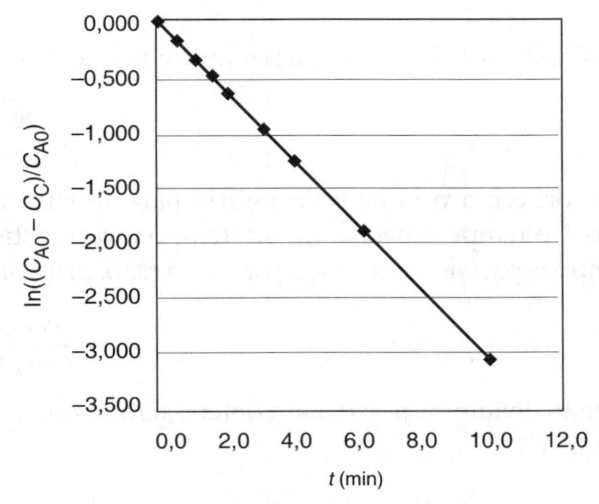

Figura E5.1.1 Gráfico dos dados, feito no Excel.

$$\text{Inclinação} = -k = -0{,}311 \text{ min}^{-1}$$

$$k = 0{,}311 \text{ min}^{-1}$$

A equação da taxa se torna

$$\boxed{-r_A = 0{,}311 \text{ min}^{-1} C_A} \qquad \text{(E5.1.11)}$$

A equação da taxa pode agora ser usada no projeto de um CSTR industrial. Para aqueles que preferem encontrar *k* usando um papel semilog para o gráfico, esse tipo de análise pode ser encontrado em *www.physics.uoguelph.ca/tutorials/GLP*. Tutoriais são também dados nas *Notas de Resumo* para o Capítulo 3 (último exemplo) e Capítulo 7 (Excel).

Análise: Neste exemplo, usamos nosso algoritmo ERQ

(**balanço molar → equação da taxa → estequiometria → combinação**)

para calcular a concentração da espécie *C*, C_C, em função do tempo, *t*. Usamos então os dados experimentais em batelada de C_C *versus t* para verificar a reação como de pseudoprimeira ordem e determinar a constante de velocidade específica de *pseudo*primeira ordem, $k(s^{-1})$.

5.3 Reatores Contínuos de Tanque Agitado (CSTRs)

Reatores contínuos de tanque agitado (CSTRs), tais como o mostrado esquematicamente na Figura 5.4, são usados tipicamente para reações em fase líquida.

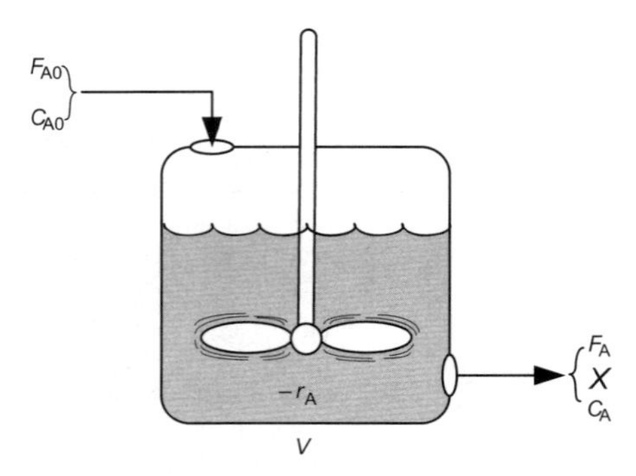

Figura 5.4 CSTR.
(https://encyclopedia.che.engin.umich.edu/cstr/)

No Capítulo 2, deduzimos a seguinte equação de projeto para um CSTR:

Balanço molar

$$V = \frac{F_{A0}X}{(-r_A)_{\text{saída}}} \tag{2.13}$$

que fornece o volume V necessário para atingirmos uma conversão X. Como vimos no Capítulo 2, o tempo espacial, τ, é um tempo característico de um reator. Com a finalidade de obter o tempo espacial, τ, em função da conversão, primeiro substituímos $F_{A0} = \upsilon_0 C_A$ na Equação (2.13)

$$V = \frac{\upsilon_0 C_{A0} X}{(-r_A)_{\text{saída}}} \tag{5.6}$$

e então dividimos por υ_0 para obter o tempo espacial, τ, de modo a atingir uma conversão X em um CSTR

$$\tau = \frac{V}{\upsilon_0} = \frac{C_{A0}X}{(-r_A)_{\text{saída}}} \tag{5.7}$$

Essa equação se aplica a um único CSTR ou para o primeiro reator de CSTRs conectados em série.

5.3.1 Um Único CSTR

5.3.1.1 *Reação de Primeira Ordem em um CSTR*

Vamos considerar uma reação irreversível de primeira ordem, para a qual a equação da taxa é

Equação da taxa

$$-r_A = kC_A$$

Para reações em fase líquida, não há variação de volume durante o curso da reação; logo, podemos usar a Equação (4.12) para relacionar concentração e conversão,

Estequiometria

$$C_A = C_{A0}(1 - X) \tag{4.12}$$

Combinação

Podemos combinar a Equação (5.7) do balanço molar, a equação da taxa e a concentração, Equação (4.12), para obter

$$\tau = \frac{1}{k}\left(\frac{X}{1-X}\right)$$

Relação para o CSTR entre tempo espacial e conversão para uma reação de primeira ordem em fase líquida

Rearranjando

$$\boxed{X = \frac{\tau k}{1 + \tau k}} \tag{5.8}$$

Um gráfico da conversão em função de τk, usando a Equação (5.8), é mostrado na Figura 5.5.

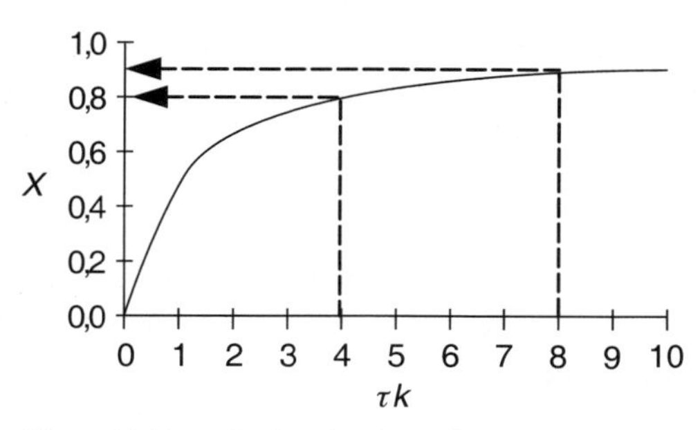

Figura 5.5 Reação de primeira ordem em um CSTR.

Podemos aumentar τk, tanto elevando a temperatura para aumentar k, como aumentando o tempo espacial τ pela elevação do volume V ou pela diminuição da vazão volumétrica υ_0. Por exemplo, quando aumentamos o volume do reator, V, por um fator de 2 (ou diminuímos a vazão volumétrica υ_0 por um fator de 2), à medida que vamos de $\tau k = 4$ para $\tau k = 8$, a conversão aumenta apenas de 0,8 para 0,89. Você acha que compensa o custo adicional de um reator maior para aumentar a conversão por apenas 0,09 ou você pode pensar sobre uma maneira melhor de aumentar τk ou a conversão?

Poderíamos ter combinado as Equações (4.12) e (5.8) para achar a concentração de saída de A, C_A.

$$\boxed{C_A = \frac{C_{A0}}{1 + \tau k}} \tag{5.9}$$

5.3.1.2 *Reação de Segunda Ordem em um CSTR*

Para uma reação irreversível de segunda ordem em fase líquida, por exemplo,

$$-r_A = kC_A^2$$

ocorrendo em um CSTR, a **combinação** da **equação de taxa** de segunda ordem e a **equação de projeto** (isto é, o balanço molar, Equação (2.13), e a equação de taxa), resulta em

$$V = \frac{F_{A0}X}{-r_A} = \frac{F_{A0}X}{kC_A^2}$$

Usando nossa tabela estequiométrica para massa específica constante, $\upsilon = \upsilon_0$, $C_A = C_{A0}(1 - X)$, $F_{A0}X = \upsilon_0 C_{A0}X$, então

$$V = \frac{\upsilon_0 C_{A0} X}{kC_{A0}^2(1 - X)^2}$$

Dividindo ambos os lados da equação da taxa combinada e da equação de projeto para reação de segunda ordem por υ_0

$$\tau = \frac{V}{\upsilon_0} = \frac{X}{kC_{A0}(1 - X)^2} \tag{5.10}$$

Resolvemos a Equação (5.10) para a conversão de X

Conversão para uma reação de segunda ordem em fase líquida em um CSTR

$$X = \frac{(1 + 2\tau kC_{A0}) - \sqrt{(1 + 2\tau kC_{A0})^2 - (2\tau kC_{A0})^2}}{2\tau kC_{A0}}$$

$$= \frac{(1 + 2\tau kC_{A0}) - \sqrt{1 + 4\tau kC_{A0}}}{2\tau kC_{A0}}$$

$$\boxed{X = \frac{(1 + 2Da_2) - \sqrt{1 + 4Da_2}}{2Da_2}} \tag{5.11}$$

O sinal negativo tem de ser escolhido na equação quadrática porque X não pode ser maior do que 1. A conversão é plotada em função do parâmetro Damköhler para uma reação de segunda ordem, $Da_2 = \tau k C_{A0}$, na Figura 5.6. Observe, a partir dessa figura, que a altas conversões (digamos 67%), um aumento de 10 vezes no volume do reator (ou aumento na constante de velocidade específica de reação pela elevação da temperatura) aumentará a conversão apenas até 88%. Essa observação é uma consequência do fato de que o CSTR opera sob condição da menor concentração de reagente (isto é, a concentração de saída) e, consequentemente, o menor valor da taxa de reação.

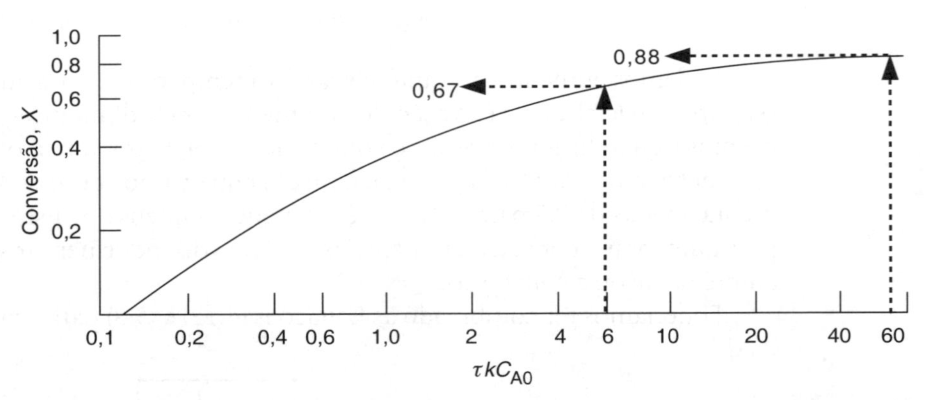

Figura 5.6 Conversão em função do número de Damköhler ($Da_2 = \tau k C_{A0}$) para uma reação de segunda ordem em um CSTR.

5.3.1.3 *Número de Damköhler*

$Da = \frac{-r_{A0}V}{F_{A0}}$

Para uma reação de primeira ordem, o produto τk é frequentemente referido como o **número de Damköhler** da reação, Da_1, que é um número adimensional que pode nos dar uma estimativa rápida do grau de conversão que pode ser atingido em reatores com escoamentos contínuos. O número de Damköhler é a razão entre a taxa de reação de A e a taxa de transporte convectivo de A na entrada do reator.

$$Da = \frac{-r_{A0}V}{F_{A0}} = \frac{\text{Taxa de reação na entrada}}{\text{Vazão de A na entrada}} = \frac{\text{“Taxa de reação de A”}}{\text{“Taxa de convecção de A”}}$$

O número de Damköhler para uma reação irreversível de primeira ordem é

$$Da_1 = \frac{-r_{A0}V}{F_{A0}} = \frac{k_1 C_{A0} V}{\upsilon_0 C_{A0}} = \tau k_1$$

Para uma reação irreversível de segunda ordem, o número de Damköhler é

$$Da_2 = \frac{-r_{A0}V}{F_{A0}} = \frac{k_2 C_{A0}^2 V}{\upsilon_0 C_{A0}} = \tau k_2 C_{A0}$$

$0{,}1 \le Da \le 10$

É importante saber que valores do número de Damköhler, Da, fornecem uma conversão alta e baixa em reatores com escoamentos contínuos. Um valor de Da = 0,1 ou menor geralmente fornecerá uma conversão menor do que 10%; um valor de Da = 10,0 ou maior fornecerá uma conversão maior do que 90%; ou seja, a regra prática é

se $Da < 0{,}1$, então $X < 0{,}1$
se $Da > 10$, então $X > 0{,}9$

A Equação (5.8) para uma reação de primeira ordem em fase líquida em um CSTR pode também ser escrita em termos do número de Damköhler

$$\boxed{X = \frac{Da_1}{1 + Da_1}} \tag{5.12}$$

5.3.2 CSTRs em Série

Uma reação de primeira ordem sem variação de vazão volumétrica ($\upsilon = \upsilon_0$) deve ocorrer em dois CSTRs colocados em série (Figura 5.7).

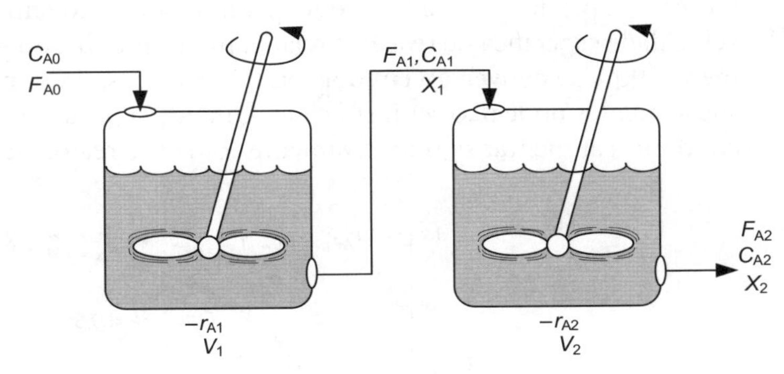

Figura 5.7 Dois CSTRs em série.

A concentração do efluente do reagente A do primeiro reator pode ser encontrada usando a Equação (5.9)

$$C_{A1} = \frac{C_{A0}}{1 + \tau_1 k_1}$$

com $\tau_1 = V_1/\upsilon_0$. A partir de um balanço molar para o reator 2, obtém-se

$$V_2 = \frac{F_{A1} - F_{A2}}{-r_{A2}} = \frac{\upsilon_0(C_{A1} - C_{A2})}{k_2 C_{A2}}$$

Resolvendo para C_{A2}, a concentração de saída do segundo reator, obtemos

Reação de primeira ordem

$$C_{A2} = \frac{C_{A1}}{1 + \tau_2 k_2} = \frac{C_{A0}}{(1 + \tau_2 k_2)(1 + \tau_1 k_1)} \tag{5.13}$$

Se ambos os reatores forem de tamanhos iguais ($\tau_1 = \tau_2 = \tau$) e operarem à mesma temperatura ($k_1 = k_2 = k$), então

$$C_{A2} = \frac{C_{A0}}{(1 + \tau k)^2}$$

Se, em vez de dois CSTRs em série, tivéssemos n CSTRs, de tamanhos iguais, conectados em série ($\tau_1 = \tau_2 = ... = \tau_n = \tau_i = (V_1/\upsilon_0)$), operando à mesma temperatura ($k_1 = k_2 = ... = k_n = k$), a concentração de saída no último reator seria

$$C_{An} = \frac{C_{A0}}{(1 + \tau k)^n} = \frac{C_{A0}}{(1 + Da_1)^n} \tag{5.14}$$

Substituindo C_{An} em termos de conversão

CSTRs em série

$$C_{A0}(1 - X) = \frac{C_{A0}}{(1 + Da_1)^n}$$

e rearranjando, a conversão para esses n reatores de tanque em série será

Conversão em função do número de tanques em série

$$X = 1 - \frac{1}{(1 + Da_1)^n} \equiv 1 - \frac{1}{(1 + \tau k)^n} \quad (5.15)$$

Lembre-se do Capítulo 2, Figura 2.6, que à medida que o número de tanques se torna grande, a conversão se aproxima daquela de um PFR.

Um gráfico da conversão em função do número de reatores em série para uma reação de primeira ordem é mostrado na Figura 5.8 para vários valores do número de Damköhler, τk. Observe, a partir da Figura 5.8, que quando o produto entre o tempo espacial e a constante de velocidade específica de reação é relativamente grande, ou seja, $Da_1 \geq 1$, atinge-se, aproximadamente, 90% de conversão em dois ou três reatores; desse modo, o custo de adicionar reatores subsequentes pode não ser justificado. Quando o produto τk é pequeno, $Da_1 \sim 0{,}1$, a conversão continua a aumentar significativamente com cada reator adicionado.

Economia

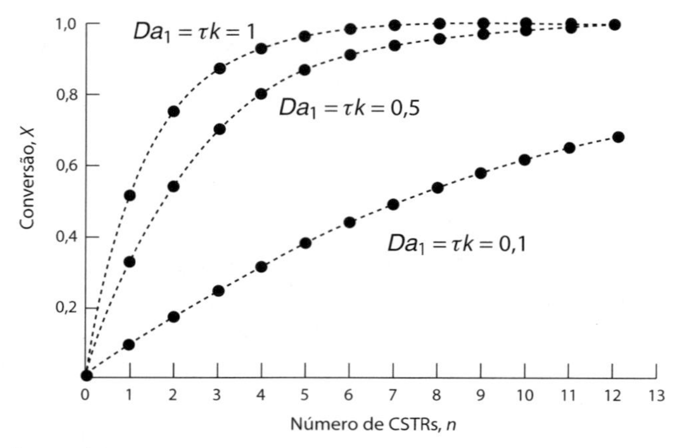

Figura 5.8 Conversão em função do número CSTRs (isto é, tanques) em série para diferentes números de Damköhler, para uma reação de primeira ordem.

A taxa de desaparecimento de A no n-ésimo reator é

$$-r_{An} = kC_{An} = k \frac{C_{A0}}{(1 + \tau k)^n} \quad (5.16)$$

Exemplo 5.2 Produção de 200 Milhões de Libras por Ano em um CSTR

Uso e economia

Aumento de escala de dados de um reator em batelada

Globalmente, perto de 60 bilhões de toneladas métricas de etilenoglicol (EG) foram produzidas em 2016, o que o fez ser o 26º produto químico mais produzido naquele ano nos Estados Unidos, em base de libras totais produzidas. Cerca de metade do etilenoglicol é usada como *anticongelante*, enquanto a outra metade é usada na fabricação de poliésteres. Na categoria poliéster, 88% foram usados para fibras e 12% para a fabricação de garrafas e filmes. Em 2017, o preço de venda do etilenoglicol foi de US$ 0,43 por libra.

Desejam-se produzir 200 milhões de libras de EG por ano. O reator deve operar isotermicamente. Uma solução 16,1 mol/dm³ de óxido de etileno (OE) em água é misturada e alimentada no reator (mostrado na Figura E5.2.1), juntamente com uma igual vazão volumétrica de solução aquosa contendo 0,9% (em massa) do catalisador H_2SO_4. A constante de velocidade específica da reação de *pseudoprimeira ordem* é 0,311 min⁻¹, como determinado no Exemplo 5.1. Guias práticos para o aumento de escala de reatores foram recentemente apresentados por Mukesh.[3]

(a) Se uma conversão de 80% deve ser atingida, determine o volume necessário do CSTR.
(b) Se dois reatores de 800 galões forem arranjados em paralelo, qual será a conversão correspondente?
(c) Se dois reatores de 800 galões forem arranjados em série, qual será a conversão correspondente?

[3] D. Mukesh, *Chemical Engineering*, 46 (January 2002), *www.CHE.com*.

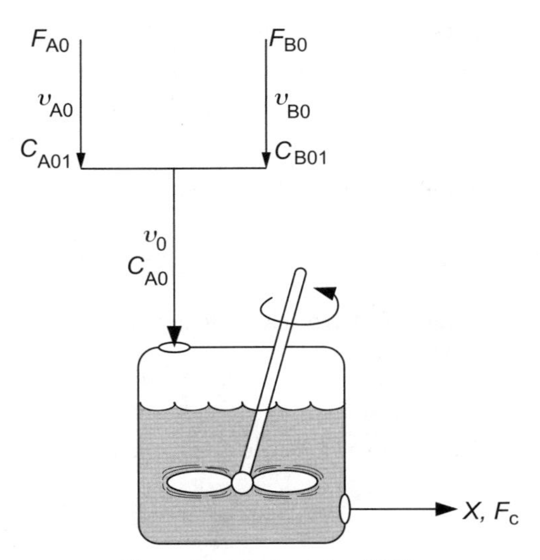

Figura E5.2.1 Um único CSTR.

Etilenoglicol

Solução

Suposição: Etilenoglicol (EG) é o único produto formado na reação.

$$\underset{\text{A}}{\overset{\text{O}}{CH_2-CH_2}} + \underset{\text{B}}{H_2O} \xrightarrow[\text{catalisador}]{H_2SO_4} \underset{\text{C}}{\begin{matrix} CH_2-OH \\ | \\ CH_2-OH \end{matrix}}$$

Primeiro, vamos calcular a taxa molar de alimentação, F_{A0}, requerida para produzir o etilenoglicol necessário.

A taxa de produção do etilenoglicol (EG), especificada em mol/s, é

$$F_C = 2 \times 10^8 \frac{\text{lb}_m}{\text{ano}} \times \frac{1 \text{ ano}}{365 \text{ dias}} \times \frac{1 \text{ dia}}{24 \text{ h}} \times \frac{1 \text{ h}}{3.600 \text{ s}} \times \frac{454 \text{ g}}{\text{lb}_m} \times \frac{1 \text{ mol}}{62 \text{ g}} = 46{,}4 \frac{\text{mols}}{\text{s}}$$

Da estequiometria da reação

$$F_C = F_{A0} X$$

encontramos a taxa molar requerida do óxido de etileno para uma conversão de 80%

$$F_{A0} = \frac{F_C}{X} = \frac{46{,}4 \text{ mols/s}}{0{,}8} = 58{,}0 \text{ mols/s} \quad \underline{\text{Resposta}}$$

(a) Calculamos agora o volume do único CSTR de modo a atingir uma conversão de 80%, usando o **algoritmo ERQ**.

1. Balanço Molar no CSTR:

$$V = \frac{F_{A0} X}{-r_A} \quad \text{(E5.2.1)}$$

Seguindo o Algoritmo

2. Equação da taxa:

$$-r_A = kC_A \quad \text{(E5.2.2)}$$

3. Estequiometria. Fase líquida ($v = v_0$):

$$C_A = \frac{F_A}{v_0} = \frac{F_{A0}(1-X)}{v_0} = C_{A0}(1-X) \quad \text{(E5.2.3)}$$

4. Combinação:

$$V = \frac{F_{A0} X}{kC_{A0}(1-X)} = \frac{v_0 X}{k(1-X)} \quad \text{(E5.2.4)}$$

5. Avaliação:

A vazão volumétrica de entrada da corrente A, com C_{A01}= 16,1 mols/dm³ antes de misturar, é

$$\upsilon_{A0} = \frac{F_{A0}}{C_{A01}} = \frac{58 \text{ mols/s}}{16{,}1 \text{ mols/dm}^3} = 3{,}6\ \frac{\text{dm}^3}{\text{s}}$$

Do enunciado do problema $\upsilon_{B0} = \upsilon_{A0}$

$$F_{B0} = \upsilon_{B0} C_{B01} = 3{,}62 \frac{\text{dm}^3}{\text{s}} \times \left[\frac{1.000 \text{ g}}{\text{dm}^3} \times \frac{1 \text{ mol}}{18 \text{ g}} \right] = 201 \frac{\text{mols}}{\text{s}}$$

A vazão volumétrica total do líquido que entra é

$$\upsilon_0 = \upsilon_{A0} + \upsilon_{B0} = 3{,}62 \frac{\text{dm}^3}{\text{s}} + 3{,}62 \frac{\text{dm}^3}{\text{s}} = 7{,}2 \frac{\text{dm}^3}{\text{s}}$$

Substituindo na Equação (E5.2.4), lembrando que k = 0,0311 min⁻¹, resulta

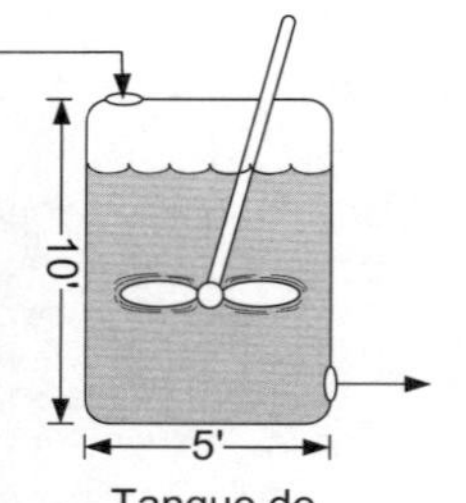

Tanque de 1.500 galões

$$k_1 = \frac{0{,}311}{\text{min}} \times \frac{1 \text{ min}}{60 \text{ s}} = \frac{0{,}0052}{\text{s}}$$

$$V = \frac{\upsilon_0 X}{k(1-X)} = \frac{7{,}2 \text{ dm}^3/\text{s}}{0{,}0052/\text{s}} \frac{0{,}8}{1-0{,}8} = 5.538 \text{ dm}^3$$

$$\boxed{V = 5{,}538 \text{ m}^3 = 197 \text{ ft}^3 = 1.463 \text{ gal}}$$

Necessita-se de um tanque de 5 ft de diâmetro e aproximadamente 10 ft de altura para atingir uma conversão de 80%.

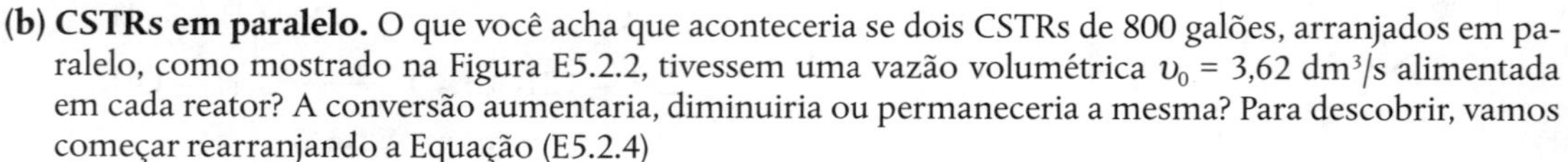

(b) CSTRs em paralelo. O que você acha que aconteceria se dois CSTRs de 800 galões, arranjados em paralelo, como mostrado na Figura E5.2.2, tivessem uma vazão volumétrica υ_0 = 3,62 dm³/s alimentada em cada reator? A conversão aumentaria, diminuiria ou permaneceria a mesma? Para descobrir, vamos começar rearranjando a Equação (E5.2.4)

$$\frac{V}{\upsilon_0} k = \tau k = \frac{X}{1-X}$$

para obter

$$X = \frac{\tau k}{1+\tau k} \tag{E5.2.5}$$

em que

$$\tau = \frac{V}{\upsilon_0/2} = 800 \text{ gal} \times \frac{3{,}785 \text{ dm}^3}{\text{gal}} \frac{1}{3{,}62 \text{ dm}^3/\text{s}} = 836{,}5 \text{ s}$$

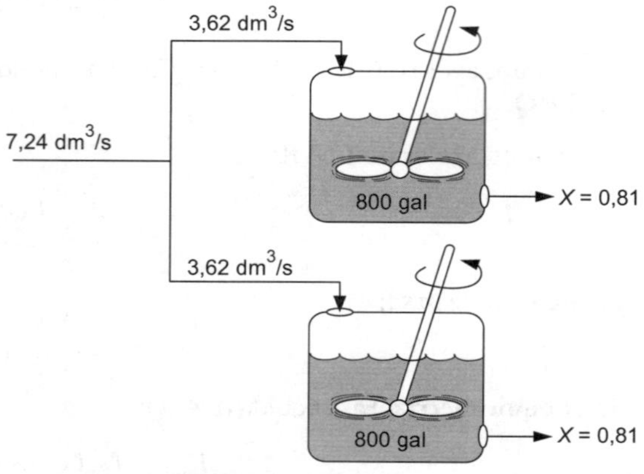

Figura E5.2.2 CSTRs em paralelo.

O ***número de Damköhler*** para uma reação de primeira ordem é

$$Da_1 = \tau k = 836{,}5 \text{ s} \times 0{,}0052 \text{ s}^{-1} = 4{,}35$$

Substituindo na Equação (E5.2.5), temos

$$X = \frac{Da_1}{1 + Da_1} = \frac{4{,}35}{1 + 4{,}35} = 0{,}81$$

A conversão na saída de cada um dos CSTRs em paralelo é 81%.

A Questão Q5.6$_B$ pede para você generalizar o resultado para n reatores de iguais dimensões, V_i, em paralelo com iguais taxas de alimentação (F_{A0}/n) e mostra que a conversão seria também a mesma se tudo fosse alimentado em um grande reator de volume $V = nV_i$.

(c) CSTRs em série. Lembrando o que encontramos no Capítulo 2 quando colocamos reatores em sequência, o que você pensa que acontecerá à conversão do item (a) se os reatores forem colocados em série? Ela aumentará ou diminuirá? Se os reatores de 800 galões forem arranjados em série, conforme mostrado na Figura E5.2.3, a conversão no *primeiro reator* (veja a Equação (E5.2.5)) é

$$X_1 = \frac{\tau_1 k}{1 + \tau_1 k} \tag{E5.2.6}$$

em que

$$\tau = \frac{V_1}{\upsilon_0} = \left(800 \text{ gal} \times \frac{3{,}785 \text{ dm}^3}{\text{gal}}\right) \times \frac{1}{7{,}24 \text{ dm}^3/\text{s}} = 418{,}2 \text{ s}$$

O número de Damköhler para o primeiro CSTR é

Primeiro CSTR

$$Da_1 = \tau_1 k = 418{,}2 \text{ s} \ \frac{0{,}0052}{\text{s}} = 2{,}167$$

a conversão correspondente no primeiro CSTR é

$$X_1 = \frac{2{,}167}{1 + 2{,}167} \ \frac{2{,}167}{3{,}167} = 0{,}684$$

A conversão no arranjo em série é maior do que no arranjo em paralelo para CSTRs. Da nossa discussão sobre reatores em estágios, no Capítulo 2, poderíamos ter previsto que o arranjo em série teria dado a conversão mais alta.

Para calcular a conversão de saída no segundo reator, lembramos que $V_1 = V_2 = V$ e $\upsilon_{01} = \upsilon_{02} = \upsilon_0$; então

$$\tau_1 = \tau_2 = \tau$$

Um balanço molar no *segundo reator* é

$$\text{Entrada} - \text{Saída} + \text{Geração} = 0$$

$$\overbrace{F_{A1}} - \overbrace{F_{A2}} + \overbrace{r_{A2}V} = 0$$

Baseando a conversão no número total de mols que reagiram até um ponto por mol de A alimentado no primeiro reator,

Segundo CSTR

$$F_{A1} = F_{A0}(1 - X_1) \quad \text{e} \quad F_{A2} = F_{A0}(1 - X_2)$$

Rearranjando

$$V = \frac{F_{A1} - F_{A2}}{-r_{A2}} = F_{A0}\frac{X_2 - X_1}{-r_{A2}}$$

$$-r_{A2} = kC_{A2} = k\frac{F_{A2}}{\upsilon_0} = \frac{kF_{A0}(1 - X_2)}{\upsilon_0} = kC_{A0}(1 - X_2)$$

Combinando o balanço molar no segundo reator (veja a Equação (2.24)) com a equação da taxa, obtemos

$$V = \frac{F_{A0}(X_2 - X_1)}{-r_{A2}} = \frac{C_{A0}\upsilon_0(X_2 - X_1)}{kC_{A0}(1 - X_2)} = \frac{\upsilon_0}{k}\left(\frac{X_2 - X_1}{1 - X_2}\right) \tag{E5.2.7}$$

Resolvendo a Equação (E5.2.7) para a conversão na saída do segundo reator, resulta em

$$X_2 = \frac{X_1 + Da_1}{1 + Da_1} = \frac{X_1 + \tau k}{1 + \tau k} = \frac{0{,}684 + 2{,}167}{1 + 2{,}167} = 0{,}90$$

O mesmo resultado poderia ter sido obtido a partir da Equação (5.15):

$$X_2 = 1 - \frac{1}{(1+\tau k)^n} = 1 - \frac{1}{(1+2{,}167)^2} = 0{,}90$$

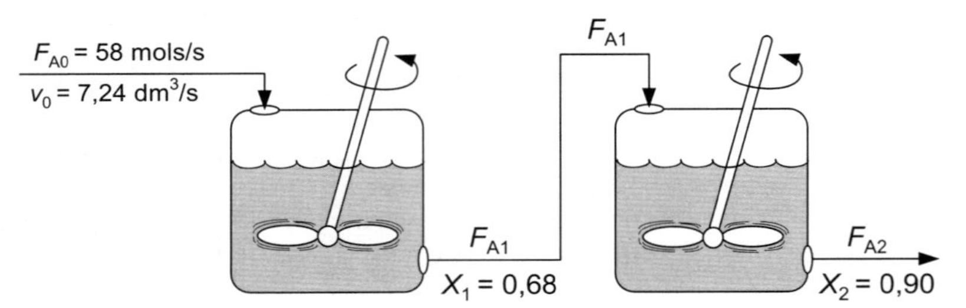

Figura E5.2.3 CSTRs em série.

Mais de duzentos milhões de libras de EG por ano podem ser produzidos usando dois reatores de 800 galões (3 m^3) em série.

Análise: O algoritmo ERQ foi aplicado a uma reação de primeira ordem, irreversível, em fase líquida, que ocorreu isotermicamente em um único CSTR, em dois CSTRs em série assim como em dois CSTRs em paralelo. As equações foram resolvidas algebricamente para cada caso. Quando a taxa molar na entrada foi igualmente dividida entre os dois CSTRs em paralelo, a conversão global foi a mesma que a de um único CSTR. Para dois CSTRs em série, a conversão global foi maior do que aquela de um único CSTR. Esse resultado será sempre o caso para as reações isotérmicas com as leis de potência com ordens de reação maiores que zero.

Considerações de segurança

Podemos encontrar informação sobre a segurança de etilenoglicol e outros produtos químicos a partir da Tabela 5.4. Uma fonte é a Vermont Safety Information na Internet (Vermont SIRI, *www.siri.org*). Por exemplo, podemos aprender, a partir de *Control Measures* (*Medidas de Controle*), que deveríamos usar luvas de neoprene ao manusear o material e evitar respirar os vapores. Se clicarmos em "Dow Chemical USA" e selecionarmos *Reactivity Data* (*Dados de Reatividade*), encontraremos que etilenoglicol entra em ignição no ar a 413°C.

Informações de segurança MSDS

Tabela 5.4 Acesso a Informação de Segurança

1. Digite: *https://us.vwr.com/store/search/searchMSDS.jsp*
2. Quando a primeira tela aparecer, digite no composto químico que você precisa encontrar na caixa de palavra-chave e clique no botão de Busca.
   Exemplo: Palavra-chave **Etilenoglicol**
3. A próxima página mostra a lista de Fabricantes (por exemplo, Alfa Aesar, MilliporeSigma), juntamente com o número do catálogo que fornece os dados sobre o composto que você escolheu.

Etilenoglicol 99% 2,5 kg	Veja SDS	AAA11591-OE	Alfa Aesar
Etilenoglicol Anido 4 L	Veja SDS	EM-EX0566-4	MilliporeSigma

   Clique em "Veja SDS" sob a coluna **SDS** para Alfa Aesar para ver a Planilha de Dados de Segurança que aparecerá em um formato pdf.
4. Deslize para baixo para a informação que você deseja:
   1. Identificação
   2. Identificação de Periculosidade (Pictogramas SHG)
   3. Composição/Informação sobre os Ingredientes
   4. Medidas de Primeiros Socorros
   5. Medidas de Combate ao Fogo
   6. Medidas de Descarte Acidental
   7. Manuseamento e Estocagem
   8. Controles de Exposição/Proteção Pessoal
   9. Propriedades Físicas e Químicas
   10. Estabilidade e Reatividade
   11-16. Informações Toxicológicas, Ecológicas, Considerações de Descarte, Transporte, Regulatórias e Outras Informações

Para óxido de etileno, vá para *Cameo Chemicals* (*https://cameochemicals.noaa.gov/chemical/694*).

5.4 Reatores Tubulares

Reações em fase gasosa ocorrem principalmente em reatores tubulares, nos quais o escoamento é geralmente turbulento. Considerando que não haja dispersão e que não haja gradientes radiais de temperatura, de velocidade ou de concentração, podemos modelar o escoamento no reator como um escoamento empistonado.[4]

Escoamento empistonado – nenhuma variação radial de velocidade, de concentração, de temperatura ou de taxa de reação

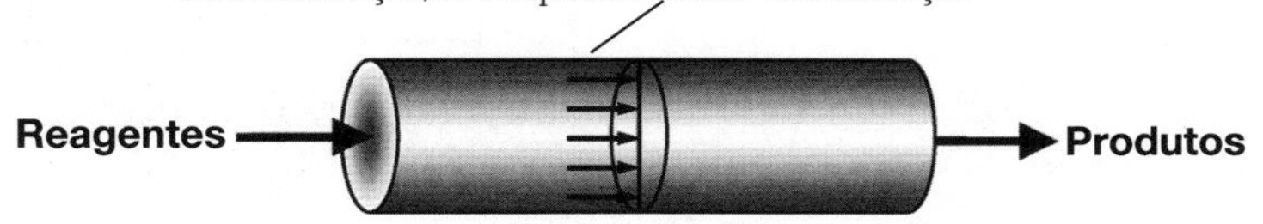

Figura 1.9 Reator tubular (revisto).
(https://encyclopedia.che.engin.umich.edu/packed-bed-reactors/)

Use essa forma diferencial dos **balanços molares** para o PFR/PBR, quando houver ΔP ou efeitos térmicos.

A *forma diferencial* da equação de projeto do PFR, tal como

$$F_{A0}\frac{dX}{dV} = -r_A \tag{2.15}$$

deverá ser usada quando houver uma queda de pressão no reator ou troca de calor entre o PFR e o ambiente.

Na ausência de queda de pressão ou troca de calor, a forma integral da equação de *projeto de escoamento empistonado* será usada.

$$V = F_{A0}\int_0^X \frac{dX}{-r_A} \tag{2.16}$$

Como exemplo, considere a reação

$$2A \longrightarrow \text{Produtos}$$

para a qual a equação da taxa é

Equação da taxa

$$-r_A = kC_A^2$$

Devemos considerar primeiro que a reação ocorre como uma reação em fase líquida e só então como uma reação em fase gasosa. Para a fase gasosa, teremos de especificar os produtos para aprender se há variação no número total de mols para calcular δ.

5.4.1 Reações em Fase Líquida em um PFR $\therefore\ \upsilon = \upsilon_0$

A combinação do balanço molar e da equação da taxa para o PFR é

$$\frac{dX}{dV} = \frac{kC_A^2}{F_{A0}}$$

Se a reação ocorrer em fase líquida, a concentração de A será

Estequiometria (fase líquida)

$$C_A = C_{A0}(1 - X)$$

e para a operação isotérmica, podemos colocar k para fora da integral

[4] Reatores com escoamento laminar (LFRs) e efeitos de dispersão serão discutidos no Capítulo 17. Como regra geral, a conversão calculada para um PFR não será significativamente diferente de um LFR. Por exemplo, da Tabela E17.1.1 no Capítulo 17, vemos que quando $\tau k = 0{,}1$, então $X_{PFR} = 0{,}095$ e $X_{LFR} = 0{,}09$; quando $\tau k = 2{,}0$, então $X_{PFR} = 0{,}865$ e $X_{LFR} = 0{,}78$; e quando $\tau k = 4$, então, $X_{PFR} = 0{,}98$ e $X_{LFR} = 0{,}94$.

Combinação

$$V = \frac{F_{A0}}{kC_{A0}^2}\int_0^X \frac{dX}{(1-X)^2} = \frac{\upsilon_0}{kC_{A0}}\left(\frac{X}{1-X}\right)$$

Essa equação fornece o volume do reator de modo a atingir uma conversão X. Dividindo por υ_0 ($\tau = V/\upsilon_0$) e resolvendo para a conversão, encontramos

Avaliação

$$\boxed{X = \frac{\tau k C_{A0}}{1+\tau k C_{A0}} = \frac{Da_2}{1+Da_2}}$$

em que Da_2 é o número de Damköhler para uma reação de segunda ordem, isto é, $\tau k C_{A0}$.

5.4.2 Reações em Fase Gasosa em um PFR [$\upsilon = \upsilon_0\,(1 + \varepsilon X)\,(T/T_0)(P_0/P)$]

Para *reações em fase gasosa* com temperatura ($T = T_0$) e pressão ($P = P_0$) constantes, a concentração é expressa em função da conversão na Tabela 4.3

Estequiometria
(fase gasosa)

$$C_A = \frac{F_A}{\upsilon} = \frac{F_A}{\upsilon_0(1+\varepsilon X)} = \frac{F_{A0}(1-X)}{\upsilon_0(1+\varepsilon X)} = C_{A0}\frac{(1-X)}{(1+\varepsilon X)} \tag{E4.3.1}$$

e então combinando o balanço molar, a equação da taxa e a estequiometria para o PFR

Combinação

$$V = F_{A0}\int_0^X \frac{(1+\varepsilon X)^2}{kC_{A0}^2(1-X)^2}\,dX$$

A concentração de entrada C_{A0} pode ser colocada para fora do sinal de integral, uma vez que ela não é função da conversão. Pelo fato de a reação ocorrer isotermicamente, a constante de velocidade específica de reação, k, pode também ser colocada para fora do sinal de integral.

Para uma reação que ocorre isotermicamente, k é constante.

$$V = \frac{F_{A0}}{kC_{A0}^2}\int_0^X \frac{(1+\varepsilon X)^2}{(1-X)^2}\,dX$$

Das equações integrais no Apêndice A.1, encontramos que

Avaliação
Volume do reator para reação de segunda ordem em fase gasosa

$$\boxed{V = \frac{\upsilon_0}{kC_{A0}}\left[2\varepsilon(1+\varepsilon)\ln(1-X) + \varepsilon^2 X + \frac{(1+\varepsilon)^2 X}{1-X}\right]} \tag{5.17}$$

5.4.3 Efeito de ε sobre a Conversão

Analisamos agora o efeito da variação do número total de mols na **fase gasosa** sobre a relação entre conversão e volume. Para temperatura e pressão constantes, a Equação (4.23) se torna.

$T = T_0$
$P = P_0$ ($\therefore p = 1$)

$$\upsilon = \upsilon_0\,(1 + \varepsilon X)$$

Vamos considerar agora três tipos de reações: uma em que $\varepsilon = 0$ ($\delta = 0$); uma em que $\varepsilon < 0$ ($\delta < 0$); outra em que $\varepsilon > 0$ ($\delta > 0$). Quando não houver mudança no número de mols com a reação (por exemplo, $A \rightarrow B$), $\delta = 0$, e $\varepsilon = 0$, então o fluido se moverá através do reator a uma vazão volumétrica constante ($\upsilon = \upsilon_0$), à medida que a conversão aumentar.

Quando houver diminuição no número de mols ($\delta < 0$, $\varepsilon < 0$) na fase gasosa, a vazão volumétrica do gás diminuirá, à medida que a conversão aumentar. Por exemplo, quando A puro entra para a reação $2A \rightarrow B$ e tomando A como a base de cálculo, temos então $A \rightarrow B/2$ e teremos $\varepsilon = y_{A0}\delta = 1\left(\frac{1}{2}-1\right) = -0{,}5$

$$v = v_0(1 - 0{,}5X)$$

Consequentemente, as moléculas de gás gastarão mais tempo no reator do que elas gastariam se a vazão fosse constante, $v = v_0$. Como resultado, esse maior tempo de residência levaria a maior conversão em relação ao caso de vazão constante em v_0.

Por outro lado, se houver um aumento no número total de mols ($\delta > 0$, $\varepsilon > 0$) na fase gasosa, então a vazão volumétrica aumentará, à medida que a conversão aumentar. Por exemplo, para a reação A → 2B, então $\varepsilon = y_{A0}\delta = 1(2-1) = 1$

$$v = v_0\,(1 + X)$$

e as moléculas gastarão menos tempo no reator em relação ao que gastariam se a vazão volumétrica fosse constante. Como resultado desse menor tempo de residência no reator, a conversão seria menor do que aquela que resultaria se a vazão fosse constante a v_0.

A Figura 5.9 mostra os perfis da vazão volumétrica para os três casos que acabamos de discutir. Notamos que, para os números escolhidos aqui, no final do reator, praticamente uma conversão completa foi atingida.

A importância de variações na vazão volumétrica (isto é, $\varepsilon \neq 0$) com a reação

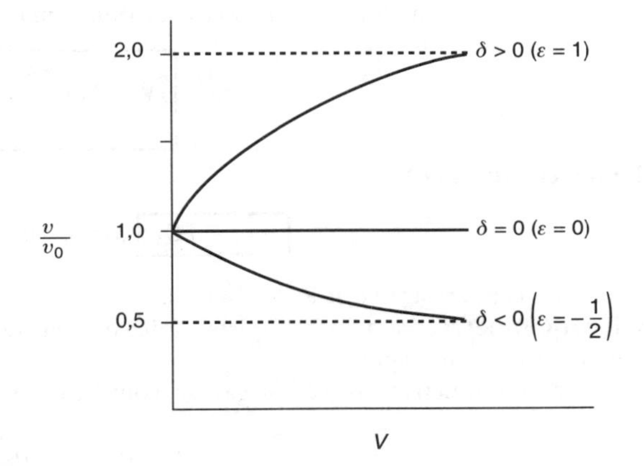

Figura 5.9 Variação da vazão volumétrica na fase gasosa ao longo do comprimento do reator.

Exemplo 5.3 Produção de 300 Milhões de Libras de Etileno, por Ano, em um Reator com Escoamento Empistonado: Projeto de um Reator Tubular em Escala Industrial

Aspectos econômicos

Usos

Etileno é o produto químico mais produzido, por ano, nos Estados Unidos, em libras totais, sendo também o primeiro entre os compostos químicos orgânicos produzidos por ano. Cerca de 60 bilhões de libras foram produzidas em 2016, sendo cada libra vendida a US$ 0,28. Sessenta por cento do etileno produzido são usados na fabricação de polietileno, 15% para óxido de etileno, 10% para dicloreto de etileno, 6% para etilbenzeno e 9% para outros produtos.

Determine o volume do reator com escoamento empistonado necessário para produzir 300 milhões de etileno por ano a partir do craqueamento de uma corrente de alimentação de etano puro. A reação é irreversível e segue uma equação elementar da taxa. Queremos atingir 80% de conversão de etano, operando o reator isotermicamente a 1.100 K e a uma pressão de 6 atm. A constante de velocidade específica de reação a 1.000 K é 0,072 s^{-1} e a energia de ativação é 82.000 cal/mol.

Etileno

Solução

$$C_2H_6 \longrightarrow C_2H_4 + H_2$$

Sejam A = C_2H_6, B = C_2H_4 e C = H_2. Em símbolos,

$$A \longrightarrow B + C$$

Visto querermos que o leitor esteja familiarizado com as unidades métricas **e** com as unidades inglesas, trabalharemos com alguns exemplos usando unidades inglesas. Confie em mim, um número de velhos usuários ainda usa concentrações em lb-mol/ft³. Para ajudá-lo a relacionar unidades inglesas com as unidades métricas, as unidades métricas correspondentes serão apresentadas entre parênteses próximo às unidades inglesas. A única etapa no algoritmo que é diferente é a etapa de avaliação.

A taxa molar de etileno que sai do reator é

$$F_B = 300 \times 10^6 \frac{\text{lb}_m}{\text{ano}} \times \frac{1\text{ ano}}{365\text{ dias}} \times \frac{1\text{ dia}}{24\text{ h}} \times \frac{1\text{ h}}{3.600\text{ s}} \times \frac{\text{lb-mol}}{28\text{ lb}_m} \left(\frac{454\text{ g}}{\text{lb}_m} \times \frac{1\text{ mol}}{28\text{ g}}\right)$$

$$= 0{,}340 \frac{\text{lb-mol}}{\text{s}} \left(F_B = 154{,}2 \frac{\text{mols}}{\text{s}}\right)$$

Em seguida, calcule a taxa molar do etano na alimentação, F_{A0}, para produzir 0,34 lb-mol/s de etileno, quando for atingida uma conversão de 80%.

$$F_B = F_{A0} X$$

$$F_{A0} = \frac{0{,}34\text{ lb-mol/s}}{0{,}8} = 0{,}425 \frac{\text{lb-mol}}{\text{s}} \quad (F_{A0} = 193\text{ mol/s}) \quad \underline{\text{Resposta}}$$

1. Balanço Molar para Escoamento Empistonado:

Balanço molar

$$F_{A0} \frac{dX}{dV} = -r_A \tag{2.15}$$

Rearranjando e integrando para o caso de **nenhuma queda de pressão** e operação isotérmica, temos

$$\boxed{V = F_{A0} \int_0^X \frac{dX}{-r_A}} \tag{E5.3.1}$$

2. Equação da taxa:[5]

Equação da taxa

$$\boxed{-r_A = kC_A} \text{ com } k = 0{,}072\text{ s}^{-1} \text{ a } 1.000\text{ K} \tag{E5.3.2}$$

A energia de ativação é de 82 kcal/gmol.

3. Estequiometria. Para operação isotérmica e queda de pressão negligenciável, a concentração do etano é calculada como segue:

Estequiometria

A vazão volumétrica para a fase gasosa, com T e P constantes, é

$$v = v_0 \frac{F_T}{F_{T0}} = v_0(1 + \varepsilon X)$$

$$\boxed{C_A = \frac{F_A}{v} = \frac{F_{A0}(1-X)}{v_0(1+\varepsilon X)} = C_{A0}\left(\frac{1-X}{1+\varepsilon X}\right)} \tag{E5.3.3}$$

$$\boxed{C_C = \frac{C_{A0}X}{(1+\varepsilon X)}} \tag{E5.3.4}$$

4. Combinamos agora as Equações (E5.3.1) a (E5.3.3) para obter

Combinação de equação de projeto, equação da taxa e estequiometria

$$V = F_{A0} \int_0^X \frac{dX}{kC_{A0}(1-X)/(1+\varepsilon X)} = F_{A0} \int_0^X \frac{(1+\varepsilon X)\,dX}{kC_{A0}(1-X)}$$
$$= \frac{F_{A0}}{C_{A0}} \int_0^X \frac{(1+\varepsilon X)\,dX}{k(1-X)} \tag{E5.3.5}$$

5. Avaliação:

Uma vez que a reação ocorre isotermicamente, podemos colocar k para fora da integral e usar o Apêndice A.1 para efetuar a integração.

Solução Analítica

$$\boxed{V = \frac{F_{A0}}{kC_{A0}} \int_0^X \frac{(1+\varepsilon X)\ X}{1-X} = d\frac{F_{A0}}{kC_{A0}} \left[(1+\varepsilon) \ln \frac{1}{1-X} - \varepsilon X\right]} \tag{E5.3.6}$$

[5] *Ind. Eng. Chem. Process Des. Dev.*, 14, 218 (1975); *Ind. Eng. Chem.*, 59(5), 70 (1967).

6. Avaliação dos Parâmetros:

Avaliação

$$C_{A0} = y_{A0} C_{T0} = \frac{y_{A0} P_0}{RT_0} = (1{,}0)\left(\frac{6 \text{ atm}}{(0{,}73 \text{ ft}^3 \cdot \text{atm/lb-mol} \cdot °\text{R}) \times (1.980 °\text{R})}\right)$$

$$= 0{,}00415 \frac{\text{lb-mol}}{\text{ft}^3} \quad (0{,}066 \text{ mol/dm}^3)$$

$$\varepsilon = y_{A0}\delta = (1)(1 + 1 - 1) = 1$$

Opa! A constante de taxa k é dada como 0,072 s^{-1} a 1.000 K, **mas** necessitamos calcular k na condição da reação, que é 1.100 K.

Seguindo o Algoritmo

$$k(T_2) = k(T_1) \exp\left[\frac{E}{R}\left(\frac{1}{T_1} - \frac{1}{T_2}\right)\right]$$

$$= k(T_1) \exp\left[\frac{E}{R}\left(\frac{T_2 - T_1}{T_1 T_2}\right)\right] \tag{E5.3.7}$$

$$= \frac{0{,}072}{\text{s}} \exp\left[\frac{82.000 \text{ cal/mol } (1.100 - 1.000) \text{ K}}{1{,}987 \text{ cal/(mol} \cdot \text{K) } (1.000 \text{ K}) (1.100 \text{ K})}\right]$$

$$= 3{,}07 \text{ s}^{-1} \quad \underline{\text{Resposta}}$$

Substituindo F_{A0}, k, C_{A0} e ε na Equação (E5.3.6), temos

$$V = \frac{0{,}425 \text{ lb-mol/s}}{(3{,}07/\text{s})(0{,}00415 \text{ lb-mol/ft}^3)}\left[(1+1) \ln \frac{1}{1-X} - (1)X\right] \tag{E5.3.8}$$

$$= 33{,}36 \text{ ft}^3 \left[2 \ln \left(\frac{1}{1-X}\right) - X\right]$$

Para $X = 0{,}8$,

$$V = 33{,}36 \text{ ft}^3 \left[2 \ln \left(\frac{1}{1-0{,}8}\right) - 0{,}8\right]$$

$$= 80{,}7 \text{ ft}^3 = (2280 \text{ dm}^3 = 2{,}28 \text{ m}^3) \quad \underline{\text{Resposta}}$$

Decidiu-se usar um banco de tubos paralelos, com diâmetro de 2″, série (*schedule*) 80, que têm 40 ft de comprimento. Para tubos de série 80, a área da seção transversal, A_C, é 0,0205 ft². O número necessário de tubos, n, é

O número de PFRs em paralelo

$$n = \frac{\text{Volume do reator}}{\text{Volume de um tubo}} = \frac{80{,}7 \text{ ft}^3}{(0{,}0205 \text{ ft}^2)(40 \text{ ft})} = 98{,}4 \tag{E5.3.9}$$

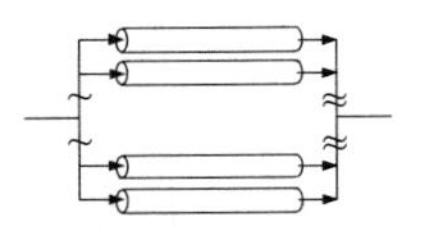

100 tubos em paralelo

Para determinar as concentrações e os perfis da conversão ao longo do comprimento do reator, z, dividimos o volume da Equação (E5.3.8) pela área da seção transversal, A_C,

$$z = \frac{V}{A_C} \tag{E5.3.10}$$

A Equação (E5.3.9) foi usada juntamente com o volume de um tubo, 0,81 ft³, a área da seção transversal de um tubo, A_C = 0,0205 ft², e as Equações (E5.3.8) e (E5.3.3) foram usadas para obter a Figura E5.3.1. Usando um banco de 100 tubos, teremos o volume do reator necessário para produzir 300 milhões de libras por ano de etileno a partir de etano. Os perfis de concentração e de conversão ao longo de cada um dos tubos são mostrados na Figura E5.3.1.

Análise: O algoritmo ERQ foi aplicado a uma reação em fase gasosa que teve uma variação no número total de mols durante a reação. Um banco de 100 PFRs em paralelo, cada um com um volume de 0,81 ft³, resultará a mesma conversão que 1 PFR com um volume de 81 ft³. Os perfis de conversão e de concentração são mostrados na Figura E5.3.1. Você notará que os perfis variam muito rapidamente próximo à entrada do reator, onde as concentrações dos reagentes são altas, e variam então muito lentamente perto da saída e onde a maioria dos reagentes já foi consumida, resultando em menor taxa de reação.

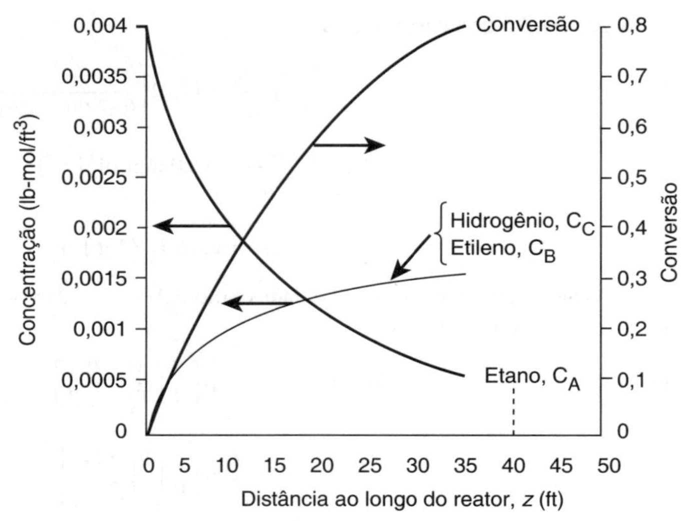

Figura E5.3.1 Perfis de conversão e de concentração.

Resolveremos também este problema usando Polymath, Python e Wolfram de modo a torná-lo um Problema Prático (PP). Para visualizar os arquivos .cdf, tudo o que você precisa é o **Wolfram CDF Player**, que pode ser baixado gratuitamente em *http://wolfram.com/cdf-player*. Usaremos as unidades de m, kg, s e os valores mostrados anteriormente entre parênteses (por exemplo, C_{A0} = 0,066 mol/dm³) no PP. O leitor deve usar os "controles deslizantes" no Wolfram e Python para este PP no CRE *website* (*http://www.umich.edu/~elements/6e/05chap/live.html*) para variar os parâmetros e determinar seus efeitos sobre a conversão X.

5.5 Queda de Pressão em Reatores

A queda de pressão é ignorada para cálculos da cinética em fase líquida.

Em reações em fase líquida, a concentração de reagentes não é afetada de forma significativa, mesmo por variações relativamente grandes na pressão total. Consequentemente, podemos ignorar totalmente o efeito da queda de pressão sobre a velocidade de reação, quando dimensionamos reatores químicos em fase líquida. Entretanto, em reações em fase gasosa, a concentração das espécies reagentes é proporcional à pressão total; logo, a consideração adequada dos efeitos de queda de pressão sobre o sistema reacional pode, em muitos casos, ser um fator-chave no sucesso ou na falha da operação do reator. Esse fato é especialmente verdadeiro em microrreatores recheados com catalisador sólido. Aqui, os canais são tão pequenos (veja o Problema 5.21_B) que a queda de pressão pode limitar a produção e a conversão para reações em fase gasosa.

5.5.1 Queda de Pressão e Equação da Taxa

Para reações em fase gasosa, a queda de pressão pode ser muito importante.

Focamos agora nossa atenção na consideração da queda de pressão sobre a equação da taxa. Para um gás ideal, usamos a Equação (4.25) para escrever a concentração de uma espécie reagente *i* como

$$C_i = C_{A0}\left(\frac{\Theta_i + \nu_i X}{1+\varepsilon X}\right)\frac{P}{P_0}\frac{T_0}{T} \tag{5.18}$$

em que $\Theta_i = \dfrac{F_{i0}}{F_{A0}}$ $\varepsilon = y_{A0}\delta$, e ν_i é o coeficiente estequiométrico (por exemplo, $\nu_A = -1$, $\nu_B = -b/a$). Para considerar a queda de pressão, temos agora de determinar a razão das pressões ($p = P/P_0$) em função do volume, *V*, do PFR ou da massa de catalisador, *W*, do PBR. Podemos então combinar a concentração, a equação da taxa e o balanço molar no PBR. No entanto, toda vez que considerarmos os efeitos de queda de pressão, *a forma diferencial do balanço molar* (*equações de projeto*) ***deverá ser usada.***

Se, por exemplo, a reação de segunda ordem

$$2A \longrightarrow B + C$$

Quando $P \neq P_0$, **devem-se** usar as formas diferenciais das equações de projeto de PFR/PBR.

estiver ocorrendo em um reator de leito fixo, a **forma diferencial da equação do balanço molar**, em termos da massa de catalisador, será

$$F_{A0}\frac{dX}{dW} = -r'_A \qquad \left(\frac{\text{Grama-mols}}{\text{Grama de catalisador}\cdot\text{min}}\right) \tag{2.17}$$

A **equação da taxa** é

$$-r'_A = kC_A^2 \tag{5.19}$$

Da **estequiometria** para reações em fase gasosa (Tabela 3.5),

$$C_A = \frac{C_{A0}(1-X)}{1+\varepsilon X}\, p\, \frac{T_0}{T}$$

e a equação da taxa pode ser escrita como

$$-r'_A = k\left[\frac{C_{A0}(1-X)}{1+\varepsilon X}\, p\, \frac{T_0}{T}\right]^2 \tag{5.20}$$

Note, da Equação (5.20), que quanto maior a queda de pressão (isto é, quanto menor p) proveniente das perdas friccionais, menor a taxa de reação!

Combinando a Equação (5.20) com o balanço molar (2.17) e supondo operação isotérmica ($T = T_0$), obtém-se

$$F_{A0}\frac{dX}{dW} = k\left[\frac{C_{A0}(1-X)}{1+\varepsilon X}\right]^2 p^2$$

Dividindo por F_{A0} (isto é, $\upsilon_0 C_A$), resulta

$$\frac{dX}{dW} = \frac{kC_{A0}}{\upsilon_0}\left(\frac{1-X}{1+\varepsilon X}\right)^2 p^2$$

Para operação isotérmica ($T = T_0$), o lado direito é uma função somente da conversão e da pressão

Outra equação é necessária (por exemplo, $p = f(W)$).

$$\frac{dX}{dW} = F_1(X, p) \tag{5.21}$$

Agora, necessitamos relacionar a queda de pressão com a massa de catalisador de modo a determinar a conversão em função da massa de catalisador.

5.5.2 Escoamento Através de um Leito Fixo

A maioria das reações em fase gasosa é catalisada pela passagem do reagente através de um leito recheado com partículas de catalisador.

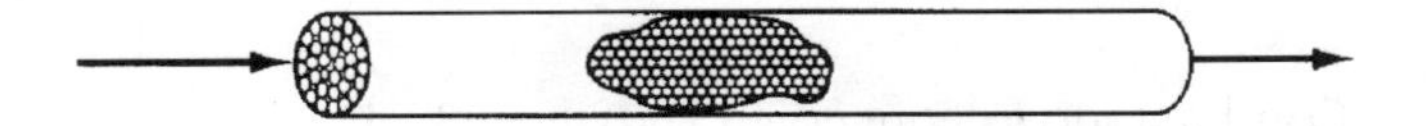

A equação mais usada para calcular a queda de pressão em um leito fixo poroso é a **equação de Ergun:**[6,7]

[6] R. B. Bird, W. E. Stewart e W. N. Lightfoot, *Fenômenos de Transporte*. 2. Edição, Rio de Janeiro: Editora LTC, 2004.

[7] Um conjunto levemente diferente de constantes para a Equação de Ergun (por exemplo, 1,8G em vez de 1,75G) pode ser encontrado em *Ind. Eng. Chem. Fundamentals*, 18 (1979), p. 199.

Equação de Ergun

$$\boxed{\frac{dP}{dz} = -\frac{G}{\rho g_c D_P}\left(\frac{1-\phi}{\phi^3}\right)\left[\overbrace{\frac{150(1-\phi)\mu}{D_P}}^{\text{Termo 1}} + \overbrace{1{,}75G}^{\text{Termo 2}}\right]} \tag{5.22}$$

O termo 1 é dominante para escoamento laminar e o termo 2 é dominante para escoamento turbulento, sendo

P = pressão (lb_f/ft^2), (bar), ou (kPa)

ϕ = porosidade $= \dfrac{\text{volume de vazios}}{\text{volume total do leito}}$ = fração de vazios

$1-\phi = \dfrac{\text{volume de sólidos}}{\text{volume total do leito}}$

$g_c = 32{,}174\ lb_m \cdot ft/s^2 \cdot lb_f$ (fator de conversão)

$= 4{,}17 \times 10^8\ lb_m \cdot ft/h^2 \cdot lb_f$

(lembre-se de que para o sistema métrico $g_c = 1{,}0$)

D_P = diâmetro de partícula no leito, ft ou (m)

μ = viscosidade do gás que passa através do leito, ($lb_m/ft \cdot h$) ou ($kg/m \cdot s$)

z = direção ao longo do tubo do leito fixo (ft) ou (m)

u = velocidade superficial = vazão volumétrica ÷ área da seção transversal do tubo, (ft/h) ou (m/s)

ρ = densidade do gás, (lb_m/ft^3) ou (kg/m^3)

$G = \rho u$ = velocidade de massa superficial, ($lb_m/ft^2 \cdot h$) ou ($kg/m^2 \cdot s$)

No cálculo da queda de pressão usando a equação de Ergun, o único parâmetro que varia com a pressão, no lado direito da Equação (5.22), é a massa específica do gás, ρ. Vamos agora calcular a queda de pressão através do leito.

Uma vez que o reator PBR é operado em estado estacionário, a vazão mássica em qualquer ponto ao longo do reator, $\dot{m}$ (kg/s), é igual à vazão mássica de entrada, $\dot{m}_0$ (isto é, equação da continuidade),

$$\dot{m}_0 = \dot{m}$$

$$\rho_0 \upsilon_0 = \rho \upsilon$$

Da Equação (4.16), temos

$$\upsilon = \upsilon_0 \frac{P_0}{P}\left(\frac{T}{T_0}\right)\frac{F_T}{F_{T0}} \tag{4.16}$$

$$\rho = \rho_0 \frac{\upsilon_0}{\upsilon} = \rho_0 \frac{P}{P_0}\left(\frac{T_0}{T}\right)\frac{F_{T0}}{F_T} \tag{5.23}$$

Combinando as Equações (5.22) e (5.23), dá

$$\frac{dP}{dz} = -\underbrace{\frac{G(1-\phi)}{\rho_0 g_c D_P \phi^3}\left[\frac{150(1-\phi)\mu}{D_P} + 1{,}75G\right]}_{\beta_0}\frac{P_0}{P}\left(\frac{T}{T_0}\right)\frac{F_T}{F_{T0}}$$

Simplificando, resulta

$$\boxed{\frac{dP}{dz} = -\beta_0 \frac{P_0}{P}\left(\frac{T}{T_0}\right)\frac{F_T}{F_{T0}}} \tag{5.24}$$

em que β_0 é uma constante que depende apenas das propriedades do leito fixo (ϕ, D_P) e das propriedades do fluido nas condições de entrada (isto é, μ, G, ρ_0, T_0, P_0). Unidades típicas de β_0 são (atm/ft) ou (Pa/m).

$$\boxed{\beta_0 = \frac{G(1-\phi)}{\rho_0 g_c D_P \phi^3}\left[\frac{150(1-\phi)\mu}{D_P} + 1{,}75G\right]\left(\text{p. ex.} \frac{\text{kPa}}{\text{m}}, \frac{\text{atm}}{\text{ft}}\right)} \tag{5.25}$$

Para reatores tubulares de leito fixo, estamos mais interessados na massa do catalisador do que na distância z ao longo do reator. A massa de catalisador até uma distância z a partir da entrada do reator é

$$\boxed{z = \frac{W}{(1-\phi)A_c\rho_c}}$$

$$\underbrace{W}_{\left[\begin{array}{c}\text{Massa de}\\\text{catalisador}\end{array}\right]} = \underbrace{(1-\phi)A_c z}_{\left[\begin{array}{c}\text{Volume}\\\text{de sólidos}\end{array}\right]} \times \underbrace{\rho_c}_{\left[\begin{array}{c}\text{Massa específica}\\\text{do catalisador}\\\text{sólido}\end{array}\right]} \tag{5.26}$$

Massa específica aparente

em que A_c é a área da seção transversal. A *massa específica aparente* do catalisador, ρ_b (massa de catalisador por volume de leito do reator), é apenas o produto entre a massa específica das partículas do catalisador sólido, ρ_c, e a fração de sólidos, $(1-\phi)$:

$$\rho_b = \rho_c\,(1-\phi)$$

Usando a relação entre z e W [Equação (5.26)], podemos mudar nossas variáveis para expressar a equação de Ergun em termos da massa de catalisador:

Use essa forma para reações múltiplas e reatores com membrana.

$$\frac{dP}{dW} = -\frac{\beta_0}{A_c(1-\phi)\rho_c}\frac{P_0}{P}\left(\frac{T}{T_0}\right)\frac{F_T}{F_{T0}}$$

Mais simplificação resulta em

$$\frac{dP}{dW} = -\frac{\alpha}{2}\frac{T}{T_0}\frac{P_0}{P/P_0}\left(\frac{F_T}{F_{T0}}\right) \tag{5.27}$$

Novamente, seja $p = (P/P_0)$, então

Usada para reações múltiplas

$$\boxed{\frac{dp}{dW} = -\frac{\alpha}{2p}\frac{T}{T_0}\frac{F_T}{F_{T0}}} \tag{5.28}$$

sendo

$$\boxed{\alpha = \frac{2\beta_0}{A_c\rho_c(1-\phi)P_0}} \tag{5.29}$$

em que unidades típicas de α podem ser (kg^{-1}) ou (lb_m^{-1}).

Forma diferencial da equação de Ergun para a queda de pressão em leitos fixos

Usaremos a Equação (5.28) quando reações múltiplas estiverem ocorrendo ou quando houver queda de pressão em um reator com membrana. Contudo, para reações únicas em leitos fixos, é mais conveniente expressar a equação de Ergun em termos da conversão X. Da Equação (4.20) para F_T,

$$\frac{F_T}{F_{T0}} = 1 + \varepsilon X \tag{4.20}$$

sendo, como antes,

$$\varepsilon = y_{A0}\delta = \frac{F_{A0}}{F_{T0}}\delta \tag{4.22}$$

Substituindo a razão (F_T/F_{T0}), a Equação (5.28) pode agora ser escrita como

Uso para reações isoladas

$$\boxed{\frac{dp}{dW} = -\frac{\alpha}{2p}(1 + \varepsilon X)\frac{T}{T_0}} \tag{5.30}$$

Notamos que, quando o valor de ε for negativo, a queda de pressão ΔP será menor (isto é, pressão maior) do que para $\varepsilon = 0$. Quando o valor de ε for positivo, a queda de pressão ΔP será maior (isto é, pressão menor) do que quando $\varepsilon = 0$.

Para operação isotérmica, a Equação (5.30) é uma função somente da conversão e da pressão:

$$\frac{dp}{dW} = F_2(X, p) \tag{5.31}$$

Duas equações acopladas para serem resolvidas numericamente

Da Equação (5.21), para a combinação do balanço molar, da equação da taxa e da estequiometria,

$$\frac{dX}{dW} = F_1(X, p) \tag{5.21}$$

vemos que temos duas equações diferenciais ordinárias acopladas, (5.31) e (5.21), que têm de ser resolvidas simultaneamente. Uma variedade de pacotes computacionais (por exemplo, Polymath) e esquemas de integração numérica estão disponíveis para essa finalidade.

Soluções Analíticas. Se $\varepsilon = 0$, ***ou*** se pudermos desprezar (εX) em relação a 1,0 (isto é, $\varepsilon X << 1$), poderemos obter uma solução analítica para a Equação (5.30) para operação isotérmica (isto é, $T = T_0$). Para operação isotérmica com $\varepsilon = 0$, a Equação (5.30) se torna

Isotérmica com $\varepsilon = 0$

$$\frac{dp}{dW} = -\frac{\alpha}{2p} \tag{5.32}$$

O rearranjo nos dá

$$\frac{2p\,dp}{dW} = -\alpha$$

Colocando p dentro da derivada, temos

$$\frac{dp^2}{dW} = -\alpha$$

Integrando com $p = 1$ ($P = P_0$) em $W = 0$, resulta

$$p^2 = (1 - \alpha W)$$

Razão de pressão **somente** para $\varepsilon = 0$ e isotérmico

Tirando a raiz quadrada de ambos os lados, temos

$$\boxed{p = \frac{P}{P_0} = (1 - \alpha W)^{1/2}} \tag{5.33}$$

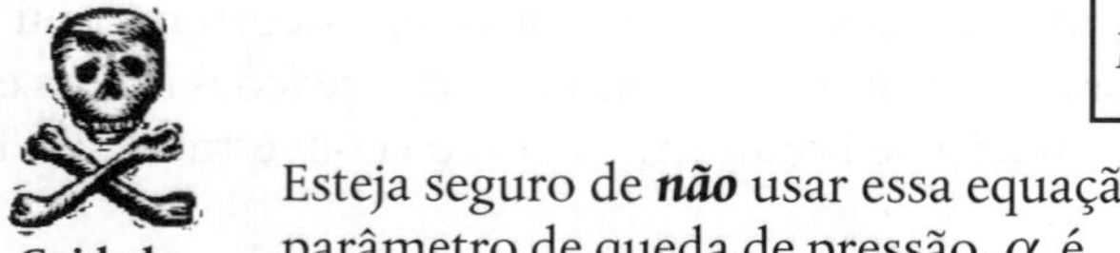

Cuidado

Esteja seguro de ***não*** usar essa equação se $\varepsilon \neq 0$ **ou** se a reação não ocorrer isotermicamente. O parâmetro de queda de pressão, α, é

$$\boxed{\alpha = \frac{2\beta_0}{A_c(1-\phi)\rho_c P_0}} \quad (\text{kg}^{-1} \text{ ou } \text{lb}_m^{-1}) \tag{5.29}$$

A Equação (5.33) poderá ser usada para substituir a pressão na equação da taxa, no caso de o balanço molar poder ser escrito somente em função da conversão e da massa de catalisador. A equação resultante pode prontamente ser resolvida tanto analítica como numericamente.

Se desejarmos expressar a pressão em termos do comprimento do reator z, podemos usar a Equação (5.26) de modo a substituir *W* na Equação (5.33). Então

$$p = \frac{P}{P_0} = \left(1 - \frac{2\beta_0 z}{P_0}\right)^{1/2} \tag{5.34}$$

da qual podemos plotar a pressão ao longo do comprimento do reator.

5.5.3 Queda de Pressão em Tubos

Normalmente, a queda de pressão para gases escoando através de tubos sem recheio pode ser desprezada. Para escoamento em tubos, a queda de pressão ao longo do comprimento do tubo pode ser aproximada por

$$p = (1 - \alpha_p V)^{1/2} \tag{5.35}$$

em que

$$\alpha_p = \frac{4 f_F G^2}{A_c \rho_0 P_0 D} \tag{5.36}$$

no qual f_F geralmente é o fator de atrito de Fanning, *D* é o diâmetro do tubo e os outros parâmetros são os mesmos que os definidos previamente.

Para as condições de escoamento dadas no Exemplo (5.4), em um tubo de 1.000 ft de comprimento e de 1½ polegada de diâmetro, série 40 ($\alpha_p = 0{,}05$ m^{-3}), a queda de pressão é geralmente menor que 5%. Entretanto, para altas vazões volumétricas através de microrreatores, a queda de pressão pode ser significativa. Veja o exemplo de cálculo no CRE *website* http://www.umich.edu/~elements/6e/05chap/pdf/alpha-P-calculation-Example-5-4.pdf

Exemplo 5.4 Cálculo da Queda de Pressão em um Leito Fixo

Faça um gráfico de queda de pressão em um tubo de 60 ft de comprimento e de 1½ polegada de diâmetro, série 40, recheado com *pellets* de catalisador de diâmetro igual a 1/4 in. Há 104,4 lb_m/h de gás passando pelo leito. A temperatura, constante ao longo do comprimento do tubo, é igual a 260°C. A fração de vazios é de 45% e as propriedades do gás são similares àquelas do ar nessa temperatura. A pressão de entrada é 10 atm.

Solução

(a) Vamos primeiro calcular a queda de pressão total.

No final do reator, z = L e a Equação (5.34) se torna

$$\frac{P}{P_0} = \left(1 - \frac{2\beta_0 L}{P_0}\right)^{1/2} \tag{E5.4.1}$$

$$\beta_0 = \frac{G(1-\phi)}{g_c \rho_0 D_p \phi^3}\left[\frac{150(1-\phi)\mu}{D_p} + 1{,}75G\right] \tag{5.25}$$

Avaliação dos parâmetros de queda de pressão

$$G = \frac{\dot{m}}{A_c} \tag{E5.4.2}$$

Agora calculamos a área da seção transversal para um tubo de 1½ in. de diâmetro, série 40, para encontrar $A_c = 0{,}01414\ \text{ft}^2$

$$G = \frac{104{,}4\ \text{lb}_\text{m}/\text{h}}{0{,}01414\ \text{ft}^2} = 7.383{,}3\ \frac{\text{lb}_\text{m}}{\text{h}\cdot\text{ft}^2}$$

Para ar a 260°C e 10 atm, encontramos

Avaliação dos parâmetros da equação de Ergun

$$\mu = 0{,}0673\ \text{lb}_\text{m}/\text{ft}\cdot\text{h}$$

$$\rho_0 = 0{,}413\ \text{lb}_\text{m}/\text{ft}^3$$

$$\upsilon_0 = \frac{\dot{m}}{\rho_0} = \frac{104{,}4\ \text{lb}_\text{m}/\text{h}}{0{,}413\ \text{lb}_\text{m}/\text{ft}^3} = 252{,}8\ \text{ft}^3/\text{h}\ \ (7{,}16\ \text{m}^3/\text{h})$$

Do enunciado do problema

$$D_p = 1/4\ \text{in.} = 0{,}0208\ \text{ft},\ \ \phi = 0{,}45\ \text{e}$$

$$g_c = 4{,}17 \times 10^8\ \frac{\text{lb}_\text{m}\cdot\text{ft}}{\text{lb}_\text{f}\cdot\text{h}^2}$$

Substituindo esses valores na Equação (5.25), temos

Leitura e cálculos tediosos, mas temos de saber como fazer o essencial.

$$\beta_0 = \left[\frac{7.383{,}3\ \text{lb}_\text{m}/\text{ft}^2\cdot\text{h}(1-0{,}45)}{(4{,}17\times10^8\ \text{lb}_\text{m}\cdot\text{ft}/\text{lb}_\text{f}\cdot\text{h}^2)(0{,}413\ \text{lb}_\text{m}\ \text{ft}^3)(0{,}0208\ \text{ft})(0{,}45)^3}\right] \tag{E5.4.3}$$

$$\times\left[\frac{150(1-0{,}45)(0{,}0673\ \text{lb}_\text{m}/\text{ft}\cdot\text{h})}{0{,}0208\ \text{ft}} + 1{,}75(7.383{,}3)\ \frac{\text{lb}_\text{m}}{\text{ft}^2\cdot\text{h}}\right]$$

$$\beta_0 = 0{,}01244\ \frac{\text{lb}_\text{f}\cdot\text{h}}{\text{ft}\cdot\text{lb}_\text{m}}\,[\overbrace{266{,}9}^{\textbf{Termo 1}} + \overbrace{12.920{,}8}^{\textbf{Termo 2}}]\,\frac{\text{lb}_\text{m}}{\text{ft}^2\cdot\text{h}} = 164{,}1\ \frac{\text{lb}_\text{f}}{\text{ft}^3} \tag{E5.4.4}$$

Notamos que o termo de escoamento turbulento, Termo 2, é dominante.

Conversão de unidade para β_0:

$$\frac{1\ \text{atm}}{\text{ft}} = 333\frac{\text{kPa}}{\text{m}}$$

$$\beta_0 = 164{,}1\ \frac{\text{lb}_\text{f}}{\text{ft}^3} \times \frac{1\ \text{ft}^2}{144\ \text{in.}^2} \times \frac{1\ \text{atm}}{14{,}7\ \text{lb}_\text{f}/\text{in.}^2}$$

$$\boxed{\beta_0 = 0{,}0775\ \frac{\text{atm}}{\text{ft}} = 25{,}8\ \frac{\text{kPa}}{\text{m}}} \tag{E5.4.5}$$

Estamos agora na posição de calcular a queda de pressão total ΔP

$$p = \frac{P}{P_0} = \left(1 - \frac{2\beta_0 L}{P_0}\right)^{1/2} = \left(1 - \frac{\overbrace{2\times0{,}0775}^{0{,}155}\ \text{atm/ft}\times 60\ \text{ft}}{10\ \text{atm}}\right)^{1/2} \tag{E5.4.6}$$

$$p = 0{,}265$$

$$P = 0{,}265P_0 = 2{,}65\ \text{atm}\ \ (268\ \ \text{kPa})$$
$$\Delta P = P_0 - P = 10 - 2{,}65 = 7{,}35\ \text{atm}\ \ (744\ \ \text{kPa}) \tag{E5.4.7}$$

(b) Agora, vamos usar a Equação (E5.4.1) e a Equação (4.16) para plotar os perfis da pressão e da vazão volumétrica, respectivamente. Da Equação (5.23), para o caso de $\varepsilon = 0$ e $T = T_0$

$$\boxed{\upsilon = \upsilon_0\,\frac{P_0}{P} = \frac{\text{v}_0}{p}} \tag{E5.4.8}$$

As Equações (5.34) e (E5.4.8) foram usadas na construção da Tabela E5.4.1.

Tabela E5.4.1 Perfis de P e υ

z (ft)	0	10	20	30	40	50	60
P (atm)	10	9,2	8,3	7,3	6,2	4,7	2,65
υ (ft³/h)	253	275	305	347	408	538	955

Para $\rho_c = 120\ \text{lb}_m/\text{ft}^3$

$$\alpha = \frac{2\beta_0}{\rho_c(1-\phi)A_cP_0} = \frac{2(0{,}0775)\text{atm/ft}}{120\ \text{lb}_m/\text{ft}^3(1-0{,}45)(0{,}01414\ \text{ft}^2)10\,\text{atm}}$$

Valor típico de α

$$\boxed{\alpha = 0{,}0165\ \text{lb}_m^{-1} = 0{,}037\ \text{kg}^{-1}} \quad \text{(E5.4.9)}$$

As Equações (E5.4.1) e (E5.4.8), juntamente com os valores da Tabela E5.4.1, foram usadas para obter a Figura E5.4.1.

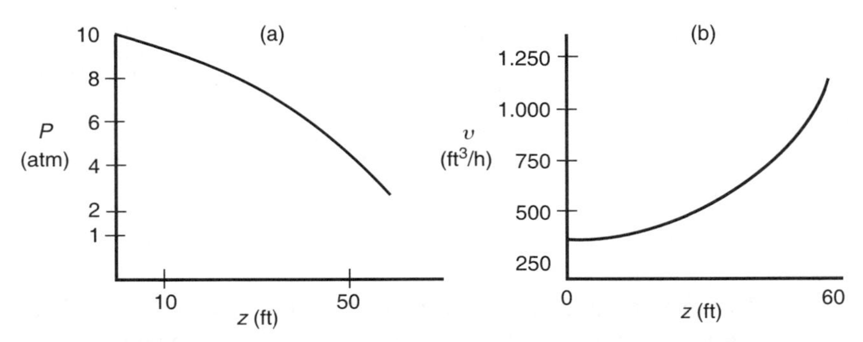

Figura E5.4.1 Perfis de pressão e de vazão volumétrica ($z = W/(A_c\rho_c(1-\phi))$).

$p = \dfrac{P}{P_0}$

$f = \dfrac{\upsilon}{\upsilon_0}$

Note como a vazão volumétrica aumenta dramaticamente à medida que avançamos pelo reator. Veja o P5.4 em PP no CRE *website* e use Wolfram ou Python para ver como p e f variam quando variamos os parâmetros de queda de pressão na Equação de Ergun. Escreva três conclusões de seus experimentos com o Wolfram e o Python.

Análise: Este exemplo mostrou como calcular a queda de pressão e os parâmetros de queda de pressão (α e β_0) para um gás escoando através de um reator de leito fixo. Os perfis de pressão e de vazão volumétrica foram então calculados em função de z ao longo do leito fixo com catalisadores (isto é, massa de catalisador), e mostrado na Figura E5.4.1. Lembre-se da Equação (5.26), $W = [(1-\phi)A_c\rho_c]z$. Aposto que você não esperava nessa figura o quanto a vazão volumétrica aumenta à medida que a pressão diminui quando avançamos ao longo do comprimento do PBR.

5.5.4 Solução Analítica para a Reação com Queda de Pressão

Vamos descrever como a queda de pressão afeta nosso algoritmo ERQ. A Figura 5.10 mostra qualitativamente os efeitos da queda de pressão no projeto do reator. Começando com a Figura 5.10(**a**), vemos como a equação de Ergun prevê a diminuição de pressão à medida que a massa de catalisador aumenta ao longo do reator de leito fixo. As figuras subsequentes, (**b**)–(**e**), mostram esse efeito de queda de pressão sobre a concentração, a taxa de reação, a conversão e a vazão volumétrica, respectivamente. Cada uma dessas figuras compara os perfis respectivos para os casos em que há e que *não* há queda de pressão. Vemos que, quando há perda de pressão no reator, as concentrações dos reagentes e assim a velocidade de reação (para reações de ordem maior que zero) serão sempre menores do que no caso sem queda de pressão. Como resultado

Como a queda de pressão, ΔP, afetará nossos cálculos?

dessa menor taxa de reação, a conversão será menor com queda de pressão do que sem queda de pressão. Confie em mim nessa próxima sugestão. Vá ao vídeo no YouTube no CRE *website* (*http://www.umich.edu/~elements/6e/youtube/index.html*), do Capítulo 5, e clique do vídeo engraçado *Engenharia das Reações Químicas Deu Errado*. Os estudantes trabalharam muito nesse vídeo e se você não gostou dele, eu pagarei um sanduíche especial no próximo encontro anual dos estudantes (*AIChE Student Chapter*).

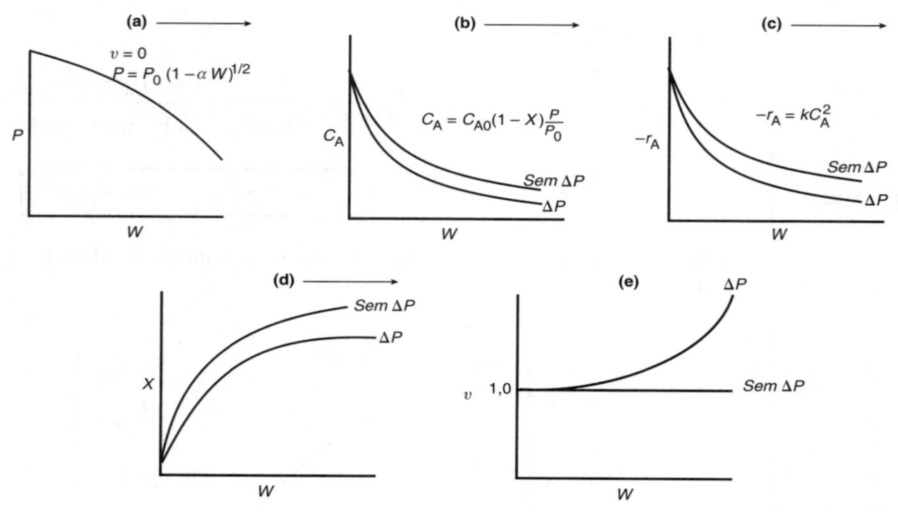

Figura 5.10 Efeito da queda de pressão sobre P (**a**), C_A (**b**), $-r_A$ (**c**), X (**d**) e υ (**e**).

Reação de Segunda Ordem em Fase Gasosa em um PBR com Queda de Pressão

Agora que expressamos a pressão em função da massa de catalisador (Equação (5.33) para $\varepsilon = 0$), podemos retornar à reação de segunda ordem, que ocorre isotermicamente,

$$A \longrightarrow B$$

para relacionar a conversão e a massa de catalisador. Lembre-se do nosso balanço molar, da equação da taxa e da estequiometria.

1. Balanço Molar:

$$F_{A0}\frac{dX}{dW} = -r'_A \tag{2.17}$$

2. Equação da Taxa:

$$-r'_A = kC_A^2 \tag{5.19}$$

3. Estequiometria. Reação em fase gasosa, que ocorre isotermicamente ($T = T_0$), com $\varepsilon = 0$. Da Equação (5.23), $\upsilon = \upsilon_0/p$

Somente para $\varepsilon = 0$

$$C_A = \frac{F_A}{\upsilon} = \frac{F_{A0}(1-X)}{\upsilon} = C_{A0}(1-X)\,p \qquad \varepsilon = 0 \tag{5.37}$$

$$p = \frac{P}{P_0} = (1-\alpha W)^{1/2} \tag{5.33}$$

Usando a Equação (5.33) para substituir p em termos da massa de catalisador, obtemos

$$C_A = C_{A0}(1-X)(1-\alpha W)^{1/2}$$

4. Combinando:

$$\frac{dX}{dW} = \frac{kC_{A0}^2}{F_{A0}}(1-X)^2\,[(1-\alpha W)^{1/2}]^2$$

5. Separando Variáveis: $$\frac{F_{A0}}{kC_{A0}^2}\frac{dX}{(1-X)^2} = (1-\alpha W)\, dW$$

Integrando com limites $X = 0$ quando $W = 0$ e substituindo $F_{A0} = C_A \upsilon_0$, resulta

$$\frac{\upsilon_0}{kC_{A0}}\left(\frac{X}{1-X}\right) = W\left(1-\frac{\alpha W}{2}\right)$$

Podemos resolver a equação anterior para encontrar X, a uma dada W, ou W necessária para atingir uma dada X.

6. A Resolvendo para conversão, temos

$$X = \frac{\frac{kC_{A0}W}{\upsilon_0}\left(1-\frac{\alpha W}{2}\right)}{1+\frac{kC_{A0}W}{\upsilon_0}\left(1-\frac{\alpha W}{2}\right)} \tag{5.38}$$

7. B Resolvendo para massa de catalisador, temos

Massa de catalisador para reação de segunda ordem em PFR com ΔP

$$W = \frac{1-\{1-[(2\upsilon_0\alpha)/kC_{A0}][X/(1-X)]\}^{1/2}}{\alpha} \tag{5.39}$$

Exemplo 5.5 Efeito da Queda de Pressão no Perfil de Conversão

Reconsidere o leito fixo do Exemplo 5.4, para o caso em que uma reação de segunda ordem

$$2A \rightarrow B + C$$

ocorre em 20 m de um tubo de 1½ in, série 40, recheado com catalisador. As condições do Exemplo 5.4 para o escoamento e o leito fixo permanecem as mesmas, exceto que elas são convertidas para as unidades do SI; ou seja, P_0 = 10 atm = 1.013 kPa e

Necessitamos ser capazes de trabalhar nas unidades métricas, S.I. ou inglesas.

Vazão volumétrica na entrada: υ_0 = 7,15 m³/h (252 ft³/h)
Tamanho do *pellet* de catalisador: D_p = 0,006 m (aproximadamente 1/4 in.)
Massa específica do catalisador sólido: ρ_c = 1.923 kg/m³ ou (120 lb_m/ft³)
Área da seção transversal de um tubo de 1½ in, série 40: A_C = 0,0013 m²
Parâmetro da queda de pressão: β_0 = 25,8 kPa/m
Comprimento do reator: L = 20 m

Mudaremos o tamanho da partícula para aprender seu efeito sobre o perfil de conversão. Todavia, consideraremos que a constante de velocidade específica de reação, k, não seja afetada pelo tamanho da partícula, uma suposição que sabemos, dos Capítulos 14 e 15, ser válida somente para partículas pequenas.

(a) Primeiro, calcule a conversão na ausência de queda de pressão.
(b) Em seguida, calcule a conversão considerando a queda de pressão.
(c) Finalmente, determine como sua resposta para o item **(b)** mudaria se o diâmetro da partícula de catalisador fosse dobrado.

A concentração de entrada de A é 0,1 kmol/m³ e a constante de velocidade específica de reação é

$$k = \frac{12\ \text{m}^6}{\text{kmol}\cdot\text{kg-cat}\cdot\text{h}}$$

Solução

Usamos a Equação (5.38) para calcular a conversão em função da massa de catalisador.

$$X = \frac{\frac{kC_{A0}W}{\upsilon_0}\left(1-\frac{\alpha W}{2}\right)}{1+\frac{kC_{A0}W}{\upsilon_0}\left(1-\frac{\alpha W}{2}\right)} \tag{5.38}$$

Primeiro, vamos avaliar os parâmetros. Para a massa específica aparente do catalisador,

$$\rho_b = \rho_c(1 - \phi) = (1.923)(1 - 0,45) = 1.058 \text{ kg/m}^3$$

A massa de catalisador em 20 m de um tubo de 1½ in, série 40, é

$$W = A_c\rho_b L = (0,0013 \text{ m}^2)\left(1.058 \frac{\text{kg}}{\text{m}^3}\right)(20 \text{ m})$$

$$W = 27,5 \text{ kg}$$

$$\frac{kC_{A0}W}{v_0} = \frac{12 \text{ m}^6}{\text{kmol} \cdot \text{kg-cat} \cdot \text{h}} \cdot 0,1 \frac{\text{kmol}}{\text{m}^3} \cdot \frac{27,5 \text{ kg}}{7,15 \text{ m}^3/\text{h}} = 4,6$$

(a) Calcule primeiro a conversão para $\Delta P = 0$ (isto é, $\alpha = 0$)

$$X = \frac{\frac{kC_{A0}W}{v_0}}{1 + \frac{kC_{A0}W}{v_0}} = \frac{4,6}{1 + 4,6} = 0,82 \quad \text{(E5.5.1)}$$

$$\boxed{X = 0,82}$$

(b) Em seguida, calcule a conversão com queda de pressão. Da Equação (5.29) e substituindo a massa específica aparente $\rho_b = (1 - \phi)\,\rho_c = 1.058 \text{ kg/m}^3$

Na Equação (E5.4.9) no Exemplo 5.4, calculamos α como

$$\alpha = \frac{2\beta_0}{P_0 A_c \rho_b} = 0,037 \text{ kg}^{-1} \quad \text{(E5.5.2)}$$

então

$$\left(1 - \frac{\alpha W}{2}\right) = 1 - \frac{(0,037)(27,5)}{2} = 0,49 \quad \text{(E5.5.3)}$$

$$X = \frac{\frac{kC_{A0}W}{v_0}\left(1 - \frac{\alpha W}{2}\right)}{1 + \frac{kC_{A0}W}{v_0}\left(1 - \frac{\alpha W}{2}\right)} = \frac{(4,6)(0,49)}{1 + (4,6)(0,49)} = \frac{2,26}{3,26} \quad \text{(E5.5.4)}$$

$$\boxed{X = 0,693}$$

Cuidado com o subprojeto!

Avaliação: Vemos que a conversão prevista caiu de 82,2% para 69,3% por causa da queda de pressão. Isso seria não só embaraçoso, mas também um desastre econômico, se tivéssemos desprezado a queda de pressão, e a conversão real tivesse se tornado significativamente menor. Esse ponto é enfatizado no vídeo 5 estrelas (★★★★★) do YouTube, *Engenharia Química Deu Errado*, no *site* (*https://www.youtube.com/watch?v=S9mUAXmNqxs*).

Os controles deslizantes do Wolfram, que podem ser usados para explorar esse Problema Prático (PP), juntamente com os perfis da razão entre a conversão e a pressão, são mostrados nas Figuras E5.5.1 e E5.5.2.

Depois de ir ao PP e mover os controles deslizantes, esteja certo de explicar por que os perfis variaram conforme mostrado e escreva três conclusões provenientes de seus experimentos com Wolfram ou Python.

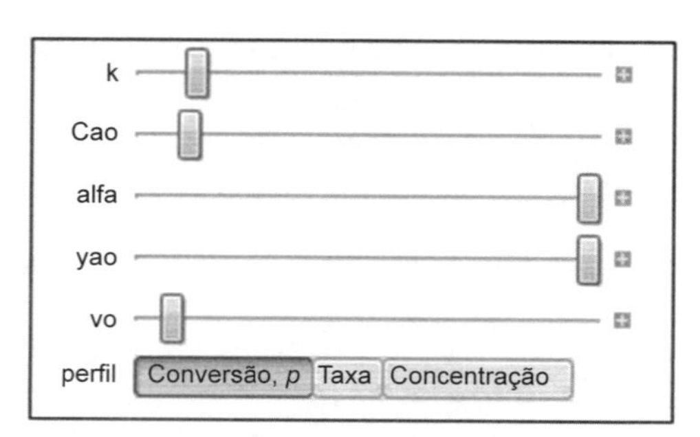

Figura E5.5.1 Controles deslizantes do Wolfram.

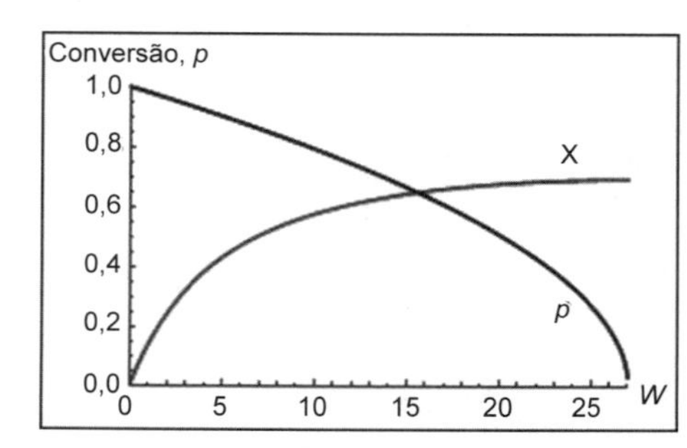

Figura E5.5.2 Perfis do Wolfram.

5.5.5 Robert, o Preocupado: *E Se...*

Robert

Robert é um dos membros mais importantes de nosso time de engenharia. Ele está sempre tentando antecipar mudanças e o efeito dessas mudanças no processo, não apenas qualitativamente, como também quantitativamente – uma habilidade que ***todos*** os engenheiros deveriam tentar aprimorar. Ele usa análise de engenharia básica para prever a nova condição se uma mudança for feita ou ocorrer inesperadamente.

Vamos continuar o Exemplo 5.6, em que agora formulamos algumas questões do tipo *E se* ... De modo a ilustrar a análise de engenharia, abordaremos a preocupação de Robert ... *E se diminuirmos o tamanho do catalisador por um fator de 4 e aumentarmos a pressão de entrada por um fator de 3?* A conversão (a) aumentará, (b) diminuirá, (c) Permanecerá a mesma ou (d) nada podemos dizer?

Vamos ver se podemos ajudar Robert.

Primeiro, necessitamos ver como o parâmetro de queda de pressão, α, varia com os parâmetros do sistema. Combinando as Equações (5.29) e (5.25), obtemos

$$\alpha = \frac{2}{A_C(1-\phi)\rho_C P_0}\beta_0 = \frac{2}{A_C(1-\phi)\rho_C P_0}\left[\frac{G(1-\phi)}{\rho_0 g_C D_P \phi^3}\left[\overbrace{\frac{150(1-\phi)\mu}{D_P}}^{\text{Laminar}} + \overbrace{1{,}75G}^{\text{Turbulento}}\right]\right] \tag{5.40}$$

Usando a massa molar média do gás e a lei dos gases ideais, podemos expressar a massa específica na entrada como

$$\rho_0 = \frac{(MW)P_0}{RT_0} \tag{5.41}$$

A seguir, substituímos ρ_0 na Equação (5.40) para obter

$$\alpha = \frac{RT_0}{(MW)A_C\rho_C g_C P_0^2 D_P \phi^3} G\left[\overbrace{\frac{150(1-\phi)\mu}{D_P}}^{\text{Termo 1}} + \overbrace{1{,}75G}^{\text{Termo 2}}\right] \tag{5.42}$$

Vamos agora considerar separadamente a análise *E se*... para escoamentos laminar e turbulento. Consideraremos somente variação na taxa mássica superficial, na pressão na entrada, no diâmetro da partícula de catalisador e na área da seção transversal do tubo em que o catalisador é colocado. Manteremos inalteradas a massa específica do *pellet* de catalisador, ρ_c, e a fração de vazios, ϕ, e deixaremos como exercício para o leitor alterar a temperatura e analisar os resultados.

A. *Escoamento Laminar Dominante (Termo 1 >> Termo 2)*

Vemos que o parâmetro de queda de pressão, α, varia como

$$\alpha \sim \frac{GT_0}{A_C D_P^2 P_0^2} \tag{5.43}$$

Consideramos agora a condição original, Caso 1, e a condição depois de uma mudança ter ocorrido, Caso 2, e fazemos a razão entre os Casos 2 e 1.

Caso 1/Caso 2

$$\alpha_2 = \alpha_1\left(\frac{G_2}{G_1}\right)\left(\frac{A_{C1}}{A_{C2}}\right)\left(\frac{D_{P1}}{D_{P2}}\right)^2\left(\frac{P_{01}}{P_{02}}\right)^2\left(\frac{T_{02}}{T_{01}}\right) \tag{5.44}$$

Para taxa mássica constante para o Caso 1 e para o Caso 2, podemos substituir G

$$G = \frac{\dot{m}}{A_C}$$

para obter o parâmetro de queda de pressão, α_2, para o Caso 2, depois de fazer uma mudança nas condições.

α_2 para escoamento laminar

$$\alpha_2 = \alpha_1 \left(\frac{A_{C1}}{A_{C2}}\right)^2 \left(\frac{D_{P1}}{D_{P2}}\right)^2 \left(\frac{P_{01}}{P_{02}}\right)^2 \left(\frac{T_{02}}{T_{01}}\right) \tag{5.45}$$

Analisemos agora o escoamento turbulento para aprender como α varia com os parâmetros do sistema.

B. *Escoamento Turbulento Dominante (Termo 2 >> Termo 1)*
Vimos que o parâmetro de queda de pressão varia

$$\alpha \sim \frac{G^2 T_0}{A_C D_P P_0^2}$$

Fazendo a razão entre os Casos 1 e 2

$$\alpha_2 = \alpha_1 \left(\frac{G_2}{G_1}\right)^2 \left(\frac{A_{C1}}{A_{C2}}\right) \left(\frac{P_{01}}{P_{02}}\right)^2 \left(\frac{D_{P1}}{D_{P2}}\right) \left(\frac{T_{02}}{T_{01}}\right) \tag{5.46}$$

Se a taxa mássica, $\dot{m}$, for a mesma para os dois casos, podemos substituir $G = \dot{m}/A_C$ para obter

α_2 para escoamento turbulento

$$\alpha_2 = \alpha_1 \left(\frac{A_{C1}}{A_{C2}}\right)^3 \left(\frac{P_{01}}{P_{02}}\right)^2 \left(\frac{D_{P1}}{D_{P2}}\right) \left(\frac{T_{02}}{T_{01}}\right) \tag{5.47}$$

Observamos que, para escoamento turbulento, o parâmetro α de queda de pressão é mais sensível a variações da área da seção transversal A_C e menos sensível a variações no diâmetro da partícula D_P quando comparado com o escoamento laminar.

Algumas vezes, seus amigos o chamam de "Robert E Se"

Exemplo 5.6 Preocupações de Robert em Relação a E se...

Como o parâmetro de queda de pressão (por exemplo, α) e a conversão variam se você diminuir o diâmetro de partícula por um fator de 4 e aumentar a pressão na entrada por um fator de 3, mantendo todo o resto inalterado? Para responder essa questão, necessitamos considerar cada um dos regimes de escoamento: laminar ou turbulento, separadamente.

Para operação isotérmica com $\delta = 0$, a relação entre a conversão, X, e o parâmetro de queda de pressão é

$$X = \frac{\frac{kC_{A0}W}{v_0}\left(1 - \frac{\alpha W}{2}\right)}{1 + \frac{kC_{A0}W}{v_0}\left(1 - \frac{\alpha W}{2}\right)} \tag{5.38}$$

$$p = (1 - \alpha W)^{1/2} \tag{5.33}$$

(a) Escoamento Laminar. Primeiro, vamos considerar como a conversão mudaria, se o escoamento fosse laminar.

$$\alpha_2 = \alpha_1 \left(\frac{A_{C1}}{A_{C2}}\right)^2 \left(\frac{D_{P1}}{D_{P2}}\right)^2 \left(\frac{P_{01}}{P_{02}}\right)^2 \left(\frac{T_{02}}{T_{01}}\right) \tag{5.44}$$

Aqui, $G_1 = G_2$, $A_{C1} = A_{C2}$ e $T_{02} = T_{01}$, mas

$$D_{P2} = \frac{1}{4} D_{P1} \quad \text{e} \quad P_{02} = 3P_{01}$$

Substituindo na Equação (5.44)

$$\alpha_2 = \alpha_1 \left(\frac{D_{P1}}{\frac{1}{4} D_{P1}} \right)^2 \left(\frac{P_{01}}{3P_{01}} \right)^2 = \frac{16}{9} \alpha_1 \tag{E5.6.1}$$

Substitua α_2 na Equação (5.38)

$$\alpha = 0{,}037 \frac{16}{9} \text{kg}^{-1} = 0{,}066 \text{ kg}^{-1}$$

$$\left(1 - \frac{\alpha_2 W}{2}\right) = \left(1 - \frac{(0{,}066 \text{ kg}^{-1})}{2} 27{,}5 \text{ kg}\right) = 0{,}093$$

Opa!

$$X = \frac{\dfrac{kC_{A0}W}{v_0}\left(1 - \dfrac{\alpha_2 W}{2}\right)}{1 + \dfrac{kC_{A0}W}{v_0}\left(1 - \dfrac{\alpha_2 W}{2}\right)} = \frac{(4{,}6)(0{,}096)}{1 + (4{,}6)(0{,}096)} = 0{,}31 \tag{E5.6.2}$$

A mudança não foi uma boa ideia, uma vez que conseguimos bem menos conversão do que antes da mudança. Opa! Robert estava realmente certo em se preocupar.

(b) Escoamento turbulento

$$\alpha_2 = \alpha_1 \left(\frac{A_{C1}}{A_{C2}} \right)^3 \left(\frac{P_{01}}{P_{02}} \right)^2 \left(\frac{D_{P1}}{D_{P2}} \right) \left(\frac{T_{02}}{T_{01}} \right) \tag{5.47}$$

Como anteriormente, $A_{C1} = A_{C2}$ e $T_{02} = T_{01}$, mas $D_{P2} = 1/4 D_{P1}$ e $P_{02} = 3\,P_{01}$

$$\alpha_2 = \alpha_1 \left(\frac{D_{P1}}{\frac{1}{4} D_{P1}} \right) \left(\frac{P_{01}}{3P_{01}} \right)^2 = \frac{4}{9} \alpha_1 \tag{E5.6.3}$$

Resolvendo para nosso novo α e então substituindo-o na Equação (5.38)

$$\alpha_2 = 0{,}037 \frac{4}{9} = 0{,}0164 \text{ kg}^{-1}$$

$$\left(1 - \frac{\alpha W}{2}\right) = \left(1 - \frac{(0{,}0164 \text{ kg}^{-1})}{2}\right)(27{,}5 \text{ kg}) = 0{,}77 \tag{E5.6.4}$$

$$X = \frac{\dfrac{kC_{A0}W}{v_0}\left(1 - \dfrac{\alpha W}{2}\right)}{1 + \dfrac{kC_{A0}W}{v_0}\left(1 - \dfrac{\alpha W}{2}\right)} = \frac{(4{,}6)(0{,}77)}{1 + (4{,}6)(0{,}77)} = \frac{3{,}56}{4{,}56} = 0{,}78 \tag{E5.6.5}$$

Análise: A seguinte tabela apresenta um resumo da conversão para os quatro casos apresentados no Exemplo 5.5, sem queda de pressão e o caso base e Exemplo 5.6 para escoamentos laminar e turbulento.

1. Sem queda de pressão	X = 0,82
2. Queda de pressão (caso base)	X = 0,69
3. Queda de pressão no escoamento laminar	X = 0,31
4. Queda de pressão no escoamento turbulento	X = 0,78

Tanto no escoamento laminar como no turbulento, o aumento da pressão, P_0, diminui o parâmetro de queda de pressão α. A diminuição do diâmetro de partícula D_p aumenta o parâmetro de queda de pressão α para os escoamentos laminar e turbulento, mas aumenta mais para o laminar, em que $\alpha \sim 1/D_p^2$. Quanto menor o parâmetro de queda de pressão, α, menor será a queda de pressão e assim maior será a conversão. Para escoamento laminar, os efeitos negativos de reduzir o tamanho de partícula por um fator de 4 são mais fortes do que o efeito de aumentar a pressão por um fator de 3.

Robert, o Preocupado, assim como o autor deste livro, acha que é importante ser capaz de fazer uma *análise de engenharia* usando o Caso 1 e o Caso 2 e então fazer as razões para estimar o efeito de variar os parâmetros sobre a conversão e a operação do reator.

Nota Adicional: Uma vez que não há variação no número total de mols durante essa reação isotérmica em fase gasosa que ocorre em um PBR, pode-se obter uma solução analítica para nosso algoritmo ERQ em vez de usar o *software* Polymath. Agora, vamos olhar o que esperaríamos variando o diâmetro de partícula dos *pellets* do catalisador.

Aumentando o diâmetro da partícula, diminuímos o parâmetro de queda de pressão e assim aumentamos a taxa de reação e a conversão. Entretanto, quando as partículas de catalisador se tornam grandes, então os efeitos de difusão interpartícula podem se tornar importantes no *pellet* do catalisador. Consequentemente, esse aumento na conversão com o aumento do tamanho da partícula para diminuir a queda de pressão não ocorrerá sempre (veja as Figuras 10.7, 10.8, Equações (15.54) e (15.57) e Figura 15.4 no **Capítulo 15**). Para partículas maiores, tempos mais longos são necessários para um dado número de moléculas de reagentes e de produtos se difundir para dentro e para fora da partícula de catalisador onde elas ficam sujeitas à reação (veja a Figura 10.5). Consequentemente, a constante de velocidade específica de reação diminui com o aumento do tamanho da partícula, isto é, $k \sim 1/D_P$ (veja o Capítulo 15, Equação (15.33)), que por sua vez diminui a conversão.

A variação $k \sim \frac{1}{D_p}$ é discutida, em detalhes, no Capítulo 15. Veja também as *Notas de Resumo* para o Capítulo 5.

Vamos resumir esses pontos para partículas grandes e pequenas. Para diâmetros pequenos de partículas, a constante de taxa, k, é grande e tem o seu valor máximo; porém, a queda de pressão é grande também, resultando em uma baixa taxa de reação e baixa conversão. Para diâmetros grandes de partículas, a queda de pressão é pequena, assim como a constante de taxa, k, e a taxa de reação, resultando em baixa conversão. Logo, vemos uma baixa conversão tanto com diâmetros pequenos como grandes de partículas; consequentemente, existe um ótimo entre eles. Esse ótimo é mostrado na Figura E5.6.1.

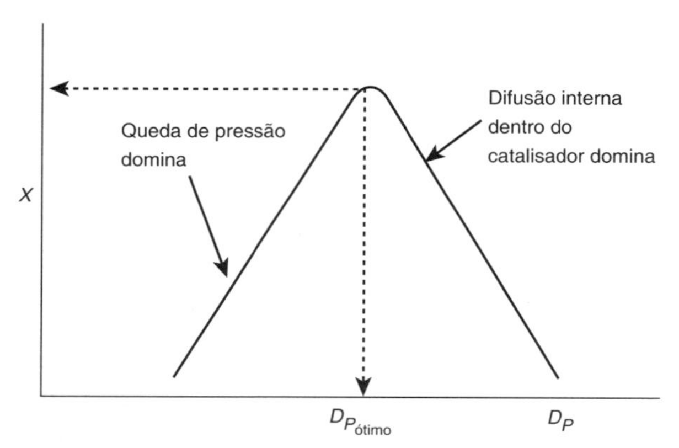

Figura E5.6.1 Identificação do diâmetro ótimo de partícula.

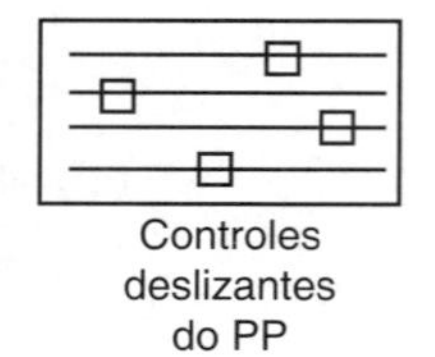

Pode-se ir agora à versão PP do Exemplo E5.6 e usar os "controles deslizantes" no Wolfram para explorar os efeitos da área transversal, A_C, da temperatura, T, da pressão na entrada, P_0 e do diâmetro da partícula de catalisador, D_p, do PBR.

Problemas com tubos de grandes diâmetros
(1) Desvio do catalisador
(2) Menor área de troca térmica

Se a queda de pressão deve ser minimizada, *por que não compactar o catalisador dentro de um tubo com maior diâmetro* para diminuir a velocidade superficial, G, de modo a reduzir ΔP? Há duas razões para *não* aumentar o diâmetro do tubo: (1) Há uma chance crescente de que o gás forme canais e se desvie da maioria das partículas de catalisador, resultando em pouca conversão; (2) a razão entre a área superficial de troca térmica e o volume do reator (massa de catalisador) será diminuída, de modo a dificultar a transferência de calor para reações altamente exotérmicas e endotérmicas.

Prosseguimos agora (Exemplo 5.7) para combinar a queda de pressão com reação em um leito fixo, quando temos uma variação de volume com reação e, consequentemente, não podendo obter uma solução analítica.[8]

[8] *Ind. Eng. Chem.*, 45, 234.

Exemplo 5.7 Cálculo de X em um Reator com Queda de Pressão

Aspectos econômicos

Usos

Aproximadamente 8,5 bilhões de libras de óxido de etileno foram produzidos nos Estados Unidos. O preço de venda em 2014 foi de US$ 0,86 por libra, totalizando um valor comercial de US$ 4,0 bilhões. Cerca de 60% do óxido de etileno produzido são usados para fazer etilenoglicol. Os usos finais importantes do óxido de etileno são como anticongelantes (30%), poliésteres (30%), surfactantes (10%) e solventes (5%). Queremos calcular a massa de catalisador necessária para atingir 60% de conversão, quando o óxido de etileno for produzido pela oxidação catalítica, em fase vapor, do etileno com o ar.

$$C_2H_4 + \frac{1}{2}O_2 \longrightarrow CH_2-CH_2 \text{ (com ponte O)}$$

$$A + \frac{1}{2}B \longrightarrow C$$

Etileno e oxigênio são alimentados em proporções estequiométricas em um reator de leito fixo, operado isotermicamente a 260°C. Etileno é alimentado a uma taxa molar de 136,21 mol/s, a uma pressão de 10 atm (1.013 kPa). Propõe-se usar 10 bancos de tubos de 1½ in de diâmetro, série 40, recheados com catalisador; cada banco tem 100 tubos. Consequentemente, a taxa molar de etileno para cada tubo é 0,1362 mol/s. As propriedades do fluido reagente devem ser consideradas idênticas às do ar nessa temperatura e pressão. A massa específica das partículas de catalisador, de ¼ in de diâmetro, é 1.925 kg/m³, a fração de vazios do leito é 0,45 e a massa específica do gás é 16 kg/m³. A equação da taxa é

$$-r'_A = kP_A^{1/3}P_B^{2/3} \quad \text{mol/kg-cat}\cdot\text{s}$$

com

$$k = 0{,}00392 \frac{\text{mol}}{\text{atm}\cdot\text{kg-cat}\cdot\text{s}} \text{ a } 260\,°\text{C}$$

A massa específica do catalisador, o tamanho da partícula, a massa específica do gás, a fração de vazios, a área da seção transversal, a pressão na entrada e a velocidade superficial são as mesmas do Exemplo E5.4. Por conseguinte, estamos com sorte. Por que estamos com sorte? Porque não temos de calcular os parâmetros de queda de pressão β_0 e α, uma vez que eles são os mesmos que aqueles calculados no Exemplo 5.4 e usaremos esses valores, isto é, $\beta_0 = 25{,}8$ atm/m e $\alpha = 0{,}0367$ kg^{-1} neste exemplo.

Solução

Seguindo o Algoritmo

1. Balanço Molar Diferencial:

$$\boxed{F_{A0}\frac{dX}{dW} = -r'_A} \tag{E5.7.1}$$

2. Equação da taxa:

$$-r'_A = kP_A^{1/3}P_B^{2/3} = k(C_ART)^{1/3}(C_BRT)^{2/3} \tag{E5.7.2}$$

$$= kRTC_A^{1/3}C_B^{2/3} \tag{E5.7.3}$$

O algoritmo

3. Estequiometria. Fase gasosa, isotermicamente, $\upsilon = \upsilon_0(1 + \varepsilon X)(P_0/P)$:

$$C_A = \frac{F_A}{\upsilon} = \frac{C_{A0}(1-X)}{1+\varepsilon X}\left(\frac{P}{P_0}\right) = \frac{C_{A0}(1-X)p}{1+\varepsilon X} \quad \text{em que } p = \frac{P}{P_0} \tag{E5.7.4}$$

$$C_B = \frac{F_B}{\upsilon} = \frac{C_{A0}(\Theta_B - X/2)}{1+\varepsilon X}p \tag{E5.7.5}$$

Para alimentação estequiométrica, $\Theta_B = \dfrac{F_{B0}}{F_{A0}} = \dfrac{1}{2}$

$$C_B = \frac{C_{A0}}{2}\frac{(1-X)}{(1+\varepsilon X)}p$$

Para operação isotérmica, a Equação (5.30) se torna

$$\boxed{\frac{dp}{dW} = -\frac{\alpha}{2p}(1+\varepsilon X)} \tag{E5.7.6}$$

Podemos avaliar a etapa de **combinação**
(**a**) Analiticamente
(**b**) Graficamente
(**c**) Numericamente, ou
(**d**) Usando pacote computacional

4. Combinando a equação da taxa e as concentrações

$$-r_A' = kRT_0\left[\frac{C_{A0}(1-X)}{1+\varepsilon X}(p)\right]^{1/3}\left[\frac{C_{A0}(1-X)}{2(1+\varepsilon X)}(p)\right]^{2/3} \quad \text{(E5.7.7)}$$

Fatorando $\left(\frac{1}{2}\right)^{2/3}$ e lembrando que $P_{A0} = C_{A0}RT_0$, podemos simplificar a Equação (E5.7.7) para

$$-r_A' = k'\left(\frac{1-X}{1+\varepsilon X}\right)p \quad \text{(E5.7.8)}$$

sendo $k' = kP_{A0}\left(\frac{1}{2}\right)^{2/3}$.

5. Avaliação do parâmetro por tubo (isto é, vazões de alimentação divididas por 1.000): Avaliando k', temos

$$k' = kP_{A0}\left(\frac{1}{2}\right)^{2/3} = 0{,}00392\frac{\text{mol}}{\text{atm kg-cat}\cdot\text{s}} \times 3\text{ atm} \times 0{,}63 = 0{,}0074\frac{\text{mol}}{\text{kg-cat}\cdot\text{s}}$$

Etileno: $F_{A0} = 0{,}1362\text{ mol/s}$

Oxigênio: $F_{B0} = 0{,}068\text{ mol/s}$

I(N_2): $F_I = 0{,}068\text{ mol/s} \times \frac{79\text{ mols de }N_2}{21\text{ mols de }O_2} = 0{,}256\ \frac{\text{mol}}{\text{s}}$

Entrada Total: $F_{T0} = F_{A0} + F_{B0} + F_I = 0{,}460\ \frac{\text{mol}}{\text{s}}$

$$y_{A0} = \frac{F_{A0}}{F_{T0}} = \frac{0{,}1362}{0{,}460} = 0{,}30$$

$$\varepsilon = y_{A0}\delta = (0{,}3)\left(1 - \frac{1}{2} - 1\right) = -0{,}15$$

$$P_{A0} = y_{A0}P_0 = 3{,}0\text{ atm}$$

Como notado no enunciado do problema, $\beta_0 = 25{,}8$ kPa/m e $\alpha = 0{,}0367$ kg^{-1}.

6. Resumo. Combinando as Equações (E5.7.1) a (E5.7.8) e somando

$$\frac{dX}{dW} = \frac{-r_A'}{F_{A0}} \quad \text{(E5.7.9)}$$

$$\frac{dp}{dW} = -\alpha\frac{(1+\varepsilon X)}{2p} \quad \text{(E5.7.10)}$$

$$r_A' = -\frac{k'(1-X)}{1+\varepsilon X}p$$

$$k' = 0{,}0074\left(\frac{\text{mol}}{\text{kg}\cdot\text{s}}\right) \quad \text{(E5.7.11)}$$

$$F_{A0} = 0{,}1362\left(\frac{\text{mol}}{\text{s}}\right) \quad \text{(E5.7.12)}$$

$$\alpha = 0{,}0367\left(\text{kg}^{-1}\right) \quad \text{(E5.7.13)}$$

$$\varepsilon = -0{,}15 \quad \text{(E5.7.14)}$$

Necessita-se de uma solução curta de tentativa e erro para encontrar W dado X.

Vamos inferir que a massa final de catalisador para atingir 60% de conversão seja 27 kg e usar esse valor como o limite superior de integração em nosso programa Polymath.

$$W_f = 27\text{ kg de catalisador}$$

Tentativa e erro $W_f = 27$ kg

Temos as condições de contorno $W = 0$, $X = 0$, $p = 1{,}0$ e $W_f = 27$ kg. Aqui, estamos supondo um limite superior da integração como 27 kg, com a expectativa de que seja atingida uma conversão de 60% *no interior* dessa massa de catalisador. Se uma conversão de 60% não for atingida, suporemos massa maior e refaremos os cálculos.

***Problemas Práticos* (PPs)**. Como discutido na Seção D.2, os PPs devem ser vistos como um equipamento no qual você pode executar reações e experimentos no reator. Com o advento de Wolfram e Python (que pode ser baixado gratuitamente), esse experimento é uma pequena mudança de paradigma na maneira como podemos designar. Pode-se simplesmente mover a variável deslizante que eles queiram estudar e observar a mudança no perfil ou trajetória de reação e então escrever um conjunto de conclusões. Além dos experimentos de simulação, existe um número de outros problemas para casa e recomendamos usar o *software* Polymath para resolver esses problemas. Com o Polymath, podemos simplesmente entrar no computador com as Equações (E5.7.9) e (E5.7.10) e os valores dos parâmetros correspondentes (Equações (5.7.11)-(5.7.14)), com as condições de contorno; essas equações são resolvidas e dispostas, conforme mostrado nas Figuras E5.7.1(a) e E5.7.1(b). As Equações (E5.7.9) e (E5.7.10) entram como equações diferenciais e os valores dos parâmetros são estabelecidos usando equações explícitas. A equação da taxa pode entrar como uma equação explícita com o objetivo de gerar um gráfico da taxa de reação, à medida que ela varia ao longo do comprimento do reator, usando uma função gráfica do Polymath. Consequentemente, pode-se carregar o programa Polymath diretamente a partir do CRE *website* (http://www.umich.edu/~elements/6e/05chap/live.html), que tem programadas as Equações (E5.7.9) a (E5.7.14), e correr o programa para valores diferentes dos parâmetros.

Exemplos do Polymath e do Matlab podem ser carregados a partir do CRE *website* (veja a Introdução).

É também interessante aprender o que acontece à vazão volumétrica ao longo do comprimento do reator. Da Equação (4.23),

$$v = v_0(1+\varepsilon X)\,\frac{P_0}{P}\,\frac{T}{T_0} = \frac{v_0(1+\varepsilon X)(T/T_0)}{p} \tag{4.23}$$

Seja f a razão entre a vazão volumétrica, v, e a vazão volumétrica de entrada, v_0, em qualquer ponto ao longo do reator. Para operação isotérmica, a Equação (4.23) se torna

A vazão volumétrica aumenta com o aumento da queda de pressão.

$$\boxed{f = \frac{v}{v_0} = \frac{1+\varepsilon X}{p}} \tag{E5.7.15}$$

O programa Polymath e sua saída são mostrados na Tabela E5.7.1.

Problema Prático

Para todos os Problemas Práticos, Polymath, Python e Wolfram podem ser carregados a partir do CRE *website* (veja a Introdução).

Tabela E5.7.1 Programa Polymath e saída numérica

Equações diferenciais

```
1 d(X)/d(W) = -raprime/Fao
2 d(p)/d(W) = -alpha*(1+eps*X)/2/p
```

Equações explícitas

```
1 eps = -20,15
2 kprime = 0,0074
3 Fao = 0,1362
4 alpha = 0,0367
5 raprime = -kprime*(1-X)/(1+eps*X)*p
6 f = (1+eps*X)/p
7 rate = -raprime
```

Relatório POLYMATH
Equações Diferenciais Ordinárias
Valores Calculados das variáveis das EDOs

	Variável	Valor inicial	Valor final
1	alpha	0,0367	0,0367
2	eps	-0,15	-0,15
3	f	1	3,31403
4	Fao	0,1362	0,1362
5	kprime	0,0074	0,0074
6	p	1	0,2716958
7	raprime	-0,0074	-0,0007504
8	rate	0,0074	0,0007504
9	W	0	27
10	X	0	0,6639461

(Informações de como obter e carregar o *software* Polymath podem ser encontradas no Apêndice D. Tutoriais podem ser encontrados no CRE *website*, sob o nome Living Examples, Polymath.)

Vídeo Tutorial do Polymath (*https://www.youtube.com/watch?v=nyJmt6cTiL4*)

A Figura E5.7.1(a) mostra X, p (isto é, $p = P/P_0$) e f (isto é, $f = 1/p$) ao longo do reator. Vemos que tanto a conversão como a vazão volumétrica aumentam ao longo do comprimento do reator, enquanto a pressão diminui. A Figura E5.7.1(b) mostra como a taxa de reação, $-r'_A$, diminui ao longo do reator. Para reações em fase gasosa com ordens de reação maiores que zero, esse aumento na pressão fará com que a taxa de reação seja menor do que no caso de nenhuma queda de pressão.

Tanto do perfil de conversão (mostrado na Figura E5.7.1) como da tabela de resultados do Polymath (não mostrada no texto, mas disponível no material *on-line*), encontramos que uma conversão de 60% é atingida com 20 kg de catalisador em cada tubo.

Efeito do catalisador adicionado sobre a conversão

Notamos, da Figura E5.7.1, que a massa necessária de catalisador para elevar 1% da conversão final, de 65% para 66% (0,9 kg), é 8,5 vezes maior do que aquela requerida para elevar a conversão em 1% na entrada do reator. Além disso, durante os últimos 5% de aumento da conversão, a pressão diminui de 3,8 atm para 2,3 atm.

Essa massa de catalisador de 20 kg/tubo corresponde a uma queda de pressão de aproximadamente 5 atm. Se tivéssemos erroneamente negligenciado a queda de pressão, a massa de catalisador teria sido encontrada integrando a Equação (E5.7.9), com $p = 1$, para obter

Desprezar a queda de pressão resulta em um projeto ruim (aqui, 53% *versus* 60% de conversão)

$$W = \frac{F_{A0}}{k'}\left[(1+\varepsilon)\ln\left(\frac{1}{1-X}\right) - \varepsilon X\right] \quad \text{(E5.7.16)}$$

$$= \frac{0{,}1362}{0{,}0074} \times \left[(1-0{,}15)\ln\frac{1}{1-0{,}6} - (-0{,}15)(0{,}6)\right] \quad \text{(E5.7.17)}$$

= 16 kg de catalisador por tubo (negligenciando queda de pressão)

Mas qualquer estudante de engenharia química de Jofostan sabia isso!

$f = \dfrac{\upsilon}{\upsilon_0}$

$p = \dfrac{P}{P_0}$

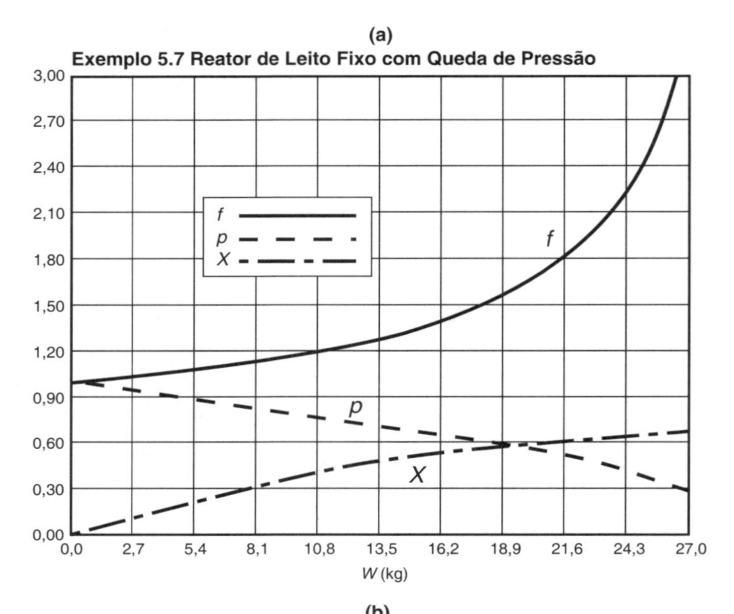

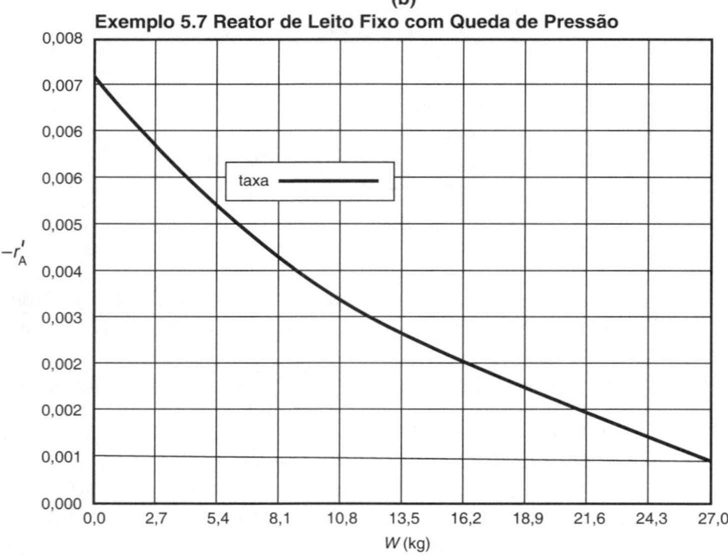

Figura E5.7.1 Saída gráfica do Polymath.

Embaraçoso!

Análise: Se tivéssemos usado 16 kg de catalisador por tubo em nosso reator, em vez dos 27 kg requeridos por tubo, teríamos tido catalisador insuficiente para atingir a conversão desejada. Para essa massa de 16 kg de catalisador, a Figura E5.7.1(a) mostra que, para o caso de queda de pressão, somente uma conversão de 53% teria sido atingida, o que seria *embaraçoso*!

(Para ver **quão** embaraçoso, você necessitará assistir a um vídeo no YouTube. Vá ao CRE *website* (http://www.umich.edu/~elements/6e/youtube/index.html) e clique no vídeo *Engenharia das Reações Químicas Deu Errado*. Essa nota é a segunda vez que recomendo esse vídeo porque acredito que você gostará e também verá o ponto.)

Para chegar a essa conclusão, aplicamos o algoritmo ERQ para uma reação em fase gasosa com uma variação no número total de mols ocorrida em um PBR. A única pequena mudança em relação ao exemplo prévio é que tínhamos usado o *solver* de EDO do Polymath para combinar e resolver todas as etapas de modo a obter os perfis da taxa de reação ($-r_A$), da conversão (X), da razão de pressões (P/P_0) e da razão das vazões volumétricas (f) em função da massa de catalisador ao longo do comprimento do PBR.

5.6 Síntese do Projeto de uma Planta Química

Síntese de uma planta química

Estudo cuidadoso das várias reações, reatores e vazões molares dos reagentes e produtos usados nos exemplos neste capítulo revela que eles podem ser arranjados para formar uma planta química de modo a produzir 200 milhões de libras de etilenoglicol a partir de uma matéria-prima de 402 milhões de libras de etano por ano. O fluxograma para o arranjo dos reatores, juntamente com as vazões molares, é mostrado na Figura 5.11. Aqui, 0,425 lb-mol/s de etano é alimentado em 100 reatores tubulares com escoamento empistonado, conectados em paralelo; o volume total é de 81 ft^3 para produzir 0,34 lb-mol/s de etileno (veja o Exemplo 5.3). A mistura reacional é então alimentada em uma unidade de separação, onde se perde 0,04 lb-mol/s de etileno nas correntes de etano e de hidrogênio que saem do separador. Esse processo fornece uma taxa molar de etileno de 0,3 lb-mol/s, que entra no reator catalítico de leito fixo, juntamente com 0,15 lb-mol/s de O_2 e 0,564 lb-mol/s de N_2. Há 0,18 lb-mol/s de óxido de etileno (veja o Exemplo 5.6) produzido nos 1.000 tubos arranjados em paralelo e cheios com *pellets* de catalisador cobertos com prata. Uma conversão de 60% é atingida em cada tubo, e a massa total de catalisador em todos os tubos é igual a 44.500 lb$_m$. A corrente de saída passa por um separador, onde 0,03 lb-mol/s de óxido de etileno é perdida. A corrente de óxido de etileno é então colocada em contato com água em um absorvedor de gás, para produzir uma solução de 1 lb-mol/ft^3 de óxido de etileno em água. No processo de absorção, 0,022 lb-mol/s de óxido de etileno é perdida. A solução de óxido de etileno é alimentada em um reator CSTR de 197 ft^3, juntamente com uma corrente de uma solução de 0,9% em peso de H_2SO_4, de modo a produzir etilenoglicol a uma vazão de 0,102 lb-mol/s (veja o Exemplo 5.2). Essa taxa é equivalente a aproximadamente 200 milhões de libras de etilenoglicol por ano.

Sempre questione as suposições, restrições e limites do problema.

O lucro de uma planta química será a diferença entre a receita proveniente das vendas e o custo para produzir os compostos químicos. Uma fórmula aproximada pode ser

$$$$

$$\text{Lucro} = \text{Valor dos produtos} - \text{Custos dos reagentes}$$
$$- \text{Custo operacional} - \text{Custos de separação}$$

Os custos operacionais incluem custos como energia, trabalho, despesas gerais e depreciação dos equipamentos. Você aprenderá mais sobre esses custos em seu projeto final de curso. Mesmo que a maioria, se não todas, das correntes provenientes dos separadores puder ser reciclada, vamos considerar qual poderia ser o lucro, caso as correntes não fossem recuperadas. Além disso, vamos estimar, de modo conservador, as despesas operacionais e outras, sendo de US$12 milhões por ano, e calcular o lucro. Seu instrutor de projeto deve lhe dar um número melhor. Os preços de 2006 de etano, de ácido sulfúrico e de etilenoglicol são de US$0,17, US$0,15 e US$0,69 por libra, respectivamente. Ver *www.chemweek.com/* para preços atuais.

Para uma alimentação de etano de 400 milhões de libras por ano e uma taxa de produção de 200 milhões de libras de etilenoglicol por ano, o lucro é mostrado na Tabela 5.5.

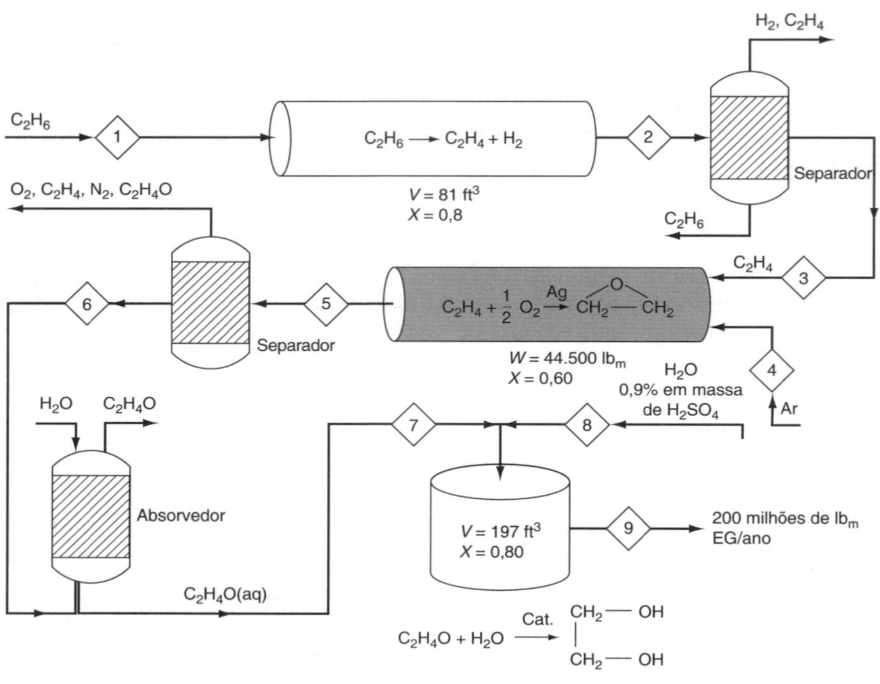

Corrente	Componente*	Vazão Volumétrica (lb-mol/s)	Corrente	Componente*	Vazão Volumétrica (lb-mol/s)
1	C_2H_6	0,425	6	EO	0,150
2	C_2H_4	0,340	7	EO	0,128
3	C_2H_4	0,300	8	H_2O	0,443
4	Ar	0,714	9	EG	0,102
5	EO	0,180			

*EG, etilenoglicol; EO, óxido de etileno.

Figura 5.11 Produção de etilenoglicol.

Tabela 5.5 Lucros

$$\text{Lucro} = \left[\overbrace{\left(\frac{\$0{,}69}{\text{lb}_\text{m}} \times 2 \times 10^8 \ \frac{\text{lb}_\text{m}}{\text{ano}}\right)}^{\text{Custo de etilenoglicol}} - \overbrace{\left(\frac{\$0{,}17}{\text{lb}_\text{m}} \times 4 \times 10^8 \ \frac{\text{lb}_\text{m}}{\text{ano}}\right)}^{\text{Custo de etano}}\right.$$

$$\left. - \overbrace{\left(\frac{\$0{,}15}{\text{lb}_\text{m}} \times 2{,}26 \times 10^6 \ \frac{\text{lb}_\text{m}}{\text{ano}}\right)}^{\text{Custo de ácido sulfúrico}} - \overbrace{\$12.000.000}^{\text{Custo operacional}}\right]$$

$$= \$138.000.000 - \$68.000.000 - 340.000 - \$12.000.000$$

$$\cong \$57{,}7 \text{ milhões}$$

Você aprenderá mais sobre economia de processamento químico em suas aulas de projeto avançado.

Usando US$58 milhões por ano como uma estimativa aproximada do lucro, você pode agora fazer aproximações diferentes acerca da conversão, separações, correntes de reciclo e custos operacionais, para aprender como eles afetam o lucro.

5.7 *E Agora...* Uma Palavra do Nosso Patrocinador – Segurança 5 (UPDNP–S5 Uma Análise de Segurança do Algoritmo de Incidente)

A *Análise de Segurança do Incidente* é um tipo de algoritmo para analisar um incidente para ajudar a prevenir futuros acidentes. O Chemical Safety Board (CSB) tem documentado e feito vídeos de um número de acidentes ocorridos ao longo dos últimos 40 anos. Esses vídeos e os módulos associados de segurança podem ser encontrados no *website* de segurança (*http://umich.edu/~safeche/*). Para cada módulo de segurança você deve (1) assistir ao vídeo CSB, (2) preencher o algoritmo de análise de segurança e (3) fazer poucos cálculos específicos para o módulo e então preencher os diagramas ANPF e de Gravata-Borboleta (*Bow Tie Diagram*). Depois de assistir aos vídeos, preencha a seguinte *Análise de Segurança do Incidente.* Você necessita discutir todas as coisas que poderiam dar errado e então planejar as ações preventivas e mitigadoras.

Análise de Segurança do Incidente

Atividade: ____________________

Perigo: ____________________

Incidente: ____________________

Evento Inicial: ____________________

Ações de Prevenção e Salvaguardas: ____________________

Plano de Contingenciamento/ Ações Mitigadoras: ____________________

Lições Aprendidas: ____________________

Definições

Atividade: Processo, situação ou atividade para a qual se avalia o risco para pessoas, propriedade ou ambiente.

Perigo: Uma característica química ou física que tem potencial para causar danos às pessoas, à propriedade ou ao ambiente.

Incidente: O que aconteceu? Descrição do evento ou da soma dos eventos, juntamente com as etapas que levam a uma ou mais consequências indesejáveis, tais como lesão a pessoas, dano à propriedade, ao meio ambiente ou ativo/negócio.

Evento Inicial: O evento que desencadeia o incidente pode ser a interseção de duas ou mais falhas (por exemplo, falha de equipamentos, mau funcionamento da instrumentação e do controlador, ações humanas, liberação de inflamáveis). Pode também incluir eventos precursores que precedem o evento inicial (por exemplo, nenhum escoamento proveniente da bomba, válvula fechada, ação humana inadvertida, ignição). A causa raiz da soma de eventos que causou o incidente.

Ações de Prevenção e Salvaguardas: Etapas que podem ser consideradas para prevenir a ocorrência do evento inicial e que este se torne um incidente que cause dano às pessoas, à propriedade ou ao meio ambiente. Debata todos os problemas e perigos potenciais que poderiam levar ao erro. Em seguida, discuta e liste, para cada problema ou perigo potencial, todas as coisas que causam a ocorrência daquele problema particular (note que pode haver mais de uma causa para cada problema potencial).

Finalmente, para cada causa, liste uma ação preventiva que poderia ser tomada para prevenir a ocorrência da causa.

Plano de Contingenciamento/ Ações Mitigadoras: Discuta e liste todas as etapas que reduzam ou mitiguem o incidente depois da falha da ação preventiva e da ocorrência do evento inicial.

Lições Aprendidas: O que aprendemos e podemos passar para outros que possa prevenir a ocorrência de incidentes similares.

Exemplo

Como exemplo, a *Análise de Segurança do Incidente* será aplicada ao acidente na fábrica de caiaque (*Kayak Manufacturing*), Materiais e Balanços de Energia no Módulo 2 de Segurança http://websites.umich.edu/~safeche/assets/pdf/courses/Problems/MaterialsAndEnergy/230Materials&Energy-Module(2)PS-WeldingDrum.pdf) em *Segurança de Processos no Currículo de Engenharia Química.*

O que Aconteceu: Em janeiro de 2009, um trabalhador na loja da fábrica de caiaque (*Kayak Manufacturing*), no Canadá, estava soldando rodinhas em um tambor de acetona vazio para fazer um carrinho de compras. Antes de soldar, ele enxaguou o tambor com água e o inverteu, mas aproximadamente uma colher de sopa de resíduo de acetona permaneceu no tambor. O arco da solda do trabalhador disparou a ignição da acetona e a explosão rompeu o fundo do tambor invertido, matando o soldador.

Agora, vá em frente e assista ao vídeo (*https://www.youtube.com/watch?v= 9DP5l9yYt-g*).

Assista ao vídeo e preencha a Análise de Segurança do Incidente.

Solução:

Análise de Segurança do Incidente

Atividade: A atividade nesse incidente é o trabalho quente nos tambores que carregava produtos químicos inflamáveis. *Trabalho quente* envolve ações que possam produzir uma centelha ou chama, tais como solda, corte ou esmerilhamento.

Perigo: O perigo nesse incidente é a inflamabilidade do resíduo da acetona que estava nos tambores e seu contato com a soldagem por pontos que atuou como uma fonte de calor e de centelha.

Incidente: O incidente envolveu um funcionário tentando converter um tambor vazio de acetona em um carrinho de compras. O funcionário enxaguou o tambor com água proveniente de uma mangueira externa, agitou o tambor e o inverteu para preparar para a soldagem. Mesmo com o tambor enxaguado, foi estimado que o tambor invertido reteve vapor equivalente a aproximadamente uma colher de sopa de acetona. Esmerilhar o fundo do tambor para preparar para solda ajudou a aquecer a acetona no tambor invertido. Uma solda descontínua perfurou a superfície e uma segunda solda descontínua inflamou a acetona, criando uma explosão que matou um trabalhador. Este trabalhador não recebeu qualquer treinamento formal em soldagem.

Evento Inicial: O evento inicial nesse cenário foi uma centelha que resultou do esmerilhamento e soldagem de um tambor que inflamou os vapores de acetona restantes no tambor.

Ações de Prevenção e Salvaguardas: Ações preventivas ou salvaguardas poderiam ter incluído os procedimentos de segurança obrigando os funcionários a descartar adequadamente tambores de líquidos inflamáveis e não os reutilizar, nem realizar trabalho quente (por exemplo, esmerilhamento ou soldagem) em ou perto de tambores de líquidos inflamáveis (mesmo quando vazios e enxaguados). Os alertas e procedimentos da planilha do fabricante sobre dados do material de segurança (PDMS) para uso e descarte apropriados de tambores têm de ser seguidos juntamente com a supervisão apropriada de funcionários quando estiverem soldando e realizando trabalho quente. Além disso, deve haver um treinamento adequado para funcionários que irão soldar, educação de todos os funcionários que usam substâncias inflamáveis sobre o manuseio apropriado e seguro de tambores e inflamáveis e ter uma área segura destinada à soldagem.

Plano de Contingenciamento/Ações Mitigadoras: Ações mitigadoras incluem treinar os funcionários para responder aos procedimentos de emergência e primeiros socorros, assim como o uso de equipamento de proteção individual (EPI), tal como vestimenta à prova de fogo e proteção facial ou capacete.

Lições Aprendidas: A lição aprendida desse incidente é que uma colher de sopa de um líquido inflamável combinada com calor e uma fonte de centelha é suficiente para matar alguém. *Trabalho quente* não deve ser feito em ou próximo de recipientes contendo líquidos inflamáveis, mesmo se eles tiverem sido enxaguados com água. Recipientes vazios de líquido inflamável devem ser descartados adequadamente de acordo com as orientações do fabricante e não reutilizados.

Leitura adicional sobre esse incidente envolvendo acetona:

Valores de acetona obtidos do NIST:

https://webbook.nist.gov/cgi/cbook.cgi?Name=acetone&Units=SI

Constantes de Antoine: $A = 4{,}42448$, $B = 1.312{,}253$, $C = -32{,}445$

Calor molar de combustão: –1.772 kJ/mol

Encerramento. Este capítulo apresenta o coração da engenharia das reações químicas para reatores isotérmicos. Depois de completar este capítulo, o leitor deverá ser capaz de aplicar o algoritmo de blocos de construção

O algoritmo ERQ

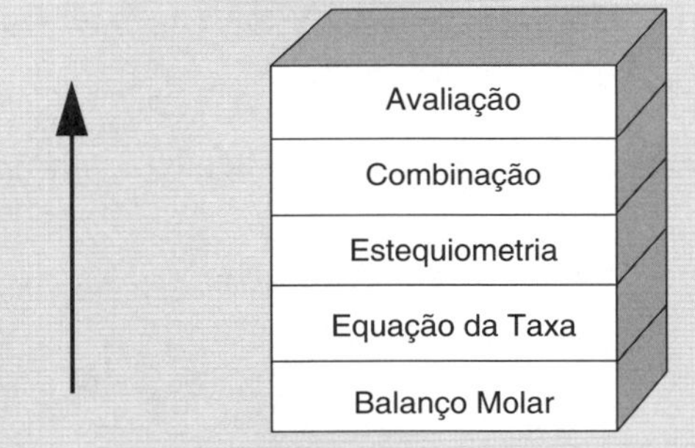

para qualquer um dos reatores discutidos neste capítulo: reator em batelada, CSTR, PFR e PBR. O leitor deverá ser capaz de considerar a queda de pressão e descrever os efeitos das variáveis do sistema, tais como tamanho de partícula sobre a conversão no PBR, e explicar por que existe um ótimo na conversão quando o tamanho da partícula de catalisador é variado. O leitor deverá ser capaz de usar conversões para resolver os problemas de engenharia das reações químicas. Finalmente, depois de completar este capítulo, o leitor deverá ser capaz de trabalhar os Problemas do Exame de Engenharia Profissional da Califórnia, em aproximadamente 30 minutos (confira $P5.15_B$–$P5.20_B$), e diagnosticar e resolver o mau funcionamento de reatores (confira $P5.8_B$).

RESUMO

1. **Algoritmo de solução**
   a. **Balanços molares** (BR, CSTR, PFR, PBR):

$$N_{A0}\frac{dX}{dt} = -r_A V, \quad V = \frac{F_{A0}X}{-r_A}, \quad F_{A0}\frac{dX}{dV} = -r_A, \quad F_{A0}\frac{dX}{dW} = -r'_A \qquad \text{(R5.1)}$$

b. Equação da taxa: Por exemplo,

$$-r'_A = kC_A^2 \tag{R5.2}$$

c. Estequiometria:

$$A + \frac{b}{a}B \rightarrow \frac{c}{a}C + \frac{d}{a}D$$

(1) *Fase líquida:* $\upsilon = \upsilon_0$

$$C_A = C_{A0}(1 - X) \tag{R5.3}$$

(2) *Fase gasosa:* $\upsilon = \upsilon_0(1 + \varepsilon X)\left(\frac{P_0}{P}\right)\left(\frac{T}{T_0}\right)$, em que $\varepsilon = y_{A0}\delta = y_{A0}\left(\frac{d}{a} + \frac{c}{a} - \frac{b}{a} - 1\right)$

$$p = \frac{P}{P_0}$$

$$f = \upsilon/\upsilon_0 \tag{R5.4}$$

$$C_A = \frac{F_A}{\upsilon} = \frac{F_{A0}(1 - X)}{\upsilon} = \frac{F_{A0}(1 - X)}{\upsilon_0(1 + \varepsilon X)}\left(\frac{P}{P_0}\right)\frac{T_0}{T} = C_{A0}\left(\frac{1 - X}{1 + \varepsilon X}\right)p\,\frac{T_0}{T} \tag{R5.5}$$

Para o **PBR**

$$\frac{dp}{dW} = -\frac{\alpha(1 + \varepsilon X)}{2p}\left(\frac{T}{T_0}\right) \tag{R5.6}$$

$$\alpha = \frac{2\beta_0}{A_c(1 - \phi)\rho_c P_0} \quad \text{e} \quad \beta_0 = \frac{G(1 - \phi)}{\rho_0 g_c D_p \phi^3}\left[\frac{150(1 - \phi)\mu}{D_p} + 1{,}75G\right]$$

Massa específica variável, com $\varepsilon = 0$ ou $\varepsilon X << 1$ e operação isotérmica:

IFF $\varepsilon = 0$

$$p = \frac{P}{P_0} = (1 - \alpha W)^{1/2} \tag{R5.7}$$

d. Combinando a equação da taxa e a estequiometria para operação isotérmica em um PBR

$$\textit{Líquido:}\ -r'_A = kC_{A0}^2(1 - X)^2 \tag{R5.8}$$

$$\textit{Gás:}\ -r'_A = kC_{A0}^2\,\frac{(1 - X)^2}{(1 + \varepsilon X)^2}p^2 \tag{R5.9}$$

e. Técnicas de solução:

(1) Integração numérica – regra de Simpson
(2) Tabela de integrais
(3) Pacotes computacionais
  (a) Polymath
  (b) MATLAB

Um *solver* de EDO (por exemplo, Polymath) combinará todas as equações para você.

ALGORITMO DO *SOLVER* DE EDO

Quando estamos usando um *solver* para equação diferencial ordinária (EDO), tal como Polymath ou MATLAB, é geralmente mais fácil deixar os balanços molares, equações da taxa e concentrações como equações separadas em vez de combiná-las em uma única equação, como fizemos para obter uma solução analítica. Escreva as equações separadamente e deixe que o computador as combine e produza a solução. A formulação Polymath para um reator de leito fixo com queda de pressão é apresentada na Tabela PP5.8.1 para uma reação elementar que ocorre isotermicamente.

Problema Prático 5.8: Algoritmo para reação reversível em fase gasosa

$$A + B \rightleftarrows 3C$$

em um leito fixo com queda de pressão.

Tabela PP 5.8.1 Simulações com Wolfram, Python e Polymath

Balanço Molar

$$\frac{dX}{dW} = \frac{-r'_A}{F_{A0}}$$

Equação da Taxa

$$-r'_A = k'\left[C_A C_B - \frac{C_C^3}{K_C}\right]$$

Estequiometria

$$C_A = C_{A0}\frac{1-X}{1+\varepsilon X}p$$

$$C_B = C_{A0}\frac{\theta_B - X}{1+\varepsilon X}p$$

$$C_C = \frac{3C_{A0}X}{(1+\varepsilon X)}p$$

$$\frac{dp}{dW} = -\frac{\alpha(1+\varepsilon X)}{2p}$$

(em que $p = P/P_0$)

Relatório do POLYMATH
Equações Diferenciais Ordinárias
Valores Calculados das Variáveis das Equações Diferenciais

	Variável	Valor inicial	Valor final
1	alfa	0,01	0,01
2	Ca	0,01	0,0008947
3	Cao	0,01	0,01
4	Cb	0,020303	0,0031452
5	Cc	0	0,0038689
6	épsilon	0,33	0,33
7	Fao	15	15
8	k	5.000	5.000
9	Kc	0,05	0,05
10	p	1	0,2609906
11	ra	-1,015152	-0,0082782
12	tetaB	2,030303	2,030303
13	vo	1.500	1.500
14	W	0	80
15	X	0	0,590412
16	yao	0,33	0,33

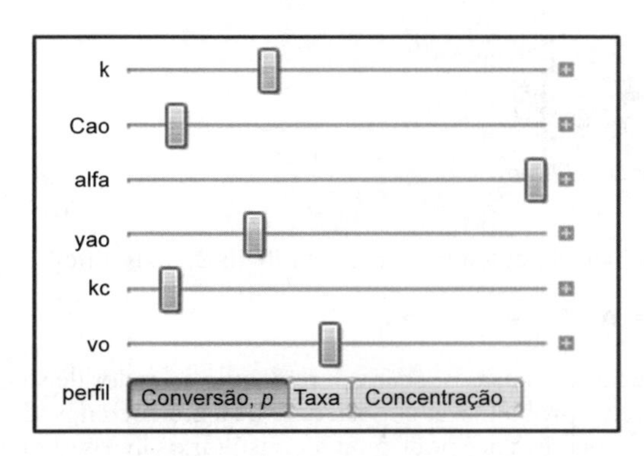

Figura E5.8.1 Controles deslizantes do Wolfram.

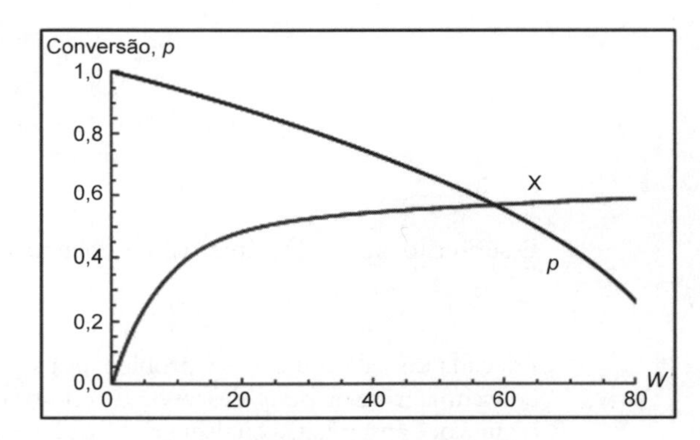

Figura E5.8.2 Perfis X e p do Wolfram.

Vá a esse PP no *site* da internet e use os "controles deslizantes" no Wolfram para explorar este problema. Você pode baixar o Wolfram gratuitamente em *http://www.wolfram.com/cdf-player/*. Varie os parâmetros, k, alfa e assim por diante, para ver como o perfil de conversão varia. Uma saída típica do Wolfram é mostrada na Figura E5.8.2. Descreva as variações que você vê nos perfis de conversão e de taxa de reação. Entretanto, **o mais importante** é ser capaz de explicar por que a variação está ocorrendo e o que a provoca.

MATERIAIS DO CRE *WEBSITE*

(*http://umich.edu/~elements/6e/05chap/obj.html#/*)

Jogos Interativos Computacionais (*http://umich.edu/~elements/6e/icm/index.html*)
Um Assassinato Misterioso
(*http://umich.edu/~elements/6e/icm/murder.html*)

QUESTÕES, SIMULAÇÕES E PROBLEMAS

O subscrito para cada número do problema indica o nível de dificuldade: A, menos difícil; D, mais difícil.

A = ● B = ■ C = ◆ D = ◆◆

Em cada uma das questões e problemas a seguir, em vez de apenas desenhar um retângulo ao redor de sua resposta, escreva uma frase ou duas, descrevendo como você resolveu o problema, as suposições que fez, a coerência de sua resposta, o que você aprendeu, e quaisquer outros fatos que queira incluir. Você pode querer consultar os livros *Curso de Redação*, de Antônio Suares de Abreu (Editora Ática, São Paulo, 1999), e *Manual de Redação e Estilo*, de Eduardo Martins (Editora Moderna, São Paulo, 1997), para melhorar a qualidade de suas frases.

Antes de resolver os problemas, estabeleça ou esquematize qualitativamente os resultados ou tendências esperados.

Questões

Q5.1$_A$ **QAL** (*Questão Antes de Ler*). Como as etapas no projeto de um CSTR diferem daquelas de um CSTR ou PFR com queda de pressão?

Q5.2$_A$ ***i>clicker.*** Visite o CRE *website* (*http://www.umich.edu/~elements/6e/05chap/iclicker_ch5_q1.html*) e analise no mínimo 5 questões i>*clickers*. Escolha uma que poderia ser usada como está, ou uma variação dela, para ser incluída no próximo exame. Você também poderia considerar o caso oposto: explique por que as questões *não* devem estar no próximo exame. Em cada caso, explique seu raciocínio.

Q5.3$_A$ Leia todos os problemas no final deste capítulo. Componha e resolva um problema original, baseando-se no material deste capítulo. **(a)** Use dados e reações reais. **(b)** Componha uma reação e os dados. **(c)** Use um exemplo da vida do dia a dia (por exemplo, preparar uma torrada ou cozinhar espaguete). Na preparação de seu problema original, primeiro liste os princípios que você quer esclarecer e por que o problema é importante. Pergunte a si próprio como seu exemplo será diferente daqueles do livro ou da aula. Outros elementos para você considerar quando escolher um problema são: relevância, interesse, impacto da solução, tempo requerido para obter a solução e grau de dificuldade. Procure dados ou obtenha algumas ideias em algumas revistas sobre reações importantes industrialmente ou sobre aplicações originais dos princípios de engenharia das reações (o meio ambiente, o processamento de alimentos etc.). No final do problema e da solução, descreva o processo criativo usado para gerar a ideia para o problema. **(d)** Escreva uma questão, baseada no material deste capítulo, que requeira raciocínio crítico. Explique por que sua questão requer raciocínio crítico. *Sugestão*: Veja a Tabela P.2 discutida no

Prefácio Completo-Introdução no CRE *website* (*http://www.umich.edu/~elements/6e/toc/Preface-Complete.pdf*) e aplique-a a este problema. **(e)** Escute os áudios no CRE *website* das Notas de Aulas, escolha um e descreva como você poderia explicá-lo diferentemente.

Q5.4$_A$ Se fossem necessários 11 minutos para cozinhar espaguete em Ann Arbor, Michigan, e 14 minutos em Boulder, Colorado, quanto tempo levaria em Cuzco, Peru? Discuta maneiras de tornar o espaguete mais gostoso. Se você prefere fazer um jantar mais criativo com espaguete para a família ou amigos em vez de responder a esta questão, tudo bem, também; você terá crédito total – mas **somente se** você apresentar sua receita e levar uma prova para seu instrutor.

Q5.5$_A$ **Exemplo 5.1.** (1) Qual seria o erro em k se o reator em batelada estivesse somente 80% cheio com a mesma concentração de reagentes em vez de estar completamente cheio, como no exemplo? (2) Que generalizações você pode tirar desse exemplo?

Q5.6$_B$ **Exemplo 5.2.** (1) Que conversão seria atingida se três CSTRs de 800 galões fossem colocados em série? (2) E em paralelo com a alimentação igualmente dividida? (3) Quais são as vantagens e desvantagens de adicionar esse terceiro reator? (4) $F_{A0} = F_{A0}/n$, a conversão atingida em qualquer um dos reatores será idêntica àquela que seria encontrada se o reator fosse alimentado em uma corrente, $F_{A0} = nF_{Ai0}$, para um reator grande, com volume $V = nV_i$.

Q5.7$_A$ **Exemplo 5.2.** Descreva como mudaria o volume de seu reator, se você somente necessitasse de 50% de conversão para produzir os 200 milhões requeridos de libras por ano?

Q5.8$_A$ **Exemplo 5.6.** Como a queda de pressão e os parâmetros da queda de pressão, α e β_0, mudariam se o diâmetro da partícula fosse reduzido de 25%?

Q5.9$_A$ **Alta Finança.** (1) Como mudaria o seu lucro/números na Tabela 5.4 se você usasse os seguintes preços de 2010? (2) Etilenoglicol: US$ 0,54/kg; etileno: US$ 0,76/kg; óxido de etileno: US$ 1,17/kg; etano: US$ 0,31/kg; ácido sulfúrico (98% em massa): US$ 0,10/kg e propilenoglicol US$ 1,70/kg. (3) O que aparece para você?

Q5.10$_A$ **Você Pode Aprender uma Nova Dança?** Assista ao vídeo no YouTube intitulado *CSTR* ao som de "*It's fun to stay at the YMCA*" (*https://www.youtube.com/watch?v=AkM67QsTq3E*), feito pelos estudantes de engenharia das reações químicas da University of Alabama. Você também pode acessá-lo a partir do CRE *website*; sob "Recursos Adicionais", digite "Vídeos divertidos no YouTube".

Q5.11$_A$ Existem etapas na *Análise de Segurança do Incidente* que devem ser removidas ou adicionadas? Se sim, quais são elas?

Q5.12$_A$ Siga o *link* dos cinco Vídeos de Aprendizado de EngQui para o Capítulo 5 (*http://www.umich.edu/~elements/6e/05chap/learn-cheme-videos.html*).

(a) No vídeo do PBR com queda de pressão, há algum problema em substituir a taxa volumétrica quando há uma variação no número total de mols, ou seja, $\delta \neq 0$?

(b) Assista qualquer um dos outros vídeos tutoriais de 5 a 6 minutos e liste dois dos pontos mais importantes.

(c) No vídeo do reator empistonado isotérmico, como o inerte impacta o processo de reação?

Q5.13$_A$ UPDNP–S5 Assista ao vídeo CSB (*https://www.youtube.com/watch?v=-_ZLQkn7X-k*) e então pesquise a conclusão sobre se a análise de segurança de incidentes está completa ou não.

Simulações Computacionais e Experimentos

P5.1$_B$ **E se...** alguém lhe pedisse para explorar os exemplos deste capítulo com o objetivo de aprender os efeitos de variar os diferentes parâmetros? Essa análise de sensibilidade pode ser feita baixando os Problemas Práticos (**PPs**) do CRE *website*. Você pode baixar o **Wolfram** gratuitamente *http://www.wolfram.com/cdf-player/*. Para cada um dos problemas que você investigar, escreva um parágrafo descrevendo suas descobertas.

É importante para o processo de aprendizagem que você tente prever como os resultados alteram a resposta ou a forma do perfil da conversão antes da movimentação do controle deslizante.

(a) **Exemplo 5.3: Reator Empistonado**
Wolfram e Python

(i) Escreva uma conclusão acerca de sua variação de cada controle deslizante e explique por que o movimento do controle lhe deu os resultados obtidos.

(ii) Que generalizações você pode tirar deste exemplo?

(b) **Exemplo 5.4: Queda de Pressão em um Leito Fixo**
Wolfram e Python

(i) Varie cada um dos parâmetros na Equação de Ergun e escreva algumas frases sobre a variável que mais varia a inclinação de p *versus* z; ou seja, que mudança mais aumenta a queda de pressão?

(ii) Que generalizações você pode tirar deste exemplo?

(c) Exemplo 5.5: Efeito da Queda de Pressão sobre a Conversão
Wolfram e Python
(i) Depois de variar cada controle deslizante, escreva uma conclusão sobre os perfis de conversão e de pressão e explique por que o movimento do controle lhe deu os resultados obtidos.
(ii) Por que C_A, C_B e C_C começam a diminuir em $W = 25$ kg?
(iii) Que generalizações você pode tirar deste exemplo?

(d) Exemplo 5.6: Robert, o Preocupado: ***E Se...***
Wolfram e Python
(i) Escreva uma conclusão acerca de sua variação de cada controle deslizante e explique por que o movimento do controle lhe deu os resultados obtidos.
(ii) De quanto a massa de catalisador variaria se a pressão fosse aumentada por um fator de 5 e o tamanho da partícula diminuísse por um fator de 5? (Lembre-se de que α é também uma função de P_0).
(iii) Use gráficos e figuras para descrever o que você aprendeu a partir deste exemplo e como ele se aplicaria a outras situações.

(e) Exemplo 5.7: Cálculo de X em um Reator com Queda de Pressão
Wolfram e Python
Este problema é uma **Simulação de Pare e Cheire as Rosas**. Explore essa simulação para entender a interação de queda de pressão com conversão.

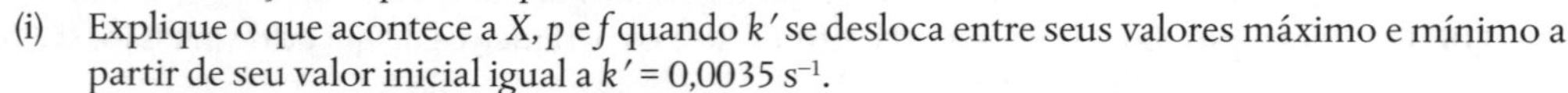

(i) Explique o que acontece a *X*, *p* e *f* quando k' se desloca entre seus valores máximo e mínimo a partir de seu valor inicial igual a $k' = 0{,}0035\ s^{-1}$.
(ii) O que acontece a *X*, *p* e *f* quando alfa se desloca entre seus valores máximo e mínimo?
(iii) Escreva duas conclusões a partir de seus experimentos com os controles deslizantes.
(iv) Depois de rever *Ideias Gerais e Soluções* no CRE *website* (*http://www.umich.edu/~elements/6e/toc/SCPS,3rdEdBook(Ch07).pdf*), escolha uma das técnicas de discussão (pensamento lateral) para sugerir duas questões que devem ser incluídas neste problema.

(f) Exemplo 5.8: ***PP.*** Algoritmo para A + B = 3C.
Wolfram e Python
(i) Varie os controles deslizantes de k', C_{A0} e K_C individualmente entre seus valores máximo e mínimo. Escreva um conjunto de conclusões e explique por que o movimento dos controles deslizantes mudou os perfis de conversão e de queda de pressão da maneira que fizeram.

(g) ***AspenTech*** **Exemplo 5.3.** (1) Usando $F_{A0} = 0{,}425\ lb_m$ mol/s, rode a simulação no AspenTech a 1.000 K e a 1.200 K e compare com a temperatura especificada de 1.100 K. (2) Explore o que a pequena variação na energia de ativação pode fazer em seus resultados, variando *E* de 82 kcal/mol para 74 kcal/mol e então para 90 kcal/mol; compare seus resultados com o caso base de 82 kcal/mol.

(h) Baixe o Laboratório de Reatores (*www.reactorlab.net*) em seu computador e chame *D1 Reatores Isotérmicos*. Instruções detalhadas com figuras das telas são dadas nas *Notas de Resumo* do Capítulo 4. (1) Para **L1** Reações de Ordem *n*, varie os parâmetros *n*, *E*, *T* para um reator em batelada, CSTR e PFR. Escreva um parágrafo discutindo as tendências (por exemplo, primeira ordem *versus* segunda ordem) e descreva o que você achou. **(2)** Agora, escolha a "Pergunta" no topo da tela e encontre a ordem de reação **(3)** e expresse-a em seu número de desempenho. Número de desempenho: ________________

(i) Trabalhe os Autotestes nas *Notas de Resumo* do Capítulo 5 no CRE *website*. Escreva uma questão para este problema que envolva raciocínio crítico e explique por que ele envolve raciocínio crítico.

Jogos Interativos Computacionais

P5.2$_B$ JIC – Teatro do Mistério – Um "quem fez isso?" real, veja *Pulp and Paper*, 25 (janeiro de 1993) e também *Pulp and Paper*, 9 (julho de 1993). O resultado do julgamento do assassinato é resumido na edição de dezembro de 1995 da revista *Papermaker*, página 12. Você usará engenharia química fundamental proveniente das Seções 5.1 a 5.3 para identificar a vítima e o assassino. #Será? Jogue o jogo e então registre seu número de desempenho.
Número de desempenho ________________

Quem fez isso?

Problemas

P5.3$_A$ **QEA** (*Questão de Exame Antigo*). **Múltipla Escolha.** Em cada caso, você necessitará explicar a razão de ter escolhido a respectiva resposta.

(a) Uma reação irreversível de segunda ordem e em fase líquida, A → Produto(s), procede até 50% de conversão em um PFR que opera isotermicamente, isobaricamente e em estado estacionário. Que conversão seria obtida se o PFR operasse com metade da pressão original (todo o resto permanecendo constante)?
(1) > 50% (2) < 50% (3) 50% (4) Informação insuficiente para responder conclusivamente

(b) Uma reação irreversível de segunda ordem e em fase gasosa, A $\rightarrow$ Produto(s), procede até 50% de conversão em uma PFR que opera isotermicamente, isobaricamente e em estado estacionário. Que conversão seria obtida se o PFR operasse com metade da pressão original (todo o resto permanece constante)?
(1) > 50% (2) < 50% (3) 50% (4) Informação insuficiente para responder conclusivamente

(c) A constante de taxa para uma reação irreversível de segunda ordem e em fase gasosa, catalisada heterogeneamente, A $\rightarrow$ Produto(s), foi 0,234, determinada a partir de dados experimentais em um reator de leito fixo. A pessoa que analisou os dados experimentais não incluiu em sua análise a grande queda de pressão no reator. Se a queda de pressão fosse apropriadamente considerada, a constante de taxa seria
(1) > 0,234 (2) < 0,234 (3) 0,234 (4) Informação insuficiente para responder conclusivamente

P5.4$_B$ **QEA** (*Questão de Exame Antigo*). **Múltipla Escolha.** Em cada um dos casos a seguir, **(a)** até **(e)**, você precisa explicar por que escolheu a respectiva resposta.

A reação elementar exotérmica de isomerização

$$A \underset{cat}{\rightleftarrows} B$$

ocorre isotermicamente a 400 K em um PBR, em que a queda de pressão é importante, com $\alpha = 0{,}001\ kg^{-1}$. Correntemente, atinge-se uma conversão de 50%. A constante de equilíbrio a essa temperatura é 3,0.

(a) Para uma taxa mássica fixa, $\dot{m}$, se o diâmetro do reator for aumentado por um fator de 4, a conversão será
(1) $X > 0{,}5$ (2) $X < 0{,}5$ (3) $X = 0{,}5$ (4) Informação insuficiente para dizer algo

(b) Para uma taxa mássica fixa, $\dot{m}$, a conversão de equilíbrio é
(1) $X_e = 0{,}5$ (2) $X_e = 0{,}667$ (3) $X_e = 0{,}75$ (4) Informação insuficiente para dizer algo

(c) Para uma taxa mássica fixa, $\dot{m}$, se o diâmetro do reator for aumentado por um fator de 2, a conversão de equilíbrio X_e
(1) aumentará (2) diminuirá (3) permanecerá a mesma (4) Informação insuficiente para dizer algo

(d) Para uma taxa mássica fixa, $\dot{m}$, se o tamanho da partícula for aumentado, a conversão de equilíbrio
(1) aumentará (2) diminuirá (3) permanecerá a mesma (4) Informação insuficiente para dizer algo

(e) Para uma taxa mássica fixa, $\dot{m}$, se o tamanho da partícula for aumentado, a conversão
(1) aumentará (2) diminuirá (3) permanecerá a mesma (4) Informação insuficiente para dizer algo

Conjuntos de questões similares aos Problemas P5.3$_A$ e P5.4$_B$, que podem ajudá-lo a se preparar para os exames, podem ser encontrados em ***i>clickers*** no CRE *website* (*http://www.umich.edu/~elements/6e/05chap/obj.html*) do Capítulo 5.

P5.5$_A$ A reação elementar em fase gasosa

$$2A \rightarrow B$$

ocorre em um reator em batelada com volume constante, em que se atinge uma conversão de 50% em 1 hora. A puro é carregado no reator a uma concentração inicial de 0,2 mol/dm^3. Se a mesma reação for executada em um CSTR, qual o volume necessário para atingir 50% de conversão para uma taxa molar de alimentação de 500 mol/h e uma concentração de entrada de A igual a 0,2 mol/dm^3? (***Resp.:*** V = 5.000 dm^3)

P5.6$_C$ Uma isomerização reversível em fase líquida A $\rightleftarrows$ B ocorreu *isotermicamente* em um CSTR de 1.000 galões. *A reação é de segunda ordem em ambas as direções, direta e reversa.* O líquido entra no topo do reator e sai pelo fundo. Dados experimentais retirados em um reator em batelada mostram que a conversão no CSTR é de 40%. A reação é reversível, com K_C = 3,0 a 300 K e ΔH°_{Rx} = –25.000 cal/mol. Supondo que os dados da batelada retirados a 300 K sejam acurados e que E = 15.000 cal/mol, qual a temperatura do CSTR você recomenda de modo a obter a máxima conversão? *Sugestão:* Leia o Apêndice C e suponha $\Delta C_P = 0$ na Equação (C.9) do Apêndice:

$$K_C(T) = K_C(T_0)\exp\left[\frac{\Delta H^\circ_{Rx}}{R}\left(\frac{1}{T_0} - \frac{1}{T}\right)\right]$$

Use o Polymath para fazer um gráfico de X *versus* T. Ele passa por um máximo? Se afirmativo, explique por quê.

P5.7$_B$ **QEA** (*Questão de Exame Antigo*). A reação em fase gasosa irreversível

$$A \rightarrow B + C$$

segue uma equação elementar da taxa e deve ocorrer primeiro em um PFR e então em um experimento separado em um CSTR. Quando A puro é alimentado em um PFR de 10 dm^3 a 300 K e a uma vazão volumétrica de 5 dm^3/s, a conversão é 80%. Quando uma mistura de 50% de A e 50% de inerte (I) é alimentada no CSTR de 10 dm^3 a 320 K e a uma vazão volumétrica de 5 dm^3/s, a conversão é também 80%. Qual é a energia de ativação em cal/mol?

P5.8$_B$ **QEA** (*Questão de Exame Antigo*). A reação elementar em fase gasosa

$$A \rightarrow B$$

ocorre isobárica e isotermicamente em um PFR, em que se atinge uma conversão de 63,2%. A alimentação é A puro. Propõe-se colocar um CSTR de igual volume a montante do PFR. Baseando-se na taxa molar de entrada de A no primeiro reator, qual será a conversão intermediária proveniente do CSTR, X_1, e a conversão de saída do PFR, X_2, baseando-se na alimentação no primeiro reator? As taxas molares na entrada e todas as outras variáveis permanecem as mesmas que aquelas para um único PFR. Fonte: Problema modificado do Exame para Registro na Califórnia. (***Resp.:*** $X_2 = 0{,}82$).

P5.9$_A$ **QEA** (*Questão de Exame Antigo*). A reação em fase líquida

$$A + B \longrightarrow C$$

segue uma equação elementar da taxa e ocorre isotermicamente em um sistema com escoamento. As concentrações de cada corrente de alimentação de A e de B são 2 M antes da mistura. A vazão volumétrica de cada corrente é de 5 dm³/min e a temperatura na entrada é de 300 K. As correntes são misturadas imediatamente antes de entrar. Dois reatores estão disponíveis. Um é um CSTR cinza de 200,0 dm³, que pode ser aquecido até 77°C ou resfriado até 0°C; o outro é um PFR branco de 800,0 dm³, operado a 300 K, que não pode ser aquecido ou resfriado, porém pode ser pintado de vermelho ou preto. Note que $k = 0{,}07$ dm³/mol×min a 300 K e $E = 20$ kcal/mol.

(a) Que reator e que condições você recomenda? Explique a razão para sua escolha (por exemplo, cor, custo, espaço disponível, condições do tempo). Baseie seu raciocínio em cálculos apropriados.

(b) Quanto tempo levaria para atingir 90% de conversão em um reator em batelada de 200 dm³, com $C_{A0} = C_{B0} = 1$ M, depois da mistura a uma temperatura de 77°C?

(c) Qual seria sua resposta para o item (b), se o reator fosse resfriado para 0°C? (***Resp.:*** 2,5 dias)

(d) Que conversão seria obtida se o CSTR e o PFR fossem operados a 300 K e conectados em série? E em paralelo com 5 mols/min em cada um?

(e) Tendo a Tabela 4.3 em mente, que volume de reator em batelada seria necessário para processar, por dia, a mesma quantidade da espécie A como em reatores com escoamento, de modo a atingir 90% de conversão? Pela Tabela 1.1, estime o custo do reator em batelada.

(f) Redija algumas frases descrevendo o que você aprendeu do problema e o que você acredita ser o ponto-chave do problema.

(g) Aplique a este problema uma ou mais ideias da Tabela P.4 do Prefácio.

P5.10$_B$ **QEA** (*Questão de Exame Antigo*). **Resolução de Problemas**

(a) Uma isomerização em fase líquida A → B ocorre em um CSTR de 1.000 galões, que possui um único agitador, localizado à meia altura do reator. O líquido entra no topo do reator e sai pela base. A reação é de segunda ordem. Dados experimentais retirados de um reator em batelada previram que a conversão no CSTR deveria ser de 50%. No entanto, a conversão medida no CSTR real foi de 57%. Sugira razões para a discrepância e sugira alguma coisa, por exemplo, um modelo, que daria uma concordância mais próxima entre as conversões prevista e medida. Fundamente suas sugestões com cálculos. P.S. Estava chovendo *muito* naquele dia.

(b) A reação em fase líquida

$$A \longrightarrow B$$

ocorreu em um CSTR. Para uma concentração de entrada de 2 mols/dm³, a conversão foi de 40%. Para o mesmo volume de reator e mesmas condições de entrada que o CSTR, a conversão esperada no PFR é de 48,6%. Todavia, a conversão no PFR foi, surpreendentemente, igual a exatamente 52,6%. Organize um fórum para discutir razões para a disparidade. Mostre, de maneira quantitativa, como essas conversões apareceram (isto é, a conversão esperada e a conversão real). Item (b) tem nível de dificuldade C. *#Será?*

(c) A reação em fase gasosa

$$A + B \longrightarrow C + D$$

ocorreu em um reator de leito fixo. Quando o tamanho de partícula foi diminuído 15%, a conversão não foi alterada. Quando o tamanho de partícula foi diminuído 20%, a conversão diminuiu. Quando o tamanho original de partícula foi aumentado 15%, a conversão também diminuiu. Em todos os casos, a temperatura, a massa total de catalisador e todas as outras condições permaneceram invariáveis. O que está havendo aqui?

P5.11$_B$ **QEA** (*Questão de Exame Antigo*). A reação elementar irreversível em fase gasosa

$$A + B \longrightarrow C + D$$

ocorre isotermicamente a 305 K em um reator de leito fixo com 100 kg de catalisador.

$P = 20$ atm $\qquad$ $P = 2$ atm

A pressão na entrada é 20 atm e a pressão na saída é 2 atm. A alimentação é equimolar em A e B e o escoamento está em regime turbulento, com F_{A0} = 10 mols/min e C_{A0} = 0,4 mol/dm³. No momento, a conversão atingida é igual a 80%. Qual seria a conversão se o tamanho da partícula de catalisador fosse dobrado e todo o resto permanecesse constante? (***Resp.:*** X = 0,83)

P5.12$_B$ A reação elementar reversível em fase gasosa

$$C_6H_5CH_2CH_3 \leftrightarrow C_6H_5CH{=}CH_2 + H_2$$

(*etilbenzeno* ↔ *estireno* + H_2)

ocorre em um CSTR isotérmico e sem queda de pressão. A alimentação entra a uma vazão volumétrica de $v_0 = 5.000 \dfrac{dm^3}{h}$. A alimentação consiste em metade de etilbenzeno (isto é, A) e metade de inertes, em base molar, estando bem misturada antes de entrar no reator (I). A pressão no reator é 6 atm (assim P_{A0} = 3 atm e P_{I0} = 3 atm, o que significa uma concentração de etilbenzeno, A, na entrada igual a $C_{A0} = 0{,}04 \dfrac{mol}{dm^3}$). A taxa molar de A é $F_{A0} = 200 \dfrac{mol}{h}$. Na temperatura de reação de 640°C, a constante de taxa, k_A, é 5,92 $\dfrac{mols}{dm^3 \cdot h \cdot atm}$. A constante de equilíbrio é 9 atm e a conversão de equilíbrio correspondente é X_e = 0,84.

Referência: Won Jae e Gilbert F. Froment. *Ind. Eng. Chem. Res.*, 47, pp. 9183-9194 (2008).

(a) Escreva cada etapa do algoritmo.

(b) Escreva a taxa de reação, $-r_A$, somente em função de P_{A0}, X, K_P e k.

(c) Calcule o volume do reator necessário para atingir 90% da conversão de equilíbrio, X_e.

(d) Como a conversão do item (a) seria afetada se o diâmetro do reator aumentasse e a altura diminuísse, mas o volume total permanecesse o mesmo? Explique.

P5.13$_B$ Em seu caminho de volta para casa, depois de um concerto de Bob Seger, no Pine Knob em Ann Arbor, o famoso inspetor, Sargento Nigel Ambercromby, foi chamado pela Scotland Yard quando o corpo de Ian Shoemaker, um homem de negócios inglês, foi descoberto fora de sua casa às 6h da manhã de 1º de abril. O Sr. Shoemaker estava em um processo de investigar a razão do desaparecimento, em 31 de março, do dinheiro de um fundo de pensão dos engenheiros químicos. Ele se encontrou individualmente, tomando um café, com cada um dos quatro funcionários que tiveram acesso ao fundo em 31 de março, para confirmar suas suspeitas antes de apresentar queixa. Entretanto, o culpado deve ter descoberto as suspeitas de Shoemaker de antemão e queria manter a identidade dele em segredo matando-o.

Quem fez isso?

Durante a autópsia, o legista determinou que o Sr. Shoemaker foi envenenado por uma substância química conhecida como pó de iocano.[9] Iocano impede o coração de bater e é virtualmente indetectável, mas se decompõe no sangue para formar o composto optoide[10] detectável, de acordo com a reação

$$\text{Iocano} + \text{CGV} \rightarrow \text{Optoide}$$

Por causa da alta concentração de células de glóbulos vermelhos (CGV), C_{CGV}, a equação da taxa entre iocano e as células dos glóbulos vermelhos pode ser modelada como uma reação de pseudoprimeira ordem em termos da concentração de Iocano, C_A,

$$-r_A = k'_A C_{RBC} C_A \cong k_A C_A$$

O legista disse ao inspetor Ambercromby que, durante a autópsia às 11h de 1º de abril, ele descobriu que a concentração de optoide era 0,01 mol/dm³.

De acordo com seu calendário, Shoemaker teve reuniões no dia anterior, 31 de março, nos seguintes horários:

13h30min (21,5 horas antes) com o Sr. Gafhari
15h (20 horas antes) com o Sr. Ross
17h (18 horas antes) com a Senhorita Patel
20h (15 horas antes) com o Sr. Jenkins

Esses quatro indivíduos são agora os principais suspeitos. Iocano está disponível para venda como veneno de rato em cápsulas com pó, cada uma contendo 18 g (56,25 g/mol), e uma cápsula poderia ter sido facilmente colocada no café do Sr. Shoemaker.

[9] N.T.: Em referência ao filme *A Princesa Prometida*.
[10] N.T.: Nome fictício.

Informações adicionais:

Volume do sangue: 5 dm^3

$k_A = 0{,}00944\ h^{-1}$ a 310 K (temperatura do corpo)

$E = 20{,}5$ kcal/mol

Considere que o veneno vai praticamente de imediato para o sangue.

(a) Calcule a concentração inicial, C_{A0}, de iocano no sangue em gmol/dm^3, depois da ingestão de uma cápsula.

(b) Conhecendo C_{A0} e a concentração de optoide às 11h, calcule a hora em que o Sr. Shoemaker foi envenenado. Quem Ambercromby deve prender?

(c) Depois de calcular a hora em que o veneno foi colocado no café e depois de prender o suposto assassino, a esposa do Sr. Shoemaker mencionou que ele estava com febre de 311,7 K (101,4 F) naquela manhã. Sabendo que o Sr. Shoemaker estava com febre, você acha que Nigel prendeu o suspeito certo? Se não, quem ele deveria prender?

(Eric O'Neill, U of M, aula de 2018)

P5.14$_B$ A desidratação do butanol de alumina ocorre sobre um catalisador de sílica-alumina a 680 K.

$$CH_3CH_2CH_2CH_2OH \xrightarrow[\text{cat}]{} CH_3CH{=}CHCH_3 + H_2O$$

A equação da taxa é

$$-r'_{Bu} = \frac{kP_{Bu}}{\left(1+K_{Bu}P_{Bu}\right)^2}$$

com $k = 0{,}054$ mol/(g de catalisador×h×atm) e $K_{Bu} = 0{,}32\ atm^{-1}$. Butanol puro entra em um reator de leito fixo, com paredes finas, a uma taxa molar de 50 kmol/h e uma pressão de 10 atm (1.013 kPa).

(a) Qual a massa de catalisador no PBR necessária para atingir 80% de conversão na ausência de queda de pressão? Plote e analise X, p, f (isto é, (υ/υ_0)) e a taxa de reação, $-r'_A$, em função da massa de catalisador.

(b) Qual a massa de catalisador no "CSTR fluidizado" necessária para atingir 80% de conversão?

(c) Repita **(a)** quando há queda de pressão, com o parâmetro de queda de pressão $\alpha = 0{,}0006\ kg^{-1}$. Você observa um máximo na taxa de reação? Em caso afirmativo, por quê? Que massa de catalisador é necessária para atingir 70% de conversão? De modo a obter a mesma conversão, compare essa massa com aquela obtida para o caso de não haver queda de pressão.

(d) Que generalizações você pode fazer neste problema?

(e) Escreva uma questão para este problema que requeira raciocínio crítico e então explique por que sua questão requer raciocínio crítico. *Sugestão*: Veja a Seção G.2 do Prefácio.

P5.15$_B$ **QEA** (*Questão de Exame Antigo*). A reação gasosa A → B tem uma constante de taxa de reação unimolecular igual a 0,0015 min^{-1} a 80°F. Essa reação ocorre em *tubos paralelos*, com 10 ft de comprimento e 1 polegada de diâmetro, sob uma pressão de 132 psig a 260°F. Uma taxa de produção de 1.000 lb/h de B é requerida. Considerando uma energia de ativação de 25.000 cal/mol, quantos tubos são necessários, se a conversão de A deve ser de 90%? Considere a lei dos gases perfeitos. A e B têm massas molares iguais a 58, cada um. Fonte: Proveniente do Exame para Engenheiros Profissionais da Califórnia.

P5.16$_B$ **QEA** (*Questão de Exame Antigo*).

(a) A reação elementar irreversível 2A → B ocorre na fase gasosa em um *reator tubular* (*escoamento empistonado*) *isotérmico*. O reagente A e o diluente C são alimentados na razão equimolar, sendo a conversão de A igual a 80%. Se a vazão molar de alimentação de A for reduzida à metade, qual será a conversão de A, supondo que a vazão de alimentação de C não varie? Considere comportamento ideal e que a temperatura do reator permaneça inalterada. Qual foi o ponto deste problema? Fonte: Proveniente do Exame para Engenheiros Profissionais da Califórnia.

(b) Escreva uma questão que requeira raciocínio crítico e explique por que ela envolve raciocínio crítico. (Veja a Seção G.2 do Prefácio).

P5.17$_B$ **QEA** (*Questão de Exame Antigo*). O componente A é submetido a uma reação irreversível de isomerização, A $\rightleftarrows$ B, sobre um catalisador com suporte metálico. Sob condições pertinentes, A e B são líquidos miscíveis e com massas específicas aproximadamente idênticas; a constante de equilíbrio para a reação (em unidades de concentração) é 5,8. Em um *reator de leito fixo, com escoamento isotérmico*, em que a retromistura é negligenciável (isto é, escoamento empistonado), uma alimentação de A puro é submetida a uma conversão líquida para B igual a 55%. A reação é elementar. Se um segundo reator idêntico com escoamento, à mesma temperatura, for colocado a jusante do primeiro, qual será a conversão global de A que você esperaria se:

(a) Os reatores forem conectados diretamente em série? (***Resp.:*** $X = 0{,}74$.)

(b) Os produtos provenientes do primeiro reator forem separados por um processamento apropriado e somente A não reagido for alimentado no segundo reator?

(c) Aplique a este problema uma ou mais das seis ideias discutidas na Tabela P.4 no Prefácio Completo-Introdução no CRE *website* (*http://www.umich.edu/~elements/6e/toc/Preface-Complete.pdf*).

P5.18$_B$ **QEA** (*Questão de Exame Antigo*). Um total de 2.500 galões/h de metaxileno está sendo isomerizado para uma mistura de ortoxileno, metaxileno e paraxileno, em um reator contendo 1.000 ft³ de catalisador. A reação está ocorrendo a 750°F e 300 psig. Sob essas condições, 37% do metaxileno alimentado no reator estão isomerizados. A uma vazão de 1.667 galões/h, 50% de metaxileno são isomerizados nas mesmas temperatura e pressão. Variações de energia são desprezadas.

Agora, propõe-se que uma segunda planta seja construída para processar 5.500 galões/h de metaxileno nas mesmas temperatura e pressão descritas anteriormente. Que tamanho do reator (isto é, qual o volume de catalisador) é requerido, se a conversão na nova planta deve ser de 46% em vez de 37%? Justifique quaisquer suposições feitas para os cálculos de aumento de escala. (***Resp.:*** 2.931 ft³ de catalisador.) Faça uma lista das coisas que você aprendeu a partir deste problema. Fonte: Proveniente do Exame para Engenheiros Profissionais da Califórnia.

P5.19$_B$ **QEA** (*Questão de Exame Antigo*). Deseja-se conduzir a reação gasosa A → B em um *reator tubular* existente, que consiste em 50 tubos paralelos de 40 ft de comprimento, com um diâmetro interno de 0,75 polegada. Experimentos em escala de bancada forneceram, para essa reação de primeira ordem, uma constante de taxa de reação igual a 0,00152 s^{-1} a 200°F e igual a 0,0740 s^{-1} a 300°F. Em que temperatura o reator deve ser operado para fornecer uma conversão de A igual a 80%, com uma vazão de alimentação de 500 lb-m/h de A puro e uma pressão operacional de 100 psig? A tem massa molar de 73 dáltons. Desvios do comportamento de gás ideal podem ser desprezados e a reação reversa é insignificante nessas condições. (***Resp.:*** T = 278°F). Fonte: Proveniente do Exame para Engenheiros Profissionais da Califórnia.

P5.20$_B$ A reação irreversível de primeira ordem em fase gasosa (escrita em termos de pressão parcial de A)

$$A \rightarrow B$$

ocorre isotermicamente em um CSTR catalítico "fluidizado", contendo 50 kg de catalisador.

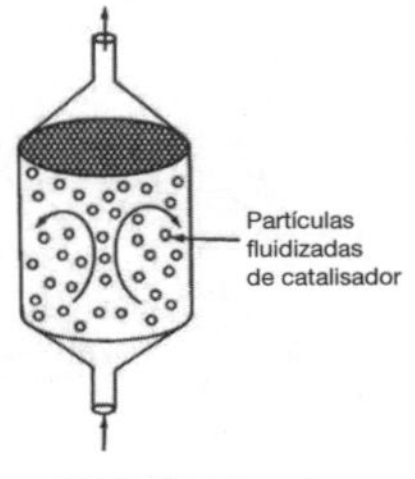

CSTR fluidizado

Atualmente, uma conversão de 50% é obtida para A puro entrando a uma pressão de 20 atm. Não há praticamente queda de pressão no CSTR. Propõe-se colocar um PBR, contendo a mesma massa de catalisador, em série com o CSTR. O parâmetro de queda de pressão para o PBR, α, dado pela Equação (5.29), é $\alpha = 0{,}018\ kg^{-1}$. O tamanho de partícula é 0,2 mm, a porosidade do leito é 40% e a viscosidade é a mesma que a do ar a 200°C.

(a) O PBR deveria ser colocado a montante ou a jusante do CSTR, de modo a atingir a maior conversão? Explique qualitativamente, usando conceitos que você aprendeu no Capítulo 2.

(b) Qual é a conversão de saída do primeiro reator?

(c) Qual é a conversão de saída no último reator? (***Resp.:*** X = 0,76)

(d) Qual é a pressão na saída do leito fixo? (***Resp.:*** P = 6,32 atm)

(e) Como suas respostas mudariam se o diâmetro do catalisador fosse reduzido à metade e o diâmetro do PBR fosse aumentado 50%, considerando escoamento turbulento?

P5.21$_B$ Um microrreator, similar ao mostrado na Figura P5.21$_B$ do grupo do MIT, é usado para produzir fosgênio em fase gasosa. Continuaremos nossa discussão sobre microrreatores no Capítulo 6.

$$CO + Cl_2 \rightarrow COCl_2$$

$$A + B \rightarrow C$$

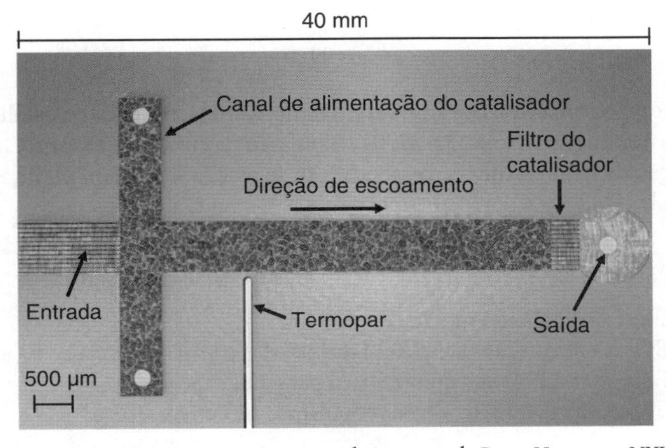

Figura P5.21$_B$ Microrreator. (Cortesia da imagem de Ryan Hartman, NYU.)

O microrreator tem 20 mm de comprimento, 500 μm de diâmetro, sendo recheado com partículas de catalisador de 35 μm de diâmetro. A pressão de A na entrada é de 231 kPa (2,29 atm) e o escoamento na entrada de cada microrreator é equimolar. A taxa molar de CO é 2×10^{-5} mol/s e a vazão volumétrica é $2{,}83 \times 10^{-7}$ m³/s. A massa de catalisador em um microrreator é $W = 3{,}5 \times 10^{-6}$ kg. O reator é mantido no modo isotérmico, a 120°C. Uma vez que o catalisador é também levemente diferente daquele da Figura P5.21$_B$, a equação da taxa é também diferente:

$$-r'_A = k_A C_A C_B$$

Informações Adicionais:

$\alpha = 3{,}55 \times 10^5$/kg de catalisador (baseando-se nas propriedades do ar e $\phi = 0{,}4$)
$k = 0{,}004$ m⁶/mol×s×kg de catalisador a 120°C
$\upsilon_0 = 2{,}83 \cdot 10^{-7}$ m³/s, $\rho = 7$ kg/m³, $\mu = 1{,}94 \cdot 10^{-5}$ kg/m · s
$A_C = 1{,}96 \cdot 10^{-7}$ m², $G = 10{,}1$ kg/m² · s

(a) Faça um gráfico das vazões molares F_A, F_B e F_C, da conversão X e da razão de pressões, y, ao longo do comprimento (isto é, massa de catalisador, W) do reator.
(b) Calcule o número de microrreatores em paralelo para produzir 10.000 kg/ano de fosgênio.
(c) Repita o item **(a)** para o caso quando a massa do catalisador permanecer a mesma, porém com um diâmetro de partícula igual à metade. Se possível, compare sua resposta com o item **(a)** e descreva o que você achou. Notou alguma coisa não usual?
(d) Como mudariam as suas respostas para o item **(a)** se a reação fosse reversível, com $K_C = 0{,}4$ dm³/mol? Descreva o que você encontrou.
(e) Quais são as vantagens e desvantagens de usar um arranjo de microrreatores sobre o uso de um reator convencional com leito fixo, que fornece o mesmo rendimento e a mesma conversão?
(f) Escreva uma questão sobre raciocínio crítico e explique por que ela envolve raciocínio crítico. (Veja o Prefácio, Tabelas P.3 e P.4.)
(g) Aplique a este problema uma ou mais ideias discutidas na Tabela P.4 no Prefácio Completo-Introdução no CRE *website* (*http://www.umich.edu/~elements/6e/toc/Preface-Complete.pdf*).

P5.22$_A$ Uma reação patenteada de tratamento de resíduo industrial, que codificaremos como $A \rightarrow B + S$, ocorre em um CSTR de 10 dm³ seguido de um PFR de 10 dm³. A reação é elementar, mas A, que entra com uma concentração de 0,001 mol/dm³ e uma vazão molar de 20 mol/min, é de difícil decomposição. A constante de velocidade específica de reação a 42°C (isto é, temperatura ambiente no deserto de Mojave) é 0,0001 s⁻¹. Entretanto, não conhecemos a energia de ativação; logo, não podemos executar essa reação no inverno de Michigan. Consequentemente, embora essa reação seja importante, não compensa você perder tempo estudando-a. Dessa forma, talvez você queira dar uma parada e assistir a filmes, como *Dança com Lobos* (um dos favoritos do autor), *Bohemian Rhapisody, Nasce uma estrela, Meu Malvado Favorito 3*. Como nota paralela, o festival de filmes de Jofostan é realizado na última semana de janeiro em Riça, Jofostan. Mas não tente assistir ao Festival de Filmes de Jofostan como se ele estivesse na “Lista A” de celebridades, tais como Denzel Washington, Meryl Streep e Sven Köttlov.

P5.23$_B$ Walter White, Jesse Pinkman e Mike Ehrmantraut roubaram 1000 galões de metilamina durante um episódio da série de TV *Breaking Bad* (Assista à *Temporada 4, Episódio 10*). Pouco depois, Jesse e Mike decidiram que eles sairiam do negócio culinário e venderiam suas ações de metilamina. Walter queria manter toda a metilamina para os cozinheiros futuros e não permitir que Jeff e Mike tivessem suas ações. Suponha que Jesse e Mike decidissem sabotar a operação culinária de Walter arruinando a metilamina pelo uso da seguinte reação em fase gasosa:

$$2\,CH_3NH_2 \leftrightarrow (CH_3)_2NH + NH_3$$

ou resumindo:

$$2A \rightleftarrows B + C$$

Essa reação converte a metilamina em dimetilamina, usando um catalisador de sílica-alumina. A taxa molar para um reator de leito fixo é 23,6 mol/s e a pressão na entrada é 18 atm. Considere que não haja queda de pressão ou variação de temperatura no reator. A taxa de reação segue uma equação elementar da taxa em termos de pressão parcial.

$$k_1 = 4{,}25 \times 10^{-6} \; \frac{\text{mol}}{\text{atm}^2 \cdot \text{g de catalisador} \cdot \text{s}} \quad \text{e } K_e = 2{,}5$$

(a) Escreva o balanço molar.
(b) Escreva a equação da taxa em termos das pressões parciais.
(c) Faça uma tabela estequiométrica para essa reação.
(d) Escreva as pressões parciais em termos de conversão.

(e) Escreva a equação da taxa somente em termos de conversão.

(f) Qual é a conversão de equilíbrio, X_e?

(g) Escreva seu algoritmo em termos de conversão.

(h) Quantos quilogramas de catalisador Jesse precisaria para carregar um PBR, de modo a obter uma conversão de $0{,}9^*X_e$? E para $X = 0{,}75X_e$?

(i) Quantos quilogramas de catalisador seriam necessários para obter 90% da conversão de equilíbrio em um reator de leito fluidizado? Se essa massa for muito, muito grande, o que você vai sugerir para reduzi-la? (***Resp.:*** W = 207,2 kg de catalisador)

Quem fez isso?

(j) Que conversão seria atingida em um PBR de 100 kg com queda de pressão e $\alpha = 0{,}0098\ \text{kg}^{-1}$? Para que massa de catalisador a pressão na saída cai abaixo de 1,0 atm?

(k) Repita (j) quando a queda de pressão for considerada com $\alpha = 6\times10^{-4}\ \text{kg}^{-1}$. Enquanto estava dividindo comigo a disciplina de ERQ, a estudante de doutorado, Julia Faeth, criou este problema usando dados modificados provenientes de J. W. Mitchell et al., *Ind. Eng. Chem. Res. 33*, 1994, pp. 181-184 (1994).

P5.24$_B$ **QEA** (*Questão de Exame Antigo*). Acetato de etila é um solvente largamente usado, podendo ser formado pela esterificação em fase vapor de ácido acético e etanol.

$$CH_3-\overset{\overset{\displaystyle O}{\|}}{C}-OOH + CH_3CH_2OH \longrightarrow CH_3-\overset{\overset{\displaystyle O}{\|}}{C}-OCH_2CH_3 + H_2O$$

Ácido Acético

A reação foi estudada usando uma resina microporosa como um catalisador em um *microrreator de leito fixo* [*Ind. Eng. Chem. Res., 26*(2), 198(1987)]. A reação é de primeira ordem em etanol e de pseudo-ordem zero em ácido acético. A vazão volumétrica total é 25 dm³/min, a pressão inicial é 10 atm, a temperatura é 223°C e o parâmetro de queda de pressão, α, é igual a $0{,}01\ \text{kg}^{-1}$. Para uma taxa de alimentação equimolar de ácido acético e etanol, a constante de velocidade específica é cerca de 1,3 dm³/kg de catalisador×min.

(a) Calcule a massa máxima de catalisador que você pode usar mantendo a pressão de saída acima de 1 atm. (***Resp.:*** W = 99 kg)

(b) Escreva o algoritmo ERQ e então resolva analiticamente essas equações para determinar a massa de catalisador necessária para atingir uma conversão de 90%.

(c) Escreva um programa no Polymath para plotar e analisar X, p e $f = \upsilon/\upsilon_0$ em função da massa de catalisador ao longo do reator de leito fixo. Você pode também usar suas equações analíticas para x, p e f ou você pode plotar essas grandezas usando o programa Polymath.

(d) Qual é a razão entre a quantidade necessária de catalisador para atingir os últimos 5% (85 a 90%) de conversão e a massa necessária para atingir os primeiros 5% (0 a 5%) no reator? *Nota*: Você pode usar os resultados no item **(c)** para responder este item.

P5.25$_B$ A reação em fase gasosa

$$A + B \rightarrow C + D$$

ocorre isotermicamente a 300 K em um reator de leito fixo, no qual a alimentação é equimolar em A e em B, com C_{A0} = 0,1 mol/dm³. A reação é de segunda ordem em A e de ordem zero em B. Atualmente, uma conversão de 50% é atingida em um reator com 100 kg de catalisador para uma vazão volumétrica de 100 dm³/min. O parâmetro de queda de pressão, α, é $\alpha = 0{,}0099\ \text{kg}^{-1}$. Se a energia de ativação for 10.000 cal/mol, qual é a constante de velocidade específica de reação a 400 K?

P5.26$_B$ Vá ao Laboratório de Reatores do Professor Herz no material *on-line* ou na internet em *www.reactorlab.net*. Carregue a Divisão 2, Lab 2 do Laboratório de Reatores, que diz respeito a um reator de leito fixo (chamado de PFR), em que um gás, com propriedades físicas do ar, escoa sobre *pellets* esféricos de catalisador. Faça experimentos aqui para conseguir sentir como a queda de pressão varia com os parâmetros de entrada, tais como diâmetro do reator, diâmetro do *pellet*, vazão do gás e temperatura. De modo a conseguir uma queda de pressão significativa, você pode necessitar mudar substancialmente alguns dos valores de entrada em relação àqueles mostrados quando você entrou no laboratório. Se você notar que não pode conseguir a vazão desejada, então você precisa aumentar a pressão de entrada. No Capítulo 10, você aprenderá como analisar os resultados da conversão em tal reator.

LEITURA SUPLEMENTAR

G. KEILLOR, *Pretty Good Joke Book, A Prairie Home Companion*. St. Paul, MN: Highbridge Co., 2000.

J. B. BUTT, *Reaction Kinetics and Reactor Design*, 2nd ed. Revised and Expanded. New York: Marcel Dekker, Inc., 1999.

H. S. FOGLER, *Current Fashions: What the Well-Dressed Chemical Reaction Engineer Will Be Wearing in Spring 2020*. Disponível no outono de 2025.

O. LEVENSPIEL, *Chemical Reaction Engineering*, 3rd ed. New York: Wiley, 1998, Chaps. 4 and 5.

Recente informação sobre projeto de reatores pode ser encontrada nas seguintes revistas: *Chemical Engineering Science, Chemical Engineering Communications, Industrial and Engineering Chemistry Research, Canadian Journal of Chemical Engineering, AIChE Journal, Chemical Engineering Progress.*

6 Projeto de Reatores Isotérmicos: Mols e Taxas Molares de Escoamento

Não deixe seus medos... Perturbarem os seus sonhos

–Anônimo

Visão Geral. No Capítulo 5, usamos a conversão para projetar um número de reatores isotérmicos para reações isoladas. Enquanto em muitas situações escrever os balanços molares em termos de conversão é uma estratégia extremamente efetiva, existem muitos exemplos em que é mais conveniente e, em alguns casos, absolutamente necessário, escrever o balanço molar em termos de mols (N_A, N_B) ou de taxas molares de escoamento (F_A, F_B), conforme mostrado na Tabela R1.1 do Capítulo 1. Neste capítulo, mostraremos como fazer pequenas mudanças em nosso algoritmo ERQ para analisar essas situações. Usando nosso algoritmo, escrevemos primeiro um balanço molar para *cada uma das espécies* e depois, necessitamos das taxas relativas descritas no Capítulo 3, Equação (3.1).

Usaremos as taxas molares em nosso balanço molar para analisar

- Um microrreator com a reação

$$2\,NOCL \rightarrow 2NO + Cl_2$$

- Um reator com membrana usado para a desidrogenação do etilbenzeno

$$C_6H_5CH_2CH_3 \rightarrow C_6H_5CH{=}CH_2 + H_2$$

- Um reator em semibatelada usado para a reação

$$CNBr + CH_3NH_2 \rightarrow CH_3Br + NCNH_2$$

Usaremos novamente os balanços molares em termos dessas variáveis (N_i, F_i) para reações múltiplas no Capítulo 8 e para efeitos térmicos nos Capítulos 11 a 13.

6.1 Os Mols e os Algoritmos de Balanço de Taxa Molar

Usados para:
- Reações múltiplas
- Membranas
- Regime transiente

Há muitos exemplos em que é muito mais conveniente trabalhar em termos do número de mols (N_A, N_B) ou das taxas molares (F_A, F_B etc.) do que da conversão. Reatores com membrana e reações múltiplas ocorrendo em fase gasosa são dois de tais casos em que é *absolutamente* necessário usar taxas molares em vez de conversão. Modificamos agora nosso algoritmo, usando concentrações para líquidos e taxas molares para gases, como nossas variáveis dependentes. A principal diferença entre o algoritmo de conversão e o algoritmo ERQ de taxa molar/concentração é que, no algoritmo de conversão, necessitamos escrever um balanço molar para somente *uma espécie*, enquanto no caso do algoritmo para a vazão molar e a concentração temos de escrever um balanço molar para *cada espécie*. Esse algoritmo é mostrado na Figura 6.1. Primeiro, escrevemos os balanços molares para todas as espécies presentes, conforme mostrado na Etapa ①. Em seguida, escrevemos a equação da taxa, Etapa ②, e então relacionamos os balanços molares um com o outro, por meio das taxas relativas de reação, como mostrado na Etapa ③. As Etapas ④ e ⑤ são usadas para relacionar as concentrações na equação da taxa com as taxas molares. Na Etapa ⑥, todas as etapas são combinadas pelo *solver* de EDO (por exemplo, Polymath, MATLAB, Wolfram e Python).

6.2 Balanços Molares para Reatores CSTRs, PFRs, PBRs e em Batelada

6.2.1 Fase Líquida

Para reações em fase líquida, a massa específica permanece constante e, consequentemente, não há variação tanto no volume V como na vazão volumétrica $\upsilon = \upsilon_0$ durante o curso da reação. Por conseguinte, a *concentração* é a variável de projeto preferida. Os balanços molares deduzidos no Capítulo 1 (Tabela R1.1) são agora aplicados agora para cada espécie para a reação genérica

$$aA + bB \rightarrow cC + dD \tag{2.1}$$

Os balanços molares são então acoplados entre si usando as taxas de reação relativas

Usada para acoplar os balanços molares

$$\frac{r_A}{-a} = \frac{r_B}{-b} = \frac{r_C}{c} = \frac{r_D}{d} \tag{3.1}$$

para chegar à Tabela 6.1, que fornece as equações de balanço em termos de concentração para os quatro tipos de reatores que temos discutido. Vemos da Tabela 6.1 que temos *somente* de especificar os valores dos parâmetros para o sistema (C_{A0}, υ_0 etc.) e para os parâmetros da equação da taxa (por exemplo, k_A, α, β) para resolver as equações ordinárias diferenciais acopladas para BRs, PFRs ou PBRs ou para resolver as equações algébricas acopladas para um CSTR.

6.2.2 Fase Gasosa

Os balanços molares para reações em fase gasosa são dados na Tabela 6.2, em termos do número de mols (batelada) ou das taxas molares, para a equação genérica da taxa para a reação genérica, Equação (2.1). As taxas molares para cada espécie, F_j, são obtidas a partir de um balanço molar para cada espécie, (A, B, C e D) conforme apresentado na Tabela 6.2. Por exemplo, para um reator com escoamento empistonado

É preciso escrever um balanço molar para cada espécie

$$\frac{dF_j}{dV} = r_j \tag{1.11}$$

$$A + 2B \rightleftarrows C$$

Balanço Molar

① Escreva o balanço molar para cada espécie.†

Por exemplo, $\frac{dF_A}{dV} = r_A, \quad \frac{dF_B}{dV} = r_B, \quad \frac{dF_C}{dV} = r_C$

Equação da Taxa

② Escreva uma equação da taxa, em termos da concentração.

Por exemplo, $-r_A = k_A\left(C_A C_B^2 - \frac{C_C}{K_C}\right)$

Taxas Relativas

③ Relacione as taxas de reação de cada espécie.

$$\frac{-r_A}{1} = \frac{-r_B}{2} = \frac{r_C}{1}$$

Por exemplo, $r_B = 2r_A, \quad r_C = -r_A$

Estequiometria

④ **(a)** Escrevas as concentrações em termos das taxas molares para reações em ***fase gasosa***.

Por exemplo, $C_A = C_{T0}\frac{F_A}{F_T}\frac{T_0}{T}\frac{P}{P_0}, \quad C_B = C_{T0}\frac{F_B}{F_T}\frac{T_0}{T}\frac{P}{P_0}$

com $F_T = F_A + F_B + F_C + F_I$

(b) Para ***reações em batelada*** ou em ***fase líquida***, use concentração como a variável dependente, por exemplo, C_A, C_B.

Queda de Pressão

⑤ Escreva o termo de queda de pressão, para a *fase gasosa*, em termos de taxas molares.

$$\frac{dp}{dW} = -\frac{\alpha}{2p}\left(\frac{T}{T_0}\right)\frac{F_T}{F_{T0}}, \quad \text{com} \quad p = \frac{P}{P_0}$$

Combinação

⑥ Para operação isotérmica, $T = T_0$, podemos usar um *solver* para EDO ou um *solver* para equação não linear (por exemplo, Polymath) para combinar as etapas ① a ⑤ para determinar, por exemplo, os perfis de taxas molares, concentração e pressão.

Figura 6.1 Algoritmo de projeto de reação, que ocorre isotermicamente, usando balanços molares.

A equação da taxa genérica de potência para a espécie A é

Equação da taxa

$$-r_A = k_A C_A^{\alpha} C_B^{\beta} \tag{3.3}$$

A equação da taxa para A é acoplada com a equação para taxas relativas,

$$\frac{r_A}{-a} = \frac{r_B}{-b} = \frac{r_C}{c} = \frac{r_D}{d} \tag{3.1}$$

Dada a equação da taxa, Equação (3.3), para a espécie A, usamos a Equação (3.1) para substituir a espécie j, r_j, na Equação (1.11), o balanço molar para o PFR.

† Para um PBR, use $\frac{dF_A}{dW} = r'_A$, $\frac{dF_B}{dW} = r'_B$ e $\frac{dF_C}{dW} = r'_C$.

Tabela 6.1 Balanços Molares para Reações em Fase Líquida

LÍQUIDOS

Batelada	$\frac{dC_A}{dt} = r_A$	e	$\frac{dC_B}{dt} = \frac{b}{a} r_A$
CSTR	$V = \frac{\upsilon_0 (C_{A0} - C_A)}{-r_A}$	e	$V = \frac{\upsilon_0 (C_{B0} - C_B)}{-(b/a) r_A}$
PFR	$\upsilon_0 \frac{dC_A}{dV} = r_A$	e	$\upsilon_0 \frac{dC_B}{dV} = \frac{b}{a} r_A$
PBR	$\upsilon_0 \frac{dC_A}{dW} = r'_A$	e	$\upsilon_0 \frac{dC_B}{dW} = \frac{b}{a} r'_A$

Tabela 6.2 Algoritmo para Reações em Fase Gasosa

$$aA + bB \longrightarrow cC + dD$$

1. Balanços Molares:

BR	*PFR*	*PBR*	*CSTR*
$\frac{dN_A}{dt} = r_A V$	$\frac{dF_A}{dV} = r_A$	$\frac{dF_A}{dW} = r_A'$	$V = \frac{F_{A0} - F_A}{-r_A}$
$\frac{dN_B}{dt} = r_B V$	$\frac{dF_B}{dV} = r_B$	$\frac{dF_B}{dW} = r_B'$	$V = \frac{F_{B0} - F_B}{-r_B}$
$\frac{dN_C}{dt} = r_C V$	$\frac{dF_C}{dV} = r_C$	$\frac{dF_C}{dW} = r_C'$	$V = \frac{F_{C0} - F_C}{-r_C}$
$\frac{dN_D}{dt} = r_D V$	$\frac{dF_D}{dV} = r_D$	$\frac{dF_D}{dW} = r_D'$	$V = \frac{F_{D0} - F_D}{-r_D}$
Também para inertes, se existirem			
$\frac{dN_I}{dt} = 0$	$\frac{dF_I}{dV} = 0$	$\frac{dF_I}{dW} = 0$	$F_I = F_{I0}$

Devemos continuar o algoritmo usando um **PBR** como exemplo.

2. Taxas:

Equação da Taxa

$$-r_A' = k_A C_A^{\alpha} C_B^{\beta}$$

Taxas Relativas

$$\frac{r'_A}{-a} = \frac{r'_B}{-b} = \frac{r'_C}{c} = \frac{r'_D}{d}$$

então

$$r'_B = \frac{b}{a} r'_A \qquad r'_C = -\frac{c}{a} r'_A \qquad r'_D = -\frac{d}{a} r'_A$$

3. Estequiometria:

Concentrações

$$C_A = C_{T0} \frac{F_A}{F_T} \frac{T_0}{T} p \qquad C_B = C_{T0} \frac{F_B}{F_T} \frac{T_0}{T} p$$

$$C_C = C_{T0} \frac{F_C}{F_T} \frac{T_0}{T} p \qquad C_D = C_{T0} \frac{F_D}{F_T} \frac{T_0}{T} p$$

$$\frac{dp}{dW} = \frac{-\alpha}{2p} \frac{F_T}{F_{T0}} \frac{T}{T_0}, \quad p = \frac{P}{P_0}$$

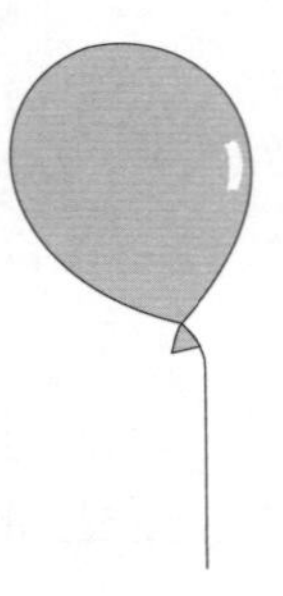

Fase gasosa

Taxa molar total: $F_T = F_A + F_B + F_C + F_D + F_I$

(continua)

Tabela 6.2 Algoritmo para Reações em Fase Gasosa (*Continuação*)

4. Combine:

- Balanço molar do reator apropriado para cada espécie
- Equação da taxa
- Concentração para cada espécie
- Equação de queda de pressão

5. Avalie:

1. Especifique e entre com os valores dos parâmetros: $k_A, C_{T0}, \alpha, \beta, T_0, a, b, c, d$
2. Especifique e entre com as taxas molares na entrada: $F_{A0}, F_{B0}, F_{C0}, F_{D0}$ e volume final, V_{final}.

6. Use um *solver* de EDO.

Muitas vezes, deixamos o solver *de EDO substituir a* ***Etapa 4, Combine.***

Para relacionar concentrações com taxas molares, lembre-se da Equação (4.17), para reações em fase gasosa, com $p = P/P_0$

Estequiometria

$$C_j = C_{T0}\frac{F_j}{F_T}\frac{T_0}{T}p \tag{4.17}$$

A equação de queda de pressão, Equação (5.28), para operação isotérmica ($T = T_0$) é

$$\frac{dp}{dW} = \frac{-\alpha}{2p}\frac{F_T}{F_{T0}} \tag{5.28}$$

A taxa molar total é dada como a soma das taxas molares das espécies individuais:

$$F_T = \sum_{j=1}^{n} F_j$$

Quando as espécies A, B, C, D e I (inerte) são as únicas presentes. Então,

$$F_T = F_A + F_B + F_C + F_D + F_I$$

Combinamos agora todas as informações precedentes, como mostrado na Tabela 6.2.[1]

6.3 Aplicação de um Algoritmo de Taxa Molar do PFR a um Microrreator

Uma foto de um microrreator é mostrada na Figura P5.21$_B$.

Microrreatores estão emergindo como uma nova tecnologia em ERQ. São caracterizados por suas altas razões entre área superficial e volume em suas regiões microestruturadas que contêm tubos ou canais. Uma largura típica de um canal seria de 100 μm, com um comprimento de 20.000 μm (2 cm). A alta razão resultante entre a área superficial e o volume (cerca de 10.000 m^2/m^3) reduz, ou mesmo elimina, as resistências à transferência de calor e de massa, frequentemente encontradas em reatores maiores. Consequentemente, reações catalisadas em superfícies podem ser grandemente facilitadas, pontos quentes em reações altamente exotérmicas podem ser eliminados e, em muitos casos, reações altamente exotérmicas podem ocorrer praticamente no modo isotérmico. Essas características fornecem a oportunidade para microrreatores serem usados para estudar a cinética intrínseca de reações. Outra vantagem dos microrreatores é seu uso na produção de intermediários tóxicos ou explosivos, em que um vazamento ou microexplosão em uma única unidade provocará um estrago mínimo, por causa das pequenas

Vantagens de microrreatores

[1] Assista ao vídeo no YouTube feito pelos estudantes de engenharia das reações químicas da University of Alabama, intitulado *Find Your Rhyme*. Os vídeos podem ser acessados diretamente do CRE *website*: *www.umich.edu/~elements/6e/index.html*.

quantidades de material envolvido. Outras vantagens incluem menores tempos de residência e distribuições mais estreitas de tempo de residência.

A Figura 6.2 mostra (a) um microrreator com trocador de calor e (b) uma microplanta com reator, válvulas e misturadores. Calor, $\dot{Q}$, é adicionado ou retirado por um fluido escoando perpendicular aos canais de reação, conforme mostrado na Figura 6.2(a). A produção em sistemas de microrreatores pode ser aumentada simplesmente adicionando mais unidades em paralelo. Por exemplo, a reação catalisada

$$R{-}CH_2OH + \tfrac{1}{2}O_2 \xrightarrow[Ag]{} R{-}CHO + H_2O$$

requer somente 32 microrreatores em paralelo, com o objetivo de produzir 2.000 t/ano de acetato!

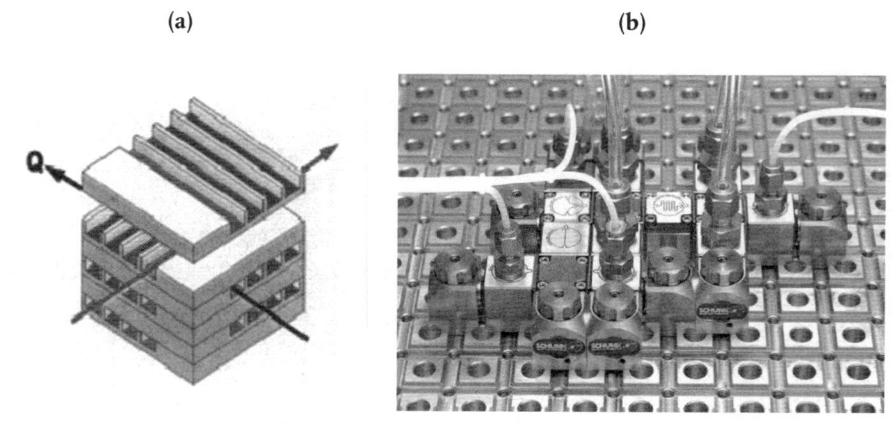

Figura 6.2 Microrreator (a) e microplanta (b). (Cortesia de Ehrfeld, Hessel, and Löwe, *Microreactors: New Technology for Modern Chemistry*, Weinheim, Germany: Wiley-VCH.)

Microrreatores são também usados para a produção de produtos químicos especiais, exploração química combinatorial, laboratório em um *chip* e sensores químicos. Na modelagem de microrreatores, consideraremos que eles operem com escoamento empistonado, para o qual o balanço molar é

$$\frac{dF_A}{dV} = r_A \tag{1.12}$$

ou com escoamento laminar, no qual usaremos o modelo de segregação discutido no Capítulo 17. Para o caso de escoamento empistonado, o algoritmo é descrito na Figura 6.1.

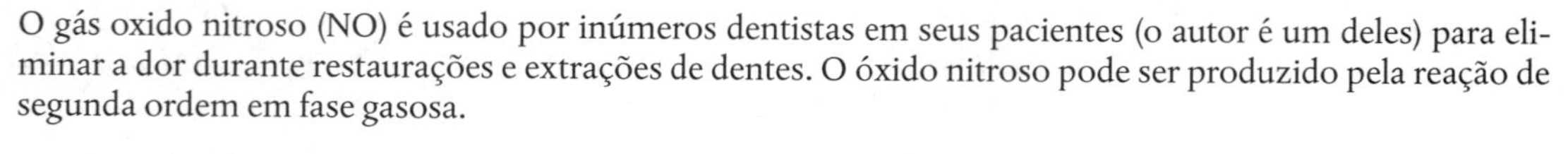

Exemplo 6.1 Reação em Fase Gasosa em um Microrreator — Taxas Molares

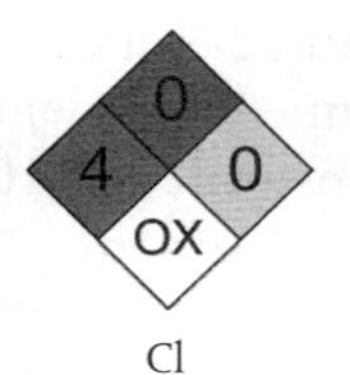

Cl

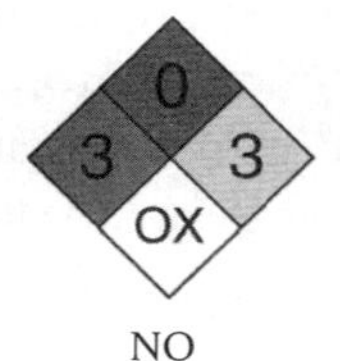

NO

O gás oxido nitroso (NO) é usado por inúmeros dentistas em seus pacientes (o autor é um deles) para eliminar a dor durante restaurações e extrações de dentes. O óxido nitroso pode ser produzido pela reação de segunda ordem em fase gasosa.

$$2NOCl \longrightarrow 2NO + Cl_2$$

ocorre a 425°C e a 1.641 kPa (16,2 atm). NOCl puro é alimentado e a reação segue uma lei elementar de velocidade.[2] Deseja-se produzir 20 t de NO por ano em um sistema com microrreatores, usando um banco de 10 microrreatores em paralelo. Cada microrreator tem 100 canais quadrados, cada um deles com 0,2 mm de lado, e 250 mm de comprimento, sendo o volume de cada canal igual a 10^{-5} dm³.

[2] J. B. Butt, *Reaction Kinetics and Reactor Design*, 2nd ed. New York: Marcel Dekker, 2001, p. 153.

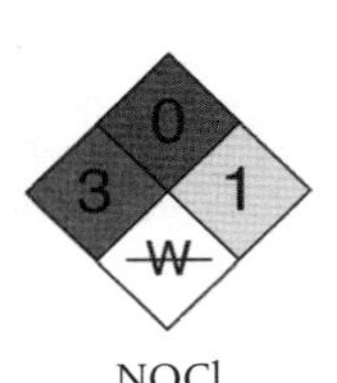

NOCl

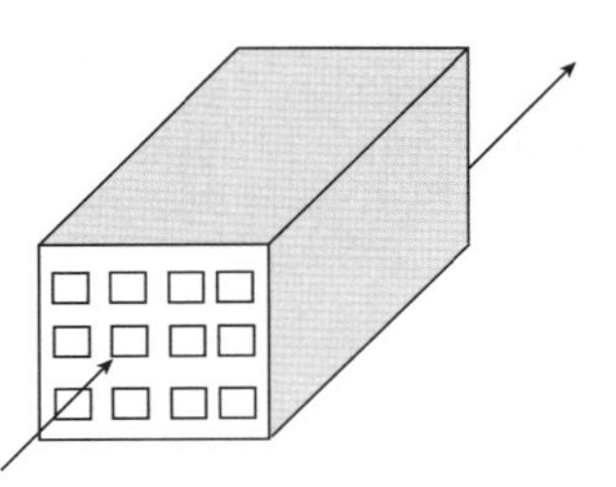

(**a**) Faça um gráfico e analise as taxas molares de NOCl, NO e Cl_2 em função do volume ao longo do comprimento do reator.
(**b**) Qual é o volume do reator necessário para atingir 85% de conversão de NOCl?

Informações Adicionais

Para produzir 20 t por ano de NO, com uma conversão de 85%, é necessária uma taxa de alimentação de 0,0226 mol/s de NOCl, ou $2{,}26 \times 10^{-5}$ mol/s por canal. A constante de taxa de reação é

$$k = 0{,}29 \frac{\text{dm}^3}{\text{mol} \cdot \text{s}} \text{ a 500 K com } E = 24 \frac{\text{kcal}}{\text{mol}}$$

Solução

Para um canal,

Encontre V.

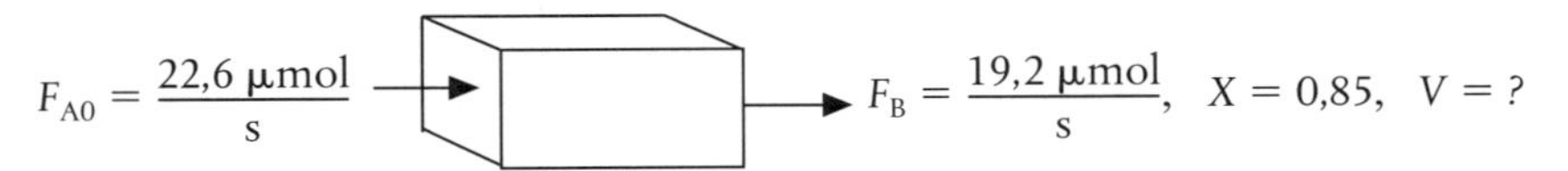

$$F_{A0} = \frac{22{,}6\ \mu\text{mol}}{\text{s}} \qquad F_B = \frac{19{,}2\ \mu\text{mol}}{\text{s}}, \quad X = 0{,}85, \quad V = ?$$

Embora esse problema particular possa ser resolvido usando conversão, ilustraremos como ele pode ser resolvido usando as taxas molares como variáveis no balanço molar. *Por que fazemos isso?* Fazemos isso para dar praticidade ao usar taxas molares como variáveis de modo a ajudar a preparar o leitor para problemas mais complexos em que a conversão não pode ser usada como uma variável.

Primeiro, escrevemos a reação em uma forma simbólica e então a dividimos pelo coeficiente estequiométrico do reagente limitante, NOCl.

Química: $2NOCl \rightarrow 2NO + Cl_2$

Forma Simbólica: $2A \rightarrow 2B + C$

Reagente Limitante: $A \rightarrow B + \frac{1}{2}C$

Seguindo o Algoritmo

1. Balanços molares para as espécies A, B e C:

$$\frac{dF_A}{dV} = r_A \tag{E6.1.1}$$

$$\frac{dF_B}{dV} = r_B \tag{E6.1.2}$$

$$\frac{dF_C}{dV} = r_C \tag{E6.1.3}$$

2. Taxas:

(**a**) *Equação da Taxa:*

$$-r_A = kC_A^2, \text{ com } k = 0{,}29 \frac{\text{dm}^3}{\text{mol} \cdot \text{s}} \text{ a 500 K} \tag{E6.1.4}$$

(**b**) *Velocidades Relativas*

$$\frac{r_A}{-1} = \frac{r_B}{1} = \frac{r_C}{\frac{1}{2}}$$

$$r_B = -r_A$$

$$r_C = -\frac{1}{2} r_A$$

3. Estequiometria: Fase gasosa, com $T = T_0$ e $P = P_0$, então $\upsilon = \upsilon_0 \dfrac{F_T}{F_{T0}}$
Concentração da Fase Gasosa

$$C_{Aj} = C_{T0}\frac{F_j}{F_T}\,p\,\frac{T_0}{T} \tag{4.17}$$

$$p = (1 - \alpha_p V)^{1/2} \tag{5.35}$$

Nota: Cálculos no Material Expandido do Capítulo 6 no CRE *website* (http://www.umich.edu/~elements/6e/06chap/alpha-P-calculation-Example-6-1.pdf), usando a Equação (5.36), mostram que o parâmetro de queda de pressão, α_p, para cada canal é $\alpha_p = \dfrac{4f_F G^2}{A_C \rho_0 P_0 D} = 3{,}47\ \text{cm}^{-3}$. Para um volume de canal de $V = 0{,}01\ \text{cm}^3$, a razão de pressões, p, é

$$p = (1 - (3{,}47)(0{,}01))^{1/2} \cong 1$$

Logo, vamos desprezar a queda de pressão; ou seja, $P = P_0$, $p = 1$.

Aplicando a Equação (4.17) às espécies A, B e C, para operação isotérmica $T = T_0$ e sem queda de pressão, $P = P_0$ ($P = 1$), as concentrações são

$$C_A = C_{T0}\frac{F_A}{F_T},\quad C_B = C_{T0}\frac{F_B}{F_T},\quad C_C = C_{T0}\frac{F_C}{F_T} \tag{E6.1.5}$$

$$\text{com}\ F_T = F_A + F_B + F_C$$

4. Combinação: A equação da taxa, em termos de taxas molares, é

$$-r_A = kC_{T0}^2\left(\frac{F_A}{F_T}\right)^2$$

combinando tudo,

$$\frac{dF_A}{dV} = -kC_{T0}^2\left(\frac{F_A}{F_T}\right)^2 \tag{E6.1.6}$$

$$\frac{dF_B}{dV} = kC_{T0}^2\left(\frac{F_A}{F_T}\right)^2 \tag{E6.1.7}$$

$$\frac{dF_C}{dV} = \frac{k}{2}C_{T0}^2\left(\frac{F_A}{F_T}\right)^2 \tag{E6.1.8}$$

Podemos calcular também a conversão X,

$$\boxed{X = \left(1 - \frac{F_A}{F_{A0}}\right)}$$

5. Avaliação:

$$C_{T0} = \frac{P_0}{RT_0} = \frac{(1.641\ \text{kPa})}{\left(8{,}314\ \dfrac{\text{kPa}\cdot\text{dm}^3}{\text{mol}\cdot\text{K}}\right)698\ \text{K}} = 0{,}286\frac{\text{mol}}{\text{dm}^3} = \frac{0{,}286\ \text{mmol}}{\text{cm}^3}$$

Quando se usa Polymath ou outro *solver* de EDO, não se tem realmente de combinar os balanços molares, as equações da taxa e a estequiometria, como foi feito na etapa de Combinação nos exemplos prévios do Capítulo 5. O *solver* de EDO fará isso para você. Obrigado, *solver* de EDO! O programa Polymath e a saída são mostrados na Tabela E6.1.1 e na Figura E6.1.1. Note que a Equação explícita nº 6 no programa Polymath calcula a constante de taxa de reação k na temperatura especificada de 425°C (698 K) para você.

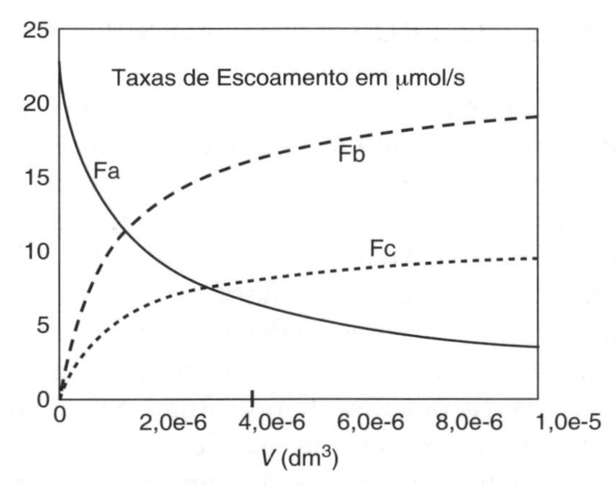

Figura E6.1.1 Perfis de taxas molares no microrreator.

Observe que não vemos muito produto sendo formado na última parte do reator; ou seja, além de $V = 4 \times 10^{-6}$ dm³.

Tabela E6.1.1 Programa Polymath.

Informações de como obter e carregar o programa Polymath podem ser encontradas no Apêndice D.

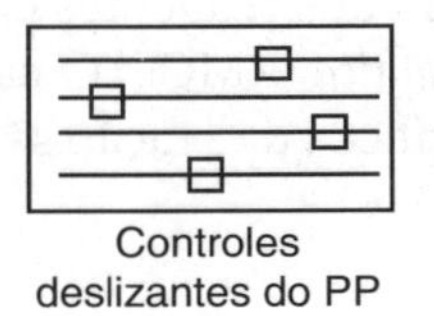

Equações diferenciais

```
1 d(Fa)/d(V) = ra
2 d(Fb)/d(V) = rb
3 d(Fc)/d(V) = rc
```

Equações explícitas

```
1 T = 698
2 Cto = 1641/8.314/T
3 E = 24000
4 Ft = Fa+Fb+Fc
5 Ca = Cto*Fa/Ft
6 k = 0,29*exp(E/1 987*(1/500-1/T))
7 Fao = 0,0000226
8 vo = Fao/Cto
9 Tau = V/vo
10 ra = -k*Ca^2
11 X = 1-Fa/Fao
12 rb = -ra
13 rc = -ra/2
```

Valores calculados das variáveis

	Variável	Valor inicial	Valor final
1	Ca	0,2827764	0,0307406
2	Cto	0,2827764	0,2827764
3	E	2,4E+04	2,4E+04
4	Fa	2,26E-05	3,495E-06
5	Fao	2,26E-05	2,26E-05
6	Fb	0	1,91E-05
7	Fc	0	9,552E-06
8	Ft	2,26E-05	3,215E-05
9	k	274,4284	274,4284
10	ra	-21,94397	-0,2593304
11	rateA	21,94397	0,2593304
12	rb	21,94397	0,2593304
13	rc	10,97199	0,1296652
14	T	698	698
15	Tau	0	0,1251223
16	V	0	1,0E-05
17	vo	7,992E-05	7,992E-05
18	X	0	0,8453416

Análise: Essa reação em fase gasosa em um exemplo de PFR poderia ser facilmente resolvida usando conversão como base. Entretanto, reatores com membrana e reações múltiplas **não podem** ser resolvidos usando conversão. Você notará que apenas escrevemos as equações nas Etapas 1 a 5 de nosso algoritmo de reação (Tabela 6.2) e então as digitamos diretamente no *solver* de EDO, Polymath, para obter os perfis de taxas molares mostrados na Figura E6.1.1. Note que os perfis mudam rapidamente próximo da entrada do reator, havendo então muito pouca mudança depois de 4×10^{-6} dm³ ao longo do reator. Outras variáveis interessantes que você vai querer plotar quando baixar esse programa do arquivo do Problema Prático (PP) são a taxa molar total, F_T; as concentrações dos reagentes, C_A, C_B e C_C (para C_B e C_C, você necessitará digitar duas equações adicionais); e as taxas $-r_A$, r_B e r_C. Essa tarefa pode ser facilmente terceirizada para os estudantes de Engenharia Química da Universidade Jofostan em Riça em troca de uma pequena bolsa.

6.4 Reatores com Membranas

Reatores com membranas podem ser usados para aumentar a conversão quando a reação é ***termodinamicamente limitada***, assim como para aumentar a seletividade quando reações múltiplas estão ocorrendo. Reações termodinamicamente limitadas são reações em que o equilíbrio está deslocado à esquerda (isto é, lado dos reagentes), havendo pouca conversão. Se a reação for exotérmica, aumentar a temperatura somente direcionará a reação mais para a esquerda; e diminuir a temperatura moverá o equilíbrio para a direita e poderá resultar em uma taxa de reação tão lenta que haverá uma conversão muito baixa. Se a reação for endotérmica, aumentar a temperatura moverá a reação para a direita, de modo a favorecer uma conversão mais alta; no entanto, para muitas reações, essas temperaturas mais altas desativam o catalisador.

Se um dos produtos passar através da membrana, conduziremos a reação na direção de seu término.

O termo *reator com membrana* descreve alguns tipos diferentes de configurações de reatores que contêm uma membrana. A membrana pode prover uma barreira para certos componentes e ser permeável a outros; prevenir certos componentes, tais como particulados, de entrar em contato com o catalisador; ou conter sítios reativos e ser ela própria um catalisador. Como em destilação reativa, o reator com membrana é outra técnica para direcionar reações reversíveis para a direita, rumo ao seu término, para atingir conversões muito altas. Essas altas conversões podem ser alcançadas por meio da difusão de um dos produtos da reação para fora da membrana semipermeável que cerca a mistura reagente. Como resultado, a reação reversa não será capaz de ocorrer e a reação continuará prosseguindo para a direita, rumo ao seu término.

Dois dos principais tipos de reatores com membranas são mostrados na Figura 6.3. O reator na Figura 6.3(b) é chamado de um *reator com membrana inerte, com* pellets *de catalisador no lado da alimentação* (RMIPC).[3] Aqui, a membrana é inerte e serve como uma barreira aos reagentes e a alguns dos produtos. O reator na Figura 6.3(c) é um *reator com membrana catalítica* (RMC).[4] O catalisador é depositado diretamente na membrana e somente produtos específicos da reação são capazes de sair no permeado. Por exemplo, na reação reversível

$$C_6H_{12} \rightleftarrows 3H_2 + C_6H_6$$

$$A \rightleftarrows 3B + C$$

H_2 se difunde através da membrana, o mesmo não acontecendo com C_6H_6.

a molécula de hidrogênio é pequena o suficiente para se difundir através de pequenos poros da membrana, enquanto C_6H_{12} e C_6H_6 não podem. Consequentemente, a reação continua prosseguindo para a direita, mesmo para um valor baixo da constante de equilíbrio.

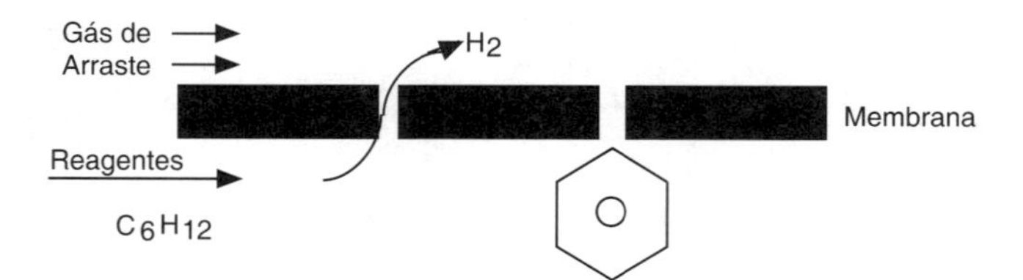

Hidrogênio, espécie B, sai pelos lados do reator, à medida que escoa ao longo dele, enquanto os outros reagentes e produtos não podem sair até eles deixarem o reator.

$$\boxed{V = \frac{W}{\rho_b}}$$

Analisando reatores com membrana, necessitamos somente fazer uma pequena mudança no algoritmo mostrado na Figura 6.1. Para esse exemplo, devemos escolher o volume do reator, em vez da massa de catalisador, como nossa variável independente. A massa de catalisador, W, e o volume do reator, V, são facilmente relacionados com a massa específica aparente do catalisador, ρ_b ($W = \rho_b V$). Primeiro, consideramos as espécies químicas que permanecem dentro do reator e não se difundem pelo lado; ou seja, A e C, como mostrado na Figura 6.3(d). Os balanços

[3] Do inglês, IMRCF, *inert membrane reactor with catalyst pellets on the feed side.* (N.T.)
[4] Do inglês, CMR, *catalytic membrane reactor.* (N.T.)

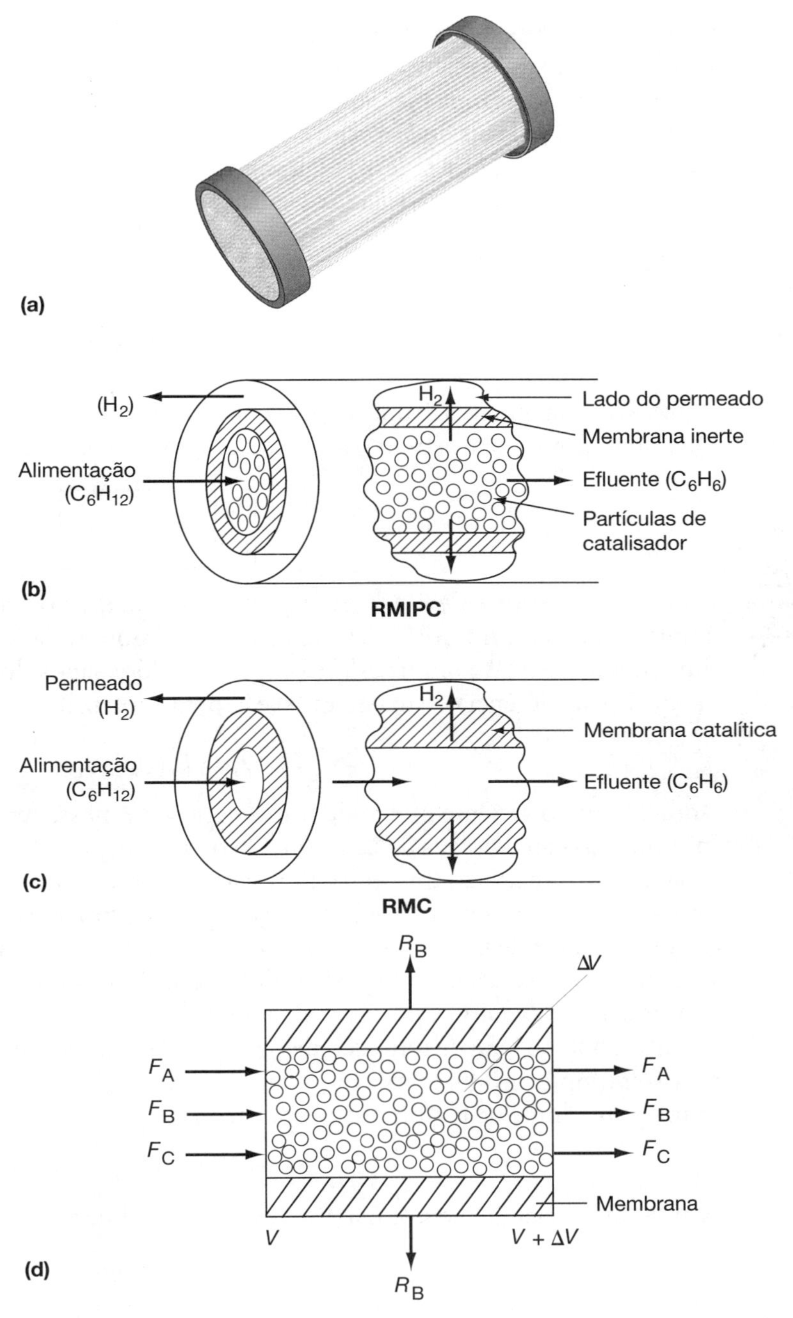

Figura 6.3 Reatores com membranas. (a) Foto de reatores com cerâmica; (b) seção transversal de RMIPC; (c) seção transversal de RMC; (d) esquema para balanço molar em RMIPC.

molares em estado estacionário para A e C são deduzidos no Exemplo 6.2 para fornecer a forma diferencial usual encontrada na Tabela R1.1 no Capítulo 1.

$$\boxed{\frac{dF_A}{dV} = r_A} \tag{1.11}$$

O balanço molar para C é feito de maneira idêntica ao de A e a equação resultante é

$$\boxed{\frac{dF_C}{dV} = r_C} \tag{6.1}$$

Contudo, o balanço molar para B (H_2) tem de ser modificado, uma vez que hidrogênio sai pelos lados e pelo final do reator.

Primeiro, devemos fazer os balanços molares no elemento de volume ΔV mostrado na Figura 6.3(d). O balanço molar para o hidrogênio (B) é sobre um elemento de volume diferencial ΔV, mostrado na Figura 6.3(d), resultando em

Balanço para B no leito catalítico:

Agora, existem dois termos de "SAÍDA" para a espécie B.

$$\begin{bmatrix}\text{Entrada por}\\ \text{escoamento}\end{bmatrix} - \begin{bmatrix}\text{Saída por}\\ \text{escoamento}\end{bmatrix} - \begin{bmatrix}\textbf{Saída por}\\ \textbf{difusão}\end{bmatrix} + [\text{Geração}] = [\text{Acúmulo}]$$

$$\overbrace{F_B|_V} - \overbrace{F_B|_{V+\Delta V}} - \overbrace{R_B\Delta V} + \overbrace{r_B\Delta V} = 0 \tag{6.2}$$

sendo R_B a taxa molar de B que sai pelos lados do reator por volume unitário de reator (mol/m$^3 \times$ s). Dividindo por ΔV e tomando o limite quando $\Delta V \to 0$, obtém-se

$$\boxed{\frac{dF_B}{dV} = r_B - R_B} \tag{6.3}$$

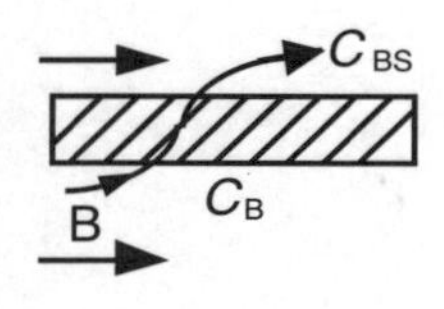

A taxa de transporte de B para fora da membrana, R_B, é o produto do fluxo molar de B normal à membrana, W_B (mol/m^2/s), e a área superficial por unidade de volume de reator, a (m^2/m^3). O fluxo molar de B, W_B em (mol/m^2/s),[5] para fora dos lados do reator, é o produto entre o coeficiente de transferência de massa (m/s) e a força-motriz de concentração através da membrana.

$$W_B = k'_C(C_B - C_{BS}) \tag{6.4}$$

Aqui, k'_C é o coeficiente global de transferência de massa, em m/s, e C_{BS} é a concentração de B (mol/m^3) no canal do gás de lavagem. O coeficiente global de transferência de massa considera todas as resistências ao transporte: a resistência no lado do tubo da membrana, a própria membrana e a resistência no lado do casco (gás de lavagem). Formas mais elaboradas de coeficientes de transferência de massa e suas correlações podem ser encontradas na literatura e no Capítulo 14. Em geral, esse coeficiente pode ser uma função das propriedades da membrana e do fluido, da velocidade do fluido e dos diâmetros do tubo.

Para obter a taxa de remoção de B por unidade de volume do reator, R_B (mol/m^3/s), necessitamos multiplicar o fluxo através da membrana, W_B (mol/m^2×s), pela área superficial da membrana por volume de reator, a (m^2/m^3); isto é,

$$R_B = W_B a = k'_C a(C_B - C_{BS}) \tag{6.5}$$

A área superficial da membrana por unidade de volume do reator é

$$a = \frac{\text{Área}}{\text{Volume}} = \frac{\pi DL}{\frac{\pi D^2}{4}L} = \frac{4}{D}$$

Taxa de B que sai pelos lados.

Considerando $k_C = k'_C\ a$ e assumindo que a vazão do gás de lavagem inerte é suficientemente alta para manter a concentração no gás de lavagem em essencialmente zero ($C_{BS} \approx 0$), obtemos

$$\boxed{R_B = k_C C_B} \tag{6.6}$$

sendo as unidades de k_C iguais a s^{-1}.

A modelagem mais detalhada das etapas de transporte e de reação nos reatores com membranas está além do escopo deste texto, porém pode ser encontrada em *Membrane Reactor*

[5] Veja o Capítulo 14, seção 14.4, para elaboração posterior sobre o coeficiente de transferência de massa e suas correlações na literatura.

Technology.[6] As características importantes, no entanto, podem ser ilustradas pelo exemplo seguinte. Quando se analisam reatores com membranas, temos de usar as taxas molares porque expressar a taxa molar de B em termos de conversão não considerará a quantidade de B que foi deixada no reator através dos lados.

Exemplo 6.2 Reator com Membrana

De acordo com o DOE, 10 trilhões de BTU/ano poderiam ser economizados usando reatores com membranas.

De acordo com o Department of Energy (DOE), uma economia de energia de 10 trilhões de BTU por ano poderia resultar do uso de reatores com membranas no lugar de reatores convencionais para reações de desidrogenação, tais como a desidrogenação de etilbenzeno a estireno

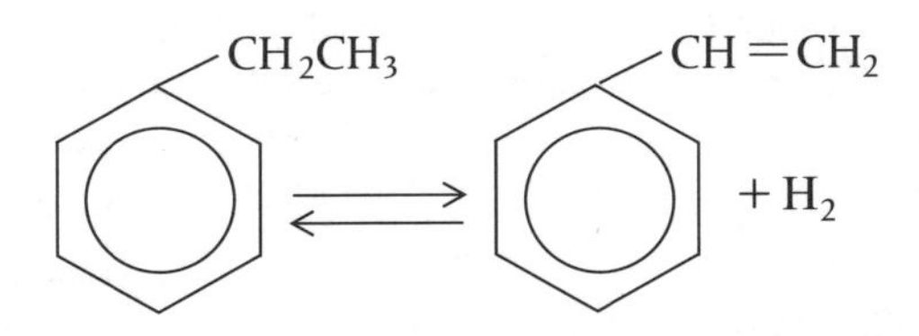

e do butano a buteno:

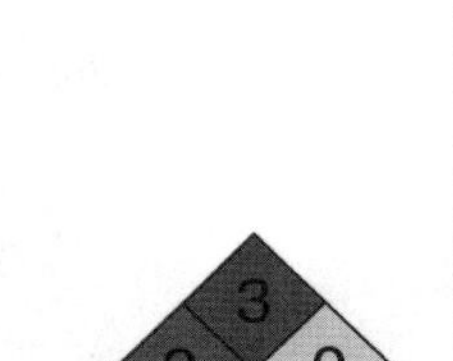

Etilbenzeno

$$C_4H_{10} \rightleftharpoons C_4H_8 + H_2$$

A desidrogenação do propano é outra reação que tem tido sucesso em um reator com membrana.[7]

$$C_3H_8 \rightleftharpoons C_3H_6 + H_2$$

Todas as reações elementares de desidrogenação precedentes podem ser representadas simbolicamente como

$$A \rightleftharpoons B + C$$

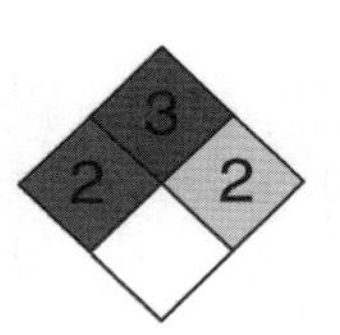

Estireno

e ocorrerão do lado do catalisador de um RMIPC. A constante de equilíbrio para essa reação é bem pequena a 227°C (por exemplo, $K_C = 0{,}05$ mol/dm³). A membrana é permeável a B (por exemplo, H_2), mas não a A e a C. Gás puro A entra no reator a 8,2 atm e a 227°C ($C_{T0} = 0{,}2$ mol/dm³), a uma taxa de 10 mol/min.
A taxa de difusão de B para fora do reator por unidade de volume do reator, R_B, é proporcional à concentração de B ($R_B = k_C C_B$).

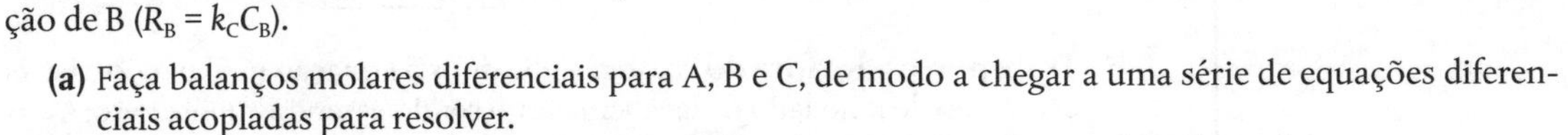

(a) Faça balanços molares diferenciais para A, B e C, de modo a chegar a uma série de equações diferenciais acopladas para resolver.
(b) Faça um gráfico e analise as taxas molares de cada espécie, em função do volume do reator.
(c) Calcule a conversão de A em $V = 500$ dm³.

Informação adicional: Embora essa seja uma reação catalítica sólido-gás, usaremos a massa específica aparente do catalisador, de modo a escrever nossos balanços em termos do volume do reator em vez da massa de catalisador (lembre-se $-r_A = -r'_A \rho_b$ e $W = \rho_b V$). Para a massa específica aparente do catalisador $\rho_b = 1{,}5$ g/cm³ e um tubo de diâmetro interno de 2 cm contendo *pellets* de catalisador, a velocidade específica de reação, k, e o coeficiente de transporte, k_C, são $k = 0{,}7$ min⁻¹ e $k_C = 0{,}2$ min⁻¹, respectivamente. Como uma primeira aproximação, desprezaremos a queda de pressão; ou seja, $p = 1$.

Solução

(a) Como discutido anteriormente, escolhemos volume de reator, em vez de massa de catalisador, como nossa variável independente. A massa de catalisador, W, e o volume de reator, V, estão facilmente relacionados por meio da massa específica aparente do catalisador, ρ_b ($W = \rho_b V$). Primeiro, devemos fazer balanços molares no elemento de volume ΔV, mostrado na Figura 6.3(d).

1. **Balanços molares:**
Balanço para A no leito catalítico:

Balanço molar para cada espécie

$$\begin{bmatrix}\text{Entrada por}\\ \text{escoamento}\end{bmatrix} - \begin{bmatrix}\text{Saída por}\\ \text{escoamento}\end{bmatrix} + \begin{bmatrix}\text{Geração}\end{bmatrix} = \begin{bmatrix}\text{Acúmulo}\end{bmatrix}$$

$$\overbrace{F_A|_V} \quad - \quad \overbrace{F_A|_{V+\Delta V}} \quad + \quad \overbrace{r_A \Delta V} \quad = \quad 0$$

[6] R. Govind, and N. Itoh, eds., *Membrane Reactor Technology*, AIChE Symposium Series 85, no. 268. T. Sun and S. Khang, *Ind. Eng. Chem. Res.*, 27, 1136 (1988).
[7] *J. Membrane Sci.*, 77, 221 (1993).

Dividindo por ΔV e tomando o limite quando $\Delta V \rightarrow 0$, temos

$$\boxed{\frac{dF_A}{dV} = r_A} \tag{E6.2.1}$$

Balanço para B no leito catalítico:
O balanço para B é dado pela Equação (6.3)

$$\boxed{\frac{dF_B}{dV} = r_B - R_B} \tag{E6.2.2}$$

sendo R_B a taxa molar de saída de B através da membrana por unidade de volume do reator.
O balanço molar para C é feito de maneira idêntica ao de A, sendo a equação resultante

$$\boxed{\frac{dF_C}{dV} = r_C} \tag{E6.2.3}$$

Seguindo o Algoritmo

2. **Taxas**
Equação da Taxa:

$$\boxed{-r_A = k\left(C_A - \frac{C_B C_C}{K_C}\right)} \tag{E6.2.4}$$

Taxas Relativas

$$\frac{r_A}{-1} = \frac{r_B}{1} = \frac{r_C}{1} \tag{E6.2.5}$$

$$\boxed{r_B = -r_A} \tag{E6.2.6}$$

$$\boxed{r_C = -r_A} \tag{E6.2.7}$$

3. **Transporte para fora do reator.** Aplicamos a Equação (6.5) para o caso em que consideramos a concentração de B no lado da lavagem como sendo essencialmente zero, $C_{BS} \approx 0$, de modo a obter

$$\boxed{R_B = k_C C_B} \tag{E6.2.8}$$

em que k_C é um coeficiente de transporte. Neste exemplo, devemos considerar que a resistência da espécie B fora da membrana é uma constante, e, consequentemente, k_C é uma constante.
4. **Estequiometria.** Da Equação (4.17), para o caso de temperatura e pressão constantes, temos para operação isotérmica $T = T_0$ sem queda de pressão, $\mathbf{P} = \mathbf{P_0}$ (isto é, $p = 1$).
Concentrações:

$$C_A = C_{T0}\frac{F_A}{F_T} \tag{E6.2.9}$$

$$C_B = C_{T0}\frac{F_B}{F_T} \tag{E6.2.10}$$

$$C_C = C_{T0}\frac{F_C}{F_T} \tag{E6.2.11}$$

$$F_T = F_A + F_B + F_C \tag{E6.2.12}$$

$$X = \frac{F_{A0} - F_A}{F_{A0}} \tag{E6.2.13}$$

5. Combinando e resumindo:

Resumo de equações descrevendo o escoamento e a reação em um reator com membrana

$$\frac{dF_A}{dV} = r_A$$

$$\frac{dF_B}{dV} = -r_A - k_C C_{T0}\left(\frac{F_B}{F_T}\right)$$

$$\frac{dF_C}{dV} = -r_A$$

$$-r_A = kC_{T0}\left[\left(\frac{F_A}{F_T}\right) - \frac{C_{T0}}{K_C}\left(\frac{F_B}{F_T}\right)\left(\frac{F_C}{F_T}\right)\right]$$

$$F_T = F_A + F_B + F_C$$

6. Avaliação de parâmetros:

$$C_{T0} = \frac{P_0}{RT_0} = \frac{830{,}6 \text{ kPa}}{[8{,}314 \text{ kPa} \cdot \text{dm}^3/(\text{mol} \cdot \text{K})]\,(500 \text{ K})} = 0{,}2 \frac{\text{mol}}{\text{dm}^3}$$

$$k = 0{,}7 \text{ min}^{-1},\ K_C = 0{,}05 \text{ mol/dm}^3,\ k_C = 0{,}2 \text{ min}^{-1}$$

$$F_{A0} = 10 \text{ mols/min}$$

$$F_{B0} = F_{C0} = 0$$

7. **Solução numérica.** As Equações (E6.2.1) a (E6.2.13) foram resolvidas usando o Polymath, MATLAB, Wolfram e Python. Os perfis das vazões molares são mostrados a seguir. A Tabela E6.2.1 mostra os programas do Polymath, e a Figura E6.2.1 mostra os resultados da solução numérica das condições iniciais (de entrada).

$$V = 0{:} \quad F_A = F_{A0}, \quad F_B = 0, \quad F_C = 0$$

Informações de como obter e carregar o programa Polymath, Wolfram e Python podem ser encontradas no CRE *website*, assim como no Apêndice D.

Tabela E6.2.1 Programa Polymath

Equações diferenciais

```
1 d(Fa)/d(V) = ra
2 d(Fb)/d(V) = -ra-kc*Cto*(Fb/Ft)
3 d(Fc)/d(V) = -ra
```

Equações explícitas

```
1 Kc = 0,05
2 Ft = Fa+Fb+Fc
3 k = 0,7
4 Cto = 0,2
5 ra = -k*Cto*((Fa/Ft)-Cto/Kc*(Fb/Ft)*(Fc/Ft))
6 kc = 0,2
7 Taxa = -ra
8 Rb = kc*Cto*(Fb/Ft)
9 Fao = 10
10 X = (Fao-Fa)/Fao
```

Valores calculados das variáveis

	Variável	Valor inicial	Valor final
1	Cto	0,2	0,2
2	Fa	10.	3,995179
3	Fao	10.	10.
4	Fb	0	1,832577
5	Fc	0	6,004821
6	Ft	10.	11,83258
7	k	0,7	0,7
8	kc	0,2	0,2
9	Kc	0,05	0,05
10	ra	-0,14	-0,0032558
11	Rate	0,14	0,0032558
12	Rb	0	0,006195
13	V	0	500.
14	X	0	0,6004821

(b) As Figuras E6.2.2 e E6.2.3 mostram as variáveis do Wolfram e os perfis de conversão, respectivamente. Notamos que F_B passa por um máximo como resultado da competição entre a taxa de B sendo formada a partir de A e a taxa de B sendo removida pelos lados do reator.

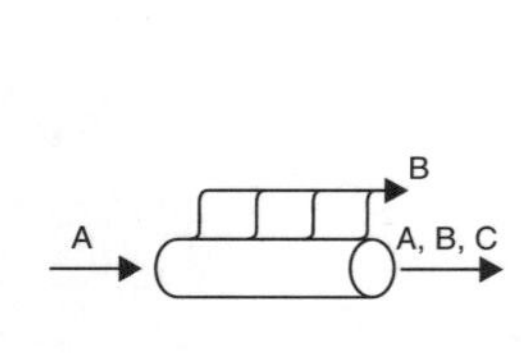

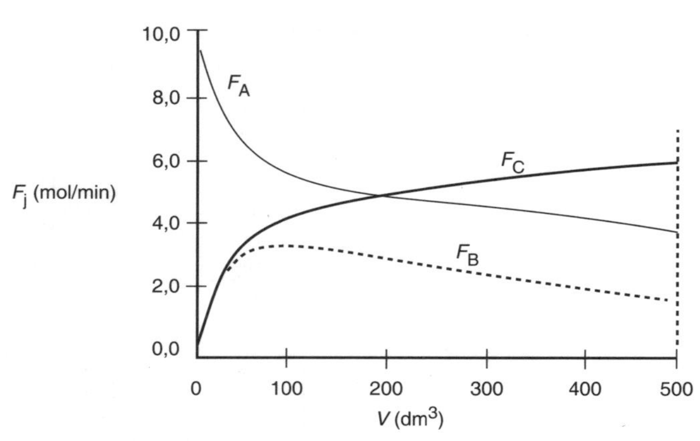

Figura E6.2.1 Soluções do Polymath.

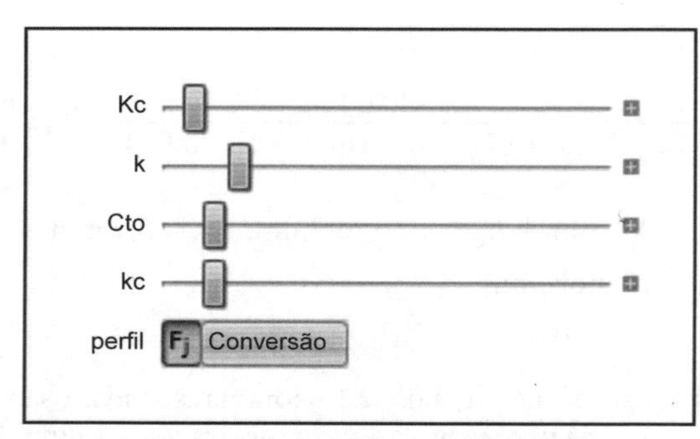

Figura E6.2.2 Controles deslizantes.

Conversão

X

V(dm³)

Figura E6.2.3 Perfis do Wolfram.

(c) Da Figura E6.2.1, vemos que a taxa molar de saída de A em 500 dm³ é 4 mols/min, para a qual a conversão correspondente é

$$X = \frac{F_{A0} - F_A}{F_{A0}} = \frac{10-4}{10} = 0{,}60$$

Notamos e enfatizamos que o perfil de conversão X foi calculado *depois disso* e não usado para obter as taxas molares.

Análise: A taxa molar de A cai rapidamente até cerca de 100 dm³, quando a reação se aproxima do equilíbrio. Nesse ponto, a reação procederá somente para a direita na taxa na qual B é removido pelos lados da membrana, como notado pelas inclinações similares de F_A e F_B nesse gráfico. Você vai querer usar os controles deslizantes do Wolfram ou Python no Problema Prático, PP 6.1_A(b), para mostrar que se B for removido rapidamente, F_B se aproximará de zero e a reação se comportará como se fosse irreversível, e que se B for removido lentamente, F_B será grande em todo o reator e a taxa de reação, $-r_A$, será pequena quando nos aproximamos do equilíbrio.

Uso dos Reatores com Membranas para Aumentar a Seletividade. Em adição às espécies saindo pelos lados do reator com membrana, as espécies também podem ser alimentadas no reator pelos lados da membrana. Por exemplo, para a reação

$$A + B \rightarrow C + D$$

a espécie A poderia ser alimentada somente na entrada e a espécie B poderia ser alimentada somente através da membrana, conforme mostrado aqui.

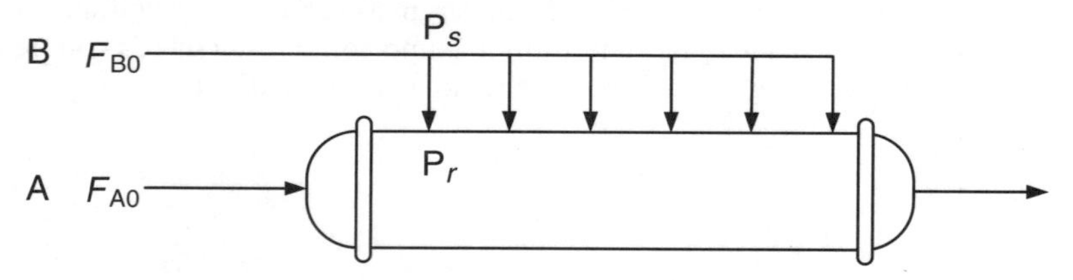

Como veremos no Capítulo 8, esse arranjo é frequentemente usado para melhorar a seletividade, quando reações múltiplas ocorrem. Aqui, a espécie B é geralmente alimentada uniformemente, através da membrana, ao longo do comprimento do reator. O balanço para B é

$$\frac{dF_B}{dV} = r_B + R_B \tag{6.7}$$

em que $R_B = F_{B0}/V_t$, com F_{B0} sendo a taxa molar de alimentação de B, através dos lados, e com V_t sendo o volume total do reator. A taxa de alimentação de B pode ser controlada por meio da queda de pressão pela membrana do reator.[8] Esse arranjo manterá a concentração de A alta e a concentração de B baixa para maximizar a seletividade dada pela Equação (E8.2.2) para as reações apresentadas na Seção 8.6, por exemplo, Exemplo 8.8.

6.5 Operação em Regime Transiente em Reatores Agitados

No Capítulo 5, já discutimos a operação transiente de um tipo de reator, o reator em batelada. Nesta seção, discutiremos dois outros aspectos de operação transiente: partida (*startup*) de um CSTR e reatores em semibatelada. Primeiro, a partida de um CSTR será examinada para determinar o tempo necessário para atingir uma operação em estado estacionário [veja a Figura 6.4(a)] e então os reatores em semibatelada serão discutidos. Em cada um desses casos, estamos interessados em prever a concentração e a conversão em função do tempo. Soluções analíticas exatas para as equações diferenciais, que surgem do balanço molar desses tipos de reação, podem ser obtidas somente para reações de ordem zero e de primeira ordem. *Solvers* de EDO têm de ser usados para outras ordens de reação.

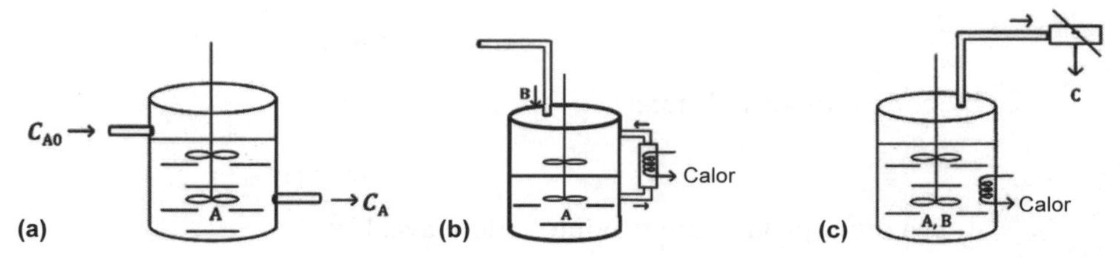

Figura 6.4 Reatores em semibatelada. **(a)** Partida de reator CSTR; **(b)** semibatelada com resfriamento; e **(c)** destilação reativa.

Uma análise em estado transiente pode ser usada para determinar o tempo de início de um CSTR (Figura 6.4(a)) e essa análise é apresentada no *Material Expandido* para o Capítulo 6 no CRE *website* (*http://www.umich.edu/~elements/6e/06chap/expanded_ch06_cstr.pdf*). Aqui, mostramos que o tempo para o estado estacionário para uma reação de primeira ordem é aproximadamente

$$t_s = \frac{4{,}6\tau}{1+\tau k} \tag{6.8}$$

Para a maioria dos sistemas de primeira ordem, o tempo para atingir o estado estacionário é três a quatro vezes os tempos espaciais.

Há dois tipos básicos de operações em semibatelada. Em um tipo, um dos reagentes na reação

$$A + B \rightarrow C + D \tag{6.9}$$

---

[8] A velocidade de B através da membrana, U_B, é dada pela lei de Darcy

$$U_B = K(P_s - P_r)$$

sendo K a permeabilidade da membrana, P_s a pressão no lado do casco e P_r a pressão no lado do reator.

$$F_{B0} = \overbrace{C_{B0}aU_B}^{R_B}V_t = R_BV_t$$

em que, como antes, a é a área superficial da membrana por unidade de volume, C_{B0} é a concentração de entrada de B e V_t é o volume total do reator.

(por exemplo, B) é lentamente alimentado em um reator contendo o outro reagente (por exemplo, A), o qual já foi alimentado no reator, tal como mostrado na Figura 6.4(b). Esse tipo de reator é geralmente usado quando reações paralelas indesejáveis ocorrem a altas concentrações de B (veja a Seção 8.1) ou quando a reação é altamente exotérmica (Capítulo 11). Em algumas reações, o reagente B é um gás e é borbulhado continuamente através do líquido A. Exemplos de reações usadas nesse tipo de operação de ***reator em semibatelada*** incluem *amonólise, cloração* e *hidrólise.* O outro tipo de reator em semibatelada é a destilação reativa, que é mostrada esquematicamente na Figura 6.4(c). Aqui, os reagentes A e B são carregados simultaneamente e um dos produtos é vaporizado e retirado continuamente. A remoção de um dos produtos (por exemplo, C) dessa maneira desloca o equilíbrio para a direita, aumentando a conversão final para um valor acima daquele que seria atingido se C não tivesse sido removido. Além disso, a remoção de um dos produtos concentra mais os reagentes, produzindo assim aumento na velocidade de reação e diminuição do tempo de processamento. Esse tipo de operação reacional é chamado de *destilação reativa.* Exemplos de reações que ocorrem nesse tipo de reator incluem *reações de acetilação* e *reações de esterificação,* em que água é removida.

6.6 Reatores em Semibatelada

6.6.1 Motivação para Usar um Reator em Semibatelada

Uma das melhores razões para usarmos reatores em semibatelada é aumentar a seletividade de reações em fase líquida. Por exemplo, consideremos as duas reações simultâneas seguintes. Uma reação produz o produto desejado D

$$A + B \xrightarrow{k_D} D \tag{6.10}$$

com a equação da taxa

$$r_D = k_D C_A^2 C_B \tag{6.11}$$

e a outra produz um produto indesejável U

$$A + B \xrightarrow{k_U} U \tag{6.12}$$

com a equação da taxa

$$r_U = k_U C_A C_B^2 \tag{6.13}$$

A seletividade instantânea de D para U, $S_{D/U}$, é a razão entre a taxa de formação do produto desejado, D, e a taxa de formação do produto não desejado, U, sendo dado pela Equação (6.14) e no Capítulo 8, Equação (8.1).

Queremos $S_{D/U}$ tão grande quanto possível.

$$S_{D/U} = \frac{r_D}{r_U} = \frac{k_D C_A^2 C_B}{k_U C_A C_B^2} = \frac{k_D}{k_U}\frac{C_A}{C_B} \tag{6.14}$$

e ela nos orienta sobre como produzir a maior quantidade de nosso produto desejado e o mínimo de nosso produto indesejado (veja a Seção 8.1). Vemos, a partir da Equação (6.14) que a seletividade, $S_{D/U}$, pode ser aumentada mantendo a concentração de A alta e a concentração de B baixa. Esse resultado pode ser alcançado pelo uso do reator em semibatelada, que é carregado com A puro, sendo B alimentado lentamente no tanque.

6.6.2 Balanços Molares para Reatores em Semibatelada

Dos dois tipos de reatores em semibatelada, focamos atenção principalmente naquele com alimentação molar constante. Um diagrama esquemático desse reator em semibatelada é mostrado na Figura 6.5. Devemos considerar a reação elementar em fase líquida

$$A + B \rightarrow C \tag{6.15}$$

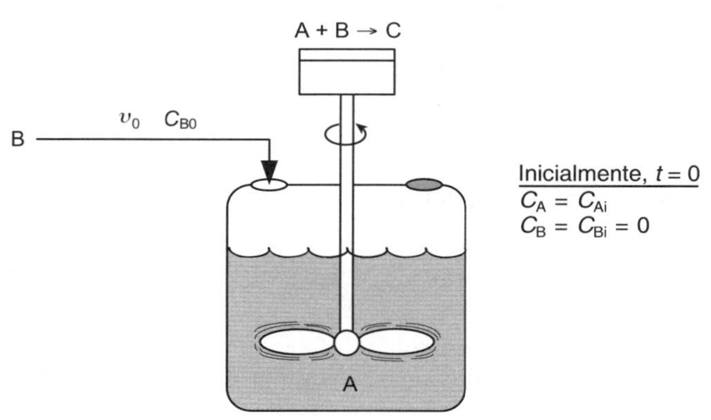

Figura 6.5 Reator em semibatelada.

em que o reagente B é lentamente alimentado em um tanque bem misturado, contendo o reagente A. Um **balanço molar para a espécie A resulta**

Um balanço molar para a espécie A

$$\begin{bmatrix}\text{Vazão}\\ \text{que entra}\end{bmatrix} - \begin{bmatrix}\text{Vazão}\\ \text{que sai}\end{bmatrix} + \begin{bmatrix}\text{Taxa de}\\ \text{geração}\end{bmatrix} = \begin{bmatrix}\text{Taxa de}\\ \text{acúmulo}\end{bmatrix}$$

$$\overbrace{0} \quad - \quad \overbrace{0} \quad + \quad \overbrace{r_A V(t)} \quad = \quad \overbrace{\frac{dN_A}{dt}} \tag{6.16}$$

Três variáveis podem ser usadas para formular e resolver problemas de reatores em semibatelada: as concentrações, C_j, o número de mols, N_j, da espécie j, respectivamente, e a conversão, X. Devemos usar o subscrito "0" para representar concentrações de alimentação, por exemplo, C_{B0}, e o subscrito "i" para representar condições iniciais, por exemplo, C_{Ai}.

Devemos usar concentração como nossa variável preferida, deixando a análise de reatores em semibatelada em função do número de mols, N_j, e a conversão X para as *Notas de Resumo (http://websites.umich.edu/~elements/6e/06chap/summary.html)* e *Estante com Referências Profissionais* no CRE *website (http://www.umich.edu/~elements/6e/06chap/prof-prs_cstr.html)* para o Capítulo 6.

Lembrando que o número de mols de A, N_A, é apenas o produto entre a concentração de A, C_A, e o volume V, [isto é, $(N_A = C_A V)$], podemos escrever a Equação (6.16) como

$$r_A V = \frac{dN_A}{dt} = \frac{d(C_A V)}{dt} = \frac{V dC_A}{dt} + C_A \frac{dV}{dt} \tag{6.17}$$

Notamos que, uma vez que o reator está sendo preenchido, o volume, V, varia com o tempo. O volume do reator em qualquer tempo t pode ser encontrado a partir de um **balanço global de massa** para todas as espécies. A taxa mássica para o reator, $\dot{m}_0$, é apenas o produto entre a massa específica do líquido, ρ_0, e a vazão volumétrica, υ_0. A massa de líquido dentro do reator, m, é apenas o produto da massa específica do líquido ρ pelo volume de líquido V no reator; $m = \rho V$. Não há escoamento de massa para fora e não há geração de massa.

Balanço global de massa

$$\begin{bmatrix} \text{Taxa} \\ \text{mássica} \\ \text{que entra} \end{bmatrix} - \begin{bmatrix} \text{Taxa} \\ \text{mássica} \\ \text{que sai} \end{bmatrix} + \begin{bmatrix} \text{Taxa de} \\ \text{massa} \\ \text{gerada} \end{bmatrix} = \begin{bmatrix} \text{Taxa de} \\ \text{massa} \\ \text{acumulada} \end{bmatrix}$$

$$\dot{m}_0 \quad - \quad 0 \quad + \quad 0 \quad = \quad \frac{dm}{dt}$$

$$\overbrace{\rho_0 \upsilon_0} \quad - \quad \overbrace{0} \quad + \quad \overbrace{0} \quad = \quad \overbrace{\frac{d(\rho V)}{dt}} \tag{6.18}$$

Para um sistema com massa específica constante, $\rho_0 = \rho$, e

$$\frac{dV}{dt} = \upsilon_0 \tag{6.19}$$

com a condição inicial $V = V_0$ em $t = 0$, a integração para o caso de vazão volumétrica constante, υ_0, resulta em

Volume do reator em semibatelada em função do tempo

$$\boxed{V = V_0 + \upsilon_0 t} \tag{6.20}$$

Substituindo a Equação (6.19) no lado direito da Equação (6.17) e rearranjando, temos

$$-\upsilon_0 C_A + V r_A = \frac{V dC_A}{dt}$$

O **balanço para A**, visto na Equação (6.17), pode ser reescrito como

Balanço molar para A

$$\boxed{\frac{dC_A}{dt} = r_A - \frac{\upsilon_0}{V} C_A} \tag{6.21}$$

Um **balanço molar para B**, sendo alimentado no reator a uma vazão F_{B0}, é

$$\text{Entrada} \quad - \quad \text{Saída} \quad + \quad \text{Geração} \quad = \quad \text{Acúmulo}$$

$$\overbrace{F_{B0}} \quad - \quad \overbrace{0} \quad + \quad \overbrace{r_B V} \quad = \quad \overbrace{\frac{dN_B}{dt}}$$

Rearranjando, tem-se

$$\frac{dN_B}{dt} = r_B V + F_{B0} \tag{6.22}$$

Substituindo N_B em termos de concentração e do volume do reator ($N_B = C_B V$), derivando e então usando a Equação (6.19) para substituir (dV/dt) e $F_{B0} = C_{B0}\upsilon_0$, o balanço molar para B dado na Equação (6.22) se torna

$$\frac{dN_B}{dt} = \frac{d(VC_B)}{dt} = \frac{dV}{dt} C_B + \frac{V dC_B}{dt} = r_B V + F_{B0} = r_B V + \upsilon_0 C_{B0}$$

Rearranjando, tem-se

Balanço molar para B

$$\boxed{\frac{dC_B}{dt} = r_B + \frac{\upsilon_0 (C_{B0} - C_B)}{V}} \tag{6.23}$$

Similarmente, para a espécie C,

$$\frac{dN_C}{dt} = r_C V = -r_A V \tag{6.24}$$

$$\frac{dN_C}{dt} = \frac{d(C_C V)}{dt} = V \frac{dC_C}{dt} + C_C \frac{dV}{dt} = V \frac{dC_C}{dt} + \upsilon_0 C_C \tag{6.25}$$

Combinando as Equações (6.24) e (6.25) e rearranjando, obtemos

Balanço molar para C

$$\boxed{\frac{dC_C}{dt} = r_C - \frac{v_0 C_C}{V}} \qquad (6.26)$$

Seguindo o mesmo procedimento para a espécie D

Balanço molar para D

$$\boxed{\frac{dC_D}{dt} = r_D - \frac{v_0 C_D}{V}} \qquad (6.27)$$

No tempo $t = 0$, as concentrações iniciais de B, C e D no tanque são iguais a zero, $C_{Bi} = C_{Ci} = C_{Di} = 0$. A concentração de B na alimentação é C_{B0}. Se a ordem da reação for diferente de zero ou diferente de ordem um, ou se a reação não ocorrer isotermicamente, *temos* de usar técnicas numéricas para determinar a conversão em função do tempo. As Equações (6.21), (6.23), (6.26) e (6.27) são facilmente resolvidas com um *solver* de EDO.

Exemplo 6.3 Reator em Semibatelada Isotérmico com Reação de Segunda Ordem

A produção de brometo de metila é uma reação irreversível em fase líquida, que segue uma equação elementar da taxa. A reação

$$CNBr + CH_3NH_2 \rightarrow CH_3Br + NCNH_2$$

Brometo de Cianogênio

ocorre isotermicamente em um reator em semibatelada. Uma solução aquosa de metilamina (B), a uma concentração de $C_{B0} = 0{,}025$ mol/dm³, é alimentada a uma vazão de 0,05 dm³/s para uma solução aquosa de cianeto de bromo (A), contida em um reator revestido com vidro.

Metilamina

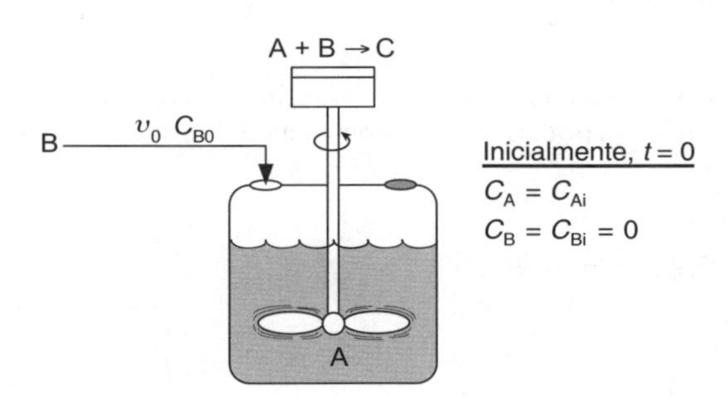

O volume inicial de fluido no tanque deve ser de 5 dm³, com uma concentração de cianeto de bromo de $C_A = C_{Ai} = 0{,}05$ mol/dm³. A velocidade específica de reação é

$$k = 2{,}2 \text{ dm}^3/\text{s} \cdot \text{mol}$$

Encontre as concentrações de cianeto de bromo (A), de metilamina (B), de brometo de metila (C) e de cianamida (D) e a taxa de reação, em função do tempo e então analise seus resultados.

Solução

Simbolicamente, escrevemos a reação como

$$A + B \rightarrow C + D$$

1. Balanços Molares:

Balanço molar em cada espécie

$$\frac{dC_A}{dt} = r_A - \frac{v_0 C_A}{V} \qquad [\text{Em } t = 0, C_A = C_{Ai}] \qquad (6.21)$$

$$\frac{dC_B}{dt} = \frac{v_0(C_{B0} - C_B)}{V} + r_B \qquad [\text{Em } t = 0, C_B = C_{Bi} = 0] \qquad (6.23)$$

$$\frac{dC_C}{dt} = r_C - \frac{v_0 C_C}{V} \qquad [\text{Em } t = 0, C_C = 0] \qquad (6.26)$$

$$\frac{dC_D}{dt} = r_D - \frac{\upsilon_0 C_D}{V} \qquad [\text{Em } t = 0, C_D = 0] \tag{6.27}$$

Taxas: Equação relativa

2. Taxas:

(a) *Equação da Taxa (Elementar)*

$$-r_A = kC_A C_B \tag{E6.3.1}$$

(b) *Taxas Relativas*

$$-r_A = -r_B = r_C = r_D \tag{E6.3.2}$$

3. Combinação:

Antes de ir para a etapa da estequiometria, normalmente a Etapa 3, vamos combinar os balanços molares das Equações (6.21), (6.23), (6.26) e (6.27), a equação da taxa Equação (E6.3.1) e as taxas relativas Equação (E6.3.2), para chegar às seguintes formas dos balanços molares para A, B, C e D somente em termos de concentrações

Combinação de balanços molares e equações da taxa para A, B, C e D

$$\frac{dC_A}{dt} = -kC_A C_B - \frac{\upsilon_0 C_A}{V} \tag{E6.3.3}$$

$$\frac{dC_B}{dt} = -kC_A C_B + \frac{\upsilon_0 (C_{B0} - C_B)}{V} \tag{E6.3.4}$$

$$\frac{dC_C}{dt} = kC_A C_B - \frac{\upsilon_0 C_C}{V} \tag{E6.3.5}$$

$$\frac{dC_D}{dt} = kC_A C_B - \frac{\upsilon_0 C_D}{V} \tag{E6.3.6}$$

4. Estequiometria:

O volume de líquido no reator em qualquer tempo t é

$$V = V_0 + \upsilon_0 t \tag{E6.3.7}$$

Essas equações acopladas são facilmente resolvidas com um *solver* de EDO, tal como Polymath. *Após isso*, poderíamos também calcular a conversão de A a partir da concentração de A:

$$X = \frac{N_{Ai} - N_A}{N_{Ai}} \tag{E6.3.8}$$

Substituindo N_{Ai} e N_A

$$\boxed{X = \frac{C_{Ai}V_0 - C_A V}{C_{Ai}V_0}} \tag{E6.3.9}$$

5. Avaliação:

As concentrações iniciais são $t = 0$, $C_{Ai} = 0{,}05$ mol/dm³, $C_B = C_C = C_D = 0$ e $V_0 = 5$ dm³.

As Equações (E6.3.2) a (E6.3.9) são facilmente resolvidas com a ajuda de um *solver* de EDO, tal como Polymath, Wolfram, Python ou MATLAB (Tabela E6.3.1).

Tabela E6.3.1 Programa Polymath

Equações diferenciais

```
1 d(Ca)/d(t) = ra- vo*Ca/V
2 d(Cb)/d(t) = ra+ (Cbo-Cb)*vo/V
3 d(Cc)/d(t) = -ra-vo*Cc/V
4 d(Cd)/d(t) = -ra-vo*Cd/V
```

Equações explícitas

```
1 vo = 0,05
2 Vo = 5
3 V = Vo+vo*t
4 k = 2,2
5 Cbo = 0,025
6 ra = -k*Ca*Cb
7 Cao = 0,05
8 rate = -ra
9 X = (Cao*Vo-Ca*V)/(Cao*Vo)
```

Valores calculados das variáveis

	Variável	Valor inicial	Valor final
1	Ca	0,05	7,731E-06
2	Cao	0,05	0,05
3	Cb	0	0,0125077
4	Cbo	0,025	0,025
5	Cc	0	0,0083256
6	Cd	0	0,0083256
7	k	2,2	2,2
8	ra	0	-2,127E-07
9	rate	0	2,127E-07
10	t	0	500
11	V	5	30
12	vo	0,05	0,05
13	Vo	5	5
14	X	0	0,9990722

As concentrações de cianeto de bromo (A), metilamina (B) e brometo de metila (C) são mostradas em função do tempo na Figura E6.3.1 e a taxa de reação é mostrada na Figura E6.3.2.

Por que a concentração de CH_3Br (C) alcança um máximo com o tempo?

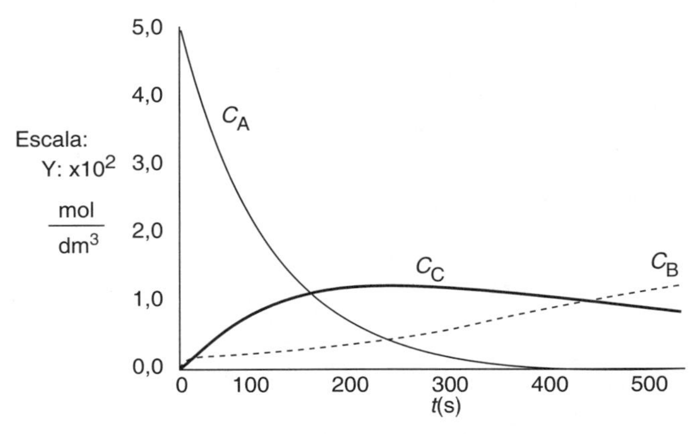

Figura E6.3.1 Saída do Polymath: Trajetórias de concentração-tempo.

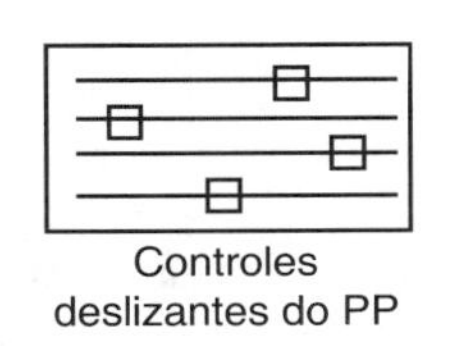

Use Wolfram ou Python para aprender mais sobre essa reação.

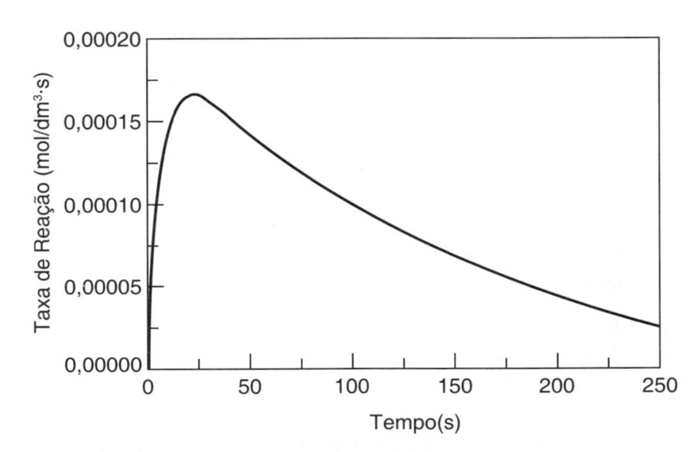

Figura E6.3.2 Trajetória da velocidade de reação-tempo.

Notamos que a concentração de brometo de metila (C), que é idêntica à concentração de cianamida (D), passa por um máximo. O máximo ocorre porque uma vez que todo o A tenha sido consumido, então C não será mais formado e o escoamento contínuo de B para o reator diluirá assim os mols de C produzidos e, consequentemente, a concentração de C.

Lição para Guardar: Escolha errada do tipo de reator.

Análise: Vamos olhar as tendências. A concentração de A cai perto de zero em cerca de 250 segundos, assim como a taxa de reação. Consequentemente, muito pouco de C e de D é formado depois desse tempo e o que tem sido formado começa a ser diluído à medida que B continua a ser adicionado ao reator e para logo antes de transbordar. Agora, o que você pensa do tempo para ocorrer essa reação? São cerca de 5 minutos, dificilmente tempo suficiente para ligar e desligar as válvulas. *Lições para guardar*: enquanto este exemplo mostrou como analisar um reator em semibatelada, você não usaria um reator em semibatelada para executar essa reação nessa temperatura, uma vez que os tempos são muito curtos. Em vez disso, você usaria um reator tubular com B alimentado pelos lados ou um número de CSTRs em série com A alimentado para o primeiro reator e pequenas quantidades de B alimentadas para cada um dos reatores seguintes. Discutiremos isso mais profundamente no Capítulo 8.

6.6.3 Conversão de Equilíbrio

Para reações reversíveis que ocorrem em um reator em semibatelada, a conversão máxima atingível (a *conversão de equilíbrio*) variará à medida que a reação prossegue, uma vez que mais reagente é continuamente adicionado ao reator. Essa adição desloca o equilíbrio continuamente para a direita para formar mais produto.

A seguir, um esboço do que é apresentado nas *Notas de Resumo* no CRE *website*:

No Equilíbrio

$$K_C = \frac{N_{Ce}N_{De}}{N_{Ae}N_{Be}} \tag{6.28}$$

Usando o número de mols em termos de conversão

$$\begin{aligned} N_{Ae} &= N_{A0}(1-X_e) \qquad N_{Ce} = N_{A0}X_e \\ N_{De} &= N_{A0}X_e \qquad N_{Be} = F_{B0}t - N_{A0}X_e \end{aligned} \tag{6.29}$$

Substituindo

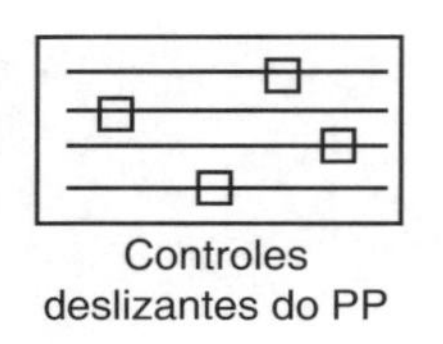

Controles deslizantes do PP

$$K_C = \frac{N_{A0}X_e^2}{(1-X_e)(F_{B0}t - N_{A0}X_e)} \tag{6.30}$$

Resolvendo para X_e

$$X_e = \frac{K_C\left(1+\frac{F_{B0}t}{N_{A0}}\right) - \sqrt{\left[K_C\left(1+\frac{F_{B0}t}{N_{A0}}\right)\right]^2 - 4(K_C-1)K_C\frac{tF_{B0}}{N_{A0}}}}{2(K_C-1)} \tag{6.31}$$

Vá aos PPs do Capítulo 6 e clique na Equação (6.31) para aprender como os vários parâmetros afetam a curva de X_e *versus* t. Note que a conversão de equilíbrio, X_e, varia com o tempo. Mais discussão sobre esse ponto e cálculo da conversão de equilíbrio pode ser encontrada na *Estante com Referências Profissionais R6.1*, no exemplo no CRE *website*.

6.7 *E Agora*... Uma Palavra do Nosso Patrocinador – Segurança 6 (UPDNP–S6 Diagrama *BowTie*)

O diagrama *BowTie* (gravata-borboleta) é aplicado a um perigo para nos ajudar a identificar e abordar tanto as ações preventivas (salvaguardas) como as ações de contingência (ações mitigadoras). O lado esquerdo do Evento Inicial mostra os problemas potenciais e salvaguardas, enquanto o lado direito mostra as ações que deveriam ser tomadas se o incidente ocorresse.

A análise de segurança da planilha de incidentes discutida em UPDNP–S5 pode ser usada para ajudar a construir nosso diagrama *BowTie*. Primeiro discutimos proativamente para identificar os problemas potenciais e então discutimos todas as causas que poderiam levar à ocorrência de cada problema potencial. Para cada causa, identificamos uma ação (salvaguarda) que poderíamos adotar para prevenir a ocorrência do evento inicial. Em seguida, discutimos todas as ações mitigadoras que poderíamos tomar para limitar a gravidade do incidente e evitar a ocorrência do evento inicial. Existem três vídeos excelentes que discutem o Diagrama *BowTie*: (1) uma visão geral rápida de 2 minutos (*https://www.youtube.com/watch?v=vB0O4TPm2q0*), (2) um vídeo de 5 minutos (*https://www.youtube.com/watch?v=P7Z6L7fjsi0*) que tem todos os componentes e (3) um vídeo aprofundado (*https://www.youtube.com/watch?v=VsKgSDbHP3A*). Exemplos do diagrama *BowTie* para acidentes CSB podem ser encontrados no CRE *website* (*http://umich.edu/~safeche/bowtie.html*). A Figura 6.7 aplica o Diagrama *BowTie* na Figura 6.6 ao incidente discutido no Capítulo 5, a Explosão do Tambor de Acetona.

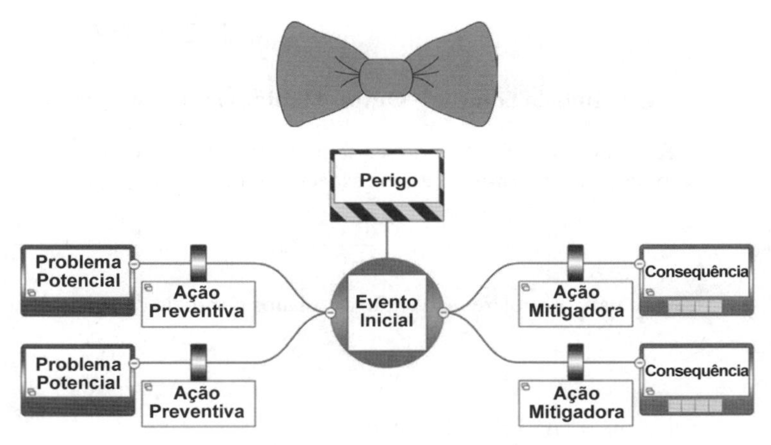

Figura 6.6 Diagrama *BowTie*.

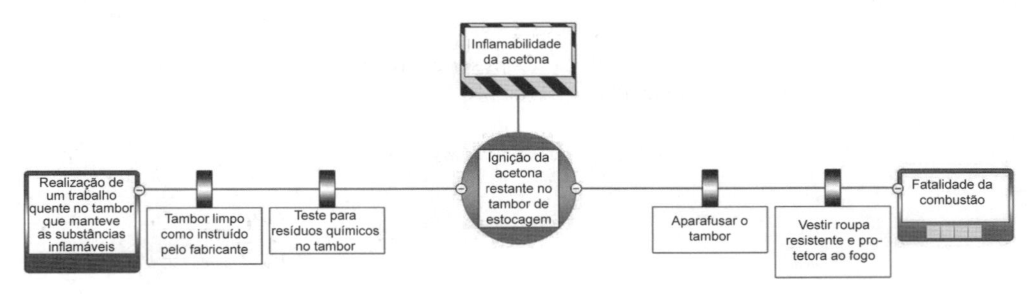

Figura 6.7 Diagrama *BowTie* do acidente da acetona.

Uma representação excelente do método *BowTie* aplicado para prevenir/mitigar quedas em pessoas idosas é demonstrada no *link* (*http://www.patientsafetybowties.com/knowledge-base/6-the-bowtie-method - Top event*). *Leitura Adicional sobre o Diagrama BowTie:*

The Bowtie Method. (2018). Retrieved from Patient Safety BowTies: http://www.patientsafetybowties.com/knowledge-base/6-the-bowtie-method#Top%20event.

D. Hatch, P. McCulloch, and I. Travers, "Visual HAZOP," *The Chemical Engineer*, (917), 27–32 (2017, Novembro).

B. K. Vaughen, and K. Bloch, "Use the bow tie diagram to help reduce process safety risks," *Chemical Engineering Progress*, 30–36 (2016, Dezembro).

Encerramento. Os Capítulos 5 e 6 apresentam o coração da engenharia das reações químicas para reatores isotérmicos. Depois de completar este capítulo, o leitor deve ser capaz de aplicar o algoritmo de blocos de construção

Algoritmo ERQ

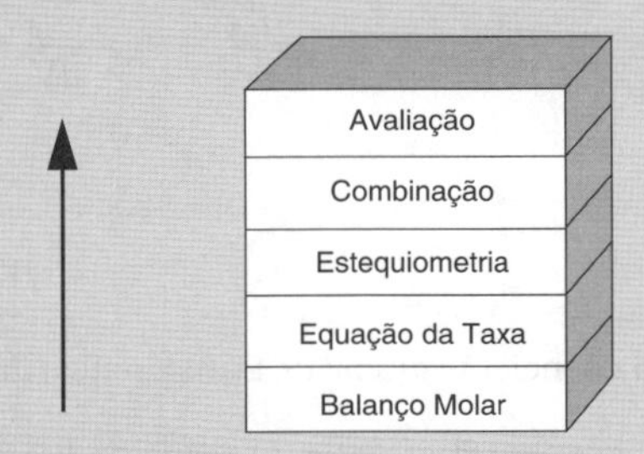

para qualquer um dos reatores discutidos neste capítulo, BR, CSTR, PFR, PBR, reator com membrana e reator em semibatelada. O leitor deve ser capaz de considerar a queda de pressão e descrever os efeitos das variáveis do sistema. O leitor deve ser capaz de usar tanto conversões (Capítulo 5) como taxas molares (Capítulo 6) para resolver os problemas de engenharia das reações químicas.

RESUMO

Algoritmo da Solução – Outras Medidas Diferentes de Conversão

1. **Fase Gasosa PFR:** Quando se usam medidas diferentes de conversão para o projeto de reatores, os balanços molares são escritos para cada espécie na mistura reagente:

Balanços molares para cada espécie

$$\frac{dF_A}{dV} = r_A, \quad \frac{dF_B}{dV} = r_B, \quad \frac{dF_C}{dV} = r_C, \quad \frac{dF_D}{dV} = r_D \tag{R6.1}$$

Os balanços molares são então acoplados por meio de suas velocidades relativas de reação. Se

Equação de Taxa

$$-r_A = kC_A^{\alpha}C_B^{\beta} \tag{R6.2}$$

para $aA + bB \rightarrow cC = dD$, então

Taxas Relativas

$$r_B = \frac{b}{a}r_A, \quad r_C = -\frac{c}{a}r_A, \quad r_D = -\frac{d}{a}r_A \tag{R6.3}$$

A concentração pode também ser expressa em termos do número de mols (em batelada) e em termos de vazões molares (PFR, CSTR, PBR).

Estequiometria

Gás: $$C_A = C_{T0}\frac{F_A}{F_T}\frac{P}{P_0}\frac{T_0}{T} = C_{T0}\frac{F_A}{F_T}\frac{T_0}{T}p \tag{R6.4}$$

$$C_B = C_{T0}\frac{F_B}{F_T}\frac{T_0}{T}p \tag{R6.5}$$

$$p = \frac{P}{P_0}$$

$$F_T = F_A + F_B + F_C + F_D + F_I \tag{R6.6}$$

$$\frac{dp}{dW} = \frac{-\alpha}{2p}\left(\frac{F_T}{F_{T0}}\right)\left(\frac{T}{T_0}\right) \tag{R6.7}$$

Líquido: $$C_A = \frac{F_A}{\upsilon_0} \tag{R6.8}$$

2. **Reatores com Membranas**: Os balanços molares para a reação

$$A \rightleftarrows B + C$$

quando o reagente A e o produto C não se difundem para fora da membrana.

Balanço Molar

$$\frac{dF_A}{dV} = r_A, \quad \frac{dF_B}{dV} = r_B - R_B, \quad \text{e} \quad \frac{dF_C}{dV} = r_C \tag{R6.9}$$

com

Lei de Transporte

$$R_B = k_c C_B \tag{R6.10}$$

sendo k_c o coeficiente global de transferência de massa.

3. **Reatores em Semibatelada**: O reagente B é alimentado continuamente no tanque, que contém inicialmente somente A

$$A + B \rightleftarrows C + D$$

Balanços Molares

$$\boxed{\frac{dC_A}{dt} = r_A - \frac{\upsilon_0}{V}C_A} \tag{R6.11}$$

$$\frac{dC_B}{dt} = r_B + \frac{\upsilon_0(C_{B0} - C_B)}{V} \quad \text{(R6.12)}$$

$$\frac{dC_C}{dt} = r_C - \frac{\upsilon_0 C_C}{V} \quad \text{(R6.13)}$$

$$\frac{dC_D}{dt} = r_D - \frac{\upsilon_0 C_D}{V} \quad \text{(R6.14)}$$

Volume:

$$V = V_0 + \upsilon_0 t \quad \text{(R6.15)}$$

Equação da Taxa

$$-r_A = k\left[C_A C_B - \frac{C_C C_D}{K_e}\right] \quad \text{(R6.16)}$$

ALGORITMO DO *SOLVER* DE EDO

Quando estivermos usando um *solver* para equação diferencial ordinária (EDO), tal como Polymath ou MATLAB, é geralmente mais fácil deixar os balanços molares, equações da taxa e concentrações como equações separadas em vez de combiná-las em uma única equação, como fizemos para obter uma solução analítica. Escreva as equações separadamente e deixe que o computador as combine e produza a solução. As formulações para um reator de leito fixo, com queda de pressão e um reator em semibatelada são apresentadas a seguir para duas reações elementares que ocorrem isotermicamente.

PP 6.4 Algoritmo para uma Reação em Fase Gasosa

$$A + B \rightarrow 3C$$

Reator de Leito Fixo

$$\frac{dF_A}{dW} = r'_A$$

$$\frac{dF_B}{dW} = r'_B$$

$$\frac{dF_C}{dW} = r'_C$$

$$r'_A = -kC_A C_B$$

$$r'_B = r'_A$$

$$r'_C = 3(-r'_A)$$

$$C_A = C_{T0}\frac{F_A}{F_T}p$$

$$C_B = C_{T0}\frac{F_B}{F_T}p$$

$$C_C = C_{T0}\frac{F_C}{F_T}p$$

$$\frac{dp}{dW} = -\frac{\alpha}{2p}\frac{F_T}{F_{T0}}$$

$F_{T0} = 30,\ F_{A0} = 15,\ C_{T0} = 0{,}02,\ C_{A0} = 0{,}01,$
$C_{B0} = 0{,}01,\ k = 5.000,\ \alpha = 0{,}009$
$W_{final} = 80$

PP 6.5 Algoritmo para uma Reação em Fase Líquida

$$A + B \rightleftarrows 2C$$

Reator em Semibatelada

$$\frac{dC_A}{dt} = r_A - \frac{\upsilon_0 C_A}{V}$$

$$\frac{dC_B}{dt} = r_A + \frac{\upsilon_0(C_{B0} - C_B)}{V}$$

$$\frac{dC_C}{dt} = -2r_A - \frac{\upsilon_0 C_C}{V}$$

$$r_A = -k\left[C_A C_B - \frac{C_C^2}{K_C}\right]$$

$$V = V_0 + \upsilon_0 t$$

$$X = \frac{V_0 C_{Ai} - V C_A}{V_0 C_{Ai}}$$

$k = 0{,}15,\ K_C = 16{,}0,\ V_0 = 10{,}0$
$v_0 = 0{,}1,\ C_{B0} = 0{,}1,\ C_{Ai} = 0{,}04$
$t_{final} = 200$

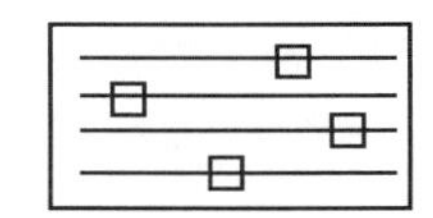

Use Wolfram para aprender mais sobre este reator e reação.

As soluções de Polymath, MATLAB, Wolfram e Python para as equações anteriores são apresentadas no CRE *website* no **Capítulo 6** (*http://www.umich.edu/~elements/6e/06chap/live.html*).

MATERIAIS NO CRE *WEBSITE*

(*http://umich.edu/~elements/6e/06chap/obj.html#/*)

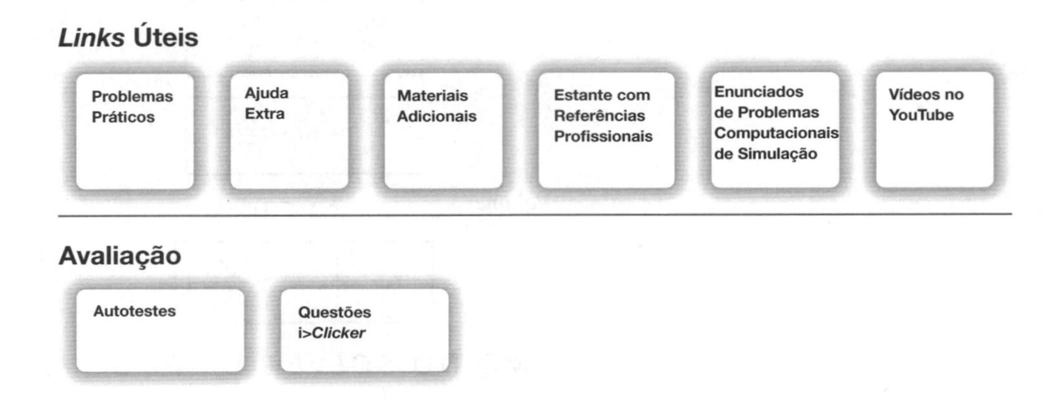

Jogos Interativos Computacionais (*http://umich.edu/~elements/6e/icm/index.html*)

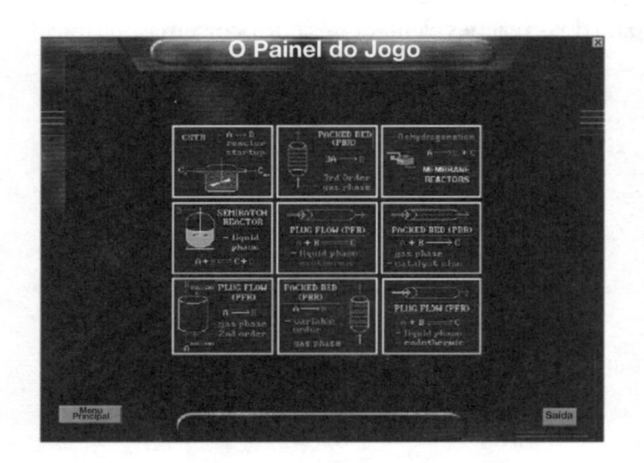

Jogo da Velha Interativo
(*http://umich.edu/~elements/6e/icm/tictac.html*)

Pântanos
(*http://umich.edu/~elements/6e/web_mod/wetlands/index.htm*)

Reatores com Aerossol (*http://www.umich.edu/~elements/6e/web_mod/aerosol/index.htm*)
Reatores com aerossol são usados para sintetizar nanopartículas. Devido a seu tamanho, forma e alta área superficial específica, as nanopartículas podem ser usadas em algumas aplicações, tais como pigmentos em cosméticos, membranas, reatores fotocatalíticos, catalisadores e cerâmicos e reatores catalíticos.

Usamos a produção de partículas de alumínio como exemplo de uma operação em um reator com escoamento empistonado com aerossol (APFR). Uma corrente de gás argônio, saturado com vapor de Al, é resfriada.

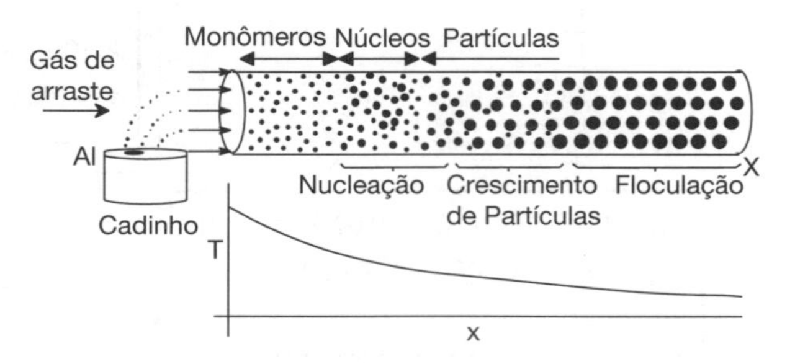

Reator com aerossol e perfil de temperaturas.

À medida que o gás esfria, ele se torna supersaturado, levando à nucleação das partículas. Essa nucleação é um resultado da colisão e da aglomeração de moléculas até que um tamanho crítico do núcleo seja alcançado e a partícula seja formada. À medida que essas partículas se movem ao longo do reator, as moléculas do gás supersaturado condensam sobre as partículas causando um aumento no tamanho com a sua consequente floculação. No desenvolvimento do material *on-line*, modelaremos a formação e o crescimento de nanopartículas de alumínio em um APFR.

QUESTÕES, SIMULAÇÕES E PROBLEMAS

O subscrito para cada número do problema indica o nível de dificuldade: A, menos difícil; D, mais difícil.

A = ● B = ■ C = ◆ D = ◆◆

Em cada uma das questões e problemas a seguir, em vez de apenas desenhar um retângulo ao redor de sua resposta, escreva uma frase ou duas, descrevendo como você resolveu o problema, as suposições que fez, a coerência de sua resposta, o que você aprendeu, e quaisquer outros fatos que queira incluir. Você pode querer consultar os livros *Curso de Redação*, de Antônio Suares de Abreu (Editora Ática, São Paulo, 1999), e *Manual de Redação e Estilo*, de Eduardo Martins (Editora Moderna, São Paulo, 1997), para melhorar a qualidade de suas frases. Veja o prefácio para os itens genéricos adicionais (x), (y) e (z) para os problemas propostos.

Antes de resolver os problemas, estabeleça ou esquematize qualitativamente os resultados ou tendências esperadas.

Questões

Q6.1$_A$ **QAL** (***Q**uestão **A**ntes de **L**er*). Quais são as etapas no algoritmo ERQ que têm de ser adicionadas quando a conversão não é usada como uma variável e que etapa é geralmente mais difícil de implementar?

Q6.2$_A$ ***i>clicker.*** Visite o *site* (*http://www.umich.edu/~elements/6e/06chap/iclicker_ch6_q1.html*) e analise no mínimo 5 questões i>*clickers*. Escolha uma que poderia ser usada como está, ou uma variação dela, para ser incluída no próximo exame. Você também poderia considerar o caso oposto: explique por que as questões *não* devem estar no próximo exame. Em cada caso, explique seu raciocínio.

Q6.3$_A$ Leia todos os problemas no final deste capítulo. Componha e resolva um problema *original*, baseando-se no material deste capítulo. **(a)** Use dados e reações reais para mais instruções. **(b)** Componha uma reação e os dados. **(c)** Use um exemplo da vida do dia a dia (por exemplo, preparar uma torrada ou cozinhar um espaguete; ver Questão Q5.4$_A$).

Q6.4$_A$ Como você modificaria a Tabela 6.2 para
(a) Uma reação em fase gasosa com volume constante e
(b) Uma reação em fase gasosa com volume variável?

Q6.5$_B$ Quais são as similaridades e diferenças entre o *Diagrama BowTie*, a *Análise de Segurança do Incidente* e o *Modelo do Queijo Suíço?*

Q6.6$_A$ **Robert, o Preocupado: E se...** alguém lhe pedisse para explorar os exemplos deste capítulo para aprender os efeitos de variar os diferentes parâmetros? Essa análise de sensibilidade pode ser executada baixando os exemplos do CRE *website*. Para cada um dos exemplos que você investigar, escreva um parágrafo descrevendo suas descobertas.

Q6.7$_A$ Acesse o *link* para os vídeos de Aprendizado de EngQui do Capítulo 6 (*http://www.learncheme.com/screencasts/kinetics-reactor-design*).
(a) Assista a um ou mais dos vídeos de 5 a 6 minutos e escreva uma avaliação de duas sentenças.
(b) No reator com membrana, quais são os benefícios de remover o hidrogênio?
(c) Assista a dois outros vídeos de Aprendizado de EngQui para este capítulo e liste duas coisas que deveria melhorar e duas coisas que foram bem-feitas.

Simulações Computacionais e Experimentos

P6.1$_B$ UPDNP–S6 Liste duas similaridades e duas diferenças entre o Algoritmo da Análise de Segurança do Incidente e o Diagrama *BowTie*.
(a) **Exemplo 6.1: Reação em Fase Gasosa em um Microrreator**
Wolfram e Python
(i) Use o Wolfram e/ou Python para Comparar o que acontece quando T e E_A são considerados nos seus respectivos valores máximo e mínimo ($E_{Amín}$, $T_{mín}$, $E_{Amáx}$, $T_{máx}$) e então mova o outro controle deslizante e escreva um conjunto de condições.

Polymath

(ii) Compare os perfis da Figura E6.1.1 com aqueles para uma reação reversível com $K_C = 0{,}02$ mol/dm³ e descreva as diferenças nos perfis.

(iii) Como os seus perfis mudariam para o caso de uma reação irreversível com queda de pressão, quando $\alpha_p = 99\times10^3\ dm^{-3}$ para cada tubo?

(b) Exemplo 6.2: Reator com Membrana

Wolfram e Python

Uma **Simulação Pare e Cheire as Rosas.** Varie os controles deslizantes para desenvolver um sentido intuitivo de reatores com membranas.

(i) Começando com a configuração-padrão (todos em unidades-padrão apropriadas) para a simulação PP (*i.e.*, $K_C = 0{,}05$, $k = 0{,}7$, $C_{T0} = 0{,}2$ e $k_C = 0{,}2$), varie cada parâmetro individualmente e descreva o que você encontrou. Note e explique quaisquer valores máximo ou mínimo de seus gráficos ao longo do comprimento (volume = 500 dm³) de seu reator. *Sugestão*: Vá aos extremos da faixa.

(ii) Repita (i), mas estabeleça K_C no seu valor máximo e então varie k e k_C e descreva o que você achou.

(iii) Escreva um conjunto de conclusões a partir de seus experimentos em (i) e (ii).

Polymath

(iv) Varie as razões dos parâmetros, tais quais (k/k_C) e $(k\tau C_{A0}/K_C)$ (*nota*: τ = 400 min) e escreva um parágrafo descrevendo o que você encontrou. Que razão de parâmetros tem o maior efeito sobre a conversão $X = (F_{A0} - F_A)/F_{A0}$? (Solução por Tentativa e Erro)

(v) Inclua a queda de pressão com $\alpha = 0{,}002\ dm^{-3}$ e compare os perfis de conversão para os dois casos.

(vi) Escreva um parágrafo resumindo todas as tendências e os seus resultados.

(vii) Componha uma questão/problema sobre reatores com membranas com uma solução em que Wolfram tem de ser usado para obter a resposta. *Sugestão:* Aplique para este problema uma ou mais das seis ideias discutidas na Tabela P.4 do Prefácio Completo-Introdução no CRE *website* (*http://www.umich.edu/~elements/6e/toc/Preface-Complete.pdf*). Comente também sobre que tipos de questões você formularia ao usar Wolfram.

(c) Exemplo 6.2: Reator com Membrana Novamente

Polymath

Refaça o item **(b)** para o caso quando a reação produz 3 mols de hidrogênio

$$C_6H_{12} \rightleftarrows 3H_2 + C_6H_6$$

Você necessitará fazer pequenas modificações no código Polymath do PP no CRE *website*. Todos os parâmetros permanecem os mesmos, exceto a constante de equilíbrio, que é $K_C = 0{,}001\left(\frac{mol}{dm^3}\right)^3$.

(d) Exemplo 6.3: Reator em Semibatelada Isotérmico com uma Reação de Segunda Ordem

Wolfram e Python

(i) Descubra o que acontece quando C_{B0}, v_0 e V_0 são variados um a cada vez entre seus valores máximos e mínimos. Explique por que as variações do caso base parecem da maneira que são.

(ii) Depois de usar o controle deslizante para variar os parâmetros, escreva um conjunto de conclusões.

Polymath

(iii) Refaça este problema quando a reação for reversível com $K_C = 0{,}1$. Modifique o código do Polymath e compare com o caso irreversível. (São necessárias somente algumas mudanças no programa Polymath.)

(e) Exemplo 6.4: Algoritmo para um Reator em Fase Gasosa com Queda de Pressão

Wolfram e Python

(i) Determine qual controle deslizante tem o maior efeito na conversão.

(ii) A pressão na entrada do reator foi estabelecida igual a 10 atm. Que parâmetro(s) provoca(m) a pressão de saída cair para a pressão atmosférica, p = 0,1? Forneça os valores desses parâmetros.

(iii) Depois de usar os controles deslizantes para variar os parâmetros, escreva um conjunto de conclusões.

(f) Exemplo 6.5: Algoritmo para um Reator em Batelada em Fase Líquida

Wolfram e Python

(i) Por que a conversão é quase desprezível abaixo de 20 minutos para os valores das condições iniciais?

(ii) Descreva o que acontece quando você diminui K_C e aumenta k ao mesmo tempo. Como essa mudança afeta a concentração máxima de B?

(iii) Que variáveis têm o maior efeito na conversão?

Módulos da Web

(g) ***Módulo da Web sobre Pântanos*** a partir do CRE *website*. Carregue o programa Polymath e varie alguns parâmetros, tais como chuva, taxa de evaporação, concentração de atrazina e vazão do líquido; escreva um parágrafo descrevendo o que você achou. Esse tópico é uma área "quente" de pesquisa em Engenharia Química.

(h) ***Módulo da Web sobre Reatores com Aerossóis*** a partir do CRE *website*. Carregue o programa Polymath e (1) varie os parâmetros, tais como taxa de resfriamento e vazão e descreva seu efeito sobre cada um dos regimes: nucleação, crescimento e floculação. Escreva um parágrafo descrevendo o que você achou. (2) Propõe-se trocar o gás de transporte por hélio.

(i) Compare seus gráficos (He *versus* Ar) do número de partículas de Al em função do tempo. Explique a forma dos gráficos.

(ii) Como o valor final de d_p se compara com aquele quando o gás de transporte foi argônio? Explique.

(iii) Compare o tempo no qual a taxa de nucleação atinge um pico nos dois casos (gás de transporte = Ar e He). Discuta a comparação.

Dados referentes a uma molécula de He: massa = $6{,}64\times10^{-27}$ kg, volume = $1{,}33\times10^{-29}$ m^3, área superficial = $2{,}72\times10^{-19}$ m^2, massa específica = 0,164 kg/m^3, na temperatura de 25°C e pressão 1 atm.

Jogos Interativos Computacionais

P6.2$_B$ Carregue os Jogos Interativos Computacionais (JIC) a partir do CRE *website* (*http://www.umich.edu/~elements/6e/icm/tictac.html*). Jogue e então registre seu número de desempenho, que indica seu domínio sobre o assunto. Seu professor tem a chave para decodificar seu número de desempenho. O conhecimento de todas as seções é necessário para colocar sua inteligência contra o adversário (que na realidade é o computador) quando estiver jogando o Jogo da Velha.

Número de desempenho:____________________

Problemas

P6.3$_C$ **QEA** (*Questão de Exame Antigo*). A reação de segunda ordem em fase líquida

$$C_6H_5COCH_2Br + C_6H_5N \rightarrow C_6H_5COCH_2NC_5H_5Br$$

ocorre em um reator em batelada a 35°C. A constante de velocidade específica de reação é 0,0445 dm^3/mol/min. O reator 1 é carregado com 1.000 dm^3, em que a concentração de cada reagente depois de misturar é 2M.

(a) Qual é a conversão depois de 10, 50 e 100 minutos?

Agora, considere o caso quando, depois de encher o reator 1, o dreno da base do reator 1 for deixado aberto, caindo o material no reator 2, montado a seguir, a uma vazão volumétrica de 10 dm^3/min.

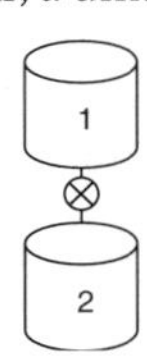

(b) Qual será a conversão e a concentração de cada espécie no reator 1 depois de 10, 50 e 80 minutos no reator que está sendo drenado? (***Resp.:*** Em t = 10 min, então X = 0,47)

(c) Qual é a conversão e a concentração de cada espécie no reator 2 que está sendo preenchido com o líquido do reator 1 depois de 10 e de 50 minutos? (***Resp.:*** Em t = 50 min, então X = 0,82)

(d) No final dos 50 minutos, os conteúdos dos dois reatores são adicionados juntos. Qual é a conversão global depois da mistura?

(e) Aplique, para este problema, um ou mais das seis ideias da Tabela P.4 do Prefácio.

P6.4$_B$ A reação elementar em fase gasosa

$$(CH_3)_3COOC(CH_3)_3 \rightarrow C_2H_6 + 2CH_3COCH_3$$
$$A \rightarrow B + 2C$$

ocorre isotermicamente a 400 K em um reator com escoamento sem queda de pressão. A velocidade específica de reação a 50°C é de 10^{-4} min^{-1} (de dados de periculosidade) e a energia de ativação é de 85 kJ/mol. Peróxido de di-*terc*-butila entra no reator a 10 atm e a 127°C, com uma vazão molar de 2,5 mols/min, ou seja, F_A = 2,5 mols/min.

(a) Use o algoritmo para taxas molares para formular e resolver o problema. Plote F_A, F_B, F_C e então X em função do volume do reator empistonado e do tempo espacial para atingir 90% de conversão.

(b) Calcule o volume de escoamento empistonado e o tempo espacial para um CSTR para 90% de conversão.

P6.5$_B$ Para a reação e dados do Problema P6.4$_B$, consideramos agora o caso em que a reação seja reversível com K_C = 0,025 dm^6/mol^2 e a reação ocorra a 300 K em um reator com membrana, em que C_2H_6 está se difundindo para fora. O coeficiente de transporte na membrana é k_C = 0,08 s^{-1}.

(a) Qual é a conversão de equilíbrio e qual é a conversão na saída de um PFR convencional? (***Resp.:*** X_{eq} = 0,52, X = 0,47)

(b) Plote e analise a conversão e as taxas molares no reator com membrana em função do volume do reator até o ponto em que se atinge 80% de conversão do peróxido de di-*terc*-butil. Observe qualquer ponto de máximo nas taxas de escoamento.

(c) Aplique as ideias das Tabelas P.2 e P.4 do Prefácio Completo-Introdução do CRE *website* (*http://www.umich.edu/~elements/6e/toc/Preface-Complete.pdf*) para gerar novas questões a serem adicionadas a este problema, sendo três de pensamento crítico e três de pensamento criativo.

P6.6$_C$ **QEA** (*Questão de Exame Antigo*). (*Reator com Membrana*) A reação reversível de primeira ordem

$$A \rightleftarrows B + 2C$$

está ocorrendo em um reator com membrana. A puro entra no reator, e B se difunde através da membrana. Infelizmente, um pouco do reagente A também se difunde através da membrana.

(a) Faça um gráfico das vazões de A, B e C ao longo do reator, assim como das vazões de A e B através da membrana.

(b) Compare os perfis de conversão de um PFR convencional com os de um IMR-CF do item (**a**). Quais as generalizações que você pode fazer?

(c) A conversão de A seria maior ou menor, se C estivesse se difundindo para fora em vez de B?

(d) Discuta como suas curvas mudariam se a temperatura fosse aumentada ou diminuída significativamente para uma reação exotérmica e para uma reação endotérmica.

Informações Adicionais:

$k = 10\ \text{min}^{-1}$ $\quad F_{A0} = 100$ mol/min

$K_C = 0{,}01\ \text{mol}^2/\text{dm}^6$ $\quad \upsilon_0 = 100\ \text{dm}^3/\text{min}$

$k_{CA} = 1\ \text{min}^{-1}$ $\quad V_{reator} = 20\ \text{dm}^3$

$k_{CB} = 40\ \text{min}^{-1}$

P6.7$_B$ **Lógica das Células de Combustíveis.** Com o foco nas fontes alternativas de energia limpa, estamos nos movendo em direção ao uso crescente de células de combustíveis para operar aparelhos, que variam de computadores a automóveis. Por exemplo, a célula de combustível hidrogênio/oxigênio produz *energia limpa* uma vez que os produtos são água e eletricidade, que podem levar a uma economia baseada em hidrogênio em vez de uma economia baseada no petróleo.

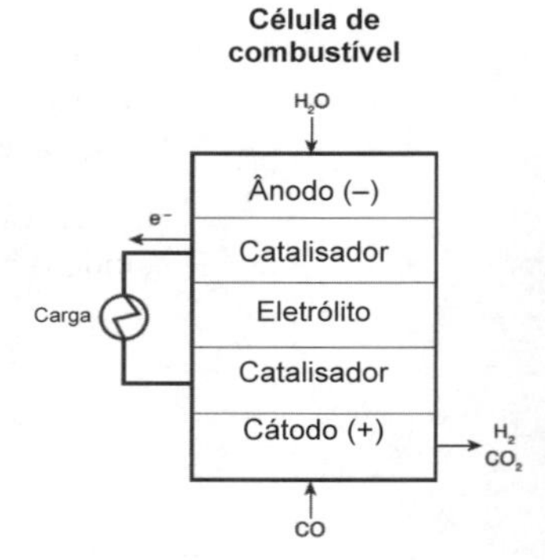

Um importante componente no trem de processamento para células de combustíveis é o reator com membrana com deslocamento do gás-água. (M. Gummala, N. Gupla, B. Olsomer e Z. Dardas, *Paper 103c*, 2003, AIChE National Meeting, New Orleans, LA.)

$$CO + H_2O \rightleftarrows CO_2 + H_2$$

Aqui, CO e água são alimentados no reator com membrana, que contém o catalisador. Hidrogênio pode se difundir para fora, pelos lados, através da membrana, enquanto CO, H_2O e CO_2 não podem. Baseando-se nas informações seguintes, faça um gráfico das concentrações e das vazões molares de cada uma das espécies reagentes ao longo do comprimento do reator com membrana. Suponha o seguinte: A vazão volumétrica de alimentação é 10 dm³/min a 10 atm e a alimentação equimolar de CO e vapor de água, com C_{T0} = 0,4 mol/dm³. A constante de equilíbrio é K_e = 1,44, com k = 1,37 dm⁶/mol kg de cat×min, massa específica aparente, ρ = 1.000 kg/m³, e coeficiente de transferência de massa para o hidrogênio k_{H_2} = 0,1 dm³/kg de cat×min. *Sugestão:* Calcule primeiro a taxa molar de CO na entrada e então relacione F_A e X.

(a) Qual é a massa de catalisador no reator com membrana necessária para atingir uma conversão de 85% de CO?

(b) Sofia quer que você compare o RM com um PFR convencional. O que você dirá a ela?

(c) Para o mesmo volume de reator com membrana, Nicolas quer saber qual seria a conversão de CO se a taxa de alimentação fosse dobrada.

P6.8$_C$ **QEA** (*Questão de Exame Antigo*). A produção de etilenoglicol a partir de etileno cloro-hidrina e de bicarbonato de sódio

$$CH_2OHCH_2Cl + NaHCO_3 \rightarrow (CH_2OH)_2 + NaCl + CO_2\uparrow$$

ocorre em um reator em semibatelada. Uma solução 1,5 molar de etileno cloro-hidrina é alimentada a uma taxa de 0,1 mol/min em um volume de 1.500 dm³ de uma solução 0,75 molar de bicarbonato de sódio. A reação é elementar e ocorre isotermicamente a 30°C, sendo a velocidade específica de reação igual a 5,1 dm³/mol/h.

Temperaturas mais altas produzem reações paralelas indesejáveis. O reator pode manter um máximo de 2.500 dm^3 de líquido. Considere massa específica constante.

(a) Faça um gráfico e analise a conversão, de taxa de reação, a concentração dos reagentes e dos produtos e o número de mols formados de glicol em função do tempo.

(b) Suponha que você pudesse variar a taxa entre 0,01 e 200 mol/min. Que taxa e tempo de retenção você escolheria de modo a obter, em 24 horas, o maior número de mols de etilenoglicol, mantendo em mente os tempos mortos para limpeza, enchimento etc., mostrados na Tabela 5.3?

(c) Suponha que o etileno cloro-hidrina seja alimentado a uma vazão de 0,15 mol/ min, até o reator estar completo, quando então a alimentação é fechada. Faça um gráfico da conversão em função do tempo.

(d) Discuta o que você aprendeu deste problema e o que você acredita ser o ponto-chave do problema.

P6.9$_C$ A seguinte reação elementar ocorre em fase líquida

$$NaOH + CH_3COOC_2H_5 \longrightarrow CH_3COO^-Na^+ + C_2H_5OH$$

As concentrações iniciais são 0,2 M em NaOH e 0,25 M em $CH_3COOC_2H_5$, com $k = 5{,}2\times10^{-5}$ dm^3/mol×s a 20°C, com E = 42,810 J/mol. Projete um conjunto de condições operacionais (por exemplo, υ_0, T, ...) para produzir 200 mol/dia de etanol em um reator em semibatelada e não opere acima de 37°C e abaixo de uma concentração de NaOH de 0,02 molar.[9] O reator em semibatelada que você tem a sua disposição tem 1,5 m de diâmetro e 2,5 m de altura. O tempo de inatividade do reator é $(t_c + t_e + t_f)$ = 3h.

P6.10$_B$ Visite o *site* da *Web* do Professor Herz em *www.reactorlab.net*. A partir do menu no topo da página, selecione *Download* e então pressione no *link English version* (versão em inglês). Forneça as informações requeridas e então baixe, instale e abra o *software*. Selecione *Division D2, Lab. L2* e o PFR marcado do Lab. de Reatores, relativo a um reator de leito fixo (marcado como PFR), no qual um gás com as propriedades físicas do ar escoa sobre *pellets* esféricos de catalisador. Faça experimentos aqui de modo a conseguir entender como a queda de pressão varia com os parâmetros de entrada, tais como diâmetro do reator, diâmetro do *pellet*, taxa de escoamento do gás e temperatura. Com o objetivo de obter uma queda de pressão significativa, você pode precisar mudar substancialmente alguns dos valores de entrada em relação àqueles mostrados quando você entra no laboratório. Se você notar que não conseguirá obter o escoamento desejado, então você necessitará aumentar a pressão de entrada.

P6.11$_B$ **QEA** (*Questão de Exame Antigo*). Butanol puro deve ser alimentado em um *reator em semibatelada*, contendo acetato de etila puro para produzir acetato de butila e etanol. A reação

$$CH_3COOC_2H_5 + C_4H_9OH \rightleftharpoons CH_3COOC_4H_9 + C_2H_5OH$$

é elementar e reversível. A reação ocorre isotermicamente a 300 K. Nessa temperatura, a constante de equilíbrio é 1,08 e a velocidade específica de reação é 9×10^{-5} dm^3/mol×s. Inicialmente, existem 200 dm^3 de acetato de etila no recipiente e butanol é alimentado a uma vazão volumétrica de 0,05 dm^3/s. A alimentação e as concentrações iniciais de butanol e de acetato de etila são 10,93 mol/dm^3 e 7,72 mol/dm^3, respectivamente.

(a) Plote e analise a conversão de equilíbrio de acetato de etila em função do tempo.

(b) Plote e analise a conversão de acetato de etila, a taxa de reação e a concentração de butanol em função do tempo.

(c) Refaça o item **(b)**, considerando que o etanol evapora (destilação reativa) tão logo ele seja formado. (Essa é uma questão em nível de pós-graduação.)

(d) Use o Polymath ou algum outro *solver* de EDO para aprender a sensibilidade de conversão para várias combinações de parâmetros (por exemplo, varie F_{B0}, N_{A0}, υ_0).

(e) Aplique a este problema uma ou mais das seis ideias da Tabela P.4 do Prefácio.

(f) Formule uma questão que requeira raciocínio crítico e então explique por que sua questão requer raciocínio crítico. *Sugestão*: Veja a Seção G do Prefácio.

P6.12$_C$ Use os dados da reação do Problema P6.11$_B$ e o algoritmo de taxa molar para resolver os seguintes problemas:

(a) Calcule o volume de um reator CSTR de modo a atingir 80% da conversão de equilíbrio para uma alimentação equimolar e para uma vazão volumétrica de alimentação igual a 0,05 dm^3/s.

(b) Segurança. Considere agora o caso em que queremos desligar o reator, alimentando água a uma vazão volumétrica de 0,05 dm^3/s. Quanto tempo levará para reduzir a taxa para 1% da taxa no CSTR sob as condições do item **(a)**?

P6.13$_C$ **QEA** (*Questão de Exame Antigo*). Uma reação reversível isotérmica A $\rightleftharpoons$ B ocorre em uma solução aquosa. A reação é de primeira ordem em ambas as direções. A constante de taxa da reação progressiva é 0,4 h^{-1} e a constante de equilíbrio é 4,0. A alimentação para a planta contém 100 kg/m^3 de A e entra a uma taxa de 12 m^3/h. Os efluentes do reator passam para um separador, em que B é completamente recuperado. O reator é um *tanque agitado* de volume igual a 60 m^3. Uma fração, f_1, do efluente não reagido é reciclada como uma solução contendo

[9] Manual of Chemical Engineering Laboratory, University of Nancy, Nancy, France, 1994 (eric@ist.uni-stuttgart.de).

100 kg/m³ de A e o restante é descartado. O produto B vale $2 por quilograma e os custos operacionais são $50 por metro cúbico de solução que entra no separador. Que valor de *f* maximiza o lucro operacional da planta? Que fração de A alimentada para a planta é convertida no ponto ótimo? Fonte: H. S. Shankar, IIT Mumbai.

LEITURA SUPLEMENTAR

MAXWELL ANTHONY, presidential inauguration address, *"The economic future of Jofostan and the chemical reaction industry and one's ability to deal with multiple reactions."* Riça, Jofostan, January 1, 2022.

GARRISON KEILLOR and TIM RUSSELL, *Dusty and Lefty: The Lives of the Cowboys* (Audio CD). St. Paul, MN Highbridge Audio, 2006.

G. F. FROMENT and K. B. BISCHOFF, *Chemical Reactor Analysis and Design*, 2nd ed. New York: Wiley, 1990.

Informação recente sobre projeto de reatores pode ser encontrada nas seguintes revistas: *Chemical Engineering Science, Chemical Engineering Communications, Industrial and Engineering Chemistry Research, Canadian Journal of Chemical Engineering, AIChE Journal* e *Chemical Engineering Progress.*

Aquisição e Análise dos Dados Cinéticos 7

Você pode observar muito, simplesmente olhando.
— Yogi Berra, New York Yankees

Visão Geral. Nos Capítulos 5 e 6, mostramos que, uma vez que a equação da taxa seja conhecida, ela pode ser substituída na equação adequada de projeto e, pelo uso das relações estequiométricas apropriadas, podemos aplicar o algoritmo de ERQ para dimensionar qualquer sistema de reação isotérmica. Neste capítulo, destacaremos as maneiras de se obterem e analisarem os dados cinéticos tendo em vista a identificação da equação da taxa de determinada reação.

Discutiremos os dois tipos mais comuns de reatores para obtenção de dados cinéticos: o reator em batelada, que é empregado principalmente para reações homogêneas, e o reator diferencial, que é usado para reações heterogêneas sólido-fluido. Em experimentos em reatores em batelada, a concentração, a pressão e/ou o volume são geralmente medidos e registrados em diferentes tempos durante o decorrer da reação. Os dados são coletados do reator em batelada durante a operação transiente, enquanto as medições em um reator diferencial são efetuadas durante a operação estacionária. Nos experimentos com um reator diferencial, a concentração do produto é geralmente monitorada para diferentes conjuntos de condições de alimentação.

Três diferentes métodos de análise dos dados coletados são empregados:

- O método integral
- O método diferencial
- Regressão não linear

Os métodos diferenciais e integrais são utilizados principalmente na análise de dados de reator em batelada. Devido à disponibilidade atual de grande número de pacotes computacionais (por exemplo, Polymath, MATLAB) para análise de dados, uma extensa discussão sobre regressão não linear é incluída.

7.1 Algoritmo de Análise dos Dados Cinéticos

Para sistemas em batelada, o procedimento usual é coletar dados de concentração-tempo, que utilizaremos posteriormente para determinar a equação da taxa. A Tabela 7.1 apresenta o procedimento que empregaremos na análise dos dados de engenharia de reações.

Os dados para reações homogêneas são mais frequentemente obtidos em reator em batelada. Após a escolha de uma equação da taxa, Etapa 1, e sua incorporação ao balanço molar, Etapa 2, utilizaremos, a seguir, qualquer um ou todos os métodos de tratamento dos dados descritos na Etapa 5 para obter as ordens das reações e as constantes da velocidade específica de reação.

A análise de reações heterogêneas é apresentada na Etapa 6. Para reações heterogêneas gás-sólido, precisamos ter um bom entendimento da reação e de seus possíveis mecanismos para podermos postular a equação da taxa na Etapa 6B. Após o estudo de reações heterogêneas no Capítulo 10, estaremos aptos para estabelecer diferentes equações da taxa e usar então o método de regressão não linear do Polymath e escolher a "melhor" equação da taxa e os correspondentes parâmetros cinéticos (veja o Exemplo 10.3).

O procedimento que devemos usar para estabelecer a equação da taxa e os correspondentes parâmetros cinéticos é apresentado na Tabela 7.1.

Tabela 7.1 Etapas na Análise dos Dados Cinéticos

1. **Postule uma equação da taxa.**
   A. Modelos de lei de potência para *reações homogêneas*

$$-r_A = kC_A^\alpha, \quad -r_A = kC_A^\alpha C_B^\beta$$

   B. Modelos de Langmuir-Hinshelwood para *reações heterogêneas*

$$-r'_A = \frac{kP_A}{1 + K_A P_A}, \quad -r'_A = \frac{kP_A P_B}{(1 + K_A P_A + P_B)^2}$$

2. **Selecione o tipo de reator e o correspondente balanço molar.**
   A. Se reator em batelada (Seção 7.2), use o balanço molar do reagente A

$$-r_A = -\frac{dC_A}{dt} \quad \text{(T7.1.1)}$$

   B. Se reator diferencial PBR (Seção 7.6), use o balanço molar do produto P (A → P)

$$-r'_A = \frac{F_P}{\Delta W} = C_P \upsilon_0 / \Delta W \quad \text{(T7.1.2)}$$

3. **Processe seus dados em termos da variável medida** (por exemplo, N_A, C_A ou P_A). Caso necessário, reescreva o balanço molar em termos da variável medida (por exemplo, P_A).
4. **Procure por simplificações.** Por exemplo, se um dos reagentes estiver em excesso, considere sua concentração como constante. Se na fase gasosa a fração molar do reagente A for pequena, faça $\varepsilon \approx 0$.
5. **Para reator em batelada, calcule $-r_A$ em função da concentração C_A para determinar a ordem da reação.**
   A. *Análise diferencial* (Seção 7.4)
   Combine o balanço molar (TE7.1.1) e o modelo de lei de potência (TE7.1.3).

$$-r_A = kC_A^\alpha \quad \text{(T7.1.3)}$$

$$-\frac{dC_A}{dt} = kC_A^\alpha \quad \text{(T7.1.4)}$$

   e então aplique o logaritmo natural

$$\ln\left(-\frac{dC_A}{dt}\right) = \ln(-r_A) = \ln k + \alpha \ln C_A \quad \text{(T7.1.5)}$$

   (1) Determine $-\frac{dC_A}{dt}$ a partir de dados de C_A contra t pelo

(a) Diferencial gráfico (não é usado frequentemente)
(b) Método das diferenças finitas ou
(c) Ajuste polinomial

(2) Faça um gráfico de $\left[\ln\left(-\frac{dC_A}{dt}\right)\right]$ contra $\ln C_A$ e determine a ordem de reação α, que é a inclinação da reta que ajusta os dados

ou

(3) Use regressão não linear para determinar α e k simultaneamente.

(4) O *método das taxas iniciais (http://www.umich.edu/~elements/6e/07chap/prof-7-1.html)*. Esse método é usado para reações altamente reversíveis e requer experimentos múltiplos a concentrações iniciais diferentes. Aqui, necessitamos determinar $\left(\frac{dC_A}{dt}\right)_{t=0}$ em função de C_{A0}.

$$\ln\left(-\frac{dC_A}{dt}\right)_{t=0} = \ln k + \alpha \ln C_{A0} \tag{T7.1.6}$$

Podemos usar a Equação (T7.1.6) para plotar os dados, como descrito em (2), ou usar regressão, como descrito em (3).

B. *Método integral* (Seção 7.3)

Com $-r_A = kC_A^{\alpha}$, a combinação do balanço molar com a equação da taxa é

$$-\frac{dC_A}{dt} = kC_A^{\alpha} \tag{T7.1.4}$$

Arbitre α e integre a Equação (TE7.1.4). Rearranje sua equação para obter uma função de C_A que, quando plotada em função do tempo, seja uma reta. Se a função plotada for de fato linear, então o valor arbitrado de α está correto e a inclinação da reta é a velocidade específica, k. Se a função plotada não for linear, arbitre um novo valor para α. Se você arbitrou $\alpha = 0$, 1 e 2 e nenhuma dessas ordens ajustou os dados, aplique a regressão não linear.

C. *Regressão não linear* (Polymath) (Seção 7.5):

Quando possível, eu encorajaria o uso da regressão não linear.

Integre a Equação (T7.1.4) para obter

$$t = \frac{1}{k}\left[\frac{C_{A0}^{(1-\alpha)} - C_A^{(1-\alpha)}}{(1-\alpha)}\right] \quad para\ \alpha \neq 1 \tag{T7.1.7}$$

Utilize o método de regressão do Polymath e determine α e k. Um tutorial do Polymath, mostrando a sequência de telas do programa, é encontrado no CRE *website* em *http://umich.edu/~elements/6e/07chap/Example_7-3_Polymath_nonlinear_regression_tutorial.pdf* e *http://www.umich.edu/~elements/6e/software/nonlinear_regression_tutorial.pdf*.

6. **Para o reator diferencial PBR, calcule $-r'_A$ em função de C_A ou de P_A (Seção 7.6)**

A. Calcule $-r'_A = \frac{v_0 C_p}{\Delta W}$ em função da concentração do reagente, C_A, ou da pressão parcial, P_A

B. Escolha um modelo (veja o Capítulo 10), por exemplo,

$$-r'_A = \frac{kP_A}{1 + K_A P_A}$$

C. Use regressão não linear para buscar o melhor modelo e os parâmetros correspondentes. Veja o exemplo na seção *Notas de Resumo* do CRE *website*, utilizando dados de catálise heterogênea, Capítulo 10.

7. **Analise seu modelo cinético sob o prisma da "boa qualidade do ajuste".** Calcule o coeficiente de correlação.

7.2 Determinação da Ordem de Reação para Cada um dos Dois Reagentes, Usando o Método do Excesso

Os reatores em batelada são empregados principalmente para determinar parâmetros cinéticos de reações homogêneas. Essa determinação é geralmente obtida pela medição da concentração em função do tempo, usando, a seguir, o método diferencial, integral ou de regressão não linear de análise dos dados para determinar a ordem da reação, α, e a constante de velocidade específica de reação, k. Se a variável medida não for a concentração (por exemplo, a pressão), deve-se

Dados do processo em termos da variável medida.

reescrever o balanço molar em termos dessa variável (a pressão, como mostrado no exemplo da seção *Problemas Resolvidos* do CRE *website* (*http://www.umich.edu/~elements/6e/07chap/pdf/excd5-1.pdf*).

Quando uma reação é *irreversível*, é possível, em muitos casos, determinar a ordem da reação α e a velocidade específica de reação tanto por regressão não linear quanto por diferenciação numérica dos *dados de concentração em função do tempo*. Aplica-se mais esse último método quando a reação é conduzida em condições que permitam que a equação da taxa seja essencialmente uma função da concentração de apenas um dos reagentes; por exemplo, na reação de decomposição,

Supondo que a equação da reação seja da forma $-r_A = k_A C_A^\alpha$

$$A \rightarrow \text{Produtos}$$

$$-r_A = k_A C_A^\alpha \tag{7.1}$$

em que o método diferencial pode ser usado.

Entretanto, aplicando o método do excesso, também é possível determinar a relação entre $-r_A$ e a concentração de outros reagentes. Isto é, para a reação irreversível

$$A + B \rightarrow \text{Produtos}$$

com a equação da taxa

$$-r_A = k_A C_A^\alpha C_B^\beta \tag{7.2}$$

em que α e β são ambos parâmetros não conhecidos, a reação pode ser inicialmente conduzida com um excesso de B, de modo que C_B se mantenha essencialmente constante durante o andamento da reação ($C_B \approx C_{B0}$) e

$$-r_A = k' C_A^\alpha \tag{7.3}$$

em que

Método do excesso

$$k' = k_A C_B^\beta \approx k_A C_{B0}^\beta$$

Após a determinação de α, a reação é conduzida com um excesso de A, de modo que a equação da taxa é aproximada por

$$-r_A = k'' C_B^\beta \tag{7.4}$$

em que $k'' = k_A C_A^\alpha \approx k_A C_{A0}^\alpha$

Uma vez que α e β são determinados, k_A pode ser calculado por meio da medição de $-r_A$ para concentrações conhecidas de A e B

$$k_A = \frac{-r_A}{C_A^\alpha C_B^\beta} = \frac{(\text{dm}^3/\text{mol})^{\alpha+\beta-1}}{\text{s}} \tag{7.5}$$

Ambas as ordens de reação α e β podem ser determinadas pela aplicação do método do excesso acoplado à análise diferencial dos dados de sistemas em batelada.

Pode-se também executar muitos experimentos usando os *métodos de taxas iniciais* (*http://www.umich.edu/~elements/6e/07chap/prof-7-1.html*) para determinar $-r_{A0}$ como função de C_{A0} e C_{B0} e então usar regressão para determinar k, α e β, como mostrado na Estante de Referências Profissionais R3 no CRE *website* (*http://www.umich.edu/~elements/6e/07chap/pdf/leastsquares.pdf*).

7.3 Método Integral

O método integral é o mais rápido para se usar para determinar a equação da taxa, se a ordem for zero, primeira ou segunda. No método integral, inferimos a ordem de reação, α, na equação da equação da taxa combinada com o balanço molar no reator em batelada

O método integral usa um procedimento de tentativa e erro para buscar a ordem de reação.

$$\frac{dC_A}{dt} = -kC_A^\alpha \tag{7.6}$$

e integramos a equação diferencial para obter a concentração em função do tempo. Se a suposta ordem de reação α for correta, então o gráfico apropriado (determinado a partir dessa integração) dos dados de concentração-tempo deve ser linear. O método integral é empregado mais frequentemente quando a ordem da reação é conhecida e se deseja calcular a velocidade específica da reação a diferentes temperaturas tendo em vista a determinação da energia de ativação.

É importante saber como gerar gráficos *lineares* de funções de C_A contra t para reações de ordem zero, de primeira ordem e de segunda ordem.

No método integral de análise dos dados cinéticos, estamos buscando por uma função da concentração, correspondente a uma equação da taxa particular, que seja linear com o tempo. Precisamos estar familiarizados com os métodos de obtenção dessas representações lineares para as reações de ordem *zero*, de *primeira ordem* e de *segunda ordem*.

Para a reação

$$A \rightarrow \text{Produtos}$$

conduzida em um reator em batelada a volume constante, o balanço molar é

$$\frac{dC_A}{dt} = r_A$$

Para uma reação de ordem zero, $-r_A = -k$, e a combinação da equação da taxa com o balanço molar é

$$\frac{dC_A}{dt} = -k \tag{7.7}$$

Integrando com $C_A = C_{A0}$ em $t = 0$, temos

Ordem zero

$$\boxed{C_A = C_{A0} - kt} \tag{7.8}$$

Um gráfico da concentração de A em função do tempo será uma reta (Figura 7.1) com uma inclinação ($-k$) para uma reação de ordem zero que ocorre em um reator em batelada com volume constante.

Se a reação for de primeira ordem (Figura 7.2), a integração da combinação do *balanço molar com a equação da taxa*

$$-\frac{dC_A}{dt} = kC_A$$

com a condição inicial $C_A = C_{A0}$ em $t = 0$, obtemos

Primeira ordem

$$\boxed{\ln\frac{C_{A0}}{C_A} = kt} \tag{7.9}$$

#importante

Precisamos conhecer esses gráficos para reações de ordem zero, primeira e segunda ordens.

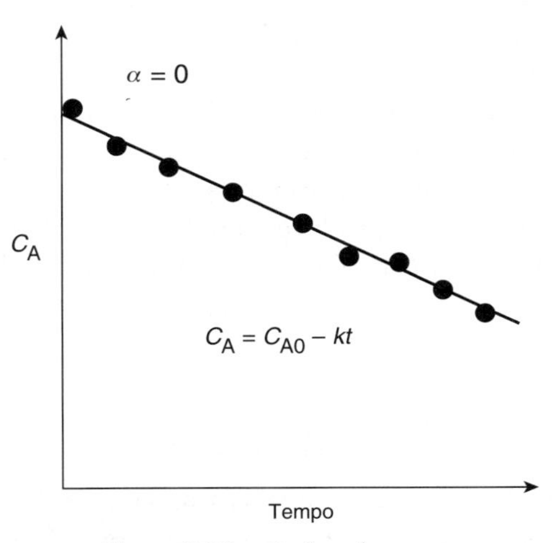

Figura 7.1 Reação de ordem zero.

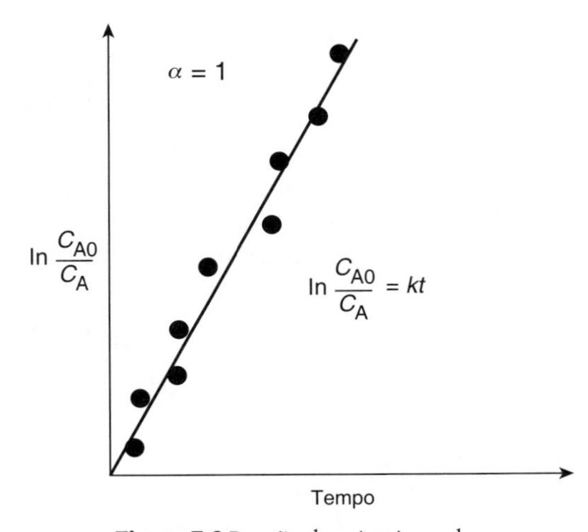

Figura 7.2 Reação de primeira ordem.

Consequentemente, vemos que o gráfico de $[\ln(C_{A0}/C_A)]$ em função do tempo é uma reta com inclinação k.

Se a reação for de segunda ordem (Figura 7.3), então

$$-\frac{dC_A}{dt} = kC_A^2$$

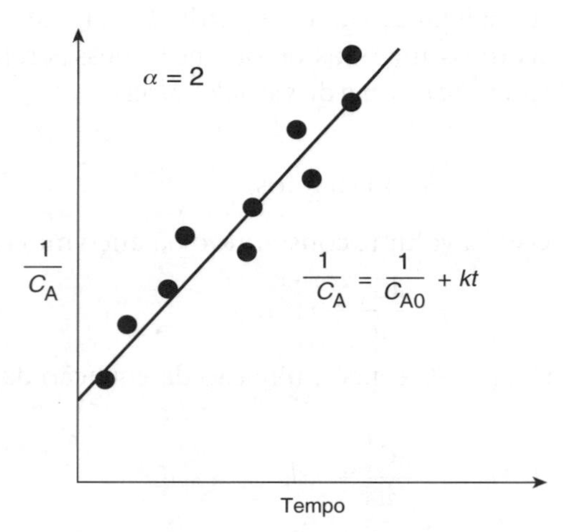

Figura 7.3 Reação de segunda ordem.

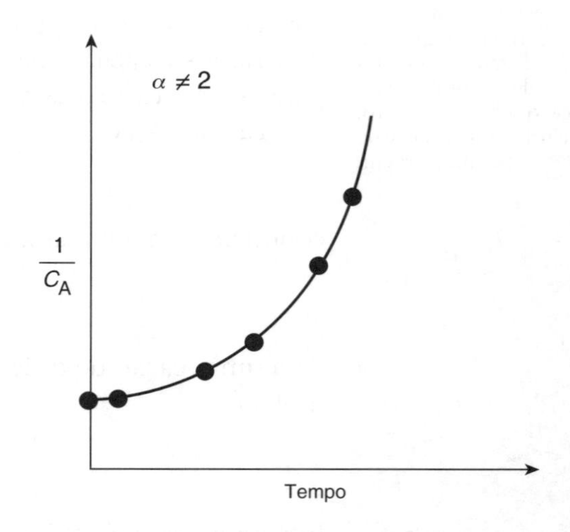

Figura 7.4 Gráfico do inverso da concentração em função do tempo para uma reação de ordem desconhecida.

Integrando, com o valor inicial de $C_A = C_{A0}$ $(t = 0)$, obtemos

Segunda ordem

$$\boxed{\frac{1}{C_A} - \frac{1}{C_{A0}} = kt} \tag{7.10}$$

Vemos então que, para uma reação de segunda ordem, o gráfico de $(1/C_A)$ em função do tempo deve ser uma reta com inclinação k.

A ideia é arranjar os dados de modo que uma relação linear seja obtida.

Nas Figuras 7.1, 7.2 e 7.3, vemos que, quando plotamos a função da concentração apropriada (C_A, $\ln C_A$ ou $1/C_A$) contra o tempo, obtemos funções lineares e concluímos que as reações são, respectivamente, de ordem zero, de primeira ordem ou de segunda ordem. Entretanto, se os gráficos dos dados de concentração contra o tempo **não forem funções lineares**, como mostrado na Figura 7.4, podemos afirmar que a ordem de reação suposta não ajusta os pontos experimentais. No caso da Figura 7.4, podemos concluir que a reação não é de segunda ordem. Depois de perceber que o método integral para a primeira, segunda e terceira ordens não ajustam os dados, deve-se usar um dos outros métodos discutidos na Tabela 7.1, tais como o *método diferencial* de análise ou *regressão não linear*.

É importante reafirmar que, dada uma equação da taxa, você deve escolher prontamente a função da concentração ou da conversão que dá origem a uma reta quando plotada contra o tempo ou contra o tempo espacial. A adequação de tal reta pode ser estimada estatisticamente, calculando o coeficiente de determinação, r^2, que deve estar próximo a 1, na medida do possível. O valor de r^2 é dado na saída da análise de regressão não linear do Polymath.

Exemplo 7.1 Método Integral de Análise dos Dados da ERQ

A reação em fase líquida

Tritil (A) + Metanol (B) → Produtos (C)

ocorreu em um reator em batelada a 25°C em uma solução de benzeno e piridina, em um excesso de metanol ($C_{B0} = 0{,}5 \frac{\text{mol}}{\text{dm}^3}$). (É preciso dizer que esse reator em batelada foi comprado em um mercado em Riça,

#Cuidado com os vazamentos!

Jofostan, em um domingo.) A piridina reage com HCl, que então precipita como hidrocloreto de piridina tornando assim a reação irreversível. A reação é de primeira ordem em metanol. A concentração de cloreto de trifenil metil (A) foi medida em função do tempo, sendo mostrada na Tabela E7.1.1.

Tabela E7.1.1 Dados Não Processados

t (min)	0	50	100	150	200	250	300
C_A (mol/dm³)	0,05	0,038	0,0306	0,0256	0,0222	0,0195	0,0174

(a) Use o método integral para confirmar que a reação é de segunda ordem em relação ao cloreto de trifenil metil.
(b Determine a pseudoconstante de taxa, $k' = kC_{B0}$.
(c) Admita que a reação seja de primeira ordem no metanol e determine a verdadeira constante de taxa de reação, k, para essa reação de terceira ordem global.

Solução

Usamos o modelo de lei de potência, Equação (7.2), juntamente com as informações fornecidas no enunciado do problema de que a reação é de primeira ordem em metanol, (B) $\beta = 1$ para obter

$$-r_A = kC_A^\alpha C_B \tag{E7.1.1}$$

(a) *Metanol em excesso:* A concentração inicial de metanol (B) é 10 vezes aquela de tritil (A); logo, mesmo se todo A for consumido, 90% de B permanecem. Consequentemente, consideraremos a concentração de B como constante e combinaremos ela com k para formar

$$-r_A = kC_A^\alpha C_{B0} = k'C_A^\alpha \tag{E7.1.2}$$

em que k' é a pseudoconstante de taxa $k' = kC_{B0}$ e k é a verdadeira constante de taxa. Substituindo $\alpha = 2$ e combinando com o balanço molar em um reator em batelada, obtemos

$$-\frac{dC_A}{dt} = k'C_A^2 \tag{E7.1.3}$$

Integrando com $C_A = C_{A0}$ em $t = 0$

$$t = \frac{1}{k'}\left[\frac{1}{C_A} - \frac{1}{C_{A0}}\right] \tag{E7.1.4}$$

Rearranjando

$$\boxed{\frac{1}{C_A} = \frac{1}{C_{A0}} + k't} \tag{E7.1.5}$$

da Equação (E7.1.5), vemos que se a reação for de fato de segunda ordem, então o gráfico de $(1/C_A)$ contra t deve ser uma reta. Usando os dados da Tabela E7.1.1, calculamos $(1/C_A)$ para construir a Tabela E7.1.2.

Tabela E7.1.2 Dados Processados

t (min)	0	50	100	150	200	250	300
C_A (mol/dm³)	0,05	0,038	0,0306	0,0256	0,0222	0,0195	0,0174
$1/C_A$ (dm³/mol)	20	26,3	32,7	39,1	45	51,3	57,5

(b) Em uma solução gráfica, os dados da Tabela E7.1.2 podem ser usados para construir um gráfico de $1/C_A$ em função de t, que fornecerá a pseudovelocidade específica de reação, k'. Esse gráfico é mostrado na Figura E7.1.1. Novamente, poderíamos usar o Excel ou o Polymath para determinar k' a partir dos dados da Tabela E7.1.2.
Observamos de passagem que, se você usou o Excel ou uma análise semelhante, então a inclinação, provavelmente, faria parte de sua saída computacional.

A inclinação da linha é a velocidade específica de reação k', usando os pontos em $t = 0$ e $t = 200$, é dada por

$$k' = \frac{\Delta\left(\frac{1}{C_A}\right)}{\Delta t} = \frac{(44-20)\left(\frac{\text{dm}^3}{\text{mol}}\right)}{(200-0)\text{min}} = 0{,}12\frac{\text{dm}^3}{\text{mol}\cdot\text{min}} \tag{E7.1.6}$$

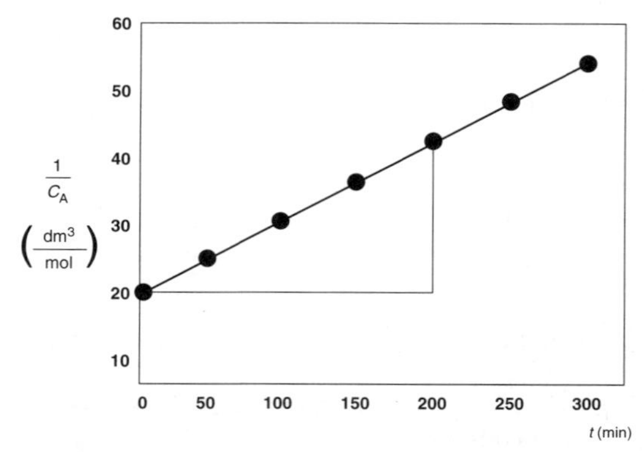

Figura E7.1.1 Gráfico do inverso de C_A contra o tempo para uma reação de segunda ordem.

Vemos que, a partir do gráfico e da análise do Excel, a inclinação da reta é 0,12 dm³/mol×min.

(c) Usamos agora a Equação (E7.1.6), juntamente com a concentração inicial de metanol, para encontrar a verdadeira constante de taxa, k.

$$k = \frac{k'}{C_{B0}} = \frac{0,12 \text{ dm}^3/\text{mol}/\text{min}}{0,5 \quad \text{mol}/\text{dm}^3} = 0,24\left(\frac{\text{dm}^3}{\text{mol}}\right)^2/\text{min}$$

A equação da taxa é

$$\boxed{-r_A = \left[0,24\left(\frac{\text{dm}^3}{\text{mol}}\right)^2/\text{min}\right]C_A^2 C_B} \quad \text{(E7.1.7)}$$

Verificamos que o método integral tende a reduzir o espalhamento dos dados.

Análise: Neste exemplo, as ordens de reação são conhecidas, de modo que o método integral pode ser usado para (1) verificar que a reação é de segunda ordem em tritil e (2) encontrar a pseudoconstante de velocidade $k' = kC_{B0}$ para o caso de metanol em excesso (B). Conhecendo k' e C_{B0}, podemos então determinar a verdadeira constante de velocidade k.

7.4 Método Diferencial de Análise

O método diferencial é uma excelente técnica para usar quando você quer olhar para inconsistências nos dados experimentais de alguém. Para ilustrar o procedimento empregado no método diferencial de análise, consideraremos uma reação conduzida de forma isotérmica em um reator em batelada a volume constante em que é registrada a variação da concentração com o tempo. Pela combinação do balanço molar com a equação da taxa dada pela Equação (7.1), obtemos

Reator em batelada a volume constante

$$-\frac{dC_A}{dt} = k_A C_A^{\alpha}$$

Após a aplicação do logaritmo natural a ambos os membros da equação anterior,

$$\boxed{\ln\left(-\frac{dC_A}{dt}\right) = \ln k_A + \alpha \ln C_A} \quad (7.11)$$

observe que a inclinação da reta que expressa a dependência de [ln $(-dC_A/dt)$] com (ln C_A) é a ordem de reação α (veja a Figura 7.5).

A Figura 7.5(a) mostra um gráfico de $[-(dC_A/dt)]$ contra $[C_A]$, em escala log-log (pode-se usar o Excel para construir o mesmo gráfico), em que a inclinação da reta é igual à ordem de reação α. A velocidade específica da reação, k_A, pode ser determinada selecionando, em primeiro lugar, uma concentração qualquer, designada por C_{Ap}, e, depois, buscando o correspondente valor da

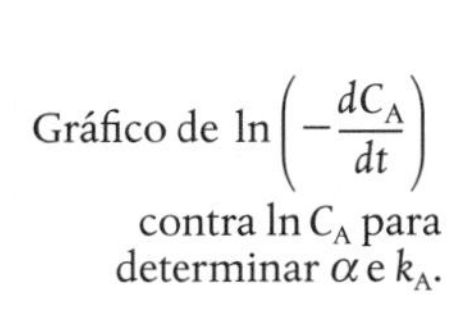

Gráfico de $\ln\left(-\frac{dC_A}{dt}\right)$ contra $\ln C_A$ para determinar α e k_A.

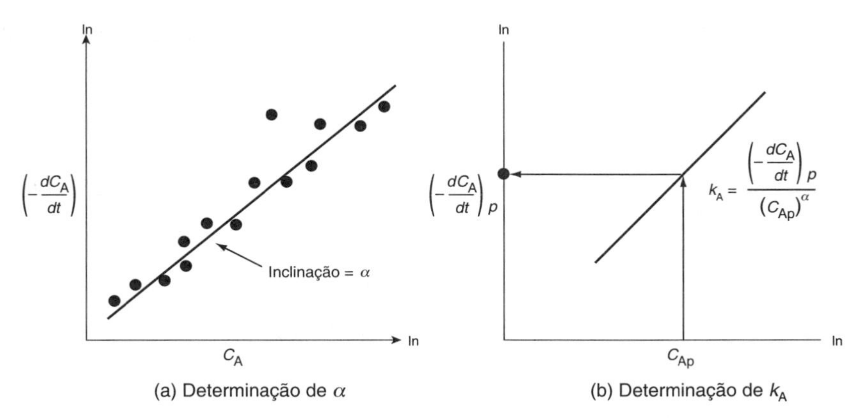

Figura 7.5 O método diferencial para a determinação da ordem de reação.

ordenada $[-(dC_A/dt)_p]$, como mostrado na Figura 7.5(b). A concentração escolhida, C_{Ap}, para encontrar a derivada em C_{Ap}, não necessita ser um ponto do conjunto de dados; ela precisa apenas estar na linha. Após elevar C_{Ap} à potência α, dividimos esse resultado por $[-(dC_A/dt)_p]$ para determinar k_A

$$k_A = \frac{-(dC_A/dt)_p}{(C_{Ap})^\alpha} \tag{7.12}$$

Para obter a derivada $(-dC_A/dt)$, usada nesse gráfico, devemos diferenciar os dados concentração–tempo de forma numérica ou gráfica. A seguir, descreveremos três métodos para a determinação da derivada a partir dos dados de concentração em função do tempo. Esses métodos são:

Métodos para determinar $-\frac{dC_A}{dt}$ a partir de dados de concentração-tempo

- Diferenciação gráfica
- Fórmulas de diferenciação numérica
- Diferenciação de um polinômio ajustado aos dados

Vamos discutir somente os métodos gráfico e numérico.

7.4.1 Método de Diferenciação Gráfica

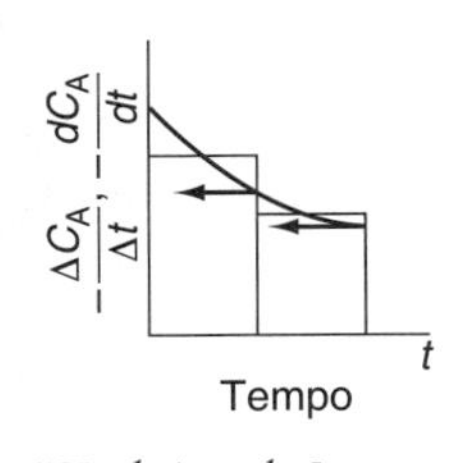

#UsadaAntesdosLaptops

Esse método é muito antigo (da época da régua de cálculo – "O que é uma régua de cálculo, Vovô?"), quando comparado com os inúmeros pacotes computacionais. Então, por que usá-lo? Com esse método, disparidades entre os dados são facilmente detectadas. Consequentemente, é vantajoso o uso dessa técnica para analisar os dados antes do planejamento do próximo conjunto de experimentos. Conforme explicado no Apêndice A.2, o método gráfico envolve plotar $(-\Delta C_A/\Delta t)$ em função de t e então utilizar a diferenciação de áreas iguais para obter $(-dC_A/dt)$. Um exemplo ilustrativo é também apresentado no Apêndice A.2.

Veja o Apêndice

Além da técnica gráfica empregada para diferenciar os dados, duas outras técnicas são comumente usadas: fórmulas de diferenciação e ajuste polinomial.

7.4.2 Método Numérico

As fórmulas de diferenciação numérica podem ser utilizadas quando os pontos experimentais relativos à variável independente estão *igualmente espaçados*, tais como $t_1 - t_0 = t_2 - t_1 = \Delta t$. (Veja a Tabela 7.2.)

Dados Não Processados

Tabela 7.2 Dados Não Processados

Tempo (min)	t_0	t_1	t_2	t_3	t_4	t_5
Concentração (mol/dm^3)	C_{A0}	C_{A1}	C_{A2}	C_{A3}	C_{A4}	C_{A5}

As fórmulas de diferenciação de três pontos,[1] mostradas na Tabela 7.3, podem ser usadas para calcular dC_A/dt.

Tabela 7.3 Fórmulas de Diferenciação

Ponto inicial:	$\left(\frac{dC_A}{dt}\right)_{t_0} = \frac{-3C_{A0} + 4C_{A1} - C_{A2}}{2\Delta t}$	(7.13)
Pontos interiores:	$\left(\frac{dC_A}{dt}\right)_{t_i} = \frac{1}{2\Delta t}[(C_{A(i+1)} - C_{A(i-1)})]$ $\left[e.g., \left(\frac{dC_A}{dt}\right)_{t_3} = \frac{1}{2\Delta t}[C_{A4} - C_{A2}]\right]$	(7.14)
Último ponto:	$\left(\frac{dC_A}{dt}\right)_{t_5} = \frac{1}{2\Delta t}[C_{A3} - 4C_{A4} + 3C_{A5}]$	(7.15)

As Equações (7.13) e (7.15) são usadas para calcular as derivadas no primeiro e no último ponto, respectivamente, enquanto a Equação (7.14) é usada para calcular a derivada em todos os pontos internos (veja a Etapa 5B no Exemplo 7.2).

7.4.3 Determinação dos Parâmetros Cinéticos

A seguir, usando o método gráfico ou o método das fórmulas de diferenciação ou o método do ajuste polinomial, a Tabela 7.4 pode ser construída.

Dados processados

Tabela 7.4 Dados Processados

Tempo	t_0	t_1	t_2	t_3
Concentração	C_{A0}	C_{A1}	C_{A2}	C_{A3}
Derivada	$\left(-\frac{dC_A}{dt}\right)_0$	$\left(-\frac{dC_A}{dt}\right)_1$	$\left(-\frac{dC_A}{dt}\right)_2$	$\left(-\frac{dC_A}{dt}\right)_3$

A ordem de reação pode agora ser determinada a partir do gráfico de $\ln(-dC_A/dt)$ em função de $\ln C_A$, conforme mostrado na Figura 7.5(a), uma vez que

$$\ln\left(-\frac{dC_A}{dt}\right) = \ln k_A + \alpha \ln C_A \tag{7.16}$$

Antes de resolver um problema como exemplo, reveja as etapas para determinar a equação da taxa a partir de pontos experimentais (Tabela 7.1).

Exemplo 7.2 Determinação da Equação da Taxa

A reação do cloreto de trifenil metila (tritil) (A) com o metanol (B), discutida no Exemplo 7.1, é agora analisada usando o método diferencial.

$$(C_6H_5)_3CCl + CH_3OH \rightarrow (C_6H_5)_3\ COCH_3 + HCl$$

$$A \quad + \quad B \quad \rightarrow \quad C \quad + \quad D$$

Os dados de concentração-tempo da Tabela E7.2.1 foram obtidos em um reator em batelada.

[1] B. Carnahan, H.A. Luther, and J. O. Wilkes, Applied Numerical Methods (New York: Wiley, 1969), p. 129.

Tabela E7.2.1 Dados Não Processados

Tempo (min)	0	50	100	150	200	250	300
Concentração de A (mol/dm³) × 10³ (Em $t = 0$, $C_A = 0{,}05$ M)	50	38	30,6	25,6	22,2	19,5	17,4

A concentração inicial do metanol foi e 0,5 mol/dm³.

Parte (1) Determine a ordem da reação em relação ao cloreto de trifenil metila.

Parte (2) Em um conjunto separado de experimentos, a ordem de reação em relação ao metanol foi determinada como de primeira ordem. Determine a velocidade específica da reação.

Solução

Parte (1) Ache a ordem da reação em relação ao cloreto de trifenil metila.

Etapa 1 **Postule uma equação da taxa.**

$$-r_A = kC_A^\alpha C_B^\beta \tag{E7.2.1}$$

Etapa 2 **Processe seus dados em termos da variável medida**, que, nesse caso, é C_A.

Etapa 3 **Procure por simplificações.** Devido ao fato de a concentração do metanol ser 10 vezes maior que a do cloreto de trifenil metila, ela pode ser considerada como essencialmente constante

$$C_B \cong C_{B0} \tag{E7.2.2}$$

A substituição de C_B na Equação (E7.2.1) conduz a

$$-r_A = \underbrace{kC_{B0}^\beta}_{k'} C_A^\alpha$$

$$-r_A = k'C_A^\alpha \tag{E7.2.3}$$

Etapa 4 **Aplique o algoritmo ERQ.**

Balanço Molar

$$\frac{dN_A}{dt} = r_A V \tag{E7.2.4}$$

Equação da Taxa

$$-r_A = k'C_A^\alpha \tag{E7.2.3}$$

Estequiometria: Líquido $V = V_0$

$$C_A = \frac{N_A}{V_0}$$

Combinação: Balanço molar, equação da taxa e estequiometria

$$-\frac{dC_A}{dt} = k'C_A^\alpha \tag{E7.2.5}$$

Avaliação: Aplicando o logaritmo natural a ambos os membros da Equação (E7.2.5)

$$\ln\left[-\frac{dC_A}{dt}\right] = \ln k' + \alpha \ln C_A \tag{E7.2.6}$$

A inclinação da reta do gráfico de $\ln(-dC_A/dt)$ contra $\ln C_A$ fornecerá a ordem α em relação ao cloreto de trifenil metila (A).

Etapa 5 Determine $\left[-\frac{dC_A}{dt}\right]$ como função de C_A a partir dos dados de concentração-tempo.

Etapa 5A ***Método Gráfico.*** *#PelosVelhosTempos.* Para ver como este problema foi resolvido nos anos 1960, vá ao Material Expandido do Capítulo 7 no CRE *website*.

Etapa 5B ***Método das Diferenças Finitas.*** Como mencionado, essa técnica ajuda a identificar disparidades nos dados, especialmente entre medidas sucessivas. Mostramos agora como calcular (dC_A/dt) usando as fórmulas de diferenças finitas (*i.e.*, Equações (7.13) a (7.15)).

Esses são o tipo de cálculo que você faria se houvesse uma falha de energia ou falha no funcionamento da planilha do Excel para regressão.

$$t = 0 \quad \left(\frac{dC_A}{dt}\right)_{t=0} = \frac{-3C_{A0} + 4C_{A1} - C_{A2}}{2\Delta t}$$

$$= \frac{[-3(50) + 4(38) - 30{,}6] \times 10^{-3}}{100}$$

$$= -2{,}86 \times 10^{-4} \text{ mol/dm}^3 \cdot \text{min}$$

$$-\frac{dC_A}{dt} \times 10^4 = 2{,}86 \text{ mol/dm}^3 \cdot \text{min}$$

$$t = 50 \quad \left(\frac{dC_A}{dt}\right)_1 = \frac{C_{A2} - C_{A0}}{2\Delta t} = \frac{(30{,}6 - 50) \times 10^{-3}}{100}$$

$$= -1{,}94 \times 10^{-4} \text{ mol/dm}^3 \cdot \text{min}$$

$$t = 100 \quad \left(\frac{dC_A}{dt}\right)_2 = \frac{C_{A3} - C_{A1}}{2\Delta t} = \frac{(25{,}6 - 38) \times 10^{-3}}{100}$$

$$= -1{,}24 \times 10^{-4} \text{ mol/dm}^3 \cdot \text{min}$$

Eu sei esses são cálculos tediosos, mas alguém tem de saber como fazê-los.

$$t = 150 \quad \left(\frac{dC_A}{dt}\right)_3 = \frac{C_{A4} - C_{A2}}{2\Delta t} = \frac{(22{,}2 - 30{,}6) \times 10^{-3}}{100}$$

$$= -0{,}84 \times 10^{-4} \text{ mol/dm}^3 \cdot \text{min}$$

$$t = 200 \quad \left(\frac{dC_A}{dt}\right)_4 = \frac{C_{A5} - C_{A3}}{2\Delta t} = \frac{(19{,}5 - 25{,}6) \times 10^{-3}}{100}$$

$$= -0{,}61 \times 10^{-4} \text{ mol/dm}^3 \cdot \text{min}$$

$$t = 250 \quad \left(\frac{dC_A}{dt}\right)_5 = \left(\frac{C_{A6} - C_{A4}}{2\Delta t} = \frac{(17{,}4 - 22{,}2) \times 10^{-3}}{100}\right)$$

$$= -0{,}48 \times 10^{-4} \text{ mol/dm}^3 \cdot \text{min}$$

$$t = 300 \quad \left(\frac{dC_A}{dt}\right)_6 = \frac{C_{A4} - 4C_{A5} + 3C_{A6}}{2\Delta t} = \frac{[22{,}2 - 4(19{,}5) + 3(17{,}4)] \times 10^{-3}}{100}$$

$$= -0{,}36 \times 10^{-4} \text{ mol/dm}^3 \cdot \text{min}$$

Agora, entramos os valores anteriores para ($-dC_A/dt$) na Tabela E7.2.2 e a usamos para plotar as colunas 2 e 3 $\left(-\frac{dC_A}{dt} \times 10.000\right)$ em função da coluna 4 ($C_A \times 1.000$) no papel log-log, conforme mostrado na Figura E7.2.1. Podemos também fornecer os valores apresentados na Tabela E7.2.2, em Excel, para determinar α e k'. Note que a maioria dos pontos para ambos os métodos cai praticamente um em cima do outro. Essa tabela é, de algum modo, redundante porque nem sempre é necessário encontrar ($-dC_A/dt$) por ambas as técnicas: gráfica e diferenças finitas.

Tabela E7.2.2 Dados Processados

	Gráfico	*Diferenças Finitas*	
t (min)	$-\frac{dC_A}{dt} \times 10.000$ (mol/dm³ · min)	$-\frac{dC_A}{dt} \times 10.000$ (mol/dm³ · min)	$C_A \times 1.000$ (mol/dm³)
0	3,0	2,86	50
50	1,86	1,94	38
100	1,20	1,24	30,6
150	0,80	0,84	25,6
200	0,68	0,61	22,2
250	0,54	0,48	19,5
300	0,42	0,36	17,4

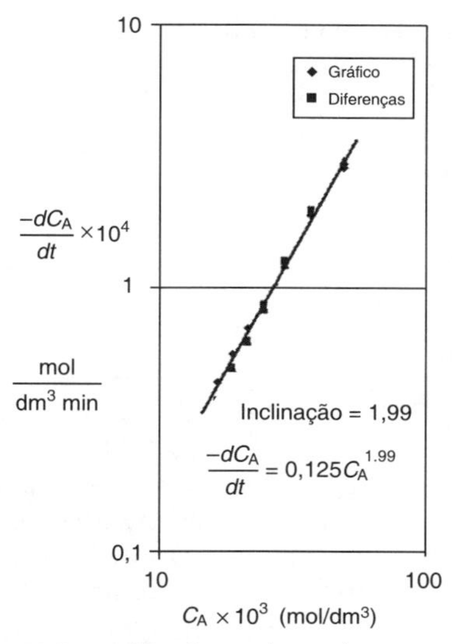

Figura E7.2.1 Gráfico do Excel para determinar α e k.

#ComoImpressionar SeuEmpregador

Da Figura E7.2.1, encontramos uma inclinação de 1,99, de modo que a reação pode ser considerada como de segunda ordem (α = 2) em relação ao cloreto de trifenil metila. Lembre-se quando os comprimentos do ciclo no eixo x e no eixo y são os mesmos em um papel log-log; então simplesmente medimos a inclinação com uma régua. Entretanto, com todos os *softwares* em seu computador, seria *mais impressionante para o seu* professor ou empregador se você digitasse os dados em Excel ou Polymath ou em algum outro *software* com planilhas e então imprimisse os resultados.

Para calcular o valor de k_A', avaliamos a derivada na Figura E7.2.1 em $C_{Ap} = 20 \times 10^{-3}$ mol/dm³, que é

$$\left(-\frac{dC_A}{dt}\right)_p = 0{,}5 \times 10^{-4}\ \text{mol/dm}^3 \cdot \text{min} \tag{E7.2.7}$$

então

$$k' = \frac{\left(-\frac{dC_A}{dt}\right)_p}{C_{Ap}^2} \tag{E7.2.8}$$

$$= \frac{0{,}5 \times 10^{-4}\text{mol/dm}^3 \cdot \text{min}}{(20 \times 10^{-3}\text{mol/dm}^3)^2} = 0{,}125\ \text{dm}^3/\text{mol} \cdot \text{min}$$

Como será mostrado na Seção 7.5, podemos também aplicar um método de regressão não linear à Equação (E7.1.5) para determinar k':

$$k' = 0{,}122\ \text{dm}^3/\text{mol} \cdot \text{min} \tag{E7.2.9}$$

O gráfico do Excel mostrado na Figura E7.2.1 nos fornece os valores de α = 1,99 e k' = 0,13 dm³/mol · min. Podemos impor agora o valor de α = 2 e aplicar novamente a regressão para determinar k' = 0,122 dm³/molxmin.

Regressão Aplicada a Equações Diferenciais Ordinárias. Atualmente já existem códigos computacionais que associam procedimentos de resolução numérica de equações diferenciais ordinárias (EDO) a técnicas de regressão, para resolver equações diferenciais tais como

$$-\frac{dC_A}{dt} = k_A' C_A^{\alpha} \tag{E7.2.5}$$

para determinar k_A' e α a partir dos dados de concentração-tempo.

Parte (2) A reação é dita ser de primeira ordem em relação ao metanol, β = 1.

$$k' = C_{B0}^{\beta} k = C_{B0} k \tag{E7.2.10}$$

Considerando C_{B0} como constante e igual a 0,5 mol/dm³ e explicitando k, obtém-se[2]

$$k = \frac{k'}{C_{B0}} = \frac{0{,}122 \dfrac{dm^3}{mol \cdot min}}{0{,}5 \dfrac{mol}{dm^3}}$$

$$k = 0{,}244\ (dm^3/mol)^2 / min$$

A equação da taxa é

$$\boxed{-r_A = [0{,}244(dm^3/mol)^2/min] C_A^2 C_B} \quad (E7.2.11)$$

Análise: Neste exemplo, o método diferencial de análise de dados foi usado para encontrar a ordem de reação em relação ao tritil (α = 1,99) e à pseudoconstante de taxa k' = 0,125 (dm³/mol)/min. Entretanto, como mencionamos anteriormente, provavelmente seria mais impressionante para seu empregador ou professor se você digitasse os dados em seu computador e usasse um *software* para determinar k. Discutimos tal *software* na Seção 7.5. A ordem de reação foi aproximada para (α = 2) e os dados foram regredidos novamente para obter k' = 0,122 (dm³/mol)/min, novamente conhecendo k' e C_{B0} e a constante verdadeira de taxa, k, como 0,244 (dm³/mol)²/min. Usamos duas técnicas para diferenciar os dados concentração-tempo para determinar $\left(\frac{dC_A}{dt}\right)$: a técnica gráfica e a técnica de diferenças finitas.

O método integral é usado normalmente para determinar k quando a ordem é conhecida

Pela comparação dos diferentes métodos de análise dos dados cinéticos utilizados nos Exemplos 7.1 e 7.2, verificamos que o método diferencial tende a acentuar as incertezas presentes nos dados, enquanto o método integral tende a reduzir seu espalhamento, mascarando, desse modo, as incertezas contidas neles. Em grande parte das análises, é *imperativo que o engenheiro conheça as limitações e as incertezas dos dados experimentais*!! Esse conhecimento *a priori* é necessário para o estabelecimento de um fator de segurança quando for feita mudança de escala do processo, partindo de experimentos em escala laboratorial para projetar uma planta em escala piloto ou em escala industrial.

7.5 Regressão Não Linear

Na regressão não linear, buscamos pelos valores dos parâmetros que minimizam a soma dos quadrados das diferenças entre os valores medidos e os valores calculados em *todos* os pontos experimentais. A regressão não linear, além de fornecer a melhor estimativa dos valores dos parâmetros, pode também ser empregada na discriminação entre diferentes modelos das equações da taxa, como os modelos de Langmuir-Hinshelwood discutidos no Capítulo 10. Muitos códigos computacionais para determinação de parâmetros estão disponíveis, bastando ao usuário fornecer como dado de entrada dos programas os valores dos pontos experimentais. O programa Polymath será aqui empregado para ilustrar a técnica de regressão. Para assegurar a eficiência do método de busca dos parâmetros, deve-se, em alguns casos, fornecer ao programa estimativas iniciais dos parâmetros que estejam próximas de seus valores verdadeiros. Tais estimativas podem ser obtidas aplicando a versão linear da técnica dos mínimos quadrados discutida na *Estante com Referências Profissionais* no CRE *website* (*http://www.umich.edu/~elements/6e/07chap/pdf/leastsquares.pdf*).

Aplicaremos agora a análise não linear dos mínimos quadrados aos dados cinéticos para determinar os parâmetros das equações da taxa. No presente caso, podemos fazer estimativas iniciais dos valores dos parâmetros cinéticos (por exemplo, ordem e constante de velocidade específica da reação) para *calcular* a concentração para cada ponto do conjunto de dados, C_{ic}, obtido pela resolução da forma integral da combinação do balanço molar e da equação da taxa.

[2] M. Hoepfner and D. K. Roper, "Describing Temperature Increases in Plasmon-Resonant Nanoparticle Systems", *Journal of Thermal Analysis and Calorimetry*, 98(1), (2009), pp. 197-202.

Compare o valor do parâmetro calculado com o valor mensurado.

Então, comparamos a concentração *medida* naquele ponto, C_{im}, com o valor calculado, C_{ic}, para os valores dos parâmetros escolhidos. Fazemos essa comparação pelo cálculo da soma dos quadrados das diferenças em cada ponto $\Sigma(C_{im} - C_{ic})^2$. Continuamos então a escolher novos valores dos parâmetros e buscamos por aqueles valores da equação da taxa que minimizarão a soma dos quadrados das diferenças dos valores das concentrações medidas, C_{im}, e calculadas, C_{ic}. Ou seja, queremos encontrar os parâmetros cinéticos para os quais a soma de todos os pontos dados $\Sigma(C_{im} - C_{ic})^2$ é um ponto de mínimo. Se executarmos N experimentos, gostaríamos de encontrar os valores dos parâmetros (por exemplo, *E*, energia de ativação, ordens de reação) que minimizem a grandeza

$$\sigma^2 = \frac{s^2}{N-K} = \sum_{i=1}^{N} \frac{(C_{im} - C_{ic})^2}{N-K} \tag{7.17}$$

em que

$$s^2 = \sum_{i=1}^{i=N} (C_{im} - C_{ic})^2$$

N = número de corridas
K = número de parâmetros a ser determinado
C_{im} = taxa de concentração medida para a corrida i
C_{ic} = taxa de concentração calculada para a corrida i
Note que, se minimizarmos s^2 na Equação (7.17), minimizaremos σ^2.
Para ilustrar essa técnica, vamos considerar a reação de primeira ordem

$$\text{A} \longrightarrow \text{Produtos}$$

para a qual desejamos conhecer a ordem de reação, α, e a velocidade específica de reação, k.

$$-r_A = kC_A^{\alpha}$$

A taxa da reação será medida em diferentes valores da concentração. Agora, arbitramos os valores de α e k e calculamos a concentração (C_{ic}) em cada ponto, i, em que a concentração foi medida experimentalmente. A seguir, subtraímos o valor calculado (C_{ic}) do valor medido (C_{im}), elevamos ao quadrado o resultado e efetuamos a soma dos quadrados dos desvios em todos os pontos experimentais, adotando os mesmos valores de α e k que escolhemos.

Esse procedimento é repetido para outros valores de α e k até obtermos aqueles valores que minimizam a soma dos quadrados. Muitas técnicas de busca para a obtenção do valor mínimo $\sigma^2_{\text{mín}}$ encontram-se disponíveis.[3] A Figura 7.6 mostra um gráfico hipotético da soma dos quadrados em função dos parâmetros cinéticos α e k.

$$\sigma^2 = f(k, \alpha) \tag{7.18}$$

Observe o círculo do topo da Figura 7.6. Vemos que existem muitas combinações de α e k (por exemplo, α = 2,2, k = 4,8, ou α = 1,8, k = 5,3) que fornecerão um valor de σ^2 = 57. O mesmo é verdade para σ^2 = 1,85. Precisamos encontrar a combinação de α e k que forneça o menor valor de σ^2.

Na busca dos valores dos parâmetros que minimizam a soma dos quadrados σ^2, podemos usar várias técnicas de otimização ou pacotes computacionais. O método de busca computadorizada inicialmente supõe os valores dos parâmetros, calculando ($C_{im} - C_{ic}$) e então σ^2 para esses valores. Em seguida, alguns poucos conjuntos de parâmetros são escolhidos na vizinhança dos valores iniciais e o valor de σ^2 é calculado para esses conjuntos também. A técnica de busca seleciona o menor valor de σ^2 nessa vizinhança e, então, prossegue ao longo de uma trajetória na direção de valores decrescentes de σ^2, escolhendo o próximo conjunto de valores dos parâmetros

[3] (a) Colegas da University of Michigan: B. Carnahan and J. O. Wilkes, *Digital Computing and Numerical Methods* New York: Wiley, 1973, p. 405. (b) D. J. Wilde and C. S. Beightler, *Foundations of Optimization* 2nd ed. Upper Saddle River, N.J.: Prentice Hall, 1979. (c) D. Miller and M. Frenklach, *Int. J. Chem. Kinet.*, *15*, p. 677 (1983).

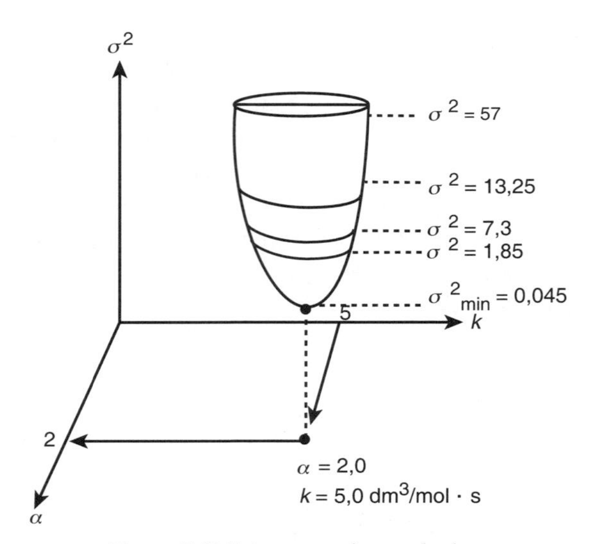

Figura 7.6 Mínima soma dos quadrados.

e determinando o correspondente valor de σ^2, como mostrado na forma de curva de nível na Figura 7.7. Começando em $\alpha = 1$ e $k = 1$, a trajetória, mostrada pelas setas, é continuamente ajustada escolhendo α e k. Vemos na Figura 7.7 que a trajetória nos leva a um valor mínimo de $\sigma^2 = 0{,}045$ (mol/dm^3)^2 no ponto em que $\alpha = 2$ e $k = 5$ (dm^3/mol).

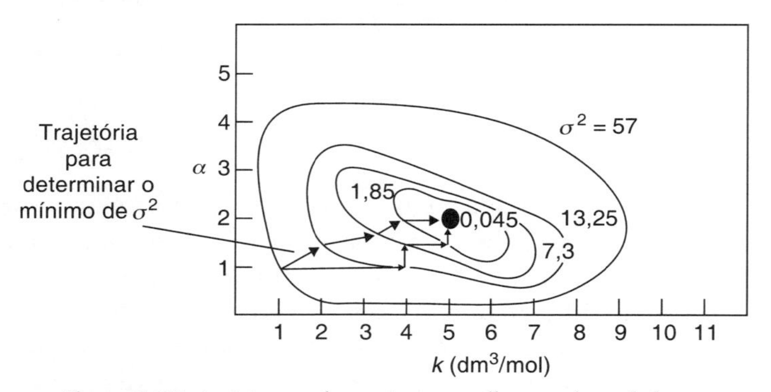

Figura 7.7 Trajetória para determinar os melhores valores de k e α.

Se as equações forem altamente não lineares, as estimativas iniciais de α e k serão muito importantes. Um número de *softwares* está disponível de modo a executar o procedimento para determinar as melhores estimativas dos valores dos parâmetros, com os limites de confiança correspondentes. Tudo o que precisamos fazer é (1) entrar com os valores experimentais no computador, (2) especificar o modelo, (3) entrar com as estimativas iniciais dos parâmetros e então (4) dar o comando de iniciar e (5) ver as melhores estimativas dos valores dos parâmetros juntamente com os limites de confiança de 95%. Se os limites de confiança de determinado parâmetro forem maiores que seu próprio valor, é um indicativo de que o parâmetro é pouco significativo e deve ser retirado da equação do modelo, como demonstrado no Capítulo 10, Exemplo 10.3. Se todos os parâmetros do modelo forem menores que os limites de confiança, esse modelo deve ser eliminado e uma nova equação para o modelo deve ser escolhida. O *software* é rodado novamente para analisar o novo modelo.

7.5.1 Dados de Concentração-Tempo

Utilizaremos agora a regressão não linear para determinar os parâmetros cinéticos a partir dos dados de concentração-tempo obtidos em experimentos em batelada. Relembremos que a combinação da equação da taxa com a estequiometria e o balanço molar em um reator em batelada a volume constante é

$$\frac{dC_A}{dt} = -kC_A^{\alpha} \tag{7.19}$$

A seguir, integramos a Equação (7.6) para o caso em que $\alpha \neq 1$ para obter

$$C_{A0}^{1-\alpha} - C_A^{1-\alpha} = (1-\alpha)kt$$

Rearranjando a expressão para obter a concentração em função do tempo, obtemos

$$\boxed{C_A = [C_{A0}^{1-\alpha} - (1-\alpha)kt]^{1/(1-\alpha)}} \tag{7.20}$$

Agora podemos utilizar o Polymath ou o MATLAB para determinar os valores de α e k que minimizariam a soma dos quadrados das diferenças entre os valores medidos C_{Aim} e os calculados, C_{Aic} da concentração. Isto é, para N pontos,

$$s^2 = \sum_{i=1}^{N}(C_{Aim} - C_{Aic})^2 = \sum_{i=1}^{N}\left[C_{Aim} - [C_{A0}^{1-\alpha} - (1-\alpha)kt_i]^{1/(1-\alpha)}\right]^2 \tag{7.21}$$

buscamos os valores de α e k que minimizem o valor de s^2.

Se o programa Polymath for usado, devemos empregar o valor absoluto do termo entre colchetes na Equação (7.21), isto é,

$$s^2 = \sum_{i=1}^{n}\left[C_{Aim} - \{abs[C_{A0}^{1-\alpha} - (1-\alpha)kt_i]\}^{1/(1-\alpha)}\right]^2 \tag{7.22}$$

Outra, e talvez mais fácil, maneira de estimar os valores dos parâmetros é utilizar o tempo no lugar da concentração, rearranjando a Equação (7.20) para obter

$$\boxed{t_c = \frac{C_{A0}^{1-\alpha} - C_A^{1-\alpha}}{k(1-\alpha)}} \tag{7.23}$$

Isto é, determinamos os valores de α e k que minimizam

$$s^2 = \sum_{i=1}^{N}(t_{im} - t_{ic})^2 = \sum_{i=1}^{N}\left[t_{im} - \frac{C_{A0}^{1-\alpha} - C_{Ai}^{1-\alpha}}{k(1-\alpha)}\right]^2 \tag{7.24}$$

Finalmente, uma discussão do método dos *mínimos quadrados ponderados* quando aplicado a uma reação de primeira ordem é apresentada na *Estante com Referências Profissionais R7.4* do CRE *website*.

Estante com Referências

Exemplo 7.3 Uso de Regressão para a Determinação de Parâmetros Cinéticos[4]

Consideraremos a reação e os dados dos Exemplos 7.1 e 7.2 para ilustrar como usar a técnica de regressão para obter os parâmetros α e k'.

$$(C_6H_5)_3CCl + CH_3OH \rightarrow (C_6H_5)_3COCH_3 + HCl$$

$$A \quad + \quad B \quad \rightarrow \quad C \quad + \quad D$$

O programa de regressão do Polymath está contido no CRE *website*. Adotando novamente a Equação (E7.2.5)

[4] Veja o tutorial em *http://www.umich.edu/~elements/6e/07chap/live.html* e *http://www.umich.edu/~elements/6e/07chap/Example_7-3_Polymath_nonlinear_regression_tutorial.pdf.*

$$-\frac{dC_A}{dt} = k'C_A^{\alpha} \tag{E7.2.5}$$

e integrando com a condição inicial $C_A = C_{A0}$ em $t = 0$, para $\alpha \neq 1,0$

$$\boxed{t = \frac{1}{k'}\frac{C_{A0}^{(1-\alpha)} - C_A^{(1-\alpha)}}{(1-\alpha)}} \tag{E7.3.1}$$

Dados k' e α, a Equação (7.2.5) pode ser resolvida (conforme Equação E7.3.1) para calcular o tempo t de modo a atingir uma concentração C_A ou poderíamos calcular a concentração C_A no tempo t. Podemos proceder de duas maneiras a partir desse ponto, obtendo o mesmo resultado. Podemos procurar pela combinação de α e k que minimiza $[\sigma^2 = \Sigma(t_{im} - t_{ic})^2]$ ou podemos resolver a Equação (E7.3.1) para C_A e encontrar α e k que minimizam $[\sigma^2 = \Sigma(C_{Aim} - C_{Aic})^2]$.

Devemos escolher o primeiro. Logo, substituindo a concentração inicial C_{A0} = 0,05 mol/dm³ na Equação (E7.3.1)

$$t = \frac{1}{k'}\frac{(0{,}05)^{(1-\alpha)} - C_A^{(1-\alpha)}}{(1-\alpha)} \tag{E7.3.2}$$

Tutorial com imagens de tela.

Um breve tutorial de como entrar com os dados no Polymath, apresentado no CRE *website (http://umich.edu/~elements/6e/07chap/Example_7-3_Polymath_nonlinear_regression_tutorial.pdf)*, mostra telas de como entrar com os dados não processados da Tabela E7.2.1 e como executar a regressão não linear à Equação (E7.3.2).

Para C_{A0} = 0,05 mol/dm³, a Equação (E7.3.1) torna-se

$$t_c = \frac{1}{k'}\frac{(0{,}05)^{(1-\alpha)} - C_A^{(1-\alpha)}}{(1-\alpha)} \tag{E7.3.3}$$

Desejamos minimizar s^2 para obter α e k'.

$$s^2 = \sum_{i=1}^{N}(t_{im} - t_{ic})^2 = \sum_{i=1}^{N}\left[t_{im} - \frac{0{,}05^{(1-\alpha)} - C_{Aic}^{(1-\alpha)}}{k'(1-\alpha)}\right]^2 \tag{7.25}$$

Devemos fazer primeiro uma regressão para determinar os valores aproximados de α e k. Em seguida, usamos um procedimento comum, que é aproximar α para um número inteiro e então executar uma segunda regressão para encontrar o melhor valor de k depois de α ter sido estabelecido igual a um inteiro.

Tabela E7.3.1 Resultados da 1ª regressão

Resultados do POLYMATH

Exemplo 7.3.1 Uso da Regressão para Encontrarmos Parâmetros da Equação da Taxa 05-08-2004

Regressão Não Linear (L-M)

Modelo: t = (0,05^(1-a)-Ca^(1-a))/(k*(1-a))

Variável	Estimativa Inicial	Valor	Confiança de 95%
a	3	2,04472	0,0317031
k	0,1	0,1467193	0,0164118

Configurações da regressão não linear

Número máximo de iterações = 64

Precisão

R^2	= 0,9999717
R^2adj	= 0,999966
Rmsd	= 0,2011604
Variância	= 0,3965618

Tabela E7.3.2 Resultados da 2ª Regressão com α = 2

Resultados do POLYMATH

Exemplo 7.3.2 Uso da Regressão para Encontrarmos Parâmetros da Equação da Taxa 05-08-2004

Regressão Não Linear (L-M)

Modelo: t = (0,05^(1-2)-Ca^(1-2))/(k*(1-2))

Variável	Estimativa Inicial	Valor	Confiança de 95%
k	0,1	0,1253404	7,022E-04

Configurações da regressão não linear

Número máximo de iterações = 64

Precisão

R^2	= 0,9998978
R^2adj	= 0,9998978
Rmsd	= 0,3821581
Variância	= 1,1926993

Os resultados mostrados são

$$\boxed{\begin{array}{c}\alpha = 2{,}04 \\ k' = 0{,}147\ \text{dm}^3/\text{mol}\cdot\text{min}\end{array}} \qquad \boxed{\begin{array}{c}\alpha = 2{,}0 \\ k' = 0{,}125\ \text{dm}^3/\text{mol}\cdot\text{min}\end{array}}$$

A primeira regressão fornece α = 2,04, como mostrado na Tabela E7.3.1. Arredondamos o valor de α para podermos considerar a reação como de segunda ordem (α = 2,00). Agora, tendo fixado o valor de α em 2,0, devemos fazer uma nova regressão [veja a Tabela E7.3.2] em k' porque o valor de k' apresentado na Tabela E7.3.1 corresponde a α = 2,04. Aplicamos, assim, a regressão à equação

$$t = \frac{1}{k'}\left[\frac{1}{C_A} - \frac{1}{C_{A0}}\right]$$

a segunda regressão fornece $k' = 0,125$ dm^3/mol×min. Calculamos agora k

$$k = \frac{k'}{C_{B0}} = \frac{0,125\,(\text{dm}^3/\text{mol})}{0,5\,(\text{dm}^3/\text{mol})\,\text{min}} = 0,25\left(\frac{\text{dm}^3}{\text{mol}}\right)^2/\text{min}$$

Análise: Neste exemplo, mostramos como usar a regressão não linear para encontrar k' e α. A primeira regressão forneceu $\alpha = 2,04$, que foi arredondado para 2,00 e então regredido novamente para o melhor valor de k' para $\alpha = 2,00$, ficando igual a $k' = 0,125$ (dm^3/mol)/min, fornecendo um valor da verdadeira velocidade específica de reação, $k = 0,25$ (mol/dm^3)^2/min. Verificamos que a ordem de reação é a mesma dos Exemplos 7.1 e 7.2; entretanto, o valor de k é cerca de 8% maior. O r^2 e outras estatísticas estão na saída do Polymath.

7.5.2 Discriminação de Modelos

Podemos também determinar que modelo ou equação melhor se ajusta aos dados experimentais pela comparação das somas dos quadrados dos desvios de cada modelo e, então, escolher a equação que apresenta a menor soma dos quadrados e/ou aplicar o teste estatístico F. Alternativamente, podemos comparar os gráficos dos resíduos de cada modelo. Esses gráficos mostram os erros associados a cada ponto experimental, permitindo verificar se os erros têm uma distribuição randômica ou se são tendenciosos. Se os erros apresentam uma distribuição randômica, é uma indicação adicional de que a correta equação da taxa foi selecionada. Um exemplo de discriminação de modelos utilizando regressão não linear é apresentado no Capítulo 10, Exemplo 10.3.

7.6 Dados de Taxa de Reação de Reatores Diferenciais

O tipo mais comum de reator catalítico para obter dados experimentais

A aquisição de dados empregando o método das taxas iniciais e um reator diferencial é similar, visto que a taxa de reação é determinada para um número especificado de concentrações predeterminadas iniciais e de entrada do reagente. Um reator diferencial (PBR) é normalmente usado para determinar a taxa de reação em função da concentração ou da pressão parcial. Esse reator consiste em um tubo contendo uma quantidade muito pequena de catalisador na forma de uma lâmina fina ou disco. Um arranjo típico é mostrado esquematicamente na Figura 7.8. O critério que permite classificar um reator como diferencial é que a conversão dos reagentes ao longo do leito seja extremamente pequena, assim como a variação da temperatura e concentração dos reagentes. Em consequência, a concentração do reagente, ao longo do reator, é essencialmente constante e aproximadamente igual à sua concentração de entrada. Isto é, o reator é considerado sem gradientes[5] e a taxa de reação é considerada uniforme no interior do leito.

Limitações do reator diferencial

O reator diferencial é relativamente de fácil construção e de baixo custo. Devido à baixa conversão obtida no reator, o calor liberado por unidade de volume é muito pequeno (ou pode tornar-se pequeno pela diluição do leito com sólidos inertes), de modo que o reator pode ser considerado como operando em condições essencialmente isotérmicas. Durante a operação desse reator com reagentes líquidos ou gasosos, precauções devem ser tomadas para evitar o surgimento de caminhos preferenciais e canalizações, garantindo assim um escoamento uniforme através do leito catalítico. Se o catalisador empregado apresentar um rápido decaimento catalítico, como será discutido no Capítulo 10, não se recomenda o uso do reator diferencial, porque os valores dos parâmetros cinéticos no início do experimento serão diferentes dos valores no seu final. Em alguns casos, a amostragem e a análise da corrente de saída podem ser difíceis em sistemas multicomponentes com baixas conversões.

[5] B. Anderson, ed., *Experimental Methods in Catalytic Research*, San Diego, CA: Academic Press.

O reator diferencial é operado no estado estacionário

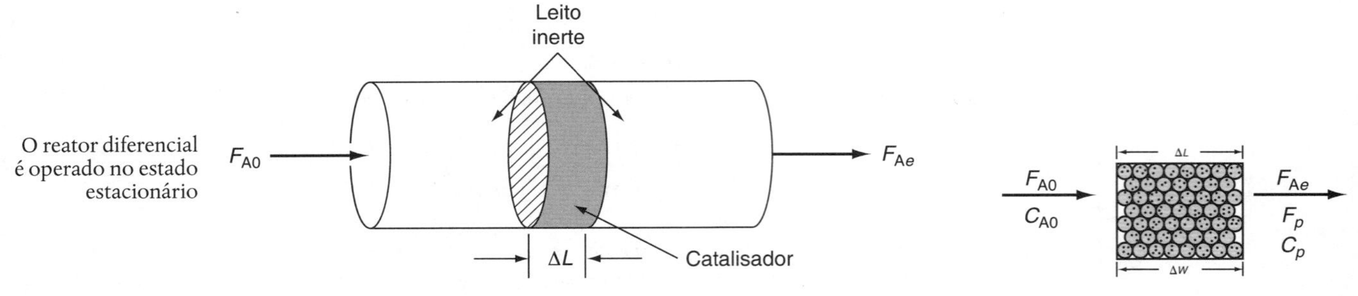

Figura 7.8 Reator diferencial.

Figura 7.9 Leito catalítico diferencial.

Para a reação de espécie A resultando no produto (P)

$$A \rightarrow P$$

a vazão volumétrica através do leito catalítico é monitorada, assim como as concentrações de entrada e de saída (Figura 7.9). Desse modo, se a massa de catalisador, ΔW, for conhecida, a taxa de reação por unidade de massa de catalisador, $-r'_A$, poderá ser calculada. Como é considerada a *inexistência de gradientes* em reatores diferenciais, a equação de projeto será similar à equação de projeto do CSTR. O balanço molar em estado estacionário para o reagente A fornece

$$\begin{bmatrix}\text{Vazão}\\ \text{molar da}\\ \text{entrada}\end{bmatrix} - \begin{bmatrix}\text{Vazão}\\ \text{molar da}\\ \text{saída}\end{bmatrix} + \begin{bmatrix}\text{Taxa de}\\ \text{geração}\end{bmatrix} = \begin{bmatrix}\text{Taxa de}\\ \text{acúmulo}\end{bmatrix}$$

$$[F_{A0}] - [F_{Ae}] + \left[\left(\frac{\text{Taxa de reação}}{\text{Massa de catalisador}}\right)(\text{Massa de catalisador})\right] = 0$$

$$F_{A0} - F_{Ae} + (r'_A)(\Delta W) = 0$$

O subscrito *e* refere-se à saída do reator. Explicitando o termo de $-r'_A$, obtemos

$$-r'_A = \frac{F_{A0} - F_{Ae}}{\Delta W} \tag{7.26}$$

A equação do balanço molar pode ser também escrita em termos de concentração

Equação de projeto do reator diferencial

$$\boxed{-r'_A = \frac{\upsilon_0 C_{A0} - \upsilon C_{Ae}}{\Delta W}} \tag{7.27}$$

ou em termos de conversão ou de vazão volumétrica do produto F_P:

$$\boxed{-r'_A = \frac{F_{A0}X}{\Delta W} = \frac{F_P}{\Delta W}} \tag{7.28}$$

O termo $F_{A0}X$ fornece a taxa de formação do produto, F_P, quando os coeficientes estequiométricos de A e de P forem iguais. Ajustes à Equação (7.28) têm de ser feitos quando esse não for o caso.

Para uma vazão volumétrica constante, a Equação (7.28) se reduz a

$$-r'_A = \frac{\upsilon_0(C_{A0} - C_{Ae})}{\Delta W} = \frac{\upsilon_0 C_P}{\Delta W} \tag{7.29}$$

Consequentemente, verificamos que a taxa de reação, $-r'_A$, pode ser determinada por meio da medida da concentração do produto, C_P.

Utilizando uma quantidade muito pequena de catalisador e valores elevados das vazões volumétricas, a diferença entre as concentrações, $(C_{A0} - C_{Ae})$, pode se tornar muito pequena. A taxa de reação, determinada a partir da Equação (7.29), pode ser obtida em função da concentração do reagente no leito catalítico, C_{Ab},

$$-r'_A = -r'_A(C_{Ab}) \tag{7.30}$$

pela variação da concentração de entrada. Uma aproximação da concentração de A no interior do leito, C_{Ab}, é obtida pela média aritmética entre as concentrações de entrada e de saída:

$$C_{Ab} = \frac{C_{A0} + C_{Ae}}{2} \tag{7.31}$$

No entanto, como muito pouca reação ocorre no interior do leito, a concentração no leito é essencialmente igual à concentração de entrada,

$$C_{Ab} \approx C_{B0}$$

Assim, $-r'_A$ é uma função de C_{A0}:

$$-r'_A = -r'_A(C_{A0}) \tag{7.32}$$

Assim como no método das taxas iniciais (veja no CRE *website http://www.umich.edu/~elements/6e/software/nonlinear_regression_tutorial.pdf*), encontramos $-r_{A0}$ como função de C_{A0} e então usamos várias técnicas numéricas e gráficas para determinar a equação algébrica apropriada para a equação da taxa. Na coleta dos dados para sistemas de reação fluido-sólido, devemos tomar cuidados quando usarmos vazões volumétricas elevadas através do reator diferencial e partículas de catalisador pequenas, para evitar as limitações da transferência de massa. Se os dados mostrarem que a reação é de primeira ordem com uma energia de ativação baixa, digamos 8 kcal/mol, devemos suspeitar que os dados estejam sendo coletados em regime no qual as limitações de transferência de massa não possam ser desconsideradas. Outros aspectos relativos às limitações de transferência de massa e sobre as formas de evitá-las serão apresentados nos Capítulos 10, 14 e 15.

Exemplo 7.4 Uso de um Reator Diferencial para Obter Dados de Taxa Catalítica

A formação de metano a partir do monóxido de carbono e hidrogênio usando um catalisador de níquel foi estudada por Pursley.[6] A reação

$$3H_2 + CO \rightarrow CH_4 + H_2O$$

foi conduzida a 500°F em um reator diferencial em que a concentração de metano no efluente foi medida. Os dados não processados são mostrados na Tabela E7.4.1.

P_{H_2} é constante nos Experimentos 1, 2 e 3. P_{CO} é constante nos Experimentos 4, 5 e 6.

Tabela E7.4.1 Dados Não Processados

Experimento	P_{CO} (atm)	P_{H_2} (atm)	C_{CH_4}(mol/dm³)
1	1	1,0	$1,73 \times 10^{-4}$
2	1,8	1,0	$4,40 \times 10^{-4}$
3	4,08	1,0	$10,0 \times 10^{-4}$
4	1,0	0,1	$1,65 \times 10^{-4}$
5	1,0	0,5	$2,47 \times 10^{-4}$
6	1,0	4,0	$1,75 \times 10^{-4}$

A vazão volumétrica de saída do leito fixo, que contém 10 g de catalisador, foi mantida a S_0 = 300 dm³/min em todos os experimentos. As pressões parciais do H_2 e do CO foram determinadas na entrada do reator e a concentração do metano foi medida na saída do reator.

[6] J. A. Pursley, "An Investigation of the Reaction between Carbon Monoxide and Hydrogen on a Nickel Catalyst above One Atmosphere, Tese de Ph.D., University of Michigan.

Determine a equação da taxa e seus parâmetros. Para melhor entender como determinaremos a equação da taxa e seus parâmetros, desmembraremos a solução em três partes: **(a)**, **(b)** e **(c)**, conforme mostrado a seguir.

(a) ***Relacione a taxa de reação à concentração de saída do metano.*** A equação da taxa de reação é considerada o produto entre uma função da pressão parcial de CO, $f(CO)$, e uma função da pressão parcial de H_2, $g(H_2)$; ou seja,

$$r'_{CH_4} = f(CO) \cdot g(H_2) \tag{E7.4.1}$$

(b) ***Determine a dependência da equação da taxa sobre o monóxido de carbono***, usando os dados gerados no item **(a)**. Admita que a dependência funcional de r'_{CH_4} sobre P_{CO} é da forma

$$r'_{CH_4} \sim P_{CO}^{\alpha} \tag{E7.4.2}$$

(c) ***Construa uma tabela da taxa de reação como função das pressões parciais do monóxido de carbono e do hidrogênio*** e então determine a dependência da equação da taxa sobre H_2.

Solução

(a) Calcule as Taxas de Reação. Neste exemplo, a composição do produto está sendo monitorada, em vez da composição do reagente. O termo $(-r'_{CO})$ pode ser escrito em termos da vazão volumétrica do metano produzido pela reação

$$-r'_{CO} = r'_{CH_4} = \frac{F_{CH_4}}{\Delta W}$$

Expressando F_{CH_4} em termos da vazão volumétrica total e a concentração do metano, obtemos

$$\boxed{r'_{CH_4} = \frac{v_0 C_{CH_4}}{\Delta W}} \tag{E7.4.3}$$

Como v_0, C_{CH_4} e ΔW são conhecidos em cada experimento, podemos calcular a velocidade da reação.

Para o experimento 1:

$$r'_{CH_4} = \left(\frac{300 \text{ dm}^3}{\text{min}}\right) \frac{1{,}73 \times 10^{-4}}{10 \text{ g-cat}} \text{mol/dm}^3 = 5{,}2 \times 10^{-3} \frac{\text{mol CH}_4}{\text{g-cat} \times \text{min}}$$

As taxas para os experimentos 2 a 6 podem ser calculadas de modo análogo (Tabela E7.4.2).

Tabela E7.4.2 Dados Não Processados e Calculados

Experimento	P_{CO} (atm)	P_{H_2} (atm)	C_{CH_4}(mol/dm³)	$r'_{CH_4}\left(\frac{\text{mol CH}_4}{\text{g-cat}\cdot\text{min}}\right)$
1	1,0	1,0	$1{,}73 \times 10^{-4}$	$5{,}2 \times 10^{-3}$
2	1,8	1,0	$4{,}40 \times 10^{-4}$	$13{,}2 \times 10^{-3}$
3	4,08	1,0	$10{,}0 \times 10^{-4}$	$30{,}0 \times 10^{-3}$
4	1,0	0,1	$1{,}65 \times 10^{-4}$	$4{,}95 \times 10^{-3}$
5	1,0	0,5	$2{,}47 \times 10^{-4}$	$7{,}42 \times 10^{-3}$
6	1,0	4,0	$1{,}75 \times 10^{-4}$	$5{,}25 \times 10^{-3}$

(b) Determinação da Dependência da Equação da Taxa sobre CO. Para concentração de hidrogênio constante (experimentos 1, 2 e 3), a equação da taxa

$$r'_{CH_4} = \overbrace{k\,g(P_{H_2})}^{k'} P_{CO}^{\alpha}$$

poderá ser escrita como

$$r'_{CH_4} = k' P_{CO}^{\alpha} \tag{E7.4.4}$$

Aplicando o logaritmo natural a ambos os membros da Equação (E7.4.4), obtemos

$$\ln (r'_{CH}) = \ln k' + \alpha \ln P_{CO}$$

A seguir, plotamos na Figura E7.4.1 ln (r'_{CH_4}) contra ln P_{CO} para os experimentos 1, 2 e 3, para os quais a concentração de H_2 é constante. Vemos, do gráfico do Excel, que $\alpha = 1{,}22$.

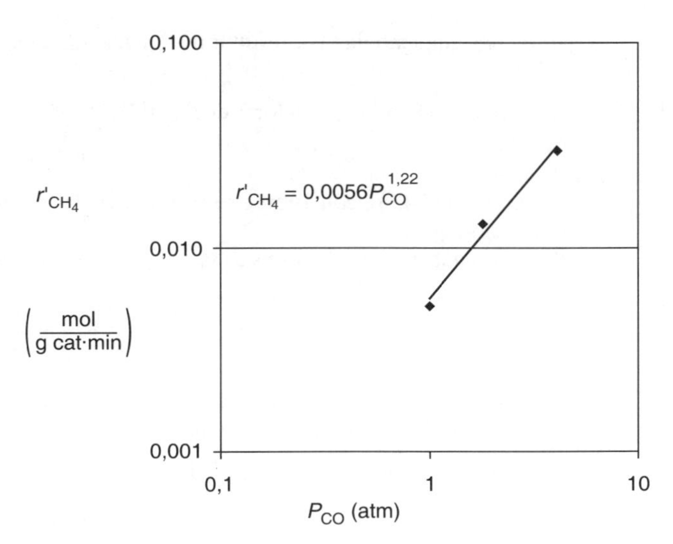

Figura E7.4.1 Taxa de reação em função da concentração.

Se tivéssemos usado mais dados (não fornecidos aqui), teríamos encontrado $\alpha = 1$.

Caso tivéssemos incluído mais pontos, concluiríamos que a reação é essencialmente de primeira ordem, com $\alpha = 1$; assim:

$$-r'_{CO} = k'P_{CO} \tag{E7.4.5}$$

A partir dos três primeiros pontos da tabela, nos quais a pressão parcial do H_2 é constante, vemos que a taxa da reação é uma função linear da pressão parcial do CO

$$r'_{CH_4} = k'P_{CO} \cdot g(H_2)$$

A seguir, verifiquemos a dependência ao hidrogênio.

(c) Determinação da Dependência da Equação da Taxa sobre H_2. Não será intuitivamente óbvio como fazer essa análise até que tenha estudado o Capítulo 10, em que temos as equações da taxa com concentrações ou pressões parciais tanto no seu numerador **como no** seu denominador. Analisando os dados da Tabela E7.4.2, verificamos que a dependência de r'_{CH_4} sobre P_{H_2} não é bem descrita por uma lei de potência. Comparando o experimento 4 com o experimento 5 e o experimento 5 com o experimento 6, verificamos que a taxa de reação inicialmente cresce com o aumento da pressão parcial do hidrogênio e, posteriormente, decresce com o aumento de P_{H_2}. Isso indica a possibilidade de existir uma concentração de hidrogênio na qual a taxa da reação é máxima. Um conjunto de equações da taxa que é consistente com essas observações é:

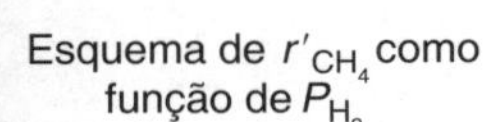

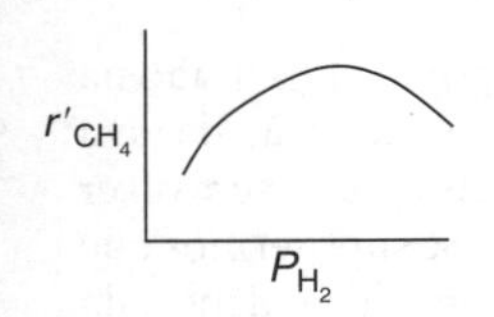

1. A baixas concentrações de H_2, quando r'_{CH_4} aumenta à medida que P_{H_2} aumenta, a equação da taxa deve ser da forma

$$r'_{CH_4} \sim P_{H_2}^{\beta_1} \tag{E7.4.6}$$

2. A altas concentrações de H_2, quando r'_{CH_4} diminui à medida que P_{H_2} aumenta, a equação da taxa deve ser da forma

$$r'_{CH_4} \sim \frac{1}{P_{H_2}^{\beta_2}} \tag{E7.4.7}$$

Gostaríamos assim de achar uma equação da taxa que fosse consistente com os dados de taxa de reação, tanto para concentrações baixas quanto para concentrações altas de hidrogênio. Após termos estudado reações heterogêneas no Capítulo 10, vemos que as Equações (E7.4.6) e (E7.4.7) podem ser combinadas na forma

$$r'_{CH_4} \sim \frac{P_{H_2}^{\beta_1}}{1 + bP_{H_2}^{\beta_2}} \tag{E7.4.8}$$

Veremos no Capítulo 10 que essa combinação e equações da taxa similares, nas quais temos concentrações dos reagentes (ou pressões parciais) no numerador e no denominador da expressão, são comuns em *catálise heterogênea.*

Vejamos se a equação da taxa resultante, Equação (E7.4.8), é qualitativamente consistente com as taxas observadas.

1. *Para a condição 1*: A baixos valores de P_{H_2}, $[b(P_{H_2})^{\beta_2} \ll 1]$, a Equação (E7.4.8) se reduz a

$$r'_{CH_4} \sim P_{H_2}^{\beta_1} \tag{E7.4.9}$$

A Equação (E7.4.9) é consistente com as tendências verificadas na comparação do experimento 4 com o experimento 5.

2. *Para a condição 2*: A altos valores de P_{H_2}, $[b(P_{H_2})^{\beta_2} \gg 1]$, a Equação (E7.4.8) se reduz a

$$r'_{CH_4} \sim \frac{(P_{H_2})^{\beta_1}}{(P_{H_2})^{\beta_2}} \sim \frac{1}{(P_{H_2})^{\beta_2-\beta_1}} \tag{E7.4.10}$$

em que $\beta_2 > \beta_1$. A Equação (E7.4.10) é consistente com as tendências verificadas na comparação do experimento 5 com o experimento 6.

A combinação das Equações (E7.4.8) e (E7.4.5) dá origem a

Forma típica da equação da taxa da catálise heterogênea

$$r'_{CH_4} = \frac{aP_{CO}P_{H_2}^{\beta_1}}{1 + bP_{H_2}^{\beta_2}} \tag{E7.4.11}$$

A seguir, usamos o programa de regressão do Polymath para calcular os parâmetros *a*, *b*, β_1 e β_2. Os resultados são apresentados na Tabela E7.4.3.

A correspondente equação da taxa é

$$r'_{CH_4} = \frac{0{,}025P_{CO}P_{H_2}^{0{,}61}}{1 + 2{,}49P_{H_2}} \tag{E7.4.12}$$

Tabela E7.4.3 Primeira Regressão

Resultados do POLYMATH
Sem Título 31-01-2004

Regressão Não Linear (L-M)

Modelo: taxa = a*Pco*Ph2^beta1/(1+b*Ph2^beta2)

Variável	Estimativa Inicial	Valor	Confiança de 95%
a	1	0,0252715	0,4917749
beta1	1	0,6166542	6,9023286
b	1	2,4872569	68,002944
beta2	1	1,0262047	3,2344414

Configurações da regressão não linear
Número máximo de iterações = 64

Um tutorial sobre regressão no Polymath encontra-se na seção *Notas de Resumo* do Capítulo 7 no CRE *website*.

Poderíamos usar a equação da taxa na forma apresentada na Equação (E7.4.12); porém, por termos usado na regressão apenas seis pontos experimentais, devemos ser cautelosos na extrapolação dessa equação da taxa em faixas mais amplas de pressões parciais. Devemos coletar mais pontos experimentais e/ou desenvolver uma análise teórica semelhante à apresentada no Capítulo 10 para reações heterogêneas. Se supusermos que o hidrogênio sofre uma adsorção dissociativa na superfície do catalisador, esperamos uma dependência da equação da taxa ao hidrogênio elevado à potência ½. Como 0,61 é um valor próximo a 0,5, aplicaremos uma nova regressão aos dados experimentais fixando os valores de $\beta_1 = ½$ e $\beta_2 = 1$. Os resultados encontrados são mostrados na Tabela E7.4.4.

Depois de estudar as equações de taxa heterogêneas no Capítulo 10, tornaremo-nos mais adeptos em postular e analisar esse tipo de dados para reações heterogêneas.

Tabela E7.4.4 Segunda Regressão

Resultados do POLYMATH
Sem Título 31-01-2004

Regressão Não Linear (L-M)

Modelo: taxa = a*Pco*Ph2^0,5/(1+b*Ph2)

Variável	Estimativa Inicial	Valor	Confiança de 95%
a	1	0,018059	0,0106293
b	1	1,4898245	1,4787491

Nota: Um tutorial completo de como alimentar este exemplo no Polymath pode ser encontrado no CRE *website http://www.umich.edu/~elements/6e/software/nonlinear_regression_tutorial.pdf.*

A nova equação da taxa é

$$\boxed{r'_{CH_4} = \frac{0{,}018 P_{CO} P_{H_2}^{1/2}}{1 + 1{,}49 P_{H_2}}}$$

em que r'_{CH_4} está expressa em (mol/g de cat×s) e as pressões parciais em atm.

Podemos também substituir os valores $\beta = ½$ e $\beta = 1{,}0$ na Equação (E7.4.11) e, a seguir, rearranjar a equação na forma

Linearização da equação da taxa para determinar os parâmetros cinéticos

$$\frac{P_{CO} P_{H_2}^{1/2}}{r'_{CH_4}} = \frac{1}{a} + \frac{b}{a} P_{H_2} \tag{E7.4.13}$$

Um gráfico de $P_{CO} P_{H_2}^{1/2} / r'_{CH_4}$ em função de P_{H_2} deve ser uma reta que intercepta o eixo vertical em $1/a$ e com uma inclinação igual à b/a. A partir do gráfico da Figura E7.4.2, confirmamos que a equação da taxa é consistente com os dados coletados de taxa.

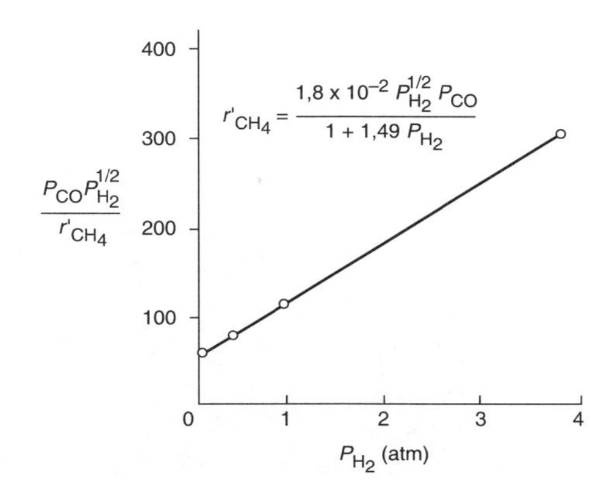

Figura E7.4.2 Gráfico da forma linearizada dos dados.

***Análise*:** Os dados de taxa de reação neste exemplo foram obtidos em estado estacionário e, como resultado, nem o método integral nem o método diferencial de análise podem ser usados. Uma das finalidades deste exemplo é mostrar como explicar a forma da equação da taxa e usar então regressão para determinar os parâmetros dessa equação da taxa. Uma vez que os parâmetros tenham sido obtidos, mostramos como linearizar a equação da taxa [por exemplo, Equação (E7.4.13)] para gerar um gráfico único de todos os dados, Figura E7.4.2.

7.7 Planejamento de Experimentos

Estante com Referências

> Quatro a seis semanas no laboratório podem poupar-lhe uma hora na biblioteca.
>
> –G. C. Quarderer, Dow Chemical Co.

Até o momento, este capítulo apresentou vários métodos de análise de dados cinéticos. Saber em quais circunstâncias cada um dos métodos pode ser empregado é tão importante quanto saber como aplicá-los. No Material Expandido e na *Estante com Referências Profissionais* (*http://www.umich.edu/~elements/6e/07chap/prof-7-5.html*), no CRE *website*, apresentamos algumas regras práticas de um planejamento de experimentos heurístico para gerar os dados necessários ao projeto do reator. Todavia, uma discussão mais aprofundada do assunto é encontrada nos livros e artigos de Box e Hunter.[7]

[7] G. E. P. Box e W. G. Hunter, and J. S. Hunter, *Statistics for Experimenters: An Introduction to Design, Data Analysis, and Model Building* (New York: Wiley, 1978).

7.8 *E Agora*... Uma Palavra do Nosso Patrocinador – Segurança 7 (UPDNP–S7 Segurança no Laboratório)

Este capítulo foca na obtenção e na análise de dados experimentais que são coletados seguramente nos laboratórios das universidades e das indústrias. Para ajudar a promover práticas seguras em laboratórios, o CRE *website* (*http://umich.edu/~safeche/index.html*), Segurança de Processos no Currículo de Engenharia Química, apresenta vários vídeos sobre segurança. Esses vídeos são classificados em dois tipos:

1) Trechos de Vídeos Instrutivos de 1 a 5 minutos
2) Histórias de casos de acidentes acadêmicos que resultaram em fatalidades ou sérias lesões e como eles poderiam ter sido evitados.

Para acessar os vídeos instrutivos, vá à *home page* do *site* Segurança e clique em *Segurança do Laboratório e Pessoal* (*http://umich.edu/~safeche/lab_safety.html*), que está com o nome de *Curso com Módulos Específicos sobre Segurança*. Com um clique sobre *Segurança do Laboratório e Pessoal*, o menu aparece conforme mostrado aqui:

Trechos de Vídeos Instrutivos

Alimentos no Laboratório

O Laboratório Desleixado

Equipamento de Segurança

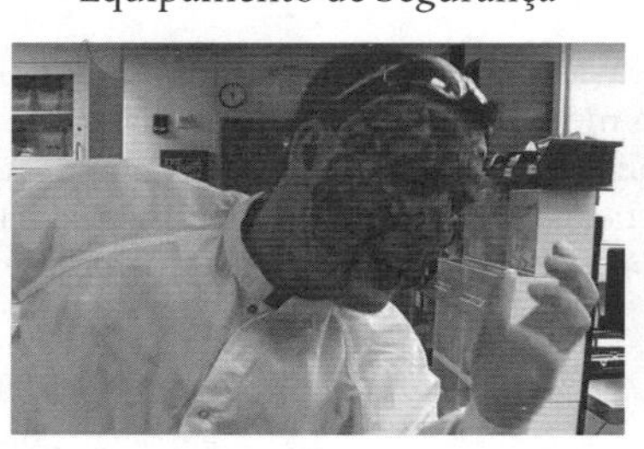

Evacuação

Vídeos de História de Casos

Depois do Arco-íris

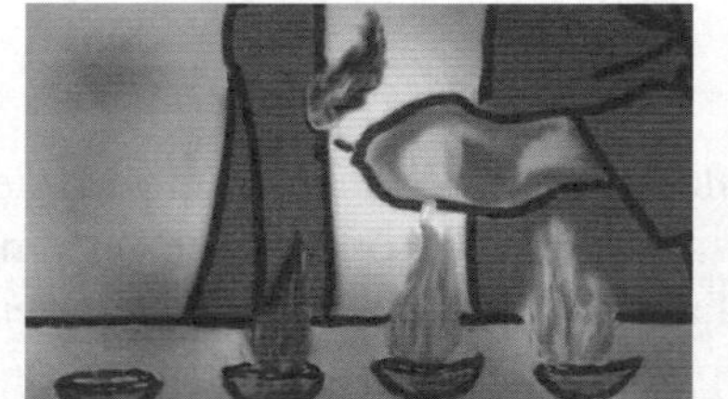

Experimento com Perigo

Diretrizes

Active Attacker (*https://www.dpss.umich.edu/content/prevention-education/safety-tips/active-attacker/*)

UM Undergraduate Lab Safety Guidelines (PDF) (*http://umich.edu/~safeche/assets/pdf/LabsSafetyGuidelines.pdf*)
Introduction to Laboratory Safety for Graduate Students (PDF) (*https://pubs.acs.org/doi/pdfplus/10.1021/acs.jchemed.8b00774*)
ACS Safety Guidelines (*https://www.acs.org/content/dam/acsorg/about/governance/committees/chemicalsafety/publications/acs-safety-guidelines-academic.pdf?logActivity=true*)

Para aprimorar suas proezas de segurança de laboratório, assista a cada um dos trechos dos vídeos e, em seguida, escreva uma lição para guardar em uma frase para cada vídeo.

Encerramento. Após o estudo deste capítulo, o leitor deve estar apto a determinar as equações da taxa e parâmetros cinéticos, a partir de dados cinéticos, utilizando técnicas gráficas ou numéricas, assim como pacotes computacionais. A regressão não linear é o método mais fácil para analisar dados de concentração-tempo para determinar os parâmetros, porém as demais técnicas, como a diferenciação gráfica, são úteis para detectar disparidades nos dados. O leitor deve estar alerta sobre os cuidados a serem tomados no uso do método de regressão não linear, assegurando-se de não ter atingido um falso mínimo de σ^2. Em consequência, é recomendável utilizar mais de um método para analisar os dados.

RESUMO

1. Método integral:
   a. Arbitre o valor da ordem de reação e integre a equação do balanço molar.
   b. Calcule a função resultante da concentração para os dados e plote-a em função do tempo. Se a função plotada for uma reta, você provavelmente arbitrou o valor correto da ordem de reação.
   c. Se a função plotada for não linear, arbitre outro valor para a ordem de reação e repita o procedimento.
2. Método diferencial para sistemas com volume constante:

$$-\frac{dC_A}{dt} = kC_A^{\alpha} \tag{R7.1}$$

   a. Faça um gráfico de $-\Delta C_A/\Delta t$ em função de t.
   b. Determine $-dC_A/dt$ a partir desse gráfico.
   c. Aplique o logaritmo natural a ambos os membros de (R7.1) para obter

$$\ln\left(-\frac{dC_A}{dt}\right) = \ln k + \alpha \ln C_A \tag{R7.2}$$

   Faça um gráfico de $(-dC_A/dt)$ contra $\ln C_A$. A inclinação da reta será a ordem de reação α. Podemos usar as fórmulas das diferenças finitas ou programas computacionais para calcular $(-dC_A/dt)$ em função do tempo e da concentração.
3. Regressão não linear: Busque os parâmetros cinéticos que minimizarão a soma dos quadrados das diferenças entre as taxas de reação medidas e as calculadas, usando os parâmetros escolhidos. Para N experimentos e K parâmetros a serem determinados, use o programa Polymath.

$$\sigma^2 = \sum_{i=1}^{N} \frac{[P_i\ (\text{medido}) - P_i\ (\text{calculado})]^2}{N-K} \tag{R7.3}$$

$$s^2 = \sum_{i=1}^{N} (t_{im} - t_{ic})^2 = \sum_{i=1}^{N} \left[t_{im} - \frac{C_{A0}^{1-\alpha} - C_{Ai}^{1-\alpha}}{k(1-\alpha)}\right]^2 \tag{R7.4}$$

   Cuidado: De modo a evitar um falso mínimo em σ^2, varie as suas estimativas iniciais.
4. Modelagem do reator diferencial:
   A taxa de reação é calculada pela equação

$$-r'_A = \frac{F_{A0}X}{\Delta W} = \frac{F_P}{\Delta W} = \frac{\upsilon_0(C_{A0} - C_{Ae})}{\Delta W} = \frac{C_P \upsilon_0}{\Delta W} \tag{R7.5}$$

No cálculo da ordem de reação, α.

$$-r'_A = kC_A^{\alpha}$$

utiliza-se a concentração de A nas condições de entrada ou a média aritmética entre C_{A0} e C_{Ae}. Entretanto, os modelos da lei de potência, tais como

$$-r'_A = kC_A^{\alpha}C_B^{\beta} \tag{R7.6}$$

não são a melhor maneira de descrever as equações da taxa heterogêneas. Tipicamente, elas adquirem a forma

$$-r'_A = \frac{kP_AP_B}{1 + K_AP_A + K_BP_B}$$

ou uma forma similar, com as pressões parciais dos reagentes no numerador *e* denominador da equação da taxa.

MATERIAIS DO CRE *WEBSITE*

(*http://umich.edu/~elements/6e/07chap/obj.html#/*)

Links Úteis

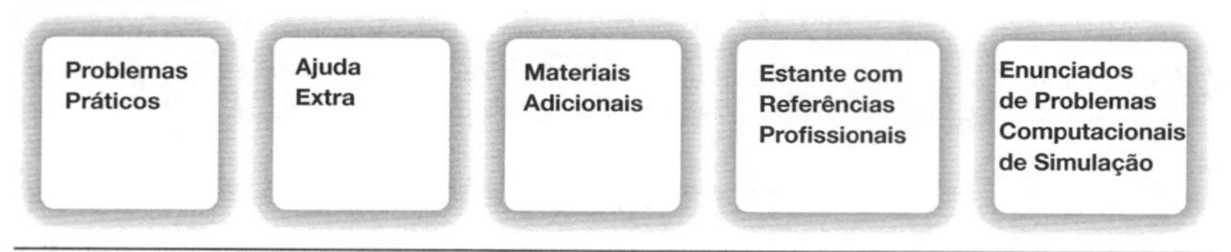

Avaliação

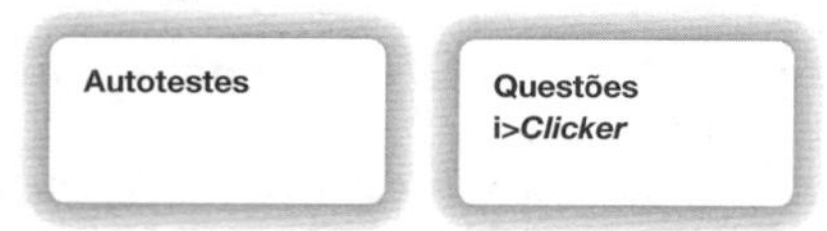

Jogos Interativos Computacionais (*http://umich.edu/~elements/6e/icm/index.html*)

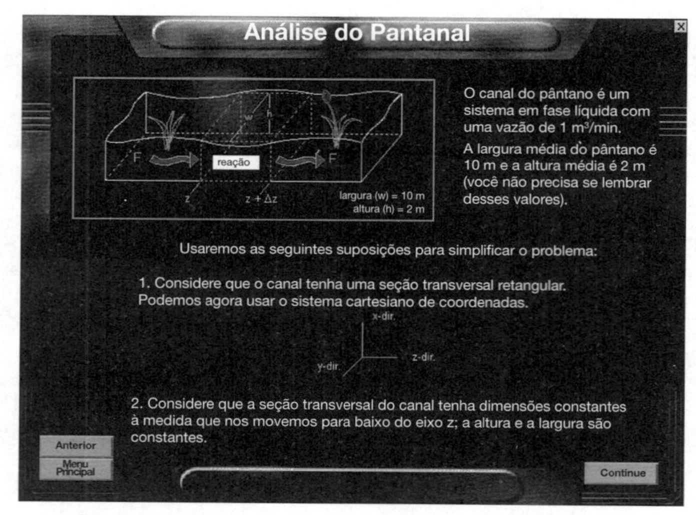

Ecologia (*http://umich.edu/~elements/6e/icm/ecology.html*)

QUESTÕES, SIMULAÇÕES E PROBLEMAS

O subscrito para cada número do problema indica o nível de dificuldade: A, menos difícil; D, mais difícil.

Questões

Q7.1$_A$ **QAL** (***Q****uestão* ***A****ntes de* ***L****er*). Se você precisa determinar a equação da taxa, que métodos você usaria para coletar os dados e como você os analisaria?

Q7.2$_A$ ***i>clicker.*** Vá ao *site* (*http://www.umich.edu/~elements/6e/07chap/iclicker_ch7_q1.html*) e veja no mínimo 5 questões i>*clickers*. Escolha uma que poderia ser usada como está, ou uma variação dela, para ser incluída no próximo exame. Você também poderia considerar o caso oposto: explique por que as questões *não* devem estar no próximo exame. Em cada caso, explique seu raciocínio.

Q7.3$_A$ **(a)** Escute os áudios do CRE *website*. Escolha um deles e explique por que ele poderia ser eliminado.
(b) Crie o enunciado de um problema baseado no material apresentado no Capítulo 7.
(c) Planeje um experimento para o laboratório de seu curso de graduação que demonstre os princípios da engenharia de reatores químicos, e que o material necessário à sua construção custe menos do que US$ 500,00. (Da Competição Nacional de Estudantes do AIChE, Edição de 1998.) As regras estão descritas no *site* ERQ na *Web*.
(d) **Experimento K-12.** Plante algumas sementes em vasos diferentes (milho é uma boa opção). A planta e o solo em cada vaso serão submetidos a condições diferentes. Meça a altura da planta em função do tempo e da concentração de fertilizante. Outras variáveis que poderiam ser incluídas são iluminação, pH e temperatura ambiente. (Projeto de Ciências do Ensino Médio.)

Q7.4$_B$ **Exemplo 7.1.** Qual é o erro em considerar constante a concentração da espécie *B* e que limites você pode colocar no valor calculado de *k*? (k = 0,24 ±?)

Q7.5$_A$ **Exemplo 7.3.** Explique por que a técnica de regressão teve que ser aplicada duas vezes para determinar k' e k.

Q7.6$_A$ **UPDNP–S.** Qual dos quatro Vídeos Instrutivos de Segurança mais o impressionou ao abordar o aspecto de segurança que o vídeo estava tentando destacar? Qual dos quatro vídeos com 1 a 2 minutos era o mais bem-humorado e, ao mesmo tempo, transmitindo seu ponto de vista?

Q7.7$_A$ Visite o *link* dos Vídeos de Aprendizado de EngQui para o Capítulo 7 (*http://www.umich.edu/~elements/6e/07chap/learn-cheme-videos.html*).
(a) Assista aos dois vídeos sobre regressão não linear e descreva ou liste qualquer diferença entre os dois vídeos. Você recomendaria esses vídeos para as aulas do próximo ano?
(b) No vídeo da regressão não linear, que tipo de dados você necessita para regredir a ordem de reação?

Simulações Computacionais e Experimentos

P7.1$_A$ **(a)** **Problema Prático PP 7.3$_A$.** A reação A + B → C ocorre em fase líquida. A taxa empírica proposta é $-r_A$ = A exp(–*E*/*RT* $C_A^\alpha C_B^\beta$. Veja os valores de s^2 como função de α. Em que valor de α s^2 é minimizado?
(i) Varie β mantendo A fixo e descreva o que você achou.
(ii) Varie A mantendo β fixo e descreva o que você achou.
(iii) Sugira uma equação da taxa que minimiza s^2.

(b) **Exemplo 7.4: Regressão Não Linear**
Aplique a técnica de regressão para ajustar a equação da taxa

$$r_{CH_4} = kP_{CO}^\alpha P_{H_2}^\beta$$

Qual é a diferença da correlação e da soma dos quadrados dos desvios em comparação com o apresentado no Exemplo 7.4?

Jogos Interativos Computacionais

P7.2$_A$ **(a)** Implemente em seu computador o Jogo Interativo Computacional (JIC) do CRE *website* (*http://www.umich.edu/~elements/6e/icm/ecology.html*). Jogue e então grave seu número de desempenho fornecido, que mede seu grau de aprendizado com o material. O seu professor possui a senha que permite decodificar o seu número de desempenho.

JIC – Ecologia – Número de Desempenho#_______________.

(b) Vá ao **Laboratório de Reatores** do Professor Herz na internet *www.reactorlab.net*. Faça (a) um teste ou (b) dois testes da Divisão 1. Quando você entra no *lab*, você visualiza todas as variáveis de entrada e pode variá-las. No *lab*, clique no botão *Quiz* da barra de navegação para acessar o teste da divisão escolhida. Em um teste, você não pode visualizar alguns dos valores de entrada: você tem que acessar aqueles valores ocultos atrás do sinal "???". No teste, execute experimentos e analise seus dados de modo a determinar os valores não conhecidos. Veja o botão *Example Quiz* da página *www.reactorlab.net* relativo às equações que relacionam *E* e *k*.

Clique no sinal "???" ao lado da variável de entrada em questão e digite seu valor. Sua resposta será aceita se estiver contida na faixa de ±20% do valor correto. Um crédito, em termos de dólares virtuais, será fornecido para enfatizar que você deve planejar seus estudos experimentais em lugar de executá-los de forma aleatória. Cada vez que você acessa um teste, novas incógnitas são geradas. Para reiniciar um teste incompleto, no mesmo ponto em que você parou, clique no botão [i] relativo a informações do Diretório de instruções. Guarde cópias de seus dados, de seu trabalho de análise e de seu Relatório Financeiro.

Problemas

P7.3$_A$ **Aquecedores de Mão para Esqui.**[8] Uma vez por ano, Professor Dr. Sven Köttlov adora esquiar com seus estudantes nas montanhas de Jofostan. Antes de ir, ele se retira para seu porão em sua pequena, mas adequada habitação na universidade, para fazer aquecedores de mãos para todos.

Aqui, ele mistura ferro (lã de aço), cloreto de sódio e uns poucos outros ingredientes patenteados; então, sela-os em um compartimento Ziploc® hermético. Quando os aquecedores são necessários, o compartimento é quebrado e o ferro é exposto ao ar, gerando calor pela reação exotérmica

$$4Fe(s) + 3O_2\,(g) \rightleftharpoons 2Fe_2O_3$$

Para determinar a cinética de reação, uma amostra de lã de aço foi pesada, limpa e colocada no compartimento selado onde a percentagem de oxigênio foi medida como função do tempo; os seguintes dados foram registrados:

t (min)	0	3	5	8	15	20	25
[% O_2]	21	15	12	10	5	3	2

Para a massa de lã de aço e a área superficial especificadas, a relação proposta para o percentual de oxigênio como função do tempo no compartimento é

$$[\%\ O_2] = 3\exp(\sim kt) \quad \text{(P7.3.1)}$$

(a) Considerando que a área superficial de lã de aço seja aproximadamente constante e o compartimento seja selado, use o algoritmo ERQ para deduzir a Equação (P7.3.1).

(b) Compare a equação da taxa e os dados. Por inspeção, sem executar qualquer análise dos dados, você pode determinar imediatamente que a equação da taxa está correta ou não? Explique.

(c) Use os dados para determinar a equação da taxa e os seus parâmetros.

(d) Os dados mostram que a reação está virtualmente completa depois de 25 minutos e os estudantes esquiarão por 5 a 7 horas. O esmalte do Professor Köttlov havia sido removido de suas unhas por ácido acético imediatamente antes de ele fazer o experimento. Sabe-se que ácido acelera a reação. Você pode considerar essa informação? Se sim, como você faria isso?

P7.4$_A$ O sangue arterial troca oxigênio e dióxido de carbono com o ambiente quando entra em um tecido capilar, como mostrado no diagrama a seguir.

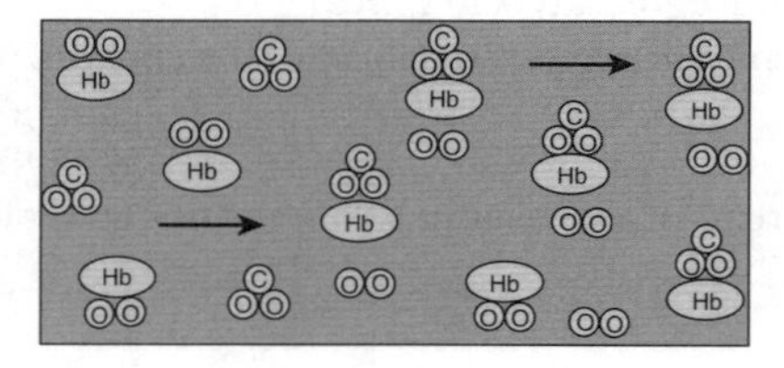

A cinética da desoxigenação da hemoglobina no sangue foi estudada, com o auxílio de um **reator tubular**, por Nakamura e Staub (*J. Physiol.*, 173, 161).

$$HbO_2 \underset{k_{-1}}{\overset{k_1}{\rightleftharpoons}} Hb + O_2$$

Apesar de a reação ser reversível, as medidas foram feitas nas fases iniciais da decomposição de modo que a reação reversa pode ser desconsiderada. Considere um sistema semelhante ao usado por Nakamura e Staub: a solução entra em um reator tubular (de 0,158 de diâmetro interno) que tem eletrodos de oxigênio dispostos a intervalos regulares de 5 cm ao longo do tubo. A vazão volumétrica de entrada no reator é de 19,6 cm^3/s com $C_{A0} = 2{,}33 \times 10^{-6}\ mol/cm^3$.

[8] B. Opegdra, A.M.R.P. *Journal of Chemical Elevation on Time*, DOI:10.1021/acs.jchemed.8600012. J. Gordon and K. Chancy, *J. Chem. Educ.*, 82(7), 1065 (Julho 2005).

Posição do Eletrodo	1	2	3	4	5	6	7
Percentagem da Decomposição do HbO_2	0,00	1,93	3,82	5,68	7,48	9,25	11,00

(a) Utilizando o método diferencial de análise de dados cinéticos, determine a ordem de reação e a velocidade específica k_1 da reação direta da desoxigenação da hemoglobina.
(b) Repita o item (a) utilizando a técnica de regressão.

P7.5$_A$ A isomerização irreversível

$$A \longrightarrow B$$

ocorreu em um reator **em batelada**, com volume constante, e os seguintes dados de concentração-tempo foram obtidos:

t (min)	0	5	8	10	12	15	17,5	20
C_A (mol/dm³)	4,0	2,25	1,45	1,0	0,65	0,25	0,06	0,008

Determine a ordem de reação α e a velocidade específica de reação k nas unidades apropriadas.

P7.6$_B$ **QEA** (*Questão de Exame Antigo*). A reação em fase líquida irreversível

$$A \rightarrow B + C$$

é conduzida em um CSTR. Para determinar a equação da taxa, varia-se a vazão volumétrica, υ_0 (em decorrência $\tau = V/\upsilon_0$), e a concentração de saída da espécie A, para cada valor de τ, é registrada. A concentração de A puro na alimentação do reator é igual a 2 mols/dm³. Durante as medidas da concentração de saída, o reator opera em condições estacionárias.

Experimento	1	2	3	4	5
τ (min)	15	38	100	300	1.200
C_A (mol/dm³)	1,5	1,25	1,0	0,75	0,5

(a) Determine a ordem e a velocidade específica da reação.
(b) Se você tivesse que repetir o experimento para determinar a cinética da reação, o que faria de diferente? Você faria o experimento a uma temperatura maior, menor ou igual?
(c) Se você fosse coletar mais dados, em que local você faria as medidas (por exemplo, τ)?
(d) Supõe-se que técnico do laboratório fez, equivocadamente, uma diluição de um fator de 10 em uma das medidas da concentração. O que você acha? Usando a técnica de regressão (do Polymath ou de outro programa qualquer), como seus resultados comparam-se aos obtidos pelos métodos gráficos?

Nota: Todas as medidas foram feitas nas condições de estado estacionário.

P7.7$_A$ A reação

$$A \rightarrow B + C$$

é conduzida em um reator em batelada a volume constante em que os seguintes dados de concentração foram coletados em funções do tempo

t (min)	0	5	9	15	22	30	40	60
C_A (mol/dm³)	2	1,6	1,35	1,1	0,87	0,70	0,53	0,35

(a) Utilize o método dos mínimos quadrados não linear (regressão não linear) e algum outro método para determinar a ordem α e a velocidade específica da reação, k.
(b) Nicolas Bellini deseja saber, se você fosse coletar mais dados, para quais valores do tempo você mediria a concentração? Por quê?
(c) O Prof. Dr. Sven Köttlov, da Universidade de Jofosan, sempre pergunta a seus alunos: se vocês tivessem que repetir o experimento para determinar a cinética da reação, o que fariam de diferente? Vocês fariam o experimento a uma temperatura maior, menor ou igual? Vocês coletariam os dados em instantes diferentes? Explique.
(d) Supõe-se que o técnico do laboratório cometeu um erro de diluição na medida da concentração a 60 minutos. O que você acha? Usando a técnica de regressão (do Polymath ou de outro programa qualquer), como seus resultados comparam-se aos obtidos pelos métodos gráficos?

P7.8$_A$ **QEA** (*Questão de Exame Antigo*). Os dados seguintes foram relatados [C. N. Hinshelwood and P. J. Ackey, *Proc. R. Soc.* (London), *A115*, 215] para a decomposição em fase gasosa do éter dimetílico a 504°C em um *reator em batelada*. No início da batelada, apenas $(CH_3)_2O$ estava presente.

Tempo (s)	390	777	1.195	3.155	∞
Pressão Total (mmHg)	408	488	562	799	931

(a) Por que você acha que a medida da pressão total em $t = 0$ não foi feita? Você pode estimá-la?
(b) Supondo que a reação

$$(CH_3)_2O \rightarrow CH_4 + H_2 + CO$$

é irreversível e a conversão seja completa, determine a ordem e a velocidade específica, k, da reação. (***Resp.:*** $k = 0{,}00048\ min^{-1}$)
(c) Que condições experimentais você sugeriria para a coleta de mais dados?
(d) Como se modificariam os dados e seus resultados se a reação ocorresse a uma temperatura mais alta e a uma temperatura mais baixa?

P7.9$_A$ **QEA** (*Questão de Exame Antigo*). Para estudar a decomposição fotoquímica do bromo em meio aquoso sob intensa luz solar, uma pequena quantidade de bromo líquido foi dissolvida em água contida em um grupo de jarros de vidro colocados, a seguir, diretamente na luz do sol. Os seguintes dados foram obtidos a 25°C:

Tempo (min)	10	20	30	40	50	60
ppm Br_2	2,45	1,74	1,23	0,88	0,62	0,44

(a) Determine se a taxa de reação é de ordem zero, de primeira ordem ou de segunda ordem em relação ao bromo e calcule, em seguida, a velocidade específica da reação em unidades de sua escolha.

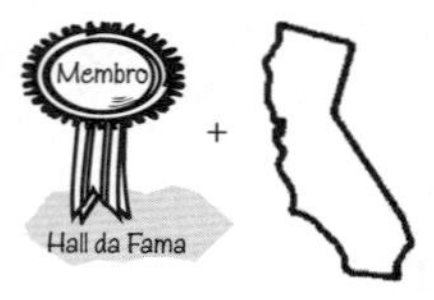

(b) Considerando as mesmas condições de insolação, calcule a vazão de injeção do bromo (em lbm/h) em um volume de 25.000 galões de água sob luz do sol de forma a manter o nível de esterilização do bromo, que é de 1,0 ppm. (**Resp.:** 0,43 lb/h)
(c) Aplique a este problema uma ou mais das seis ideias da Tabela P.4 do Prefácio (*http://www.umich.edu/~elements/6e/toc/Preface-Complete.pdf*).

(*Nota*: ppm = partes de bromo por um milhão de partes de água bromada, em peso. Em soluções aquosas, 1 ppm ≡ 1 miligrama por litro.) (Exame de Engenheiros Profissionais da Califórnia.)

P7.10$_C$ As reações do ozônio foram estudadas na presença de alcenos [R. Atkinson *et al.*, *Int. J. Chem. Kinet.*, *15*(8), 721 (1983)]. Os dados apresentados na Tabela P7.10$_C$ são para um dos alcenos estudados, *cis*-2-buteno. A reação foi conduzida de forma isotérmica a 297 K. Determine a equação da taxa e os correspondentes parâmetros cinéticos.

Tabela P7.10$_C$ Taxa em Função das Concentrações de Ozônio e de Buteno

Experimento	*Taxa de Ozônio* ($mol/s \cdot dm^3 \times 10^7$)	*Concentração de Ozônio* (mol/dm^3)	*Concentração de Buteno* (mol/dm^3)
1	1,5	0,01	10^{-12}
2	3,2	0,02	10^{-11}
3	3,5	0,015	10^{-10}
4	5,0	0,005	10^{-9}
5	8,8	0,001	10^{-8}
6	4,7*	0,018	10^{-9}

**Sugestão*: O ozônio também se decompõe por colisão com a parede.

P7.11$_A$ **QEA** (*Questão de Exame Antigo*). Testes foram executados em um reator experimental de pequena dimensão utilizado para a decomposição de óxidos de nitrogênio nos gases de exaustão de um automóvel. Em uma série de testes, uma corrente de nitrogênio contendo diferentes concentrações de NO_2 foi alimentada ao reator e os dados cinéticos obtidos são mostrados na Figura P7.11$_A$. Cada ponto da figura representa um experimento completo. O reator opera essencialmente como um *reator isotérmico com retromistura* (CSTR). O que você pode deduzir sobre a ordem aparente da reação na faixa de temperatura em que foi estudada?

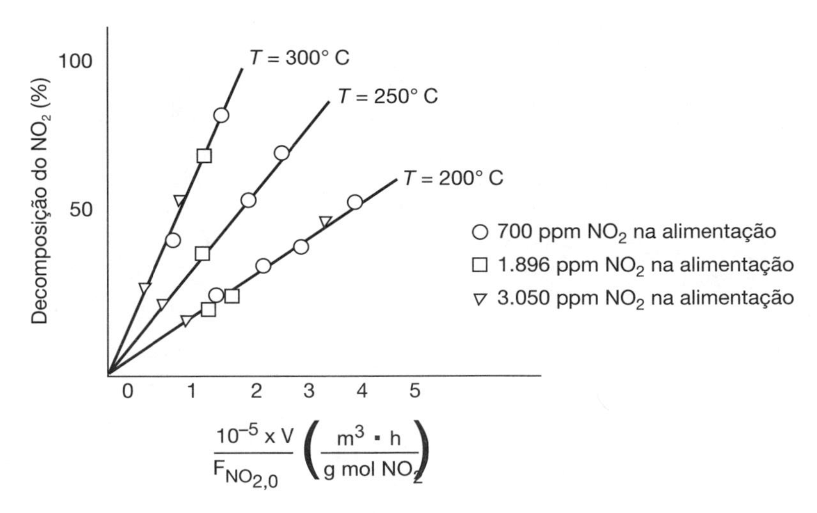

Figura P7.11$_A$ Dados do gás de exaustão de automóvel.

O gráfico representa a decomposição percentual do NO_2 contra a razão entre o volume do reator V (em cm³) pela vazão molar de alimentação do NO_2, $F_{NO2,0}$ (gmol/h), a diferentes valores da concentração de alimentação do NO_2 (em partes por milhão, em peso). Determine o máximo de parâmetros da equação da taxa que você puder.

P7.12$_A$ A decomposição térmica do isocianato isopropílico foi estudada em um *reator de leito fixo diferencial*. A partir dos dados da Tabela P7.12$_A$, determine os parâmetros cinéticos da reação.

Tabela P7.12$_A$ Dados Não Processados*

Experimento	*Taxa* (mol/s · dm³)	*Concentração* (mol/dm³)	*Temperatura* (K)
1	$4{,}9 \times 10^{-4}$	0,2	700
2	$1{,}1 \times 10^{-4}$	0,02	750
3	$2{,}4 \times 10^{-3}$	0,05	800
4	$2{,}2 \times 10^{-2}$	0,08	850
5	$1{,}18 \times 10^{-1}$	0,1	900
6	$1{,}82 \times 10^{-2}$	0,06	950

**Jofostan Journal of Chemical Engineering*, Vol. 15, page 743 (1995).

LEITURA SUPLEMENTAR

1. Uma ampla variedade de técnicas para medir as concentrações de espécies reagentes pode ser encontrada em

   THORNTON W. BURGESS, *Mr. Toad and Danny the Meadow Mouse Take a Walk*. New York: Dover Publications. Inc., 1915.

   H. SCOTT FOGLER and STEVEN E. LEBLANC COM BENJAMIM RIZZO, *Strategies for Creative Problem Solving*, 3rd ed., Upper Saddle River, NJ: Pearson, 2014.

   CHESTER L. KARRASS, *In Business As in Life, You Don't Get What You Deserve, You Get What You Negotiate*. Hill, CA: Stanford Street Press, 1996.

   J. W. ROBINSON, *Undergraduate Instrumental Analysis*, 5th ed. New York: Marcel Dekker, 1995.

   DOUGLAS A. SKOOG, F. JAMES HOLLER and TIMOTHY A. NIEMAN, *Principles of Instrumental Analysis*, 5th ed. Philadelphia: Saunders College Publishers, Harcourt Brace College Publishers, 1998.

2. O projeto de reatores catalíticos de laboratório para a obtenção de dados cinéticos é apresentado em

   H. F. RASE, *Chemical Reactor Design for Process Plants*, Vol. 1. New York: Wiley, 1983, Chap. 5.

3. O planejamento sequencial de experimentos e estimação de parâmetros é apresentado em

   G. E. P. BOX, W. G. HUNTER, and J. S. HUNTER, *Statistics for Experimenters: Design, Innovation, and Discovery*, 2nd ed. Hoboken, NJ: Wiley, 2005.

Reações Múltiplas 8

Às vezes, você só precisa pular e construir suas asas no caminho.
—Carol Craig, empreendedora

Visão Geral. Raramente a equação de interesse é a *única* que ocorre em um reator químico. Tipicamente, reações múltiplas ocorrerão, algumas desejáveis e outras não. Um dos fatores-chave do sucesso econômico de uma planta química é a minimização das reações paralelas indesejáveis que ocorrem juntamente com a reação desejada.

Neste capítulo, discutiremos a seleção de reatores e os balanços molares gerais para reações múltiplas.

Primeiro, descreveremos os quatro tipos básicos de reações múltiplas:

- Em série
- Paralelas
- Independentes
- Complexas

Em seguida, definiremos o parâmetro seletividade e discutiremos como ele pode ser usado para minimizar as reações paralelas indesejáveis por meio de uma escolha apropriada de condições operacionais e por meio da seleção de reatores.

Mostraremos agora como modificar nosso algoritmo de ERQ para resolver problemas de engenharia de reações químicas quando reações múltiplas estiverem envolvidas. A modificação se baseia no algoritmo apresentado no Capítulo 6 ao numerar todas as reações e expandir o *Bloco de Construção das Taxas* em três partes:

- Equações da taxa
- Taxas relativas
- Taxas resultantes

Finalmente, alguns exemplos serão apresentados para mostrar como o algoritmo é aplicado a algumas reações reais.

8.1 Definições

8.1.1 Tipos de Reações

Existem quatro tipos básicos de reações múltiplas: em série, paralelas, complexas e independentes. Esses tipos de reações múltiplas podem ocorrer isoladamente, em pares ou todas juntas. Quando há uma combinação de reações paralelas e em série, elas são frequentemente referidas como *reações complexas*.

Reações paralelas (também chamadas de *reações competitivas*) são reações em que o reagente é consumido por duas rotas diferentes de reação para formar produtos diferentes:

Reações paralelas

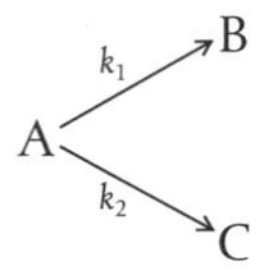

Um exemplo de uma reação paralela com significância industrial é a oxidação de etileno a óxido de etileno, enquanto se evita a combustão completa a dióxido de carbono e água.

Química séria

$$CH_2{=}CH_2 + O_2 \begin{cases} \longrightarrow 2CO_2 + 2H_2O \\ \longrightarrow \overset{O}{\overbrace{CH_2{-}CH_2}} \end{cases}$$

Reações em série (também chamadas de *reações consecutivas*) são reações em que o reagente forma um produto intermediário que reage outra vez para formar outro produto:

Reações em série

$$A \xrightarrow{k_1} B \xrightarrow{k_2} C$$

Um exemplo de uma reação em série é a reação de óxido de etileno (OE) com amônia para formar mono-, di- e trietanolamina:

$$\overset{O}{\overbrace{CH_2{-}CH_2}} + NH_3 \longrightarrow HOCH_2CH_2NH_2$$

$$\xrightarrow{\text{OE}} (HOCH_2CH_2)_2NH \xrightarrow{\text{OE}} (HOCH_2CH_2)_3N$$

Nos últimos anos, tem havido uma mudança em direção à produção de dietanolamina como o produto *desejado*, em vez de trietanolamina.

Reações independentes são reações que ocorrem ao mesmo tempo, porém nem produtos nem reagentes reagem com eles próprios ou um com o outro.

Reações independentes

$$A \longrightarrow B + C$$
$$D \longrightarrow E + F$$

Um exemplo é o craqueamento de óleo cru para formar gasolina, em que duas das reações que ocorrem são

$$C_{15}H_{32} \longrightarrow C_{12}C_{26} + C_3H_6$$
$$C_8H_{18} \longrightarrow C_6H_{14} + C_2H_4$$

Reações complexas são reações múltiplas que envolvem uma combinação de reações em série e paralelas, tais como

$$A + B \longrightarrow C + D$$
$$A + C \longrightarrow E$$
$$E \longrightarrow G$$

Um exemplo de uma combinação de reações paralelas e em série é a formação de butadieno a partir de etanol:

$$C_2H_5OH \longrightarrow C_2H_4 + H_2O$$
$$C_2H_5OH \longrightarrow CH_3CHO + H_2$$
$$C_2H_4 + CH_3CHO \longrightarrow C_4H_6 + H_2O$$

8.1.2 Seletividade

Reações Desejadas e Indesejadas. De particular interesse são os reagentes que são consumidos na formação de um *produto desejado,* D, e na formação de um *produto indesejado,* U, em uma reação competitiva ou paralela. Na sequência das reações paralelas

$$A \xrightarrow{k_D} D$$
$$A \xrightarrow{k_U} U$$

ou na sequência das reações em série

$$A \xrightarrow{k_D} D \xrightarrow{k_U} U$$

O incentivo econômico

queremos minimizar a formação de U e maximizar a formação de D, visto que, quanto maior a quantidade de produto indesejado formado, maior o custo para separar o produto indesejado U do produto desejado D (Figura 8.1).

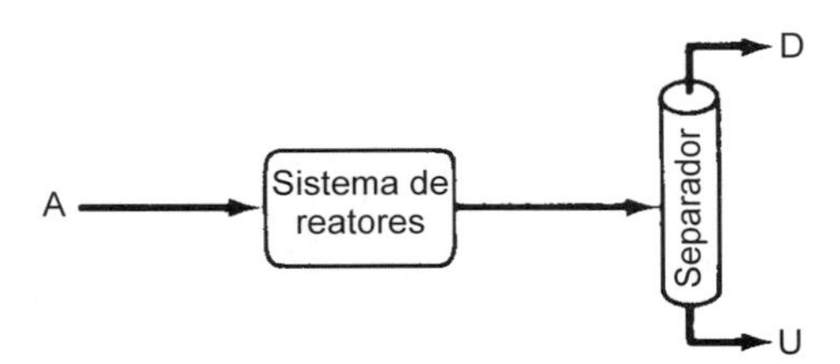

Figura 8.1 Sistema de reação-separação produzindo produtos desejados e indesejados.

A **seletividade** nos diz como um produto é favorecido em relação a outro quando temos reações múltiplas. Podemos quantificar a formação de D com respeito a U, definindo a seletividade e o rendimento do sistema. A **seletividade instantânea** de D com relação a U é a razão entre a taxa de formação de D e a taxa de formação de U.

Seletividade instantânea

$$\boxed{S_{D/U} = \frac{r_D}{r_U} = \frac{\text{taxa de formação de D}}{\text{taxa de formação de U}}} \tag{8.1}$$

Na Seção 8.3, mostraremos como a avaliação de $S_{D/U}$ nos guiará no projeto e na seleção de nosso sistema de reações para maximizar a seletividade.

Outra definição de seletividade usada na literatura corrente, $\tilde{S}_{D/U}$, é dada em termos das vazões que saem do reator. $\tilde{S}_{D/U}$ é a **seletividade global.**

Seletividade global

$$\boxed{\tilde{S}_{D/U} = \frac{F_D}{F_U} = \frac{\text{Vazão molar de saída do produto desejado}}{\text{Vazão molar de saída do produto indesejado}}} \tag{8.2a}$$

Usando um balanço molar em um CSTR para as espécies D e U, mostra-se facilmente que, para um CSTR as seletividades instantânea e global são idênticas, ou seja, $S_{D/U} = \tilde{S}_{D/U}$; veja o Material Expandido do Capítulo 8 no CRE *website* (*http://www.umich.edu/~elements/6e/08chap/expanded.html*).

Para um reator em batelada, a seletividade global é dada em termos do número de mols de D e de U no final do tempo de reação:

$$\boxed{\tilde{S}_{D/U} = \frac{N_D}{N_U}} \tag{8.2b}$$

8.1.3 Rendimento

Duas definições para a seletividade e o rendimento são encontradas na literatura.

O **rendimento de uma reação**, como a seletividade, tem duas definições: uma baseada na razão entre taxas de reação e outra baseada na razão entre taxas molares. No primeiro caso, o rendimento em um ponto pode ser definido como a razão entre a taxa de reação de um dado produto e a taxa de reação do *reagente-chave* A. Isso é referido algumas vezes como *rendimento instantâneo*, Y_D.

Rendimento instantâneo baseado nas taxas de reação

$$\boxed{Y_D = \frac{r_D}{-r_A}} \tag{8.3}$$

O *rendimento global*, $\tilde{Y}_D$, é baseado nas taxas e definido como a razão entre o número de mols do produto formado no final da reação e o número de mols do reagente-chave, A, que foram consumidos.

Para um sistema em batelada:

Rendimento global baseado em mols

$$\boxed{\tilde{Y}_D = \frac{N_D}{N_{A0} - N_A}} \tag{8.4a}$$

Para um sistema em escoamento:

Rendimento global baseado nas taxas molares

$$\boxed{\tilde{Y}_D = \frac{F_D}{F_{A0} - F_A}} \tag{8.4b}$$

Como no caso da seletividade, o rendimento instantâneo e o rendimento global são idênticos para um CSTR ($\tilde{Y}_D = Y_D$). De um ponto de vista econômico, as seletividades *globais*, $\tilde{S}$, e os rendimentos *globais*, $\tilde{Y}$, são importantes na determinação dos lucros. No entanto, as seletividades instantâneas fornecem discernimento na escolha de reatores e de esquemas de reações que ajudarão a maximizar o lucro. Há frequentemente um conflito entre seletividade e conversão (rendimento), porque você quer uma grande quantidade de seu produto desejado (D) e ao mesmo tempo quer minimizar o produto indesejado (U). Contudo, em muitos exemplos, quanto maior a conversão que você atinge, não somente você faz mais D, como também forma mais U.

#Conflito

8.1.4 Conversão

Embora não codifiquemos ou resolvamos problemas de reação múltipla usando conversão, às vezes temos uma ideia de como calculá-la a partir das taxas molares ou do número de mols. Entretanto, para fazer isso, a conversão X precisa ter um subscrito para se referir a um dos reagentes alimentados.

Para a espécie A

Escoamento | Batelada

$$X_A = \frac{F_{A0} - F_A}{F_{A0}} \quad \text{ou} \quad X_A = \frac{N_{A0} - N_A}{N_{A0}} \tag{8.5a}$$

e para a espécie B

Escoamento | Batelada

$$X_B = \frac{F_{B0} - F_B}{F_{B0}} \quad \text{ou} \quad X_B = \frac{N_{B0} - N_B}{N_{B0}}$$

Para um reator em semibatelada, no qual B é alimentado para A

$$X_A = \frac{C_{A0}V_0 - C_A V}{C_{A0}V_0} \tag{8.5b}$$

$$X_B = \frac{F_{B0}t - C_B V}{F_{B0}t}, \text{ por exemplo, } t > 0{,}001 \text{ s} \tag{8.5c}$$

A conversão para as diferentes espécies alimentadas é facilmente incluída nas soluções numéricas do *software*.

8.2 Algoritmo para Reações Múltiplas

O algoritmo para reações múltiplas pode ser aplicado para reações paralelas, reações em série, reações independentes e reações complexas. A disponibilidade de pacotes computacionais (*solvers* de EDO) facilita muito resolver problemas usando mols N_j ou taxas molares F_j em vez de conversão. Para sistemas líquidos, a concentração é geralmente a variável preferida a ser usada nas equações de balanço molar.

"Toda e Qualquer"

Depois de numerar cada reação envolvida, realizamos um balanço molar para toda e qualquer espécie. Os balanços molares para os vários tipos de reatores que temos estudado são mostrados na Tabela 8.1. As taxas mostradas na Tabela 8.1, por exemplo, r_A, são as taxas resultantes de formação e são discutidas em detalhes na Tabela 8.2. As equações diferenciais resultantes acopladas aos balanços molares podem ser facilmente resolvidas, usando um *solver* de EDO. De fato, esta seção foi desenvolvida para aproveitar o vasto número de técnicas computacionais disponíveis atualmente em *laptops* (por exemplo, Polymath, MATLAB, Wolfram ou Python).

8.2.1 Modificações do Algoritmo ERQ do Capítulo 6 para Reações Múltiplas

Apenas algumas mudanças em nosso algoritmo ERQ para reações múltiplas

"Toda e Qualquer Reação"

Existem algumas poucas mudanças no algoritmo ERQ apresentado na Tabela 6.2 e descreveremos essas mudanças em detalhes quando discutirmos reações complexas na Seção 8.5. Entretanto, antes de discutir reações paralelas e em série, é necessário apontar algumas das modificações de nosso algoritmo. Essas mudanças são realçadas entre colchetes na Tabela 8.2. Ao analisar reações múltiplas, primeiro *numere cada reação*. Em seguida, temos de fazer um balanço molar para cada espécie, exatamente como fizemos no Capítulo 6 para analisar reações em termos dos balanços molares para diferentes tipos de reatores. As taxas de formação mostradas nos balanços molares na Tabela 6.2 (por exemplo, r_A, r_B, r_j) são as *taxas resultantes* de formação. A principal mudança no algoritmo ERQ na Tabela 6.2 é que a etapa da **Equação da Taxa** em nosso algoritmo foi trocada pela etapa **Taxas**, que inclui três subetapas:

- Equação da Taxa
- Taxas Resultantes
- Taxas Relativas

Tabela 8.1 Balanços Molares para Reações Múltiplas

Balanço Molar Geral

$$\frac{dN_j}{dt} = F_{j0} - F_j + \int^V r_j dV$$

	Grandezas Molares (Gás ou Líquido)	Concentração (Líquido)
Batelada	$\frac{dN_A}{dt} = r_A V$	$\frac{dC_A}{dt} = r_A$
	$\frac{dN_B}{dt} = r_B V$	$\frac{dC_B}{dt} = r_B$
	$\vdots$	$\vdots$
PFR/PBR	$\frac{dF_A}{dV} = r_A$	$\frac{dC_A}{dV} = \frac{r_A}{\upsilon_0}$
	$\frac{dF_B}{dV} = r_B$	$\frac{dC_B}{dV} = \frac{r_B}{\upsilon_0}$
	$\vdots$	$\vdots$
CSTR	$V = \frac{F_{A0} - F_A}{(-r_A)_{saída}}$	$V = \frac{\upsilon_0[C_{A0} - C_A]}{(-r_A)_{saída}}$
	$V = \frac{F_{B0} - F_B}{(-r_B)_{saída}}$	$V = \frac{\upsilon_0[C_{B0} - C_B]}{(-r_B)_{saída}}$
	$\vdots$	$\vdots$
Membrana: C se difunde para fora	$\frac{dF_A}{dV} = r_A$	$\frac{dF_A}{dV} = r_A$
	$\frac{dF_B}{dV} = r_B$	$\frac{dF_B}{dV} = r_B$
	$\frac{dF_C}{dV} = r_C - R_C$	$\frac{dF_C}{dV} = r_C - R_C$
	$\vdots$	$\vdots$
Semibatelada B adicionada a **A**	$\frac{dN_A}{dt} = r_A V$	$\frac{dC_A}{dt} = r_A - \frac{\upsilon_0 C_A}{V}$
	$\frac{dN_B}{dt} = F_{B0} + r_B V$	$\frac{dC_B}{dt} = r_B + \frac{\upsilon_0[C_{B0} - C_B]}{V}$
	$\vdots$	$\vdots$

Balanços molares para toda e qualquer espécie

As concentrações identificadas no colchete inferior na Tabela 8.2 são as mesmas discutidas no Capítulo 6.

8.3 Reações Paralelas

8.3.1 Seletividade

Nesta seção, discutiremos as várias maneiras de minimizar o produto indesejado, U, por meio da seleção do tipo e das condições dos reatores. Discutiremos também o desenvolvimento de esquemas eficientes de reatores.

Tabela 8.2 Modificações no Algoritmo ERQ

Identifique — **1.** Numere Cada Reação Separadamente

Balanço Molar — **2.** Balanço Molar para Toda e Qualquer Espécie

3. Taxas

a. ***Equação da Taxa*** para Cada Reação

Por exemplo, $-r_{ij} = k_{ij} f(C_A, C_B, \ldots C_j)$

O subscrito "i" se refere ao número da reação e o subscrito "j" se refere à espécie

r_{ij}
└ Espécie
└ Número da Reação

b. ***Taxas Resultantes de Reação*** para Cada Espécie, por exemplo, j

$$r_j = \sum_{i=1}^{N} r_{ij}$$

Para N reações, a taxa resultante de formação da espécie A é:

$$r_A = \sum_{i=1}^{N} r_{iA} = r_{1A} + r_{2A} + \ldots + r_{NA}$$

c. ***Taxas Relativas*** para Cada Reação

Para determinada reação i: $a_i A + b_i B \rightarrow c_i C + d_i D$

$$\boxed{\frac{r_{iA}}{-a_i} = \frac{r_{iB}}{-b_i} = \frac{r_{iC}}{c_i} = \frac{r_{iD}}{d_i}}$$

As etapas restantes para o algoritmo na Tabela 6.2 permanecem as mesmas, por exemplo,

Estequiometria

Fase Gasosa

$$C_j = C_{T0} \frac{F_j}{F_T} \frac{P}{P_0} \frac{T_0}{T}$$

$$F_T = \sum_{j=1}^{n} F_j$$

Fase Líquida

$$C_j = \frac{F_j}{v_0}$$

r_{ij}
└ Espécie
└ Número da Reação

Para as reações competitivas, tais como

$$(1) \quad A \xrightarrow{k_D} D \quad \text{(Desejada)}$$

$$(2) \quad A \xrightarrow{k_U} U \quad \text{(Indesejada)}$$

as equações da taxa são

Equações da taxa para a formação de produtos desejados e indesejados.

$$r_D = k_D C_A^{\alpha_1} \tag{8.6}$$

$$r_U = k_U C_A^{\alpha_2} \tag{8.7}$$

A taxa de consumo de A para essa sequência de reações é a soma das taxas de formação de U e de D:

$$-r_A = r_D + r_U \tag{8.8}$$

$$-r_A = k_D C_A^{\alpha_1} + k_U C_A^{\alpha_2} \tag{8.9}$$

em que α_1 e α_2 são as ordens de reação com valores positivos. Queremos que a taxa de formação de D, r_D, seja alta em relação à taxa de formação de U, r_U. Tomando a razão dessas taxas [Equação

(8.6) dividida pela Equação (8.7)], obtemos a ***seletividade instantânea***, $S_{D/U}$, que deve ser maximizada:

Seletividade instantânea

$$S_{D/U} = \frac{r_D}{r_U} = \frac{k_D}{k_U} C_A^{\alpha_1 - \alpha_2} \tag{8.10}$$

8.3.2 Maximização do Produto Desejado para um Reagente

Nesta seção, examinaremos maneiras de maximizar a seletividade instantânea, $S_{D/U}$, para diferentes ordens de reação dos produtos desejados e indesejados.

Caso 1: $\alpha_1 > \alpha_2$. Para o caso em que a ordem de reação do produto desejado, α_1, for maior do que a ordem de reação do produto indesejado, α_2, seja a um número positivo que é a diferença entre essas ordens de reação ($a > 0$):

Para $\alpha_1 > \alpha_2$, torne C_A tão grande quanto possível, usando um reator **PFR** ou **BR**.

$$\alpha_1 - \alpha_2 = a$$

Então, substituindo na Equação (8.10), obtemos

$$S_{D/U} = \frac{r_D}{r_U} = \frac{k_D}{k_U} C_A^{a} \tag{8.11}$$

De modo a tornar essa razão tão grande quanto possível, queremos que a reação ocorra de maneira a manter a concentração do reagente A tão alta quanto possível durante a reação. Se a reação ocorrer na fase gasosa, devemos executá-la sem inertes e a altas pressões para manter C_A alta. Se a reação for em fase líquida, o uso de diluentes deve ser mantido em um mínimo.[1]

Um reator em batelada ou um reator tubular com escoamento empistonado deve ser usado nesse caso, visto que, nos dois reatores, a concentração de A começa em um valor alto e cai progressivamente durante o curso da reação. Em um CSTR *perfeitamente misturado*, a concentração de reagente dentro do reator está sempre em seu valor mais baixo (a concentração de saída), e, consequentemente, o CSTR não deve ser escolhido sob essas circunstâncias.

Caso 2: $\alpha_2 > \alpha_1$. Quando a ordem de reação do produto indesejado for maior do que a do produto desejado. Seja $b = \alpha_2 - \alpha_1$, sendo b um número positivo; então

$$S_{D/U} = \frac{r_D}{r_U} = \frac{k_D C_A^{\alpha_1}}{k_U C_A^{\alpha_2}} = \frac{k_D}{k_U C_A^{\alpha_2 - \alpha_1}} = \frac{k_D}{k_U C_A^{b}} \tag{8.12}$$

Para a razão r_D/r_U ser alta, a concentração de A deve ser tão baixa quanto possível.

Para $\alpha_2 > \alpha_1$, use um **CSTR** e dilua a corrente de alimentação.

Essa baixa concentração pode ser obtida diluindo a alimentação com inertes e correndo o reator em baixas concentrações de A. Um CSTR deve ser usado porque as concentrações de reagentes são mantidas em um nível baixo. Um reator com reciclo, em que a corrente do produto atua como um diluente, poderia ser usado para manter baixas as concentrações de entrada de A.

Temperatura. Pelo fato de as energias de ativação das duas reações nos casos 1 e 2 não serem dadas, não se pode determinar se a reação deve ocorrer em altas ou baixas temperaturas. Em relação à temperatura, a sensibilidade do parâmetro de seletividade baseada na taxa pode ser determinada a partir da razão das velocidades específicas de reação,

Efeito da temperatura sobre a seletividade

$$S_{D/U} \sim \frac{k_D}{k_U} = \frac{A_D}{A_U} e^{-[(E_D - E_U)/RT]} \tag{8.13}$$

[1] Para algumas reações em fase líquida, a escolha apropriada de um solvente pode aumentar a seletividade. Veja, por exemplo, *Ind. Eng. Chem.*, 62(9), 16. Em reações heterogêneas catalíticas em fase gasosa, a seletividade é um parâmetro importante de qualquer catalisador particular.

sendo A o fator de frequência, E a energia de ativação e os subscritos D e U referentes aos produtos desejado e indesejado, respectivamente.

Caso 3: $E_D > E_U$. Neste caso, a velocidade específica de reação da reação desejada k_D (e, por conseguinte, a taxa global r_D) aumenta mais rapidamente com o aumento de temperatura do que a velocidade específica de reação da reação indesejada k_U. Logo, o sistema de reações deve ser operado na maior temperatura possível para maximizar $S_{D/U}$.

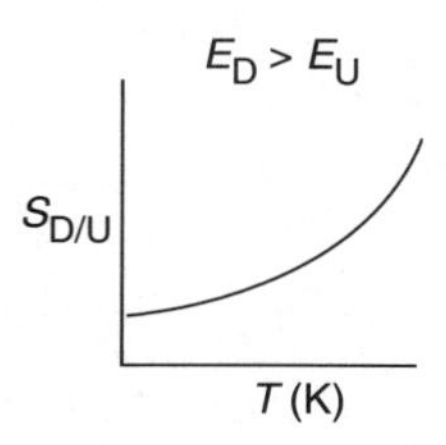

Caso 4: $E_U > E_D$. Neste caso, a reação deve ocorrer em baixa temperatura para maximizar $S_{D/U}$, *porém não* tão lenta que a reação desejada não proceda até uma extensão significativa.

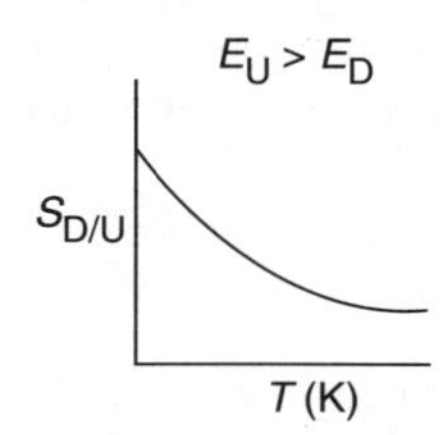

Exemplo 8.1 Maximização da Seletividade para as Reações de Trambouze

O reagente A se decompõe por meio de três reações simultâneas para formar três produtos: um que é o desejado, B, e dois que são indesejados, X e Y. Essas reações em fase gasosa, juntamente com as leis de taxa apropriadas, são chamadas de *reações de Trambouze* (*AIChE J.*, *5*, 384).

As Famosas Reações de Trambouze

1) $$A \xrightarrow{k_1} X \quad -r_{1A} = r_X = k_1 = 0{,}0001 \frac{\text{mol}}{\text{dm}^3 \cdot \text{s}} \qquad \text{(ordem zero)}$$

2) $$A \xrightarrow{k_2} B \quad -r_{2A} = r_B = k_2 C_A = (0{,}0015 \text{ s}^{-1}) C_A \qquad \text{(primeira ordem)}$$

3) $$A \xrightarrow{k_3} Y \quad -r_{3A} = r_Y = k_3 C_A^2 = \left(0{,}008 \frac{\text{dm}^3}{\text{mol} \cdot \text{s}}\right) C_A^2 \qquad \text{(segunda ordem)}$$

As velocidades específicas de reação são dadas a 300 K e as energias de ativação para as reações (1), (2) e (3) são E_1 = 10.000 kcal/mol, E_2 = 15.000 kcal/mol e E_3 = 20.000 kcal/mol.

(a) Como e sob que condições (por exemplo, tipos de reatores, temperatura, concentrações) a reação deve ocorrer de modo a maximizar a seletividade de B, para uma concentração de entrada de A de 0,4 M e uma vazão volumétrica de 2,0 dm³/s?

(b) Como a conversão de B poderia ser aumentada, mantendo ainda a seletividade relativamente alta?

Solução

Item (a)

A seletividade instantânea da espécie B em relação às espécies X e Y é

$$\boxed{S_{B/XY} = \frac{r_B}{r_X + r_Y} = \frac{k_2 C_A}{k_1 + k_3 C_A^2}} \qquad \text{(E8.1.1)}$$

Imediatamente, observamos que a seletividade, $S_{B/XY}$, é baixa em concentrações muito baixas do reagente A [$k_1 >> k_3 C_A^2$, assim $S_{B/XY} \sim C_A$] e muito baixa em concentrações muito altas de A $\left[k_1 \ll k_3 C_A^2 \text{ assim } S_{B/XY} \sim \frac{1}{C_A}\right]$.

Fazendo um gráfico de $S_{B/XY}$ *versus* C_A, vemos que há um máximo, conforme mostrado na Figura E8.1.1.

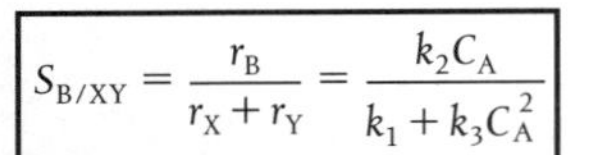

$$S_{B/XY} = \frac{r_B}{r_X + r_Y} = \frac{k_2 C_A}{k_1 + k_3 C_A^2}$$

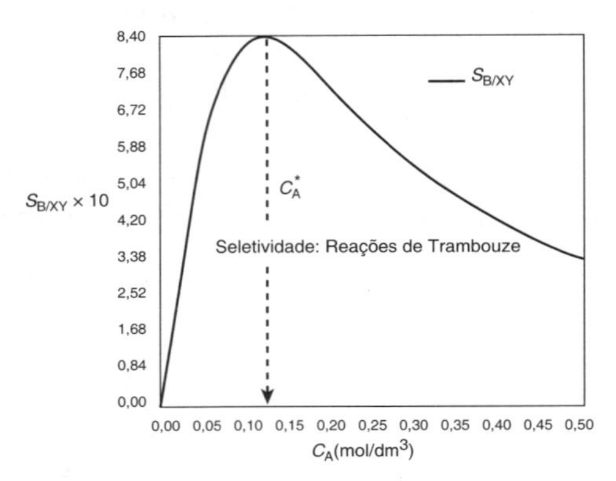

Figura E8.1.1 Seletividade em função da concentração de A.

Como podemos ver, a seletividade $S_{B/XY}$ atinge um máximo em uma concentração C_A^*. Pelo fato de a concentração variar ao longo do comprimento de um PFR, não podemos operar no seu máximo. Consequentemente, usaremos um CSTR e o projetaremos para operar em seu máximo. Para encontrar o máximo, C_A^*, diferenciamos $S_{B/XY}$ com relação a C_A, igualamos a derivada a zero e resolvemos para C_A^*. Ou seja,

$$\frac{dS_{B/XY}}{dC_A} = 0 = \frac{k_2[k_1 + k_3 C_A^{*2}] - k_2 C_A^* [2k_3 C_A^*]}{[k_1 + k_3 C_A^{*2}]^2} \tag{E8.1.2}$$

Resolvendo para C_A^*

$$C_A^* = \sqrt{\frac{k_1}{k_3}} = \sqrt{\frac{0,0001(\text{mol/dm}^3 \cdot \text{s})}{0,008\ (\text{dm}^3/\text{mol} \cdot \text{s})}} = 0,112\ \text{mol/dm}^3 \tag{E8.1.3}$$

Opere o CSTR nesta concentração de reagente: $C_A^* = 0,112$ mol/dm³.

Vemos, da Figura E8.1.1, que a seletividade é, na verdade, máxima em $C_A^* = 0,112$ mol/dm³.

$$\boxed{C_A^* = \sqrt{\frac{k_1}{k_3}} = 0,112\ \text{mol/dm}^3}$$

Consequentemente, para maximizar a seletividade $S_{B/XY}$, queremos fazer a nossa reação de tal maneira que a concentração de A no CSTR seja sempre C_A^*. A seletividade corresponde a C_A^* é

$$S_{B/XY} = \frac{k_2 C_A^*}{k_1 + k_3 C_A^{*2}} = \frac{k_2\sqrt{\frac{k_1}{k_3}}}{k_1 + k_1} = \frac{k_2}{2\sqrt{k_1 k_3}} = \frac{0,0015}{2[(0,0001)(0,008)]^{1/2}} \tag{E8.1.4}$$

$$\boxed{S_{B/XY} = 0,84}$$

Calculamos agora o volume do CSTR quando a concentração de saída for C_A^*. A **taxa resultante** de formação de A a partir das reações (1), (2) e (3) é

$$r_A = r_{1A} + r_{2A} + r_{3A} = -k_1 - k_2 C_A - k_3 C_A^2 \tag{E8.1.5}$$

$$-r_A = k_1 + k_2 C_A + k_3 C_A^2$$

Usando a Equação (E8.1.5) no **balanço molar** em um CSTR para essa reação em fase líquida ($\upsilon = \upsilon_0$), para **combiná-la** com a **taxa resultante**, obtemos

$$V = \frac{\upsilon_0[C_{A0} - C_A^*]}{-r_A^*} = \frac{\upsilon_0[C_{A0} - C_A^*]}{[k_1 + k_2 C_A^* + k_3 C_A^{*2}]} \tag{E8.1.6}$$

O volume do CSTR para maximizar a seletividade $\tilde{S}_{B/XY} = S_{B/XY}$.

$$\tau = \frac{V}{v_0} = \frac{C_{A0} - C_A^*}{-r_A^*} = \frac{(C_{A0} - C_A^*)}{k_1 + k_2 C_A^* + k_3 C_A^{*2}} \tag{E8.1.7}$$

$$\tau = \frac{(0{,}4 - 0{,}112)}{(0{,}0001) + (0{,}0015)(0{,}112) + 0{,}008(0{,}112)^2} = 782\,\text{s}$$

$$V = v_0 \tau = (2\ \text{dm}^3/\text{s})(782\,\text{s})$$

$$\boxed{V = 1.564\ \text{dm}^3 = 1{,}564\text{m}^3}$$

Para uma vazão volumétrica de entrada igual a 2 dm³/s, temos de ter um volume de CSTR igual a 1.564 dm³ para maximizar a seletividade, $S_{B/XY}$.

Maximize a seletividade em relação à temperatura.

Substituímos agora C_A^* na Equação (E8.1.1) e então a substituímos em termos de k_1 e k_3 [compare Equação (E8.1.3)], para obter $S_{B/XY}$ em termos de k_1, k_2 e k_3.

Em que temperatura o CSTR deve ser operado?

$$S_{B/XY} = \frac{k_2 C_A^*}{k_1 + k_3 C_A^{*2}} = \frac{k_2 \sqrt{\frac{k_1}{k_3}}}{k_1 + k_1} = \frac{k_2}{2\sqrt{k_1 k_3}} \tag{E8.1.4}$$

$$S_{B/XY} = \frac{A_2}{2\sqrt{A_1 A_3}} \exp\left[\frac{\frac{E_1 + E_3}{2} - E_2}{RT}\right] \tag{E8.1.8}$$

Caso 1: Se $\frac{E_1 + E_3}{2} < E_2$ — Corra na maior temperatura possível com o equipamento existente e observe outras reações paralelas que podem ocorrer a temperaturas mais altas.

Caso 2: Se $\frac{E_1 + E_3}{2} > E_2$ — Corra na menor temperatura, porém não tão baixa que não permita completar uma conversão importante.

Para as energias de ativação dadas neste exemplo,

#FalaSério

$$\frac{E_1 + E_3}{2} - E_2 = \frac{10.000 + 20.000}{2} - 15.000 = 0 \tag{E8.1.9}$$

Assim, a seletividade para essa combinação das energias de ativação é independente da temperatura!

Qual é a conversão de A no CSTR operado a C_A^*?

$$\boxed{X^* = \frac{C_{A0} - C_A^*}{C_{A0}} = \frac{0{,}4 - 0{,}112}{0{,}4} = 0{,}72}$$

Item (b)

Se for requerida uma conversão de A maior do que 72%, digamos 90%, então o CSTR, operado com uma concentração, no reator, de 0,112 mol/dm³, deve ser seguido de um PFR, uma vez que a conversão aumentará continuamente, à medida que nos movemos ao longo do PFR [veja a Figura E8.1.2(**b**)]. Entretanto, como pode ser visto na Figura E8.1.2, a concentração diminuirá continuamente a partir de C_A^*, assim como a seletividade $S_{B/XY}$, à medida que nos movemos ao longo do PFR para uma concentração de saída de C_{Af}. Por conseguinte, o sistema

Como podemos aumentar a conversão e ainda ter uma alta seletividade $S_{B/XY}$?

$$\left[\text{CSTR}|_{C_A^*} + \text{PFR}|_{C_A^*}^{C_{Af}}\right]$$

daria uma conversão maior do que o único CSTR. No entanto, a seletividade, enquanto ainda alta, seria menor que a de um único CSTR. Esse arranjo de CSTR e PFR daria o menor volume total do reator ao formar mais do produto desejado B, além do que foi formado a C_A^* em um único CSTR.

A Figura E8.1.2 ilustra como a conversão aumenta acima do valor X^* pela adição do volume do reator PFR; porém, a seletividade diminui.

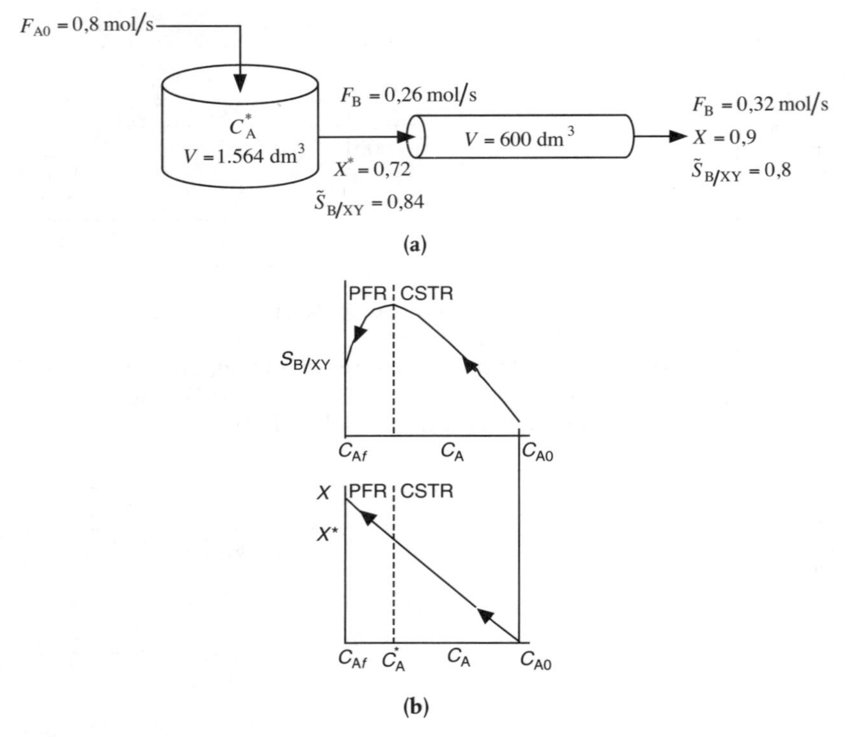

Figura 8.1.2 Efeito da adição de um PFR para aumentar a conversão. (**a**) Arranjo do reator; (**b**) Trajetórias da seletividade e da conversão.

Esse cálculo para o PFR é executado no *Material Expandido* do Capítulo 8 no CRE *website* (*http://www.umich.edu/~elements/6e/08chap/expanded.html*). Os resultados desse cálculo mostram que, na saída do PFR, as taxas molares são $F_X = 0,22$ mol/s, $F_B = 0,32$ mol/s e $F_Y = 0,18$ mol/s, correspondendo a uma conversão de X = 0,9. A seletividade correspondente a uma conversão de 90% é

Você realmente quer adicionar um PFR?

$$\tilde{S}_{B/XY} = \frac{F_B}{F_X + F_Y} = 0,8$$

Análise: Tem-se agora que decidir se a adição do PFR para aumentar a conversão de A de 0,72 a 0,9 e a taxa molar do produto desejado B de 0,26 a 0,32 mol/s vale a pena, não apenas pelo custo adicional do PFR, como também pela diminuição na seletividade de 0,84 para 0,8. Neste exemplo, usamos as *reações de Trambouze* para mostrar como otimizar a seletividade para a espécie B em um CSTR. Aqui, encontramos as condições ótimas na saída ($C_A = 0,112$ mol/dm^3), a conversão ($X = 0,72$) e a seletividade ($S_{B/XY} = 0,84$). O volume correspondente do CSTR foi V = 1.564 dm^3. Se quiséssemos aumentar a conversão para 90%, poderíamos usar um PFR depois do CSTR e verificar que a seletividade diminuiu.

8.3.3 Seleção de Reatores e Condições Operacionais

A seguir, consideraremos duas reações simultâneas, em que dois reagentes, A e B, estão sendo consumidos para produzir um produto desejado, D, e um produto indesejado, U, resultante de uma reação paralela. As leis de taxa para as reações

$$A + B \xrightarrow{k_1} D$$

$$A + B \xrightarrow{k_2} U$$

são

$$r_D = k_1 C_A^{\alpha_1} C_B^{\beta_1} \tag{8.14}$$

$$r_U = k_2 C_A^{\alpha_2} C_B^{\beta_2} \tag{8.15}$$

A seletividade instantânea

Seletividade instantânea

$$S_{D/U} = \frac{r_D}{r_U} = \frac{k_1}{k_2} C_A^{\alpha_1 - \alpha_2} C_B^{\beta_1 - \beta_2} \tag{8.16}$$

deve ser maximizada. Na Figura 8.2 são mostrados vários esquemas de reatores e de condições que podem ser usados para maximizar $S_{D/U}$.

Esquemas de reatores para melhorar a seletividade

Seleção de Reatores

Critérios:
- Segurança
- Seletividade
- Rendimento
- Controle de temperatura
- Custo

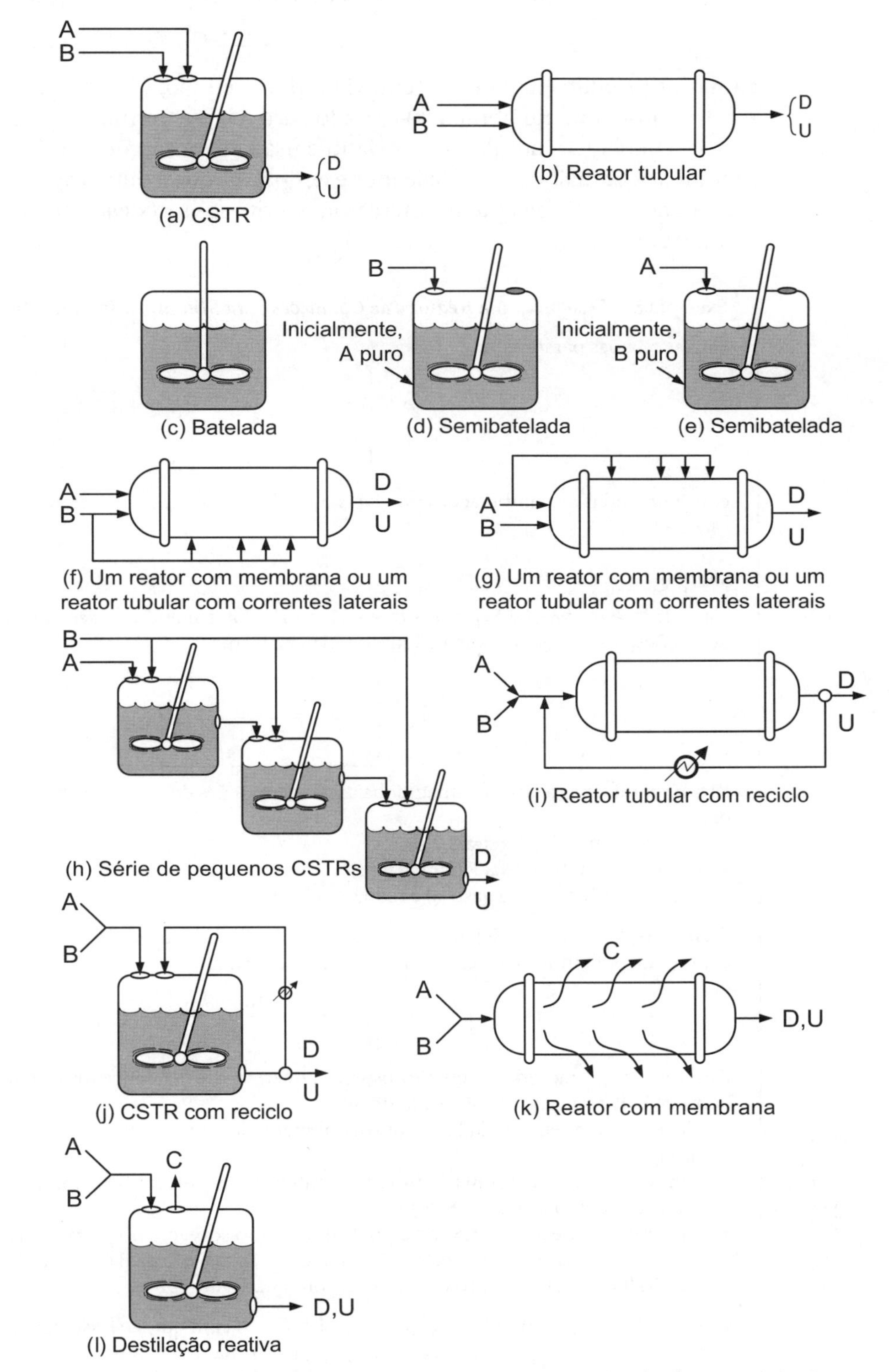

Figura 8.2 Reatores e esquemas diferentes para maximizar $S_{D/U}$ na Equação (8.16). Observe que A e B que não sofreram reação também deixam o reator junto com D e U.

Reações Fora de Controle

Os dois reatores com reciclo mostrados nas Figuras 8.2(i) e (j) podem ser usados para reações altamente exotérmicas. Aqui, a corrente de reciclo é resfriada e retornada ao reator para diluir e resfriar a corrente de entrada, evitando desse modo pontos quentes e *reações fora de controle*. O PFR com reciclo é usado para reações exotérmicas em fase gasosa e o CSTR é usado para reações exotérmicas em fase líquida.

Os dois últimos reatores nas Figuras 8.2 (k) e (l) são usados para reações limitadas termodinamicamente, em que o equilíbrio está deslocado para o lado esquerdo (lado do reagente),

$$\mathrm{A + B \rightleftarrows C + D}$$

e um dos produtos tem de ser removido (por exemplo, C) para que a reação continue até o final. O reator com membrana (k) é usado para reações termodinamicamente limitadas em fase gasosa, enquanto a destilação reativa (l) é usada para reações em fase líquida, quando um dos produtos tiver maior volatilidade (por exemplo, C) que a outra espécie no reator.

Ao fazer nossa seleção de um reator, os critérios são *segurança, seletividade, rendimento, controle de temperatura* e *custo*.

Exemplo 8.2 Escolha de um Reator e de Condições para Minimizar Produtos Indesejados

Para as reações paralelas

$$\mathrm{A + B \longrightarrow D:} \qquad r_{\mathrm{D}} = k_1 C_{\mathrm{A}}^{\alpha_1} C_{\mathrm{B}}^{\beta_1}$$

$$\mathrm{A + B \longrightarrow U:} \qquad r_{\mathrm{U}} = k_2 C_{\mathrm{A}}^{\alpha_2} C_{\mathrm{B}}^{\beta_2}$$

considere todas as combinações possíveis de ordens de reação e selecione o esquema de reação que maximizará $S_{\mathrm{D/U}}$.

Solução

Decisões, decisões!

Caso 1: $\alpha_1 > \alpha_2$, $\beta_1 > \beta_2$. Sejam $a = \alpha_1 - \alpha_2$ e $b = \beta_1 - \beta_2$, em que a e b são constantes positivas. Usando essas definições, podemos escrever a Equação (8.16) na forma

$$\boxed{S_{\mathrm{D/U}} = \frac{r_{\mathrm{D}}}{r_{\mathrm{U}}} = \frac{k_1}{k_2} C_{\mathrm{A}}^a C_{\mathrm{B}}^b} \qquad \text{(E8.2.1)}$$

Para maximizar a razão $r_{\mathrm{D}}/r_{\mathrm{U}}$, mantenha as concentrações de A e B tão altas quanto possível. Para fazer isso, use

- Um reator tubular, Figura 8.2(b).
- Um reator em batelada, Figura 8.2(c).
- Altas pressões (se fase gasosa) e reduza os inertes.

Caso 2: $\alpha_1 > \alpha_2$, $\beta_1 < \beta_2$. Sejam $a = \alpha_1 - \alpha_2$ e $b = \beta_2 - \beta_1$, em que a e b são constantes positivas. Usando essas definições, podemos escrever a Equação (8.16) na forma

$$S_{\mathrm{D/U}} = \frac{r_{\mathrm{D}}}{r_{\mathrm{U}}} = \frac{k_1 C_{\mathrm{A}}^a}{k_2 C_{\mathrm{B}}^b} \qquad \text{(E8.2.2)}$$

Para tornar $S_{\mathrm{D/U}}$ tão grande quanto possível, queremos uma concentração alta de A e uma concentração baixa de B. Para alcançar esse resultado, use

Use o reator em semibatelada *ou* com membrana *ou* um PFR com alimentação lateral *ou* CSTRs em série, cada um tendo uma corrente de alimentação.

- Um reator em semibatelada, em que B é alimentado lentamente para uma grande quantidade de A, como na Figura 8.2(d).
- Um reator com membrana ou um reator tubular com correntes laterais de B continuamente alimentadas no reator, como na Figura 8.2(f).
- Uma série de pequenos CSTRs com A alimentado somente no primeiro reator e pequenas quantidades de B alimentadas em cada reator. Dessa maneira, a maioria de B é consumida antes de a corrente de saída do CSTR escoar para o próximo reator, como na Figura 8.2(h).

Caso 3: $\alpha_1 < \alpha_2$, $\beta_1 < \beta_2$. Sejam $a = \alpha_2 - \alpha_1$ e $b = \beta_2 - \beta_1$, em que a e b são constantes positivas. Usando essas definições, podemos escrever a Equação (8.16) na forma

$$S_{D/U} = \frac{r_D}{r_U} = \frac{k_1}{k_2 C_A^a C_B^b} \tag{E8.2.3}$$

Para tornar a razão $S_{D/U}$ tão grande quanto possível, a reação deve ocorrer a baixas concentrações de A e de B. Use

Use um CSTR *ou* PFR com reciclo.

- Um CSTR, como na Figura 8.2(a).
- Um reator tubular, em que há uma grande razão de reciclo, como na Figura 8.2(a).
- Uma alimentação diluída com inertes.
- Pressão baixa (se fase gasosa).

Caso 4: $\alpha_1 < \alpha_2$, $\beta_1 > \beta_2$. Sejam $a = \alpha_2 - \alpha_1$ e $b = \beta_1 - \beta_2$, em que a e b são constantes positivas. Usando essas definições, podemos escrever a Equação (8.16) na forma

$$S_{D/U} = \frac{r_D}{r_U} = \frac{k_1 C_B^b}{k_2 C_A^a} \tag{E8.2.4}$$

Use o reator em semibatelada *ou* com membrana *ou* um PFR com alimentação lateral *ou* CSTRs em série, cada um tendo uma corrente de alimentação.

Para maximizar $S_{D/U}$, corra a reação a altas concentrações de B e a baixas concentrações de A. Use

- Um reator em semibatelada com A alimentado lentamente para uma grande quantidade de B, como na Figura 8.2(e).
- Um reator com membrana ou um reator tubular com correntes laterais de A, como na Figura 8.2(g).
- Uma série de pequenos CSTRs com nova alimentação de A em cada reator.

Análise: Neste exemplo *muito* importante, mostramos como usar a seletividade instantânea, $S_{D/U}$, para guiar a seleção inicial do tipo de reator e sistema de reatores para maximizar a seletividade em relação à espécie desejada D. A seleção final deveria ser feita depois de se calcular a seletividade global $\tilde{S}_{D/U}$ para os reatores e condições operacionais escolhidas.

8.4 Reações em Série

Na Seção 8.1, vimos que o produto indesejado poderia ser minimizado ajustando as condições de reação (por exemplo, concentração, temperatura) e escolhendo o reator apropriado. Para reações em série (isto é, consecutivas), a variável mais importante é o tempo: tempo espacial para um reator com escoamento e tempo real para um reator em batelada. Para ilustrar a importância do fator tempo, consideremos a sequência

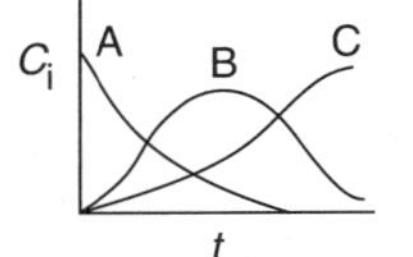

$$A \xrightarrow{k_1} B \xrightarrow{k_2} C$$

em que a espécie B é o produto desejado.

Se a primeira reação for lenta e a segunda reação for rápida, será extremamente difícil produzir uma quantidade significativa da espécie B. Se a primeira reação (formação de B) for rápida e a reação para formar C for lenta, um grande rendimento de B pode ser alcançado. Entretanto, se for permitido que a reação ocorra por um longo tempo em um reator em batelada, ou se o reator tubular for muito longo, o produto desejado B será finalmente convertido no produto indesejado C. Em nenhum outro tipo de reação, a exatidão no cálculo do tempo necessário para ocorrer a reação é tão importante como no caso das reações em série.

Exemplo 8.3 Reações em Série em um Reator em Batelada

A reação elementar em série, em fase líquida

$$A \xrightarrow{k_1} B \xrightarrow{k_2} C$$

ocorre em um reator em batelada. A reação é aquecida muito rapidamente para a temperatura de reação, permanecendo nessa temperatura até o tempo em que a reação é arrefecida por um abaixamento rápido da temperatura.

(a) Plote e analise as concentrações das espécies A, B e C em função do tempo.
(b) Calcule o tempo para arrefecer a reação quando a concentração de B estiver no máximo.
(c) Quais serão a seletividade global e os rendimentos nesse tempo de arrefecimento?

Informação Adicional

$$C_{A0} = 2\text{ M},\ k_1 = 0{,}5\text{ h}^{-1},\ k_2 = 0{,}2\text{ h}^{-1}$$

Solução

Item (a) Siga o algoritmo para plotar e analisar $C_A(t)$, $C_B(t)$ e $C_C(t)$.

0. Numere as Reações:

A reação em série precedente pode ser escrita como duas reações

(1) Reação 1 $\quad A \xrightarrow{k_1} B \quad -r_{1A} = k_1 C_A$

(2) Reação 2 $\quad B \xrightarrow{k_2} C \quad -r_{2B} = k_2 C_B$

1. **Balanços Molares para Cada Espécie:**

1A. **Balanço Molar para A:**

$$\frac{dN_A}{dt} = r_A V$$

a. **O balanço molar** em termos da concentração para $V = V_0$ se torna

$$\frac{dC_A}{dt} = r_A \tag{E8.3.1}$$

b. **Equação da taxa para a Reação 1:** A reação é elementar

$$r_A = r_{1A} = -k_1 C_A \tag{E8.3.2}$$

c. **Combinando** o balanço molar e a equação da taxa

$$\frac{dC_A}{dt} = -k_1 C_A \tag{E8.3.3}$$

Integrando com a condição inicial $C_A = C_{A0}$ em $t = 0$

$$\ln\frac{C_A}{C_{A0}} = -k_1 t \tag{E8.3.4}$$

Resolvendo para C_A

$$\boxed{C_A = C_{A0} e^{-k_1 t}} \tag{E8.3.5}$$

1B. **Balanço Molar para B:**

a. **O balanço molar** para um reator em batelada com volume constante se torna

$$\frac{dC_B}{dt} = r_B \tag{E8.3.6}$$

b. **Taxas:**

Equações da Taxa

Reações elementares

$$r_{2B} = -k_2 C_B \tag{E8.3.7}$$

Taxas Relativas

A taxa de formação de B na Reação 1 é igual à taxa de consumo de A na Reação 1.

$$r_{1B} = -r_{1A} = k_1 C_A \tag{E8.3.8}$$

Taxas Resultantes

A taxa resultante da reação de B será a taxa de formação de B na reação (1) mais a taxa de formação de B na reação (2).

$$r_B = r_{1B} + r_{2B} \tag{E8.3.9}$$

$$r_B = k_1 C_A - k_2 C_B \tag{E8.3.10}$$

c. **Combinando** o balanço molar e a equação da taxa

$$\frac{dC_B}{dt} = k_1 C_A - k_2 C_B \tag{E8.3.11}$$

Existe um tutorial sobre fator de integração no Apêndice A e no CRE *website*.

Rearranjando e substituindo C_A

$$\frac{dC_B}{dt} + k_2 C_B = k_1 C_{A0} e^{-k_1 t} \quad \text{(E8.3.12)}$$

Usando o fator de integração, obtém-se

$$\frac{d(C_B e^{k_2 t})}{dt} = k_1 C_{A0} e^{(k_2 - k_1)t} \quad \text{(E8.3.13)}$$

No tempo $t = 0$, $C_B = 0$. Resolvendo a Equação (E8.3.13), tem-se

$$\boxed{C_B = k_1 C_{A0} \left[\frac{e^{-k_1 t} - e^{-k_2 t}}{k_2 - k_1} \right]} \quad \text{(E8.3.14)}$$

1C. **Balanço Molar para C:**

O balanço molar para C é similar à Equação (E8.3.1).

$$\frac{dC_C}{dt} = r_C \quad \text{(E8.3.15)}$$

A taxa de formação de C é apenas a taxa de consumo de B na reação (2); isto é, $r_C = -r_{2B} = k_2 C_B$

$$\frac{dC_C}{dt} = k_2 C_B \quad \text{(E8.3.16)}$$

Substituindo C_B

$$\frac{dC_C}{dt} = \frac{k_1 k_2 C_{A0}}{k_2 - k_1}(e^{-k_1 t} - e^{-k_2 t})$$

e integrando com $C_C = 0$ em $t = 0$, tem-se

$$\boxed{C_C = \frac{C_{A0}}{k_2 - k_1}[k_2[1 - e^{-k_1 t}] - k_1[1 - e^{-k_2 t}]]} \quad \text{(E8.3.17)}$$

Note que, quando $t \to \infty$, então $C_C = C_{A0}$, como esperado.

Notamos também que a concentração de C, C_C, poderia ter sido obtida mais facilmente a partir de um balanço global.

Cálculo da concentração de C pela maneira fácil

$$\boxed{C_C = C_{A0} - C_A - C_B} \quad \text{(E8.3.18)}$$

As concentrações de A, B e C são mostradas em função do tempo na Figura E8.3.1.

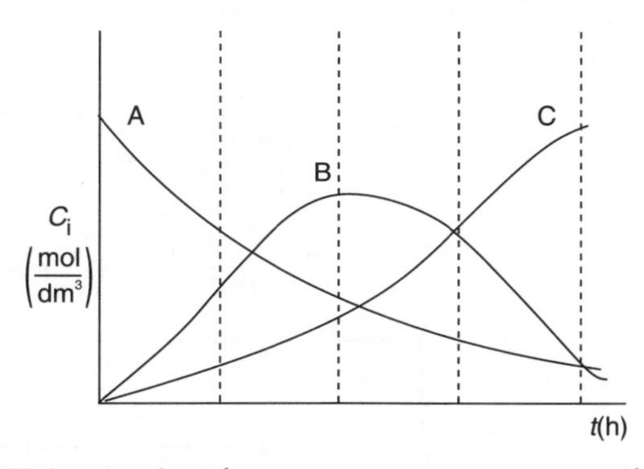

Figura E8.3.1 Trajetórias das concentrações em um reator em batelada.

Item (b)

1. **Concentrações e Tempo no Máximo:** Notamos, a partir da Figura E8.3.1, que a concentração de B passa por um máximo. Consequentemente, para encontrar o máximo, precisamos derivar a Equação (E8.3.14) e igualá-la a zero.

$$\frac{dC_B}{dt} = 0 = \frac{k_1 C_{A0}}{k_2 - k_1}[-k_1 e^{-k_1 t} + k_2 e^{-k_2 t}] \quad \text{(E8.3.19)}$$

Resolvendo para $t_{máx}$, tem-se

$$\boxed{t_{máx} = \frac{1}{k_2 - k_1}\ln\frac{k_2}{k_1}} \tag{E8.3.20}$$

Reação em Série

Substituindo a Equação (E8.3.20) na Equação (E8.3.5), encontramos que a concentração de A no ponto de máximo de C_B é

$$C_A = C_{A0}e^{-k_1\left(\frac{1}{k_2-k_1}\ln\frac{k_2}{k_1}\right)} \tag{E8.3.21}$$

$$\boxed{C_A = C_{A0}\left[\frac{k_1}{k_2}\right]^{\frac{k_1}{k_2-k_1}}} \tag{E8.3.22}$$

Similarmente, a concentração de B no máximo é

$$\boxed{C_B = \frac{k_1 C_{A0}}{k_2 - k_1}\left[\left(\frac{k_1}{k_2}\right)^{\frac{k_1}{k_2-k_1}} - \left(\frac{k_1}{k_2}\right)^{\frac{k_2}{k_2-k_1}}\right]} \tag{E8.3.23}$$

2. **Avaliação:** Substituindo C_{A0} = 2 mol/dm³, k_1 = 0,5 h⁻¹ e k_2 = 0,2 h⁻¹ nas Equações (E8.3.5), (E8.3.14) e (E8.3.18), as concentrações em função do tempo são

$$C_A = 2\text{mol/dm}^3\left(e^{-0,5t}\right)$$

$$C_B = \frac{2\left(\text{mol/dm}^3\right)}{(0,2-0,5)}(0,5)\left[e^{-0,5t} - e^{-0,2t}\right]$$

$$C_B = 3,33\left(\text{mol/dm}^3\right)\left[e^{-0,2t} - e^{-0,5t}\right]$$

$$C_C = 2\ \text{mol/dm}^3 - 2\left(\text{mol/dm}^3\right)e^{-0,5t} - 3,33\text{mol/dm}^3\left[e^{-0,2t} - e^{-0,5t}\right]$$

Substituindo na Equação (E8.3.20)

$$t_{máx} = \frac{1}{0,2-0,5}\ln\frac{0,2}{0,5} = \frac{1}{0,3}\ln\frac{0,5}{0,2}$$

$$\boxed{t_{máx} = 3,05\ \text{h}}$$

O tempo para arrefecer a reação é 3,05 h.
No $t_{máx}$ = 3,05 h, as concentrações de A, B e C são

$$C_A = 2\ \frac{\text{mol}}{\text{dm}^3}\left[\left(\frac{0,5}{0,2}\right)^{\left(\frac{0,5}{0,2-0,5}\right)}\right] = 0,43\ \frac{\text{mol}}{\text{dm}^3}$$

$$C_B = 2\ \frac{\text{mol}}{\text{dm}^3}\ \frac{(0,5)}{(0,2-0,5)}\left[\left(\frac{0,5}{0,2}\right)^{\left(\frac{0,5}{0,2-0,5}\right)} - \left(\frac{0,5}{0,2}\right)^{\left(\frac{0,2}{0,2-0,5}\right)}\right] = 1,09\ \frac{\text{mol}}{\text{dm}^3}$$

$$\boxed{X = \frac{C_{A0} - C_A}{C_{A0}} = \frac{2 - 0,43}{2} = 0,785}$$

Batelada
Em $t_{máx}$ = 3,05 h

$C_A = 0,43\ \frac{\text{mol}}{\text{dm}^3}$

$C_B = 1,09\ \frac{\text{mol}}{\text{dm}^3}$

$C_C = 0,48\ \frac{\text{mol}}{\text{dm}^3}$

$X = 0,785$

$S_{B/C} = 2,3$

$Y_B = 0,69$

A concentração de C no tempo em que arrefecemos a reação é

$$C_C = C_{A0} - C_A - C_B = 2 - 0,44 - 1,07 = 0,48\ \text{mol/dm}^3$$

Item (c) Calcule a seletividade e o rendimento globais no tempo de arrefecimento da reação. A seletividade é

$$\boxed{\tilde{S}_{B/C} = \frac{C_B}{C_C} = \frac{1,09}{0,48} = 2,3}$$

O rendimento é

$$\boxed{\tilde{Y}_B = \frac{C_B}{C_{A0} - C_A} = \frac{1{,}09}{2 - 0{,}44} = 0{,}69}$$

Análise: Neste exemplo, aplicamos nosso algoritmo ERQ para reações múltiplas para a reação em série $A \to B \to C$. Aqui, obtemos uma solução analítica para encontrar o tempo no qual a concentração do produto desejado B passou por um máximo e, consequentemente, o tempo para arrefecer a reação. Calculamos também as concentrações de A, B e C nesse tempo, juntamente com a seletividade e rendimento.

Executaremos agora essa mesma reação em série em um CSTR.

Exemplo 8.4 Reação em Série em um CSTR

As reações discutidas no Exemplo 8.3 devem ocorrer agora em um CSTR.

$$A \xrightarrow{k_1} B$$

$$B \xrightarrow{k_2} C$$

(a) Determine as concentrações de saída do CSTR.
(b) Encontre o valor do tempo espacial τ que maximizará a concentração de B.

Solução

Item (a) Siga o Algoritmo para Determinar as Concentrações de Saída

1. a. **Balanço Molar para A:**

$$\begin{array}{ccccccc} \underline{\text{ENTRADA}} & - & \underline{\text{SAÍDA}} & + & \underline{\text{GERAÇÃO}} & = & 0 \\ F_{A0} & - & F_A & + & r_A V & = & 0 \\ \upsilon_0 C_{A0} & - & \upsilon_0 C_A & + & r_A V & = & 0 \end{array}$$

Dividindo por υ_0, rearranjando e redefinindo $\tau = V/\upsilon_0$, obtemos

$$C_{A0} - C_A + r_A \tau = 0 \tag{E8.4.1}$$

b. **Taxas**
As equações da taxa e as taxas resultantes são as mesmas que as do Exemplo 8.3.

Reação 1: $$r_A = -k_1 C_A \tag{E8.4.2}$$

c. **Combinando** o balanço molar de A com a taxa de consumo de A

$$C_{A0} - C_A - k_1 C_A \tau = 0 \tag{E8.4.3}$$

Resolvendo para C_A

$$\boxed{C_A = \frac{C_{A0}}{1 + \tau k_1}} \tag{E8.4.4}$$

Usamos agora o mesmo algoritmo para a espécie B que usamos para a espécie A, de modo a resolver para a concentração de B.

2. a. **Balanço Molar para B:**

$$\begin{array}{ccccccc} \underline{\text{ENTRADA}} & - & \underline{\text{SAÍDA}} & + & \underline{\text{GERAÇÃO}} & = & 0 \\ 0 & - & F_B & + & r_B V & = & 0 \\ & - & \upsilon_0 C_B & + & r_B V & = & 0 \end{array}$$

Dividindo por υ_0 e rearranjando

$$-C_B + r_B \tau = 0 \tag{E8.4.5}$$

b. **Taxas**
As equações da taxa e as taxas resultantes são as mesmas que as do Exemplo 8.3.
Taxas Resultantes

$$r_B = k_1 C_A - k_2 C_B \tag{E8.4.6}$$

c. **Combinação**

$$-C_B + (k_1 C_A - k_2 C_B)\tau = 0$$

$$C_B = \frac{k_1 C_A \tau}{1 + k_2 \tau} \quad \text{(E8.4.7)}$$

Substituindo para C_A

$$\boxed{C_B = \frac{\tau k_1 C_{A0}}{(1 + k_1\tau)(1 + k_2\tau)}} \quad \text{(E8.4.8)}$$

3. **Balanço Molar para C:**

$$0 - \upsilon_0 C_C + r_C V = 0$$

$$-C_C + r_C \tau = 0 \quad \text{(E8.4.9)}$$

Taxas

$$r_C = -r_{2B} = k_2 C_B$$

$$C_C = r_C \tau = k_2 C_B \tau$$

$$\boxed{C_C = \frac{\tau^2 k_1 k_2 C_{A0}}{(1 + k_1\tau)(1 + k_2\tau)}} \quad \text{(E8.4.10)}$$

Item (b) Concentração Ótima de B

Para encontrar a concentração máxima de B, derivamos a Equação (E8.4.8) em relação a τ e igualamos a zero

$$\frac{dC_B}{d\tau} = \frac{k_1 C_{A0}(1 + \tau k_1)(1 + \tau k_2) - \tau k_1 C_{A0}(k_1 + k_2 + 2\tau k_1 k_2)}{[(1 + k_1\tau)(1 + k_2\tau)]^2} = 0$$

Resolvendo para τ no qual a concentração de B é um máximo, tem-se

Determinando o tempo espacial ótimo, τ, para maximizar a concentração de nosso produto desejado, B.

$$\boxed{\tau_{\text{máx}} = \frac{1}{\sqrt{k_1 k_2}}} \quad \text{(E8.4.11)}$$

A concentração de saída de B no valor ótimo de τ é

$$C_B = \frac{\tau_{\text{máx}} k_1 C_{A0}}{(1 + \tau_{\text{máx}} k_1)(1 + \tau_{\text{máx}} k_2)} = \frac{\tau_{\text{máx}} k_1 C_{A0}}{1 + \tau_{\text{máx}} k_1 + \tau_{\text{máx}} k_2 + \tau_{\text{máx}}^2 k_1 k_2} \quad \text{(E8.4.12)}$$

Substituindo a Equação (E8.4.11) para $\tau_{\text{máx}}$ na Equação (E8.4.12)

$$C_B = \frac{C_{A0} \dfrac{k_1}{\sqrt{k_1 k_2}}}{1 + \dfrac{k_1}{\sqrt{k_1 k_2}} + \dfrac{k_2}{\sqrt{k_1 k_2}} + 1} \quad \text{(E8.4.13)}$$

Rearranjando, encontramos que a concentração de B no tempo espacial ótimo é

$$\boxed{C_B = \frac{C_{A0} k_1}{2\sqrt{k_1 k_2} + k_1 + k_2}} \quad \text{(E8.4.14)}$$

Avaliação

$$\tau_{\max} = \frac{1}{\sqrt{(0{,}5)(0{,}2)}} = 3{,}16 \text{ h}$$

No $\tau_{\text{máx}}$, as concentrações de A, B e C são

$$C_A = \frac{C_{A0}}{1+\tau_{\text{máx}}k_1} = \frac{2\ \dfrac{\text{mol}}{\text{dm}^3}}{1+(3{,}16\ \text{h})\left(\dfrac{0{,}5}{\text{h}}\right)} = 0{,}78\ \frac{\text{mol}}{\text{dm}^3}$$

$$C_B = 2\ \frac{\text{mol}}{\text{dm}^3}\frac{0{,}5}{2\sqrt{(0{,}2)(0{,}5)}+0{,}2+0{,}5} = 0{,}75\ \frac{\text{mol}}{\text{dm}^3}$$

$$C_C = C_{A0} - C_A - C_B = \left(2-0{,}78-0{,}75\frac{\text{mol}}{\text{dm}^3}\right) = 0{,}47\ \frac{\text{mol}}{\text{dm}^3}$$

A conversão é

$$\boxed{X = \frac{C_{A0}-C_A}{C_{A0}} = \frac{2-0{,}78}{2} = 0{,}61}$$

A seletividade é

$$\boxed{\tilde{S}_{B/C} = \frac{C_B}{C_C} = \frac{0{,}75}{0{,}47} = 1{,}60}$$

O rendimento é

$$\boxed{\tilde{Y}_B = \frac{C_B}{C_{A0}-C_A} = \frac{0{,}75}{2-0{,}78} = 0{,}61}$$

Dados *reais* comparados à teoria *real*.

	Tempo	X	$\tilde{S}_{B/C}$	$\tilde{Y}_B$
BR	$t_{\text{máx}} = 3{,}05$ h	0,785	2,3	0,69
CSTR	$\tau_{\text{máx}} = 3{,}16$ h	0,61	1,6	0,61

Análise: O algoritmo ERQ para reações múltiplas foi aplicado à reação em série $A \rightarrow B \rightarrow C$ em um CSTR para encontrar o tempo espacial no CSTR necessário para maximizar a concentração de B; isto é, $\tau = 3{,}16$ h. A conversão nesse tempo espacial é 61%, a seletividade, $\tilde{S}_{B/C}$, é 1,60 e o rendimento, $\tilde{Y}_B$, é 0,61. A conversão e a seletividade são menores para o CSTR do que para o reator em batelada no tempo de arrefecimento.

PFR

Se a reação em série ocorresse em um PFR, os resultados seriam essencialmente aqueles de um reator em batelada, em que trocaríamos a variável tempo "t" pelo tempo espacial, "τ". Dados para a reação em série

$$\text{Etanol} \xrightarrow{k_1} \text{Aldeído} \xrightarrow{k_2} \text{Produtos}$$

são comparados para valores diferentes das velocidades específicas da reação, k_1 e k_2, na Figura 8.3.

#DadosReaisaoVivo!

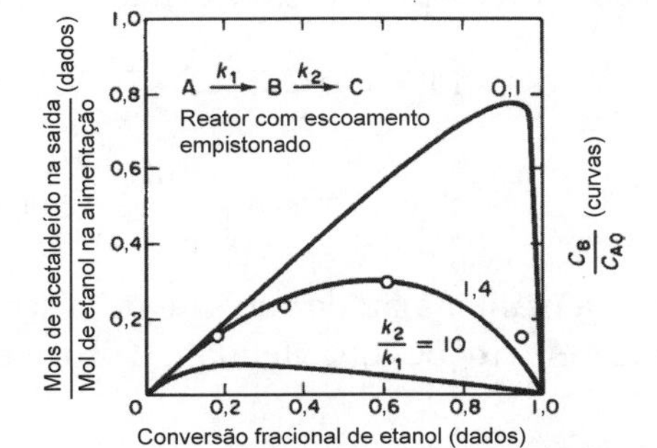

Figura 8.3 Rendimento de acetaldeído em função da conversão de etanol. Dados (em ordem crescente de conversão de etanol) foram obtidos a 518 K e nas velocidades espaciais de 26.000, 52.000, 104.000 e 208.000 h^{-1}. As curvas foram calculadas para uma reação de primeira ordem em série em um reator com escoamento empistonado e mostram o rendimento da espécie intermediária B em função da conversão de reagente para várias razões de constantes de taxa k_2 e k_1. (Robert W. McCabe and Patricia J. Mitchell. "Oxidation of ethanol and acetaldehyde over alumina-supported catalysts". *Ind. Eng. Chem. Prod. Res. Dev.*, 22(2), 212-217 (1983). Copyright © 1963, American Chemical Society, Reimpressa com permissão.)

Uma análise completa dessa reação ocorrida em um PFR é apresentada no CRE *website*.

Nota Suplementar: Coágulo Sanguíneo

Muitas reações metabólicas envolvem várias reações sequenciais, tais como as que ocorrem na coagulação do sangue.

$$\text{Corte} \rightarrow \text{Sangue} \rightarrow \text{Coágulo}$$

Se você ficar facilmente nauseado, pode querer pular esta nota lateral!

Coagulação de sangue (veja a Figura A) é parte de um importante mecanismo de defesa do hospedeiro, chamado *hemóstase*, que causa a interrupção da perda de sangue de um vaso danificado. O processo de coágulo é iniciado quando lipoproteína não enzimática (chamada de *fator tecidual*) entra em contato com o plasma do sangue por causa do dano à célula. O fator tecidual (FT) normalmente permanece fora do contato com o plasma (veja a Figura B) por causa de um endotélio intacto. A ruptura (por exemplo, corte) do endotélio expõe o plasma ao FT e uma cascata* de reações em série acontece (Figura C). Essas reações em série resultam finalmente na conversão de fibrinogênio (solúvel) a fibrina (insolúvel), que produz o coágulo. Mais tarde, à medida que a cicatrização da ferida ocorre, mecanismos que restringem a formação de coágulos de fibrina, necessária para manter a fluidez do sangue, começam a trabalhar.

#Ai!

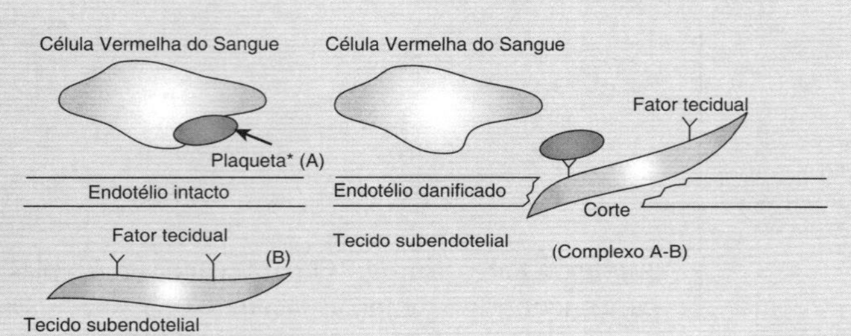

Figura A Coagulação normal do sangue. (Dietrich Mebs, *Venomous and Poisonous Animals*, Stuttgart: Medpharm, 2002, p. 305. Reimpressa com permissão do autor.)

Figura B Esquema da separação do FT (A) e do plasma (B) antes de o corte ocorrer.

Figura C O corte permitiu contato do plasma para iniciar a coagulação. (A + B → C)

*As plaquetas fornecem superfícies equivalentes a fosfolipídios pró-coagulantes sob as quais as reações complexas-dependentes da cascata da coagulação do sangue estão localizadas.

Uma forma abreviada (1) de iniciação e das seguintes reações metabólicas em cascata, que podem descrever o processo de formação de coágulos, é

$$\text{FT} + \text{VIIa} \underset{k_{-1}}{\overset{k_1}{\rightleftharpoons}} \text{FT}-\text{VIIa(complexo)} \xrightarrow[k_2]{+x} \text{Xa} \xrightarrow[k_3]{+\text{II}} \text{IIa} \xrightarrow[k_4]{+\text{fibrinogênio}} \text{Fibrina} \xrightarrow[k_5\text{(rápida)}]{+\text{XIIIa}} \text{Coágulo} \tag{1}$$

De modo a manter a fluidez do sangue, a sequência (2) de formação de coágulo tem de ser moderada. As reações que atenuam o processo de formação de coágulo são

$$\begin{aligned} \text{ATIII} + \text{Xa} &\xrightarrow{k_6} \text{Xa}_{\text{inativo}} \\ \text{ATIII} + \text{IIa} &\xrightarrow{k_7} \text{IIa}_{\text{inativo}} \\ \text{ATIII} + \text{FT}-\text{VIIa} &\xrightarrow{k_8} \text{FT}-\text{VIIa}_{\text{inativo}} \end{aligned} \tag{2}$$

em que FT = fator tecidual, VIIa = fator alfaeptacogue (*N.T.: medicamento para prevenir sangramento*), X = fator Stuart Prower (*N.T.: ou fator X ou protombinase*), Xa = fator Stuart Prower ativado, II = fator protombina, IIa = trombina, ATIII = antitrombina e XIIIa = fator XIIIa.

Simbolicamente, as equações de coágulo podem ser escritas como

$$\text{Corte} \rightarrow A + B \rightarrow C \rightarrow D \rightarrow E \rightarrow F \rightarrow \text{Coágulo}$$

Pode-se modelar o processo de formação de coágulo de maneira idêntica às reações em série, escrevendo um balanço molar e uma equação da taxa para cada espécie, tal como

#PS. A próxima vez que você tiver de ir a uma emergência por causa de um corte grave, uma discussão sobre o mecanismo do coágulo durante a sutura deve impressionar o médico.

$$\frac{dC_{FT}}{dt} = -k_1 \cdot C_{FT} \cdot C_{VIIa} + k_{-1} \cdot C_{FT-VIIa}$$

$$\frac{dC_{VIIa}}{dt} = -k_1 \cdot C_{FT} \cdot C_{VIIa} + k_{-1} \cdot C_{FT-VIIa}$$

e assim por diante

e então usar Polymath para resolver as equações acopladas para prever a concentração da trombina (mostrada na Figura D) e outra concentração das espécies em função do tempo, assim como determinar o tempo de formação de coágulo. Dados de laboratório são também mostrados a seguir, para uma concentração de FT de 5 pM. Note que, quando o conjunto completo de equações é usado, a saída do Polymath é idêntica à Figura E. O conjunto completo de equações, juntamente com o programa **PP** do Problema Prático no *Polymath*, é apresentado em *Problemas Resolvidos* no CRE *website* (*http://www.umich.edu/~elements/6e/08chap/live.html*). Você pode carregar o programa diretamente e variar alguns parâmetros.

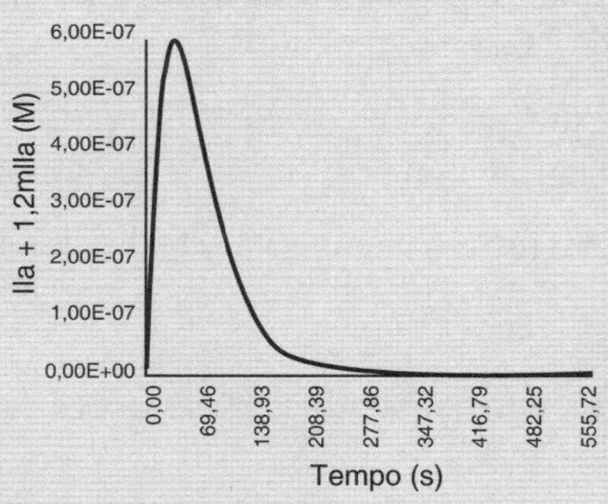

Figura D Trombina total em função do tempo, com uma concentração inicial de FT de 25 pM (depois de executar o Polymath) para a cascata reduzida de coágulo sanguíneo.

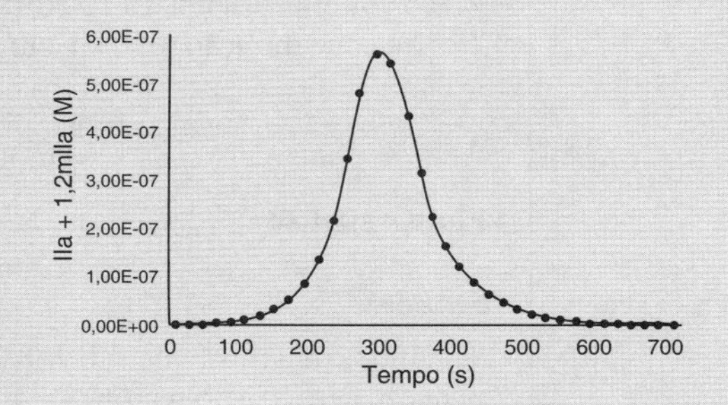

Figura E Trombina total em função do tempo, com uma concentração inicial de FT de 25 pM. Cascata completa de coágulo sanguíneo. (Enzyme Catalysis and Regulation: Mathew F. Hockin, Kenneth C. Jones, Stephen J. Everse, and Kenneth G. Maan. A Model for the Stoichiometric Regulation of Blood Coagulation. J. Biol. Chem. 2002, 277: 18322-18333. Primeira publicação em 13 de março de 2002. Copyright © 2002, pela American Society for Biochemistry and Molecular Biology.)

8.5 Reações Complexas

Um sistema com *reações complexas* consiste em uma combinação de reações paralelas e em série. Em geral, esse algoritmo é muito similar àquele apresentado no Capítulo 6 para escrever os balanços molares em termos das taxas molares e concentrações (Figura 6.1). Depois de numerar cada reação, escrevemos um balanço molar para *toda e qualquer espécie*, similar àquele da Figura 6.1. A maior diferença entre os dois algoritmos está na etapa da equação da taxa. Como mostrado na Tabela 8.2, temos três etapas (3, 4 e 5) para encontrar a taxa resultante de reação para cada espécie em termos da concentração da espécie reagente. Como exemplo, devemos estudar as seguintes reações complexas

Em negócios, geralmente é importante manter suas reações patenteadas.

$$A + 2B \longrightarrow C$$

$$2A + 3C \longrightarrow D$$

Essa importante reação complexa, que foi codificada como A, B, C e D por questões de propriedade industrial e segurança nacional, incorporam virtualmente **todas as nuances** necessárias para ganhar um entendimento global de reações complexas que ocorrem em reatores industriais comuns. Os três exemplos a seguir modelam essa reação em um PFR, um CSTR e um reator em semibatelada, respectivamente.

8.5.1 Reações Complexas em Fase Gasosa em um PBR

Aplicamos agora os algoritmos das Tabelas 8.1 e 8.2 para uma reação complexa importante executada em um PBR. Como mencionado, para proteger a natureza confidencial dessa reação, os compostos químicos receberam os nomes A, B, C e D.

Exemplo 8.5 Reações Múltiplas em Fase Gasosa em um PBR

As seguintes reações complexas em fase gasosa seguem as equações elementares da taxa

(1) $A + 2B \rightarrow C$ $\quad -r'_{1A} = k_{1A} C_A C_B^2$

(2) $2A + 3C \rightarrow D$ $\quad -r'_{2C} = k_{2C} C_A^2 C_C^3$

e ocorrem isotermicamente em um PBR. A alimentação é equimolar em A e B, com F_{A0} = 10 mols/min e vazão volumétrica igual a 100 dm³/min. A massa de catalisador é 1.000 kg, a queda de pressão é α = 0,0019 kg⁻¹ e a concentração total na entrada é C_{T0} = 0,2 mol/ dm³.

$$k_{1A} = 100\left(\frac{\text{dm}^9}{\text{mol}^2 \cdot \text{kg-cat} \cdot \text{min}}\right) \quad \text{e} \quad k_{2C} = 1.500\left(\frac{\text{dm}^{15}}{\text{mol}^4 \cdot \text{kg-cat} \cdot \text{min}}\right)$$

Plote e analise F_A, F_B, F_C, F_D, p e $S_{C/D}$ em função da massa de catalisador, W.

Solução

Seguindo o algoritmo da Tabela 8.2 e tendo numerado nossas reações, procedemos agora um balanço molar para cada espécie no reator.

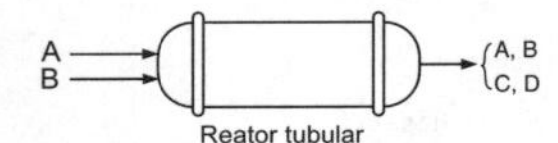

PBR – Fase Gasosa

1. Balanços Molares

(1) $$\frac{dF_A}{dW} = r'_A \qquad \left(F_{A0} = 10\frac{\text{mol}}{\text{min}}\right) \qquad W_f = 1.000\ \text{kg} \tag{E8.5.1}$$

(2) $$\frac{dF_B}{dW} = r'_B \qquad \left(F_{B0} = 10\frac{\text{mol}}{\text{min}}\right) \tag{E8.5.2}$$

(3) $$\frac{dF_C}{dW} = r'_C \tag{E8.5.3}$$

(4) $$\frac{dF_D}{dW} = r'_D \tag{E8.5.4}$$

2. Taxas

Taxas Resultantes

(5) $$r'_A = r'_{1A} + r'_{2A} \tag{E8.5.5}$$

(6) $$r'_B = r'_{1B} \tag{E8.5.6}$$

(7) $$r'_C = r'_{1C} + r'_{2C} \tag{E8.5.7}$$

(8) $$r'_D = r'_{2D} \tag{E8.5.8}$$

Equações da Taxa

(9) $r'_{1A} = -k_{1A} C_A C_B^2$ (E8.5.9)

(10) $r'_{2C} = -k_{2C} C_A^2 C_C^3$ (E8.5.10)

Taxas Relativas

Reação 1: $A + 2B \rightarrow C$ $\quad \dfrac{r'_{1A}}{-1} = \dfrac{r'_{1B}}{-2} = \dfrac{r'_{1C}}{1}$

(11) $r'_{1B} = 2r'_{1A}$ (E8.5.11)

(12) $r'_{1C} = -r'_{1A}$ (E8.5.12)

Reação 2: $2A + 3C \rightarrow D$ $\quad \dfrac{r'_{2A}}{-2} = \dfrac{r'_{2C}}{-3} = \dfrac{r'_{2D}}{1}$

(13) $r'_{2A} = \dfrac{2}{3} r'_{2C}$ (E8.5.13)

(14) $r'_{2D} = -\dfrac{1}{3} r'_{2C}$ (E8.5.14)

As *taxas resultantes* de reação para as espécies A, B, C e D são

$$r'_A = r'_{1A} + r'_{2A} = -k_{1A} C_A C_B^2 - \frac{2}{3} k_{2C} C_A^2 C_C^3$$
$$r'_B = r'_{1B} = -2k_{1A} C_A C_B^2$$
$$r'_C = r'_{1C} + r'_{2C} = k_{1A} C_A C_B^2 - k_{2C} C_A^2 C_C^{33}$$
$$r'_D = r'_{2D} = \frac{1}{3} k_{2C} C_A^2 C_C^3$$

Seletividade

$$\tilde{S}_{C/D} = \frac{F_C}{F_D}$$

Truques

Observa-se que para $W = 0$, $F_D = 0$, levando $S_{C/D}$ para o infinito e fazendo com que o *solver* de EDO trave. Por conseguinte, estabelecemos $S_{C/D} = 0$ entre $W = 0$ e um número muito pequeno, $W = 0{,}0001$ kg para evitar o mau funcionamento do *solver* de EDO do Polymath, assim como dos outros *solvers* de EDO, tais como MATLAB e Excel. No Polymath, essa condição é escrita

(15) $S_{C/D} = \text{se } (W > 0{,}0001) \text{ então } \left(\dfrac{F_C}{F_D}\right) \text{ senão } (0)$ (E8.5.15)

3. **Estequiometria** Isotérmica, $\mathbf{T = T_0}$

(16) $C_A = C_{T0}\left(\dfrac{F_A}{F_T}\right) p$ (E8.5.16)

(17) $C_B = C_{T0}\left(\dfrac{F_B}{F_T}\right) p$ (E8.5.17)

(18) $C_C = C_{T0}\left(\dfrac{F_C}{F_T}\right) p$ (E8.5.18)

(19) $C_D = C_{T0}\left(\dfrac{F_D}{F_T}\right) p$ (E8.5.19)

(20) $\dfrac{dp}{dW} = -\dfrac{\alpha}{2p}\left(\dfrac{F_T}{F_{T0}}\right)$ (E8.5.20)

(21) $F_T = F_A + F_B + F_C + F_D$ (E8.5.21)

(22) $X_A = \frac{F_{A0} - F_A}{F_{A0}}$ (E8.5.22A)

(23) $X_B = \frac{F_{B0} - F_B}{F_{B0}}$ (E8.5.22B)

4. Parâmetros

(24) $C_{T0} = 0{,}2 \text{ mol/dm}^3$

(25) $\alpha = 0{,}0019 \text{ kg}^{-1}$

(26) $\upsilon_0 = 100 \text{ dm}^3\text{/min}$

(27) $k_{1A} = 100\left(\text{dm}^9/\text{mol}^2\right)/\text{min}/\text{kg-cat}$

(28) $k_{2C} = 1.500\left(\text{dm}^{15}/\text{mol}^4\right)/\text{min}/\text{kg-cat}$

(29) $F_{T0} = 20 \text{ mol/min}$

(30) $F_{A0} = 10$

(31) $F_{B0} = 10$

Entrando as equações anteriores no *solver* do Polymath, obtemos os seguintes resultados apresentados na Tabela E8.5.1 e Figuras E8.5.1 e E8.5.2.

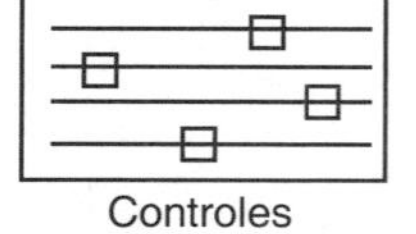
Controles deslizantes do PP

Análise: Este exemplo é muito importante, uma vez que ele mostra, etapa por etapa, como lidar com reações complexas isotérmicas. Para reações complexas ocorrendo em qualquer um dos reatores mostrados na Figura 8.2, uma solução numérica sempre é requerida virtualmente. O programa Polymath e os resultados da amostra são exibidos na Tabela E8.5.1. Este é um Problema Prático, *PP*; assim, o leitor pode baixar o código Polymath, ou melhor talvez usar os controles deslizantes do PP, e variar os parâmetros de reação (por

Resultados do PBR

Tabela E8.5.1 Programa Polymath e Resultados

Equações diferenciais

```
1 d(Fa)/d(W) = ra
2 d(Fb)/d(W) = rb
3 d(Fc)/d(W) = rc
4 d(Fd)/d(W) = rd
5 d(p)/d(W) = -alfa/2/p*(Ft/Fto)
```

Equações explícitas

```
1 Fto = 20
2 alfa = 0,0019
3 Ft = Fa+Fb+Fc+Fd
4 k1a = 100
5 k2c = 1.500
6 Cto = 0,2
7 Ca = Cto*(Fa/Ft)*p
8 Cb = Cto*(Fb/Ft)*p
9 Cc = Cto*(Fc/Ft)*p
10 r1a = -k1a*Ca*Cb^2
11 r1b = 2*r1a
12 rb = r1b
13 r2c = -k2c*Ca^2*Cc^3
14 r2a = 2/3*r2c
15 r2d = -1/3*r2c
16 r1c = -r1a
17 rd = r2d
18 ra = r1a + r2a
19 rc = r1c + r2c
20 v = 100
21 Fbo = 10
22 Fao = 10
23 Xb = (Fbo-Fb)/Fbo
24 Xa = (Fao-Fa)/Fao
25 Cd = Cto*(Fd/Ft)*p
26 Scd = se(W>0,0001)então(Fc/Fd)senão(0)
```

Valores calculados das variáveis das EDOs

	Variável	Valor inicial	Valor final
1	alfa	0,0019	0,0019
2	Ca	0,1	0,0257858
3	Cb	0,1	0,0020471
4	Cc	0	0,0211051
5	Cd	0	0,0026336
6	Cto	0,2	0,2
7	Fa	10	4,293413
8	Fao	10	10
9	Fb	10	0,3408417
10	Fbo	10	10
11	Fc	0	3,514068
12	Fd	0	0,4385037
13	Ft	20	8,586827
14	Fto	20	20
15	k1a	100	100
16	k2c	1.500	1.500
17	p	1	0,2578577
18	r1a	-0,1	-1,081E-05
19	r1b	-0,2	-2,161E-05
20	r1c	0,1	1,081E-05
21	r2a	0	-6,251E-06
22	r2c	0	-9,376E-06
23	r2d	0	3,126e-06
24	ra	-0,1	-1,706E-05
25	rb	-0,2	-2,161E-05
26	rc	0,1	1,429E-06
27	rd	0	3,126e-06
28	Scd	0	8,01377
29	v	100	100
30	W	0	1.000
31	Xa	0	0,5706587
32	Xb	0	0,9659158

exemplo, k_{1A}, α, k_{2C}, υ_0) para aprender como as Figuras E8.5.1 e E8.5.2 variam (*http://www.umich.edu/~elements/6e/08chap/live.html*).

Decisão: Seletividade *versus* Taxa Molar do Produto

Olhando a solução, notamos, da Figura E8.5.2, que a seletividade atinge um máximo muito perto da entrada ($W \approx 60$ kg) e então cai rapidamente. Entretanto, 90% de A não são consumidos até 200 kg, a massa de catalisador na qual o produto desejado C atinge sua máxima taxa molar. Se a energia de ativação para a reação (1) é maior do que para a reação (2), tente aumentar a temperatura para aumentar a taxa molar de C e a seletividade. Contudo, se isso não ajudar, então deve-se escolher aquilo que é mais importante: seletividade ou a taxa molar do produto desejado. No primeiro caso, a massa do catalisador no PBR será 60 kg. No último caso, a massa do catalisador no PBR será 200 kg.

Os perfis das taxas molares são mostrados na Figura E8.5.1, enquanto os perfis da seletividade e da conversão são mostrados nas Figuras E8.5.3 e E8.5.4, respectivamente.

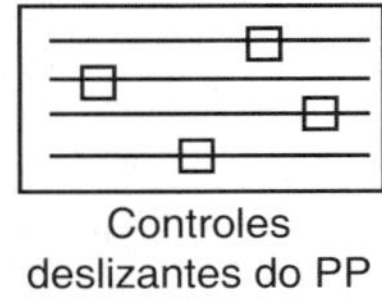
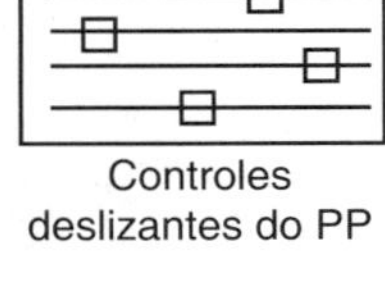

Controles deslizantes do PP

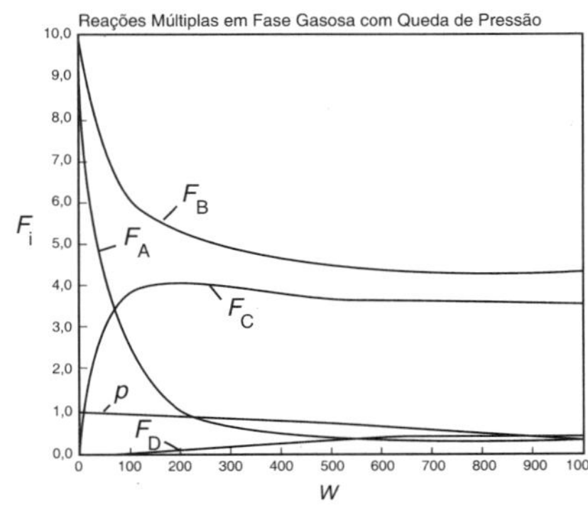

Figura E8.5.1 Perfis da taxa molar.

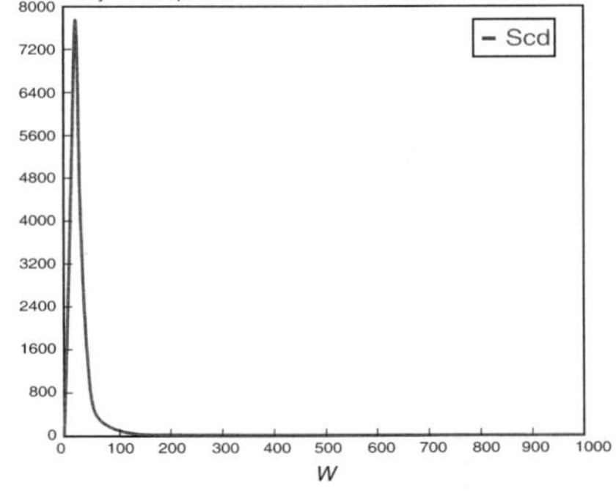

Figura E8.5.2 Perfil da seletividade.

Vá a este PP no CRE *website* e use os controles deslizantes do Wolfram ou do Python para variar os parâmetros, de modo a obter um entendimento completo desta reação e reator.

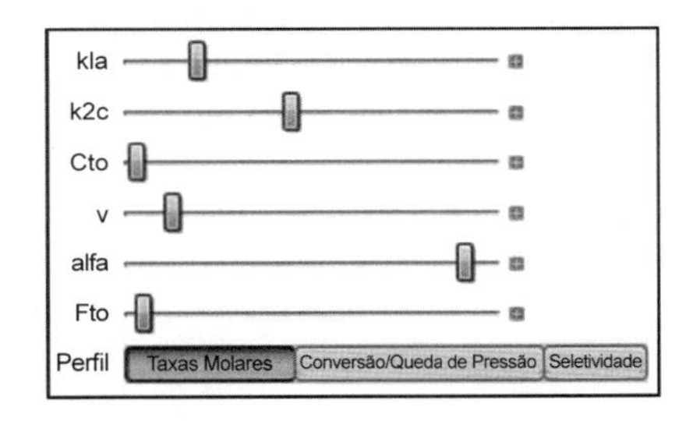

Figura E8.5.3 Controles Deslizantes do Wolfram.

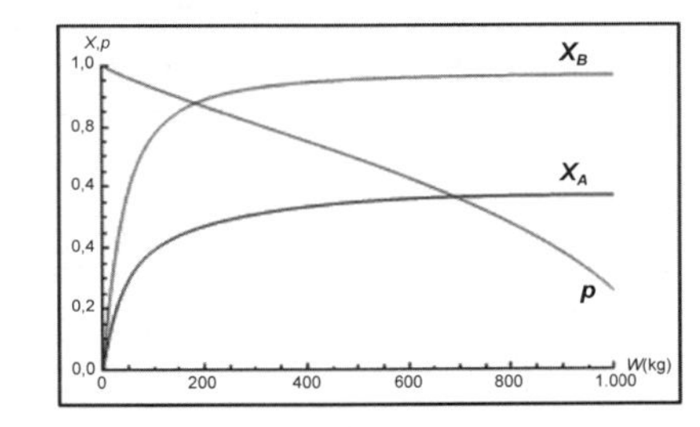

Figura E8.5.4 Perfil de conversão do Wolfram.

8.5.2 Reações Complexas em Fase Líquida em um CSTR

Para um CSTR, um conjunto de equações algébricas acopladas, análogo às equações diferenciais do PFR, tem de ser resolvido. Essas equações são obtidas a partir de um balanço molar em um CSTR para cada espécie, que são acopladas com a etapa das taxas e com a estequiometria. Para q reações em fase líquida que ocorrem onde N espécies diferentes estão presentes, temos o seguinte conjunto de equações algébricas:

$$F_{10} - F_1 = -r_1 V = V \sum_{i=1}^{q} -r_{i1} = V \cdot f_1(C_1, \ldots, C_N) \tag{8.17}$$

$$\vdots$$

$$F_{j0} - F_j = -r_j V = V \cdot f_j(C_1, \ldots, C_N) \tag{8.18}$$

$$\vdots$$

$$F_{N0} - F_N = -r_N V = V \cdot f_N(C_1, \ldots, C_N) \tag{8.19}$$

Podemos usar um *solver* de equação algébrica não linear (NLE) no Polymath ou um programa similar para resolver as Equações (8.17) a (8.19).

Exemplo 8.6 Reações Complexas em um CSTR com Fase Líquida

As reações complexas discutidas no Exemplo 8.5 ocorrem agora em *fase líquida* em um CSTR de 2.500 dm³. A alimentação é equimolar em A e B, com F_{A0} = 200 mols/min e taxa volumétrica de 100 dm³/min. As constantes de taxa são

$A + 2B \rightarrow C$
$2A + 3C \rightarrow D$

$$k_{1A} = 10\left(\frac{dm^3}{mol}\right)^2 \Big/ min \quad e \quad k_{2C} = 15\left(\frac{dm^3}{mol}\right)^4 \Big/ min$$

Encontre as concentrações de A, B, C e D que saem do reator, juntamente com a seletividade na saída, $\tilde{S}_{C/D}$.

$$\tilde{S}_{C/D} = \frac{C_C}{C_D}$$

Solução

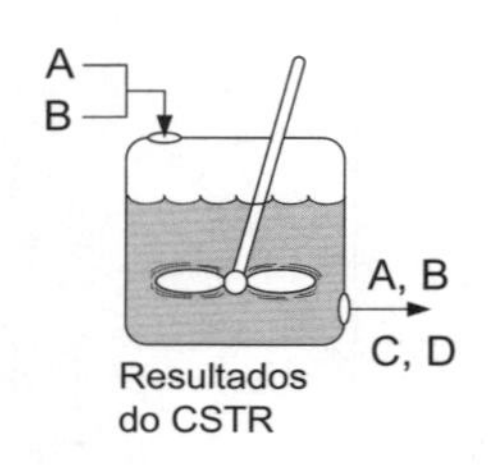

CSTR em Fase Líquida: $\upsilon = \upsilon_0$ (Formulação do Polymath)

Balanços Molares

(1) $f(C_A) = \upsilon_0 C_{A0} - \upsilon_0 C_A + r_A V$ (E8.6.1)

(2) $f(C_B) = \upsilon_0 C_{B0} - \upsilon_0 C_B + r_B V$ (E8.6.2)

(3) $f(C_C) = \quad -\upsilon_0 C_C + r_C V$ (E8.6.3)

(4) $f(C_D) = \quad -\upsilon_0 C_D + r_D V$ (E8.6.4)

As **Equações da Taxa,** as **Taxas Relativas** e as **Taxas Resultantes** são as mesmas que as do Exemplo 8.5. Além disso, as Etapas (5) a (14) (isto é, Equações (E8.5.5) a (E8.5.14) do Exemplo 8.5) permanecem invariáveis para este exemplo. Esse fato vai nos salvar muitas vezes na resolução deste exemplo.

Seletividade

Truques. Nota: Adicionamos um número muito pequeno (0,001 mol/min) para o termo no denominador para evitar que $S_{C/D}$ vá para o infinito quando $F_D = 0$.

(15) $$\tilde{S}_{C/D} = \frac{F_C}{(F_D + 0{,}001)}$$ (E8.6.5)

Parâmetros

(16) $\upsilon_0 = 100\ dm^3/min$ (19) $V = 2.500\ dm^3$

(17) $k_{1A} = 10(dm^3/mol)^2/min$ (20) $C_{A0} = 2{,}0\ mol/dm^3$

(18) $k_{2C} = 15(dm^3/mol)^4/min$ (21) $C_{B0} = 2{,}0\ mol/dm^3$

Essas equações são agora usadas para encontrar as concentrações de saída, usando o *solver* do Polymath para equação não linear, como mostrado na Tabela E8.6.1.

CSTR com fase líquida

As concentrações de saída são C_A = 0,53 M, C_B = 0,085 M, C_C = 0,19 m e C_D = 0,25 M, com $\tilde{S}_{C/D}$ = 0,75. A conversão correspondente de A é

$$X = \frac{C_{A0} - C_A}{C_{A0}} = \frac{2 - 0{,}533}{2} = 0{,}73$$

$C_A = 0{,}53$ M
$C_B = 0{,}085$ M
$C_C = 0{,}19$ M
$C_D = 0{,}25$ M
$S_{C/D} = 0{,}75$
$X = 0{,}73$

Análise: O algoritmo ERQ para uma reação complexa executada em um CSTR foi resolvido usando o *solver* da equação não linear. As concentrações de saída no CSTR, mostradas na tabela de resultados, correspondem a uma seletividade de $\tilde{S}_{C/D}$ = 0,75, como mostrado no relatório do Polymath. Enquanto a conversão no CSTR é razoável, a seletividade é baixa. O PFR é a melhor escolha para essas reações de modo a maximizar a seletividade.

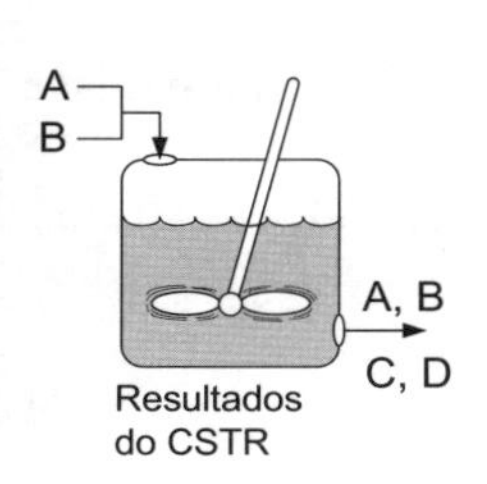

Resultados do CSTR

Tabela E8.6.1 Programa Polymath e Resultados

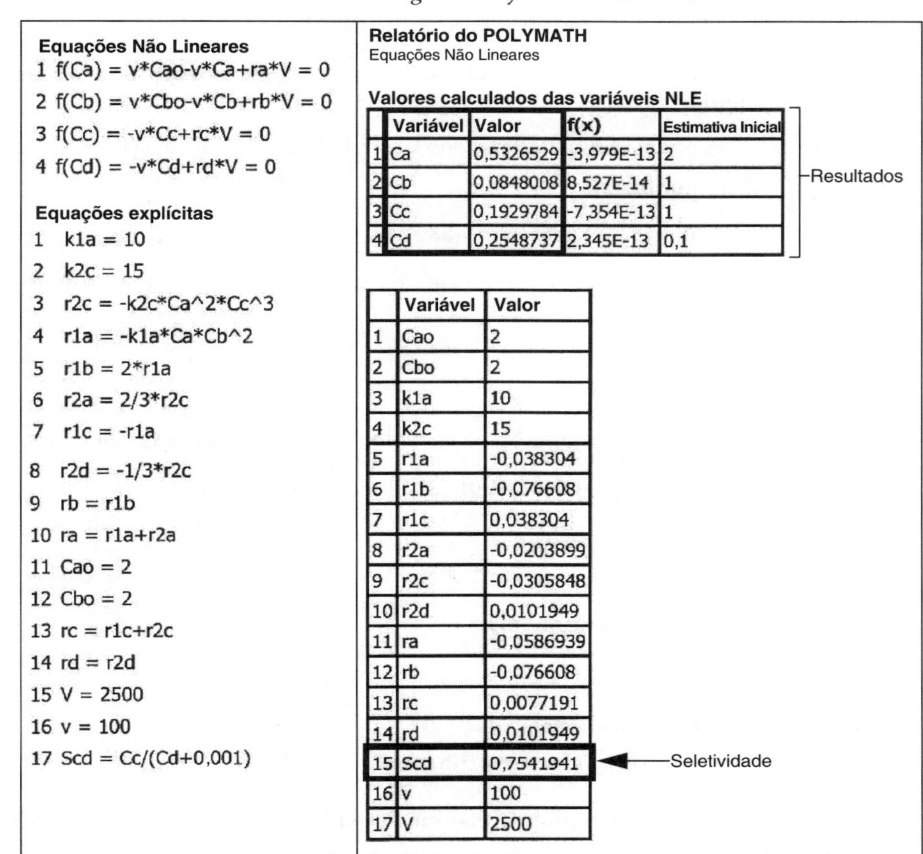

Equações Não Lineares

1 f(Ca) = v*Cao-v*Ca+ra*V = 0
2 f(Cb) = v*Cbo-v*Cb+rb*V = 0
3 f(Cc) = -v*Cc+rc*V = 0
4 f(Cd) = -v*Cd+rd*V = 0

Equações explícitas

1 k1a = 10
2 k2c = 15
3 r2c = -k2c*Ca^2*Cc^3
4 r1a = -k1a*Ca*Cb^2
5 r1b = 2*r1a
6 r2a = 2/3*r2c
7 r1c = -r1a
8 r2d = -1/3*r2c
9 rb = r1b
10 ra = r1a+r2a
11 Cao = 2
12 Cbo = 2
13 rc = r1c+r2c
14 rd = r2d
15 V = 2500
16 v = 100
17 Scd = Cc/(Cd+0,001)

Relatório do POLYMATH
Equações Não Lineares

Valores calculados das variáveis NLE

	Variável	Valor	f(x)	Estimativa Inicial
1	Ca	0,5326529	-3,979E-13	2
2	Cb	0,0848008	8,527E-14	1
3	Cc	0,1929784	-7,354E-13	1
4	Cd	0,2548737	2,345E-13	0,1

Resultados

	Variável	Valor
1	Cao	2
2	Cbo	2
3	k1a	10
4	k2c	15
5	r1a	-0,038304
6	r1b	-0,076608
7	r1c	0,038304
8	r2a	-0,0203899
9	r2c	-0,0305848
10	r2d	0,0101949
11	ra	-0,0586939
12	rb	-0,076608
13	rc	0,0077191
14	rd	0,0101949
15	Scd	0,7541941
16	v	100
17	V	2500

Seletividade

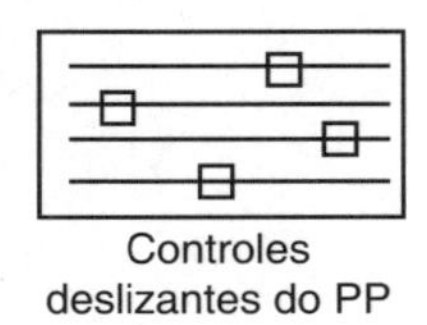
Controles deslizantes do PP

#UseosControles Deslizantesdo PPparaBrincarcom EsteSistemaReacional

8.5.3 Reações Complexas em Fase Líquida em um Reator em Semibatelada

A seguir, tem-se a aplicação das Tabelas 8.1 e 8.2 para uma reação complexa que ocorre em um reator em semibatelada.

Exemplo 8.7 Reações Complexas em um Reator em Semibatelada

$A + 2B \rightarrow C$
$2A + 3C \rightarrow D$

As reações complexas em fase líquida discutidas no Exemplo 8.6 ocorrem agora em um reator em semibatelada, em que A é alimentado para B com $F_{A0} = 3$ mols/min. A vazão volumétrica é 10 dm³/min e o volume inicial do reator é 1.000 dm³. As constantes de taxa são

$$k_{1A} = 10\left(\frac{\text{dm}^3}{\text{mol}}\right)^2 \Big/ \text{min} \quad \text{e} \quad k_{2C} = 15\left(\frac{\text{dm}^3}{\text{mol}}\right)^4 \Big/ \text{min}$$

O volume máximo é 2.000 dm³. A concentração de entrada de A é $C_{A0} = 0{,}3$ mol/dm³ e a concentração inicial de B é $C_{Bi} = 0{,}2$ mol/dm³.

(a) Plote e analise N_A, N_B, N_C, N_D e $S_{C/D}$ em função do tempo.

Solução

Balanços Molares

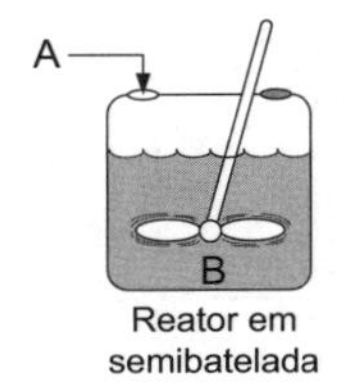

Reator em semibatelada

(1) $$\frac{dN_A}{dt} = r_A V + F_{A0} \qquad (N_{Ai} = 0) \tag{E8.7.1}$$

(2) $$\frac{dN_B}{dt} = r_B V \qquad (N_{Bi} = C_{Bi} V_0 = 200 \text{ mols}) \tag{E8.7.2}$$

(3) $$\frac{dN_C}{dt} = r_C V \qquad (N_{Ci} = 0) \tag{E8.7.3}$$

(4) $\frac{dN_D}{dt} = r_D V \qquad (N_{Di} = 0)$ (E8.7.4)

As Taxas Resultantes, as Leis de Taxa e as Taxas Relativas são as mesmas que as do CSTR em fase líquida.

A mesma coisa da Etapa 2 no Exemplo 8.5, as Etapas (5) a (14), Equações (E8.5.5) a (E8.5.14).

Estequiometria

(15) $C_A = N_A/V$ (E8.7.5)

(16) $C_B = N_B/V$ (E8.7.6)

(17) $C_C = N_C/V$ (E8.7.7)

(18) $C_D = N_D/V$ (E8.7.8)

(19) $V = V_0 + \upsilon_0 t$ (E8.7.9)

(20) $X_B = \frac{N_{B0} - N_B}{N_{B0}}$ (E8.7.10)

Seletividade

Truques. Uma vez que N_D é 0 no tempo $t = 0$, a seletividade vai a infinito; assim, novamente usamos um "se".

(21) $\tilde{S}_{C/D} = \text{se}(t > 0{,}0001 \text{ min})$ então $\left(\frac{N_C}{N_D}\right)$ senão (0) (E8.7.11)

Parâmetros

Novos Parâmetros

(22) $\upsilon_0 = 10 \text{ dm}^3/\text{min}$

(23) $V_0 = 1.000 \text{ dm}^3$

(24) $F_{A0} = 3 \text{ mol/min}$

Colocando essa informação no *solver* de EDO do Polymath, obtemos os seguintes resultados.

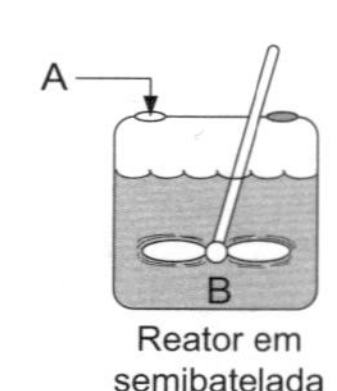

Reator em semibatelada

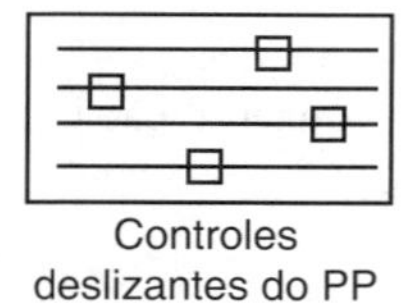
Controles deslizantes do PP

Reações Múltiplas em Fase Líquida em um Reator em Semibatelada

Equações diferenciais

1 d(Nb)/d(t) = rb*V
2 d(Na)/d(t) = ra*V +Fao
3 d(Nd)/d(t) = rd*V
4 d(Nc)/d(t) = rc*V

Equações explícitas

1 k1a = 10
2 k2c = 15
3 Vo = 1.000
4 vo = 10
5 V = Vo+vo*t
6 Ca = Na/V
7 Cb = Nb/V
8 r1a = -k1a*Ca*Cb^2
9 Cc = Nc/V
10 r1b = 2*r1a
11 rb = r1b
12 r2c = -k2c*Ca^2*Cc^3
13 Fao = 3
14 r2a = 2/3*r2c
15 r2d = -1/3*r2c
16 rlc = -r1a
17 rd = r2d
18 ra = r1a+r2a
19 Cd = Nd/V
20 rc = rlc+r2c
21 Scd = se(t>0,0001)então(Nc/Nd)senão(0)
22 Nbo = 200
23 X = 1-Nb/Nbo

Valores calculados das variáveis das EDOs

	Variável	Valor inicial	Valor final
1	Ca	0	0,1034461
2	Cb	0,2	0,0075985
3	Cc	0	0,0456711
4	Cd	0	0,0001766
5	Fao	3	3
6	k1a	10	10
7	k2c	15	15
8	Na	0	206,8923
9	Nb	200	15,197
10	Nbo	200	200
11	Nc	0	91,34215
12	Nd	0	0,3531159
13	r1a	0	-5,973E-05
14	r1b	0	-0,0001195
15	rlc	0	5,973E-05
16	r2a	0	-1,019E-05
17	r2c	0	-1,529E-05
18	r2d	0	5,097E-06
19	ra	0	-6,992E-05
20	rb	0	-0,0001195
21	rc	0	4,444E-05
22	rd	0	5,097E-06
23	Scd	0	258,6747
24	t	0	100
25	V	1.000	2.000
26	Vo	1.000	1.000
27	vo	10	10
28	X	0	0,924015

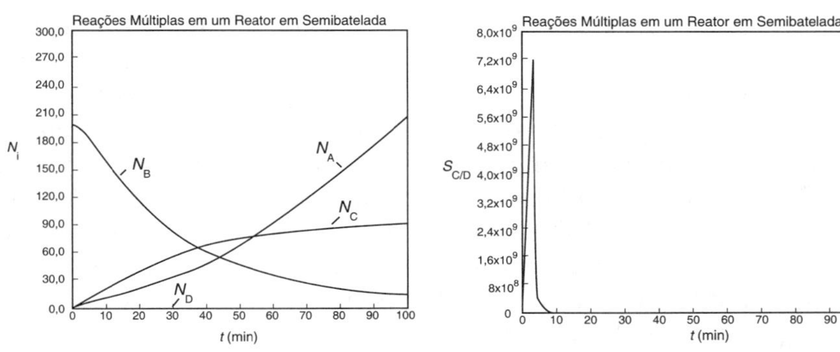

Figura E8.7.1 Número de mols em função do tempo.

Figura E8.7.2 Seletividade em função do tempo.

#Controles DeslizantesdoPP

Análise: O algoritmo ERQ para uma reação complexa foi aplicado a um reator em semibatelada e resolvido usando o *solver* de EDO do Polymath. O máximo na seletividade ocorre depois de somente 6,5 minutos (como mostrado na Figura E8.7.2); entretanto, muito pouco do produto desejado, C, foi formado nesse tempo. Se $E_D > E_U$, tente primeiro trocar a temperatura para ver se isso vai melhorar a quantidade de produto formado mantendo a seletividade alta. Se isso não funcionar, uma decisão econômica precisa ser feita. A seletividade e o custo de separar C e D são mais importantes do que produzir mais C para vender?

Note que, na Figura E8.7.1, depois de 70 minutos, ocorre muito pouca variação no número de mols das espécies B, C e D; todavia, o número de mols de A continua a aumentar porque ele está sendo continuamente alimentado e não há B suficiente para ser capaz de reagir com A. O número de mols de D produzidos é tão pequeno que não é possível distingui-lo do eixo *x* na Figura E8.7.1. Finalmente, nota-se que esses tempos, 6,5 e 10 minutos, são **muito curtos para usar um reator em semibatelada** e, consequentemente, deve-se considerar outro esquema de reator, tal como o da Figura 8.2(g), em que A é alimentado ao longo do comprimento do reator, ou análogo àquele mostrado na Figura 8.2(h), em que A é alimentado em cada um dos CSTRs.

Lição para guardar: Tempo de reação é muito curto para um reator em batelada ou em semibatelada.

8.6 Reatores com Membranas para Melhorar a Seletividade em Reações Múltiplas

Em adição ao uso de reatores com membrana (RM) para remover um produto de reação de modo a deslocar o equilíbrio em direção ao final da reação, podemos usar reatores com membrana para aumentar a seletividade em reações múltiplas. Esse aumento pode ser alcançado injetando um dos reagentes ao longo do comprimento do reator. Isso é particularmente efetivo na oxidação parcial de hidrocarbonetos e nas reações de cloração, de etoxilação, de hidrogenação, de nitração e de sulfonação, por exemplo.[2]

(1) $$C_2H_4 + \frac{1}{2}O_2 \longrightarrow C_2H_4O \xrightarrow{+\frac{5}{2}O_2} 2CO_2 + 2H_2O$$

(2) Naftaleno $+ \,^9/_2\, O_2 \longrightarrow$ anidrido ftálico $+ 2\,CO_2 + 2\,H_2O$; anidrido ftálico $\xrightarrow{+\frac{17}{2}O_2} 8\,CO_2 + 2\,H_2O$

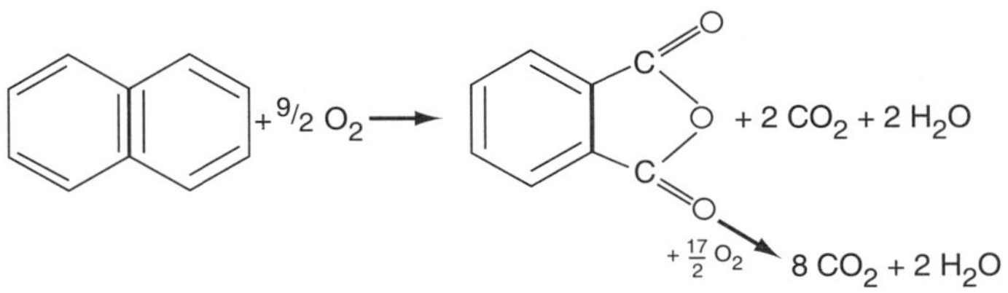

(3) m-xileno (CH_3, CH_3) $\xrightarrow{+H_2}$ tolueno (CH_3) $+ CH_4 \xrightarrow{+H_2}$ benzeno $+ CH_4$

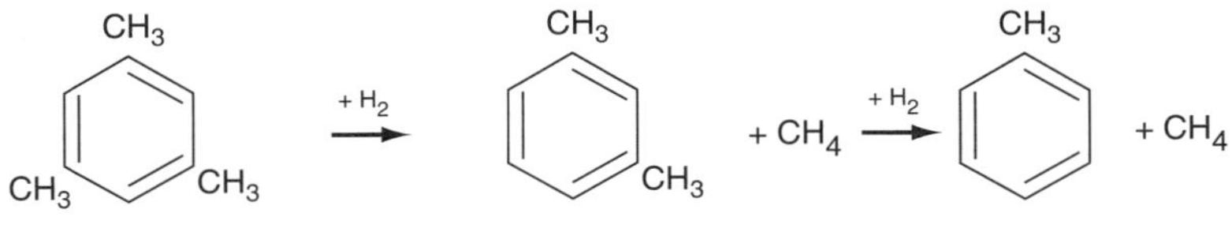

[2] W. J. Asher, D. C. Bomberger, and D. L. Huestis, *Evaluation of SRI's Novel Reactor Process Permix™*, New York: AIChE, 2000.

Nas reações (1) e (2), o produto desejado é o intermediário (C_2H_4O). Entretanto, porque há oxigênio presente, os reagentes e intermediários podem estar completamente oxidados para formar produtos não desejados, CO_2 e água. O produto desejado na Reação (3) é xileno. Podemos aumentar a seletividade mantendo um dos reagentes a uma concentração baixa, que pode ser atingida alimentando-o através dos lados de um reator com membrana.

Reações de Mesitileno

No exemplo resolvido no *Material Expandido do Capítulo 8* no CRE *website* (*http://www.umich.edu/~elements/6e/08chap/expanded_08chap_1.pdf*), usamos um reator com membrana (RM) para continuar a hidrodealquilação da reação de mesitileno. De alguma forma, esse exemplo do *site* ERQ na *Web* faz um paralelo no uso de RMs para reações de oxidação parcial. Faremos agora um exemplo para uma reação diferente com o objetivo de ilustrar as vantagens de um RM para certos tipos de reações.

Exemplo 8.8 Reator com Membrana (RM) para Melhorar a Seletividade em Reações Múltiplas

As reações

$$(1)\ A + B \longrightarrow D \qquad -r_{1A} = k_{1A}C_A^2C_B,\ k_{1A} = 2\ dm^6/mol^2 \cdot s$$

$$(2)\ A + B \longrightarrow U \qquad -r_{2A} = k_{2A}C_AC_B^2,\ k_{2A} = 3\ dm^6/mol^2 \cdot s$$

ocorrem em fase gasosa. As seletividades globais, $\tilde{S}_{D/U}$, de um reator com membrana (RM) e de um PFR[3] convencional devem ser comparadas. Primeiro, usamos a seletividade instantânea para determinar que espécie deve ser alimentada através da membrana.

$$S_{D/U} = \frac{k_1C_A^2C_B}{k_2C_B^2C_A} = \frac{k_1C_A}{k_2C_B}$$

Vemos que, para maximizar $S_{D/U}$, necessitamos manter a concentração de A alta e a concentração de B baixa; por conseguinte, alimentamos pequenas quantidades de B ao longo do reator através da membrana. A taxa molar de A que entra no reator é 4 mols/s e a de B que entra através da membrana é 4 mols/s, conforme mostrado na Figura E8.8.1. Para o PFR, B entra juntamente com A.

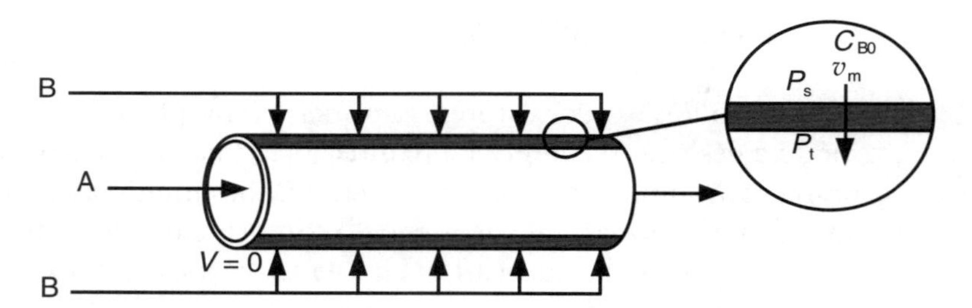

Figura E8.8.1 Reator com membrana com um reagente sendo alimentado lateralmente.

O volume do reator é 50 dm³ e a concentração total na entrada é 0,8 mol/dm³.

Faça um gráfico e analise as taxas molares e a seletividade global, $\tilde{S}_{D/U}$, em função do volume do reator para o RM e o PFR.

Solução

1. Balanços Molares para o PFR e o RM

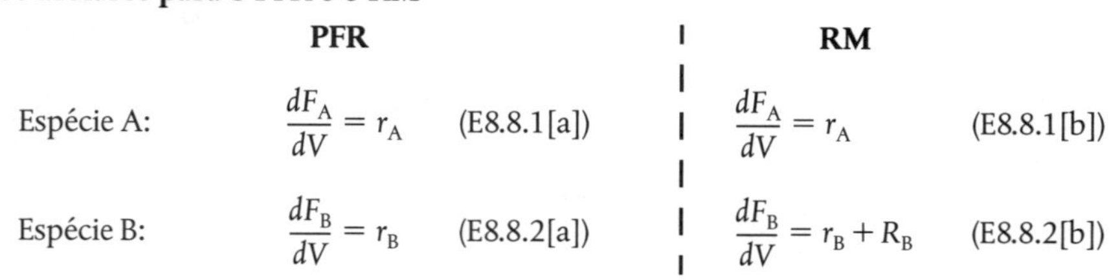

	PFR		RM	
Espécie A:	$\frac{dF_A}{dV} = r_A$	(E8.8.1[a])	$\frac{dF_A}{dV} = r_A$	(E8.8.1[b])
Espécie B:	$\frac{dF_B}{dV} = r_B$	(E8.8.2[a])	$\frac{dF_B}{dV} = r_B + R_B$	(E8.8.2[b])

[3] O Prof. Dr. Sven Köttlov, do departamento de engenharia química da Universidade de Jofostan em Riça, Jofostan, é um dos melhores analistas de membranas daquela região do mundo.

Espécie D:	$\frac{dF_D}{dV} = r_D$	(E8.8.3[a])		$\frac{dF_D}{dV} = r_D$	(E8.8.3[b])
Espécie U:	$\frac{dF_U}{dV} = r_U$	(E8.8.4[a])		$\frac{dF_U}{dV} = r_U$	(E8.8.4[b])

2. Velocidades Resultantes e Equações da Taxa (as mesmas para **PFR** e **RM**)

$$r_A = r_{1A} + r_{2A} = -k_{1A}C_A^2C_B - k_{2A}C_AC_B^2 \quad \text{(E8.8.5)}$$

$$r_B = r_{1B} + r_{2B} = -k_{1A}C_A^2\ C_B - k_{2A}C_AC_B^2 \quad \text{(E8.8.6)}$$

$$r_D = r_{1D} = k_{1A}C_A^2\ C_B \quad \text{(E8.8.7)}$$

$$r_U = r_{2U} = k_{2A}C_AC_B^2 \quad \text{(E8.8.8)}$$

3. Lei de Transporte (RM)

Discutimos agora a taxa de transporte de B para o reator, R_B. De Mecânica dos Fluidos, sabemos que a vazão volumétrica através da membrana, υ_m, é dada pela Lei de Darcy.[4]

$$\upsilon_m = K[P_s - P_t]A_t \quad \text{(E8.8.9)}$$

em que K é a permeabilidade da membrana (m/s·kPa) e P_s (kPa) e P_t (kPa) são as pressões no lado do casco e no lado do tubo e A_t é a área (em m²) superficial da membrana. A taxa através da membrana pode ser controlada pela queda de pressão através da membrana ($P_s - P_t$). Lembre-se da Equação (6.5), "a" é a área superficial da membrana por unidade de volume de reator.

$$A_t = aV_t \quad \text{(E8.8.10)}$$

A taxa molar total de B através dos lados do reator é

$$F_{B0} = C_{B0}\upsilon_m = \underbrace{C_{B0}K[P_s - P_t]a}_{R_B} \cdot V_t = R_BV_t \quad \text{(E8.8.11)}$$

A taxa molar de B por unidade de volume do reator é

$$\boxed{R_B = \frac{F_{B0}}{V_t}} \quad \text{(E8.8.12)}$$

4. Estequiometria (a mesma para **PFR** e **MR**)

Operação isotérmica ($T = T_0$) e queda de pressão negligenciável ao longo do comprimento do reator ($P = P_0$, $p = 1{,}0$).

Para o PFR e o RM sem queda de pressão ao longo do comprimento do reator e operação isotérmica, as concentrações são

Aqui, $T = T_0$ e $\Delta P = 0$.

$$C_A = C_{T0}\frac{F_A}{F_T} \quad \text{(E8.8.13)} \qquad C_B = C_{T0}\frac{F_B}{F_T} \quad \text{(E8.8.14)}$$

$$C_D = C_{T0}\frac{F_D}{F_T} \quad \text{(E8.8.15)} \qquad C_U = C_{T0}\frac{F_U}{F_T} \quad \text{(E8.8.16)}$$

$$X = \frac{F_{A0} - F_A}{F_{A0}} \quad \text{(E8.8.17)}$$

5. Combinação

O Programa Polymath combinará o balanço molar, as taxas resultantes e as equações de estequiometria para determinar os perfis de taxa molar e de seletividade para os reatores PFR convencional e RM.

Uma nota de cuidado sobre o cálculo da seletividade global

$$\tilde{S}_{D/U} = \frac{F_D}{F_U} \quad \text{(E8.8.18)}$$

[4] J. O. Wilkes, *Fluid Mechanics for Chemical Engineers with Microfluidics and CFD*, 2nd ed. Upper Saddle River, NJ: Prentice Hall, 2006.

Engane o Polymath!

Novamente, temos de usar truques para enganar o Polymath porque na entrada do reator $F_U = 0$. O Polymath observará a Equação (E8.8.18) e não rodará, uma vez que ele verificará que você dividiu por zero. Consequentemente, precisamos adicionar um número muito pequeno ao denominador, como 0,0000001 mol/s (ou menor); ou seja,

$$\tilde{S}_{D/U} = \frac{F_D}{F_U + 0{,}0000001} \tag{E8.8.19}$$

Esquematize as tendências ou resultados que você espera, **antes** de trabalhar os detalhes do problema.

A Tabela E8.8.1 mostra o Programa Polymath e a folha de relatório.

Tabela E8.8.1 Programa Polymath

Equações diferenciais
1 d(Fa)/d(V) = ra
2 d(Fb)/d(V) = rb+Rb
3 d(Fd)/d(V) = rd
4 d(Fu)/d(V) = ru

Equações explícitas
1 Ft = Fa+Fb+Fd+Fu
2 Ct0 = 0,8
3 k1a = 2
4 k2a = 3
5 Cb = Ct0*Fb/Ft
6 Ca = Ct0*Fa/Ft
7 ra = -k1a*Ca^2*Cb-k2a*Ca*Cb^2
8 rb = ra
9 Cd = Ct0*Fd/Ft
10 Cu = Ct0*Fu/Ft
11 rd = k1a*Ca^2*Cb
12 ru = k2a*Ca*Cb^2
13 Vt = 50
14 Fbo = 4
15 Rb = Fbo/Vt
16 Sdu = Fd/(Fu+0,0000000000001)

Valores calculados das variáveis das EDOs

	Variável	Valor inicial	Valor final
1	Ca	0,8	0,2020242
2	Cb	0	0,2020242
3	Cd	0	0,2855303
4	Ct0	0,8	0,8
5	Cu	0	0,1104213
6	Fa	4	1,351387
7	Fao	4	4
8	Fb	0	1,351387
9	Fbo	4	4
10	Fd	0	1,909979
11	Ft	4	5,351387
12	Fu	0	0,7386336
13	k1a	2	2
14	k2a	3	3
15	ra	0	-0,0412269
16	Rb	0,08	0,08
17	rb	0	-0,0412269
18	rd	0	0,0164908
19	ru	0	0,0247361
20	Sdu	0	2,585827
21	V	0	50
22	Vt	50	50
23	X	0	0,6621531

← Seletividade (linha 20)

Podemos modificar facilmente o programa para o PFR, mostrado na Tabela E8.8.1, simplesmente estabelecendo R_B igual a zero ($R_B = 0$) e a condição inicial para B como 4,0.

As Figuras E8.8.2(a) e E8.8.2(b) mostram os perfis das taxas molares para o PFR convencional e o RM, respectivamente.

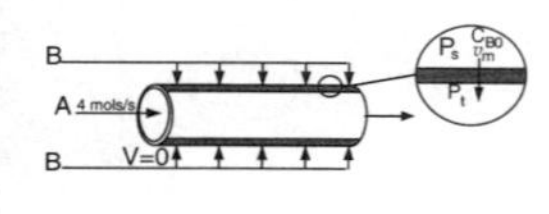

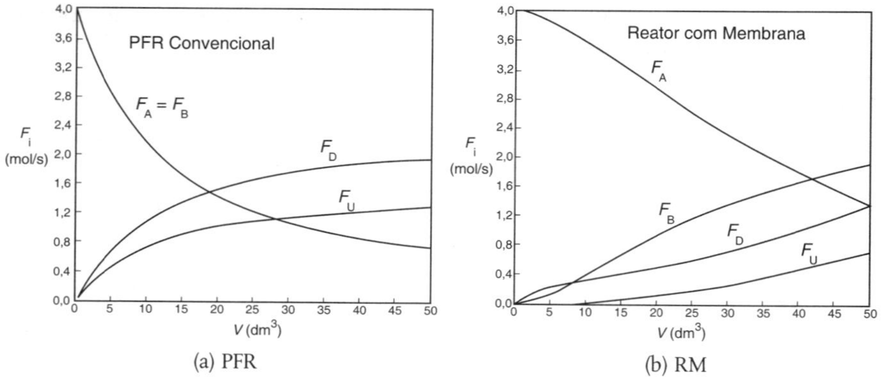

(a) PFR (b) RM

Figura E8.8.2 Taxas molares.

As Figuras E8.8.3(a) e E8.8.3(b) mostram a seletividade para o PFR e o RM. Note o enorme aumento na seletividade do RM em relação ao PFR.

Seletividades em $V = 5\ dm^3$

RM: $S_{D/U} = 14$

PFR: $S_{D/U} = 0{,}65$

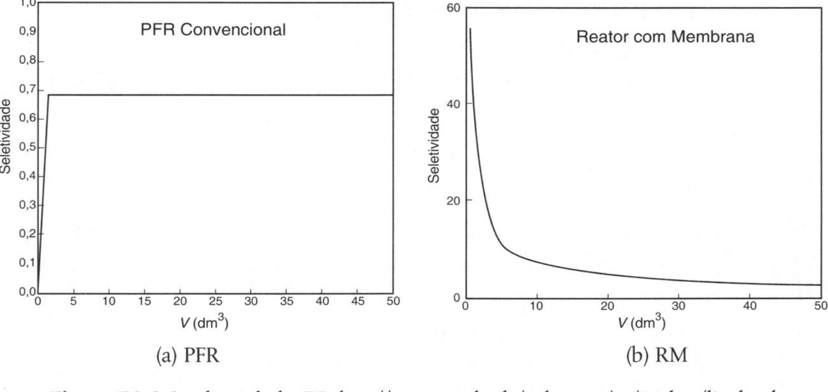

(a) PFR (b) RM

Figura E8.8.3 Seletividade. **PP**: *http://www.umich.edu/~elements/6e/08chap/live.html*

Esteja certo de carregar esse Problema Prático **(PP)** a partir do CRE *website* e use o Wolfram para "brincar" com as reações e os reatores. Com poucas modificações, você pode explorar reações análogas às oxidações parciais.

Controles deslizantes do PP

$$A + B \longrightarrow D \quad r_D = k_1 C_A C_B \tag{E8.8.20}$$

$$B + D \longrightarrow U \quad r_U = k_2 C_B C_D \tag{E8.8.21}$$

em que o oxigênio (B) é alimentado através da membrana (veja o Problema P8.15$_C$).

#ComPPVocêPodeSeTornarUmEspecialistaEmSeletividadeEmReatoresComMembrana

Análise: Pode-se notar que A é consumido mais rapidamente no PFR do que no RM alimentado lateralmente e que mais do produto desejado também é formado no PFR. Contudo, a seletividade é muito maior no RM do que no PFR. Observa-se também que, ao comparar as taxas molares, as taxas no RM alimentado lateralmente continuam a variar significativamente depois de 30 dm³ saírem do reator, enquanto aquelas no PFR não variam significativamente depois de 30 dm³. Novamente, tem-se de decidir o que é mais importante: $S_{D/U}$ ou X!

8.7 Solução para Todas as Situações

No Exemplo 8.5, foram apresentadas as equações da taxa e foi pedido para calcular os perfis da distribuição do produto. O inverso do problema descrito no Exemplo 8.5 tem frequentemente de ser resolvido. Especificamente, as equações da taxa têm de ser sempre determinadas a partir da variação da distribuição de produto, gerada com a mudança das concentrações de alimentação. Em alguns exemplos, essa determinação não é possível sem a realização de experimentos independentes para algumas das reações na sequência. A melhor estratégia a usar para *obter* todos os parâmetros da equação da taxa variará de sequência para sequência de reação. Logo, a estratégia desenvolvida para um sistema pode não ser a melhor abordagem para outros sistemas de reações múltiplas. Uma regra geral é começar uma análise olhando as espécies produzidas em somente uma reação; em seguida, estudar a espécie envolvida em somente duas reações; então em três, e assim por diante.

Mínimos quadrados não lineares

Quando alguns dos produtos intermediários são radicais livres, pode não ser possível fazer experimentos independentes para determinar os parâmetros das equações da taxa. Por conseguinte, temos de deduzir os parâmetros das equações da taxa a partir de mudanças na distribuição de produtos de reação com condições de alimentação. Sob essas circunstâncias, a análise se torna um problema de otimização para estimar os melhores valores dos parâmetros que minimizarão as somas dos quadrados entre as variáveis calculadas e as variáveis medidas. Esse processo é basicamente o mesmo que o descrito na Seção 7.5, porém mais complexo, devido ao maior número de parâmetros a determinar. Começamos a estimar os valores dos parâmetros usando alguns dos métodos que acabamos de discutir. Em seguida, usamos nossas estimativas para empregar as técnicas de regressão não linear para determinar as melhores estimativas de nossos valores dos parâmetros a partir de dados para todos os experimentos.[5] Polymath, assim como outros pacotes computacionais, estão se tornando disponíveis para uma análise tal qual essa.

8.8 Parte Divertida

Depois de se inteirar, realmente é muito divertido.

Eu não estou falando sobre a diversão que você pode ter em um parque de diversões, mas a diversão em ERQ. Agora que temos um entendimento de como resolver as concentrações de saída das reações múltiplas em um CSTR e como fazer um gráfico das concentrações das espécies ao longo do comprimento de um PFR ou de um PBR, podemos abordar uma das mais importantes e divertidas áreas da engenharia das reações químicas. Essa área, discutida na Seção 8.3, refere-se à aprendizagem de como maximizar o produto desejado e minimizar o produto indesejado. É nessa área que se pode viabilizar ou quebrar financeiramente um processo químico. É também uma área que requer criatividade no projeto de esquemas de reatores e de condições de alimentação que maximizarão o lucro. Aqui, você pode misturar e equiparar reatores, correntes de alimentação e correntes paralelas tão bem quanto variar as razões de concentração na alimentação, de modo a maximizar ou minimizar a seletividade de uma espécie particular. Problemas desse tipo são o que eu chamo de *problemas da era digital*, uma vez que normalmente necessitamos usar os *solvers* de EDO juntamente com as habilidades de raciocínio crítico e criativo para achar a melhor resposta.[6,7] Alguns dos problemas no final deste capítulo permitirão a você praticar essas habilidades de raciocínio crítico e criativo. Esses problemas oferecem uma oportunidade para explorar muitas alternativas diferentes de soluções para aumentar a seletividade e se divertir fazendo isso. Os estudantes de engenharia química da Universidade de Jofostan, em Riça, Jofostan, comentam frequentemente o quanto eles gostam dos PPs e do uso de Wolfram ou Python para variar os parâmetros à medida que eles exploram os problemas e maximizam a seletividade.

Entretanto, para levar ERQ para o próximo nível e se divertir mais resolvendo os problemas de reações múltiplas, teremos de ser um pouco mais pacientes. A razão é que neste capítulo consideramos somente as reações múltiplas ocorrendo isotermicamente, mas é nas reações múltiplas que ocorrem não isotermicamente que as coisas realmente se tornam interessantes. Consequentemente, teremos de esperar para executar esquemas para maximizar o produto desejado nas reações múltiplas que ocorrem não isotermicamente até que estudemos efeitos térmicos nos Capítulos 11 a 13. Depois de estudar esses capítulos, adicionaremos uma nova dimensão às reações múltiplas, uma vez que temos agora outra variável, temperatura, que podemos ou não ser capazes de usar para afetar a seletividade e o rendimento. Em um problema (**P12.26$_C$**) particularmente interessante, estudaremos a produção de estireno a partir de etilbenzeno, em que duas reações paralelas, uma endotérmica e uma exotérmica, têm de ser levadas em consideração. Aqui, podemos variar uma grande quantidade de variáveis, tais como a temperatura de entrada e a vazão de diluente, e observar os valores ótimos na produção de estireno. No entanto, teremos de adiar o prazer do estudo do estireno até termos dominado os Capítulos 11 a 13.

Reações múltiplas com efeitos térmicos são únicas neste livro.

8.9 *E Agora*... Uma Palavra do Nosso Patrocinador – Segurança 8 (UPDNP–S8 Triângulo do Fogo)

O triângulo do fogo mostrado na Figura 8.4, também chamado de triângulo da combustão, é uma representação visual dos três ingredientes essenciais necessários para a ignição de um

[5] Veja, por exemplo, Y. Bard, *Nonlinear Parameter Estimation*, San Diego, Calif.: Academic Press, 1974.
[6] H. Scott Fogler, *Teaching Critical Thinking, Creative Thinking, and Problem Solving in the Digital Age*, Phillips Lecture, Stillwater, OK: OSU Press, 1997.
[7] H. Scott Fogler and S. E. LeBlanc, with B. Rizzo, *Strategies for Creative Problem Solving*, 3rd Ed. Upper Saddle River, NJ: Prentice Hall, 2014.

incêndio. Por que precisamos deste triângulo? O triângulo nos ajuda a entender visualmente como um incidente se inicia e que todos os três lados são necessários para provocar um incêndio/explosão. Ele oferece informação preventiva e fornece um modelo simples para focar nossa atenção em cada um dos lados para ver como cada componente poderia ser reduzido ou eliminado.

Figura 8.4 O triângulo do fogo.

8.9.1 Triângulo do Fogo

Oxigênio: Um agente oxidante é qualquer substância na reação de combustão que reaja com o combustível para resultar em uma reação exotérmica. O agente oxidante mais comum para combustão é o oxigênio por causa de sua abundância no ar. Outros oxidantes incluem compostos como gás flúor, sais de perclorato e cloro trifluoreto.

Combustível: O combustível do fogo é qualquer material que possa queimar. Pode ser qualquer material combustível, tal como madeira, papel, líquidos ou gases inflamáveis, borracha ou tecidos. Quanto mais combustível, mais tempo o fogo pode queimar e se espalhar.

Um combustível geralmente precisa ser "preparado" ou aquecido a uma temperatura mínima, antes que possa pegar fogo. Misturas de vapores inflamáveis ocorrem no ou acima da temperatura de *ponto de ignição (flash point)* do líquido. O *ponto de ignição* é a temperatura na qual uma mistura de vapor-ar acima de um líquido é capaz de sustentar a combustão após ignição de uma fonte de energia. Uma exceção é uma névoa de gotículas finas que pode ser inflamável abaixo do ponto de ignição do líquido. Misturas de gases inflamáveis podem ser formadas a qualquer temperatura.

8.9.2 Definição de Alguns Termos Importantes

Fonte de Ignição: Uma fonte de ignição é necessária para começar o fogo, preaquecer o combustível e/ou manter o fogo aceso. Cerca de 98% de todas as ignições vêm de chamas abertas, superfícies quentes, gases quentes, faíscas mecânicas ou equipamentos elétricos, eletricidade estática e reações químicas. Outras fontes de ignição podem incluir queda de raios, radiação eletromagnética ou fuga de corrente elétrica.

Limite de Flamabilidade: O vapor nas misturas só irá inflamar e queimar sobre um faixa bem específica de composições.[8]

Limite Inferior de Flamabilidade (LIF): Abaixo do LIF, a mistura não queimará uma vez que está abaixo do limite inferior de flamabilidade; ou seja, a mistura é muito pobre (por exemplo, combustível insuficiente) para a combustão.

[8] A mistura é somente combustível entre o LIF e LSF.

Limite Superior de Flamabilidade (LSF): Acima do LIF, a mistura não será combustível porque a composição é muito rica (por exemplo, oxigênio insuficiente).

Ponto de Ignição: Temperatura na qual a mistura de vapor-ar acima de um líquido é capaz de sustentar a combustão após a ignição a partir de uma fonte de energia.

8.9.3 Maneiras de Prevenir Incêndios

Para parar um incêndio, apenas um dos três componentes precisa ser removido. Existem muitas maneiras de reduzir o risco de incêndio e algumas estão listadas a seguir:

- Elimine as fontes de ignição:
  - Não solde (trabalho quente) em ou perto de recipientes que continham ou contenham substâncias inflamáveis.
  - Certifique-se de que as peças de metal estejam aterradas para reduzir a formação e o acúmulo de eletricidade estática, que pode causar uma faísca.
  - Evite usar equipamentos elétricos perto de líquidos e gases inflamáveis, pois isso aumenta o risco de incêndio e de explosão.
- Reduza a quantidade de combustível:
  - Limite a quantidade de uma substância inflamável armazenada.
  - Evite armazenar grandes quantidades de substâncias inflamáveis próximas entre si para evitar o aumento de um incêndio.
- Limite a concentração de oxidante:
  - Tenha um extintor de incêndio certificado disponível perto de chamas e de substâncias inflamáveis.
  - Use nitrogênio para diluir a concentração de substâncias inflamáveis, de modo a deixá-las fora de seus limites de flamabilidade.

8.9.4 Maneiras de se Proteger de Incêndios

Etapas a serem cumpridas para proteger as pessoas e as instalações contra incêndios:

- Use recipientes resistentes a explosões ao projetar um processo químico.
- Certifique-se de que os dispositivos adequados de alívio de pressão estejam instalados.
- Isole os materiais inflamáveis de equipamentos a alta temperatura (que possam se tornar uma fonte de ignição).
- Instale dispositivos de supressão de explosão.

Leitura adicional:

County Fire Protection. *Understanding Fire: The Fire Triangle.* (https://www.target-fire.co.uk/resource-centre/what-is-the-fire-triangle/)

Encerramento. Depois de completar este capítulo, o leitor deve ser capaz de descrever os diferentes tipos de reações múltiplas (em série, paralelas, complexas e independentes) e selecionar um sistema de reações que maximize a seletividade. O leitor deve ser capaz de escrever e usar o algoritmo para resolver os problemas de ERQ com reações múltiplas. O leitor deve também ser capaz de apontar as maiores diferenças entre o algoritmo de ERQ para as reações múltiplas e aquele para reações únicas, e então discutir por que deve ser tomado cuidado ao escrever a equação da taxa e as etapas estequiométricas para considerar as equações da taxa para cada reação, as taxas relativas e as taxas resultantes de reação.

Finalmente, os leitores devem experimentar um sentimento de realização, sabendo que eles agora alcançaram um nível que lhes permite resolver problemas realísticos de ERQ com cinética complexa.

RESUMO

1. Para reações competitivas

$$\text{Reação 1:} \qquad A + B \xrightarrow{k_D} D \qquad r_D = A_D e^{-E_D/RT} C_A^{\alpha_1} C_B^{\beta_1} \tag{R8.1}$$

$$\text{Reação 2:} \qquad A + B \xrightarrow{k_U} U \qquad r_U = A_U e^{-E_U/RT} C_A^{\alpha_2} C_B^{\beta_2} \tag{R8.2}$$

o parâmetro de seletividade instantânea é definido como

$$S_{D/U} = \frac{r_D}{r_U} = \frac{A_D}{A_U} \exp\left(-\frac{(E_D - E_U)}{RT}\right) C_A^{\alpha_1 - \alpha_2} C_B^{\beta_1 - \beta_2} \tag{R8.3}$$

a. Se $E_D > E_U$, o parâmetro seletividade $S_{D/U}$ aumentará com o aumento da temperatura.

b. Se $\alpha_1 > \alpha_2$ e $\beta_2 > \beta_1$, a reação deve ocorrer a altas concentrações de A e a baixas concentrações de B para manter o parâmetro seletividade $S_{D/U}$ em um valor alto. Use um reator em semibatelada inicialmente com A puro ou um reator tubular em que B é alimentado em diferentes localizações ao longo do reator. Outros casos discutidos no texto são $(\alpha_2 > \alpha_1, \beta_1 > \beta_2)$, $(\alpha_2 > \alpha_1, \beta_2 > \beta_1)$ e $(\alpha_1 > \alpha_2, \beta_1 > \beta_2)$,

A *seletividade global*, baseada nas taxas molares que saem do reator, para as reações dadas pelas Equações (R8.1) e (R8.2), é

$$\tilde{S}_{D/U} = \frac{F_D}{F_U} \tag{R8.4}$$

2. O *rendimento global* é a razão entre o número de mols de um produto no final de uma reação e o número de mols do reagente-chave que foi consumido:

$$\tilde{Y}_D = \frac{F_D}{F_{A0} - F_A} \tag{R8.5}$$

3. O algoritmo para as reações múltiplas é mostrado na Tabela R8.1. Como notado anteriormente neste capítulo, as equações para a **Etapa de Taxas** são as que mais variam em nosso algoritmo ERQ.

Tabela R8.1 Algoritmo para Reações Múltiplas

Número de todas as reações (1), (2) etc.

Balanços molares:

Balanço molar para cada espécie

PFR	$\frac{dF_j}{dV} = r_j$	(R8.6)
CSTR	$F_{j0} - F_j = -r_j V$	(R8.7)
Batelada	$\frac{dN_j}{dt} = r_j V$	(R8.8)

Membrana ("i" se difunde para o interior) $$\frac{dF_i}{dV} = r_i + R_i \tag{R8.9}$$

Semibatelada líquida $$\frac{dC_j}{dt} = r_j + \frac{v_0(C_{j0} - C_j)}{V} \tag{R8.10}$$

$$V = V_0 + v_0 t$$

Taxas:

Equações $$r_{ij} = k_{ij} f_i(C_j, C_n) \tag{R8.11}$$

Taxas relativas $$\frac{r_{iA}}{-a_i} = \frac{r_{iB}}{-b_i} = \frac{r_{iC}}{c_i} = \frac{r_{iD}}{d_i} \tag{R8.12}$$

Taxas resultantes $$r_j = \sum_{i=1}^{q} r_{ij} \tag{R8.13}$$

Estequiometria:

Fase gasosa $$C_j = C_{T0}\frac{F_j}{F_T}\frac{P}{P_0}\frac{T_0}{T} = C_{T0}\frac{F_j}{F_T}\frac{T_0}{T}p \tag{R8.14}$$

$$p = \frac{P}{P_0}$$

$$F_T = \sum_{j=1}^{n} F_j \tag{R8.15}$$

$$\frac{dp}{dW} = -\frac{\alpha}{2p}\left(\frac{F_T}{F_{T0}}\right)\frac{T}{T_0} \tag{R8.16}$$

Fase líquida $$v = v_0$$

$$C_A, C_B, \ldots$$

Combinação:
Polymath combinará todas as equações para você. Obrigado, Polymath!!

MATERIAIS DO CRE *WEBSITE*

(*http://umich.edu/~elements/6e/08chap/obj.html*)

Links Úteis

- Problemas Práticos
- Ajuda Extra
- Materiais Adicionais
- Estante com Referências Profissionais
- Enunciados de Problemas Computacionais de Simulação

Avaliação

- Autotestes
- Questões i>*Clicker*

AspenTech
(*http://umich.edu/~elements/6e/08chap/learn-aspen.html*)

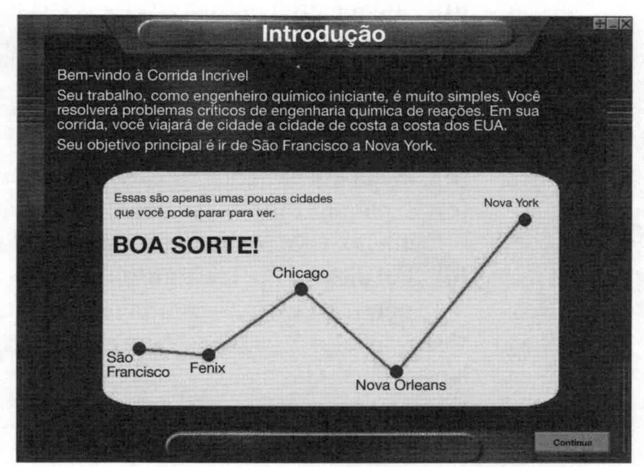

O Jogo Computacional da Grande Corrida
(*http://umich.edu/~elements/6e/icm/grace.html*)

QUESTÕES, SIMULAÇÕES E PROBLEMAS

O subscrito para cada número do problema indica o nível de dificuldade: A, menos difícil; D, mais difícil.

A = ● B = ■ C = ◆ D = ◆◆

Em cada uma das questões e problemas a seguir, em vez de apenas desenhar um retângulo ao redor de sua resposta, escreva uma frase ou duas, descrevendo como você resolveu o problema, as suposições que fez, a coerência de sua resposta, o que você aprendeu e quaisquer outros fatos que queira incluir.

Questões

Q8.1$_A$ (a) **QAL** (***Q****uestão* ***A****ntes de* ***L****er*). Descreva como o algoritmo ERQ terá de mudar quando temos reações múltiplas e não usamos conversão para resolver problemas.

Q8.2$_A$ ***i>clicker.*** Vá ao CRE *website* (*http://www.umich.edu/~elements/6e/08chap/iclicker_ch8_q1.html*) e analise no mínimo cinco questões i>*clicker*. Escolha uma que poderia ser usada como está, ou uma variação dela, para ser incluída no próximo exame. Você também poderia considerar o caso oposto: explique por que as questões *não* devem estar no próximo exame. Em cada caso, explique seu raciocínio.

Q8.3$_A$ (a) O reagente A não teve sucesso em reagir com o reagente B, por causa de uma reação completa. Uma pessoa avisa que a única maneira de A ter sucesso é aumentar a temperatura. Essa é uma ideia **infalível**? Isso funcionará?

(b) Invente e resolva um problema original para ilustrar os princípios deste capítulo. Veja o Problema P5.1$_A$ para orientações.

(c) Escreva uma questão, baseada no material deste capítulo, que requeira raciocínio crítico. Explique por que sua questão requer raciocínio crítico. (*Sugestão:* Veja a Seção G do Prefácio).

(d) As seletividades global e instantânea são idênticas para um CSTR, $S_{D/U} \equiv \tilde{S}_{D/U}$? Além disso, os rendimentos instantâneo e global para um CSTR são iguais, $Y_D \equiv \tilde{Y}_D$?

Q8.3$_C$ Leia o **Módulo da Web** (*http://www.umich.edu/~elements/6e/web_mod/cobra/index.html*) sobre a naja.

(a) Determine quantas picadas de naja são necessárias para que qualquer quantidade de antídoto não salve a vítima.

(b) Suponha que a vítima tenha sido picada por uma cobra inofensiva e não por uma naja e que o antídoto tenha sido injetado. Quanto do antídoto necessitaria ser injetado para causar a morte?

(c) Qual é o último momento possível e qual quantidade de antídoto pode ser injetada depois da picada, tal que a vítima não morra?

(d) Aplique uma ou mais das seis ideias da Tabela P.4 do Prefácio (*http://www.umich.edu/~elements/6e/toc/Preface-Complete.pdf*) a este problema. (*Sugestão:* O *Exemplo Interativo* no programa de Polymath está no CRE *website*.)

Q8.4$_B$ UPDNP–S8 Triângulo do Fogo.

(a) Qual é a relação do óxido de etileno com os agentes oxidantes e como isso se relaciona com o triângulo do fogo?

(b) O que torna a interrupção de um incêndio de óxido de etileno mais difícil do que o normal?

(c) Explique como o Triângulo de Segurança pode ajudá-lo a minimizar o risco de um recipiente de óxido de etileno. *Dica*: Tente pesquisar no Google sobre óxido de etileno.

(d) Foi dito que o **Triângulo do Fogo** é intuitivamente óbvio e deve-se excluí-lo do texto. Que contra-argumentos você apresentaria para mantê-lo?

Q8.5$_B$ Visite *link* dos Vídeos de Aprendizado de EngQui para o Capítulo 8 (*http://www.umich.edu/~elements/6e/08chap/learn-cheme-videos.html*).

(a) Liste cinco pontos que expandiram o material do texto.

(b) Escreva uma avaliação com duas frases; por exemplo, o que era bom, o que deveria ser mudado?

Simulações Computacionais e Experimentos

P8.1$_A$ (a) **Exemplo 8.1: Reações de Trambouze**

Wolfram

(i) Fixe k_2 em 0,015 e então descreva como a seletividade varia com k_1 e k_3.

(ii) Escreva uma conclusão sobre seus experimentos.

Polymath

(iii) Qual teria sido a seletividade, $S_{B/XY}$, e a conversão, X, se a reação tivesse sido realizado em um único PFR com o mesmo volume do CSTR?

(iv) Uma vez que $C_{A0} = P_0RT$, como suas respostas mudariam se a pressão fosse aumentada por um fator de 100?

(b) Exemplo 8.2: Escolha de Reator. Faça uma tabela/lista para cada reator mostrado na Figura 8.2, identificando todos os tipos de reações que ocorreriam melhor nesse reator. Por exemplo, a Figura 8.2(d) Semibatelada: usado para (1) reações altamente exotérmicas e (2) seletividade aumentada.

(c) **Exemplo 8.3: *PP* Reações em Série em um Reator em Batelada**

Wolfram e Polymath

(i) Descreva como as trajetórias C_A, C_B, C_C, $S_{B/C}$ e $Y_{B/C}$ variam quando E_1 e E_2 são iguais a zero e variando k_1 e k_2 de seus valores máximos para mínimos.

(ii) Fixe T em 450 K, então varie E_1 e E_2 e descreva como a seletividade e a conversão variam.

(iii) Escreva um conjunto de conclusões sobre seu experimento nos itens (i) a (ii).

(d) Exemplo 8.4: *PP* Reações em Série em um CSTR

Wolfram e Python

(i) Use o Wolfram para descrever como as trajetórias C_A, C_B, C_C, $S_{B/C}$ e $Y_{B/C}$ variam quando E_1 e E_2 são iguais a zero e variando k_1 e k_2 de seus valores máximos para mínimos.

(ii) Escreva um conjunto de conclusões sobre seu experimento no item (i).

Polymath

(iii) Qual a temperatura de operação do CSTR (com t = 0,5 s) que você recomendaria para maximizar B para C_{A0} = 5 mols/dm^3, k_1 = 0,4 s^{-1} e k_2 = 0,01 s^{-1}, com E_1 = 10 kcal/mol e E_2 = 20 kcal/mol? *Sugestão:* Plote C_B *versus* T. Use Wolfram ou Python.

(e) **Exemplo 8.5: *PP* Reações Múltiplas em Fase Gasosa em um PBR**

Wolfram e Python

(i) Varie C_{T0} de seu valor mínimo a seu valor máximo e então descreva o que acontece à conversão, à seletividade e às taxas molares.

(ii) Descreva a variação de k e C_{T0} afeta a seletividade, $S_{C/D}$ e os rendimentos, Y_C e Y_D.

(iii) Escreva um conjunto de conclusões sobre seu experimento nos itens (i) e (ii).

Polymath

(iv) Faça ligeiras modificações no programa Polymath para explorar o caso em que a primeira reação é reversível

$$A + 2B \rightleftharpoons C$$

com K_C = 0,002 (dm^3/mol)^2. Compare com o problema original e descreva a diferença que você observa. Varie a razão das taxas molares de entrada de A e B para aprender o efeito sobre a seletividade e, em seguida, repita o exercício variando as mesmas variáveis para a taxa volumétrica.

(f) Exemplo 8.6: *PP* Reações Complexas em um CSTR em Fase Líquida
Wolfram e Python
(i) Explore o problema e descreva o que você encontra – ou seja, que parâmetros têm os maiores efeitos sobre a seletividade. (*Uma sugestão*: Repita (**e**) – por exemplo, varie C_B).

(g) Exemplo 8.7: *PP* Reações Complexas em um Reator em Semibatelada
Wolfram e Python
(i) Varie F_{A0} de seu valor mínimo a seu valor máximo e então descreva o que acontece aos perfis quando comparados ao caso base.
(ii) Que parâmetro tem o maior efeito sobre a seletividade?
(iii) Escreva um conjunto de conclusões sobre seus experimentos em (i) e (ii).

(h) Exemplo 8.8: *PP* Reator com Membrana para Melhorar a Seletividade
Wolfram e Python
Uma **Simulação Pare e Cheire as Rosas.** Brinque com essa simulação para entender a interação de seletividade e conversão máximas.

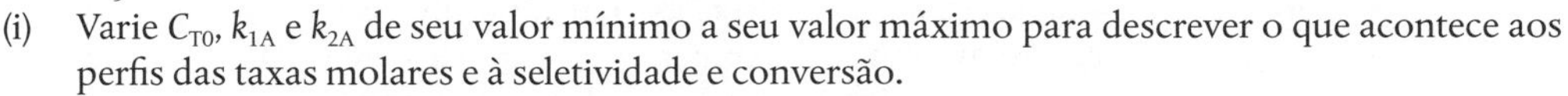

(i) Varie C_{T0}, k_{1A} e k_{2A} de seu valor mínimo a seu valor máximo para descrever o que acontece aos perfis das taxas molares e à seletividade e conversão.
(ii) Escreva um conjunto de conclusões sobre seus experimentos em (i).
Polymath

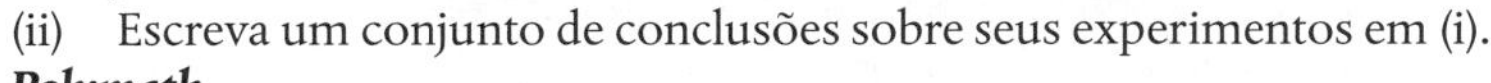

(iii) Descreva como suas respostas variam para o caso base, se $F_{A0} = 2F_{A0}$. E se a reação fosse A + 2B → D com a equação da taxa sendo a mesma? Varie os parâmetros e descreva o que você achou.

(i) Exemplo da Pirólise do Benzeno pelo AspenTech. (1) Varie as energias de ativação para E_1 = 28 kcal/mol e E_2 = 32 kcal/mol, rode o programa AspenTech e descreva o que você encontrou. Compare com os dados originais. (2) Repita (1), variando E_1 = 32 kcal/mol e E_2 = 28 kcal/mol e descreva o que você encontrou. (3) Dobre o volume de reator e compare os perfis de taxa molar. Descreva o que você encontrou.

(j) Exemplo da *Web*. Reação de Mesitileno no PFR. Carregue o *Problema Prático* (***PP***) a partir do material no *site* ERQ na *Web*. (1) Como suas respostas mudariam se a alimentação fosse equimolar em hidrogênio e mesitileno? (2) Qual seria o efeito de Θ_H sobre $\tau_{ótimo}$? E sobre $\tilde{S}_{X/T}$?

(k) Exemplo da *Web*. Reação de Mesitileno no CSTR. A mesma questão de P8.1(j).

(l) Exemplo da *Web*. Oxidação da Amônia. Considere o seguinte conjunto de reações:

Equações da Taxa Determinadas de Dados de Totusimetria (2/11/2019)

Reação 1: $4NH_3 + 6NO \longrightarrow 5N_2 + 6H_2O \qquad -r_{1NO} = k_{1NO}C_{NH_3}C_{NO}^{1,5}$

Reação 2: $2NO \longrightarrow N_2 + O_2 \qquad r_{2N_2} = k_{2N_2}C_{NO}^2$

Reação 3: $N_2 + 2O_2 \longrightarrow 2NO_2 \qquad -r_{3O_2} = k_{3O_2}C_{N_2}C_{O_2}^2$

Use **Wolfram** para investigar o conjunto de reações em um PFR. Descreva o que você encontrou escrevendo um conjunto de conclusões.

(m) Leia o Problema Resolvido sobre Coagulação do Sangue. Carregue o *Problema Prático*. (1) Se o sangue estiver fluindo para fora do corte a uma taxa de 0,05 dm³/minuto, qual é o valor de k_1 abaixo daquele que causaria o sangramento até a morte? (2) Faça um gráfico de algumas das outras concentrações, tais como FT-VIIa e FT-VIIaX. (3) Por que as curvas têm o aspecto apresentado? Que reação na cascata é mais provável de ser inibida causando o sangramento de alguém até morrer? (4) Se eliminadas, que reações poderiam causar a morte de alguém devido a um coágulo de sangue? *Sugestão*: Veja ATIIII e/ou TFPI.

(n) Problema Prático do Módulo da *Web*: Reações Oscilantes. Carregue o *Problema Prático do Programa Polymath* para reações oscilantes a partir do *site* ERQ na *Web*. Para as reações (IO^-) e (I), estabeleça k_1 = 0,0001 min^{-1} e para a reação (1), C_{P0} = 0,01 mol/dm^{-3}. (1) O que você encontrou? Observe, no *site* ERQ na *Web*, a análise linearizada de estabilidade. (2) Quais fatores afetam a frequência e o início das oscilações? (3) Explore e escreva um parágrafo descrevendo o que você encontrou. (4) Carregue o *Problema Prático do Programa Polymath* para a reação BZ. Varie os parâmetros e escreva um parágrafo descrevendo o que você encontrou.

Jogos Interativos Computacionais

P8.2$_A$ Carregue o Jogo Interativo Computacional (JIC) *A Grande Corrida* a partir do CRE *website* (*http://www.umich.edu/~elements/6e/icm/index.html*). Jogue o jogo e então registre o seu número de desempenho para o módulo, o que indica o seu domínio do material. Seu professor tem a chave para decodificar o seu número de desempenho. Número de Desempenho #______________________

Verifique também o *site* na *Web* (*https://www.cbs.com/shows/amazing_race/*).

Problemas

P8.3$_B$ As seguintes reações

$$A \underset{}{\overset{k_1}{\rightleftarrows}} D \qquad -r_{1A} = k_1[C_A - C_D/K_{1A}]$$

$$A \underset{}{\overset{k_2}{\rightleftarrows}} U \qquad -r_{2A} = k_2[C_A - C_U/K_{2A}]$$

ocorrem em um reator em batelada.

Informações Adicionais:

$k_1 = 1{,}0$ min^{-1}, $K_{1A} = 10$
$k_1 = 100$ min^{-1}, $K_{1A} = 1{,}5$
$C_{A0} = 1$ mol/dm^3
(Adaptado a partir de um problema do Prof. John Falconer, University of Colorado.)

(a) Faça um gráfico e analise a conversão e das concentrações de A, D e U em função do tempo. Quando você pararia a reação de modo a maximizar a concentração de D? Descreva o que você encontrou.
(b) Quando ocorre a concentração máxima de U? (***Resp.:*** $t = 0{,}31$ min)
(c) Quais são as concentrações de equilíbrio de A, D e U?
(d) Quais seriam as concentrações de saída de um CSTR com um tempo espacial de 1,0 min? E de 10,0 min? E de 100 min?

P8.4$_A$ Considere o seguinte sistema de reações em fase gasosa:

$$A \longrightarrow X \quad r_X = k_1 C_A^{1/2} \quad k_1 = 0{,}004(\text{mol/dm}^3)^{1/2} \cdot \text{min}^{-1}$$

$$A \longrightarrow B \quad r_B = k_2 C_A \quad k_2 = 0{,}3\ \text{min}^{-1}$$

$$A \longrightarrow Y \quad r_Y = k_3 C_A^2 \quad k_3 = 0{,}25\ \text{dm}^3/\text{mol} \cdot \text{min}$$

B é o produto desejado e X e Y são poluentes infectos cujo processo de remoção é caro. As velocidades específicas de reação estão a 27°C. O sistema de reações deve ser operado a 27°C e a 4 atm. A puro entra no sistema a uma vazão volumétrica de 10 dm^3/min.

(a) Esquematize as seletividades instantâneas ($S_{B/X}$, $S_{B/Y}$ e $S_{B/XY} = r_B/(r_X + r_Y)$) em função da concentração de C_A.
(b) Considere uma série de reatores. Qual deve ser o volume do primeiro reator?
(c) Quais são as concentrações de A, B, X e Y no efluente do primeiro reator?
(d) Qual é a conversão de A no primeiro reator?
(e) Se uma conversão de 99% de A é desejada, que esquema de reações e tamanhos de reatores você deve usar para maximizar $S_{B/XY}$?
(f) Suponha que E_1 = 20.000 kcal/mol e E_2 = 10.000 kcal/mol e E_3 = 30.000 kcal/mol. Que temperatura você recomendaria para um único CSTR com um tempo espacial de 10 min e uma concentração de A, na entrada, igual a 0,1 mol/dm^3?
(g) Se você pudesse variar a pressão entre 1 e 100 atm, que pressão você escolheria?

P8.5$_B$ **QEA** (*Questão de Exame Antigo*). A **farmacocinética** lida com ingestão, distribuição, reação e eliminação de fármacos no corpo. Considere a aplicação da farmacocinética a um dos maiores problemas que existem nos Estados Unidos: beber e dirigir. Devemos então modelar quanto tempo alguém deve esperar para dirigir, depois de ter ingerido uma dose dupla de martini. Em muitos estados americanos, o limite legal de intoxicação é de 0,8 g de etanol por litro de fluido no corpo. (Na Suécia, esse limite é de 0,5 g/L e, no Leste Europeu e na Rússia, ele é qualquer valor acima de 0,0 g/L.)

A ingestão de etanol na corrente sanguínea e a subsequente eliminação podem ser modeladas como uma reação em série. A taxa de absorção do trato intestinal para a corrente sanguínea e para o corpo é uma reação de primeira ordem, com uma velocidade específica de 10 h^{-1}. A taxa com que o etanol é quebrado na corrente sanguínea é limitada pela regeneração de uma coenzima. Consequentemente, o processo pode ser modelado como uma reação de ordem zero, com uma velocidade específica de reação igual a 0,192 g/h×L de fluido no corpo.

Suponha que se uma pessoa bebesse duas doses duplas de martini, imediatamente depois de chegar a uma festa, quanto tempo ela teria de esperar **(a)** nos Estados Unidos; **(b)** na Suécia; e **(c)** na Rússia? Como suas respostas mudariam se **(d)** as bebidas fossem tomadas com um intervalo de ½ h; **(e)** as duas doses fossem consumidas a uma velocidade uniforme durante a primeira hora? (***Resp.:*** **(b)** $t = 7{,}8$ h) **(f)** Suponha que alguém foi a uma festa, tomou duas doses duplas de martini assim que chegou, e então recebeu um telefonema dizendo que uma emergência tinha acontecido e a pessoa precisava ir para casa imediatamente. Quantos minutos o indivíduo teria para chegar em casa antes que ele/ela se tornasse legalmente intoxicado, considerando que a pessoa não bebeu mais nada? **(g)** Como um

gráfico da curva de concentração de álcool no sangue *versus* tempo mudaria no item (e) se você bebesse *Bud Light* continuamente a uma taxa de 30 mL por minuto por 2 h? **(h)** Como suas respostas seriam diferentes para uma pessoa magra? E para uma pessoa obesa? (*Sugestão*: Baseie todas as concentrações de etanol no volume de fluido no corpo. Faça um gráfico da concentração de etanol no sangue em função do tempo.) Que generalizações você pode fazer? **(i)** Qual é o principal ponto não falado deste problema?

Informações Adicionais:

Etanol em uma dose dupla de martini: 40 g

Volume de fluido no corpo: 40 L **(Problema SADD-MADD)**

Para uma descrição mais completa de metabolismo e farmacocinética de álcool, ver ERP no CRE *website* para o Capítulo 9 (*http://www.umich.edu/~elements/6e/09chap/J_Alcohol_35_2005.pdf* e *http://www.umich.edu/~elements/6e/09chap/prof-pharmacokinetics.html*).

P8.6$_B$ **QEA** (*Questão de Exame Antigo*). ***Farmacocinética.*** Tarzlon é um antibiótico líquido que é administrado oralmente para tratar infecções no baço. Ele é efetivo somente se puder manter uma concentração na corrente sanguínea (baseando-se no volume de fluido no corpo) acima de 0,4 mg por dm³ de fluido no corpo. Idealmente, uma concentração de 1,0 mg/dm³ no sangue deveria ser obtida. Entretanto, se a concentração no sangue exceder 1,5 mg/dm³, efeitos colaterais prejudiciais podem ocorrer. Quando o Tarzlon chega ao estômago, ele segue dois caminhos, ambos com uma reação de primeira ordem: (1) Ele pode ser absorvido na corrente sanguínea através das paredes do estômago; (2) ele pode sair do estômago através do trato intestinal e não ser absorvido no sangue. Ambos os processos são de primeira ordem na concentração de Tarzlon no estômago. Uma vez na corrente sanguínea, o Tarzlon ataca as células de bactérias, sendo subsequentemente degradado por uma reação de ordem zero. Tarzlon pode também ser removido do sangue e excretado na urina por meio de um processo de primeira ordem no interior dos rins. No estômago:

Absorção no sangue $k_1 = 0{,}15\ h^{-1}$
Eliminação por meio do sistema gastrintestinal $k_2 = 0{,}6\ h^{-1}$

Na corrente sanguínea:

Degradação de Tarzlon $k_3 = 0{,}1\ mg/dm^3{\times}h$
Eliminação por meio da urina $k_4 = 0{,}2\ h^{-1}$

Uma dose de Tarzlon é de 250 mg na forma líquida: Volume de fluido no corpo = 40 dm³.

(a) Faça um gráfico e analise a concentração de Tarzlon no sangue em função do tempo, quando uma dose (uma cápsula líquida) de Tarzlon é tomada.
(b) Como Tarzlon deve ser administrado (dose e frequência) ao longo de um período de 48 h para ser mais efetivo? (*Sugestão:* Lembre o que é dito em muitas prescrições de antibióticos em relação à primeira dose.)
(c) Comente sobre as concentrações das doses e sobre os perigos potenciais.
(d) Como suas respostas mudariam se o fármaco fosse tomado com o estômago cheio ou com o estômago vazio?

P8.7$_C$ **Seleção de reatores e condições operacionais.** Para cada um dos seguintes conjuntos de reações, descreva seu sistema de reatores e as condições para maximizar a seletividade para D. Faça esboços, quando necessário, para dar suporte às suas escolhas. As taxas estão em (mol/dm³×s), e as concentrações estão em (mol/dm³).

(a) (1) $A + B \rightarrow D \qquad -r_{1A} = 10\ \exp(-8.000\ K/T)C_AC_B$
(2) $A + B \rightarrow U \qquad -r_{2A} = 100\ \exp(-1.000\ K/T)\ C_A^{1/2}C_B^{3/2}$

(b) (1) $A + B \rightarrow D \qquad -r_{1A} = 100\ \exp(-1.000\ K/T)\ C_AC_B$
(2) $A + B \rightarrow U \qquad -r_{2A} = 10^6\ \exp(-8.000\ K/T)\ C_AC_B$

(c) (1) $A + B \rightarrow D \qquad -r_{1A} = 10\ \exp(-1.000\ K/T)C_AC_B$
(2) $B + D \rightarrow U \qquad -r_{2B} = 10^9\ \exp(-10.000\ K/T)\ C_BC_D$

(d) (1) $A \longrightarrow D \qquad -r_{1A} = 4280\ \exp(-12.000\ K/T)\ C_A$
(2) $D \longrightarrow U_1 \qquad -r_{2D} = 10100\ \exp(-15.000\ K/T)\ C_D$
(3) $A \longrightarrow U_2 \qquad -r_{3A} = 26\ \exp(-18.800\ K/T)\ C_A$

(e) (1) $A + B \rightarrow D \qquad -r_{1A} = 10^9\ \exp(-10.000\ K/T)C_AC_B$
(2) $D \rightarrow A + B \qquad -r_{2D} = 20\ \exp(-2.000\ K/T)\ C_D$
(3) $A + B \rightarrow U \qquad -r_{3A} = 10^3\ \exp(-3.000\ K/T)C_AC_B$

(f) (1) $A + B \rightarrow D \qquad -r_{1A} = 800 \exp\left(\frac{-8.000 \text{ K}}{T}\right) C_A^{0,5} C_B$

(2) $A + B \rightarrow U_1 \qquad -r_{2B} = 10 \exp\left(\frac{-300 \text{ K}}{T}\right) C_A C_B$

(3) $D + B \rightarrow U_2 \qquad -r_{3D} = 10^6 \exp\left(\frac{-8.000 \text{ K}}{T}\right) C_D C_B$

P8.8$_B$ **QEA** (*Questão de Exame Antigo*). Considere a reação

$$A \xrightarrow{k_1} D \xrightarrow{k_2} U$$

A puro é alimentado em um CSTR de 1,0 dm³, onde ele reage para formar um produto desejado (D), que pode então reagir mais para produzir um produto indesejado (U); ambas as reações são elementares e irreversíveis e tudo está na fase líquida. A concentração de entrada de A é 1 mol/dm³ a uma taxa molar de 1 mol/min.

(a) Esquematize a conversão de A, X, a seletividade instantânea de D para U, $S_{D/U}$ e o rendimento instantâneo de D, Y_D, em função do tempo espacial (esteja certo de marcá-los no gráfico). Você pode querer escrever uma ou duas sentenças explicando o seu raciocínio para finalidades de crédito parcial.

(b) Se em τ = 1,0 minuto, a seletividade instantânea, $S_{D/U}$, é (1/2) e a conversão de A é (0,5), quais as velocidades específicas k_1 e k_2?

P8.9$_B$ **QEA** (*Questão de Exame Antigo*). A reação elementar em série e em fase líquida

$$A \xrightarrow{k_1} B \xrightarrow{k_2} C$$

ocorre em um reator em batelada de 500 dm³. A concentração inicial de A é 1,6 mol/dm³. O produto desejado é B, e a separação do produto indesejado C é muito difícil e dispendiosa. Uma vez que a reação ocorre a uma temperatura relativamente alta, a reação é facilmente resfriada.

(a) Plote e analise as concentrações de A, B e C em função do tempo. Admita que cada reação seja irreversível, com k_1 = 0,4 h^{-1} e k_2 = 0,01 h^{-1}.

(b) Plote e analise as concentrações de A, B e C em função do tempo, quando a primeira reação, com k_{-1} = 0,3 h^{-1}.

(c) Plote e analise as concentrações de A, B e C em função do tempo para o caso em que ambas as reações são reversíveis, com k_{-2} = 0,005 h^{-1}.

(d) Compare os itens **(a)**, **(b)** e **(c)** e descreva o que você encontrou.

(e) Varie k_1, k_2, k_{-1} e k_{-2}. Explique a consequência de k_1 > 100 e k_2 = < 0,1, com $k_{-1} = k_{-2}$ = 0 e com k_{-2} = 1, k_{-1} = 0 e k_{-2} = 0,25.

(f) Aplique, para este problema, uma ou mais das seis ideias discutidas na Tabela P.4 do Prefácio no CRE *website* (*http://www.umich.edu/~elements/6e/toc/Preface-Complete.pdf*).

P8.10$_B$ Ácido tereftálico (ATF) tem uso extensivo na fabricação de fibras sintéticas (por exemplo, dácron) e como um intermediário para filmes de poliéster (por exemplo, Mylar™). A formação de tereftalato de potássio a partir de benzoato de potássio foi estudada usando-se um reator tubular (*Ind. Eng. Chem. Res., 26*, 1691).

Encontrou-se que os intermediários (principalmente ftalatos de K), formados a partir da dissociação de benzoato de K sobre um catalisador de $CdCl_2$, reagiram com tereftalato de K em uma etapa de reação autocatalítica.

$$A \xrightarrow{k_1} R \xrightarrow{k_2} S \qquad \text{Série}$$

$$R + S \xrightarrow{k_3} 2S \qquad \text{Autocatalítica}$$

sendo A = benzoato de K, R = intermediários agrupados (ftalatos de K, isoftalatos de K e benzenocarboxilatos de K) e S = tereftalato de K. A puro é carregado no reator a uma pressão de 110 kPa. As velocidades específicas, a 410°C, são $k_1 = 1{,}08\times10^{-3}$ s^{-1}, com E_1 = 42,6 kcal/mol, $k_2 = 1{,}19\times10^{-3}$ s^{-1}, com E_2 = 48,6 kcal/mol e k_3 = 1,59 dm³/mol×s com E_1 = 32 kcal/mol.

(a) Faça um gráfico e analise as concentrações de A, R e S em função do tempo, em um reator em batelada a 410°C, notando quando o máximo em R ocorre.

(b) Repita **(a)**, para temperaturas de 430°C e 390°C.

(c) Quais seriam as concentrações de saída de um CSTR operado a 410°C e com um tempo espacial de 1.200 s?

P8.11$_A$ As seguintes reações em fase líquida ocorreram em um CSTR a 325 K.

$$3A \longrightarrow B + C \qquad -r_{1A} = k_{1A}C_A \qquad k_{1A} = 7{,}0 \text{ min}^{-1}$$

$$2C + A \longrightarrow 3D \qquad r_{2D} = k_{2D}C_C^2C_A \qquad k_{2D} = 3{,}0 \frac{\text{dm}^6}{\text{mol}^2\cdot\text{min}}$$

$$4D + 3C \longrightarrow 3E \qquad r_{3E} = k_{3E}C_DC_C \qquad k_{3E} = 2{,}0 \frac{\text{dm}^3}{\text{mol}\cdot\text{min}}$$

Esquematize as tendências ou resultados que você espera, **antes** de trabalhar os detalhes do problema.

As concentrações medidas *dentro* do reator foram $C_A = 0{,}10$, $C_B = 0{,}93$, $C_C = 0{,}51$ e $C_D = 0{,}049$, todas em mol/dm³.

(a) Quais são os valores de r_{1A}, r_{2A} e r_{3A}? ($r_{1A} = -0{,}7$ mol/dm³×min)

(b) Quais são os valores de r_{1B}, r_{2B} e r_{3B}?

(c) Quais são os valores de r_{1C}, r_{2C} e r_{3C}? ($r_{1C} = 0{,}23$ mol/dm³×)

(d) Quais são os valores de r_{1D}, r_{2D} e r_{3D}?

(e) Quais são os valores de r_{1E}, r_{2E} e r_{3E}?

(f) Quais são os valores das taxas resultantes de formação de A, B, C, D e E?

(g) A vazão volumétrica de entrada é de 100 dm³/min e a concentração de A na entrada é de 3 M. Qual é o volume do reator CSTR? (***Resp.:*** 400 dm³.)

(h) Quais são as taxas molares de saída de um CSTR de 400 dm³?

Nota: Os seguintes itens requerem um solver de EDO e têm "nível B" de dificuldade.

(i) **PFR.** Agora, considere que a reação ocorra na fase gasosa. Use os dados precedentes para plotar a seletividade da taxa molar e p em função do volume do PFR até 400 dm³. O parâmetro de queda de pressão é 0,001 dm⁻³, a concentração total que entra no reator é 0,2 mol/dm³, e $\upsilon_0 = 100$ dm³/min. Quais são os valores de $\tilde{S}_{D/E}$ e $\tilde{S}_{C/D}$?

(j) **Reator com Membrana.** Repita (i) quando a espécie C se difunde para fora do reator com membrana e o coeficiente de transporte, k_C, é 10 min⁻¹. Compare seus resultados com o item (i).

P8.12$_B$ Neste problema, as reações complexas descritas a seguir ocorrerão primeiro na fase líquida [itens **(a)** a **(d)**] e então em fase gasosa [itens **(e)** a **(g)**]. Não é necessário resolver o problema em fase líquida para resolver o problema em fase gasosa.

As seguintes reações ocorrem isotermicamente em:

$$A + 2B \longrightarrow C + D \qquad r_{1D} = k_{1D}C_AC_B^2$$

$$2D + 3A \longrightarrow C + E \qquad r_{2E} = k_{2E}C_AC_D$$

$$B + 2C \longrightarrow D + F \qquad r_{3F} = k_{3F}C_BC_C^2$$

Informações adicionais:

$$k_{1D} = 0{,}25\ \text{dm}^3/\text{mol}\cdot\text{min} \qquad \upsilon_0 = 10\ \text{dm}^3/\text{min}$$

$$k_{2E} = 0{,}1\ \text{dm}^3/\text{mol}\cdot\text{min} \qquad C_{A0} = 1{,}5\ \text{mol/dm}^3$$

$$k_{3F} = 5{,}0\ \text{dm}^6/\text{mol}^2\cdot\text{min} \qquad C_{B0} = 2{,}0\ \text{mol/dm}^3$$

(a) Considere as reações em fase líquida e faça um gráfico das concentrações das espécies e da conversão de A em função da distância (volume) ao longo de um PFR de 50 dm³. Note quaisquer pontos de máximo.

(b) Considere as reações em fase líquida e determine as concentrações e as conversões dos efluentes de um CSTR de 50 dm³. (***Resp.:*** $C_A = 0{,}61$, $C_B = 0{,}79$, $C_F = 0{,}25$ e $C_D = 0{,}45$ mol/dm³).

(c) Faça um gráfico e analise as concentrações das espécies e da conversão de A em função do tempo, quando a reação ocorre em um reator em semibatelada, inicialmente contendo 40 dm³ de líquido. Considere dois casos: (1) A é alimentado para B e (2) B é alimentado para A. Quais as diferenças que você observa entre esses dois casos? Descreva o que você encontrou.

(d) Varie a razão entre B e A ($1 < \Theta_B < 10$) na alimentação para o PFR e descreva o que você encontrou. Que generalizações você pode fazer a partir deste problema?

(e) Refaça o item **(a)** para o caso em que a reação ocorre em fase gasosa. Manteremos os mesmos valores das constantes, de modo que você não terá de fazer mudanças em seu programa Polymath; porém faremos $\upsilon_0 =$ 100 dm³/min, $C_{T0} = 0{,}4$ mol/dm³, $V = 500$ dm³ e uma alimentação equimolar de A e de B. Faça um gráfico de vazões molares e $S_{C/D}$ e $S_{E/F}$ ao longo de um PFR. Descreva o que você encontrou.

(f) Repita o item **(e)**, quando D difunde para fora, pelos lados de um reator com membrana, em que o coeficiente de transferência de massa, k_{CD}, pode ser variado de 0,1 min⁻¹ a 10 min⁻¹. Que tendências você encontrou?

(g) Repita o item **(e)** quando B é alimentado pelos lados de um reator com membrana. Descreva o que você encontrou.

P8.13$_B$ As reações em fase gasosa ocorrem isotermicamente em um reator com membrana cheio com catalisador. A puro entra no reator a 24,6 atm e 500 K e uma taxa molar de A igual a 10 mols/min.

$$A \rightleftarrows B + C \qquad r'_{1C} = k_{1C}\left[C_A - \frac{C_BC_C}{K_{1C}}\right]$$

$$A \longrightarrow D \qquad r'_{2D} = k_{2D}C_A$$

$$2C + D \longrightarrow 2E \qquad r'_{3E} = k_{3E}C_C^2C_D$$

Esquematize as tendências ou resultados que você espera, **antes** de trabalhar os detalhes do problema.

Somente a espécie B se difunde para fora do reator através da membrana.

Informações adicionais:

Coeficiente global de transferência de massa k_C = 1,0 dm³/kg de cat×min

k_{1C} = 2 dm³ / kg-cat · min — k_{3E} = 5,0 dm³ / mol² · kg-cat · min

K_{1C} = 0,2 mol / dm³ — W_f = 100 kg

k_{2D} = 0,4 dm³ / kg-cat · min — α = 0,008 kg^{-1}

(a) Faça um gráfico e analise as concentrações ao longo do comprimento do reator.

(b) Explique por que suas curvas são assim.

(c) Descreva as maiores diferenças que você observa quando *C* se difunde para fora em vez de *B*, com o mesmo coeficiente de transferência de massa.

(d) Varie alguns dos parâmetros (por exemplo, k_B, k_{1C}, K_{1C}) e escreva um parágrafo descrevendo o que você encontrou.

P8.14$_B$ As reações complexas envolvidas na oxidação de formaldeído a ácido fórmico sobre um catalisador de óxido de titânio-vanádio (*Ind. Eng. Chem. Res.*, 28, p. 387) são mostradas a seguir. Cada reação segue uma equação da taxa elementar.

$$HCHO + \frac{1}{2}O_2 \xrightarrow{k_1} HCOOH \xrightarrow{k_3} CO + H_2O$$

$$2HCHO \xrightarrow{k_2} HCOOCH_3$$

$$H_2O + HCOOCH_3 \xrightarrow{k_4} CH_3OH + HCOOH$$

Esquematize as tendências ou resultados que você espera, **antes** de trabalhar os detalhes do problema.

Sejam A = HCHO, B = O_2, C = HCOOH, D = $HCOOCH_3$, E = CO, W = H_2O e G = CH_3OH.

As taxas na entrada são F_{A0} = 10 mols/s e F_{B0} = 5 mols/s e v_0 = 100 dm³/s. Para uma concentração total na entrada C_{T0} = 0,147 mol/dm³, o volume do reator sugerido é 1.000 dm³.

Informações adicionais:

A 300 K

$$k_1 = 0{,}014\left(\frac{dm^3}{mol}\right)^{1/2}\Big/ s, \qquad k_2 = 0{,}007\frac{dm^3}{mol \cdot s}$$

$$k_3 = 0{,}014/s, \qquad k_4 = 0{,}45\frac{dm^3}{mol \cdot s}$$

(a) Plote as taxas molares de cada espécie ao longo do volume (comprimento) do reator na mesma figura e analise então por que os perfis têm tal aparência.

(b) Plote e analise $\tilde{Y}_C$, $\tilde{S}_{A/E}$, $\tilde{S}_{C/D}$ e $\tilde{S}_{D/G}$ ao longo do comprimento do reator. Observe e explique qualquer máximo e o volume no qual isso ocorre.

(c) Plote e analise o rendimento global de HCOOH e a seletividade global de HCOH para CO, de $HCOOCH_3$ para CH_3OH e de HCOOH para $HCOOCH_3$ como uma função de Θ_{O_2}. Sugira algumas condições que melhor produzem ácido fórmico. Escreva um parágrafo descrevendo o que você encontrou.

(d) Compare seu gráfico do item (a) com um gráfico similar, quando a queda de pressão for considerada com α = 0,002 dm^{-3}. Observe qualquer diferença não usual entre os itens **(a)** e **(d)**.

(e) Suponha que E_1 = 10.000 cal/mol, E_2 = 30.000 cal/mol, E_3 = 20.000 cal/mol e E_4 = 10.000 cal/mol; que temperatura você recomendaria para um PFR de 1.000 dm³?

P8.15$_C$ A epoxidação do etileno deve ocorrer usando um catalisador de prata dopado com césio em um reator de leito fixo.

$$(1) \quad C_2H_4 + \frac{1}{2}O_2 \rightarrow C_2H_4O \qquad -r_{1E} = \frac{k_{1E}P_E P_O^{0,58}}{(1 + K_{1E}P_E)^2}$$

Juntamente com a reação desejada, a combustão completa de etileno também ocorre

$$(2) \quad C_2H_4 + 3O_2 \rightarrow 2CO_2 + 2H_2O \qquad -r_{2E} = \frac{k_{2E}P_E P_O^{0,3}}{(1 + K_{2E}P_E)^2}$$

(M. Al-Juaied, D. Lafarga, and A. Varma, *Chem. Eng. Sci. 56*, 395 (2001)).

Propôs-se trocar o PBR convencional por um reator com membrana, de modo a aumentar a seletividade. Como regra prática, um aumento de 1% na seletividade ao óxido de etileno se traduz em um aumento no lucro em cerca de US$ 2 milhões/ano. A alimentação consiste de 12% (em mol) de oxigênio, 6% de etileno, sendo o restante nitrogênio a uma temperatura de 250°C e uma pressão de 2 atm. A vazão molar total é 0,0093 mol/s para um reator contendo 2 kg de catalisador.

Informações adicionais:

$$k_{1E} = 0{,}15 \frac{\text{mol}}{\text{kg} \cdot \text{s atm}^{1{,}58}} \text{ a } 523\,\text{K com } E_1 = 60{,}7\ \text{kJ/mol}$$

$$k_{2E} = 0{,}0888 \frac{\text{mol}}{\text{kg} \cdot \text{s atm}^{1{,}3}} \text{ a } 523\,\text{K com } E_2 = 73{,}2\ \text{kJ/mol}$$

$$K_{1E} = 6{,}50\ \text{atm}^{-1}, K_{2E} = 4{,}33\ \text{atm}^{-1}$$

(a) Quais são a conversão e a seletividade do epóxido de etileno para CO_2 esperadas em um PFR convencional?
(b) Quais seriam a conversão e a seletividade, se a vazão molar total fosse dividida e a corrente de 12% de oxigênio (sem etileno) fosse uniformemente alimentada pelos lados do reator com membrana, e a corrente de 6% de etileno (sem oxigênio) fosse alimentada na entrada?
(c) Repita o item (**b**) para um caso quando o etileno fosse alimentado uniformemente pelos lados e o oxigênio fosse alimentado na entrada. Compare com os itens (**a**) e (**b**). Descreva o que você encontrou.

P8.16$_B$ **QEA** (*Questão de Exame Antigo*). A captura de **energia solar** tem grande potencial para ajudar a salvar a crescente demanda mundial, que era de 12 terawatts em 2010 e espera-se um aumento para 36 terawatts em 2050 (ver **P3.15$_B$**). O Professor Al Weiner e seus estudantes na University of Colorado estão engajados no desenvolvimento de métodos de utilização da energia térmico-solar. Nos reatores térmico-solares, espelhos são usados para focar e concentrar a energia do sol em um reator com cavidade que permite escoamento, em que temperaturas tão altas quando 1.200°C podem ser atingidas, conforme mostrado na Figura P8.16.8.

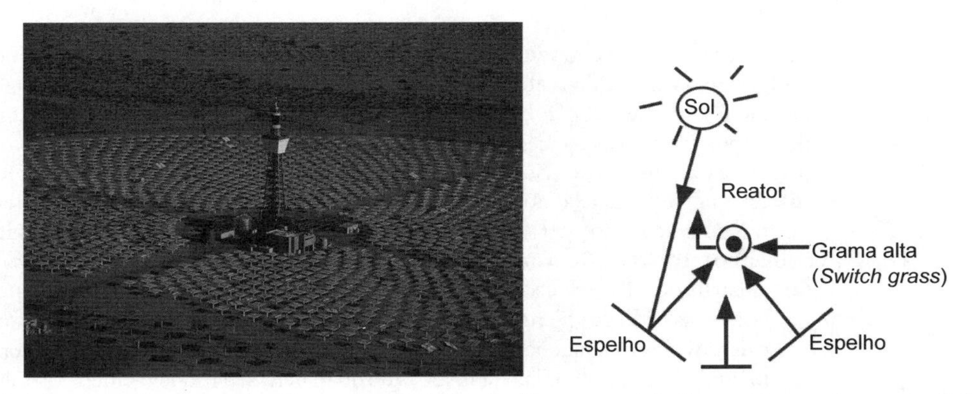

Figura P8.16$_B$ Projeto de campo solar. Cinco torres de 265 m de altura, com três heliostatos campos/torre, com 275 acres de terra, em Daggett, CA. Concentração resultante de 3.868 sóis e 295 MW de energia entregue para cada reator solar. (Melinda M. Channel, Jonathan Scheffe, Allan Lewandowski e Alan W. Welmer, 11 de novembro de 2009. Veja também: *Chemical Engineering*, 116, p. 18, março de 2009. Foto de Glowimages/Getty.)
(http://www.sciencedirect.com/science/article/pii/S0009250907005878 e http://www.sciencedirect.com/science/article/pii/S0038092X03004663)

A *switch grass* (tipo alto de grama norte-americana) é alimentada no reator térmico-solar a 1.200°C. Nessas temperaturas, biomassa pode ser convertida a CO e H_2, isto é, gás de síntese, que pode então ser usado para combustíveis líquidos. A *switch grass*, que é constituída aproximadamente de 2/3 de celulose ($C_6H_{10}O_5$) e 1/3 de lignina ($C_{10}H_{12}O_3$), será alimentada com vapor para produzir CO, H_2 e uma pequena quantidade de cinzas, que vamos desprezar. Para simplificar esse processo em um problema proposto tratável em casa, consideramos que a *switch grass* é volatilizada imediatamente ao entrar no reator de escoamento empistonado e que a reação e as equações da taxa postuladas são

(1) Celulose: $C_6H_{10}O_5(C) + H_2O(W) \rightarrow 6H_2 + 6CO$

(2) Lignina: $C_{10}H_{12}O_3(L) + 7H_2O(W) \rightarrow 13H_2 + 10CO$

(*AIChE J.* 55, p. 286 (2009).) Veja também *Science*, 326, 1472 (2009).

As equações e as constantes de taxa são, por hipótese,

$$-r_{1C} = k_{1C} C_C C_W$$

$$-r_{2L} = k_{2L} C_L C_W^2$$

$$\text{com } k_{1C} = 3 \times 10^4 \left(\frac{\text{dm}^3}{\text{mol}}\right) \Big/ \text{s e } k_{2L} = 1{,}4 \times 10^7 \left(\frac{\text{dm}^3}{\text{mol}}\right) \Big/ \text{s}$$

A concentração total de gás na alimentação do reator é $C_{T0} = \frac{P_0}{RT_0} = \frac{1 \text{ atm}}{(0{,}082)(1.473)} = 0{,}00828 \text{ mol/dm}^3$, com taxas molares de celulose, de lignina e de água, na entrada, iguais a $F_{C0} = 0{,}00411$ mol/s, $F_{L0} = 0{,}00185$ mol/s e $F_{W0} = 0{,}02$ mol/s, respectivamente.

(a) Plote e analise as taxas molares em função do volume de PFR até V = 0,417 dm³.

(b) Plote e analise Y_C, Y_W, Y_L e $\tilde{S}_{CO/H_2}$ ao longo do reator. Descreva o que você encontrou.

(c) Repita **(a)** para diferentes taxas molares de água.

P8.17$_B$ A **gaseificação térmico-solar do biocarvão** tem sido estudada na University of Colorado (veja **P8.16$_B$**). (*Chemical Engineering and Processing: Process Intensification* 48, p. 1279 (2009) e *AIChE J.* 55, p. 286 (2009).) Embora esse processo siga um modelo de encolhimento do núcleo (veja o Capítulo 14), para as finalidades deste exemplo, usaremos a seguinte sequência:

(1) Lignina: $C_{10}H_{12}O_3(L) + 3H_2O(W) \rightarrow 3H_2 + 3CO$ + Carvão (por exemplo, cresol)

(2) Carvão: Carvão (Ch) + $4H_2O \rightarrow 10H_2 + 7CO$

As equações da taxa a 1.200°C são, por hipótese,

$$-r_{1L} = k_{1L} C_L C_W^2 \text{ com } k_{1L} = 3.721 \left(\frac{\text{dm}^3}{\text{mol}}\right)^2 \Big/ \text{s}$$

$$-r_{2\text{Carvão}} = k_{2\text{Carvão}} C_{\text{Carvão}} C_W^2 \text{ com } k_{2\text{Carvão}} = 1.000 \left(\frac{\text{dm}^3}{\text{mol}}\right)^2 \Big/ \text{s}$$

As taxas molares na entrada são $F_{L0} = 0{,}0123$ mol/s, $F_{W0} = 0{,}111$ mol/s, a concentração total na entrada $C_{T0} = 0{,}2$ mol/dm³ e o volume do reator é 0,417 dm³.

(a) Plote e analise $F_{\text{Carvão}}$, F_L, F_W, F_{CO} e F_{H_2} ao longo do comprimento de um reator empistonado.

(b) Repita **(a)** para as concentrações C_C, $C_{\text{Carvão}}$ etc.

(c) Plote e analise a seletividade $\tilde{S}_{CO/H_2}$ e os rendimentos $\tilde{Y}_W$ e Y_L ao longo do PFR.

(d) Em que ponto a taxa molar do carvão é máxima? Como isso muda com variações nas condições de entrada, tais como a razão de (F_{W0}/F_{L0}), C_{T0} etc.? Descreva o que você encontrou nos itens **(a)** a **(d)**

P8.18$_A$ Vá ao **Laboratório de Reatores** do Professor Herz na internet em *www.reactorlab.net*.

(a) A partir do CRE *website*, carregue a Divisão 5, Lab 2 do Laboratório de Reatores para a oxidação seletiva de etileno a óxido de etileno. Clique no botão [i] para obter informações sobre o sistema. Faça os experimentos e desenvolva as equações de taxa para as reações. Escreva um memorial técnico que relate seus resultados e inclua gráficos e medidas estatísticas de quão bem seu modelo cinético se ajusta aos dados experimentais.

(b) Carregue a Divisão 5, Labs 3 e 4 do Laboratório de Reatores para reatores em batelada, em que reações paralelas e em série, respectivamente, possam ocorrer. Investigue como a diluição com solvente afeta a seletividade para diferentes ordens de reação, e escreva um memorial descrevendo o que você encontrou.

- **Problemas Propostos Adicionais**

Alguns problemas propostos que podem ser usados como exames ou problemas suplementares ou exemplos são encontrados no CRE *website http://www.umich.edu/~elements/6e/index.html.*

LEITURA SUPLEMENTAR

1. Seletividade, esquemas de reatores e estágio para reações múltiplas, juntamente com a avaliação das equações correspondentes de projeto, podem ou não ser apresentados em:

THORNTON W. BURGESS, *The Adventures of Chatterer the Red Squirrel*, New York: Dover Publications, Inc., 1915.

JOHN B. BUTT, *Reaction Kinetics and Reactor Design, Second Edition, Revised and Expanded*, New York: Marcel Dekker, Inc., 1999.

K. G. DENBIGH, and J. C. R. TURNER, *Chemical Reactor Theory*, 2. ed. Cambridge: Cambridge University Press, 1971, Cap. 6.

2. Muitas soluções analíticas para reações paralelas, em série e combinações delas são apresentadas em:

S. M. WALAS, *Chemical Reaction Engineering Handbook of Solved Problems*. Newark, N.J.: Gordon and Breach, 1995.

Mecanismos e Caminhos de Reações, Biorreações e Biorreatores 9

O que mais se aproxima do conhecimento é saber onde buscá-lo.
— Samuel Johnson (1709-1784)

Visão Geral. Este capítulo aplica os princípios da engenharia das reações químicas a reações não elementares e a biorreações e biorreatores. Os tópicos incluem a hipótese de estado pseudoestacionário (HEPE), mecanismos e cinética de reação de enzimas e o crescimento de microrganismos.

Começaremos com a Seção 9.1, em que discutiremos HEPE e a formação de intermediários ativos que desaparecem virtualmente tão logo eles são formados. Em seguida, mostraremos como propor um mecanismo e então aplicar o HEPE para as espécies intermediárias ativas, de modo a desenvolver as equações da taxa para reações químicas que não seguem as equações elementares da taxa.

Para desenvolver as equações da taxa para reações não elementares, temos de:

- Escolher um intermediário ativo e um mecanismo de reação
- Escrever a equação elementar da taxa para cada reação no mecanismo
- Escrever as taxas de reação resultantes para cada espécie
- Invocar o HEPE para os intermediários ativos de modo a chegar a uma equação da taxa que seja consistente com a observação experimental

Na Seção 9.2, aplicaremos o HEPE para reações bioquímicas, com um foco nos mecanismos e cinética das reações enzimáticas. Aqui, estudaremos:

- Cinética de Michaelis-Menten
- Gráfico de Lineweaver-Burk e outros gráficos para analisar dados e tipos de inibição de enzimas e as correspondentes equações da taxa

Na Seção 9.3, estudaremos o crescimento de microrganismos. Crescimento de microrganismos segue logicamente a discussão de cinética enzimática, por causa da similaridade da equação da taxa de Michaelis-Menten e a equação da taxa de Monod. Aqui, estudaremos:

- Balanços de massa na célula e no substrato
- Cinética do crescimento celular

- Coeficientes de rendimento relacionados ao crescimento celular para o consumo de substrato
- Biorreatores

Usaremos esses princípios para modelar os reatores em batelada e os CSTRs, que chamaremos de quimiostatos (*chemostats*). Devemos notar que o crescimento de microrganismos está se tornando cada vez mais interessante devido a aplicações como o uso de algas como biocombustível.

9.1 Intermediários Ativos e Equações da Taxa Não Elementares

No Capítulo 3, um certo número de modelos simples do tipo lei de potência, por exemplo,

$$-r_A = kC_A^n$$

foi apresentado, em que n era um inteiro igual a 0, 1 ou 2, correspondendo, respectivamente, a reações de ordem zero, de primeira ordem e de segunda ordem. No entanto, para diversas reações, as ordens não são números inteiros, como na reação de decomposição do acetaldeído a 500°C

$$CH_3CHO \rightarrow CH_4 + CO$$

em que a equação da taxa desenvolvida no Problema P9.5$_B$**(b)** é

$$-r_{CH_3CHO} = kC_{CH_3CHO}^{3/2}$$

Muitas equações da taxa têm termos de concentração tanto no numerador como no denominador, como na formação do HBr a partir de hidrogênio e bromo

$$H_2 + Br_2 \rightarrow 2HBr$$

em que a equação da taxa desenvolvida no Problema P9.5$_B$**(c)** é

$$r_{HBr} = \frac{k_1 C_{H_2} C_{Br_2}^{3/2}}{C_{HBr} + k_2 C_{Br_2}}$$

Equações da taxa desse tipo envolvem um certo número de reações elementares e pelo menos um intermediário ativo. Um *intermediário ativo* é uma molécula de alta energia que reage praticamente tão rápido quanto foi formada. Em decorrência, essa espécie está presente em concentrações diminutas. Os intermediários ativos (por exemplo, A*) podem ser formados pelas colisões ou interações com outras moléculas.

$$A + M \rightarrow A^* + M$$

Propriedades de um intermediário ativo A*

Oscilações "Fortes"

Nesse caso, a ativação ocorre quando a energia cinética translacional é transferida para energia interna, energias vibracional e rotacional.[1] Uma molécula instável (intermediário ativo) não é formada apenas em consequência do movimento da molécula a altas velocidades (energia cinética translacional elevada). A energia deve ser absorvida em ligações químicas em que oscilações de alta amplitude provocam a ruptura das ligações, a reorganização molecular e a decomposição. Na ausência de efeitos fotoquímicos ou fenômenos similares, a transferência da energia translacional para energia vibracional, produzindo um intermediário ativo, pode ocorrer apenas como consequência da colisão ou interação molecular. A Teoria das Colisões é discutida na *Estante de Referências Profissionais* do Capítulo 3 (*http://www.umich.edu/~elements/6e/03chap/prof.html*). Outros tipos de intermediários ativos que podem ser formados são os *radicais livres* (um

[1] W. J. Moore, *Physical Chemistry*, Reading, MA.: Longman Publishing Group, 1998.

ou mais elétrons desemparelhados, por exemplo, $CH_3\bullet$), intermediários iônicos (por exemplo, íon carbônio) e complexos de enzimas e substratos, só para mencionar alguns (*http://www.umich.edu/~elements/6e/09chap/prof.html*).

A ideia de intermediário ativo foi postulada em primeiro lugar por F.A. Lindermann, em 1922, que utilizou o conceito para justificar a mudança da ordem de reação com variações nos valores das concentrações dos reagentes.[2] Como os intermediários ativos são de existência muito breve e estão presentes em concentrações baixíssimas, sua ocorrência não foi detectada de forma definitiva antes do trabalho de Ahmed Zewail, que recebeu o Prêmio Nobel de Química em 1999 por seus estudos sobre estados de transição de reações químicas por meio da espectroscopia em fentossegundos.[3] Seu trabalho sobre o ciclobutano mostrou que a reação para formar as duas moléculas de etileno não ocorre de forma direta, como mostrado na Figura 9.1(a), mas formando um intermediário ativo, como indicado pela pequena cavidade presente no topo do diagrama da energia contra a coordenada de reação da Figura 9.1(b). Como discutido no Capítulo 3, uma estimativa da altura da barreira, *E*, pode ser calculada por inúmeros *softwares*, tais como Spartan, Cerius² ou Gaussian, como discutido no *Módulo da Web de Modelagem Molecular*, no Capítulo 3 no CRE *website* (*www.umich.edu/~elements/6e/index.html*).

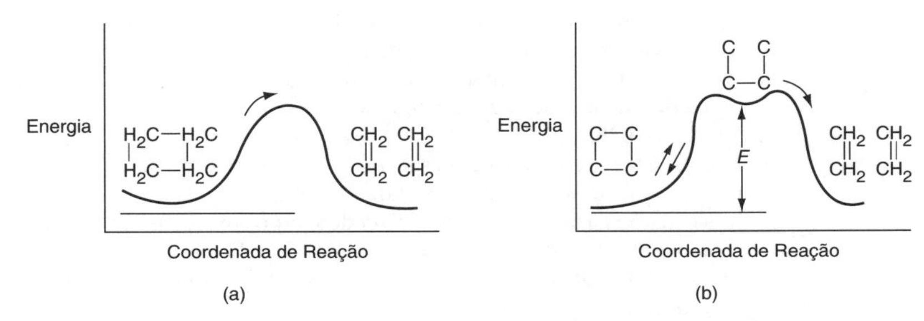

Figura 9.1 Coordenada de reação. Ivars Peterson, "Chemistry Nobel spotlights fast reactions", *Sci. News*, 156, 247 (1999).

9.1.1 Hipótese de Estado Pseudoestacionário (HEPE)

Na teoria de intermediários ativos, a decomposição do intermediário não ocorre instantaneamente após a ativação interna da molécula; na realidade, há um atraso no tempo, apesar de infinitesimal, durante o qual as espécies permanecem ativas. O trabalho de Zewail foi a primeira prova definitiva da existência de um intermediário ativo em fase gasosa durante um tempo infinitesimal. Como um intermediário reativo reage tão rápido quanto é formado, a taxa de formação do intermediário ativo (por exemplo, A*) resultante é nula, isto é,

$$r_{A^*} \equiv 0 \tag{9.1}$$

Essa condição é também referenciada como a *Hipótese de Estado Pseudoestacionário* (HEPE). Se a espécie intermediária aparece em *n* reações, então

HEPE

$$\boxed{r_{A^*} = \sum_{i=1}^{n} r_{iA^*} = 0} \tag{9.2}$$

Para ilustrar como as equações da taxa com potências não inteiras são desenvolvidas, consideraremos inicialmente a decomposição em fase gasosa do azometano, AZO, dando origem ao etano e ao nitrogênio

$$(CH_3)_2N_2 \longrightarrow C_2H_6 + N_2$$

---

[2] F. A. Lindermann, *Trans. Faraday Soc.*, 17, 598 (1922).

[3] J. Peterson, *Science News*, 156, 247 (1999).

Observações experimentais mostraram que a taxa de formação do etano é de primeira ordem em relação ao AZO a pressões maiores do que 1 atm (concentrações relativamente elevadas)[4]

$$r_{C_2H_6} \propto C_{AZO}$$

e de segunda ordem a pressões inferiores a 50 mmHg (concentrações baixas):

Por que a ordem das reações muda

$$r_{C_2H_6} \propto C_{AZO}^2$$

Podíamos combinar essas duas observações para postular uma equação da taxa na forma

$$-r_{AZO} = \frac{k_1 C_{AZO}^2}{1 + k_2 C_{AZO}}$$

De modo a encontrar um mecanismo que seja consistente com as observações experimentais, usamos as etapas mostradas na Tabela 9.1.

Tabela 9.1 Etapas para Deduzir uma Equação da Taxa

1. Considere a existência de um ou mais intermediários ativos.
2. Postule, se possível, um mecanismo utilizando a equação da taxa obtida a partir de dados experimentais.
3. Modele cada reação na sequência do mecanismo como uma reação elementar.
4. Após desenvolver as equações da taxa para a taxa de formação do produto desejado, desenvolva as equações da taxa de cada um dos intermediários ativos.
5. Utilize a HEPE.
6. Elimine as concentrações das espécies intermediárias nas equações da taxa por meio da resolução simultânea das equações desenvolvidas nas Etapas 4 e 5.
7. Se a equação da taxa obtida não estiver de acordo com a observação experimental, considere um novo mecanismo e/ou novos intermediários e vá para a Etapa 3. Uma base sólida de conhecimento de química orgânica e inorgânica é bastante útil no prognóstico dos intermediários ativos para a reação que está sendo considerada.

Seguiremos agora as etapas da Tabela 9.1 para desenvolver a equação da taxa para a decomposição do azometano (AZO), $-r_{AZO}$.

Etapa 1. ***Proponha um intermediário ativo.*** Escolheremos como intermediário ativo uma molécula de azometano, que foi excitada pelas colisões moleculares para formar AZO*, $[(CH_3)_2N_2]^*$.

Etapa 2. ***Proponha um mecanismo.***

$$\text{Mecanismo} \begin{cases} \text{Reação 1:} & (CH_3)_2N_2 + (CH_3)_2N_2 \xrightarrow{k_{1AZO^*}} (CH_3)_2N_2 + [(CH_3)_2N_2]^* \\ \text{Reação 2:} & [(CH_3)_2N_2]^* + (CH_3)_2N_2 \xrightarrow{k_{2AZO^*}} (CH_3)_2N_2 + (CH_3)_2N_2 \\ \text{Reação 3:} & [(CH_3)_2N_2]^* \xrightarrow{k_{3AZO^*}} C_2H_6 + N_2 \end{cases}$$

Na *reação 1*, duas moléculas de AZO colidem e a energia cinética de uma molécula de AZO é transferida para a outra molécula de AZO na forma de energia rotacional e energia vibracional, tornando essa última ativa e altamente reativa (AZO*). Na *reação 2*, a molécula ativa (AZO*) é desativada pela colisão com outra molécula de AZO, transferindo sua energia interna para a molécula com que colidiu, na forma de energia cinética. Na *reação 3*, essa molécula de AZO* altamente ativada, que está vibrando vigorosamente, decompõe-se espontaneamente em etano e nitrogênio.

Etapa 3. ***Escreva as equações da taxa.***
Como cada uma das etapas da reação é uma reação elementar, as correspondentes equações da taxa em relação ao AZO* nas reações (1), (2) e (3) são

[4] H. C. Ramsperger, *J. Am. Chem. Soc.*, 49, 912.

Nota: As velocidades específicas de reação, k, são todas definidas em relação ao intermediário ativo AZO*.

(1) $$r_{1AZO^*} = k_{1AZO^*} C_{AZO}^2 \tag{9.3}$$

(2) $$r_{2AZO^*} = -k_{2AZO^*} C_{AZO^*} C_{AZO} \tag{9.4}$$

(3) $$r_{3AZO^*} = -k_{3AZO^*} C_{AZO^*} \tag{9.5}$$

(Seja $k_1 = k_{AZO^*}$, $k_2 = k_{2AZO^*}$ e $k_3 = k_{3AZO^*}$)

As equações da taxa mostradas nas Equações (9.3) a (9.5) são absolutamente inúteis ao projeto de qualquer sistema de reação porque a concentração do intermediário ativo AZO* não é prontamente mensurável. Consequentemente, utilizaremos a Hipótese de Estado Pseudoestacionário (HEPE) para obter a equação da taxa em termos de concentrações mensuráveis.

Etapa 4. ***Escreva a taxa de formação do produto.***

Em primeiro lugar, escreveremos a taxa de formação do produto

$$\boxed{r_{C_2H_6} = k_3 C_{AZO^*}} \tag{9.6}$$

Etapa 5. ***Escreva a taxa de formação do intermediário ativo e use a HEPE.***

Para determinar a concentração do intermediário ativo AZO*, imporemos o valor nulo à velocidade resultante do AZO*[5], $r_{AZO^*} \equiv 0$.

$$r_{AZO^*} = r_{1AZO^*} + r_{2AZO^*} + r_{3AZO^*} = 0$$

$$= k_1 C_{AZO}^2 - k_2 C_{AZO^*} C_{AZO} - k_3 C_{AZO^*} = 0 \tag{9.7}$$

Resolvendo para C_{AZO^*}

$$\boxed{C_{AZO^*} = \frac{k_1 C_{AZO}^2}{k_2 C_{AZO} + k_3}} \tag{9.8}$$

Etapa 6. ***Elimine a concentração da espécie intermediária ativa nas equações da taxa, resolvendo as equações simultâneas desenvolvidas nas Etapas 4 e 5.***

A substituição da Equação (9.8) na Equação (9.6) dá origem a

$$\boxed{r_{C_2H_6} = \frac{k_1 k_3 C_{AZO}^2}{k_2 C_{AZO} + k_3}} \tag{9.9}$$

Etapa 7. ***Compare com dados experimentais.***

Para baixos valores de concentrações de AZO,

$$k_2 C_{AZO} \ll k_3$$

nesse caso, obtemos a seguinte equação da taxa de segunda ordem:

$$r_{C_2H_6} = k_1 C_{AZO}^2$$

Para altos valores de concentrações de AZO,

$$k_2 C_{AZO} \gg k_3$$

nesse caso, a expressão da taxa segue uma cinética de primeira ordem

$$r_{C_2H_6} = \frac{k_1 k_3}{k_2} C_{AZO} = k C_{AZO}$$

[5] Para uma abordagem mais pormenorizada do assunto desta seção, veja R. Aris, *Am. Sci.*, 58, 419 (1970).

Ordens aparentes de reação

Na caracterização das ordens dessa reação, pode-se dizer que a reação é de *aparente primeira ordem* a altas concentrações do azometano e de *aparente segunda ordem* a baixas concentrações de azometano.

9.1.2 Se *Duas* Moléculas Têm de Colidir, Como a Equação da Taxa É de Primeira Ordem?

A HEPE também pode explicar por que se observam tantas reações de primeira ordem, tais como

$$(CH_3)_2O \rightarrow CH_4 + H_2 + CO$$

Simbolicamente, essa reação será representada na forma: A formando o produto P, isto é,

$$A \rightarrow P$$

com

$$-r_A = kC_A$$

A reação é de primeira ordem, *mas* não é uma reação elementar. A reação ocorre formando, em primeiro lugar, um intermediário ativo, A*, a partir da colisão da molécula A com a molécula de um inerte M. O intermediário ativo, vibrando *vigorosamente*, ou é desativado pela colisão com o inerte M ou se decompõe para formar o produto. Veja a Figura 9.2.

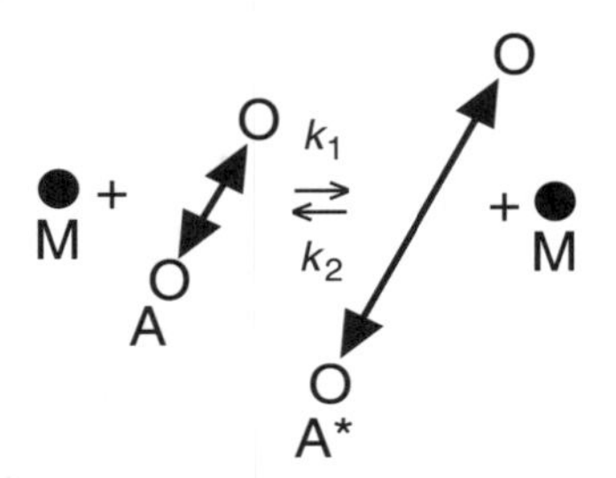

Figura 9.2 Colisão e ativação de uma molécula A vibrando.[6]

O mecanismo consiste em três reações elementares:

1. Ativação $\quad A + M \xrightarrow{k_1} A^* + M \quad r_{1A^*} = k_1 C_A C_M$
2. Desativação $\quad A^* + M \xrightarrow{k_2} A + M \quad r_{2A^*} = -k_2 C_{A^*} C_M$
3. Decomposição $\quad A^* \xrightarrow{k_3} P \quad r_{3A^*} = -k_3 C_{A^*}$

Escrevendo a taxa de formação do produto

$$r_P = k_3 C_{A^*}$$

e utilizando a HEPE para determinar a concentração de A* de forma similar à utilizada na decomposição do azometano, descrita anteriormente, podemos expressar a equação da taxa na forma

$$r_P = -r_A = \frac{k_3 k_1 C_A C_M}{k_2 C_M + k_3} \tag{9.10}$$

[6] O caminho de reação para a reação na Figura 9.2 é mostrado na margem. Começamos no topo do caminho com A e M e nos movemos para baixo de modo a mostrar o caminho de A e de M tocando k_1 (colisão), onde as linhas curvas se juntam e então se separam para formar A^* e M. O contrário dessa reação é mostrado começando com A^* e M e se movendo para cima ao longo do caminho onde as setas A^* e M se tocam, k_2, e então se separam para formar A^* e M. Na base, vemos a seta de A^* para formar P com k_3.

Como a concentração do inerte M é constante, podemos considerar

Caminhos de reação[6]

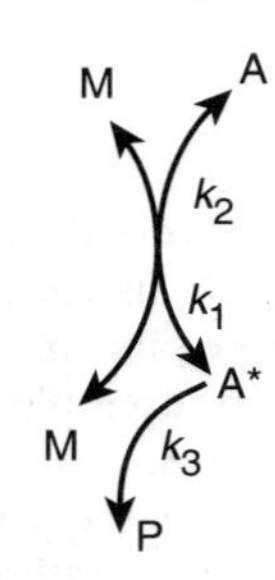

$$k = \frac{k_1 k_3 C_M}{k_2 C_M + k_3} \tag{9.11}$$

para obter a equação da taxa de primeira ordem

$$-r_A = kC_A$$

Em consequência, vemos que a reação

$$A \rightarrow P$$

segue uma equação da taxa de reação elementar, porém não é uma reação elementar. Reações similares àquelas com mecanismo de decomposição de AZO seriam também aparentemente de primeira ordem *se* o correspondente ao termo (k_2C_{AZO}) no denominador da Equação (9.9) fosse maior do que o outro termo k_3 ((k_2C_{AZO}) >> k_3). O caminho da reação para essa reação é mostrado na margem aqui. Os caminhos de reação para outras reações são dados no CRE *website (http://www.umich.edu/~elements/6e/09chap/prof-rxnpath.html)*.

Equação da taxa de primeira ordem para uma reação não elementar

9.1.3 Busca por um Mecanismo

Em muitas situações, os dados de taxa estão correlacionados antes de um mecanismo ser encontrado. É um procedimento comum transformar a constante aditiva do denominador para o valor 1. Desse modo, dividimos o numerador e o denominador da Equação (9.9) por k_3 para obter

$$\boxed{r_{C_2H_6} = \frac{k_1 C_{AZO}^2}{1 + k' C_{AZO}}} \tag{9.12}$$

Considerações Gerais. Desenvolver um mecanismo é uma tarefa difícil e que consome tempo. As regras práticas listadas na Tabela 9.2 podem ter alguma utilidade para o desenvolvimento de um mecanismo simples que seja consistente com os dados experimentais da equação da taxa.

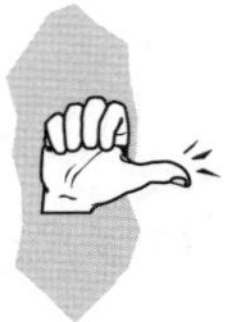

Tabela 9.2 Regras Práticas para o Desenvolvimento de um Mecanismo

1. Espécies cujas concentrações aparecem no *denominador* da expressão da equação da taxa provavelmente colidem com intermediários ativos; por exemplo,

$$M + A^* \longrightarrow [\text{Produtos da colisão}] \qquad -r_{A1}^* = k_1(M)(A^*)$$

2. Se uma constante aparece no *denominador*, uma das etapas da reação é provavelmente a decomposição espontânea de um intermediário ativo; por exemplo,

$$A^* \longrightarrow [\text{Produtos da decomposição}] \qquad -r_{A2}^* = k_2(A^*)$$

3. Espécies cujas concentrações aparecem no *numerador* da expressão da equação da taxa provavelmente produzem o intermediário ativo em uma das etapas da reação; por exemplo,

$$[\text{Reagentes}] \longrightarrow A^* + [\text{Outros produtos}] \qquad = k_3(\text{Reagentes})$$

Pela aplicação da Tabela 9.2 ao exemplo do azometano recém-discutido, observamos o seguinte a partir da equação da taxa (9.12):

1. O intermediário ativo, AZO*, colide com o azometano, AZO [Reação 2], resultando na concentração de AZO no denominador.
2. O AZO* se decompõe espontaneamente [Reação 3], resultando em uma constante no denominador da expressão cinética.

3. A presença da concentração de AZO no numerador da expressão sugere que o intermediário ativo AZO* é formado a partir do AZO. Em referência à Reação 1, vemos que esse fato é realmente verdadeiro.

Exemplo 9.1 A Equação de Stern-Volmer

Luz é produzida quando uma onda ultrassônica de alta intensidade se propaga na água.[7] Você deve ser capaz de ver o brilho se você apagar as luzes e irradiar a água com uma ponta ultrassônica *focalizada*. Essa luz é proveniente de microbolhas (0,1 mm de gás) que são formadas pela onda ultrassônica e são, em seguida, comprimidas por ela. Durante a etapa de compressão da onda, o conteúdo da bolha (por exemplo, água e demais componentes que estejam dissolvidos, como CS_2, O_2, N_2) é comprimido adiabaticamente.

Essa compressão dá origem a altas temperaturas e energias cinéticas das moléculas do gás, que por sua vez geram intermediários ativos por colisões entre as moléculas. Os intermediários formados estimulam a ocorrência de reações químicas no interior das bolhas.

$$M + H_2O \longrightarrow H_2O^* + M$$

Colapso da cavitação da microbolha

A intensidade da luz produzida, I, é proporcional à taxa de desativação da molécula de água ativa que se formou na microbolha.

$$H_2O^* \xrightarrow{k} H_2O + h\nu$$

$$\text{Intensidade da luz (I)} \propto (-r_{H_2O^*}) = k\,C_{H_2O^*}$$

Um aumento de uma ordem de grandeza da intensidade da sonoluminescência é verificado quando dissulfeto de carbono ou tetracloreto de carbono é adicionado à água. A intensidade da luminescência, I, para a reação

$$CS_2^* \xrightarrow{k_4} CS_2 + h\nu$$

é

$$I \propto (-r_{CS_2^*}) = k_4 C_{CS_2^*}$$

Resultado análogo é obtido para o CCl_4.

Entretanto, quando álcool alifático, X, é adicionado à solução, a intensidade da luminescência decresce com o aumento da concentração do álcool. Os dados são geralmente apresentados na forma de um gráfico de Stern-Volmer. Nesse gráfico a intensidade relativa é plotada em função da concentração do álcool, C_X. (Veja a Figura E9.1.1, em que I_0 é a intensidade da sonoluminescência na ausência de álcool, e I é a intensidade da sonoluminescência na presença de álcool.)

(a) Sugira um mecanismo consistente com a observação experimental.
(b) Deduza uma equação da taxa consistente com a Figura E9.1.1.

Gráfico de Stern-Volmer

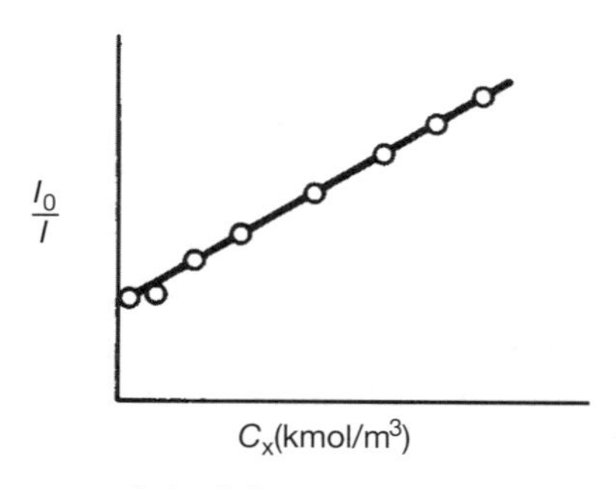

Figura E9.1.1 Razão entre as intensidades de luminescência em função da concentração de inibidor.

Solução

(a) Mecanismo

A partir do gráfico linear na Figura E9.1.1, sabemos que

$$\frac{I_0}{I} = A + BC_X \equiv A + B(X) \qquad \text{(E9.1.1)}$$

[7] P. K. Chendke and H. S. Fogler, *J. Phys. Chem.*, 87, 1362.

em que $C_X \equiv (X)$ e A e B são as constantes numéricas. A inversão da Equação (E9.1.1) conduz a

$$\frac{I}{I_0} = \frac{1}{A + B(X)} \tag{E9.1.2}$$

Da **Regra 1** da Tabela 9.2, o denominador da expressão sugere que o álcool (X) colide com o intermediário ativo:

$$X + \text{Intermediário} \longrightarrow \text{Produtos de desativação} \tag{E9.1.3}$$

O álcool age como um inibidor, desativando o intermediário ativo. A observação do fato de que a adição de CCl_4 ou CS_2 aumenta a intensidade da luminescência,

$$I \propto (CS_2) \tag{E9.1.4}$$

Caminhos de reação

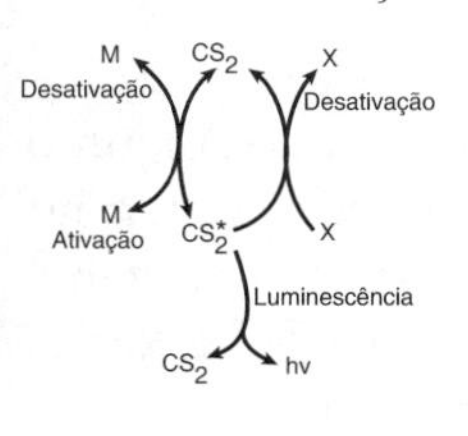

leva-nos ao postulado (**Regra 3** da Tabela 9.2) de que um intermediário ativo CS_2^* foi formado provavelmente a partir da colisão do CS_2 ou de outro gás M ou de ambos na bolha colapsando

$$M + CS_2 \longrightarrow CS_2^* + M \tag{E9.1.5}$$

em que M é um terceiro componente (CS_2, H_2O, N_2 etc.).

Sabemos também que a desativação pode ocorrer pelo reverso da reação (E9.1.5). Combinando essa informação, temos o nosso mecanismo:

O mecanismo

$$\text{Ativação:} \quad M + CS_2 \xrightarrow{k_1} CS_2^* + M \tag{E9.1.5}$$

$$\text{Desativação:} \quad M + CS_2^* \xrightarrow{k_2} CS_2 + M \tag{E9.1.6}$$

$$\text{Desativação:} \quad X + CS_2^* \xrightarrow{k_3} CS_2 + X \tag{E9.1.3}$$

$$\text{Luminescência:} \quad CS_2^* \xrightarrow{k_4} CS_2 + h\nu \tag{E9.1.7}$$

$$\boxed{I = k_4(CS_2^*)} \tag{E9.1.8}$$

(b) Equação da Taxa

Utilizando a HEPE para o CS_2^*, em cada uma das reações elementares anteriores, tem-se

$$r_{CS_2^*} = 0 = k_1(CS_2)(M) - k_2(CS_2^*)(M) - k_3(X)(CS_2^*) - k_4(CS_2^*)$$

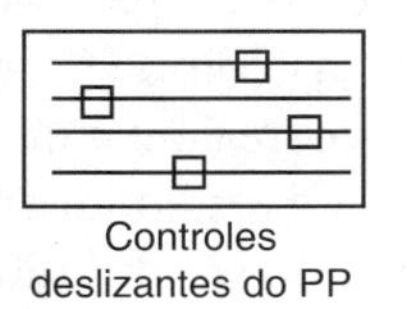
Controles deslizantes do PP

Resolvendo para CS_2^* e substituindo-o na Equação (E9.1.8), obtemos

$$I = \frac{k_4 k_1 (CS_2)(M)}{k_2(M) + k_3(X) + k_4} \tag{E9.1.9}$$

Na ausência de álcool,

$$I_0 = \frac{k_4 k_1 (CS_2)(M)}{k_2(M) + k_4} \tag{E9.1.10}$$

Para concentrações constantes de CS_2 e do terceiro componente, M, efetuamos a razão entre a Equação (E9.1.10) e (E9.1.9):

$$\boxed{\frac{I_0}{I} = 1 + \frac{k_3}{k_2(M) + k_4}(X) = 1 + k'(X)} \tag{E9.1.11}$$

que tem a mesma forma daquela sugerida pela Figura E9.1.1. A Equação (E9.1.11) e as equações similares envolvendo inibidores são chamadas de *equações de Stern-Volmer*.

Análise: Este exemplo mostrou como usar as Regras Práticas (Tabela 9.2) para desenvolver um mecanismo. Cada etapa no mecanismo segue uma equação da taxa elementar. A HEPE foi aplicada à taxa de reação resultante para o *intermediário ativo* de modo a encontrar a concentração do *intermediário ativo*. Essa concentração foi então substituída na equação da taxa para a taxa de formação do produto para obter a equação da taxa. A equação da taxa a partir do mecanismo foi consistente com os dados experimentais.

Uma discussão de luminescência é levada adiante na seção **Bastões Luminescentes**, no **Módulo da *Web*** do CRE *website* (*www.umich.edu/~elements/6e/09chap/web.html*). Nesta seção, a HEPE é aplicada a bastões luminescentes. Em primeiro lugar, um mecanismo para as reações e para a luminescência é desenvolvido. A seguir, as equações de balanços molares são escritas para cada uma das espécies e acopladas à equação da taxa obtida pela utilização da HEPE. Finalmente, as equações resultantes são resolvidas e comparadas com dados experimentais. Veja o Problema P9.1_A.

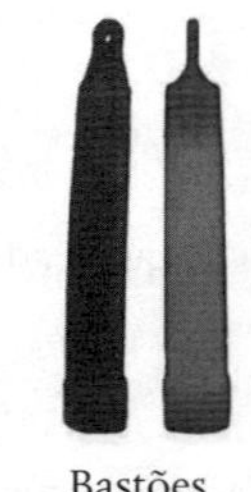

Bastões luminescentes

9.1.4 Reações em Cadeia

Uma reação em cadeia é composta pela seguinte sequência:

1. *Iniciação*: formação de um intermediário ativo.
2. *Propagação ou transferência de cadeia*: interação de um intermediário ativo com o reagente ou produto para produzir outro intermediário ativo.
3. *Terminação*: desativação do intermediário ativo para formar produtos.

Etapas de uma reação em cadeia

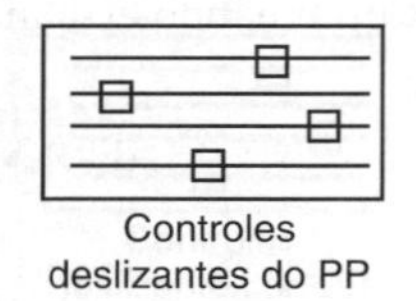

Controles deslizantes do PP

Um exemplo comparando a aplicação da HEPE com a solução do Polymath para o conjunto completo de equações é apresentado na *Estante com Referências Profissionais R9.1, Reações em Cadeia,* no CRE *website* (*http://www.umich.edu/~elements/6e/09chap/prof-chain.html*) para o craqueamento de etano. Também está incluída na *Estante com Referências Profissionais R9.2* uma discussão de *Caminhos de Reação* e a química de formação de névoa (*http://www.umich.edu/~elements/6e/09chap/prof-rxnpath.html*).

9.2 Fundamentos de Reações Enzimáticas

Agora estenderemos nossa discussão aos intermediários ativos para reações enzimáticas. Uma *enzima*[†] é uma proteína ou uma substância proteica com elevada massa molar que age em um substrato (molécula reagente) para transformá-lo quimicamente a taxas bastante elevadas, normalmente 10^3–10^{17} vezes mais rápidas que as taxas não catalisadas. O negócio farmacêutico que irá sintetizar proteínas terapêuticas usando CHO foi estimado em US$ 200 bilhões até 2020. Um colega, o Prof. Greg Thurber, e seus alunos estão fazendo pesquisas interessantes no desenvolvimento de medicamentos usando cinética enzimática. O grupo aplica os princípios da cinética enzimática para descrever onde os fármacos são distribuídos e degradados no corpo para desenvolver novas terapêuticas e agentes de diagnóstico por imagem para doenças como câncer de mama.[8,9] Sem a presença de enzimas, as reações biológicas essenciais não ocorreriam a uma taxa necessária à manutenção da vida. As enzimas estão geralmente presentes em quantidades ínfimas, não são consumidas durante o curso da reação e sequer afetam o equilíbrio químico da reação. As enzimas proveem uma rota alternativa de reação que requer menor energia de ativação. A Figura 9.3 mostra a coordenada de reação para uma reação não catalisada de uma molécula de reagente denominada *substrato* (S) para formar um produto (P).

$$S \rightarrow P$$

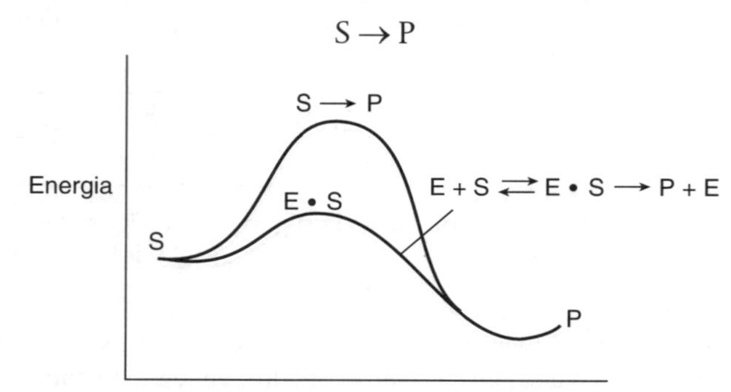

Figura 9.3 Coordenada de reação para a catálise enzimática.

† Ver http://www.rsc.org/Education/Teachers/Resources/cfb/enzymes.htm e https://en.wikipedia.org/wiki/Enzyme.

8 S. Bhatnagar, et. al., "Oral administration and detection of a near-infrared molecular imaging agent in an orthotopic mouse model for breast cancer screening," *Mol. Pharm.*, 15, 1746–1754 (2018).

9 C. Cilliers, B. Menezes, I. Nessler, J. Linderman, and G. M. Thurber, "Improved tumor penetration and single-cell targeting of antibody-drug conjugates increases anticancer efficacy and host survival.," *Cancer Res.*, 78, 758–768 (2018).

Essa figura também mostra o caminho da reação catalisada que procede por um *intermediário ativo* (E · S), chamado de *complexo enzima-substrato*, isto é,

$$\boxed{S + E \rightleftarrows E \cdot S \rightarrow E + P}$$

Como as rotas enzimáticas têm menores energias de ativação, os aumentos das taxas da reação podem ser imensos, como na degradação da ureia pela urease, que apresenta uma taxa de degradação 10^{14} vezes maior do que a degradação na ausência de urease.

#VocêÉÚnico ParaMim!

Uma propriedade importante das enzimas é sua especificidade; isto é, ***uma*** enzima pode usualmente catalisar apenas ***um*** tipo de reação. Por exemplo, uma protease hidrolisa *somente* ligações entre aminoácidos específicos em proteínas; uma amilase age nas ligações entre as moléculas de glicose no amido; e uma lipase se liga a gorduras, degradando-as a ácidos graxos e glicerol. Em consequência, produtos não desejados são facilmente controlados em reações catalisadas por enzimas. As enzimas são produzidas exclusivamente por organismos vivos e as enzimas comerciais são geralmente produzidas por bactérias. As enzimas operam usualmente (catalisam as reações) sob condições brandas: pH 4 a 9 e temperaturas de 25°C a 70°C (75°F a 160°F). As enzimas, em sua maioria, são nomeadas com os termos das reações que catalisam. É uma prática comum acrescentar o sufixo *-ase* à parte principal do nome do substrato no qual a enzima age. Por exemplo, a enzima que catalisa a decomposição de ureia é a urease, e a enzima que se liga à tirosina é a tirosinase. Entretanto, há umas poucas exceções a essa convenção de nomenclatura, como a α-amilase. A enzima α-amilase catalisa a transformação do amido na primeira etapa da produção do polêmico xarope com alto teor de frutose do milho (XATFM), proveniente do amido de milho, usado como adoçante em refrigerantes (por exemplo, *Red Pop*[10]); sendo um negócio de US$ 4 bilhões por ano.

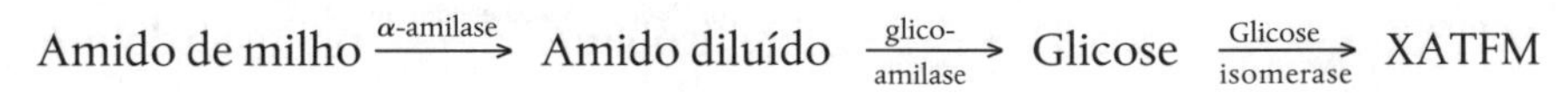

9.2.1 Complexo Enzima-Substrato

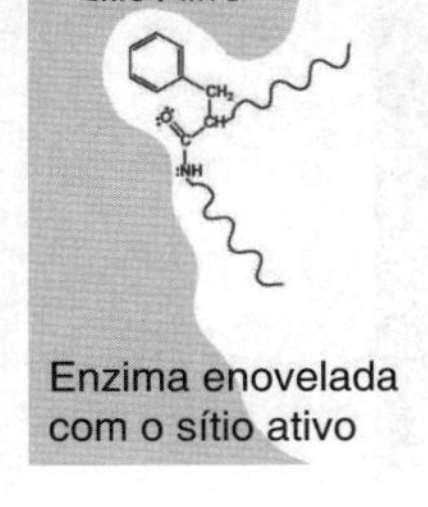

O fator-chave que distingue as reações enzimáticas das demais reações catalíticas é a formação do complexo enzima-substrato, (E × S). Nesse caso, o substrato, (S), liga-se a um *sítio ativo* específico da enzima para formar esse complexo.[11] A Figura 9.4 mostra uma representação esquemática da enzima quimotripsina (MM = 25.000 dáltons) que catalisa a clivagem hidrolítica de ligações polipeptídicas. Em muitos casos, os sítios catalíticos ativos da enzima se encontram no local em que vários laços ou dobras interagem. Para a quimotripsina, os sítios catalíticos estão situados nos aminoácidos indicados pelos números 57, 102 e 195 na Figura 9.4. Muito do poder catalítico da enzima é atribuído à energia de ligação do substrato com a enzima, que se dá por meio de ligações múltiplas com grupos funcionais específicos da enzima (cadeias laterais de amino, íons metálicos). As interações que estabilizam o complexo enzima-substrato são ligações hidrogênio, forças hidrofóbicas, iônicas e de van der Waals tipo London. A enzima pode se desenovelar, se for submetida a temperaturas elevadas ou pH extremo (pH baixo ou alto), perdendo, em decorrência, seus sítios ativos. Quando isso ocorre, diz-se que a enzima está *desnaturada* (veja a Figura 9.8 e o Problema P9.13$_B$).

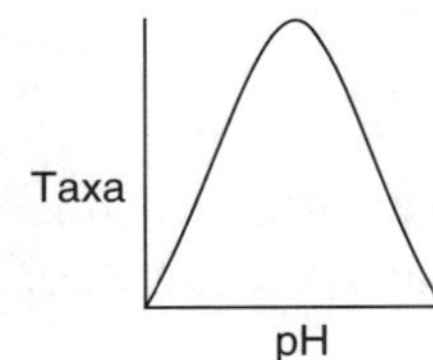

Existem dois modelos para descrever as interações substrato-enzima: o *modelo chave/fechadura* e o *modelo do ajuste induzido*, ambos esquematizados na Figura 9.5. Por muitos anos o modelo chave/fechadura foi o preferido, devido aos efeitos estereoespecíficos de uma enzima agindo em um substrato. No entanto, o modelo do ajuste induzido é de maior utilidade. No modelo do ajuste induzido, tanto a enzima como o substrato estão distorcidos. As variações na

[10] N.T.: Refrigerante gaseificado de morango, bastante popular no Canadá e no Meio-Oeste dos Estados Unidos, fabricado pela Faygo, empresa estabelecida em Detroit desde 1907.

[11] M. L. Shuler and F. Kargi, Bioprocess Engineering Basic Concepts, 2nd ed. Upper Saddle River, NJ: Prentice Hall, 2002.

Esquema mostrando os novelos e dobras

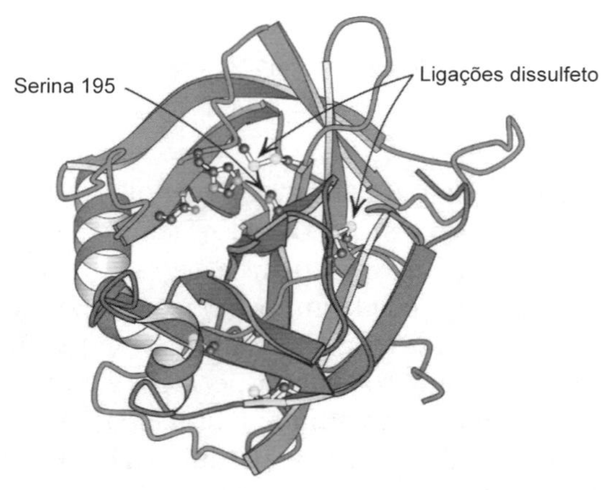

Figura 9.4 A enzima quimotripsina, de *Biochemistry*, 7th ed., 2010, de Lubert Stryer, p. 258. Usada com permissão de W. H. Freeman and Company.

Dois modelos para o complexo enzima-substrato

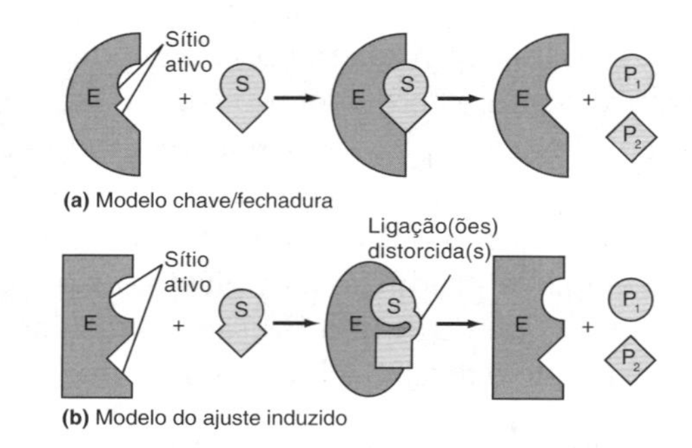

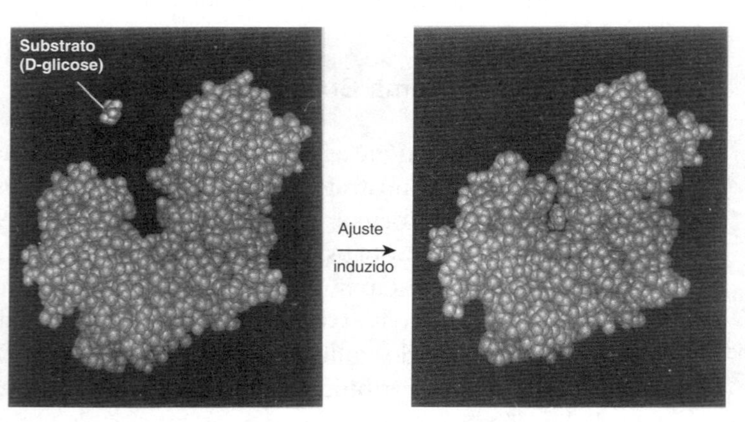

Figura 9.5 Dois modelos para a interação enzima-substrato.

conformação distorcem uma ou mais das ligações do substrato, tensionando e enfraquecendo a ligação e, em decorrência, tornando a molécula mais sujeita a um novo rearranjo ou conexão.

Há apenas seis classes de enzimas:

1. Oxidorredutases $AH_2 + B + \mathbf{E} \rightarrow A + BH_2 + \mathbf{E}$
2. Transferases $AB + C + \mathbf{E} \rightarrow AC + B + \mathbf{E}$
3. Hidrolases $AB + H_2O + \mathbf{E} \rightarrow AH + BOH + \mathbf{E}$
4. Isomerases $A + \mathbf{E} \rightarrow isoA + \mathbf{E}$
5. Liases $AB + \mathbf{E} \rightarrow A + B + \mathbf{E}$
6. Ligases $A + B + \mathbf{E} \rightarrow AB + \mathbf{E}$

Informações adicionais sobre enzimas podem ser encontradas nos seguintes dois *sites*: *http://us.expasy.org/enzyme/* e *www.chem.qmw.ac.uk/iubmb/enzyme*. Esses *sites* também fornecem informações sobre reações enzimáticas em geral.

9.2.2 Mecanismos

No desenvolvimento de alguns dos princípios fundamentais da cinética de reações enzimáticas, discutiremos uma reação enzimática que foi sugerida por Levine e LaCourse como parte de um sistema que reduziria o tamanho de um rim artificial.[12] O resultado pretendido é a produção de um rim artificial que poderia ser usado pelo paciente e que incorporaria uma unidade descartável para a eliminação de resíduos nitrogenados como o ácido úrico e a creatinina. Um esquema desse dispositivo é mostrado no CRE *website* (*http://www.umich.edu/~elements/6e/09chap/summary.html#sec2*). No esquema de microencapsulação proposto por Levine e LaCourse, a enzima urease seria usada na remoção de ureia da corrente sanguínea. Nesse caso, a ação catalítica da urease causaria a decomposição da ureia em amônia e dióxido de carbono. O mecanismo da reação admitido ocorre conforme a seguinte sequência de reações elementares:

Mecanismo de reação

$$S + E \rightleftarrows E \cdot S \xrightarrow{+H_2O} P + E$$

1. A enzima urease (E) reage com o substrato ureia (S) para formar um complexo enzima-substrato (E · S).

$$NH_2CONH_2 + \text{Urease} \xrightarrow{k_1} [NH_2CONH_2 \cdot \text{Urease}]^* \qquad (9.13)$$

2. Esse complexo (E × S) pode se decompor de volta à ureia (S) e urease (E):

$$[NH_2CONH_2 \cdot \text{Urease}]^* \xrightarrow{k_2} \text{Urease} + NH_2CONH_2 \qquad (9.14)$$

3. *Ou* o complexo pode reagir com água (W) para formar os produtos (P) amônia e dióxido de carbono, além de regenerar a enzima urease (E).

$$[NH_2CONH_2 \cdot \text{Urease}]^* + H_2O \xrightarrow{k_3} 2NH_3 + CO_2 + \text{Urease} \qquad (9.15)$$

Simbolicamente, a reação global é escrita como

$$S + E \rightleftarrows E \cdot S \xrightarrow{+H_2O} P + E$$

Verificamos que *parte* da enzima adicionada à solução liga-se à ureia e que a *parte* restante se mantém livre. Apesar de podermos facilmente medir a concentração total da enzima, (E_t), é difícil medir a concentração da enzima livre, (E), ou a concentração da enzima ligada (E × S).

Sejam a enzima, o substrato, a água, o complexo enzima-substrato (que é o *intermediário ativo*) e os produtos da reação designados, respectivamente, por E, S, W, E × S e P, podemos escrever de forma simbólica as Reações (9.13) a (9.15) nas formas

$$S + E \xrightarrow{k_1} E \cdot S \qquad (9.16)$$

$$E \cdot S \xrightarrow{k_2} E + S \qquad (9.17)$$

$$E \cdot S + W \xrightarrow{k_3} P + E \qquad (9.18)$$

Sendo $P = 2NH_3 + CO_2$.

As correspondentes equações da taxa das Reações (9.16) a (9.18) são

$$r_{1E \cdot S} = k_1(E)(S) \qquad (9.16A)$$

$$r_{2E \cdot S} = -k_2(E \cdot S) \qquad (9.17A)$$

$$r_{3E \cdot S} = -k_3(E \cdot S)(W) \qquad (9.18A)$$

em que todas as velocidades específicas de reação são definidas *em relação* a (E × S). A taxa resultante de formação do produto, r_P, é

[12] N. Levine and W. C. LaCourse, *J. Biomed. Mater. Res.*, 1, 275.

$$\boxed{r_P = k_3(W)(E \cdot S)} \tag{9.19}$$

Para a reação global

$$E + S \longrightarrow P + E$$

sabemos que a taxa de consumo do substrato ureia é igual à taxa de formação do produto CO_2, $-r_S = r_P$.

$-r_S = r_P$, ou seja, $-r_{NH_2CONH_2} = r_{CO_2}$

Essa equação da taxa, Equação (9.19), não é de muita utilidade para fazer cálculos de engenharia das reações, porque não podemos medir a concentração do *intermediário ativo*, que é o complexo enzima-substrato (E × S). Usaremos a HEPE para expressar (E × S) em termos de variáveis medidas.

A taxa resultante de formação do complexo enzima-substrato é

$$r_{E \cdot S} = r_{1E \cdot S} + r_{2E \cdot S} + r_{3E \cdot S}$$

Substituindo as equações da taxa, obtemos

$$r_{E \cdot S} = k_1(E)(S) - k_2(E \cdot S) - k_3(W)(E \cdot S) \tag{9.20}$$

Utilizando a HEPE, $r_{E \times S} = 0$, podemos agora resolver a Equação (9.20) para (E × S)

$$\boxed{(E \cdot S) = \frac{k_1(E)(S)}{k_2 + k_3(W)}} \tag{9.21}$$

substituindo, a seguir, (E × S) na Equação (9.19)

$$-r_S = r_P = \frac{k_1 k_3 (E)(S)(W)}{k_2 + k_3(W)} \tag{9.22}$$

Precisamos substituir a concentração da enzima livre (E) na expressão da equação da taxa.

Essa forma da equação da taxa *ainda não* é apropriada, pois não podemos medir a concentração da enzima livre (E); podemos, no entanto, medir a concentração total da enzima, E_t.

Na ausência de desnaturação da enzima, a concentração total da enzima no sistema, (E_t), é constante e igual à soma da concentração da enzima livre ou não ligada, (E), com a concentração do complexo enzima-substrato, (E × S):

Concentração total de enzima = Concentração de enzima ligada + Concentração de enzima livre.

$$(E_t) = (E) + (E \cdot S) \tag{9.23}$$

Substituindo a expressão de (E × S)

$$(E_t) = (E) + \frac{k_1(E)(S)}{k_2 + k_3(W)}$$

explicitando (E)

$$(E) = \frac{(E_t)(k_2 + k_3(W))}{k_2 + k_3(W) + k_1(S)}$$

substituindo essa expressão de (*E*) na Equação (9.22), a equação da taxa de consumo do substrato é

$$\boxed{-r_S = \frac{k_1 k_3 (W)(E_t)(S)}{k_1(S) + k_2 + k_3(W)}} \tag{9.24}$$

Nota: Ao longo de todo o texto a seguir, $E_t \equiv (E_t)$ = concentração total da enzima em unidades típicas (kmol/m³ ou g/dm³).

9.2.3 Equação de Michaelis-Menten

Como a reação de ureia com urease ocorre em solução aquosa, a água está, certamente, em excesso, e a concentração da água (W) pode ser assim considerada constante, cerca de 55 mol/dm³. Seja

$$k_{cat} = k_3(W) \text{ e seja } K_M = \frac{k_{cat} + k_2}{k_1}$$

Dividindo o numerador e o denominador da Equação (9.24) por k_1, obtemos a forma da *equação de Michaelis-Menten:*

A forma final da equação da taxa

$$-r_S = \frac{k_{cat}(E_t)(S)}{(S) + K_M} \qquad (9.25)$$

Número de renovação k_{cat}

O parâmetro $\boldsymbol{k_{cat}}$ é também chamado de ***número de renovação (turnover number)***. Esse parâmetro é o número de moléculas de substrato convertidas a produtos em uma única molécula de enzima, saturada de substrato, por unidade de tempo (todos os sítios ativos da única molécula de enzima estão ocupados, (S) >> K_M). Por exemplo, o número de renovação da decomposição de H_2O_2 pela enzima catalase é igual a $40 \times 10^6\ s^{-1}$. Isso quer dizer que 40 milhões de moléculas de H_2O_2 são decompostas, em cada segundo, em uma única molécula de enzima saturada de H_2O_2. A constante K_M (mol/dm³) é chamada de *constante de Michaelis* e, para sistemas simples, é uma medida da atração da enzima por seu substrato. Por isso, é também chamada de *constante de afinidade*. A constante de Michaelis (K_M) para a decomposição de H_2O_2 discutida anteriormente é igual a 1,1 M, enquanto para a quimotripsina é igual a 0,1 M.[13]

Constante de Michaelis K_M

Se, adicionalmente, considerarmos que $V_{máx}$ representa a taxa de reação máxima para uma dada concentração total da enzima,

$$V_{máx} = k_{cat}(E_t)$$

então a equação de Michaelis-Menten assume sua forma mais usual

Equação de Michaelis-Menten

$$\boxed{-r_S = \frac{V_{máx}(S)}{K_M + (S)}} \qquad (9.26)$$

Um esboço da taxa de consumo do substrato, $-r_S$, em uma dada concentração de enzima total, E_T, é mostrado na Figura 9.6 como função da concentração de substrato.

Gráfico de Michaelis-Menten

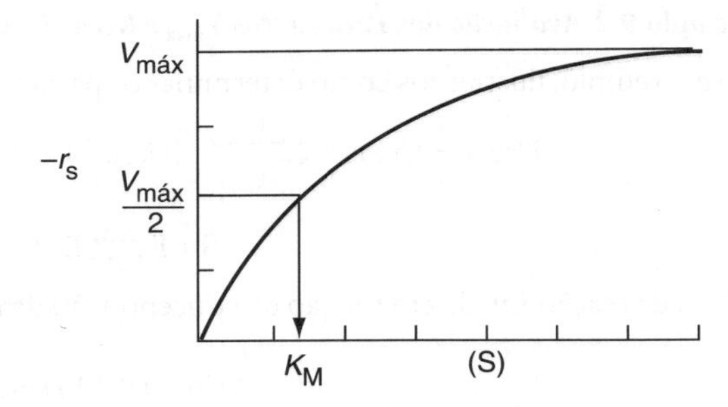

Figura 9.6 Gráfico da equação de Michaelis-Menten com a interpretação dos parâmetros $V_{máx}$ e K_M.

Um gráfico desse tipo é algumas vezes referenciado como o gráfico de *Michaelis-Menten*. Para baixos valores da concentração do substrato, K_M >> (S), a Equação (9.26) se reduz a

$$-r_S \cong \frac{V_{máx}(S)}{K_M}$$

[13] D. L. Nelson and M. M. Cox, *Lehninger Principles of Biochemistry*, 3rd ed. New York: Worth Publishers, 2000.

e a reação é de aparente primeira ordem em relação à concentração do substrato.

Para altos valores da concentração do substrato,

$$(S) \gg K_M$$

a Equação (9.26) se reduz a

$$-r_S \cong V_{máx}$$

Interpretação da constante de Michaelis

e vemos que a reação é aparentemente de ordem zero.

O que K_M representa? Considere o caso em que a concentração do substrato é tal que a taxa de reação é igual à metade de seu valor máximo,

$$-r_S = \frac{V_{máx}}{2}$$

então

$$\frac{V_{máx}}{2} = \frac{V_{máx}(S_{1/2})}{K_M + (S_{1/2})} \quad (9.27)$$

Explicitando a constante de Michaelis na Equação (9.27), obtemos

$$\boxed{K_M = (S_{1/2})} \quad (9.28)$$

$K_M = (S_{1/2})$

A constante de Michaelis é igual à concentração para a qual a taxa de reação é a metade da velocidade máxima, $-r_A = V_{máx}/2$. Quanto maior o valor de K_M, maior a concentração de substrato necessária para a taxa de reação atingir metade de seu valor máximo.

Os parâmetros $V_{máx}$ e K_M caracterizam as reações enzimáticas que são descritas pela cinética de Michaelis-Menten. $V_{máx}$ depende da concentração total da enzima, enquanto K_M independe.

Duas enzimas podem ter os mesmos valores de k_{cat}, porém podem apresentar taxas de reação distintas devido aos valores diferentes de K_M. Uma maneira de comparar as eficiências catalíticas de enzimas diferentes é pela comparação de seus valores da razão k_{cat}/K_M. Quando o valor dessa razão se aproxima de 10^8 a 10^9 (dm^3/mol/s), a taxa de reação passa a ser limitada pela difusão. Isto é, leva um longo tempo para a enzima e o substrato se difundirem ao redor do fluido e se encontrarem, mas quando isso acontece, reagem imediatamente. Discutiremos as reações limitadas pela difusão nos Capítulos 14 e 15.

Exemplo 9.2 Avaliação dos Parâmetros $V_{máx}$ e K_M de Michaelis-Menten

Neste exemplo, ilustramos como determinar os parâmetros $V_{máx}$ e K_M de Michaelis-Menten para a reação

$$\text{Ureia} + \text{Urease} \underset{k_2}{\overset{k_1}{\rightleftarrows}} [\text{Ureia} \cdot \text{Urease}]^* \xrightarrow[+H_2O]{k_3} 2NH_3 + CO_2 + \text{Urease}$$

$$S + E \rightleftarrows E \cdot S \xrightarrow{+H_2O} P + E$$

A taxa de reação é dada em função da concentração de ureia na Tabela E9.2.1, em que $(S) \equiv C_{ureia}$.

Tabela E9.2.1 Dados de Taxa[14]

C_{ureia}(kmol/m^3)	0,2	0,02	0,01	0,005	0,002
$-r_{ureia}$(kmol/m$^3 \cdot$ s)	1,08	0,55	0,38	0,2	0,09

(a) Determine os parâmetros de Michaelis-Menten, $V_{máx}$ e K_M, para a reação.
(b) Além de fazer um gráfico de Lineweaver-Burk, faça gráficos de Hanes-Woolf e de Eadie-Hofstee e discuta os atributos de cada tipo de gráfico.
(c) Use a regressão não linear para encontrar $V_{máx}$ e K_M.

[14] Dados reais não filtrados.

Solução

Item (a)

Invertendo a Equação (9.26), obtemos a equação de Lineweaver-Burk

$$\frac{1}{-r_s} = \frac{(S)+K_M}{V_{máx}(S)} = \frac{1}{V_{máx}} + \frac{K_M}{V_{máx}}\frac{1}{(S)} \quad \text{(E9.2.1)}$$

ou em termos de ureia

Equação Lineweaver-Burk

$$\boxed{\frac{1}{-r_{ureia}} = \frac{1}{V_{máx}} + \frac{K_M}{V_{máx}}\left(\frac{1}{C_{ureia}}\right)} \quad \text{(E9.2.2)}$$

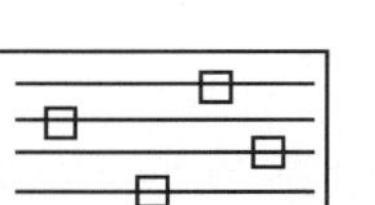

Controles deslizantes do PP

Um gráfico do inverso da taxa de reação contra o inverso da concentração de ureia deve ser uma reta que intercepta o eixo vertical em $1/V_{máx}$ e cuja inclinação é $K_M/V_{máx}$. Esse tipo de gráfico é chamado de *gráfico de Lineweaver-Burk*. Devemos usar os dados da Tabela E9.2.2 para fazer dois gráficos: um gráfico de $-r_{ureia}$ em função de C_{ureia}, usando a Equação (9.26), que é chamado de *gráfico de Michaelis-Menten* e é mostrado na Figura E9.2.1(a); e um gráfico de $(1/-r_{ureia})$ em função de $(1/C_{ureia})$, que é chamado de *gráfico de Lineweaver-Burk* e é mostrado na Figura E9.2.1(b).

Tabela E9.2.2 Dados Não Processados e Processados

C_{ureia} (kmol/m³)	$-r_{ureia}$ (kmol/m³·s)	$1/C_{ureia}$ (m³/kmol)	$1/-r_{ureia}$ (m³·s/kmol)
0,20	1,08	5,0	0,93
0,02	0,55	50,0	1,82
0,01	0,38	100,0	2,63
0,005	0,20	200,0	5,00
0,002	0,09	500,0	11,11

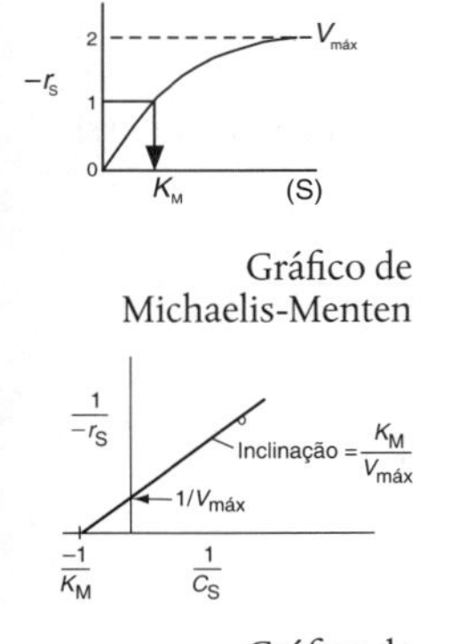

Gráfico de Michaelis-Menten

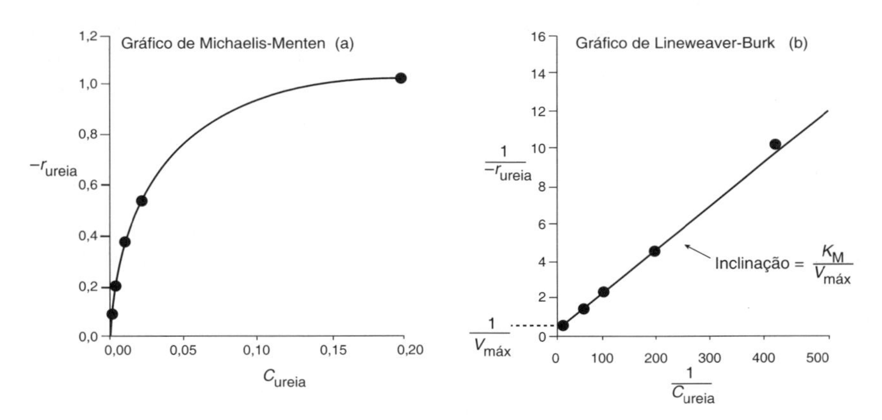

Figura E9.2.1 (**a**) Gráfico de Michaelis-Menten; (**b**) Gráfico de Lineweaver-Burk.

Gráfico de Lineweaver-Burk

A interseção na Figura E9.2.1(b) é 0,75; assim,

$$\frac{1}{V_{máx}} = 0{,}75 \text{ m}^3\cdot\text{s/kmol}$$

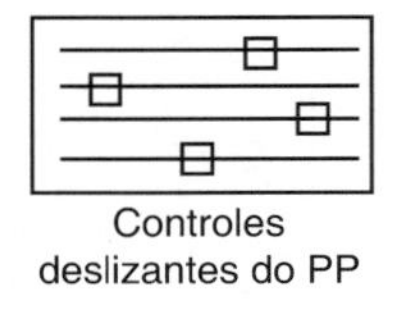

Controles deslizantes do PP

Assim, a taxa de reação máxima é

$$\boxed{V_{máx} = 1{,}33 \text{ kmol/m}^3\cdot\text{s} = 1{,}33 \text{ mol/dm}^3\cdot\text{s}}$$

A partir da inclinação da reta, que é 0,02 s, podemos calcular a constante de Michaelis, K_M:

$$\frac{K_M}{V_{máx}} = \text{inclinação} = 0{,}02 \text{ s}$$

Para reações enzimáticas, os dois parâmetros cinéticos-chave são $V_{máx}$ e K_M.

Resolvendo para K_M:

$$\boxed{K_M = 0{,}0266 \text{ kmol/m}^3.}$$

Substituindo os valores de K_M e $V_{máx}$ na Equação (9.26), obtemos

$$\boxed{-r_{ureia} = \frac{1{,}33C_{ureia}}{0{,}0266 + C_{ureia}}} \tag{E9.2.3}$$

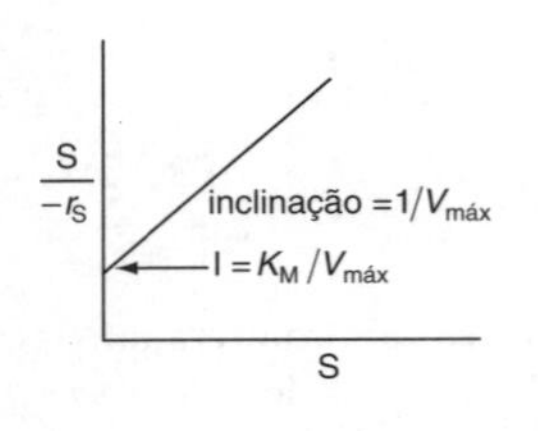

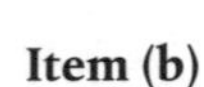

Gráfico de Hanes-Woolf

em que as unidades de C_{ureia} são kmol/m³ e de $-r_{ureia}$ são kmol/m³×s. Levine e LaCourse sugeriram que o valor da concentração total de urease, (E_t), correspondente ao valor de $V_{máx}$ determinado acima é de, aproximadamente, 5 g/dm³.

Item (b)

Além do *gráfico de Lineweaver-Burk*, podemos também usar o *gráfico de Hanes-Woolf* ou o *gráfico de Eadie-Hofstee.* No presente caso, $S \equiv C_{ureia}$ e $-r_S \equiv -r_{ureia}$. A Equação (9.26)

$$-r_S = \frac{V_{máx}(S)}{K_M + (S)} \tag{9.26}$$

Para a forma *Hanes-Woolf*, podemos rearranjar a Equação (9.26) para

$$\boxed{\frac{(S)}{-r_S} = \frac{K_M}{V_{máx}} + \frac{1}{V_{máx}}(S)} \tag{E9.2.4}$$

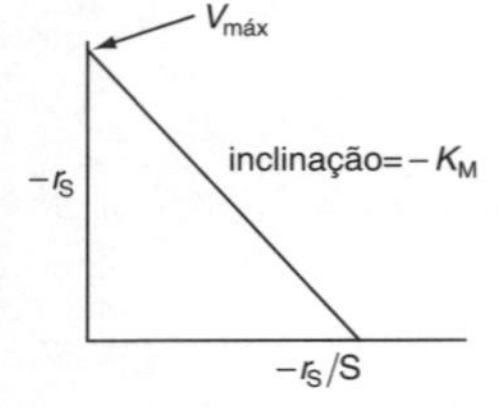

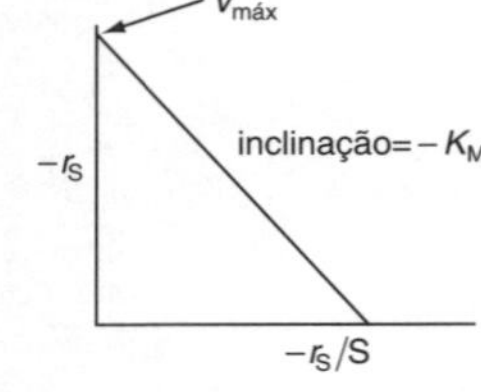

Gráfico de Eadie-Hofstee

A Equação (9.26) pode ser rearranjada nas seguintes formas. Para a forma de *Eadie-Hofstee,*

$$\boxed{-r_S = V_{máx} - K_M\left(\frac{-r_S}{(S)}\right)} \tag{E9.2.5}$$

e para o *modelo de Hanes-Woolf*, plotamos $[(S)/-r_S]$ em função de (S). Para o *modelo de Eadie-Hofstee*, plotamos $-r_S$ em função de $[-r_S/(S)]$.

Quando usar os modelos diferentes? O *gráfico de Eadie-Hofstee* supervaloriza os pontos correspondentes a baixas concentrações de substrato, enquanto o *gráfico de Hanes-Woolf* fornece uma avaliação mais precisa de $V_{máx}$. A Tabela E9.2.3 foi montada acrescentando duas novas colunas à Tabela E9.2.2 para construir esses gráficos ($C_{ureia} \equiv S$).

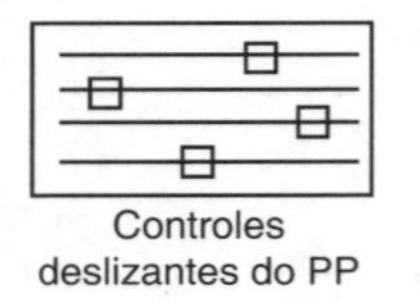

Tabela E9.2.3 Dados Processados e Não Processados

S (kmol/m³)	$-r_S$ (kmol/m³ · s)	1/S (m³/kmol)	$1/-r_S$ (m³ · s/kmol)	$S/-r_s$ (s)	$-r_S/S$ (1/s)
0,20	1,08	5,0	0,93	0,185	5,4
0,02	0,55	50,0	1,82	0,0364	27,5
0,01	0,38	100,0	2,63	0,0263	38
0,005	0,20	200,0	5,00	0,0250	40
0,002	0,09	500,0	11,11	0,0222	45

A inclinação do gráfico de *Hanes-Woolf* na Figura E9.2.2 ($1/V_{máx}$) = 0,826 s×m³/kmol) fornece $V_{máx}$ = 1,2 kmol/m³×s a partir da interseção, $K_M/V_{máx}$ = 0,02 s, e obtemos K_M como 0,024 kmol/m³.

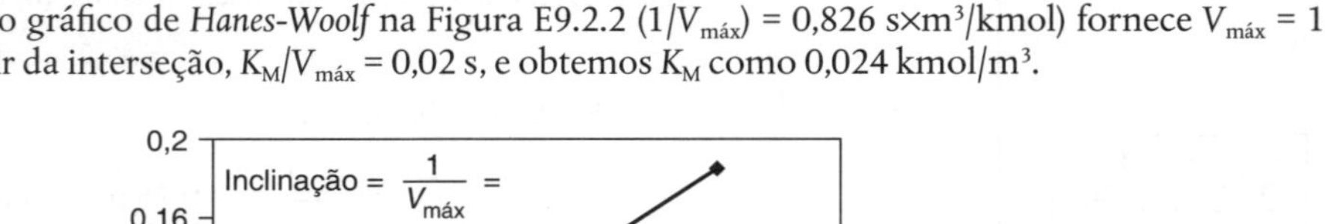

Melhor gráfico para avaliar $V_{máx}$

$$\frac{(S)}{-r_S} = \frac{K_M}{V_{máx}} + \frac{1}{V_{máx}}(S)$$

Gráfico de Hanes-Woolf

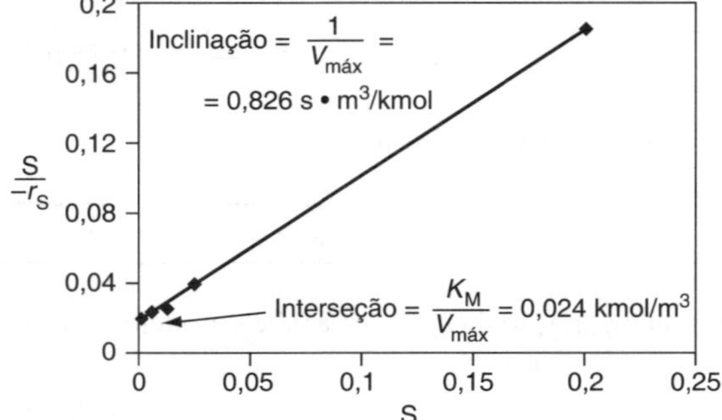

Figura E9.2.2 Gráfico de Hanes-Woolf.

A seguir, construiremos o gráfico de Eadie-Hofsteen a partir dos dados na Tabela E9.2.3. Da inclinação (–0,0244 kmol/m³) no gráfico de *Eadie-Hofsteen* na Figura E9.2.3, encontramos $K_M = 0{,}024$ kmol/dm³. Em seguida, extrapolando a linha ($-r_S/S$) para zero, encontramos a interseção igual a 1,22; logo, $V_{máx} = 1{,}22$ kmol/m³×s.

$$-r_S = V_{máx} - K_M\left(\frac{-r_S}{(S)}\right)$$

Gráfico de Eadie-Hofstee

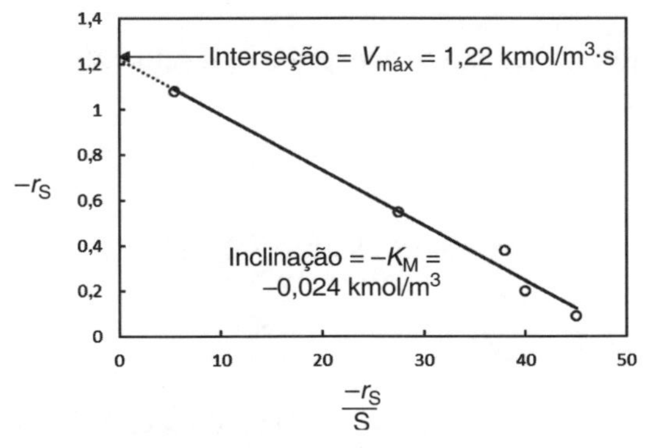

Figura E9.2.3 Gráfico de Eadie-Hofstee.

Item (c) *Regressão*

A Equação (9.26) e a Tabela E9.2.2 foram usadas no programa de regressão do Polymath, obtendo-se os valores seguintes para $V_{máx}$ e K_M, como most rado na Tabela E9.2.4.

Tabela E9.2.4 Resultados da Regressão

Regressão não linear (L-M)

Modelo: taxa = Vmáx*Cureia/(Km+Cureia)

Variável	Estimativa inicial	Valor	95% de confiança
Vmáx	1	1,2057502	0,0598303
Km	0,02	0,0233322	0,003295

Configurações da regressão não linear
Nº máximo de iterações = 64

$V_{máx}$ = 1,2 mol/dm³ · s
K_M = 0,0233 mol/dm³

Precisão

R^2	= 0,9990611
R^2adj	= 0,9987481
Rmsd	= 0,0047604
Variância	= 1,888E-04

Uma comparação dos valores de $V_{máx}$ e K_M é mostrada na Tabela E9.2.5.

Tabela E9.2.5 Comparação dos Cálculos dos Parâmetros de Michaelis-Menten

	Lineweaver–Burk	*Eadie–Hofstee*	*Hanes–Woolf*	*Regressão*
$V_{máx}$ (kmol/m³ • s)	1,33	1,22	1,21	1,2
K_M (kmol/m³)	0,027	0,024	0,024	0,023

Esses valores estão dentro do erro experimental daqueles valores de $V_{máx}$ e K_M determinados graficamente.

Análise: Este exemplo demonstrou como avaliar os parâmetros $V_{máx}$ e K_M na equação da taxa de Michaelis-Menten a partir de dados de reação enzimática. Quatro técnicas foram usadas para avaliar $V_{máx}$ e K_M a partir de dados experimentais: um gráfico de Lineweaver-Burk, um gráfico de Hanes-Woolf, um gráfico de Eadie-Hofstee e uma regressão não linear. A vantagem de cada tipo foi discutida para avaliar os parâmetros $V_{máx}$ e K_M.

9.2.4 Cálculos para o Reator em Batelada para Reações Enzimáticas

Um balanço molar da ureia em um reator em batelada origina

Balanço molar

$$-\frac{dN_{\text{ureia}}}{dt} = -r_{\text{ureia}}V \tag{9.29}$$

Como essa reação ocorre em fase líquida, $V = V_0$, o balanço molar pode ser expresso da seguinte maneira:

$$-\frac{dC_{\text{ureia}}}{dt} = -r_{\text{ureia}} \tag{9.30}$$

A equação da taxa da decomposição da ureia é

Equação da taxa

$$-r_{\text{ureia}} = \frac{V_{\text{máx}}C_{\text{ureia}}}{K_M + C_{\text{ureia}}} \tag{9.31}$$

Substituindo a Equação (9.31) na Equação (9.30), rearranjando os termos e integrando a expressão resultante, chegamos a

Combinação

$$t = \int_{C_{\text{ureia}}}^{C_{\text{ureia0}}} \frac{dC_{\text{ureia}}}{-r_{\text{ureia}}} = \int_{C_{\text{ureia}}}^{C_{\text{ureia0}}} \frac{K_M + C_{\text{ureia}}}{V_{\text{máx}}C_{\text{ureia}}}\,dC_{\text{ureia}}$$

Integração

$$\boxed{t = \frac{K_M}{V_{\text{máx}}}\ln\frac{C_{\text{ureia0}}}{C_{\text{ureia}}} + \frac{C_{\text{ureia0}} - C_{\text{ureia}}}{V_{\text{máx}}}} \tag{9.32}$$

Podemos expressar a Equação (9.32) em termos da conversão, como

$$C_{\text{ureia}} = C_{\text{ureia0}}(1 - X)$$

Tempo necessário para uma reação enzimática em batelada atingir uma conversão X

$$\boxed{t = \frac{K_M}{V_{\text{máx}}}\ln\frac{1}{1-X} + \frac{C_{\text{ureia0}}X}{V_{\text{máx}}}} \tag{9.32a}$$

Os parâmetros K_M e $V_{\text{máx}}$ podem ser prontamente determinados, a partir dos dados do reator em batelada, utilizando o método integral de análise. Aqui, como mostrado no Capítulo 7, Figuras 7.1, 7.2 e 7.3, queremos rearranjar nossa equação de modo que possamos obter um gráfico linear de nossos dados. Sejam $S = C_{\text{ureia}}$ e $S_0 = C_{\text{ureia0}}$; rearranjamos a Equação (9.32) na forma

$$\boxed{\frac{1}{t}\ln\frac{S_0}{S} = \frac{V_{\text{máx}}}{K_M} - \frac{S_0 - S}{K_M t}} \tag{9.33}$$

O gráfico correspondente em termos da concentração de substrato é mostrado na Figura 9.7.

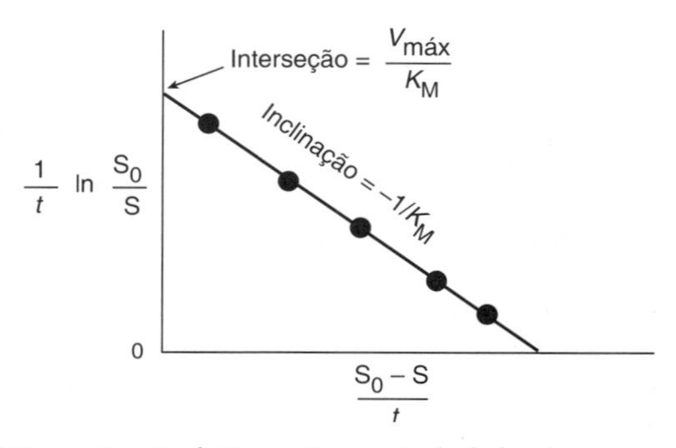

Figura 9.7 Determinação de $V_{\text{máx}}$ e K_M a partir de dados de reator em batelada.

Da Equação (9.33), vemos que a inclinação de um gráfico de $\left[\frac{1}{t}\ln\frac{S_0}{S}\right]$ em função de $\left[\frac{S_0 - S}{t}\right]$ será $\left(-\frac{1}{K_M}\right)$ e a interseção em *y* será $\left(\frac{V_{máx}}{K_M}\right)$. Em casos similares à Equação (9.33), em que não há possibilidade de equívoco, não devemos nos preocupar em colocar o substrato ou outras espécies entre parênteses para representar concentração (ou seja, $C_S \equiv (S) \equiv S$). Você notará que não pode usar a concentração do substrato em $t = 0$ para construir esse gráfico.

Controles deslizantes do PP

Exemplo 9.3 Reatores Enzimáticos em Batelada

Calcule o tempo necessário para a conversão de 99% de ureia em amônia e dióxido de carbono em um reator em batelada de 0,5 dm³. A concentração inicial da ureia é de 0,1 mol/dm³, e a concentração de urease é igual a 0,001 g/dm³. A reação é conduzida de forma isotérmica à mesma temperatura em que os dados da Tabela E9.2.2 foram obtidos.

Solução

Podemos usar a Equação (9.32a)

$$t = \frac{K_M}{V_{máx}}\ln\frac{1}{1-X} + \frac{C_{ureia0}X}{V_{máx}} \tag{9.32a}$$

Da Tabela E9.2.4, sabemos que K_M = 0,0233 mol/dm³, $V_{máx}$ = 1,2 mol/dm³×s. As condições dadas são X = 0,99 e C_{ureia} = 0,1 mol/dm³ (0,1 kmol/m³). No entanto, para as condições do reator em batelada, a concentração da enzima é somente 0,001 g/dm³, valor bem inferior em comparação ao valor de 5 g/dm³ do Exemplo 9.2. Como $V_{máx} = E_t \times k_3$, o valor de $V_{máx}$ para a segunda concentração de enzima é

$$V_{máx2} = \frac{E_{t2}}{E_{t1}} V_{máx1} = \frac{0{,}001}{5} \times 1{,}2 = 2{,}4 \times 10^{-4}\ \text{mol/s}\cdot\text{dm}^3$$

$$K_M = 0{,}0233\ \text{mol/dm}^3 \quad \text{e} \quad X = 0{,}99$$

Substituindo esses valores na Equação (9.32),

$$t = \frac{2{,}33\times10^{-2}\ \text{mol/dm}^3}{2{,}4\times10^{-4}\ \text{mol/dm}^3/\text{s}}\ln\left(\frac{1}{0{,}01}\right) + \frac{(0{,}1\ \text{mol/dm}^3)(0{,}99)}{2{,}4\times10^{-4}\ \text{mol/dm}^3/\text{s}}$$

$$= 447\ \text{s} + 412\ \text{s}$$

$$= 859\ \text{s} \quad (14{,}325\ \text{min}) \quad \underline{\text{Resposta}}$$

Análise: Este exemplo mostra um cálculo direto, semelhante aos do Capítulo 5, do tempo do reator em batelada para encontrar certa conversão de *X* para uma reação enzimática com uma lei de taxa de Michaelis-Menten. Esse tempo de reação em batelada é muito curto; consequentemente, um reator contínuo deve ser mais adequado a essa reação.

Efeito da Temperatura

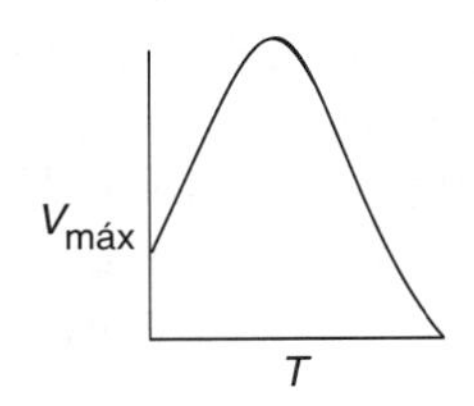

O efeito da temperatura em reações enzimáticas é muito complexo. Se a estrutura da enzima não sofrer modificações com o aumento da temperatura, a taxa deve provavelmente seguir uma dependência com a temperatura do tipo da lei de Arrhenius. Entretanto, à medida que a temperatura cresce, a enzima pode se desenovelar e/ou se tornar desnaturada e perder sua atividade catalítica. Em consequência, com o aumento da temperatura, a taxa da reação, $-r_S$, aumenta até atingir um valor máximo; a partir desse ponto, passa a decrescer à medida que a temperatura aumenta mais. A parte descendente dessa curva é chamada de *desativação ou desnaturação térmica*.[15]

A Figura 9.8 mostra um exemplo desse ponto de máximo da atividade da enzima.[16]

[15] M. L. Shuler and F. Kargi, *Bioprocess Engineering Basic Concepts*, 2nd ed. Upper Saddle River, N.J.: Prentice Hall, 2002, p. 77.
[16] S. Aiba, A. E. Humphrey and N. F. Mills, *Biochemical Engineering*, New York: Academic Press, 1973, p. 47.

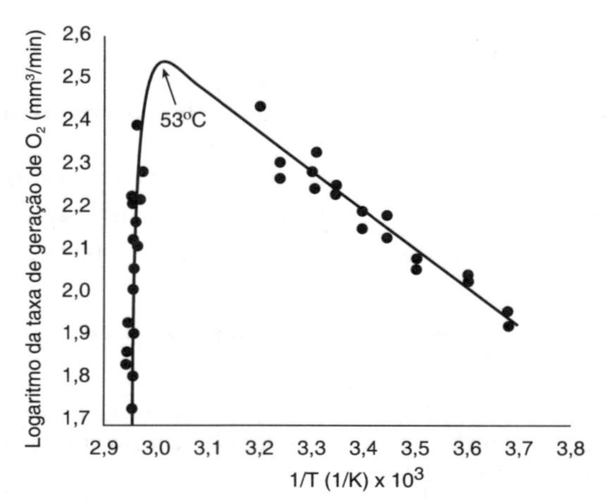

Figura 9.8 Dependência com a temperatura da taxa de queda catalítica de H_2O_2. Cortesia de S. Aiba, A. E. Humphrey and N. F. Mills, *Biochemical Engineering*, Academic Press (1973).

9.3 Inibição das Reações Enzimáticas

Além da temperatura e do pH da solução, outro fator que influencia fortemente as taxas das reações catalisadas por enzimas é a presença de um inibidor. Inibidores são espécies que interagem com as enzimas, tornando-as incapazes de catalisar sua reação específica. As mais dramáticas consequências da inibição da enzima são encontradas em organismos vivos, nos quais a inibição de qualquer enzima envolvida em uma sequência metabólica primária torna toda a sequência inoperante, provocando danos sérios ao organismo ou mesmo sua morte. Por exemplo, a inibição de uma única enzima, a citocromo oxidase, por cianeto, pode parar o processo de oxidação aeróbia e a morte ocorrerá em poucos minutos. Há também inibidores benéficos, como os empregados no tratamento de leucemia e outras doenças neoplásicas. Outro exemplo de inibidor benéfico é o ácido acetilsalicílico, por seu papel inibidor da enzima que catalisa a síntese da prostaglandina, que é um agente envolvido no processo de propagação da dor. Ácido acetilsalicílico e outros fármacos covalentes com inibidores de enzima são discutidos em *Nature Reviews*, 10, 307 (2011) "The resurgence of covalent drug," do Professor Adrian Whitty. Os dados para um inibidor discutido nesse artigo são fornecidos no Problema P9.15. Conforme mostrado em anúncios de TV, a recente descoberta do inibidor sitagliptina da enzima DDP-4 foi aprovada para o tratamento da diabetes tipo 2, uma doença que afeta 240 milhões de pessoas em todo o mundo. Faça o Problema P9.20$_C$ e então, como o anúncio de TV questiona, *"Pergunte ao seu médico se sitagliptina é adequada para você"*.

Os três tipos mais comuns de ocorrência de inibição reversível em reações enzimáticas são: inibição *competitiva, incompetitiva* e *não competitiva*. A molécula da enzima é análoga a uma superfície catalítica heterogênea, no que tange à existência de sítios ativos. Quando a inibição *competitiva* ocorre, o substrato e o inibidor são geralmente moléculas similares que competem pelo mesmo sítio da enzima. A inibição *incompetitiva* ocorre quando o inibidor desativa o complexo enzima-substrato, algumas vezes se ligando ao substrato e outras vezes se ligando à molécula do complexo enzima-substrato. A inibição *não competitiva* só ocorre quando a enzima tem pelo menos dois tipos diferentes de sítios ativos. O substrato se liga com um tipo de sítio e o inibidor se liga a outro para inativar a enzima.

9.3.1 Inibição Competitiva

A inibição competitiva é de particular importância em farmacocinética (terapia com medicamentos). Caso sejam administrados a um paciente um ou mais medicamentos que reajam simultaneamente no interior do corpo com o mesmo cofator ou espécie ativa de uma enzima, essa interação pode conduzir a uma inibição competitiva na formação dos metabólitos respectivos e provocar sérias consequências. Um exemplo de inibição competitiva que é importante na regulação da pressão arterial é a inibição da enzima angiotensina pelo Mercapto-propanal-L-pralina.[17]

Na inibição competitiva, outra substância, isto é, I, compete com o substrato pelas moléculas da enzima para formar um complexo inibidor-enzima, como mostrado na Figura 9.9. Ou seja, além das três etapas da reação tipo Michaelis-Menten, há duas etapas adicionais em que o inibidor (I) se liga de forma reversível à enzima, conforme mostrado nas Etapas 4 e 5 da Reação.

Caminho da inibição competitiva

Caminho da inibição competitiva

$$E + S \rightleftharpoons E \cdot S \longrightarrow E + P$$
$+$
I
$\Updownarrow K_I$
$E \cdot I$

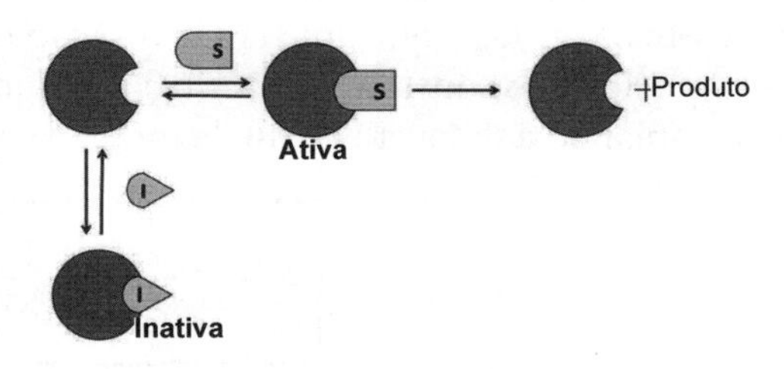

Figura 9.9 Inibição competitiva. Desenho esquemático; cortesia de Jofostan National Library, Lunco, Jofostan, estabelecido em 2019. Espera-se concluir o novo prédio no outono de 2022.

A equação da taxa de formação do produto é análoga (veja as Equações (9.18A) e (9.19)) à de formação de produto na ausência de inibidor

$$r_P = k_3\,(E \cdot S) \tag{9.34}$$

Aplicando a HEPE, a taxa de reação resultante do complexo enzima-substrato é

$$r_{E \cdot S} = 0 = k_1\,(E)(S) - k_2(E \cdot S) - k_3\,(E \cdot S) \tag{9.35}$$

De maneira similar, a aplicação da HEPE à taxa de reação resultante do complexo inibidor-substrato $(E \times I)$ resulta também em zero.

$$r_{E \cdot I} = 0 = k_4\,(E)(I) - k_5(E \cdot I) \tag{9.36}$$

Etapas da Reação

$$\begin{array}{ll}
(1) & E + S \xrightarrow{k_1} \mathbf{E \cdot S} \\
(2) & \mathbf{E \cdot S} \xrightarrow{k_2} E + S \\
(3) & \mathbf{E \cdot S} \xrightarrow{k_3} P + E \\
(4) & I + E \xrightarrow{k_4} \mathbf{E \cdot I}\ \textit{(inativa)} \\
(5) & \mathbf{E \cdot I} \xrightarrow{k_5} E + I
\end{array}$$

A concentração total da enzima é a soma das concentrações de enzima ligada e não ligada

$$E_t = (E) + (E \cdot S) + (E \cdot I) \tag{9.37}$$

Combinando as Equações (9.35), (9.36) e (9.37), explicitando o termo de $(E \times S)$, substituindo-o na Equação (9.34) e simplificando, obtemos

Equação da taxa da inibição competitiva

$$\boxed{r_P = -r_S = \frac{V_{máx}(S)}{(S) + K_M\left(1 + \frac{(I)}{K_I}\right)}} \tag{9.38}$$

[17] *Biochemistry*, 16(25), 5481.

$V_{máx}$ e K_M são os mesmos que os anteriores quando não havia inibição, isto é,

$$V_{máx} = k_3 E_t \text{ e } K_M = \frac{k_2 + k_3}{k_1}$$

e a constante da inibição competitiva K_I (mol/dm^3) é definida como

$$K_I = \frac{k_5}{k_4}$$

Adotando $K'_M = K_M(1 + (I)/K_I)$, verificamos que o efeito da inibição competitiva é aumentar a constante "aparente" de Michaelis, K'_M. Uma consequência desse aumento da constante "aparente" de Michaelis K'_M é que uma concentração maior de substrato é necessária para que a taxa de decomposição do substrato, $-r_S$, atinja a metade de seu valor máximo.

Rearranjando a Equação (9.38) de modo a gerar o gráfico de Lineweaver-Burk,

$$\boxed{\frac{1}{-r_s} = \frac{1}{V_{máx}} + \frac{1}{(S)}\left[\frac{K_M}{V_{máx}}\left(1 + \frac{(I)}{K_I}\right)\right]} \tag{9.39}$$

A partir do gráfico de Lineweaver-Burk (Figura 9.10), verificamos que, à medida que a concentração do inibidor (I) cresce, a inclinação da reta cresce (a taxa decresce) enquanto a interseção com o eixo vertical permanece fixa.

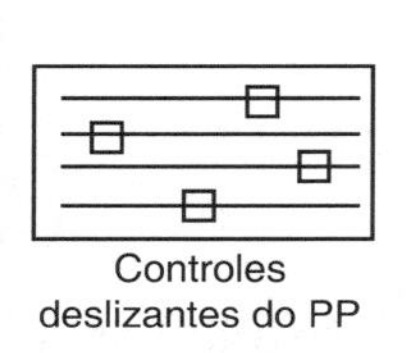

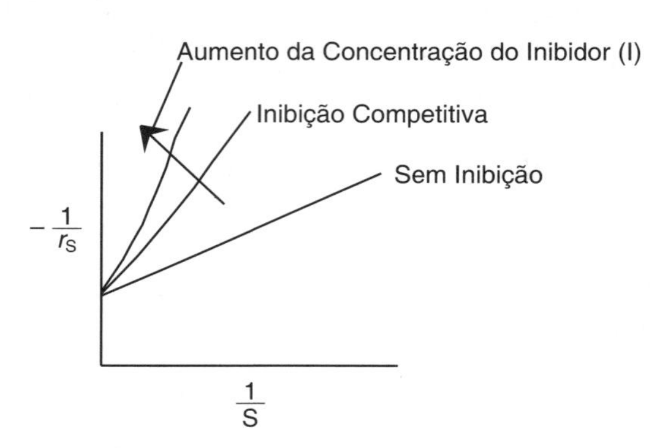

Figura 9.10 Gráfico de Lineweaver-Burk para a inibição competitiva. (*http://www.umich.edu/~elements/6e/09chap/live.html*)

Nota suplementar: Envenenamento por Metanol. Um exemplo importante e interessante de *inibição competitiva do substrato* é a enzima álcool desidrogenase (ADH) na presença de etanol e metanol. Se uma pessoa ingere metanol, a ADH o converterá a formaldeído e então a ácido fórmico, produto que pode causar a cegueira e mesmo a morte. Consequentemente, o tratamento envolve a injeção intravenosa de etanol (que é metabolizado a uma taxa menor que o metanol), a uma taxa controlada, para se ligar à ADH provocando a desaceleração do metabolismo metanol-formaldeído-ácido fórmico, permitindo assim que os rins tenham tempo para filtrar o metanol, que é então eliminado na urina. Com esse tratamento, a cegueira e a morte podem ser evitadas.

9.3.2 Inibição Incompetitiva

Um exemplo de inibição incompetitiva é o inibidor epristerida que afeta o andrógeno testosterona, como enzima que estimula o crescimento. Em inibição incompetitiva, o inibidor não tem afinidade com a enzima propriamente dita e assim não compete com o substrato pela enzima;

em lugar disso, o inibidor se liga ao complexo enzima-substrato formando um novo complexo inibidor-enzima-substrato, (I · E · S), que é inativo. Na inibição incompetitiva, o inibidor se liga reversivelmente ao complexo enzima-substrato *após* sua formação.

Da mesma maneira que na inibição competitiva, na inibição incompetitiva duas etapas de reação são acrescidas à cinética de Michaelis-Menten, como mostrado nas etapas de reação 4 e 5 na Figura 9.11.

Etapas da Reação

$$
\begin{array}{ll}
(1) & E + S \xrightarrow{k_1} \mathrm{E \cdot S} \\
(2) & \mathrm{E \cdot S} \xrightarrow{k_2} E + S \\
(3) & \mathrm{E \cdot S} \xrightarrow{k_3} P + E \\
(4) & I + \mathrm{E \cdot S} \xrightarrow{k_4} \mathrm{I \cdot E \cdot S}\ \textit{(inativa)} \\
(5) & \mathrm{I \cdot E \cdot S} \xrightarrow{k_5} \mathrm{I + E \cdot S}
\end{array}
$$

Caminho da Inibição Incompetitiva

Caminho da inibição incompetitiva

$$
\mathrm{E + S \rightleftharpoons E \cdot S \longrightarrow E + P}, \quad \mathrm{E \cdot S + I} \underset{}{\overset{K_I}{\rightleftharpoons}} \mathrm{E \cdot S \cdot I}
$$

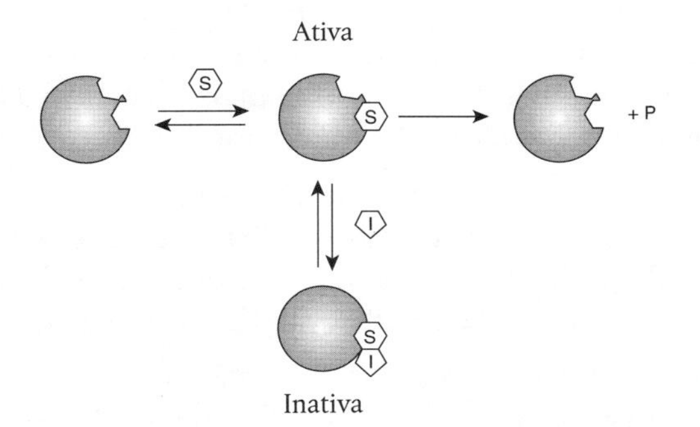

Figura 9.11 Etapas na inibição incompetitiva da enzima.

Adotando inicialmente a equação de taxa de formação do produto, Equação (9.34), e então aplicando a hipótese de estado pseudoestacionário para o intermediário (I · E · S), chegamos à equação da taxa da inibição incompetitiva

Equação da taxa da inibição incompetitiva

$$
\boxed{-r_s = r_p = \frac{V_{\text{máx}}(\mathrm{S})}{K_M + (\mathrm{S})\left(1 + \dfrac{(\mathrm{I})}{K_I}\right)} \quad \text{em que } K_I = \frac{k_5}{k_4}} \tag{9.40}
$$

As etapas intermediárias são mostradas nas *Notas de Resumo* do Capítulo 9 nas Fontes de Aprendizagem no CRE *website* (*http://www.umich.edu/~elements/6e/09chap/summary-example4.html*).

Rearranjando a Equação (9.40).

$$
\boxed{\frac{1}{-r_s} = \frac{1}{(\mathrm{S})}\frac{K_M}{V_{\text{máx}}} + \frac{1}{V_{\text{máx}}}\left(1 + \frac{(\mathrm{I})}{K_I}\right)} \tag{9.41}
$$

O gráfico de Lineweaver-Burk, para inibição enzimática incompetitiva, é mostrado na Figura 9.12 para diferentes valores da concentração do inibidor. A inclinação da reta ($K_M/V_{\text{máx}}$) não varia com o aumento da concentração do inibidor (I), enquanto a interseção da reta com o eixo vertical $[(1/V_{\text{máx}})\ (1 + (I)/K_I)]$ aumenta.

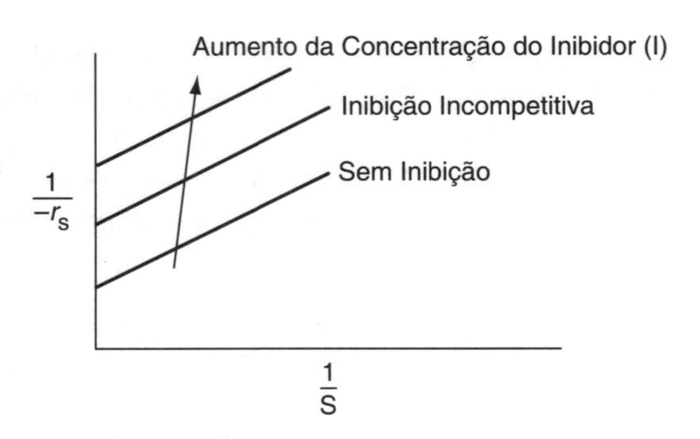

Figura 9.12 Gráfico de Lineweaver-Burk para a inibição incompetitiva.

9.3.3 Inibição Não Competitiva (Inibição Mista)[18]

Na inibição não competitiva, também chamada de *inibição mista*, as moléculas de substrato e de inibidor reagem com sítios de diferentes tipos da molécula de enzima. Exemplos de inibidores não competitivos incluem íons de metais pesados, como Pb^{2+}, Ag^{+} e Hg^{2+}, e o inibidor FK866, que afeta a enzima nicotinamida fosforribosiltransferase.[19] Toda vez que o inibidor se liga à enzima, ela se torna inativa e não pode mais formar produtos. Consequentemente, o complexo desativado (I · E · S) pode ser formado por dois caminhos reversíveis de reação.

1. Após uma molécula do substrato (S) se ligar à molécula de enzima no sítio do substrato, a molécula de inibidor liga-se à enzima no sítio do inibidor. (E · S + I ⇄ I · E · S)
2. Após uma molécula do inibidor (I) se ligar à molécula de enzima (E) no sítio do inibidor, a molécula de substrato liga-se à enzima no sítio do substrato. (E · I + S ⇄ I · E · S)

Esses caminhos, juntamente com a formação do produto, P, são mostrados na Figura 9.13. Na inibição não competitiva, a enzima pode se tornar inativa tanto *antes como depois* da formação do complexo enzima-substrato, como mostrado nas Etapas 2, 3 e 4.

Etapas da Reação

$$\text{(1)}\quad E + S \rightleftarrows E \cdot S$$
$$\text{(2)}\quad E + I \rightleftarrows I \cdot E \text{ (inativa)}$$
$$\text{(3)}\quad I + E \cdot S \rightleftarrows I \cdot E \cdot S \text{ (inativa)}$$
$$\text{(4)}\quad S + I \cdot E \rightleftarrows I \cdot E \cdot S \text{ (inativa)}$$
$$\text{(5)}\quad E \cdot S \longrightarrow P + E$$

Caminho da Inibição Não Competitiva

Inibição mista

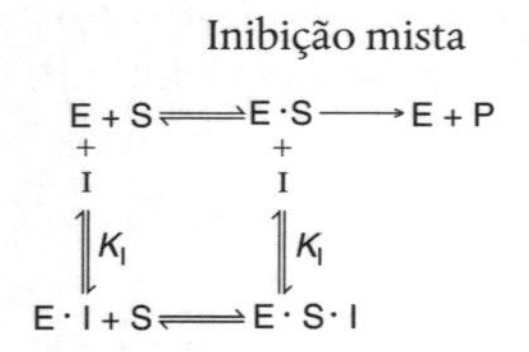

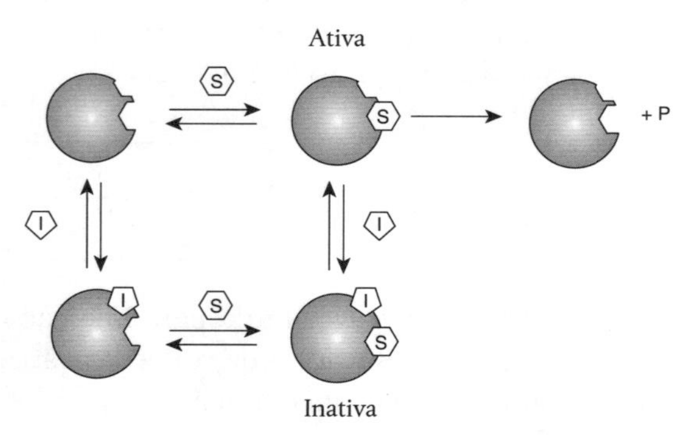

Figura 9.13 Etapas na inibição enzimática não competitiva da enzima.

[18] Em alguns textos, inibição mista é uma combinação da inibição competitiva com a inibição incompetitiva.
[19] *Cancer Res.*, 63 (21), 7436.

Novamente, adotando inicialmente a equação de taxa de formação do produto e então aplicando a HEPE para os complexos (I × E) e (I × E × S), chegamos à equação da taxa da inibição não competitiva.

Equação da taxa para inibição não competitiva

$$-r_s = \frac{V_{máx}(S)}{((S)+K_M)\left(1+\frac{(I)}{K_I}\right)} \tag{9.42}$$

A dedução da equação da taxa é apresentada nas *Notas de Resumo* no CRE *website* (*http://www.umich.edu/~elements/6e/09chap/summary-derive3.html*). A Equação (9.42) expressa a equação da taxa das reações enzimáticas em que ocorre a inibição não competitiva.

$$\frac{1}{-r_s} = \frac{1}{V_{máx}}\left(1+\frac{(I)}{K_I}\right) + \frac{1}{(S)}\frac{K_M}{V_{máx}}\left(1+\frac{(I)}{K_I}\right) \tag{9.43}$$

Na inibição não competitiva, verificamos na Figura 9.14 que tanto a inclinação $\left(\frac{K_M}{V_{máx}}\left[1+\frac{(I)}{K_I}\right]\right)$ quanto a interseção com o eixo vertical $\left(\frac{1}{V_{máx}}\left[1+\frac{(I)}{K_I}\right]\right)$ da reta crescem com o aumento do valor da concentração do inibidor. Na prática, a *inibição incompetitiva* e a *inibição mista* são encontradas apenas em enzimas com dois ou mais substratos, S_1 e S_2.

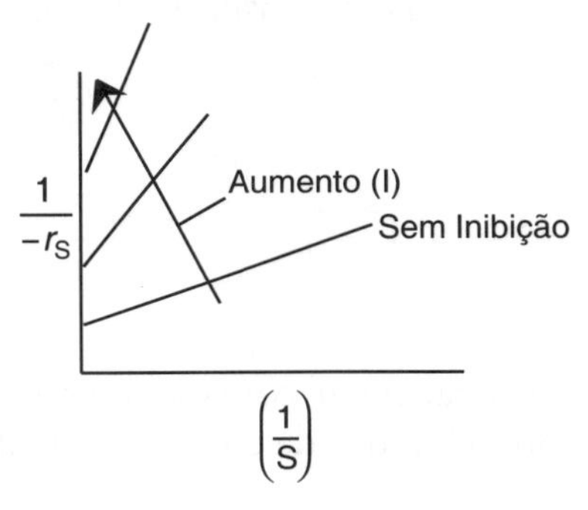

Figura 9.14 Gráfico de Lineweaver-Burk para a inibição enzimática não competitiva.

A Figura 9.15 mostra os gráficos de Lineweaver-Burk em que os três tipos de inibição são comparados com uma reação na qual não há presença de inibidores.

Gráfico resumindo os tipos de inibição

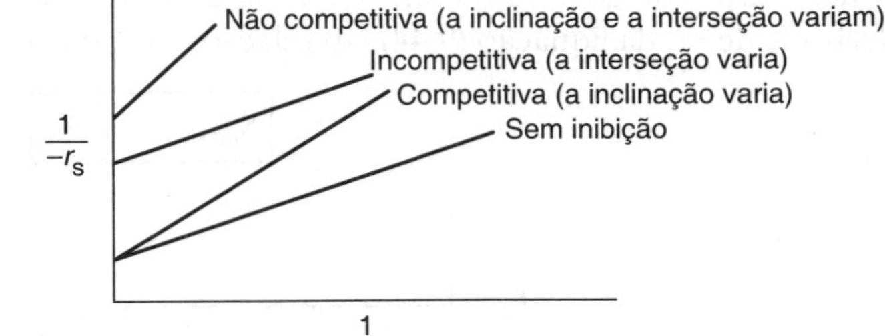

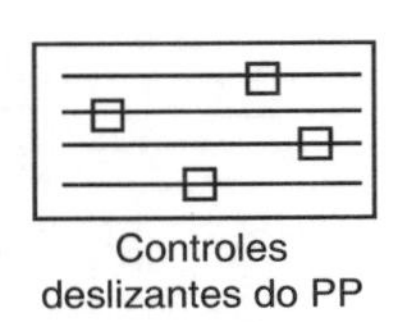

Figura 9.15 Gráficos de Lineweaver-Burk para os três tipos de inibição enzimática. (*http://www.umich.edu/~elements/6e/09chap/live.html*)

Em suma, observamos as seguintes tendências e relações:

1. Na *inibição competitiva*, a inclinação da reta cresce com o aumento da concentração do inibidor, enquanto sua interseção com o eixo vertical não varia.

Diferenças no Gráfico de Lineweaver-Burk

2. Na *inibição incompetitiva*, a interseção da reta com o eixo *y* cresce com o aumento da concentração do inibidor enquanto sua inclinação não varia.
3. Na *inibição não competitiva (inibição mista)*, tanto a interseção com o eixo *y* quanto a inclinação da reta crescem com o aumento da concentração do inibidor.

O Problema P9.12$_B$ propõe que você use dados experimentais da literatura para identificar o tipo de inibição que ocorre na reação do amido catalisada por enzima.

9.3.4 Inibição pelo Substrato

Em muitos casos, o próprio substrato age como um inibidor, especialmente a altas concentrações do substrato. No caso de inibição incompetitiva, a molécula inativa (S × E × S) é formada pela reação

$$S + E \cdot S \rightarrow S \cdot E \cdot S \text{ (inativa)}$$

Consequentemente, verificamos que substituindo (I) por (S) na Equação (9.40) obtemos a equação da taxa $-r_S$

$$-r_S = \frac{V_{máx}(S)}{K_M + (S) + \frac{(S)^2}{K_I}} \tag{9.44}$$

Verificamos que com baixos valores da concentração do substrato

$$K_M >> \left((S) + \frac{(S)^2}{K_I}\right) \tag{9.45}$$

então

$$-r_S \sim \frac{V_{máx}(S)}{K_M} \tag{9.46}$$

e a taxa cresce linearmente com o aumento da concentração do substrato.

Para valores elevados da concentração de substrato $((S)^2/K_I) >> (K_M + (S))$, então

Inibição do substrato

$$-r_S = \frac{V_{máx}K_I}{S} \tag{9.47}$$

e verificamos que a taxa decresce com o aumento da concentração do substrato. Consequentemente, a taxa de reação passa por um máximo à medida que a concentração do substrato aumenta, como mostrado na Figura 9.16. Verificamos também que existe um valor ótimo da concentração do substrato com o qual se deve operar. Esse máximo é obtido calculando-se a derivada de $-r_S$ da Equação (9.44) em relação a S, igualando a zero para obter

$$\boxed{S_{máx} = \sqrt{K_M K_I}} \tag{9.48}$$

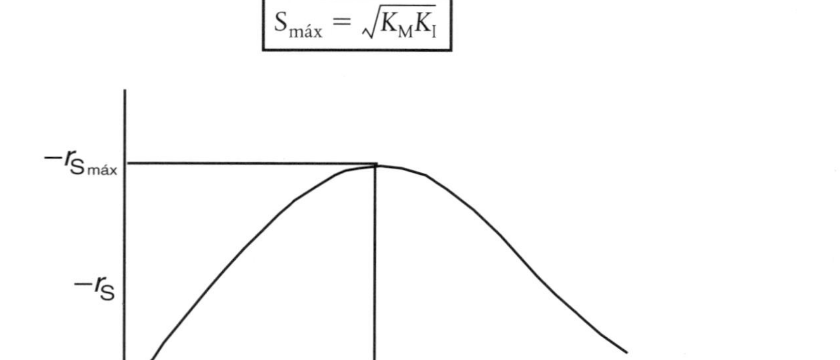

Figura 9.16 Taxa de reação do substrato em função da concentração de substrato com a inibição pelo substrato.

Quando a inibição pelo substrato é possível, o substrato é alimentado para um reator em semibatelada chamado *batelada alimentada* para maximizar a taxa de reação e a conversão.

Nossa discussão sobre enzimas continua na *Estante com Referências Profissionais* no CRE *website*, onde descrevemos os sistemas de enzimas múltiplas e de substrato, regeneração de enzimas e cofatores de enzimas (veja R9.6, *http://www.umich.edu/~elements/6e/09chap/prof-07prof2.html*).

9.4 Biorreatores e Biossíntese

Novidades em Engenharia Química

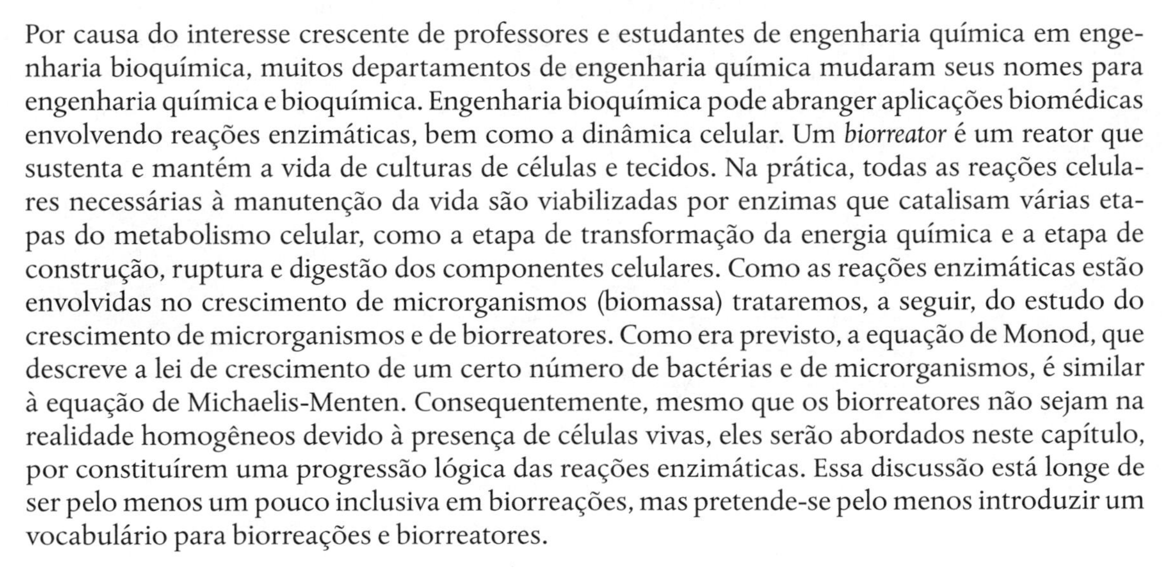

Por causa do interesse crescente de professores e estudantes de engenharia química em engenharia bioquímica, muitos departamentos de engenharia química mudaram seus nomes para engenharia química e bioquímica. Engenharia bioquímica pode abranger aplicações biomédicas envolvendo reações enzimáticas, bem como a dinâmica celular. Um *biorreator* é um reator que sustenta e mantém a vida de culturas de células e tecidos. Na prática, todas as reações celulares necessárias à manutenção da vida são viabilizadas por enzimas que catalisam várias etapas do metabolismo celular, como a etapa de transformação da energia química e a etapa de construção, ruptura e digestão dos componentes celulares. Como as reações enzimáticas estão envolvidas no crescimento de microrganismos (biomassa) trataremos, a seguir, do estudo do crescimento de microrganismos e de biorreatores. Como era previsto, a equação de Monod, que descreve a lei de crescimento de um certo número de bactérias e de microrganismos, é similar à equação de Michaelis-Menten. Consequentemente, mesmo que os biorreatores não sejam na realidade homogêneos devido à presença de células vivas, eles serão abordados neste capítulo, por constituírem uma progressão lógica das reações enzimáticas. Essa discussão está longe de ser pelo menos um pouco inclusiva em biorreações, mas pretende-se pelo menos introduzir um vocabulário para biorreações e biorreatores.

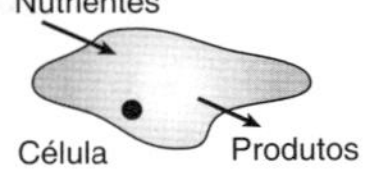

Tendências Atuais

O crescimento da biotecnologia

O emprego de células vivas na produção de produtos químicos que tenham demanda no mercado vem se tornando cada vez mais importante. O número de produtos químicos, agroquímicos e alimentícios produzidos por biossíntese tem crescido acentuadamente. Tanto os microrganismos como as células de mamíferos estão sendo usadas para produzir uma variedade de produtos, como a insulina, a maioria dos antibióticos e polímeros. A edição de janeiro de 2019 da *Cell Press* indicou que o mercado de anticorpos monoclonais (mAb) deve crescer para $130 a $200 bilhões até 2020. mAb tem tido sucesso na luta contra um número de cânceres, como linfoma, melanoma, juntamente com câncer de mama, pulmão e ovário. As células Mammalia são normalmente usadas na produção de mAb e os fundamentos do crescimento celular apresentados neste capítulo podem ser usados para modelar seu crescimento. Os reatores usados para o crescimento de mAb são em batelada, batelada alimentada (semibatelada) e perfusão (*https://cellculturedish.com/perfusion-bioreactors-with-so-much-to-offer-they-deserve-a-closer-look/*). Além disso, espera-se que, no futuro, vários produtos orgânicos que atualmente são derivados do petróleo passem a ser produzidos por células vivas. As vantagens das bioconversões são: condições de reação brandas; rendimentos elevados (por exemplo, 100% de conversão da glicose a ácido glucônico com *Aspergillus niger*); os organismos contêm várias enzimas que podem catalisar passos sucessivos em uma reação e, o mais importante, agir como catalisadores estereoespecíficos. Um exemplo comum da especificidade da bioconversão é a produção de um *único* isômero específico que, quando produzido quimicamente, resulta uma *mistura* de isômeros.

Novidades em Engenharia Química

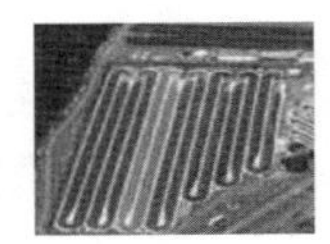

Na quinta edição, concentrei-me na Sapphire Energy e sua iniciativa de cultivar e usar algas vivas para produzir biomassa como fonte alternativa de energia. Como visitei a fábrica no Novo México e tive conhecimento do processo, dois problemas propostos foram criados (Problema Proposto P9.20_C e P9.21_B). Infelizmente, em 19 de abril de 2017, o Algae World News informou

Centavos! que Sapphire Energy não existe mais e foi comprada por um fazendeiro local por centavos de dólar (https://news.algaeworld.org/2017/04/happened-sapphire-energy/).

A Célula como "Planta" de Reação Química

O Algoritmo
- Balanço na Célula
- Balanço de Substrato
- Equação da Taxa
- Estequiometria

Na biossíntese, as células, também denominadas *biomassa*, consomem os nutrientes para crescer e produzir mais células e importantes produtos. Internamente, uma célula utiliza seus nutrientes para produzir energia e mais células. Essa transformação de nutrientes em energia e bioprodutos é realizada por meio de várias enzimas que a célula utiliza em uma série de reações para produzir os metabólitos. Esses produtos tanto podem permanecer na célula (produto intracelular), como podem ser excretados para fora da célula (produto extracelular). Se o produto é intracelular, torna-se necessário proceder à lise (ruptura) das células, e o produto deve ser filtrado e purificado a partir do caldo de cultura (mistura reacional). A representação esquemática de uma célula é mostrada na Figura 9.17 e na foto exibindo a divisão celular, que é também mostrada na Figura 9.19.

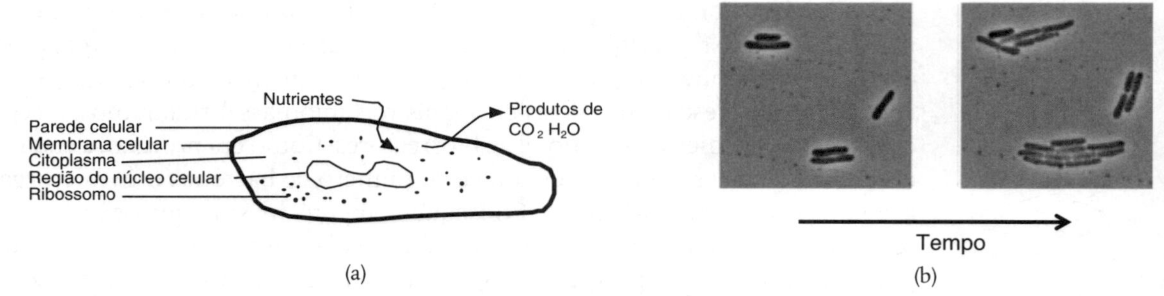

Figura 9.17 (**a**) Representação esquemática de uma célula; (**b**) Foto da divisão de *E. coli*. Adaptada de "Indole prevents *Escheria coli* cell division by modulating membrane potencial". Catalin Chimirel, Christopher M. Field, Silvia Piñera-Fernandez, Ulrich F. Keyser, David K. Summers. *Biochimica et Biophysica Acta-Biomembranes*, vol. 1818, issue 7, July 2012.

A célula consiste em uma parede celular e uma membrana externa que envolve o citoplasma que contém a região nuclear e os ribossomos. A parede celular protege a célula de influências externas. A membrana da célula promove o transporte seletivo de materiais para dentro e para fora da célula. Outras substâncias podem se ligar à membrana celular para conduzir funções celulares importantes. No citoplasma, estão contidos os ribossomos que contêm o ácido ribonucleico (RNA) e são importantes na síntese de proteínas. A região nuclear contém o ácido desoxirribonucleico (DNA) que fornece a informação genética para a produção de proteínas e outras substâncias e estruturas celulares.[20]

As reações na célula ocorrem simultaneamente e são classificadas como a seguir: classe (I) degradação dos nutrientes (reações de suprimento); classe (II) síntese de moléculas pequenas (aminoácidos); classe (III) síntese de macromoléculas (polimerização, por exemplo, RNA, DNA). Uma breve descrição, com apenas uma pequena fração das reações e dos caminhos metabólicos, é mostrada na Figura 9.18. Um modelo mais detalhado é apresentado nas Figuras 5.1 e 6.14, de Shuler e Kargi.[21] Nas reações de Classe I, o trifosfato de adenosina (ATP) participa da degradação dos nutrientes para formar produtos que são usados nas reações de biossíntese (classe II) das moléculas pequenas (por exemplo, aminoácidos), que são então polimerizadas para formar RNA e DNA (classe III). O ATP também transfere a energia liberada quando perde o grupo fosfonato para formar o difosfato de adenosina (ADP).

$$\text{ATP} + H_2O \rightarrow \text{ADP} + \text{P} + H_2O + \text{Energia}$$

[20] M. L. Shuler and F. Kargi, *Bioprocess Engineering Basic Concepts*, 2nd ed. Upper Saddle River, N. J.: Prentice Hall, 2002.
[21] *Ibid.*, pp. 135, 185.

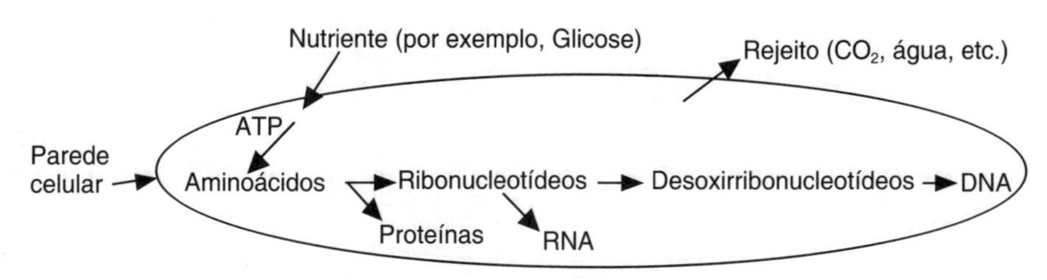

Figura 9.18 Exemplos de reações que ocorrem na célula.

Crescimento e Divisão Celular

O crescimento e a divisão celular típicos de células de mamíferos são mostrados esquematicamente na Figura 9.19. As quatro fases da divisão celular são chamadas de G1, S, G2 e M e estão também descritas na Figura 9.19.

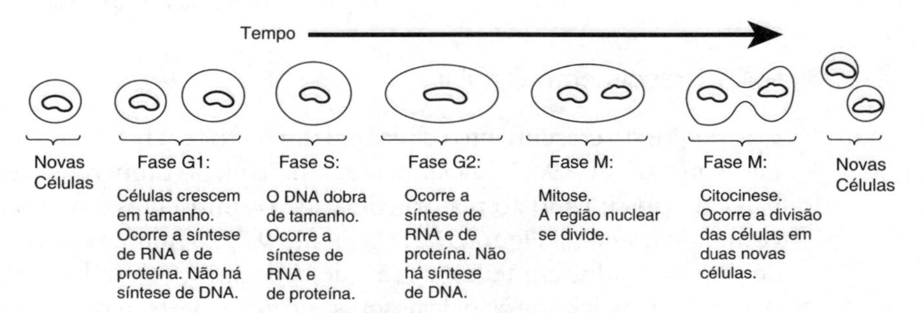

Figura 9.19 Fases da divisão celular.

Em geral, o crescimento de um organismo aeróbio segue a equação

Multiplicação celular

$$[\text{Células}] + \begin{bmatrix}\text{Fonte de}\\ \text{carbono}\end{bmatrix} + \begin{bmatrix}\text{Fonte de}\\ \text{nitrogênio}\end{bmatrix} + \begin{bmatrix}\text{Fonte de}\\ \text{oxigênio}\end{bmatrix} + \begin{bmatrix}\text{Fonte de}\\ \text{fosfato}\end{bmatrix} + \cdots \xrightarrow[\text{(pH, temperatura, etc.)}]{\text{Condições do meio de cultura}} [CO_2] + [H_2O] + [\text{Produtos}] + \begin{bmatrix}\text{Mais}\\ \text{células}\end{bmatrix} \tag{9.49}$$

Uma forma mais abreviada da Equação (9.49) geralmente usada é aquela em que um substrato, na presença de células, produz mais células além do produto; ou seja,

$$\text{Substrato} \xrightarrow{\text{Células}} \text{Mais células} + \text{Produto} \tag{9.50}$$

Autocatalítica

Os produtos da Equação (9.50) incluem CO_2, água, proteínas e outras espécies específicas para a reação em questão. Uma discussão excelente sobre a estequiometria (balanços molares e atômicos) da Equação (9.49) pode ser encontrada em Shuler e Kargi,[22] Bailey e Ollis[23] e Blanch e Clark.[24] O meio de cultura do substrato contém todos os nutrientes (carbono, nitrogênio etc.), juntamente com outros produtos químicos necessários para o crescimento. Devido, como veremos em breve, à velocidade dessa reação ser proporcional à concentração de células, a reação é autocatalítica. Um esquema simplificado de reator biológico simples, operando em batelada, e do crescimento de dois tipos de microrganismos, bactérias tipo coco (isto é, esféricas) e levedura, é mostrado na Figura 9.20.

[22] M. L. Shuler and F. Kargi, *Bioprocess Engineering Basic Concepts*, 2nd ed. Upper Saddle River, N. J.: Prentice Hall, 2002.
[23] J. E. Bailey and D. F. Ollis, *Biochemical Engineering*, 2nd ed. New York: McGraw-Hill, 1987.
[24] H. W. Blanch and D. S. Clark, *Biochemical Engineering*, Nova York: Marcel Dekker, Inc. 1996.

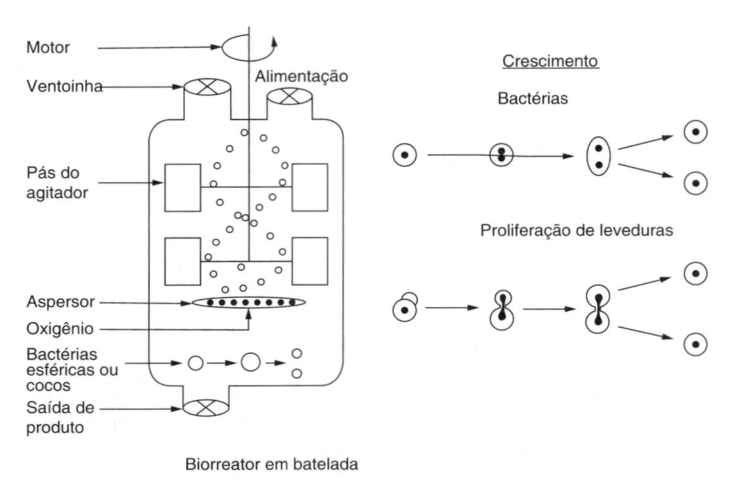

Figura 9.20 Biorreator em batelada.

9.4.1 Crescimento Celular

Os estágios do crescimento celular em um reator em batelada são mostrados esquematicamente nas Figuras 9.21 e 9.22. Inicialmente, um pequeno número de células é inoculado no reator em batelada (adicionado ao reator) contendo os nutrientes e o processo de crescimento principia, como mostrado na Figura 9.21. Na Figura 9.22, o número de células vivas é plotado em função do tempo. Dados em tempos reais de concentração celular, obtidos pelo aluno de doutorado Barry Wolf, no laboratório de pesquisa do autor deste livro, são mostrados no CRE *website* (*http://www.umich.edu/~elements/6e/09chap/summary.html#sec3*).[25]

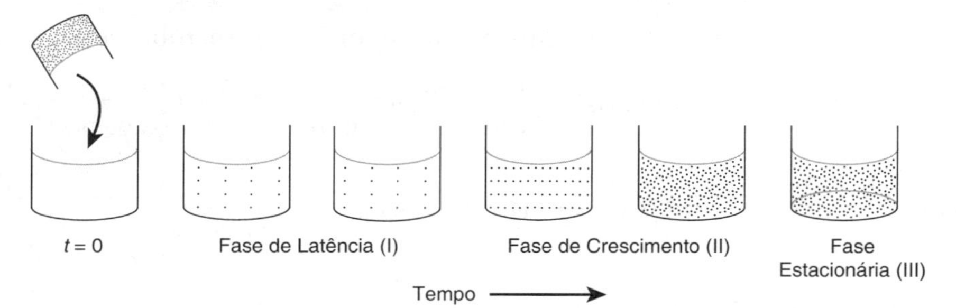

Figura 9.21 Aumento da concentração de células.

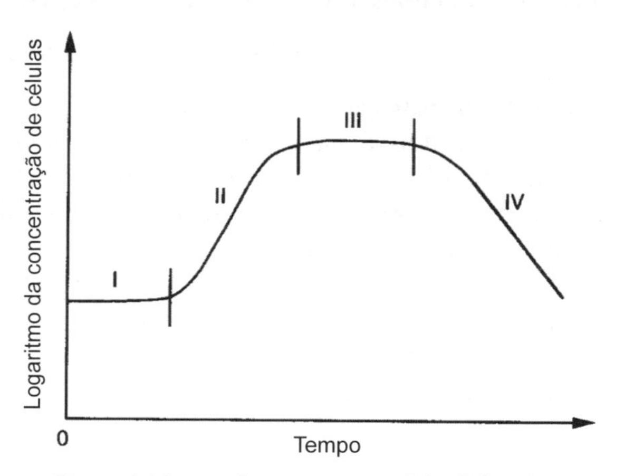

Figura 9.22 Fases do crescimento celular da bactéria.

[25] B. Wolf and H. S. Fogler, "Alteration of the growth rate and lag time of *Leuconostoc mesenteroides* NRRL-B523", *Biotechnol. Bioeng.*, 72 (6), 603 (2001). B. Wolf and H. S. Fogler, "Growth of *Leuconostoc mesenteroides* NRRL-B523, in alkaline medium", *Biotechnol. Bioeng.*, 89 (1), 96 (2005).

Fase de latência

A *Fase I*, mostrada na Figura 9.22, é chamada de *fase de latência*. Há um pequeno crescimento da concentração de células nessa fase. Durante a fase de latência, as células estão se ajustando a seu novo ambiente, realizando funções, tais como a síntese de proteínas de transporte para levar o substrato para o interior da célula, a síntese de proteínas, que utilizam o novo substrato, e o início do trabalho de replicação do material genético das células. A duração da fase de latência depende da similaridade entre o meio de crescimento do qual o inóculo foi retirado e o meio de reação no qual é colocado. Se o meio do inóculo for similar ao meio do reator em batelada, a fase de latência será praticamente inexistente. Se, entretanto, o inóculo for colocado em um meio com nutrientes diferentes e outros componentes, ou se a cultura do inóculo estiver na fase estacionária ou na fase de morte celular, as células terão que reajustar sua rota metabólica de modo a permitir o consumo dos nutrientes em seu novo ambiente.[21]

Fase de crescimento exponencial

A *Fase II* é chamada de *fase de crescimento exponencial* devido ao fato de a taxa de crescimento da célula ser proporcional à concentração de células. Nessa fase, as células se dividem em sua taxa máxima, porque todos os caminhos enzimáticos para metabolizar o meio estão em funcionamento (como resultado da fase de latência) e as células estão capacitadas para utilizar os nutrientes da forma mais eficiente.

A *Fase III* é a *fase estacionária*, na qual as células ocupam um espaço biológico mínimo, em que a ausência de um ou mais nutrientes limita o crescimento das células. Durante a fase estacionária, as células estão funcionando, mas a taxa *líquida* de crescimento celular é nula devido ao esgotamento dos nutrientes e de metabólitos essenciais. Muitos produtos importantes de fermentação, incluindo a maioria dos antibióticos, são produzidos na fase estacionária. Por exemplo, a penicilina produzida comercialmente utilizando o fungo *Penicillium chrysogenum* é formada somente após o término da fase de crescimento. A presença de ácidos orgânicos e de materiais tóxicos gerados durante a fase de crescimento também desacelera o crescimento celular.

Antibióticos são produzidos durante a fase estacionária

Fase de morte celular

A fase final, *Fase IV*, é a *fase da morte*, em que ocorre um decréscimo da concentração de células vivas. Esse decaimento é resultado da presença de subprodutos tóxicos, do ambiente inóspito e/ou do esgotamento do suprimento de nutrientes.

9.4.2 Equações da Taxa

Embora existam muitas equações para a taxa de crescimento de novas células, isto é,

$$\text{Células} + \text{Substrato} \rightarrow \text{Mais células} + \text{Produtos}$$

a expressão mais comumente utilizada é a equação de *Monod* para crescimento exponencial:

$$r_g = \mu C_c \tag{9.51}$$

em que r_g = taxa de crescimento celular, g/dm^3× s
C_c = concentração de células, g/dm^3
μ = taxa específica de crescimento, s^{-1}

A concentração de células é frequentemente dada em termos de massa (g) de células secas por volume líquido, sendo especificada como "gramas (massa seca) por dm^3" (gms/dm^3).

A taxa específica de crescimento pode ser expressa por

$$\mu = \mu_{\text{máx}} \frac{C_s}{K_s + C_s} \quad s^{-1} \tag{9.52}$$

Valores representativos
$\mu_{\text{máx}} = 1{,}3\ h^{-1}$
$K_s = 2{,}2 \times 10^{-5}$ (g/dm^3)

em que $\mu_{\text{máx}}$ = taxa específica máxima de crescimento, s^{-1}
K_s = constante de *Monod*, g/dm^3
C_s = concentração de substrato (nutrientes), g/dm^3

sendo também mostrada na Figura 9.23. Valores representativos de $\mu_{\text{máx}}$ e K_s são 1,3 h^{-1} e 2,2 × 10^{-5} g/dm^3, respectivamente, que são os valores dos parâmetros para o crescimento de *E. coli* em glicose. Combinando as Equações (9.51) e (9.52), chegamos à equação de Monod relativa à taxa de crescimento celular de bactérias

Equação de Monod

$$\boxed{r_g = \frac{\mu_{\text{máx}} C_s C_c}{K_s + C_s}} \tag{9.53}$$

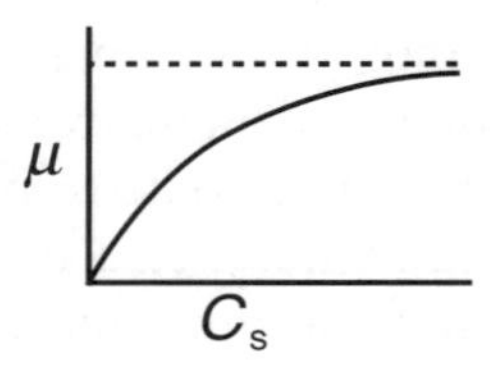

Figura 9.23 A taxa específica de crescimento celular, μ, em função da concentração de substrato C_s.

Para vários tipos diferentes de bactérias, o valor da constante K_s é muito pequeno em relação às concentrações típicas de substrato; nesse caso a equação da taxa se reduz a

$$r_g = \mu_{\text{máx}} C_c \tag{9.54}$$

A taxa de crescimento, r_g, frequentemente depende da concentração de mais de um nutriente; no entanto, o nutriente limitante é aquele normalmente usado na Equação (9.53).

Em muitos sistemas, o produto inibe a taxa de crescimento. Um exemplo clássico dessa forma de inibição ocorre no processo de produção de vinho, no qual a fermentação da glicose para produzir etanol é inibida pelo produto etanol. Existem diferentes equações para descrever a inibição; uma dessas equações da taxa assume a forma empírica

$$\boxed{r_g = k_{\text{obs}} \frac{\mu_{\text{máx}} C_s C_c}{K_s + C_s}} \tag{9.55}$$

em que

Forma empírica da equação de Monod para a inibição do produto

$$k_{\text{obs}} = \left(1 - \frac{C_p}{C_p^*}\right)^n \tag{9.56}$$

com

C_p = concentração do produto (g/dm^3)
C_p^* = concentração do produto na qual todo o metabolismo cessa, g/dm^3
n = constante empírica

Para a fermentação de glicose a etanol, os parâmetros de inibição típicos são

$$n = 0{,}5 \text{ e } C_p^* = 93 \text{ g/dm}^3$$

Além da equação de *Monod*, duas outras equações são costumeiramente utilizadas para descrever a taxa de crescimento celular; são elas a equação de *Tessier*,

Equação de Tessier

$$r_g = \mu_{\text{máx}} \left[1 - \exp\left(-\frac{C_s}{k}\right)\right] C_c \tag{9.57}$$

e a equação de *Moser*,

Equação de Moser

$$r_g = \frac{\mu_{\text{máx}} C_c}{(1 + kC_s^{-\lambda})} \tag{9.58}$$

em que λ e k são constantes empíricas determinadas pelo melhor ajuste aos dados. As leis de crescimento de Moser e de Tessier são usadas com frequência por apresentarem melhor ajuste aos pontos experimentais no início e no final da fermentação. Outras equações de taxa de crescimento podem ser encontradas em Dean.[26]

A taxa de morte celular é resultado do ambiente inóspito, de forças de cisalhamento, de esgotamento local de nutrientes e da presença de substâncias tóxicas. A equação da taxa é

$$r_d = (k_d + k_t C_t) C_c \tag{9.59}$$

em que C_t é a concentração de uma substância tóxica à célula. As velocidades específicas de morte k_d e k_t se referem, respectivamente, à morte natural e à morte causada pela substância tóxica. Valores típicos de k_d variam de 0,1 h^{-1} a menos de 0,0005 h^{-1}. O valor de k_t depende da natureza da toxina.

Tempos de duplicação

As taxas de crescimento de micróbios são medidas em termos de *tempos de duplicação*. O tempo de duplicação é o tempo necessário para a massa de um organismo dobrar. Valores típicos de tempos de duplicação variam de 45 minutos a 1 hora, mas podem ser tão rápidos quanto 15 minutos. O tempo de duplicação de células eucariontes simples, como a levedura, varia de 1,5 a 2 horas, mas pode ser tão rápido quanto 45 minutos.

Efeito da Temperatura. Como no caso das enzimas (veja a Figura 9.8), existe um valor ótimo da taxa de crescimento com a temperatura provocado pelo aumento da taxa de competição com o aumento da temperatura e pela desnaturação da enzima a altas temperaturas. Uma lei empírica que descreve essa dependência funcional é dada por Aiba *et al.*[27] e é da forma

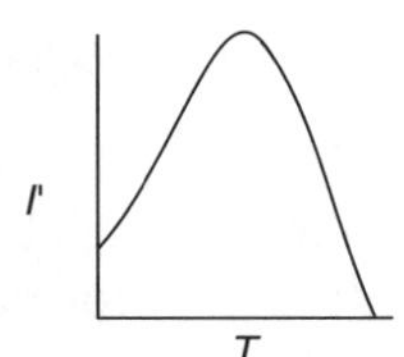

$$\mu(T) = \mu(T_m) I'$$
$$I' = \frac{aTe^{-E_1/RT}}{1 + be^{-E_2/RT}} \tag{9.60}$$

em que I' é a fração da taxa de crescimento máxima, T_m é a temperatura na qual a taxa de crescimento máxima ocorre, e $\mu(T_m)$ é a taxa de crescimento a essa temperatura. Para a taxa de absorção de oxigênio da *Rhizobium trifolii*, a equação assume a forma

$$I' = \frac{0{,}0038Te^{[21{,}6 - 6.700/T]}}{1 + e^{[153 - 48.000/T]}} \tag{9.61}$$

A taxa máxima de crescimento da *Rhizobium trifolii* parece ocorrer a 310 K. Contudo, experimentos feitos pelo Prof. Dr. Sven Köttlov da Universidade de Jofostan em Riça, Jofostan, mostram que essa temperatura deveria ser 312 K e não 310 K. Uma grande reviravolta na comunidade científica de *Rhizobium trifolii*!!

9.4.3 Estequiometria

A estequiometria do crescimento celular é muito complexa e varia com o sistema microrganismo/nutriente e com as condições ambientais como o pH, a temperatura e o potencial redox. Essa complexidade é especialmente verdadeira quando mais de um nutriente contribui para o crescimento celular, como é usualmente o caso. Centralizaremos nossa discussão em uma versão simplificada do crescimento celular, considerando apenas um nutriente presente no meio. Em geral, temos

$$\text{Células} + \text{Substrato} \longrightarrow \text{Mais células} + \text{Produtos}$$

Diga-nos quanto substrato é necessário para produzir novas células.

De modo a relacionar o substrato consumido com as novas células formadas e o produto gerado, introduzimos o conceito de coeficiente de *rendimento*. O coeficiente de rendimento das células e do substrato é

[26] A. R. C. Dean, *Growth, Function, and Regulation in Bacterial Cells*, London: Oxford University Press, 1964.
[27] S. Aiba, A. E. Humphrey and N. F. Millis, *Biochemical Engineering*, New York: Academic Press, 1973, p. 407.

$$Y_{c/s} = \frac{\text{Massa de novas células formadas}}{\text{Massa de substrato consumido}} = -\frac{\Delta C_c}{\Delta C_s} \tag{9.62}$$

O coeficiente de rendimento $Y_{c/s}$ é a razão entre o aumento na concentração mássica de células, ΔC_C, e a diminuição na concentração de substrato ($-\Delta C_s$), ($-\Delta C_s = C_{s0} - C_s$), para provocar esse aumento em concentração celular mássica. Um valor representativo de $Y_{c/s}$ pode ser de 0,4 (g/g).

O recíproco de $Y_{c/s}$, ou seja, $Y_{s/c}$

$$Y_{s/c} = \frac{1}{Y_{c/s}}$$

fornece a razão entre ($-\Delta C_s$), o substrato que tem de ser consumido, e o aumento na concentração celular mássica ΔC_c, com um valor representativo de 2,5 (g/g).

A formação de produto pode ocorrer durante fases diferentes do ciclo de crescimento celular. Quando a formação do produto só ocorre durante a fase de crescimento exponencial, a taxa de formação do produto é

Crescimento associado com a formação do produto

$$r_p = Y_{p/c} r_g = Y_{p/c} \mu C_C = Y_{p/c} \frac{\mu_{\text{máx}} C_c C_s}{K_s + C_s} \tag{9.63}$$

em que

$$Y_{p/c} = \frac{\text{Massa do produto formado}}{\text{Massa de células novas formadas}} = \frac{\Delta C_p}{\Delta C_c} \tag{9.64}$$

O produto de $Y_{p/c}$ por μ, isto é, ($q_P = Y_{p/c}\mu$), é frequentemente chamado de velocidade específica de formação do produto, q_P (massa do produto/volume/tempo). Quando o produto só se forma durante a fase estacionária, quando não ocorre crescimento celular, podemos relacionar a formação do produto ao consumo de substrato por meio de

Não crescimento associado com a formação do produto

$$r_p = Y_{p/s}(-r_s) \tag{9.65}$$

Nesse caso, o substrato é geralmente um nutriente secundário, que será discutido posteriormente, quando a fase estacionária for discutida.

O coeficiente de rendimento estequiométrico que relaciona a quantidade de produto formado por massa de substrato consumido é

Rendimento de células

$$Y_{p/s} = \frac{\text{Massa do produto formado}}{\text{Massa do substrato consumido}} = -\frac{\Delta C_p}{\Delta C_s} \tag{9.66}$$

Além de consumir o substrato para produzir novas células, parte do substrato deve ser usada para manter as atividades cotidianas das células. O termo correspondente de utilização do substrato para essa manutenção é

Manutenção das células

$$m = \frac{\text{Massa do substrato consumido para a manutenção}}{\text{Massa das células} \cdot \text{Tempo}}$$

Um valor típico é

$$m = 0{,}05\ \frac{\text{g do substrato}}{\text{g de células (massa seca)}}\ \frac{1}{\text{h}} = 0{,}05\ \text{h}^{-1}$$

A taxa de consumo de substrato para a manutenção, r_{sm}, quer a célula esteja crescendo ou não, é

$$r_{sm} = mC_c \tag{9.67}$$

Quando a manutenção *puder ser desconsiderada*, podemos relacionar a concentração das células formadas pela quantidade de substrato consumida pela equação

Desconsiderando a manutenção da célula

$$\boxed{C_c = Y_{c/s}[C_{s0} - C_s]} \tag{9.68}$$

Essa equação pode ser frequentemente utilizada tanto para o reator em batelada quanto para o reator com escoamento contínuo.

Se fosse possível separar o substrato (*S*) que é consumido na presença de células para formar novas células (*C*) do substrato que é consumido para formar produto (*P*), isto é,

$$S \xrightarrow{\text{células}} Y'_{c/s}\, C + Y'_{p/s}\, P$$

os coeficientes de rendimento poderiam ser escritos como

$$Y'_{s/c} = \frac{\text{Massa do substrato consumido para formar novas células}}{\text{Massa das células novas formadas}} \tag{9.69A}$$

$$Y'_{s/p} = \frac{\text{Massa do substrato consumido para formar produto}}{\text{Massa do produto formado}} \tag{9.69B}$$

Esses coeficientes de rendimento serão discutidos mais adiante na seção de utilização do substrato.

Utilização do Substrato. Chegamos agora ao desafio de relacionar a taxa de consumo do nutriente (isto é, do substrato), $-r_s$, com as taxas de crescimento celular, de geração de produto e de manutenção celular. De modo geral, podemos escrever

Balanço do substrato

$$\begin{bmatrix}\text{Taxa resultante}\\ \text{de consumo}\\ \text{de substrato}\end{bmatrix} = \begin{bmatrix}\text{Taxa de}\\ \text{consumo}\\ \text{pelas}\\ \text{células}\end{bmatrix} + \begin{bmatrix}\text{Taxa de}\\ \text{consumo para}\\ \text{formar}\\ \text{produtos}\end{bmatrix} + \begin{bmatrix}\text{Taxa de}\\ \text{consumo}\\ \text{para}\\ \text{manutenção}\end{bmatrix}$$

$$-r_s \quad = \quad Y'_{s/c} r_g \quad + \quad Y'_{s/p} r_p \quad + \quad mC_c$$

Em muitos casos, devemos dedicar especial atenção ao balanço de substrato. Se produto for formado durante a fase de crescimento, torna-se impossível separar a quantidade de substrato consumido para o crescimento celular (isto é, produzir mais células) da quantidade de substrato consumido para a geração de produto. Nessa circunstância, todo o substrato consumido é agrupado em um coeficiente estequiométrico, $Y_{s/c}$, e a taxa de consumo de substrato é

$$\boxed{-r_s = Y_{s/c} r_g + mC_c} \tag{9.70}$$

A Equação (9.70) será a equação da taxa para o consumo de substrato que usaremos em nossa análise de crescimento de células. A correspondente taxa de formação de produto é

Formação de produto associado ao crescimento na fase de crescimento

$$\boxed{r_p = r_g Y_{p/c}} \tag{9.63}$$

Fase Estacionária. Como não há crescimento durante a fase estacionária, é claro que a Equação (9.70) não pode ser empregada para o cômputo do consumo de substrato; tampouco a taxa de formação de produto pode ser relacionada com a taxa de crescimento (por exemplo, Equação (9.63)). Muitos antibióticos, como a penicilina, são produzidos na fase estacionária. Nessa fase, o nutriente necessário para o crescimento se encontra praticamente esgotado e um segundo nutriente, chamado de *nutriente secundário*, é utilizado para a manutenção das células e para a formação do produto desejado. Geralmente, a equação da taxa de formação de produto durante a fase estacionária é similar à forma da equação de Monod, isto é,

Formação de produto associado ao não crescimento na fase estacionária

$$\boxed{r_{pn} = \frac{k_p C_{sn} C_c}{K_{sn} + C_{sn}}} \tag{9.71}$$

em que k_p = velocidade específica em relação ao produto (dm³/ g·s)
C_{sn} = concentração do nutriente secundário, g/dm³
C_c = concentração de células, g/dm³ (g ≡ gms = grama de massa seca)
K_{sn} = constante de Monod, g/dm³
$r_{pn} = Y_{p/sn}(-r_{sn})$(g/dm³·s)

Na fase estacionária, a concentração de células vivas é constante.

Durante a fase estacionária, a taxa de consumo resultante do nutriente secundário está relacionada com a taxa de formação do produto, r_p

$$-r_{sn} = mC_c + Y_{sn/p}r_p$$

$$-r_{sn} = mC_c + \frac{Y_{sn/p}k_pC_{sn}C_c}{K_{sn} + C_{sn}} \tag{9.72}$$

Como o produto desejado pode ser produzido quando não há crescimento celular, é sempre preferível relacionar a concentração do produto com a variação da concentração do nutriente secundário. Em um sistema em batelada, a concentração do produto, C_p, formado após um tempo t da fase estacionária pode ser relacionada com a concentração de substrato, C_{sn}, naquele tempo, a partir da concentração inicial do componente secundário, no tempo $t = 0$, C_{sn0}; ou seja,

Desconsiderando a manutenção da célula

$$C_p = Y_{p/sn}(C_{sn0} - C_{sn}) \tag{9.73}$$

Temos considerado duas situações limites para relacionar o consumo de substrato com o crescimento celular e a formação de produto: formação de produto apenas durante a fase de crescimento e formação de produto apenas durante a fase estacionária. Um exemplo em que nenhuma dessas situações se aplica é a fermentação utilizando *lactobacilo*, em que o ácido lático é produzido tanto durante a fase de crescimento logarítmico quanto durante a fase estacionária.

A taxa específica de formação de produto é frequentemente apresentada em termos da equação de Luedeking-Piret, que apresenta dois parâmetros α (crescimento) e β (não crescimento)

Equação de Luedeking-Piret para a taxa de formação de produto

$$q_p = \alpha\mu_g + \beta \tag{9.74}$$

de modo que a taxa de formação do produto é

$$r_p = q_pC_c$$

Ao se empregar o parâmetro β, considerou-se que o nutriente secundário está em excesso.

Exemplo 9.4 Estimativa dos Coeficientes de Rendimento

Os seguintes dados (Tabela E9.4.1) foram obtidos em um reator em batelada para a levedura *Saccharomyces cerevisiae*

Tabela E9.4.1 Dados Não Processados

$$\text{Glicose} \xrightarrow{\text{células}} \text{Mais células + Etanol}$$

Adicionar outros pontos?

Tempo, t (h)	Células, C_c (g/dm³)	Glicose, C_s (g/dm³)	Etanol, C_p (g/dm³)
0	1	250	0
1	1,5	244	2,14
2	2,2	231	5,03
3	3,29	218	8,96

(a) Determine os coeficientes de rendimento $Y_{s/c}$, $Y_{c/s}$, $Y_{s/p}$, $Y_{p/s}$ e $Y_{p/c}$. Desconsidere a fase de latência e despreze a manutenção no início do crescimento, quando houver apenas poucas células.
(b) Encontre os parâmetros cinéticos, $\mu_{máx}$ e K_s.

Solução

(a) Coeficientes de rendimento

Calcule os *coeficientes de rendimento* do substrato e das células, $Y_{s/c}$ e $Y_{c/s}$.

Entre $t = 0$ e $t = 1$ h

$$Y_{s/c} = \frac{-\Delta C_s}{\Delta C_c} = -\frac{244 - 250}{1{,}5 - 1} = 12 \text{ g/g} \tag{E9.4.1}$$

Entre $t = 2$ e $t = 3$ h

$$Y_{s/c} = -\frac{218 - 231}{3{,}29 - 2{,}2} = \frac{13}{1{,}09} = 11{,}93 \text{ g/g} \tag{E9.4.2}$$

Calculando a média desses valores,

$$\boxed{Y_{s/c} = 11{,}96 \text{ g/g}} \tag{E9.4.3}$$

A Equação (E9.4.3) nos diz que 11,96 gramas de substrato são consumidos para produzir 1,0 grama de células. Podemos também utilizar a regressão do Polymath para obter

$$\boxed{Y_{c/s} = \frac{1}{Y_{s/c}} = \frac{1}{11{,}96 \text{ g/g}} = 0{,}084 \text{ g/g}} \tag{E9.4.4}$$

que é igual a 0,084 grama de células que são produzidas por grama de substrato consumido. De modo similar, usando os dados para 1 e 2 horas, o *coeficiente de rendimento* do substrato/produto é

$$Y_{s/p} = -\frac{\Delta C_s}{\Delta C_P} = -\frac{231 - 244}{5{,}03 - 2{,}14} = \frac{13}{2{,}89} = 4{,}5 \text{ g/g} \tag{E9.4.5}$$

$$\boxed{Y_{p/s} = \frac{1}{Y_{s/p}} = \frac{1}{4{,}5 \text{ g/g}} = 0{,}22 \text{ g/g}} \tag{E9.4.6}$$

Assim, aproximadamente 0,22 grama de produto é gerado quando 1,0 grama de substrato é consumido, sendo o *coeficiente de rendimento* do produto/células igual a

$$Y_{p/c} = \frac{\Delta C_p}{\Delta C_c} = \frac{-5{,}03 - 2{,}14}{2{,}2 - 1{,}5} = 4{,}13 \text{ g/g} \tag{E9.4.7}$$

Vemos que 4,13 gramas de produto são gerados com cada grama de células crescidas

$$\boxed{Y_{c/p} = \frac{1}{Y_{p/c}} = \frac{1}{4{,}13 \text{ g/g}} = 0{,}242 \text{ g/g}} \tag{E9.4.8}$$

(b) Parâmetros cinéticos

Precisamos agora determinar os parâmetros cinéticos $\mu_{máx}$ e K_s da equação de Monod

$$r_g = \frac{\mu_{máx} C_c C_s}{K_s + C_s} \tag{9.53}$$

Para um sistema em batelada

$$r_g = \frac{dC_c}{dt} \tag{E9.4.9}$$

Para determinar os parâmetros cinéticos $\mu_{máx}$ e K_s, inicialmente aplicamos as fórmulas diferenciais do Capítulo 7 às colunas 1 e 2 da Tabela E9.4.1 para determinar r_g e adicionamos outra coluna à Tabela E9.4.1. Aplicaremos as fórmulas de diferenciação da Tabela 7.3 aos dados da Tabela E9.4.1 de modo a encontrar r_g na Equação E9.4.9

$$r_{g0} = \frac{-3C_{C0} + 4C_{C1} - C_{C2}}{2\Delta t} = \frac{-3(1) + 4(1{,}5) - 2{,}2}{2(1)} = 0{,}4 \tag{E9.4.10}$$

$$r_{g1} = \frac{C_{C2} - C_{C0}}{2\Delta t} = \frac{2{,}2 - 1}{2(1)} = 0{,}6 \tag{E9.4.11}$$

$$r_{g1} = \frac{C_{C3} - C_{C1}}{2\Delta t} = \frac{3{,}29 - 1{,}5}{2(1)} = 0{,}9 \quad \text{(E9.4.12)}$$

$$r_{g3} = \frac{C_{C1} - 4C_{C2} + 3C_{C3}}{2\Delta t} = \frac{1{,}5 - 4(2{,}2) + 3(3{,}29)}{2(1)} = 1{,}29 \quad \text{(E9.4.13)}$$

A Tabela E9.4.2 apresenta os dados processados.

Tabela E9.4.2 Dados de Taxa

t	C_C	C_S	r_g
0	1	250	0,4
1	1,5	244	0,6
2	2,2	231	0,9
3	3,29	218	1,29

Como aplicar a regressão à equação de Monod para determinar $\mu_{\text{máx}}$ e K_s

Como no início $C_s >> K_s$, é mais conveniente considerar a forma Hanes-Woolf da equação de Monod quando aplicarmos a regressão aos dados não processados,

$$\frac{C_c C_s}{r_g} = \frac{K_s}{\mu_{\text{máx}}} + \frac{C_s}{\mu_{\text{máx}}} \quad \text{(E9.4.14)}$$

Usaremos a técnica de regressão não linear pelos mínimos quadrados para determinar $\mu_{\text{máx}}$ e K_s a partir de dados da Tabela E9.4.2. Usamos agora o recém-calculado r_g, juntamente com C_c e C_s na Tabela E9.4.2 para preparar a Tabela E9.4.3 dada a partir de $\left[\frac{C_c C_s}{r_g}\right]$ em função de (C_s) para usar na regressão no Polymath.

Tabela E9.4.3 Dados Processados

t	0	1	2	3
$C_c C_s/r_g$	625	610	568	558
C_s	250	244	231	218

Relatório do Polymath
Regressão Não Linear (L-M)

Modelo: C01 = Ks/umáx+C02/umáx

Variável	Estimativa Inicial	Valor	Confiança de 95%
Ks	20	33,50084	217,559
umáx	0,3	0,4561703	0,3681699

Precisão

R^2	0,9342517
R^2adj	0,9013775
Rmsd	3,587096
Variância	102,938

A partir da saída da regressão não linear do Polymath da Equação (E9.4.14), encontramos $\mu_{\text{máx}} = 0{,}46\ \text{h}^{-1}$ e $K_s = 33{,}5\ \text{g/dm}^3$.

$$\boxed{r_g = \frac{0{,}46(\text{h}^{-1})C_c C_s}{33{,}5(\text{g/dm}^3) + C_s}}$$

Análise: Neste exemplo, mostramos como usar as concentrações de células, de substrato e de produto dadas na Tabela E9.4.1 para calcular os coeficientes de rendimento $Y_{s/c}$, $Y_{c/s}$, $Y_{s/p}$, $Y_{p/s}$ e $Y_{p/c}$. Usamos cálculos simplificados neste exemplo para obter uma compreensão rápida de como obter os parâmetros. Na prática, coletaríamos mais provavelmente muito mais dados e usaríamos regressão não linear para avaliar todos os parâmetros. Em seguida, diferenciamos os dados de concentração de células em relação ao tempo e, então, usamos regressão não linear para encontrar os parâmetros da equação da taxa de Monod, $\mu_{\text{máx}}$ e K_s.

9.4.4 Balanços de Massa

Há duas maneiras de abordar o crescimento de microrganismos. Na primeira, leva-se em conta o número de células vivas e na segunda leva-se em conta a massa de células vivas. Usaremos a última abordagem, gramas de células. Um balanço de massa dos microrganismos em um CSTR (quimiostato) (por exemplo, figura da margem e Figura 9.24) com volume constante é

Balanço de massa de células

$$\begin{bmatrix}\text{Taxa de}\\ \text{acúmulo de}\\ \text{células,}\\ \text{g/s}\end{bmatrix} = \begin{bmatrix}\text{Taxa de}\\ \text{entrada}\\ \text{de células,}\\ \text{g/s}\end{bmatrix} - \begin{bmatrix}\text{Taxa de}\\ \text{saída de}\\ \text{células,}\\ \text{g/s}\end{bmatrix} + \begin{bmatrix}\text{Taxa resultante}\\ \text{de formação de}\\ \text{novas células,}\\ \text{g/s}\end{bmatrix} \tag{9.75}$$

$$V\frac{dC_c}{dt} = \upsilon_0 C_{c0} - \upsilon_0 C_c + (r_g - r_d)V$$

O correspondente balanço de substrato é

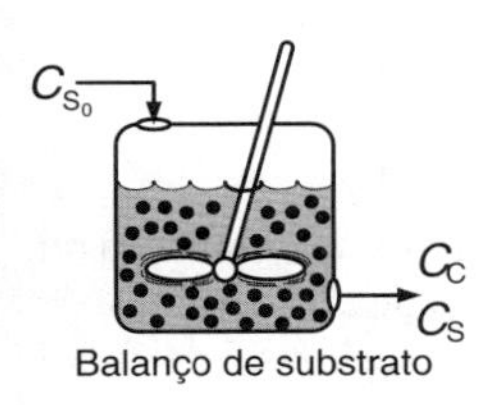

Balanço de substrato

$$\begin{bmatrix}\text{Taxa de}\\ \text{acúmulo de}\\ \text{substrato,}\\ \text{g/s}\end{bmatrix} = \begin{bmatrix}\text{Taxa de}\\ \text{entrada de}\\ \text{substrato,}\\ \text{g/s}\end{bmatrix} - \begin{bmatrix}\text{Taxa de}\\ \text{saída de}\\ \text{substrato,}\\ \text{g/s}\end{bmatrix} + \begin{bmatrix}\text{Taxa de}\\ \text{geração de}\\ \text{substrato}\\ \text{g/s}\end{bmatrix} \tag{9.76}$$

$$V\frac{dC_s}{dt} = \upsilon_0 C_{s0} - \upsilon_0 C_s + r_s V$$

Na maior parte dos sistemas, a concentração de entrada de microrganismo, C_{c0}, é nula.

Operação em Batelada

Para um sistema em batelada, $\upsilon = \upsilon_0 = 0$, e os balanços de massa são os seguintes:

Balanço de Massa para as Células

Os balanços de massa

$$V\frac{dC_c}{dt} = r_g V - r_d V$$

Dividindo pelo volume do reator, V, obtém-se

$$\boxed{\frac{dC_c}{dt} = r_g - r_d} \tag{9.77}$$

Balanço de massa para o substrato

A taxa de consumo do substrato, $-r_s$, resulta do substrato utilizado para o crescimento celular e do substrato utilizado para a manutenção celular,

$$\boxed{V\frac{dC_s}{dt} = r_s V = Y_{s/c}(-r_g)V - mC_c V} \tag{9.78}$$

Dividindo por V, obtém-se o balanço do substrato durante a fase de crescimento.

Fase de crescimento

$$\boxed{\frac{dC_s}{dt} = Y_{s/c}(-r_g) - mC_c} \tag{9.79}$$

Para as células na *fase estacionária*, em que não há crescimento, a manutenção celular e a formação de produto são as únicas reações que consomem o substrato. Sob essas condições, o balanço de substrato, Equação (9.76), reduz-se a

Fase estacionária

$$\boxed{V\frac{dC_{sn}}{dt} = -mC_c V + Y_{sn/p}(-r_{pn})V} \tag{9.80}$$

Tipicamente, a taxa de crescimento utilizando os nutrientes secundários, r_p terá a mesma forma da equação da taxa de r_g (por exemplo, Equação (9.71)). É claro que a Equação (9.79) apenas se aplica a concentrações de substrato maiores do que zero.

Balanço de Massa para o Produto

A taxa de formação de produto, r_p, pode ser relacionada à taxa de consumo de substrato, $-r_s$, pelo seguinte balanço quando a manutenção for desprezível; ou seja, $m = 0$:

Fase de crescimento estacionário em batelada

$$V\frac{dC_p}{dt} = r_pV = Y_{p/s}(-r_s)V \tag{9.81}$$

Durante a fase de crescimento, podemos também relacionar a taxa de formação de produto, r_p, com a taxa de crescimento celular, r_g, Equação (9.63), isto é, $r_p = Y_{p/c}r_g$. O sistema de equações diferenciais ordinárias acopladas pode ser resolvido por meio de várias técnicas numéricas.

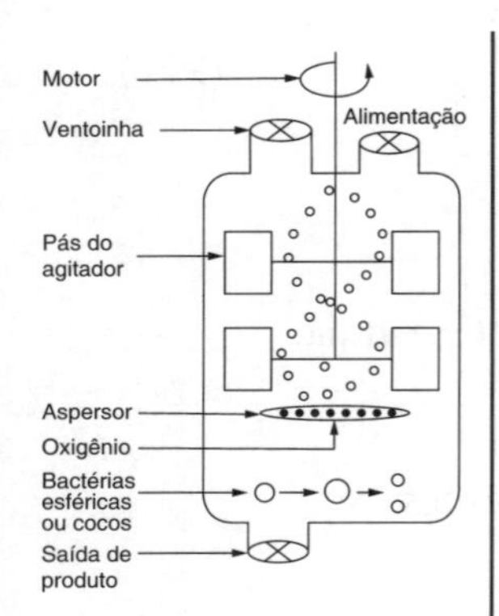

Exemplo 9.5 Crescimento de Bactéria em um Reator em Batelada

A fermentação de glicose a etanol é conduzida em um reator em batelada, utilizando um microrganismo tal como o *Saccharomyces cerevisiae*. Plote concentração de células, substrato, produto e taxas de crescimento, de morte e de manutenção; isto é, r_g, r_d e r_{sm} em função do tempo. A concentração inicial de células é de 1,0 g/dm³ e a de substrato (glicose) é de 250 g/dm³.

Dados adicionais (Fonte parcial: R. Miller and M. Melick, *Chem. Eng.*, 113 (February 16, 1987):

$$C_p^* = 93\ \text{g/dm}^3 \qquad Y_{c/s} = 0{,}08\ \text{g/g}$$

$$n = 0{,}52 \qquad Y_{p/s} = 0{,}45\ \text{g/g}$$

$$\mu_{\max} = 0{,}46\ \text{h}^{-1} \qquad Y_{p/c} = 5{,}6\ \text{g/g}$$

$$K_s = 33{,}5\ \text{g/dm}^3 \qquad k_d = 0{,}01\ \text{h}^{-1}$$

$$m = 0{,}03\ (\text{g de substrato})/(\text{g de células}\cdot\text{h})$$

Solução

1. **Balanços de massa:**

Células: $$V\frac{dC_c}{dt} = (r_g - r_d)V \tag{E9.5.1}$$

O algoritmo

Substrato: $$V\frac{dC_s}{dt} = Y_{s/c}(-r_g)V - r_{sm}V \tag{E9.5.2}$$

Produto: $$V\frac{dC_p}{dt} = r_pV = Y_{p/c}(r_gV) \tag{E9.5.3}$$

2. **Equações da taxa:**

Crescimento: $$r_g = \mu_{\max}\left(1 - \frac{C_p}{C_p^*}\right)^{0,52}\frac{C_cC_s}{K_s + C_s} \tag{E9.5.4}$$

Morte: $$r_d = k_dC_c \tag{E9.5.5}$$

Manutenção: $$r_{sm} = mC_c \tag{9.67}$$

3. **Estequiometria**

$$r_p = Y_{p/c}r_g \tag{E9.5.6}$$

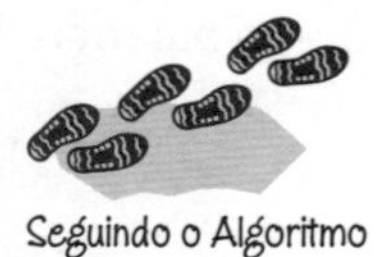

4. **Combinando, resulta em**

$$\frac{dC_c}{dt} = \mu_{\text{máx}}\left(1 - \frac{C_p}{C_p^*}\right)^{0,52}\frac{C_cC_s}{K_s + C_s} - k_dC_c \tag{E9.5.7}$$

Células
Substrato
Produto

$$\frac{dC_s}{dt} = -Y_{s/c}\,\mu_{\text{máx}}\left(1 - \frac{C_p}{C_p^*}\right)^{0,52}\frac{C_cC_s}{K_s + C_s} - mC_c \qquad \text{(E9.5.8)}$$

$$\frac{dC_p}{dt} = Y_{p/c}r_g$$

Essas equações foram resolvidas por um método numérico apropriado à resolução de equações diferenciais ordinárias (veja a Tabela E9.5.1). Os resultados são mostrados na Figura E9.5.1 adotando os valores dos parâmetros especificados no enunciado do problema.

Tabela E9.5.1 Programa Polymath

Equações diferenciais

```
1 d(Cc)/d(t) = rg-rd
2 d(Cs)/d(t) = Ysc* (-rg)-rsm
3 d(Cp)/d(t) = rg*Ypc
```

Equações explícitas

```
1 rd = Cc*0,01
2 Ysc = 1/0,08
3 Ypc = 5,6
4 Ks = 33,5
5 m = 0,03
6 umáx = 0,46
7 rsm = m*Cc
8 kobs = umáx*(1-Cp/93)^0,52
9 rg = kobs*Cc*Cs/(Ks+Cs)
```

Valores calculados das variáveis das equações diferenciais

	Variável	Valor inicial	Valor final
1	Cc	1	16,55544
2	Cp	0	92,96161
3	Cs	250	39,36185
4	kobs	0,46	0,007997
5	Ks	33,5	33,5
6	m	0,03	0,03
7	rd	0,01	0,1655544
8	rg	0,4056437	0,071523
9	rsm	0,03	0,4966631
10	t	0	12
11	umáx	0,46	0,46
12	Ypc	5,6	5,6
13	Ysc	12,5	12,5

(http://www.umich.edu/~elements/6e/09chap/live.html)

A concentração de substrato C_s não pode jamais ser menor do que zero. No entanto, observamos que, quando o substrato é completamente consumido, o primeiro termo do membro direito da Equação (E9.5.8) (e a linha 2 do programa Polymath) será nulo, porém o segundo termo, que corresponde à manutenção, mC_c,

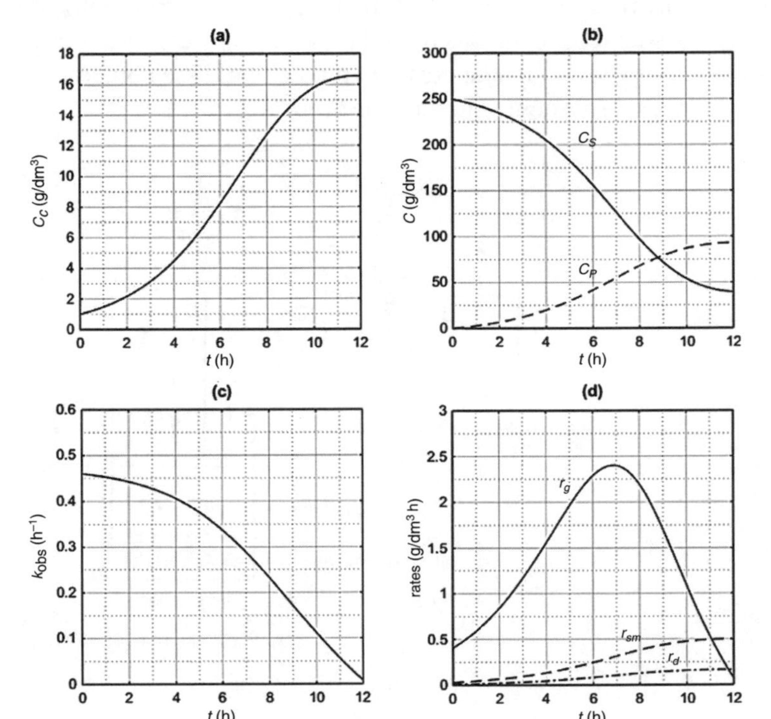

Figura E9.5.1 Concentrações e taxa de reação em função do tempo.

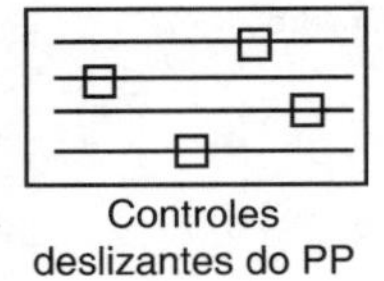

Controles deslizantes do PP

não é nulo. Consequentemente, **se** continuarmos o procedimento de integração no tempo, o valor numérico de C_s tornar-se-á **negativo**! Tal inconsistência pode ser evitada de diferentes maneiras; uma delas é incluir um comando de desvio tipo "**se**" no programa Polymath (por exemplo, se C_s for menor ou igual a zero, então $m = 0$). Os controles deslizantes do Wolfram e os resultados típicos do Wolfram são mostrados nas Figuras E9.5.2 e E9.5.3, respectivamente.

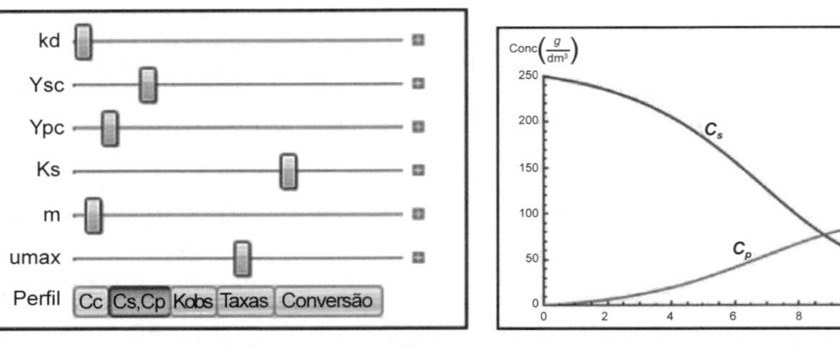

Figura E9.5.2 Controles deslizantes do Wolfram.

Figura E9.5.3 Trajetória da concentração obtida pelo Wolfram.

Análise: Neste exemplo, aplicamos um algoritmo modificado para a formação de biomassa e resolvemos as equações resultantes usando o *solver* do Polymath para EDO. Notamos na Figura E9.5.1(**d**) que a taxa de crescimento, r_g, passa por um máximo, aumentando no início da reação à medida que a concentração de células, C_c, aumenta, diminuindo em seguida à medida que a concentração de substrato diminui; no final, C_p se aproxima de C_p^* e a taxa de crescimento se aproxima de zero (nutriente) como acontece com k_{obs} na Figura E9.5.1(**c**). Vemos das Figuras E9.5.1(**a**) e (**b**) que a concentração de células, C_c, aumenta dramaticamente com o tempo, diferentemente da concentração do produto. A razão para essa diferença é que parte do substrato é consumida para manutenção e parte para o crescimento de células, deixando somente o restante do substrato para ser transformado em produto.

9.4.5 Quimiostatos

Quimiostatos são essencialmente CSTRs que contêm microrganismos. Um quimiostato típico é mostrado na Figura 9.24, incluindo os equipamentos de monitoramento e de controle de pH associados. Uma das qualidades mais importantes do quimiostato é possibilitar ao operador o controle da taxa de crescimento celular. Esse controle é efetivado pelo ajuste da vazão volumétrica de alimentação (taxa de diluição).

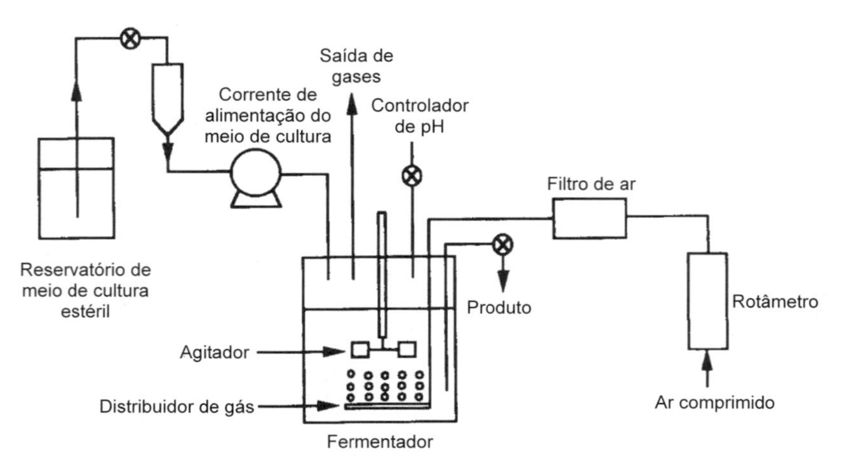

Figura 9.24 Sistema quimiostático (CSTR).

9.4.6 Operação em um Biorreator CSTR

Nesta seção, retornaremos às equações de balanço de massa de células (Equação (9.75)) e de substrato (Equação (9.76), considerando que as vazões volumétricas de entrada e de saída são as mesmas, $\upsilon = \upsilon_0$, e que nenhuma célula viva (isto é, viável) é alimentada ao quimiostato, $C_{C0} = 0$. A seguir, definimos um parâmetro de uso comum em biorreatores conhecido como a taxa de diluição, D. A taxa de diluição é

$$D = \frac{\upsilon_0}{V}$$

que é simplesmente o inverso do tempo espacial τ, ou seja, $D = \frac{1}{\tau}$. Dividindo as Equações (9.75) e (9.76) por V e usando a definição de taxa de diluição, obtemos

Acúmulo = Entrada − Saída + Geração

Balanços de massa no CSTR

$$\text{Células:} \quad \frac{dC_c}{dt} = 0 \quad - DC_c + (r_g - r_d) \tag{9.82}$$

$$\text{Substrato:} \quad \frac{dC_s}{dt} = DC_{s0} - DC_s + r_s \tag{9.83}$$

Utilizando a equação de Monod, a taxa de crescimento é determinada por

Equação da taxa

$$r_g = \mu C_c = \frac{\mu_{\text{máx}} C_s C_c}{K_s + C_s} \tag{9.53}$$

Para operação no estado estacionário, temos

Estado estacionário

$$DC_c = r_g - r_d \tag{9.84}$$

e

$$D(C_{s0} - C_s) = -r_s \tag{9.85}$$

A seguir, a taxa de morte celular, r_d, é considerada desprezível e combinamos as Equações (9.51) e (9.84) no estado estacionário para obter a taxa mássica de células na saída do quimiostato, $\dot{m}_c = C_c\upsilon_0$, e a taxa de geração de células, r_gV. Igualando $\dot{m}_c$ a r_gV e então substituindo $r_g = \mu C_c$, obtemos

$$\dot{m}_c = C_c \upsilon_0 = r_g V = \mu C_c V \tag{9.86}$$

Dividindo por C_cV, vemos que a concentração de células é cancelada de modo a resultar a taxa de diluição D

Taxa de diluição

$$\boxed{D = \frac{\upsilon_0}{V} = \mu} \tag{9.87}$$

Como controlar o crescimento celular

Uma simples inspeção da Equação (9.87) revela que a taxa de crescimento específico das células *pode ser controlada* pelo operador, por meio do controle da taxa de diluição D, *i.e.*, $D = \frac{\upsilon_0}{V}$. Ou seja, simplesmente aumentando a vazão volumétrica, podemos aumentar a taxa de crescimento específico, μ. Utilizando a Equação (9.52),

$$\mu = \mu_{\text{máx}} \frac{C_s}{K_s + C_s} \quad \text{s}^{-1} \tag{9.52}$$

após a substituição de μ em termos da concentração de substrato, para determinar a concentração de substrato no estado estacionário, temos

$$C_s = \frac{DK_s}{\mu_{\text{máx}} - D} \tag{9.88}$$

Considerando que um único nutriente seja limitante, o crescimento celular será o único processo que contribuirá para o consumo de substrato, e que a manutenção das células poderá ser desprezada, a estequiometria é

$$-r_s = r_g Y_{s/c} \tag{9.89}$$

$$C_c = Y_{c/s}(C_{s0} - C_s) \tag{9.68}$$

Substituindo C_s na Equação (9.68) e rearranjando, obtemos

$$\boxed{C_c = Y_{c/s}\left[C_{s0} - \frac{DK_s}{\mu_{\text{máx}} - D}\right]} \tag{9.90}$$

9.4.7 Arraste

Para bem caracterizar o efeito do aumento da taxa de diluição, combinamos as Equações (9.82) e (9.54) e adotamos m e r_d iguais a zero, resultando em

$$\frac{dC_c}{dt} = (\mu - D)C_c \tag{9.91}$$

Verificamos que se $D > \mu$, então a derivada (dC_c/dt) será negativa; desse modo, a concentração de células decrescerá continuamente até o ponto em que todas as células serão arrastadas:

$$C_c = 0$$

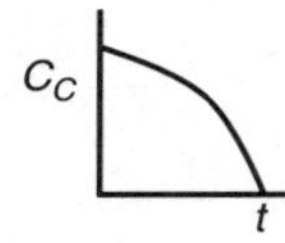

Ou seja, à medida que aumentamos υ_0 continuamente, alcançamos um ponto em que a concentração de células vivas saindo do reator será zero e esse ponto é chamado de *arraste* de células. A taxa de diluição na qual o arraste de todas as células ocorre é obtida da Equação (9.90), considerando $C_c = 0$.

Vazão volumétrica na qual o arraste ocorre

$$\boxed{D_{\text{máx}} = \frac{\mu_{\text{máx}} C_{s0}}{K_s + C_{s0}}} \tag{9.92}$$

A seguir, desejamos determinar o outro extremo da taxa de diluição, que é a taxa de máxima produção de células. A taxa de produção de células por unidade de volume do reator é igual à taxa mássica de células na saída do reator (isto é, $\dot{m}_c = C_c\upsilon_0$) dividida pelo volume V, ou seja,

Taxa máxima de produção de células (DC_c)

$$\frac{\dot{m}_c}{V} = \frac{\upsilon_0 C_c}{V} = DC_c \tag{9.93}$$

Utilizando a Equação (9.90) para substituir C_c na Equação (9.93), obtemos

$$DC_c = DY_{c/s}\left(C_{s0} - \frac{DK_s}{\mu_{\text{máx}} - D}\right) \tag{9.94}$$

A Figura 9.25 mostra a taxa de produção, a concentração de células e a concentração de substrato em função da taxa de diluição.

Observamos a existência de um máximo na taxa de produção e esse valor pode ser obtido pela diferenciação em relação à taxa de diluição, D, da expressão de taxa de produção, Equação (9.94):

$$\frac{d(DC_c)}{dD} = 0 \tag{9.95}$$

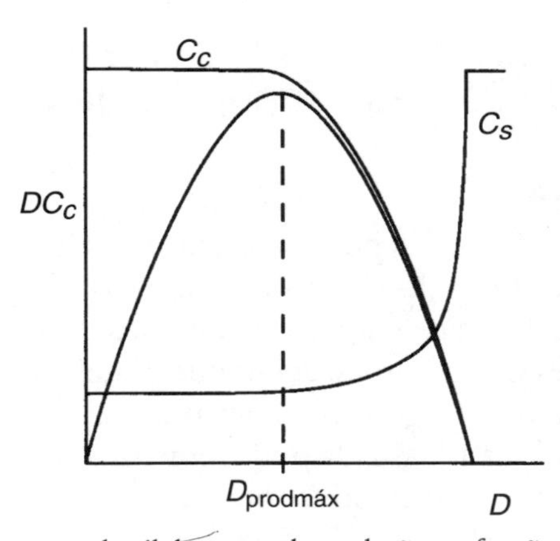

Figura 9.25 Concentração de células e taxa de produção em função da taxa de diluição.

Então,

Taxa máxima de produção de células

$$D_{\text{prodmáx}} = \mu_{\text{máx}}\left(1 - \sqrt{\frac{K_s}{K_s + C_{s0}}}\right) \tag{9.96}$$

O organismo *Streptomyces aureofaciens* foi estudado em um quimiostato de 10 dm³ utilizando sacarose como substrato. A concentração de células, C_c (mg/mL), a concentração de substrato, C_s (mg/mL), e a taxa de produção, DC_c (mg/mL/h), foram medidas no estado estacionário a diferentes taxas de diluição. Os dados são mostrados na Figura 9.26.[28] Note que os dados seguem as mesmas tendências já apresentadas na Figura 9.25.

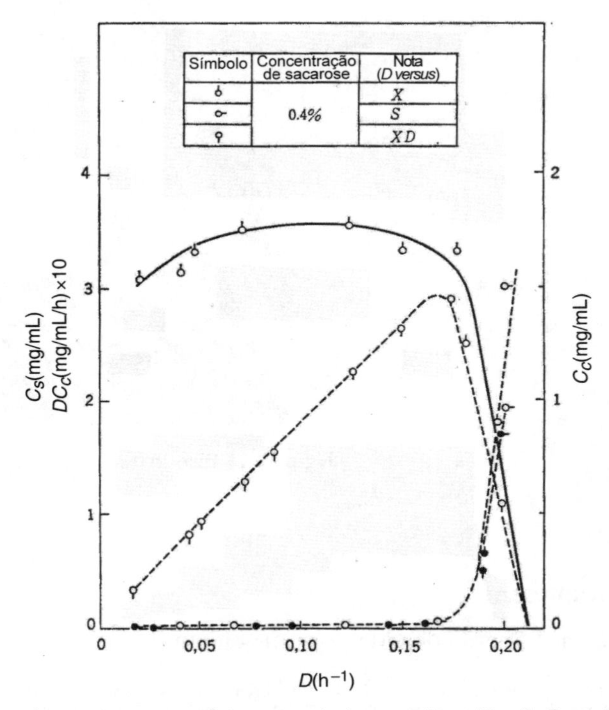

Figura 9.26 Cultura contínua de *Streptomyces aureofaciens* em quimiostatos. *Nota*: $X \equiv C_c$. Cortesia de S. Aiba, A. E. Humphrey and N. F. Millis, *Biochemical Engineering*, 2nd ed. New York: Academic Press.

[28] B. Sikyta, J. Slezak and M. Herold, *Appl. Microbiol*, 9, 233.

9.5 *E Agora*... Uma Palavra do Nosso Patrocinador – Segurança 9 (UPDNP–S9 Triângulo de Segurança de Processos)[29]

Introdução

Para garantir que os processos químicos funcionem com segurança, devemos prestar atenção aos indicadores de segurança – aquelas práticas e situações que nos dizem se é provável que tenhamos um acidente. Os Triângulos de Segurança de Processos são usados para ilustrar os diferentes indicadores e ações que podem levar a um acidente. Essa ferramenta destaca como o menor ato inseguro pode levar a um acidente grave. O triângulo é aplicado de baixo para cima, onde cada camada pode ser pensada como uma medida preventiva para a camada acima dele. O objetivo é mostrar como a mentalidade *insegura* pode crescer e produzir consequências trágicas.

9.5.1 Níveis do Triângulo de Segurança de Processos

Vamos à página do documento de *Segurança de Processos CCPS*, que discute três métricas: Indicadores Reativos, Indicadores Proativos e Incidentes (*https://www.aiche.org/sites/default/files/docs/pages/CCPS_ProcessSafety_Lagging_2011_2-24.pdf*). Começando no topo da pirâmide e descendo, temos os seguintes níveis mostrados na Figura 9.27. Uma pesquisa no Google sobre "pirâmide de segurança de processos" irá mostrar variações do triângulo/pirâmide.

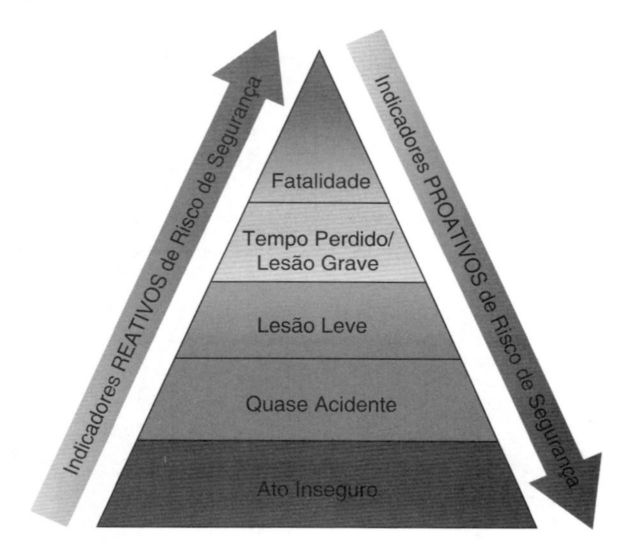

Figura 9.27 Face do triângulo de segurança de processos.

Componentes

Fatalidade: Perda de vida por um acidente.[30]

Tempo Perdido/Lesão Grave: A classificação para uma lesão ocupacional que inclui: (a) todos os acidentes de trabalho incapacitantes e (b) acidentes de trabalho não incapacitantes. Essas lesões incluem: (1) lesões oculares que requeiram tratamento por um médico; (2) fraturas; (3) lesões que requeiram hospitalização; (4) perda de consciência; (5) lesões que requeiram tratamento

[29] *http://umich.edu/~safeche/processtriangle.html*
[30] Busca no Google. Google, *Web*, 20 de junho de 2018.

por um médico e (6) lesões que requeiram restrição de movimento ou de trabalho ou atribuição a outro trabalho.[31]

Lesões Leves: Qualquer lesão sofrida que não atenda a um dos requisitos de uma lesão grave listada anteriormente. Por exemplo, qualquer lesão que possa ser tratada rapidamente no local, como um hematoma, um pequeno corte ou arranhão.

Quase Acidentes: Um evento em que um acidente (ou seja, danos materiais, impacto ambiental ou perda humana) ou uma interrupção operacional poderia ter plausivelmente ocorrido, se as circunstâncias tivessem sido ligeiramente diferentes.[32]

Atos inseguros: Qualquer ato que se desvie de uma forma segura geralmente reconhecida ou método especificado de trabalho e que aumente as probabilidades de acidente.[33]

9.5.2 Aplicação à Segurança de Processos

Um dos principais objetivos do triângulo de segurança de processos é a ilustração de como atos inseguros podem levar a um grande incidente. O triângulo de segurança de processos também é usado para visualizar as diferentes camadas de proteção e ajudar a redesenhar sistemas para garantir melhores práticas preventivas. O nível inferior, atos inseguros, é categorizado como métrica proativa. As métricas proativas são ações preventivas tomadas para evitar a ocorrência de um incidente. Comportamentos inseguros de funcionários, tais como não usar equipamento de proteção individual ou a falta de camadas de proteção para um sistema, são as causas fundamentais de incidentes de segurança de processos. Quanto mais larga a base de seu triângulo de segurança de processos, mais amplo é o nível superior. Esse triângulo ilustra como quanto mais comportamentos inseguros você tiver, maior será a probabilidade de uma fatalidade de um incidente de segurança de processo.

Quase acidentes e os níveis acima dele são categorizados como métricas reativas. Em muitas empresas, *quase acidentes* são analisados no mesmo nível que um acidente. Métricas reativas são eventos que acontecem em um processo que são relatados para melhorar a segurança de processos. A análise de incidentes anteriores provou que, se os quase acidentes forem tratados como lesões e incidentes, relatando-os, então a probabilidade de uma fatalidade de um incidente de segurança de processos diminui. Todos os acidentes anteriores tiveram sinais de alerta (quase acidentes) que indicavam que algo precisava ser mudado e poderia ter evitado a ocorrência do acidente. O relatório dos quase acidentes torna os outros cientes de um problema potencial e permite a implementação de medidas de modo a evitar a escalada para um incidente de segurança de processos. A maioria das empresas, senão todas, exige que todos os atos inseguros sejam registrados em um relatório de segurança toda vez que ocorra ou não uma lesão.

A principal lição do triângulo de segurança de processos é que a eliminação de atos inseguros reduz drasticamente o risco de ocorrência de um incidente de segurança de processos. Relatar os quase acidentes permite que o processo seja revisado e aprimorado para prevenir a ocorrência de lesões e fatalidades.

9.5.3 Exemplos do Triângulo de Segurança de Processos

A seguir, está um exemplo de um triângulo de segurança de processos com uma estimativa de cada tipo relatado de ação no triângulo (Figura 9.28).

Encerramento. O tema predominante ao longo deste capítulo é a hipótese de estado pseudoestacionário (HEPE) e como é aplicada a reações em fase gasosa e a reações enzimáticas. O leitor

[31] Center for Chemical Process Safety. "CCPS Process Safety Glossary." *American Institute of Chemical Engineers, www.aiche.org/ccps/resources/glossary.*

[32] *Sistemas de Relatos de Quase Acidentes* pelo National Safety Council and Alliance (um Programa Cooperativo OSHA). O documento pode ser encontrado em https://nsccdn.azureedge.net/nsc.org/media/site-media/docs/workplace/near-miss-reporting-systems.pdf

[33] US Legal, Inc. "USLegal." *Lei de Atos Ilegais e Definição Legal (Unsafe Act Law and Legal Definition (definitions.uslegal.com/u/unsafe-act/)).*

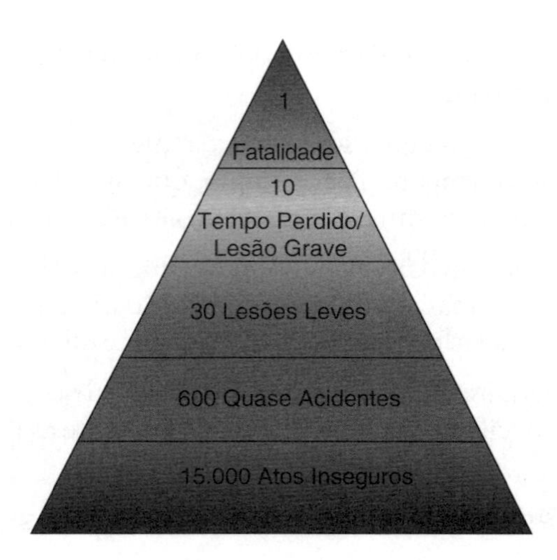

Figura 9.28 Face do triângulo de segurança de processos com estimativas numéricas (*Sistemas de Relatos de Quase Acidentes* pelo National Safety Council and Alliance (um Programa Cooperativo OSHA). O documento pode ser encontrado em https://nsccdn.azureedge.net/nsc.org/media/site-media/docs/workplace/near-miss-reporting-systems.pdf.

deve estar habilitado a aplicar a HEPE no desenvolvimento das equações da taxa de reações como as dos problemas P9.4$_B$ a P9.8$_B$. Após finalizar este capítulo, o leitor deverá estar habilitado a descrever e analisar as reações enzimáticas e os diferentes tipos de inibição na forma caracterizada por um gráfico de Lineweaver-Burk. O leitor será capaz de explicar o uso de microrganismos para produzir produtos químicos, além das várias etapas do crescimento celular, e como a equação de crescimento celular de Monod é acoplada aos balanços de massa do substrato, das células e do produto para obter as trajetórias de concentração-tempo em um reator em batelada. O leitor deve estar preparado para aplicar as leis de crescimento e as equações de balanço em um quimiostato (CSTR) para prever a taxa máxima de formação do produto e a taxa de arraste.

RESUMO

1. Na HEPE, consideramos que a taxa de formação de intermediários ativos é igual a zero. Se o intermediário A∗ está envolvido em m reações diferentes, consideramos

$$r_{A^*,\text{resultante}} \equiv \sum_{i=1}^{m} r_{A^*i} = 0 \tag{R9.1}$$

   Essa aproximação é justificada quando o intermediário é altamente reativo e está presente em concentrações baixas.

2. O mecanismo de decomposição do azometano (AZO) é

$$2\text{AZO} \underset{k_2}{\overset{k_1}{\rightleftarrows}} \text{AZO} + \text{AZO}^* \tag{R9.2}$$

$$\text{AZO}^* \xrightarrow{k_3} N_2 + \text{etano}$$

$$r_{N_2} = \frac{k(\text{AZO})^2}{1 + k'(\text{AZO})} \tag{R9.3}$$

   Pela aplicação da HEPE ao AZO∗, mostramos que a equação da taxa apresenta uma dependência de primeira ordem em relação ao AZO a altas concentrações de AZO e uma dependência de segunda ordem em relação ao AZO a baixas concentrações de AZO.

3. Cinética Enzimática: As reações enzimáticas seguem a sequência

$$E + S \underset{k_2}{\overset{k_1}{\rightleftarrows}} E \cdot S \xrightarrow{k_3} E + P$$

Aplicando a HEPE para (E × S) e um balanço da enzima total, E_t, que inclui tanto a concentração do complexo enzima-substrato (E × S) quanto a concentração da enzima livre

$$E_t = (E) + (E \cdot S)$$

chegamos à equação de Michaelis-Menten

$$-r_s = \frac{V_{\text{máx}}(S)}{K_M + (S)} \tag{R9.4}$$

em que $V_{\text{máx}}$ é a taxa de reação máxima a altas concentrações de substrato ($S >> K_M$), e K_M é a constante de Michaelis. K_M é a concentração de substrato na qual a taxa de reação é a metade de seu valor máximo ($S_{1/2} = K_M$).

4. Os três diferentes tipos de inibição – competitiva, incompetitiva e não competitiva (mista) – são mostrados no gráfico de Lineweaver-Burk:

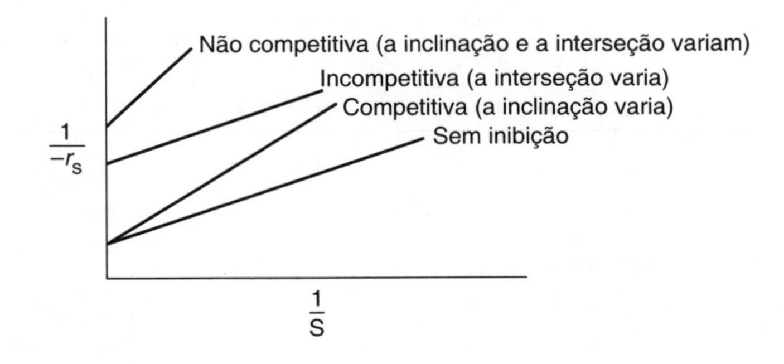

5. Biorreatores:

$$\text{Células} + \text{Substrato} \longrightarrow \text{Mais células} + \text{Produtos}$$

(a) Fases do crescimento bacteriano:

I. Latência II. Exponencial III. Estacionária IV. Morte

(b) **Balanço de massa** não estacionário em um quimiostato

$$\frac{dC_c}{dt} = D(C_{c0} - C_c) + r_g - r_d \tag{R9.5}$$

$$\frac{dC_s}{dt} = D(C_{s0} - C_s) + r_s \tag{R9.6}$$

(c) **Equação da taxa** de crescimento de Monod

$$r_g = \mu_{\text{máx}} \frac{C_c C_s}{K_s + C_s} \tag{R9.7}$$

(d) **Estequiometria**

$$Y_{c/s} = \frac{\text{Massa das novas células formadas}}{\text{Massa do substrato consumido}} \tag{R9.8}$$

$$Y_{s/c} = \frac{1}{Y_{c/s}} \tag{R9.9}$$

Consumo de substrato

$$-r_s = Y_{s/c} r_g + mC_c \tag{R9.10}$$

(e) **Concentração máxima de células e arraste de células**
A taxa de diluição na qual as células são arrastadas é dada por

$$D_{\text{máx}} = \frac{\mu_{\text{máx}} C_{s0}}{K_s + C_{s0}}$$

A taxa de diluição que resulta na taxa máxima de produção das células que saem do reator, m_c, é

$$D_{\text{prodmáx}} = \mu_{\text{máx}}\left(1 - \sqrt{\frac{K_s}{K_s + C_{s0}}}\right)$$

MATERIAIS DO CRE *WEBSITE*

(http://www.umich.edu/~elements/6e/09chap/obj.html#/)

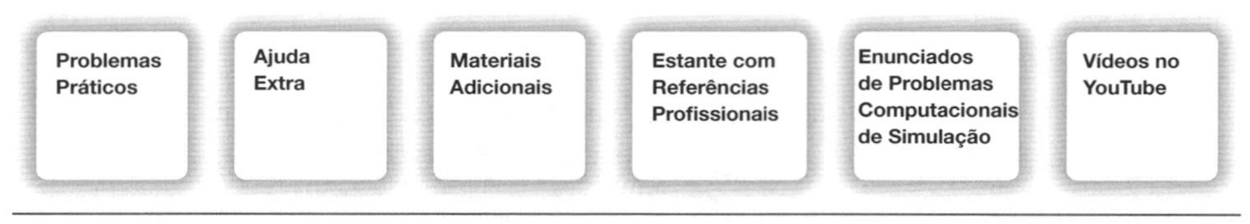

Avaliação

Módulos da *Web*

Sonda TOMS para Medir Ozônio Total
8 de setembro de 2000

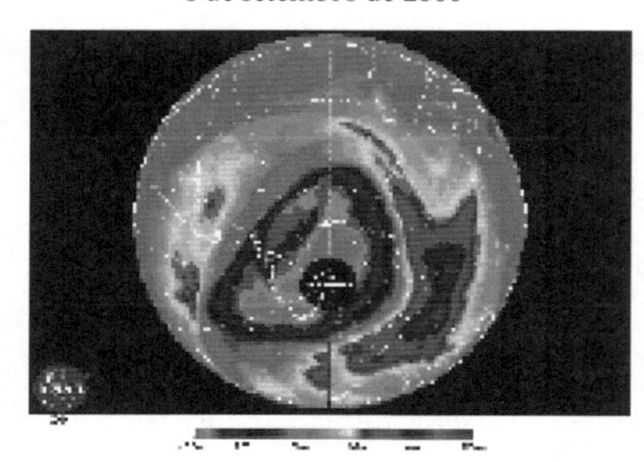

Camada de Ozônio
(http://umich.edu/~elements/6e/web_mod/ozone/index.htm)

Bastões Luminescentes
(http://www.umich.edu/~elements/6e/web_mod/new/glowsticks/index.htm)

Foto: Cortesia de Goddard Space Flight Center (NASA). Veja os Módulos na *Web* em CRE *website* para fotos coloridas da camada de ozônio e dos bastões luminescentes.

Jogos Interativos Computacionais (*http://umich.edu/~elements/6e/icm/index.html*)

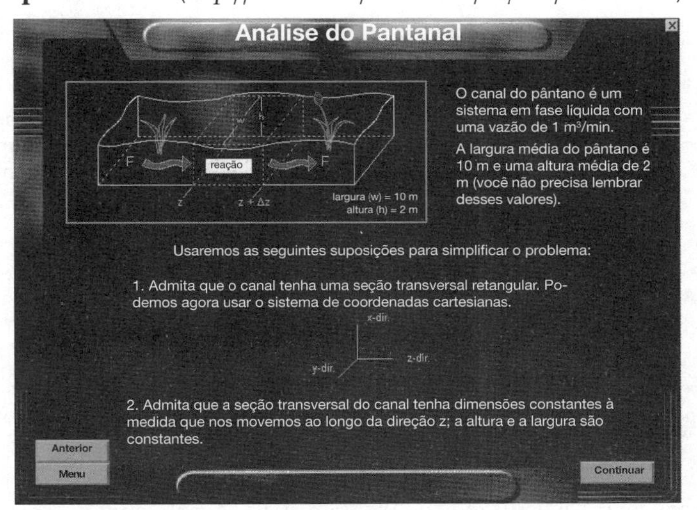

Ecologia (*http://umich.edu/~elements/6e/icm/ecology.html*)

Homem Enzima (*http://umich.edu/~elements/6e/icm/enzyme.html*)

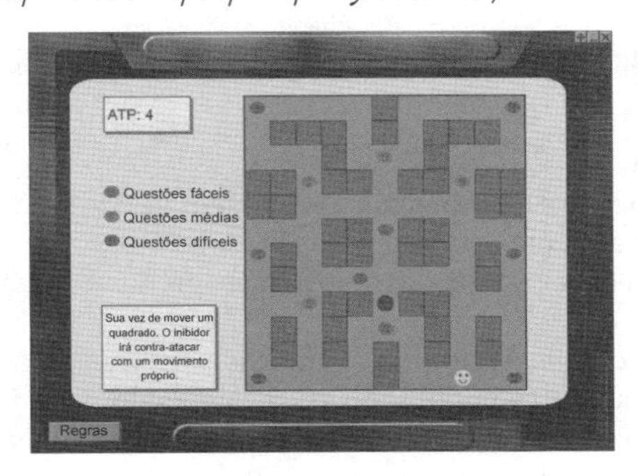

R9.1 *Farmacocinética na Liberação de Fármacos (http://www.umich.edu/~elements/6e/09chap/prof-07prof5.html)*
Os modelos farmacocinéticos de liberação de fármacos para medicamentos administrados por via oral ou intravenosa são desenvolvidos e analisados.

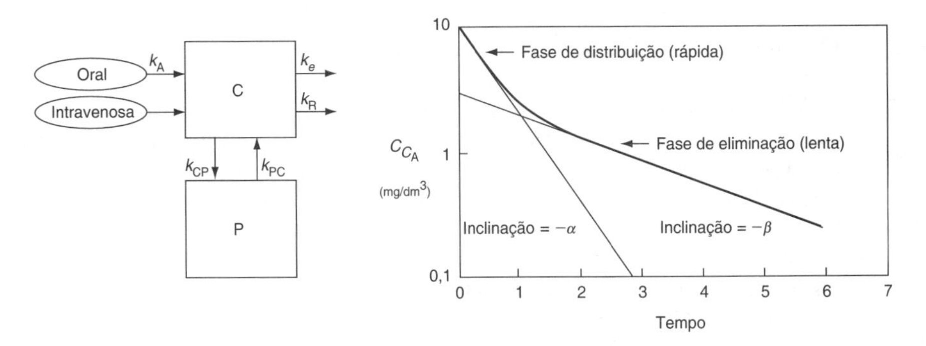

Figura A Modelo de dois componentes.

Figura B Curva de resposta da droga.

R9.2 Por volta de 2005, o autor deste livro realizou um projeto de pesquisa sobre o etano, que foi publicado no jornal médico *Alcohol*, 35(1), 3-12 (2005). Um resumo das características relevantes do artigo pode ser encontrado nas Notas de Resumo (*http://www.umich.edu/~elements/6e/09chap/summary.html#sec3* e *http://www.umich.edu/~elements/6e/09chap/prof-pharmacokinetics.html*). Modelos farmacocinéticos baseados em fisiologia (*PBPK*, em inglês, e MFBF, em português). Estudo de caso: Metabolismo do álcool em humanos (*http://www.umich.edu/~elements/6e/09chap/prof-pharmacokinetics.html*).

$$C_2H_5OH \underset{ADH}{\rightleftarrows} CH_3CHO \xrightarrow[AlDH]{} CH_3COOH$$

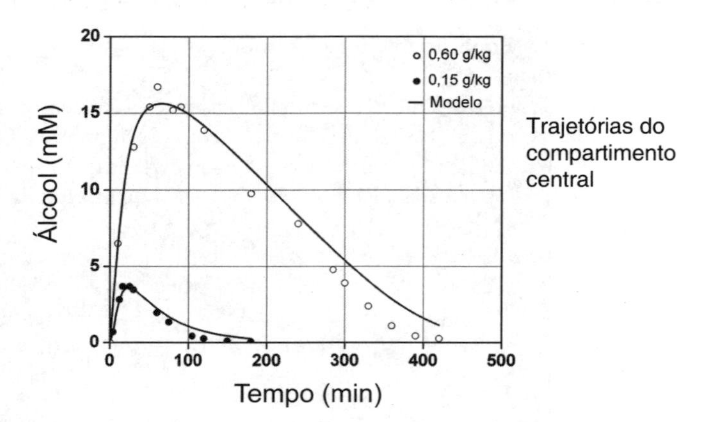

Figura R9.2 Trajetórias previstas de álcool no sangue–tempo, comparadas com os dados de Wilkinson et al.[34]

Vá aos controles deslizantes do Wolfram, varie os parâmetros e escreva duas conclusões.

QUESTÕES, SIMULAÇÕES E PROBLEMAS

O subscrito para cada número do problema indica o nível de dificuldade: A, menos difícil; D, mais difícil.

A = ● B = ■ C = ◆ D = ◆◆

Em cada uma das questões e problemas a seguir, em vez de somente assinalar uma resposta, descreva em uma ou duas sentenças como você resolveu o problema, as hipóteses que você considerou, a consistência de sua resposta, o que você aprendeu e quaisquer outras considerações que você desejar incluir.

Problemas Propostos

Para aprimorar a qualidade de suas sentenças, talvez seja útil consultar os livros: *Curso de Redação*, de Antonio Suarez Abreu (Editora Ática, São Paulo, 12. ed., 2004); *Técnica de Redação – o que é preciso saber para bem escrever*, de Lucilia Helena do Carmo Garcez (Editora Martins Fontes, São Paulo, 2. ed., 2004); *A Redação pelo Parágrafo*, de Luís Carlos Figueiredo (Editora da Universidade de Brasília, Brasília, 1995) e *Manual de Redação e Estilo*, de Eduardo Martins (Editora Moderna, São Paulo, 3. ed., 1997).

Questões

Q9.1$_A$ **QAL** (*Questão Antes de Ler*). Que fatores afetam, positiva e negativamente, a equação da taxa enzimática e a lei de crescimento celular?

Q9.2$_A$ ***i>clicker.*** Visite o *site* (*http://www.umich.edu/~elements/6e/09chap/iclicker_ch9_q1.html*) e analise no mínimo cinco questões i>*clicker*. Escolha uma que poderia ser usada como está, ou uma variação dela, para ser incluída no próximo exame. Você também poderia considerar o caso oposto: explique por que as questões *não* devem estar no próximo exame. Em cada caso, explique seu raciocínio.

Q9.3$_A$ Siga o *link* dos Vídeos de Aprendizado de EngQui para o Capítulo 9 (http://www.umich.edu/~elements/6e/09chap/learn-cheme-videos.html).

(a) Assista a um dos vídeos de 5 a 6 minutos com tutoriais de (1) HEPE, (2) Crescimento Celular, (3) Cinética de Michaelis-Menten em um CSTR e (4) Inibição Competitiva e liste dois ou mais pontos importantes que o apresentador estava fazendo.

(b) No vídeo de crescimento celular, por que há um sinal de menos antes de r_s e não antes de r_g?

Q9.4$_A$ Quais os pontos cruciais que o Triângulo de Segurança de Processos quer enfatizar? Que ponto você acredita que algumas empresas têm sido, recentemente, solicitadas a relatar? Qual é a lição global do Triângulo de Segurança de Processos?

[34] P. K. Wilkinson et al., "Pharmacokinetics of ethanol after oral administration in the fasting state," *J. Pharmacoket. Biopharm.*, 5(3), 207–224 (1977). O autor deste livro e dois alunos publicaram um artigo sobre os metabólicos do etanol na revista médica *Alcohol* que pode ser encontrado em (*http://www.umich.edu/~elements/6e/09chap/pdf/Alcohol.pdf*).

Simulações Computacionais e Experimentos

P9.1$_A$ (a) **Exemplo 9.1: A Equação de Stern-Volmer**

Wolfram e Python

(i) Explique como os resultados se modificariam se as concentrações do CS_2 e de M fossem aumentadas?

(ii) Explique como a intensidade da luz varia com um aumento na concentração de M.

(iii) Escreva duas conclusões provenientes de seu experimento em (i) e (ii).

(b) **Exemplo 9.2: Avaliação dos Parâmetros $V_{máx}$ e K_M de Michaelis-Menten**

Wolfram e Python

(i) A valores muito baixos de K_M no gráfico de Michaelis-Menten (por exemplo, K_M = 0,0001), como a taxa de consumo do substrato, $-r_s$, varia com a concentração do substrato, C_{ureia}?

(ii) A valores muito baixos de K_M no gráfico de Eadie-Hofstee, quais são os valores de K_M e de $V_{máx}$ de modo que a taxa de substrato, $-r_s$, torna-se zero?

(iii) Escreva duas conclusões provenientes de seu experimento em (i) e (ii).

Polymath

(iv) Os seguintes experimentos adicionais foram feitos quando o inibidor estava presente:

C_{ureia} (kmol/m^3)	$C_{inibidor}$ (kmol/m^3)	$-r_{ureia}$ (kmol/m$^3 \cdot$ s)
0,01	0,1	0,125
0,005	0,1	0,065

Que tipo de inibição está ocorrendo?

(v) Faça um esboço das curvas para o sistema sem inibição, com inibição competitiva, com inibição incompetitiva e para a inibição não competitiva (mista) e para a inibição do substrato em um gráfico de Woolf-Hanes e em um gráfico de Eadie-Hofstee.

(c) **Exemplo 9.3: Reatores Enzimáticos em Batelada**

Wolfram e Python

(i) À medida que a conversão se aproxima de um, o tempo de reação, em segundos, se aproxima de qual valor?

(ii) O que acontece a X *versus* t, quando K_M varia?

(iii) Varie cada parâmetro e escreva um conjunto de conclusões.

Polymath

(iv) Qual seria a conversão depois de 15 minutos, se a concentração inicial de ureia fosse aumentada por um fator de 10?

(v) Qual é o valor mínimo de K_M, de modo que a conversão seja abaixo de 0,5 depois de meia hora?

(d) **Exemplo 9.4: Estimativa dos Coeficientes de Rendimento.** Qual é a massa total de substrato consumido em gramas por unidade de massa de células? O que é consumido para formar produto? Há alguma disparidade nos resultados?

(e) **Exemplo 9.5: Crescimento Bacteriano em um Reator em Batelada**

Wolfram e Python

(i) Que parâmetro você vai variar de modo que C_C passe por um máximo em t = 9 h? Explique os resultados.

(ii) Qual é o valor mínimo de K_S, de modo que C_S seja sempre maior do que C_P?

(iii) Qual é o valor máximo de $\mu_{máx}$, de modo que r_g aumente continuamente até t = 12 h?

(iv) Qual é o valor de $Y_{S/C}$, de modo que, virtualmente, 100% da conversão sejam atingidos no fim da reação?

(v) Escreva um conjunto de conclusões baseando-se no seu experimento (i) a (iv).

Polymath

(vi) Modifique o código para conduzir uma fermentação em um reator em batelada alimentada (por exemplo, semibatelada) no qual o substrato é alimentado com uma vazão de 0,5 dm^3/h e uma concentração de 5 g/dm^3 para um volume inicial de líquido de 1,0 dm^3 contendo células com uma concentração inicial de C_{ci} = 0,2 mg/dm^3 e uma concentração inicial de substrato de C_{ci} = 0,5 mg/dm^3. Plote e analise a concentração de células, de substrato e de produto em função do tempo, assim como a massa de produto até 24 horas.

(vii) Repita o item (i) com o crescimento de células inibido de forma incompetitiva pelo substrato com K_1 = 0,7 g/dm^3.

(viii) Considere C_P^* = 10.000 g/dm^3 e compare os resultados obtidos com os do caso-base.

(f) **PP 9 Inibição de Enzimas**

(i) Varie $V_{máx}$ e K_M entre os valores mínimo e máximo e descreva o que você achou.

(ii) Varie K e descreva como cada um dos três tipos de inibição é afetado.

(iii) Escreva três conclusões baseando-se em seus experimentos em (i) e (ii).

(g) **PP 9.7 Exemplo sobre o Metabolismo do Álcool no CRE *website*.** *Este problema é uma mina de ouro para aprender fatos relativos aos efeitos do álcool no corpo humano. Sugestão:* Leia o artigo na revista nas Notas de Resumos (*Alcohol* 35, 1 (2005)), disponível em *http://www.umich.edu/~elements/6e/09chap/prof-pharmacokinetics.html.*

(i) Escreva um parágrafo resumindo o que você aprendeu da leitura do artigo.

Wolfram e Python

(ii) Varie a concentração inicial do etanol no estômago e descreva como as concentrações do etanol e do acetaldeído no sangue são afetadas.

(iii) Fixe $V_{máx}$ para acetaldeídos entre 10 e 50% de seu valor normal e compare as trajetórias concentração-tempo com os casos-base.

(iv) Escreva duas conclusões sobre o metabolismo do álcool.

Jogos Interativos Computacionais

P9.2$_A$ **(a)** **JIC Homem Enzima.** Carregue o JIC em seu computador e execute o exercício. Número de desempenho = ________________.
(http://www.umich.edu/~elements/6e/icm/enzyme.html)

(b) Aplique a este problema uma ou mais das seis ideias discutidas na Tabela P.4 no Prefácio Completo-Introdução no *site* (*http://www.umich.edu/~elements/6e/toc/Preface-Complete.pdf*).

(c) Rededuza a Equação (9.9) considerando o gás inerte M (por exemplo, N_2) envolvido e a reação com as etapas adicionadas por

$$\text{AZO} + \text{M} \xrightarrow{k_4} \text{AZO}^{\bullet} + \text{M}$$

$$\text{AZO}^{\bullet} + \text{M} \xrightarrow{k_5} \text{AZO} + \text{M}$$

Problemas

P9.3$_C$ (*Retardantes de chama*) Os radicais de hidrogênio são importantes para a manutenção de reações de combustão. Consequentemente, se compostos químicos que sequestram os radicais de hidrogênio forem adicionados, as chamas podem se extinguir. Apesar de muitas reações ocorrerem durante o processo de combustão, para ilustrar o processo escolheremos as chamas de CO como modelo do sistema (S. Senkan et al., *Combustion and Flames, 69*, 113). Na ausência de inibidores

$$O_2 \xrightarrow{k_1} O\cdot + O\cdot \quad \text{(P9.3.1)}$$

$$H_2O + O\cdot \xrightarrow{k_2} 2OH\cdot \quad \text{(P9.3.2)}$$

$$CO + OH\cdot \xrightarrow{k_3} CO_2 + H\cdot \quad \text{(P9.3.3)}$$

$$H\cdot + O_2 \xrightarrow{k_4} OH\cdot + O\cdot \quad \text{(P9.3.4)}$$

As duas últimas reações são rápidas comparadas às duas primeiras. Quando HCl é introduzido à chama como um retardante com velocidades específicas progressiva e regressiva, k_5 e k_6, as seguintes reações adicionais ocorrem:

$$H\cdot + HCl \xrightarrow{k_5} H_2 + Cl\cdot$$

$$H\cdot + Cl\cdot \xrightarrow{k_6} HCl$$

Considere que todas as reações são elementares e que a HEPE pode ser aplicada aos radicais O×, OH× e Cl×.

(a) Deduza a equação da taxa para o consumo de CO na ausência do retardante de chama.

(b) Deduza uma equação para a concentração de H× em função do tempo, considerando as concentrações de O_2, CO e H_2O constantes tanto para a combustão sem inibidores como para a combustão na presença de HCl. Esboce a curva de H× contra o tempo para os dois casos.

(c) Use o Polymath para determinar o que acontece quando $k_1 = 0{,}0001$, $k_4 = 0{,}02$, $k_5 = 0{,}05$ e $k_6 = 0{,}005$ em unidades apropriadas. Conclua em uma sentença.

P9.4$_A$ Considera-se que a pirólise do acetaldeído ocorre de acordo com a seguinte sequência de reações:

$$CH_3CHO \xrightarrow{k_1} CH_3\cdot + CHO\cdot$$

$$CH_3\cdot + CH_3CHO \xrightarrow{k_2} CH_3\cdot + CO + CH_4$$

$$CHO\cdot + CH_3CHO \xrightarrow{k_3} CH_3\cdot + 2CO + H_2$$

$$2CH_3\cdot \xrightarrow{k_4} C_2H_6$$

(a) Deduza a expressão da taxa de consumo do acetaldeído, $-r_{Ac}$.

(b) Sob que condições essa expressão reduz à equação apresentada no começo da Seção 9.1?

(c) Esquematize um diagrama para os caminhos dessa reação. *Sugestão:* Veja as notas na margem da Seção 9.1.2.

P9.5$_B$ **(a)** **QEA** (*Questão de Exame Antigo*). Para cada uma das reações dos itens **(a)**, **(b)** e **(c)**, sugira um mecanismo e aplique a HEPE para aprender se o mecanismo é consistente com a equação da taxa.

(b) A oxidação do monóxido de nitrogênio (NO) a dióxido (NO_2), em fase gasosa homogênea,

$$2NO + O_2 \xrightarrow{k} 2NO_2$$

segue uma cinética de terceira ordem, sugerindo que a reação é elementar e ocorre da forma com que é representada, pelo menos a baixas pressões parciais dos óxidos de nitrogênio. Entretanto, a constante de velocidade, *k*, na realidade *decresce* com o aumento da temperatura, indicando uma energia de ativação aparentemente *negativa*. Como a energia de ativação de qualquer reação elementar deve ser positiva, é preciso buscar uma explicação para o fato.

Proponha uma explicação, baseada no fato de que uma espécie intermediária, NO_3, participa em algumas outras reações envolvendo óxidos de nitrogênio. Proponha um caminho de reação. *Sugestão:* Veja a margem na Seção 9.1.2.

(c) A equação da taxa para a reação do fosgênio, $COCl_2$, a partir do cloro, Cl_2, e do monóxido de carbono, CO, apresenta a equação da taxa

$$r_{COCl_2} = kC_{CO}C_{Cl_2}^{3/2}$$

Sugira para essa reação um mecanismo que seja consistente com essa equação da taxa e proponha o caminho de reação. *Sugestão*: Cl formado pela dissociação de Cl_2 é um dos dois intermediários ativos formados.

(d) Sugira um intermediário ativo e o mecanismo para a reação $H_2 + Br_2 \rightarrow 2HBr$. Use a HEPE para mostrar se o seu mecanismo é ou não consistente com a equação da taxa

$$r_{HBr} = \frac{k_1 C_{H_2} C_{Br}^{3/2}}{C_{HBr} + k_2 C_{Br_2}}$$

P9.6$_C$ (*Tribologia*) **Por que você troca o óleo de seu motor?** Uma das principais razões da degradação de óleos lubrificantes de motores é a sua oxidação. Para retardar o processo de degradação, a maioria dos óleos contém um antioxidante (veja *Ind. Eng. Chem. 26*, 902 (1987)). Na ausência de um inibidor de oxidação, o mecanismo sugerido para baixas pressões é:

$$I_2 \xrightarrow{k_0} 2I\cdot$$

$$I\cdot + RH \xrightarrow{k_i} R\cdot + HI$$

$$R\cdot + O_2 \xrightarrow{k_{p1}} RO_2^{\cdot}$$

$$RO_2^{\cdot} + RH \xrightarrow{k_{p2}} ROOH + R\cdot$$

$$2RO_2^{\cdot} \xrightarrow{k_t} \text{inativo}$$

aqui, I_2 é um iniciador e RH é o hidrocarboneto presente no óleo.

Quando um antioxidante é adicionado para retardar a degradação a baixas temperaturas, as seguintes etapas adicionais de terminação ocorrem:

$$RO_2\cdot + AH \xrightarrow{k_{A1}} ROOH + A\cdot$$

$$A\cdot + RO_2^{\cdot} \xrightarrow{k_{A2}} \text{inativo}$$

(por exemplo, AH = [anel benzênico com OH e CH_3 em para], inativo = [anel benzênico com OH e CH_2OOR em para])

(a) Deduza uma equação da taxa para a degradação do óleo de motor a baixas temperaturas na ausência de um antioxidante.

(b) Deduza uma equação da taxa para a degradação do óleo de motor a baixas temperaturas na presença de um antioxidante.

(c) Como modificaria a sua resposta para o item **(a)**, se os radicais I× fossem produzidos a uma taxa constante e, a seguir, reagissem com o óleo do motor?
(d) Esquematize um diagrama de caminho dessa reação nos casos de baixas e altas temperaturas, e com e sem antioxidante.
(e) Veja o problema G.2 com solução aberta no Apêndice G e *site* ERQ na *Web* para mais informações sobre este problema.

$P9.7_A$ **Epidemiologia**. Considere a aplicação da HEPE à epidemiologia. Trataremos cada um dos passos seguintes como elementar, no qual a velocidade de reação será proporcional ao número de pessoas enquadradas em um estado particular de saúde. Uma pessoa saudável, H, pode adoecer instantaneamente, I, infectando-se com esporos de varíola:

$$H \xrightarrow{k_1} I \tag{P9.7.1}$$

ou pelo contato com outra pessoa doente:

$$I + H \xrightarrow{k_2} 2I \tag{P9.7.2}$$

Uma pessoa doente pode se restabelecer:

$$I \xrightarrow{k_3} H \tag{P9.7.3}$$

ou pode morrer:

$$I \xrightarrow{k_4} D \tag{P9.7.4}$$

A aplicação da sequência anterior à Pandemia do Coronavírus em 2020 pode ser encontrada no Capítulo 13, em $P13.11_B$.
(a) Deduza uma equação para a taxa de morte.
(b) Para que concentração de pessoas saudáveis a taxa de morte se torna crítica? (***Resp.***: Quando [H] = $(k_3 + k_4)/k_2$.)
(c) Comente sobre a validade da HEPE nas condições estabelecidas no item **(b)**.
(d) Se $k_1 = 10^{-8}$ h^{-1}, $k_2 = 10^{-16}$ (pessoa×h)$^{-1}$, $k_3 = 5\times10^{-10}$ h^{-1}, $k_4 = 10^{-11}$ h^{-1} e $H_0 = 10^9$ pessoas. Use o programa Polymath para plotar H, I e D contra o tempo. Varie os valores de k_i e descreva o que você verificou. Consulte o *centro de controle de epidemias* local ou busque na internet, a fim de modificar ou substituir os valores de k_i no modelo. Desenvolva uma versão estendida do modelo, levando em conta o que você encontrar em outras fontes (por exemplo, internet).
(e) Aplique a este problema uma ou mais das seis ideias da Tabela P.4 no Prefácio Completo-Introdução no *site* *http://www.umich.edu/~elements/6e/toc/Preface-Complete.pdf.*

$P9.8_B$ Deduza as equações da taxa das reações enzimáticas a seguir. Depois esboce o gráfico de Michaelis-Menten para cada uma das reações e compare com o gráfico da Figura E9.2.1(a).

(a) $E + S \rightleftarrows E \cdot S \rightleftarrows P + E$
(b) $E + S \rightleftarrows E \cdot S \rightleftarrows E \cdot P \rightarrow P + E$
(c) $E + S_1 \rightleftarrows E \cdot S_1$
$E \cdot S_1 + S_2 \rightleftarrows E \cdot S_1S_2$
$E \cdot S_1S_2 \rightarrow P + E$
(d) $E + S \rightleftarrows E \cdot S \rightarrow P$
$P + E \rightleftarrows E \cdot P$
(e) Quais das reações de **(a)** a **(d)**, caso haja alguma, podem ser analisadas por meio de um gráfico de Lineweaver-Burk?

$P9.9_B$ **QEA** (*Questão de Exame Antigo*). Catalase bovina foi empregada para acelerar a decomposição do peróxido de hidrogênio produzindo água e oxigênio (*Chem. Eng. Educ.*, *5*, 141 (1971)). A concentração do peróxido de hidrogênio é obtida em função do tempo para uma mistura reacional mantida a 30°C e pH 6,76.

t (min)	0	10	20	50	100
$C_{H_2O_2}$ (mol/L)	0,02	0,01775	0,0158	0,0106	0,005

(a) Determine os parâmetros de Michaelis-Menten $V_{máx}$ e K_M.
(b) Se a concentração da enzima for triplicada, qual será a concentração do substrato após 20 minutos?
(c) Aplique a este problema uma ou mais das seis ideias da Tabela P.4 no Prefácio Completo-Introdução no *site* (*http://www.umich.edu/~elements/6e/toc/Preface-Complete.pdf*).
(d) Liste maneiras com que você trataria incorretamente este problema.

$P9.10_B$ **QEA** (*Questão de Exame Antigo*). Foi observado que a inibição de substrato ocorre de acordo com a seguinte reação enzimática:

$$E + S \rightarrow P + E$$

(a) Mostre que a equação da taxa da inibição do substrato é consistente com o gráfico da Figura P9.10$_B$, de $-r_s$ (mmol/L×min) contra a concentração de S (mmol/L).

(b) Se essa reação é conduzida em um CSTR que tem um volume de 1.000 dm^3, para o qual a vazão volumétrica é de 3,2 dm^3/min, determine os três estados estacionários existentes, caracterizando, se possível, quais deles são estáveis. A concentração de entrada do substrato é de 50 mmol/ dm^3. Qual é a maior conversão?

(c) Qual seria o valor da concentração de saída do substrato se a concentração total de enzima fosse reduzida em 33%?

(d) Liste maneiras com que você trataria incorretamente este problema.

(e) Como você pode tornar este problema mais difícil?

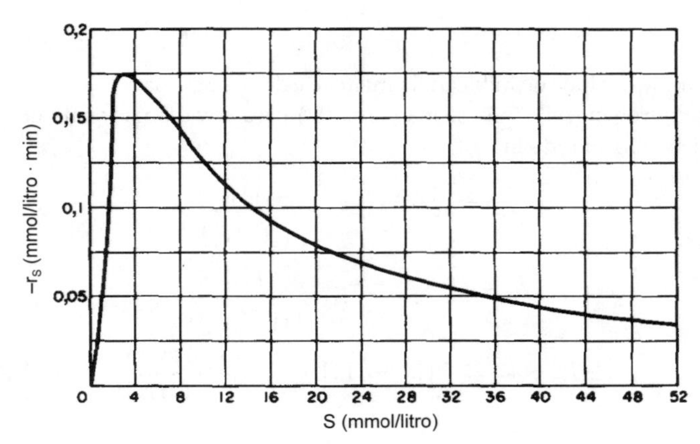

Figura P9.10$_B$ Gráfico de Michaelis-Menten para a inibição do substrato.

P9.11$_B$ Os dados seguintes foram obtidos para o cultivo de levedura de panificação a 23,4°C na presença e na ausência de um inibidor, sulfanilamida. A taxa de reação, $-r_S$, foi mensurada em termos da taxa de captação de oxigênio, Q_{O_2}, obtida como função da pressão parcial de oxigênio.

P_{O_2} *	Q_{O_2} (sem sulfanilamida)	Q_{O_2} (20 mg sulfanilamida/mL adicionada ao meio)
0,0	0,0	0,0
0,5	23,5	17,4
1,0	33,0	25,6
1,5	37,5	30,8
2,5	42,0	36,4
3,5	43,0	39,6
5,0	43,0	40,0

*P_{O_2} = pressão parcial do oxigênio, mmHg; Q_{O_2} = taxa de absorção de oxigênio, mL de O2/h×mg de células.

(a) Assuma que a taxa Q_{O_2} siga a cinética de Michaelis-Menten com relação ao oxigênio. Calcule o valor de Q_{O_2} máximo ($V_{máx}$) e o valor da constante K_M de Michaelis-Menten. (***Resp.***: $V_{máx}$ = 52,63 μL de O_2/h×mg de células.)

(b) Utilizando o gráfico de Lineweaver-Burk, determine o tipo de inibição da sulfanilamida que causa o consumo do O_2.

(c) Liste maneiras com que você trataria incorretamente este problema.

(d) Aplique a este problema uma ou mais das seis ideias da Tabela P.4 no Prefácio Completo-Introdução no *site* (*http://www.umich.edu/~elements/6e/toc/Preface-Complete.pdf*).

P9.12$_B$ **QEA** (*Questão de Exame Antigo*). A hidrólise enzimática do amido foi conduzida na presença e na ausência de maltose e adição de α-dextrina. (Adaptado de S. Aiba, A. E. Humphrey and N. F. Millis, *Biochemical Engineering*, New York: Academic Press, 1973.)

$$\text{Amido} \rightarrow \alpha\text{-dextrina} \rightarrow \text{Limite de dextrina} \rightarrow \text{Maltose}$$

Sem Inibição				
C_S (g/dm³)	12,5	9,0	4,25	1,0
$-r_S$ (relativa)	100	92	70	29
Maltose adicionada (I = 12,7 mg/dm²)				
C_S (g/dm³)	10	5,25	2,0	1,67
$-r_S$ (relativa)	77	62	38	34
α-dextrina adicionada = 3,34 mg/dm³)				
C_S (g/dm³)	33	10	3,6	1,6
$-r_S$ (relativa)	116	85	55	32

Determine os tipos de inibição da maltose e da α-dextrina.

P9.13$_B$ O íon hidrogênio, H^+, liga-se à enzima (E^-) para ativá-la na forma EH. O íon H^+ também se liga com EH para desativá-la formando EH^+_2

$$H^+ + E^- \rightleftarrows EH \qquad K_1 = \frac{(EH)}{(H^+)(E^-)}$$

$$H^+ + EH \rightleftarrows EH_2^+ \qquad K_2 = \frac{(EH_2^+)}{(H^+)(EH)}$$

$$EH + S \overset{K_M}{\rightleftarrows} EHS \longrightarrow EH + P, \quad K_M = \frac{(EHS)}{(EH)(S)}$$

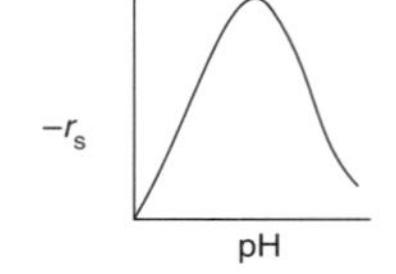

Figura P9.13$_B$ Dependência da enzima com o pH.

em que E^- e EH^+_2 são inativas.

(a) Determine se a sequência precedente pode explicar o valor máximo da curva de atividade da enzima contra o pH, como mostrado na Figura P9.13$_B$.

(b) Liste maneiras com que você trataria incorretamente este problema.

(c) Aplique uma ou mais das seis ideias da Tabela P.4 no Prefácio Completo-Introdução no *site* (*http://www.umich.edu/~elements/6e/toc/Preface-Complete.pdf*).

P9.14$_B$ **QEA** (*Questão de Exame Antigo*). Um gráfico de Eadie-Hofstee é mostrado a seguir para os diferentes tipos de inibição enzimática.

(a) Faça a correspondência correta entre as linhas e o tipo de inibição.

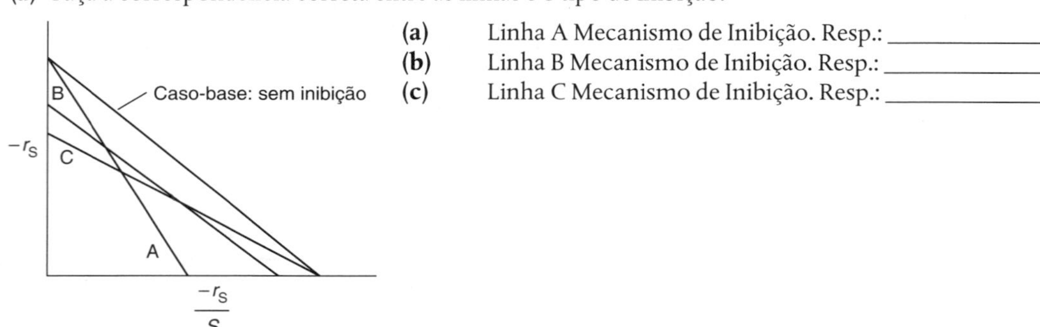

Figura P9.14$_B$ Gráfico de Eadie-Hofstee.

(b) Desenhe um gráfico de Hanes-Woolf análogo ao da Figura P9.14$_B$ para os três tipos de inibição e para o caso sem inibição.

P9.15$_B$ Uma reação enzimática que segue a equação da taxa cinética de Michaels-Menten com a concentração inicial da enzima C_{E0} é

$$-r_A = \frac{k_2 C_{E0}(S)}{1 + K_M(S)} \tag{P9.15.1}$$

A constante de taxa, k_2, foi medida como uma função da concentração do inibidor e mostrada na Tabela P9.15$_B$.

Tabela P9.15$_B$ Concentração de Substrato e Dados de Inibição de k_2[†]

C_s (μ mol/dm³)	0,1	0,04	1,0	2	3	4,0	6,0	8,0
k_2 (min^{-1})	0,015	0,04	0,062	0,09	0,0105	0,0115	0,0123	0,0128

[†] *Nature Reviews*, Lit. cit.

Determine o tipo de inibição e escreva a equação completa da taxa.

P9.16$_B$ A reação de biomassa

$$\text{Substrato S} + \text{Células} \longrightarrow \text{Mais células} + \text{Produto}$$

ocorre em um CSTR de 12 dm³ (quimiostato), onde a concentração de entrada de substrato é 200 g/dm³. A equação da taxa segue a equação de Monod com $\mu_{máx} = 0,5\ s^{-1}$ e $K_s = 50$ g/dm³. Qual é a vazão volumétrica, υ_0 (dm³/h), que dará a taxa máxima de produção de células (g/h)?

P9.17$_B$ A formação de um produto P a partir de uma bactéria gram-negativa segue a lei de crescimento de Monod

$$r_g = \frac{\mu_{máx} C_s C_c}{K_S + C_s}$$

com $\mu_{máx} = 1\ h^{-1}$ e $K_s = 0,25$ g/dm³ e $Y_{c/s} = 0,5$ g/g.

(a) A reação é conduzida em um reator em batelada com uma concentração inicial de células igual a $C_{c0} = 0,1$ g/dm³ e concentração de substrato de $C_{s0} = 20$ g/dm³.

$$C_c = C_{c0} + Y_{c/s}(C_{s0} - C_s)$$

Plote r_g, $-r_s$, $-r_c$, C_s e C_c em função do tempo.

(b) A reação é agora conduzida em um reator CSTR com $C_{s0} = 20$ g/dm³ e $C_{c0} = 0$. Qual é a taxa de diluição na qual o arraste ocorre?

(c) Para as condições do item (**b**), qual é a taxa de diluição que dará a máxima taxa de produção (g/h), se $Y_{p/c} = 0,15$ g/g? Quais são os valores das concentrações C_c, C_s, C_p e de $-r_s$ para esse valor de D?

(d) Como se modificariam suas respostas dos itens (**b**) e (**c**) se a morte celular não puder ser desprezada com $k_d = 0,02\ h^{-1}$?

(e) Como se modificariam suas respostas dos itens (**b**) e (**c**) se a manutenção celular não puder ser desprezada, com $m = 0,2$ g/h/dm³?

(f) Refaça o item (**a**) e use a lei **logística de crescimento**

$$r_g = \mu_{máx}\left(1 - \frac{C_c}{C_\infty}\right)C_c$$

e plote C_c e r_c em função do tempo. O termo C_∞ é a massa máxima de células, chamada de *capacidade de transporte*, e seu valor é igual a 1,0 g/dm³. Você pode obter uma solução analítica para o reator em batelada? Compare com o resultado do item (**a**) considerando $C_\infty = Y_{C/S} C_{s0} + C_{c0}$.

(g) Liste maneiras com que você trataria incorretamente este problema.

(h) Aplique uma ou mais das seis ideias da Tabela P.4 no Prefácio Completo-Introdução no *site* (*http://www.umich.edu/~elements/6e/toc/Preface-Complete.pdf*).

P9.18$_B$ Refaça o Problema P9.17$_B$, itens (**a**), (**c**) e (**d**), usando a equação de Tessier

$$r_g = \mu_{máx}[1 - e^{-C_s/k}]C_c$$

com $\mu_{máx} = 1,0\ h^{-1}$ e $k = 8$ g/dm³.

(a) Liste maneiras com que você trataria incorretamente este problema.

(b) Como você pode tornar este problema mais difícil?

P9.19$_B$ A bactéria X-II pode ser descrita por uma equação de Monod simples com $\mu_{máx} = 0,8\ h^{-1}$ e $K_M = 4$ g/dm³, $Y_{p/c} = 0,2$ g/g e $Y_{s/c} = 2$ g/g. O processo é conduzido em um CSTR no qual a vazão de alimentação é de 1.000 dm³/h e a concentração de substrato é igual a 10 g/dm³.

(a) Qual o tamanho do fermentador necessário para que ocorram 90% de conversão do substrato? Qual a concentração de células na saída?

(b) Como se modificaria a resposta ao item (**a**) se as células fossem filtradas na corrente de saída e retornassem à corrente de alimentação?

(c) Considere agora dois CSTRs de 5.000 dm³ conectados em série. Quais são as concentrações C_s, C_c e C_p na saída de cada um dos reatores?

(d) Determine, caso possível, a vazão volumétrica na qual o arraste ocorre. Determine também a vazão volumétrica na qual a taxa de produção ($C_c\upsilon_0$), em gramas por dia, é máxima.

(e) Suponha que você possa usar os dois reatores de 5.000 dm³ como reatores em batelada que levam 2 horas para esvaziar, limpar e encher. Qual seria sua taxa de produção (gramas por dia) se a concentração inicial de células fosse igual a 0,5 g/dm³? Quantos reatores de 500 dm³ seriam necessários para você obter a mesma taxa de produção do CSTR?

(f) Liste maneiras com que você trataria este problema de forma incorreta.

(g) Aplique uma ou mais das seis ideias da Tabela P.4 no Prefácio Completo-Introdução no *site* (*http://www.umich.edu/~elements/6e/toc/Preface-Complete.pdf*).

P9.20$_A$ Um CSTR está operando no estado estacionário. O crescimento celular segue a lei de crescimento de Monod sem inibição. As concentrações de célula e de substrato na saída do reator são medidas em função da vazão volumétrica (representada com a taxa de diluição) e os resultados são mostrados a seguir. Obviamente, as medidas só são feitas, para cada variação da vazão volumétrica, após o estado estacionário ser atingido. Desconsidere o consumo de substrato para manutenção e a velocidade de morte, e considere que $Y_{p/c}$ é nulo. Para a corrida 4, a concentração de entrada do substrato foi de 50 g/dm³ e a vazão volumétrica do substrato foi de 2 dm³/h.

Corrida	C_s (g/dm³)	D (dia⁻¹)	C_c (g/dm³)
1	1	1	0,9
2	3	1,5	0,7
3	4	1,6	0,6
4	10	1,8	4

(a) Determine os parâmetros de crescimento de Monod $\mu_{máx}$ = e K_s.
(b) Estime os coeficientes estequiométricos $Y_{c/s}$ e $Y_{s/c}$.
(c) Aplique uma ou mais das seis ideias da Tabela P.4 no Prefácio Completo-Introdução no *site* (*http://www.umich.edu/~elements/6e/toc/Preface-Complete.pdf*).
(d) Como você pode tornar este problema mais difícil?

P9.21$_C$ O diabetes é uma epidemia global que afeta mais de 240 milhões de pessoas em todo o mundo. A maioria de casos é do tipo 2. Recentemente, um medicamento, a sitagliptina (S), foi descoberta para tratar o diabetes do tipo 2. Quando o alimento entra no estômago, um peptídeo, GLP-1 (peptídeo 1 semelhante ao glucagon) é liberado, o que leva à secreção de insulina em função da glicose e supressão de glucagon. A meia-vida do GLP-1 é muito curta porque é rapidamente degradado por uma enzima dipeptidil peptidase-IV (DPP-IV), que cliva os dois aminoácidos terminais do peptídeo, desativando-o. DPP-IV cliva rapidamente a forma ativa de GLP-1 (GLP-1 [7-36] amida) para sua forma inativa (GLP–1 [9-36] amida) com meia-vida de 1 minuto, ou seja, $t_{1/2}$ = 1 min; acredita-se que seja a principal enzima responsável por esta hidrólise.[35]

$$\text{GLP-1(9-36)} \leftarrow \text{E.GLP-1(7-36)} \xleftarrow[\text{E}]{\text{Ruim}} \overset{\text{Bom}}{\text{GLP-1(7-36)}} \rightarrow \text{Atua no pâncreas para estimular a liberação de insulina e suprimir o glucagon}$$

A inibição da enzima DPP-IV, (E), portanto, deve reduzir significativamente a extensão da inativação de GLP-1 [7-36] e deve levar a um aumento nos níveis de circulação da forma ativa do hormônio. A evidência de suporte para isso vem de camundongos deficientes em enzima DPP-IV, que apresentam níveis elevados de GLP-1 [7-36][36] amida. Como uma aproximação muito grosseira, vamos tratar a reação da seguinte maneira: O novo medicamento, um inibidor da enzima DPP-IV (E), é a sitagliptina (S), que impede a enzima de desativar GLP-1.

$$\text{E + GLP-1} \rightleftarrows \text{E} \bullet \text{GLP-1} \rightarrow \text{Liberação de Glicose}$$

Inibida

$$\text{E} + \mathbf{S} \rightleftarrows \text{E} \bullet \mathbf{S}\text{(Inativa)}$$

Ao atrasar a degradação do GLP-1, o inibidor é capaz de estender a ação da insulina e suprimir a liberação de glucagon.
(a) Plote a razão entre a taxa de reação de $-r_{GLP}$ (sem inibição) e a taxa $-r_{GLP}$ (com inibição) em função da constante do inibidor DDP-4 para inibição competitiva e inibição não competitiva.
(b) Supondo que o corpo seja um reator bem misturado, desenvolva um modelo semelhante aos Problemas **P8.5** e **P8.6** para o esquema de dosagem da sitagliptina.

P9.22$_B$ **Fonte Alternativa de Energia.**[37] No verão de 2009, a ExxonMobil decidiu investir 600 milhões de dólares no desenvolvimento de algas como um combustível alternativo e seus comerciais de TV sobre esta iniciativa foram recentemente mostrados (por exemplo, dezembro de 2019). Algas cresceriam e seu óleo seria extraído para prover 6.000 galões de gasolina por ano, o que requereria a captura de uma fonte de CO_2 mais concentrada que o ar

[35] Veja também (a) J. J. Holst and D. F. Deacon, *Diabetes, 47*, 1663 (1998); (b) B. Balkan, et al., *Diabetiologia, 42*, 1324 (1999); (c) K. Augustyns, et al., *Curr. Med. Chem., 6*, 311 (1999).
[36] D. Marguet, et al., *Proc. Natl. Acad. Sci., 97*, 6864 (2000).
[37] As contribuições de John Benemann para este problema são bem-vindas.

(por exemplo, gás combustível proveniente de uma refinaria), contribuindo também para o sequestro de CO_2. A biossíntese da biomassa durante o dia é

$$\text{Luz do Sol} + \text{Calor} + H_2O + \text{Algas} \rightarrow \text{Mais Algas} + O_2$$

Considere um lago de 5.000 galões, com tubos perfurados, nos quais CO_2 é injetado e lentamente borbulhado na solução para manter a água saturada com CO_2.

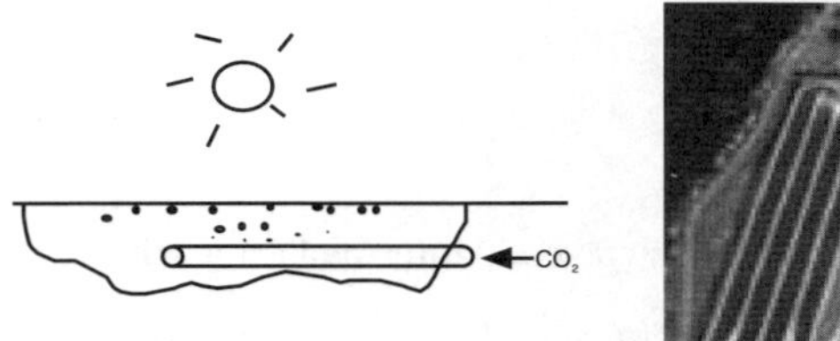

Figura P9.22$_B$ Produção comercial de microalgas em lagos abertos e agitados por rodas com pás. Cortesia de Cyanotech Co., Havaí.

O tempo de duplicação durante o dia é 12 h na luz do sol de meio-dia e zero durante a noite. Como primeira aproximação, o crescimento durante as 12 horas da lei do dia é

$$r_g = f\mu C_C$$

com f = luz do sol = sen($\pi t/12$) entre as 6 e as 18 horas; do contrário, $f = 0$; C_C é a concentração de algas (g/dm³) e $\mu = 0{,}9$ dia^{-1} (considere constante a saturação de CO_2 a 1 atm como 1,69 g/kg de água). O lago tem 30 cm de profundidade e, para a penetração efetiva da luz do sol, a concentração de algas não pode exceder 200 mg/dm³.

(a) Deduza uma equação para a razão da concentração celular de algas C_C no tempo t para uma concentração inicial de células C_{C0}, (C_C/C_{C0}). Plote e analise (C_C/C_{C0}) *versus* tempo até 48 horas.

(b) Se o lago for alimentado inicialmente com 0,5 mg/dm³ de algas, quanto tempo levará para que as algas atinjam uma densidade celular (isto é, concentração) de 200 mg/dm³, que é a concentração na qual a luz solar não pode mais penetrar eficientemente na profundeza do lago? Plote e analise r_g e C_C em função do tempo. Como primeira aproximação, admita o lago como estando bem misturado.

(c) Suponha que as algas limitem significativamente a penetração do sol mesmo antes de a concentração atingir 200 mg/dm³ com, por exemplo, $\mu = \mu_0 (1 - C_C/200)$. Plote e analise r_g e C_C em função do tempo. Quanto tempo levará para parar completamente o crescimento a 200 mg/dm³?

(d) Agora, vamos considerar uma operação contínua. Quando a densidade celular atingir 200 mg/dm, metade das algas existentes no lago será retirada e o restante será misturado com nutriente fresco. Qual é a produtividade estacionária das algas em g/ano, novamente considerando o lago como bem misturado?

(e) Considere agora uma alimentação constante de água residual e a remoção de algas a uma taxa de diluição de um dia recíproco. Qual é a taxa mássica de algas do lago de 5.000 galões (g/d)? Considere que o lago esteja bem misturado.

(f) Suponha agora que a reação deva ser executada em um reator fechado e transparente. O reator pode ser pressurizado com CO_2 até 10 atm, com $K_S = 2$ g/dm³. Admita que depois da pressurização inicial, nenhum CO_2 pode ser injetado. Plote e analise a concentração de algas em função do tempo.

(g) Uma alga invasora pode dobrar duas vezes mais rápido que a cepa que você está cultivando. Admita que inicialmente a concentração seja 0,1 mg/L. Quanto tempo levará para ela ser a espécie dominante (acima de 50% da densidade celular)?

P9.23$_A$ Cálculos rápidos sobre lagos de algas.

(a) Se o lago for alimentado inicialmente com 0,5 mg/dm³ de algas, quanto tempo as algas levarão para atingir uma densidade celular (isto é, concentração) de 200 mg/dm³? Esquematize um gráfico aproximado de r_g e C_C ao longo do tempo.

(b) Suponha que as algas limitem significativamente a penetração solar mesmo antes de a concentração atingir 200 mg/dm³, usando $\mu = \mu_0 (1 - C_C/200)$. Admita $\mu_0 = 0{,}9$ dia^{-1}. Qualitativamente, o que acontece à taxa de crescimento à medida que a concentração de células aumenta? Aproximadamente, quanto tempo levará para a concentração atingir 200 mg/dm³? Por quê?

(c) Uma espécie invasora de alga pode dobrar duas vezes mais rápido que a cepa que você está cultivando. Admita que inicialmente a concentração seja 0,01 mg/dm³. Quanto tempo levará para ela ser a espécie dominante no lago (acima de 50% da densidade celular)?

• **Problemas Propostos Adicionais**

Vários problemas propostos que podem ser usados para exames ou como problemas ou exemplos suplementares podem ser encontrados no CRE *website www.umich.edu/~elements/6e/index.html.*

LEITURA SUPLEMENTAR

Web

Reveja o seguinte *site* na *Web*:
www.pharmacokinetics.com

Textos

1. Uma discussão de reações complexas envolvendo intermediários ativos é apresentada em

A. K. DATTA, *Heat and Mass Transfer*: A Biological Context, 2nd ed. Boca Raton, FL: CRC Press, 2017.
A. A. FROST and R. G. PEARSON, *Kinetics and Mechanism*, 2nd ed., New York: Wiley, 1961, Cap. 10. Antigo, mas com ótimos exemplos.
K. J. LAIDLER, *Chemical Kinetics*, 3rd ed., New York: HarperCollins, 1987.
M. J. PILLING, *Reaction Kinetics*, New York: Oxford University Press, 1995.

2. Discussões adicionais relativas às reações enzimáticas:

Quase tudo que você quer saber sobre reações enzimáticas pode ser encontrado em I. H. SEGEL, *Enzyme Kinetics*, New York: Wiley-Interscience, 1975.
Uma descrição excelente sobre estimação de parâmetros, retroalimentação biológica e caminhos de reação pode ser encontrada em E. O. VOIT, *Computational Analysis of Biochemical Systems*. Cambridge, UK: Cambridge University Press, 2000.
A. CORNISH-BOWDEN, *Analysis of Enzime Kinetic Data*. New York: Oxford University Press, 1995.
D. L. NELSON and M. M. COX, *Lehninger Principles of Biochemistry*, 3rd ed., New York: Worth Publishers, 2000.
M. L. SHULER and F. KARGI, *Bioprocess Engineering Principles*, 2nd ed., Upper Saddle River, NJ: Prentice Hall, 2002.

3. Material relativo a biorreatores pode ser encontrado em

T. J. BAILEY AND D. OLLIS, *Biochemical Engineering*, 2nd ed., New York: McGraw-Hill, 1987.
H. W. BLANCH AND D. S. CLARK, *Biochemical Engineering*. New York: Marcel Dekker, 1996.

4. Veja também

THORNTON W. BURGESS, *The Adventures of Old Mr. Toa*. New York: Dover Publications, Inc., 1916.
GARRISON KEILLOR, *Pretty Good Joke Book: A Prairie Home Companion*. St. Paul, MN: Highbridge Co., 2000.
HOWARD MASKILL, *The Investigation of Organic Reactions and Their Mechanism*, Oxford, UK: Blackwell Publishing Ltd, 2006.

Catálise e Reatores Catalíticos 10

Não é que eles não consigam ver a solução; eles não conseguem é ver o problema.

—G. K. Chesterton

Visão Geral. Os objetivos deste capítulo são os seguintes: desenvolver um entendimento sobre catalisadores, sobre mecanismos de reação e sobre projeto de reatores catalíticos. Especificamente, depois de ler este capítulo, você deve ser capaz de

- Definir um catalisador e descrever suas propriedades.
- Descrever as etapas de uma reação catalítica e da deposição química a vapor (DQV).
- Sugerir um mecanismo e aplicar o conceito de uma etapa limitante de taxa para deduzir uma equação da taxa.
- Usar regressão não linear para determinar a equação da taxa e os parâmetros cinéticos que melhor ajustam os dados.
- Usar os parâmetros cinéticos para projetar PBRs e CSTRs fluidizados.
- descrever a analogia entre etapas catalíticas e CVD na fabricação microeletrônica;
- Analisar o decaimento de catalisadores e reatores que possam ser usados para ajudar o decaimento *off-set*.

As várias seções deste capítulo correspondem aproximadamente a cada um desses objetivos.

10.1 Catalisadores

Catalisadores vêm sendo usados pelo homem ao longo de 2000 anos.[1] As primeiras utilizações observadas de catalisadores foram na fabricação de vinho, queijo e pão. Por exemplo, observou-se que era sempre necessário adicionar pequenas quantidades de pão da batelada prévia para fazer a batelada atual. Entretanto, somente em 1835, Berzelius começou a juntar observações de químicos anteriores sugerindo que pequenas quantidades de uma fonte de origem externa poderiam afetar grandemente o curso de reações químicas. Essa misteriosa força atribuída à substância foi chamada de *catalítica* (do grego antigo, *katálusis*, "para dissolver a inércia"). Em 1894, Ostwald expandiu a explicação de Berzelius estabelecendo que catalisadores eram substâncias que aceleravam a taxa de reações químicas sem serem consumidos.

[1] S. T. Oyama and G. A. Somorjai, *J. Chem. Educ.*, 65, 765 (1986).

Em mais de 180 anos desde o trabalho de Berzelius, os catalisadores têm desempenhado um grande papel econômico no mercado mundial. Somente nos Estados Unidos, as vendas de catalisadores de processos até 2020 superaram US$ 20 bilhões, sendo os principais usos no refino de petróleo e na produção química.

10.1.1 Definições

Um *catalisador* é uma substância que afeta a taxa de uma reação, porém sai inalterado do processo. O catalisador geralmente muda uma taxa de reação por meio de uma diferente rota molecular ("mecanismo") para a reação. Por exemplo, hidrogênio e oxigênio gasosos são praticamente inertes em temperatura ambiente, porém reagem rapidamente quando expostos à platina. A coordenada de reação (veja a Figura 3.2), mostrada na Figura 10.1, é a mensuração do progresso ao longo da rota da reação, à medida que H_2 e O_2 se aproximam um do outro e passam sobre a barreira da energia de ativação para formar H_2O. *Catálise é a ocorrência, o estudo e o uso de catalisadores e de processos catalíticos.* Catalisadores químicos comerciais são imensamente importantes. Aproximadamente um terço do produto nacional bruto dos Estados Unidos envolve um processo catalítico em algum lugar entre a matéria-prima e o produto acabado.[2] O desenvolvimento e o uso de catalisadores constituem a maior parte da busca constante por novas maneiras de aumentar o rendimento do produto e a seletividade em reações químicas. Uma vez que um catalisador torna possível obter um produto final por uma rota diferente com menor barreira de energia, ele pode afetar tanto o rendimento como a seletividade.

O que é catálise?

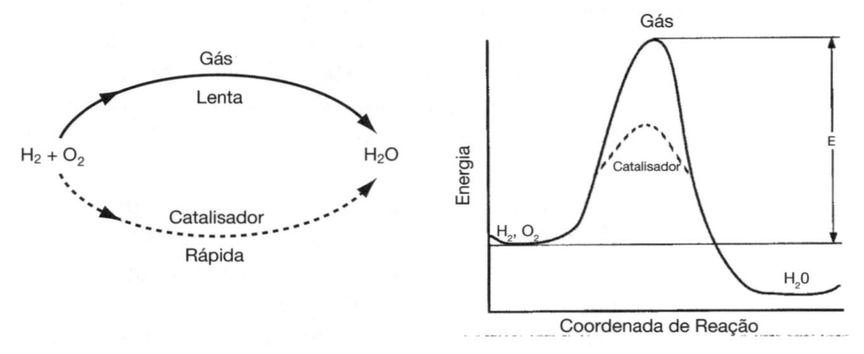

Figura 10.1 Diferentes rotas de reação.

Catalisadores podem acelerar a taxa de reação, mas não podem mudar o equilíbrio.

Normalmente, quando falamos sobre um catalisador, queremos dizer aquele que acelera uma reação, embora, estritamente falando, um catalisador possa tanto acelerar como retardar a formação de um produto particular. *Um catalisador muda somente a taxa de uma reação; ele não afeta o equilíbrio.*

O Prêmio Nobel de Química em 2007 foi dado a Gerhard Ertl por seu trabalho pioneiro sobre reações catalíticas heterogêneas. Uma reação *catalítica heterogênea* envolve mais de uma fase; geralmente, o catalisador é um sólido e os reagentes e produtos estão na forma líquida ou gasosa. Muito do benzeno produzido nos Estados Unidos hoje é fabricado a partir da desidrogenação de ciclo-hexano (obtido a partir da destilação de petróleo cru) usando platina sobre alumina como catalisador:

$$\text{Ciclo-hexano} \xrightarrow[Al_2O_3 \cdot H_2O]{\text{Pt sobre}} \text{Benzeno} + 3H_2 \ (\text{Hidrogênio})$$

[2]V. Haensel and R. L. Burwell, Jr., *Sci. Am.*, 225(10), 46.

A separação simples e completa da mistura fluida do produto a partir do catalisador sólido torna a catálise heterogênea economicamente atrativa, em especial porque muitos catalisadores são bem valiosos e seu reúso é requerido.

Uma reação catalítica heterogênea ocorre na interface sólido-fluido ou muito perto dela. Os princípios que governam as reações catalíticas heterogêneas podem ser aplicados a ambas as reações catalíticas e não catalíticas sólido-fluido. Os outros dois tipos de reações heterogêneas envolvem sistemas gás-líquido e gás-líquido-sólido. Reações entre um gás e um líquido são geralmente limitadas pela transferência de massa, como será discutido no Capítulo 14.

10.1.2 Propriedades de Catalisadores

Dez gramas desse catalisador apresentam mais área superficial do que um campo de futebol americano.

Uma vez que uma reação catalítica ocorre na interface sólido-fluido, uma grande área interfacial é quase sempre essencial para atingir uma significativa taxa de reação. Em muitos catalisadores, essa área é provida pela estrutura porosa interna (isto é, o sólido contém muitos poros finos e a superfície desses poros fornece a área necessária para a alta taxa de reação), veja as Figuras 10.4(b) e 10.9. Alguns materiais porosos apresentam uma área surpreendentemente alta. Um catalisador de sílica-alumina, típico de craqueamento, tem um volume de poro de 0,6 cm^3/g e um raio médio de poro de 4 nm. A área superficial correspondente pode ser da ordem de 300 m^2/g desses *catalisadores porosos*. Exemplos incluem o níquel Raney, usado na hidrogenação de óleos vegetais e animais, a platina sobre alumina, usada na reforma de naftas de petróleo para obter altos graus de octanagem, e o ferro contendo promotor, usado na síntese de amônia. Às vezes, os poros são tão pequenos que eles admitem apenas moléculas pequenas e impedem que as grandes entrem e sejam catalisadas. Materiais com esse tipo de poro são chamados de *peneiras moleculares*; podem ser derivados de substâncias naturais, tais como determinadas argilas e zeólitas, ou totalmente sintéticas, tais como aluminossilicatos cristalinos (veja a Figura 10.2). Essas peneiras podem formar a base para os catalisadores bem seletivos; os poros podem controlar o tempo de residência de várias moléculas próximas à superfície cataliticamente ativa em um grau que permita, sobretudo, que *apenas* as moléculas desejadas reajam. Um exemplo da alta seletividade de catalisadores de zeólitas é a formação de paraxileno a partir de tolueno e metano, mostrada na Figura 10.2(b).[3] Aqui, metano e tolueno entram através do poro do catalisador de zeólita e reagem na superfície interior para formar uma mistura de orto, meta e paraxilenos. Entretanto, o tamanho da boca do poro é tal que somente o paraxileno pode sair pela boca do poro, uma vez que meta e ortoxilenos, com seu grupo metila ao lado, não podem se ajustar através da boca do poro. Existem sítios interiores que podem isomerizar orto e metaxilenos a paraxileno. Consequentemente, temos uma seletividade muito alta para formar paraxileno.

Tipos de catalisadores:
- Porosos
- Peneiras moleculares
- Monolíticos
- Suportados
- Não suportados

Catalisador zeolítico típico

Alta seletividade para o paraxileno

Em alguns casos, um catalisador consiste em diminutas partículas de um material ativo, disperso sobre uma substância menos ativa, chamada de *suporte*. O material ativo é frequentemente um metal puro ou uma liga metálica. Tais catalisadores são denominados *catalisadores suportados*, para distingui-los dos *catalisadores não suportados*. Catalisadores podem ter também pequena quantidade de ingredientes ativos adicionados, conhecidos como *promotores*, que aumentam sua atividade. Exemplos de catalisadores suportados são os conversores catalíticos de leito fixo para automóveis, o catalisador de platina sobre alumina, usado na reforma de petróleo, e o pentóxido de vanádio sobre sílica, usado para oxidar o dióxido de enxofre na fabricação de ácido sulfúrico. Por outro lado, o fio de platina para a oxidação de amônia, o ferro promovido para a síntese de amônia e o catalisador de sílica-alumina para desidrogenação, usado na fabricação de butadieno, tipificam catalisadores não suportados.

---

[3]R. I. Masel, *Chemical Kinetics and Catalysis* (New York: Wiley Interscience, 2001), p. 741. Um livro muito completo e bem escrito.

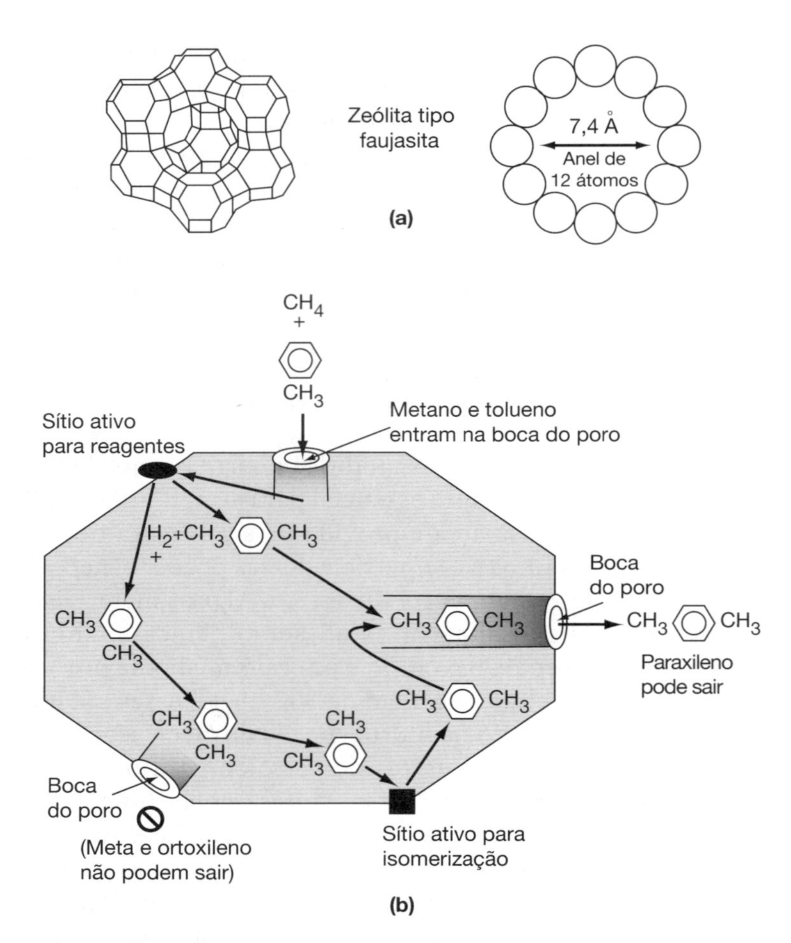

Figura 10.2 (**a**) Estruturas tridimensionais e (**b**) seções transversais dos poros de dois tipos de zeólitas. (**a**) A zeólita tipo faujasita possui um sistema de canais tridimensionais, com poros de no mínimo 7,4 Å de diâmetro. Um poro é formado por um anel de 12 átomos de oxigênio. (**b**) Esquema da reação CH_4 e $C_6H_5CH_3$. (Note que o tamanho da boca do poro e do interior da zeólita não está em escala.) ((**a**) Proveniente de N. Y. Chen and T. F. Degnan, *Chem. Eng. Prog.*, *84*(2), 33 (1988). Reproduzida com permissão do American Institute of Chemical Engineers. Copyright © 1988 AIChE. Todos os direitos reservados.)

10.1.3 Interações Catalíticas de Gás-Sólido

Nesta seção, vamos focar nossa atenção nas reações em fase gasosa, catalisadas por superfícies sólidas. Para uma reação catalítica ocorrer, no mínimo um e frequentemente todos os reagentes têm de ser aderidos à superfície. Essa adesão é conhecida como *adsorção* e ocorre por dois diferentes processos: adsorção física e quimiossorção. *Adsorção física* é similar à condensação. O processo é exotérmico e o calor de adsorção é relativamente pequeno, da ordem de 1 kcal/mol a 15 kcal/mol. Aqui, as forças de atração entre as moléculas de gás e a superfície sólida são fracas. Essas forças de van der Waals consistem na interação de dipolos permanentes, entre um dipolo permanente e um dipolo induzido e/ou entre átomos neutros e moléculas. A quantidade de gás fisicamente adsorvido diminui rapidamente com o aumento de temperatura e, acima de sua temperatura crítica, apenas pequenas quantidades de uma substância são fisicamente adsorvidas.

O tipo de adsorção que afeta a taxa de uma reação química é a *quimiossorção*. Aqui, os átomos ou moléculas adsorvidos são mantidos à superfície por forças covalentes do mesmo tipo que aquelas que ocorrem entre átomos ligados em moléculas. Como resultado, a estrutura eletrônica da molécula quimiossorvida é significativamente perturbada, tornando-a extremamente reativa. A interação com o catalisador faz com que as ligações do reagente adsorvido sejam esticadas, tornando-as mais factíveis à quebra.

A Figura 10.3 mostra a ligação da adsorção de etileno em uma superfície de platina para formar etilideno quimiossorvido. Como na adsorção física, a quimiossorção é um processo exotérmico, porém os calores de adsorção são geralmente da mesma magnitude que o calor de uma reação química (isto é, 40 kJ/mol a 400 kJ/mol). Se uma reação catalítica envolve quimiossorção, ela deve ocorrer dentro de uma faixa de temperatura em que a quimiossorção dos reagentes seja apreciável.

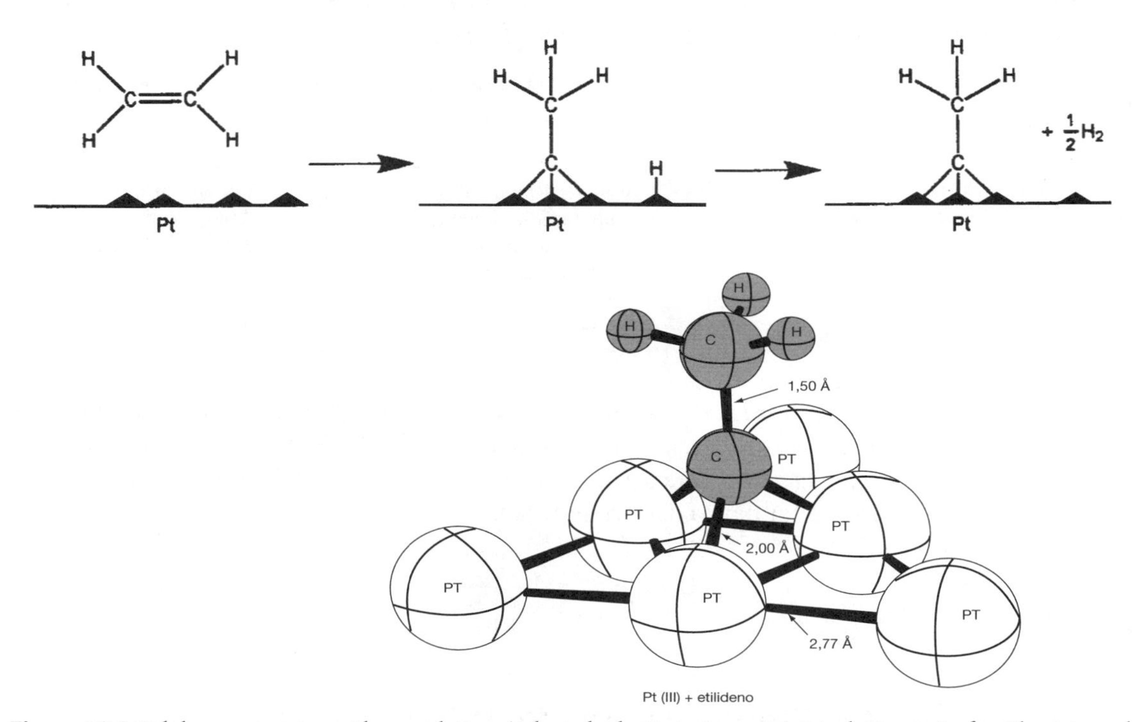

Figura 10.3 Etilideno quimiossorvido em platina. (Adaptada de G. A. Somorjai, *Introduction to Surface Chemistry and Catalysis*, © 1994 John Wiley & Sons, Inc. Reimpressa com permissão de John Wiley & Sons, Inc. Todos os direitos reservados.)

A quimiossorção sobre os sítios ativos é o que catalisa a reação.

Em uma contribuição marcante para a teoria catalítica, H. S. Taylor sugeriu que uma reação não é catalisada sobre uma superfície sólida inteira, mas somente em certos *sítios* ou *centros ativos*.[4] Ele visualizou esses sítios como átomos insaturados nos sólidos que resultaram das irregularidades na superfície, deslocamentos, quinas de cristais e trincas ao longo dos contornos do grão. Outros investigadores têm feito restrição a essa definição, apontando que outras propriedades da superfície sólida são também importantes. Os sítios ativos podem também ser pensados como lugares onde intermediários altamente reativos (isto é, espécies quimiossorvidas) são estabilizados o tempo suficiente para reagirem. Essa estabilização de um intermediário reativo é a chave no projeto de qualquer catalisador. Entretanto, para nossas finalidades, definiremos um *sítio ativo* como *um ponto na superfície do catalisador que pode formar fortes ligações químicas com um átomo ou uma molécula adsorvida.*

TOF

Um parâmetro usado para quantificar a atividade de um catalisador é a *frequência de renovação* (*turnover frequency*, *TOF*), *f*. É o número de moléculas que reagem por sítio ativo por segundo, nas condições do experimento. Quando um catalisador metálico, tal como platina, é depositado em um suporte, os átomos do metal são considerados sítios ativos. A *dispersão*, *D*, do catalisador é a fração dos átomos depositados do metal que estão *sobre* a superfície. Os TOFs para um número de reações são mostrados no *Material Adicional* para o Capítulo 10 no CRE *website* (*http://www.umich.edu/~elements/6e/10chap/expanded_ch10_TOF.pdf*).

[4]H. S. Taylor, *Proc. R. Soc. London*, *A108*, 105 (1928).

10.1.4 Classificação dos Catalisadores

Uma maneira comum para se classificarem catalisadores é em termos do tipo de reação que eles catalisam.

A Tabela 10.1 fornece uma lista de reações representativas e seus catalisadores correspondentes. Maior discussão de cada uma dessas classes de reações e os materiais que as catalisam podem ser encontrados no CRE *website* na *Estante com Referências Profissionais R10.1 (http://www.umich.edu/~elements/6e/10chap/prof.html)*.

Tabela 10.1 Tipos de Reações e Catalisadores Representativos

Reação	*Catalisador*
1. Halogenação-desalogenação	$CuCl_2$, AgCl, Pd
2. Hidratação-desidratação	Al_2O_3, MgO
3. Alquilação-desalquilação	$AlCl_3$, Pd, Zeólitas
4. Hidrogenação-desidrogenação	Co, Pt, Cr_2O_3, Ni
5. Oxidação	Cu, Ag, Ni, V_2O_5
6. Isomerização	$AlCl_3$, Pt/Al_2O_3, Zeólitas

Se, por exemplo, quisermos formar estireno a partir de uma mistura equimolar de etileno e benzeno, poderemos fazer uma reação de alquilação para formar etilbenzeno, que seria então desidrogenado para formar estireno. Necessitamos de um catalisador para a alquilação e de um catalisador para a desidrogenação:

$$C_2H_4 + C_6H_6 \xrightarrow[\text{Traços de HCl}]{AlCl_3} C_6H_5C_2H_5 \xrightarrow{Ni} C_6H_5CH{=}CH_2 + H_2$$

10.2 Etapas de uma Reação Catalítica

Uma fotografia de tipos e tamanhos diferentes de catalisadores é mostrada na Figura 10.4(a). Um diagrama esquemático de um reator tubular recheado com *pellets* de catalisador é mostrado na Figura 10.4(b). O processo global, pelo qual reações catalíticas heterogêneas ocorrem, pode ser quebrado em uma sequência de etapas individuais mostradas na Tabela 10.2 e ilustradas na Figura 10.5 para uma reação de isomerização.

Figura 10.4(a) *Pellets* de catalisador com diferentes formas (esferas, cilindros) e tamanhos (0,1 cm a 10 cm). (Cortesia da Basf Corporation.)

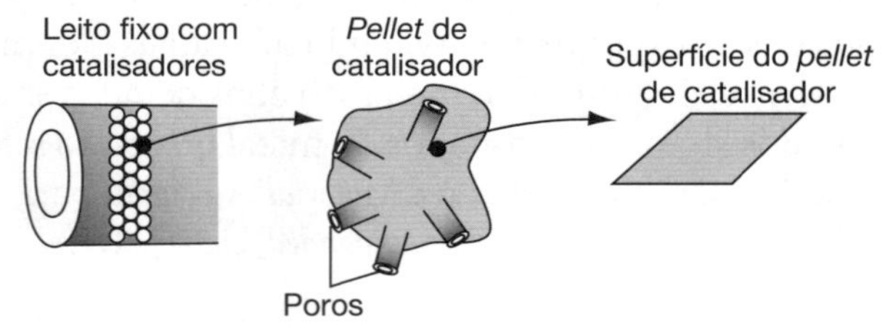

Figura 10.4(b) Esquema de um reator catalítico de leito fixo.

Cada etapa na Tabela 10.2 é mostrada esquematicamente na Figura 10.5.

Tabela 10.2 Etapas de uma Reação Catalítica

1. Transferência de massa (difusão) do(s) reagente(s) (por exemplo, espécie A) do interior da fase fluida para a superfície externa do *pellet* de catalisador, ou seja, a boca do poro.
2. Difusão do reagente a partir da entrada do poro, através dos poros do catalisador, para a vizinhança da superfície catalítica interna.
3. Adsorção do reagente A na superfície catalítica.
4. Reação na superfície do catalisador (por exemplo, A ⟶ B).
5. Dessorção dos produtos (por exemplo, B) da superfície.
6. Difusão dos produtos do interior do *pellet* para a entrada do poro na superfície externa.
7. Transferência de massa dos produtos da superfície externa do *pellet* para o interior da fase fluida.

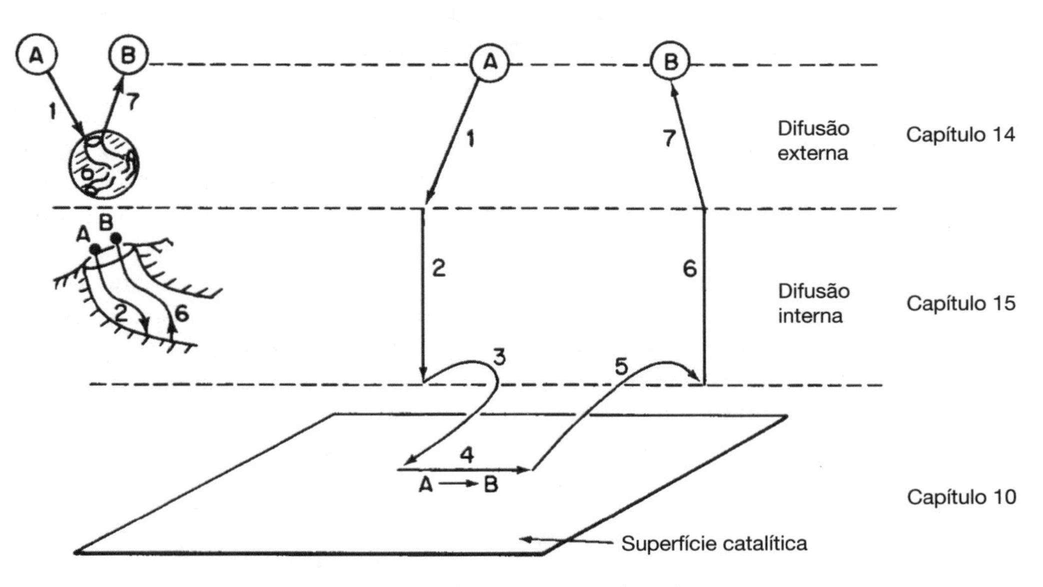

Figura 10.5 Etapas de uma reação catalítica heterogênea.

Uma reação ocorre *na* superfície, porém as espécies envolvidas na reação têm de *chegar* e *sair* da superfície.

A taxa global de reação é igual à taxa da etapa mais lenta do mecanismo. Quando as etapas de difusão (1, 2, 6 e 7 na Tabela 10.2) são muito rápidas comparadas com as etapas de reação (3, 4 e 5), as concentrações na vizinhança imediata dos sítios ativos são indistinguíveis daquelas no interior da fase fluida. Nessa situação, as etapas de transporte ou de difusão não afetam a taxa global de reação. Em outras situações, se as etapas de reação forem muito rápidas comparadas com as etapas de difusão, o transporte de massa afetará a taxa de reação. Em sistemas em que a difusão, a partir do interior da fase gasosa ou líquida para a superfície do catalisador ou para as entradas dos poros dos catalisadores, afeta a taxa, isto é, etapas 1 e 7, a mudança das condições de escoamento pelo catalisador deve alterar a taxa global de reação (veja o Capítulo 14). Em catalisadores porosos, por outro lado, a difusão no interior dos poros de catalisadores, isto é, etapas 2 e 6, pode limitar a taxa de reação. Sob essas circunstâncias, a taxa global não será afetada pelas condições externas de escoamento, embora a difusão afete a taxa global de reação (veja o Capítulo 15).

Há muitas variações da situação descrita na Tabela 10.2. Algumas vezes, naturalmente, dois reagentes são necessários para uma reação ocorrer e esses dois reagentes podem ser submetidos às etapas listadas anteriormente. Outras reações entre duas substâncias podem ter somente uma delas adsorvida.

Neste capítulo, focaremos em:
3. Adsorção
4. Reação na superfície
5. Dessorção

Com essa introdução, estamos prontos para tratar individualmente as etapas envolvidas em reações catalíticas. Neste capítulo, somente as etapas 3, 4 e 5 –, de adsorção, reação na superfície e dessorção – serão consideradas quando admitirmos que as etapas de difusão (1, 2, 6 e 7) forem muito rápidas, de modo que a taxa global de reação não será afetada, de alguma maneira, pela transferência de massa. Mais considerações sobre os efeitos envolvendo limitações de difusão são fornecidas nas Figuras 14.5 do Capítulo 14 e Figura 15.5 do Capítulo 15.

Para Onde Estamos Indo?[†] Como vimos no Capítulo 7, uma das tarefas do engenheiro de reações químicas é analisar os dados não processados de taxa de reação e desenvolver uma equação da taxa que possa ser usada em projeto de reatores. Equações da taxa em catálise heterogênea raramente seguem os modelos da lei de potência (Eq. 3.3); portanto, são inerentemente mais difíceis de formular a partir dos dados. Para desenvolver um entendimento e perspicácia profundos a respeito de como as equações da taxa são formadas a partir de dados catalíticos heterogêneos, vamos proceder um pouco de maneira contrária ao que normalmente é feito na indústria, quando se pede para desenvolver uma equação da taxa. Ou seja, postularemos primeiro os mecanismos catalíticos e *então* deduziremos as equações da taxa para os vários mecanismos. O mecanismo terá tipicamente uma etapa de adsorção, uma etapa de reação na superfície e uma etapa de dessorção, sendo uma delas geralmente limitante da velocidade. Sugerir mecanismos e etapas limitantes de velocidade não é a primeira coisa que geralmente fazemos quando apresentados os dados. Entretanto, deduzindo equações para diferentes mecanismos, observaremos as várias formas da equação da taxa que pode haver em catálise heterogênea. *Conhecendo* as diferentes formas que as equações catalíticas podem assumir, será mais fácil ver nos dados as tendências e deduzir a equação da taxa apropriada. Essa dedução é normalmente o que se faz primeiro na indústria antes que um mecanismo seja proposto. Conhecendo a forma da equação da taxa, podemos então avaliar numericamente os parâmetros cinéticos e postular um mecanismo de reação e uma etapa limitante de taxa que sejam consistentes com os dados experimentais. Finalmente, usamos a equação da taxa para projetar reatores catalíticos. Esse procedimento é mostrado na Figura 10.6. As linhas tracejadas representam uma realimentação para obter novos dados em regiões específicas (por exemplo, concentrações, temperatura) para avaliar mais precisamente os parâmetros cinéticos ou para diferenciar entre os mecanismos de reação.

Um algoritmo

Conhecer as várias formas que uma equação da taxa pode assumir nos ajudará a interpretar os dados.

Uma visão geral

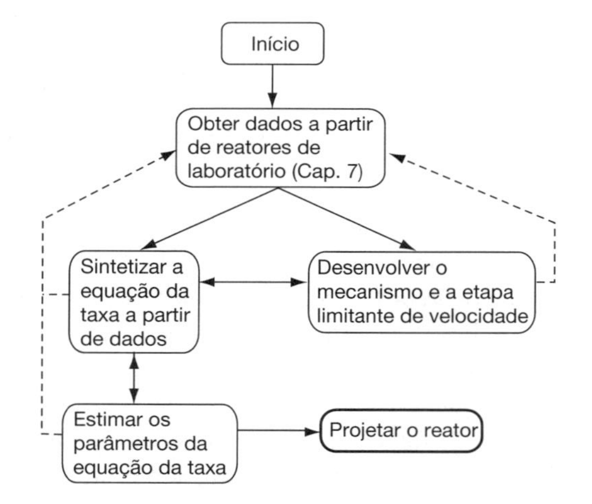

Figura 10.6 Coleta de informações para o projeto de reatores catalíticos.

#CartaSorte: ***Não passe pelo Siga.*** *Prossiga diretamente para a Seção 10.2.3.*

Discutiremos agora cada uma das etapas mostradas na Figura 10.5 e na Tabela 10.2. Como mencionado anteriormente, este capítulo foca as Etapas 3, 4 e 5 (as etapas de adsorção, de reação na superfície e de dessorção), considerando que as Etapas 1, 2, 6 e 7 são muito rápidas. Consequentemente, para entender quando essa suposição é válida, devemos fazer uma rápida inspeção global das Etapas 1, 2, 6 e 7. Essas etapas envolvem a difusão dos reagentes no e para o interior do *pellet* de catalisador. Apesar de essas etapas serem cobertas, em detalhes,

[†]"Se você não sabe para onde está indo, provavelmente acabará em outro lugar." Yogi Berra, New York Yankees.

na Figura 14.5 no Capítulo 14 e na Figura 15.5 no Capítulo 15, vale a pena fazer uma breve descrição dessas duas etapas de transferência de massa, para melhor entender a sequência inteira de etapas. Se você já cursou os módulos de *Transferência de Massa* ou de *Fenômenos de Transporte*, você pode pular as Seções 10.2.1 e 10.2.2 e ir diretamente para a Seção 10.2.3.

10.2.1 Transferência de Massa – Etapa 1: Difusão do Seio do Fluido para a Superfície Externa do Catalisador – Visão Geral

As transferências interna e externa de massa na catálise são cobertas em detalhes nos Capítulos 14 e 15.

Por ora, vamos considerar que o transporte de A do seio do fluido para a superfície externa do catalisador é a etapa mais lenta na sequência mostrada na Figura 10.5. Englobamos todas as resistências à transferência da espécie A (reagente) do interior do seio do fluido para a superfície na camada limite que envolve o *pellet*. Nessa etapa, o reagente A, em uma concentração no seio do fluido, C_{Ab}, tem de viajar (difundir) por meio da camada limite de espessura δ até a superfície externa do *pellet*, em que a concentração é C_{As}, conforme mostrado na Figura 10.7. A taxa de transferência (e, consequentemente, a taxa de reação, $-r'_A$) para essa etapa mais lenta é

$$\text{Taxa} = k_C\,(C_{Ab} - C_{As})$$

sendo o coeficiente de transferência de massa, k_C, uma função das condições hidrodinâmicas, isto é, velocidade do fluido, U, e do diâmetro do *pellet*, D_p.

Transferência de massa externa

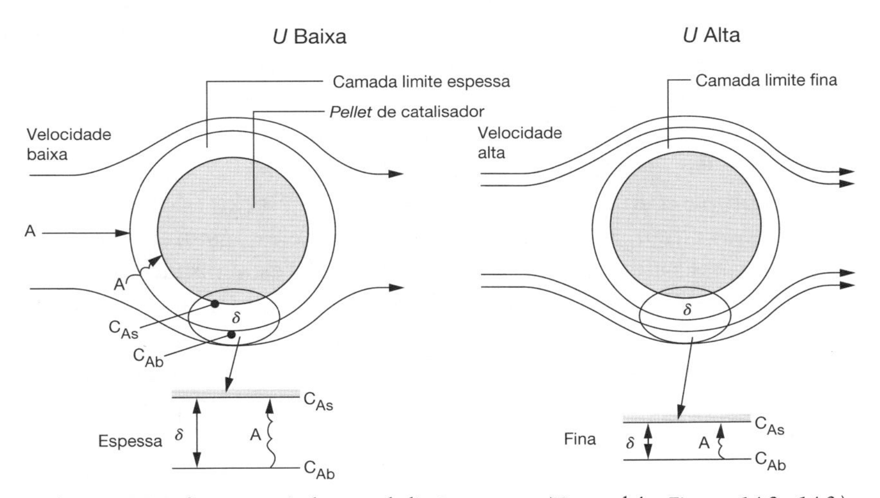

"As camadas espessa e fina".

Figura 10.7 Difusão através da camada limite externa. (Ver também Figuras 14.2 e 14.3.)

Como será visto (Capítulo 14), o coeficiente de transferência de massa é inversamente proporcional à espessura da camada limite, δ, e diretamente proporcional ao coeficiente de difusão (difusividade D_{AB}).

$$k_C = \frac{D_{AB}}{\delta}$$

A baixas velocidades do fluido escoando sobre o *pellet*, a camada limite, na qual A e B têm de se difundir, é espessa, levando um longo tempo para A viajar até a superfície; resulta, então, em um baixo coeficiente de transferência de massa k_C. Como consequência, a transferência de massa através da camada limite é lenta e limita a taxa da reação global. À medida que a velocidade entre as partículas é aumentada, a camada limite se torna menor e a taxa de transferência de massa é aumentada. A velocidades muito altas, a camada limite δ é tão pequena que não oferece mais nenhuma resistência significativa à difusão através dela. Como resultado, a transferência externa de massa não mais limita a taxa de reação. Essa resistência externa também diminui quando o tamanho da partícula diminui. À medida que a velocidade do fluido aumenta e/ou o diâmetro da partícula diminui, o coeficiente de transferência de massa aumenta até que um platô é alcançado, conforme mostrado na Figura 10.8. Nesse platô, $C_{Ab} \approx C_{As}$, e uma das outras etapas na sequência, Etapas 2 a 6, é a mais lenta e limita a taxa global. Mais detalhes sobre a transferência externa de massa serão discutidos no Capítulo 14.

Altas velocidades externas do fluido diminuem a resistência à transferência de massa externa.

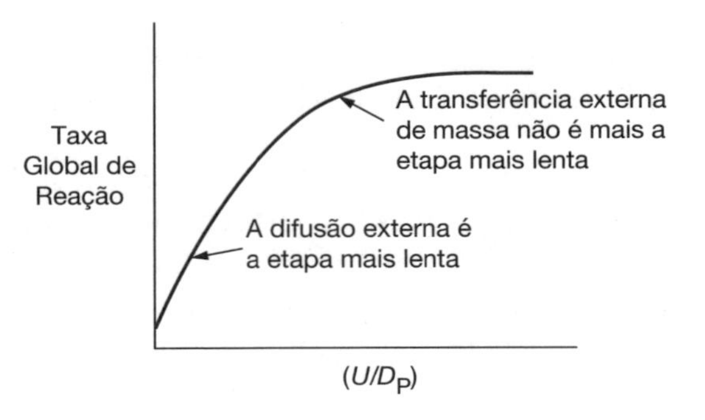

Figura 10.8 Efeito do tamanho da partícula e da velocidade do fluido sobre a taxa global.

10.2.2 Transferência de Massa – Etapa 2: Difusão Interna – Visão Geral

Agora, consideremos que estamos operando a uma velocidade de fluido em que a difusão externa não é mais a etapa limitante e que a difusão interna é a etapa mais lenta. Na Etapa 2 da Figura 10.5, o reagente A se difunde da superfície externa, a uma concentração C_{As}, para o interior do *pellet*, onde a concentração é C_A. À medida que A se difunde para o interior do *pellet*, ele reage com o catalisador depositado nos lados das paredes internas do poro.

Quanto menor o tamanho do *pellet* de catalisador, menor a resistência à transferência de massa interna (difusão).

Para *pellets* grandes, o reagente A leva um longo tempo para se difundir no interior, em comparação com o tempo gasto para a reação ocorrer no interior da superfície do poro. Sob essas circunstâncias, o reagente somente é consumido próximo à superfície exterior do *pellet*, e o catalisador próximo ao centro do *pellet* é catalisador desperdiçado. Por outro lado, para *pellets* muito pequenos, o reagente leva muito pouco tempo para se difundir para dentro e para fora do interior do *pellet*; como resultado, a difusão interna não mais limita a taxa de reação. Quando a transferência de massa interna *não* limita a taxa de reação, a concentração no interior dos poros do *pellet* de catalisador é igual à concentração na superfície externa do *pellet*, C_{As}. Como resultado, a equação da taxa correspondente é

$$\text{Taxa} = k_r C_{As}$$

em que C_{As} é a concentração na superfície externa e k_r é a constante global de taxa, que é uma função do tamanho do *pellet*. Essa constante global de taxa, k_r, aumenta à medida que o diâmetro do *pellet* diminui. No Capítulo 15, mostraremos que a Figura 15.5 pode ser combinada com a Equação (15.34) para chegar ao gráfico de k_r em função de D_P, mostrado na Figura 10.9(b).

Vemos, na Figura 10.9, que, para *pellets* de tamanhos pequenos, a difusão interna não é mais a etapa lenta e que a sequência da reação de adsorção, reação na superfície e de dessorção na superfície (Etapas 3, 4 e 5 na Figura 10.5) limita a taxa global de reação. Considere agora um ou mais pontos sobre a difusão interna e a reação na superfície. Essas etapas (2 a 6) **não são**, **de forma alguma**, afetadas pelas condições de escoamento externo ao pellet.

No material que se segue, vamos escolher nosso tamanho de *pellet* e a velocidade do fluido externo, de modo que nenhuma difusão externa (Capítulo 14) ou interna (Capítulo 15) limite a reação. Em vez disso, vamos considerar que tanto a Etapa 3 (adsorção), como a Etapa 4 (reação na superfície), ou a Etapa 5 (dessorção), ou uma combinação dessas etapas, limite a taxa global de reação.

Transferência interna de massa

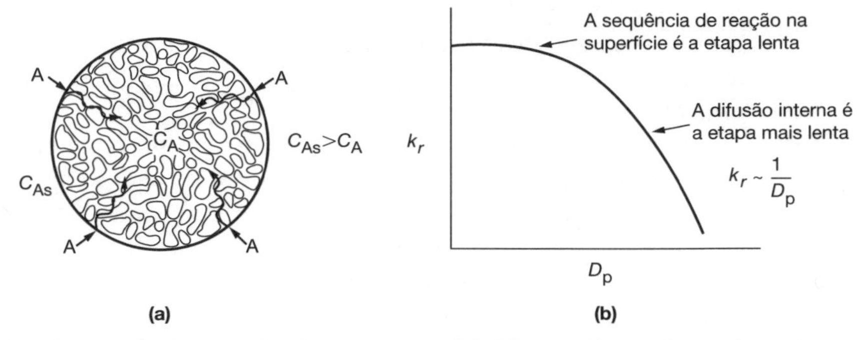

Figura 10.9 Efeito do tamanho da partícula sobre a constante global de taxa. **(a)** Ramificação de um único poro com metal depositado; **(b)** Diminuição na constante de velocidade com o aumento do diâmetro da partícula (veja o Capítulo 15).

10.2.3 Isotermas de Adsorção

Uma vez que a quimiossorção é geralmente uma parte necessária de um processo catalítico, devemos discuti-la antes de tratarmos as taxas catalíticas de reação. A letra S representará um sítio ativo; sozinha, ela denotará um sítio vazio, sem átomo, molécula ou complexo adsorvido nele. A combinação de S com outra letra (por exemplo, A · S) significará que uma unidade da espécie A será adsorvida no sítio S. A espécie A pode ser um átomo, uma molécula ou alguma outra combinação atômica, dependendo das circunstâncias. Logo, a adsorção de A no sítio S é representada por

$$A + S \rightleftarrows A \cdot S$$

A concentração molar total dos sítios ativos por unidade de massa de catalisador é igual ao número de sítios ativos por unidade de massa dividido pelo número de Avogadro, sendo denominado C_t (mol/g de catalisador). A concentração molar dos sítios vazios, C_v, é o número de sítios vazios por unidade de massa de catalisador dividido pelo número de Avogadro. Na ausência de desativação do catalisador, consideramos que a concentração total de sítios ativos, C_t, permanece constante. Mais definições incluem

P_i = pressão parcial da espécie i na fase gasosa (atm, bar ou kPa)
$C_{i \cdot S}$ = concentração na superfície de sítios ocupados pela espécie i (mol/g de catalisador)

Um modelo conceitual, descrevendo as espécies A e B adsorvidas sobre dois sítios diferentes, é mostrado na Figura 10.10.

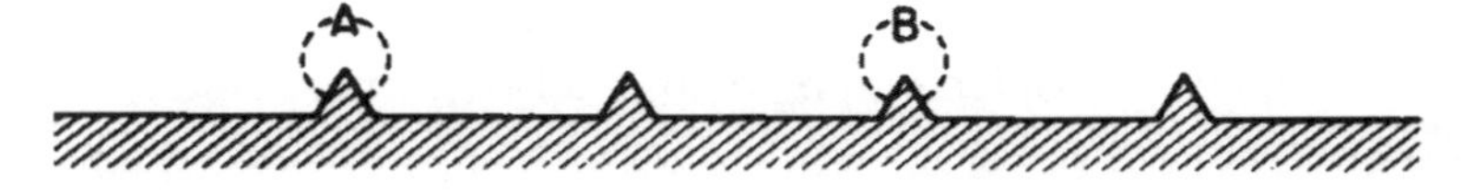

Figura 10.10 Sítios vazios e ocupados.

Para o sistema mostrado na Figura 10.10, a concentração total de sítios é

Balanço de sítios

$$\boxed{C_t = C_v + C_{A \cdot S} + C_{B \cdot S}} \tag{10.1}$$

Essa equação é referida como um *balanço de sítios*. Um valor típico para a concentração total de sítios poderia ser da ordem de 10^{22} sítios/g de catalisador. Para expressar a concentração nos sítios em termos de (mols/g de cat), dividimos pelo número de Avogadro para obter "mols de sítios/g de cat".

Considere agora a adsorção de um gás não reagente sobre a superfície de um catalisador. Dados sobre adsorção são frequentemente reportados na forma de *isotermas* de adsorção. Isotermas retratam a quantidade de um gás adsorvido em um sólido, a diferentes pressões, mas a uma mesma temperatura.

Postule modelos; veja então qual(is) dele(s) se ajusta(m) aos dados.

Primeiro, um mecanismo de adsorção é proposto e então a isoterma (veja a Figura 10.11) obtida a partir do modelo é comparada com os dados experimentais mostrados na curva. Se a isoterma prevista pelo modelo concordar com os dados experimentais, o modelo pode descrever razoavelmente o que está ocorrendo fisicamente no sistema real. Se a curva prevista não concordar com os dados obtidos experimentalmente, o modelo falha em representar a situação física em no mínimo uma, talvez mais, características importantes.

Consideraremos dois tipos de adsorção: *adsorção molecular* e *adsorção dissociativa*. De modo a ilustrar a diferença entre esses dois tipos de adsorção, postularemos dois modelos para a adsorção de monóxido de carbono sobre um sítio ativo de uma superfície metálica. No modelo de adsorção molecular, o monóxido de carbono é adsorvido como moléculas, CO,

$$CO + S \rightleftarrows CO \cdot S$$

como é o caso sobre níquel

Dois modelos:
1. Adsorção como CO
2. Adsorção como C e O

$$\begin{array}{ccc} CO & & \overset{C}{\underset{\vdots}{\diagdown O}} \\ + & & \\ -Ni-Ni-Ni- & \rightleftarrows & -Ni-Ni-Ni- \end{array}$$

No modelo dissociativo de adsorção, monóxido de carbono é adsorvido como átomos de oxigênio e de carbono em vez da molécula de CO.

$$CO + 2S \rightleftarrows C \cdot S + O \cdot S$$

como é o caso sobre ferro[5]

$$\begin{array}{ccc} CO & & \\ + & & \begin{array}{cc} C & O \\ \vdots & \vdots \end{array} \\ -Fe-Fe-Fe- & \rightleftarrows & -Fe-Fe-Fe- \end{array}$$

A primeira é chamada de *adsorção molecular* ou *não dissociativa* (por exemplo, CO) e a última é chamada de *adsorção dissociativa* (por exemplo, C e O). Se a molécula adsorve de forma não dissociativa ou dissociativa depende da superfície.

Adsorção Molecular: Será considerada primeiro a adsorção de moléculas de monóxido de carbono. Uma vez que o monóxido de carbono não reage mais depois de ser adsorvido, precisamos apenas considerar o processo de adsorção molecular:

Adsorção molecular

$$CO + S \rightleftarrows CO \cdot S \tag{10.2}$$

Na obtenção de uma equação da taxa para a taxa de adsorção, a reação na Equação (10.2) pode ser tratada como uma *reação elementar*. A taxa de fixação das moléculas de monóxido de carbono no sítio ativo sobre a superfície é proporcional ao número de colisões que moléculas de CO fazem, a cada segundo, com um sítio ativo na superfície. Em outras palavras, uma fração específica das moléculas que batem na superfície se torna adsorvida. A taxa de colisão é, por sua vez, diretamente proporcional à pressão parcial do monóxido de carbono, P_{CO}. Pelo fato de as moléculas de monóxido de carbono adsorverem somente nos sítios ativos vazios e não nos sítios já ocupados por outras moléculas de monóxido de carbono, a taxa de fixação é também diretamente proporcional à concentração de sítios vazios, C_v. A combinação desses dois fatos, juntamente com a lei da ação das massas, significa que a taxa de fixação de moléculas de monóxidode

$$\boxed{P_{CO} = C_{CO}RT}$$

[5]R. L. Masel, *Principles of Adsorption and Reaction on Solid Surfaces*, New York: Wiley, 1996.

carbono à superfície é diretamente proporcional ao produto da pressão parcial de CO (P_{CO}) e da concentração de sítios vazios (C_υ); ou seja,

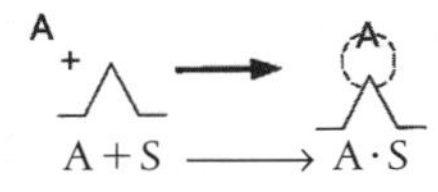

$$\text{Taxa de fixação} = k_A P_{CO} C_\upsilon$$

A taxa de desprendimento de moléculas da superfície pode ser um processo de primeira ordem; isto é, o desprendimento de moléculas de monóxido de carbono da superfície é, em geral, diretamente proporcional à concentração de sítios ocupados pelas moléculas adsorvidas (por exemplo, $C_{CO \cdot S}$):

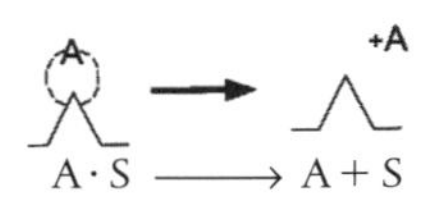

$$\text{Taxa de desprendimento} = k_{-A} C_{CO \cdot S}$$

A taxa resultante de adsorção é igual à taxa de fixação molecular à superfície menos a taxa de desprendimento da superfície. Se k_A e k_{-A} são as constantes de proporcionalidade para os processos de fixação e de desprendimento, então

$$r_{AD} = k_A P_{CO} C_\upsilon - k_{-A} C_{CO \cdot S} \tag{10.3}$$

A razão $K_A = k_A/k_{-A}$ é a *constante de equilíbrio de adsorção*. Usando esse fato para rearranjar a Equação (10.3), temos

Adsorção

$$A + S \rightleftarrows A \cdot S$$

$$r_{AD} = k_A \left(P_A C_\upsilon - \frac{C_{A \cdot S}}{K_A} \right)$$

$$\boxed{r_{AD} = k_A \left(P_{CO} C_\upsilon - \frac{C_{CO \cdot S}}{K_A} \right)} \tag{10.4}$$

A constante de taxa de adsorção, k_A, para adsorção molecular é virtualmente independente de temperatura, enquanto a constante de dessorção, k_{-A}, aumenta exponencialmente com o aumento de temperatura. Consequentemente, a *constante de equilíbrio de adsorção* K_A *diminui exponencialmente com o aumento de temperatura.*

Uma vez que o monóxido de carbono é o único material adsorvido no catalisador, o balanço de sítios fornece

Balanço nos sítios

$$C_t = C_\upsilon + C_{CO \cdot S} \tag{10.5}$$

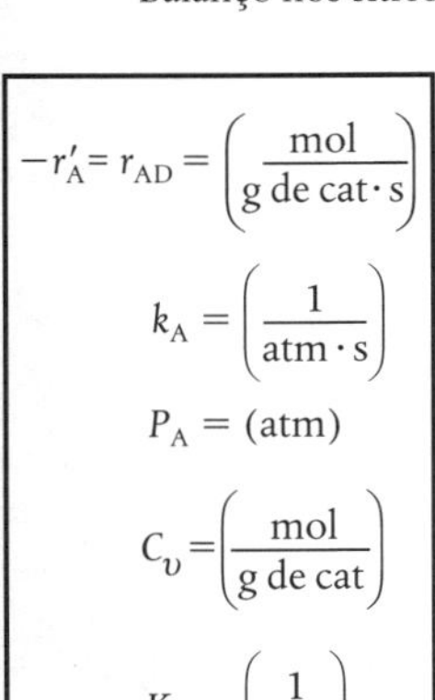

No equilíbrio, a taxa resultante de adsorção é igual a zero, isto é, $r_{AD} \equiv 0$. Igualando o lado esquerdo da Equação (10.4) a zero e resolvendo para a concentração de CO adsorvido na superfície, conseguimos

$$C_{CO \cdot S} = K_A C_\upsilon P_{CO} \tag{10.6}$$

Usando a Equação (10.5) para obter C_υ em termos de $C_{CO \cdot S}$ e d o número total de sítios C_t, podemos resolver para o valor de equilíbrio de $C_{CO \cdot S}$ em termos das constantes e da pressão de monóxido de carbono:

$$C_{CO \cdot S} = K_A C_\upsilon P_{CO} = K_A P_{CO} (C_t - C_{CO \cdot S})$$

O rearranjo nos fornece a isoterma de Langmuir[6]

$$\boxed{C_{CO \cdot S} = \frac{K_A P_{CO} C_t}{1 + K_A P_{CO}}} \tag{10.7}$$

Essa equação nos dá, assim, a concentração de equilíbrio de monóxido de carbono adsorvido na superfície, $C_{CO \cdot S}$, em função da pressão parcial de monóxido de carbono; ela é uma equação para a isoterma de adsorção. Esse tipo particular de equação de isoterma é chamado de

[6]Denominada em homenagem a Irving Langmuir (1881-1957), que foi o primeiro a propô-la. Ele recebeu o Prêmio Nobel em 1932 por suas descobertas em química de superfície (https://www.nobelprize.org/nobel_prizes/chemistry/laureates/1932/langmuir-bio.html).

Isoterma de adsorção de Langmuir

isoterma de Langmuir.[7] A **Figura 10.11(a)** mostra a isoterma de Langmuir em um único sítio para a adsorção molecular em termos da concentração adsorvida (massa de CO adsorvido por unidade de massa de catalisador) *em função* da pressão parcial de CO, isto é, Equação (10.7).

Agora, para o caso de adsorção dissociativa, Equação (10.11), a **Figura 10.11(b)** mostra a concentração dos átomos dissociados de C e O adsorvidos por unidade de massa de catalisador de uma função da pressão parcial de CO, isto é, Equação (10.11).

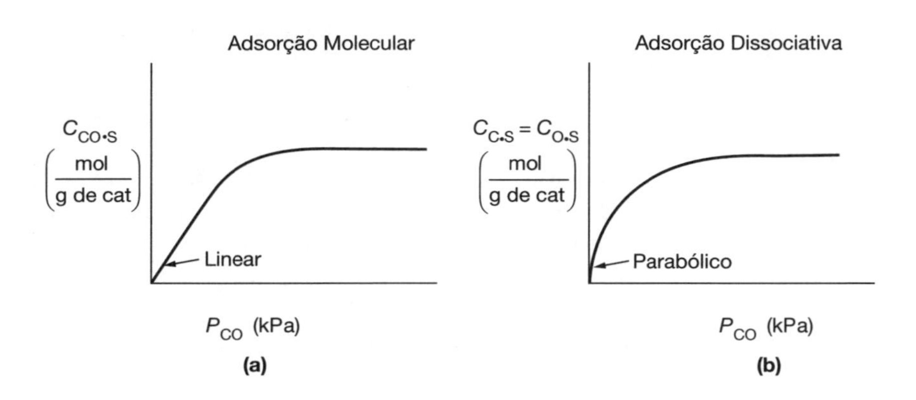

Figura 10.11 Isotermas de Langmuir para **(a)** adsorção molecular; **(b)** adsorção dissociativa de CO.

Um método de verificar se um modelo (por exemplo, adsorção molecular *versus* adsorção dissociativa) prevê ou não o comportamento dos dados experimentais é linearizar a equação do modelo e então fazer um gráfico das variáveis indicadas uma contra a outra. Por exemplo, a Equação (10.7) pode ser rearranjada na forma

Adsorção Molecular

$$\frac{P_{CO}}{C_{CO \cdot S}} = \frac{1}{K_A C_t} + \frac{P_{CO}}{C_t} \tag{10.8}$$

e a linearidade de um gráfico de $P_{CO}/C_{CO \cdot S}$ em função de P_{CO} determinará se os dados se adéquam à adsorção molecular, ou seja, uma isoterma de Langmuir de um único sítio.

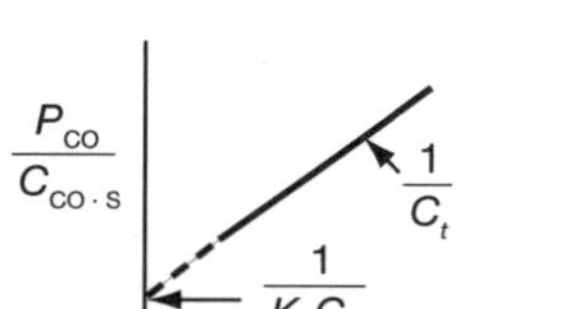

Adsorção Dissociativa: A seguir, deduzimos a isoterma para monóxido de carbono se dissociando em átomos separados, à medida que ele adsorve na superfície; isto é:

Adsorção dissociativa

$$CO + 2S \rightleftarrows C \cdot S + O \cdot S$$

Quando a molécula de carbono se dissocia devido à adsorção, ela é referida como a *adsorção dissociativa* de monóxido de carbono. Como no caso de adsorção molecular, a taxa de adsorção é proporcional à pressão parcial de monóxido de carbono no sistema, porque essa taxa é governada pelo número de colisões gasosas de CO com a superfície. No entanto, para uma molécula se dissociar quando ela adsorve, dois sítios ativos vazios adjacentes são necessários em vez de

[7] *Ibid.*

um único sítio quando uma substância adsorve em sua forma molecular. A probabilidade de dois sítios vazios serem adjacentes é proporcional ao quadrado da concentração de sítios vazios, conforme a lei de ação das massas. Essas duas observações significam que a taxa de adsorção é proporcional ao produto entre a pressão parcial do monóxido de carbono e o quadrado da concentração de sítios vazios, $P_{CO}C_v^2$.

Para a dessorção ocorrer, dois sítios ocupados têm de ser adjacentes, significando que a taxa de dessorção é proporcional ao produto da concentração de sítios ocupados, (C · S) × (O · S). A taxa resultante de adsorção pode então ser expressa como

$$r_{AD} = k_A P_{CO} C_v^2 - k_{-A} C_{O \cdot S} C_{C \cdot S} \tag{10.9}$$

Fatorando-se k_A, a equação para *adsorção dissociativa* é

Taxa de adsorção dissociativa

$$r_{AD} = k_A \left(P_{CO} C_v^2 - \frac{C_{C \cdot S} C_{O \cdot S}}{K_A} \right)$$

sendo

$$K_A = \frac{k_A}{k_{-A}}$$

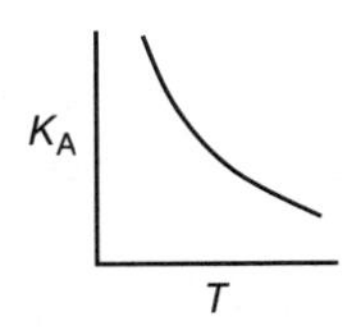

Para adsorção dissociativa, k_A e k_{-A} aumentam exponencialmente com o aumento de temperatura, enquanto a *constante de equilíbrio de adsorção* K_A diminui com o aumento de temperatura, uma vez que adsorção é uma etapa de reação exotérmica.

No equilíbrio, $r_{AD} \equiv 0$ e

$$k_A P_{CO} C_v^2 = k_{-A} C_{C \cdot S} C_{O \cdot S}$$

Para $C_{C \cdot S} = C_{O \cdot S}$

$$(K_A P_{CO})^{1/2} C_v = C_{O \cdot S} \tag{10.10}$$

Substituindo $C_{C \cdot S}$ e $C_{O \cdot S}$ na Equação (10.1) de balanço de sítios,

Balanço de sítios:

$$C_t = C_v + C_{O \cdot S} + C_{C \cdot S}$$
$$= C_v + (K_A P_{CO})^{1/2} C_v + (K_A P_{CO})^{1/2} C_v = C_v (1 + 2(K_A P_{CO})^{1/2})$$

Resolvendo para C_v

$$C_v = C_t \, / (1 + 2(K_A P_{CO})^{1/2})$$

Esse valor pode ser substituído na Equação (10.10) para dar uma expressão que pode ser resolvida para o valor de equilíbrio $C_{O \cdot S}$ em função da pressão parcial de CO. A equação resultante para a isoterma mostrada na Figura 10.11(b) é

Isoterma de Langmuir para adsorção dissociativa do monóxido de carbono em átomos de carbono e de oxigênio

$$\boxed{C_{O \cdot S} = \frac{(K_A P_{CO})^{1/2} C_t}{1 + 2(K_A P_{CO})^{1/2}}} \tag{10.11}$$

Fazendo o inverso de ambos os lados da equação e então multiplicando por $(P_{CO})^{1/2}$, resulta em

$$\frac{(P_{CO})^{1/2}}{C_{O \cdot S}} = \frac{1}{C_t (K_A)^{1/2}} + \frac{2(P_{CO})^{1/2}}{C_t} \tag{10.12}$$

Se a adsorção dissociativa for o modelo correto, um gráfico de deverá ser linear, com inclinação $(2/C_t)$.

Adsorção dissociativa

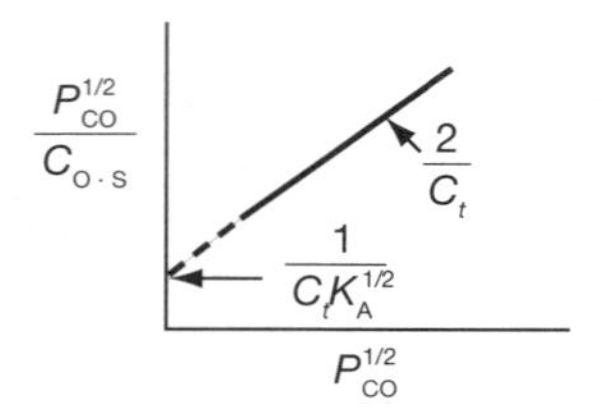

Quando mais de uma substância está presente, as equações da isoterma de adsorção são um pouco mais complexas. Contudo, os princípios são os mesmos e as equações da isoterma são facilmente deduzidas. É deixado como exercício mostrar que a isoterma de adsorção de A na presença do adsorbato B é dada pela relação

$C_t = C_v + C_{A \cdot S} + C_{B \cdot S}$

$$C_{A \cdot S} = \frac{K_A P_A C_t}{1 + K_A P_A + K_B P_B} \tag{10.13}$$

Quando a adsorção de A e B são processos de primeira ordem, as dessorções são também de primeira ordem e A e B são adsorvidos como moléculas. As deduções de outras isotermas de Langmuir são relativamente fáceis.

Na obtenção de isotermas de Langmuir, vários aspectos do sistema de adsorção foram pressupostos nas deduções. O mais importante desses, e o que tem sido sujeito à maior dúvida, é que uma superfície *uniforme* é considerada. Em outras palavras, qualquer sítio ativo tem a mesma atração para uma molécula que colide. Isotermas diferentes das do tipo Langmuir, tais como a isoterma de Freundlich, podem ser deduzidas, baseando-se nas várias suposições relativas ao sistema de adsorção, incluindo tipos diferentes de superfícies não uniformes.

Note as suposições no modelo e verifique suas validades.

10.2.4 Reação na Superfície

A taxa de adsorção da espécie A em um sítio da superfície sólida,

$$A + S \rightleftarrows A \cdot S$$

é dada por

$$\boxed{r_{AD} = k_A \left(P_A C_v - \frac{C_{A \cdot S}}{K_A} \right)} \tag{10.14}$$

Modelos de reação na superfície

Depois de um reagente ter sido adsorvido na superfície, ele é capaz de reagir em um número de maneiras para formar o produto da reação. Três dessas maneiras são:

1. ***Sítio único.*** A reação na superfície pode ser um mecanismo de sítio único, em que somente o sítio no qual o reagente é adsorvido está envolvido na reação. Por exemplo, uma molécula adsorvida de A pode isomerizar (ou talvez se decompor) diretamente no sítio ao qual está aderida, tal como a isomerização do penteno

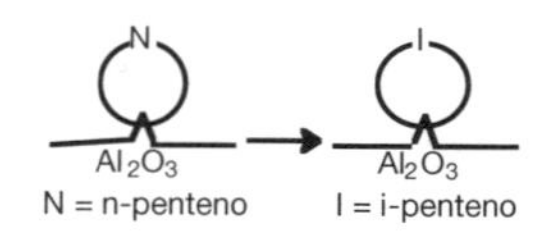

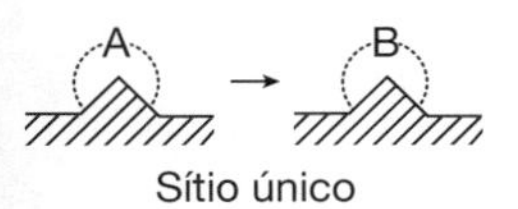

Sítio único

A isomerização do pentano pode ser escrita na forma genérica como

$$A \cdot S \rightleftarrows B \cdot S$$

Uma vez que em cada etapa o mecanismo de reação é elementar, a equação da taxa de reação na superfície é

Sítio Único

$k_S = \left(\frac{1}{s}\right)$

K_s = (adimensional)

$$r_S = k_S C_{A\cdot S} - k_{-S} C_{B\cdot S} = k_S\left(C_{A\cdot S} - \frac{C_{B\cdot S}}{K_S}\right) \tag{10.15}$$

em que K_S é a constante de equilíbrio da reação na superfície, $K_S = k_S/k_{-S}$.

2. ***Sítio duplo.*** A reação na superfície pode ser um mecanismo de sítio duplo, em que o reagente adsorvido interage com outro sítio (ocupado ou não) para formar o produto.

Primeiro tipo de mecanismo de sítio duplo

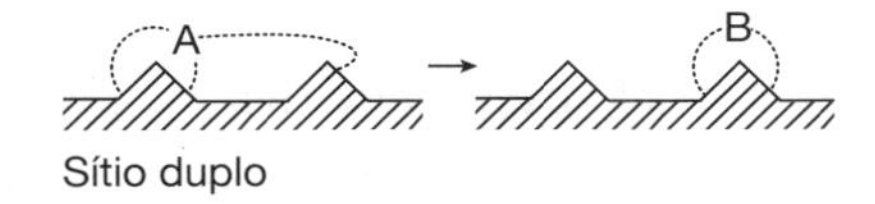

Sítio duplo

Por exemplo, A adsorvido pode necessitar reagir com um sítio vazio adjacente para se tornar ainda mais desestabilizado para resultar em um sítio vazio e um sítio em que o produto seja adsorvido. No caso da desidratação do butanol, os produtos de reação podem absorver sobre os dois sítios adjacentes.

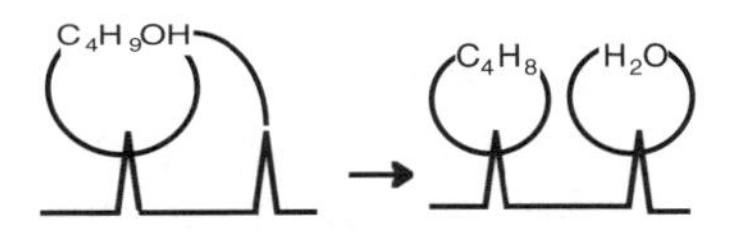

$$C_4H_9OH \cdot S + S \rightarrow C_4H_8 \cdot S + H_2O \cdot S$$

$$r_S = k_S\left[(C_{C_4H_9OH\cdot S})(C_v) - \frac{(C_{C_4H_8\cdot S})(C_{H_2O\cdot S})}{K_S}\right]$$

Para a reação genérica

$$A \cdot S + S \rightleftarrows B \cdot S + S$$

a correspondente equação da taxa de reação na superfície é

Sítio Duplo

$r_S = \left(\frac{\text{mol}}{\text{g de cat} \cdot \text{s}}\right)$

$k_S = \left(\frac{\text{g de cat}}{\text{mol} \cdot \text{s}}\right)$

K_S = (adimensional)

$$r_S = k_S\left(C_{A\cdot S}C_v - \frac{C_{B\cdot S}C_v}{K_S}\right) \tag{10.16}$$

Um segundo mecanismo de sítio duplo é a reação entre duas espécies adsorvidas, tal como a reação de CO com O.

CO O CO₂
Pt Pt Pt Pt

$$CO \cdot S + O \cdot S \rightleftarrows CO_2 \cdot S + S$$

$$r_S = k_S\left[(C_{CO\cdot S})(C_{O\cdot S}) - \frac{(C_{CO_2\cdot S})(C_v)}{K_S}\right]$$

Sítio duplo

Para a reação genérica

$$A \cdot S + B \cdot S \rightleftarrows C \cdot S + D \cdot S$$

a correspondente equação da taxa de reação na superfície é

$$r_S = k_S \left(C_{A \cdot S} C_{B \cdot S} - \frac{C_{C \cdot S} C_{D \cdot S}}{K_S} \right) \quad (10.17)$$

Um terceiro mecanismo de sítio duplo é a reação de duas espécies adsorvidas em tipos diferentes de sítios S e S′, tal como a reação de CO com O.

$$CO \cdot S + O \cdot S' \rightarrow CO_2 \cdot S + S'$$

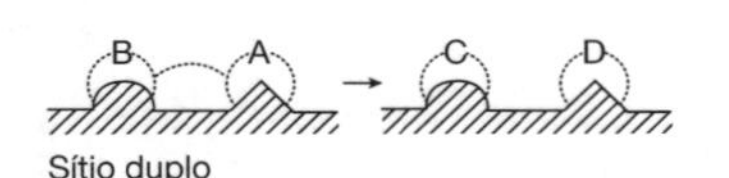
Sítio duplo

Para a reação genérica

$$A \cdot S + B \cdot S' \rightleftarrows C \cdot S' + D \cdot S$$

a correspondente equação da taxa de reação na superfície é

$$r_S = k_S \left(C_{A \cdot S} C_{B \cdot S'} - \frac{C_{C \cdot S'} C_{D \cdot S}}{K_S} \right) \quad (10.18)$$

Cinética de Langmuir-Hinshelwood

As reações envolvendo mecanismos tanto com sítio único como com sítio duplo, que foram descritos anteriormente, são ditas seguirem a *cinética de Langmuir-Hinshelwood*.

3. ***Eley-Rideal.*** Um terceiro mecanismo é a reação entre uma molécula adsorvida e uma molécula na fase gasosa, tal como a reação de propileno e benzeno (confira a reação reversa na Figura 10.13).

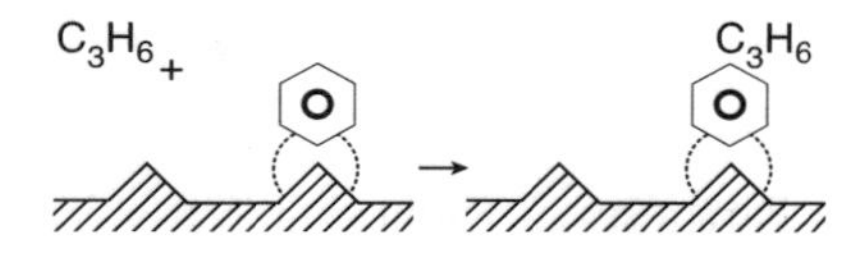

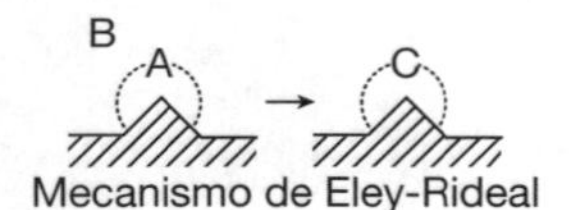

Mecanismo de Eley-Rideal

$k_s = \left(\frac{1}{\text{atm} \cdot \text{s}}\right)$

$K_S = \left(\frac{1}{\text{atm}}\right)$

Para a reação genérica

$$A \cdot S + B(g) \rightleftarrows C \cdot S$$

a correspondente equação da taxa de reação na superfície é

$$r_S = k_S \left(C_{A \cdot S} P_B - \frac{C_{C \cdot S}}{K_S} \right) \quad (10.19)$$

Esse tipo de mecanismo é conhecido como *mecanismo de Eley-Rideal*.

10.2.5 Dessorção

$K_{DC} = (\text{atm})$

$k_D = \left(\frac{1}{\text{s}}\right)$

Em cada um dos casos precedentes, os produtos da reação na superfície aí adsorvidos são subsequentemente dessorvidos na fase gasosa. Para a dessorção de uma espécie (por exemplo, C),

$$C \cdot S \rightleftarrows C + S$$

a taxa de dessorção de C é

$$r_{DC} = k_D\left(C_{C\cdot S} - \frac{P_C C_v}{K_{DC}}\right) \tag{10.20}$$

em que K_{DC} é a constante de equilíbrio de dessorção com unidades em atm. Agora, vamos olhar para etapa anterior de dessorção de C·S *da* direita *para* a esquerda. Notamos que a etapa de dessorção para C·S é apenas o reverso da etapa de adsorção. Logo, a taxa de dessorção de C, r_{DC}, tem apenas o sinal oposto da taxa de adsorção de C, r_{ADC}:

$$r_{DC} = -r_{ADC}$$

Além disso, vemos que a constante de equilíbrio de dessorção, K_{DC}, é somente o inverso da constante de equilíbrio de adsorção para C, K_C:

$K_{DC} = (\text{atm})$

$K_C = \left(\frac{1}{\text{atm}}\right)$

$$K_{DC} = \frac{1}{K_C}$$

em que a taxa de dessorção de C pode ser escrita como

$$r_{DC} = k_D(C_{C\cdot S} - K_C P_C C_v) \tag{10.21}$$

No material que se segue, a forma da equação para a etapa de dessorção, que usaremos para desenvolver nossas equações da taxa, será similar à Equação (10.21).

10.2.6 Etapa Limitante da Taxa

Quando reações heterogêneas ocorrem em estado estacionário, as taxas de cada uma das três etapas de reação em série (adsorção, reação na superfície e dessorção) são iguais entre si:

$$-r'_A = r_{AD} = r_S = r_D$$

Entretanto, uma etapa particular na série é geralmente a *taxa limitante* ou a *taxa controladora*. Ou seja, se pudéssemos tornar essa etapa mais rápida, a reação inteira ocorreria a uma taxa acelerada. Considere a analogia com o circuito elétrico mostrado na Figura 10.12. Uma dada concentração de reagentes é análoga a uma dada força-motriz ou força eletromotiva (FEM). A corrente I (com unidades de coulombs/s) é análoga à taxa de reação, $-r'_A$ (mol/s·g de cat), e uma resistência R_i (com unidades de ohms, Ω) é associada a cada etapa na série. Uma vez que as resistências estão em série, a resistência total R_{tot} é apenas a soma das resistências individuais, para adsorção (R_{AD}), reação na superfície (R_S) e dessorção (R_D). A corrente, I, para uma dada voltagem, E, é

$$I = \frac{E}{R_{tot}} = \frac{E}{R_{AD} + R_S + R_D}$$

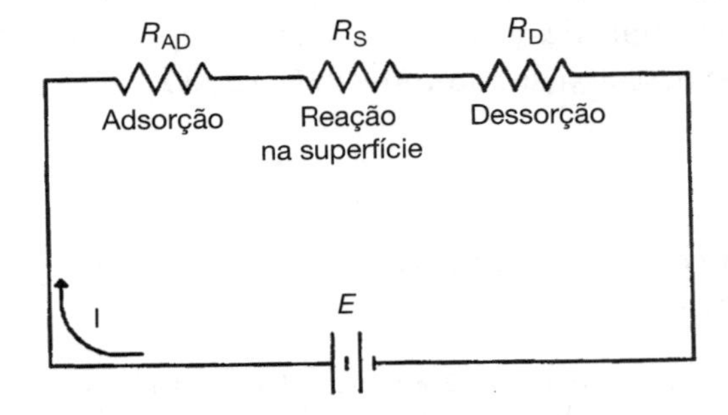

Figura 10.12 Analogia elétrica para reações heterogêneas.

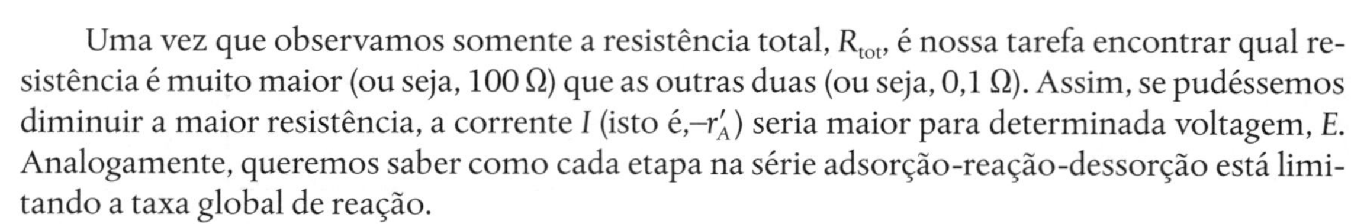

O conceito de uma etapa limitante de taxa

Quem está nos desacelerando?

Uma vez que observamos somente a resistência total, R_{tot}, é nossa tarefa encontrar qual resistência é muito maior (ou seja, 100 Ω) que as outras duas (ou seja, 0,1 Ω). Assim, se pudéssemos diminuir a maior resistência, a corrente I (isto é, $-r'_A$) seria maior para determinada voltagem, E. Analogamente, queremos saber como cada etapa na série adsorção-reação-dessorção está limitando a taxa global de reação.

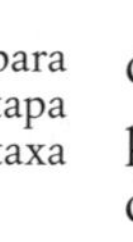

Um algoritmo para determinar a etapa limitante da taxa

A abordagem para a determinação de mecanismos catalíticos e heterogêneos é geralmente denominada *abordagem de Langmuir-Hinshelwood*, uma vez que ela é derivada a partir das ideias propostas por Hinshelwood, baseado nos princípios de Langmuir para adsorção.[8] A abordagem de Langmuir-Hinshelwood foi popularizada por Hougen e Watson e ocasionalmente seus nomes são incluídos.[9] Ela consiste em primeiro supor uma sequência de etapas na reação. Escrevendo essa sequência, deve-se escolher entre mecanismos tais como adsorção molecular ou atômica e reação em sítio único e em sítio duplo. Em seguida, equações da taxa são escritas para as etapas individuais, conforme mostrado na seção precedente, considerando que todas as etapas são reversíveis. Finalmente, é postulada uma etapa limitante de taxa e as etapas que não são limitantes de taxa são usadas para eliminar todos os termos dependentes da fração de cobertura. A suposição mais questionável no uso dessa técnica para obter uma equação da taxa é a hipótese de que a atividade da superfície em direção à adsorção, dessorção ou reação na superfície é independente da fração de cobertura; ou seja, a superfície é essencialmente uniforme para todas, desde que as etapas de reação sejam consideradas.

Exemplo Industrial de uma Reação Limitada pela Adsorção

Um exemplo de reação limitada pela adsorção é a síntese de amônia a partir de hidrogênio e nitrogênio,

$$3H_2 + N_2 \rightleftarrows 2NH_3$$

sobre um *catalisador de ferro*, que ocorre pelo seguinte mecanismo:[10]

A adsorção dissociativa de N_2 é a etapa limitante da taxa.

$$H_2 + 2S \rightleftarrows 2H \cdot S \quad \text{Rápida}$$

$$N_2 + 2S \rightleftarrows 2N \cdot S \quad \text{Etapa limitante da taxa}$$

$$\left.\begin{aligned} N \cdot S + H \cdot S &\rightleftarrows HN \cdot S + S \\ NH \cdot S + H \cdot S &\rightleftarrows H_2N \cdot S + S \\ H_2N \cdot S + H \cdot S &\rightleftarrows NH_3 \cdot S + S \\ NH_3 \cdot S &\rightleftarrows NH_3 + S \end{aligned}\right\} \quad \text{Rápida}$$

Acredita-se que a etapa limitante da taxa seja a adsorção da molécula de N_2 como um átomo de N sobre um sítio ativo de ferro.

Exemplo Industrial de uma Reação Limitada pela Superfície

Um exemplo de reação limitada pela superfície é aquela entre dois produtos nocivos provenientes da descarga de automóveis, CO e NO

$$CO + NO \longrightarrow CO_2 + \tfrac{1}{2} N_2$$

que ocorre *sobre um catalisador de cobre*, para formar produtos aceitáveis para o meio ambiente, N_2 e CO_2

[8] C. N. Hinshelwood, *The Kinetics of Chemical Change*, Oxford: Clarendon Press, 1940.
[9] O. A. Hougen and K. M. Watson, *Ind. Eng. Chem.*, 35, 529 (1943).
[10] Da literatura citada em G. A. Somorjai, *Introduction to Surface Chemistry and Catalysis*, New York: Wiley, 1994, p. 482.

$$\left.\begin{array}{l} CO + S \rightleftarrows CO \cdot S \\ NO + S \rightleftarrows NO \cdot S \end{array}\right\} \quad \text{Rápida}$$

A reação na superfície é a etapa limitante

$$NO \cdot S + CO \cdot S \rightleftarrows CO_2 + N \cdot S + S\} \quad \text{Etapa limitante da taxa}$$

$$\left.\begin{array}{l} N \cdot S + N \cdot S \rightleftarrows N_2 \cdot S + S \\ N_2 \cdot S \longrightarrow N_2 + S \end{array}\right\} \quad \text{Rápida}$$

Uma análise da equação da taxa sugere que CO_2 e N_2 são fracamente adsorvidos, ou seja, têm constantes de adsorção infinitesimamente pequenas (veja o Problema P10.9_B).

E Se Duas Etapas Forem Igualmente Limitantes da Taxa?

Se duas etapas, digamos, reação superficial e dessorção, forem igualmente lentas, então uma deve recorrer à aplicação da Hipótese do Pseudoestado Estável (HEPE) para as espécies adsorvidas, conforme mostrado no material expandido do Capítulo 10 (*http://www.umich.edu/~elements/6e/10chap/expanded_ch10_PSSH.pdf*).

10.3 Combinação de Equação da Taxa, Mecanismo e Etapa Limitante de Taxa

Desejamos agora desenvolver as equações da taxa para reações catalíticas que não sejam limitadas pela difusão. No desenvolvimento do procedimento de como obter uma equação da taxa, um mecanismo e uma etapa limitante de taxa, consistentes com observação experimental, devemos discutir a decomposição catalítica de cumeno para formar benzeno e propileno. A reação global é

$$C_6H_5CH(CH_3)_2 \longrightarrow C_6H_6 + C_3H_6$$

A Figura 10.13 mostra um modelo conceitual representando a sequência de etapas nessa reação catalisada por platina. A Figura 10.13 é somente uma representação esquemática da adsorção do cumeno; um modelo mais realístico é a formação de um complexo dos orbitais π de benzeno com a superfície catalítica, como mostrado na Figura 10.14.

- Adsorção
- Reação na superfície
- Dessorção

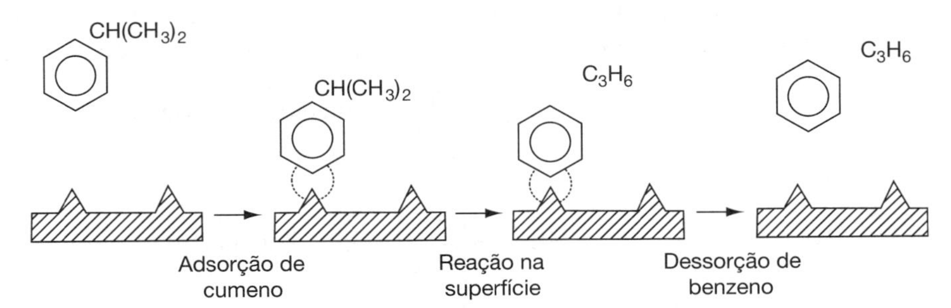

Figura 10.13 Sequência de etapas de uma reação catalítica limitada pela reação.

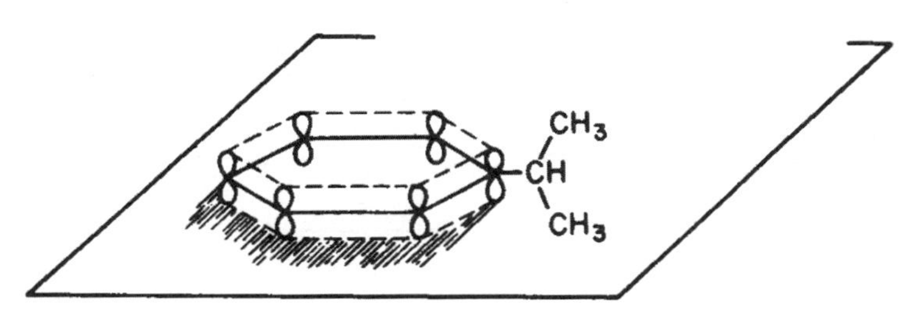

Figura 10.14 Complexo entre o orbital π e a superfície.

A nomenclatura na Tabela 10.3 será usada para denotar as várias espécies nessa reação: **C = cumeno, B = benzeno e P = propileno**. A sequência de reação para essa decomposição é mostrada na Tabela 10.3.

Tabela 10.3 Etapas em um Mecanismo de Langmuir-Hinshelwood

Essas três etapas representam o mecanismo para a decomposição do cumeno.

$C + S \underset{k_{-A}}{\overset{k_A}{\rightleftarrows}} C \cdot S$	Adsorção de cumeno sobre a superfície	(10.22)
$C \cdot S \underset{k_{-S}}{\overset{k_S}{\rightleftarrows}} B \cdot S + P$	Reação na superfície para formar benzeno adsorvido e propileno na fase gasosa	(10.23)
$B \cdot S \underset{k_{-D}}{\overset{k_D}{\rightleftarrows}} B + S$	Dessorção de benzeno da superfície	(10.24)

As Equações (10.22) a (10.24) representam o mecanismo proposto para essa reação.

Ao escrevermos as equações da taxa para essas etapas, tratamos cada etapa como uma reação elementar; a única diferença é que as concentrações das espécies na fase gasosa são trocadas por suas respectivas pressões parciais:

Lei dos Gases Ideais $P_C = C_C RT$

$$C_C \longrightarrow P_C$$

Não há razão teórica para essa troca da concentração, C_C, pela pressão parcial, P_C; é apenas uma convenção iniciada nos anos 1930 e usada desde então. Felizmente, P_C pode ser calculado diretamente a partir de C_C usando a lei dos gases ideais ($P_C = C_C RT$).

A expressão da taxa para a adsorção de cumeno, como dada na Equação (10.22), é

$$C + S \underset{k_{-A}}{\overset{k_A}{\rightleftarrows}} C \cdot S$$

$$r_{AD} = k_A P_C C_v - k_{-A} C_{C \cdot S}$$

$$\text{Adsorção:} \quad r_{AD} = k_A \left(P_C C_v - \frac{C_{C \cdot S}}{K_C} \right) \tag{10.25}$$

Se r_{AD} tiver unidades de (mol/g de cat·s) e $C_{C \cdot S}$ tiver unidades de (mol de cumeno adsorvido/g de cat) e P_C tiver unidades de kPa, bar ou atm, então unidades típicas de k_A, k_{-A} e K_C serão

$$[k_A] \equiv (\text{kPa} \cdot \text{s})^{-1} \text{ ou } (\text{atm} \cdot \text{h})^{-1} \text{ ou } (\text{bar} \cdot \text{h})^{-1}$$

$$[k_{-A}] \equiv \text{h}^{-1} \text{ ou } \text{s}^{-1}$$

$$[K_C] \equiv \left[\frac{k_A}{k_{-A}} \right] \equiv \text{kPa}^{-1} \text{ ou } (\text{bar}^{-1}) \text{ ou } (\text{atm}^{-1})$$

A equação da taxa para a etapa de reação na superfície produzindo benzeno adsorvido e propileno na fase gasosa,

$$C \cdot S \underset{k_{-S}}{\overset{k_S}{\rightleftarrows}} B \cdot S + P(g) \tag{10.23}$$

é

$$r_S = k_S C_{C \cdot S} - k_{-S} P_P C_{B \cdot S}$$

$$\text{Reação na superfície:} \quad r_S = k_S \left(C_{C \cdot S} - \frac{P_P C_{B \cdot S}}{K_S} \right) \tag{10.26}$$

com a *constante de equilíbrio para a reação na superfície* sendo

$$K_S = \frac{k_S}{k_{-S}}$$

Unidades típicas para k_S e K_S são s^{-1} e kPa (ou atm ou bar), respectivamente.

Propileno não é adsorvido na superfície. Consequentemente, sua concentração na superfície é zero; ou seja,

$$C_{P\cdot S} = 0$$

A taxa de dessorção do benzeno (veja a Equação (10.24)) é

$$r_D = k_D C_{B\cdot S} - k_{-D} P_B C_v \tag{10.27}$$

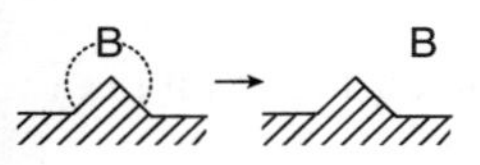

$$\boxed{\text{Dessorção:} \qquad r_D = k_D\left(C_{B\cdot S} - \frac{P_B C_v}{K_{DB}}\right)} \tag{10.28}$$

Unidades típicas de k_D e K_{DB} são s^{-1} e kPa ou bar, respectivamente. Observando a dessorção do benzeno,

$$B\cdot S \rightleftarrows B + S$$

da direita para a esquerda, vemos que a dessorção é apenas o reverso da adsorção de benzeno. Por conseguinte, é fácil mostrar que a constante de equilíbrio da adsorção de benzeno, K_B, é apenas o inverso da constante da dessorção de benzeno, K_{DB}:

$$K_B = \frac{1}{K_{DB}}$$

e a Equação (10.28) pode ser escrita como

$$\boxed{\text{Dessorção:} \qquad r_D = k_D(C_{B\cdot S} - K_B P_B C_v)} \tag{10.29}$$

Uma vez que não há nenhum acúmulo de espécies reagentes na superfície, as taxas de cada etapa na sequência são todas iguais, como discutido na Figura 10.12:

$$\boxed{-r'_C = r_{AD} = r_S = r_D} \tag{10.30}$$

Para o mecanismo postulado na sequência dada pelas Equações (10.22) a (10.24), desejamos determinar qual etapa é limitante da taxa. Primeiro, consideramos uma das etapas como a limitante da taxa (controladora da taxa) e então formulamos a equação da taxa de reação em termos das pressões parciais da espécie presente. Dessa expressão, podemos determinar a variação da taxa inicial de reação com a pressão total inicial. Se a taxa prevista varia com a pressão da mesma maneira que a taxa observada experimentalmente, implica que o mecanismo suposto e a etapa limitante da taxa estão corretos.

Nosso desenvolvimento das equações da taxa começará primeiro com a suposição de que a etapa de adsorção é a etapa limitante, deduziremos a equação da taxa e então prosseguiremos nas reações seguintes para admitir que cada uma das outras duas etapas da reação na superfície e a dessorção limitam a taxa global; então, deduziremos a equação da taxa para cada um desses outros dois casos limites.

10.3.1 A Etapa de Adsorção do Cumeno É a Limitante da Taxa?

Para responder a essa questão, devemos primeiro considerar que a adsorção do cumeno é *na verdade* a etapa limitante da taxa (ELT)

$$C + S \rightleftarrows C \bullet S$$

deduzir a equação da taxa correspondente e, então, verificar se ela é consistente com a observação experimental. Supondo que essa (ou qualquer outra) seja a etapa limitante da taxa, estamos considerando que a constante de taxa de adsorção dessa etapa (nesse caso, k_A) seja pequena em relação às velocidades específicas das outras etapas (nesse caso k_S e k_D).[11] A taxa de adsorção é

É necessário expressar C_v e $C_{C \cdot S}$ em termos de P_C, P_B e P_P.

$$\boxed{-r'_C = r_{AD} = k_A\left(P_C C_v - \frac{C_{C \cdot S}}{K_C}\right)} \quad (10.25)$$

Pelo fato de não podermos medir C_v ou $C_{C \cdot S}$, temos de trocar essas variáveis na equação da taxa por grandezas mensuráveis, de modo a tornar a equação significativa.

Para uma operação em estado estacionário, temos

$$-r'_C = r_{AD} = r_S = r_D \quad (10.30)$$

Para reações limitadas pela adsorção, k_A é muito pequeno e k_S e k_D são muito, muito grandes em comparação. Consequentemente, as razões r_S/k_S e r_D/k_D são muito pequenas (aproximadamente zero), enquanto a razão r_{AD}/k_A é relativamente grande.

A equação da taxa de reação na superfície é

$$r_S = k_S\left(C_{C \cdot S} - \frac{C_{B \cdot S} P_P}{K_S}\right) \quad (10.31)$$

Novamente, para reações limitadas pela adsorção, a velocidade específica de reação na superfície, k_S, é grande, por comparação, e podemos estabelecer

$$\frac{r_S}{k_S} \simeq 0 \quad (10.32)$$

e resolver a Equação (10.31) para $C_{C \cdot S}$:

$$C_{C \cdot S} = \frac{C_{B \cdot S} P_P}{K_S} \quad (10.33)$$

Comentários Adicionais: Um erro conceitual frequentemente cometido ao deduzir as equações das taxas para as etapas individuais é definir como zero as taxas das etapas em vez de usar a etapa limitante da taxa (ELT) (por exemplo, $r_S = 0$ em vez de definir $\frac{r_S}{k_S} \cong 0$). Se usarmos $r_S = 0$, observamos da Equação (10.30) que a taxa de reação inteira seria zero.

---

[11] *Estritamente falando*, deve-se comparar o produto $k_A P_C$ com k_S e k_D.

$$r_{AD} = k_A P_C\left[C_v - \frac{C_{C \cdot S}}{K_C P_C}\right]$$

$$\frac{\text{mol}}{\text{s} \cdot \text{kg de cat}} = \left(\frac{1}{\text{s atm}}\right) \cdot (\text{atm}) \cdot \left[\frac{\text{mol}}{\text{kg de cat}}\right] = \left[\frac{1}{\text{s}}\right]\frac{\text{mol}}{\text{kg de cat}}$$

Dividindo r_{AD} por $k_A P_C$, notamos que $\frac{r_{AD}}{k_A P_C} = \frac{\text{mol}}{\text{kg de cat}}$. O motivo é que, para comparar termos, todas as razões $\left(-\frac{r_{AD}}{k_A P_C}\right)$, $\left(\frac{r_S}{k_S}\right)$ e $\left(\frac{r_D}{k_D}\right)$ devem ter as mesmas unidades $\left[\frac{\text{mol}}{\text{kg de cat}}\right]$. Felizmente para nós, o resultado, no entanto, é o mesmo.

Da Equação (10.33), vemos que, para sermos capazes de expressar $C_{C \cdot S}$ somente em termos das pressões parciais das espécies presentes, temos de avaliar $C_{B \cdot S}$. A taxa de dessorção do benzeno é

$$r_D = k_D\,(C_{B \cdot S} - K_B P_B C_v) \tag{10.29}$$

Usando $\frac{r_S}{k_S} \simeq 0 \simeq \frac{r_D}{k_D}$ para encontrar $C_{B \cdot S}$ e $C_{C \cdot S}$ em termos das pressões parciais.

Entretanto, para reações limitadas pela adsorção, k_D é grande em comparação e podemos estabelecer

$$\frac{r_D}{k_D} \simeq 0 \tag{10.34}$$

e então resolver a Equação (10.29) para $C_{B \cdot S}$

$$C_{B \cdot S} = K_B P_B C_v \tag{10.35}$$

Depois de combinar as Equações (10.33) e (10.35), temos

$$C_{C \cdot S} = K_B \frac{P_B P_P}{K_S} C_v \tag{10.36}$$

Trocando $C_{C \cdot S}$ na equação de taxa pela Equação (10.36) e então fatorando C_v, obtemos

$$r_{AD} = k_A \left(P_C - \frac{K_B P_B P_P}{K_S K_C} \right) C_v = k_A \left(P_C - \frac{P_B P_P}{K_P} \right) C_v \tag{10.37}$$

Termodinâmica: Vejamos como a constante de equilíbrio termodinâmico a pressão constante, K_P, apareceu na Equação (10.37) e como podemos encontrar seu valor para qualquer reação. Primeiro, observamos que no equilíbrio $r_{AD} = 0$, a Equação (10.37) pode ser rearranjada para

$$\frac{P_{Be} P_{Pe}}{P_{Ce}} = \frac{K_C K_S}{K_B}$$

Conhecemos também da termodinâmica (Apêndice C) que, para a reação

$$C \rightleftarrows B + P$$

também no equilíbrio $(-r_C' \equiv 0)$, temos a seguinte relação para a constante de equilíbrio a pressão constante, K_P

$$K_P = \frac{P_{Be} P_{Pe}}{P_{Ce}}$$

Consequentemente, a seguinte relação tem de ser mantida

A constante de equilíbrio termodinâmico, K_P

$$\boxed{\frac{K_S K_C}{K_B} = K_P} \tag{10.38}$$

A constante de equilíbrio pode ser determinada a partir de *dados termodinâmicos* e está relacionada com a variação na energia livre de Gibbs, $\Delta G°$, pela equação (veja a Equação (C.2) no Apêndice C)

$$\boxed{RT \ln K = -\Delta G°} \tag{10.39}$$

sendo R a constante dos gases ideais e T a temperatura absoluta.

De volta à tarefa manual da equação das taxas. A concentração de sítios vazios, C_v, pode agora ser eliminada da Equação (10.37), utilizando o *balanço de sítios* para obter a concentração total dos sítios, C_t, que é considerada constante:[12]

Sítios totais = Sítios vazios + Sítios ocupados

Uma vez que cumeno e benzeno são adsorvidos na superfície, a concentração de sítios ocupados é $(C_{C \cdot S} + C_{B \cdot S})$ e a concentração total de sítios é

Balanço de sítios

$$C_t = C_v + C_{C \cdot S} + C_{B \cdot S} \tag{10.40}$$

Substituindo as Equações (10.35) e (10.36) na Equação (10.40), temos

$$C_t = C_v + \frac{K_B}{K_S} P_B P_P C_v + K_B P_B C_v$$

Resolvendo para C_v, temos

$$C_v = \frac{C_t}{1 + P_B P_P K_B / K_S + K_B P_B} \tag{10.41}$$

Combinando as Equações (10.41) e (10.37), encontramos que a equação da taxa para a decomposição catalítica do cumeno, considerando que a adsorção do cumeno é a etapa limitante da taxa, é

Equação da taxa de reação do cumeno, **se e somente se** a adsorção fosse a etapa limitante.

$$-r'_C = r_{AD} = \frac{C_t k_A (P_C - P_P P_B / K_P)}{1 + K_B P_P P_B / K_S + K_B P_B} \tag{10.42}$$

Agora, desejamos esquematizar um gráfico da taxa inicial em função da pressão parcial do cumeno, P_{C0}. Inicialmente, nenhum produto está presente; logo, $P_P = P_B = 0$. A taxa inicial é dada por

$$-r'_{C0} = C_t k_A P_{C0} = k P_{C0} \tag{10.43}$$

Se a decomposição do cumeno for limitada pela taxa de adsorção, então da Equação (10.43), vemos que a taxa inicial será linear com a pressão parcial inicial, conforme mostrado na Figura 10.15.

Se e somente se a adsorção fosse a etapa limitante da taxa, os dados deveriam mostrar $-r'_{C0}$ aumentando linearmente com P_{C0}.

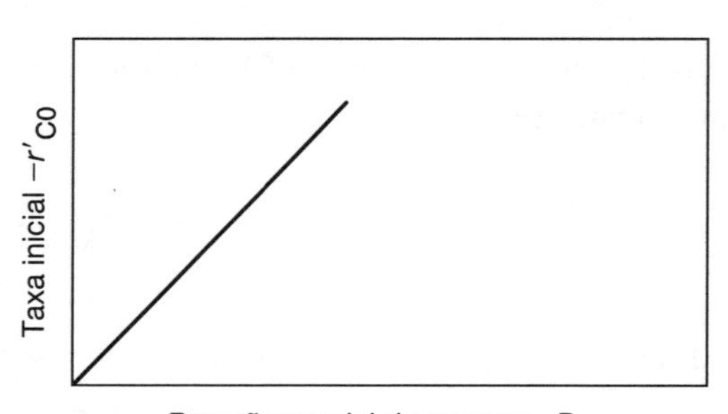

Figura 10.15 Reação limitada pela adsorção.

Antes de verificar se a Figura 10.15 é consistente com a observação experimental, devemos deduzir as equações correspondentes da taxa para as outras etapas limitantes possíveis e, então, desenvolver os gráficos correspondentes da taxa inicial para o caso em que reação na superfície for limitada pela taxa e, em seguida, quando a dessorção de benzeno for a etapa limitante da taxa.

[12] *#TaxadeReaçãonaSuperfície.* Alguns (não mencionarei quaisquer nomes, mas eles sabem quem eles são) preferem escrever a taxa de reação na superfície em termos da fração da superfície de sítios cobertos (isto é, f_A) em vez do número de sítios cobertos $C_{A \cdot S}$; a diferença está no fator de multiplicação da concentração total do sítio, C_t. Em qualquer evento, a forma final da equação da taxa é a mesma porque C_t, K_A, k_S, e assim por diante, são todos agrupados na constante de taxa de reação, k.

10.3.2 A Reação na Superfície É a Etapa Limitante da Reação?

Admitimos a seguir que a etapa da reação na superfície

$$C \bullet S \rightleftarrows B \bullet S + P$$

seja a etapa limitante da taxa (ELT) e deduzimos uma equação da taxa em termos das pressões parciais de C e B. A equação da taxa para a reação na superfície é

Mecanismo para sítio único

$$\boxed{r_S = k_S\left(C_{C \cdot S} - \frac{P_P C_{B \cdot S}}{K_S}\right)} \tag{10.26}$$

Uma vez que não podemos medir prontamente as concentrações das espécies adsorvidas, temos de utilizar as etapas de adsorção e de dessorção para eliminar $C_{C \cdot S}$ e $C_{B \cdot S}$ dessa equação.

Da expressão da taxa de adsorção na Equação (10.25) e da condição de que k_A e k_D são muito grandes em comparação com k_S quando a reação na superfície está controlando ($r_{AD}/k_A \cong 0$),[13] obtemos a relação para a concentração na superfície para o cumeno adsorvido:

$$C_{C \cdot S} = K_C P_C C_v$$

Uso de $\frac{r_{AD}}{k_A} \cong 0 \cong \frac{r_D}{k_D}$ para encontrar $C_{B \cdot S}$ e $C_{C \cdot S}$ em termos das pressões parciais

De maneira similar, a concentração na superfície do benzeno adsorvido pode ser avaliada a partir da expressão da taxa de dessorção, Equação (10.29), juntamente com a aproximação:

$$\text{quando } \frac{r_D}{k_D} \cong 0$$

Então, obtemos o mesmo resultado para $C_{B \cdot S}$ como antes, quando tivemos a limitação da adsorção,

$$C_{B \cdot S} = K_B P_B C_v$$

Substituindo $C_{B \cdot S}$ e $C_{C \cdot S}$ na Equação (10.26), temos

$$r_S = k_S\left(P_C K_C - \frac{K_B P_B P_P}{K_S}\right) C_v = k_S K_C\left(P_C - \frac{P_B P_P}{K_P}\right) C_v \tag{10.26a}$$

em que a constante de equilíbrio termodinâmico foi usada no lugar da razão entre as constantes de reação na superfície e de adsorção, isto é,

$$K_P = \frac{K_C K_S}{K_B} \tag{10.26b}$$

A única variável restante para eliminar é C_v e usamos um balanço no sítio para fazer isso, isto é,

Balanço de sítios

$$C_t = C_v + C_{B \cdot S} + C_{C \cdot S} \tag{10.40}$$

Substituindo as concentrações das espécies adsorvidas, $C_{B \cdot S}$ e $C_{C \cdot S}$, fatorando C_v e rearranjando, resulta em

$$C_v = \frac{C_t}{1 + K_B P_B + K_C P_C}$$

Substituindo C_v na Equação (10.26a)

Equação da taxa do cumeno **se e somente se** a reação na superfície for a etapa limitante

$$\boxed{-r'_C = r_S = \frac{\overbrace{k_S C_t K_C}^{k}(P_C - P_P P_B/K_P)}{1 + P_B K_B + K_C P_C}} \tag{10.44}$$

A taxa inicial de reação é

[13]Veja a nota de rodapé 11.

$$-r'_{C0} = \frac{\overbrace{k_S C_t K_C}^{k} P_{C0}}{1 + K_C P_{C0}} = \frac{k P_{C0}}{1 + K_C P_{C0}} \tag{10.45}$$

Usando a Equação (10.45), esquematizamos a taxa inicial de reação, $-r'_{CO}$, em função da pressão parcial inicial de cumeno, P_{CO}, como mostrado na Figura 10.16 para o caso de a reação na superfície ser a etapa limitante.

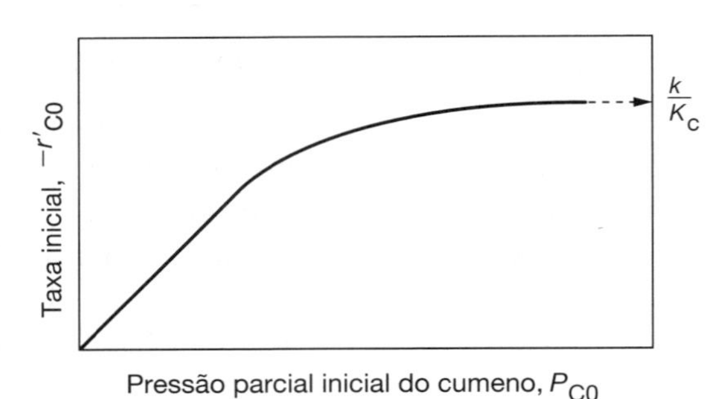

Figura 10.16 Limitada pela reação na superfície.

Em pressões parciais baixas de cumeno

$$1 \gg K_C P_{C0}$$

e observamos que a taxa inicial aumenta linearmente com a pressão parcial inicial do cumeno:

$$-r'_{C0} \approx k P_{C0}$$

Se e somente se a reação na superfície fosse limitada pela taxa, os dados mostrariam esse comportamento

Em altas pressões parciais

$$K_C P_{C0} \gg 1$$

e a Equação (10.45) se torna

$$-r'_{C0} \cong \frac{k P_{C0}}{K_C P_{C0}} = \frac{k}{K_C}$$

e a taxa inicial é independente da pressão parcial inicial do cumeno.

10.3.3 A Dessorção do Benzeno É a Etapa Limitante da Taxa (ELT)?

Para responder esta pergunta, queremos agora determinar a taxa inicial, $-r'_{CO}$, e uma função da pressão parcial do cumento, P_C, para a etapa de dessorção

$$B \bullet S \rightleftarrows B + S$$

A expressão da taxa de dessorção do benzeno é

$$\boxed{r_D = k_D\,(C_{B \cdot S} - K_B P_B C_v)} \tag{10.29}$$

Da expressão de taxa para a reação na superfície, Equação (10.26), estabelecemos

Para reações limitadas pela dessorção, k_A e k_S são muito grandes comparadas com k_D, que é pequena.

$$\frac{r_S}{k_S} \simeq 0$$

para obter

$$C_{B \cdot S} = K_S \left(\frac{C_{C \cdot S}}{P_P} \right) \tag{10.46}$$

Similarmente, para a etapa de adsorção, Equação (10.25), estabelecemos

$$\frac{r_{AD}}{k_A} \simeq 0$$

para obter

$$C_{C \cdot S} = K_C P_C C_v$$

substituímos então $C_{C \cdot S}$ na Equação (10.46) para obter:

$$C_{B \cdot S} = \frac{K_C K_S P_C C_v}{P_P} \tag{10.47}$$

Combinando as Equações (10.26b), (10.29) e (10.47), temos

$$r_D = k_D K_C K_S \left(\frac{P_C}{P_P} - \frac{P_B}{K_P} \right) C_v \tag{10.48}$$

em que K_C é a constante de adsorção do cumeno, K_S é a constante de equilíbrio da reação na superfície e K_P é a constante de equilíbrio termodinâmico na fase gasosa, Equação (10.38), para a reação. De modo a obter uma expressão para C_v, fazemos novamente um balanço de sítios:

$$\text{Balanço de sítios:} \qquad C_t = C_{C \cdot S} + C_{B \cdot S} + C_v \tag{10.40}$$

Depois de substituir as respectivas concentrações na superfície, resolvemos o balanço de sítios para C_v:

$$C_v = \frac{C_t}{1 + K_C K_S P_C / P_P + K_C P_C} \tag{10.49}$$

Trocando C_v na Equação (10.48) pela Equação (10.49) e multiplicando o numerador e o denominador por P_P, obtemos a expressão da taxa para o controle da dessorção:

Equação da taxa da decomposição do cumeno, **se e somente se** a dessorção fosse a etapa limitante.

$$\boxed{-r'_C = r_D = \frac{\overbrace{k_D C_t K_S K_C}^{k} (P_C - P_B P_P / K_P)}{P_P + P_C K_C K_S + K_C P_P P_C}} \tag{10.50}$$

Com o objetivo de determinar a dependência da taxa inicial sobre a pressão parcial do cumeno, novamente estabelecemos $P_P = P_B = 0$; a equação da taxa se reduz para

Se a dessorção controlar, a taxa inicial será independente da pressão parcial inicial do cumeno.

$$-r'_{C0} = k_D C_t$$

com o gráfico correspondente de $-r'_{C0}$ mostrado na Figura 10.17. Se a dessorção estivesse controlando a taxa, veríamos que a taxa inicial seria independente da pressão parcial inicial de cumeno.

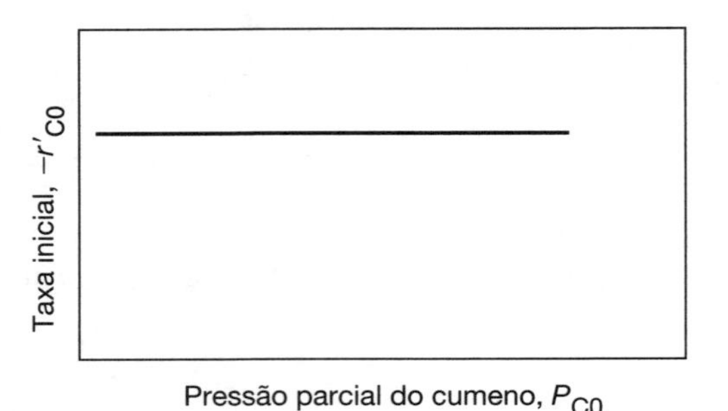

Figura 10.17 Reação limitada pela dessorção.

10.3.4 Resumo da Decomposição do Cumeno

ELT

Agora que sabemos o aspecto da funcionalidade da taxa inicial *versus* a pressão parcial quando admitimos que cada uma das etapas é a ELT, isso nos dá um *adicional* na interpretação dos dados de taxa. As observações experimentais de $-r'_{CO}$ em função de P_{CO} são mostradas na Figura 10.18. Do gráfico na Figura 10.18, podemos claramente ver que nem a adsorção nem a dessorção são limitantes da taxa. Para a reação e o mecanismo dados por

$$C + S \rightleftarrows C \cdot S \tag{10.22}$$

Etapa Limitante da Taxa

$$C \cdot S \rightleftarrows B \cdot S + P \tag{10.23}$$

$$B \cdot S \rightleftarrows B + S \tag{10.24}$$

a equação da taxa, deduzida supondo que a reação na superfície seja a etapa limitante da taxa (ELT), concorda com os dados.

A decomposição do cumeno é limitada pela reação na superfície.

O mecanismo de reação limitada pela superfície é consistente com os dados experimentais.

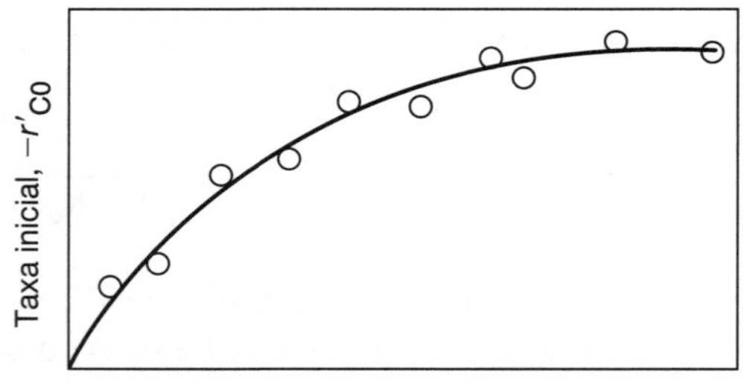

Figura 10.18 Taxa inicial real em função da pressão parcial do cumeno.

A equação da taxa para o caso de nenhum inerte ser adsorvido na superfície é

$$\boxed{-r'_C = \frac{k(P_C - P_B P_P / K_P)}{1 + K_B P_B + K_C P_C}} \tag{10.44}$$

A reação de decomposição direta do cumeno é um mecanismo de sítio único, envolvendo somente cumeno adsorvido, enquanto a reação reversa de propileno na fase gasosa reagindo com benzeno adsorvido é um mecanismo de Eley-Rideal.

Se tivéssemos na alimentação um inerte que pudesse ser adsorvido, o inerte não participaria da reação, porém ocuparia os sítios da superfície do catalisador:

$$I + S \rightleftarrows I \cdot S$$

Nosso balanço de sítios é agora

$$C_t = C_v + C_{C \cdot S} + C_{B \cdot S} + C_{I \cdot S} \tag{10.51}$$

Pelo fato de a adsorção do inerte estar em equilíbrio, a concentração dos sítios ocupados pelo inerte é

$$C_{I \cdot S} = K_I P_I C_v \tag{10.52}$$

Substituindo os sítios ocupados pelo inerte no balanço de sítios, a equação da taxa, quando a etapa controladora for a reação na superfície, estando presente um inerte que é adsorvido, é

Adsorção de inertes

$$-r'_C = \frac{k(P_C - P_B P_P / K_P)}{1 + K_C P_C + K_B P_B + K_I P_I} \tag{10.53}$$

Observa-se que a taxa diminui à medida que aumenta a pressão parcial de inertes, P_I, que são adsorvidos.

10.3.5 Catalisadores para a Reação de Reforma

Consideremos agora um mecanismo de sítio duplo, que é a reação de reforma encontrada no refino de petróleo para aumentar o número de octanas da gasolina.

Nota Complementar: Número de Octanas. Combustíveis com baixo número de octanas podem produzir combustão espontânea no cilindro antes de a mistura ar/combustível ser comprimida para seu valor desejado e entrar em ignição pela centelha da vela. A figura seguinte mostra a frente desejada da onda de combustão se movimentando para baixo a partir da vela e a onda indesejada de combustão espontânea no canto inferior no lado direito. Essa combustão espontânea produz ondas de detonação que levam à "batida de pino" do motor. Quanto menor o número de octanas, maior a chance de o motor "bater pino".

O número de octanas de uma gasolina é determinado a partir de uma curva de calibração relacionando a intensidade da batida de pino com a percentagem de iso-octano em uma mistura de iso-octano e heptano. A maneira de calibrar o número de octanas é colocar um transdutor no lado do cilindro para medir a intensidade da batida (I.B.) (pulso de pressão) para várias misturas de heptano e iso-octano. O número de octanas é a percentagem de iso-octano nessa mistura. Ou seja, iso-octano puro tem um número de octanas de 100; 80% de iso-octano/20% de heptano têm um número de octanas de 80 e assim por diante. A intensidade da batida de pino é medida para essa mistura de 80/20 e registrada. As percentagens relativas de iso-octano e heptano são variadas (por exemplo, 90/10) e o teste é repetido. Depois de uma série de experimentos, uma curva de calibração é construída. A gasolina a ser calibrada é então usada no motor de teste, em que a intensidade-padrão da batida de pino é medida. Conhecendo a intensidade da batida de pino, a octanagem do combustível é lida na curva de calibração. Uma gasolina com uma octanagem de 92 significa que tem o mesmo desempenho de uma mistura de 92% de iso-octano e 8% de heptano. Outra maneira de calibrar o número de octanas é estabelecer a intensidade da batida de pino e aumentar a razão de compressão. Uma percentagem fixa de iso-octano e heptano é colocada em um motor-teste, e a razão de compressão (RC) é aumentada continuamente até que a combustão espontânea ocorra, produzindo uma batida de pino. A razão de compressão e a composição correspondente da mistura são, então, registradas e o teste é repetido para obter a curva de calibração da razão de compressão em função da percentagem de iso-octano. Depois de a curva de calibração ser obtida, a mistura com percentuais desconhecidos de iso-octano e de heptano é colocada no cilindro, e a razão de compressão (RC) é aumentada até que a intensidade da batida de pino seja excedida. A RC é então comparada com a curva de calibração para encontrar o número de octanas.

Quanto mais compacta a molécula, maior o número de octanas.

Quanto mais compacta a molécula de hidrocarboneto, menos provável ela causar a combustão espontânea e o batimento de pino. Por conseguinte, deseja-se isomerizar as moléculas de cadeia reta de hidrocarbonetos em moléculas mais compactas, por meio de um processo catalítico chamado de *reforma*.

Nos Estados Unidos, quanto maior o número de octanas, maior o custo de um galão (litro) de gasolina. Contudo, por causa das regulamentações do governo, o custo de um galão (litro) de gasolina em Jofostan é o mesmo para todos os números de octanas.

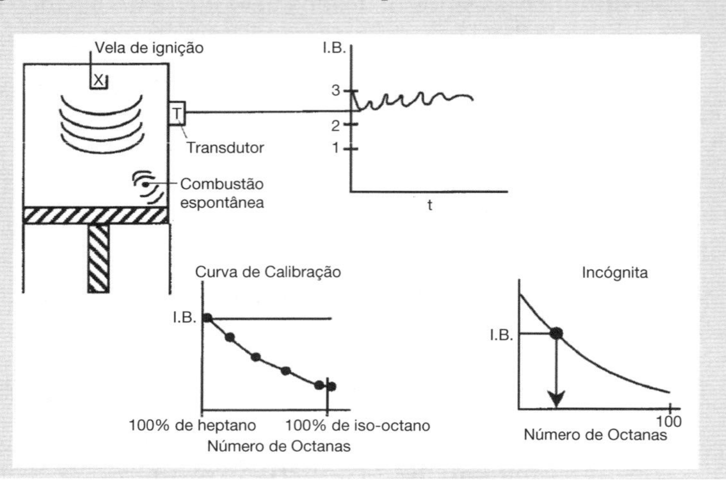

Fabricação de catalisadores

Um catalisador comum para reforma é platina sobre alumina. Platina sobre alumina (Al_3O_2) (veja a foto do MEV, na Figura 10.19) é um catalisador bifuncional que pode ser preparado expondo *pellets* de alumina a uma solução de ácido cloroplatínico, secando em seguida e então aquecendo em ar de 775 K a 875 K, por várias horas. A seguir, o material é exposto a hidrogênio, a temperaturas em torno de 725 K a 775 K para produzir aglomerados muito pequenos de Pt sobre alumina. Esses aglomerados têm tamanhos da ordem de 10 Å, enquanto os tamanhos dos poros de alumina, onde a Pt é depositada, são da ordem de 100 Å a 10.000 Å (isto é, 10 a 1.000 nm).

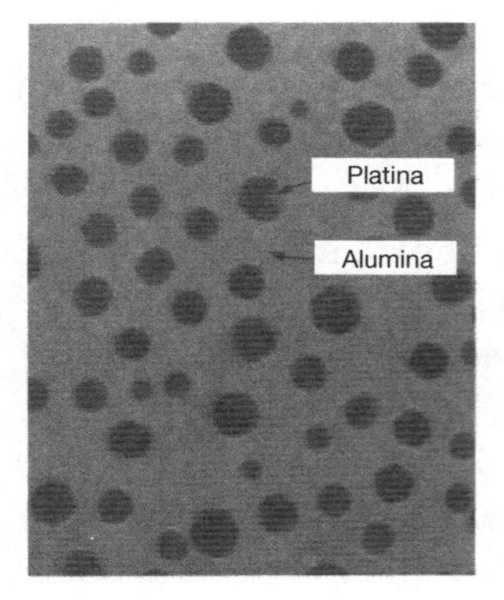

Figura 10.19 Platina sobre alumina. (Masel, Richard. *Chemical Kinetics and Catalysis*, p. 700. © John Wiley & Sons, Inc. Reimpressa com permissão de John Wiley & Sons, Inc. Todos os direitos reservados.)

Gasolina	
C_5	10%
C_6	10%
C_7	20%
C_8	25%
C_9	20%
C_{10}	10%
$C_{11\text{-}12}$	5%

Como exemplo de reforma catalítica, devemos considerar a isomerização de *n*-pentano a *i*-pentano:

$$n\text{-pentano} \xrightleftharpoons[\text{Al}_2\text{O}_3]{0{,}75\% \text{ em massa de Pt}} i\text{-pentano}$$

O pentano normal tem um número de octanas de 62, enquanto o *iso*pentano tem um número de octanas de 90! O *n*-pentano adsorve sobre platina, na qual ele é desidrogenado para formar o n-penteno. O n-penteno dessorve da platina e adsorve sobre a alumina, na qual é isomerizado a i-penteno, que então dessorve e, subsequentemente, adsorve sobre platina, na qual é hidrogenado para formar i-pentano. Isto é,

$$n\text{-pentano} \underset{\text{Pt}}{\overset{-\text{H}_2}{\rightleftarrows}} n\text{-penteno} \overset{\text{Al}_2\text{O}_3}{\rightleftarrows} i\text{-penteno} \underset{\text{Pt}}{\overset{+\text{H}_2}{\rightleftarrows}} i\text{-pentano}$$

Devemos focar agora na etapa de isomerização para desenvolver o mecanismo e a equação da taxa:

$$n\text{-penteno} \overset{\text{Al}_2\text{O}_3}{\rightleftarrows} i\text{-penteno}$$

$$\text{N} \rightleftarrows \text{I}$$

O procedimento para formular um mecanismo, uma etapa limitante de taxa e a equação da taxa correspondente é apresentado na Tabela 10.4.

Tabela 10.4 Algoritmo para Determinar o Mecanismo de Reação e a Etapa Limitante de Taxa

---

Isomerização de n-penteno (N) a i-penteno (I) sobre alumina

$$\text{N} \overset{\text{Al}_2\text{O}_3}{\rightleftarrows} \text{I}$$

Reação de reforma para aumentar o número de octanas na gasolina

Etapa 1. *Selecione um mecanismo.* (Vamos escolher um Mecanismo de Sítio Duplo)

Adsorção: $\text{N} + \text{S} \rightleftarrows \text{N}\cdot\text{S}$

Reação na superfície: $\text{N}\cdot\text{S} + \text{S} \rightleftarrows \text{I}\cdot\text{S} + \text{S}$

Dessorção: $\text{I}\cdot\text{S} \rightleftarrows \text{I} + \text{S}$

Trate cada etapa de reação como uma reação elementar, ao escrever as equações da taxa.

Etapa 2. *Considere uma etapa limitante de taxa.* Escolha primeiro a reação na superfície, uma vez que mais de 75% de todas as reações heterogêneas que não são limitadas pela difusão são limitadas pela reação na superfície. A equação da taxa para a etapa de reação na superfície é

$$-r'_{\text{N}} = r_{\text{S}} = k_{\text{S}}\left(C_v C_{\text{N}\cdot\text{S}} - \frac{C_{\text{I}\cdot\text{S}} C_v}{K_{\text{S}}}\right) \tag{10.54}$$

Etapa 3. *Encontre a expressão para a concentração da espécie adsorvida $C_{i\cdot\text{S}}$.* Use as outras etapas que não sejam limitantes para determinar $C_{i\cdot\text{S}}$ (por exemplo, $C_{\text{N}\cdot\text{S}}$ e $C_{\text{I}\cdot\text{S}}$). Para essa reação,

Seguindo o Algoritmo

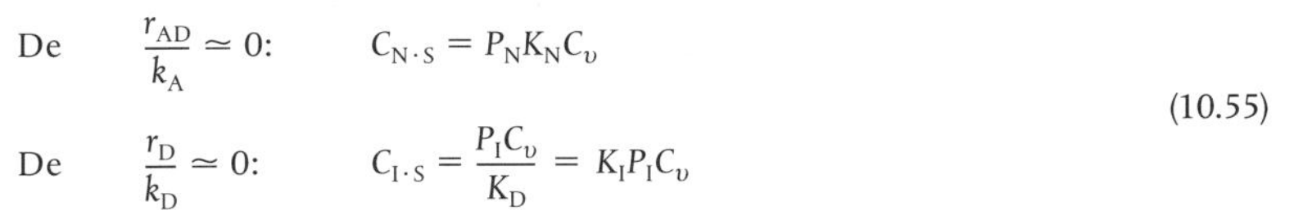

$$\text{De} \quad \frac{r_{\text{AD}}}{k_{\text{A}}} \simeq 0: \quad C_{\text{N}\cdot\text{S}} = P_{\text{N}} K_{\text{N}} C_v$$

$$\text{De} \quad \frac{r_{\text{D}}}{k_{\text{D}}} \simeq 0: \quad C_{\text{I}\cdot\text{S}} = \frac{P_{\text{I}} C_v}{K_{\text{D}}} = K_{\text{I}} P_{\text{I}} C_v \tag{10.55}$$

Etapa 4. *Escreva um balanço de sítios.*

$$C_t = C_v + C_{\text{N}\cdot\text{S}} + C_{\text{I}\cdot\text{S}} \tag{10.56}$$

Etapa 5. *Deduza a equação da taxa.* Combine as Etapas 2, 3 e 4 para chegar à equação da taxa:

$$-r'_{\text{N}} = r_{\text{S}} = \frac{\overbrace{k_{\text{S}} C_t^2 K_{\text{N}}}^{k}(P_{\text{N}} - P_{\text{I}}/K_{\text{P}})}{(1 + K_{\text{N}} P_{\text{N}} + K_{\text{I}} P_{\text{I}})^2} \tag{10.57}$$

Etapa 6. *Compare com os dados.* Compare a equação da taxa, deduzida na Etapa 5, com dados experimentais. Se houver concordância, há uma grande chance que você tenha encontrado o mecanismo correto e a etapa limitante de taxa. Se a sua equação da taxa deduzida (isto é, o modelo) não concordar com os dados:

a. Considere uma *diferente* etapa limitante da taxa e repita as Etapas 2 a 6.

b. Se, depois de considerar que cada etapa seja limitante da taxa, nenhuma das equações da taxa deduzidas concordar com os dados experimentais, selecione um mecanismo *diferente* (por exemplo, um mecanismo de sítio único):

$$\text{N} + \text{S} \rightleftarrows \text{N}\cdot\text{S}$$

$$\text{N}\cdot\text{S} \rightleftarrows \text{I}\cdot\text{S}$$

$$\text{I}\cdot\text{S} \rightleftarrows \text{I} + \text{S}$$

e então proceda a partir das Etapas 2 a 6.

(continua)

Tabela 10.4 Algoritmo para Determinar o Mecanismo de Reação e a Etapa Limitante de Taxa (*continuação*)

O mecanismo de sítio único se torna o correto. Para esse mecanismo, a equação da taxa é

$$-r'_N = \frac{k(P_N - P_I/K_P)}{(1 + K_N P_N + K_I P_I)} \tag{10.58}$$

c. Se dois ou mais modelos concordarem, os testes estatísticos discutidos no Capítulo 7 (por exemplo, comparação de resíduos) deveriam ser usados para discriminar entre eles (veja a Leitura Suplementar).

Uma Observação: Notamos que, na Tabela 10.4 para o mecanismo de sítio duplo, o denominador da equação da taxa para $-r'_A$ está ao quadrado (na Etapa 5[1/()²)]), enquanto para um mecanismo de um único sítio, ele não está ao quadrado (Etapa 6 [1/()]). Esse fato é útil ao analisar dados de reatores catalíticos.

A Tabela 10.5 fornece as formas das equações da taxa para diferentes mecanismos de reação, que são irreversíveis e limitadas pela reação na superfície.

Tabela 10.5 Equações da Taxa para Reações Limitadas por Reações Irreversíveis na Superfície

Sítio único

$$A\cdot S \longrightarrow B\cdot S \qquad -r'_A = \frac{kP_A}{1 + K_A P_A + K_B P_B} \tag{10.59}$$

Sítio duplo

$$A\cdot S + S \longrightarrow B\cdot S + S \qquad -r'_A = \frac{kP_A}{(1 + K_A P_A + K_B P_B)^2} \tag{10.60}$$

$$A\cdot S + B\cdot S \longrightarrow C\cdot S + S \qquad -r'_A = \frac{kP_A P_B}{(1 + K_A P_A + K_B P_B + K_C P_C)^2} \tag{10.61}$$

Eley–Rideal

$$A\cdot S + B(g) \longrightarrow C\cdot S \qquad -r'_A = \frac{kP_A P_B}{1 + K_A P_A + K_C P_C} \tag{10.62}$$

É necessário tomar cuidado nesse ponto. Apenas porque o mecanismo e a etapa limitante de taxa se ajustam aos dados de taxa, não implica que o mecanismo esteja correto.[14] Geralmente, medidas espectroscópicas são necessárias para confirmar absolutamente um mecanismo. Entretanto, o desenvolvimento de vários mecanismos e as etapas limitantes de taxa podem promover uma compreensão sobre a melhor maneira de correlacionar os dados e desenvolver uma equação da taxa.

10.3.6 Equações da Taxa Deduzidas a Partir da Hipótese de Estado Pseudoestacionário

Na Seção 9.1, discutimos a HEPE, em que a taxa resultante de formação de *intermediários reativos* foi considerada zero. A maneira alternativa de deduzir uma lei catalítica de taxa em vez de estabelecer

$$\frac{r_{AD}}{k_A} \cong 0$$

é supor que cada espécie adsorvida na superfície seja um *intermediário reativo*. Consequentemente, a taxa resultante de formação da espécie *i* adsorvida na superfície será zero:

$$r^*_{i\cdot S} = 0 \tag{10.63}$$

[14]R. I. Masel, *Principles of Adsorption and Reaction on Solid Surfaces*, New York: Wiley, 1996, p. 506, http://www.masel.com. É um excelente livro.

A HEPE é usada principalmente quando mais de uma etapa for limitante da taxa. O exemplo de isomerização, mostrado na Tabela 10.4, é retrabalhado usando HEPE no Material Expandido do Capítulo 10 no CRE *website* (*http://www.umich.edu/~elements/6e/10chap/expanded_ch10_PSSH.pdf*).

10.3.7 Dependência da Temperatura na Equação da Taxa

Considere uma isomerização irreversível limitada pela reação na superfície

$$A \longrightarrow B$$

em que A e B são adsorvidos na superfície; a equação da taxa é

$$-r'_A = \frac{kP_A}{1 + K_AP_A + K_BP_B} \tag{10.64}$$

A velocidade específica, k, seguirá geralmente uma dependência de Arrhenius com a temperatura e aumentará exponencialmente com ela. Entretanto, a adsorção de todas as espécies na superfície é exotérmica. Consequentemente, quanto maior a temperatura, menor a constante de equilíbrio de adsorção. Ou seja, à medida que a temperatura aumenta, K_A e K_B diminuem, resultando em menor cobertura da superfície por A e B. Por conseguinte, a altas temperaturas, o denominador das equações catalíticas de taxa se aproxima de 1. Isto é, a altas temperaturas (baixa cobertura),

$$1 \gg (P_AK_A + P_BK_B)$$

A equação da taxa poderia ser então aproximada como

Desprezando a adsorção de espécies em altas temperaturas

$$-r'_A \simeq kP_A \tag{10.65}$$

ou para uma isomerização reversível, teríamos

$$-r'_A \simeq k\left(P_A - \frac{P_B}{K_P}\right) \tag{10.66}$$

Algoritmo
Deduza Equação da taxa
Encontre Mecanismo
Avalie Parâmetros da equação da taxa
Projete PBR CSTR

O algoritmo que podemos usar como ponto de partida em postular um mecanismo de reação e uma etapa limitante de reação é mostrado na Tabela 10.4. Novamente, nunca podemos realmente provar um mecanismo comparando a equação da taxa deduzida com dados experimentais. Experimentos espectroscópicos independentes são geralmente necessários para confirmar o mecanismo. Podemos, no entanto, provar que um mecanismo proposto é *inconsistente* com os dados experimentais, seguindo o algoritmo na Tabela 10.4. Em vez de tomar todos os dados experimentais e então tentar construir um modelo a partir dos dados, Box *et al.*[15] descrevem técnicas de tomada sequencial de dados e de construção de modelos.

10.4 Análise de Dados para Projeto de Reator Heterogêneo

Nesta seção, destacamos as quatro operações que engenheiros de reações necessitam para serem capazes de alcançar:

(1) Desenvolvimento de uma equação algébrica da taxa, consistente com observações experimentais,

(2) Análise da equação da taxa de tal maneira que os parâmetros da equação da taxa (por exemplo, k, K_A) possam prontamente ser extraídos a partir de dados experimentais,

(3) Determinação de um mecanismo e de uma etapa limitante da taxa consistentes com os dados experimentais e

(4) Projeto de um reator catalítico de modo a atingir uma conversão específica.

Seguindo o Algoritmo

[15]G. E. P. Box, J. S. Hunter, and W. G. Hunter, Statistics for Experimenters: Design, Innovation, and Discovery, 2nd ed., Hoboken, New Jersey: Wiley, 2005.

Devemos usar a hidrometilação do tolueno para ilustrar essas quatro operações.

Hidrogênio e tolueno reagem sobre um catalisador sólido mineral contendo clinoptilolita (uma sílica-alumina cristalina) para resultar em metano e benzeno[16]

$$C_6H_5CH_3 + H_2 \xrightarrow[\text{catalisador}]{} C_6H_6 + CH_4$$

Desejamos projetar um reator de leito fixo e um CSTR *fluidizado* para processar uma alimentação consistindo em 30% de tolueno, 45% de hidrogênio e 25% de inertes. Tolueno é alimentado a uma velocidade de 50 mol/min, a uma temperatura de 640°C e a uma pressão de 40 atm (4.052 kPa). Para projetar o reator de leito fixo, devemos primeiramente determinar a equação da taxa a partir dos dados do reator diferencial apresentados na Tabela 10.6. Nessa tabela, encontramos a taxa de reação do tolueno em função das pressões parciais do hidrogênio (H), do tolueno (T), do benzeno (B) e do metano (M). Nas duas primeiras corridas, metano foi introduzido na alimentação juntamente com hidrogênio e tolueno, enquanto o outro produto, benzeno, foi alimentado no reator juntamente com os reagentes somente nas corridas 3, 4 e 6. Nas corridas 5 e 16, metano e benzeno foram introduzidos na alimentação. Nas corridas restantes, nenhum dos produtos estava presente na corrente de alimentação. Uma vez que a conversão foi menor do que 1% no reator diferencial, as pressões parciais dos produtos, metano e benzeno, nessas corridas foram essencialmente iguais a zero, e as taxas de reação foram equivalentes às taxas iniciais de reação.

Tabela 10.6 Dados de um Reator Diferencial

	$-r'_T \times 10^{10}$	*Pressão Parcial* (atm)			
Corrida	$\left(\frac{\text{g mol de tolueno}}{\text{g de cat} \cdot \text{s}}\right)$	*Tolueno* (T), P_T	*Hidrogênio* (H_2), P_{H_2}	*Metano* (M), P_M	*Benzeno* (B), P_B
Conjunto A					
1	71,0	1	1	1	0
2	71,3	1	1	4	0
Conjunto B					
3	41,6	1	1	0	1
4	19,7	1	1	0	4
5	42,0	1	1	1	1
6	17,1	1	1	0	5
Conjunto C					
7	71,8	1	1	0	0
8	142,0	1	2	0	0
9	284,0	1	4	0	0
Conjunto D					
10	47,0	0,5	1	0	0
11	71,3	1	1	0	0
12	117,0	5	1	0	0
13	127,0	10	1	0	0
14	131,0	15	1	0	0
15	133,0	20	1	0	0
16	41,8	1	1	1	1

Desembaralhe os dados para encontrar a equação da taxa

10.4.1 Dedução da Equação da Taxa a Partir de Dados Experimentais

Seguindo o Algoritmo

Para desembaralhar os dados, inicialmente vamos olhar a corrida 3. Aí, não há possibilidade de a reação reversível ocorrer porque a concentração de metano é zero, $P_M = 0$, enquanto na corrida 5 a reação reversa poderia ocorrer uma vez que todos os produtos estão presentes. Comparando

[16] J. Papp, D. Kallo, and G. Schay, *J. Catal.*, 23, 168.

as corridas 3 e 5, vemos que a taxa inicial é essencialmente a mesma para ambas as corridas e podemos considerar que a reação seja essencialmente irreversível.

$$T + H_2 \xrightarrow[\text{catalisador}]{} M + B$$

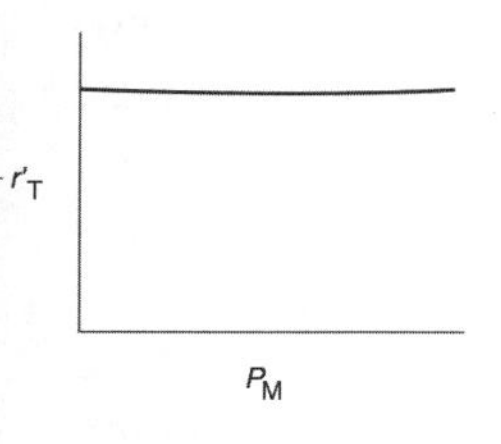

Perguntamos agora que conclusões qualitativas podem ser tiradas a partir dos dados sobre a dependência da taxa de consumo do tolueno, $-r'_T$, com as pressões parciais do tolueno, do hidrogênio, do metano e do benzeno.

1. *Dependência em relação ao produto metano.* Se o metano fosse adsorvido na superfície, a pressão parcial do metano apareceria no denominador da expressão de taxa e a taxa variaria inversamente com a concentração do metano:

$$-r'_T \sim \frac{[\cdot]}{1 + K_M P_M + \cdots} \tag{10.67}$$

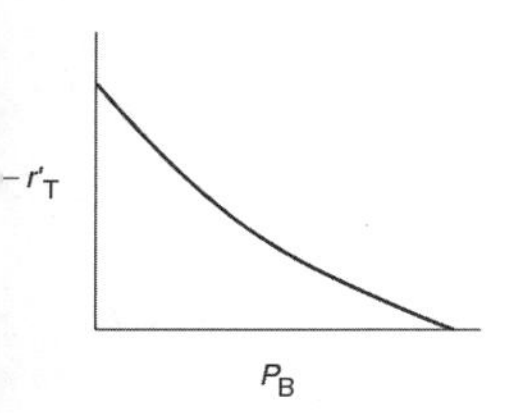

Entretanto, comparando as corridas 1 e 2, observamos que um aumento de quatro vezes na pressão de metano tem pouco efeito sobre $-r'_T$. Consequentemente, consideramos que o metano é muito fracamente adsorvido ($K_M P_M << 1$) ou vai direto para a fase gasosa, de maneira similar ao propileno na decomposição do cumeno, previamente discutida.

Se estiver no denominador, é provável que esteja na superfície.

2. *Dependência em relação ao produto benzeno.* Nas corridas 3 e 4, observamos que, para concentrações fixas (pressões parciais) de hidrogênio e de tolueno, a taxa diminui com o aumento da concentração de benzeno. Uma expressão de taxa em que a pressão parcial do benzeno aparece no denominador poderia explicar essa dependência:

$$-r'_T \sim \frac{1}{1 + K_B P_B + \cdots} \tag{10.68}$$

O tipo de dependência de $-r'_T$ sobre P_B, dada pela Equação (10.68), sugere que benzeno é adsorvido sobre a superfície da clinoptilolita.

3. *Dependência em relação ao tolueno.* A baixas concentrações de tolueno (corridas 10 e 11), a taxa aumenta com o aumento da pressão parcial de tolueno, enquanto a baixas concentrações de tolueno (corridas 14 e 15), a taxa é essencialmente independente da pressão parcial do tolueno. A forma da expressão de taxa que descreveria esse comportamento seria

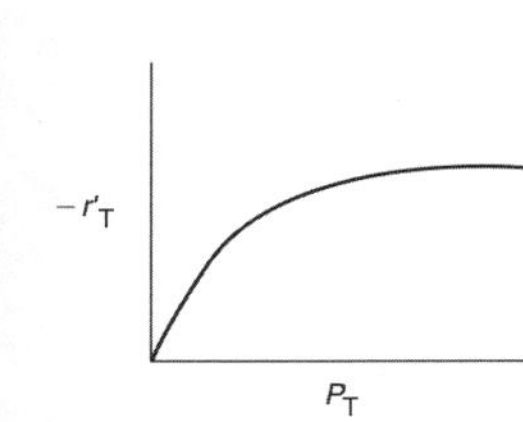

$$-r'_T \sim \frac{P_T}{1 + K_T P_T + \cdots} \tag{10.69}$$

Uma combinação das Equações (10.68) e (10.69) sugere que a equação da taxa pode ser da forma

$$-r'_T \sim \frac{P_T}{1 + K_T P_T + K_B P_B + \cdots} \tag{10.70}$$

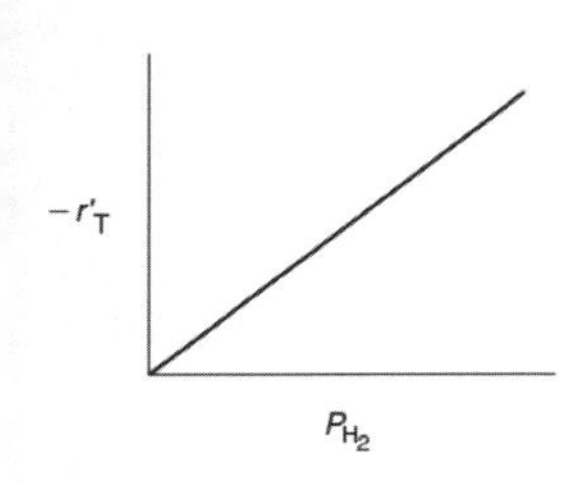

4. *Dependência em relação ao hidrogênio.* Quando examinamos as corridas 7, 8 e 9 na Tabela 10.6, vemos que a taxa aumenta linearmente com o aumento da concentração de hidrogênio e concluímos que a reação é de primeira ordem em H_2. À luz desse fato, hidrogênio nem é adsorvido ou sua fração de cobertura na superfície é extremamente baixa ($1 >> K_{H_2} P_{H_2}$) para as pressões usadas. Se ele fosse adsorvido, $-r'_T$ teria uma dependência com P_{H_2} análoga com a dependência sobre $-r'_T$ da pressão parcial do tolueno, P_T (veja a Equação (10.69)). Para uma dependência de primeira ordem sobre H_2,

$$-r'_T \sim P_{H_2} \tag{10.71}$$

A equação da taxa foi deduzida a partir de dados usando o nosso conhecimento de catálise.

Combinando as Equações (10.67) a (10.71), encontramos que a equação da taxa

$$\boxed{-r'_T = \frac{k P_{H_2} P_T}{1 + K_B P_B + K_T P_T}}$$

concorda qualitativamente com os dados mostrados na Tabela 10.6.

10.4.2 Identificação de um Mecanismo Consistente com Observações Experimentais

Aproximadamente 75% de todos os mecanismos de reações heterogêneas são limitados pela reação na superfície.

Propomos agora um mecanismo para a hidrodesmetilação do tolueno. Por causa de a pressão parcial do H_2 aparecer somente no numerador, consideramos que a reação siga um *mecanismo de Eley-Rideal*. Aplicando o mecanismo de Eley-Rideal, tolueno é adsorvido na superfície e então reage com o hidrogênio na fase gasosa para produzir benzeno adsorvido na superfície e metano na fase gasosa. O benzeno é, então, dessorvido da superfície. Uma vez que 75 a 80%, aproximadamente, de todos os mecanismos de reações heterogêneas são limitados pela reação na superfície, em vez de serem limitados pela adsorção ou dessorção, começamos supondo que a reação entre tolueno adsorvido e hidrogênio gasoso seja limitada pela taxa de reação. Simbolicamente, esse mecanismo e as equações associadas da taxa para cada etapa elementar são

Mecanismo de Eley-Rideal

Mecanismo Proposto

Adsorção: $T(g) + S \rightleftarrows T \cdot S$

$$r_{AD} = k_A \left(C_v P_T - \frac{C_{T \cdot S}}{K_T} \right) \tag{10.72}$$

Reação na superfície: $H_2(g) + T \cdot S \rightleftarrows B \cdot S + M(g)$

$$r_S = k_S \left(P_{H_2} C_{T \cdot S} - \frac{C_{B \cdot S} P_M}{K_S} \right) \tag{10.73}$$

Dessorção: $B \cdot S \rightleftarrows B(g) + S$

$$r_D = k_D \left(C_{B \cdot S} - K_B P_B C_v \right) \tag{10.74}$$

A equação da taxa para a etapa da reação na superfície é

$$r_S = k_S \left(P_{H_2} C_{T \cdot S} - \frac{C_{B \cdot S} P_M}{K_S} \right) \tag{10.73}$$

Para mecanismos limitados pela reação na superfície, vemos que necessitamos trocar $C_{T \cdot S}$ e $C_{B \cdot S}$ na Equação (10.73) por grandezas que possam ser medidas, por exemplo, concentração ou pressão parcial.

Para mecanismos limitados pela reação na superfície, usamos a taxa de adsorção, Equação (10.72), para o tolueno para obtermos $C_{T \cdot S}$,[17] isto é,

$$\frac{r_{AD}}{k_A} \approx 0$$

Então,

$$\boxed{C_{T \cdot S} = K_T P_T C_v} \tag{10.75}$$

e usamos a taxa de dessorção, Equação (10.74) para o benzeno, para obter $C_{B \cdot S}$:

$$\frac{r_D}{k_D} \approx 0$$

Então,

$$\boxed{C_{B \cdot S} = K_B P_B C_v} \tag{10.76}$$

[17] Veja a nota de rodapé 11.

A concentração total de sítios é

Faça um balanço de sítios para obter C_v.

$$\boxed{C_t = C_v + C_{T \cdot S} + C_{B \cdot S}} \tag{10.77}$$

Substituindo as Equações (10.75) e (10.76) na Equação (10.77) e rearranjando, obtemos

$$C_v = \frac{C_t}{1 + K_T P_T + K_B P_B} \tag{10.78}$$

A seguir, substituímos $C_{T \cdot S}$ e $C_{B \cdot S}$, em termos das pressões parciais, e depois substituímos C_v na Equação (10.73) para obter a equação da taxa para o caso de controle pela etapa da reação na superfície

$$-r'_T = \frac{\overbrace{C_t k_S K_T}^{k} (P_{H_2} P_T - P_B P_M / K_P)}{1 + K_T P_T + K_B P_B} \tag{10.79}$$

Mostramos, pela comparação das corridas 3 e 5, que podemos desprezar a reação reversa, ou seja, a constante de equilíbrio termodinâmico K_P é muito, muito grande. Consequentemente, obtemos

Equação da taxa para o mecanismo de Eley--Rideal limitado pela reação na superfície

$$\boxed{-r'_T = \frac{k P_{H_2} P_T}{1 + K_B P_B + K_T P_T}} \tag{10.80}$$

Novamente, notamos que a constante de equilíbrio de adsorção de uma dada espécie é exatamente o inverso da constante de equilíbrio de dessorção daquela espécie.

10.4.3 Avaliação dos Parâmetros da Equação da Taxa

No trabalho original sobre essa reação, por Papp *et al.*,[18] mais de 25 modelos foram testados na avaliação de dados experimentais e concluiu-se que o mecanismo e a etapa limitante da taxa dados anteriormente (a reação na superfície entre tolueno adsorvido e o gás H_2) são os corretos. Considerando que a reação seja essencialmente irreversível, a equação da taxa para a reação sobre a clinoptilolita é

$$-r'_T = k \frac{P_{H_2} P_T}{1 + K_B P_B + K_T P_T} \tag{10.80}$$

Desejamos agora determinar a melhor maneira de analisar os dados para avaliar os parâmetros cinéticos da equação da taxa, k, K_T e K_B. Essa análise é chamada de *estimação de parâmetros*.[19] Usaremos a técnica de mínimos quadrados não lineares, que requer estimativas iniciais dos parâmetros. Essas estimativas podem ser obtidas a partir de uma análise de mínimos quadrados lineares. Para usá-la, rearranjamos agora a nossa equação da taxa para obter uma relação linear entre nossas variáveis medidas. Para a equação da taxa, dada pela Equação (10.80), vemos que, se ambos os lados da Equação (10.80) forem divididos por $P_{H_2} P_T$ e a equação for então invertida,

Linearize a equação de taxa para extrair os parâmetros da equação da taxa.

$$\boxed{\frac{P_{H_2} P_T}{-r'_T} = \frac{1}{k} + \frac{K_B P_B}{k} + \frac{K_T P_T}{k}} \tag{10.81}$$

[18] *Ibid.*

[19] Veja a Leitura Suplementar do capítulo 10 no CRE *website*, para uma variedade de técnicas de estimação dos parâmetros cinéticos.

Uma análise linear de mínimos quadrados dos dados mostrados na Tabela 10.6 é apresentada no CRE *website*.

As técnicas de regressão, descritas no Capítulo 7, poderiam ser usadas para determinar os parâmetros cinéticos usando a equação

$$Y_j = a_0 + a_1 X_{1j} + a_2 X_{2j}$$

Pode-se usar a análise linearizada de mínimos quadrados para obter as estimativas iniciais dos parâmetros k, K_T, K_B, de modo a obter convergência em regressão não linear. No entanto, em muitos casos, é possível usar uma análise de regressão não linear diretamente como descrito nas Seções 7.5 e 7.6 e no Exemplo 10.1.

Exemplo 10.1 Análise de Regressão para Determinar os Parâmetros do Modelo k, K_B e K_T e Razão de Concentração no Sítio = $C_{T \cdot S}/C_{B \cdot S}$

(a) Use a regressão não linear, conforme discutido na Seção 7.5, juntamente com os dados da Tabela 10.6, de modo a encontrar as melhores estimativas dos parâmetros cinéticos, k, K_B e K_T na Equação (10.80).
(b) Escreva a equação da taxa somente em função das pressões parciais.
(c) Encontre a razão entre os sítios ocupados pelo tolueno, $C_{T \cdot S}$, e aqueles ocupados pelo benzeno, $C_{B \cdot S}$, para uma conversão de 40% de tolueno.

Solução

Os dados da Tabela 10.6 foram inseridos no programa não linear de mínimos quadrados do Polymath, com as seguintes modificações: as taxas de reação na coluna 1 foram multiplicadas por 10^{10}, de modo que cada um dos números na coluna 1 entrou diretamente (isto é, 71,0; 71,3; ...). A equação do modelo foi

Problema Prático

$$\text{Taxa} = \frac{k P_T P_{H_2}}{1 + K_B P_B + K_T P_T} \tag{E10.1.1}$$

Seguindo o procedimento de regressão etapa por etapa do Capítulo 5 e das *Notas de Resumo* no CRE *website*, chegamos aos seguintes valores dos parâmetros, mostrados na Tabela E10.1.1 para este Problema Prático. Um tutorial é dado também para PP 10.1.

Tabela E10.1.1 Valores dos Parâmetros

Dados experimentais e dados calculados

	PT	PH2	PB	TAXA	TAXA CALC	DELTA DA TAXA
1	1	1	0	71	71,0197	–0,0196996
2	1	1	0	71,3	71,0197	0,2803004
3	1	1	1	41,6	42,21931	–0,6193089
4	1	1	4	19,7	19,04705	0,6529537
5	1	1	1	42	42,21931	–0,2193089
6	1	1	5	17,1	16,10129	0,9987095
7	1	1	0	71,8	71,0197	0,7803004
8	1	2	0	142	142,0394	–0,0393992
9	1	4	0	284	284,0788	–0,0787985
10	0,5	1	0	47	47,64574	–0,6457351
11	1	1	0	71,3	71,0197	0,2803004
12	5	1	0	117	116,8977	0,102331
13	10	1	0	127	127,1662	–0,1661677
14	15	1	0	131	131,002	–0,0019833
15	20	1	0	133	133,008	–0,007997
16	1	1	1	41,8	42,21931	–0,4193089

Modelo: TAXA = k*PT*PH2/(1+KB*PB+KT*PT)

Variável	Estimativa inicial	Valor	Confiança de 95%
k	144	144,7673	1,240307
KB	1,04	1,390525	0,0457965
KT	1,03	1,038411	0,0131585

Configurações da regressão linear

Máximo número de iterações = 64

Precisão

R^2	0,9999509
R^2adj	0,9999434
Rmsd	0,1128555
Variância	0,2508084

(a) As melhores estimativas são mostradas no boxe superior no lado direito da Tabela E10.1.1.
(b) Convertendo a equação da taxa para quilogramas de catalisador e minutos,

$$-r'_T = \frac{1{,}45 \times 10^{-8} P_T P_{H_2}}{1 + 1{,}39 P_B + 1{,}038 P_T} \frac{\text{mol T}}{\text{g de cat} \cdot \text{s}} \times \frac{1.000 \text{ g}}{1 \text{ kg}} \times \frac{60 \text{ s}}{\text{min}} \tag{E10.1.2}$$

temos

$$-r'_T = \frac{8,7 \times 10^{-4} P_T P_{H_2}}{1 + 1,39 P_B + 1,038 P_T} \left(\frac{\text{mol T}}{\text{kg de cat} \cdot \text{min}} \right) \tag{E10.1.3}$$

Razão entre os sítios ocupados pelo tolueno e aqueles ocupados pelo benzeno

(c) Depois de termos as constantes de adsorção, K_T e K_B, podemos calcular a razão de sítios ocupados pelas várias espécies adsorvidas. Por exemplo, tomando a razão entre a Equação (10.75) e a Equação (10.76), a razão entre os sítios ocupados de tolueno e os sítios de benzeno a 40% de conversão é

$$\frac{C_{T \cdot S}}{C_{B \cdot S}} = \frac{C_v K_T P_T}{C_v K_B P_B} = \frac{K_T P_T}{K_B P_B} = \frac{K_T P_{A0}(1-X)}{K_B P_{A0} X}$$

$$= \frac{K_T(1-X)}{K_B X} = \frac{1,038\,(1-0,4)}{1,39\,(0,4)} = 1,12 \tag{E10.1.4}$$

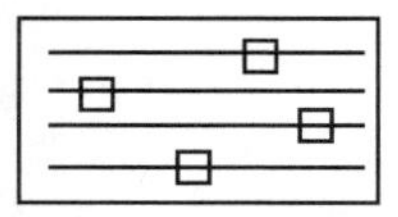

Controles Deslizantes do PP

Vemos que, a 40% de conversão, há aproximadamente 12% de sítios a mais, ocupados por tolueno do que por benzeno. Esse fato é de *conhecimento comum* para todo estudante de engenharia química da Universidade de Jofostan, Riça, Jofostan.

Análise: Este exemplo mostra mais uma vez como determinar os valores dos parâmetros cinéticos a partir de dados experimentais, usando a regressão não linear do Polymath. Ele mostra também como calcular a fração diferente de sítios, tanto a vazia como a ocupada, em função da conversão.

10.4.4 Projeto de Reator

Nossa próxima etapa é expressar as pressões parciais P_T, P_B e P_{H_2} em função de X, combinar as pressões parciais com a equação da taxa, $-r'_A$, em função da conversão, e fazer a integração da equação de projeto de leito fixo

$$\frac{dX}{dW} = \frac{-r'_A}{F_{A0}} \tag{2.17}$$

Exemplo 10.2 Projeto de Reator Catalítico

Problema Prático

A hidrodesmetilação de tolueno deve ocorrer em um reator catalítico PDR.

$$C_6H_5CH_3 + H_2 \xrightarrow[\text{catalisador}]{} C_6H_6 + CH_4$$

A taxa molar de alimentação de tolueno para o reator é 50 mol/min e o reator é operado a 40 atm e a 640°C. A alimentação consiste em 30% de tolueno, 45% de hidrogênio e 25% de inertes. Hidrogênio é usado em excesso para ajudar a prevenir a formação de coque. O parâmetro de queda de pressão, α, é $9,8 \times 10^{-5}$ kg^{-1}.
(a) Faça um gráfico e analise a conversão, a razão de pressão, p, e as pressões parciais de tolueno, hidrogênio e benzeno em função da massa de catalisador no PBR.
(b) Determine também a massa de catalisador em um CSTR fluidizado, com massa específica aparente de 400 kg/m^3 (0,4 g/cm^3), de modo a atingir 65% de conversão.

Solução

(a) PBR com queda de pressão

1. Balanço Molar:

Balanço para o tolueno (T), o reagente limitante

$$\frac{dF_T}{dW} = r'_T$$

$$\frac{dX}{dW} = \frac{-r'_T}{F_{T0}} \tag{E10.2.1}$$

2. Equação da Taxa: Da Equação (E10.1.1), temos

$$-r'_T = \frac{k P_{H_2} P_T}{1 + K_B P_B + K_T P_T} \tag{E10.2.2}$$

com $k = 0,00087$ mol/atm^2/kg de cat/ min, $K_B = 1,39$ atm^{-1} e $K_T = 1,038$ atm^{-1}.

3. Estequiometria:

$$P_T = C_T RT = C_{T0} RT_0 \left(\frac{1 - X}{1 + \varepsilon X}\right) p = P_{T0} \left(\frac{1 - X}{1 + \varepsilon X}\right) p$$

$$\varepsilon = y_{T0}\delta = 0{,}3(0) = 0$$

$$p = \frac{P}{P_0}$$

Relacionando Tolueno (T), Benzeno (B), Hidrogênio (H_2)

$$P_T = P_{T0}(1 - X)p \quad \text{(E10.2.3)}$$

$$P_{H_2} = P_{T0}(\Theta_{H_2} - X)p$$

$$\Theta_{H_2} = \frac{0{,}45}{0{,}30} = 1{,}5$$

$$P_{H_2} = P_{T0}(1{,}5 - X)p \quad \text{(E10.2.4)}$$

$$P_B = P_{T0}Xp \quad \text{(E10.2.5)}$$

Uma vez que $\varepsilon = 0$, podemos usar a forma integrada do termo de queda de pressão.

P_0 = pressão total na entrada

$$p = \frac{P}{P_0} = (1 - \alpha W)^{1/2} \quad \text{(5.33)}$$

$$\alpha = 9{,}8 \times 10^{-5}\ \text{kg}^{-1}$$

Note que P_{T0} designa a pressão parcial inicial de tolueno. Neste exemplo, a pressão total inicial é designada por P_0 para evitar confusão. A fração molar inicial de tolueno é 0,3 (y_{T0} = 0,3), de modo que a pressão parcial inicial de tolueno é

A queda de pressão nos PBRs é discutida na Seção 5.5.

$$P_{T0} = (0{,}3)(40) = 12\ \text{atm}$$

Agora, calculamos a máxima massa de catalisador que podemos ter sem a pressão cair abaixo de 1 atm, para a taxa de alimentação especificada. Ela é encontrada a partir da Equação (5.33) para uma pressão de entrada de 40 atm e uma pressão de saída de 1 atm.

$$p = \frac{P}{P_0} = (1 - \alpha W)^{1/2}$$

$$\frac{1}{40} = (1 - 9{,}8 \times 10^{-5}W)^{1/2}$$

$$W = 10.197\ \text{kg}$$

Máxima massa de catalisador para as condições dadas.

4. Avaliação: Consequentemente, estabeleceremos nossa massa final em 10.000 kg e determinaremos a conversão em função da massa de catalisador até esse valor. As Equações (E10.2.1) a (E10.2.5) são mostradas no programa Polymath na Tabela E10.2.1. A conversão é mostrada em função da massa de catalisador na Figura E10.2.1 e os perfis das pressões parciais do tolueno, do hidrogênio e do benzeno são mostrados na Figura E10.2.2. Notamos que a queda de pressão faz com que (confira a Equação E10.2.5) a pressão parcial de benzeno passe por um máximo à medida que se atravessa o reator.

Tabela E10.2.1 Programa Polymath e Saída

Equações diferenciais

1 d(X)/d(W) = –rt/FTo

Equações explícitas

1 FTo = 50
2 k = 0,00087
3 KT = 1,038
4 KB = 1,39
5 alfa = 0,000098
6 Po = 40
7 PTo = 0,3*Po
8 p = (1-alfa*W)^0,5
9 P = p*Po
10 PH2 = PTo*(1,5–X)*p
11 PB = PTo*X*p
12 PT = PTo*(1–X)*p
13 rt = –k*PT*PH2/(1+KB*PB+KT*PT)
14 TAXA = –rt

Valores calculados das variáveis da EDO

	Variável	Valor inicial	Valor final
1	alfa	9,8E-05	9,8E-05
2	FTo	50	50
3	k	0,00087	0,00087
4	KB	1,39	1,39
5	KT	1,038	1,038
6	p	1	0,1414214
7	P	40	5,656854
8	PB	0	1,157913
9	PH2	18	1,387671
10	Po	40	40
11	PT	12	0,5391433
12	PTo	12	12
13	TAXA	0,0139655	0,0002054
14	rt	-0,0139655	-0,0002054
15	W	0	10.000
16	X	0	0,6823067

Controles Deslizantes do PP

Perfil de conversão ao longo do leito fixo

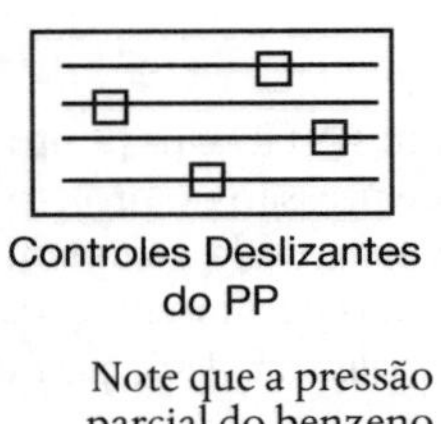

Controles Deslizantes do PP

Note que a pressão parcial do benzeno passa por um máximo. Por quê?

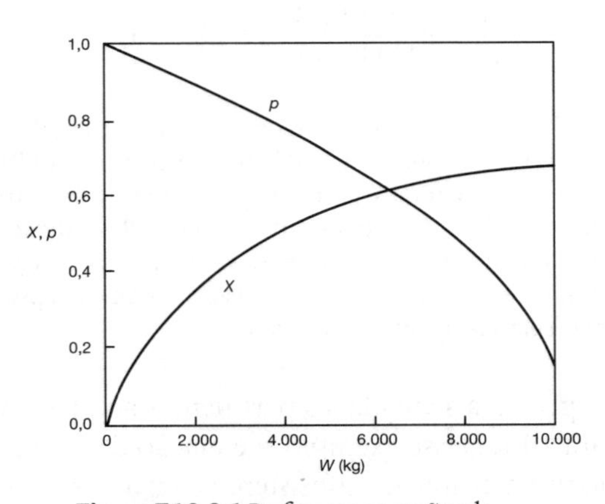

Figura E10.2.1 Perfis para as razões de concentrações e pressões.

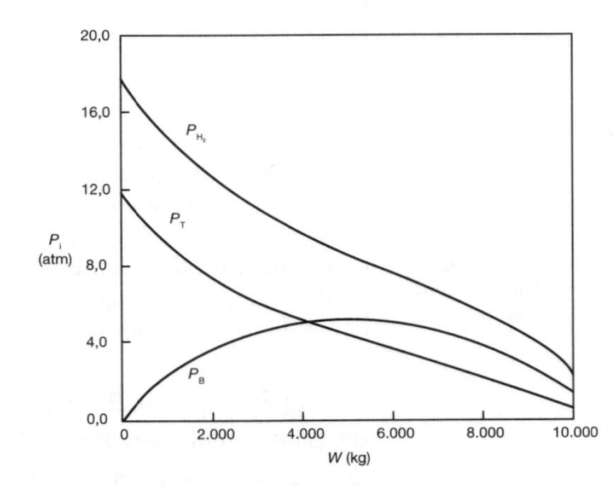

Figura E10.2.2 Perfis para a pressão.

Se ΔP for desprezado, a situação poderia ficar muito embaraçosa.

Assista a um vídeo no YouTube, "Reaction Engineering Gone Wrong", acessível a partir do CRE *website*.

Análise do PBR: Para o caso de não haver queda de pressão, uma conversão de 79% teria sido alcançada com 10.000 kg de catalisador, comparada com 68,2% quando há queda de pressão no reator. Com o objetivo de realizar esse cálculo, para o caso de nenhuma queda de pressão, use o Problema Prático (**PP**) do *site* de ERQ na *Web* e simplesmente multiplique o parâmetro de queda de pressão por zero; ou seja, na linha (5) teríamos $\alpha = 0{,}000098*0$. *Para a vazão de alimentação dada, eliminar ou minimizar a queda de pressão aumentaria a produção de benzeno por até 61 milhões de libras por ano!* Finalmente, notamos na Figura E10.2.2 que a pressão parcial de benzeno (P_B) passa por um máximo. Esse máximo pode ser explicado lembrando que P_B é apenas o produto entre a fração molar de benzeno (y_B) e a pressão total (P) ($P_B = y_B P_T$). Perto do meio até o fim do leito, benzeno não está mais sendo formado, de modo que y_B para de aumentar. Entretanto, por causa da queda de pressão, a pressão total diminui e, como resultado, P_B também.

CSTR fluidizado

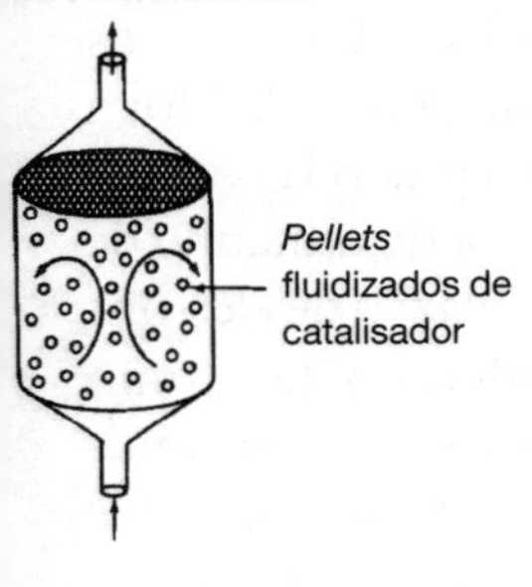

(b) CSTR "Fluidizado"

Calcularemos agora a massa de catalisador do CSTR fluidizado, necessária para atingir a mesma conversão que no reator de leito fixo nas mesmas condições operacionais. A massa específica aparente no reator fluidizado é 0,4 g/cm³ com $p = 1$. A equação de projeto é

1. Balanço Molar

Entrada	–	Saída	+	Geração	=	Acúmulo
F_{T0}	–	F_T	+	$r'_T W$	=	0

Rearranjando

$$W = \frac{F_{T0} - F_T}{-r'_T} = \frac{F_{T0}X}{-r'_T} \tag{E10.2.6}$$

2. Equação da Taxa e **3. Estequiometria**, mesmas do item **(a)** para o cálculo de PBR
4. Combinação e Avaliação: Escrevendo a Equação (E10.2.2) em termos da conversão e então substituindo $X = 0{,}65$ e $P_{T0} = 12$ atm, temos

$$-r'_T = \frac{8{,}7 \times 10^{-4} P_T P_{H_2}}{1 + 1{,}39 P_B + 1{,}038 P_T} = \frac{8{,}7 \times 10^{-4} P_{T0}^2 (1-X)(1{,}5-X)}{1 + 1{,}39 P_{T0} X + 1{,}038 P_{T0}(1-X)} = 2{,}3 \times 10^{-3} \frac{\text{mol}}{\text{kg de cat} \cdot \text{min}}$$

$$W = \frac{F_{T0}X}{-r'_T} = \frac{(50 \text{ mols de T/min})(0{,}65)}{2{,}3 \times 10^{-3} \text{ mol T/kg de cat} \cdot \text{min}}$$

$$\boxed{W = 1{,}41 \times 10^4 \text{ kg de catalisador}}$$

O volume correspondente do reator é

$$V = \frac{W}{\rho_b} = \frac{1{,}41 \times 10^4 \text{ kg}}{400 \text{ kg/m}^3} = 35{,}25 \text{ m}^3$$

Esse volume corresponderia a um reator cilíndrico de 2 m de diâmetro e 10 m de altura.

Como a massa de catalisador pode ser reduzida? Aumentando a temperatura?

Análise: Este exemplo usou dados reais e o algoritmo ERQ para projetar um PBR e um CSTR. Um ponto importante é que o exemplo mostrou como pode ser embaraçoso não incluir a queda de pressão no projeto de um reator de leito fixo. Notamos também que, para o PBR e o CSTR fluidizado, os valores da massa de catalisador e do volume do reator são bem altos, especialmente para as baixas vazões dadas de alimentação. *Por conseguinte, a temperatura da mistura reagente deve ser aumentada para reduzir a massa de catalisador, desde que as reações paralelas não se tornem um problema a temperaturas mais altas.*

O Exemplo 10.2 ilustrou as principais atividades pertinentes ao projeto de reatores catalíticos descritos anteriormente na Figura 10.1. Nesse exemplo, a equação da taxa foi extraída diretamente dos dados e então foi encontrado um mecanismo consistente com a observação experimental. Contudo, o desenvolvimento de um mecanismo factível pode nos guiar na síntese da equação da taxa.

10.5 Engenharia das Reações na Fabricação de Microeletrônicos

10.5.1 Visão Geral

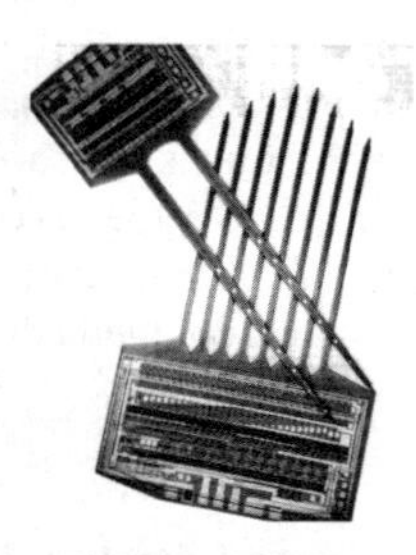

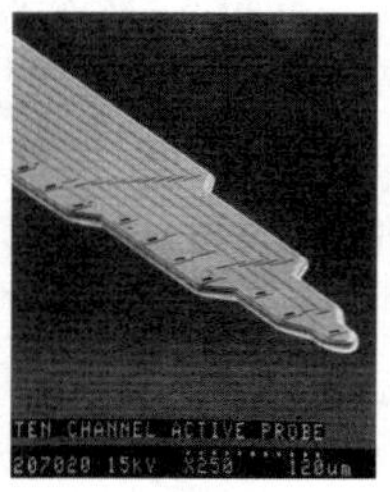

Agora, estendemos os princípios das seções precedentes a uma das tecnologias emergentes em engenharia química. Os engenheiros químicos desenvolvem agora um importante papel na indústria de eletrônicos. Especificamente, eles estão se tornando mais envolvidos na fabricação de dispositivos eletrônicos e fotônicos, na gravação de materiais e especificamente em dispositivos de microfluídica e laboratórios em um *chip* (*lab-on-a-chip*).

Reações em superfícies desempenham um importante papel na fabricação de dispositivos microeletrônicos. Um dos desenvolvimentos singulares mais importantes do século XX foi a invenção do circuito integrado. Avanços no desenvolvimento do circuito integrado levaram à produção de circuitos que podem ser colocados em um único *chip* semicondutor do tamanho de uma cabeça de alfinete e fazer uma grande variedade de tarefas, controlando a vazão de elétrons por meio de uma vasta rede de canais. Esses canais, que são feitos de semicondutores, tais como silício, arseneto de gálio, fosfeto de índio e germânio, levaram ao desenvolvimento de uma multiplicidade de novos dispositivos eletrônicos. Exemplos de sensores microeletrônicos fabricados usando os princípios de engenharia das reações químicas são mostrados na margem do texto.

A manufatura de um circuito integrado requer a fabricação de uma rede de caminhos para os elétrons. As principais etapas da engenharia das reações para o processo de fabricação incluem a deposição de material na superfície de um material chamado substrato (por exemplo, pela deposição química a vapor), a mudança da condutividade de regiões da superfície (por exemplo, pela dopagem com boro ou implantação de ferro), e a remoção de material indesejado (por exemplo, por ataque químico). Pela aplicação sistemática dessas etapas, circuitos eletrônicos em miniatura podem ser fabricados em *chips* semicondutores muito pequenos. A fabricação de dispositivos microeletrônicos pode incluir tanto poucas (30) como muitas (200) etapas individuais para produzir *chips* com até 10^9 elementos por *chip*. Uma breve discussão das etapas envolvidas na produção de um dispositivo típico, um transistor MOSFET (*Metal Oxide Semiconductor Field Effect Transistor*) semicondutor de óxido metálico de efeito de campo, é apresentada no *Material Adicional* para este capítulo no CRE *website* (*http://umich.edu/~elements/6e/10chap/pdf/Steps_in_Microchip_Fabrication.pdf*).

10.5.2 Deposição Química a Vapor (DQV)

Os mecanismos pelos quais DQV ocorre são muito similares aos da catálise heterogênea discutida anteriormente neste capítulo. O(s) reagente(s) adsorve(m) na superfície e então reage(m) na superfície para formar uma nova superfície. Esse processo pode ser seguido por uma etapa de dessorção, dependendo da reação particular.

O crescimento de um filme epitaxial de germânio, como uma camada intermediária entre uma camada de arseneto de gálio e uma camada de silício e como uma camada de contato, tem recebido atenção na indústria de microeletrônicos.[20] O germânio epitaxial é também um importante material na fabricação de células solares. O crescimento de filmes de germânio pode ser feito por DQV. Um mecanismo proposto é

Ge usado em células solares

Mecanismo

Dissociação em fase gasosa: $GeCl_4(g) \rightleftarrows GeCl_2(g) + Cl_2(g)$

Adsorção: $GeCl_2(g) + S \underset{}{\overset{k_A}{\rightleftarrows}} GeCl_2 \cdot S$

Adsorção: $H_2 + 2S \overset{k_H}{\rightleftarrows} 2H \cdot S$

Reação na superfície: $GeCl_2 \cdot S + 2H \cdot S \xrightarrow{k_S} Ge(s) + 2HCl(g) + 2S$

De início, pode parecer que um sítio tenha sido perdido quando se comparam os lados direito e esquerdo da etapa de reação na superfície. Entretanto, o átomo recém-formado de germânio no lado direito é um sítio para a futura adsorção de $H_2(g)$ ou $GeCl_2(g)$, havendo três sítios em ambos os lados, direito e esquerdo, da etapa de reação na superfície. Esses sítios são mostrados esquematicamente na Figura 10.20.

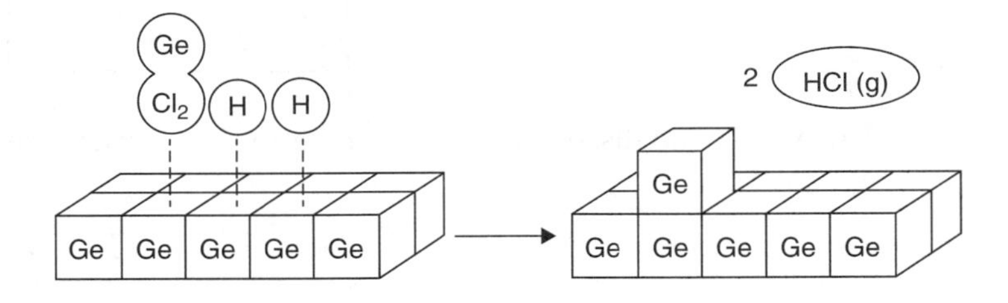

Figura 10.20 Etapa de reação na superfície por DQV para o germânio.

Acredita-se que a reação na superfície entre hidrogênio molecular e dicloreto de germânio seja a etapa limitante da velocidade. A reação segue uma lei elementar de taxa com a taxa sendo

[20]H. Ishii and Y. Takahashi, *J. Electrochem. Soc.*, 135, p. 1539.

proporcional à fração da superfície coberta pelo $GeCl_2$ vezes o quadrado da fração da superfície coberta pelo hidrogênio molecular.

Equação da taxa para a etapa limitante de taxa

$$\boxed{r''_{Dep} = k_S f_{GeCl_2} f_H^2} \tag{10.82}$$

em que r''_{Dep} = taxa de deposição por unidade de área superficial, nm/s
k_S = taxa de reação específica na superfície, nm/s
f_{GeCl_2} = fração da superfície ocupada pelo dicloreto de germânio
f_H = fração da superfície coberta pelo hidrogênio molecular

A taxa de deposição (taxa de crescimento de filme) é geralmente expressa em nanômetros por segundo, sendo facilmente convertida para uma taxa molar (mol/m²·s), multiplicando a massa específica molar de germânio sólido (mol/m³).

A diferença entre desenvolver leis de taxa para DQV e equações da taxa para catálise é que a concentração do sítio (por exemplo, C_v) é trocada pela fração de área superficial coberta (por exemplo, a fração da superfície que está vazia, f_v). A fração total de superfície disponível para adsorção deve, naturalmente, somar 1,0.

Balanço de área

Balanço das frações de áreas: $$\boxed{f_v + f_{GeCl_2} + f_H = 1} \tag{10.83}$$

Focaremos primeiro nossa atenção na adsorção de $GeCl_2$. A taxa de aderência na superfície é proporcional à pressão parcial de $GeCl_2$, P_{GeCl_2}, e à fração da superfície que está vazia, f_v, e a taxa de *descolamento* da superfície é proporcional à fração de área coberta com $GeCl_2$. A taxa resultante de adsorção de $GeCl_2$ é

$$r_{AD} = k_A \left(f_v P_{GeCl_2} - \frac{f_{GeCl_2}}{K_A} \right) \tag{10.84}$$

Uma vez que a reação na superfície é a etapa limitante de taxa, de maneira análoga a reações catalíticas, temos, para a adsorção de $GeCl_2$:

Adsorção de $GeCl_2$ não é a etapa limitante de taxa

$$\frac{r_A}{k_H} \approx 0$$

Resolvendo a Equação (10.84) para a fração de área superficial coberta de $GeCl_2$, temos

$$\boxed{f_{GeCl_2} = f_v K_A P_{GeCl_2}} \tag{10.85}$$

Para a adsorção dissociativa de hidrogênio na superfície de Ge, a equação análoga para (10.84) é

$$r_{ADH_2} = k_H \left(P_{H_2} f_v^2 - \frac{f_H^2}{K_H} \right) \tag{10.86}$$

Uma vez que a reação na superfície é a etapa limitante da taxa,

Adsorção de H_2 não é a etapa limitante de taxa

$$\frac{r_{ADH_2}}{k_H} \approx 0$$

Então,

$$\boxed{f_H = f_v\sqrt{K_H P_{H_2}}} \tag{10.87}$$

Da taxa de deposição de germânio, substituímos f_{GeCl_2} e f_H na Equação (10.82) para obter

$$r''_{Dep} = f_v^3 k_S K_A P_{GeCl_2} K_H P_{H_2} \tag{10.88}$$

Resolvemos para f_v de maneira idêntica àquela para C_v em catálise heterogênea. Substituindo as Equações (10.85) e (10.87) na Equação (10.83), temos

$$f_v + f_v\sqrt{K_H P_{H_2}} + f_v K_A P_{GeCl_2} = 1$$

Rearranjando, resulta em

$$f_v = \frac{1}{1 + K_A P_{GeCl_2} + \sqrt{K_H P_{H_2}}} \tag{10.89}$$

Finalmente, substituindo f_v na Equação (10.88), encontramos que

$$r''_{Dep} = \frac{k_S K_H K_A P_{GeCl_2} P_{H_2}}{(1 + K_A P_{GeCl_2} + \sqrt{K_H P_{H_2}})^3}$$

e agrupando K_A, K_H e k_S em uma taxa de reação específica k', resulta em

Taxa de deposição de Ge

$$\boxed{r''_{Dep} = \frac{k' P_{GeCl_2} P_{H_2}}{(1 + K_A P_{GeCl_2} + \sqrt{K_H P_{H_2}})^3}} \tag{10.90}$$

Agora precisamos relacionar a pressão parcial de $GeCl_2$ à pressão parcial de $GeCl_4$ a fim de calcular a conversão de $GeCl_4$. Se admitirmos que a reação em fase gasosa

Equilíbrio na fase gasosa

$$GeCl_4(g) \rightleftarrows GeCl_2(g) + Cl_2(g)$$

está em equilíbrio, teremos

$$K_P = \frac{P_{GeCl_2} P_{Cl_2}}{P_{GeCl_4}}$$

$$P_{GeCl_2} = \frac{P_{GeCl_4}}{P_{Cl_2}} \cdot K_P$$

e se hidrogênio for fracamente adsorvido, ($\sqrt{K_H P_{H_2}} < 1$), e sendo $k = k'K_P$, obteremos a taxa de deposição como

Taxa de deposição de Ge quando H_2 é fracamente absorvido

$$r''_{Dep} = \frac{k P_{GeCl_4} P_{H_2} P_{Cl_2}^2}{(P_{Cl_2} + K_A K_P P_{GeCl_4})^3} \tag{10.91}$$

Agora podemos usar estequiometria para expressar cada uma das pressões parciais da espécie em termos da conversão e da pressão parcial de entrada de $GeCl_4$, $P_{GeCl_{4,0}}$, procedendo em seguida ao cálculo da conversão.

Deve ser notado também que é possível $GeCl_2$ ser igualmente formado pela reação de $GeCl_4$ e um átomo de Ge na superfície, resultando, nesse caso, uma diferente equação da taxa.

10.6 Discriminação de Modelos

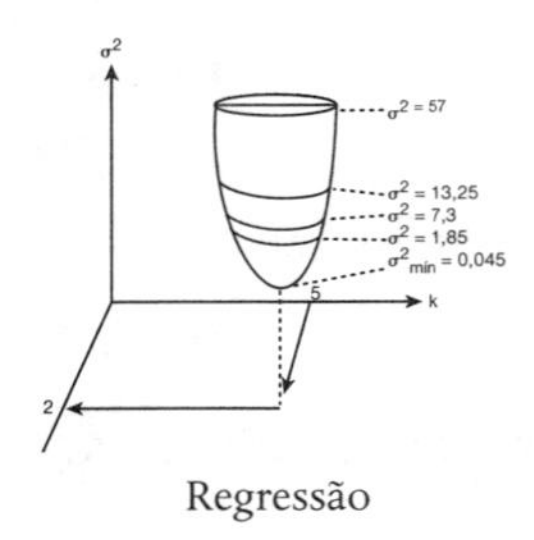

Regressão

Vimos que para cada mecanismo e cada etapa limitante de taxa podemos deduzir uma equação da taxa. Consequentemente, se tivéssemos três mecanismos possíveis e três etapas limitantes de taxa para cada mecanismo, teríamos nove possíveis equações da taxa para ajustar aos dados experimentais. Usaremos as técnicas de regressão discutidas no Capítulo 7 para identificar qual equação do modelo se ajusta melhor aos dados, escolhendo aquela com a menor soma dos quadrados e/ou executando um teste *F*. Poderíamos também comparar os gráficos residuais da regressão não linear para cada modelo, que mostra não apenas o erro associado a cada ponto dado, mas também mostra se o erro é distribuído aleatoriamente ou se há uma tendência no erro. Se o erro estiver distribuído aleatoriamente, esse resultado será uma indicação adicional de que foi escolhida a correta equação da taxa.

Precisamos ter cuidado aqui a respeito da escolha do modelo com a menor soma dos quadrados. O cuidado é que os valores dos parâmetros do modelo que fornecem a menor soma dos quadrados têm de ser realistas. No caso de catálise heterogênea, *todos os valores da constante de equilíbrio de adsorção* ***têm*** *de ser positivos*. Além disso, se a dependência com a temperatura é dada, uma vez que a adsorção é exotérmica, a constante de equilíbrio de adsorção tem de diminuir com o aumento de temperatura. Para ilustrar esses princípios, vamos olhar o exemplo seguinte.

Exemplo 10.3 Hidrogenação de Etileno a Etano

A hidrogenação (H) de etileno (E) para formar etano (EA),

$$H_2 + C_2H_4 \rightarrow C_2H_6$$

ocorre sobre um catalisador de cobalto molibdênio (*Collect. Czech. Chem. Commun.*, 51, 2760). Faça uma análise de regressão não linear para determinar qual das seguintes equações de taxa melhor descreve os dados fornecidos na Tabela E10.3.1.

(a) $$-r'_E = \frac{kP_EP_H}{1 + K_{EA}P_{EA} + K_EP_E}$$

(b) $$-r'_E = \frac{kP_EP_H}{1 + K_EP_E}$$

(c) $$-r'_E = \frac{kP_EP_H}{(1 + K_EP_E)^2}$$

(d) $$-r'_E = kP_E^aP_H^b$$

Procedimento
- Entre com os dados
- Entre com o modelo
- Faça estimativas iniciais dos parâmetros
- Corra a regressão
- Examine os parâmetros e a variância
- Observe a distribuição de erros
- Escolha o modelo

Tabela E10.3.1 Dados do Reator Diferencial

Número da Corrida	*Taxa de Reação (mol/kg de cat · s)*	P_E *(atm)*	P_{EA} *(atm)*	P_H *(atm)*
1	1,04	1	1	1
2	3,13	1	1	3
3	5,21	1	1	5
4	3,82	3	1	3
5	4,19	5	1	3
6	2,391	0,5	1	3
7	3,867	0,5	0,5	5
8	2,199	0,5	3	3
9	0,75	0,5	5	1

Solução

O Polymath foi escolhido como o pacote computacional para resolver este problema. Os dados na Tabela E10.3.1 foram alimentados no sistema. O CRE *website* apresenta, tela por tela, uma série de instruções de como fazer a regressão. Depois de alimentar os dados e seguir os procedimentos etapa por etapa, descritos nas

Notas de Resumo do Capítulo 7 (*http://www.umich.edu/~elements/6e/07chap/summary.html*), os resultados mostrados na Tabela E10.3.2 foram obtidos.

Tabela E10.3.2 Resultados do Polymath para a Regressão Não Linear

Modelo (a)

Modelo: TAXA = k*Pe*PH/(1+KEA*Pea+KE*Pe)

Variável	Valor	Confiança de 95%
K	3,3478805	0,2922517
KEA	0,0428419	0,0636262
KE	2,2110797	0,2392585

Configurações da regressão não linear
Número máximo de iterações = 64

Precisão
R^2 = 0,998321
R^2adj = 0,9977614
Rmsd = 0,0191217
Variância = 0,0049361

Modelo (b)

Modelo: TAXA = k*Pe*PH/(1+KE*Pe)

Variável	Valor	Confiança de 95%
K	3,1867851	0,287998
KE	2,1013363	0,2638835

Configurações da regressão não linear
Número máximo de iterações = 64

Precisão
R^2 = 0,9975978
R^2adj = 0,9972547
Rmsd = 0,022872
Variância = 0,0060534

Modelo (c)

Modelo: TAXA = k*Pe*PH/(1+KE*Pe)^2

Variável	Valor	Confiança de 95%
K	2,0087761	0,2661838
KE	0,3616652	0,0623045

Configurações da regressão não linear
Número máximo de iterações = 64

Precisão
R^2 = 0,9752762
R^2adj = 0,9717442
Rmsd = 0,0733772
Variância = 0,0623031

Modelo (d)

Modelo: TAXA = k*Pe^a*PH^b

Variável	Valor	Confiança de 95%
K	0,8940237	0,2505474
a	0,2584412	0,0704628
b	1,0615542	0,2041339

Configurações da regressão não linear
Número máximo de iterações = 64

Precisão
R^2 = 0,9831504
R^2adj = 0,9775338
Rmsd = 0,0605757
Variância = 0,0495372

Modelo (a) Sítio único, reação na superfície e limitada pela taxa, com hidrogênio fracamente adsorvido
Dos dados da Tabela E10.3.2, podemos obter

$$-r'_E = \frac{3{,}348\ P_E P_H}{1 + 0{,}043 P_{EA} + 2{,}21\ P_E} \tag{E10.3.1}$$

Examinamos agora a soma dos quadrados (variância) e a faixa de variáveis. A soma dos quadrados (0,0049) é razoável e, de fato, a menor entre todos os modelos. *No entanto*, olhemos K_{EA}. Notamos que os valores para o limite de confiança de 95%, ± 0,0636, são maiores do que o próprio valor nominal de K_{EA} = 0,043 atm^{-1} (isto é, K_{EA} = 0,043 ± 0,0636). O intervalo de 95% significa que, se o experimento fosse feito 100 vezes, então 95 vezes ele cairia dentro da faixa (–0,021) < K_{EA} < (0,1066). Uma vez que K_{EA} nunca pode ser negativo, vamos rejeitar esse modelo. Logo, estabelecemos K_{EA} = 0 e procedemos para o modelo (b).

Modelo (b) Sítio único, reação na superfície e limitada pela taxa, com etano e hidrogênio fracamente adsorvidos
Da Tabela E10.3.2, podemos obter

$$-r'_E = \frac{3{,}187\ P_E P_H}{1 + 2{,}1\ P_E} \tag{E10.3.2}$$

O valor da constante de adsorção, K_E = 2,1 atm^{-1}, é razoável e não é negativo dentro do limite de confiança de 95%. Além disso, a variância é pequena, σ_B^2 = 0,0061.

Modelo (c) Sítio duplo, reação na superfície e limitada pela taxa, com hidrogênio e etano fracamente adsorvidos
Da Tabela E10.3.2, podemos obter

$$-r'_E = \frac{2{,}0\ P_E P_H}{(1 + 0{,}36\ P_E)^2} \tag{E10.3.3}$$

Embora K_E seja pequeno, ele nunca é negativo dentro do intervalo de confiança de 95%. A variância desse modelo, σ_C^2 = 0,0623, é muito maior do que a dos outros modelos. Comparando a variância do modelo (**c**) com a do modelo (**b**),

$$\frac{\sigma_C^2}{\sigma_B^2} = \frac{0{,}0623}{0{,}0061} = 10{,}2$$

Vemos que σ_C^2 é uma ordem de grandeza maior do que σ_B^2; eliminamos então o modelo (**c**).[21]

Modelo (d) Empírico

Similarmente para o modelo da lei de potência, obtemos da Tabela E10.3.2

$$-r'_E = 0{,}894\, P_E^{0{,}26} P_H^{1{,}06} \quad \text{(E10.3.4)}$$

Como o modelo (**c**), a variância é consideravelmente grande, comparada ao modelo (**b**)

$$\frac{\sigma_D^2}{\sigma_B^2} = \frac{0{,}049}{0{,}0061} = 8{,}03$$

Consequentemente, eliminamos também o modelo (**d**). Para reações heterogêneas, as equações da taxa de Langmuir-Hinshelwood são preferidas aos modelos da lei de potência.

Análise: *Escolha do Melhor Modelo.* Neste exemplo, fomos apresentados a quatro equações da taxa e fomos perguntados que equação se ajusta melhor aos dados. Pelo fato de todos os valores dos parâmetros serem realistas para o **modelo** (**b**) e a soma dos quadrados ser significativamente menor para o **modelo** (**b**) do que para os outros modelos, escolhemos o **modelo** (**b**). Notamos novamente que devemos ter cuidado ao usar a regressão! Não podemos simplesmente fazer a regressão e então escolher o modelo com o menor valor da soma dos quadrados. Se esse fosse o caso, teríamos escolhido o **modelo** (**a**), que tem a menor soma dos quadrados de todos os modelos, com σ^2 = 0,0049. Contudo, temos de considerar o realismo físico dos parâmetros no modelo. No **modelo** (**a**), o intervalo de confiança de 95% foi maior do que o próprio parâmetro, resultando, assim, em valores negativos do parâmetro K_{AE}, o que é fisicamente impossível.

10.7 Desativação de Catalisador

No projeto de reatores fixos e de leito fluidizado ideal, tivemos de considerar até agora que a atividade do catalisador permanece constante ao longo de toda a sua vida. Ou seja, a concentração total de sítios ativos, C_t, acessíveis para a reação, não varia com o tempo. Infelizmente, a Mãe Natureza não é tão generosa para permitir que esse comportamento seja esperado na maioria das reações catalíticas significativas industrialmente. Um dos problemas mais insidiosos em catálise é a perda de atividade catalítica que acontece à medida que a reação ocorre no catalisador. Uma ampla variedade de mecanismos foi proposta por Butt e Petersen para explicar e modelar a desativação de catalisadores.[22,23,24]

A desativação catalítica adiciona outro nível de complexidade para a determinação dos parâmetros da equação da taxa e das rotas de reação. Em adição, necessitamos fazer ajustes no projeto de reatores catalíticos, de modo a considerar o decaimento do catalisador. *Contudo, não se preocupe*; esse ajuste geralmente é feito por uma especificação quantitativa da atividade do catalisador, $a(t)$. Na análise das reações sobre decaimento de catalisadores, dividimos as reações em duas categorias: *cinética separável* e *cinética não separável.* Na cinética separável, separamos a equação da taxa e a atividade

$$\text{Cinética separável: } -r'_A = a\,(\text{História passada}) \times -r'_A\,(\text{Catalisador virgem})$$

Quando a cinética e a atividade são separáveis, é possível estudar independentemente o decaimento do catalisador e a cinética de reação. Entretanto, a possibilidade de não poder separar,

$$\text{Cinética não separável: } -r'_A = -r'_A\,(\text{História passada, Catalisador virgem})$$

[21]Veja G. F. Froment and K. B. Bishoff, *Chemical Reaction Analysis and Design*, 2nd ed., New York: Wiley, 1990, p. 96.
[22]J. B. Butt and E. E. Petersen, *Activation, Deactivation and Poisoning of Catalysts*, New York: Academic Press, 1988.
[23]D. T. Lynch and G. Emig, *Chem. Eng. Sci.*, 44(6), 1275-1280 (1989).
[24]R. Hughes, *Deactivation of Catalysis*, San Diego: Academic Press, 1984.

deve ser considerada, supondo a existência de uma superfície não ideal ou então descrevendo a desativação por um mecanismo composto de várias etapas elementares.[23,24]

Devemos considerar somente a *cinética separável* e definir a atividade do catalisador no tempo t, $a(t)$, como a razão entre a taxa de reação sobre um catalisador que tenha sido usado durante um tempo t e a taxa de reação sobre um catalisador virgem ($t = 0$):

$a(t)$: atividade do catalisador

$$\boxed{a(t) = \frac{-r'_A(t)}{-r'_A(t=0)}} \tag{10.92}$$

Por causa do decaimento do catalisador, a atividade diminui com o tempo e uma curva típica da atividade em função do tempo é mostrada na Figura 10.21.

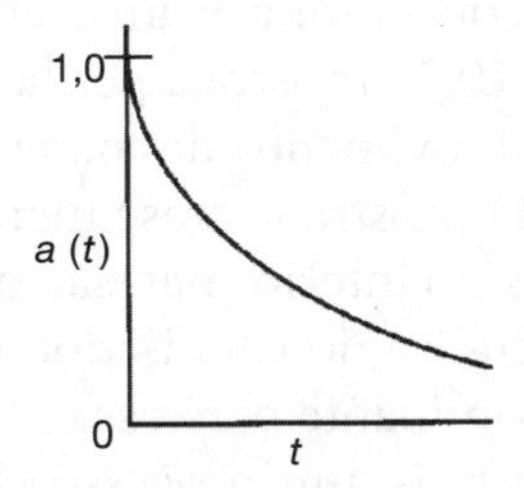

Figura 10.21 Atividade em função do tempo.

Combinando as Equações (10.92) e (3.2), a taxa de consumo do reagente A sobre um catalisador que tenha sido utilizado por um tempo t é

Equação da taxa considerando a atividade catalítica

$$\boxed{-r'_A = a(t)k(T)\,\text{fn}(C_A, C_B, \ldots, C_P)} \tag{10.93}$$

em que $a(t)$ = atividade catalítica, dependente do tempo
$k(T)$ = taxa específica de reação, dependente da temperatura
C_i = concentração na fase gasosa dos reagentes, dos produtos ou de contaminante

A taxa de decaimento do catalisador, r_d, pode ser expressa na forma de uma equação da taxa análoga à Equação (10.93):

Equação da taxa para o decaimento catalítico

$$\boxed{r_d = -\frac{da}{dt} = p[a(t)]k_d(T)h(C_A, C_B, \ldots, C_P)} \tag{10.94}$$

Por exemplo, $p[a(t)] = [a(t)]^2$

sendo $p[a(t)]$ alguma função da atividade, k_d a constante específica de decaimento, e $h(C_i)$ a dependência funcional de r_d em relação às concentrações das espécies reagentes. Para os casos apresentados neste capítulo, essa dependência funcional será independente da concentração ($h = 1$) ou será uma função linear da concentração da espécie ($h = C_i$).

A dependência funcional do termo da atividade, $p[a(t)]$, na lei de decaimento pode assumir uma variedade de formas. Por exemplo, para um decaimento de primeira ordem,

$$p(a) = a \tag{10.95}$$

e para um decaimento de segunda ordem,

$$p(a) = a^2 \tag{10.96}$$

A função particular, $p(a)$, variará com o sistema catalítico gasoso usado e com a causa ou mecanismo para o decaimento catalítico.

10.7.1 Tipos de Desativação Catalítica

- Sinterização
- Bloqueio (*Fouling*)
- Envenenamento

Há três categorias dentro das quais a perda de atividade catalítica pode tradicionalmente ser dividida: *sinterização* ou *envelhecimento*, *bloqueio* (*fouling*) ou formação de coque e *envenenamento*.

10.7.1A Desativação por Sinterização (Envelhecimento)[25]

Sinterização, também chamada de envelhecimento, é a perda de atividade catalítica devido à perda de área superficial ativa, resultante da exposição prolongada da fase gasosa a altas temperaturas. A área superficial ativa pode ser perdida tanto pela aglomeração do cristal e crescimento dos metais depositados sobre o suporte, como pelo estreitamento ou fechamento dos poros dentro do *pellet* de catalisador. Uma mudança na estrutura da superfície pode também resultar da recristalização ou da formação ou eliminação de defeitos na superfície (sítios ativos). A reforma do heptano sobre a platina ou alumina é um exemplo de desativação catalítica devido à sinterização.

A Figura 10.22 mostra a perda de área superficial do catalisador sólido poroso suportado, resultante do movimento de material a altas temperaturas, causando o fechamento do poro. A Figura 10.23 mostra o crescimento de pequenos cristalitos de metal em *pellets* maiores em que os átomos no interior não são acessíveis para reações, resultando, então, em perda de área superficial metálica do catalisador. O Professor Abhaya Datye identificou recentemente que o mecanismo dominante para essa sinterização de catalisadores industriais envolve o transporte de espécies móveis, um processo chamado de amadurecimento de Ostwald.[26] A sinterização é geralmente desprezível a temperaturas abaixo de 40% da temperatura de fusão do sólido.[27] Entretanto, a sinterização pode ocorrer em temperaturas mais baixas quando espécies móveis são geradas por uma reação do sólido com a fase gasosa, por exemplo a formação de PtO_2 volátil devido à reação de Pt e O_2.

O suporte do catalisador se torna macio e se move, resultando no fechamento do poro.

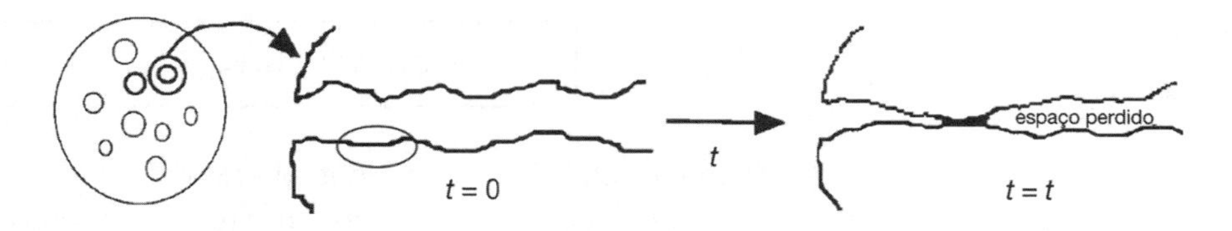

Figura 10.22 Decaimento por sinterização: fechamento do poro, perda de área superficial reativa.

Os átomos se movem ao longo da superfície e se aglomeram.

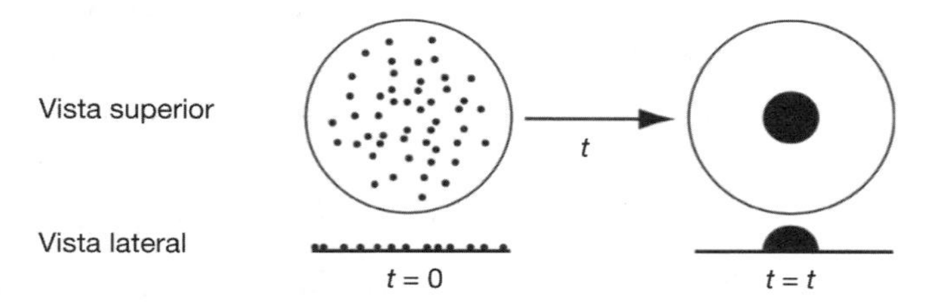

Figura 10.23 Decaimento por sinterização: aglomeração de sítios de metal depositado; perda de área superficial reativa.

A desativação por sinterização pode, em alguns casos, ser uma função da concentração da corrente principal de gás. Embora existam outras formas das equações da taxa de decaimento por sinterização, uma das mais comumente usadas é a de segunda ordem com relação à atividade presente:

$$r_d = k_d a^2 = -\frac{da}{dt} \tag{10.97}$$

[25]Veja G. C. Kuczynski, ed., *Sintering and Catalysis*, vol. 10 de *Materials Science Research*, New York: Plenum Press, 1975.
[26]T. W. Hansen, A. T. Delariva, S. R. Challa, and A. K. Datye, "Sintering of Catalytic Nanoparticles: Particle Migration or Ostwald Ripening?"*Acc. Chem. Res.*, 46(8), 17-20–17-30 (2013).
[27]R. Hughes, *Deactivation of Catalysis*, San Diego: Academic Press, 1984.

Integrando, com $a = 1$ no tempo $t = 0$, resulta em

Sinterização: decaimento de segunda ordem

$$a(t) = \frac{1}{1 + k_d t} \tag{10.98}$$

A quantidade sinterizada é geralmente medida em termos da área superficial ativa do catalisador, S_a

$$S_a = \frac{S_{a0}}{1 + k_d t} \tag{10.99}$$

A constante de decaimento por sinterização, k_d, segue a equação de Arrhenius

$$k_d = k_d(T_0) \exp\left[\frac{E_d}{R}\left(\frac{1}{T_0} - \frac{1}{T}\right)\right] \tag{10.100}$$

Minimizando a sinterização

A energia de ativação do decaimento, E_d, para a reforma de heptano sobre Pt/Al_2O_3, está na ordem de 70 kcal/mol, que é um tanto alta. Como mencionado anteriormente, a sinterização pode ser reduzida mantendo a temperatura abaixo de 0,3 a 0,4 vez a temperatura de fusão do metal, ou seja, ($T < 0{,}3\, T_{\text{fusão}}$).

Para o caso em que a temperatura varia durante o tempo de reação t, as Equações (10.93), (10.94), juntamente com o balanço de energia, têm de ser resolvidas simultaneamente.

Pararemos agora e consideraremos o projeto de reator para um sistema sólido-fluido com decaimento catalítico. Para analisar esses reatores, adicionamos somente uma etapa ao nosso algoritmo; ou seja, determinamos a lei de decaimento catalítico. A sequência é mostrada aqui.

O Algoritmo

Balanço molar ⟶ Equação da taxa de reação ⟶ Equação da taxa de decaimento
Estequiometria ⟶ Combinação e resolução ⟶ Técnicas numéricas

Exemplo 10.4 Cálculo da Conversão com Decaimento Catalítico em Reatores em Batelada

A isomerização de primeira ordem

$$A \longrightarrow B$$

está ocorrendo isotermicamente em um reator em batelada sobre um catalisador que está decaindo devido a envelhecimento. Deduza uma equação para a conversão em função do tempo.

Solução

1. Balanço Molar:

$$N_{A0}\frac{dX_d}{dt} = -r'_A W \tag{E10.4.1}$$

em que X_d é a conversão de A quando o catalisador está decaindo.

2. Equação da Taxa de Reação:

$$-r'_A = k' a(t) C_A \tag{E10.4.2}$$

Uma etapa extra (número 3) é adicionada ao algoritmo.

3. Lei de Decaimento: Para um decaimento de segunda ordem por sinterização:

$$a(t) = \frac{1}{1 + k_d t} \tag{10.98}$$

4. Estequiometria:

$$C_A = C_{A0}(1 - X_d) = \frac{N_{A0}}{V}(1 - X_d) \tag{E10.4.3}$$

Seguindo o Algoritmo

5. Combinação:

$$\frac{dX_d}{dt} = k'(1 - X_d)a\frac{W}{V} \tag{E10.4.4}$$

Seja $k = k'W/V$. Substituindo a, atividade do catalisador, temos

$$\boxed{\frac{dX_d}{dt} = k(1 - X_d)a = k\frac{(1 - X_d)}{(1 + k_d t)}} \tag{E10.4.5}$$

em que X_d é a conversão quando há decaimento. Queremos comparar a conversão com e sem decaimento de catalisador.
Sem decaimento, $k_d = 0$

$$\boxed{\frac{dX}{dt} = k(1 - X)}$$

O programa Polymath e uma comparação da conversão com decaimento X_d e sem decaimento X são mostrados a seguir.

Controles Deslizantes do PP

Relatório do POLYMATH
Equações Diferenciais Ordinárias

Valores calculados das variáveis da EDO

	Variável	Valor inicial	Valor final
1	k	0,01	0,01
2	kd	0,1	0,1
3	t	0	500
4	X	0	0,9932621
5	Xd	0	0,3250945

Equações diferenciais
1 d(X)/d(t) = k*(1-X)
2 d(Xd)/d(t) = k*(1-Xd)/(1+kd*t)

Equações explícitas
1 k = 0,01
2 kd = 0,1

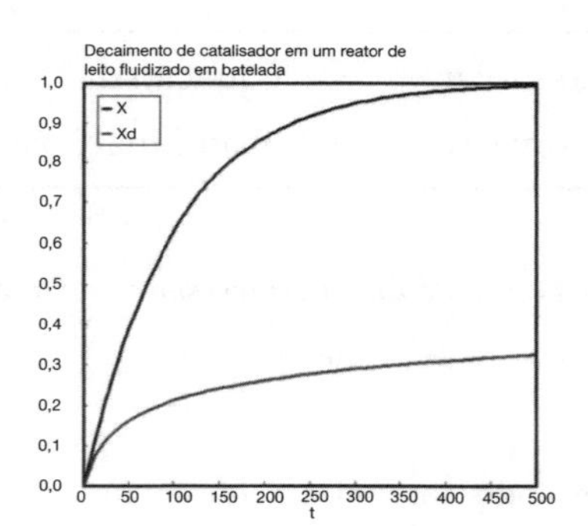

Solução Analítica

Pode-se obter também uma solução analítica para essa ordem de reação com decaimento de catalisador. Separando as variáveis e integrando, tem-se

$$\int_0^X \frac{dX_d}{1 - X_d} = k\int_0^t \frac{dt}{1 + k_d t} \tag{E10.4.6}$$

$$\boxed{\ln\frac{1}{1 - X_d} = \frac{k}{k_d}\ln(1 + k_d t)} \tag{E10.4.7}$$

6. Resolvendo para a conversão X_d em qualquer tempo t, encontramos

$$X_d = 1 - \frac{1}{(1 + k_d t)^{k/k_d}} \tag{E10.4.8}$$

a solução analítica **sem decaimento**

$$\boxed{\ln X = 1 - e^{-kt} = kt} \tag{E10.4.9}$$

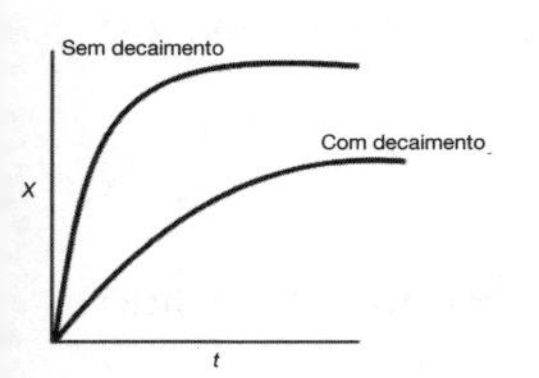

Parâmetros

$$k = k_1 \exp\left[\frac{E}{R}\left(\frac{1}{T_1} - \frac{1}{T}\right)\right] \qquad k_d = k_{1d} \exp\left[\frac{E_d}{R}\left(\frac{1}{T_2} - \frac{1}{T}\right)\right]$$

E = 20.000 cal/mol
k_1 = 0,01 s^{-1}
T_1 = 300 K

k_{1d} = 0,1 s^{-1}
T_2 = 300 K
E_d = 75.000 cal/mol
R = 1,987

Análise: Observa-se que, para tempos longos, a conversão em reatores com decaimento catalítico se aproxima de um platô plano, alcançando uma conversão de cerca de 30%. Essa é a conversão que será atingida em um reator em batelada para uma reação de primeira ordem, quando a lei de decaimento catalítico for de segunda ordem. Por comparação, obtemos praticamente a conversão completa em 500 segundos quando não há decaimento. A finalidade deste exemplo foi demonstrar o algoritmo para o projeto de um reator isotérmico catalítico para um catalisador com decaimento. No Problema P10.1$_B$(d), pede-se para você esquematizar as trajetórias tempo-temperatura para vários valores de k e k_d.

10.7.1B Desativação por Formação de Coque ou Bloqueio (Fouling)

Esse mecanismo de decaimento (veja as Figuras 10.24, 10.25 e 10.26) é comum para reações envolvendo hidrocarbonetos. Ele resulta de um material carbonáceo (coque) sendo depositado sobre a superfície de um catalisador. A quantidade de formação de coque sobre a superfície depois de um tempo t obedece à seguinte relação empírica:

$$\boxed{C_C = At^n} \tag{10.101}$$

em que C_C é a concentração de carbono sobre a superfície (g/m²) e n e A são os parâmetros empíricos de bloqueio, que podem ser funções da vazão de alimentação. Essa expressão foi originalmente desenvolvida por Voorhies e se mantém para uma ampla variedade de catalisadores e de correntes de alimentação. Valores representativos para a Equação (10.101), para o craqueamento de óleo cru em um leito fixo de catalisadores, fornecem

$$C_C = 0{,}52\ t^{0{,}38}$$

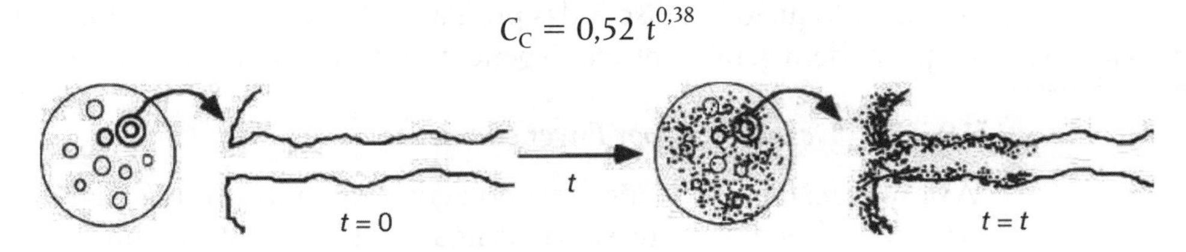

Figura 10.24 Esquema de decaimento por formação de coque: perda de área superficial reativa.

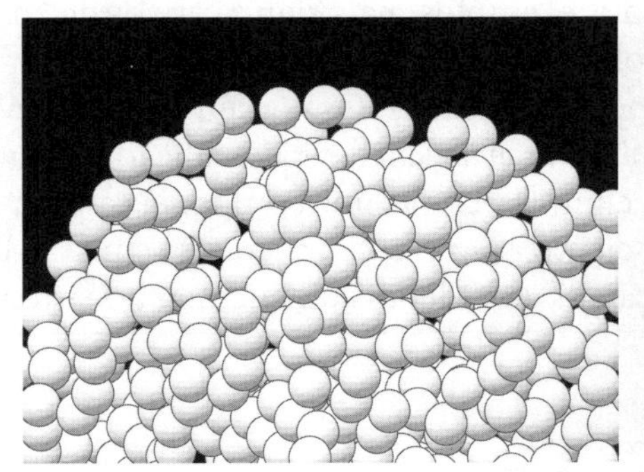

Figura 10.25 Catalisador virgem para uso no decaimento catalítico.

Figura 10.26 Catalisador usado no decaimento catalítico.

Outra relação para a percentagem em massa de coque para o craqueamento do gasóleo leve do leste do Texas é[28,29]

$$\% \text{ coque} = 0{,}47\sqrt{t(\text{min})}$$

Diferentes funcionalidades entre a atividade e a quantidade de formação de coque têm sido observadas. Uma forma comumente utilizada é

$$a = \frac{1}{k_{Ck}C_C^p + 1} \tag{10.102}$$

ou, em termos de tempo, combinamos as Equações (10.101) e (10.102)

$$a = \frac{1}{k_{Ck}A^p t^{np} + 1} = \frac{1}{1 + k' t^m} \tag{10.103}$$

Para gasóleo leve do Texas sendo craqueado a 750°F sobre um catalisador sintético para tempos curtos, a lei de decaimento é

$$\boxed{a = \frac{1}{1 + 7{,}6\, t^{1/2}}} \tag{10.104}$$

sendo t em segundos.

Atividade para a desativação por formação de coque

Outras formas comumente usadas são

$$a = e^{-\alpha_1 C_C} \tag{10.105}$$

e

$$\boxed{a = \frac{1}{1 + \alpha_2 C_C}} \tag{10.106}$$

Uma correlação adimensional para o bloqueio foi desenvolvida por Pacheco e Petersen.[30]

Quando possível, a formação de coque pode ser reduzida correndo a pressões elevadas (2.000 a 3.000 kPa) e com correntes ricas em hidrogênio. Algumas outras técnicas para minimizar o bloqueio são discutidas por Bartholomew.[31] Catalisadores desativados por formação de coque podem geralmente ser regenerados pela queima do carbono.

Minimizando a formação de coque

10.7.1C Desativação por Envenenamento

A desativação por esse mecanismo ocorre quando as moléculas de envenenamento se tornam irreversivelmente quimissorvidas nos sítios ativos, reduzindo, assim, o número de sítios disponíveis para a reação principal. A molécula de envenenamento, P, pode ser um reagente e/ou um produto na reação principal, ou pode ser uma impureza na corrente de alimentação.

Vai custar algo a você. #Será?

Nota Suplementar. Um dos exemplos mais significativos de envenenamento de catalisador ocorreu na bomba de gasolina. Companhias de óleo encontraram que a adição de chumbo à gasolina aumentou o número de octanas. Os comerciais de televisão disseram: "Vamos melhorar sua gasolina, *mas vai custar mais caro* devido à adição de chumbo tetraetila." Assim, por muitos anos eles usaram chumbo como um componente para evitar que o motor batesse pino. À medida que a conscientização cresceu acerca da emissão de NO, HC e CO pelo motor, decidiu-se adicionar um catalisador, depois da queima, no sistema de exaustão para reduzir

[28] A. Voorhies, *Ind. Eng. Chem.*, 37, 318.
[29] C. O. Prater and R. M. Lago, *Adv. Catal.*, 8, 293.
[30] M. A. Pacheco and E. E. Petersen, *J. Catal.*, 86, 75.
[31] R. J. Farrauto and C. H. Bartholomew, *Fundamentals of Industrial Catalytic Processes*, 2nd ed., New York: Blackie Academic and Professional, 2006. Esse livro é uma das fontes marcantes sobre decaimento catalítico.

essas emissões. Infelizmente, foi visto que o chumbo na gasolina envenenou os sítios reativos do catalisador. Desse modo, os comerciais de televisão agora dizem: "Vamos tirar o chumbo da gasolina, mas para termos o mesmo nível de desempenho sem chumbo, *vai custar mais caro* por causa dos custos adicionais de refino para aumentar o número de octanas." *#Sério?* Você acha que, financeiramente, o consumidor estaria melhor se nunca se tivesse colocado chumbo na gasolina desde o início?

10.7.1D Veneno na Alimentação

Muitos reservatórios de petróleo contêm traços de impurezas, como enxofre, chumbo e outros componentes, que são de remoção muito cara, mas que envenenam o catalisador ao longo do tempo. Para o caso de uma impureza, P, tal como enxofre, por exemplo, na corrente de alimentação, na sequência de reação

Reação principal:

$$\left.\begin{cases} A + S \rightleftarrows (A \cdot S) \\ A \cdot S \rightleftarrows (B \cdot S + C(g)) \\ B \cdot S \rightleftarrows (B + S) \end{cases}\right\} \quad -r'_A = a(t)\,\frac{kC_A}{1 + K_A C_A + K_B C_B}$$

Reação de envenenamento:

$$P + S \longrightarrow P \cdot S \qquad r_d = -\frac{da}{dt} = k'_d C_P^m a^q \tag{10.107}$$

os sítios da superfície mudariam com o tempo, conforme mostrado na Figura 10.27.

Progressão dos sítios sendo envenenados

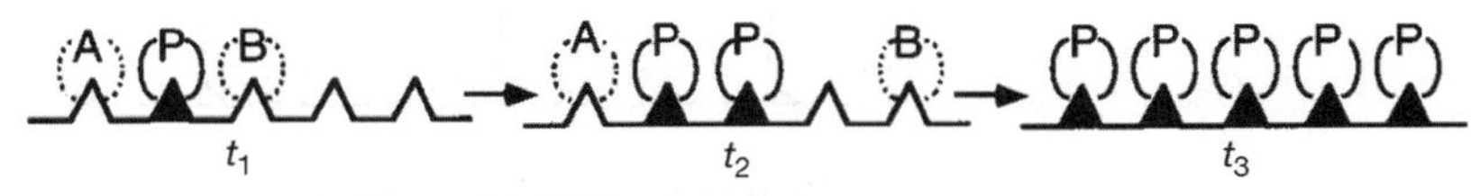

Figura 10.27 Decaimento por envenenamento.

Se considerarmos que a taxa de remoção do veneno, $r_{P \cdot S}$, da corrente gasosa reagente para os sítios do catalisador é proporcional ao número de sítios que não estão envenenados ($C_{t0} - C_{P \cdot S}$) e à concentração do veneno na fase gasosa, C_P, então

Balanço total nos sítios no tempo t, $C_t = C_{t0} - C_{P \cdot S}$

$$r_{P \cdot S} = k_d (C_{t0} - C_{P \cdot S}) C_P$$

em que $C_{P \cdot S}$ é a concentração dos sítios envenenados e C_{t0} é o número total de sítios inicialmente disponíveis. Uma vez que cada molécula sendo adsorvida da fase gasosa em um sítio pode envenenar o sítio, essa taxa é também igual à taxa de remoção dos sítios ativos totais (C_t) da superfície:

$$-\frac{dC_t}{dt} = \frac{dC_{P \cdot S}}{dt} = r_{P \cdot S} = k_d (C_{t0} - C_{P \cdot S}) C_P$$

Dividindo por C_{t0} e sendo f a fração do número total de sítios que foram envenenados, resulta em

$$\frac{df}{dt} = k_d (1 - f) C_P \tag{10.108}$$

A fração de sítios disponíveis para adsorção ($1 - f$) é essencialmente a atividade $a(t)$. Consequentemente, a Equação (10.108) se torna

$$\boxed{-\frac{da}{dt} = a(t) k_d C_P} \tag{10.109}$$

Alguns exemplos de catalisadores com seus venenos correspondentes são apresentados por Farrauto e Bartholomew.[32]

[32] *Ibid.*

10.7.2 Decaimento em Reatores de Leito Fixo

Em reatores de leito fixo onde o veneno é removido da fase gasosa por ser adsorvido nos sítios específicos do catalisador, o processo de desativação pode se mover através do leito fixo como uma frente de onda. Aqui, no início da operação, somente aqueles sítios próximos à entrada do reator serão desativados porque o veneno (que está geralmente presente em quantidades equivalentes a traços) é removido da fase gasosa pela adsorção; por conseguinte, os sítios do catalisador, mais à frente do reator, não serão afetados. No entanto, à medida que o tempo passa, os sítios próximos à entrada do reator se tornam saturados e o veneno tem de viajar mais longe na corrente antes de ser adsorvido (removido) da fase gasosa e se fixar ao sítio para desativá-lo. A Figura 10.28 mostra o correspondente perfil de atividade para esse tipo de processo de envenenamento. Vemos na Figura 10.28 que até o tempo t_4 o leito inteiro se tornou desativado. A conversão global correspondente na saída do reator deve variar com o tempo, conforme mostrado na Figura 10.29. As equações diferenciais parciais que descrevem o movimento da frente de reação mostrada na Figura 10.28 são deduzidas e resolvidas em um exemplo no CRE *website* (http://www.umich.edu/~elements/6e/10chap/summary-example3.html), bem no fim das *Notas de Resumo* para o Capítulo 10.

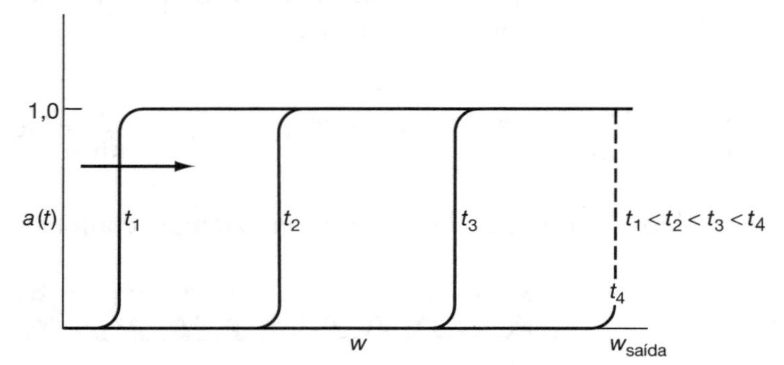

Figura 10.28 Movimento da frente de atividade em um leito fixo.

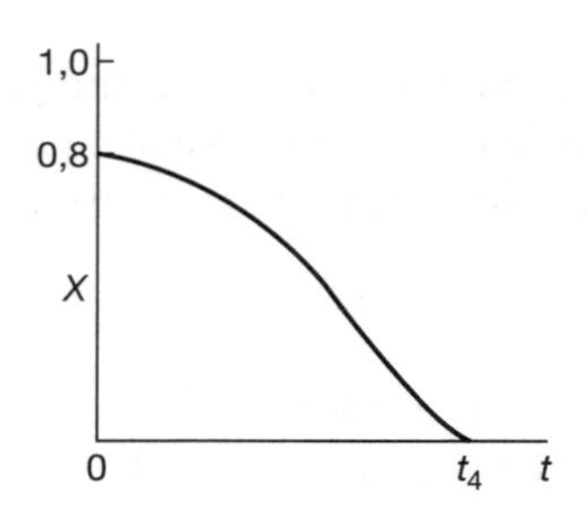

Figura 10.29 Conversão de saída em função do tempo.

10.7.2A Envenenamento por Reagentes ou Produtos

Para o caso em que o reagente principal também atua como um veneno, as equações da taxa são:

Reação principal: $A + S \longrightarrow B + S \qquad -r'_A = k_A C_A^n$

Reação de envenenamento: $A + S \longrightarrow \underline{A \cdot S} \qquad r_d = k'_d C_A^m a^q$

Um exemplo em que um dos reagentes atua como um veneno está na reação de CO e H_2 sobre rutênio para formar metano, com

$CO + 3H_2 \rightarrow CH_4 + H_2O$

$$-r_{CO} = ka(t)\,C_{CO}$$

$$-\frac{da}{dt} = r_d = k'_d\,a(t)\,C_{CO}$$

Equações similares da taxa podem ser escritas para o caso em que o produto B atua como um veneno.

Para *cinética de desativação separável*, resultante do contato com um veneno a uma concentração constante C_{P_0} e sem variação espacial:

Cinética de desativação separável

$$-\frac{da}{dt} = r_d = k_d' C_{P_0}^n a^n(t) = k_d a^n \tag{10.110}$$

em que $k_d = k_d' C^n_{P_0}$. A solução para essa equação, no caso de decaimento de primeira ordem, $n = 1$,

$$-\frac{da}{dt} = k_d a \tag{10.111}$$

é

$$a = e^{-k_d t} \tag{10.112}$$

10.7.2B Leis Empíricas de Decaimento

A Tabela 10.7 fornece algumas leis empíricas de decaimento, juntamente com os sistemas de reação aos quais elas se aplicam.

Exemplos de reações com decaimento catalítico e suas leis de decaimento

Tabela 10.7 Equações da Taxa de Decaimento

Forma Funcional da Atividade	*Ordem da Reação de Decaimento*	*Forma Diferencial*	*Forma Integral*	*Exemplos*
Linear	0	$-\frac{da}{dt} = \beta_0$	$a = 1 - \beta_0 t$	Conversão de *para*-hidrogênio sobre tungstênio, quando envenenado com oxigênio[a]
Exponencial	1	$-\frac{da}{dt} = \beta_1 a$	$a = e^{-\beta_1 t}$	Hidrogenação do etileno sobre cobre envenenado com CO[b] Desidrogenação da parafina sobre Cr/Al_2O_3[c] Craqueamento de gasóleo[d] Formação do monômero cloreto de vinila[e]
Hiperbólica	2	$-\frac{da}{dt} = \beta_2 a^2$	$\frac{1}{a} = 1 + \beta_2 t$	Formação do monômero cloreto de vinila[f] Desidrogenação do ciclo-hexano sobre Pt/Al_2O_3[g] Hidrogenação do isobutileno sobre níquel[h]
Lei de potência inversa	$\frac{\beta_3 + 1}{\beta_3} = \gamma$	$-\frac{da}{dt} = \beta_3 a^n A_0^{1/5}$	$a = A_0 t^{-\beta_3}$	Craqueamento de gasóleo e da gasolina sobre argila[i]
	$\frac{\beta_4 + 1}{\beta_4} = n$	$-\frac{da}{dt} = \beta_4 a^n A_0^{1/5}$	$a = A_0 t^{-\beta_4}$	Aromatização do ciclo-hexano sobre NiAl[j]

[a] D. D. Eley and E. J. Rideal, *Proc. R. Soc. London*, A178, 429 (1941).
[b] R. N. Pease and L. Y. Steward, *J. Am. Chem. Soc.*, 47, 1235 (1925).
[c] E. F. K. Herington and E. J. Rideal, *Proc. R. Soc. London*, A184, 434 (1945).
[d] V. W. Weekman, *Ind. Eng. Chem. Process Des. Dev.*, 7, 90 (1968).
[e] A. F. Ogunye and W. H. Ray, *Ind. Eng. Chem. Process Des. Dev.*, 9, 619 (1970).
[f] A. F. Ogunye and W. H. Ray, *Ind. Eng. Chem. Process Des. Dev.*, 10, 410 (1971).
[g] H. V. Maat and L. Moscou, *Proc. 3rd Int. Congr. Catal.* Amsterdam: North-Holland, 1965, p. 1277.
[h] A. L. Pozzi and H. F. Rase, *Ind. Eng. Chem.*, 50, 1075 (1958).
[i] A. Voorhies, Jr., *Ind. Eng. Chem.*, 37, 318 (1945); E. B. Maxted, *Adv. Catal.*, 3, 129 (1951).
[j] C. G. Ruderhausen and C. C. Watson, *Chem. Eng. Sci.*, 3, 110 (1954).
Fonte: J. B. Butt, Chemical Reactor Engineering–Washington, *Advances in Chemistry Series* 109, Washington, D.C.: American Chemical Society, 1972, p. 259. Ver também CES 23, 881(1968).

Fonte-chave para a desativação do catalisador.

Deve-se ver também *Fundamentals of Industrial Catalytic Processes*, de Farrauto e Bartholomew, que contém leis de velocidade similares às da Tabela 10.7 e também apresenta um tratamento geral de desativação de catalisadores.[33]

10.8 Reatores que Podem Ser Usados para Ajudar a Compensar o Decaimento de Catalisadores

Consideraremos agora três sistemas de reações que podem ser usados para tratar sistemas com catalisadores em decaimento. Classificaremos esses sistemas como aqueles que têm perdas lentas, moderadas e rápidas da atividade catalítica. Para compensar o declínio da reatividade química dos catalisadores com decaimento em reatores contínuos, os três métodos seguintes são comumente usados:

Escolha do tipo de reator de acordo com a velocidade de decaimento do catalisador

- Decaimento lento – *Trajetórias Temperatura-Tempo* (10.8.1)
- Decaimento moderado – *Reatores de Leito Móvel* (10.8.2)
- Decaimento rápido – *Reatores de Transporte Ascendente* (10.8.3)

10.8.1 Trajetórias Temperatura-Tempo

Em muitos reatores em larga escala, tais como aqueles usados para hidrotratamento, e sistemas de reação em que ocorre a desativação por envenenamento, o decaimento do catalisador é relativamente lento. Nesses sistemas contínuos, uma conversão constante é geralmente necessária para que etapas subsequentes de processamento (por exemplo, separação) não sejam perturbadas. Uma maneira de manter a conversão constante contendo catalisador com decaimento em um leito fixo ou fluidizado é aumentar a taxa de reação, aumentando gradativamente a temperatura de alimentação do reator. A operação de um leito "fluidizado" dessa maneira é mostrada na Figura 10.30.

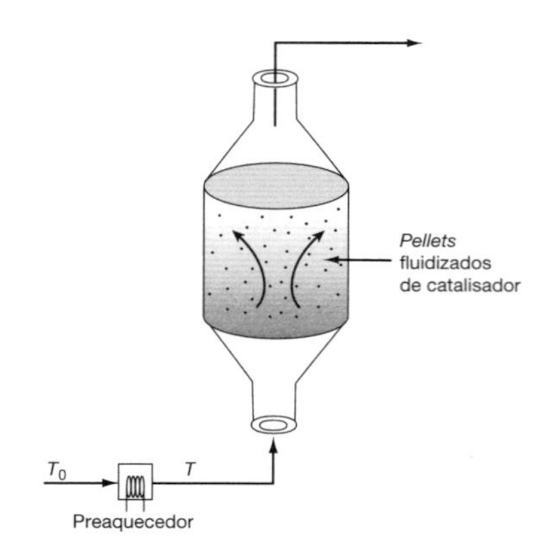

Figura 10.30 Reator com preaquecedor para aumentar a temperatura de alimentação.

Vamos aumentar a temperatura de alimentação, T, de tal maneira que a taxa de reação se mantenha constante com o tempo:

$$-r'_A\ (t = 0, T_0) = -r'_A\ (t, T) = a(t, T)[-r'_A\ (t = 0, T)]$$

[33] *Ibid.*

Usaremos uma reação de primeira ordem para ilustrar os pontos salientes. Para uma reação de primeira ordem com decaimento, temos

$$k(T_0)C_A = a(t, T)k(T)C_A$$

Taxa lenta de decaimento de catalisador

Desprezaremos qualquer variação na concentração, de modo que o produto entre a atividade (a) e a velocidade específica (k) seja constante e igual à velocidade específica, k_0 em tempo $t = 0$ e temperatura T_0; ou seja,

$$\boxed{k(T)a(t, T) = k_0} \tag{10.113}$$

Note que, para qualquer modelo de lei de potência, a dependência com a concentração do reagente desaparece.

O objetivo é encontrar *como* a temperatura deve ser aumentada com o tempo (isto é, a trajetória temperatura-tempo) para manter constante a conversão por meio da manutenção da taxa $-r'_A$ constante. Usando a equação de Arrhenius para substituir k em termos da energia de ativação, E_A, obtém-se

$$k_0 e^{(E_A/R)(1/T_0 - 1/T)}\ a = k_0 \tag{10.114}$$

Resolvendo para $1/T$, resulta em

O aumento gradual da temperatura pode ajudar a compensar os efeitos de decaimento do catalisador.

$$\boxed{\frac{1}{T} = \frac{R}{E_A}\ln a + \frac{1}{T_0}} \tag{10.115}$$

A dependência com a temperatura para a lei de decaimento segue também uma equação do tipo Arrhenius.

$$-\frac{da}{dt} = k_{d0} e^{(E_d/R)(1/T_0 - 1/T)}\ a^n \tag{10.116}$$

em que k_{d0} = constante de decaimento na temperatura T_0, s^{-1}
E_A = energia de ativação para a reação principal (por exemplo, $A \rightarrow B$), kJ/mol
E_d = energia de ativação para o decaimento do catalisador, kJ/mol

Substituindo a Equação (10.115) em (10.116) e rearranjando, resulta em

$$\boxed{-\frac{da}{dt} = k_{d0}\exp\left(-\frac{E_d}{E_A}\ln a\right)a^n = k_{d0}a^{(n - E_d/E_A)}} \tag{10.117}$$

Integrando com $a = 1$ em $t = 0$ para o caso de $n \neq (1 + E_d/E_A)$, obtemos

$$t = \frac{1 - a^{1-n+E_d/E_A}}{k_{d0}(1 - n + E_d/E_A)} \tag{10.118}$$

Resolvendo a Equação (10.114) para a e substituindo em (10.118), fornece

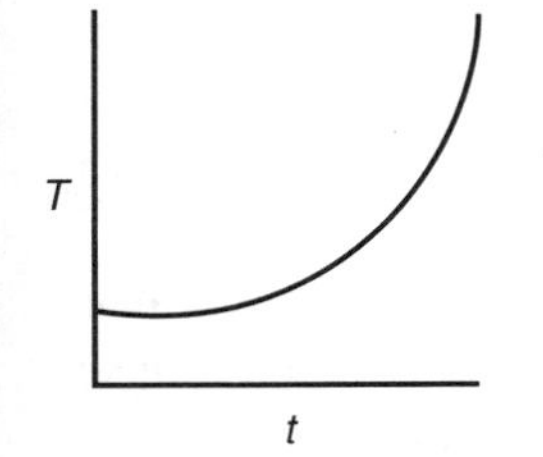

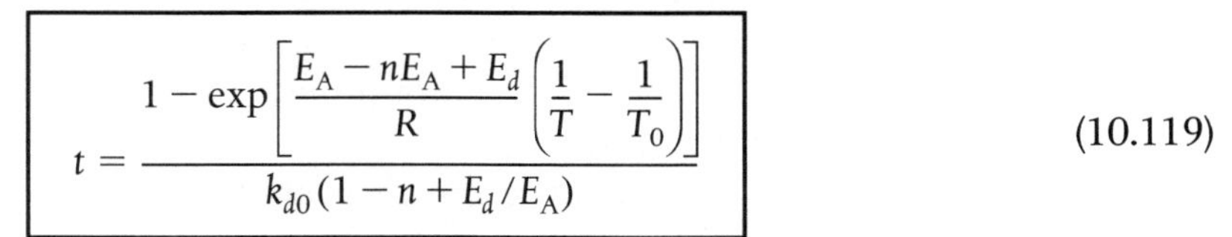

$$\boxed{t = \frac{1 - \exp\left[\frac{E_A - nE_A + E_d}{R}\left(\frac{1}{T} - \frac{1}{T_0}\right)\right]}{k_{d0}(1 - n + E_d/E_A)}} \tag{10.119}$$

A Equação (10.119) nos diz como a temperatura do reator catalítico deve ser aumentada com o tempo para manter constantes a taxa de reação e a conversão. Entretanto, primeiro queremos resolver essa equação para a temperatura, T, em função do tempo, t, para operar corretamente o preaquecedor mostrado na Figura 10.30.

Em muitas reações industriais, a equação da taxa para o decaimento varia quando a temperatura aumenta. Em hidrocraqueamento, as trajetórias temperatura-tempo são divididas em três regimes. Inicialmente, há bloqueio dos sítios ácidos do catalisador, seguido por um regime laminar devido à lenta formação de coque e, finalmente, há formação acelerada de coque, caracterizada por um aumento exponencial na temperatura. A trajetória temperatura-tempo para um catalisador de hidrocraqueamento em desativação é mostrada na Figura 10.31.

Comparação entre teoria e experimento

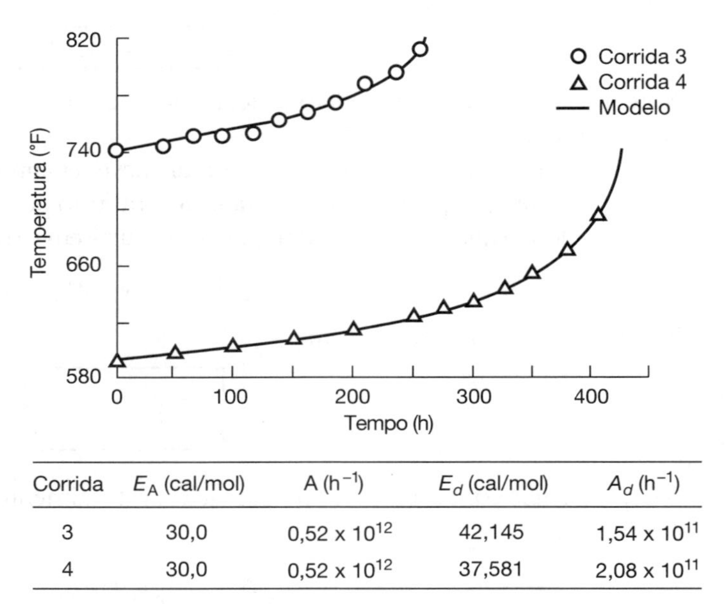

Corrida	E_A (cal/mol)	A (h^{-1})	E_d (cal/mol)	A_d (h^{-1})
3	30,0	0,52 x 10^{12}	42,145	1,54 x 10^{11}
4	30,0	0,52 x 10^{12}	37,581	2,08 x 10^{11}

Figura 10.31 Trajetórias temperatura-tempo para catalisador de hidrocraqueamento em desativação; corridas 3 e 4. (Krishnaswamy, S., and J. R. Kittrell, Temperature-Time Data for Deactivating Catalysts. *Industry and Engineering Chemistry Process Design and Development*, 1979, 18(3), 399-403. Copyright © 1979 American Chemical Society. Reimpressa com permissão.)

Comparação entre Modelo e Dados Industriais

Para um decaimento de primeira ordem, a expressão de Krishnaswamy e Kittrell, Equação (10.119), para a trajetória temperatura-tempo se reduz a

$$t = \frac{E_A}{k_{d0}E_d}\left[1 - e^{(E_d/R)(1/T - 1/T_0)}\right] \tag{10.120}$$

Observe que o modelo coincide favoravelmente com os dados experimentais.

10.8.2 Reatores de Leito Móvel

Sistemas de reação com decaimento catalítico relativamente rápido requerem regeneração e/ou troca contínuas de catalisador. Dois tipos de reatores de uso comercial corrente, que utilizam na produção catalisadores com decaimento, são o reator de leito móvel, para decaimento moderado, e o de transporte ascendente, para decaimento rápido. Um diagrama esquemático de um reator de leito móvel (usado para o craqueamento catalítico) é mostrado na Figura 10.32.

O catalisador recém-regenerado entra no topo do reator e então se move através do reator como um leito fixo compactado. O catalisador é coqueificado continuamente à medida que se move pelo reator até a sua saída, passando para o forno, onde o ar é usado para queimar o carbono. O catalisador regenerado ascende a partir do forno por uma corrente de ar, sendo então alimentado em um separador antes de ele retornar para o reator. Os *pellets* de catalisador têm tipicamente entre 1/8 e 1/4 polegada de diâmetro.

O vídeo do Chemical Safety Board no *site* na internet sobre Segurança de Processos no Currículo de Engenharia Química (*http://umich.edu/~safeche/assets/pdf/courses/Problems/CRE/344ReactionEngrModule(3)PS-Exxon.pdf*) mostra uma animação do reator de leito móvel na refinaria ExxonMobil Torrance, Califórnia.

A corrente de alimentação do reagente entra no topo do reator e escoa rapidamente por ele, em relação ao escoamento do catalisador através do reator (Figura 10.33). Se as taxas de alimentação do catalisador e dos reagentes não variam com o tempo, o reator opera em estado estacionário; isto é, as condições em qualquer ponto no reator não variam com o tempo. O balanço molar para o reagente A em ΔW é

$$\begin{bmatrix}\text{Vazão}\\\text{molar de A}\\\text{que entra}\end{bmatrix} - \begin{bmatrix}\text{Vazão}\\\text{molar de}\\\text{A que sai}\end{bmatrix} + \begin{bmatrix}\text{Taxa molar}\\\text{de geração}\\\text{de A}\end{bmatrix} = \begin{bmatrix}\text{Taxa}\\\text{molar de}\\\text{acúmulo de A}\end{bmatrix}$$

$$F_A(W) \quad - \quad F_A(W+\Delta W) \quad + \quad r'_A \Delta W \quad = \quad 0 \tag{10.121}$$

Reator de leito móvel, usado para reações com taxa moderada de decaimento do catalisador

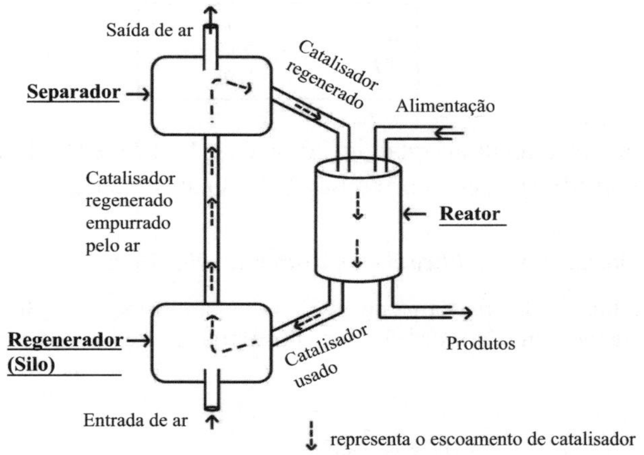

Saída de ar
Separador
Catalisador regenerado
Alimentação
Catalisador regenerado empurrado pelo ar
Reator
Regenerador (Silo)
Catalisador usado
Produtos
Entrada de ar
representa o escoamento de catalisador

Figura 10.32 Unidade de craqueamento catalítico com regeneração catalítica.

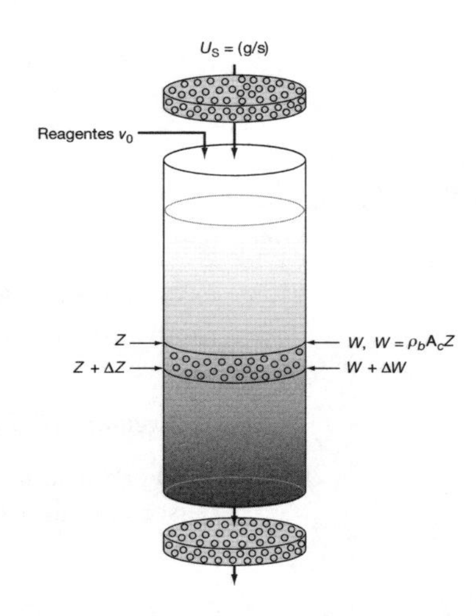

Figura 10.33 Esquema do reator de leito móvel. O valor do catalisador contido em um reator desse tipo é de aproximadamente 1 milhão de dólares.

Dividindo por ΔW, fazendo ΔW se aproximar de zero e expressando a vazão em termos de conversão, obtém-se

Balanço Molar

$$\boxed{F_{A0}\frac{dX}{dW} = -r'_A} \tag{2.17}$$

A taxa de reação em qualquer tempo t é

$$-r'_A = a(t)[-r'_A\,(t=0)] = a(t)\,[k\,\text{fn}\,(C_A, C_B, \ldots, C_P)] \tag{10.93}$$

A atividade, como antes, é uma função do tempo que o catalisador permanece em contato com a corrente do gás reagente. A equação da taxa de decaimento é

Lei de Decaimento

$$\boxed{-\frac{da}{dt} = k_d a^n} \tag{10.110}$$

Necessitamos agora relacionar o tempo de contato com a massa de catalisador. Considere um ponto z no reator, onde o gás reagente passou cocorrentemente através de massa W de catalisador. Uma vez que o catalisador sólido está se movendo pelo leito a uma taxa U_s (massa por unidade de tempo), o tempo t em que o catalisador ficou em contato com o gás quando o catalisador atingiu o ponto z é

$$t = \frac{W}{U_s} \tag{10.122}$$

Se agora diferenciarmos a Equação (10.122)

$$dt = \frac{dW}{U_s} \tag{10.123}$$

e combiná-la com a equação da taxa do decaimento, obtemos

$$\boxed{-\frac{da}{dW} = \frac{k_d}{U_s}\, a^n} \tag{10.124}$$

A equação da atividade é combinada com o balanço molar:

Equação de projeto para reatores de leito móvel

$$\boxed{\frac{dX}{dW} = \frac{a[-r'_A(t=0)]}{F_{A0}}} \tag{10.125}$$

essas duas equações diferenciais acopladas (Equações (10.124) e (10.125)) são resolvidas simultaneamente, de forma numérica, com um *solver* de EDO, por exemplo, Polymath.

Exemplo 10.5 Craqueamento Catalítico em um Reator de Leito Móvel

O craqueamento catalítico de uma carga de gasóleo, A, para formar C_5+ (B) e para formar o coque e o gás seco (C), deve ocorrer em um reator de leito móvel com transportador tipo parafuso, a 900°F:

$$\text{Gasóleo} \begin{cases} \xrightarrow{k_B} C_{5^+} \\ \xrightarrow{k_C} \text{Gás seco, coque} \end{cases}$$

Essa reação pode também ser escrita como

$$\text{A} \xrightarrow{k_1} \text{Produtos}$$

Embora se saiba que os hidrocarbonetos puros sofrem craqueamento de acordo com uma equação da taxa de primeira ordem, o fato de o gasóleo exibir um amplo espectro de taxa de craqueamento dá origem ao fato de que a taxa agrupada de craqueamento é bem representada por uma equação da taxa de segunda ordem, com a seguinte velocidade específica:[34]

$$-r'_A = 600\,\frac{(\text{dm})^6}{(\text{kg de cat})(\text{mol})(\text{min})}\,C_A^2$$

A desativação catalítica é independente da concentração da fase gasosa e segue uma equação da taxa de decaimento de primeira ordem, com uma constante de decaimento de 0,72 min^{-1}. A corrente de alimentação é diluída com nitrogênio de modo que, como uma primeira aproximação, variações no volume com a reação podem ser desprezadas. O reator contém 22 kg de catalisador, os quais se movem pelo reator, a uma vazão de 10 kg/min. O gasóleo é alimentado a uma vazão de 30 mols/min, a uma concentração de 0,075 mol/dm^3.

[34]Estimado por V. W. Weekam and D. M. Nace, *AIChE J.*, *16*, 397 (1970).

Determine a conversão que pode ser atingida nesse reator.[†]

Solução

1. Balanço Molar:

$$F_{A0}\frac{dX}{dW} = a\,(-r'_A) \tag{E10.5.1}$$

2. Equação da Taxa:

$$-r'_A = kC_A^2 \tag{E10.5.2}$$

3. Lei de Decaimento: Decaimento de primeira ordem

$$-\frac{da}{dt} = k_d a$$

Leitos móveis: taxa moderada de decaimento do catalisador

Usando a Equação (10.124), obtemos

$$-\frac{da}{dW} = \frac{k_d}{U_s}a \tag{E10.5.3}$$

Integrando

$$a = e^{-(k_d/U_s)W} \tag{E10.5.4}$$

Seguindo o Algoritmo

4. Estequiometria. Se $\upsilon \approx \upsilon_0$, então

$$C_A = C_{A0}(1 - X) \tag{E10.5.5}$$

5. Combinando, temos

$$\frac{dX}{dW} = a\,\frac{kC_{A0}^2(1-X)^2}{F_{A0}} \tag{E10.5.6}$$

$$a = e^{-(k_d/U_s)W}$$

O programa Polymath é mostrado a seguir juntamente com um perfil de conversão.

Relatório do POLYMATH
Equações Diferenciais Ordinárias

Valores calculados das variáveis da ED

	Variável	Valor inicial	Valor final
1	a	1	0,2051528
2	Ca	0,075	0,033453
3	Cao	0,075	0,075
4	Fao	30	30
5	k	600	600
6	kd	0,72	0,72
7	raprime	-3,375	-0,6714636
8	Us	10	10
9	W	0	22
10	X	0	0,5539595

Equações diferenciais
1 d(a)/d(W) = -kd*a/Us
2 d(X)/d(W) = a*(-raprime)/Fao

Equações explícitas
1 Us = 10
2 kd = 0,72
3 Fao = 30
4 Cao = 0,075
5 Ca = Cao*(1-X)
6 k = 600
7 raprime = -k*Ca^2

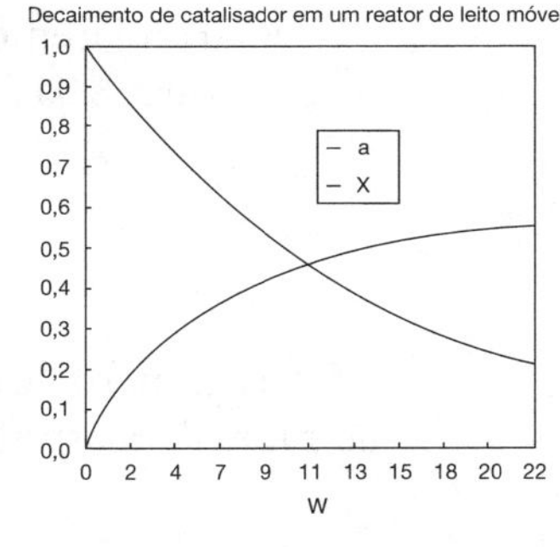

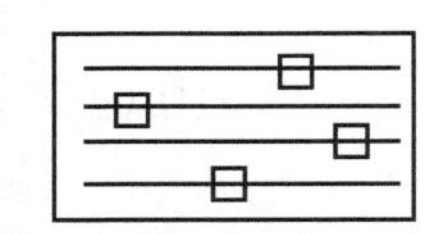
Controles Deslizantes do PP

Explore este problema usando o Wolfram ou Python e então use o Polymath para mudar a lei de decaimento e faça duas observações.

Para a equação simples da taxa e a lei de atividade dadas aqui, poderíamos também ter resolvido este problema analiticamente, conforme mostrado a seguir.

6. Separando e integrando, resulta em

$$F_{A0}\frac{dX}{dW} = e^{-(k_d/U_s)W}\,kC_{A0}^2(1-X)^2$$

$$\frac{F_{A0}}{kC_{A0}^2}\int_0^X \frac{dX}{(1-X)^2} = \int_0^W e^{-(k_d/U_s)W}\,dW \tag{E10.5.7}$$

[†]UPDNP–S. Assista à animação de um reator em leito móvel e à descrição do acidente na ExxonMobil Torrance, Califórnia (*http://umich.edu/~safeche/assets/pdf/courses/Problems/CRE/344ReactionEngrModule(3)PS-Exxon.pdf*).

$$\boxed{\frac{X}{1-X} = \frac{kC_{A0}^2 U_s}{F_{A0}k_d}(1 - e^{-k_d W/U_s})} \quad \text{(E10.5.8)}$$

7. Avaliação numérica:

$$\frac{X}{1-X} = \frac{0{,}6 \text{ dm}^6}{\text{mol} \cdot \text{g de cat.} \cdot \text{min}} \times \frac{(0{,}075 \text{ mol/dm}^3)^2}{30 \text{ mol/min}} \frac{10.000 \text{g de cat/min}}{0{,}72 \text{ min}^{-1}}$$

$$\times \left(1 - \exp\left[\frac{(-0{,}72 \text{ min}^{-1})(22 \text{ kg})}{10 \text{ kg/min}}\right]\right)$$

$$\frac{X}{1-X} = 1{,}24$$

$$\boxed{X = 55\%}$$

Se não houvesse decaimento de catalisador, a conversão seria

$$\frac{X}{1-X} = \frac{kC_{A0}^2}{F_{A0}}W$$

$$= 600\left(\frac{\text{dm}^6}{(\text{kg de cat})(\text{mol})(\text{min})} \times \frac{(0{,}075 \text{ mol/dm}^3)^2}{(30 \text{ mol/min})}(22 \text{ kg de cat})\right)$$

$$= 2{,}47$$

$$\boxed{X = 71\%}$$

Análise: A finalidade deste exemplo foi mostrar, etapa por etapa, como aplicar o algoritmo a um reator de leito móvel que foi usado para reduzir os efeitos do decaimento do catalisador que ocorreria em um PBR. *#Explicação*. Você teria alguma explicação para dar se sua empresa esperava 71% de conversão e você observou apenas 55%.

Rearranjaremos agora a Equação (E10.5.8) para uma forma mais comumente encontrada na literatura. Seja λ um tempo adimensional de decaimento:

$$\boxed{\lambda = k_d t = \frac{k_d W}{U_s}} \quad (10.126)$$

e Da_2 o número de Damköhler para uma reação de segunda ordem (*uma taxa de reação dividida por uma taxa de transporte*) para um reator de leito fixo:

$$Da_2 = \frac{(kC_{A0}^2)(W)}{F_{A0}} = \frac{kC_{A0}W}{\upsilon_0} \quad (10.127)$$

Por meio de uma série de manipulações, chegamos à equação para a conversão em um *leito móvel*, em que uma reação de segunda ordem está ocorrendo:[35]

Reação de segunda ordem em um reator de leito móvel

$$\boxed{X = \frac{Da_2(1 - e^{-\lambda})}{\lambda + Da_2(1 - e^{-\lambda})}} \quad (10.128)$$

Equações similares são dadas ou podem ser facilmente obtidas para outras ordens de reação ou outras equações da taxa.

[35] *Ibid.*

10.8.3 Reatores de Transporte Ascendente (STTR)

Esse reator é usado para sistemas de reação em que o catalisador se desativa com muita rapidez. Comercialmente, o STTR é usado na produção de gasolina a partir do craqueamento de frações mais pesadas do petróleo, em que a formação de coque dos *pellets* de catalisador ocorre muito depressa. No STTR, os *pellets* de catalisador e a alimentação de reagente entram juntos e são transportados muito rapidamente por meio do reator. A massa específica aparente do *pellet* de catalisador no STTR é significativamente menor do que em reatores de leito móvel, sendo os *pellets* frequentemente transportados com a mesma velocidade que a velocidade do gás. Em alguns locais, o STTR é também chamado de leito fluidizado circulante (CFB). Um diagrama esquemático é mostrado na Figura 10.34.

STTR: Usado quando o decaimento catalítico (geralmente por formação de coque) é muito rápido.

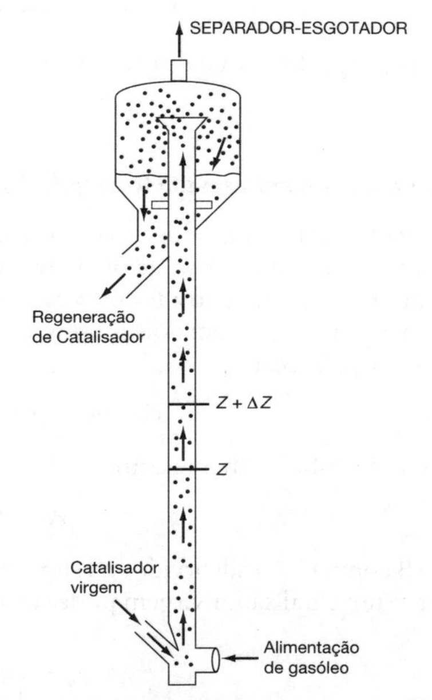

Figura 10.34 Reator de transporte ascendente.

Um balanço molar para o reagente A em um volume diferencial do reator

$$\Delta V = A_C \, \Delta z$$

é

$$F_A\big|_z - F_A\big|_{z+\Delta z} + r_A A_C \, \Delta z = 0$$

Dividindo por Δz, tomando o limite quando $\Delta z \to 0$ e lembrando que $r_A = \rho_B r'_A$, obtemos

$$\frac{dF_A}{dz} = r_A A_C = r'_A \rho_B A_C \tag{10.129}$$

Em termos da conversão $[F_A = F_{A0}(1 - X)]$ e da atividade do catalisador $[-r'_A = -r'_A(t = 0)a(t)]$, o balanço molar no reator é escrito como

$$\frac{dX}{dz} = \left(\frac{\rho_B A_C}{F_{A0}}\right)[-r'_A(t=0)]\,a(t) \tag{10.130}$$

Para um *pellet* de catalisador viajando pelo reator, com uma velocidade U_P, o tempo em que o *pellet* de catalisador permanece no reator quando ela atinge uma altura z é apenas

$$t = \frac{z}{U_P} \tag{10.131}$$

Substituindo o tempo t em termos da distância z (isto é, $a(t) = a(z/U_P)$), o balanço molar agora se torna

$$\frac{dX}{dz} = \frac{\rho_B A_C[-r'_A(t=0)]\,a(z/U_P)}{F_{A0}}$$

A taxa molar de entrada, F_{A0}, pode ser expressa em termos da velocidade de gás U_0, C_{A0} e A_C:

$$F_{A0} = U_0 A_C C_{A0}$$

Substituindo F_{A0}, temos

$$\boxed{\frac{dX}{dz} = \frac{\rho_B a\,(z/U_P)\,[-r'_A(t=0)]}{C_{A0}U_0}} \tag{10.132}$$

A Equação (10.132) descreve como a conversão varia à medida que nos movemos para cima do reator.

Exemplo 10.6 Decaimento em um Reator de Transporte Ascendente

O craqueamento em fase vapor de um gasóleo deve ser feito em um reator de transporte ascendente (STTR), que tem 10 m de altura e 1,5 m de diâmetro. Gasóleo é uma mistura de parafinas normais e ramificadas (C_{12}-C_{40}), naftenos e aromáticos; todos serão agrupados como uma única espécie, A. Devemos agrupar os hidrocarbonetos primários em dois grupos, de acordo com a temperatura de destilação: gás seco B (C_1-C_4) e gasolina C (C_5-C_{14}). A reação

O custo típico do catalisador no sistema é de US$ 1 milhão.

$$\text{Gasóleo (g)} \longrightarrow \text{Produtos (g)} + \text{Coque}$$

pode ser escrita simbolicamente como

$$A \longrightarrow B + C + \text{Coque}$$

Tanto B como C são adsorvidos na superfície. A equação da taxa para uma reação de craqueamento de gasóleo sobre um catalisador virgem pode ser aproximada por

$$-r'_A = \frac{k'P_A}{1 + K_A P_A + K_B P_B + K_C P_C}$$

com $k' = 0{,}0014$ kmol/kg de cat·s·atm, $K_A = 0{,}05\ \text{atm}^{-1}$, $K_B = 0{,}15\ \text{atm}^{-1}$ e $K_C = 0{,}1\ \text{atm}^{-1}$. O catalisador decai pela deposição de coque, que é produzido na maioria das reações de craqueamento, juntamente com os produtos de reação. A lei de decaimento é

$$a = \frac{1}{1 + At^{1/2}} \qquad \text{com } A = 7{,}6\ \text{s}^{-1/2}$$

Gasóleo puro entra a uma pressão de 12 atm e a uma temperatura de 400°C. A massa específica aparente do catalisador no STTR é de 80 kg de cat/m³.

Faça um gráfico da atividade, $a(z)$, e da conversão, $X(z)$, de gasóleo ao longo do reator, para uma velocidade do gás na entrada igual a $U_0 = 2{,}5$ m/s.

Solução

Balanço Molar:

$$F_{A0}\frac{dX}{dz} = -r_A A_C$$

$$\boxed{\frac{dX}{dz} = \frac{-r_A}{U_0 C_{A0}}} \tag{E10.6.1}$$

Seguindo o Algoritmo

A altura do *pellet* de catalisador no tempo "t" depois de entrar no STTR é

$$z = \int_0^t U_p\,dt$$

Diferenciando, podemos encontrar uma relação entre o tempo em que o *pellet* de catalisador permaneceu no STTR e atingiu uma altura z, que pode ser usada para encontrar a atividade *a*.

$$\boxed{\frac{dt}{dz} = \frac{1}{U}}$$

Equação da Taxa:

$$-r_A = \rho_B(-r'_A) \tag{E10.6.2}$$

$$-r'_A = a[-r'_A(t = 0)] \tag{E10.6.3}$$

Sobre o catalisador virgem

$$-r'_A(t = 0) = k' \frac{P_A}{1 + K_A P_A + K_B P_B + K_C P_C} \tag{E10.6.4}$$

Consideramos que as partículas (*pellets*) sólidas viajem para cima do reator na mesma velocidade que o gás; ou seja, $U_P = U_g = \upsilon/A_c$.

Combinando as Equações (E10.6.2) a (E10.6.4), temos

$$\boxed{-r_A = a\left(\rho_B k' \frac{P_A}{1 + K_A P_A + K_B P_B + K_C P_C}\right)} \tag{E10.6.5}$$

Lei do Decaimento. Considerando que o *pellet* de catalisador e o gás viajem até o topo do reator, a uma velocidade $U_P = U_g$, obtemos o tempo de contato com o catalisador na altura como sendo

$$t = \frac{z}{U_g} \tag{E10.6.6}$$

$$\boxed{a = \frac{1}{1 + A(z/U_g)^{1/2}}} \tag{E10.6.7}$$

em que $U_g = \upsilon/A_C = \upsilon_0(1 + \varepsilon X)/A_C$ e $A_C = \pi D^2/4$.

Estequiometria (fase gasosa isotérmica e sem queda de pressão):

$$P_A = P_{A0}\frac{1 - X}{1 + \varepsilon X} \tag{E10.6.8}$$

$$P_B = \frac{P_{A0}X}{1 + \varepsilon X} \tag{E10.6.9}$$

$$P_C = P_B \tag{E10.6.10}$$

Avaliação de Parâmetros:

$$\varepsilon = y_{A0}\delta = (1 + 1 - 1) = 1$$

$$U_g = U_0(1 + \varepsilon X)$$

$$C_{A0} = \frac{P_{A0}}{RT_0} = \frac{12 \text{ atm}}{(0{,}082 \text{ m}^3 \cdot \text{atm/kmol} \cdot \text{K})(673 \text{ K})} = 0{,}22 \frac{\text{kmol}}{\text{m}^3}$$

As Equações (E10.6.1), (E10.6.5), (E10.6.7) e (E10.6.8)–(E10.6.10) são agora combinadas e resolvidas usando um *solver* de EDO. O programa Polymath é mostrado na Tabela E10.6.1, e a saída computacional é mostrada na Figura E10.6.1.

Controles Deslizantes do PP

Tabela E10.6.1 Equações para o STTR: Cinética de Langmuir-Hinshelwood

Valores calculados das variáveis da EDO

	Variável	Valor inicial	Valor final
1	A	7,6	7,6
2	a	1	0,078026
3	Cao	0,2174465	0,2174465
4	D	1,5	1,5
5	eps	1	1
6	Ka	0,05	0,05
7	Kb	0,15	0,15
8	Kc	0,1	0,1
9	kprime	0,0014	0,0014
10	Pa	12	2,503813
11	Pao	12	12
12	Pb	0	4,748094
13	Pc	0	4,748094
14	R	0,082	0,082
15	ra	-0,84	-0,0094631
16	raprime	-0,0105	-0,0001183
17	rho	80	80
18	T	673	673
19	U	2,5	4,136843
20	Uo	2,5	2,5
21	vo	4,417875	4,417875
22	X	0	0,6547373
23	z	0	10

Equações diferenciais

1 d(X)/d(z) = -ra/Uo/Cao

Equações explícitas

1 Ka = 0,05
2 Kb = 0,15
3 Pao = 12
4 eps = 1
5 A = 7,6
6 R = 0,082
7 T = 400+273
8 rho = 80
9 kprime = 0,0014
10 D = 1,5
11 Uo = 2,5
12 Kc = 0,1
13 U = Uo*(1+eps*X)
14 Pa = Pao*(1-X)/(1+eps*X)
15 Pb = Pao*X/(1+eps*X)
16 vo = Uo*3,1416*D*D/4
17 Cao = Pao/R/T
18 Pc = Pb
19 a = 1/(1+A*(z/U)^0.5)
20 raprime = a*(-kprime*Pa/(1+Ka*Pa+Kb*Pb+Kc*Pc))
21 ra = rho*raprime

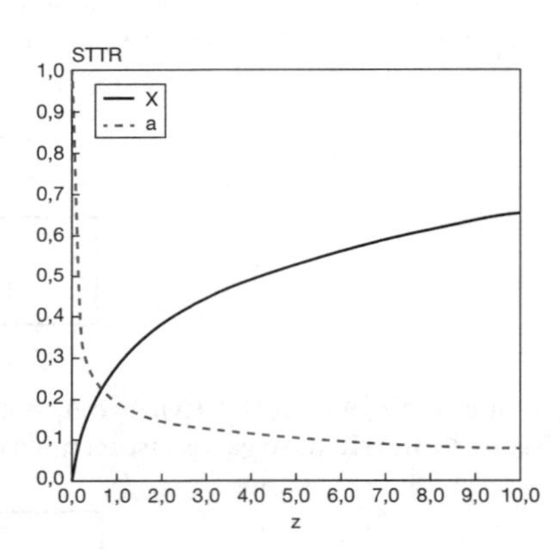

Figura E10.6.1 Perfis de atividade e de conversão.

Use o Wolfram para aprender como os perfis de conversões e de atividades mostrados na Figura E10.6.1 mudam à medida que você varia os parâmetros.

Análise: Neste exemplo, aplicamos o algoritmo a um STTR, em que a velocidade do gás e, consequentemente a velocidade da partícula (*pellet*), aumenta à medida que nos movemos ao longo do reator. O decaimento é bem rápido e a atividade é igual a apenas 15% de seu valor inicial em z = 3 m para o interior do reator e a conversão começa a atingir um platô em z = 6 m a 60% de conversão. Se não houvesse decaimento do catalisador (a = 1), a conversão teria sido 97% em z = 6 m.

10.9 *E Agora...* Uma Palavra do Nosso Patrocinador – Segurança 10 (UPDNP–S10 Explosão na Refinaria ExxonMobil, em Torrance, Califórnia, Envolvendo um Reator de Transporte Ascendente [STTR])

Este incidente e vídeo podem ser encontrados no *site* na internet sobre *Segurança de Processos no Currículo de Engenharia Química* e é altamente recomendável assistir ao vídeo primeiro. Na segunda-feira,

18 de fevereiro de 2015, ocorreu uma explosão em uma unidade do precipitador eletrostático da refinaria da ExxonMobil, em Torrance, Califórnia. Esse precipitador é um dispositivo usado para o controle de poluição associado à unidade de craqueamento catalítico fluidizado (FCC). Embora a explosão tenha ocorrido no precipitador, os eventos de pré-iniciação ocorreram na unidade de regeneração de catalisador conectada a um STTR, conforme mostrado na Figura 10.35. Nesse incidente, o catalisador usado no STTR estava coberto com compostos de carbono que foram queimados em um regenerador. Em uma parada para manutenção de rotina, *pellets* de catalisador ficaram alojados na porta do regenerador, permitindo que o vapor inflamável saísse da unidade de regeneração e prosseguisse a jusante para um precipitador eletrostático (ESP), onde encontrou uma faísca e explodiu.

Assista ao vídeo: *(https://www.csb.gov/exxonmobil-refinery-chemical-release-and-fire/)*

Relatório do Incidente Disponível em:

(https://www.csb.gov/assets/1/20/exxonmobil_report_for_public_release.pdf?15813)

CSB Incident Report No. 2015-02-I CA ExxonMobil Torrance Refinery, February 18, 2015. Se você necessitar de informações mais detalhadas do que aquelas que podem ser encontradas no vídeo, reveja as páginas 1–22 desse relatório.

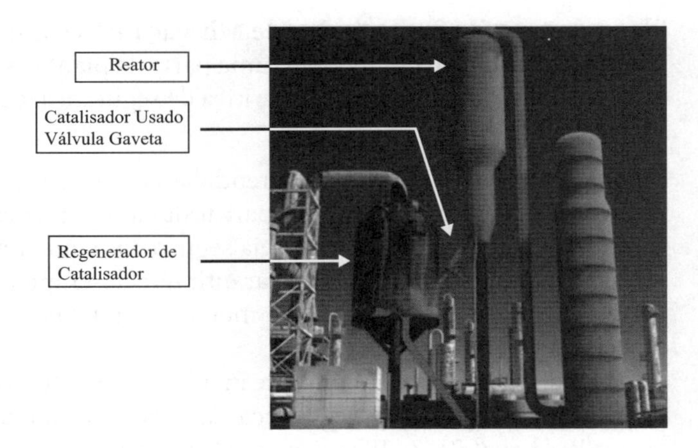

Figura 10.35 Um STTR e uma unidade de regeneração.

A Figura 14.8 no Capítulo 14 mostra um esquema para a remoção de coque do *pellet* de catalisador. O tempo necessário para queimar completamente o coque do *pellet* é

$$\boxed{t = \frac{\rho_C R_0^2 \phi_C}{6 D_e C_{A0}}}$$

como descrito pelo modelo de encolhimento do núcleo na Seção 14.6; leia para aprender sobre Regeneração de Coque.

É importante que os engenheiros químicos tenham um entendimento sobre o que foi o acidente, o porquê de ele ter ocorrido e como ele poderia ter sido evitado, de modo a assegurar que acidentes similares possam ser evitados. A aplicação de um algoritmo de segurança para o acidente ajudará a atingir esse objetivo. De modo a se tornar familiar com uma estratégia para ciência e prevenção de acidentes, assista ao vídeo do Chemical Safety Board sobre a explosão e preencha o relatório do incidente, conforme mostrado a seguir.

Análise de Segurança do Incidente

Atividade: A atividade nesse incidente é a operação de manutenção de uma unidade de craqueamento catalítico fluidizado (FCC) em uma refinaria.

Perigo: O perigo nesse incidente é a inflamabilidade dos hidrocarbonetos leves.

Incidente: O incidente aqui é o vazamento de hidrocarbonetos leves através do reator para o lado do ar da unidade e finalmente para o precipitador eletrostático onde eles encontraram uma fonte de ignição e explodiram.

Evento Iniciador: O evento iniciador foi a diminuição da pressão do vapor no reator, o que permitiu o escoamento dos hidrocarbonetos leves de volta para o reator e se deslocar em direção ao lado do ar através do regenerador, assim como a falha da Válvula Gaveta do Lado do Catalisador Usado para vedar completamente o regenerador do reator.

Ações Preventivas e Protetivas: Algumas ações preventivas ou protetivas incluem inspeção rigorosa para controlar o uso de equipamentos antigos que podem ter sofrido erosão devido ao uso além de sua vida útil, reavaliação do procedimento operacional e limites operacionais seguros durante a operação, consideração extensiva de todos possíveis cenários de falha. Outras considerações incluem o uso de uma tecnologia alternativa que evite uma possível fonte de ignição (uso de depurador em vez de ESP) quando substâncias inflamáveis estão envolvidas, inspeção regular da planta equipamentos para determinar sua aptidão, instalação de detectores de gás no regenerador para detectar a presença de gases inflamáveis que podem fluir para o ESP.

Plano de Contingência/Ações de Mitigação: Desligamento imediato do precipitador eletrostático ou da unidade FCC quando uma parte da planta está sendo aberta, substituída e assim por diante, ou quando uma proteção crítica de segurança, como a barreira do catalisador, não pôde ser estabelecida.

Lições Aprendidas: As lições aprendidas com este incidente são que os limites para uma operação segura devem ser definidos para todas as operações e as condições do processo devem ser verificadas para garantir que ele seja seguro. Os equipamentos críticos para a segurança devem ser regularmente mantidos para garantir que desempenhe sua função. Uma avaliação de vários perigos possíveis deve ser feita ao mudar as práticas; essa mudança deve ser feita consultando especialistas de diferentes áreas.

Um diagrama *BowTie* para esse incidente é mostrado na Figura 10.36.

Reveja o Módulo de Segurança da ExxonMobil (*http://websites.umich.edu/~safeche/assets/pdf/courses/Problems/CRE/344ReactionEngrModule(3)PS-Exxon.pdf*) e do *site* na internet sobre Regeneração de Catalisadores.

De modo a obter o diagrama *BowTie* anterior em uma página, tivemos de dividi-lo no evento iniciador.

Encerramento. Depois de ler este capítulo, o leitor deve ser capaz de discutir as etapas de uma reação heterogênea (adsorção, reação na superfície e dessorção) e descrever o que significa etapa limitante de taxa. As diferenças entre adsorção molecular e adsorção dissociativa devem ser explicadas pelo leitor, assim como os tipos diferentes de reações na superfície (sítio único, sítio duplo e Eley-Rideal). Fornecidos os dados de taxa de reação heterogênea, o leitor deve ser capaz de analisá-los e desenvolver uma equação da taxa para a cinética de Langmuir-Hinshelwood. O leitor deve ser capaz também de discriminar entre equações da taxa de modo a encontrar qual equação da taxa ajusta-se melhor aos dados. Depois de avaliar os parâmetros cinéticos, o leitor pode projetar os PBRs e os CSTRs fluidizados.

As aplicações de ERQ na indústria eletrônica foram discutidas, e o leitor deve ser capaz de descrever assuntos análogos sobre a cinética de Langmuir-Hinshelwood e a deposição química a vapor (DQV) e deduzir uma equação da taxa para os mecanismos de DQV.

Por causa das altas temperaturas e do ambiente severo, catalisadores nem sempre mantêm sua atividade original e catalisadores decaem durante o curso da reação. O leitor deve ser capaz de discutir os três tipos básicos de decaimento de catalisador (sinterização, formação de coque ou bloqueio e envenenamento). Além disso, o leitor deve ser capaz de sugerir reatores (p. ex., leito móvel) que compensem a desativação de catalisadores, sendo capaz também de fazer cálculos para prever a conversão.

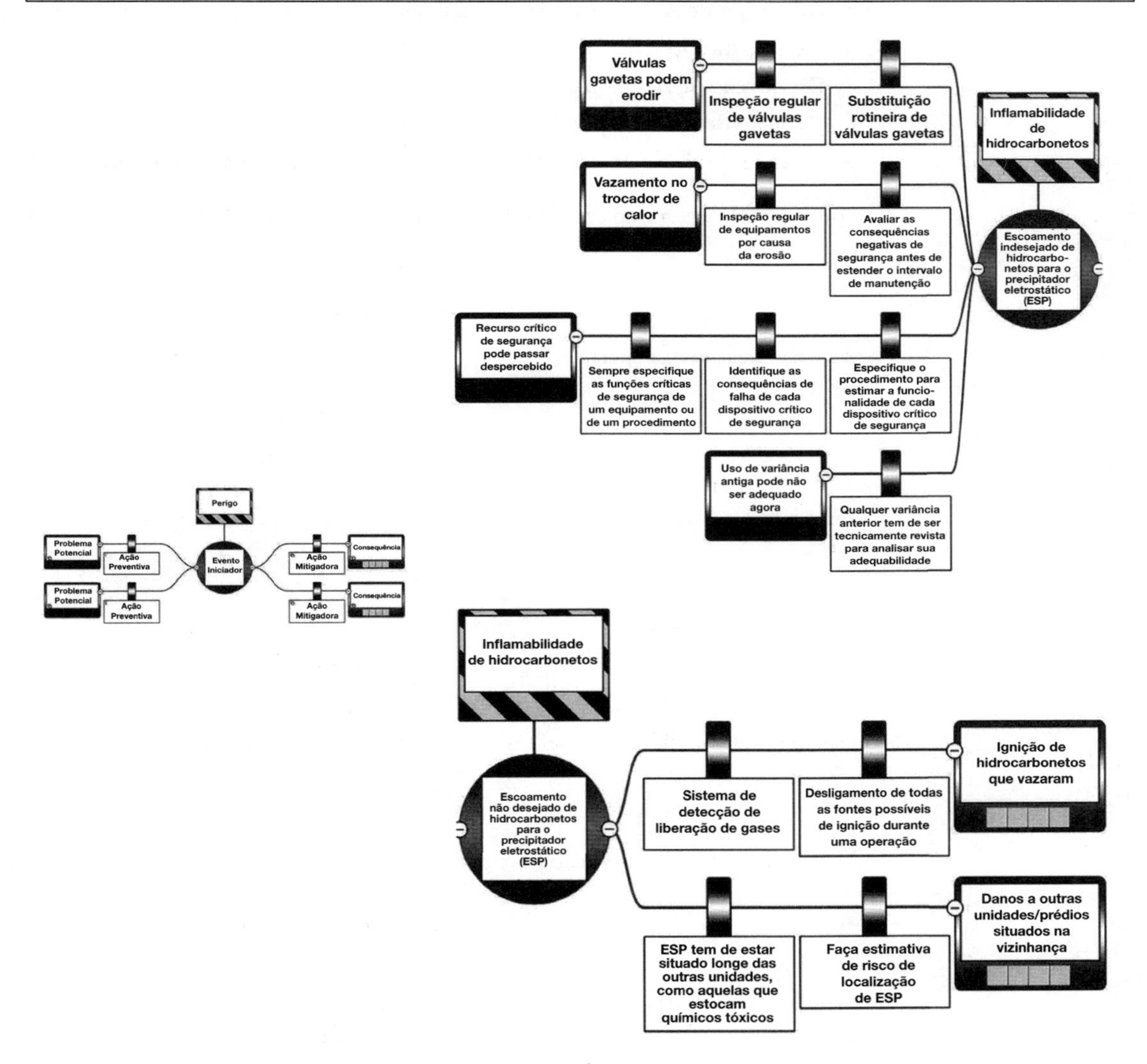

Figura 10.36 O diagrama *BowTie*.

RESUMO

1. Tipos de adsorção:
   a. Quimissorção
   b. Adsorção física
2. A **isoterma de Langmuir**, relacionando a concentração da espécie A na superfície com a pressão parcial de A na fase gasosa, é

$$C_{A \cdot S} = \frac{K_A C_t P_A}{1 + K_A P_A} \tag{R10.1}$$

3. A sequência de etapas para a isomerização catalítica sólida

$$\mathbf{A} \longrightarrow \mathbf{B} \tag{R10.2}$$

é:

a. **Transferência de massa de A** a partir do seio do fluido para a superfície externa do *pellet*
b. **Difusão de A** para o interior do *pellet*
c. **Adsorção de A** na superfície do catalisador
d. **Reação na superfície de A** para formar **B**
e. **Dessorção de B** da superfície
f. **Difusão de B** do interior do *pellet* para a superfície externa
g. **Transferência de massa de B** para fora da superfície sólida em direção ao seio do fluido

4. Considerando que a transferência de massa não seja limitante da taxa, a taxa de adsorção é

$$r_{AD} = k_A\left(C_v P_A - \frac{C_{A\cdot S}}{K_A}\right) \tag{R10.3}$$

A taxa de reação na superfície é

$$r_S = k_S\left(C_{A\cdot S} - \frac{C_{B\cdot S}}{K_S}\right) \tag{R10.4}$$

A taxa de dessorção é

$$r_D = k_D\,(C_{B\cdot S} - K_B P_B C_v) \tag{R10.5}$$

No estado estacionário

$$-r'_A = r_{AD} = r_S = r_D \tag{R10.6}$$

Se não houver inibidores presentes, a concentração total de sítios será

$$C_t = C_v + C_{A\cdot S} + C_{B\cdot S} \tag{R10.7}$$

5. Se considerarmos que a reação na superfície é a etapa limitante da taxa, estabelecemos que

$$\frac{r_{AD}}{k_A} \simeq 0 \qquad \frac{r_D}{k_D} \simeq 0$$

e resolvemos $C_{A\cdot S}$ e $C_{B\cdot S}$ em termos de P_A e P_B. Depois de substituirmos essas grandezas na Equação (R10.4), a concentração de sítios vazios será eliminada com a ajuda da Equação (R10.7):

$$-r'_A = r_S = \frac{\overbrace{C_t k_S K_A}^{k}(P_A - P_B/K_P)}{1 + K_A P_A + K_B P_B} \tag{R10.8}$$

Lembre-se de que a constante de equilíbrio para a dessorção da espécie B é a recíproca da constante de equilíbrio para a adsorção da espécie B:

$$K_B = \frac{1}{K_{DB}} \tag{R10.9}$$

e a constante de equilíbrio termodinâmico, K_P, é

$$K_P = K_A K_S / K_B \tag{R10.10}$$

6. Deposição química a vapor

$$SiH_4(g) \rightleftarrows SiH_2(g) + H_2(g) \quad \text{(R10.11)}$$

$$SiH_2(g) + S \longrightarrow SiH_2 \cdot S \quad \text{(R10.12)}$$

$$SiH_2 \cdot S \longrightarrow Si(s) + H_2(g) \quad \text{(R10.13)}$$

$$r_{Dep} = \frac{kP_{SiH_4}}{P_{H_2} + K_P P_{SiH_4}} \quad \text{(R10.14)}$$

7. **Desativação de catalisador.** A atividade catalítica é definida como

$$a(t) = \frac{-r'_A(t)}{-r'_A(t=0)} \quad \text{(R10.15)}$$

A taxa de reação em qualquer tempo *t* é

$$-r'_A = a(t)k(T)\,\text{fn}(C_A, C_B, \ldots, C_P) \quad \text{(R10.16)}$$

A taxa de decaimento catalítico é

$$r_d = -\frac{da}{dt} = p[a(t)]\,k_d(T)g(C_A, C_B, \ldots, C_P) \quad \text{(R10.17)}$$

Para o decaimento de primeira ordem:

$$p(a) = a \quad \text{(R10.18)}$$

Para o decaimento de segunda ordem:

$$p(a) = a^2 \quad \text{(R10.19)}$$

8. Para decaimento catalítico lento, a ideia de uma **trajetória temperatura-tempo** é aumentar a temperatura de tal maneira que a taxa de reação permaneça constante.
9. As equações diferenciais acopladas que devem ser resolvidas para um **reator de leito móvel** são

$$F_{A0}\frac{dX}{dW} = a(-r'_A) \quad \text{(R10.20)}$$

Para um decaimento da atividade de ordem *n* e ordem *m* na concentração em fase gasosa da espécie *i* em um leito móvel, em que os sólidos se movem para cima com a velocidade U_S,

$$-\frac{da}{dW} = \frac{k_d a^n C_i^m}{U_s} \quad \text{(R10.21)}$$

$$t = \frac{W}{U_s} \quad \text{(R10.22)}$$

10. As equações diferenciais acopladas, que devem ser resolvidas em um **reator de transporte ascendente**, são

$$\frac{dX}{dz} = \frac{a(t)[-r'_A(t=0)]}{U_0}\left(\frac{\rho_{bc}}{C_{A0}}\right) \quad \text{(R10.23)}$$

$$U = U_0(1+\varepsilon X)\frac{T}{T_0} \quad \text{(R10.24)}$$

$$t = \frac{z}{U_p} \quad \text{(R10.25)}$$

em que U_P é a velocidade da partícula (*pellet*) ascendente no STTR. Para a formação de coque

$$a(t) = \frac{1}{1 + At^{1/2}} \tag{R10.26}$$

Para o caso quando não há deslizamento entre os *pellets* de catalisador e a velocidade do gás

$$U_P = U \tag{R10.27}$$

ALGORITMO DO *SOLVER* DE EDO

A isomerização A ⟶ B ocorre sobre um catalisador se desativando em um *reator de leito móvel* com queda de pressão. A puro entra no reator e o catalisador se move pelo reator a uma taxa de 2,0 kg/s.

$$\frac{dX}{dW} = \frac{-r'_A}{F_{A0}} \qquad k = 0{,}1 \text{ mol/(kg de cat} \cdot \text{s} \cdot \text{atm)}$$

$$r'_A = \frac{-akP_A}{1 + K_A P_A} \qquad K_A = 1{,}5 \text{ atm}^{-1}$$

$$\frac{da}{dW} = \frac{-k_d a^2 P_B}{U_s} \qquad k_d = \frac{0{,}75}{\text{s} \cdot \text{atm}}$$

$$P_A = P_{A0}(1 - X)p \qquad F_{A0} = 10 \text{ mol/s}$$

$$P_B = P_{A0} X p \qquad P_{A0} = 20 \text{ atm}$$

$$\frac{dp}{dW} = -\frac{\alpha}{2p} \qquad U_s = 2{,}0 \text{ kg de cat/s}$$

$$\alpha = 0{,}0019 \text{ kg}^{-1} \qquad W_f = 500 \text{ kg de cat}$$

PP Explore este problema usando o Python e/ou Wolfram no CRE *website*.

MATERIAIS DO CRE *WEBSITE*

(*http://www.umich.edu/~elements/6e/10chap/obj.html#/*)

Links Úteis

- Problemas Práticos
- Ajuda Extra
- Materiais Adicionais
- Estante com Referências Profissionais
- Enunciados de Problemas Computacionais de Simulação

Avaliação

- Autotestes
- Questões i>*Clicker*

Jogos Interativos Computacionais

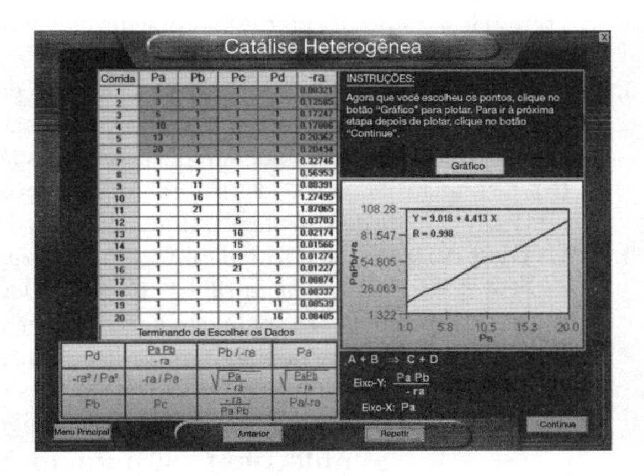

Catálise Heterogênea (*http://umich.edu/%7Eelements/6e/icm/hetcat.html*)

Depois de Ler Cada Página deste Livro, Faça a Si Próprio uma Pergunta Sobre o que Você Leu

QUESTÕES, SIMULAÇÕES E PROBLEMAS

O subscrito para cada número do problema indica o nível de dificuldade: A, menos difícil; D, mais difícil.

A = ● B = ■ C = ◆ D = ◆◆

Problema Proposto

Questões

Q10.1$_A$ **QAL** (*Questão Antes de Ler*). As equações da taxa para reações heterogêneas geralmente têm termos de concentração no numerador e no denominador. Como essa função pode acontecer?

Q10.2$_A$ ***i>clicker.*** Visite o *site* (*http://www.umich.edu/~elements/6e/10chap/iclicker_ch10_q1.html*) e analise no mínimo 5 questões i>*clicker*. Escolha uma que poderia ser usada como está, ou uma variação dela, para ser incluída no próximo exame. Você também poderia considerar o caso oposto: explique por que as questões *não* devem estar no próximo exame. Em cada caso, explique seu raciocínio.

Q10.3$_A$ Leia novamente os problemas do fim deste capítulo. Componha um problema original que use os conceitos apresentados neste capítulo. Leia o Problema P5.1$_A$ para guiar-se. Com a finalidade de obter a solução:

(a) Crie seus dados e reação.
(b) Use uma reação real e dados reais.
As revistas listadas no fim do Capítulo 1 podem ser úteis para o item **(b)**.
(c) Escolha uma FAQ do Capítulo 10 e diga por que ela foi a que mais ajudou.
(d) Escute os áudios do material *on-line*, escolha um e diga por que ele foi o que mais ajudou.

Q10.4$_B$ Para a decomposição de cumeno discutida neste capítulo, se um inerte adsorvente estiver presente, como você compararia a taxa inicial em função da pressão total quando a dessorção for a ELT, como mostrado na Figura 10.18?

Q10.5$_A$ Escolha cinco questões i>*clicker* do Capítulo 10, escolha uma que tenha sido a mais desafiadora e explique por quê.

Q10.6$_A$ Reveja o Exemplo 10.4. E se perguntassem a você para esquematizar ou explicar a diferença nas trajetórias temperatura-tempo e encontrar os tempos de vida do catalisador (digamos a = 0,1) para o decaimento de primeira ordem e de segunda ordem, quando E_A = 35 kcal/mol, E_d = 10 kcal/mol, k_{d0} = 0,01 dia^{-1} e T_0 = 400 K? O que você diria? Descreva como a trajetória do tempo de vida do catalisador mudaria se E_A = 10 kcal/mol e E_d = 35 kcal/mol? Em que valores de k_{d0} e razões entre E_d e E_A as trajetórias temperatura-tempo não são eficazes? Descreva como seria sua trajetória temperatura-tempo se $n = 1 + E_d/E_A$?

Q10.7$_A$ Escreva uma pergunta para este problema que envolva um pensamento crítico e explique por que ela envolve esse pensamento.

Q10.8$_A$ Siga o *link* dos Vídeos de Aprendizado de EngQui para o Capítulo 10 (*http://www.umich.edu/~elements/6e/10chap/learn-cheme-videos.html*). Assista a um ou mais dos vídeos de 5 a 6 minutos.

(a) Liste dois itens que você aprendeu com as aulas do Professor Dave.
(b) Liste quatro similaridades entre os mecanismos de Ely-Rideal e o vídeo de Langmuir-Hinshelwood.
(c) Escreva, com duas sentenças, uma avaliação dos vídeos que você viu.

Q10.9$_A$ **UPDNP–S10.** Assista ao vídeo CSB (*http://websites.umich.edu/~safeche/assets/pdf/courses/Problems/CRE/344ReactionEngrModule(3)PS-Exxon.pdf*). Depois de assistir ao vídeo do Chemical Safety Board, que pontos você sente que deveriam ter sido mais enfatizados no algoritmo de *Análise de Segurança do Incidente* e no diagrama *BowTie*? Escreva três ou mais frases que descrevam sua lição a partir desse incidente.

Simulações Computacionais e Experimentos

P10.1$_B$ **(a) Exemplo 10.1: Regressão Não Linear para Determinar os Parâmetros do Modelo e a Razão de Concentrações no Sítio = $C_{T \cdot S}/C_{B \cdot S}$**

Wolfram e Python

(i) Encontre o valor crítico de K_B no qual a fração de sítios vazios começa a aumentar com a conversão para as configurações iniciais. Repita para K_T. Varie somente um parâmetro de cada vez.

(ii) Encontre o valor de K_B em que a curva para $\left(\frac{C_{B \cdot S}}{C_t}\right)$ *versus* conversão X muda a curvatura de convexa para côncava e explique por que essa mudança de forma ocorre.

(iii) Escreva um conjunto de conclusões para seus experimentos (i) e (ii).

(b) Exemplo 10.2: Projeto de Reator Catalítico

Wolfram e Python

(i) Descreva como os perfis de pressão parcial mudam conforme você varia os controles deslizantes para α, K_T e k.

(ii) E se a vazão molar fosse reduzida em 50%; como X e p mudariam?

(iii) Depois de revisar *Gerando Ideias e Soluções*, no *site* (*http://www.umich.edu/~elements/6e/toc/SCPS,3rdEdBook(Ch07).pdf*), escolha uma das técnicas de *brainstorming* (p. ex., pensamento suplementar) para sugerir duas questões que devam ser incluídas neste problema.

(iv) Escreva duas conclusões a partir de seus experimentos com os controles deslizantes neste exemplo.

Polymath

(v) Que massa de catalisador seria necessária para uma conversão de 60%?

(vi) Qual parâmetro você vai variar para que $P_B = P_{H2}$ no meio do reator (*isto é*, W = 5.000 kg).

(c) Exemplo 10.3: Hidrogenação de Etileno a Etano

(1) Use **Polymath** para aprender como suas respostas iriam variar se os seguintes dados para a corrida 10 forem incorporados em sua tabela de regressão.

$$-r'_E = 0{,}8 \text{ mol/kg de cat} \cdot \text{s}, P_E = 0{,}5 \text{ atm}, P_{EA} = 15 \text{ atm}, P_H = 2 \text{ atm}.$$

(2) Como as equações da taxa (**e**) e (**f**)

$$(\mathbf{e})\ -r'_E = \frac{kP_E P_H}{(1 + K_A P_{EA} + K_E P_E)^2} \qquad (\mathbf{f})\ -r'_E = \frac{kP_H P_E}{1 + K_A P_{EA}}$$

se comparam com a análise não linear com outras equações da taxa usadas para modelar os dados?

(d) Exemplo 10.4: Cálculo da Conversão com Decaimento do Catalisador em Reatores em Batelada

Wolfram e Python

(i) Qual é a conversão máxima que pode ser encontrada se não houver decaimento do catalisador?

(ii) Varie k e k_d e descreva o que você encontrou. Você pode explicar por que não há efeito do decaimento do catalisador para a conversão em um valor alto de k?

(iii) Varie E e k_d e então escreva umas poucas sentenças e três conclusões descrevendo os resultados de seus experimentos.

(iv) Explique por que a conversão com decaimento do catalisador aumenta com o aumento de E_d e diminui com o aumento de E.

Polymath

(v) Varie a razão de (k/k_d) e descreva o que você encontra.

(vi) Repita este exemplo (o gráfico de X *versus* t) para uma reação de segunda ordem com (C_{A0} = 1 mol/dm³) e um decaimento de primeira ordem e descreva as diferenças em relação ao caso base.

(vii) Repita este exemplo para uma reação de primeira ordem e um decaimento de primeira ordem e descreva as diferenças em relação ao caso base.

(viii) Repita este exemplo para uma reação de segunda ordem (C_{A0} = 1 mol/dm³) e um decaimento de segunda ordem e descreva as diferenças em relação ao caso base.

(e) Exemplo 10.5 Craqueamento Catalítico em um Reator de Leito Móvel

Wolfram e Python

(i) Suponha que k_d e U_s estejam em seus valores máximos. O que você poderia fazer para aumentar a conversão?

(ii) Varie os parâmetros e escreva um conjunto de conclusões.

Polymath

(iii) Use o Polymath para aprender qual seria a conversão se não houvesse decaimento do catalisador.

(iv) E se os sólidos e reagentes entrarem por lados opostos do reator? Como suas respostas mudariam?

(v) E se o decaimento no leito móvel fosse de segunda ordem? De quanto a carga de catalisador, U_s, tem de aumentar para obter a mesma conversão?

(vi) E se $\varepsilon = 2$ (p. ex., A → 3B) em vez de zero, como os resultados seriam afetados?

(f) Exemplo 10.6: Decaimento em Reator de Transporte Ascendente

Wolfram e Python

(i) O que a acontece a a e X quando T varia?

(ii) O que a acontece a a e X quando U_0 varia?

(iii) Varie os parâmetros e escreva um conjunto de conclusões.

Polymath

(iv) E se você variar os parâmetros P_{A0}, U_g, A e k' no STTR? Qual parâmetro terá o maior efeito no aumento ou na diminuição da conversão?

(v) Faça perguntas, tais como: Qual é o efeito de variar a razão entre k e U_g ou entre k e A na conversão? Faça um gráfico de conversão *versus* distância, quando U_g varia entre 0,5 e 50 m/s.

(vi) Esquematize os perfis de atividade e de conversão para U_g = 0,025; 0,25; 2,5 e 25 m/s.

(vii) Qual é a velocidade de gás que você sugere para operar?

(viii) Qual é a correspondente vazão volumétrica de entrada?

(ix) Que preocupações você tem operando na velocidade que você selecionou? Você gostaria de escolher outra velocidade? Se afirmativo, qual seria? Que parâmetro você vai variar de modo que a conversão aumente, mas a atividade diminua? Explique, se você conseguir, esse comportamento não usual.

Jogo Interativo Computacional

P10.2$_A$ Carregue o Jogo Interativo Computacional (**JIC**) a partir do CRE *website* (*http://www.umich.edu/~elements/6e/icm/install.html*). Rode o jogo e então registre seu número de desempenho para o módulo, que indica seu domínio do material. Seu professor tem a chave para decodificar seu número de desempenho. Número de Desempenho do MCI de Catálise Heterogênea: ______________________________.

Problemas

P10.3$_A$ Álcool *t*-butila (TBA) é uma substância importante para melhorar a octanagem, que é usada para substituir os aditivos de chumbo na gasolina (*Ind. Eng. Chem. Res.*, 27, 2224 (1988)). Álcool *t*-butila foi produzido pela hidratação em fase líquida (W) de isobuteno (I) sobre o catalisador Amberlyst-15. O sistema é normalmente uma mistura multifásica de hidrocarbonetos, água e catalisadores sólidos. No entanto, o uso de cossolventes ou excesso de TBA pode atingir razoável miscibilidade.
Acredita-se que o mecanismo de reação seja

$$I + S \rightleftarrows I \cdot S \tag{P10.3.1}$$

$$W + S \rightleftarrows W \cdot S \tag{P10.3.2}$$

$$W \cdot S + I \cdot S \rightleftarrows TBA \cdot S + S \tag{P10.3.3}$$

$$TBA \cdot S \rightleftarrows TBA + S \tag{P10.3.4}$$

Deduza a equação da taxa, considerando:

(a) A reação na superfície é a etapa limitante de taxa.

(b) A adsorção do isobuteno é a etapa limitante.

(c) A reação segue a cinética de Eley-Rideal

$$I \cdot S + W \longrightarrow TBA \cdot S \tag{P10.3.5}$$

e a reação na superfície é a etapa limitante.

(d) Isobuteno (I) e água (W) são adsorvidos em sítios diferentes

$$I + S_1 \rightleftarrows I \cdot S_1 \tag{P10.3.6}$$

$$W + S_2 \rightleftarrows W \cdot S_2 \tag{P10.3.7}$$

TBA *não* está na superfície e a reação na superfície é a etapa limitante da taxa.

$$\left(\textbf{\textit{Resp.:}}\ r'_{TBA} = -r'_I = \frac{k[C_I C_W - C_{TBA}/K_c]}{(1 + K_W C_W)(1 + K_I C_I)} \right)$$

(e) Qual a generalização que você pode fazer, comparando as equações da taxa deduzidas nos itens **(a)** a **(d)**?

P10.4$_B$ **QEA** (*Questão de Exame Antigo*). Considere a reação catalítica como uma função das pressões parciais iniciais

$$2A \rightleftarrows B + C$$

A taxa de consumo da espécie A foi obtida em um reator diferencial, sendo mostrada a seguir.

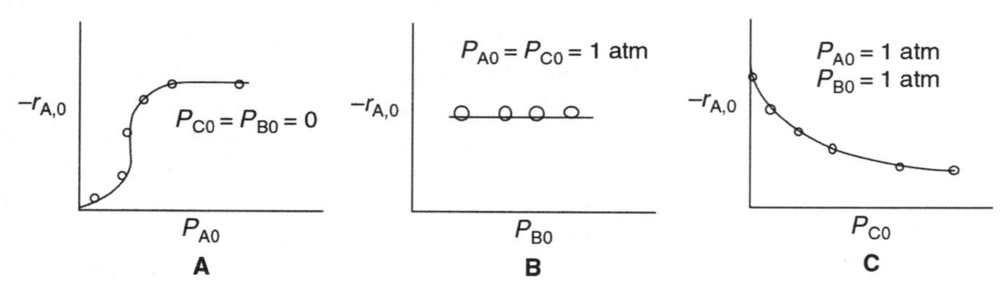

(a) Que espécies estão na superfície?

(b) O que a Figura B lhe diz acerca da reversibilidade e do que é adsorvido na superfície?

(c) Deduza a equação da taxa e sugira uma etapa limitante da taxa consistente com as figuras anteriores.

(d) Como você plotaria seus dados para linearizar os dados de taxa inicial na Figura A?

(e) Admitindo que A puro seja alimentado e que as constantes de adsorção para A e C sejam $K_A = 0,5$ atm^{-1} e $K_C = 0,25$ atm^{-1}, respectivamente, em que conversão o número de sítios com A adsorvido na superfície é igual ao número de sítios com C adsorvido na superfície? (***Resp.:*** $X = 0,66$)

P10.5$_A$ A equação da taxa para a hidrogenação (H) de etileno (E) para formar etano (A) sobre o catalisador de cobalto-molibdênio (*Collection Czech. Chem. Commun.*, 51, 2760 (1988)) é

$$-r'_E = \frac{kP_E P_H}{1 + K_E P_E}$$

(a) Sugira um mecanismo e uma etapa limitante de taxa, consistentes com a equação da taxa.

(b) Qual foi a parte mais difícil em encontrar o mecanismo?

P10.6$_B$ Acredita-se que a formação de propanol sobre a superfície de um catalisador ocorra pelo seguinte mecanismo

$$O_2 + 2S \overset{cat}{\rightleftarrows} 2O \cdot S$$

$$C_3H_6 + O \cdot S \rightarrow C_3HOH \cdot S$$

$$C_3HOH \cdot S \rightleftarrows C_3HOH + S$$

Sugira uma etapa limitante de taxa e deduza uma equação da taxa.

P10.7$_B$ **QEA** (*Questão de Exame Antigo*) A desidratação de álcool *n*-butila (butanol) sobre um catalisador de alumina-sílica foi investigada por J. F. Maurer (tese de doutorado, University of Michigan). Os dados na Figura P10.7$_B$ foram obtidos a 750°F em um reator diferencial modificado. A alimentação consistiu em butanol puro.

(a) Sugira um mecanismo e uma etapa limitante de taxa que seja consistente com os dados experimentais.

(b) Avalie os parâmetros cinéticos.

(c) No ponto em que a taxa inicial é máxima, qual é a fração de sítios vazios? Qual é a fração de sítios ocupados por A e B? % desocupada = 0,41

(d) Que generalizações você pode fazer a partir do estudo deste problema?

(e) Escreva uma questão que requeira raciocínio crítico e então explique por que sua questão requer raciocínio crítico. *Sugestão*: Ver Seção G do Prefácio.

(f) Aplique, para este problema, uma ou mais das seis ideias discutidas na Tabela P.4 do Prefácio no CRE *website* (*http://www.umich.edu/~elements/6e/toc/Preface-Complete.pdf*).

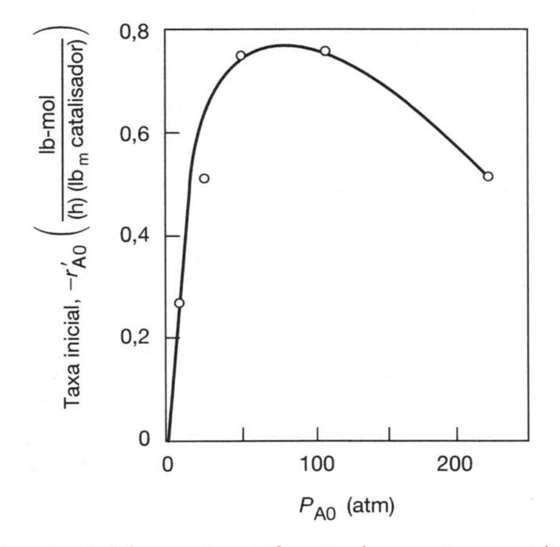

Figura P10.7$_B$ Taxa inicial de reação em função da pressão parcial inicial de butanol.

P10.8$_B$ **QEA** (*Questão de Exame Antigo*). A desidratação catalítica de metanol (ME) para formar dimetil éter (DME) e água ocorreu sobre um catalisador de troca iônica (K. Klusacek, *Collection Czech. Chem. Commun.*, 49, 170 (1984)). O leito fixo estava inicialmente cheio com nitrogênio e, em t = 0, uma alimentação de vapor de metanol puro entrou no reator a 413 K, 100 kPa e 0,2 cm^3/s. As seguintes pressões parciais foram registradas na saída do reator diferencial contendo 1,0 g de catalisador em 4,5 cm^3 de volume de reator.

$$2CH_3OH \longrightarrow CH_3OCH_3 + H_2O$$

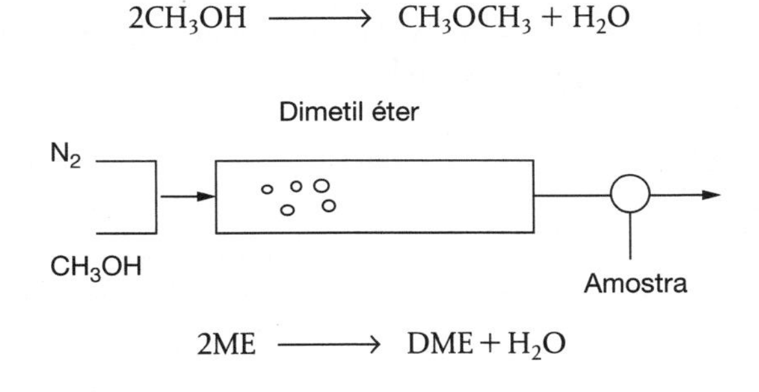

$$2ME \longrightarrow DME + H_2O$$

Tabela 10.8$_B$ Pressão Parcial de H_2, ME e DME Saindo do Reator Depois do Tempo *t*

	t(s)						
	0	10	50	100	150	200	300
P_{N_2} (kPa)	100	50	10	2	0	0	0
P_{ME} (kPa)	0	2	15	23	25	26	26
P_{H_2O} (kPa)	0	10	15	30	35	37	37
P_{DME} (kPa)	0	38	60	45	40	37	37

Use os itens **(a)** a **(f)** para levá-lo a sugerir um mecanismo, uma etapa limitante de taxa e uma equação da taxa consistentes com esses dados.

(a) Usando os dados anteriores, esquematize as concentrações de saída em função do tempo.
(b) Que espécies demoram mais que as outras para sair do reator na fase gasosa? O que pode ter causado essa diferença nos tempos de saída?
(c) Que espécies são adsorvidas na superfície?
(d) Existe alguma espécie não adsorvida na superfície? Se sim, quais?
(e) Que conjunto de ilustrações na Figura P10.8$_B$ descreve corretamente a funcionalidade da taxa de reação química com pressões parciais P_W, P_{DME}, P_{ME}?
(f) Deduza uma equação da taxa para a desidratação catalítica do metanol. Dimetil éter $2ME \rightarrow DME + W$.

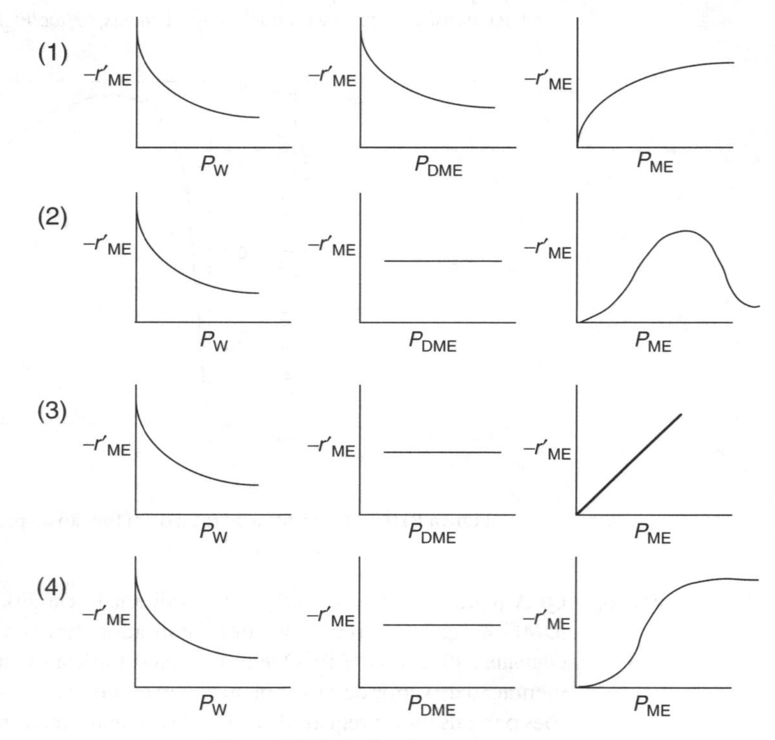

Figura 10.8$_B$ Dados de taxa.

P10.9$_B$ Em 1981, o governo norte-americano pôs em prática o seguinte o plano para os fabricantes de automóveis, de modo a reduzir as emissões dos carros nos anos seguintes.

	Ano		
	1981	1993	2010
Hidrocarbonetos	0,41	0,25	0,125
CO	3,4	3,4	1,7
NO	1,0	0,4	0,2

Todos os valores estão em gramas por milha. Um automóvel emitindo 3,74 lb_m de CO e 0,37 lb_m de NO em uma jornada de 1.000 milhas se adequaria aos requerimentos atuais do governo.

Para remover óxidos de nitrogênio (considerado como NO) a partir da exaustão do automóvel, foi proposto um esquema que usa monóxido de carbono (CO) não queimado na exaustão para reduzir o NO sobre um catalisador sólido, de acordo com a reação

$$\text{CO} + \text{NO} \xrightarrow[\text{catalisador}]{} \text{Produtos } (\text{N}_2, \text{CO}_2)$$

Dados experimentais para um catalisador sólido particular indicam que a velocidade de reação pode ser bem representada, ao longo de uma grande faixa de temperaturas, por

$$-r'_N = \frac{kP_N P_C}{(1 + K_1 P_N + K_2 P_C)^2} \quad \text{(P10.9.1)}$$

sendo P_N = pressão parcial de NO na fase gasosa
P_C = pressão parcial de CO na fase gasosa
k, K_1, K_2 = coeficientes dependentes somente da temperatura

(a) Proponha um mecanismo de adsorção–reação na superfície–dessorção e uma etapa limitante de taxa que sejam consistentes com a equação da taxa observada experimentalmente. Você precisa admitir que alguma espécie deva ser fracamente adsorvida de modo a coincidir com a Equação (P10.9.1)?

(b) Certo engenheiro pensa que seria desejável operar com um grande excesso estequiométrico de CO, de modo a minimizar o volume do reator catalítico. Você concorda ou discorda? Explique.

(c) Qual seria a relevância do problema, se cada um estivesse dirigindo um híbrido até 2018? Um carro sem motorista até 2020?

P10.10$_B$ **QEA** (*Questão de Exame Antigo*). Metil etil cetona (MEK) é um importante solvente industrial que pode ser produzido a partir da desidrogenação de 2-butanol (Bu) sobre um catalisador de óxido de zinco (*Ind. Eng. Chem. Res.*, 27, 2050 (1988)):

$$\text{Bu} \xrightarrow[\text{catalisador}]{} \text{MEK} + \text{H}_2$$

Os seguintes dados, sobre a taxa de reação para MEK, foram obtidos em um reator diferencial a 490°C.

P_{Bu} (atm)	2	0,1	0,5	1	2	1
P_{MEK} (atm)	5	0	2	1	0	0
P_{H_2} (atm)	0	0	1	1	0	10
r'_{MEK} (mol/h·g de cat)	0,044	0,040	0,069	0,060	0,043	0,059

(a) Sugira uma equação da taxa consistente com os dados experimentais.

(b) Sugira um mecanismo de reação e uma etapa limitante de taxa consistentes com a equação da taxa. (*Sugestão*: Algumas espécies podem ser fracamente adsorvidas.)

(c) Aplique a este problema uma ou mais das seis ideias discutidas na Tabela P.4 do Prefácio (*http://www.umich.edu/~elements/6e/toc/Preface-Complete.pdf*).

(d) Faça um gráfico da conversão (até 90%) e da taxa de reação em função da massa de catalisador para uma vazão molar de entrada de 2-butanol puro de 10 mol/min e uma pressão de entrada P_0 = 10 atm e $W_{máx}$ = 23 kg.

(e) Escreva uma questão que requeira raciocínio crítico e então explique por que ela requer raciocínio crítico. *Sugestão*: Veja a Seção G do Prefácio.

(f) Repita o item **(d)**, considerando uma queda de pressão e $\alpha = 0{,}03$ kg^{-1}. Faça um gráfico de p e X em função da massa de catalisador ao longo do reator.

P10.11$_B$ Ciclo-hexanol foi passado sobre um catalisador para formar água e ciclo-hexeno:

$$\text{Ciclo-hexanol} \xrightarrow[\text{catalisador}]{} \text{Água} + \text{Ciclo-hexeno}$$

Suspeita-se que a reação possa envolver um mecanismo de sítio duplo, mas não se sabe ao certo. Acredita-se que a constante de equilíbrio de adsorção para o ciclo-hexanol esteja em torno de 1 e seja aproximadamente uma ou duas ordens de grandeza maior que as constantes de equilíbrio de adsorção para os outros componentes. Usando os dados da Tabela P10.11$_B$:

Tabela P10.11$_B$ Dados para Formação Catalítica de Ciclo-hexeno

Corrida	*Taxa de Reação* (mol/dm³·s) × 10⁵	*Pressão Parcial de Ciclo-hexanol* (atm)	*Pressão Parcial de Ciclo-hexenol* (atm)	*Pressão Parcial de Vapor* (H_2O) (atm)
1	3,3	1	1	1
2	1,05	5	1	1
3	0,565	10	1	1
4	1,826	2	5	1
5	1,49	2	10	1
6	1,36	3	0	5
7	1,08	3	0	10
8	0,862	1	10	10
9	0	0	5	8
10	1,37	3	3	3

(a) Sugira uma equação da taxa e um mecanismo consistentes com os dados fornecidos aqui.
(b) Determine as constantes necessárias para a equação da taxa. (*Ind. Eng. Chem. Res.*, 32, 2626-2632.)
(c) Por que você acha que as estimativas dos parâmetros cinéticos foram dadas?
(d) Para uma taxa molar de ciclo-hexanol na entrada de 10 mol/s, a uma pressão parcial de 15 atm, qual é a massa de catalisador necessária para atingir 85% de conversão, quando a densidade macroscópica ou aparente (*bulk*) for 1.500 g/dm³?

P10.12$_B$ QEA (*Questão de Exame Antigo*). Dados experimentais para a reação catalítica em fase gasosa

$$A + B \rightarrow C$$

são mostrados a seguir. Sabe-se que a etapa limitante na reação é irreversível, de modo que a reação global é irreversível. A reação foi executada em um reator diferencial para o qual A, B e C foram todos alimentados.

Número da Corrida	P_A (atm)	P_B (atm)	P_C (atm)	*Taxa de Reação* (mol)/(g de cat • s)
1	1	1	2	0,114
2	1	10	2	1,140
3	10	1	2	0,180
4	1	20	2	2,273
5	1	20	10	0,926
6	20	1	2	0,186
7	0,1	1	2	0,0243

(a) Sugira uma equação da taxa consistente com os dados experimentais. *Sugestão:* Esquematize ($-r'_A$) em função de P_A, em função de P_B e em função de P_C.
(b) De sua expressão de taxa, que espécies você pode concluir que estejam adsorvidas na superfície?
(c) Sugira uma equação da taxa e então mostre que seu mecanismo é constante com a equação da taxa do item (a).
(d) Para uma pressão parcial na entrada de A igual a 2 atm em um PBR, qual é a razão entre sítios de A e sítios de C em 80% de conversão de A?
(e) Em que conversão os números de sítios de A e C são iguais? (**Resp.:** $X = 0{,}235$)
(f) Qual o volume de reator necessário para atingir 90% de conversão de A, tendo-se uma alimentação estequiométrica e uma taxa de A igual a 2 mol/s? (**Resp.:** $W = 8{,}9$ g de cat)

Se necessário, sinta-se à vontade para usar nenhum, algum ou todos os seguintes valores de parâmetros:

$$k = 2{,}5\,\frac{\text{mols}}{\text{atm}^2\text{g de cat}\cdot\text{s}},\ K_A = 4\ \text{atm}^{-1},\ K_C = 13\ \text{atm}^{-1},\ K_I = 10\ \text{atm}^{-1}$$

P10.13$_B$ Captura de Energia Solar: Separação da Água. Hidrogênio e O_2 podem ser combinados em células combustíveis para gerar eletricidade. Energia solar pode ser usada para separar a água de modo a gerar os reagentes brutos H_2 e O_2 para células combustíveis. Um método de redução térmica solar é com $NiFe_2O_4$ na sequência

Etapa (1) Energia Solar + $\overbrace{NiFe_2O_4}^{\text{Superfície (s)}} \rightarrow \overbrace{1{,}2FeO + 0{,}4Fe_2O_3 + NiO}^{\text{Solução Sólida (s')}} + 0{,}3O_2\uparrow$

Etapa (2) $\overbrace{1{,}2FeO + 0{,}4Fe_2O_3 + NiO}^{\text{Solução Sólida (s')}} + 0{,}6H_2O \rightarrow \overbrace{NiFe_2O_4}^{\text{Superfície (s)}} + 0{,}6H_2\uparrow$

$$h\upsilon$$
$$S \rightarrow S' + 0{,}3\ O_2\uparrow$$
$$0{,}6H_2O + S' \rightarrow S + 0{,}6\ H_2\uparrow$$

Notamos que $NiFe_2O_4$ é regenerado neste processo.[36]

(a) Deduza uma equação da taxa para a Etapa (2), supondo que água adsorve sobre a solução sólida conforme um mecanismo de sítio único e que a reação seja irreversível.

(b) Repita **(a)** quando a reação for reversível e o sítio de adsorção da solução sólida para a água (*S*′) for diferente do sítio $NiFe_2O_4$ para a adsorção de H_2 (*S*).

$$H_2O + S' \rightleftarrows S' \cdot H_2O$$

$$S' \cdot H_2O \rightleftarrows S \cdot H_2 + \frac{1}{2}O_2$$

$$H_2 \cdot S \rightleftarrows S + H_2$$

(c) Como a sua equação da taxa mudaria se incluirmos o efeito de $h\upsilon$ na Etapa 1?

$$S + h\upsilon \rightleftarrows S' \cdot O_2$$

$$S' \cdot O_2 \rightleftarrows S' + O_2$$

P10.14$_A$ Óxidos de vanádio são de interesse para várias aplicações de sensor, devido às transições bem definidas de metal isolante que são funções da temperatura, pressão ou tensão submetidas a ele. Tri-isopropóxido de vanádio (VTIPO) foi usado para crescer filmes de óxido de vanádio pela *deposição química a vapor* (*J. Eletrochem. Soc.*, 136, 897 (1989)). A taxa de deposição em função da pressão de VTIPO para duas temperaturas diferentes segue:

$T = 120°C$:

Taxa de Crescimento (μm/h)	0,004	0,015	0,025	0,04	0,068	0,08	0,095	0,1
Pressão VTIPO (torr)	0,1	0,2	0,3	0,5	0,8	1,0	1,5	2,0

$T = 200°C$:

Taxa de Crescimento (μm/h)	0,028	0,45	1,8	2,8	7,2
Pressão VTIPO (torr)	0,05	0,2	0,4	0,5	0,8

À luz do material apresentado neste capítulo, analise os dados e descreva seus resultados. Especifique de onde dados adicionais devem ser tirados.

P10.15$_A$ **QEA** (*Questão de Exame Antigo*). Dióxido de titânio é um semicondutor de banda larga (*bandgap*) que está se mostrando promissor como um dielétrico isolante em capacitores VLSI e para uso em células solares. Filmes finos de TiO_2 devem ser preparados por *deposição química a vapor* a partir de tetraisopropóxido de titânio gasoso (TTIP). A reação global é

$$Ti(OC_3H_7)_4 \longrightarrow TiO_2 + 4C_3H_6 + 2H_2O$$

[36] J. R. Scheffe, J. Li, and A. W. Weimer, "A spinel ferrite/hercynite water-splitting redox cycle", *International Journal of Hydrogen Energy*, 35, 3333-3340 (2010).

Acredita-se que o mecanismo de reação em um reator DQV seja (K. L. Siefering and G. L. Griffin, *J. Electrochem. Soc.*, 137, 814 (1990))

$$TTIP(g) + TTIP(g) \rightleftharpoons I + P_1$$

$$I + S \rightleftharpoons I \cdot S$$

$$I \cdot S \longrightarrow TiO_2 + P_2$$

em que I é um intermediário ativo e P_1 é um conjunto de produtos de reação (p. ex., H_2O, C_3H_6), e P_2 é outro conjunto. Considerando que a reação homogênea em fase gasosa para TTIP esteja em equilíbrio, deduza uma equação da taxa para a deposição de TiO_2. Os resultados experimentais mostram que a 200°C a reação é de segunda ordem a baixas pressões parciais de TTIP e de zero ordem a altas pressões parciais, enquanto a 300°C, a reação é de segunda ordem em TTIP sobre a faixa inteira de pressão. Discuta esses resultados à luz da equação da taxa que você deduziu.

P10.16$_B$ A desidrogenação de metilciclo-hexano (M) para produzir tolueno (T) ocorreu sobre um catalisador 0,3% de Pt/Al_2O_3 em um reator catalítico diferencial. A reação ocorreu na presença de hidrogênio (H_2) para evitar a formação de coque (*J. Phys. Chem.*, 64, 1559 (1960)).

Use os dados na Tabela P10.16$_B$ a seguir.

(a) Descreva como você determinaria os parâmetros do modelo para cada uma das seguintes equações da taxa.

$$(1)\ -r'_M = kP_M^{\alpha}P_{H_2}^{\beta} \qquad (3)\ -r'_M = \frac{kP_MP_{H_2}}{(1+K_MP_M)^2}$$

$$(2)\ -r'_M = \frac{kP_M}{1+K_MP_M} \qquad (4)\ -r'_M = \frac{kP_MP_{H_2}}{1+K_MP_M+K_{H_2}P_{H_2}}$$

(b) Qual a equação da taxa que melhor descreve os dados? *Sugestão*: Nem K_{H_2} nem K_M podem ter valores negativos.

(c) Onde você colocaria pontos adicionais de dados experimentais?

(d) Sugira um mecanismo e uma etapa limitante de taxa consistente com a equação da taxa que você escolheu.

Tabela P10.16$_B$ Desidrogenação de Metilciclo-Hexano

P_{H_2} (atm)	P_M (atm)	$r'_T \left(\frac{\text{mol de tolueno}}{\text{s} \cdot \text{kg de cat}}\right)$
1	1	1,2
1,5	1	1,25
0,5	1	1,30
0,5	0,5	1,1
1	0,25	0,92
0,5	0,1	0,64
3	3	1,27
1	4	1,28
3	2	1,25
4	1	1,30
0,5	0,25	0,94
2	0,05	0,41

P10.17$_A$ **QEA** (*Questão de Exame Antigo*). Esquematize *qualitativamente* os perfis do reagente, do produto e da atividade, em função do comprimento em vários tempos, para um *reator de leito fixo* para cada um dos casos seguintes. Além disso, esquematize a concentração efluente de A em função do tempo. A reação é uma isomerização simples:

$$A \longrightarrow B$$

(a) Equação da taxa: $-r'_A = kaC_A$
Lei de decaimento: $r_d = k_d a C_A$
Caso I: $k_d \ll k$, Caso II: $k_d = k$, Caso III: $k_d \gg k$

(b) $-r'_A = kaC_A$ e $r_d = k_d a^2$

(c) $-r'_A = kaC_A$ e $r_d = k_d a C_B$

(d) Esquematize perfis similares para as equações da taxa dos itens (a) e (c) em um *reator de leito móvel*, com os sólidos entrando na mesma extremidade do reator que o reagente.

(e) Repita o item (**d**) para o caso em que os sólidos e o reagente entrem em extremidades opostas.

P10.18$_B$ A reação catalítica irreversível elementar em fase gasosa

$$A + B \xrightarrow{k} C + D$$

ocorre em um reator de leito móvel em temperatura constante. O reator contém 5 kg de catalisador. A alimentação é estequiométrica em A e B. A concentração de A na entrada é 0,2 mol/dm³. A lei de decaimento do catalisador é de ordem zero, com $k_D = 0{,}2\ s^{-1}$ e $k = 1{,}0\ dm^6/(mol{\cdot}kg\ de\ cat{\cdot}s)$ e a vazão volumétrica é $\upsilon_0 = 1\ dm^3/s$.

(a) Qual conversão será encontrada para uma taxa de alimentação de catalisador igual a 0,5 kg/s? (***Resp.***: $X = 0{,}2$)

(b) Esquematize a atividade do catalisador em função da massa de catalisador (distância) ao longo do comprimento do reator, para uma vazão de alimentação de 0,5 kg/s.

(c) Qual é a conversão máxima que poderia ser encontrada (na vazão infinita de carregamento de catalisador)?

(d) Qual a vazão de carregamento de catalisador necessária para atingir 40% de conversão? (***Resp.***: $U_S = 1{,}5$ kg/s)

(e) Em que vazão (kg/s) de carregamento de catalisador, a atividade catalítica será exatamente zero na saída do reator?

(f) O que significa uma atividade igual a zero? Uma atividade catalítica pode ser menor do que zero?

(g) Como suas respostas mudariam no item (a) se o catalisador e o reagente fossem alimentados em extremidades opostas? Compare com o item (**a**).

(h) Considere agora a reação de ordem zero, com $k = 0{,}2$ mol/kg de cat·min.

A economia:

- O produto é vendido por US$160 por grama mol.
- O custo de operação do leito é de US$10 por quilograma de catalisador que sai do leito.

Qual é a taxa (kg/min) de alimentação de sólidos que fornecerá o lucro máximo? (***Resp.***: $U_S = 4$ kg/min.)
(*Nota*: Para a finalidade deste cálculo, ignore todos os outros custos, tais como o custo do reagente etc.)

P10.19$_B$ **QEA** (*Questão de Exame Antigo*). Com a crescente demanda por xileno na indústria petroquímica, a produção de xileno a partir do desproporcionamento de tolueno tem recebido atenção nos anos recentes (*Ind. Eng. Chem. Res.*, 26, 1854 (1987)). Essa reação

$$2\ \text{Tolueno} \longrightarrow \text{Benzeno} + \text{Xileno}$$

$$2T \xrightarrow{\text{catalisador}} B + X$$

foi estudada sobre um catalisador de mordenita na forma hidrogeniônica, que decai com o tempo. Como uma primeira aproximação, considere que o catalisador segue um decaimento de segunda ordem,

$$r_d = k_d a^2$$

e que a equação da taxa para baixas conversões é

$$-r'_T = k_T P_T a$$

com $k_T = 20$ g mol/h·kg de cat·atm e $k_d = 1{,}6\ h^{-1}$ em 735 K.

(a) Compare as curvas do tempo de conversão em um reator em batelada contendo 5 kg de catalisador, em diferentes pressões parciais iniciais (1 atm, 10 atm etc.). O volume de reação contendo inicialmente tolueno puro é de 1 dm³ e a temperatura é de 735 K.

(b) Qual a conversão pode ser encontrada em um *reator de leito móvel* contendo 50 kg de catalisador, com uma taxa de alimentação de 2 kg/h? Tolueno é alimentado a uma pressão de 2 atm e a uma vazão de 10 mol/min.

(c) Explore o efeito da taxa de alimentação do catalisador sobre a conversão.

(d) Suponha que E_T = 25 kcal/mol e E_d = 10 kcal/mol. Como a trajetória temperatura-tempo se pareceria no caso de se ter um CSTR? E se E_T = 10 kcal/mol e E_d = 25 kcal/mol?

(e) A lei de decaimento mais próxima segue a equação

$$r_d = k_d P_T^2 a^2$$

com k_d = 0,2 atm^{-2} h^{-1}. Refaça os itens (b) e (c) para essas condições.

P10.20$_A$ O craqueamento em fase gasosa de gasóleo no Exemplo 10.6 ocorre sobre um catalisador diferente, para o qual a equação da taxa é

$$-r'_A = k' P_A^2 \qquad \text{com } k' = 5 \times 10^{-5} \frac{\text{kmol}}{\text{kg de cat} \cdot \text{s} \cdot \text{atm}^2}$$

(a) Considerando que você pode variar a pressão e a velocidade do gás na entrada, quais condições operacionais que você recomendaria?

(b) O que poderia dar errado com as condições que você escolheu?

Considere agora que a lei de decaimento seja

$$-\frac{da}{dt} = k_D a C_{\text{coque}} \qquad \text{com } k_D = 100 \frac{\text{dm}^3}{\text{mol} \cdot \text{s}} \text{ em } 400°\text{C}$$

em que a concentração, C_{coque}, em mol/dm^3, pode ser determinada a partir de uma tabela estequiométrica.

(c) Para uma temperatura de 400°C e uma altura de reator de 15 m, qual é a velocidade do gás que você recomenda? Explique. Qual é a conversão correspondente?

(d) A reação deve ocorrer agora em um STTR, 15 m de altura e 1,5 m de diâmetro. A velocidade do gás é de 2,5 m/s. Você pode operar na faixa de temperatura entre 100 e 500°C. Que temperatura você escolhe e qual é a conversão correspondente?

(e) Com o que se pareceria a trajetória temperatura-tempo para um CSTR?

Informações Adicionais:

E_R = 3.000 cal/mol

E_D = 15.000 cal/mol

P10.21$_C$ Quando traços da impureza hidroperóxido de cumeno estão presentes em uma corrente de alimentação de cumeno, essa impureza pode desativar o catalisador sílica-alumina sobre o qual o cumeno está sendo craqueado para formar benzeno e propileno. Os dados seguintes foram tomados a 1 atm e 420°C em um reator diferencial. A alimentação consiste em cumeno e um traço (0,08% em mol) de hidroperóxido de cumeno (CHP).

Benzeno na Corrente de Saída (% em mol)	2	1,62	1,31	1,06	0,85	0,56	0,37	0,24
t (s)	0	50	100	150	200	300	400	500

(a) Determine a ordem de decaimento e a constante de decaimento. (**Resp.:** $k_d = 4{,}27 \times 10^{-3}\ \text{s}^{-1}$))

(b) Como uma primeira aproximação (na verdade, muita boa), devemos negligenciar o denominador da lei catalítica de taxa e considerar a reação como de primeira ordem no cumeno. Dado que a velocidade específica de reação, com relação ao cumeno, é $k = 3{,}8 \times 10^3$ mol/kg de cat virgem·s·atm), que a taxa molar de cumeno (99,92% de cumeno, 0,08% de CHP) é de 200 mol/min, que a concentração na entrada é de 0,06 kmol/m^3, que a massa de catalisador é de 100 kg e que a taxa de sólidos é de 1,0 kg/min, que conversão de cumeno será atingida em um *reator de leito móvel*?

P10.22$_C$ A decomposição de espartanol a vulfreno e CO_2 ocorre frequentemente a altas temperaturas (*J. Theor. Exp.*, 15, 15 (2014)). Consequentemente, o denominador da lei catalítica de taxa é facilmente aproximado como a unidade e a reação é de primeira ordem, com uma energia de ativação de 150 kJ/mol. Felizmente, a reação é irreversível. Infelizmente, o catalisador sobre o qual a reação ocorre decai com o tempo na corrente. Os seguintes dados de conversão-tempo foram obtidos em um reator diferencial:

Para *T* = 500 K:

t (dias)	0	20	40	60	80	120
X (%)	1	0,7	0,56	0,45	0,38	0,29

Para T = 550K:

t (dias)	0	5	10	15	20	30	40
X (%)	2	1,2	0,89	0,69	0,57	0,42	0,33

(a) Se a temperatura inicial do catalisador for 480 K, determine a *trajetória temperatura-tempo* para manter a conversão constante.

(b) Qual é o tempo de vida do catalisador?

P10.23$_B$ A hidrogenação de etilbenzeno a etilciclo-hexano sobre um catalisador de níquel mordenita é de zero ordem em ambos os reagentes até a conversão de etilbenzeno atingir o valor de 75% (*Ind. Eng. Chem. Res.*, 28 (3), 260 (1989)). A 553 K, k = 5,8 mols de etilbenzeno/(dm^3 de catalisador·h). Quando uma concentração de 100 ppm de tiofeno entrou no sistema, a conversão de etilbenzeno começou a cair.

Tempo(h)	0	1	2	4	6	8	12
Conversão	0,92	0,82	0,75	0,50	0,30	0,21	0,10

A reação ocorreu a 3 MPa e com uma razão molar de H_2ETB = 10. Discuta o decaimento do catalisador. Seja quantitativo onde possível.

LEITURA SUPLEMENTAR

1. Uma discussão excelente sobre mecanismos catalíticos heterogêneos e etapas limitantes da taxa pode ser encontrada em:

   THORNTON W. BURGESS, *The Adventures of Grandfather Frog*. New York: Dover Publications, Inc., 1915.

   R. I. MASEL, *Principles of Adsorption and Reaction on Solid Surfaces*. New York: Wiley, 1996. Uma grande referência.

   G. A. SOMORJAI, *Introduction to Surface Chemistry and Catalysis*. New York: Wiley, 1994.

2. Uma discussão verdadeiramente excelente dos tipos e das taxas de adsorção, juntamente com as técnicas usadas na medida das áreas superficiais catalíticas, é apresentada em:

   R. I. MASEL, *Principles of Adsorption and Reaction on Solid Surfaces*. New York: Wiley, 1996.

3. Técnicas para discriminar entre mecanismos e modelos podem ser encontradas em

   G. E. P. BOX, J. S. HUNTER and W. G. HUNTER, *Statistics for Experimenters: Design, Innovation, and Discovery*, 2nd ed. Hoboken, NJ: Wiley, 2005.

4. Exemplos de aplicações de princípios catalíticos na fabricação de microeletrônicos podem ser encontrados em

   JOHN B. BUTT, *Reaction Kinetics and Reactor Design. Second Edition, Revised and Expanded*. New York: Marcel Dekker, Inc., 1999.

   D. M. DOBKIN and M. K. ZURAW. *Principles of Chemical Vapor Deposition*. The Netherlands: Kluwer Academic Publishers, 2003.

11 Projeto de Reatores Não Isotérmicos — Balanço de Energia em Estado Estacionário e Aplicações Adiabáticas no PFR

Se você não pode suportar o *calor*, saia da cozinha.

— Harry S. Truman

Visão Geral. Uma vez que muitas reações não ocorrem isotermicamente, direcionaremos nossa atenção agora aos efeitos térmicos em reatores químicos. O algoritmo básico de ERQ relativo ao *balanço molar*, à *equação da taxa*, à *estequiometria*, à *combinação* e à *avaliação*, usado nos Capítulos 1 a 10 para projeto de reatores isotérmicos ainda é válido para o projeto de reatores não isotérmicos; necessitamos apenas adicionar mais uma etapa, o *balanço de energia*. A maior diferença está no método de avaliar a equação de projeto, quando a temperatura varia ao longo do comprimento de um PFR ou quando calor é removido de um CSTR.

Este capítulo é arranjado como segue:

- A Seção 11.1 mostra por que necessitamos de um balanço de energia e como ele será usado para resolver problemas de projeto de reatores.
- A Seção 11.2 desenvolve o balanço de energia em um ponto em que pode ser aplicado a diferentes tipos de reatores, fornecendo então o resultado relacionando temperatura e conversão ou taxa de reação para os principais tipos de reatores que estamos estudando.
- A Seção 11.3 desenvolve balanços de energia com interfaces amigáveis para reatores.
- A Seção 11.4 discute a operação adiabática de reatores.
- A Seção 11.5 mostra como determinar a conversão de equilíbrio adiabático e como executar o resfriamento interestágios.
- A Seção 11.6 mostra como encontrar a temperatura ótima de entrada de modo a atingir a conversão máxima para a operação adiabática.
- A Seção 11.7 encerra o capítulo com algumas ideias sobre o tipo de questões de pensamento crítico que você poderia formular sobre a segurança de seu sistema.

11.1 Análise Racional

Para identificar as informações adicionais necessárias para projetar reatores não isotérmicos, consideraremos o exemplo seguinte, em que uma reação altamente exotérmica ocorre adiabaticamente em um reator com escoamento empistonado.

Exemplo 11.1 Que Informação Adicional É Requerida?

A reação de primeira ordem em fase líquida

$$A \longrightarrow B$$

ocorre em um PFR. A reação é exotérmica e o reator é operado adiabaticamente. Como resultado, a temperatura aumentará com a conversão ao longo do comprimento do reator. Pelo fato de T variar ao longo do reator, k também variará, o que não foi o caso para reatores empistonados isotérmicos.

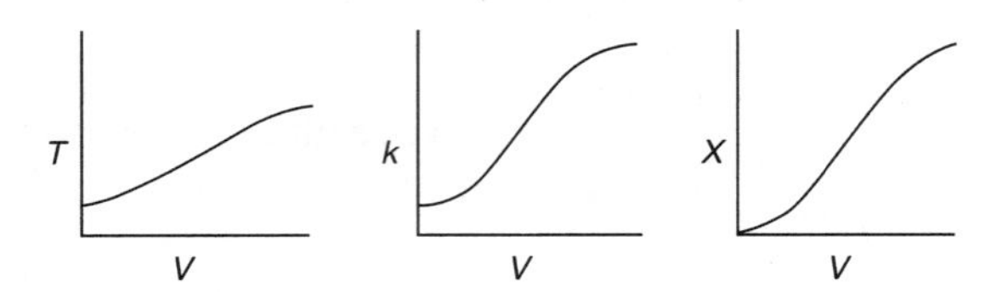

Descreva como calcular o volume do reator PFR necessário para uma conversão de 70% e plote os perfis correspondentes para X e T.

Solução

O mesmo algoritmo ERQ pode ser aplicado tanto para reações não isotérmicas quanto para reações isotérmicas, pela adição de mais uma etapa, ***o balanço de energia.***

1. **Balanço Molar (equação de projeto):**

$$\frac{dX}{dV} = \frac{-r_A}{F_{A0}} \tag{E11.1.1}$$

2. **Equação da Taxa:**

$$-r_A = kC_A \tag{E11.1.2}$$

Da equação de Arrhenius,

$$k = k_1 \exp\left[\frac{E}{R}\left(\frac{1}{T_1} - \frac{1}{T}\right)\right] \tag{E11.1.3}$$

sabemos que k é uma função da temperatura, T.

3. **Estequiometria (fase líquida):** $\upsilon = \upsilon_0$

$$C_A = C_{A0}(1 - X) \tag{E11.1.4}$$

4. **Combinando:**

$$-r_A = k_1 \exp\left[\frac{E}{R}\left(\frac{1}{T_1} - \frac{1}{T}\right)\right] C_{A0}(1 - X) \tag{E11.1.5}$$

Combinando as Equações (E11.1.1), (E11.1.2) e (E11.1.4) e cancelando a concentração de entrada, C_{A0}, resulta em

$$\frac{dX}{dV} = \frac{k(1 - X)}{\upsilon_0} \tag{E11.1.6}$$

Combinando as Equações (E11.1.3) e (E11.1.6), temos

Por que precisamos do balanço de energia

$$\frac{dX}{dV} = k_1 \exp\left[\frac{E}{R}\left(\frac{1}{T_1} - \frac{1}{T}\right)\right]\frac{1-X}{\upsilon_0} \tag{E11.1.7}$$

Oops! Vemos que necessitamos de outra equação relacionando X e T ou T e V para resolver essa equação. *O balanço de energia nos fornecerá essa relação.*

Assim, adicionamos outra etapa ao nosso algoritmo; essa etapa é o ***balanço de energia.***

5. Balanço de Energia:

T_0 = Temperatura na Entrada

ΔH°_{Rx} = Calor de Reação

C_{P_A} = Calor Específico da espécie A

Nesta etapa, encontraremos o balanço apropriado de energia para relacionar temperatura e conversão ou taxa de reação. Por exemplo, se a reação for *adiabática*, mostraremos que, para calores específicos iguais, C_{P_A} e C_{P_B}, e com um calor de reação constante, ΔH°_{Rx}, a relação temperatura-conversão pode ser escrita em uma forma tal como

$$T = T_0 + \frac{-\Delta H^\circ_{Rx}}{C_{P_A}} X \tag{E11.1.8}$$

Temos agora todas as equações de que necessitamos para resolver os perfis de conversões e de temperaturas. Simplesmente digitamos as Equações (E11.1.7) e (E11.1.8), juntamente com os parâmetros, no Polymath, Wolfram, Python ou MATLAB; clicamos no botão EXECUTAR e, em seguida, realizamos o cálculo para um volume em que obtemos uma conversão de 70%.

Análise: A finalidade deste exemplo foi demonstrar que, para reações químicas não isotérmicas, necessitamos de outra etapa em nosso algoritmo de ERQ, ***o balanço de energia***. O balanço de energia nos permite determinar a temperatura de reação que é necessária para avaliar a constante de taxa de reação $k(T)$.

11.2 Balanço de Energia

11.2.1 Primeira Lei da Termodinâmica

O objetivo desta seção é usar o balanço de energia para desenvolver relações, de fácil uso, com a temperatura que podem ser facilmente aplicadas a reatores químicos. Começamos com a aplicação da primeira lei da termodinâmica, primeiro para sistema fechado e depois para sistema aberto. Um sistema é qualquer porção limitada do universo, em movimento ou estacionário, que é escolhido para a aplicação das várias equações termodinâmicas. Para um sistema fechado, nenhuma massa atravessa as fronteiras do sistema e a variação na energia total do sistema, $d\hat{E}$, é igual à *taxa de calor* **para** *o sistema*, δQ, menos o *trabalho feito* **pelo** *sistema* **sobre** *a vizinhança*, δW. Para um *sistema fechado*, o balanço de energia é

Sistema fechado

$$d\hat{E} = \delta Q - \delta W \tag{11.1}$$

Os δs significam que δQ e δW não são diferenciais exatas de uma função de estado.

Os *reatores com escoamento contínuo* que temos discutido são *sistemas abertos*, em que massa cruza a fronteira do sistema. Devemos fazer um balanço de energia no sistema aberto mostrado na Figura 11.1. Para um sistema aberto em que alguma transferência de energia existe devido ao escoamento de massa pelas fronteiras do sistema, o balanço de energia, para o caso de *somente uma* espécie entrar e sair, torna-se

[Taxa de acúmulo de energia **dentro** do sistema] = [Taxa de energia transferida **para** o sistema a partir da vizinhança] − [Taxa de trabalho **feito pelo** sistema **sobre** a vizinhança] + [Taxa de energia adicionada **ao** sistema pela massa que escoa **para dentro** do sistema] − [Taxa de energia **que sai** do sistema devido ao escoamento da massa **para fora** do sistema]

Balanço de energia para um sistema aberto

$$\frac{d\hat{E}_{sist}}{dt} = \dot{Q} - \dot{W} + F_{entrada}E_{entrada} - F_{saída}E_{saída} \tag{11.2}$$

$$(\text{J/s}) = (\text{J/s}) - (\text{J/s}) + (\text{J/s}) - (\text{J/s})$$

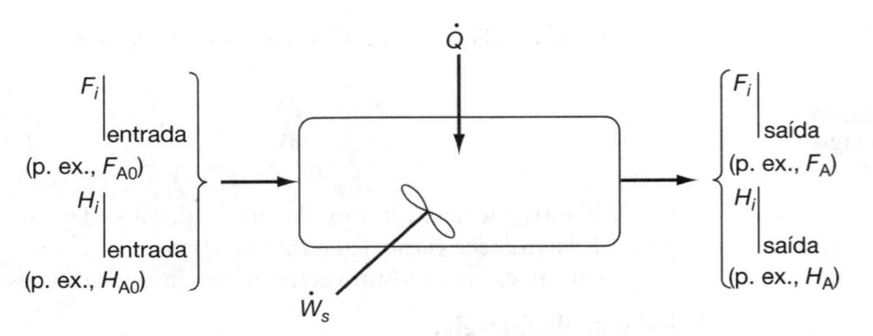

Figura 11.1 Balanço de energia para um sistema aberto bem misturado: esquema.

As unidades típicas para cada termo na Equação (11.2) são (Joule/s). (Biografia de Joule: http://www.corrosion-doctors.org/Biographies/JouleBio.htm.)

Vamos considerar que os conteúdos do volume do sistema estejam bem misturados, uma suposição que poderia ser relaxada, mas que iria requerer algumas páginas do livro para ser desenvolvida, e o resultado seria o mesmo! O balanço de energia em regime transiente para um sistema aberto bem misturado que tenha n espécies, cada uma entrando e saindo do sistema em suas respectivas taxas molares F_i (mols de i por tempo) e com suas respectivas energias E_i (Joules por mol de i), é

O ponto de partida

$$\frac{d\hat{E}_{\text{sist.}}}{dt} = \dot{Q} - \dot{W} + \sum_{i=1}^{n} E_i F_i \bigg|_{\text{entrada}} - \sum_{i=1}^{n} E_i F_i \bigg|_{\text{saída}} \quad (11.3)$$

Discutiremos agora cada um dos termos da Equação (11.3).

11.2.2 Avaliação do Termo de Trabalho

É costume separar o termo de trabalho, $\dot{W}$, em *trabalho de escoamento* e *outros trabalhos*, $\dot{W}_s$. O termo $\dot{W}_s$, frequentemente referido como o *trabalho de eixo*, poderia ser produzido a partir de elementos, como um agitador em um CSTR ou uma turbina em um PFR. *Trabalho de escoamento* é o trabalho necessário para conseguir que a massa *entre* e *saia do* sistema. Por exemplo, quando as tensões de cisalhamento estão ausentes, escrevemos

Trabalho de escoamento e trabalho de eixo

$$\dot{W} = \overbrace{-\sum_{i=1}^{n} F_i P \tilde{V}_i \bigg|_{\text{entrada}} + \sum_{i=1}^{n} F_i P \tilde{V}_i \bigg|_{\text{saída}}}^{\text{[Taxa de trabalho de escoamento]}} + \dot{W}_s \quad (11.4)$$

em que P é a pressão (Pa) [1 Pa = 1 Newton/m^2 = 1 kg×m/s^2/m^2] e $\tilde{V}_i$ é o volume molar específico da espécie i (m^3/mol de i).

Vamos olhar as unidades do termo de trabalho de escoamento, que é definido como

$$F_i \cdot P \cdot \tilde{V}_i$$

sendo F_i em mol/s, P em Pa (1 Pa = 1 Newton/m^2) e $\tilde{V}_i$ em m^3/mol. Multiplicando as unidades de cada termo em ($F_i P \tilde{V}_i$), obtemos as unidades do trabalho de escoamento, ou seja,

$$F_i \cdot P \cdot \tilde{V}_i \;[=]\; \frac{\text{mol}}{\text{s}} \cdot \frac{\text{Newton}}{\text{m}^2} \cdot \frac{\text{m}^3}{\text{mol}} = (\text{Newton} \cdot \text{m}) \cdot \frac{1}{\text{s}} = \text{Joules/s} = \text{Watts}$$

Vemos que as unidades para o trabalho de escoamento são consistentes com os outros termos da Equação (11.3), isto é, J/s (http://www.corrosion-doctors.org/Biographies/WattBio.htm).

Convenção
Calor **Adicionado**
$\dot{Q} = +10$ J/s
Calor **Removido**
$\dot{Q} = -10$ J/s
Trabalho Feito **pelo** Sistema
$\dot{W}_S = +10$ J/s
Trabalho Feito **sobre** o Sistema
$\dot{W}_S = -10$ J/s

Em muitos exemplos, o trabalho de escoamento é combinado com aqueles termos do balanço de energia que representam a transferência de calor devido ao escoamento de massa pelas fronteiras do sistema. Substituindo a Equação (11.4) em (11.3) e agrupando os termos, temos

$$\frac{d\hat{E}_{\text{sist.}}}{dt} = \dot{Q} - \dot{W}_s + \sum_{i=1}^{n} F_i(E_i + P\tilde{V}_i)\Bigg|_{\text{entrada}} - \sum_{i=1}^{n} F_i(E_i + P\tilde{V}_i)\Bigg|_{\text{saída}} \tag{11.5}$$

A energia E_i é a soma da energia interna (U_i), da energia cinética ($u_i^2/2$), da energia potencial (gz_i) e de quaisquer outras energias, tais como energias elétrica ou magnética ou radiante:

$$E_i = U_i + \frac{u_i^2}{2} + gz_i + \text{outros} \tag{11.6}$$

Em quase todas as situações de reatores químicos, os termos das energias cinética, potencial e "outras" são negligenciáveis em comparação com os termos de entalpia, de transferência de calor e de trabalho no balanço de energia e, consequentemente, serão omitidos; ou seja,

$$E_i = U_i \tag{11.7}$$

Lembramos que a entalpia, H_i (J/mol), é definida em termos da energia interna U_i (J/ mol) e do produto $P\tilde{V}_i$ (1 Pa · m³/mol = 1 J/mol):

Entalpia

$$H_i = U_i + P\tilde{V}_i \tag{11.8}$$

As unidades típicas de H_i são

$$(H_i) = \frac{\text{J}}{\text{mol } i} \text{ ou } \frac{\text{Btu}}{\text{lb-mol } i} \text{ ou } \frac{\text{cal}}{\text{mol } i}$$

A entalpia que entra no sistema (ou que sai do sistema) pode ser expressa como a soma da energia interna líquida que entra no sistema (ou que sai do sistema), associada à massa que escoa, mais o trabalho de escoamento:

$$F_i H_i = F_i(U_i + P\tilde{V}_i)$$

Combinando as Equações (11.5), (11.7) e (11.8), podemos agora escrever o balanço de energia na forma

$$\frac{d\hat{E}_{\text{sist.}}}{dt} = \dot{Q} - \dot{W}_s + \sum_{i=1}^{n} F_i H_i\Bigg|_{\text{entrada}} - \sum_{i=1}^{n} F_i H_i\Bigg|_{\text{saída}}$$

A energia do sistema em qualquer instante de tempo, $\hat{E}_{\text{sist}}$, é a soma dos produtos do número de mols de cada espécie no sistema multiplicada por suas respectivas energias. A derivada do termo $\hat{E}_{\text{sist}}$ em relação ao tempo será discutida em mais detalhes quando a operação de reatores em regime transiente for considerada no Capítulo 13.

O subscrito "0" representa as condições de entrada. As variáveis sem subscritos representam as condições na saída do volume do sistema escolhido.

Balanço de *Energia*

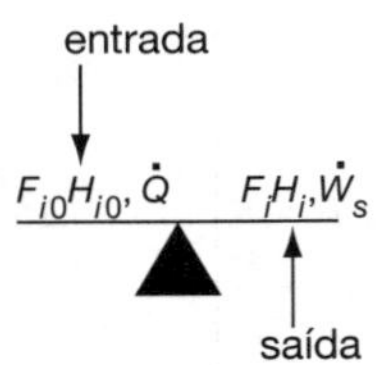

$$\dot{Q} - \dot{W}_s + \sum_{i=1}^{n} F_{i0}H_{i0} - \sum_{i=1}^{n} F_i H_i = \frac{d\hat{E}_{\text{sist.}}}{dt} \tag{11.9}$$

Na Seção 11.1, discutimos que, para resolver os problemas de engenharia das reações com efeitos térmicos, necessitamos relacionar temperatura, conversão e taxa de reação. O balanço de energia, como dado na Equação (11.9), é o ponto de partida mais conveniente, à medida que procedemos para desenvolver essa relação.

11.2.3 Visão Geral dos Balanços de Energia

Qual é o plano? Nas páginas seguintes, manipularemos a Equação (11.9) de modo a aplicá-la a cada um dos tipos de reatores que temos discutido: batelada, PFR, PBR e CSTR. O resultado da aplicação do balanço de energia para cada tipo de reator é mostrado na Tabela 11.1. Essas equações são usadas na **Etapa 5** do algoritmo discutido no Exemplo E11.1. As equações na Tabela 11.1 relacionam temperatura com a conversão, com as taxas molares e com os parâmetros do sistema, tais como o coeficiente global de transferência de calor e a área, ou seja, *Ua*, com a temperatura ambiente correspondente, T_a, e com o calor de reação, ΔH_{Rx}.

Exemplos de Como Usar a Tabela 11.1. Acoplamos agora as equações de *balanço de energia* da Tabela 11.1 com o *algoritmo* apropriado para o reator contendo o *balanço molar*, a *equação da taxa* e a *estequiometria*, com a finalidade de resolver os problemas de engenharia das reações com efeitos térmicos.

A Tabela 11.1 apresenta uma forma amigável para os balanços de energia para reações

Tabela 11.1 Balanços de Energia de Reatores Comuns

1. **Adiabático ($\dot{Q} \equiv 0$)** CSTR, PFR, Batelada ou PBR. A relação entre a conversão calculada a partir do balanço de energia, X_{EB}, e a temperatura para $W_s = 0$, C_{P_i}, constante e $\Delta C_P = 0$, é

Conversão em termos de temperatura

$$X_{EB} = \frac{\Sigma\Theta_i C_{P_i}(T - T_0)}{-\Delta H^\circ_{Rx}} \quad \text{(T11.1.A)}$$

Temperatura em termos de conversão, calculada a partir do balanço de energia

$$T = T_0 + \frac{(-\Delta H^\circ_{Rx})X_{EB}}{\Sigma\Theta_i C_{P_i}} \quad \text{(T11.1.B)}$$

Para uma reação exotérmica $(-\Delta H_{Rx}) > 0$

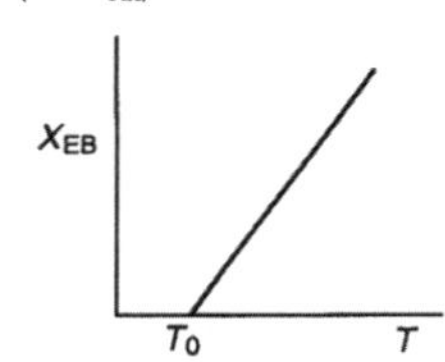

Resultados da manipulação do balanço de energia (Seções 11.2.4, 12.1 e 12.3)

2. **CSTR com trocador de calor,** $UA(T_a - T)$, e uma alta taxa de fluido refrigerante.

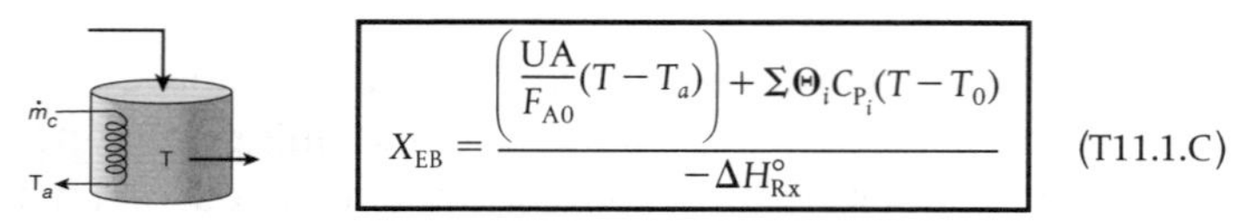

$$X_{EB} = \frac{\left(\frac{UA}{F_{A0}}(T - T_a)\right) + \Sigma\Theta_i C_{P_i}(T - T_0)}{-\Delta H^\circ_{Rx}} \quad \text{(T11.1.C)}$$

3. **PFR/PBR com transferência de calor**

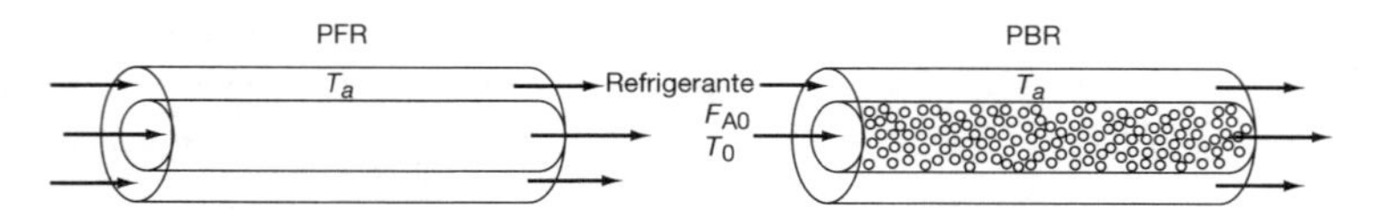

Em geral, a maioria dos balanços de energia no PFR e no PBR pode ser escrita como

$$\frac{dT}{dV} = \frac{(\text{Calor "gerado"}) - (\text{Calor "removido"})}{\Sigma F_i C_{P_i}} = \frac{Q_g - Q_r}{\Sigma F_i C_{P_i}}$$

(continua)

A Tabela 11.1 apresenta uma forma amigável para os balanços de energia para reações

Resultados da manipulação do balanço de energia (Seções 11.2.4, 12.1 e 12.3)

Tabela 11.1 Balanços de Energia de Reatores Comuns (*continuação*)

3A. **PFR em termos de conversão**

$$\frac{dT}{dV}=\frac{\overbrace{r_A\Delta H_{Rx}(T)}^{Q_g}-\overbrace{Ua(T-T_a)}^{Q_r}}{F_{A0}\left(\Sigma\Theta_i C_{P_i}+\Delta C_P X\right)}=\frac{Q_g-Q_r}{F_{A0}\left(\Sigma\Theta_i C_{P_i}+\Delta C_P X\right)} \quad \text{(T11.1.D)}$$

3B. **PBR em termos de conversão**

$$\frac{dT}{dW}=\frac{r'_A\Delta H_{Rx}(T)-\frac{Ua}{\rho_b}(T-T_a)}{F_{A0}\left(\Sigma\Theta_i C_{P_i}+\Delta C_P X\right)} \quad \text{(T11.1.E)}$$

3C. **PBR em termos de taxas molares**

$$\frac{dT}{dW}=\frac{r'_A\Delta H_{Rx}(T)-\frac{Ua}{\rho_b}(T-T_a)}{\Sigma F_i C_{P_i}} \quad \text{(T11.1.F)}$$

3D. **PFR em termos de taxas molares**

$$\frac{dT}{dV}=\frac{r_A\Delta H_{Rx}(T)-Ua(T-T_a)}{\Sigma F_i C_{P_i}}=\frac{Q_g-Q_r}{\Sigma F_i C_{P_i}} \quad \text{(T11.1.G)}$$

4. **Em Batelada**

$$\frac{dT}{dt}=\frac{(r_A V)(\Delta H_{Rx})-UA(T-T_a)}{\Sigma N_i C_{P_i}} \quad \text{(T11.1.H)}$$

5. **Para Semibatelada ou CSTR transiente**

$$\frac{dT}{dt}=\frac{\dot{Q}-\dot{W}_s-\sum_{i=1}^{n}F_{i0}C_{P_i}(T-T_{i0})+[-\Delta H_{Rx}(T)](-r_A V)}{\sum_{i=1}^{n}N_i C_{P_i}} \quad \text{(T11.1.I)}$$

6. **Para reações múltiplas em um PFR** (q reações e m espécies)

$$\frac{dT}{dV}=\frac{\sum_{i=1}^{q}r_{ij}\Delta H_{Rxij}-Ua(T-T_a)}{\sum_{j=1}^{m}F_j C_{P_j}} \quad \text{(T11.1.J)}$$

i = número da reação, j = espécie

7. **Temperatura variável do fluido de troca térmica, T_a**

Troca Cocorrente

$$\frac{dT_a}{dV}=\frac{Ua(T-T_a)}{\dot{m}_c C_{P_c}} \quad \text{(T11.1.K)}$$

$V = 0 \quad T_a = T_{a0}$

Troca Contracorrente

$$\frac{dT_a}{dV}=\frac{Ua(T_a-T)}{\dot{m}_c C_{P_c}} \quad \text{(T11.1.L)}$$

$V = V_{final} \quad T_a = T_{a0}$

(*continua*)

Tabela 11.1 Balanços de Energia de Reatores Comuns (*continuação*)

As equações na Tabela 11.1 são aquelas usadas para resolver os problemas de engenharia das reações com efeitos térmicos.

Nomenclatura

U = coeficiente global de transferência de calor (J/m^2 · s · K);

A = área de transferência de calor do CSTR, (m^2);

a = área de transferência de calor do PFR por volume de reator, (m^2/m^3);

C_{P_i} = calor específico molar médio da espécie i, (J/mol/K);

C_{P_c} = calor específico do fluido refrigerante, (J/kg/K);

$\dot{m}_c$ = taxa do fluido refrigerante, (kg/s);

$\Delta H_{Rx}(T)$ = calor de reação, (J/mol A);

$\Delta H^{\circ}_{Rx} = \left(\frac{d}{a}H^{\circ}_D + \frac{c}{a}H^{\circ}_C - \frac{b}{a}H^{\circ}_B - H^{\circ}_A\right)$ J/mol A = calor de reação na temperatura T_R;

ΔH_{Rxij} = calor de reação em relação à espécie j na reação i, (J/mol);

$\dot{Q}$ = calor adicionado ao reator, (J/s); e

$\Delta C_P = \left(\frac{d}{a}C_{P_D} + \frac{c}{a}C_{P_C} - \frac{b}{a}C_{P_B} - C_{P_A}\right)$ (J/mol A · K).

Todos os outros símbolos foram definidos nos Capítulos 1 a 10.

Por exemplo, lembre-se da equação da taxa para uma reação de primeira ordem, Equação (E11.1.5) do Exemplo 11.1

$$-r_A = k_1 \exp\left[\frac{E}{R}\left(\frac{1}{T_1} - \frac{1}{T}\right)\right] C_{A0}(1 - X) \tag{E11.1.5}$$

que será combinada com o *balanço molar* para encontrar os perfis de concentrações, de conversões e de temperaturas (BR, PBR, PFR), concentrações, conversões e temperaturas na saída em um CSTR. Consideraremos agora quatro casos de troca térmica em um PFR e PBR: **(1)** adiabático, **(2)** cocorrente, **(3)** contracorrente e **(4)** temperatura constante do fluido no trocador. Neste capítulo, focaremos na operação adiabática e os outros três casos no Capítulo 12.

Caso 1: Adiabático. Se a reação ocorre adiabaticamente, usamos então a Equação (T11.1.B) para a reação A $\longrightarrow$ B do Exemplo 11.1 de modo a obter

Adiabático

$$T = T_0 + \frac{-\Delta H^{\circ}_{Rx} X}{C_{P_A}} \tag{T11.1.B}$$

Consequentemente, podemos obter agora $-r_A$ em função somente de X, primeiro escolhendo X, então calculando T a partir da Equação (T11.1.B), e depois calculando k a partir da Equação (E11.1.3), e finalmente calculando $(-r_A)$ a partir da Equação (E11.1.5).

O algoritmo

$$\text{Escolha } X \rightarrow \text{calcule } T \rightarrow \text{calcule } k \rightarrow \text{calcule } -r_A \rightarrow \text{calcule } \frac{F_{A0}}{-r_A}$$

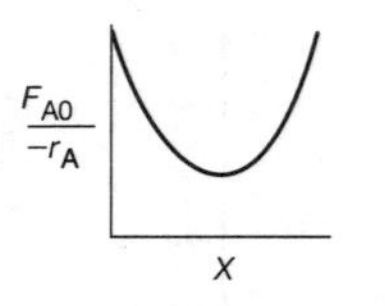

Gráfico de Levenspiel

Podemos usar essa sequência para preparar uma tabela de $(F_{A0}/-r_A)$ em função de X. Podemos então dimensionar PFRs e CSTRs. No cenário do pior caso, poderíamos usar as técnicas do Capítulo 2 (por exemplo, os gráficos de Levenspiel ou as fórmulas de quadratura do Apêndice A). Entretanto, em vez de usar um gráfico de Levenspiel, usaremos mais provavelmente pacotes computacionais, tais como MATLAB, Wolfram, Python ou Polymath para resolver as equações diferenciais acopladas de balanços molar e de balanço de energia.

Casos 2, 3 e 4: Correspondem a Trocador de Calor Cocorrente, Trocador de Calor Contracorrente e Temperatura Constante do Refrigerante T_C, respectivamente (Capítulo 12). Se houver resfriamento ao longo do comprimento de um PFR, poderemos então aplicar a Equação (T11.1.D) a essa equação para chegar a duas equações diferenciais acopladas,

Em termos de conversão

PFR não adiabático

$$\frac{dX}{dV} = k_1 \exp\left[\frac{E}{R}\left(\frac{1}{T_1} - \frac{1}{T}\right)\right] C_{A0}(1-X)/F_{A0}$$

Em termos de taxa molar

$$\frac{dF_A}{dV} = r_A = -kC_A = -k\frac{F_A}{v} = -k_1\frac{F_A}{v}\exp\left[\frac{E}{R}\left(\frac{1}{T_1} - \frac{1}{T}\right)\right]$$

cada uma das quais necessita ser acoplada com o balanço de energia

$$\frac{dT}{dV} = \frac{r_A \Delta H_{Rx}(T) - Ua(T - T_a)}{F_{A0} C_{P_A}}$$

que são facilmente resolvidas usando um *solver* de EDO, tal como o Polymath. Se a temperatura do fluido do trocador de calor (T_a) (refrigerante) não for constante, adicionamos as Equações (T11.1.K) ou (T11.1.L) na Tabela 11.1 às equações anteriores e resolvemos com Polymath, Wolfram ou MATLAB.

Troca Térmica em um CSTR. Similarmente, para o caso de a reação A → B do Exemplo 11.1 ocorrer em um CSTR, poderemos usar o Polymath ou o MATLAB para resolver duas equações não lineares em X e em T. Essas duas equações são obtidas a partir da combinação do balanço molar

CSTR não adiabático

$$V = \frac{F_{A0}X}{k_1 \exp\left[\frac{E}{R}\left(\frac{1}{T_1} - \frac{1}{T}\right)\right] C_{A0}(1-X)}$$

e a aplicação da Equação (T11.1.C), que é rearranjada na forma

$$T = \frac{F_{A0}X(-\Delta H_{Rx}) + UAT_a + F_{A0}C_{P_A}T_0}{UA + C_{P_A}F_{A0}}$$

A partir desses três casos, (1) PFR e CSTR adiabáticos, (2) PFR e PBR com efeitos térmicos e (3) CSTR com efeitos térmicos, pode-se verificar como se acoplam os balanços de energia e os balanços molares. Em princípio, poder-se-ia simplesmente usar a Tabela 11.1 para diferentes reatores e sistemas de reações sem maiores discussões. No entanto, o entendimento da dedução dessas equações facilitará grandemente sua aplicação e avaliação apropriadas a vários reatores e sistemas de reação. Consequentemente, deduziremos as equações dadas na Tabela 11.1.

Por que se importar? Eis aqui a razão!!

Por que nos importarmos em deduzir as equações da Tabela 11.1? Porque descobrimos que os estudantes podem *aplicar* essas equações *muito* mais acuradamente para resolver os problemas de engenharia das reações com efeitos térmicos, se eles tiverem feito a dedução, de modo a entender as suposições e manipulações usadas para chegar às equações da Tabela 11.1. Ou seja, entendendo essas deduções, os estudantes estão mais aptos a colocarem o número correto no símbolo da equação correta.

11.3 Equações do Balanço de Energia de Uso Amigável

Detalharemos agora os termos das taxas molares e da entalpia na Equação (11.9), de modo a chegar a um conjunto de equações que pode ser aplicado prontamente a um número de situações no reator.

11.3.1 Detalhamento das Taxas Molares em Estado Estacionário para Obter o Calor de Reação

Para iniciar nossa jornada, começamos com a Equação (11.9) de balanço de energia e então prosseguimos até finalmente chegarmos às equações apresentadas na Tabela 11.1, primeiro detalhando dois termos:

1. As taxas molares, F_i e F_{i0}
2. As entalpias molares, H_i, $H_{i0}[H_i \equiv H_i(T)$ e $H_{i0} \equiv H_i(T_0)]$

Jogos

Interativos Computacionais (JIC)

Uma versão animada e de "algum modo" engraçada do que segue para a dedução do balanço de energia pode ser encontrada nos módulos de engenharia das reações "Efeitos Térmicos 1" e "Efeitos Térmicos 2" no CRE *website* (*http://www.umich.edu/~elements/6e/icm/index.html*). Aqui, equações falam entre si como se movessem ao redor da tela, fazendo substituições e aproximações para chegar às equações mostradas na Tabela 11.1. Aprendizes visuais vão achar esses dois JICs um recurso útil (*http://www.umich.edu/~elements/6e/icm/heatfx1.html*).

Consideraremos agora os sistemas com escoamento que são operados em estado estacionário. O balanço de energia em estado estacionário é obtido estabelecendo $(d\hat{E}_{sist}/dt)$ igual a zero na Equação (11.9), de modo a resultar

Balanço de energia em estado estacionário

$$\boxed{\dot{Q} - \dot{W}_s + \sum_{i=1}^{n} F_{i0}H_{i0} - \sum_{i=1}^{n} F_iH_i = 0} \tag{11.10}$$

Com o objetivo de fazer as manipulações para escrever a Equação (11.10) em termos do calor de reação, devemos usar a reação generalizada

$$A + \frac{b}{a}B \longrightarrow \frac{c}{a}C + \frac{d}{a}D \tag{2.2}$$

Os termos do somatório de entrada e de saída na Equação (11.10) são expandidos, respectivamente, para

$$\textbf{Entrada: } \Sigma\, H_{i0}F_{i0} = H_{A0}F_{A0} + H_{B0}F_{B0} + H_{C0}F_{C0} + H_{D0}F_{D0} + H_{I0}F_{I0} \tag{11.11}$$

e

$$\textbf{Saída: } \Sigma\, H_iF_i = H_AF_A + H_BF_B + H_CF_C + H_DF_D + H_IF_I \tag{11.12}$$

em que o subscrito maiúsculo I representa a espécie inerte.

A seguir, expressamos as taxas molares em termos de conversão. Em geral, a relação entre a taxa molar da espécie *i* para o caso de não haver acúmulo e um coeficiente estequiométrico ν_i é

$$F_i = F_{A0}(\Theta_i + \nu_i X)$$

Especificamente, para a Reação (2.2), $A + \frac{b}{a}B \longrightarrow \frac{c}{a}C + \frac{d}{a}D$, temos

Operação em estado estacionário

$$\left.\begin{aligned} F_A &= F_{A0}(1-X) \\ F_B &= F_{A0}\left(\Theta_B - \frac{b}{a}X\right) \\ F_C &= F_{A0}\left(\Theta_C + \frac{c}{a}X\right) \\ F_D &= F_{A0}\left(\Theta_D + \frac{d}{a}X\right) \\ F_I &= \Theta_I F_{A0} \end{aligned}\right\} \text{ em que } \Theta_i = \frac{F_{i0}}{F_{A0}}$$

Podemos substituir esses símbolos para as taxas molares nas Equações (11.11) e (11.12), então subtrair a Equação (11.12) da (11.11) para dar

$$\begin{aligned} \sum_{i=1}^{n} F_{i0}H_{i0} - \sum_{i=1}^{n} F_i H_i = {} & F_{A0}[(H_{A0}-H_A)+(H_{B0}-H_B)\Theta_B \\ & +(H_{C0}-H_C)\Theta_C+(H_{D0}-H_D)\Theta_D+(H_{I0}-H_I)\Theta_I] \\ & \underbrace{-\left(\frac{d}{a}H_D+\frac{c}{a}H_C-\frac{b}{a}H_B-H_A\right)}_{\Delta H_{Rx}} F_{A0}X \end{aligned} \tag{11.13}$$

O termo entre parênteses, que é multiplicado por $F_{A0}X$, é chamado de **calor de reação** na temperatura T e é designado como $\Delta H_{Rx}(T)$.

Calor de reação na temperatura T

$$\boxed{\Delta H_{Rx}(T) = \frac{d}{a}H_D(T)+\frac{c}{a}H_C(T)-\frac{b}{a}H_B(T)-H_A(T)} \tag{11.14}$$

Todas as entalpias (por exemplo, H_A, H_B) são avaliadas na temperatura T no reator e, consequentemente, $[\Delta H_{Rx}(T)]$ é o calor de reação *naquela* temperatura específica T. *O calor de reação é sempre dado por mol da espécie que é a base de cálculo, ou seja, espécie A (Joules por mol de A reagido).*

Substituindo a Equação (11.14) em (11.13) e revertendo para a notação de somatório para a espécie, a Equação (11.13) se torna

$$\sum_{i=1}^{n} F_{i0}H_{i0} - \sum_{i=1}^{n} F_i H_i = F_{A0}\sum_{i=1}^{n}\Theta_i(H_{i0}-H_i) - \Delta H_{Rx}(T)F_{A0}X \tag{11.15}$$

Combinando as Equações (11.10) e (11.15), podemos escrever agora o balanço de energia em *estado estacionário* ($d\hat{E}_{sist.}/dt = 0$) em uma forma mais utilizável:

Pode-se usar essa forma do balanço de energia em estado estacionário, se as entalpias estiverem disponíveis.

$$\boxed{\dot{Q} - \dot{W}_s + F_{A0}\sum_{i=1}^{n}\Theta_i(H_{i0}-H_i) - \Delta H_{Rx}(T)F_{A0}X = 0} \tag{11.16}$$

Se uma *mudança de fase* ocorrer durante o curso de uma reação, essa forma do balanço de energia [por exemplo, Equação (11.16)] *tem* de ser usada.

11.3.2 Dissecação das Entalpias

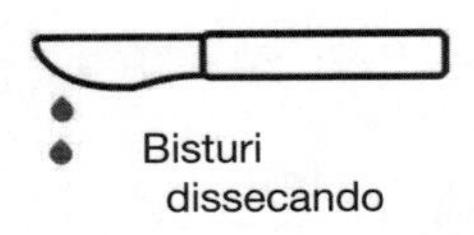
Bisturi dissecando

Estamos desprezando quaisquer variações de entalpia resultantes da mistura, de modo que as entalpias parciais molares sejam iguais às entalpias molares dos componentes puros. A entalpia molar da espécie *i* em uma temperatura e pressão particulares, H_i, é geralmente expressa em termos de uma ***entalpia de formação*** da espécie *i* em alguma temperatura de referência T_R, $H_i^\circ(T_R)$, mais a variação na entalpia ΔH_{Qi}, que resulta quando a temperatura é elevada, da temperatura de referência, T_R, a alguma temperatura T

$$H_i = H_i^\circ(T_R) + \Delta H_{Qi} \tag{11.17}$$

A temperatura de referência em que $H_i^\circ(T_R)$ é dada é geralmente 25°C. Para qualquer substância *i* que esteja sendo aquecida de T_1 a T_2 na *ausência* de mudança de fase,

Sem mudança de fase

$$\Delta H_{Qi} = \int_{T_1}^{T_2} C_{P_i}\, dT \tag{11.18}$$

As unidades típicas do calor específico molar, C_{Pi}, são

$$(C_{P_i}) = \frac{\text{J}}{(\text{mol de } i)(\text{K})} \; ou \; \frac{\text{Btu}}{(\text{lb mol de } i)(^\circ\text{R})} \; ou \; \frac{\text{cal}}{(\text{mol de } i)(\text{K})}$$

Diversas reações químicas que ocorrem em indústrias não envolvem mudança de fase. Consequentemente, devemos refinar nosso balanço de energia para aplicar a reações químicas com uma *única fase*. Sob essas condições, a entalpia da espécie *i* na temperatura T está relacionada com a entalpia de formação na temperatura de referência T_R por

$$H_i(T) = H_i^\circ(T_R) + \int_{T_R}^{T} C_{P_i}\, dT \tag{11.19}$$

Se mudanças de fase **ocorrerem** quando se vai da temperatura na qual a entalpia de formação é dada à temperatura de reação T, a Equação (11.17) terá de ser usada em vez da Equação (11.19).

O calor específico molar na temperatura T é frequentemente expresso como uma função quadrática da temperatura, ou seja,

$$C_{P_i} = \alpha_i + \beta_i T + \gamma_i T^2 \tag{11.20}$$

Estante com Referências

Embora este livro considere somente **calores específicos molares constantes**, o R11.1 no CRE *website* (*http://www.umich.edu/~elements/6e/11chap/prof.html*) tem exemplos com calores específicos variáveis.

Para calcular a variação na entalpia $(H_i - H_{i0})$ quando o fluido reagente é aquecido, sem mudança de fase, desde sua temperatura de entrada, T_{i0}, a uma temperatura T, integramos a Equação (11.19) para C_{P_i} constante, de modo a escrever

$$H_i - H_{i0} = \left[H_i^\circ(T_R) + \int_{T_R}^{T} C_{P_i}\, dT \right] - \left[H_i^\circ(T_R) + \int_{T_R}^{T_{i0}} C_{P_i}\, dT \right]$$

$$= \int_{T_{i0}}^{T} C_{P_i}\, dT = C_{P_i}\,[T - T_{i0}] \tag{11.21}$$

Substituindo H_i e H_{i0} na Equação (11.16) resulta em

Resultado do detalhamento das entalpias

$$\boxed{\dot{Q} - \dot{W}_s - F_{A0} \sum_{i=1}^{n} \Theta_i C_{P_i}\,[T - T_{i0}] - \Delta H_{Rx}(T) F_{A0} X = 0} \tag{11.22}$$

11.3.3 Relacionando $\Delta H_{Rx}(T)$, $\Delta H^\circ_{Rx}(T_R)$ e ΔC_P

Lembre-se de que o calor de reação na temperatura T foi dado em termos da entalpia de cada espécie na temperatura T na Equação (11.14), ou seja,

$$\Delta H_{Rx}(T) = \frac{d}{a}H_D(T) + \frac{c}{a}H_C(T) - \frac{b}{a}H_B(T) - H_A(T) \tag{11.14}$$

sendo a entalpia de cada espécie dada por

$$H_i(T) = H_i^\circ(T_R) + \int_{T_R}^{T} C_{P_c}\, dT = H_i^\circ(T_R) + C_{P_i}(T - T_R) \tag{11.19}$$

Se substituirmos agora a entalpia de cada espécie, teremos

Para a reação genérica
$A + \frac{b}{a}B \rightarrow \frac{c}{a}C + \frac{d}{a}D$

$$\Delta H_{Rx}(T) = \left[\frac{d}{a}H_D^\circ(T_R) + \frac{c}{a}H_C^\circ(T_R) - \frac{b}{a}H_B^\circ(T_R) - H_A^\circ(T_R)\right] + \left[\frac{d}{a}C_{P_D} + \frac{c}{a}C_{P_C} - \frac{b}{a}C_{P_B} - C_{P_A}\right](T - T_R) \tag{11.23}$$

O primeiro conjunto de termos no lado direito da Equação (11.23) é o calor de reação na temperatura de referência T_R,

$$\Delta H^\circ_{Rx}(T_R) = \frac{d}{a}H_D^\circ(T_R) + \frac{c}{a}H_C^\circ(T_R) - \frac{b}{a}H_B^\circ(T_R) - H_A^\circ(T_R) \tag{11.24}$$

As entalpias de formação de muitos compostos, $H_i^\circ(T_R)$, são geralmente tabeladas a 25°C e podem ser prontamente encontradas no *Handbook of Chemistry and Physics* e em manuais similares.[1] Ou seja, podemos procurar os calores de formação em T_R e calcular então o calor de reação nessa temperatura de referência. O calor de combustão (também disponível nesses manuais) pode ser usado para determinar a entalpia de formação, $H_i^\circ(T_R)$, sendo o método de cálculo também descrito nesses manuais. A partir desses valores do calor-padrão de formação, $H_i^\circ(T_R)$, podemos calcular o calor de reação na temperatura de referência T_R usando a Equação (11.24).

O segundo termo entre colchetes no lado direito da Equação (11.23) é a *variação global do calor específico por mol de A reagido*, ΔC_P,

ΔC_P

$$\Delta C_P = \frac{d}{a}C_{P_D} + \frac{c}{a}C_{P_C} - \frac{b}{a}C_{P_B} - C_{P_A} \tag{11.25}$$

A combinação das Equações (11.25), (11.24) e (11.23) nos fornece

Calor de reação na temperatura T, $\Delta H_{Rx}(T)$

$$\Delta H_{Rx}(T) = \Delta H^\circ_{Rx}(T_R) + \Delta C_P(T - T_R) \tag{11.26}$$

A Equação (11.26) fornece o calor de reação em qualquer temperatura T em termos do calor de reação em uma temperatura de referência (geralmente 298 K) e em termos de ΔC_P. Técnicas para determinar o calor de reação a pressões acima da atmosférica podem ser encontradas em Chen.[2] Notamos que, para a reação de hidrogênio e nitrogênio a 400°C, foi mostrado que o calor de reação aumentou somente 6%, quando a pressão aumentou de 1 atm para 200 atm! Consequentemente, desprezaremos os efeitos de pressão sobre o calor de reação.

[1] *CRC Handbook of Chemistry and Physics*, 95th ed., Boca Raton, Fl: CRC Press, 2014.
[2] N. H. Chen, *Process Reactor Design* (Needham Heights, Mass.: Allyn and Bacon, 1983), p. 26.

Exemplo 11.2 Calor de Reação

Calcule o calor de reação para a síntese da amônia a partir de hidrogênio e nitrogênio a 150°C em termos de (kcal/mol) de N_2 reagido *e* em termos de (kJ/mol) de H_2 reagido.

Solução

$$N_2 + 3H_2 \longrightarrow 2NH_3$$

Calcule o calor de reação na temperatura de referência, usando os calores de formação das espécies reagentes, obtidos em *Perry's Handbook* ou no *Handbook of Chemistry and Physics.*[3]

As entalpias de formação a 25°C são

$$H^\circ_{NH_3}(T_R) = -11020\frac{\text{cal}}{\text{mol NH}_3}, \; H_{H_2} = 0, \text{ e } H_{N_2} = 0$$

Nota: Os calores de formação dos elementos (H_2, N_2) são iguais a **zero** a 25°C.

Podemos calcular agora calcular $\Delta H^\circ_{Rx}(T_R)$ usando a Equação (11.24) e consideramos os calores de formação dos produtos (por exemplo, NH_3) multiplicados por seus coeficientes estequiométricos apropriados (2 para NH_3) menos os calores de formação dos reagentes (por exemplo, N_2, H_2) multiplicados por seu coeficiente estequiométrico (por exemplo, 3 para H_2, 1 de N_2)

$$\Delta H^\circ_{Rx}(T_R) = 2H^\circ_{NH_3}(T_R) - 3H^\circ_{H_2}(T_R) - H^\circ_{N_2}(T_R) \tag{E11.2.1}$$

$$\Delta H^\circ_{Rx}(T_R) = 2H^\circ_{NH_3}(T_R) - 3(0) - 0 = 2H^\circ_{NH_3}$$

$$= 2(-11.020)\frac{\text{cal}}{\text{mol N}_2}$$

$$= -22.040 \text{ cal/mol N}_2 \text{ reagido}$$

$$\Delta H^\circ_{Rx}(298\text{ K}) = -22{,}04 \text{ kcal/mol N}_2 \text{ reagido}$$

ou, em termos de kJ/mol (lembre-se: 1 kcal = 4,184 kJ)

Reação exotérmica

$$\boxed{\Delta H^\circ_{Rx}(298\text{ K}) = -92{,}22 \text{ kJ/mol N}_2 \text{ reagido}}$$

O sinal negativo indica que a reação é *exotérmica.*

Se os calores específicos molares forem constantes ou se os calores específicos molares médios na faixa de 25°C a 150°C estiverem prontamente disponíveis, a determinação de ΔH_{Rx} a 150°C será bem simples.

$$C_{P_{H_2}} = 6{,}992 \text{ cal/mol H}_2 \cdot \text{K}$$

$$C_{P_{N_2}} = 6{,}984 \text{ cal/mol N}_2 \cdot \text{K}$$

$$C_{P_{NH_3}} = 8{,}92 \text{ cal/mol NH}_3 \cdot \text{K}$$

$$\Delta C_P = 2C_{P_{NH_3}} - 3C_{P_{H_2}} - C_{P_{N_2}} \tag{E11.2.2}$$

$$= 2(8{,}92) - 3(6{,}992) - 6{,}984$$

$$= -10{,}12 \text{ cal/mol N}_2 \text{ reagido} \cdot \text{K}$$

$$\Delta H_{Rx}(T) = \Delta H^\circ_{Rx}(T_R) + \Delta C_P(T - T_R) \tag{11.26}$$

$$\Delta H_{Rx}(423\text{ K}) = -22.040 + (-10{,}12)(423 - 298)$$

$$= -23.310 \text{ cal/mol N}_2 = -23{,}31 \text{ kcal/mol N}_2$$

em termos de kJ/mol

$$\Delta H^\circ_{Rx}(298\text{ K}) = -23{,}3 \text{ kcal/mol N}_2 \times 4{,}184 \text{ kJ/kcal}$$

$$\boxed{\Delta H_{Rx}(423\text{ K}) = -97{,}5 \text{ kJ/mol N}_2}$$ Resposta

[3] D. W. Green and R. H. Perry, eds., *Perry's Chemical Engineers' Handbook*, 8th ed. New York: McGraw-Hill, 2008.

O calor de reação, baseado nos mols de H_2 reagido, é

$$\Delta H_{Rx}(423\text{ K}) = \frac{1\text{ mol N}_2}{3\text{ mol H}_2}\left(-97{,}53\ \frac{\text{kJ}}{\text{mol N}_2}\right)$$

$$\boxed{\Delta H_{Rx}(423\text{ K}) = -32{,}51\ \frac{\text{kJ}}{\text{mol H}_2}\text{ a } 423\text{ K}}$$

Resposta

Análise: Este exemplo mostrou (1) como calcular o calor de reação em relação a uma dada espécie, tendo os calores de formação dos reagentes e dos produtos e (2) como encontrar o calor de reação em relação a uma espécie, tendo o calor de reação em relação à outra espécie na reação. Finalmente, (3) vimos também como o calor de reação mudou quando mudamos a temperatura.

Agora que vimos que podemos calcular o calor de reação em qualquer temperatura, vamos substituir a Equação (11.22) em termos de $\Delta H_R(T_R)$ e ΔC_P, Equação (11.26). O balanço de energia em estado estacionário é agora

Balanço de energia em termos dos calores específicos molares médios ou constantes

$$\boxed{\dot{Q} - \dot{W}_s - F_{A0}\sum_{i=1}^{n}\Theta_i C_{P_i}(T - T_{i0}) - [\Delta H^\circ_{Rx}(T_R) + \Delta C_P(T - T_R)]F_{A0}X = 0} \tag{11.27}$$

Daqui para a frente, por motivo de brevidade, consideraremos

$$\Sigma = \sum_{i=1}^{n}$$

a menos que o contrário seja especificado.

Em muitos sistemas, o termo do trabalho, $\dot{W}_s$, pode ser negligenciado (note a exceção no Problema do Exame de Registro da Califórnia, P12.6_B, no fim do Capítulo 12). Desprezando $\dot{W}_s$, o balanço de energia se torna

$$\boxed{\dot{Q} - F_{A0}\Sigma\Theta_i C_{P_i}(T - T_{i0}) - [\Delta H^\circ_{Rx}(T_R) + \Delta C_P(T - T_R)]F_{A0}X = 0} \tag{11.28}$$

Façamos $T_{i0} = T_0$

Em quase todos os sistemas que estudaremos, os reagentes entrarão no sistema na mesma temperatura; logo, estabeleceremos $T_{i0} = T_0$.

Podemos usar a Equação (11.28) para relacionar temperatura e conversão e então avaliar o algoritmo descrito no Exemplo 11.1. Entretanto, a menos que a reação ocorra adiabaticamente, a Equação (11.28) ainda é difícil de ser avaliada, porque em reatores não adiabáticos o calor adicionado ou removido do sistema pode variar ao longo do comprimento do reator ou $\dot{Q}$ pode variar com o tempo. Esse problema não ocorre em reatores adiabáticos, os quais são frequentemente encontrados em indústria. Por conseguinte, o reator tubular adiabático será analisado primeiro.

11.4 Operação Adiabática $\therefore \dot{Q} = 0$

Reações em indústria ocorrem frequentemente de maneira adiabática com aquecimento ou resfriamento fornecido a montante ou a jusante. Consequentemente, analisar e dimensionar reatores adiabáticos é uma tarefa importante.

11.4.1 Balanço de Energia em Processos Adiabáticos

Na seção prévia, deduzimos a Equação (11.28), que relaciona conversão com temperatura e com o *calor adicionado ao reator*, $\dot{Q}$. Vamos parar por um minuto e considerar um sistema com o conjunto especial de condições de nenhum trabalho, $\dot{W}_s = 0$, operação adiabática, $\dot{Q} = 0$, com $T_{i0} = T_0$ e então rearranjar a Equação (11.28) na forma para expressar a conversão X em função da temperatura; ou seja,

Para uma operação adiabática, o Exemplo 11.1 pode agora ser resolvido!

$$X = \frac{\Sigma\, \Theta_i C_{P_i}(T - T_0)}{-[\Delta H^\circ_{Rx}(T_R) + \Delta C_P(T - T_R)]} \tag{11.29}$$

Relação entre X e T para reações exotérmicas *adiabáticas*

Em muitos exemplos, o termo $\Delta C_P\,(T - T_R)$ no denominador da Equação (11.29) é desprezível em relação ao termo ΔH°_{Rx}, de modo que um gráfico de X *versus* T geralmente será linear, conforme mostrado na Figura 11.2. Para lembrarmos que a conversão nesse gráfico foi obtida do balanço de energia em vez do balanço molar, colocamos o subscrito EB (isto é, X_{EB}) na Figura 11.2.

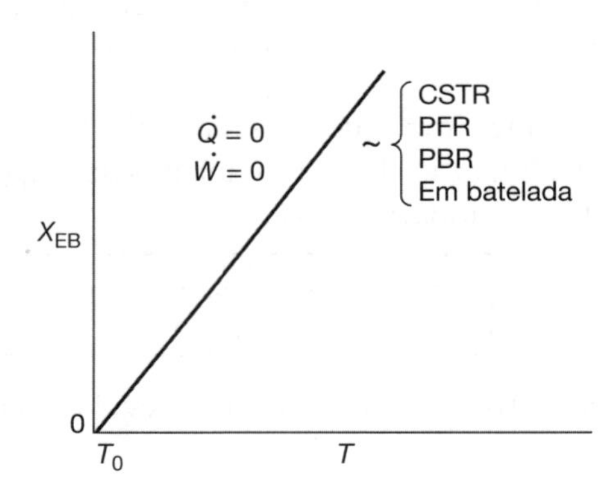

Figura 11.2 Relação temperatura-conversão em um processo adiabático.

A Equação (11.29) se aplica a um CSTR, PFR, PBR e também a um reator em batelada (como será mostrado no Capítulo 13). Para $\dot{Q} = 0$ e $\dot{W}_s = 0$, a Equação (11.29) nos dá a relação explícita entre X e T, necessária para ser usada em conjunção com o balanço molar de modo a resolver problemas de engenharia de reações, como discutido na Seção 11.1.

Podemos rearranjar a Equação (11.29) para determinar a temperatura em função da conversão; ou seja

Balanço de energia para operação adiabática de PFR

$$T = \frac{X[-\Delta H^\circ_{Rx}(T_R)] + \Sigma\Theta_i C_{P_i} T_0 + X\Delta C_P T_R}{\Sigma\Theta_i C_{P_i} + X\Delta C_P} \tag{11.30}$$

11.4.2 Reator Tubular Adiabático

Tanto a Equação (11.29) como a Equação (11.30) serão acopladas com o balanço molar diferencial

$$F_{A0}\frac{dX}{dV} = -r_A(X, T)$$

de modo a obter os perfis de temperaturas, de conversões e de concentrações ao longo do comprimento do reator. O algoritmo para resolver os PBRs e PFRs operados adiabaticamente será ilustrado usando uma reação elementar reversível de primeira ordem $A \rightleftarrows B$ como um exemplo. A Tabela 11.2 mostra o algoritmo usando conversão, X, como a variável dependente, enquanto a Tabela 11.3 mostra o algoritmo para resolver a mesma reação usando as taxas molares em vez da conversão.

A solução para os problemas de engenharia das reações hoje é usar pacotes computacionais com *solvers* de equações diferenciais ordinárias (EDO), tais como Polymath, MATLAB, Python ou Wolfram, para resolver as equações diferenciais acopladas dos balanços molar e de energia.

Aplicaremos agora o algoritmo da Tabela 11.2 e o procedimento de solução da Tabela 11.3 a uma reação real.

Tabela 11.2 Algoritmo para PFR/PBR Adiabáticos

A reação elementar reversível, em fase gasosa,

$$A \rightleftarrows B$$

ocorre em um PFR, em que a queda de pressão é desprezada e A puro entra no reator.

1. Balanço Molar:

$$\frac{dX}{dV} = \frac{-r_A}{F_{A0}} \quad \text{(T11.2.1)}$$

2. Equação da taxa:

$$-r_A = k\left(C_A - \frac{C_B}{K_e}\right) \quad \text{(T11.2.2)}$$

$$k = k_1(T_1)\exp\left[\frac{E}{R}\left(\frac{1}{T_1} - \frac{1}{T}\right)\right] \quad \text{(T11.2.3)}$$

e para o caso de $\Delta C_P = 0$

$$K_e = K_{e2}(T_2)\exp\left[\frac{\Delta H^\circ_{Rx}}{R}\left(\frac{1}{T_2} - \frac{1}{T}\right)\right] \quad \text{(T11.2.4)}$$

Seguindo o Algoritmo

3. Estequiometria: $Gas,\ \varepsilon = 0,\ P = P_0\ \therefore\ p \equiv 1$

$$C_A = C_{A0}(1 - X)\frac{T_0}{T} \quad \text{(T11.2.5)}$$

$$C_B = C_{A0}X\frac{T_0}{T} \quad \text{(T11.2.6)}$$

4. Combinação:

$$-r_A = kC_{A0}\left[(1 - X) - \frac{X}{K_e}\right]\frac{T_0}{T} \quad \text{(T11.2.7)}$$

No equilíbrio $-r_A \equiv 0$, e podemos resolver a Equação (T11.2.7) para a conversão no equilíbrio, X_e

$$X_e = \frac{K_e}{1 + K_e} \quad \text{(T11.2.8)}$$

5. Balanço de Energia:
Para relacionar temperatura e conversão, aplicamos o balanço de energia a um PFR adiabático. Se todas as espécies entram na mesma temperatura, $T_{i0} = T_0$.

Resolvendo a Equação (11.30) para o caso de $\Delta C_P = 0$ e quando somente a Espécie A e um inerte I entram, determinamos a temperatura em função da conversão como

$$T = T_0 + \frac{X[-\Delta H^\circ_{Rx}(T_R)]}{C_{P_A} + \Theta_I C_{P_I}} \quad \text{(T11.2.9)}$$

Usando a Equação (11.29) ou a Equação (T11.2.9), encontramos que a conversão prevista em função da temperatura proveniente do balanço de energia é

$$X_{EB} = \frac{(C_{P_A} + \Theta_I C_{P_I})(T - T_0)}{-\Delta H^\circ_{Rx}(T_R)} \quad \text{(T11.2.10)}$$

Adicionamos o subscrito à conversão para denotar que ela foi calculada a partir do balanço de energia, em vez do balanço molar. As Equações (T11.2.1) a (T11.2.10) podem ser facilmente resolvidas usando-se a regra de Simpson ou um *solver* de EDO.

Os valores dos parâmetros para este exemplo (por exemplo, ΔH°_{Rx}, k_1) são dados nas Etapas 5 e 6 na Tabela 11.3.

Tabela 11.3 Procedimentos de Resolução para Reatores PFR/PBR Adiabáticos Elementares na Fase Gasosa

Mols como Variável Dependente

1. Balanços Molares

$$\frac{dF_A}{dW} = r'_A$$

$$\frac{dF_B}{dW} = r'_B$$

2. Taxas

$$\text{Equações de Taxa: } -r'_A = k\left(C_A - \frac{C_B}{K_C}\right)$$

$$\text{Taxas Relativas: } r'_B = -r'_A$$

$$k = k_1(T_1)\exp\left[\frac{E}{R}\left(\frac{1}{T_1} - \frac{1}{T}\right)\right]$$

$$K_C = K_{C2}(T_2)\exp\left[\frac{\Delta H^\circ_{Rx}}{R}\left(\frac{1}{T_2} - \frac{1}{T}\right)\right]$$

Lembre-se de que para: $\delta \equiv 0$, $K_C \equiv K_e$.

3. Estequiometria

$$C_A = C_{T0}\frac{F_A}{F_T}\frac{T_0}{T}p$$

$$C_B = C_{T0}\frac{F_B}{F_T}\frac{T_0}{T}p$$

$$F_T = F_A + F_B + F_I$$

$$\frac{dp}{dW} = -\frac{\alpha}{2p}\frac{T}{T_0}\frac{F_T}{F_{T0}}$$

$$X = \frac{F_{A0} - F_A}{F_{A0}}$$

4. Energia

$$T = T_0 + \frac{-\Delta H^\circ_{Rx} X}{C_{P_A} + \Theta_I C_{P_I}}$$

5. Avaliação dos Parâmetros

$T_1 = 298$ K	$\Theta_I = 1$	$C_{T0} = 1{,}0$ mol/dm³
$T_2 = 298$ K	$K_{C2} = 75.000$	$\Delta H^\circ_{Rx} = -14.000$ cal/mol
$C_{P_A} = 25$ cal/mol/K	$k_1 = 3{,}5 \times 10^{-5}$ min^{-1}	$E = 10.000$cal/mol
$C_{P_I} = 50$ cal/mol/K	$F_{A0} = 5$ mol/min	

6. Condições de Entrada

Quando $V = 0$, $F_{A0} = 5$, $F_B = 0$, e $T_0 = 480$ K

Esses valores são também usados em PP 11.6 no *site* da *Web*.

Exemplo 11.3 Isomerização Adiabática em Fase Líquida do Butano Normal

Butano normal, C_4H_{10}, deve ser isomerizado em um reator com escoamento empistonado. Isobutano é um produto valioso que é usado na fabricação de aditivos para gasolina. Por exemplo, isobutano pode reagir mais para formar iso-octano. Em 2014, o preço de venda de *n*-butano era de US$ 1,50/galão, enquanto o preço comercial do isobutano era de US$ 1,75/galão.[4]

Essa reação elementar reversível deve ocorrer *adiabaticamente* em fase líquida, sob alta pressão, usando essencialmente traços de um catalisador líquido que fornece uma taxa específica de reação de 31,1 h^{-1} a 360 K. Queremos processar 100.000 galões/dia (163 kmol/h) e encontrar 70% de conversão de *n*-butano, a partir de uma mistura de 90% em mol de *n*-butano e 10% em mol de *i*-pentano, que é considerado um inerte. A alimentação entra a 330 K.

[4]Novamente, você pode comprar uma marca genérica mais barata de n–C_4H_{10} nos mercados de domingo no centro de Riça, Jofostan, onde haverá uma apresentação especial e uma aula dada pelo Prof. Dr. Sven Köttlov, de Jofostan, em 29 de fevereiro, na cabine do ERQ.

(a) Estabeleça o algoritmo ERQ para calcular o volume do PFR necessário para atingir 70% de conversão.
(b) Use um pacote computacional de EDO (Polymath) para resolver o algoritmo ERQ, para plotar e analisar X, X_e, T e $-r_A$ ao longo do comprimento (volume) de um reator PFR para atingir 70% de conversão.
(c) Calcule o volume do CSTR para uma conversão de 40%.

Informações Adicionais:

O incentivo econômico US$ = 1,75/galão *versus* 1,50/ galão

$$\Delta H^\circ_{Rx} = -6.900 \text{ J/mol de } n\text{-butano, Energia de Ativação} = 65{,}7 \text{ kJ/mol}$$

$$K_C = 3{,}03 \text{ a } 60°C, \; C_{A0} = 9{,}3 \text{ mols/dm}^3 = 9{,}3 \text{ kmol/m}^3$$

Butano

$$C_{P_{n\text{-}B}} = 141 \text{ J/mol}\cdot\text{K},$$

$$C_{P_{i\text{-}B}} = 141 \text{ J/mol}\cdot\text{K} = 141 \text{ kJ/kmol}\cdot\text{K}$$

i-Pentano

$$C_{P_{i\text{-}P}} = 161 \text{ J/mol}\cdot\text{K}$$

Solução

$$n\text{-}C_4H_{10} \rightleftarrows i\text{-}C_4H_{10}$$
$$A \rightleftarrows B$$

É um negócio arriscado pedir 70% de conversão em uma reação reversível.

O enunciado do problema (**a**) disse para configurar o algoritmo ERQ para encontrar o volume PFR necessário de modo a atingir 70% de conversão. Esse enunciado do problema é arriscado. Por quê? Porque a conversão de equilíbrio adiabático pode ser inferior a 70%! Felizmente, não é assim para o caso discutido aqui, $0{,}7 < X_e$. Em geral, seria muito mais seguro e melhor perguntar o volume do reator para obter 95% da conversão de equilíbrio, $X_f = 0{,}95\,X_e$.

Item (a) Algoritmo para o PFR

$n - C_4H_{10}$, $i - C_5H_{12}(l)$ → [PFR] → $i - C_4H_{10}$, $n - C_4H_{10}$, $i - C_5H_{12}(l)$

1. Balanço Molar: $$F_{A0}\frac{dX}{dV} = -r_A \tag{E11.3.1}$$

O algoritmo

2. Equação da taxa: $$-r_A = k\left(C_A - \frac{C_B}{K_C}\right) \tag{E11.3.2}$$

com, para o caso de $\delta = 0$, $K_C = K_e$,

$$k = k(T_1)e^{\left[\frac{E}{R}\left(\frac{1}{T_1} - \frac{1}{T}\right)\right]} \tag{E11.3.3}$$

$$K_C = K_C(T_2)e^{\left[\frac{\Delta H^\circ_{Rx}}{R}\left(\frac{1}{T_2} - \frac{1}{T}\right)\right]} \tag{E11.3.4}$$

3. Estequiometria (fase líquida, $\upsilon = \upsilon_0$):

$$C_A = C_{A0}(1 - X) \tag{E11.3.5}$$

$$C_B = C_{A0}X \tag{E11.3.6}$$

4. Combinação:

$$-r_A = kC_{A0}\left[1 - \left(1 + \frac{1}{K_C}\right)X\right] \tag{E11.3.7}$$

Seguindo o Algoritmo

5. Balanço de Energia: Da Equação (11.27), temos

$$\dot{Q} - \dot{W}_s - F_{A0} \Sigma \Theta_i C_{P_i}(T - T_0) - F_{A0} X[\Delta H^\circ_{Rx}(T_R) + \Delta C_P(T - T_R)] = 0 \tag{11.27}$$

Do enunciado do problema

Adiabático: $\dot{Q} = 0$

Sem trabalho: $\dot{W} = 0$

$\Delta C_P = C_{P_B} - C_{P_A} = 141 - 141 = 0$

Aplicando as condições precedentes à Equação (11.27) e rearranjando, resulta em

Nota sobre nomenclatura

$\Delta H_{Rx}(T) \equiv \Delta H_{Rx}$

$\Delta H_{Rx}(T_R) \equiv \Delta H^\circ_{Rx}$

$\Delta H_{Rx} = \Delta H^\circ_{Rx} + \Delta C_P(T - T_R)$

$$\boxed{T = T_0 + \frac{(-\Delta H^\circ_{Rx})X}{\Sigma \Theta_i C_{P_i}}} \tag{E11.3.8}$$

6. Avaliação dos Parâmetros

Uma vez que o n-butano é 90% da alimentação molar total, calculamos F_{A0} como

$$F_{A0} = 0{,}9 F_{T0} = (0{,}9)\left(163 \frac{\text{kmol}}{\text{h}}\right) = 146{,}7 \frac{\text{kmol}}{\text{h}}$$

$$\Sigma \Theta_i C_{P_i} = C_{P_A} + \Theta_I C_{P_I} = \left(141 + \left(\frac{0{,}1}{0{,}9}\right)161\right) \text{J/mol} \cdot \text{K}$$
$$= 159 \text{ J/mol} \cdot \text{K}$$

$$T = 330 + \frac{-(-6.900)}{159} X$$

$$\boxed{T = 330 + 43{,}4X} \tag{E11.3.9}$$

em que T está em graus Kelvin.

Substituindo a energia de ativação, T_1 e k_1 na Equação (E11.3.3), obtemos

$$k = 31{,}1 \exp\left[\frac{65.700}{8{,}31}\left(\frac{1}{360} - \frac{1}{T}\right)\right](\text{h}^{-1})$$

$$\boxed{k = 31{,}1 \exp\left[7.906\left(\frac{T - 360}{360T}\right)\right](\text{h}^{-1})} \tag{E11.3.10}$$

Substituindo ΔH°_{Rx}, T_2 e $K_C(T_2)$ na Equação (E11.3.4), temos

$$K_C = 3{,}03 \exp\left[\frac{-6.900}{8{,}31}\left(\frac{1}{333} - \frac{1}{T}\right)\right]$$

$$\boxed{K_C = 3{,}03 \exp\left[-830{,}3\left(\frac{T - 333}{333T}\right)\right]} \tag{E11.3.11}$$

Da equação da taxa, temos

$$-r_A = kC_{A0}\left[1 - \left(1 + \frac{1}{K_C}\right)X\right] \tag{E11.3.7}$$

7. Conversão de Equilíbrio
No equilíbrio

$$-r_A \equiv 0$$

e, consequentemente, podemos resolver a Equação (E11.3.7) para a conversão de equilíbrio

$$X_e = \frac{K_C}{1 + K_C} \tag{E11.3.12}$$

Uma vez que conhecemos $K_C(T)$, podemos encontrar X_e em função da temperatura.

Nota: Não importa o tipo de reator que usamos, por exemplo, BR, PFR ou CSTR, a conversão de equilíbrio, X_e, terá a mesma função de temperatura.

Item B é o método de solução do Polymath que usaremos para resolver a maioria de todos os problemas de ERQ com efeitos "térmicos".

Item (b) Solução computacional para o PFR de modo a plotar os perfis de conversão e de temperatura
Usaremos agora o Polymath para resolver o conjunto precedente de equações com o objetivo de encontrar o volume do reator PFR, plotar e analisar X, X_e, $-r_A$ e T ao longo do comprimento (volume) do reator. A solução computacional nos permite ver facilmente como essas variáveis de reação variam ao longo do comprimento do reator e estudar a reação e o reator, variando os parâmetros do sistema, tais como C_{A0} e T_0 (conforme PP P11.1$_A$ (b)).

O programa Polymath usando as Equações (E11.3.1), (E11.3.7), (E11.3.9), (E11.3.10), (E11.3.11) e (E11.3.12) é mostrado na Tabela E11.3.1.

Controles Deslizantes do PP

Tabela E11.3.1 Isomerização Adiabática do Programa Polymath

Equações diferenciais

1 d(X)/d(V) = -ra/Fa0

Equações Explícitas

1 Ca0 = 9,3

2 Fa0 = 0,9*163

3 T = 330 + 43,3* X

4 Kc = 3,03*exp(-830,3*((T-333)/(T*333)))

5 k = 31,1*exp(7906*(T-360)/(T*360))

6 Xe = Kc/(1+ Kc)

7 ra = -k*Ca0*(1-(1+1/Kc)*X

8 taxa = -ra

Relatório do POLYMATH
Equações Diferenciais Ordinárias

Valores calculados das variáveis das equações diferenciais

	Variável	Valor inicial	Valor final
6	taxa	39,28165	0,0029845
7	T	330	360,9227
8	V	0	5
9	X	0	0,7141504
10	Xe	0,7560658	0,7141573

PP Código: *http://www.umich.edu/~elements/6e/live/chapter11/LEP-11.3-pol*

Da Tabela E11.3.1 e Figura E11.3.1(**c**), observa-se que, no fim do PFR de 5 dm³, tanto a conversão, X, como a conversão de equilíbrio, X_e, atinge o valor de 71,4%. Nota-se também na Figura E11.3.1(**a**) e (**b**) que a temperatura atinge um platô de 360,9 K, em que a taxa resultante de reação se aproxima de zero nesse ponto do reator à medida que a conversão e a conversão de equilíbrio no reator se tornam virtualmente as mesmas, conforme mostrado na Figura E11.3.1(**c**). Esteja certo de explorar cada uma das três partes da Figura E11.3.1 usando Wolfram.

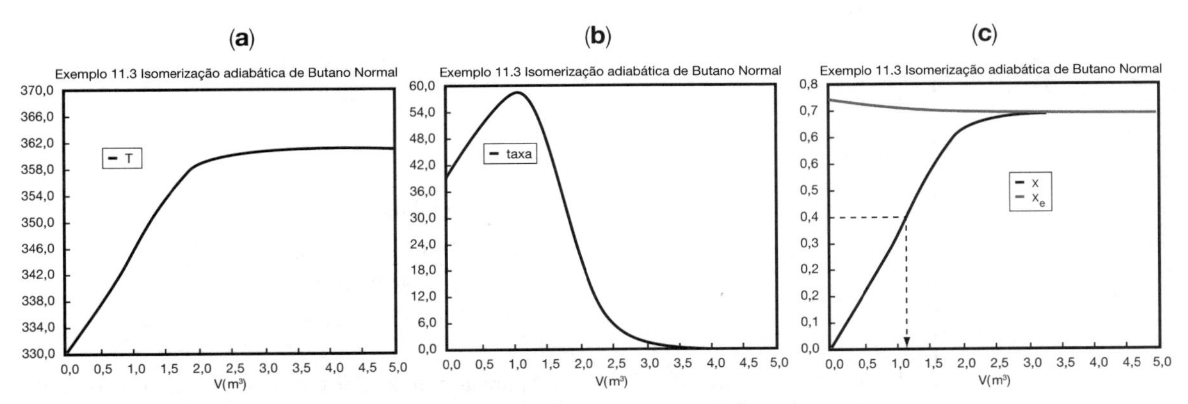

Figura E11.3.1 (**a**) Temperatura (K) para PFR adiabático, (**b**) taxa de reação (kmol/m³/h) e (**c**) perfis de conversão X e X_e.

Controles Deslizantes do PP

Veja a forma das curvas na Figura E11.3.1. Por que elas têm essa aparência?

Análise: **Itens (a) e (b) para o PFR.** A saída gráfica para o PFR é mostrada na Figura E11.3.1. Vemos da Figura E11.3.1(c) que um volume de 1,15 m³ do PFR é requerido para uma conversão de 40%. A temperatura e os perfis de taxa de reação são também mostrados. Notou algo estranho? Pode-se observar que a taxa de reação

$$-r_A = \underbrace{kC_{A0}}_{A} \underbrace{\left[1 - \left(1 + \frac{1}{K_C}\right)X\right]}_{B} \quad \text{(E11.3.13)}$$

passa por um máximo. Perto da entrada do reator, T e k aumentam, fazendo com que o termo A aumente mais rapidamente do que o termo B diminui, aumentando, assim, a taxa de reação. Perto do fim do reator, o termo B está diminuindo mais rapidamente do que o termo A está aumentando, quando nos aproximamos do equilíbrio. Logo, por causa desses dois efeitos competitivos, temos um máximo na taxa de reação. Na direção do fim do reator, a temperatura alcança um platô à medida que a reação atinge o equilíbrio ($X \equiv X_e$ em ($V \equiv 3{,}5$ m³)). Como você sabe, assim como todos os estudantes de engenharia química na Universidade de Jofostan em Riça, no equilíbrio ($-r_A \cong 0$), nenhuma mudança ocorre em X, X_e ou T.

Na quinta edição, uma solução por cálculo manual foi apresentada para fornecer supostamente mais luz ao algoritmo adiabático. Os estudantes em Jofostan votaram e os resultados mostraram que não foi de muita ajuda; logo, eu decidi eliminar o item (c) da quinta edição. Entretanto, ainda pode ser encontrado no *site* da *Web* no *Material Adicional.*

Item (c) Solução para o CSTR

Primeiro, adivinhe se $V_{PFR} > V_{CSTR}$ **ou se** $V_{PFR} < V_{CSTR}$? Vamos agora calcular o volume do CSTR adiabático para atingir 40% de conversão, que é menor do que a conversão de equilíbrio de 71,5% mostrada na Figura E13.3.1 (c). Você achar que o CSTR será maior ou menor do que o PFR?

Solução

O balanço molar no CSTR é

$$V = \frac{F_{A0}X}{-r_A}$$

Usando a Equação (E11.3.7) no balanço molar, obtemos

$$V = \frac{F_{A0}X}{kC_{A0}\left[1 - \left(1 + \frac{1}{K_C}\right)X\right]} \quad \text{(E11.3.14)}$$

Do balanço de energia, temos a Equação (E11.3.9):

Para 40% de conversão

$$T = 330 + 43{,}4X$$
$$T = 330 + 43{,}4\,(0{,}4) = 347{,}3\text{K}$$

Usando as Equações (E11.3.10) e (E11.3.11) ou a partir da Tabela E11.3.1, a T = 347,3 K, encontramos k e K_C como

$$k = 14{,}02 \text{ h}^{-1}$$
$$K_C = 2{,}73$$

Então

$$-r_A = 58{,}6 \text{ kmol/m}^3 \cdot \text{h}$$
$$V = \frac{(146{,}7 \text{ kmol butano/h})(0{,}4)}{58{,}6 \text{ kmol/m}^3 \cdot \text{h}}$$
$$V = 1{,}0 \text{ m}^3 \quad \underline{\text{Resposta}}$$

Vemos que o volume do CSTR (1 m³) para atingir 40% de conversão nessa reação adiabática é menor do que o volume do PFR (1,15 m³), conforme mostrado na Figura E11.3.1(**c**). Quem adivinhou que $V_{PFR} > V_{CSTR}$?

Dos gráficos de Levenspiel do Capítulo 2, pode-se ver por que o volume do reator para uma conversão de 40% é menor para um CSTR do que para um PFR. O gráfico de ($F_{A0}/-r_A$) em função de X, a partir dos dados da Tabela E11.3.1, é mostrado na Figura E11.3.2.

Neste exemplo, o volume do CSTR adiabático é *menor* do que o volume do PFR.

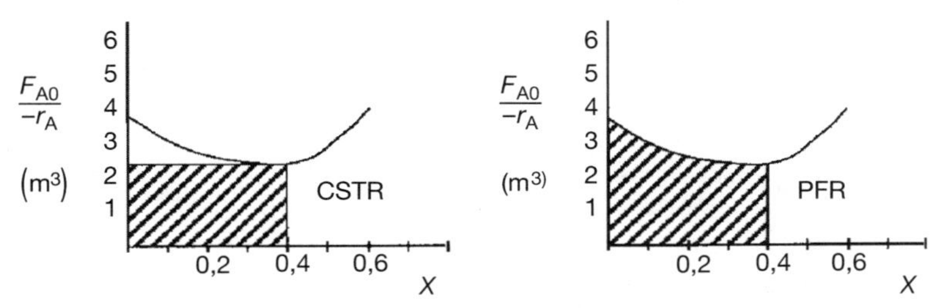

Figura E11.3.2 Gráficos de Levenspiel para um CSTR e um PFR.

A área (volume) do PFR é maior do que a área (volume) do CSTR.

Análise: Neste exemplo, aplicamos o algoritmo ERQ para uma reação reversível de primeira ordem executada adiabaticamente em um PFR e em um CSTR. Notamos que o volume necessário do CSTR para atingir 40% de conversão é menor do que o volume para atingir a mesma conversão em um PFR. Na Figura E11.3.1(**c**), vemos também que no volume do PFR de cerca de 3,5 m³, o equilíbrio é essencialmente atingido e não ocorre nenhuma mudança na temperatura, na taxa de reação, na conversão de equilíbrio ou na conversão ao longo do reator.

AspenTech: O Exemplo 11.3 também foi resolvido pelo AspenTech e este PP pode ser carregado em seu computador diretamente a partir do CRE *website*. Veja e me diga o que você acha!

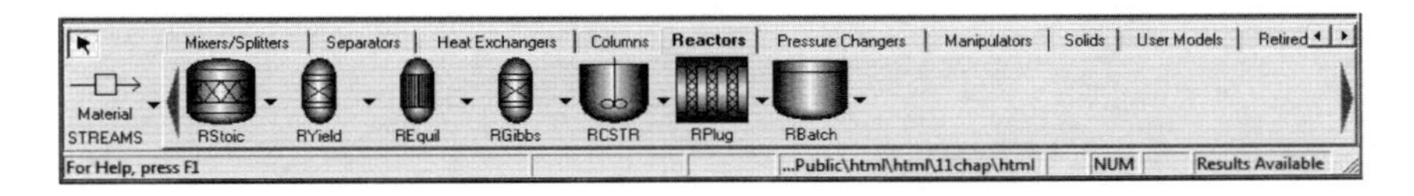

11.5 Conversão de Equilíbrio Adiabático

Para reações reversíveis, a conversão de equilíbrio, X_e, é geralmente calculada primeiro.

A mais alta conversão que pode ser atingida em reações reversíveis é a conversão de equilíbrio. Para reações endotérmicas, a conversão de equilíbrio aumenta com a elevação da temperatura até um máximo de 1,0. Para reações exotérmicas, a conversão de equilíbrio diminui com o aumento de temperatura.

11.5.1 Conversão de Equilíbrio

Reações Exotérmicas. A Figura 11.3(**a**) mostra a variação da constante de equilíbrio para a concentração, K_C, em função da temperatura para uma reação exotérmica (veja o Apêndice C), e a Figura 11.3(**b**) mostra a conversão de equilíbrio correspondente, X_e, em função da temperatura. No Exemplo 11.3, vimos que, para uma reação de primeira ordem, a conversão de equilíbrio poderia ser calculada usando a Equação (E11.3.12)

Reação reversível de primeira ordem

$$X_e = \frac{K_C}{1 + K_C} \tag{E11.3.12}$$

A conversão de equilíbrio, X_e, pode ser calculada em função da temperatura diretamente tanto usando a Equação (E11.3.12) quanto um gráfico proveniente da Equação (E11.3.12), tal como mostrado na Figura 11.3(**b**).

Para reações exotérmicas, a conversão de equilíbrio diminui com o aumento de temperatura.

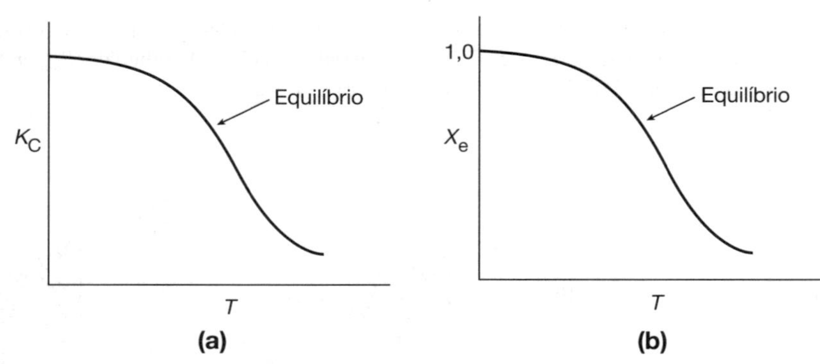

Figura 11.3 Variação da constante de equilíbrio e da conversão com a temperatura, para uma reação exotérmica (*http://www.umich.edu/~elements/6e/11chap/summary-biovan.html*).

Notamos que a forma da curva de X_e *versus* T na Figura 11.3(**b**) será similar para reações que não sejam de primeira ordem.

Para determinar a conversão máxima que pode ser atingida em uma reação exotérmica que ocorre adiabaticamente, encontramos a interseção da conversão de equilíbrio em função da temperatura [Figura 11.3(**b**)] com as relações de temperatura–conversão provenientes do balanço de energia (Figura 11.2 e Equação (T11.1.A)), conforme mostrado na Figura 11.4.

$$X_{EB} = \frac{\Sigma\, \Theta_i C_{P_i} (T - T_0)}{-\Delta H_{Rx}(T)} \tag{T11.1.A}$$

Conversão de equilíbrio adiabático para reações exotérmicas

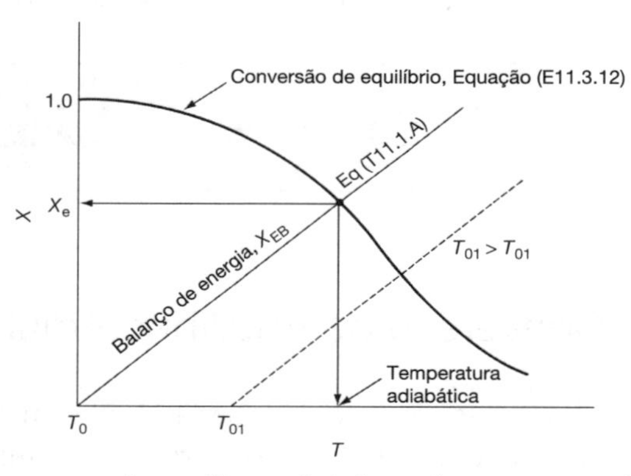

Figura 11.4 Solução gráfica das equações de equilíbrio e de balanço de energia para obter a temperatura adiabática e a conversão adiabática de equilíbrio X_e.

Notamos que essa interseção da linha do balanço de energia, X_{EB}, com a curva do equilíbrio termodinâmico de X_e fornece a conversão, X_e, e a temperatura de equilíbrio adiabático para uma temperatura de entrada T_0, conforme mostrado na Figura 11.4.

Se a temperatura de entrada aumentar de T_0 para T_{01}, a linha do balanço de energia se deslocará para a direita e será paralela à linha original, como mostrado pela linha tracejada. Note que, à medida que a temperatura de entrada aumenta, a conversão de equilíbrio adiabático diminui.

Exemplo 11.4 Cálculo da Temperatura e da Conversão de Equilíbrio Adiabático

Para a reação elementar em fase líquida

$$A \rightleftarrows B$$

queremos fazer um gráfico da conversão de equilíbrio em função da temperatura. A espécie reagente nessa importante reação industrial para a economia de Jofostan foi codificada com as letras A e B devido a razões de Segurança Nacional e em respeito às patentes da companhia.

(**a**) Combine a equação da taxa e a estequiometria para escrever $-r_A$ em função de k, de C_{A0}, de X e de X_e.
(**b**) Determine a temperatura e a conversão de equilíbrio adiabático, quando A puro é alimentado no reator a uma temperatura de 480 K.
(**c**) Qual é o volume do CSTR para atingir 90% da conversão de equilíbrio adiabático para C_{A0} = 1,0 mol/dm³ e υ_0 = 5 dm³/min?

Informações Adicionais:[5]

$$H_A^\circ(298\text{ K}) = -46.000\text{ cal/mol} \qquad H_B^\circ(298\text{ K}) = -60.000\text{ cal/mol}$$

$$C_{P_I} = 50\text{ cal/mol}\cdot\text{K},\ C_{P_A} = 25\text{ cal/mol}\cdot\text{K},\ C_{P_B} = 25\text{ cal/mol}\cdot\text{K},\ \Theta_I = 1$$

$$k = 0{,}000035\exp\left(\frac{E}{R}\left(\frac{1}{298} - \frac{1}{T}\right)\text{ min}^{-1}\right)\text{ com } E = 10.000\frac{\text{cal}}{\text{mol}}$$

$$K_e = 75.000 \text{ a } 298\text{ K}$$

Solução

(a) Combine a equação da taxa e a estequiometria para escrever $-r_A$ em função de X

1. Balanço Molar:

$$\frac{dX}{dV} = -r_A/F_{A0} \tag{E11.4.1}$$

2. Equação da Taxa:

$$-r_A = k\left(C_A - \frac{C_B}{K_e}\right) \tag{E11.4.2}$$

3. Estequiometria: Líquido ($v = v_0$)
Seguimos o algoritmo apresentado na Tabela 11.2, **exceto** que o aplicamos a uma reação em fase líquida nesse caso, de modo que as concentrações são escritas como

Seguindo o Algoritmo

$$C_A = C_{A0}(1-X) \tag{E11.4.3}$$

$$C_B = C_{A0}X \tag{E11.4.4}$$

$$-r_A = kC_{A0}\left(1 - X - \frac{X}{K_e}\right) \tag{E11.4.5}$$

No equilíbrio: $-r_A = 0$; assim

$$X_e = \frac{C_{A0}X_e}{C_{A0}(1-X_e)} = \frac{X_e}{(1-X_e)} \tag{E11.4.6}$$

Substituindo K_e em termos de X_e na Equação (E11.4.5) e simplificando

$$\boxed{-r_A = kC_{A0}\left(1 - \frac{X}{X_e}\right)} \tag{E11.4.7}$$

Resolvendo para X_e na Equação (E11.4.6), temos

$$\boxed{X_e = \frac{K_e(T)}{1+K_e(T)}} \tag{E11.4.8}$$

(b) Encontre a temperatura e a conversão de equilíbrio adiabático

4. Constante de Equilíbrio: Calcule ΔC_P, então $K_e(T)$ em função da temperatura,

$$\Delta C_P = C_{P_B} - C_{P_A} = 25 - 25 = 0\text{ cal/mol}\cdot\text{K}$$

[5] *Jofostan Journal of Thermodynamic Data*, Vol. 23, p. 74 (1999).

Para $\Delta C_P = 0$, a constante de equilíbrio varia com a temperatura de acordo com a relação de van't Hoff

$$K_e(T) = K_e(T_1)\exp\left[\frac{\Delta H^\circ_{Rx}}{R}\left(\frac{1}{T_1} - \frac{1}{T}\right)\right] \tag{E11.4.9}$$

$$\Delta H^\circ_{Rx} = H^\circ_B - H^\circ_A = -14.000 \text{ cal/mol}$$

$$K_e(T) = 75.000 \exp\left[\frac{-14.000}{1{,}987}\left(\frac{1}{298} - \frac{1}{T}\right)\right]$$

$$K_e = 75.000 \exp\left[-23{,}64\left(\frac{T-298}{T}\right)\right] \tag{E11.4.10}$$

Substituindo a Equação (E11.4.10) em (E11.4.8), podemos calcular a conversão de equilíbrio em função da temperatura:

5. Conversão de Equilíbrio Proveniente da Termodinâmica:

$$\boxed{X_e = \frac{75.000 \exp[-23{,}64(T-298)/T]}{1 + 75.000\exp[-23{,}64(T-298)/T]}} \tag{E11.4.11}$$

Usaremos o tutorial no Capítulo 11 PP "X_e *versus* T" no *site* da *Web* para gerar uma figura da conversão de equilíbrio em função da temperatura. Fazemos isso "enganando" o Polymath usando uma variável independente muda "t" para gerar X_e e X_{EB}. A seguir, mudamos as variáveis no programa de plotagem para tornar T a variável independente e X_e e X_{EB} as variáveis dependentes para obter a Figura E11.4.1. Veja o tutorial (*http://www.umich.edu/~elements/6e/software/Polymath_fooling_tutorial.pdf*).

Os cálculos são mostrados na Tabela E11.4.1.

Tabela E11.4.1 Conversão de Equilíbrio em Função da Temperatura

$T(K)$	K_e	X_e	k (min^{-1})
298	75.000,00	1,00	0,000035
350	2.236,08	1,00	0,000430
400	180,57	0,99	0,002596
450	25,51	0,96	0,010507
500	5,33	0,84	0,032152
550	1,48	0,60	0,080279
620	0,35	0,26	0,225566

Note nesse caso que a constante de equilíbrio K_e diminui por um fator de 10^5 e a constante de taxa de reação k aumenta por um fator de 10^4.

6. Balanço de Energia:

Para uma reação que ocorreu adiabaticamente, o balanço de energia, Equação (T11.1.A), reduz-se a

$$\boxed{X_{EB} = \frac{\Sigma\Theta_i C_{P_i}(T-T_0)}{-\Delta H_{Rx}} = \frac{(C_{P_A} + \Theta_I C_{P_I})(T-T_0)}{-\Delta H^\circ_{Rx}}} \tag{E11.4.12}$$

Conversão calculada a partir do balanço de energia

$$\boxed{X_{EB} = \frac{75(T-480)}{14.000} = 5{,}36 \times 10^{-3}(T-480)} \tag{E11.4.13}$$

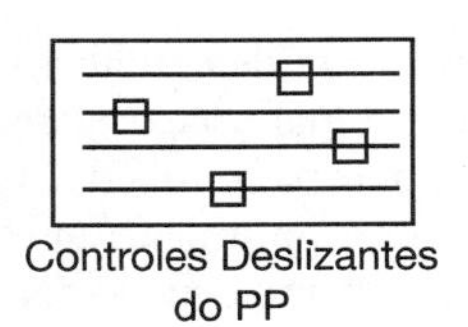

Os dados da Tabela E11.4.1 e os dados seguintes são plotados na Figura E11.4.1.

T(K)	480	525	575	620
X_{EB}	0	0,24	0,51	0,75

Conversão e temperatura de equilíbrio adiabático

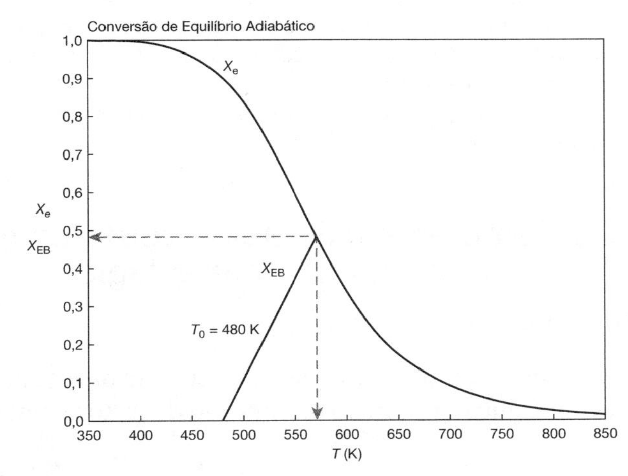

Figura E11.4.1 Identificação da temperatura (T_e) e da conversão (X_e) de equilíbrio adiabático. Nota: A curva usa pontos interpolados aproximados.

> A interseção de $X_{EB}(T)$ e $X_e(T)$ fornece X_e = 0,49 e T_e = 572 K.

(c) Calcule o Volume do CSTR para atingir 90% da conversão de equilíbrio adiabático para uma temperatura de entrada de 480 K.

$$V = \frac{F_{A0}X}{-r_A} = \frac{C_{A0}v_0X}{kC_{A0}\left(1-\frac{X}{X_e}\right)} = \frac{v_0X}{k\left(1-\frac{X}{X_e}\right)} \tag{E11.4.14}$$

$$k = \left(3{,}5\times10^{-5}\exp\left[\frac{10.000}{1{,}987}\left(\frac{1}{298}-\frac{1}{T}\right)\right]\right) = 3{,}5\times10^{-5}\exp\left[16{,}89\left(\frac{T-298}{T}\right)\right] \tag{E11.4.15}$$

Na Figura E11.4.1, vemos que, para uma temperatura de alimentação de 480 K, a temperatura de equilíbrio adiabática é 572 K e a conversão de equilíbrio adiabático correspondente é somente X_e = 0,49. Para $X = 0{,}9X_e$, a conversão de saída é

$$\boxed{X = 0{,}9\,X_e = 0{,}9(0{,}49) = 0{,}44}$$

Do balanço de energia em um sistema adiabático, a temperatura correspondente a X = 0,44 é

$$T = T_0 + \left(\frac{-\Delta H_{Rx}}{C_{P_A}+C_{P_I}}\right)X = 480\text{ K} + \frac{14.000\ \frac{\text{cal}}{\text{mol}}}{75\frac{\text{cal}}{\text{molK}}}(0{,}44) = 562\text{ K} \tag{E11.4.16}$$

$$\boxed{T = 562\text{ K}}$$

Agora calcule V, para T = 562 K, X_e = 0,53 e k = 0,098 min^{-1}.

$$\boxed{V = \frac{(0{,}44)\left(5\ \frac{\text{dm}^3}{\text{min}}\right)}{0{,}098\ \text{min}^{-1}\left(1-\frac{0{,}44}{0{,}53}\right)} = 132{,}2\ \text{dm}^3} \tag{E11.4.17}$$

As taxas de fluxo molar **não** afetarão o valor de conversão de equilíbrio.

Análise: A finalidade deste exemplo é introduzir o conceito da conversão e da temperatura de equilíbrio adiabático. A conversão de equilíbrio adiabático, X_e, é uma das primeiras coisas a determinar ao executar uma análise envolvendo reações reversíveis. Ela é a máxima conversão que se pode atingir para uma dada temperatura de entrada, T_0, e composição de alimentação. Se X_e for muito baixa para ser econômica, tente baixar a temperatura de alimentação e/ou adicionar inertes. Da Equação (E11.4.6), observamos que variar a taxa não tem efeito sobre a conversão de equilíbrio. Para reações exotérmicas, a conversão adiabática diminui com o aumento da temperatura de entrada T_0. Para reações endotérmicas, a conversão aumenta com a elevação da temperatura de entrada T_0. Pode-se facilmente gerar a Figura E11.4.1 usando o Polymath com as Equações (E11.4.5) e (E11.4.7).

Se a adição de inertes ou a diminuição da temperatura de entrada não forem possíveis, então deve-se considerar o reator em estágios.

11.6 Reatores em Estágios com Resfriamento ou Aquecimento Interestágios

11.6.1 Reações Exotérmicas

Conversões maiores que aquelas mostradas na Figura E11.4.1 podem ser atingidas para operações adiabáticas, por meio da conexão de reatores em série com resfriamento interestágio.

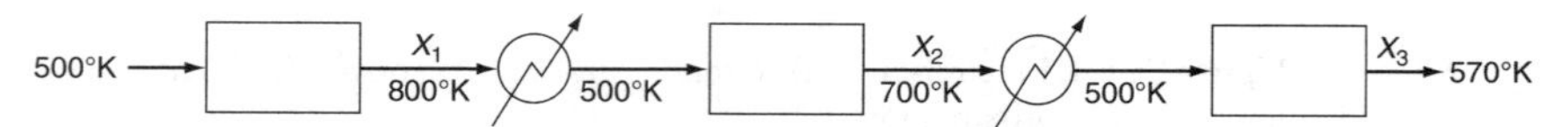

Figura 11.5 Reatores em série com resfriamento interestágios.

Na Figura 11.5, mostramos o caso de uma reação exotérmica adiabática ocorrendo em um trem de reatores PBR. A temperatura de saída do Reator 1 é muito alta, 800 K, e a conversão de equilíbrio, X_e, é baixa assim como a conversão no reator X_1, que se aproxima de X_e. A seguir, passamos a corrente de saída do reator adiabático 1 através de um trocador de calor para baixar a temperatura de volta para 500 K, em que X_e é alta, mas X é ainda baixa. Para aumentar a conversão, a corrente então entra no reator adiabático 2, onde a conversão aumenta para X_2, sendo seguido por um trocador de calor; o processo é repetido.

O gráfico de conversão–temperatura para esse esquema é mostrado na Figura 11.6. Vemos que, com três resfriadores interestágios, podem-se atingir 88% de conversão, comparada a uma conversão de equilíbrio de 35% quando não existe resfriamento interestágio.

Resfriamento interestágio usado para reações exotérmicas reversíveis

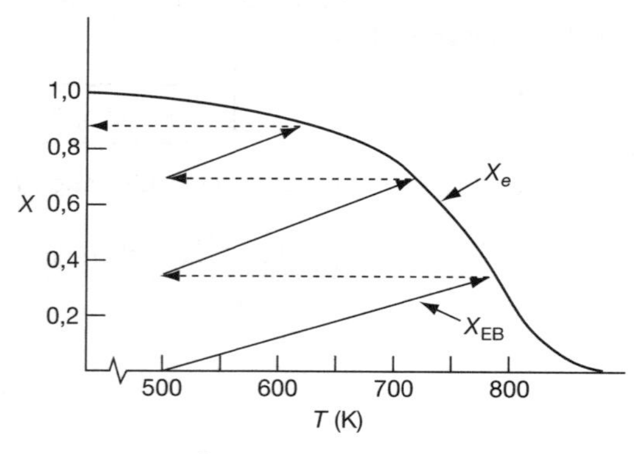

Figura 11.6 Aumento da conversão por resfriamento interestágio para uma reação exotérmica. *Nota*: As linhas e curvas são aproximadas.

11.6.2 Reações Endotérmicas

Valores típicos para a composição da gasolina

Outro exemplo da necessidade para transferência de calor interestágio em uma série de reatores pode ser encontrado quando se aumenta o número de octanas da gasolina. Quanto mais compacta for a molécula do hidrocarboneto para dado número de átomos de carbono, maior a

Gasolina	
C_5	10%
C_6	10%
C_7	20%
C_8	25%
C_9	20%
C_{10}	10%
C_{11}-C_{12}	5%

octanagem (veja a Seção 10.3.5). Consequentemente, é desejável converter hidrocarbonetos de cadeia linear em isômeros ramificados, naftenos e aromáticos. A sequência de reação é

$$\text{Cadeia Linear} \underset{\text{Catalisador}}{\overset{k_1}{\rightleftarrows}} \text{Naftenos} \underset{\text{Cat}}{\overset{k_2}{\rightleftarrows}} \text{Aromáticos} + 3H_2$$

A primeira etapa da reação (k_1) é lenta, comparada com a segunda etapa, e cada etapa é altamente endotérmica. A faixa permitida de temperatura para a qual essa reação pode ocorrer é bem estreita. Acima de 530°C, as reações colaterais indesejadas podem ocorrer e, abaixo de 430°C, a reação praticamente não ocorre a qualquer extensão devido à cinética lenta de reação. Uma alimentação típica deve consistir em 75% de cadeias lineares, 15% de naftas e 10% de aromáticos.

Um arranjo correntemente usado para fazer essas reações é mostrado na Figura 11.7. Note que os reatores não são todos de mesmo tamanho. Tamanhos típicos são da ordem de 10 a 20 m de altura e 2 a 5 m de diâmetro. Uma vazão típica de alimentação de gasolina é aproximadamente 200 m³/h a 2 atm. Hidrogênio é geralmente separado da corrente do produto e reciclado.

Verão de 2019, US$ 2,85/galão para número de octanas (NO) NO = 89

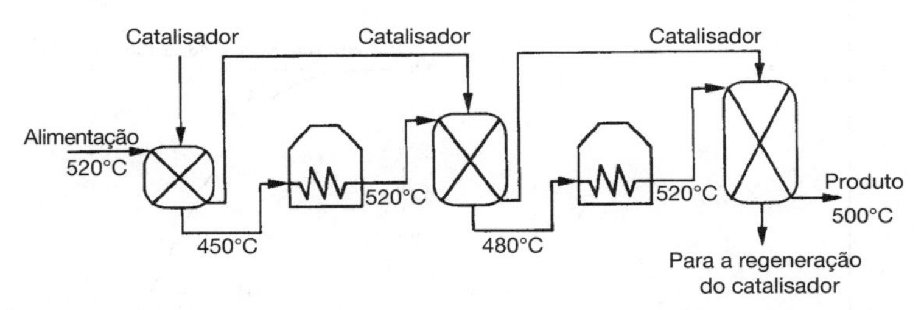

Figura 11.7 Aquecimento interestágio para a produção de gasolina em reatores de leito móvel.

Devido à reação ser endotérmica, a conversão de equilíbrio aumenta com a elevação da temperatura. Uma curva típica de equilíbrio e uma trajetória típica de temperatura–conversão, para a sequência de reatores, são mostradas na Figura 11.8.

Aquecimento interestágio

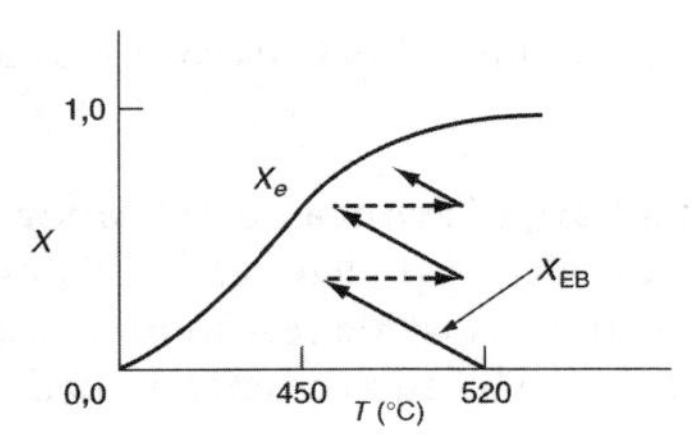

Figura 11.8 Trajetória temperatura–conversão para o aquecimento interestágio de uma reação endotérmica análoga à Figura 11.6.

Exemplo 11.5 Resfriamento Interestágio para Reações Altamente Exotérmicas

Que conversão poderia ser atingida no Exemplo 11.4, se estivessem disponíveis dois resfriadores interestágios, que têm a capacidade de resfriar a corrente de saída para 480 K? Determine também a carga térmica de cada trocador, para uma taxa molar de A de 40 mol/s. Considere que uma conversão de equilíbrio de 95% seja atingida em cada reator. A temperatura de alimentação para o primeiro reator é 480 K.

Solução

1. Cálculo da Temperatura de Saída

Para a reação no Exemplo 11.4,

$$A \rightleftarrows B$$

vimos que, para uma temperatura de entrada de 480 K, a conversão de equilíbrio adiabático foi 0,49. Para 95% da conversão de equilíbrio (X_e = 0,49), a conversão de saída do primeiro reator é 0,47.

$$\boxed{X_e = \frac{K_e(T)}{1+K_e(T)}} \tag{E11.4.8}$$

$$\boxed{X_{EB} = \frac{\Sigma\,\Theta_i C_{P_i}(T-T_0)}{-\Delta H_{Rx}} = \frac{(C_{P_A}+\Theta_I C_{P_I})(T-T_0)}{-\Delta H^\circ_{Rx}}} \tag{E11.4.12}$$

A temperatura de saída é encontrada a partir de um rearranjo da Equação (E11.4.12):

$$T = T_0 + \left(\frac{-\Delta H_{Rx} X}{C_{P_A}+\Theta_I C_{P_I}}\right) = 480 + \frac{14.000X}{25+50} = 480 + (186{,}7)(0{,}47) \tag{E11.5.1}$$

T = 568 K Resposta

Resfriamos agora, em um trocador de calor, a corrente do gás que sai do reator a 568 K de volta para $T_2 = T_0$ = 480 K em um trocador de calor (Figura E11.5.1).

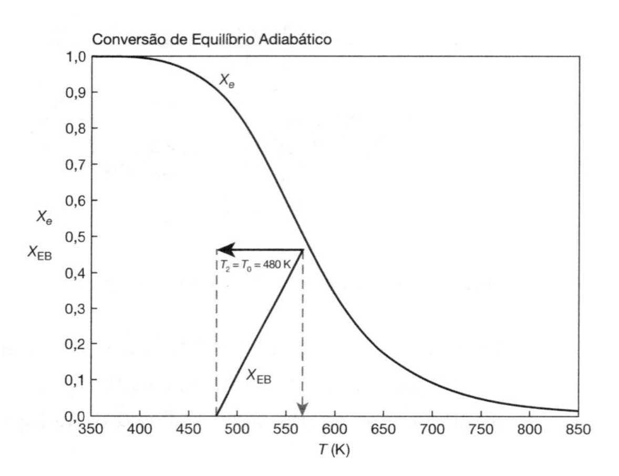

Figura E11.5.1 Atingindo 95% da conversão de equilíbrio adiabático; ou seja, X = 0,47, e então resfriando até 480 K.

2. Cálculo da Carga Térmica no Trocador de Calor

Os seguintes cálculos podem ser familiares do seu curso de Transferência de Calor. Não há trabalho feito sobre a mistura gasosa de reação no trocador e a reação não ocorre no trocador. Sob essas condições ($F_{i|entrada} = F_{i|saída}$), o balanço de energia, dado pela Equação (11.10),

Balanço de energia para a mistura gasosa reacional **dentro** do trocador de calor

$$\dot{Q} - \dot{W}_s + \Sigma\, F_{i0} H_{i0} - \Sigma\, F_i H_i = 0 \tag{11.10}$$

para $\dot{W}_s = 0$, torna-se

$$\dot{Q} = \Sigma\, F_i H_i - \Sigma\, F_{i0} H_{i0} = \Sigma\, F_{i0}(H_i - H_{i0}) \tag{E11.5.2}$$

$$= \Sigma\, F_i C_{P_i}(T_2 - T_1) = (F_A C_{P_A} + F_B C_{P_B} + F_I C_{P_I})(T_2 - T_1) \tag{E11.5.3}$$

Mas $C_{P_A} = C_{P_B}$

$$\dot{Q} = ((F_A + F_B)C_{P_A} + F_I C_{P_I})(T_2 - T_1) \tag{E11.5.4}$$

Também, para esse exemplo, $F_{A0} = F_A + F_B$

$$\dot{Q} = F_{A0}(C_{P_A} + C_{P_I}\Theta_{P_I})(T_2 - T_1)$$
$$= \frac{40 \text{ mol}}{\text{s}} \cdot \frac{75 \text{ cal}}{\text{mol} \cdot \text{K}}(480 - 568) \text{ K}$$
$$= -264 \frac{\text{kcal}}{\text{s}} \quad \underline{\text{Resposta}} \tag{E11.5.5}$$

Ou seja, 264 kcal/s têm de ser removidas para resfriar a mistura reagente de 568 K para 480 K, para uma taxa de alimentação de 40 mol/s.

3. Segundo Reator

Agora vamos retornar à determinação da conversão no segundo reator. Rearranjando a Equação (E11.4.12) para o segundo reator

$X = 0,9\ X_e = 0,9 \cdot 0,72$

$\therefore X = 0,681$

$$T_2 = T_{20} + \Delta X\left(\frac{-\Delta H^\circ_{Rx}}{C_{P_A} + \Theta_I C_{P_I}}\right) \tag{E11.5.6}$$
$$= 480 + 186,7\Delta X$$

As condições de entrada no segundo reator são $T_{20} = 480$ K e $X = 0,47$. O balanço de energia começando a partir desse ponto é mostrado na Figura E11.5.2. A conversão de equilíbrio adiabático correspondente é 0,72. Noventa e cinco por cento da conversão de equilíbrio são 68,1% e a temperatura correspondente de saída é $T = 480 + (0,68 - 0,47)186,7 = 519$ K.

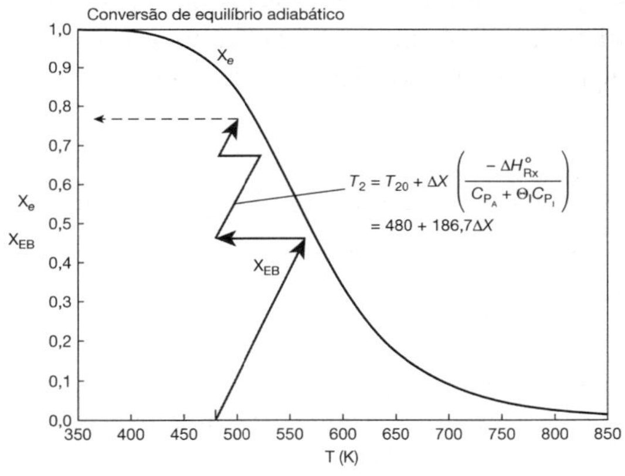

Figura E11.5.2 Três reatores em série, com resfriamento interestágio.
Nota: A curva usa pontos interpolados aproximados.

4. Carga Térmica

A carga do trocador de calor para resfriar a mistura reacional de 519 K de volta para 480 K pode novamente ser calculada a partir da Equação (E11.5.5):

$$\dot{Q} = F_{A0}(C_{P_A} + \Theta_I C_{P_I})(480 - 519) = \left(\frac{40 \text{ mol}}{\text{s}}\right)\left(\frac{75 \text{ cal}}{\text{mol} \cdot \text{K}}\right)(-39)$$
$$= -117 \frac{\text{kcal}}{\text{s}} \quad \underline{\text{Resposta}}$$

5. Reatores Subsequentes

Para o último reator, começamos a $T_0 = 480$ K e $X = 0,68$ e seguimos a linha representando a equação para o balanço de energia ao longo do ponto de interseção com a conversão de equilíbrio, que é $X = 0,82$. Por conseguinte, a conversão final encontrada com os três reatores e os dois resfriadores interestágios é $X = (0,95)(0,82) = 0,78$.

Um conflito de temperatura: alta T, rápida reação, mas baixa X_e *versus* T baixa e reação lenta, resultando em baixa X.

Análise: Para reações altamente exotérmicas e reversíveis, executadas adiabaticamente, reatores em estágios com resfriamento interestágio podem ser usados para obter altas conversões. Observa-se que a conversão e a temperatura de saída do primeiro reator são 47% e 568 K, respectivamente, conforme mostrado pela linha do balanço de energia. A corrente de saída nessa conversão é então resfriada para 480 K, entrando no segundo reator, onde a conversão global e a temperatura aumentam para 68% e 519 K. A inclinação de X *versus* T a partir do balanço de energia é a mesma que aquela do primeiro reator. Este exemplo mostrou também como calcular a carga térmica de cada trocador. Notamos também que a carga térmica do terceiro trocador será menor do que a do primeiro reator porque a temperatura de saída do segundo reator (519 K) é menor do que aquela do primeiro reator (568 K). Consequentemente, menos calor necessita ser removido do terceiro trocador.

11.7 Temperatura Ótima de Alimentação

Consideraremos agora um reator adiabático de tamanho fixo ou massa de catalisador fixa e investigaremos o que acontece quando a temperatura de alimentação é variada. A reação é reversível e exotérmica. Em um extremo, usando uma temperatura muito alta de alimentação, a velocidade específica de reação será grande e a reação acontecerá rapidamente; porém, a conversão de equilíbrio será próxima de zero. Consequentemente, muito pouco produto será formado. Em outro extremo de temperaturas baixas de alimentação, a conversão de equilíbrio é alta. Logo, a questão é, "Por que não esfriar a alimentação até a temperatura de entrada mais baixa possível, T_0?" A resposta é: sabemos que em temperaturas baixas a constante de taxa de reação k é baixa e é possível que a reação não ocorra em qualquer extensão razoável, resultando em praticamente nenhuma ou pouca conversão. Assim, temos esses dois extremos: baixa conversão em altas temperaturas, devido às limitações de equilíbrio, e baixa conversão em baixas temperaturas, devido a uma pequena taxa de reação. O Exemplo 11.6 explora como encontrar a temperatura ótima.

Ligação com *Operações Unitárias* e *Transferência de Calor*

Exemplo 11.6 Encontrando a Temperatura Ótima de Entrada para Operação Adiabática

Vamos continuar a reação que discutimos nos Exemplos 11.4 e 11.5.

$$A \rightleftarrows B$$

De modo a ilustrar o conceito de temperatura ótima de entrada, vamos plotar os perfis de conversão para diferentes temperaturas de entrada para essa isomerização, conforme Figuras E11.6.2 e E11.6.3. Usaremos todos os mesmos valores dos parâmetros e das condições usados nos Exemplos 11.4 e 11.5 e somente vamos variar a temperatura de entrada. Começamos pela aplicação das Equações (T11.2.1) a (T11.2.8) para um *sistema líquido*, em que não há dependência com a temperatura no termo de concentração; ou seja, $C_A = C_{A0}(1-X)$. Começando com o balanço molar

$$\frac{dX}{dV} = \frac{-r_A}{F_{A0}} \tag{E11.6.1}$$

combinamos as equações do balanço molar, da equação da taxa e da estequiometria, de modo a obter

$$\boxed{\frac{dX}{dV} = \frac{kC_{A0}}{F_{A0}}\left(1 - X - \frac{X}{K_e}\right)} \tag{E11.6.2}$$

Em seguida, consideramos o balanço de energia para $\Delta C_P = 0$

$$T = T_0 + \frac{X[-\Delta H^\circ_{Rx}]}{C_{P_A} + \Theta_I C_{P_I}} = T_0 + \frac{14.000X}{75} = T_0 + 187X \tag{E11.6.3}$$

$$\boxed{X_e = \frac{K_e}{1 + K_e}} \tag{E11.6.4}$$

Usaremos os dados e equações para X_e, k e X_{EB} conforme apresentado no Exemplo 11.4.

Mudança da Temperatura e da Conversão de Equilíbrio Adiabático

Novamente, usando os valores de X_e em função de T na Tabela 11.4.1 e o balanço de energia

$$X_{EB} = \frac{(C_{P_A} + \Theta_I C_{P_I})(T - T_0)}{-\Delta H_{Rx}} = 5{,}36 \times 10^{-3}(T - T_0) \quad \text{(E11.6.5)}$$

A Figura E11.6.1 mostra um gráfico de X_e e X_{EB} para diferentes temperaturas de entrada; ou seja, T_0.

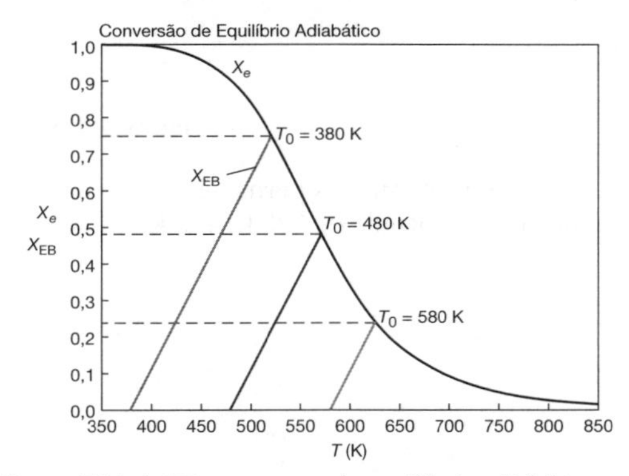

Figura E11.6.1 Temperatura de equilíbrio adiabático.

Vemos que, para uma temperatura de entrada de T_0 = 580 K, a conversão de equilíbrio adiabático X_e é 0,24 e a correspondente temperatura de equilíbrio adiabático é 625 K. Entretanto, para uma temperatura de entrada de T_0 = 380 K, X_e é 0,75 e a temperatura de equilíbrio adiabático é 520 K.

Perfis de Conversão para X e X_e

Para obter informações sobre por que há uma temperatura de alimentação ótima, vejamos os perfis de conversão para diferentes temperaturas de entrada, T_0. Primeiro, entramos com as equações de balanço molar, da taxa, estequiométricas e de balanço de energia (conforme Equações (E11.6.1) a (E11.6.5)) no Polymath, MATLAB, Python e Wolfram. O programa Polymath e a saída para T_0 = 480 K são mostrados na Tabela E11.6.1.

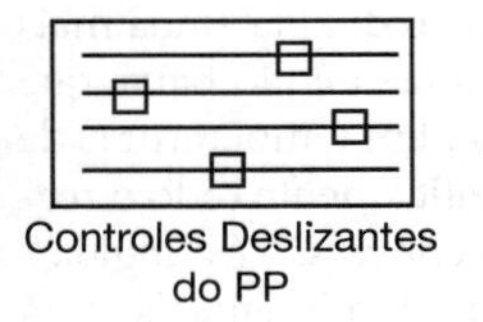

Tabela E11.6.1 Programa Polymath e Saída Numérica

Equações diferenciais

```
1 d(X)/d(V) = -ra/Fao
```

Equações explícitas

```
1 k1 = 0,000035
2 T2 = 298
3 dH = -14,000
4 To = 480
5 Cao = 1
6 Fao = 5
7 R = 1,987
8 E = 10.000
9 Ke2 = 75.000
10 T = To-dH*X/(75)
11 Ke = Ke2*exp ((dH/R)*((1/T2)-(1/T)))
12 T1 = 298
13 k = k1*exp((E/R)*((1/T1)-(1/T)))
14 ra = -k*Cao*((1-X)-(X/Ke))
15 Xe = Ke/(1+Ke)
```

RELATÓRIO DO POLYMATH
Equações Diferenciais Ordinárias
Valores calculados das variáveis das equações diferenciais

	Variável	Valor inicial	Valor final
1	Cao	1	1
2	dH	-1,4E+04	-1,4E+04
3	E	10.000	10.000
4	Fao	5	5
5	k	0,021138	0,1092689
6	k1	3,6e-05	3,6e-05
7	Ke	9,586656	0,9613053
8	Ke2	7,6e+04	7,6e+04
9	R	1,987	1,987
10	ra	-0,021138	-0,0027641
11	T	480	569,1776
12	T1	298	298
13	T2	298	298
14	To	480	480
15	V	0	100
16	X	0	0,477737
17	Xe	0,9055415	0,4901355

Os perfis de conversão para X e X_e são mostrados na Figura E11.6.2 para T_0 = 480 K, em que vemos eles se aproximarem até o fim do reator de 100 dm³.

Uma vez que a temperatura do reator aumenta à medida que nos movemos ao longo de seu comprimento, a conversão de equilíbrio, X_e, também varia e diminui ao longo do comprimento do reator, como mostrado na Figura E11.6.2.

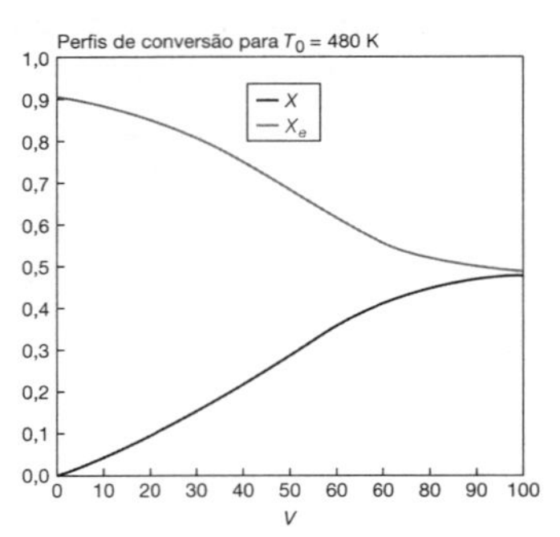

Figura E11.6.2 Perfis de conversão.

A seguir, plotamos os perfis de conversão correspondentes ao longo do comprimento do reator para temperaturas de entrada de 380 K, 480 K e 580 K, como mostrado na Figura E11.6.3.

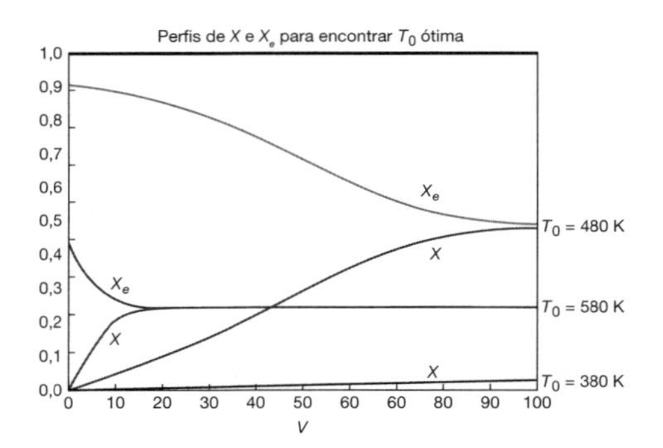

Figura E11.6.3 Conversão de equilíbrio para diferentes temperaturas de alimentação.

Para uma temperatura de entrada de 580 K, vemos que a conversão e a temperatura aumentam muito rapidamente em uma curta distância (uma pequena quantidade de catalisador). Esse aumento acentuado é algumas vezes referido como o "ponto" ou temperatura em que a reação "começa". Observamos também que a conversão, que é relativamente baixa, com valor de 0,24, permanece constante em V = 15 dm³ até a saída do reator. Se a temperatura de entrada fosse reduzida para 480 K, a conversão de equilíbrio correspondente seria de 0,49; todavia, a taxa de reação é mais lenta a essa temperatura mais baixa, de modo que essa conversão só é atingida perto do fim do reator. Se a temperatura de entrada fosse reduzida ainda mais para 380 K, a conversão de equilíbrio correspondente seria praticamente 1,0, mas a taxa é tão baixa que uma conversão de 0,03 é atingida para um volume de reator especificado de 100 dm³. Em temperaturas de alimentação muito baixas, a velocidade específica de reação será tão pequena que praticamente todo o reagente passará através do reator sem reagir – ou seja, a reação nunca "começa" e baixa conversão é atingida.

É aparente que, com conversões próximas a zero para altas e baixas temperaturas de alimentação, terá de haver uma temperatura ótima de alimentação que maximize a conversão. À medida que a temperatura de alimentação é aumentada a partir de um valor muito baixo, a velocidade específica de reação aumentará, assim como a conversão. A conversão continuará a aumentar com o aumento da temperatura de alimentação até que a conversão da reação se aproxime da conversão de equilíbrio. Um aumento maior na temperatura de alimentação para essa reação exotérmica diminuirá somente a conversão, devido à diminuição da conversão de equilíbrio. Essa temperatura ótima na entrada é mostrada na Figura E11.6.4.

Se fizermos gráficos similares para outras temperaturas na entrada, obteríamos a conversão na saída do reator mostrada na Tabela E11.6.2.

Tabela E11.6.2 Conversão de Saída em Função da Temperatura de Entrada

T_0	380	420	460	500	540	580	620	660
X	0,029	0,12	0,43	0,43	0,33	0,24	0,17	0,11

Essas conversões de saída são plotadas em função da temperatura na entrada na Figura E11.6.4.

Temperatura ótima de entrada

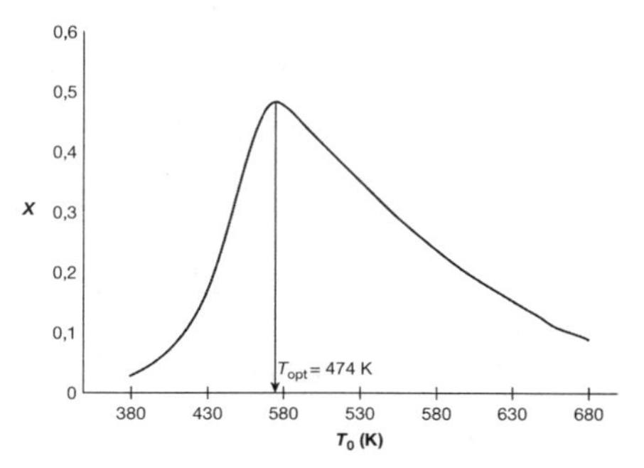

Figura E11.6.4 Conversão na saída do reator.

Análise: Vemos que, em altas temperaturas, a taxa é rápida e o equilíbrio é atingido próximo à entrada do reator e a conversão será baixa. No outro extremo de baixas temperaturas, a reação nunca "começa" e os reagentes passam pelo reator praticamente sem reagir. Para temperatura na entrada entre esses dois extremos, encontramos que há uma temperatura ótima de alimentação na entrada que maximiza a conversão. A temperatura ótima de alimentação neste exemplo é 474 K e a conversão ótima correspondente é 0,48.

11.8 *E Agora...* Uma Palavra do Nosso Patrocinador – Segurança 11 (UPDNP–S11 Acrônimos)

A finalidade deste tutorial é se familiarizar com acrônimos comumente usados em vários relatórios sobre *Investigação de Incidentes*. A seguir, uma lista de acrônimos que serão encontrados frequentemente.

Tabela 11.4 Acrônimos

Acrônimo	*Significado*	*Link*
AIChE	American Institute of Chemical Engineers (Instituto Americano de Engenheiros Químicos)	https://www.aiche.org/about
API	American Petroleum Institute (Instituto Americano de Petróleo)	https://www.api.org/about
BLEVE	Boiling Liquid Expanding Vapor Explosion (Explosão de Vapor em Expansão a partir de Líquido em Ebulição)	https://inspectapedia.com/plumbing/BLEVE-Explosions.php
CCPS	Center for Chemical Process Safety (Centro para Segurança de Processos Químicos)	https://www.aiche.org/ccps/about
CSB	U.S. Chemical Safety and Hazard Investigation Board (Conselho Americano de Investigação de Segurança Química e Perigo)	https://www.csb.gov/about-the-csb/
DCS	Distributed Control System (Sistema de Controle Distribuído)	https://www.electricaltechnology.org/2016/08/distributed-control-system-dcs.html
EPA	Environmental Protection Agency (Agência de Proteção Ambiental)	https://www.epa.gov/aboutepa
HAZOP	Hazard and Operability Study (Estudo de Perigo e Operacionabilidade)	https://www.oshatrain.org/notes/2bnotes21.html
HSE	Health, Safety and Environment (Saúde, Segurança e Meio Ambiente)	https://www.workplacetesting.com/definition/16/health-safety-andenvironment-hse
LOPA	Layer of Protection Analysis (Camada de Análise de Proteção)	https://hseengineer.wordpress.com/lopa-layer-of-protection-analysis/
MOC	Management of Change (Gestão de Mudança)	http://www.lni.wa.gov/safety/grantspartnerships/partnerships/vpp/pdfs/vppmocbestpractices.pdf
MSDS	Material Safety Data Sheet (Planilha de Dados sobre Segurança de Material)	https://www.osha.gov/Publications/OSHA3514.html

(continua)

Tabela 11.4 Acrônimos (*continuação*)

NFPA	National Fire Protection Association (Associação Nacional de Proteção ao Fogo)	https://www.nfpa.org/About-NFPA
OSHA	Occupational Safety and Health Administration (Administração de Saúde e Segurança Ocupacional)	https://www.osha.gov/about.html
PPE	Personal Protective Equipment (Equipamentos de Proteção Pessoal)	https://www.osha.gov/SLTC/personalprotectiveequipment/
P&IDs	Piping and Instrumentation Diagrams (Diagramas de Tubulações e Instrumentação)	https://www.lucidchart.com/pages/p-and-id-discovery__top
PSSR	Pre-Startup Safety Review (Revisão de Segurança Pré-Início)	https://www.chemicalprocessing.com/articles/2018/perform-a-proper-prestartup-safety-review-5-steps/
PRVs	Pressure Relief Valves (Válvulas de Alívio de Pressão)	http://www.wermac.org/valves/valves_pressure_relief.html
PHA	Process Hazard Analysis (Análise de Perigos em Processos)	http://www.wermac.org/valves/valves_pressure_relief.html
PSM	Process Safety Management (Gestão de Segurança de Processos)	https://www.osha.gov/SLTC/processsafetymanagement/
RMP	Risk Management Program (Programa de Gestão de Riscos)	https://www.osha.gov/chemicalexecutiveorder/psm_terminology.html
SIL	Safety Integrity Levels (Níveis de Integridade de Segurança)	https://www.crossco.com/blog/determiningsa-fety-integrity-levels-sil-your-processapplication
SOPs	Standard Operating Procedures (Procedimentos Operacionais Padrões)	https://www.brampton.ca/EN/Business/BEC/resources/Documents/What is a Standard Operating Procedure (SOP).pdf

Encerramento. Praticamente, todas as reações que ocorrem em indústrias envolvem efeitos térmicos. Este capítulo fornece a base para projetar reatores que operam em estado estacionário e envolvem efeitos térmicos. Para modelar esses reatores, simplesmente adicionamos outra etapa ao nosso algoritmo; essa etapa é o balanço de energia. Um dos objetivos deste capítulo é entender cada termo do balanço de energia e como ele foi deduzido. Concluímos que se o leitor entende as várias etapas na dedução, ele/ela estará em uma posição muito melhor para aplicar a equação corretamente. De modo a não confundir o leitor ao estudar reações com efeitos térmicos, separamos os diferentes casos e consideramos neste capítulo somente o caso de reatores operados adiabaticamente. O Capítulo 12 focará em reatores com troca de calor operados em estado estacionário. O Capítulo 13 focará em reatores não operados em estado estacionário. Uma reação industrial adiabática, relativa à manufatura de ácido sulfúrico que fornece um número de *detalhes práticos*, é incluída no *CRE website* em PRS R12.4 (*http://www.umich.edu/~elements/6e/11chap/live.html* e *http://www.umich.edu/~elements/6e/12chap/pdf/sulfuricacid.pdf*).

RESUMO

Para a reação

$$A + \frac{b}{a}B \rightarrow \frac{c}{a}C + \frac{d}{a}D$$

1. O calor de reação na temperatura T, por mol de A, é

$$\Delta H_{Rx}(T) = \frac{c}{a}H_C(T) + \frac{d}{a}H_D(T) - \frac{b}{a}H_B(T) - H_A(T) \tag{R11.1}$$

2. A diferença no calor específico molar médio, ΔC_P, por mol de A, é

$$\Delta C_P = \frac{c}{a}C_{PC} + \frac{d}{a}C_{PD} - \frac{b}{a}C_{PB} - C_{PA} \tag{R11.2}$$

em que C_{Pi} é o calor específico molar médio da espécie i entre as temperaturas T_R e T.

3. Quando não há mudanças de fase, o calor de reação na temperatura T está relacionado com o calor de reação na temperatura padrão de referência T_R por

$$\Delta H_{Rx}(T) = H^\circ_{Rx}(T_R) + \Delta C_P(T - T_R) \tag{R11.3}$$

4. O balanço de energia em estado estacionário em um sistema de volume V é

$$\boxed{\dot{Q} - F_{A0}\Sigma\Theta_i C_{P_i}(T - T_{i0}) - [\Delta H^\circ_{Rx}(T_R) + \Delta C_P(T - T_R)]F_{A0}X = 0} \tag{R11.4}$$

Acoplamos agora os quatro últimos blocos construtivos *Balanço Molar, Equação da Taxa, Estequiometria* e *Combinação* com o primeiro bloco, o *Balanço de Energia*, para resolver problemas não isotérmicos de engenharia das reações, conforme mostrado no boxe de Encerramento para este capítulo.

5. **Para operação adiabática** ($\dot{Q} \equiv 0$) de um PFR, PBR, CSTR ou reator em batelada (RB) e desprezando $\dot{W}_s$, resolvemos a Equação (R11.4) para a relação adiabática temperatura–conversão, que é

$$\boxed{X = \frac{\Sigma\Theta_i C_{P_i}(T - T_0)}{-[\Delta H^\circ_{Rx}(T_R) + \Delta C_P(T - T_R)]}} \tag{R11.5}$$

Resolvendo a Equação (R11.5) para a relação adiabática temperatura–conversão:

$$\boxed{T = \frac{X[-\Delta H^\circ_{Rx}(T_R)] + \Sigma\,\Theta_i C_{P_i} T_0 + X\,\Delta C_P T_R}{[\Sigma\,\Theta_i C_{P_i} + X\,\Delta C_P]}} \tag{R11.6}$$

Usando a Equação (R11.4), podem-se resolver problemas de reatores adiabáticos não isotérmicos para prever a conversão, as concentrações e a temperatura de saída.

MATERIAIS DO CRE *WEBSITE*

(*http://www.umich.edu/~elements/6e/11chap/obj.html#/*)

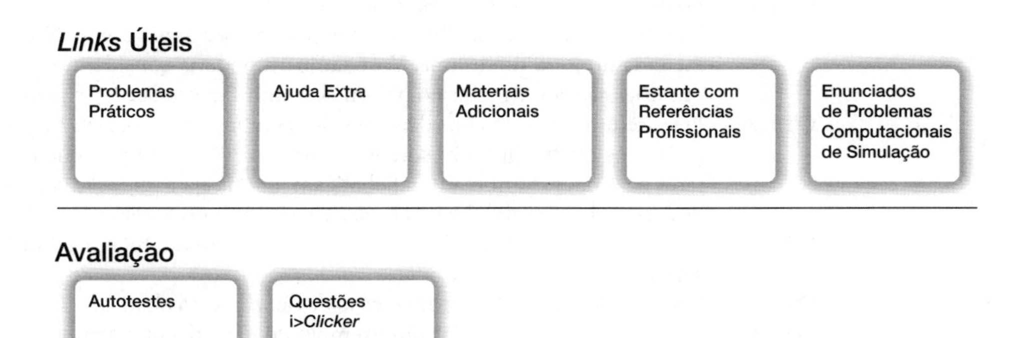

Problemas Práticos Formulados no AspenTech

Example 11-3 Adiabatic Liquid-Phase Isomerization of Normal Butane

Heat and Material Balance Table			
Stream ID		FEED	PRODUCT
Temperature	K	330.0	357.1
Pressure	N/sqm	101325.000	101325.000
Vapor Frac		0.000	0.000
Mole Flow	kmol/sec	0.044	0.044
Mass Flow	kg/sec	2.646	2.646
Volume Flow	cum/sec	0.005	0.005
Enthalpy	MMkcal/hr	-5.570	-5.570
Mole Flow	kmol/sec		
C4H10		0.040	0.012
ICH4H10			0.028
IPENTANE		0.004	0.004
Mole Frac			
C4H10		0.900	0.269
ICH4H10			0.631
IPENTANE		0.100	0.100

Um tutorial passo a passo do AspenTech é apresentado no CRE *website* (*http://www.umich.edu/~elements/6e/software/aspen.html*).

QUESTÕES, SIMULAÇÕES E PROBLEMAS

O subscrito para cada número do problema indica o nível de dificuldade: A, menos difícil; D, mais difícil.

Problemas Propostos

A = ● B = ■ C = ◆ D = ◆◆

Em cada uma das questões e problemas a seguir, em vez de você apenas desenhar um retângulo ao redor de sua resposta, escreva uma frase ou duas, descrevendo como você resolveu o problema, as suposições que você fez, a coerência de sua resposta, o que você aprendeu, e quaisquer outros fatos que você queira incluir. Veja o Prefácio para partes genéricas adicionais (**x**), (**y**) e (**z**) para os problemas propostos.

> **Antes** de resolver os problemas, estabeleça ou esquematize qualitativamente os resultados ou tendências esperados.

Questões

Q11.1$_A$ ***i>clicker.*** Vá ao *site* (*http://www.umich.edu/~elements/6e/11chap/iclicker_ch11_q1.html*) e veja no mínimo 5 questões i>*clicker*. Escolha uma que poderia ser usada como está, ou uma variação dela, para ser incluída no próximo exame. Você também poderia considerar o caso oposto: explique por que as questões *não* devem estar no próximo exame. Em cada caso, explique seu raciocínio.

Q11.2$_A$ Prepare uma lista de considerações de segurança para projetar e operar reatores químicos. Quais seriam os quatro primeiros itens da sua lista? Por exemplo, que preocupações de segurança você teria para operar um reator adiabaticamente? (Veja *www.sache.org* e *www.siri.org/graphics*). A edição de agosto de 1985 da *Chemical Engineering Progress* pode ser útil.

Q11.3$_A$ Suponha que a reação na Tabela 11.2 ocorresse em um BR em vez de PFR. Que etapas na Tabela 11.2 seriam diferentes?

Q11.4$_A$ Refaça o Problema P2.9$_D$ para o caso de operação adiabática.

Q11.5$_A$ E se lhe pedissem para dar um exemplo do dia a dia que demonstre os princípios discutidos neste capítulo? (Sorver uma colher de chá de Tabasco® ou outro molho picante seria um exemplo?)

$Q11.6_A$ **Exemplo 11.1: Que Informações Adicionais São Requeridas?** Como esse exemplo mudaria, se um CSTR fosse usado em vez de um PFR?

$Q11.7_A$ **Exemplo 11.2: Calor de Reação.** (1) Qual seria o calor de reação, se 50% de inertes (por exemplo, hélio) fossem adicionados ao sistema? (2) Qual seria o erro em %, se o termo ΔC_P fosse desprezado?

$Q11.8_A$ **Exemplo 11.3: Isomerização Adiabática em Fase Líquida do Butano Normal.** Você pode explicar por que o volume do CSTR é menor do que o volume do PFR? *Sugestão:* A Equação (E11.3.13) pode ser útil para a sua explicação.

$Q11.9_A$ Leia os problemas no fim deste capítulo. Crie um problema original que use os conceitos apresentados neste capítulo. Consulte o Problema P5.1B para obter orientações.

$Q11.10_A$ Um novo dispositivo de economia de energia, o Turbo Retro Thermo Encabulator, tem sido visualizado no seguinte vídeo do YouTube (*https://www.youtube.com/watch?v=RX-JKdh1KZ0w*). Usando duas frases, escreva uma avaliação desse dispositivo, que está atualmente à venda com um preço de lançamento reduzido.

$Q11.11_A$ Se você fosse realizar um cálculo manual usando a fórmula de integração de Simpson, escreva um procedimento passo a passo para gerar uma tabela de X, T, $-r_A(X)$ e $(F_{A0}/-r_b)$. Há alguma circunstância em que você obteria um gráfico similar ao que segue?

$\frac{F_{A0}}{-r_A}$

X

$Q11.12_A$ Liste três coisas que você deve considerar no *link* do PPE.

$Q11.13_A$ Vá ao *link* para os vídeos de Aprendizado de EngQui do Capítulo 11 (*http://www.umich.edu/~elements/6e/11chap/learn-cheme-videos.html*). Assista a um ou mais dos vídeos de 5 a 6 minutos e liste os dois pontos mais importantes.

$Q11.14_A$ **UPDNP–S11** Consulte dois *links* dos acrônimos de segurança e escreva uma avaliação dizendo se o *link* foi útil ou não.

Simulações Computacionais e Experimentos

$P11.1_A$ Carregue os seguintes programas a partir do *site* ERQ da *Web* onde for apropriado:

(a) Exemplo Tabela 11.2: Algoritmo para a Reação em Fase Gasosa

Wolfram e Python

(i) O que acontece com os perfis X e X_e quando você varia T_0? Você pode explicar essa tendência?
(ii) Use o caso base para todas as variáveis. Qual variável – K_{e2}, k_1 ou T_0 – tem o maior efeito sobre os perfis de temperatura? Qual variável – E_A, F_{A0} ou Θ_I – tem o maior efeito em X e X_e?
(iii) Descreva como o perfil da taxa de reação muda à medida que você varia T_0?
(iv) Escreva três conclusões sobre o que você encontrou nos experimentos (i) a (iii).

(b) Exemplo 11.3: Isomerização Adiabática do Balanço

Wolfram e Python

(i) Descreva como os perfis de X e X_e mudam para cada um dos valores dos parâmetros, T_0, K_C e C_{A0}.
(ii) Qual é a temperatura mínima de alimentação que daria a máxima conversão possível no fim do reator?
(iii) Varie ΔH°_{Rx} e descreva como a mudança no perfil de temperatura se modifica.
(iv) Qual valor do parâmetro – C_{A0}, T_0 ou y_{A0} – afeta mais o perfil da taxa de reação, $-r_A$, e em que maneiras ele varia?
(v) Escreva três conclusões sobre o que você encontrou nos experimentos (i) a (iv).

Polymath

(vi) E se a reação do butano ocorresse em um PFR de 0,8 m³ que pudesse ser pressurizado a pressões muito altas? Qual seria a conversão?
(vii) Qual seria a temperatura de entrada que você recomendaria?
(viii) Há alguma temperatura ótima de entrada?
(ix) Plote o calor que tem de ser removido ao longo do reator ($\dot{Q}$ *versus* V) para manter a operação isotérmica?

(c) Exemplo 11.3 AspenTech. Carregue o programa AspenTech a partir do CRE *website*. (1) Repita usando o AspenTech. (2) Varie a taxa e a temperatura de entrada e descreva o que você encontrou. (3) Escreva três conclusões sobre o que você encontrou explorando o exemplo do AspenTech.

(d) Exemplo 11.4: Cálculo da Temperatura e da Conversão de Equilíbrio Adiabático

Wolfram e Python

(i) Vá para os extremos dos intervalos dos controles deslizantes e descreva como a conversão do equilíbrio adiabático varia com cada uma das variáveis, T_0, $(-\Delta H^\circ_{Rx})$, K_e e Θ_I.

(ii) Quais temperaturas de entrada, T_0, fornecerão os valores mais altos e mais baixos da temperatura da equação adiabática?

(iii) Escreva um conjunto de três conclusões de seus experimentos (i) e (ii).

(e) Exemplo 11.5: Resfriamento Interestágio para Reações Altamente Exotérmicas. (1) Determine a taxa molar da água de resfriamento (C_{Pw} = 18 cal/mol·K) necessária para remover 220 kcal/s do primeiro trocador, conforme mostrado na Figura P11.1$_A$ (e). A água de resfriamento entra a 270 K e sai a 400 K. (2) Determine a área necessária de transferência de calor, A (m²), para um coeficiente global de transferência de calor, U, de 100 cal/s·m²·K. Você tem de usar a média logarítmica da força-motriz para calcular $\dot{Q}$.

$$\dot{Q} = UA\frac{[(T_{h2} - T_{c2}) - (T_{h1} - T_{c1})]}{\ln\left(\frac{T_{h2} - T_{c2}}{T_{h1} - T_{c1}}\right)} \tag{E11.5.7}$$

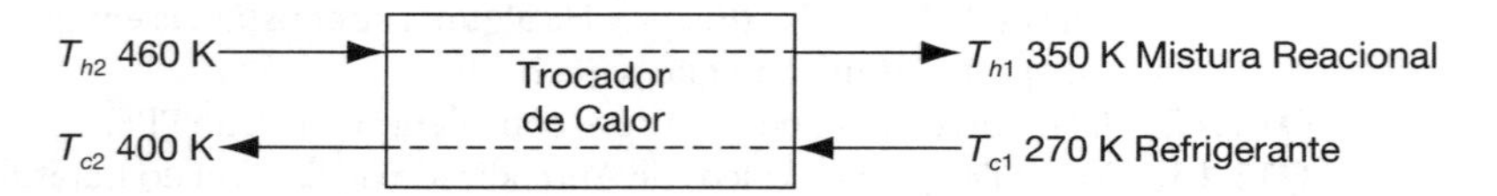

Figura P11.1$_A$ (e) Trocador de calor em contracorrente.

(f) Exemplo 11.6: Temperatura Ótima de Alimentação
Wolfram e Python

(i) Descreva o que acontece com X e X_e conforme você aumenta Θ_I de 0,3 para 4.

(ii) Varie ΔH_{Rx} e descreva o que você encontra.

(iii) Investigue os parâmetros K_e, k e Θ_I, usando cada um em seus valores básicos e então varie T_0; descreva o que você encontra.

(iv) Use K_{e2} em seu valor máximo, 150.000, e então varie T_0. Que diferenças você observa a partir do caso base?

(v) Em seguida, use Θ_I = 3 e varie novamente os outros parâmetros. Escreva uma frase ou duas dizendo como cada variável afeta a temperatura ótima de alimentação.

(vi) Explique como o inerte, Θ_I, afeta a conversão de equilíbrio e a conversão real.

(vii) Escreva duas conclusões sobre o que você encontrou em seus experimentos (i) a (vi).

Problemas

P11.2$_A$ Para a reação elementar

$$A \rightleftarrows B$$

a conversão de equilíbrio é 0,8 a 127°C e 0,5 a 227°C. Qual é o calor de reação?

P11.3$_B$ **QEA** (*Questão de Exame Antigo*). A conversão de equilíbrio é mostrada a seguir em função da massa de catalisador ao longo de um PBR.

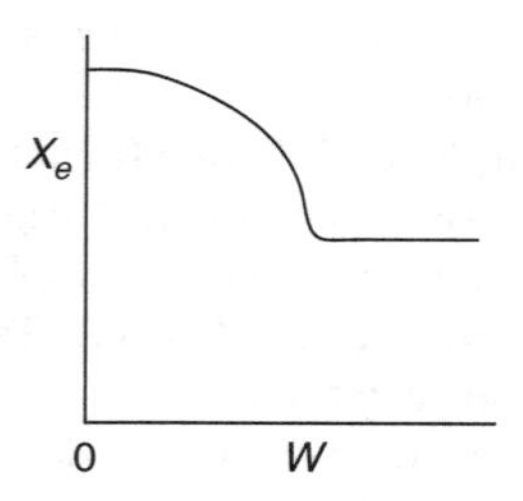

Por favor, indique quais das afirmações seguintes são verdadeiras e quais são falsas. Explique cada caso.

(a) A reação poderia ser de primeira ordem, endotérmica e executada adiabaticamente.

(b) A reação é de primeira ordem, endotérmica e o reator é aquecido ao longo de seu comprimento, com T_a sendo constante.

(c) A reação é exotérmica e de segunda ordem, sendo resfriada ao longo do comprimento do reator com T_a sendo constante.

(d) A reação é exotérmica e de segunda ordem, sendo executada adiabaticamente.

P11.4$_A$ **QEA** (*Questão de Exame Antigo*). A reação elementar irreversível em fase líquida orgânica

$$A + B \rightarrow C$$

ocorre adiabaticamente em um reator com escoamento. Uma alimentação equimolar de A e B entra a 27°C, sendo a vazão volumétrica igual a 2 dm³/s e C_{A0} = 0,1 kmol/m³.

Informações Adicionais:

$$H_A^\circ(273\text{ K}) = -20\text{ kcal/mol}, H_B^\circ(273\text{ K}) = -15\text{ kcal/mol},$$
$$H_C^\circ(273\text{ K}) = -41\text{ kcal/mol}$$

$$C_{P_A} = C_{P_B} = 15\text{ cal/mol}\cdot\text{K} \qquad C_{P_C} = 30\text{ cal/mol}\cdot\text{K}$$

$$k = 0{,}01\ \frac{\text{dm}^3}{\text{mol}\cdot\text{s}}\ \text{a 300 K} \qquad E = 10.000\text{ cal/mol}$$

PFR

(a) Faça um gráfico e analise a conversão e a temperatura em função do volume do PFR até X = 0,85. Descreva as tendências.

(b) Qual é a temperatura máxima de entrada que se poderia ter, de modo que o ponto de ebulição do líquido (550 K) não fosse excedido, mesmo para conversão completa?

(c) Plote o calor que tem de ser removido ao longo do reator ($\dot{Q}$ *versus* V) para manter a operação isotérmica.

(d) Plote e então analise os perfis de concentração e de temperatura até um volume do reator PFR igual a 10 dm³, para o caso quando a reação é reversível com K_C = 10 m³/kmol a 450 K. Plote o perfil da conversão de equilíbrio. Como as tendências são diferentes daquelas do item **(a)**? (***Resp.:*** Quando V = 10 dm³, então X = 0,0051, X_{eq} = 0,517.

CSTR

(e) Qual é o volume do CSTR necessário para atingir 90% de conversão?

BR

(f) Em seguida, a reação é executada em um reator em batelada de 25 dm³, carregado com N_{A0} = 10 mols. Plote o número de mols de A, N_A, a conversão e a temperatura em função do tempo.

P11.5$_A$ A reação elementar irreversível em fase gasosa

$$A \rightarrow B + C$$

ocorre adiabaticamente em um PFR recheado com um catalisador. A puro entra no reator a uma vazão volumétrica de 20 dm³/s, a uma pressão de 10 atm e a uma temperatura de 450 K.

Informações Adicionais:

$$C_{P_A} = 40\text{ J/mol}\cdot\text{K} \qquad C_{P_B} = 25\text{ J/mol}\cdot\text{K} \qquad C_{P_C} = 15\text{ J/mol}\cdot\text{K}$$

$$H_A^\circ = -70\text{ kJ/mol} \qquad H_B^\circ = -50\text{ kJ/mol} \qquad H_C^\circ = -40\text{ kJ/mol}$$

Todos os calores de formação são referenciados para 273 K.

$$k = 0{,}133\ \exp\left[\frac{E}{R}\left(\frac{1}{450} - \frac{1}{T}\right)\right] \frac{\text{dm}^3}{\text{kg-cat}\cdot\text{s}} \text{ com } E = 31{,}4\text{ kJ/mol}$$

(a) Faça um gráfico e analise a conversão e a temperatura ao longo do reator com escoamento empistonado até que uma conversão de 80% (se possível) seja alcançada. (A máxima massa de catalisador que pode ser compactada em um PFR é 50 kg.) Considere ΔP = 0,0.

(b) Varie a temperatura de entrada e descreva o que você encontra.

(c) Plote o calor que tem de ser removido ao longo do reator ($\dot{Q}$ *versus* V) para manter a operação isotérmica.

(d) Considere agora a queda de pressão no PBR, com $\rho_b = 1$ kg/dm³. O reator pode ser recheado com um ou dois tamanhos de partículas. Escolha um.

$$\alpha = 0{,}019/\text{kg de cat para diâmetro de partícula } D_1$$

$$\alpha = 0{,}075/\text{kg de cat para diâmetro de partícula } D_2$$

(e) Faça um gráfico e analise a temperatura, a conversão e a pressão ao longo do comprimento do reator. Varie os parâmetros α e P_0 para conhecer as faixas de valores nas quais eles dramaticamente afetam a conversão.
Aplique a este problema uma ou mais das seis ideias discutidas na Tabela P.4 do Prefácio no *site* da *Web* (*http://www.umich.edu/~elements/6e/toc/Preface-Complete.pdf*).

P11.6$_B$ **QEA** (*Questão de Exame Antigo*). A reação irreversível endotérmica em fase-vapor segue uma equação elementar da taxa

$$CH_3COCH_3 \rightarrow CH_2CO + CH_4$$
$$A \rightarrow B + C$$

e ocorre adiabaticamente em um PFR de 500 dm³. A espécie A é alimentada no reator a uma vazão de 10 mol/min e a uma pressão de 2 atm. Uma corrente de inerte é também alimentada no reator a 2 atm, conforme mostrado na Figura P11.6$_B$. A temperatura de entrada de ambas as correntes é igual a 1.100 K.

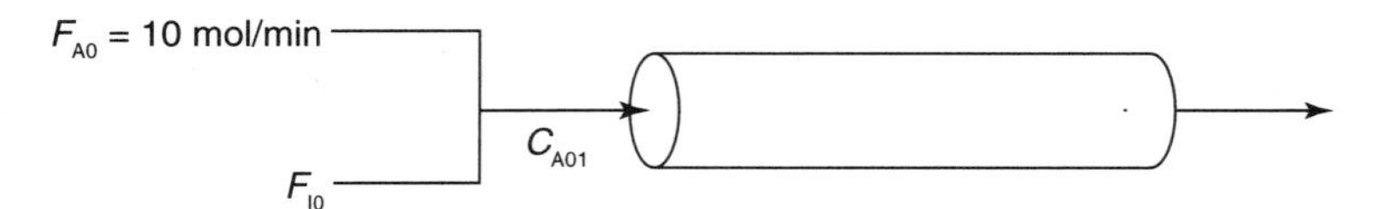

Figura P11.6$_B$ PFR adiabático com inertes.

Informações Adicionais:

$k = \exp(34{,}34 - 34.222/T)\,1/s$

$C_{P_I} = 200$ J/mol · K

(T em graus Kelvin, K)

$C_{P_A} = 170$ J/mol · K

$C_{P_B} = 90$ J/mol · K

$C_{P_C} = 80$ J/mol · K

$\Delta H^\circ_{Rx} = 80.000$ J/mol

(a) Primeiro deduza uma expressão para C_{A01} em função de C_{A0} e Θ_I.

(b) Esquematize os perfis de concentrações e de temperaturas para o caso quando não há inertes. Usando uma linha tracejada, esquematize os perfis quando uma quantidade moderada de inertes for adicionada. Usando uma linha pontilhada, esquematize os perfis quando uma grande quantidade de inertes for adicionada. Esquemas qualitativos são bons. Descreva as similaridades e diferenças entre as curvas.

(c) Esquematize ou plote e então analise a conversão de saída em função de Θ_I. Existe uma razão entre as taxas molares de entrada de inertes (I) e de A ($\Theta_I = F_{I0}/F_{A0}$) na qual a conversão seja máxima? Explique por que "existe" ou "não existe" um máximo.

(d) O que mudaria nos itens **(b)** e **(c)** se as reações fossem exotérmicas e reversíveis com $\Delta H^\circ_{Rx} = -80$ kJ/mol e $K_C = 2$ dm³/mol a 1.100 K?

(e) Esquematize ou faça um gráfico de F_B para os itens **(c)** e **(d)** e descreva o que você encontra.

(f) Plote o calor que tem de ser removido ao longo do reator ($\dot{Q}$ *versus* V) para manter a operação isotérmica para A puro alimentado e para uma reação exotérmica. O item (f) é nível "C" de dificuldade; isto é, **P11.6$_C$(f)**.

P11.7$_B$ **QEA** (*Questão de Exame Antigo*). A reação reversível em fase gasosa

$$A \rightleftarrows B$$

ocorre sob alta pressão em um reator de leito fixo com queda de pressão. A alimentação consiste em inertes I e da espécie A, com razão entre inertes e a espécie A sendo de 2 para 1. A taxa molar de A na entrada é 5 mol/min a uma temperatura de 300 K e uma concentração de 2 mol/dm³. Trabalhe este problema em termos de volume. *Sugestão:* $V = W/\rho_B$, $r_A = \rho_B r'_A$.

Informações Adicionais:

$F_{A0} = 5{,}0$ mol/min	$K_C = 1.000$ a 300 K	$T_{a0} = 300$ K
$C_{A0} = 2$ mol/dm³	$C_{P_B} = 160$ cal/mol/K	$V = 40$ dm³
$C_I = 2C_{A0}$	$\rho_B = 1{,}2$ kg/dm³	$\alpha\rho_b = 0{,}02$ dm^{-3}
$C_{F_I} = 18$ cal/mol/K	$T_0 = 300$ K	Refrigerante
$C_{P_A} = 160$ cal/mol/K	$T_t = 300$ K	$\dot{m}_C = 50$ mol/min
$E = 10.000$ cal/mol	$k_1 = 0{,}1$ min^{-1} a 300 K	$C_{P_{Refrigerante}} = 20$ cal/mol/K
$\Delta H_{Rx} = -20.000$ cal/mol	$Ua = 150$ cal/dm³/min/K	

(a) **Operação Adiabática.** Plote X, X_e, p, T e a taxa de consumo em função de V até $V = 40$ dm³. Explique por que as curvas têm esse aspecto.

(b) Varie a razão entre inertes e A ($0 \le \Theta_I \le 10$) e a temperatura de entrada e descreva o que você encontra.

(c) Plote o calor que tem de ser removido ao longo do reator ($\dot{Q}$ *versus* V) para manter a operação isotérmica. O item (c) tem nível de dificuldade igual a "C".

Continuaremos este problema no Capítulo 12.

P11.8$_B$ Algoritmo para reação em um PBR com efeitos térmicos

A reação elementar em fase gasosa

$$A + B \rightleftarrows 2C$$

ocorre em um reator de leito fixo. As taxas molares de entrada são $F_{A0} = 5$ mol/s, $F_{B0} = 2F_{A0}$. A temperatura de entrada é 330 K.

Informações Adicionais:

$$C_{P_A} = C_{P_B} = C_{P_C} = 20 \text{ cal/mol/K}, \; C_{P_I} = 40 \text{ cal/mol/K}, \; E = 25 \frac{\text{kcal}}{\text{mol}},$$

$$\Delta H_{Rx} = -20 \frac{\text{kcal}}{\text{mol}} \text{ a } 298 \text{ K}$$

$$\alpha = 0{,}0002 \text{ kg}^{-1}, \; k = 0{,}004 \frac{\text{dm}^6}{\text{kg} \cdot \text{mol} \cdot \text{s}} \text{ a } 310 \text{ K},$$

$$K_C = 1.000 \text{ a } 303 \text{ K}$$

Nota: Este problema continua no Problema 12.1$_A$ com algumas das condições de entrada (por exemplo, F_{B0}) modificadas.

(a) Escreva o balanço molar, a equação da taxa, K_C em função de T, k em função de T e C_A, C_B, C_C em função de X, p e T.

(b) Escreva a equação da taxa em função de X, p e T.

(c) Mostre que a conversão de equilíbrio é

$$X_e = \frac{\dfrac{3K_C}{4} - \sqrt{\left(\dfrac{3K_C}{4}\right)^2 - 2K_C\left(\dfrac{K_C}{4} - 1\right)}}{2\left(\dfrac{K_C}{4} - 1\right)}$$

e então plote X_e *versus* T.

(d) Quais são $\Sigma\Theta_i C_{P_i}$, ΔC_P, T_0, temperatura de entrada T_1 (equação da taxa) e T_2 (constante de equilíbrio)?

(e) Escreva o balanço de energia para operação adiabática.

(f) **Caso 1 Operação Adiabática.** Plote e, então, analise X_e, X, p e T *versus* W quando a reação ocorre adiabaticamente. Descreva por que os perfis têm essa aparência. Identifique os termos que serão afetados pelos inertes. Esquematize o que você acha sobre a aparência dos perfis de X_e, X, p e T antes de rodar o programa Polymath para plotar os perfis. (**Resp.:** Em W = 800 kg, então X = 0,3583)

(g) Plote o calor que tem de ser removido ao longo do reator ($\dot{Q}$ *versus* V) para manter a operação isotérmica. O item (g) tem nível de dificuldade igual a "C", isto é, **P11.8$_C$(g)**.

P11.9$_A$ A reação

$$A + B \rightleftarrows C + D$$

ocorre adiabaticamente em uma série de reatores de leito fixo em estágios, com resfriamento interestágio (veja a Figura 11.5). A temperatura mais baixa para a qual a corrente de reagentes pode ser resfriada é de 27°C. A alimentação é equimolar em A e em B, e a massa de catalisador em cada reator é suficiente para atingir 99,9% da conversão de equilíbrio. A alimentação entra a 27°C e a reação ocorre adiabaticamente. Se quatro reatores e três resfriadores estiverem disponíveis, qual a conversão que pode ser atingida?

Informações Adicionais:

$$\Delta H^\circ_{Rx} = -30.000 \text{ cal/mol A} \qquad C_{P_A} = C_{P_B} = C_{P_C} = C_{P_D} = 25 \text{ cal/mol} \cdot \text{K}$$

$$K_e(50°C) = 500.000 \qquad F_{A0} = 10 \text{ mol A/min}$$

Prepare primeiro um gráfico da conversão de equilíbrio em função da temperatura. [***Resp. parcial:*** T = 360 K, X_e = 0,984; T = 520 K, X_e = 0,09; T = 540 K, X_e = 0,057]

P11.10$_A$ A Figura P11.10$_A$ mostra a trajetória temperatura-conversão para um conjunto de reatores com aquecimento interestágio. Agora, considere a troca de aquecimento interestágio por injeção da corrente de alimentação em três porções iguais, conforme mostrado na Figura P11.10$_A$:

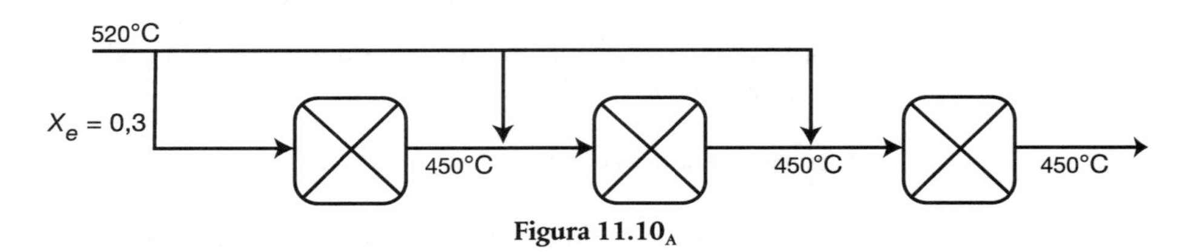

Figura 11.10$_A$

Esquematize as trajetórias temperatura-conversão para (**a**) uma reação endotérmica com temperaturas na entrada como mostrado, e (**b**) uma reação exotérmica com temperaturas de entrada e de saída do primeiro reator invertidas, isto é, T = 450°C.

LEITURA SUPLEMENTAR

1. Um excelente desenvolvimento do balanço de energia é apresentado em

   R. ARIS, *Elementary Chemical Reactor Analysis.* Upper Saddle River, N.J.: Pearson, 1969, Capítulos 3 e 6.

   Alguns exemplos lidando com reatores não isotérmicos podem ou não ser encontrados em

   THORNTON W. BURGESS, *The Adventures of Old Man Coyote.* New York: Dover Publications, Inc., 1916.

   JOHN B. BUTT, *Reaction Kinetics and Reactor Design,* Revised and Expanded, 2nd ed. New York: Marcel Dekker, Inc., 1999.

   S. M. WALAS, *Chemical Reaction Engineering Handbook of Solved Problems.* Amsterdam: Gordon and Breach, 1995. Veja os seguintes problemas resolvidos: 4.10.1; 4.10.08; 4.10.09; 4.10.13, 4.11.02, 4.11.09, 4.11.03, 4.10.11.

   Para uma discussão mais profunda sobre o calor de reação e a constante de equilíbrio, deve-se consultar

   K. G. DENBIGH, *Principles of Chemical Equilibrium,* 4th ed. Cambridge: Cambridge University Press, 1981.

2. Os calores de formação, $H_i(T)$, as energias livres de Gibbs, $G_i(T_R)$, e os calores específicos molares de vários componentes podem ser encontrados em:

   D. W. GREEN and R. H. PERRY, eds., *Chemical Engineers' Handbook,* 8th ed., New York: McGraw-Hill, 2008.

   R. C. REID, J. M. PRAUSNITZ, and T. K. SHERWOOD, *The Properties of Gases and Liquids,* 3rd ed., New York: McGraw-Hill, 1977.

   R. C. WEAST, ed., *CRC Handbook of Chemistry and Physics,* 94th ed., Boca Raton, Fl.: CRC Press, 2013.

12 Projeto de Reatores Não Isotérmicos em Estado Estacionário: Escoamento com Troca de Calor

Pesquisa é ver o que todo mundo vê e pensar o que ninguém mais pensou.

— Albert Szent-Gyorgyi

Visão Geral. Este capítulo concentra-se em reatores químicos com troca de calor. Os tópicos do capítulo estão agrupados da seguinte maneira:

- A Seção 12.1 desenvolve o balanço energético para facilitar sua aplicação em PFRs e PBRs.
- A Seção 12.2 descreve PFRs e PBRs para quatro tipos de operações de trocador de calor:
  (1) Temperatura constante do fluido de transferência de calor, T_a
  (2) Temperatura de fluido variável T_a com operação cocorrente
  (3) Temperatura de fluido variável T_a com operação em contracorrente
  (4) Operação adiabática
- A Seção 12.3 fornece exemplos de quatro tipos de operações de trocador de calor para PFRs e PBRs.
- A Seção 12.4 aplica o balanço de energia a um CSTR.
- A Seção 12.5 mostra como um CSTR pode operar no estado estacionário a diferentes temperaturas e conversões e como decidir quais dessas condições são estáveis e quais são instáveis.
- A Seção 12.6 descreve **um dos tópicos** mais importantes do livro inteiro: as *reações múltiplas com efeitos térmicos com Problemas Práticos*, que é exclusivo deste livro-texto.
- A Seção 12.7 discute temperaturas radial e axial e gradientes de concentração.
- A Seção 12.8 se refere à Segurança: As causas de explosões de reator em batelada são discutidas e feitas alusões do que está por vir quando fazemos uma análise da *Investigação na Cena do Crime* (CSI) das explosões na Monsanto e nos Laboratórios T2, no Capítulo 13.

A *Estante com Referências Profissionais* do Capítulo 12 (*R12.4*), no CRE *website* (*http://www.umich.edu/~elements/6e/12chap/pdf/sulfuricacid.pdf*), descreve um reator industrial não isotérmico típico e uma reação, a oxidação de SO_2, e ainda fornece muitos detalhes práticos.

12.1 Reator Tubular em Estado Estacionário com Transferência de Calor

Nesta seção, vamos considerar um reator tubular, em que calor é adicionado ou removido pelas paredes cilíndricas do reator (Figura 12.1). Na modelagem de reatores empistonados, devemos supor que "não há gradientes radiais" no reator e que o fluxo de calor pela parede por unidade de volume de reator é dado conforme mostrado na Figura 12.1.[1]

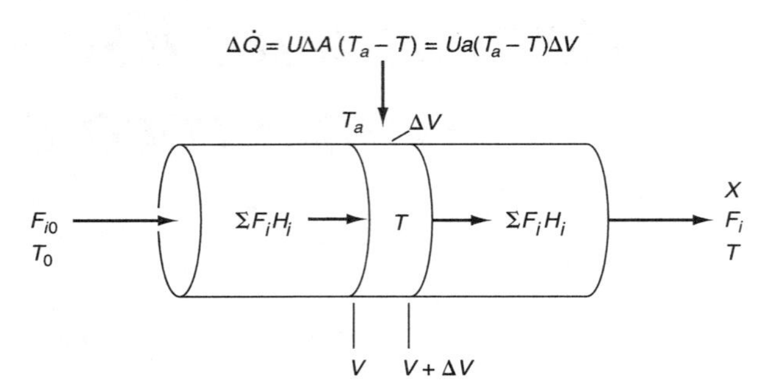

Figura 12.1 Reator tubular com ganho ou perda de calor.

12.1.1 Dedução do Balanço de Energia para um PFR

Faremos um balanço de energia no volume ΔV. Não há trabalho feito, isto é, $\dot{W}_s = 0$; logo a Equação (11.10) se torna

$$\begin{matrix} \text{Calor} \\ \text{adicionado} \end{matrix} + \begin{matrix} \text{Energia que} \\ \text{entra} \end{matrix} - \begin{matrix} \text{Energia} \\ \text{que sai} \end{matrix} = 0$$

$$\Delta \dot{Q} + \Sigma F_i H_i|_V - \Sigma F_i H_i|_{V+\Delta V} = 0 \tag{12.1}$$

A taxa de calor para o reator, $\Delta \dot{Q}$, é dada em termos do coeficiente global de transferência de calor, U, da área de transferência de calor, ΔA, e da diferença entre a temperatura ambiente T_a e a temperatura no reator T,

$$\Delta \dot{Q} = U\Delta A(T_a - T) = Ua\Delta V(T_a - T)$$

sendo a a área de transferência de calor por unidade de volume do reator. Para um reator tubular

$$a = \frac{A}{V} = \frac{\pi DL}{\frac{\pi D^2 L}{4}} = \frac{4}{D}$$

em que D é o diâmetro do reator. Substituindo $\Delta \dot{Q}$ na Equação (12.1), dividindo-a por ΔV e tomando o limite quando $\Delta V \to 0$, temos

$$Ua(T_a - T) - \frac{d\,\Sigma(F_i H_i)}{dV} = 0$$

Expandindo

$$Ua(T_a - T) - \Sigma \frac{dF_i}{dV} H_i - \Sigma F_i \frac{dH_i}{dV} = 0 \tag{12.2}$$

[1]Os gradientes radiais são discutidos na Seção 12.7 e nos Capítulos 17 e 18.

Do balanço molar para a espécie i, temos

$$\frac{dF_i}{dV} = r_i = \nu_i(-r_A) \tag{12.3}$$

Derivando a entalpia da Equação (11.19) em relação a V

$$\frac{dH_i}{dV} = C_{P_i}\frac{dT}{dV} \tag{12.4}$$

Substituindo as Equações (12.3) e (12.4) na Equação (12.2), obtemos

$$Ua(T_a - T) - \underbrace{\Sigma\nu_i H_i}_{\Delta H_{Rx}}(-r_A) - \Sigma F_i C_{P_i}\frac{dT}{dV} = 0$$

Rearranjando, chegamos a

$$\boxed{\frac{dT}{dV} = \frac{\overbrace{r_A \Delta H_{Rx}}^{\substack{Q_g \\ \text{Calor} \\ \text{“Gerado”}}} - \overbrace{Ua(T - T_a)}^{\substack{Q_r \\ \text{Calor} \\ \text{“Removido”}}}}{\Sigma F_i C_{P_i}}} \tag{12.5}$$

que é a Equação (T11.1G) da Tabela 11.1, no Capítulo 11.

Esta forma do balanço de energia também será aplicada a reações múltiplas.

$$\boxed{\frac{dT}{dV} = \frac{Q_g - Q_r}{\Sigma F_i C_{P_i}}} \tag{T11.1G}$$

em que

$$Q_g = r_A \Delta H_{Rx} \equiv (-r_A)(-\Delta H_{Rx}) \tag{12.5a}$$

$$Q_r = Ua(T - T_a) \tag{12.5b}$$

Para ajudar a relembrar que Q_r é o **“calor” removido** da mistura reacional, salientamos que a força motriz é de “T” **para** “T_a”, ou seja, $U_a\,(T - T_a)$.

Para reações exotérmicas, Q_g, será um número positivo. Salientamos que, quando o calor “gerado”, Q_g, é maior que o calor “removido”, Q_r, (isto é, $Q_g > Q_r$), a temperatura aumentará ao longo do reator. Quando $Q_r > Q_g$, a temperatura cairá no reator.

Para *reações endotérmicas* ΔH_{Rx} será um número positivo e, portanto, o calor gerado, Q_g na Equação (12.5a), será um número negativo. O calor removido, Q_r na Equação (12.5b) será também um número negativo porque calor é adicionado mais do que removido $T_a > T$. Veja no Material Adicional do Capítulo 12, no *site*, uma amostra de cálculo em reações endotérmicas (*http://www.umich.edu/~elements/6e/12chap/obj.html#/additional-materials/*). Este ponto é também ilustrado no Exemplo 12.2 para o caso de temperatura ambiente constante.

Continuamos o desenvolvimento de nosso algoritmo, lembrando que a Equação (12.5) está associada aos balanços molares de cada espécie, Equação (12.3). Em seguida, expressamos r_A tanto como uma função das concentrações para sistemas líquidos como das vazões molares para sistemas gasosos, conforme descrito no Capítulo 6. Usaremos a forma de vazões molares do balanço de energia para reatores com membranas e a estenderemos essa forma para reações múltiplas.

Poderíamos também escrever a Equação (12.5) em termos de conversão, lembrando que $F_i = F_{A0}(\Theta_i + \nu_i X)$ e substituindo essa expressão no denominador da Equação (12.5).

Balanço de energia para o PFR

$$\frac{dT}{dV} = \frac{\overbrace{r_A \Delta H_{Rx}}^{Q_g} - \overbrace{Ua(T - T_a)}^{Q_r}}{F_{A0}(\Sigma \Theta_i C_{P_i} + \Delta C_P X)} = \frac{Q_g - Q_r}{\Sigma F_i C_{P_i}} \tag{12.6}$$

Para um reator de leito fixo, $dW = \rho_b dV$, sendo ρ_b a massa específica aparente.

Balanço de energia para o PBR

$$\frac{dT}{dW} = \frac{\overbrace{r'_A \Delta H_{Rx}}^{Q'_g} - \overbrace{\frac{Ua(T - T_a)}{\rho_b}}^{Q'_r}}{\Sigma F_i C_{P_i}} \tag{12.7}$$

As Equações (12.6) e (12.7) são também apresentadas na Tabela 11.1 como as Equações (T11.1D) e (T11.1F). Como observado anteriormente, tendo deduzido essas equações, será mais fácil aplicá-las com precisão aos problemas de ERQ com efeitos térmicos.

12.1.2 Aplicação do Algoritmo para Reatores com Escoamento e Troca de Calor

Continuamos a usar o algoritmo descrito nos capítulos anteriores e simplesmente adicionamos um quinto bloco de construção, *o balanço de energia.*

Fase Gasosa

Se a reação for na fase gasosa e a queda de pressão for incluída, existem **quatro** equações diferenciais que devem ser resolvidas simultaneamente. A equação diferencial descrevendo a variação de temperatura com volume (isto é, distância) ao longo do reator,

Balanço de energia

$$\frac{dT}{dV} = g(X, T, T_a) \tag{A}$$

tem de ser acoplada com o balanço molar,

Balanço molar

$$\frac{dX}{dV} = \frac{-r_A}{F_{A0}} = f(X, T, p) \tag{B}$$

e com a equação de queda de pressão

Queda de pressão

$$\frac{dp}{dV} = -h(p, X, T) \tag{C}$$

e resolvida simultaneamente. Se a temperatura do fluido refrigerante, T_a, variar ao longo do reator, teremos de adicionar o balanço de energia para o fluido refrigerante. Na próxima seção, deduziremos a seguinte equação para transferência de calor em cocorrente

Trocador de calor

$$\frac{dT_a}{dV} = \frac{Ua(T - T_a)}{\dot{m}_{C0} C_{P_{C0}}} \tag{D}$$

É necessária a integração numérica acoplada das equações diferenciais (A) a (D).

juntamente com a equação para transferência de calor em contracorrente. Uma variedade de pacotes numéricos (por exemplo, Polymath) pode ser usada para resolver conjuntamente as **quatro** equações diferenciais, **(A)**, **(B)**, **(C)** e **(D)**.

Fase Líquida

Para reações em fase líquida, a taxa não é função da pressão total, assim nosso balanço molar é

$$\frac{dX}{dV} = \frac{-r_A}{F_{A0}} = f(X,T) \qquad \textbf{(E)}$$

Consequentemente, precisamos resolver as **três** equações (**A**), (**D**) e (**E**) simultaneamente.

12.2 Balanço para o Fluido de Transferência de Calor

12.2.1 Escoamento em Cocorrente

O fluido de transferência de calor será um refrigerante para reações exotérmicas e um meio de aquecimento para reações endotérmicas. Se a vazão do fluido de transferência de calor for suficientemente alta em relação ao calor liberado (ou absorvido) pela mistura reagente, então a temperatura do fluido de transferência de calor será praticamente constante ao longo do reator. No material que segue, desenvolveremos as equações básicas para um fluido refrigerante remover calor de reações exotérmicas; no entanto, essas mesmas equações se aplicam a reações endotérmicas, em que um meio de aquecimento é usado para suprir calor.

Faremos agora um balanço de energia para o refrigerante no anel entre R_1 e R_2e, axialmente, entre V e $V + \Delta V$, como mostrado na Figura 12.2. A vazão mássica do fluido de transferência de calor (isto é, refrigerante) é $\dot{m}_c$. Consideraremos o caso quando o reator é resfriado e o raio externo do canal do refrigerante R_2 é *isolado*. Por convenção, $\dot{Q}$ é o calor **adicionado** ao sistema.

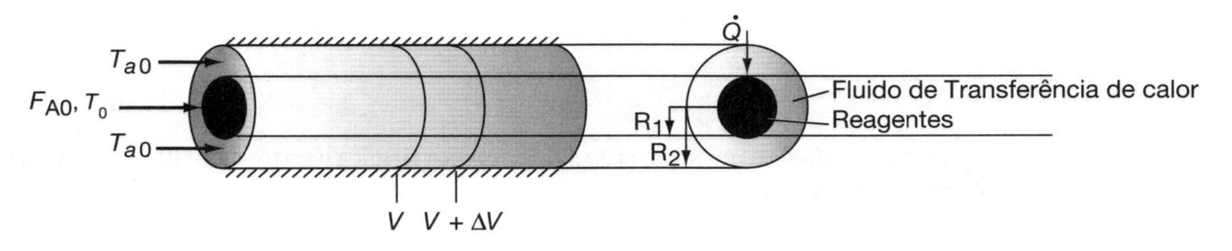

Figura 12.2 Escoamento em cocorrente, em trocador de calor bitubular.

Para o escoamento cocorrente, tanto o escoamento do reagente como o do fluido refrigerante estão na mesma direção.

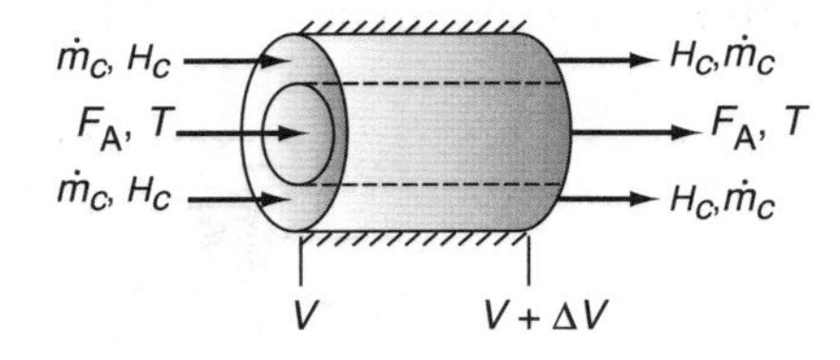

O balanço de energia para o refrigerante no volume entre V e $(V + \Delta V)$ é

Balanço de energia para o refrigerante

$$\begin{bmatrix}\text{Taxa de energia}\\ \text{que entra em V}\end{bmatrix} - \begin{bmatrix}\text{Taxa de energia}\\ \text{que sai em V} + \Delta V\end{bmatrix} + \begin{bmatrix}\text{Taxa de energia adicionada}\\ \text{por condução pela parede}\\ \text{interna}\end{bmatrix} = 0$$

$$\dot{m}_c H_c|_V \quad - \quad \dot{m}_c H_c|_{V+\Delta V} \quad + \quad Ua(T - T_a)\Delta V \quad = 0$$

sendo T_a a temperatura do fluido de troca térmica, isto é, o refrigerante, e T é a temperatura da mistura reagente no tubo interno.

Dividindo por ΔV e tomando o limite quando $\Delta V \to 0$

$$-\dot{m}_c \frac{dH_c}{dV} + Ua(T - T_a) = 0 \tag{12.8}$$

Analogamente à Equação (12.4), a variação de entalpia do refrigerante pode ser escrita como

$$\frac{dH_c}{dV} = C_{P_c} \frac{dT_a}{dV} \tag{12.9}$$

A variação da temperatura do refrigerante T_a ao longo do reator é

$$\boxed{\frac{dT_a}{dV} = \frac{Ua(T - T_a)}{\dot{m}_c C_{P_c}}} \tag{12.10}$$

A equação é válida se o fluido de troca térmica for um meio refrigerante ou aquecedor.

Perfis típicos de temperatura do fluido de troca térmica para ambas as reações, exotérmicas e endotérmicas, quando o fluido entra a T_{a0}, são mostrados na Figura 12.3, itens (a) e (b), respectivamente.

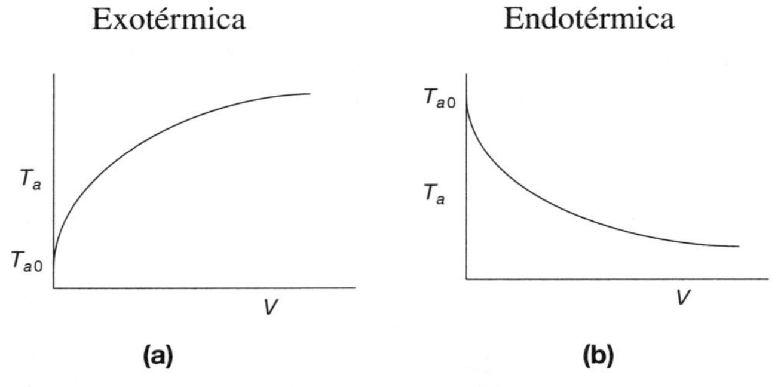

Figura 12.3 Perfis de temperaturas do fluido de troca térmica para trocador de calor em cocorrente. (**a**) Meio de resfriamento, (**b**) Meio de aquecimento.

12.2.2 Escoamento em Contracorrente

Na transferência de calor em contracorrente, a mistura reagente e o fluido de transferência de calor (por exemplo, refrigerante) escoam em direções opostas. Na entrada do reator, $V = 0$, os reagentes entram na temperatura T_0 e o refrigerante sai na temperatura T_{a2}. No fim do reator, os reagentes e os produtos saem na temperatura T, enquanto o refrigerante entra a T_{a0}.

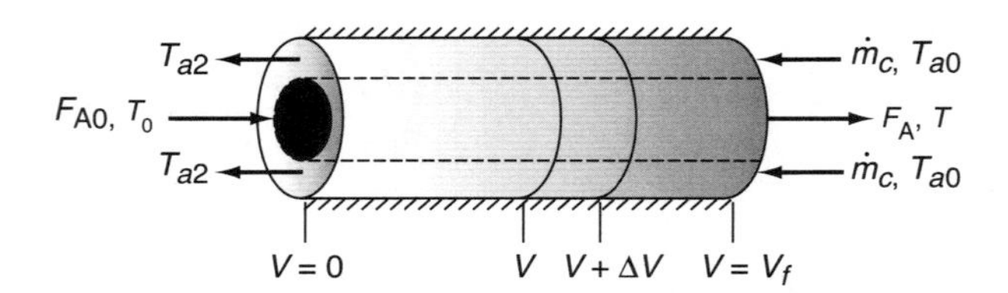

Figura 12.4 Escoamento em contracorrente, em trocador de calor bitubular ou tubo duplo.

Novamente, escrevemos um balanço de energia sobre um volume diferencial do reator para chegar em

$$\boxed{\frac{dT_a}{dV} = \frac{Ua(T_a - T)}{\dot{m}_c C_{P_c}}} \tag{12.11}$$

Na entrada, $V = 0 \therefore X = 0$ e $T_a = T_{a2}$

Na saída, $V = V_f \therefore T_a = T_{a0}$

Notamos que a única diferença entre as Equações (12.10) e (12.11) é o sinal de menos, isto é, $(T - T_a)$ *versus* $(T_a - T)$.

A solução para um problema com escoamento em contracorrente de modo a encontrar a conversão e a temperatura de saída requer um procedimento de tentativa e erro, como mostrado na Tabela 12.1.

Tabela 12.1 Procedimento para Encontrar as Condições de Saída de um PFR com Trocador de Calor em Contracorrente

1. Considere uma reação exotérmica, em que a corrente do refrigerante entra no fim do reator ($V = V_f$) a uma temperatura T_{a0} de 300 K. Temos de fazer um procedimento de *tentativa e erro* para encontrar a temperatura do refrigerante T_{a2} que sai do reator em $V = 0$ (conforme Figura 12.4).
2. Suponha que uma temperatura do refrigerante na entrada da alimentação ($X = 0$, $V = 0$) do reator seja T_{a2} = 340 K, como mostrado na Figura 12.5 (a).
3. Use um *solver* de EDO para calcular X, T e T_a em função de V.

Procedimento requerido de tentativa e erro

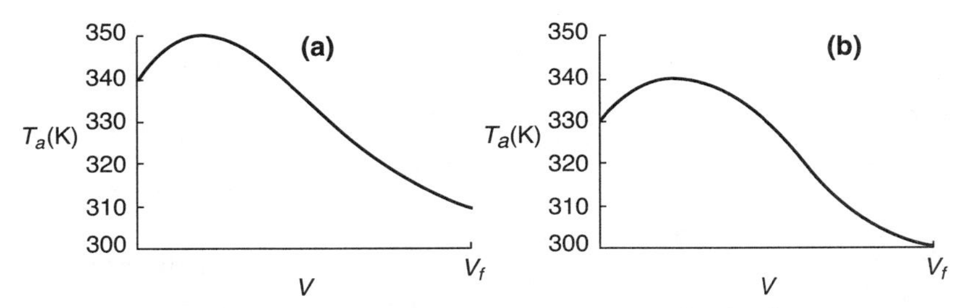

Figura 12.5 Resultados do procedimento de *tentativa e erro* para trocador de calor em contracorrente.

Vemos, da Figura 12.5(a), que nossa estimativa inicial de 340 K para T_{a2} na entrada da alimentação ($V = 0$, $X = 0$) fornece uma temperatura de entrada do refrigerante igual a 310 K ($V = V_f$), que não coincide com a temperatura real de entrada do refrigerante, que é igual a 300 K. Vamos tentar novamente!

4. Agora, suponha uma temperatura do refrigerante em $V = 0$ e $X = 0$ igual a 330 K. Vemos, da Figura 12.5(b), que uma temperatura do refrigerante na saída igual a T_{a2} = 330 K dará uma temperatura do refrigerante em V_f de 300 K, que coincide com a T_{a0} real. Bom chute!

12.3 Exemplos do Algoritmo para Projeto de Reatores PFR/PBR com Efeitos Térmicos

Temos agora todas as ferramentas para resolver os problemas de engenharia das reações envolvendo efeitos térmicos em PFRs e PBRs para ambos os casos de temperaturas, constante e variável, do refrigerante.

A Tabela 12.2 fornece o algoritmo para o projeto de PFRs e PBRs com transferência de calor: No **Caso A** *Conversão* é a variável de reação, e no **Caso B** as *vazões molares* são as variáveis de reação. O procedimento no **Caso B tem** de ser usado para analisar reações múltiplas com efeitos térmicos.

Tabela 12.2 Algoritmo para Projeto de Reatores PFR/PBR para Reações em Fase Gasosa com Efeitos Térmicos

A reação elementar em fase gasosa

$$A + B \rightleftarrows 2C$$

é conduzida em um PFR com um trocador de calor em cocorrente.

A. Conversão como a variável de reação

1. **Balanço Molar**:

$$\frac{dX}{dW} = \frac{-r'_A}{F_{A0}} \tag{T12.2.1}$$

(Continua)

Tabela 12.2 Algoritmo para Projeto de Reatores PFR/PBR para Reações em Fase Gasosa com Efeitos Térmicos (*continuação*)

2. **Equação da Taxa:**

$$-r'_A = k_1\left(C_A C_B - \frac{C_C^2}{K_C}\right) \tag{T12.2.2}$$

$$k = k_1(T_1)\exp\left[\frac{E}{R}\left(\frac{1}{T_1} - \frac{1}{T}\right)\right] \tag{T12.2.3}$$

Para $\Delta C_p \cong 0$

$$K_C = K_{C2}(T_2)\exp\left[\frac{\Delta H^\circ_{Rx}}{R}\left(\frac{1}{T_2} - \frac{1}{T}\right)\right] \tag{T12.2.4}$$

Novamente observamos que devido a $\delta \equiv 0$, $K_C \equiv K_e$.

3. **Estequiometria** (fase gasosa):

Seguindo o Algoritmo

- Balanço Molar
- Equação da taxa
- Estequiometria
- Balanço de Energia
- Parâmetros
- Solução
- Análise

$$C_A = \frac{C_{A0}(1-X)}{(1+\varepsilon X)}\frac{T_0}{T}p \tag{R4.9}$$

$$\varepsilon = y_{A0}\delta = \frac{1}{3}(2-1-1) = 0$$

$$C_A = C_{A0}(1-X)\frac{T_0}{T}p \tag{T12.2.5}$$

$$C_B = C_{A0}(\Theta_B - X)\frac{T_0}{T}p \tag{T12.2.6}$$

$$C_C = 2C_{A0}X\frac{T_0}{T}p \tag{T12.2.7}$$

$$C_I = C_{I0}\frac{T_0}{T}p \tag{T12.2.8}$$

$$\frac{dp}{dW} = -\frac{\alpha}{2p}(1+\varepsilon X)\frac{T}{T_0} \tag{5.30}$$

$$\delta = (2-1-1) = 0, \ \therefore \ \varepsilon = 0$$

$$\frac{dp}{dW} = -\frac{\alpha}{2p}\frac{T}{T_0} \tag{T12.2.9}$$

Combine a Equação da taxa e Estequiometria para achar X_e

$$-r'_A = k_1 C_{A0}^2\left[(1-X)(\Theta_B - X) - \frac{4X^2}{K_C}\right]\left(\frac{T_0}{T}p\right)^2 \tag{T12.2.10}$$

no equilíbrio $-r'_A = 0$ e $X = X_e$

Resolvendo para X_e

$$X_e = \frac{(\Theta_B+1)K_C - [((\Theta_B+1)K_C)^2 - 4K_C\Theta_B(K_C-4)]^{1/2}}{2(K_C-4)} \tag{T12.2.11}$$

Como estamos resolvendo para a temperatura em função do peso do catalisador ao longo do reator, podemos usar a Equação (T12.2.4) para encontrar o perfil da constante de equilíbrio, K_C, e então usar a Equação (T12.2.11) para achar o perfil da conversão de equilíbrio, X_e.

4. **Balanços de Energia:**

$$\text{Reator: } \frac{dT}{dW} = \frac{Q'_g - Q'_r}{\Sigma F_i C_{P_i}} \tag{T12.2.12}$$

$$Q'_g = (-r'_A)(-\Delta H_{Rx}) = (r'_A \Delta H_{Rx}) \tag{T12.2.13}$$

$$Q'_r = \left(\frac{Ua}{\rho_b}\right)(T - T_a) \tag{T12.2.14}$$

$$\Sigma F_i C_{P_i} = F_{A0}[C_{P_A} + \theta_B C_{P_B} + X\Delta C_P] \tag{T12.2.15}$$

$$\text{Refrigerante em cocorrente: } \frac{dT_a}{dW} = \frac{\left(\frac{Ua}{\rho_b}\right)(T - T_a)}{\dot{m}_c C_{P_{refri}}} \tag{T12.2.16}$$

(*Continua*)

Tabela 12.2 Algoritmo para Projeto de Reatores PFR/PBR para Reações em Fase Gasosa com Efeitos Térmicos (*continuação*)

B. Vazões Molares como a variável de reação

1. **Balanço Molar**:

$$\frac{dF_A}{dW} = r'_A \quad \text{(T12.2.17)}$$

$$\frac{dF_B}{dW} = r'_B \quad \text{(T12.2.18)}$$

$$\frac{dF_C}{dW} = r'_C \quad \text{(T12.2.19)}$$

$$F_I = F_{I0} \quad \text{(T12.2.20)}$$

Seguindo o Algoritmo

2. **Equação da Taxa** (reação elementar)

$$-r'_A = k_1\left(C_A C_B - \frac{C_C^2}{K_C}\right) \quad \text{(T12.2.2)}$$

$$k = k_1(T_1)\exp\left[\frac{E}{R}\left(\frac{1}{T_1} - \frac{1}{T}\right)\right] \quad \text{(T12.2.3)}$$

$$K_C = K_{C2}(T_2)\exp\left[\frac{\Delta H^\circ_{Rx}}{R}\left(\frac{1}{T_2} - \frac{1}{T}\right)\right] \quad \text{(T12.2.4)}$$

3. **Estequiometria** (fase gasosa):

$$r'_B = r'_A \quad \text{(T12.2.21)}$$

$$r'_C = -2r'_A \quad \text{(T12.2.22)}$$

$$C_A = C_{T0}\frac{F_A}{F_T}\frac{T_0}{T}p \quad \text{(T12.2.23)}$$

$$C_B = C_{T0}\frac{F_B}{F_T}\frac{T_0}{T}p \quad \text{(T12.2.24)}$$

$$C_C = C_{T0}\frac{F_C}{F_T}\frac{T_0}{T}p \quad \text{(T12.2.25)}$$

$$F_T = F_A + F_B + F_C + F_I \quad \text{(T12.2.26)}$$

$$\frac{dp}{dW} = -\frac{\alpha}{2p}\frac{F_T}{F_{T0}}\frac{T}{T_0} \quad \text{(T12.2.27)}$$

4. **Balanços de Energia:**

$$\textbf{Reator: } \frac{dT}{dW} = \frac{Q'_g - Q'_r}{\Sigma F_i C_{P_i}} = \frac{(r'_A \Delta H_{Rx}) - \left(\frac{Ua}{\rho_b}\right)(T - T_a)}{F_A C_{P_A} + F_B C_{P_B} + F_C C_{P_C} + F_I C_{P_I}} \quad \text{(T12.2.28)}$$

Trocadores de calor: O mesmo para A. A Conversão como a Variável de Reação.

Caso A: Conversão como a Variável Independente. Exemplo de Cálculo

5. **Avaliação de Parâmetros**:

Agora, inserimos todas as equações explícitas com os valores apropriados dos parâmetros.

$$k_1, E, R, C_{T0}, T_a, T_0, T_1, T_2, K_{C2}, \Theta_B, \Theta_I, \Delta H^\circ_{Rx}, C_{P_A}, C_{P_B}, C_{P_C}, Ua, \rho_b$$

Caso-Base para Valores de Parâmetros

$E = 25$ kcal/mol

$\Delta H_{Rx} = -20$ kcal/mol

$k_1 = 0{,}004\dfrac{dm^6}{mol \cdot kg \cdot s}$ a 310 K

$K_{C2} = 1.000$ a 303 K

$C_{PI} = 40$ kcal/mol K

$\left(\dfrac{Ua}{\rho_b}\right) = \text{Uarho} = 0{,}5\dfrac{cal}{kg \cdot s \cdot K}$

$\dot{m}_c = 1.000$ g/s

(*Continua*)

Tabela 12.2 Algoritmo para Projeto de Reatores PFR/PBR para Reações em Fase Gasosa com Efeitos Térmicos (*continuação*)

$\alpha = 0,0002/\text{kg}$ $\quad C_{refri} = 18$ cal/g/K

$F_{A0} = 5$ mol/s $\quad \Theta_B = 1$

$C_{T0} = 0,3$ mol/dm^3

$C_{PA} = C_{PB} = C_{PC} = 20$ cal/mol/K $\quad \Theta_I = 1$

com valores iniciais $T_0 = 330$ K, $T_{a0} = 320$ K, $p = 1$ e $X = 0$ em $W = 0$ e valores finais: $W_f = 5.000$ kg.

6. **Solução:**

As Equações (T12.2.1) e (T12.2.2) são inseridas no programa Polymath junto com os valores correspondentes dos parâmetros.

Equações diferenciais
1 d(Ta)/d(W) = Uarho*(T-Ta)/(mc*Crefri)
2 d(p)/d(W) = -alpha/2*(T/To)/p
3 d(T)/d(W) = (Qg-Qr)/(Fao*sumcp)
4d(X)/d(W) = -ra/Fao

Controles Deslizantes do PP

Equações explícitas
1 Hr = -20.000
2 tetaB = 1
3 Uarô = 0,5
4 alfa = 0,0002
5 To = 330
6 Qr = Uarô*(T-Ta)
7 mc = 1.000
8 Cprefri = 18
9 Kc = 1.000*(exp(Hr/1,987*(1/303-1/T)))
10 Fao = 5
11 tetal = 1
12 Cpl = 40
13 CpA = 20
14 yao = 1/(1+tetaB+tetal)
15 CpB = 20
16 Cto = 0,3
17 Ea = 25.000
18 Xe = ((tetaB+1)*Kc-(((tetaB+1)*Kc)^2-4*(Kc-4)*(Kc*tetaB))^0,5)/(2*(Kc-4))
19 k = 0,004*exp(Ea/1,987*(1/310-1/T))
20 Cao = yao*Cto
21 Cc = Cao*2*X*p*To/T
22 sumcp = (tetal*Cpl+CpA+tetaB*CpB)
23 Ca = Cao*(1-X)*p*To/T
24 Cb = Cao*(tetaB-X)*p*To/T
25 ra = -k*(Ca*Cb-Cc^2/Kc)
26 Qg = (-ra)*(-Hr)

http://www.umich.edu/~elements/6e/live/chapter12/T12-3/LEP- T12-2.pol

Valores calculados das variáveis das ED

	Variável	Valor inicial	Valor final
1	alfa	0,0002	0,0002
2	Ca	0,1	0,0111092
3	Cao	0,1	0,1
4	Cb	0,1	0,0111092
5	Cc	0	0,0255273
6	CpA	20	20
7	CpB	20	20
8	Cprefri	18	18
9	Cpl	40	40
10	Cto	0,3	0,3
11	Ea	2,5E+04	2,5E+04
12	Fao	5	5
13	Hr	-2,0E+04	-2,0E+04
14	k	0,046809	0,0303238
15	Kc	66,01082	93,4225
16	mc	1.000	1.000
17	p	1	0,2360408
18	Qg	9,361802	0,0706176
19	Qr	5	1,615899
20	ra	-0,0004681	-3,531E-06
21	sumcp	80	80
22	T	330	326,2846
23	Ta	320	323,0528
24	tetaB	1	1
25	tetal	1	1
26	To	330	330
27	Uarô	0,5	0,5
28	W	0	4.500
29	X	0	0,5346512
30	Xe	0,8024634	0,8285547
31	yao	0,3333333	0,3333333

Tabela 12.2 Algoritmo para Projeto de Reatores PFR/PBR para Reações em Fase Gasosa com Efeitos Térmicos (*continuação*)

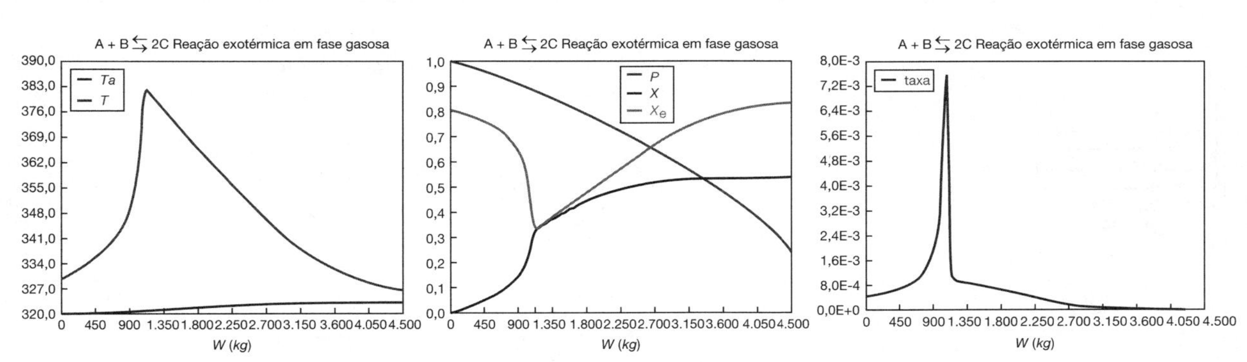

Figura T12.2.1 **Figura T12.2.2** **Figura T12.2.3**

7. **Análise:**

Os perfis de temperatura são mostrados na Figura T12.2.1. Observa-se que, devido ao calor exotérmico da reação, a temperatura do gás no reator aumenta drasticamente próximo à entrada e, em seguida, diminui à medida que os reagentes são consumidos e o fluido é resfriado à medida que desce pelo reator. A Figura T12.2.2 mostra que a conversão X aumenta e se aproxima de seu valor de equilíbrio X_e em aproximadamente W = 1.125 kg de catalisador, em que a taxa de reação se aproxima de zero. Neste ponto, a conversão não pode aumentar mais, a menos que X_e aumente. O aumento em X_e ocorre devido ao resfriamento do conteúdo do reator pelo trocador de calor, mudando, assim, o equilíbrio para a direita. No fim do reator, a conversão de equilíbrio aumentou para 82,9% e a conversão no reator para 53,4%. Observa-se na Figura T12.2.2 que, devido ao resfriamento e consumo de reagentes, a conversão não aumenta significativamente acima de um peso de catalisador de 2.000 kg, embora X esteja muito abaixo de X_e (consulte o Problema P12.1$_A$).

As figuras a seguir mostram perfis "representativos" que resultariam da solução das equações anteriores para diferentes valores de parâmetros. O leitor é encorajado a baixar os *Problemas Práticos* para a Tabela 12.2 e usar o Wolfram para variar uma série de parâmetros, conforme discutido no Problema P12.1$_A$. Certifique-se de poder explicar por que essas curvas têm essa aparência.

Certifique-se de poder explicar por que essas curvas têm essa aparência.

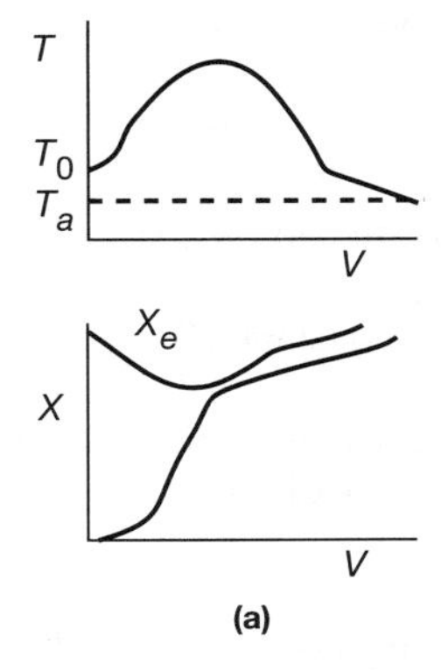

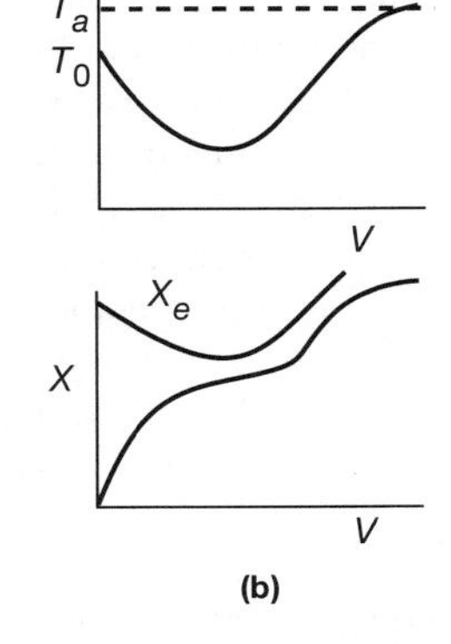

(*Continua*)

Tabela 12.2 Algoritmo para Projeto de Reatores PFR/PBR para Reações em Fase Gasosa com Efeitos Térmicos (*continuação*)

Controles Deslizantes do PP

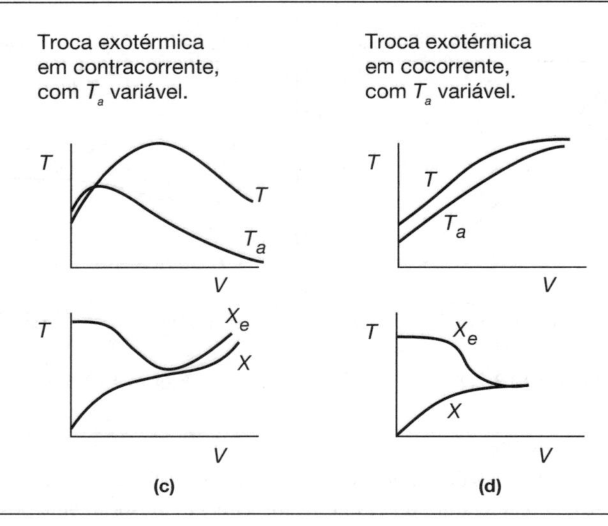

12.3.1 Aplicação do Algoritmo a uma Reação Exotérmica

Exemplo 12.1 Isomerização de Butano, Continuação – OPA!

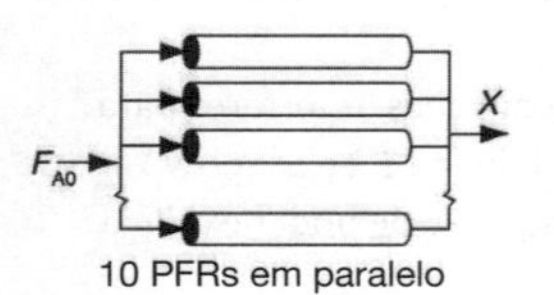

10 PFRs em paralelo

Quando o engenheiro de planta Maxwell Anthony verificou a pressão de vapor na saída do reator adiabático no Exemplo 11.3, em que a temperatura era 360 K, ele encontrou um valor de cerca de 1,5 MPa para o isobuteno, que é maior do que a pressão de ruptura do recipiente de vidro usado. Felizmente, quando Max olhou no estoque, ele encontrou um conjunto de 10 reatores tubulares cada um com 5 m³. Os reatores tinham trocadores de calor do tipo bitubular, com os reagentes escoando no tubo interno e com Ua = 5.000 kJ/(m³ · h · K). Max também comprou alguns dados termodinâmicos de uma das empresas que ele encontrou na Internet, que havia usado experimentos colorimétricos para achar ΔH_{Rx} para várias reações. Uma das empresas tinha o valor de ΔH_{Rx} para essa reação na liquidação da semana, por um baixíssimo preço de \$25.000,00. Por esse valor de ΔH_{Rx} a empresa disse que era melhor usar uma concentração inicial de A de 1,86 mol/dm³. A temperatura de entrada dos reagentes é 305 K e do fluido refrigerante é 315 K. A vazão mássica do refrigerante, $\dot{m}_C$, é 500 kg/h e seu calor específico, C_{P_C}, é 28 kJ/kg · K. A temperatura em qualquer um dos reatores não pode subir acima de 325 K. Execute as seguintes análises com os valores recém-adquiridos da Internet.

(**a**) Transferência de calor em cocorrente: Faça um gráfico de X, X_e, T, T_a e $-r_A$ ao longo do comprimento do reator.
(**b**) Transferência de calor em contracorrente: Faça um gráfico de X, X_e, T, T_a e $-r_A$ ao longo do comprimento do reator.
(**c**) Temperatura ambiente constante: Faça um gráfico de X, X_e, T, T_a e $-r_A$ ao longo do comprimento do reator.
(**d**) Operação adiabática: Faça um gráfico de X, X_e, T, T_a e $-r_A$ ao longo do comprimento do reator.
(**e**) Compare os itens de (**a**) até (**d**) e escreva um parágrafo descrevendo o que descobriu.

Informação adicional:

Lembre-se do Exemplo 11.3, em que F_{T0} = 163 kmol/h e $F_{A0} = 0{,}9\, F_{T0}$, C_{P_A} = 141 kJ/kmol · K, $C_{P0} = \Sigma\Theta_i C_{Pi}$ = 159 kJ/kmol · K, e dos dados que o Max pegou da Internet, ΔH_{Rx}= −34.500 kJ/kmol, com $\Delta C_P = 0$ e C_{A0} = 1,86 kmol/m³ e E/R = 7.906 K, com k = 31,1 h⁻¹ a 360 K.

Solução

Primeiro devemos resolver o item (**a**), o caso da troca de calor cocorrente, e, em seguida, fazer pequenas mudanças no programa Polymath para os itens de (**b**) a (**d**).

A vazão molar de A para cada um dos 10 reatores em paralelo

$$F_{A0} = (0{,}9)(163 \text{ kmol/h}) \times \frac{1}{10} = 14{,}7 \frac{\text{kmol A}}{\text{h}}$$

O balanço molar, a equação da taxa e a estequiometria são os mesmos que no caso adiabático discutido previamente no **Exemplo 11.3**; isto é,

O Algoritmo

Da mesma forma que o Exemplo 11.3

Balanço Molar:

$$\boxed{\frac{dX}{dV} = \frac{-r_A}{F_{A0}}} \qquad \text{(E11.3.1)}$$

Equação da Taxa e Estequiometria:

$$\boxed{r_A = -kC_{A0}\left[1 - \left(1 + \frac{1}{K_C}\right)X\right]} \qquad \text{(E11-3.7)}$$

com

$$\boxed{k = 31{,}1 \exp\left[7.906\left(\frac{T-360}{360T}\right)\right] \text{ h}^{-1}} \qquad \text{(E11.3.10)}$$

$$\boxed{K_C = 3{,}03 \exp\left[\frac{(\Delta H_{Rx}/R)(T-333)}{333T}\right]} \qquad \text{(E11.3.11)}$$

$$Q_g = r_A \Delta H_{Rx}$$
$$Q_r = Ua(T - T_a)$$
$$\frac{dT}{dV} = \frac{Q_g - Q_r}{F_{A0}C_{P0}}$$

A conversão de equilíbrio é

$$\boxed{X_e = \frac{K_C}{1+K_C}} \qquad \text{(E11.3.12)}$$

Nota: Poderíamos substituir por K_C usando a Equação (E11.3.12) para escrever a taxa de reação como

$$-r_A = kC_{A0}\left(1 - \frac{X}{X_e}\right) \qquad \text{(E12.1.1)}$$

Balanço de Energia:
O balanço de energia no reator é

$$\boxed{\frac{dT}{dV} = \frac{Q_g - Q_r}{\Sigma F_i C_{P_i}}} \qquad \text{(E12.1.2)}$$

$$Q_g = r_A \Delta H_{Rx} \qquad \text{(E12.1.3)}$$

$$Q_r = Ua(T - T_a) \qquad \text{(E12.1.4)}$$

$$\Sigma F_i C_{P_i} = F_{A0} \underbrace{\Sigma \Theta_i C_{P_i}}_{C_{P_0}} = F_{A0} C_{P0} \qquad \text{(E12.1.5)}$$

Item (a) Transferência de Calor em Cocorrente
Agora vamos resolver conjuntamente as equações diferenciais ordinárias e explícitas (E11.3.1), (E11.3.7), (E11.3.10), (E11.3.11), (E11.3.12), e (E12.1.2) e o balanço de troca térmica apropriado usando Polymath. Após a introdução dessas equações, entramos com os valores dos parâmetros. *Usando a transferência de calor em cocorrente como nosso caso-base para o Polymath,* precisamos apenas alterar *uma linha* no programa para cada um dos outros três casos e resolver para os perfis de X, X_e, T, T_a e $-r_A$, não necessitando entrar novamente no programa.

Para escoamento em cocorrente, o balanço para o fluido de troca térmica é

$$\boxed{\frac{dT_a}{dV} = \frac{Ua(T - T_a)}{\dot{m}_C C_{P_C}}} \tag{E12.1.6}$$

com $T_0 = 305$ K e $T_a = 315$ K em $V = 0$. O programa Polymath e a solução são mostrados na Tabela E12.1.1.

Controles Deslizantes do PP

Tabela E12.1.1 Item (**a**) Transferência de Calor em Cocorrente

Equações diferenciais

1 d(Ta)/d(V) = Ua*(T -Ta)/m/Cpc

2 d(X)/d(V) = -ra/F a0

3 d(T)/d(V) = (Qg-Qr)/(Cpo*F a0)

Equações explícitas

1 Cpc = 28

2 m = 500

3 Ua = 5.000

4 deltaH = -34.500

5 Qr = Ua*(T-Ta)

6 Ca0 = 1,86

7 Fa0 = 0,9*163*0,1

8 Kc = 3,03*exp((deltaH/8,314)*((T -333)/(T*333)))

9 k = 31,1*exp((7906)*(T -360)/(T*360))

10 ra = -k*Ca0*(1-(1+1/Kc)*X)

11 Xe = Kc/(1+Kc)

12 Qg = ra*deltaH

13 Cpo = 159

14 taxa = -ra

Valores calculados de variáveis das ED

	Variável	Valor inicial	Valor inicial
1	Ca0	1,86	1,86
2	Cpc	28	28
3	Cpo	159	159
4	deltaH	-3,45E+04	-3,45E+04
5	Fa0	14,67	14,67
6	k	0,5927441	6,80861
7	Kc	9,512006	2,641246
8	m	500	500
9	Qg	3,804E+04	4.077,238
10	Qr	-5,0E+04	5.076,445
11	ra	-1,102504	-0,1181808
12	taxa	1,102504	0,1181808
13	T	305	336,7102
14	Ta	315	335,6949
15	Ua	5.000	5.000
16	V	0	5
17	X	0	0,7185996
18	Xe	0,9048707	0,7253687

A Figura E12.1.1 mostra os perfis para a temperatura do reator, T, a temperatura do refrigerante, T_a, a conversão, X, a conversão de equilíbrio, X_e, e a taxa de reação, $-r_A$. Observe que, na entrada do reator, a temperatura do reator T está abaixo da temperatura do líquido de arrefecimento, mas conforme a mistura de reação se move para dentro e através do reator, a mistura aquece e T torna-se maior do que T_a. Quando você carrega o código Problemas Práticos (**PP**) Polymath, Python ou Wolfram em seu computador, uma das coisas que você vai querer explorar é o valor da temperatura ambiente, T_a, ou da temperatura de entrada, T_0, abaixo da qual a reação pode nunca acontecer ou "dar ignição".

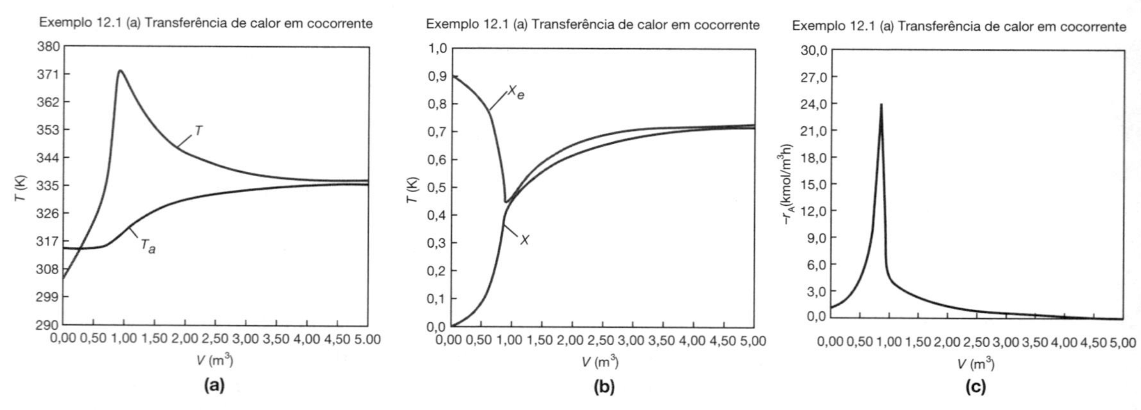

Figura E12.1.1 Perfis ao longo do reator para transferência de calor em cocorrente (**a**) temperatura, (**b**) conversão, (**c**) taxa de reação.

***Análise*: Item (a) Transferência em cocorrente:** Notamos que a temperatura do reator vai ao máximo. Próximo à entrada do reator, as concentrações dos reagentes são altas e assim a taxa do reator é alta (conforme Figura E12.1.1(a)) e $Q_g > Q_r$. Consequentemente, a temperatura e a conversão aumentam com o aumento do volume do reator, enquanto X_e diminui por causa do aumento da temperatura. Eventualmente,

X e X_e se aproximam (V = 0,95 m^3) e a taxa torna-se muito pequena à medida que a reação se aproxima do equilíbrio. Nesse ponto, a conversão X do reagente não pode aumentar, a menos que X_e aumente. Observamos também que, quando a temperatura ambiente do trocador de calor, T_a, e a temperatura do reator, T, são essencialmente iguais, não existe mais uma força motriz de temperatura para resfriar o reator. Consequentemente, a temperatura não varia mais ao longo do reator, nem a conversão de equilíbrio, que é apenas uma função da temperatura.

Item (b) Transferência de Calor em Contracorrente

Para escoamento em contracorrente, precisamos fazer apenas duas alterações no programa. Primeiro, multiplique o lado direito da Equação (E12.1.6) por menos um para obter

$$\frac{dT_a}{dV} = -\frac{Ua(T - T_a)}{\dot{m}_C C_{P_C}} \qquad \text{(E12.1.7)}$$

Em seguida, supomos um valor de T_a em V = 0 e verificamos se ele corresponde a T_{a0} em V = 5 m^3. Se não, tentamos de novo. Nesse exemplo, supomos T_a (V = 0) = 340,3 K e vemos se $T_a = T_{a0}$ = 315 K em V = 5 m^3.

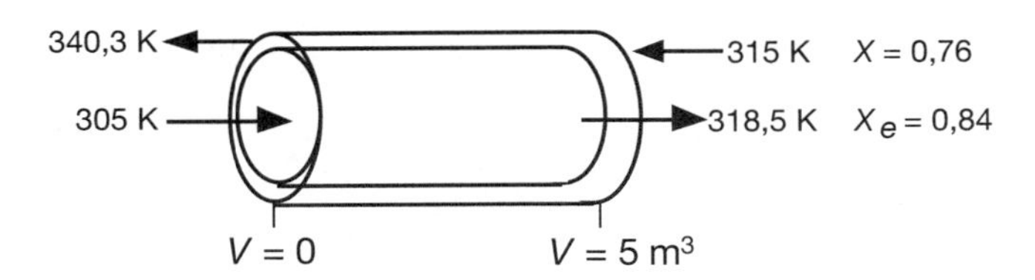

Tabela E12.1.2 Item (**b**) Transferência de Calor em Contracorrente

Equações diferenciais
1 d(Ta)/d(V) = -Ua*(T -Ta)/m/Cpc
2 d(X)/d(V) = -ra/F a0
3 d(T)/d(V) = (Qg-Qr)/Cpo*F a0

As equações explícitas (1) a (14) são as mesmas da Tabela E12.1.1

Valores calculados de variáveis das ED

	Variável	Valor inicial	Valor final
9	Qg	3,804E+04	1,086E+04
10	Qr	-1,765E+05	1,691E+04
11	ra	-1,102504	-0,3146597
12	taxa	1,102504	0,3146597
13	T	305	318,359
14	Ta	340,3	314,9774
15	Ua	5.000	5.000
16	V	0	5
17	X	0	0,762033
18	Xe	0,9048707	0,8431224

Supondo T_a = 340,3 K (em V = 0) ← Corresponde T_{a0} = 315 K

Bom chute!

Controles Deslizantes do PP

Em V = 0, supomos um valor de temperatura de entrada do refrigerante de 340,3 K e encontramos que, em V = V_f, o cálculo mostrou que bate com a temperatura de saída do refrigerante T_{a0} = 315 K!! (Foi um palpite da sorte ou o quê?!) Os perfis das variáveis são mostrados na Figura E12.1.2.

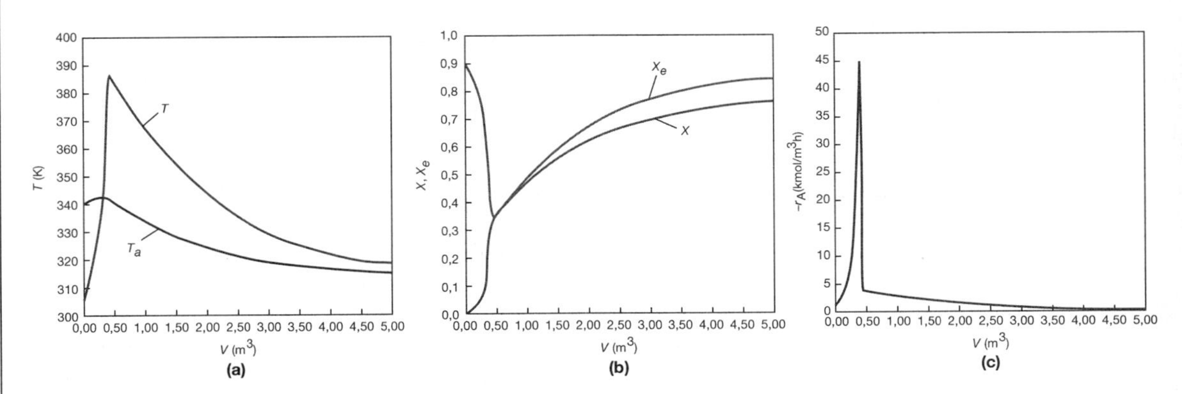

Figura E12.1.2 Perfis ao longo do reator para transferência de calor em contracorrente (**a**) temperatura, (**b**) conversão, (**c**) taxa de reação.

Observamos que, em $V = 0,5$ m³, $X = 0,36$ e a taxa, $-r_A$, cai para um valor baixo conforme X se aproxima de X_e. Como X nunca pode ser maior que X_e, a reação não prosseguirá a menos que X_e seja aumentado. Neste caso, o reator é resfriado, fazendo com que a temperatura diminua e resultando em um aumento na conversão de equilíbrio além do volume do reator de $V = 0,5$ m³.

Análise: **Item (b) Transferência em contracorrente:** Notamos que, próximo à entrada do reator, a temperatura do refrigerante está acima da temperatura de entrada do reagente. No entanto, à medida que nos movemos ao longo do reator, a reação gera "calor" e a temperatura do reator sobe acima da temperatura do refrigerante. Observamos que X_e atinge um mínimo (correspondendo à temperatura máxima do reator) próximo à entrada do reator. Neste ponto ($V = 0,5$ m³), X não pode aumentar acima de X_e. À medida que descemos no reator, os reagentes são resfriados e a temperatura do reator cai, deixando X e X_e aumentarem. Maior conversão de saída, X, e de equilíbrio, X_e, são alcançadas, para um sistema de transferência de calor em contracorrente comparadas ao sistema em cocorrente.

Item (c) T_a constante

Para T_a constante, use o programa Polymath no item (a), mas multiplique o lado direito da Equação (E12.1.6) por zero, no programa, ou seja,

$$\frac{dT_a}{dV} = \frac{Ua(T - T_a)}{\dot{m}_C C_{P_C}} * 0 \tag{E12.1.8}$$

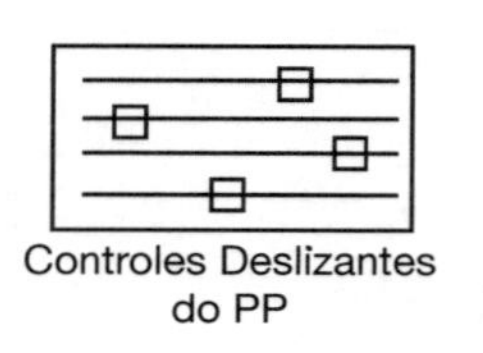

Tabela E12.1.3 Item (**C**) T_a constante

Equações diferenciais
1 d(Ta)/d(V) = Ua*(T -Ta)/(m*Cpc)*0 ◄
2 d(X)/d(V) = -ra/F a0
3 d(T)/d(V) = (Qg-Qr)/(Cpo*F a0)

As equações explícitas (1) a (14) são as mesmas da Tabela E12.1.1.

Valores calculados de variáveis das ED

	Variável	Valor inicial	Valor final
9	Qg	3,804E+04	1,052E+04
10	Qr	-5,0E+04	1,237E+04
11	ra	-1,102504	-0,3048421
12	taxa	1,102504	0,3048421
13	T	305	317,4737
14	Ta	315	315
15	Ua	5.000	5.000
16	V	0	5
17	X	0	0,7632038
18	Xe	0,9048707	0,8478702

Os valores inicial e final são mostrados no relatório Polymath e os perfis das variáveis são mostrados na Figura E12.1.3.

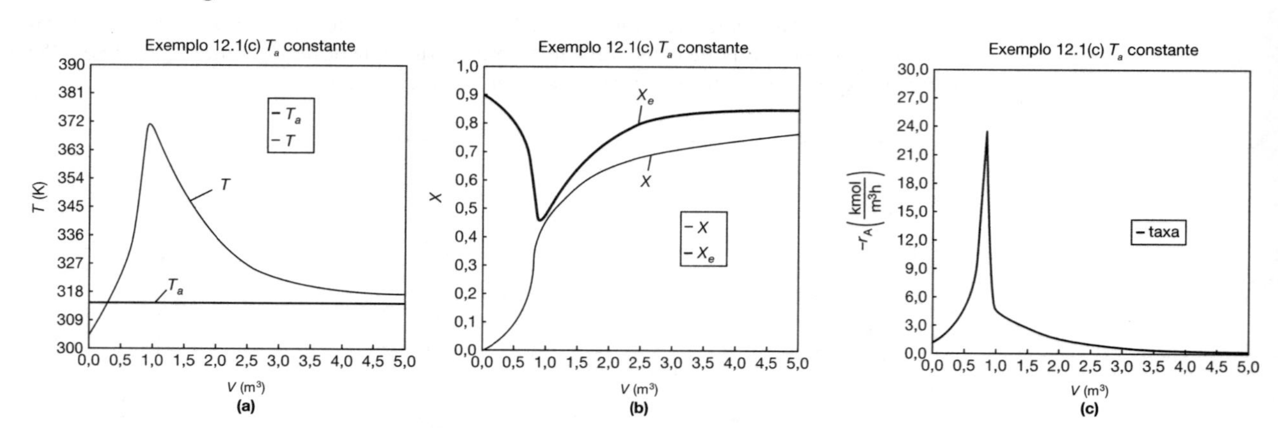

Figura E12.1.3 Perfis ao longo do reator para *temperatura do fluido de troca térmica constante* T_a (**a**) temperatura, (**b**) conversão, (**c**) taxa de reação.

Notamos que, para os valores escolhidos dos parâmetros, os perfis para T, X, X_e e $-r_A$ são semelhantes aos do fluxo em contracorrente. Por exemplo, como X e X_e tornam-se próximos um do outro em V = 1,0 m³, mas, além desse ponto, X_e aumenta, porque a temperatura do reator diminui.

***Análise*: Item (c) T_a constante**: Quando a vazão de refrigerante for suficientemente grande, a temperatura do refrigerante, T_a, será essencialmente constante. Se o volume do reator for suficientemente grande, a temperatura do reator atingirá eventualmente a temperatura do refrigerante, como é o caso aqui. Nessa temperatura de saída, que é a mais baixa atingida neste exemplo (Item (**c**)), a conversão de equilíbrio, X_e, é a maior dos quatro casos estudados neste exemplo.

Item (d) Operação Adiabática

No Exemplo 11.3, resolvemos a temperatura em função da conversão e usamos essa relação para calcular k e K_C. Uma maneira mais fácil é resolver o caso geral ou o caso-base de um trocador de calor em escoamento cocorrente e escrever o programa Polymath correspondente. A seguir, use o Polymath (item (**a**)), mas multiplique o parâmetro Ua por zero, isto é,

$$Ua = 5.000*0$$

e rode a simulação novamente.

$$\frac{dT}{dV} = \frac{Q_g}{F_{A0}C_{P_0}}$$

Adiabático

Tabela E12.1.4 Item (**d**) Operação Adiabática

Equações diferenciais

1 d(Ta)/d(V) = Ua*(T -Ta)/(m*Cpc)
2 d(X)/d(V) = -ra/F a0
3 d(T)/d(V) = (Qg-Qr)/(Cpo*F a0)

Equações explícitas

1 Cpc = 28
2 m = 500
3 Ua = 5.000*0
4 deltaH = -34500
5 Qr = Ua*(T-Ta)
6 Ca0 = 1,86
7 Fa0 = 0,9*163*0,1
8 Kc = 3,03*exp((deltaH/8,314)*((T 333)/(T*333)))
9 k = 31,1*exp((7906)*(T -360)/(T*360))
10 ra = -k*Ca0*(1-(1+1/Kc)*X)
11 Xe = Kc/(1+Kc)
12 Qg = ra*deltaH
13 Cpo = 159
14 taxa = -ra

Valores calculados de variáveis das ED

	Variável	Valor inicial	Valor final
1	Ca0	1,86	1,86
2	Cpc	28	28
3	Cpo	159	159
4	deltaH	-3,45E+04	-3,45E+04
5	Fa0	14,67	14,67
6	k	0,5927441	124,2488
7	Kc	9,512006	0,5752071
8	m	500	500
9	Qg	3,804E+04	-0,4109228
10	Qr	0	0
11	ra	-1,102504	1,191E-05
12	taxa	1,102504	-1,191E-05
13	T	305	384,2335
14	Ta	315	315
15	Ua	0	0
16	V	0	5
17	X	0	0,3651629
18	Xe	0,9048707	0,3651628

As condições, inicial e de saída, são mostradas no relatório Polymath, enquanto os perfis de T, X, X_e e $-r_A$ são mostrados na Figura E12.1.4.

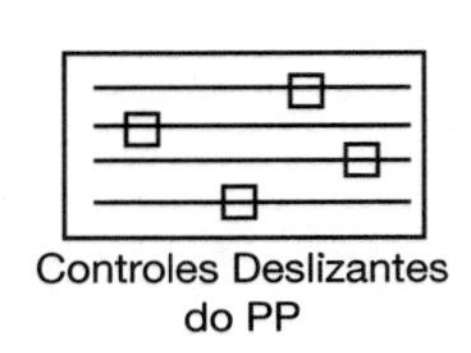

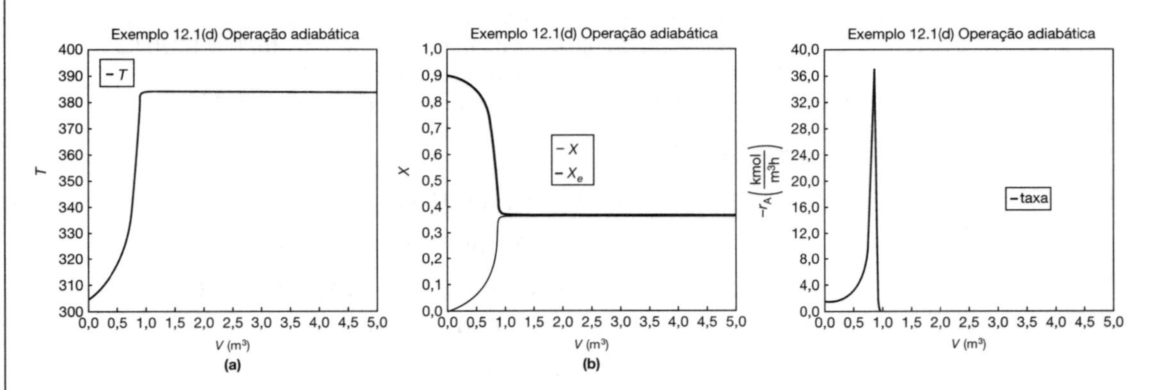

Figura E12.1.4 Perfis ao longo do *reator adiabático*: (**a**) temperatura, (**b**) conversão (**c**) taxa de reação.

***Análise*: Item (d) Operação Adiabática:** Uma vez que não existe resfriamento, a temperatura dessa reação exotérmica continuará a aumentar ao longo do reator até atingir o equilíbrio, $X = X_e = 0{,}365$ em $T = 384$ K, que é a *temperatura de equilíbrio adiabática*. Os perfis para X e X_e são mostrados na Figura E12.1.4(b), em que se observa que a conversão de equilíbrio adiabática X_e vai diminuindo no reator, por causa do aumento da temperatura, até se tornar igual à conversão do reator (isto é, $X \equiv X_e$), o que ocorre em torno de 0,9 m³. Após esse ponto, não há variação na temperatura, X ou X_e, porque a taxa de reação é praticamente zero e, assim, o volume restante do reator não serve para nada.

Finalmente, a Figura E12.1.4(c) mostra que $-r_A$ aumenta ao avançarmos pelo reator, à medida que a temperatura aumenta, atingindo um máximo e depois diminuindo até X e X_e se aproximarem uma da outra e a taxa se tornar praticamente zero.

Análise Geral: Este é um exemplo extremamente importante, à medida que aplicamos nosso algoritmo de PFR com transferência de calor para uma reação exotérmica reversível. Analisamos quatro tipos de operações de trocador de calor. Vimos que os casos de trocador em contracorrente e a T_a constante fornecem a mais alta conversão e o caso da operação adiabática, a mais baixa conversão.

12.3.2 Aplicação do Algoritmo a uma Reação Endotérmica

No Exemplo 12.1, estudamos os quatro diferentes tipos de trocador de calor em uma reação exotérmica. Nesta seção, realizaremos o mesmo estudo para uma *reação endotérmica*.

Exemplo 12.2 Produção de Anidrido Acético

Jeffreys, em um tratamento do projeto de uma planta de fabricação de anidrido acético, estabelece que uma das etapas-chave é o craqueamento endotérmico em fase vapor da acetona a ceteno e metano[2]

$$CH_3COCH_3 \rightarrow CH_2CO + CH_4$$

O artigo estabelece ainda que essa reação é de primeira ordem em relação à acetona e que a constante de taxa é dada por

$$\ln k = 34{,}34 - \frac{34.222}{T} \qquad \text{(E12.2.1)}$$

sendo k em s^{-1} e T em Kelvin. Neste projeto, deseja-se alimentar 7.850 kg de acetona por hora em um reator tubular. O reator consiste em um conjunto de 1.000 tubos (série 40) de uma polegada de diâmetro. Consideraremos quatro casos de operação de trocador de calor. A temperatura e a pressão de entrada são as mesmas para todos os casos, 1.035 K e 162 kPa (1,6 atm), respectivamente, e a temperatura disponível na entrada do meio de aquecimento é 1.250 K. O fluido de transferência térmica tem uma vazão molar, $\dot{m}_C$, de 0,111 mol/s, com calor específico de 34,5 J/mol × K.

Exemplos de reação endotérmica em fase gasosa:
1. Processo adiabático
2. Transferência de calor, com T_a constante
3. Transferência de calor em cocorrente, com T_a variável
4. Transferência de calor em contracorrente, com T_a variável

Um conjunto de 1.000 tubos, série 40, de 1 polegada de diâmetro e 1,79 metro de comprimento corresponde a 1,0 m³ (0,001 m³/tubo = 1,0 dm³/tubo) e fornece uma conversão de 20%. Ceteno é instável e tende a explodir, o que é uma boa razão para manter a conversão baixa. Todavia, o material do tubo e o tamanho estabelecido devem ser verificados para saber se eles são adequados para essas temperaturas e pressões. Além disso, o projeto final e as condições operacionais precisam ser liberados pelo comitê de segurança antes do início da operação. Verifique também o CRE *website*, Segurança de Processo ao Longo do Currículo da Engenharia Química (*Process Safety Across the Chemical Engineering Curriculum*) (*http://umich.edu/~safeche/index.html*).

Caso 1: O reator é operado *adiabaticamente*.
Caso 2: Temperatura constante do meio de aquecimento, T_a = 1.250 K
Caso 3: Transferência de calor em cocorrente com T_{a0} = 1.250 K
Caso 4: Transferência de calor em contracorrente com T_{a0} = 1.250 K

Informações adicionais:

$$CH_3COCH_3 \quad (A): H_A^\circ(T_R) = -216{,}67 \text{ kJ/mol}, \; C_{P_A} = 163 \text{ J/mol}\cdot\text{K}$$

$$CH_2CO \quad (B): H_B^\circ(T_R) = -61{,}09 \text{ kJ/mol}, \; C_{P_B} = 83 \text{ J/mol}\cdot\text{K}$$

$$CH_4 \quad (C): H_C^\circ(T_R) = -74{,}81 \text{ kJ/mol}, \; C_{P_C} = 71 \text{ J/mol}\cdot\text{K}$$

$$N_2 \quad (I): C_{P_I} = 28{,}1 \text{ J/mol}\cdot\text{K}$$

$$U = 110 \text{ J/s}\cdot\text{m}^2\cdot\text{K}$$

Os outros parâmetros são fornecidos na Tabela E12.2.1.

[2]G. V. Jeffreys, *A Problem in Chemical Engineering Design: The Manufacture of Acetic Anhydride*, 2nd ed. London: Institution of Chemical Engineers.

Solução

Sejam A = CH_3COCH_3, B = CH_2CO e C = CH_4. Reescrevendo a reação simbolicamente, temos

$$A \rightarrow B + C$$

O algoritmo para um PFR com Efeitos Térmicos

1. **Balanço Molar:**
$$\frac{dX}{dV} = -\frac{r_A}{F_{A0}} \tag{E12.2.2}$$

2. **Equação da Taxa:**
$$-r_A = kC_A \tag{E12.2.3}$$

Rearranjando (E12.2.1)

$$k = 8{,}2\times 10^{14} \exp\left[-\frac{34.222}{T}\right] = 3{,}58 \exp\left[34.222\left(\frac{1}{1.035}-\frac{1}{T}\right)\right] \tag{E12.2.4}$$

Seguindo o Algoritmo

3. **Estequiometria (reação em fase gasosa sem queda de pressão):**
$$C_A = \frac{C_{A0}(1-X)T_0}{(1+\varepsilon X)T} \tag{E12.2.5}$$
$$\varepsilon = y_{A0}\delta = 1(1+1-1) = 1$$

4. **Combinando,** resulta em:
$$-r_A = \frac{kC_{A0}(1-X)}{1+X}\frac{T_0}{T} \tag{E12.2.6}$$

Antes de combinar as Equações (E12.2.2) e (E12.2.6), primeiro é necessário usar o balanço de energia para determinar T como uma função de X.

5. **Balanço de Energia:**
   a. Balanço no reator.
$$\frac{dT}{dV} = \frac{Ua(T_a - T) + (r_A)\left[\Delta H^{\circ}_{Rx} + \Delta C_P (T - T_R)\right]}{F_{A0}\left(\Sigma\Theta_i C_{P_i} + X\Delta C_P\right)} \tag{E12.2.7}$$

   b. Trocador de calor. Usaremos o balanço de fluido de transferência térmica para o escoamento cocorrente como nosso caso-base. Mostraremos, então, como podemos facilmente modificar o programa *solver* de EDO (por exemplo, Polymath) para resolver para outros casos, simplesmente multiplicando a linha apropriada do código por zero ou por menos um.

   Para *escoamento em cocorrente:*
$$\frac{dT_a}{dV} = \frac{Ua(T - T_a)}{\dot{m}C_{P_C}} \tag{E12.2.8}$$

6. **Cálculo dos Parâmetros do Balanço Molar Tendo por Base um Tubo:**

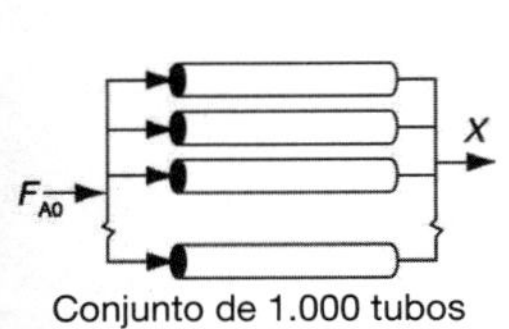

Conjunto de 1.000 tubos

$$F_{A0} = \frac{7.850 \text{ kg/h}}{58 \text{ kg/kmol}} \times \frac{1}{1.000 \text{ Tubos}} = 0{,}135 \text{ kmol/h} = 0{,}0376 \text{ mol/s}$$

$$C_{A0} = \frac{P_{A0}}{RT} = \frac{162 \text{ kPa}}{8{,}31 \dfrac{\text{kPa}\cdot\text{m}^3}{\text{kmol}\cdot\text{K}} (1.035\ K)} = 0{,}0188 \frac{\text{kmol}}{\text{m}^3} = 18{,}8 \text{ mol/m}^3$$

$$v_0 = \frac{F_{A0}}{C_{A0}} = \frac{0{,}0376}{0{,}0188} = 2{,}0 \text{ dm}^3/\text{s}, \quad V = \frac{1 \text{ m}^3}{1.000 \text{ tubos}} = \frac{0{,}001 \text{ m}^3}{\text{tubo}} = \frac{1{,}0 \text{ dm}^3}{\text{tubo}}$$

7. **Cálculo dos Parâmetros do Balanço de Energia:**
   Termodinâmica:
   a. $\Delta H^{\circ}_A (T_R)$: A 298 K, usando o calor padrão de formação

$$\Delta H^{\circ}_{Rx}(T_R) = H^{\circ}_B(T_R) + H^{\circ}_C(T_R) - H^{\circ}_A(T_R)$$
$$= (-61{,}09) + (-74{,}81) - (-216{,}67) \text{ kJ/mol}$$
$$= 80{,}77 \text{ kJ/mol}$$

b. ΔC_P: Usando o calor específico médio

$$\Delta C_P = C_{P_B} + C_{P_C} - C_{P_A} = (83 + 71 - 163)\ \text{J/mol}\cdot\text{K}$$

$$\Delta C_P = -9\ \text{J/mol}\cdot\text{K}$$

$$\text{Somatório } C_{P_i}\Theta_i : \ \Theta_i C_{P_i} = C_{P_A} + \Theta_I C_{P_I} = 163 + 28{,}1\Theta_I, \left(\frac{\text{J}}{\text{mol}\cdot\text{K}}\right)$$

Use Wolfram ou Python para variar Θ_i no PP.

Transferência de calor:

Balanço de energia. A área de transferência de calor por unidade de volume de tubo é

$$a = \frac{\pi DL}{(\pi D^2/4)L} = \frac{4}{D} = \frac{4}{0{,}0266\ \text{m}} = 150\ \text{m}^{-1}$$

$$U = 110\ \text{J/m}^2\cdot\text{s}\cdot\text{K}$$

Combinando o coeficiente global de transferência de calor com a área, temos

$$Ua = 16.500\ \text{J/m}^3\cdot\text{s}\cdot\text{K}$$

Tabela E12.2.1 Resumo dos Valores dos Parâmetros

	Valores dos Parâmetros	
$\Delta H^\circ_{Rx}(T_R) = 80{,}77$ kJ/mol	$C_{P_I} = 28{,}1 \frac{\text{J}}{\text{mol}\cdot\text{K}}$	$T_0 = 1.035$ K
$F_{A0} = 0{,}0376$ mol/s	$\Delta C_P = -9$ J/mol·K	$T_R = 298$ K
$C_{PA} = 163$ J/mol A/K	$C_{A0} = 18{,}8$ mol/m^3	$\dot{m}_C = 0{,}111$ mol/s
$C_{P_{Cool}} \equiv C_{Pc} = 34{,}5$ J/mol/K	$Ua = 16.500$ J/m^3·s·K	$V_f = 0{,}001$ m^3

Vamos resolver para todos os quatro casos de operação de trocador de calor, para este exemplo de reação endotérmica, da mesma maneira que fizemos para a reação no Exemplo 12.1. Ou seja, vamos escrever as equações Polymath para o caso de transferência de calor em cocorrente e usá-lo como caso-base. Como observado no **PP** para este exemplo, poderíamos usar Wolfram ou Python para explorar a simulação. Manipularemos, então, os diferentes termos no balanço de fluido de transferência de calor (Equações 12.10 e 12.11) para resolver os outros casos. Nos quatro casos que se seguem, tomaremos $\Theta_I = 0$, *mas* nos PPs Wolfram e Python permitimos que o leitor varie Θ_I. Começaremos com o caso adiabático em que multiplicamos o coeficiente de transferência de calor do caso-base por zero.

Reação endotérmica adiabática em um PFR

Caso 1 Adiabático

Vamos começar com o caso adiabático para mostrar primeiro os efeitos dramáticos de como a reação morre à medida que a temperatura cai. Na verdade, vamos estender agora o comprimento de cada tubo para ter um volume total do reator de 5 dm^3 para observar esse efeito de uma reação *morrendo*, bem como mostrar a necessidade de adicionar um trocador de calor. Para o caso adiabático, simplesmente multiplicamos, no nosso programa Polymath, o valor de *Ua* por zero. Nenhuma outra mudança é necessária. Para o caso adiabático, a resposta será a mesma, se usarmos um conjunto de 1.000 reatores, cada um com 1 dm^3 ou um de 1 m^3. Para ilustrar como uma reação endotérmica pode praticamente se extinguir completamente, vamos estender o volume de um único tubo de 1 dm^3 para 5 dm^3.

$$Ua = 16.500{*}0$$

O programa Polymath é mostrado na Tabela E12.2.2. A Figura E12.2.1 mostra a saída gráfica.

Análise: **Caso 1 Operação Adiabática:** À medida que a temperatura cai, *k* também cai, e, consequentemente, a velocidade de reação, $-r_A$, cai para um valor insignificante. Note que para essa reação endotérmica, que ocorre adiabaticamente, a reação praticamente *morre* depois de 3,5 m^3, devido à grande queda na temperatura e uma conversão muito baixa é atingida além desse ponto. Uma maneira de aumentar a conversão seria adicionar um diluente tal como nitrogênio, que poderia suprir o calor sensível para essa reação endotérmica. O PP Wolfram permite que o leitor varie o nitrogênio na alimentação. Entretanto, se uma quantidade excessiva de diluente for adicionada, a concentração e a taxa de reação serão bem baixas. Por outro lado, se muito pouco diluente for adicionado, a temperatura cairá e praticamente extinguirá a reação. Saber quanto diluente deve ser adicionado é deixado como um exercício. As Figuras E12.2.1(a) e (b) apontam o volume do reator como 5 dm^3 para mostrar a reação "morta". No entanto, uma vez que a reação está *quase* completa perto da entrada do reator, isto é, $-r_A \cong 0$, vamos estudar e comparar os sistemas de troca de calor em um reator de 1 dm^3 (0,001 m^3) nos próximos três casos.

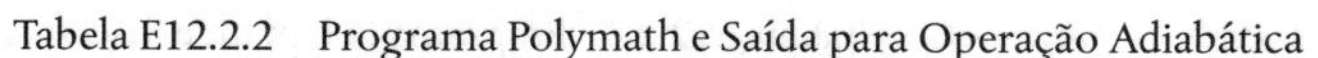

Tabela E12.2.2 Programa Polymath e Saída para Operação Adiabática

Controles Deslizantes do PP

Equações diferenciais

```
1 d(X)/d(V) = -ra/F ao
2 d(T)/d(V) = (Qg-Qr)/(F ao*(Cpa+X*delCp))
3 d(Ta)/d(V) = Ua*(T -Ta)/(mc*Cpc)
```

Equações explícitas

```
1 To = 1.035
2 Ua = 16.500*0
3 Fao = 0,0376
4 Cpa = 163
5 delCp = -9
6 Cao = 18,8
7 ra = -Cao*3,58*exp(34.222*(1/To-1/T))*(1-X)*(To/T)/(1+X)
8 deltaH = 80770+delCp*(T-298)
9 Qg = ra*deltaH
10 Qr = Ua*(T-Ta)
11 mc = 0,111
12 Cpc = 34,5
13 taxa = -ra
```

Valores calculados de variáveis das ED

	Variável	Valor inicial	Valor final
1	Cao	18,8	18,8
2	Cpa	163	163
3	Cpc	34,5	34,5
4	delCp	-9	-9
5	deltaH	7,414E+04	7,531E+04
6	Fao	0,0376	0,0376
7	mc	0,111	0,111
8	Qg	-4,99E+06	-2,79E+04
9	Qr	0	0
10	ra	-67,304	-0,3704982
11	taxa	67,304	0,3704982
12	T	1.035	904,8156
13	Ta	1.250	1.250
14	To	1.035	1.035
15	Ua	0	0
16	V	0	0,005
17	X	0	0,2817744

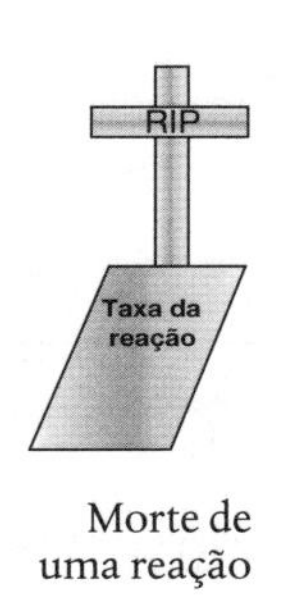

Morte de uma reação

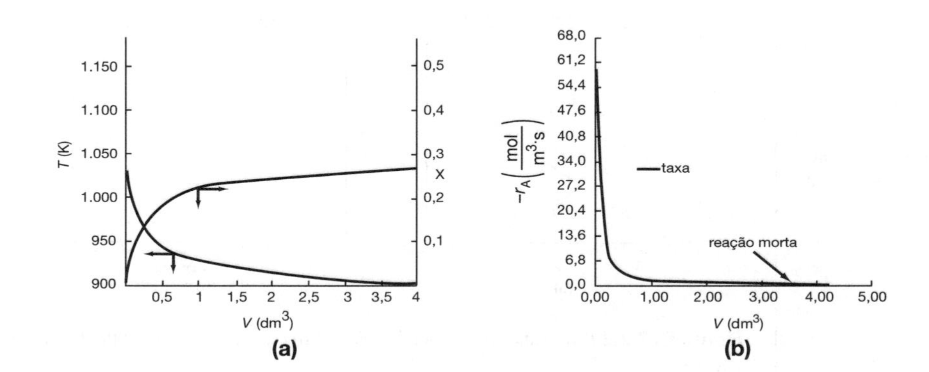

Figura E12.2.1 Perfis *adiabáticos* (**a**) de conversão e de temperatura e (**b**) de taxa de reação.

Caso 2 Temperatura constante do fluido de troca térmica, T_a

Faremos as seguintes alterações na linha 3 do nosso programa do caso-base (**a**)

$$\frac{dT_a}{dV} = \frac{Ua\ \ T - T_a}{\dot{m}C_{P_c}} * 0$$

$$Ua = 16.500\ \text{J/m}^3\text{/s/K}$$

$$\text{e } V_f = 0{,}001\ \text{m}^3$$

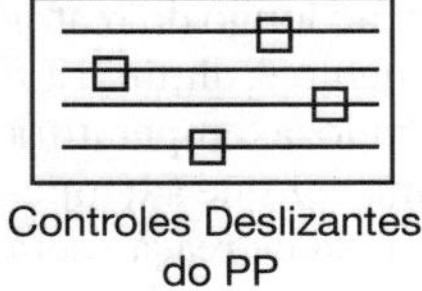

Controles Deslizantes do PP

O programa Polymath é mostrado na Tabela E12.2.3 e os perfis de T, X, e $-r_A$ são mostrados na Figura E12.2.2, itens (a), (b) e (c), respectivamente.

Análise: **Caso 2 T_a constante:** Logo após a entrada do reator, a temperatura da reação cai à medida que o calor sensível do fluido reagente fornece a energia para a reação endotérmica. Essa queda na temperatura no reator também provoca a queda na taxa de reação. Ao nos movermos ao longo do reator, a taxa de reação cai mais ainda à medida que os reagentes são consumidos. Além de $V = 0{,}08\ \text{dm}^3$, o calor fornecido pelo trocador de calor a T_a constante torna-se maior do que o "consumido" pela reação endotérmica, aumentando, assim, a temperatura do reator. Na faixa entre $V = 0{,}2\ \text{dm}^3$ e $V = 0{,}6\ \text{dm}^3$, a taxa cai lentamente devido à diminuição dos reagentes, o que é neutralizado, até certo ponto, pelo aumento na temperatura e, consequentemente, na constante da taxa, k. Consequentemente, podemos atingir eventualmente a conversão de 95%.

Tabela E12.2.3 Programa Polymath e Saída para Temperatura Constante T_a

Equações diferenciais

```
1 d(X)/d(V) = -ra/F ao
2 d(T)/d(V) = (Qg-Qr)/(F ao*(Cpa+X*delCp))
3 d(Ta)/d(V) = Ua*(T -Ta)/(mc*Cpc)*0
```

Equações explícitas

```
1  To = 1.035
2  Ua = 16.500
3  Fao = 0,0376
4  Cpa = 163
5  delCp = -9
6  Cao = 18,8
7  ra = -Cao*3,58*exp(34.222*(1/To-1/T))*(1-X)*(T o/T)/(1+X)
8  deltaH = 80.770+delCp*(T-298)
9  Qg = ra*deltaH
10 Qr = Ua*(T-Ta)
11 mc =0,111
12 Cpc = 34,5
13 taxa = -ra
```

Valores calculados de variáveis das ED

	Variável	Valor inicial	Valor final
1	Cao	18,8	18,8
2	Cpa	163	163
3	Cpc	34,5	34,5
4	delCp	-9	-9
5	deltaH	7,414E+04	7,343E+04
6	Fao	0,0376	0,0376
7	mc	0,111	0,111
8	Qg	-4,99E+06	-1,211E+06
9	Qr	-3,548E+06	-2,242E+06
10	ra	-67,304	-16,48924
11	rate	67,304	16,48924
12	T	1.035	1.114,093
13	Ta	1.250	1.250
14	To	1.035	1.035
15	Ua	1,65E+04	1,65E+04
16	V	0	0,001
17	X	0	0,9508067

Perfis para reação endotérmica

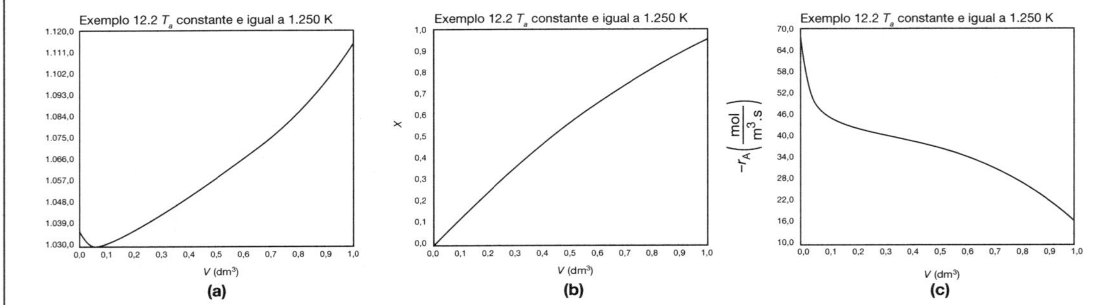

Figura E12.2.2 *Perfis para temperatura do fluido do trocador de calor constante*, T_a; (**a**) temperatura, (**b**) conversão e (**c**) taxa de reação.

Caso 3: Transferência de Calor em Cocorrente

O balanço de energia em um trocador de calor cocorrente é

$$\frac{dT_a}{dV} = \frac{Ua(T - T_a)}{\dot{m}_C C_{P_C}}$$

com T_{a0} = 1.250 K a V = 0.

O programa Polymath é mostrado na Tabela E12.2.4 e os perfis das variáveis T, T_a, X, e $-r_A$ são mostrados na Figura E12.2.3, itens (a), (b) e (c), respectivamente. Como a reação é endotérmica, T_a precisa começar em alta temperatura em V = 0.

***Análise*: Caso 3 Transferência Cocorrente:** Na transferência de calor em cocorrente, vemos que a temperatura do fluido, T_a, no trocador de calor cai rapidamente no início e então continua a cair ao longo do reator à medida que fornece a energia para o calor extraído pela reação endotérmica. Eventualmente T_a diminui até o ponto onde se aproxima de T e a taxa de transferência de calor é pequena; como resultado, a temperatura do reator, T, continua a cair, bem como a taxa, resultando em uma baixa conversão. Uma vez que a temperatura do reator para troca em cocorrente é mais baixa que para o *Caso 2 T_a constante*, a taxa de reação será menor. Como resultado, será alcançada uma conversão significativamente menor do que no caso de troca de calor a temperatura constante T_a.

Tabela E12.2.4 Programa Polymath e Saída para Troca em Cocorrente

Equações diferenciais

```
1 d(X)/d(V) = -ra/F ao
2 d(T)/d(V) = (Qg-Qr)/(F ao*(Cpa+X*delCp))
3 d(Ta)/d(V) = Ua*(T -Ta)/(mc*Cpc)
```

Equações explícitas

```
1 To = 1.035
2 Ua = 16.500
3 Fao = 0,0376
4 Cpa = 163
5 delCp = -9
6 Cao = 18,8
7 ra = -Cao*3,58*exp(34222*(1/To-1/T))*(1-X)*(T o/T)/(1+X)
8 deltaH = 80770+delCp*(T-298)
9 Qg = ra*deltaH
10 Qr = Ua*(T-Ta)
11 mc = 0,111
12 Cpc = 34,5
13 taxa = -ra
```

Valores calculados de variáveis das ED

	Variável	Valor inicial	Valor final
1	Cao	18,8	18,8
2	Cpa	163	163
3	Cpc	34,5	34,5
4	delCp	-9	-9
5	deltaH	7,414E+04	7,459E+04
6	Fao	0,0376	0,0376
7	mc	0,111	0,111
8	Qg	-4,99E+06	-3,654E+05
9	Qr	-3,548E+06	-1,881E+05
10	ra	-67,304	-4,899078
11	taxa	67,304	4,899078
12	T	1.035	984,8171
13	Ta	1.250	996,215
14	To	1.035	1.035
15	Ua	1,65E+04	1,65E+04
16	V	0	0,001
17	X	0	0,456201

Perfis para reação endotérmica

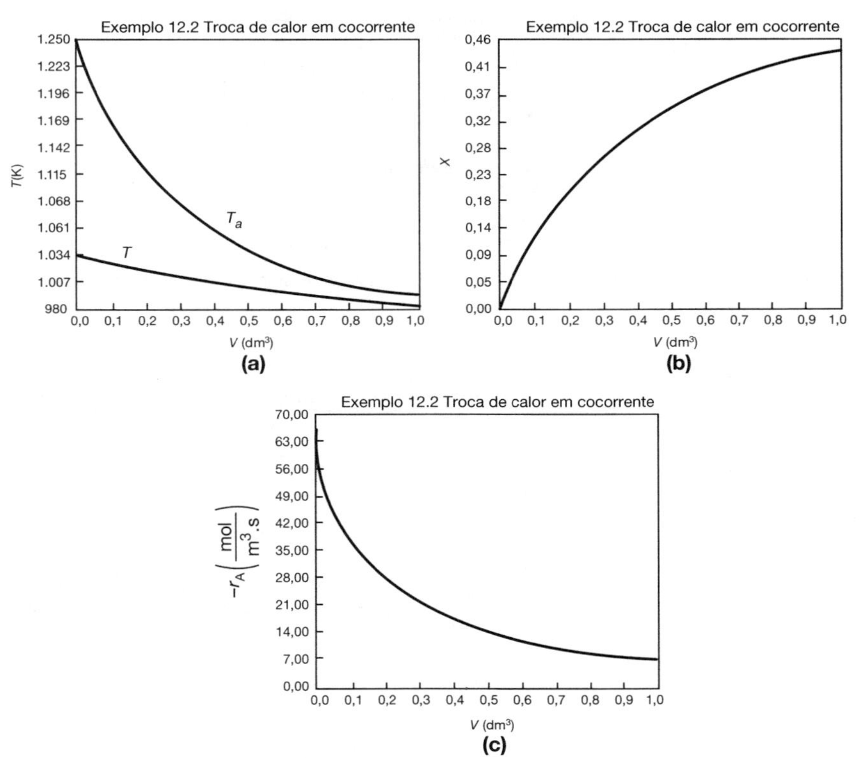

Figura E12.2.3 Perfis ao longo do reator para uma reação endotérmica com transferência de calor em cocorrente; (**a**) de temperatura, (**b**) de conversão e (**c**) de taxa de reação.

Caso 4: Transferência de Calor em Contracorrente

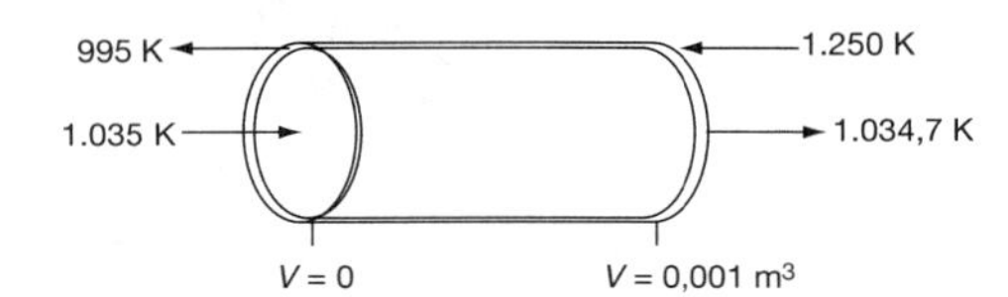

Para transferência de calor em contracorrente, primeiro multiplicamos o lado direito da equação do balanço de energia do trocador de calor cocorrente por −1, deixando o resto do programa Polymath, na Tabela 12.2.5, igual.

$$\frac{dT_a}{dV} = -\frac{Ua(T - T_a)}{\dot{m}C_{P_C}}$$

Em seguida, **estimamos** T_a ($V = 0$) = 995,15 K para obter T_{a0} = 1.250 K em V = 0,001m³. (Não acredite nem por um momento que 995,15 K foi meu primeiro palpite.) Uma vez que essa correspondência for obtida, conforme mostrado na Tabela E12.2.5, podemos relatar os perfis mostrados na Figura E12.2.4.

Bom palpite!

Tabela E12.2.5 Programa Polymath e Dados de Saída para Transferência em Contracorrente

Valores calculados de variáveis das ED

	Variável	Valor inicial	Valor final
8	Qg	-4,99E+06	-2,357E+06
9	Qr	6,575E+05	-3,556E+06
10	ra	-67,304	-31,79235
11	taxa	67,304	31,79235
12	T	1.035	1.034,475
13	Ta	995,15	1.249,999
14	To	1.035	1.035
15	Ua	1,65E+04	1,65E+04
16	V	0	0,001
17	X	0	0,3512403

Palpite de T_{a2} = 995,15 K em V = 0
Coincide com T_{a0} = 1.250 K em V_t = 0,001 m³ = 1 dm³

Equações diferenciais

1 d(X)/d(V) = -ra/F ao

2 d(T)/d(V) = (Qg-Qr)/(F ao*(Cpa+X*delCp))

3 d(Ta)/d(V) = -Ua*(T -Ta)/(mc*Cpc)

As equações explícitas são as mesmas do Caso 3 Transferência de Calor em Cocorrente.

Perfis para reação endotérmica

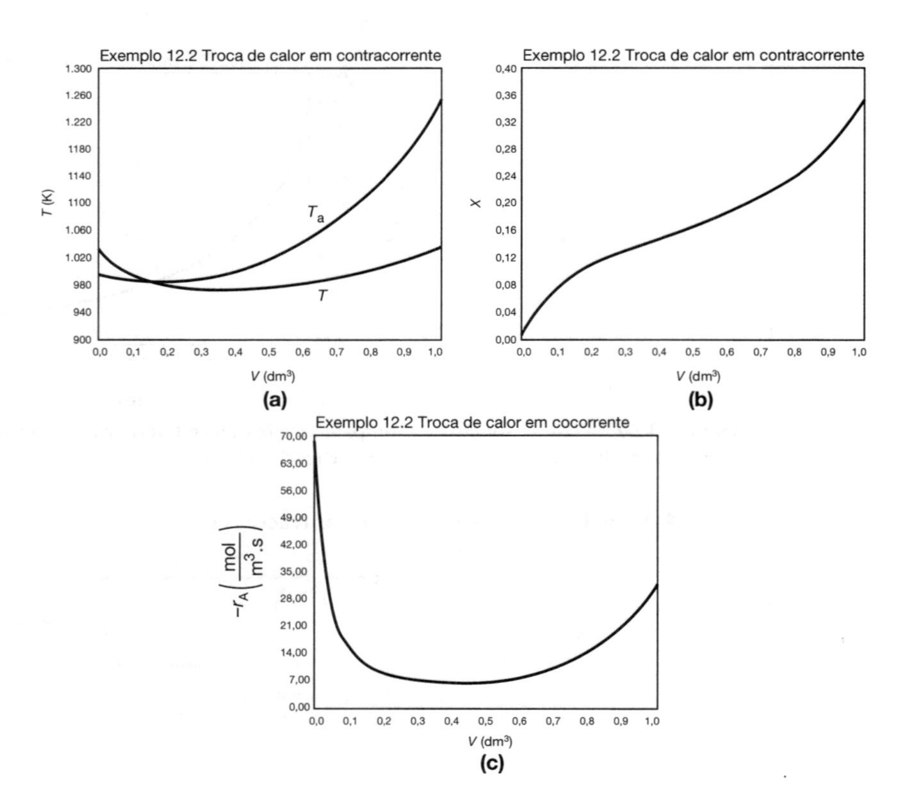

Figura E12.2.4 *Perfis ao longo do reator para transferência de calor em contracorrente*; (**a**) temperatura, (**b**) conversão, (**c**) taxa de reação.

Análise: **Caso 4 Transferência em Contracorrente:** No início do reator, onde os reagentes entram, ou seja, $V = 0$, a reação ocorre rapidamente, extraindo energia do calor sensível do gás e fazendo com que a sua temperatura caia porque o trocador de calor não pode suprir energia a uma taxa igual ou maior que aquela que está sendo retirada pela reação endotérmica. O "calor" adicional é perdido na entrada, no caso de transferência em contracorrente, porque a temperatura do fluido de transferência de calor, T_a, está abaixo da temperatura de entrada no reator, T. Observa-se que existe um mínimo no perfil da taxa de reação, $-r_A$, que é plano. Nessa região plana, a taxa é "praticamente" constante entre $V = 0{,}2$ dm³ e $V = 0{,}8$ dm³, porque o aumento em k causado pelo aumento em T é equilibrado pela diminuição na taxa provocada pelo consumo de reagentes. Ao passar do meio do reator, a taxa começa a aumentar lentamente à medida que os reagentes vão sendo consumidos e o trocador de calor agora fornece energia a uma taxa maior do que a reação retira energia e, como resultado, a temperatura eventualmente aumenta. Essa temperatura mais baixa, juntamente com o consumo de reagentes, faz com que a taxa de reação seja baixa no platô, resultando em uma conversão mais baixa do que nos casos de troca de calor em cocorrente ou a T_a constante.

Análise Resumo dos 4 Casos. As temperaturas de saída e a conversão são mostradas na Tabela Resumo E12.2.6.

Tabela E12.2.6 Tabela Resumo

Exclusão de Calor	X	T(K)	T_a(K)
Adiabático	0,28	905	---
T_a constante	0,95	1.114	1.250
Cocorrente	0,456	985	996
Contracorrente	0,35	1.034	995

Para esta reação endotérmica, a maior conversão é obtida para T_a constante e a menor conversão é para uma reação adiabática. Esses dois extremos correspondem à maior e à menor quantidade de transferência de calor para o fluido reagente.

AspenTech: O Exemplo 12.2 foi formulado também em AspenTech e pode ser carregado no seu computador diretamente a partir do CRE *website.*

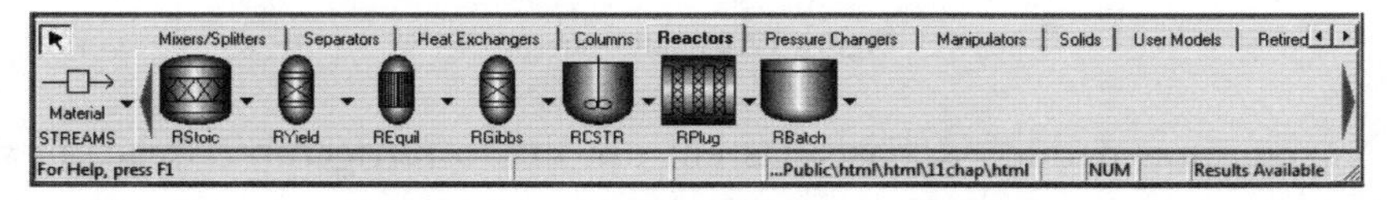

12.4 CSTR com Efeitos Térmicos

Nesta seção, aplicamos o balanço geral de energia (Equação (11.22)) para um CSTR em estado estacionário. Apresentaremos, então, exemplos mostrando como os balanços molares e de energia são combinados para dimensionar reatores operando adiabática e não adiabaticamente.

No Capítulo 11, o balanço de energia no estado estacionário foi deduzido como

$$\dot{Q} - \dot{W}_s - F_{A0}\Sigma\Theta_i C_{P_i}(T - T_{i0}) - [\Delta H^\circ_{Rx}(T_R) + \Delta C_P(T - T_R)]F_{A0}X = 0 \tag{11.28}$$

Lembre-se de que $\dot{W}_s$ é o trabalho de eixo, isto é, o trabalho **feito por** um agitador ou misturador no CSTR **sobre** o fluido reagente dentro do CSTR. Por conseguinte, como, por convenção, o $\dot{W}_s$ **feito pelo** sistema **na** vizinhança é positivo, o trabalho do agitador do CSTR será um número negativo, por exemplo, $\dot{W}_s = -1.000$ J/s. (Veja o Problema P12.6$_B$, um *Problema do Exame dos Engenheiros Profissionais da Califórnia.*)

Nota: Em muitos cálculos, o balanço molar do CSTR deduzido no Capítulo 2

$$(F_{A0}X = -r_A V)$$

Essas são as formas do balanço em estado estacionário que usaremos.

será usado para trocar o termo depois dos parênteses da Equação (11.28); ou seja, $(F_{A0}X)$ será trocado por $(-r_A V)$ para chegar na Equação (12.12).

O rearranjo resulta no balanço de energia em estado estacionário

$$\boxed{\dot{Q} - \dot{W}_s - F_{A0}\Sigma\Theta_i C_{P_i}(T - T_{i0}) + (r_A V)(\Delta H_{Rx}) = 0} \tag{12.12}$$

Embora o CSTR seja bem misturado e a temperatura seja uniforme por todo reator, essas condições não significam que a reação ocorra isotermicamente. Operação isotérmica ocorre quando a temperatura de alimentação é idêntica à temperatura do fluido dentro do CSTR.

O Termo $\dot{Q}$ no CSTR

12.4.1 Calor Adicionado ao Reator, $\dot{Q}$

Para reações exotérmicas ($T > T_{a2} > T_{a1}$)

Para reações endotérmicas ($T_{a1} > T_{a2} > T$)

A Figura 12.6 mostra o esquema de um CSTR com um trocador de calor. O fluido de transferência de calor entra no trocador com uma taxa mássica $\dot{m}_c$ (por exemplo, kg/s) a uma temperatura T_{a1} e sai a uma temperatura T_{a2}. A taxa de transferência de calor *do* trocador *para* o fluido no reator é[3]

$$\dot{Q} = \frac{UA(T_{a1} - T_{a2})}{\ln[(T - T_{a1})/(T - T_{a2})]} \tag{12.13}$$

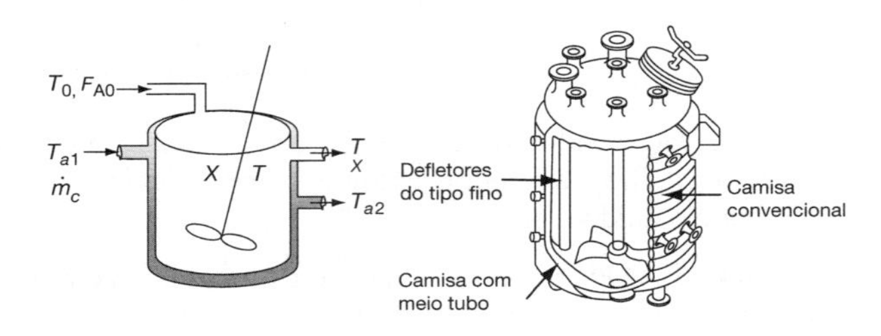

Figura 12.6 Reator-tanque CSTR com trocador de calor.

As seguintes deduções, baseadas em um fluido refrigerante (reação exotérmica), aplicam-se também aos meios de aquecimento (reação endotérmica). Como uma primeira aproximação, consideremos um estado quase estacionário para o escoamento do refrigerante e desconsideremos o termo de acúmulo (isto é, $dT_a/dt = 0$). Um balanço de energia para o fluido refrigerante que entra e sai do trocador é

Balanço de energia no fluido trocador de calor

$$\begin{bmatrix} \text{Taxa de} \\ \text{energia que} \\ \textit{entra} \\ \text{associada ao} \\ \text{escoamento} \end{bmatrix} - \begin{bmatrix} \text{Taxa de} \\ \text{energia que } \textit{sai} \\ \text{associada ao} \\ \text{escoamento} \end{bmatrix} - \begin{bmatrix} \text{Taxa de} \\ \text{transferência} \\ \text{de calor } \textit{do} \\ \text{trocador } \textit{para} \\ \text{o reator} \end{bmatrix} = 0 \tag{12.14}$$

$$\dot{m}_c C_{P_c}(T_{a1} - T_R) - \dot{m}_c C_{P_c}(T_{a2} - T_R) - \frac{UA(T_{a1} - T_{a2})}{\ln[(T - T_{a1})/(T - T_{a2})]} = 0 \tag{12.15}$$

em que C_{P_c} é o calor específico do fluido refrigerante e T_R é a temperatura de referência. Simplificando, temos

$$\dot{Q} = \dot{m}_c C_{P_c}(T_{a1} - T_{a2}) = \frac{UA(T_{a1} - T_{a2})}{\ln[(T - T_{a1})/(T - T_{a2})]} \tag{12.16}$$

[3]Informações sobre o coeficiente global de transferência de calor podem ser encontradas em J.R. Welty, G.L. Rorrer, and D.G. Foster, *Fundamentals of Momentum Heat and Mass Transfer*, 6th ed. Ney Jersey: Wiley, 2015, p. 370.

Resolvendo a Equação (12.16) para a temperatura de saída do fluido trocador de calor, resulta em

$$\boxed{T_{a2} = T - (T - T_{a1}) \exp\left(\frac{-UA}{\dot{m}_c C_{P_c}}\right)} \tag{12.17}$$

Da Equação (12.16)

$$\dot{Q} = \dot{m}_c C_{P_c}(T_{a1} - T_{a2}) \tag{12.18}$$

Substituindo para T_{a2} na Equação (12.18), obtemos

Transferência de calor para um CSTR

$$\boxed{\dot{Q} = \dot{m}_c C_{P_c}\left\{(T_{a1} - T)\left[1 - \exp\left(\frac{-UA}{\dot{m}_c C_{P_c}}\right)\right]\right\}} \tag{12.19}$$

Para valores grandes de vazão do fluido refrigerante, $\dot{m}_c$, o expoente será pequeno e pode ser expandido em uma série de Taylor ($e^{-x} = 1 - x + ...$), sendo os termos de segunda ordem negligenciados para obter

$$\dot{Q} = \dot{m}_c C_{P_c}(T_{a1} - T)\left[1 - \left(1 - \frac{UA}{\dot{m}_c C_{P_c}}\right)\right]$$

Então

Válida somente para altas vazões molares do fluido de transferência!

$$\boxed{\dot{Q} = UA(T_a - T)} \tag{12.20}$$

em que $T_{a1} \cong T_{a2} = T_a$.

Com exceção dos processos envolvendo materiais altamente viscosos, tais como o do Problema P12.6$_B$, um *Problema do Exame dos Engenheiros Profissionais da Califórnia*, o trabalho feito pelo agitador pode geralmente ser desprezado. Estabelecendo $\dot{W}_s$ igual a zero na Equação (11.27), desprezando ΔC_P, em ΔH_{Rx} substituindo $\dot{Q}$ e rearranjando, temos a seguinte relação entre a conversão e a temperatura em um CSTR:

$$\frac{UA}{F_{A0}}(T_a - T) - \Sigma\Theta_i C_{P_i}(T - T_0) - \Delta H^\circ_{Rx} X = 0 \tag{12.21}$$

Resolvendo para X

$$\boxed{X = \frac{\frac{UA}{F_{A0}}(T - T_a) + \Sigma\Theta_i C_{P_i}(T - T_0)}{[-\Delta H^\circ_{Rx}(T_R)]}} \tag{12.22}$$

A Equação (12.22) é acoplada com a equação do balanço molar

$$\boxed{V = \frac{F_{A0}X}{-r_A(X, T)}} \tag{12.23}$$

para dimensionar CSTRs.

Para nos ajudar a ver mais facilmente os efeitos dos parâmetros de operação T, T_0 e T_a, coletamos termos e definimos três parâmetros: C_{P0}, κ e T_c.

Agora, rearranjamos mais ainda a Equação (12.21) depois de fazer

$$\boxed{C_{P_0} = \Sigma \Theta_i C_{P_i}}$$

então

$$C_{P_0}\left(\frac{UA}{F_{A0}C_{P_0}}\right)T_a + C_{P_0}T_0 - C_{P_0}\left(\frac{UA}{F_{A0}C_{P_0}} + 1\right)T - \Delta H^\circ_{Rx}X = 0$$

Sejam κ e T_C parâmetros não adiabáticos definidos por

Parâmetros de transferência de calor em CSTR não adiabático: κ e T_c

$$\boxed{\kappa = \frac{UA}{F_{A0}C_{P_0}}} \quad \text{e} \quad \boxed{T_c = \frac{\kappa T_a + T_0}{1+\kappa}}$$

Então

$$-X\Delta H^\circ_{Rx} = C_{P_0}(1+\kappa)(T - T_c) \tag{12.24}$$

Os parâmetros κ e T_c são usados para simplificar as equações para operação *não* adiabática. Resolvendo a Equação (12.24) para a conversão X,

$$\boxed{X = \frac{C_{P_0}(1+\kappa)(T-T_c)}{-\Delta H^\circ_{Rx}}} \tag{12.25}$$

Resolvendo a Equação (12.24) para a temperatura do reator,

$$\boxed{T = T_c + \frac{(-\Delta H^\circ_{Rx})(X)}{C_{P_0}(1+\kappa)}} \tag{12.26}$$

A Tabela 12.3 mostra três maneiras para especificar o projeto de um CSTR. Esse procedimento para o projeto de um CSTR não isotérmico pode ser ilustrado considerando uma reação irreversível de primeira ordem, em fase líquida. Para resolver problemas de CSTR desse tipo, temos três variáveis X, T e V, daí podemos especificar uma e então resolver para os outros dois valores. O algoritmo para trabalhar os casos **A** (X especificado), **B** (T especificado) ou **C** (V especificado) é mostrado na Tabela 12.3. Sua aplicação é ilustrada no Exemplo 12.3.

Formas do balanço de energia para um CSTR com transferência de calor

Tabela 12.3 Maneiras para Especificar o Dimensionamento de um CSTR

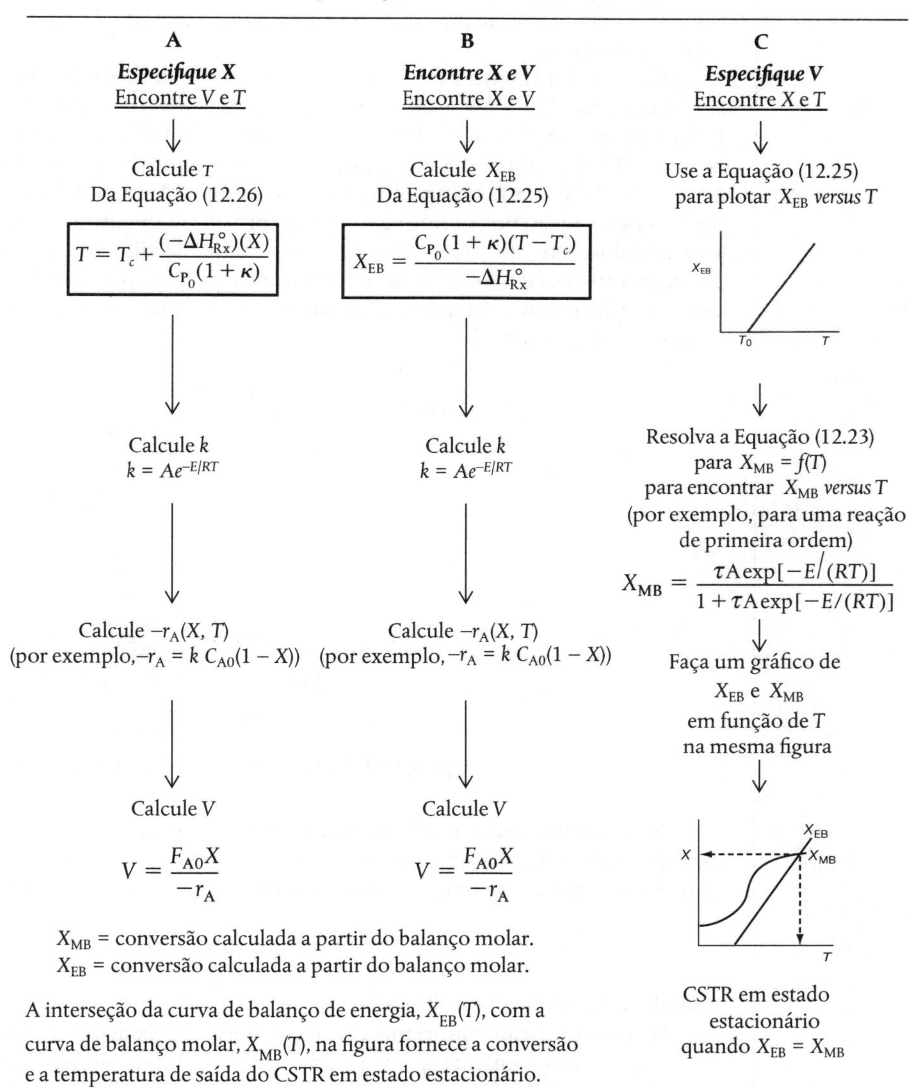

Exemplo 12.3 Produção de Propilenoglicol em um CSTR Adiabático

Propilenoglicol é produzido pela hidrólise de óxido de propileno:

$$\underset{\diagdown O \diagup}{CH_2\text{—}CH}\text{—}CH_3 + H_2O \xrightarrow{H_2SO_4} \underset{OH}{CH_2}\text{—}\underset{OH}{CH}\text{—}CH_3$$

Produção, usos e economia

Mais de 900 milhões de libras de propilenoglicol foram produzidas em 2010 e o preço de venda foi de aproximadamente US$0,80 por libra. O propilenoglicol compõe cerca de 25% dos maiores derivados de óxido de propileno. A reação ocorre prontamente em temperatura ambiente, quando catalisada por ácido sulfúrico.

Você é o engenheiro responsável por um CSTR adiabático para produzir propilenoglicol por esse método. Infelizmente, o reator está começando a vazar e você tem de trocá-lo. (Você disse várias vezes a seu chefe que ácido sulfúrico era corrosivo e que o aço doce era um material ruim para construção. Ele não o ouviu.) Existe um CSTR, de boa aparência, brilhante e reluzente, com uma capacidade de transbordamento de 300 galões, parado no depósito do Professor Köttlov, em sua casa de férias na montanha. Ele é revestido com vidro e você gostaria de usá-lo.

Vamos trabalhar com este problema em lb_m, s, ft^3 e lb-mol em vez de g, mol e m^3, de modo a dar ao leitor maior prática ao trabalhar com sistemas inglês e métrico. Por quê? Muitas plantas ainda usam o sistema inglês de unidades.

Você está alimentando 2.500 lb_m/h (43,04 lb-mol/h) de óxido de propileno (O.P.) em um reator. A corrente de alimentação consiste em (1) uma mistura equivolumétrica de óxido de propileno (46,62 ft^3/h) e de metanol (46,62 ft^3/h) e (2) água contendo 0,1% em massa de H_2SO_4. A vazão volumétrica da água é 233,1 ft^3/h, que é 2,5 vezes a vazão de metanol–O.P. As taxas molares correspondentes de metanol e água são 71,87 e 802,8 lb-mol/h, respectivamente. A mistura água–óxido de propileno–metanol sofre uma leve contração no volume da mistura (aproximadamente 3%), mas você despreza essa diminuição em seus cálculos. A temperatura de ambas as correntes de alimentação é de 58°F antes da mistura, há, porém, um aumento imediato de 17°F na temperatura após a mistura das duas correntes de alimentação, causado pelo calor de mistura. A temperatura na entrada de todas as correntes de alimentação é então considerada como 75°F (Figura E12.3.1).

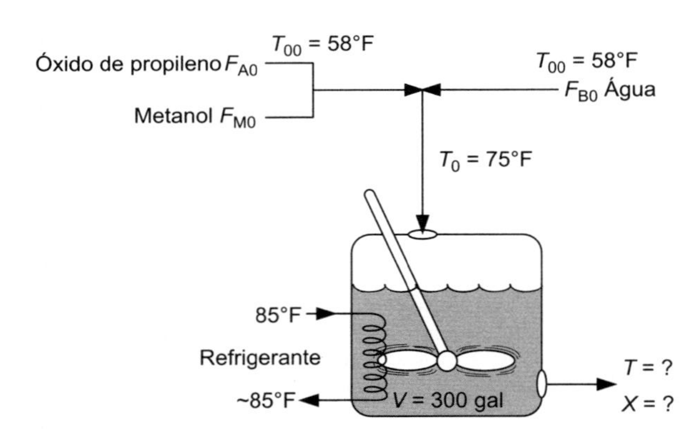

Figura E12.3.1 Fabricação de propilenoglicol em um CSTR.

A equipe de engenharia Furusawa no Japão estabelece que, sob condições similares àquelas que você está operando, a reação é de aparente primeira ordem na concentração do óxido de propileno e de aparente ordem zero em excesso de água, com a constante de taxa de reação sendo[4]

$$k = Ae^{-E/RT} = 16,96 \times 10^{12}(e^{-32400/RT})\ h^{-1}$$

A unidade de E está em Btu/lb-mol e a de T em °R.

Há uma restrição importante em sua operação. O óxido de propileno é uma substância de baixo ponto de ebulição. Com a mistura que você está usando, a equipe de segurança sente que você não pode exceder uma temperatura de operação de 125°F, senão você perderá muito óxido por vaporização através do sistema de ventilação.

(a) Você pode usar o CSTR ocioso para substituir o que está vazando, se ele for operado adiabaticamente?
(b) Se sim, qual será a conversão esperada do óxido de propileno a glicol?

Solução

(Todos os dados usados neste problema foram obtidos do *Handbook of Chemistry and Physics*, a menos que o contrário seja dito.) Seja a reação representada por

$$A + B \longrightarrow C$$

em que

A é o óxido de propileno (C_{PA} = 35 Btu/lb-mol · °F)[5]

B é água (C_{PB} = 18 Btu/lb-mol · °F)

C é propilenoglicol (C_{PC} = 46 Btu/lb-mol · °F)

M é metanol (C_{PA} = 19,5 Btu/lb-mol · °F)

[4] T. Furusawa, H. Nishimura and T. Miyauchi, *J. Chem. Eng. Jpn.*, 2, 95.

[5] C_{P_A} e C_{P_C} são estimados a partir da observação de que a maioria dos líquidos orgânicos de baixa massa molar contendo oxigênio tem um calor específico mássico de 0,6 cal/g × °C ±15%.

Neste problema, nem a conversão nem a temperatura na saída do reator adiabático são fornecidas. Aplicando os balanços de massa e de energia, podemos resolver duas equações com duas incógnitas (X e T), como mostrado no caminho da direita da Tabela 12.3. Resolvendo essas duas equações conjuntamente, determinamos a conversão e a temperatura na saída do reator revestido com vidro, para ver se ele pode ser usado no lugar do presente reator.

1. **Balanço Molar e Equação de Projeto:**

$$F_{A0} - F_A + r_A V = 0$$

A equação de projeto em termos de X é

$$V = \frac{F_{A0}X}{-r_A} \tag{E12.3.1}$$

2. **Equação da Taxa:**

$$-r_A = kC_A$$
$$k = 16{,}96\ 10^{12}\exp[-32.400/R/T]\ \text{h}^{-1} \tag{E12.3.2}$$

Seguindo o Algoritmo

3. **Estequiometria** (fase líquida, $\upsilon = \upsilon_0$):

$$C_A = C_{A0}(1-X) \tag{E12.3.3}$$

4. **Combinando**, resulta em

$$V = \frac{F_{A0}X}{kC_{A0}(1-X)} = \frac{\upsilon_0 X}{k(1-X)} \tag{E12.3.4}$$

Resolvendo para X em função de T e lembrando que $\tau = V/\upsilon_0$, temos

$$X_{MB} = \frac{\tau k}{1+\tau k} = \frac{\tau A e^{-E/RT}}{1+\tau A e^{-E/RT}} \tag{E12.3.5}$$

Essa equação relaciona temperatura e conversão por meio do **balanço molar**.

Duas equações, duas incógnitas.

5. O balanço de energia para essa reação ocorrendo adiabaticamente, em que a entrada de energia devido ao agitador é desprezível, é

$$X_{EB} = \frac{\Sigma\ \Theta_i C_{P_i}(T-T_{i0})}{-[\Delta H^\circ_{Rx}(T_R) + \Delta C_P(T-T_R)]} \tag{E12.3.6}$$

Essa equação relaciona X e T por meio do balanço de energia. Vemos que as duas equações [Equações (E12.3.5) e (E12.3.6)] e as duas incógnitas, X e T, têm de ser resolvidas para encontrar a conversão onde $X_{EB} = X_{MB} = X$.

Eu sei como esses cálculos são entediantes, mas alguém deve saber como fazê-los.

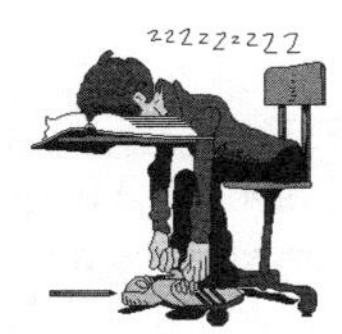

6. **Cálculos:**
Em vez de você mesmo colocar todos esses números nas equações de balanço molar e de calor, você pode terceirizar essa tarefa, por uma pequena taxa, para a empresa de consultoria Sven Köttlov, localizada no terceiro andar do Edifício Market Center (chamado "MCB"), em Riça, Jofostan. Os resultados da nossa terceirização são dados a seguir.

(a) *Avalie os termos do balanço molar* (C_{A0}, Θ_i, τ): A vazão volumétrica líquida total que entra no reator é

$$\begin{aligned}\upsilon_0 &= \upsilon_{A0} + \upsilon_{M0} + \upsilon_{B0}\\ &= 46{,}62 + 46{,}62 + 233{,}1 = 326{,}3\ \text{ft}^3/\text{h}\end{aligned} \tag{E12.3.7}$$

$$V = 300\ \text{gal} = 40{,}1\ \text{ft}^3$$

$$\tau = \frac{V}{\upsilon_0} = \frac{40{,}1\ \text{ft}^3}{326{,}3\ \text{ft}^3/\text{h}} = 0{,}123\ \text{h} \tag{E12.3.8}$$

$$C_{A0} = \frac{F_{A0}}{\upsilon_0} = \frac{43{,}0 \text{ lb-mol/h}}{326{,}3 \text{ ft}^3/\text{h}} \tag{E12.3.9}$$

$$= 0{,}132 \text{ lb-mol/ft}^3$$

$$\text{Para o metanol: } \Theta_M = \frac{F_{M0}}{F_{A0}} = \frac{71{,}87 \text{ lb-mol/h}}{43{,}0 \text{ lb-mol/h}} = 1{,}67$$

$$\text{Para a água: } \Theta_B = \frac{F_{B0}}{F_{A0}} = \frac{802{,}8 \text{ lb-mol/h}}{43{,}0 \text{ lb-mol/h}} = 18{,}65$$

A conversão calculada a partir do balanço molar, X_{MB}, é encontrada a partir da Equação (E12.3.5).

$$X_{MB} = \frac{(16{,}96 \times 10^{12}\ \text{h}^{-1})(0{,}1229\ \text{h}) \exp(-32.400/1{,}987T)}{1 + (16{,}96 \times 10^{12}\ \text{h}^{-1})(0{,}1229\ \text{h}) \exp(-32.400/1{,}987T)}$$

Faça um gráfico de X_{MB} em função da temperatura.

$$\boxed{X_{MB} = \frac{(2{,}084 \times 10^{12}) \exp(-16.306/T)}{1 + (2{,}084 \times 10^{12}) \exp(-16.306/T)},\ T \text{ está em °R}} \tag{E12.3.10}$$

(b) *Avaliação dos termos do balanço de energia*

(1) Calor de reação à temperatura T

$$\Delta H_{Rx}(T) = \Delta H^{\circ}_{Rx}(T_R) + \Delta C_P(T - T_R) \tag{11.26}$$

$$\Delta C_P = C_{P_C} - C_{P_B} - C_{P_A} = 46 - 18 - 35 = -7 \text{ Btu/lb-mol/°F}$$

$$\Delta H_{Rx} = -36.400 - 7(T - T_R) \tag{E12.3.11}$$

(2) O termo de calor específico

$$\Sigma\Theta_i C_{P_i} = C_{P_A} + \Theta_B C_{P_B} + \Theta_M C_{P_M}$$

$$= 35 + (18{,}65)(18) + (1{,}67)(19{,}5) \tag{E12.3.12}$$

$$= 403{,}3 \text{ Btu/lb-mol·°F}$$

$$T_0 = T_{00} + \Delta T_{mist} = 58\text{°F} + 17\text{°F} = 75\text{°F}$$

$$= 535\text{°R} \tag{E12.3.13}$$

$$T_R = 68\text{°F} = 528\text{°R}$$

A conversão calculada a partir do balanço de energia, X_{EB}, para uma reação que ocorre adiabaticamente, é dada pela Equação (11.29):

$$X_{EB} = -\frac{\Sigma\Theta_i C_{P_i}(T - T_{i0})}{\Delta H^{\circ}_{Rx}(T_R) + \Delta C_P(T - T_R)} \tag{11.29}$$

Substituindo todas as grandezas conhecidas no balanço de energia, resulta em

$$X_{EB} = \frac{(403{,}3 \text{ Btu/lb-mol·°F})(T - 535)\text{°F}}{-[-36.400 - 7(T - 528)] \text{ Btu/lb-mol}}$$

CSTR adiabático

$$\boxed{X_{EB} = \frac{403{,}3(T - 535)}{36.400 + 7(T - 528)}} \tag{E12.3.14}$$

7. **Resolvendo:** Há um número de diferentes maneiras para resolver essas duas equações algébricas simultâneas (E12.3.10) e (E12.3.14). A maneira mais fácil é usar o *solver* de equação não linear do Polymath. Entretanto, para compreender a relação funcional entre X e T para os balanços, molar e de energia, devemos obter uma solução gráfica. Aqui, X é plotado em função de T para os balanços molar (X_{MB}) e de energia (X_{EB}) e a interseção das duas curvas fornece a solução onde as soluções de ambos os balanços, molar e de energia, são satisfeitas, isto é, $X_{EB} = X_{MB}$. Além disso, plotando essas duas curvas, podemos saber se há mais de uma

interseção (isto é, estados estacionários múltiplos) para a qual, ambos os balanços, de energia e molar, são satisfeitos. Se técnicas numéricas de achar raízes forem usadas para resolver X e T, seria bem possível que você encontrasse somente uma raiz, quando na verdade há mais de uma. Se o Polymath fosse usado, você poderia saber se raízes múltiplas existem, trocando suas estimativas iniciais no *solver* da equação não linear. Vamos discutir mais sobre estados estacionários múltiplos na Seção 12.5. Escolhemos agora T e então calculamos X_{EB} e X_{MB} (Tabela E12.3.1). Os cálculos para X_{EB} e X_{MB} são plotados na Figura E12.3.2. A linha praticamente reta corresponde ao balanço de energia, Equação (E12.3.14), e a linha curva corresponde ao balanço molar, Equação (E12.3.10).

Tabela E12.3.1 Cálculos de X_{EB} e X_{MB} como Função de T

T (°R)	X_{MB} (Eq. (E12.3.10))	X_{EB} (Eq. (E12.3.14))
535	0,108	0,000
550	0,217	0,166
565	0,379	0,330
575	0,500	0,440
585	0,620	0,550
595	0,723	0,656
605	0,800	0,764
615	0,860	0,872
625	0,900	0,980

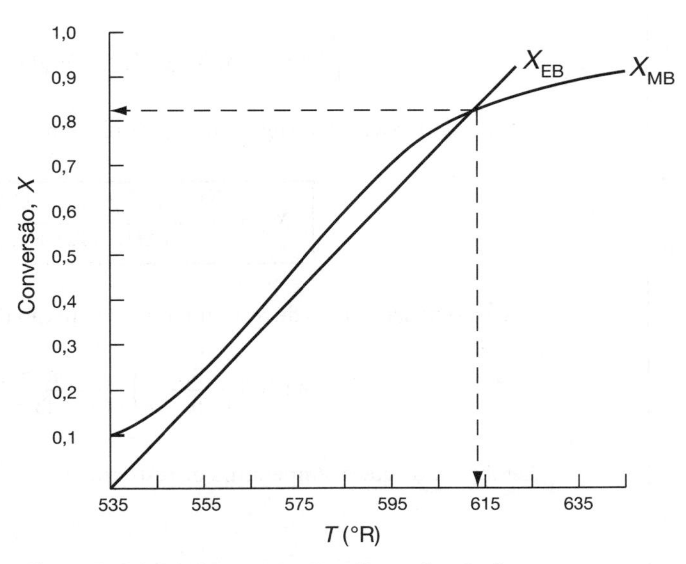

Figura E12.3.2 As conversões X_{EB} e X_{MB} em função da temperatura.

O reator não pode ser usado porque ele excederá a temperatura máxima especificada, de 585°R.

Controles Deslizantes do PP

Observamos, desse gráfico, que o único ponto de interseção está em 83% de conversão e 613°R. Nesse ponto, ambos os balanços de energia e molar são satisfeitos. Uma vez que a temperatura tem de permanecer abaixo de 125°F (585°R), não podemos usar o reator de 300 galões como ele está agora.

Análise: Após usar as Equações (E12.3.10) e (E12.3.14) para fazer um gráfico de conversão em função da temperatura, vemos que há apenas uma interseção X_{EB} (T) e X_{MB} (T) e, consequentemente, apenas um estado estacionário. A conversão de saída é 83% e a temperatura de saída (isto é, a temperatura do reator) é 613°R (153°F), que está acima do limite aceitável de 585°R (125°F); logo, não podemos usar o CSTR operando nessas condições. Certifique-se de ir ao PP 12.3 e usar o Wolfram para ver as linhas X_{MB} e X_{EB} *versus* T mudando junto com sua mudança de interseção conforme você varia os parâmetros na caixa do controle deslizante.

Opa! Parece que nossa fábrica não poderá ser concluída e nosso lucro de milhões de dólares foi embora. Mas espere, não desista, vamos pedir ao engenheiro de reações Maxwell Anthony para voar para a fábrica da nossa empresa no país de Jofostan para procurar um trocador de calor com serpentina de resfriamento para colocar no reator. Veja o que Max encontrou no Exemplo 12.4.

Exemplo 12.4 CSTR com uma Serpentina de Resfriamento

Fantástico! Max localizou uma serpentina de resfriamento em um galpão de armazenamento de equipamentos na pequena vila montanhosa de Ölofasis, Jofostan, para uso na hidrólise de óxido de propileno, discutido no Exemplo 12.3. A serpentina de resfriamento tem 40 ft² de superfície de resfriamento e a vazão da água de resfriamento dentro da serpentina é suficientemente grande, de modo que uma temperatura constante de resfriamento de 85°F possa ser mantida. Um coeficiente global de transferência de calor típico para tal serpentina é 100 Btu/h·ft²·°F. O reator satisfará a restrição prévia de 125°F para a temperatura máxima, se a serpentina de resfriamento for usada?

Solução

Se considerarmos que a serpentina de resfriamento ocupa um volume desprezível do reator, a conversão calculada em função da temperatura a partir do balanço molar é a mesma que a do Exemplo 12.3, Equação (E12.3.10).

1. **Combinando o balanço molar, a estequiometria** e **a equação da taxa**, temos, do Exemplo 12.3,

$$X_{MB} = \frac{\tau k}{1+\tau k} = \frac{(2{,}084 \times 10^{12}) \exp(-16.306/T)}{1+(2{,}084 \times 10^{12}) \exp(-16.306/T)} \tag{E12.3.10}$$

   T está em °R.

2. **Balanço de energia:** Desprezando o trabalho do agitador, combinamos as Equações (11.27) e (12.20) para escrever

$$\frac{UA(T_a - T)}{F_{A0}} - X[\Delta H^{\circ}_{Rx}(T_R) + \Delta C_P(T - T_R)] = \Sigma\Theta_i C_{P_i}(T - T_0) \tag{E12.4.1}$$

   Resolvendo o balanço de energia para X_{EB}, resulta em

$$X_{EB} = \frac{\Sigma\Theta_i C_{P_i}(T - T_0) + [UA(T - T_a)/F_{A0}]}{-[\Delta H^{\circ}_{Rx}(T_R) + \Delta C_P(T - T_R)]} \tag{E12.4.2}$$

   O termo da serpentina de resfriamento na Equação (E12.4.2) é

$$\frac{UA}{F_{A0}} = \left(100 \frac{\text{Btu}}{\text{h} \cdot \text{ft}^2 \cdot °\text{F}}\right) \frac{(40 \text{ ft}^2)}{(43{,}04 \text{ lb-mol/h})} = \frac{92{,}9 \text{ Btu}}{\text{lb-mol} \cdot °\text{F}} \tag{E12.4.3}$$

   Lembre-se de que a temperatura de resfriamento é

$$T_a = 85°\text{F} = 545°\text{R}$$

   Os valores numéricos de todos os outros termos da Equação (E12.4.2) são idênticos àqueles fornecidos na Equação (E12.3.13); porém, com a adição do termo de transferência de calor, X_{EB} torna-se

$$X_{EB} = \frac{403{,}3(T - 535) + 92{,}9(T - 545)}{36400 + 7(T - 528)} \tag{E12.4.4}$$

   Temos agora duas equações, Equações (E12.3.10) e (E12.4.4), e duas incógnitas, X e T, que podemos resolver com Polymath. Lembre-se dos Exemplos E4.5 e E8.6 para rever como resolver equações desse tipo, simultâneas, não lineares, com Polymath. (Veja o **Problema P12.1$_A$(f)**, para plotar X *versus* T na Figura E12.3.2.) Poderíamos gerar a Figura E12.3.2 "enganando" o Polymath para plotar X e T, como explicado no tutorial no CRE *website (http://www.umich.edu/~elements/6e/software/Polymath_fooling_tutorial.pdf)*.

Controles Deslizantes do PP

Tabela E12.4.1 Polymath: CSTR com Transferência de Calor

Equações não lineares

1 f(X) = X -(403,3*(T - 535) + 92,9*(T - 545))/(36.400 + 7*(T - 528)) = 0

2 f(T) = X - tau*k/(1 + tau*k) = 0

Equações explícitas

1 tau = 0,1229

2 A = 16,96*10^12

3 E = 32.400

4 R = 1,987

5 k = A*exp(-E(R*T))

	Variáveis	Valores
1	A	1,696E+13
2	E	3,24E+04
3	k	4,648984
4	R	1,987
5	tau	0,1229

Valores calculados de variáveis das ENL

	Variáveis	Valores	f(x)	Estimativa inicial
1	T	563,7289	-5,411E-10	564
2	X	0,3636087	2,243E-11	0,367

O programa Polymath e a solução para essas duas equações (E12.3.10), para X_{MB}, e (E12.4.14), para X_{EB}, são dados nas Tabelas E12.4.1. A temperatura e a conversão na saída são 103,7°F (563,7°R) e 36,4%, respectivamente, isto é,

$$T = 564°R \text{ e } X = 0,36$$

Certifique-se de ir para o PP 12.3 e usar o Wolfram ou Python para ver como o X_{MB} e o X_{EB} variam conforme você altera os parâmetros na caixa do controle deslizante.

Análise: Somos agradecidos ao povo da aldeia de Ölofasis em Jofostan por sua ajuda em encontrar esse trocador de calor novinho em folha. Ao adicionar troca térmica ao CSTR, a curva $X_{MB}(T)$ mantém-se inalterada, mas a inclinação da linha $X_{EB}(T)$ na Figura E12.3.2 aumenta e intercepta a curva X_{MB} em $X = 0,36$ e $T = 564°R$. Essa conversão é baixa! Poderíamos tentar reduzir o resfriamento aumentando T_a ou T_0 para elevar a temperatura do reator mais perto de 585°R, mas não acima dessa temperatura. Quanto maior a temperatura nessa reação irreversível, maior a conversão.

Veremos na próxima seção que pode haver múltiplos valores de saída de conversão e temperatura (múltiplos estados estacionários, MEE) que satisfazem os valores dos parâmetros e das condições de entrada.

12.5 Múltiplos Estados Estacionários (MEE)

Nesta seção, consideramos a operação em estado estacionário de um CSTR, em que uma reação de primeira ordem está ocorrendo. Uma excelente investigação experimental que demonstra a multiplicidade de estados estacionários foi executada por Vejtasa e Schmitz.[6] Eles estudaram a reação entre o tiossulfato de sódio e o peróxido de hidrogênio

$$2Na_2S_2O_3 + 4H_2O_2 \rightarrow Na_2S_3O_6 + Na_2SO_4 + 4H_2O$$

em um CSTR operado adiabaticamente. As temperaturas dos múltiplos estados estacionários foram examinadas pela variação da vazão sobre uma faixa de tempos espaciais, τ.

Para ilustrar o conceito de MEE, reconsidere a curva $X_{MB}(T)$, Equação (E12.3.10), mostrada na Figura E12.3.2, que foi redesenhada e mostrada como linhas tracejadas na Figura E12.3.2A. Agora, considere o que aconteceria se a vazão volumétrica υ_0 aumentasse (τ diminuísse) um pouco. A linha do balanço de energia, $X_{EB}(T)$, permaneceria imutável, mas a linha do balanço molar, $X_{MB}(T)$, mover-se-ia para a direita, como mostrado pela linha sólida curvada da Figura E12.3.2A. Esse deslocamento de $X_{MB}(T)$ para a direita resulta na interseção de $X_{EB}(T)$ e $X_{MB}(T)$ em três pontos, $X_{MB} = X_{EB}$, indicando três possíveis condições de estado estacionário nas quais o reator poderia operar.

[6] S.A. Vejtasa, R.A. Schmitz, *AIChEJ.*, 16 (3), 415 (1970).

Quando ocorre mais de uma interseção, há mais de um conjunto de condições que satisfazem, tanto o equilíbrio de energia como o equilíbrio molar (ou seja, $X_{EB} = X_{MB}$); consequentemente, haverá múltiplos estados estacionários nos quais o reator pode operar. Esses três estados estacionários são facilmente determinados a partir de uma solução gráfica, mas apenas um poderia aparecer na solução do *solver* de equação Polymath. Portanto, ao usar o *solver* de equações não lineares Polymath, precisamos escolher diferentes estimativas iniciais para descobrir se existem outras soluções para as quais $X_{MB} = X_{EB}$. **Ou** podemos também *enganar* Polymath para obter o gráfico na Figura E12.3.2A usando o *solver* de EDO e definindo $dT/dt = 0{,}1$ e, em seguida, plotar X_{EB} e X_{MB} *versus* T, como no Exemplo 12.3. Tutoriais sobre como enganar o *Polymath* "*How to Fool* Polymath" e gerar gráficos $G(T)$ e $R(T)$ podem ser encontrados em *http://www.umich.edu/~elements/6e/software/Polymath_fooling_tutorial.pdf.*

"Enganando" o Polymath

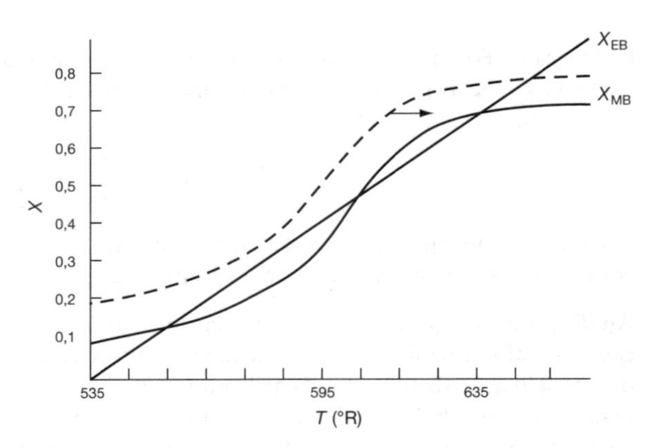

Figura E12.32A Gráficos de $X_{EB}(T)$ e $X_{MB}(T)$ para diferentes tempos espaciais τ.

Começamos relembrando a Equação (12.24), que se aplica quando se despreza o trabalho do eixo e ΔC_P (ou seja, $\Delta C_P = 0$ e, portanto, $\Delta H_{RX} = \Delta H^\circ_{RX}$)

$$-X\Delta H^\circ_{Rx} = C_{P0}(1+\kappa)(T-T_c) \tag{12.24}$$

em que

$$\boxed{C_{P0} = \Sigma\, \Theta_i C_{P_i}} \tag{12.26a}$$

$$\boxed{\kappa = \frac{UA}{C_{P0}F_{A0}}} \tag{12.26b}$$

e

$$\boxed{T_c = \frac{T_0 F_{A0} C_{P0} + UAT_a}{UA + C_{P0}F_{A0}} = \frac{\kappa T_a + T_0}{1+\kappa}} \tag{12.27}$$

Usando o balanço molar para o CSTR $X = \dfrac{-r_A V}{F_{A0}}$, a Equação (12.24) pode ser reescrita como

$$\boxed{(-r_A V/F_{A0})(-\Delta H^\circ_{Rx}) = C_{P0}(1+\kappa)(T-T_c)} \tag{12.28}$$

O lado esquerdo é referido como o *termo de calor gerado*:

$G(T)$ = Termo de calor gerado

$$G(T) = (-\Delta H^{\circ}_{Rx})(-r_A V/F_{A0}) \tag{12.29}$$

O lado direito da Equação (12.28) se refere ao *termo de calor removido* (pelo escoamento e pela transferência de calor) $R(T)$

$R(T)$ = Termo de calor removido

$$R(T) = C_{P0}(1+\kappa)(T-T_c) \tag{12.30}$$

Para estudar a multiplicidade de estados estacionários, devemos plotar, no mesmo gráfico, $R(T)$ e $G(T)$ em função da temperatura, e analisar as circunstâncias sob as quais obteremos as múltiplas interseções de $R(T)$ e $G(T)$.

12.5.1 Termo de Calor Removido, *R*(*T*)

Varie a Temperatura de Entrada. Da Equação (12.30), vemos que $R(T)$ aumenta linearmente com a temperatura, tendo inclinação $C_{P0}(1+\kappa)$ e interseção T_c. À medida que a temperatura de entrada T_0 é aumentada, a linha mantém a mesma inclinação, porém se desloca para a direita quando coeficiente linear T_c aumenta, conforme mostrado na Figura 12.7.

Curva do calor removido $R(T)$

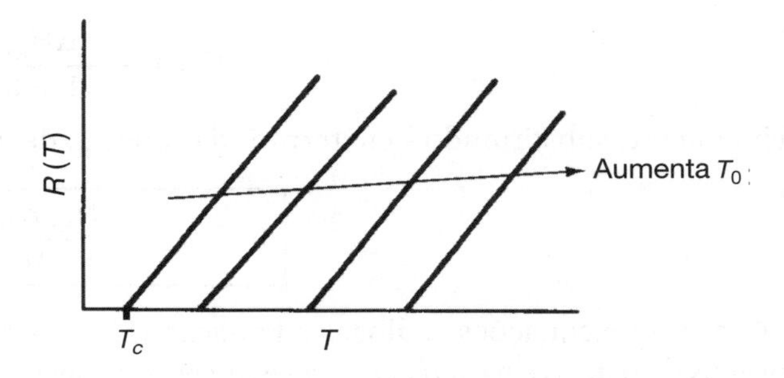

Figura 12.7 Variação da linha de calor removido com a temperatura de entrada.

Varie o Parâmetro Não Adiabático κ. Se aumentarmos κ diminuindo a taxa molar F_{A0} ou aumentando a área de transferência de calor, *A*, a inclinação aumentará e, para o caso de $T_a < T_0$, a interseção com a ordenada se moverá para a esquerda, conforme mostrado na Figura 12.8.

$$\kappa = 0 \quad T_c = T_0$$
$$\kappa = \infty \quad T_c = T_a$$

$$\kappa = \frac{UA}{C_{P0}F_{A0}}$$
$$T_c = \frac{T_0 + \kappa T_a}{1+\kappa}$$

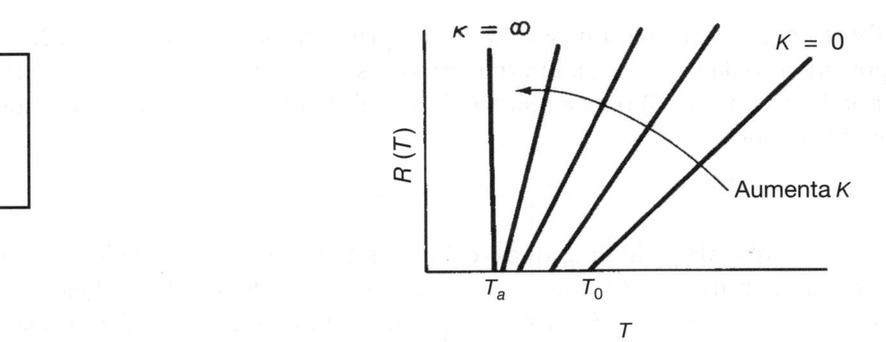

Figura 12.8 Variação da linha de calor removido com κ ($\kappa = UA/C_{P0}F_{A0}$).

Por outro lado, se $T_a > T_0$, a interseção se moverá para a direita à medida que κ aumenta.

12.5.2 Termo de Calor Gerado, $G(T)$

O termo de calor gerado, Equação (12.29), pode ser escrito em termos da conversão. (Lembre-se de que: $X = -r_A V/F_{A0}$.)

$$G(T) = (-\Delta H^\circ_{Rx})X \tag{12.31}$$

Para obter um gráfico de calor gerado, $G(T)$, em função da temperatura, temos de resolver para X em função de T, usando o balanço molar para o CSTR, a equação da taxa e a estequiometria. Por exemplo, para uma reação de primeira ordem em fase líquida, o balanço molar para o CSTR se torna

$$V = \frac{F_{A0}X}{kC_A} = \frac{v_0 C_{A0} X}{kC_{A0}(1-X)}$$

Resolvendo para X, resulta

Reação de 1ª ordem

$$X = \frac{\tau k}{1+\tau k} \tag{5.8}$$

Substituindo X na Equação (12.31), obtemos

$$G(T) = \frac{-\Delta H^\circ_{Rx} \tau k}{1+\tau k} \tag{12.32}$$

Finalmente, substituindo k em termos da equação de Arrhenius, obtemos

$$\boxed{G(T) = \frac{-\Delta H^\circ_{Rx} \tau A e^{-E/RT}}{1+\tau A e^{-E/RT}}} \tag{12.33}$$

Observe que equações análogas à Equação (12.33) para $G(T)$ podem ser deduzidas para outras ordens de reação e para reações reversíveis, simplesmente resolvendo o balanço molar no CSTR para X. Por exemplo, para a reação de segunda ordem em fase líquida

Reação de 2ª ordem

$$X = \frac{(2\tau k C_{A0}+1) - \sqrt{4\tau k C_{A0}+1}}{2\tau k C_{A0}}$$

o termo correspondente de calor gerado é

$$\boxed{G(T) = \frac{-\Delta H^\circ_{Rx}[(2\tau C_{A0} A e^{-E/RT}+1) - \sqrt{4\tau C_{A0} A e^{-E/RT}+1}]}{2\tau C_{A0} A e^{-E/RT}}} \tag{12.34}$$

Vamos agora retornar à nossa reação de primeira ordem, Equação (12.33), e examinar o comportamento da curva $G(T)$. Em temperaturas muito baixas, o segundo termo no denominador da Equação (12.33) para a reação de primeira ordem pode ser desprezado, de modo que $G(T)$ varia quando

Baixa T

$$G(T) = -\Delta H^\circ_{Rx} \tau A e^{-E/RT}$$

(Lembre-se de que ΔH°_{Rx} significa que o calor padrão de reação é avaliado em T_R.)

Em temperaturas muito altas, o segundo termo no lado direito no denominador é grande e dominante na Equação (12.33), de modo que $\tau\kappa$ no numerador e no denominador se cancelam e $G(T)$ é reduzido a

Alta T

$$G(T) = -\Delta H^\circ_{Rx}$$

$G(T)$ é exibido em função de T para as duas energias de ativação diferentes, E, na Figura 12.9. Se a vazão for diminuída ou o volume do reator for aumentado de modo que aumente τ, o termo de geração de calor, $G(T)$, muda como mostrado na Figura 12.10.

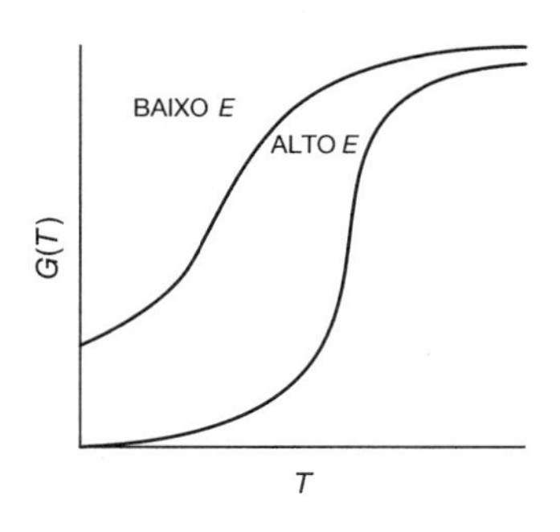

Figura 12.9 Variação da curva $G(T)$ com energia de ativação.

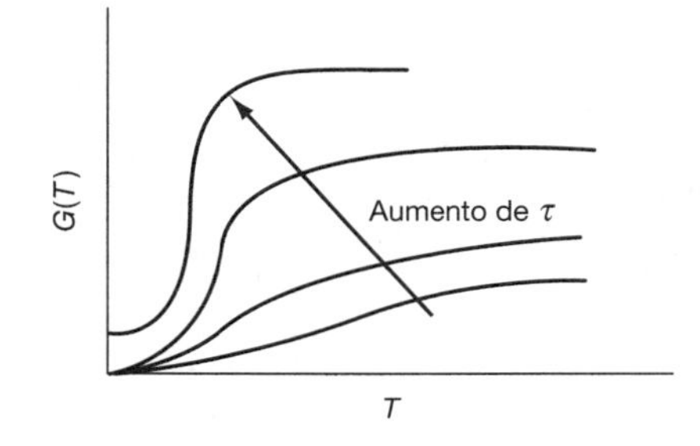

Figura 12.10 Variação da curva de $G(T)$ com o tempo espacial.

Curvas de calor gerado, $G(T)$

Você poderia combinar as Figuras 12.10 e 12.8 para explicar por que um bico de Bunsen não funciona quando você aumenta a vazão de gás para uma taxa muito alta? Como exercício, faça um gráfico $R(T)$ *versus* $G(T)$ para diferentes valores de T_0 e κ.

12.5.3 Curva de Ignição-Extinção

Os pontos de interseção de $R(T)$ e $G(T)$ nos fornecem a temperatura na qual o reator pode operar em estado estacionário. Essa interseção é o ponto no qual, ambos, o balanço de energia, $R(T)$, e o balanço molar, $G(T)$, são satisfeitos. Supondo que comecemos a operar nosso reator em alguma temperatura relativamente baixa, T_{01}. Se construirmos nossas curvas $G(T)$ e $R(T)$, ilustradas pelas curvas $y = G(T)$ e a reta $a = R(T)$, respectivamente, na Figura 12.11, vemos que haverá somente um ponto de interseção, o ponto 1. A partir desse ponto de interseção, podemos encontrar a temperatura de estado estacionário no reator, T_{s1}, seguindo uma linha vertical para baixo até o eixo T e lendo a temperatura, T_{s1}, como mostrado na Figura 12.11.

Se agora a temperatura de entrada fosse aumentada para T_{02}, a curva $G(T)$, y, permaneceria inalterada, porém, a curva $R(T)$ se moveria para a direita, como mostrado pela *linha b* na Figura 12.11, e agora interceptaria a curva $G(T)$ no ponto 2, e também seria tangente no ponto 3. Consequentemente, vemos na Figura 12.11 que há duas temperaturas de estado estacionário, T_{s2} e T_{s3}, que podem ser consideradas no CSTR, para uma temperatura de entrada T_{02}. Se a temperatura de entrada for aumentada ainda mais para T_{03}, a curva $R(T)$, linha c (Figura 12.12), interceptará a curva $G(T)$ três vezes e haverá três temperaturas de estado estacionário, T_{s4}, T_{s5} e T_{s6}. À medida que continuamos a aumentar T_0, finalmente atingimos a *linha e*, em que há somente duas temperaturas de estado estacionário, um ponto de tangencia em T_{s10} e uma interseção em T_{s11}. Se a temperatura de entrada for ligeiramente aumentada além de T_{05}, digamos para T_{06}, então o ponto de tangência desaparece e ocorre um salto na temperatura do reator, de T_{s10} para T_{s12}. Este salto é chamado de *ponto de ignição* para a reação. Aumentando ainda mais T_0, atingimos a *linha f*, correspondente a T_{06}, na qual temos apenas uma temperatura do reator que irá satisfazer ambos os equilíbrios, molar e de energia, T_{s12}. Para as seis temperaturas de entrada, podemos fazer a Tabela 12.4, relacionando a temperatura de entrada às possíveis temperaturas de operação do reator.

Ignição: O ponto sem retorno

Ao representar graficamente a temperatura do reator em estado estacionário T_s como uma função da temperatura de entrada T_0, obtemos a conhecida ***curva de ignição-extinção*** mostrada na Figura 12.13.

Os balanços molar e de energia são satisfeitos nos pontos de interseção ou de tangência.

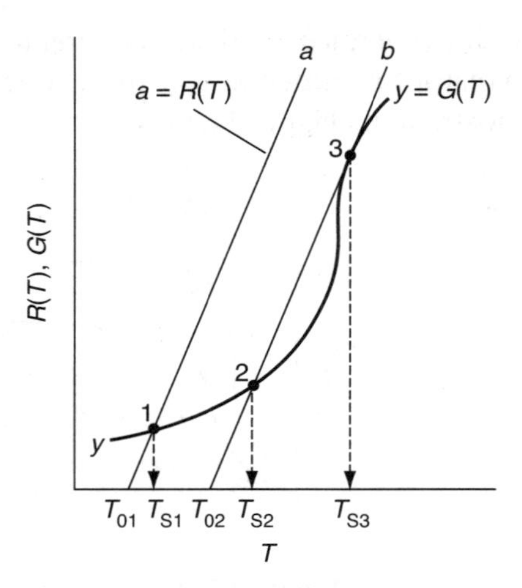

Figura 12.11 Encontrando os múltiplos estados estacionários variando T_0.

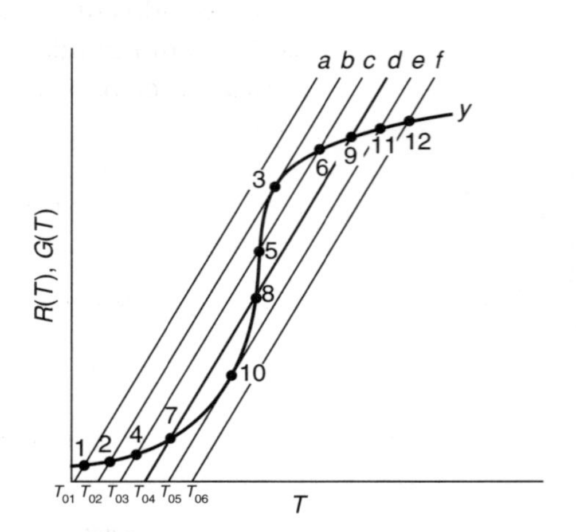

Figura 12.12 Encontrando os múltiplos estados estacionários variando T_0.

Tabela 12.4 Temperaturas de Múltiplos Estados Estacionários

Temperatura de Entrada			*Temperaturas do Reator*		
T_{01}			T_{s1}		
T_{02}		T_{s2}		T_{s3}	
T_{03}	T_{s4}		T_{s5}		T_{s6}
T_{04}	T_{s7}		T_{s8}		T_{s9}
T_{05}		T_{s10}		T_{s11}	
T_{06}			T_{s12}		

Dessa figura, vemos que, à medida que a temperatura de entrada T_0 é aumentada, a temperatura de estado estacionário T_s aumenta ao longo da linha de fundo até T_{05} ser atingida. Qualquer fração de um aumento de grau na temperatura além de T_{05}, o ponto de tangência desaparece e a temperatura de estado estacionário do reator T_s saltará de T_{s10} para T_{s11}, conforme mostrado na Figura 12.13. A temperatura na qual esse salto ocorre é chamada de ***temperatura de ignição***. Isto é, devemos exceder uma certa temperatura de alimentação, T_{05}, para operar no estado estacionário superior em que a temperatura e a conversão são maiores. A temperatura do ponto de ignição é às vezes também chamada de *temperatura inicial para uma reação descontrolada* ou *ponto sem retorno*, especialmente quando o estado estacionário superior está em uma temperatura muito alta.

Temperatura descontrolada?

Se um reator fosse operado a T_{s12} e começássemos a resfriar a temperatura de entrada a partir de T_{06}, a temperatura de estado estacionário do reator, T_{s3}, seria eventualmente alcançada, correspondendo a uma temperatura de entrada, T_{02}. Qualquer leve diminuição abaixo de T_{02}, o ponto de tangência na *linha b* na Figura 12.12 desapareceria e a temperatura cairia de uma temperatura de estado estacionário do reator para um valor imediatamente inferior a T_{s2}. Por conseguinte, T_{02} é chamada de ***temperatura de extinção***.

Os pontos intermediários 5 e 8 nas Figuras 12.12 e 12.13 representam *as* ***temperaturas de estado estacionário instável***. Considere a *linha "d"* de calor removido na Figura 12.12, juntamente com a curva de calor gerado, *y*, que é plotada novamente na Figura 12.14. Se estivéssemos operando na temperatura de estado estacionário médio a T_{s8}, por exemplo, e ocorresse um aumento em pulso na temperatura do reator, nós nos encontraríamos na temperatura mostrada pela linha vertical ②, entre os pontos 8 e 9. Vemos que, ao longo dessa linha vertical ②, a curva de calor gerado, $y \equiv G(T)$, é maior do que a *linha* de calor removido $d \equiv R(T)$, isto é, $(G > R)$.

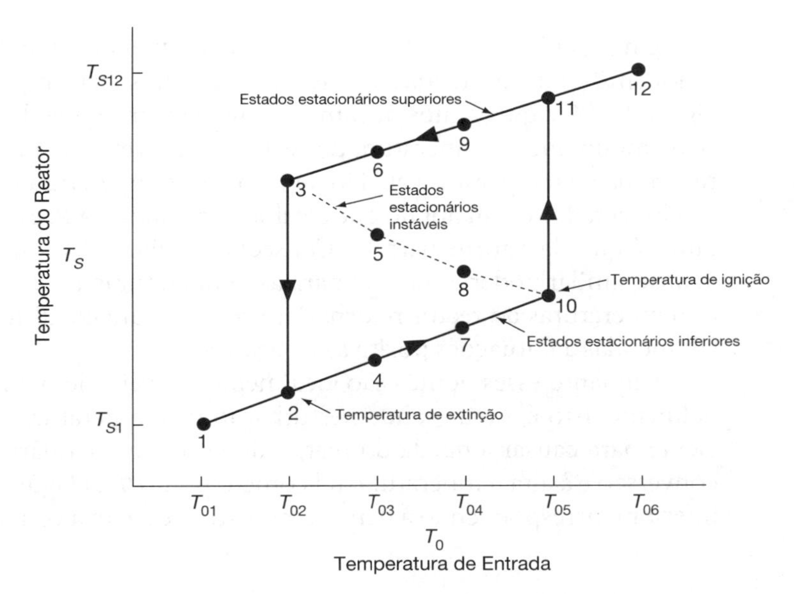

Figura 12.13 Curva de temperatura de ignição-extinção.

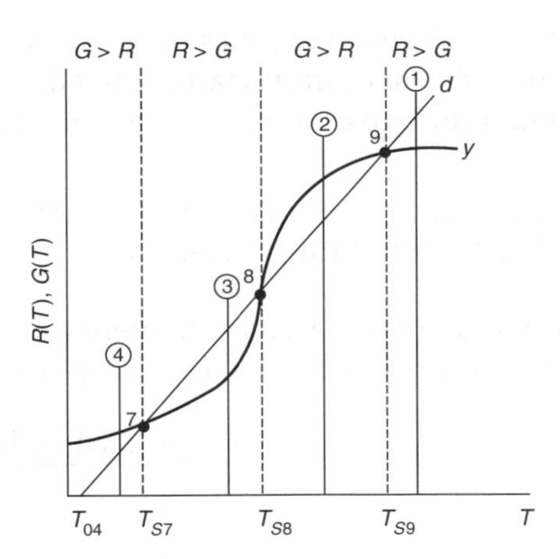

Figura 12.14 Estabilidade dos múltiplos estados estacionários de temperaturas.

Ponto Sem Retorno

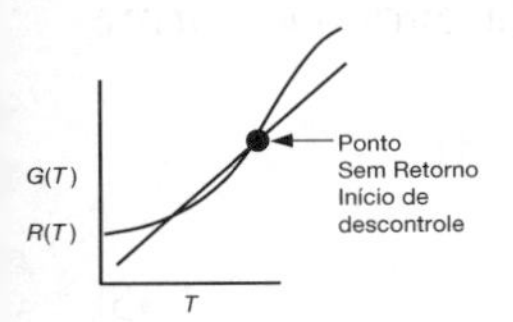

Além do ponto/temperatura de início, se nenhuma ação for tomada, a reação prosseguirá para sua temperatura máxima.

Consequentemente, a temperatura no reator continuaria a aumentar até o ponto 9 ser atingido no estado estacionário superior. Por outro lado, se tivéssemos uma diminuição em pulso na temperatura a partir do ponto 8, poderíamos nos encontrar na linha vertical ③, entre os pontos 7 e 8. Aqui, vemos que a *curva d* de calor removido é maior do que a curva de calor gerado *y* ($R > G$), de tal modo que a temperatura continuará a diminuir até que o estado estacionário inferior seja atingido. Ou seja, uma pequena mudança na temperatura tanto acima como abaixo da temperatura de estado estacionário intermediário, T_{s8}, fará com que a temperatura do reator se afaste desse estado estacionário intermediário. Estados estacionários que se comportam dessa maneira são ditos *instáveis*.

Em contraste a esses pontos operacionais instáveis, há pontos operacionais estáveis. Considere o que aconteceria se um reator operando a T_{s9} fosse submetido a um aumento em pulso na temperatura do reator, indicado pela linha ① na Figura 12.14. Vemos que a *linha d* de calor removido é maior do que a *curva y* de calor gerado ($R > G$), de modo que a temperatura do reator diminuirá e retornará para T_{s9}. Por outro lado, se houver uma queda repentina na temperatura abaixo de T_{s9}, como indicado pela linha ②, veremos que a curva *y* de calor gerado será maior do que a *linha d* de calor removido ($G > R$), e a temperatura do reator aumentará e retornará ao estado estacionário superior em T_{s9}. Consequentemente, T_{s9} é um estado estacionário estável.

Em seguida, vamos olhar o que acontece quando a temperatura de estado estacionário inferior em T_{s7} for submetida a um aumento em pulso na temperatura mostrada como linha ③ na Figura 12.14. Aqui, vemos novamente que o calor removido, R, é maior do que o calor gerado, G, de modo que a temperatura do reator cairá e retornará para T_{s7}. Se houver uma diminuição repentina na temperatura abaixo de T_{s7} para a temperatura indicada pela linha ④, veremos que o calor gerado será maior do que o calor removido, $G > R$, e que a temperatura do reator aumentará até que ela retorne para T_{s7}. Consequentemente, T_{s7} é um estado estacionário estável. Uma análise similar poderia ser feita para as temperaturas T_{s1}, T_{s2}, T_{s4}, T_{s6}, T_{s11} e T_{s12} e acharíamos que as temperaturas do reator retornariam sempre para os *valores de estado estacionário local*, quando submetidas a flutuações positivas e negativas.

Enquanto esses pontos são localmente estáveis, eles não são necessariamente estáveis globalmente. Isto é, uma grande perturbação na temperatura ou na concentração pode ser suficiente para causar a queda do reator, do estado estacionário superior (correspondendo à alta conversão e à alta temperatura, tal como o ponto 9 na Figura 12.14), para o estado estacionário inferior (correspondendo à baixa temperatura e à baixa conversão, ponto 7).

12.6 Reações Químicas Múltiplas Não Isotérmicas

A maioria dos sistemas reagentes envolve mais de uma reação e não opera isotermicamente. **Esta seção é uma das mais importantes, se não for *a* mais importante do livro.** Ela amarra todos os capítulos prévios para analisar reações múltiplas que não ocorrem isotermicamente.

12.6.1 Balanço de Energia para Reações Múltiplas em Reatores com Escoamento Empistonado

Nesta seção, faremos o balanço de energia para reações múltiplas. Começaremos relembrando o balanço de energia para uma única reação ocorrendo em um PFR, dado pela Equação (12.5),

$$\frac{dT}{dV} = \frac{(-r_A)[-\Delta H_{Rx}(T)] - Ua(T - T_a)}{\sum_{j=1}^{m} F_j C_{P_j}} \quad (12.5)$$

Quando temos múltiplas reações ocorrendo, temos de levar em conta e resumir todos os calores de reação para cada reação no reator. Quando q reações múltiplas ocorrem no PFR e há m espécies, mostra-se facilmente que a Equação (12.5) pode ser generalizada para (conforme Problema P12.1(j))

Balanço de energia para reações múltiplas

$$\boxed{\frac{dT}{dV} = \frac{\sum_{i=1}^{q}(-r_{ij})\left[-\Delta H_{Rxij}(T)\right] - Ua(T - T_a)}{\sum_{j=1}^{m} F_j C_{P_j}}} \quad (12.35)$$

i = Número de reações
j = Espécies

Retemos dois subscritos no calor de reação, o número de reações "i" e espécies "j". O calor de reação para a reação i tem de ser referenciado para a mesma espécie na taxa, r_{ij}, pela qual ΔH_{Rxij} é multiplicado; qual seja,

$$[-r_{ij}][-\Delta H_{Rxij}] = \left[\frac{\text{mols de } j \text{ reagido na reação } i}{\text{Volume} \cdot \text{tempo}}\right] \times \left[\frac{\text{Joules "liberados" na reação } i}{\text{mols de } j \text{ reagido na reação } i}\right]$$

$$= \left[\frac{\text{Joules "liberados" na reação } i}{\text{Volume} \cdot \text{tempo}}\right] \quad (12.36)$$

em que novamente observamos que o subscrito j se refere às espécies, o subscrito i à reação particular, q é o número de reações **independentes** e m é o número de espécies. Teremos,

$$\boxed{Q_g = \sum_{i=1}^{q} (-r_{ij})\left[-\Delta H_{Rxij}(T)\right]}$$

e

$$\boxed{Q_r = Ua(T - T_a)}$$

Então a Equação (12.35) torna-se

$$\boxed{\frac{dT}{dV} = \frac{Q_g - Q_r}{\sum_{j=1}^{m} F_j C_{P_j}}} \tag{12.37}$$

A Equação (12.37) representa uma forma compacta elegante do balanço de energia para reações múltiplas.

12.6.1A *Reações em Série em um PFR*

Considere a seguinte sequência de reações ocorridas em um PFR:

$$\text{Reação 1: } A \xrightarrow{k_1} B$$

$$\text{Reação 2: } B \xrightarrow{k_2} C$$

Um dos principais objetivos deste livro é que o leitor seja capaz de resolver reações múltiplas com efeitos térmicos e esta seção mostra como!

O balanço de energia para o PFR se torna

$$Q_g = (-\Delta H_{Rx1A})(-r_{1A}) + (-r_{2B})(-\Delta H_{Rx2B})$$

$$Q_r = Ua(T - T_a)$$

Substituindo para Q_g e $-Q_r$ na Equação (12.37), obtemos

$$\frac{dT}{dV} = \frac{Ua(T_a - T) + (-r_{1A})(-\Delta H_{Rx1A}) + (-r_{2B})(-\Delta H_{Rx2B})}{F_A C_{P_A} + F_B C_{P_B} + F_C C_{P_C}} \tag{12.38}$$

em que ΔH_{Rx1A} = [J/mol de A reagido na reação 1] e
ΔH_{Rx2B} = [J/mol de B reagido na reação 2].

12.6.1B *Reações Paralelas em um PFR*

Daremos agora **três** exemplos de reações múltiplas com efeitos térmicos: o Exemplo 12.5 discute *reações paralelas*, o Exemplo 12.6 discute *reações em série* e o Exemplo 12.7 discute *reações complexas*.

Exemplo 12.5 Reações Paralelas em um PFR com Efeitos Térmicos

As seguintes reações em fase gasosa ocorrem em um PFR:

$$\text{Reação 1: } A \xrightarrow{k_1} B \qquad -r_{1A} = k_{1A}C_A \tag{E12.5.1}$$

$$\text{Reação 2: } 2A \xrightarrow{k_2} C \qquad -r_{2A} = k_{2A}C_A^2 \tag{E12.5.2}$$

O reagente A puro é alimentado a uma taxa de 100 mol/s, a uma temperatura de 150°C e a uma concentração de 0,1 mol/dm³. Despreze a queda de pressão e determine os perfis de temperaturas e de vazões ao longo do reator.

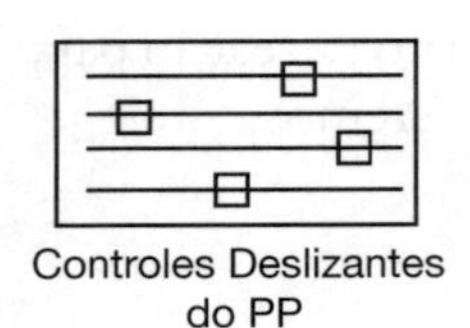
Controles Deslizantes do PP

Informações adicionais:

$$\Delta H_{Rx1A} = -20.000 \text{ J/(mol de A reagido na reação 1)}$$
$$\Delta H_{Rx2A} = -60.000 \text{ J/(mol de A reagido na reação 2]}$$

$$C_{P_A} = 90 \text{ J/mol}\cdot°\text{C} \qquad k_{1A} = 10 \exp\left[\frac{E_1}{R}\left(\frac{1}{300} - \frac{1}{T}\right)\right] \text{s}^{-1}$$

$$C_{P_B} = 90 \text{ J/mol}\cdot°\text{C} \qquad E_1/R = 4.000 \text{ K}$$

$$C_{P_C} = 180 \text{ J/mol}\cdot°\text{C} \qquad k_{2A} = 0{,}09 \exp\left[\frac{E_2}{R}\left(\frac{1}{300} - \frac{1}{T}\right)\right] \frac{\text{dm}^3}{\text{mol}\cdot\text{s}}$$

$$Ua = 4.000 \text{ J/m}^3\cdot\text{s}\cdot°\text{C} \qquad E_2/R = 9.000 \text{ K}$$

$$T_a = 100°\text{C (Constante)}$$

Solução

0. Numere cada Reação: Este passo foi dado no enunciado do problema.

$$(1) \qquad A \xrightarrow{k_{1A}} B$$
$$(2) \qquad 2A \xrightarrow{k_{2A}} C$$

1. Balanços Molares:

Seguindo o Algoritmo

$$\frac{dF_A}{dV} = r_A \tag{E12.5.3}$$

$$\frac{dF_B}{dV} = r_B \tag{E12.5.4}$$

$$\frac{dF_C}{dV} = r_C \tag{E12.5.5}$$

2. Taxas:

Equações de taxa

$$r_{1A} = -k_{1A}C_A \tag{E12.5.1}$$

$$r_{2A} = -k_{2A}C_A^2 \tag{E12.5.2}$$

Taxas relativas

$$\text{Reação 1: } \frac{r_{1A}}{-1} = \frac{r_{1B}}{1}; \qquad r_{1B} = -r_{1A} = k_{1A}C_A$$

$$\text{Reação 2: } \frac{r_{2A}}{-2} = \frac{r_{2C}}{1}; \qquad r_{2C} = -\frac{1}{2}r_{2A} = \frac{k_{2A}}{2}C_A^2$$

Taxas resultantes

$$r_A = r_{1A} + r_{2A} = -k_{1A}C_A - k_{2A}C_A^2 \tag{E12.5.6}$$

$$r_B = r_{1B} = k_{1A}C_A \tag{E12.5.7}$$

$$r_C = r_{2C} = \frac{1}{2}k_{2A}C_A^2 \tag{E12.5.8}$$

3. Estequiometria (fase gasosa, mas $\Delta P = 0$, isto é, $p = 1$):

$$C_A = C_{T0}\left(\frac{F_A}{F_T}\right)\left(\frac{T_0}{T}\right) \tag{E12.5.9}$$

$$C_B = C_{T0}\left(\frac{F_B}{F_T}\right)\left(\frac{T_0}{T}\right) \tag{E12.5.10}$$

$$C_C = C_{T0}\left(\frac{F_C}{F_T}\right)\left(\frac{T_0}{T}\right) \tag{E12.5.11}$$

$$F_T = F_A + F_B + F_C \tag{E12.5.12}$$

$$k_{1A} = 10 \exp\left[4.000\left(\frac{1}{300} - \frac{1}{T}\right)\right] s^{-1} \tag{E12.5.13}$$

(T em K)

$$k_{2A} = 0{,}09 \exp\left[9.000\left(\frac{1}{300} - \frac{1}{T}\right)\right] \frac{dm^3}{mol \cdot s} \tag{E12.5.14}$$

Seletividade:

$$\tilde{S}_{B/C} = \frac{F_B}{F_C} \tag{E12.5.15}$$

Objetivo principal de ERQ: Analisar Reações Múltiplas com Efeitos Térmicos

4. Balanço de Energia:

O balanço de energia para o PFR (conforme Equação 12.35)

$$\frac{dT}{dV} = \frac{Ua(T_a - T) + (-r_{1A})(-\Delta H_{Rx1A}) + (-r_{2A})(-\Delta H_{Rx2A})}{F_A C_{P_A} + F_B C_{P_B} + F_C C_{P_C}} \tag{E12.5.16}$$

torna-se,

$$\frac{dT}{dV} = \frac{4.000(373 - T) + (-r_{1A})(20.000) + (-r_{2A})(60.000)}{90F_A + 90F_B + 180F_C} \tag{E12.5.17}$$

5. Avaliação:

O programa Polymath e suas saídas gráficas são mostrados na Tabela E12.5.1 e Figuras E12.5.1 e E12.5.2.

Controles Deslizantes do PP

Tabela E12.5.1 Programa Polymath

Equações diferenciais
```
1 d(Fa)/d(V) = r1a+r2a
2 d(Fb)/d(V) = -r1a
3 d(Fc)/d(V) = -r2a/2
4 d(T)/d(V) = (Qg-Qr)/(90*F a+90*Fb+180*Fc)
```

Equações explícitas
```
1  Qr = 4.000*(T-373)
2  To = 423
3  k1a = 10*exp(4000*(1/300-1/T))
4  k2a = 0,09*exp(9000*(1/300-1/T))
5  Cto = 0,1
6  deltaH1 = -20.000
7  deltaH2 = -60.000
8  Ft = Fa+Fb+Fc
9  Ca = Cto*(Fa/Ft)*(To/T)
10 r2a = -k2a*Ca^2
11 Cb = Cto*(Fb/Ft)*(To/T)
12 Cc = Cto*(Fc/Ft)*(To/T
13 r1a = -k1a*Ca
14 Qg = (-r1a)*(-deltaH1)+(-r2a)*(-deltaH2)
```

Valores calculados de variáveis das ED

	Variável	Valor inicial	Valor final
1	Ca	0,1	2,069E-09
2	Cb	0	0,0415941
3	Cc	0	0,016986
4	Cto	0,1	0,1
5	Fa	100	2,738E-06
6	Fb	0	55,04326
7	Fc	0	22,47837
8	Ft	100	77,52163
9	k1a	482,8247	2,426E+04
10	k2a	553,0557	3,716E+06
11	Qg	1,297E+06	1,003708
12	Qr	2,0E+05	1,396E+06
13	r1a	-48,28247	-5,019E-05
14	r2a	-5,530557	-1,591E-11
15	T	423	722,0882
16	To	423	423
17	V	0	1

(*Continua*)

Por que a temperatura passa por um valor máximo?

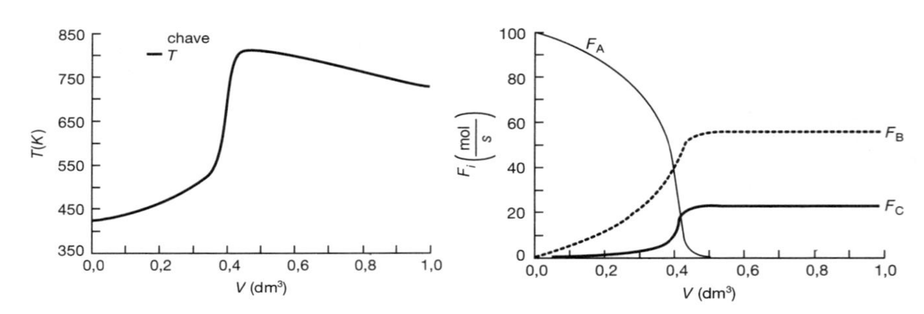

Figura E12.5.1 Perfil de temperatura. **Figura E12.5.2** Perfis de vazões molares F_A, F_B e F_C.

Análise: Na Figura E12.5.1, vemos que a temperatura aumenta lentamente até um volume do reator de 0,4 dm³ e, de repente, salta (*inflama*) para uma temperatura de 850 K. Correspondentemente, na Figura E12.5.2, a taxa de fluxo molar do reagente diminui drasticamente neste ponto. O reagente é praticamente consumido quando atinge o volume de reator $V = 0{,}45$ dm³; além deste ponto, $Q_r > Q_g$, e a temperatura do reator começa a cair. Além disso, a seletividade permanece constante após este ponto. Se uma alta seletividade for necessária, o reator deve ser encurtado para $V = 0{,}3$ dm³, ponto em que a seletividade é $\tilde{S}_{B/C} = 21{,}9/2{,}5 = 8{,}9$.

12.6.2 Balanço de Energia para Reações Múltiplas em um CSTR

Lembre-se de que, para o balanço de energia em estado estacionário em um CSTR para uma única reação $[-F_{A0}X = r_AV]$ e que $\Delta H_{Rx}(T) = \Delta H^\circ_{Rx} + \Delta C_P(T-T_R)$, de modo que para $T_0 = T_{i0}$, a Equação (11.27) pode ser reescrita como

$$\dot{Q} - \dot{W}_s - F_{A0}\,\Sigma\Theta_j C_{P_j}(T - T_0) + [\Delta H_{Rx}(T)][r_AV] = 0 \tag{11.27A}$$

Novamente, temos que levar em conta o "calor gerado" por todas as reações no reator. Para q reações múltiplas e m espécies, o balanço de energia para o CSTR torna-se,

$$\boxed{\dot{Q} - \dot{W}_s - F_{A0}\sum_{j=1}^{m}\Theta_j C_{P_j}(T - T_0) + V\sum_{i=1}^{q} r_{ij}\,\Delta H_{Rxij}(T) = 0} \tag{12.39}$$

Balanço de energia para reações múltiplas em um CSTR

Substituindo a Equação (12.20) para $\dot{Q}$, desprezando o termo de trabalho e considerando calores específicos constantes e grandes vazões de refrigerante $\dot{m}_c$, a Equação (12.39) torna-se,

$$\boxed{UA(T_a - T) - F_{A0}\sum_{j=1}^{m} C_{P_j}\Theta_j(T - T_0) + V\sum_{i=1}^{q} r_{ij}\,\Delta H_{Rxij}(T) = 0} \tag{12.40}$$

Para as duas reações em paralelo, descritas no Exemplo 12.5, o balanço de energia para o CSTR é

$$UA(T_a - T) - F_{A0}\sum_{j=1}^{m}\Theta_j C_{P_j}(T - T_0) + Vr_{1A}\,\Delta H_{Rx1A}(T) + Vr_{2A}\,\Delta H_{Rx2A}(T) = 0 \tag{12.41}$$

Principal objetivo de ERQ

Como afirmado anteriormente, um dos **principais objetivos** deste texto é que o leitor resolva problemas envolvendo reações múltiplas com efeitos térmicos (consulte os Problemas P12.23$_B$, P12.24$_B$, P12.25$_C$, e P12.26$_C$). Isto é exatamente o que faremos nos dois próximos exemplos!

12.6.3 Reações em Série em um CSTR

Exemplo 12.6 Reações Múltiplas em um CSTR

As reações elementares em fase líquida

$$A \xrightarrow{k_1} B \xrightarrow{k_2} C$$

ocorrem em um CSTR de 10 dm³. Quais são as concentrações do efluente para uma vazão volumétrica de 1.000 dm³/min, com uma concentração de 0,3 mol/dm³? A temperatura de entrada é 283 K.

Informações adicionais:

$$C_{P_A} = C_{P_B} = C_{P_C} = 200\ \text{J/mol} \cdot \text{K}$$

$$k_1 = 3{,}3\ \text{min}^{-1} \text{ em } 300\ \text{K, com } E_1 = 9.900\ \text{cal/mol}$$

$$k_2 = 4{,}58\ \text{min}^{-1} \text{ em } 500\ \text{K, com } E_2 = 27.000\ \text{cal/mol}$$

$$\Delta H_{Rx1A} = -55.000\ \text{J/mol A} \qquad UA = 40.000\ \text{J/min} \cdot \text{K com } T_a = 57°\text{C}$$

$$\Delta H_{Rx2B} = -71.500\ \text{J/mol B}$$

Solução

O Algoritmo:

0. Numere cada reação:

$$\text{Reação (1)} \quad A \xrightarrow{k_1} B$$
$$\text{Reação (2)} \quad B \xrightarrow{k_2} C$$

1. Balanço Molar para Cada Espécie

Espécie A: Combinação de balanço molar e de equação de taxa para A

$$V = \frac{F_{A0} - F_A}{-r_A} = \frac{v_0[C_{A0} - C_A]}{-r_{1A}} = \frac{v_0[C_{A0} - C_A]}{k_1 C_A} \tag{E12.6.1}$$

Resolvendo para C_A, temos

$$C_A = \frac{C_{A0}}{1 + \tau k_1} \tag{E12.6.2}$$

Espécie B: Combinação de balanço molar e de equação de taxa para B

$$V = \frac{0 - C_B v_0}{-r_B} = \frac{C_B v_0}{r_B} \tag{E12.6.3}$$

2. Taxas:

As reações seguem as equações de taxa elementares

Seguindo o Algoritmo

(a) Equações	(b) Taxas relativas	(c) Taxas resultantes
$r_{1A} = -k_{1A}C_A \equiv -k_1 C_A$	$r_{1B} = -r_{1A}$	$r_A = r_{1A}$
$r_{2B} = -k_{2B}C_B \equiv -k_2 C_B$	$r_{2C} = -r_{2B}$	$r_B = r_{1B} + r_{2B}$

3. Combine:

Substituindo r_{1B} e r_{2B} na Equação (E12.6.3), resulta em

$$V = \frac{C_B v_0}{k_1 C_A - k_2 C_B} \tag{E12.6.4}$$

Resolvendo para C_B, resulta em

$$C_B = \frac{\tau k_1 C_A}{1 + \tau k_2} = \frac{\tau k_1 C_{A0}}{(1 + \tau k_1)(1 + \tau k_2)} \tag{E12.6.5}$$

$$-r_{1A} = k_1 C_A = \frac{k_1 C_{A0}}{1+\tau k_1} \tag{E12.6.6}$$

$$-r_{2B} = k_2 C_B = \frac{k_2 \tau k_1 C_{A0}}{(1+\tau k_1)(1+\tau k_2)} \tag{E12.6.7}$$

4. Balanços de Energia:

Aplicando a Equação (12.41) para esse sistema, temos

$$\left[r_{1A}\Delta H_{Rx1A} + r_{2B}\Delta H_{Rx2B}\right]V - UA\left(T-T_a\right) - F_{A0}C_{P_A}\left(T-T_0\right) = 0 \tag{E12.6.8}$$

Substituindo para $F_{A0} = v_0 C_{A0}$, r_{1A} e r_{2B} e rearranjando, temos

$$\overbrace{\left[-\frac{\Delta H_{Rx1A}\tau k_1}{1+\tau k_1} - \frac{\tau k_1 \tau k_2\, \Delta H_{Rx2B}}{(1+\tau k_1)(1+\tau k_2)}\right]}^{\mathbf{G(T)}} = \overbrace{C_{P_A}(1+\kappa)[T-T_c]}^{\mathbf{R(T)}} \tag{E12.6.9}$$

$$G(T) = \left[-\frac{\Delta H_{Rx1A}\tau k_1}{1+\tau k_1} - \frac{\tau k_1 \tau k_2\, \Delta H_{Rx2B}}{(1+\tau k_1)(1+\tau k_2)}\right] \tag{E12.6.10}$$

$$R(T) = C_{P_A}(1+\kappa)[T-T_c] \tag{E12.6.11}$$

5. Avaliação de Parâmetros:

$$\kappa = \frac{UA}{F_{A0}C_{P_A}} = \frac{40.000 \text{ J/min}\cdot\text{K}}{(0{,}3 \text{ mol/dm}^3)(1.000 \text{ dm}^3\text{/min})\, 200 \text{ J/mol}\cdot\text{K}} = 0{,}667 \tag{E12.6.12}$$

$$T_c = \frac{T_0 + \kappa T_a}{1+\kappa} = \frac{283 + (0{,}666)(330)}{1+0{,}667} = 301{,}8 \text{ K} \tag{E12.6.13}$$

Enganando o Polymath

Vamos agora obter $G(T)$ e $R(T)$ *"enganando"* o Polymath para primeiro obter T em função de uma variável fictícia, t. Usamos então nossas opções de gráficos do Polymath para converter $T(t)$ em $G(T)$ e $R(T)$. O programa Polymath para plotar $R(T)$ e $G(T)$ *versus* T é mostrado na Tabela E12.6.1 e o gráfico resultante é mostrado na Figura E12.6.1. (*http://www.umich.edu/~elements/6e/tutorials/Polymath_fooling_tutorial_Example-12-6.pdf*).

Incrementando a temperatura dessa maneira é uma forma fácil de obter gráficos de $R(T)$ e $G(T)$.

Controles Deslizantes do PP

Quando $F = 0$, então $G(T) = R(T)$ e os estados estacionários podem ser encontrados.

Tabela E12.6.1 Programa Polymath e Dados de Saída

Equações:

Equações diferenciais

1. d(T)/d(t) = 2E

Equações explícitas

1. Cp = 200
2. Cao = 0,3
3. To = 283
4. tau = 0,0
5. DH1 =-55.000
6. DH2 =-71.500
7. vo = 1.000
8. E2 = 27.000
9. E1 = 9.900
10. Ua = 40.000
11. Ta = 330
12. k2 = 4,58*exp((E2/1,987)*(1/500 - 1/T))
13. k1 = 3,3*exp((E1/1,987)*(1/300 - 1/T))
14. Ca = Cao/(1 + tau*k1)
15. kappa = UA/(vo*Cao)/Cp
16. G = 2tau*k1/(1 + k1*tau)*DH1 – k1*tau*k2*tau*DH2/((1 + tau*k1)*(1 + tau*k2))
17. Tc = (To - kappa*Ta)/(1 + kappa
18. Cb = tau*k1*Ca/(1 + k2*tau)
19. R = Cp*(1 + kappa)*(T–Tc)
20. Cc = Cao-Ca-Cb
21. F = G-R

Valores calculados das variáveis das EDOs

	Variável	Valor inicial	Valor final
1	Ca	0,2980966	0,0005469
2	Cao	0,3	0,3
3	Cb	0,0019034	0,0014891
4	Cc	1,341E-14	0,297964
5	Cp	200	200
6	DH1	-5,5E+04	-5,5E+04
7	DH2	-7,15E+04	-7,15E+04
8	E1	9.900	9.900
9	E2	2,7E+04	2,7E+04
10	F	9.948,951	-1,449E+04
11	G	348,9509	1,259E+05
12	k1	0,6385073	5,475E+04
13	k2	7,03E-10	2,001E+04
14	kappa	0,6666667	0,6666667
15	R	-9.600	1,404E+05
16	T	273	723
17	t	0	225
18	Ta	330	330
19	tau	0,01	0,01
20	Tc	301,8	301,8
21	To	283	283
22	UA	4,0E+04	4,0E+04
23	vo	1.000	1.000

#Uau!

Cinco (5) múltiplos estados estacionários!

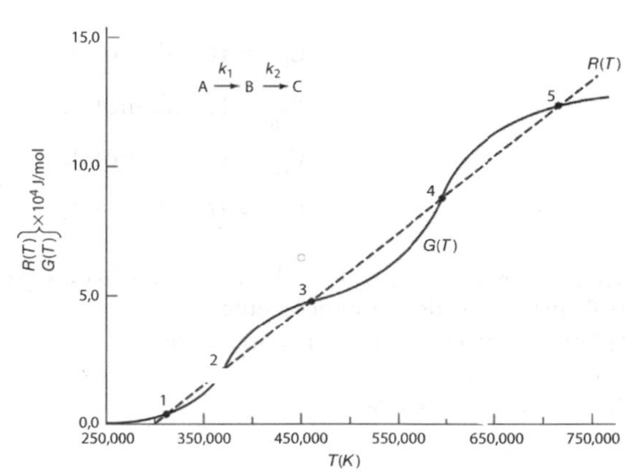

Figura E12.6.1 Curvas de calor-gerado e calor-removido.

Tabela E12.6.2 Concentrações e Temperaturas do Efluente

SS	T (K)	C_A (mol/dm³)	C_B (mol/dm³)	C_C (mol/dm³)
1	310	0,284	0,016	0
2	363	0,189	0,111	0
3	449	0,033	0,267	0,00056
4	558	0,0041	0,167	0,129
5	677	0,00087	0,0053	0,294

Análise: Uau! Vemos que existem cinco estados estacionários (EE). As concentrações e as temperaturas de saída, listadas na Tabela E12.6.2, foram determinadas a partir da saída tabular do programa Polymath. Os estados estacionários 1, 3 e 5 são estados estacionários estáveis, enquanto 2 e 4 são instáveis. A seletividade no estado estacionário 3 é $\tilde{S}_{B/C} = \frac{0{,}267}{0{,}00056} = 477$, enquanto no estado estacionário 5 a seletividade é $\tilde{S}_{B/C} = \frac{0{,}0053}{0{,}294} = 0{,}018$, e é muito pequena. Consequentemente, para operar com uma alta seletividade temos que operar no estado estacionário 3 ou encontrar um conjunto diferente de condições operacionais. O que você acha do valor de tau, isto é, $\tau = 0{,}01$ min? Ele é um número realístico? (Veja o Problema P12.1$_A$ (h).)

12.6.4 Reações Complexas em um PFR

Exemplo 12.7 Reações Complexas com Efeitos Térmicos em um PFR

Usaremos as reações que discutimos no Capítulo 8 que foram codificadas com nomes fictícios, A, B, C e D por questões de segurança nacional.

As seguintes reações complexas em fase gasosa seguem as equações de taxa elementares

$$(1) \quad A + 2B \rightarrow C \quad -r_{1A} = k_{1A}C_AC_B^2 \quad \Delta H_{Rx1B} = -15.000 \text{ cal/mol B}$$

$$(2) \quad 2A + 3C \rightarrow D \quad -r_{2C} = k_{2C}C_A^2C_C^3 \quad \Delta H_{Rx2A} = -10.000 \text{ cal/mol A}$$

e ocorrem em um PFR. A alimentação é estequiométrica para a reação (1) em A e B com $F_{A0} = 5$ mol/min. O volume do reator é de 10 dm³ e a concentração total de entrada é $C_{T0} = 0{,}2$ mol/dm³. Na entrada, a pressão é 100 atm e a temperatura é 300 K. A taxa do refrigerante é 50 mol/min e na entrada o fluido refrigerante tem um calor específico de $C_{PC0} = 10$ cal/mol·K e uma temperatura de 325 K.

Parâmetros

$$k_{1A} = 40\left(\frac{\text{dm}^3}{\text{mol}}\right)^2 \Big/ \text{min a 300 K com } E_1 = 8.000 \text{ cal/mol}$$

$$k_{2C} = 2\left(\frac{\text{dm}^3}{\text{mol}}\right)^4 \Big/ \text{min a 300 K com } E_2 = 12.000 \text{ cal/mol}$$

$$C_{P_A} = 10 \text{ cal/mol/K} \qquad Ua = 80 \frac{\text{cal}}{\text{m}^3 \cdot \text{min} \cdot \text{K}}$$

$$C_{P_B} = 12 \text{ cal/mol/K} \qquad T_{a0} = 325 \text{ K}$$

$$C_{P_C} = 14 \text{ cal/mol/K} \qquad \dot{m}_C = 50 \text{ mol/min}$$

$$C_{P_D} = 16 \text{ cal/mol/K} \qquad C_{P_{C0}} = 10 \text{ cal/mol/K}$$

Faça gráficos de F_A, F_B, F_C, F_D, p, T e T_a em função de V para
(a) Transferência de calor cocorrente
(b) Transferência de calor em contracorrente
(c) T_a constante
(d) Operação adiabática

Solução

PFR em Fase Gasosa sem Queda de Pressão (p = 1)

1. Balanços Molares:

(1) $$\frac{dF_A}{dV} = r_A \qquad (F_{A0} = 5 \text{ mol/min}) \qquad \text{(E12.7.1)}$$

(2) $$\frac{dF_B}{dV} = r_B \qquad (F_{B0} = 10 \text{ mol/min}) \qquad \text{(E12.7.2)}$$

(3) $$\frac{dF_C}{dV} = r_C \qquad V_f = 10 \text{ dm}^3 \qquad \text{(E12.7.3)}$$

(4) $$\frac{dF_D}{dV} = r_D \qquad \text{(E12.7.4)}$$

2. Taxas:

2a. Equações de Taxa

Seguindo o Algoritmo

(5) $$r_{1A} = -k_{1A} C_A C_B^2 \qquad \text{(E12.7.5)}$$

(6) $$r_{2C} = -k_{2C} C_A^2 C_C^3 \qquad \text{(E12.7.6)}$$

2b. Taxas Relativas

(7) $$r_{1B} = 2r_{1A} \qquad \text{(E12.7.7)}$$

(8) $$r_{1C} = -r_{1A} \qquad \text{(E12.7.8)}$$

(9) $$r_{2A} = \frac{2}{3} r_{2C} = -\frac{2}{3} k_{2C} C_A^2 C_C^3 \qquad \text{(E12.7.9)}$$

(10) $$r_{2D} = -\frac{1}{3} r_{2C} = \frac{1}{3} k_{2C} C_A^2 C_C^3 \qquad \text{(E12.7.10)}$$

2c. Taxas resultantes de reação para as espécies A, B, C e D são

(11) $$r_A = r_{1A} + r_{2A} = -k_{1A} C_A C_B^2 - \frac{2}{3} k_{2C} C_A^2 C_C^3 \qquad \text{(E12.7.11)}$$

(12) $$r_B = r_{1B} = -2k_{1A} C_A C_B^2 \qquad \text{(E12.7.12)}$$

(13) $$r_C = r_{1C} + r_{2C} = k_{1A} C_A C_B^2 - k_{2C} C_A^2 C_C^3 \qquad \text{(E12.7.13)}$$

(14) $$r_D = r_{2D} = \frac{1}{3} k_{2C} C_A^2 C_C^3 \qquad \text{(E12.7.14)}$$

3. Seletividade: $\tilde{S}_{C/D} = F_C/F_D$

Em $V = 0$, $F_D = 0$ faz com que $S_{C/D}$ vá ao infinito. Portanto, estabelecemos $S_{C/D} = 0$ entre $V = 0$ e um número muito pequeno, digamos, $V = 0{,}0001$ dm³ para evitar que o *solver* de EDO bloqueie.

$$(15) \quad S_{C/D} = \text{se}(V > 0{,}0001) \text{ então } \left(\frac{F_C}{F_D}\right) \text{senão } (0) \qquad \text{(E12.7.15)}$$

4. Estequiometria:

Principal objetivo de ERQ

$$(16) \quad C_A = C_{T0}\left(\frac{F_A}{F_T}\right)p\left(\frac{T_0}{T}\right) \qquad \text{(E12.7.16)}$$

$$(17) \quad C_B = C_{T0}\left(\frac{F_B}{F_T}\right)p\left(\frac{T_0}{T}\right) \qquad \text{(E12.7.17)}$$

$$(18) \quad C_C = C_{T0}\left(\frac{F_C}{F_T}\right)p\left(\frac{T_0}{T}\right) \qquad \text{(E12.7.18)}$$

$$(19) \quad C_D = C_{T0}\left(\frac{F_D}{F_T}\right)p\left(\frac{T_0}{T}\right) \qquad \text{(E12.7.19)}$$

Despreze a queda de pressão

$$(20) \quad p = 1 \qquad \text{(E12.7.20)}$$

$$(21) \quad F_T = F_A + F_B + F_C + F_D \qquad \text{(E12.7.21)}$$

5. Parâmetros:

$$(22) \quad k_{1A} = 40 \exp\left[\frac{E_1}{R}\left(\frac{1}{300} - \frac{1}{T}\right)\right](\text{dm}^3/\text{mol})^2/\text{min} \qquad \text{(E12.7.22)}$$

$$(23) \quad k_{2C} = 2 \exp\left[\frac{E_2}{R}\left(\frac{1}{300} - \frac{1}{T}\right)\right](\text{dm}^3/\text{mol})^4/\text{min} \qquad \text{(E12.7.23)}$$

(24) $C_{A0} = 0{,}2 \text{ mol/dm}^3$ (26) $E_1 = 8.000 \text{ cal/mol}$

(25) $R = 1{,}987 \text{ cal/mol/K}$ (27) $E_2 = 12.000 \text{ cal/mol}$

Outros parâmetros são fornecidos no enunciado do problema, ou seja, as Equações (28) a (34).

(28) C_{P_A}, (29) C_{P_B}, (30) C_{P_C}, (31) $\dot{m}_c$, (32) ΔH°_{Rx1B},

(33) ΔH°_{Rx2A}, (34) $C_{P_{C0}}$

6. Balanço de Energia:

Lembrando a Equação (12.37)

$$(35) \quad \frac{dT}{dV} = \frac{Q_g - Q_r}{\Sigma F_j C_{P_j}} \qquad \text{(E12.7.35)}$$

O denominador da Equação (E12.7.35) é

$$(36) \quad \Sigma F_j C_{P_j} = F_A C_{P_A} + F_B C_{P_B} + F_C C_{P_C} + F_D C_{P_D} \qquad \text{(E12.7.36)}$$

O termo de "calor removido" é

$$(37) \quad Q_r = Ua(T - T_a) \qquad \text{(E12.7.37)}$$

O termo de "calor gerado" é

$$(38) \quad Q_g = \Sigma r_{ij} \Delta H_{Rxij} = r_{1B} \Delta H_{Rx1B} + r_{2A} \Delta H_{Rx2A} \qquad \text{(E12.7.38)}$$

(a) Transferência de calor em cocorrente

O balanço de transferência de calor para transferência cocorrente é

$$(39)\quad \frac{dT_a}{dV}=\frac{Ua(T-T_a)}{\dot{m}_C C_{P_{Co}}} \tag{E12.7.39}$$

Item (a) Escoamento cocorrente: Faça um gráfico e analise as vazões molares e as temperaturas do reator e do refrigerante em função do volume do reator. O código e a saída do Polymath para o escoamento em cocorrente são mostrados na Tabela E12.7.1.

Solução

Troca de calor em cocorrente

Controles Deslizantes do PP

Tabela E12.7.1 Programa Polymath e Dados de Saída para Transferência Cocorrente

Equações diferenciais

```
1 d(Fa)/d(V) = ra
2 d(Fb)/d(V) = rb
3 d(Fc)/d(V) = rc
4 d(Fd)/d(V) = rd
5 d(T)/d(V) = (Qg-Qr)/sumFiCp i
6 d(Ta)/d(V) = Ua*(T -Ta)/m/Cpco
```

Equações explícitas

```
1 E2 = 12.000
2 p = 1
3 R = 1.987
4 Ft = Fa+Fb+Fc+Fd
5 To = 300
6 k2c = 2*exp((E2/R)*(1/300-1/T))
7 E1 = 8.000
8 Cto = 0,2
9 Ca = Cto*(Fa/Ft)*(To/T)*p
10 Cc = Cto*(Fc/Ft)*(To/T)*p
11 r2c = -k2c*Ca^2*Cc^3
12 Cpco = 10
13 m = 50
14 Cb = Cto*(Fb/Ft)*(To/T)*p
15 k1a = 40*exp ((E1/R)*(1/300-1/T))
16 r1a = -k1a*Ca*Cb^2
17 r1b = 2*r1a
18 rb = r1b
19 r2a = 2/3*r2c
20 DH1b = -15.000
21 DH2a = -10.000
22 r1c = -r1a
23 Cpd = 16
24 Cpa = 10
25 Cpb = 12
26 Cpc = 14
27 sumFiCpi = Cpa*Fa+Cpb*Fb+Cpc*Fc+Cpd*Fd
28 rc = r1c+r2c
29 Ua = 80
30 r2d = -1/3*r2c
31 ra = r1a+r2a
32 rd = r2d
33 Qg = r1b*DH1b+r2a*DH2a
34 Qr = Ua*(T-Ta)
```

Valores Calculados das Variáveis das EDOs

	Variável	Valor inicial	Valor máximo	Valor final
1	Ca	0,0666667	0,0666667	0,0077046
2	Cb	0,1333333	0,1333333	0,0156981
3	Cc	0	0,0909427	0,0909427
4	Cpa	10	10	10
5	Cpb	12	12	12
6	Cpc	14	14	14
7	Cpco	10	10	10
8	Cpd	16	16	16
9	Cto	0,2	0,2	0,2
10	DH1b	-1,5E+04	-1,5E+04	-1,5E+04
11	DH2a	-10.000	-10.000	-10.000
12	E1	8.000	8.000	8.000
13	E2	1,2E+04	1,2E+04	1,2E+04
14	Fa	5	5	0,3890865
15	Fb	10	10	0,7927648
16	Fc	0	4,592674	4,592674
17	Fd	0	0,003648	0,003648
18	Ft	15	15	5,778173
19	k1a	40	2,861E+05	1,248E+04
20	k2c	2	1,21E+06	1,102E+04
21	m	50	50	50
22	p	1	1	1
23	Qg	1.422,222	9,589E+04	714,0015
24	Qr	-2.000	3,863E+04	1.450,125
25	R	1,987	1,987	1,987
26	r1a	-0,0474074	-0,0236907	-0,0236907
27	r1b	-0,0948148	-0,0473814	-0,0473814
28	r1c	0,0474074	3,196187	0,0236907
29	r2a	0	0	-0,000328
30	r2c	0	0	-0,000492
31	r2d	0	0,0021577	0,000164
32	ra	-0,0474074	-0,0240187	-0,0240187
33	rb	-0,0948148	-0,0473814	-0,0473814
34	rc	0,0474074	3,195219	0,0231987
35	rd	0	0,0021577	0,000164
36	sumFiCpi	170	170	77,75984
37	T	300	885,7738	524,395
38	Ta	325	506,2685	506,2685
39	To	300	300	300
40	Ua	80	80	80
41	V	0	10	10

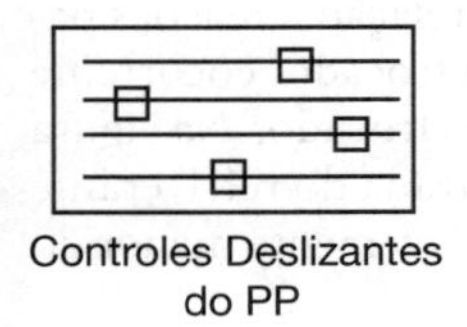

Controles Deslizantes do PP

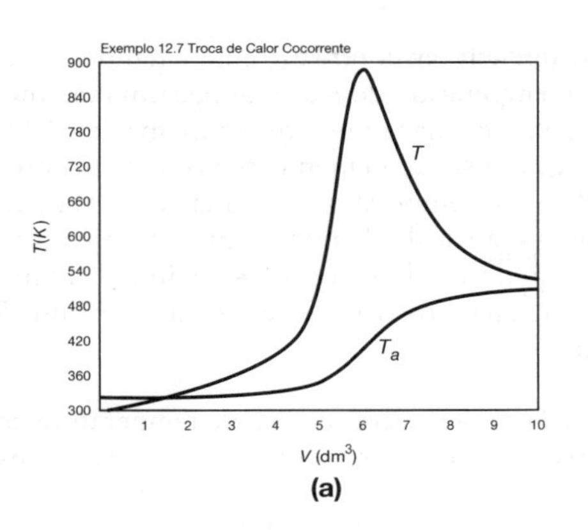

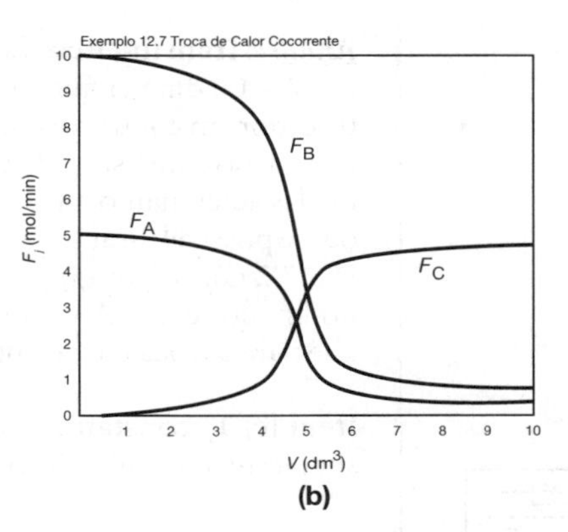

Figura E12.7.1 Perfis para transferência de calor cocorrente: (**a**) temperatura; (**b**) vazões molares. *Nota:* A taxa molar F_D é muito pequena e é essencialmente a mesma que a do eixo inferior.

Os perfis de temperatura e vazão molar são mostrados na Figura E12.7.1.

***Análise*: Item (a):** Também notamos que a temperatura do reator, T, aumenta quando $Q_g > Q_r$ e atinge um máximo, $T = 886$ K, em aproximadamente $V = 6$ dm³. Após isso, $Q_r > Q_g$ a temperatura do reator diminui e se aproxima de T_a no fim do reator. Para transferência cocorrente, a seletividade $\tilde{S}_{C/D} = \dfrac{4{,}59}{0{,}0035} = 1.258$ é realmente muito boa.

Item (b) Escoamento em contracorrente: *Solução*: Usaremos o mesmo programa que do item (a), mas trocaremos o sinal do balanço de transferência de calor, supondo que T_a em $V = 0$ seja 507 K e veja se o valor nos dá um T_{a0} de 325 K em $V = V_f$.

Troca de calor em contracorrente

$$\frac{dT_a}{dV} = -\frac{Ua(T - T_a)}{\dot{m}_C C_{P_{Refri}}}$$

Encontramos que nosso palpite de 507 K corresponde a T_{a0}. Somos ou não sortudos?

O Programa Polymath é mostrado na Tabela E12.7.2.

Tabela E12.7.2 Programa Polymath e Dados de Saída para Transferência Cocorrente

Equações diferenciais

1 d(Fa)/d(V) = ra

2 d(Fb)/d(V) = rb

3 d(Fc)/d(V) = rc

4 d(Fd)/d(V) = rd

5 d(T)/d(V) = (Qg-Qr)/sumFiCp i

6 d(Ta)/d(V) = -Ua*(T -Ta)/m/Cpco

As mesmas **Equações explícitas** do item (**a**), ou seja, (1) a (34).

Valores Calculados das Variáveis das EDOs

	Variável	Valor inicial	Valor máximo	Valor final
14	Fa	5	5	0,3863414
15	Fb	10	10	0,7882685
16	Fc	0	4,594177	4,594177
17	Fd	0	0,0038964	0,0038964
18	Ft	15	15	5,772683
37	T	300	1101,439	327,1645
38	Ta	507	536,1941	325,4494

↑ Corresponde

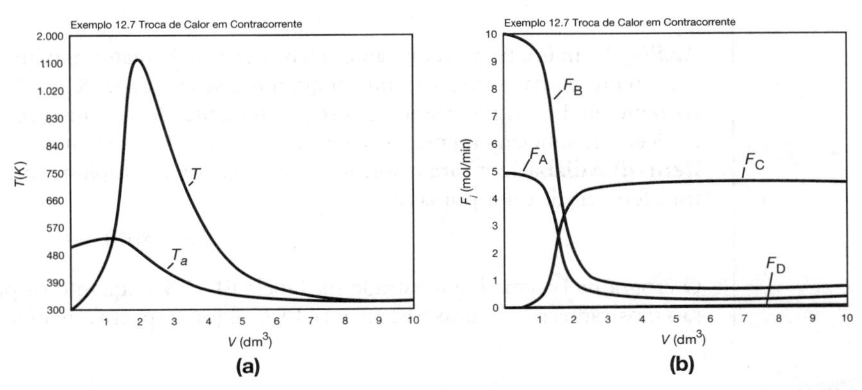

Figura E12.7.2 Perfis para transferência de calor em contracorrente: (**a**) temperatura; (**b**) taxas molares.

***Análise*: Item (b):** Para transferência em contracorrente, a temperatura do refrigerante atinge um máximo em V = 1,3 dm³, enquanto a temperatura do reator atinge um máximo em V = 2,1 dm³. O reator com um trocador em contracorrente atinge uma temperatura máxima de 1.100 K, que é maior do que para o trocador cocorrente (isto é, 930 K). Consequentemente, se houver uma preocupação em relação a reações paralelas adicionais ocorrendo nessa temperatura máxima de 1.100 K, deve-se usar um trocador cocorrente ou, se possível, usar uma alta vazão de fluido refrigerante para manter T_a constante no trocador. Na Figura E12.7.2 (a), vemos que a temperatura do reator se aproxima da temperatura de entrada do refrigerante no fim do reator. A seletividade para os sistemas em contracorrente, $\tilde{S}_{C/D}$ = 1.181, é levemente menor do que para a troca cocorrente.

Item (c) T_a constante: *Solução*: Para resolver o caso de temperatura constante do fluido de transferência, simplesmente multiplicamos por zero o lado direito do balanço de transferência de calor, ou seja,

$$\frac{dT_a}{dV} = -\frac{Ua(T - T_a)}{\dot{m}_C C_P} * 0$$

e usamos as Equações (E12.7.1) a (E12.7.39). O Programa Polymath é mostrado na Tabela E12.7.3 e os perfis de temperatura e vazão molar são mostrados nas Figuras E12.7.3 (a) e E12.7.3 (b), respectivamente.

T_a constante

Tabela E12.7.3 Programa e Saída Polymath para T_a Constante

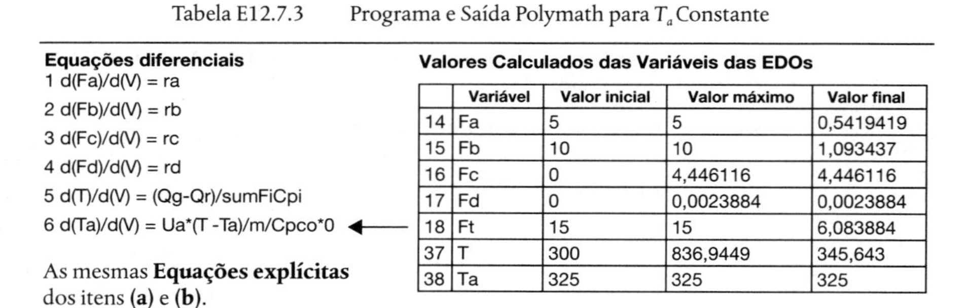

Equações diferenciais
1 d(Fa)/d(V) = ra
2 d(Fb)/d(V) = rb
3 d(Fc)/d(V) = rc
4 d(Fd)/d(V) = rd
5 d(T)/d(V) = (Qg-Qr)/sumFiCpi
6 d(Ta)/d(V) = Ua*(T -Ta)/m/Cpco*0 ←

As mesmas **Equações explícitas** dos itens (**a**) e (**b**).

Valores Calculados das Variáveis das EDOs

	Variável	Valor inicial	Valor máximo	Valor final
14	Fa	5	5	0,5419419
15	Fb	10	10	1,093437
16	Fc	0	4,446116	4,446116
17	Fd	0	0,0023884	0,0023884
18	Ft	15	15	6,083884
37	T	300	836,9449	345,643
38	Ta	325	325	325

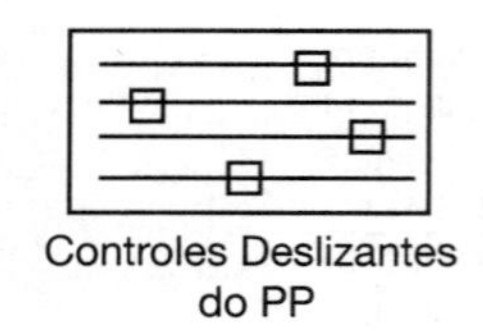

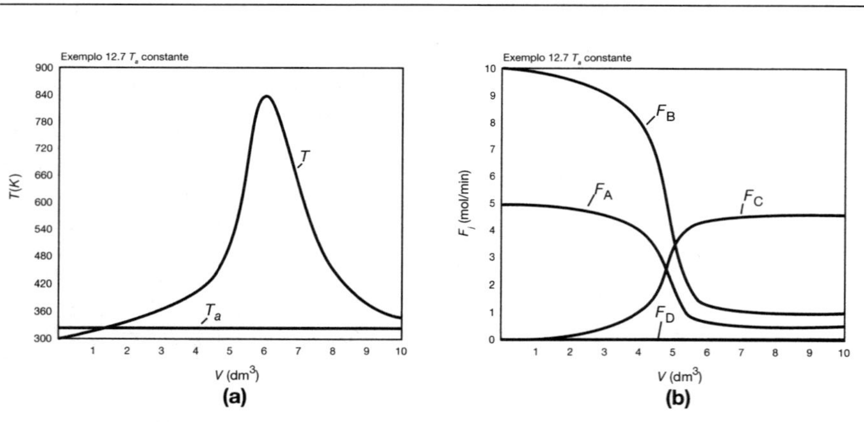

Figura E12.7.3 Perfis para T_a constante: (**a**) temperatura; (**b**) vazões molares.

***Análise*: Item (c):** Para T_a constante, a temperatura do reator máxima, 873 K, é menor que a da transferência cocorrente ou da contracorrente, enquanto a seletividade, $\tilde{S}_{C/D}$ = 1.861, é maior que da transferência cocorrente ou da contracorrente. Consequentemente, deve-se investigar como atingir uma vazão mássica do refrigerante suficientemente alta de modo a manter T_a constante.

Item (d) Adiabático: Para resolver o caso adiabático, simplesmente multiplicamos o coeficiente global de transferência de calor por zero.

$$Ua = 80{*}0$$

O Programa Polymath é mostrado na Tabela E12.7.4, enquanto os perfis de temperatura e vazões molares são mostrados nas Figuras E12.7.4 (a) e E12.7.4 (b), respectivamente.

Tabela E12.7.4 Programa Polymath e Dados de Saída para Operação Adiabática

Operação adiabática

Equações diferenciais
1 d(Fa)/d(V) = ra
2 d(Fb)/d(V) = rb
3 d(Fc)/d(V) = rc
4 d(Fd)/d(V) = rd
5 d(T)/d(V) = (Qg-Qr)/sumFiCpi
6 d(Ta)/d(V) = Ua*(T -Ta)/m/Cpco

Equações explícitas
29 Ua = 80*0
33 Qg = r1b*DH1b+r2a*DH2a
34 Qr = Ua*(T-Ta)

Equações explícitas
As mesmas dos itens **(a)**, **(b)**, e **(c)**, exceto pela linha 29 que deve ser alterada para o seguinte:
29 Ua = 80*0

Valores Calculados das Variáveis das EDOs

	Variável	Valor inicial	Valor final
14	Fa	5	0,1857289
15	Fb	10	0,4123625
16	Fc	0	4,773366
17	Fd	0	0,0068175
18	Ft	15	5,378275
37	T	300	1.548,299
38	Ta	325	325

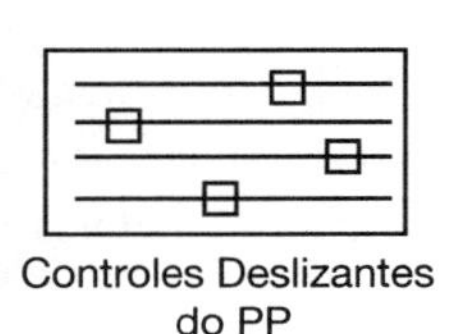

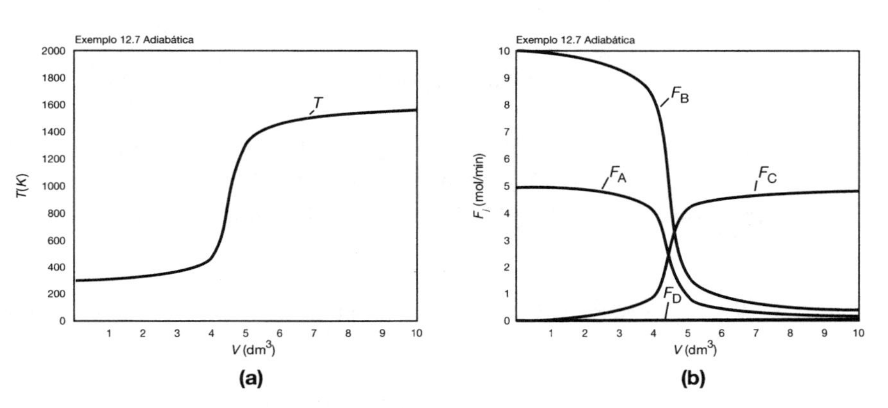

Figura E12.7.4 Perfis para operação adiabática.

Análise: **Item (d):** Para o caso adiabático, a temperatura máxima, que é a temperatura de saída, é maior que a dos outros três sistemas de troca e a seletividade é a mais baixa com $\tilde{S}_{C/D} = 700$. A essa alta temperatura, a ocorrência de reações paralelas indesejáveis é uma preocupação.

Análise Global Itens (a) a (d): Suponha que a temperatura máxima em cada um desses casos esteja fora do limite de segurança de 750 K para esse sistema. O **Problema 12.1$_A$(i)** pergunta como você pode manter a temperatura máxima abaixo de 750 K.

12.7 Variações nas Temperaturas Radial e Axial em um Reator Tubular

Nas seções prévias, consideramos que não havia variações radiais na velocidade, na concentração, na temperatura ou na taxa de reação em um reator tubular e em reatores de leito fixo, de modo que os perfis axiais puderam ser determinados usando-se um *solver* de equações diferenciais ordinárias (EDO). No entanto, considerando variações tanto axiais como radiais em nosso balanço molar e de energia, obtemos equações diferenciais parciais (EDP), que não podem ser resolvidas com Polymath e Wolfram. Consequentemente, foi decidido levar essa discussão sobre variação radial para o Capítulo 18, em que usamos o solucionador de EDP COMSOL para explorar problemas bidimensionais desse tipo.

12.8 *E Agora*... Uma Palavra do Nosso Patrocinador – Segurança 12 (UPDNP–S12 Estatísticas de Segurança)†

12.8.1 *Website* Segurança de Processo ao Longo do Currículo de Engenharia Química

O *website* Segurança de Processo ao Longo do Currículo de Engenharia Química (*http://umich.edu/~safeche/index.html*) fornece um módulo de segurança para todos os cursos básicos de engenharia química. Um módulo consiste em visualização de um vídeo do Chemical Safety Board (CSB), realização de uma análise de segurança do incidente e cálculo relacionado a um curso específico. O *site* inclui tutoriais sobre vários algoritmos de segurança, como o Diagrama *BowTie* (Seção 6.7), o Diamante *ANPF* (Seção 2.7) e a Pirâmide de Segurança do processo (Seção 9.5). Esse *site* foi desenvolvido pelo autor deste texto e os tutoriais também são fornecidos no fim dos vários capítulos em uma seção intitulada "Uma Palavra Do Nosso Patrocinador – Segurança". Os módulos de segurança de ERQ incluem as explosões na Monsanto, no Synthron e nos T2 Laboratories. O CRE *website* e o de segurança são abertos a todos, pois não exigem senhas para serem acessadas.

12.8.2 Estatísticas de Segurança

Aumentar a escala de reações químicas exotérmicas pode ter muitas armadilhas. As Tabelas 12.5 e 12.6 fornecem as reações que resultaram em acidentes, juntamente com suas causas, respectivamente.[7] O leitor deve revisar os históricos dos casos dessas reações para aprender a evitar acidentes semelhantes.

Tabela 12.5 Incidências de Acidentes em Processos em Batelada

Tipo de Processo	*Número de Acidentes no Reino Unido, 1962-1987*
Polimerização	64
Nitração	15
Sulfurização	13
Hidrólise	10
Formação de sal	8
Halogenação	8
Alquilação (Friedel-Crafts)	5
Aminação	4
Diazolização	4
Oxidação	2
Esterificação	1
Total:	134

Fonte: Cortesia de J. Singh, *Chemical Engineering*, 92 (1997).

Tabela 12.6 Causas dos Acidentes em Reatores em Batelada da Tabela 12.5

Causa	*Contribuição, %*
Falta de conhecimento da química da reação	20
Problemas com a qualidade dos materiais	9
Problemas com o controle de temperatura	19
Problemas de agitação	10
Carregamento errado de reagentes ou catalisadores	21
Manutenção deficiente	15
Erro do operador	5

Fonte: Cortesia de B. Venugopal, *Chemical Engineering*, 54 (2002).

As reações descontroladas são as mais perigosas na operação do reator e uma compreensão completa de como e quando elas poderiam ocorrer faz parte das responsabilidades do engenheiro de reações químicas. A reação no Exemplo 12.7 pode ser pensada como descontrolada. Lembre-se de que, à medida que avançamos pelo comprimento do reator, nenhum dos arranjos de refrigeração poderia impedir o reator de atingir uma temperatura extremamente alta

† Ver também *http://umich.edu/~safeche*.
[7] Cortesia de J. Singh, *Chemical Engineering*, 92 (1997), e B. Venugopal, *Chemical Engineering*, 54 (2002).

(por exemplo, 800 K). No Capítulo 13, estudamos dois históricos de casos de reações descontroladas. Um é a explosão da nitroanilina discutida no **Exemplo E13.2** e o outro é o **Exemplo E13.6**, relativo à explosão na T2 Laboratories. Veja o **Exemplo E13.7** e assista aos vídeos sobre a explosão em T2 Laboratories e o que fez isso acontecer (*https://www.csb.gov/t2-laboratories-inc-reactive-chemical-explosion/* e *https://www.youtube.com/watch?v=C561PCq5E1g*).

Há muitos recursos disponíveis para obter informações adicionais sobre a segurança do reator e o gerenciamento de produtos químicos. As diretrizes para o gerenciamento de riscos de reatividade química e outros riscos de incêndio, explosão e liberação tóxica são desenvolvidas e publicadas pelo **Center for Chemical Process Safety (CCPS)** do American Institute of Chemical Engineers (AIChE). Os livros do CCPS e outros recursos estão disponíveis em *www.aiche.org/ccps*. Por exemplo, o livro *Essential Practices for Managing Chemical Reactivity Hazards*, escrito por uma equipe de especialistas da indústria, também é fornecido gratuitamente pelo CCPS no *site https://app.knovel.com/web/toc.v/cid:kpEPMCRH02/viewerType:toc/*. Um programa computacional (*software*) conciso e fácil de usar, que pode ser usado para determinar a reatividade de substâncias ou misturas de substâncias, a Planilha de Reatividade Química, é fornecido pela National Oceanic and Atmospheric Administration (NOAA) gratuitamente em seu *site*, *www.noaa.gov*.

12.8.3 Recursos Adicionais CCPS e SAChE

O programa **Educação em Segurança e em Engenharia Química** (SAChE; do inglês, *Safety and Chemical Engineering Education*) foi criado em 1992 como um esforço de cooperação entre o AIChE, CCPS e as escolas de engenharia para fornecer materiais didáticos e programas que tragam elementos de segurança de processo na educação de estudantes de graduação e de pós-graduação que contemplem produtos e processos químicos e bioquímicos. O *site* do **SAChE** (*www.sache.org*) tem uma ótima discussão sobre segurança de reator com exemplos, bem como informações sobre materiais reativos. Esses materiais também são adequados para fins de treinamento em um ambiente industrial.

Os seguintes módulos de instrução estão disponíveis no *site* do SAChE (*www.sache.org*).

1. *Riscos de Reatividade Química*: Este módulo de instrução na internet contém cerca de 100 páginas da *Web* com *links* extensivos, gráficos, vídeos e *slides* suplementares. Pode ser usado para apresentação em sala de aula ou como um tutorial autorregulável. O módulo é projetado para complementar um curso de engenharia química básico ou superior, mostrando como as reações químicas descontroladas na indústria podem levar a danos graves e por meio da introdução de conceitos-chave para evitar reações não intencionais e controlar as reações pretendidas.
2. *Reações Descontroladas*: Caracterização Experimental e Dimensionamento da Ventilação: Este módulo de instruções descreve o ARSST e sua operação, ilustrando como esse instrumento pode ser facilmente usado para determinar experimentalmente as características transitórias das reações descontroladas e como os dados resultantes podem ser analisados e usados para dimensionar a saída de alívio para tais sistemas. A teoria junto com um exemplo por trás do ARSST é apresentada no CRE *website* em Material Adicional para o Capítulo 13 e os PPs para o Capítulo 13, ou seja, Exemplo ERP R13.1.
3. *Ruptura de um Reator de Nitroanilina*: Este estudo de caso demonstra o conceito de reações descontroladas e como elas são caracterizadas e controladas para evitar grandes perdas.
4. *Histórico do Caso de Liberação Acidental em Seveso*: Esta apresentação descreve um histórico de caso amplamente discutido que ilustra como pequenos erros de engenharia podem causar problemas significativos; problemas que não devem ser repetidos. O acidente foi em Seveso, Itália, em 1976. Foi uma pequena liberação de dioxina que causou graves danos.

Nota: O acesso é restrito aos membros do SAChE e às universidades.

A adesão ao SAChE é necessária para visualizar esses materiais. Praticamente todas as universidades americanas e muitas não americanas são membros do SAChE – contate o representante SAChE na sua universidade, listado no *site* do SAChE, ou o seu chefe de departamento para saber o nome de usuário e a senha da sua universidade. Empresas também podem se tornar membros – veja os detalhes no *site* do SAChE.

Programa de Certificação

O **SAChE** também oferece vários programas de certificação que estão disponíveis para todos os estudantes de engenharia química. Os alunos podem estudar o material, fazer um teste *online* e receber um certificado de conclusão. Os dois programas de certificação a seguir são valiosos para a engenharia de reações:

1. *Reações Descontroladas*: Este certificado concentra-se no gerenciamento de riscos de reação química, particularmente reações descontroladas.
2. *Riscos da Reatividade Química*: Este é um certificado que fornece uma visão geral da compreensão básica dos riscos de reatividade química.

Muitos estudantes estão fazendo o teste de certificação *on-line* e colocando em seus currículos o fato de terem obtido com sucesso o certificado.

Mais informações sobre segurança são apresentadas nas Notas de Resumo e na Estante com Referências Profissionais no CRE *website*. Particularmente, estude o uso do ARSST para detectar problemas potenciais. Isto será discutido na *Estante de Referências Profissionais R13.1 do Capítulo 13,* no CRE *website.*

Encerramento. Praticamente todas as reações que ocorrem em indústrias envolvem efeitos térmicos. Este capítulo fornece a base para projetar reatores que operam em estado estacionário e envolvem efeitos térmicos. Para modelar esses reatores, simplesmente adicionamos um outro passo ao nosso algoritmo; esse passo é o balanço de energia. Aqui, é importante entender como o balanço de energia foi aplicado para cada tipo de reator, de modo que você será capaz de descrever o que aconteceria se você mudasse algumas das condições operacionais (por exemplo, a temperatura inicial ou de entrada, T_0) para determinar se essas mudanças resultariam em condições inseguras, tais como uma reação descontrolada. Os *Problemas Práticos* (especialmente o *T12.2*) e o módulo JIC ajudarão a atingir um alto nível de entendimento de reatores e reações com *efeitos térmicos.* Outro objetivo importante depois de estudar este capítulo é ser capaz de projetar reatores que tenham reações múltiplas ocorrendo sob condições não isotérmicas. Tente trabalhar o Problema 12.26_C para estar seguro de que você atingiu esse objetivo. Um exemplo industrial, que fornece alguns detalhes práticos, é incluído como apêndice deste capítulo. Encerramos com uma breve discussão sobre segurança e listamos alguns recursos nos quais você pode obter mais informações.

RESUMO

1. Para reações únicas, o balanço de energia em um PFR/PBR em termos da *vazão molar* é

$$\frac{dT}{dV} = \frac{(r_A)[\Delta H_{Rx}(T)] - Ua(T - T_a)}{\Sigma F_i C_{P_i}} = \frac{Q_g - Q_r}{\Sigma F_i C_{P_i}} \quad \text{(R12.1)}$$

Em termos de *conversão*

$$\frac{dT}{dV}=\frac{(r_A)\left[\Delta H_{Rx}(T)\right]-Ua(T-T_a)}{F_{A0}\left(\Sigma\Theta_j C_{P_j}+X\Delta C_P\right)}=\frac{Q_g-Q_r}{F_{A0}\left(\Sigma\Theta_j C_{P_j}+X\Delta C_P\right)} \tag{R12.2}$$

2. A dependência da temperatura com a constante específica da taxa é dada na forma de

$$k(T)=k(T_1)\exp\left[\frac{E}{R}\left(\frac{1}{T_1}-\frac{1}{T}\right)\right]=k(T_1)\exp\left[\frac{E}{R}\left(\frac{T-T_1}{TT_1}\right)\right] \tag{R12.3}$$

3. A dependência da temperatura com a constante de equilíbrio é dada pela equação de van't Hoff para $\Delta C_P = 0$

$$K_P(T)=K_P(T_2)\exp\left[\frac{\Delta H^\circ_{Rx}}{R}\left(\frac{1}{T_2}-\frac{1}{T}\right)\right] \tag{R12.4}$$

4. Desprezando mudanças na energia potencial, na energia cinética e na dissipação viscosa e para o caso de nenhum trabalho feito sobre o sistema ou pelo sistema, grandes vazões de refrigerante ($\dot{m}_c$) e todas as espécies entrando na mesma temperatura, o balanço de energia no CSTR em estado estacionário é

$$\frac{UA}{F_{A0}}(T_a-T)-X[\Delta H^\circ_{Rx}(T_R)+\Delta C_P(T-T_R)]=\Sigma\,\Theta_j C_{P_j}(T-T_{i0}) \tag{R12.5}$$

5. Múltiplos estados estacionários:

$$G(T)=(-\Delta H^\circ_{Rx})\left(\frac{-r_A V}{F_{A0}}\right)=(-\Delta H^\circ_{Rx})(X) \tag{R12.6}$$

$$R(T)=C_{P0}(1+\kappa)(T-T_c) \tag{R12.7}$$

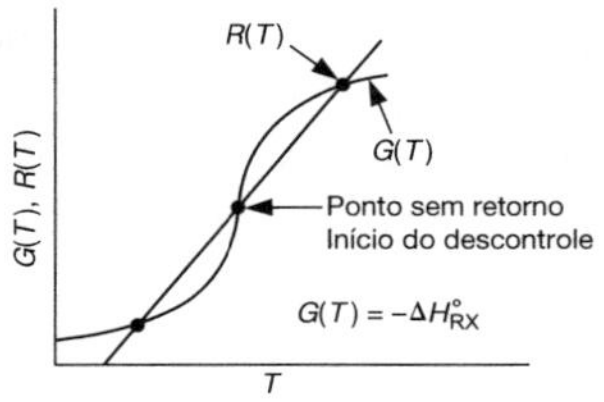

em que $\kappa=\dfrac{UA}{C_{P_0}F_{A0}}$ e $T_c=\dfrac{\kappa T_a+T_0}{1+\kappa}$

6. Quando q reações múltiplas ocorrem e há m espécies,

$$\frac{dT}{dV}=\frac{\sum_{i=1}^{q}(r_{ij})[\Delta H_{Rxij}(T)]-Ua(T-T_a)}{\sum_{j=1}^{m}F_jC_{Pj}}=\frac{Q_g-Q_r}{\sum_{j=1}^{m}F_jC_{Pj}} \tag{R12.8}$$

MATERIAIS DO CRE *WEBSITE*

(*http://www.umich.edu/~elements/6e/12chap/obj.html#/*)

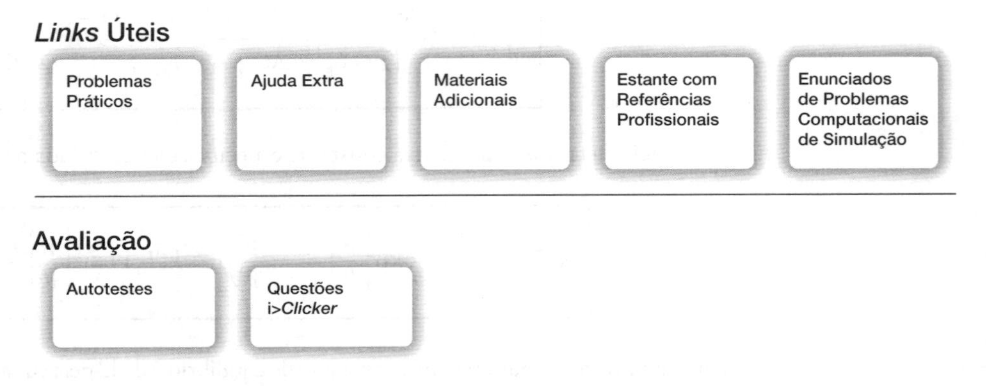

Jogos Interativos Computacionais que se Comunicam

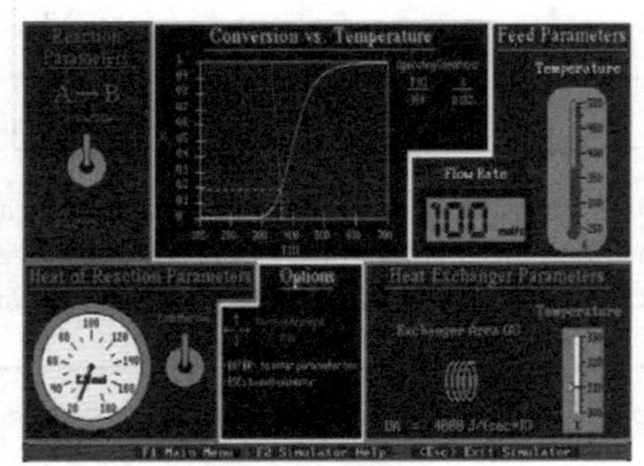

Efeitos térmicos I
(*http://www.umich.edu/~elements/6e/icm/heatfx1.html*)

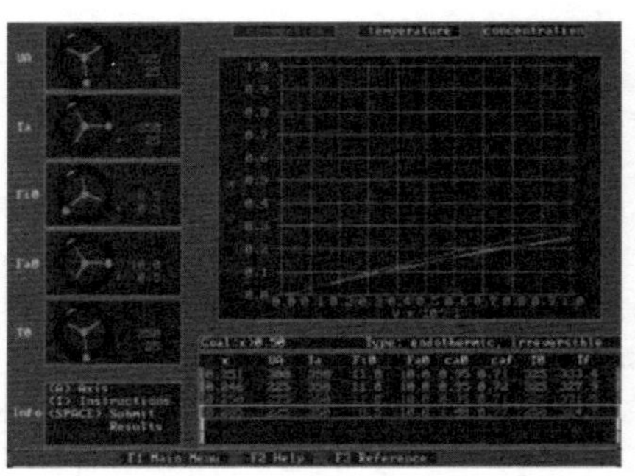

Efeitos térmicos II
(*http://www.umich.edu/~elements/6e/icm/heatfx2.html*)

As deduções dos balanços de energia simplificados são codificadas por cores e deduzidas nos tutoriais em Efeitos térmicos I e Efeitos térmicos II. Aqui você vê a animação dos vários termos conforme eles se movem pela tela e se comunicam para chegar à forma final da equação de equilíbrio.

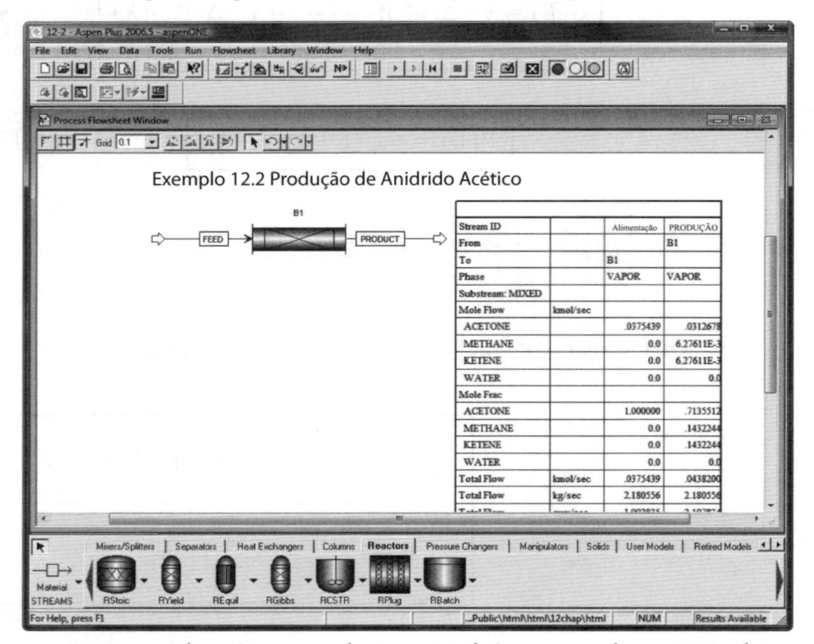

Um tutorial passo a passo do AspenTech é apresentado no CRE *website*.

Veja o Exemplo 12.2 (*http://www.umich.edu/~elements/6e/software/aspen-example12-2.html*). Formulado no AspenTech: carregue o AspenTech diretamente do CRE *website*.

QUESTÕES, SIMULAÇÕES E PROBLEMAS

O subscrito para cada número do problema indica o nível de dificuldade: A, menos difícil; D, mais difícil.

A = ● B = ■ C = ◆ D = ◆◆

Em cada uma das questões e problemas a seguir, em vez de você apenas desenhar um retângulo ao redor de sua resposta, escreva uma frase ou duas, descrevendo como você resolveu o problema, as suposições que você fez, a coerência de sua resposta, o que você aprendeu, e quaisquer outros fatos que você queira incluir. Ver Seção G.2 do Prefácio para partes genéricas adicionais (**x**), (**y**) e (**z**) para os problemas propostos.

Antes de resolver os problemas, estabeleça ou esquematize qualitativamente os resultados ou tendências esperados.

Questões

Q12.1$_A$ **QAL** (*Questão Antes de Ler*). Antes de ler esse capítulo, identifique as diferenças aplicando o balanço de energia para transferência de calor em cocorrente e contracorrente.

Q12.2$_A$ ***i>clicker***. Vá até o *site* (*http://www.umich.edu/~elements/6e/12chap/iclicker_ch12_q1.html*) e analise cinco questões *i>clicker*. Escolha uma que possa ser usada como está, ou uma variação dela, para ser incluída no próximo exame. Você também pode considerar o caso oposto: explicar por que a pergunta não deve ser feita no próximo exame. Em qualquer caso, explique seu raciocínio.

Q12.3$_A$ Reveja a Figura 12.13. Use essa figura para escrever algo (ou pelo menos fazer uma analogia) explicando por que quando você risca a cabeça de um palito de fósforo lentamente em sua lixa, com pouca pressão, pode aquecer um pouco, mas não acende, mas quando você pressiona e risca rapidamente, ele acende. Agradecimento a Oscar Piedrahita, Medellín, Colômbia.

Q12.4$_A$ Leia os problemas do fim deste capítulo. Elabore um problema original que use os conceitos apresentados neste capítulo. Com a finalidade de obter uma solução:

(**a**) Componha seus dados e sua reação.

(**b**) Use uma reação real e dados reais. Veja o Problema P5.1$_A$ para instruções.

(**c**) Prepare uma lista de considerações de segurança para projetar e operar reatores químicos. (Veja *www.sache.org.*) A edição de agosto de 1985 da *Chemical Engineering Progress* pode ser útil para o item (**c**).

Q12.5$_A$ Vá para o *link* de vídeos de gravação de tela (*screencast*) *LearnChemE* do Capítulo 12 (*http://www.umich.edu/~elements/6e/12chap/learn-cheme- videos.html*). Assista a um ou mais vídeos de 5 a 6 minutos e escreva uma avaliação de duas frases. O que você sugere que mude no vídeo para aumentar o comentário de Recomendado para Altamente Recomendado?

Q12.6$_A$ O que a seção *E agora ... Uma Palavra Do Nosso Patrocinador* apontou ou enfatizou que não havia sido feito nas outras seções da UPDNP? Quais foram os dois principais pontos para levar da UPDNP do Capítulo 12?

Simulações Computacionais e Experimentos

Usaremos os *Problemas Práticos* do CRE *website* para realizar as simulações. ***Por que*** realizar simulações para variar os parâmetros nos *Problemas Práticos*? Fazemos isso para:

- Obter mais conhecimento intuitivo sobre o sistema de reatores.
- Obter informações sobre os parâmetros mais sensíveis (por exemplo, E, K_C) e como eles afetam as condições de saída.
- Aprender como os reatores são afetados por diferentes condições de operação.
- Simular situações perigosas tais como potenciais reações descontroladas.
- Comparar o modelo e os parâmetros com os dados experimentais.
- Otimizar o sistema de reação.

P12.1$_B$ (a) **PP Tabela 12.2: Reação Exotérmica com Transferência de Calor**

Carregue os programas Polymath, MATLAB, Python ou Wolfram para os algoritmos e dados fornecidos na Tabela T12.2, para a reação exotérmica reversível em fase gasosa

$$A + B \rightleftarrows 2C$$

apresentada nos Problemas Práticos (PPs) do CRE *website*.

Varie os parâmetros seguintes nas faixas mostradas nos itens de (i) a (xi). Escreva um parágrafo descrevendo as tendências que você encontrou para cada variação de parâmetros e por que eles trabalharam dessa maneira. Use o caso-base para os parâmetros que não variaram. **O comentário dos alunos** sobre este problema é que se deve usar o Wolfram no PP 12.2 na *Web* para efetuar as variações dos parâmetros. Para cada item, escreva duas ou mais frases descrevendo as tendências.

Wolfram e Python

(i) Esta é uma **Simulação Pare e Cheire as Rosas.** Visualize os perfis de X, X_e e T do caso-base e explique por que os perfis de conversão (X e X_e) e de temperatura têm essa aparência.

(ii) Todos os parâmetros do controle deslizante *Ua/rô*, Θ F_{A0} e ΔH°_{Rx} podem ser movidos para fazer com que os perfis de X e X_e se juntem e se separem. Qual a razão de esses controles afetarem os perfis de maneira semelhante?

(iii) Começando com o caso-base, determine quais parâmetros, quando alterados apenas uma pequena quantidade, afetam mais drasticamente os perfis de conversão e temperatura.

(iv) Quais os parâmetros que mais separam X e X_e?

(v) Finalmente, escreva pelo menos três conclusões sobre o que você encontrou em seus experimentos de (i) a (iv).

Polymath

(vi) Varie T_0: 310 K $\leq T_0 \leq$ 350 K e escreva uma conclusão.

(vii) Varie T_a: 310 K $\leq T_a \leq$ 340 K e escreva uma conclusão.
Repita (i) para fluxo refrigerante em contracorrente.
Dica: Ao analisar as tendências, pode ser útil plotar no mesmo gráfico X, X_e e p como função de W e em um mesmo gráfico, T e T_a como função de W.

(viii) Repita esse problema para o caso de T_a constante e operação adiabática e descreva o que afeta de forma mais dramática que você encontrou.

(b) Exemplo 12.1: Isomerização de Butano

Wolfram e Python Cocorrente

Essa é uma outra **Simulação Pare e Cheire as Rosas.**

(i) Descreva as diferenças dos perfis de X, X_e e T entre os quatro casos de troca de calor, cocorrente, contracorrente, T_a constante e adiabático.

(ii) Explique por que a temperatura (T e T_a) e a conversão (X e X_e) têm a aparência que exibem e explique o que acontece com os perfis X, X_e, T e T_a conforme você move o controle deslizante y_{A0}.

(iii) Qual valor de parâmetro aproxima os perfis de T e T_a?

(iv) Qual parâmetro, quando variado, separa mais X e X_e?

(v) Qual parâmetro mantém os perfis de X e X_e o mais próximo um do outro?

(vi) Escreva pelo menos três conclusões sobre o que você encontrou em seus experimentos de (i) a (v).

Polymath Cocorrente

(vii) Qual é o valor de entrada da temperatura T_{a0} do fluido do trocador de calor abaixo do qual a reação nunca será "inflamada"?

(viii) Varie alguns outros parâmetros e veja se você pode encontrar condições inseguras de operação.

(ix) Plote Q_r e T_a em função de V necessário para manter a operação isotérmica.

Wolfram e Python Contracorrente

(x) Explique por que os perfis T, T_a, X e X_e têm a mesma aparência do caso-base.

(xi) Varie *Ua* e T_{a0} e descreva o que encontrar.

(xii) Varie y_{A0} e, a seguir, um dos outros parâmetros e descreva o que encontrar.

(xiii) Descreva como Q_r e Q_g e suas interseções mudam quando você varia as vazões molares de refrigerante, inerte e y_{A0}.

(xiv) Escreva pelo menos três conclusões sobre o que você encontrou em seus experimentos de (x) a (xiii).

Polymath Contracorrente

(xv) Descreva e explique o que acontece com os perfis de X e X_e à medida que você varia ΔH_{Rx}.

(xvi) Descreva o que acontece com os perfis de T e T_a à medida que você varia F_{A0}.

(xvii) Compare as variações nos perfis X, X_e, T e T_a quando você altera os valores dos parâmetros para todos os quatro casos: adiabático, troca em contracorrente, troca em cocorrente e T_a constante. Quais parâmetros, quando alterados apenas levemente, mudam drasticamente os perfis?

(xviii) O trocador de calor é projetado para uma temperatura máxima de 370 K. Qual parâmetro você irá variar para que pelo menos 75% de conversão sejam ainda alcançados, mantendo a temperatura abaixo de um limite seguro?

Wolfram e Python T_a Constante

(xix) Varie y_{A0} e um outro parâmetro de sua escolha e descreva como os perfis X, X_e, T e T_a se alteram.

(xx) Varie U_a e T_{a0} e descreva o que encontrar.

(xxi) Varie $\Delta H°_{Rx}$ e, a seguir, um dos outros parâmetros (por exemplo, y_{A0}) e descreva o que encontrar.

(xxii) Escreva pelo menos três conclusões sobre o que você encontrou em seus experimentos de (xix) a (xxi).

Wolfram e Python Operação Adiabática

(xxiii) Por que a forma dos perfis muda da mesma maneira que muda quando você altera y_{A0}?

(xxiv) Escreva um conjunto de três conclusões, uma das quais compare a operação adiabática com os outros três modos de transferência de calor (por exemplo, cocorrente).

(c) Exemplo 12.2: Produção de Anidrido Acético–Reação Endotérmica

Wolfram e Python

Cocorrente

(i) Explique por que as temperaturas (T e T_a) e as conversões (X e X_e) têm a mesma aparência que para os valores do controle deslizante do caso-base.

(ii) Qual valor de parâmetro, quando aumentado ou diminuído, faz com que a reação morra mais rapidamente perto da entrada do reator?

(iii) Qual parâmetro, quando mais variado, altera drasticamente os perfis?

Adiabático

(iv) Como a conversão muda conforme o calor específico de A é aumentado?

T_a Constante

(v) Você descobre que a conversão diminuiu após 6 meses de operação. Você verificou a vazão molar e as propriedades do material e descobriu que esses valores não foram alterados. Qual parâmetro teria mudado?

Contracorrente

(vi) Explique por que as temperaturas (T e T_a) e as conversões (X e X_e) têm a mesma aparência que para os valores do controle deslizante do caso-base.

(vii) Discuta as diferenças mais profundas entre os quatro modos de troca de calor (por exemplo, cocorrente, adiabática) para esta reação endotérmica.

(viii) Escreva duas conclusões sobre o que você aprendeu com seus experimentos (i) a (vii).

Polymath

(ix) Seja $Q_g = r_A \Delta H^\circ_{Rx}$ e $Q_r = U_a(T - T_a)$, plote então Q_g e Q_r na mesma figura em função de V.

(x) Repita (vi) para $V = 5\ m^3$.

(xi) Plote então Q_g, Q_r e $-r_A$ *versus* V para todos os quatro casos, na mesma figura, e descreva o que encontrar.

(xii) Para cada um dos quatro casos de trocadores de calor, investigue a adição de um inerte I com calor específico de 50 J/mol · K, mantendo F_{A0} constante e deixando que as outras condições de entrada se ajustem de acordo (por exemplo, ε).

(xiii) Varie a vazão molar do inerte (ou seja, Θ_I, $0{,}0 < \Theta_I < 3{,}0$ mol/s). Plote X e analise *versus* Θ_I.

(xiv) Finalmente, varie a temperatura do fluido de troca de calor T_{a0} (1.000 K < T_{a0} < 1.350 K). Descreva o que encontrou, observando perfis ou resultados interessantes.

(d) Exemplo 12.2: Formulação AspenTech. Vá ao Aspen PP e repita o Exemplo 12.2 usando o AspenTech.

(e) Exemplo 12.3: Produção de Propilenoglicol em um CSTR

Wolfram e Python

(i) Varie a energia de ativação (E) e encontre os valores de E para os quais há, pelo menos, duas soluções.

(ii) Varie a vazão de F_{B0} para encontrar a temperatura na qual a conversão é 0,8.

(iii) Qual é a faixa operacional de temperaturas de entrada de modo que exista pelo menos uma solução de estado estacionário enquanto a temperatura do reator é mantida abaixo de 640°R? Descreva como suas respostas mudariam se a vazão molar de metanol fosse aumentada por um fator de 4.

(iv) Varie V e encontre os pontos de tangência (1) e de interseção (2) de X_{EB} e X_{MB}.

(v) Escreva um conjunto de conclusões baseadas experimentos (i) a (iv).

(f) Exemplo 12.4: CSTR com Serpentina Refrigerante

Wolfram e Python

(i) Explore como as variações na energia de ativação (E) e no calor de reação, na temperatura de referência (ΔH°_{Rx}), afetam as conversões X_{EB} e X_{MB}.

(ii) Que variáveis afetam mais a interseção e os pontos de tangência de X_{EB} e X_{MB}?

(iii) Encontre um valor de E e de $\Delta H^\circ{}_{Rx}$ que aumente a conversão para mais de 80% enquanto mantém a restrição de temperatura máxima de 125°F.

(iv) Escreva duas conclusões sobre o que encontrou em seus experimentos (i) a (iii).

Polymath

(v) O tempo espacial foi calculado para ser 0,01 min. É realista? Diminua υ_0 e ambas as constantes de taxa de reação por um fator de 100 e descreva o que encontrar.

(vi) Use a Figura E12.3.2 e a Equação (E12.4.4) para plotar X *versus* T para encontrar as novas conversão e temperatura de saída.

(vii) Outros dados no *site* de engenharia química da Jofostan mostram $\Delta H^\circ_{Rx} = -38.700$ e $\Delta C_p = 29$ Btu/lb-mol/°F. Como esses valores mudariam seus resultados?

(viii) Faça um gráfico de conversão em função da área do trocador de calor [$0 < A < 200$ ft²] e escreva uma conclusão.

(g) Exemplo 12.5: Reações Paralelas em um PFR com Efeitos Térmicos

Wolfram e Python

(i) Varie os controles deslizantes para as constantes de taxa k_{1A0} e k_{2A0} e descreva o que encontrar.

(ii) Qual deve ser a concentração inicial de A para que a empresa possa produzir vazões iguais de B e C?

(iii) Descreva como os perfis para T, F_A, F_B e F_C mudam conforme você move os controles deslizantes. Comente especificamente sobre as mudanças drásticas que ocorrem quando você altera o coeficiente geral de transferência de calor.

(iv) Qual conjunto de condições lhe dá a maior seletividade $\tilde{S}_{B/C}$ na saída e qual é a conversão correspondente.

(v) Escreva pelo menos tres conclusões sobre o que encontrou em seus experimentos (i) a (iv).

Polymath

(vi) Por que existe um máximo na temperatura? Como mudariam seus resultados se houvesse uma queda de pressão com $\alpha = 1{,}05$ dm⁻³?

(vii) E se a reação for reversível com $K_C = 10$ a 450 K?

(viii) Como a seletividade mudaria se Ua fosse aumentado? Diminuído?

(h) Exemplo 12.6: Reações Múltiplas em um CSTR (Usar o PP)

Wolfram e Python

(i) Qual é o valor mínimo de T_a que faz com que a temperatura do reator pule para o único valor superior de estado estacionário?

(ii) Qual é a faixa de operação para a temperatura de entrada T_0 para a qual existem apenas três estados estacionários?

(iii) Varie UA entre 10.000 e 80.000, e descreva como muda o número de soluções de estado estacionário.

(iv) Escreva um conjunto de conclusões a partir da realização dos experimentos (i) a (iii).

(i) Exemplo 12.7: Reações Complexas com Efeitos Térmicos em um PFR – Segurança

Wolfram e Python

(i) Cocorrente: Explore o efeito da vazão do refrigerante $\dot{m}_c$ nos perfis de temperatura do reagente e do refrigerante e descreva o que você encontrou.

(ii) Cocorrente: Explore o efeito de U_a na seletividade e descreva o que você encontra.

(iii) T_a constante: Como o coeficiente geral de transferência de calor afeta a distribuição de vazão do produto? Deve ser mínima ou máxima? Explique.

(iv) T_a constante: Quais são as variáveis que praticamente não afetam os perfis? Explique o motivo.

(v) Adiabático: Você deseja economizar custo de capital usando um reator de menor volume, ou seja, 5 dm³ em vez de 10 dm³. Quais parâmetros você irá variar para atingir vazões de saída de reagente e de produto semelhantes ao caso-base?

(vi) Descreva como a seletividade, $\tilde{S}_{C/D}$ muda conforme você altera os parâmetros e as condições operacionais. Quais dois controles deslizantes variáveis afetam mais $\tilde{S}_{C/D}$?

(vii) Escreva um conjunto de conclusões que você aprendeu dos experimentos (i) a (vi).

Polymath

(viii) Plote Q_g e Q_r em função de V. Como você pode manter a temperatura máxima abaixo de 700 K? A adição de inerte ajudaria e, em caso afirmativo, qual deveria ser a taxa se C_{PI} = 10 cal/mol/K?

(ix) Olhe as Figuras. O que aconteceu à espécie D? Que condições você sugeriria para produzir mais espécie D?

(x) Construa uma tabela da temperatura (por exemplo, T máxima, T_a) e das vazões molares para dois ou três volumes, comparando as diferentes operações do trocador de calor.

(xi) Por que pensar que a vazão molar de C não passa por um máximo? Varie alguns dos parâmetros para saber se há condições pelas quais a taxa passe por um máximo. Comece aumentando F_{A0} por um fator de 5.

(xii) Inclua a pressão neste problema. Varie o parâmetro de queda de pressão ($0 < \alpha\rho_b < 0{,}0999$ dm^{-3}) e descreva o que encontrou com uma conclusão.

(j) Reveja as etapas e o procedimento pelos quais deduzimos a Equação (12.5) e, em seguida, por analogia, deduza a Equação (12.5).

(k) **CRE *website* Exemplo SO_2 ERP 12.4.1.** Carregue o **PP R12.1** de Oxidação de SO_2. Como seus resultados mudariam (1) se o diâmetro da partícula de catalisador fosse reduzido à metade? (2) Se a pressão fosse dobrada? Para qual tamanho de partícula a queda de pressão se torna importante para a mesma massa de catalisador, considerando que a porosidade não varie? (3) E se você variasse as temperaturas, inicial e do refrigerante? Escreva um parágrafo com pelo menos duas conclusões descrevendo o que você encontrou.

(l) **SAChE.** Vá até o *site* do SAChE, *www.sache.org*.
Seu instrutor ou chefe de departamento das universidades credenciadas deve saber o nome de usuário e a senha para entrar no *site* do SAChE para obter os módulos com os problemas. No menu do lado esquerdo, selecione "Produtos SAChE". Selecione "Todos" e vá ao módulo intitulado "Segurança, Saúde e Ambiente" (S, H & E). Os problemas são para CINÉTICA (isto é, ERQ). Existem alguns problemas marcados com "K" e explicações de cada uma das seleções acima S, H & E. As soluções para os problemas estão em uma seção diferente do *site*. Especificamente olhe em: *Perda de Água de Resfriamento* (K-1), *Reações Descontroladas* (HT-1), *Dimensionamento dos Valores de Alívio* (D-2), *Controle de Temperatura e Descontrole* (K-4) e (K-5) e *Descontrole e Região de Temperatura Crítica* (K-7). Percorra os problemas K e escreva sobre o que você aprendeu.

P12.2$_B$ (a) **Exemplo 12.2 Produção de Anidrido Acético–Reação Endotérmica**

Caso 1 Adiabático

(i) Varie a vazão de entrada de inerte e observe os perfis de conversão e temperatura. Descreva o que você encontra.

(ii) Encontre a temperatura de entrada, T_0, para a qual a taxa de reação em V = 0,001 m^3 é 0,1 vez a taxa na entrada. Observe a conversão na saída do reator para esta temperatura.

(iii) Após variar dois outros parâmetros, escreva um conjunto de conclusões de seus experimentos em (i) e (ii).

Caso 2 T_a Constante

(iv) Para reduzir o custo operacional, a temperatura de entrada do fluido de aquecimento pode ser reduzida. Você pode encontrar uma temperatura mínima do fluido de aquecimento na qual a conversão de saída seja praticamente 100% para T_a constante.

(v) Encontre o valor máximo da concentração de entrada para a qual a conversão na saída seja praticamente 100% para T_a constante.

(vii) Escreva um conjunto de conclusões de seus experimentos em (iv) e (v).

P12.3$_B$ **QEA** (Questões de Exames Antigos) **Experimentos Computacionais em um PFR para a Reação da Tabela 12.2.2.** Para desenvolver maior compreensão dos efeitos da temperatura em PBRs, baixe a Tabela de Problemas de Exemplo Prático 12.2, **PP T12.2**, do CRE *website* para saber como a alteração de diferentes parâmetros modifica os perfis de conversão e temperatura.

Este é um problema de Sherlock Holmes. Começando com o caso-base, um, e somente um, parâmetro foi variado entre seus valores máximo e mínimo para produzir as figuras a seguir. Você precisa decidir qual valor de propriedade da variável operacional (por exemplo, T_0) (por exemplo, Cp_A) ou variável de engenharia (por exemplo, $\frac{U_a}{\rho_b}$) foi variado.

Escolha entre os seguintes:

k_1, E, R, C_{T0}, T_a, T_0, T_1, T_2, K_{C2}, Θ_B, Θ_I, ΔH°_{Rx}, C_{P_A}, C_{P_B}, C_{P_C}, Ua, ρ_b

(a) Resposta Variável Operacional:__________

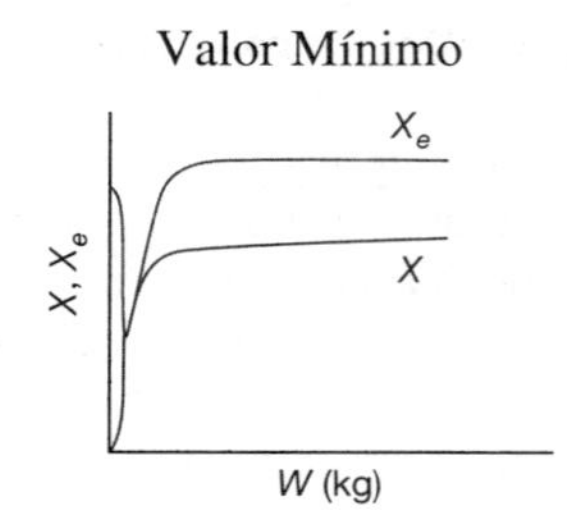

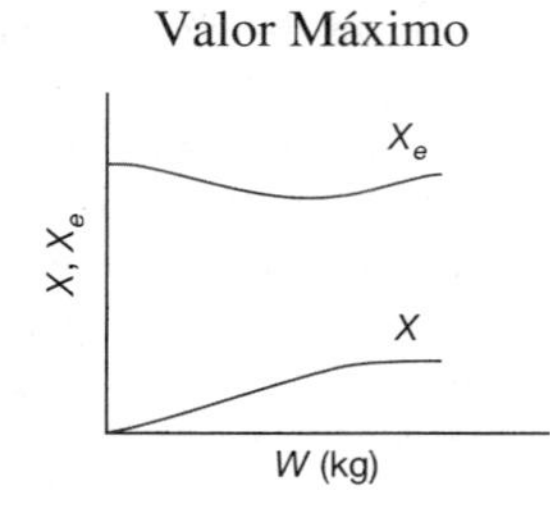

(b) Resposta Variável Operacional:__________

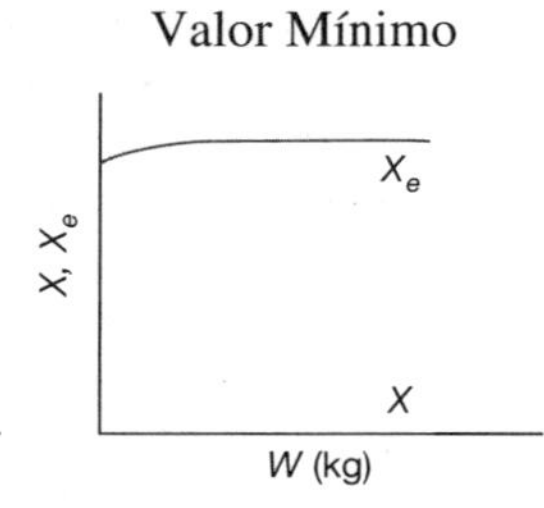

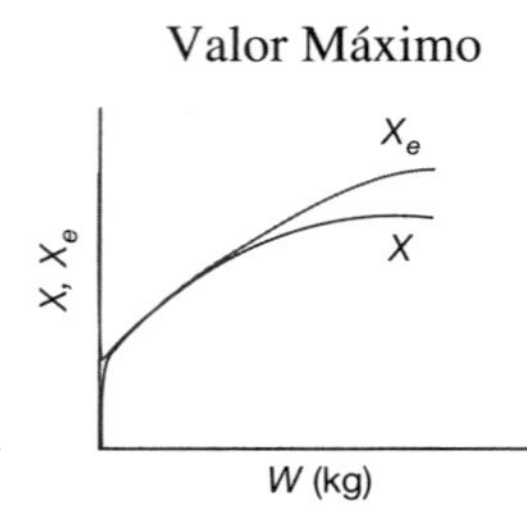

(c) Resposta Variável Operacional:__________

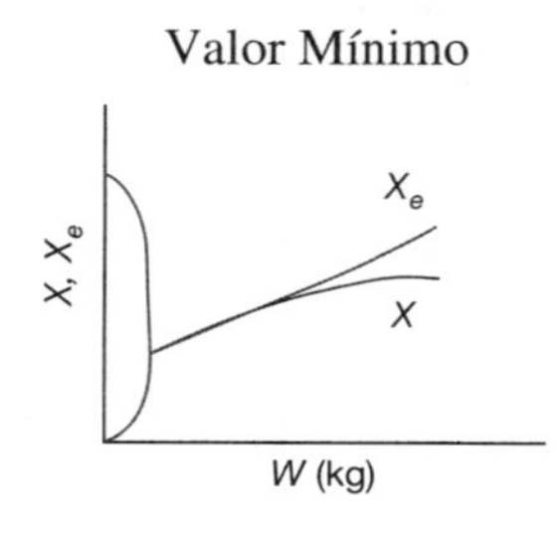

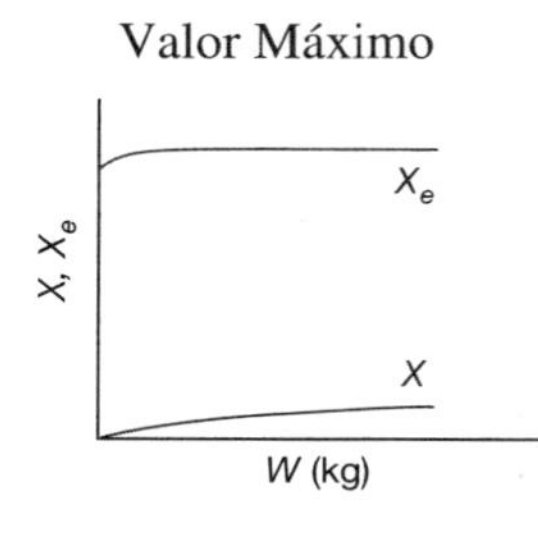

(d) Resposta Variável Operacional:__________

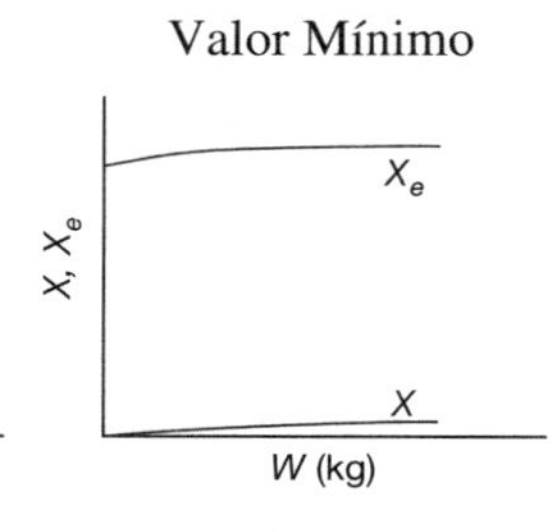

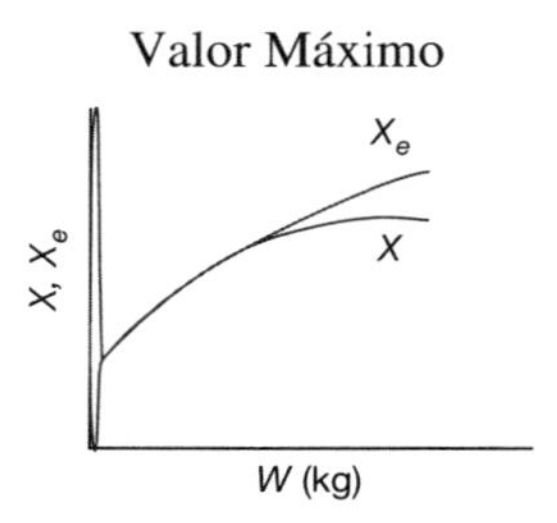

(e) Resposta Variável Operacional:__________

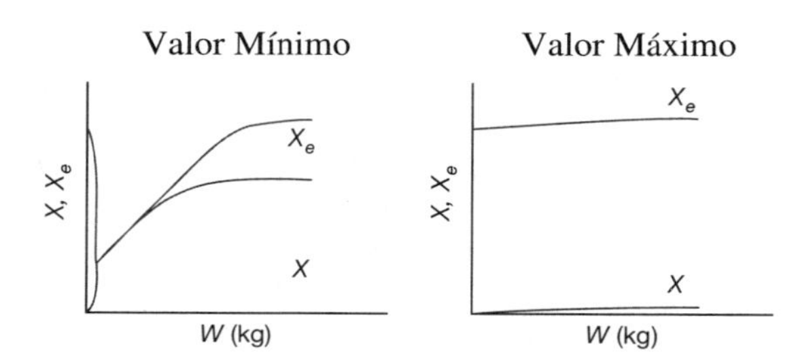

Jogos Interativos Computacionais

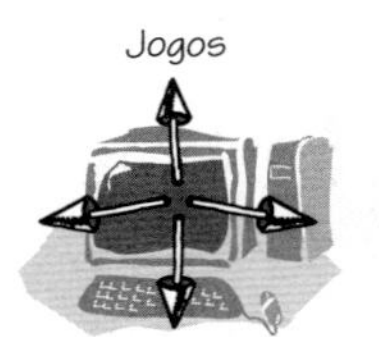

P12.4$_A$ Carregue os Jogos Interativos Computacionais (JIC) a partir do CRE *website*. Rode o módulo e então registre o seu número de desempenho para o módulo, que indica seu domínio do material. *Nota*: Para simulação **(b)**, faça somente os três primeiros reatores, uma vez que 4 ou mais reatores não funcionam.

(a) Desempenho para JIC sobre Efeitos Térmicos no Basquete 1 # ________________.

(b) Desempenho para JIC sobre Efeitos Térmicos na Simulaç ão 2 # ________________.

Antes de tentar jogar as simulações de JIC/Jogos Interativos Computacionais, certifique-se de primeiro passar pelas revisões para ver as equações *conversando* entre si.

Problemas

P12.5$_C$ **QEA** (Questões de Exames Antigos). **Problema de Segurança.** O texto seguinte foi extraído de *The norning News*, Wilmington, Delaware (3 de agosto de 1977): "Investigadores analisaram detalhadamente detritos da explosão em busca da causa [que destruiu a nova planta de óxido nitroso]. Um porta-voz da empresa disse que parece mais provável que a explosão [fatal] tenha sido causada por outro gás – nitrato de amônio – usado para produzir o óxido nitroso." Uma solução com 83% (em massa) de nitrato de amônio e 17% de água é alimentada a 200°F no CSTR operado a uma temperatura de cerca de 510°F. O nitrato de amônio fundido se decompõe diretamente para produzir óxido nitroso gasoso e vapor de água. Acredita-se que flutuações de pressão tenham sido observadas no sistema e, como resultado, a alimentação de nitrato de amônio fundido para o reator pode ter sido interrompida aproximadamente 4 min antes da explosão.

Suponha que no momento em que a alimentação do CSTR parou, havia 500 lb_m de nitrato de amônio no reator. A conversão no reator é considerada praticamente completa em torno de 99,99%.

Informações adicionais (aproximadas, porém próximas do caso real):

$$\Delta H^\circ_{Rx} = -336 \text{ Btu/lb}_m \text{ de nitrato de amônio a 500°F (constante)}$$

$$C_P = 0{,}38 \text{ Btu/lb}_m \text{ de nitrato de amônio} \cdot \text{°F}$$

$$C_P = 0{,}47 \text{ Btu/lb}_m \text{ de vapor d'água} \cdot \text{°F}$$

$$-r_A V = kC_A V = k\frac{M}{V}V = kM(\mathbf{lb_m/h})$$

em que M é a massa de nitrato de amônio no CSTR (lb_m) e k é dado pela relação a seguir.

T (°F)	510	560
k (h^{-1})	0,307	2,912

As entalpias da água e do vapor são

$$H_w(200°F) = 168 \text{ Btu/lb}_m$$

$$H_g(500°F) = 1202 \text{ Btu/lb}_m$$

(a) Você pode explicar a causa da explosão? *Sugestão*: Veja o Problema P13.3$_B$.

(b) Se, imediatamente antes de ser interrompida, a vazão de alimentação para o reator fosse de 310 lb_m de solução por hora, qual seria a temperatura exata no reator imediatamente antes de parar a alimentação? *Sugestão*: Em um mesmo gráfico, plote Q_r e Q_g em função da temperatura.

(c) Como você iniciaria ou encerraria a reação de forma controlada? *Sugestão*: Veja o Problema P13.2$_B$.

(d) Explore este problema e descreva o que você encontrou. Por exemplo, adicione um trocador de calor $UA(T - T_a)$, escolha os valores de UA e T_a e então plote $R(T)$ *versus* $G(T)$.

(e) Discuta o que você acredita ser o ponto-chave do problema. A ideia para este problema foi originada de um artigo de Ben Horowitz.

P12.6$_B$ **QEA** (*Questão de Exame Antigo*) – Tirado do *Teste para Engenheiros Profissionais da Califórnia*. A reação elementar endotérmica em fase líquida

$$A + B \rightarrow 2C$$

ocorre, substancialmente, até o seu término em um único reator continuamente agitado, com camisa de vapor (Tabela P12.6$_B$). A partir dos dados seguintes, calcule a temperatura do reator em estado estacionário:

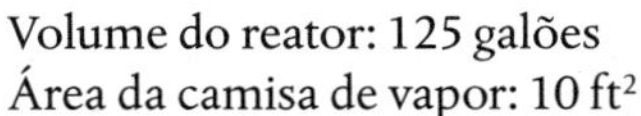

Volume do reator: 125 galões
Área da camisa de vapor: 10 ft^2
Vapor na camisa: 150 psig (temperatura de saturação = 365,9°F)
Coeficiente global de transferência de calor na camisa, U: 150 Btu/h · ft^2 · °F
Potência do eixo do agitador: 25 hp
Calor de reação, ΔH°_{Rx} = +20.000 Btu/lb-mol de A (independente da temperatura)

Tabela P12.6$_B$ Condições e Propriedades de Alimentação

	Componente		
	A	B	C
Carga de alimentação (lb-mol/h)	10,0	10,0	0
Temperatura de alimentação (°F)	80	80	—
Calor específico (Btu/lb-mol · °F)*	51,0	44,0	47,5
Peso Molecular	128	94	111
Massa específica (lb_m/ft^3)	63,0	67,2	65,0

* Independente da temperatura. (**Resp:** T = 199°F)
(Cortesia do California Board of Registration for Professional & Land Surveyors.)

P12.7$_B$ **QEA** (*Questão de Exame Antigo*). Use os dados do Problema P11.4$_A$ para a seguinte reação. A reação elementar irreversível em fase líquida orgânica

$$A + B \longrightarrow C$$

é levada adiabaticamente em um reator com escoamento. Uma alimentação equimolar, de A e B, entra a 27°C, sendo a vazão volumétrica igual a 2 dm³/s e C_A = 0,1 kmol/m³.

Informações adicionais:

$$H_A^\circ(273\text{ K}) = -20\text{ kcal/mol},\ H_B^\circ(273\text{ K}) = -15\text{ kcal/mol},\ H_C^\circ(273\text{ K}) = -41\text{ kcal/mol}$$

$$C_{P_A} = C_{P_B} = 15\text{ cal/mol}\cdot\text{K}\quad C_{P_C} = 30\text{ cal/mol}\cdot\text{K}$$

$$k = 0{,}01\ \frac{\text{dm}^3}{\text{mol}\cdot\text{s}}\ \text{em 300 K}\quad E = 10.000\text{ cal/mol}$$

$$Ua = 20\ \text{cal/m}^3/\text{s/K}\qquad \dot{m}_C = 50\ \text{g/s}$$

$$T_{a0} = 450\ \text{K}\qquad C_{P_{Refri}} = 1\ \text{cal/g/K}$$

(a) Calcule a conversão que pode ser atingida quando a reação ocorre adiabaticamente em um CSTR de 500 dm³ e então compare o resultado com dois CSTRs de 250 dm³ adiabáticos em série.

A reação reversível (item **(d)** do Problema P11.4$_A$) é agora conduzida em um PFR com trocador de calor. Faça o gráfico e analise X, X_e, T, T_a, Q_r, Q_g e a taxa, $-r_A$, para os seguintes casos:

(b) Temperatura do trocador de calor constante T_a

(c) Trocador de calor cocorrente T_a (**Resp**: Em V = 10 m³, X = 0,36 e T = 442 K)

(d) Trocador de calor em contracorrente T_a (**Resp**: Em V = 10 m³, X = 0,36 e T = 450 K)

(e) Operação adiabática

(f) Faça uma tabela comparando todos os seus resultados (por exemplo, X, X_e, T, T_a). Escreva um parágrafo, descrevendo o que encontrou.

(g) Faça o gráfico Q_r e T_a em função do V necessário para manter a operação isotérmica.

P12.8$_A$ A reação reversível em fase gasosa, como discutido no Problema P11.7$_B$

$$A \rightleftarrows B$$

é realizada sob alta pressão em um reator de leito fixo com queda de pressão. A alimentação consiste em ambos, inerte I e espécie A, com uma razão entre inerte e espécie A de 2 para 1. A vazão molar de entrada de A é 5 mol/min, a uma temperatura de 300 K e uma concentração de 2 mol/dm³. Trabalhe este problema em termos de volume. Sugestão: $V = W/\rho_B$, $r_A = \rho_B r'_A$.

Informações adicionais:

F_{A0} = 5,0 mol/min	T_0 = 300 K	$\Delta H_{Rx} = -20.000$ cal/mol	$\alpha\rho_b$ = 0,02 dm^{-3}
C_{A0} = 2 mol/dm³	T_1 = 300 K	K_C = 1.000 a 300 K	Refrigerante
C_I = 2 C_{A0}	k_1 = 0,1 min^{-2} a 300 K	C_{P_B} = 160 cal/mol/K	$\dot{m}_C$ = 50 mol/min
C_{P_I} = 18 cal/mol/K	Ua = 150 cal/dm³/min/K	ρ_B = 1,2 kg/dm³	$C_{P_{Refri}}$ = 20 cal/mol/K
C_{P_A} = 160 cal/mol/K	T_{a0} = 300 K		
E = 10.000 cal/mol	V = 40 dm³		

Faça um gráfico e então analise os perfis de X, X_e, T, T_a e da taxa $(-r_A)$ em um PFR para os seguintes casos. Em cada caso, explique por que as curvas parecem do jeito que elas são.

(a) Transferência de calor cocorrente.

(b) Transferência de calor em contracorrente. (***Resp.:*** Quando $V = 20\ dm^3$, $X = 0{,}86$ e $X_e = 0{,}94$.)

(c) Trocador de calor com T_a constante.

(d) Compare e confronte cada um dos resultados anteriores e os resultados para operação adiabática (por exemplo, faça um gráfico ou uma tabela de X e X_e obtidos em cada caso).

(e) Varie alguns parâmetros, por exemplo $(0 < \Theta_I < 10)$, e descreva o que encontrou.

(f) Plote Q_r e T_a em função do V necessário para manter a operação isotérmica.

P12.9$_A$ Algoritmo para reação em um PBR com efeitos térmicos e queda de pressão

A reação elementar em fase gasosa

$$A + B \rightleftarrows 2C$$

no Problema P11.8$_B$ é agora continuada e ocorre em um reator de leito fixo. As vazões molares são $F_{A0} = 5{,}0$ mol/s, $F_{B0} = 2F_{A0}$ e $F_I = 2F_{A0}$ com $C_{A0} = 0{,}2$ mol/ dm^{-3}. A temperatura de entrada é 325 K e um fluido refrigerante está disponível a 300 K.

Informações adicionais:

$C_{P_A} = C_{P_B} = C_{P_C} = 20$ cal/mol/K $\qquad k = 0{,}0002 \dfrac{dm^6}{kg \cdot mol \cdot s}$ a 300 K

$C_{P_A} = 18$ cal/mol/K $\qquad \alpha = 0{,}00015\ kg^{-1} \qquad Ua = 320 \dfrac{Cal}{s \cdot m^3 \cdot K}$

$E = 25 \dfrac{kcal}{mol} \qquad \dot{m}_C = 18$ mol/s $\qquad \rho_b = 1.400 \dfrac{kg}{m^3}$

$\Delta H_{Rx} = -20 \dfrac{kcal}{mol}$ a 298 K $\qquad C_{P_{Cool}} = 18$ cal/mol (refrigerante)

$K_C = 1.000$ a 305 K

Faça um gráfico de X, X_e, T, T_a e $-r_A$ ao longo do comprimento do PFR para os seguintes casos:

(a) Transferência de calor cocorrente

(b) Transferência de calor em contracorrente

(c) Trocador de calor com T_a constante

(d) Compare e confronte seus resultados para **(a)**, **(b)** e **(c)** juntamente com aqueles para operação adiabática e escreva um parágrafo, descrevendo o que você encontrou.

P12.10$_B$ Use os dados e reação dos Problema P11.4$_A$ e P12.7$_B$ para a seguinte reação:

$$A + B \longrightarrow C + D$$

(a) Faça um gráfico e então analise a conversão, Q_r, Q_g e os perfis de temperatura para um reator PFR, de volume de 10 dm^3, para o caso em que a reação for reversível com $K_C = 10\ m^3$/kmol a 450 K. Plote e analise o perfil de conversão de equilíbrio.

(b) Repita **(a)** quando um trocador de calor for acrescentado, $U_a = 20$ cal/m^3/s/K, e a temperatura de refrigerante for constante e igual a $T_a = 450$ K.

(c) Repita **(b)** para ambos os trocadores de calor, cocorrente e em contracorrente. A vazão de refrigerante é 50 g/s, $C_{Pc} = 1$ cal/g·K, a temperatura de refrigerante na entrada é $T_{a0} = 450$ K. Varie a vazão de refrigerante $(10 < \dot{m}_c < 1.000$ g/s).

(d) Plote Q_r e T_a em função do V necessário para manter a operação isotérmica.

(e) Compare suas respostas de **(a)** a **(d)** e descreva o que você encontrou. Que generalizações você pode fazer?

(f) Repita **(c)** e **(d)** quando a reação é irreversível, mas endotérmica com $\Delta H_{Rx} = 6.000$ cal/mol. Escolha $T_{a0} = 450$ K.

P12.11$_B$ **QEA** (Questão de Exame Antigo). Use os dados dos Problemas P11.4$_A$ e P12.7$_B$ para o caso em que o calor é removido por um trocador de calor encamisando o reator. A vazão de refrigerante através da camisa é suficientemente alta, de modo que a temperatura interna do trocador é constante, $T_{a0} = 50$°C.

$$A + B \longrightarrow C$$

(a) **(1)** Faça um gráfico dos perfis de temperaturas de conversão, Q_r e Q_g, para um PBR com

$$\frac{Ua}{\rho_b} = 0{,}08\ \frac{J}{s \cdot kg\text{-}cat \cdot K}$$

em que

ρ_b = massa específica aparente do catalisador (kg/m³)

a = área de transferência de calor por unidade de volume de reator (m²/m³)

U = coeficiente global de transferência de calor (J/s · m² · K).

(2) Como os perfis mudariam, se U_a/ρ_b fosse aumentado por um fator de 3.000?
(3) E se houvesse uma queda de pressão com α = 0,019 kg⁻¹?

(b) Repita o item (**a**) para ambos os escoamentos, cocorrente e contracorrente, e operação adiabática com $\dot{m}_c$ = 0,2 kg/s, C_{Pc} = 5.000 J/kg · K, e uma temperatura de entrada do refrigerante de 50°C.

(c) Encontre X e T para um CSTR "fluidizado" com 80 kg de catalisador.

$$UA = 500 \frac{\text{J}}{\text{s} \cdot \text{K}}, \qquad \rho_b = 1 \text{ kg/m}^3$$

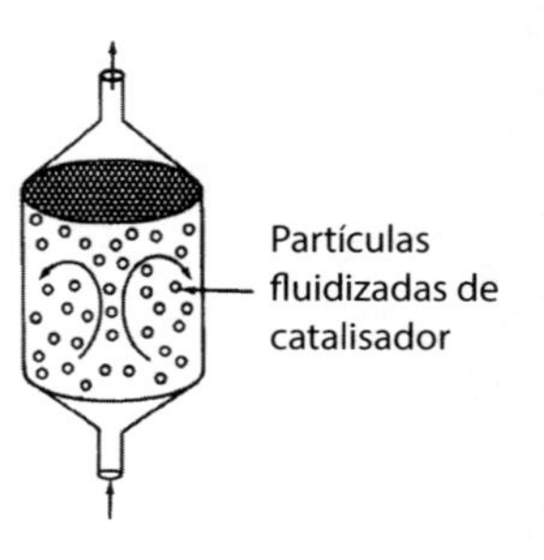

(d) Repita os itens (**a**) e (**b**) para W = 80,0 kg, considerando uma reação reversível com uma constante de taxa reversa de

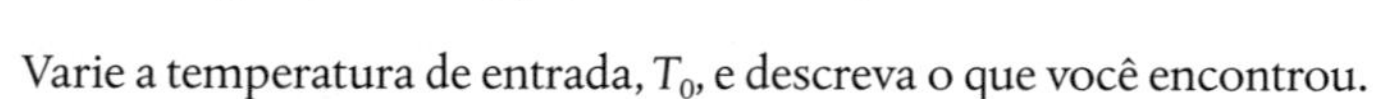

$$k_r = 0{,}2 \exp\left[\frac{E_r}{R}\left(\frac{1}{450} - \frac{1}{T}\right)\right]\left(\frac{\text{dm}^6}{\text{kg-cat} \cdot \text{mol} \cdot \text{s}}\right); \qquad E_r = 51{,}4 \text{ kJ/mol}$$

Varie a temperatura de entrada, T_0, e descreva o que você encontrou.

(e) Use ou modifique os dados deste problema para sugerir outra questão ou cálculo. Explique por que sua questão requer raciocínio crítico ou criativo. Veja o Prefácio da Seção G e *http://websites.umich.edu/~scps/*.

P12.12$_C$ Deduza o balanço de energia para um reator de leito fixo com membrana. Aplique o balanço para a reação do Problema P11.5$_A$,

$$A \rightleftarrows B + C$$

para o caso em que ela é reversível, com K_C = 1,0 mol/dm³/k a 300 K. A espécie C se difunde para fora através da membrana com k_C = 1,5 s⁻¹.

(a) Faça um gráfico e analise os perfis de concentrações para diferentes valores de K_C, quando a reação ocorrer adiabaticamente.

(b) Repita o item **(a)** para o caso em que o coeficiente de transferência de calor for U_a = 30 J/s·kg-cat·K, com T_{a0} = 50°C.

P12.13$_B$ **QEA** (*Questão de Exame Antigo*). Circule a resposta correta.

(a) A isomerização reversível elementar de A para B foi realizada em um reator de leito fixo. Os seguintes perfis foram obtidos:

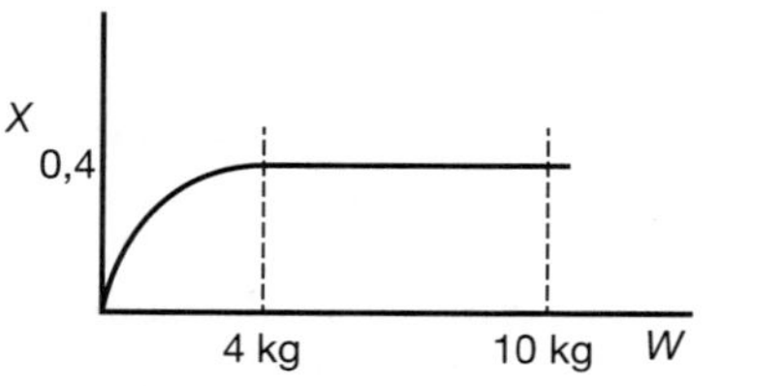

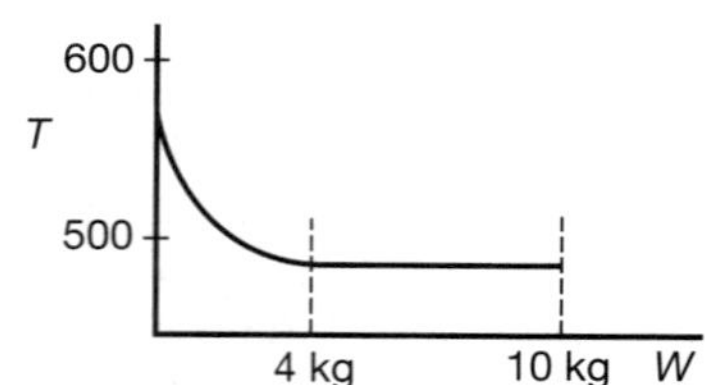

Se a vazão volumétrica total de entrada permanecer constante, a adição de inertes na corrente de alimentação provavelmente

A) Aumentará a conversão
B) Diminuirá a conversão
C) Não terá efeito
D) Informação insuficiente para responder

(b)

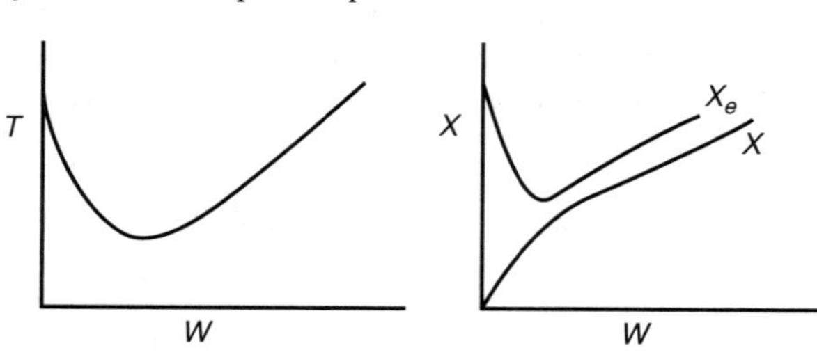

Quais das seguintes afirmações são verdadeiras?

A) A reação anterior poderia ser adiabática.

B) A reação anterior poderia ser exotérmica com temperatura de resfriamento constante.

C) A reação anterior poderia ser endotérmica com temperatura de aquecimento constante.

D) A reação anterior poderia ser de segunda ordem.

(c) A conversão é mostrada a seguir como uma função do peso do catalisador ao longo de um PBR.

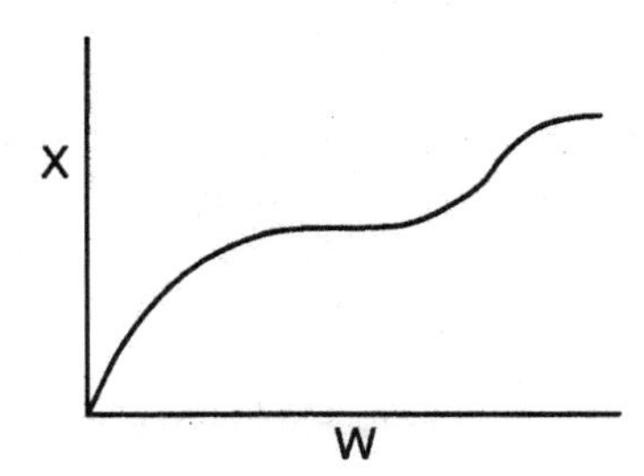

Quais das seguintes afirmações são falsas?

A) A reação poderia ser endotérmica de primeira ordem e conduzida adiabaticamente.

B) A reação poderia ser endotérmica de primeira ordem e o reator aquecido ao longo do comprimento, com T_a sendo constante.

C) A reação poderia ser exotérmica de segunda ordem e o reator sendo resfriado ao longo do comprimento, com T_a sendo constante.

D) A reação poderia ser exotérmica de segunda ordem e conduzida adiabaticamente.

E) A reação poderia ser irreversível.

Para ver mais problemas de conceito similar a (**a**)-(**c**) anteriormente, visite o *site* http://www.umich.edu/~elements/6e/12chap/iclicker_ch12_q1.html

P12.14$_A$ **QEA** (*Questão de Exame Antigo*). A reação irreversível

$$A + B \longrightarrow C + D$$

ocorre adiabaticamente em um CSTR. As curvas de "calor gerado" $G(T)$ e de "calor removido" $R(T)$ são mostradas na Figura P12.14$_A$.

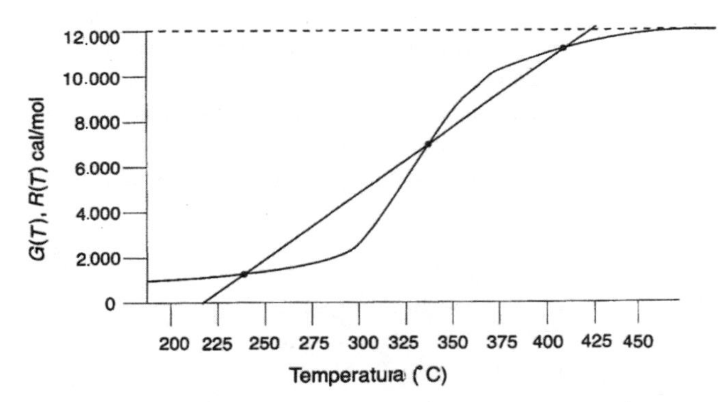

Figura P12.14$_A$ Curvas de calor removido $R(T)$ e calor "gerado" $G(T)$.

(a) Qual é o ΔH_{Rx} da reação?

(b) Quais são as temperaturas de ignição e de extinção na entrada?

(c) Quais são todas as temperaturas no reator que correspondem às temperaturas de ignição e de extinção?

(d) Quais são as conversões nas temperaturas de ignição e de extinção?

P12.15$_B$ A reação de primeira ordem, irreversível, exotérmica, em fase líquida

$$A \rightarrow B$$

ocorre em um CSTR encamisado. A espécie A e um inerte I são alimentados em um reator em quantidades equimolares. A taxa molar de alimentação de A é 80 mol/min.

Informações adicionais:

Calor específico do inerte: 30 cal/gmol · °C	$\tau = 100$ min
Calor específico de A e de B: 20 cal/gmol · °C	$\Delta H_{Rx} = -7.500$ cal/mol
$Ua = 8.000$ cal/min · °C	$k = 6{,}6 \times 10^{-3}$ m^{-1} a 350 K
Temperatura ambiente, T_a: 300 K	$E = 40.000$ cal/mol K

(a) Qual é a temperatura do reator para uma temperatura de alimentação de 450 K?
(b) Faça um gráfico e analise a temperatura do reator em função da temperatura de alimentação.
(c) Para qual temperatura de entrada o fluido tem de ser preaquecido para o reator operar a uma alta conversão? Quais são a temperatura e a conversão do fluido no CSTR, correspondentes a essa temperatura de entrada?
(d) Suponha que o fluido esteja agora aquecido 5°C acima da temperatura do item **(c)** e então resfriado 20°C, aí permanecendo. Qual será a conversão?
(e) Qual é a temperatura de extinção na entrada para esse sistema reacional? (***Resp.***: T_0 = 87°C)

P12.16$_B$ A reação elementar reversível em fase líquida

$$A \rightleftarrows B$$

ocorre em um CSTR com um trocador de calor. A puro entra no reator.

(a) Deduza uma expressão (ou conjunto de expressões) para calcular $G(T)$ em função do calor de reação, da constante de equilíbrio, da temperatura e assim por diante. Mostre um cálculo simples para $G(T)$ a T = 400 K.
(b) Quais são as temperaturas de estado estacionário? (***Resp.***: 310, 377, 418 K.)
(c) Quais estados estacionários são localmente estáveis?
(d) Qual é a conversão correspondente ao estado estacionário superior?
(e) Varie a temperatura ambiente T_a e faça um gráfico da temperatura do reator em função de T_a, identificando as temperaturas de ignição e de extinção.
(f) Se o trocador de calor do reator falhasse repentinamente (isto é, UA = 0), qual seria a conversão e qual seria a temperatura do reator quando o novo estado estacionário superior fosse atingido? (***Resp.:*** 431 K.)
(g) Que valor de UA dará a máxima conversão?
(h) Escreva uma pergunta que requeira raciocínio crítico e então explique por que sua pergunta requer raciocínio crítico. *Sugestão*: Veja a Seção G no Prefácio.
(i) Qual é a vazão de ruptura adiabática, υ_0?
(j) Suponha que você queira operar no estado estacionário inferior. Que valores dos parâmetros você sugeriria para prevenir uma situação fora de controle, por exemplo, SS superior?

Informações adicionais:

$UA = 3.600$ cal/min·K	$E/R = 20.000$ K
$C_{PA} = C_{PB} = 40$ cal/mol·K	$V = 10$ dm^3
$\Delta H^\circ_{Rx} = -80.000$ cal/mol de A	$\upsilon_0 = 1$ dm^3/min
$K_C = 100$ a 400 K	$F_{A0} = 10$ mol/min
$k = 1$ m^{-1} a 400 K	
Temperatura ambiente, $T_a = 37$°C	Temperatura de alimentação, $T_0 = 7$°C

P12.17$_B$ **QEA** (*Questão de Exame Antigo*). A reação reversível em fase líquida

$$A \rightleftarrows B$$

ocorre em um CSTR de 12 dm^3 com um trocador de calor. As temperaturas de entrada, T_0, e do fluido de transferência de calor, T_a, são ambas 330 K. Uma mistura equimolar de inerte e A entra no reator.

(a) Escolha uma temperatura, T, e execute os cálculos para encontrar $G(T)$ para mostrar que seus cálculos concordam com o valor correspondente de $G(T)$ na curva mostrada na Figura P12.17$_B$ na temperatura escolhida.
(b) Encontre a conversão e a temperatura na saída de um CSTR. X = _____ T = _____ Respostas
(c) Que temperatura de entrada T_0 daria a máxima conversão? T_0 = _____ X = _____
(d) Quais seriam a conversão e a temperatura na saída, se o sistema de transferência de calor falhasse (isto é, U = 0)?

(e) Você poderia encontrar as temperaturas de ignição e de extinção na entrada? Se sim, quais são elas? Se não, passe para o próximo problema.

(f) Use a Seção G do Prefácio para formular outra questão.

Informações adicionais:

A curva $G(T)$ para essa reação é mostrada na Figura P12.17$_B$.

$C_{PA} = C_{PB} = 100$ cal/mol·K, $C_{PI} = 150$ cal/mol·K — $k = 0{,}001$ h^{-1} a 300 K, com $E = 30.000$ cal/mol

$F_{A0} = 10$ mol/h, $C_{A0} = 1$ mol/dm^3, $\upsilon_0 = 10$ dm^3/h — $K_C = 5.000.000$ a 300 K

$\Delta H_{Rx} = -42.000$ cal/mol — $UA = 5.000$ cal/h/K

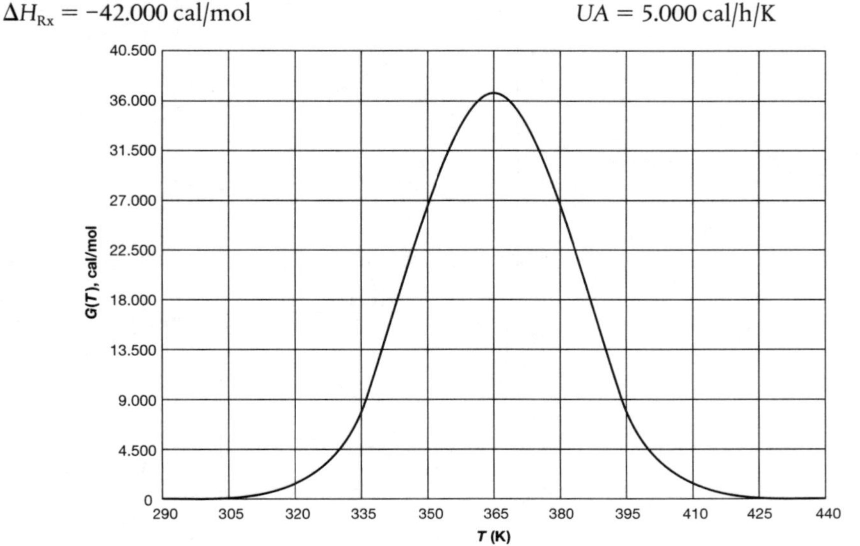

Figura P12.17$_B$ Curva de calor removido, $G(T)$, para reação reversível.

P12.18$_C$ A reação elementar em fase gasosa

$$2A \rightleftarrows C$$

é conduzida em um reator de leito fixo. A puro entra no reator a 450 K a uma vazão de 10 mol/s e uma concentração de 0,25 mol/dm^3. O PBR contém 90 kg de catalisador e é cercado por um trocador de calor com fluido refrigerante a 500 K. Compare a conversão atingida para os quatro tipos de operação do trocador de calor: adiabático, T_a constante, escoamento cocorrente e escoamento em contracorrente.

Informações adicionais:

$\alpha = 0{,}019$/kg-cat — $C_{Pc} = 20$ J/mol/K

$Ua/\rho_b = 0{,}8$ J/kg-cat·s·K — $F_{A0} = 10$ mol/h

$\Delta H^\circ_{Rx} = -20.000$ J/mol — $C_{A0} = 1$ mol/dm^3

$C_{PA} = 40$ J/mol·K — $\upsilon_0 = 10$ dm^3/h

P12.19$_C$ Uma reação deve ser feita no reator de leito fixo, mostrado na Figura P12.19$_C$.

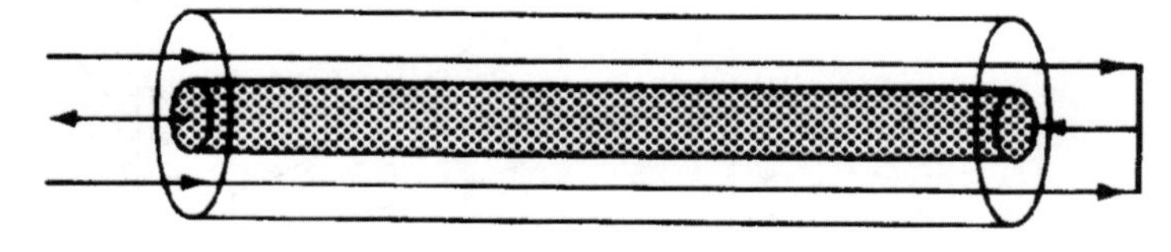

Figura P12.19$_C$ PFR com transferência de calor.

Os reagentes entram no espaço anular entre um tubo externo isolado e um tubo interno contendo o catalisador. Nenhuma reação ocorre na região anular. Ao longo do comprimento do reator, ocorre transferência de calor entre o gás nesse reator de leito fixo e o gás escoando em contracorrente no espaço anular. O coeficiente global de transferência de calor é 5 W/m^2 · K. Faça um gráfico da conversão e da temperatura em função do comprimento do reator para os dados fornecidos no Problema P12.7$_B$.

P12.20$_B$ QEA (*Questão de Exame Antigo*). A reação

$$A + B \rightleftarrows 2C$$

é realizada em um reator de leito fixo. Associe os seguintes perfis de temperatura e de conversão para os quatro diferentes casos de troca de calor: adiabático, T_a constante, transferência cocorrente e transferência em contracorrente.

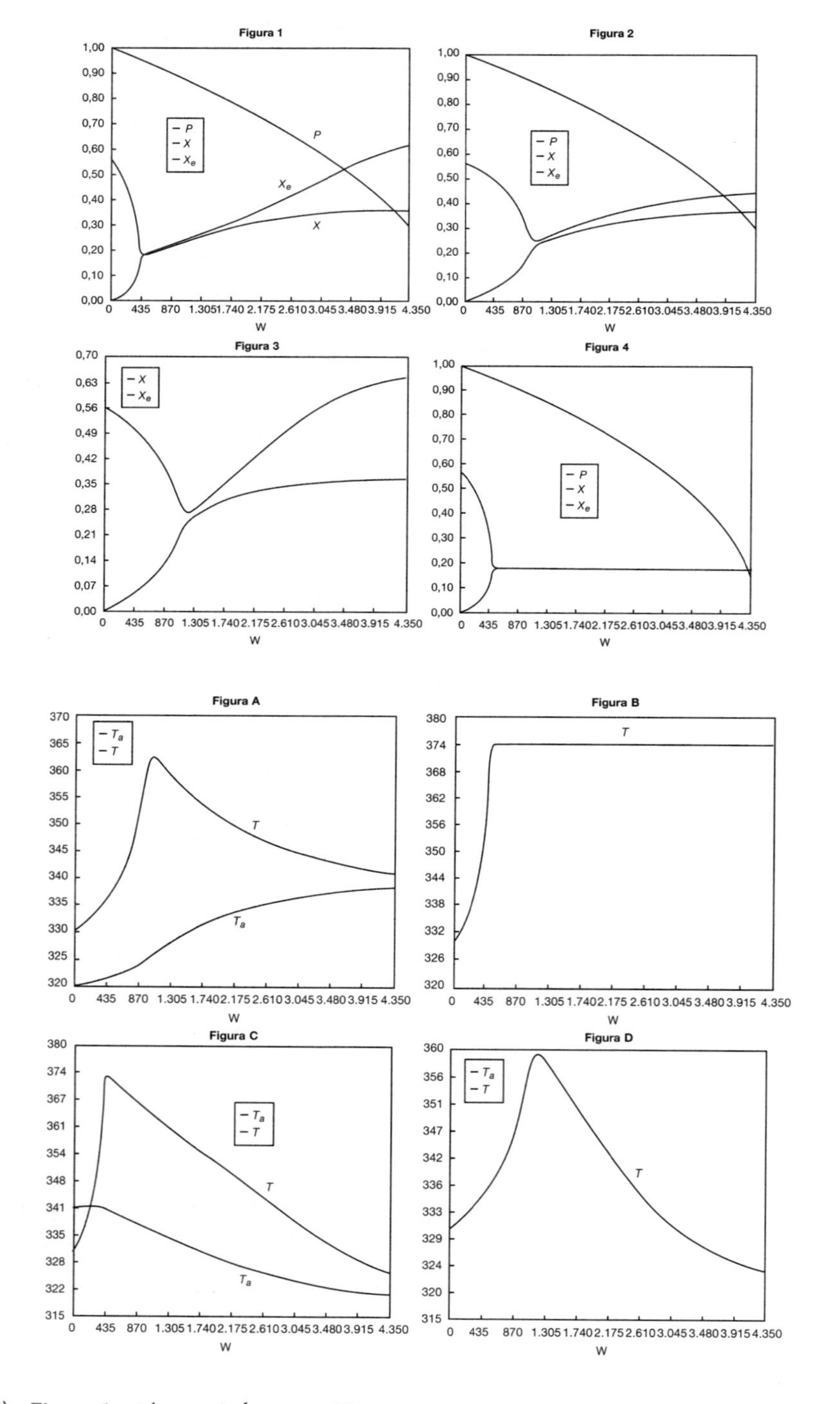

(a) Figura 1 está associada com a Figura_____________
(b) Figura 2 está associada com a Figura_____________
(c) Figura 3 está associada com a Figura_____________
(d) Figura 4 está associada com a Figura_____________

P12.21$_B$ **QEA** (*Questão de Exame Antigo*). Também um Problema do Hall da Fama. As reações irreversíveis em fase líquida

Reação (1) $A + B \rightarrow 2C$ $r_{1C} = k_{1C}C_AC_B$

Reação (2) $2B + C \rightarrow D$ $r_{2D} = k_{2D}C_BC_C$

ocorrem em um PFR com trocador de calor. Os perfis de temperaturas mostrados na Figura P12.21$_B$ foram obtidos para o reator e a corrente de refrigerante.

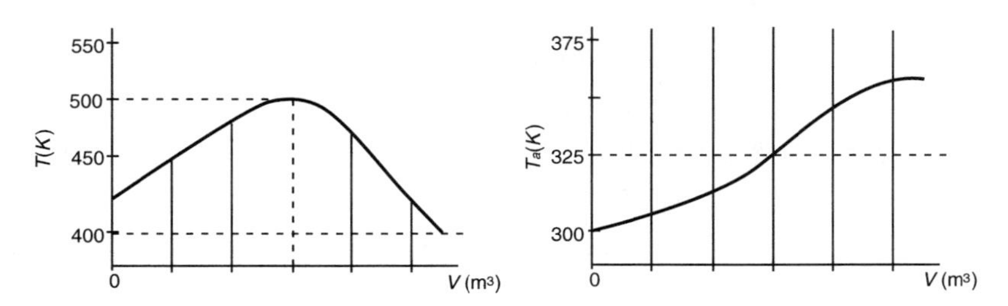

Figura P12.21$_B$ Perfis de temperatura do reagente, T, e do refrigerante, T_a.

As concentrações de A, B, C e D foram medidas em um ponto ao longo do reator, onde a temperatura do líquido, T, atingiu um máximo, e encontradas como sendo $C_A = 0{,}1$, $C_B = 0{,}2$, $C_C = 0{,}5$, e $C_D = 1{,}5$, todas em mol/dm³. O produto entre o coeficiente global de transferência de calor e a área do trocador de calor por unidade de volume, Ua, é 10 ca/s·dm³·K. A vazão molar de alimentação de A é 10 mol/s.

Informações adicionais:

$C_{P_A} = C_{P_B} = C_{P_C} = 30$ cal/mol/K $\quad C_{P_D} = 90$ cal/mol/K, $C_{P_I} = 100$ cal/mol/K

$\Delta H^\circ_{Rx1A} = -50.000$ cal/molA $\quad k_{1C} = 0{,}043 \dfrac{dm^3}{mol \cdot s}$ a 400 K

$\Delta H^\circ_{Rx2B} = +5.000$ cal/molB $\quad k_{2D} = 0{,}4 \dfrac{dm^3}{mol \cdot s}$ em 500 K, com $\dfrac{E}{R} = 5.000$ K

(a) Qual é a energia de ativação para a Reação (1)?

P12.22$_B$ As seguintes reações elementares são realizadas em um PFR com transferência de calor com T_a constante:

$$2A + B \rightarrow C \quad \Delta H_{Rx1B} = -10 \frac{kJ}{mol\ B}$$

$$A \rightarrow D \quad \Delta H_{Rx2A} = +10 \frac{kJ}{mol\ A}$$

$$B + 2C \rightarrow E \quad \Delta H_{Rx3C} = -20 \frac{kJ}{mol\ C}$$

Todos os reagentes entram a 400 K. Apenas A e B entram no reator. As concentrações de entrada de A e B são 3 molar e 1 molar em uma vazão volumétrica de 10 dm³/s.

Informações adicionais

$Ua = 100$ J/dm³/s/K $\quad C_{P_A} = 10$ J/mol/K

$k_{1A}(400\ K) = 1{,}0 \left(\dfrac{dm^3}{mol}\right)^2 /s \quad C_{P_B} = 20$ J/mol/K

$C_{P_C} = 40$ J/mol/K

$k_{2A}(400\ K) = 1{,}333\ s^{-1} \quad C_{P_D} = 20$ J/mol/K

$k_{3B}(400\ K) = 2 \left(\dfrac{dm^3}{mol}\right)^2 /s \quad C_{P_E} = 100$ J/mol/K

Que temperatura constante de refrigerante, T_a, é necessária de modo que na entrada do reator, ou seja, $V = 0$, $\dfrac{dT}{dV} = 0$?

P12.23$_B$ As reações complexas em fase gasosa são elementares

$$(1)\ 2A \rightleftarrows 2B \qquad -r_{1A} = k_{1A}\left[C_A^2 - \frac{C_B}{K_{CA}}\right] \qquad \Delta H_{Rx1A} = -20\ \text{kJ/mol A}$$

$$(2)\ 2B + A \rightarrow C \qquad r_{2C} = k_{2C}[C_B^2\ C_A] \qquad \Delta H_{Rx2B} = +30\ \text{kJ/mol B}$$

e ocorrem em um PFR com trocador de calor. A puro entra a uma taxa de 5 mol/min, com uma concentração de 0,2 mol/dm³ e a uma temperatura de 300 K. A temperatura de entrada de um refrigerante disponível é 320 K.

Informações adicionais:

$k_{1A1} = 50$ dm³/mol · min a 305 K, com $E_1 = 8.000$ J/mol

$k_{2C2} = 4.000$ dm⁹/mol³ · min a 310 K, com $E_2 = 4.000$ J/mol

$K_{CA} = 10$ dm³/mol a 315 K

Nota: Essa é a constante de equilíbrio com relação a A na reação 1 quando a equação de van't Hoff é usada, ou seja, (R12.4),

$$Ua = 200\ \frac{J}{dm^3 \cdot min\ K} \qquad C_{P_{Refri}} = 10\ J/mol/K \qquad C_{P_B} = 80\ J/mol/K \qquad C_{P_C} = 100\ J/mol/K$$

$$\dot{m}_C = 50\ g/min \qquad C_{P_A} = 20\ J/mol/K \qquad R = 8{,}31\ J/mol/K$$

O volume do reator é 10 dm³.

(a) Plote (F_A, F_B, F_C) em um único gráfico e (T e T_a), em outro, ao longo do reator, para operação adiabática, para transferência de calor com T_a constante e para transferência de calor cocorrente e em contracorrente com T_a variável. Basta ativar uma cópia do seu código e saída para troca cocorrente.

Operação adiabática

(b) Qual é a temperatura máxima e em qual volume de reator ela é atingida?

(c) Em que volume de reator a vazão molar de B é máxima e qual é a $F_{Bmáx}$ nesse valor?

T_a constante

(d) Qual é a temperatura máxima e em qual volume de reator ela é atingida?

(e) Em que volume de reator a vazão molar de B é máxima e qual é a $F_{Bmáx}$ nesse volume?

Transferência cocorrente

(f) Em que volume de reator, T_a torna-se maior que T? Por que ela se torna maior?

Transferência em contracorrente

(g) Em que volume de reator T_a torna-se maior que T?

Dica: Suponha T_a na entrada em torno de 350 K.

P12.24$_B$ As reações elementares em fase líquida

$$(1)\quad A + 2B \longrightarrow 2C$$

$$(2)\quad A + C \longrightarrow 2D$$

ocorrem adiabaticamente em um PFR de10 dm³. Após a mistura das correntes A e B, a espécie A entra no reator a uma concentração de $C_{A0} = 2$ mol/dm³ e a espécie B a uma concentração de 4 mol/dm³. A vazão volumétrica de entrada é 10 dm³/s.

Supondo que você possa variar a temperatura de entrada entre 300 K e 600 K, que temperatura de entrada você recomendaria para maximizar a concentração da espécie C saindo do reator? (±25° K). Considere que todas as espécies têm a mesma densidade.

Informações adicionais:

$$C_{P_A} = C_{P_B} = 20\ cal/mol/K, C_{P_C} = 60\ cal/mol/K, C_{P_D} = 80\ cal/mol/K$$

$$\Delta H_{Rx1A} = 20.000\ cal/mol\ A,\ \Delta H_{Rx2A} = -10.000\ cal/mol\ A$$

$$k_{1A} = 0{,}001 \frac{dm^6}{mol^2 \cdot s}\ \text{em 300 K com } E = 5.000\ cal/mol$$

$$k_{2A} = 0{,}001 \frac{dm^3}{mol \cdot s}\ \text{em300 K com } E = 7.500\ cal/mol$$

P12.25$_C$ QAPC (*Questão Antiga Para Casa*). **Reações múltiplas com efeitos térmicos.** Xileno tem três isômeros principais: *m*-Xileno (A), *o*-xileno (B) e *p*-xileno (C). Quando *m*-xileno (A) é passado sobre um catalisador Cryotite, as seguintes reações elementares são observadas. A reação para formar o *p*-xileno é irreversível:

A (meta) $\underset{k_2}{\overset{k_1}{\rightleftarrows}}$ B (orto) $\xrightarrow{k_3}$ C (para)

Inscrição pendente para o Hall da Fama de Problemas

A alimentação do reator é de *m*-xileno (A) puro. Para uma taxa total de alimentação de 2 mol/min e para as condições de reação apresentadas a seguir, faça um gráfico da temperatura e das taxas molares de cada espécie em função da massa de catalisador até um peso de 100 kg.

(a) Plote a concentração de cada um dos xilenos ao longo (isto é, *V*) de um reator PBR.
(b) Encontre a menor concentração de *o*-xileno atingida no reator.
(c) Encontre a concentração máxima de *o*-xileno no reator.
(d) Repita o item **(a)** para uma alimentação pura de *o*-xileno (B). Qual é a concentração máxima de *m*-xileno e onde ela ocorre no reator?
(e) Varie alguns dos parâmetros do sistema e descreva o que você aprendeu.
(f) O que você acredita ser o ponto-chave deste problema?

Informações adicionais:[8]

Todos os calores específicos são praticamente os mesmos: 100 J/mol K.

$C_{T0} = 2\ \text{mol/dm}^3$	$K_C = 10 \exp[4{,}8(430/T - 1{,}5)]$
$\Delta H^\circ_{Rx10} = -1.800\ \text{J/mol } o\text{-xileno}$	$T_0 = 330\ \text{K} \quad T_a = 500\ \text{K}$
$\Delta H^\circ_{Rx30} = -1.100\ \text{J/mol } o\text{-xileno}$	$k_2 = k_1/K_C$
$k_1 = 0{,}5 \exp[2(1 - 320/T)]\ \text{dm}^3/\text{kg-cat}\cdot\text{min}$, (*T* está em K)	$Ua/\rho_b = 16\ \text{J/kg-cat}\cdot\text{min}\cdot{}^\circ\text{C}$
$k_3 = 0{,}005 \exp\{[4{,}6(1 - (460/T))]\}\ \text{dm}^3/\text{kg-cat}\cdot\text{min}$	$W = 100\ \text{kg}$

P12.26$_C$ QAPC (*Questão Antiga Para Casa*) **Problema abrangente em reações múltiplas com efeitos térmicos.** Estireno pode ser produzido a partir de etilbenzeno, pela seguinte reação:

$$\text{etilbenzeno} \longleftrightarrow \text{estireno} + H_2 \qquad (1)$$

No entanto, algumas reações paralelas irreversíveis podem ocorrer:

$$\text{etilbenzeno} \longrightarrow \text{benzeno} + \text{etileno} \qquad (2)$$

$$\text{etilbenzeno} + H_2 \longrightarrow \text{tolueno} + \text{metano} \qquad (3)$$

(J. Snyder and B. Subramaniam, *Chem. Eng. Sci.*, 49, 5585 (1994).) Etilbenzeno é alimentado a uma taxa de 0,00344 kmol/s para um PFR (PBR) de 10,0 m³, juntamente com vapor de água inerte, a uma pressão total de 2,4 atm. A razão molar vapor/etilbenzeno é inicialmente, ou seja, itens (a) a (c), 14,5:1, porém pode ser variada.

Fornecidos os dados a seguir, encontre as vazões molares de saída de estireno, benzeno e tolueno, juntamente com $\tilde{S}_{E/BT}$, para as seguintes temperaturas de entrada, quando o reator é operado adiabaticamente:

[8] Obtidas de medidas sem viscosidade (*inviscid pericosity measurements*).

(a) $T_0 = 800$ K
(b) $T_0 = 930$ K
(c) $T_0 = 1.100$ K
(d) Encontre a temperatura ideal de entrada para a produção de estireno, para uma razão vapor/etilbenzeno de 58:1. *Dica*: Faça um gráfico da vazão molar de estireno *versus* T_0. Explique por que sua curva se mostra da forma apresentada.
(e) Encontre a razão ideal vapor/etilbenzeno para a produção de estireno a 900 K. *Dica*: Veja o item **(d)**.
(f) Propõe-se adicionar um trocador de calor contracorrente, com $Ua = 100$ kJ/m³/min/K, sendo T_a praticamente constante a 1.000 K. Para uma razão de entrada entre vapor e etilbenzeno de 20, qual sua sugestão de temperatura de entrada? Faça um gráfico das vazões molares e de $\tilde{S}_{E/BT}$.
(g) O que você acredita serem os pontos-chave deste problema?
(h) Formule outra questão ou sugira outro cálculo que possa ser feito para este problema.

Nota: *Sempre que ensino Engenharia de Reações Químicas, uso esse problema.*

Informações adicionais:

Calores Específicos

Metano	68 J/mol·K	Estireno	273 J/mol·K
Etileno	90 J/mol·K	Etilbenzeno	299 J/mol·K
Benzeno	201 J/mol·K	Hidrogênio	30 J/mol·K
Tolueno	249 J/mol·K	Vapor	40 J/mol·K

$\rho = 2.137$ kg/m³ de pastilha (*pellet*)

$\phi = 0{,}4$

$\Delta H^{\circ}_{Rx1EB} = 118.000$ kJ/kmol de etilbenzeno

$\Delta H^{\circ}_{Rx2EB} = 105.200$ kJ/kmol de etilbenzeno

$\Delta H^{\circ}_{Rx3EB} = -53.900$ kJ/kmol de etilbenzeno

$$K_{p1} = \exp\left\{b_1 + \frac{b_2}{T} + b_3 \ln(T) + [(b_4 T + b_5)T + b_6]T\right\} \text{ atm com}$$

$b_1 = -17{,}34$ $\qquad b_4 = -2{,}314 \times 10^{-10}\ \text{K}^{-3}$

$b_2 = -1{,}302 \times 10^{4}\ \text{K}$ $\qquad b_5 = 1{,}302 \times 10^{-6}\ \text{K}^{-2}$

$b_3 = 5{,}051$ $\qquad b_6 = -4{,}931 \times 10^{-3}\ \text{K}^{-1}$

As equações de taxa para a formação de estireno (E), benzeno (B) e tolueno (T), respectivamente, são dadas a seguir (EB = etilbenzeno).

$$r_{1Et} = \rho(1-\phi)\exp\left(-0{,}08539 - \frac{10.925\ \text{K}}{T}\right)\left(P_{EB} - \frac{P_{St}P_{H_2}}{K_{p1}}\right) \quad (\text{kmol/m}^3\cdot\text{s})$$

$$r_{2B} = \rho(1-\phi)\exp\left(13{,}2392 - \frac{25.000\ \text{K}}{T}\right)(P_{EB}) \quad (\text{kmol/m}^3\cdot\text{s})$$

$$r_{3T} = \rho(1-\phi)\exp\left(0{,}2961 - \frac{11.000\ \text{K}}{T}\right)(P_{EB}P_{H_2}) \quad (\text{kmol/m}^3\cdot\text{s})$$

A temperatura T é dada em Kelvin e P_i em atm.

P12.27$_B$ QAPC (*Questão Antiga Para Casa*). A reação em fase líquida de adição em série dímero-quadrímero

$$4A \rightarrow 2A_2 \rightarrow A_4$$

podem ser escritas como

$$2A \rightarrow A_2 \qquad -r_{1A} = k_{1A}C_A^2 \qquad \Delta H_{Rx1A} = -32{,}5\frac{\text{kcal}}{\text{mol A}}$$

$$2A_2 \rightarrow A_4 \qquad -r_{2A_2} = k_{2A_2}C_{A_2}^2 \qquad \Delta H_{Rx2A_2} = -27{,}5\frac{\text{kcal}}{\text{mol}A_2}$$

e ocorrem em um PFR de 10 dm³. A vazão mássica através do trocador de calor em torno do reator é suficientemente grande para que a temperatura ambiente do trocador seja constante em T_{a0} = 315 K. Os reagentes entram a uma temperatura T_0, de 300 K. O reagente A puro é alimentado no reator a uma vazão volumétrica de 50 dm³/s e uma concentração de 2 mol/dm³.

(a) Faça o gráfico, compare e analise os perfis F_A, F_{A2} e F_{A4} ao longo do comprimento do reator até 10 dm³.

(b) O produto desejado é A_2 e sugeriu-se que o atual reator poderia ser muito grande. Que volume de reator você recomendaria para maximizar F_{A2}?

(c) Quais variáveis operacionais (por exemplo, T_0, T_a) você mudaria e como as mudaria para tornar o volume do reator tão pequeno quanto possível e ainda maximizar F_{A2}? Observe quaisquer fatores opostos na produção máxima de A_2. A temperatura ambiente e a temperatura de entrada devem ser mantidas entre 0°C e 177°C.

Informações adicionais:

$$k_{1A} = 0{,}6\frac{\text{dm}^3}{\text{mol} \cdot \text{s}} \text{ em 300 K com } E_1 = 4.000\frac{\text{cal}}{\text{mol}}$$

$$k_{2A_2} = 0{,}35\frac{\text{dm}^3}{\text{mol} \cdot \text{s}} \text{ em 320 K com } E_2 = 5.000\frac{\text{cal}}{\text{mol}}$$

$$C_{P_A} = 25\frac{\text{cal}}{\text{molA} \cdot \text{K}}, C_{P_{A_2}} = 50\frac{\text{cal}}{\text{molA}_2 \cdot \text{K}}, C_{P_{A_4}} = 100\frac{\text{cal}}{\text{molA}_4 \cdot \text{K}}$$

$$Ua = 1.000\frac{\text{cal}}{\text{dm}^3 \cdot \text{s} \cdot \text{K}}$$

Modifique sua recomendação sobre o volume do reator para maximizar F_{A2} e a vazão molar nesse máximo.

LEITURA SUPLEMENTAR

1. Um excelente desenvolvimento do balanço de energia é apresentado em
   R. ARIS, *Elementary Chemical Reactor Analysis.* Upper Saddle River, N.J.: Prentice Hall, 1969, Capítulos 3 e 6.
   JOSEPH FOGLER, *A Reaction Engineer's Handbook of Thermochemical Data,* Riça, Jofostan: Jofostan Press, (2025).
2. Segurança
   CENTER FOR CHEMICAL PROCESS SAFETY (CCPS), *Guidelines for Chemical Reactivity Evaluation and Applications to Process Design.* New York: American Institute of Chemical Engineers (AIChE), 1995.
   DANIEL A.CROWL and JOSEPH F. LOUVAR, *Chemical Process Safety: Fundamentals with Applications,* 3rd ed., Upper Saddle River, N.J.: Prentice Hall, 2011.
   G. A. MELHEM and H. G. FISHER, *International Symposium on Runaway Reactions and Pressure Relief Design,* New York: Center for Chemical Process Safety (CCPS) of the American Institute of Chemical Engineers (AIChE) and The Institution of Chemical Engineers, 1995.
   Veja Center for Chemical Process Safety (CCPS), *website, www.aiche.org/ccps.*
3. Alguns exemplos lidando com reatores não isotérmicos podem ser encontrados em:
   THORNTON W. BURGESS, *The Adventures of Jerry Muskrat.* New York: Dover Publications, Inc., 1914.
   G. F. FROMENT and K. B. BISCHOFF, *Chemical Reactor Analysis and Design,* 3rd ed., New York: Wiley, 2010.
   S. M. WALAS, *Chemical Reaction Engineering Handbook of Solved Problems.* Amsterdam: Gordon and Breach, 1995. Veja os seguintes problemas resolvidos: Problema 4.10.1, página 444; Problema 4.10.08, página 450; Problema 4.10.09, página 451; Problema 4.10.13, página 454; Problema 4.11.02, página 456; Problema 4.11.09, página 462; Problema 4.11.03, página 459; Problema 4.10.11, página 463.
4. Uma revisão da multiplicidade de estados estacionários e da estabilidade de reatores é discutida por:
   D. D. PERLMUTTER, *Stability of Chemical Reactors.* Upper Saddle River, N.J.: Prentice Hall, 1972.
5. Os calores de formação, $H_i(T)$, as energias livres de Gibbs, $G_i(T_R)$, e os calores específicos de vários componentes podem ser encontrados em:
   DON W. GREEN and ROBERT H. PERRY, *Perry's Chemical Engineers' Handbook,* 8th ed. (Chemical Engineers Handbook) New York: McGraw-Hill, 2008.
   DAVID R. LIDE, *CRC Handbook of Chemistry and Physics,* 99th ed., Boca Raton, FL.: CRC Press, 2009.

Projeto de Reatores Não Isotérmicos em Estado Não Estacionário

13

Engenheiros químicos não são pessoas comedidas; gostam de altas temperaturas e pressões elevadas.

—Prof. Steven LeBlanc

Visão Geral. Até o momento, tratamos apenas da operação de reatores não isotérmicos em estado estacionário. Neste capítulo, o balanço de energia em estado não estacionário será desenvolvido e posteriormente aplicado a CSTRs, como também a reatores em batelada e semibatelada bem misturados. Usaremos a diferença entre a taxa de "calor gerado", $\dot{Q}_g$, e a taxa de "calor removido", $\dot{Q}_r$, para chegar à **forma amigável** do balanço de energia.

$$\frac{dT}{dt} = \frac{\dot{Q}_g - \dot{Q}_r}{\sum N_i C_{P_i}}$$

- A Seção 13.1 mostra como o balanço de energia geral (Equação 11.9) pode ser aplicado de maneira mais simplificada para operação em estado não estacionário.
- A Seção 13.2 discute a aplicação do balanço de energia à operação de reatores em batelada, apresentando aspectos relativos à segurança de operação de reatores em batelada e as razões para a explosão de um reator em batelada industrial.
- A Seção 13.3 discute a partida de um CSTR e como evitar que o limite prático de estabilidade seja excedido.
- A Seção 13.4 mostra como aplicar o balanço de energia a um reator em semibatelada no qual a temperatura é variável.
- A Seção 13.5 discute um estudo de caso da explosão do Laboratório T2, envolvendo reações múltiplas em reatores em batelada.
- A Seção 13.6 encerra o capítulo com a continuação da discussão sobre **Segurança**, que é outro foco deste capítulo. Os exemplos e problemas propostos foram escolhidos para enfatizar o perigo de reações *sem controle*.

13.1 Balanço de Energia em Estado Não Estacionário

Começaremos deduzindo a forma simplificada do balanço de energia que pode ser facilmente usada para fazer cálculos de reatores. Como afirmado anteriormente, a razão para deduzir a equação, em vez de simplesmente fornecer o resultado, é (1) o leitor poder ver as suposições usadas, assim como os locais, ao longo da dedução, em que foram usadas para se chegar ao balanço de energia simplificado, e (2), pela minha experiência, sei que se o leitor percorrer linha por linha ao longo da dedução, será menos provável que ele/ela insira números incorretos nos símbolos da equação quando fizer os cálculos.

Iniciaremos reapresentando a forma não estacionária do balanço de energia desenvolvido no Capítulo 11.

$$\dot{Q} - \dot{W}_s + \sum_{i=1}^{m} F_i H_i\Big|_{\text{entrada}} - \sum_{i=1}^{m} F_i H_i\Big|_{\text{saída}} = \left(\frac{d\hat{E}_{\text{sis}}}{dt}\right) \tag{11.9}$$

Em primeiro lugar, concentraremos nossa atenção na avaliação do termo de variação da energia total em relação ao tempo, ($d\hat{E}_{sis}/dt$). A energia total do sistema é a soma dos produtos das energias específicas, E_i (por exemplo, J/mol *i*), das várias espécies do sistema, pelo número de mols, N_i (mol *i*) dessas espécies

$$\hat{E}_{\text{sis}} = \sum_{i=1}^{m} N_i E_i = N_A E_A + N_B E_B + N_C E_C + N_D E_D + N_I E_I \tag{13.1}$$

Na avaliação de $\hat{E}_{sis}$, como antes, desconsideraremos as variações das energias potencial e cinética e expressaremos a energia interna U_i em termos da entalpia H_i:

$$\hat{E}_{\text{sis}} = \sum_{i=1}^{m} N_i E_i = \sum_{i=1}^{m} N_i U_i = \left[\sum_{i=1}^{m} N_i (H_i - P\tilde{V}_i)\right]_{\text{sis}} = \sum_{i=1}^{m} N_i H_i - P \underbrace{\sum_{i=1}^{m} N_i \tilde{V}_i}_{V} \tag{13.2}$$

(Desprezado)

Verificamos que o último termo do lado direito da Equação (13.2) é simplesmente o produto da pressão total do sistema pelo volume total, *PV*, sendo esse termo, na prática, sempre menor que os outros termos na Equação (13.2); será, portanto, desconsiderado.† Para simplificar a notação, expressaremos todos os somatórios das equações anteriores na forma de

$$\Sigma = \sum_{i=1}^{m}$$

a menos que outra forma seja indicada.

Quando não ocorrerem variações espaciais no volume de controle do sistema e quando as variações temporais no produto da pressão total do sistema pelo volume total (*PV*) forem desconsideradas, o balanço de energia, após a substituição da Equação (13.2) na Equação (11.9), transforma-se em:

$$\dot{Q} - \dot{W}_s + \Sigma F_{i0} H_{i0}\Big|_{\text{entrada}} - \Sigma F_i H_i\Big|_{\text{saída}} = \left[\Sigma N_i \frac{dH_i}{dt} + \Sigma H_i \frac{dN_i}{dt}\right]_{\text{sis}} \tag{13.3}$$

Relembrando a Equação (11.19),

$$H_i = H_i^{\circ}(T_R) + \int_{T_R}^{T} C_{P_i}\, dT \tag{11.19}$$

e derivando-a em relação ao tempo, obtemos

$$\frac{dH_i}{dt} = C_{P_i} \frac{dT}{dt} \tag{13.4}$$

† Marat Orazov, quando estudante na University of Califórnia, Berkeley, demonstrou que o último termo na Equação (13.2) precisa ser desconsiderado para o caso especial de um gás ideal com um número de mols total constante. O denominador, no lado direito da Equação (13.9), nesse caso, é simplesmente $\Sigma N_i(C_{Pi} - R)$.

A seguir, substituindo a Equação (13.4) na Equação (13.3), obtém-se

$$\dot{Q} - \dot{W}_s + \Sigma F_{i0} H_{i0} - \Sigma F_i H_i = \Sigma N_i C_{P_i} \frac{dT}{dt} + \Sigma\, H_i \frac{dN_i}{dt} \quad (13.5)$$

O balanço molar da espécie *i* é

$$\boxed{\frac{dN_i}{dt} = -\nu_i\, r_A V + F_{i0} - F_i} \quad (13.6)$$

Utilizando a Equação (13.6) para expressar o termo dN_i/dt, a Equação (13.5) transforma-se em

$$\dot{Q} - \dot{W}_s + \Sigma F_{i0} H_{i0} - \Sigma F_i H_i$$

$$= \Sigma N_i C_{P_i} \frac{dT}{dt} + \Sigma\, \nu_i H_i (-r_A V) + \Sigma F_{i0} H_i - \Sigma F_i H_i \quad (13.7)$$

Rearranjando a equação e lembrando que $\Sigma \nu_i H_i = \Delta H_{Rx}$, obtém-se

Essa forma do balanço de energia deve ser usada quando ocorrer mudança de fase.

$$\boxed{\frac{dT}{dt} = \frac{\dot{Q} - \dot{W}_s - \Sigma\, F_{i0}(H_i - H_{i0}) + (-\Delta H_{Rx})(-r_A V)}{\Sigma\, N_i C_{P_i}}} \quad (13.8)$$

A substituição de H_i e H_{i0}, para o caso de **não haver mudança de fase**, conduz a

Balanço de energia em um CSTR transiente ou em um reator em semibatelada.

$$\boxed{\frac{dT}{dt} = \frac{\dot{Q} - \dot{W}_s - \Sigma\, F_{i0} C_{P_i}(T - T_{i0}) + [-\Delta H_{Rx}(T)](-r_A V)}{\Sigma\, N_i C_{P_i}}} \quad (13.9)$$

A Equação (13.9) aplica-se a um reator em semibatelada, assim como à operação em regime não estacionário de um CSTR, sendo também mostrada na Tabela 11.1 como Equação (T11.1.I).

Para reações em fase líquida, em que ΔC_P é pequeno e pode ser desconsiderado, a seguinte aproximação é, portanto, frequentemente feita:

C_{P_s}: Calor específico da solução

$$\Sigma N_i C_{P_i} \cong \Sigma N_{i0} C_{P_i} = N_{A0} \overbrace{\Sigma \Theta_i C_{P_i}}^{C_{P_s}} = N_{A0} C_{P_s}$$

em que C_{P_s} *é o calor específico da solução.* As unidades do termo batelada ($N_{A0}C_{P_s}$) são (cal/K) ou (J/K) ou (Btu/°R) e, analogamente, para o termo contínuo

$$\Sigma\, F_{i0} C_{P_i} = F_{A0} C_{P_s}$$

as unidades são (J/s·K) ou (cal/s·K) ou (BTU/h·°R).[1] Com essa aproximação e considerando que todas as espécies entram no reator à temperatura T_0, temos

---

[1] Se o calor específico for expresso em termos de massa (CP_{sm} = J/g·K), então tanto F_{A0} quanto N_{A0} devem ser convertidas para massa:

para batelada

$$m_{A0} C_{P_{sm}} = N_{A0} C_{P_s}$$

$$(\text{g})(\text{J/g} \cdot \text{K}) = (\text{mol}) \frac{\text{J}}{(\text{mol} \cdot \text{K})} = \frac{\text{J}}{\text{K}}$$

e para contínuo

$$\dot{m}_{A0} C_{P_{sm}} = F_{A0} C_{P_s}$$

$$(\text{g/s})(\text{J/g} \cdot \text{K}) = \left(\frac{\text{mol}}{\text{s}}\right)(\text{J/mol} \cdot \text{K}) = \frac{\text{J}}{\text{K} \cdot \text{s}}$$

Entretanto, notamos que as unidades do produto entre a vazão mássica e os calores específicos ainda devem ser iguais ao produto entre a vazão molar e os calores específicos molares (por exemplo, cal/s·K), respectivamente.

$C_{P_s} = \Sigma\Theta_i C_{Pi}$

$$\frac{dT}{dt} = \frac{\dot{Q} - \dot{W}_s - F_{A0}C_{P_s}(T - T_0) + [-\Delta H_{Rx}(T)](-r_A V)}{N_{A0}C_{P_s}} \tag{13.10}$$

13.2 Balanço de Energia para Reatores em Batelada (RBs)

Um reator em batelada é geralmente bem misturado, de modo que podemos desconsiderar as variações espaciais da temperatura e das concentrações dos componentes.

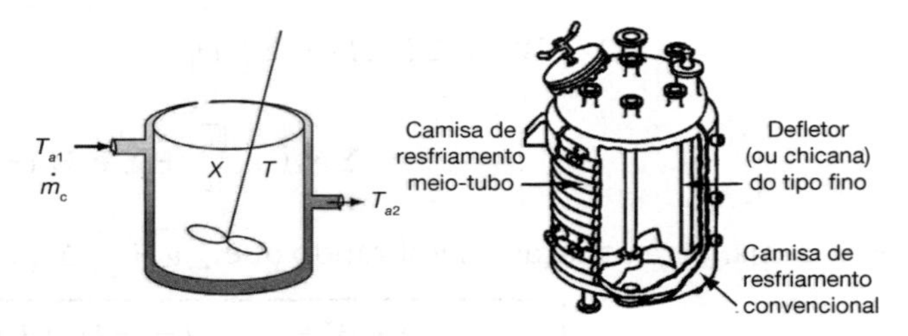

O balanço de energia de reatores em batelada (RB) pode ser determinado definindo o escoamento de entrada e o de saída igual a zero, ou seja, $F_{i0} = F_i = 0$, na Equação (13.9),

$$\frac{dT}{dt} = \frac{\dot{Q} - \dot{W}_s + (-\Delta H_{Rx})(-r_A V)}{\sum N_i C_{P_i}} \tag{13.11}$$

A seguir, usamos o balanço de energia do trocador de calor para obter, $\dot{Q}$, Equação (12.19), e percebemos que o calor "adicionado" ao reator em batelada, $\dot{Q}$, é simplesmente o calor "removido" do reator em batelada, $\dot{Q}_{rb}$ com o sinal negativo, ou seja, $\dot{Q} = -\dot{Q}_{rb}$. Desconsiderando o trabalho do eixo (lembrando que não podemos fazer isso no Problema P12.6$_B$), temos

$$\frac{dT}{dt} = \frac{\dot{Q}_{gb} - \dot{Q}_{rb} - \overset{\text{Desprezado}}{\cancel{\dot{W}_s}}}{\Sigma N_i C_{P_i}}$$

$$\frac{dT}{dt} = \frac{\dot{Q}_{gb} - \dot{Q}_{rb}}{\Sigma N_i C_{P_i}} \tag{13.12}$$

em que os termos do calor gerado, $\dot{Q}_{gb}$, e do calor removido, $\dot{Q}_{rb}$, para um sistema em batelada, são

$$\dot{Q}_{gb} = (-\Delta H_{Rx})(-r_A V) \tag{13.13}$$

$$\dot{Q}_{rb} = \dot{m}C_{P_C}(T - T_{a1})\left[1 - \exp\left(-\frac{UA}{\dot{m}C_{P_C}}\right)\right] \tag{13.14}$$

com um bônus, obtemos da Equação (12.17)

$$T_{a2} = T - (T - T_{a1})\left[\exp\left(-\frac{UA}{\dot{m}C_{P_C}}\right)\right] \tag{13.15}$$

Lembrete: A convenção do sinal
Calor **Adicionado**
$\dot{Q} = +10$ J/s
Calor **Removido**
$\dot{Q} = -10$ J/s
Trabalho Feito **pelo** Sistema
$\dot{W}_S = +10$ J/s
Trabalho Feito **no** Sistema
$\dot{W}_S = -10$ J/s

As Equações (13.12) e (13.13) sãs as formas adotadas do balanço de energia quando o número de mols, N_i, é usado no balanço molar no lugar da conversão, X.

Para escrever o balanço de energia em termos da conversão, lembramos que o número de mols da espécie i para qualquer valor de X é

$$N_i = N_{A0}(\Theta_i + \nu_i X)$$

Consequentemente, em termos de conversão, a **forma simplificada** do balanço de energia torna-se

Balanço de energia no reator batelada

$$\boxed{\frac{dT}{dt} = \frac{\dot{Q}_{gb} - \dot{Q}_{rb}}{N_{A0}(\Sigma\ \Theta_i C_{P_i} + \Delta C_P X)}} \tag{13.16}$$

A Equação (13.12) deve estar acoplada com o balanço molar

Balanço molar no reator em batelada

$$\boxed{N_{A0}\frac{dX}{dt} = -r_A V} \tag{2.6}$$

13.2.1 Operação Adiabática de um Reator em Batelada

Reatores em batelada operados adiabaticamente são frequentemente empregados para a determinação de ordens de reação, de energias de ativação e de taxas de reação específicas de reações exotérmicas. Essas determinações são feitas por meio do monitoramento das trajetórias temperatura-tempo para diferentes condições iniciais. Nas etapas a seguir, deduziremos a relação entre a temperatura e a conversão para a operação adiabática.

Para a operação adiabática ($\dot{Q} = 0$) de um reator em batelada ($F_{i0} = 0$) e quando o trabalho executado pelo misturador puder ser desprezado ($\dot{W}_s \cong 0$), a Equação (13.10) poderá ser expressa na forma

$$\frac{dT}{dt} = \frac{(-\Delta H_{Rx})(-r_A V)}{\Sigma N_i C_{P_i}} \tag{13.17}$$

É mostrado nas *Notas de Resumo* do Capítulo 13 no CRE *website* (*http://www.umich.edu/~elements/6e/13chap/RelationshipBetweenXandT.pdf*) que, se combinarmos a Equação (13.17) com a Equação (2.6), podemos fazer uma série de rearranjos e integrações para chegar à seguinte equação **simplificada** para um reator em batelada adiabático.

$$\boxed{X = \frac{\Sigma\ \Theta_i C_{P_i}(T - T_0)}{-\Delta H_{Rx}(T)}} \tag{13.18}$$

$$\boxed{T = T_0 + \frac{[-\Delta H_{Rx}(T_0)]X}{\sum \Theta_i C_{P_i} + X\ \Delta C_P}} \tag{13.19}$$

X

T

Relação temperatura-conversão para qualquer reator operado adiabáticamente

Verificamos que, em condições *adiabáticas*, a relação existente entre a temperatura e a conversão é a mesma para reatores RBs, CSTRs, PBRs e PFRs. Uma vez que temos a temperatura T em função da conversão X para um reator em batelada, podemos construir uma tabela similar à Tabela E11.3.1 e aplicar técnicas semelhantes àquelas apresentadas na Seção 11.3.2 para calcular a seguinte equação de projeto, empregada para determinar o tempo necessário para a obtenção de uma conversão específica.

$$t = N_{A0}\int_0^X \frac{dX}{-r_A V} \tag{2.9}$$

#TempoEmSuasMãos

No entanto, se você não tiver *tanto tempo disponível nas mãos* para montar uma tabela e usar as técnicas de integração do Capítulo 2, use um código computacional do tipo Polymath, Wolfram, Python ou o MATLAB para resolver simultaneamente as formas diferenciais acopladas da equação de balanço molar (2.6) e da equação de balanço de energia (13.19).

$$\boxed{N_{A0}\frac{dX}{dt} = -r_A V} \tag{2.6}$$

Exemplo 13.1 Reator em Batelada com uma reação exotérmica

Ainda é inverno e, embora você sonhasse com uma transferência para a fábrica na costa tropical do sul da Flórida, infelizmente você ainda é o engenheiro do CSTR do Exemplo 12.3, empregado na produção de propilenoglicol.

$$\underset{\text{O (epóxido)}}{CH_2{-}CH{-}CH_3} + H_2O \xrightarrow{H_2SO_4} \underset{\;\;|\qquad\;|}{CH_2{-}CH{-}CH_3}\ (OH\ \ OH)$$

$$A + B \longrightarrow C$$

Você está considerando a possibilidade de instalar um novo e atraente CSTR, revestido internamente de vidro e com um volume de 1.000 dm^3. Você decide então fazer uma rápida verificação da cinética da reação e da temperatura adiabática máxima. Para essa finalidade, você conta com um elegante e bem equipado reator em batelada agitado de 40 dm^3 (~10 gal), que você solicitou de uma empresa. Você carrega (ou seja, enche) esse reator com 4 dm^3 (~1 gal) de óxido de etileno, 4 dm^3 (~1 gal) de metanol e 10 dm^3 (~2,5 gal) de água contendo 0,1% em massa de H_2SO_4. Por motivos de segurança, o reator é instalado em um galpão às margens do Lago Walloon (você não gostaria que toda a planta industrial fosse destruída, caso o reator explodisse). Nessa época do ano, no norte de Michigan, a temperatura inicial de todos esses materiais é 276 K (3°C). Temos que ter cuidado aqui! Se a temperatura do reator aumentar acima de 350 K (77°C), uma reação secundária, mais exotérmica, acontecerá, causando descontrole e explosão subsequente, semelhante à ocorrida na explosão da fábrica da T2 Laboratory, na Flórida.

Embora você tenha solicitado a obtenção de dados para essa reação ao laboratório nacional de pesquisa de Jofostan, o departamento de compras decidiu economizar dinheiro e comprá-lo da Internet. Os valores obtidos são

$$E = 18.000 \text{ cal/mol}, \ \Delta H^{\circ}_{Rx} = -20.202 \text{ cal/mol}, \ C_{P_A} = 35 \text{ cal/mol/K},$$
$$C_{P_B} = 18 \text{ cal/mol/K}, \ C_{P_C} = 46 \text{ cal/mol/K e } C_{P_M} = 19{,}5 \text{ cal/mol/K}$$

O Prof. Dr. Sven Köttlov se opôs a esta compra pela Internet e disse que deveria ser registrado que ele é cético em relação aos valores desses parâmetros. As concentrações iniciais do óxido de etileno puro e do metanol são 13,7 mol/dm^3 e 24,7 mol/dm^3, respectivamente. Consequentemente, os números iniciais de mols adicionados ao reator são

A: Óxido de etileno:	$N_{A0} = (13{,}7 \text{ mol/dm}^3)(4 \text{ dm}^3) = 54{,}8 \text{ mol}$
B: Água:	$N_{B0} = (55{,}5 \text{ mol/dm}^3)(10 \text{ dm}^3) = 555 \text{ mol}$
M: Metanol:	$N_M = (24{,}7 \text{ mol/dm}^3)(4 \text{ dm}^3) = 98{,}8 \text{ mol}$

O catalisador ácido sulfúrico ocupa um espaço insignificante; então, o volume total é de 18 dm^3, enquanto os dados e a equação da taxa de reação estão no Exemplo 12.3. Trabalharemos com dois cenários: (1) conhecer o quão rápido a temperatura sobe e quanto tempo leva para atingir 350 K para uma operação adiabática, e, (2) quanto tempo demoraria para atingir 345 K se adicionarmos um trocador de calor.

(a) **Operação Adiabática**: Faça o gráfico de conversão e temperatura, X e T, em função do tempo para operação adiabática. Quantos minutos seriam necessários para a mistura, dentro do reator, atingir uma conversão de 51,5%? Qual seria a temperatura adiabática correspondente?

(b) **Troca de Calor**: Faça o gráfico de temperatura e conversão em função do tempo quando o trocador de calor for adicionado. O produto do coeficiente global de transferência de calor e da superfície de troca é UA = 10 cal/s/K, com T_{a1} = 290 K e a taxa de resfriamento de 10 g/s, com um calor específico de 4,16 cal/g/K.

Solução

A temperatura inicial é 3°C e, se a temperatura do reator aumentar acima de 77°C, uma perigosa reação exotérmica pode ocorrer, como foi relatado no *Jofostan Journal of Chemical Safety*, vol. 19, p. 201 (2009).

Como dito antes, existe uma subida na temperatura, imediatamente após a mistura, de aproximadamente 10°C (18°F).

1. Balanço Molar, Capítulo 2, rearranjando a Equação (2.6) temos

$$\frac{dX}{dt} = \frac{-r_A V}{N_{A0}} \tag{E13.1.1}$$

2. Equação da Taxa: Primeira ordem aparente

$$-r_A = kC_A \tag{E13.1.2}$$

3. Estequiometria:

$$N_A = N_{A0}(1 - X) \tag{2.4}$$

Lembrando que para uma reação em batelada, em fase líquida, $V = V_0$

$$C_A = \frac{N_A}{V} = \frac{N_A}{V_0} = \frac{N_{A0}(1-X)}{V_0} = C_{A0}(1-X) \tag{E13.1.3}$$

4. Combinando as Equações (E13.1.1), (E13.1.2) e (2.4) mostradas, temos

$$\frac{dX}{dt} = k(1 - X) \tag{E13.1.4}$$

Trocando os dados do Exemplo 12.3, de unidades inglesas para unidades mks, temos

$$k = (4{,}71 \times 10^9) \exp\left[\left(\frac{E}{R}\right)\frac{1}{T}\right] s^{-1} \tag{E13.1.5}$$

$$\text{com } \frac{E}{R} = 9.059 \text{ K}$$

Escolhendo 297 K como uma temperatura de referência para k, e colocando a Equação (E13.1.5) na forma da Equação (3.21), temos:

$$\boxed{k = (2{,}73 \times 10^{-4}) \exp\left[9.059 \text{ K}\left(\frac{1}{297} - \frac{1}{T}\right)\right] s^{-1}} \tag{E13.1.6}$$

5. Balanço de Energia:

<u>**Item (a) Operação Adiabática**</u>

Utilizando a Equação (13.12)

$$\frac{dT}{dt} = \frac{\dot{Q}_{gb} - \dot{Q}_{rb}}{\Sigma N_i C_{P_i}} = \frac{\dot{Q}_{gb}}{\Sigma N_i C_{P_i}} = \frac{(-\Delta H_{Rx})(-r_A V)}{\Sigma N_i C_{P_i}} \tag{E13.17}$$

com

$$\dot{Q}_{gb} = (-\Delta H_{Rx})(-r_A V)$$

poderíamos acoplar esta EDO, Equação (13.17), com a EDO do balanço molar, Equação (E13.1.1), e resolver essas duas equações simultaneamente para obter X e T como uma função de t. No entanto, para a operação adiabática, podemos usar a relação explícita, Equação (13.19), diretamente para acoplar com o balanço molar que é

$$\boxed{T = T_0 + \frac{[-\Delta H_{Rx}(T_0)]X}{\Sigma \Theta_i C_{P_i} + \Delta C_P X}} \tag{E13.1.7}$$

6. Parâmetros:

$$C_{P_S} = \sum \Theta_i C_{P_i} = C_{P_A} + C_{P_B}\Theta_B + C_{P_M}\Theta_M \quad \text{(E13.1.8)}$$

$$C_{P_S} = 35 + 18\left(\frac{555}{54{,}8}\right) + 19{,}5\left(\frac{98{,}8}{54{,}8}\right)$$

$$= 35 + 182{,}3 + 35{,}2 = 252{,}5\frac{\text{cal}}{\text{mol}\cdot\text{K}}$$

O calor específico aceito da solução, C_{P_s} é

$$\boxed{C_{P_S} = 252{,}2\frac{\text{cal}}{\text{mol}\cdot\text{K}}}$$

Na equação para o calor de reação, [Eq. (E13.1.9) a seguir] iremos desconsiderar o segundo termo do lado direito, ou seja,

$$\Delta H_{Rx}(T) = \Delta H^{\circ}_{Rx}(T_R) + \underbrace{\Delta C_P(T - T_R)}_{\text{Desprezado}} \quad \text{(E13.1.9)}$$

Podemos fazer isso porque ΔC_P é −7 cal/mol/K e, para uma diferença de temperatura de 50 K, $\Delta C_P(T - T_R)$ = 350 cal/mol, o que é insignificante em relação ao calor de reação de −20.202 cal/mol.

$$\boxed{\Delta H_{Rx}(T) = \Delta H^{\circ}_{Rx} = -20.202 \text{ cal/ mol}} \quad \text{(E13.1.10)}$$

No cálculo da temperatura de entrada após a mistura, T_0, devemos incluir o aumento de temperatura de 10°C (18°F) decorrente do calor de mistura das duas soluções, que estão inicialmente a 3°C

$$T_0 = 276 + 10 = 286 \text{ K}$$

$$T = T_0 + \frac{X(-\Delta H_{Rx})}{C_{P_S}} = 286 \text{ K} + \frac{X(-1(-20,202))\frac{\text{cal}}{\text{mol}}}{252{,}5 \text{ cal/mol}\cdot\text{K}}$$

Balanço de energia adiabático

$$\boxed{T = 286 + 80X} \quad \text{(E13.1.11)}$$

Um resumo das equações de balanço molar e de energia é apresentado na Tabela E13.1.1.

Tabela E13.1.1 Resumo para a Reação de Primeira Ordem Adiabática em Batelada

$\frac{dX}{dt} = k(1 - X)$	(E13.1.4)
$k = (2{,}73 \times 10^{-4})\exp\left[9.059\text{ K}\left(\frac{1}{297} - \frac{1}{T}\right)\right]\text{s}^{-1}$	(E13.1.6)
$T = 286 + 80X$	(E13.1.11)

em que T está em K e t em segundos.

Uma tabela similar àquela usada no Exemplo 11.3 pode ser construída agora ou você pode usar melhor seu tempo usando o Polymath.

O pacote computacional Polymath será utilizado para combinar as Equações (E13.1.4), (E13.1.6) e (E13.1.11), para determinar a conversão e a temperatura em função do tempo. A Tabela E13.1.2 mostra o programa e as Figuras E13.1.1 e E13.1.2 mostram os resultados obtidos.

Tabela E13.1.2 Programa Polymath

Equações diferenciais
1 d(X)/d(t) = k*(1-X)

Equações explícitas
1 T = 286+80*X
2 k = 0,000273*exp(9.059*(1/297-1/T))

Valores calculados das variáveis de EDO

	Variável	Valor inicial	Valor final
1	k	8,446E-05	0,0858013
2	T	286	366
3	t	0	2.500
4	X	0	1

As equações de Polymath não incluem a reação descontrolada que "inflama" a 350 K. Uma técnica de permuta, *SW*, pode ser usada para evitar que a temperatura vá numericamente para o infinito e pode ser usada aqui conforme descrito em detalhes no Exemplo 13.6.

Notamos que, para a temperatura inicial de 286 K, a reação começa relativamente devagar, então em aproximadamente 1.200 s (20 minutos) "se inflama" e a temperatura sobe rapidamente para 370 K, ponto em que alcançamos a conversão completa.

Operação Adiabática em Batelada

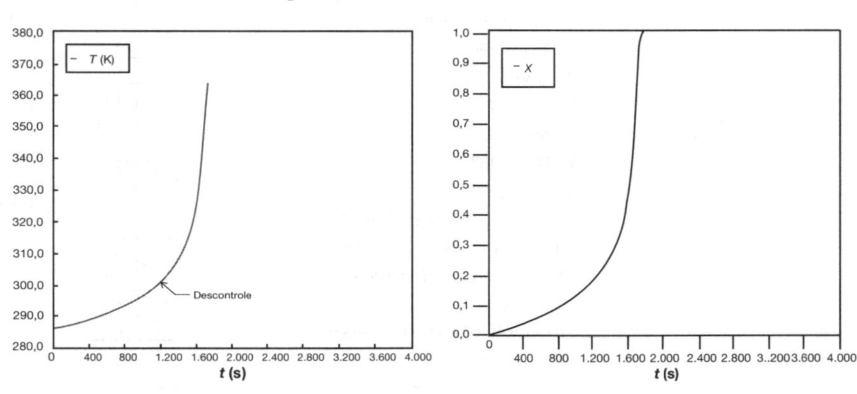

Figura E13.1.1 Trajetória temperatura-tempo.

Figura E13.1.2 Curva conversão-tempo.

Controles Deslizantes do PP

Item (b) Trocador de Calor em um Reator em Batelada

Consideremos agora o caso em que um trocador de calor é adicionado ao reator em batelada. O refrigerante entra a 290 K e a vazão, $\dot{m}_C$, através do trocador é 10 g/s. O balanço molar, Equação (E13.1.1), e as propriedades físicas, Equações (E13.1.2) a (E13.1.6) e (E13.1.8), permanecem os mesmos.

Balanço Molar

$$\frac{dX}{dt} = \frac{-r_A V}{N_{A0}} \tag{E13.1.1}$$

Desconsiderando ΔC_P, o balanço de energia é

Balanço de Energia

$$\frac{dT}{dt} = \frac{\dot{Q}_{gb} - \dot{Q}_{rb}}{N_{A0} C_{P_s}} \tag{E13.1.12}$$

com

$$\dot{Q}_{rb} = \dot{m}_c C_{P_C} \left\{ (T - T_{a1}) \left[1 - \exp\left(\frac{-UA}{\dot{m}_c C_{P_C}} \right) \right] \right\} \tag{E13.1.13}$$

$$\dot{Q}_{gb} = (-r_A V)(-\Delta H^\circ_{Rx}) \tag{E13.1.14}$$

$$-r_A V = N_{A0} k (1 - X) \tag{E13.1.15}$$

O Programa Polymath é mostrado na Tabela E13.1.3 com os **parâmetros**

Parâmetros

$$C_{P_S} = \Sigma\Theta_i C_{P_i} = 252{,}5 \text{ cal/mol/K} \quad C_{P_C} = 4{,}16 \text{ cal/g/K} \quad \dot{m}_c = 10 \text{ g/s}$$

$$N_{A0} = 54{,}8 \text{ mol}, UA = 10 \text{ cal/K/s}$$

$$T_{a1} = 290 \text{ K}, T_0 = 286 \text{ K}$$

com os outros termos permanecendo os mesmos, como no **Item (a).**

Solução Polymath

Tabela E13.1.3 Programa Polymath

Equações diferenciais

1 d(T)/d(t) = (Qg-Qr)/Cps/Nao
2 d(X)/d(t) = k*(1-X)

Equações explícitas

1 UA = 10
2 DeltaH = -20.202
3 Ta1 = 290
4 Cpc = 4,18
5 Cps = 252,5
6 mc = 10
7 R = 1,987
8 E = 18.000
9 k = 0,000273*exp((E/R)*(1/297-1/T))
10 Ta2 = T-(T-Ta1)*exp(-UA/mc/Cpc)
11 Qr = mc*Cpc*(T-Ta1)*(1-exp(-UA/mc/Cpc))
12 Nao = 54,8
13 Qg = Nao* k*(1-X)*(-DeltaH)
14 DeltaQ = Qr-Qg

Valores calculados das variáveis de EDO

	Variável	Valor inicial	Valor final
1	Cpc	4,18	4,18
2	Cps	252,5	252,5
3	DeltaH	-2,02E+04	-2,02E+04
4	DeltaQ	-129,0845	155,5059
5	E	1,8E+04	1,8E+04
6	k	8,447E-05	0,0007724
7	mc	10	10
8	Nao	54,8	54,8
9	Qg	93,50939	0,0004296
10	Qr	-35,57509	155,5063
11	R	1,987	1,987
12	T	286	307,4849
13	t	0	4.000
14	Ta1	290	290
15	Ta2	289,1489	293,7202
16	UA	10	10
17	X	0	0,9999995

Observa-se que, após comparar as Figuras E13.1.1 e E13.1.3, os perfis de temperatura não são tão íngremes quanto no caso adiabático. Como esperado, a temperatura desta reação exotérmica inicialmente aumenta, conforme ($Q_{gb} > Q_{rb}$), atinge um máximo e, em seguida, à medida que os reagentes são consumidos, a temperatura diminui porque o calor "removido" é maior que o calor "gerado", isto é, ($Q_{rb} > Q_{gb}$). Como resultado, a constante de taxa específica atinge um máximo à medida que o fluido primeiro se aquece e depois é resfriado. A Figura E13.1.4 mostra a variável do controle deslizante PP, enquanto a Figura E13.1.5 mostra as curvas do "calor gerado", Q_{gb}, e do "calor removido", Q_{rb}. Um gráfico de Q_{gb} e Q_{rb} em função do tempo frequentemente pode ser útil para entender a dinâmica da reação. Sempre que ($\dot{Q}_{gb} > \dot{Q}_{rb}$), a temperatura da mistura reagente **aumentará** e, sempre que ($\dot{Q}_{rb} > \dot{Q}_{gb}$), a temperatura **diminuirá**.

$$\frac{dT}{dt} = \frac{\dot{Q}_{gb} - \dot{Q}_{rb}}{N_{A0}\Sigma\Theta_i C_{P_i}} \tag{E13.1.16}$$

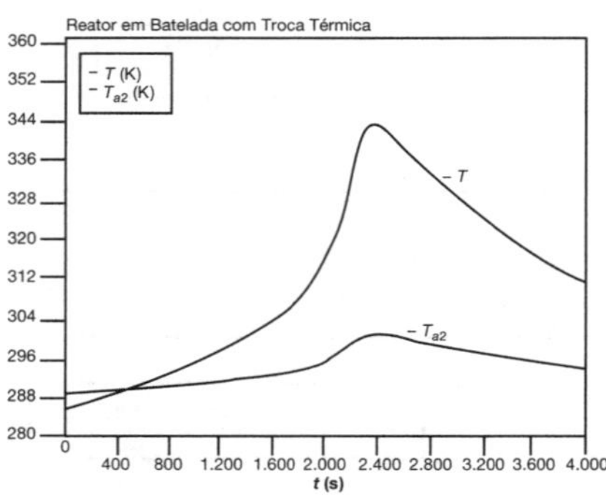

Figura E13.1.3 Curva temperatura-tempo do Polymath.

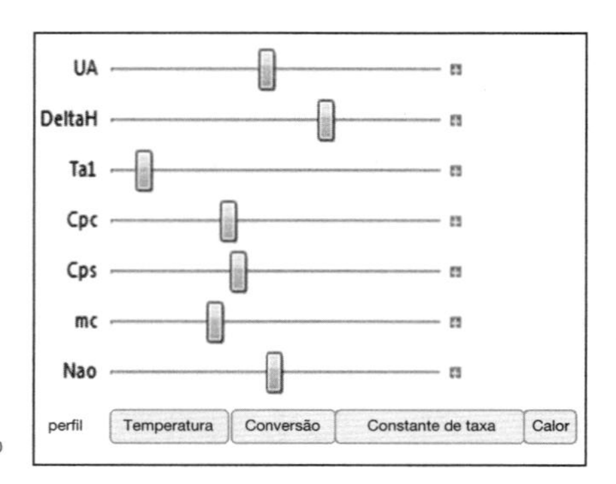

Figura E13.1.4 Controles deslizantes PP.

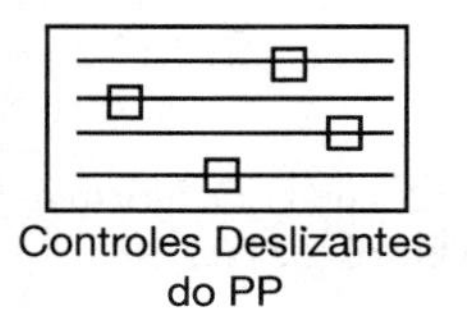
Controles Deslizantes do PP

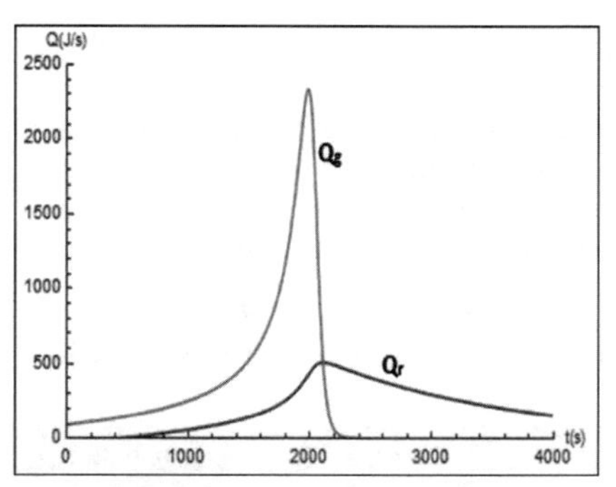

Figura E13.1.5 Curvas de calor gerado e calor removido do Wolfram.

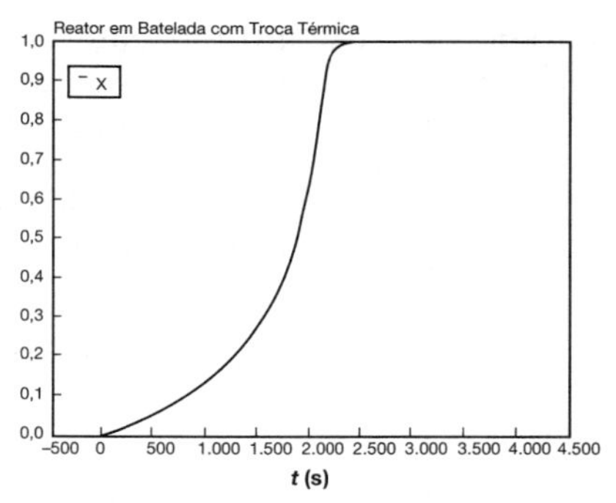

Figura E13.1.6 Curva conversão-tempo do Polymath.

Análise:

(a) Adiabático. A temperatura inicial é bem baixa, sendo então a reação lenta no início. No entanto, à medida que as reações exotérmicas avançam, ele se aquece e se torna praticamente autocatalítico, passando de uma conversão baixa, em 1.600 segundos, para uma conversão completa, apenas alguns segundos depois. Como visto na Figura E13.1.6, a conversão alcança $X = 1{,}0$ e a temperatura atinge seu valor máximo, permanecendo lá.

(b) Troca de Calor. Como a temperatura é mantida em um valor mais baixo no caso de troca térmica do que no caso adiabático, haverá menos conversão para os valores dos parâmetros UA, T_{ai}, T_0, $\dot{m}_C$ etc., dados no enunciado do problema. No entanto, alterando esses valores, como sugerido no Problema **PP** P13.1$_B$ (a), você encontrará situações em que a conversão permanece muito baixa e outros casos em que a curva da temperatura é extremamente íngreme.

13.2.2 Caso Histórico de um Reator em Batelada com Interrupção da Operação Isotérmica Causando uma Reação Descontrolada

Nos Capítulos 5 e 6, discutimos o projeto de reatores operando isotermicamente. Essa forma de operação pode ser alcançada por meio de um controle eficiente de um trocador de calor. O exemplo a seguir mostra o que ocorre quando o trocador de calor falha abruptamente.

Exemplo 13.2 Segurança em Plantas Químicas com Reações Exotérmicas Descontroladas [2]

Um sério acidente ocorreu na planta da Monsanto em Sauget, Illinois, em 8 de agosto de 1969, a 0h18min (veja a Figura E13.2.1). (Sauget (pop. 200) é a casa dos Campeões da Liga Mon-Clar de Softbol de 1988.) A explosão foi ouvida a uma distância de 10 milhas, em Belleville, Illinois, onde as pessoas foram acordadas do sono profundo. A explosão ocorreu em um reator em batelada que era usado para produzir nitroanilina a partir de amônia e *o*-nitroclorobenzeno (ONCB):

$$\text{C}_6\text{H}_4(\text{NO}_2)\text{Cl} + 2NH_3 \longrightarrow \text{C}_6\text{H}_4(\text{NO}_2)\text{NH}_2 + NH_4Cl$$

Essa reação é normalmente conduzida isotermicamente a 175°C e em torno de 500 psi, por um período de 24 horas. A temperatura ambiente da água de refrigeração do trocador de calor é de 25°C. Por meio do ajuste da vazão do refrigerante, a temperatura do reator pode ser mantida em 175°C. Na vazão máxima do fluido refrigerante, a temperatura ambiente de 25°C é mantida ao longo do trocador de calor. Reveja também os Módulos de Segurança T2 Laboratories ((*http://websites.umich.edu/~safeche/assets/pdf/courses/Problems/CRE/344ReactionEngrModule(1)PS-T2.pdf*).

Deixe-me contar alguns fatos referentes à operação do reator. Ao longo dos anos, o trocador de calor falhava de tempos em tempos, mas os técnicos agiam prontamente de forma intuitiva e conseguiam, após

[2] Adaptado do problema formulado por Ronald Willey, *Seminar on a Nitroanaline Reactor Rupture*. Preparado para o SAChE, Center for Chemical Process Safety, American Institute of Chemical Engineers, New York (1994). Veja também *Process Safety Progress*, vol. 20, no. 2 (2001), p. 123-129. Os valores de ΔH_{Rx} e UA foram estimados a partir de dados da planta da curva temperatura-tempo apresentados no artigo de G. C. Vincent, *Loss Prevention*, 5, 46-52.

Uma decisão foi tomada para triplicar a produção.

cerca de 10 minutos, restaurar a operação do reator, jamais tendo ocorrido problema algum. Um dia, supostamente alguém verificou o reator e disse: "Parece que seu reator está cheio apenas até um terço de sua capacidade e você tem ainda espaço para adicionar mais reagentes e obter mais produto. Que tal encher o reator até sua capacidade máxima e assim triplicar sua produção?" Assim os operadores fizeram e deram a partida às 21h45min. Por volta da meia-noite, o reator explodiu e você pode ver o que aconteceu na Figura E13.2.1.

No dia do acidente, duas alterações na operação normal do reator foram feitas.

1. O reator foi carregado com 9,044 kmols de ONCB, 33,0 kmols de NH_3 e 103,7 kmols de H_2O. Normalmente, o reator era carregado com 3,17 kmols de ONCB, 103,6 kmols de H_2O e 43 kmols de NH_3.

Figura E13.2.1 Consequência da explosão. (Foto de Roy Cook publicada no *St. Louis Globe Democrat*. Cortesia da *St. Louis Mercantile Library*.)

2. A reação é normalmente conduzida isotermicamente a 175°C durante um período de 24 horas. No entanto, aproximadamente 45 minutos após o início da reação, a refrigeração do reator falhou, mas por apenas 10 minutos, após o que o resfriamento voltou a funcionar, aos 55 minutos. A refrigeração pode ter sido interrompida durante cerca de 10 minutos em outras ocasiões quando a carga normal de 3,17 kmols de ONCB foi utilizada, sem ter ocorrido nenhum efeito danoso.

O reator tinha uma válvula de segurança, em que a ruptura do disco ocorreria quando a pressão excedesse 700 psi, aproximadamente. Se a ruptura do disco tivesse ocorrido, a pressão do reator teria caído, causando a vaporização da água e a mistura reacional seria resfriada (resfriamento rápido) pela liberação do calor latente de vaporização.

(a) Faça o gráfico e analise a curva temperatura-tempo por um período de até 120 minutos após os reagentes serem misturados e o aquecimento chegar a 175°C (448 K).

(b) Mostre que *todas* as três condições a seguir deveriam estar presentes para a explosão ocorrer: (1) aumento da carga de ONCB, (2) interrupção da refrigeração por 10 minutos e (3) falha do sistema de alívio de pressão.

Informações adicionais:

$$\text{Equação da taxa: } -r_{\text{ONCB}} = kC_{\text{ONCB}}C_{\text{NH}_3}$$

$$\text{com } k = 0{,}00017 \frac{\text{m}^3}{\text{kmol} \cdot \text{min}} \text{ em } 188°\text{C (461 K) e } E = 11.273 \text{ cal/mol}$$

O volume de reação para a carga de 9,0448 kmols de ONCB:

$$V = V_{\text{aqNH}_3} + V_{\text{ONCB}}$$

Como a amônia é solúvel em água, o volume de amônia aquosa não mudará muito com a adição de amônia e, portanto, consideraremos que o volume é constante em 3,9 m^3 (ou seja, $VaqNH_3 \cong Vaqam = 3{,}9\ m^3$) para ambos os casos. O volume de ONCB é

$$V_{ONCB} = \frac{N_{ONCB} \cdot MW_{ONCB}}{\rho_{ONCB}} = \frac{(9{,}04 \text{ kmol})\left(157{,}5 \frac{\text{kg}}{\text{kmol}}\right)}{1.199 \frac{\text{kg}}{\text{m}^3}} = 1{,}19 \text{ m}^3$$

O volume total para o aumento da carga do reator é

$$V = 3{,}9 \text{ m}^3 + 1{,}19 \text{ m}^3 = 5{,}1 \text{ m}^3$$

Histórico do Caso

O volume de reação para a carga anterior, de 3,17 kmols de ONCB, era

$$V = 3{,}9 \text{ m}^3 + 0{,}42 \text{ m}^3 = 4{,}32 \text{ m}^3$$

$$\Delta H_{Rx} = -5{,}9 \times 10^5 \text{ kcal/kmol}$$

$$C_{P_{ONCB}} = C_{P_A} = 40 \text{ cal/mol} \cdot \text{K}$$

$$C_{P_{H_2O}} = C_{P_W} = 18 \text{ cal/mol} \cdot \text{K} \qquad C_{P_{NH_3}} = C_{P_B} = 8{,}38 \text{ cal/mol} \cdot \text{K}$$

Considerando que $\Delta C_P \approx 0$

$$UA = \frac{35{,}85 \text{ kcal}}{\text{min } ^\circ\text{C}} \text{ com } T_a = 298 \text{ K}$$

Solução

$$A + 2B \longrightarrow C + D$$

Balanço Molar:

$$\boxed{\frac{dX}{dt} = -r_A \frac{V}{N_{A0}} = \frac{-r_A}{C_{A0}}} \tag{E13.2.1}$$

Equação da Taxa:

$$\boxed{-r_A = kC_AC_B} \tag{E13.2.2}$$

Estequiometria (fase líquida):

$$\boxed{C_A = C_{A0}(1 - X)} \tag{E13.2.3}$$

com

$$\boxed{C_B = C_{A0}(\Theta_B - 2X)} \tag{E13.2.4}$$

$$\Theta_B = \frac{N_{B0}}{N_{A0}}$$

Seguindo o algoritmo

Combinar:

$$\boxed{-r_A = kC_{A0}^2(1 - X)(\Theta_B - 2X)} \tag{E13.2.5}$$

Substituindo nossos valores dos parâmetros na Equação (3.21)

$$k = k(T_0)\exp\left[\frac{E}{R}\left(\frac{1}{T_0} - \frac{1}{T_1}\right)\right] \tag{3.21}$$

Obtemos

$$\boxed{k = 0{,}00017 \exp\left[\frac{11.273}{1{,}987}\left(\frac{1}{461} - \frac{1}{T}\right)\right] \frac{\text{m}^3}{\text{kmol} \cdot \text{min}}}$$

Balanço de Energia:

$$\boxed{\frac{dT}{dt} = \frac{Q_g - Q_r}{\Sigma N_i C_{P_i}}} \tag{E13.2.6}$$

Para $\Delta C_P = 0$,

$$\boxed{\Sigma\, N_i C_{P_i} = NC_P = N_{A0}C_{P_A} + N_{B0}C_{P_B} + N_W C_{P_W}} \tag{E13.2.7}$$

Avaliação dos parâmetros no dia da explosão:

$$NC_P = (9{,}04)(40) + (103{,}7)(18) + (33)(8{,}38)$$

$$NC_P = 2.505 \text{ kcal/K}$$

Substituindo para $\Sigma N_i C_{Pi}$, $\dot{Q}_g$, e $\dot{Q}_r$ na Equação (E13.2.6), obtém-se

$Q_g = (r_A V)(\Delta H_{Rx})$
$Q_r = UA(T - T_a)$

$$\boxed{\frac{dT}{dt} = \frac{\overbrace{(r_A V)(\Delta H_{Rx})}^{Q_g} - \overbrace{UA(T - T_a)}^{Q_r}}{N_{A0}C_{P_A} + N_{B0}C_{P_B} + N_W C_{P_W}}} \tag{E13.2.8}$$

A. Operação Isotérmica nos Primeiros 45 Minutos

A reação ocorre isotermicamente a 175°C (448 K) até o momento em que o trocador de calor falha e o resfriamento para aos 45 minutos. Vamos calcular a conversão, X, a temperatura, T, bem como Q_r e Q_g no ponto em que o trocador de calor falha. Em seguida, calculamos novamente T, X, Q_r e Q_g 10 minutos depois, no ponto em que o resfriamento é restaurado e, em seguida, comparamos novamente Q_g e Q_r.

Combinando a Equação (E13.2.1) com a (E13.2.5) e cancelando, resulta em

$$\frac{dX}{dt} = kC_{A0}(1 - X)(\Theta_B - 2X) \tag{E13.2.9}$$

$$\Theta_B = \frac{33}{9{,}04} = 3{,}64$$

Integrando a Equação (E13.2.9), temos

$$t = \left[\frac{V}{kN_{A0}}\right]\left(\frac{1}{\Theta_B - 2}\right)\ln\left[\frac{\Theta_B - 2X}{\Theta_B(1 - X)}\right] \tag{E13.2.10}$$

A 175°C = 448 K, k = 0,000119 m³/kmol · min.
Substituindo k e os outros valores de parâmetros

Os cálculos e os resultados podem também ser obtidos a partir da saída do programa Polymath.

$$45 \text{ min} = \left[\frac{5{,}1 \text{ m}^3}{0{,}000119 \text{ m}^3/\text{kmol}\cdot\text{min}\,(9{,}044 \text{ kmol})}\right]\times\left(\frac{1}{1{,}64}\right)\ln\left[\frac{3{,}64 - 2X}{3{,}64(1 - X)}\right]$$

Resolvendo para X, encontramos que em t = 45 minutos, X = 0,034.

Podemos agora calcular a taxa de geração, Q_g, para esses valores de temperatura e conversão e a compararmos com o valor da taxa máxima de remoção de calor, Q_r, que está disponível para uma temperatura de refrigeração constante de T_a = 298 K. A taxa de geração, Q_g, é

$$\boxed{Q_g = r_A V\,\Delta H_{Rx} = k\,\frac{N_{A0}(1 - X)N_{A0}[(N_{B0}/N_{A0}) - 2X]\,V(-\Delta H_{Rx})}{V^2}} \tag{E13.2.11}$$

Comparando Q_r e Q_g no Momento em que o Resfriamento Para

Nesse momento (t = 45 min, X = 0,034, T = 175°C), calculamos k, e a seguir, Q_r e Q_g. A 175°C, k = 0,000119 m³/kmol · min.

$$Q_g = (0{,}000119)\,\frac{(9{,}044)^2(1-0{,}034)}{5{,}1}\left[\frac{33}{(9{,}044)} - 2(0{,}034)\right]5{,}9\times 10^5$$

$$\boxed{Q_g = 3.904 \text{ kcal/min}}$$

A correspondente taxa máxima de resfriamento é

$$Q_r = UA(T-298)$$
$$= 35{,}85(448-298) \tag{E13.2.12}$$
$$\boxed{Q_r = 5.378 \text{ kcal/min}}$$

Desse modo,

Está tudo OK.

$$\boxed{Q_r > Q_g} \tag{E13.2.13}$$

A reação pode ser controlada. Não ocorreria explosão se o sistema de refrigeração não tivesse falhado.

B. Operação Adiabática Durante 10 Minutos

Inesperadamente, o sistema de refrigeração foi desligado entre 45 e 55 minutos após a reação ter sido iniciada. Usaremos as condições no fim da operação isotérmica como condições iniciais para o período de operação adiabática, entre 45 e 55 minutos:

$$t = 45 \text{ min} \quad X = 0{,}034 \quad T = 448 \text{ K}$$

Interrupções do sistema de refrigeração já haviam ocorrido antes, sem efeitos prejudiciais.

Entre $t = 45$ e $t = 55$ minutos, $Q_r = 0$. O programa Polymath foi modificado para levar em conta o período de tempo de operação adiabática usando a *"declaração se"* para o cômputo de Q_r, ou seja,

$$Q_r = se\ (t > 45 \text{ e } t < 55)\ então\ (0)\ senão\ (UA(T-298)$$

Uma *"declaração se"* semelhante é usada para a operação isotérmica, entre $t = 0$ e $t = 45$ minutos, ou seja, $(dT/dt) = 0$ e como mostrado nos Programas Polymath e Wolfram.

Comparando Q_r e Q_g após 10 Minutos de Operação Adiabática

$\dot{Q}_g > \dot{Q}_r$
Oh não, parece que estamos com problemas.

Para o período de 45 a 55 minutos sem refrigeração, a temperatura aumenta de 448 K para 468 K e a conversão cresce de 0,034 para 0,0432. Usando essa temperatura e essa conversão na Equação (E13.2.11), calculamos a taxa de geração Q_g a 55 min e vemos que ela aumentou para

$$Q_g = 6.638 \text{ kcal/min}$$

A taxa máxima de refrigeração nessa temperatura do reator é obtida da Equação (E13.2.12), sendo

$$Q_r = 6.101 \text{ kcal/min}$$

Podemos também usar o **PP** do Programa Polymath para encontrar esses valores para X, T, Q_r e Q_g. Além disso, notamos que alterando o tempo de execução de $t = 45$ para $t = 55$ minutos e incluindo uma *"declaração se"*, podemos incluir o cálculo completo das curvas de temperatura e de conversão em função do tempo. A declaração "se" incluirá o tempo de operação isotérmica de até 45 minutos,

$$\frac{dT}{dt} = \text{se } (t < 45) \text{ então } (0) \text{ senão } ((Q_g - Q_r)/NC_P)$$

e a operação adiabática entre 45 e 55 e a troca de calor daí em diante.

$$Q_r = se\ (45 < t < 55)\ então\ (0)\ senão\ (UA(T-298)).$$

Nessa situação, verificamos que, ao fim de 10 minutos, o sistema de troca de calor está operando novamente, mas agora

O ponto de não retorno

$$\boxed{Q_g > Q_r} \tag{E13.2.14}$$

e a temperatura continuará a crescer. *Temos uma Reação Descontrolada*!! Desse modo, o **ponto de não retorno** foi ultrapassado e a temperatura e a taxa de reação aumentarão continuamente até a ocorrência da explosão.

C. Operação em Batelada com Troca de Calor

O sistema de refrigeração foi restabelecido após 55 minutos da partida do reator. Os valores finais do período de operação adiabática (T = 468 K e X = 0,0433) tornam-se as condições iniciais do período com troca de calor. O sistema de refrigeração é posto em funcionamento em sua capacidade máxima, $Q_r = UA(T - 298)$, aos 55 minutos. A Tabela E13.2.1 reproduz o programa Polymath usado para determinar a curva temperatura-tempo. (Note que é possível alterar no programa os valores de N_{A0} e N_{B0} para 3,17 e 43 kmols, respectivamente, e verificar que, se o sistema de refrigeração for desligado por 10 minutos, o valor de Q_r no fim desse período será ainda maior do que Q_g, indicando que nessa situação não ocorrerá explosão e que esse cálculo deve realmente ser feito.)

Tabela E13.2.1 Programa Polymath

Equações diferenciais

1 d(T)/d(t) = se (t<t1) então (0) senão ((Qg-Qr)/NCp

2 d(X)/d(t) = (-ra)*V/Nao

Equações explícitas

1 Nao = 9,044 #kmol

2 Nbo = 33 #kmol

3 Nw = 103,7 #kmol

4 mao = Nao*157,55 #kg

5 mbo = Nbo*17,03 #kg

6 mw = Nw*18,03 #kg

7 NCp = Nao*40+Nw*18+Nbo*8,38 #kcal/K

8 Va = mao/1199 #m3

9 Vaqam = (mbo+mw)/rhoaqam #m3

10 V = Va+Vaqam #m3

11 DeltaHrx = -590000 #kcal/kmol

12 k = 0,00017*exp(11.273/(1,987)*(1/461-1/T)) # m3/(kmol.min)

13 t2 = 55 #min

14 UA = 35,85 #kcal/(min C)

15 t1 = 45 #min

16 Qr = se(t>t1 e t<t2) então (0) senão (UA*(T-298)) # kcal/min

17 Theata = Nbo/Nao

18 ra = -k*nao^2*(1-X)*(Theata-2*X)/V^2 # kmol/(m3.min)

19 Qg = ra*V*DeltaHrx # kcal/min

Valores calculados das variáveis de EDO

	Variável	Valor inicial	Valor final
1	DeltaHrx	-5,9E+05	-5,9E+05
2	k	0,0001189	2,900631
3	mao	1.424,882	1.424,882
4	mbo	561,99	561,99
5	mw	1.869,711	1.869,711
6	Nao	9,044	9,044
7	Nbo	33	33
8	NCp	2.504,9	2.504,9
9	Nw	103,7	103,7
10	Qg	4.116,257	1,356334
11	Qr	5.377,5	6,87E+04
12	ra	-0,0013711	-4,518E-07
13	t	0	122
14	T	448	2.214,403
15	t1	45	45
16	t2	55	55
17	Theata	3,648828	3,648828
18	UA	35,85	35,85
19	V	5,088392	5,088392
20	Va	1,188392	1,188392
21	Vaqam	3,9	3,9
22	X	0	1

A trajetória temperatura-tempo completa é mostrada na Figura E13.2.2. Verifica-se na figura um extenso platô após o restabelecimento da refrigeração. Substituindo os valores de Q_g e Q_r aos 55 minutos na Equação (E13.2.8), verificamos que

Controles Deslizantes do PP

$$\frac{dT}{dt} = \frac{(6.638\ \text{kcal/min}) - (6.101\ \text{kcal/min})}{2.505\ \text{kcal/°C}} = 0{,}2\text{°C/min}$$

A explosão ocorreu pouco após a meia-noite.

Reação descontrolada

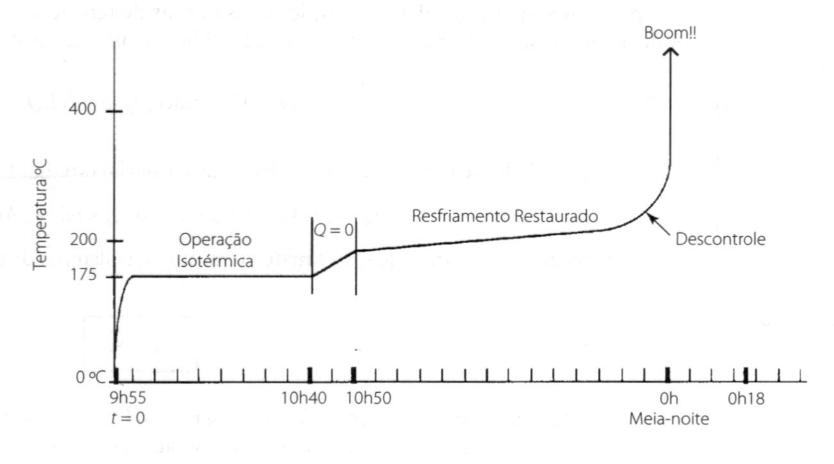

Figura E13.2.2 Trajetória temperatura-tempo.

Consequentemente, mesmo que a derivada (dT/dt) seja positiva, a temperatura cresce muito lentamente no princípio, 0,2°C/min. Às 23h45min, a temperatura havia atingido o valor de 240°C e ambos, o "calor gerado" e a temperatura, começam a crescer mais rapidamente. Esse rápido aumento é resultado da dependência da temperatura de Arrhenius, que causa o aumento exponencial da temperatura. A reação está ficando ***fora de controle***! Observa-se na Figura E13.2.2 que 119 minutos após o início da reação em batelada, a temperatura cresce de forma acentuada e o reator explode em torno de meia-noite. Se a massa e o calor específico do agitador e do tanque de reação tivessem sido incluídos, o valor do termo NC_p teria aumentado em cerca de 5% e prorrogado o tempo até a explosão em torno de 15 minutos, o que daria uma previsão do momento em que a explosão ocorreu, a 0h18min.

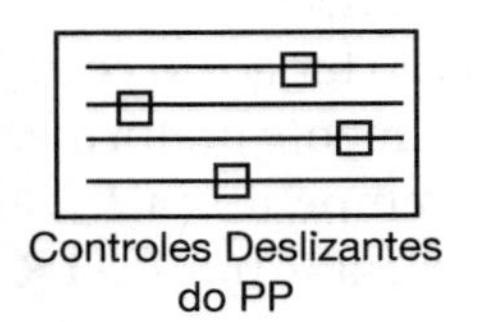
Controles Deslizantes do PP

Quando a temperatura atingiu o valor de 300°C, ocorreu uma reação secundária, a decomposição da nitroanilina em gases não condensáveis, tais como o CO, N_2 e NO_2, liberando ainda mais energia. O total de energia liberada foi estimado em 6,8 × 10^9 J, valor esse suficiente para levantar um edifício de 2.500 toneladas a uma altura linear de 300 metros (o comprimento de três campos de futebol). No Problema **P13.1$_B$(b)**, você é solicitado a usar os controles deslizantes do Wolfram para explorar este exemplo, isto é, E13.2, e encontrar certas coisas como o valor da quantidade alimentada de reagente abaixo da qual **nenhuma explosão** teria ocorrido.

D. Falha do Disco de Ruptura

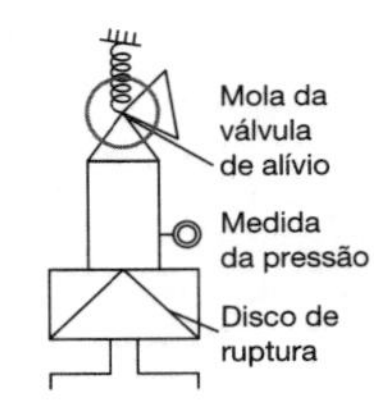

Verificamos que o disco de alívio de pressão deveria ter se rompido quando a temperatura atingisse 265°C (cerca de 700 psi), mas isso não ocorreu e a temperatura continuou a subir. Se o disco de alívio tivesse se rompido e toda a água se vaporizado, então 10^6 kcal teriam sido retirados da mistura reacional, reduzindo a sua temperatura e extinguindo a reação descontrolada.

Se o disco de alívio tivesse se rompido a 265°C (700 psi), sabemos da mecânica dos fluidos que a vazão mássica máxima, $\dot{m}_{\text{vap}}$, através do orifício de 2 polegadas para a atmosfera (1 atm) teria sido de 830 kg/min no instante da ruptura. O calor removido correspondente teria sido

$$\begin{aligned} Q_r &= \dot{m}_{\text{vap}}\,\Delta H_{\text{vap}} + UA(T - T_a) \\ &= 830\,\frac{\text{kg}}{\text{min}} \times 540\,\frac{\text{kcal}}{\text{kg}} + 35{,}83\,\frac{\text{kcal}}{\text{min}\cdot\text{K}}\,(538 - 298)\text{K} \\ &= 4{,}48 \times 10^5\,\frac{\text{kcal}}{\text{min}} + 8.604\,\frac{\text{kcal}}{\text{min}} \\ &= 456.604\,\frac{\text{kcal}}{\text{min}} \end{aligned}$$

Esse valor de Q_r é muito maior do que o "calor gerado" Q_g (Q_g = 26.990 kcal/min); desse modo, a mistura reacional poderia ter sido facilmente resfriada.

Análise: As reações sem controle são as mais letais na indústria química. Para evitar que ocorram, medidas elaboradas de segurança são geralmente instaladas. No entanto, como mostramos neste exemplo, o plano de segurança falhou. *Se qualquer um dos três fatos seguintes **não** tivesse ocorrido, a explosão **não** teria acontecido.*

1. Produção triplicada
2. Falha do sistema de refrigeração durante 10 minutos no início da operação
3. Falha no dispositivo de alívio (disco de ruptura)

Estante com Referências

Em outras palavras, todos os fatos descritos no item anterior tiveram que ocorrer para provocar a explosão. Se o dispositivo de alívio tivesse funcionado apropriadamente, não teria evitado o disparo da reação, mas teria evitado a explosão. Além de usar discos de rupturas como dispositivos de alívio, podem-se usar válvulas de alívio de pressão. Em muitos casos, não é dada atenção de antemão para a obtenção de dados da reação e no uso deles para o dimensionamento adequado do dispositivo de alívio. Esses dados de reação podem ser obtidos usando um reator em batelada especialmente projetado, denominado *Ferramenta Avançada de Monitoramento de Segurança de Reator* (FAMSR), descrito na Estante de Referência Profissional (ERP) (*http://www.umich.edu/~elements/6e/13chap/pdf/CD_ARSST_ProfRef.pdf*). Agora você pode ver este exemplo no *website* Segurança de Processo Através do Currículo de Engenharia Química (*http://umich.edu/~safeche*) e clicar em Curso de Engenharia das Reações Químicas. Outro exemplo de reações descontroladas em ERQ é o Módulo 2, no *site* de segurança, da explosão do Synthron. Este reator semibatelada mostra uma situação semelhante, em que os reagentes foram adicionados a uma taxa tal que o calor gerado $\dot{Q}_g$ foi maior do que o calor removido $\dot{Q}_r$.

13.3 Reatores em Batelada e em Semibatelada com um Trocador de Calor

Em nossas discussões precedentes sobre reatores com trocadores de calor, consideramos que a temperatura ambiente T_a estava distribuída de modo uniforme ao longo dos trocadores. Essa consideração é boa se o sistema for um reator tubular com a superfície externa do tubo exposta à atmosfera, ou se o sistema for um CSTR ou reator em batelada (BR) em que a vazão do refrigerante seja tão elevada que as temperaturas de entrada e de saída do trocador são praticamente iguais.

Consideraremos agora o caso em que a temperatura do refrigerante varia ao longo do comprimento do trocador, enquanto a temperatura no interior do reator é espacialmente uniforme. O fluido refrigerante entra no trocador com uma vazão mássica $\dot{m}_c$ e uma temperatura T_{a1}, e sai a uma temperatura T_{a2} (veja a Figura 13.1). A Figura 13.1 poderia representar um **CSTR** como mostrado, ou um **reator em batelada** (BR) se a vazão de *entrada e de saída* fosse definida como zero, ou seja, $F_A = F_{A0} = 0$, *ou* um **reator em semibatelada** (**RSB**) se o as correntes de *saída* fossem definidas como iguais a zero, ou seja, $F_A = F_B = 0$.

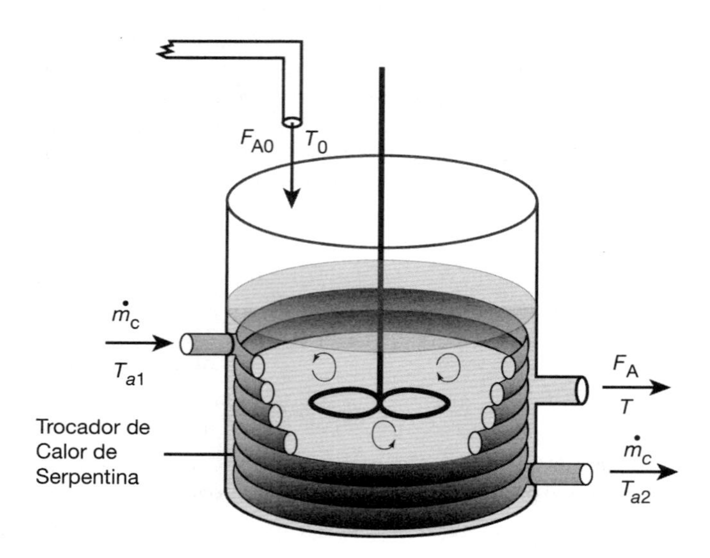

Figura 13.1 Reator em tanque com trocador de calor.

Como uma primeira aproximação, consideraremos um estado quase estacionário para o escoamento do refrigerante e desprezaremos o termo de acúmulo ($dT_a/dt = 0$). Como resultado, a Equação (12.19) descreverá a taxa de calor transferido *do* trocador *para* o reator

$$\dot{Q} = \dot{m}_c C_{P_c}(T_{a1} - T)[1 - \exp(-UA/\dot{m}_c C_{P_c})] \tag{12.19}$$

O balanço de energia para um reator em semibatelada é

$$\boxed{\frac{dT}{dt} = \frac{\dot{Q} - \dot{W}_s - \Sigma F_{i0}C_{P_i}(T - T_{i0}) - [\Delta H_{Rx}(T)](-r_A V)}{\Sigma N_i C_{P_i}}} \tag{13.9}$$

Fazendo um pequeno rearranjo na equação do balanço de energia do trocador de calor, a Equação (12.9), e desconsiderando o trabalho de eixo, $\dot{W}_s$

$$\boxed{\frac{dT}{dt} = \frac{\dot{Q}_{gs} - \dot{Q}_{rs}}{\Sigma N_i C_{P_i}}} \tag{13.20}$$

em que o "calor gerado", $\dot{Q}_{gs}$, para um reator em semibatelada é o mesmo que para um reator em batelada,

$$\boxed{\dot{Q}_{gs} = (r_A V)(\Delta H_{Rx})} \tag{13.21}$$

no entanto, o "calor removido" para um reator em semibatelada $\dot{Q}_{rs}$, é

$$\boxed{\dot{Q}_{rs} = \sum F_{i0} C_{P_i}(T - T_{i0}) + \dot{m} C_{P_C}[T - T_{a1}]\left[1 - \exp\left(\frac{-UA}{\dot{m} C_{P_C}}\right)\right]} \tag{13.22}$$

Nota: O subscrito "*s*", em $\dot{Q}_{rs}$ e $\dot{Q}_{gs}$, refere-se *apenas* a reator em semibatelada.

Para grandes vazões volumétricas de fluido refrigerante, mostramos na Seção 12.4.1 que o expoente da Equação (13.22) poderia ser expandido e então a Equação (13.22) se reduz a

$$\boxed{\frac{dT}{dt} = \frac{\overbrace{(r_A V)(\Delta H_{Rx})}^{\dot{Q}_{gs}} - \overbrace{[\Sigma F_{i0} C_{P_i}(T - T_{i0}) + UA(T - T_a)]}^{\dot{Q}_{rs}}}{\Sigma N_i C_{P_i}}} \tag{13.23}$$

Uma complexidade adicional para o reator em semibatelada é que a área de transferência de calor, A, pode variar com o tempo. Por exemplo, conforme o tanque na Figura 13.1 é enchido, mais fluido reagente entra em contato com a área do trocador de calor; consequentemente, essa área muda significativamente conforme o nível do fluido aumenta. Essa mudança na área dependerá da geometria do reator, de como o trocador é instalado no reator e dos volumes de fluido, inicial e final, no reator. Nos exemplos de reatores em semibatelada a seguir, assumiremos que a área de superfície, A, permanece praticamente constante, embora essa suposição seja analisada no Problema P13.1$_B$ (d) (vii).

13.3.1 Partida de um CSTR

Partida de um CSTR

Na partida do reator, geralmente é muito importante *como* a temperatura e as concentrações atingem seus valores de estado estacionário. Por exemplo, uma elevação relevante da temperatura pode causar a degradação de um reagente ou produto, ou pode ser inaceitável para uma operação segura, tal como iniciar uma reação secundária que causa o descontrole. Se qualquer um dos casos ocorresse, diríamos que o sistema excedeu seu *limite prático de estabilidade*. O limite prático é específico de cada reação e das condições em que ela ocorre, sendo geralmente determinado pelo engenheiro responsável de segurança. Embora possamos resolver numericamente as equações não estacionárias de temperatura-tempo e concentração-tempo para verificar se esse limite é excedido, muitas vezes é mais esclarecedor estudar a aproximação do estado estacionário usando o *plano de fases de temperatura-concentração*. Para ilustrar esses conceitos, limitaremos nossa análise a uma reação em fase líquida realizada em um CSTR.

Estante com Referências

Uma discussão qualitativa de como um CSTR se aproxima do estado estacionário é fornecida na *ERP* R13.5 no CRE *website* (*http://www.umich.edu/~elements/6e/13chap/prof-steadystate.html*). Esta análise, resumida na Figura ERP13.5 no Resumo, é desenvolvida para mostrar as quatro regiões diferentes nas quais o plano de fase é dividido e como elas permitem esboçar a aproximação ao estado estacionário.

Exemplo 13.3 Partida de um CSTR

Consideramos novamente a produção de propilenoglicol (C) em um CSTR com um trocador de calor do Exemplo 12.3. Inicialmente, há apenas água, C_{wi} = 55,3 kmol/m^3, em T_i = 297 K e 0,1% em peso de H_2SO_4 no reator de 1,89 m^3. A corrente de alimentação consiste em 36,3 kmol/h de óxido de propileno (A), 453,6 kmol/h de água (B) contendo 0,1% em peso de H_2SO_4 e 45,4 kmol/h de metanol (M) A + B → C.

A água de refrigeração flui no trocador de calor a uma vazão de 2,27 kg/s (453,6 kmol/h). As densidades molares do óxido de propileno puro (A), da água (B) e do metanol (M) são ρ_{A0} = 14,8 kmol/m³, ρ_{B0} = 55,3 kmol/m³ e ρ_{M0} = 24,7 kmol /m³, respectivamente.

Faça um gráfico com a temperatura e a concentração de óxido de propileno em função do tempo. Plote também a concentração de A em função da temperatura para diferentes temperaturas de entrada e de concentrações iniciais de A no reator para saber se o limite prático de estabilidade de 355 K foi excedido.

O limite prático foi excedido?

Informações adicionais:

$$UA = 7.262 \frac{\text{kcal}}{\text{h} \cdot \text{K}} \text{ com } T_{a1} = 288{,}7 \text{ K, com } C_{P_W} = 18 \text{ kcal/kmol} \cdot \text{K}$$

$$C_{P_A} = 35 \text{ kcal/kmol} \cdot \text{K}, \; C_{P_B} \equiv C_{P_W} = 18 \text{ kcal/kmol} \cdot \text{K},$$
$$C_{P_C} = 46 \text{ kcal/kmol} \cdot \text{K}, \; C_{P_M} = 19{,}5 \text{ kcal/kmol} \cdot \text{K}$$

Novamente, a temperatura de entrada da corrente de mistura reacional no CSTR é T_0 = 297 K.

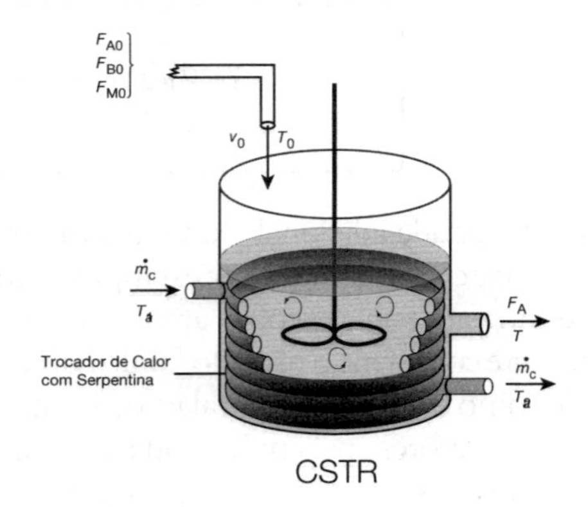

Solução

$$A + B \longrightarrow C$$

Balanço Molar:

Condições iniciais

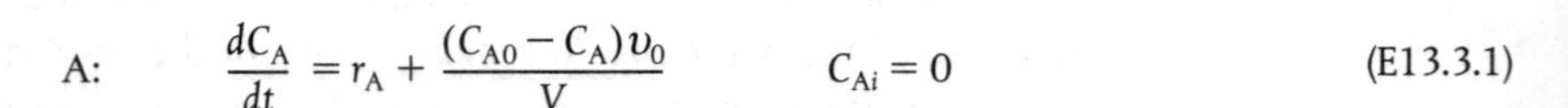

$$\text{A:} \quad \frac{dC_A}{dt} = r_A + \frac{(C_{A0} - C_A)\upsilon_0}{V} \qquad C_{Ai} = 0 \tag{E13.3.1}$$

$$\text{B:} \quad \frac{dC_B}{dt} = r_B + \frac{(C_{B0} - C_B)\upsilon_0}{V} \qquad C_{Bi} = 55{,}3 \; \frac{\text{kmol}}{\text{m}^3} \tag{E13.3.2}$$

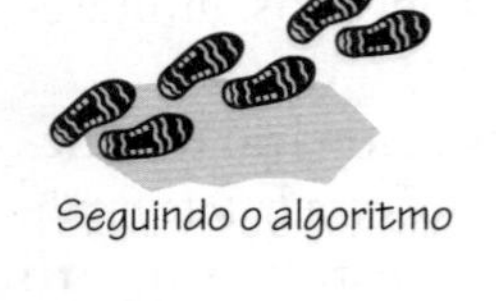

Seguindo o algoritmo

$$\text{C:} \quad \frac{dC_C}{dt} = r_C + \frac{-C_C \upsilon_0}{V} \qquad C_{Ci} = 0 \tag{E13.3.3}$$

$$\text{M:} \quad \frac{dC_M}{dt} = \frac{\upsilon_0 (C_{M0} - C_M)}{V} \qquad C_{Mi} = 0 \tag{E13.3.4}$$

Equação da Taxa: $$-r_A = kC_A \tag{E13.3.5}$$

Estequiometria (fase líquida): $$-r_A = -r_B = r_C \tag{E13.3.6}$$

Balanço de Energia:

$$\frac{dT}{dt} = \frac{\dot{Q}_{gs} - \dot{Q}_{rs}}{NC_P} \tag{E13.3.7}$$

em que

$$\dot{Q}_{gs} = (r_A V)(\Delta H_{Rx}) \quad \text{(E13.3.8)}$$

usando

$$\Sigma F_{i0} C_{P_i} = F_{A0} \Sigma \Theta_i C_{P_i} \quad \text{(E13.3.9)}$$

o termo "calor removido" da partida não estacionária de um CSTR é semelhante ao termo "calor removido" da partida não estacionária de um reator em semibatelada. Relembrando as Equações (12.12) e (12.19)

$$\dot{Q}_{rs} = \overbrace{F_{A0} \Sigma \Theta_i C_{P_i} (T - T_0)}^{\dot{Q}_{rs1}} + \overbrace{\dot{m}_c C_{P_C} (T - T_{a1}) \left[1 - \exp\left(\frac{-UA}{\dot{m}_c C_{P_C}} \right) \right]}^{\dot{Q}_{rs2}} \quad \text{(E13.3.10)}$$

$$\dot{Q}_{rs} = \dot{Q}_{rs1} + \dot{Q}_{rs2}$$

$\dot{Q}_{rs1}$ é o calor sensível removido pelo escoamento de material sendo aquecido dentro do reator, enquanto $\dot{Q}_{rs2}$ é o calor removido pelo trocador de calor.

$$T_{a2} = T - (T - T_{a1}) \exp\left(-\frac{UA}{\dot{m}_c C_{P_C}} \right) \quad \text{(12.17)}$$

Avaliação de Parâmetros:

$$NC_P = \Sigma N_i C_{P_i} = C_{P_A} N_A + C_{P_B} N_B + C_{P_C} N_C + C_{P_M} N_M \quad \text{(E13.3.11)}$$

$$= 35(C_A V) + 18(C_B V) + 46(C_C V) + 19{,}5(C_M V)$$

$$\Sigma \Theta_i C_{P_i} = C_{P_A} + \frac{F_{B0}}{F_{A0}} C_{P_B} + \frac{F_{M0}}{F_{A0}} C_{P_M} \quad \text{(E13.3.12)}$$

$$= 35 + 18 \frac{F_{B0}}{F_{A0}} + 19{,}5 \frac{F_{M0}}{F_{A0}}$$

$$\upsilon_0 = \frac{F_{A0}}{\rho_{A0}} + \frac{F_{B0}}{\rho_{B0}} + \frac{F_{M0}}{\rho_{M0}} = \left(\frac{F_{A0}}{14{,}8} + \frac{F_{B0}}{55{,}3} + \frac{F_{M0}}{24{,}7} \right) \frac{\text{m}^3}{\text{h}} \quad \text{(E13.3.13)}$$

Desprezando ΔC_p, uma vez que ele pouco altera o calor da reação na faixa de temperatura da reação, o calor da reação é considerado constante em sua temperatura de referência

$$\Delta H_{Rx} = -20.013 \frac{\text{kcal}}{\text{kmol A}}$$

O programa Polymath é mostrado na Tabela E13.3.1.

As Figuras E13.3.1 e E13.3.2 mostram, respectivamente, a concentração de óxido de propileno e a temperatura do reator em função do tempo, para uma temperatura inicial de T_i = 297 K e apenas água no tanque (isto é, $C_{Ai} = 0$). Observa-se que tanto a temperatura quanto a concentração oscilam em torno de seus valores de estado estacionário (T = 331 K, C_A = 0,658 kmol/m³) à medida que o estado estacionário se aproxima.

Partida inaceitável

A Figura E13.3.3 combina as Figuras E13.3.1 e E13.3.2 em um gráfico de fases de C_A *versus* T. A concentração final de A, operando no estado estacionário, é 0,658 kmol/m³ a uma temperatura de 331,5 K. As setas nos gráficos do plano de fases mostram as trajetórias com o aumento do tempo. A temperatura máxima atingida durante a partida é 337,5 K, que está abaixo do *limite prático de estabilidade* de 355 K.

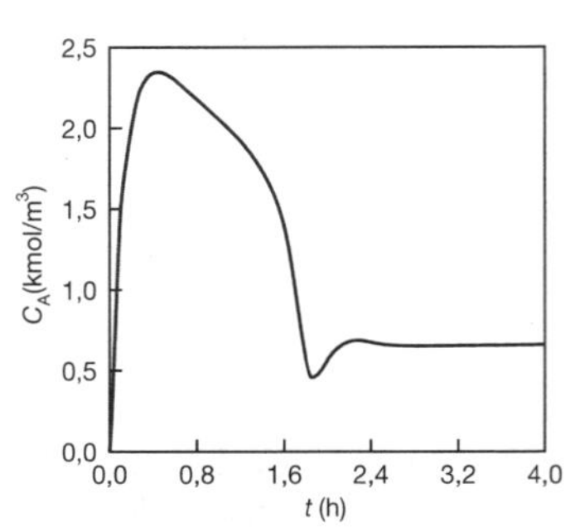

Figura E13.3.1 Concentração de óxido de propileno como função do tempo para $C_{Ai} = 0$ e $T_i = 297$ K.

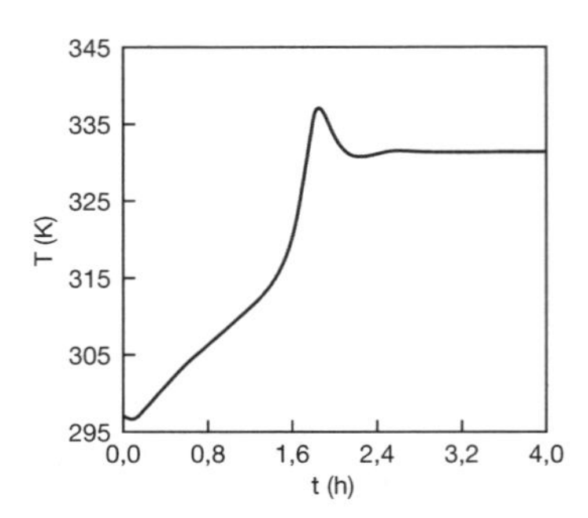

Figura E13.3.2 Trajetória temperatura-tempo na partida de um CSTR para $C_{Ai} = 0$ e $T_i = 297$ K.

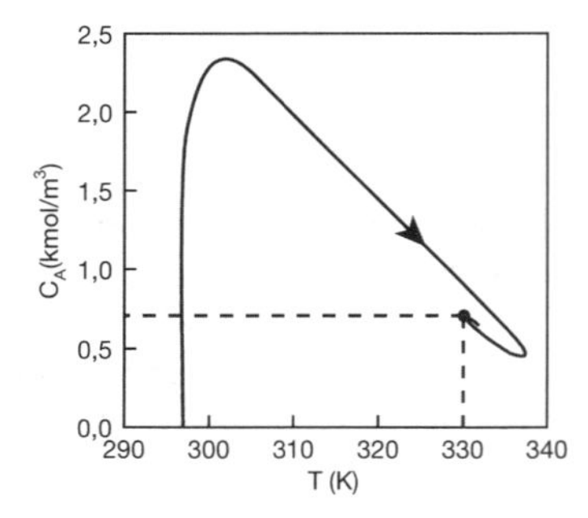

Figura E13.3.3 Plano de fase da trajetória concentração-temperatura usando as Figuras E13.3.1 e E13.3.2.

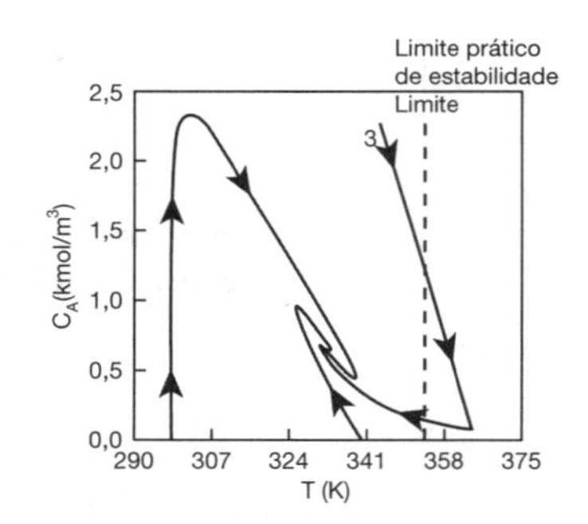

Figura E13.3.4 Plano de fase da concentração-temperatura para três diferentes condições iniciais.

Controles Deslizantes do PP

Em seguida, considere a Figura E13.3.4, que mostra três trajetórias distintas no plano de fases para três conjuntos diferentes de condições iniciais:

(1) $T_i = 297$ K $\quad C_{Ai} = 0$ (a mesma da Figura E13.3.3)
(2) $T_i = 339$ K $\quad C_{Ai} = 0$
(3) $T_i = 344$ K $\quad C_{Ai} = 2{,}26$ kmol/m³

Após 3 horas, a reação passa a operar em estado estacionário e todas as três trajetórias convergem para a temperatura final de estado estacionário de 331 K e as correspondentes concentrações de estado estacionário

$$C_A = 0{,}658 \text{ kmol/m}^3 \quad C_C = 2{,}25 \text{ kmol/m}^3$$
$$C_B = 34 \text{ kmol/m}^3 \quad C_M = 3{,}63 \text{ kmol/m}^3$$
$$T = 331{,}5 \text{ K}$$

Podem-se usar os controles deslizantes do Wolfran no PP do Exemplo 13.3 para observar como os parâmetros mudam as trajetórias conforme a temperatura e a concentração se aproximam do estado estacionário.

Oops! O *limite prático de estabilidade* foi excedido.

Para este sistema de reação, o departamento de segurança da fábrica acredita que um limite superior de temperatura de 355 K não deve ser excedido no interior do tanque. Esta temperatura é o limite prático de estabilidade. O **limite prático de estabilidade** representa uma temperatura acima da qual é indesejável operar por causa de reações paralelas indesejadas, considerações de segurança, danos ao equipamento ou reações secundárias descontroladas, como na Explosão T2. Consequentemente, vemos que se partíssemos de uma temperatura inicial de $T_i = 344$ K e uma concentração inicial de 2,26 kmol/m³, **o limite prático de estabilidade de 355 K** seria excedido quando o reator se aproximasse de sua temperatura no estado estacionário de 331 K. Veja a curva concentração-temperatura na Figura E13.3.4.

Tabela E13.3.1 Programa Polymath para Partida do CSTR

Equações diferenciais

```
1 d(Ca)/d(t) = 1/tau*(Ca0-Ca)+r a
2 d(Cb)/d(t) = 1/tau*(Cb0-Cb)+rb
3 d(Cc)/d(t) = 1/tau*(0-Cc)+rc
4 d(Cm)/d(t) = 1/tau*(Cm0-Cm)
5 d(T)/d(t) = (Qg-Qr)/NCp
```

Equações explícitas

```
1 Fa0 = 36,3
2 T0 = 297
3 V = 1,89
4 UA = 7.262
5 dh = -20.013
6 Ta1 = 288,7
7 k = 16,96e12*exp(-18012/1,987/(T))
8 Fb0 = 453,6
9 Fm0 = 45,4
10 mc = 453,6
11 ra = -k*Ca
12 rb = -k*Ca
13 rc = k*Ca
14 Nm = Cm*V
15 Na = Ca*V
16 Nb = Cb*V
17 Nc = Cc*V
18 ThetaCp = 35+Fb0/Fa0*18+Fm0/Fa0*19,5
19 v0 = Fa0/14,8+Fb0/55,3+Fm0/24,7
20 Ta2 = T-(T-Ta1)*exp(-UA/(18*mc))
21 Ca0 = Fa0/v0
22 Cb0 = Fb0/v0
23 Cm0 = Fm0/v0
24 Qr2 = mc*18*(Ta2-Ta1)
25 tau = V/v0
26 NCp = Na*35+Nb*18+Nc*46+Nm*19,5
27 Qr1 = Fa0*ThetaCp*(T-T0)
28 Qr = Qr1+Qr2
29 Qg = ra*V*dh
```

Valores calculados das variáveis de EDO

	Variável	Valor Inicial	Valor final
1	Ca	0	0,658258
2	Ca0	2,905559	2,905559
3	Cb	55,3	34,06019
4	Cb0	36,30749	36,30749
5	Cc	0	2,247301
6	Cm	0	3,63395
7	Cm0	3,63395	3,63395
8	dh	-2,001E+04	-2,001E+04
9	Fa0	36,3	36,3
10	Fb0	453,6	453,6
11	Fm0	45,4	45,4
12	k	0,9420055	22,56758
13	mc	453,6	453,6
14	Na	0	1,244108
15	Nb	104,517	64,37375
16	Nc	0	4,2474
17	NCp	1881,306	1531,581
18	Nm	0	6,868166
19	Qg	0	5,619E+05
20	Qr	3,992E+04	5,619E+05
21	Qr1	0	3,56E+05
22	Qr2	3,992E+04	2,059E+05
23	ra	0	-14,85529
24	rb	0	-14,85529
25	rc	0	14,85529
26	T	297	331,4976
27	t	0	4
28	T0	297	297
29	Ta1	288,7	288,7
30	Ta2	293,5896	313,9124
31	tau	0,1512812	0,1512812
32	ThetaCp	284,314	284,314
33	UA	7.262	7.262
34	V	1,89	1,89
35	v0	12,49329	12,49329

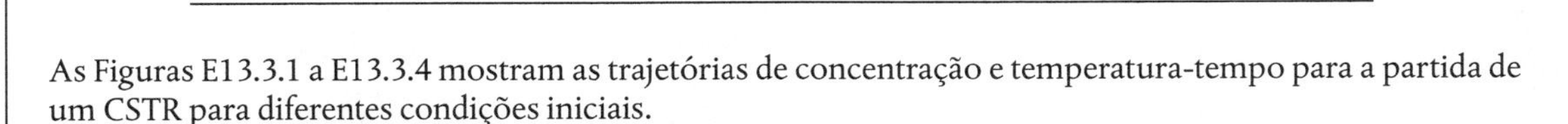

As Figuras E13.3.1 a E13.3.4 mostram as trajetórias de concentração e temperatura-tempo para a partida de um CSTR para diferentes condições iniciais.

O leitor é encorajado a usar Wolfram para explorar este problema para obter respostas a perguntas tais como: (1) quais valores de parâmetro levam ao maior e ao menor número de oscilações antes que o estado estacionário seja alcançado (ver Problema **P13.1$_B$** (c)).

Análise: Um dos objetivos deste exemplo foi demonstrar o uso de planos de fases, por exemplo, T *versus* C_A, na análise da partida do CSTR. Os gráficos de fase nos permitem ver como o estado estacionário é abordado para diferentes conjuntos de condições iniciais e se o limite de estabilidade prático é excedido, causando uma reação secundária, mais exotérmica.

13.3.2 Operação em Semibatelada

Exemplo 13.4 Efeitos Térmicos em um Reator em Semibatelada

A reação de saponificação, de segunda ordem, do acetato de etila é conduzida em um reator em semibatelada, mostrada esquematicamente na Figura E13.4.1

$$C_2H_5(CH_3COO)(aq) + NaOH(aq) \rightleftarrows Na(CH_3COO)(aq) + C_2H_5OH(aq)$$

$$A \quad + \quad B \quad \rightleftarrows \quad C \quad + \quad D$$

Uma solução aquosa de hidróxido de sódio, com uma concentração de 1 kmol/m³, a uma temperatura de 300 K e a uma vazão de 0,004 m³/s, é adicionada a um volume inicial de 0,2 m³ de água e acetato de etila. A concentração de água na alimentação, C_{W0}, é 55 kmol/m³. As concentrações iniciais do acetato de etila e da água no reator são, respectivamente, iguais a 5 kmol/m³ e 30,7 kmol/m³. A reação é exotérmica, sendo necessário adicionar um trocador de calor para manter a temperatura no interior do reator abaixo de 315 K. Um trocador de calor reluzente, com UA = 3.000 J/s · K, adquirido na feira de domingo do centro, em Riça, Jofostan, está disponível e pronto para ser utilizado. O refrigerante entra com uma vazão mássica de 100 kg/s e a uma temperatura de 285 K.

(a) O trocador de calor e a vazão mássica do refrigerante são adequados para manter a temperatura no interior do reator abaixo de 315 K?

(b) Plote a temperatura, T, e as concentrações, C_A, C_B e C_C, em função do tempo.

Informações adicionais[3]

$$k = 0{,}39175 \exp\left[5.472{,}7\left(\frac{1}{273} - \frac{1}{T}\right)\right] \ \text{m}^3/\text{kmol}\cdot\text{s}$$

$$K_C = 10^{3.885{,}44/T}$$

$$\Delta H^\circ_{Rx} = -79{,}076 \ \text{kJ/kmol}$$

$$C_{P_A} = 170{,}7 \ \text{kJ/kmol/K} = 170.700 \ \text{J/kmol/K}$$

$$C_{P_B} = C_{P_C} = C_{P_D} \cong C_{P_W} = C_P = 75{,}24 \ \text{kJ/kmol}\cdot\text{K} = 75.246 \ \text{J/kmol/K}$$

Alimentação: $C_{W0} = 55 \ \text{kmol/m}^3$ $\quad C_{B0} = 1{,}0 \ \text{kmol/m}^3$

Inicialmente: $C_{Wi} = 30{,}7 \ \text{kmol/m}^3$ $\quad C_{Ai} = 5 \ \text{kmol/m}^3$ $\quad C_{Bi} = 0$

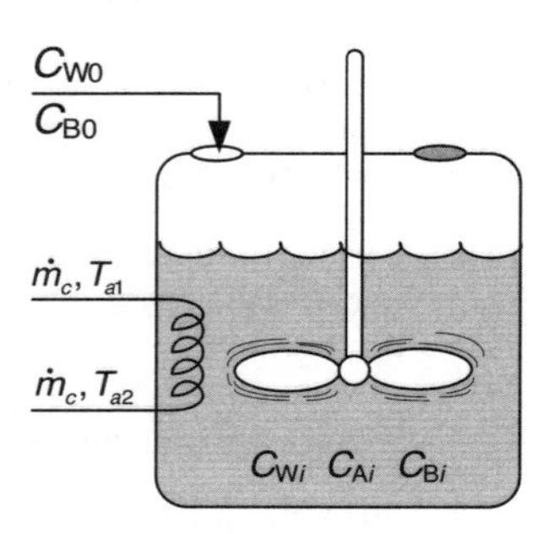

Figura E13.4.1 Reator em semibatelada com troca de calor.

Solução

1. Balanços Molares: (Veja o Capítulo 6.)

$$\frac{dC_A}{dt} = r_A - \frac{v_0 C_A}{V} \tag{E13.4.1}$$

$$\frac{dC_B}{dt} = r_B + \frac{v_0 (C_{B0} - C_B)}{V} \tag{E13.4.2}$$

$$\frac{dC_C}{dt} = r_C - \frac{C_C v_0}{V} \tag{E13.4.3}$$

$$C_D = C_C$$

$$\frac{dN_W}{dt} = C_{W0} v_0 \tag{E13.4.4}$$

[3] Valor para k proveniente de J. M. Smith, *Chemical Engineering Kinetics*, 3rd ed. New York: McGraw-Hill, 1981, p. 205. Note que ΔH_{Rx} e K_C foram calculados a partir de valores encontrados no *Perry's Chemical Engineers' Handbook*, 6th ed. New York: McGraw-Hill, 1984, p. 3-147.

Inicialmente, o número de mols de água no reator é, N_{Wi},

$$N_{Wi} = V_i C_{W0} = (0{,}2\ m^3)(30{,}7\ kmol/m^3) = 6{,}14\ kmol$$

2. Equação da Taxa:

$$-r_A = k\left(C_A C_B - \frac{C_C C_D}{K_C}\right) \quad (E13.4.5)$$

3. Estequiometria:

Seguindo o algoritmo

$$-r_A = -r_B = r_C = r_D \quad (E13.4.6)$$

$$N_A = C_A V \quad (E13.4.7)$$

$$V = V_0 + \upsilon_0 t \quad (E13.4.8)$$

4. Balanço de Energia:
O balanço de energia simplificado é

$$\boxed{\frac{dT}{dt} = \frac{\dot{Q}_{gs} - \dot{Q}_{rs}}{\Sigma N_i C_{P_i}}} \quad (13.20)$$

$$\boxed{\dot{Q}_{gs} = (r_A V)(\Delta H_{Rx})} \quad (13.21)$$

$$\dot{Q}_{rs} = \sum F_{i0} C_{P_i}(T - T_{i0}) + \dot{m}_c C_{P_W}[T - T_{a1}]\left[1 - \exp\left(\frac{-UA}{\dot{m}_c C_{P_W}}\right)\right] \quad (13.22)$$

Apenas as espécies B (NaOH) e água são adicionadas continuamente ao reator, então a Equação (13.22) torna-se

$$\boxed{\dot{Q}_{rs} = \overbrace{(F_{B0} C_{P_B} + F_w C_{Pw})(T - T_0)}^{\dot{Q}_{rs1}} + \overbrace{\dot{m}_c C_{P_W}[T - T_{a1}]\left[1 - \exp\left(\frac{-UA}{\dot{m}_c C_{P_W}}\right)\right]}^{\dot{Q}_{rs2}}} \quad (E13.4.9)$$

$\dot{Q}_{rs1}$ é o calor removido por vazão mássica e Q_{rs2} é o calor removido por troca de calor.

Em Jofostan, temos o bônus adicional de pedir ao prof. Dr. Sven Köttlov para calcular a temperatura de saída do fluido do trocador de calor, usando a Equação (12.17)

#BônusAdicional

$$\boxed{T_{a2} = T - (T - T_{a1})\exp\left[\frac{-UA}{\dot{m}_c C_{P_W}}\right]} \quad (12.17)$$

5. Avaliação de Parâmetros:

$$F_{B0} = \upsilon_0 C_{B0} = \left(0{,}004\frac{m^3}{s}\right)\left(1\frac{kmol}{m^3}\right) = 0{,}004\frac{kmol}{s},$$

$$F_w = \upsilon_0 C_w = \left(0{,}004\frac{m^3}{s}\right)\left(55\frac{kmol}{m^3}\right) = 0{,}220\frac{kmol}{s}$$

$$C_{P_A} = 170.700\ J/kmol/K,\ C_P = 75.246\ J/kmol/K$$

Controles Deslizantes do PP

Observamos que os calores específicos para B, C e para a água são essencialmente os mesmos em C_P.

$$NC_P = C_{P_A}N_A + C_P\,(N_B + N_C + N_D + N_W)$$

O programa Polymath é apresentado na Tabela E13.4.1. Os correspondentes resultados gráficos – fornecidos em termos das temperaturas T e T_a e as concentrações (C_A, C_B e C_C) – são apresentados nas Figuras E13.4.2 e E13.4.3.

Controles Deslizantes do PP

Tabela E13.4.1 Programa Polymath e Saída para o Reator em Semibatelada

Equações diferenciais

```
1 d(Ca)/d(t) = ra-(v0*Ca)/V
2 d(Cb)/d(t) = rb+(v0*(Cb0-Cb)/V)
3 d(Cc)/d(t) = rc-(Cc*v0)/V
4 d(T)/d(t) = (Qg-Qr)/NCp
5 d(Nw)/d(t) = v0*Cw0
```

Equações explícitas

```
1  v0 = 0,004
2  Cb0 = 1
3  UA = 3.000
4  cp = 75.240
5  T0 = 300
6  dh = -7,9076e7
7  Cw0 = 55
8  k = 0,39175*exp(5.472,7*((1/273)-(1/T)))
9  Cd = Cc
10 Vi = 0,2
11 Kc = 10^(3.885,44/T)
12 cpa = 170.700
13 V = Vi+v0*t
14 Fb0 = Cb0*v0
15 ra = -k*((Ca*Cb)-((Cc*Cd)/Kc))
16 Na = V*Ca
17 Nb = V*Cb
18 Fw = Cw0*v0
19 Nc = V*Cc
20 rb = ra
21 rc = -ra
22 Qr1 = ((Fb0*cp) + (Fw*cp))*(T -  T0)
23 Nd = V*Cd
24 rate = -ra
25 NCp = cp*(Nb+Nc+Nd+Nw)+cpa*Na
26 Cpc = 18
27 Ta1 = 285
28 mc = 100
29 Qr2 = mc*Cpw*(T-Ta1)*(1-exp(-UA/mc/Cpw))
30 Ta2 = T-(T-Ta1)*exp(-UA/mc/Cpw)
31 Qr = Qr1 + Qr2
32 Qg = ra*V*dh
```

Valores calculados das variáveis de EDO

	Variável	Valor inicial	Valor final
1	Ca	5	3,981E-13
2	Cb	0	0,2682927
3	Cb0	1	1
4	Cc	0	0,6097561
5	Cd	0	0,6097561
6	Cp	7,524E+04	7,524E+04
7	cpa	1,707E+05	1,707E+05
8	Cpc	18	18
9	Cw0	55	55
10	dh	-7,908E+07	-7,908E+07
11	Fb0	0,004	0,004
12	Fw	0,22	0,22
13	k	2,379893	4,211077
14	Kc	8,943E+12	3,518E+12
15	mc	100	100
16	Na	1	6,529E-13
17	Nb	0	0,44
18	Nc	0	1
19	NCp	6,327E+05	6,605E+06
20	Nd	0	1
21	Nw	6,14	85,34
22	Qg	0	6,19E-07
23	Qr	2,19E+04	1,993E+05
24	Qr1	0	1,633E+05
25	Qr2	2,19E+04	3,604E+04
26	ra	0	-4,773E-15
27	rate	0	4,773E-15
28	rb	0	-4,773E-15
29	rc	0	4,773E-15
30	t	0	360
31	T	300	309,6878
32	T0	300	300
33	Ta1	285	285
34	Ta2	297,1669	305,0248
35	UA	3.000	3.000
36	V	0,2	1,64
37	v0	0,004	0,004
38	Vi	0,2	0,2

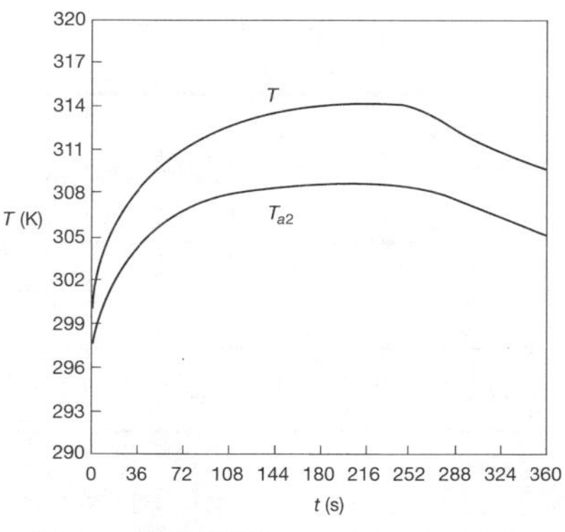

Figura E13.4.2 Curvas de temperatura-tempo em um reator em semibatelada.

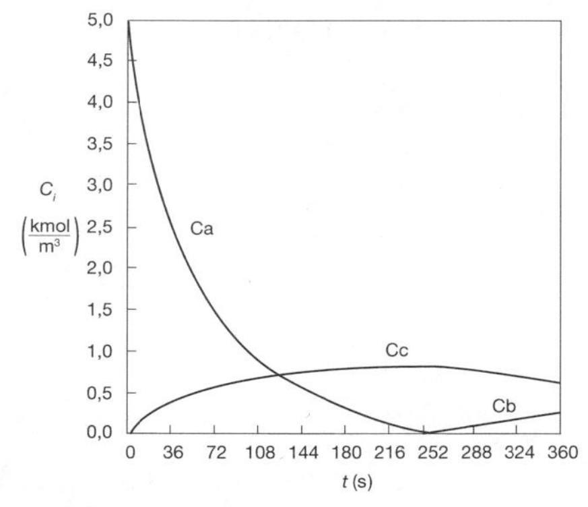

Figura E13.4.3 Curvas de concentração-tempo em um reator em semibatelada.

Escolha errada de reator!

Análise: Da Figura E13.4.3, vemos que a concentração das espécies B é praticamente zero, devido ao fato de que são consumidas logo que entram no reator, até o tempo de 252 s. No momento em que chegamos a 252 s, todas as espécies A foram consumidas e a taxa de reação é praticamente zero e nenhuma espécie C ou D é mais produzida, nem B é consumida. Uma vez que B continua a entrar no reator a uma vazão volumétrica v_0, após 252 segundos, o volume do fluido continua a aumentar e as concentrações de C e D são diluídas. A figura mostra que, antes de 252 s, ($\dot{Q}_{gs} > \dot{Q}_{rs}$) e ambos, a temperatura do reator e do fluido refrigerante, aumentam. No entanto, após 252 s, a taxa de reação, e consequentemente $\dot{Q}_{gs}$, são praticamente zero, de modo que ($\dot{Q}_{rs} > \dot{Q}_{gs}$) e a temperatura diminui. Devido ao impraticável curto tempo de reação (252 s), um reator em semibatelada **nunca será** usado para essa reação, a essa temperatura; em vez disso, provavelmente usaríamos um CSTR ou PFR. Veja o Problema P13.1$_B$ (d) para refletir sobre esse exemplo.

Controles Deslizantes do PP

Um exemplo PP da vida real da ***Reação Descontrolada do Synthron*** em um reator em semibatelada é fornecido no Material Adicional no CRE *website* (*http://www.umich.edu/~elements/6e/13chap/obj.html#/additional-materials/*) e também no *site* de Segurança (*http://umich.edu/~safeche/assets/pdf/courses/Problems/CRE/344ReactionEngrModule (2) PS-Monsanto.pdf*).

13.4 Reações Múltiplas Não Isotérmicas

Para q reações múltiplas com m espécies ocorrendo tanto em reatores em semibatelada quanto em reatores em batelada, a Equação (13.9) pode ser generalizada da mesma maneira que o balanço de energia no estado estacionário, obtendo-se

$$\frac{dT}{dt} = \frac{\dot{m}_c C_{P_c}(T_{a1} - T)[1 - \exp(-UA/\dot{m}_c C_{P_c})] + \sum_{i=1}^{q} r_{ij} V \Delta H_{Rxij}(T) - \sum_{j=1}^{m} F_{j0} C_{P_j}(T - T_0)}{\sum_{j=1}^{m} N_{j0} C_{P_j}} \tag{13.24}$$

Para vazões elevadas do fluido refrigerante ($\dot{m}_c$), a Equação (13.24) torna-se

$$\frac{dT}{dt} = \frac{V \sum_{i=1}^{q} r_{ij}\, \Delta H_{Rxij} - UA(T - T_a) - \sum_{j=1}^{m} F_{j0}\, C_{P_j}(T - T_0)}{\sum_{j=1}^{m} N_j\, C_{P_j}} \tag{13.25}$$

Rearranjando a Equação (13.25) e considerando

$$\dot{Q}_g = V \sum_{i=1}^{q} r_{ij}\,\Delta H_{Rxij} \tag{13.26}$$

e

$$\dot{Q}_r = UA(T - T_a) + \Sigma F_{j0} C_{P_j}(T - T_0) \tag{13.27}$$

podemos escrever a Equação (13.25) em uma forma mais compacta

$$\frac{dT}{dt} = \frac{\dot{Q}_g - \dot{Q}_r}{\sum_{j=1}^{m} N_j C_{P_j}} \tag{13.28}$$

Uma reação *exotérmica* e uma reação *endotérmica*! A temperatura aumentará ou diminuirá?

Exemplo 13.5 Reações Múltiplas em um Reator em Semibatelada

As reações em série

$$2A \xrightarrow[(1)]{k_{1A}} B \xrightarrow[(2)]{k_{2B}} 3C$$

são catalisadas por H_2SO_4. Todas as reações são de primeira ordem em relação à concentração do reagente. Contudo, a Reação (1) é *exotérmica* e a Reação (2) é *endotérmica*. As reações são conduzidas em um reator em semibatelada que contém um trocador de calor em seu interior com UA = 35.000 cal/h · K e uma temperatura constante, T_a, igual a 298 K. O reagente A puro alimenta o reator a 4 mol/dm³, com uma vazão volumétrica de 240 dm³/h e a uma temperatura de 305 K. Inicialmente, o reator contém um total de líquido de 100 dm³ de uma solução com concentração de 1 mol/dm³ de A e 1 mol/dm³ do catalisador H_2SO_4. A taxa de reação independe da concentração do catalisador. A temperatura inicial no reator é 290 K.

(a) Faça um gráfico das concentrações das espécies e da temperatura no reator em função do tempo e *analise*.
(b) Analise os resultados de **(a)** e comente quaisquer máximos ou mínimos nas curvas.

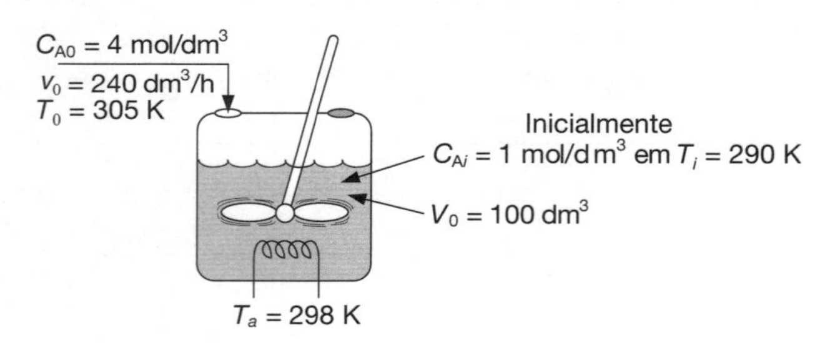

Informações adicionais:

$k_{1A} = 1{,}25\ h^{-1}$ em 320 K com $E_{1A} = 9.500$ cal/mol $C_{P_A} = 30$ cal/mol · K
$k_{2B} = 0{,}08\ h^{-1}$ em 300 K com $E_{2B} = 7.000$ cal/mol $C_{P_B} = 60$ cal/mol · K
$\Delta H_{Rx1A} = -6.500$ cal/mol A $C_{P_C} = 20$ cal/mol · K
$\Delta H_{Rx2B} = +8.000$ cal/mol B $C_{P_{H_2SO_4}} = 35$ cal/mol · K

Solução

Reação (1) $2A \longrightarrow B$

Reação (2) $B \longrightarrow 3C$

1. Balanços Molares:

$$\frac{dC_A}{dt} = r_A + \frac{(C_{A0} - C_A)}{V}\,v_0 \qquad \text{(E13.5.1)}$$

$$\frac{dC_B}{dt} = r_B - \frac{C_B}{V}\,v_0 \qquad \text{(E13.5.2)}$$

$$\frac{dC_C}{dt} = r_C - \frac{C_C}{V}\,v_0 \qquad \text{(E13.5.3)}$$

2. Taxas:
(a) Equações das taxas:

$$-r_{1A} = k_{1A}C_A \qquad \text{(E13.5.4)}$$

$$-r_{2B} = k_{2B}C_B \qquad \text{(E13.5.5)}$$

(b) Taxas relativas:

$$r_{1B} = -\frac{1}{2}r_{1A} \qquad \text{(E13.5.6)}$$

$$r_{2C} = -3\,r_{2B} \qquad \text{(E13.5.7)}$$

(c) Taxas resultantes:

$$r_A = r_{1A} = -k_{1A}C_A \qquad \text{(E13.5.8)}$$

$$r_B = r_{1B} + r_{2B} = \frac{-r_{1A}}{2} + r_{2B} = \frac{k_{1A}C_A}{2} - k_{2B}C_B \qquad \text{(E13.5.9)}$$

$$r_C = 3\,k_{2B}C_B \qquad \text{(E13.5.10)}$$

3. Estequiometria (fase líquida): Usar C_A, C_B e C_C

$$N_i = C_i V \qquad \text{(E13.5.11)}$$

$$V = V_0 + v_0 t \qquad \text{(E13.5.12)}$$

O H_2SO_4 já está no tanque

$$N_{H_2SO_4} = (C_{H_2SO_{4,0}})V_0 = \frac{1\text{ mol}}{\text{dm}^3} \times 100\text{ dm}^3 = 100\text{ mol}$$

Apenas A entra no tanque

$$F_{A0} = C_{A0}v_0 = \frac{4\text{ mol}}{\text{dm}^3} \times 240\,\frac{\text{dm}^3}{\text{h}} = 960\,\frac{\text{mol}}{\text{h}}$$

4. Balanço de Energia:

Um leve rearranjo de (13.25), para este reator em semibatelada, fornece

$$\frac{dT}{dt} = \frac{UA(T_a - T) - \sum F_{j0}C_{P_j}(T - T_0) + V\sum_{i=1}^{q} \Delta H_{Rxij}r_{ij}}{\sum_{j=1}^{m} N_j C_{P_j}} \qquad \text{(E13.5.13)}$$

Expandindo,

$$\frac{dT}{dt} = \frac{UA(T_a - T) - F_{A0}C_{P_A}(T - T_0) + [(\Delta H_{Rx1A})(r_{1A}) + (\Delta H_{Rx2B})(r_{2B})]V}{[C_AC_{P_A} + C_BC_{P_B} + C_CC_{P_C}]V + N_{H_2SO_4}C_{P_{H_2SO_4}}} \qquad \text{(E13.5.14)}$$

Substituindo os valores dos parâmetros na Equação (E13.5.14)

$$\frac{dT}{dt} = \frac{35.000(298-T)-(4)(240)(30)(T-305)+[(-6.500)(-k_{1A}C_A)+(+8.000)(-k_{2B}C_B)]V}{(30C_A+60C_B+20C_C)(100+240t)+(100)(35)}$$

(E13.5.15)

As Equações (E13.5.1) a (E13.5.3) e (E13.5.8) a (E13.5.12) podem ser resolvidas simultaneamente com a Equação (E13.5.14) usando um código computacional de integração (*solver*) de EDO. O programa Polymath é mostrado na Tabela E13.5.1. Os gráficos de variações de concentração e de temperatura com o tempo são apresentados nas Figuras E13.5.1 e E13.5.2, respectivamente.

Tabela E13.5.1 Programa Polymath para Partida de um CSTR.

Equações diferenciais

1 d(Ca)/d(t) = ra+(Ca0-Ca)*v o/V
2 d(Cb)/d(t) = rb-Cb*vo/V
3 d(Cc)/d(t) = rc-Cc*vo/V
4 d(T)/d(t) = (Qg-Qr)/((Ca*30+Cb*60+Cc*20)*V+100*35

Equações explícitas

1 UA = 35.000
2 dHrx1 = -6.500
3 dHrx2 = 8.000
4 vo = 240
5 V = 100+vo*t
6 Cao = 4
7 Qr = UA*(T-298) + Cao*vo*30*(T-305)
8 k1a = 1,25*exp((9.500/1,987)*(1/320-1/T))
9 k2b = 0,08*exp((7.000/1,987)*(1/300-1/T))
10 ra = -k1a*Ca
11 Qg = (dHrx1*(-k1a*Ca)+dHrx2*(-k2b*Cb))*V
12 rc = 3*k2b*Cb
13 rb = k1a*Cb/2-k2b*Cb

Valores calculados das variáveis de EDO

	Variável	Valor inicial	Valor final
1	Ca	1	0,2165095
2	Cao	4	4
3	Cb	0	0,8114253
4	Cc	0	2,262699
5	dHrx1	-6.500	-6.500
6	dHrx2	8.000	8.000
7	k1a	0,2664781	9,133834
8	k2b	0,0533618	0,7215678
9	Qg	1,732E+05	3,758E+06
10	Qr	-7,12E+05	4,337E+06
11	ra	-0,2664781	-1,977562
12	rb	0,133239	0,4032827
13	rc	0	1,756495
14	t	0	1,5
15	T	290	369,1375
16	UA	3,5E+04	3,5E+04
17	V	100	460
18	vo	240	240

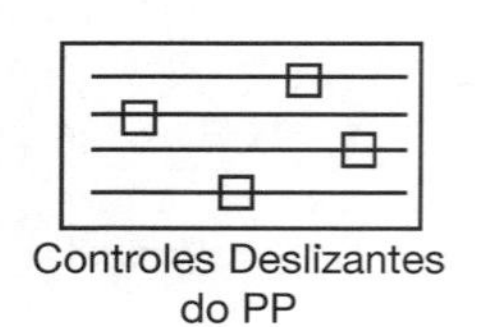

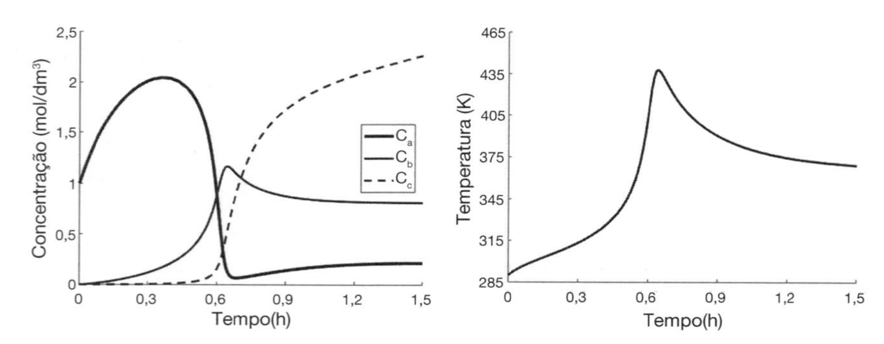

Figura E13.5.1 Concentração–tempo. **Figura E13.5.2** Temperatura (K)–tempo (h).

Análise: No início da reação, tanto C_A quanto T, no reator, aumentam, porque as concentrações de alimentação de C_{A0} (4M) e T_0 (305 K) são maiores do que C_{Ai} (1M) e T_i (290 K). Esse aumento continua até a taxa de consumo das espécies reagentes ($-r_AV$) ser maior que a taxa de alimentação do reator, F_{A0}. Notamos que, em torno de 0,2 h, a temperatura do reator excede a temperatura da alimentação (305 K), resultado do calor gerado pela reação exotérmica (Reação 1). A temperatura continua a aumentar até em torno de t = 0,6 h, ponto no qual o reagente A é praticamente todo consumido. Após esse ponto, a temperatura começa a cair por duas razões: (1) o reator é resfriado pelo trocador de calor, e (2) o calor é absorvido pela taxa de reação endotérmica (Reação 2). A questão é: a temperatura máxima (437 K) excede uma temperatura que é muito alta, resultando em uma alta pressão de vapor, que implica perdas por evaporação, ou provoca uma reação secundária altamente exotérmica?

Exemplo 13.6 Explosão da T2 Laboratories[4]

Figura E13.6.1 Fotografia aérea da T2, tirada em 20 de dezembro de 2007. (Cortesia do Chemical Safety Board.)

O resultado de uma explosão mortal na T2 Laboratories é mostrado na Figura E13.6.1. T2 Laboratories fabricava um aditivo de combustíveis, o manganês tricarbonila-metilciclopentadienil, MTMC, em um reator em batelada de alta pressão, de 2.450 galões, utilizando um processo batelada em três estágios. (Veja em *http://websites.umich.edu/~safeche/assets/pdf/courses/Problems/CRE/344ReactionEngrModule(1)PS-T2.pdf*)

Estágio 1a. A reação de metalação, em fase líquida, entre o metilciclopentadieno (MCP) e o sódio em solvente de éter dimetílico de dietilenoglicol (ou éter 2-metoxietílico) (diglima), para produzir o sódio-metilciclopentadieno e o gás hidrogênio, é expressa como,

$$\text{MCP} + \text{Na} \xrightarrow{\text{Diglima}} \text{MCP}^{\ominus}\,\text{Na}^{\oplus} + \tfrac{1}{2}\text{H}_2 \qquad \text{(A)}$$

O hidrogênio sai imediatamente da solução e é liberado no espaço vazio no topo do reator (*head space*) e daí para fora do sistema.

Estágio 1b. No fim do Estágio 1a, o $MnCl_2$ é adicionado. A reação de substituição entre o sódio-metilciclopentadieno e o cloreto de manganês, que produziu o manganês-dimetilciclopentadieno e o cloreto de sódio, é

$$2\,\text{MCP}^{\ominus}\,\text{Na}^{\oplus} \xrightarrow{\text{MnCl}_2} \text{Mn(MCP)}_2 + 2\,\text{NaCl} \qquad \text{(B)}$$

Estágio 1c. No fim do Estágio 1b, CO é adicionado. A reação de carbonilação entre o manganês-dimetilciclopentadieno e o monóxido de carbono produz como produto final o manganês tricarbonila-metilciclopentadienil, MTMC, expressa como,

$$\text{Mn(MCP)}_2 \xrightarrow{\text{CO}} (\text{MCP})\text{Mn(C}{\equiv}\text{O)}_3 \qquad \text{(C)}$$

Levaremos em conta apenas o *Estágio 1a*, pois foi nessa etapa em que ocorreu a explosão.

[4]Este exemplo é de coautoria dos Professores Ronald J. Willey, da Northeastern University, Michael B. Cutlip, University of Connecticut e H. Scott Fogler, University of Michigan, e foi publicado em *Process Safety Progress*, 30, 1 (2011).

Procedimento

Inicialmente, no reator em batelada, são misturados o sódio sólido, o dímero metilciclopentadieno e o solvente éter dimetílico de dietilenoglicol (diglima). O reator em batelada é então aquecido em torno de 422 K (300°F) com apenas uma leve reação ocorrendo durante o processo de aquecimento. Ao atingir 422 K, o aquecimento é desligado, e como a reação exotérmica está em curso, a temperatura continua a aumentar mesmo sem aquecimento. Quando a temperatura atinge 455,4 K (360°F), o operador inicia o resfriamento usando a evaporação da água na camisa do reator como dissipador de calor (T_a = 373,15) (212°F).

É um vídeo *muito* bom.

Antes de continuar lendo, pode ser útil assistir ao vídeo do acidente, do Chemical Safety Board (CSB) (*http://websites.umich.edu/~safeche/courses/ChemicalReactionEngineering.html*).

O que Aconteceu

Em 19 de dezembro de 2007, quando o reator atingiu a temperatura de 455,4 K (360°F), o operador de processo não pôde iniciar o escoamento de água refrigerante para a camisa de resfriamento, mostrado na Figura E13.6.2. Assim, o resfriamento esperado do reator não estava disponível e a temperatura no reator continuou a aumentar. A pressão também aumentou à medida que o hidrogênio continuou a ser produzido a uma taxa crescente, até o ponto em que o sistema de válvula de controle de pressão do reator, na linha de 1 polegada de diâmetro de purga do hidrogênio, não podia mais liberar o gás para manter a pressão de operação em 50 psig (4,4 atm). À medida que a temperatura continuava a aumentar ainda mais, uma reação secundária exotérmica, anteriormente desconhecida, de decomposição do solvente diglima, também catalisada pelo sódio, acelerou rapidamente.

$$CH_3{-}O-CH_2-CH_2-O-CH_2-CH_2O-CH_3 \xrightarrow[Na]{} 3H_2+\text{misc(l)\&(s)} \qquad \text{(D)}$$

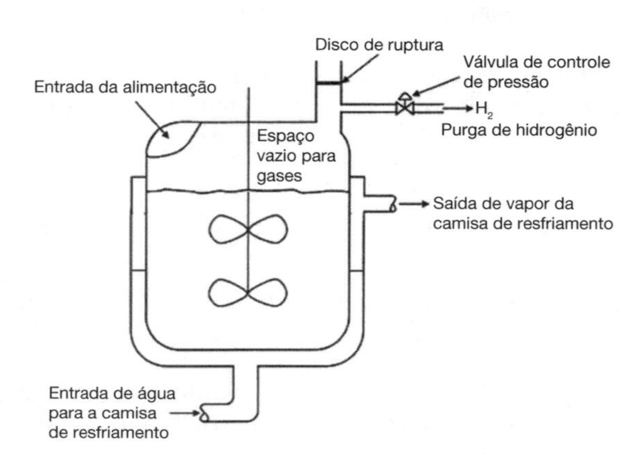

Figura E13.6.2 Reator.

Essa reação produziu ainda mais hidrogênio, fazendo com que a pressão subisse ainda mais rápido, eventualmente causando a ruptura do disco, que havia sido ajustado em 28,2 atm absolutas (400 psig), na linha de alívio de H_2, de 4 polegadas de diâmetro. Mesmo com a linha de alívio aberta, a taxa de produção de H_2 foi naquele momento muito maior do que a velocidade de purga, fazendo com que a pressão continuasse a aumentar até o ponto de romper o vaso do reator, iniciando uma explosão horrível. A planta da T2 foi completamente destruída e quatro pessoas morreram. Os negócios em volta foram fortemente danificados e sofreram prejuízos adicionais.

Gostaria de enfatizar novamente, antes de prosseguir com este exemplo, que pode ser útil visualizar o vídeo do Chemical Safety Board (CSB) de 9 minutos, que você pode acessar diretamente do *site* (em vídeos do YouTube), ou você pode ler os relatórios (*http://www.csb.gov/videos/runaway-explosion-at-t2-laboratories/*). Revise também os Módulos de Segurança T2 Laboratories (*http://umich.edu/~safeche/assets/pdf/ourses/Problem /344ReactionEngineeringModule(2)PS050818.pdf*).

Modelo Simplificado

Resumindo as reações importantes do Estágio 1

$$\text{(metilciclopentadieno)} + Na \longrightarrow \text{(metilciclopentadienila}^{\ominus}) \; Na^{\oplus} + \frac{1}{2}H_2 \qquad \text{(Reação 1)}$$

$$CH_3-O-CH_2-CH_2-O-CH_2-CH_2O-CH_3 \xrightarrow[Na]{} 3H_2+\text{misc(1) \& (s)}$$

(Reação 2)

Sejam **A = metilciclopentadieno, B = sódio, S = solvente (diglima) e D = H_2.**
A reação descontrolada pode ser modelada aproximadamente com duas reações, que são

(1) **A + B → C + 1/2 D** (gás)	(Reação 1)
(2) **S → 3 D** (gás) + miscelânea de produtos líquidos e sólidos	(Reação 2)

Na Reação (1), **A** e **B** reagem para formar os produtos. A Reação (2) representa a decomposição, na fase líquida, do solvente diglima, **S**, catalisada pela presença de **B**, mas essa reação só continua quando uma temperatura de aproximadamente 470 K for atingida. O fato de o solvente diglima se decompor e também explodir era desconhecido do pessoal da fábrica. Se eles tivessem pesquisado esse sistema de reação usando um ARSST (consulte o Capítulo 13 – Estante de Referências Profissionais), eles poderiam ter visto o perigo potencial.

A equação da taxa, juntamente com as constantes específicas da taxa de reação na temperatura inicial de 422 K, são

Equações de taxa

$$-r_{1A} = k_{1A}C_AC_B$$
$$A_{1A} = 5{,}73 \times 10^2\ \text{dm}^3\ \text{mol}^{-1}\ \text{h}^{-1}\ \text{com}\ E_{1A} = 128.000\ \text{J/mol K}$$
$$-r_{2S} = k_{2S}C_S$$
$$A_{2S} = 9{,}41 \times 10^{16}\ \text{h}^{-1}\ \text{com}\ E_{2S} = 800.000\ \text{J/mol K}$$

Os calores de reação são constantes.

$$\Delta H_{Rx1A} = -45.400\ \text{J/mol}$$
$$\Delta H_{Rx2S} = -320.000\ \text{J/mol}$$

A soma dos produtos dos mols de cada espécie e de seus correspondentes calores específicos no denominador da Equação (13.12) é essencialmente constante em

$$\Sigma N_j C_{P_j} = 1{,}26 \times 10^7\ \text{J/K}$$

Considerações

Suponha que o volume de líquido, V_0, no reator permaneça constante em 4.000 dm^3 e o espaço de vapor, V_H, na parte de cima do reator, ocupe 5.000 dm^3. Qualquer gás, H_2 (*D*), que seja formado pelas Reações (1) e (2), aparece imediatamente como uma corrente de entrada F_D para o volume vazio no topo do reator (*head-space*). O H_2 dissolvido e a pressão de vapor para os componentes líquidos no reator serão desconsiderados. A pressão absoluta inicial dentro do reator é 4,4 atm (50 psig). Durante a operação normal, o H_2 gerado obedece à lei dos gases ideais. O sistema de controle de pressão na corrente de alívio do H_2 mantém a pressão, *P*, em 4,4 atm até uma vazão de 11.400 mol/h. O vaso do reator romperá quando a pressão exceder 45 atm ou a temperatura exceder 600 K.

Informações adicionais:

$UA = 2{,}77 \times 10^6$ J h^{-1} K^{-1}. As concentrações no reator no fim do aquecimento a 422 K são $C_{A0} = 4{,}3$ mol/dm^3, $C_{B0} = 5{,}1$ mol/dm^3, $C_{I0} = 0{,}088$ mol/dm^3 e $C_{S0} = 3$ mol/dm^3. O calor sensível dos dois gases na corrente de purga pode ser desconsiderado.

Enunciado do Problema

(a) Plote a temperatura do reator, a concentração dos reagentes e a pressão no espaço vazio do topo (*head-space*) em função do tempo, para o cenário em que o resfriamento do reator falha ($UA = 0$).
(b) No Problema P13.1(**f**), você deverá refazer o problema quando a água de refrigeração funcionar conforme o esperado, sempre que a temperatura do reator exceder 455 K.
(c) Analise seus resultados e explique por que as trajetórias têm essa aparência, por exemplo, aumentos súbitos de temperatura e pressão.

Visão geral do Procedimento de Solução

Realizaremos um procedimento de duas etapas de nosso algoritmo ERQ adicionando um balanço molar no espaço de topo do reator para determinar a pressão no reator em função do tempo. (**1**) Na etapa 1, usaremos a etapa comum de balanço molar, juntamente com as equações de taxa, estequiometria e balanços de energia para determinar a taxa de geração de H_2. Como não há acúmulo de H_2 no reator, o H_2 flui do reator para o espaço vazio. (**2**) Na etapa 2, realizamos um equilíbrio molar no espaço superior para determinar a pressão no espaço superior e no reator. As etapas restantes são parte de nosso algoritmo CRE que nos permitirá determinar temperatura, concentração e pressão em função do tempo.

Etapa (1) Balanço Molar no Reator:

Reator (Considere uma Batelada a Volume Constante)

Líquido

$$\frac{dC_A}{dt} = r_{1A} \tag{E13.6.1}$$

$$\frac{dC_B}{dt} = r_{1A} \tag{E13.6.2}$$

$$\frac{dC_S}{dt} = r_{2S} \tag{E13.6.3}$$

Etapa (2) Balanço Molar no Espaço Vazio de Topo:

Seja N_D = mols do gás D (H_2) no espaço de vapor do reator, V_V. As vazões de entrada e de saída do espaço vazio são mostradas na figura a seguir.

Um balanço para as espécies D (H_2) no volume do espaço vazio V_H fornece

Acúmulo = Entrada − Saída

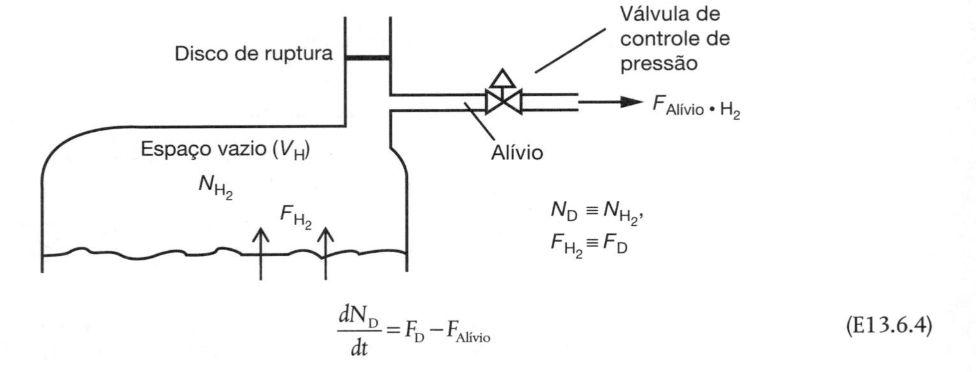

$$\frac{dN_D}{dt} = F_D - F_{Alívio} \tag{E13.6.4}$$

em que $F_{alívio}$ é a vazão molar de gás saindo do espaço vazio por uma ou por ambas as linhas de saída, e F_D (F_{H_2}) é a taxa molar deixando o líquido e entrando no espaço vazio e é igual ao hidrogênio gerado no líquido (ver taxas relativas e taxas resultantes no algoritmo em que V_0 é o volume líquido do reator).

$$F_D = [(-0{,}5r_{1A}) + (-3r_{2S})]V_0 \tag{E13.6.5}$$

As suposições de um gás perfeito no volume do espaço vazio de topo e de pequenas variações em T permitem que a Equação (E13.6.4) seja escrita em termos da pressão total do gás no espaço vazio do reator.

$$N_D = N_H = \frac{PV_H}{RT_H} \tag{E13.6.6}$$

Substituindo N_D na Equação (E13.6.3) e rearranjando

$$\boxed{\frac{dP}{dt} = (F_D - F_{alívio})\frac{RT_H}{V_H}} \tag{E13.6.7}$$

(3) Como o Alívio Funciona:

Só uma ajudinha no cálculo da vazão de alívio de H_2.

O gás sai do reator pela válvula da linha de controle de pressão. Com baixa produção de gás, a válvula de controle de pressão mantém o ajuste da pressão no seu valor inicial por alívio de todos os gases produzidos, até uma taxa de produção de gás de 11.400 mol/h.

$$F_{alívio} = F_D \text{ quando } F_D < 11.400 \tag{E13.6.8}$$

Precisamos saber um pouco mais sobre o sistema de alívio para o H_2 e a condição para seu funcionamento. À medida que a pressão aumenta, mas ainda abaixo do ajuste do disco de ruptura, a linha de controle de pressão abre para a atmosfera (1 atm) de acordo com a equação

$$F_{\text{alívio}} = \Delta P C_{v1} = (P-1)C_{v1} \text{ quando } P < 28{,}2 \text{ atm} \tag{E13.6.9}$$

em que P é a pressão absoluta no reator (atm), a pressão (atmosférica) na corrente de saída é 1 atm e a constante de correlação de controle da pressão C_{v1} é 3.360 mol/h×atm. Se a pressão dentro do reator exceder a 28,2 atm (400 psig), a linha de alívio ativada pelo disco de ruptura quebra e libera gás no reator na taxa dada por $F_{\text{alívio}} = (P-1)\,C_{v2}$, em que C_{v2} = 53.600 mol/atm × h.

Após o rompimento do disco de ruptura em P = 28,2 atm, tanto a linha de controle de pressão quanto a linha do disco de ruptura aliviam o reator de acordo com a equação

$$F_{\text{alívio}} = (P-1)(C_{v1} + C_{v2}) \tag{E13.6.10}$$

As Equações (E13.6.7) a (E13.6.10) podem ser usadas para descrever a taxa de escoamento $F_{\text{alívio}}$ com o tempo, para os valores apropriados de F_D e P.

(4) Taxas:

Equações:

$$\text{Reação (1)} \quad -r_{1A} = k_{1A} C_A C_B \tag{E13.6.11}$$

$$k_{1A} = A_{1A} e^{-E_{1A}/RT} \tag{E13.6.12}$$

$$\text{Reação (2)} \quad -r_{2S} = k_{2S} C_S \tag{E13.6.13}$$

$$k_{2S} = A_{2S} e^{-E_{2S}/RT} \tag{E13.6.14}$$

Taxas Relativas:

$$\text{Reação (1)} \quad \frac{r_{1A}}{-1} = \frac{r_{1B}}{-1} = \frac{r_{1C}}{1} = \frac{r_{1D}}{1/2} \tag{E13.6.15}$$

$$\text{Reação (2)} \quad \frac{r_{2S}}{-1} = \frac{r_{2D}}{3} \tag{E13.6.16}$$

Taxas Resultantes:

$$r_A = r_B = r_{1A} \tag{E13.6.17}$$

$$r_S = r_{2S} \tag{E13.6.18}$$

$$r_D = -\frac{1}{2} r_{1A} + -3 r_{2S} \text{ (gás gerado)} \tag{E13.6.19}$$

(5) Estequiometria:

Desconsidere a variação de volume líquido do reator devido à perda de gases do produto.

$$C_A = \frac{N_A}{V_0} \tag{E13.6.20}$$

$$C_B = \frac{N_B}{V_0} \tag{E13.6.21}$$

$$C_S = \frac{N_S}{V_0} \tag{E13.6.22}$$

$$C_D = \frac{P}{RT} \tag{E13.6.23}$$

(6) Balanço de Energia:

O balanço de energia do reator em batelada é

$$\frac{dT}{dt} = \frac{\dot{Q}_{gb} - \dot{Q}_{rb}}{\Sigma N_j C_{P_j}} \tag{E13.6.24}$$

Os termos de calor gerado, $\dot{Q}_{gb}$, e calor removido, $\dot{Q}_{rb}$, são

$$\dot{Q}_{gb} = V_0[r_{1A}\Delta H_{Rx1A} + r_{2S}\Delta H_{Rx2S}] \tag{E13.6.25}$$

e

$$\dot{Q}_{rb} = UA(T - T_a) \tag{E13.6.26}$$

Combinando as três equações anteriores, obtém-se

$$\frac{dT}{dt} = \frac{V_0\left[r_{1A}\Delta H_{Rx1A} + r_{2S}\Delta H_{Rx2S}\right] - UA\left(T - T_a\right)}{\Sigma N_j C_{P_j}} \tag{E13.6.27}$$

Substituindo para a equação de taxa e $\Sigma N_j C_{Pj}$.

$$\frac{dT}{dt} = \frac{V_0\left[-k_{1A}C_A C_B\Delta H_{Rx1A} - k_{2S}C_S\Delta H_{Rx2S}\right] - UA\left(T - T_a\right)}{1{,}26\times 10^7\,(\mathrm{J/K})} \tag{E13.6.28}$$

Etapas a serem executadas para evitar que seu computador trave.

(7) **Soluções Numéricas: *"Truques do Negócio"***

É esperada uma variação rápida de temperatura e pressão quando a **Reação (2)** começa a se descontrolar. Isso geralmente resulta em um sistema *"rígido"* de equações diferenciais ordinárias, que podem se tornar numericamente instáveis e gerar resultados incorretos. Essa instabilidade pode ser evitada usando uma chave de permuta (SW) no pacote computacional que irá definir todas as derivadas como zero quando o reator atingir a temperatura ou pressão de explosão. Essa chave pode ter a forma da Equação (E13.6.29) no Polymath, como mostrado na Tabela E13.6.1, e pode ser multiplicada pelo lado direito de todas as equações diferenciais neste problema. Essa operação irá interromper (ou congelar) a dinâmica quando a temperatura T for superior a 600 K ou a pressão exceder 45 atm.

$$\text{SW1} = \text{se } (T>600 \text{ ou } P>45) \text{ então } (0) \text{ senão } (1) \tag{E13.6.29}$$

Veja o tutorial em *http://www.umich.edu/~elements/6e/tutorials/Polymath_Tutorial_to_solve_numerically_unstable_systems.pdf*.

Nota: A segunda reação disparou cerca de 3,6 horas após a partida do reator.

Ver também este exemplo no *site* **Segurança de Processo ao Longo do Currículo de Engenharia Química** (*Process Safety Across the Chemical Engineering Curriculum*) (http://umich.edu/~safeche) e clique em Curso de Engenharia de Reação Química.

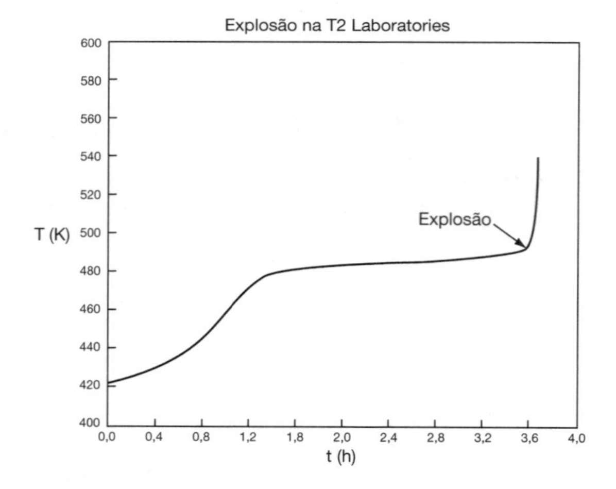

Figura E13.6.3(a) Curva temperatura (K) *versus* tempo (h).

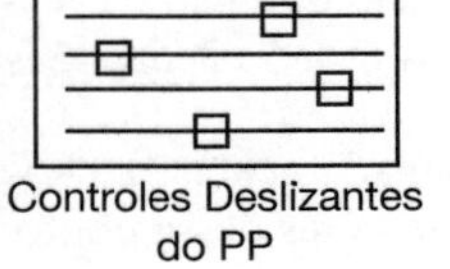

Controles Deslizantes do PP

Tabela E13.6.1 Programa Polymath

Equações diferenciais

```
1 d(CA)/d(t) = SW1*r1A
  mol/dm3/hr
2 d(CB)/d(t) = SW1*r1A
  mudança na concentração de ciclometilpentadieno
3 d(CS)/d(t) = SW1*r2S
  mudança na concentração de diglima
4 d(P)/d(t) = SW1*((FD-Fv ent)*0.082*T/VH)
5 d(T)/d(t) = SW1*(Qg-Qr)/SumNCp
```

Equações explícitas

```
1  V0 = 4.000
   dm3
2  VH = 5.000
   dm3
3  DHRx1A = -45.400
   J/mol Na
4  DHRx2S = -3,2E5
   J/mol of diglima
5  SumNCp = 1,26E7
   J/K
6  A1A = 4E14
   por hora
7  E1A = 128.000
   J/kmol/K
8  k1A = A1A*exp(-E1A/(8,31*T))
   equação da taxa da reação 1
9  A2S = 1E84
   por hora
10 E2S = 800.000
   J/kmol/K
11 k2S = A2S*exp)-E2S/(8,31*T))
   equação da taxa da reação 2
12 SW1 = se (T>600 ou P>45) então (0) senão (1)
13 r1A = -k1A*CA*CB
   mol/dm3/hora (primeira ordem em sódio e ciclometilpentadieno)
14 r2S = -k2S*CS
   mol/dm3/hora (primeira ordem em diglima)
15 FD = (-0,5*r1A-3*r2S)*V 0
16 Cv2 = 53.600
17 Cv1 = 3.360
18 F_alívio = se (FD<11.400) então (FD) senão (se (P<28,2) então ((P-1)*Cv1) senão ((P-1)*(Cv1 +Cv2)))
19 UA = 0
   sem resfriamento
20 Qr = UA*(T-373,15)
21 Qg = V0*(r1A*DHRx1A+r2S*DHRx2S )
```

Valores calculados das variáveis de EDO

	Variável	Valor inicial	Valor final
1	A1A	4,0E+14	4,0E+14
2	A2S	1,0E+84	1,0E+84
3	CA	4,3	9,919E-07
4	CB	5,1	0,800001
5	CS	3	2,460265
6	Cv1	3.360	3.360
7	Cv2	5,36E+04	5,36E+04
8	DHRx1A	-4,54E+04	-4,54E+04
9	DHRx2S	-3,2E+05	-3,2E+05
10	E1A	1,28E+05	1,28E+05
11	E2S	8,0E+05	8,0E+05
12	FD	2.467,445	7,477E+10
13	Fvent	2.467,445	2,507E+06
14	k1A	0,0562573	153,6843
15	k2S	8,428E-16	2,533E+06
16	P	4,4	45,01004
17	Qg	2,24E+08	7,975E+15
18	Qr	0	0
19	r1A	-1,233723	-0,000122
20	r2S	-2,529E-15	-6,231E+06
21	SumNCp	1,26E+07	1,26E+07
22	SW1	1	0
23	t	0	4
24	T	422	538,8048
25	UA	0	0
26	V0	4.000	4.000
27	VH	5.000	5.000

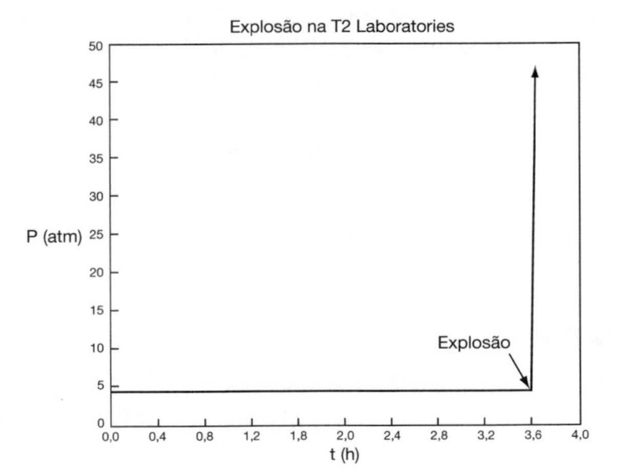

Figura E13.6.3(b) Curva pressão (atm) *versus* tempo (h).

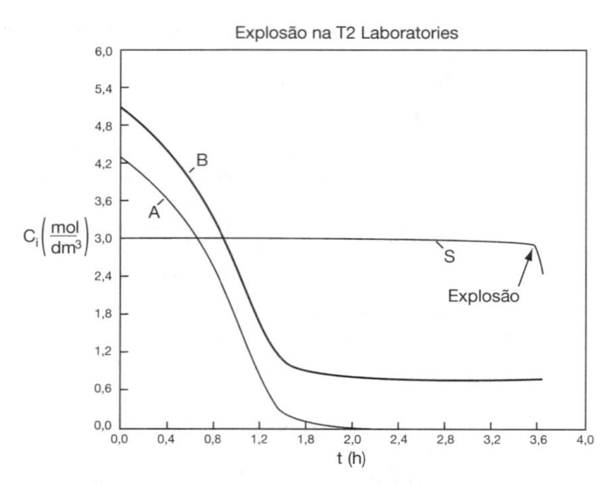

Figura E13.6.3(c) Curva concentração (mol/dm^3) *versus* tempo (h)

Resolveremos agora as equações essenciais de (E13.6.1) a (E13.6.29), para o cenário em que não há resfriamento e, portanto, $UA = 0$. Além disso, a chave SW1 deve ser implementada em todas as equações diferenciais conforme discutido anteriormente.

Observamos, a partir das Figuras E13.6.3(a)-(b), que a explosão aconteceu aproximadamente a 3,6 horas da partida do reator e a concentração de diglima começou a cair acentuadamente antes desse ponto, como visto na Figura E13.6.3(c). Notamos também que instabilidades numéricas ocorrem em torno dos pontos das setas nas figuras, por causa do rápido aumento de temperatura.

O uso de uma FAMSR poderia ter fornecido informações sobre o diglima as quais poderiam ter evitado esse acidente.

Análise: O descontrole não teria ocorrido se (1) o sistema de resfriamento não falhasse, fazendo com que a temperatura do reator subisse e iniciasse uma segunda reação e (2) o solvente diglima não tivesse se decomposto à alta temperatura para produzir hidrogênio (D). A taxa de produção do gás H_2 foi maior que sua remoção do espaço vazio, fazendo com que a pressão crescesse até o ponto em que rompeu o vaso do reator. Além disso, se a Ferramenta Avançada de Monitoramento do Sistema de Reator (FAMSR) (*Advanced Reactor System Screening Tool*, ARSST) tivesse sido usada para estudar essa reação, ações preventivas adicionais poderiam ter sido implantadas. Os detalhes com um exemplo para o FAMSR são fornecidos no Capítulo 13, Estante de Referência Profissional, no *site* (*http://www.umich.edu/~elements/6e/13chap/pdf/CD_ARSST_ProfRef.pdf*).

13.5 *E Agora...* Uma Palavra do Nosso Patrocinador – Segurança 13 (UPDNP-S13 Análise de Segurança do Incidente de T2 Laboratories)

Neste UPDNP–S, vamos extrair do Módulo de Segurança 1 "*Explosão da T2 Laboratories*" dos módulos de Engenharia de Reação Química (*http://umich.edu/~safeche/courses/ChemicalReactionEngineering.html*) sobre a *Segurança do Processo Ao Longo do Currículo de Engenharia Química* (*http://umich.edu/~safeche/index.html*). Ao passar por este módulo, primeiro assista ao Vídeo CSB e, em seguida, analise a relevância da Análise de Segurança para o vídeo.

Análise de Segurança do Incidente

Atividade: Produção do manganês tricarbonila–metilciclopentadienil, MTMC, que envolve uma reação exotérmica.

Perigo: Reação química perigosa envolvendo produtos químicos tóxicos e inflamáveis, com alto potencial para uma *reação descontrolada*. Riscos de toxicidade, inflamabilidade ou reatividade estiveram envolvidos em todas as etapas de produção do MTMC. Os produtos químicos perigosos usados ou gerados durante as etapas de produção incluem sódio metálico, monóxido de carbono, hidrogênio e compostos organometálicos.

Incidente: Uma *reação descontrolada* durante a produção de MTMC resultou em uma poderosa explosão e incêndio. A falha do sistema de refrigeração causou a explosão. A explosão matou quatro funcionários e feriu outras 32 pessoas. Demoliu toda a fábrica e causou grandes danos ao comércio local. Em temperaturas elevadas, a decomposição do solvente diglima tornou-se expressiva, o que causou um aumento significativo na temperatura e na pressão, levando à reação descontrolada. A válvula de alívio de pressão do reator de 2.500 galões rompeu-se quando excedeu a pressão ajustada. A pressão do reator continuou a aumentar e acabou levando à explosão e ao incêndio.

Evento de Iniciação: A falha do sistema de água de resfriamento levou a uma reação descontrolada na etapa de metalação do processo. Esse descontrole resultou em um aumento descontrolado da temperatura e da pressão dentro do reator, levando à sua ruptura.
Ações Preventivas e Salvaguardas: A dependência exclusiva da água da cidade para o resfriamento deveria ter sido evitada e sistemas de resfriamento adicionais deveriam estar prontos para uso como reserva. Um conhecimento profundo da química da reação poderia ter evitado o acidente. Esse entendimento poderia ter sido alcançado realizando experimentos com FAMSR para identificar a temperatura de ignição do diglima e os requisitos de resfriamento do sistema. Uma descrição completa da FAMRS é fornecida no material expandido para o Capítulo 13 (*http://www.umich.edu/~elements/6e/13chap/pdf/CD_ARSST_ProfRef.pdf*). Procedimentos de combate a incêndio e barreiras contra explosão deveriam estar implantados para reduzir os danos. Diferentes níveis de alarmes, sistemas de alívio de pressão e travas de segurança deveriam ter sido instalados para fornecer diferentes camadas de proteção contra um desastre potencial.

Plano de Contingência/Ações Atenuantes: O sistema de alarme deve ser iniciado à medida que a temperatura e a pressão aumentam. O sistema de extinção de emergência deve ser disponibilizado. As paredes da barreira devem envolver o reator. Devem ser instalados sistemas de alívio de pressão de emergência apropriados e outras proteções de projeto. O plano para possíveis acidentes, incluindo exercícios de evacuação e exercícios de resposta a emergências, deve estar estabelecido.

Lições Aprendidas: Práticas industriais aprimoradas e uma compreensão completa da química e dos perigos da reação que está sendo realizada podem ajudar a prevenir esses tipos de acidentes. Uma análise de problema potencial Kepner-Tregoe[†] do sistema deveria ter sido realizada. Todos os incidentes devem ser investigados minuciosamente para encontrar a causa raiz e ações corretivas devem ser tomadas imediatamente. Procedimentos operacionais eficazes e programas de treinamento devem ser desenvolvidos e quaisquer mudanças nos processos existentes devem ser cuidadosamente gerenciadas. O gerenciamento de mudanças e a análise cuidadosa de qualquer mudança na operação devem ser feitos antes de serem implantados.
As ações preventivas e atenuantes descritas anteriormente podem ser colocadas em um diagrama gravata-borboleta (*BowTie*), conforme mostrado nas Figuras 13.2 e 13.3.

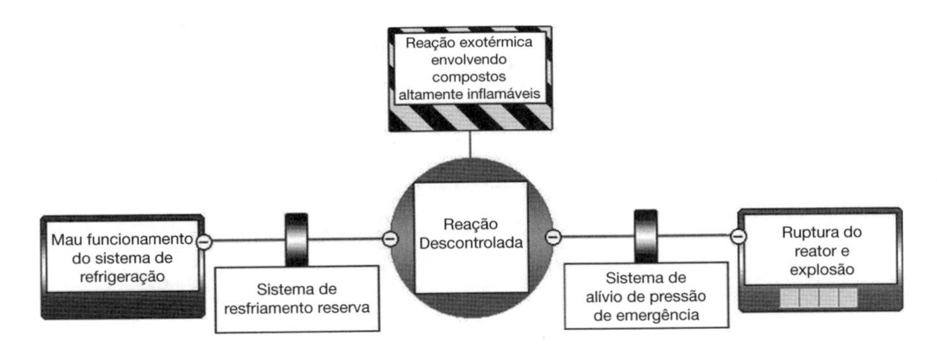

Figura 13.2 Diagrama *BowTie* abreviado para o incidente da T2 Laboratories.

† H. S. Fogler, S. E. LeBlanc and B. Rizzo, *Strategies for Creative Problem Solving*, 3rd ed., p. 208.

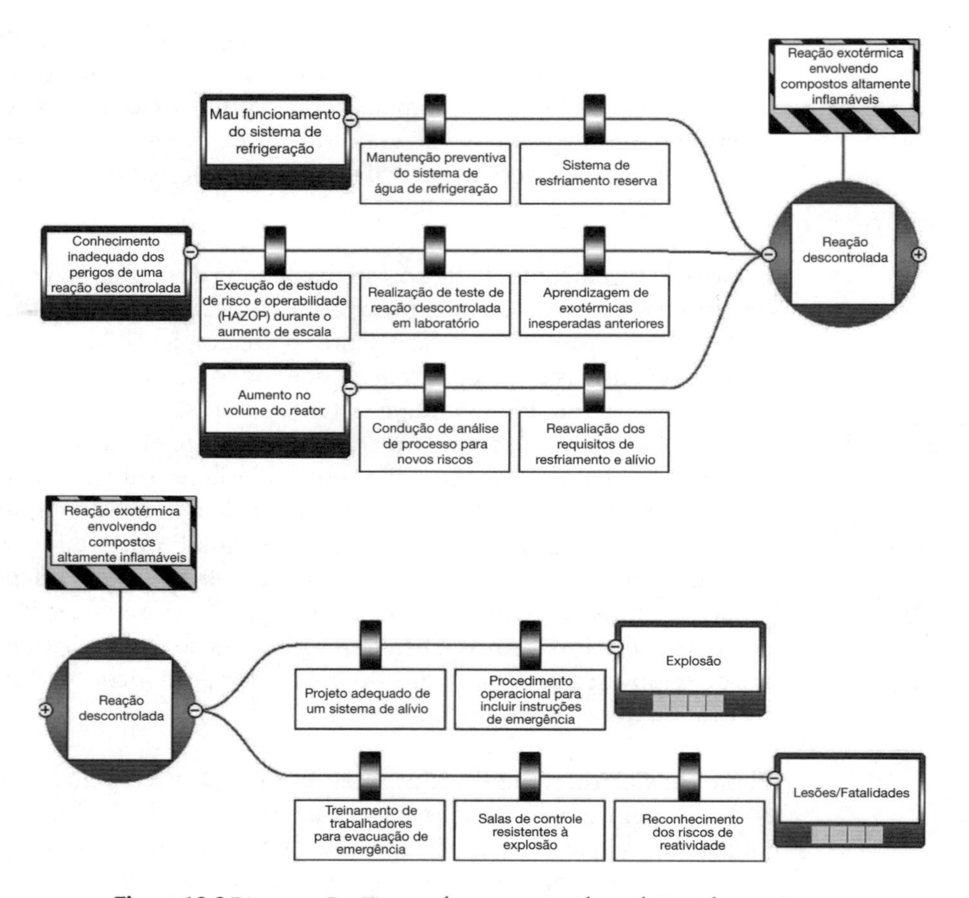

Figura 13.3 Diagrama *BowTie* completo para o incidente da T2 Laboratories.

Encerramento. Após a leitura deste capítulo, o leitor deve estar apto a desenvolver balanços não estacionários de energia para CSTRs e para reatores em batelada e semibatelada. O leitor deve também ser capaz de discutir a segurança de reatores utilizando os estudos de caso de explosões, do ONCB e da T2 Laboratories, para auxiliar na prevenção de futuros acidentes. Foi também incluída, na discussão do leitor, a maneira com que se deve dar a partida de um reator de modo a não exceder o limite prático de estabilidade. Após o estudo desses exemplos, o leitor deve estar habilitado a descrever como operar reatores, de maneira segura, tanto para reações simples quanto para reações múltiplas.

RESUMO

1. Balanço de energia em operação não estacionária de um CSTR e reatores em semibatelada

$$\boxed{\frac{dT}{dt} = \frac{\dot{Q} - \dot{W}_s - \sum F_{i0} C_{P_i}(T - T_{i0}) + [-\Delta H_{Rx}(T)](-r_A V)}{\sum N_i C_{P_i}}} \tag{R13.1}$$

Usando a equação de troca de calor (13.12) e desprezando o trabalho de eixo

$$\frac{dT}{dt} = \frac{\dot{Q}_{gs} - \dot{Q}_{rs}}{\Sigma N_i C_{P_i}} \tag{R13.2}$$

$$\dot{Q}_{gs} = (r_A V)(\Delta H_{Rx}) \tag{R13.3}$$

$$\dot{Q}_{rs} = \sum F_{i0}C_{P_i}(T - T_{i0}) + \dot{m}_c C_{P_c}[T - T_{a1}]\left[1 - \exp\left(\frac{-UA}{\dot{m}_c C_{P_c}}\right)\right] \tag{R13.4}$$

Para grandes vazões volumétricas de fluido refrigerante, $\dot{m}_c C_{Pc}$, a Equação (13.22) se reduz a

$$\frac{dT}{dt} = \frac{\overbrace{(r_A V)(\Delta H_{Rx})}^{\dot{Q}_g} - \overbrace{\left[\Sigma F_{i0}C_{P_i}(T - T_{i0}) + UA(T - T_a)\right]}^{\dot{Q}_{rs}}}{\Sigma N_i C_{P_i}} \tag{R13.5}$$

2. Reatores em batelada
   a. Não adiabático

$$\frac{dT}{dt} = \frac{\dot{Q}_{gb} - \dot{Q}_{rb}}{\Sigma N_i C_{P_i}} = \frac{\dot{Q}_{gb} - \dot{Q}_{rb}}{N_{A0}\left(\Sigma \Theta_i C_{P_i} + \Delta C_P X\right)} \tag{R13.6}$$

em que

$$\dot{Q}_{gb} = (r_A V)(\Delta H_{Rx}) \tag{R13.7}$$

$$\dot{Q}_{rb} = \dot{m}_c C_{P_C}(T - T_{a1})\left[1 - \exp\left(\frac{-UA}{\dot{m}_c C_{P_C}}\right)\right] \tag{R13.8}$$

   b. Adiabático

$$X = \frac{C_{P_s}(T - T_0)}{-\Delta H_{Rx}(T)} = \frac{\Sigma \Theta_i C_{P_i}(T - T_0)}{-\Delta H_{Rx}(T)} \tag{R13.9}$$

$$T = T_0 + \frac{[-\Delta H_{Rx}(T_0)]X}{C_{P_s} + X\Delta C_P} = T_0 + \frac{[-\Delta H_{Rx}(T_0)]X}{\sum_{i=1}^{m} \Theta_i C_{P_i} + X\,\Delta C_P} \tag{R13.10}$$

3. Reatores em semibatelada e partida de um CSTR

$$\frac{dT}{dt} = \frac{\dot{Q}_{gs} - \dot{Q}_{rs}}{\sum N_i C_{P_i}} \tag{R13.11}$$

em que $\dot{Q}_{gs}$ é o mesmo da Equação (R13.7) e $\dot{Q}_{rs}$ (em que o subscrito **rs** é "**calor removido**" de semibatelada) é

$$\dot{Q}_{rs} = \Sigma F_{i0}C_{P_{i0}}(T - T_0) + \dot{m}_c C_{P_C}(T - T_{a1})\left[1 - \exp\left(\frac{-UA}{\dot{m}_c C_{P_C}}\right)\right] \tag{R13.12}$$

4. Reações múltiplas (q reações e m espécies)

$$\frac{dT}{dt} = \frac{\overbrace{\sum_{j=1}^{q} r_{ij} V \Delta H_{Rxij}(T)}^{\dot{Q}_g} - \overbrace{\sum_{j=1}^{m} F_{j0}C_{P_j}(T - T_0) + \dot{m}_c C_{P_C}(T - T_{a1})\left[1 - \exp\left(\frac{-UA}{\dot{m}_c C_{P_C}}\right)\right]}^{\dot{Q}_{rs}}}{\sum_{j=1}^{m} N_j C_{P_j}} \tag{R13.13}$$

em que i = número de reações e j = espécies.

MATERIAIS DO CRE *WEBSITE*

(*http://www.umich.edu/~elements/6e/13chap/obj.html#/*)

Links Úteis

- Problemas Práticos
- Ajuda Extra
- Materiais Adicionais
- Estante com Referências Profissionais
- Enunciados de Problemas Computacionais de Simulação

Avaliação

- Autotestes
- Questões i>*Clicker*

Estante de Referências Profissionais

(*http://umich.edu/~elements/6e/13chap/prof.html*)

R13.1 A FAMSR Completa (*http://umich.edu/~elements/6e/13chap/pdf/CD_ARSST_ProfRef.pdf*)
Nesta seção, detalhes adicionais são fornecidos para dimensionar válvulas de segurança para evitar descontrole de reações.

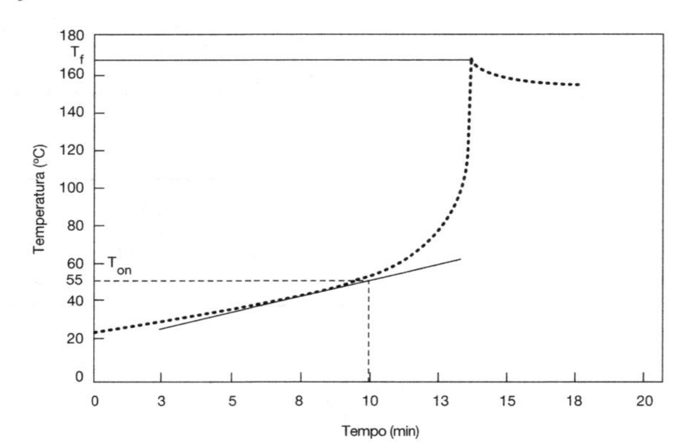

Figura R13.1 Curva de temperatura-tempo para a hidrólise do anidrido acético em uma FAMSR.

Se um experimento FAMSR tivesse sido realizado com MCP e diglima, então precauções poderiam ter sido tomadas de tal forma que a explosão provavelmente não teria ocorrido.

R13.2 Afastamento do estado estacionário superior (*http://umich.edu/~elements/6e/13chap/prof-uppersteadystate.html*)

R13.3 Controle de um CSTR (*http://umich.edu/~elements/6e/13chap/pdf/controlCSTR.pdf*)
Nesta seção, discutimos o uso de controle proporcional (P) e integral (I) de um CSTR. Os exemplos incluem o controle I e PI de uma reação exotérmica.

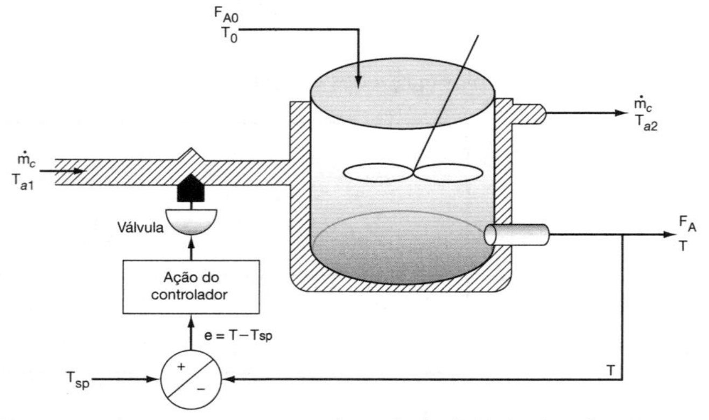

Figura R13.3 Reator com sistema de controle de vazão de refrigerante.

Ação proporcional integral

$$z = z_0 + k_c(T - T_{SP}) + \frac{k_c}{\tau}\int_0^t (T - T_{SP})dt$$

R13.4 Teoria de Estabilidade do Sistema Linearizado (*http://umich.edu/~elements/6e/13chap/pdf/CD_CH09Linearized_ProfRef3.pdf*)

R13.5 Aproximação para o Estado Estacionário em Gráficos de Plano de Fases e Curvas de Concentração *versus* Temperatura (*http://umich.edu/~elements/6e/13chap/prof-steadystate.html*)
A partida de um CSTR (Figura R13.5) e a aproximação para o estado estacionário (material *online*). Por mapeamento das regiões do plano de fase concentração-temperatura, pode-se ver a aproximação e saber se o limite de estabilidade prático é ultrapassado. As curvas no estado estacionário são mostradas no balanço molar (BM = 0) e no balanço de energia (BE = 0). Use o Wolfram para explorar as trajetórias mostradas a seguir.

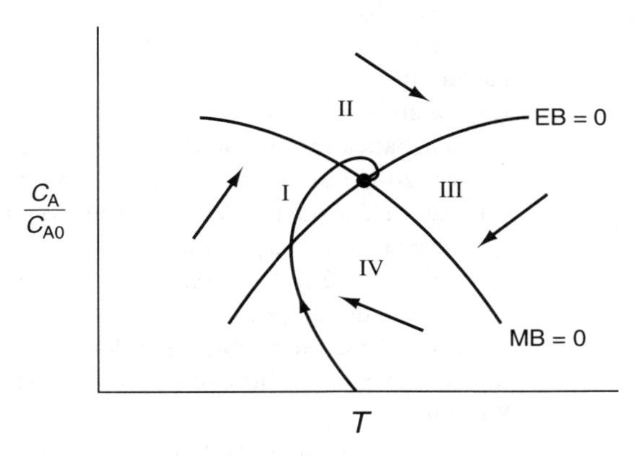

Figura R13.5 Partida de um CSTR.

R13.6 Operação Adiabática de um Reator em Batelada (*http://umich.edu/~elements/6e/13chap/prof-adiabaticbatch.html*)

R13.7 Operação Não Estacionária de Reatores com Escoamento Empistonado (*http://umich.edu/~elements/6e/13chap/prof-unsteadyplug.html*)

QUESTÕES, SIMULAÇÕES E PROBLEMAS

Questões

Q13.1$_A$ **QAL** (*Questão Antes de Ler*) Que condições causam reações descontroladas e explosão e o que poderia ser feito para garantir que o descontrole não ocorra?

Q13.2$_A$ **i>*clicker*.** Vá até o *site* (*http://www.umich.edu/~elements/6e/13chap/iclicker_ch13_q1.html*) e avalie cinco questões *i>clicker*. Escolha uma que possa ser usada como está, ou uma variação dela, para ser incluída no próximo exame. Você também pode considerar o caso oposto: explicar por que a pergunta não deve ser feita no próximo exame. Em ambos os casos, explique seu raciocínio.

Q13.3 Discuta com um colega que considerações de segurança são mais importantes para reações exotérmicas. Para ajudar a responder a esta questão, prepare uma lista relativa a considerações de segurança para o projeto e operação de reatores químicos. Veja o volume de agosto de 1985 da *Chemical Engineering Progress*, v. 81, nº7, p. 29.

Q13.4 Vá para o *link* de vídeos de capturas de tela (*screencast*) *LearnChemE* do Capítulo 13 (http://www.umich.edu/~elements/6e/13chap/learncheme- videos.html).

(**a**) Assista a um dos tutoriais em vídeo de 5 a 6 minutos de *screencast* e liste dois dos pontos mais importantes.

(**b**) Quais são os dois balanços molares para a espécie B?

Q13.5 UPDNP-S13 Faça uma lista de pelo menos quatro coisas que você aprendeu nesta seção.

(**a**) Alguma ou todas as coisas discutidas na Análise de Segurança do Incidente e no Diagrama *BowTie* foram implantadas quando o reator explodiu?

(**b**) Houve algum problema de segurança que a T2 tenha resolvido?

Simulações Computacionais e Experimentos

P13.1$_B$ Reveja os problemas ilustrativos deste capítulo e use um programa computacional tipo Polymath, Wolfram ou MATLAB para efetuar uma análise de sensibilidade paramétrica e responder as seguintes questões "E se...".

E se...

(a) **Exemplo 13.1: Reator em Batelada com uma Reação Exotérmica**

Wolfram

(i) *Caso Adiabático*: Use Wolfram para ver se você pode encontrar uma curva que esteja pronta para "inflamar" e cuja trajetória pareça uma "cobra" pronta para atacar ⤴. Dica: varie T_0 para conhecer o ponto em que a reação se descontrola em 2.500 s.

(ii) *Caso de Troca Térmica*: (1) Varie UA e T_{a1} e sugira condições nas quais o descontrole possa ocorrer. (2) Use o gráfico de Q_r e Q_g em função do tempo para descrever e explicar o que você vê conforme varia T_{a1} e N_{A0} de seus valores máximos aos mínimos.

(iii) Escreva três conclusões sobre o que você encontrou nos experimentos (i) e (ii).

Polymath

(iv) Quanto tempo seria necessário para se atingir uma conversão de 90% para uma operação adiabática se a reação fosse iniciada em um dia muito frio, quando a temperatura estivesse em 20°F? (O metanol não congela a essa temperatura.)

(v) Agora, considere que foi adicionado um trocador de calor ao reator, para a reação do óxido de propileno; os parâmetros são: C_{A0} = 1 lb-mol/ft³, V = 1,2 ft³ ($\Sigma N_i C_{Pi}$ = 403 Btu°R, desconsiderando ΔC_P, UA = 0,22 Btu/°R/s e T_a = 498 K. Plote e analise as curvas X, T, Q_g e Q_r em função do tempo.

(b) **Exemplo 13.2: Segurança em Plantas Químicas com Reações Exotérmicas Descontroladas.** Esta é outra **Simulação Pare e Cheire as Rosas.**

Wolfram

(i) Visualize a curva da temperatura para o caso base e, em seguida, descreva como ela muda quando a carga (ou seja, a quantidade inicialmente no reator) varia acima e abaixo do valor do caso base.

(ii) Mostre que a explosão não teria ocorrido para o caso de produção tripla se o trocador de calor não tivesse falhado. *Dica*: defina os controles deslizantes para t_1 e t_2 = 45 minutos no PP Wolfram.

(iii) Faz algum sentido representar graficamente o tempo de inatividade, (t_2 − t_1), *versus* o tempo desde o início da reação em que o reator falha, (t_1), para identificar as regiões onde a explosão ocorrerá e não ocorrerá? Explique.

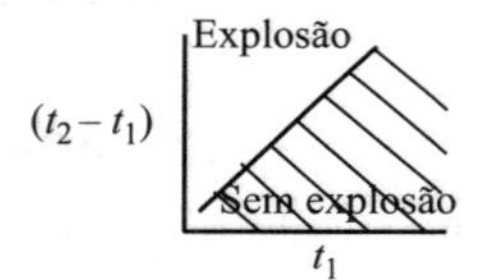

t_1 = início do tempo de inatividade
t_2 = fim do tempo de inatividade

Se fizer sentido, por favor, prepare tal gráfico; se não, explique por quê. *Dica*: Escolha t_1 e então encontre o maior t_2 para o qual a reação não será descontrolada. Escolha outro valor maior de t_1 e repita. Continue dessa maneira para construir seu gráfico.

(iv) Use o Wolfram para encontrar um valor de N_{A0} abaixo do qual nenhuma explosão ocorreria quando todas as outras variáveis permanecessem como no caso base. Repita para N_{B0}.

(v) Use o Wolfram para encontrar um valor de NC_P e também de UA, acima dos quais não ocorreria explosão.

(vi) Desenvolva um conjunto de diretrizes sobre como a reação deve ser extinta caso o resfriamento falhe. Talvez a operação segura possa ser discutida usando um gráfico da duração da falha de resfriamento, t_2 − t_1, como uma função do tempo em que o resfriamento falhou, t_1, para as diferentes cargas de ONCB.

(vii) Escreva um conjunto de conclusões relacionadas à segurança de seus experimentos em (i) e (v).

Polymath

(viii) Modifique o código do Polymath para mostrar que não ocorreria explosão se a refrigeração não tivesse sido desligada para a carga de 9,04 kmols de ONCB ou se a refrigeração fosse desligada durante 10 minutos após 45 minutos de operação com a carga de 3,17 kmols de ONCB.

(ix) Encontre um conjunto de parâmetros que fariam com que a explosão ocorresse exatamente a 0h18min. Por exemplo, inclua os calores específicos do metal do reator e/ou faça uma nova estimativa de *UA*.

(x) Finalmente, o que ocorreria se um disco de ruptura de ½ polegada, especificado para romper à pressão de 800 psi, tivesse sido instalado e rompesse de fato a 800 psi (270°C)? A explosão ainda assim teria ocorrido? *Nota:* A taxa mássica $\dot{m}$ varia com a área da seção transversal do disco. Em consequência, para as condições da reação, a vazão mássica máxima que escoaria pelo orifício de ½ polegada pode ser determinada por comparação com a vazão mássica de 830 kg/min através de um disco de 2 polegadas. Vá para os *Problemas Práticos* no *site* e explore por conta própria a explosão do ONCB, descrita no Exemplo 13.2. Explique o que você faria para evitar que uma explosão desse tipo ocorresse novamente ainda operando com uma produção tripla especificada pela administração.

Este problema foi escrito em homenagem a Bob Seger, artista de Ann Arbor, Michigan, vencedor do Grammy (*https://www.youtube.com/channel/UComKJVf5rNLl_RfC_rbt7qg/videos*).

(c) Exemplo 13.3: Partida de um CSTR

Wolfram

(i) Qual é o fluxo mínimo de refrigerante de modo que não haja aumento no perfil de temperatura-concentração para o Caso 2 (T_i = 339 K, C_{Ai} = 0)?

(ii) É possível evitar o cruzamento do limite prático de estabilidade para o Caso 3 (T_i = 344 K, C_{Ai} = 2,26) variando a temperatura do líquido refrigerante, o fluxo do líquido refrigerante ou o coeficiente global de transferência de calor? Em caso afirmativo, qual é o parâmetro e quanto deve ser alterado para alcançar isso?

(iii) Use o Wolfram para encontrar as temperaturas e concentrações iniciais que farão com que a trajetória da temperatura exceda o limite prático de estabilidade e, a seguir, escreva uma conclusão.

Polymath

(iv) Considere o caso quando C_{Ai} = 0,1 lb-mol/ft^3 e T_i = 150°F. Qual é a temperatura mínima do líquido de arrefecimento para que o limite prático de estabilidade não seja excedido?

(v) Descreva o que acontece com as trajetórias para uma temperatura de entrada de 70°F, uma temperatura inicial do reator de 160°F e uma concentração inicial de óxido de propileno de 0,1 M.

(vii) Experimente várias combinações de T_0, T_i e C_{Ai} e apresente seus resultados em termos de curvas de temperatura-tempo e planos de fase temperatura-concentração.

(vii) Encontre um conjunto de condições acima do qual o limite prático de estabilidade será alcançado ou excedido e as condições abaixo das quais ele não será.

(viii) Varie a vazão volumétrica do refrigerante e compare com o caso base fornecido nas Figuras E13.3.1 a E13.3.4. Descreva o que encontrou e escreva uma conclusão.

COMSOL Partida do CSTR

Clique no botão de atalho COMSOL, no *site*, do PP para o Capítulo 13 (*http://www.umich.edu/~elements/6e/13chap/comsol_lep_tutorial.html*) para acessar este PP no COMSOL.

(ix) Varie o volume do tanque entre 1 e 5 m^3 e descreva as diferenças nas trajetórias e o tempo para atingir o estado estacionário e exceder um limite de estabilidade prático de 360 K.

(x) Use os parâmetros do caso base para a trajetória T_i = 340 K e C_i = 1.400 mol/m^3 para encontrar a temperatura máxima de alimentação que você pode ter para não exceder o limite prático de estabilidade de 360 K.

(xi) Escolha dois parâmetros operacionais dentre υ_0, V_{tanque}, T_0, T_a, $\dot{m}_c$ e *UA* para variar os valores de mínimos a máximos e descreva o que encontrar.

(xii) Varie a energia de ativação, E_A, e discuta o efeito de E_A no número de oscilações para atingir o estado estacionário.

(xiii) Escreva três conclusões de seus experimentos COMSOL (ix) a (xii).

(d) Exemplo 13.4: PP Semibatelada

Wolfram

(i) Use Wolfram para variar C_{B0} e descreva como o máximo em C_C varia.

(ii) Liste as variáveis do controle deslizante que praticamente não têm efeito na trajetória da temperatura. Repita para a curva de concentração.

(iii) Qual parâmetro, quando variado, faz com que os gráficos de T e T_{a2} se sobreponham?

(iv) Qual é a temperatura mínima de entrada de modo que 100% de conversão de A sejam ainda alcançados?

(v) Escreva três conclusões sobre o que você descobriu em seus experimentos (i) a (iv).

Polymath

(vi) Em que momentos o número de mols de C ($N_C = C_C V$) e a concentração da espécie C atingirão um máximo?

(vii) Os tempos na parte (i), em que esses máximos ocorrem, são diferentes e, em caso afirmativo, por quê? Qual seria a aparência das trajetórias *X versus t* e *T versus t* se a taxa de refrigerante fosse aumentada por um fator de 10? Por que o tempo de reação (252 segundos) é tão curto?

(viii) *Problema.* Suponha que a área de superfície em contato com o fluido reagente muda com o tempo. O volume de fluido inicial no reator é de 0,2 m^3 e a vazão volumétrica de entrada é de 0,004 m^3/s. Calcule a área do trocador de calor em função do tempo se a camisa meio-tubo de resfriamento tiver 0,5 m de diâmetro. Repita para diâmetros de 1,0 e 0,25 m.

(e) Exemplo 13.5: PP Reações Múltiplas em um Reator em Semibatelada

Wolfram

(i) Suponha que uma reação secundária inicie quando a temperatura do reator atingir 450 K. Encontre o valor (ou combinação deles) de C_{A0} e υ_0 acima do qual a reação secundária irá se inflamar.

(ii) Varie C_{A0} e υ_0 entre seus valores máximo e mínimo e descreva como as trajetórias de concentração mudam e por que mudam a maneira como o fazem.

(iii) Qual parâmetro, quando variado, resulta em concentração igual de A, B e C em algum ponto no tempo? Qual é o valor do parâmetro? Escreva duas conclusões.

Polymath

(iv) Varie a vazão volumétrica (entre $24 < \upsilon_0 < 1.000$) e compare com o caso base. Descreva as tendências que você encontrar.

(v) Plote e analise as trajetórias de $N_A = C_A V$ e $N_B = C_B V$ para tempos longos (por exemplo, $t = 15$ horas). O que você observa?

(vi) Você pode mostrar que para longos tempos $N_A \cong C_{A0}\upsilon_0/k_{1A}$ e $N_B \cong C_{A0}\upsilon_0/2k_{2B}$?

(vii) Se a espécie B for o produto desejado, como maximizar N_B?

(f) Exemplo 13.6: PP Explosão da T2 Laboratories

Wolfram

Este problema é uma **Simulação Pare e Cheire as Rosas. Precisamos despender mais tempo do que o normal explorando esse problema. *Assista primeiro ao vídeo descrito no site*** *(http://umich.edu/~safeche/assets/pdf/courses/Problems/CRE/344ReactionEngrModule(1)PS-T2.pdf).*

(i) Varie o volume do líquido, V_0, e entenda seu efeito no perfil de pressão. Qual é o valor crítico de V_0 no qual a pressão dispara?

(ii) Qual parâmetro você irá variar de forma que a concentração de B seja sempre maior do que a concentração de C?

(iii) Varie diferentes parâmetros e verifique se é possível que a limitação da temperatura seja atingida antes da limitação da pressão.

(iv) Encontre um valor do calor de reação para a reação secundária do diglima, abaixo do qual nenhuma explosão teria ocorrido.

(v) Escreva um conjunto de conclusões e das lições aprendidas.

Polymath

(vi) Revise o módulo de segurança e preencha o algoritmo de segurança. Escreva um conjunto de conclusões e as lições aprendidas.

(vii) (a) O que você aprendeu assistindo ao vídeo? (b) Sugira como esse sistema de reator deveria ser modificado e/ou operado para eliminar qualquer possibilidade de explosão? (c) Você usaria um sistema de resfriamento de apoio? Se sim, como? (d) Como você aprenderia se uma segunda reação pudesse ser estabelecida a uma temperatura maior? *Sugestão*: Ver *ERP R13.1 A FAMSR Completa.*

(viii) Instale o *Problema Prático Polymath E13.6*. Plote C_A, C_B, C_C, P e T em função do tempo. Varie UA entre 0,0 e $2{,}77 \times 10^6$ J/h/K para encontrar o menor valor de UA em que se observa um descontrole para encontrar o valor de UA abaixo do qual você observaria descontrole. Descreva as tendências à medida que se aproxima do descontrole. Ocorreu em uma faixa muito estreita de valores de UA? *Sugestão*: O problema torna-se muito rígido perto da condição de explosão, quando $T > 600$ K ou $P > 45$ atm, assim voce precisará definir todas as derivadas iguais a zero para que a solução numérica complete a análise e mantenha todas as variáveis no ponto de explosão do reator.

(ix) Vamos considerar agora a operação real com mais detalhes. O conteúdo do reator é aquecido de 300 K a 422 K a uma taxa de $\dot{Q}$ = 4 K/min. Em 422 K, a taxa de reação é suficiente, de modo que o aquecimento é desligado. A temperatura do reator continua a subir porque a reação é exotérmica, e quando atinge 455 K, a água de refrigeração é ligada e o resfriamento é iniciado. Modele essa situação para o caso em que $UA = 2{,}77 \times 10^6$ J/h/K e quando $UA = 0$.

(x) Qual é o tempo máximo em minutos que o resfriamento pode ser perdido ($UA = 0$), a partir do momento em que a temperatura do reator atinge 455 K, para que o reator não atinja o ponto de explosão? As condições são as do item (1) deste problema.

(xi) Varie os parâmetros e as condições de operação e descreva o que encontra.

(g) PP ERP R13.2 Exemplo CD13.5. Instale em seu computador o *Problema Prático* relativo ao *Afastamento do Estado Estacionário Superior.* Tente variar a temperatura de entrada, T_0, entre 80°F e 68°F, e faça um gráfico da conversão estacionária em função de T_0. Varie a taxa de refrigerante entre 10.000 e 400 mols/h. Faça um gráfico da conversão e da temperatura em função da taxa do refrigerante.

(h) PP ERP R13.3 Exemplo CD13.2. Instale em seu computador o *Problema Prático.* Varie o ganho, k_C, entre 0,1 e 500 para a ação do controlador integral do CSTR. Existe um limite inferior de k_C que faça com que o reator opere no estado estacionário inferior ou um limite superior a partir do qual o estado estacionário se torne instável? O que ocorreria se T_0 variasse entre 65°F e 60°F?

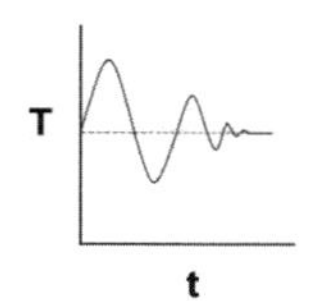

Controlador integral

(i) PP ERP R13.3 Exemplo CD13.3. Instale em seu computador o *Problema Prático.* Verifique os efeitos de variações dos parâmetros k_C e τ_I. Que combinações de valores dos parâmetros provocarão as menores e as maiores oscilações na temperatura? Que valores de k_C e τ_I fazem com que a reação retorne ao estado estacionário da forma mais rápida?

(j) SAChE. Entre no *site* da SAChE (*www.sache.org*). No menu do lado esquerdo, selecione "SAChE Products." Selecione "All" e vá ao módulo intitulado Segurança, Saúde e Meio Ambiente ["Safety, Health, and the Environment (S, H & E)]". Os problemas são para KINETICS (ERQ). Há alguns problemas ilustrativos indicados com a letra K e as explicações em cada uma das opções S, H e E anteriores. As soluções para os problemas estão em diferentes seções do *site.* Especificamente, veja em: *Perda da Água de Refrigeração (Loss of Cooling Water)* (K-1), *Descontrole de Reações (Runaway Reactions)* (HT-1), *Projeto de Válvulas de Alívio (Design of Relief Values)* (D-2), *Controle e Descontrole de Temperatura (Temperature Control and Runaway)* (K-4) e (K-5), e *Descontrole e Região de Temperatura Crítica (Runaway and the Critical Temperature Region)* (K-7). Reveja os problemas K e escreva um parágrafo sobre o que aprendeu. Note que, para acessar esse *site,* você precisará de um nome de usuário e de uma senha fornecidos pela chefia de seu departamento ou pelo representante da SAChE.

Problemas

P13.2$_B$ **QEA** (*Questão de Exame Antigo*) O texto a seguir foi extraído da edição de 3 de agosto de 1977 do jornal *The Morning News*, de Wilmington, Delaware: "Os investigadores vasculharam os escombros da explosão em busca da causa [que destruiu a nova unidade de produção de óxido nitroso]. Um porta-voz da companhia disse que parece mais provável que a explosão [fatal] tenha sido provocada por outro gás – nitrato de amônio – utilizado na produção de óxido nitroso." Uma solução de 83% (em massa) de nitrato de amônio e 17% de água é alimentada a 200°F no CSTR, que operava à temperatura de cerca de 510°F. O nitrato de amônio fundido se decompõe para produzir diretamente óxido nitroso gasoso e vapor. Acredita-se que flutuações de pressão foram observadas no sistema, fazendo com que a alimentação do nitrato de amônio fundido ao reator fosse interrompida durante aproximadamente 4 minutos antes da explosão. A concepção, de um artista faminto, do sistema é mostrada a seguir

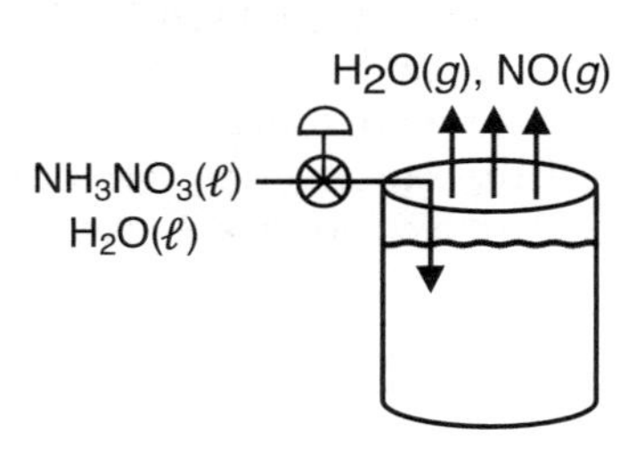

(a) Você poderia explicar a causa da explosão?

(b) Se a vazão de alimentação do reator no momento anterior à interrupção fosse de 310 lb_m de solução por hora, qual seria a temperatura no reator no instante antes da interrupção? Utilize os dados a seguir para calcular o tempo que levaria para que o sistema explodisse após a interrupção da alimentação do reator.

Suponha que no momento da interrupção da alimentação do CSTR, houvesse 500 lb_m de nitrato de amônio a 520°F em seu interior. A conversão no reator é praticamente completa em torno de 99,99%. Dados adicionais para este problema são apresentados no Problema 12.5_C. Como se modificaria sua resposta se houvesse 100 lb de solução no reator? 310 lb_m? 800 lb_m? E se T_0 = 100°F? 500°F? Como você poderia partir ou parar e controlar tal reação?

Segurança – Desligamento: Um Problema em Aberto. Em vez de desligar a alimentação total para o reator, ela deve ser diluída com água pura, a uma vazão volumétrica υ_w, reduzindo a taxa de alimentação do reagente nitrato de amônio. Mantenha a mesma vazão volumétrica total υ_0 e a temperatura de alimentação. Escolha uma υ_w e plote a temperatura do reator e a composição em função do tempo. Em que momento você poderia interromper a alimentação de água de forma segura?

$P13.3_B$ A reação em fase líquida dos Problemas $P11.4_A$ e $P12.7_A$ é conduzida em um reator em semibatelada. Existem inicialmente 500 mols de A a 25°C no reator. A espécie B é alimentada no reator a 50°C e com uma vazão de 10 mol/min. A alimentação do reator é interrompida após a adição de 500 mols de B.

(a) Faça um gráfico e analise a temperatura Q_r, Q_g e a conversão em função do tempo quando a reação for conduzida adiabaticamente. Calcule para t = 2 h.

(b) Faça um gráfico e analise a conversão em função do tempo quando um trocador de calor (UA = 100 cal/min · K) for instalado no reator e a temperatura ambiente for constante e igual a 50°C. Calcule para t = 3 h.

(c) Repita o item **(b)** para o caso em que a reação inversa não puder ser desconsiderada.

Novos valores dos parâmetros:

k = 0,01 (dm^3/mol · min) a 300 K com E =10 kcal/mol

V_0 = 50 dm^3, υ_0 = 1 dm^3/min, $C_{A0} = C_{B0}$ = 10 mol/dm^3

Para a reação reversa: k_r = 0,1 min^{-1} a 300 K com E_r = 16 kcal/mol

$P13.4_B$ **QEA** (*Questão de Exame Antigo*). Sofia e Nic estão operando um reator em batelada na fábrica do avô deles em Kärläs, Jofostan. A reação é de primeira ordem, irreversível, em fase líquida e exotérmica. Um refrigerante inerte é adicionado à mistura reacional para controlar a temperatura. A temperatura é mantida constante por meio da variação da vazão volumétrica do refrigerante (veja a Figura $P13.4_B$).

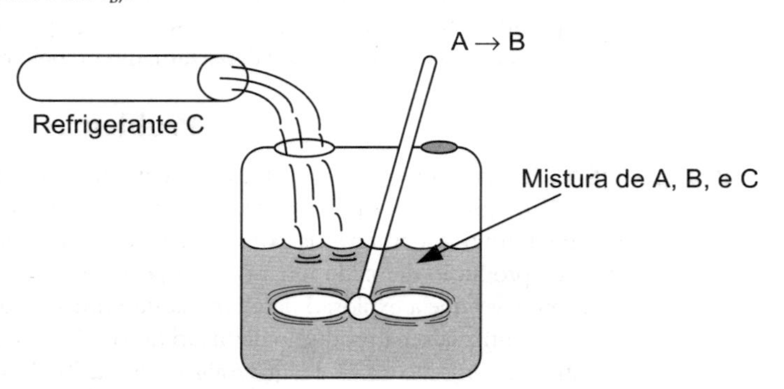

Figura $P13.4_B$ Reator em semibatelada com corrente de refrigerante inerte.

(a) Ajude-os a calcular a vazão mássica do refrigerante 2 horas após o início da reação. (***Resposta***: F_C = 3,157 lb/s).)

(b) Propõe-se, no lugar do refrigerante alimentado no reator, que seja adicionado ao reator um solvente que entre facilmente em ebulição, mesmo a temperaturas moderadas. O solvente tem um calor de vaporização de 1.000 Btu/lb e existem inicialmente 25 lb-mols de A no tanque. O volume inicial de solvente e de reagente é igual a 300 ft^3. Determine a taxa de evaporação do solvente em função do tempo. Qual é a taxa no fim de 2 horas?

Informações adicionais:

Temperatura da reação: 100°F
Valor de k a 100°F: $1{,}2 \times 10^{-4}$ s^{-1}
Temperatura do refrigerante: 80°F
Calor específico de todos os componentes: 0,5 Btu/lb·°F
Massa específica de todos os componentes: 50 lb/ft^3
$\Delta H^{\circ}_{Rx} = -25.000$ Btu/lbmol

Inicialmente:
Reator contém apenas A (nem B nem C estão presentes)
C_{A0}: 0,5 lb-mol/ft^3
Volume inicial: 50 ft^3

W2014 Exame Intermediário II – ERQ University of Michigan *(W2014 CRE U of M MidTermExamII)*

P13.5$_B$ A reação

$$A + B \longrightarrow C$$

é conduzida adiabaticamente em um reator em batelada a volume constante. A lei da taxa é

$$-r_A = k_1 C_A^{1/2} C_B^{1/2} - k_2 C_C$$

Faça um gráfico e analise a conversão, a temperatura e as concentrações das espécies reagentes em função do tempo.

Informações adicionais:

Temperatura inicial = 100°C

k_1 (373 K) $= 2 \times 10^{-3}$ s^{-1}	$E_1 = 100$ kJ/mol
k_2 (373 K) $= 3 \times 10^{-5}$ s^{-1}	$E_2 = 150$ kJ/mol
$C_{A0} = 0{,}1$ mol/dm^3	$C_{PA} = 25$ J/mol · K
$C_{B0} = 0{,}125$ mol/dm^3	$C_{PB} = 25$ J/mol · K
ΔH°_{Rx} (298 K) $= -40.000$ J/mol de A	$C_{PC} = 40$ J/mol · K

P13.6$_B$ A reação elementar, irreversível, em fase líquida

$$A + 2B \longrightarrow C$$

é conduzida em um reator em semibatelada, no qual B é adicionado a A. O volume de A no reator é igual a 10 dm^3, a concentração inicial de A no reator é igual a 5 mol/dm^3 e a temperatura inicial no reator é igual a 27°C. A espécie B é alimentada à temperatura de 52°C e a uma concentração de 4 M. Deseja-se obter uma conversão de A não inferior a 80%, no menor tempo possível, mas, ao mesmo tempo, a temperatura do reator não pode ultrapassar o valor de 130°C. Você deve tentar produzir aproximadamente 120 mols de C após 24 horas, admitindo um tempo de 30 minutos entre as bateladas, para esvaziar e encher o tanque. A taxa de refrigerante no reator é igual a 2.000 mol/min. Existe um trocador de calor instalado no reator.

(a) Que vazão volumétrica de alimentação (dm^3/min) você recomendaria?

(b) Como se modificaria sua resposta ou estratégia caso a taxa máxima de refrigerante se reduzisse a 200 mol/min? E a 20 mol/min?

Informações adicionais:

$$\Delta H^{\circ}_{Rx} = -55.000 \text{ cal/mol A}$$

$$C_{P_A} = 35 \text{ cal/mol·K}, \quad C_{P_B} = 20 \text{ cal/mol·K}, \quad C_{P_C} = 75 \text{ cal/mol·K}$$

$$k = 0{,}0005 \frac{\text{dm}^6}{\text{mol}^2 \cdot \text{min}} \text{ a 27°C com } E = 8.000 \text{ cal/mol}$$

$$UA = 2.500 \frac{\text{cal}}{\text{min} \cdot \text{K}} \text{ com } T_a = 17°\text{C}$$

C_P (refrigerante) = 18 cal/mol · K

P13.7$_B$ A reação irreversível, em fase líquida, dos Problemas P11.4$_A$ e P12.7$_A$

$$A + B \longrightarrow C$$

é conduzida em um reator em batelada de 10 dm^3.

Faça um gráfico e analise a temperatura e as concentrações de A, de B e de C em função do tempo, para os seguintes casos:

(a) Operação adiabática.

(b) Valores de *UA* iguais a 10.000, 40.000, e 100.000 J/min · K.

(c) Use *UA* = 40.000 J/min · K e diferentes temperaturas iniciais no reator.

Uma alimentação equimolar de A e B entra a 27°C, com uma vazão volumétrica de 2 dm^3/s e C_{A0} = 0,1 kmol/m^3.

Informações adicionais:

$$\Delta H_A^\circ \text{ (273 K)} = -20 \text{ kcal/mol}, \ \Delta H_B^\circ \text{ (273 K)} = -15 \text{ kcal/mol},$$
$$\Delta H_C^\circ \text{ (273 K)} = -41 \text{ kcal/mol}$$

$$C_{P_A} = C_{P_B} = 15 \text{ cal/mol} \cdot \text{K} \quad C_{P_C} = 30 \text{ cal/mol} \cdot \text{K}$$
$$k = 0{,}01 \ \frac{\text{dm}^3}{\text{mol} \cdot \text{s}} \text{ a 300 K} \qquad E = 10.000 \text{ cal/mol} \qquad K_c = 10 \text{ m}^3\text{/mol a 450}$$

P13.8$_B$ Use a reação e os valores de parâmetro correspondentes do Problema P12.16$_B$ para descrever a partida de um CSTR com T_i = 25°C e C_{Ai} = 0,0. *Dica:* Faça um gráfico das curvas de concentração e temperatura, bem como os gráficos de plano de fase de C_A *versus* T para vários valores de T_i e C_{Ai}.

P13.9$_B$ **QEA** (*Questão de Exame Antigo*). As seguintes reações em fase líquida ocorrem em um reator em batelada de 2.000 dm^3 sob uma pressão de 400 psig:

$$A + 2B \xrightarrow{k_{1A}} C \qquad \Delta H_{Rx1B} = -5.000 \text{ cal/mol} \qquad -r_{1A} = k_{1A}C_AC_B^2$$
$$3C + 2A \xrightarrow{k_{2A}} D \qquad \Delta H_{Rx2C} = +10.000 \text{ cal/mol} \qquad -r_{2A} = k_{2A}C_AC_C$$
$$B + 3C \xrightarrow{k_{3C}} E \qquad \Delta H_{Rx3B} = -50.000 \text{ cal/mol} \qquad -r_{3C} = k_{3C}C_BC_C$$

A temperatura inicial é 450 K e as concentrações iniciais de A, B e C são, respectivamente, 1,0; 0,5 e 0,2 mol/dm^3. A vazão do fluido refrigerante estava no seu valor máximo, com $T_{a1} = T_{a2} = T_a$ = 400 K, de modo que o produto, a área de troca e o coeficiente global de transferência de calor, *UA*, seja *UA* = 100 cal/s · K.

(a) Se $Q_r > Q_g$ no tempo t = 0, sem falhas no sistema de troca de calor, existe alguma possibilidade do reator sofrer descontrole? Explique.

(b) Qual é Q_r no tempo t = 0?

(c) Qual é Q_g no tempo t = 0?

(d) Qual é a taxa inicial de aumento de temperatura, (dT/dt) no tempo t = 0?

$$\frac{dT}{dt} = \underline{\hspace{3cm}} \text{ [Resposta numérica]}$$

(e) Suponha qua a temperatura ambiente T_a seja reduzida de 400 K para 350 K; qual é a taxa inicial de mudança de temperatura do reator?

$$\frac{dT}{dt} = \underline{\hspace{3cm}} \text{ [Resposta numérica]}$$

Plote as temperaturas e todas as concentrações em função do tempo até t = 1.000 segundos.

(f) Foi feita uma sugestão de adicionar 50 mols de inerte na temperatura de 450 K. A adição do inerte tornará o descontrole mais provável ou menos provável? Como? Mostre quantitativamente.

Informações adicionais:

Como uma primeira aproximação, considere que todos os calores de reação são constantes ($\Delta C_{P_{ij}} \cong 0$). As taxas específicas de reação a 450 K são

$$k_{1A} = 1 \times 10^{-3}\,(\text{dm}^3/\text{mol})^2/\text{s} \qquad C_{P_A} = 10\ \text{cal/mol/K} \qquad C_{P_D} = 80\ \text{cal/mol/K}$$

$$k_{2A} = \frac{1}{3} \times 10^{-3}\,(\text{dm}^3/\text{mol})^2/\text{s} \qquad C_{P_B} = 10\ \text{cal/mol/K} \qquad C_{P_E} = 50\ \text{cal/mol/K}$$

$$k_{3C} = 0{,}6 \times 10^{-3}\,(\text{dm}^3/\text{mol})^2/\text{s} \qquad C_{P_C} = 50\ \text{cal/mol/K}$$

P13.10$_B$ PP Explosão Synthron. Leia o exemplo do Synthron nos Materiais Adicionais do Capítulo 13 CRE *website (http://www.umich.edu/~elements/6e/13chap/obj.html#/additional-materials/)*

Wolfram e Python

(i) Descreva e discuta a trajetória temperatura-tempo do caso base.

(ii) Qual é o volume inicial crítico de reagentes (V_0) acima do qual o reator explodirá? Para simplificar, suponha que o reator explodirá se o conteúdo do reator permanecer acima de 350 K a 500 s após o início da reação, pois a falta de resfriamento resultará em um aumento de pressão inseguro.

(iii) Varie dois parâmetros de sua escolha que você acha que terão o maior efeito na explosão e descreva o que você encontrar.

(iv) Escreva um conjunto de conclusões.

Zachary Gdowski, Ayush Agrawal e Mayur Tikmani participaram no desenvolvimento deste problema.

P13.11$_B$ PAREM AS IMPRESSORAS – Análise da COVID-19. Enquanto os ajustes finais da Sexta Edição estavam sendo feitos, a pandemia de coronavírus surgiu e decidimos expandir o Problema P9.7 e aplicá-lo à pandemia. (Mayur Tikmani, Devosmita Sen, Manjeet Singh e Jagana Janan Sai participaram do desenvolvimento desse problema.) Iniciaremos a modelagem após 770 pessoas terem sido infectadas. Seja H = Saudável, S = Suscetível, I = Infectado, D = Morto e R = Recuperado. Trate cada uma das seguintes interações como uma reação elementar. A primeira reação pode resultar do contato de uma pessoa saudável com o vírus em uma superfície.

$$S \xrightarrow{k_1} I \qquad \text{(P13.11.1)}$$

$$I + S \xrightarrow{k_2} 2I \qquad \text{(P13.11.2)}$$

$$I \xrightarrow{k_3} R \qquad \text{(P13.11.3)}$$

$$I \xrightarrow{k_4} D \qquad \text{(P13.11.4)}$$

$$H = R + S \qquad \text{(P13.11.5)}$$

Wolfram e Python

(i) Deduza as equações para as populações de S, I, R e D em função do tempo.

(ii) Use Wolfram para ver se as equações resultantes podem ser combinadas com as Figuras P13.11$_B$ (a) e P13.11$_B$ (b).

(iii) Se pudéssemos variar k_1, k_2, k_3 e k_4, em que concentração de pessoas infectadas a taxa de mortalidade se torna crítica?

(iv) Compare seu modelo com os dados da China para dois casos extremos: (1) $k_1 = 0$ com I (0) = 770, e (2) $k_1 = 2 \times 10^{-7}$ dia^{-1} e I (0) = 0.

(v) Varie os parâmetros k_1, k_2, k_3 e k_4 junto com I (t = 0) e S (t = 0) e escreva um conjunto de conclusões.

(vi) Aplique o PSSH à concentração de doentes e comente seus resultados.

(vii) Critique o modelo da COVID-19 e as concentrações iniciais e discuta as mudanças que você faria.

Informações adicionais:

$k_1 = 6 \times 10^{-7}$ dia^{-1} (taxa de infecção inicial)

$k_2 = 10{,}58 \times 10^{-9}$ (pessoas*dia)$^{-1}$ (taxa de espalhamento da infecção)

$k_3 = 14{,}5645$ dia^{-1} (taxa de recuperação)

$k_4 = 2 \times 10^{-3}$ dia^{-1} (taxa de morte)

Valores Iniciais:
S(0) = 1,3864 × 10^9 pessoas (população que não está em distanciamento social)
I(0) = 770 pessoas infectadas no início da modelagem
R(0) = 0
D(0) = 0

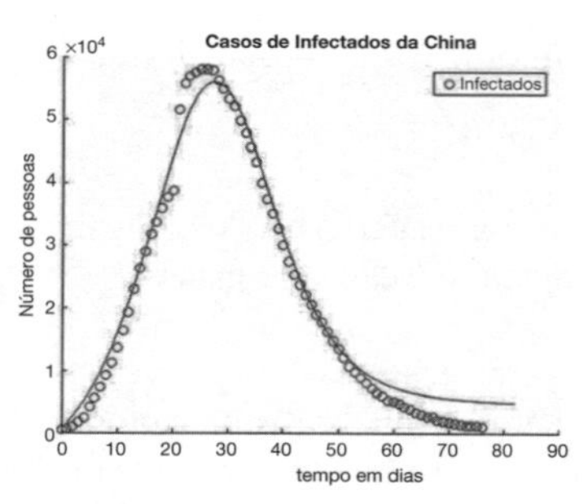

Figura P13.11$_B$ (a) Pessoas infectadas em função do tempo.

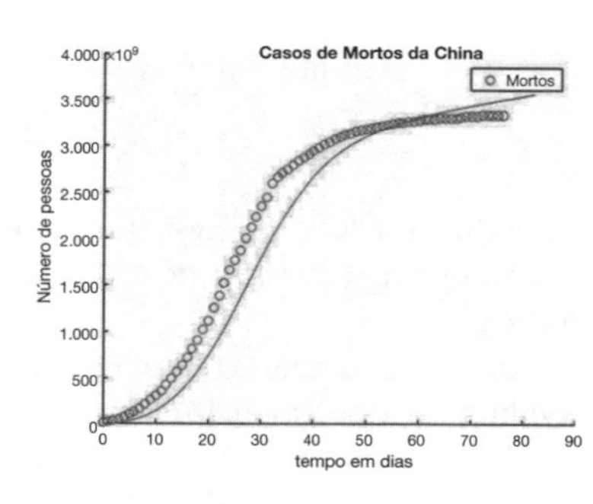

Figura P13.11$_B$ (b) Pessoas mortas em função do tempo.

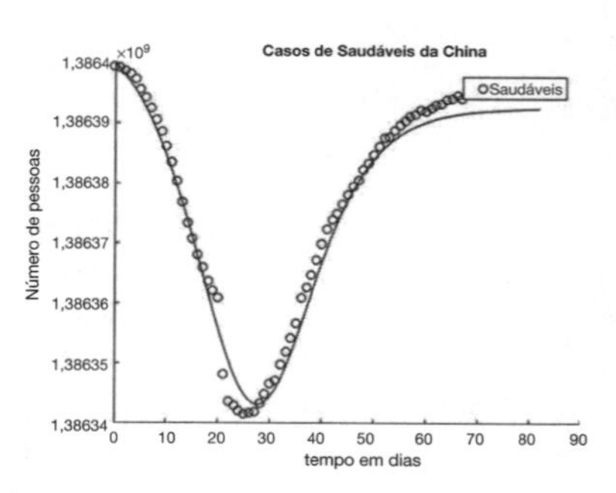

Figura P13.11$_B$ (c) Pessoas saudáveis em função do tempo.

• Problemas Propostos Adicionais

Diversos problemas propostos que podem ser usados para provas, problemas adicionais ou exemplos podem ser encontrados no CRE *website* em *www.umich.edu/~elements/6e/index.html.*

LEITURA SUPLEMENTAR

1. Vários problemas resolvidos para reatores em batelada e em semibatelada podem ser encontrados em
S. M. WALAS, *Chemical Reaction Engineering Handbook.* Amsterdam: Gordon and Breach, 1995, p. 386-392, 402, 460-462 e 469.

Segurança

DANIEL A. CROWL, and JOSEPH F. LOUVAR, *Chemical Process Safety: Fundamentals with Applications,* 3rd ed., Upper Saddle River, NJ: Prentice Hall, 2001.

T. F. EDGAR, "From the Classical to the Postmodern Era", *Chem. Eng. Educ.*, 31, 12 (1997).

TREVOR A. KLETZ, "Bhopal Leaves a Lasting Legacy: The Disaster Taught Some Hard Lessons That the Chemical Industry Still Sometimes Forgets," *Chemical Processing,* p. 15 (Dec. 2009).

Links

1. Certifique-se de revisar o *site* do autor Segurança de Processo ao Longo do Currículo de Engenharia Química (*Process Safety Across the Chemical Engineering Curriculum*) (http://umich.edu/~safeche/index.html). Em particular, revise os tutoriais (por exemplo, o diagrama *BowTie*).
2. O *site* da SAChE apresenta uma extensa discussão sobre segurança de reatores com exemplos práticos (*www.sache.org*). Você precisará de um nome de usuário e de uma senha que podem ser obtidos com a chefia de seu departamento. Acesse a Guia 2003. Vá à seção de Problemas K.

3. O laboratório de reatores desenvolvido pelo Prof. Herz e discutido nos Capítulos 4 e 5 pode também ser utilizado no aqui: *www.reactorlab.net.*
4. Visite o *site* do Center for Chemical Process Safety (CCPS): *www.aiche.org/ccps/.*

Limitações da Transferência de Massa em Sistemas Reacionais

14

Desistir é a derradeira tragédia.

—Robert J. Donovan

ou

O jogo só acaba quando termina.

—Yogi Berra, NY Yankees

Visão Geral. Muitas reações industriais são realizadas a altas temperaturas nas quais a taxa global de reação é limitada pela taxa de transferência de massa de reagentes entre o fluido e a superfície catalítica. Transferência de massa, em nossa concepção, é qualquer processo no qual a difusão exerça um papel significativo. Nessas circunstâncias, nosso termo de geração torna-se um pouco mais complicado, pois não podemos usar diretamente as leis de taxas discutidas no Capítulo 3. Agora teremos de considerar a velocidade e as propriedades do fluido quando escrevemos o balanço molar. Nas equações de taxa e nas etapas da reação catalítica descritas no Capítulo 10 (difusão, adsorção, reação superficial, dessorção e difusão), desconsideramos as etapas de difusão.

Neste capítulo, discutiremos como determinar a taxa de reação e dimensionar reatores quando as reações são limitadas pela transferência de massa, da seguinte maneira:

- Apresentaremos os fundamentos de difusão e fluxo molar e, em seguida, escreveremos o balanço molar em termos dos fluxos molares em coordenadas retangulares e cilíndricas (Seção 14.1).
- Utilizaremos a primeira lei de Fick no balanço molar para descrever o escoamento, a difusão e a reação (Seção 14.2).
- Discutiremos o modelo de difusão através de um filme estagnante para uma superfície reagente (Seção 14.3).
- Introduziremos o coeficiente de transferência de massa, k_c, e descreveremos como ele é usado em reações limitadas por transferência de massa (Seção 14.4).
- Focaremos em uma das habilidades mais importantes do engenheiro, ou seja, responder perguntas do tipo "E se...", como *Robert, o Preocupado* faz (Seção 14.5).

14.A Fundamentos em Transferência de Massa

14.1 Fundamentos da Difusão

Algoritmo
1. Balanço molar
2. Lei de taxa
3. Estequiometria
4. Combinação
5. Avaliação

A primeira etapa em nosso algoritmo de ERQ é o balanço molar, que necessita agora ser estendido de modo a incluir o fluxo molar, W_{Az}, e os efeitos difusivos. A vazão molar de A em uma dada direção, como a direção z ao longo de um reator tubular, é simplesmente o produto do fluxo, W_{Az} (mol/(m^2 · s)), pela área da seção reta, A_c (m^2), isto é,

$$F_{Az} = A_c W_{Az}$$

Nos capítulos anteriores, consideramos apenas o escoamento empistonado sem difusão sobreposta, no qual

$$W_{Az} = \frac{C_A v}{A_C}$$

Nesse momento deixamos de lado a suposição de escoamento empistonado e estendemos a discussão sobre a transferência de massa em reações catalíticas e em outras limitadas pela transferência de massa. No Capítulo 10, concentramo-nos nas três etapas do meio (3, 4 e 5) em uma reação catalítica mostrada na Figura 14.1 e negligenciamos as etapas (1), (2), (6) e (7), considerando que a reação tivesse sido limitada na superfície. Neste capítulo, descrevemos a primeira e a última etapa (1) e (7), assim como mostramos outras aplicações em que a transferência de massa desempenha um papel significativo.

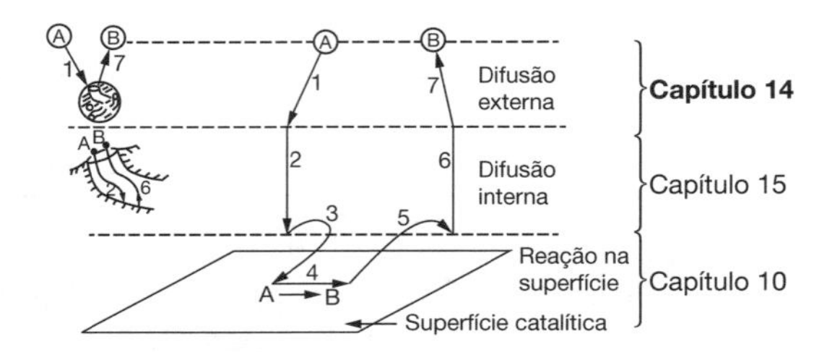

Figura 14.1 Etapas em uma reação catalítica heterogenea.

Para onde vamos?†

Queremos chegar ao balanço de massa que incorpora ambos os efeitos, de difusão e reação, como a Equação (14.17). Ou seja,

$$D_{AB}\frac{d^2C_A}{dz^2} - U_z\frac{dC_A}{dz} + r_A = 0$$

Começaremos com a Seção 14.1.1, em que escrevemos o balanço molar para a espécie A, em três dimensões, em termos do fluxo molar, $\mathbf{W}_A$. Na Seção 14.1.2, escreveremos $\mathbf{W}_A$ em termos do escoamento global (*bulk*) de A no fluido, $\mathbf{B}_A$, e do fluxo difusivo de A, $\mathbf{J}_A$, que é sobreposto ao escoamento. Na Seção 14.1.3, usamos as duas seções anteriores como base para finalmente escrever o fluxo molar em termos da concentração, $\mathbf{W}_A$, usando a primeira lei de Fick, $\mathbf{J}_A$, e o escoamento do fluido, $\mathbf{B}_A$. A seguir, na Seção 14.2, combinaremos transporte convectivo de difusão e reação em nosso balanço molar.

14.1.1 Definições

Difusão é a mistura espontânea de átomos ou moléculas por movimento térmico aleatório. A difusão provoca o movimento das espécies químicas *relativo* ao movimento da mistura. Na ausência de outros gradientes (como o de temperatura, de potencial elétrico ou de potencial gravitacional), as moléculas de determinada espécie, no interior de uma única fase, difundem de regiões de concentrações altas para regiões de concentrações baixas. Esse gradiente dá origem a um fluxo molar da espécie (por exemplo, A), $\mathbf{W}_A$ (mols/área × tempo), na direção do gradiente de concentração. O fluxo de A, $\mathbf{W}_A$, é relativo a um referencial fixo (por exemplo, a bancada do laboratório) e é uma grandeza vetorial cujas unidades típicas são mol/m²×s. Em coordenadas retangulares,

$$\mathbf{W}_A = iW_{Ax} + jW_{Ay} + kW_{Az}$$

† "Se você não sabe para onde está indo, provavelmente vai acabar em algum outro lugar." Yogi Berra, NY Yankees

A seguir, aplicaremos o balanço molar da espécie A, que escoa e reage em um elemento de volume $\Delta V = \Delta x \Delta y \Delta z$ para determinar os fluxos molares nas três dimensões.

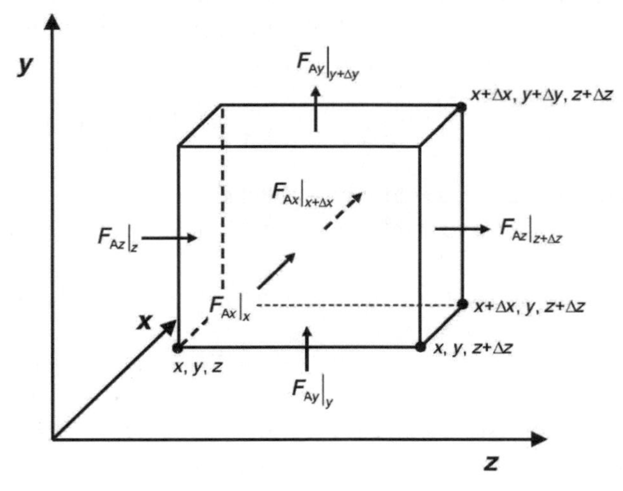

$$F_{Az} = W_{Az}\Delta x \Delta y$$
$$F_{Ay} = W_{Ay}\Delta x \Delta z$$
$$F_{Ax} = W_{Ax}\Delta z \Delta y$$

$$\begin{bmatrix}\text{Vazão}\\ \text{molar}\\ \text{entrada}\end{bmatrix}_z - \begin{bmatrix}\text{Vazão}\\ \text{molar}\\ \text{saída}\end{bmatrix}_{z+\Delta z} + \begin{bmatrix}\text{Vazão}\\ \text{molar}\\ \text{entrada}\end{bmatrix}_y - \begin{bmatrix}\text{Vazão}\\ \text{molar}\\ \text{saída}\end{bmatrix}_{y+\Delta y} +$$

Balanço molar

$$\Delta x \Delta y W_{Az}|_z - \Delta x \Delta y W_{Az}|_{z+\Delta z} + \Delta x \Delta z W_{Ay}|_y - \Delta x \Delta z W_{Ay}|_{y+\Delta y} +$$

$$\begin{bmatrix}\text{Vazão}\\ \text{molar}\\ \text{entrada}\end{bmatrix}_x - \begin{bmatrix}\text{Vazão}\\ \text{molar}\\ \text{saída}\end{bmatrix}_{x+\Delta x} + \begin{bmatrix}\text{Taxa de}\\ \text{geração}\end{bmatrix} = \begin{bmatrix}\text{Taxa de}\\ \text{acúmulo}\end{bmatrix}$$

$$\Delta z \Delta y W_{Ax}|_x - \Delta z \Delta y W_{Ax}|_{x+\Delta x} + r_A \Delta x \Delta y \Delta z = \Delta x \Delta y \Delta z \frac{\partial C_A}{\partial t}$$

em que r_A é a taxa de geração de A, pela reação, por unidade de volume (por exemplo, mol/m³/h).

Dividindo por $\Delta x \Delta y \Delta z$ e aplicando o limite quando esses valores tendem a zero, obtemos o balanço do fluxo molar em coordenadas retangulares

$$\boxed{-\frac{\partial W_{Ax}}{\partial x} - \frac{\partial W_{Ay}}{\partial y} - \frac{\partial W_{Az}}{\partial z} + r_A = \frac{\partial C_A}{\partial t}} \quad (14.1)$$

O correspondente balanço em coordenadas cilíndricas, sem variação na rotação em torno do eixo **z**, é

COMSOL

$$\boxed{-\frac{1}{r}\frac{\partial}{\partial r}(rW_{Ar}) - \frac{\partial W_{Az}}{\partial z} + r_A = \frac{\partial C_A}{\partial t}} \quad (14.2)$$

A seguir, calcularemos os termos do fluxo $\mathbf{W}_A$. A variável tempo foi considerada na dedução dos balanços do fluxo molar, de modo a tornar as equações diferenciais parciais (EDP) resultantes consistentes com o *solver* COMSOL, que está disponível no CRE *website*.

14.1.2 Fluxo Molar: W_A

O fluxo molar de A, $\mathbf{W}_A$, é o resultante de duas contribuições: $\mathbf{J}_A$, o fluxo molecular difusivo relativo ao movimento do fluido proveniente de um gradiente de concentração, e $\mathbf{B}_A$, o fluxo resultante do próprio movimento global (*bulk*) do fluido:

Fluxo total = difusão + movimento do fluido

$$\boxed{\mathbf{W}_A = \mathbf{J}_A + \mathbf{B}_A} \tag{14.3}$$

O termo de escoamento global (*bulk*) da espécie A, correspondente ao escoamento do fluido, é o produto do fluxo total de todas as moléculas, em relação a um referencial fixo, pela fração molar de A, y_A; ou seja, $\mathbf{B}_A = y_A \Sigma \mathbf{W}_i$.

Para um sistema binário, com A se difundindo em B, o fluxo de A é

$$\mathbf{W}_A = \mathbf{J}_A + y_A(\mathbf{W}_A + \mathbf{W}_B) \tag{14.4}$$

O fluxo difusional, $\mathbf{J}_A$, é o fluxo das moléculas A que se sobrepõe ao escoamento. Ele diz o quão rápido A está se movendo à frente da velocidade de escoamento, isto é, a velocidade molar média.

O fluxo das espécies A, $\mathbf{W}_A$, é escrito em relação a um *sistema de coordenadas fixas* (por exemplo, a bancada do laboratório) e é simplesmente o produto da concentração de A, $\mathbf{C}_A$, por sua velocidade de partícula, $\mathbf{U}_A$, naquele ponto

$$\mathbf{W}_A = \mathbf{U}_A C_A$$

$$\frac{\text{mol}}{\text{m}^2\text{s}} = \left(\frac{\text{m}}{\text{s}}\right)\left(\frac{\text{mol}}{\text{m}^3}\right)$$

Por velocidades de partícula, entendemos a média vetorial de milhões de moléculas de A em determinado ponto. Da mesma forma, para as espécies B: $\mathbf{W}_B = \mathbf{U}_B \mathbf{C}_B$; substituindo no termo do escoamento (*bulk*)

$$\mathbf{B}_A = y_A \Sigma \mathbf{W}_i = y_A(\mathbf{W}_A + \mathbf{W}_B) = y_A(C_A \mathbf{U}_A + C_B \mathbf{U}_B)$$

Escrevendo a concentração de A e B na forma genérica em termos da fração molar, y_i, e da concentração total, c, ou seja, $C_i = y_i c$, e então fatorando a concentração total, c, o escoamento do fluido, $\mathbf{B}_A$, é

$$\mathbf{B}_A = (c\ y_A)(y_A \mathbf{U}_A + y_B \mathbf{U}_B) = C_A \mathbf{U}$$

Velocidade molar média U

em que $\mathbf{U}$ é a velocidade molar média: $\mathbf{U} = \Sigma y_i \mathbf{U}_i$. O fluxo molar de A pode agora ser escrito como

$$\boxed{\mathbf{W}_A = \mathbf{J}_A + C_A \mathbf{U}} \tag{14.5}$$

A seguir, precisamos calcular a equação para o fluxo molar de A, $\mathbf{J}_A$, que se sobrepõe à velocidade molar média.

14.1.3 Primeira Lei de Fick

O experimento com pernas de rã conduziu à primeira lei de Fick.

Nossa discussão sobre difusão será inicialmente restrita a sistemas binários contendo apenas duas espécies A e B. Desejamos agora determinar *como* o fluxo difusivo molar das espécies ($\mathbf{J}_A$) está relacionado com seu correspondente gradiente de concentração. As leis similares de outros fenômenos de transportes são úteis para a discussão da lei de transporte que é geralmente usada na descrição da difusão. Por exemplo, na transferência de calor por condução, a equação constitutiva relacionando o fluxo de calor $\mathbf{q}$ com o gradiente de temperatura é a lei de Fourier, $\mathbf{q} = -k_t \nabla T$, em que k_t é a condutividade térmica.

Em coordenadas retangulares, o gradiente assume a forma

Equações constitutivas em transferência de calor, momento e massa

$$\boldsymbol{\nabla} = i\ \frac{\partial}{\partial x} + j\ \frac{\partial}{\partial y} + k\ \frac{\partial}{\partial z}$$

A lei de transferência de massa para o fluxo difusional de A, resultante de um gradiente de concentração, é análoga à lei de Fourier para transporte de calor, e é dada pela **primeira lei de Fick**†

$$\mathbf{J}_{\mathrm{A}} = -D_{\mathrm{AB}}\,\boldsymbol{\nabla}\,C_{\mathrm{A}} \tag{14.6}$$

em que D_{AB} é a difusividade de A em B $\left(\frac{\mathrm{m}^2}{\mathrm{s}}\right)$. Combinando as Equações (14.5) e (14.6), obtemos uma expressão para o fluxo molar de A em termos da concentração para a concentração total constante

Equação do fluxo molar

$$\boxed{\mathbf{W}_{\mathrm{A}} = -D_{\mathrm{AB}}\,\boldsymbol{\nabla}\,C_{\mathrm{A}} + C_{\mathrm{A}}\mathbf{U}} \tag{14.7}$$

Em uma dimensão, ou seja, z, o termo de fluxo molar é

$$\mathbf{W}_{\mathrm{A}z} = -D_{\mathrm{AB}}\frac{dC_{\mathrm{A}}}{dz} + C_{\mathrm{A}}\mathbf{U}_z \tag{14.8a}$$

em que U_z é a velocidade axial, em coordenadas radiais sem variações na direção angular (θ)

$$\mathbf{W}_{\mathrm{A}r} = -D_{\mathrm{AB}}\frac{dC_{\mathrm{A}}}{dr} + C_{\mathrm{A}}\mathbf{U}_r \tag{14.8b}$$

Em que U_r é a velocidade radial do fluido.

14.2 Difusão Binária

Apesar de muitos dos sistemas envolverem mais de dois componentes, a difusão de cada espécie pode ser considerada como se estivesse difundindo através de outra espécie simples, em vez de através de uma mistura, pela definição de uma difusividade efetiva.

14.2.1 Cálculo do Fluxo Molar

O objetivo agora é calcular o termo de escoamento global.

Consideraremos agora A se difundindo em B. Substituindo a Equação (14.6) na Equação (14.4), obtemos

$$\mathbf{W}_{\mathrm{A}} = -D_{\mathrm{AB}}\nabla C_{\mathrm{A}} + y_{\mathrm{A}}\left(\mathbf{W}_{\mathrm{A}} + \mathbf{W}_{\mathrm{B}}\right) \tag{14.9}$$

Antes de ir para a Seção 14.2.2, seria útil avaliar o termo de escoamento (y_{A} ($W_{\mathrm{A}} + W_{\mathrm{B}}$)) para cinco situações limitantes. Essas situações são fornecidas pelas Equações 14.10 a 14.13 na Tabela 14.1.

14.2.2 Difusão e Transporte Convectivo

Ao contabilizar os efeitos difusionais, a vazão volumétrica molar da espécie A, F_{A}, em uma direção específica z, é o produto do fluxo molar nessa direção, $W_{\mathrm{A}z}$, e a área da seção transversal normal à direção do fluxo, A_c

$$F_{\mathrm{A}z} = A_c W_{\mathrm{A}z}$$

† Adolf Fick era um personagem interessante, como evidenciado por seu uso de sapos para estudar a difusão.

Tabela 14.1 Cálculo de W_A para a Espécie A Difundindo na Espécie B

(1) Contradifusão Equimolar (CDEM) de espécies A e B. Para cada molécula de A que difunde em uma dada direção, uma molécula de B difunde na direção oposta.

$$\mathbf{W}_A = -\mathbf{W}_B$$

$$\boxed{\mathbf{W}_A = \mathbf{J}_A = -D_{AB}\nabla C_A} \tag{14.10}$$

Um exemplo de CDEM é a oxidação de carbono sólido; para cada mol de oxigênio que difunde

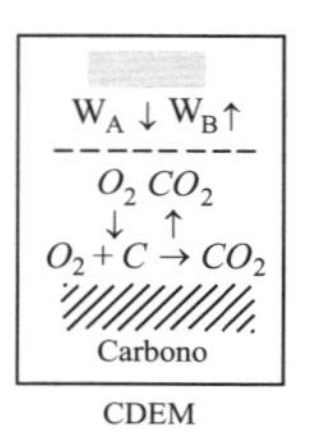

CDEM

para a superfície para reagir com o carbono da superfície, um mol de dióxido de carbono difunde a partir da superfície. $W_{O_2} = -W_{CO_2}$

(2) Espécie A difundindo através da espécie B estagnada ($\mathbf{W}_B = 0$). Essa situação normalmente ocorre quando um contorno sólido está envolvido e existe uma camada de fluido estagnada próxima ao contorno através da qual A está difundindo.

$$\mathbf{W}_A = \mathbf{J}_A + y_A\mathbf{W}_A$$

$$\boxed{\mathbf{W}_A = \frac{\mathbf{J}_A}{1-y_A} = -\frac{D_{AB}\nabla C_A}{1-y_A} = +cD_{AB}\nabla \ln(1-y_A)} \tag{14.11}$$

Um exemplo disso é a evaporação de um líquido em um tubo de ensaio para o ar

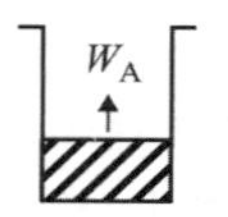

(3) O escoamento global (*bulk*) de A é muito maior que a difusão molecular de A, ou seja, $\mathbf{B}_A >> \mathbf{J}_A$

$$\boxed{\mathbf{W}_A = \mathbf{B}_A = y_A(\mathbf{W}_A + \mathbf{W}_B) = C_A\mathbf{U}} \tag{14.12}$$

Esse é o caso do modelo empistonado que usamos nos capítulos anteriores deste livro

$$F_A = W_A A_c = C_A \overbrace{UA_c}^{\upsilon} = \upsilon C_A$$

(4) Para escoamento global não intenso, $J_A >> B_A$, temos o mesmo resultado que CDEM, Equação (14.10).

$$\boxed{\mathbf{W}_A = \mathbf{J}_A = -D_{AB}\nabla C_A} \tag{14.10}$$

(5) Difusão de Knudsen: Ocorre no poro do catalisador, onde as moléculas reagentes colidem com maior frequência nas paredes dos poros do que entre si

$$\boxed{\mathbf{W}_A = \mathbf{J}_A = -D_K\nabla C_A} \tag{14.13}$$

em que D_K é a difusividade de Knudsen.[1]

[1] C. N. Satterfield, *Mass Transfer in Heterogeneous Catalysis* (Cambridge: MIT Press, 1970), p. 41-42, discute o escoamento de Knudsen em catálise e fornece a expressão para calcular *DK*.

Em termos de concentração, o fluxo é

$$W_{Az} = -D_{AB}\frac{dC_A}{dz} + C_A U_z$$

A vazão volumétrica molar é

$$F_{Az} = W_{Az}A_c = \left[-D_{AB}\frac{dC_A}{dz} + C_A U_z\right]A_c \tag{14.14}$$

Expressões similares podem ser obtidas para W_{Ax} e W_{Ay}. Substituindo as expressões dos fluxos W_{Ax}, W_{Ay} e W_{Az} na Equação (14.1), obtemos

Escoamento, difusão e reação

Essa forma é usada no COMSOL Multiphysics.

$$D_{AB}\left[\frac{\partial^2 C_A}{\partial x^2} + \frac{\partial^2 C_A}{\partial y^2} + \frac{\partial^2 C_A}{\partial z^2}\right] - U_x\frac{\partial C_A}{\partial x} - U_y\frac{\partial C_A}{\partial y} - U_z\frac{\partial C_A}{\partial z} + r_A = \frac{\partial C_A}{\partial t} \tag{14.15}$$

Em termos de coordenadas radial e axial sem variação angular e sem velocidade radial U_r, temos

$$D_{AB}\left[\frac{\partial}{\partial r}\left(\frac{r dC_A}{\partial r}\right) + \frac{\partial^2 C_A}{\partial z^2}\right] - U_z\frac{\partial C_A}{\partial z} + r_A = \frac{\partial C_A}{\partial t} \tag{14.16}$$

As Equações (14.15) e (14.16) estão em uma forma apropriada para serem aplicadas ao solucionador de EDP, COMSOL. Para o estado estacionário unidirecional, a Equação (14.15) se reduz a

$$D_{AB}\frac{d^2 C_A}{dz^2} - U_z\frac{dC_A}{dz} + r_A = 0 \tag{14.17}$$

Para resolver a Equação (14.17), precisamos especificar as condições de contorno. Neste capítulo, consideraremos algumas das condições de contorno mais simples e no Capítulo 18 consideraremos as condições de contorno mais complexas, como as condições de contorno de Danckwerts.

Usaremos agora essa forma da vazão volumétrica molar no balanço molar na direção z de um reator tubular com escoamento

$$\frac{dF_A}{dV} = \frac{d(A_c W_{Az})}{d(A_c z)} = \frac{dW_{Az}}{dz} = r_A$$

Entretanto, devemos inicialmente apresentar as condições de contorno a serem adotadas na solução dessa equação.

14.2.3 Condições de Contorno

As condições de contorno mais comuns são apresentadas na Tabela 14.2.

14.2.4 Dependência de D_{AB} com a Temperatura e a Pressão

Antes de encerrar essa breve discussão sobre os fundamentos da transferência de massa, comentários adicionais em relação à difusividade. As equações para previsão das difusividades de gases são encontradas no artigo de Fuller e estão também no *Handbook* do Perry.[2,3] As ordens

[2] E. N. Fuller, P. D. Schettler, and J. C. Giddings, *Ind. Eng. Chem.*, 58(5), 19 (1966).
[3] R. H. Perry and D. W. Green, *Chemical Engineer's Handbook*, 7th ed. New York: McGraw-Hill, 1999.

de grandeza das difusividades de gases, de líquidos e de sólidos e a maneira com que esses coeficientes variam com a temperatura e a pressão são apresentadas na Tabela 14.3.[4] Verificamos que as difusividades de Knudsen, de líquidos e de sólidos são independentes da pressão total.

Tabela 14.2 Tipos de Condições de Contorno

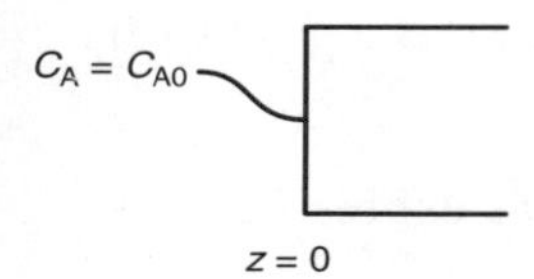

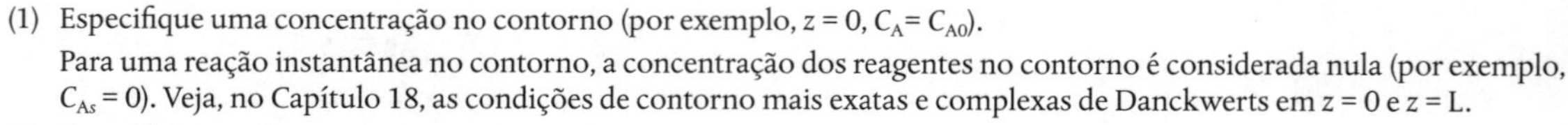

(1) Especifique uma concentração no contorno (por exemplo, $z = 0$, $C_A = C_{A0}$).
Para uma reação instantânea no contorno, a concentração dos reagentes no contorno é considerada nula (por exemplo, $C_{As} = 0$). Veja, no Capítulo 18, as condições de contorno mais exatas e complexas de Danckwerts em $z = 0$ e $z = L$.

(2) Especifique um fluxo no contorno.

a. Inexistência de transferência de massa em um contorno,

$$W_A = 0 \tag{14.18}$$

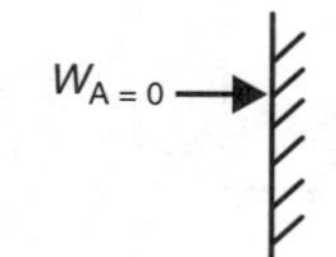

por exemplo, na parede de um tubo inerte. A espécie A não pode se difundir na parede sólida do tubo, $W_A = 0$; então

$$\frac{dC_A}{dr} = 0 \quad \text{em } r = R \tag{14.19}$$

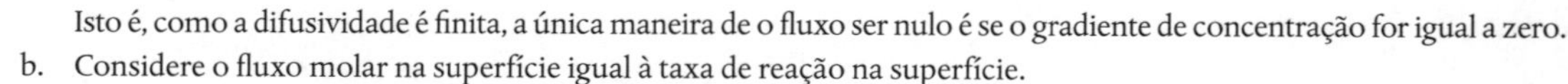

Isto é, como a difusividade é finita, a única maneira de o fluxo ser nulo é se o gradiente de concentração for igual a zero.

b. Considere o fluxo molar na superfície igual à taxa de reação na superfície.

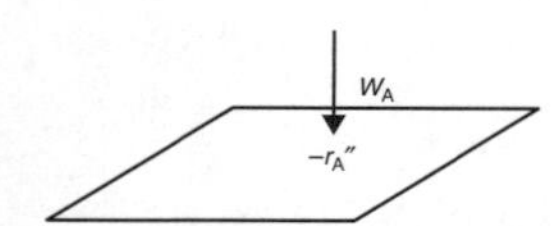

$$W_A(\text{superfície}) = -r''_A(\text{superfície}) \tag{14.20}$$

A taxa de reação ocorre apenas na mesma velocidade em que os reagentes se difundem e chegam à superfície onde reagem.

c. Considere o fluxo molar no contorno igual ao transporte convectivo ao longo da camada limite,

$$W_A(\text{contorno}) = k_c(C_{Ab} - C_{As}) \tag{14.21}$$

em que k_c é o coeficiente de transferência de massa, C_{As} e C_{Ab} são, respectivamente, as concentrações na superfície e global do fluido.

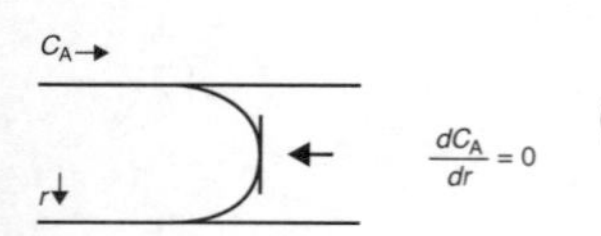

(3) Planos de simetria. Quando o perfil de concentração é simétrico em relação a um plano, o gradiente de concentração é nulo no plano de simetria. Por exemplo, no caso da difusão radial em um tubo, no centro do tubo

$$\frac{dC_A}{dr} = 0 \quad \text{em } r = 0 \tag{14.22}$$

Tabela 14.3 Relações das Difusividades para Gases, Líquidos e Sólidos

Fase	*Ordem de Grandeza* cm²/s	m²/s	*Dependências com a Temperatura e a Pressão*
Gás			
Global (bulk)	10^{-1}	10^{-5}	$D_{AB}(T_2, P_2) = D_{AB}(T_1, P_1)\frac{P_1}{P_2}\left(\frac{T_2}{T_1}\right)^{1,75}$
Knudsen	10^{-2}	10^{-6}	$D_A(T_2) = D_A(T_1)\left(\frac{T_2}{T_1}\right)^{1/2}$
Líquido	10^{-5}	10^{-9}	$D_{AB}(T_2) = D_{AB}(T_1)\frac{\mu_1}{\mu_2}\left(\frac{T_2}{T_1}\right)$
Sólido	10^{-9}	10^{-13}	$D_{AB}(T_2) = D_{AB}(T_1)\exp\left[\frac{E_D}{R}\left(\frac{T_2 - T_1}{T_1 T_2}\right)\right]$

[a] μ_1, μ_2, viscosidades líquidas nas temperaturas T_1 e T_2, respectivamente; E_D, energia de ativação de difusão.

É importante saber a ordem de grandeza da difusividade e sua dependência com T e P.

Gás:

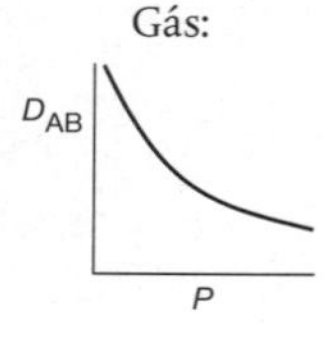

Líquido:

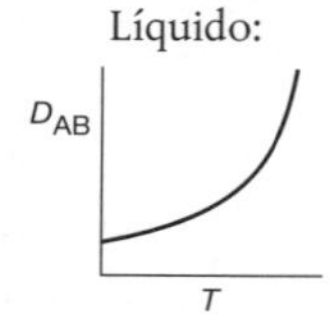

[4] Para estimar difusividades de líquidos em sistemas binários, veja K. A. Reddy and L. K. Doraiswamy, *Ind. Eng. Chem. Fund.*, 6, 77 (1967).

14.3 Modelagem da Difusão com Reação Química

Consideremos agora a situação em que a espécie A não reage à medida que se difunde através de um filme estagnado hipotético até uma superfície onde enfim reage. No Capítulo 15, consideramos o caso em que a espécie A reage ao se difundir através de um filme estagnado. A Tabela 14.4 fornece um algoritmo para ambas as situações.

O propósito de apresentar algoritmos (Tabela 14.4) para resolver problemas de engenharia de reação é fornecer ao leitor um ponto de partida ou uma estrutura de trabalho para o caso de ficar emperrado. Espera-se que, uma vez que o leitor esteja familiarizado e confortável com o uso do algoritmo/estrutura, ele seja capaz de entrar e sair da estrutura à medida que desenvolve soluções criativas para problemas não padronizados de engenharia de reação química.

Use a Tabela 14.4 par Entrar $\underset{\longleftarrow}{\overset{\text{Mover}}{\longrightarrow}}$ Sair do algoritmo (Etapas $1 \rightarrow 10$) para gerar soluções criativas.

Tabela 14.4 Etapas na Modelagem de Sistemas Químicos com Difusão e Reação

1. Defina o problema e estabeleça as hipóteses.
2. Defina o sistema no qual os balanços serão feitos.
3. Desenvolva um balanço molar diferencial de uma espécie particular.
4. Obtenha a equação diferencial de W_A por meio do rearranjo apropriado da equação de balanço e aplique o limite quando o volume do elemento tende a zero.
5. Substitua a expressão apropriada envolvendo o gradiente de concentração para W_A da Seção 14.2 a fim de obter uma equação diferencial de segunda ordem para a concentração de A.[a]
6. Expresse a taxa de reação r_A (caso tenha) em termos da concentração e substitua na equação diferencial.
7. Estabeleça as condições de contorno e inicial apropriadas.
8. Expresse a equação diferencial e as condições de contorno em forma adimensional.
9. Obtenha o perfil de concentração a partir da resolução da equação diferencial resultante.
10. Diferencie o perfil de concentração encontrado para obter o fluxo molar de A.
11. Substitua os valores numéricos por símbolos.

[a]Em algumas situações, pode ser mais simples integrar a equação diferencial obtida na Etapa 4 antes de substituir a expressão apropriada para W_A.

14.3.1 Difusão Através de um Filme Estagnado até uma Partícula

Iniciaremos nossa discussão com a difusão dos reagentes do interior do fluido para a superfície externa de uma partícula que é sólida ou líquida. Centralizaremos nossa atenção no escoamento em torno de uma partícula isolada, conforme mostrado na Figura 14.2(a) e sua camada limite correspondente, mostrada na Figura 14.2(b). A partícula pode ser uma gota de líquido, um *pellet* de catalisador ou um grão sólido combustível. A reação ocorre apenas na superfície externa e não no fluido que a envolve. A velocidade do fluido na vizinhança da partícula esférica variará com a posição em torno da esfera. A camada limite hidrodinâmica é geralmente definida como a distância do objeto sólido na qual a velocidade do fluido é 99% da velocidade global (*bulk*) do fluido U_0. Analogamente, a espessura da camada limite de transferência de massa, δ, é definida como a distância do objeto sólido na qual a concentração da espécie que difunde alcança 99% da concentração global do fluido.

Uma representação aceitável do perfil de concentração para um reagente A difundindo na superfície externa é mostrada na Figura 14.2. Como ilustrado, a variação na concentração de A de C_{Ab} para C_{As} ocorre em uma camada de fluido muito estreita, próxima à superfície da esfera. Praticamente toda a resistência à transferência de massa é encontrada nessa camada.

O conceito de um filme estagnado hipotético dentro do qual está toda a resistência externa à transferência de massa

Uma maneira útil de modelar o transporte difusivo é considerar a camada de fluido próxima a uma superfície sólida como um filme estagnado hipotético de espessura δ, que não podemos medir. Consideramos que toda a resistência à transferência de massa é encontrada (ou seja, agrupada) no interior deste hipotético filme estagnado de espessura δ, e que as propriedades (ou seja, concentração, temperatura) do fluido na borda externa do filme são idênticas àquelas do interior

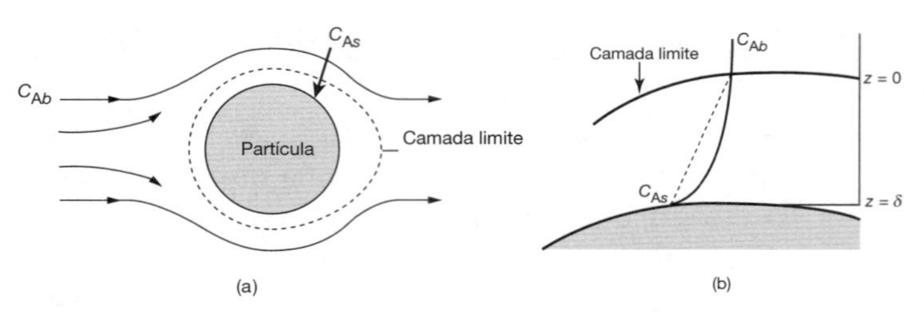

Figura 14.2 Camada limite em torno da superfície de uma partícula esférica.

do fluido. Este modelo pode ser prontamente usado para resolver a equação diferencial para a difusão através de um filme estagnado. A linha tracejada na Figura 14.2 (b) representa o perfil de concentração previsto pelo modelo de filme estagnado hipotético, enquanto a linha sólida representa o perfil real. Se a espessura do filme for muito menor do que o raio da partícula (o que geralmente é o caso), os efeitos da curvatura podem ser desprezados. Como resultado, apenas a equação de difusão unidimensional deve ser resolvida, como mostrado na Figura 14.3.

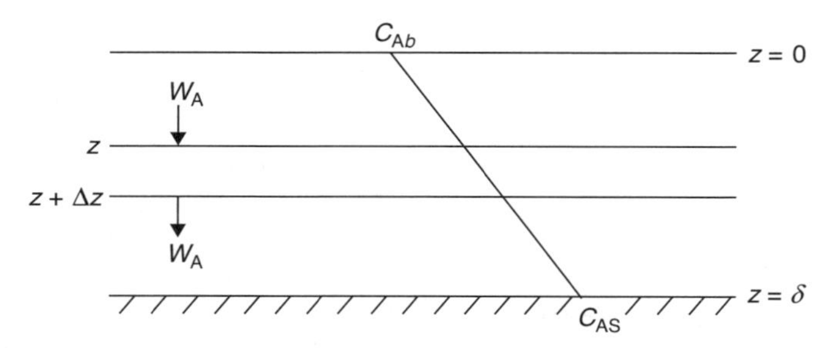

Figura 14.3 Perfil de concentração para concentração diluída no modo filme estagnado.

Vamos executar o balanço molar da espécie A difundindo através do fluido entre $z = z$ e $z = z + \Delta z$, no estado estacionário para uma unidade de área da seção reta A_c

Entrada	−	Saída	+	Geração	=	Acúmulo
$W_{Az}\big\|_z$	−	$W_{Az}\big\|_{z+\Delta z}$	+	0	=	0

dividindo por Δz e aplicando o limite quando $\Delta z \rightarrow 0$

$$\frac{dW_{Az}}{dz} = 0$$

Para difusão através de um filme estagnado a concentrações *diluídas*

$$J_A \gg y_A (W_A + W_B) \tag{14.23}$$

ou para CDEM, usando a primeira lei de Fick, temos

$$W_{Az} = -D_{AB} \frac{dC_A}{dz} \tag{14.24}$$

Substituindo W_{Az} e dividindo por D_{AB} temos,

$$\frac{d^2 C_A}{dz^2} = 0$$

Integrando duas vezes para conseguir $C_A = K_1 z + K_2$, usando as condições de contorno em

$$z = 0 \qquad C_A = C_{Ab}$$
$$z = \delta \qquad C_A = C_{As}$$

obtemos o perfil de concentrações,

$$C_A = C_{Ab} + (C_{As} - C_{Ab})\frac{z}{\delta} \tag{14.25}$$

Para encontrar o fluxo na superfície, substituímos a Equação (14.25) na Equação (14.24) e obtemos,

$$W_{Az} = \frac{D_{AB}}{\delta}[C_{Ab} - C_{As}] \tag{14.26}$$

No estado estacionário, o fluxo de A na superfície será igual à taxa de reação de A na superfície. Ressaltamos que outro problema de difusão através de um filme estagnado aplicado à liberação de fármacos transdérmicos está disponível como *Material Expandido* no CRE *website* do Capítulo 14.

14.4 Coeficiente de Transferência de Massa

Agora explicaremos a razão (D_{AB}/δ) na Equação (14.26).

Apesar de a espessura da camada limite variar em torno da esfera, consideraremos a mesma como tendo uma espessura média igual a δ. A razão entre a difusividade D_{AB} e a espessura do filme δ é o coeficiente de transferência de massa, k_c, isto é,

O coeficiente de transferência de massa

$$k_c = \frac{D_{AB}}{\delta} \tag{14.27}$$

Combinando as Equações (14.26) e (14.27), obtemos o fluxo molar médio do interior do fluido para a superfície

O fluxo molar de A para a superfície

$$W_{Az} = k_c(C_{Ab} - C_{As}) \tag{14.28}$$

Nesse modelo de filme estagnado, consideramos que toda a resistência à transferência de massa está acumulada na espessura δ. O inverso do coeficiente de transferência de massa pode ser interpretado como essa resistência.

$$W_{Az} = \text{Fluxo} = \frac{\text{Força condutora}}{\text{Resistência}} = \frac{C_{Ab} - C_{As}}{(1/k_c)} \tag{14.29}$$

Como Posso Encontrar o Coeficiente de Transferência de Massa? O coeficiente de transferência de massa é encontrado tanto por experimentação como por correlações análogas ao que se usa para um coeficiente de transferência de calor. Essas correlações são geralmente na forma do número de Sherwood, Sh, em função do número de Reynolds, Re, e do número de Schmidt, Sc, ou seja,

$$\text{Sh} = f(\text{Re}, \text{Sc}) \tag{14.30}$$

em que

Sherwood

$$\text{Sh} = \frac{k_c\text{"}L\text{"}}{D_{AB}} \tag{14.31}$$

Schmidt

$$\text{Sc} = \frac{\upsilon}{D_{AB}} = \frac{\mu/\rho}{D_{AB}} \tag{14.32}$$

Reynolds
$$\text{Re} = \frac{U''L''}{\upsilon} = \frac{U''L''\rho}{\mu} \tag{14.33}$$

em que

"L" é o comprimento característico (m) (d_p, diâmetro da partícula)
υ = Viscosidade cinemática (m^2/s) = μ/ρ
μ = viscosidade (kg/m · s)
ρ = massa específica (kg/m^3)
U = velocidade de escoamento livre (m/s)
D_{AB} = difusividade (m^2/s)

Como exemplo, o coeficiente de transferência de massa para o escoamento em torno de uma partícula esférica isolada pode ser encontrado a partir da *correlação de Frössling*.†

$$\text{Sh} = 2 + 0{,}6\ \text{Re}^{1/2}\text{Sc}^{1/3} \tag{14.34}$$

Para escoamento turbulento, o algarismo 2 nesta equação pode ser desprezado em relação ao segundo termo e a correlação resultante é mostrada na Tabela 14.5.‡

Após calcular o valor numérico de Sh, dados os parâmetros para calcular Re e Sc, o coeficiente de transferência de massa pode ser calculado

$$\boxed{k_c = \frac{\text{Sh}\ D_{AB}}{d_p}} \quad \text{(m/s)} \tag{14.35}$$

A correlação para geometrias diferentes de uma única partícula esférica é fornecida na Tabela 14.5.

E se eu não conseguir encontrar a correlação de transferência de massa para minha situação ou geometria? Neste caso, veja se existe uma correlação para o coeficiente de transferência de calor e visite (*http://www.umich.edu/~elements/6e/14chap/obj.html#/additional-materials/*) para saber como transformar essa correlação de transferência de calor em uma correlação de transferência de massa.

Os números de Sherwood, Reynolds e Schmidt são usados nas correlações de transferência de massa por convecção forçada.

Tabela 14.5 Correlações de Transferência de Massa

Escoamento turbulento, transferência de massa na parede do tubo	$\text{Sh} = 0{,}332(\text{Re})^{1/2}(\text{Sc})^{1/3}$
Transferência de massa em uma única esfera	$\text{Sh} = 2 + 0{,}6\ \text{Re}^{1/2}\ \text{Sc}^{1/3}$
Transferência de massa em leitos fluidizados	$\phi J_D = \frac{0{,}765}{\text{Re}^{0{,}82}} + \frac{0{,}365}{\text{Re}^{0{,}386}}$
Transferência de massa em leitos fixos	$\phi J_D = 0{,}453\ \text{Re}^{0{,}453}$
	$J_D = \frac{\text{Sh}}{\text{ReSc}^{1/3}}$

†N. Frössling, *Gerlands Beitr. Geophys.*, 52, 170 (1938).

‡ **Acabando de sair**... Um artigo na edição de agosto de 2019, do *AIChE Journal*, expande essa correlação. Y. Wang e J G. Brasseur, "*Enhancement of mass transfer from particles by local shear-rate and correlations with application to drug dissolution*", *AIChE J.*, 65 (8), (agosto de 2019). A Equação (14.34) é deduzida para dissolução em um fluido infinito, enquanto o artigo do professor Wang no *AIChE J.* discute a dissolução em um domínio confinado. As correções são particularmente importantes em um número de Reynolds baixo e este artigo o orienta nessas correções. No entanto, a nomenclatura é diferente. Por exemplo, o número de Sherwood é dado como Sh = R/ δ, então pode ajudar se você se referir ao artigo anterior do Professor Wang de 2012, Y. Yang, et al., *Mol. Pharm.*, 9, 1052 (2012).

A correlação apresentada para baixo Re é relatada como

$$\text{Sh} = \text{Sh}_0 + 0{,}0177\ \text{Re}^{0{,}46}\ \text{Sc}^{0{,}68}$$

em que Sh_0 é uma função do número de Schmidt Sc. Por exemplo, quando

$$5 < \text{Sc} < 100$$

então

$$\text{Sh}_0 = 1{,}2 + \text{Sc}^{0{,}82}$$

Outros valores de Sh_0 são fornecidos no artigo do Professor Wang.

14.B Aplicações

14.5 Transferência de Massa para uma Única Partícula

A transferência de massa para partículas isoladas é importante em reações catalíticas e em explosões de poeira. Nesta seção, consideraremos dois casos limites para a difusão e reação em uma partícula de catalisador.[5] No primeiro caso, a reação é tão rápida que a taxa de difusão do reagente para a superfície é a etapa limitante da reação. No segundo caso, a reação é tão lenta que praticamente não existe gradiente de concentração na fase gasosa (difusão rápida em relação à reação na superfície).

14.5.1 Equações de Taxa de Primeira Ordem

Para mostrar facilmente as limitações da transferência de massa e da taxa de reação, consideraremos a cinética de primeira ordem. Para o caso da queima de uma partícula de pó combustível ou para a reação em uma superfície do catalisador em altas temperaturas, a equação da taxa é considerada de primeira ordem aparente.

A Figura 14.4 mostra o fluxo de transferência de massa de A para a superfície, W_A, a reação na superfície r''_{As} e o fluxo de transferência de massa de B para longe da superfície. Nos exemplos discutidos aqui, podemos supor a espécie A como o oxigênio e B como os produtos da combustão, por exemplo, CO_2. A reação na superfície é considerada de primeira ordem aparente.

$$-r''_{As} = k_r C_{As} \tag{14.36}$$

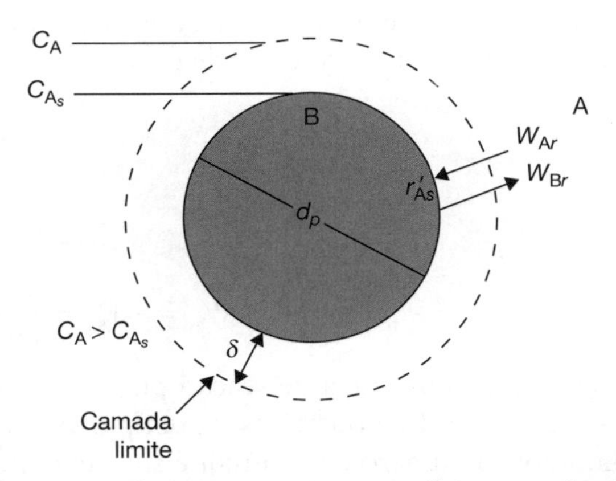

Figura 14.4 Difusão para e reação na superfície externa do *pellet*.

Usando as condições de contorno 2b. e 2c. na Tabela 14.2, obtemos

$$W_A|_{\text{Superfície}} = -r''_{As} \tag{14.37}$$

$$W_A = k_c(C_A - C_{As}) = k_r C_{As} \tag{14.38}$$

[5]Uma lista abrangente de correlações para transferência de massa para partículas é apresentada por G. A. Hughmark, *Ind. Eng. Chem. Fund.*, 19(2), 198 (1980).

A concentração na superfície, C_{As}, não é facilmente medida como a concentração global (*bulk*), C_A. Consequentemente, precisamos eliminar C_{As} da equação do fluxo e da taxa de reação. Resolvendo a Equação (14.38) para C_{As}, temos

$$C_{As} = \frac{k_c C_A}{k_r + k_c} \tag{14.39}$$

e a taxa de reação na superfície assume a forma de

O fluxo molar de A para a superfície é igual à taxa de consumo de A na superfície.

$$\boxed{W_A = -r''_{As} = \frac{k_c k_r C_A}{k_r + k_c}} \tag{14.40}$$

Frequentemente, pode-se expressar o fluxo para ou a partir da superfície em termos de um coeficiente de transporte *efetivo* k_{ef}

$$W_A = -r''_{As} = k_{ef} C_A \tag{14.41}$$

em que

$$k_{ef} = \frac{k_c k_r}{k_c + k_r} \tag{14.42}$$

Vamos agora considerar os extremos da reação rápida e lenta na superfície da partícula.

14.5.2 Regimes Limitantes

Reação Rápida. Inicialmente, consideraremos como a taxa global de reação pode ser aumentada quando a taxa de transferência de massa para a superfície for a etapa limitante da taxa global de reação. Nessas circunstâncias, a constante da velocidade específica da reação é muito maior que o coeficiente de transferência de massa

$$k_r \gg k_c$$

e

$$k_{ef} = k_c \tag{14.43}$$

$$W_A = -r''_{As} = \frac{k_c C_A}{1 + k_c/k_r} \approx k_c C_A$$

Para aumentar a taxa de reação por unidade de área da superfície de uma esfera sólida, pode-se aumentar C_A e/ou k_c. Nesse exemplo de reação catalítica em fase gasosa, e para a maioria dos líquidos, o número de Schmidt é suficientemente elevado, permitindo desconsiderar o algarismo 2 da Equação (14.34) em relação ao segundo termo, quando o número de Reynolds for maior que 25. Em consequência, a Equação (14.34) nos fornece

É importante saber como o coeficiente de transferência de massa varia com a velocidade do fluido, com o tamanho das partículas e com as propriedades físicas.

$$k_c = 0{,}6 \left(\frac{D_{AB}}{d_p}\right) \mathrm{Re}^{1/2} \mathrm{Sc}^{1/3} \tag{14.44}$$

$$= 0{,}6 \left(\frac{D_{AB}}{d_p}\right) \left(\frac{U d_p}{\nu}\right)^{1/2} \left(\frac{\nu}{D_{AB}}\right)^{1/3}$$

$$k_c = 0{,}6 \times \frac{D_{AB}^{2/3}}{\nu^{1/6}} \times \frac{U^{1/2}}{d_p^{1/2}} \tag{14.45}$$

$$k_c = 0{,}6 \times (\text{Termo 1}) \times (\text{Termo 2})$$

Transferência de Massa como Etapa Limitante

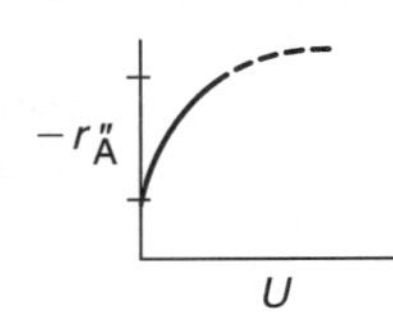

O Termo 1 é uma função das propriedades físicas D_{AB} e ν, que dependem apenas da temperatura e da pressão. A difusividade sempre cresce com o aumento de temperatura para sistemas gasosos e líquidos. Entretanto, a viscosidade cinemática ν cresce com a temperatura ($\nu \propto T^{3/2}$) para gases e decresce exponencialmente com a temperatura para líquidos. O Termo 2 é uma função das condições do escoamento e do tamanho da partícula. Consequentemente, para aumentar k_c e, desse modo, aumentar a taxa global de reação por unidade de área da superfície, pode-se tanto decrescer o tamanho da partícula quanto aumentar a velocidade do fluido escoando em torno da partícula. Para o caso particular de escoamento em torno de uma esfera isolada, vemos que, se dobrarmos o valor da velocidade, o coeficiente de transferência de massa e, consequentemente, a taxa de reação são aumentados de um fator de

$$(U_2/U_1)^{0,5} = 2^{0,5} = 1,41 \text{ ou } 41\%$$

Taxa de Reação como Etapa Limitante

Reação Lenta. Nesse caso, a constante de velocidade específica é pequena em relação ao coeficiente de transferência de massa:

$$k_r \ll k_c$$

$$W_A = -r''_{As} = \frac{k_r C_A}{1 + k_r/k_c} \approx k_r C_A \tag{14.46}$$

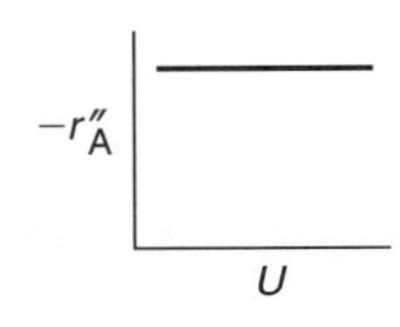

A velocidade específica de reação é independente da velocidade do fluido e, para a esfera sólida aqui considerada, independentemente do tamanho da partícula. *Entretanto*, para pastilhas (*pellets*) catalíticas porosas, k_r pode depender do tamanho da partícula em certas situações, como será mostrado no Capítulo 15.

Os efeitos de transferência de massa não são importantes quando a taxa de reação é a etapa limitante.

A Figura 14.5 mostra a variação da taxa da reação com o Termo 2 da Equação (14.45), a razão entre a velocidade e o tamanho da partícula. A baixas velocidades, a espessura da camada limite de transferência de massa é grande e a difusão é a etapa limitante da reação. À medida que a velocidade em torno da esfera aumenta, a espessura da camada limite decresce e a transferência de massa através da camada limite não mais limita a velocidade de reação. Verifica-se também que, para determinada (ou seja, fixa) velocidade, as condições para que a reação química seja a etapa limitante podem ser obtidas com partículas muito pequenas. Entretanto, quanto menor o tamanho da partícula, maior é a queda de pressão em um leito fixo. Quando se obtêm dados cinéticos no laboratório, deve-se trabalhar com velocidades suficientemente elevadas ou com partículas suficientemente pequenas de modo a assegurar que a reação não seja limitada pela transferência de massa no momento da coleta de dados.

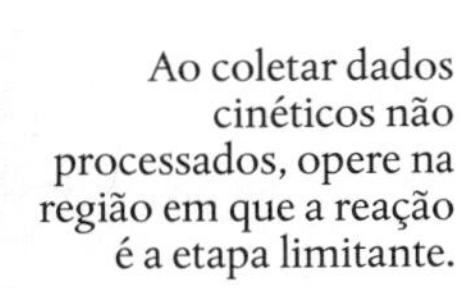

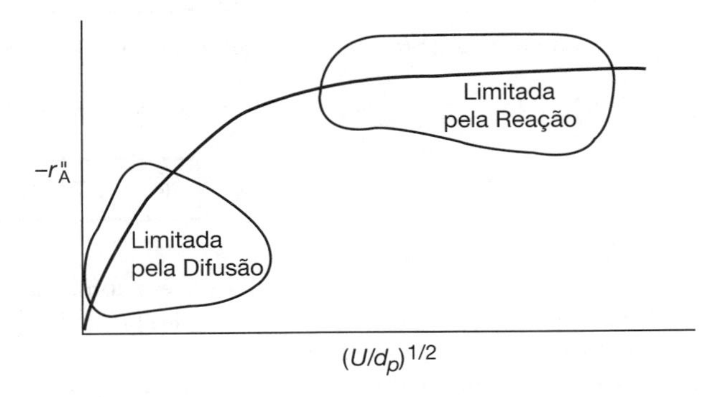

Figura 14.5 Regiões em que as reações são limitadas pela transferência de massa e pela taxa de reação.

Antes de analisarmos a Equação (14.40) em detalhes, descreveremos exemplos envolvendo uma combustão de partículas de poeira de carbono granular no ar e uma partícula de catalisador em lama líquida. Em ambos os casos, aplicaremos $k_r >> k_c$ de modo que $-r''_{As} = W_A = k_c C_A$.

Exemplo 14.1 Transferência de Massa de Oxigênio para uma Partícula de Carbono em Combustão

Um esquema da transferência de oxigênio para a partícula é mostrado na Figura 14.4. A difusividade da fase gasosa na chama (1.000 K) ao redor da partícula é tida como 10^{-4} m²/s e o diâmetro da partícula é 50 μm (5×10^{-5}m). A concentração de oxigênio no ar global (21% a 1 atm e 298 K) é 8,58 mol/m³. A reação é praticamente instantânea, de modo que a concentração de oxigênio na superfície da partícula é nula, ou seja, $C_{As} = 0$. O calor da reação é $\Delta H_{Rx} = -93{,}5$ kJ/mol de carbono.

Calcule o fluxo molar, W_A (mol/m²/s), e a velocidade de escoamento molar $\dot{m}_A$ (mol/s) para a partícula. Para uma densidade de nuvem de poeira de 200 g/m³, calcule o calor gerado por partícula e o calor gerado por volume da nuvem.

Solução

O fluxo para a superfície é

$$W_A = k_c[C_{A\infty} - C_{As}] \cong k_c C_{A\infty} \tag{E14.1.1}$$

Para partículas que são suficientemente pequenas, de modo que estão em escoamento de Stokes (ou seja, seguem o fluido), a velocidade do fluido em relação à partícula é nula (ou seja, $U \cong 0$). Para uma única partícula no escoamento de Stokes, o número de Sherwood para uma partícula esférica

$$\text{Sh} = 2 + 0{,}61(\text{Re}^{1/2}\text{Sc}^{1/3}) \cong 2$$

se reduz a

$$\text{Sh} = \frac{k_c d_p}{D_{AB}} = 2 \tag{E14.1.2}$$

O correspondente fluxo molar de oxigênio para a superfície, onde reage de forma praticamente instantânea ($C_{As} = 0$) na superfície

$$k_c = \frac{\text{Sh}}{d_p/D_{AB}} = \frac{2D_{AB}}{d_p} = \frac{2(10^{-4}\text{m}^2/\text{s})}{5 \times 10^{-5}\text{m}} = 4 \text{ m/s}$$

$$W_A = k_c(C_{A\infty}) = 2\frac{D_{AB}}{d_p}C_{A\infty} \tag{E14.1.3}$$

$$W_A = \frac{2(10^{-4}\text{m}^2/\text{s})}{50 \times 10^{-6}\text{m}}\left(8{,}58\frac{\text{mol}}{\text{m}^3}\right) = 34{,}3 \text{ mol/m}^2 \cdot \text{s}$$

O fluxo molar (mol/m²/s) de oxigênio para *uma única* partícula é

$$\boxed{W_A = -r''_A = 34{,}3 \text{ mol/m}^2 \cdot \text{s}}$$

O escoamento molar (mol/s) de oxigênio, $\dot{m}_A$, para *uma única* partícula com área superficial A_p é

$$\dot{m}_A = A_p W_A = \pi d_p^2 \; W_A = \pi(50 \times 10^{-6}\text{m})^2 34{,}3 \text{ mol/m}^2 \cdot \text{s}$$

$$\boxed{\dot{m}_A = 2{,}7 \times 10^{-7}\text{mol/s}}$$

Efeitos Térmicos

Agora vamos estimar, para esta partícula em combustão, o calor gerado e, em seguida, para a nuvem de poeira, com n_p sendo o número de partículas por unidade de volume. A Figura 8.40 de Ogle† fornece a concentração mínima de explosão de poeira, no ar, C_{nuvem}, como aproximadamente 200 g/m³. A massa de uma única partícula de 50 μm de poeira de carbono é

$$m_p = \rho_c V = \rho_c \frac{\pi d_p^3}{6} = (2{,}226 \times 10^6 \text{g/m}^3)\frac{\pi}{6}(5 \times 10^{-5})^3 \text{m}^3$$

$$= 14{,}5 \times 10^{-8} \text{ g/partícula}$$

† Ibid., página 480.

A correspondente concentração de partícula é

$$n_P = \frac{C_{\text{nuvem}}}{m_P} = \frac{200 \text{ g/m}^3}{14{,}5 \times 10^{-8} \text{ g/partícula}}$$

$$\boxed{n_P = 1{,}38 \times 10^9 \text{ partículas/m}^3}$$

O calor gerado por uma única partícula $\dot{q}_p$ (kJ/partícula) é apenas o produto do fluxo molar de O_2 (ou seja, $-r''_{As} = W_A$) pela área superficial da partícula vezes o calor da reação, isto é,

$$\dot{q}_P = (-r''_{As}A_P)(-\Delta H_{Rx})$$

O calor gerado por unidade de volume da nuvem de poeira, $\dot{Q}_{gd}$, com concentração de partículas de poeira (pó), n_p, é

$$\dot{Q}_{gd} = n_P\dot{q}_P = (-r''_{As}n_PA_P)(-\Delta H_{Rx})$$

A taxa de calor gerado por partícula, $\dot{q}_p$, vezes a concentração de partícula, n_p, fornece o calor gerado por unidade de volume de poeira como

$$\dot{Q}_{gd} = n_P\dot{q}_P = n_P\dot{m}_A(-\Delta H_{Rx}) = \frac{1{,}38 \times 10^9}{\text{m}^3} \times 2{,}7 \times 10^{-7} \frac{\text{mol}}{\text{s}} \times \left(93{,}5 \frac{\text{kJ}}{\text{mol}}\right)$$

$$\boxed{Q_{gd} = 34.586 \text{ kJ/s} \cdot \text{m}^3}$$

Análise: Calculamos o fluxo molar, bem como o escoamento mássico de oxigênio para a superfície de uma partícula queimando. O fluxo molar de O_2 para a superfície é igual à taxa de reação por unidade de área superficial. Conhecendo a taxa de reação, a densidade da poeira e o calor da reação, calculamos o calor gerado por partícula e por unidade de volume de nuvem de poeira.

Continuaremos nossa discussão sobre partículas de poeira isoladas quando discutirmos o modelo de núcleo não reagido. No entanto, vamos primeiro fazer uma comparação com uma partícula maior, 0,1 cm, suspensa em um corpo de líquido escoando.

Exemplo 14.2 Reação Rápida em Fase Líquida na Superfície de um Catalisador

Se a reação for rápida, então a difusão limita a taxa global.

Calcule o fluxo de molar do reagente A, W_{Ar}, para um *pellet* de catalisador isolada de 1 cm de diâmetro em suspensão em uma grande massa do líquido B. O reagente está presente em concentrações diluídas e a reação ocorre supostamente de forma instantânea na superfície externa do *pellet* ($C_{As} \cong 0$). A concentração global do reagente A no líquido é 1,0 M e a velocidade do fluido na corrente livre passando pela esfera é 0,1 m/s. A viscosidade cinemática (μ/ρ) é 0,5 centistoke (cS; 1 centistoke = 10^{-6} m²/s) e a difusividade de A no líquido B é $D_{AB} = 10^{-10}$ m²/s em T = 300 K.

Solução

Para concentrações diluídas do soluto, o fluxo radial é

$$W_{Ar} = k_c(C_{Ab} - C_{As}) \tag{E14.2.1}$$

Como se supõe que a reação ocorra instantaneamente na superfície externa do catalisador, $C_{As} = 0$. Além disso, o valor de C_{Ab} é igual a 1 mol/dm³.

$$W_{Ar} = k_cC_{Ab} \tag{E14.2.2}$$

O coeficiente de transferência de massa para esferas isoladas é calculado pela correlação de Frössling

$$\text{Sh} = \frac{k_c d_p}{D_{AB}} = 2 + 0{,}6\text{Re}^{1/2}\text{Sc}^{1/3} \tag{14.34}$$

<u>Fase Líquida</u>
Re = 2.000
Sc = 5.000
Sh = 460
$k_c = 4{,}6 \times 10^{-6}$ m/s

$$\text{Re} = \frac{\rho d_p U}{\mu} = \frac{d_p U}{\nu} = \frac{(0{,}01 \text{ m})(0{,}1 \text{ m/s})}{0{,}5 \times 10^{-6} \text{ m}^2/\text{s}} = 2.000$$

$$\text{Sc} = \frac{\nu}{D_{AB}} = \frac{5 \times 10^{-7} \text{ m}^2/\text{s}}{10^{-10} \text{ m}^2/\text{s}} = 5.000$$

Substituindo esses valores na Equação (14.34), obtemos

$$\text{Sh} = 2 + 0{,}6(2.000)^{0{,}5}(5.000)^{1/3} = 460{,}7 \quad \text{(E14.2.3)}$$

$$k_c = \frac{D_{AB}}{d_p} \text{Sh} = \frac{10^{-10} \text{ m}^2/\text{s}}{0{,}01 \text{ m}} \times 460{,}7 = 4{,}61 \times 10^{-6} \text{ m/s} \quad \text{(E14.2.4)}$$

$$C_{Ab} = 1{,}0 \text{ mol/dm}^3 = 10^3 \text{ mol/m}^3$$

Substituindo os valores de k_c e C_{Ab} na Equação (E14.2.2), o fluxo molar para a superfície é

$$W_{Ar} = (4{,}61 \times 10^{-6}) \text{ m/s} (10^3 - 0) \text{ mol/m}^3 = 4{,}61 \times 10^{-3} \text{ mol/m}^2 \cdot \text{s}$$

Como $W_{Ar} = -r''_{As}$, essa taxa é também a taxa de reação por unidade de área superficial do catalisador.

$$\boxed{-r''_{As} = 0{,}0046 \text{ mol/m}^2 \cdot \text{s} = 4{,}6 \times 10^{-5} \text{ mol/dm}^2 \cdot \text{s}}$$

O fluxo de transferência de massa para a partícula é

$$\dot{m}_A = \pi d_p^2 (-r''_A) = \pi(0{,}01 \text{m})^2(0{,}0046 \text{ mol/m}^2 \cdot \text{s})$$

$$\dot{m}_A = 1{,}45 \times 10^{-6} \text{ mol/s}$$

***Análise*:** Neste exemplo, calculamos a taxa de reação na superfície externa de um *pellet* de catalisador em um reagente líquido quando a transferência de massa externa era a etapa limitante da taxa de reação. Para determinar a taxa de reação, aplicamos correlações para calcular o coeficiente de transferência de massa e, então, usamos k_c para calcular o fluxo para a superfície, que por sua vez era igual à taxa de reação na superfície.

14.6 Modelo do Núcleo Não Reagido

14.6.1 Explosões de Poeira, Dissolução de Partícula e Regeneração de Catalisador

Surgem muitas situações em reações heterogêneas, em que uma espécie em fase gasosa reage com uma espécie contida em matriz sólida inerte ou em partículas sólidas de poeira combustível. A queima de uma poeira combustível é mostrada na Figura 14.6(a). A remoção de carbono das partículas de catalisador que foram desativadas por incrustação é mostrada na Figura 14.6(b) (consulte a Seção 10.7.1). O processo de regeneração do catalisador para reativar o catalisador queimando o carbono é discutido no CRE *website*.

O modelo de núcleo não reagido é usado para descrever situações em que as partículas sólidas estão sendo consumidas por dissolução ou reação e, como resultado, a quantidade do material sendo consumido está "encolhendo". Por exemplo, para projetar o tempo de liberação de fármacos no sistema do corpo, deve-se dar atenção à taxa de dissolução de cápsulas e comprimidos sólidos no estômago. A seguir aplicamos o modelo de núcleo não reagido para explosões de poeira em que partículas orgânicas sólidas, tais como açúcar, são queimadas, para a formação de uma camada de cinzas em torno de uma partícula de carvão em combustão, para a regeneração do catalisador. Nesta seção, enfocamos principalmente as explosões de poeira e a regeneração do catalisador, e deixamos outras aplicações, como a administração de fármacos, como exercícios no fim do capítulo.

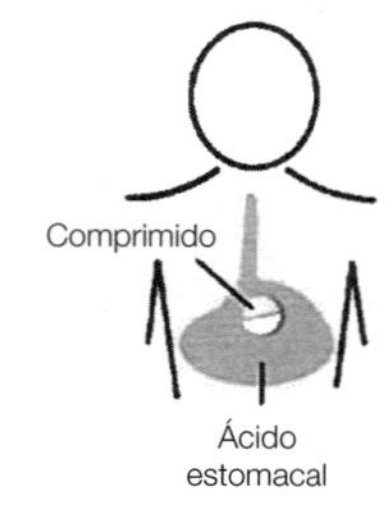

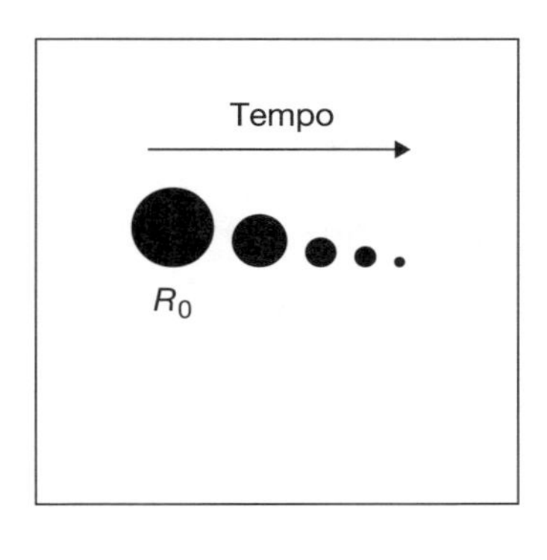

(a) Partícula de poeira em combustão

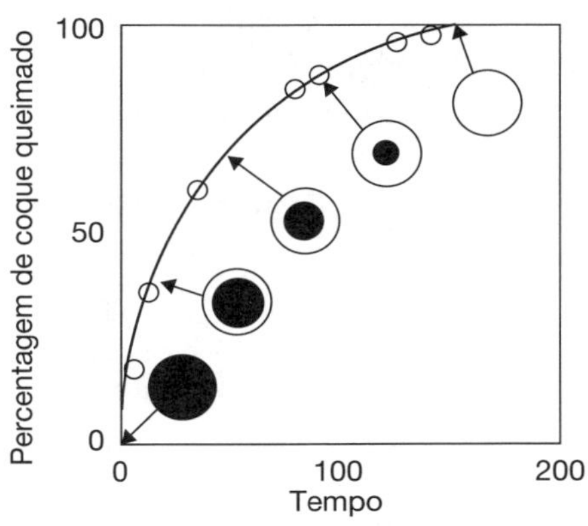

(b) Regeneração progressiva do *pellet* obstruído/contaminado.

Figura 14.6 Regeneração progressiva da casca do *pellet* obstruído/contaminado.

Para ilustrar os princípios do modelo de núcleo não reagido, devemos considerar a queima de partículas de poeira de carbono. À medida que o carbono continua a queimar, o raio das partículas de poeira encolhe de R_0 inicialmente para R no tempo t, como mostrado na Figura 14.6(a).

Conforme mostrado na Figura 14.7, o oxigênio se difunde do gás em R_∞ para o raio R, onde reage com o carbono para formar dióxido de carbono, que então se difunde para fora da partícula. A reação

$$C + O_2 \rightarrow CO_2$$

na superfície sólida é muito rápida, então a taxa de difusão do oxigênio para a superfície controla a taxa de remoção de carbono do núcleo. Embora o núcleo do carbono esteja encolhendo com o tempo (um processo de estado não estacionário), consideramos que os perfis de concentração em qualquer instante no tempo são os perfis de estado estacionário ao longo da distância ($R_\infty - R$) quando R_∞ está a pouco mais de distância da superfície da partícula, por exemplo, $R_\infty \approx \infty$. Essa suposição é conhecida como *suposição de estado quase estacionário* (SEQE).

SEQE Use perfis de estado estacionário

O oxigênio deve se difundir através da matriz do *pellet* poroso até atingir o núcleo de carbono que não reagiu.

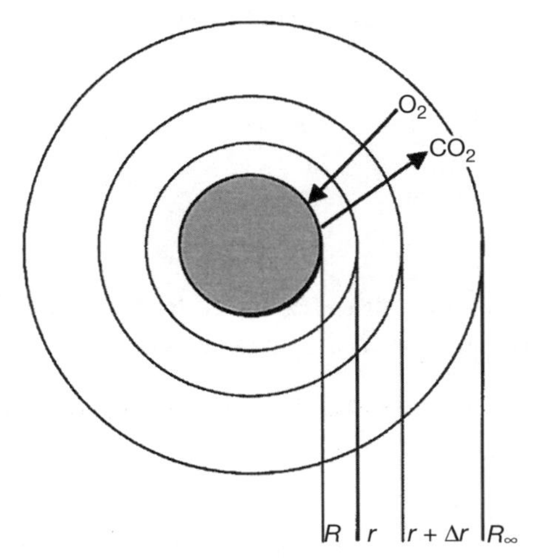

Figura 14.7 Esfera de raio R.

Para investigar como o raio do carbono não reagido se altera com o tempo, devemos primeiro encontrar a taxa de difusão do oxigênio para a superfície do carbono. Em seguida, realizamos um balanço molar do carbono elementar e igualamos a taxa de consumo da partícula de carbono à taxa de difusão do oxigênio para a interface gás-carbono.

Ao aplicar um balanço molar diferencial de oxigênio sobre o incremento Δr localizado em algum lugar entre R_∞ e R, reconhecemos que O_2 não reage nesta região, reagindo apenas quando atinge a interface de carbono sólido, localizada em $r = R$. Deixemos a espécie A representar O_2.

Passo 1: O balanço molar de O_2 (A) entre r e $r + \Delta r$, é

$$\begin{bmatrix}\text{Taxa na}\\\text{entrada}\end{bmatrix} - \begin{bmatrix}\text{Taxa na}\\\text{saída}\end{bmatrix} + \begin{bmatrix}\text{Taxa de}\\\text{geração}\end{bmatrix} = \begin{bmatrix}\text{Taxa de}\\\text{acúmulo}\end{bmatrix}$$

$$W_{Ar} 4\pi r^2\big|_r \quad - \quad W_{Ar} 4\pi r^2\big|_{r+\Delta r} \quad + \quad 0 \quad = \quad 0$$

Dividindo por $-4\pi\Delta r$ e aplicando o limite, resulta em

Balanço molar do oxigênio

$$\lim_{\Delta r \to 0} \frac{W_{Ar} r^2\big|_{r+\Delta r} - W_{Ar} r^2\big|_r}{\Delta r} = \frac{d(W_{Ar} r^2)}{dr} = 0 \tag{14.47}$$

Passo 2: A equação constitutiva para concentração molar total constante torna-se

$$W_{Ar} = -D_{AB}\frac{dC_A}{dr} \tag{14.48}$$

Combinando as Equações (14.17) e (14.48) e dividindo por $(-D_{AB})$ tem-se

Seguindo o algoritmo

$$\boxed{\frac{d}{dr}\left(r^2\frac{dC_A}{dr}\right) = 0} \tag{14.49}$$

Passo 3: As condições de contorno para queima de uma partícula de poeira.
A uma grande distância da partícula de poeira, $r \sim \infty$, então $C_A = C_{A\infty}$
Na superfície da partícula da poeira, $r = R$ logo $C_A = 0$

Passo 4: Integrando duas vezes tem-se

$$r^2\frac{dC_A}{dr} = K_1$$

$$C_A = \frac{-K_1}{r} + K_2$$

Usando as condições de contorno para uma partícula de poeira esférica para eliminar K_1 e K_2, os perfis de concentração são

$$C_A = C_{A\infty}\left(1 - \frac{R}{r}\right) \tag{14.50}$$

Uma representação esquemática do perfil de O_2 é mostrada na Figura 14.8 no momento em que o núcleo interno recuou para um raio R. O zero no eixo r corresponde ao centro da esfera.

Passo 5: O fluxo molar de O_2 para a interface gás-carbono para uma partícula de poeira é

$$W_{Ar} = -D_{AB}\frac{dC_A}{dr} = -\frac{D_{AB}C_{A\infty}}{R} \tag{14.51}$$

Passo 6: Agora fazemos um balanço geral do carbono elementar. O carbono elementar não entra nem sai da partícula.

$$\begin{bmatrix}\text{Taxa na}\\\text{entrada}\end{bmatrix} - \begin{bmatrix}\text{Taxa na}\\\text{saída}\end{bmatrix} + \begin{bmatrix}\text{Taxa de}\\\text{geração}\end{bmatrix} = \begin{bmatrix}\text{Taxa de}\\\text{acúmulo}\end{bmatrix}$$

$$0 \quad - \quad 0 \quad + \quad r''_A \cdot 4\pi R^2 \quad = \quad \frac{d\left(\frac{4}{3}\pi R^3 \rho_c \phi_c\right)}{dt} \tag{14.52}$$

em que ρ_c é a densidade molar do carbono sólido, simplificando temos

$$\frac{dR}{dt} = \frac{r''_A}{\rho_c \phi_c} \tag{14.53}$$

Em termos do diâmetro da partícula, d_p,

$$\frac{dd_p}{dt} = \frac{2r''_A}{\rho_c \phi_c} \tag{14.54}$$

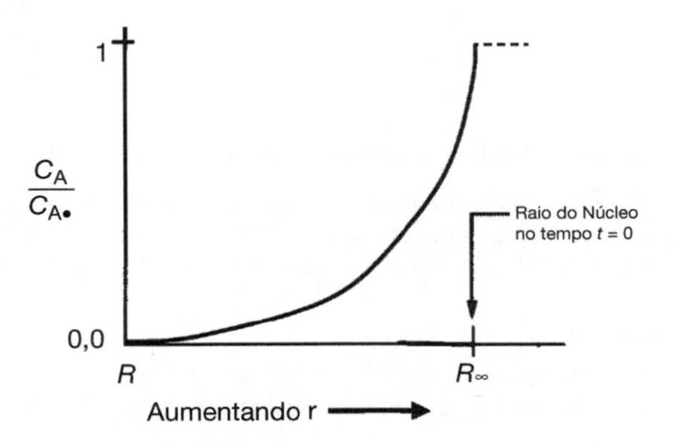

Figura 14.8 Perfil de concentração de oxigênio apresentado a partir do raio externo do *pellet* (*R*) até uma grande distância R_∞ do centro da partícula em combustão. A interface gás-carbono está localizada em *R*.

Passo 7: A taxa de desaparecimento do carbono é igual ao fluxo de O_2 para a interface gás-carbono:

A. Reação na superfície como etapa limitante

$$-r''_A = k_r C_{As} \tag{14.55}$$

$$\frac{ddp}{dt} = \frac{2r''_A}{\rho_c \phi_c} = -\frac{2k_c C_{A\infty}}{\rho_c \phi_c} = -\frac{2k_r C_{As}}{\rho_c \phi_c} \tag{14.56}$$

As condições iniciais são

$$\left.\begin{array}{ll} t = 0 & d_p = d_{p0} \\ t = t & d_p = d_p \end{array}\right] \tag{14.57}$$

$$\boxed{d_{p0}^2 - d_p^2 = \frac{2k_r}{\rho_c \phi_c} C_{As} t} \tag{14.58}$$

B. Difusão como etapa limitante

$$-r_A'' = W_A = k_c C_{A\infty}$$

$$\frac{ddp}{dt} = \frac{2r_A''}{\rho_c \phi_c} = -\frac{2k_c C_{A\infty}}{\rho_c \phi_c} = -2\left(\frac{2D_{AB}}{d_p}\right)\frac{C_{A\infty}}{\rho_c \phi_c} = -\frac{4D_{AB}C_{A\infty}}{\rho_c \phi_c}\frac{1}{d_p}$$

Novamente usando as condições de contorno na Equação (14.57), obtemos

$$\boxed{d_{p0}^2 - d_p^2 = \frac{8D_{AB}C_{A\infty}}{\rho_c \phi_c} t = K_S t} \tag{14.59}$$

$$K_s = \frac{8D_{AB}C_{A\infty}}{\rho_c \phi_c}$$

em que K_s é a constante da taxa de queima, s^{-1}.†

O tempo para a combustão completa ($d_p = 0$) de uma partícula de diâmetro d_{p0} é

$$\boxed{t_c = \frac{d_{p0}^2}{K_S} = \frac{d_{p0}^2 \rho_c \phi_c}{8D_{AB}C_{A\infty}}} \tag{14.60}$$

Exemplo 14.3 Tempo de Combustão para uma Única Partícula

Há no ar uma partícula de poeira de carbono de 100 mícrons a 1 atm. Calcule K_S e o tempo para a partícula queimar completamente ($d_p = 0$). O valor médio da difusividade perto da partícula em chamas é de 10^{-4} m²/s e a densidade da partícula de carbono é de $2{,}26 \times 10^6$ g/m³.

Solução

A concentração de gás a 1 atm e 273 K é 0,046 mol/dm³. A concentração correspondente de O_2 no exterior da camada limite, corrigindo para a temperatura de 298 K, ou seja, $C_{A\infty}$ é

$$C_{O_2} = 0{,}21\ \ C_t = (0{,}21)\left(0{,}0446\frac{\text{mol}}{\text{dm}^3}\right)\frac{273}{298}\left(\frac{10\ \text{dm}}{\text{m}}\right)^3 = 8{,}58\ \frac{\text{mol}}{\text{m}^3}$$

A densidade molar da partícula sólida de carbono é

$$\rho_c = \frac{2{,}26 \times 10^6\ \text{g/m}^3}{12\ \text{g/mol}} = 188.333\ \frac{\text{mol}}{\text{m}^3}$$

$$\phi_c = 1$$

$$K_S = \frac{8D_{AB}C_{A\infty}}{\rho_c} = \frac{8(10^{-4}\text{m}^2/\text{s})\left(\frac{8{,}58\ \text{mol}}{\text{m}^3}\right)}{0{,}1883 \cdot 10^6\ \text{mol/m}^3} = 365 \times 10^{-10}\ \text{m}^2/\text{s}$$

As unidades usadas por R. A. Ogle em seu livro *Dust Explosion Dynamic*, Elsevier, 2017, são μm e ms, caso em que K_S torna-se

$$K_S = 365 \times 10^{-10}\text{m}^2/\text{s}\left(\frac{10^6\mu\text{m}}{1\text{m}}\right)^2\left(\frac{1\ \text{s}}{10^3\text{ms}}\right) = 36{,}5\ \mu\text{m}^2/\text{ms}$$

†R. A. Ogle *Dust Explosion Dynamics*, Amsterdam: Elsevier, 2017.

Este valor de K_S é cerca de uma ordem de grandeza menor do que uma gota de líquido em chamas. Calcule t_c, o tempo para a partícula de poeira queimar completamente

$$t_c = \frac{d_{p0}^2}{K_S} = \frac{(100\ \mu\text{m})^2}{36{,}5\ \mu\text{m}^2/\text{ms}} = 274\ \text{ms}$$

O tempo de um piscar de olhos é de aproximadamente 400 ms.

Análise: Esta análise mostra como calcular o tempo para consumir uma partícula de carbono de 100 mícrons. O tempo é bastante curto, levando a uma explosão de poeira. Certifique-se de assistir ao vídeo do Chemical Safety Board (CSB) no *site* (*http://www.csb.gov/imperial-sugar-company-dust-explosion-and-fire/*).

14.C Aplicações em Leito Fixo

14.7 Reações Limitadas pela Transferência de Massa em Leitos Fixos

Inúmeras reações industriais são potencialmente limitadas pela transferência de massa, pois muitas delas devem ser conduzidas a altas temperaturas para evitar a ocorrência de reações laterais indesejáveis. Em reações controladas pela transferência de massa, a reação na superfície é tão rápida que a taxa de transferência do reagente da fase gasosa ou da líquida para a superfície limita a taxa global da reação. Consequentemente, as reações limitadas pela transferência de massa respondem de modo muito diferente a variações na temperatura e nas condições de escoamento quando comparadas com as reações limitadas pela taxa de reação, descritas nos capítulos anteriores. Nesta seção, serão desenvolvidas as equações básicas que descrevem a variação da conversão com vários parâmetros de projeto do **reator de leito fixo (RLF)** (massa de catalisador, condições de escoamento). Para atingir esse objetivo, iniciaremos pela execução do balanço molar da seguinte reação genérica limitada pela transferência de massa

$$A + \frac{b}{a}B \longrightarrow \frac{c}{a}C + \frac{d}{a}D \tag{14.61}$$

conduzida em um reator de leito fixo (Figura 14.9). O balanço molar estacionário do reagente A no segmento do reator contido entre z e z+Δz é

$$\begin{bmatrix}\text{Vazão molar}\\ \text{de entrada}\end{bmatrix} - \begin{bmatrix}\text{Vazão molar}\\ \text{de saída}\end{bmatrix} + \begin{bmatrix}\text{Taxa molar}\\ \text{de geração}\end{bmatrix} = \begin{bmatrix}\text{Taxa molar}\\ \text{de acúmulo}\end{bmatrix}$$

$$F_{Az}|_z \quad - \quad F_{Az}|_{z+\Delta z} \quad + \quad r''_A a_c (A_c \Delta z) \quad = \quad 0 \tag{14.62}$$

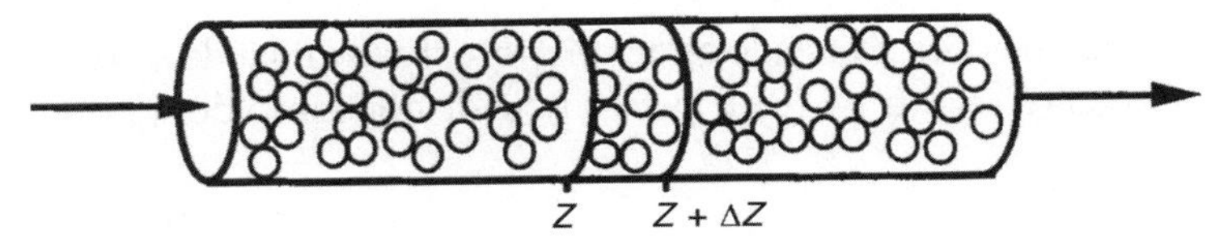

Figura 14.9 Reator de leito fixo.

em que r''_{As} = taxa de geração de A por unidade de área superficial do catalisador, mol/s · m².
a_c = área superficial externa do catalisador por volume do leito catalítico, m²/m³

$$a_c = \frac{\text{Volume de sólido}}{\text{Volume do leito}} \times \frac{\text{Área superficial}}{\text{Volume de sólido}} = (1-\phi)[\pi d_p^2/(\pi d_p^3/6)]$$

$= 6(1-\phi)/d_p$ para reatores de leito fixo, m²/m³
ϕ = porosidade do leito (fração de vazio)[6]
d_p = diâmetros da partícula, m
A_c = área de seção transversal do tubo contendo o catalisador, m²

Dividindo a Equação (14.62) por $A_c\Delta z$ e aplicando o limite para $\Delta z \to 0$, obtemos

$$-\frac{1}{A_c}\left(\frac{dF_{Az}}{dz}\right) + r''_A a_c = 0 \tag{14.63}$$

Precisamos agora expressar F_{Az} e r''_A em termos da concentração.

A vazão volumétrica molar de A na direção axial é

$$F_{Az} = A_c W_{Az} = (J_{Az} + B_{Az})A_c \tag{14.64}$$

A difusão axial é desconsiderada.

Na maioria das situações envolvendo escoamento em reatores de leito fixo, a quantidade de material transportado por difusão na direção axial é desprezível em comparação com a quantidade transportada por convecção [escoamento global (*bulk*) do fluido]

$$J_{Az} \ll B_{Az}$$

(No Capítulo 18, será considerado o caso em que os efeitos dispersivos (por exemplo, difusão) devem ser levados em conta.) Desprezando a dispersão, a Equação (14.14) transforma-se em

$$F_{Az} = A_c W_{Az} = A_c B_{Az} = UC_A A_c \tag{14.65}$$

em que U é a velocidade superficial molar média ao longo do leito (m/s). Substituindo a expressão de F_{Az} na Equação (14.63), obtemos

$$-\frac{d(C_A U)}{dz} + r''_A a_c = 0 \tag{14.66}$$

Para o caso de velocidade superficial U constante,

Equação diferencial que descreve o escoamento e a reação em um leito fixo

$$\boxed{-U\frac{dC_A}{dz} + r''_A a_c = 0} \tag{14.67}$$

Para reações no estado estacionário, o fluxo molar de A para a superfície da partícula, W_{Ar} (mol/m²· s) (veja a Figura 14.10), é igual à taxa de consumo de A na superfície $-r''_A$ (mol/m²· s); isto é,

$$-r''_A = W_{Ar} \tag{14.68}$$

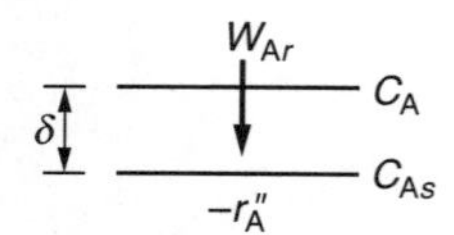

Da Seção 14.4, a condição de contorno na superfície externa é

$$-r''_A = W_{Ar} = k_c(C_A - C_{As}) \tag{14.69}$$

[6]Na nomenclatura do Capítulo 4, para a equação de Ergun para queda de pressão.

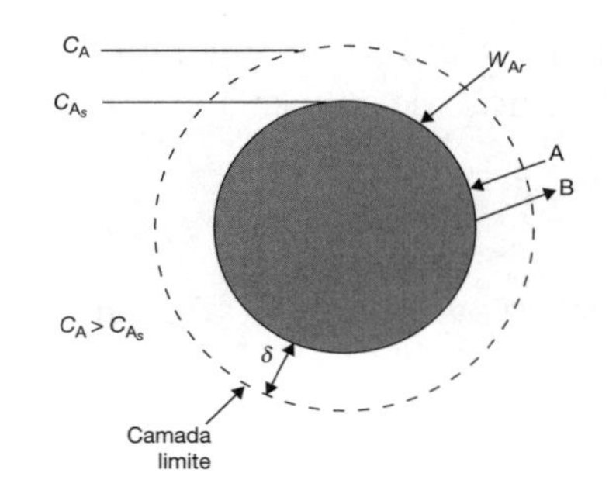

Figura 14.10 Difusão através do filme estagnado que circunda o *pellet* de catalisador.

em que k_c = coeficiente de transferência de massa – (D_{AB}/δ), (m/s)
C_A = concentração global de A (mol/m³)
C_{As} = concentração de A na superfície catalítica (mol/m³)

Substituindo a expressão de r''_A na Equação (14.67), obtemos

$$-U\frac{dC_A}{dz} - k_c a_c(C_A - C_{As}) = 0 \tag{14.70}$$

Em reações que sejam completamente limitadas pela transferência de massa, não é necessário o conhecimento da equação de taxa.

Na maioria das reações limitadas pela transferência de massa, a concentração da superfície é desprezível em relação à concentração global do fluido ($C_A \gg C_{As}$)

$$-U\frac{dC_A}{dz} = k_c a_c C_A \tag{14.71}$$

Integrando a equação a partir de $z = 0$ e $C_A = C_{A0}$

$$\boxed{\frac{C_A}{C_{A0}} = \exp\left(-\frac{k_c a_c}{U}z\right)} \tag{14.72}$$

A correspondente variação da taxa de reação ao longo do comprimento do reator é

$$-r''_A = k_c C_{A0}\exp\left(-\frac{k_c a_c}{U}z\right) \tag{14.73}$$

Os perfis de concentração e conversão ao longo de um reator de comprimento L são apresentados na Figura 14.11.

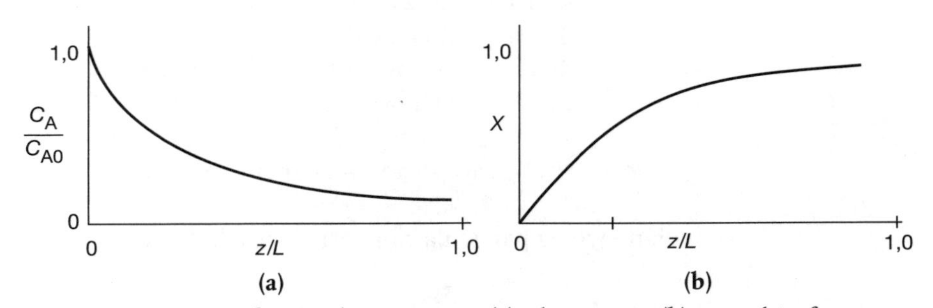

Figura 14.11 Perfis axiais de concentração **(a)** e de conversão **(b)** em um leito fixo.

Perfil de concentração no reator para uma reação limitada pela transferência de massa

Para determinar o comprimento L do reator necessário para atingir uma conversão X, combinamos a definição de conversão,

$$X = \frac{C_{A0} - C_{AL}}{C_{A0}} \tag{14.74}$$

com a estimativa da Equação (14.72) em $z = L$ para obter

$$\boxed{\ln \frac{1}{1-X} = \frac{k_c a_c}{U} L} \tag{14.75}$$

14.8 Robert, o Preocupado

Robert é um engenheiro que está sempre preocupado (que é um traço característico jofostaniano). Ele sempre pensa que algum mal ocorreria se mudássemos uma condição operacional, como uma vazão volumétrica, uma temperatura ou um parâmetro do equipamento, como o tamanho da partícula. A frase predileta de Robert é "Se não está quebrado, não tente consertar". Podemos colaborar para que Robert seja um pouco mais audacioso analisando como os parâmetros importantes variam com a mudança de condições operacionais, de modo a prever os efeitos de tais mudanças. Inicialmente consideraremos a Equação (14.75) e avaliaremos como a conversão depende dos parâmetros k_c, a_c, U e L. A seguir, examinaremos como cada um desses parâmetros variaria se mudássemos as condições operacionais. Em primeiro lugar, consideraremos os efeitos da temperatura e da vazão volumétrica na conversão.

Para avaliar o efeito da vazão volumétrica e da temperatura na conversão, precisamos saber como esses parâmetros afetam o coeficiente de transferência de massa. Isto é, precisamos determinar a correlação do coeficiente de transferência de massa para a geometria particular e regime de escoamento. Para o escoamento através de um leito fixo, a correlação proposta por Thoenes e Kramers para $0{,}25 < \phi < 0{,}5$, $40 < \text{Re}' < 4.000$, e $1 < \text{Sc} < 4.000$ é[7]

Correlação de Thoenes-Kramers para o escoamento em leitos fixos

$$\text{Sh}' = 1{,}0(\text{Re}')^{1/2}\text{Sc}^{1/3} \tag{14.76}$$

$$\left[\frac{k_c d_p}{D_{AB}}\left(\frac{\phi}{1-\phi}\right)\frac{1}{\gamma}\right] = \left[\frac{U d_p \rho}{\mu(1-\phi)\gamma}\right]^{1/2}\left(\frac{\mu}{\rho D_{AB}}\right)^{1/3} \tag{14.77}$$

em que $\text{Re}' = \dfrac{\text{Re}}{(1-\phi)\gamma}$

$\text{Sh}' = \dfrac{\text{Sh}\,\phi}{(1-\phi)\gamma}$

d_p = diâmetro da partícula (diâmetro equivalente de uma esfera de mesmo volume), m $= [(6/\pi)(\text{volume do } pellet)]^{1/3}$, m

ϕ = fração de vazios (porosidade) do leito fixo

γ = fator de forma (área superficial externa dividida por πd_p^2)

e

U, ρ, μ, v e D_{AB} são como previamente definidos.

k_c vs. $U^{1/2}$

Para diâmetro da partícula e propriedades do fluido constantes

$$k_c \propto U^{1/2} \tag{14.78}$$

[7] D. Thoenes Jr. and H. Kramers, *Chem. Eng. Sci.*, 8, 271 (1958).

Para reações limitadas pela difusão, a taxa da reação depende do tamanho das partículas e da velocidade do fluido.

Verificamos que o coeficiente de transferência de massa aumenta com a raiz quadrada da velocidade superficial através do leito. Dessa forma, *para uma concentração fixa*, C_A, como a encontrada em um reator diferencial, a velocidade de reação varia com $U^{1/2}$

$$-r''_A \propto k_c C_A \propto U^{1/2}$$

No entanto, se a velocidade do gás crescer continuamente, será atingido um ponto em que a reação passa a ser limitada pela taxa de reação e, consequentemente, torna-se independente da velocidade superficial do gás, como mostrado na Figura 14.5.

Muitas das correlações de transferência de massa na literatura são frequentemente expressas em termos do fator *J* de Colburn (J_D), que é uma função do número de Reynolds. A relação entre J_D e os números adimensionais já apresentados é

O fator *J* de Colburn

$$\boxed{J_D = \frac{Sh}{Sc^{1/3} Re}} \tag{14.79}$$

A Figura 14.12 apresenta os dados obtidos por inúmeras pesquisas para o fator *J* em função do número de Reynolds para uma ampla variedade de formas de partícula e condições de escoamento de gás. *Nota*: Há acentuados desvios entre a analogia de Colburn quando os gradientes de concentração e de temperatura estão acoplados, conforme mostrado em Venkatesan e Fogler.[8]

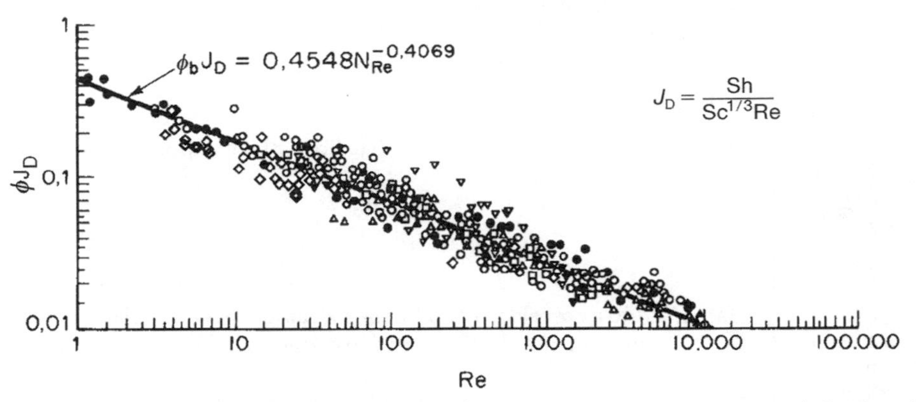

Figura 14.12 Correlação de transferência de massa para leitos fixos. $\phi\beta \equiv \phi$ [Reimpresso com permissão. Copyright © 1977 American Chemical Society. Dwidevi P. N. and S. N. Upadhyay, "Particle-Fluid Mass Transfer in Fixed and Fluidized Beds." *Ind. Eng. Chem. Process Des. Dev.*, 1977,16 (2), 157-165.]

Dwidevi e Upadhyay revisaram inúmeras correlações de transferência de massa para leitos fixos e fluidizados e obtiveram a seguinte correlação, que é válida tanto para gases (Re >10) quanto líquidos (Re > 0,01) em leitos fixos ou fluidizados:[9]

Uma correlação de escoamento através de um leito fixo em termos do fator *J* de Colburn

$$\boxed{\phi J_D = \frac{0{,}765}{Re^{0{,}82}} + \frac{0{,}365}{Re^{0{,}386}}} \tag{14.80}$$

Para partículas não esféricas, o diâmetro equivalente usado nos números de Reynolds e Sherwood é $d_p = \sqrt{A_p/\pi} = 0{,}564\sqrt{A_p}$, em que A_p é a área superficial externa da partícula.

Para encontrar correlações para coeficientes de transferência de massa para uma grande variedade de sistemas e geometrias, veja também D. Kunii e O. Levenspiel, *Fluidization Engineering*, 2nd ed. (Butterworth-Heinemann, 1991), Capítulo 7, ou W. L. McCabe, J. C. Smith e P. Harriott, *Unit Operations in Chemical Engineering*, 6th ed. New York: McGraw-Hill, 2000. Para outras correlações para leitos fixos com diferentes arranjos do recheio, veja I. Colquhoun-Lee e J. Stepanek, *Chemical Engineer*, 108 (fevereiro de 1974).

[8] R. Venkatesan and H. S. Fogler, *AIChE J.*, 50, 1623 (July 2004).
[9] P. N. Dwidevi and S. N. Upadhyay, *Ind. Eng. Chem. Process Des. Dev.*, 16, 157 (1977).

Exemplo 14.4 Efeitos de Transferência de Massa na Manobra de um Satélite Espacial

Histórico de caso real e aplicação corrente

A hidrazina tem sido extensivamente estudada para uso em propulsores monopropelentes para voos espaciais de longa duração. Os propulsores são utilizados para o controle da altitude de satélites de telecomunicação. Para essa aplicação, é de interesse estudar a decomposição da hidrazina em um leito fixo de catalisador de irídio suportado em alumina.[10] Em um estudo proposto, uma mistura de 2% de hidrazina e 98% de hélio escoa em um leito fixo composto por partículas cilíndricas de 0,25 cm de diâmetro e 0,5 cm de comprimento. A velocidade da fase gasosa é igual a 150 m/s e a temperatura do leito é de 450 K. A viscosidade cinemática do hélio nessa temperatura é igual a $4{,}94\times10^{-5}$ m²/s. Nessas condições, prevê-se que a reação de decomposição da hidrazina seja limitada pela transferência de massa externa às partículas catalíticas. Se o leito fixo tem 0,05 m de comprimento, que conversão poderia ser esperada? Considere a operação isotérmica.

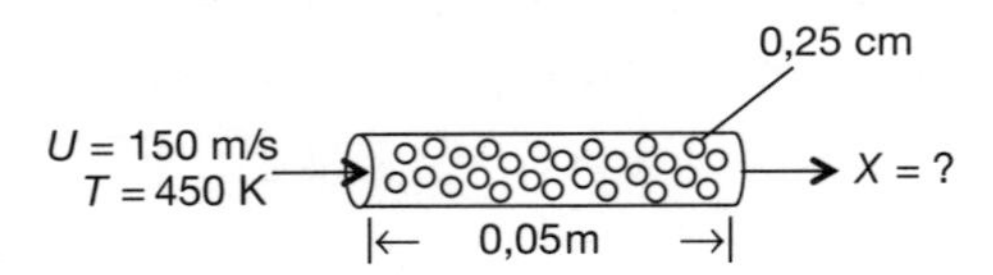

Figura E14.4.1 Reator de leito fixo.

Informações adicionais:

$D_{AB} = 0{,}69 \times 10^{-4}$ m²/s a 298 K
Porosidade do leito: 40%
"Fluidicidade" do leito: 95,7%

Solução

A solução a seguir é detalhada e bem tediosa, mas é importante conhecer os detalhes de como um coeficiente de massa é calculado.
Rearranjando a Equação (14.64), obtemos

$$\boxed{X = 1 - e^{-(k_c a_c/U)L}} \tag{E14.4.1}$$

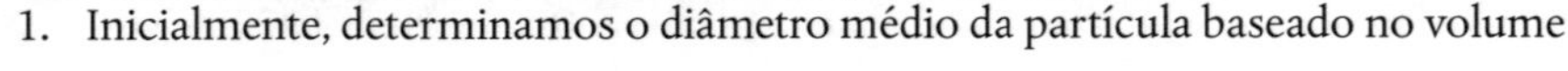

Leitura e cálculos tediosos, mas temos de saber como fazer o essencial.

(a) Usando a correlação de Thoenes-Kramers para calcular o coeficiente de transferência de massa, k_c

1. Inicialmente, determinamos o diâmetro médio da partícula baseado no volume

$$d_p = \left(\frac{6V}{\pi}\right)^{1/3} = \left(6\,\frac{\pi D^2}{4}\,\frac{L}{\pi}\right)^{1/3} \tag{E14.4.2}$$
$$= [1{,}5(0{,}0025\text{ m})^2(0{,}005\text{ m})]^{1/3} = 3{,}61 \times 10^{-3}\text{ m}$$

2. Área superficial das partículas por unidade de volume do leito

$$a_c = 6\left(\frac{1-0{,}4}{d_p}\right) = 6\left(\frac{1-0{,}4}{3{,}61\times10^{-3}\text{ m}}\right) = 998\text{ m}^2/\text{m}^3 \tag{E14.4.3}$$

3. Coeficiente de transferência de massa

$$\text{Re} = \frac{d_p U}{\nu} = \frac{(3{,}61\times10^{-3}\text{ m})(150\text{ m/s})}{4{,}94\times10^{-5}\text{ m}^2/\text{s}} = 10942$$

Para *pellets* cilíndricos,

$$\gamma = \frac{2\pi r L_p + 2\pi r^2}{\pi d_p^2} = \frac{(2)(0{,}0025/2)(0{,}005) + (2)(0{,}0025/2)^2}{(3{,}61\times10^{-3})^2} = 1{,}20 \tag{E14.4.4}$$

$$\text{Re}' = \frac{\text{Re}}{(1-\phi)\gamma} = \frac{10.942}{(0{,}6)(1{,}2)} = 15.173$$

[10] O. I. Smith and W. C. Solomon, *Ind. Eng. Chem. Fund.*, *21*, 374 (1982).

Valores representativos

Fase Gasosa
Re′ = 15.173
Sc = 0,35
Sh′ = 86,66
k_c = 6,15 m /s

Corrigindo a difusividade para 450 K usando a Tabela 14.3, obtemos

$$D_{AB}(450\text{ K}) = D_{AB}(298\text{ K}) \times \left(\frac{450}{298}\right)^{1,75} = (0,69 \times 10^{-4}\text{ m}^2/\text{s})(2,06) \quad \text{(E14.4.5)}$$

$$D_{AB}(450\text{ K}) = 1,42 \times 10^{-5}\text{ m}^2/\text{s}$$

$$\text{Sc} = \frac{\nu}{D_{AB}} = \frac{4,94 \times 10^{-5}\text{ m}^2/\text{s}}{1,42 \times 10^{-4}\text{ m}^2/\text{s}} = 0,35$$

Substituindo os valores de Re′ e Sc na Equação (14.65), resulta em

$$\text{Sh}' = (15.173,92)^{1/2}(0,35)^{1/3} = (123,18)(0,70) = 86,66 \quad \text{(E14.4.6)}$$

$$k_c = \frac{D_{AB}(1-\phi)}{d_p\phi}\gamma(\text{Sh}') = \left(\frac{1,42 \times 10^{-4}\text{ m}^2/\text{s}}{3,61 \times 10^{-3}\text{ m}}\right)\left(\frac{1-0,4}{0,4}\right) \times (1,2)(86,66)$$

$$\boxed{k_c = 6,15\text{ m/s}} \quad \text{(E14.4.7)}$$

A conversão é

$$X = 1 - \exp\left[-(6,15\text{ m/s})\left(\frac{998\text{ m}^2/\text{m}^3}{150\text{ m/s}}\right)(0,05\text{ m})\right] \quad \text{(E14.4.8)}$$

$$= 1 - 0,13 \simeq 0,87$$

Encontramos 87% de conversão.

Novamente, o essencial.

(b) Fator J_D de Colburn para calcular k_c. Para achar k_c, primeiro calculamos o diâmetro equivalente médio da partícula, com base na área superficial.

Para *pellets* cilíndricos a área superficial externa é

$$A = \pi d L_p + 2\pi\left(\frac{d^2}{4}\right) \quad \text{(E14.4.9)}$$

$$d_p = \sqrt{\frac{A}{\pi}} = \sqrt{\frac{\pi d L_p + 2\pi(d^2/4)}{\pi}} \quad \text{(E14.4.10)}$$

$$= \sqrt{(0,0025)(0,005) + \frac{(0,0025)^2}{2}} = 3,95 \times 10^{-3}\text{ m}$$

$$a_c = \frac{6(1-\phi)}{d_p} = 910,74\text{ m}^2/\text{m}^3$$

$$\text{Re} = \frac{d_p U}{\nu} = \frac{(3,95 \times 10^{-3}\text{ m})(150\text{ m/s})}{4,94 \times 10^{-5}\text{m}^2/\text{s}}$$

$$= 11.996,04$$

$$\phi J_D = \frac{0,765}{\text{Re}^{0,82}} + \frac{0,365}{\text{Re}^{0,386}} \quad \text{(14.79)}$$

$$= \frac{0,765}{(11.996)^{0,82}} + \frac{0,365}{(11.996)^{0,386}} = 3,5 \times 10^{-4} + 9,7 \times 10^{-3} \quad \text{(E14.4.11)}$$

$$= 0,010$$

$$J_D = \frac{0,010}{0,4} = 0,025 \quad \text{(E14.4.12)}$$

Valores típicos

Fase Gasosa
Re = 11.996
J_D = 0,025
Sc = 0,35
Sh = 212
k_c = 7,63 m /s

$$\text{Sh} = \text{Sc}^{1/3}\text{Re}(J_D) \tag{E14.4.13}$$

$$= (0{,}35)^{1/3}(11.996)(0{,}025) = 212$$

$$k_c = \frac{D_{AB}}{d_p}\text{Sh} = \frac{1{,}42 \times 10^{-4}}{3{,}95 \times 10^{-3}}(212) = 7{,}63 \text{ m/s}$$

$$\text{Então } X = 1 - \exp\left[-(7{,}63 \text{ m/s})\left(\frac{910 \text{ m}^2/\text{m}^3}{150 \text{ m/s}}\right)(0{,}05 \text{ m})\right] \tag{E14.4.14}$$

$$\simeq 0{,}9$$

Fluidicidade?? Pista falsa!

Mesmo que existisse uma coisa tal como "**fluidicidade" do leito**, fornecida no enunciado do problema, seria uma informação absolutamente inútil. Certifique-se de que você saiba quais informações você necessita para resolver o problema e vá em busca delas. Não permita que dados adicionais confundam-lhe ou conduzam-lhe a conclusões errôneas com informações ou fatos que traduzem distorções de julgamento de outrem, que provavelmente estão mal fundamentados.

14.9 E se... ? (Sensibilidade Paramétrica)

Como já enfatizamos várias vezes, uma das habilidades mais importantes que um engenheiro deve ter é a capacidade de prever os efeitos de mudanças nas variáveis do sistema na operação do processo. O engenheiro precisa determinar esses efeitos rapidamente por meio de cálculos aproximados, porém confiáveis, que são algumas vezes referenciados como "cálculos do verso do envelope".[11] Esse tipo de cálculo é usado para responder questões do tipo "**O que** acontecerá **se** eu diminuir o tamanho da partícula?" ou "**E se** eu triplicar a vazão volumétrica através do reator?"

de J.D. Goddard

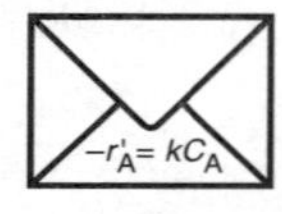

Verso do envelope

Para ajudar a responder essas questões, lembremo-nos da Equação (14.45) e de nossa discussão anterior na Seção 14.5.2 Regimes Limitantes. Lá, mostramos que o coeficiente de transferência de massa para um leito fixo está relacionado com o produto de dois termos: o Termo 1, que foi dependente das propriedades físicas, e Termo 2, que foi dependente das propriedades do sistema. Reescrevendo a Equação 14.45 como

$$\boxed{k_c \propto \left(\frac{D_{AB}^{2/3}}{\nu^{1/6}}\right)\left(\frac{U^{1/2}}{d_p^{1/2}}\right)} \tag{14.81}$$

Determine como o coeficiente de transferência de massa varia com mudanças nas *propriedades físicas e nas propriedades do sistema.*

verifica-se, a partir dessa equação, que o coeficiente de transferência de massa cresce com o decréscimo do tamanho da partícula. O emprego de partículas suficientemente pequenas constitui outra técnica para escapar do regime de reação limitada pela transferência de massa para o regime de reação limitada pela taxa de reação.

Exemplo 14.5 O Caso de Dividir e Ser Conquistado

Uma reação limitada pela transferência de massa está sendo conduzida em dois reatores de iguais volume e recheio, conectados em série, como esquematizado na Figura E14.5.1. Efetivamente, com esse tipo de arranjo obtém-se uma conversão de 86,5%. Sugere-se que os reatores sejam separados e que a vazão volumétrica seja dividida igualmente para cada um dos dois reatores (Figura E14.5.2) para diminuir a perda de carga reduzindo, assim, o custo de bombeamento. Robert está cogitando se, em termos de obtenção de maior conversão, essa sugestão seria uma boa ideia.

[11] Prof. J. D. Goddard, University of Michigan, 1963-1976. Atualmente professor emérito da University of California, San Diego.

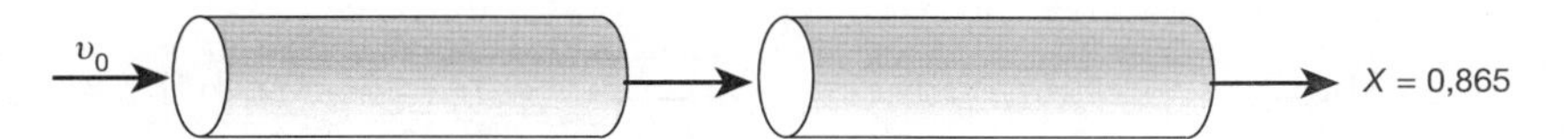

Figura E14.5.1 Arranjo em série.

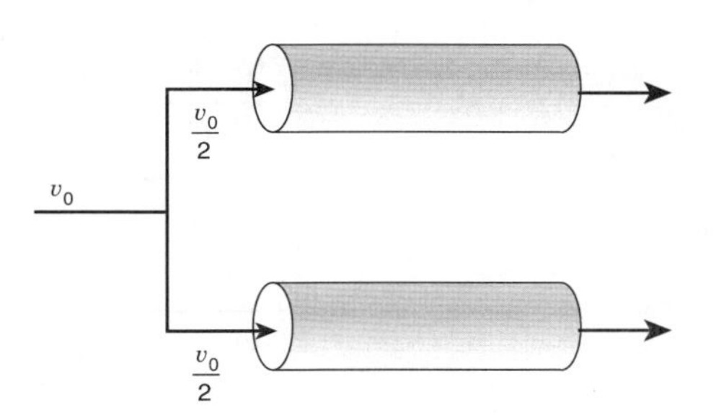

Figura E14.5.2 Arranjo em paralelo.

Reatores em série *versus* reatores em paralelo

Solução

Para o arranjo em série, temos $X_1 = 0{,}865$ e, para o arranjo em paralelo, a conversão é desconhecida, $X_2 = ?$ Como uma primeira aproximação, desconsideraremos os efeitos de pequenas variações de temperatura e de pressão na transferência de massa. Empregaremos a Equação (14.75), que fornece a conversão em função do comprimento do reator. Para uma reação limitada pela transferência de massa

$$\ln \frac{1}{1-X} = \frac{k_c a_c}{U} L \tag{14.75}$$

Para o caso 1, sistema não dividido

$$\left(\ln \frac{1}{1-X_1}\right) = \frac{k_{c1} a_c}{U_1} L_1 \tag{E14.5.1}$$

$$X_1 = 0{,}865 \quad \underline{\text{Resposta 1}}$$

Para o caso 2, sistema dividido

$$\left(\ln \frac{1}{1-X_2}\right) = \frac{k_{c2} a_c}{U_2} L_2 \tag{E14.5.2}$$

$$X_2 = ?$$

A seguir, calculamos a razão entre o caso 2 (sistema dividido) e o caso 1 (sistema não dividido)

$$\frac{\ln \dfrac{1}{1-X_2}}{\ln \dfrac{1}{1-X_1}} = \frac{k_{c2}}{k_{c1}} \left(\frac{L_2}{L_1}\right) \frac{U_1}{U_2} \tag{E14.5.3}$$

A área superficial por unidade de volume do leito, a_c, é a mesma para ambos os sistemas.

Das condições fornecidas no enunciado do problema, sabemos que

$$L_2 = \tfrac{1}{2} L_1, \; U_2 = \tfrac{1}{2} U_1, \quad \text{e} \quad X_1 = 0{,}865$$

$$X_2 = ?$$

Entretanto, devemos também considerar o efeito da divisão da corrente no coeficiente de transferência de massa. A partir da Equação (14.81), sabemos que

$$k_c \propto U^{1/2}$$

Então

$$\frac{k_{c2}}{k_{c1}} = \left(\frac{U_2}{U_1}\right)^{1/2} \tag{E14.5.4}$$

Multiplicando pela razão entre as velocidades superficiais, resulta em

$$\frac{U_1}{U_2}\left(\frac{k_{c2}}{k_{c1}}\right) = \left(\frac{U_1}{U_2}\right)^{1/2} \tag{E14.5.5}$$

$$\boxed{\ln\frac{1}{1-X_2} = \left(\ln\frac{1}{1-X_1}\right)\frac{L_2}{L_1}\left(\frac{U_1}{U_2}\right)^{1/2}} \tag{E14.5.6}$$

$$= \left(\ln\frac{1}{1-0{,}865}\right)\left[\frac{\frac{1}{2}L_1}{L_1}\left(\frac{U_1}{\frac{1}{2}U_1}\right)^{1/2}\right]$$

$$= 2{,}00\left(\frac{1}{2}\right)\sqrt{2} = 1{,}414$$

Calculando o valor de X_2, obtemos

$$X_2 = 0{,}76 \quad \underline{\text{Resposta 2}}$$

Má ideia!! Robert estava correto em se preocupar.

Análise: Consequentemente, verificamos que, apesar de o arranjo de divisão dos reatores apresentar como vantagem menor perda de carga ao longo do leito, é má ideia em termos de conversão. Lembre-se de que o arranjo em série deu $X_1 = 0{,}865$; portanto ($X_2 < X_1$). Péssima ideia!! Mas todo estudante de engenharia química em Jofostan sabia disso! Lembre-se de que, se a reação fosse limitada pela taxa de reação, os dois arranjos dariam a mesma conversão.

Exemplo 14.6 O Caso dos Engenheiros Excessivamente Entusiasmados

A mesma reação do Exemplo 14.5 está sendo conduzida nos mesmos dois reatores em série. Um engenheiro novato sugere que a taxa da reação poderia crescer por um fator de 2^{10} por meio do aumento da temperatura de 400°C para 500°C, argumentando que a taxa de reação dobra para cada aumento de 10°C na temperatura. Outra engenheira chega ao local e repreende o engenheiro novato com considerações contidas do Capítulo 3 relativas a essa regra heurística. Ela argumenta que a regra só é válida para uma energia de ativação específica, dentro de uma faixa de temperatura específica. Ela então sugere que o aumento proposto da temperatura seja implantado, enfatizando, porém, que seria esperada apenas uma elevação da taxa de reação da ordem de 2^3 ou 2^4. O que você acha? Quem está correto?

Robert questiona se esse aumento de temperatura compensará o transtorno provocado.

Solução

Como a maioria das taxas de reação de superfície cresce mais acentuadamente com a temperatura do que as taxas de difusão, o aumento da temperatura acentuará o grau de limitação da reação pela transferência de massa.

A seguir, consideraremos os dois casos:

Caso 1: $T = 400°C \quad X = 0{,}865$

Caso 2: $T = 500°C \quad X = ?$

Efetuando a razão entre o caso 2 e o caso 1 e notando que o comprimento do reator é o mesmo em ambos os casos ($L_1 = L_2$), obtemos

$$\frac{\ln\frac{1}{1-X_2}}{\ln\frac{1}{1-X_1}} = \frac{k_{c2}}{k_{c1}}\left(\frac{L_2}{L_1}\right)\frac{U_1}{U_2} = \frac{k_{c2}}{k_{c1}}\left(\frac{U_1}{U_2}\right) \tag{E14.6.1}$$

A taxa molar de alimentação F_{T0} permanece inalterada:

$$F_{T0} = v_{01}\left(\frac{P_{01}}{RT_{01}}\right) = v_{02}\left(\frac{P_{02}}{RT_{02}}\right) \tag{E14.6.2}$$

a pressão permanece constante, então

J.D.G.

$$\frac{v_{01}}{T_1} = \frac{v_{02}}{T_2}$$

Como $v = A_c U$, a velocidade superficial na temperatura T_2 é

$$U_2 = \frac{T_2}{T_1} U_1 \tag{E14.6.3}$$

Queremos agora identificar como o coeficiente de transferência de massa varia com a temperatura

$$k_c \propto \left(\frac{U^{1/2}}{d_p^{1/2}}\right)\left(\frac{D_{AB}^{2/3}}{\nu^{1/6}}\right) \tag{E14.6.4}$$

Efetuando a razão entre o caso 2 e o caso 1 e observando que o diâmetro da partícula é o mesmo nos dois casos, obtemos

$$\frac{k_{c2}}{k_{c1}} = \left(\frac{U_2}{U_1}\right)^{1/2}\left(\frac{D_{AB2}}{D_{AB1}}\right)^{2/3}\left(\frac{\nu_1}{\nu_2}\right)^{1/6} \tag{E14.6.5}$$

A dependência com a temperatura da difusividade da fase gasosa é (da Tabela 14.3)

$$D_{AB} \propto T^{1,75} \tag{E14.6.6}$$

Para a maioria dos gases, a viscosidade cresce com o aumento da temperatura, de acordo com a relação

$$\mu \propto T^{1/2}$$

Para o gás ideal,

$$\rho \propto T^{-1}$$

É realmente importante saber como fazer esse tipo de análise.

Então

$$\nu = \frac{\mu}{\rho} \propto T^{3/2} \tag{E14.6.7}$$

$$\frac{\ln\dfrac{1}{1-X_2}}{\ln\dfrac{1}{1-X_1}} = \frac{U_1}{U_2}\left(\frac{k_{c2}}{k_{c1}}\right) = \left(\frac{U_1}{U_2}\right)^{1/2}\left(\frac{D_{AB2}}{D_{AB1}}\right)^{2/3}\left(\frac{\nu_1}{\nu_2}\right)^{1/6} \tag{E14.6.8}$$

$$= \left(\frac{T_1}{T_2}\right)^{1/2}\left[\left(\frac{T_2}{T_1}\right)^{1,75}\right]^{2/3}\left[\left(\frac{T_1}{T_2}\right)^{3/2}\right]^{1/6}$$

$$\frac{U_1 k_{c2}}{U_2 k_{c1}} = \left(\frac{T_1}{T_2}\right)^{1/2}\left(\frac{T_2}{T_1}\right)^{7/6}\left(\frac{T_1}{T_2}\right)^{1/4} = \left(\frac{T_2}{T_1}\right)^{5/12} \tag{E14.6.9}$$

$$= \left(\frac{773}{673}\right)^{5/12} = 1{,}059$$

Rearranjando a Equação (E14.61) na forma

$$\ln\frac{1}{1-X_2} = \frac{k_{c2}U_1}{k_{c1}U_2}\ln\frac{1}{1-X_1}$$

$$\ln\frac{1}{1-X_2} = 1{,}059\left(\ln\frac{1}{1-0{,}865}\right) = 1{,}059(2) \tag{E14.6.10}$$

$X_2 = 0{,}88$ <u>Resposta</u>

Má ideia!! Robert estava novamente correto em se preocupar.

Análise: Consequentemente, verificamos que o aumento de temperatura de 400°C para 500°C aumenta a conversão em apenas 1,7%, isto é, $X = 0{,}865$ comparado a $X = 0{,}88$. Má ideia! Péssima ideia! Ambos os engenheiros devem se dedicar a um estudo mais aprofundado deste capítulo.

Para um leito catalítico fixo em que ocorre uma reação em fase gasosa, a dependência do coeficiente de transferência de massa com a temperatura pode ser expressa na forma

$$k_c \propto U^{1/2} \quad (D_{AB}^{2/3}/\nu^{1/6}) \tag{14.82}$$

$$k_c \propto U^{1/2}T^{11/12} \tag{14.83}$$

Efetuando a razão entre U e U_0, T e T_0 e k_{c0} (T_0, U_0), o coeficiente de transferência de massa em qualquer outro T e U pode ser encontrado a partir da Equação

$$k_c = k_{c0}\left(\frac{U}{U_0}\right)^{1/2}\left(\frac{T}{T_0}\right)^{11/12} \tag{14.84}$$

Conceito importante

Pode-se usar a Equação (14.81) ao estudar a reação em fase gasosa limitada por transferência de massa.

Dependendo da forma com que se mantém fixa ou variável a taxa molar, F_{T0}, U pode também depender da temperatura de alimentação.

Como engenheiro, é extremamente importante compreender os efeitos da variação das condições, conforme ilustrado nos dois exemplos anteriores.

Exemplo 14.7 Escoamento, Difusão e Reação em Leito Fixo

Vamos voltar ao reator de leito fixo mostrado na Figura E14.4.1 no Exemplo 14.4. Queremos aplicar ao algoritmo uma forma que possa ser usada no Wolfram ou Python para variar todos os parâmetros físicos e variáveis operacionais, a fim de estudar uma reação em fase gasosa de primeira ordem em um reator de leito fixo. A reação será realizada isotermicamente, desconsiderando a queda de pressão.

Avalie o perfil de conversão e a taxa de reação para uma reação que é parcialmente limitada pela difusão, primeiro traçando um gráfico da conversão em função do peso do catalisador até um valor de $W = 100$ kg. Em seguida, use o Wolfram para variar todos os parâmetros e descreva o que encontrar.

Solução

1. **Balanço Molar**

$$\frac{dX}{dW} = -r'_A/F_{A0} \tag{E14.7.1}$$

2. **Equação da Taxa**

2A. Primeira ordem, $-r''_A = k_r C_{As}$

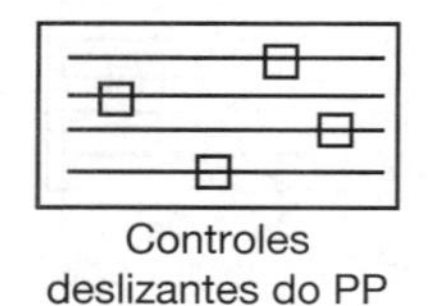

Controles deslizantes do PP

$$-r'_A = -r''_A * a'_c \tag{E14.7.2}$$

No estado estacionário, o fluxo molar para a superfície é igual à taxa de reação na superfície

$$W_A = k_c(C_{A0} - C_{As}) = k_r C_{As} = -r''_A = \frac{k_c k_r}{k_r + k_c}C_A = kC_A \tag{E14.7.3}$$

em que

k_r = constante da taxa de reação na superfície (m/s)

k_c = coeficiente de transferência de massa (m/s)

$k = \dfrac{k_c k_r}{k_r + k_c}$ (m/s) coeficiente de transferência global (m/s)

a'_c = área superficial externa do catalisador por unidade de massa (m^2/kg-cat)

2B. Usando a correlação de Thoenes e Kramer, as Equações (14.76) e (14.77)

$$\text{Sh}' = 1{,}0(\text{Re}')^{1/2}\text{Sc}^{1/3} \tag{14.76}$$

$$\left[\frac{k_c d_p}{D_{AB}}\left(\frac{\phi}{1-\phi}\right)\frac{1}{\gamma}\right] = \left[\frac{U d_p \rho}{\mu(1-\phi)\gamma}\right]\left(\frac{\mu}{\rho D_{AB}}\right)^{1/3} \tag{14.77}$$

A correlação para k_c é

$$k_c = \frac{\text{Sh}' D_{AB}}{d_p}\frac{(1-\phi)\gamma}{\phi} \tag{E14.7.4}$$

$$\text{Sh}' = 1{,}0(\text{Re}')^{1/2}\text{Sc}^{1/3} \tag{E14.7.5}$$

$$\text{Re}' = \frac{\text{Re}}{(1-\phi)\gamma} \tag{E14.7.6}$$

$$\text{Re} = \frac{d_p U}{\upsilon} \tag{E14.7.7}$$

$$\text{Sc} = \frac{\upsilon}{D_{AB}} \tag{E14.7.8}$$

$$\upsilon = \frac{\mu}{\rho} \tag{E14.7.9}$$

$$a_c' = 6\frac{(1-\phi)}{d_p{}^*\rho_c} \tag{E14.7.10}$$

3. **Estequiometria com** $P = P_0$ e $T = T_0$

$$C_A = C_{A0}(1-X) \tag{E14.7.11}$$

4. **Combinar** Polymath
   Agora combinaremos as Equações (E14.7.1) a (E14.7.11) em Polymath, Wolfram ou Python para variar os parâmetros. O programa Polymath é mostrado na Tabela E14.7.2 e a solução Wolfram na Figura E14.7.1.
5. **Calcular**
   Os valores nominais do parâmetro a ser variado são mostrados na Tabela E14.7.1.

Tabela E14.7.1 Valores Nominais de Parâmetros

Parâmetros	*Líquidos*	*Gases*
υ	10^{-6} m²/s	10^{-5} m²/s
ρ	1.000 kg/m³	1 kg/m³
D_{AB}	10^{-8} m²/s	10^{-5} m²/s
μ	10^{-3} kg/m/s	10^{-5} kg/m/s
U	1 m/s	100 m/s
d_p	10^{-3} m	10^{-2} m
k_r	0,5 m/s	5 m/s
A_c	$5*10^{-2}$ m²	$5*10^{-2}$ m²
γ	1	1
ϕ	0,4	0,4
ρ_c	3.000 kg/m³	3.000 kg/m³
C_{A0}	1 mol/m³	0,01 mol/m³ (Ca 1 atm)

Faça um gráfico da conversão em função do peso do catalisador.

Tabela E14.7.2 Programa Polymath para Reação em Fase Líquida Limitada por Transferência de Massa em Reator em Leito Fixo

Equações diferenciais

```
1 d(X)/d(W) = -raprime/Fa0
```

Equações explícitas

```
1  Ca0 = 1
2  rho = 1.000
3  rhoc = 3.000
4  dp = 10^-3
5  DAB = 10^-8
6  mu = 10^-3
7  nu = mu/rho
8  phi = 0,4
9  y = 1
10 Sc = nu/DAB
11 U = 1
12 Ca = Ca0*(1-X)
13 kr = 0,5
14 Re = dp*U/nu
15 Repr ime = Re/((1-phi)*y)
16 Shprime = (Repr ime^(1/2))*(Sc^(1/3))
17 kc = Shprime*D AB*(1-phi)*y/(dp*phi)
18 k = kc*kr/ (kc+kr)
19 ra = -k*Ca
20 Ac = 5*10^-2
21 Fa0 = Ca0*U*Ac
22 WA = -ra
23 acpr ime = 6*(1-phi)/(dp*rhoc)
24 raprime = acprime*ra
```

Valores calculados das variáveis de EDO

	Variável	Valor inicial	Valor final
1	Ac	0,05	0,05
2	acprime	1,2	1,2
3	Ca	1	0,0011327
4	Ca0	1	1
5	DAB	1,0E-08	1,0E-08
6	dp	0,001	0,001
7	Fa0	0,05	0,05
8	k	0,0028263	0,0028263
9	kc	0,0028424	0,0028424
10	kr	0,5	0,5
11	mu	0,001	0,001
12	nu	1,0E-06	1,0E-06
13	phi	0,4	0,4
14	ra	-0,0028263	-3,201E-06
15	raprime	-0,0033916	-3,842E-06
16	Re	1.000	1.000
17	Reprime	1.666,667	1.666.667
18	rho	1.000	1.000
19	rhoc	3.000	3.000
20	Sc	100	100
21	Shprime	189,4921	189,4921
22	U	1	1
23	W	0	100
24	WA	0,0028263	3,201E-06
25	X	0	0,9988673
26	y	1	1

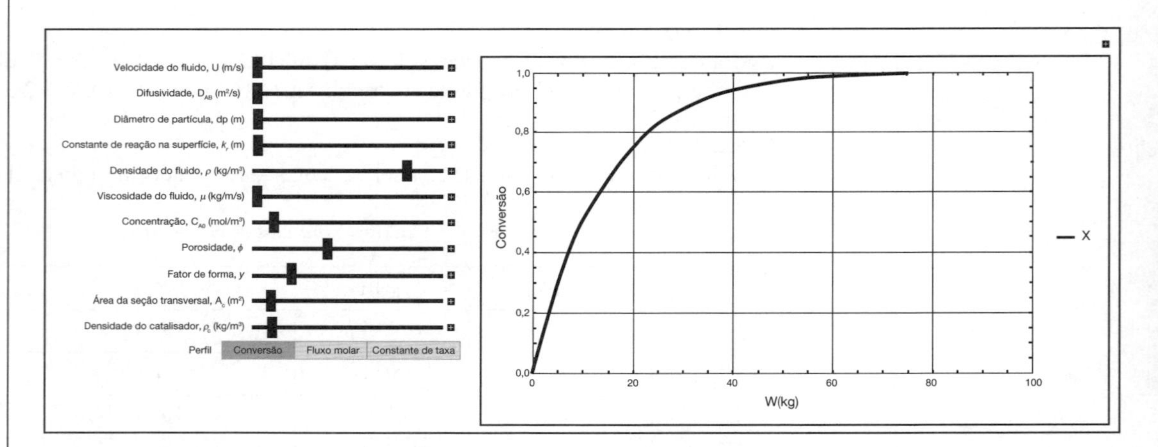

Figura E14.7.1 Solução Wolfram.

Análise: Neste exemplo, fizemos a modelagem de uma reação parcialmente limitada por difusão em um reator em leito fixo. O resto do exemplo agora depende de você, leitor. Vá ao PP 14.7 e varie uma série de parâmetros físicos e variáveis operacionais, e apresente um conjunto de observações e conclusões.

14.10 *E Agora*... Uma Palavra do Nosso Patrocinador – Segurança 14 (UPDNP-S14 Explosão de Poeira de Açúcar)

Explosão de poeira na fábrica de açúcar Imperial (Imperial Sugar Company)
De acordo com o Chemical Safety Board, o número médio anual de explosões de poeira foi de 5 por ano nos últimos 5 anos. Nos Exemplos 14.1 e 14.3, discutimos e calculamos a taxa de transferência de massa de oxigênio para pequenas partículas de pó de carbono, permitindo que a partícula queime e possivelmente causando uma explosão de poeira. As explosões de poeira podem produzir consequências letais. Em 7 de fevereiro de 2008, o açúcar fino combustível foi inflamado na Imperial Sugar Company causando uma explosão. Como o açúcar granulado fino tem grande área de superfície, ele tem o potencial de queimar e explodir rapidamente. Antes da explosão, o sistema de coleta de pó não estava funcionando corretamente; como resultado, o açúcar refinado que havia derramado no chão e acumulado no teto e encanamento ficou no ar. Quando o sistema de transporte da correia foi fechado, o pó de açúcar no ar encontrou uma fonte de ignição e acendeu. A explosão foi alimentada pelo grande acúmulo de pó de açúcar transportado pelo ar por toda a planta de embalagem. O incêndio e a explosão causaram 14 mortes e 38 feridos, incluindo queimaduras com risco à vida.

Assista ao vídeo: (*https://www.csb.gov/imperial-sugar-company-dust-explosion-and-fire/*)

Como engenheiros de reações químicas, é importante que entendamos esse acidente, por que ele aconteceu e como ele poderia ter sido evitado, para garantir que acidentes semelhantes possam ser evitados. Para se familiarizar com uma estratégia de conscientização e prevenção de acidentes, assista ao vídeo do Chemical Safety Board sobre a explosão e determine se todos os conceitos importantes para prevenir e mitigar o incidente foram capturados no diagrama *BowTie* a seguir.

Dois outros vídeos excelentes sobre explosões de poeira são (*https://www.chemengonline.com/combustible-dust-fires-explosions-recent-data-lessons-learned/*) e (*https://www.aiche.org/academy/webinars/dust-explosion*). O diagrama *BowTie* para a explosão de poeira de açúcar é mostrado na Figura 14.13.

Encerramento. Após concluir este capítulo, o leitor deve ser capaz de definir e descrever a difusão molecular e como ela varia com a temperatura e a pressão, o fluxo molar, o fluxo global, o coeficiente de transferência de massa, os números de Sherwood e de Schmidt e as correlações para os coeficientes de transferência de massa. O leitor deve ser capaz de escolher a correlação apropriada e calcular o coeficiente de transferência de massa, o fluxo molar e a taxa de reação. Também deve ser capaz de descrever as condições e os regimes sob os quais as reações são limitadas pela transferência de massa e quando são limitadas pela taxa de reação e de executar, em cada caso, os cálculos das taxas de reação e de transferência de massa. Uma das mais importantes áreas para o leitor aplicar seu conhecimento sobre os assuntos do capítulo (e de outros capítulos) é no desenvolvimento da habilidade de formular e responder questões do tipo "E se...".

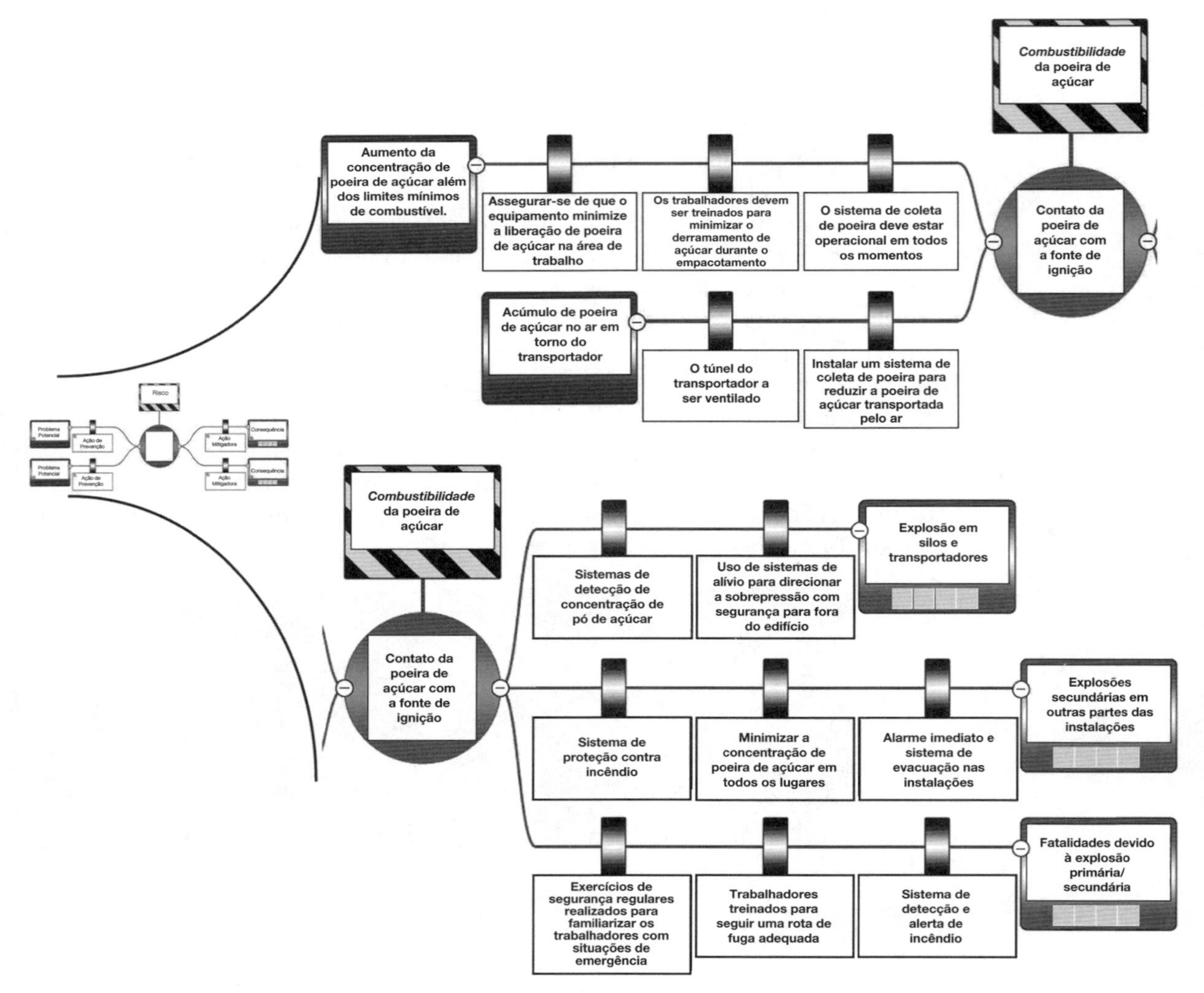

Figura 14.13 Diagrama *BowTie* para explosão de poeira.

RESUMO

1. O fluxo molar de A em uma mistura binária de A e B é

$$\mathbf{W}_A = -D_{AB}\nabla C_A + y_A(\mathbf{W}_A + \mathbf{W}_B) \tag{R14.1}$$

   a. Para contradifusão equimolecular (CDEM) **ou** para concentração diluída do soluto,

$$\mathbf{W}_A = \mathbf{J}_A = -D_{AB}\, \boldsymbol{\nabla}\, C_A \tag{R14.2}$$

   b. Para difusão através de um filme estagnado,

$$\mathbf{W}_A = cD_{AB}\, \boldsymbol{\nabla} \ln(1 - y_A) \tag{R14.3}$$

   c. Para difusão desprezível

$$\mathbf{W}_A = y_A\mathbf{W} = y_A(\mathbf{W}_A + \mathbf{W}_B) = \mathbf{C}_A\mathbf{U} \tag{R14.4}$$

2. A taxa de transferência de massa global do fluido para uma interface em que a concentração de A é C_{As} é

$$W_A = k_c(C_{Ab} - C_{As}) \quad \text{(R14.5)}$$

em que k_c é o coeficiente de transferência de massa.

3. Os números de Sherwood e de Schmidt são, respectivamente,

$$\text{Sh} = \frac{k_c d_p}{D_{AB}} \quad \text{(R14.6)}$$

$$\text{Sc} = \frac{\nu}{D_{AB}} \quad \text{(R14.7)}$$

Valores Representativos	
Fase líquida	Fase gasosa
Re ~ 5.000	Re ~ 500
Sc ~ 4.000	Sc ~ 1
Sh ~ 500	Sh ~ 10
$k_c = 10^{-2}$ m/s	$k_c = 5$ m/s

4. Se uma correlação de transferência de calor existir para determinado sistema e determinada geometria, a correlação de transferência de massa pode ser obtida trocando o número de Nusselt pelo número de Sherwood e o número de Prandtl pelo número de Schmidt na correlação de transferência de calor existente.
5. O aumento da velocidade da fase gasosa e a diminuição do tamanho da partícula aumentarão a velocidade global da reação em reações limitadas externamente pela transferência de massa.

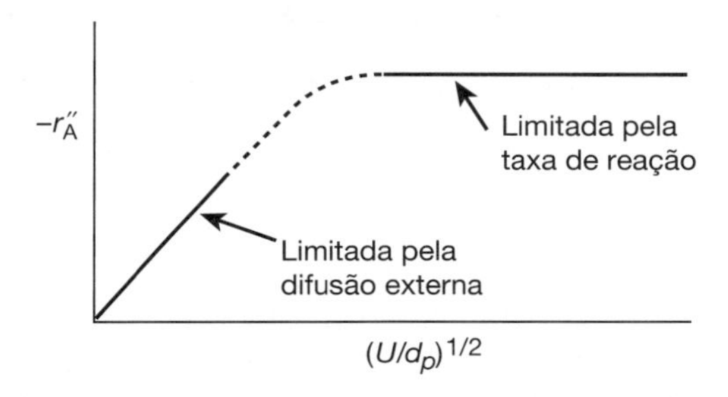

6. A conversão em reações limitadas externamente pela transferência de massa pode ser determinada a partir da equação

$$\ln \frac{1}{1-X} = \frac{k_c a_c}{U} L \quad \text{(R14.8)}$$

7. Cálculos aproximados, chamados de cálculos de verso do envelope, podem ser efetuados para determinar a ordem de grandeza e a direção que mudanças nas variáveis do processo teriam na conversão. **E se...?**

MATERIAIS DO CRE *WEBSITE*

(http://www.umich.edu/~elements/6e/14chap/obj.html#/)

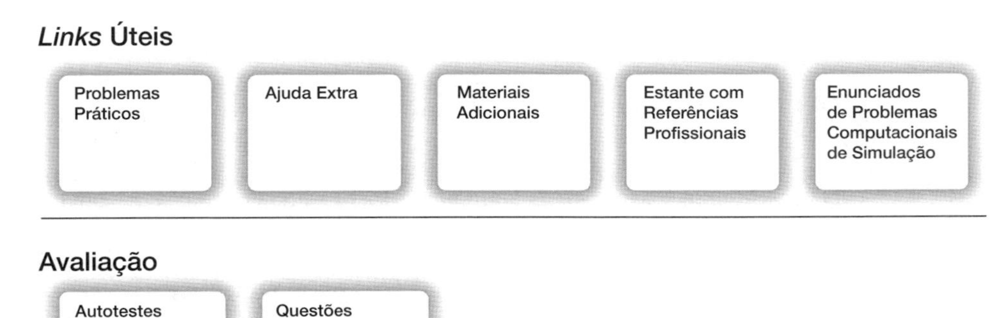

- **Material Adicional da *Web***

Exemplo de Liberação de Fármacos Transdérmicos

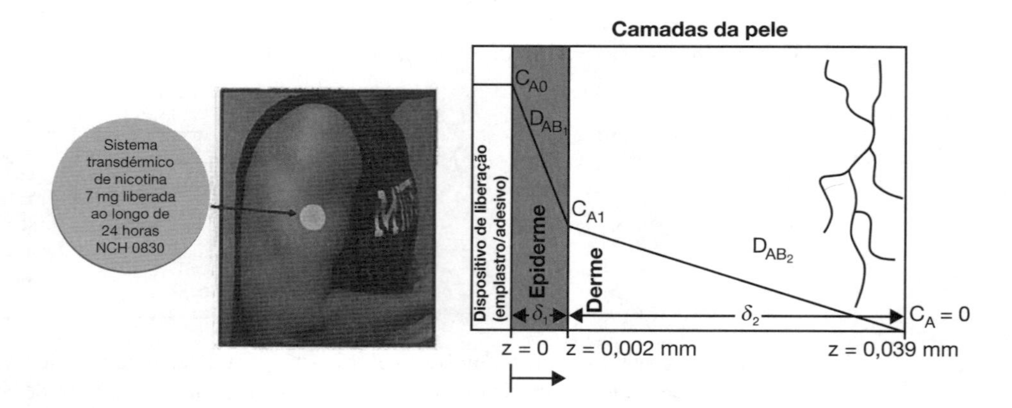

Esquema de Liberação de Fármacos Transdérmicos

QUESTÕES, SIMULAÇÕES E PROBLEMAS

O subscrito para cada número do problema indica o nível de dificuldade: A menos difícil; D, mais difícil.

Questões

Q14.1 **QAL** (*Questão Antes da Leitura*) Sob quais circunstâncias a conversão prevista pelas limitações de transferência de massa será maior do que aquela pelas limitações de reação na superfície?

Q14.2 Releia todos os problemas no fim deste capítulo. Formule um problema original que utilize os conceitos apresentados neste capítulo. Utilize o Problema P5.1A como roteiro. Para obter a solução:
(**a**) Estabeleça seus dados e a reação.
(**b**) Use uma reação e dados reais.
Os periódicos listados no fim do Capítulo 1 podem ser úteis para a parte (b).

Pensamento Criativo

Q14.3 (*Sargento Ambercromby*). O Capitão Apolo está pilotando uma nave para a estação espacial Klingon. Quando ele está prestes a manobrar para acoplar sua nave ao sistema de hidrazina discutido no **Exemplo 14.2**, os propulsores da nave espacial não respondem corretamente e a nave colide na estação, matando o Capitão Apolo (*Star Wars 7* (outono de 2015)). Uma investigação revela que o tenente *Darkside* preparou os leitos fixos usados na manobra da nave e o tenente *Data* preparou a mistura hidrazina-hélio. Suspeita-se de atentado e o Sargento Ambercromby chega na cena do acidente para investigar.
(**a**) Quais as três primeiras perguntas que ele fez?
(**b**) Faça uma lista das explicações possíveis para a colisão, fundamentando cada uma com uma equação ou razão.

Q14.4 Como sua resposta se modificaria se a temperatura fosse aumentada em 50°C, se o diâmetro da partícula dobrasse e se a velocidade do fluido fosse reduzida à metade? Considere que as propriedades da água podem ser utilizadas para esse sistema.

Q14.5 Como suas respostas do Exemplo 14.3 se modificariam se você tivesse uma mistura de 50–50 de hidrazina e hélio? E se você reduzisse d_p por um fator de 5?

Q14.6$_A$ Após assistir ao vídeo, o que houve de novo para você em relação às explosões de poeira? Você poderia listar três coisas que se deve fazer ou implementar para evitar explosões de poeira?

Q14.7 Acesse o *link* das gravações de vídeos (*screencast*) LearnChemE para o Capítulo 14 (*http://www.learncheme.com/screencasts/kinetics-reactor-design*). Assista a um ou mais vídeos de *screencast* de 5 a 6 minutos e escreva uma avaliação de duas frases sobre o que você aprendeu.

Q14.8 UPDNP–S14 Veja o vídeo CSB para listar duas coisas em que as explosões de poeira são diferentes daquelas envolvendo líquidos inflamáveis.

Simulações e Experimentos Computacionais

P14.1$_B$ (a) **Exemplo 14.1: Transferência de Massa de Oxigênio para uma Partícula de Carbono em Combustão**

Wolfram e Python

(i) Varie cada controle deslizante para encontrar o parâmetro para o qual o fluxo W_{Ar} é mais sensível.

(ii) O que acontece quando a difusividade e a viscosidade do líquido são aumentadas simultaneamente?

(iii) Varie a velocidade conforme mostrado na Figura 14.5 e descreva seu efeito no fluxo.

(iv) Elabore um conjunto de conclusões com base nos experimentos anteriores.

(b) Exemplo 14.2: Reação Rápida em Fase Líquida na Superfície de um Catalisador

Wolfram e Python

(i) Varie cada um dos parâmetros e diga em qual deles o coeficiente de transferência de massa (k_c) é mais sensível.

(ii) Mude D_{AB} e U simultaneamente para cima e para baixo e descreva o que você encontra.

(iii) Escreva um conjunto de três conclusões de seus experimentos (i) e (ii).

(c) Exemplo 14.3: Tempo de Combustão para uma Única Partícula

Wolfram e Python

(i) Compare o tempo de queima para uma partícula de carbono porosa de 100 μm com 10% de sólido com t_c no Exemplo 14.3.

(ii) Varie todos os parâmetros que você imaginar que permitiriam um tempo de gravação de 500 ms.

(iii) Escreva um conjunto de conclusões de seus experimentos (i) e (ii) com Wolfram.

(d) Exemplo 14.4: Efeitos da Transferência de Massa na Manobra de um Satélite Espacial. *E se* você fosse solicitado a apresentar valores representativos de Re, Sc, Sh e k_c, tanto para sistemas em fase líquida quanto para sistemas em fase gasosa, para uma velocidade de 10 cm/s e um diâmetro do tubo de 5 cm (ou um leito fixo com um diâmetro de 0,2 cm), que números você forneceria?

(e) Exemplo 14.5: O Caso de Dividir e Ser Conquistado. Como suas respostas se modificariam se a reação fosse conduzida em fase líquida na qual a viscosidade cinemática, ν, variasse segundo a expressão

$$v(T_2) = v(T_1)\exp\left[-4.000\ \text{K}\left(\frac{1}{T_1} - \frac{1}{T_2}\right)\right]\ ?$$

(f) Exemplo 14.7: Escoamento, Difusão e Reação em um Leito Fixo

Wolfram e Python

(i) Varie k_r e U e veja X, W_A e k como uma função de W.

(ii) Varie D_{AB} e d_p e veja k como uma função de W.

(iii) Varie a razão (D_{AB}/υ) e descreva o que você encontra.

(iv) Varie os parâmetros por um fator de 10 acima e abaixo de seus valores nominais e descreva o que você encontra (por exemplo, quais foram os parâmetros mais e menos sensíveis? *Dica:* Veja a Equação (14.81)).

(v) Elabore um conjunto de conclusões com base em todos os seus experimentos.

Problemas

P14.2$_B$ Considere que a taxa de respiração mínima de uma tâmia* seja de 1,5 micromol de O_2/min. Nas CNTP, a correspondente vazão volumétrica de respiração de gás é 0,05 dm³/min.

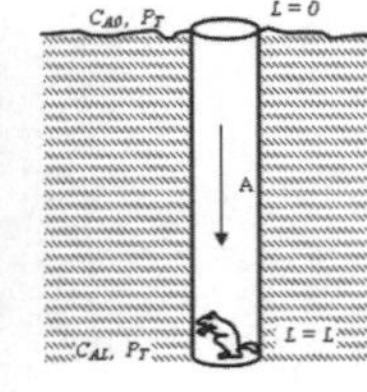

(a) Qual é a maior profundidade de um buraco de 3 cm de diâmetro que uma tâmia poderia escavar abaixo da superfície em Ann Arbor, Michigan (256 m de altitude)? $D_{AB} = 1{,}8 \times 10^{-5}$ m²/s.

(b) E em Boulder, Colorado?

(c) Como suas respostas em (a) e (b) se modificariam no rigor do inverno, quando T = 0°F?

(d) Faça uma análise crítica e estenda este problema (por exemplo, envenenamento por CO_2). Agradecimento ao Professor Robert Kabel da Pennsylvania State University.

Sugestão: Reveja equações e deduções para W_A e W_B para saber como aplicá-las neste problema.

---

*Gênero de roedores norte-americanos da família dos esquilos; espécie de esquilo com o dorso listrado (N.T.).

P14.3$_B$ Oxigênio puro está sendo absorvido por xileno em uma reação catalítica conduzida no equipamento experimental esquematizado na Figura P14.3$_B$. Sob condições constantes de temperatura e composição na fase líquida, foram obtidos os seguintes dados:

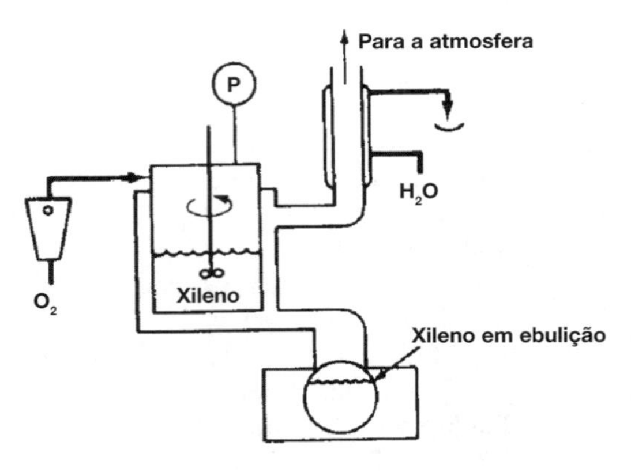

Figura P14.3$_B$

Para a atmosfera (rpm)	*Taxa de Absorção do O_2 (mL/h) com a Pressão do Sistema* (absoluta)			
	1,2 atm	1,6 atm	2,0 atm	3,0 atm
400	15	31	75	152
800	20	59	102	205
1.200	21	62	105	208
1.600	21	61	106	207

Produtos não gasosos são formados pela reação química. O que você poderia concluir sobre a importância relativa da difusão na fase líquida e sobre a ordem da cinética dessa reação? (**Exame Profissional para Engenheiros da Califórnia**)

P14.4$_B$ Deduza uma equação para o tempo necessário para queimar completamente uma partícula de carbono de 100 μm em função de D_0. Calcule também a constante da taxa de queima. Utilize os valores de K_S dos valores de parâmetros fornecidos no Exemplo 14.3, por exemplo, $C_{A\infty}$.

(a) difusão controlada com $D_{AB} = 10^{-4}$ m²/s

(b) reação controlada com $k_r = 0{,}01$ m/s

(c) reação combinada e difusão controlada

Informações adicionais:

$\rho_c = 188$ mol/m³

P14.5$_C$ Em um experimento conduzido em uma câmara de mergulho, um participante do experimento respirava uma mistura de O_2 e He, enquanto pequenas áreas de sua pele eram expostas ao gás nitrogênio. Após algum tempo de exposição, as áreas expostas ficaram cobertas de manchas, com pequenas bolhas se formando na pele. Desenvolva um modelo para a pele considerando-a composta por duas camadas adjacentes, uma de espessura δ_1 e a outra de espessura δ_2. Se a contradifusão do He para fora da pele ocorre ao mesmo tempo em que o N_2 se difunde para dentro da pele, em que ponto das camadas da pele ocorre o máximo da soma das pressões parciais? Se a pressão parcial de saturação para a soma dos gases fosse igual a 101 kPa, as bolhas formadas poderiam ser resultantes de a soma das pressões parciais ter excedido a pressão parcial de saturação com a consequente saída do gás da solução (da pele)?

Antes de responder a essas questões, deduza a expressão do perfil de concentração do N_2 e He nas camadas de pele.

Difusividades do He e N_2 na camada interna da pele = 5×10^{-7} cm²/s e $1{,}5 \times 10^{-7}$ cm²/s, respectivamente.

Difusividades do He e N_2 na camada externa da pele = 1×10^{-5} cm²/s e $3{,}3 \times 10^{-4}$ cm²/s, respectivamente.

	Pressão Parcial na Camada Externa da Pele	*Pressão Parcial na Camada Interna da Pele*
N_2	101 kPa	0
He	0	81 kPa
δ_1	20 μm	Camada córnea
δ_2	80 μm	Epiderme

Dica: Ver *Liberação Transdérmica de Medicamentos* no *Material Expandido* no CRE *website*.

P14.6$_B$ A decomposição do ciclo-hexano em benzeno e hidrogênio é, a altas temperaturas, limitada pela transferência de massa. A reação é conduzida em um tubo de 5 cm de diâmetro interno e 20 m de comprimento, recheado com partículas cilíndricas de 0,5 cm de diâmetro e 0,5 cm de comprimento. As partículas são recobertas por catalisador apenas na superfície externa. A porosidade do leito é de 40%. A vazão volumétrica de alimentação é igual a 60 dm³/min.

Engenharia verde

(a) Calcule o número de tubos necessário para a obtenção de 99% de conversão do ciclo-hexano para uma corrente gasosa de entrada de 5% de ciclo-hexano e 95% de H_2, a 2 atm e 500°C.

(b) Faça um gráfico da conversão em função do comprimento de tubo.

(c) O quanto modificaria sua resposta se o diâmetro e o comprimento do *pellet* fossem reduzidos à metade?

(d) Como você responderia o item (a) se a alimentação do sistema fosse ciclo-hexano puro? O foco é realmente Engenharia *verde*? Como assim?

(e) O que você considera o ponto mais relevante deste problema? O foco é realmente *verde*? Como assim?

P14.7$_C$ O titanato de chumbo, $PbTiO_3$, é um material que tem notáveis propriedades ferroelétricas, piroelétricas e piezoelétricas [*J. Elec. Chem. Soc.*, 135, 3137 (1988)]. Um filme fino de $PbTiO_3$ foi depositado em um reator por CVD (deposição química em fase vapor). A taxa de deposição é apresentada a seguir como uma função da temperatura e da vazão volumétrica sobre o filme.

Vazão (SCCM)	*Temperatura* (°C)	*Taxa de Deposição* (mg/cm² · h)	*Vazão* (SCCM)	*Temperatura* (°C)	*Taxa de Deposição* (mg/cm² · h)
500	650	0,2	750	650	0,53
	750	0,8		750	1,45
	800	1,2		800	2,0
600	650	0,35	1.000	650	0,55
	750	1,0		750	1,5
	800	1,5		800	2,0

O que você pode aprender com esses dados, do ponto de vista qualitativo e quantitativo?

P14.8$_B$ **QEA** (*Questão de Exame Antigo*). Uma planta remove traços de Cl_2 da corrente de gás residual, passando essa corrente sobre um absorvente sólido granular em um leito fixo tubular (Figura P14.8$_B$). No momento, está em curso uma remoção de 63,2%, mas acredita-se que maior remoção poderia ser alcançada se a vazão volumétrica fosse aumentada por um fator de 4, o diâmetro da partícula decrescesse por um fator de 3 e o comprimento do leito aumentasse em 50%. Qual porcentagem de cloro seria removida no esquema proposto? (O cloro transferido para o absorvente é completamente removido por uma reação química instantânea.) (***Resp.***: 98%)

Figura P14.8$_B$

P14.9$_B$ **QEA** (*Questão de Exame Antigo*). Em certa planta química, uma isomerização reversível em fase fluida

$$A \rightleftarrows B$$

é conduzida sobre um catalisador sólido, em um reator tubular de leito fixo. Se a reação for tão rápida que a transferência de massa entre a superfície do catalisador e o interior do líquido (*bulk*) é a etapa limitante, mostre que as cinéticas são descritas em termos das concentrações de C_A e C_B por

$$-r''_A = \frac{k_B[C_A - (1/K)C_B]}{1/K + k_B/k_A}$$

em que $-r'_A$ = mols de A reagindo por unidade de área de catalisador
k_A, k_B = coeficiente de transferência para A e B
K = constante de equilíbrio

Deseja-se dobrar a capacidade da planta existente para processar duas vezes a alimentação do reagente A, mantendo no reator a mesma conversão fracionária de A para B. Quanto maior pode ser o reator, em termos de massa de catalisador, se todas as outras variáveis operacionais forem mantidas constantes? Você pode usar a correlação de Thoenes-Kramers para coeficientes de transferência de massa em leito fixo.

P14.10$_B$ A reação irreversível em fase gasosa

$$A \xrightarrow{\text{catalisador}} B$$

é conduzida adiabaticamente em um leito fixo de partículas catalíticas sólidas. A reação é de primeira ordem em relação à concentração de A na superfície catalítica:

$$-r'_{As} = k'C_{As}$$

A alimentação consiste em 50% (molar) de A e 50% de inertes e entra no leito na temperatura de 300 K. A vazão volumétrica de alimentação é igual a 10 dm^3/s (10.000 cm^3/s). A relação entre o número de Sherwood e o de Reynolds é

$$\text{Sh} = 100\,\text{Re}^{1/2}$$

Como uma primeira aproximação, pode-se desconsiderar a queda de pressão no leito. A concentração de entrada é 1,0 M. Calcule a massa de catalisador necessária para a obtenção de 60% de conversão de A, para

(a) Operação isotérmica.
(b) Operação adiabática.

Informações adicionais:

Viscosidade cinemática: $\mu/\rho = 0{,}02$ cm^2/s
Diâmetro da partícula: $d_p = 0{,}1$ cm
Velocidade superficial: $U = 10$ cm/s
Área superficial do catalisador/massa de catalisador do leito: $a = 60$ cm^2/g-cat
Difusividade de A: $D_e = 10^{-2}$ cm^2/s
Calor de reação: $\Delta H^\circ_{Rx} = -10.000$ cal/g · mol de A
Calores específicos molares: $C_{pA} = C_{pB} = 25$ cal/g · mol · K, C_{pS} (solvente) = 75 cal/g · mol · K

$$k'(300\text{ K}) = 0{,}01\text{ cm}^3/\text{s} \cdot \text{g-cat com } E = 4.000\text{ cal/mol}$$

P14.11$_B$ *Liberação de fármacos transdérmicos*. Veja a foto da Seção Material Adicional da *Web*. Os princípios da difusão no estado estacionário têm sido usados em inúmeros sistemas de liberação de fármacos. Especificamente, adesivos (emplastros) com medicamentos são comumente usados quando aderidos à pele para liberar fármacos para o combate ao vício de fumar, controle de natalidade e enjoo em viagens, dentre outros. O mercado norte-americano de liberação de fármacos transdérmicos é multibilionário. Equações similares à Equação (14.24) têm sido utilizadas para modelar a liberação, a difusão e a absorção do fármaco do adesivo para o corpo. A figura mostrada no *Material Adicional* da *Web* mostra um dispositivo de liberação de fármacos (adesivo) assim como o gradiente de concentração nas camadas da pele, epiderme e derme.

(a) Use um balanço na casca para mostrar

$$\frac{dW_{Az}}{dz} = 0$$

(b) Mostre o perfil de concentração na camada da epiderme

$$\frac{C_{A0}-C_A}{C_{A0}-C_{A1}}=\frac{z}{\delta_1}$$

(c) Mostre o perfil de concentração na camada da derme

$$\frac{C_A}{C_{A1}}=\frac{\delta_2-z}{\delta_2-\delta_1}$$

(d) Equacione os fluxos usando $W_{A1}=-D_{A1}\frac{dC_A}{dz}$ e $W_{A2}=-D_{A2}\frac{dC_A}{dz}$ em $z = \delta_1$, para mostrar

$$C_{A1}=\frac{D_{A1}\frac{C_{A0}}{\delta_1}}{\frac{D_{A2}}{\delta_2-\delta_1}+\frac{D_{A1}}{\delta_1}}$$

(e) Quais são os perfis de concentração nas camadas da derme e da epiderme?

(f) Mostre que o fluxo na camada da derme é

$$W_{Az}=\frac{D_{A2}}{\delta_2-\delta_1}\left[\frac{D_{A1}\frac{C_{A0}}{\delta_1}}{\frac{D_{A2}}{\delta_2-\delta_1}+\frac{D_{A1}}{\delta_1}}\right]$$

(g) Qual é o fluxo na camada da epiderme?

P14.12$_D$ (*Estimativa de idades glaciais*). Os seguintes dados de oxigênio-18 foram obtidos pela análise de solos amostrados em diferentes profundidades em Ontário, Canadá. Supondo que todo o ^{18}O tenha sido depositado durante a última era glacial e que o transporte de ^{18}O para a superfície tenha se dado por difusão molecular, estime o número de anos transcorridos entre a última era glacial e o instante de coleta dos dados. Medidas independentes estabeleceram que a difusividade do ^{18}O no solo é igual a $2{,}64 \times 10^{-10}$ m²/s.

Figura P14.12$_D$ Geleiras (glaciares).

	(superfície)					
Profundidade (m)	0	3	6	9	12	18
Razão de Concentração de ^{18}O (C/C_0)	0	0,35	0,65	0,83	0,94	1,0

C_0 é a concentração de ^{18}O a 25 m. *Sugestão*: O conhecimento de soluções de função de erro pode ser, ou não, útil. (***Resp.***: t = 5.616 anos)

P14.13$_B$ **QEA** (*Questão de Exame Antigo*). Uma partícula esférica está se dissolvendo em um líquido. A taxa de dissolução é de primeira ordem na concentração do solvente, C. Considerando que o solvente está em excesso, mostre que as seguintes relações de tempo-conversão se mantêm.

Regime de Limitação da Taxa	*Relação Conversão-Tempo*
Reação na superfície	$1-(1-X)^{1/3}=\dfrac{\alpha t}{D_i}$
Transferência de massa	$\dfrac{D_i}{2D^*}[1-(1-X)^{2/3}]=\dfrac{\alpha t}{D_i}$
Misto	$[1-(1-X)^{1/3}]+\dfrac{D_i}{2D^*}[1-(1-X)^{2/3}]=\dfrac{\alpha t}{D_i}$

P14.14$_C$ Deduza a equação de difusão e de reação em coordenadas esféricas para descrever a dissolução de um fármaco na forma de um *pellet* esférico. Trace um gráfico da concentração do fármaco em função da distância r e do tempo t. Também plote o fluxo e o diâmetro da partícula em função do tempo.

P14.15$_B$ Um pó deve estar completamente dissolvido em uma solução aquosa, em um tanque grande e bem misturado. Um ácido deve ser adicionado à solução para tornar a partícula esférica solúvel. As partículas são suficientemente pequenas para não serem afetadas pelos efeitos da velocidade do fluido no tanque. Para o caso de excesso de ácido, C_0 = 2 M, deduza uma equação para o diâmetro da partícula em função do tempo quando

(a) A transferência de massa limita a dissolução: $-W_A = k_c C_{A0}$

(b) A reação limita a dissolução: $-r''_A = k_r C_{A0}$

Qual é o tempo para a dissolução completa em cada caso?

(c) Agora suponha que o ácido não esteja em excesso e que a transferência de massa esteja limitando a dissolução. É necessário um mole de ácido para dissolver 1 mol de sólido. A concentração molar de ácido é 0,1 M, o tanque é de 100 L e 9,8 mol de sólido são adicionados ao tanque no tempo t = 0. Deduza uma expressão para o raio das partículas em função do tempo e calcule o tempo para as partículas se dissolverem completamente.

(d) Como você poderia fazer o pó se dissolver mais rapidamente? E mais lentamente?

Informações adicionais:

$$D_e = 10^{-10}\,\text{m}^2/s, \qquad k = 10^{-18}/s$$

Diâmetro inicial = 10^{-5} m

P14.16$_B$ (*Comprimidos*) Um antibiótico está contido em um núcleo interno sólido e envolto por um revestimento externo que o torna palatável. O revestimento externo e o fármaco são dissolvidos em taxas diferentes no estômago, devido às suas diferenças nas solubilidades de equilíbrio.

(a) Se D_2 = 4 mm e D_1 = 3 mm, calcule o tempo necessário para que o comprimido se dissolva completamente.

(b) Considerando a cinética de primeira ordem (k_A = 10 h^{-1}) para a absorção do fármaco dissolvido (ou seja, em solução no estômago) na corrente sanguínea, faça um gráfico da concentração, em gramas do fármaco no sangue por grama de peso corporal, em função do tempo, quando os três comprimidos a seguir são tomados simultaneamente:

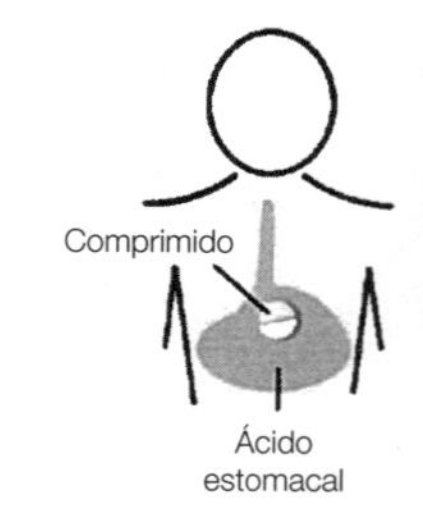

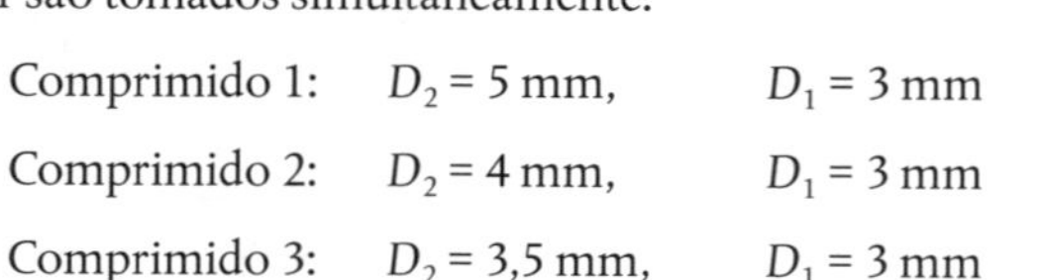

Comprimido 1: D_2 = 5 mm, D_1 = 3 mm

Comprimido 2: D_2 = 4 mm, D_1 = 3 mm

Comprimido 3: D_2 = 3,5 mm, D_1 = 3 mm

(c) Discuta como você manteria o nível do fármaco no sangue em um nível constante usando comprimidos de tamanhos diferentes.

(d) Como você poderia organizar uma distribuição dos tamanhos dos comprimidos de modo que a concentração no sangue fosse constante ao longo de um período (por exemplo, 3 horas) de tempo?

Informações adicionais:

Quantidade de fármaco no núcleo interno = 500 mg
Solubilidade da camada externa nas condições do estômago = 1,0 mg/cm^3
Solubilidade da camada interna nas condições do estômago = 0,4 mg/cm^3
Volume de fluido no estômago = 1,2 L
Peso corporal típico = 75 kg
Sh = 2, $D_{AB} = 6 \times 10^{-4}$ cm^2/min

P14.17$_B$ Se a eliminação de resíduos líquidos industriais por incineração for um processo viável, é importante que os produtos químicos tóxicos sejam completamente decompostos em substâncias inofensivas. Um estudo realizado referiu-se à atomização e queima de uma corrente líquida dos "principais" compostos orgânicos perigosos (POHCs) [*Environ. Prog.*, 8, 152 (1989)]. Os dados a seguir fornecem o diâmetro da gota em combustão em função do tempo (o diâmetro e o tempo são dados em unidades arbitrárias):

Engenharia verde

Tempo	20	40	50	70	90	110
Diâmetro	9,7	8,8	8,4	7,1	5,6	4,0

O que você pode apreender desses dados?

LEITURA SUPLEMENTAR

1. Os fundamentos da transferência de massa por difusão podem ser encontrados, ou não, em
   R. B. BIRD, W. E. STEWART e E. N. LIGHTFOOT, *Fenômenos de Transporte*, 2. ed. (LTC, 2004), Capítulos 17 e 18.
   S. COLLINS, *Mockingjay* (O último livro da série *Jogos Vorazes*). New York: Scholastic, 2014.
   E. L. CUSSLER, *Diffusion Mass Transfer in Fluid Systems*, 3rd ed. New York: Cambridge University Press, 2009.
   C. J. GEANKOPLIS, *Transport Processes and Unit Operations*. Upper Saddle River, N.J.: Prentice Hall, 2003.
   V. G. LEVICH, *Physiochemical Hydrodynamics*. Upper Saddle River, N.J.: Prentice Hall, 1962, Chaps. 1 and 4.
2. Valores experimentais de difusividades podem ser encontrados em inúmeras fontes, duas das quais são:
   R. H. PERRY, D. W. GREEN and J. O. MALONEY, *Chemical Engineers' Handbook*, 8th ed. New York:McGraw-Hill, 2007.
   T. K. SHERWOOD, R. L. PIGFORD and C. R. WILKE, *Mass Transfer*. New York: McGraw-Hill, 1975.
3. Inúmeras correlações para coeficientes de transferência de massa podem ser encontradas em:
   A. L. LYDERSEN, *Mass Transfer in Engineering Practice*. New York: Wiley-Interscience, 1983, Chap. 1.
   W. L. MCCABE, J. C. SMITH and P. HARRIOTT, *Unit Operations of Chemical Engineering*, 6th ed. New York: McGraw-Hill, 2000, Chap. 17.

Difusão e Reação 15

O café da manhã dos campeões não é um cereal, é o seu adversário.
—Nick Steitz

A concentração na superfície interna do *pellet* é menor do que na superfície externa.

Visão Geral. Neste capítulo, desenvolveremos modelos para difusão com reação em sistemas de fase única e bifásico. Começaremos com uma discussão sobre difusão e reação em *pellets* de catalisador. No Capítulo 10, consideramos que cada ponto no interior da superfície do *pellet* de catalisador está sujeita à mesma concentração. Entretanto, quando os reagentes têm de se difundir no interior do *pellet* de catalisador para reagir, sabemos que a concentração na boca do poro tem de ser maior do que a do interior do poro. Consequentemente, a superfície inteira do catalisador não está sujeita à mesma concentração; logo, a taxa de reação ao longo de todo o *pellet* variará. Para considerar variações na taxa de reação ao longo do *pellet*, introduziremos um parâmetro conhecido como *fator de efetividade interno*, que é a razão entre a taxa de reação global no *pellet* e a taxa de reação na superfície externa do *pellet*.

Os seguintes tópicos serão discutidos neste capítulo:

- Difusão e Reações em Sistemas Homogêneos (Seção 15.1).
- Difusão e Reações em *Pellets* Esféricos de Catalisador (Seção 15.2).
- Fator de Efetividade Interno (Seção 15.3).
- Falsa Cinética (Seção 15.4).
- Fator de Efetividade Global (Seção 15.5).
- Estimação dos Regimes Limitados por Difusão e Reação (Seção 15.6).
- Transferência de Massa e Reação em Leito Fixo (Seção 15.7).
- Determinação de Situações Limitantes a Partir de Dados de Reação (Seção 15.8).

Depois de estudar este capítulo, você será capaz de descrever difusão e reação, determinar quando a difusão interna limita a taxa global de reação para *pellets* de catalisador, descrever como eliminar essa limitação e desenvolver modelos para sistemas nos quais tanto a difusão quanto a reação desempenham algum papel relevante (por exemplo, catálise, crescimento de tecidos).

No Capítulo 14, discutimos as reações limitadas pela transferência de massa do interior do fluido, através de uma camada limite, para uma superfície onde a reação ocorre rapidamente. No Capítulo 14, a reação não ocorreu quando os reagentes se difundiram; no entanto, neste capítulo consideramos a difusão com reação. Aqui, modelaremos as etapas 2 e 6 na Figura 15.1 (que é igual à Figura 14.1), em que as moléculas estão reagindo à medida que se difundem.

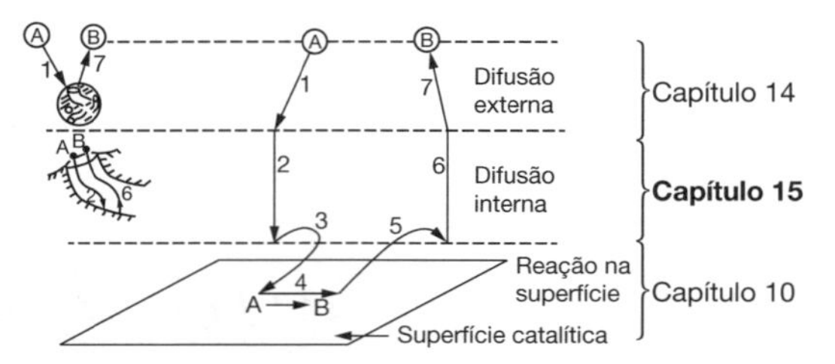

Figura 15.1 Etapas em uma reação catalítica heterogenea.

15.1 Difusão e Reações em Sistemas Homogêneos

Para sistemas homogêneos, o balanço molar para a espécie A, Equação (14.1), para difusão unidimensional no estado estacionário, é

$$-\frac{dW_{Az}}{dz}+r_A=0 \tag{15.1}$$

Para difusão através de um filme estagnado a concentrações diluídas (isto é, $y_A << 1$), a Equação (14.9) torna-se

$$W_{Az}=-D_{AB}\frac{dC_A}{dz}$$

Substituindo na Equação (14.1), obtém-se:

Difusão e reação homogêneas

$$\boxed{D_{AB}\frac{d^2C_A}{dz^2}+r_A=0} \tag{15.2}$$

Entender e modelar a difusão com reação química não é importante apenas para catalisadores industriais, mas também tem muitas outras aplicações. Essas aplicações incluem a medicina, o tratamento de câncer usando material particulado com fármacos e, como mostrado em *Material Adicional* no CRE *website* (*http://www.umich.edu/~elements/6e/15chap/expanded.html*), a engenharia de tecidos. No Problema P15.18$_B$, discutiremos a difusão e a reação do oxigênio em cartilagem.

A seguir, discutiremos reações catalíticas gás-sólido e limitações difusionais em *pellets* de catalisador.

15.2 Difusão e Reação em *Pellets* Esféricos de Catalisador

As seções a seguir, neste capítulo, concentrarão a atenção exclusivamente no transporte e na reação em sistemas heterogêneos com *pellets* de catalisador. Em uma sequência de reações heterogêneas, a transferência de massa de reagentes deve primeiro ocorrer do interior do fluido para a superfície externa do *pellet*. Os reagentes então se difundem da superfície externa para dentro e através dos poros no interior da partícula ($C_{As} > C_A(r)$), com a reação ocorrendo somente na superfície catalítica dos poros. Uma representação esquemática desse processo difusional em duas etapas é mostrada nas Figuras 10.6, 14.1 e 15.2.

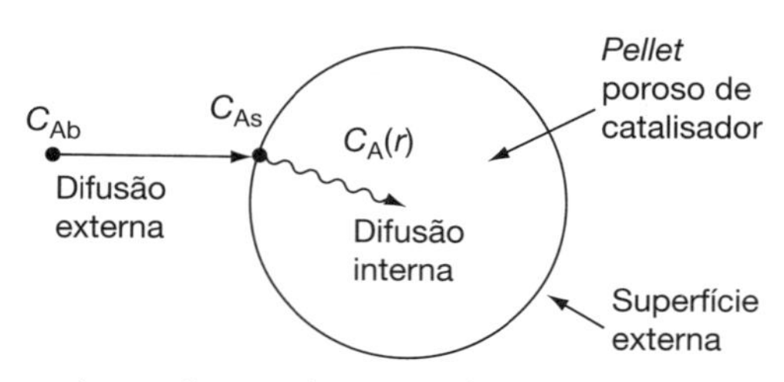

Figura 15.2 Etapas de transferência de massa e de reação para um *pellet* de catalisador.

No Capítulo 14, discutimos *difusão externa*. Nesta seção, discutiremos *difusão interna* e desenvolveremos o fator de efetividade interno para *pellets* esféricos de catalisador. O desenvolvimento de modelos que tratam poros individuais e *pellets* de formatos diferentes é considerado nos problemas do fim deste capítulo. Primeiro, olharemos a resistência interna à transferência de massa, tanto dos produtos como dos reagentes, que ocorre entre a superfície externa do *pellet* e o seu interior. Para ilustrar os princípios relevantes desse modelo, consideramos a isomerização irreversível,

$$A \longrightarrow B$$

que ocorre na superfície das paredes dos poros no interior do *pellet* esférico de raio R.

15.2.1 Difusividade Efetiva

Para atingir e ser catalisado na superfície interna do *pellet*, o reagente A deve difundir-se da superfície externa do *pellet*, em que está em uma concentração maior, para dentro e através dos poros, onde está em uma concentração menor, como mostrado na Figura 15.2.

Os poros do *pellet* não são retos nem cilíndricos; ao contrário, eles são uma série de caminhos tortuosos e interconectados, de cavidades e gargalos com áreas transversais variáveis. Não será frutífero descrever individualmente a difusão no interior de cada um dos caminhos tortuosos; por conseguinte, devemos definir um coeficiente de difusão efetivo de modo a descrever a difusão média que ocorre em qualquer posição r no *pellet*. Devemos considerar somente variações radiais na concentração em um *pellet* esférico de catalisador; o fluxo radial W_{Ar} será baseado na área total (vazios e sólido) normal ao transporte difusional (isto é, $4\pi r^2$) em vez de somente na área de vazios. Essa base para W_{Ar} é possível devido à definição apropriada da difusividade efetiva D_e.

A difusividade efetiva considera os seguintes fatos:

1. Nem toda a área normal à direção do fluxo está disponível (a área ocupada pelos sólidos) para as moléculas se difundirem.
2. Os caminhos são tortuosos.
3. Os poros têm áreas transversais variáveis.

Uma equação que relaciona a difusividade efetiva D_e com difusividade molecular no interior da fase fluida D_{AB}, ou com difusividade de Knudsen D_K, é

A difusidade efetiva

$$D_e = \frac{D_{AB}\phi_p\sigma_c}{\tilde{\tau}} \tag{15.3}$$

em que

$$\tilde{\tau} = \text{tortuosidade}^1 = \frac{\text{Distância real que uma molécula percorre entre dois pontos}}{\text{Menor distância entre aqueles dois pontos}}$$

$$\phi_p = \text{porosidade do } pellet = \frac{\text{Volume do espaço vazio}}{\text{Volume total (vazios e sólidos)}}$$

σ_c = fator de constrição, veja a Figura 15.3(a)

O fator de constrição, σ_c, considera a variação na área transversal que é normal à difusão.[2] Ele é função da razão entre as áreas máxima e mínima dos poros (Figura 15.3(a)). Quando duas áreas, A_1 e A_2, são iguais, o fator de constrição é igual à unidade; e, quando β = 10, o fator de constrição é aproximadamente 0,5.

[1] Alguns investigadores agrupam o fator de constrição e a tortuosidade em um único fator, chamado de fator de tortuosidade, e definem-no igual a $\tilde{\tau}/\sigma_c$. Veja C. N. Satterfield, *Mass Transfer in Heterogeneous Catalysis*, Cambridge, MA: MIT Press, 1970, pp. 33-47.
[2] Veja E. E. Petersen, *Chemical Reaction Analysis*, Upper Saddle River, N.J.: Prentice Hall, 1965, Chap. 3; C. N. Satterfield and T. K. Sherwood, *The Role of Diffusion in Catalysis*, Reading, MA: Addison-Wesley, 1963), Chap. 1.

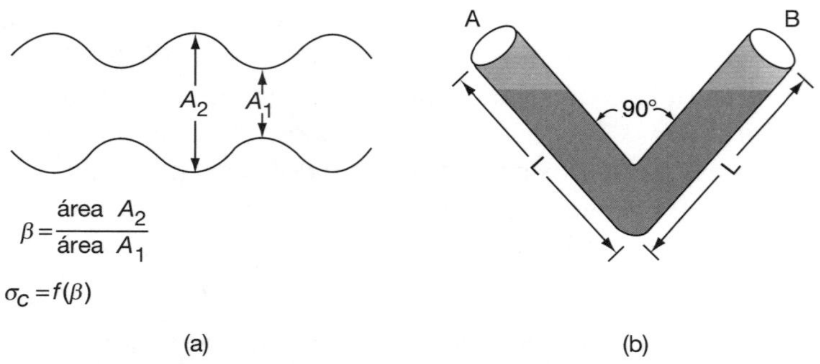

Figura 15.3 (a) Constrição do poro; (b) tortuosidade do poro.

Exemplo 15.1 Encontrando a Difusividade Efetiva D_e

Usando valores típicos de D_{AB}, ϕ_p, σ_c e τ, estime a difusividade efetiva, D_e.

Solução

Primeiro, calcule a tortuosidade para um poro hipotético de comprimento L (Figura 15.3(b)), a partir da definição de $\tilde{\tau}$.

$$\tilde{\tau} = \frac{\text{Distância real que uma molécula percorre entre A e B}}{\text{Menor distância entre A e B}}$$

A menor distância entre os pontos A e B para o poro idealizado mostrado na Figura 15.3 (b) é $\sqrt{2}L$. A distância real em que a molécula viaja de A a B é $2L$.

$$\tilde{\tau} = \frac{2L}{\sqrt{2}L} = \sqrt{2} = 1{,}414$$

Embora esse valor seja razoável para $\tilde{\tau}$, não é incomum encontrar valores de $\tilde{\tau}$ = 6 a 10. Valores típicos do fator de constrição, da tortuosidade e da porosidade da partícula são, respectivamente, $\sigma_c = 0{,}8$, $\tilde{\tau} = 3{,}0$ e $\phi_p = 0{,}40$. Um típico valor da difusividade da fase gasosa é $D_{AB} = 10^{-6}$ m²/s.

Usando esses valores na Equação (15.3)

$$D_e = \frac{\phi_p \sigma_c}{\tilde{\tau}} D_{AB} \tag{15.3}$$

$$D_e = \frac{(0{,}4)0{,}8}{(3)} D_{AB} = 0{,}106 D_{AB}$$

assim,

$$D_e = 0{,}1 \bullet 10^{-6}\ \text{m}^2/\text{s} = 10^{-7}\ \text{m}^2/\text{s}$$

Análise: O propósito deste exemplo foi descrever tortuosidade e fator de constrição para ajudar o leitor a entender como esses parâmetros diminuem a difusividade efetiva, D_e. Também vimos que um valor representativo da difusividade efetiva no poro do *pellet* é 10% da difusividade na fase gasosa.

15.2.2 Dedução da Equação Diferencial Descrevendo Difusão e Reação em um Único *Pellet* Esférico de Catalisador

Primeiro, iremos deduzir o perfil de concentração do reagente A no *pellet*.

Faremos agora um balanço molar, em estado estacionário, para a espécie A que entra, sai e reage em uma casca esférica de raio interno r e raio externo $r + \Delta r$ do *pellet* (Figura 15.4). Note que embora A esteja se difundindo em direção ao centro do *pellet*, a *convenção de nosso balanço na casca diz que o fluxo é na direção crescente de* r. Escolhemos o fluxo de A como positivo na direção de aumento de r (na direção para fora). Uma vez que A está realmente se difundindo para dentro, o fluxo de A terá algum valor negativo, tal como (–10 mols/m²×s), indicando que o fluxo é realmente na direção de diminuição de r.

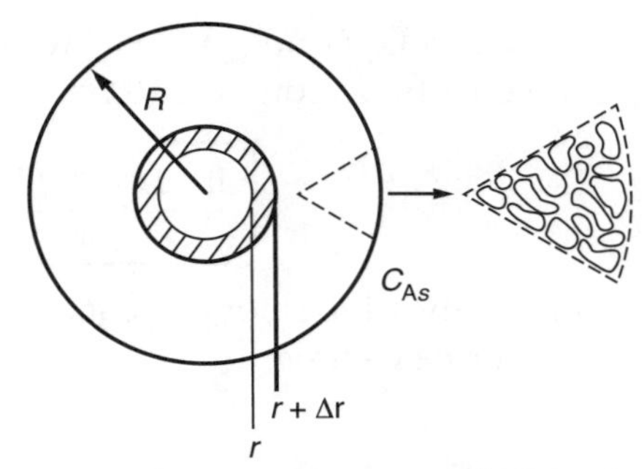

Figura 15.4 Balanço na casca em um *pellet* de catalisador.

Faremos agora nosso balanço de A na casca. A área que aparece na equação de balanço é a área total (vazios e sólidos) *normal* à direção do fluxo molar mostrada pelas setas na Figura 15.3.

$$\text{Taxa de A entrando em } r = W_{Ar} \cdot \text{Área} = W_{Ar} \times 4\pi r^2|_r$$

$$\text{Taxa de A saindo em } (r + \Delta r) = W_{Ar} \cdot \text{Área} = W_{Ar} \times 4\pi r^2|_{r+\Delta r}$$

$$\begin{bmatrix} \text{Taxa de geração} \\ \text{de A no interior} \\ \text{de uma casca} \\ \text{de espessura} \\ \Delta r \end{bmatrix} = \left[\frac{\text{Velocidade de reação}}{\text{Massa de catalisador}}\right] \times \left[\frac{\text{Massa de catalisador}}{\text{Volume}}\right] \times \left[\text{Volume da casca}\right]$$

$$= \quad r'_A \quad \times \quad \rho_c \quad \times \quad 4\pi r_m^2 \Delta r \tag{15.4}$$

Balanço molar para difusão e reação dentro da partícula de catalisador

em que r_m é algum raio médio entre r e $r + \Delta r$, que é usado para aproximar o volume ΔV da casca, e ρ_c é a massa específica da partícula.

O balanço molar na espessura Δr da casca é

Balanço molar

$$\begin{array}{ccccccc} \textbf{(Entra em } \boldsymbol{r}\textbf{)} & - & \textbf{(Sai em } \boldsymbol{r+\Delta r}\textbf{)} & + & \textbf{(Geração do interior de } \boldsymbol{\Delta r}\textbf{)} & = 0 \\ (W_{Ar} \times 4\pi r^2|_r) & - & (W_{Ar} \times 4\pi r^2|_{r+\Delta r}) & + & (r'_A\, \rho_c \times 4\pi r_m^2\, \Delta r) & = 0 \end{array} \tag{15.5}$$

Depois de dividir por $(-4\pi\Delta r)$ e de tomar o limite quando $\Delta r \to 0$, obtemos a seguinte equação diferencial:

$$\boxed{\frac{d(W_{Ar}r^2)}{dr} - r'_A \rho_c r^2 = 0} \tag{15.6}$$

Uma vez que 1 mol de A reage sob condições de temperatura e pressão constantes para formar 1 mol de B, temos a Contradifusão Equimolar (CDEM) a uma concentração total constante (Seção 14.2.1); consequentemente,

A equação de fluxo

$$W_{Ar} = -D_e \frac{dC_A}{dr} \tag{15.7}$$

sendo C_A o número de mols de A por dm^3 de volume de poro aberto (volume de gás) em oposto a (mol/volume de gás e sólidos). Em sistemas em que não temos CDEM nos poros do catalisador, ainda será possível usar a Equação (15.7), se os gases reagentes estiverem presentes em concentrações diluídas.

Após substituir a Equação (15.7) na Equação (15.6), chegamos à seguinte equação diferencial, que descreve a difusão com reação em um *pellet* de catalisador

$$\boxed{\frac{d[-D_e(dC_A/dr)r^2]}{dr} - r^2\rho_c r'_A = 0} \tag{15.8}$$

Agora, precisamos incorporar a equação de taxa. Antes havíamos expressado a taxa de reação por unidade de volume,

$$\boxed{-r_A[=](\text{mol/dm}^3\cdot\text{s})}$$

ou por unidade de massa

$$\boxed{-r'_A\ [=](\text{mol/g-cat}\cdot\text{s})}$$

Dentro do *Pellet*

$-r'_A = S_a(-r''_A)$

$-r_A = \rho_c(-r'_A)$

$-r_A = \rho_c S_a(-r''_A)$

No estudo de reações na área superficial interna de catalisadores, a taxa de reação e a equação de taxa são frequentemente expressas por unidade de área da superfície,

$$\boxed{-r''_A[=](\text{mol/m}^2\cdot\text{s})}$$

#VaiAzul

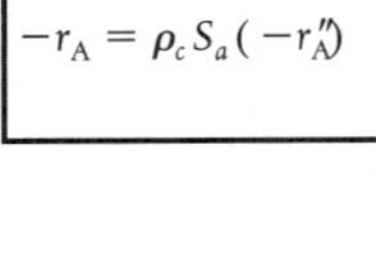

S_a: 10 gramas de catalisador podem cobrir uma área superficial equivalente a um campo de futebol americano.

Como resultado, a área superficial do catalisador por unidade de massa de catalisador

$$S_a\ [=]\ (\text{m}^2/\text{g-cat})$$

é uma propriedade importante do catalisador. A taxa de reação por unidade de massa de catalisador, $-r'_A$, e a taxa de reação por unidade de área da superfície do catalisador estão relacionadas pela equação

$$-r'_A = -r''_A S_a$$

Um valor típico de S_a pode ser de 150 m²/g de catalisador.

A equação de taxa

Como mencionado previamente, a altas temperaturas o denominador da equação de taxa catalítica, frequentemente, aproxima-se de 1, como discutido na Seção 10.3.7. Por conseguinte, por ora, é razoável supor que a reação na superfície seja de ordem *n* na concentração de A na fase gasosa dentro do *pellet*.

$$-r''_A = k''_n C_A^n \tag{15.9}$$

em que as unidades das constantes de taxa para $-r_A, -r'_A, -r''_A$ são

$$-r''_A\text{: com } k''_n\ [=]\ \left(\frac{\text{m}^3}{\text{kmol}}\right)^{n-1}\frac{\text{m}}{\text{s}}$$

Analogamente,

$$-r'_A\text{: com } k'_n = S_a k''_n\ [=]\ \left(\frac{\text{m}^3}{\text{kmol}}\right)^{n-1}\frac{\text{m}^3}{\text{kg}\cdot\text{s}}$$

$$-r_A\text{: com } k_n = k'_n\rho_c = \rho_c S_a k''_n\ [=]\ \left(\frac{\text{m}^3}{\text{kmol}}\right)^{n-1}\frac{1}{\text{s}}$$

Para uma reação catalítica de **primeira ordem**	
Por unidade de área superficial do *pellet*	$k''_1 = [\text{m/s}]$
Por unidade de massa de um único *pellet* de catalisador	$k'_1 = k''_1 S_a = [\text{m}^3/\text{kg}\cdot\text{s}]$
Por unidade de volume de um único *pellet*	$k_1 = k''_1 S_a \rho_c = [\text{s}^{-1}]$

Substituindo a equação de taxa (15.9) na Equação (15.8), obtém-se

$$\frac{d[r^2(-D_e dC_A/dr)]}{dr} + r^2 \overbrace{k_n'' S_a \rho_c}^{k_n} C_A^n = 0 \tag{15.10}$$

Sabendo que k_n representa o termo entre colchetes, diferenciando o primeiro termo e dividindo tudo por $-r^2D_e$, a Equação (15.10) torna-se

$$\boxed{\frac{d^2C_A}{dr^2} + \frac{2}{r}\left(\frac{dC_A}{dr}\right) - \frac{k_n}{D_e} C_A^n = 0} \tag{15.11}$$

Equação diferencial e condições de contorno descrevendo difusão e reação em um *pellet* de catalisador

As condições de contorno são:

1. A concentração permanece finita no centro da partícula:

$$\boxed{C_A \text{ é finita} \quad \text{em } r = 0}$$

2. Na superfície externa da partícula de catalisador, a concentração é C_{As}:

$$\boxed{C_A = C_{As} \quad \textbf{em } r = R}$$

15.2.3 Escrevendo a Equação da Difusão com Reação Catalítica na Forma Adimensional

Como engenheiros, muitas vezes colocamos nossas equações governantes na forma adimensional, pois isso torna os cálculos muito mais fáceis quando mudamos números e unidades. Consequentemente, introduziremos agora as variáveis adimensionais ψ e λ, de modo que possamos chegar a um parâmetro que é frequentemente discutido em reações catalíticas: o *módulo de Thiele*. Seja

$$\psi = \frac{C_A}{C_{As}} \tag{15.12}$$

$$\lambda = \frac{r}{R} \tag{15.13}$$

Com a transformação de variáveis, a condição de contorno

$$C_A = C_{As} \quad \text{em } r = R$$

torna-se

$$\psi = \frac{C_A}{C_{As}} = 1 \quad \text{em } \lambda = 1$$

e a condição de contorno

$$C_A \text{ é finita} \quad \text{em } r = 0$$

torna-se

$$\psi \text{ é finita} \quad \text{em } \lambda = 0$$

Reescreveremos agora a equação diferencial para o fluxo molar em termos de nossas variáveis adimensionais. Começando com

$$W_{Ar} = -D_e \frac{dC_A}{dr} \tag{15.7}$$

usamos a regra da cadeia para escrever

$$\frac{dC_A}{dr} = \left(\frac{dC_A}{d\lambda}\right)\frac{d\lambda}{dr} = \frac{d\psi}{d\lambda}\left(\frac{dC_A}{d\psi}\right)\frac{d\lambda}{dr} \tag{15.14}$$

Então, diferenciamos a Equação (15.12) em relação a ψ e a Equação (15.13) em relação a r e substituímos as expressões resultantes,

$$\frac{dC_A}{d\psi} = C_{As} \qquad \text{e} \qquad \frac{d\lambda}{dr} = \frac{1}{R}$$

na Equação (15.14) de modo a obter

$$\frac{dC_A}{dr} = \frac{d\psi}{d\lambda}\frac{C_{As}}{R} \tag{15.15}$$

O fluxo de A em termos das variáveis adimensionais, ψ e λ, é

A taxa total de consumo de A dentro do *pellet*, M_A (mol/s)

$$W_{Ar} = -D_e\frac{dC_A}{dr} = -\frac{D_eC_{As}}{R}\left(\frac{d\psi}{d\lambda}\right) \tag{15.16}$$

No estado estacionário, a taxa resultante da espécie A que entra no pellet pela sua superfície externa reage completamente dentro da mesma. A taxa de reação global é, por conseguinte, igual à taxa molar total de A para dentro do pellet *de catalisador.* A taxa global de reação, M_A (mol/s), pode ser obtida multiplicando-se o fluxo molar para dentro da partícula na superfície externa pela área da superfície externa do *pellet*, $4\pi R^2$

Todo o reagente que difunde na partícula é consumido (um buraco negro?).

$$M_A = -4\pi R^2 W_{Ar}\Big|_{r=R} = +4\pi R^2 D_e\frac{dC_A}{dr}\Big|_{r=R} = 4\pi R D_e C_{As}\frac{d\psi}{d\lambda}\Big|_{\lambda=1} \tag{15.17}$$

Consequentemente, para determinar a taxa global de reação, que é dada pela Equação (15.17), primeiro resolvemos a Equação (15.11) para C_A, derivamos C_A em relação a r, e então substituímos a expressão resultante na Equação (15.17).

Derivando o gradiente de concentração, Equação (15.15), resulta em

$$\frac{d^2C_A}{dr^2} = \frac{d}{dr}\left(\frac{dC_A}{dr}\right) = \frac{d}{d\lambda}\left(\frac{d\psi}{d\lambda}\frac{C_{As}}{R}\right)\frac{d\lambda}{dr} = \frac{d^2\psi}{d\lambda^2}\left(\frac{C_{As}}{R^2}\right) \tag{15.18}$$

Após dividir por C_{As}/R^2, a forma adimensional da Equação (15.11) é expressa como

$$\frac{d^2\psi}{d\lambda^2} + \frac{2}{\lambda}\frac{d\psi}{d\lambda} - \frac{k_n R^2 C_{As}^{n-1}}{D_e}\psi^n = 0$$

Então

Forma adimensional de equações que descrevem difusão e reação

$$\boxed{\frac{d^2\psi}{d\lambda^2} + \frac{2}{\lambda}\left(\frac{d\psi}{d\lambda}\right) - \phi_n^2\psi^n = 0} \tag{15.19}$$

em que

$$\boxed{\phi_n^2 = \frac{k_n R^2 C_{As}^{n-1}}{D_e}} \tag{15.20}$$

Módulo de Thiele

A raiz quadrada do coeficiente de ψ^n na Equação 15.19 (ϕ_n) é chamada de módulo de Thiele. O módulo de Thiele, ϕ_n, conterá sempre um subscrito (por exemplo, n), que se refere à ordem da reação e que distinguirá esse símbolo daquele usado para a porosidade, ϕ, usado na equação de

Ergun, de queda de pressão, e definido no Capítulo 5, que não tem subscrito. A grandeza ϕ^2_n é a medida da razão entre "*uma*" taxa de reação na superfície e "*uma*" taxa de difusão através do *pellet* de catalisador:

$$\boxed{\phi_n^2 = \frac{k_n R^2 C_{As}^{n-1}}{D_e} = \frac{k_n R C_{As}^n}{D_e[(C_{As}-0)/R]} = \frac{\text{"uma" taxa de reação na superfície}}{\text{"uma" taxa de difusão}}} \tag{15.20}$$

Condições limitantes:

Quando o módulo de Thiele é grande, a difusão interna geralmente limita a taxa de reação global; quando ϕ_n é pequeno, a reação na superfície é geralmente um limitante da taxa. Se, para a reação de primeira ordem

$$A \longrightarrow B$$

a reação na superfície fosse limitante da taxa em relação à adsorção de A e à dessorção de B, e se as espécies A e B fossem fracamente adsorvidas (baixa cobertura) e presentes em concentrações diluídas, poderíamos escrever a lei de taxa de primeira ordem aparente por unidade de volume como

$$-r_A = k_1 C_A$$

em que k_1 é a constante da taxa para um *pellet* de catalisador.

Lembrando que $k_1 = S_a \rho_c k''$, poderíamos também expressar a taxa em função da área superficial da partícula de catalisador (mol/mol$^2 \cdot$ s)

$$-r''_A = k''_1 C_A \left(\frac{\text{mol}}{\text{m}^2 \cdot \text{s}}\right) \tag{15.21}$$

As unidades de k_1 são mol^3/mol^{2}s (= m/s).

Para uma reação de primeira ordem, a Equação (15.19) torna-se

$$\boxed{\frac{d^2\psi}{d\lambda^2} + \frac{2}{\lambda}\frac{d\psi}{d\lambda} - \phi_1^2 \psi = 0} \tag{15.22}$$

o módulo de Thiele para uma reação de primeira ordem é

$$\boxed{\phi_1 = R\sqrt{\frac{k''_1 \rho_c S_a}{D_e}} = R\sqrt{\frac{k_1}{D_e}}} \tag{15.23}$$

em que

Sempre verifique se as unidades são consistentes.

$$k_1 = k''_1 \rho_c S_a \; [=] \left(\frac{\text{m}}{\text{s}} \cdot \frac{\text{g}}{\text{m}^3} \cdot \frac{\text{m}^2}{\text{g}}\right) = 1/\text{s}$$

$$\frac{k_1}{D_e} \; [=] \left(\frac{1/\text{s}}{\text{m}^2/\text{s}}\right) = \frac{1}{\text{m}^2}$$

$$\phi_1 = R\sqrt{\frac{k_1}{D_e}} \; [=] \; \text{m}\left(\frac{\text{s}^{-1}}{\text{m}^2/\text{s}}\right)^{1/2} = \frac{1}{1} \text{ (Adimensional)}$$

As condições de contorno são

B.C. 1: $\psi = 1$	em $\lambda = 1$ (15.24)
B.C. 2: ψ é finito	em $\lambda = 0$ (15.25)

15.2.4 Solução da Equação Diferencial para uma Reação de Primeira Ordem

A equação diferencial (15.22) é prontamente resolvida com a ajuda da transformação $y = \psi\lambda$

$$\frac{d\psi}{d\lambda} = \frac{1}{\lambda}\left(\frac{dy}{d\lambda}\right) - \frac{y}{\lambda^2}$$

$$\frac{d^2\psi}{d\lambda^2} = \frac{1}{\lambda}\left(\frac{d^2y}{d\lambda^2}\right) - \frac{2}{\lambda^2}\left(\frac{dy}{d\lambda}\right) + \frac{2y}{\lambda^3}$$

Com essas transformações, a Equação (15.22) se reduz a

$$\frac{d^2y}{d\lambda^2} - \phi_1^2 y = 0 \tag{15.26}$$

Essa equação diferencial tem a seguinte solução (veja o Apêndice A.3):

$$y = A_1 \cosh \phi_1 \lambda + B_1 \operatorname{senh} \phi_1 \lambda$$

Em termos de ψ

$$\psi = \frac{A_1}{\lambda} \cosh \phi_1 \lambda + \frac{B_1}{\lambda} \operatorname{senh} \phi_1 \lambda$$

As constantes arbitrárias A_1 e B_1 podem ser facilmente avaliadas com a ajuda das condições de contorno. Em $\lambda = 0$, $\cosh(\phi_1\lambda) \to 1$, $(1/\lambda) \to \infty$, e $\operatorname{senh}(\phi_1\lambda) \to 0$. A segunda condição de contorno requer que ψ seja finita no centro ($\lambda = 0$), então A_1 tem de ser zero.

A constante B_1 é calculada a partir da C.C. 1 ($\psi = 1$, $\lambda = 1$) e o perfil de concentração adimensional é

Perfil de concentração adimensional

$$\boxed{\psi = \frac{C_A}{C_{As}} = \frac{1}{\lambda}\left(\frac{\operatorname{senh} \phi_1 \lambda}{\operatorname{senh} \phi_1}\right)} \tag{15.27}$$

A Figura 15.5 mostra o perfil de concentrações para três valores diferentes do módulo de Thiele, ϕ_1. Valores pequenos do módulo de Thiele indicam que a reação na superfície é a etapa controladora e uma quantidade significativa do reagente se difunde bem para dentro do interior do *pellet* sem reagir. Como resultado, o perfil de concentração não é muito pronunciado, com a concentração no centro do *pellet* próxima daquela na superfície externa. Ou seja, praticamente toda a superfície interna está sujeita à concentração C_{As} do reagente. Valores grandes do módulo de Thiele indicam que a reação na superfície é rápida e que o reagente é consumido muito perto da superfície externa do *pellet* e muito pouco penetra em seu interior. Consequentemente, se o *pellet* poroso deve ser recoberto com um catalisador à base de metal precioso (por exemplo, Pt), isso deve acontecer apenas na vizinhança imediata da superfície externa, quando valores grandes de ϕ_n caracterizam difusão e reação. Ou seja, seria um desperdício de metal precioso recobrir todo o interior do *pellet* quando a difusão interna é limitante porque os gases reagentes são consumidos perto da superfície externa e nunca alcançam o catalisador metálico perto do centro do *pellet*. Por conseguinte, os gases reagentes nunca entrariam em contato com a porção central do *pellet*.

#PerdaDeDinheiro

Para grandes valores do módulo de Thiele, a difusão interna limita a taxa de reação.

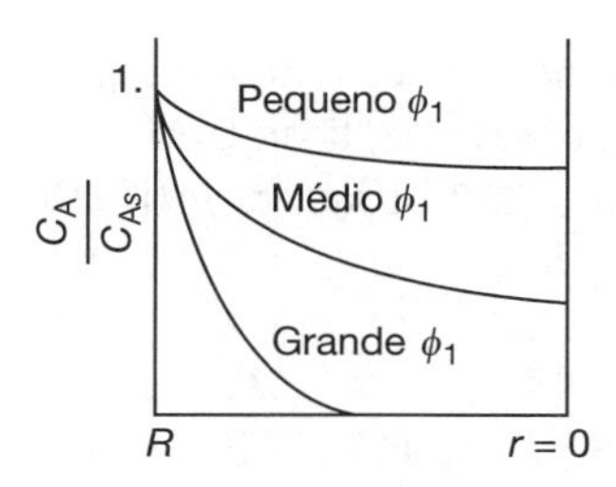

Figura 15.5 Perfil de concentrações em um *pellet* esférico de catalisador.

15.3 Fator de Efetividade Interno

Na Figura 15.5, vimos que a concentração variou com o raio da partícula. Consequentemente, para todas as reações, exceto as de ordem zero, a taxa também variará em toda a partícula. Para levar em conta essas variações nas taxas, introduzimos o *fator de efetividade interno*.

15.3.1 Reações Catalíticas Isotérmicas de Primeira Ordem

A magnitude do fator de efetividade (variando de 0 a 1) indica a importância relativa das limitações de difusão e de reação. O fator de efetividade interno é definido como

η é a medida de até que ponto o reagente se difunde no *pellet* antes de reagir.

$$\eta = \frac{\text{Taxa de reação global real}}{\text{Taxa de reação que resultaria se toda a superfície interna fosse exposta às condições da superfície externa do } pellet \ C_{As}, T_s} \tag{15.28}$$

A taxa global, $-r'_A$, é também citada como a taxa de reação observada [$-r_A$ (obs)]. Em termos de símbolos, o fator de efetividade é

$$\eta = \frac{-r_A}{-r_{As}} = \frac{-r'_A}{-r'_{As}} = \frac{-r''_A}{-r''_{As}}$$

Para deduzir o fator de efetividade para uma reação de primeira ordem, é mais fácil trabalhar com taxas de reação de mols por unidade de tempo, M_A, em vez de mols por unidade de tempo por unidade de volume de catalisador (ou seja, $-r_A$). Consequentemente, multiplicamos o numerador e o denominador da Equação (15.28) pelo volume, V, do *pellet* de catalisador.

$$\eta = \frac{-r_A}{-r_{As}} = \frac{-r_A \times \text{Volume do } pellet \text{ de catalisador}}{-r_{As} \times \text{Volume do } pellet \text{ de catalisador}} = \frac{M_A}{M_{As}}$$

Primeiro, devemos considerar o denominador, M_{As}, a taxa molar para a superfície. Se a superfície inteira fosse exposta à concentração na superfície externa do *pellet*, C_{As}, a taxa para uma reação de primeira ordem seria

M_{As} = (Taxa na superfície externa por unidade de volume) × (Volume do *pellet* de catalisador)

$$M_{As} = -r_{As} \times \left(\frac{4}{3}\pi R^3\right) = k_1 C_{As}\left(\frac{4}{3}\pi R^3\right) \tag{15.29}$$

O subscrito *s* indica que a taxa $-r_{As}$ é avaliada nas condições (por exemplo, concentração, temperatura) presentes na superfície **externa** do *pellet* ($\lambda = 1$).

A *taxa de reação real* é a taxa na qual o reagente se difunde para dentro do *pellet* a partir da superfície externa; ou seja, todo o A que se difunde no *pellet* reage e não se difunde de volta. (Ela se comporta como "um buraco negro".) Relembramos da Equação (15.17) para a taxa de reação real,

Taxa de reação real

$$M_A = 4\pi R D_e C_{As} \left.\frac{d\psi}{d\lambda}\right|_{\lambda=1} \tag{15.17}$$

Derivando a Equação (15.27) e então avaliando o resultado em $\lambda = 1$, resulta em

$$\left.\frac{d\psi}{d\lambda}\right|_{\lambda=1} = \left(\frac{\phi_1 \cosh \lambda\phi_1}{\lambda \operatorname{senh}\phi_1} - \frac{1}{\lambda^2}\frac{\operatorname{senh}\lambda\phi_1}{\operatorname{senh}\phi_1}\right)_{\lambda=1} = (\phi_1 \operatorname{cotgh}\phi_1 - 1) \tag{15.30}$$

Substituindo a Equação (15.30) na (15.17), obtém-se

$$M_A = 4\pi R D_e C_{As}(\phi_1 \operatorname{cotgh}\phi_1 - 1) \tag{15.31}$$

Substituímos agora as Equações (15.29) e (15.31) na Equação (15.28), com a finalidade de obter uma expressão para o fator de efetividade:

$$\eta = \frac{M_A}{M_{As}} = \frac{M_A}{(-r_{As})\left(\frac{4}{3}\pi R^3\right)} = \frac{4\pi R D_e C_{As}}{k_1 C_{As}\frac{4}{3}\pi R^3}(\phi_1 \operatorname{cotgh}\phi_1 - 1)$$

$$= 3\underbrace{\frac{1}{k_1 R^2/D_e}}_{\phi_1^2}(\phi_1 \operatorname{cotgh}\phi_1 - 1)$$

Fator efetividade interna para uma reação de primeira ordem em um *pellet* esférico de catalisador

$$\boxed{\eta = \frac{3}{\phi_1^2}(\phi_1 \operatorname{cotgh}\phi_1 - 1)} \tag{15.32}$$

Um gráfico do fator de efetividade em função do módulo de Thiele é mostrado na Figura 15.6. A Figura 15.6 (a) mostra η como função do módulo de Thiele, ϕ_s, para um *pellet* esférico de catalisador para reações de ordem zero e de primeira e segunda ordens. A Figura 15.6 (b) corresponde a uma reação de primeira ordem ocorrendo em três diferentes formas de *pellet*, de volume V_p e área superficial externa A_p. O módulo de Thiele para uma reação de primeira ordem, ϕ_1, é definido diferentemente para cada forma. Quando a variação de volume for acompanhada por uma reação ($\epsilon = 0$), as correções mostradas na Figura 15.7 se aplicam ao fator de efetividade para uma reação de primeira ordem.

O Módulo de Thiele é um parâmetro muito importante que nos ajuda a identificar quando a difusão é limitante da taxa (ϕ_n grande) ou a reação é a limitante (ϕ_n pequeno). Observamos que, à medida que o diâmetro da partícula se torna muito pequeno, ϕ_n diminui, de modo que o fator de efetividade interno se aproxima de 1 e a reação é limitada pela reação de superfície. Por outro lado, quando o módulo de Thiele ϕ_n é grande (por exemplo, 30), o fator de efetividade interno η é pequeno (por exemplo, 0,1) e a reação é limitada pela difusão dentro do *pellet*. Por conseguinte, os fatores que influenciam a taxa de transporte de massa externa, como a velocidade do fluido, terão um efeito desprezível na taxa de reação global quando a reação for limitada pela taxa de reação da superfície interna ou pela difusão interna. Para grandes valores do módulo de Thiele, pode-se expandir cotgh (ϕ_1) na Equação (15.32) em uma série de Taylor e mostrar que o fator de efetividade pode ser escrito como

Se $\phi_1 > 2$
então $\eta \approx \frac{3}{\phi_1^2}[\phi_1 - 1]$
Se $\phi_1 > 20$
então $\eta \approx \frac{3}{\phi_1}$

$$\eta \simeq \frac{3}{\phi_1} = \frac{3}{R}\sqrt{\frac{D_e}{k_1}} \tag{15.33}$$

Para expressar a taxa global de reação em termos do módulo de Thiele, rearranjamos a Equação (15.28) e aplicamos a equação da taxa para uma reação de primeira ordem na Equação (15.29)

$$-r_A = \left(\frac{\text{Taxa de reação real}}{\text{Taxa de reação em } C_{As}}\right) \times (\text{Taxa de reação em } C_{As})$$

$$= \eta(-r_{As})$$

Para uma reação de primeira ordem

$$-r_A = \eta(k_1 C_{As}) \tag{15.34}$$

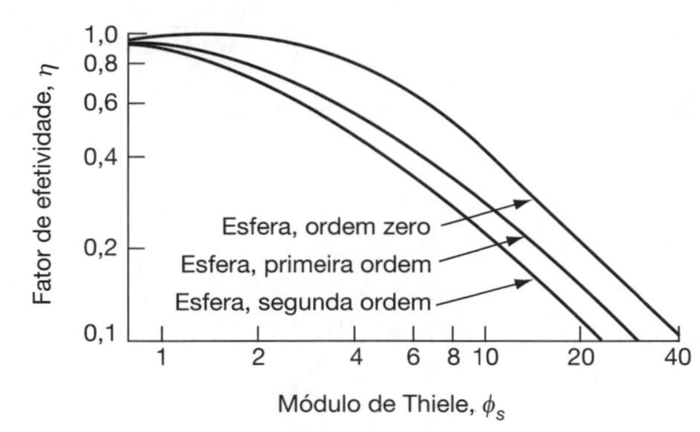

Ordem zero	$\phi_{s0} = R\sqrt{k_0'' S_a \rho_c / D_e C_{A0}}$	$= R\sqrt{k_0 / D_e C_{A0}}$
Primeira ordem	$\phi_{s1} = R\sqrt{k_1'' S_a \rho_c / D_e}$	$= R\sqrt{k_1 / D_e}$
Segunda ordem	$\phi_{s2} = R\sqrt{k_2'' S_a \rho_c C_{A0} / D_e}$	$= R\sqrt{k_2 C_{A0} / D_e}$

(a)

Regimes limitados

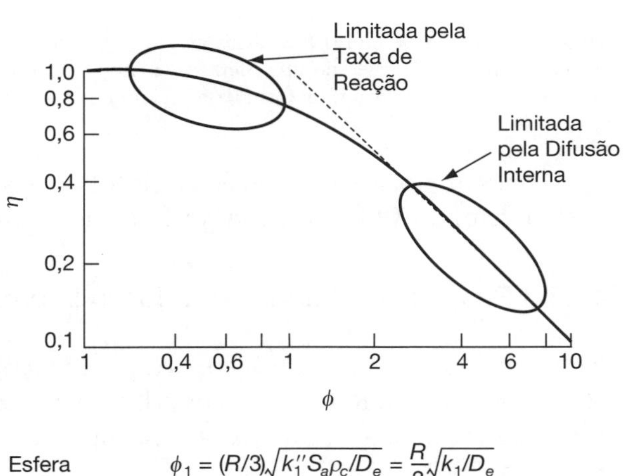

Esfera	$\phi_1 = (R/3)\sqrt{k_1'' S_a \rho_c / D_e}$	$= \frac{R}{3}\sqrt{k_1 / D_e}$
Cilindro	$\phi_1 = (R/2)\sqrt{k_1'' S_a \rho_c / D_e}$	$= \frac{R}{2}\sqrt{k_1 / D_e}$
Placa	$\phi_1 = L\sqrt{k_1'' S_a \rho_c / D_e}$	$= L\sqrt{k_1 / D_e}$

(b)

Figura 15.6 (a) Gráfico do fator de efetividade para a cinética de ordem *n* para partículas esféricas de catalisador. [C.N. Satterfield, "Mass Transfer in Heterogeneous Catalysis", *AIChE Journal* 16(3) 509-510 (1970). Com a permissão de American Institute of Chemical Engineers. Copyright © 1970 AIChE. Todos os direitos reservados.] (b) Reação de primeira ordem em diferentes geometrias de *pellets*. [R. Aris, *Introduction to the Analysis of Chemical Reactors*, 1965, p. 131; reimpressa com a permissão da Person Education, Upper Saddle River, NJ.]

Observe que, para leitos fixos catalíticos, a taxa varia inversamente com o diâmetro de partícula do catalisador.

Combinando as Equações (15.33) e (15.34), a taxa de reação global para uma reação de primeira ordem, limitada pela difusão interna, é

$$\boxed{-r_A = \frac{3}{R}\sqrt{D_e k_1}\, C_{As} = \frac{3}{R}\sqrt{D_e S_a \rho_c k_1''}\, C_{As}}$$

15.3.2 Fatores de Efetividade em Reação com Variação de Volume

Quando existe variação de volume, $\varepsilon = 0$, usamos um fator de correção para levar em conta esta variação. A correção é obtida a partir de um gráfico da razão dos fatores efetivos

$$\frac{\eta'}{\eta} = \frac{\text{Fator na presença de variação de volume}}{\text{Fator na ausência de variação de volume}}$$

em função de ε para vários valores de módulo de Thiele. Esse gráfico é apresentado na Figura 15.7.

Correção para variação de volume com reação ($\varepsilon \neq 0$)

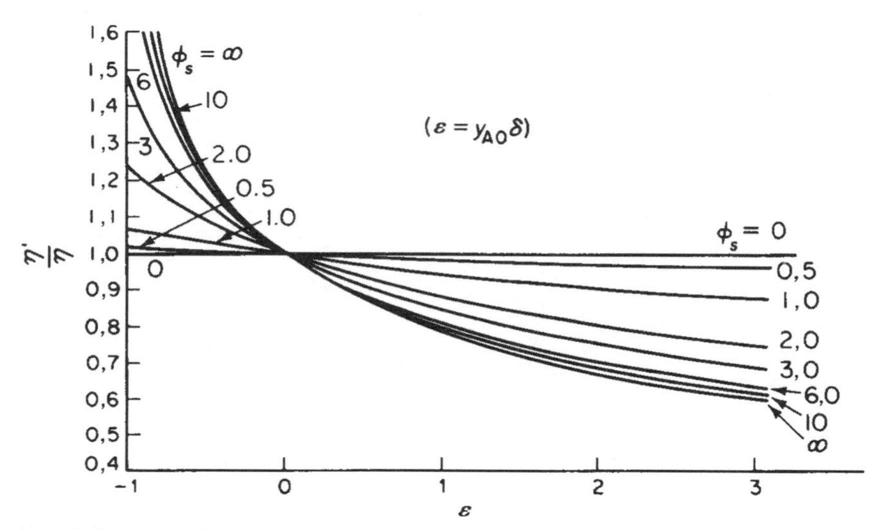

Figura 15.7 Razões de fatores de efetividade para a cinética de primeira ordem para *pellet* esféricos de catalisador, para vários valores do módulo de Thiele de uma esfera, ϕ_s, em função da variação de volume. [A partir de V. W. Weekman e R. L. Goring, "Influence of Volume Change on Gas-Phase Reactions in Porous Catalist." *J. Catal.*, 4(2), 260 (1965).]

Por exemplo, se o módulo de Thiele fosse 10 para a reação em fase gasosa A → 2B com ($\varepsilon = 1$), então o fator de efetividade com variação de volume seria $\eta' = 0{,}8\ \eta$.

15.3.3 Reações Limitadas por Difusão Interna, Além da Primeira Ordem

Como a taxa de reação pode ser aumentada?

Para aumentar a taxa de reação, $-r_A'$, para reações limitadas pela difusão interna, podemos: (1) diminuir o raio R (tornando os *pellets* menores); (2) aumentar a temperatura; (3) aumentar a concentração; e (4) aumentar a área superficial interna. Para reações de ordem n, temos da Equação (15.20),

$$\phi_n^2 = \frac{k_n'' S_a \rho_c R^2 C_{As}^{n-1}}{D_e} = \frac{k_n R^2 C_{As}^{n-1}}{D_e} \tag{15.20}$$

Para valores grandes do módulo de Thiele, o fator de efetividade é

$$\boxed{\eta = \left(\frac{2}{n+1}\right)^{1/2} \frac{3}{\phi_n} = \left(\frac{2}{n+1}\right)^{1/2} \frac{3}{R}\sqrt{\frac{D_e}{k_n}}\, C_{As}^{(1-n)/2}} \tag{15.35}$$

Logo, para reações de ordens maiores que 1, o fator de efetividade diminui com o aumento de concentração na superfície externa do *pellet*. Usaremos essa equação quando discutirmos *Cinética Falsa*.

15.3.4 Critério de Weisz-Prater para Difusão Interna

O critério de Weisz-Prater usa valores medidos da taxa de reação, $-r'_A$ (obs), para determinar se a difusão interna está limitando a reação. Esse critério pode ser desenvolvido intuitivamente, primeiro rearranjando-se a Equação (15.32) na forma

$$\boxed{\eta\phi_1^2 = 3(\phi_1 \operatorname{cotgh} \phi_1 - 1)} \tag{15.36}$$

Mostrando de onde vem o parâmetro Weisz-Prater

O lado esquerdo da Equação (15.36) é o parâmetro de Weisz-Prater, WP:

$$\text{WP} = \eta \times \phi_1^2 \tag{15.37}$$

$$\text{WP} = \frac{\text{Taxa de reação (real) observada}}{\text{Taxa de reação avaliada em } C_{As}} \times \frac{\text{Taxa de reação avaliada em } C_{As}}{\text{"uma" taxa de difusão}}$$

Explore WP usando o PP P15.3 na *Web*

$$\text{WP} = \frac{\text{Taxa de reação real}}{\text{"uma" taxa de difusão}}$$

Substituindo para

$$\eta = \frac{-r'_A(\text{obs})}{-r'_{As}} \qquad \text{e} \qquad \phi_1^2 = \frac{-r''_{As} S_a \rho_c R^2}{D_e C_{As}} = \frac{-r'_{As} \rho_c R^2}{D_e C_{As}}$$

Na Equação (15.59), obtemos

$$\text{WP} = \frac{-r'_A(\text{obs})}{-r'_{As}} \left(\frac{-r'_{As} \rho_c R^2}{D_e C_{As}} \right) \tag{15.38}$$

Existe alguma limitação à difusão interna indicada pelo critério de Weisz-Prater?

$$\boxed{\text{WP} = \eta\phi_1^2 = \frac{-r'_A(\text{obs})\, \rho_c R^2}{D_e C_{As}}} \tag{15.39}$$

Todos os termos na Equação (15.39) são medidos ou conhecidos. Logo, podemos calcular WP para sabermos se há qualquer limitação à difusão.

Se

Sem limitação à difusão interna

$$\boxed{\text{WP} \ll 1}$$

não há limitações de difusão e, por conseguinte, não existe gradiente de concentração no interior do *pellet*.

Entretanto, se

Severas limitações à difusão interna

$$\boxed{\text{WP} \gg 1}$$

a difusão interna limita severamente a reação. Ai!

Exemplo 15.2 Estimativa do Módulo de Thiele e do Fator de Efetividade

A reação de primeira ordem

$$A \longrightarrow B$$

ocorreu sobre dois *pellets* de tamanhos diferentes. Os *pellets* foram colocados em um reator de cesta giratória, que foi operado a velocidades de rotação suficientemente altas, para que a resistência à transferência externa de massa fosse desconsiderada. Os resultados das duas corridas experimentais, realizadas sob condições idênticas, são fornecidos na Tabela E15.2.1.

(a) Estime o módulo de Thiele e o fator de efetividade para cada partícula.

(b) Quão pequenas as partículas devem ser para eliminar praticamente toda a resistência interna à difusão, por exemplo, $\eta = 0{,}95$?

Esses dois experimentos resultam em uma *enorme* quantidade de informação.

Tabela E15.2.1 Dados Provenientes de um Reator de Cesta Giratória

	Taxa Medida (obs) (mol/g-cat·s) × 10^5	*Raio do Pellet* (m)
Corrida 1	3,0	0,01
Corrida 2	15,0	0,001

Solução

(a) Combine as Equações (15.36) e (15.39) e obtenha

$$WP = \frac{-r'_A(\text{obs})R^2\rho_c}{D_e C_{As}} = \eta\phi_1^2 = 3(\phi_1 \operatorname{cotgh}\phi_1 - 1) \quad \text{(E15.2.1)}$$

Os subscritos 1 e 2 referem-se às corridas 1 e 2. Aplicamos a Equação (E15.2.1) às corridas 1 e 2 e então calculamos a relação para obter

$$\boxed{\frac{-r'_{A2}R_2^2}{-r'_{A1}R_1^2} = \frac{\phi_{12}\operatorname{cotgh}\phi_{12} - 1}{\phi_{11}\operatorname{cotgh}\phi_{11} - 1}} \quad \text{(E15.2.2)}$$

Os termos ρ_c, D_e e C_{As} são cancelados, uma vez que as corridas ocorreram sob condições idênticas. O módulo de Thiele é

$$\phi_1 = R\sqrt{\frac{-r'_{As}\rho_c}{D_e C_{As}}} \quad \text{(E15.2.3)}$$

Tomando a razão entre os módulos de Thiele para as corridas 1 e 2, obtemos

$$\boxed{\frac{\phi_{11}}{\phi_{12}} = \frac{R_1}{R_2}} \quad \text{(E15.2.4)}$$

ou

$$\phi_{11} = \frac{R_1}{R_2}\phi_{12} = \frac{0{,}01 \text{ m}}{0{,}001 \text{ m}}\phi_{12} = 10\phi_{12} \quad \text{(E15.2.5)}$$

Substituindo ϕ_{11} na Equação (E15.2.2) e calculando $-r'_A$ e R para as corridas 1 e 2, obtemos

$$\left(\frac{15\times10^{-5}}{3\times10^{-5}}\right)\frac{(0{,}001)^2}{(0{,}01)^2} = \frac{\phi_{12}\operatorname{cotgh}\phi_{12} - 1}{10\phi_{12}\operatorname{cotgh}(10\phi_{12}) - 1} \quad \text{(E15.2.6)}$$

$$0{,}05 = \frac{\phi_{12}\operatorname{cotgh}\phi_{12} - 1}{10\phi_{12}\operatorname{cotgh}(10\phi_{12}) - 1} \quad \text{(E15.2.7)}$$

Temos agora uma equação e uma incógnita. Resolvendo a Equação (E15.2.7), encontramos

$\phi_{12} = 1{,}65$ para $R_2 = 0{,}001$ m

Então,

$\phi_{11} = 10\phi_{12} = 16{,}5$ para $R_1 = 0{,}01$ m

Dados dois pontos experimentais, pode-se prever o tamanho de partícula em que a transferência interna de massa não limita a taxa de reação.

Os fatores de efetividade correspondentes são

$$\text{Para } R_2: \quad \eta_2 = \frac{3(\phi_{12}\,\text{cotgh}\,\phi_{12} - 1)}{\phi_{12}^2} = \frac{3(1{,}65\,\text{cotgh}\,1{,}65 - 1)}{(1{,}65)^2} = 0{,}856$$

$$\text{Para } R_1: \quad \eta_1 = \frac{3(16{,}5\,\text{cotgh}\,16{,}5 - 1)}{(16{,}5)^2} \approx \frac{3}{16{,}5} = 0{,}182$$

(b) A seguir, calculamos o raio do *pellet*, necessário para praticamente eliminar o controle da difusão interna (isto é, $\eta = 0{,}95$):

$$0{,}95 = \frac{3(\phi_{13}\,\text{cotgh}\,\phi_{13} - 1)}{\phi_{13}^2} \tag{E15.2.8}$$

A solução da Equação (E15.2.8) resulta em $\phi_{13} = 0{,}9$

$$R_3 = R_1\frac{\phi_{13}}{\phi_{11}} = (0{,}01)\left(\frac{0{,}9}{16{,}5}\right) = 5{,}5 \times 10^{-4}\,\text{m}$$

Um tamanho de partícula de 0,55 mm é necessário para praticamente eliminar o controle por difusão (isto é, $\eta = 0{,}95$).

Apenas dois pontos de dados foram necessários.

Análise: Este exemplo é importante porque ele mostra como, com apenas duas medidas e algumas considerações, podemos determinar as limitações à difusão interna para dois tamanhos de *pellets* e prever o tamanho necessário para eliminar completamente a difusão interna.

15.4 Falsa Cinética

Você pode não estar medindo o que pensa estar.

Existem circunstâncias sob as quais a ordem de reação e a energia de ativação medidas não são valores verdadeiros. Considere o caso em que obtemos os dados de taxa de reação em um reator diferencial a duas temperaturas diferentes, T_1 e T_2, em que precauções são tomadas para praticamente eliminar a resistência externa à transferência de massa ($C_{As} = C_{Ab}$). A partir desses dados, construímos um gráfico log-log da taxa de reação medida $-r'_A$, em função da concentração na fase gasosa, C_{As} (Figura 15.8). A inclinação desse gráfico é a ordem de reação aparente n' e a equação da taxa medida toma a forma de

Taxa medida:

$$-r'_{Am} = k'_n C_{As}^{n'} \tag{15.40}$$

Relacionaremos agora essa ordem de reação medida, n', à ordem de reação verdadeira, n. Usando a definição do fator de efetividade, notamos que a taxa real, $-r'_A$, é o produto entre η e a taxa de reação avaliada na superfície externa, $k_n C_{As}^n$, por exemplo,

Taxa medida com uma ordem aparente de reação igual a n'

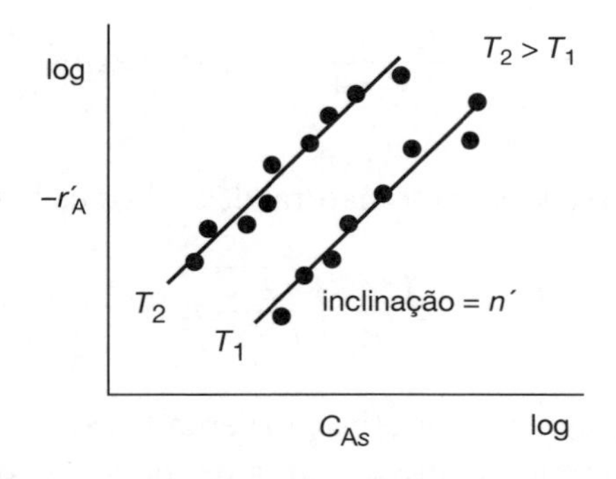

Figura 15.8 Determinação da ordem aparente de reação ($-r'_A = \rho_b(-r'_A)$).

Taxa real:

$$\boxed{-r'_A = \eta(-r'_{As}) = \eta(k_n C_{As}^n)} \tag{15.41}$$

Para valores grandes do módulo de Thiele, ϕ_n, em que a transferência de massa interna é limitante, podemos usar a Equação (15.35) para substituir na Equação (15.41), de modo a obter

$$-r'_A = \frac{3}{\phi_n}\sqrt{\frac{2}{n+1}}k_n C_{As}^n = \frac{3}{R}\sqrt{\frac{D_e}{k_n}C_{As}^{1-n}}\sqrt{\frac{2}{n+1}}\,k_n C_{As}^n$$

Simplificando

$$\boxed{-r'_A = \frac{3}{R}\sqrt{\frac{2D_e}{(n+1)}}\,k_n^{1/2} C_{As}^{(n+1)/2}} \tag{15.42}$$

Igualando a taxa de reação verdadeira, Equação (15.42), à taxa de reação medida, Equação (15.40), obtemos

$$\boxed{-r'_A = \overbrace{\sqrt{\frac{2}{n+1}}\left(\frac{3}{R}\sqrt{D_e}\,k_n^{1/2}C_{As}^{(n+1)/2}\right)}^{\text{Verdadeira}} = \overbrace{k'_n C_{As}^{n'}}^{\text{Medida aparente}}} \tag{15.43}$$

A dependência funcional da taxa de reação com a concentração **deve** ser a mesma, tanto para a taxa medida como para a taxa prevista teoricamente

$$C_{As}^{(n+1)/2} = C_{As}^{n'}$$

assim, a ordem aparente de reação medida n' (n_{Aparente}) está relacionada com a verdadeira ordem de reação n ($n_{\text{Verdadeira}}$) por

Ordens de reação verdadeira e aparente

$$\boxed{n' = \frac{1+n}{2}} \tag{15.44}$$

Além da ordem de reação aparente, há também uma energia de ativação aparente, E_{Ap}. Esse valor é a energia de ativação que calcularíamos usando os dados experimentais, a partir da inclinação de um gráfico de ln $(-r'_A)$ como função de $1/T$, a uma concentração fixa de A. Substituindo as velocidades específicas de reação, medida e verdadeira, em termos da energia de ativação, temos

$$\underbrace{k'_n = A_{App}e^{-E_{App}/RT}}_{\text{Medida}} \; : \; \underbrace{k_n = A_T e^{-E_T/RT}}_{\text{Verdadeira}}$$

na Equação (15.43), encontramos que

$$\boxed{n_{\text{Verdadeira}} = 2n_{\text{Aparente}} - 1}$$

$$-r'_A = \left(\frac{3}{R}\sqrt{\frac{2}{n+1}}\,D_e\right)A_T^{1/2}\left[\exp\left(\frac{-E_T}{RT}\right)\right]^{1/2} C_{As}^{(n+1)/2} = A_{App}\left[\exp\left(\frac{-E_{App}}{RT}\right)\right]C_{As}^{n'}$$

Tomando o logaritmo natural de ambos os lados, temos

$$\ln\left[\frac{3}{R}\sqrt{\frac{2}{n+1}}\,D_e\,A_T^{1/2}C_{As}^{(n+1)/2}\right] - \frac{E_T}{2RT} = \ln\left[A_{App}C_{As}^{n'}\right] - \frac{E_{App}}{RT} \tag{15.45}$$

sendo E_T a energia de ativação verdadeira.

Tal como acontece com a dependência da taxa com a concentração, a dependência com a temperatura deve ser a mesma para a taxa analítica. Comparando os termos dependentes da temperatura nos lados direito e esquerdo da Equação (15.45), vemos que a energia de ativação verdadeira é igual a duas vezes a energia de ativação aparente.

A verdadeira energia de ativação

$$\boxed{E_T = 2E_{App}} \tag{15.46}$$

Essa medida da ordem de reação aparente e da energia de ativação aparente resulta principalmente quando as limitações à difusão interna estão presentes e é chamada de *cinética disfarçada* ou *falsa*. Sérias consequências poderiam ocorrer se os dados de laboratório fossem tomados no regime disfarçado e o reator fosse operado em um regime diferente. Por exemplo, o que aconteceria se o tamanho de partícula fosse reduzido de modo que limitações de difusão interna se tornassem insignificantes? A maior energia de ativação, E_T, faria com que a reação fosse muito mais sensível à temperatura, havendo a possibilidade para *condições de reações fora de controle* que levariam à ocorrência de explosão.

Importante consequência industrial da falsa cinética: reações fora de controle. Considerações de segurança!

15.5 Fator de Efetividade Global

Para reações de primeira ordem, podemos usar um fator de efetividade global para nos ajudar a analisar difusão, escoamento e reação em leitos fixos. Consideremos agora uma situação em que as resistências externa **e** interna à transferência de massa para o *pellet* e no interior da partícula sejam da mesma ordem de grandeza (Figura 15.9). Em estado estacionário, o transporte do(s) reagente(s) a partir do meio fluido para a superfície externa do catalisador é igual à taxa de reação resultante do reagente dentro da partícula e na superfície do *pellet*.

Aqui, as difusões interna e externa são importantes.

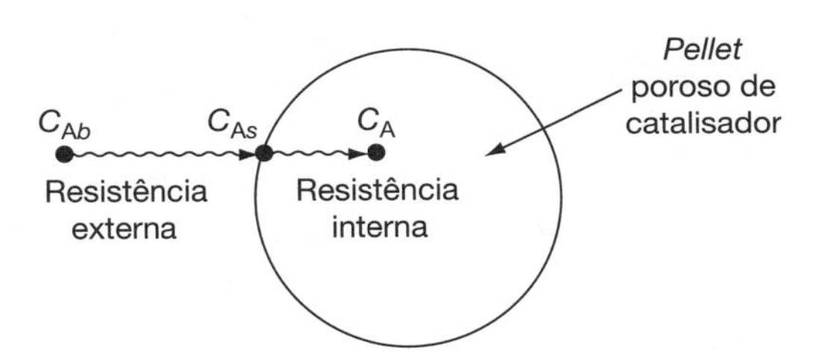

Figura 15.9 Transferência de massa e etapas de reação.

A taxa molar de transferência de massa a partir do fluido (*bulk*) para a superfície *externa* é

$$\text{Taxa molar} = (\text{Fluxo molar } C_{Ab} \text{ para } C_{As}) \cdot (\text{Área da superfície externa})$$
$$M_A = W_{Ar} \cdot (\text{Área da superfície externa/Volume})(\text{Volume do reator})$$
$$= W_{Ar} \cdot a_c \Delta V \tag{15.47}$$

em que a_c é a área superficial externa por unidade de volume de reator (ver Capítulo 14) e ΔV é o volume do reator.

Essa taxa molar de transferência de massa para a superfície, M_A, é também igual à taxa de reação resultante (total) *na superfície* do *pellet* **e** *dentro* do *pellet*

$$\boxed{M_A = (-r_A'') \times (\text{Área externa} \times \text{Área interna})}$$

$$\text{Área externa} = \frac{\text{Área externa}}{\text{Volume do reator}} \times \text{Volume do reator}$$
$$= a_c \, \Delta V$$

$$\text{Área interna} = \frac{\text{Área interna}}{\text{Massa de catalisador}} \times \frac{\text{Massa de catalisador}}{\text{Volume de catalisador}} \times \frac{\text{Volume de catalisador}}{\text{Volume do reator}}$$

$$\times \text{ Volume do reator}$$

$$= S_a \times \rho_c \times (1-\phi) \times \Delta V$$

$$= \left[\frac{m^2}{g} \times \frac{g}{m^3} \times m^3\right]$$

$$= S_a \overbrace{\rho_c(1-\phi)}^{\rho_b} \Delta V$$

$$= S_a \rho_b \, \Delta V$$

ρ_b = Massa específica global do fluido
= $\rho_c(1-\phi)$
ϕ = Porosidade
Veja a nota de nomenclatura no Exemplo 15.4.

Lembrando que ρ_c é a massa específica da partícula de catalisador, kg por volume do *pellet*, e ρ_b a massa específica do catalisador no reator, kg-cat por volume do reator.

Combinamos agora as equações anteriores para a área de superfície externa e área de superfície interna com a Equação (15.47), para obter o fluxo molar total em todo o catalisador no volume ΔV

$$\boxed{M_A = -r_A''[a_c \, \Delta V + S_a \rho_b \, \Delta V\,]} \tag{15.48}$$

Combinando as Equações (15.47) e (15.48) e cancelando o volume ΔV, vemos que o fluxo para a superfície do *pellet*, $W_{Az}a_c$, é igual à taxa de consumo de A *entrando e no* catalisador.

$$W_{Ar}a_c = -r_A'' \cdot (a_c + S_a \rho_b)$$

Para a maioria dos catalisadores, a área da superfície interna é muito maior do que a área da superfície externa ($S_a\rho_b >> a_c$), em que temos

$$W_{Ar}a_c = -r_A'' S_a \rho_b$$

Comparando unidades dos lados direito e esquerdo da Equação (15.49), não encontramos inconsistências, ou seja,

$$\left[\frac{\text{mol}}{m^2 \cdot s} \cdot \frac{m^2}{m^3}\right] = \left[\frac{\text{mol}}{m^2 \cdot s}\left(\frac{m^2}{g}\right)\frac{g}{m^3}\right]$$

em que $-r_A''$ é a taxa de reação global dentro do *pellet* e sobre o *pellet* por unidade de área superficial, $-r_A'$ é a taxa de reação por massa de catalisador

$$-r_A' = -r_A'' S_a$$

e $-r_A'$ é a taxa global por volume de reator, *isto é*,

$$-r_A = -r_A' \, \rho_b$$

então

$$\boxed{W_{Az}a_c = -r_A = -r_A'' S_a \rho_b} \tag{15.49}$$

com as unidades correspondentes para cada termo da Equação (15.49) mostradas a seguir.

$$\frac{\text{mol}}{m^2 \cdot s} \times \frac{m^2}{m^3} = \frac{\text{mol}}{m^3 \cdot s} = \frac{\text{mol}}{m^2 \cdot s} \times \frac{m^2}{\text{g-cat}} \times \frac{\text{g-cat}}{m^3}$$

Novamente, não encontramos inconsistências.

A relação para a taxa de transporte de massa para a superfície externa do catalisador é

$$\boxed{M_A = W_{Ar}a_c\,\Delta V = k_c(C_{Ab} - C_{As})a_c\,\Delta V} \tag{15.50}$$

Novamente, comparando as unidades, dos lados esquerdo e direito, não temos inconsistências.

$$\left[\frac{\text{mol}}{\text{s}}\right] = \left[\left(\frac{\text{mol}}{\text{m}^2\text{s}}\right)\left(\frac{\text{m}^2}{\text{m}^3}\right)\text{m}^3\right] = \left[\left(\frac{\text{m}}{\text{s}}\right)\left(\frac{\text{mol}}{\text{m}^3}\right)\left(\frac{\text{m}^2}{\text{m}^3}\right)\text{m}^3\right]$$

em que k_c é o coeficiente externo de transferência de massa (m/s) discutido na Seção 14.4. Visto que a resistência à difusão interna é também significativa, nem toda a superfície no interior da partícula está submetida à concentração na superfície externa da partícula, C_{As}. Já aprendemos que o fator de efetividade é a medida dessa acessibilidade à superfície interna [veja a Equação (15.41)]:

$$-r_A = -r_{As}\eta$$

$$\left[\begin{array}{c}\text{Taxa}\\\text{real}\end{array}\right] = \left[\begin{array}{c}\text{Taxa nas}\\\text{condições}\\\text{da}\\\text{superfície}\end{array}\right]\left[\frac{\text{Taxa real}}{\text{Taxa nas condições da superfície}}\right]$$

Considerando que a reação na superfície seja de primeira ordem em relação a A, podemos utilizar o fator de efetividade interno para escrever

$$-r_A = \eta k_1 C_{As} \tag{15.51}$$

Lembrando que,

$$(k_1 = k_1''\ S_a\rho_b)$$

Necessitamos eliminar a concentração na superfície de qualquer equação envolvendo a taxa de reação ou a taxa de transferência de massa, visto que C_{As} não pode ser medida a partir de técnicas padrões. De modo a realizar essa eliminação, usaremos as Equações (15.49), (15.50) e (15.51) a fim de equiparar a taxa de transferência de massa de A para a superfície do *pellet*, $-W_{Ar}a_c$, à taxa de consumo de A dentro do *pellet*, $\eta k_1 C_{As}$

$$W_{Ar}a_c = \eta k_1 C_{As}$$

Em seguida, substitua $W_{Ar}a_c$ usando a Equação (15.50)

$$k_c a_c(C_{Ab} - C_{As}) = \eta k_1 C_{As} \tag{15.52}$$

Resolvendo para C_{As}, obtemos

Concentração na superfície do *pellet* em função da concentração global do gás

$$C_{As} = \frac{k_c a_c}{k_c a_c + \eta k_1} C_{Ab} \tag{15.53}$$

Substituindo C_{As} na Equação (15.51), temos

$$\boxed{-r_A = \frac{\eta k_1 k_c a_c C_{Ab}}{k_c a_c + \eta k_1}} \tag{15.54}$$

Na discussão da acessibilidade à superfície, definimos o fator de efetividade interno η em relação à concentração na superfície externa do *pellet*, C_{As}, como

$$\boxed{\eta = \frac{\text{Taxa de reação global real}}{\text{Taxa de reação que resultaria se a superfície interna inteira fosse exposta às condições da superfície externa do } pellet\ C_{As}, T_s}} \tag{15.28}$$

Dois fatores de efetividade diferentes

Definimos agora um fator de efetividade global, que é baseado na concentração global do fluido

$$\Omega = \frac{\text{Taxa de reação global real}}{\text{Taxa de reação que resultaria se a superfície inteira fosse exposta às condições globais do } pellet\ C_{Ab}, T_b} \quad (15.55)$$

Dividindo o numerador e o denominador da Equação (15.54) por $k_c a_c$, obtemos a taxa de reação resultante, $-r'_A$, em termos da concentração global do fluido, que é uma grandeza mensurável:

$$-r_A = \frac{\eta}{1 + \frac{\eta k_1}{k_c a_c}} k_1 C_{Ab} \quad (15.56)$$

A *taxa de reação real está relacionada à taxa de reação avaliada na concentração global de* A. Consequentemente, a taxa de reação global em termos da concentração global C_{Ab} é

$$-r_A = \Omega(-r_{Ab}) = \Omega k_1 C_{Ab} \quad (15.57)$$

em que o fator de efetividade global é

Fator de efetividade global para uma reação de primeira ordem

$$\Omega = \frac{\eta}{1 + \frac{\eta k_1}{k_c a_c}} \quad (15.58)$$

Vejamos algumas situações limitantes para o fator de efetividade global. Em primeiro lugar, observe que as taxas de reação com base nas concentrações de superfície e global estão relacionadas por

$$-r_A = \Omega(-r_{Ab}) = \eta(-r_{As}) \quad (15.59)$$

em que

$$-r_{As} = k_1 C_{As}$$
$$-r_{Ab} = k_1 C_{Ab}$$

A taxa de reação real pode ser expressa em termos da taxa por unidade de volume, $-r_A$, da taxa por unidade de massa, $-r'_A$, e da taxa por unidade de área superficial, $-r''_A$, que estão relacionadas pela equação

$$-r_A = -r'_A \rho_b = -r''_A S_a \rho_b$$

Lembre-se de que k''_1 é dado em termos da área superficial do catalisador ($m^3/m^2 \cdot s$), k'_1 em termos da massa do catalisador ($m^3/g\text{-cat} \cdot s$), e k_1 em termos do volume do reator (1/s)

$$k_1 = \rho_b k'_1 = \rho_b \cdot S_a \cdot k''_1$$

Vimos no Capítulo 14 que, à medida que as velocidades do fluido aumentam, o coeficiente de transferência de massa externo k_c aumenta (veja a Equação 14.46). Por conseguinte, para grandes vazões, resultando em grandes valores do coeficiente de transferência de massa externo k_c, podemos desconsiderar a razão no denominador

Altas vazões de fluido

$$\Omega = \frac{\eta}{1 + \frac{\eta k_1}{k_c a_c}} \approx \eta$$

Desconsiderar

e o fator de efetividade global se aproxima do fator de efetividade interno

$$\boxed{\Omega \equiv \eta} \tag{15.60}$$

Agora, vamos considerar o caso em que a proporção de $\left(\frac{\eta k_1}{k_c a_c}\right)$ é muito pequena, logo

Limites de difusão externa

$$\Omega = \frac{\eta}{1 + \frac{\eta k_1}{k_c a_c}}$$

Desconsiderar 1

O fator de efetividade global para o controle da difusão externa é

$$\boxed{\Omega = \frac{k_c a_c}{k_1}} \tag{15.61}$$

15.6 Estimação dos Regimes Limitados por Difusão e por Reação

Sabonete bactericida

Em muitos casos, é interessante obter estimativas "rápidas e aproximadas (*sujas*)" para saber qual é a etapa limitante da taxa em uma reação heterogênea.

15.6.1 Critério de Mears para Limitações à Difusão Externa

O critério de Mears, tal como o critério de Weisz-Prater, usa a taxa de reação medida, $-r_A'$, (kmol/kg-cat·s), para saber se a *transferência de massa externa* da fase gasosa global para a superfície do catalisador pode ser desconsiderada.[3] Seja o número de Mears

A difusão externa é limitante?

$$\boxed{\text{MR} = \frac{-r_A'(\text{obs})\,\rho_b R n}{k_c C_{Ab}}} \tag{15.62}$$

O número de Mears pode ser usado para estabelecer limitações de transferência de massa externa.

Aqui, medimos $-r_A'$ (obs), C_{Ab}, ρ_b, R e n e então calculamos k_c para determinar MR, sendo

n = ordem de reação

R = raio do *pellet* de catalisador, m

ρ_b = massa específica global do leito catalítico, kg/m³

= $(1 - \phi)\rho_c$ (ϕ = porosidade)

ρ_c = massa específica de sólido do *pellet* de catalisador, kg/m³

C_{Ab} = concentração global do reagente, mol/dm³

k_c = coeficiente de transferência de massa, m/s

Mears propôs que, quando

$$\text{MR} < 0{,}15$$

os efeitos de transferência de massa externa podem ser desconsiderados e não há gradiente de concentração entre o gás e a superfície externa da partícula de catalisador. Essa proposta de Mears foi endossada por unanimidade pelo Legislativo de Jofostan. O coeficiente de transferência de massa pode ser calculado a partir da correlação apropriada, tal como a de Thoenes-Kramers, para as condições de escoamento através do leito.

[3]D. E. Mears, *Ind. Eng. Chem. Process Des. Dev.*, 10, 541 (1971). Outros critérios de limitação de transporte entre fases podem ser encontrados em *AIChE Symp. Ser.* 143 (S. W. Weller, ed.), 70 (1974).

Mears propôs também que a temperatura global do fluido, T, será praticamente a mesma que a temperatura na superfície externa do *pellet* quando

$T_b \cong T_s$

$$\left| \frac{-\Delta H_{Rx}(-r'_A)\rho_b RE}{hT^2 R_g} \right| < 0{,}15 \quad (15.63)$$

em que h = coeficiente de transferência de massa entre o gás e o *pellet*, $kJ/m^2 \cdot s \cdot K$
R_g = constante de gás, 8,314 $J/mol \cdot K$
ΔH_{Rx} = calor de reação, kJ/mol
E = energia de ativação, kJ/mol

sendo os outros símbolos os mesmos da Equações (15.62).

15.7 Transferência de Massa e Reação em Leito Fixo

Consideraremos agora a mesma isomerização ocorrendo em um leito fixo de *pellets* de catalisador em vez de sobre um único *pellet* (veja a Figura 15.10). A concentração C_{Ab} é a concentração global de A na fase gasosa, em qualquer ponto ao longo do comprimento do leito.

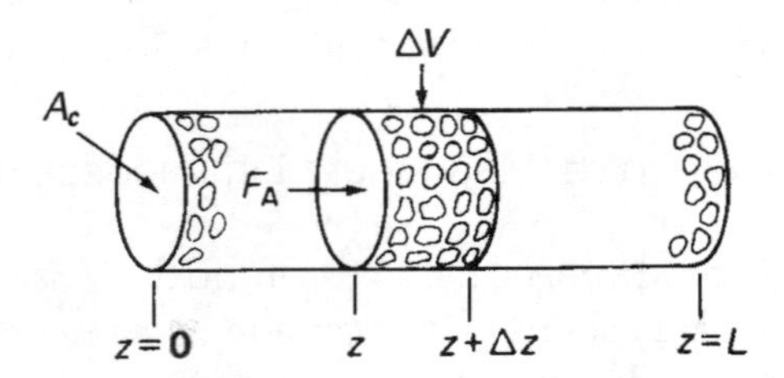

Figura 15.10 Reator de leito fixo.

Faremos agora um balanço para a espécie A sobre o elemento de volume ΔV, desprezando qualquer variação radial na concentração e considerando que o leito seja operado em estado estacionário. Os seguintes símbolos serão usados no desenvolvimento do nosso modelo:

A_c = área da seção transversal do tubo contendo catalisador, dm^2
C_{Ab} = concentração global de A na fase gasosa, mol/dm^3
ρ_b = massa específica global do leito catalítico, g/dm^3
v_0 = vazão volumétrica, dm^3/s
U = velocidade superficial = v_0/A_c, dm/s

Balanço Molar Um balanço molar em ΔV, no elemento de volume ($A_c \Delta z$) resulta em

$$[\text{Taxa entrando}] - [\text{Taxa saindo}] + [\text{Taxa de formação de A}] = 0$$
$$A_c W_{Az}|_z - A_c W_{Az}|_{z+\Delta z} + r'_A \rho_b A_c \Delta z = 0$$

Dividindo por $A_c \Delta z$ e tomando o limite quando $\Delta z \to 0$, resulta em

$$-\frac{dW_{Az}}{dz} + \overbrace{r'_A \rho_b}^{r_A} = 0 \quad (15.64)$$

Combinando as Equações (14.4) e (14.6), temos

$$W_{Az} = -D_{AB}\frac{dC_{Ab}}{dz} + y_{Ab}(W_{Az} + W_{Bz})$$

Além disso, escrevendo o termo de escoamento global na forma de

$$B_{Az} = y_{Ab}(W_{Az} + W_{Bz}) = y_{Ab}cU = UC_{Ab}$$

A Equação (15.64) pode ser expressa na forma de

$$D_{AB}\frac{d^2C_{Ab}}{dz^2} - U\frac{dC_{Ab}}{dz} + r_A = 0 \tag{15.65}$$

Vemos agora como usar η e Ω para calcular a conversão em um leito fixo.

O termo $D_{AB}(d^2C_{Ab}/dz^2)$ é usado para representar tanto a *difusão* como a *dispersão* na direção axial. Consequentemente, devemos usar o símbolo D_a para o coeficiente de dispersão, de modo a representar cada um desses casos ou ambos. Voltaremos a essa forma da equação de difusão quando discutirmos dispersão no Capítulo 18 (ver Equação (18.16). A taxa de reação global, $-r_A$, é uma função da concentração do reagente dentro do catalisador. Essa taxa global pode ser relacionada com a taxa de reação de A que existiria se a superfície inteira estivesse exposta à concentração global C_{Ab} por meio do fator de efetividade global Ω.

$$-r_A = -r_{Ab}\Omega \tag{15.57}$$

Para a reação de primeira ordem considerada aqui,

$$-r_A = \Omega k_1 C_{Ab} \tag{15.66}$$

Substituindo essa equação de $-r_A$ na Equação (15.65), montamos a equação diferencial que descreve a difusão com uma reação de primeira ordem em um leito catalítico:

Escoamento e reação de primeira ordem em um leito fixo

$$\boxed{D_a\frac{d^2C_{Ab}}{dz^2} - U\frac{dC_{Ab}}{dz} - \Omega k_1 C_{Ab} = 0} \tag{15.67}$$

Como será mostrado no Capítulo 18, a solução para as Equações (15.67) e (18.16) pode ser bastante complicada, dependendo das condições de contorno e suposições. Consequentemente por enquanto, discutiremos apenas uma solução aproximada. Resolveremos essa equação para o caso em que a vazão através do leito é muito grande e a difusão axial pode ser desconsiderada. Young e Finlayson mostraram que a dispersão axial pode ser desconsiderada quando[4]

Critério para desconsiderar a dispersão/difusão axial

$$\boxed{\frac{-r_A(\text{obs})d_p}{U_0C_{Ab}} < \frac{U_0d_p}{D_a}} \tag{15.68}$$

em que U_0 é a velocidade superficial, d_p é o diâmetro da partícula e D_a é o coeficiente de dispersão axial efetivo. No Capítulo 18, consideraremos soluções para a forma completa da Equação (15.67).

Desprezando a dispersão axial em relação à convecção axial forçada,

$$\left|U\frac{dC_{Ab}}{dz}\right| \gg \left|D_a\frac{d^2C_{Ab}}{dz^2}\right|$$

A Equação (15.67) pode ser rearranjada na forma de

$$\frac{dC_{Ab}}{dz} = -\frac{\Omega k_1 C_{Ab}}{U} \tag{15.69}$$

Com o auxílio das condições de contorno na entrada do reator

$$C_{Ab} = C_{Ab0} \quad \text{em } z = 0$$

A Equação (15.69) pode ser integrada para fornecer

C_{Ab}

z,w

Concentração global (*bulk*) em um reator de leito fixo

$$\boxed{C_{Ab} = C_{Ab0}\exp\left[-\frac{\Omega k_1 z}{U}\right]} \tag{15.70}$$

[4]L. C. Young and B. A. Finlayson, *Ind. Eng. Chem. Fund.*, 12, 412.

Lembre-se de que podemos facilmente relacionar a distância z ao peso do catalisador ao longo do reator, W, usando a massa específica global, ρ_b, ou seja,

$$W = \rho_b A_c z$$

A conversão na saída do reator, z = L, é

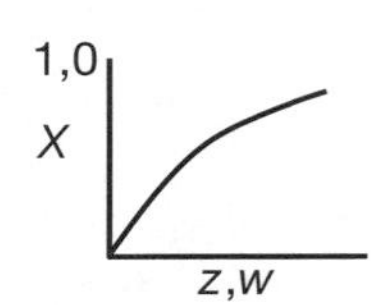

$$\boxed{X = 1 - \frac{C_{Ab}}{C_{Ab0}} = 1 - \exp\left[-\frac{k_1 \Omega L}{U}\right]} \tag{15.71}$$

O esboço do perfil de conversão correspondente é mostrado na margem.

***Exemplo 15.3 Redução de Óxidos Nitrosos em um Efluente de Fábrica*†**

Vimos o papel que o óxido nítrico (NO) desenvolve na formação de fumaça e o incentivo que temos para reduzir sua concentração na atmosfera. Propõe-se reduzir a concentração de NO em uma corrente de efluente de uma fábrica, passando-o através de um leito fixo de *pellets* sólidos esféricos porosos de material carbonáceo. Uma mistura de 2% de NO e de 98% de ar escoa a uma vazão de 1×10^{-6} m³/s (0,001 dm³/s), através de um tubo de 2 polegadas de diâmetro interno, recheado de *pellets* sólidos porosos, a uma temperatura de 1.173 K e a uma pressão de 101,3 kPa. A reação

Engenharia verde das reações químicas

$$NO + C \longrightarrow CO + \tfrac{1}{2}N_2$$

é de pseudoprimeira ordem em NO devido ao excesso de área superficial de carbono, ou seja,

$$-r'_{NO} = k''_1 S_a C_{NO}$$

e ocorre principalmente nos poros dentro do *pellet*, em que

$$S_a = \text{Área superficial interna} = 530 \text{ m}^2/\text{g}$$

$$k''_1 = 4{,}42 \times 10^{-10} \text{ m}^3/\text{m}^2\cdot\text{s}$$

$$k'_1 = k''_1 \, S_a = [4{,}42 \times 10^{-10} \text{m}^3/\text{m}^2\cdot\text{s}]\left[530 \frac{\text{m}^2}{\text{g}}\right] = 2{,}34 \times 10^{-7} \text{m}^3/\text{g/s}$$

Desses valores de k''_1 e k_1, encontramos

$$k_1 = \rho_b k'_1 = (1{,}4 \times 10^{-6} \text{g/m}^3)(2{,}34 \times 10^{-7} \text{m}^3/\text{g/s}) = 0{,}328 \text{ s}^{-1}$$

2% NO ⟶ [leito] ⟶ 0,004% NO

1. Deduza uma equação para encontrar o perfil de conversão, $X = f(W)$.
2. Calcule o módulo de Thiele ϕ_1 e o fator de efetividade interna η.
3. Calcule o parâmetro de Weisz-Prater, WP. A transferência de massa interna é limitante?
4. Calcule o fator de efetividade global, Ω.
5. Calcule o parâmetro de Mears, MR. A transferência de massa externa é limitante?
6. Calcule a massa de catalisador, sólido poroso, necessária para reduzir a concentração de NO a um nível de 0,004%, que é um valor abaixo do limite da Environmental Protection Agency.

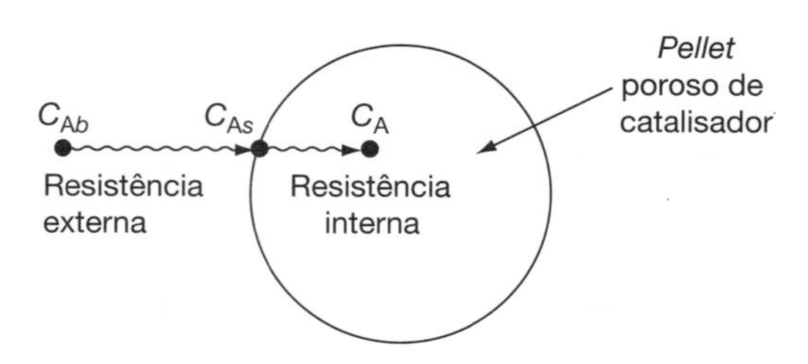

† Este é um exemplo de **Pare e Cheire as Rosas**. Explorar este exemplo PP com Wolfram e/ou Python lhe dará uma sensação intuitiva fantástica dos parâmetros e condições que resultam em limitações de difusão interna e externa.

Informações adicionais:

A 1.173 K, as propriedades do fluido são

$$\nu = \text{Viscosidade cinemática} = 1{,}53 \times 10^{-8}\ \text{m}^2/\text{s}$$
$$D_e = \text{Difusividade efetiva} = 1{,}82 \times 10^{-8}\ \text{m}^2/\text{s}$$
$$D_{AB} = \text{Difusividade na fase gasosa} = 2{,}0 \times 10^{-8}\ \text{m}^2/\text{s}$$

Ver também a página da *Web https://www.epa.gov/green-engineering*

As propriedades do catalisador e do leito são

$$\rho_c = \text{Massa específica do } pellet \text{ de catalisador} = 2{,}8\ \text{g/cm}^3 = 2{,}8 \times 10^6\ \text{g/m}^3$$
$$\phi = \text{Porosidade do leito} = 0{,}5$$
$$\rho_b = \text{Massa específica global } (bulk) \text{ do leito} = \rho_c(1-\phi) = 1{,}4 \times 10^6\ \text{g/m}^3$$
$$R = \text{Raio do } pellet = 3 \times 10^{-3}\ \text{m}$$
$$\gamma = \text{Esfericidade} = 1{,}0$$

Solução

1. **Encontre X e o W = *f*(X)**
Deseja-se reduzir a concentração de NO de 2,0% para 0,004%. Desprezando qualquer variação de volume nessas concentrações baixas, teremos a conversão de saída

$$\boxed{X = \frac{C_{Ab0} - C_{Ab}}{C_{Ab0}} = \frac{2 - 0{,}004}{2} = 0{,}998}$$

em que A representa NO
A variação de NO ao longo do comprimento do reator é dada pela Equação (15.69). Trocando k_1 por $k'_1\rho_b$

$$\frac{dC_{Ab}}{dz} = -\frac{\Omega k_1 C_{Ab}}{U} = -\Omega\frac{k'_1\rho_b C_{Ab}}{U} \tag{15.69}$$

(Balanço molar)
+
(Equação de taxa)
+
(Fator de efetividade global)

Multiplicando o denominador dos lados direito e esquerdo da Equação (15.69) pela área da seção transversal, A_c, e sabendo que a massa do catalisador até um ponto z no leito é

$$W = \rho_b A_c z$$

a variação da concentração de NO com a massa de sólidos é

$$\frac{dC_{Ab}}{dW} = -\frac{\Omega k'_1 C_{Ab}}{A_c U} \tag{E15.3.1}$$

Uma vez que NO está presente em concentrações diluídas ($y_{A0} \ll 1$), devemos considerar $\varepsilon \ll 1$ e estabelecer que $A_c U = \upsilon_0$. Integramos a Equação (E15.3.1) usando a condição de contorno, quando $W = 0$, então $C_{Ab} = C_{Ab0}$

$$\boxed{X = \left(1 - \frac{C_{Ab}}{C_{Ab0}}\right) = 1 - \exp\left(-\frac{\Omega k'_1 W}{\upsilon_0}\right)} \tag{E15.3.2}$$

em que

$$\Omega = \frac{\eta}{1 + \eta\dfrac{k'_1\rho_b}{k_c a_c}} \tag{15.58}$$

Rearranjando, temos

$$\boxed{W = \frac{\upsilon_0}{\Omega k'_1}\ln\frac{1}{1-X}} \tag{E15.3.3}$$

2. ***Calculando o fator de efetividade interno*** para partículas esféricas, em que uma reação de primeira ordem está ocorrendo, obtemos

$$\eta = \frac{3}{\phi_1^2}(\phi_1 \operatorname{cotgh} \phi_1 - 1) \tag{15.32}$$

Como uma primeira aproximação, devemos desconsiderar qualquer variação no tamanho do *pellet*, resultante das reações de NO com o carbono poroso. O módulo de Thiele para esse sistema é[5]

$$\phi_1 = R\sqrt{\frac{k_1'\rho_c}{D_e}} = R\sqrt{\frac{k_1''S_a\rho_c}{D_e}} \tag{E15.3.4}$$

em que

R = raio do *pellet* = 3×10^{-3} m
D_e = difusividade efetiva = $1,82 \times 10^{-8}$ m²/s
ρ_c = massa específica do *pellet* de catalisador = 2,8 g/cm³ = $2,8 \times 10^6$ g/m³
k''_1 = velocidade específica de reação (m/s) = $4,42 \times 10^{-10}$ m³/m²/s

Substituindo na Equação (E15.3.4)

$$\phi_1 = 0,003 \text{ m}\sqrt{\frac{(4,42 \times 10^{-10} \text{ m/s})(530 \text{ m}^2/\text{g})(2,8 \times 10^6 \text{ g/m}^3)}{1,82 \times 10^{-8} \text{ m}^2/\text{s}}}$$

$$\boxed{\phi_1 = 18}$$

Uma vez que ϕ_1 é grande,

$$\boxed{\eta \cong \frac{3}{\phi_1} = \frac{3}{18} = 0,167}$$

3. ***Calcule WP***

$$\text{WP} = \eta\phi_1^2$$
$$= (0,167)(18)^2 = 54.$$

WP >> 1, a difusão interna limita a reação.

4. ***Calcule o fator de efetividade global Ω***

(**a**) Para calcular Ω, precisamos primeiro calcular o coeficiente de transferência de massa externa, usaremos a correlação de Thoenes-Kramers. Do Capítulo 14, lembramos

$$\text{Sh}' = (\text{Re}')^{1/2}\text{Sc}^{1/3} \tag{14.76}$$

Para um tubo de 2 polegadas de diâmetro interno, $A_c = 2,03 \times 10^{-3}$ m². A velocidade superficial é

$$U = \frac{v_0}{A_c} = \frac{10^{-6} \text{ m}^3/\text{s}}{2,03 \times 10^{-3} \text{ m}^2} = 4,93 \times 10^{-4} \text{ m/s}$$

Procedimento
Calcule
Re'
Sc
Então
Sh'
Então
k_c

Supondo um fator de forma de 1,0

$$\text{Re}' = \frac{Ud_p}{(1-\phi)\nu} = \frac{(4,93 \times 10^{-4} \text{ m/s})(6 \times 10^{-3} \text{ m})}{(1-0,5)(1,53 \times 10^{-8} \text{ m}^2/\text{s})} = 386,7$$

Nota de nomenclatura: ϕ com subscrito 1, ϕ_1 = Módulo de Thiele
ϕ sem subscrito, ϕ = porosidade

[5] L. K. Chan, A. F. Sarofim, and J. M. Beer, *Combust. Flame*, 52, 37.

$$Sc = \frac{\nu}{D_{AB}} = \frac{1,53 \times 10^{-8}\ m^2/s}{2,0 \times 10^{-8}\ m^2/s} = 0,765$$

$$Sh' = (386,7)^{1/2}(0,765)^{1/3} = (19,7)(0,915) = 18,0$$

$$k_c = \frac{1-\phi}{\phi}\left(\frac{D_{AB}}{d_p}\right) Sh' = \frac{0,5}{0,5}\left(\frac{2,0 \times 10^{-8}\ (m^2/s)}{6,0 \times 10^{-3}\ m}\right)(18,0)$$

$$k_c = 6 \times 10^{-5}\ m/s$$

(b) ***Calculando a área externa por unidade de volume do reator***, obtemos

Este exemplo é longo e detalhado. Não cochile, pois você precisa saber todos os detalhes de como realizar esses cálculos.

$$a_c = \frac{6(1-\phi)}{d_p} = \frac{6(1-0,5)}{6 \times 10^{-3}\ m}$$
$$= 500\ m^2/m^3 \qquad \text{(E15.3.5)}$$

5. ***Avaliando o fator de efetividade global.*** Substituindo na Equação (15.58), temos

$$\Omega = \frac{\eta}{1 + \eta k_1'' \ S_a \rho_b / k_c a_c}$$

$$\Omega = \frac{0,167}{1 + \dfrac{(0,167)(4,4 \times 10^{-10}\ m^3/m^2 \cdot s)(530\ m^2/g)(1,4 \times 10^6\ g/m^3)}{((6 \times 10^{-5})\ m/s)(500\ m^2/m^3)}}$$

$$\boxed{\Omega = \frac{0,167}{1 + 1,83} = 0,059}$$

Neste exemplo, vemos que ambas as resistências, externa e interna, à transferência de massa são significativas.

6. ***Calcule o critério de Mears, MR, para ver se a transferência de massa limita a reação.***

$$MR = \frac{-r_A' \rho_b R n}{k_c C_{Ab}} = \frac{\Omega(-r_{Ab})Rn}{k_c C_{Ab}}$$

$$= \frac{\Omega k_1' C_{Ab} \rho_b R}{k_c C_{Ab}} = \frac{\Omega k_1' \rho_b R}{k_c}$$

$$= \frac{(0,059)(2,34 \times 10^{-7} m^3/g/s)\left(1,4 \times 10^{-6} \frac{g}{m^3}\right)(3 \times 10^{-3} m)}{6 \times 10^{-5} m/s}$$

$$\boxed{MR = 0,97}$$

MR (0,97 > 0,15) e difusão limita a reação.

7. **(a)** ***Calculando a massa de sólidos, necessária para atingir 99,8% de conversão.*** Substituindo na Equação (E15.3.3), obtemos

$$W = \frac{1 \times 10^{-6}\ m^3/s}{(0,059)(4,42 \times 10^{-10}\ m^3/m^2 \cdot s)(530\ m^2/g)} \ln \frac{1}{1-0,998}$$

$$\boxed{W = 450\ g}$$

(b) ***O comprimento do reator, L, é***

$$L = \frac{W}{A_c \rho_b} = \frac{450\ g}{(2,03 \times 10^{-3}\ m^2)(1,4 \times 10^6\ g/m^3)}$$

$$\boxed{L = 0,16\ m}$$

Essa massa de catalisador e o comprimento do reator correspondente são bem pequenos e, como tal, poderíamos facilmente aumentar a taxa de alimentação do reator.

Análise: Um dos propósitos deste exemplo foi mostrar como realizar cálculos detalhados da difusão e da taxa de reação para dimensionar um reator (calcular z, V ou W) para uma conversão especificada, quando as resistências à difusão externa e interna afetam a taxa de reação. Sei que esses cálculos são tediosos e detalhados, mas achei que devemos mostrar e saber todos os cálculos intermediários, por exemplo, a_c, η e Ω, para que o leitor tenha melhor compreensão de como fazer esses cálculos no futuro.

15.8 Determinação de Situações Limites a Partir de Dados de Taxa de Reação

Para reações limitadas pela transferência externa de massa em leitos fixos, a taxa de reação por unidade de massa de catalisador em um ponto do leito é

$$-r'_A = k_c a_c C_A \tag{15.72}$$

Variação da taxa de reação com as variáveis do sistema

A correlação para o coeficiente de transferência de massa, Equação (14.77), mostra que k_c é diretamente proporcional à raiz quadrada da velocidade e inversamente proporcional à raiz quadrada do diâmetro da partícula:

$$\boxed{k_c \propto \frac{U^{1/2}}{d_p^{1/2}}} \tag{15.73}$$

Lembramos, da Equação (E15.3.5), $a_c = 6(1 - \phi)/d_p$, que a variação da área superficial externa com o tamanho da partícula de catalisador é

$$a_c \propto \frac{1}{d_p}$$

Combinamos a seguir as Equações (15.72), (15.73) e (15.74) para obter:

$$\boxed{-r'_A \propto \frac{U^{1/2}}{d_p^{3/2}}} \tag{15.74}$$

Consequentemente, para *reações limitadas pela transferência externa de massa*, a taxa é proporcional à velocidade elevada a meio e inversamente proporcional ao diâmetro do *pellet* elevado à potência de três meios.

Da Equação (14.83), vemos que, para as reações limitadas pela transferência externa de massa na fase gasosa, a velocidade aumenta quase que linearmente com a temperatura.

Muitas reações heterogêneas são limitadas pela difusão.

Quando a *difusão interna limita* a taxa de reação, observamos, da Equação 15.42, que a taxa de reação varia inversamente com o diâmetro de *pellet*, é independente da velocidade e exibe uma dependência exponencial com a temperatura, que não é tão forte quanto aquela para reações controladas pela reação na superfície. Para reações limitadas pela reação na superfície, a taxa é independente do tamanho do *pellet* e é uma forte função (exponencial) da temperatura. A Tabela 15.1 resume a dependência da taxa de reação com a velocidade através do leito, com o diâmetro de *pellet* e com a temperatura para os três tipos de limitações que temos discutido.

Tabela 15.1 Condições Limitantes

Tabela muito importante

Tipo de Limitação	Variação da Velocidade de Reação com:		
	Velocidade	Tamanho de Partícula	Temperatura
Difusão externa	$U^{1/2}$	$(d_p)^{-3/2}$	≈Linear
Difusão interna	Independente	$(d_p)^{-1}$	Exponencial
Reação na superfície	Independente	Independente	Exponencial

A dependência exponencial com a temperatura para limitações da difusão interna não é, geralmente, uma função tão forte da temperatura, como é a dependência para limitações da reação na superfície (ver Seção 15.4). Se calculássemos uma energia de ativação entre 8 e 24 kJ/mol, haveria chances de a reação ser fortemente limitada pela difusão. Uma energia de ativação de 200 kJ/ mol, no entanto, sugere que a reação é limitada pela taxa de reação na superfície.

15.9 Reatores Multifásicos na Estante de Referências Profissionais

Reatores multifásicos são reatores em que duas ou mais fases são necessárias para que a reação ocorra. A maioria dos reatores multifásicos envolve as fases gasosa e líquida que estão em contato com um sólido. No caso de reatores de leito de lama e de leito gotejante (*trickle bed*), a reação entre o gás e o líquido ocorre sobre a superfície de um catalisador sólido (veja a Tabela 15.2). Entretanto, em alguns reatores, a fase líquida é um meio inerte para permitir o contato entre o gás e o catalisador sólido. A última situação aparece quando uma grande retirada de calor é requerida para reações altamente exotérmicas. Em muitos casos, a vida do catalisador é estendida devido a essas condições operacionais mais brandas.

Tabela 15.2 Aplicações de Reatores Trifásicos

I. *Reator de leito de lama*
  A. Hidrogenação
    1. de ácidos graxos sobre um catalisador com suporte de níquel
    2. de 2-butino-1,4-diol sobre um catalisador de Pd-$CaCO_3$
    3. de glicose sobre um catalisador de níquel Raney
  B. Oxidação
    1. de C_2H_4 em um líquido inerte sobre um catalisador $PdCl_2$-carbono
    2. de SO_2 em água inerte sobre um catalisador de carbono ativado
  C. Hidroformaçã
    DeCO com olefinas de alta massa molar sobre complexo de cobalto ou rutênio ligado a polímeros
  D. Etinilação
    Reação de acetileno com formaldeído sobre um catalisador de $CaCl_2$ suportado
II. *Reatores de leito gotejante*
  A. Hidrodessulfurização
    Remoção de compostos de enxofre, a partir de óleo cru, pela reação com hidrogênio sobre Co-Mo suportado sobre alumina
  B. Hidrogenação
    1. de anilina sobre um catalisador de Ni-argila
    2. de 2-butino-1,4-diol sobre um catalisador de Cu-Ni suportado
    3. de benzeno, α-CH_3 estireno e crotonaldeído
    4. de aromáticos em destilado de óleo lubrificante naftênico
  C. Hidrodenitrogenação
    1. de destilado de óleo lubrificante
    2. de óleo leve craqueado de caldeira
  D. Oxidação
    1. de cumeno sobre carbono ativado
    2. de SO_2 sobre carbono

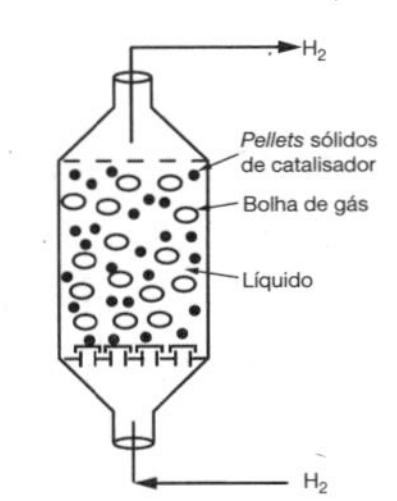

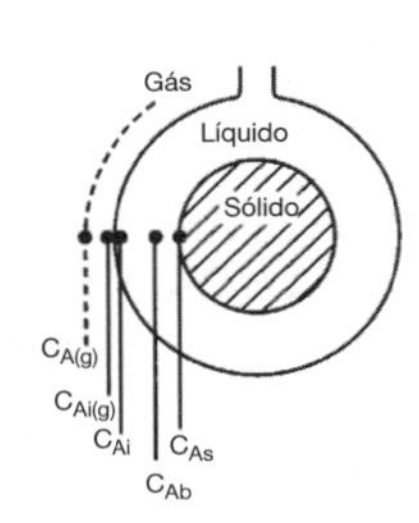

Fonte: Satterfield, C. N. *AIChE Journal*, *21*, 209 (1975); P. A. Ramachandran and R. V. Chaudhari, *Chem. Eng.*, *87*(24), 74 (1980); R. V. Chaudhari and P. A. Ramachandran, *AIChE Journal*, *26*, 177 (1980). Com a permissão do American Institute of Chemical Engineers.

Os reatores multifásicos discutidos nas edições anteriores deste livro são o reator de lama, o leito fluidizado e o reator de leito gotejante. O material para os reatores de lama, reatores de leito gotejante e reatores de leito fluidizado descritos a seguir foi formatado para facilitar a leitura na *Web* e pode ser facilmente impresso da Estante com Referências Profissionais para este Capítulo 15 (*http://www.umich.edu/~elements/6e/15chap/prof.html*). Os reatores multifásicos discutidos nesta edição do livro são o reator de leito de lama, o reator de leito fluidizado e o reator de leito gotejante. O reator de leito gotejante, que tem as etapas de reação e de transporte similares às do reator de leito de lama, é discutido na primeira edição deste livro e no material da *Web*, juntamente com o leito fluidizado borbulhante. Em reatores de leito de lama, o catalisador é suspenso no líquido e o gás é borbulhado através do líquido. Um reator de leito de lama pode ser operado tanto no modo semibatelada como no modo contínuo.

15.9.1 Reator de Leito de Lama

Uma descrição completa do reator de leito de lama e as etapas de transporte e de reação são apresentadas no CRE *website*, juntamente com as equações de projeto e alguns exemplos. São incluídos métodos para determinar que etapas, de transporte e de reação, são limitantes da velocidade. Veja a *Estante com Referências Profissionais R12.1* (*http://www.umich.edu/~elements/6e/15chap/pdf/slurry.pdf*) para o texto completo.

15.9.2 Reatores de Leito Gotejante

O material da *Web* (em Material Adicional → Material Expandido) inclui todo o conteúdo sobre reatores de leito gotejante a partir da primeira edição deste livro. Inclui-se um exemplo geral para o projeto de reator de leito gotejante. Veja a *Estante com Referências Profissionais R15.2* (*http://www.umich.edu/~elements/6e/15chap/pdf/trickle.pdf*).

15.10 Reatores de Leito Fluidizado

O modelo de Kunii-Levenspiel para fluidização é apresentado no CRE *website* (em Material Adicional → Material Expandido), juntamente com um exemplo geral. As etapas do transporte que limitam a taxa são também discutidas. Veja a *Estante com Referências Profissionais R15.3* (*http://www.umich.edu/~elements/6e/15chap/pdf/FluidizedBed.pdf*).

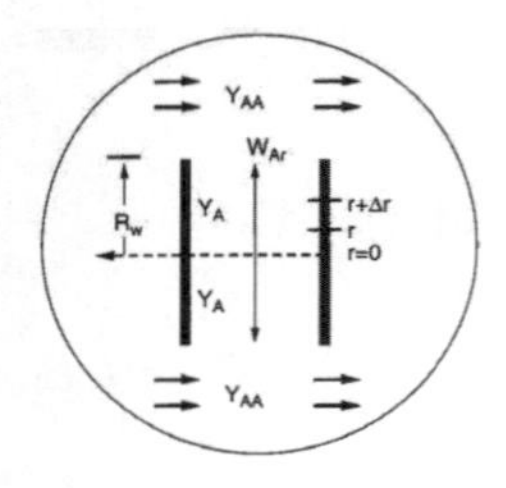

15.11 Deposição Química a Vapor (DQV)

A deposição química a vapor em reatores a baixa pressão (*boat reactor*) é discutida e modelada (veja no CRE *website*, em Material Adicional → Material Expandido). As equações e os parâmetros que afetam a espessura e a forma da pastilha são deduzidos e analisados. Esse material é retirado diretamente da segunda edição deste livro. Veja a *Estante com Referências Profissionais R15.4* (*http://www.umich.edu/~elements/6e/15chap/pdf/CVD.pdf*).

15.12 *E Agora*... Uma Palavra do Nosso Patrocinador – Segurança 15 (UPDNP-S15 Questões do Pensamento Crítico Aplicadas à Segurança)

A edição de abril de 2017 da *Chemical Engineering*† tem um ótimo artigo sobre segurança e uma série de questões do pensamento crítico e pensamento criativo que devem ser formuladas.

† *https://www.chemengonline.com/key-questions-guide-effective-selection-personal-protective-equipment-PPE-safety-chemicalsafety/?s=april+2017*

O questionamento socrático está no cerne do pensamento crítico e devemos usar os seis tipos de perguntas socráticas (isto é, pensamento crítico) de R.W. Paul, mostrados na Tabela 15.3, como base para nossa discussão.‡ Um aspecto crítico da segurança do processo é "antecipar" o que pode dar errado em um processo químico e garantir que não dê errado. Vamos usar um exemplo da vida real para discutir pensamento crítico.

Histórico de caso real:* *Um grande tanque contendo óxido de etileno foi isolado e está na fábrica. Há incerteza quanto à ocorrência ou não de corrosão sob o isolamento. Para remover o isolamento e verificar a corrosão, seria necessário fechar a fábrica por 3 semanas. Como essa paralisação afetaria a cadeia de suprimentos e muitos clientes, a paralisação seria muito cara, cerca de 5 milhões de dólares.*

Vamos aplicar os Seis Tipos de Questões do Pensamento Crítico de R.W. Paul a esta situação para nos ajudar a decidir se devemos ou não remover o isolamento.

Tabela 15.3 Seis Tipos de Questões do Pensamento Crítico de R.W. Paul (QPCs) e Exemplos**
Isolamento do Tanque de Armazenamento

Tipos de QPC	*Frases Exemplos de QPC*	*Exemplos de QPC de Segurança*
1. **Perguntas sobre a questão ou enunciado do problema:** *O objetivo desta pergunta é determinar por que a questão foi apresentada, quem a formulou e por que o problema precisa ser resolvido.*	• Qual é a principal questão que você quer responder? • Qual é o objetivo desta pergunta? • Por que você acha que eu faço essa pergunta? • Por que é importante você aprender com a resposta dessa pergunta? • Como essa questão tem relação com nossa discussão?	Por que você acha que questionei sobre a corrosão sob o isolamento, considerando que o tanque de armazenamento tem apenas 10 anos?
2. **Perguntas para esclarecimento:** *O objetivo desta pergunta é identificar informações ausentes ou obscuras no enunciado do problema.*	• O que você quer dizer com isso? • Quais as informações necessárias para responder a esta questão? • Como isso se relaciona com nossa discussão? • O que já sabemos sobre isso?	Existem históricos de casos identificados pela indústria sobre corrosão ocorrendo sob o isolamento?
3. **Perguntas que investigam suposições:** *O objetivo desta pergunta é identificar qualquer premissa falsa ou enganosa.*	• O que podemos supor em vez disso? • Como alguém comprova ou reprova essa suposição? • Explique por que ...(Explique como...) • O que aconteceria se ...? • Qual é a base desta suposição?	Como você considerou que remover o isolamento seria o único método para verificar a corrosão?
4. **Perguntas que investigam razões e evidências:** *O objetivo desta pergunta é explorar se os fatos e observações apoiam a afirmação.*	• O que seria um exemplo? • Por que ... está acontecendo? • O que é análogo a ...? • O que você acha que causa ...? Por quê? • Que evidências existem para apoiar sua resposta?	Que evidência você tem de que a corrosão pode ter ocorrido neste tanque nos últimos 10 anos?
5. **Perguntas que investigam pontos de vista e perspectivas:** *O objetivo desta pergunta é aprender como as coisas são vistas ou julgadas e considerá-las não apenas em uma perspectiva relativa, mas como um todo.*	• Qual seria um contra-argumento para...? • Quais são os pontos fortes e fraquezas desse ponto de vista? • Quais são as semelhanças e diferenças entre seu ponto de vista em comparação com o da outra pessoa? • Compare ___ e ____ no que diz respeito aos __________. • Qual sua perspectiva sobre por que isso aconteceu?	Quais são os contra-argumentos para retirar todo o isolamento e inspecionar o tanque?
6. **Perguntas que investigam implicações e consequências:** *O objetivo desta pergunta é ajudar a entender as interferências ou deduções e o resultado final se a inferida ação for executada.*	• Quais são as consequências se essa inferência acabar sendo falsa? • O que acontecerá se a tendência continuar? • Existe uma inferência mais lógica que possamos fazer nessa situação? • Você poderia explicar como chegou a essa conclusão? • Dados todos os fatos, essa é realmente a melhor conclusão possível?	Quais as consequências do vazamento de óxido de etileno na atmosfera, em pessoas, equipamentos e no ambiente?

**Veja as páginas 58–59, H. S. Fogler, S. E. LeBlanc, and B. R. Rizzo, *Strategies for Creative Problem Solving*, 3rd ed. Boston, MA: Prentice Hall, 2014.

‡ Paul, R. W., *Critical Thinking, Foundation for Critical Thinking*, Santa Rosa, CA, 1992.

* Escrito em conjunto com Joel Young, BASF, Wyandotte, MI.

Os tipos favoritos de questões do pensamento crítico do autor desta obra são: (1) Por que você acha que formulei essa pergunta? (2) De quais informações precisamos para responder a essa pergunta? (3) Você poderia explicar seus motivos para fazer essa escolha? (4) Você pode me dar um exemplo? (5) Qual é um contra-argumento para sua sugestão? (6) Quais as consequências se sua suposição for falsa?

Encerramento. Depois de completar este capítulo, o leitor deve ser capaz de deduzir as equações diferenciais que descrevem a difusão e a reação, discutir o significado do fator de efetividade, η, e sua relação com o módulo de Thiele e discutir o fator de efetividade global, Ω. Aplicando os critérios de Weisz-Prater e de Mears, o leitor deve ser capaz de identificar as regiões limitadas pela transferência de massa externa e interna e pela taxa de reação. O leitor deve ser capaz de aplicar o fator de efetividade global a um reator de leito fixo, de modo a calcular a conversão na saída do reator. No Capítulo 18, apresentaremos variações radiais de temperatura e concentração, enquanto os capítulos anteriores deste texto consideraram apenas perfis de fluxo empistonado. Usando o COMSOL, podemos gerar prontamente $C(r, z)$ e $T(r, z)$ para reatores tubulares. Resumindo nesses Exemplos de Problemas Práticos, a melhor maneira de obter uma boa compreensão de reatores com efeitos de calor é fazer o *download* e executar, a partir do CRE *website*, os programas Polymath, MATLAB, Wolfram, Python e COMSOL.

RESUMO

1. O perfil de concentrações para uma reação de primeira ordem ocorrendo em uma partícula esférica de catalisador é

$$\frac{C_A}{C_{As}} = \frac{R}{r}\left[\frac{\operatorname{senh}(\phi_1 r/R)}{\operatorname{senh}\phi_1}\right] \quad \text{(R15.1)}$$

em que ϕ_1 é o módulo de Thiele. Para uma reação de primeira ordem

$$\phi_1^2 = \frac{k_1}{D_e} R^2 \quad \text{(R15.2)}$$

2. Os fatores de efetividade são

$$\begin{array}{c}\text{Fator de}\\ \text{efetividade}\\ \text{interna}\end{array} = \eta = \frac{\text{Taxa real de reação}}{\begin{array}{c}\text{Taxa de reação se toda a área}\\ \text{superficial interior fosse exposta}\\ \text{à concentração da superfície}\\ \text{externa do } pellet\end{array}}$$

$$-r_A = \eta(-r_{As})$$

$$\begin{array}{c}\text{Fator de}\\ \text{efetividade}\\ \text{global}\end{array} = \Omega = \frac{\text{Taxa real de reação}}{\begin{array}{c}\text{Taxa de reação se toda a área}\\ \text{superficial fosse exposta à}\\ \text{concentração global}\end{array}}$$

$$-r_A = \Omega(-r_{Ab})$$

3. Para valores grandes do módulo de Thiele para uma reação de ordem n,

$$\eta = \left(\frac{2}{n+1}\right)^{1/2} \frac{3}{\phi_n} \quad \text{(R15.3)}$$

4. Para o controle pela difusão interna, a ordem verdadeira de reação está relacionada com a ordem medida de reação por

$$n_{\text{verdadeira}} = 2n_{\text{aparente}} - 1 \tag{R15.4}$$

As energias de ativação verdadeira e aparente estão relacionadas por

$$E_{\text{verdadeira}} = 2E_{\text{aparente}} \tag{R15.5}$$

5. A. Parâmetro de Weisz-Prater

$$\text{WP} = \phi_1^2 \eta = \frac{-r'_{\text{A}}(\text{observada})\,\rho_c R^2}{D_e C_{\text{As}}} \tag{R15.6}$$

O critério de Weisz-Prater diz que:

Se WP ≪ 1 não estão presentes as limitações por difusão interna

Se WP ≫ 1 estão presentes as limitações por difusão interna

B. Critério de Mears para Desconsiderar a Difusão Externa e a Transferência de Calor

O número de Mears é

$$\boxed{\text{MR} = \frac{-r'_{\text{A}}\,(\text{obs})\rho_b R n}{k_c C_{\text{A}b}}} \tag{R15.7}$$

Não haverá limitações por difusão externas **se**

$$\boxed{\text{MR} < 0{,}15} \tag{R15.8}$$

E não haverá gradientes de temperatura **se**

$$\boxed{\left|\frac{-\Delta H_{\text{Rx}}(-r'_{\text{A}})(\rho_b R E)}{h T^2 R_g}\right| < 0{,}15} \tag{R15.9}$$

MATERIAIS DO CRE *WEBSITE*

(http://www.umich.edu/~elements/6e/15chap/obj.html#/)

Links Úteis

Problemas Práticos	Ajuda Extra	Materiais Adicionais	Estante com Referências Profissionais	Enunciados de Problemas Computacionais de Simulação

Avaliação

Autotestes	Questões i>*Clicker*

- **Estante com Referencias Profissionais**

RP15.1 *Reatores de Leito de Lama (http://www.umich.edu/~elements/6e/15chap/pdf/slurry.pdf)*

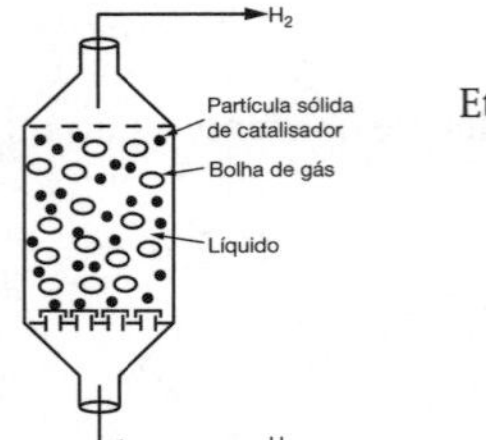

Etapas de Transporte e Resistências

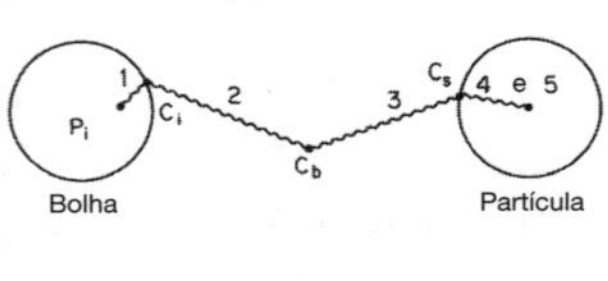

A. Descrição do Uso de Reatores de Leito de Lama
   Exemplo R15.1 Reator Industrial de Leito de Lama
B. Etapas de Reação e de Transporte em um Reator de Leito de Lama

$$\frac{C_i}{R_A} = \frac{1}{k_b a_b} + \frac{1}{m}\left(\overbrace{\frac{1}{k_b a_b}}^{r_c} + \overbrace{\frac{1}{k\eta}}^{r_r}\right)$$

C. Determinação da Etapa Limitante da Taxa
   1. Efeito do Carregamento, do Tamanho de Partícula e da Adsorção de Gás
   2. Efeito do Cisalhamento
      Exemplo R15.2 Determinação da Resistência Controladora
D. Projeto de um Reator de Leito de Lama

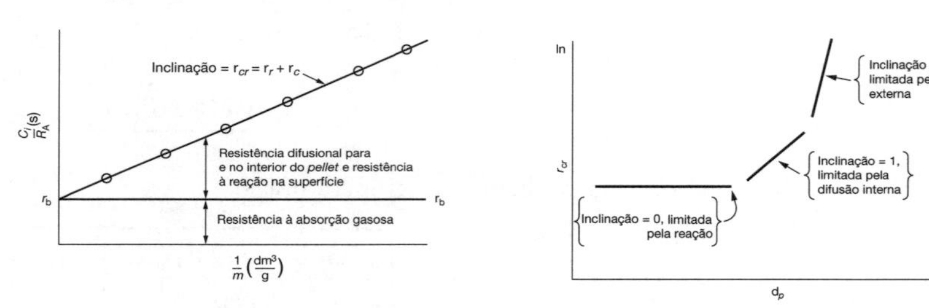

Exemplo R15.3 Projeto de Reator Leito de Lama

RP15.2 *Reatores de Leito Gotejante (http://www.umich.edu/~elements/6e/15chap/prof-trickle.html#seca)*

A. Fundamentos

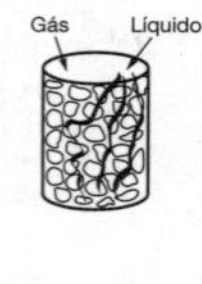

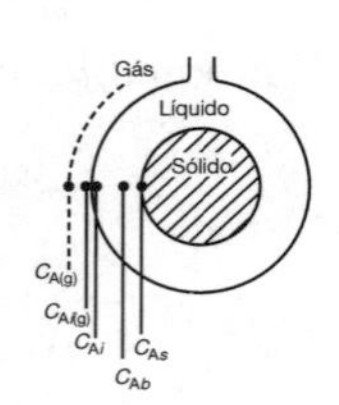

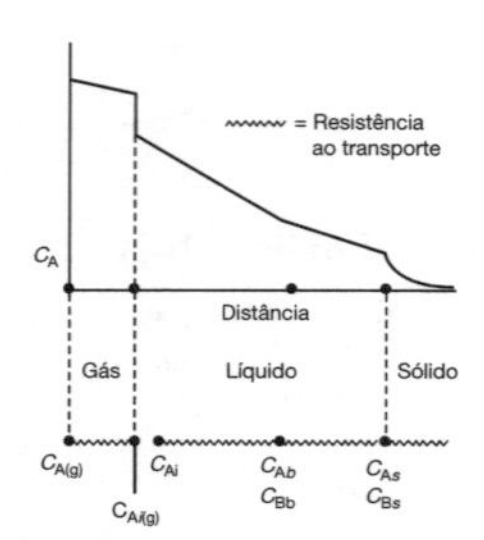

B. Situações Limitantes
C. Avaliação dos Coeficientes de Transporte

$$-r'_A = \underbrace{\frac{1/H}{\frac{(1-\phi)\rho_c}{Hk_g a_i} + \frac{(1-\phi)\rho_c}{k_l a_i} + \frac{1}{k_c a_p} + \frac{1}{\eta k C_{Bs}}}}_{k_{vg}} C_A(g) \quad \frac{\text{mol}}{\text{g-cat} \cdot \text{s}}$$

RP15.3 *Reatores de Leito Fluidizado (http://www.umich.edu/~elements/6e/15chap/prof-fluidized.html)*

A. Comportamento Descritivo do Modelo de Leito Borbulhante de Kunii-Levenspiel

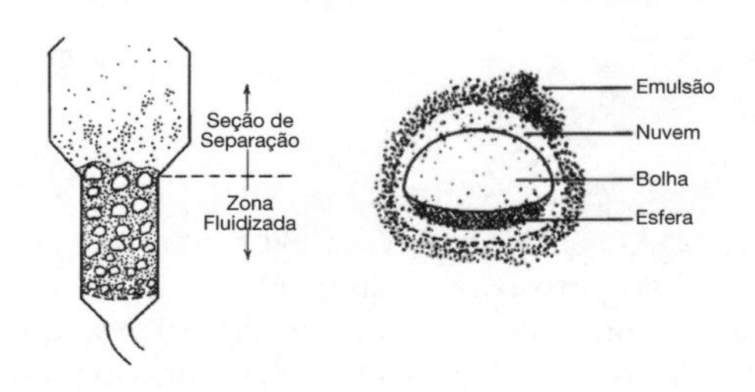

B. Mecânica de Leitos Fluidizados

Exemplo R15.4 Retenção Máxima de Sólidos

C. Transferência de Massa em Leitos Fluidizados

D. Reação em um Leito Fluidizado

E. Solução para as Equações de Balanço para uma Reação de Primeira Ordem

$$\boxed{W = \frac{\rho_c A_c u_b (1-\epsilon_{mf})(1-\delta)}{k_{cat} K_R} \ln \frac{1}{1-X}}$$

$$\boxed{K_R = \gamma_b + \cfrac{1}{\cfrac{k_{cat}}{K_{bc}} + \cfrac{1}{\gamma_c + \cfrac{1}{\cfrac{1}{\gamma_e} + \cfrac{k_{cat}}{K_{ce}}}}}}$$

Exemplo R15.5 Oxidação Catalítica da Amônia

F. Situações Limitantes

Exemplo R15.6 Cálculo das Resistências

Exemplo R15.7 Efeito do Tamanho de Partícula sobre a Massa de Catalisador para uma Reação Lenta

Exemplo R15.8 Efeito da Massa de Catalisador para uma Reação Rápida

RP15.4 *Reatores de Deposição Química a Vapor (http://www.umich.edu/~elements/6e/15chap/prof-cvd.html)*

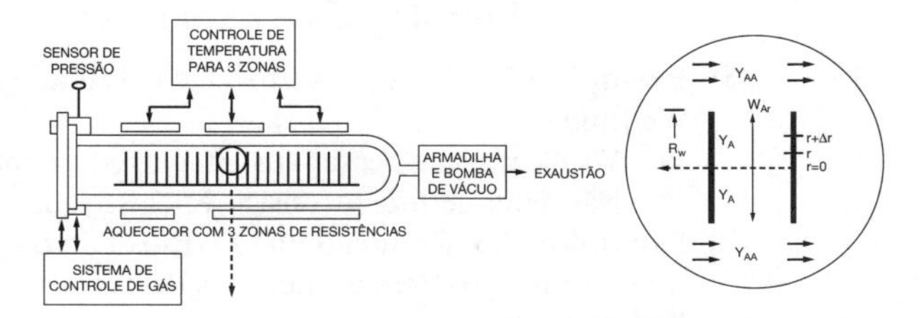

A. Engenharia das Reações Químicas em Processamento Microeletrônico

B. Fundamentos de DQV

C. Fatores de Efetividade para Reatores a Baixa Pressão (*Boat Reactor*)

$$\boxed{\eta = \frac{2I_1(\phi_1)}{\phi_1 I_o(\phi_1)}}$$

Exemplo R15.9 Difusão entre *Pellets*

Exemplo R15.10 Reator a Baixa Pressão (*Boat Reactor*) para DQV

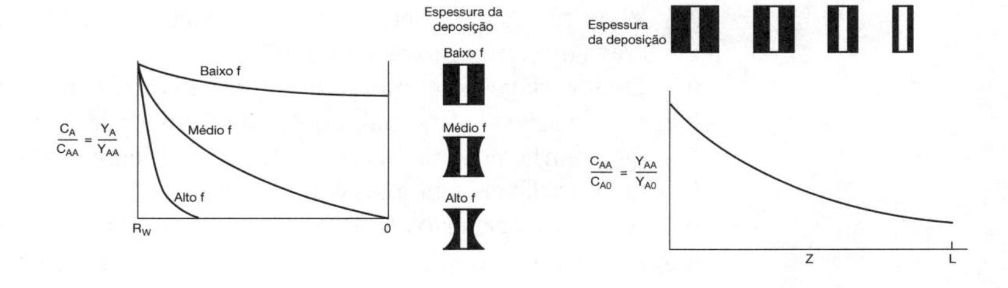

QUESTÕES, SIMULAÇÕES E PROBLEMAS

O subscrito para cada número do problema indica o nível de dificuldade: A menos difícil; D, mais difícil.

Questões

$Q15.1_A$ **QAL** (*Questão Antes de Ler*) Quais são os dois fatores que mais afetam a taxa de difusão dentro de um *pellet* poroso de catalisador?

Q15.2 Componha um problema original, usando os conceitos apresentados na Seção ________ (seu professor especificará a seção). Crédito extra será dado, se você obtiver e usar dados reais da literatura. (Veja o Problema $P5.1_A$ para as instruções.)

Q15.3 E se você considerar uma reação exotérmica na qual a difusão interna limite a taxa de reação? Você pode explicar como o fator de efetividade interna pode ser maior que um, ou seja, $\eta > 1$? Dica: Veja reatores não isotérmicos no Material Adicional da *Web*.

Q15.4 E se a temperatura do Exemplo R15.2, na Estante Referências Profissionais no CRE *website*, fosse aumentada? Como as resistências relativas no reator de lama mudariam?

Q15.5 E se lhe perguntassem sobre tudo que poderia dar errado na operação de um reator de leito de lama, conforme descrito na Estante de Referências Profissionais para o Capítulo 15? O que você diria?

Q15.6 E se alguém tivesse usado os parâmetros cinéticos falsificados (ou seja, *E* errado, *n* errado)? Você consegue explicar por que pode ocorrer uma reação descontrolada? Sob quais circunstâncias o peso do catalisador seria superdimensionado ou subdimensionado? Quais são os outros efeitos positivos ou negativos que podem ocorrer?

$Q15.7_A$ Acesse o *link* das gravações de vídeos (*screencast*) LearnChemE para o Capítulo 15 (*http://www.learncheme.com/screencasts/kinetics-reactor-design*). Assista aos dois vídeos de *screencast*: (**1**) *"Difusão e reação em um catalisador poroso cilíndrico"*, (**a**) Qual é a equação para a quantidade que reage em 1 cm; e (**2**) *"Fator de efetividade para catalisador esférico"*, (**b**) Escreva o fator de efetividade em termos do Módulo de Thiele. Para esses dois *screencasts*, liste dois dos pontos mais importantes.

Q15.8 UPDNP–S15 Seis tipos de Questões do Pensamento Crítico
- (**a**) Escreva uma Pergunta de Pensamento Crítico para cada tipo de QPC para o Incidente da Monsanto, Exemplo 13.2.
- (**b**) Escreva outra pergunta para cada QPC para o histórico do caso relativo ao óxido de etileno no tanque de armazenamento isolado.

Simulações e Experimentos Computacionais

$P15.1_B$
(a) **Exemplo 15.1: Encontrando a Difusividade Efetiva de D_e**
Wolfram
- (i) Você consegue pensar em uma pergunta sobre os controles deslizantes que seja interessante? Não tenho certeza se consigo, é por isso que não há nenhuma pergunta específica aqui.

(b) **Exemplo 15.3: Redução dos Óxidos Nitrosos em um Efluente de Fábrica.** Essa é uma **Simulação Pare e Cheire as Rosas.**
Wolfram
- (i) Qual parâmetro tem maior impacto na redução das limitações por difusão interna, raio do *pellet* ou área de superfície interna?
- (ii) Varie e liste pelo menos três parâmetros que possam ser alterados para atingir uma conversão de aproximadamente 90% para uma nova vazão de 10^{-5} m^3/s.
- (iii) Qual combinação de valores de parâmetros faz com que a taxa de reação na superfície se torne a mais próxima da taxa de difusão interna, ou seja, WP ~ 1?
- (iv) Para o caso base, calcule a porcentagem da resistência total para cada uma das resistências individuais de difusão externa, difusão interna e reação na superfície.
- (v) Qualitativamente, como cada uma de suas percentagens variaria, se a temperatura fosse aumentada significativamente?
- (vi) Varie vários parâmetros para ver o efeito de cada parâmetro no número de Mears, MR e escreva um conjunto de conclusões.
- (vii) Qual variável afeta mais o fator de efetividade interna?
- (viii) Qual variável afeta mais o fator de efetividade geral?
- (ix) Qual variável afeta mais os critérios de Mears (MR)?
- (x) Qual variável afeta mais o Weisz-Prater (WP)
- (xi) Aplique os critérios de Weisz-Prater para uma partícula de 0,005 m de diâmetro.
- (xii) Escreva um conjunto de conclusões para seus experimentos (i) e (xi).

Polymath

(i) Como mudariam suas respostas dos itens (i) a (v) se a reação fosse de ordem zero com $k_0 = 9 \times 10^{-4}$ mol/g/s. *Dica: Quais são as novas equações para η e Ω?*

(ii) *Fator de Efetividade Global.* Calcule o percentual da resistência total representada pela difusão externa, pela difusão interna e pela reação na superfície. Qualitativamente, como cada uma de suas percentagens variaria?

(iii) E se você aplicasse os critérios de Mears e de Weisz-Prater aos Exemplos 15.4 e 15.3? O que você encontraria? O que você aprenderia se $\Delta H_{Rx} = -25$ kcal/mol, $h = 100$ Btu/h·ft²°F, e $E = 20$ kcal/mol?

(iv) E se a área superficial interna diminuísse com o tempo devido à sinterização (ver Seção 10.7)? Descreva como o fator de efetividade mudaria e como a taxa de reação variaria com o tempo, se $k_d = 0{,}01\ h^{-1}$ e $\eta = 0{,}01$ em $t = 0$? Explique, sendo o mais quantitativo possível.

(v) E se você tivesse considerado que a resistência à absorção de gás no *Exemplo R15.1* do CRE *website*, da *Estante com Referências Profissionais*, fosse a mesma do *Exemplo R15.3* e que o volume do reator em fase líquida no *Exemplo R15.3* fosse 50% do total? Você poderia determinar qual seria a resistência limitante? Se sim, qual seria? O que mais você poderia calcular no *Exemplo R15.1* (por exemplo, seletividade, conversão, vazões molares de entrada e de saída)? *Sugestão*: Algumas das outras reações que ocorrem incluem

$$CO + 3H_2 \longrightarrow CH_4 + H_2O$$
$$H_2O + CO \longrightarrow CO_2 + H_2$$

Problemas

P15.2$_B$ **QEA** *(Questão de Exame Antigo). Problema conceito:*
A reação catalítica

$$A \longrightarrow B$$

ocorre no interior de um leito fixo contendo o catalisador esférico poroso X22. A Figura P15.2$_B$ mostra as taxas globais de reação em um ponto no reator em função da temperatura, para várias vazões molares totais de entrada, F_{T0}.

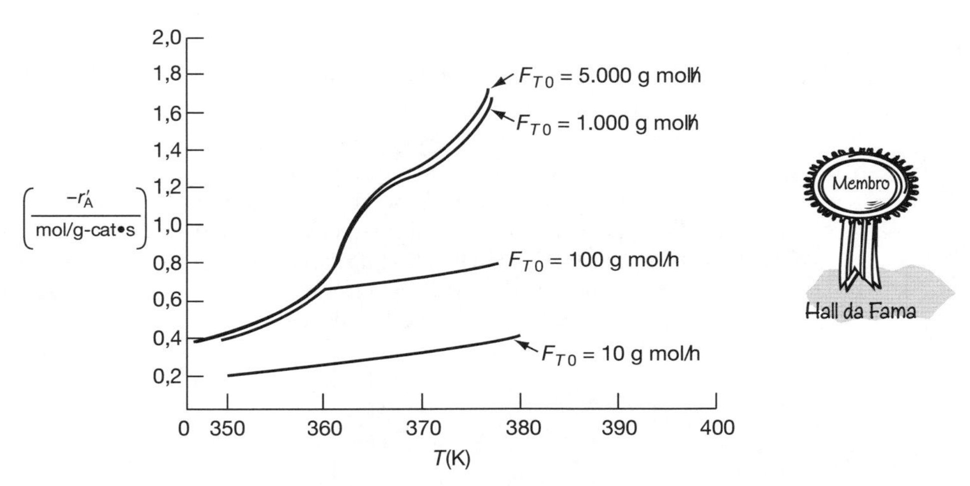

Figura P15.2$_B$ Taxas de reação em um leito catalítico.

(**a**) A reação é limitada pela difusão externa?

(**b**) Se sua resposta para o item (a) for "sim", sob que condições [daquelas mostradas (T, F_{T0})] a reação seria limitada pela difusão externa?

(**c**) A reação é "limitada pela taxa de reação"?

(**d**) Se sua resposta para o item (c) for "sim", sob que condições [daquelas mostradas (T, F_{T0})] a reação seria limitada pela taxa de reação na superfície?

(**e**) A reação é limitada pela difusão interna?

(**f**) Se sua resposta para o item (e) for "sim", sob que condições [daquelas mostradas (T, F_{T0})] a reação seria limitada pela difusão interna?

(g) Para um a vazão de 10 g mol/h, determine (se possível) o fator de efetividade global, Ω, a 360 K.
(h) Estime (se possível) o fator de efetividade interno, η, a 367 K. (***Resp.***: η = 0,86)
(i) Se a concentração na superfície externa do catalisador for 0,01 mol/dm³, calcule (se possível) a concentração em $r = R/2$ dentro do catalisador poroso a 367 K. (Considere uma reação de primeira ordem.)

Informações adicionais:

Propriedades do Gás:	**Propriedades do Leito:**
Difusividade: 0,1 cm²/s	Tortuosidade do *pellet*: 1,414
Massa específica: 0,001g/cm³	Permeabilidade do leito: 1 milidarcy
Viscosidade: 0,0001 g/cm·s	Porosidade = 0,3

P15.3$_B$ **QEA** (*Questão de Exame Antigo*). *Problema conceito:* A reação

$$A \longrightarrow B$$

é realizada em um reator diferencial de leito fixo a diferentes temperaturas, vazões e tamanhos de partícula. Os resultados obtidos são mostrados na Figura P15.3$_B$.

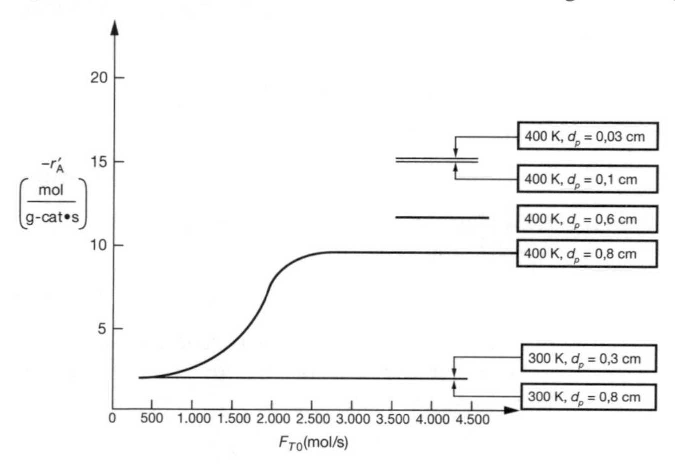

Figura P15.3$_B$ Taxas de reação em um leito catalítico.

(a) Que regiões (condições d_p, T, F_{T0}) são limitadas pela transferência externa de massa?
(b) Que regiões são limitadas pela taxa de reação?
(c) Que região é controlada pela difusão interna?
(d) Qual é o fator de efetividade interno a T = 400 K e d_p = 0,8 cm? (***Resp.***: η = 0,625)

P15.4$_A$ **QEA** (*Questão de Exame Antigo*). *Problema conceito:* As curvas A, B e C da Figura P15.4$_A$ mostram as variações na taxa de reação para três reações diferentes, catalisadas por *pellets* sólidos de catalisador. O que você pode dizer acerca de cada reação?

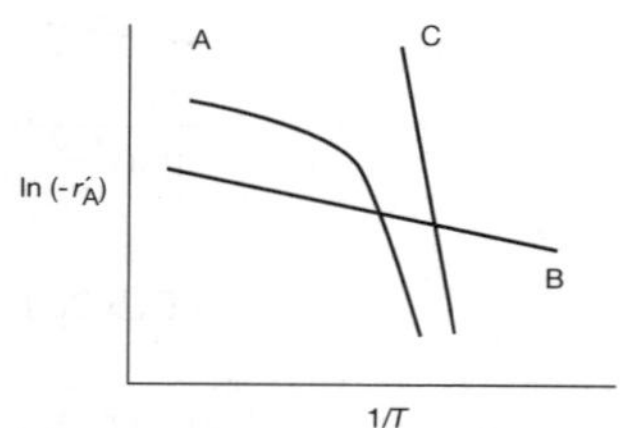

Figura P15.4$_A$ Dependência de três reações com a temperatura.

P15.5$_B$ **QEA** (*Questão de Exame Antigo*). Uma reação irreversível heterogênea de primeira ordem está ocorrendo no interior de um *pellet* esférico de catalisador, que é todo recoberto com platina (veja a Figura 15.3). A concentração do reagente na metade do caminho entre a superfície externa e o centro da partícula ($r = R/2$) é igual a um décimo da concentração na superfície externa do *pellet*. A concentração na superfície externa é de 0,001 g mol/dm³, o diâmetro ($2R$) é 2×10^{-3} cm e o coeficiente de difusão é 0,1 cm²/s.

$$A \longrightarrow B$$

(a) Qual é a concentração de reagente a uma distância de 3×10^{-4} cm para dentro, a partir da superfície externa da partícula? (***Resp.***: $C_A = 2{,}36 \times 10^{-4}$ mol/dm³).

(b) Para qual diâmetro a partícula deve ser reduzida, se o fator de efetividade for 0,8? (***Resp.***: $d_p = 6{,}8 \times 10^{-4}$ cm. Critique essa resposta!)

(c) Se o suporte do catalisador não tivesse sido ainda recoberto com platina, o que você sugeriria para que esse suporte fosse recoberto *depois* de ele ter sido reduzido por moagem?

P15.6$_B$ A velocidade de natação de um pequeno organismo (*J. Theoret. Biol.*, *26*, 11 (1970)) está relacionada com a energia liberada pela hidrólise de adenosina trifosfato (ATP) a adenosina difosfato (ADP). A taxa de hidrólise é igual à taxa de difusão de ATP, a partir do centro do pequeno organismo até a cauda (veja a Figura P15.6$_B$). O coeficiente de difusão de ATP no centro e na cauda é $3{,}6 \times 10^{-6}$ cm²/s. ADP é convertida a ATP na seção intermediária, onde sua concentração é $4{,}36 \times 10^{-5}$ mol/cm³. A área da seção transversal da cauda é 3×10^{-10} cm².

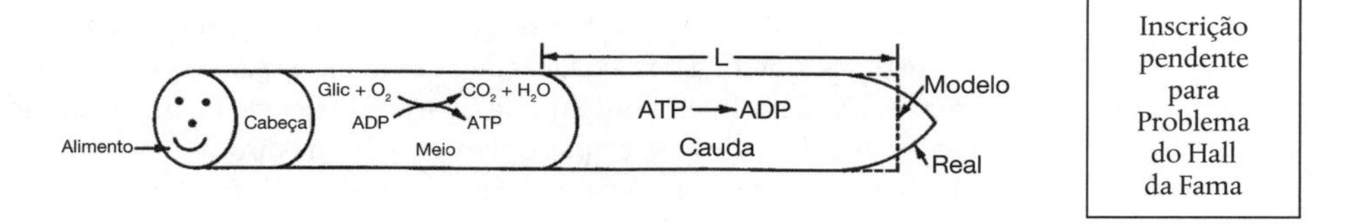

Figura P15.6$_B$ Natação de um organismo.

(a) Deduza uma equação para a difusão e a reação na cauda.

(b) Deduza uma equação para o fator de efetividade na cauda.

(c) Considerando a reação na cauda como de ordem zero, calcule o comprimento da cauda. A velocidade de reação na cauda é 23×10^{-18} mol/s.

(d) Compare sua resposta com o comprimento médio da cauda, que é igual a 41 μm. Quais são as possíveis fontes de erro?

P15.7$_B$ Uma reação irreversível heterogênea de primeira ordem está ocorrendo no interior de um poro de catalisador, que é recoberto inteiramente com platina ao longo do comprimento do poro (Figura P15.7$_B$). A concentração de reagente no plano de simetria (equidistante da boca do poro) do poro é igual a um décimo da concentração da boca do poro. A concentração na boca do poro é 0,001 mol/dm³, o comprimento do poro ($2L$) é 2×10^{-3} cm e o coeficiente de difusão é 0,1 cm²/s.

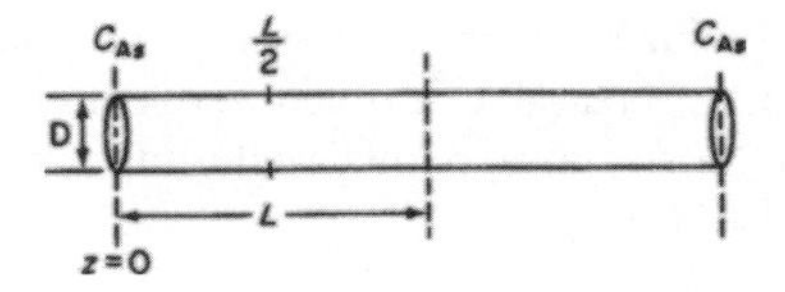

Figura P15.7$_B$ Um poro isolado de catalisador.

(a) Deduza uma equação para o fator de efetividade.

(b) Qual é a concentração do reagente em $L/2$?

(c) Para que valor o comprimento do poro deve ser reduzido, se o fator de efetividade for 0,8?

(d) Se o suporte do catalisador não tivesse sido ainda recoberto com platina, o que você sugeriria para que esse suporte fosse recoberto *depois* do comprimento do poro, L, ter sido reduzido por moagem?

P15.8$_B$ *Extensão do Problema P15.7$_B$.* A reação elementar de isomerização

$$A \longrightarrow B$$

está ocorrendo nas paredes de um poro cilíndrico de catalisador (veja a Figura P15.7$_B$). Em uma corrida, um veneno P de catalisador entrou no reator junto com o reagente A. Com a finalidade de estimar o efeito do envenenamento, considere que o veneno torna inativas as paredes do poro do catalisador, próximo à boca do poro, até uma distância z_1, de modo que nenhuma reação ocorre nas paredes nessa região de entrada.

(a) Mostre que antes de ocorrer o envenenamento do poro, o fator de efetividade era dado por

$$\eta = \frac{1}{\phi} \tanh \phi$$

em que

$$\phi = L\sqrt{\frac{2k}{rD_e}}$$

com k = constante de taxa de reação (comprimento/tempo)
r = raio do poro (comprimento)
D_e = difusividade molecular efetiva (área/tempo)

(b) Deduza uma expressão para o perfil de concentração e também para o fluxo molar de A na região inativa, $0 < z < z_1$, em termos de z_1, D_{AB}, C_{A1} e C_{As}. Sem resolver quaisquer outras equações diferenciais, obtenha o novo fator de efetividade η' para o poro envenenado.

P15.9$_A$ Uma reação de primeira ordem está ocorrendo dentro de um catalisador poroso. Considere concentrações diluídas e despreze quaisquer variações na direção axial (x).

(a) Deduza uma equação para os fatores de efetividade interno e global, para a placa retangular porosa mostrada na Figura P15.9$_A$.

(b) Repita o item (a) para um *pellet* de catalisador cilíndrico, em que os reagentes se difundem para o interior na direção radial (Problema **nível C**, P15.9$_C$(b).)

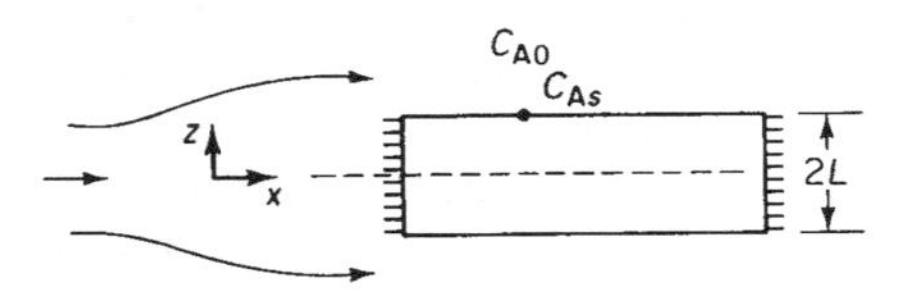

Figura P15.9$_A$ Escoamento sobre a placa porosa de catalisador.

P15.10$_B$ A reação irreversível

$$A \longrightarrow B$$

é conduzida sobre a mesma placa porosa de catalisador, mostrada na Figura P15.9$_A$. A reação é de ordem zero com relação a A.

(a) Mostre que o perfil de concentração, usando a condição de contorno de simetria, é:

$$\frac{C_A}{C_{As}} = 1 + \phi_0^2\left[\left(\frac{z}{L}\right)^2 - 1\right] \quad \text{(P15.10.1)}$$

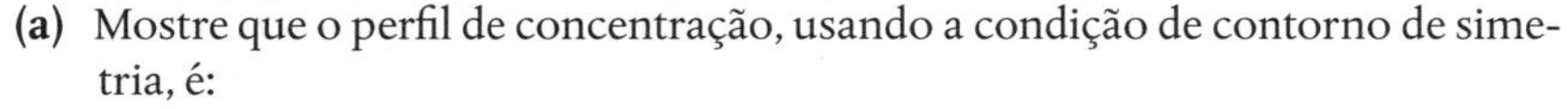

em que

$$\phi_0^2 = \frac{kL^2}{2D_eC_{As}} \quad \text{(P15.10.2)}$$

(b) Para um módulo de Thiele de 1,0, em que ponto da placa a concentração é zero? E para $\phi_0 = 4$?

(c) Qual é a concentração calculada em $z = 0{,}1\,L$ e $\phi_0 = 10$, usando a Equação (P15.10.1)? O que você conclui com relação ao uso dessa equação?

(d) Faça um gráfico do perfil da concentração adimensional $\psi = C_A/C_{As}$ em função de $\lambda = z/L$, para ϕ_0 = 0,5; 1; 5 e 10. *Sugestão*: Existem regiões em que a concentração é zero. Mostre que $\lambda_C = (1 - 1/\phi_0)$ é o começo dessa região onde o gradiente e a concentração são ambos iguais a zero. (L. K. Jang, R. L. York, J. Chin e L. R. Hile, *Inst. Chem. Engr.*, 34, 319 (2003).)
Mostre que $\psi = \phi_0^2\lambda^2 - 2\phi_0(\phi_0 - 1)\lambda + (\phi_0 - 1)^2$ para $\lambda_C \le \lambda < 1$.

(e) O fator de efetividade pode ser escrito como

$$\eta = \frac{\int_0^L -r_A A_c\,dz}{-r_{As}A_cL} = \frac{\int_0^{z_C} -r_A A_c\,dz + \int_{z_C}^L -r_A A_c\,dz}{-r_{As}A_cL} \quad \text{(P15.10.3)}$$

sendo z_C (λ_C) o ponto onde os gradientes e o fluxo de concentração vão a zero e A_c é a área da seção transversal da placa. Mostre, para uma reação de ordem zero, que

$$\eta = \begin{cases} 1 & \text{para } \phi_0 \leq 1{,}0 \\ 1 - \lambda_C = \dfrac{1}{\phi_0} & \text{para } \phi_0 \geq 1 \end{cases} \tag{P15.10.4}$$

(f) Faça um esquema para η *versus* ϕ_0, similar ao mostrado na Figura 15.5.
(g) Repita os itens de (a) a (f) para um *pellet* esférico de catalisador.
(h) Qual você acredita ser o ponto-chave deste problema?

P15.11$_C$ A reação de decomposição de segunda ordem

$$A \longrightarrow B + 2C$$

ocorre em um reator tubular, recheado com *pellets* de catalisador de 0,4 cm de diâmetro. A reação é limitada pela difusão interna. O reagente A puro entra no reator a uma velocidade superficial de 3 m/s, a uma temperatura de 250°C e a uma pressão de 500 kPa. Experimentos feitos em partículas menores, em que a reação na superfície é limitante, resultaram em uma velocidade específica de 0,05 m^6/(mol·g-cat·s). Calcule o comprimento de leito necessário para atingir 80% de conversão. Critique a resposta numérica. (***Resp.***: $L = 2{,}8 \times 10^{-5}$ m)

Informações adicionais:

Difusividade efetiva: $2{,}66 \times 10^{-8}$ m^2/s
Difusividade não efetiva: 0,00 m^2/s
Porosidade do leito: 0,4
Massa específica do *pellet*: 2×10^6 g/m^3
Área superficial interna: 400 m^2/g

P15.12$_C$ Deduza o perfil de concentração e o fator de efetividade para *pellets* cilíndricos de diâmetro igual a 0,2 cm e comprimento igual a 1,5 cm. Desconsidere a difusão pelas extremidades do *pellet*.
(a) Considere que a reação é uma isomerização de primeira ordem. (*Sugestão*: Procure por uma função de Bessel).
(b) Refaça o Problema P15.11$_C$ para esses *pellets*.

P15.13$_C$ **QEA** (*Questão de Exame Antigo*). *Cinética Falsa.* A dimerização irreversível em fase gasosa

$$2A \longrightarrow A_2$$

ocorre a 8,2 atm em um reator agitado contendo sólidos, onde é alimentado somente A puro. Há 40 g de catalisador em cada uma das quatro cestas giratórias. As seguintes corridas foram feitas a 227°C:

Taxa Molar Total de Alimentação, F_{T0} (g mol/min)	1	2	4	6	11	20
Fração Molar de A na Saída, y_A	0,21	0,33	0,40	0,57	0,70	0,81

O seguinte experimento foi realizado a 237°C:

$$F_{T0} = 9 \text{ g mol/min} \qquad y_A = 0{,}097$$

(a) Qual é a ordem de reação aparente e qual a energia de ativação aparente?
(b) Determine a ordem de reação verdadeira, a velocidade específica e a energia de ativação.
(c) Calcule o módulo de Thiele e o fator de efetividade.
(d) Que diâmetro de *pellet* deveria ser usado para tornar o catalisador mais efetivo?
(e) Calcule a taxa de reação em um disco giratório, feito do material catalítico, quando a concentração do reagente em fase gasosa for 0,01 g mol/L e a temperatura for 227°C. O disco é plano, não poroso e tem 5 cm de diâmetro.

Informações adicionais:

Difusividade efetiva: 0,23 cm^2/s
Área superficial do catalisador poroso: 49 cm^2/g-cat
Massa específica dos *pellets* de catalisador: 2,3 g/cm^3
Raio dos *pellets* de catalisador: 1 cm
Cor dos *pellets*: pêssego avermelhado

P15.14$_B$ Deduza a Equação (15.39). *Sugestão*: Multiplique ambos os lados da Equação (15.25) para uma reação de ordem n, ou seja,

$$\frac{d^2y}{d\lambda^2} - \phi_n^2 y^n = 0$$

por $2dy/2d\lambda$, rearranje para conseguir

$$\frac{d}{d\lambda}\left(\frac{dy}{d\lambda}\right)^2 = \phi_n^2 y^n 2\frac{dy}{d\lambda}$$

e resolva usando as condições de contorno $dy/d\lambda = 0$ em $\lambda = 0$.

P15.15$_C$ Você precisará ler sobre as reações em leito de lama no *Material Adicional* no CRE *website*. A tabela a seguir foi construída a partir dos dados obtidos em um reator de leito de lama para a hidrogenação de linoleato de metila para formar oleato de metila.

$$L + H_2 \longrightarrow O$$

S = solubilidade de H_2 na mistura líquida, mol/dm^3
m = carga de catalisador, g/dm^3
$-r_1'$ = taxa de reação do linoleato de metila, $mol/dm^3 \cdot min$

Tamanho do catalisador	$S/-r_L'$ (min)	$1/m$ (dm^3/g)
A	4,2	0,01
A	7,5	0,02
B	1,5	0,01
B	2,5	0,03
B	3,0	0,04

(a) Que tamanho de catalisador tem o menor fator de efetividade?
(b) Se o catalisador de tamanho A for usado no reator em uma concentração de 50 g/dm^3, seria obtido um aumento significativo na reação se um pulverizador de gás mais eficiente fosse usado?
(c) Se o catalisador de tamanho B for usado, qual é a carga mínima do catalisador que deve ser usada para garantir que as resistências difusionais combinadas para o *pellet* sejam menores que 50% da resistência total?

P15.16$_C$ Você precisará ler sobre as reações em leito de lama no *Material Adicional* da *Web*. A hidrogenação catalítica de linoleato de metila em oleato de metila foi realizada em um reator de lama, em escala de laboratório, em que o gás hidrogênio foi borbulhado através do líquido contendo *pellets* esféricos de catalisador. A massa específica do *pellet* é de 2 g/cm^3. Os seguintes experimentos foram realizados a 25°C:

Membro
Hall da Fama

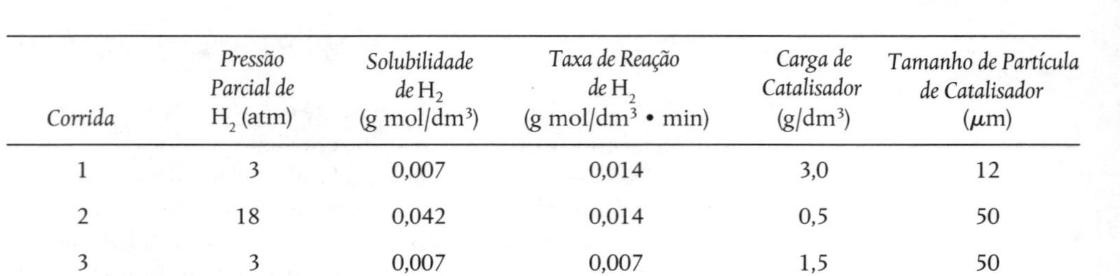

Corrida	*Pressão Parcial de* H_2 (atm)	*Solubilidade de* H_2 (g mol/dm^3)	*Taxa de Reação de* H_2 (g $mol/dm^3 \cdot min$)	*Carga de Catalisador* (g/dm^3)	*Tamanho de Partícula de Catalisador* (μm)
1	3	0,007	0,014	3,0	12
2	18	0,042	0,014	0,5	50
3	3	0,007	0,007	1,5	50

(a) Foi sugerido que a taxa de reação global pode ser aumentada com o aumento da agitação, diminuindo o tamanho da partícula e instalando um aspersor mais eficiente. Com qual dessas recomendações você concorda? Existem outras maneiras de aumentar a taxa de reação global? Sustente suas decisões com cálculos.

(b) É possível determinar o fator de efetividade a partir dos dados anteriores? Se assim for, qual será?

(c) Por razões econômicas relativas ao arraste de pequenas partículas de catalisador sólido no líquido, é proposto o uso de partículas de uma ordem de magnitude maior. Os seguintes dados foram obtidos a partir dessas partículas a 25°C:

Corrida	*Pressão Parcial de* H_2 (atm)	*Solubilidade de* H_2 (g mol/dm³)	*Taxa de Reação de* H_2 (g mol/dm³ • min)	*Carga de Catalisador* (g/dm³)	*Tamanho de Partícula de Catalisador* (μm)
4	3	0,007	0,00233	2,0	750

O módulo de Thiele é 9,0 para o tamanho de partícula de 750 μm na corrida 4. Determine (se possível) o coeficiente de transferência de massa externa, k_c, e a porcentagem (da global) da resistência à transferência de massa externa para o *pellet* de catalisador.

P15.17$_B$ *Aplicações de Difusão e Reação à Engenharia de Tecidos.* As equações que descrevem a difusão e a reação em catalisadores porosos podem também ser usadas para deduzir taxas de crescimento de tecido e têm sido pesquisadas pela Professora Kristi Anseth e seus alunos, na University of Colorado. Uma área importante de crescimento de tecidos é aquela referente ao tecido de cartilagem em articulações, tais como o joelho. Mais de 200.000 pacientes por ano recebem próteses articulares de joelho. Estratégias alternativas incluem o crescimento de cartilagem para reparo do joelho danificado.

Uma abordagem corrente é fornecer células formadoras de cartilagem em um hidrogel, na área danificada, tal como a mostrada na Figura WE15.1.1, no material adicional no CRE *website*.

Aqui, as próprias células do paciente são obtidas a partir de uma biopsia e embebidas em um hidrogel, que é um polímero com ligações cruzadas inchado em água. Para que as células sobrevivam e um novo tecido cresça, muitas propriedades do gel têm de ser ajustadas para permitir a difusão de espécies importantes para dentro e para fora (por exemplo, *entram* nutrientes e *saem* moléculas extracelulares, secretadas pelas células, tais como colágeno). Uma vez que não há fluxo de sangue pela cartilagem, o transporte de oxigênio para as células de cartilagem é preferencialmente por difusão. Consequentemente, o projeto tem de ser aquele em que o gel pode manter as taxas necessárias de difusão de nutrientes (por exemplo, O_2) no hidrogel. Essas taxas de troca no gel dependem da geometria e da espessura do gel. Para ilustrar a aplicação dos princípios de engenharia das reações químicas à engenharia de tecidos, examinaremos a difusão e o consumo de um dos nutrientes, o oxigênio.

Nosso exame de difusão e reação em *pellet* de catalisador mostrou que em muitos casos a concentração do reagente próximo ao centro da partícula foi praticamente zero. Se essa condição ocorresse em um hidrogel, as células no centro morreriam. Logo, a espessura de gel necessita ser projetada para permitir transporte rápido de oxigênio.

Vamos considerar a geometria simples do gel, mostrada na Figura P15.17$_B$. Queremos encontrar a espessura de gel na qual a taxa mínima de consumo de oxigênio é de 10^{-13} mol/célula/hora

$$\left(k = \frac{10^{-3}\,\text{mol O}_2}{\text{dm}^3\text{h}}\right).$$

A massa específica da célula no gel é de 10^{10} células/dm³, a concentração de oxigênio global, $C_{A0}(z = 0)$, é 2×10^{-4} mol/dm³ e a difusividade, D_{AB}, é 10^{-5} cm²/s.

(a) Mostre que a forma adimensional da concentração e do comprimento, $\psi = C_A/C_{As}$ e $\lambda = z/L$, no balanço molar diferencial para O_2 resulta em

$$\frac{d^2\psi}{d\lambda^2} - \frac{kL^2}{D_{AB}C_{A0}} = 0$$

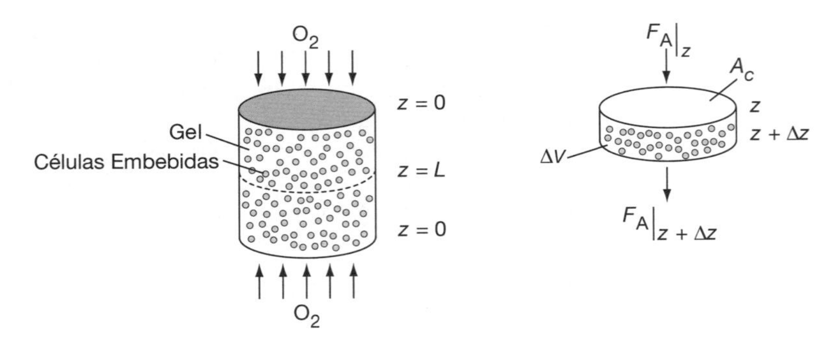

Figura P15.17$_B$ Esquema do sistema da célula de cartilagem.

(b) Mostre que o perfil de concentração adimensional de O_2 no gel é

$$\psi = \frac{C_A}{C_{A0}} = \phi_0 \lambda(\lambda - 2) + 1$$

em que

$$\lambda = z/L$$

$$\phi_0 = \left(\frac{k}{2D_{AB}C_{A0}}\right)L^2$$

(c) Encontre o valor da espessura do gel quando a concentração em $z = 0$ e $C_A = 0{,}1$ mmol/dm^3.

(d) Como suas respostas mudariam se a cinética da reação fosse de primeira ordem na concentração de O_2, com $k_1 = 10^{-2}$ h^{-1}? (nível **D** de dificuldade)

(e) Realize uma análise no estado quase estacionário usando a Equação (WE15.1.19) da *Web* (*http://www.umich.edu/~elements/6e/15chap/expanded_ch15_tissue.pdf*), juntamente com o balanço global

Membro

Hall da Fama

$$\frac{dN_w}{dt} = \upsilon_c W_{O_2}\big|_{z=0} A_c$$

para prever a vazão de O_2 e a retenção de colágeno em função do tempo.

(f) Esboce ψ *versus* λ em diferentes tempos.

(g) Esboce λ_c em função do tempo. *Sugestão:* $V = A_c L$. Considere $a = 10$ e o coeficiente estequiométrico para o oxigênio em relação ao colágeno, ν_c, uma fração mássica de células/mol de O_2 igual a 0,05. $A_c = 2$ cm^2.

As seções 15.9 a 15.11 foram editadas e podem ser lidas e/ou impressas no *site* (*http://www.umich.edu/~elements/6e/15chap/prof.html*). Problemas propostos para reatores de lama, reatores de leito gotejante, reatores de leito fluidizado e reatores a baixa pressão (*boat reactor*) para DQV podem ser encontrados em *http://www.umich.edu/~elements/6e/15chap/add.html.*

LEITURA SUPLEMENTAR

1. Existem alguns livros que discutem difusão interna em partículas de catalisador; no entanto, um dos primeiros livros que deveria ser consultado nesse e em outros tópicos sobre catálise heterogênea é

   L. LAPIDUS, and N. R. AMUNDSON, *Chemical Reactor Theory: A Review*. Upper Saddle River, NJ: Prentice Hall, 1977.

   Além disso, veja

   R. ARIS, *Elementary Chemical Reactor Analysis*. Upper Saddle River, NJ: Prentice Hall, 1989, Cap. 6. Antigo, mas devem ser consideradas particularmente úteis as referências listadas no fim dessa leitura.

   JOSEPH J. FOGLER, AKA, JOFO, *A Chemical Reaction Engineers Guide to the Country of Jofostan*. A ser publicado, espero que até 2025.

   D. LUSS, "Diffusion — Reaction Interactions in Catalyst Pellets", p. 239 in *Chemical Reaction and Reactor Engineering*. New York: Marcel Dekker, 1987.

Os efeitos de transferência de massa sobre o desempenho de reatores são também discutidos em

FRANK C. COLLINS and GEORGE E. KIMBALL, "Diffusion Controlled Reaction Rates," *Journal of Colloid Science*, Vol. 4, Issue 4, Agosto de 1949, p. 425-437.

2. Difusão com reação homogênea é discutida em

G. ASTARITA and R. OCONE, *Special Topics in Transport Phenomena*. New York: Elsevier, 2002.

O projeto de reator líquido-gás é também discutido em

Y. T. SHAH, *Gas-Liquid-Solid Reactor Design*. New York: McGraw-Hill, 1979.

3. A modelagem de reatores DQV é discutida em

DANIEL DOBKIN and M. K. ZUKRAW, *Principles of Chemical Vapor Deposition*. The Netherlands: Kluwer Academic Publishers, 2003.

D. W. HESS, K. F. JENSEN and T. J. ANDERSON, "Chemical Vapor Deposition: A Chemical Engineering Perspective", *Rev. Chem. Eng.*, 3, 97, 1985.

4. Os reatores multifásicos são discutidos em

P. A. RAMACHANDRAN and R. V. CHAUDHARI, *Three-Phase Catalytic Reactors*, New York: Gordon and Breach, 1983.

A. E. RODRIGUES, J. M. COLO, and N. H. SWEED, eds., *Multiphase Reactors*, Vol. 1: *Fundamentals*. Alphen aan den Rijn, The Netherlands: Sitjhoff and Noordhoff, 1981.

A. E. RODRIGUES, J. M. COLO, and N. H. SWEED, eds., *Multiphase Reactors*, Vol. 2: *Design Methods*. Alphen aan den Rijn, The Netherlands: Sitjhoff and Noordhoff, 1981.

Y. T. SHAH, B. G. KELKAR, S. P. GODBOLE, and W. D. DECKWER, "Design Parameters Estimations for Bubble Column Reactors" (artigo de revisão), *AIChE J.*, 28, 353 (1982).

O seguinte volume do *Advances in Chemistry Series* apresenta uma discussão sobre alguns reatores multifásicos:

H. S. FOGLER, ed., *Chemical Reactors*, ACS Symp. Ser. 168. Washington, DC: American Chemical Society, 1981, p. 3-225.

5. Fluidização

DAIZO KUNII and OCTAVE LEVENSPIEL, *Fluidization Engineering*, 2nd ed. (Butterworth Series in Chemical Engineering Deposition). Stoneham, MA: Butterworth-Heinemann, 1991.

Além do livro de Kunii e Levenspiel, muitas correlações podem ser encontradas em

J. F. DAVIDSON, R. CLIFF, and D. HARRISON, *Fluidization*, 2nd ed. Orlando: Academic Press, 1985.

J. G. YATES, *Fundamentals of Fluidized-Bed Chemical Processes*, 3rd ed. London: Butterworth, 1983.

Distribuições de Tempos de Residência para Reatores Químicos† 16

Nada na vida é para ser temido. É apenas para ser entendido.

— Marie Curie

Visão Geral. Neste capítulo, vamos aprender sobre reatores não ideais; ou seja, reatores que não seguem os modelos que desenvolvemos para CSTRs, PFRs e PBRs ideais. Após estudar este capítulo o leitor estará apto a descrever:

- O que é a distribuição de tempo de residência (DTR) e como pode ser usada na análise de reatores (Seção 16.1).
- Medida da DTR. Como calcular a curva de concentração (curva C) e a curva de distribuição de tempo de residência (curva *E*) (Seção 16.2).
- Características da DTR. Como calcular e aplicar a função de distribuição cumulativa, $F(t)$, o tempo de residência médio, t_m, e a variância, σ^2 (Seção 16.3).
- A DTR em reatores ideais. Como avaliar $E(t)$, $F(t)$, t_m e σ^2 para reatores ideais, PFRs e CSTRs e para reatores com escoamento laminar, de modo que tenhamos um ponto de referência de quão longe nosso reator real (não ideal) está de um reator ideal (Seção 16.4).
- Como diagnosticar problemas com reatores reais comparando t_m, $E(t)$ e $F(t)$ com reatores ideais. Essa comparação ajudará a diagnosticar e a solucionar problemas de desvios e de volume morto em reatores reais (Seção 16.5).

16.1 Considerações Gerais

Os reatores tratados no livro até agora – os reatores em batelada com mistura perfeita, os tubulares com escoamento empistonado, os de leito fixo e os contínuos de tanque agitados com mistura perfeita – foram modelados como reatores ideais. Infelizmente, no mundo real, observamos com frequência um comportamento muito diferente daquele esperado do exemplar; esse comportamento é verdadeiro para o caso de estudantes, de engenheiros, de colegas professores e de reatores químicos. Da mesma forma que temos de aprender a trabalhar com pessoas que não são perfeitas,‡ o analista de reatores tem de aprender a diagnosticar e lidar com reatores químicos cujo desempenho se desvia do ideal. Os reatores não ideais e os princípios por trás de sua análise formam o assunto deste capítulo e dos dois seguintes.

Queremos analisar e caracterizar o comportamento de reator não ideal.

†O Dr. Peter Danckwerts é considerado o pai das *Distribuições de Tempo de Residência em Reatores Químicos*. Após a Segunda Guerra Mundial, na qual serviu desarmando bombas não detonadas em Londres, ele começou a desenvolver os conceitos de Tempos de Residência, que publicou no início dos anos 1950. Para nossa sorte, ele foi cuidadoso durante seu serviço na Segunda Guerra Mundial.

‡Assista ao seminário na internet *(Webinar)* da AIChE "Lidando com Pessoas Difíceis": *www.aiche.org/academy/webinars/dealing-difficult-people.*

Peter V. Danckwerts foi um personagem interessante e várias histórias sobre ele podem ser encontradas na biografia de Peter Varey.† As ideias básicas que Danckwerts usou na distribuição de tempos de residência para caracterizar e modelar reatores não ideais são realmente poucas. Os dois usos principais da distribuição de tempo de residência para caracterizar reatores não ideais são:

1. Para diagnosticar problemas de reatores em operação.
2. Para prever conversão ou concentrações do efluente em reatores existentes/ disponíveis quando uma nova reação for usada no reator.

Os dois exemplos seguintes ilustram problemas com reatores que podem ser encontrados em uma planta química.

Exemplo 1 Um reator de leito fixo é mostrado na Figura 16.1. Quando um reator é recheado com catalisador, o fluido reagente geralmente não escoa de maneira uniforme através do reator. Em vez disso, pode haver seções no leito fixo que oferecem pouca resistência ao escoamento (caminho 1) e, como resultado, uma porção maior do fluido pode escoar por canais preferenciais ao longo do caminho. Consequentemente, as moléculas que seguem esse caminho não permanecem tanto tempo no reator como aquelas que escoam através de regiões onde houver circulação interna ou alta resistência ao escoamento (caminho 2). Dessa forma, vemos que há uma distribuição de tempos que as moléculas permanecem no reator em contato com o catalisador.

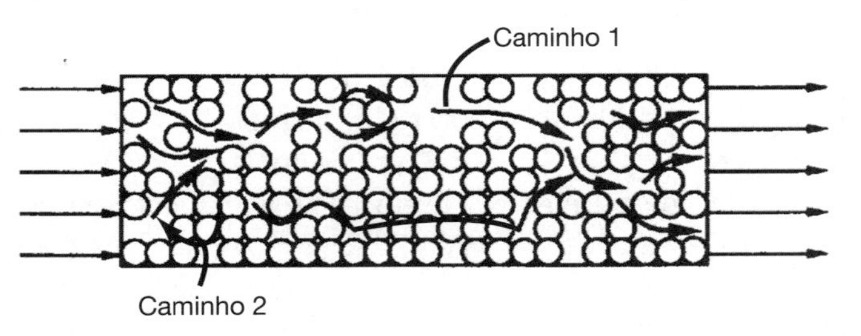

Figura 16.1 Reator de leito fixo.

Exemplo 2 Em muitos reatores contínuos de tanque agitado, as tubulações de entrada e saída estão razoavelmente próximas (Figura 16.2). Em uma operação, desejou-se ampliar (*scale up*) uma planta piloto para um sistema muito maior. Percebeu-se que ocorreu algum curto-circuito; logo, os tanques foram modelados como CSTRs perfeitamente misturados, com uma corrente de desvio (*bypass*). Além do curto-circuito, regiões estagnantes (zonas mortas) são frequentemente encontradas. Nessas regiões, há pouca ou nenhuma troca de material com as regiões bem misturadas e, em consequência, praticamente nenhuma reação ocorre aí. Foram realizados experimentos para determinar a quantidade do material efetivamente desviado e o volume da zona morta. Uma modificação simples de um reator ideal modelou com sucesso as características físicas essenciais do sistema, tornando as equações possíveis de serem resolvidas.

Queremos encontrar maneiras de determinar o volume morto e a fração da vazão volumétrica que é desviada.

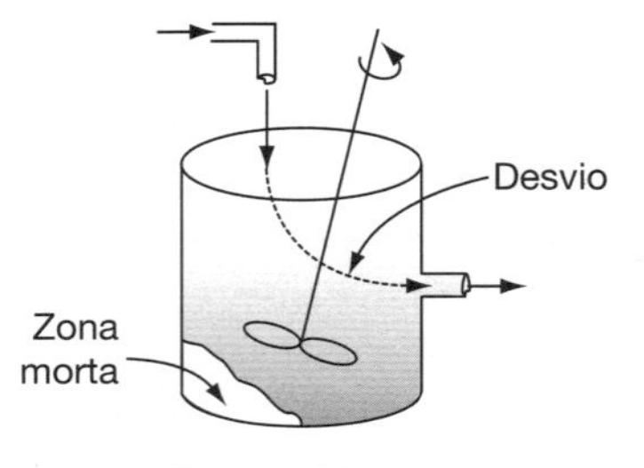

Figura 16.2 CSTR.

†P. Varey, *Life on the Edge*, London: PFV Publications, 2012.

Os três conceitos
- DTR
- Mistura
- Modelo

Três conceitos são usados para descrever reatores não ideais nesses exemplos: *a distribuição de tempos de residência no sistema, a qualidade de mistura* e *o modelo usado para descrever o sistema*. Todos esses três conceitos são considerados quando se descrevem os desvios dos padrões característicos de mistura em reatores ideais. Os três conceitos podem ser considerados como característicos da mistura em reatores não ideais.

Uma maneira de ordenar nosso pensamento sobre reatores não ideais é considerar, como uma *primeira* aproximação, a modelagem de padrões de escoamento em nossos reatores como CSTRs ou PFRs. Em reatores reais, no entanto, existe um comportamento não ideal de escoamento, resultando em contato não efetivo e conversões mais baixas que no caso de reatores ideais. Temos de ter um método de considerar essa não idealidade e, para atingir esse objetivo, usamos o próximo nível mais alto de aproximação, que envolve o uso de informação de *macromistura* (DTR) (Seções 16.1 a 16.4). O próximo nível usa informação em microescala (*micromistura*) (Capítulo 17) para fazer previsões das conversões em reatores não ideais. Após completar as quatro primeiras seções, 16.1 a 16.4, o leitor pode ir direto para o Capítulo 17 aprender como calcular a conversão e a distribuição de produtos na saída de reatores reais. A Seção 16.5 fecha este capítulo discutindo como usar a DTR para diagnosticar e resolver problemas em reatores reais. Neste ponto, daremos atenção a dois problemas comuns: reatores com desvio e com volumes mortos. Uma vez que os volumes mortos (V_M) e as vazões volumétricas do desvio, υ_d, são determinados, as estratégias do Capítulo 18, para modelar o reator real com reatores ideais, podem ser usadas para prever as conversões.

Cartão da Chance: ***Não continue,*** *avance diretamente para o Capítulo 17.*

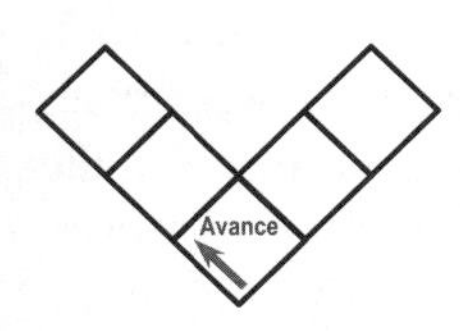

Reator "Banco Imobiliário"

16.1.1 Função Distribuição de Tempo de Residência (DTR)

A ideia de usar a distribuição de tempos de residência na análise do desempenho de reatores químicos foi aparentemente proposta inicialmente em um trabalho pioneiro de MacMullin e Weber.[1] No entanto, o conceito não pareceu ser usado extensivamente até o início dos anos 1950, quando o Prof. P. V. Danckwerts deu uma estrutura organizacional ao assunto de DTR, definindo a maioria das distribuições de interesse.[2] A quantidade crescente da literatura sobre esse tópico a partir de então seguiu geralmente a nomenclatura de Danckwerts e isso será feito aqui também.

Em um reator ideal de escoamento empistonado, todos os átomos de material que deixam o reator têm permanecido em seu interior *exatamente* o mesmo tempo. Analogamente, em um reator ideal em batelada, todos os átomos de materiais no interior do reator têm permanecido um período *idêntico* de tempo. O tempo que os átomos têm permanecido no interior de um reator é chamado de ***tempo de residência*** dos átomos no reator.

Tempo de residência

Os reatores idealizados de escoamento empistonado e em batelada são as únicas duas classes de reatores em que todos os átomos nos reatores têm o mesmo tempo de residência. Em todos os outros tipos de reatores, os vários átomos na alimentação permanecem tempos diferentes no interior do reator; isto é, existe uma distribuição de tempos de residência do material dentro do reator. Por exemplo, considere o CSTR; a alimentação introduzida em um CSTR em um dado tempo qualquer se torna completamente misturada com o material já existente no reator. Em outras palavras, alguns dos átomos entrando no CSTR deixam-no quase imediatamente porque o material está sendo continuamente retirado do reator; outros átomos permanecem no reator quase para sempre, uma vez que nem todo o material que recircula dentro do reator é removido de uma só vez. Muitos dos átomos, naturalmente, saem do reator depois de permanecer um período em torno do tempo de residência médio. Em qualquer reator, a distribuição de tempos de residência pode afetar significativamente seu desempenho em termos de conversão e distribuição do produto.

A "DTR": Algumas moléculas saem rapidamente; outras permanecem por muito tempo.

[1] R. B. MacMullin and M. Weber, Jr., *Trans. Am. Inst. Chem. Eng.*, 31, 409 (1935).
[2] P. V. Danckwerts, *Chem. Eng. Sci.*, 2, 1 (1953).

Usaremos a DTR para caracterizar reatores não ideais.

A *distribuição de tempos de residência* (DTR) de um reator é uma característica da mistura que ocorre no reator químico. Não há mistura axial em um reator com escoamento empistonado, e essa omissão é refletida na DTR. O CSTR é totalmente misturado e apresenta um tipo bem diferente de DTR em relação ao reator com escoamento empistonado. Como será ilustrado mais adiante (Exemplo 16.3), nem todas as DTRs são únicas para um tipo particular de reator; reatores marcadamente diferentes podem apresentar DTRs idênticas. Contudo, a DTR exibida por um dado reator resulta em indícios claros do tipo de mistura que ocorre no interior dele, sendo uma das mais importantes caracterizações do reator.[3]

16.2 Medida da DTR

Uso de traçadores para determinar a DTR

A DTR é determinada experimentalmente injetando, no interior do reator, uma substância química inerte, molécula ou átomo, chamada de *traçador*, em algum tempo $t = 0$, medindo então a concentração do traçador, C, na corrente efluente, em função do tempo, conforme Figura 16.3. Além de ser uma espécie não reagente que é facilmente detectável, o traçador deve ter propriedades físicas similares àquelas da mistura reagente e ser completamente solúvel na mistura. Ele também não deve adsorver nas paredes ou em outras superfícies do reator. Os últimos requerimentos são necessários para garantir que o comportamento do traçador refletirá fielmente aquele do material escoando através do reator. Materiais coloridos e radioativos, juntamente com gases inertes, são os tipos mais comuns de traçadores. Os dois métodos mais usados de injeção são *perturbação em pulso* e *perturbação em degrau*.

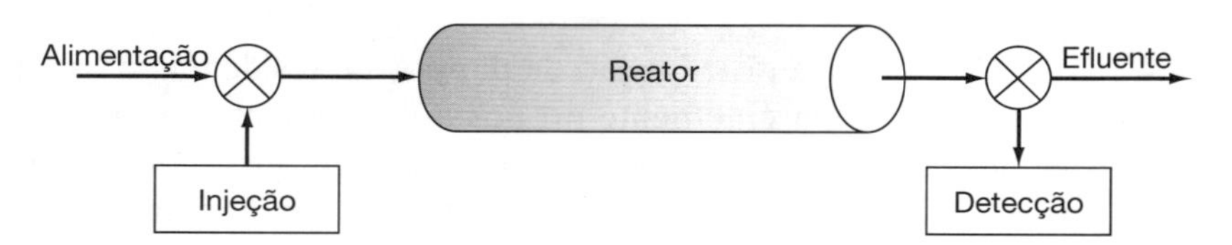

Figura 16.3 Esquema experimental para determinar $E(t)$.

16.2.1 Experimento com Perturbação em Pulso

A curva C

Em uma perturbação em pulso, uma quantidade de traçador, N_0, é subitamente injetada de uma só vez na corrente de alimentação que entra no reator, em um tempo tão curto quanto possível. A concentração de saída é então medida em função do tempo. Curvas típicas de concentração-tempo na entrada e na saída de um reator arbitrário são mostradas na Figura 16.4. A curva de concentração-tempo no efluente na análise de DTR é mencionada como a curva C. Devemos inicialmente analisar a injeção de um pulso de traçador para um sistema com uma única entrada e uma única saída em que *somente o escoamento* (nenhuma dispersão) carrega o material através das fronteiras do sistema. Primeiro, escolhemos um incremento de tempo Δt suficientemente pequeno, de modo que a concentração do traçador, $C(t)$, que sai entre os tempos t e $(t + \Delta t)$, é essencialmente a mesma. A quantidade de material do traçador, ΔN, que deixa o reator entre os tempos t e $t + \Delta t$ é então

$$\Delta N = C(t)\, v\, \Delta t \tag{16.1}$$

em que v é a vazão volumétrica do efluente. Em outras palavras, ΔN é a quantidade de material saindo do reator que permaneceu um período entre t e $t + \Delta t$ no reator. Se dividirmos pela quantidade total de material que foi injetada no reator, N_0, obteremos

[3] Existe um número de tutoriais em seminários na internet (*Webinar*) da AIChE e, como membro estudante da AIChE, você tem livre acesso a todos eles. Veja *www.aiche.org/search/site/webinar*.

$$\frac{\Delta N}{N_0} = \frac{\upsilon C(t)}{N_0}\,\Delta t \tag{16.2}$$

que representa a *fração de material que tem um tempo de residência no reator entre o tempo t* e *t* + Δ*t*.

Para uma injeção em pulso, definimos

$$E(t) = \frac{\upsilon C(t)}{N_0} \tag{16.3}$$

de modo que

$$\frac{\Delta N}{N_0} = E(t)\,\Delta t \tag{16.4}$$

Interpretação de $E(t)\,dt$

A grandeza **E(*t*)** é chamada de ***função de distribuição de tempo de residência***. É a função que descreve, de maneira quantitativa, por quanto tempo diferentes elementos de fluido permaneceram no reator. A grandeza **E(*t*) *dt*** é a fração de fluido saindo do reator que permaneceu no interior do reator entre os tempos ***t*** e ***t* + *dt***.

A Figura 16.4 mostra, esquematicamente, as concentrações de entrada e saída para ambas as perturbações, em pulso e em degrau, do esquema experimental da Figura 16.3.

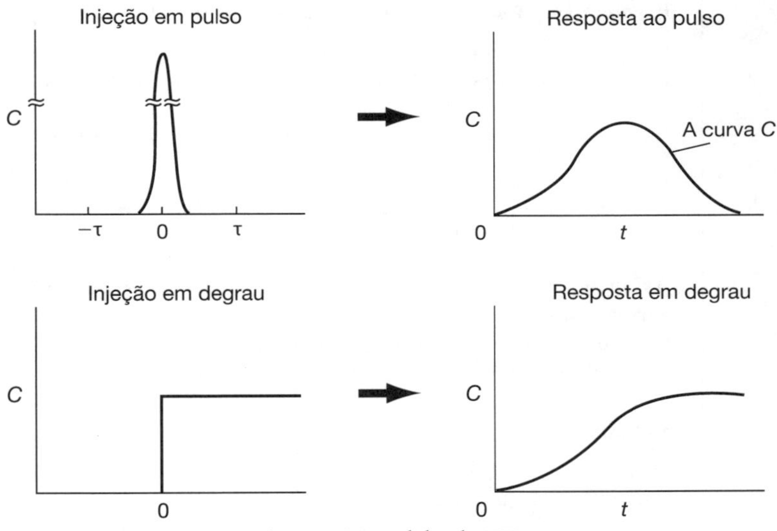

Figura 16.4 Medidas de DTR.

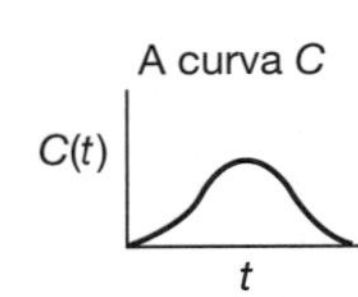

Se N_0 não for conhecida diretamente, ela pode ser obtida a partir de medidas da concentração de saída, somando todas as quantidades de materiais, Δ*N*, entre o tempo zero e infinito. Escrevendo a Equação (16.1) em uma forma diferencial, resulta em

$$dN = \upsilon C(t)\,dt \tag{16.5}$$

Área = $\int_0^\infty C(t)\,dt$

e então integrando, obtemos

$$N_0 = \int_0^\infty \upsilon C(t)\,dt \tag{16.6}$$

A vazão volumétrica υ é geralmente constante, de modo que podemos definir *E*(*t*) como

Encontramos a função DTR, **E(*t*)**, a partir da concentração do traçador, **C(*t*)**

$$\boxed{E(t) = \frac{C(t)}{\displaystyle\int_0^\infty C(t)\,dt}} \tag{16.7}$$

A curva E

A curva E *é exatamente a curva* C *dividida pela área sob a curva* C.

Uma maneira alternativa de interpretar a função tempo de residência é a sua forma integral:

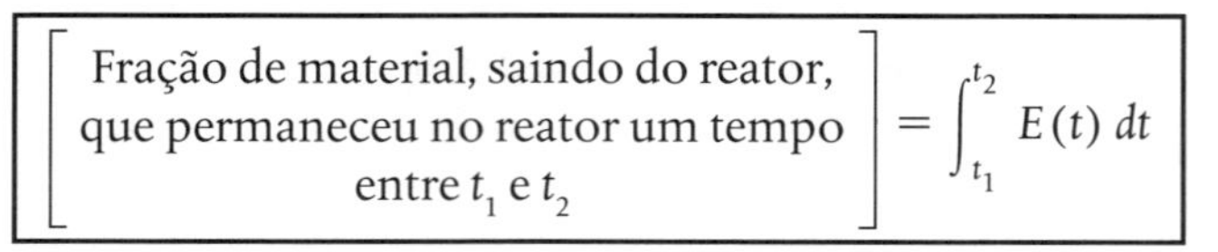

$$\left[\begin{array}{c}\text{Fração de material, saindo do reator,}\\ \text{que permaneceu no reator um tempo}\\ \text{entre } t_1 \text{ e } t_2\end{array}\right] = \int_{t_1}^{t_2} E(t)\, dt$$

Sabemos que a fração de todo o material que ficou por um período t no reator entre $t = 0$ e $t = \infty$ é 1; logo,

Eventualmente, todos os convidados devem sair.

$$\int_0^{\infty} E(t)\, dt = 1 \tag{16.8}$$

O exemplo seguinte mostrará como podemos calcular e interpretar $E(t)$ a partir das concentrações no efluente provenientes da resposta a uma perturbação em pulso do traçador em um reator real (não ideal).

Exemplo 16.1 Construção das Curvas C(t) e E(t)

Uma amostra de traçador *hytane*, a 320 K, foi injetada como um pulso em um reator, sendo a concentração do efluente medida em função do tempo, resultando nos dados mostrados na Tabela E16.1.1.

Perturbação em pulso

Tabela E16.1.1 Dados do Traçador

t (min)	0	0,5	1	2	3	4	5	6	7	8	9	10	12	14
C (g/m^3)	0	0,6	1,4	5	8	10	8	6	4	3	2,2	1,6	0,6	0

As medidas representam as concentrações exatas nos tempos apontados e não valores médios entre os vários tempos de amostragem.

(a) Construa uma figura mostrando a concentração do traçador $C(t)$ em função do tempo.

(b) Construa uma figura mostrando $E(t)$ em função do tempo.

Solução

(a) Fazendo um gráfico de C em função do tempo, usando os dados da Tabela E16.1.1, obtém-se a curva mostrada na Figura E16.1.1.

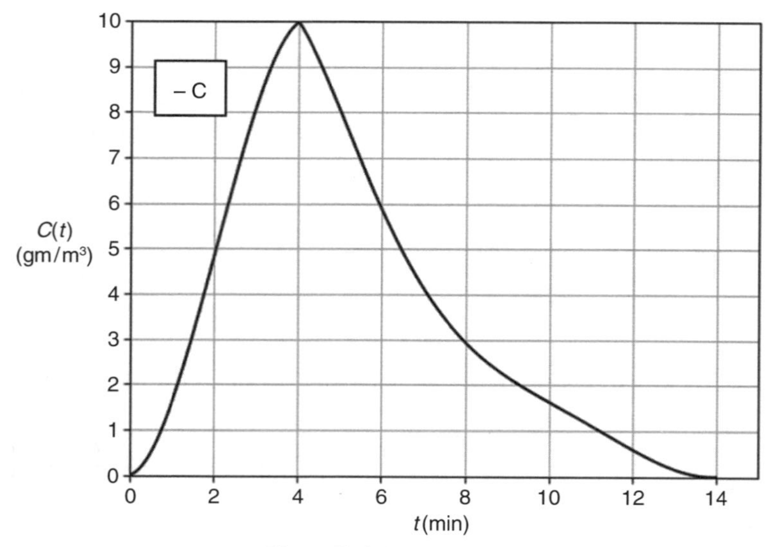

Figura E16.1.1 A curva C.

Para converter a curva $C(t)$ da Figura E16.1.1 na curva $E(t)$, usamos a área sob a curva $C(t)$. Existem três maneiras de se determinar a área usando esses dados:

(1) Força bruta: calcular a área, medindo a área dos quadrados sob a curva e somando tudo ao final. *Quem no mundo você acha que usaria esse método? Não tenho certeza se eu usaria.*

(2) Usar as fórmulas de integração fornecidas no Apêndice A.4 Possivelmente Método 2 da regra de Simpson.

(3) Ajustar os dados a um ou mais polinômios usando Polymath ou algum outro *software*. Escolhemos o Polymath para ajustar os dados. *Nota*: Um tutorial passo a passo está disponível no CRE *website* (*www.umich.edu/~elements/6e/index.html*) EPP16.1. Usaremos dois polinômios para ajustar a curva C, um para o lado ascendente, $C_1(t)$, e outro para o lado descendente, $C_2(t)$, ambos reunidos em t_1. Tal como a Nike. Apenas faça (*Just do it*).

Usando a rotina de ajuste polinomial Polymath (veja o tutorial), os dados da Tabela E16.1.1 resultam nos dois polinômios seguintes:

$$\text{Para } t \leq 4 \text{ min, então } C_1(t) = 0{,}0039 + 0{,}274\,t + 1{,}57\,t^2 - 0{,}255\,t^3 \tag{E16.1.1}$$

$$\text{Para } t \geq 4 \text{ min, então } C_2(t) = -33{,}4 + 37{,}2\,t - 11{,}6\,t^2 + 1{,}7\,t^3 - 0{,}13\,t^4 + 0{,}005\,t^5 - 7{,}7 \times 10^{-5}\,t^6 \tag{E16.1.2}$$

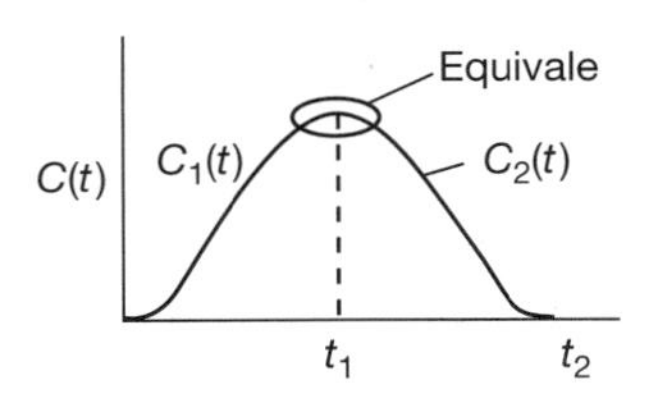

Usamos então uma *declaração se* na nossa curva ajustada.

Se ($t \leq 4$ e $t = 0$) então C_1; senão *se* ($t > 4$ e $t \leq 14$) então C_2; senão 0

Para encontrar a área sob a curva, A, usamos o solver de *EDO*.

Seja A a área sob curva; então

$$\frac{dA}{dt} = C(t) \tag{E16.1.3}$$

$$A = \int_0^{14} C(t)\, dt \tag{E16.1.4}$$

(b) Construa a curva $E(t)$.

$$E(t) = \frac{C(t)}{\int_0^{\infty} C(t)\, dt} = \frac{C(t)}{A}$$

O programa Polymath e os resultados são mostrados na Tabela E16.1.2 em que podemos ver A = 51.

Tabela E16.1.2 Programa Polymath para Encontrar a Área sob a Curva C

Valores calculados das variáveis de EDO

	Variável	Valor inicial	Valor final
1	Área	0	51,06334
2	C	0,0038746	0,0148043
3	C1	0,0038746	-387,266
4	C2	-33,43818	0,0148043
5	t	0	14

Equações diferenciais

*1 d(Área)/d(t) = C

Equações explícitas

1 C2 = -33,43818 + 37,18972*t - 11,58838*t^2 + 1,695303*t^3-
0,1298667*t^4 + 0,005028*t^5 - 7,743*10^-5*t^6

2 C1 = 0,0038746 + 0,2739782*t + 1,574621*t^2 - 0,2550041*t^3

3 C = se(t<=4 e t>=0) então C1 senão se(t>4 e t<=14) então C2 senão 0

Agora que temos a área, A (51 g • min/m³), sob a curva C, podemos construir a curva $E(t)$. Assim, calculamos $E(t)$ dividindo cada ponto da curva $C(t)$ por 51 g • min/m³:

$$E(t) = \frac{C(t)}{\int_0^{\infty} C(t)\, dt} = \frac{C(t)}{51\ \text{g} \cdot \text{min/m}^3} \tag{E16.1.5}$$

com os seguintes resultados:

Tabela E16.1.3 $C(t)$ e $E(t)$

t (min)	0	1	2	3	4	5	6	7	8	9	10	12	14
$C(t)$ (g/m^3)	0	1,4	5	8	10	8	6	4	3	2,2	1,6	0,6	0
$E(t)$ (min^{-1})	0	0,027	0,1	0,16	0,2	0,16	0,12	0,08	0,06	0,043	0,03	0,012	0

Usando a Tabela E16.1.3, podemos construir $E(t)$ como mostrado na Figura E16.1.2.

A Curva $E(t)$

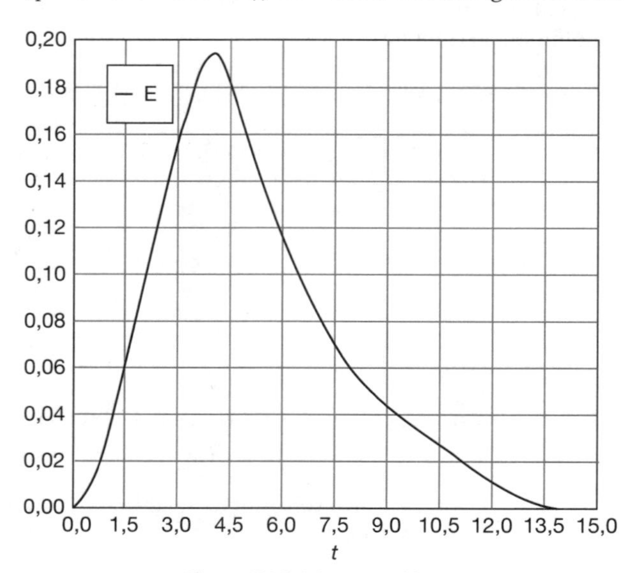

Figura E16.1.2 Curva $E(t)$.

***Análise*:** Neste exemplo, ajustamos os dados de concentração no efluente $C(t)$ de um traçador inerte a partir de uma perturbação em pulso, para dois polinômios, e então empregamos uma *declaração* "*Se*" para modelar a curva completa. Usamos, então, o *solver* de EDO, Polymath, para encontrar a área sob a curva que, usada para dividir a curva $C(t)$, leva à obtenção da curva $E(t)$. Uma vez que temos a curva $E(t)$, perguntamos, e facilmente respondemos, questões do tipo "que fração de material permanece no reator entre 2 e 4 minutos" ou "qual é tempo de residência médio t_m?" Essas questões são respondidas nas seções seguintes, nas quais discutiremos características da distribuição do tempo de residência (DTR).

Desvantagens da injeção de pulso para obter a DTR.

As principais dificuldades com a técnica do pulso estão nos problemas relacionados com a obtenção de um pulso razoável na entrada do reator. A injeção tem de ser feita por um período muito curto quando comparado com os tempos de residência em vários segmentos do reator ou do sistema de reator. É preciso haver uma quantidade insignificante de dispersão entre o ponto de injeção e a entrada do sistema de reator. Se essas condições puderem ser atendidas, essa técnica representará uma maneira simples e direta de obter a DTR.

Existem problemas para ajustar $E(t)$ a um polinômio quando a curva concentração-tempo tem uma cauda longa, porque a análise pode estar sujeita a grandes imprecisões. Esses problemas afetam, principalmente, o denominador do lado direito da Equação (16.7) [isto é, a integração da curva $C(t)$]. Deseja-se extrapolar a cauda e continuar o cálculo analiticamente. A cauda da curva pode, algumas vezes, ser aproximada como um decaimento exponencial. É muito provável que as imprecisões introduzidas por essa suposição sejam bem menores do que aquelas resultantes do truncamento ou da imprecisão numérica nessa região. Métodos de *Ajuste da Cauda* são descritos na *Estante com Referências Profissionais R16.1*.

16.2.2 Experimento com Traçador em Degrau

Nesse ponto, que temos um entendimento do significado da curva de DTR a partir de uma perturbação em pulso, formularemos uma relação mais geral entre a injeção de traçador e a concentração correspondente no efluente.

A concentração de entrada toma frequentemente a forma de uma *perturbação em pulso* perfeito (função delta de Dirac), *injeção de pulso imperfeito* (veja a Figura 16.4), ou uma *perturbação em degrau*. Assim como a função DTR $E(t)$ pode ser determinada diretamente a partir de uma perturbação em pulso e, a distribuição cumulativa $F(t)$ pode ser determinada diretamente a partir de uma perturbação em degrau. *A distribuição cumulativa fornece a fração de material F(t) que permanece no reator no tempo t ou menor.* Analisaremos agora uma *perturbação em degrau* na concentração do traçador para um sistema com uma vazão volumétrica constante. Considere uma taxa constante de adição de traçador para uma alimentação que é iniciada no tempo $t = 0$. Antes desse tempo, nenhum traçador foi adicionado à alimentação. Especificado simbolicamente, temos

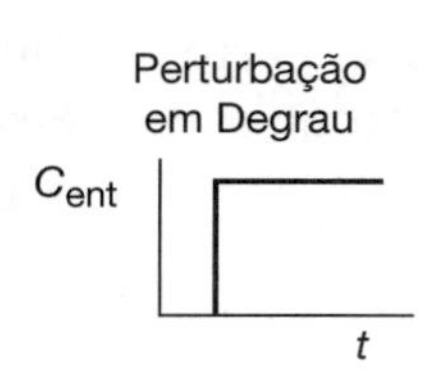

$$C_{ent}(t) = \begin{cases} 0 & t < 0 \\ C_0, \text{ constante} & t \geq 0 \end{cases} \tag{16.9}$$

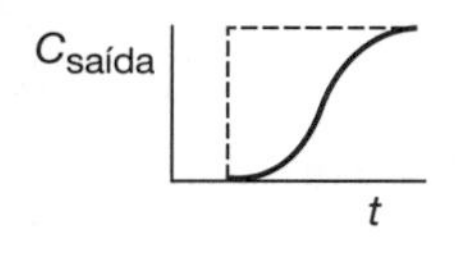

A concentração de traçador na alimentação do reator é mantida nesse nível até que a concentração no efluente seja indistinguível daquela na alimentação; o teste pode ser então interrompido. Uma curva típica da concentração de saída para esse tipo de entrada é mostrada na Figura 16.4.

Uma vez que a concentração na entrada é constante com o tempo, C_0, podemos tirá-la do sinal de integral; isto é,

$$C_{saída}(t) = C_0 \int_0^t E(t')\,dt'$$

Dividindo por C_0, teremos

$$\left[\frac{C_{saída}(t)}{C_0}\right]_{degrau} = \int_0^t E(t')\,dt' = F(t)$$

$$F(t) = \left[\frac{C_{saída}(t)}{C_0}\right]_{degrau} \tag{16.10}$$

Derivamos essa expressão para obter a função DTR, $E(t)$:

$$E(t) = \frac{dF}{dt} = \frac{d}{dt}\left[\frac{C_{saída}(t)}{C_0}\right]_{degrau} \tag{16.11}$$

Vantagens e desvantagens da injeção em degrau

O degrau positivo é geralmente mais fácil de executar experimentalmente que o teste em pulso e tem a vantagem adicional de que a quantidade total de traçador na alimentação, ao longo do período do teste, não necessita ser conhecida, como no caso do teste em pulso. Uma possível desvantagem dessa técnica é a dificuldade em manter, algumas vezes, uma concentração constante de traçador na alimentação. A obtenção da DTR a partir desse teste envolve também a derivação dos dados, apresentando assim uma desvantagem adicional, e provavelmente mais séria, para essa técnica, uma vez que derivação de dados pode, ocasionalmente, conduzir a grandes erros. Um terceiro problema está na grande quantidade requerida de traçador para esse teste. Se o traçador for muito caro, um teste em pulso é quase sempre usado para minimizar o custo.

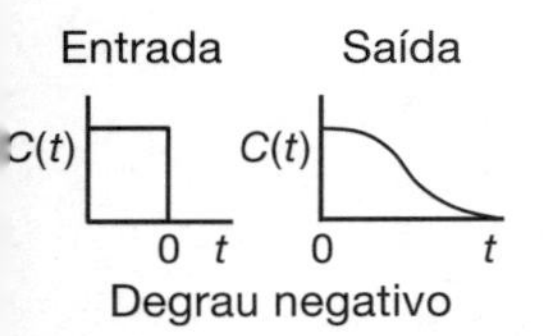

Existem outras técnicas com traçador, tais como degrau negativo (isto é, eluição), métodos de frequência-resposta e métodos que usam perturbações diferentes de degrau ou de pulso. Esses métodos são geralmente muito mais difíceis de executar do que aqueles apresentados e não são encontrados tão frequentemente. Por essa razão, eles não serão tratados aqui. A literatura sobre esses métodos deveria ser consultada em relação a suas virtudes, defeitos e aos detalhes de suas implantações e análise de resultados. Uma boa fonte para esse tipo de informação é Wen e Fan.[4]

[4] C. Y. Wen and L. T. Fan, *Models for Flow Systems and Chemical Reactors*, New York: Marcel Dekker, 1975.

16.3 Características da DTR

A partir de $E(t)$, podemos conhecer quanto tempo moléculas diferentes permaneceram no reator.

Algumas vezes, $E(t)$ é chamada de *função de distribuição da idade de saída*. Se considerarmos a "idade" de um átomo como o tempo que ele permaneceu no ambiente de reação, então $E(t)$ se refere à distribuição de idades da corrente efluente. Ela é *a* mais usada das funções de distribuição relacionadas com a análise de reatores, porque caracteriza a extensão de tempo que os vários átomos permanecem nas condições de reação.

16.3.1 Relações Integrais

A fração da corrente de saída que permaneceu no reator por um período mais curto que um dado valor t é igual à soma ao longo de todos os tempos menores do que t de $E(t)\Delta t$, ou expressa continuamente, integrando $E(t)$ entre o tempo $t = 0$ e t.

A função DTR cumulativa, $F(t)$

$$\int_0^t E(t)\,dt = F(t) = \left[\begin{array}{c}\text{Fração do efluente que}\\ \text{permaneceu no reator}\\ \text{por um tempo}\\ \text{menor que } t\end{array}\right] \tag{16.12}$$

Analogamente, integrando entre o tempo t e $t \Rightarrow \infty$, temos

$$\int_t^{\infty} E(t)\,dt = 1 - F(t) = \left[\begin{array}{c}\text{Fração do efluente que}\\ \text{permaneceu no reator por}\\ \text{um tempo maior que } t\end{array}\right] \tag{16.13}$$

Uma vez que t aparece nos limites de integração dessas duas expressões, as Equações (16.12) e (16.13) estão ambas em função do tempo. Danckwerts definiu a Equação (16.12) como uma *função distribuição cumulativa e a chamou de $F(t)$*.[5] Podemos calcular $F(t)$ em vários tempos t a partir da área sob a curva de um gráfico de $E(t)$ *versus* t, isto é, a curva E. Uma forma típica da curva $F(t)$ é mostrada na Figura 16.5. Pode-se notar, dessa curva, que 80% (isto é, $F(t)$ = 0,8) das moléculas gastam 8 minutos ou menos no reator, e 20% das moléculas $[1 - F(t)]$ gastam mais de 8 minutos no reator.

A curva F é outra função que foi definida como a resposta normalizada para determinada perturbação. Alternativamente, a Equação (16.12) foi usada como uma definição de $F(t)$, tendo sido estabelecido que, como consequência, ela pode ser obtida como a resposta a um teste de traçador com degrau positivo. Algumas vezes, a curva F é usada da mesma maneira que a DTR na modelagem de reatores químicos. Um exemplo excelente industrial é o estudo de Wolf e White, que investigaram o comportamento de extrusoras nos processos de polimerização.[6]

A curva F

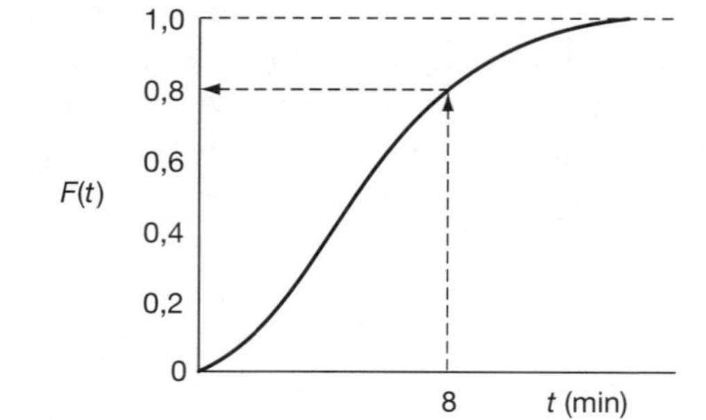

Figura 16.5 Curva da distribuição cumulativa, $F(t)$.

[5] P. V. Danckwerts, *Chem. Eng. Sci.*, 2, 1 (1953).
[6] D. Wolf and D. H. White, *AIChE J.*, 22, 122 (1976).

16.3.2 Tempo de Residência Médio

$\tau = t_m$

Nos capítulos anteriores que trataram sobre os reatores ideais, um parâmetro frequentemente usado foi o tempo espacial, ou tempo de residência médio, τ, que foi definido como igual a (V/υ). Será mostrado que, na ausência de dispersão e para uma vazão volumétrica constante ($V = \upsilon_0$), independentemente da DTR existente em um reator particular, ideal ou não ideal, esse tempo espacial nominal, τ, é igual ao *tempo de residência médio*, t_m.

Como é o caso de outras variáveis descritas por funções de distribuição, o valor médio da variável é igual ao primeiro momento da função DTR, $E(t)$. Assim, o tempo de residência médio é

O primeiro momento fornece o tempo médio que as moléculas do efluente permaneceram no reator.

$$t_m = \frac{\int_0^\infty tE(t)\,dt}{\int_0^\infty E(t)\,dt} = \int_0^\infty tE(t)\,dt \tag{16.14}$$

Queremos agora mostrar como podemos determinar o volume total do reator usando a função de distribuição cumulativa.

No Material Adicional do Capítulo 16 no CRE *website (http://www.umich.edu/~elements/6e/16chap/expanded_ch16_exampleB.pdf)*, fornecemos a prova de que, para uma vazão volumétrica constante, o tempo de residência médio é igual ao tempo espacial; ou seja,

$$t_m = \tau \tag{16.15}$$

Esse resultado é verdadeiro *somente* para um *sistema fechado* (nenhuma dispersão através das fronteiras; como é o caso no Capítulo 18). O volume exato do reator é determinado a partir da equação

$$V = \upsilon t_m \tag{16.16}$$

16.3.3 Outros Momentos da DTR

É muito comum comparar DTRs usando seus momentos em vez de tentar comparar suas distribuições inteiras (por exemplo, Wen e Fan).[7] Para essa finalidade, três momentos são normalmente usados. O primeiro é o *tempo de residência* médio, t_m. O segundo momento comumente usado é tomado em torno da média e é chamado de *variância*, σ^2, ou o quadrado do desvio-padrão. É definido por

O segundo momento em torno da média é a variância.

$$\sigma^2 = \int_0^\infty (t - t_m)^2 E(t)\,dt \tag{16.17}$$

A magnitude desse momento é um indicativo da "dispersão" da distribuição; quanto maior o valor desse momento, maior será a dispersão da distribuição.

O terceiro momento é também tomado em torno da média e está relacionado à *distorção (skewness)*, s^3. A distorção é definida por

Os dois parâmetros mais comumente usados para caracterizar a DTR são τ e σ^2.

$$s^3 = \frac{1}{\sigma^{3/2}} \int_0^\infty (t - t_m)^3 E(t)\,dt \tag{16.18}$$

A magnitude do terceiro momento mede a extensão com que uma distribuição está distorcida em uma direção ou noutra, em relação à média.

[7] C. Y. Wen and L. T. Fan, *Models for Flow Systems and Chemical Reactors*, New York: Dekker, 1975, Chap. 11.

Rigorosamente, para uma completa descrição de uma distribuição, todos os momentos têm de ser determinados. Na prática, esses três momentos são geralmente suficientes para uma caracterização razoável de uma DTR.

Exemplo 16.2 Cálculos do Tempo de Residência Médio e da Variância

Usando os dados da Tabela E16.1.3 do Exemplo 16.1

(a) Construa a curva $F(t)$.
(b) Calcule tempo de residência médio, t_m.
(c) Calcule a variância em torno da média, σ^2.
(d) Calcule a fração de fluido que permanece entre 3 e 6 minutos no reator.
(e) Calcule a fração de fluido que permanece 2 minutos ou menos no reator.
(f) Calcule a fração de material que permanece entre 3 minutos ou mais no reator.

Solução

(a) Para construir a curva *F*, simplesmente integramos a curva *E*

$$E(t) = \frac{C(t)}{A} = \frac{C(t)}{51} \tag{E16.1.5}$$

usando um *solver* de EDO, tal como o Polymath, mostrado na Tabela E16.2.1

$$\frac{dF}{dt} = E(t) \tag{16.11}$$

O programa Polymath e os resultados são mostrados na Tabela E16.2.1 e na Figura E16.2.1(b), respectivamente.

Tabela E16.1.3 $C(t)$ E $E(t)$

t (min)	0	1	2	3	4	5	6	7	8	9	10	12	14
$C(t)$ (g/m^3)	0	1,4	5	8	10	8	6	4	3	2,2	1,6	0,6	0
$E(t)$ (min^{-1})	0	0,027	0,1	0,16	0,2	0,16	0,12	0,08	0,06	0,043	0,03	0,012	0

Calculando o tempo de residência médio,

$$\tau = t_m = \int_0^\infty tE(t)\,dt$$

(b) Também mostramos na Tabela E16.2.1 o programa Polymath para calcular o tempo de residência médio, t_m. Derivando a Equação (16.14), podemos facilmente usar o Polymath para encontrar t_m, isto é,

$$\frac{dt_m}{dt} = tE(t) \tag{E16.2.1}$$

com $t = 0$, então, $E = 0$ e com $t = 14$ temos $E = 0$. A Equação (E16.2.1) e o resultado calculado também são mostrados na Tabela E16.2.1, em que encontramos

$$t_m = 5{,}1 \text{ minutos}$$

Tabela E16.2.1 Programa Polymath e Resultados para Construir as Curvas $E(t)$ e $F(t)$

Valores calculados das variáveis de EDO

	Variável	Valor inicial	Valor final
1	Área	51	51
2	C	0,0038746	0,0148043
3	C1	0,0038746	-387,266
4	C2	-33,43818	0,0148043
5	E	7,597E-05	0,0002903
6	F	0	1,00125
7	t	0	14
8	tm	0	5,107247

Equações diferenciais

```
1 d(tm)/d(t) = t*E
2 d(F)/d(t) = E
```

Equações explícitas

```
1 C1 = 0,0038746 + 0,2739782*t  + 1,574621*t^2 - 0,2550041*t^ 3
2 Área = 51
3 C2 = -33,43818 + 37,18972*t - 11,58838*t^2 + 1,695303*t^3-
   0,1298667*t^4 + 0,005028*t^5 - 7,743*10^-5*t^6
4 C = Se(t<=4 e t>=0) então C1 senão se(t>4 e t<=14) então C2 senão 0
5 E = C/Área
```

Usando as rotinas de gráfico do Polymath, podemos construir as Figuras E16.2.1(a) e (b), após executar o programa mostrado na Tabela E16.2.1.

As Curvas $E(t)$ e $F(t)$.

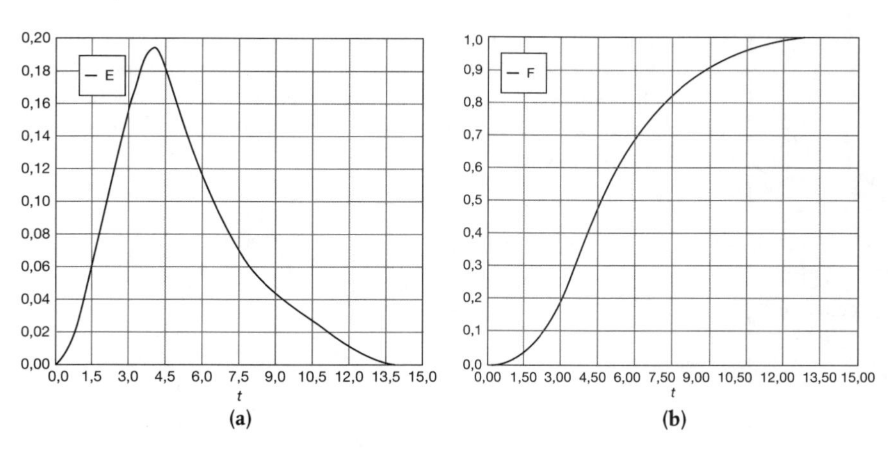

Figura E16.2.1 (**a**) Curva E; (**b**) Curva F.

(**c**) Agora que encontramos tempo de residência médio, t_m, podemos calcular a variância σ^2.

Calculando a variância

$$\sigma^2 = \int_0^{\infty} (t - t_m)^2 E(t)\, dt \tag{E16.2.2}$$

Agora derivamos a Equação (E16.2.2) em relação a t

$$\frac{d\sigma^2}{dt} = (t - t_m)^2 E(t) \tag{E16.2.3}$$

e então usamos o Polymath para integrar entre $t = 0$ e $t = 14$, que é o último ponto da curva E.

Tabela E16.2.2 Programa Polymath e Resultados para Calcular o Tempo de Residência Médio, T_m, e a Variância σ^2

Valores calculados das variáveis de EDO

	Variável	Valor inicial	Valor final
1	Área	51	51
2	C	0,0038746	0,0148043
3	C1	0,0038746	-387,266
4	C2	-33,43818	0,0148043
5	E	7,597E-05	0,0002903
6	Sigma2	0	6,212473
7	t	0	14
8	tmf	5,1	5,1

Equações diferenciais

1 d(Sigma2)/d(t) = (t-tmf)^2 * E

Equações explícitas

1 C1 = 0,0038746 + 0,2739782*t + 1,574621*t^2 - 0,2550041*t^3

2 Área = 51

3 C2 = -33,43818 + 37,18972*t - 11,58838*t^2 + 1,695303*t^3-0,1298667*t^4 + 0,005028*t^5 - 7,743*10^-5*t^6

4 C = Se(t<=4 e t>=0) então C1 senão se(t>4 e t<=14) então C2 senão 0

5 E = C/Área

6 tmf = 5,1

Os resultados dessa integração são mostrados na Tabela E16.2.1, em que encontramos $\sigma^2 = 6{,}20$ min^2, logo $\sigma = 2{,}49$ minutos.

(**d**) Com a finalidade de encontrar a fração de fluido que permanece entre 3 e 6 minutos, simplesmente integramos a curva E entre 3 e 6

$$F_{3-6} = \int_3^6 E(t)\, dt$$

O programa Polymath é mostrado na Tabela E16.2.3 junto com os valores de saída.

Tabela E16.2.3 Programa Polymath para Encontrar a Fração de Fluido que Permanece entre 3 e 6 Minutos no Reator

Valores calculados das variáveis de EDO

	Variável	Valor inicial	Valor final
1	C	8,112288	5,881819
2	C1	8,112288	3,253214
3	C2	10,2549	5,881819
4	E	0,1590645	0,1153298
5	F	0	0,4952889
6	t	3	6

Equações diferenciais

1 d(F)/d(t) = E

Equações explícitas

1 C1 = 0,0038746 + 0,2739782*t + 1,574621*t^2 - 0,2550041*t^3

2 C2 = -33,43818 + 37,18972*t - 11,58838*t^2 + 1,695303*t^3 - 0,1298667*t^4 + 0,005028*t^5 - 7,743*10^-5*t^6

3 C = Se(t<=4 e t>=0) então C_1 senão se(t>4 e t<=14) então C2 senão 0

4 E = C/51

Vemos que aproximadamente 50% (49,53%) do material permanece entre 3 e 6 minutos no reator.

Podemos visualizar essa fração com o uso do gráfico de $E(t)$ *versus* (t), como mostrado na Figura E16.2.2. A área hachurada na Figura E16.2.2 representa a fração de material saindo do reator que permaneceu lá entre 3 e 6 minutos. Calculando essa área, encontramos que 50% do material que sai do reator permaneceram lá entre 3 e 6 minutos.

A curva **E**

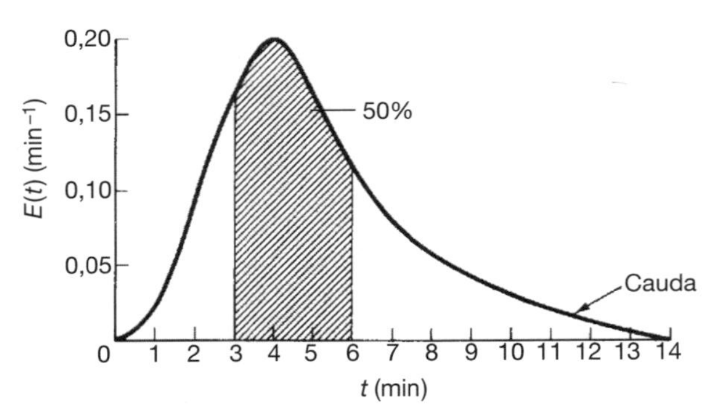

Figura E16.2.2 Fração de material que permanece entre 3 e 6 minutos no reator.

(e) Em seguida, devemos considerar a fração do material que esteve no reator por um tempo t ou menos; isto é, a fração que permaneceu entre 0 e t minutos no reator, $F(t)$. Essa fração é apenas a área hachurada sob a curva até $t = t$ minutos. Essa área é mostrada na Figura E16.2.3 para $t = 3$ minutos. Calculando área sob a curva, vemos que aproximadamente 20% do material permaneceu *3 min ou menos* no reator.

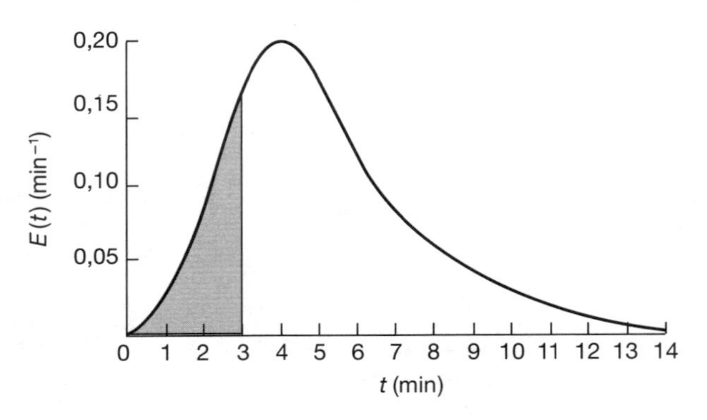

Figura E16.2.3 Fração de material que permanece 3 minutos ou menos no reator.

(f) A fração de fluido que permanece um tempo $t = 3$ min ou mais no reator é

$$\begin{bmatrix} \text{Maior que} \\ \text{tempo } t \end{bmatrix} = 1 - F(t) = 1 - 0{,}2 = 0{,}8$$

portanto, 80% do fluido permaneceram um tempo t ou mais no reator.

O quadrado do desvio-padrão é $\sigma^2 = 6{,}19$ min^2, logo $\sigma = 2{,}49$ min.

Análise: Neste exemplo, calculamos duas propriedades importantes da DTR: o tempo médio que as moléculas permanecem no reator, t_m, e a variância em torno dessa média, σ^2. Calcularemos essas propriedades da DTR de reatores não ideais e, no Capítulo 18, mostraremos como usá-las para formular modelos de reatores reais usando combinação de reatores ideais. Usaremos esses modelos juntamente com os dados de taxa de reação para prever a conversão em reator não ideal a partir do banco de dados do reator.

16.3.4 Função DTR Normalizada, $E(\Theta)$

Frequentemente, uma DTR normalizada é usada em vez da função $E(t)$. Se o parâmetro Θ for definido como

$$\boxed{\Theta \equiv \frac{t}{\tau}} \tag{16.19}$$

Por que usamos uma DTR normalizada?

A grandeza Θ representa o número de volumes de fluido do reator, baseado nas condições de entrada, que escoaram através do reator no tempo t. A função DTR adimensional, $E(\Theta)$ é definida como

$$E(\Theta) \equiv \tau E(t) \tag{16.20}$$

e plotada em função de Θ, como mostrado na margem.

A finalidade de criar essa função de distribuição normalizada é possibilitar que o desempenho do escoamento dentro de reatores de diferentes tamanhos seja comparado diretamente. Por exemplo, se a função normalizada $E(\Theta)$ for usada, *todos* os CSTRs de mistura perfeita terão numericamente a mesma DTR. Se a função simples $E(t)$ for usada, valores numéricos de $E(t)$ poderão diferir substancialmente para CSTRs de diferentes volumes, V, e vazões volumétricas de entrada, v_0. Como será mostrado mais adiante na Seção 16.4.2, $E(t)$ para um CSTR de mistura perfeita,

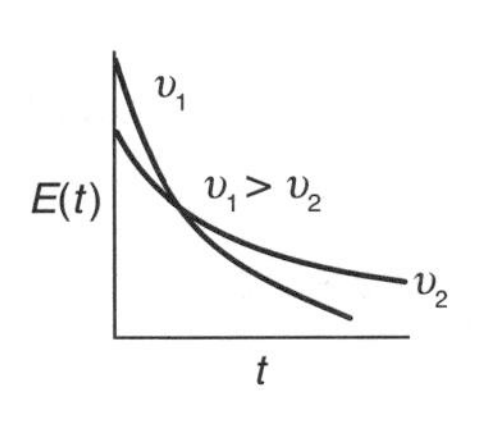

$E(t)$ para um CSTR ideal

$$\boxed{E(t) = \frac{1}{\tau}\, e^{-t/\tau}} \tag{16.21}$$

e portanto,

$$\boxed{E(\Theta) = \tau E(t) = e^{-\Theta}} \tag{16.22}$$

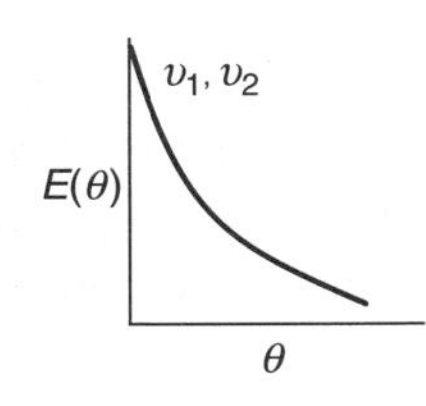

A partir dessas equações, pode ser visto que o valor de $E(t)$ em tempos idênticos pode ser bem diferente para duas vazões volumétricas diferentes, digamos v_1 e v_2. Mas, para o mesmo valor de Θ, o valor de $E(\Theta)$ é o mesmo, independentemente do tamanho ou da vazão volumétrica de um CSTR de mistura perfeita.

É um exercício relativamente fácil mostrar que

$$\int_0^{\infty} E(\Theta)\, d\Theta = 1 \tag{16.23}$$

sendo recomendado como um divertimento de 93 s. (Os engenheiros químicos da Universidade de Jofostan alegam que podem fazê-lo em 87 s.)

16.3.5 Distribuição de Idade Interna, $I(\alpha)$

Prisão de Tombstone. Há quanto tempo você tem estado aqui? $I(\alpha)\Delta\alpha$. Quando você espera sair?

Embora esta seção não seja um pré-requisito para as seções restantes, a distribuição de idade interna será introduzida aqui por causa de sua estreita analogia com a distribuição de idade externa. Seja α a idade de uma molécula dentro do reator. A função de distribuição de idade interna, $I(\alpha)$, é uma função tal que $(I(\alpha)\Delta\alpha)$ é a fração de material *dentro do reator* que estava em seu interior por um período de tempo entre α e $(\alpha+\Delta\alpha)$. Pode ser contrastado com $E(\alpha)\Delta\alpha$, que é usado para representar o material *saindo do reator* que permaneceu um tempo entre α e $(\alpha + \Delta\alpha)$ na zona de reação; $I(\alpha)$ caracteriza o tempo que o material permaneceu (e ainda permanece) no reator em determinado tempo. A função $E(\alpha)$ é observada no exterior do reator e $I(\alpha)$ é observada no interior do reator. Nos problemas de estado não estacionário, pode ser importante conhecer qual é o estado particular de uma mistura de reação; $I(\alpha)$ fornece essa informação. Por exemplo, em uma reação catalítica usando um catalisador cuja atividade decai com o tempo, a distribuição de idade interna das atividades do catalisador no reator $I(\alpha)$ pode ser útil na determinação da quantidade de decaimento do catalisador, $a(\alpha)$, ao modelar o reator.

A distribuição de idade interna é discutida também na *Estante com Referências Profissionais (R16.2)*, onde são deduzidas as seguintes relações entre a distribuição cumulativa de idade interna $I(\alpha)$ e a distribuição cumulativa de idade externa $F(\alpha)$

$$\boxed{I(\alpha) = (1 - F(\alpha))/\tau} \tag{16.24}$$

e entre $E(t)$ e $I(t)$

$$\boxed{E(\alpha) = -\frac{d}{d\alpha}[\tau I(\alpha)]} \tag{16.25}$$

são deduzidas. Para um CSTR, é mostrado que a função distribuição de idade interna é

$$I(\alpha) = -\frac{1}{\tau}e^{-\alpha/\tau} \tag{16.26}$$

16.4 DTR em Reatores Ideais

16.4.1 DTRs para Reatores em Batelada e com Escoamento Empistonado

As DTRs em reatores com escoamento empistonado e em reatores ideais em batelada são as mais simples a considerar. Todos os átomos que saem de tais reatores permaneceram precisamente o mesmo intervalo de tempo dentro dos reatores. A função de distribuição em tal caso é um pico de altura infinita e largura zero, cuja área é igual a 1; o pico ocorre em $t = V/v = \tau$, ou $\Theta = 1$, como mostrado na Figura 16.6.

A função $E(t)$ é mostrada na Figura 16.6(a) e $F(t)$ é mostrada na Figura 16.6(b).

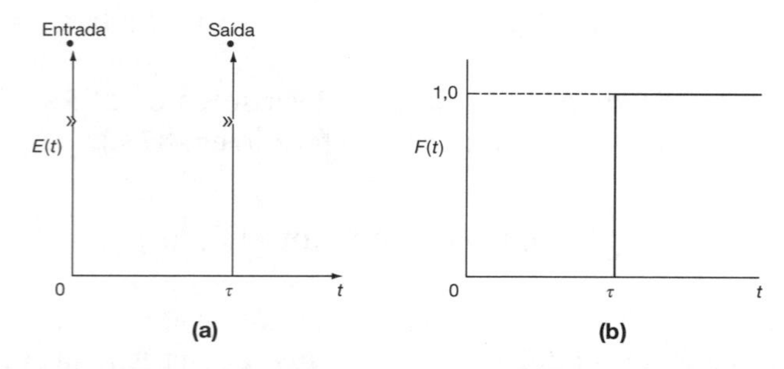

Figura 16.6 Resposta de um escoamento empistonado ideal a uma perturbação em pulso.

Matematicamente, esse pico é representado pela função delta de Dirac:

$E(t)$ para um reator com escoamento empistonado

$$\boxed{E(t) = \delta(t - \tau)} \tag{16.27}$$

Propriedades da função delta de Dirac

A função delta de Dirac tem as seguintes propriedades:

$$\delta(x) = \begin{cases} 0 & \text{quando } x \neq 0 \\ \infty & \text{quando } x = 0 \end{cases} \tag{16.28}$$

$$\int_{-\infty}^{\infty} \delta(x)\, dx = 1 \tag{16.29}$$

$$\int_{-\infty}^{\infty} g(x)\, \delta(x-\tau)\, dx = g(\tau) \tag{16.30}$$

Para calcular τ, o tempo de residência médio, estabelecemos $g(x) = t$

$$t_m = \int_0^{\infty} tE(t)\, dt = \int_0^{\infty} t\delta(t-\tau)\, dt = \tau \tag{16.31}$$

Mas já sabíamos desse resultado, assim como todos os alunos de engenharia de reação química da Universidade de Riça, Jofostan. Para calcular a variância, definimos $g(t) = (t-\tau)^2$, e a variância, σ^2, é

Parâmetros DTR PFR
$t_m = \tau$ e $\sigma^2 = 0$

$$\sigma^2 = \int_0^{\infty} (t-\tau)^2 \delta(t-\tau)\, dt = 0$$

Todo o material gasta exatamente o mesmo tempo τ no reator; não há variância [$\sigma^2 = 0$]!
A função distribuição cumulativa $F(t)$ é

$$F(t) = \int_0^{t} E(t)dt = \int_0^{t} \delta(t-\tau)dt \tag{16.32}$$

16.4.2 DTR para um Único CSTR

A partir de um balanço de traçador, podemos determinar $E(t)$.

Em um CSTR ideal, a concentração de qualquer substância na corrente efluente é idêntica à concentração em todo o reator. Consequentemente, é possível obter a DTR a partir de considerações conceituais, de maneira razoavelmente direta. Um balanço material em um traçador inerte que tenha sido injetado como um pulso no tempo $t = 0$ em um CSTR resulta, para $t > 0$, em

$$\text{Entrada} - \text{Saída} = \text{Acúmulo}$$

$$\overbrace{0} - \overbrace{vC} = \overbrace{V\frac{dC}{dt}} \tag{16.33}$$

Uma vez que o reator é perfeitamente misturado, C nessa equação é a concentração do traçador tanto no efluente como no interior do reator. Separando as variáveis e integrando com $C = C_0$ em $t = 0$, resulta em

$$C(t) = C_0 e^{-t/\tau} \tag{16.34}$$

A curva C para um CSTR ideal pode ser plotada a partir da Equação (16.34), que é a concentração de traçador no efluente em qualquer tempo t.

Para encontrar $E(t)$ para um CSTR ideal, primeiro retomamos a Equação (16.7) e então substituímos $C(t)$ usando a Equação (16.34). Ou seja,

$$E(t) = \frac{C(t)}{\int_0^{\infty} C(t)\, dt} = \frac{C_0 e^{-t/\tau}}{\int_0^{\infty} C_0 e^{-t/\tau}\, dt} = \frac{e^{-t/\tau}}{\tau} \tag{16.35}$$

A avaliação da integral do denominador completa a dedução da DTR para um CSTR ideal, e observa-se que resulta nas mesmas fornecidas anteriormente pelas Equações (16.21) e (16.22):

$E(t)$ e $E(\Theta)$ para um CSTR

$$E(t) = \frac{e^{-t/\tau}}{\tau} \tag{16.21}$$

$$E(\Theta) = e^{-\Theta} \tag{16.22}$$

a distribuição cumulativa é

$$F(t) = \int_0^t E(t)dt = \int_0^t \frac{e^{-t/\tau}dt}{\tau} = 1 - e^{-t/\tau} \tag{16.32}$$

Lembre-se de que $\Theta = t/\Theta$ e $E(\Theta) = \tau E(t)$.

Resposta de um CSTR ideal

$E(\Theta) = e^{-\Theta}$
$F(\Theta) = 1-e^{-\Theta}$

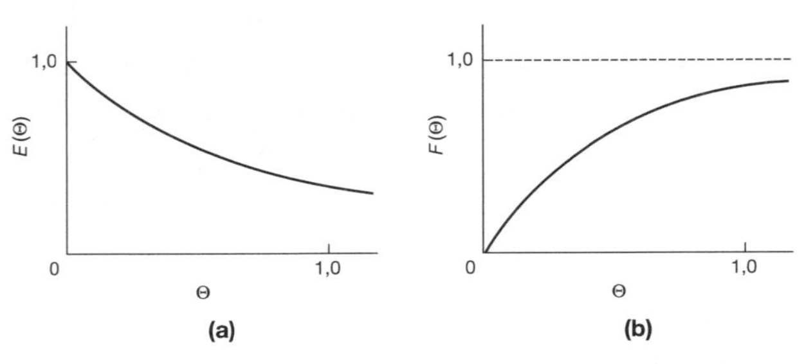

Figura 16.7 $E(\Theta)$ e $F(\Theta)$ para um CSTR Ideal.

A distribuição cumulativa $F(\Theta)$ é

$$F(\Theta) = \int_0^\theta E(\Theta)d\Theta = 1-e^{-\Theta} \tag{16.36}$$

As funções $E(\Theta)$ e $F(\Theta)$ para um CSTR ideal são mostradas na Figura 16.7(a) e (b), respectivamente.

Anteriormente, foi mostrado que, para uma vazão volumétrica constante, o tempo de residência médio em um reator é igual a (V/v), ou τ. Essa relação pode ser mostrada de maneira mais simples para o CSTR. Aplicando a definição do tempo de residência médio à DTR para um CSTR, obtemos

$$t_m = \int_0^\infty tE(t)\,dt = \int_0^\infty \frac{t}{\tau}\, e^{-t/\tau}\,dt = \tau \tag{16.14}$$

Assim, o tempo nominal de retenção (tempo espacial), $\tau = V/v$, é também o tempo de residência médio que o material permanece no reator.

O segundo momento em torno da média é a medida da dispersão da distribuição em torno da média. A variância dos tempos de residência de um reator em tanque de mistura perfeita é (seja $x = t/\tau$)

Para um CSTR de mistura perfeita: $t_m = \tau$ e $\sigma = \tau$.

$$\sigma^2 = \int_0^\infty \frac{(t-\tau)^2}{\tau}\, e^{-t/\tau}\,dt = \tau^2 \int_0^\infty (x-1)^2 e^{-x}\,dx = \tau^2 \tag{16.37}$$

Então, $\sigma = \tau$. O desvio-padrão é a raiz quadrada da variância. Para um CSTR, o desvio-padrão da distribuição do tempo de residência é tão grande quanto a própria média!!

16.4.3 Reator com Escoamento Laminar (LFR)

Antes de prosseguir com a demonstração de como a DTR pode ser usada para estimar a conversão em um reator, devemos deduzir $E(t)$ para um reator com escoamento laminar.

Para escoamento laminar em um reator tubular (ou seja, cilíndrico), o perfil de velocidades é parabólico, com o fluido no centro do tubo permanecendo o menor tempo no reator. Um diagrama esquemático do movimento do fluido depois de um tempo *t* é mostrado na Figura 16.8. A figura à esquerda mostra quão longe cada elemento concêntrico de fluido viajou ao longo do reator depois de um tempo *t*.

Moléculas próximas ao centro permanecem um tempo menor no reator do que aquelas próximas à parede.

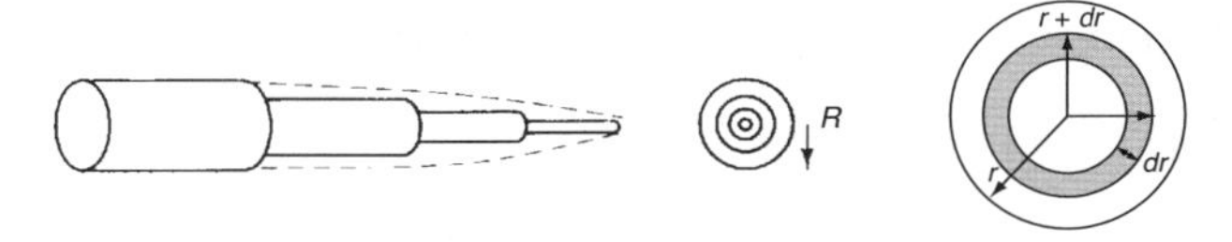

Figura 16.8 Diagrama esquemático de elementos de fluido em um reator com escoamento laminar.

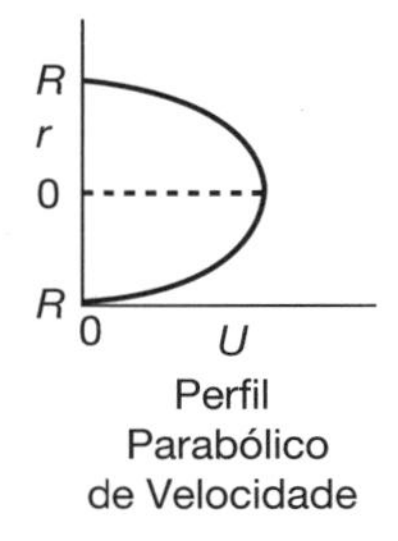

O perfil de velocidades em um tubo de raio externo *R* é

$$U(r) = U_{\text{máx}}\left[1-\left(\frac{r}{R}\right)^2\right] = 2U_{\text{média}}\left[1-\left(\frac{r}{R}\right)^2\right] = \frac{2\upsilon_0}{\pi R^2}\left[1-\left(\frac{r}{R}\right)^2\right] \quad (16.38)$$

sendo $U_{\text{máx}}$ a velocidade na linha central e $U_{\text{média}}$ a velocidade média através do tubo. $U_{\text{média}}$ é apenas a vazão volumétrica dividida pela área da seção transversal.

O tempo da passagem de um elemento de fluido em um raio *r* é

$$t(r) = \frac{L}{U(r)} = \frac{\pi R^2 L}{\upsilon_0}\frac{1}{2[1-(r/R)^2]} \quad (16.39)$$

$$= \frac{\tau}{2[1-(r/R)^2]} \quad (16.40)$$

A vazão volumétrica de fluido que sai do reator entre *r* e (*r* + *dr*), $d\upsilon$, é

$$d\upsilon = U(r)\, 2\pi r dr \quad (16.41)$$

A fração de fluido total que passa entre *r* e (*r* + *dr*), é $d\upsilon/\upsilon_0$; ou seja,

Fizemos apenas poucas manipulações para chegar a *E*(*t*) para um reator LFR.

$$\frac{d\upsilon}{\upsilon_0} = \frac{U(r)2(\pi r dr)}{\upsilon_0} \quad (16.42)$$

A fração de fluido entre *r* e (*r* + *dr*), que tem uma vazão entre υ e ($\upsilon + d\upsilon$) e permanece um tempo entre *t* e (*t* + *dt*) no reator, é

$$E(t)dt = \frac{d\upsilon}{\upsilon_0} \quad (16.43)$$

Nesse ponto, é necessário relacionar a fração de fluido, Equação (16.43), com a fração de fluido que permanece entre o tempo *t* e *t* + *dt* no reator. Primeiro, derivamos a Equação (16.40):

$$dt = \frac{\tau}{2R^2}\frac{2r\,dr}{[1-(r/R)^2]^2} = \frac{4}{\tau R^2}\left\{\frac{\tau/2}{[1-(r/R)^2]}\right\}^2 r\,dr \quad (16.44)$$

e então, usando a Equação (16.40) para substituirmos *t* no termo entre chaves, para resultar em

$$dt = \frac{4t^2}{\tau R^2}\, r\,dr \quad (16.45)$$

Combinando as Equações (16.42) e (16.45) e então usando a Equação (16.40) para relacionar *U*(*r*) e *t*(*r*), temos agora a fração de líquido que permanece no reator entre o tempo *t* e *t* + *dt*:

$$E(t)dt = \frac{dv}{v_0} = \frac{L}{t}\left(\frac{2\pi r\, dr}{v_0}\right) = \frac{L}{t}\left(\frac{2\pi}{v_0}\right)\frac{\tau R^2}{4t^2}\, dt = \frac{\tau^2}{2t^3}\, dt$$

$$E(t) = \frac{\tau^2}{2t^3} \tag{16.46}$$

O tempo mínimo que o fluido pode permanecer no reator é

$$t = \frac{L}{U_{\text{máx}}} = \frac{L}{2U_{\text{média}}}\left(\frac{\pi R^2}{\pi R^2}\right) = \frac{V}{2v_0} = \frac{\tau}{2}$$

Consequentemente, a função completa DTR para um reator com escoamento laminar é

Finalmente! $E(t)$ para um reator com escoamento laminar (LFR)

$$E(t) = \begin{cases} 0 & t < \frac{\tau}{2} \\ \frac{\tau^2}{2t^3} & t \geq \frac{\tau}{2} \end{cases} \tag{16.47}$$

A função distribuição cumulativa para $t \geq \tau/2$ é

$$F(t) = \int_0^t E(t)dt = 0 + \int_{\tau/2}^t E(t)dt = \int_{\tau/2}^t \frac{\tau^2}{2t^3}\, dt = \frac{\tau^2}{2}\int_{\tau/2}^t \frac{dt}{t^3} = 1 - \frac{\tau^2}{4t^2} \tag{16.48}$$

O tempo de residência médio t_m é

Para LFR, $t_m = \tau$

$$t_m = \int_{\tau/2}^{\infty} tE(t)\, dt = \frac{\tau^2}{2}\int_{\tau/2}^{\infty} \frac{dt}{t^2}$$

$$= \frac{\tau^2}{2}\left[-\frac{1}{t}\right]_{\tau/2}^{\infty} = \tau$$

Esse resultado foi mostrado previamente como verdadeiro para qualquer reator *sem dispersão*. O tempo de residência médio é apenas o tempo espacial τ.

A forma adimensional da função DTR é

Função DTR normalizada para um reator com escoamento laminar

$$E(\Theta) = \begin{cases} 0 & \Theta < 0{,}5 \\ \frac{1}{2\Theta^3} & \Theta \geq 0{,}5 \end{cases} \tag{16.49}$$

sendo plotada na Figura 16.9.

A distribuição cumulativa adimensional, $F(\Theta)$ para $\Theta \geq 1/2$, é

$$F(\Theta) = 0 + \int_{\frac{1}{2}}^{\Theta} E(\Theta)d\Theta = \int_{\frac{1}{2}}^{\Theta} \frac{d\Theta}{2\Theta^3} = \left(1 - \frac{1}{4\Theta^2}\right)$$

$$F(\Theta) = \begin{Bmatrix} 0 & \Theta < \frac{1}{2} \\ \left(1 - \frac{1}{4\Theta^2}\right) & \Theta \geq \frac{1}{2} \end{Bmatrix} \tag{16.50}$$

Comparação de LFR, CSTR e PFR

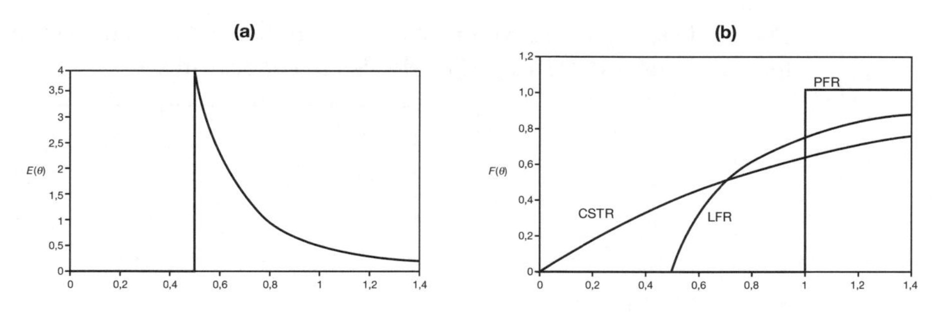

Figura 16.9 (**a**) $E(\Theta)$ para um LFR; (**b**) $F(\Theta)$ para um PFR, CSTR e LFR.

A Figura 16.9(a) mostra $E(\Theta)$ para um reator com escoamento laminar (LFR), enquanto a Figura 16.9(b) compara $F(\Theta)$ para um PFR, um CSTR e um LFR.

A injeção e as medições experimentais do traçador em um reator com escoamento laminar podem ser uma tarefa difícil, senão um pesadelo. Por exemplo, se alguém usa como traçador produtos químicos que sejam fotoativados ao entrarem no reator, a análise e a interpretação de $E(t)$ a partir dos dados se tornam muito mais elaboradas.[8]

16.5 DTR para PFR/CSTR em Série

Modelagem do reator real como um CSTR e um PFR em série

Em alguns reatores de tanque agitado, há uma zona altamente turbulenta na vizinhança do agitador, que pode ser modelada como um CSTR de mistura perfeita. Dependendo da localização das tubulações de entrada e de saída, a mistura reagente pode seguir, de algum modo, um caminho tortuoso tanto antes de entrar na zona de mistura perfeita como depois de sair da zona de mistura perfeita – ou mesmo as duas coisas. Esse caminho tortuoso pode ser modelado como um reator CSTR em série com um reator com escoamento empistonado, e o PFR pode estar antes ou depois do CSTR. Nesta seção, desenvolveremos a DTR para uma série de arranjo de CSTR e PFR.

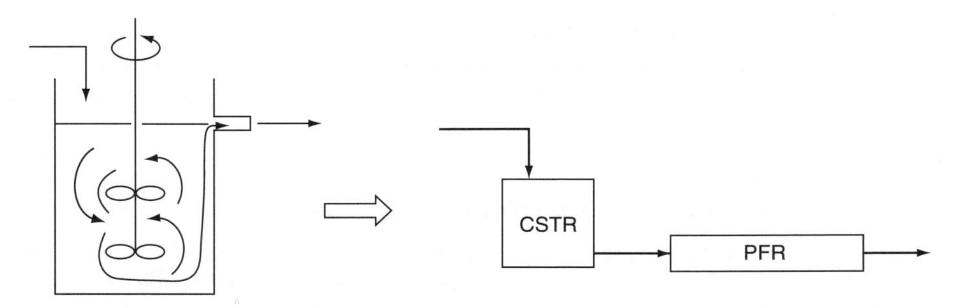

Figura 16.10 Reator real modelado como um CSTR e um PFR em série.

Primeiro, consideremos o CSTR seguido pelo PFR (Figura 16.10). O tempo de residência médio no CSTR será denotado por τ_s e o tempo de residência médio no PFR por τ_p. Se um pulso de traçador for injetado na entrada do CSTR, a concentração de saída do CSTR em função do tempo será

$$C = C_0\, e^{-t/\tau_s}$$

[8]O. Levenspiel, *Engenharia das Reações Químicas*, 3rd. ed. São Paulo: Edgard Blücher, 2000 p. 288-289.

Essa saída será atrasada por um tempo τ_p na saída da seção de escoamento empistonado do sistema de reatores. Assim, a DTR do sistema de reatores é

$$E(t) = \begin{cases} 0 & t < \tau_p \\ \dfrac{e^{-(t-\tau_p)/\tau_s}}{\tau_s} & t \geq \tau_p \end{cases} \tag{16.51}$$

Veja a Figura 16.11.

A DTR não é única para determinada sequência de reatores.

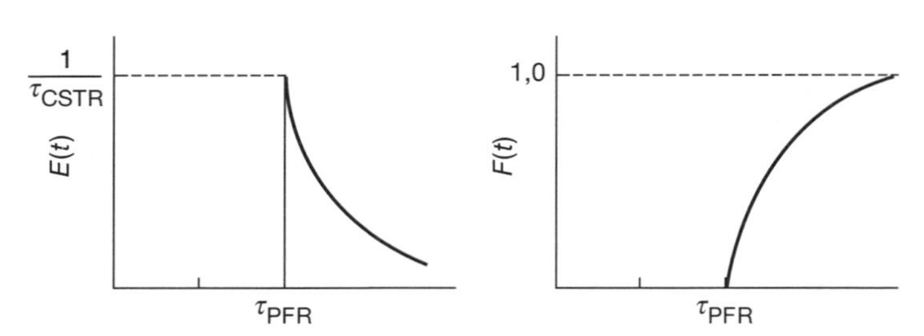

Figura 16.11 Curvas de DTR de $E(t)$ e $F(t)$ para um CSTR e um PFR em série.

A seguir, será tratado o sistema de reatores em que o CSTR é precedido pelo PFR. Se o pulso de traçador for introduzido na entrada da seção do escoamento empistonado, então o mesmo pulso aparecerá na entrada da seção de mistura perfeita τ_p segundos depois, significando que a DTR do sistema de reatores será

$E(t)$ é a mesma, não importando qual reator venha primeiro.

$$E(t) = \begin{cases} 0 & t < \tau_p \\ \dfrac{e^{-(t-\tau_p)/\tau_s}}{\tau_s} & t \geq \tau_p \end{cases} \tag{16.51}$$

que é *exatamente* a mesma de quando o CSTR era seguido pelo PFR.

É evidente que a mesma DTR é obtida, não importando onde o CSTR esteja dentro da sequência de reatores CSTR/PFR. No entanto, essa não é a história completa, como veremos no Exemplo 16.3.

Exemplo 16.3 Comparação da Mistura Prévia e Posterior para uma Reação de Segunda Ordem

Exemplos de misturas *anteriores* e *posteriores* para dada DTR.

Considere a reação de segunda ordem ocorrendo em um CSTR *real*, que pode ser modelado como dois sistemas diferentes de reatores: No primeiro sistema, um CSTR ideal é seguido por um PFR ideal (Figura E16.3.1); no segundo sistema, o PFR precede o CSTR (Figura E16.3.2). Para simplificar os cálculos, sejam τ_s e τ_p iguais a 1 min, a constante de velocidade igual a 1,0 $m^3/(kmol \cdot min)$; e a concentração inicial do líquido reagente, C_{A0}, igual a 1,0 $kmol/m^3$. Encontre a conversão em cada sistema.

Para os parâmetros fornecidos, nota-se que, nesses dois arranjos (Figuras E16.3.1 e E16.3.2), a função DTR, $E(t)$, é a mesma.

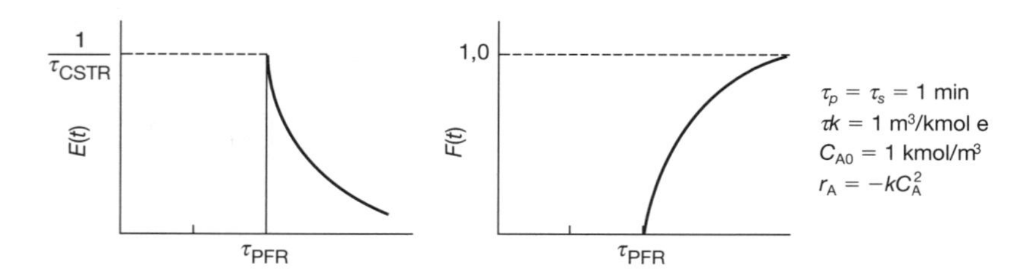

Solução

(a) Vamos considerar primeiro o caso de mistura prévia quando o CSTR é seguido por uma seção com escoamento empistonado (Figura E16.3.1).

Mistura Prévia

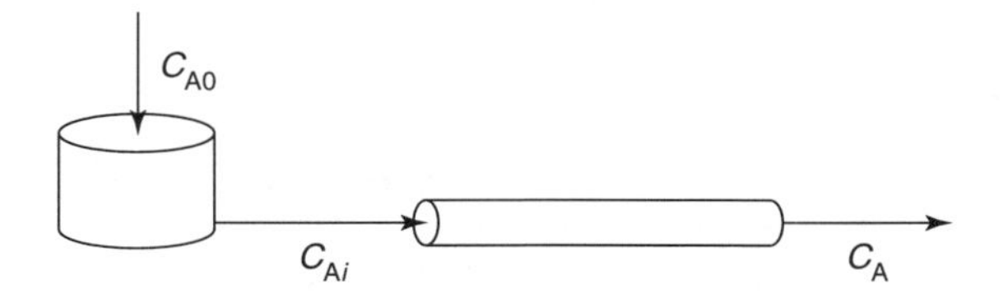

Figura E16.3.1 Esquema de mistura prévia.

Um balanço molar na seção do CSTR, ao inserir a equação da taxa, fornece:

$$V = \frac{F_{A0} - F_{Ai}}{-r_{Ai}} = \frac{v_0(C_{A0} - C_{Ai})}{kC_{Ai}^2}$$

Rearranjando, temos

$$v_0(C_{A0} - C_{Ai}) = kC_{Ai}^2 V \tag{E16.3.1}$$

Dividindo por v_0 e rearranjando, temos a equação quadrática para resolver a concentração intermediária C_{Ai}

$$\tau_s k C_{Ai}^2 + C_{Ai} - C_{A0} = 0$$

Substituindo para τ_s e k, temos

$$\tau_s k = 1 \text{ min} \cdot \frac{\text{m}^3}{\text{kmol} \cdot \text{min}} = \frac{1 \text{ m}^3}{\text{kmol}}$$

Resolvendo para C_{Ai}, temos

$$C_{Ai} = \frac{\sqrt{1 + 4\tau_s k C_{A0}} - 1}{2\tau_s k} = \frac{-1 + \sqrt{1+4}}{2} = 0{,}618 \text{ kmol/m}^3 \tag{E16.3.2}$$

Essa concentração será alimentada no PFR. O balanço molar para o PFR é

$$\frac{dF_A}{dV} = v_0 \frac{dC_A}{dV} = \frac{dC_A}{d\tau_p} = r_A = -kC_A^2 \tag{E16.3.3}$$

Integrando a Equação (16.3.3)

$$\frac{1}{C_A} - \frac{1}{C_{Ai}} = \tau_p k \tag{E16.3.4}$$

Substituindo C_{Ai} = 0,618 kmol/m³, τ_p = 1 min, k = 1 m³/kmol/min, e $\tau_p k$ = 1 m³/kmol na Equação (E16.3.4), resulta em

Mistura Prévia CSTR → PFR $X = 0{,}618$

$$C_A = 0{,}382 \text{ kmol/m}^3$$

como a concentração de reagente no efluente do sistema reacional.
A conversão é

$$X = \left(\frac{C_{A0} - C_A}{C_{A0}}\right)$$

$$\boxed{X = \left(\frac{1 - 0{,}382}{1}\right) = 0{,}618 = 61{,}8\%}$$

(b) Agora vamos considerar o caso de mistura posterior

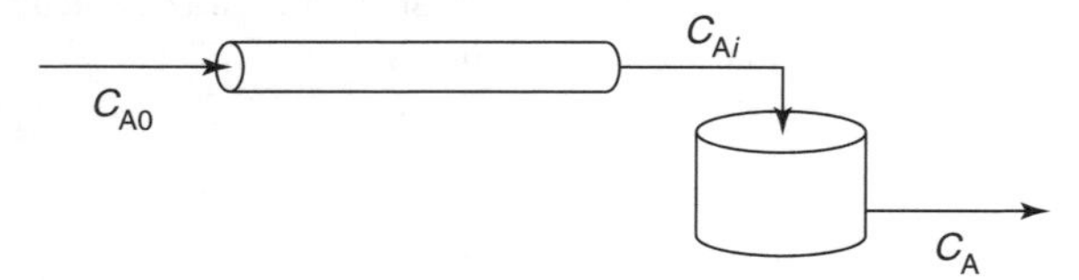

Figura E16.3.2 Esquema de mistura posterior.

Quando a seção de mistura perfeita é precedida pela seção de escoamento empistonado (Figura E16.3.2), a saída do PFR é a entrada do CSTR, C_{Ai}. Resolvendo novamente a Equação (16.3.3),

$$\frac{1}{C_{Ai}} - \frac{1}{C_{A0}} = \tau_p k$$

Resolvendo para uma concentração intermediária, C_{Ai}, dado $\tau_p k$ = 1 m³/mol e C_{A0} = 1 mol/m³

$$C_{Ai} = 0{,}5 \text{ kmol/m}^3$$

A seguir, determinamos C_A saindo do CSTR.
Um balanço de massa na seção de mistura perfeita (CSTR) fornece

Mistura Posterior
PFR → CSTR
X = 0,634

$$\tau_s k C_A^2 + C_A - C_{Ai} = 0 \quad \text{(E16.3.5)}$$

$$C_A = \frac{\sqrt{1+4\tau_s k C_{Ai}} - 1}{2\tau_s k} = \frac{-1+\sqrt{1+2}}{2} = 0{,}366 \text{ kmol/m}^3 \quad \text{(E16.3.6)}$$

como a concentração do reagente no efluente do sistema reacional. A conversão correspondente é igual a 63,4%, ou seja,

Mistura Prévia
X = 0,618
Mistura Posterior
X = 0,634

$$\boxed{X = 1 - (C_A/C_{A0}) = 1 - \frac{0{,}366}{1{,}0} = 63{,}4\%}$$

Análise: As curvas DTR são idênticas para ambas as configurações. No entanto, a conversão não foi a mesma. Na primeira configuração, uma conversão de 61,8% foi obtida; na segunda, 63,4%. Embora a diferença nas conversões seja pequena para os valores escolhidos dos parâmetros, **o ponto é que há uma diferença**. Deixe-me dizer outra vez, *o ponto é que há uma diferença* e devemos explorar isso ainda mais nos Capítulos 17 e 18.

Embora a $E(t)$ tenha sido a mesma para ambos os sistemas de reação, a conversão não foi.

A conclusão deste exemplo é de extrema importância na análise de reatores: **a DTR não é uma descrição completa da estrutura para determinado reator ou determinado sistema de reatores.** A DTR é única para determinado reator ou um reator particular. Entretanto, como acabamos de ver, o reator ou o sistema de reação não é único para uma DTR particular. Na análise de reatores não ideais, a DTR sozinha não é suficiente para determinar o desempenho, sendo necessária mais informação. Será mostrado no Capítulo 17 que, além da DTR, são requeridos um modelo adequado do padrão de escoamento para reator não ideal e um conhecimento da qualidade de mistura ou "grau de segregação" para caracterizar apropriadamente um reator.

Sorte: ***Não continue,*** *avance diretamente para o Capítulo 17.*

Nesse ponto, o leitor tem a informação necessária para ir diretamente ao Capítulo 17, onde usamos a DTR para calcular a conversão média em um reator real usando modelos diferentes de reatores químicos ideais.

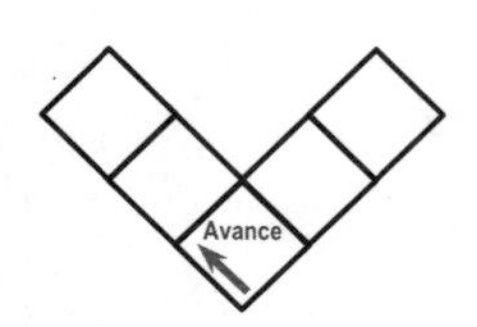

Reator "Banco Imobiliário"

16.6 Diagnóstico e Resolução de Problemas

16.6.1 Comentários Gerais

Como discutido na Seção 16.1, a DTR pode ser usada para diagnosticar problemas em reatores existentes. Como será visto em mais detalhes no Capítulo 18, as funções DTR, $E(t)$ e $F(t)$, podem ser usadas para modelar o reator real como combinações de reatores ideais.

A Figura 16.12 ilustra DTRs típicas, resultantes de diferentes situações de reatores não ideais. As Figuras 16.12(a) e (b) correspondem, respectivamente, a PFRs e CSTRs aproximadamente ideais. A DTR para o reator não ideal na Figura 16.12(c) modelado como um PBR com caminhos preferenciais e zonas mortas é mostrada na Figura 16.12(d). Na Figura 16.12(d), observa-se que um pico principal ocorre em um tempo menor que o tempo espacial ($\tau = V/\upsilon_0$) (saída antecipada do fluido). Observa-se também que algum fluido sai em um tempo maior do que o tempo espacial τ. Essa curva é representativa da DTR para um reator de leito fixo com caminhos preferenciais (ou seja, desvios) e zonas estagnadas (com escoamento sem mistura), como discutido anteriormente na Figura 16.1. A Figura 16.12(f) mostra a DTR para o CSTR não ideal da Figura 16.12(e), que tem zonas mortas *e* desvio. A zona morta não somente provoca uma redução no volume efetivo de reator, de modo que o volume ativo de reator seja menor do que o esperado, como também resulta em tempos de residência maiores para que as moléculas de traçador se difundam dentro e fora dessas zonas "mortas ou estagnadas".

DTRs comumente observadas

O que há de errado com meu reator?

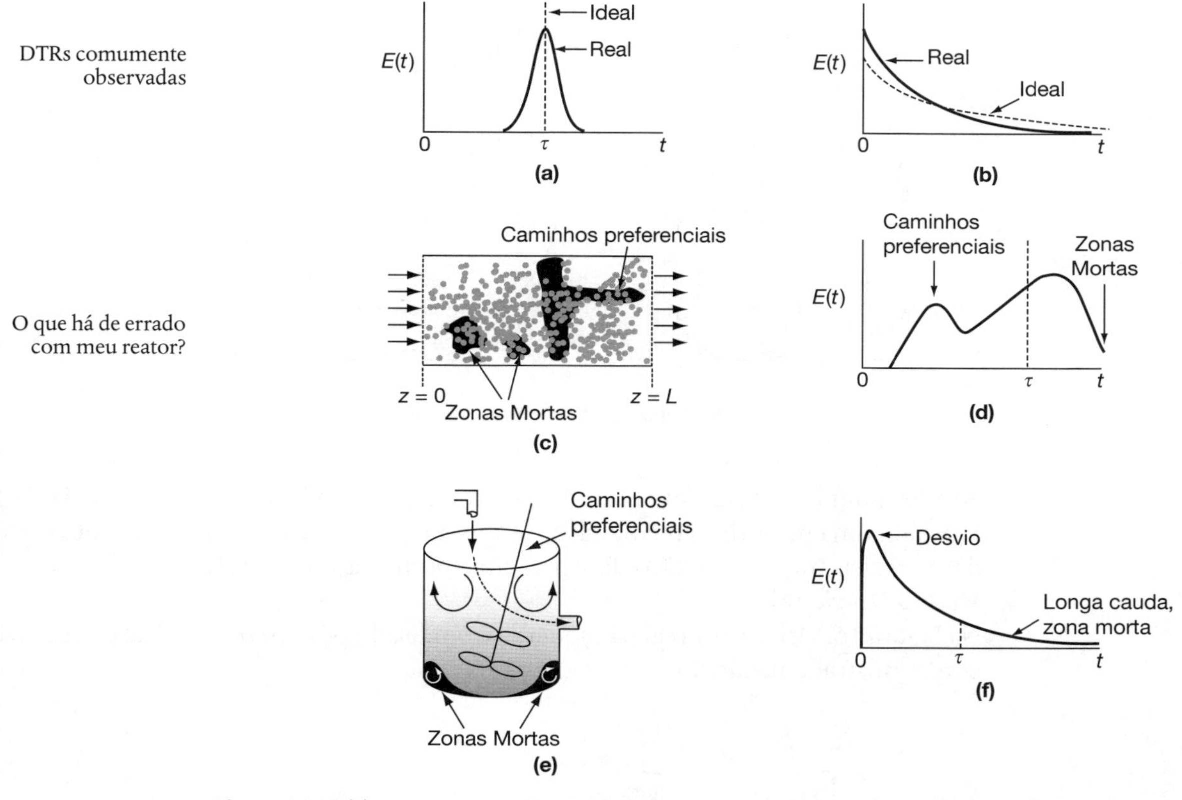

Figura 16.12 **(a)** DTR para um reator *próximo* ao com escoamento empistonado; **(b)** DTR para um reator *próximo* ao CSTR de mistura perfeita; **(c)** reator de leito fixo com zonas mortas e caminhos preferenciais; **(d)** DTR para reator de leito fixo em **(c)**; **(e)** reator em tanque, com escoamento em curto-circuito (desvio); **(f)** DTR para reator em tanque com caminhos preferenciais (desvio ou curto-circuito) e uma zona morta, em que o traçador se difunde lentamente para dentro e para fora.

16.6.2 Diagnóstico Simples e Resolução de Problemas Usando a DTR para Reatores Ideais

16.6.2A CSTR

Agora consideraremos três CSTRs: o que opera (a) normalmente, (b) com desvio, e (c) com um volume morto. Para um CSTR de mistura perfeita, como vimos na Seção 16.4.2, a resposta para um pulso de traçador é

Funções DTR CSTR

Concentração: $$C(t) = C_0 e^{-t/\tau} \tag{16.34}$$

Função DTR: $$E(t) = \frac{1}{\tau} e^{-t/\tau} \tag{16.35}$$

Função cumulativa: $$F(t) = 1 - e^{-t/\tau} \tag{16.36}$$

$$\tau = \frac{V}{v_0}$$

em que τ é o tempo espacial — o caso de operação perfeita.

a. Modelo de Operação Perfeita (P)

Aqui, mediremos nosso reator com uma vara, com a finalidade de encontrar V, e mediremos nossa vazão com um medidor de vazão, de modo a encontrar v_0 para calcular $\tau = V/v_0$. Podemos então comparar as curvas para operação imperfeita (ver Figuras 16.14 e 16.15) com as curvas mostradas a seguir na Figura 16.13 para a operação perfeita (ideal) de um CSTR.

$$\tau = \frac{V}{v_0}$$

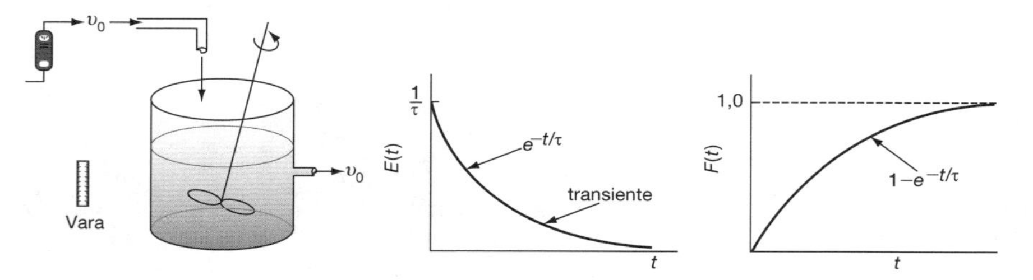

Figura 16.13 Operação perfeita de um CSTR.

Se τ for grande, haverá um decaimento lento das variáveis transientes na saída, $C(t)$ e $E(t)$, para uma perturbação em pulso. Se τ for pequeno, haverá um decaimento rápido das variáveis transientes, $C(t)$ e $E(t)$, para uma perturbação em pulso.

b. Modelo Desvio (MD)

Na Figura 16.14, o reator real na esquerda é modelado por um reator ideal com desvio, como mostrado na direita.

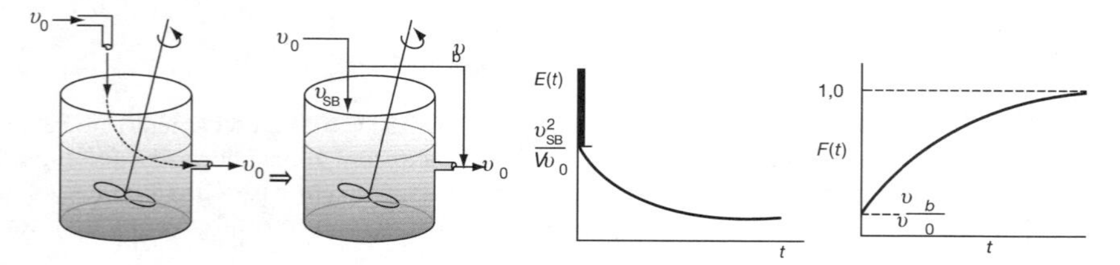

Figura 16.14 CSTR ideal com desvio

A vazão volumétrica de entrada é dividida em uma vazão volumétrica que *entra* no volume do sistema reacional, v_{SB}, e em uma vazão volumétrica que desvia completamente da mistura reagente, v_b, em que, $v_0 = v_{SB} + v_b$. O subscrito SB denota um modelo de um reator com desvio. O volume do sistema de reator, V_S, é a porção bem misturada do reator.

A análise de um desvio para o CSTR pode ser elucidada observando a saída de uma perturbação *em degrau de um traçador* em reator real. O CSTR com desvio terá curvas DTR similares àquelas da Figura 16.15.

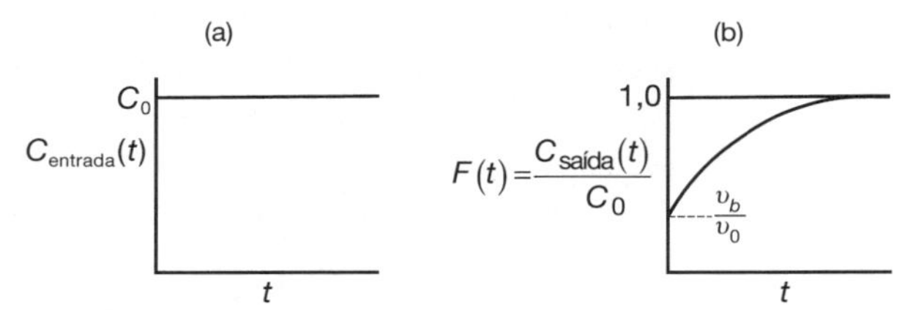

Figura 16.15 Curvas de concentração de entrada (a) e de saída (b), correspondentes à Figura 16.14.

Vemos que a concentração de saída na forma de $C(t)/C_0$ para a perturbação em degrau será a curva F e o salto inicial será igual à fração desviada. A equação correspondente para a curva F é

$$F(t) = \frac{v_b}{v_0} + \frac{v_{SB}}{v_0}\left[1 - e^{-\left(\frac{v_{SB}t}{V}\right)}\right]$$

derivando a curva F, obtemos a curva E

$$E(t) = \frac{v_b}{v_0}\delta(t-0) + \frac{v_{SB}^2}{Vv_0}e^{-\left(\frac{v_{SB}t}{V}\right)}$$

Aqui, a fração do traçador (v_b/v_0) sairá imediatamente, enquanto o resto do traçador será misturado e diluído no volume V e aumentará exponencialmente até $C_{saída}(t)$, em que $F(t) = 1{,}0$.

Uma vez que algum fluido desvia, o escoamento passando através do sistema será menor do que a vazão volumétrica total, $v_{SB} < v_0$, e, consequentemente, $\tau_{SB} > \tau$. Por exemplo, digamos que a vazão volumétrica que se desvia no reator, v_b, seja 25% do total (por exemplo, $v_{SB} = 0{,}25\ v_0$). A vazão volumétrica que entra no sistema de reatores, v_{SB}, é 75% do total ($v_{SB} = 0{,}75\ v_0$) e o correspondente tempo espacial verdadeiro (τ_{SB}) para o volume do sistema com desvio é

$$\tau_{SB} = \frac{V}{v_{SB}} = \frac{V}{0{,}75v_0} = 1{,}33\tau$$

O tempo espacial, τ_{SB}, será maior do que o tempo espacial sem desvio. Pelo fato de τ_{SB} ser maior do que τ, haverá um decaimento mais lento dos transientes $C(t)$ e $E(t)$ do que aquele da operação perfeita.

c. Modelo do Volume Morto (VM)

Considere o CSTR da Figura 16.16, sem desvio, mas com um volume estagnado ou morto.

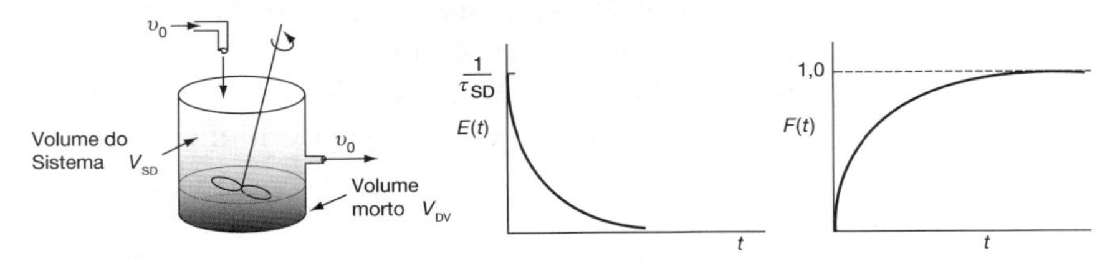

Figura 16.16 CSTR ideal, com volume morto.

O volume total, V, é o mesmo daquele para operação perfeita, $V = V_{VM} + V_{SD}$. O subscrito VM em V_{VM} representa o volume morto no modelo e o subscrito SD em V_{SD} é o volume no sistema reacional no modelo. Aqui, o volume morto, onde **absolutamente** nenhuma reação ocorre, V_{VM}, atua como um tijolo fictício no fundo, ocupando o volume precioso do reator. O volume do sistema em que ocorre a reação, V_{SD}, é reduzido por causa desse volume morto e, portanto, menos conversão pode ser esperada.

Vemos que, pelo fato de existir um volume morto em que o fluido não entra, há menos volume do sistema, V_{SD}, disponível para reação do que no caso de operação perfeita, isto é, $V_{SD} < V$. Por conseguinte, o fluido passará pelo reator com o volume morto mais rapidamente do que na operação perfeita; ou seja, $\tau_{SD} < \tau$.

$$\text{Se} \quad V_{VM} = 0{,}2V,\ V_{SD} = 0{,}8V,\ \text{então}\ \tau_{SD} = \frac{0{,}8V}{v_0} = 0{,}8\tau$$

Como resultado, os termos transientes $C(t)$ e $E(t)$ decairão mais rapidamente do que para operação perfeita, visto que há menor volume do sistema.

Resumo

Um resumo para o volume de mistura para o CSTR ideal é mostrado na Figura 16.17.

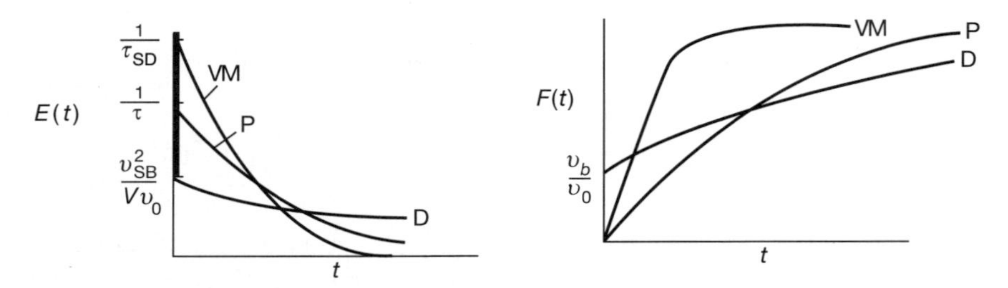

Figura 16.17 Comparação de $E(t)$ e $F(t)$ para o CSTR sob operação perfeita, com desvio e com volume morto. (**D** = modelo com desvio, **P** = modelo operação perfeita e **VM** = modelo com volume morto.)

Conhecendo o volume, V, medido com a vara e a vazão, v_0, que entra no reator, medida com um medidor de vazão, pode-se calcular e plotar $E(t)$ e $F(t)$ para o caso ideal (P) e então comparar com a DTR medida, $E(t)$, para ver se a DTR sugere desvio (D) ou zonas mortas (VM).

16.6.2B Reator Tubular

Uma análise similar àquela para um CSTR pode ser feita em um reator tubular.

a. *Modelo de Operação Perfeita de um PFR (P)*

Medimos novamente o volume V com uma vara e v_0 com um medidor de vazão. As curvas $E(t)$ e $F(t)$ são mostradas na Figura 16.18. O triângulo desenhado nas Figuras 16.18 e 16.19 seriam realmente as funções delta Dirac com largura zero na base. O tempo espacial para um PFR perfeito é

$$\tau = V/v_0$$

b. *Modelo de PFR com Caminhos Preferenciais (Desvio, D)*

Vamos considerar caminhos preferenciais (desvio), conforme mostrado na Figura 16.19, similares àqueles mostrados nas Figuras 16.2 e 16.12(d). O tempo espacial para o sistema de reatores com desvio (caminhos preferenciais) τ_{SB} é

$$\tau_{SB} = \frac{V}{v_{SB}}$$

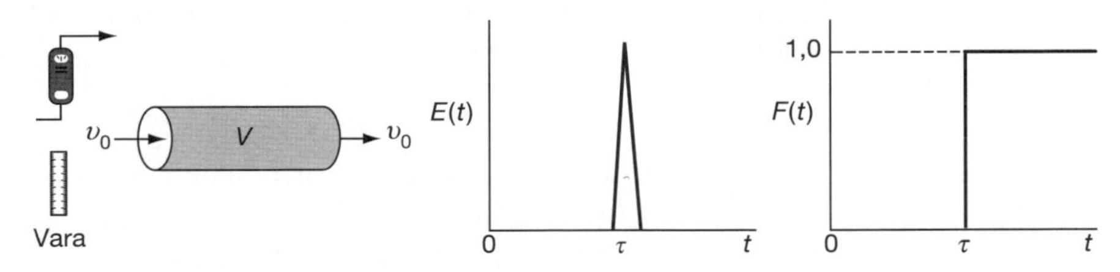

Figura 16.18 Operação perfeita de um PFR.

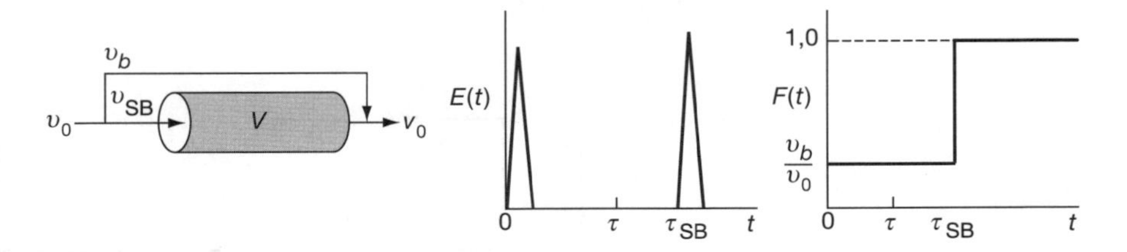

Figura 16.19 PFR com desvio similar ao CSTR.

Uma vez que $v_{SB} < v_0$, o tempo espacial para o caso de desvio é maior quando comparado à operação perfeita;

$$\tau_{SB} > \tau$$

Se 25% estiverem sendo desviados ($v_b = 0{,}25\ v_0$) e apenas 75% estiverem entrando no sistema de reatores ($v_{SB} = 0{,}75 v_0$), então $\tau_{SB} = V/(0{,}75 v_0) = 1{,}33\tau$. O fluido que *entra* no sistema de reatores tem escoamento empistonado. Aqui, temos dois picos na curva de $E(t)$: um pico na origem e um pico em τ_{SB}, que vem depois de τ para operação perfeita. Uma vez que a vazão volumétrica é reduzida, o tempo do segundo pico será maior do que τ para operação perfeita.

c. ***Modelo de PFR com Volume Morto (VM)***

O volume morto, V_{VM}, poderia ser manifestado pela circulação interna na entrada do reator, conforme mostrado na Figura 16.20.

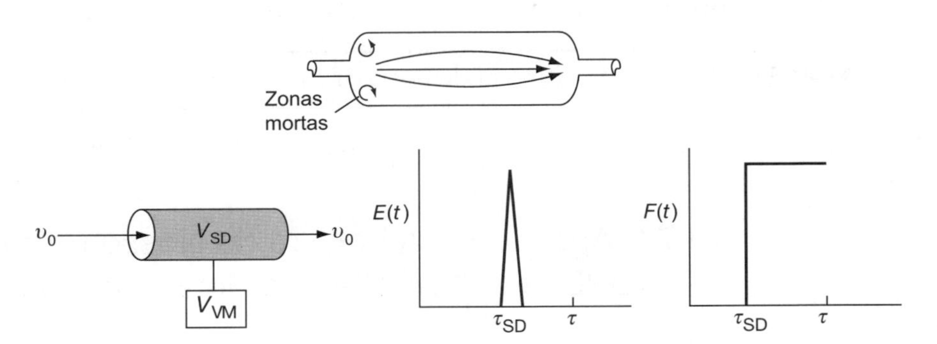

Figura 16.20 PFR com volume morto.

O volume do sistema V_{SD} é onde a reação ocorre e o volume total do reator é ($V = V_{SD} + V_{VM}$). O tempo espacial, τ_{SD}, para o sistema de reatores apenas com volume morto é

$$\tau_{SD} = \frac{V_{SD}}{v_0}$$

Em comparação à operação perfeita, o tempo espacial τ_{SD} é menor e o pico do traçador ocorrerá antes do τ para operação perfeita.

$$\tau_{SD} < \tau$$

Aqui novamente, o volume morto ocupa um espaço inacessível. Como resultado, o traçador sairá antes, porque o volume do sistema, V_{SD}, através do qual ele deve passar, é menor do que no caso da operação perfeita.

Resumo

A Figura 16.21 é um resumo desses três casos.

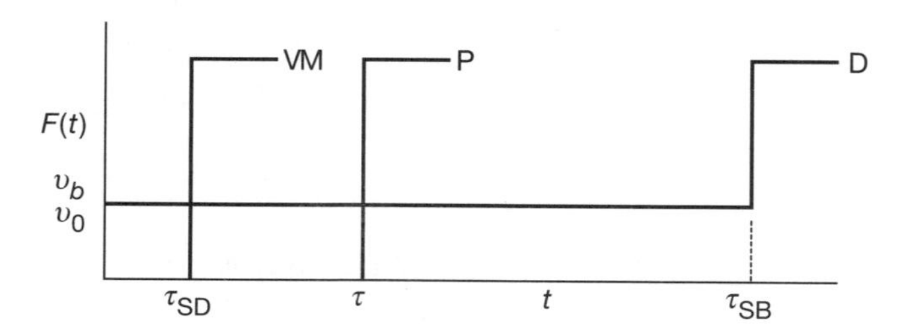

Figura 16.21 Comparação do PFR sob operação perfeita, com desvio e com volume morto (**VM** = modelo com volume morto, **P** = modelo PFR perfeito, **D** = modelo com desvio).

Além do seu uso para diagnosticar, a DTR pode ser útil para prever conversão em reatores existentes, quando uma nova reação é tentada em um reator antigo. Entretanto, como vimos na Seção 16.5, a DTR não é única para um dado sistema e necessitamos desenvolver modelos para a DTR prever a conversão. Exemplos desses modelos serão discutidos no Capítulo 18.

Há muitas situações nas quais o fluido em um reator não está *nem* bem misturado *nem* se aproxima do escoamento empistonado. A ideia é essa: Vimos que a DTR pode ser usada para diagnosticar ou interpretar o tipo de mistura, desvio etc. que ocorre em um reator existente que esteja atualmente em operação, mas que não esteja produzindo a conversão prevista pelos modelos de reatores ideais. Agora, vamos vislumbrar outro uso da DTR. Vamos supor que tenhamos um reator não ideal em linha ou em estoque. Caracterizamos esse reator e obtivemos a função DTR. Qual será a conversão de uma reação com uma equação de taxa conhecida que ocorre em um reator com uma DTR conhecida?

A questão

Como podemos usar a DTR para prever conversão em um reator real?

No Capítulo 17, mostraremos algumas maneiras de responder a essa questão.

16.7 E Agora... Uma Palavra do Nosso Patrocinador – Segurança 16 (UPDNP-S16 Ações de Pensamento Crítico)

Além das questões de pensamento crítico discutidas na Tabela 15.3, do Capítulo 15, também temos, de Rubenfeld e Scheffer,† sete Ações de Pensamento Crítico (APCs) mostradas na Tabela 16.1. Usaremos o Exemplo 13.2, da explosão que ocorreu depois que a carga do reator foi triplicada, para criar APCs hipotéticos para cada tipo de ação.*

†M. G. Rubenfeld and B. Scheffer, *Critical Thinking TACTICS for Nurses: Achieving the IOM Competencies*, 2nd ed. Sudbury, MA: Jones & Bartlett Publishers, 2010.

*H. S. Fogler, *Elements of Chemical Reaction Engineering*, 6th ed. Boston MA: Pearson, 2020.

Tabela 16.1 Tipos de Ações de Pensamento Crítico (APCS) e Exemplos da Explosão de Monsanto (Exemplo 13.2)*

Tipos de APC	*Frases Exemplos de APC*	*Exemplos de APC de Segurança*
1. Predição: imaginar um plano e suas consequências	• Eu poderia imaginar isso acontecendo, se eu... • Eu antecipei... • Eu estava preparado para... • Fiz provisões para... • Eu imaginei que o resultado seria... • Meu prognóstico foi... • Calculei a probabilidade de... • Tentei ir além do aqui e agora...	Eu sabia que se o sistema de resfriamento falhasse por mais de 9 minutos (ver Exemplo 13.2), a reação sairia do controle.
2. Análise: separar ou quebrar um todo em partes para descobrir sua natureza, função e relações	• Eu analisei a situação... • Tentei reduzir as coisas a unidades gerenciáveis... • Detalhei uma imagem esquemática de... • Eu resolvi as coisas por... • Procurei as partes que... • Eu olhei para cada peça individualmente...	Analisei o balanço de energia para encontrar os parâmetros mais sensíveis ao tempo de inatividade e aos aumentos de temperatura e que fariam com que a reação saísse do controle.
3. Busca de informações: busca de evidências, fatos ou conhecimento, identificando fontes relevantes e reunindo dados objetivos, subjetivos, históricos e atuais dessas fontes	• Certifiquei-me de que tinha todas as peças da imagem... • Eu sabia que precisava pesquisar ou estudar... • Eu imaginei como poderia descobrir... • Eu me questionei se conhecia toda a história... • Continuei pesquisando por mais dados... • Procurei evidências de... • Eu precisava ter todos os fatos...	Eu pesquisei o calor de reação para calcular o calor gerado Q_g no reator, no início da reação, para ver se seria maior do que o calor removido, Q_r.
4. Aplicação de padrões: julgamento de acordo com regras ou critérios pessoais, profissionais ou sociais estabelecidos	• Julguei isso de acordo com... • Eu comparei esta situação com o que eu sabia ser a regra... • Pensei / estudei a política para... • Eu sabia que tinha que... • Existem certas coisas que você só precisa levar em consideração... • Pensei no resultado que é sempre... • Eu sabia que era antiético...	Eu medi a corrosão dentro dos tubos do reator e determinei que a espessura da parede do tubo era insuficiente para suportar 1.000 psi, de acordo com os padrões estabelecidos para o material do tubo.
5. Discriminação: reconhecer diferenças e semelhanças entre coisas ou situações e distinguir cuidadosamente quanto à categoria ou classificação	• Eu agrupei as coisas... • Eu coloco as coisas em categorias... • Tentei considerar qual era a prioridade de... • Recuei e tentei ver como essas coisas estavam relacionadas... • Eu me perguntei se isso era tão importante quanto... • Listei as discrepâncias no estudo e descobri que... • O que ouvi e o que vi eram consistentes/inconsistentes com... • Esta situação era diferente/igual a...	Fiz uma lista de todas as coisas que poderiam dar errado, quando reiniciássemos o sistema de resfriamento. O descontrole da reação ocorreu após falha da água de resfriamento por 10 minutos, pois a situação era diferente, ou seja, o reator foi carregado três vezes mais do que a taxa de carga normal.
6. Transformação do conhecimento: modificação ou conversão de condição, natureza, forma ou função de conceitos entre contextos	• Eu me perguntei se isso se encaixaria nesta situação... • Peguei o que sabia e me perguntei se funcionaria... • Eu melhorei o básico adicionando... • No início, fiquei confuso; então eu vi que havia semelhanças com... • Achei que se isso fosse verdade, então aquilo também seria.	Fiquei intrigado no início porque não entendi por que o reator demorou tanto para explodir depois que o sistema de resfriamento falhou (ver Exemplo 13.2). Então calculei e determinei que a taxa de aumento de temperatura (dT/dt) era tão pequena que demorou muito tempo, 2 horas, para chegar a um ponto em que a dependência de Arrhenius dominasse o termo de calor gerado.

(*continua*)

*Ver páginas 58–59, H. S. Fogler, S. E. LeBlanc, and B. R. Rizzo, *Strategies for Creative Problem Solving*, 3rd ed. Boston, MA: Prentice Hall, 2014.

Tabela 16.1 Tipos de Ações de Pensamento Crítico (APCS) e Exemplos da Explosão de Monsanto (Exemplo 13.2) (*continuação*)

7. Raciocínio lógico: fazer inferências ou tirar conclusões que são apoiadas ou justificadas por evidências	• Deduzi da informação que... • Eu poderia rastrear minha conclusão de volta aos dados... • Meu diagnóstico foi baseado na evidência... • Considerei todas as informações e, em seguida, inferi que... • Eu poderia justificar minha conclusão por... • Fiz um caminho reto desde os dados iniciais até a conclusão final... • Eu tinha um forte argumento a favor... • Minha base lógica para a conclusão foi...	Justifiquei minha conclusão de que a reação não teria saído de controle para o aumento da carga de alimentação, realizando várias simulações computacionais para mostrar que o calor gerado, Q_g, era menor do que o calor removido, Q_r, para um tempo de inatividade inferior a 5 minutos.

Ações favoritas de HSF (autor) (1) Eu imaginei que o resultado seria... (2) Eu analisei a situação... (3) Eu sei que tive que pesquisar ou estudar... (4) Eu julguei que de acordo com... (5) Eu agrupei as coisas... (6) No início fiquei confuso; então eu vi que havia semelhanças com... (7) Justifiquei minha conclusão com a evidência de que...

Encerramento. Após completar este capítulo, o leitor estará apto a usar os dados de concentração-tempo do traçador para calcular a função de distribuição de idade externa *E(t)*, a função de distribuição cumulativa *F(t)*, o tempo de residência médio, t_m, e a variância, σ^2. O leitor será capaz de esquematizar *E(t)* para reatores ideais; e por comparação de *E(t)* de experimento com *E(t)* para reatores ideais (PFR, PBR, CSTR, reator com escoamento laminar (LFR)), será capaz de diagnosticar problemas em reatores reais. O leitor será também capaz de usar as curvas de DTR para identificar problemas em reatores não ideais com volume morto e desvio.

RESUMO

1. A grandeza $E(t)\,dt$ é a fração de material que saiu do reator e que permaneceu entre o tempo t e $t + dt$ no reator.

2. O tempo de residência médio

$$t_m = \int_0^\infty tE(t)\,dt = \tau \tag{R16.1}$$

é igual ao tempo espacial τ para vazão volumétrica constante, $\upsilon = \upsilon_0$.

3. A variância em torno do tempo de residência médio é

$$\sigma^2 = \int_0^\infty (t - t_m)^2 E(t)\,dt \tag{R16.2}$$

4. A função de distribuição cumulativa $F(t)$

$F(t) = \int_0^t E(t)\,dt =$ A função de distribuição cumulativa $F(t)$ fornece a fração de material efluente que permaneceu no reator por um tempo t ou menor.

$1 - F(t) = \int_t^\infty E(t)\,dt =$ Fração de material efluente que permaneceu no reator por um tempo t ou maior. (R16.3)

5. As funções DTR para um reator ideal são

PFR: $$E(t) = \delta(t - \tau) \quad \text{(R16.4)}$$

CSTR: $$E(t) = \frac{e^{-t/\tau}}{\tau} \quad \text{(R16.5)}$$

LFR: $$E(t) = 0 \qquad t < \frac{\tau}{2} \quad \text{(R16.6)}$$

$$E(t) = \frac{\tau^2}{2t^3} \qquad t \geq \frac{\tau}{2} \quad \text{(R16.7)}$$

6. O tempo de residência adimensional é

$$\Theta = \frac{t}{\tau} \quad \text{(R16.8)}$$

$$E(\Theta) = \tau E(t) \quad \text{(R16.9)}$$

7. Diagnóstico de reatores não ideais com volume morto e desvio

(a) $F(t)$ para CSTR não ideal

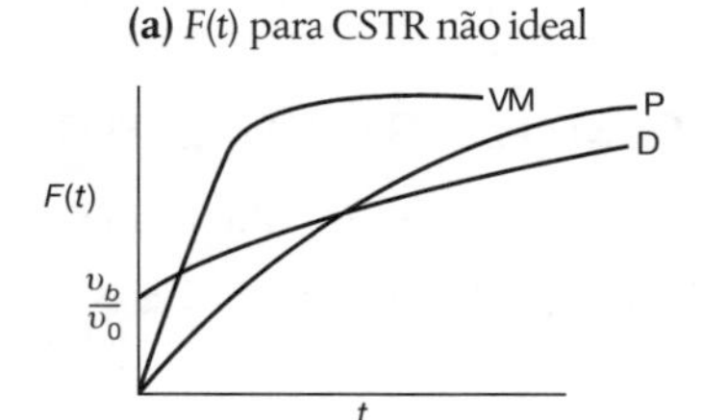

(b) $F(t)$ para reator tubular não ideal

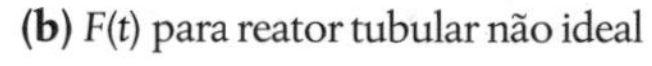
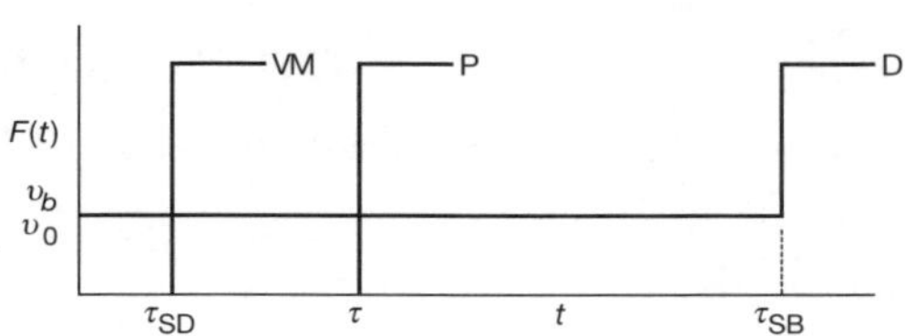

VM – modelo com volume morto, **P** – modelo de operação perfeita, **D** – modelo com desvio

MATERIAIS DO CRE *WEBSITE*

- **Material Expandido na *Web***
  1. *Exemplo Web 16.1 Reator Gás-Líquido*
  2. *Prova de que, na Ausência de Dispersão, o Tempo de Residência Médio, t_m, É Igual ao Tempo Espacial, isto é, $t_m = \tau$*
  3. *Notas Acompanhantes em DTR para Usos Médicos*
  4. *Problemas Resolvidos WP16.14$_C$ e WP16.15$_D$*
- **Recursos de Aprendizagem**
  1. *Notas de Resumo*
  2. *Links de Material da Web*
     Análise da Região Atingível
     http://www.umich.edu/~elements/6e/16chap/learn-attainableregions.html
     http://hermes.wits.ac.za/attainableregions/
- **Exemplos de Problemas Práticos**
  1. *Problema Prático 16.1 Determinação de E(t)*
  2. *Problema Prático 16.2T Tutorial para encontrar E(t) a partir de C(t)*
  3. *Problema Prático 16.2 (a) e (b) Identificação de t_m e σ^2*
- **Estante com Referências Profissionais**

R16.1 *Ajuste da Cauda*

Toda vez que houver zonas mortas em que o material se difunde para dentro e para fora, as curvas *C* e *E* podem exibir longas caudas. Esta seção mostra como descrever analiticamente o ajuste dessas caudas às curvas.

$E(t) = ae^{-bt}$
b = inclinação do ln *E versus t*
$a = be^{bt_1}[1 - F(t_1)]$

R16.2 *Distribuição de Idade Interna*
A distribuição de idade interna atualmente no reator é dada pela distribuição de idades com relação a quanto tempo as moléculas permaneceram no reator.

A equação para a distribuição de idade interna é deduzida e um exemplo é fornecido, mostrando como ela é aplicada à desativação de catalisador em um "CSTR fluidizado".

(*http://www.umich.edu/~elements/6e/16chap/obj.html#/*)

***Links* Úteis**

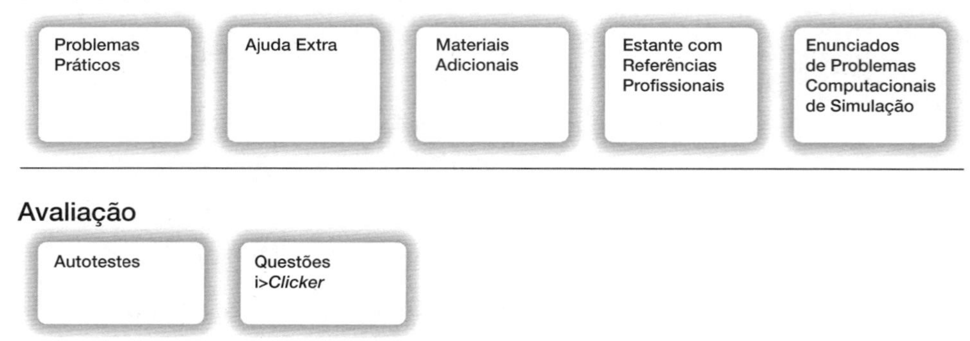

QUESTÕES, SIMULAÇÕES E PROBLEMAS

O subscrito para cada número do problema indica o nível de dificuldade: A menos difícil; D, mais difícil.

Questões

Q16.1$_A$ **QAL** (*Questão Antes da Leitura*) Que conceito a DTR adiciona ao nosso algoritmo ERQ e onde ele se encaixa no algoritmo de (1) Balanço molar, (2) Estequiometria, e assim por diante?

Q16.2$_A$ Leia os problemas deste capítulo. Discuta com um colega suas ideias para compor um problema original que use os conceitos apresentados neste capítulo. O roteiro é fornecido na Questão Q5.3$_A$. As DTRs dos reatores reais podem ser encontradas em *Ind. Eng. Chem.*, 49, 1000 (1957); *Ind. Eng. Chem. Process Des. Dev.*, 3, 381 (1964); *Can. J. Chem. Eng.*, 37, 107 (1959); *Ind. Eng. Chem.*, 44, 218 (1952); *Chem. Eng. Sci.*, 3, 26 (1954); e *Ind. Eng. Chem.*, 53, 381 (1961).

Q16.3$_B$ **(a) Exemplo 16.1.** Que fração do fluido permanece no reator por nove minutos ou mais? Que fração permanece dois minutos ou menos?
(b) Exemplo 16.3. Como $E(t)$ mudaria se o tempo espacial para o PFR, τ_p, fosse reduzido em 50% e τ_s fosse aumentado em 50%? Que fração permanece dois minutos ou menos?

Q16.4 Acesse o *link* de vídeos de captura de tela (*screencast*) LearnChemE para o Capítulo 16 (*http://www.learncheme.com/screencasts/kinetics-reactor-design*). Assista a um ou mais vídeos de *screencast* de 5 a 6 minutos e faça uma avaliação com duas frases.

Q16.5 UPDNP–S16
(a) Liste APCs adicionais que poderiam ter sido feitas além das listadas para cada APC na tabela.
(b) Aplique os sete tipos de ações de APC ao Exemplo 13.2 e escreva uma ação que deveria ter sido executada para cada tipo.

Simulações e Experimentos Computacionais

P16.1$_A$ **(a) Problema Prático 16.3 *Wolfram* e *Phython***
(i) Varie e encontre a combinação de parâmetros para a qual a conversão de saída é praticamente a mesma para ambas as misturas, prévia e posterior.
(ii) Encontre a combinação de parâmetros para a qual há uma diferença máxima entre a mistura prévia e a posterior.
(iii) Explique suas descobertas para (i) e (ii) e, em seguida, escreva um conjunto de conclusões.

Problemas

P16.2$_B$ **(a)** (*Excelente Problema de Exame*) Sugira um diagnóstico (por exemplo, desvio, volume morto, zonas múltiplas de mistura, circulação interna) para cada um dos seguintes reatores reais da Figura P16.2$_B$ (a) (de 1 a 10 curvas) que tenham as seguintes curvas de DTR [$E(t)$, $E(\Theta)$, $F(t)$, $F(\Theta)$ ou $(1 - F(\Theta))$):

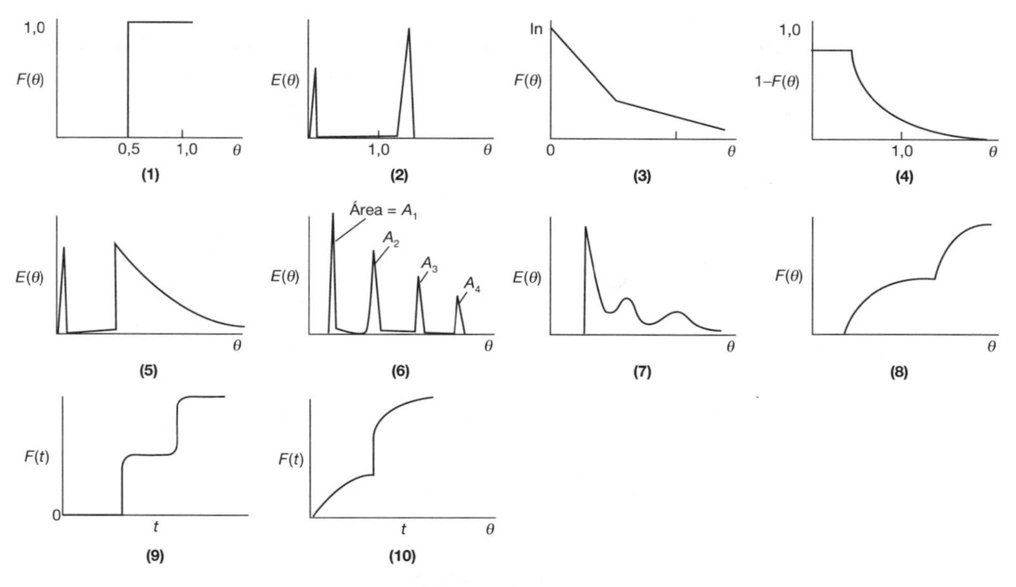

Figura P16.2$_B$ (a) Curvas de DTR.

P16.2$_B$ **(b)** Sugira um modelo (por exemplo, combinações de reatores ideais, desvio) para cada função DTR mostrada na **Figura P16.2$_B$(a)** (de 1 a 10) que forneceria a função DTR. Por exemplo, para um reator tubular real, cuja curva $E(\Theta)$ é mostrada na **Figura P16.2$_B$(a)** (5) anteriormente, o modelo é mostrado na **Figura P16.2$_B$ (b)** a seguir. O reator real é modelado como tendo desvio, uma zona mistura prévia e uma zona PFR que imita o CSTR real.

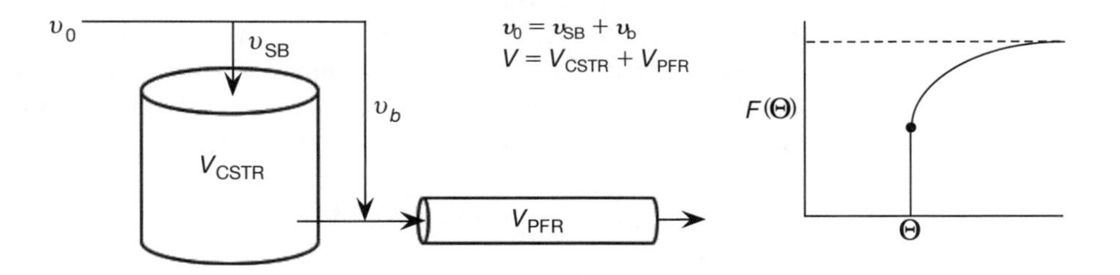

Figura P16.2$_B$ (a) Reator real modelado como CSTR e PFR com desvio.

P16.3$_C$ **QEA** (*Questão de Exame Antigo*) – *Curso de Pós-graduação*. Considere a curva $E(t)$ a seguir.

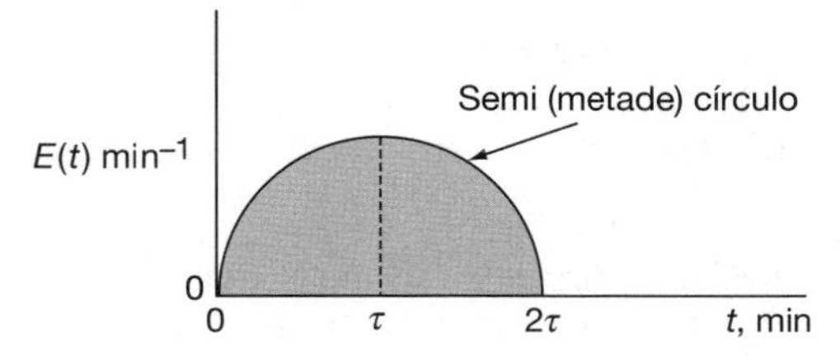

Matematicamente, esse semicírculo é descrito pelas equações:

Para $2\tau \geq t \geq 0$, então $E(t) = \sqrt{\tau^2 - (t-\tau)^2}$ min^{-1} (semicírculo)

Para $t > 2\tau$, então $E(t) = 0$

(a) Qual é o tempo de residência médio?

(b) Qual é a variância? (***Resp***: $\sigma^2 = 0{,}159$ min^2)

P16.4$_B$ Uma perturbação em degrau foi usada em um reator real com os seguintes resultados:

Para $t \leq 10$ min, então $C_T = 0$

Para $10 \leq t \leq 30$ min, então $C_T = 10$ g/dm^3

Para $t \geq 30$ min, então $C_T = 40$ g/dm^3

(a) Qual é o tempo de residência médio t_m?

(b) Qual é a variância σ^2?

P16.5$_B$ **QEA** (*Questão de Exame Antigo*). As seguintes curvas de $E(t)$ foram obtidas a partir de um teste com traçador em dois reatores tubulares, em que supostamente ocorra dispersão.

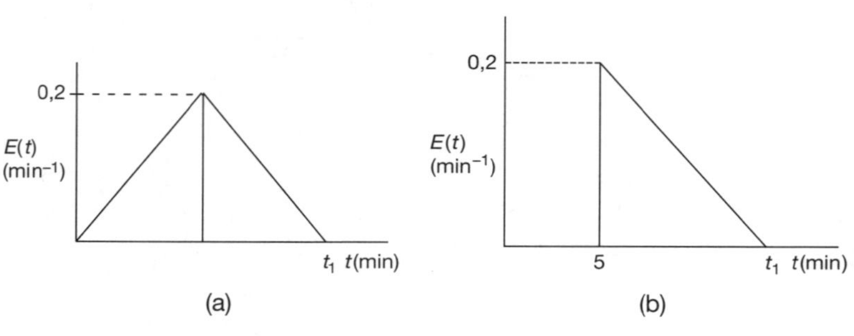

Figura P16.5$_B$ (a) DTR do Reator A; (b) DTR do Reator B.

(a) Qual é o tempo final, t_1 (em minutos) para o reator mostrado na Figura P16.5$_B$ (a)? E na Figura P16.5$_B$ (b)?

(b) Qual é o tempo de residência médio, t_m, e a variância, σ^2, para o reator mostrado na Figura P16.5$_B$ (a)? E na Figura P16.5$_B$ (b)?

(c) Qual é a fração do fluido que permanece sete minutos ou mais na Figura P16.5$_B$ (a)? E na Figura P16.5$_B$ (b)?

P16.6$_B$ Um experimento de DTR foi realizado em um reator não ideal com os seguintes resultados.

$E(t) = 0$	para	$t < 1$ min
$E(t) = 1{,}0$ min^{-1}	para	$1 \leq t \leq 2$ min
$E(t) = 0$	para	$t > 2$ min

(a) Qual é o tempo de residência médio, t_m, e a variância σ^2?

(b) Qual é a fração do fluido que permanece um tempo de 1,5 minuto ou mais no reator?

(c) Que fração do fluido permanece 2 minutos ou menos no reator?

(d) Que fração do fluido permanece entre 1,5 e 2 minutos no reator? (***Resp.***: Fração = 0,5)

P16.7 Deduza $E(t)$ e $F(t)$, t_m e σ^2 para um reator com escoamento turbulento com potência de 1/7, isto é,

$$U = U_{\text{máx}}\left(1 - \frac{r}{R}\right)^{1/7}$$

P16.8$_B$ **QEA** (*Questão de Exame Antigo*) – *Curso de Pós-graduação.* Considere a função DTR:

$$E(t) = \begin{Bmatrix} A - B(t_0 - t)^3 \\ 0 \end{Bmatrix} \begin{matrix} \text{para} \quad 0 \leq t < 2t_0 \\ \text{para} \quad t > 2t_0 \end{matrix}$$

(a) Esquematize $E(t)$ e $F(t)$.

(b) Calcule t_m e σ^2

(c) Quais são as restrições (se existem) em A, B e t_0? *Dica:* $\int_0^\infty E(t)dt = 1$

P16.9$_A$ Avalie o primeiro momento em torno da média, $m_1 = \int_0^\infty (t - \tau)\, E(t)dt$ para um PFR ideal, um CSTR e um reator de escoamento laminar.

P16.10$_B$ A escassez de gasolina nos Estados Unidos tem produzido longas filas de motoristas nos postos. A tabela a seguir mostra uma distribuição dos tempos necessários para obter gasolina em 23 postos de abastecimento.

(a) Qual é o tempo médio necessário?

(b) Se você perguntasse aleatoriamente às pessoas esperando na fila, "Há quanto tempo você está esperando", qual seria a média das respostas?

Tempo Total de Espera (min)	0	3	6	9	12	15	18	21
Número de Postos com esse Tempo Total de Espera	0	4	3	5	8	2	1	0

(c) Você pode generalizar seus resultados para prever quanto tempo você deve aguardar para entrar em um edifício-garagem de cinco pavimentos que tenha um limite de 4 horas?

(Agradecimentos a R. L. Kabel, Pensylvania State University)

P16.11$_B$ **QEA** (*Questão de Exame Antigo*) A vazão volumétrica através de um reator é de 10 dm³/min. Um teste com pulso gerou as seguintes medidas de concentração na saída:

t (min)	$c \times 10^5$	t (min)	$c \times 10^5$
0	0	15	238
0,4	329	20	136
1,0	622	25	77
2	812	30	44
3	831	35	25
4	785	40	14
5	720	45	8
6	650	50	5
8	523	60	1
10	418		

(a) Faça um gráfico da distribuição de idade externa $E(t)$ em função do tempo.
(b) Faça um gráfico da distribuição cumulativa de idade externa $F(t)$ em função do tempo.
(c) Qual é o tempo de residência médio t_m e qual é a variância, σ^2?
(d) Que fração do material permanece no reator entre 2 e 4 minutos? (***Resp.***: Fração = 0,16)
(e) Que fração do material permanece no reator mais de 6 minutos?
(f) Que fração do material permanece no reator menos de 3 minutos? (***Resp.***: Fração = 0,192)
(g) Faça um gráfico das distribuições normalizadas $E(\Theta)$ e $F(\Theta)$ em função de Θ.
(h) Qual é o volume do reator?
(i) Faça um gráfico da distribuição de idade interna $I(t)$ em função do tempo.
(j) Qual é a idade interna média α_m?
(k) Este problema tem continuação nos Problemas **P17.14$_B$** e **P18.12$_C$**.

P16.12$_B$ Uma análise DTR foi realizada em um reator em fase líquida (*Chem. Eng. J.* 1, 76, (1970)). Analise os seguintes dados:

t(s)	0	150	175	200	225	240	250
C × 10³ (g/m³)	0	0	1	3	7,4	9,4	9,7

t(s)	275	300	325	350	375	400	450
C × 10³ (g/m³)	8,2	5,0	2,5	1,2	0,5	0,2	0

(a) Faça um gráfico da curva $E(t)$ para esses dados.
(b) Que fração do material permanece no reator entre 230 e 270 segundos?
(c) Faça um gráfico da curva $F(t)$ para esses dados.
(d) Que fração do material permanece menos que 250 segundos no reator?
(e) Qual é o tempo de residência médio?
(f) Qual é a variância σ^2?
(g) Faça um gráfico de $E(\Theta)$ e de $F(\Theta)$ em função de Θ.

P16.13$_C$ (*Distribuição em um tanque agitado*) Usando uma perturbação, com traçador, em degrau negativo, Cholette e Cloutier (*Can. J. Chem. Eng.* 37, 107, (1959)) estudaram a DTR em um tanque, para diferentes velocidades de agitação. O tanque usado tinha 30 polegadas de diâmetro e uma profundidade interna de fluido de 30 polegadas. As vazões de entrada e de saída foram 1,15 gal/min. Aqui estão alguns dos resultados do traçador para a concentração relativa, C/C_0 (cortesia da Canadian Society for Chemical Engineering):

Teste de Perturbação em Degrau Negativo com Traçador

Tempo (min)	*Velocidade do impulsor* (rpm) 170	100
10	0,761	0,653
15	0,695	0,566
20	0,639	0,513
25	0,592	0,454
30	0,543	0,409
35	0,502	0,369
40	0,472	0,333
45	0,436	0,307
50	0,407	0,276
55	0,376	0,248
60	0,350	0,226
65	0,329	0,205

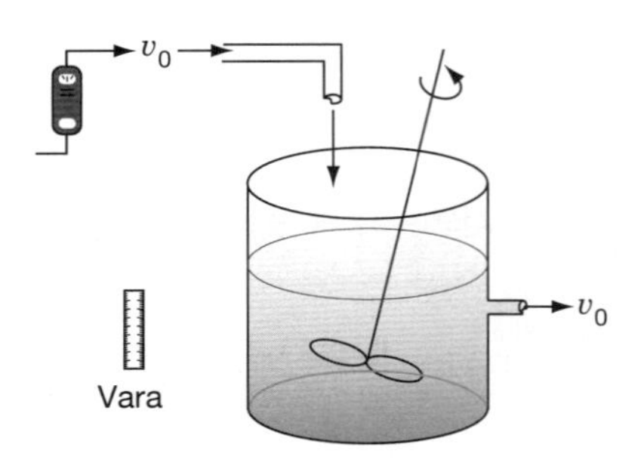

Calcule e faça um gráfico da distribuição de idade de saída cumulativa, da função intensidade e das distribuições de idade interna, em função de tempo, para esse tanque agitado nas duas velocidades do impulsor. Você pode dizer algo sobre a zona morta e o desvio nas diferentes taxas de agitação?

LEITURA SUPLEMENTAR

1. Discussões da medida e da análise de distribuição de tempo de residência podem ser encontradas em

   R. L. Curl and M. L. McMillin, "Accuracies in residence time measurements", *AIChE J. 12,* 819-822 (1966).

   Jofo Jackson, "Analysis of 'RID' Data from the Nut Cracker Reactor at the Riça Plant", *Jofostan Journal of Industrial Data,* Vol. 28, p. 243 (1982).

   O. Levenspiel, *Engenharia das Reações Químicas,* 3. ed. São Paulo: Edgard Blücher, 2000, Capítulos 11-16.

2. Uma excelente discussão sobre segregação pode ser encontrada em

   J. M. Douglas, "The effect of mixing on reactor design", *AIChE Symp. Ser.,* 48, vol. 60, p. 1 (1964).

3. Veja também

   M. Dudukovic and R. Felder, em *CHEMI Modules on Chemical Reaction Engineering,* vol. 4, ed. B. Crynes and H. S. Fogler. New York: AIChE, 1985.

   E. B. Nauman, "Residence time distributions and micromixing", *Chem. Eng. Commun.,* 8, 53 (1981).

   E. B. Nauman and B. A. Buffham, *Mixing in Continuous Flow Systems.* New York: Wiley, 1983.

   B. A. Robinson and J. W. Tester, *Chem. Eng. Sci.,* 41(3), 469-483 (1986).

   J. Villermaux, "Mixing in chemical reactors", in *Chemical Reaction Engineering – Plenary Lectures,* ACS Symposium Series 226. Washington, D. C.: American Chemical Society, 1982.

Previsão da Conversão Diretamente da Distribuição de Tempo de Residência 17

Se você pensa que pode, você pode.
Se você pensa que não pode, você não pode.
Você está certo de qualquer maneira.

— Steve LeBlanc

Visão Geral. O Capítulo 16 mostrou como determinar as funções de distribuição de tempo de residência (DTR), $E(t)$ e $F(t)$, juntamente com o tempo de residência médio, t_m, e a variância, σ^2, a partir de dados de concentração-tempo. Usamos a DTR para caracterizar e diagnosticar reatores ideais. Uma vez que a distribuição de tempo de residência não é única para um dado sistema de reação, devemos usar modelos se quisermos prever a conversão em nosso reator não ideal. Neste capítulo, usaremos a função DTR, ou seja, $E(t)$, para predizer a conversão, X, e a distribuição de produtos.

Depois completar este capítulo, o leitor será capaz de:

- Descrever os cinco modelos mais comuns para prever conversão usando DTR (Seção 17.1).
- Calcular a conversão para reações isoladas diretamente de dados de DTR usando modelos sem parâmetros ajustáveis: (a) segregação, (b) mistura máxima e (c) reator de escoamento laminar (LFR) (Seção 17.2).
- Usar pacotes computacionais (*software*) para calcular a conversão em extremos de micromistura: (a) segregação e (b) mistura máxima (Seção 17.3).
- Calcular a conversão prevista por um modelo de tanques em série (T-E-S) de parâmetros ajustáveis (Seção 17.4).
- Aplicar modelos da segregação e de mistura máxima para reatores não ideais para prever a distribuição de produto em reatores em que estão ocorrendo reações múltiplas (Seção 17.5).

17.1 Modelagem de Reatores Não Ideais Usando a DTR

17.1.1 Visão Geral de Modelagem e Mistura

Agora que caracterizamos nosso reator e fomos ao laboratório para obter dados para determinar os parâmetros da equação da taxa da cinética da reação, precisamos escolher um modelo para predizer a conversão em nosso reator real.

A resposta

$$\text{DTR + MODELO + DADOS CINÉTICOS} \Rightarrow \begin{Bmatrix} \text{CONVERSÃO DE SAÍDA e} \\ \text{CONCENTRAÇÕES DE SAÍDA} \end{Bmatrix}$$

Apresentamos então os cinco modelos mostrados na Tabela 17.1. Devemos classificar cada modelo de acordo com o número de parâmetros ajustáveis. Neste capítulo, discutiremos *os modelos sem parâmetros ajustáveis e o modelo de tanques em série (T-E-S)*. No Capítulo 18, discutiremos o *modelo de dispersão e modelos com dois parâmetros ajustáveis* que serão usados para predizer a conversão.

Tabela 17.1 Modelos para Predizer a Conversão a Partir de Dados de DTR

Maneiras de usar os dados DTR para predizer a conversão em reatores não ideais

1. Sem parâmetros ajustáveis
   a. Modelo de segregação
   b. Modelo de mistura máxima
2. Um parâmetro ajustável
   a. Modelo de tanques em série
   b. Modelo de dispersão
3. Dois parâmetros ajustáveis
   Reatores reais modelados como combinações de reatores ideais

Para *modelos sem parâmetros ajustáveis*, não é necessário fazer nenhum cálculo intermediário; usamos diretamente as curvas E e F para predizer a conversão, fornecidos a equação da taxa e os parâmetros cinéticos. Para *modelos de um parâmetro*, usamos a DTR para calcular o tempo de residência médio, t_m, e a variância, σ^2, que podemos então usar (1) para encontrar o número de tanques em série necessários para modelar com acurácia um CSTR não ideal e (2) calcular o número de Peclet, Pe, para encontrar a conversão em um reator tubular usando o modelo de dispersão.

Para os *modelos de dois parâmetros*, mostraremos no Capítulo 18 como criar combinações de reatores ideais para modelar o reator ideal. Logo, usaremos a DTR para calcular os parâmetros do modelo, tais como fração desviada, fração de volume morto, volume trocado e razões de volumes de reator que podem ser usados juntamente com a cinética da reação para predizer a conversão.

17.1.2 Mistura

A DTR nos diz quanto tempo os vários elementos de fluido permaneceram no reator, mas não nos diz coisa alguma a respeito da troca de matéria entre os elementos de fluido (*a mistura*). A mistura de espécies reagentes é um dos fatores mais importantes para controlar o comportamento de reatores químicos. Felizmente, para reações de primeira ordem, a mistura não é importante e o conhecimento do intervalo de tempo que cada molécula permanece no reator é tudo de que se necessita para prever a conversão. Para as reações de primeira ordem, a conversão é independente da concentração (lembre-se da Tabela 5.1 e da Equação (E13.1.4) no Exemplo E13.1).

$$\frac{dX}{dt} = k(1 - X) \tag{E13.1.4}$$

É necessário um modelo para as reações que não sejam de primeira ordem.

Consequentemente, a mistura com moléculas circundantes *não* é importante. Dessa forma, uma vez determinada a DTR, podemos predizer a conversão que será atingida no reator real, contanto que a velocidade específica para a reação de primeira ordem seja conhecida. No entanto, para reações que não sejam de primeira ordem, o conhecimento de DTR não é suficiente para prever a conversão. Nesses casos, o *grau de mistura de moléculas* tem de ser conhecido, além do tempo que cada molécula permanece no reator. Por conseguinte, devemos desenvolver modelos que considerem a mistura de moléculas no interior do reator.

Os modelos mais complexos de reatores não ideais necessários para descrever as reações que não sejam de primeira ordem têm de conter informação acerca da *micromistura* e da *macromistura*. Para facilitar nossa discussão sobre micromistura, definimos a *idade* de uma molécula como o tempo que uma molécula permanece dentro do reator. **Macromistura** produz uma distribuição de tempos de residência *sem*, no entanto, especificar como moléculas de diferentes idades se encontram no reator. **Micromistura**, por outro lado, descreve como moléculas de diferentes idades se encontram no reator. Existem dois extremos de *micromistura*:

(1) Todas as moléculas do mesmo grupo de idade permanecem juntas à medida que viajam através do reator e não são misturadas com qualquer outra idade até que saiam do reator (segregação completa).

(2) Moléculas de diferentes grupos de idades são completamente misturadas em nível molecular tão logo entrem no reator (micromistura completa).

Para um dado estado de macromistura (determinada DTR), esses dois extremos de micromistura fornecerão os limites superior e inferior para a conversão em um reator não ideal.

Definiremos um *glóbulo* como uma partícula fluida contendo milhões de moléculas, todas de mesma idade. Um fluido em que os glóbulos de certa idade não se misturam com outros glóbulos é chamado de macrofluido. Um *macrofluido* poderia ser imaginado como glóbulos não coalescentes, em que todas as moléculas em determinado glóbulo têm a mesma idade. Um fluido no qual moléculas não estejam restritas a permanecer no glóbulo e estejam livres para se movimentar em qualquer lugar é chamado de *microfluido*.[1] Existem dois extremos de mistura dos glóbulos de *macrofluido* – mistura prévia e mistura posterior. Esses dois extremos de misturas posterior e prévia são mostrados nas Figuras 17.1 (a) e (b), respectivamente. Esses extremos podem também ser vistos comparando as Figuras 17.3 (a) e 17.4 (a). Os extremos de mistura posterior e prévia são referidos como *segregação completa* e *mistura máxima*, respectivamente. *Para reações únicas, com ordens de reação maiores que um ou menores que zero, o modelo de segregação irá predizer a conversão mais alta. Para ordens de reação entre zero e um, o modelo de mistura máxima irá prever a maior conversão.* Esse conceito será discutido com mais detalhes na Seção 17.3.1.

Mistura Posterior
Segregação

Mistura Prévia
Mistura Máxima

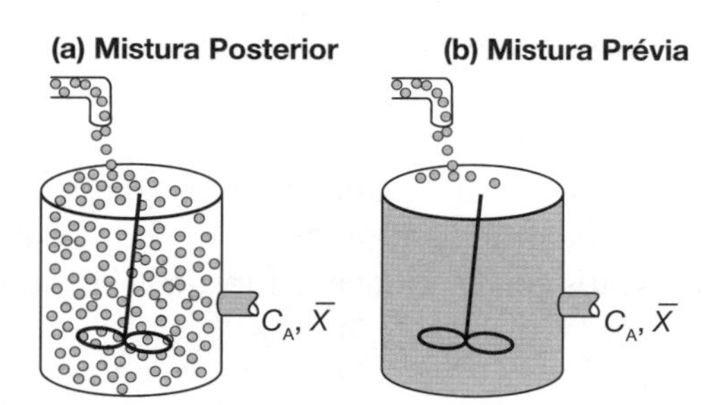

Figura 17.1 Mistura de (**a**) macrofluido e de (**b**) microfluido, em nível molecular.

Aqui $\bar{X}$ representa a conversão média na corrente de saída.

17.2 Modelos sem Parâmetros Ajustáveis

17.2.1 Modelo de Segregação

Em um CSTR de "*mistura perfeita*", considera-se que o fluido na entrada seja distribuído imediata e uniformemente em toda a mistura reacional. Essa mistura ocorre, mesmo em microescala, e elementos de idades diferentes se misturam profundamente para formar um fluido *completamente micromisturado* (veja a Figura 17.1(b)). Entretanto, se os elementos de fluido de idades diferentes não se misturam de jeito algum, os elementos permanecem segregados uns dos outros e o fluido é denominado *completamente segregado* (veja a Figura 17.1(a)). Os extremos de micromistura completa e de segregação completa são os limites da micromistura de uma mistura reacional.

Os extremos de micromistura

[1] J. Villermaux, *Chemical Reactor Design and Technology*, Boston: Martinus Nijhoff, 1986.

No desenvolvimento do modelo de mistura segregada, primeiro consideramos um CSTR porque a aplicação dos conceitos de qualidade de mistura é ilustrada mais facilmente usando esse tipo de reator. No modelo de escoamento segregado, imaginamos que o escoamento através do reator consiste em uma série contínua de glóbulos (Figura 17.2).

No modelo de segregação, os glóbulos se comportam como reatores em batelada, operados em tempos diferentes.

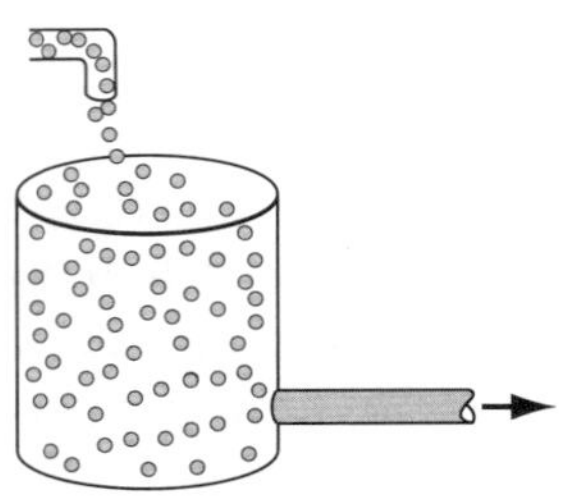

Figura 17.2 Pequenos reatores (glóbulos) em batelada dentro de um CSTR.

Esses glóbulos retêm sua identidade; ou seja, eles não trocam material com outros glóbulos no fluido durante seu período de residência no ambiente de reação. Em outras palavras, eles permanecem segregados até a saída do reator e então se misturam imediatamente. Além disso, cada glóbulo permanece um intervalo de tempo diferente no reator. Em suma, o que pretendemos fazer é agrupar todas as moléculas que têm exatamente o mesmo tempo de residência no reator em um mesmo glóbulo. Os princípios de desempenho do reator na presença de mistura completamente segregada foram descritos primeiramente por Danckwerts e Zwietering.[2,3]

O modelo de segregação tem mistura no ponto mais atrasado possível.

Outra maneira de olhar o modelo de segregação para o sistema de escoamento contínuo é o PFR mostrado na Figura 17.3(a) e (b). Uma vez que o fluido escoa ao longo do reator em escoamento empistonado, cada corrente de saída corresponde a um tempo de residência específico no reator. Bateladas de moléculas são removidas do reator em diferentes localizações ao longo do reator, de tal forma a duplicar a função DTR, $E(t)$. As moléculas removidas próximas da entrada do reator correspondem àquelas que têm tempos de residência curtos no reator. Fisicamente, esse efluente corresponderia às moléculas que formam rapidamente caminhos preferenciais através do reator. Quanto mais longe as moléculas viajam ao longo do reator antes de serem removidas, maior é o tempo de residência. Os pontos nos quais os vários grupos ou bateladas são removidos correspondem à função DTR para o reator.

Pequenos reatores em batelada

$E(t)$ ajusta-se com a remoção dos reatores em batelada.

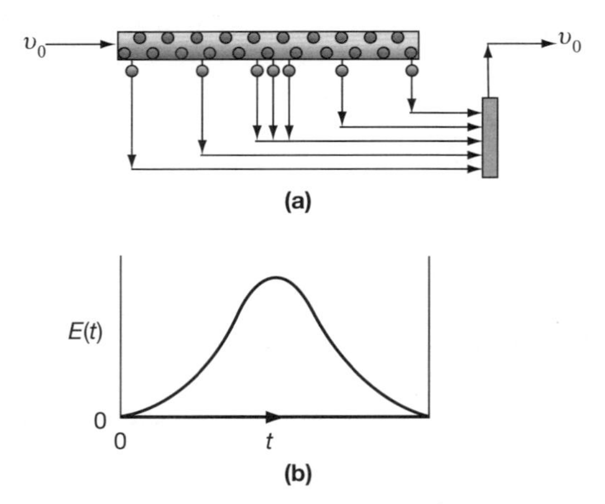

Figura 17.3 Mistura no ponto de mais posterior possível.

Uma vez que não há troca molecular entre os glóbulos, cada um atua essencialmente como seu próprio reator em batelada. O tempo de reação em qualquer um desses minúsculos reatores

[2] P. V. Danckwerts, *Chem. Eng. Sci.*, 8, 93 (1958).
[3] T. N. Zwietering, *Chem. Eng. Sci.*, 11, 1 (1959).

em batelada é igual ao tempo que o glóbulo específico permanece no ambiente de reação e é determinado pelo seu tempo de saída. A distribuição de tempos de residência entre os glóbulos é dada pela DTR do reator particular.

$$\boxed{\text{DTR + MODELO + DADOS CINÉTICOS} \Rightarrow \begin{Bmatrix} \text{CONVERSÃO DE SAÍDA e} \\ \text{CONCENTRAÇÕES DE SAÍDA} \end{Bmatrix}}$$

Agora que temos a DTR do reator, escolheremos um modelo, aplicaremos a equação da taxa e os parâmetros para predizer a conversão, como mostrado na caixa anterior. Começaremos com o modelo de segregação.

Para determinar a conversão média na corrente efluente, devemos encontrar a média das conversões de todos os vários glóbulos na corrente de saída:

$$\begin{bmatrix} \text{Conversão} \\ \text{média daqueles} \\ \text{glóbulos que} \\ \text{permanecem} \\ \text{entre } t + dt \text{ no} \\ \text{reator} \end{bmatrix} = \begin{bmatrix} \text{Conversão alcançada} \\ \text{em um glóbulo após} \\ \text{permanecer um} \\ \text{tempo } t \text{ no reator} \end{bmatrix} \times \begin{bmatrix} \text{Fração de} \\ \text{glóbulos que} \\ \text{permanecem} \\ \text{entre } t + dt \text{ no} \\ \text{reator} \end{bmatrix}$$

$$d\overline{X} \quad = \quad X(t) \quad \times \quad E(t)dt$$

logo,

$$d\overline{X} = X(t) \times E(t)\, dt$$

Dividindo por dt

$$\boxed{\frac{d\overline{X}}{dt} = X(t)E(t)} \tag{17.1}$$

Somando todos os glóbulos, a conversão média é

Conversão média para o modelo de segregação

$$\boxed{\overline{X} = \int_0^\infty X(t)E(t)\, dt} \tag{17.2}$$

Notas de Resumo

Consequentemente, se tivermos a equação de $X(t)$ para o reator em batelada e medirmos a DTR experimentalmente, poderemos encontrar a conversão média na corrente de saída. *Assim, se tivermos a DTR, a equação da taxa de reação e os parâmetros, então para uma situação de escoamento segregado (modelo) teremos informação suficiente para calcular a conversão.* Um exemplo que pode ajudar na compreensão física adicional do modelo de segregação é fornecido no CRE *website* (*http://www.umich.edu/~elements/6e/17chap/prof-compare.html* e *http://www.umich.edu/~elements/6e/17chap/summary.html*).

Modelo de Segregação para uma Reação de Primeira Ordem

Considere a seguinte reação de primeira ordem:

$$A \xrightarrow{k} \text{produtos}$$

Tratamos os glóbulos, que permanecem diferentes períodos de tempo no reator real, como pequenos reatores. Para um reator em batelada, temos

$$-\frac{dN_A}{dt} = -r_A V$$

Para volume constante e com $N_A = N_{A0}(1 - X)$,

$$N_{A0}\frac{dX}{dt} = -r_A V = kC_A V = kN_A = kN_{A0}(1 - X)$$

$$\frac{dX}{dt} = k(1 - X) \tag{17.3}$$

Resolvendo para $X(t)$, temos para qualquer glóbulo que permanece um tempo t no reator real

$$\boxed{X(t) = 1 - e^{-kt}}$$

Uma vez que glóbulos diferentes permanecem tempos diferentes, temos que somar as conversões de todos os glóbulos de todas as idades.

Conversão média para uma reação de primeira ordem

$$\bar{X} = \int_0^\infty X(t)E(t)dt = \int_0^\infty (1 - e^{-kt})E(t)\,dt = \int_0^\infty E(t)\,dt - \int_0^\infty e^{-kt}E(t)\,dt \tag{17.4}$$

$$\boxed{\bar{X} = 1 - \int_0^\infty e^{-kt}E(t)\,dt} \tag{17.5}$$

Determinaremos agora a conversão média prevista pelo modelo de segregação para um PFR ideal, um CSTR ideal e um reator com escoamento laminar (LFR).

Exemplo 17.1 Conversão Média em um PFR Ideal, um CSTR Ideal e um Reator com Escoamento Laminar

Deduza a equação para a conversão, para uma reação de primeira ordem, usando o modelo de segregação quando a DTR for equivalente a (a) **um PFR ideal**, (b) **um CSTR ideal** e (c) **um reator com escoamento laminar (LFR)**. Compare essas conversões com aquelas obtidas a partir da equação de projeto.

Solução

(a) Para o PFR, a função DTR foi dada pela Equação (16.27)

$$E(t) = \delta(t - \tau) \tag{16.27}$$

Lembrando a Equação (17.5)

$$\bar{X} = \int_0^\infty X(t)E(t)\,dt = 1 - \int_0^\infty e^{-kt}E(t)\,dt \tag{17.5}$$

Substituindo a Equação (16.27) pela função DTR para um PFR, temos

$$\bar{X} = 1 - \int_0^\infty (e^{-kt})\,\delta(t - \tau)\,dt \tag{E17.1.1}$$

Usando as propriedades de integral da função delta de Dirac, Equação (16.30), obtemos

$$\boxed{\bar{X} = 1 - e^{-k\tau} = 1 - e^{-Da_1}} \tag{E17.1.2}$$

em que, para uma reação de primeira ordem, o número de Damköhler é $Da_1 = \tau k$.

Usando nosso algoritmo PFR e combinando o balanço molar, a equação da taxa e as relações estequiométricas (Capítulo 5), temos

$$\frac{dX}{d\tau} = k(1 - X) \tag{E17.1.3}$$

Integrando, resulta em

$$\boxed{X = 1 - e^{-k\tau} = 1 - e^{-Da_1}} \tag{E17.1.4}$$

Gêmeas!

que é idêntica à conversão prevista pelo modelo de segregação, $\bar{X}$.

(b) Para o CSTR, a função DTR foi dada na Equação (16.21) como

$$E(t) = \frac{1}{\tau} e^{-t/\tau} \tag{E17.1.5}$$

Da Equação (17.5), a conversão média para uma reação de primeira ordem é

$$\bar{X} = 1 - \int_0^\infty e^{-kt} E(t)\, dt \tag{17.6}$$

$$\bar{X} = 1 - \int_0^\infty \frac{e^{-(1/\tau + k)t}}{\tau}\, dt$$

$$\bar{X} = 1 + \frac{1}{k + 1/\tau} \frac{1}{\tau} e^{-(k+1/\tau)t} \Big|_0^\infty$$

A conversão prevista a partir do modelo de segregação é

$$\boxed{\bar{X} = \frac{\tau k}{1 + \tau k} = \frac{Da_1}{1 + Da_1}} \tag{E17.1.6}$$

Como esperado, o uso da $E(t)$ para um PFR e um CSTR ideais com o modelo de segregação fornece uma conversão média $\bar{X}$ idêntica àquela obtida pelo uso do algoritmo do Capítulo 5.

Usando nosso algoritmo no Capítulo 5, mostramos que, para o CSTR, a combinação do balanço molar, da equação da taxa e da estequiometria fornece

$$F_{A0} X = -r_A V$$

$$v_0 C_{A0} X = k C_{A0} (1 - X) V$$

Resolvendo para X, vemos que a conversão prevista a partir do algoritmo do Capítulo 5 é a mesma que a do modelo de segregação,

$$\boxed{X = \frac{\tau k}{1 + \tau k}} \tag{E17.1.7}$$

Outro par de gêmeas!

que é idêntica à conversão prevista pelo modelo de segregação $\bar{X}$.

(c) Para um **reator com escoamento laminar**, a função DTR é

$$E(t) = \begin{Bmatrix} 0 & \text{para } (t < \tau/2) \\ \dfrac{\tau^2}{2t^3} & \text{para } (t \geq \tau/2) \end{Bmatrix} \tag{16.47}$$

A forma adimensional é

$$E(\Theta) = \begin{Bmatrix} 0 & \text{para } \Theta < 0{,}5 \\ \dfrac{1}{2\Theta^3} & \text{para } \Theta \geq 0{,}5 \end{Bmatrix} \tag{16.49}$$

Da Equação (17.5), temos

$$\bar{X} = 1 - \int_0^\infty e^{-kt} E(t) dt = 1 - \int_0^\infty e^{-\tau k \Theta} E(\Theta) d\Theta \tag{E17.1.8}$$

$$\bar{X} = 1 - \int_{0,5}^\infty \frac{e^{-\tau k \Theta}}{2\Theta^3} d\Theta \tag{E17.1.9}$$

Integrando duas vezes por partes,

$$\boxed{\bar{X} = 1-(1-0{,}5\tau k)e^{-0{,}5k\tau}-(0{,}5\tau k)^2\int_{0{,}5}^{\infty}\frac{e^{-\tau k\Theta}}{\Theta}d\Theta} \tag{E17.1.10}$$

A última integral é a *integral da exponencial* e pode ser avaliada a partir de valores tabelados. Felizmente, Hilder desenvolveu uma fórmula aproximada ($\tau k = Da_1$).[4]

$$\bar{X} = 1-\frac{1}{(1+0{,}25\tau k)e^{0{,}5\tau k}+0{,}25\tau k} \equiv 1-\frac{1}{(1+0{,}25\,Da_1)\,e^{0{,}5Da_1}+0{,}25\,Da_1}$$

$$\bar{X} = \frac{(4+Da_1)e^{0{,}5Da_1}+Da_1-4}{(4+Da_1)e^{0{,}5Da_1}+Da_1} \tag{E17.1.11}$$

Uma comparação do valor exato, juntamente com a aproximação de Hilder e com a conversão em um PFR ideal e um CSTR ideal, é mostrada na Tabela E17.1.1 para vários valores do número de Damköhler para uma reação de primeira ordem, τk.

Tabela E17.1.1 Comparação da Conversão em PFR, em CSTR e em LFR, para Diferentes Números de Damköhler, para uma Reação de Primeira Ordem

$Da_1 = \tau k$	$X_{\text{LFR Exata}}$	$X_{\text{LFR Aprox.}}$	X_{PFR}	X_{CSTR}
0,1	0,0895	0,093	0,0952	0,091
1	0,557	0,56	0,632	0,501
2	0,781	0,782	0,865	0,667
4	0,940	0,937	0,982	0,80
10	0,9982	0,9981	0,9999	0,91

Vemos na Tabela E17.1.1, $X_{\text{LFR Exata}}$ = Solução exata da Equação (E17.1.10) e a solução aproximada $X_{\text{LFR Aprox.}}$ = Equação (E17.1.11). Observamos que, em todos os casos, as soluções Aproximada e Exata estão em estreita concordância.

Para grandes valores do número de Damköhler, ocorre conversão completa ao longo das correntes localizadas fora da corrente central, de modo que a conversão é determinada, ao longo do eixo do tubo, tal que

$$\bar{X} = 1-\int_{0{,}5}^{\infty}4e^{-\tau k\Theta}d\Theta = 1-4e^{-0{,}5\tau k}/\tau k \tag{E17.1.12}$$

A Figura E17.1.1 mostra uma comparação da conversão média em um reator com escoamento laminar (LFR), em um PFR e em um CSTR, em função do número de Damköhler para uma reação de primeira ordem.

Comparação dos perfis de conversão para um PFR, um CSTR e um LFR

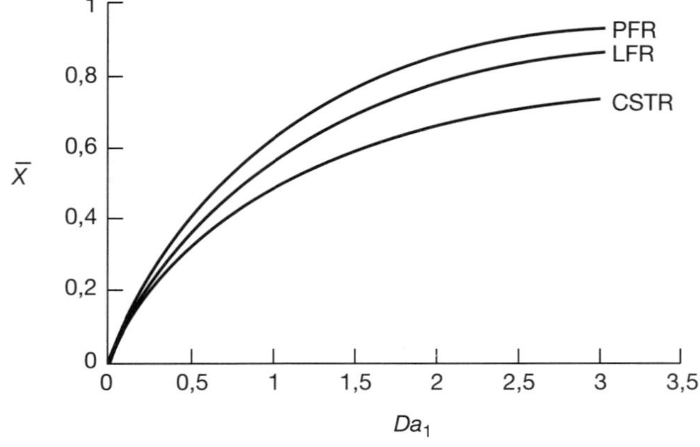

Figura E17.1.1 Conversão em um PFR, em um LFR e em um CSTR, em função do número de Damköhler (Da_1) para uma reação de primeira ordem ($Da_1 = \tau k$).

[4] M. H. Hilder, *Trans. I. ChemE*, 59, 143 (1979).

Análise: Uma das primeiras coisas que observamos é que os perfis de conversão do reator com escoamento empistonado (PFR) e do reator com escoamento laminar (LFR) em função do número de Damköhler são bastante próximos para reações de primeira ordem. Em segundo lugar, para baixos valores de *Da* ($Da < 0,5$) a conversão de saída média para todos os modelos (PFR, LFR e CSTR) é praticamente idêntica. Finalmente, vemos que a conversão média para os três modelos diverge com o aumento de *Da*.

Ponto Importante: Para uma reação de primeira ordem, o conhecimento de $E(t)$ é suficiente.

Acabamos de mostrar, para uma reação de *primeira ordem*, que a consideração de micromistura completa (Equação (E17.1.7)) ou segregação completa (Equação (E17.1.6)) em um CSTR resultará na mesma conversão. Esse fenômeno ocorre porque a taxa de variação de conversão para uma reação de primeira ordem *não* depende da concentração das moléculas reagentes (Equação (17.3)); não importa que tipo de molécula esteja próximo a ela ou colidindo com ela. Desse modo, a extensão da micromistura não afeta uma reação de primeira ordem, de modo que o modelo de escoamento segregado pode ser usado para calcular a conversão. Como resultado, *somente a DTR é necessária para calcular a conversão para uma reação de primeira ordem em qualquer tipo de reator* (veja o Problema P17.3$_C$). Não é necessário conhecer nem o grau de micromistura nem o padrão de escoamento no reator. Procederemos agora ao cálculo da conversão em um reator real, usando os dados de DTR.

Exemplo 17.2 Cálculos da Conversão Média, X_{seg}, em um Reator Real

Calcule a conversão média no reator que caracterizamos pelas medidas de DTR nos Exemplos 16.1 e 16.2, para uma reação irreversível de primeira ordem, em fase líquida, em um fluido completamente segregado:

$$A \longrightarrow \text{produtos}$$

A velocidade específica é 0,1 min^{-1} a 320 K. Ver Exemplos 16.1 e 16.2.

Solução

Uma vez que cada glóbulo atua como um **reator em batelada** de volume constante, usaremos o algoritmo de projeto de um reator em batelada para chegar à equação que fornece a conversão em função do tempo:

$$X = 1 - e^{-kt} = 1 - e^{-0,1t} \tag{E17.2.1}$$

Para calcular a conversão média, precisamos avaliar a integral:

$$\overline{X}_{seg} = \int_0^\infty X(t)E(t)\,dt \tag{17.2}$$

Esses cálculos são facilmente feitos com a ajuda de uma planilha, tal como Excel ou Polymath.

A função DTR para esse reator foi determinada previamente e dada nos Exemplos 16.1 e 16.2, sendo repetida aqui na Tabela E17.2.1, isto é, $E(t) = C(t)/\text{Área}$.

Solução Polymath

$$\frac{d(X_{seg})}{dt} = X(t)E(t) \tag{E17.2.2}$$

$$\frac{dX}{dt} = k(1 - X) \tag{E17.2.3}$$

Vemos, no Exemplo 16.1.1, que $C(t)$ foi primeiro ajustada a um polinômio, a partir do qual calculamos $\int_0^t C(t)dt = 51$. Usamos então esse valor para calcular a curva *E*.

$$E(t) = \frac{C(t)}{51} \tag{E17.2.4}$$

Agora combinamos as Equações (E17.2.2), (E17.2.3) e (E17.2.4). O programa Polymath e os resultados são apresentados na Tabela E17.2.1.

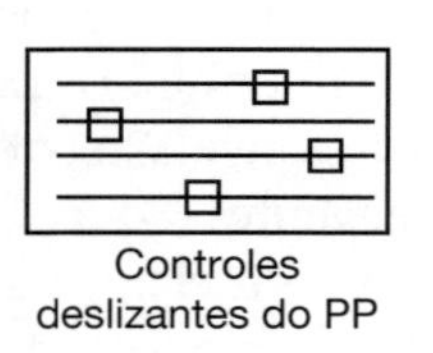

Tabela E17.2.1 Modelo de Segregação

Valores calculados das variáveis de EDO

	Variável	Valor inicial	Valor final
1	Área	51	51
2	C	0,0038746	0,0148043
3	C1	0,0038746	-387,266
4	C2	-33,43818	0,0148043
5	E	7,597E-05	0,0002903
6	F	0	1,00125
7	k	0,1	0,1
8	t	0	14
9	tm	0	5,10722
10	X	0	**0,753403**
11	Xseg	0	**0,3822834**

Equações diferenciais

```
1 d(X)/d(t) = k*(1-X )
2 d(Xseg)/d(t) = X* E
3 d(tm)/d(t) = t*E
4 d(F)/d(t) = E
```

Equações explícitas

```
1 C1 = 0,0038746 + 0,2739782*t + 1,574621*t^2 - 0,2550041*t^3
2 Área = 51
3 k = 0,1
4 C2 = -33,43818 + 37,18972*t - 11,588838*t^2 + 1,695303*t^3-
  0,1298667*t^4 + 0,005028*t^5 - 7,743*10^5*t^6
5 C = 1f(t<=4 e t>=0) então C1 senão se (t>4 e t<=14) então C2 senão 0
6 E = C/Área
```

A conversão seria 75,3% se todos os glóbulos permanecessem o mesmo tempo que a última molécula de traçador para sair do reator (14 minutos). No entanto, nem todos os glóbulos permanecem o mesmo tempo. Em vez disso, temos uma distribuição de tempo que os glóbulos permanecem no reator. Consequentemente, usamos o modelo de segregação para descobrir que a conversão média para todos os glóbulos é de 38,2%.

Análise: Do Exemplo 16.1, foi-nos dada a conversão como função do tempo para um reator em batelada $X(t)$ e a DTR da curva E. Usando o modelo de segregação e um polinômio para ajustar a curva E, fomos capazes de calcular a conversão média usando o modelo de segregação, X_{seg}, nesse reator não ideal. Observamos que **não** houve parâmetros de ajuste de modelo para fazer esse cálculo, apenas $E(t)$ a partir dos dados e de $X(t)$.

Como discutido previamente, uma vez que a reação é de *primeira ordem*, a conversão calculada no Exemplo 17.2 seria válida para um reator com mistura completa, segregação completa ou qualquer grau de mistura entre os dois. Embora misturas prévias ou tardias não afetem uma reação de primeira ordem, micromistura ou segregação completa, podem modificar significativamente os resultados para um sistema de reação de segunda ordem. Analisaremos, a seguir, uma reação de segunda ordem usando o modelo de segregação.

Exemplo 17.3 Conversão Média para uma Reação de Segunda Ordem em um Reator com Escoamento Laminar

A reação em fase líquida entre citidina e anidrido acético

citidina (A) + $(CH_3CO)_2O$ anidrido acético (B) $\xrightarrow{NMP}$ (C) + CH_3COOH (D)

$$A + B \rightarrow C + D$$

ocorre isotermicamente em uma solução inerte de N-metil-2-pirrolidona (NMP), com $\Theta_{NMP} = 28{,}9$. A reação segue uma equação de taxa elementar. A alimentação é equimolar em A e B, com $C_{A0} = 0{,}75$ mol/dm^3, uma vazão volumétrica de 0,1 dm^3/s e um volume de reator de 100 dm^3. Calcule a conversão em (**a**) um PFR, (**b**) um reator em batelada e (**c**) um reator com escoamento laminar (LFR).

Informações Adicionais:[5]

$k = 4{,}93 \times 10^{-3}$ dm³/(mol·s) a 50°C com $E = 13{,}3$ kcal/mol, $\Delta H_{Rx} = -10{,}5$ kcal/mol

Calor de mistura para $\Theta_{NMP} = \dfrac{F_{NMP}}{F_{A0}} = 28{,}9$, $\Delta H_{mix} = -0{,}44$ kcal/mol

Solução

A reação será conduzida isotermicamente a 50°C. O tempo espacial é

$$\tau = \frac{V}{\nu_0} = \frac{100 \text{ dm}^3}{0{,}1 \text{ dm}^3/\text{s}} = 1.000 \text{ s}$$

Seguindo o Algoritmo

(a) Para um PFR ideal

Balanço Molar

$$\frac{dX}{dV} = \frac{-r_A}{F_{A0}} \quad \text{(E17.3.1)}$$

Equação da Taxa

$$-r_A = kC_AC_B \quad \text{(E17.3.2)}$$

Estequiometria, $\Theta_B = 1$

$$C_A = C_{A0}(1-X) \quad \text{(E17.3.3)}$$

$$C_B = C_A \quad \text{(E17.3.4)}$$

Combinando

$$\frac{dX}{dV} = \frac{kC_{A0}(1-X)^2}{\nu_0} \quad \text{(E17.3.5)}$$

Avaliando

Integrando e resolvendo com $\tau = V/\upsilon_0$ e $X = 0$ para $V = 0$, temos

Cálculo do PFR

$$X = \frac{\tau kC_{A0}}{1+\tau kC_{A0}} = \frac{Da_2}{1+Da_2} \quad \text{(E17.3.6)}$$

sendo Da_2 o número de Damköhler para uma reação de segunda ordem.

$$Da_2 = \tau kC_{A0} = (1.000 \text{ s})(4{,}9 \times 10^{-3} \text{ dm}^3/\text{ s}\cdot\text{mol})(0{,}75 \text{ mol/ dm}^3) = 3{,}7$$

$$X = \frac{3{,}7}{4{,}7}$$

$$\boxed{X = 0{,}787}$$

(b) Reator em batelada

$$\frac{dX}{dt} = \frac{-r_A}{C_{A0}} \quad \text{(E17.3.7)}$$

Cálculo em Batelada

$$\frac{dX}{dt} = kC_{A0}(1-X)^2 \quad \text{(E17.3.8)}$$

$$X(t) = \frac{kC_{A0}t}{1+kC_{A0}t} \quad \text{(E17.3.9)}$$

[5] J. J. Shatynski and D. Hanesian, *Ind. Eng. Chem. Res.*, 32, 594 (1993).

Se o tempo de reação em batelada for igual ao tempo espacial, isto é, $t = \tau$, a conversão em batelada será a mesma que a conversão do PFR, $X = 0{,}787$.

(c) Reator com escoamento laminar (LFR)

A forma diferencial para a conversão média é obtida a partir da Equação (17.1)

$$\frac{d\overline{X}}{dt} = X(t)E(t) \tag{17.1}$$

Usamos a Equação (E17.3.9) para substituir $X(t)$ na Equação (17.1). Uma vez que $E(t)$ para LFR consiste em duas partes, necessitamos incorporar a declaração SE em nosso programa *solver* de EDO. Para a reação em escoamento laminar, escrevemos

$$\boxed{E_1 \; 0 \text{ para } t < \tau/2} \tag{E17.3.10}$$

$$\boxed{E_2 = \frac{\tau^2}{2t^3} \text{ para } t \geq \tau/2} \tag{E17.3.11}$$

Seja $t_1 = \tau/2$, de modo que a declaração SE se torna agora

Cálculo do LFR

$$\text{E = Se } (t < t_1) \text{ então } (E_1) \text{ senão } (E_2) \tag{E17.3.12}$$

Outro ponto a lembrar é que o *solver* da EDO reconhecerá que $E_2 = \infty$ em $t = 0$ e se recusará a executar. Assim, devemos adicionar um número muito pequeno no denominador, tal como (0,001); por exemplo,

$$E_2 = \frac{\tau^2}{(2t^3 + 0{,}001)} \tag{E17.3.13}$$

Você não estará apto a realizar a integração da Equação (17.2) com o limite em $t = \infty$, a menos que você seja residente honorário de Jofostan. No entanto, você pode usar Polymath, mas o tempo limite da integração, t_f, deve ser de 10 ou mais vezes o tempo espacial do reator, $\tau = 20\ \tau = 20.000$ s. O Programa Polymath para esse exemplo é mostrado na Tabela E17.3.1.

Tabela E17.3.1 Modelo de Segregação para o Reator com Escoamento Laminar (LFR)

Valores calculados das variáveis de EDO

	Variável	Valor inicial	Valor final
1	Cao	0,75	0,75
2	E	0	6,25E-08
3	E2	5,0E+10	6,25E-08
4	k	0,00493	0,00493
5	t	0	2,0E+04
6	t1	500	500
7	tau	1.000	1.000
8	X	0	0,9866578
9	Xbar	0	0,7413022

Equações diferenciais

1 d(Xbar)/d(t) = X* E

Equações explícitas

1 k = 0,00493
2 Cao = 0,75
3 X = k*Cao*t/(1+k*Cao*t)
4 tau = 1.000
5 t1 = tau/2
6 E2 = tau^2/2/(t^3+.00001)
7 E = se (t<t1) então (0) senão (E2)

Controles deslizantes do PP

Vemos que a conversão média Xbar ($\overline{X}$) para o LFR é de 74,1%.
Em resumo,

$$\boxed{\begin{array}{l} X_{PFR} = 0{,}787 \\ X_{LFR} = 0{,}741 \end{array}}$$

Compare esse resultado com a fórmula analítica exata para o reator com escoamento laminar com uma reação de segunda ordem[6]

Solução Analítica

$$\boxed{\overline{X} = Da_2[1 - (Da_2/2)\ln(1 + 2/Da_2)]}$$

[6] K. G. Denbigh, *J. Appl. Chem.*, 1, 227 (1951).

Sendo $Da_2 = kC_{A0}\tau$. Para $Da_2 = 3{,}70$, obtemos

$$\boxed{\bar{X} = 0{,}742}$$

Em muitos casos, podemos aproximar a conversão para um LFR com aquela calculada a partir de modelos de PFR.

Análise: Neste exemplo, envolvendo *uma reação de segunda ordem*, aplicamos o modelo de segregação para curva *E* para dois reatores ideais: o reator com escoamento empistonado (PFR) e o reator com escoamento laminar (LFR). Encontramos que a diferença entre a conversão prevista no PFR e no LFR foi de 4,6%. Aprendemos também que a solução analítica para uma reação de segunda ordem, ocorrendo em um LFR, foi praticamente a mesma que para o modelo de segregação.

17.2.2 Modelo de Mistura Máxima

No modelo de segregação, a mistura ocorre no ponto mais atrasado possível.

No modelo de mistura máxima, a mistura ocorre no ponto mais antecipado possível.

Em um reator modelado como com fluido segregado, a mistura entre partículas de fluido não ocorre até que o fluido deixe o reator. A saída do reator é, naturalmente, o ponto *mais atrasado* possível em que a mistura pode ocorrer, e qualquer efeito de mistura é adiado até que toda a reação tenha ocorrido, conforme mostrado na Figura 17.3. Podemos pensar também em um escoamento completamente segregado como um estado de *mistura mínima*. Queremos agora considerar *o outro extremo*: *aquele de mistura máxima*, consistente com dada distribuição de tempo de residência.

Retornaremos mais uma vez ao reator com escoamento empistonado com entradas laterais; somente dessa vez, o fluido entra ao longo de seu comprimento (Figura 17.4). Tão logo o fluido entra no reator, ele é completamente misturado radialmente (porém não longitudinalmente) com o outro fluido que já estava no reator. O fluido que entra é alimentado no reator por meio das entradas laterais, de tal maneira que a DTR do reator com escoamento empistonado com entradas laterais é idêntica à DTR do reator real.

Os glóbulos no canto mais à esquerda da Figura 17.4(a) correspondem às moléculas que permanecem um tempo longo no reator, enquanto aquelas no canto mais à direita correspondem às moléculas que formam caminhos preferenciais através do reator. Nesse reator com entradas laterais, a mistura ocorre no momento *mais antecipado* possível consistente com a DTR. Essa situação é denominada condição de *mistura máxima*.[7] Será desenvolvida agora a abordagem para calcular a conversão para um reator em uma condição de mistura máxima. Em um reator com entradas laterais, deixe λ = expectativa de vida ser o tempo que o fluido leva para se mover de um ponto particular até o fim do reator. Em outras palavras, λ é a expectativa de vida do fluido no reator naquele ponto (Figura 17.5).

λ = expectativa de vida

Mistura máxima: mistura ocorre no ponto mais antecipado possível.

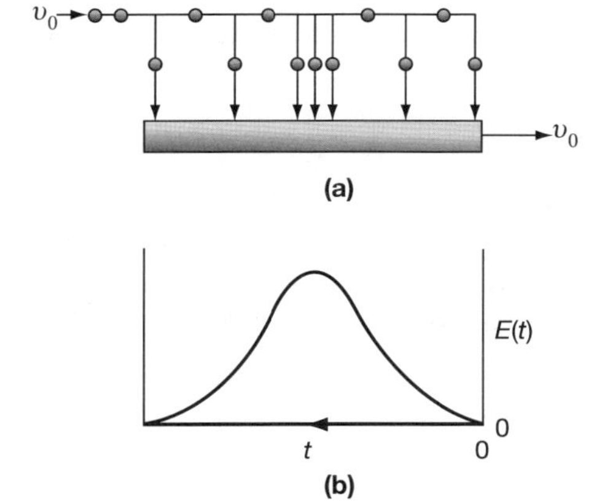

Figura 17.4 Mistura no ponto mais antecipado possível.

[7] T. N. Zwietering, *Chem. Eng. Sci.*, 11, 1 (1959).

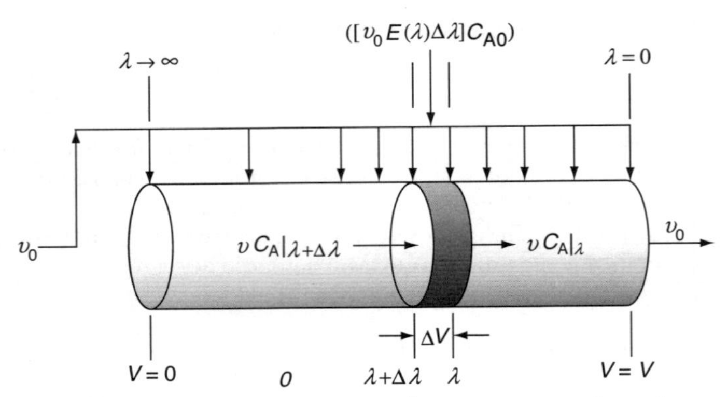

Figura 17.5 Modelagem da mistura máxima em um reator de escoamento empistonado com entradas laterais.

Movendo-se ao longo do reator, da esquerda para a direita, a expectativa de vida, λ, diminui e se torna zero na saída. Na extremidade esquerda do reator (isto é, na entrada), λ se aproxima do infinito ou do tempo de residência máximo, se for diferente de infinito.

Considere o fluido que entra lateralmente no reator de volume ΔV na Figura 17.5. O fluido que entra aqui terá uma expectativa de vida entre λ e $\lambda+\Delta\lambda$. A fração de fluido que terá essa expectativa de vida entre λ e $\lambda+\Delta\lambda$ é $E(\lambda)\Delta\lambda$. A vazão volumétrica correspondente que ENTRA pelos lados é $[\upsilon_0 E(\lambda)\Delta\lambda]$.

Balanço do fluido em $\Delta\lambda$
Entrada + Entrada = Saída

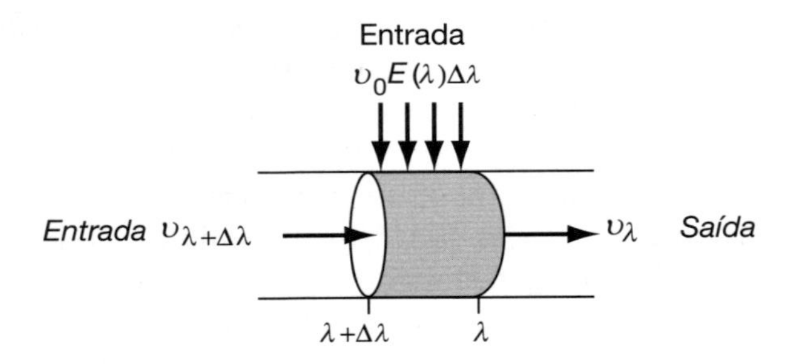

A vazão volumétrica em λ, υ_λ, é a vazão que entrou em $\lambda + \Delta\lambda$, ou seja, $\upsilon_{\lambda+\Delta\lambda}$, mais a que entrou pelas laterais, $\upsilon_0 E(\lambda)\Delta\lambda$, ou seja,

$$\nu_\lambda = \nu_{\lambda+\Delta\lambda} + \upsilon_0 E(\lambda)\Delta\lambda$$

Rearranjando e tomando o limite quando $\Delta\lambda \to 0$,

$$\frac{d\nu_\lambda}{d\lambda} = -\upsilon_0 E(\lambda) \tag{17.7}$$

A vazão volumétrica υ na entrada do reator ($V = 0$, $\lambda = \infty$ e $X = 0$) é zero ($\upsilon_\lambda = 0$) porque o fluido entra somente pelas laterais ao longo do comprimento.

Integrando a Equação (17.7) com limites $\upsilon_\lambda = 0$ em $\lambda = \infty$ e $\upsilon_\lambda = \upsilon_\lambda$, em $\lambda = \lambda$, e usando a Equação (16.3), obtemos

$$\boxed{\upsilon_\lambda = \upsilon_0 \int_\lambda^\infty E(\lambda)d\lambda = \upsilon_0[1 - F(\lambda)]} \tag{17.8}$$

O volume de fluido no reator, ΔV, com uma expectativa de vida entre λ e $\lambda + \Delta\lambda$ é

$$\Delta V = \upsilon_\lambda \Delta\lambda = \upsilon_0[1 - F(\lambda)]\,\Delta\lambda \tag{17.9}$$

A taxa de geração da substância A nesse volume é

$$\boxed{r_A \Delta V = r_A v_0 [1 - F(\lambda)] \Delta\lambda} \tag{17.10}$$

Podemos agora fazer um balanço molar para a substância A entre λ e $\lambda + \Delta\lambda$:

Balanço molar

$$\begin{bmatrix}\text{Entrada em}\\ \lambda+\Delta\lambda\end{bmatrix} + \begin{bmatrix}\text{Entrada}\\ \text{pelas laterais}\end{bmatrix} - \begin{bmatrix}\text{Saída}\\ \text{em } \lambda\end{bmatrix} + \begin{bmatrix}\text{Geração}\\ \text{por reação}\end{bmatrix} = 0$$

$$[v_{\lambda+\Delta\lambda} C_A|_{\lambda+\Delta\lambda}] + [v_0 C_{A0} E(\lambda)\Delta\lambda] - [v_\lambda C_A|_\lambda] + [r_A \Delta V] = 0$$

Substituindo para $v_{\lambda+\Delta\lambda}$, v_λ e ΔV

$$v_0 [1 - F(\lambda)] C_A|_{\lambda+\Delta\lambda} + v_0 C_{A0} E(\lambda)\,\Delta\lambda$$
$$- v_0 [1 - F(\lambda)] C_A|_\lambda + r_A v_0 [1 - F(\lambda)]\,\Delta\lambda = 0 \tag{17.11}$$

Dividindo a Equação (17.11) por $v_0 \Delta\lambda$ e tomando o limite quando $\Delta\lambda \to 0$, temos

$$E(\lambda) C_{A0} + \frac{d\{[1 - F(\lambda)] C_A(\lambda)\}}{d\lambda} + r_A [1 - F(\lambda)] = 0$$

Derivando o termo entre colchetes,

$$C_{A0} E(\lambda) + [1 - F(\lambda)] \frac{dC_A}{d\lambda} - C_A E(\lambda) + r_A [1 - F(\lambda)] = 0$$

Rearranjando,

$$\boxed{\frac{dC_A}{d\lambda} = -r_A + (C_A - C_{A0}) \frac{E(\lambda)}{1 - F(\lambda)}} \tag{17.12}$$

Podemos reescrever a Equação (17.12) em termos da conversão como

$$-C_{A0} \frac{dX}{d\lambda} = -r_A - C_{A0} X \frac{E(\lambda)}{1 - F(\lambda)} \tag{17.13}$$

ou

$$\boxed{\frac{dX}{d\lambda} = \frac{r_A}{C_{A0}} + \frac{E(\lambda)}{1 - F(\lambda)} X} \tag{17.14}$$

Máxima mistura fornece o limite inferior para X.

A condição de contorno é: quando $\lambda \to \infty$, então $C_A = C_{A0}$ para a Equação (17.12) (ou $X = 0$ para a Equação (17.13)). Para obter uma solução, a equação é integrada numericamente de forma regressiva, começando com um valor muito grande de λ e terminando com a conversão final em $\lambda = 0$. Para dada DTR e ordens de reação maiores que um ou menores que zero, o modelo de mistura máxima fornece o limite inferior para a conversão como mostrado nas Tabelas 17.1 e 17.2.

Exemplo 17.4 Limites de Conversão para um Reator Não Ideal

A dimerização de segunda ordem em fase líquida,

$$2A \longrightarrow B \qquad r_A = -kC_A^2$$

para a qual k = 0,01 dm³/(mol·min), ocorre a uma temperatura de reação de 320 K. A alimentação é A puro, com C_{A0} = 8 mol/dm³. O reator é não ideal. O volume do reator é de 1.000 dm³ e a vazão de alimentação para nossa dimerização será de 25 dm³/min.

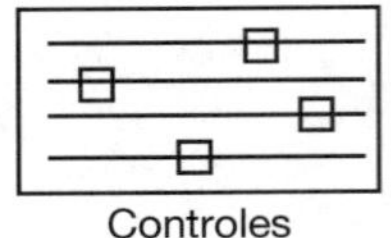

Controles deslizantes do PP

Desejamos conhecer os limites para a conversão para diferentes graus possíveis de micromistura para a DTR desse reator. Quais são esses limites?

Os alunos de Jofostan realizaram um teste de traçador lançando 100 g de traçador (N_0 = 100g) no reator que tem uma vazão volumétrica de entrada de 25 dm³/min (υ_0 = 25 dm³/min) e, em seguida, mediram a concentração de saída ($C(t)$ em função do tempo t), sendo os resultados mostrados nas colunas 1 e 2 da Tabela E17.4.1. A concentração de saída, ou seja, a curva C, foi então ajustada a um polinômio. Um tutorial sobre como ajustar os pontos dos dados do traçador a um polinômio, por exemplo,

$$C(t) = a_0 + a_1t + a_2t^2 + a_3t^3 + a_4t^4$$

que é dado nos *Problemas Práticos* no CRE *website* em ambos os Capítulos 7 e 16. Após encontrar a_0, a_1 etc., integramos a curva C_t para encontrar a quantidade total de traçador, N_0, injetada,

$$N_0 = \int_0^{\infty} C(t)dt = \int_0^{14} C(t)dt$$

A curva *E*

e, em seguida, dividimos cada concentração por N_0, a concentração total de traçador, para construir a curva *E* que é dada na coluna 3, o ajuste polinomial correspondente para a curva *E* é

```
E2 = -2,64e-9*t^3+1,3618e-6*t^2-0,0024069*t+,015011
E1 = 4,44658e-10*t^4-1,1802e-7*t^3+1,35358e-5*t^2-0,00865652*t+0,28004
E = se (t<=70) então (E1) senão (E2)
```

Solução

Os limites para a conversão são encontrados calculando-se conversões sob condições de (**a**) segregação completa e (**b**) mistura máxima.

(**a**) ***Conversão se o fluido estiver completamente segregado.*** Usando o algoritmo de ERQ, descobrimos que a conversão do reator em batelada para uma reação de segunda ordem desse tipo é

$$X(t) = \frac{kC_{A0}t}{1 + kC_{A0}t} \tag{E17.4.1}$$

Tabela E17.4.1 Dados Não Processados e Processados

t (min)	C (mg/dm³)	$E(t)$ (min⁻¹)	X (t)	$X(t)E(t)$ (min⁻¹)	$X(t)E(t)\ \Delta t$	λ(min)
0	112	0,0280	0	0	0	0
5	95,8	0,0240	0,286	0,00686	0,0172†	5
10	82,2	0,0206	0,444	0,00916	0,0400	10
15	70,6	0,0177	0,545	0,00965	0,0470	15
20	60,9	0,0152	0,615	0,00935	0,0475	20
30	45,6	0,0114	0,706	0,00805	0,0870	30
40	34,5	0,00863	0,762	0,00658	0,0732	40
50	26,3	0,00658	0,800	0,00526	0,0592	50
70	15,7	0,00393	0,848	0,00333	0,0859	70
100	7,67	0,00192	0,889	0,00171	0,0756	100
150	2,55	0,000638	0,923	0,000589	0,0575	150
200	0,90	0,000225	0,941	0,000212	0,0200	200
					0,610	
1	2	3	4	5	6	7

† Para o primeiro ponto, temos $X(t)E(t)\Delta t = (0 + 0{,}00686)\ (5/2) = 0{,}0172$.

A conversão para um fluido completamente segregado em um reator é

Planilhas funcionam muito bem aqui.

$$X_{seg} = \int_0^{\infty} X(t)E(t)\ dt \tag{17.4.2}$$

derivando

$$\frac{dX_{seg}}{dt} = X(t)E(t) \tag{E17.4.3}$$

Combinando o balanço molar, a equação da taxa e a estequiometria, para um "pequeno" reator em batelada, obtemos a equação diferencial de $X(t)$.

$$\frac{dX}{dt} = kC_{A0}(1 - X)^2 \tag{E17.4.4}$$

Agora usamos o Polymath para resolver simultaneamente as Equações (E17.4.3) e (E17.4.4) para encontrar X_{seg}.
O programa Polymath e os resultados são apresentados na Tabela E17.4.2.

Tabela E17.4.2 Modelo de Segregação

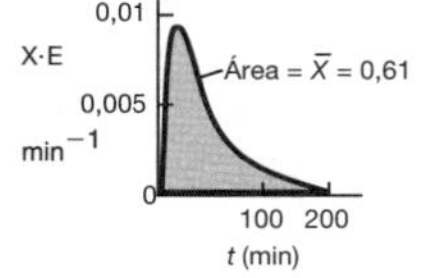

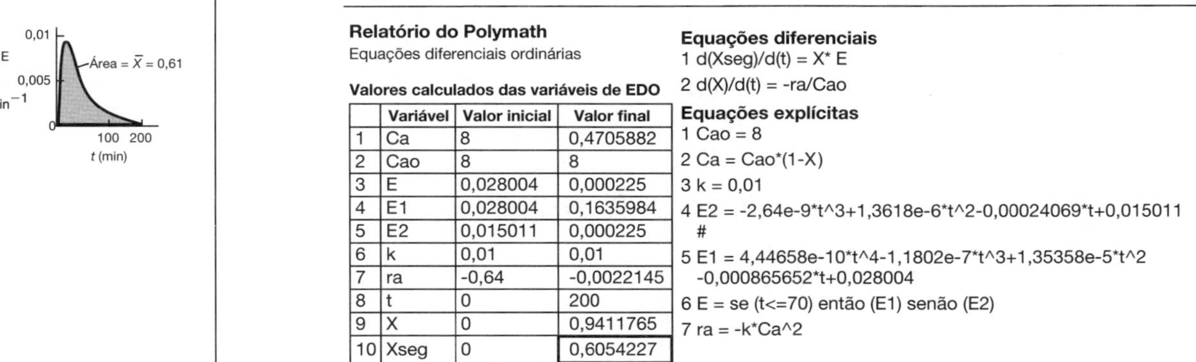

Relatório do Polymath
Equações diferenciais ordinárias

Valores calculados das variáveis de EDO

	Variável	Valor inicial	Valor final
1	Ca	8	0,4705882
2	Cao	8	8
3	E	0,028004	0,000225
4	E1	0,028004	0,1635984
5	E2	0,015011	0,000225
6	k	0,01	0,01
7	ra	-0,64	-0,0022145
8	t	0	200
9	X	0	0,9411765
10	Xseg	0	0,6054227

Equações diferenciais
1 d(Xseg)/d(t) = X* E
2 d(X)/d(t) = -ra/Cao

Equações explícitas
1 Cao = 8
2 Ca = Cao*(1-X)
3 k = 0,01
4 E2 = -2,64e-9*t^3+1,3618e-6*t^2-0,00024069*t+0,015011
#
5 E1 = 4,44658e-10*t^4-1,1802e-7*t^3+1,35358e-5*t^2
-0,000865652*t+0,028004
6 E = se (t<=70) então (E1) senão (E2)
7 ra = -k*Ca^2

A conversão prevista para um escoamento completamente segregado é 0,605 ou 61%.

$$\boxed{X_{seg} = 0{,}61}$$

(b) Conversão para modelo de mistura máxima

Cálculos Manuais: Na prática, nunca faremos cálculos passo a passo para prever a conversão a partir do modelo de mistura máxima. Ele é apresentado aqui na esperança de proporcionar uma compreensão mais clara da mistura máxima. Como veremos no Exemplo 17.5, o programa *solver* de EDO Polymath é mais competente e incrivelmente mais rápido.

Conversão para mistura máxima. O método de Euler será usado para integração numérica:

$$X_{i+1} = X_i + (\Delta\lambda)\left[\frac{E(\lambda_i)}{1 - F(\lambda_i)}X_i - kC_{A0}(1 - X_i)^2\right]$$

Cálculo tedioso

A integração dessa equação apresenta alguns resultados interessantes. Se a equação for integrada a partir da saída do reator, começando com $\lambda = 0$, a solução é instável e logo se aproxima de valores grandes, negativos ou positivos, dependendo do valor inicial de X. Queremos encontrar a conversão na saída do reator $\lambda = 0$. Consequentemente, necessitamos integrar de forma regressiva.

$$X_{i-1} = X_i - \Delta\lambda\left[\frac{E(\lambda_i)X_i}{1 - F(\lambda_i)} - kC_{A0}(1 - X_i)^2\right]$$

Se integrado a partir do ponto em que $\lambda \to \infty$, as oscilações podem ocorrer, porém são amortecidas, e a equação se aproxima do mesmo valor final, não importando qual valor inicial de X, entre 0 e 1, seja usado. Devemos começar a integração em $\lambda = 200$ com $X = 0$ nesse ponto. Se estabelecermos $\Delta\lambda$ muito grande, a solução estourará; logo, começaremos com $\Delta\lambda = 25$ e usaremos a média dos valores medidos de $E(t)/[1 - F(t)]$ onde for necessário. Usaremos em seguida os dados da coluna 7, da Tabela E17.4.1, para fazer a integração.

Em $\lambda = 200$, $X = 0$

$\lambda = 175$:

Este cálculo (b) é apresentado apenas para fornecer uma visão da mistura máxima.

$$X(\lambda = 175) = X(\lambda = 200) - \Delta\lambda\left[\frac{E(200)X(200)}{1-F(200)} - kC_{A0}(1-X(200))^2\right]$$

$$X = 0 - (25)[(0{,}075)(0) - ((0{,}01)(8)(1)^2)] = 2$$

$\lambda = 150$:

$$X(\lambda = 150) = X(\lambda = 175) - \Delta\lambda\left[\frac{E(175)X(175)}{1-F(175)} - kC_{A0}(1-X(175))^2\right]$$

Precisamos encontrar a média de $E/(1 - F)$ entre $\lambda = 200$ e $\lambda = 150$.

$$X(\lambda = 150) = 2 - (25)\left[\left(\frac{0{,}075 + 0{,}0266}{2}\right)(2) - (0{,}01)(8)(1-2)^2\right] = 1{,}46$$

$\lambda = 125$:

$$X(\lambda = 125) = 1{,}46 - (25)[(0{,}0266)(1{,}46) - (0{,}01)(8)(1 - 1{,}46)^2] = 0{,}912$$

$\lambda = 100$:

$$X(\lambda = 100) = 0{,}912 - (25)\left[\left(\frac{0{,}0266 + 0{,}0221}{2}\right)(0{,}912) - (0{,}01)(8)(1-0{,}912)^2\right]$$

$$= 0{,}372$$

$\lambda = 70$:

Nota: Oscilações em X estão começando a ser amortecidas.

$$X = 0{,}372 - (30)[(0{,}0221)(0{,}372) - (0{,}01)(8)(1 - 0{,}372)^2] = 1{,}071$$

$\lambda = 50$:

$$X = 1{,}071 - (20)[(0{,}0226)(1{,}071) - (0{,}01)(8)(1 - 1{,}071)^2] = 0{,}595$$

$\lambda = 40$:

$$X = 0{,}595 - (10)[(0{,}0237)(0{,}595) - (0{,}01)(8)(1 - 0{,}595)^2] = 0{,}585$$

Percorrendo-se os valores de X ao longo do lado direito da equação precedente, mostra-se que as oscilações foram agora amortecidas. Fazendo os cálculos restantes até o fim do reator, completa-se a Tabela E17.4.3. A conversão para uma condição de mistura máxima nesse reator é de 0,56 ou 56%. É interessante notar que há uma pequena diferença nas conversões para as duas condições de segregação completa (61%) e mistura máxima (56%). Com essa diferença pequena, pode-se questionar o uso de modelos adicionais para o reator para melhorar o poder de predição da conversão.

Tabela E17.4.3 Modelo de Mistura Máxima

λ (min)	X
200	0,0
175	2,0
150	1,46
125	0,912
100	0,372
70	1,071
50	0,595
40	0,585
30	0,580
20	0,581
10	0,576
5	0,567
0	0,564

Cálculo regressivo para a saída do reator.

Resumo	
PFR	76%
Segregação	61%
CSTR	58%
Mistura Máx.	56%

Análise: Para comparação, é deixado para o leitor mostrar que a conversão para um PFR desse tamanho seria de 0,76 e a conversão em um CSTR de mistura perfeita, com micromistura completa, seria de 0,58. Como mencionado neste exemplo, você provavelmente nunca usará esse tipo método de cálculo *manual* para determinar a conversão em mistura máxima. Ele é apresentado apenas para ajudar a dar uma compreensão intuitiva à medida que se integra regressivamente o modelo de mistura máxima para a entrada do reator. Em vez disso, é preferível um *solver* de EDO tal como o Polymath. Na Seção 17.3, mostraremos como resolver problemas de mistura máxima numericamente usando o programa Polymath.

17.3 Emprego de Pacotes Computacionais como Polymath para Encontrar a Conversão em Mistura Máxima

A primeira coisa que fazemos ao usar um pacote de *software* para resolver as EDOs com a finalidade de encontrar a conversão ou as concentrações de saída em *um reator não ideal* é ajustar as medidas de concentração do traçador a um polinômio $C(t) = a_0 + a_1 t + a_2 t^2 + a_3 t^3 + a_4 t^4$ para obter $C(t)$ dos dados, tal como Polymath. Um tutorial de como obter uma expressão analítica é fornecida nos *Problemas Práticos* de ambos os Capítulos, 7 e 16, no CRE *website, http://www.umich.edu/~elements/6e/07chap/Polynomial_Regression_Tutorial.pdf.*

Cálculos Computacionais do Modelo de Mistura Máxima

Uma vez que a maioria dos pacotes computacionais não integra de forma regressiva, necessitamos mudar a variável tal que a integração proceda progressivamente à medida que λ diminui de um valor grande até zero. Fazemos isso configurando uma nova variável, z, que é a diferença entre o tempo mais longo medido na curva de $E(t)$, $\bar{T}$, e λ, ou seja, $(\bar{T} - \lambda)$. No caso do Exemplo 17.4, o tempo mais longo no qual a concentração de traçador foi medida foi igual a 200 minutos (Tabela E17.4.1). Por conseguinte, estabeleceremos $\bar{T} = 200$.

$$z = \bar{T} - \lambda = 200 - \lambda$$

$$\lambda = \bar{T} - z = 200 - z \tag{17.15}$$

Percebendo que

$$\frac{dX}{d\lambda} = -\frac{dX}{dz} \tag{17.16}$$

Substituindo λ na Equação (17.14)

$$\boxed{\frac{dX}{d\lambda} = \frac{r_A}{C_{A0}} + \frac{E(\lambda)}{1 - F(\lambda)}(X)} \tag{17.14}$$

mudando as variáveis e rearranjando

$$\boxed{\frac{dX}{dz} = -\frac{r_A}{C_{A0}} - \frac{E(\bar{T} - z)}{1 - F(\bar{T} - z)} X} \tag{17.17}$$

Integra-se agora entre os limites $z = 0$ e $z = 200$, de modo a encontrar a conversão de saída em $z = 200$, que corresponde a $\lambda = 0$.

Duas preocupações!!

No ajuste de $E(t)$ a um polinômio, uma preocupação relevante é garantir que o polinômio não se tornará negativo para tempos longos. Outra preocupação nos cálculos de mistura máxima é que o termo $(1 - F(\lambda))$ não vá a zero. Estabelecendo o valor máximo de $F(t)$ como 0,999 em vez de 1,0, eliminaremos esse problema. Ele também pode ser contornado pela integração do polinômio para $E(t)$ de modo a conseguir $F(t)$ e então estabelecer o valor máximo de $F(t)$ como 0,999. Se $F(t)$ for alguma vez maior que 1,0 quando se ajusta um polinômio, a solução "explodirá" ao integrar numericamente a Equação (17.17).

Exemplo 17.5 Uso de um Pacote Computacional para Fazer os Cálculos do Modelo de Mistura Máxima

Use um *solver* de EDO para determinar a conversão prevista pelo **modelo de mistura máxima** para a curva de $E(t)$, apresentada no Exemplo E17.4.

Solução

Primeiro, ajustamos $E(t)$.

Devido à forma da curva de $E(t)$, é necessário usar dois polinômios: um de terceiro grau e um de quarto grau, cada qual para uma parte diferente da curva, de modo a expressar a DTR, $E(t)$, em função do tempo.

Para valores de λ menor que 70, usamos o polinômio

$$\boxed{E_1(\lambda) = 4{,}447 \times 10^{-10}\lambda^4 - 1{,}18 \times 10^{-7}\lambda^3 + 1{,}353 \times 10^{-5}\lambda^2 - 8{,}657 \times 10^{-4}\lambda + 0{,}028} \tag{E17.5.1}$$

Para valores de λ maior que 70, usamos o polinômio

$$\boxed{E_2(\lambda) = -2{,}640 \times 10^{-9}\lambda^3 + 1{,}3618 \times 10^{-6}\lambda^2 - 2{,}407 \times 10^{-4}\lambda + 0{,}015} \tag{E17.5.2}$$

A curva $E(t)$ resultante é mostrada na Figura E17.5.1.

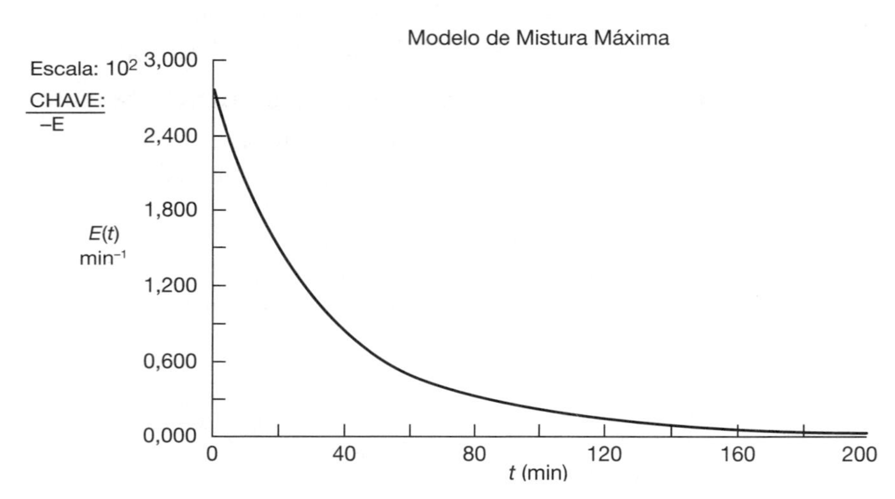

Figura E17.5.1 Ajuste polinomial de $E(t)$.

Com o objetivo de usar o Polymath para fazer a integração, mudamos nossa variável de λ para z, usando a maior medida de tempo que foi tomada a partir de $E(t)$ na Tabela E17.4.1, que é 200 min:

$$z = 200 - \lambda$$

As equações que devem ser resolvidas são

Modelo da mistura máxima

$$\lambda = 200 - z \tag{E17.5.3}$$

$$\frac{dX}{dz} = -\frac{r_A}{C_{A0}} - \frac{E(200 - z)}{1 - F(200 - z)} X \tag{E17.5.4}$$

$$\frac{dF}{d\lambda} = E(\lambda) \tag{E17.5.5}$$

com $z = 0$ ($\lambda = 200$), $X = 0$, e $F = 1$ [$F(\lambda) = 0{,}999$]. **Cuidado:** Pelo fato de $[1 - F(\lambda)]^{-1}$ tender a infinito em $F = 1$, ($z = 0$), estabelecemos o valor máximo de F como 0,999 em $z = 0$.

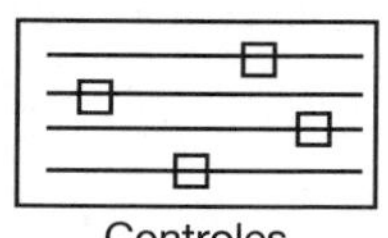

Controles deslizantes do PP

Polinômios usados para ajustar $E(t)$ e $F(t)$

Tabela E17.5.1 Programa Polymath para o Modelo de Mistura Máxima

Equações diferenciais
1 d(x)/d(z) = -(ra/cao+E/(1-F)*x)

Equações explícitas
1 Cao = 8
2 k = 0,01
3 lam = 200-z
4 Ca = cao*(1-x)
5 E1 = 4,44658e-10*lam^4-1,1802e-7*lam^3+1,35358e-5*lam^2-0,000865652*lam+0,028004
6 E2 = -2,64e-9*lam^3+1,3618e-6*lam^2-0,00024069*lam+0,015011
7 F1 = 4,44658e-10/5*lam^5-1,1802e-7/4*lam^4+1,35358e-5/3*lam^3-0,000865652/2*lam^2+0,028004*lam
8 F2 = -(-9,30769e-8*lam^3+5,02846e-5*lam^2-0,00941*lam+0,618231-1)
9 ra = -k*ca^2
10 E = se (lam<=70) então (E1) senão (E2)
11 F = se (lam<=70) então (F1) senão (F2)
12 EF = E/(1-F)

Valores calculados das variáveis de EDO

	Variável	Valor inicial	Valor final
1	Ca	8	3,493809
2	Cao	8	8
3	E	0,000225	0,028004
4	E1	0,1635984	0,028004
5	E2	0,000225	0,015011
6	EF	0,075005	0,028004
7	F	0,9970002	0
8	F1	5,633339	0
9	F2	0,9970002	0,381769
10	k	0,01	0,01
11	lam	200	0
12	ra	-0,64	-0,122067
13	x	0	0,5632738
14	z	0	200

As equações do Polymath são mostradas na Tabela E17.5.1. A solução é

$$\boxed{\text{em } z = 200 \qquad X = 0{,}563}$$

Resumo
$X_{PFR} = 0{,}76$
$X_{Seg} = 0{,}61$
$X_{CSTR} = 0{,}58$
$X_{mm} = 0{,}56$

A conversão prevista pelo modelo de mistura máxima é de 56,3%, $X_{mm} = 0{,}56$, enquanto a conversão prevista pela segregação completa foi $X_{seg} = 0{,}61$.

Análise: Como esperado, a conversão X_{mm} calculada usando Polymath, ou outro pacote computacional, é praticamente igual à do cálculo manual, mas um pouco mais fácil. A parte mais difícil do cálculo é ajustar a curva E e a curva F ao polinômio e, em seguida, certificar-se de que

$$\int_0^{\infty} E(t)\, dt = 1$$

para os parâmetros polinomiais escolhidos.

17.3.1 Comparação das Previsões por Segregação e por Mistura Máxima

No exemplo anterior, vimos que a conversão prevista pelo modelo de segregação, X_{seg}, foi maior do que a prevista pelo modelo de mistura máxima, X_{mm}. Esse será sempre o caso? *Não*! Para saber a resposta, faremos a segunda derivada da equação da taxa, conforme mostrado na Tabela 17.2.

Comparação de X_{seg} e X_m

Tabela 17.2 Critérios para Maior Conversão X_{seg} ou X_{mm}.

$$\text{Se} \quad \frac{\partial^2(-r_A)}{\partial C_A^2} > 0 \quad \text{então} \quad X_{seg} > X_{mm} \tag{17.18}$$

$$\text{Se} \quad \frac{\partial^2(-r_A)}{\partial C_A^2} < 0 \quad \text{então} \quad X_{mm} > X_{seg} \tag{17.19}$$

$$\text{Se} \quad \frac{\partial^2(-r_A)}{\partial C_A^2} = 0 \quad \text{então} \quad X_{mm} = X_{seg} \tag{17.20}$$

Aplicando agora a Tabela 17.2 às equações da taxa e lei de potência, para uma reação de ordem n, temos

$$-r_A = kC_A^n$$

$$\frac{\partial(-r_A)}{\partial C_A} = nkC_A^{n-1}$$

$$\frac{\partial^2(-r_A)}{\partial C_A^2} = n(n-1)kC_A^{n-2}$$

Do produto $[(n)(n-1)]$, vemos

Tabela 17.3 Comparação de X_{seg} ou X_{mm} para Modelos de Lei de Potência

Se $n > 1$,	então	$\frac{\partial^2(-r_A)}{\partial C_A^2} > 0$	e	$X_{seg} > X_{mm}$
Se $n < 0$,	então	$\frac{\partial^2(-r_A)}{\partial C_A^2} > 0$	e	$X_{seg} > X_{mm}$
Se $0 < n < 1$,	então	$\frac{\partial^2(-r_A)}{\partial C_A^2} < 0$	e	$X_{mm} > X_{seg}$

Notamos *que em alguns casos* X_{seg} *não é muito diferente de* X_{mm}. *Entretanto, quando consideramos a destruição do lixo tóxico, em que* $X > 0{,}99$ é desejado, *então mesmo uma pequena diferença é significativa!!*

Ponto importante

Nesta seção, analisamos o caso em que tudo que tínhamos era a DTR e não existia nenhum outro conhecimento acerca do padrão de escoamento. Talvez, o padrão de escoamento não possa ser considerado por causa da falta de informação ou outras causas possíveis. Talvez desejemos saber a extensão do possível erro se considerarmos um padrão incorreto de escoamento. Mostramos como obter a conversão, usando somente a DTR, para as duas situações limites de mistura: a mistura mais antecipada possível consistente com a DTR, ou *mistura máxima*, e a mistura somente na saída do reator, ou *segregação completa*. Calculando as conversões para esses dois casos, temos os limites para as conversões que podem ser esperadas para diferentes rotas de escoamento consistentes com a DTR observada.

17.4 Modelo de um Parâmetro em Tanques em Série, *n*

Nas seções anteriores, mostramos como calcular a conversão em reatores não ideais usando nenhum parâmetro ajustável (*zero*). Agora mostraremos duas maneiras de usar um parâmetro ajustável para modelar o reator real: (1) o *modelo T-E-S*, Seção 17.4, (2) o *modelo de dispersão*, Seção 18.2. Nesta seção, mostramos como usar o modelo de tanques em série (T-E-S) para descrever reatores não ideais e calcular a conversão. O único parâmetro no modelo T-E-S é n, o número de tanques. Usaremos os dados de DTR para determinar o número de tanques ideais, n, em série que fornecerá aproximadamente o mesmo DTR que o reator não ideal. A seguir, aplicaremos o algoritmo de engenharia de reação desenvolvido nos Capítulos 1 a 5 para calcular a conversão.

Vamos desenvolver primeiro a equação de DTR para três tanques em série (Figura 17.6) e depois generalizar para n reatores em série para deduzir uma equação que fornece o número de tanques, n, em série que melhor se ajusta aos dados de DTR.

17.4.1 Encontre o Número de T-E-S para Modelar o Reator Real

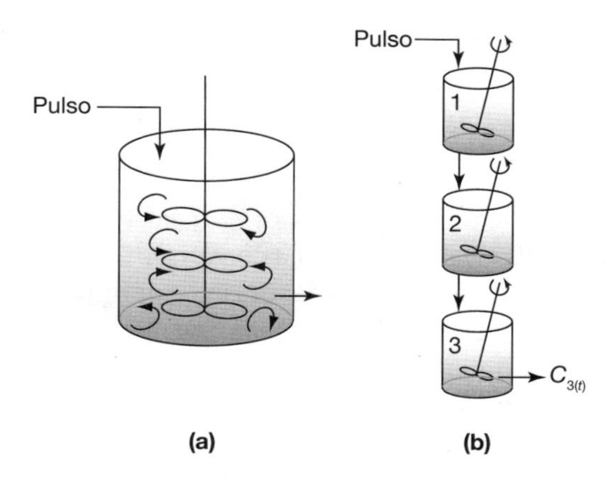

Figura 17.6 Tanques em série: (**a**) sistema real; (**b**) sistema do modelo.

A Figura 17.6 mostra um grande CSTR modelado como três CSTRs em série. Ao realizar balanços molares sequenciais em cada reator em série, conforme mostrado no *Material Adicional na Web para o Capítulo 17*, a concentração de traçador que sai do terceiro CSTR é

$$C_3 = \frac{C_0 t^2}{2\tau_i^2} e^{-t/\tau_i} \tag{17.21}$$

com

$$\tau_i = \frac{V_i}{v_0} = \frac{V}{v_0} = \frac{\tau}{n} \tag{17.22}$$

em que V é o volume total do reator e v_0 é a vazão volumétrica através de todos os três reatores. Extrapolando a conversão de saída do último dos três reatores, a Equação (17.21) para n reatores

$$\boxed{C_n = C_0 \frac{t^{n-1}}{(n-1)\tau_i^{n-1}} e^{-t/\tau_i}} \tag{17.23}$$

Substituindo por C_n na Equação 16.7, a função DTR é:

$$\boxed{E(t) = \frac{C_n(t)}{\int_0^v C_n(t)dt} = \frac{t^{n-1}}{(n-1)!\tau_i^n} e^{-t/\tau_i}} \tag{17.24}$$

Usando os dados da DTR para encontrar τ e σ^2, o número de tanques em série, n, necessário para modelar o reator real deduzido no CRE *website* do Capítulo 17 (*http://www.umich.edu/~elements/ 6e / 17chap / Fogler_Ch17_Web_17.4_Tanks-in-Series.pdf*) é mostrado na Equação (17.25)

Número de T-E-S para ajustar a DTR

$$\boxed{n = \frac{\tau^2}{\sigma^2}} \tag{17.25}$$

Com τ e σ dados por

$$\boxed{\begin{aligned} \tau &= \int_0^\infty tE(t)dt \\ \sigma^2 &= \int_0^\infty (t-\tau)^2 E(t)dt \end{aligned}}$$

17.4.2 Cálculo da Conversão pelo Modelo T-E-S

Se a reação for de primeira ordem, podemos usar a Equação (5.15) para calcular a conversão,

$$\boxed{X = 1 - \frac{1}{(1 + \tau_i k)^n}} \tag{5.15}$$

É aceitável (e usual) que o valor de n calculado a partir da Equação (18.11) seja um não inteiro na Equação (5.15) para calcular a conversão. Para reações que não sejam de primeira ordem, deve ser usado um número inteiro de reatores e devem ser realizados balanços molares sequenciais em cada reator. Se, por exemplo, $n = 2{,}53$, pode-se então calcular a conversão tanto para dois como para três tanques, para limitar a conversão. A conversão e as concentrações de efluentes seriam resolvidas sequencialmente usando o algoritmo desenvolvido no Capítulo 5; isto é, depois de resolver para o efluente do primeiro tanque, esses dados seriam usados como entrada para o segundo tanque e assim por diante, conforme mostrado nos *Materiais Adicionais para o Capítulo 17*, no CRE *website*.

17.4.3 Tanques em Série *versus* Segregação para uma Reação de Primeira Ordem

Já afirmamos que os modelos de segregação e mistura máxima são equivalentes para uma reação de primeira ordem. A prova dessa afirmação foi deixada como um exercício no Problema P17.3_C. Podemos estender essa equivalência, para uma reação de primeira ordem, ao modelo de tanques em série (T-E-S)

Para uma reação de primeira ordem, as conversões preditas são as mesmas.

$$\boxed{X_{\text{T-E-S}} = X_{\text{seg}} = X_{\text{mm}}} \tag{17.26}$$

A prova da Equação (17.26) é fornecida nos *Materiais Adicionais* do CRE *website* para o Capítulo 17.

17.5 DTR e Reações Múltiplas

Como discutido no Capítulo 8, quando múltiplas reações ocorrem em sistemas reacionais, é melhor trabalhar com concentrações, mols ou vazões molares em vez de conversão.

17.5.1 Modelo de Segregação

No **modelo de segregação**, consideramos cada um dos glóbulos no reator como tendo concentrações diferentes de reagentes, C_A, e de produtos, C_P. Esses glóbulos são misturados imediatamente ao saírem, de modo a resultar na concentração de saída de A, $\overline{C_A}$, que é a média de todos os glóbulos que saem:

$$\overline{C_A} = \int_0^\infty C_A(t)E(t)\,dt \tag{17.27}$$

$$\overline{C_B} = \int_0^\infty C_B(t)E(t)\,dt \tag{17.28}$$

As concentrações das espécies individuais, $C_A(t)$ e $C_B(t)$, nos diferentes glóbulos, são determinadas a partir dos cálculos do reator em batelada. Para um reator em batelada com volume constante, em que q reações ocorrem, as equações acopladas de balanço molar são

Resolvendo para as concentrações de saída, usando o modelo de segregação para reações múltiplas.

$$\frac{dC_A}{dt} = r_A = \sum_{i=1}^{i=q} r_{iA} \tag{17.29}$$

$$\frac{dC_B}{dt} = r_B = \sum_{i=1}^{i=q} r_{iB} \tag{17.30}$$

Essas equações são resolvidas simultaneamente com

$$\frac{d\overline{C_A}}{dt} = C_A(t)E(t) \tag{17.31}$$

$$\frac{d\overline{C_B}}{dt} = C_B(t)E(t) \tag{17.32}$$

para fornecer a concentração de saída. As DTRs, $E(t)$, nas Equações (17.31) e (17.32), são determinadas a partir de medidas experimentais e do ajuste a um polinômio.

17.5.2 Mistura Máxima

Para o **modelo de mistura máxima**, escrevemos a Equação (17.12) para cada espécie e trocamos r_A pela taxa resultante de formação

$$\frac{dC_A}{d\lambda} = -\sum r_{iA} + (C_A - C_{A0})\frac{E(\lambda)}{1-F(\lambda)} \tag{17.33}$$

$$\frac{dC_B}{d\lambda} = -\sum r_{iB} + (C_B - C_{B0})\frac{E(\lambda)}{1-F(\lambda)} \tag{17.34}$$

Depois da substituição das equações de taxa para cada reação (por exemplo, $r_{1A} = k_1C_A$), essas equações são resolvidas numericamente, começando com um valor muito grande de λ, digamos $\bar{T} = 200$, e integrando de forma regressiva para $\lambda = 0$, de modo a resultar nas concentrações de saída C_A, C_B, ...

Mostraremos agora como diferentes DTRs com o *mesmo* tempo de residência médio podem produzir diferentes distribuições de produto para reações múltiplas.

Exemplo 17.6 DTR e Reações Complexas

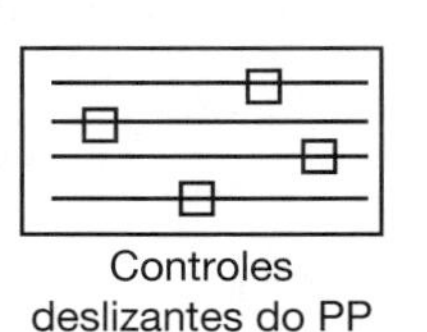

Controles deslizantes do PP

Considere o seguinte conjunto de reações em fase líquida

$$A + B \xrightarrow{k_1} C$$

$$A \xrightarrow{k_2} D$$

$$B + D \xrightarrow{k_3} E$$

que estão ocorrendo em dois reatores diferentes com o mesmo tempo de residência médio, t_m = 1,26 minuto. Entretanto, a DTR é muito diferente para cada um dos reatores, como pode ser visto nas Figuras E17.6.1 e E17.6.2.

(a) Ajuste um polinômio às DTRs para cada reator.

(b) Determine a distribuição do produto e seletividades (por exemplo, $\hat{S}_{C/D}$, $\hat{S}_{D/E}$) para:

   1. O modelo de segregação.

   2. O modelo de mistura máxima.

Antes de fazer qualquer cálculo, quais você imagina que serão as concentrações de saída e a conversão, para essas duas DTRs muito diferentes, com o <u>mesmo</u> tempo de residência médio?

Informação adicional:

$k_1 = k_2 = k_3 = 1$ nas unidades apropriadas em 350 K.

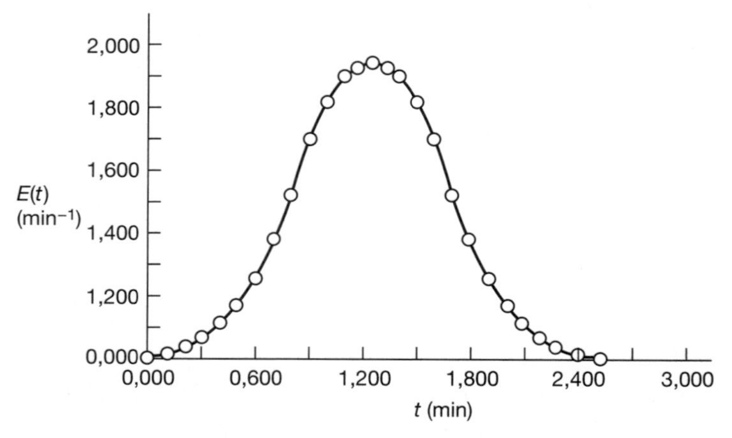

Figura E17.6.1 $E_1(t)$: distribuição assimétrica.

Duas reações diferentes com DTR diferentes, mas o mesmo tempo de residência médio t_m

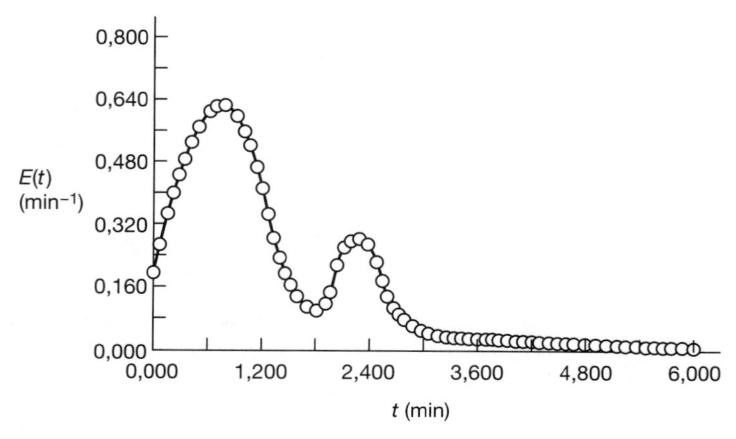

Figura E17.6.2 $E_1(t)$: distribuição bimodal.

Solução

Modelo de Segregação

Combinando o balanço molar e as leis de taxa para um reator em batelada com volume constante (glóbulos), temos

$$\frac{dC_A}{dt} = r_A = r_{1A} + r_{2A} = -k_1 C_A C_B - k_2 C_A \tag{E17.6.1}$$

$$\frac{dC_B}{dt} = r_B = r_{1B} + r_{3B} = -k_1 C_A C_B - k_3 C_B C_D \tag{E17.6.2}$$

$$\frac{dC_C}{dt} = r_C = r_{1C} = k_1 C_A C_B \tag{E17.6.3}$$

$$\frac{dC_D}{dt} = r_D = r_{2D} + r_{3D} = k_2 C_A - k_3 C_B C_D \tag{E17.6.4}$$

$$\frac{dC_E}{dt} = r_E = r_{3E} = k_3 C_B C_D \tag{E17.6.5}$$

e a concentração para cada espécie que sai do reator é encontrada ao integrar a equação

$$\frac{d\overline{C_i}}{dt} = C_i E(t) \tag{E17.6.6}$$

ao longo da vida da curva de $E(t)$. A *vida* da curva $E(t)$ é de $t = 0$ até o tempo do último ponto dos dados. Para este exemplo, a vida do $E_1(t)$ é 2,52 minutos (Figura E17.6.1), e a vida do $E_2(t)$ é de 6 minutos (Figura E17.6.2).

As condições iniciais são $t = 0$, $C_A = C_B = 1$ e $C_C = C_D = C_E = 0$.

O programa Polymath usado para resolver essas equações é mostrado na Tabela E17.6.1 para a DTR assimétrica, $E_1(t)$.

Com a *exceção* do polinômio para $E(t)$, os programas Polymath para a DTR bimodal e assimétrica são idênticos para o modelo de segregação. O programa Polymath para o modelo de segregação para a distribuição assimétrica é mostrado na Tabela E17.6.1 e o programa para o modelo de mistura máxima para a distribuição bimodal é mostrado na Tabela E17.6.3. Uma comparação das concentrações de saída e seletividades das duas curvas de DTR é mostrada na Tabela E17.6.2.

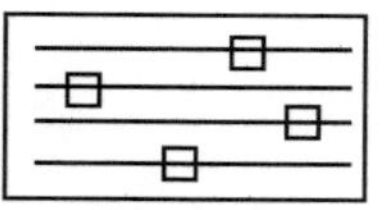
Controles deslizantes do PP

Tabela E17.6.1 Programa Polymath para o Modelo de Segregação com DTR Assimétrica (Reações Múltiplas)

Relatório das EDOs (RKF45)

Equações diferenciais ordinárias conforme informadas pelo usuário

```
[1] d(ca)/d(t) = ra
[2] d(cb)/d(t) = rb
[3] d(cc)/d(t) = rc
[4] d(cabar)/d(t) = ca*E
[5] d(cbbar)/d(t) = cb*E
[6] d(ccbar)/d(t) = cc*E
[7] d(cd)/d(t) = rd
[8] d(ce)/d(t) = re
[9] d(cdbar)/d(t) = cd*E
[10] d(cebar)/d(t) = ce*E
```

Equações explícitas conforme informadas pelo usuário

```
[1] k1 = 1
[2] k2 = 1
[3] k3 = 1
[4] E1 = -2,104*t^4+4,167*t^3-1,596*t^2+0,353*t-0,004
[5] E2 = -2,104*t^4+17,037*t^3-50,247*t^2+62,964*t-27,402
[6] rc = k1*ca*cb
[7] re = k3*cb*cd
[8] ra = -k1*ca*cb-k2*ca
[9] rb = -k1*ca*cb-k3*cb*cd
[10] E = se(t<=1,26)então(E1)senão(E2)
[11] rd = k2*ca-k3*cb*cd
```

Tabela E17.6.2 Resultados para o Modelo de Segregação

Distribuição Assimétrica		*Distribuição Bimodal*	
A solução para $E_1(t)$ é:		A solução para $E_2(t)$ é:	
$\overline{C_A} = 0{,}151$	$\overline{C_E} = 0{,}178$	$\overline{C_A} = 0{,}245$	$\overline{C_E} = 0{,}162$
$\overline{C_B} = 0{,}454$	$\overline{X} = 83{,}7\%$	$\overline{C_B} = 0{,}510$	$\overline{X} = 74{,}8\%$
$\overline{C_C} = 0{,}357$	$S_{C/D} = 1{,}18$	$\overline{C_C} = 0{,}321$	$\tilde{S}_{C/D} = 1{,}21$
$\overline{C_D} = 0{,}303$	$S_{D/E} = 1{,}70$	$\overline{C_D} = 0{,}265$	$\tilde{S}_{D/E} = 1{,}63$

***Análise*:** Notamos que, enquanto a conversão e a concentração de saída da espécie A são significativamente diferentes para as duas distribuições, a seletividade não é. No Problema P17.6$_B$ (b), você deve calcular o tempo de residência média para cada distribuição para tentar explicar essas diferenças.

Modelo de Mistura Máxima

As equações para cada espécie são:

$$\frac{dC_A}{d\lambda} = k_1 C_A C_B + k_2 C_A + (C_A - C_{A0}) \frac{E(\lambda)}{1 - F(\lambda)} \quad \text{(E17.6.7)}$$

$$\frac{dC_B}{d\lambda} = k_1 C_A C_B + k_3 C_B C_D + (C_B - C_{B0}) \frac{E(\lambda)}{1 - F(\lambda)} \quad \text{(E17.6.8)}$$

$$\frac{dC_C}{d\lambda} = -k_1 C_A C_B + (C_C - C_{C0}) \frac{E(\lambda)}{1 - F(\lambda)} \quad \text{(E17.6.9)}$$

$$\frac{dC_D}{d\lambda} = -k_2 C_A + k_3 C_B C_D + (C_D - C_{D0}) \frac{E(\lambda)}{1 - F(\lambda)} \tag{E17.6.10}$$

$$\frac{dC_E}{d\lambda} = -k_3 C_B C_D + (C_E - C_{E0}) \frac{E(\lambda)}{1 - F(\lambda)} \tag{E17.6.11}$$

O programa Polymath para a distribuição bimodal, $E(t)$, é mostrado na Tabela E17.6.3. O programa Polymath para a distribuição assimétrica é idêntico, com exceção do ajuste polinomial para $E_1(t)$, e é apresentado no Capítulo 17 nos *Problemas Práticos, Web 17.1e* e *Web 17.1h*, no CRE *website*. Uma comparação da concentração de saída e das seletividades das duas distribuições de DTR é mostrada na Tabela E17.6.4.

Controles deslizantes do PP

Tabela E17.6.3 Programa Polymath para o Modelo de Mistura Máxima com Distribuição Bimodal (Reações Múltiplas)

Relatório das EDOs (RKF45)

Equações diferenciais ordinárias conforme informadas pelo usuário

```
[1] d(ca)/d(z) = -(-ra+(ca-cao)*EF)
[2] d(cb)/d(z) = -(-rb+(cb-cbo)*EF)
[3] d(cc)/d(z) = -(-rc+(cc-cco)*EF)
[4] d(F)/d(z) = -E
[5] d(cd)/d(z) = -(-rd+(cd-cdo)*EF)
[6] d(ce)/d(z) = -(-re+(ce-ceo)*EF)
```

Equações explícitas conforme informadas pelo usuário

```
[1] cbo = 1
[2] cao = 1
[3] cco = 0
[4] cdo = 0
[5] ceo = 0
[6] lam = 6-z
[7] k2 = 1
[8] k1 = 1
[9] k3 = 1
[10] rc = k1*ca*cb
[11] re = k3*cb*cd
[12] E1 = 0,47219*lam^4-1,30733*lam^3+0,31723*lam^2+0,85688*lam+0,20909
[13] E2 = 3,83999*lam^6-58,16185*lam^5+366,2097*lam^4-1224,66963*lam^3+2289,84857*lam^2-2265,62125*lam+925,46463
[14] E3 = 0,00410*lam^4-0,07593*lam^3+0,52276*lam^2-1,59457*lam+1,84445
[15] rb = -k1*ca*cb-k3*cb*cd
[16] ra = -k1*ca*cb-k2*ca
[17] rd = k2*ca-k3*cb*cd
[18] E = se(lam<=1,82)então(E1)senão(se(lam<=2,8)então(E2)senão(E3))
[19] EF = E/(1-F)
```

Tabela E17.6.4 Resultados para o Modelo de Mistura Máxima

Distribuição Assimétrica A solução para $E_1(t)$ (1) é:		*Distribuição Bimodal* A solução para $E_2(t)$ (1) é:	
$C_A = 0{,}161$	$C_E = 0{,}192$	$C_A = 0{,}266$	$C_E = 0{,}190$
$C_B = 0{,}467$	$\overline{X} = 83{,}9\%$	$C_B = 0{,}535$	$\overline{X} = 73{,}4\%$
$C_C = 0{,}341$	$\tilde{S}_{C/D} = 1{,}11$	$C_C = 0{,}275$	$S_{C/D} = 1{,}02$
$C_D = 0{,}306$	$\tilde{S}_{D/E} = 1{,}59$	$C_D = 0{,}269$	$S_{D/E} = 1{,}41$

Análise: Neste exemplo, aplicamos o modelo de segregação e os modelos de mistura máxima a reações complexas. Enquanto as concentrações da espécie A saindo dos reatores, para as duas distribuições, são diferentes, as seletividades não são tão diferentes para o mesmo tempo de residência médio.

Cálculos similares àqueles do Exemplo 17.6 são apresentados em um exemplo no material do CRE *website* para a reação em série

$$A \xrightarrow{k_1} B \xrightarrow{k_2} C$$

O Problema Prático CD17-DTR (**PP**), itens de (a) a (h), explora a reação em série anterior e reatores múltiplos com diferentes distribuições de tempo de residência (por exemplo,assimétrico, bimodal).

17.6 *E Agora...* Uma Palavra do Nosso Patrocinador – Segurança 17 (UPDNP-S17 Breve Histórico do Caso de um Preaquecedor de Ar)

Incrustação em PAA de forno de petróleo bruto: Em aquecedores de petróleo bruto, preaquecedores de ar (PAAs) são instalados para preaquecer o ar ambiente usando o gás de combustão quente que sai do forno. O preaquecedor, mostrado esquematicamente na Figura 17.7, reduz a entrada de calor necessária para aquecer o ar, aumentando assim a eficiência do aquecedor. Em uma modernização de uma unidade de destilação de petróleo bruto, o PAA existente foi substituído por um novo modelo com uma passagem estreita na lateral dos gases de combustão. O objetivo de substituir o projeto antigo era aumentar a área da superfície de transferência de calor de modo a aumentar a recuperação de calor do gás de combustão e, assim, a eficiência do aquecedor. No entanto, após a partida da planta, incrustações pesadas e frequentes (por exemplo, depósito de material) foram observadas no PAA, exigindo limpeza uma vez a cada 2 semanas. O PAA foi desligado por 3 a 4 dias para limpeza e, durante este período, os aquecedores foram operados agressivamente com altas taxas de combustível (para manter a mesma taxa da planta). Este aumento nas taxas causou um aumento nas temperaturas do metal do tubo e aumento do risco de falhas do tubo. Além disso, o gás de combustão quente foi liberado para a atmosfera, fazendo com que o aquecedor operasse com uma eficiência mais baixa. No geral, estimou-se que a confiabilidade do aquecedor diminuiu e a perda financeira da interrupção do PAA superou o benefício do aumento da recuperação de calor quando o PAA estava operando. A gerência concluiu que a passagem estreita está causando incrustação e, portanto, o projeto é defeituoso. Portanto, foi proposto reverter para o modelo antigo.

Aplique os seis tipos de perguntas de pensamento crítico de R.W. Paul a esta situação para ajudar a administração a decidir se deve ou não voltar ao antigo modelo de PAA.

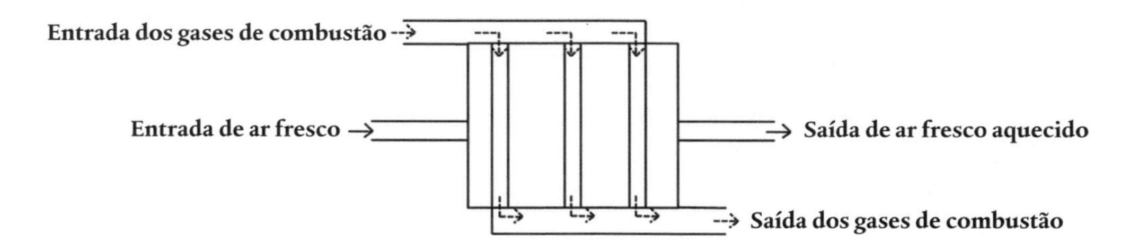

Figura 17.7 Preaquecedor de ar.

Solução

1. Perguntas sobre a pergunta ou enunciado do problema

Manan: Por que você acha que o projeto do PAA apresenta falhas, considerando que o projeto teria sido revisado em vários níveis antes da instalação?

2. Perguntas para esclarecimento

Manan: Existem outros estudos de caso em que este novo modelo PAA foi instalado e executado de acordo com as expectativas?

3. Perguntas que investigam suposições

Manan: Como você presumiu que as condições do aquecedor permaneceram as mesmas e não houve mudança na qualidade do gás de combustão ou na temperatura?

4. Perguntas que investigam razões e evidências

Manan: A análise laboratorial do incrustante mostrou que não houve aumento nas partículas de carbono ou produtos de corrosão (que são conhecidos como incrustantes) nos gases de combustão após a instalação do novo PAA?

5. Perguntas que investigam pontos de vista e perspectivas

Manan: Qual é o contra-argumento de que o retorno ao modelo antigo não funcionará?

6. Perguntas que investigam implicações e consequências

Manan: Quais são as consequências, para o ambiente, de tirar o PAA de operação, à medida que o gás de combustão quente é liberado para a atmosfera?

Quais são as implicações no comportamento/mentalidade do operador, que agora tem a tarefa adicional de limpar o PAA com frequência?

Agradecimentos a Manan Agrawal, Indian Institute of Technology, Bombaim, e Mayur Tikmani, Indian Institute of Technology, Guwahati.

Encerramento. Neste capítulo, mostramos como o leitor pode acoplar os dados de DTR com a equação da taxa de reação e seus parâmetros para predizer a conversão e as concentrações de saída. Primeiro, escolhemos os modelos de segregação e de mistura máxima, que não usam parâmetros ajustáveis, para predizer a conversão para reações simples e as concentrações de saída para reações múltiplas. O leitor pode usar a $E(t)$ determinada a partir de dados experimentais ou usar a função $E(t)$ para reatores ideais, CSTR, PFR, LFRs, ou suas combinações, juntamente com a equação da taxa para predizer a conversão. O leitor será capaz de usar pacotes computacionais para ajustar a DTR experimental a polinômios, aplicar os polinômios para representar $E(t)$ e daí prever a conversão. Pela análise da segunda derivada da taxa de reação com relação à concentração, o leitor será capaz de determinar se o modelo de segregação ou o de mistura máxima dará maior conversão.

RESUMO

1. As funções DTR para um reator ideal são

PFR: $$E(t) = \delta(t - \tau) \quad \text{(R17.1)}$$

CSTR: $$E(t) = \frac{e^{-t/\tau}}{\tau} \quad \text{(R17.2)}$$

LFR: $$E(t) = 0 \qquad t < \frac{\tau}{2} \quad \text{(R17.3)}$$

$$E(t) = \frac{\tau^2}{2t^3} \qquad t \geq \frac{\tau}{2} \quad \text{(R17.4)}$$

2. O tempo de residência adimensional é

$$\Theta = \frac{t}{\tau} \quad \text{(R17.5)}$$

e é igual ao número de tempos espaciais. Logo,

$$E(\Theta) = \tau E(t) \quad \text{(R17.6)}$$

3. A distribuição da idade interna, $[I(\alpha)d\alpha]$, fornece a fração de material dentro do reator que permaneceu no interior entre um tempo α e um tempo $(\alpha + d\alpha)$.

4. Modelo de segregação: A conversão é

$$\overline{X} = \int_0^{\infty} X(t)E(t)\, dt \quad \text{(R17.7)}$$

e para reações múltiplas,

$$\bar{C}_A = \int_0^\infty C_A(t)E(t)\,dt$$

5. Mistura máxima: A conversão pode ser calculada resolvendo as seguintes equações:

$$\frac{dX}{d\lambda} = \frac{r_A}{C_{A0}} + \frac{E(\lambda)}{1 - F(\lambda)}(X) \tag{R17.8}$$

6. Modelo tanques em série: Use a DTR para estimar o número de tanques em série,

$$n = \frac{\tau^2}{\sigma^2} \tag{R17.9}$$

   Para uma reação de primeira ordem

$$X = 1 - \frac{1}{(1 + \tau_i k)^n}$$

7. A concentração de saída prevista para reações múltiplas usando o modelo de mistura máxima pode ser encontrada resolvendo a equação

$$\frac{dC_A}{d\lambda} = -r_{A_{líq}} + (C_A - C_{A0})\frac{E(\lambda)}{1 - F(\lambda)} \tag{R17.10}$$

$$\frac{dC_B}{d\lambda} = -r_{B_{líq}} + (C_B - C_{B0})\frac{E(\lambda)}{1 - F(\lambda)} \tag{R17.11}$$

   de $\lambda = \lambda_{máx}$ a $\lambda = 0$. Para usar um *solver* de EDO, seja $z = \lambda_{máx} - \lambda$.

MATERIAIS DO CRE *WEBSITE*

(*http://www.umich.edu/~elements/6e/17chap/obj.html#/*)

Links Úteis

- Problemas Práticos
- Ajuda Extra
- Materiais Adicionais
- Estante com Referências Profissionais
- Enunciados de Problemas Computacionais de Simulação

Avaliação

- Autotestes
- Questões i>*Clicker*

QUESTÕES, SIMULAÇÕES E PROBLEMAS

O subscrito para cada número do problema indica o nível de dificuldade: A menos difícil; D, mais difícil.

Questões

Q17.1$_A$ **QAL** (*Questão Antes da Leitura*) Como se compara a conversão prevista do modelo de segregação, X_{seg}, com a conversão prevista pelos modelos CSTR, PFR e LFR para o mesmo tempo médio de residência, t_m?

Q17.2$_A$ Leia os problemas deste capítulo. Componha um problema original que use os conceitos apresentados neste capítulo. O roteiro é apresentado no Problema P5.1$_B$. As DTRs de reatores reais podem ser encontradas em *Ind. Eng. Chem.*, 49, 1000 (1957); *Ind. Eng. Chem. Process Des. Dev.*, 3, 381 (1964); *Can. J. Chem. Eng.*, 37, 107 (1959); *Ind. Eng. Chem.*, 44, 218 (1952); *Chem. Eng. Sci.*, 3, 26 (1954); e *Ind. Eng. Chem.*, 53, 381 (1961).

Q17.3 Acesse o *link* de vídeos de captura de tela (*screencast*) LearnChemE para o Capítulo 17 (*http://www.learncheme.com/screencasts/kinetics-reactor-design*). Assista a um dos vídeos de *screencast* de 5 a 6 minutos e liste dois dos pontos mais importantes.

Q17.4 UPDNP–S17. Escolha duas perguntas de pensamento crítico e descreva por que são as perguntas mais importantes a serem feitas.

Simulações e Experimentos Computacionais

P17.1$_B$ (a) **Exemplo 17.2: Conversão média, X_{seg}, Cálculo em um Reator Real**

Wolfram e Python

(i) Como C_{A0}, n e k afetam as trajetórias em X para o modelo de segregação e o LFR?
(ii) Escreva um conjunto de conclusões com base em seus experimentos em (i).

Polymath

(i) Como se compara a conversão prevista pelo modelo de segregação, X_{seg}, com a prevista pelos modelos CSTR, PFR e LFR para o mesmo tempo médio de residência, t_m?

(b) **Exemplo 17.3: Conversão Média para uma Reação de Segunda Ordem em um Reator em Escoamento Laminar**

Wolfram e Python

(i) Para qual valor de k estão X e $\overline{X}$, o mais distante um do outro? O mais próximo?
(ii) Varie n e descreva o que você encontra em relação ao X_{seg}.
(iii) Explique como a curva E varia com n, C_{A0} e k.
(iv) Varie n, τ, C_{A0} e k e descreva o que encontrar.
(v) Escreva um conjunto de conclusões para seus experimentos (i) a (iv).

Polymath

(i) (1) Varie k por um fator de 5 a 10, ou bem acima, ou abaixo do valor nominal, $4{,}93 \times 10^{-3}$ dm^3/mol/s, apresentado no enunciado do problema. Quando X_{PFR} e X_{LFR} se aproximam e quando se afastam? (2) Use a $E(t)$ e a $F(t)$ dos Exemplos 16.1 e 16.2 para predizer a conversão e as compare nos itens (a), (b) e (c).

(c) **Exemplo 17.4: Limites de Conversão para um Reator Não Ideal**

Wolfram e Python

(i) Para qual valor de k estão X e X, o mais distante um do outro? O mais próximo?
(ii) Varie n e descreva o que você encontra em relação ao X_{seg}.
(iii) Explique como a curva E varia com n, C_{A0} e k.
(iv) Varie n, τ, C_{A0} e k e descreva o que encontrar.
(v) Escreva um conjunto de conclusões para seus experimentos (i) a (iv).

Polymath

(i) (1) Varie os parâmetros kC_{A0}, cujo valor nominal é

$$kC_{A0} = \left(\frac{0{,}01\ \text{dm}^3}{\text{mol}\cdot\text{s}}\right)\left(\frac{8\ \text{mol}}{\text{dm}^3}\right) = 0{,}08/\text{s}$$

por um fator de 10 acima e abaixo do valor nominal 0,08 s^{-1} e descreva quando X_{seg} e X_{mm} se aproximam e quando se afastam. (2) Como X_{mm} e X_{seg} se comparam com a X_{PFR}, X_{CSTR} e X_{LFR} para um mesmo tempo de residência médio, t_m? (3) Como seus resultados mudariam se T = 350 K com E = 10 kcal/mol? Como sua resposta mudaria se a reação fosse de pseudoprimeira ordem com $kC_{A0} = 4 \times 10^{-3}$ /s?

(d) **Exemplo 17.5: Usando *Software* para Fazer Cálculos do Modelo de Mistura Máxima**

Wolfram e Python

(i) Varie individualmente k, C_{A0} e n e descreva como muda o perfil de X em função de Z.
(ii) Varie individualmente k, C_{A0} e n e descreva como a taxa $-r_A$ muda conforme você varia k, C_{A0} e n.
(iii) Escreva um conjunto de conclusões.

Polymath

(i) (1) Varie os parâmetros kC_{A0}, acima e abaixo do valor nominal 0,08 s^{-1} por um fator de 10 e descreva quando X_{mm} e X_{seg} se aproximam e quando se afastam. (2) Como X_{mm} e X_{seg} se comparam com a X_{PFR}, X_{CSTR} e X_{LFR} para um mesmo tempo de residência médio, t_m? (3) Como seus resultados mudariam se a reação fosse de pseudoprimeira ordem com $k_1 = C_{A0}k = 0{,}08\ min^{-1}$? (4) Se a reação fosse de terceira ordem com $kC_{A0}^2 = 0{,}08\ min^{-1}$? Se a reação fosse de meia ordem com $kC_{A0}^{1/2} = 0{,}08\ min^{-1}$? Descreva quaisquer tendências.

(e) **Exemplo 17.6a: DTR e Reação Complexa para uma DTR Assimétrica** (mostrado no CRE *website* em *http://www.umich.edu/~elements/6e/17chap/live.html*)

Wolfram e Python

(i) Varie k_1, k_2 e k_3 e descreva como a conversão muda.
(ii) Varie k_1, k_2 e k_3 e descreva como a concentração e a seletividade se alteram.
(iii) Varie k_1, k_2 e k_3 e descreva como a taxa muda.
(iv) Escreva um conjunto de conclusões.

Polymath

(i) Carregue o *Problema Prático* a partir do material da *Web*. (1) Se as energias de ativação, em cal/mol, fossem $E_1 = 5.000$, $E_2 = 1.000$ e $E_3 = 9.000$, como as seletividades e a conversão de A mudariam à medida que a temperatura fosse aumentada ou diminuída em torno de 350 K? (2) Se você fosse questionado a comparar os resultados do Exemplo 17.6 para distribuição assimétrica e bimodal nas Tabelas E17.6.2 e E17.6.4, quais as similaridades e diferenças observadas? Que generalizações você pode fazer?

(f) **Exemplo 17.6b: DTR e Reação Complexa com uma DTR Bimodal** (mostrado no CRE *website* em *http://www.umich.edu/~elements/6e/17chap/live.html*)

Wolfram e Python

(i) Varie k_1, k_2 e k_3 e descreva como a conversão muda.
(ii) Varie k_1, k_2 e k_3 e descreva como a concentração e a seletividade se alteram.
(iii) Varie k_1, k_2 e k_3 e descreva como a taxa muda.
(iv) Escreva um conjunto de conclusões.

Problemas

P17.2$_B$ **QEA** (*Questão de Exame Antigo*). Uma reação irreversível de primeira ordem ocorre em um longo reator cilíndrico. Não há variação no volume, na temperatura e na viscosidade. A suposição simplificadora de que existe escoamento empistonado no tubo conduz a um grau estimado de conversão de 86,5%. Qual seria o grau de conversão realmente atingido, se o estado real de escoamento fosse laminar, com difusão desprezível?

P17.3$_C$ Mostre que para uma reação de primeira ordem

$$A \longrightarrow B$$

a equação de mistura máxima para a concentração de saída

$$\frac{dC_A}{d\lambda} = kC_A + \frac{E(\lambda)}{1 - F(\lambda)}(C_A - C_{A0}) \tag{P17.3.1}$$

é a mesma que a concentração de saída dada pelo modelo de segregação

$$C_A = C_{A0}\int_0^{\infty} E(t)e^{-kt}\,dt \tag{P17.3.2}$$

Dica: Verifique que

$$C_A(\lambda) = \frac{C_{A0}e^{k\lambda}}{1 - F(\lambda)}\int_{\lambda}^{\infty} E(t)e^{-kt}\,dt \tag{P17.3.3}$$

é a solução para a Equação (P17.3.1).

P17.4$_C$ **QEA** (*Questão de Exame Antigo*). A reação de primeira ordem:

$$A \longrightarrow B$$

com $k = 0{,}8 \text{ min}^{-1}$ ocorre em um reator real, com a seguinte função DTR:

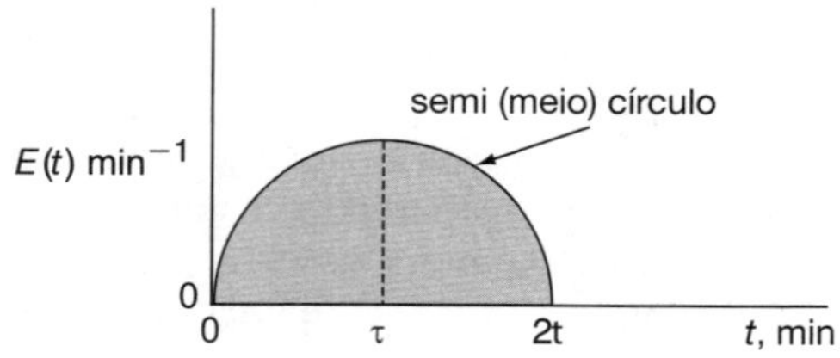

Matematicamente, esse semicírculo é descrito pelas equações para $2\tau \geq t \geq 0$, então $E(t) = \sqrt{\tau^2 - (t - \tau)^2}$ min^{-1} (semicírculo).

Para $t > 2\tau$, então $E(t) = 0$.

(a) Qual é o tempo de residência médio?

(b) Qual é a variância?

(c) Qual é a conversão prevista pelo modelo de segregação?

(d) Qual é a conversão prevista pelo modelo de mistura máxima? (***Resp.***: $X_{mm} = 0{,}447$)

(e) Qual é a conversão prevista pelo modelo de tanques em série?

P17.5$_B$ **QEA** (*Questão de Exame Antigo*). Uma perturbação em degrau de um traçador foi usada em um reator real com os seguintes resultados:

Para $t \leq 10$ min, então $C_T = 0$.

Para $10 \leq t \leq 30$ min, então $C_T = 10 \text{ g/dm}^3$.

Para $t \geq 30$ min, então $C_T = 40 \text{ g/dm}^3$.

A reação de segunda ordem $A \rightarrow B$, com $k = 0{,}1 \text{ dm}^3/\text{mol} \cdot \text{min}$, deve ser feita em um reator real, com uma concentração de entrada de A igual a $1{,}25 \text{ mol/dm}^3$, a uma vazão volumétrica de $10 \text{ dm}^3/\text{min}$. Aqui, k é dado a 325 K.

(a) Qual é o tempo de residência médio t_m?

(b) Qual é a variância, σ^2?

(c) Que conversões você espera de um PFR ideal e de um CSTR ideal em um reator real com t_m?

(d) Qual é a conversão prevista pelo

(1) Modelo de segregação?

(2) Modelo de mistura máxima?

(3) Modelo T-E-S?

(e) Qual é a conversão prevista por um reator ideal com escoamento laminar?

(f) Considere agora que a reação é de primeira ordem com $k = 0{,}4 \text{ min}^{-1}$, e calcule a conversão usando o modelo de tanques em série.

P17.6$_B$ **QEA** (*Questão de Exame Antigo*). As seguintes curvas de $E(t)$ foram obtidas a partir de um teste com traçador em dois reatores tubulares, em que supostamente ocorre dispersão.

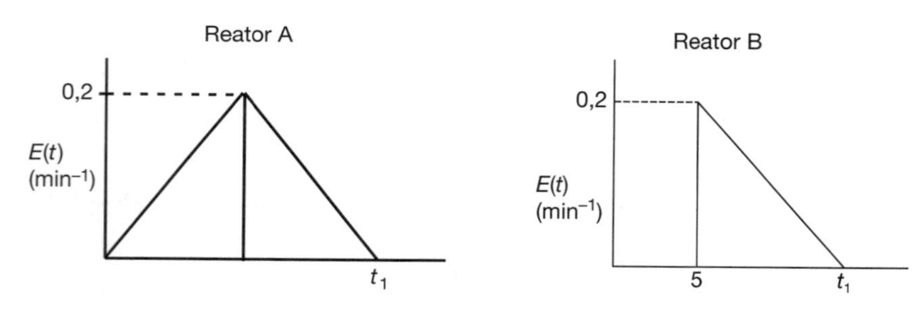

Figura P17.6$_B$ (a) DTR do reator A; (b) DTR do reator B.

Uma reação de segunda ordem

$$A \xrightarrow{k} B \quad \text{com} \quad kC_{A0} = 0{,}2 \text{ min}^{-1}$$

deve ser feita nesse reator. Não há dispersão ocorrendo nem a montante nem a jusante do reator, mas existe uma dispersão dentro do reator.

(a) Qual é o tempo final t_1 (em minutos) para o reator mostrado na Figura P17.6$_B$ (a)? na Figura P17.6$_B$ (b)?
(b) Qual é o tempo de residência médio t_m e a variância, σ^2, para o reator mostrado na Figura P17.6$_B$ (a)? Na Figura P17.6$_B$ (b)?
(c) Qual é a fração do fluido que permanece 7 minutos ou mais no reator na Figura P17.6$_B$ (a)? Na Figura P17.6$_B$ (b)?
(d) Encontre a conversão prevista pelo modelo de segregação para o reator A.
(e) Encontre a conversão prevista pelo modelo de mistura máxima para o reator A.
(f) Encontre a conversão prevista pelo modelo de T-E-S para o reator A.
(g) Repita (d) a (f) para o reator B.
(h) Agora considere que a reação é de primeira ordem com $k_1 = 0{,}2\ \text{min}^{-1}$, quais são as conversões previstas pelos tanques em série, a segregação no modelo de mistura máxima?

P17.7$_B$ A DTR para um reator não ideal é mostrada na Figura P17.6$_B$. Qual é a conversão prevista pelo modelo de tanques em série para uma reação de primeira ordem?

$$A \xrightarrow{k_1} B$$

(a) com $k_1 = 0{,}4\ \text{min}^{-1}$?
(b) com $k_1 = 0{,}04\ \text{min}^{-1}$?
(c) com $k_1 = 4\ \text{min}^{-1}$?

P17.8$_B$ A seguinte curva $E(t)$ foi obtida de um teste com traçador em um reator.

$$\begin{aligned} E(t) &= 0{,}25t & 0 < t < 2\ \text{min} \\ &= 1 - 0{,}25t & 2 < t < 4\ \text{min} \\ &= 0 & t < 4\ \text{min} \end{aligned}$$

t em minutos, e $E(t)$ em min^{-1}.

A conversão predita pelo modelo de tanques em série para a reação elementar isotérmica,

$$A \longrightarrow B$$

foi de 50% a 300 K.

Se a temperatura for elevada em 10°C (E = 25.000 cal/mol) e a reação realizada isotermicamente, qual será a conversão prevista pelos modelos de segregação, de mistura máxima e T-E-S?

P17.9$_B$ **QEA** (*Questão de Exame Antigo*). A reação em fase líquida de terceira ordem, com uma concentração de entrada de 2M,

$$A \xrightarrow{k_3} B$$

$$k^3 = 0{,}3\ \text{dm}^6/\text{mol}^2/\text{min}$$

foi realizada em um reator que tem a seguinte DTR:

$$\begin{aligned} E(t) &= 0 & \text{para} \quad & t < 1\ \text{min} \\ E(t) &= 1{,}0\ \text{min}^{-1} & \text{para} \quad & 1 \leq t \leq 2\ \text{min} \\ E(t) &= 0 & \text{para} \quad & t > 2\ \text{min} \end{aligned}$$

(a) Para operação isotérmica, qual é a conversão prevista por
1) Um CSTR, um PFR, um LFR, T-E-S e de mistura máxima, X_{mm}, e de segregação, X_{seg}?
Sugestão: Encontre t_m (τ) a partir dos dados, e então o use com $E(t)$ para cada um dos reatores ideais.
2) Modelo de mistura máxima, X_{mm}? Faça um gráfico de X *versus* z (ou λ) e explique por que a curva tem essa forma.
(b) Agora calcule a concentração de saída de A, B e C para a reação,

$$A \xrightarrow{k_1} B \xrightarrow{k_2} C \text{ com } k_1 = 0{,}3\ \text{min}^{-1} \text{ e } k_2 = 1\ \text{min}^{-1}$$

usando (1) o modelo de segregação e (2) o modelo de mistura máxima.

P17.10$_A$ Considere novamente o reator não ideal caracterizado pelos dados de DTR do Exemplo 17.5, em que $E(t)$ e $F(t)$ são dadas como polinômios. A reação irreversível não elementar em fase gasosa

$$A + B \longrightarrow C + D$$

é de primeira ordem em A e de segunda ordem em B, e é realizada isotermicamente. Calcule a conversão para:
(a) Um PFR, um reator com escoamento laminar com segregação completa e um CSTR, todos no mesmo t_m.
(b) Os casos de T-E-S, com segregação completa e de mistura máxima.

Informações adicionais (obtidas no Laboratório Central de Pesquisas de Jofostan, em Riça, Jofostan):

$C_{A0} = C_{B0} = 0{,}0313$ mol/dm³, $V = 1.000$ dm³
$\upsilon_0 = 10$ dm³/s, $k = 175$ dm⁶/mol² · s a 320 K.

P17.11$_A$ Considere um PFR, um CSTR e um LFR ideais.

(a) Avalie o primeiro momento em torno da média, $m_1 = \int_0^{\infty} (t - \tau)\, E(t)dt$ para um PFR, um CSTR e um LFR.

(b) Calcule a conversão em cada um desses reatores, para uma reação de segunda ordem em fase líquida, com $Da = 1{,}0$ ($\tau = 2$ min e $kC_{A0} = 0{,}5$ min^{-1}).

P17.12$_B$ Para a reação catalítica

$$A \xrightarrow[\text{cat}]{} C + D$$

a equação da taxa pode ser escrita como

$$-r'_A = \frac{kC_A}{(1 + K_A C_A)^2}$$

Qual modelo irá predizer a maior conversão: o de mistura máxima ou o de segregação?
Sugestão: Existem diferentes faixas de conversão em que um modelo dominará sobre o outro.

P17.13$_B$ Use os dados de DTR dos Exemplos 16.1 e 16.2 para predizer X_{PFR}, X_{CSTR} e X_{LFR}, X_{seg} e X_{mm} para as seguintes reações elementares em fase gasosa:

(a) $A \rightarrow B$ $\quad k = 0{,}1$ min^{-1}
(b) $A \rightarrow 2B$ $\quad k = 0{,}1$ min^{-1}
(c) $2A \rightarrow B$ $\quad k = 0{,}1$ min^{-1}m³/kmol $\quad C_{A0} = 1{,}0$ kmol/m³
(d) $3A \rightarrow B$ $\quad k = 0{,}1$ m⁶/kmol²min $\quad C_{A0} = 1{,}0$ kmol/m³

Repita de (a) a (d) para a DTR fornecida no

(e) Problema P16.3$_B$
(f) Problema P16.4$_B$
(g) Problema P16.5$_B$

P17.14$_C$ A reação de segunda ordem em fase líquida

$$2A \xrightarrow{k_{1A}} B$$

é realizada em um CSTR não ideal. A 300 K, a velocidade específica da reação é $k_{1A} = 0{,}5$ dm³/(mol·min). Em um teste com traçador, a concentração do traçador aumentou linearmente até 1 mg/dm³ no tempo de 1 minuto e então diminuiu linearmente para zero, exatamente no tempo de 2 minutos. O reagente A puro entra no reator a uma temperatura de 300 K.

(a) Calcule a conversão prevista pelos modelos de segregação e de mistura máxima.

(b) Considere agora que uma reação de segunda ordem também ocorre,

$$A + B \xrightarrow{k_{2C}} C,\ k_{2C}\ 0{,}12\ \text{dm}^3/\text{mol} \cdot \text{min}$$

Compare as seletividades $\tilde{S}_{B/C}$ previstas pelos modelos de segregação e de mistura máxima.

P17.15$_C$ As reações e os dados de taxa correspondentes, discutidos no Exemplo 12.3, ocorreram isotermicamente a 613°R, em um reator não ideal, cuja DTR é fornecida pelos dados ($E(t)$ e $F(t)$) no Exemplo 16.2. Determine as seletividades de saída:

(a) Usando o modelo de segregação.
(b) Usando o modelo de mistura máxima.
(c) Compare as seletividades dos itens (a) e (b) com aquelas que seriam encontradas em um PFR ideal e em um CSTR ideal, em que o tempo espacial é igual ao tempo de residência médio.

P17.16$_C$ As reações descritas no Exemplo 12.7 são realizadas isotermicamente a 1.000°C no reator cuja DTR é descrita no Exemplo 17.4, com $C_{A0} = C_{B0} = 0{,}05$ mol/dm³.

(a) Determine as seletividades de saída, usando o modelo de segregação.
(b) Determine as seletividades de saída, usando o modelo de mistura máxima.
(c) Compare as seletividades dos itens (a) e (b) com aquelas que seriam encontradas em um PFR ideal e em um CSTR ideal, em que o tempo espacial é igual ao tempo de residência médio.
(d) Quais seriam suas respostas para os itens (a) a (c), se a curva de DTR subisse de zero em $t = 0$ a um máximo de 50 mg/dm³ após 10 minutos e então caísse linearmente para zero ao fim de 20 minutos?

P17.17$_B$ Usando os dados do Problema P16.11$_B$,

(a) Faça um gráfico da distribuição de idade interna $I(t)$ em função do tempo.

(b) Qual é a idade interna média α_m?

(c) A atividade de um CSTR "fluidizado" é mantida constante por meio da alimentação de catalisador novo e remoção do catalisador esgotado a uma taxa constante. Usando os dados precedentes de DTR, qual é a atividade média catalítica, se o catalisador decai de acordo com a equação da taxa,

$$-\frac{da}{dt} = k_D a^2 \text{ com } k_D = 0{,}1 \text{ s}^{-1}?$$

(d) Que conversão seria atingida em um PFR ideal para uma reação de segunda ordem com kC_{A0} = 0,1 min^{-1} e C_{A0} = 1 mol/dm^3?

(e) Repita (**d**) para um reator com escoamento laminar.

(f) Repita (**d**) para um CSTR ideal.

(g) Qual seria a conversão para uma reação de segunda ordem com kC_{A0} = 0,1 min^{-1} e C_{A0} = 1 mol/dm^3, usando o modelo de segregação?

(h) Qual seria a conversão para uma reação de segunda ordem com kC_{A0} = 0,1 min^{-1} e C_{A0} = 1 mol/dm^3, usando o modelo de mistura máxima?

P17.18$_B$ **QEA** (*Questão de Exame Antigo*) As concentrações relativas de traçador obtidas de experimentos em pulso em um reator comercial de dessulfurização em leito fixo são mostradas na Figura P17.18$_B$. Após estudar a DTR, que problemas estão ocorrendo com o reator durante o período de operação pobre (linha fina)? O leito foi recarregado e o teste com pulso de traçador refeito, com os resultados mostrados na Figura P17.18$_B$ (linha espessa). Calcule a conversão que poderia ser atingida no reator comercial de dessulfurização durante os períodos de bom e mau funcionamento (Figura P17.18$_B$) para as seguintes reações:

(a) Uma isomerização de primeira ordem com taxa específica de reação de 0,1 h^{-1}

(b) Uma isomerização de primeira ordem com taxa específica de reação de 2,0 h^{-1}

(c) O que você conclui ao comparar as quatro conversões dos itens (a) e (b)?

A partir do Problema Proposto Adicional CDP17.I$_B$ (3ª ed. P13.5)

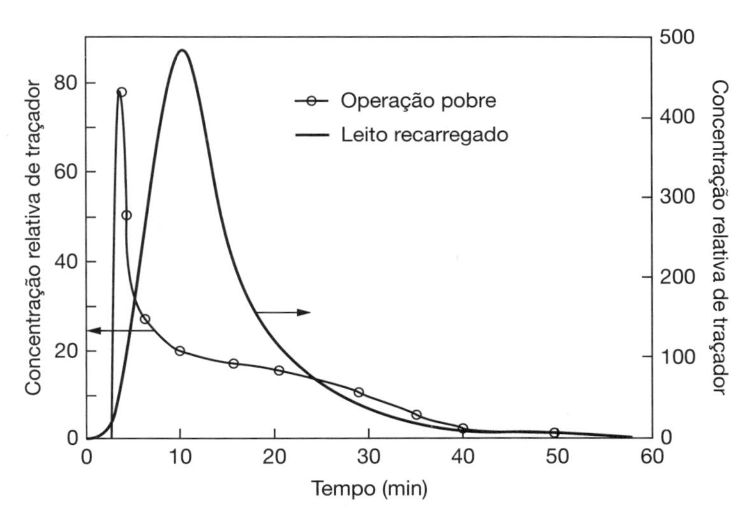

Aguardando Inclusão como para um Problema do Hall da Fama

Figura P17.18$_B$ DTR da planta-piloto. [Murphree, E. V., A. Voorhies, and F. Y. Mayer, *Ind. Eng. Chem. Process Des. Dev.*, 3, 381 (1964). Copyright c 1964, American Chemical Society.]

LEITURA SUPLEMENTAR

1. Discussões da medida e da análise de distribuição de tempo de residência podem ser encontradas em

   R. L. CURL and M. L. MCMILLIN, "Accuracies in residence time measurements", *AIChE J. 12*, 819-822 (1966).

   O. LEVENSPIEL, *Engenharia das Reações Químicas*, 3. ed. São Paulo: Edgard Blücher, 2000, Capítulos 11-16.

2. Uma excelente discussão sobre segregação pode ser encontrada em

   J. M. DOUGLAS, "The effect of mixing on reactor design", *AIChE Symp. Ser.*, 48, vol. 60, p. 1 (1964).

3. Veja também

M. Dudukovic and R. Felder, in *CHEMI Modules on Chemical Reaction Engineering*, vol. 4, ed. B. Crynes and H. S. Fogler. New York: AIChE, 1985.

E. B. Nauman, "Residence time distributions and micromixing", *Chem. Eng. Commun.*, 8, 53 (1981).

E. B. Nauman and B. A. Buffham, *Mixing in Continuous Flow Systems*. New York: Wiley, 1983.

B. A. Robinson and J. W. Tester, "Characterization of flow maldistribution using inlet-outlet tracer techniques: an application of internal residence time distributions," *Chem. Eng. Sci.*, 41(3), 469-483 (1986).

J. Villermaux, "Mixing in chemical reactors", em *Chemical Reaction Engineering – Plenary Lectures*, ACS Symposium Series 226. Washington, D. C.: American Chemical Society, 1982.

Modelos para Reatores Não Ideais 18

Sucesso é uma jornada, não um destino.

— Ben Sweetland

Uso de DTR como parâmetro de avaliação

Visão Geral. Nem todos os reatores de tanque são perfeitamente misturados e nem todos os reatores tubulares exibem o comportamento de escoamento empistonado. Nessas situações, algumas médias têm de ser usadas para permitir desvios do comportamento ideal. O Capítulo 17 mostrou como a distribuição do tempo de residência (DTR) seria suficiente se a reação fosse de primeira ordem ou se o fluido estivesse em um estado de completa segregação ou mistura máxima. Usamos os modelos de segregação e de mistura máxima para limitar a conversão quando nenhum parâmetro ajustável é utilizado. Para as reações que não sejam de primeira ordem, mais informações do que apenas a DTR são necessárias para predizer a conversão e as concentrações de saída; precisamos de um modelo para reator não ideal. Suponha que possamos ter um reator disponível em estoque e desejamos realizar uma nova reação nesse reator. De modo a prever conversões e distribuições de produtos para tais sistemas, necessitamos de um modelo de padrões de escoamento no reator e/ou da DTR. Os modelos que discutimos terão no máximo dois parâmetros ajustáveis. Neste capítulo, primeiro usamos o modelo de um parâmetro para dispersão. Este tópico é seguido por uma introdução muito (eu disse muito?), sim, muito breve sobre como usar combinações de reatores ideais para modelar um reator com padrões de fluxo não ideais.
Após completar este capítulo, o leitor será capaz de:

Após completar este capítulo, o leitor será capaz de:

- Discutir diretrizes para desenvolver modelos de um e dois parâmetros para reatores não ideais (Seção 18.1).
- Fazer a modelagem de dispersão axial e escoamento de traçadores inertes em reatores isotérmicos (Seção 18.2).
- Desenvolver equações para um modelo de um parâmetro para escoamento isotérmico com dispersão axial a fim de predizer os perfis de conversão (Seção 18.3).
- Desenvolver equações para modelar o escoamento, a dispersão axial e a reação em reatores isotérmicos com escoamento laminar (Seção 18.4) e explicar, de quatro maneiras, como procurar *Meno* (ou seja, D_a, Pe_r):
  - Teoria LFR
  - Correlações de tubos/dutos
  - Correlações de leito fixo
  - DTR
- Discutir a equivalência entre os modelos de tanques em série e de dispersão (Seção 18.5).
- Usar o COMSOL para estudar um reator tubular com variações axiais e radiais (Seção 18.6).
- Modelar escoamento não isotérmico com variações, radial e axial, na concentração e na temperatura (Seção 18.7).

- Sugerir combinações de reatores ideais para modelar um reator não ideal a fim de predizer a conversão e usar dados de DTR para avaliar os parâmetros do modelo (por exemplo, α, β; Seção 18.8).
- Discutir como as combinações de reatores ideais podem ser usadas para modelar um reator não ideal (Seção 18.9).
- Identificar como as combinações de reatores ideais podem ser usadas em modelagem farmacocinética (Seção 18.10).
- UPDNP – S18: Algoritmo para Gerenciamento de Mudanças.

Usando os modelos citados, mediremos primeiro a DTR para caracterizar o reator nas novas condições de operação de temperatura e de taxa de escoamento. Após selecionar um modelo para o reator, usaremos a DTR para determinar o(s) parâmetro(s) no modelo e, a partir daí, calcular a conversão e/ou as distribuições de produto.

18.1 Algumas Diretrizes para o Desenvolvimento de Modelos

O objetivo global é usar a seguinte equação

Dados de DTR + Cinética + Modelo = Previsão

Por *Cinética* geralmente queremos dizer a equação da taxa e seus parâmetros. A escolha do modelo específico a ser usado depende muito do julgamento do engenheiro químico e da análise do sistema reacional. É sua função escolher o modelo que melhor combina os *objetivos conflitantes* da simplicidade matemática com o realismo físico. Há uma certa arte no desenvolvimento de um modelo para um reator específico e os exemplos aqui apresentados podem somente apontar uma direção que o raciocínio do engenheiro químico pode seguir.

Objetivos conflitantes

Um Modelo deve
- Ajustar os dados
- Ser capaz de extrapolar teoria e experimento
- Ter parâmetros realísticos

Para um dado reator real, não é incomum usar todos os modelos discutidos anteriormente para predizer a conversão e então fazer uma comparação. Geralmente, a conversão real será *limitada* pelos cálculos do modelo.

O seguinte roteiro é sugerido para o desenvolvimento de modelos de reatores não ideais:

1. *O modelo tem de ser matematicamente tratável.* As equações usadas para descrever um reator químico devem ser resolvidas com habilidade, sem um excessivo consumo de tempo humano ou computacional.
2. *O modelo tem de descrever realisticamente as características do reator não ideal.* Os fenômenos que ocorrem no reator não ideal têm de ser razoavelmente descritos física, química e matematicamente.
3. *O modelo não deve ter mais de dois parâmetros ajustáveis.* Essa restrição é usada porque uma expressão com mais de dois parâmetros ajustáveis pode ser adaptada a uma grande variedade de dados experimentais e o processo de modelagem nessa circunstância é nada mais do que um exercício de ajuste de curvas. A afirmação "Dê-me quatro parâmetros ajustáveis e eu ajustarei um elefante; dê-me cinco e eu poderei incluir sua cauda!" é uma expressão que tenho ouvido de muitos colegas. A menos que se esteja em um museu de arte moderna, um número substancialmente maior de parâmetros ajustáveis é necessário para desenhar um elefante com uma aparência razoável.[1] Um modelo com um parâmetro é, naturalmente, superior a um modelo com dois parâmetros, se o modelo com um parâmetro for suficientemente realístico. Para ser justo, contudo, em sistemas complexos (por exemplo, difusão e condução internas, limitações de transferência de massa), em que outros parâmetros podem ser medidos *independentemente*, mais de dois parâmetros são bem aceitáveis.

[1]J. Wei, *CHEMTECH*, 5, 128 (1975).

A Tabela 18.1 fornece um roteiro que ajudará o leitor na sua análise e na construção de modelos de sistemas de reação não ideais.

Tabela 18.1 Procedimento para a Escolha de um Modelo para Predizer as Concentrações e a Conversão de Saída

1. *Olhe para o reator.*
   a. Onde estão as correntes de entrada e de saída para os reatores e provenientes dos reatores? (Existe a possibilidade de desvio?)
   b. Veja o sistema de mistura. Quantos impulsores existem? (Poderiam existir múltiplas zonas de mistura no reator?)
   c. Veja a configuração. (A recirculação interna é possível? No carregamento do catalisador no leito fixo, as partículas estão soltas de modo a ocorrerem caminhos preferenciais?)
2. *Veja os dados do traçador.*
   a. Faça um gráfico das curvas de $E(t)$ e $F(t)$.
   b. Faça um gráfico e analise as formas das curvas de $E(\Theta)$ e $F(\Theta)$. A forma das curvas é tal que a curva ou partes da curva pode(m) ser ajustada(s) por um modelo de reator ideal? A curva tem uma cauda longa sugerindo uma zona de estagnação? A curva tem um pico prematuro, indicando desvio?
   c. Calcule o tempo de residência médio, t_m, e variância, σ^2. Como o t_m, determinado a partir de dados de DTR, compara-se com τ quando medido com um medidor de vazão? Quão grande é a variância? Ela é maior ou menor do que τ^2?
3. *Escolha um modelo ou talvez dois ou três modelos.*
4. *Use os dados do traçador para determinar os parâmetros do modelo* (por exemplo, n, D_a, υ_b).
5. *Use o algoritmo ERQ do Capítulo 5.* Calcule as concentrações e a conversão de saída para o sistema modelo que você selecionou.

O Roteiro

Quando usamos o algoritmo da Tabela 18.1, classificamos um modelo como um modelo de um parâmetro (por exemplo, modelo de tanques em série ou modelo de dispersão) ou um modelo de dois parâmetros (por exemplo, reator com desvio e volume morto *ou* combinações de reatores ideais). Nas Seções 18.1.1 e 18.1.2, fornecemos uma visão geral desses modelos, que serão discutidos com mais detalhes posteriormente neste capítulo.

18.1.1 Modelos de Um Parâmetro

Aqui, usamos um único parâmetro para considerar a não idealidade de nosso reator. Esse parâmetro é quase sempre avaliado pela análise da DTR determinada a partir de teste com traçador.

CSTR. Exemplos de modelos de um parâmetro para CSTRs não ideais ou incluem um volume morto de reator V_M, em que nenhuma reação ocorre, ou uma vazão volumétrica com uma parte do fluido desviando do reator, υ_d, saindo desse modo sem reagir.
Reatores Tubulares. Exemplos de modelo de um parâmetro para reatores tubulares incluem o modelo de tanques em série e o modelo de dispersão. Para o modelo de tanques em série, o único parâmetro é o número de tanques, n; e para o modelo de dispersão, o parâmetro é o coeficiente de dispersão, D_a.† Conhecendo os valores desses parâmetros, prosseguimos então para a etapa de determinar a conversão e/ou as concentrações do efluente para o reator.

Reatores tubulares não ideais

Inicialmente vamos considerar os reatores não ideais. Os reatores tubulares podem estar vazios (isto é, sem leito) ou podem estar recheados com algum material que atue como um catalisador, um meio de transferência de calor ou um meio para promover um contato interfases. Até os Capítulos 16 e 17, modelamos o fluido para se mover através do reator em um escoamento similar a um pistão (PFR), em que cada átomo gasta um intervalo de tempo idêntico no ambiente de reação. Aqui, o *perfil de velocidades é plano* e não há mistura axial. Ambas as suposições são falsas, em alguma extensão, para todos os reatores tubulares; frequentemente, elas são suficientemente falsas para garantir alguma modificação do nosso algoritmo ERQ. Os modelos de reatores tubulares precisam ter a flexibilidade de considerar a falha da suposição do modelo

† Nota de nomenclatura: D_{a_1} (ou D_{a_2}) é o número de Damköhler e D_a é o coeficiente de dispersão.

de escoamento empistonado e da suposição de mistura axial insignificante. Casos em que essas falhas ocorrem incluem os reatores tubulares sem recheio, com escoamento laminar e com escoamento turbulento, e os reatores de leito fixo. Uma das duas abordagens a seguir é geralmente considerada para compensar a falha de uma ou de ambas as suposições de idealidade. Uma abordagem envolve a modelagem do reator tubular não ideal como uma série de CSTRs de mesmo tamanho, que é discutida na Seção 17.4. A outra abordagem (o modelo de dispersão) envolve uma modificação do reator ideal pela inclusão da dispersão axial e radial no escoamento e é discutida neste capítulo.

18.1.2 Modelos com Dois Parâmetros

A premissa para o modelo com dois parâmetros é que podemos usar uma combinação de reatores ideais para modelar o reator real (conforme Seção 18.8). Considere, por exemplo, um reator de leito fixo com caminhos preferenciais e zona morta. Nesse caso, a resposta para uma perturbação em forma de pulso com traçador mostraria dois pulsos dispersos na saída, conforme é visto na Figura 16.1 e na Figura 18.1.

Aqui, poderíamos modelar o reator real como dois PBRs ideais em paralelo, com os dois parâmetros sendo a vazão volumétrica que cria caminhos preferenciais ou desvia, v_d, e o volume morto do reator, V_M. O volume real do reator é $V = V_M + V_S$ com entrada da taxa de fluxo volumétrico $v_0 = v_d + v_S$.

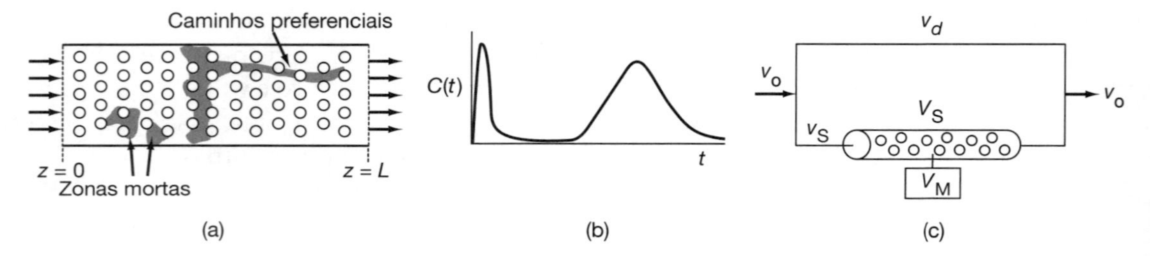

Figura 18.1 (a) Sistema real; (b) saída para uma perturbação em pulso; (c) sistema modelo.

18.2 Escoamento e Dispersão Axial de Traçadores Inertes em Reatores Isotérmicos

O modelo de dispersão é usado frequentemente para descrever reatores tubulares não ideais. Nesse modelo, existe uma dispersão axial do material, que é governada por uma analogia com a lei de Fick da difusão, sobreposta ao escoamento, conforme mostrado na Figura 18.2. Assim, além do transporte pelo escoamento global, UA_cC, cada componente na mistura é transportado através de qualquer seção transversal do reator, a uma taxa igual a $[-D_aA_c(dC/dz)]$, resultante das difusões molecular e convectiva. Por difusão convectiva (por exemplo, dispersão), queremos dizer tanto a dispersão de Aris-Taylor nos reatores com escoamento laminar, como a difusão turbulenta resultante dos redemoinhos turbulentos. Os perfis radiais de concentrações para escoamento empistonado (a) e os perfis representativos, axial e radial, para o escoamento dispersivo (b) são mostrados na Figura 18.2. Algumas moléculas se difundirão à frente acima da velocidade molar média, enquanto outras ficarão para trás.

Pulso do traçador com dispersão

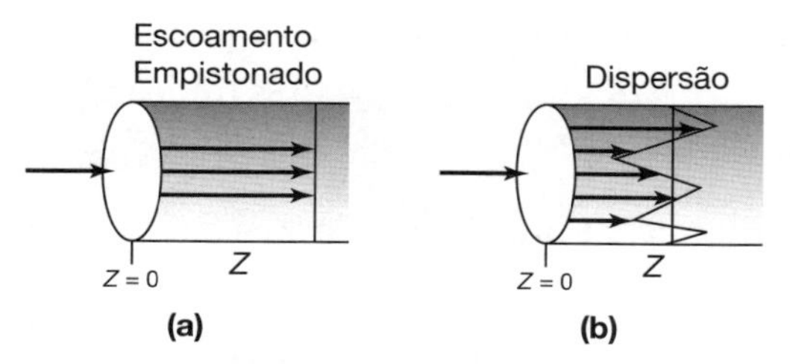

Figura 18.2 Perfis de concentrações: (a) sem dispersão, e (b) com dispersão.

18.2.1 Balanços em Traçadores Inertes

De modo a ilustrar como a dispersão afeta o perfil de concentração em um reator turbulento, consideraremos a injeção de um pulso perfeito de um traçador. A Figura 18.3 mostra como a dispersão faz com que o pulso se alargue à medida que ele se move ao longo do reator e se torna menos concentrado.

Por que o pulso do traçador se alarga?

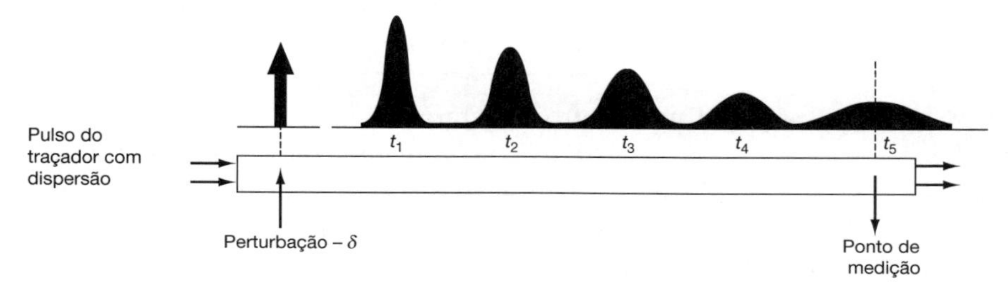

Figura 18.3 Dispersão em um reator tubular. (Levenspiel, O., *Chemical Reaction Engineering*, 2nd ed. Copyright © 1972 John Wiley & Sons, Inc. Reimpressa com permissão da John Wiley & Sons, Inc. Todos os direitos reservados.)

Lembre-se da Equação (14.14). A vazão molar do traçador (F_T) por convecção e por dispersão é

$$F_T = \left[-D_a \frac{\partial C_T}{\partial z} + UC_T \right] A_c \tag{14.14}$$

Nessa expressão, D_a (m²/s) é o coeficiente efetivo de dispersão e U (m/s) é a velocidade superficial. Para entender melhor como o pulso se alarga, referimo-nos aos picos de concentração t_2 e t_3 na Figura 18.4. Vemos que há um gradiente de concentração em ambos os lados do pico, fazendo com que as moléculas se difundam para longe do pico, alargando assim o pulso. O pulso continua a se alargar à medida que ele se move através do reator.

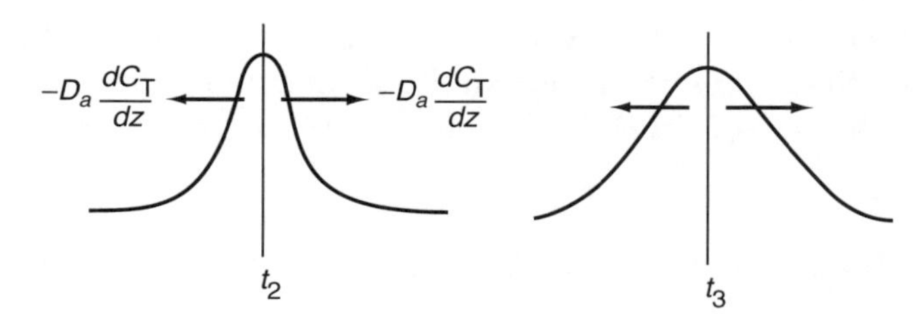

Figura 18.4 Gradientes simétricos de concentração, causando o espalhamento por dispersão de uma perturbação em pulso.

As correlações para os coeficientes de dispersão em sistemas gasosos e líquidos podem ser encontradas em Levenspiel.[2] Algumas das correlações serão apresentadas na Seção 18.4.

[2] O. Levenspiel, *Chemical Reaction Engineering*. New York: Wiley, 1962, pp. 290-293.

Um balanço molar em estado não estacionário para o traçador inerte T fornece

$$-\frac{\partial F_T}{\partial z} = A_c \frac{\partial C_T}{\partial t} \tag{18.1}$$

Substituindo F_T e dividindo pela área da seção transversal A_c, temos

Balanço no pulso do traçador com dispersão.

$$\boxed{D_a \frac{\partial^2 C_T}{\partial z^2} - \frac{\partial (UC_T)}{\partial z} = \frac{\partial C_T}{\partial t}} \tag{18.2}$$

Sendo $\psi = C_T/C_{T0}$, $\lambda = z/L$ e $\Theta = Ut/L$, podemos colocar a Equação (18.2) na forma adimensional como

$$\boxed{\frac{1}{Pe_r} \frac{\partial^2 \psi}{\partial \lambda^2} - \frac{\partial \psi}{\partial \lambda} = \frac{\partial \psi}{\partial \Theta}} \tag{18.3}$$

em que

$$\boxed{Pe_r = \frac{\textit{Taxa de Transporte por Convecção}}{\textit{Taxa de Transporte por Difusão ou Dispersão}} = \frac{Ul}{D_a}}$$

Pequeno Pe_r Alta Dispersão; Grande Pe_r Baixa Dispersão

Aqui ℓ é o comprimento característico, que pode ser, por exemplo, d_p para partícula esférica, ou, para o caso em questão, L, o comprimento do reator. O número de Péclet, Pe_r, dá uma medida do grau de dispersão. Números de Péclet pequenos indicam dispersão significativa e Pe_r alto indica pouca dispersão. Nas seções a seguir, discutiremos como o coeficiente de dispersão, D_a, e número de Péclet podem ser obtidos a partir de correlações na literatura (conforme Seção 18.4) *ou* da análise obtida a partir de um experimento de traçador no reator que produz a curva DTR.

Para resolver esta equação, precisamos das condições iniciais e das condições de contorno. As condições de contorno serão agora discutidas detalhadamente.

Existem dois tipos diferentes de números de Péclet de uso comum. Um é o número de Péclet do *reator*, Pe_r: ele usa o comprimento do reator, L, como o comprimento característico; assim, $Pe_r \equiv UL/D_a$. Ele é o Pe_r que aparece na Equação (18.17). O número de Péclet do reator, Pe_r, para dispersão mássica em sistemas reacionais é frequentemente citado como o número de Bodenstein, Bo, em vez do número de Péclet. O outro tipo do número de Péclet pode ser chamado de número de Péclet para *fluido*, Pe_f; ele usa o comprimento característico que determina o comportamento mecânico do fluido. Em um leito fixo, esse comprimento é o diâmetro da partícula d_p, e $Pe_f \equiv Ud_p/\phi D_a$. (O termo U é a velocidade no tubo vazio ou a velocidade superficial. Para leitos fixos, frequentemente desejamos usar a velocidade média intersticial, e assim U/ϕ é comumente usada para o termo de velocidade do leito fixo.) Em um tubo vazio, o comportamento do fluido é determinado pelo diâmetro do tubo d_t e $Pe_f = Ud_t/D_a$. O número de Péclet para o fluido, Pe_f, é dado em praticamente todas as correlações da literatura relacionando o número de Péclet com o número de Reynolds, porque ambos são diretamente relacionados ao comportamento mecânico do fluido. Obviamente, é muito simples converter Pe_f a Pe_r: multiplique pela razão L/d_p ou L/d_t. O inverso de Pe_r, D_a/UL, é algumas vezes chamado de *número de dispersão do vaso*.

Para tubos abertos $Pe_r \sim 10^6$, $Pe_f \sim 10^4$

Para leitos fixos $Pe_r \sim 10^3$, $Pe_f \sim 10^1$

18.2.2 Condições de Contorno para Escoamento e Reação

Há dois casos que precisamos considerar: condições de contorno para *vasos fechado-fechado* e para *vasos aberto-abertos*. No caso de *vasos fechado-fechados*, consideramos que não há dispersão ou variação radial na concentração a montante (fechado) ou a jusante (fechado) da seção de reação; logo, esse é um vaso fechado-fechado, como mostrado na Figura 18.5(a). Em um *vaso aberto-aberto*, a dispersão ocorre tanto a montante (aberto), como a jusante (aberto) da seção de reação; logo, esse é um vaso aberto-aberto como mostrado na Figura 18.5(b). Esses dois casos são mostrados na Figura 18.5, em que flutuações na concentração devido à dispersão são sobrepostas ao perfil de velocidade para escoamento empistonado. Uma condição de contorno para o vaso fechado-aberto é aquela em que não há dispersão na seção de entrada, mas há dispersão nas seções de reação e de saída.

Dois tipos de condição de contorno

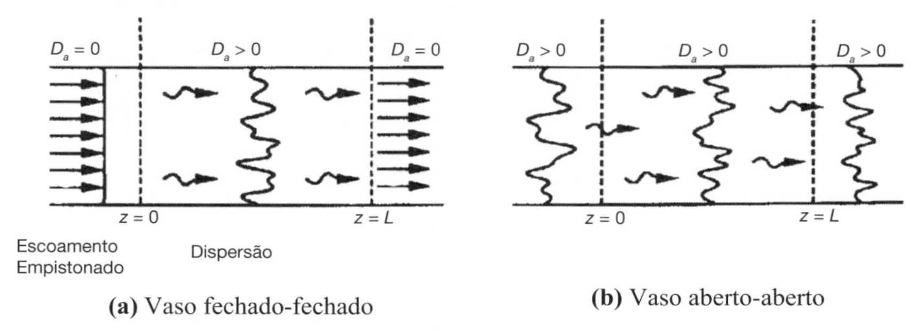

(a) Vaso fechado-fechado

(b) Vaso aberto-aberto

Figura 18.5 Tipos de condições de contorno.

18.2.2A *Condição de Contorno para Vaso Fechado-Fechado*

Para um vaso fechado-fechado, temos escoamento empistonado (sem dispersão) imediatamente à esquerda da linha de entrada ($z = 0^-$) (fechado) e imediatamente à direita da saída $z = L(z = L^+)$ (fechado). Entretanto, entre $z = 0^-$ e $z = L^+$, temos dispersão e reação. A condição de contorno correspondente, na entrada, para cada reagente A ou traçador T, é:

Em $z = 0$: $$F_A(0^-) = F_A(0^+)$$

$F_A \rightarrow$ 0^- | 0^+, $z = 0$

Substituindo F_A, resulta em

$$UA_cC_A(0^-) = -A_cD_a\left(\frac{dC_A}{dz}\right)_{z=0^+} + UA_cC_A(0^+) \quad (18.4)$$

Resolvendo para a concentração de entrada, $C_A(0^-) = C_{A0}$

Condições de contorno para concentração na entrada

$$\boxed{C_{A0} = \frac{-D_a}{U}\left(\frac{dC_A}{dz}\right)_{z=0^+} + C_A(0^+)} \quad (18.5)$$

Na saída da seção de reação, a concentração é contínua e não há gradiente da concentração do traçador.

Condições de contorno para a concentração na saída

Em $z = L$:
$$\boxed{\begin{aligned} C_A(L^-) &= C_A(L^+) \\ \frac{dC_A}{dz} &= 0 \end{aligned}} \quad (18.6)$$

Condições de contorno de Danckwerts

Essas duas condições de contorno, Equações (18.5) e (18.6), primeiramente estabelecidas por Danckwerts, tornaram-se conhecidas como as famosas ***condições de contorno de Danckwerts***.[3] Bischoff apresentou uma rigorosa dedução delas, resolvendo as equações diferenciais que governam a dispersão do componente A nas seções de entrada e de saída, e tomando o limite quando o coeficiente de dispersão, D_a se aproxima de zero, nas seções de entrada e de saída.[4] A partir das soluções, Bischoff obteve as condições de contorno, para a seção de reação, idênticas àquelas propostas por Danckwerts.

[3] P. V. Danckwerts, *Chem. Eng. Sci.*, 2, 1 (1953).
[4] K. B. Bischoff, *Chem. Eng. Sci.*, 16, 131 (1961).

A condição de contorno fechada-fechada para a concentração na entrada é mostrada esquematicamente na Figura 18.6. Não se deve ficar desconfortável com a descontinuidade na concentração em $z = 0$, visto que, se você se lembrar, para um CSTR ideal, a concentração cai, imediatamente na entrada, de C_{A0} para $C_{Asaída}$. Para a outra condição de contorno na saída, $z = L$, vemos que o gradiente de concentração, (dC_A/dz), foi a zero. No estado estacionário, pode ser mostrado que essa condição de contorno de Danckwerts em $z = L$ também se aplica ao sistema aberto-aberto.

Prof. P. V. Danckwerts, Cambridge University, Reino Unido.

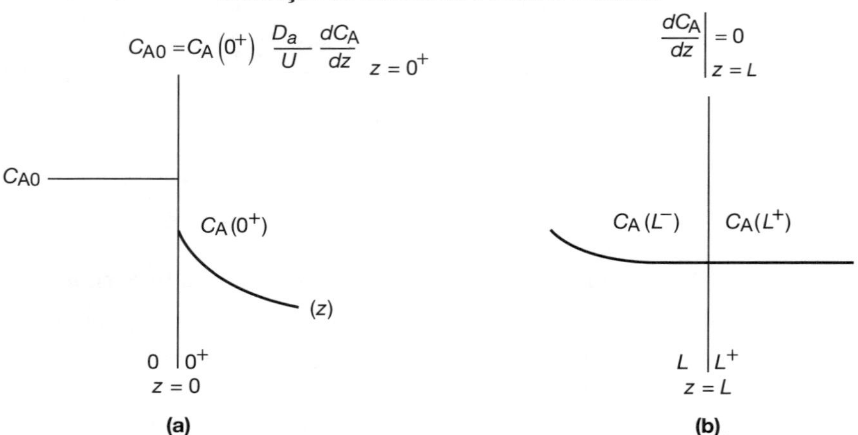

Figura 18.6 Esquema das condições de contorno de Danckwerts: (a) entrada. (b) saída.

18.2.2B *Sistema Aberto-Aberto*

Para um sistema aberto-aberto, há continuidade de fluxo nos contornos em $z = 0$

$$F_A(0^-) = F_A(0^+)$$

Condições de contorno aberto-aberto

$$\boxed{-D_a\frac{\partial C_A}{\partial z}\bigg)_{z=0^-} + UC_A(0^-) = -D_a\frac{\partial C_A}{\partial z}\bigg)_{z=0^+} + UC_A(0^+)} \tag{18.7}$$

Em $z = L$, temos continuidade de concentração e

$$\boxed{\frac{dC_A}{dz} = 0} \tag{18.8}$$

18.3 Escoamento, Reação e Dispersão Axial

Agora que temos uma ideia intuitiva de como a dispersão afeta o transporte de moléculas em um reator tubular, devemos considerar dois tipos de dispersão em um reator tubular, *laminar* e *turbulento*.

18.3.1 Equações de Balanço

No Capítulo 14, mostramos que o balanço molar nas espécies reagentes A escoando em um reator tubular era

$$\boxed{D_a\frac{d^2C_A}{dz^2} - U\frac{dC_A}{dz} + r_A = 0} \tag{14.17}$$

Rearranjando a Equação (14.17), obtemos

$$\frac{D_a}{U}\frac{d^2C_A}{dz^2} - \frac{dC_A}{dz} + \frac{r_A}{U} = 0 \tag{18.9}$$

Esta equação é uma equação diferencial ordinária de segunda ordem. É não linear quando r_A é diferente de ordem zero ou de primeira ordem.

Quando a taxa da reação r_A é de primeira ordem, $r_A = -kC_A$, então a Equação (18.10)

Escoamento, reação e dispersão

$$\boxed{\frac{D_a}{U}\frac{d^2C_A}{dz^2} - \frac{dC_A}{dz} - \frac{kC_A}{U} = 0} \tag{18.10}$$

é passível de uma solução analítica. No entanto, antes de obter uma solução, colocamos nossa Equação (18.10) descrevendo a dispersão e a reação na forma adimensional, fazendo $\psi = C_A/C_{A0}$ e $\lambda = z/L$

D_a = Coeficiente de dispersão

$$\boxed{\frac{1}{Pe_r}\frac{d^2\psi}{d\lambda^2} - \frac{d\psi}{d\lambda} - \mathbf{Da_1}\cdot\psi = 0} \tag{18.11}$$

$\mathbf{Da_1}$ = número de Damköhler

Lembramos, do Capítulo 5, que a grandeza $\mathbf{Da_1}$, que aparece na Equação (18.11), é chamada de *número de Damköhler* para uma conversão de primeira ordem e representa fisicamente a razão

Número de Damköhler para uma reação de primeira ordem

$$\boxed{\mathbf{Da_1} = \frac{\text{Taxa de consumo de A por reação}}{\text{Taxa de transporte de A por convecção}} = k\tau} \tag{18.12}$$

18.3.2 Solução para um Sistema Fechado-Fechado

Devemos agora resolver o balanço para o sistema com reação e dispersão no caso de uma reação de primeira ordem

$$\frac{1}{Pe_r}\frac{d^2\psi}{d\lambda^2} - \frac{d\psi}{d\lambda} - \mathbf{Da_1}\psi = 0 \tag{18.11}$$

Para o sistema fechado-fechado, as condições de contorno de Danckwerts, na forma adimensional, são

$$\text{Em } \lambda = 0 \text{ logo } 1 = -\frac{1}{Pe_r}\left.\frac{d\psi}{d\lambda}\right)_{\lambda=0^+} + \psi(0^+) \tag{18.13}$$

$\mathbf{Da_1} = \tau k$
$Pe_r = UL/D_a$

$$\text{Em } \lambda = 1 \text{ logo } \frac{d\psi}{d\lambda} = 0 \tag{18.14}$$

Danckwerts† resolveu o sistema fechado-fechado para dar o perfil de concentração adimensional como

Perfil de concentração adimensional para dispersão e reação em um reator tubular

$$\boxed{\psi = 2 * \exp\left(\frac{Pe_r\lambda}{2}\right) * \frac{(1+q)\exp\left(\frac{Pe_r}{2}q(1-\lambda)\right) - (1-q)\exp\left(-\frac{Pe_r}{2}q(1-\lambda)\right)}{(1+q)^2\exp\left(\frac{Pe_r q}{2}\right) - (1-q)^2\exp\left(-\frac{Pe_r q}{2}\right)}} \tag{18.15}$$

† *Lit cit*

em que

$$q = \sqrt{1 + \frac{4\boldsymbol{Da}_1}{Pe_r}} \tag{18.15}$$

O perfil de concentração é

$$\boxed{X = 1 - \psi} \tag{18.16}$$

Para encontrar a conversão de saída do reator, X, simplesmente definimos $\lambda = 1$ para obter

Nota de nomenclatura: D_{a1} é o número de Damköhler para uma reação de primeira ordem, τk. D_a é o coeficiente de dispersão em cm^2/s e $Pe_r = UL/D_a$.

$$\psi_L = \frac{C_{AL}}{C_{A0}} = 1 - X$$
$$= \frac{4q\exp(Pe_r/2)}{(1+q)^2 \exp(Pe_r q/2) - (1-q)^2 \exp(-Pe_r q/2)} \tag{18.17}$$
em que $q = \sqrt{1 + 4\boldsymbol{Da_1}/Pe_r}$

Essa solução foi primeiramente obtida por Danckwerts e tem sido publicada em muitos lugares (por exemplo, Levenspiel).[5,6] Com um leve rearranjo da Equação (18.17), obtemos a conversão em função de $\boldsymbol{Da_1}$ e de Pe_r.

$$X = 1 - \frac{4q\exp(Pe_r/2)}{(1+q)^2 \exp(Pe_r q/2) - (1-q)^2 \exp(-Pe_r q/2)} \tag{18.18}$$

Fora do caso limitado de uma reação de primeira ordem, uma solução numérica da equação é necessária. E, por tratar-se de um problema de condições de contorno divididas, por exemplo, condições dadas em $z = 0$ e $z = L$, é requerida uma técnica iterativa. Temos que ser um pouco cautelosos aqui com a conversão definida como $[(C_{A0} - C_A)/C_{A0}]$. Vemos que na entrada do reator $\lambda = 0$, C_A é menor que C_{A0}, o que significa $X > 0$. Esse valor de X maior que zero é resultado de A ser dispersado na entrada, não devido à reação.

Com a finalidade de avaliar a concentração de saída, dada pela Equação (18.17), ou a conversão dada pela Equação (18.18), necessitamos conhecer os números de Damköhler e de Péclet. A constante da taxa de reação de primeira ordem, k, e, portanto, $\boldsymbol{Da_1} = \tau k$, pode ser encontrada usando as técnicas do Capítulo 7. Na seção 18.4, discutiremos três métodos para determinar o número de Péclet e o coeficiente de dispersão.

Exemplo 18.1 Perfis de Concentração e Conversão para Dispersão e Reação em um Reator Tubular

Uma reação de primeira ordem com $k = 0{,}25\ min^{-1}$ ocorre em um reator tubular com dispersão, em que o tempo espacial é $\tau = 5{,}15$ min e o número de Péclet é $Pe_r = 7{,}5$. No Exemplo 18.2, mostraremos como usar esses dados do traçador para calcular o número de Damköler e o número de Péclet.

Trace os perfis de concentração e conversão para um sistema fechado-fechado.

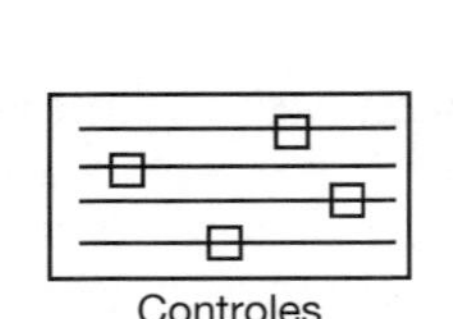
Controles deslizantes do PP

Solução

O perfil de concentração adimensional é fornecido pela Equação (18.15)

$$\psi = 2 * \exp\left(\frac{Pe_r\lambda}{2}\right) * \frac{(1+q)\exp\left(\frac{Pe_r}{2}q(1-\lambda)\right) - (1-q)\exp\left(-\frac{Pe_r}{2}q(1-\lambda)\right)}{(1+q)^2\exp\left(\frac{Pe_r q}{2}\right) - (1-q)^2\exp\left(-\frac{Pe_r q}{2}\right)} \tag{18.15}$$

[5] P. V. Danckwerts, *Chem. Eng. Sci.*, *2*, 1 (1953).
[6] O. Levenspiel, *Engenharia das Reações Químicas*, 3. ed. Edgard Blücher, 2000.

em que

$$q = \sqrt{1 + \frac{4\boldsymbol{Da}_1}{Pe_r}}$$

O perfil de concentração é

$$X = 1 - \psi \tag{18.16}$$

O número de Damköhler para uma reação de primeira ordem é

$$\boxed{\boldsymbol{Da}_1 = \tau k = (5{,}15 \text{ min})\,(0{,}25 \text{ min}^{-1}) = 1{,}29} \tag{E18.1.1}$$

$$\text{Dado: } Pe_r = 7{,}5 \tag{E18.1.2}$$

$$\boxed{q = \sqrt{1 + 4\frac{Da_1}{Pe_r}} = \sqrt{1 + 4\frac{(1{,}29)}{7{,}5}} = 1{,}30} \tag{E18.1.3}$$

$$\boxed{\frac{Pe_r q}{2} = \frac{(7{,}5)(1{,}3)}{2} = 4{,}87} \tag{E18.1.4}$$

Substituindo q, $\boldsymbol{Da}_1$ e Pe_r, o perfil de concentração seguinte pode ser obtido usando simulações de Polymath, MatLab, Python ou Wolfram em *Problemas Práticos* (PP) na Web.

Certifique-se de usar os controles deslizantes do PP para obter um completo entendimento de como os parâmetros afetam o perfil.

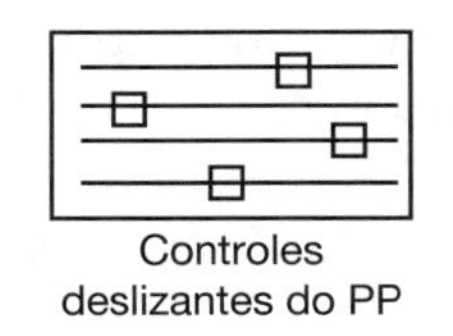

Controles deslizantes do PP

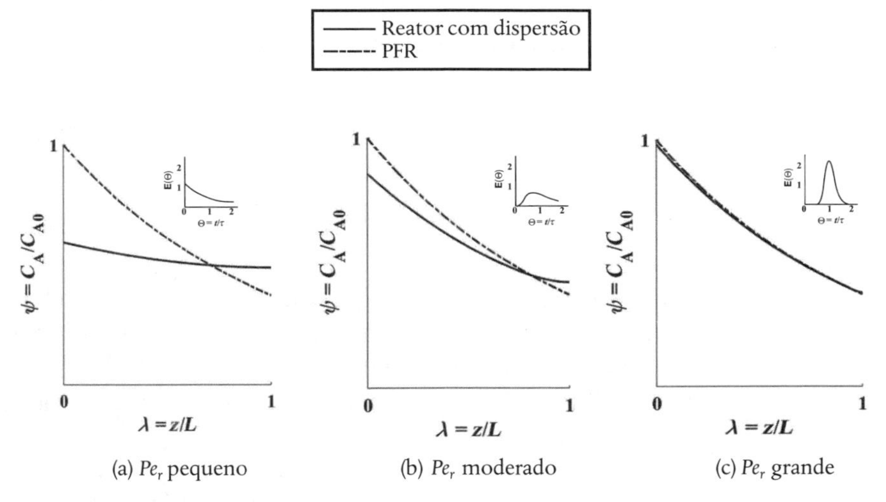

Figura E18.1.1 Perfis de concentração para reator tubular com dispersão.

A Figura E18.1.1 mostra os perfis de concentração para três número de Péclet. A função tempo de residência adimensional $E(\theta)$ é mostrada no canto superior direito para os três número de Péclet correspondentes.

Análise: A Figura E18.1.1 mostra os perfis de concentração comparativos para um PFR e um reator com dispersão. Para valores pequenos do número de Péclet, Figura (a), a dispersão é grande e a concentração é distribuída por todo o tubo e os perfis de concentração se aproximam de um CSTR. Novamente nota-se que para um CSTR a concentração de alimentação de entrada cai imediatamente de C_{A0} para C_A. Para grandes valores de Pe_r, Figura (c), não há praticamente nenhuma dispersão e o perfil se aproxima de um PFR. A Figura (b) mostra os perfis para os números Péclet entre os extremos de (a) e (c).

Como veremos no Exemplo 18.2, a solução para encontrar a concentração de saída do reagente, ou a conversão, requer D_a e Pe_r, que serão discutidos na Seção 18.5.

18.4 Escoamento, Reação e Dispersão Axial em Reatores com Escoamento Laminar Isotérmico e *Procurando Meno*

Três maneiras de encontrar D_a

Nemo no filme da Disney é um peixe, mas aqui nosso peixe Meno é o coeficiente de dispersão, D_a. Há três maneiras que podemos usar para encontrar D_a e, consequentemente, Pe_r:

1. Escoamento laminar com a teoria das difusões moleculares radial e axial
2. Correlações da literatura para tubos e leitos fixos
3. Dados experimentais de traçadores

Procurando Meno a partir de **1**, **2** ou **3**

À primeira vista, modelos simples, descritos pela Equação (18.11), parecem capazes de considerar somente efeitos axiais de mistura. Será mostrado, no entanto, que essa abordagem pode compensar não somente os problemas causados por misturas axiais, *como também aqueles causados por mistura radial e outros perfis não planos de velocidade.*[7] Essas flutuações em concentração podem ser resultantes de diferentes velocidades e rotas de escoamento e das difusões, molecular e turbulenta.

18.4.1 Determinação do coeficiente de dispersão (D_a) e do número de Péclet (Pe_r)

Vamos primeiro discutir uma descrição qualitativa de como a dispersão pode ocorrer em um reator tubular com escoamento laminar. Sabemos que a velocidade axial varia na direção radial de acordo com o conhecido perfil de velocidade parabólica:

$$u(r) = 2U\left[1 - \left(\frac{r}{R}\right)^2\right]$$

sendo U a velocidade média. Para escoamento laminar, vimos que a função DTR $E(t)$ foi dada por

$$E(t) = \begin{cases} 0 \text{ para } t < \frac{\tau}{2} & \left(\tau = \frac{L}{U}\right) \\ \frac{\tau^2}{2t^3} \text{ para } t \geq \frac{\tau}{2} \end{cases} \tag{16.47}$$

Para chegar a essa distribuição $E(t)$, considerou-se que não havia transferência de moléculas na direção radial entre as correntes do escoamento. Consequentemente, com a ajuda da Equação (16.47), sabemos que as moléculas na corrente central ($r = 0$) saíam do reator em um tempo $t = \tau/2$, e as moléculas viajando na corrente em $r = 3R/4$ saíam do reator no tempo

$$t = \frac{L}{u} = \frac{L}{2U[1-(r/R)^2]} = \frac{\tau}{2[1-(3/4)^2]}$$
$$= \frac{8}{7}\cdot\tau$$

Descrição qualitativa da dispersão

A questão que agora surge: O que aconteceria se algumas das moléculas viajando na corrente em $r = 3R/4$ pulassem (isto é, se difundissem) para a corrente em $r = 0$? A resposta é que elas sairiam mais cedo do que se elas tivessem ficado na corrente em $r = 3R/4$. Analogamente, se algumas das moléculas da corrente mais rápida em $r = 0$ pulassem (se difundissem) para a corrente em $r = 3R/4$, elas levariam um tempo maior para sair (Figura 18.7). Além da difusão das moléculas entre as correntes, elas podem mover-se também, pela difusão molecular (lei de Fick), para frente e para trás, em relação à velocidade média do fluido. Com a ocorrência das difusões axial e radial, surge a questão de como será a distribuição dos tempos de residência quando moléculas são transportadas entre as correntes, e ao longo delas, por difusão. Para responder essa questão, deduziremos uma equação para o coeficiente axial de dispersão, D_a, que considera os

[7] R. Aris, *Proc. R. Soc. (London)*, *A235*, 67 (1956).

mecanismos das difusões axial e radial. Na dedução de D_a, que é citado frequentemente como o *coeficiente de dispersão de Aris-Taylor*, seguimos rigorosamente o desenvolvimento apresentado por Brenner e Edwards.[8]

Moléculas se difundindo para frente e para trás entre as correntes

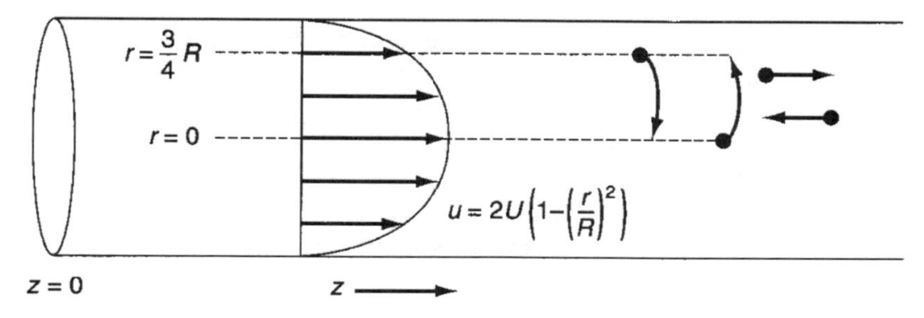

Figura 18.7 Difusão radial em escoamento laminar

A equação da difusão convectiva para o transporte de um soluto (por exemplo, traçador) nas direções axial e radial pode ser obtida pela combinação da Equação (14.2) com a equação da difusão (conforme Equação (14.11)), aplicada à concentração do traçador, c, e transformada para coordenadas radiais

$$\frac{\partial c}{\partial t} + u(r)\,\frac{\partial c}{\partial z} = D_{AB}\left\{\frac{1}{r}\,\frac{\partial\,[r(\partial c/\partial r)]}{\partial r} + \frac{\partial^2 c}{\partial z^2}\right\} \tag{18.19}$$

em que c é a concentração de soluto em determinado valor de r, z, e t, e D_{AB} é o coeficiente de difusão da espécie A em B.

Vamos mudar a variável na direção axial z para z^*, que corresponde a um observador se movendo com o fluido

$$z^* = z - Ut \tag{18.20}$$

Um valor de $z^* = 0$ corresponde a um observador se movendo com a velocidade média do fluido, U. Usando a regra da cadeia, obtemos

$$\left(\frac{\partial c}{\partial t}\right)_{z^*} + [u(r) - U]\,\frac{\partial c}{\partial z^*} = D_{AB}\left[\frac{1}{r}\,\frac{\partial}{\partial r}\left(r\frac{\partial c}{\partial r}\right) + \frac{\partial^2 c}{\partial z^{*2}}\right] \tag{18.21}$$

Visto que queremos conhecer as concentrações e as conversões na saída do reator, estamos realmente interessados apenas na concentração axial média $\bar{C}$, que é dada por

$$\bar{C}\,(z,t) = \frac{1}{\pi R^2}\int_0^R c(r,z,t)\,2\pi r\,dr \tag{18.22}$$

Logo, vamos resolver a Equação (18.21) para a concentração da solução em função de r e então substituir a solução $c\,(r, z, t)$ na Equação (18.22), de modo a encontrar $\bar{C}\,(z, t)$. Todas as etapas intermediárias são fornecidas no CRE *website*, na *Estante com Referências Profissionais*, e a equação diferencial parcial descrevendo a variação da concentração axial média com o tempo e a distância é

$$\frac{\partial \bar{C}}{\partial t} + U\,\frac{\partial \bar{C}}{\partial z^*} = D^*\,\frac{\partial^2 \bar{C}}{\partial z^{*2}} \tag{18.23}$$

em que D^* é o coeficiente de dispersão de Aris-Taylor.

Coeficiente de dispersão de Aris-Taylor

$$D^* = D_{AB} + \frac{U^2R^2}{48D_{AB}} \tag{18.24}$$

[8]H. Brenner and D. A. Edwards, *Macrotransport Processes* (Boston: Butterworth-Heinemann, 1993).

Ou seja, para escoamento laminar em um duto

$$\boxed{D_a \equiv D^*}$$

A Figura 18.8 mostra o coeficiente de dispersão D^* em termos da razão $D^*/U(2R) = D^*/Ud_t$ em função do produto dos números de Reynolds (*Re*) e Schmidt (*Sc*).

Foi surpreendente para mim como D^* poderia descrever *tanto* a dispersão radial *quanto* a axial no escoamento laminar.

Meno!
1.

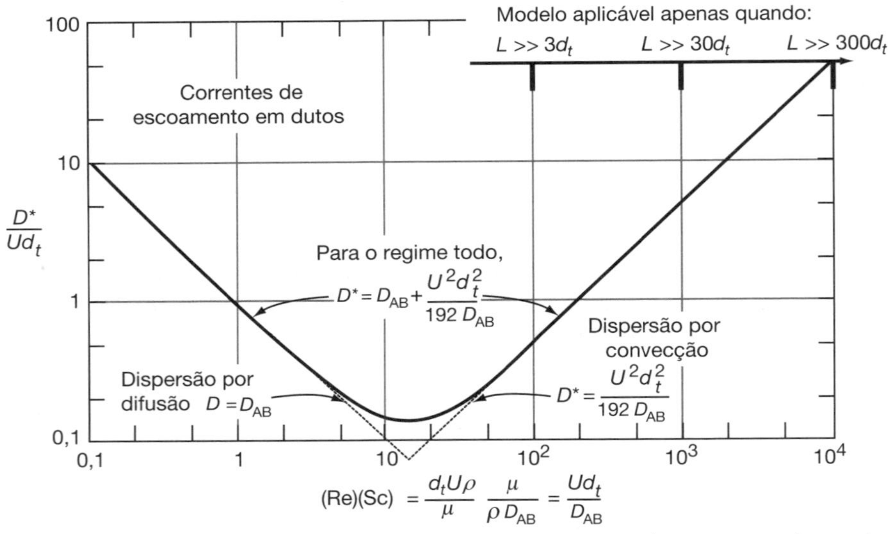

Figura 18.8 Correlação para a dispersão para correntes de escoamento em tubos. (Levenspiel, O., *Chemical Reaction Engineering*, 2nd ed. Copyright © 1972 John Wiley & Sons, Inc. Reimpressa com permissão de John Wiley & Sons, Inc. Todos os direitos reservados.) *Nota:* $D \equiv D_a$

18.4.2 Correlações para D_a

Usaremos correlações da literatura para determinar o coeficiente de dispersão D_a para escoamento em tubos cilíndricos (dutos) e para escoamento em leitos fixos.

Uma estimativa do coeficiente de dispersão, D_a, para escoamento laminar e turbulento em tubos, pode ser determinada a partir da Figura 18.9. Aqui, d_t é o diâmetro do tubo e *Sc* é o número de Schmidt discutido no Capítulo 14. O escoamento é laminar (corrente) abaixo de 2.100, e vemos que a razão (D_a/Ud_t) aumenta com o aumento dos números de Schmidt e Reynolds. Entre números de Reynolds de 2.100 e 30.000, pode-se colocar limites em D_a calculando os valores máximo e mínimo na parte superior e inferior das regiões sombreadas.

18.4.3 Dispersão em Leitos Fixos

Para o caso de reações catalíticas gás-sólido e líquido-sólido que ocorrem em reatores de leito fixo, o coeficiente de dispersão, D_a, pode ser estimado usando-se a Figura 18.10. Aqui, d_p é o diâmetro de partícula e ε é a porosidade.

18.4.4 Determinação Experimental de D_a

O coeficiente de dispersão pode ser determinado a partir de um experimento de um pulso de traçador. Aqui, usaremos t_m e σ^2 para resolver o coeficiente de dispersão D_a e, portanto, o número de Peclet, Pe_r. Nesse caso, a concentração de efluente do reator é medida em função do tempo. Dos dados da concentração de efluente, o tempo de residência médio, t_m, e a variância, σ^2, são

1. Meno, isto é, *Pe* e D_a, foi encontrado

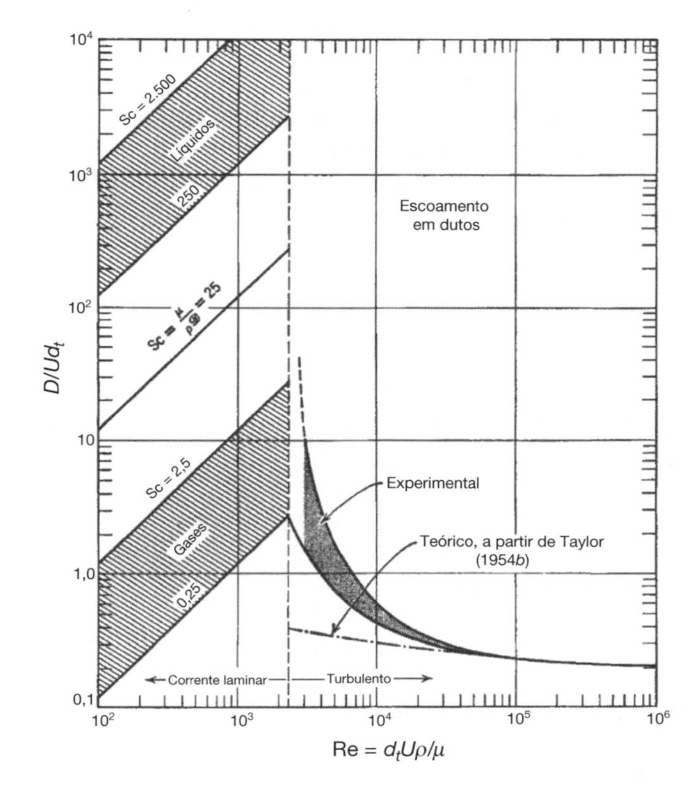

Figura 18.9 Correlação para dispersão de fluidos escoando em tubos. (Levenspiel, O., *Chemical Reaction Engineering*, 2nd ed. Copyright © 1972 John Wiley & Sons, Inc. Reimpressa com permissão de John Wiley & Sons, Inc. Todos os direitos reservados.) *Nota*: $D \equiv D_a$

calculados, e esses valores são então usados para determinar D_a. Para mostrar como isso é feito, escreveremos o balanço de massa, no estado não estacionário, no traçador escoando em um reator tubular

$$D_a \frac{\partial^2 C_T}{\partial z^2} - \frac{\partial (UC_T)}{\partial z} = \frac{\partial C_T}{\partial t} \tag{18.2}$$

na forma adimensional, discutiremos os diferentes tipos de condições de contorno na entrada e na saída do reator, determinaremos a concentração de saída em função do tempo adimensional ($\Theta = t/\tau$) e então relacionaremos D_a, σ^2 e τ.

2. Procurando Meno em leitos fixos

Uma vez que o número de Reynolds seja calculado, D_a pode ser encontrado.

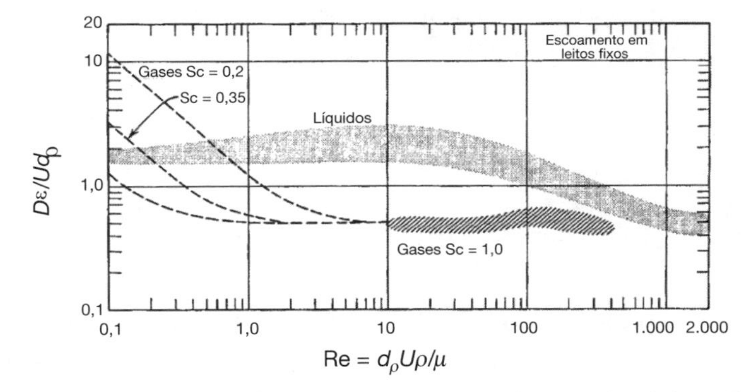

Figura 18.10 Determinações experimentais da dispersão de fluidos escoando com velocidade axial média *u* em leitos fixos. (Levenspiel, O., *Chemical Reaction Engineering*, 2nd ed. Copyright Ó 1972 John Wiley & Sons, Inc. Reimpressa com permissão de John Wiley & Sons, Inc. Todos os direitos reservados.) *Nota*: D ° D_a, ε = fração de vazios

18.4.4A *E se... Essas Correlações Não se Aplicarem aos Meus Reatores*

Se eu não puder usar nenhuma das correlações ou gráficos anteriores, só precisarei procurar Meno por conta própria. Para fazer isso, vou precisar fazer algumas análises teóricas e alguns experimentos para determinar a DTR, que podemos analisar para encontrar t_m e σ^2, e, em seguida, calcular $D_a(Pe_r)$. O primeiro passo para procurar Meno é colocar a Equação (18.2) na forma adimensional, de modo a chegar ao(s) grupo(s) adimensional(is) que caracteriza(m) o processo. Seja novamente

$$\psi = \frac{C_T}{C_{T0}}, \quad \lambda = \frac{z}{L} \quad \text{e} \quad \Theta = \frac{tU}{L}$$

Para uma perturbação em pulso, C_{T0} é definida como a massa de traçador injetado, M, dividida pelo volume de vaso, V. Então

$$\boxed{\frac{1}{Pe_r}\frac{\partial^2 \psi}{\partial \lambda^2} - \frac{\partial \psi}{\partial \lambda} = \frac{\partial \psi}{\partial \Theta}} \tag{18.3}$$

A condição inicial é

Condição inicial

$$\text{Em } t = 0, \quad z > 0, \quad C_T(0^+, 0) = 0, \quad \psi(0^+) = 0 \tag{18.25}$$

A massa de traçador injetado, M, é

$$M = UA_c \int_0^\infty C_T(0^-, t)\, dt$$

18.4.4B *Solução para um Sistema Fechado-Fechado*

Na forma adimensional, as condições de contorno de Danckwerts são

0− 0+ L− L+
0 L

$$\text{Em } \lambda = 0: \quad \left(-\frac{1}{Pe_r}\frac{\partial \psi}{\partial \lambda}\right)_{\lambda = 0^+} + \psi(0^+) = \frac{C_T(0^-, t)}{C_{T0}} = 1 \tag{18.26}$$

$$\text{Em } \lambda = 1: \quad \frac{\partial \psi}{\partial \lambda} = 0 \tag{18.27}$$

A Equação (18.3) foi resolvida numericamente para uma injeção em pulso, e a concentração adimensional resultante de traçador no efluente na saída do reator, $\psi_{\text{saída}}$, é mostrada em função do tempo adimensional, Θ, na Figura 18.11 para vários números de Péclet. Embora as soluções analíticas para ψ possam ser encontradas, o resultado é uma série infinita. As equações correspondentes para o tempo de residência médio, t_m, e a variância, σ^2, são[9]

$$\boxed{t_m = \tau} \tag{18.28}$$

e

$$\frac{\sigma^2}{t_m^2} = \frac{1}{\tau^2}\int_0^\infty (t - \tau)^2 E(t)\, dt$$

Meno! **3!**

Cálculo de Pe_r usando t_m e σ^2, determinados a partir de dados de DTR para um sistema fechado-fechado.

que pode ser usada com a solução da Equação (18.3) para obter

$$\boxed{\frac{\sigma^2}{t_m^2} = \frac{2}{Pe_r} - \frac{2}{Pe_r^2}\left(1 - e^{-Pe_r}\right)} \tag{18.29}$$

[9] Veja K. Bischoff and O. Levenspiel, *Adv. Chem. Eng.*, 4, 95 (1963).

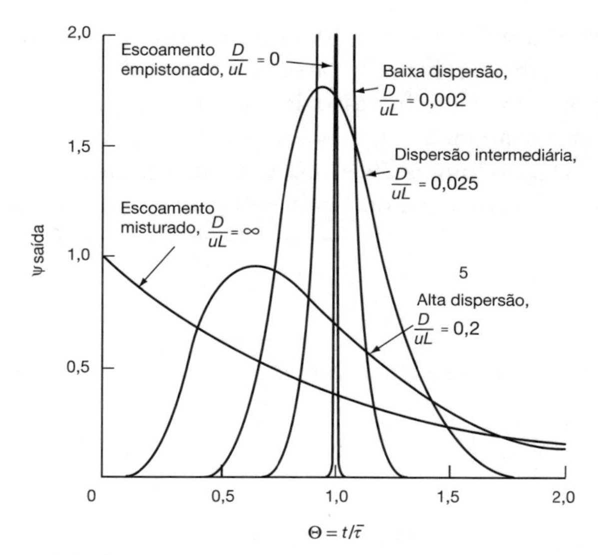

Efeitos de dispersão sobre a concentração do traçador no efluente

Figura 18.11 Curvas *C* em vasos fechados para várias extensões de retromistura como previsto pelo modelo de dispersão. (Levenspiel, O., *Chemical Reaction Engineering*, 2nd ed. Copyright © 1972 John Wiley & Sons, Inc. Reimpressa com permissão de John Wiley & Sons, Inc. Todos os direitos reservados.) *Nota:* $D \equiv D_a$[10]

Consequentemente, vemos que o número de Péclet, Pe_r (e, portanto D_a), pode ser encontrado experimentalmente, determinando t_m e σ^2 a partir de dados de DTR e então resolvendo a Equação (18.29) para Pe_r.

18.4.4C Solução para Condições de Contorno de Vaso Aberto-Aberto para Procurar Meno

As condições de contorno de vaso aberto-aberto se aplicam, quando um traçador é injetado, em um leito fixo, em uma posição de mais de dois ou três diâmetros de partícula, a jusante da entrada, e medido a alguma distância a montante da saída. Para um sistema aberto-aberto, uma solução analítica para a Equação (18.11) pode ser obtida para uma perturbação em pulso do traçador.

Para um sistema aberto-aberto, as condições de contorno na entrada são

$$F_T(0^-, t) = F_T(0^+, t)$$

Então, para o caso em que o coeficiente de dispersão é o mesmo nas seções de entrada e de saída:

Aberto na entrada

$$-D_a\left(\frac{\partial C_T}{\partial z}\right)_{z=0^-} + UC_T(0^-, t) = -D_a\left(\frac{\partial C_T}{\partial z}\right)_{z=0^+} + UC_T(0^+, t) \tag{18.30}$$

Uma vez que não há descontinuidades através do contorno em $z = 0$

$$C_T(0^-, t) = C_T(0^+, t) \tag{18.31}$$

Na saída

Aberto na saída

$$-D_a\left(\frac{\partial C_T}{\partial z}\right)_{z=L^-} + UC_T(L^-, t) = -D_a\left(\frac{\partial C_T}{\partial z}\right)_{z=L^+} + UC_T(L^+, t) \tag{18.32}$$

$$C_T(L^-, t) = C_T(L^+, t) \tag{18.33}$$

Existem algumas perturbações dessas condições de contorno que podem ser aplicadas. O coeficiente de dispersão pode ter diferentes valores em cada uma das três regiões ($z < 0$, $0 \le z \le L$ e $z > L$), e o traçador também pode ser injetado no mesmo ponto z_1 em vez do contorno $z = 0$.

[10] O. Levenspiel, *Chemical Reaction Engineering*, 2nd ed. (New York: Wiley: 1972), p. 277.

Esses casos e outros podem ser encontrados nas leituras suplementares mencionadas no fim do capítulo. Devemos considerar o caso de quando não há variação no coeficiente de dispersão para todo z e um impulso de traçador é injetado em $z = 0$ em $t = 0$.

Novamente, sendo $\psi = C_A/C_{A0}$ e $\theta = t/\tau$.

Para tubos longos ($Pe_r > 100$) em que o gradiente de concentração em $\pm\infty$ será zero, a solução da Equação (18.3) dando a concentração do traçador adimensional na saída é[11]

Válido para $Pe_r > 100$

$$\boxed{\psi(1,\Theta) = \frac{C_T(L,t)}{C_{T0}} = \frac{1}{2\sqrt{\pi\Theta/Pe_r}}\exp\left[\frac{-(1-\Theta)^2}{4\Theta/Pe_r}\right]} \tag{18.34}$$

O tempo de residência médio para um sistema aberto-aberto é

Calcule τ para um sistema aberto-aberto.

$$\boxed{t_m = \left(1 + \frac{2}{Pe_r}\right)\tau} \tag{18.35}$$

Difuso dentro e fora.

em que τ é baseado no volume entre $z = 0$ e $z = L$ (volume de reator medido com uma vara). Notamos que o tempo de residência médio para um sistema aberto é maior do que para um sistema fechado. O motivo é que as moléculas podem se difundir para fora do reator na entrada e então se difundir, ou ser carregadas, de volta para o reator. A variância para um sistema aberto-aberto é

Calcule Pe_r para um sistema aberto-aberto.

$$\boxed{\frac{\sigma^2}{\tau^2} = \frac{2}{Pe_r} + \frac{8}{Pe_r^2}} \tag{18.36}$$

Encontramos Meno **3**.

Consideramos agora dois casos para os quais podemos usar as Equações (18.29) e (18.36) para determinar os parâmetros do sistema:

Caso 1. O tempo espacial τ é *conhecido*. Ou seja, V e υ_0 são medidos independentemente. Aqui, podemos encontrar o número de Péclet, determinando t_m e σ^2 a partir dos dados de concentração-tempo e então usando a Equação (18.36) para calcular Pe_r. Podemos também calcular t_m e então usar a Equação (18.35) como uma verificação, porém isso é, geralmente, menos preciso.

Caso 2. O tempo espacial τ é *desconhecido*. Essa situação surge quando há regiões mortas ou estagnadas, que existem no reator juntamente com os efeitos de dispersão. Para analisar essa situação, primeiro calculamos t_m e σ^2 a partir dos dados, como no Caso 1. Então, usamos a Equação (18.35) para eliminar σ^2 a partir da Equação (18.36) para chegar a

$$\boxed{\frac{\sigma^2}{t_m^2} = \frac{2Pe_r + 8}{Pe_r^2 + 4Pe_r + 4}} \tag{18.37}$$

Procurando o volume efetivo do reator

Podemos agora calcular o número de Péclet em termos de nossas variáveis determinadas experimentalmente σ^2 e t_m^2. Conhecendo Pe_r, podemos resolver a Equação (18.35) para τ e, consequentemente, V. O volume morto é a diferença entre o volume medido (com uma vara) e o volume efetivo calculado a partir da DTR.

Meno! **3!**

Uma vez que determinamos D_a e Pe_r a partir da DTR para nosso *reator real* (ou seja, Meno encontrado), podemos resolver para a conversão a partir de uma solução analítica, ou para uma reação de primeira ordem como no Exemplo 18.1, ou resolver numericamente para outras ordens de reação.

[11] W. Jost, *Diffusion in Solids, Liquids and Gases* (New York: Academic Press, 1960), pp. 17, 47.

Exemplo 18.2 Comparação da Conversão Usando os Modelos de Dispersão, PFR, CSTR e de Tanques em Série para Reatores Isotérmicos

A reação de primeira ordem

$$A \longrightarrow B$$

é realizada em um reator tubular de 10 cm de diâmetro e 6,36 m de comprimento. A velocidade específica é de 0,25 min^{-1}. Os resultados de um teste com traçador, feito nesse reator, são mostrados na Tabela E18.2.1.

Tabela E18.2.1 Concentração do Traçador no Efluente em Função do Tempo

t (min)	0	1	2	3	4	5	6	7	8	9	10	12	14
C (mg/L)	0	1,4	5	8	10	8	6	4	3	2,2	1,6	0,6	0

Calcule a conversão usando (**a**) o modelo de dispersão de vaso fechado, (**b**) PFR, (**c**) o modelo de tanques em série, e (**d**) um único CSTR.

Solução

(**a**) Usaremos a Equação (18.18) para calcular a conversão na saída

$$X = 1 - \frac{4q \exp(Pe_r/2)}{(1+q)^2 \exp(Pe_r q/2) - (1-q)^2 \exp(-Pe_r q/2)} \tag{18.18}$$

em que $q = \sqrt{1 + 4\mathbf{Da_1}/Pe_r}$ $\mathbf{Da_1} = \tau k$, e $Pe_r = UL/D_a$.

(1) Avaliação do parâmetro usando dados de DTR para avaliar Pe_r:

Podemos calcular Pe_r a partir da Equação (18.29)

$$\frac{\sigma^2}{\tau^2} = \frac{2}{Pe_r} - \frac{2}{Pe_r^2}(1 - e^{-Pe_r}) \tag{18.29}$$

Calcule primeiro t_m e σ^2 a partir de dados de DTR.

Todavia, temos de encontrar primeiro τ^2 e σ^2 a partir de dados da concentração do traçador.

$$\tau = \frac{V}{v} = \int_0^\infty tE(t)\,dt \tag{E18.2.1}$$

$$\sigma^2 = \int_0^\infty (t-\tau)^2 E(t)\,dt \tag{E18.2.2}$$

Aqui, novamente, as planilhas podem ser usadas para calcular σ^2 e σ^2.

Tabela E18.2.2 Programa Polymath e Resultados para Determinar o Tempo de Residência Médio t_m e a Variância σ^2

Valores calculados das variáveis da EDO

	Variável	Valor inicial	Valor final
1	Área	51	51
2	C	0,0038746	0,0148043
3	C1	0,0038746	-387,266
4	C2	-33,43818	0,0148043
5	E	7,597E-05	0,0002903
6	Sigma2	0	6,212473
7	t	0	14
8	tmf	5,1	5,1

Equações diferenciais

1 d(Sigma2)/d(t) = (t-tmf)^2*E

Equações explícitas

1 C1 = 0,0038746 + 0,2739782*t + 1,574621*t^2 - 0,2550041*t^3

2 Área = 51

3 C2 = -33,43818 + 37,18972*t - 11,58838*t^2 + 1,695303*t^3-
0,1298667*t^4 + 0,005028*t^5 - 7,743*10^-5*t^6

4 C =Se(t<=4 e t>=0) então C1 senão se(t>4 e t<=14) então C2 senão 0

5 E = C/Área

6 tmf = 5,1

Não caia no sono. Esses são cálculos que precisamos saber como fazer.

Observamos que os dados da Tabela E18.2.1 são os mesmos usados no Exemplos 16.1 e 16.2, em que encontramos

$$\boxed{t_m = 5{,}15 \text{ minutos}}$$

e

$$\boxed{\sigma^2 = 6{,}2 \text{ minutos}^2}$$

Somos sortudos ou o quê? Usaremos esses valores na Equação (18.29) para calcular Pe_r.
A dispersão em um vaso fechado é representada por

$$\frac{\sigma^2}{\tau^2} = \frac{2}{Pe_r^2}\left(Pe_r - 1 + e^{-Pe_r}\right) \tag{18.29}$$

$$= \frac{6{,}2}{(5{,}15)^2} = 0{,}23 = \frac{2}{Pe_r^2}\left(Pe_r - 1 + e^{-Pe_r}\right)$$

Calcule Pe_r a partir de t_m e σ^2.

Determinando Pe_r por tentativa e erro ou usando o Polymath, obtemos

$$\boxed{Pe_r = 7{,}5} \tag{E18.2.3}$$

A seguir, calcule $\mathbf{Da_1}$, q e X.

(2) Em seguida, calcule Da_1, q:

$$\boxed{\mathbf{Da_1} = \tau k = (5{,}15 \text{ min})(0{,}25 \text{ min}^{-1}) = 1{,}29} \tag{E18.2.4}$$

Usando as equações para q e X, temos

$$\boxed{q = \sqrt{1 + \frac{4\mathbf{Da_1}}{Pe_r}} = \sqrt{1 + \frac{4(1{,}29)}{7{,}5}} = 1{,}30} \tag{E18.2.5}$$

Logo,

$$\frac{Pe_r q}{2} = \frac{(7{,}5)(1{,}3)}{2} = 4{,}87 \tag{E18.2.6}$$

(3) Finalmente, calculamos a conversão:
A substituição na Equação (18.18) resulta em

Modelo de dispersão

$$X = 1 - \frac{4(1{,}30)\, e^{(7{,}5/2)}}{(2{,}3)^2 \exp(4{,}87) - (-0{,}3)^2 \exp(-4{,}87)}$$

$\boxed{X = 0{,}68}$ Conversão de 68% para o modelo de dispersão

Quando efeitos de dispersão estão presentes nesse reator tubular, uma conversão de 68% é atingida.

(b) Se o reator estivesse operando idealmente como um reator com escoamento empistonado, a conversão seria

PFR

$$\boxed{X = 1 - e^{-\tau k} = 1 - e^{-Da_1} = 1 - e^{-1{,}29} = 0{,}725} \tag{E18.2.7}$$

Modelo de tanques em série

Ou seja, uma conversão de 72,5% seria atingida em um reator ideal com escoamento empistonado.

(c) Conversão usando o modelo de tanques em série: Lembremo-nos da Equação (17.25) para calcular o número de tanques em série:

$$n = \frac{\tau^2}{\sigma^2} = \frac{(5{,}15)^2}{6{,}1} = 4{,}35 \tag{E18.2.8}$$

De modo a calcular a conversão para o modelo T-E-S, lembremo-nos da Equação (5.15). Para uma reação de primeira ordem, para n tanques em série, a conversão é

$$X = 1 - \frac{1}{(1 + \tau_i k)^n} = 1 - \frac{1}{[1 + (\tau/n)k]^n} = 1 - \frac{1}{(1 + 1{,}29/4{,}35)^{4{,}35}} \tag{E18.2.9}$$

X = **67,7% para o modelo de tanques-em-série**

(d) Para um único CSTR,

CSTR

$$X = \frac{\tau k}{1 + \tau k} = \frac{1{,}29}{2{,}29} = 0{,}563 \tag{E18.2.10}$$

Assim, uma conversão de 56,3% seria atingida em um único tanque ideal.

Resumo

PFR: $X = 72{,}5\%$
Dispersão: $X = 68{,}0\%$
Tanques em série: $X = 67{,}7\%$
Único CSTR: $X = 56{,}3\%$

Neste exemplo, uma correção para dispersão finita, tanto por um modelo de dispersão como por um modelo de tanques em série, é significativa quando comparada com um PFR.

Análise: Este exemplo é muito importante e abrangente. Mostramos como calcular a conversão por: (1) escolha de um modelo, (2) uso da DTR para avaliar os parâmetros do modelo, e (3) substituição dos parâmetros da taxa de reação no modelo escolhido. Como esperado, os modelos de dispersão e de tanques em série (T-E-S) deram essencialmente o mesmo resultado, que caiu entre os limites previstos para um PFR e um CSTR ideais.

18.5 Modelo de Tanques em Série *Versus* Modelo de Dispersão

Vimos que podemos aplicar ambos desses modelos de um parâmetro para reatores tubulares, usando a variância da DTR. Para reações de primeira ordem, os dois modelos podem ser aplicados com igual facilidade. Entretanto, o modelo de tanques em série é matematicamente mais fácil de usar para obter a concentração e a conversão do efluente para ordens de reação diferentes de um e para reações múltiplas. Contudo, necessitamos perguntar qual seria a acurácia em usar o modelo de tanques em série em relação ao modelo de dispersão. Esses dois modelos são equivalentes quando o número de Peclet-Bodenstein está relacionado com o número de tanques em série, n, pela equação[12]

$$Bo = 2(n-1) \tag{18.38}$$

Equivalência entre os modelos de tanques em série e de dispersão

ou

$$\boxed{n = \frac{Bo}{2} + 1} \tag{18.39}$$

em que

$$\boxed{Bo = UL/Da} \tag{18.40}$$

sendo U a velocidade superficial, L, o comprimento do reator e D_a, o coeficiente de dispersão.

Para as condições no Exemplo 18.2, vimos que o número de tanques calculados a partir do número de Bodenstein, Bo (Pe_r), Equação (18.39), é 4,75, que é muito próximo do valor de 4,35, calculado a partir da Equação (17.25). Consequentemente, para as reações que não são de primeira ordem, calcularíamos sucessivamente a concentração e a conversão de saída de cada tanque em série para uma bateria de quatro tanques em série e de cinco tanques em série, com a finalidade de delimitar os valores esperados.

Além dos modelos de um parâmetro de tanques em série e de dispersão, existem muitos outros modelos de um parâmetro quando é usada uma combinação de reatores ideais para modelar o reator real mostrado na Seção 18.8, para reatores com desvio e volume morto. Outro exemplo de um modelo de um parâmetro seria modelar o reator real como um PFR e um CSTR em série com o único parâmetro sendo a fração do volume total que se comporta como um CSTR. Podemos imaginar muitas outras situações que alterariam o comportamento de reatores

[12] K. Elgeti, *Chem. Eng. Sci.*, 51, 5077 (1996).

ideais de uma forma que descreva adequadamente um reator real. No entanto, pode ser que apenas um parâmetro não seja suficiente para produzir uma comparação adequada entre teoria e prática. Exploramos essas situações com combinações de reatores ideais na seção sobre modelos de dois parâmetros.

Os parâmetros de taxa de reação são geralmente conhecidos (por exemplo, ***Da***), porém, o número de Peclet não é comumente conhecido porque depende do escoamento e do vaso. Por conseguinte, necessitamos encontrar Pe_r usando uma das três técnicas discutidas anteriormente no capítulo.

18.6 Soluções Numéricas para Escoamentos com Dispersão e Reação

Consideraremos agora dispersão e reação em um reator tubular. Primeiro, escrevemos nosso balanço molar para a espécie A em coordenadas cilíndricas, lembrando a Equação (18.19) e incluindo a taxa de formação de A, r_A. No estado estacionário, obtemos

$$D_{AB}\left[\frac{1}{r}\frac{\partial\left(r\frac{\partial C_A}{\partial r}\right)}{\partial r}+\frac{\partial^2 C_A}{\partial z^2}\right]-u(r)\frac{\partial C_A}{\partial z}+r_A=0 \tag{18.41}$$

Soluções analíticas para dispersão com reação podem ser obtidas somente para reações isotérmicas de ordem zero e de primeira ordem. Vamos agora usar COMSOL para resolver o escoamento com reação e dispersão com reação.

Vamos comparar as duas soluções: uma que usa a abordagem de Aris-Taylor e uma em que calculamos numericamente as concentrações axial e radial usando o COMSOL. Essas soluções estão disponíveis no CRE *website*.

Caso A. Análise de Aris-Taylor para Escoamento Laminar

Para o caso de uma reação de ordem *n*, a Equação (18.9) torna-se

$$\frac{D_a}{U}\frac{d^2\overline{C}_A}{dz^2}-\frac{d\overline{C}_A}{dz}-\frac{k\overline{C}_A^n}{U}=0 \tag{18.42}$$

sendo $\overline{C}_A$ a concentração axial média radialmente de $r = 0$ a $r = R$, ou seja,

$$\overline{C}_A(z)=\frac{\int_0^R 2\pi r C_A(z,r)dr}{\pi R^2}$$

Se usarmos a análise de Aris-Taylor, podemos usar a Equação (18.9) com a ressalva de que $\overline{\psi} = C_A/C_{A0}$ e $\lambda = z/L$, obtemos

$$\frac{1}{Pe_r}\frac{d^2\overline{\psi}}{d\lambda^2}-\frac{d\overline{\psi}}{d\lambda}-\boldsymbol{Da_n}\overline{\psi}^n=0 \tag{18.43}$$

em que

$$Pe_r=\frac{UL}{D_a} \quad \text{e} \quad \boldsymbol{Da_n}=\tau k C_{A0}^{n-1}$$

Para as condições de contorno fechado-fechado, temos

$$\text{Em} \quad \lambda=0: \quad -\frac{1}{Pe_r}\left.\frac{d\overline{\psi}}{d\lambda}\right|_{\lambda=0^+}+\overline{\psi}(0^+)=1 \tag{18.44}$$

Condições de contorno de Danckwerts

$$\text{Em} \quad \lambda=1: \quad \frac{d\overline{\psi}}{d\lambda}=0$$

Para as condições de contorno aberto-aberto, temos,

$$\text{Em} \quad \lambda = 0: \quad \bar{\psi}(0^-) - \frac{1}{Pe_r}\frac{d\bar{\psi}}{d\lambda}\bigg|_{\lambda=0^-} = \bar{\psi}(0^+) - \frac{1}{Pe_r}\frac{d\bar{\psi}}{d\lambda}\bigg|_{\lambda=0^+} \tag{18.45}$$

$$\text{Em} \quad \lambda = 1: \quad \frac{d\bar{\psi}}{d\lambda} = 0$$

A Equação (18.43) fornece os perfis de concentração adimensionais para dispersão e reação em um reator com escoamento laminar. Para uma reação de primeira ordem, podemos usar as Equações (18.26) e (18.27) para obter os perfis de concentração e conversão. Para uma reação de segunda ordem, a equação se torna não linear e precisa ser resolvida numericamente. Para resolver os perfis de concentração usamos o COMSOL do PP no CRE *website* (consulte *http://www.umich.edu/~elements/6e/18chap/expanded_ch18_example2comsol.pdf*).

Caso B. Solução Numérica Completa

Para obter perfis, $C_A(r, z)$, resolveremos agora a Equação (18.41).

$$D_{AB}\left[\frac{1}{r}\frac{\partial\left(r\frac{\partial C_A}{\partial r}\right)}{\partial r} + \frac{\partial^2 C_A}{\partial z^2}\right] - u(r)\frac{\partial C_A}{\partial z} + r_A = 0 \tag{18.46}$$

Primeiro, colocaremos as equações na forma adimensional, fazendo $\psi = C_A/C_{A0}$, $\lambda = z/L$ e $\phi = r/R$. Seguindo nossa transformação anterior de variáveis, a Equação (18.46) se torna

$$\left(\frac{L}{R}\right)\frac{1}{Pe_r}\left[\frac{1}{\phi}\frac{\partial\left(\phi\frac{\partial\psi}{\partial\phi}\right)}{\partial\phi}\right] + \frac{1}{Pe_r}\frac{d^2\psi}{d\lambda^2} - 2(1-\phi^2)\frac{d\psi}{d\lambda} - \mathbf{Da}_n\psi^n = 0 \tag{18.47}$$

Exemplo 18.3 Reação Isotérmica com Dispersão Radial e Axial em um Reator com Escoamento Laminar (LFR)

COMSOL

Agora consideramos fluxo, reação e dispersão em tubos cilíndricos. Os valores dos parâmetros (por exemplo, k, U_0) serão variados usando um programa COMSOL. Inicialmente, usaremos os seguintes valores, $k = 8{,}33 \times 10^{-6}$ m³/mol • s, $C_{A0} = 500$ mol/m³, $U_0 = 0{,}021$ m/s, e $D_{A0} = 1{,}25 \times 10^{-6}$ m²/s.

(a) Trace a concentração de superfície de $\phi = 0$ a $\phi = 1$ e $\lambda = 0$ a $\lambda = 1$. Para fazer esse gráfico, acesse o CRE *website* e carregue a instrução do COMSOL PP em *Como Acessar o COMSOL* (*http://www.umich.edu/~elements/6e/comsol/comsol_access_instructions.html*). Varie os parâmetros e execute a simulação.
(b) Trace o perfil de concentração radial.
(c) Trace os perfis axiais em $\phi = 0$ e $\phi = 1/2$.
(d) Represente graficamente os perfis de concentração axial média radialmente $C_A(z)$ (isto é, ϕ (λ)).

Solução

A forma adimensional da equação que descreve fluxo, reação e dispersão foi dada na Equação (18.47)

$$\left(\frac{L}{R}\right)\frac{1}{Pe_r}\left[\frac{1}{\phi}\frac{\partial\left(\phi\frac{\partial\psi}{\partial\phi}\right)}{\partial\phi}\right] + \frac{1}{Pe_r}\frac{d^2\psi}{d\lambda^2} - 2(1-\phi^2)\frac{d\psi}{d\lambda} - \mathbf{Da}_n\psi^n = 0 \tag{18.47}$$

Condições de Contorno e Inicial

A. Condições de contorno

(1) Radial

(i) Em $r = 0$, temos a simetria $\partial C_i/\partial r = 0$; na forma adimensional,

$$\partial \psi / \partial \lambda = 0 \text{ em } \phi = 0 \tag{E18.3.1}$$

(ii) Não existe escoamento mássico através das paredes do tubo, logo, $\partial C_i/\partial r = 0$, em $r = R$, na forma adimensional:

$$\partial \psi / \partial \lambda = 0 \text{ em } \phi = 0 \tag{E18.3.2}$$

(iii) A concentração axial média radialmente é dada por

$$\bar{C}_A(z) = \frac{\int_0^R 2\pi r C_A(z,r)dr}{\pi R^2}$$

(2) Axial

(i) Na entrada do reator, $z = 0$, $\lambda = 0$ para todo r (isto é, ϕ)

COMSOL

$$C_i = C_{i0}, \text{ (i.e., } \psi = 1 \text{ para todo } \phi) \tag{E18.3.3}$$

(ii) Na saída do reator, $z = L$, isto é, $\lambda = 1$

$$\frac{\partial C_i}{\partial z} = 0 \text{ e, portanto, } \frac{\partial \psi}{\partial \lambda} = 0 \tag{E18.3.4}$$

COMSOL

A Equação (18.47) e as Equações (E18.3.1) a (E18.3.4) foram resolvidas usando o COMSOL. Acesse e execute o módulo COMSOL (*http://www.umich.edu/~elements/6e/18chap/obj.html#/comsol/*) e encontre os seguintes gráficos de superfície e perfis. Será realmente uma ótima experiência para você.

Um tutorial do COMSOL para este exemplo é fornecido no *site* na seção PP do Capítulo 18.

Os resultados da execução da simulação COMSOL para um reator de 4 m de comprimento são mostrados na Figura E18.3.1 (a), (b), (c), e (d).

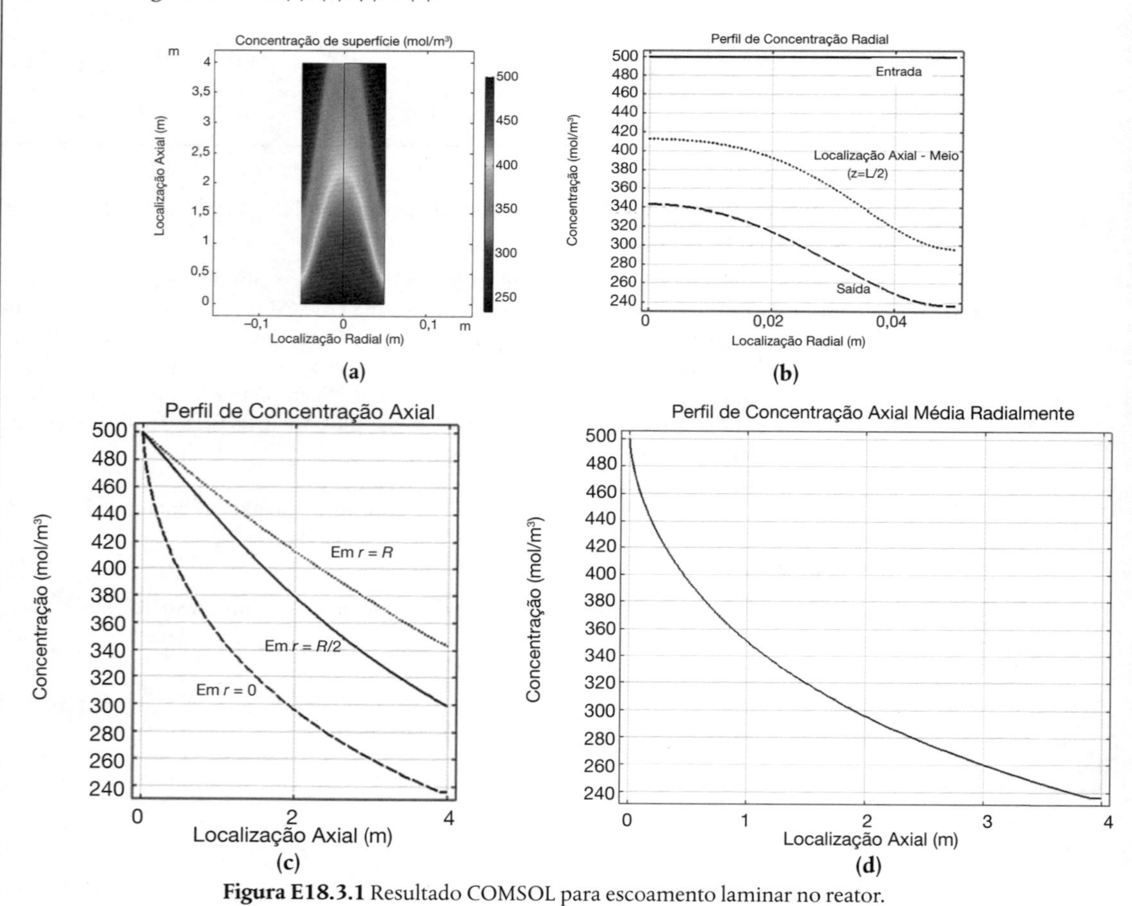

Figura E18.3.1 Resultado COMSOL para escoamento laminar no reator.

Na Figura E18.3.1 (b), observamos perfis de concentração na entrada, na metade do reator e no fim do reator.

A Figura E18.3.1 (c) mostra a concentração axial em raios diferentes, enquanto a Figura E18.3.1 (d) mostra o perfil de concentração axial média radialmente $\overline{C}_A(z)$.

Análise: Observamos na Figura E18.3.1 (a) e (b) que o perfil de concentração é plano (como escoamento empistonado) na entrada do reator e então se desenvolve em uma forma parabólica. Esta forma de perfil permanece aproximadamente a mesma, da metade até que o fluido saia do reator. Na Figura E18.3.1 (c), o perfil axial mais inclinado estava próximo à parede. Observa-se que o perfil axial na Figura E18.3.1 (c) é semelhante ao perfil de concentração média radial mostrado na Figura E18.3.1 (d). Por que você acha que eles são semelhantes?

18.7 Escoamento Não Isotérmico com Variações Radial e Axial em um Reator Tubular

Aplicação do COMSOL

Nas seções anteriores, consideramos que não houve variações radiais na temperatura nos reatores tubulares e de leito fixo. Nesta seção, consideraremos o caso não isotérmico em que temos variações axiais e radiais nas variáveis do sistema. Aqui, usaremos novamente o COMSOL para resolver a equação diferencial parcial, como mostrado no Módulo COMSOL Efeitos Radiais no CRE *website* (*http://umich.edu/~elements/6e/web_mod/radialeffects/index.htm*).[13]

Vamos realizar balanços diferenciais, molar e de energia, no anel cilíndrico diferencial mostrado na Figura 18.12.

18.7.1 Fluxo Molar

Com o intuito de deduzir as equações governantes, precisamos definir um par de termos. O primeiro é o fluxo molar da espécie i, W_i (mol/m^2 • s). O fluxo molar tem dois componentes, o componente radial, W_{ir}, e o componente axial, W_{iz}.

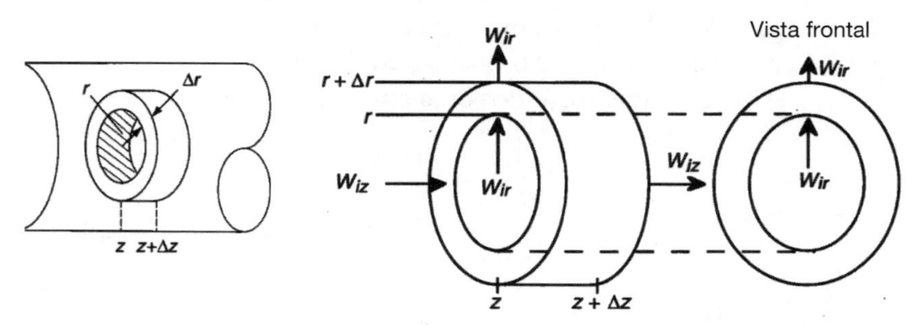

Figura 18.12 Casca cilíndrica de espessura Δr, comprimento Δz, e volume 2πrΔrΔz.

As vazões molares são apenas o produto dos fluxos molares e as áreas das seções transversais normais à sua direção de escoamento A_{cz}. Por exemplo, para espécies i escoando na direção axial (ou seja, z),

$$F_{iz} = W_{iz} A_{cz}$$

em que W_{iz} é o fluxo molar na direção axial z (mol/m^2/s), e A_{cz} (m^2) é a área da seção transversal do reator tubular.

No Capítulo 14, discutimos os fluxos molares detalhadamente, mas por enquanto vamos apenas dizer que eles consistem em um componente difusional, $-D_e(\partial C_i/\partial z)$, e um componente de fluxo convectivo, $U_z C_i$, de modo que o fluxo W_{iz} na direção axial seja

[13]Um seminário na *Web* (*webinar*) introdutório em COMSOL pode ser encontrado no *site* da AIChE: *http://www.aiche.org/resources/chemeondemand/webinars/modeling-non-ideal-reactors- and-mixers.*

$$W_{iz} = -D_e \frac{\partial C_i}{\partial z} + U_z C_i \tag{14.8a}$$

em que D_e é a difusividade efetiva (ou coeficiente de dispersão) (m²/s), e U_z é velocidade média molar axial (m/s). De forma semelhante, o fluxo W_{ir}, na direção radial r, é

Direção radial

$$W_{ir} = -D_e \frac{\partial C_i}{\partial r} + U_r C_i \tag{18.48}$$

em que U_r (m/s) é velocidade média na direção radial. Por enquanto, desconsideraremos a velocidade na direção radial, ou seja, $U_r = 0$.

Primeiro, relembramos o balanço molar em coordenadas cilíndricas do Capítulo 14:

$$\boxed{-\frac{1}{r}\frac{\partial (rW_{ir})}{\partial r} - \frac{\partial W_{iz}}{\partial z} + r_i = 0} \tag{14.2}$$

Usando as Equações (14.8b) e (18.48) para substituir W_{ir} e W_{iz} na Equação (14.2), e, em seguida, definindo a velocidade radial igual a zero, $U_r = 0$, obtemos

$$-\frac{1}{r}\frac{\partial}{\partial r}\left[\left(-D_e \frac{\partial C_i}{\partial r} r\right)\right] + \left(-\frac{\partial}{\partial z}\left[-D_e \frac{\partial C_i}{\partial z} + U_z C_i\right]\right) + r_i = 0 \tag{18.49}$$

Para condições em estado estacionário e considerando que U_z não varia na direção axial,

$$\boxed{D_e \frac{\partial^2 C_i}{\partial r^2} + \frac{D_e}{r}\frac{\partial C_i}{\partial r} + D_e \frac{\partial^2 C_i}{\partial z^2} - U_z \frac{\partial C_i}{\partial z} + r_i = 0} \tag{18.50}$$

18.7.2 Fluxo de Energia

Quando aplicamos a primeira lei da termodinâmica a um reator para relacionar temperatura e conversão ou vazões molares e concentração, chegamos à Equação (11.10). Desconsiderando o termo de trabalho, temos para condições de estado estacionário:

$$\overbrace{\dot{Q}}^{\text{Condução}} + \overbrace{\sum_{i=1}^{n} F_{i0}H_{i0} - \sum_{i=1} F_i H_i}^{\text{Convecção}} = 0 \tag{18.51}$$

Em termos de fluxos molares, $\mathbf{F}_i = \mathbf{W}_i A_C$, a área da seção transversal, A_C, e ($\mathbf{q} = \dot{Q}/A_c$)

$$A_c[\mathbf{q} + (\Sigma \mathbf{W}_{i0} H_{i0} - \Sigma \mathbf{W}_i H_i)] = 0 \tag{18.52}$$

O termo $\mathbf{q}$ é o calor adicionado ao sistema e quase sempre inclui um componente de condução de alguma forma. Agora definimos um **vetor de fluxo de energia**, **e**, (J/m²·s), para incluir ambas, a condução e a convecção de energia.

e = fluxo de energia, J/m²·s

e = Condução + Convecção

$$\boxed{\mathbf{e} = \mathbf{q} + \Sigma \mathbf{W}_i H_i} \tag{18.53}$$

em que o termo de condução $\mathbf{q}$ (kJ/m²·s) é dado pela lei de Fourier. Para condução axial e radial, as leis de Fourier são

$$q_z = -k_e \frac{\partial T}{\partial z} \qquad \text{e} \qquad q_r = -k_e \frac{\partial T}{\partial r}$$

sendo k_e a condutividade térmica (J/m·s·K). A transferência de energia (escoamento) é vetor de fluxo vezes a área da seção transversal, A_c, normal ao fluxo de energia

$$\text{Escoamento de energia} = \mathbf{e} \cdot A_c$$

18.7.3 Balanço de Energia

Usando o fluxo de energia, ***e***, para realizar um balanço de energia em nossa estrutura anelar (Figura 12.15), com volume do sistema de $2\pi r\Delta r\Delta z$, temos

$$(\text{Escoamento de energia entrando em } z) = e_r A_{cr} = e_r \cdot 2\pi r\Delta z$$

$$(\text{Escoamento de energia entrando em } z) = e_z A_{cz} = e_z \cdot 2\pi r\Delta r$$

$$\begin{pmatrix}\text{Escoamento}\\ \text{de energia}\\ \text{entrando}\\ \text{em } r\end{pmatrix} - \begin{pmatrix}\text{Escoamento}\\ \text{de energia}\\ \text{saindo em}\\ r+\Delta r\end{pmatrix} + \begin{pmatrix}\text{Escoamento}\\ \text{de energia}\\ \text{entrando}\\ \text{em } z\end{pmatrix} - \begin{pmatrix}\text{Escoamento}\\ \text{de energia}\\ \text{saindo em}\\ z+\Delta z\end{pmatrix} = \begin{pmatrix}\text{Acúmulo de}\\ \text{energia}\\ \text{no volume}\\ (2\pi r\Delta r\Delta z)\end{pmatrix}$$

$$(e_r 2\pi r\Delta z)|_r - (e_r 2\pi r\Delta z)|_{r+\Delta r} + e_z 2\pi r\Delta r|_z - e_z 2\pi r\Delta r|_{z+\Delta z} = 0$$

Dividindo por $2\pi r\Delta r\Delta z$ e aplicando o limite quando Δr e $\Delta z \to 0$

$$\boxed{-\frac{1}{r}\frac{\partial(re_r)}{\partial r} - \frac{\partial e_z}{\partial z} = 0} \tag{18.54}$$

Os fluxos de energia radial e axial são

$$e_r = q_r + \Sigma W_{ir} H_i$$

$$e_z = q_z + \Sigma W_{iz} H_i$$

Substituindo os fluxos de energia, $\boldsymbol{e}_r\cdot$ e $\boldsymbol{e}_z\cdot$

$$-\frac{1}{r}\frac{\partial[r[q_r + \Sigma W_{ir} H_i]]}{\partial r} - \frac{\partial[q_z + \Sigma W_{iz} H_i]}{\partial z} = 0 \tag{18.55}$$

e expandindo os fluxos de energia convectivos, $\Sigma W_i H_i$,

$$\text{Radial:} \quad \frac{1}{r}\frac{\partial}{\partial r}(r\Sigma W_{ir} H_i) = \frac{1}{r}\Sigma H_i \frac{\partial(rW_{ir})}{\partial r} + \underbrace{\cancel{\frac{\Sigma W_{ir}\partial H_i}{\partial r}}}_{\text{Desconsiderar}} \tag{18.56}$$

$$\text{Axial:} \quad \frac{\partial(\Sigma W_{iz} H_i)}{\partial z} = \Sigma H_i \frac{\partial W_{iz}}{\partial z} + \Sigma W_{iz}\frac{\partial H_i}{\partial z} \tag{18.57}$$

Como U_r e o gradiente no termo de fluxo W_{ir} são pequenos, podemos desconsiderar o último termo na Equação (18.56) em relação aos outros termos da equação. Substituindo as Equações (18.56) e (18.57) na Equação (18.55) e rearranjando, obtemos

$$-\frac{1}{r}\frac{\partial(rq_r)}{\partial r} - \frac{\partial q_z}{\partial z} - \Sigma H_i \overbrace{\left(\frac{1}{r}\frac{\partial(rW_{ir})}{\partial r} + \frac{\partial W_{iz}}{\partial z}\right)}^{r_i} - \Sigma W_{iz}\frac{\partial H_i}{\partial z} = 0$$

Reconhecendo que o termo entre colchetes está relacionado à Equação (14.2) e é apenas a taxa de formação das espécies i, r_i, para condições de estado estacionário temos:

$$\boxed{-\frac{1}{r}\frac{\partial}{\partial r}(rq_r) - \frac{\partial q_z}{\partial z} - \Sigma H_i r_i - \Sigma W_{iz}\frac{\partial H_i}{\partial z} = 0} \tag{18.58}$$

Lembrando que

$$q_r = -k_e\frac{\partial T}{\partial r},\ q_z = -k_e\frac{\partial T}{\partial z},\ \frac{\partial H_i}{\partial z} = C_{P_i}\frac{\partial T}{\partial z},$$

e

$$r_i = \nu_i(-r_A)$$

$$\Sigma r_i H_i = \Sigma \nu_i H_i(-r_A) = -\Delta H_{Rx} r_A$$

Temos a energia na forma de

$$\boxed{\frac{k_e}{r}\left[\frac{\partial}{\partial r}\left(\frac{r\partial T}{\partial r}\right)\right] + k_e\frac{\partial^2 T}{\partial z^2} + \Delta H_{Rx} r_A - (\Sigma W_{iz} C_{P_i})\frac{\partial T}{\partial z} = 0} \quad (18.59)$$

em que W_{iz} é dado pela Equação (14.8a). A Equação (18.59) seria acoplada às equações de *balanço molar* (Equação (18.50)), *da taxa* e *estequiométrica* para resolver os gradientes de concentração radial e axial. No entanto, uma grande quantidade de tempo de computação seria necessária. Vamos ver se podemos fazer algumas aproximações para simplificar a solução.

Algumas Aproximações Iniciais

Premissa 1. Desconsidere o termo difusivo na direção axial, ou seja, o termo convectivo na Equação (14.8a) na expressão envolvendo capacidades térmicas

$$\Sigma C_{P_i} W_{iz} = \Sigma C_{P_i}(0 + U_z C_i) = \Sigma C_{P_i} C_i U_z$$

Com essa premissa, a Equação (18.59) torna-se

$$\boxed{\frac{k_e}{r}\frac{\partial}{\partial r}\left(\frac{r\partial T}{\partial r}\right) + k_e\frac{\partial^2 T}{\partial z^2} + \Delta H_{Rx} r_A - (U_z \Sigma C_{P_i} C_i)\frac{\partial T}{\partial z} = 0} \quad (18.60)$$

Para escoamento laminar, o perfil de velocidade é

$$U_z = 2U_0\left[1 - \left(\frac{r}{R}\right)^2\right] \quad (18.61)$$

em que U_0 é a velocidade média no interior do reator.

Balanço de energia com gradientes axial e radial

Premissa 2. Suponha que o somatório $C_{P_m} = \Sigma C_{P_i} C_i = C_{A0}\Sigma\Theta_i C_{P_i}$ seja constante. O balanço de energia agora se torna

$$\boxed{k_e\frac{\partial^2 T}{\partial z^2} + \frac{k_e}{r}\frac{\partial}{\partial r}\left(r\frac{\partial T}{\partial r}\right) + \Delta H_{Rx} r_A - U_z C_{P_m}\frac{\partial T}{\partial z} = 0} \quad (18.62)$$

A Equação (18.61) é a forma que usaremos em nosso problema COMSOL. Em muitos casos, o termo é apenas o produto da densidade da solução (kg/m³) pela capacidade calorífica da solução (kJ/kg·K).

Balanço no Refrigerante

Também lembramos que um balanço no refrigerante fornece a variação da temperatura do refrigerante com a distância axial, em que U_{ht} é o coeficiente global de transferência de calor e R é o raio da parede do reator,

$$\boxed{\dot{m}_c C_{P_c}\frac{\partial T_a}{\partial z} = U_{ht} 2\pi R[T(R, z) - T_a]} \quad (18.63)$$

Condições de Contorno e Inicial

A. Condições iniciais, *se* diferentes do estado estacionário (não considerado aqui),
$t = 0, \quad C_i = 0, \quad T = T_0,$ para $z > 0$ e todo e qualquer r

B. Condições de contorno

1) Radial

a. Em $r = 0$, temos simetria $\partial T/\partial r = 0$ e $\partial C_i/\partial r = 0$.

b. Na parede do tubo, $r = R$, o fluxo de temperatura para a parede, no lado da reação, é igual ao fluxo convectivo fora do reator para o lado da casca do trocador de calor.

$$-k_e \frac{\partial T}{\partial r}\bigg|_R = U(T(R, z) - T_a)$$

c. Não há fluxo de massa através das paredes do tubo $\partial C_i/\partial r = 0$ em $r = R$.

2) Axial

a. Na entrada do reator $z = 0$

$$T = T_0 \quad \text{e} \quad C_i = C_{i0}$$

b. Na saída do reator $z = L$

$$\frac{\partial T}{\partial z} = 0 \quad \text{e} \quad \frac{\partial C_i}{\partial z} = 0$$

As equações anteriores foram usadas para descrever e analisar o escoamento e a reação em um reator tubular com troca de calor, conforme descrito no exemplo a seguir, que pode ser encontrado no Material Expandido no CRE *website* (*http://www.umich.edu/~elements/6e/12chap/expanded.html*). O que se segue é apenas um breve esboço desse exemplo com alguns resultados obtidos do programa COMSOL.

Exemplo 18.4 Reator Tubular com Gradientes de Temperatura Radial e Axial e de Concentração

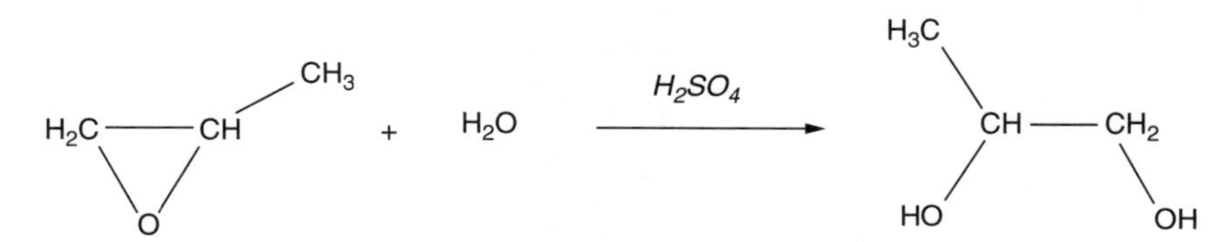

A reação em fase líquida foi analisada usando COMSOL para estudar variações axiais e radiais, e os detalhes podem ser encontrados no CRE *website, www.umich.edu/~elements/6e/index.html*, clicando em o *Material Adicional* do Capítulo 18. O algoritmo para este exemplo pode ser encontrado em: (*http://umich.edu/~elements/6e/18chap/expanded_ch18_radial.pdf*). A Figura E12.8.1 da *Web* é uma captura de tela do COMSOL do reator do caso base e dos parâmetros de reação. No COMSOL PP, são feitas perguntas do tipo "E se ..." sobre a variação dos parâmetros do caso base. Perfis típicos de temperatura radial (a) e axial (b) para este exemplo são mostrados na Figura E18.4.1.

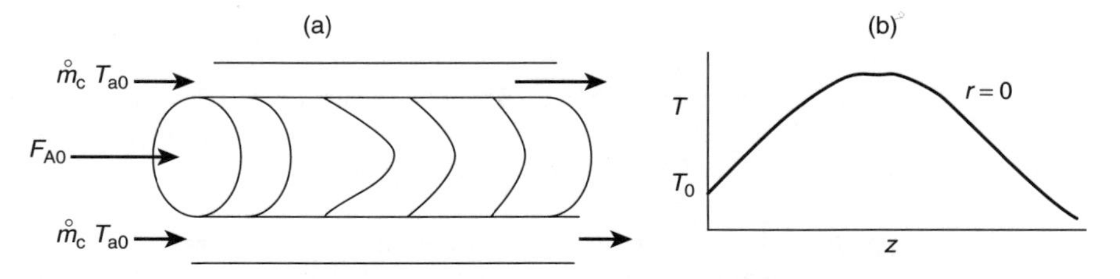

Figura E18.4.1 Perfis de temperatura (a) radial e (b) axial.

Resultados da simulação **COMSOL**

Resultados. As soluções gráficas para o código COMSOL são mostradas na Figura E18.4.2.

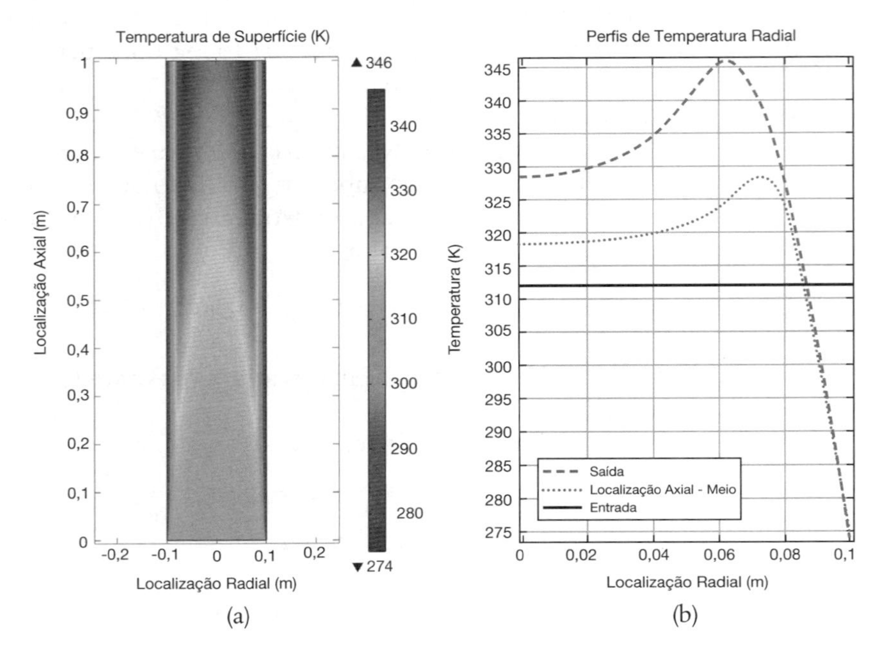

COMSOL

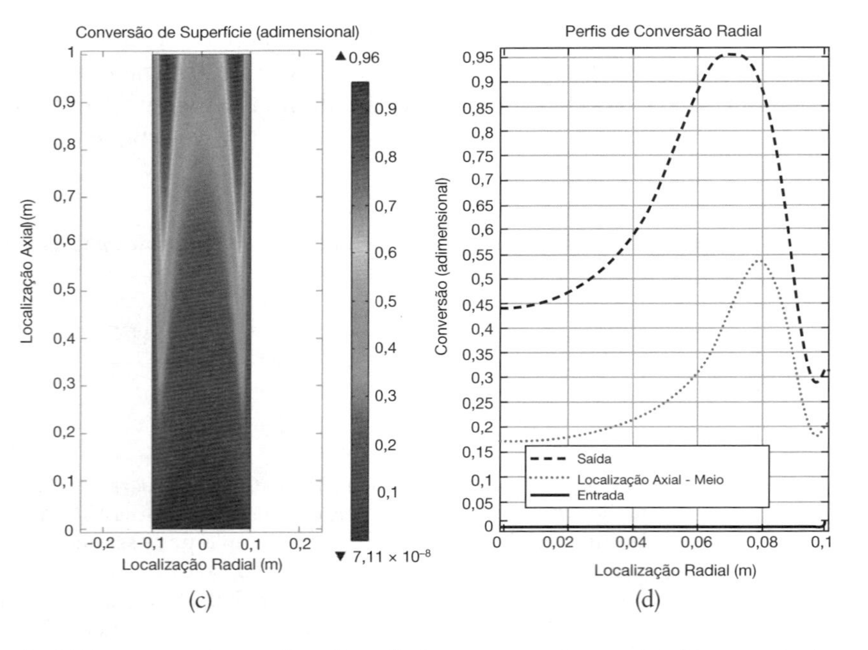

Figura E18.4.2 (a) Temperatura de superfície, (b) perfis de temperatura de superfície (c) conversão de superfície e (d) perfil radial.

A vazão volumétrica da água é 3,5 vezes a vazão volumétrica da mistura de óxido de propileno em metanol. Mais detalhes deste exemplo são fornecidos no Capítulo 12 Material Adicional no CRE *website*: (*http://umich.edu/~elements/6e/software/software_comsol.html*).

Análise: Pode-se observar, a partir do gráfico de temperatura de superfície na Figura E18.4.2 (a), como a temperatura muda tanto axialmente quanto radialmente no reator, com relação à temperatura de entrada de 312 K. Esses mesmos perfis podem ser encontrados em *cores* nos Módulos da Web no CRE *website*. Certifique-se de observar o máximo e o mínimo previstos nos perfis de temperatura e conversão na Figura E18.4.2 (a) a (d). Perto da parede, a temperatura da mistura é mais baixa por causa da temperatura fria da parede, que é resfriada pela camisa. Por conseguinte, a taxa de reação será menor e, portanto, a conversão será menor. Porém, bem próximo à parede a velocidade do escoamento através do reator é quase zero, devido ao atrito com a parede, de modo que os reagentes passam um tempo maior no reator; portanto, uma conversão maior é alcançada, como notado pela virada para cima junto à parede.

CRE *Website* – COMSOL

Neste texto e no *site* interativo, você poderá usar o programa PP COMSOL em vez de ter que escrever seu próprio código. Os módulos PP COMSOL são mostrados na Figura 18.13. Para acessar esses PPs, você não precisa ter o COMSOL instalado em seu computador, pois pode acessá-lo diretamente do CRE *website*. Usamos os códigos COMSOL de maneira semelhante aos PPs Polymath, em que você pode variar os parâmetros para explorar as variações radiais de temperatura, conversão e concentração, além de perfis axiais.

COMSOL

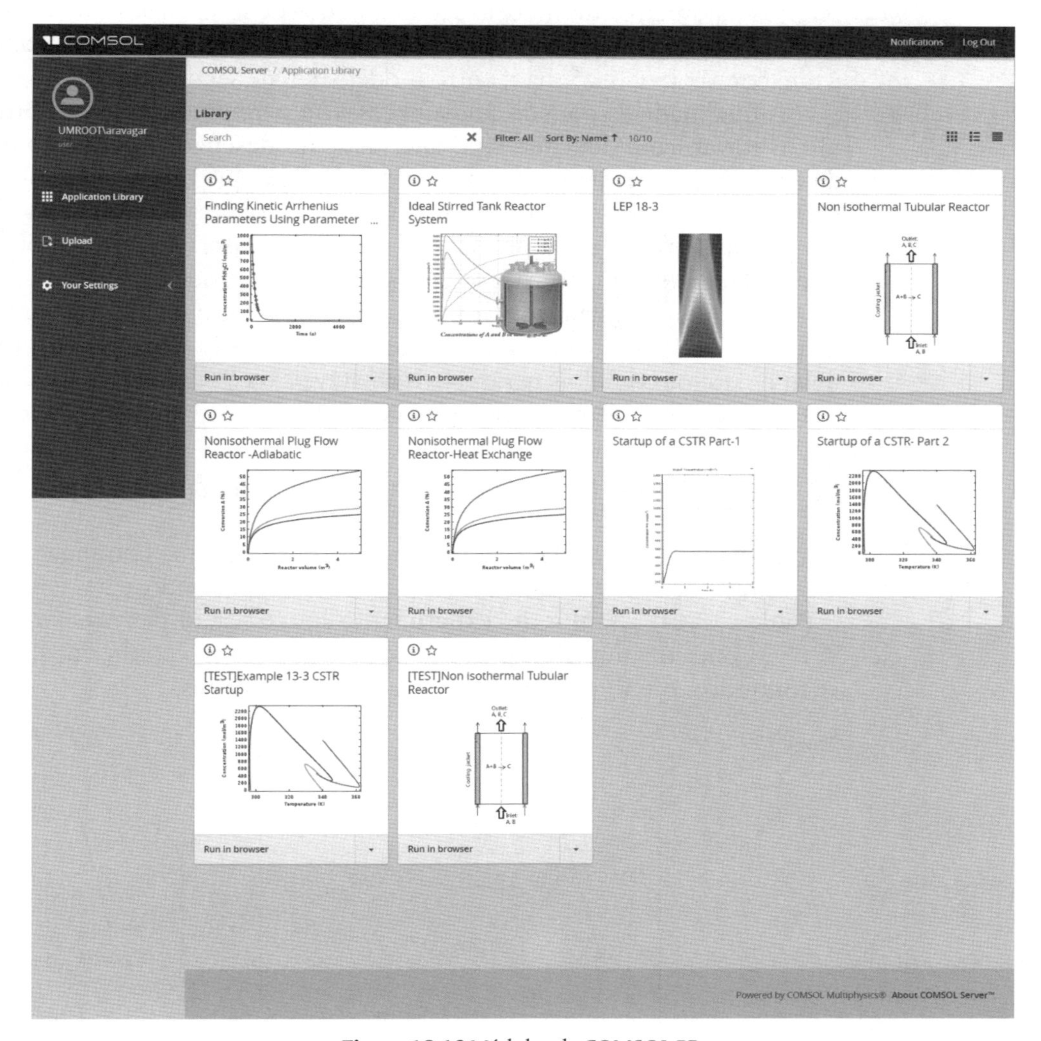

Figura 18.13 Módulos de COMSOL PP.

18.8 Modelos com Dois Parâmetros — Modelagem de Reatores Reais com Combinações de Reatores Ideais

Criatividade e bom senso em engenharia são necessários para a formulação do modelo.

Veremos agora como um reator real pode ser modelado por diferentes combinações de reatores ideais. Existe um número quase ilimitado de combinações que poderiam ser feitas. Entretanto, se limitarmos o número de parâmetros ajustáveis a dois (por exemplo, vazão de desvio, υ_d, e volume morto, V_M), a situação se torna muito mais manejável. Depois de rever as etapas na Tabela 18.1,

Um experimento com traçador é usado para avaliar os parâmetros do modelo.

escolha um modelo e determine se é razoável, comparando-o qualitativamente com a DTR; se for, determine os parâmetros do modelo. Geralmente, a maneira mais simples de obter os dados necessários é por meio de alguma forma de teste com traçador. Esses testes foram descritos nos Capítulos 16 e 17, juntamente com seus usos na determinação de DTR de um sistema de reatores. Testes com traçador podem ser usados para determinar a DTR, que pode então ser usada de maneira similar para determinar a adequação do modelo e do valor de seus parâmetros.

Ao determinar a adequação de um modelo de reator específico e dos valores dos parâmetros a partir de testes com traçador, pode não ser necessário calcular a função $E(t)$ da DTR. Os parâmetros do modelo (por exemplo, V_M) podem ser obtidos diretamente a partir das medidas de concentração do efluente em um teste com traçador. A previsão teórica do teste particular com traçador no sistema modelo escolhido é comparada com as medidas do traçador do reator real. Os parâmetros no modelo são escolhidos de modo a se obter a melhor concordância possível entre o modelo e o experimento. Se a concordância for suficientemente próxima, o modelo é tido como razoável. Senão, outro modelo tem de ser escolhido.

O que é suficientemente próxima?

A qualidade da concordância necessária para preencher o critério "suficientemente próxima" novamente depende da criatividade no desenvolvimento do modelo e no bom senso da engenharia. As demandas mais extremas são que o erro máximo na previsão não exceda o erro estimado pelo teste com traçador e que não haja tendências observáveis ao longo do tempo na diferença entre previsão (o modelo) e observação (o reator real). Para ilustrar como a modelagem é feita, consideraremos agora dois modelos diferentes de CSTR: primeiro, um CSTR com zona morta e desvio; e o segundo, um modelo CSTR com dois tanques contínuos agitados (CST) com permuta. Em cada um desses casos, primeiro mostraremos como modelar o sistema com dois parâmetros ajustáveis α e β; em seguida, mostraremos como calcular a conversão de saída nas concentrações.

18.8.1 CSTR Real Modelado Usando Desvio e Espaço Morto

Acredita-se que um CSTR real seja modelado como uma combinação de um CSTR ideal com um volume bem misturado V_s, um volume de zona morta V_m e um desvio com vazão volumétrica v_d (Figura 18.14). Usamos um experimento com traçador para avaliar os parâmetros do modelo, V_s e v_s. Como o volume total e a vazão volumétrica são conhecidos, uma vez que V_s e v_s sejam encontrados, v_d e V_m podem ser prontamente calculados.

O sistema modelo

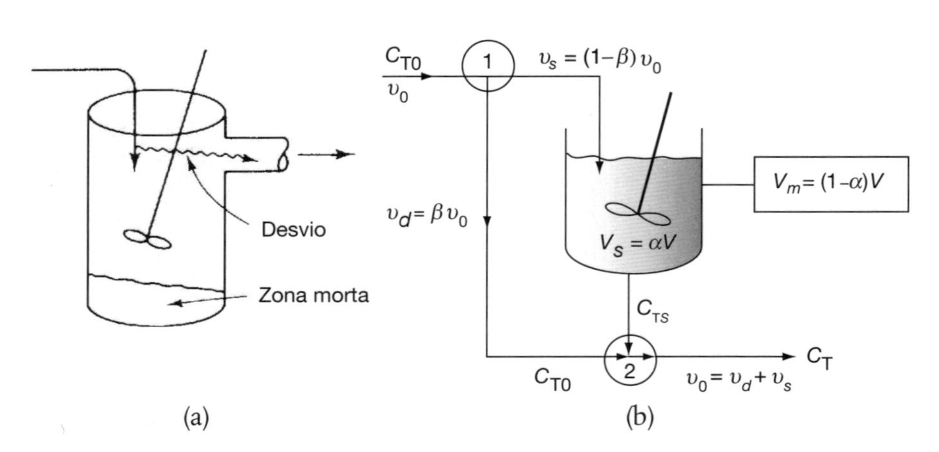

Figura 18.14 (a) Sistema real. (b) Sistema modelo.

18.8.1A Resolução do Sistema Modelo para C_A e X

A corrente de desvio e a corrente do efluente do volume de reação são misturadas no ponto de junção 2. Do balanço para a espécie A ao redor desse ponto, temos

O *Conselho de Fita Adesiva de Jofostan* gostaria de destacar o novo método: **O Balanço na Junção.**

$$[\text{Entrada}] = [\text{Saída}]$$

$$v_0 C_A = (v_d + v_s) C_A = C_{A0} v_d + C_{As} v_s = C_{A0} v_0 \beta + C_{As} v_0 (1 - \beta) \quad (18.64)$$

Na ausência de reação (por exemplo, traçador), a concentração de saída do sistema é

$$C_A = C_{A0}(1 - X) \quad (18.65)$$

em que deixamos $\alpha = V_s/V$ e $\beta = v_d/v_0$.

Usaremos este modelo para calcular a conversão para a reação de primeira ordem

$$A \xrightarrow{k_1} B$$

Um balanço molar no volume bem misturado V_s fornece

Balanço molar no CSTR

$$v_s C_{A0} - v_s C_{As} - k C_{As} V_s = 0$$

Como mostrado no material expandido no CRE *website*, a concentração de saída das espécies A em termos de α e β é

Conversão em função dos parâmetros do modelo

$$\boxed{\frac{C_A}{C_{A0}} = 1 - X = \beta + \frac{(1-\beta)^2}{(1-\beta) + \alpha \tau k}} \quad (18.66)$$

Usamos o sistema de reator ideal mostrado na Figura 18.14 para predizer a conversão no reator real (isto é, Equação (18.66)). O modelo tem dois parâmetros, α e β. O parâmetro α é a fração de volume da zona morta e o parâmetro β é a fração de vazão volumétrica que desvia da zona de reação. Se esses parâmetros forem conhecidos, podemos prontamente prever a conversão. Na seção seguinte, vamos ver como podemos usar experimentos com traçador e dados de DTR para avaliar os parâmetros do modelo.

Sistema modelo

Se tivéssemos que injetar um traçador de degrau positivo no sistema mostrado na Figura 18.14, o balanço do traçador de estado não estacionário em um volume de reator bem misturado V_s é

$$\text{Entrada} - \text{saída} = \text{acúmulo}$$

Balanço do traçador para perturbação em degrau

$$\boxed{v_s C_{T0} - v_s C_{Ts} = \frac{dN_{Ts}}{dt} = V_s \frac{dC_{Ts}}{dt}} \quad (18.67)$$

As condições para a perturbação em degrau positivo são

$$\text{Em } t < 0 \quad C_T = 0$$

$$\text{Em } t \geq 0 \quad C_T = C_{T0}$$

Resolvendo as equações do balanço do traçador e usando um balanço em torno do ponto de junção 2, chegamos à seguinte equação relacionando C_T e t:

$$\frac{C_T}{C_{T0}} = 1 - (1 - \beta) \exp\left[-\frac{1-\beta}{\alpha} \left(\frac{t}{\tau} \right) \right] \quad (18.68)$$

Exemplo 18.5 Uso de Traçador para determinar os Parâmetros do Modelo em um CSTR com Modelo de Espaço Morto e Desvio

Os dados, a seguir, de concentração com tempo do traçador foram obtidos a partir de uma perturbação em degrau para o sistema na Figura 18.14.

Tabela E18.5.1 Dados do Traçador para Perturbação em Degrau

C_T (mg/dm³)	1.000	1.333	1.500	1.666	1.750	1.800
t (min)	4	8	10	14	16	18

A concentração de entrada do traçador é C_{T0} = 2.000 mg/dm³.

(a) Determine os parâmetros do modelo α e β em que $\alpha = V_s/V$ e $\beta = \upsilon_d/\upsilon_0$.

(b) Determine a conversão para uma reação de segunda ordem com C_{A0} = 2 kmol/m³, τ = 10 min e k = 0,28 m³/kmol·min.

Solução

(a) **Cálculo de α e β**

Os parâmetros do modelo, α e β, são obtidos por regressão (Polymath/MATLAB/Excel) ou a partir do gráfico adequado de concentração do traçador no efluente em função do tempo. Reorganizando a Equação (18.68), resulta em

$$\ln \frac{C_{T0}}{C_{T0} - C_T} = \ln \frac{1}{1-\beta} + \left(\frac{1-\beta}{\alpha}\right)\frac{t}{\tau} \quad \text{(E18.5.1)}$$

Por conseguinte, usando a Tabela E18.5.1 traçamos o gráfico $\ln[C_{T0}/(C_{T0} - C_T)]$ em função de t. Se nosso modelo estiver correto, resultará uma linha reta com uma inclinação de $(1 - \beta)/\tau\alpha$ e uma interseção em $\ln[1/(1 - \beta)]$.

Tabela E18.5.2 Dados do Traçador para Perturbação em Degrau

C_T (mg/dm³)	1.000	1.333	1.500	1.666	1.750	1.800
$\dfrac{C_{T0}}{C_{T0} - C_r}$	2	3	4	6	8	10
t (min)	4	8	10	14	16	18

Quando fazemos a regressão desses dados usando a Equação (E18.5.1), obtemos

$$\alpha = 0{,}7 \text{ e}$$
$$\beta = 0{,}2$$

$$\tau_s = \frac{V_s}{\upsilon_s} = \frac{\alpha V}{(1-\beta)\upsilon_0} = \frac{\alpha\tau}{(1-\beta)} = \frac{(0{,}7)(10 \text{ min})}{(1-0{,}2)} = 8{,}7 \text{ min}$$

(b) **Cálculo da Conversão**

Podemos agora prosseguir aplicando nosso algoritmo a este sistema. Um balanço molar no reator V_s, fornece

$$\upsilon_s C_{A0} - \upsilon_s C_A - kC_{As}^2 V_s = 0 \quad \text{(E18.5.2)}$$

Para uma reação de segunda ordem

$$-r_A = kC_A^2 \text{ com } k = \frac{0{,}28 \text{ m}^3}{\text{kmol} \cdot \text{min}}$$

A concentração de saída é

$$C_A = \beta C_{A0} + (1-\beta)C_{As} \quad \text{(E18.5.3)}$$

$$C_{As} = \frac{-1+\sqrt{1+4\tau_s k C_{A0}}}{2\tau_s k} \quad \text{(E18.5.4)}$$

Substituindo os valores dos parâmetros, descobrimos que a concentração de saída e a conversão prevista no reator real (não ideal) são

$$C_A = 0{,}979 \text{ kmol/m}^3 \text{ e}$$

$$\boxed{X_{\text{modelo}} = 0{,}51}$$

$X_{\text{modelo}} = 0{,}51$
$X_{\text{ideal}} = 0{,}66$

Usando os mesmos valores de parâmetros da equação da taxa para um CSTR ideal, encontramos

$$C_A = 0{,}685 \text{ kmol/m}^3 \text{ e}$$

$$X_{\text{Ideal}} = 0{,}66$$

Análise: Neste exemplo, usamos uma combinação de um CSTR ideal com um volume morto e desvio para modelar um reator não ideal. Se o reator não ideal se comportasse como um CSTR ideal, seria esperada uma conversão de 66%. Por causa do volume morto, nem todo o espaço estava disponível para a reação; além disso, parte do fluido não entrou no espaço onde a reação estava ocorrendo e, como resultado, a conversão neste reator não ideal foi de apenas 51%.

Outros Modelos. Na Seção 18.8.1 foi mostrado como formulamos um modelo consistindo em reatores ideais para representar um reator real. Primeiro, resolvemos a concentração de saída e a conversão para nosso sistema modelo em termos de dois parâmetros, α e β. Em seguida, avaliamos esses parâmetros a partir de dados sobre a concentração do traçador em função do tempo. Por fim, substituímos esses valores de parâmetro no equilíbrio molar, na lei da taxa e nas equações estequiométricas para prever a conversão em nosso reator real.

Para reforçar esse conceito, usaremos mais um exemplo (sim, apenas mais um, conforme dado no Exemplo 18.6).

18.8.2 CSTR Real Modelado como Dois CSTRs Interconectados

Neste modelo particular, há uma região altamente agitada na vizinhança do agitador; fora daí, há uma região com menos agitação (Figura 18.15). Há uma considerável transferência de material entre duas regiões. Os canais de escoamento de entrada e saída se conectam à região altamente agitada. Vamos modelar a região altamente agitada como um CSTR, a região mais calma como outro CSTR, com transferência de material entre os dois.

O sistema modelo

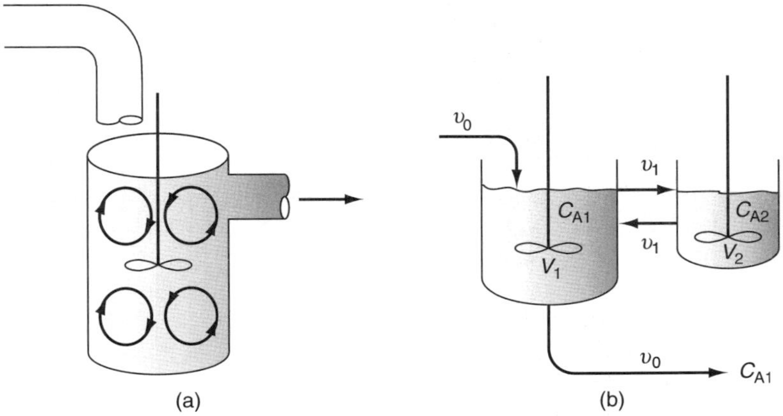

Figura 18.15 (a) Sistema real de reação; (b) sistema modelo de reação.

18.8.2A *Resolução do Sistema Modelo para C_A e X*

Seja β aquela fração do escoamento total que é permutada entre os reatores 1 e 2; ou seja; $v_1 = v_2 = \beta v_0$ e seja α aquela fração de volume total, V, ocupada pela região altamente agitada, $V_1 = \alpha V$.

O tempo espacial é medido como o volume real do reator V dividido pela vazão volumétrica total v_0.

$$\tau = \frac{V}{v_0} = \frac{V_1 + V_2}{v_0}$$

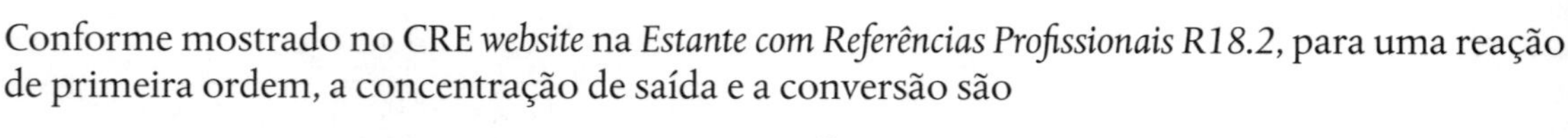

Estante com Referências

Conforme mostrado no CRE *website* na *Estante com Referências Profissionais R18.2*, para uma reação de primeira ordem, a concentração de saída e a conversão são

$$C_{A1} = \frac{C_{A0}}{1 + \beta + \alpha\tau k - \{\beta^2/[\beta + (1-\alpha)\,\tau k]\}} \tag{18.69}$$

e

Conversão para o modelo de dois CSTRs

$$X = 1 - \frac{C_{A1}}{C_{A0}} = \frac{(\beta + \alpha\tau k)[\beta + (1-\alpha)\,\tau k] - \beta^2}{(1 + \beta + \alpha\tau k)[\beta + (1-\alpha)\,\tau k] - \beta^2} \tag{18.70}$$

em que C_{A1} é a concentração no reator que sai do primeiro reator na Figura 18.15(b).

18.8.2B *Uso de Traçador para Determinar os Parâmetros do Modelo em um CSTR com um Volume de Troca*

O problema agora é calcular os parâmetros α e β usando os dados de DTR. C_{T1} é a concentração medida do traçador que sai do reator real. O traçador é inicialmente despejado apenas no reator 1, de forma que as condições iniciais $C_{T10} = N_{T0}/V_1$ e $C_{T20} = 0$.

Aplicando um balanço do traçador nos reatores 1 e 2 em termos de α, β e τ, chegamos a duas equações diferenciais acopladas, que descrevem o comportamento não estacionário do traçador, que devem ser resolvidas simultaneamente.

Consulte o Apêndice A.3 para o método de solução.

$$\tau\alpha \frac{dC_{T1}}{dt} = \beta C_{T2} - (1 + \beta)C_{T1} \tag{18.71}$$

$$\tau(1-\alpha)\frac{dC_{T2}}{dt} = \beta C_{T1} - \beta C_{T2} \tag{18.72}$$

As soluções analíticas para as Equações (18.71) e (18.72) são fornecidas no CRE *website*, no Apêndice A.3 e na Equação (18.73), a seguir. No entanto, para sistemas mais complicados, soluções analíticas, para determinar os parâmetros do sistema, talvez não sejam possíveis.

$$\left(\frac{C_{T1}}{C_{T10}}\right)_{\text{pulso}} = \frac{(\alpha m_1 + \beta + 1)\,e^{m_2 t/\tau} - (\alpha m_2 + \beta + 1)\,e^{m_1 t/\tau}}{\alpha(m_1 - m_2)} \tag{18.73}$$

em que

$$m_1,\ m_2 = \left[\frac{1 - \alpha + \beta}{2\alpha(1-\alpha)}\right]\left[-1 \pm \sqrt{1 - \frac{4\alpha\beta(1-\alpha)}{(1-\alpha+\beta)^2}}\right]$$

Exemplo 18.6 CSTR com permuta

Um teste em pulso com traçador foi realizado no sistema modelo mostrado na Figura 18.15 (*http://www.umich.edu/~elements/6e/18chap/Ch18_Web-Additional%20Material.pdf*) com $C_{T0} = 2.000 \text{ mg/dm}^3$ e $\tau = \frac{V}{v_0} = \frac{1.000 \text{ dm}^3}{25 \text{ dm}^3/\text{min}} = 40$ min, e os resultados são listados na Tabela E18.6.1.

Tabela E18.6.1 Dados do Traçador para Perturbação em Pulso

t (min)	0,0	20	40	60	80	120	160	200	240	280	320
$\theta = t/\tau$	0,0	0,5	1,0	1,5	2,0	3,0	4,0	5,0	6,0	7,0	8,0
C	2.000	1.050	520	280	160	61	29	16,4	10,0	6,4	4,0
C/C_{10}	1,0	0,525	0,26	0,14	0,08	0,03	0,0145	0,0082	0,005	0,0032	0,002

(a) Determine os parâmetros de permuta α e β.
(b) Determine a conversão para uma reação de primeira ordem, com $k = 0,03 \text{ min}^{-1}$.
(c) Determine a conversão correspondente em um CSTR ideal e em um PFR ideal.

Solução

(a) **Identificação de α e β**

Um experimento com traçador em pulso é usado para que todo o traçador, N_{T0}, entre no reator 1 com o volume, V_1, ou seja, (N_{T0}, = $C_{10}V_1$).

$$\alpha = V_1/V$$

$$\beta = v_1/v_0$$

Um balanço no traçador resulta em

(massa adicionada em $t = 0$) = (massa que sai no tempo total)

$$C_{10}\alpha V = v_0\int_0^{\infty} C(t)dt \qquad \text{(E18.6.1)}$$

Resolvendo para α

$$\alpha = \frac{1}{C_{10}}\int_0^{\infty} C(\theta)d\theta = \int_0^{\infty}\frac{C(\theta)}{C_{10}}d\theta \qquad \text{(E18.6.2)}$$

Vemos que α é apenas a área sob a curva $C(\theta)$ na Figura E18.6.1 dividida por C_{10}.

Calculando a área, obtemos

$$\alpha = 0,80$$

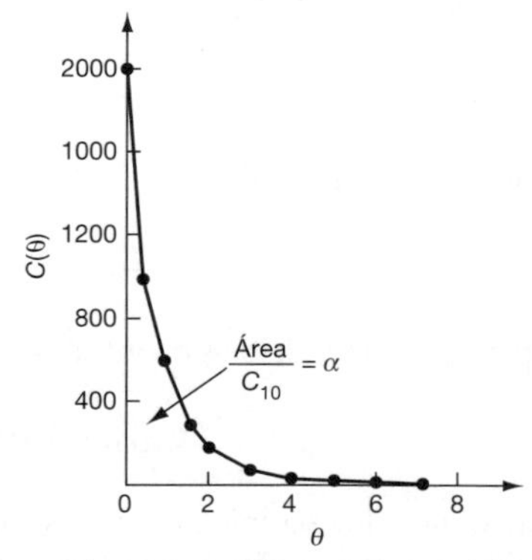

Figura E18.6.1 Concentração adimensional do traçador em função do tempo adimensional.

Conforme mostrado na *Web* (*http://www.umich.edu/~elements/6e/18chap/Ch18_Web-Additional%20Material.pdf*), plotando-se a razão $C(t)/C_{10}$ em função de θ, em coordenadas semilog, obtemos o gráfico mostrado na Figura *Web* E18.1.3. Para um tempo longo, na Equação (18.73), o primeiro termo contendo m_2 no expoente é insignificante em relação ao segundo termo. Consequentemente, se extrapolarmos a porção da curva para um longo tempo atrás, $\theta = 0$, temos

$$\text{Interseção} = I = -\frac{\alpha m_2 + \beta + 1}{\alpha(m_1 - m_2)} = 0{,}066 \qquad (\textit{Web}\ \text{E18.2.4})$$

Os valores de m_1 e m_2 são obtidos da Figura (*Web* E18.1.3).

$$0{,}066 = \frac{-(0{,}8)(-1{,}44) + \beta + 1}{(0{,}8)[-0{,}434 - (-1{,}44)]}$$

Dois CSTRs com permuta

Resolvendo para β, obtemos $\beta = 0{,}1$. Os dois parâmetros para esse modelo são então

$$\boxed{\alpha = 0{,}8 \quad \text{e} \quad \beta = 0{,}1}$$

$$\boxed{\tau k = (40 \text{ min})(0{,}03 \text{ min}^{-1}) = 1{,}2}$$

(b) Identificação da conversão para uma reação de primeira ordem

Para dois CSTRs interconectados, lembrando a Equação (18.70)

Usando regressão, encontramos $\alpha = 0{,}8$ $\beta = 0{,}1$

$$\boxed{X = 1 - \frac{C_{A1}}{C_{A0}} = \frac{(\beta + \alpha\tau k)[\beta + (1-\alpha)\tau k] - \beta^2}{(1 + \beta + \alpha\tau k)[\beta + (1-\alpha)\tau k] - \beta^2}} \qquad (18.70)$$

Substituímos agora α, β e τk na Equação (18.70) e, como também mostrado no CRE *website*, substituindo para τ_k, α e β na Equação (18.69) resulta em

$$\frac{C_A}{C_{A0}} = 1 - X = \frac{1}{1 + \beta + \alpha\tau k - \dfrac{\beta^2}{\beta + (1-\alpha)\tau k}} \qquad (\text{E18.6.3})$$

$$1 - X = \frac{1}{1 + 0{,}1 + (0{,}8)(1{,}2) - \dfrac{(0{,}1)^2}{0{,}1 + (1 - 0{,}8)(1{,}2)}} \qquad (\text{E18.6.4})$$

$$X = 0{,}51 \qquad \underline{\text{Resp.}}$$

(c) Identificação da conversão em CSTR ideal e PFR ideal

Para um único CSTR ideal,

$$X = \frac{\tau k}{1 + \tau k} = \frac{1{,}2}{2{,}2} = 0{,}55 \qquad \underline{\text{Resp.}}$$

Para um único PFR ideal,

$$X = 1 - e^{-\tau k} = 1 - e^{-1{,}2} = 0{,}7 \qquad \underline{\text{Resp.}}$$

Dois CSTRs com permuta

Comparando os modelos, encontramos

$$(X_{\text{modelo}} = 0{,}51) < (X_{\text{CSTR}} = 0{,}55) < (X_{\text{PFR}} = 0{,}7)$$

Análise: Para o modelo escolhido com dois parâmetros, usamos a DTR para determinar os dois parâmetros a fim de encontrar a conversão, X, isto é, esses parâmetros foram a fração do maior volume de fluido $V_1 = \alpha V$ e a fração β do fluido permutado entre os reatores, $\upsilon_1 = \beta\upsilon_0$. Calculamos em seguida a concentração de saída, usando um CSTR ideal. O algoritmo de ERQ foi então aplicado para modelar o sistema de reator em que a conversão encontrada foi de 51%, que é menor que aquela para um CSTR ideal ($X = 0{,}56$).

18.8.3 Outros Modelos de Reatores Não ideais Usando CSTRs e PFRs

Vários modelos de reatores foram discutidos nas páginas precedentes. Todos são baseados na observação física de que em quase todos os tanques agitados há uma zona bem misturada na vizinhança do agitador. Essa zona é geralmente representada por um CSTR. A região fora dessa zona bem misturada pode então ser modelada de várias maneiras. Já consideramos os modelos mais simples, que têm o CSTR combinado com um volume com espaço morto; se houver a suspeita de alguma diminuição do percurso a partir da alimentação até a saída, uma corrente de desvio pode ser adicionada. O próximo passo é olhar todas as combinações possíveis que podemos usar para modelar um reator não ideal usando somente CSTRs, PFRs, volume morto e desvio. A taxa de transferência entre dois reatores é um dos parâmetros do modelo. As posições da entrada e da saída para o sistema do reator modelo dependem da disposição física do reator real.

A Figura 18.16(a) descreve um PFR ou PBR real, com caminhos preferenciais, e é modelado como dois PFRs/PBRs em paralelo. Os dois parâmetros são a fração de escoamento para os reatores [β e $(1-\beta)$] e o volume fracional [α e $(1-\alpha)$] de cada reator. A Figura 18.16(b) descreve um PFR/PBR real, que tem uma região de retromistura e é modelado como um PFR/PBR em paralelo com um CSTR. As Figuras 18.16(a) e (b) mostram um CSTR modelado como dois CSTRs com permuta. Em um caso, o fluido sai do CSTR do topo, (a), e no outro caso, o fluido sai do CSTR de baixo (b). O parâmetro β representa a vazão volumétrica de permuta, βv_0, e α o volume fracional do reator do topo, αV, em que o fluido sai do sistema de reação. Notamos que o reator na Figura 18.16(b) descreveu extremamente bem um reator real usado na produção de ácido tereftálico.[14] Algumas outras combinações de reatores ideais podem ser encontradas em Levenspiel.[15]

Um histórico de caso para o ácido tereftálico

Modelos para Reatores Não Ideais

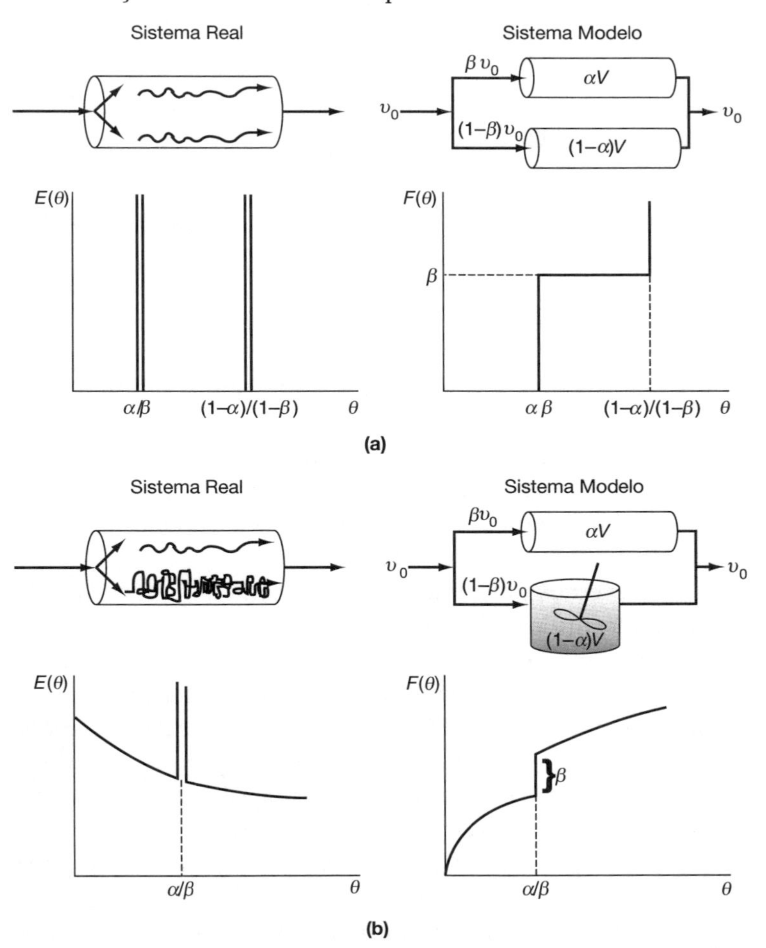

Figura 18.16 Combinações de reatores ideais usados para modelar reatores tubulares reais: (a) dois PFRs ideais em paralelo; (b) PFR ideal e CSTR ideal em paralelo.

[14] Proc. Indian Inst. Chem. Eng. Golden Jubilee, um Congresso, Delhi, 1997, p. 323.

[15] Levenspiel, O. *Engenharia das Reações Químicas*, 3. ed Rio de Janeiro: Edgard Blücher, 2000 p. 238-245.

18.8.4 Aplicações à Modelagem Farmacocinética

O uso de combinações de reatores ideais para modelar metabolismo e distribuição de fármacos no corpo humano está se tornando um lugar-comum. Por exemplo, um dos modelos mais simples para adsorção e eliminação de fármacos é similar àquele mostrado na Figura 18.17(a). O fármaco é injetado por via intravenosa no compartimento central contendo o sangue (o reator do topo). O sangue distribui o fármaco para frente e para trás para o compartimento do tecido (o reator inferior) antes de ser eliminado (reator superior). Esse modelo fornecerá o gráfico semilog familiar encontrado em livros de farmacocinética. Como pode ser visto no Capítulo 9, na figura na *Estante com Referências Profissionais R9.8* no CRE *website*, sobre farmacocinética, há duas inclinações diferentes: uma para a fase de distribuição de fármacos e uma para a fase de eliminação.

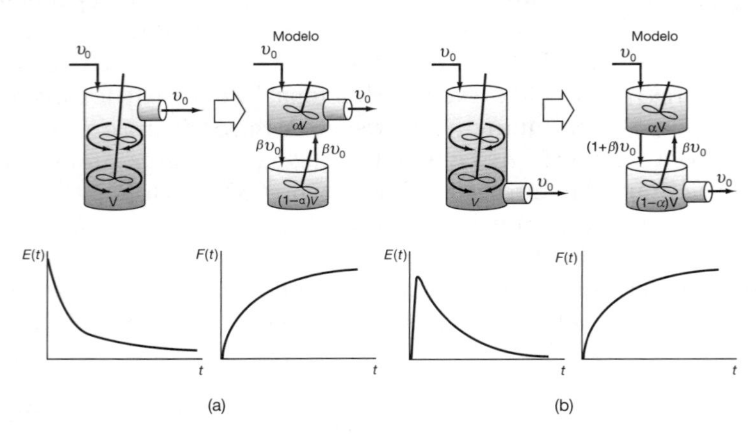

Figura 18.17 Combinações de reatores ideais usados para modelar um CSTR real. Dois CSTRs ideais interconectados: (a) saída do topo do CSTR; (b) saída do fundo do CSTR.

18.9 *E Agora*... Uma Palavra do Nosso Patrocinador – Segurança 18 (UPDNP-S18 Algoritmo para Gerenciamento de Mudanças (GdM))

Como engenheiros químicos, é importante compreendermos os aspectos de segurança envolvidos quando sujeitamos um processo, um equipamento de fábrica ou um procedimento operacional a uma mudança. Devemos ter a capacidade de observar não apenas quais parâmetros melhoram como resultado dessa mudança, mas também aqueles que podem ser afetados não intencionalmente, e tomar as medidas adequadas para minimizar ou, na melhor das hipóteses, anular o efeito dessas mudanças.

Devemos prestar atenção em como definimos "mudança". É, "qualquer coisa que não seja uma substituição de igual por igual."

Caso Verídico

Histórico de Caso Real 1: *John,* Kötloff (irmão de Sven) *chefe de compras da Companhia Química de Jofostan* (Jofostan Chemical Co, JCC) *foi contatado por uma nova empresa que esperava vender uma de suas matérias-primas para a JCC a um preço mais barato do que seu fornecedor atual. Eles também garantiram a ele que entregariam este líquido altamente perigoso para suas instalações de produção no mesmo tipo de tanque ISO (ou seja, de acordo com os padrões internacionais) e com válvulas de conexão correspondentes para descarregar o tanque. John prosseguiu com a compra sem consultar a fábrica.*

Epílogo: *O primeiro fornecimento danificou o pórtico de entrega, porque o novo fornecedor usou um reboque mais alto para transportar o tanque ISO certificado.*

Antes de continuar lendo, vamos definir a avaliação de risco. A avaliação de risco é o processo de identificação de todas as consequências possíveis de uma operação e avaliação de seus perigos.

Uma descrição adequada e precisa da mudança, apoiada em informações cruciais, juntamente com toda a papelada, é necessária para realizar a avaliação de risco da mudança.

Antes que a mudança seja feita, o sistema GdM deve identificar os possíveis efeitos diretos e os efeitos colaterais para avaliar as consequências perigosas e fornecer uma avaliação de risco da mudança.

Histórico de Caso Real 2 (apenas os nomes foram alterados): *No início dos anos 1970, os Misturadores Jofostan produziam óxido de magnésio (MgO) em uma de suas fábricas. O MgO era comercializado com o nome de JofoNutri e adicionado como suplemento nutricional à ração para vacas leiteiras. Aquela mesma fábrica também fabricava bifenil polibromados (PBBs) que eram usados como retardadores de chama sob o nome JofoFire.*[†] *Em algum momento de 1973, os sacos de papel contendo JofoFire chegaram ao complexo produtor de ração e foram adicionados à ração, pelo operador da planta, supondo que fosse JofoNutri.*

Qualquer atividade que se classifique como uma "mudança", antes de ser implantada, conforme descrito na terceira edição de "*Estratégias para Resolução Criativa de Problemas*", deve passar pelo seguinte:

1. Classifique o **caso da mudança**: identifique a necessidade de mudança e as partes envolvidas interessadas.
2. **Visão** para a mudança: como será após a mudança?
3. Quais **habilidades** são necessárias para implantar a mudança no que diz respeito ao projeto, comunicação etc.?
4. Qual é o **incentivo** para a organização empreender a mudança?
5. Temos **recursos** suficientes (pessoal, conhecimento etc.) para implantar a mudança?
6. Faça um **plano de ação** (gráfico de Gantt, cronogramas etc.) para a mudança.

À luz da discussão anterior, responda:

(a) O que uma "mudança" deveria incluir?
Qualquer definição de mudança deve incluir claramente mudanças em equipamento, processo ou software, *bem como adição de um novo equipamento ou processo. Qualquer modificação na estrutura organizacional ou qualquer alteração em um procedimento operacional também deve ser definida como uma mudança.*

(b) Que salvaguardas poderiam ter evitado o incidente com a ração de vacas leiteiras de Jofostan?
1. *Para o isolamento adequado de produtos químicos nocivos em instalações de produtos de qualidade alimentar, deveriam ter sido empregados diferentes veículos de transporte, bem como diferentes pessoas, para o JofoNutri e o JofoFire.*
2. *Uma característica distinta na embalagem de todos os produtos químicos nocivos na instalação teria permitido aos operadores distinguir produtos de grau alimentício de produtos químicos perigosos.*
3. *Os operadores da planta deveriam ter sido sensíveis à presença de produtos químicos prejudiciais que pudessem ser acidentalmente transportados para a fábrica de produção de ração para vacas leiteiras.*
4. *O uso de nomes semelhantes, como JofoNutri e JofoFire, deveria ser evitado, pois poderia ter levado à confusão.*

(c) Como chefe de investigação após o incidente com a ração para vacas leiteiras da Jofostan, quais serão as recomendações do seu relatório para evitar tais incidentes no futuro?
Embora algumas das salvaguardas em (b) possam ser recomendadas, é importante focar aqui no aspecto de "gerenciamento de mudanças".
1. *Quando a empresa decidiu mudar para sacolas marrons comuns em vez de sacolas impressas com códigos de cores, ela deveria ter sinalizado isso como uma "mudança".*
2. *Todas as partes interessadas – Compras, Operações e Logística – devem ser notificadas sobre esta proposta e consultadas para obter suas opiniões.*
3. *Um gerente de segurança zeloso deve ser encarregado de coordenar, com todas as partes interessadas, e apresentar suas recomendações, antes que tal proposta seja aprovada. Ele deve avaliar a proposta de mudança da maneira descrita anteriormente.*

[†]M. Venier, A. Salamova, and R. A. Hites, "Halogenated flame retardants in the Great Lakes Environment," *Acc. Chem. Res.*, 48, 1853–1861 (2015).

Encerramento.

Dados de DTR + Cinética + Modelo = Previsão

Neste capítulo, modelos foram desenvolvidos para reatores existentes, de modo a obter uma estimativa mais precisa da conversão e da concentração de saída do que aquelas dos modelos sem parâmetros ajustáveis, de segregação e de mistura máxima. Depois de concluir este capítulo, o leitor estará apto a usar os dados de DTR, a equação da taxa da cinética e o modelo do reator para fazer previsões da conversão e das concentrações de saída, usando o modelo de dispersão de um parâmetro. Além disso, o leitor deve ser capaz de criar modelos de dois parâmetros consistindo em combinações de reatores ideais que reproduzam os dados de DTR. Usando os modelos e dados de equação da taxa, pode-se resolver para as conversões e concentrações de saída. A escolha de um modelo apropriado é quase pura arte, *requerendo criatividade e bom senso em engenharia*. O padrão de escoamento do modelo tem de possuir as características mais importantes da escolha de um reator real. Modelos-padrão que tiveram algum sucesso estão disponíveis e podem ser usados como pontos de partida. Modelos de reatores reais geralmente consistem em combinações de PFRs, CSTRs perfeitamente misturados, com desvios e espaços mortos em uma configuração que se ajusta aos padrões de escoamento no reator. Para reatores tubulares, o simples modelo de dispersão tem provado ser o mais popular.

Em resumo, os parâmetros do modelo, que com raras exceções não devem exceder a dois em número, são obtidos a partir dos dados de DTR. Uma vez que os parâmetros são avaliados, a conversão no modelo e, portanto, no reator real, pode ser calculada. Para modelos de reator-tanque típico, pode-se calcular para a conversão em um sistema de reator série-paralelo. Para o modelo de dispersão, a equação diferencial de segunda ordem deve ser resolvida, geralmente numericamente. Existem soluções analíticas para reações de primeira ordem, mas, como apontado anteriormente, nenhum modelo deve ser considerado para o sistema de primeira ordem se a DTR estiver disponível.

Existem correlações para a quantidade de dispersão que pode ser esperada em reatores comuns de leito fixo, de modo que esses sistemas podem ser projetados usando o modelo de dispersão sem obter ou estimar a DTR. Esta situação é talvez a única em que uma DTR não é necessária para projetar um reator não ideal.

RESUMO

1. Os modelos para predizer a conversão a partir de dados de DTR são:
   a. Nenhum parâmetro ajustável
      (1) Modelo de segregação
      (2) Modelo de mistura máxima
   b. Um parâmetro ajustável
      (1) Modelo de tanques em série
      (2) Modelo de dispersão
   c. Dois parâmetros ajustáveis: reator real, modelado como combinações de reatores ideais
2. Modelo de dispersão: Para uma reação de primeira ordem, use as condições de contorno Danckwerts,

$$X = 1 - \frac{4q \exp(Pe_r/2)}{(1+q)^2 \exp(Pe_r q/2) - (1-q)^2 \exp(-Pe_r q/2)} \tag{R18.1}$$

em que

$$q = \sqrt{1 + \frac{4\boldsymbol{Da_1}}{Pe_r}} \tag{R18.2}$$

$$\boldsymbol{Da_1} = \tau k \tag{R18.3}$$

Para uma reação de primeira ordem,

$$Pe_r = \frac{UL}{D_a} \qquad Pe_f = \frac{Ud_p}{D_a \phi} \tag{R18.4}$$

3. Determine D_a.
   a. Para um escoamento laminar, o coeficiente de dispersão é

$$\boxed{D^* = D_{AB} + \frac{U^2R^2}{48D_{AB}}} \tag{R18.5}$$

   b. Correlações. Use as Figuras 18.8 a 18.10.
   c. Experimento em análise de DTR para encontrar t_m e σ^2.

Para um *sistema fechado-fechado*, use a Equação (R18.5) para calcular Pe_r a partir dos dados de DTR:

$$\boxed{\frac{\sigma^2}{\tau^2} = \frac{2}{Pe_r} - \frac{2}{Pe_r^2}(1 - e^{-Pe_r})} \tag{R18.6}$$

Para um *sistema aberto-aberto*, use

$$\boxed{\frac{\sigma^2}{t_m^2} = \frac{2Pe_r + 8}{Pe_r^2 + 4Pe_r + 4}} \tag{R18.7}$$

4. Se um reator real for modelado como uma combinação de reatores ideais, o modelo deve ter no máximo dois parâmetros.

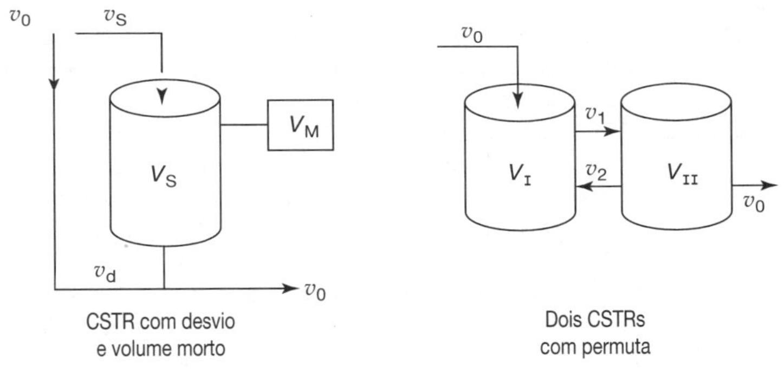

5. A DTR é usada para extrair parâmetros do modelo.
6. Comparação de conversões para um PFR e um CSTR com modelos sem parâmetro ajustável e com dois parâmetros. X_{seg} simboliza a conversão obtida a partir do modelo de segregação e X_{mm} é a conversão obtida a partir do modelo de mistura máxima para reações de ordens maiores do que um.

$$X_{PFR} > X_{seg} > X_{mm} > X_{CSTR}$$

$$X_{PFR} > X_{modelo} \quad \text{com} \quad X_{modelo} < X_{CSTR} \text{ ou } X_{modelo} > X_{CSTR}$$

Cuidado: Para equações de taxa com funcionalidades incomuns de concentração ou para operação não isotérmica, esses limites podem não ser precisos.

7. Gradientes de temperatura axial ou radial e de concentração. As seguintes equações diferenciais parciais acopladas foram resolvidas usando COMSOL:

$$\boxed{D_e \frac{\partial^2 C_i}{\partial r^2} + \frac{D_e}{r}\frac{\partial C_i}{\partial r} + D_e \frac{\partial^2 C_i}{\partial z^2} - U_z \frac{\partial C_i}{\partial z} + r_i = 0} \tag{R18.8}$$

e

$$\boxed{k_e \frac{\partial^2 T}{\partial z^2} + \frac{k_e}{r}\frac{\partial}{\partial r}\left(r\frac{\partial T}{\partial r}\right) + \Delta H_{Rx} r_A - U_z C_{P_m} \frac{\partial T}{\partial z} = 0} \tag{R18.9}$$

MATERIAIS DO CRE *WEBSITE*

(http://www.umich.edu/~elements/6e/18chap/obj.html#/)

Links Úteis

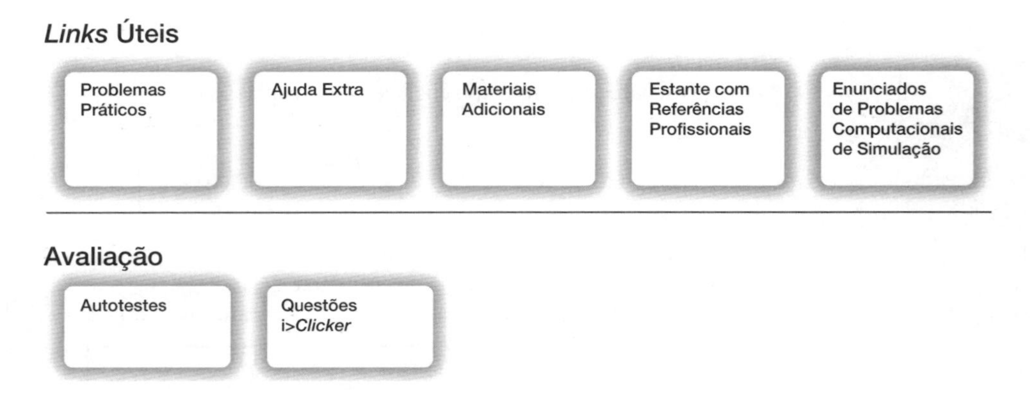

Avaliação

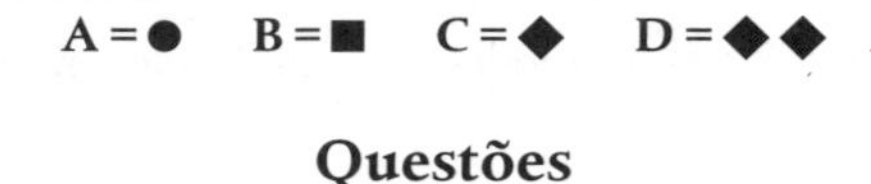

QUESTÕES, SIMULAÇÕES E PROBLEMAS

O subscrito para cada número do problema indica o nível de dificuldade: A menos difícil; D, mais difícil.

A = ● B = ■ C = ◆ D = ◆◆

Questões

Q18.1$_A$ **QAL** (*Questão Antes da Leitura*). **E se** você fosse solicitado a projetar um vaso tubular que minimizasse a dispersão? Quais seriam suas diretrizes? Como você maximizaria a dispersão? Como seu projeto mudaria para um leito fixo?

Q18.2$_B$ Componha e resolva um problema original. O roteiro é apresentado no Problema P5.3$_A$. Contudo, componha um problema ao contrário, escolhendo primeiro um sistema modelo, tal como um CSTR em paralelo com um CSTR e um PFR (com o PFR modelado como quatro pequenos CSTRs em série) **ou** um CSTR com reciclo e desvio (Figura Q18.2$_B$). Escreva balanços de massa para o traçador e use um *solver* de EDO para predizer as concentrações de efluente. De fato, você poderia construir um arsenal de curvas de traçador para diferentes sistemas modelos para comparar em relação aos dados de DTR de reatores reais. Dessa forma você poderia deduzir que modelo descreve melhor o reator real.

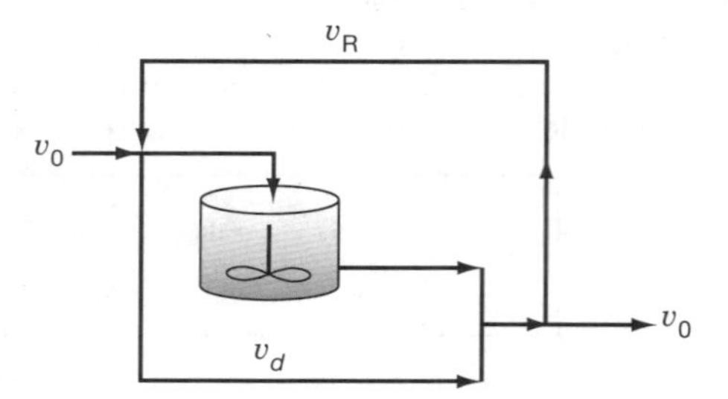

Figura Q18.2$_B$ Sistema modelo.

Q18.3$_A$ Você pode usar a Figura 18.2 para encontrar o coeficiente de dispersão para um líquido com um número de Schmidt, $Sc = 0{,}35$ e uma porosidade de gás de $\phi = 0{,}5$, um diâmetro de partícula $d_p = 1$ cm, uma velocidade do gás $U = 10$ cm/s, e uma viscosidade cinemática $\upsilon = 30$ cm^2/s? Em caso afirmativo, qual é o seu valor?

Q18.4 **E se** alguém sugerisse que você poderia usar a solução para a equação do reator com dispersão e escoamento, Equação (18.18), para uma reação de segunda ordem, linearizando a equação da taxa, sendo $-r_A = kC_A^2 \cong (kC_{A0}/2)C_A = k'C_A$. (1) Sob que circunstâncias essa poderia ser uma boa aproximação? Você dividiria C_{A0} por algo diferente de 2? (2) O que você pensa sobre a linearização de outras reações que não sejam de primeira ordem e o uso da Equação (18.18)? (3) Como você poderia testar seus resultados para saber se a aproximação é justificada?

Q18.5 Acesse o *link* de vídeos de captura de tela (*screencast*) LearnChemE para o Capítulo 18 (*http://umich.edu/~elements/6e/18chap/learn-cheme-videos.html*).
Assista a um ou mais vídeos de *screencast* de 5 a 6 minutos e faça uma avaliação com duas frases.

Q18.6 UPDNP–S18. Um algoritmo para gerenciamento de mudanças (GdM). Liste três coisas que não teriam ocorrido se o algoritmo GdM tivesse sido seguido.

Simulações e Experimentos Computacionais

P18.1$_B$ (a) **Exemplo 18.1: Perfis de Concentração e Conversão para Dispersão e Reação em um Reator Tubular**
Wolfram* e *Phython

(i) Varie o número de Péclet, Pe_r, do maior para o menor valor. Descreva como a concentração de saída para "reação com dispersão" se desvia daquela do "PFR Ideal" conforme o Pe_r varia.
(ii) Qual deve ser o valor mínimo de tempo espacial, τ, no qual a conversão atinge pelo menos 95% para reação com dispersão?
(iii) Se a constante da taxa de reação for aumentada para 0,5 min^{-1}, qual deve ser o valor do número de Péclet, Pe_r, de modo a obter uma conversão de 90%?
(iv) Varie os controles deslizantes e escreva um conjunto de conclusões.

(b) **Exemplo 18.2. Comparação da Conversão Usando Modelos de Dispersão, PFR, CSTR e Tanques em Série para Reatores Isotérmicos**
Wolfram* e *Phython

(i) Qual parâmetro você irá variar de modo que a conversão obtida pelo modelo de dispersão se aproxime da conversão obtida usando o modelo PFR ideal?
(ii) Qual é o número de tanques em série necessários para que a conversão obtida pelo modelo tanque em série seja mais do que a conversão obtida pelo modelo de dispersão?
(iii) Escreva um conjunto de conclusões após ter variado todos os valores de parâmetros.

(c) **Exemplo 18.3. Reação Isotérmica com Dispersão Radial e Axial em um LFR.**
Acesse o *link* do **COMSOL** PP 18.3 no Capítulo 18 no CRE *website*.

(i) Varie a velocidade e descreva como os perfis de concentração radial, bem como o gráfico de superfície, mudam.
(ii) Varie o raio do reator e descreva o que encontrar.
(iii) Varie D_{AB} e descreva como mudam os perfis de concentração radial e a concentração de saída.
(iv) Compare os perfis de concentração radial na entrada, na saída e na metade inferior do reator com a concentração axial média radialmente quando você varia D_{AB} e U e descreva o que você encontrar.
(v) Que combinação de parâmetros, por exemplo, (D_a/UL), não altera significativamente o perfil do caso base quando varia em uma ampla faixa? Por exemplo, o diâmetro está entre 0,01 dm e 1 m, e a velocidade varia de U = 0,01 cm/s a 1 m/s com $D_{AB} = 10^{-5}$ cm^2/s com $\upsilon = \mu/\rho$ = 0,01 m^2/s. Existe um diâmetro que minimize ou maximize sua conversão?
(vi) Para quais parâmetros ou grupos de parâmetros (por exemplo, kL^2/D_a) a conversão seria mais sensível? E se a reação de primeira ordem fosse realizada em reatores tubulares de diferentes diâmetros, mas com o tempo espacial, τ, permanecendo constante? Os diâmetros variariam na faixa de 0,1 dm a 1 m, para uma viscosidade cinemática $\upsilon = \mu/\rho$ = 0,01 cm^2/s, U = 0,1 cm/s e $D_{AB} = 10^{-5}$ cm^2/s. Como sua conversão variaria? Existe um diâmetro que maximizaria ou minimizaria a conversão nessa faixa?
(vii) Qual tipo de perfil de velocidade dá a maior concentração de saída?
(viii) Quais são os dois parâmetros que reduziriam a variação radial da concentração?
(ix) Qual variável tem muito pouco efeito na variação radial da concentração?
(x) Qual é o efeito da difusividade na concentração de saída?
(xi) Mantenha *Da* e L/R constantes e varie a ordem de reação n ($0{,}5 \leq n \leq 5$) para diferentes números de Péclet. Existem combinações de n e Pe em que a dispersão é mais importante ou menos importante na concentração de saída? Que generalizações você pode fazer? Sugestão: para $n < 1$ use $rA = -k \bullet (\text{Abs}(C_A{}^n))$.
(xii) Escreva um conjunto de conclusões com base em seus experimentos de (i) a (xi).

(d) **Exemplo 18.4: Reator Tubular com Gradientes de Temperatura Axial e Radial e de Concentração**
Use o **COMSOL** PP no *site* para explorar os efeitos radiais em um reator tubular. O Material Adicional no *site* descreve este PP em detalhes (*http://umich.edu/~elements/6e/18chap/expanded_ch18_radial.pdf*).

Tutoriais sobre como acessar e usar o COMSOL podem ser encontrados em (*http://umich.edu/~elements/6e/software/software_comsol.html*).

(i) Varie o coeficiente de transferência de calor, U, e observe o efeito nos perfis de conversão e de temperatura. Por que há um efeito de U nos perfis para valores baixos de U, mas não para valores mais altos de U?

(ii) Qual é o efeito das diferentes difusividades, D_a, na conversão? D_a deve ser minimizada ou maximizada?

(iii) Qual parâmetro você variaria para que o máximo do perfil de conversão radial se tornasse 1? Qual é o valor desse parâmetro?

(iv) Como seus perfis mudariam se o perfil de velocidade fosse alterado para empistonado ($U = U_0$)? Com base em suas observações, qual dos dois perfis, a saber, escoamento laminar e escoamento empistonado, você recomendaria para uma conversão maior? Como a mudança no perfil de velocidade afeta o perfil de temperatura?

(v) Intuitivamente, como você espera que a conversão radial varie com o coeficiente de difusão? Explique a razão por trás de sua intuição. Verifique isso variando o coeficiente de difusão. Investigue a conversão axial e radial e escreva duas conclusões.

(e) Exemplo 18.5. Uso de Traçador para Determinar os Parâmetros do Modelo de um CSTR com Volume Morto e Desvio
Wolfram* e *Phython

(i) Para o caso de nenhum volume morto ($\alpha = 1$), varie a fração de volume desviado e descreva seu efeito na concentração de saída.

(ii) Repita o item (i) para o caso de nenhum volume desviado ($\beta = 0$) e varie α para observar seu efeito na concentração de saída.

(iii) De acordo com sua observação no item (i) e no item (ii), qual dos dois parâmetros do modelo (α ou β) tem mais impacto na concentração e conversão de saída? Explique.

(iv) Escreva um conjunto de conclusões baseado em seus experimentos de (i) a (iii).

(f) Exemplo 18.6. CSTR com Permuta
Wolfram* e *Phython

(i) Para um valor fixo de α (digamos, $\alpha = 0{,}5$), como a conversão varia com o aumento de β? Explique.

(ii) Varie α e descreva seu impacto na concentração de saída.

(iii) Varie a constante de taxa, k, e descreva o que você encontra sobre seu efeito na concentração de saída.

(iv) Escreva um conjunto de conclusões baseado em seus experimentos de (i) a (iii).

Problemas

P18.2$_B$ A isomerização em fase gasosa,

$$A \longrightarrow B$$

deve ocorrer em reator contínuo. Os experimentos foram realizados a uma vazão volumétrica de $\upsilon_0 = 2{,}0$ dm³/min em um reator com a seguinte DTR

$$E(t) = 10\, e^{-10t} \text{ min}^{-1}$$

sendo t em minutos.

(a) Quando a vazão volumétrica foi de 2,0 dm³/min, a conversão foi 9,1%. Qual é o volume do reator?

(b) Quando a vazão volumétrica foi de 0,2 dm³/min, a conversão foi 50%. Quando a vazão volumétrica foi de 0,02 dm³/min, a conversão foi 91%. Considerando que os padrões de mistura não mudem com as vazões volumétricas, qual será a conversão quando a vazão volumétrica for de 10 dm³/min?

(c) Essa reação agora deve ser realizada em um reator PFR de 1 dm³, em que a vazão volumétrica foi alterada para 1 dm³/min. Qual será a conversão?

(d) Foi proposto realizar a reação em um tubo de 10 m de diâmetro, em que o escoamento é altamente turbulento (Re = 10^6). Existem efeitos de dispersão significativos. A velocidade superficial do gás é 1 m/s. Se o comprimento do tubo for 6 m, qual será a conversão esperada? Se você não conseguiu determinar a ordem da reação e a constante de velocidade específica da reação na parte (b), suponha $k = 1$ min^{-1} e realize o cálculo!

P18.3$_B$ **QEA** (*Questão de Exame Antigo*). A reação de segunda ordem em fase líquida

$$A \longrightarrow B + C$$

deve ocorrer isotermicamente. A concentração de entrada de A é 1,0 mol/dm³. A velocidade específica de reação é de 1,0 dm³/mol·min. Alguns reatores usados (mostrados a seguir) estão disponíveis; cada um deles foi caracterizado por uma DTR. Existem disponíveis dois reatores das cores carmim e branco, e três das cores amarelo-milho e azul.

Reator	σ(min)	τ (min)	Custo
Amarelo-milho e azul	2	2	$25.000
Verde e branco	4	4	50.000
Vermelho vivo e cinza	3,05	4	50.000
Laranja e azul	2,31	4	50.000
Roxo e branco	5,17	4	50.000
Prata e preto	2,5	4	50.000
Carmim e branco	2,5	2	25.000

(a) Você tem US$ 50.000,00 disponíveis para gastar. Qual é a maior conversão que você pode atingir com o dinheiro e os reatores disponíveis?
(b) Como sua resposta (a) mudaria, se você tivesse US$ 75.000,00 disponíveis para gastar?
(c) De quais cidades você acha que os vários reatores usados vieram?

P18.4$_B$ **QEA** (*Questão de Exame Antigo*). A reação elementar em fase líquida:

$$A \xrightarrow{k_1} B, \qquad k_1 = 1{,}0\ \text{min}^{-1}$$

ocorre em um reator de leito fixo, em que a dispersão está presente.
Qual é a conversão?

Informações adicionais:

Porosidade = 50%
Tamanho de partícula = 0,1 cm
Viscosidade cinemática = 0,01 cm2/s
Comprimento do reator = 0,1 m
Velocidade média = 1 cm
Fluidicidade do leito = 7,3

(***Resp.***: X = 0,15)

P18.5$_A$ Uma reação em fase gasosa está ocorrendo em um reator tubular de 5 cm de diâmetro, que tem 2 m de comprimento. A velocidade dentro do tubo é 2 cm/s. Como uma primeira aproximação, as propriedades do gás podem ser tomadas como iguais às do ar (viscosidade cinemática = 0,01 cm²/s), e as difusividades das espécies reagentes são aproximadamente 0,005 cm²/s.
(a) Quantos tanques em série seria sua sugestão para modelar esse reator?
(b) Se a reação de segunda ordem $A + B \longrightarrow C + D$ ocorresse para o caso de alimentação equimolar, com C_{A0} = 0,01 mol/dm³, que conversão poderia ser esperada em uma temperatura para a qual k = 25 dm³/mol·s)?
(c) Como mudariam suas respostas para os itens (a) e (b), se a velocidade do fluido fosse reduzida para 0,1 cm/s? E aumentada para 1 m/s?
(d) Como mudariam suas respostas para os itens (a) e (b), se a velocidade superficial fosse de 4 cm/s em um leito fixo de esferas de 0,2 cm de diâmetro?
(e) Como mudariam suas respostas para os itens (a) a (d), se o fluido fosse um líquido com propriedades similares às da água, em vez de um gás, e a difusividade fosse 5×10^{-6} cm²/s?

P18.6$_A$ Use os dados do Exemplo 16.2 para fazer as seguintes determinações. (A vazão volumétrica de alimentação para esse reator foi de 60 dm³/min.)
(a) Calcule os números de Péclet para ambos os sistemas, aberto e fechado.
(b) Para um sistema aberto, determine o tempo espacial τ e então calcule a percentagem de volume morto em um reator para o qual as especificações do fabricante dão um volume de 420 dm³.
(c) Usando a dispersão, calcule a conversão por modelos de vaso fechado-fechado e tanques em série, para a isomerização de primeira ordem,

$$A \longrightarrow B$$

com k = 0,18 min⁻¹.
(d) Compare seus resultados no item (c) com a conversão calculada a partir do modelo de tanques em série, em um PFR e em um CSTR.

P18.7$_A$ **QEA** (*Questão de Exame Antigo*). Um reator tubular foi dimensionado de modo a obter 98% de conversão e processar 0,03 m^3/s. A reação é uma isomerização irreversível de primeira ordem. O reator tem 3 m de comprimento, com uma área de seção transversal de 25 dm^2. Depois de ser construído, um teste de pulso do traçador no reator forneceu os seguintes dados: $t_m = 10$ s e $\sigma^2 = 65$ s^2. Que conversão pode ser esperada no reator real?

P18.8$_B$ A seguinte curva de $E(t)$ foi obtida a partir de um teste com traçador em um reator.

$$\begin{aligned} E(t) &= 0{,}25t && 0 < t < 2 \\ &= 1 - 0{,}25t && 2 < t < 4 \\ &= 0 && t > 4 \end{aligned}$$

A conversão predita pelo modelo de tanques em série para a reação elementar isotérmica,

$$A \longrightarrow B$$

foi de 50% a 300 K.

(a) Se a temperatura for elevada em 10°C (E = 25.000 cal/mol) e a reação realizada isotermicamente, qual será a conversão prevista pelo modelo de mistura máxima? E pelo modelo T-E-S?

(b) As reações elementares

$$A \xrightarrow{k_1} B \xrightarrow{k_2} C$$

$$A \xrightarrow{k_3} D$$

$$k_1 = k_2 = k_3 = 0{,}1 \text{ min}^{-1} \text{ em 300 K, } C_{A0} = 1 \text{ mol/dm}^3$$

ocorreram isotermicamente a 300 K no mesmo reator. Qual é a concentração de B na corrente de saída, prevista pelo modelo de mistura máxima?

(c) Para as reações múltiplas apresentadas no item (b), qual é a conversão de A, prevista pelo modelo de dispersão em um sistema isotérmico fechado-fechado?

P18.9$_B$ Reveja o Problema P16.3$_C$, em que a função de DTR é um semicírculo. A reação em fase líquida $A \rightarrow B$ é de primeira ordem, com $k_1 = 0{,}8$ min^{-1}.

Qual é a conversão prevista por:

(a) modelo de tanques em série? (***Resp.***: $X_{T\text{-}E\text{-}S} = 0{,}447$)

(b) modelo de dispersão? (***Resp.***: $X_{Dispersão} = 0{,}41$)

P18.10$_B$ Reveja o Problema P16.5$_B$. A reação em fase líquida $A \rightarrow B$ é de terceira ordem com $k_3 = 0{,}3$ $dm^6/mol^2{\cdot}min$ e $C_{A0} = 2$ M.

(a) Que combinação de reatores ideais você usaria para modelar a DTR?

(b) Quais são os parâmetros do modelo?

(c) Qual é a conversão prevista para seu modelo?

(d) Qual é a conversão prevista para X_{mm}, X_{seg}, $X_{T\text{-}E\text{-}S}$ e $X_{Dispersão}$?

(e) Repita de (a) a (d) para uma reação em fase líquida $A \rightarrow B$ de segunda ordem com $k_2C_{A0} = 0{,}1$ min^{-1}.

P18.11$_B$ Na Figura P18.11$_B$ estão duas simulações COMSOL para um reator com escoamento laminar e efeitos de calor: Corrida 1 e Corrida 2.

As figuras a seguir mostram o gráfico de seção transversal da concentração para a espécie A no meio do reator. A corrida 2 mostra um mínimo no gráfico da seção transversal. Este mínimo pode ser o resultado de (circule todos os que se apliquem e explique seu raciocínio para cada sugestão de (a) a (e)):

(a) A condutividade térmica da mistura de reação diminui

(b) O coeficiente global de transferência de calor aumenta

(c) O coeficiente global de transferência de calor diminui

(d) A vazão do refrigerante aumenta

(e) A vazão do refrigerante diminui

Sugestão: Explore "Nonisothermal Reactor II" no COMSOL PP.

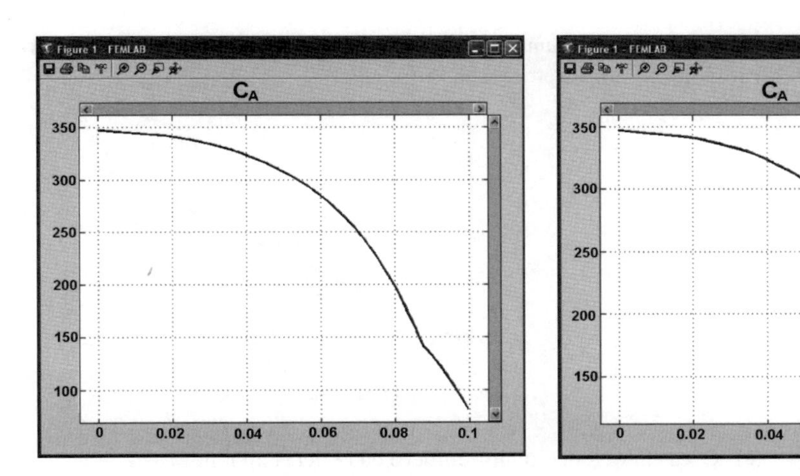

Figura P18.11$_B$ Capturas de tela COMSOL.

P18.12$_D$ Vamos continuar o Problema P16.11$_D$. Sendo $\tau = 10$ min e $\sigma = 14$ min^2

(a) Qual seria a conversão para uma reação de segunda ordem com $kC_{A0} = 0{,}1$ min^{-1} e $C_{A0} = 1$ mol/dm^3, usando o modelo de segregação?

(b) Qual seria a conversão para uma reação de segunda ordem com $kC_{A0} = 0{,}1$ min^{-1} e $C_{A0} = 1$ mol/dm^3, usando o modelo de mistura máxima?

(c) Se o reator for modelado como tanques em série, quantos tanques são necessários para representar esse reator? Qual é a conversão para uma reação de primeira ordem, com $k = 0{,}1$ min^{-1}?

(d) Se o reator for modelado pelo modelo de dispersão, quais são os números de Péclet para um sistema aberto e para um sistema fechado? Qual é a conversão para uma reação de primeira ordem, com $k = 0{,}1$ min^{-1} para cada caso?

(e) Use o modelo de dispersão para estimar a conversão para uma reação de segunda ordem, com $k = 0{,}1$ dm^3/(mol·s) e $C_{A0} = 1$ mol/dm^3?

(f) Suspeita-se de que o reator possa estar se comportando como mostrado na Figura P18.12$_D$, com *talvez* (?) $V_1 = V_2$. Qual é o "escoamento reverso", a partir do segundo para o primeiro vaso, como um múltiplo de v_0?

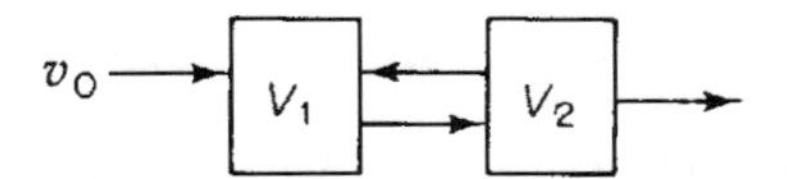

Figura P18.12$_D$ Sistema modelo proposto.

(g) Se o modelo anterior estiver correto, qual será a conversão para uma reação de segunda ordem, com $k = 0{,}1$ dm^3/mol × min se $C_{A0} = 1{,}0$ mol/dm^3?

(h) Prepare uma tabela comparando a conversão prevista por cada modelo descrito anteriormente.

P18.13$_B$ Uma reação de segunda ordem deve ocorrer em um reator real, que fornece a seguinte concentração de saída para uma perturbação em degrau:

Para $0 \le t < 10$ min, então $C_T = 10\,(1 - e^{-0{,}1t})$

Para 10 min $\le t$, então $C_T = 5 + 10\,(1 - e^{-0{,}1t})$

(a) Que modelo você propõe e quais são seus parâmetros de modelo, α e β?

(b) Que conversão pode ser esperada no reator real?

(c) Como o seu modelo e a conversão mudariam, se a concentração de saída do traçador fosse

Para $t \le 10$ min, então $C_T = 0$

Para $t \ge 10$ min, então $C_T = 5 + 10\,(1 - e^{-0{,}2(t-10)})$

$v_0 = 1$ dm^3/min, $k = 0{,}1$ dm^3/mol·min, $C_{A0} = 1{,}25$ mol/dm^3

P18.14$_B$ Sugira combinações de reatores ideais para modelar os reatores reais apresentados no Problema 16.2$_B$(b) para $E(\theta)$, $E(t)$, $F(\theta)$, $F(t)$ ou $(1 - F(\theta))$.

P18.15$_B$ QEA (*Questão de Exame Antigo*). As curvas F para dois reatores tubulares são mostradas na Figura P18.15$_B$ para um sistema fechado-fechado.

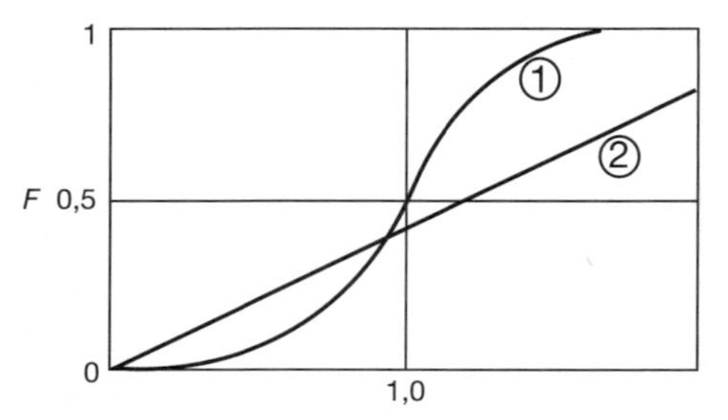

Figura P18.15$_B$ Curvas F.

(a) Qual curva tem o maior número de Péclet? Explique.
(b) Qual curva tem o maior coeficiente de dispersão? Explique.
(c) Se essa curva de *F* for para o modelo de tanques em série, aplicado a dois reatores diferentes, qual curva terá o maior número de tanques em série, (1) ou (2)?

University of Michigan, ChE528, Exame Parcial

P18.16$_C$ Considere o seguinte sistema da Figura P18.16$_C$ usado para modelar um reator real:

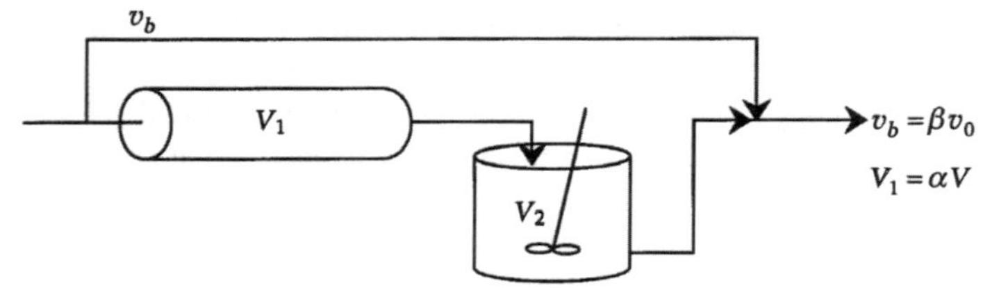

Figura P18.16$_C$ Sistema modelo.

Descreva como você avaliaria os parâmetros α e β.

(a) Desenhe as curvas *F* e *E* para esse sistema de reatores ideais, usados para modelar um reator real, usando $\beta = 0,2$ e $\alpha = 0,4$. Identifique os valores numéricos dos pontos sobre a curva *F* (por exemplo, t_1) e como eles se relacionam com τ.
(b) Se a reação $A \rightarrow B$ for de segunda ordem, com $kC_{A0} = 0,5\ min^{-1}$, qual é a conversão, considerando o tempo espacial para o reator real igual a 2 min?

University of Michigan, ChE528, Exame Final

P18.17$_B$ QEA (*Questão de Exame Antigo*). Há no estoque um reator de 2 m^3 que deve ser usado para realizar a reação de segunda ordem em fase líquida

$$A + B \longrightarrow C$$

A e B devem ser alimentados em quantidades equimolares, a uma vazão volumétrica de 1 m^3/min. A concentração de entrada de A é 2 molar e a velocidade específica é de 1,5 m^3/kmol·min. Um experimento com traçador foi feito e reportado em termos de F como função do tempo em minutos, como mostrado na Figura P18.17$_B$.

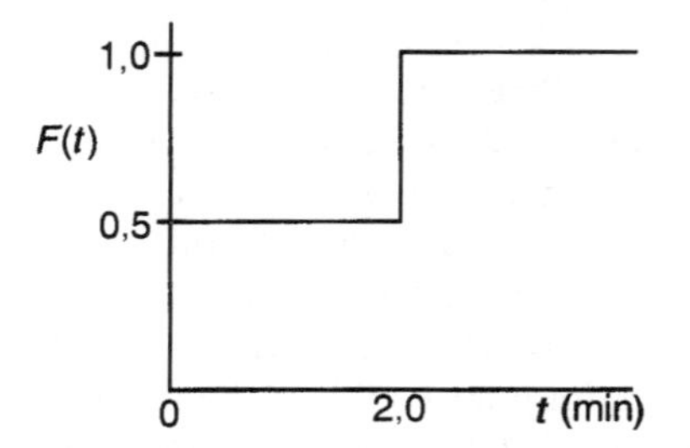

Figura P18.17$_B$ Curva de *F* para um reator não ideal.

Sugira um modelo com dois parâmetros, consistente com os dados; avalie os parâmetros do modelo e a conversão esperada.

University of Michigan, ChE528, Exame Final

P18.18$_B$ QEA (*Questão de Exame Antigo*). A curva *E* a seguir, mostrada na Figura P18.8$_B$, foi obtida a partir de um teste com traçador:

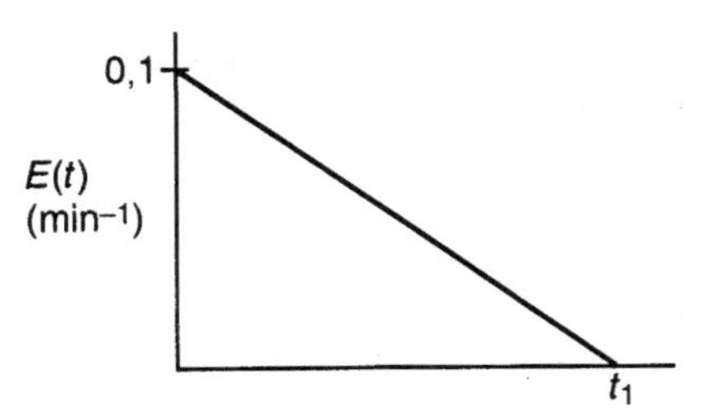

Figura P18.18$_B$ Curva *E* para um reator não ideal.

(a) Qual é o tempo de residência médio?
(b) Qual é o número de Péclet para um sistema fechado-fechado?
(c) Quantos tanques em série são necessários para modelar esse reator não ideal?

University of Michigan, Exame de Qualificação ao Doutorado (EQD)

P18.19$_B$ QEA (*Questão de Exame Antigo*). Uma reação de primeira ordem com k = 0,1 min^{-1} deve ser realizada no reator cuja DTR é mostrada na Figura 18.19$_B$.

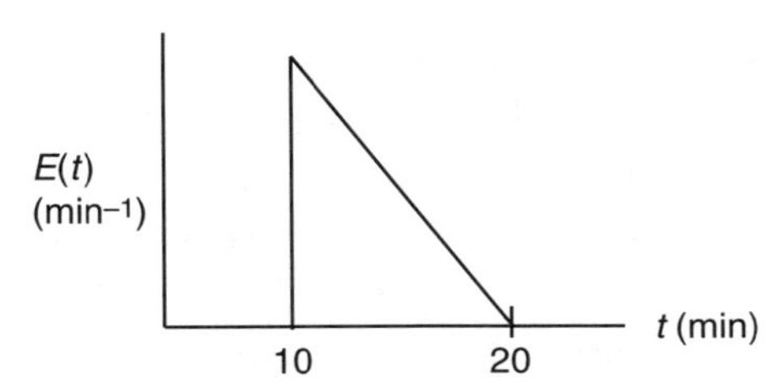

Figura P18.19$_B$ Curva *E* do reator.

Preencha a Tabela P18.19$_B$ com a conversão prevista por cada tipo de modelo/reator.

Tabela P18.19$_B$ Comparações de Conversão Prevista por Vários Modelos

PFR ideal	CSTR ideal	Reator ideal com fluxo laminar	Segregação	Mistura máxima	Dispersão	Tanques em série

P18.20$_C$ Considere um reator tubular real no qual a dispersão está ocorrendo.

(a) Para pequenos desvios do escoamento empistonado, mostre que a conversão para uma reação de primeira ordem é dada aproximadamente como

$$X = 1 - \exp\left[-\tau k + \frac{(\tau k)^2}{Pe_r}\right] \tag{P18.20.1}$$

(b) Mostre que, para atingir a mesma conversão, a relação entre o volume de um reator com escoamento empistonado, V_P, e o volume de um reator real, V, no qual ocorre a dispersão é

$$\frac{V_P}{V} = 1 - \frac{(\tau k)}{Pe_r} = 1 - \frac{kD_e}{U^2} \tag{P18.20.2}$$

(c) Para um número de Péclet de 0,1 com base no comprimento do PFR, quanto maior deve ser o reator real do que um PFR, para atingir a conversão de 99% prevista pelo PFR?

(d) Para uma reação de ordem n, a razão da concentração de saída, para reatores do mesmo comprimento, foi sugerida como

$$\frac{C_A}{C_{A_{empistonado}}} = 1 + \frac{n}{Pe_r}(\tau k C_{A0}^{n-1})\ln\frac{C_{A0}}{C_{A_{empistonado}}} \tag{P18.20.3}$$

O que você acha desta sugestão?

(e) Qual é o efeito da dispersão nas reações de ordem zero?

LEITURA SUPLEMENTAR

1. Excelentes discussões sobre mistura máxima podem ser encontradas em

J. M. DOUGLAS, "The effect of mixing on reactor design", *AIChE Symp. Ser.* 48, vol. 60, p. 1 (1964).
TH. N. ZWIETERING, *Chem. Eng. Sci.*, 11, 1 (1959).

2. A modelagem de reatores reais como uma combinação de reatores ideais é discutida junto com dispersão axial em

O. LEVENSPIEL, *Engenharia das Reações Químicas*, 3. ed. São Paulo: Edgard Blücher, 2000.
C. Y. WEN, and L. T. FAN, *Models for Flow Systems and Chemical Reactors*. New York: Marcel Dekker, 1975.

3. A mistura e seus efeitos sobre o projeto de reatores químicos têm recebido tratamento cada vez mais sofisticado. Veja, por exemplo,

K. B. BISCHOFF, "Mixing and contacting in chemical reactors", *Ind. Eng. Chem.*, 58(11), 18 (1966).
E. B. NAUMAN, "Residence time distributions and micromixing", *Chem. Eng. Commun.*, 8, 53 (1981).
E. B. NAUMAN and B. A. BUFFHAM, *Mixing in Continuous Flow Systems*. New York: Wiley, 1983.

4. Veja também

M. DUDUKOVIC and R. FELDER, em *CHEMI Modules on Chemical Reaction Engineering*, vol. 4, ed. B. Crynes and H. S. Fogler. New York: AIChE, 1985.

5. Dispersão. Uma discussão das condições de contorno para vasos fechado-fechado, aberto-aberto, fechado-aberto e aberto-fechado pode ser encontrada em

R. ARIS, *Chem. Eng. Sci.*, 9, 266 (1959).
O. LEVENSPIEL and K. B. BISCHOFF, *Adv. in Chem. Eng.*, 4, 95 (1963).
E. B. NAUMAN, *Chem. Eng. Commun.*, 8, 53 (1981).

6. Agora que você terminou este livro, sugestões sobre o que fazer com o livro podem ser postadas no quiosque na praça do centro de Riça, Jofostan.

Este não é o fim.
Nem sequer é o começo do fim.
Mas é, talvez, o fim do começo.

Winston Churchill
10 de novembro de 1942

Índice Alfabético

D

F

G

H

I

L

M

S